教师招聘考试专用教材

教育理论基础

幼儿园

山香教育考试命题研究中心　主编

首都师范大学出版社
CAPITAL NORMAL UNIVERSITY PRESS

图书在版编目(CIP)数据

教师招聘考试：专用教材. 教育理论基础 幼儿园 / 山香教育考试命题研究中心主编. -- 北京：首都师范大学出版社, 2024. 7. -- ISBN 978-7-5656-8486-9

Ⅰ. G451.1

中国国家版本馆CIP数据核字第20242G4A37号

教师招聘考试. 教育理论基础. 幼儿园
专用教材
山香教育考试命题研究中心　主编

策划编辑	张文强		
责任编辑	张娜娜	封面设计	山香教育

首都师范大学出版社出版发行

地　　址　北京市海淀区西三环北路105号
邮　　编　100048
咨询电话　010-68418523（总编室）　　010-68982468（发行部）
网　　址　http://cnupn.cnu.edu.cn
印　　刷　河南黎阳印务有限公司
经　　销　全国新华书店
版　　次　2024年7月第1版
印　　次　2024年7月第1次印刷
开　　本　889mm×1194mm　1/16
印　　张　56
字　　数　1500千
定　　价　118.00元（全两册）

版权所有　翻印必究

前　言

近年来,教师招聘考试越来越"火热"。考生在参加教师招聘考试时面临着两大困境:一方面,随着广大考生对教师招聘考试的不断探索,笔试分数的差距在不断缩小;另一方面,教师招聘考试的试题难度和灵活性也在不断提高。因此,获得一套实用性强的教辅对考生来说尤为重要。

教育理论基础作为幼儿园教师招聘考试的必考内容,具有内容多、复习难、要求高的特点。鉴于此,山香教育结合多年研究成果和教学反馈,深入分析制约考生得高分的因素,对教材进行精心编排,旨在帮助考生通过阅读和学习达到理想的备考效果。

3大特色　掌握教育理论基础

特色1　立足真题考情　归纳核心考点

考情最能体现命题人的思想。通过对真题的梳理分析,整理出命题特点和考查方向,并以此作为教材的核心内容,真正做到"考什么,讲什么""怎么考,怎么讲"。同时,通过"知识再拔高"等栏目的呈现,使整个教材知识体系形成一个完美闭环。

特色2　融合教学经验　传授备考心法

教师招聘考试作为一门选拔性考试,考生顺利通过考试的途径只有一个:考高分。每道题的正误都可能决定是否顺利通过考试。所以,核心知识和备考心法就显得尤为重要。本书的编写摒弃了以往传统说教式的罗列,倡导互动式学习,并融合山香名师多年授课经验,通过"记忆有妙招""小香课堂"等栏目设计,帮助考生掌握核心解题能力。

特色3　微课视频助学　强化巩固提升

鉴于文字讲解的局限性,本书针对重难点知识配备了微课视频,由山香名师进行视频讲解,实现"读"和"讲"的完美结合。同时,本书设置"核心考点回顾"栏目,聚焦关键知识,助力考生掌握核心考点。

愿诸君能够善用山香图书这件"利器",在即将到来的教师招聘考试中打好有准备之战,在有限的时间内选择最恰当、最有效的方法备考。预祝大家早日走上心目中的三尺讲台!

山香教育

使用图解

学习指南
- 梳理考情概况
- 谱写考点地图

本章学习指南

一、考情概况

本章属于学前教育学的基础章节，内容较为琐碎，理论性较强，考生可带着以下学习目标进行备考：
1. 理解学前教育的概念和特点。
2. 掌握学前教育的价值。
3. 理解学前教育学的研究对象和研究方法。
4. 掌握学前教育机构的产生，了解学前教育机构的形式。

二、考点地图

考点	年份/地区/题型
学前教育的概念	2021福建统考填空
学前教育对个体发展的价值	2022浙江台州简答
学前教育学的研究对象	2021山东潍坊单选
学前教育学常用的研究方法	2024浙江台州单选；2020广东湛江单选
学前教育机构的产生	2023山东济南单选；2023安徽宿州单选
学前教育机构的形式	2021山东青岛单选

注：上述表格仅呈现重要考点的相关考情。

第一节　学习概述

核心考点
- 立足真题考情
- 归纳核心考点

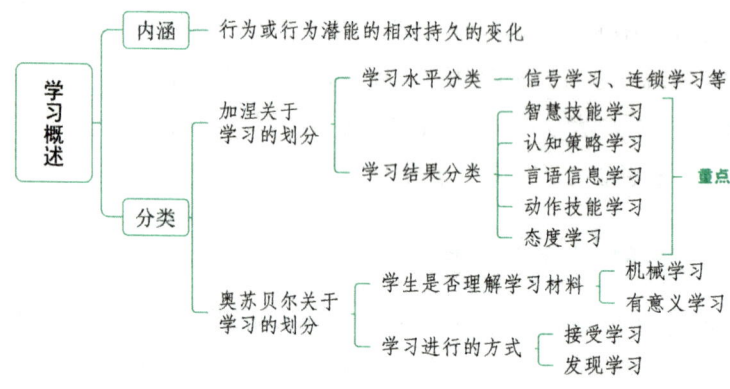

一、学习的内涵

学习是个体在特定情境下由于练习或反复经验而产生的行为或行为潜能的相对持久的变化。
学习的内涵可以从以下几方面去理解：
(1)学习实质上是一种适应活动。
(2)学习是人和动物共有的普遍现象。
(3)学习是由反复经验引起的，也有观点直接强调学习的发生是由于经验引起的。

知识再拔高
▶ 开阔考生视野
▶ 完善知识体系

— 知识再拔高 —
学前教育目标的层次的其他说法
(1)幼儿园教育目标(远期目标),也就是幼儿园具体的保教目标,即指导幼儿园开展教育工作的纲领性目标,具有普遍的指导意义。
(2)中期目标,即幼儿园小、中、大等各年龄班的教育目标。也就是说,在幼儿园教育总目标的指导下,对不同年龄班的幼儿提出不同要求。
(3)近期目标,也称短期目标,指在某一阶段内要达到的教育目标,近期目标的制定是为完成最终目标服务的,往往在月计划和周计划中体现出来。
(4)活动目标,即某次教育活动需要达成的目标。在一节课或一次活动中,教师可能会提出这些目标,这个层次的目标通常通过教师的活动计划或教案来体现。

记忆有妙招
▶ 编写速记口诀
▶ 高效趣味记忆

— 记忆有妙招 —
陶行知的主要教育思想:**行知生活解放艺友**。陶行知提出"生活教育理论",主张解放幼儿的创造力;提出培养学前教育师资的方法——艺友制。

小香课堂
▶ 精讲重点难点
▶ 提示易错易混

— 小香课堂 —
为方便考生更清晰地识记,现将学前教育机构的产生的主要内容提炼如下:

时间	人物	地点	创办机构	历史地位
1816年	欧文(英国)	纽兰纳克	幼儿学校(性格形成新学园)	世界上最早的学前教育机构
1837年	福禄贝尔(德国)	勃兰根堡	一所儿童游戏活动机构,1840年命名为幼儿园	世界第一所幼儿园
1903年	端方(中国)	湖北武昌	湖北幼稚园,后改称为武昌蒙养院	我国第一所学前教育机构,也是我国最早的公立学前教育机构

视频二维码
▶ 山香名师录制
▶ 助力视频学习

五、陶行知【单选、简答】★★★

陶行知先生是我国伟大的人民教育家。在教育救国的思想影响下,他毕生从事旧教育的改革,推行生活教育、大众教育,为我国教育做出了重大贡献。
在幼儿教育方面,他主要的贡献和观点如下:

1. 农村幼儿教育事业的开拓者
陶行知先生猛烈地批判旧中国幼儿教育的弊端,他针对当时幼稚园的三大弊病——外国病、花钱病和富贵病,提出要建立适合中国国情的、省钱的和平民的幼稚园。并在张宗麟、陈鹤琴的协助下,在南京郊区创办了南京燕子矶幼稚园。该园是我国第一所乡村幼稚园,又是陶行知的生活教育理论试用于幼稚教育领域的试验田。其办园宗旨在于研究和试验如何办好农村幼稚园的具体方法,以便在全国农村普及。陶行知还创建了乡村师范学校,农村幼教研究会,等等。

目 录

第一部分　学前教育学

第一章　学前教育与学前教育学　分值占比:3～5%

本章学习指南 ·· 003

核心考点 ·· 004

　第一节　学前教育概述 ·· 004

　第二节　学前教育学概述 ·· 009

　第三节　学前教育机构的产生与发展 ·· 012

核心考点回顾 / 008 / 011 / 014

第二章　著名教育家的学前教育思想　分值占比:7～10%

本章学习指南 ·· 015

核心考点 ·· 016

　第一节　国外教育家的学前教育思想 ·· 016

　第二节　我国教育家的学前教育思想 ·· 029

核心考点回顾 / 028 / 038

第三章　学前教育的目标、任务和原则　分值占比:2～4%

本章学习指南 ·· 040

核心考点 ·· 040

　第一节　学前教育的目标 ·· 040

　第二节　学前教育的任务 ·· 043

第三节　学前教育的原则 ································· 045

核心考点回顾 / 043 / 045 / 053

第四章　幼儿园全面发展教育　分值占比：1~3%

本章学习指南 ··· 054

核心考点 ·· 054

　　第一节　幼儿园全面发展教育概述 ························· 054

　　第二节　幼儿德育 ····································· 056

　　第三节　幼儿智育 ····································· 060

　　第四节　幼儿体育 ····································· 063

　　第五节　幼儿美育 ····································· 065

核心考点回顾 / 055 / 059 / 062 / 065 / 067

第五章　幼儿教师和幼儿　分值占比：5~7%

本章学习指南 ··· 068

核心考点 ·· 069

　　第一节　幼儿教师 ····································· 069

　　第二节　儿童观 ······································· 080

　　第三节　师幼关系 ····································· 085

核心考点回顾 / 079 / 084 / 090

第六章　幼儿园教育活动　分值占比：3~5%

本章学习指南 ··· 091

核心考点 ·· 092

　　第一节　幼儿园教学活动 ······························· 092

　　第二节　幼儿园主题活动 ······························· 098

　　第三节　幼儿园区域活动 ······························· 101

　　第四节　幼儿园一日生活 ······························· 106

核心考点回顾 / 097 / 100 / 105 / 110

第七章　幼儿游戏　分值占比:10~15%

- 本章学习指南 ··· 111
- 核心考点 ··· 112
  - 第一节　幼儿游戏概述 ·· 112
  - 第二节　幼儿游戏的类型 ··· 119
  - 第三节　幼儿游戏的条件创设 ··· 125
  - 第四节　幼儿游戏的指导 ··· 130
- 核心考点回顾 / 118 / 124 / 129 / 143

第八章　幼儿园班级管理与环境创设　分值占比:5~7%

- 本章学习指南 ··· 145
- 核心考点 ··· 146
  - 第一节　幼儿园班级管理 ··· 146
  - 第二节　幼儿园环境创设 ··· 150
- 核心考点回顾 / 149 / 158

第九章　幼儿园与家庭、社区的合作以及与小学的衔接　分值占比:7~10%

- 本章学习指南 ··· 160
- 核心考点 ··· 161
  - 第一节　学前儿童家庭教育 ·· 161
  - 第二节　幼儿园与家庭的合作 ··· 164
  - 第三节　幼儿园与社区的合作 ··· 170
  - 第四节　幼儿园与小学的衔接 ··· 172
- 核心考点回顾 / 164 / 169 / 181

第十章　幼儿园教育评价　分值占比:1~3%

- 本章学习指南 ··· 183
- 核心考点 ··· 183
  - 第一节　幼儿园教育评价概述 ··· 183

第二节　幼儿园教育评价的主要内容与方法·····················186

核心考点回顾 / 186 / 190

第二部分　学前心理学

第一章　学前心理学概述　分值占比:0~2%

本章学习指南·····················193

核心考点·····················193

　　第一节　学前心理学的研究对象、内容与任务·····················193

　　第二节　学前心理学的研究原则与方法·····················195

核心考点回顾 / 194 / 199

第二章　学前儿童的心理发展　分值占比:5~7%

本章学习指南·····················200

核心考点·····················201

　　第一节　儿童心理发展的年龄特征·····················201

　　第二节　学前儿童心理发展各年龄阶段的主要特征·····················203

　　第三节　学前儿童心理发展的趋势和基本特点·····················212

　　第四节　影响学前儿童心理发展的因素·····················214

　　第五节　有关儿童心理发展的重要概念·····················219

核心考点回顾 / 211 / 214 / 218 / 221

第三章　学前儿童动作和言语的发展　分值占比:3~5%

本章学习指南·····················222

核心考点·····················222

　　第一节　学前儿童动作的发展·····················222

　　第二节　学前儿童言语的发展·····················225

核心考点回顾 / 224 / 232

第四章 学前儿童认知的发展 分值占比：10～15%

本章学习指南	234
核心考点	235
第一节　学前儿童注意的发展	235
第二节　学前儿童感知觉的发展	245
第三节　学前儿童记忆的发展	253
第四节　学前儿童想象的发展	266
第五节　学前儿童思维的发展	275
第六节　皮亚杰的心理发展观	290

核心考点回顾 / 243 / 252 / 265 / 274 / 289 / 295

第五章 学前儿童情绪情感和意志的发展 分值占比：3～5%

本章学习指南	297
核心考点	298
第一节　情绪情感概述	298
第二节　学前儿童情绪情感的产生与发展	303
第三节　学前儿童情绪的培养	309
第四节　学前儿童意志的发展	313

核心考点回顾 / 302 / 308 / 312 / 317

第六章 学前儿童个性、道德的发展 分值占比：5～7%

本章学习指南	319
核心考点	320
第一节　个性概述	320
第二节　学前儿童气质的发展	324
第三节　学前儿童性格的发展	329
第四节　学前儿童能力的发展	333
第五节　学前儿童自我意识的发展	337

第六节　学前儿童道德的发展 ··· 343

核心考点回顾 / 323 / 328 / 332 / 337 / 342 / 346

第七章　学前儿童社会性的发展　分值占比:8~12%

本章学习指南 ·· 348

核心考点 ·· 349

第一节　学前儿童社会性发展概述 ·· 349

第二节　学前儿童亲子关系的发展 ·· 350

第三节　学前儿童同伴关系的发展 ·· 355

第四节　学前儿童性别角色的发展 ·· 359

第五节　学前儿童亲社会行为的发展 ··· 364

第六节　学前儿童攻击性行为的发展 ··· 369

核心考点回顾 / 354 / 359 / 363 / 368 / 372

第三部分　幼儿教育心理学

第一章　幼儿教育心理学概述　分值占比:1~3%

本章学习指南 ·· 375

核心考点 ·· 375

第一节　幼儿教育心理学的研究对象与学科性质 ··· 375

第二节　幼儿教育心理学的发展历程 ··· 376

第二章　幼儿学习理论　分值占比:5~7%

本章学习指南 ·· 379

核心考点 ·· 380

第一节　学习概述 ·· 380

第二节　行为主义学习理论 ··· 383

第三节　人本主义学习理论 ··· 389

第四节　认知主义学习理论 ··· 393

第五节　建构主义学习理论 ··· 395

核心考点回顾 / 382 / 388 / 392 / 395 / 398

第三章　幼儿学习心理　　分值占比:7~10%

本章学习指南 ·· 399

核心考点 ··· 400

第一节　幼儿学习动机 ··· 400

第二节　幼儿学习迁移 ··· 409

核心考点回顾 / 408 / 413

第四章　幼儿学习的个别差异与适宜性教学　　分值占比:1~3%

本章学习指南 ·· 414

核心考点 ··· 414

第一节　幼儿个别差异概述 ··· 414

第二节　针对个别差异的适宜性教学 ··· 416

核心考点回顾 / 416 / 418

第四部分　学前卫生学

第一章　幼儿生长发育特点与卫生保健　　分值占比:5~7%

本章学习指南 ·· 421

核心考点 ··· 422

第一节　幼儿神经系统的发展与卫生保健 ·· 422

第二节　幼儿感觉器官的发展与卫生保健 ·· 428

第三节　幼儿运动系统的发展与卫生保健 ·· 434

第四节　幼儿循环系统的发展与卫生保健 ·· 438

第五节　幼儿呼吸系统的发展与卫生保健 ·· 441

第六节	幼儿消化系统的发展与卫生保健	444
第七节	幼儿泌尿及内分泌系统的发展与卫生保健	448
第八节	幼儿的生长发育	450

核心考点回顾 / 427 / 433 / 438 / 441 / 444 / 447 / 450 / 456

第二章　幼儿营养与膳食　分值占比:3~5%

本章学习指南 ············ 457

核心考点 ············ 458

第一节	营养基础知识	458
第二节	合理安排幼儿膳食	466
第三节	幼儿良好饮食习惯的培养	469

核心考点回顾 / 465 / 469 / 471

第三章　幼儿常见疾病的防护和意外事故的处理　分值占比:8~10%

本章学习指南 ············ 472

核心考点 ············ 473

第一节	幼儿常见身体疾病与预防	473
第二节	传染病概述	478
第三节	幼儿常见传染病的种类和预防	484
第四节	幼儿常见意外事故的急救与处理	492

核心考点回顾 / 477 / 483 / 491 / 500

第四章　幼儿安全与心理卫生教育　分值占比:3~5%

本章学习指南 ············ 502

核心考点 ············ 503

第一节	安全措施和安全教育	503
第二节	幼儿常见问题行为与心理卫生问题的预防与矫正	506

核心考点回顾 / 505 / 518

第五部分 教育法规政策与教师职业道德

第一章 教育法规政策　分值占比:15~20%

本章学习指南 ·· 523

核心考点 ··· 524

 第一节　幼儿园管理条例 ··· 524

 第二节　幼儿园工作规程 ··· 527

 第三节　幼儿园教育指导纲要(试行) ·· 538

 第四节　3~6岁儿童学习与发展指南 ·· 549

 第五节　幼儿园教师专业标准(试行) ·· 575

 第六节　教育部关于大力推进幼儿园与小学科学衔接的指导意见(节录) ····· 580

 第七节　幼儿园保育教育质量评估指南 ··· 583

 第八节　新时代幼儿园教师职业行为十项准则 ···································· 590

核心考点回顾 / 527 / 536 / 547 / 573 / 579 / 582 / 589 / 592

第二章 教师职业道德　分值占比:1~3%

本章学习指南 ·· 593

核心考点 ··· 593

 第一节　教师职业道德的概念与特点 ·· 593

 第二节　《中小学教师职业道德规范(2008年修订)》的内容及解读 ············ 595

核心考点回顾 / 598

索 引

专家微课视频索引

（扫描正文中下列知识点处的二维码，即可获取专家微课视频）

- 学前教育的性质／005
- 学前教育的特点／005
- 陶行知／033
- 陈鹤琴—活教育／035
- 学前教育的特殊原则／049
- 现代社会的儿童观／082
- 幼儿游戏的特点／115
- 我国常用儿童发展阶段划分／202
- 言语的概念／226
- 幼儿有意注意的初步发展／238
- 视觉的发展（颜色视觉）／246
- 记忆的分类／254
- 思维的基本特点／276
- 情绪的社会化／304
- 能力的类型／334
- 性别概念的获得／360
- 儿童攻击性行为的影响因素／370
- 高级神经活动的特点／425
- 幼儿眼球的特点／428
- 生长发育具有不均衡性（不平衡性）／451
- 蛋白质的生理功能／459
- 脂类的生理功能／459
- 预防传染病的主要措施／482

第一部分 学前教育学

内容导学

- 幼儿园教师招聘考试学前教育学部分共十章。

- 前三章主要是对学前教育与学前教育学，著名教育家的学前教育思想，学前教育的目标、任务和原则等的讲述，考查题型侧重于客观题。

- 第四章至第八章主要是对幼儿园全面发展教育、幼儿教师和幼儿、幼儿园教育活动、幼儿游戏、幼儿园班级管理与环境创设的阐述，考查题型主客观均有涉及。

- 第九章主要是对幼儿园与家庭、社区的合作以及与小学的衔接的阐述，考生要注意在实际生活中的运用，考查题型主客观均有涉及。

- 第十章主要是对幼儿园教育评价的阐述，考查题型侧重于客观题。

- 考生要重点掌握第二章、第五章至第九章的内容，并结合历年真题有针对性地进行复习。

- 为了方便考生梳理知识脉络，我们在重点节设置了思维导图和核心考点回顾。

第一章 学前教育与学前教育学

本章学习指南

一、考情概况

本章属于学前教育学的基础章节,内容较为琐碎,理论性较强,考生可带着以下学习目标进行备考:

1. 理解学前教育的概念和特点。
2. 掌握学前教育的价值。
3. 理解学前教育学的研究对象和研究方法。
4. 掌握学前教育机构的产生,了解学前教育机构的形式。

二、考点地图

考点	年份/地区/题型
学前教育的概念	2021福建统考填空
学前教育对个体发展的价值	2022浙江台州简答
学前教育学的研究对象	2021山东潍坊单选
学前教育学常用的研究方法	2024浙江台州单选;2020广东湛江单选
学前教育机构的产生	2023山东济南单选;2023安徽宿州单选
学前教育机构的形式	2021山东青岛单选

注:上述表格仅呈现重要考点的相关考情。

> 核心考点

第一节 学前教育概述

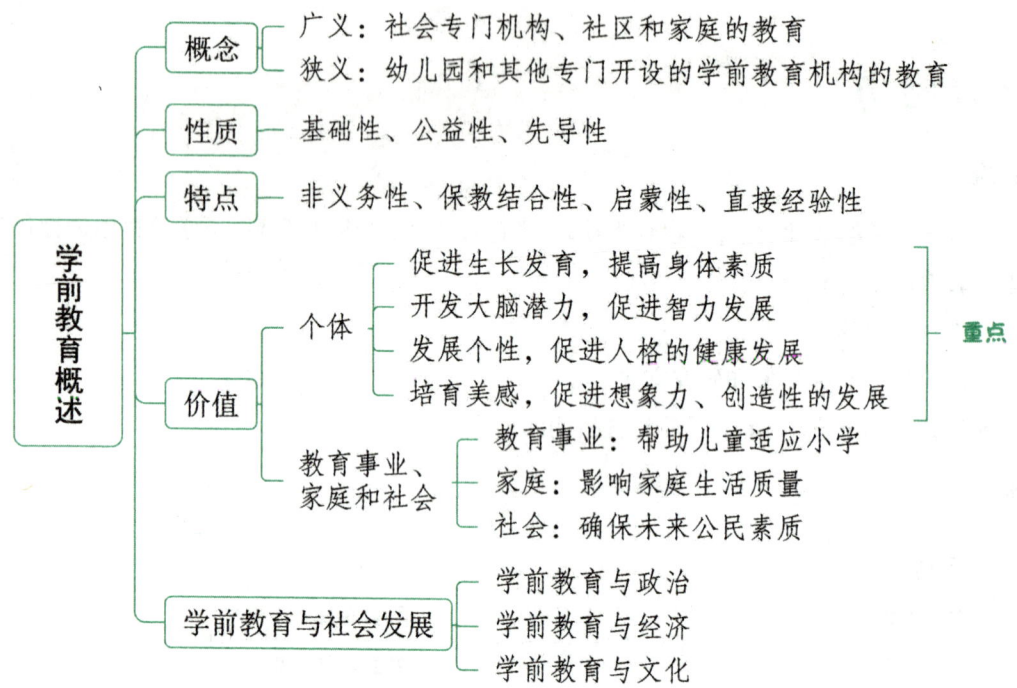

一、学前教育的年龄范围和概念

考点 1 学前教育的年龄范围

学前教育是以学龄前儿童(即从出生到入小学前的儿童)为对象的教育活动。根据我国教育制度的相关规定,儿童入小学的年龄是6周岁以后,所以,通常意义上,学前教育是对从出生到6岁前儿童所进行的教育,可以细分为早期教育(0~3岁)和幼儿教育(3~6岁)。

考点 2 学前教育的概念 【填空】 ★★

1. 广义的学前教育

从广义上说,凡是能够影响和促进学前儿童身体成长及认知、情感、意志、性格、行为等方面发展的活动,如儿童在成人的指导下看电视、做家务、参加社会活动等,都可以称为学前教育。广义的学前教育包括针对学前儿童的社会专门机构的教育、社区教育和家庭教育。

2. 狭义的学前教育

狭义的学前教育是指学前教育工作者整合儿童周围的资源,对0~6岁儿童的发展施以有目的、有计划、有系统的影响活动。也就是说,狭义的学前教育是指幼儿园和其他专门开设的学前教育机构的教育。

真题1 [2021福建统考,填空]广义的学前教育包括社会专门机构的教育、家庭教育和_____。

答案:社区教育

二、学前教育的性质和特点

考点 1 学前教育的性质

1. 基础性

我国学前教育是社会主义教育事业的组成部分,也是基础教育的重要组成部分,是学校教育和终身教育的奠基阶段。国家通过立法、制定方针政策来保证它的实施,通过行政管理体系来领导和贯彻落实。

2. 公益性

学前教育的公益性是指学前教育具有造福公众、让社会获益的性质。坚持教育的公益性是我国教育事业健康发展的基本要求。

3. 先导性

学前教育是儿童教育的开始,合理的学前教育可以让儿童未来的发展有个好的开始,所以具有先导性。

考点 2 学前教育的特点

1. 非义务性

学前儿童去学前教育机构接受教育是自愿的而非强制的,家长完全可以根据孩子和自己的情况,综合考虑是否送孩子进托儿所或者幼儿园,以及送孩子进哪所托儿所或者幼儿园。学前儿童在学前教育机构的学习可以很自主与自由,因故未上学前教育机构,事后家长和教师不得强迫他们进行课程补习。

2. 保教结合性(保教并重)

学前期是儿童生长发育十分迅速而旺盛的阶段,也是身体各种器官、各个系统还没有发育成熟和完善的时期。对学前儿童的教育要特别强调保育与教育相结合,一切教育活动都是在保育的前提下进行的。另外,这个时期的孩子一切正处于发展阶段,良好的教育可以为孩子以后的发展奠定良好的基础,因此学前教育要确保保教结合,保中有教,教中有保。

3. 启蒙性

学前教育的启蒙性是指对学前儿童的教育要与他们的现实发展需要联系起来,要启于未发、适时而教、循序渐进,不损伤"幼嫩的芽",并且要促使其茁壮成长。

学前时期是人生发展的早期,这个时候是人的生理发育、心智发展、个性萌芽的初级阶段,学前儿童开始了初步的社会化历程,面对世界,他们好奇、迷惑,并主动探索,展现自己内在的生命本质。这一时期的教育使学前儿童的体力、智力、品德和情感都得到发展,为他们升入小学后较快地适应正式学习生活打基础,为他们一生的发展打基础。因而在学前教育阶段,不以传授系统知识为主要目标。对于学前儿童来说,专门组织的教学活动为他们提供的内容是最基本的,具有启蒙性。

4. 直接经验性

在学前教育阶段，由于学前儿童的认知水平比较低，知识经验欠缺，他们认识事物主要是通过感官和动作，与周围生活环境中的事物直接接触，进行感知和操作，获取直接经验，因而学前教育具有<u>直接经验性</u>。在学前教育中，要注意为学前儿童提供丰富的实物材料和真实的生活情境，创造各种机会让孩子通过视觉、听觉、触觉等感官亲密接触大自然和其他各种事物，鼓励孩子多做户外运动，加强动手能力的培养，让儿童通过自己的行为与身边环境的互动，获得直接经验。

> **·记忆有妙招·**
>
> 学前教育的特点：**非保启直**。**非**：非义务性。**保**：保教结合性。**启**：启蒙性。**直**：直接经验性。

三、学前教育的价值【简答】 ★★★

考点 1 ▶ 学前教育对个体发展的价值

学前教育对个体发展的价值是指学前教育可以促进学前儿童在身体、认知、社会性和情感等方面健康全面和谐地发展。学前期是人生发展的重要时期，这一时期的环境和教育质量直接影响儿童今后的发展。学前教育对个体发展的价值主要表现在以下几个方面：

1. 促进生长发育，提高身体素质

学前儿童生长发育不成熟，缺乏自我保护意识，容易受到伤害。学前教育机构能够合理地安排营养保健和一日生活，科学地组织体育锻炼，培养学前儿童良好的生活卫生习惯，增强其对疾病的抵抗能力和对环境变化的适应能力，帮助学前儿童增强体质、健康成长。

2. 开发大脑潜力，促进智力发展

学前儿童正处于智力发展的关键期。学前教育就是要对学前儿童进行适宜的刺激，开展科学的教育，以最大限度地开发人类大脑的潜能，促进智力发展。

3. 发展个性，促进人格的健康发展

人的思想品德和行为习惯都是在一定的教育影响下逐渐形成和发展起来的，在学前时期受到的教育影响，常常会在人的一生中留下印记。

4. 培育美感，促进想象力、创造性的发展

学前教育以美熏陶、感染学前儿童，满足其爱美的天性，萌发其美感和审美情趣，激发他们表现美、创造美的欲望，发展他们艺术的想象力、创造力，促进其健全人格的形成。

真题2 [2022浙江台州,简答]简述学前教育对个体发展的意义。
答案：详见内文

考点 2 ▶ 学前教育对教育事业、家庭和社会的价值

1. 学前教育对教育事业发展的价值

学前教育作为我国学制的第一阶段，通过帮助学前儿童做好上小学的准备（包括社会适应性、学习适应

性、身体素质以及良好的学习与行为习惯、态度和能力等方面准备),从而帮助儿童顺利地适应小学的学习和生活。由此可见,学前教育对于基础教育乃至教育事业的整体发展具有重大影响。

2.学前教育对家庭和社会的价值

众多事实表明,孩子能否健康地成长和发展已成为决定家庭生活是否和谐幸福、影响家庭生活质量的一个关键性的因素。家庭是社会的最基本的单位,每一个学前儿童都连接着一个或几个家庭,因此学前教育牵动着整个社会。高质量的学前教育在一定程度上确保了未来公民的素质,确保了国家竞争力。所以,重视学前教育也是我们目前教育政策的一个基本方向。

四、学前教育与社会发展

考点 1 ▶ 学前教育与政治

1.社会政治对学前教育的制约作用

(1)学前教育的性质受社会政治的影响,并为政治所决定。不同的国家,其幼儿教育的性质各不相同。对哪个阶级和阶层的子女进行教育,进行什么样的教育,要培养他们成为什么样的人,这些有关教育和学前教育的领导权、法令、方针、政策、目的、任务及教育制度等问题主要是由政治决定。

(2)学前教育的目标和内容受政治的影响和制约。学前教育的目标通常是由国家直接制定,或在国家的指导方针下由地方政府制定。学前教育内容范围的界定,亦要受国家和地方政府的影响。

(3)学前教育的管理体制也受到政治的影响和制约。学前教育的宏观管理体制作为国家教育制度的一部分,必然反映国家的政治和经济制度的特色。不同政治体制的国家,其学前教育的宏观管理体制各不相同。

(4)学前教育的发展规模和速度也受到政治的影响和制约。幼儿教育的发展规模和速度虽然最终受制于经济,但直接受国家制度的干预或影响。

2.学前教育对政治的影响

学前教育对政治的影响作用,主要是通过培养人来实现的。首先,学前教育能为社会培养具有一定阶级意识的后代,他们长大成人后在维护和巩固一定的政治、经济制度中发挥积极的作用。其次,学前教育机构在传播一定阶级的意识方面起着重要的作用,不仅限于在学前教育机构的婴幼儿,而且对于一个社会的风化习俗、道德面貌等方面都能产生比较大的影响。可以说,一定性质的学前教育为一定社会的政治制度所决定,又给予一定社会的政治制度以重要的影响作用。

考点 2 ▶ 学前教育与经济

1.经济发展对学前教育的影响

(1)社会经济的发展促进学前教育机构的产生与发展。经济最终决定制约整个社会的发展,因而必然地决定、制约着教育的发展。经济水平为学前教育提供了发展的可能性和必要性。

(2)学前教育发展的规模和速度受社会经济水平的影响和制约。国家是否愿意为学前教育提供人力、物力和财力,是否愿意大力推进学前教育,其决定因素就是经济是否需要学前教育以及人们对学前教育的需求状况。

(3)学前教育的目标、内容、手段和设施受社会经济发展水平的影响。学前教育的目标在不同的经济发展阶段中,经历了如下变化:①工业社会初期——主要为工作的母亲照管儿童;②工业社会——不限于看护儿童,开始对儿童实施促进其身心发展的教育;③现代社会初期——以发展儿童智力为中心;④现代社会(20世纪80年代以后)——促进儿童身体的、情绪的、智能的和社会性的全面发展。在社会经济发展的影响下,学前教育的内容和手段也有了很大的变革。

2. 学前教育为促进社会经济发展服务

一个国家的经济发展在很大程度上取决于科学技术和教育的发展水平,取决于人才的素质,这几方面都需要通过教育来实现。因此,很多国家都十分重视教育投资,开发人力资源。我国是人口大国,如果教育的水平提高,那么人才资源的巨大优势就显露无遗,就能为经济发展提供必要的条件。

学前教育在提高未来人才和劳动力素质、促进社会生产力发展方面也起着重要的作用,并且,学前教育可以减轻家长养育幼小孩子的负担,使他们有充沛的精力投入工作和学习,从而为发展经济服务。

考点 3 ▶ 学前教育与文化

1. 文化对学前教育的影响

(1)文化影响学前教育培养目标。教育目标体现着教育者对教育对象的期望,学前教育目标要反映社会的价值观念和发展方向,反映生产力发展水平对人才的要求,而这种要求有着深刻的文化内涵。

(2)文化影响学前教育内容。学前教育工作者会根据当地的文化背景选择某些具有教育意义的内容融入学前教育活动。同时会依据特定的标准设计幼儿园的物质文化和精神文化,从而时时影响入园儿童。

(3)文化影响师生关系和教育教学方法。教育者对待受教育者的态度,往往是由其所处的特定文化背景和文化传统造就的。

2. 学前教育对文化的影响

文化传递需要物质载体、精神载体以及人的载体,依靠三种载体不断转化才能完成传递,才能使客体文化转化到主体文化。在这个过程中,教育起着不可忽视的作用,它是文化传递的前提、动力和重要途径,并在传递过程起着补充、发展和丰富文化的作用。学前教育与人类文化的传承发展有着十分密切的关系。在教育过程中可以传递文化,在传递文化的基础上又可创造新的文化。

✦✧ 本节核心考点回顾 ✧✦

1. 学前教育的概念
(1)广义:社会专门机构的教育、社区教育和家庭教育。
(2)狭义:幼儿园和其他专门开设的学前教育机构的教育。
2. 学前教育的特点
(1)非义务性:学前儿童去学前教育机构接受教育是自愿的而非强制的。
(2)保教结合性(保教并重):保中有教,教中有保。
(3)启蒙性:要启于未发、适时而教、循序渐进,不损伤"幼嫩的芽"。
(4)直接经验性:让儿童通过自己的行为与身边环境的互动,获得直接经验。
3. 学前教育对个体发展的价值
(1)促进生长发育,提高身体素质。

(2)开发大脑潜力,促进智力发展。

(3)发展个性,促进人格的健康发展。

(4)培育美感,促进想象力、创造性的发展。

第二节 学前教育学概述

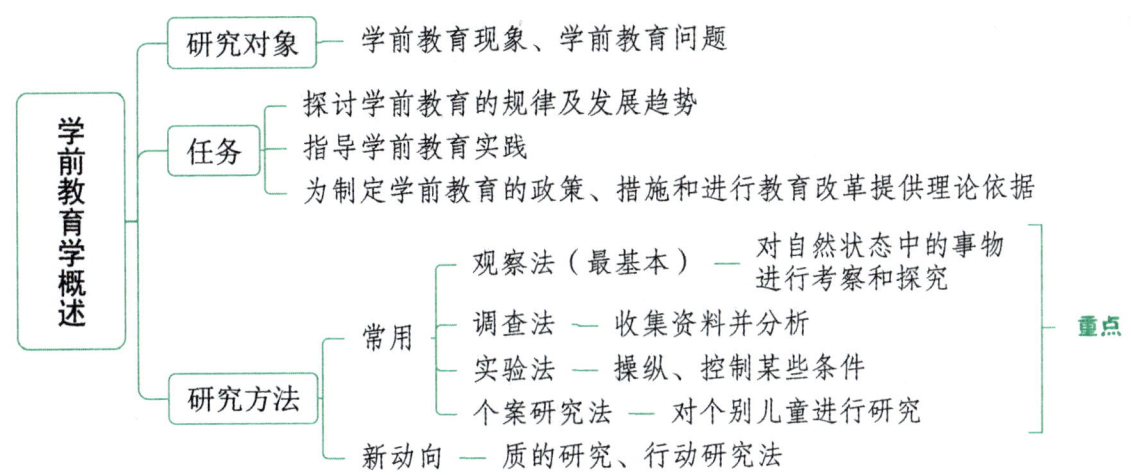

一、学前教育学的概念和研究对象 【单选】 ★

学前教育学是教育学的一门分支学科,是研究0岁至入学前儿童的教育现象及教育问题,揭示学前教育规律的科学。

学前教育学的研究对象有两方面:一是学前教育现象,即构成学前教育活动的诸要素及各要素的组合;二是学前教育问题,即学前教育活动在不同时代、不同情境下所面临的矛盾。

真题1 [2021山东潍坊,单选]学前教育学的研究对象是(　　)

A. 学前教育中的现象和问题　　B. 幼儿学习中的现象和问题

C. 幼儿教师的教学行为和问题　　D. 幼儿发展中的行为和问题

答案:A

二、学前教育学的任务

学前教育学的任务有三个方面:

(1)总结我国学前教育的经验,研究学前教育基本理论,引进国外学前教育的理论和实践,以探讨我国学前教育的规律及今后发展趋势。

(2)通过对学前教育实践的理论研究,用科学的教育观念指导学前教育实践,不断提高学前教育机构和家庭的科学教育水平。

(3)依据基本理论的研究为国家和有关部门制定学前教育的政策、措施和进行教育改革提供理论依据和策略思想。

三、学前教育学的研究方法 【单选】 ★★

考点 1 ▶ 常用的研究方法

1. 观察法

(1)观察法的含义

观察法是研究者运用感官或借助一定的仪器设备对处于自然状态中的客观事物进行有目的、有计划的考察和探究,从而获取科学事实、探索科学规律的一种科学研究方法。观察法是实证研究最基本的方法,也是托儿所、幼儿园里最常用、最实用的研究方法。

(2)观察法的类型

表1-1 观察法的类型

分类依据	类型	概念
环境条件是否进行控制和改变	自然观察法	在自然状态下所进行的观察,即对要观察的事物存在的条件不加控制或改变
	实验室观察法	是研究者根据研究的目的,在对观察对象发生的环境和条件加以控制或改变的条件下进行的观察
是否借助仪器设备	直接观察法	观察者直接运用自己的感官对研究对象的行为进行感知的观察方法
	间接观察法	研究者借用一定的仪器设备来考察研究对象的方法
是否参与研究对象的活动	参与性观察法	观察者在不暴露观察目的的情况下参与到研究对象的活动中去,在与研究对象共同活动时从内部进行的观察
	非参与性观察法	观察者不参与被观察者的任何活动,完全以局外人的身份所进行的观察
是否对观察活动进行严格的控制	有结构观察法	在观察前有明确的观察目标、详细的观察内容和指标体系,能对整个观察过程进行系统、有效的控制,并要求有完整的观察记录的观察
	无结构观察法	只有一个总的观察目的和一个大致的观察内容范围,记录简单,对观察过程也不进行严格控制的观察
对研究对象行为取样的方式不同	时间取样观察法	研究者根据研究对象行为表现的时间特点确定具体的观察时间,对选定时间内研究对象的特定行为表现和相关事件进行全面的观察和记录
	事件取样观察法	研究者根据自己对要观察的研究对象的行为的认识,选择与该类行为的发生密切相关的事件进行全面系统的观察

2. 调查法

调查法是研究者围绕某一教育现象,采用问卷、谈话、座谈等多种形式收集资料,并对所获得的资料进行定量、定性分析,指出所存在的问题,提出教育建议的一种研究方法。例如,教师通过与大班幼儿进行个别谈话,发现"庆祝活动"和"游戏活动"是引起幼儿愉快情绪体验的较强刺激物,在幼儿园的教育活动中,教师就可以加重这些活动的分量,以进一步发展幼儿的积极情绪。

3. 实验法

实验法是研究者以一定的理论假设为指导,根据研究的目的,有计划地操纵某些条件,控制某些条件,并观测特定的教育现象随之发生的变化,以探索不同教育现象之间的因果关系,揭示教育活动规律的研究方法。

4.个案研究法

个案研究法是教师利用观察法、调查法、作品分析法等方法对班级个别儿童进行全面系统的研究,以揭示儿童发展普遍规律的一种研究方法。例如,幼儿园小班里有一个3岁的儿童,入园以来从未哭过。有客人来参观时,他能在教师的提醒下,主动向客人介绍自己的绘画作品、纸工作品等。据此,教师可以以这个儿童为研究对象,探索提高儿童适应能力和社会交往能力的途径和方法。

真题2 [2024浙江台州,单选](　　)是研究者运用感官或借助一定的仪器设备对处于自然状态中的客观事物进行有目的、有计划的考察和探究,从而获取科学事实、探索科学规律的一种科学研究方法。
A. 观察法　　　　B. 调查法　　　　C. 实验法　　　　D. 文献法

真题3 [2020广东湛江,单选]幼儿园教师围绕某一教育现象,采用问卷、谈话、座谈等形式收集资料,并对所获得的资料进行定量、定性分析,指出所存在的问题并提出解决建议的研究方法属于(　　)
A. 观察法　　　　B. 实验法　　　　C. 调查法　　　　D. 个案研究法

答案:2. A　3. C

考点 2 研究新动向

1.质的研究

质的研究也称为"实地研究法"或"参与观察法",是基于经验和直觉之上的研究方法,以研究者本人作为研究工具,凭借研究者自身的洞察力在与研究对象的互动中理解和解释其行为和意义建构的研究方法。质的研究是与量的研究相对应的一种研究方式,强调教育现象充满着意义和诠释,应该以整体的观点研究教育现象,反对把自然科学研究物的方法简单地应用于复杂的教育现象中。

2.行动研究法

行动研究法是一种适应小范围的教育改革的探索性研究方法,是研究者为科学地解决教育活动中的实际问题,在对问题诊断分析的基础上来拟订和实施行动计划的一种循环研究的程序性方法。此处的行动是指带有探索和研究性质的教育实践活动。

行动研究法作为一种特殊的研究方法,着重于将教育科学研究和教育实践活动合二为一,用行动的方式来认识和解决教育活动中的实际问题。

和其他类型的方法相比,它具有以下几个方面的特点:(1)行动研究法有很强的实践性;(2)行动研究法有很强的开放性;(3)行动研究法有很强的灵活性;(4)行动研究伴随持续地对研究计划的修正。

★★ 本节核心考点回顾 ★★

1.学前教育学的研究对象

(1)学前教育现象;(2)学前教育问题。

2.学前教育学常用的研究方法

(1)观察法:运用感官或借助一定的仪器设备对处于自然状态中的客观事物进行有目的、有计划的考察和探究。观察法是实证研究最基本的方法,也是托儿所、幼儿园里最常用、最实用的研究方法。

(2)调查法:研究者围绕某一教育现象,采用多种形式收集资料,并对所获得的资料进行定量、定性分析。

(3) 实验法：以一定的理论假设为指导，根据研究的目的，有计划地操纵、控制某些条件，并观测特定的教育现象随之发生的变化，以探索不同教育现象之间的因果关系。

(4) 个案研究法：对班级个别儿童进行全面系统的研究。

第三节　学前教育机构的产生与发展

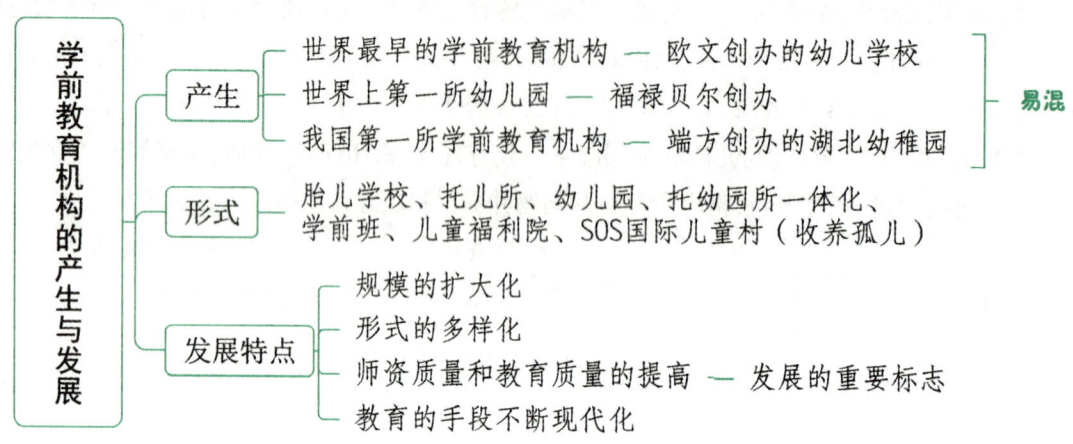

一、学前教育机构的产生　【单选】　★★

考点 1　世界上最早的学前教育机构

18世纪末至19世纪初，由于大机器生产的发展冲击了以一家一户的自然经济为基础的生产方式，大量农民和手工业者破产、失业，大批妇女为了生活开始走向社会。资产阶级为了获取廉价的劳动力而雇佣了大量妇女，她们每天工作长达16个小时，致使幼儿无人照顾，流落街头，智力落后，死亡率极高，造成了严重的社会问题。因此，一些慈善家、工业家开始创办学前教育，但大部分都是具有慈善性质的社会福利机构。1816年，英国空想主义者欧文在苏格兰的纽兰纳克创办了一所招收工人子女的幼儿学校（也称为"性格形成新学园"），这是英国也是世界上最早的学前教育机构。

考点 2　世界上第一所幼儿园的诞生

世界上第一所幼儿园是由德国的教育家福禄贝尔创办的。1837年，福禄贝尔在德国勃兰根堡开办了一所儿童游戏活动机构，1840年将其命名为幼儿园。他创办的这所幼儿园也是第一所真正意义上的幼儿教育机构。之后，"幼儿园"这一名称被全世界普遍采用，众多幼儿园也很快在欧美各国创办起来。

考点 3　我国第一所学前教育机构

我国创办的第一所学前教育机构是1903年由湖北巡抚端方在湖北武昌创办的湖北幼稚园，这也是我国最早的公立学前教育机构。1904年《奏定学堂章程》颁布后，湖北幼稚园更名为武昌蒙养院。

1904年，由张之洞、张百熙、荣庆合订的《奏定学堂章程》即癸卯学制，其中包括了蒙养院制度。癸卯学制第一次用国家学制的形式把学前教育机构的名称确定下来，把社会学前教育机构的地位固定下来，使蒙养院成为我国最早的学前教育机构。可以说，癸卯学制所定位的蒙养院，是我国幼儿教育史上具有划时代意义的重要里程碑。

• 小香课堂 •

为方便考生更清晰地识记,现将学前教育机构的产生的主要内容提炼如下:

时间	人物	地点	创办机构	历史地位
1816年	欧文(英国)	纽兰纳克	幼儿学校(性格形成新学园)	世界上最早的学前教育机构
1837年	福禄贝尔(德国)	勃兰根堡	一所儿童游戏活动机构,1840年命名为幼儿园	世界上第一所幼儿园
1903年	端方(中国)	湖北武昌	湖北幼稚园,后改称为武昌蒙养院	我国第一所学前教育机构,也是我国最早的公立学前教育机构

真题1 [2023安徽宿州,单选]我国创办的第一所公立学前教育机构是(　　)

A. 湖南幼稚园　　B. 湖北幼稚园　　C. 河北幼稚园　　D. 南京幼稚园

真题2 [2023山东济南,单选]世界上第一所幼儿园的创办者是(　　)

A. 夸美纽斯　　B. 洛克　　C. 福禄贝尔　　D. 卢梭

答案:1. B　2. C

二、学前教育机构的形式 【单选】 ★

表1-2　学前教育机构的形式

形式	性质
胎儿学校	对胎儿进行教育的专门场所,主要由医务部门管理
托儿所	专门照顾和教育0~3岁婴幼儿的场所
幼儿园	对3~6岁学龄前幼儿实施保育和教育的机构
托幼园所一体化	托儿所、幼儿园连在一起的,招收出生几个月至6周岁的儿童
学前班(幼儿班)	多半建于城镇、农村,附设在小学,作息制度仿照小学进行
儿童福利院	也称儿童教养院,是一种招收孤儿和残疾儿童的社会福利机构
SOS国际儿童村	收养孤儿的国际慈善组织,1949年由奥地利医学博士哥麦纳在维也纳创办,旨在给儿童"母爱"

真题3 [2021山东青岛,单选](　　)国际儿童村是收养孤儿的国际慈善组织。

A. SEA　　B. SAN　　C. SOS　　D. SUN

答案:C

三、世界学前教育机构发展的特点

(1)学前教育机构规模的扩大化;(2)学前教育机构形式的多样化;(3)师资质量和教育质量的提高,这是学前教育机构发展的重要标志;(4)学前教育的手段不断现代化。

013

本节核心考点回顾

1.学前教育机构的产生

(1)世界上最早的学前教育机构:1816年,欧文创办的一所招收工人子女的幼儿学校。

(2)世界上第一所幼儿园:由德国的教育家福禄贝尔创办。

(3)我国第一所学前教育机构:1903年由湖北巡抚端方在湖北武昌创办的湖北幼稚园,这也是我国最早的公立学前教育机构。

2.学前教育机构的形式

(1)胎儿学校;(2)托儿所;(3)幼儿园;(4)托幼园所一体化;(5)学前班(幼儿班);(6)儿童福利院(招收孤儿和残疾儿童);(7)SOS国际儿童村(收养孤儿)。

扫一扫即可领取:
①精选历年考试考题及解析
②获取当地考试资讯,从容准备
③山香老师备考指导,不走弯路
④备考交流群,互动答疑,督促学习

领取方式:
①扫一扫关注公众号
②回复备考省份

第二章 著名教育家的学前教育思想

本章学习指南

一、考情概况

本章属于学前教育学的基础章节,也是考试重点考查章节,需要掌握的知识较多,考生可带着以下学习目标进行备考:

1.掌握国外教育家柏拉图、夸美纽斯、洛克、卢梭、裴斯泰洛齐、福禄贝尔、蒙台梭利、杜威等人的教育理论。

2.掌握我国教育家王守仁、陶行知、陈鹤琴、张雪门等人的教育理论。

二、考点地图

考点	年份/地区/题型
柏拉图的教育思想	2023安徽宿州单选;2022安徽安庆单选
夸美纽斯的著作	2024江苏扬州单选;2023安徽宿州单选
洛克的教育思想	2023安徽宿州单选;2021福建统考判断
裴斯泰洛齐的要素教育理论	2021浙江临海单选
福禄贝尔的游戏理论	2024山东青岛单选;2023山东济南多选
蒙台梭利的教育思想	2024/2020福建统考单选
杜威的教育思想	2023/2022福建统考单选、判断;2021山东青岛单选
王守仁的教育思想	2023福建统考判断
陶行知的教育实践与教育思想	2022福建统考单选;2021江苏镇江简答
陈鹤琴的教育实践与活教育理论	2023/2022福建统考单选、判断;2021山东青岛单选;2023安徽宿州多选
张雪门的教育思想	2023福建统考单选

注:上述表格仅呈现重要考点的相关考情。

第一节 国外教育家的学前教育思想

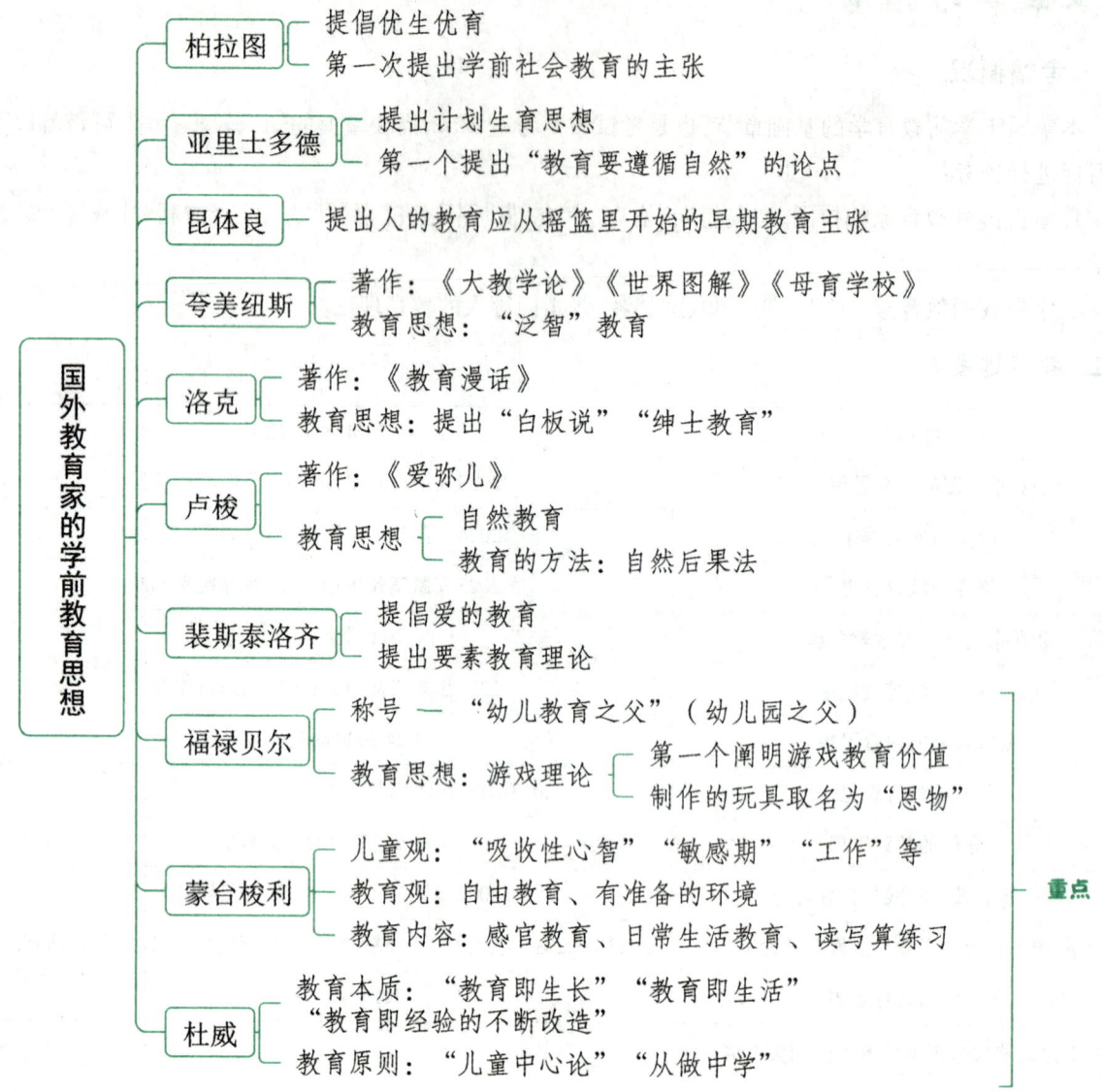

一、柏拉图 【单选】 ★★

柏拉图是古希腊著名的哲学家,西方客观唯心主义的创始人。在举世闻名的《理想国》中,柏拉图提出了自己的学前教育见解。

(1)教育要从幼年开始。柏拉图高度重视学前教育的重要意义。他说:"凡事之开始,为最重要之点。而于教育柔嫩之儿童,则更宜注意。盖其将来人格之如何,全在此时也。"

(2)提倡优生优育。在西方教育发展史上,柏拉图首次提出了胎教的主张,第一次论述了优生优育问题。他认为,只有优生优育,才能不断提高国民的素质。

(3)第一次提出了学前社会教育的主张。柏拉图认为,在理想国中,儿童属于国家所有。国家要设立专门的养育所,选派专职人员,承担抚养、教育儿童的责任。

(4)重视游戏在幼儿教育中的重要作用。柏拉图已经意识到,游戏是符合儿童身心发展的重要活动,是儿童喜爱的活动。他重视游戏的道德教育作用,认为游戏的内容和方式必须符合法律的规范,符合道德的精神。

真题1 [2023安徽宿州,单选]第一次提出了学前社会教育主张的教育家是( )
A.苏格拉底　　　　B.柏拉图　　　　C.亚里士多德　　　　D.裴斯泰洛齐
真题2 [2022安徽安庆,单选]( )是西方教育史上最早论述优生优育问题的思想家。
A.柏拉图　　　　B.孔子　　　　C.陶渊明　　　　D.夸美纽斯
答案:1.B　2.A

二、亚里士多德

亚里士多德是柏拉图的高足,他继承了柏拉图重视学前教育的思想,并提出了许多新的见解。

(1)提出胎教,探讨了孕妇保健的问题,提倡母乳喂养。

(2)研究了学前儿童的年龄分期教育。按照亚里士多德的观点,学前教育应分为三个阶段,出生前为第一阶段,是胎教阶段;出生后至5岁是第二阶段,要进行婴幼儿教育;5~7岁为儿童阶段,要适应儿童的心理特征进行儿童教育。

(3)提出了计划生育的思想。亚里士多德说:"各家繁殖的子嗣应有一定的限数,倘使新妊娠的胎婴已经超过这个限数,正当的解决方法应在胚胎尚无感觉和生命之前,施行人工流产。"

(4)在人类教育史上第一个提出"教育要遵循自然"的论点,为人类研究儿童、教育儿童指出了正确方向。

三、昆体良

昆体良是古罗马杰出的教育家。他十分重视早期教育,在《雄辩术原理》一书中,昆体良较详细地论述了其学前教育的基本思想。

(1)提出了人的教育应从摇篮里开始的早期教育主张。

(2)重视家庭环境和社会环境在早期教育中的重要作用,对家长、保姆和教师提出了严格的要求。

(3)提倡根据儿童不同的性格特点,因材施教。

(4)重视儿童的游戏活动,论述了游戏在发展儿童智力、促进儿童品德发展中的意义。

(5)重视幼儿语言教育,探讨了幼儿语言教法。

(6)提出劳逸结合、量力而行的教学思想,并坚决反对体罚。

四、夸美纽斯 【单选】 ★★

夸美纽斯是17世纪捷克教育家,是人类教育史上一位里程碑式的人物,是第一个专门对学前教育提出深刻认识并有系统论述的教育家。他的代表作有《大教学论》《世界图解》和《母育学校》。

(1)《大教学论》。夸美纽斯的《大教学论》是西方第一本独立形态的教育学著作,被视为系统教育理论产生的标志。

(2)《世界图解》。夸美纽斯编写的《世界图解》是历史上第一本对幼儿进行启蒙教育的看图识字课本。

(3)《母育学校》。夸美纽斯为父母们编写的学前家庭教育指南《母育学校》,是世界上第一部论述学前教育的专著,集中体现了他的学前教育思想。夸美纽斯认为,学前教育应当在家庭中进行,家庭就是母育学校,母亲就是母育学校的教师。母育学校为幼儿以后所要学习的一切奠定基础,这一时期的幼儿所接受的应当是简易的实物课程。

> **·小香课堂·**
> 关于《世界图解》这本著作的地位,还有其他不同的说法,现将其总结如下:
> 说法一:《世界图解》是世界上第一本依据直观原则编写的课本,也是一本教给儿童基本知识的带有插图的百科全书。
> 说法二:《世界图解》是世界上第一本图文并茂的儿童读物,该书被誉为"儿童插图书的始祖"。

夸美纽斯的主要教育观点包括以下几点:

1."泛智"教育

夸美纽斯从他的民主主义的"泛智"思想出发,提出了普及教育的思想。提出"把一切事物教给一切人""一切男女青年都应该进学校"。

2.教育应适应自然

教育适应自然的原则是贯穿夸美纽斯整个教育理论体系的一条根本的指导性原则。主要有两方面的内容:(1)自然界存在着普遍秩序,即自然规律;(2)教育要适应人的自然本性和儿童年龄特征。夸美纽斯认为秩序是把一切事物教给一切人们的教学艺术的主导原则。

3.建立统一的学制系统

为了实现普及教育的目的,夸美纽斯根据教育适应自然的原则和"泛智"教育思想,提出了建立统一的学校制度。他认为,人从出生到成年的24年可以划分为四个时期:幼儿期、儿童期、少年期和青年期,每个时期各6年。与人生的四个时期相对应的是母育学校、国语学校、拉丁语学校和大学四级学制。

真题3 [2024江苏扬州,单选]世界上第一部论述学前教育的专著是( )

A.《幼儿教育》　　　　B.《学前教育研究》　　　　C.《东方娃娃》　　　　D.《母育学校》

真题4 [2023安徽宿州,单选]历史上第一本对幼儿进行启蒙教育的看图识字课本是( )

A.《母亲与儿歌》　　　B.《新爱洛伊丝》　　　　C.《幼稚教育》　　　　D.《世界图解》

答案:3. D　4. D

五、洛克 【单选、判断】 ★★

洛克是英国著名的实科教育和绅士教育的倡导者,他的代表作有《教育漫话》《工作学校计划》《理解能力指导散论》《人类理解论》等。洛克的幼儿教育思想主要有以下几个方面:

考点 1 ▶ 论教育的作用和目的

1.关于教育的作用

洛克从唯物主义的立场出发,提出了著名的"白板说"。他认为人出生后心灵如同一块白板,没有任何标记和观念;人的一切知识都是后天得来的,都建立在经验的基础上。"我们的一切知识都是建立在经验上的,而且最后是起源于经验的。"根据这种观点,洛克认为,人的发展是由教育决定的,而不是由先天的遗传因素决定,教育在形成人的过程中起着非常重要的作用。

洛克指出:"我敢说我们日常所见的人中,他们之所以或好或坏,或有用或无用,十分之九都是他们的教育所决定的。人类之所以千差万别,便是由于教育之故。"洛克的这种观点忽视了儿童的主观能动性和个性差异。

2.关于教育的目的

洛克认为,教育的目的就是培养绅士。所谓绅士,就是一种有德行、有学问、有能力、有礼貌的人。为了实现绅士教育的目的,洛克设计了一整套具体的实施办法,为幼儿安排了包括体育、德育、智育在内的教育内容,并且详细提出了各项教育的要求和方法。不过洛克所注重的绅士教育是贵族子弟的教育,主张把他们培养成为身体强健、举止优雅、有德行、有智慧、有才干的事业家。在其著作《教育漫话》一书中,他提出了绅士教育思想,并详细论述了绅士教育的内容(即体育、德育和智育)及方法。

真题5 [2023安徽宿州,单选]17世纪英国教育家洛克在( )中提出了绅士教育思想。
A.《教育漫话》　　B.《爱弥儿》　　C.《大教学论》　　D.《母育学校》
答案:A

考点 2 ▶ 论儿童教育的内容和方法

在教育内容上,洛克把教育分为体育、德育、智育三个部分。

1. 论幼儿体育

洛克在《教育漫话》中认为,一个绅士要使自己的事业获得成功,达到个人幸福的目的,就必须要有强健的体魄。在西方教育史上,洛克是第一个提出并详细论述儿童体育问题的教育家。

对于幼儿体育的实施应该包括以下方面:(1)不要娇生惯养;(2)多参加户外活动;(3)养成良好的生活习惯;(4)注意预防疾病;(5)身体锻炼要顺应自然。

真题6 [2021福建统考,判断]西方教育史上第一个提出并详细论述儿童体育问题的教育家是福禄贝尔。
答案:×

2. 论幼儿德育

洛克认为,德行是人生最重要的最不可缺少的品德,因此,德育是教育的核心。其目标是具有良好的德行,并养成良好的礼仪。

具体来讲,幼儿德育的实施应该包括以下方面:(1)说理;(2)及早管教;(3)树立榜样;(4)道德练习;(5)采用惩罚;(6)严宽结合;(7)爱护名誉。

3. 论幼儿智育

洛克认为,相对于身体锻炼和德行培养来讲,智育是教育的辅助。其目标是传授学问以及发展智力。

具体来讲,幼儿智育的实施应该包括以下方面:(1)鼓励好奇心;(2)强调心智自由;(3)学习有用的知识;(4)注重联想;(5)寓教于乐。

> •记忆有妙招•
>
> 洛克的主要教育思想及代表著作:**洛克白板画绅士**。洛克主张"白板说",其代表作是《教育漫话》,提出了绅士教育。

六、卢梭

卢梭,法国著名的启蒙思想家、哲学家、教育家、文学家。卢梭的主要著作有《论人类不平等的起源和基础》《社会契约论》《爱弥儿》等。**卢梭的教育思想主要集中于他的教育著作《爱弥儿》一书中。**

考点 1 ▶ 论自然教育

针对传统的封建教育压抑人性和违反自然的弊病,卢梭提出了自然教育理论,即教育要"归于自然",这是他的政治观、哲学观和宗教观的基础,也是他的教育观的基础。

卢梭所提倡的自然教育的核心思想是:强调对幼儿进行教育必须遵循自然的要求,顺应幼儿的自然本性。他反对成人不顾儿童的特点,强制儿童接受违反自然的教育;否定儿童天生是有罪的,认为儿童的心灵是纯真的、美好的。这可以说是第一次把儿童作为一个独立的、平等的人来看待。

1. 教育的三个来源

卢梭指出,教育有三个来源,即"自然""人"和"事物"。在他看来,自然的教育、人的教育和事物的教育三方面是相互联系的,因为我们每一个人都是由这三方面教育培养起来的。

2. 教育遵循自然

卢梭提倡的自然教育,归根结底就是教育要服从自然的永恒法则,适应幼儿天性的发展,促使幼儿身心的自然发展。卢梭认为,人的天性发展是有秩序的,教育必须适应不同时期幼儿天性的发展水平。教育在适应幼儿天性的同时,还要适应幼儿的个性差异。卢梭认为,每一个人的心灵有它自己的形式,必须按它的形式去指导它。适应幼儿的个性差异,也包括了适应男女两性的天性差异。

3. 教育的目的是培养"自然人"

从自然教育这个基本原则出发,卢梭明确提出,教育要以培养"自然人"为目的,在他看来,这种"自然人"是身心发达、体脑两健、不受传统束缚、天性发展的新人。他们不依从任何固定的社会地位和社会职业,能适应各种客观发展变化的需要。

考点 2 ▶ 论教育年龄分期

卢梭激烈批评传统的封建教育制度不顾幼儿天性的发展,抹杀了幼儿与成人的区别。他强调应该根据幼儿的特点来进行教育。因为在万物中人类有人类的地位,在人生中幼儿有幼儿的地位,所以,必须把人当人看待,把幼儿当幼儿看待。

从自然教育理论出发,卢梭根据受教育者的年龄特征把教育阶段分成四个时期:(1)婴儿期(出生～2岁);(2)幼儿期(2～12岁);(3)少年期(12～15岁);(4)青年期(15～20岁)。

考点 3 ▶ 论幼儿教育的方法

从自然教育理论出发,卢梭还具体阐述了儿童教育的方法。

1. 给予行动的自由

卢梭认为,为了使儿童身体能够得到自然发展,儿童刚从母胎出生就要给予行动的自由。

2. 合理的养护和锻炼

卢梭认为，儿童的养护和锻炼应该顺应自然。儿童应该由父母亲自喂养；应该让儿童穿着宽松、朴素；给予儿童充足的睡眠时间；在对儿童进行养护的同时，应该注意对儿童进行锻炼，包括体格和品质方面的锻炼。卢梭反对对儿童娇生惯养和溺爱。

3. 注意语言的发展

卢梭认为，为了更好地促进儿童语言的发展，成人要发出一些儿童能听得懂的声音，要少、要清楚、要容易、要常常翻来覆去地说给他们听；而且在孩子语言发展的过程中切不可操之过急。

4. 感觉教育

卢梭认为，2～12岁这个阶段儿童的语言有所发展，但是理智还没有开发，因此教育的重点应放在儿童的感觉发展方面，他认为这个时期主要是进行感觉教育。卢梭从其哲学的认识论出发，非常强调人的感觉经验的作用。他认为，感觉经验是理性发达的凭借。要培养人的理性，必须充实人的感觉经验。他又认为，儿童的感觉必须要通过教育才能够得到充分发展。

5. 重视模仿

卢梭认为，儿童具有一种模仿的本能，这在他们的自然发展过程中会表现出来。儿童的模仿不仅表现在道德上，也表现在感官发展上。为了使儿童有好的模仿榜样，教育者要严格管束自己。

6. 自然后果法

以自然教育理论为依据，卢梭在道德教育上提出了"自然后果法"。他强调，对于儿童的过失，不必加以责备和处罚，而要利用儿童过失所造成的自然后果，使他们自食其果，从而使他们认识其过失并予以改正。

•记忆有妙招•

卢梭的主要教育思想及代表著作：**卢梭爱弥倡自然**。卢梭提倡"自然教育"，其代表作是《爱弥儿》。

七、裴斯泰洛齐 【单选】 ★★

裴斯泰洛齐是19世纪瑞士著名的民主主义教育家，也是一百多年来世界上享有盛誉的教育改革家。他是世界上第一个明确提出"教育心理学化"口号的教育家，并且是西方教育史上第一位将教育与生产劳动相结合的思想付诸实践的教育家。裴斯泰洛齐的代表作有《隐士的黄昏》《林哈德与葛笃德》《我对人类发展中自然进程的追踪考察》等。

1. 提倡爱的教育

为了培养身心和谐发展的完人，裴斯泰洛齐提出实施和谐发展的教育内容，包括德育、智育、体育和劳动教育。裴斯泰洛齐把道德教育放在重要的地位，道德教育应是整个教育体系的关键，他主张把道德教育作为家庭教育和学校教育的主要内容。道德教育的任务，就在于发展儿童积极的爱。在裴斯泰洛齐看来，道德教育就是"爱"的教育。如果没有爱的情感，一切教育也就难以取得成效。这种爱的情感是通过母亲与孩子、教师与孩子之间的信任和爱表现出来。

爱的教育贯穿在裴斯泰洛齐的全部教育观点和教育活动之中，在他的教育实践中始终充满着深厚的爱的思想感情。他热爱儿童，尊重儿童，对儿童充满了信任和友爱，忧儿童之忧、乐儿童之乐，以父亲般深厚的感情教育儿童，使儿童的道德、智慧和身体都得到较大的发展。

但是，他同时指出爱不是万能的，也不是无限度的，爱如果变成溺爱、纵容、放任，则是教育中的极大祸害。所以他又主张爱要与威严结合。"用单纯的慈爱办教育也是没用的,只有慈爱和威严互相结合才行。"裴斯泰洛齐是提倡"爱的教育"和实施"爱的教育"的典范。

2. 提出要素教育理论

要素教育理论是裴斯泰洛齐教育理论的精华,是他的教学理论的核心。裴斯泰洛齐认为教育过程必须从一些最简单的因素开始,逐渐转向复杂的因素。德育、智育、体育和劳动教育,不同的方面有不同的要素,各育都能找到一定的最简单的要素作为实施教育的起点。

道德教育最简单的要素是儿童对母亲的爱,以这个要素为起点,使儿童逐渐扩展到对其他人的爱,最初爱自己的父母,进而爱兄弟姐妹,然后扩展到爱上帝、爱全人类,从而上升到博爱境界。裴斯泰洛齐认为,孩子受到母亲的爱抚、照顾,感到愉快、满足,于是"爱的种子就在孩子心里发展起来了"。

智育的要素就是"对事物产生一种最初的印象",而儿童在对事物产生最初的印象时,往往是对事物的形状、数目和名称三个基本点产生较强的印象,即只要抓住了这三个要素来培养儿童的能力,就可以发展儿童的想象力、观察力和思维能力。因此,他认为教给儿童记数、学习语言、辨别形状,是知识教育的关键。

体育最简单的要素是关节活动,如抛、搬、推、拉、转等基本动作,这也是儿童体力发展的基础。由于劳动是体力活动的一个方面,因此关节活动也是劳动教育的基本要素。儿童从小就要进行各种关节的运动,再逐步扩展到全身的、更为复杂的体力劳动。

真题7 [2021浙江临海,单选]裴斯泰洛齐的要素教育理论中,(　　)最基本的要素包括数目、形状、名称。

A. 体育　　　　　B. 德育　　　　　C. 智育　　　　　D. 劳动教育

答案:C

> **•记忆有妙招•**
>
> 裴斯泰洛齐的主要教育思想:**裴齐要诉心理爱**。裴斯泰洛齐提出要素教育理论,提出"教育心理学化"口号,提倡爱的教育。

八、福禄贝尔 【单选、多选】 ★★

福禄贝尔是德国著名的教育家,幼儿园运动的创始人。19世纪中叶,他在德国创办了世界上第一所幼儿园,而且创立了一整套幼儿教育理论和相应的教育方法、教材、玩具等。他推动了世界范围内的幼儿园运动的兴起和发展,因而被世人誉为"幼儿教育之父"(幼儿园之父)。由于他的实践和理论建树,幼儿教育理论形成了独立的体系,幼儿园教育也成为教育中的一个独立的领域。

福禄贝尔的学前教育思想中对现今幼儿教育实践仍具有指导意义的理论主要有:

1. 幼儿自我发展的原理

福禄贝尔认为,幼儿的行为是其内在生命形式的表现,是由内在的动机支配的。通过这些行为,幼儿才可以成长发展。保育者的任务是帮助幼儿除去阻碍生命发展的障碍,让其自我得到发展。命令式的、强制的、干涉的教育方法对幼儿的发展是无效的,教育者必须尊重幼儿的自主性,重视幼儿的自我活动。

2. 游戏理论

福禄贝尔是第一个阐明游戏教育价值,并有系统地把游戏活动列入教育过程的教育家。他认为,游戏是儿童内部存在的自我活动的表现,是一种本能性的活动,是儿童内心世界的反映,通过游戏可以表现和发展神的本源,"游戏是生命的镜子";他强调游戏对幼儿人格发展、智慧发展有重要意义,"游戏会产生喜悦、自由、满足,以及内在的平安、和谐",游戏是幼儿"起于快乐而终于智慧的学习""能自动自发、用心认真地玩到累了为止的孩子,将来必是个健壮、坚韧、能够牺牲、奉献的人";他还认为游戏中玩具是必需的,幼儿通过玩具"可直觉到不可观的世界"。他制作的玩具取名为"恩物",意为"神恩赐之物"。"恩物"的基本形状是圆球、立方体和圆柱体,现在仍有很多幼儿园在使用。为了纪念福禄贝尔的贡献,人们为他建了一个纪念碑,纪念碑的造型仿照了"恩物"中的球体、圆柱体等。

3. 协调原理

福禄贝尔说,人不是单独一人存在的,他是家族中的一员,社会的一员,也是民族的一员,是宇宙中的一分子。因此,我们应该让孩子和周围的环境、社会、自然结合,协调一致。能够得到真正的协调是最美好的事。

4. 亲子教育

福禄贝尔认为,要让孩子在爱中成长,首先就必须教育母亲,这或许是他幼时没得到母爱而产生的一种体验。因此,他创立了世界上第一个为母亲们开办的"讲习会",后来还专门写了一本《母亲之歌与爱抚之歌》。

真题8 [2024山东青岛,单选]为幼儿设计恩物的教育家是( )
A. 卢梭　　　　　　　　　　　　B. 裴斯泰洛齐
C. 杜威　　　　　　　　　　　　D. 福禄贝尔

真题9 [2023山东济南,多选]下列选项中说法正确的是( )
A. 捷克教育家夸美纽斯的《母育学校》是世界上第一部论述学前教育的专著
B. 法国教育家洛克认为,教育的目的就是培养绅士
C. 英国教育家卢梭提出自然教育理论,他的教育思想主要集中于《爱弥儿》一书中
D. 德国教育家福禄贝尔是首先阐明游戏教育价值的人,并将制作的玩具取名为"恩物"

答案:8. D　9. AD

九、蒙台梭利 【单选】 ★★

被誉为20世纪初的"幼儿园改革家"的蒙台梭利原是一名精神病学的医生,她在研究和治疗弱智幼儿的实践中,取得了明显的成就。她相信把自己的方法和经验用于正常幼儿的教育一定会更有效,于是她就转向了正常幼儿的教育,于1907年在罗马贫民区创办了一所"儿童之家",不按年龄分班,在一个班级里,既有大龄孩子,也有小龄孩子,在教师的指导下共同学习、游戏、开展活动。在那里,蒙台梭利采用了特殊的教育方法,进行了举世闻名的教育实验,创造了教育的奇迹。她的主要著作有《蒙台梭利教学法》《童年的秘密》《发现孩子》《有吸收力的心灵》等。

考点 1 ▶ 儿童观

1. 儿童存在着与生俱来的"内在的生命力"(或称"内在潜力")

蒙台梭利提出生长是由于内在的生命潜力的发展而使生命力显现出来。我们"不应该把儿童作为物体来看待,而应作为人来看待,儿童既不是成人或教师进行灌注的容器,也不是可以任意雕塑的蜡或泥,不是可以任意刻画的木块,不是父母和教师培植的花木或饲养的动物;而是一个具有生命力的、能动的、发展着的活生生的人"。

2. 儿童具有"心理胚胎期"

蒙台梭利认为人和动物都是在适宜的环境中自然生长和发展的，但人有双重胚胎期。一个是"生理胚胎期"，是指人出生前在母体内孕育生长的过程，是人和动物所共有的，是由一个细胞分裂为许多细胞，然后形成各种器官、发育成胎儿的过程。另一个是"心理胚胎期"，是指人出生后形成最初心理萌芽的时期，是人所特有的。蒙台梭利认为人刚刚出生，就心理来讲是一张白纸，在内在生命力的驱使下，吸取外在环境的种种影响，不断积累材料，逐渐形成了许多感受点和心理所需要的器官，在此基础上产生心理活动。

3. 儿童具有"吸收性心智"

在教育实验中，蒙台梭利通过对儿童的观察和研究，发现从婴儿期开始，儿童就具有一种受内在生命力驱使的无意识的记忆力和吸收并适应环境的能力，即"吸收性心智"。

4. 儿童发展具有敏感期

"敏感期"即在特定的时期内，对环境中特定的因素产生特别敏锐的感受性。蒙台梭利强调：正是这种敏感性，使儿童以一种特有的强烈态度接触外部世界。在这时期，他们容易学会每样事情，同时，儿童不同的内在敏感性使他能从复杂的环境中选择对自己生长适宜和必不可少的东西……使自己对某些东西敏感，而对其他东西无动于衷。在敏感期的儿童如果处于适当的环境中，他们就可以在无意识中悠然自得地掌握某种能力。

5. 儿童发展具有阶段性

蒙台梭利认为，儿童发展是有阶段性的，在发展中的每个阶段儿童均有特定的身心特点，而前一阶段的发展又为下一阶段奠定基础。她将儿童心理发展分为三个阶段：第一个阶段（0~6岁）是儿童所有心理功能的形成期。第二阶段（6~12岁）是儿童心理相对平稳发展时期。第三阶段（12~18岁）是儿童身心经历巨大变化并走向成熟的时期。

6. 儿童发展是通过"工作"实现的

蒙台梭利认为活动在儿童心理发展中有着极其重要的意义，认为自发活动和自由活动不仅为人们揭示儿童生命潜力和展现自然发展的规律，也为人们指出了培养儿童良好纪律的自由之路。她给活动以极高的评价："活动、活动、活动，我请你把这个思想当作关键和指南；作为关键，它给你揭示了儿童发展的秘密；作为指南，它给你指出应该遵循的道路。"但是，蒙台梭利不认为儿童最主要的活动是深受福禄贝尔及其追随者推崇的游戏，她认为游戏特别是假想游戏会把儿童引向不切实际的幻想，不可能培养儿童严肃、认真、准确、求实的责任感和严格遵守纪律的精神和行为习惯。在她看来，只有工作才是儿童最主要和最喜爱的活动，而且只有工作才能培养儿童多方面的能力，并促进儿童心理的全面发展。

蒙台梭利对儿童的"工作"和"游戏"进行了区分，她将儿童使用教具的活动称为"工作"，而将儿童日常的玩耍和使用普通玩具的活动称为"游戏"。可见，蒙台梭利所谓的工作既不是以往成人所谓的游戏，也不是成人所从事的工作，它是自发地选择、操作教具并在其中获得身心发展的活动。在蒙台梭利看来，儿童身心的发展必须通过"工作"而不是"游戏"来完成。

考点 2 ▶ 教育观

1. 主张自由教育

蒙台梭利认为"儿童只有依靠爱和自由，才能获得成长的全部能量，并成为一个真正意义上的人"。蒙台梭利将自由看作人类与生俱来的权利，并赋予了极大的价值。她提出，真正科学的教育学的基本原则是给学生以自由,即允许儿童按照其本性个别地、自发地表现。蒙台梭利指出,除了让儿童充分享有自由外,还需让他们遵守纪律。但纪律的形成"并不是通过命令、说教或任何一般的维持秩序的手段来获得"。她同卢梭一样,反对用"说理"的方法去规范儿童的行为,她认为儿童处于这一时期,成人的说教是不会奏效的。此外,用强制命令和规范去束缚儿童,会压抑儿童的个性,也是违反自由原则的。她主张通过自由活动的方式让儿童自觉地形成纪律,她明确地指出,纪律必须通过自由而来。

真题10 [2024福建统考,单选]明确提出"纪律必须通过自由而来",反对用"说理"的方法去规范儿童行为的教育家是( )

A. 卢梭　　　　　　B. 杜威　　　　　　C. 蒙台梭利　　　　　　D. 福禄贝尔

真题11 [2020福建统考,单选]反映教育家蒙台梭利教育思想的是( )

A. 爱与自由、工作　　　　　　　　B. 恩物、作业

C. 个体文化、最近发展区　　　　　D. 图式、顺应

答案:10. C　11. A

2. 提供有准备的环境

蒙台梭利认为在教育上,环境所扮演的角色是相当重要的,因为孩子从环境中吸收所有的东西,并将其融入自己的生命之中。所以教师要为儿童提供一个环境,一个有准备的环境。所谓有准备的环境,一方面是指充满爱与快乐的心理环境,另一方面也是指经过教师组织与安排的物质环境,主要指各种可供幼儿操作使用的材料或教具,以及有关的设备。在这个环境里,儿童可以自由地活动,自然地表现,充分地意识到自由的力量。在这个环境里,儿童可以获得丰实的感觉刺激,得到自由而充分的发展。同时,这个环境也是一个能够帮助儿童发展"生命的活动"的真实环境,是有规律、有秩序的生活环境。

考点 3 ▶ 教育内容

1. 感官教育

感官教育在蒙台梭利教育中占有重要的地位,并成为其教育实验的主要部分。在她看来,学前阶段的儿童处在各种感觉的敏感期,在这一时期应该进行充分的感官教育。感官教育或称感觉教育,其内容包括视觉、听觉、嗅觉、味觉和触觉的训练,其中以触觉训练为主。

2. 日常生活教育

蒙台梭利的日常生活教育是指在社会及文化传统的环境下,按照人类生长的自然规律,帮助儿童习得大小肌肉的动作、社会文明礼貌等知识,使儿童反复不断地自发学习,并以此作为完整人格形成的必要过程。它是帮助孩子真正融入蒙台梭利教育环境的基础阶段,是进入儿童之家最先接触的内容。

3. 读写算练习

在幼儿期能否进行读写算练习这个问题上,蒙台梭利提出了自己独特的观点。在她看来,3~7岁的儿童已经具备学习文化知识的能力,这种能力是与具有吸收力的儿童心理特点一致的。教育者应该尊重这种能力,为儿童提供适当的教材、教具,并进行相应的指导。

十、杜威【单选、判断】★★

杜威是美国著名的哲学家、教育家、实用主义教育理论的创始人,他的著作主要有《我的教育信条》《学校与社会》《民主主义与教育》《经验与教育》等。

考点 1 ▸ 儿童观

(1)重视儿童的本能。杜威的教育观及其教育理论是建立在其儿童观基础之上的。杜威认为儿童的本性在于他与生俱来的本能、冲动和需要。

(2)儿童具有自我生长的能力。这种能力是儿童在活动中通过与环境相互作用而获得发展的。

(3)儿童与成人在心理上存在着很大的差异。

考点 2 ▸ 关于教育本质的论述

1."教育即生长"

杜威从其生物化本能论的心理学出发,认为教育就是促进儿童本能生长的过程,即教育的本质和作用就是促使儿童的本能生长。在《明日之学校》中,杜威提出:"教育不是把外面的东西强迫儿童或青年去吸收,而是要使人类'与生俱来'的能力得以生长。"在《民主主义与教育》中,他更为明确地提出:"教育即是生长,除它自身之外,并没有别的目的,我们如要度量学校教育的价值,要看它能否创造继续不断的生长欲望,能否供给方法,使这种欲望得以生长。"

真题12 [2022福建统考,判断]杜威认为教育的本质和作用是促使幼儿的本能生长。
答案:√

2."教育即生活"

在教育即生长这一观点的基础上,杜威又从他的社会学观点出发,提出教育的本质即是生活。他指出,儿童的本能生长总是在生活过程中展开的,或者说生活就是生长的社会性表现。他说:"生活即是发展,发展、生长即是生活。"按照他的分析,既然教育即生长成立,那么教育即生活也就容易理解了。在杜威看来,最好的教育就是从生活中学习,学校教育应该利用儿童现有的生活作为其学习的主要内容。

教育是儿童现在生活的过程,而不是未来生活的新任务。与此相对应,杜威又提出"学校即社会",教育既然是一种社会生活的过程,那么学校就是社会生活的一种形式。学校应该"成为一个小型的社会,一个雏形的社会"。

3."教育即经验的不断改造"

在杜威看来,既然经验是世界的基础,因此,教育也就是通过儿童自身的活动去获得各种直接经验的过程。教育的主要任务并不是教给儿童既有的科学知识,而是要让儿童在活动中自己去获取经验。

考点 3 ▸ 教育原则

1."儿童中心论"

杜威认为教育应该把重心放在儿童的身上,以儿童为中心。因此儿童在托幼机构所从事的一切活动均应根据儿童的兴趣来进行,活动方式要灵活多样,不应受任何拘束。教师只是儿童的助手,对儿童的活动事先不做任何设计和安排,教师的任务在于为儿童的活动创造条件,提供各种教具、玩具等。因而在儿童的活动中,自由游戏占重要的地位。

真题13 [2021山东青岛,单选]提出"教育应该以儿童为中心"的教育家是( )
A.蒙台梭利　　　B.福禄贝尔　　　C.杜威　　　D.张雪门
答案:C

2."从做中学"

在教学理论上杜威提出了"从做中学"这一基本原则。杜威所说的"从做中学",实际上也就是"从活动中学""从经验中学"。他认为,儿童应该从自身的活动中进行学习;教学应该从儿童的经验和活动出发。

真题14 [2023福建统考,单选]要以儿童为中心,提出"从做中学"的主张,让儿童通过活动获得直接经验的教育家是( )

A.杜威　　　　　B.欧文　　　　　C.洛克　　　　　D.蒙台梭利

答案:A

小香课堂

为方便考生更清晰地识记本节内容,我们进行了如下梳理:

教育家		常考点
柏拉图	著作	《理想国》
	教育思想	①提倡优生优育。第一次论述了优生优育问题。 ②第一次提出了学前社会教育的主张
亚里士多德	教育思想	在人类教育史上第一个提出"教育要遵循自然"的论点
昆体良	著作	《雄辩术原理》
	教育思想	提出了人的教育应从摇篮里开始的早期教育主张
夸美纽斯	地位	第一个专门对学前教育提出深刻认识并有系统论述的教育家
	著作	①《大教学论》:西方第一本独立形态的教育学著作。 ②《世界图解》:历史上第一本对幼儿进行启蒙教育的看图识字课本。 ③《母育学校》:世界上第一部论述学前教育的专著
	教育思想	泛智教育
洛克	地位	西方教育史上,第一个提出并详细论述儿童体育问题的教育家
	著作	《教育漫话》(提出了绅士教育思想)
	教育思想	①教育的作用:提出"白板说",认为教育在形成人的过程中起着非常重要的作用。 ②教育的目的:培养绅士。 ③教育的内容:体育、德育、智育
卢梭	著作	《爱弥儿》
	教育思想	①论自然教育;②教育方法(自然后果法)
裴斯泰洛齐	地位	世界上第一个明确提出"教育心理学化"口号的教育家
	教育思想	①提倡爱的教育:裴斯泰洛齐是提倡"爱的教育"和实施"爱的教育"的典范。 ②提出要素教育理论。 a.道德教育的要素:儿童对母亲的爱。 b.智育的要素:"对事物产生一种最初的印象"(事物的形状、数目和名称)。 c.体育和劳动教育的要素:关节活动
福禄贝尔	实践	创办了世界上第一所幼儿园
	称号	"幼儿教育之父"(幼儿园之父)

续表

教育家		常考点
	教育思想	①幼儿自我发展的原理; ②游戏理论:第一个阐明游戏教育价值,并有系统地把游戏活动列入教育过程。他制作的玩具取名为"恩物"。 ③协调原理:让孩子和周围的环境、社会、自然结合,协调一致。 ④亲子教育:创立了世界上第一个为母亲们开办的"讲习会"
蒙台梭利	实践	1907年在罗马贫民区创办了一所"儿童之家"
	称号	20世纪初的"幼儿园改革家"
	教育思想	①儿童观:"内在生命力""心理胚胎期""吸收性心智""敏感期""发展具有阶段性""工作"。 ②教育观:主张自由教育、提供准备的环境。 ③教育内容:感官、日常生活、读写算
杜威	教育思想	①教育的本质:"教育即生长""教育即生活""教育即经验的不断改造"。 ②教育原则:"儿童中心论""从做中学"

本节核心考点回顾

1. 柏拉图的教育思想

(1)教育要从幼年开始。

(2)提倡优生优育。第一次论述了优生优育问题。

(3)第一次提出了学前社会教育的主张。

(4)重视游戏在幼儿教育中的重要作用。

2. 夸美纽斯的著作

(1)《世界图解》:历史上第一本对幼儿进行启蒙教育的看图识字课本。

(2)《母育学校》:世界上第一部论述学前教育的专著。

3. 洛克的教育思想

(1)教育的作用:提出"白板说",认为教育在形成人的过程中起着非常重要的作用。

(2)教育的目的:培养绅士(在其著作《教育漫话》一书中,他提出了绅士教育思想)。

(3)教育的内容:体育(在西方教育史上,洛克是第一个提出并详细论述儿童体育问题的教育家)、德育、智育。

4. 裴斯泰洛齐的要素教育理论

(1)道德教育的要素:儿童对母亲的爱。

(2)智育的要素:"对事物产生一种最初的印象"(事物的形状、数目和名称)。

(3)体育和劳动教育的要素:关节活动。

5. 福禄贝尔的游戏理论

福禄贝尔是第一个阐明游戏教育价值,并有系统地把游戏活动列入教育过程的教育家。他制作的玩具取名为"恩物"。

6. 蒙台梭利的教育思想

(1)儿童观:①儿童存在着与生俱来的"内在的生命力";②儿童具有"心理胚胎期";③儿童具有"吸收性

心智";④儿童发展具有敏感期;⑤儿童发展具有阶段性;⑥儿童发展是通过"工作"实现的。

(2)教育观:①主张自由教育;②提供有准备的环境。

(3)教育内容:①感官教育;②日常生活教育;③读写算练习。

7. 杜威的教育思想

(1)关于教育本质的论述:"教育即生长""教育即生活""教育即经验的不断改造"。

(2)教育原则:"儿童中心论""从做中学"。

第二节　我国教育家的学前教育思想

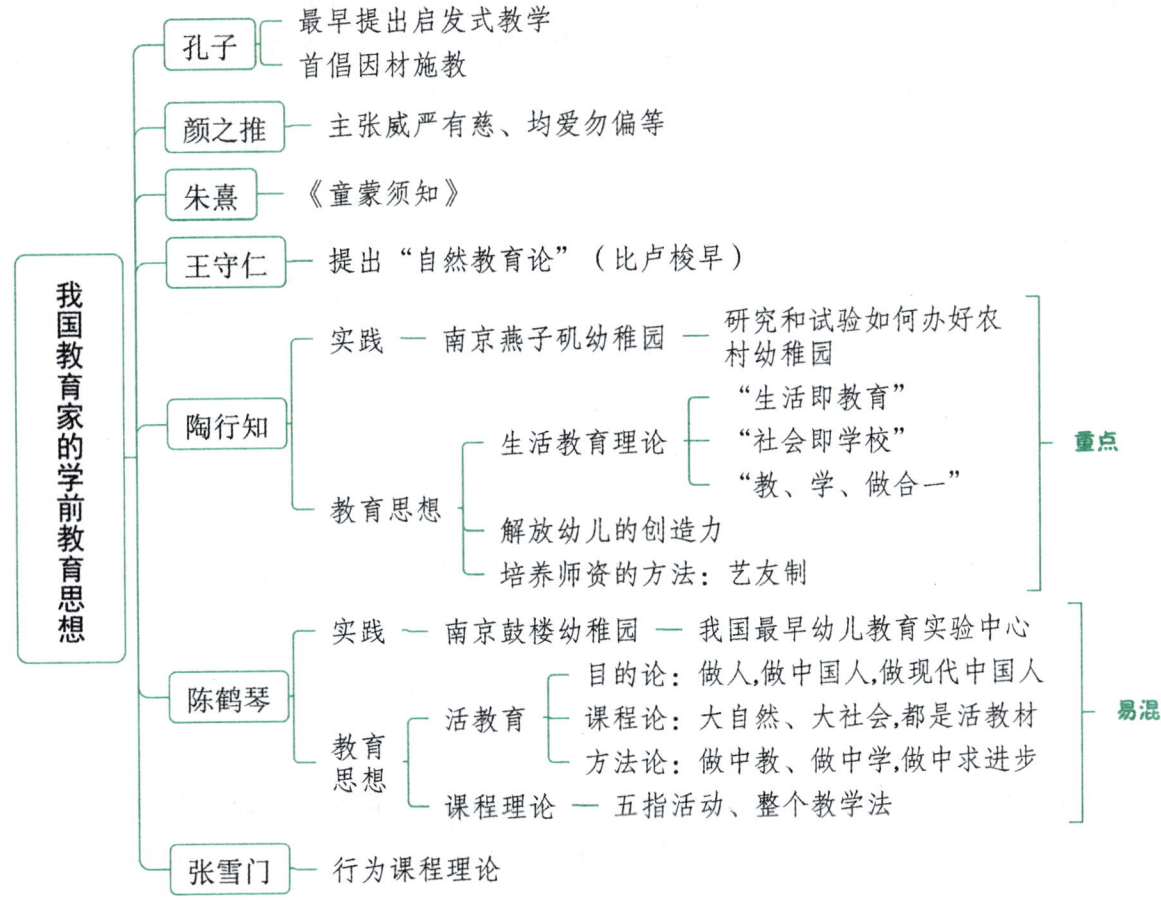

一、孔子

考点 1 ▶ 教育对象

孔子开办私学,打破了上层贵族垄断学校教育的局面,开始了他的教育生涯。在鲁国从政和周游列国期间,他广收弟子,随时随地讲学,提出"有教无类"的口号,凡是愿意学习的人,无论身份高低,孔子都可以收做学生,满足了平民入学接受教育的愿望。

考点 2 ▶ 教育内容

(1)整理修订《诗》《书》《礼》《乐》《易》《春秋》,奠定儒家教育内容的基础;

(2)道德教育居于首要地位；

(3)"子以四教：文、行、忠、信"；

(4)偏重社会人事、偏重文事,轻视科技与生产劳动。

考点 3 教学原则和方法

1. 启发诱导

孔子是世界上最早提出启发式教学的教育家,比古希腊教育家苏格拉底提出的引导学生自己思索、自己得出结论的"助产术"早几十年。孔子认为,不论学习知识或培养道德,都要建立在学生自觉需要的基础上,应充分发挥学生的主动性、积极性,自己对问题能加以思考,获得切实的领会,才是可靠和有效的。为了帮助学生形成遇事思考的习惯,培养善于独立思考的能力,孔子提倡启发式教学。

孔子主张："不愤不启,不悱不发。举一隅不以三隅反,则不复也。"孔子说这段话的意思是:在教学时先让学生认真思考,已经思考相当长时间但还想不通,然后再去启发他;虽经思考并已有所领会,但未能以适当的言辞表达出来,此时可以去开导他。教师的启发是在学生思考的基础上进行的,启发之后,应让学生再思考,获得进一步的领会。

2. 因材施教

孔子在教育实践的基础上,创造了因材施教的方法,并将该方法作为教育原则,贯彻于日常的教育工作之中,取得了成效。他是我国历史上首倡因材施教的教育家。

3. 学、思、行相结合

孔子认为"学而不思则罔,思而不学则殆",他强调学思并重,学以致用。

4. 温故知新

孔子主张"学而时习之""温故而知新",对学习过的内容要经常进行温习,温习学习过的内容会有新的发现、新的收获。

二、颜之推

颜之推,南北朝时期文学家,他的传世著作有《颜氏家训》和《还冤志》等。《颜氏家训》共20篇,是颜之推为了用儒家思想教育子孙,保持自己家庭的传统与地位,而写出的一部系统完整的家庭教育教科书。这是他一生关于士大夫立身、治家、处事、为学的经验总结,在封建家庭教育发展史上有重要的影响。后世称此书为"家教规范"。

1. 固须早教

颜之推认为家庭教育要及早进行,有条件的还应在儿童未出生时就实行胎教。他认为早期教育最重要的是培养儿童良好的行为习惯,包括认真接受父母教育的习惯在内,能够"使为则为,使止则止"。

2. 威严有慈

颜之推主张父母对孩子从小就要严格要求,勤于教诲,不能溺爱和放任。父母在子女面前要庄重严肃,但不能过于严厉,要严慈有度,所谓"父母威严而有慈,则子女畏惧而生孝"。

3. 均爱勿偏

颜之推认为,在家庭教育中应当切忌偏宠,不论子女聪慧与否,都应以同样的爱护与教育标准来对待。

4. 应世经务

颜之推主张上自明王圣帝,下至庶人凡子,均须勤奋学习,学习的目的在于"行道以利世",要掌握"应世经务"的真实本领。因此,除必读儒家的《五经》之外,还应"涉百家之书",否则就会产生偏差,像"博士买驴,书券三纸,未有驴字"。这种烦琐而不得要领的学风,是颜之推竭力反对的。

5. 重视风化陶染

所谓风化,是指"自上而行于下者也,自先而施于后者也"。即家庭中父母或其他成年人对年幼者的示范作用。颜之推认为,家长是儿童感情上最亲近的人,也是儿童心目中的权威,他们的言行常被儿童奉为金科玉律。父母对子女的影响远远超过他人,故为父母者必须加强自我道德修养,否则,"父不慈则子不孝,兄不友则弟不恭"。

三、朱熹

1. 重视蒙养教育

朱熹依据古代的教育经验,把整个学校教育的过程划分为小学与大学两个阶段,8~15岁为小学教育,即蒙养教育阶段;15岁以后为大学教育阶段。他认为这是两个相互联系的阶段,小学教育是大学教育的基础,大学教育则是小学教育的扩充和深化。

为了说明蒙养教育的重要性,他还把小学阶段的教育形象地比喻为"打坯模"阶段,并指出倘若自幼失了小学,或坯模没打好,大了要补填就十分困难。总之,在他看来,蒙养阶段的教育非常重要,必须抓紧、抓好。

2. 要求慎择师友

由于幼儿模仿性强,是非辨别能力弱,周围的环境对他们的影响很大,因此朱熹也与古代许多教育家一样,强调在幼儿教育中应注意慎择师友。

3. 强调学"眼前事"

朱熹认为小学的主要任务应当是"学其事",学习眼前日用的事。他指出:"小学之事,知之浅而行之小者也"。具体而言,它包括"洒扫应对进退之节""礼乐射御书数之文"和"爱亲敬长隆师亲友之道"这样一些内容。朱熹认为儿童学习这类"眼前事"不仅符合儿童认识的发展水平,而且能为大学"学其理"打下基础,因为"理在其中",事事物物之中都存有一个理。

为使儿童"眼前之事"的学习有章可循,朱熹亲自为儿童编写了《小学》和《童蒙须知》两部教材。朱熹强调学习"眼前事",注重道德行为操作的训练,要求儿童的学习由浅入深,自近及远,这不仅符合儿童认识发展与道德形成的规律,易为儿童掌握,而且也有助于培养儿童良好的道德习惯,养成践履笃实的作风。

4. 提倡正面教育

朱熹在教育工作中一贯重视和提倡以正面教育为主,对儿童教育他更为强调多积极诱导,少消极限制,要求"多说那恭敬处,少说那防禁处"。同时在他编写的《童蒙须知》中,对儿童的日常生活行为规定也主要着眼于进行正面的具体的指导。

四、王守仁 【判断】 ★

1. 顺导性情,鼓舞兴趣

关于儿童教育,王守仁的基本思想是:教育儿童应根据儿童生理、心理特点,从积极方面入手,顺导儿童性情,促其自然发展。他说:"大抵童子之情,乐嬉游而惮拘检,如草木之始萌芽,舒畅之则条达,摧挠之则衰痿。"意思是说儿童性情好动,喜欢嬉戏玩耍,而害怕受拘束和禁锢,就像草木刚刚萌芽,顺其自然就会使它长得枝叶茂盛,摧挠它则很快会使它衰败枯萎。因此对儿童进行教育,必须注意顺导儿童性情,不宜加以束缚和限制。

王守仁认为,顺导儿童性情进行教育,最重要的就是要激发儿童学习的兴趣,兴趣在提高儿童教育质量方面起着十分重要的作用。他认为,儿童如果对学习兴趣盎然,则学习时必然心情愉快,能生动活泼地学习,这样进步自然不会停止。反之,如果忽视了儿童兴趣的培养,则会压抑儿童学习的积极性,使儿童的学习很难进步,如同遭遇冰霜的花木,"生意萧索,日就枯槁"。

2. 循序渐进,量力而施

王守仁认为,对儿童进行教育必须注意"从本原上用力,渐渐盈科而进"。在他看来,任何人的认识水平都有一个由婴儿到成人的发展过程。教育者必须根据儿童这种"精气日足,筋力日强,聪明日开"的成长过程,循序渐进地进行教育。

循序渐进的原则应用到教学中,必然要求教育者在确定教育内容时,注意量力而施,符合儿童的认识发展水平,他认为,对儿童不能像对成人一样的要求,儿童良知发展到何等水平,教学就只能进行到什么水平。

3. 因材施教,各成其材

王守仁认为,教育者对儿童施教,不仅要考虑儿童认识发展水平的共性特征,而且还要注意个体发展水平的差异,针对每个人的个性差异,因材施教,就像良医之治病,对症下药。

王守仁认为,因材施教的目的在于使受教育者"各成其材",他说:"因人而施之,教也,各成其材矣,而同归于善"。他认为每个儿童都有其长处,教育者如能就其长处加以培养,就可以使他们某一方面的才能得到发展。针对儿童性格方面的不同,他也要求教师应根据儿童各自的特性,采取不同方法,分别予以适当的陶冶,各成其长。

4. 全面诱导,不执一偏

王守仁认为,对儿童进行教育的内容和途径应当是多方面的。他说:"教人为学,不可执一偏"。为此他对教育者提出了通过习礼、歌诗和读书对儿童进行全面诱导的要求,并对习礼、歌诗和读书的教育意义和作用分别做了说明。

为了能够有条理、有步骤地进行多方面的教育,他还在《社学教条》中拟订了一个比较详细的日课表,课程安排除了读书、习礼、歌诗之外还增加了考德和课仿,内容相当全面,同时在顺序上注意到动静交错,张弛结合,也有一定的科学性。此外,王守仁在教学方法方面也有一些创造,如带有比赛性质的教学方法,对于培养学生的学习兴趣具有积极意义。

王守仁关于儿童教育的论述,是其整个教育思想的精华,它不仅当时在反对传统教育方面具有明显的积极意义,而且在很大程度上符合儿童教育的规律,与近代进步的教育学说有较多吻合的地方,尤其是他的"自然教育论"的提出,比西方最早表达自然教育思想的名著——法国卢梭的《爱弥儿》的出版时间(1762年)早了两百多年,实属难能可贵。

真题1 [2023福建统考,判断]王守仁的自然教育论比西方卢梭早了两百多年。
答案:√

五、陶行知 【单选、简答】 ★★★

陶行知先生是我国伟大的人民教育家。在教育救国的思想影响下,他毕生从事旧教育的改革,推行生活教育、大众教育,为我国教育做出了重大贡献。

在幼儿教育方面,他主要的贡献和观点如下:

1. 农村幼儿教育事业的开拓者

陶行知先生猛烈地批判旧中国幼儿教育的弊端,他针对当时幼稚园的三大弊病——外国病、花钱病和富贵病,提出要建立适合中国国情的、省钱的和平民的幼稚园。并在张宗麟、陈鹤琴的协助下,在南京郊区创办了南京燕子矶幼稚园。该园是我国第一所乡村幼稚园,又是陶行知的生活教育理论试用于幼稚教育领域的试验田。其办园宗旨在于研究和试验如何办好农村幼稚园的具体方法,以便在全国农村普及。陶行知还创建了乡村师范学校,农村幼教研究会,等等。

真题2 [2022福建统考,单选]下列以"研究和试验如何办好农村幼稚园的具体方法"为办园宗旨的是( )

A. 南京鼓楼幼稚园　　　　　　　　B. 上海大同幼稚园
C. 上海总工会幼儿园　　　　　　　D. 南京燕子矶幼稚园

答案: D

2. 重视幼儿教育

陶行知先生高度评价幼儿教育的社会价值,向社会宣传幼儿教育的重要性。他说"幼儿教育实为人生之基础",是"根本之根本""小学教育应当普及,幼稚教育也应当普及",并提出普及的具体三大步骤,即唤起国人明白幼年的教育是最重要的教育;改革幼儿园,面向乡村工厂;改变训练教师的制度等。

3. 生活教育理论

陶行知将杜威的实用主义教育理论进行改造,形成了生活教育理论,主要内容是:"生活即教育""社会即学校""教、学、做合一"。

(1)"生活即教育"

基于杜威的教育本质论,陶行知认为生活教育是给生活以教育,用生活来教育,为生活向前向上的需要而教育。继而他提出"生活即教育",一方面,生活就是教育,两者密不可分;另一方面,生活决定教育,有什么样的生活水平,就对应什么样的教学水平,生活给予教育什么样的支持,教育便支持你怎样去过以后的生活。并且,教育能改造生活。生活教育就是供给人生需要的教育,是教人生活的教育,而生活是社会的生活,故改造了生活也就是改造了社会,这便是"教育即社会的改造"。所以教育不能脱离人的生活而教,必须与人的现实产生联系。

(2)"社会即学校"

陶行知提出"社会即学校",就是要完全将学校与社会的"高墙"拆掉,要将学校延伸到社会和大自然之中,在社会的大环境当中,任何人都可以做老师,任何人都可以做学生,任何可以利用的东西都能供我们教学。而杜威的观点只是将社会中的一些东西搬到学校当中,将学校化身成一个微型的"社会"。

(3)"教、学、做合一"

"教、学、做合一"是生活教育理论的教学核心方法,它是对杜威"做中学"思想的进一步改造。陶行知所倡导的"教、学、做合一"是指教的方法要根据学的方法,学的方法要根据做的方法,怎么做就怎么学,怎么学就怎样教,强调教与学以"做"为中心,最终的目的都是为了"做"。"做"不是单纯的体力劳动,而应该是在劳力上的劳心,在实践过程中获得"真知"。

4. 解放幼儿的创造力

陶行知先生认为教育要启发、解放幼儿的创造力,为他们提供手脑并用的条件和机会。具体包括六个方面:

(1)解放幼儿的头脑,把他们的头脑从迷信、成见、曲解和幻想中解放出来;
(2)解放幼儿的双手,给幼儿动手的机会;
(3)解放幼儿的眼睛,让他们去观察,去看事实;
(4)解放幼儿的嘴巴,给幼儿说话的自由,尤其是要允许他们发问;
(5)解放幼儿的空间,让他们接触大自然、大社会;
(6)解放幼儿的时间,给他们自己学习、活动的时间,不要把儿童的全部的时间占去,让儿童有学习人生的机会。

5. 提出培养学前教育师资的方法——艺友制

陶行知探索实行了"艺友制"师范教育,为发展幼教事业开辟了一条新途径。何为艺友制?为何要用艺友制?陶行知在《艺友制师范教育答客问》一文中说:"艺友制是什么?艺是艺术,也可作手艺解。友就是朋友。凡用朋友之道教人学做艺术或手艺便是艺友制。""凡用朋友之道教人学做教师,便是艺友制师范教育。"换言之,艺友制就是学生(称艺友)与有经验的教师(称导师)交朋友,在幼稚园的实践中学习如何当教师,方法是边干边学。

> **记忆有妙招**
>
> 陶行知的主要教育思想:**行知生活解放艺友**。陶行知提出"生活教育理论",主张解放幼儿的创造力;提出培养学前教育师资的方法——艺友制。

真题3 [2021江苏镇江,简答]简述陶行知先生"六大解放"的主要内容。
答案:详见内文

六、陈鹤琴 【单选、多选、判断】 ★★★

陈鹤琴先生是我国著名的幼儿教育家。他于1923年创办了我国最早的幼儿教育实验中心——南京鼓楼幼稚园,该园创办的主旨是:试验中国化的幼稚教育,并以试验所得供全国采用。他创立了"活教育"理论,一生致力于探索中国化、平民化、科学化的幼儿教育道路。他被誉为"中国幼儿园之父"。他还从事我国幼儿心理的科研工作,是我国最早的以观察实验法研究幼儿心理发展的学者之一。抗战时期,他又创建了我国第一所公立幼稚师范学校——江西省立实验幼稚师范学校,实验研究师范教育,为我国幼儿教育师资培训事业做出了不可磨灭的贡献。他的幼儿教育理论和实践对我国幼儿教育产生了很大的影响。

真题4 [2021山东青岛,单选]1923年创办的( ),是我国第一个幼儿教育实验中心。
A. 南京鼓楼幼稚园　　　　　　　　B. 南京燕子矶幼稚园
C. 北京香山慈幼院　　　　　　　　D. 湖北幼稚园

真题5 [2023福建统考,判断]南京鼓楼幼稚园创办的主旨是"试验中国化的幼稚教育"。

答案:4. A 5. √

考点 1 ▶ 反对半殖民地半封建的幼儿教育,提倡适合国情的中国化幼儿教育

陈鹤琴批评当时的幼儿园不是抄袭日本就是模仿欧美,生搬外国的教材、教法,全然不顾中国国情。"抄来抄去,到底弄不出什么好的教育来。"他坚决主张"处处以适应本国国情为主体,那些具有世界性的教材教法也可以采用,总之以不违反国情为唯一的条件"。同时,他积极地推进为中国平民服务的、培养民族的新生一代的幼儿教育,大声疾呼"幼稚园不是专为贵妇们设立的,还要普及工农幼稚园",指出这是中国求进步,摆脱半封建半殖民地状况,发展进步的合理的社会之需要。

考点 2 ▶ 反对死教育,提倡活教育

1940年,陈鹤琴在江西省立实验幼稚师范学校时开始提出"活教育"思想,经过几年的教育实验,到1947年,他在上海逐步整理出"活教育"的理论体系。陈鹤琴的活教育理论体系包括三大纲领(目的论、课程论、方法论)以及教学原则和训育原则。

陈鹤琴—
活教育

1. 三大纲领

(1)目的论

陈鹤琴指出活教育的目的就是教育幼儿"做人,做中国人,做现代中国人"。

(2)课程论

陈鹤琴指出:"大自然、大社会,都是活教材"。针对传统教育书本万能的旧观念所形成的课程固定、教材呆板的死教育现象,陈鹤琴认为大自然、大社会才是活的书、直接的书,应该向大自然、大社会学习。

(3)方法论

活教育方法论的基本原则是"做中教、做中学,做中求进步"。活教育重视直接经验,强调以"做"为中心,主张在学校里的一切活动,"凡儿童自己能够做的,应当让他自己做"。做了就与事物发生直接的接触,就得到直接的经验,就知道做事的困难,就认识事物的性质。

2. 教学原则

陈鹤琴根据"心理学具体化,教学法大众化"的指导思想,提出了活教育的17条教学原则,即:①凡儿童自己能够做的,应当让他自己做;②凡儿童自己能够想的,应当让他自己想;③你要儿童怎样做,应当教儿童怎样学;④鼓励儿童去发现他自己的世界;⑤积极的鼓励,胜于消极的制裁;⑥大自然、大社会是我们的活教材;⑦比较教学法;⑧用比赛的方法来增进学习的效率;⑨积极的暗示,胜于消极的命令;⑩替代教学法;⑪注意环境,利用环境;⑫分组学习,共同研究;⑬教学游戏化;⑭教学故事化;⑮教师教教师;⑯儿童教儿童;⑰精密观察。以上17条教学原则可以综合概括为活动性原则、儿童主体性原则、教学法多样化原则、利用活教材原则、积极鼓励原则和教学相长的民主性原则等,其基本精神为当代心理学和教育学的科学研究所证实,尤其适用于学前教育。

3. 训育原则

陈鹤琴认为训育工作在整个教育工作中可以说是最繁重、最重要的。有了训育原则,才不至于使训育工作茫无头绪,无所适从。他提出的训育原则如下:①从小到大;②从人治到法治;③从法治到心理;④从对立到一体;⑤从不觉到自觉;⑥从被动到自动;⑦从自我到互助;⑧从知到行;⑨从形式到精神;⑩从分家到合一;⑪从隔阂到联络;⑫从消极到积极;⑬从"空口说教"到"以身作则"。

真题6 [2022福建统考,单选]陈鹤琴先生提出的"活教育"的方法论坚持( )
A.以"教"为中心　　　B.以"学"为中心　　　C.以"做"为中心　　　D.以"求进步"为中心

真题7 [2023安徽宿州,多选]陈鹤琴是儿童教育家。他反对埋没人性的读死书的死教育。在抗战年代,他抱着实验新教育的使命,创建了"活教育"理论体系。即( )
A.目的论:做人,做中国人,做现代中国人
B.教育论:不在做上用功夫,教固不成为教,学也不成为学
C.方法论:做中教、做中学,做中求进步
D.课程论:大自然、大社会都是活教材

答案:6. C　7. ACD

考点 3 · 幼儿园课程理论

1. 课程的中心

陈鹤琴先生反对幼儿园课程脱离实际,主张将幼儿的环境——自然的环境、社会的环境作为幼稚园课程系统的中心,让幼儿能充分地与实物和人接触,获得直接经验。

2. 课程的结构

陈鹤琴先生认为"应当把幼稚园的课程打成一片,成为有系统的组织"。虽然他把课程内容划分为:健康活动、社会活动、科学活动、艺术活动和文学活动,但这五项活动是一个整体,如人的手指与手掌,手指只是手掌的一部分,其骨肉相连,血脉相通,因此被称为"五指活动"。

3. 课程的实施

陈鹤琴先生强调以幼儿经验、身心发展特点和社会发展需要作为选择教材的标准;反对实行分科教学,提倡综合的单元教学,以社会自然为中心的"整个教学法";主张游戏式的教学。

整个教学法的基本出发点就在于陈鹤琴先生认为,儿童对外界的反应是"整个的",儿童的发展也是整个的,外界环境的作用也是以整体的方式对儿童产生影响的,所以为儿童设计、实施的课程也必须是整个的、互相联系的,而不能是相互割裂的。

考点 4 · 重视幼儿园与家庭的合作

陈鹤琴先生十分重视家庭对幼儿的影响,他认为,"家长是子女的第一个老师,父母应尽到教育好孩子的责任。……幼儿在父母那里学说话,认识周围事物,模仿父母言行,在父母影响下形成性格。因此,必须十分重视对幼儿的家庭教育。"同时也积极主张幼儿园与家庭合作起来教育幼儿。他说:"幼儿的教育是整个的、是继续的,只有两方配合,才会有大的效果。"

小香课堂

关于陶行知和陈鹤琴两位教育家相似的内容通过表格整理如下:

	陶行知	陈鹤琴
简介	农村幼儿教育事业的开拓者	中国幼儿园之父
实践	创办了我国第一所乡村幼稚园——南京燕子矶幼稚园	①创办了我国最早的幼儿教育实验中心——南京鼓楼幼稚园;②创建了我国第一所公立幼稚师范学校——江西省立实验幼稚师范学校

续表

	陶行知	陈鹤琴
教育理论	生活教育	活教育
教育方法	教、学、做合一	做中教、做中学、做中求进步
主张	建立适合中国国情的、省钱的和平民的幼稚园	探索中国化、平民化、科学化的幼儿教育道路

七、张雪门【单选】 ★

张雪门，著名的幼儿教育家，行为课程理论的代表人。在他几十年的幼教理论钻研与实践中，注重课程研究，逐步形成了"行为课程"的理论体系，成为我国幼儿教育中的一份宝贵遗产。

张雪门认为："生活就是教育，五六岁的孩子们在幼稚园生活的实践，就是行为课程。"他认为这种课程"完全来源于生活，它从生活而来，从生活而开展，也从生活而结束，不像一般的完全限于教材的活动"。张雪门的主要著作有《幼稚园教育概论》《新幼稚教育》《幼稚园的研究》等。张雪门与南京的陈鹤琴有"南陈北张"之称。

真题8 [2023福建统考,单选]"生活就是教育，五六岁的孩子们在幼稚园生活的实践，就是行为课程。"提出该观点的教育家是（　　）

A. 陈鹤琴　　　　B. 陶行知　　　　C. 张宗麟　　　　D. 张雪门

答案：D

考点 1　幼稚园行为课程的组织

张雪门认为幼稚园课程的组织与小学、中学和大学各级学校的课程不同，它有自己的特点和要求，其特点有三个：

（1）"幼稚生对于自然界和人事界没有分明的界限，他看宇宙间一切的一切，都是整个儿的。"所以编制课程时如果分得太清楚太系统，反而不能引起儿童的反应。

（2）"幼稚生时期，满足个体的需要，实甚于社会的希求。"所以编制课程时，应兼顾社会和个体两方面的需求。

（3）"幼稚园的课程，须根据儿童自己直接的经验。"虽然这种经验不如传授式般经济和整齐，但对于幼儿来说，却有重大意义。

考点 2　幼稚园行为课程的教学方法

张雪门指出行为课程的要旨是以行为为中心，以设计为过程。只有行为没有计划、实行和检讨的设计步骤，算不得有价值的行为；只有设计没有实践的行为又是空中楼阁。所以行为课程的教学方法应当是起于活动而终于活动的有计划的设计。

张雪门的幼稚园行为课程理论的基本思想就是"生活即教育""行为即课程"，强调通过儿童的实际行为，使儿童获得直接经验；同时要求根据儿童的能力、兴趣和需要组织教学，主张采取单元设计的方法，打破各种学科的界限。这种课程理论，虽然从学校教学的一般规律来看，并不是完全科学的，但对学前儿童的教育来说，却有非常明显的积极意义。

考点 3 · 论幼稚师范的见习和实习

幼稚师范教育思想是张雪门的幼稚教育思想的重要组成部分。他认为研究幼稚教育如果仅限于研究幼稚园教育,抛弃了师范教育,这无异于"清溪流者不清水源,整枝叶者不整树木,绝不是彻底的办法。"张雪门的幼稚师范教育思想和实践有一个十分鲜明的特点,就是他非常注意实践,从一开始就从"骑马者应从马背上学"这一基本指导思想出发把见习和实习放在突出的重要地位。

> **小香课堂**
>
> 为方便考生更清晰地识记本节内容,我们进行了如下梳理:

教育家		常考点
孔子	教育思想	在教学原则和方法方面主张:①启发诱导;②因材施教;③学、思、行相结合;④温故知新
颜之推	著作	《颜氏家训》《还冤志》
	教育思想	提出固须早教、威严有慈、均爱勿偏、应世经务、重视风化陶染等观点
朱熹	教育思想	①重视蒙养教育;②要求慎择师友;③强调学"眼前事";④提倡正面教育
王守仁	教育思想	"自然教育论"的提出比西方最早表达自然教育思想的卢梭早了两百多年
陶行知	实践	创办了我国第一所乡村幼稚园——南京燕子矶幼稚园(办园宗旨在于研究和试验如何办好农村幼稚园的具体方法)
	教育思想	①重视幼儿教育; ②生活教育理论:"生活即教育""社会即学校""教、学、做合一"; ③解放幼儿的创造力:解放头脑、双手、眼睛、嘴巴、空间、时间; ④提出培养学前教育师资的方法——艺友制
陈鹤琴	实践	①创办了我国最早的幼儿教育实验中心——南京鼓楼幼稚园(该园创办的主旨是试验中国化的幼稚教育); ②创建了我国第一所公立幼稚师范学校——江西省立实验幼稚师范学校
	称号	"中国幼儿园之父";"南陈北张"中的"南陈"
	教育思想	①反对死教育,提倡活教育 活教育理论体系的三大纲领如下: a.目的论:"做人,做中国人,做现代中国人"; b.课程论:"大自然、大社会,都是活教材"; c.方法论:基本原则是"做中教、做中学、做中求进步"(以"做"为中心)。 ②幼儿园课程理论 a.课程的中心:自然的环境、社会的环境; b.课程结构:"五指活动"(健康、社会、科学、艺术、文学); c.课程实施:整个教学法、游戏式教学
张雪门	地位	行为课程理论代表人
	称号	"南陈北张"中的"北张"

★ 本节核心考点回顾 ★

1. 王守仁的教育主张

(1)顺导性情,鼓舞兴趣;(2)循序渐进,量力而施;(3)因材施教,各成其材;(4)全面诱导,不执一偏。

此外,他的"自然教育论"的提出,比西方最早表达自然教育思想的名著——法国卢梭的《爱弥儿》的出版时间(1762年)早了两百多年,实属难能可贵。

2.陶行知的教育实践和教育思想

(1)教育实践:创办了我国第一所乡村幼稚园——南京燕子矶幼稚园。其办园宗旨在于研究和试验如何办好农村幼稚园的具体方法。

(2)教育思想:

①重视幼儿教育。

②生活教育理论:"生活即教育""社会即学校""教、学、做合一"。

③解放幼儿的创造力:解放头脑、双手、眼睛、嘴巴、空间、时间。

④提出培养学前教育师资的方法——艺友制。

3.陈鹤琴的教育实践和活教育理论

(1)教育实践:

①创办了我国最早的幼儿教育实验中心——南京鼓楼幼稚园,该园创办的主旨是:试验中国化的幼稚教育。

②创建了我国第一所公立幼稚师范学校——江西省立实验幼稚师范学校。

(2)活教育理论:

活教育理论体系的三大纲领如下:

①目的论:"做人,做中国人,做现代中国人"。

②课程论:"大自然、大社会,都是活教材"。

③方法论:基本原则是"做中教、做中学,做中求进步"(以"做"为中心)。

4.张雪门的简介

张雪门是行为课程理论的代表人。他注重课程研究,逐步形成了"行为课程"的理论体系。他与南京的陈鹤琴有"南陈北张"之称。

第三章 学前教育的目标、任务和原则

本章学习指南

一、考情概况

本章属于学前教育学的基础章节，内容较少，考生可带着以下学习目标进行备考：
1. 掌握学前教育目标的层次。
2. 掌握幼儿园的双重任务，理解新时期幼儿园双重任务的特点。
3. 掌握学前教育的原则。

二、考点地图

考点	年份/地区/题型
学前教育目标的层次	2023安徽宿州单选；2023浙江萧山简答
幼儿园的双重任务	2024山东青岛单选；2023福建统考填空
学前教育的一般原则	2023安徽宿州单选；2020内蒙古赤峰单选
学前教育的特殊原则	2024/2022福建统考单选；2023安徽宿州单选；2020山东青岛单选

注：上述表格仅呈现重要考点的相关考情。

核心考点

第一节 学前教育的目标

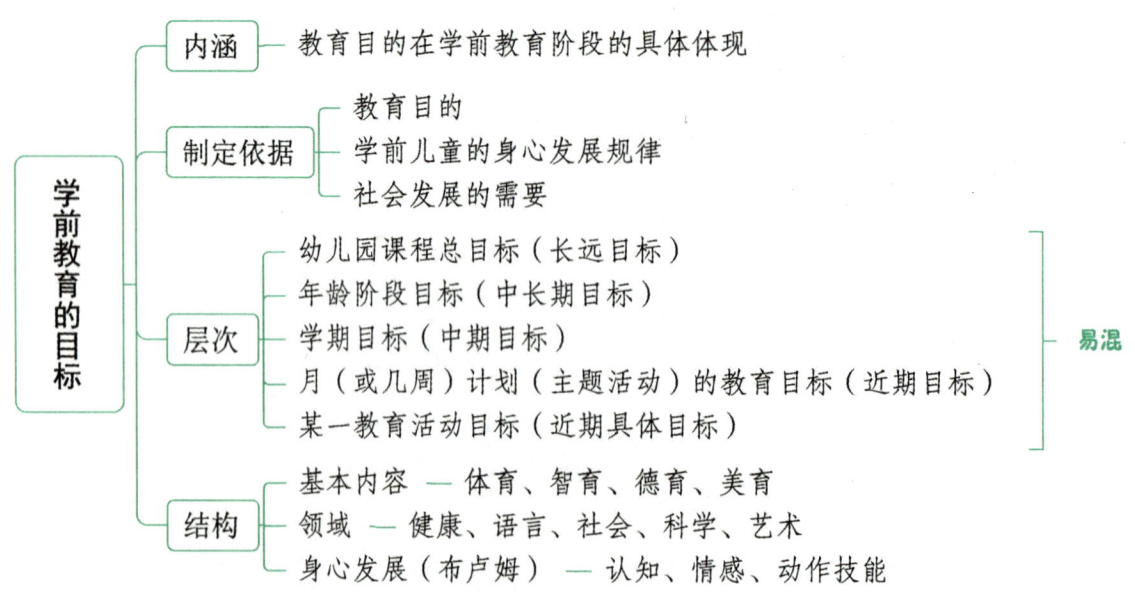

一、学前教育目标的内涵

学前教育的目标是教育目的在学前教育阶段的具体体现,是对培养幼儿规格的要求,是对学前教育最终结果的反映和预期。它制约着学前教育任务的确定和学前教育内容的选择。

二、制定学前教育目标的依据

1. 教育目的

教育目的是一切教育工作的出发点和归宿,它贯穿于教育工作的始终和方方面面。学前教育目标是根据教育目的并结合幼儿园教育的性质和特点制定出来的,是教育目的在幼儿园教育阶段的具体化。我国学前教育的目标是培养全面发展的儿童,它体现了我国教育目的的基本精神,并兼顾了幼儿园教育的性质和特点。

2. 学前儿童的身心发展规律

学前教育的终极目标指向儿童的发展。因此,必须研究和把握儿童身心发展的实际水平、需要和可能性,在此基础上确定儿童进一步发展的潜力、方向和节奏。因此,了解学前儿童身心各方面发展的特点和可能性对于确定教育目标来说是必不可少的。如果对学前儿童提出过高、过难或过低、过易的教育要求,都会违背儿童身心发展规律,达不到发展潜能的目的。所以,制定教育目标必须以儿童身心发展的客观规律和要求为依据。

3. 社会发展的需要

学前教育目标总要反映社会的愿望和要求,并关注社会的变化。不同的社会、不同的阶级或社会集团,总是根据自身的利益和需要来规定培养新一代人的方向。社会主义的学前教育,要为学前儿童进入小学打好基础,培养社会主义事业的建设者和接班人。

随着社会经济文化的发展与进步,社会价值观念的变化会通过各种途径影响学前儿童,其中有积极影响,也必然存在着一定的消极影响。幼儿园应立足现实,对教育目标进行适当的调整。与传统的社会相比,当前的信息技术时代需要全面发展的综合创新型人才,既要身心健康,又要能创新发展、合作共赢。学前教育要依据这一要求,在制定教育目标时准确地反映这一社会新变化,把全面发展作为重要培养目标。

三、学前教育目标的层次和结构

考点 1 ▸ 学前教育目标的层次 【单选、简答】 ★★★

学前教育目标的层次是把教育目标按照一定的维度在纵向上进行一定的划分,使之由抽象宏观趋于具体微观,更好地发挥目标的"导航"作用,保证我国教育目的逐层具体化,逐层落实到儿童的发展上。具体来说,学前教育目标可分为以下五个层次:

幼儿园课程总目标,即幼儿园教育目标(长远目标)
↓
年龄阶段目标(中长期目标)
↓
学期目标(中期目标)
↓
月(或几周)计划(主题活动)的教育目标(近期目标)
↓
某一教育活动目标(近期具体目标)

1. 幼儿园课程总目标

幼儿园课程总目标即《幼儿园工作规程》中阐述的幼儿园教育目标。《幼儿园教育指导纲要（试行）》是从幼儿学习的范畴按学习领域提出了五大领域的目标。这类目标比较宏观，表述抽象、概括。它是通过幼儿园三年的教育实现的，属于长远目标。

2. 年龄阶段目标

年龄阶段目标即幼儿园小、中、大三个年龄段的目标。各年龄段目标是课程总目标依据幼儿年龄特征的分步实施，彼此之间承上启下，衔接紧密，属于中长期目标。

3. 学期目标

学期目标即各年龄段目标在第一、第二学期的分步实施。

4. 月（或几周）计划（主题活动）的教育目标

它表述的是在较短时间内所期望达到的成果，是学期目标得以实现的保证。

5. 某一教育活动目标

某一教育活动目标是指一个具体的教育活动所要达到的结果，是最具操作性的目标。它是月（或几周）目标在每日教学过程的具体反映，可以说是实现课程总目标的最小单位。

真题1 [2023浙江萧山，简答]简述学前教育目标的层次。

答案：详见内文

· 知识再拔高 ·

学前教育目标的层次的其他说法

(1)幼儿园教育目标（远期目标），也就是幼儿园具体的保教目标，即指导幼儿园开展教育工作的纲领性目标，具有普遍的指导意义。

(2)中期目标，即幼儿园小、中、大等各年龄班的教育目标。也就是说，在幼儿园教育总目标的指导下，对不同年龄班的幼儿提出不同的要求。

(3)近期目标，也称短期目标，指在某一阶段内要达到的教育目标，近期目标的制定是为完成最终目标服务的，往往在月计划和周计划中体现出来。

(4)活动目标，即某次教育活动需要达成的目标。在一节课或一次活动中，教师可能会提出这些目标，这个层次的目标通常通过教师的活动计划或教案来体现。

真题2 [2023安徽宿州，单选]在幼儿教育目标体系中，（　　）是指在某一阶段内要达到的教育目标。

A. 远期目标　　　B. 活动目标　　　C. 近期目标　　　D. 中期目标

答案：C

考点 2 · 学前教育目标的结构

如果说学前教育目标的层次主要是从纵向角度对教育目标作分析的话，那么，学前教育目标的结构则主要是从横向角度来分析学前教育的目标。由于学前教育目标的横向扩展是从课程目标开始的，最先涉及目标的结构问题，便是课程目标的制定这一环节，因此，这里主要从课程目标的层面对学前教育目标的结构作分析。从课程目标的层面看，可从三个不同的角度确定学前教育目标，使学前教育目标形成三种不同的结构。

1. 从教育的基本内容的角度确定学前教育目标

即把学前教育的目标分为体育的目标、智育的目标、德育的目标和美育的目标。这四育的目标相互联系，有机结合，形成了学前教育目标的基本结构。

2. 从学前教育目标的现实媒体——相关的学科或领域表现教育目标

相关的领域表现的教育目标有健康领域的目标、语言领域的目标、社会领域的目标、科学领域的目标、艺术领域的目标。这些目标形成一种领域目标结构。

3. 从幼儿身心发展的角度确定学前教育目标

美国著名教育心理学家布卢姆等人在《教育目标分类学》中曾以儿童身心发展的整体结构为框架，为教育目标的建立提供了一个比较规范、清晰的形式标准，把教育目标分为认知、情感、动作三大类：

(1)认知领域，主要包括知识的掌握、理解或回忆、再认，以及认知能力的形成、发展等方面的目标。

(2)情感领域，主要包括兴趣、态度、习惯和价值观等方面的目标。

(3)动作技能领域，主要包括神经肌肉协调的操作技能、动作技能和行动等方面的目标。

每一领域又由易到难、由简到繁、由低级到高级分为若干层次，如认知领域分为知识、领会、应用、分析、综合和评价六个层次；情感领域分为接受、反应、评价、组织和性格化五个层次；动作领域则分为反射动作、基础动作、技巧动作、知觉能力和体能(耐力、力量、韧性、敏捷性)五个层次。

★ 本节核心考点回顾 ★

1. 制定学前教育目标的依据

(1)教育目的；(2)学前儿童的身心发展规律；(3)社会发展的需要。

2. 学前教育目标的层次

(1)幼儿园课程总目标(长远目标)：通过幼儿园三年的教育实现的目标。

(2)年龄阶段目标(中长期目标)：幼儿园小、中、大三个年龄段的目标。

(3)学期目标(中期目标)：各年龄段目标在第一、第二学期的分步实施。

(4)月(或几周)计划(主题活动)的教育目标(近期目标)：在较短时间(某一阶段)内所期望达到的成果。

(5)某一教育活动目标(近期具体目标)：一个具体的教育活动所要达到的结果。

第二节 学前教育的任务

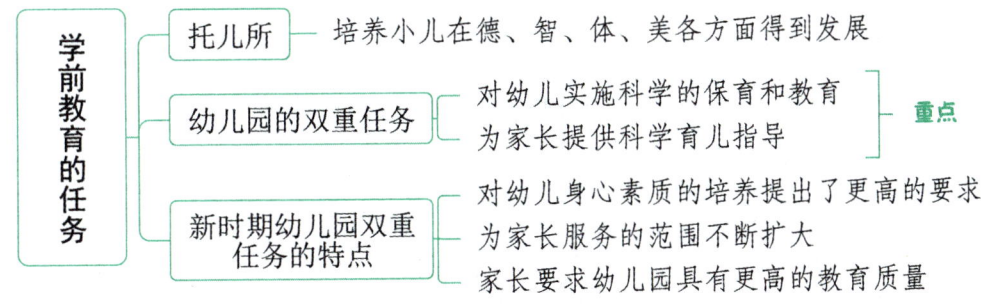

一、托儿所的任务

托儿所具有社会福利性和教育性双重性质，托儿所的教育任务是：要培养小儿在德、智、体、美各方面得到发展，为造就体魄健壮、智力发达、品德良好的社会主义新一代打下基础。

二、幼儿园的双重任务 【单选、填空】 ★★

《幼儿园工作规程》第三条明确规定,幼儿园的任务是:"贯彻国家的教育方针,按照保育与教育相结合的原则,遵循幼儿身心发展特点和规律,实施德、智、体、美等方面全面发展的教育,促进幼儿身心和谐发展。幼儿园同时面向幼儿家长提供科学育儿指导。"

1. 幼儿园必须对幼儿实施科学的保育和教育

我国幼儿园教育是学校教育制度的基础阶段,和其他各级各类学校一样,应该使受教育者在德、智、体、美等方面得到全面发展,为社会主义现代化建设培养建设者和接班人。幼儿的成长离不开幼儿教师生活上无微不至的关怀和心灵上春风化雨般的哺育。幼儿园是我国对幼儿实施保育和教育的专门组织,幼儿园通过对幼儿实施德、智、体、美诸方面全面发展的教育,促进幼儿身心和谐发展。

2. 幼儿园还要为家长提供科学育儿指导

幼儿期是人生发展过程中的特殊时期,幼儿园还负有为家长提供科学育儿指导的任务。幼儿园教师应主动加强与幼儿家长的联系与沟通,帮助家长树立正确的教育理念,争取幼儿家长对幼儿园保教工作的理解与支持,以达到家园相互配合、共同促进幼儿身心和谐发展的目的。

真题1 [2024山东青岛,单选]对幼儿园的任务理解正确的是(　　)

A. 对幼儿实施保育和教育,减轻家长负担

B. 促进幼儿身心发展,为家长工作提供便利

C. 对幼儿实施保育和教育,为家长提供科学育儿指导

D. 实施全面发展的教育,为家长学习提供便利条件

真题2 [2023福建统考,填空]幼儿园的任务是对幼儿实施保育和教育,同时面向幼儿家长提供科学_____。

答案:1. C　2. 育儿指导

三、新时期幼儿园双重任务的特点

1. 对幼儿身心素质的培养提出了更高的要求

现代科技的飞速发展使社会进入了以知识、信息为主要生产力的时代。党中央提出了"科教兴国"的战略决策,这一切使教育面临前所未有的挑战。幼儿教育担负着为培养21世纪的人才奠基的光荣而艰巨的任务,必须从素质教育入手,从教育思想到教育的内容、形式、方法等全面地进行改革,我们的教育才能适应社会的需要。否则,幼儿园是难以跟上时代的步伐,使幼儿成长为社会所需要的一代新人的。

2. 为家长服务的范围不断扩大

随着我国社会经济体制改革的日益深入和社会主义市场经济的逐渐建立,人们的生活方式、生活意识、价值观念等空前多样化,生活节奏加快,时间意识增强,人员流动增大。在这种形势下,幼儿教育机构类型单一、服务范围狭窄、机制不灵活的现状就不可避免地和社会的需求相冲突。家长要求办园形式更加多样化,除了全日制之外,还应有半日制、计时制、机动的寄宿制等,还要求增加节假日服务,甚至晚间服务、护理病孩等。总之,需要各种幼儿教育机构在办园形式、管理制度、受托时间、保育范围、运作机制等各方面更灵活、更方便、更适合家长工作、学习、生活方面的特点和需要。

3. 家长对幼儿教育认识不断提高,要求幼儿园具有更高的教育质量

现在的幼儿家长大多数具有较高的文化水平,他们对幼儿教育在人一生发展中的重要意义的认识不断提高。因此,他们不仅希望孩子在幼儿园吃得好、玩得好,更希望孩子能接受好的教育,幼儿园教育质量的高低成为家长关心的问题之一。提高保育和教育质量成了幼儿园生存和发展的关键。幼儿园只有教育质量高,才会生源充足,使家长满意,从而获得良好的社会效益。

✦★ 本节核心考点回顾 ★✦

1. 幼儿园的双重任务
(1)幼儿园必须对幼儿实施科学的保育和教育。
(2)幼儿园还要为家长提供科学育儿指导。
2. 新时期幼儿园双重任务的特点
(1)对幼儿身心素质的培养提出了更高的要求。
(2)为家长服务的范围不断扩大。
(3)家长对幼儿教育认识不断提高,要求幼儿园具有更高的教育质量。

第三节　学前教育的原则

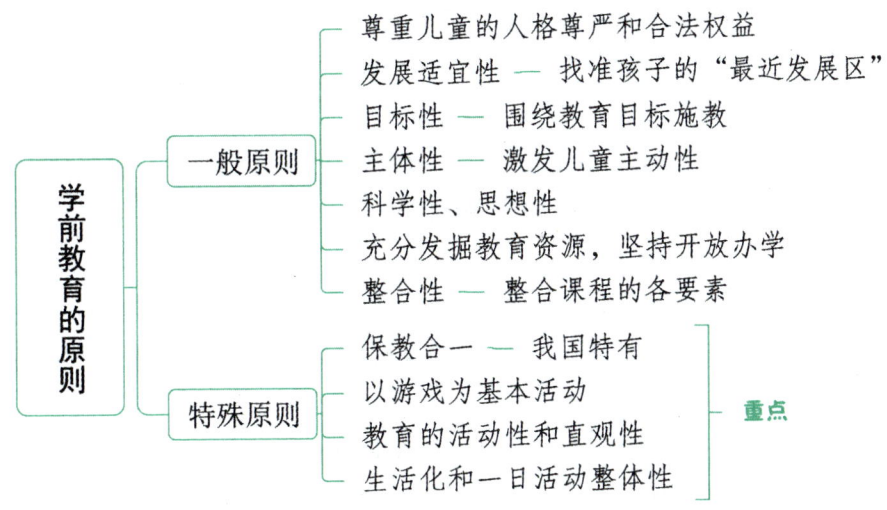

一、学前教育的一般原则 【单选】 ★★

考点 1　尊重儿童的人格尊严和合法权益的原则

1. 尊重儿童的人格尊严

儿童与教师是平等的人与人之间的关系。教师要将儿童作为具有独立人格的人来对待,尊重他们的思想感情、兴趣、爱好、要求和愿望等。如果教师的言行中处处体现对儿童的尊重,注意倾听儿童的想法,尊重他们的意愿,就会使儿童意识到他们是有价值、有能力、不可缺少的,从而会建立起自信心,获得良好的自我概念,为其自身的继续发展奠定基础。反之,教师如果随意呵斥、责备、惩罚儿童,让儿童常常感到委屈、羞辱,他们便会认为自己是无能、被人看不起的,从而丧失基本的自尊与自信。

2. 保障儿童的合法权益

儿童是不同于成人的,他们享有不同于成人的许多特殊的权利,如生存权、受教育权、受抚养权、发展权等,这反映了人类对儿童在社会中的地位和权利的认可与尊重。但是,儿童毕竟是稚嫩、弱小的个体,他们对自己权利的行使还必须通过成人的教育和保护才能实现。家庭、学校、社会应当保障未成年人的合法权益不受侵犯。

真题1 [2023安徽宿州,单选]大班的幼儿在进行读书活动,王老师观察发现,泡泡用彩笔在纸张上乱涂乱画,于是走过去,数落泡泡,并大声呵斥泡泡以后不许参加活动了。这表明该教师违背了( )

A. 尊重儿童的人格尊严和合法权益的原则　　B. 促进儿童全面发展的原则
C. 发展适宜性原则　　D. 面向全体,尊重个别差异原则

答案:A

考点 2 ▶ 发展适宜性原则

发展适宜性原则是美国幼儿教育协会1986年以后极力提倡的教育理念与实践,当时主要是针对美国幼教界普遍出现的幼儿教育"小学化"等倾向而提出来的。

学前教育的出发点和最后归宿都是促进儿童身心和谐发展,促进每一个儿童在现有的水平上获得充分的最大限度的发展。教师进行学前教育与课程的设计、组织、实施都应着眼于促进儿童的发展。所提出的教育目标,既不可任意拔高,也不能盲目滞后,内容的安排应以儿童身心发展的成熟程度为基础,注重儿童的学习准备。按维果斯基的理论来说,即要找准每个孩子的"最近发展区",使每个孩子通过教学活动都能在原有的基础上有所提高,即"跳一跳,摘个桃"。教师应在充分了解儿童已有知识和理解能力、智力水平的基础上,提出"略为超前"的适度的教育要求,把儿童发展的可能性与积极引导二者辩证地结合起来,既不低估或迁就儿童已有的水平,错过发展的机会,又不可拔苗助长,超出发展的可能性。

遵循发展适宜性原则包含以下几层含义:

(1)教育设计、组织、实施既符合儿童的现实需要,又有利于其长远发展。

(2)教育设计、组织、实施既适合儿童的现有水平,又有一定的挑战性;教育活动内容的安排与要求、活动过程的推进应循序渐进。

(3)教育必须促进儿童德、智、体、美诸方面全面发展。每一个方面的发展也应该是全面的、整体的发展,包括情绪、情感、良好习惯、智能、技能、创造性的发展等,不能偏废任何一个方面。

(4)为每个儿童着想,关注个体差异。教育必须面向每个儿童,使每个儿童都能在原有发展水平上充分地发展。常常有这样的情况:有的教师只关注学习好、能力强的儿童,而那些既不出众、又不吭声的儿童基本上不在教师的视线之内。要保证每个儿童有同等的受教育机会,教师必须平等地、一视同仁地对待所有的儿童。学前教育除了适宜年龄特点外,还应实施适宜于个体的教育,注重个性化教学,因材施教。

真题2 [2020内蒙古赤峰,单选]教师应在充分了解幼儿已有知识和理解能力、智力水平的基础上,提出"略为超前"的适度的教育要求,即"跳一跳,摘个桃",这体现了学前教育的( )

A. 保教合一原则　　B. 整合性原则
C. 发展适宜性原则　　D. 直观性原则

答案:C

考点 3 ▶ 目标性原则

教师不能任凭自己的兴趣爱好或喜怒哀乐想怎么做就怎么做,实施教育的所有过程都必须紧紧围绕教育目标来进行。贯彻这一原则应注意:

1. 把握目标的方向性和指导性

教育目标是分层次的,有总体教育目标、阶段教育目标、具体的教育活动目标。其中,总体目标是具有方向性和指导性的,必须牢牢把握清楚准确;阶段目标是承上启下的目标,相对于教育的总体目标而言,它是小目标,但对于教育活动的具体目标来说,它又具有一定的总体性;而每一次教育活动的具体目标,则是实现总体目标的基本单位。三个层次的教育目标相互制约,共同控制着课程组织的具体过程。

2. 注重教育目标实施过程的动态管理

课程发展目标是教师制订教育计划、组织教育活动的基本依据。实施过程中要求教师不仅注重基本目标的达成度,更要注重针对本班儿童的发展情况,及时调整目标或生成新的目标,形成以儿童发展为本的目标实施的动态过程。

考点 4 ▶ 主体性原则

儿童是学习的主体,只有儿童积极参与、主动建构,课程才能内化为他们的学习经验,促进其身心发展。发挥主体性原则,要尊重儿童人格、尊重儿童需要、激发儿童的主动性。在学前教育中,教师要充分扮演好自己环境的创设者、儿童学习的观察者、引导者的角色,体现"导"的艺术,要把活动的主体地位让给儿童,让孩子真正成为活动的主人。教师要承认学前儿童的主体地位,认识到学前儿童是学习、发展的主体,是一个独立的、完整的、成长着的、拥有极大发展潜能的主体。贯彻这一原则应注意:

1. 准确把握儿童发展的特点和现状

在教育与课程的设计、组织、实施、评价等不同环节,应以准确把握儿童发展的特点和现状为基础,充分考虑儿童的兴趣和需要,尊重儿童的学习特点、学习兴趣、学习背景、学习意愿等,为儿童提供主动学习的机会。

2. 在活动之前还要善于激发学前儿童的学习兴趣和动机

活动中教师不能只考虑教师如何教的问题,而应更多考虑儿童的实际情况,激发学前儿童学习的内部驱力,思考如何才能充分调动儿童的积极性、主动性和创造性,让学前儿童努力探索新知识、积累新经验。与此同时,要观察儿童的活动情况,适时给予支持、指导和帮助。

考点 5 ▶ 科学性、思想性原则

科学性原则是指向幼儿传授的知识、技能应该是正确、符合客观规律的。思想性原则是指教师要结合各领域教育内容对幼儿进行道德品质教育。贯彻科学性、思想性原则,要做到以下几点:

1. 教育内容应是健康、科学的

选择的教学内容应该是健康、科学的,对儿童有积极向上的引领作用的,而且内容和方法都应该是正确规范的,有利于学前儿童正确地感知客观事物和现象,形成正确的概念和对事物的科学的态度。

2. 教育要从实际出发,对儿童健康发展有利

要从实际出发,对儿童进行有针对性的教育;教育形式要活泼,教学方法要多样;教师和家长要以身作则,言行一致,成为学前儿童行为的表率。

3.教育设计和实施要科学、正确

教师和家长要了解儿童的年龄特征和认识事物的规律,根据儿童的实际选择,安排相应的教学内容;教师对知识的掌握应该要准确无误,注意各学科、各知识之间的联系,选择多种教学手段和方法,科学地组织幼儿一日活动,合理安排活动时间和活动量。

考点 6 ▶ 充分发掘教育资源,坚持开放办学的原则

在现代社会中,学前教育机构必须在与社会系统的合作中完成自身的教育任务,发挥学前教育机构教育在学前儿童成长中的导向作用。所以,在学前教育中,学前教育机构必须是"开放的",必须与家庭、社区紧密结合。这既是社会发展对学前教育提出的客观要求,又是学前教育自身发展的内部需求。贯彻这一原则要注意以下几点:

1.与家长合作共育

家庭是儿童成长最自然的生态环境,家庭是人的第一所学校,家长是学前儿童第一任教师,更是重要的教育力量。对于学前教育机构的教育,家长的参与能够大大提高儿童活动的兴趣和积极性;家长是教师最好的合作者,家园合作共育能使课程计划的可行性、课程实施的适宜性、教育的连续性和有效性都得到保证。

2.开门办学,与社区合作

社区的积极参与将使学前教育机构的教育变得更为生动、更富有时代气息。不少学前教育机构在与社区的合作中,直接利用社区丰富的教育资源,让儿童走进社会的大课堂。如参观社区各种机构、设施,与社区的劳动模范、解放军战士、医务人员、警察叔叔共同活动,去慰问敬老院的爷爷奶奶,或请他们到学前教育机构做客、参与活动,等等。可以说无论是社区环境、社区资源还是社区文化,都对学前教育机构的课程实施效果产生不可忽视的影响。

3.学前教育机构、家庭、社区一致的教育

学前教育机构、家庭、社区一致的教育就是指家庭和幼儿园或托儿所、社区在育儿理念、育儿方式等方面方向一致,积极协作,密切配合,互为补充,相互为用,形成教育合力,最终促进儿童身心健全和谐发展。否则,就会导致教育的积极影响被抵消。如儿童在幼儿园很懂得讲卫生、会分享,在家里由于长辈溺爱,孩子比较霸道,这样家庭教育就会对儿童发展产生消极作用。

考点 7 ▶ 整合性原则(综合性原则)

整合性原则是指将学前教育看作是一个完整的系统,保证学前儿童身心整体健全和谐的发展,综合化地整合课程的各要素实施教育。贯彻整合性原则应注意以下几点:

1.活动目标的整合

目标的确定不能单追求知识技能的获得,而应全面考虑情感态度、个性习惯、知识经验、技能等综合素质的培养和提高,即活动教育的主要目标应是整个人的发展。

2.活动内容的整合

活动内容的整合是以目标的整合为前提,主要表现是使同一个领域的不同方面的内容或不同领域的内容之间产生有机的联系。内容的整合最终应落实到具体的教育活动之中。例如,语言教育领域,不仅可以在语言教育领域内部对知识学习和能力培养进行整合,而且还可以与社会、科学、艺术等领域的学习内容整合在一起。

3. 教育资源的整合

学前教育机构、家庭及社区都有丰富的教育资源,应充分地加以运用,并进行有机地整合,使它们真正协调、一致地对学前儿童的成长产生积极的、有效的影响。

4. 活动形式和活动过程的整合

将具有一定联系性的教学活动、游戏、日常生活等活动之间加以整合,将集体活动、小组活动、个别活动加以互补运用和整合,使教育活动一致地对儿童的成长产生积极的、有效的影响。

> **·记忆有妙招·**
>
> 学前教育的一般原则:**科目要合体,资源尊适宜**。**科**:科学性、思想性。**目**:目标性。**要合**:整合性。**体**:主体性。**资源**:充分发掘教育资源,坚持开放办学。**尊**:尊重儿童的人格尊严和合法权益。**适宜**:发展适宜性。

二、学前教育的特殊原则 【单选】 ★★★

学前教育的
特殊原则

考点 1 ▶ 保教合一的原则

保教合一的原则,也称保教结合或保教并重,指对幼儿保育和教育要给予同等的重视,并使两者相互配合。它是我国幼儿教育中所特有的一条原则,可以说具有很强的中国特色。

1. 保育和教育是幼儿园两大方面的工作

保育主要是为幼儿的生存、发展创设有利的环境和提供物质条件,给予幼儿精心的照顾和养育,帮助其身体和机能良好地发育,促进其身心健康地发展;教育则重在培养幼儿良好的行为习惯和态度,发展幼儿的认知、情感、能力,引导幼儿学习必要的知识技能等。这两方面构成了幼儿园教育的全部内容。

2. 保育和教育工作相互联系、相互渗透

幼儿园保育和教育不可分割的关系是由幼教工作的特殊性和幼儿身心发展的特点决定的。虽然保育和教育有各自的主要职能,但并不是完全分离的。教育中包含了保育的成分,保育中也渗透着教育的内容。

3. 保育和教育是在同一过程中实现的

对幼儿实施保育的过程,实质上也是对幼儿在德、智、体、美诸方面实施有效影响的过程。保育和教育不是分别孤立地进行的,而是在统一的教育目标指引下,在同一教育过程中实现的。

4. 良好的工作伙伴关系与师生关系是实现保教合一的前提

(1)建立良好的工作伙伴关系

在日常教育活动中,教师与保育员往往因为自身儿童观与教育观的不同而会有一些冲突。面对这一问题,教师与保育员要保持冷静的态度,不应该在幼儿面前出现相互指责的现象,而是要在休息的时间,相互就某一问题进行探讨,如果双方都坚持自己的观点,可一同去请教老教师,或是一同找有关的书籍进行研讨。我们坚决反对那种当面不讲、背后乱说的做法。

(2)建立良好的师生关系

《幼儿园教育指导纲要(试行)》中明确指出:"建立良好的师生、同伴关系,让幼儿在集体生活中感到温暖,心情愉快,形成安全感、信赖感。""教师的态度和管理方式应有助于形成安全、温馨的心理环境;言行举止应成为幼儿学习的良好榜样。"

保教合一的原则

真题3 [2023安徽宿州,单选]实现保教合一的前提是( )
A. 幼儿的自理能力　　　　　　　　B. 保育员的工作态度
C. 良好的工作伙伴关系与师生关系　　D. 教师的保育意识
答案:C

考点 2　以游戏为基本活动的原则

游戏是学前教育机构的基本活动。游戏最符合儿童身心发展的特点,是儿童最愿意从事的活动,最能满足儿童的需要,有效地促进儿童发展,具有其他活动所不能替代的教育价值。

1. 游戏是儿童最好的一种学习方式

对于学前儿童来说,游戏也是一种学习,是一种更重要、更适宜的学习。游戏是以过程为导向,以乐趣为目的,以内驱动机为主的活动。游戏是学前儿童身心发展的需要,是促进他们身体、智能、道德品质、情感、创造性发展以及成长的重要手段。在游戏活动中易于唤起儿童的学习兴趣,使儿童在玩中学、学中玩,学得轻松愉快。

2. 游戏是幼儿课程内容和形式的结合

游戏既是课程的内容,又是课程实施的背景,还是课程实施的途径。游戏所涉及的内容是与儿童的兴趣相关联的,与儿童的行为相关联,游戏应该与儿童的主动、自发相关联。教师要充分发挥游戏对儿童发展的作用,保证游戏的时间和空间,提供丰富的游戏材料,使儿童充分自主、愉快地游戏,通过游戏促进身心发展。

考点 3　教育的活动性和直观性原则

学前儿童认知的直觉行动性和具体形象性的方式和特点,决定了他们不可能像中、小学生那样主要通过间接的课堂学习来获得知识,得到发展,幼儿必须通过在具体的实践活动中直接接触各种事物和现象,进行操作和实验,直接与物体发生接触与联系,才可能逐步积累相关知识和经验,获得对事物的一定认知。对幼儿来讲,只有在活动中的学习,才是有意义的学习,才是理解性的学习。

1. 教育的活动性

(1)以活动为中介,通过各种活动促进儿童的发展

学前教育促进儿童的发展主要是通过活动来进行的。学前儿童通过参与各种活动使其得到各方面的发展。因此,在活动的设计、组织、实施过程中,教师要为儿童提供丰富的材料和充分的活动空间、时间,开展各种类型的活动,以及提供进行人际交往的机会,为儿童积极主动活动提供可能。

(2)教育活动的多样性

学前教育机构的活动不应当是单一的。因为活动的内容、形式不同,在儿童发展中的作用是不一样的。教师要注意教育活动的多样性,才能有效地促进儿童发展。

真题4 [2020山东青岛,单选]林老师在组织"5"的组成与分解活动时,为幼儿准备了积木块、小花朵、雪花片等材料让幼儿参与操作。这体现的教育原则是( )

A. 保教合一原则　　　　　　　　B. 以游戏为基本活动的原则
C. 活动性原则　　　　　　　　　D. 生活化原则

答案:C

2. 教育的直观性

由于学前儿童思维的具体形象性和第一信号系统占优势的特点,使得他们只有在获得丰富的感性经验的基础上,才能理解事物。学前儿童主要是通过各种感官来认识周围世界的,是通过直接感知认识周围事物,形成表象并发展为初级的概念的。对学前儿童的教育应考虑体现直观形象性。

(1)教师要根据儿童不同年龄的身心发展水平,运用各种形式的直观教学手段,从具体的、有情节的事物向无情节的事物过渡,从实物类型的直观向图片、模型、语言直观等过渡。

(2)教师通过演示、示范、运用范例等直观教学手段,变抽象为形象,化枯燥为生动的同时,还可以辅以形象生动的、声情并茂的教学语言,帮助儿童理解教学内容。

(3)通过具体可见或可操作的活动,使儿童比较容易直观形象地理解所学的内容,更快地获得各种知识经验。

考点 4 生活化和一日活动整体性的原则

由于学前儿童生理、心理的特点,对儿童的教育要特别注重生活化,并发挥一日活动的整体功能。

1. 教育生活化

生活化首先就是指教育生活化,也就是说要将富有教育意义的生活内容纳入课程领域。例如,课程安排依照学前教育机构生活的自然秩序展开;课程内容可以依据节日顺序展开;或者依据时令、季节变化规律来组织课程;等等。加强教育同生活的联系,就是要将学前儿童在各种情境中的经验加以整合,不论是日常生活中学习积累的,还是在非日常生活中应该了解和认识的,都纳入到课程组织结构中加以统整。

2. 生活教育化

生活化还有一种含义就是指生活教育化,也就是将学前儿童日常生活中已获得的原有经验,加以系统化、条理化,在生活中适时引导,促进学前儿童发展。在学前教育机构中,在成人看来并不重要的小昆虫、小石子、树叶等各种各样的自然物,都是学前儿童眼中的宝贝。教师若能对学前儿童的世界加以观察,并有效将这些内容组织起来,将会使学前儿童在感知生活的过程中得到发展。

•小香课堂•

教育生活化和生活教育化两个概念的区分见下表:

原则	关键信息	例子
教育生活化	针对生活中有价值的内容,开展专门的教育活动进行施教	生活中发现幼儿不愿意分享,于是专门组织教育活动引导幼儿学会分享
生活教育化	在生活中进行引导	小朋友玩游戏时出现了争抢玩具的现象,老师直接进行教育

051

真题5 [2024福建统考,单选]豆豆拿着掉了的牙哭着找老师,老师安慰了他,并根据这一事件组织了"我们要换牙了""如何保护牙"等活动,这主要遵循的学前教育的特殊原则是(　　)

A. 生活化原则　　　　　　　　　　B. 保教合一的原则

C. 以游戏为基本活动的原则　　　　D. 教育的活动性和直观性原则

真题6 [2022福建统考,单选]在新型冠状病毒肺炎形势严峻时期,王老师精心设计了"抗击疫情"的主题活动,引导幼儿做好防疫卫生,鼓励幼儿参与疫苗接种,该做法体现了(　　)

A. 教育生活化　　　　　　　　　　B. 生活教育化

C. 以游戏为基本活动　　　　　　　D. 教育活动的多样性

答案:5. A　6. A

3. 发挥一日活动整体功能

学前教育机构应充分认识和利用一日生活中各种活动的教育价值,通过合理组织、科学安排,让一日活动发挥一致的、连贯的、整体的教育功能,寓教育于一日活动之中。

(1)一日活动中的各种活动不可偏废

无论是儿童吃喝拉撒睡一类的生活活动,还是教学、参观访问等活动;无论是有组织的活动,还是儿童自主自由的活动,都各具重要的教育作用,对儿童的发展都是不可缺少的。因此,不能顾此失彼,随意削弱或取消任何一种活动。

(2)各种活动必须有机统一为一个整体

每种活动不是分离地、孤立地对儿童发挥影响力的。一日活动必须统一在共同的教育目标下,形成合力,才能发挥整体教育功能。因此,如何把教育目标渗透到各种活动中,每个活动怎样围绕目标来展开,就成为实践中应当特别关注的问题。

• 记忆有妙招 •

学前教育的特殊原则:**整货直包邮**。**整**:生活化和一日活动整体性。**货**:教育的活动性。**直**:教育的直观性。**包**:保教合一。**邮**:以游戏为基本活动。

• 小香课堂 •

为方便考生更好地理解学前教育的原则,现将每个原则的具体表现通过表格整理如下:

学前教育的原则		具体表现
一般原则	尊重儿童的人格尊严和合法权益	(1)尊重儿童的人格尊严:将儿童作为具有独立人格的人来对待;(2)保障儿童的合法权益:保障未成年人的合法权益不受侵犯
	发展适宜性	教育应以儿童身心发展的成熟程度为基础("略为超前"的适度教育)
	目标性	教育过程围绕教育目标进行
	主体性	儿童是学习的主体,要激发儿童的主动性
	科学性、思想性	向幼儿传授正确的知识、技能,并对幼儿进行道德品质教育
	充分发掘教育资源,坚持开放办学	与家庭、社区紧密结合
	整合性	整合活动目标、活动内容、教育资源、活动形式和活动过程

续表

学前教育的原则		具体表现
特殊原则	保教合一 (我国特有)	保育和教育要给予同等的重视,并使两者相互配合(良好的工作伙伴关系与师生关系是实现保教合一的前提)
	以游戏为基本活动	玩中学,学中玩
	教育的活动性和直观性	(1)活动性:以活动为中介; (2)直观性:教育应体现直观形象性
	生活化和一日活动整体性	(1)生活化: ①教育生活化:生活内容纳入课程领域; ②生活教育化:生活中适时引导。 (2)一日活动整体性:让一日活动发挥一致的、连贯的、整体的教育功能

★★ 本节核心考点回顾 ★★

1. 学前教育的一般原则

(1)尊重儿童的人格尊严和合法权益的原则;(2)发展适宜性原则;(3)目标性原则;(4)主体性原则;(5)科学性、思想性原则;(6)充分发掘教育资源,坚持开放办学的原则;(7)整合性原则。

2. 学前教育的特殊原则

(1)保教合一的原则;(2)以游戏为基本活动的原则;(3)教育的活动性和直观性原则;(4)生活化和一日活动整体性的原则。

第四章 幼儿园全面发展教育

本章学习指南

一、考情概况

本章属于学前教育学的基础章节,内容较为琐碎,考生可带着以下学习目标进行备考:

1. 了解幼儿园全面发展教育的含义,掌握幼儿园全面发展的意义以及德、智、体、美四育的关系。
2. 掌握幼儿德育、智育、体育、美育的目标、内容及实施。

二、考点地图

考点	年份/地区/题型
幼儿园全面发展教育的意义以及德、智、体、美四育的关系	2024浙江台州论述
实施幼儿德育的途径	2022安徽安庆单选
实施幼儿德育应注意的问题	2021浙江绍兴单选
实施幼儿智育应该注意的问题	2023安徽宿州单选

注:上述表格仅呈现重要考点的相关考情。

核心考点

第一节 幼儿园全面发展教育概述

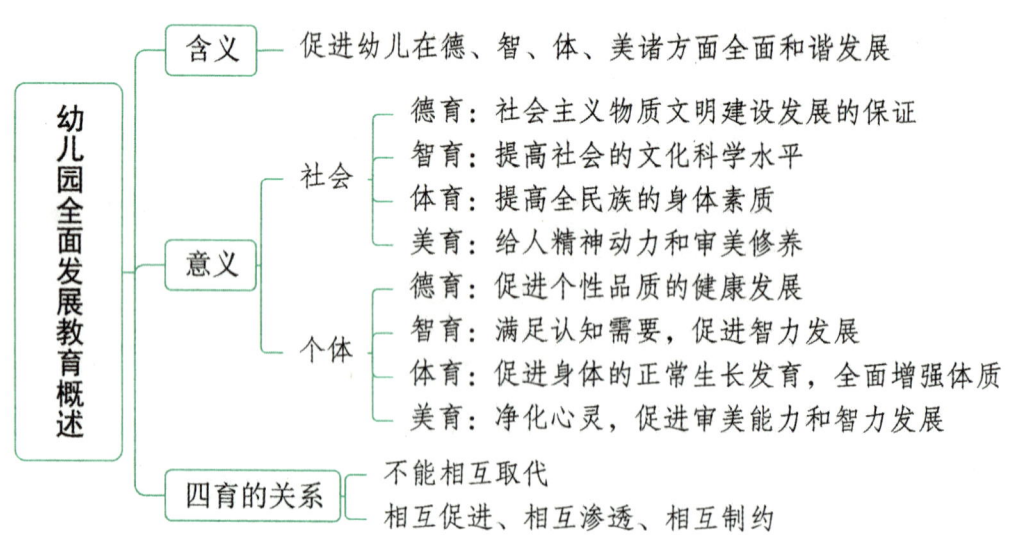

一、幼儿园全面发展教育的含义

幼儿园全面发展教育是指以幼儿身心发展的现实与可能为前提,以促进幼儿在德、智、体、美诸方面全

面和谐发展为宗旨,并以适合幼儿身心发展特点的方式、方法、手段加以实施的,着眼于培养幼儿基本素质的教育。对幼儿实施全面发展教育是我国幼儿教育的基本出发点,也是我国幼儿教育法规所规定的幼儿教育的任务。

全面发展是针对片面发展而言的,偏重任何一个方面或忽视任何一个方面的发展都不是全面发展;全面发展并不意味着个体在德、智、体、美诸方面齐头并进地、平均地发展,也不意味着个体的各个发展侧面可以各自孤立地发展。因此,幼儿园的全面发展教育在保证幼儿德、智、体、美诸方面全面发展的基础上,可以允许幼儿个体在某方面突出一些。同时,应注重幼儿各方面发展的和谐与协调。

二、幼儿园全面发展教育的意义 【论述】★★★

1. 对社会发展的意义
(1)德育是社会主义物质文明建设不断发展的保证。
(2)重视幼儿智育能为提高社会的文化科学水平奠定基础。
(3)重视幼儿体育有利于提高全民族的身体素质。
(4)美育能给人以追求美好生活的精神动力和按照"美的规律"改造主客观世界的审美修养。

2. 对个体发展的意义
(1)德育可以帮助幼儿适应社会生活,促进幼儿个性品质的健康发展。
(2)智育可以满足幼儿的认知需要,促进幼儿智力的发展,并为以后的学习打下良好的知识与智力基础。
(3)体育能促进幼儿身体的正常生长发育,全面增强体质,并为幼儿其他方面的发展奠定良好的物质基础。
(4)美育可净化幼儿的心灵,促进其审美能力和智力的发展。

三、德、智、体、美四育的关系 【论述】★★★

对幼儿实施德、智、体、美全面发展的教育必须正确认识四者的关系。

如前所述,德、智、体、美四育在幼儿的发展中具有各自独特的作用,具有各自不同的价值,不能相互取代。但必须注意,德、智、体、美诸方面统一于幼儿个体的身心结构之中,德、智、体、美任何一方面的发展都与其他方面的发展相互促进、相互渗透、相互制约,不可分割。对幼儿的全面发展来说,不能偏废任何一方面,任何一方面的偏废都将影响其他方面的发展。德、智、体、美四育融会在一起,形成一种整体教育力量,落实在幼儿的全面和谐发展之中。只有正确认识四育之间的相互关系,实施全面发展教育,才能发挥教育的最大功效。

真题 [2024浙江台州,论述]试述幼儿园全面发展教育的意义以及德育、智育、体育、美育的关系。
答案:详见内文

★★ 本节核心考点回顾 ★★

1. 幼儿园全面发展教育的意义
(1)对社会发展的意义
①德育:社会主义物质文明建设发展的保证。
②智育:为提高社会的文化科学水平奠定基础。

③体育:提高全民族的身体素质。
④美育:给人以追求美好生活的精神动力和审美修养。
(2)对个体发展的意义
①德育:促进个性品质的健康发展。
②智育:满足认知需要,促进智力发展。
③体育:促进身体的正常生长发育,全面增强体质。
④美育:净化心灵,促进审美能力和智力的发展。
2.德、智、体、美四育的关系
(1)具有各自不同的价值,不能相互取代。
(2)相互促进、相互渗透、相互制约,不可分割。
(3)四育融会在一起,形成一种整体教育力量,落实在幼儿的全面和谐发展之中。

第二节 幼儿德育

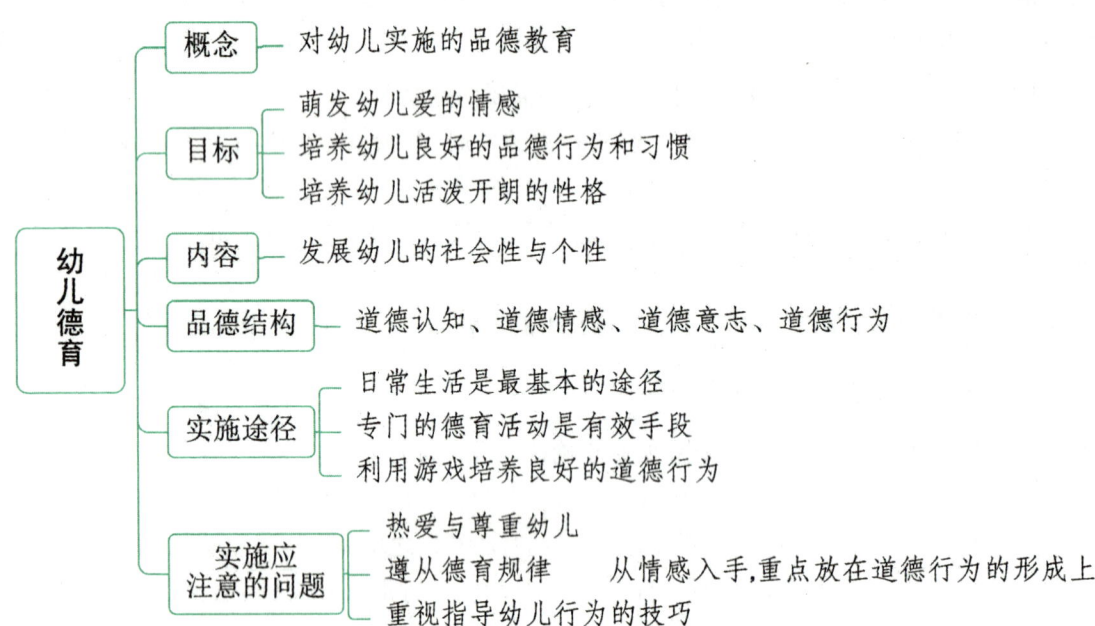

一、幼儿德育的概念

德育即道德教育。道德是在一定社会条件下形成与发展起来的人们共同生活的行为准则的总和,也是评价人们行为的标准。社会道德在个体身上再现为道德品质,德育实质上就是社会道德个体化的过程。

幼儿德育是道德教育的起始阶段,是根据幼儿身心发展的特点和实际情况,对幼儿实施的品德教育。

二、幼儿德育的目标和内容

考点 1 ▶ 幼儿德育的目标

《幼儿园工作规程》规定幼儿德育的目标是:萌发幼儿爱祖国、爱家乡、爱集体、爱劳动、爱科学的情感,培养诚实、自信、友爱、勇敢、勤学、好问、爱护公物、克服困难、讲礼貌、守纪律等良好的品德行为和习惯,以及活泼开朗的性格。

幼儿德育的目标强调从情感入手,符合幼儿品德形成和发展的规律,符合幼儿的年龄特点。

考点 2 幼儿德育的内容

幼儿品德教育的内容主要包括发展幼儿的社会性与发展幼儿个性两个方面。

1. 发展幼儿的社会性

幼儿社会性发展是通过自身的社会化过程实现的。社会化过程是个体了解社会对他有哪些需要与期望,规定了哪些行为规范,并使自己逐步实现这些期待的过程,是个体适应社会的漫长的发展过程。社会化内容在很大程度上反映了社会对人的道德行为、人际关系方面的要求。德育是幼儿社会性发展教育的核心和导向力量。具体来说,发展幼儿的社会性包括以下几个方面的内容:

(1)培养爱的情感。爱家乡、爱祖国、爱集体、爱劳动、爱科学的情感是幼儿思想和品德发展的基础和动力。幼儿只有在自己被爱,体验到爱的基础上,才能产生指向外部世界的爱。因此,教师应为幼儿创设一个充满爱的环境与气氛,以境育情,以境激情,激发幼儿良好的社会性情感。(2)形成必要的社会行为规范。幼儿应当养成的社会行为规范主要有:文明礼貌、守纪律、讲卫生、爱护公物等。(3)学习人际交往技能和能力。为了让幼儿能适应集体生活、社会生活,必须发展他们的人际交往技能和能力。

2. 发展幼儿的个性

幼儿德育要培养幼儿的良好个性品质。如良好的性格,有自信心、主动性、独立性、诚实、勇敢、意志坚强等。这些个性品质对幼儿成长为一个真正的人有重大意义。

三、幼儿的品德结构

1. 道德认知

道德认知,即人们对是非、善恶、美丑的行为准则及其意义的认识。道德认知是道德情感和道德行为的基础,是道德品质的基本组成部分,对个人品德发展起导向作用。

提高幼儿的道德认知,应注意以下几点:

(1)以正面具体讲解为主,幼儿教师的讲解应尽可能的具体、浅显,利用事例说明道理,结合一日生活进行启发。另外,教师的讲解要以正面讲解为主,教师应告诉幼儿好的道德行为"是什么""怎样做""为什么要这样做"之类的问题,坚持"提示在先,奖惩在后"的原则,尽量避免使用消极否定性词语。

(2)幼儿教师应利用各种榜样去说服和教育幼儿。

(3)重视"变式"方法,即通过变换同类事物的非本质属性,突出事物的本质属性,使幼儿掌握道德观念的本质含义。

另外,在提高幼儿道德认知的基础上,应注意培养幼儿的道德评价能力。道德评价能力是指按一定的道德标准,对人的行为做出肯定或否定判断的能力。

2. 道德情感

道德情感,即人的道德需要是否得到满足所引起的一种内心体验。道德情感具有动力和调节作用,是道德认知转化为道德信念的催化剂,也是道德认知转化为道德行为的必要条件与动力因素。

幼儿的道德情感具有直接性、具体性强,易受环境影响,情感反应速度较快,但不稳定,模糊、片面、肤浅,与自然情感联系密切等特点。幼儿的道德情感只是处于萌芽状态。

培养幼儿的道德情感,可采取以理育情、以情育情、以境育情、以形育情、以行育情和以美育情的方法。

3. 道德意志

道德意志,即人们在实现道德目的的过程中所表现出的主观能动性。道德意志对道德认知、道德情感和道德行为均具有控制和调节作用,是道德认知转化为道德行为的直接推动力。

幼儿道德意志的自觉性较差,易受他人暗示,依赖性强。幼儿通常不考虑或不善于考虑自己行为的正确性,他们一般行动匆忙,缺乏耐心,坚持性较差,抗诱惑和干扰能力较弱,因而常在活动中改变主意。道德意志是在意志行动中磨炼出来的。意志行动的过程即是道德意志形成和发展的过程。幼儿道德意志的培养,也要在幼儿的意志行动中完成。

培养幼儿的道德意志,应注意以下三点:(1)利用幼儿生活学习中遇到的一些具体困难,有针对性地进行引导;(2)组织专门的意志实践活动,有针对性地锻炼幼儿的意志;(3)让幼儿学会评价自己的个性,使其知道自己个性的优缺点并对其提出希望。

4. 道德行为

道德行为,是人们在一定道德意识支配下所采取的行动。道德行为反映了一个人道德认知、道德情感和道德意志的水平,是一个人道德品质的外在表现。人们总是通过观察道德行为来评价一个人的道德品质。幼儿的道德行为,具有动机不稳定、坚持性较差、易反复、易受外力和情境影响等特点。幼儿道德行为常常落后于道德认知,易出现言行不一的情况。

培养幼儿的良好道德行为,应注意以下几个方面:(1)为幼儿提供适宜的道德行为情境;(2)向幼儿讲清道德行为的意义和正确方式;(3)提供良好的道德行为榜样;(4)循序渐进地练习道德行为;(5)建立必要的规章制度;(6)给予适宜的强化。

四、幼儿德育的实施 【单选】 ★★

考点 1 ▶ 实施幼儿德育的途径

1. 日常生活是实施幼儿德育最基本的途径

幼儿德育应贯穿于幼儿的日常生活之中。幼儿在日常生活中,在与同伴、成人交往的过程中,了解人与人之间、人与社会之间、人与物之间的关系,了解一定的行为准则,并且进行各种行为练习,日积月累,循序渐进,逐步形成某些良好的行为品质。在一日生活常规和生活制度中渗透着道德教育的内容,通过常规训练和严格执行生活制度,可以培养幼儿品德和行为习惯。

真题1 [2022安徽安庆,单选]在日常生活中帮助幼儿了解人与人之间、人与社会之间、人与物之间的关系,了解一定的行为准则,逐渐形成良好的行为品质,这属于(　　)方面的内容。

A. 智育　　　　　　B. 德育　　　　　　C. 体育　　　　　　D. 美育

答案:B

2. 专门的德育活动是实施幼儿德育的有效手段

专门的德育活动是指教师根据幼儿的年龄特征与各年龄班德育的内容与要求,结合本班幼儿的实际情况、行为表现,有目的、有计划地组织的德育活动,也就是为实现某项德育内容而组织的教育活动。

(1)专门性的德育活动可以集体进行,也可以分组、个别进行;(2)活动内容应以幼儿周围熟悉的现象或他们生活中的事例为主;(3)多采用幼儿自己解决问题的方式;(4)活动时间长短依内容而定,可以在一日生活的任何时间内进行;(5)活动应当尽可能利用游戏的形式进行。

3. 利用游戏培养幼儿良好的道德行为

游戏是幼儿园的基本活动,也是德育的基本形式。在游戏过程中,幼儿自发地扮演一定的社会角色,实践一定的社会行为,体验一定的社会情感,对幼儿社会性发展有着其他任何形式都难以替代的效果。

考点 2 ▶ 实施幼儿德育应注意的问题

1. 热爱与尊重幼儿

爱幼儿是向幼儿进行德育的前提。幼儿对成人的信赖和热爱,是他们接受教育的重要条件。而尊重幼儿首先要尊重幼儿的人格和自尊心,其次,必须尊重幼儿的主体性。

2. 遵从德育的规律实施德育

幼儿德育必须从情感入手,重点放在道德行为的形成上。具体应注意:(1)由近到远,由具体到抽象;(2)直观、形象,切忌说教,切忌空谈;(3)注意个别差异。

3. 重视指导幼儿行为的技巧

有目的地改变幼儿的行为是幼儿德育的重要任务。它不仅需要教师的热情,而且需要一定的技巧。常用的技巧主要有:

(1)强化行为的技巧。教师对幼儿正确行为的表扬肯定、赞许鼓励和对消极行为的批评、惩罚等都是强化。

(2)预估行为的技巧。预先估计到幼儿行为的发生而提前干预,有利于激发幼儿的积极行为、避免消极行为。

(3)转移行为的技巧。转移是指把幼儿的注意力从当前的活动转到另一项活动上去,以引导幼儿行为向积极方向发展。

(4)让幼儿理解行为后果的技巧。幼儿的一些错误行为是因为不能预见到自己行为的后果,不理解规则而造成的。因此,要让幼儿改变行为,巧妙地让他们看到自己行为造成了什么影响,是一个很有效的办法。

真题2 [2021浙江绍兴,单选]幼儿德育必须从情感入手,重点放在(　　)的形成上。
A.道德认知　　　　　B.道德理论　　　　　C.道德行为　　　　　D.道德意志
答案:C

✦✦ 本节核心考点回顾 ✦✦

1. 幼儿德育的目标

萌发幼儿爱祖国、爱家乡、爱集体、爱劳动、爱科学的情感,培养诚实、自信、友爱、勇敢、勤学、好问、爱护公物、克服困难、讲礼貌、守纪律等良好的品德行为和习惯,以及活泼开朗的性格。

2. 幼儿德育的内容

(1)发展幼儿的社会性;(2)发展幼儿的个性。

3. 实施幼儿德育的途径

(1)日常生活是实施幼儿德育最基本的途径。

(2)专门的德育活动是实施幼儿德育的有效手段。

(3)利用游戏培养幼儿良好的道德行为。

4. 实施幼儿德育应注意的问题

(1)热爱与尊重幼儿。爱幼儿是向幼儿进行德育的前提。

(2)遵从德育的规律实施德育。幼儿德育必须从情感入手,重点放在道德行为的形成上。

(3)重视指导幼儿行为的技巧。

第三节　幼儿智育

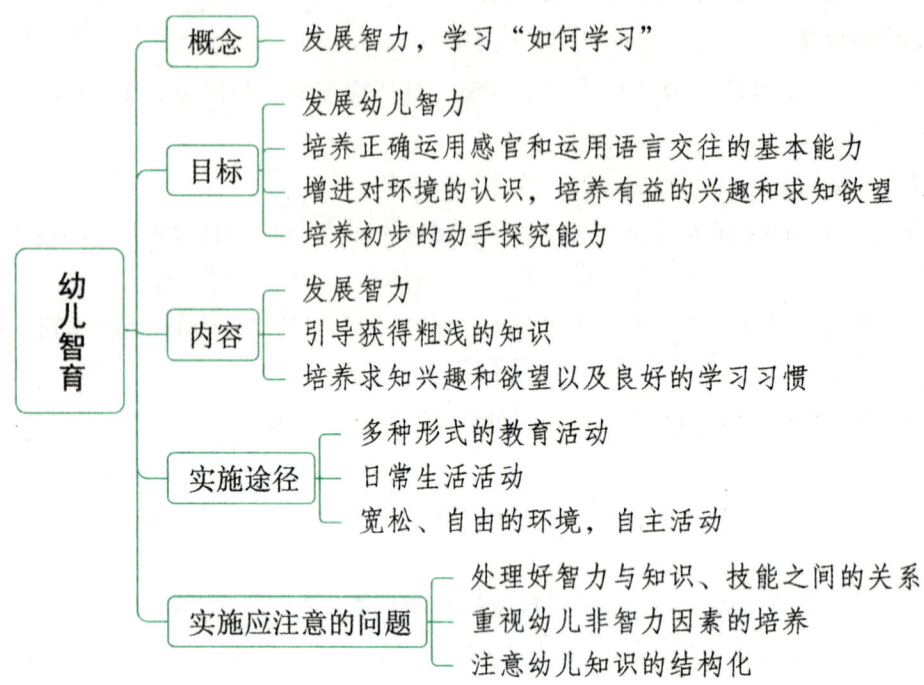

一、幼儿智育的概念

幼儿智育是有目的、有计划地让幼儿获得粗浅的知识与技能,发展智力,增进对周围事物的求知兴趣,学习"如何学习",并养成良好学习习惯的教育过程。幼儿智育应当根据幼儿发展的特点来进行。

二、幼儿智育的目标和内容

考点 1　幼儿智育的目标

幼儿智育的目标是:发展幼儿智力,培养正确运用感官和运用语言交往的基本能力,增进对环境的认识,培养有益的兴趣和求知欲望,培养初步的动手探究能力。

幼儿学习兴趣主要包括探究的兴趣、求知的兴趣、创造的兴趣以及动手的兴趣等。兴趣和求知欲是幼儿从事各种探究活动和学习活动的内在动力,应有意识地培养。幼儿智育的重点不在于教给幼儿多少知识,而是让幼儿产生对学习的热爱,越学越想学,这对今后的学习至关重要。

感知能力的培养是幼儿园智育的基础和重要内容,也是幼儿园智育区别于小学的一个重要特征。语言能力的发展与思维的发展有着密切的关系,幼儿的语言理解、表达能力对其智力活动的水平影响很大。因此,培养幼儿运用语言的能力是幼儿智育的重要目标。

婴幼儿时期,智力与动作的关系尤为密切。多动手能促进大脑的发育,幼儿的许多知识技能是在操作活动中学会的,其思维是在操作活动中发展的。因此,要为幼儿提供各种动手操作的机会,提供比较合适的学习方式,满足他们的动手兴趣,为幼儿智力的发展创造条件。

考点 2 幼儿智育的内容

1. 发展幼儿的智力

智力是人认识事物的能力。它包括观察力、注意力、记忆力、思维力、想象力和创造力等要素,其中思维力是智力的核心。知识与智力是不同的概念,获得了知识不等于发展了智力,但智力的发展离不开知识。

发展幼儿智力不仅包括促进幼儿认识能力发展,培养其良好智力品质,还包括帮助幼儿尝试使用智力活动的方法和技能。

2. 引导幼儿获得粗浅的知识

幼儿学习的知识包括与他们生活密切相关的生活常识、社会常识、自然常识,以及幼儿能够理解的科学技术知识,与国家政治生活有关的初步知识,等等。

3. 培养幼儿求知的兴趣和欲望以及良好的学习习惯

保护幼儿的好奇心并发展为学习的兴趣和欲望是幼儿智育的重要内容。学习习惯是幼儿获得知识、发展智力以及今后继续学习的重要条件,它包括幼儿学习时能否集中注意力、能否积极克服困难、能否爱护文具、能否认真完成学习任务等,是幼儿获得知识、继续学习的重要条件。

三、幼儿智育的实施

考点 1 实施幼儿智育的途径

1. 组织多种形式的教育活动,发展幼儿智力

幼儿是在各种活动中主动学习、获得发展的。因此幼儿园将幼儿亲自动手的实践活动作为实施智育的主要途径。根据幼儿的年龄特点和身心发展规律,引导他们从事不同水平的游戏和操作活动,让他们在实际操作中去发现问题、解决问题,从中体验丰富的感性经验,更新认知结构,发展思维能力。

2. 日常生活活动是实施智育的重要途径

幼儿在生活中,对周围世界充满好奇心,什么都感兴趣。这种好奇心进而发展成为求知欲,他们不断向成人提出一个又一个的问题,"打破砂锅问到底",或自己冒险去尝试,以求得到答案。教师可以顺水推舟,通过幼儿在日常生活中遇到的问题,增进其对周围环境的认识,发展思维能力,获得丰富的感性经验和直接知识,促进幼儿智力发展。如利用散步引导幼儿观察了解季节变化和动植物生长的关系等。

3. 创设宽松、自由的环境,让幼儿自主活动

幼儿智力的发展与环境密切相关。环境包括物质环境和精神环境。丰富的物质环境对幼儿智力发展有着极其重要的影响。一个物质条件丰富的幼儿园能为幼儿提供大量的感知刺激物。如建构区里的积木角,能让幼儿了解物体的形状、用途及不同的搭建方式等。进而影响到幼儿的观察力、注意力、思维力、语言表达能力等的发展。精神方面主要是尊重幼儿的自由性,使幼儿能够自主思维、自由做出选择,让幼儿有发挥能力的机会和条件,这对幼儿智力的发展,特别是想象力和创造力的发展是非常必要的。

考点 2 实施幼儿智育应该注意的问题 【单选】 ★

1. 处理好智力与知识、技能之间的关系

知识是人们在改造世界的实践中获得的认识和经验的总和。知识与智力有着密切的关系。知识、技能是智力发展的基础,智力发展又是获得知识与技能必备的条件。知识的贫乏与浅薄不利于智力的发展,而智力的高低决定着掌握知识的深度以及运用知识的灵活程度。在智育过程中,教师必须认清知识和智力的关系,应将知识的获得与智力的发展高度统一起来。

2. 重视幼儿非智力因素的培养

非智力因素是指不直接参与认知过程的心理因素,它包括情感、意志、性格、兴趣等方面。智力因素与非智力因素是智力活动的两个方面。它们虽有相对的独立性,但两者是相互联系、相互影响、相互制约的。只有二者都处在最佳状态,幼儿的智力活动才能取得成功。

3. 注意幼儿知识的结构化

幼儿智力发展的重大进展不是取决于个别知识和技能的掌握,而是看这些个别知识能否结合成一个反映事物或现象之间的规律或联系的"结构"。必须明确的是,幼儿的知识结构是建立在幼儿感性经验的基础上的。因此,它与中小学那种以科学概念为中心的学科知识体系有本质的不同。

重视幼儿知识的结构化,能扩大幼儿的知识容量,能促进幼儿巩固已有的知识,并将获得的新知识迅速归入自己已有的结构中,使新旧知识结合成更大更好的知识结构,大大提高认知能力,从而举一反三,触类旁通。

真题 [2023安徽宿州,单选]下列关于幼儿智力与知识、技能之间关系的说法,不正确的是(　　)
A. 知识、技能是智力发展的基础
B. 智力发展是获得知识与技能必备的条件
C. 智力的高低决定着掌握知识的深度以及运用知识的灵活程度
D. 智力发展是知识、技能的基础

答案:D

本节核心考点回顾

1. 幼儿智育的目标

发展幼儿智力,培养正确运用感官和运用语言交往的基本能力,增进对环境的认识,培养有益的兴趣和求知欲望,培养初步的动手探究能力。

2. 幼儿智育的内容

(1)发展幼儿的智力。
(2)引导幼儿获得粗浅的知识。
(3)培养幼儿求知的兴趣和欲望以及良好的学习习惯。

3. 实施幼儿智育应该注意的问题

(1)处理好智力与知识、技能之间的关系。
①知识、技能是智力发展的基础,智力发展又是获得知识与技能必备的条件;
②知识的贫乏与浅薄不利于智力的发展,而智力的高低决定着掌握知识的深度以及运用知识的灵活程度。
(2)重视幼儿非智力因素的培养。
(3)注意幼儿知识的结构化。

第四节 幼儿体育

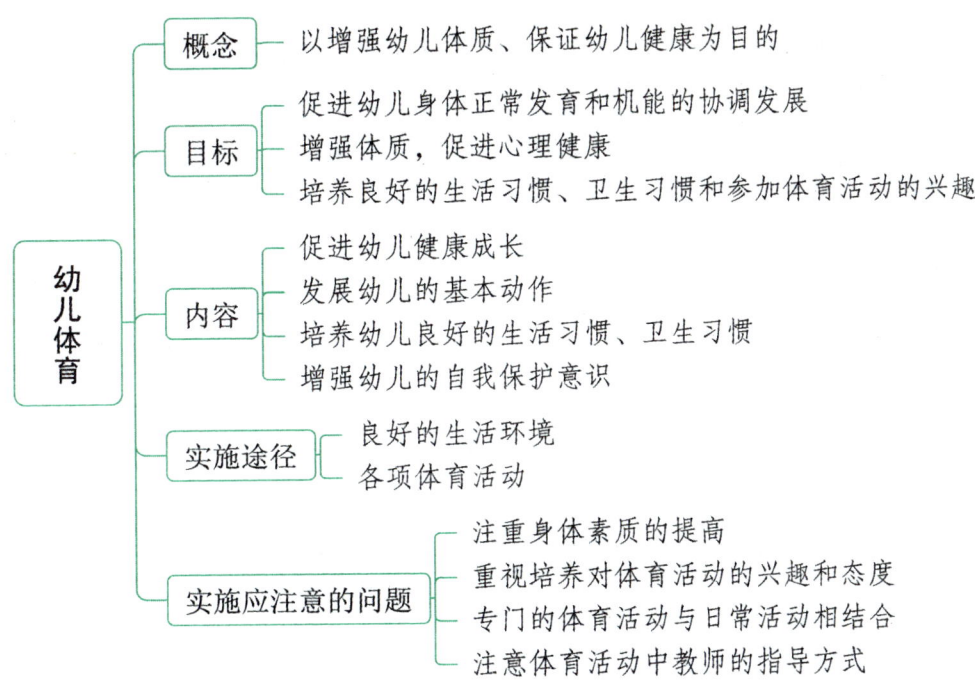

一、幼儿体育的概念

幼儿体育是指幼儿园进行的,遵循幼儿身体生长发育的规律,运用科学的方法以增强幼儿的体质、保证幼儿健康为目的的一系列教育活动。幼儿体育在整个幼儿园教育中具有十分重要的意义。

二、幼儿体育的目标和内容

考点 1 幼儿体育的目标

幼儿体育的目标是:促进幼儿身体正常发育和机能的协调发展,增强体质,促进心理健康,培养良好的生活习惯、卫生习惯和参加体育活动的兴趣。

促进幼儿身体正常发育,是保证幼儿各方面健康发展的前提。幼儿适应环境和抗疾病能力的强弱是体质好坏的主要标志。心理健康是指幼儿心理发展达到相应年龄组的正常水平,情绪积极,性格开朗,无心理障碍,对环境有较快的适应能力,主要以情绪愉快、适应集体生活为主要特征。

良好的生活习惯、卫生习惯是增进幼儿健康的必要条件。生活习惯包括生活自理能力,自我保护能力,有规律的生活以及良好的饮食、睡眠等习惯;卫生习惯包括个人卫生习惯及在公共场所应有的卫生习惯。

对体育活动的兴趣是幼儿参加体育活动的动力。幼儿体育的真谛不在于让幼儿掌握体育的技能技巧,而在于通过体育提高幼儿参加体育活动的兴趣和发展基本的活动能力,促进其身心健康地成长。

考点 2 幼儿体育的内容

1.促进幼儿健康成长

幼儿园体育可以促进儿童各方面的健康成长。为保证幼儿的健康,需要:(1)建立良好的生活环境;(2)制定、执行合理的生活制度和卫生保健制度;(3)积极锻炼幼儿的身体;(4)为幼儿提供合理的膳食;(5)重视幼儿的心理健康。

2. 发展幼儿的基本动作

基本动作主要指走、跑、跳、平衡、投掷、钻爬、攀登等。

3. 培养幼儿良好的生活习惯、卫生习惯

幼儿良好的生活、卫生习惯的培养主要是通过日常生活中的反复训练、培养来形成的。

4. 增强幼儿的自我保护意识

针对幼儿好奇、好动,对生活中的危险缺乏应对经验,自我保护能力差的特点,应对幼儿进行必要的安全教育。

三、幼儿体育的实施

考点 1 ▸ 实施幼儿体育的途径

1. 为幼儿创设良好的生活环境,科学护理幼儿的生活

(1)物质环境的创设:①合乎要求的房屋、设备和场地;②合理科学的生活制度;③完善、严格的卫生保健制度;④合理、丰富的营养和膳食。

(2)心理环境的创设:①平等、和谐的人际关系,特别是良好的师幼关系;②宽松、自由、愉快的生活气氛。

2. 精心组织各项体育活动,提高幼儿的健康水平

幼儿园体育活动的组织形式有早操、体育课、户外游戏活动等。在组织幼儿开展体育活动时,要尽量减少幼儿等待、排队的时间。要注意幼儿的安全,但不要因噎废食,限制太多;要注意运动量的适宜性,避免活动不充分或过度疲劳现象的发生。

考点 2 ▸ 实施幼儿体育应注意的问题

1. 注重幼儿身体素质的提高

幼儿园体育应以增强幼儿体质为核心。提高幼儿的身体素质,是幼儿体育的重中之重。在幼儿园体育中,不能把目光盯在技能技巧的训练上;更不能允许为比赛、表演,为幼儿园争名次、争荣誉等目的而进行有损幼儿身体的任何活动;要充分考虑幼儿的身体特点,避免小学化,要以游戏为基本活动形式,用丰富多彩、轻松活泼的各种体育活动促进幼儿体质的增强,并为幼儿锻炼身体创造条件。

2. 重视培养幼儿对体育活动的兴趣和态度

体育活动的功能必须通过幼儿自身的积极参加才可能实现,幼儿对体育活动是否喜欢、是否投入是体育活动成败的关键。因此,实施体育必须重视培养幼儿的兴趣和积极态度,另外体育活动的难度、趣味性以及活动的设备条件等也是教师要特别关注的。

3. 专门的体育活动与日常活动相结合

专门组织的体育活动是增强幼儿体质的有效途径,但并不是唯一的途径。因为幼儿园体育的某些目标,仅靠体育锻炼是不能完成的,还必须结合日常生活中的培养和训练。因此要实现体育的目标,必须通过多种途径,重视日常生活中的体育。

4. 注意体育活动中教师的指导方式

在不同的体育活动中,教师与幼儿相互作用的方式也不同,因此,教师在组织幼儿体育活动时,应采用不同的指导方式。

本节核心考点回顾

1. 幼儿体育的目标

促进幼儿身体正常发育和机能的协调发展,增强体质,促进心理健康,培养良好的生活习惯、卫生习惯和参加体育活动的兴趣。

2. 实施幼儿体育应注意的问题

(1)注重幼儿身体素质的提高。幼儿园体育应以增强幼儿体质为核心。

(2)重视培养幼儿对体育活动的兴趣和态度。

(3)专门的体育活动与日常活动相结合。

(4)注意体育活动中教师的指导方式。

第五节 幼儿美育

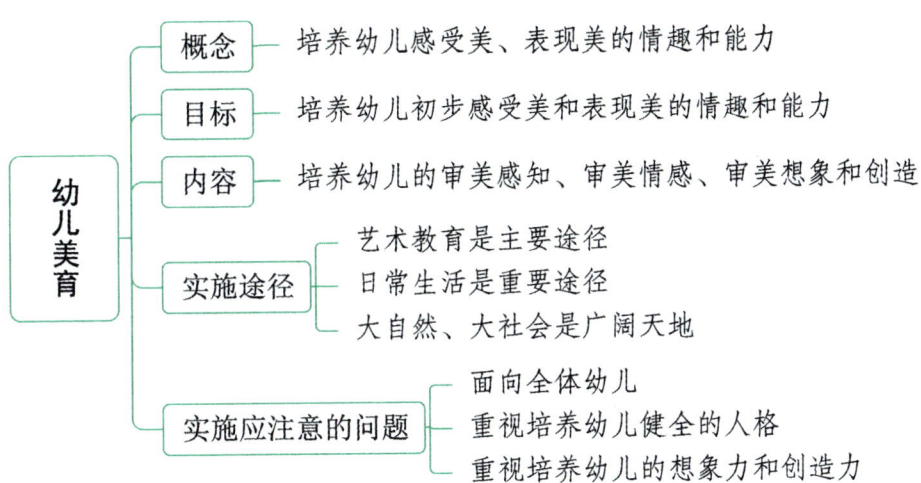

一、幼儿美育的概念

幼儿美育是美育的一部分,是根据幼儿身心特点,利用美的事物和丰富的审美活动来培养幼儿感受美、表现美的情趣和能力的教育。由于幼儿身心发展的特点,特别是思维的直觉行动性和具体形象性,认知过程中的情绪性等,决定了幼儿美育的特点是:通过活动,用具体鲜明的形象去引导幼儿直接感受美,而不要求对美的形象从逻辑上进行过多地理解和分析;以培养幼儿审美的情感、兴趣为主,而不以培养审美观念、概念为主;以培养表现美的想象力、创造力为主,而不以训练技能技巧为主。

二、幼儿美育的目标和内容

考点 1 幼儿美育的目标

幼儿美育的目标是培养幼儿初步感受美和表现美的情趣和能力。

感受美是审美的基础。萌发幼儿感受美、表现美的情趣主要是培养他们对美的健康的兴趣和爱好,这是幼儿接受美育的最重要的前提条件,也是幼儿今后继续成长,形成健全人格,形成对生命、对生活、对人类社会的积极态度的一个重要基础。

考点 2 幼儿美育的内容

1. 培养幼儿的审美感知

审美感知是审美活动的开端和基础。培养幼儿的审美感知就是积极引导幼儿去亲身感受、体验现实生活和周围自然环境中的美,使其感知活动对美变得敏感起来,能在平常的事物中、生活中发现美、感受美。

2. 培养幼儿的审美情感

幼儿的社会情感已经初步发展,但尚不具有分化、成熟的审美情感,只要给幼儿提供美的事物,让他们能够理解美的形式所包含的美的意义,就能激起他们的情感体验,让他们从直觉开始,产生最初的审美情感,并将此情感一直贯穿于他们整个的审美活动中。因此,培养这种情感应当成为幼儿美育的一个重要内容。

3. 培养幼儿的审美想象和创造

幼儿表现美的核心是幼儿的想象和创造,即幼儿以自己的方式、带着自己的特点,表现自己对美的独特体验和理解,创造出新的形象、新的想法。营造一个宽松的气氛让幼儿能自由地想象、创造,提供一个开放的环境让幼儿能开阔眼界,获得丰富的刺激,创设幼儿能充分显示自己创造能力的机会和条件,等等,都是美育的重要内容。

三、幼儿美育的实施

考点 1 实施幼儿美育的途径

1. 艺术教育是幼儿美育的主要途径

幼儿园的艺术教育主要通过音乐活动、绘画活动、手工制作活动等来实施。在这些活动中,发展幼儿的听觉、视觉、触觉、身体感觉等的综合审美感知,让幼儿被歌曲、旋律、舞蹈、绘画、工艺品、诗歌、童话、故事等所感染、产生情感体验,并激起幼儿用节奏、色彩、线条、形体等来表达美、创造美的欲望和行动。

2. 幼儿的日常生活是美育的重要途径

幼儿最初的美感是从日常生活开始的,因此,幼儿审美教育应当贯穿在幼儿的整个生活中,与幼儿的生活密切结合在一起,应注意引导幼儿发现、认识周围生活中平凡的人和事物的美。

3. 大自然、大社会是幼儿美育的广阔天地

引导幼儿观察和感受大自然是幼儿美育的重要途径。自然界是幼儿美育内容的天然宝库,它为幼儿提供的审美对象是丰富多彩、千变万化的。自然界的美是真实的美,它具体、直观、生动形象,很容易为幼儿所感知。如日月星云、河海湖泊、山峰岩石、花草树木、鸟兽虫鱼、园林田野等,都可以是幼儿的审美对象。幼儿园特别是大城市的幼儿园可利用远足、郊游、到农村参观等活动,尽可能地创造幼儿与自然接触的机会;利用影视、美术作品等艺术形式让幼儿去认识、感受、观赏自然中的美好事物,激发幼儿对自然美的热爱。

社会生活中到处都有美好的事物和现象。教师要尽可能带领幼儿走出幼儿园,到现实的社会生活中去感受和接触生活中的美。如金色的稻田、雄伟的建筑、美丽多彩的服装、琳琅满目的商店橱窗等等,都会使人产生强烈的美感,应当引导幼儿去认识和感受,让幼儿学会分辨美丑,养成欣赏美的良好习惯。

考点 2 实施幼儿美育应注意的问题

1. 幼儿美育是面向全体幼儿的

幼儿美育的目的是培养每一个幼儿美的情感、美的心灵,促进每一个幼儿人格的健全发展。由于幼儿在艺术天赋上的个别差异,有的幼儿的某些艺术潜能需要早期培养,一般来说,幼儿艺术天赋的差异不是很大,应当针对每个幼儿的兴趣和需要,让他们得到应有的发展。

2. 重视通过美育培养幼儿健全的人格

幼儿美育应当着眼于引导幼儿人格向积极方面发展,特别是幼儿情感的发展,这本来也是美育最重要的一种价值。但是长期以来,美育受应试教育的影响,重理智、轻情感,出现了许多值得注意的偏向。在艺术教育中,一些教师往往过分强调幼儿对技能技巧的反复练习,使幼儿被迫地进行这种单调的、索然无味的活动,这样审美活动就变成了单纯的技能训练,变成了意志的训练而不是情感的教育。

3. 重视培养幼儿的想象力和创造力

培养幼儿艺术创造的主动性是美育的重要目标。为此,在幼儿园艺术活动中,必须克服过分强调表现技能、技巧的偏向。因为这种偏向把创造性的表现活动降格为一种机械训练,这对发展幼儿的想象力、创造力是不适宜的,常常使幼儿失去自信心、产生无能感。此外,在教师的指导方法上,必须注意启发式而非命令式,克服以教师为中心的倾向。除艺术活动之外,在生活中,幼儿也常常表现出对事物的独特的审美感受和理解,成人不要随意贬低或纠正,而应鼓励和接纳。

✦✦ 本节核心考点回顾 ✦✦

1. 幼儿美育的目标
培养幼儿初步感受美和表现美的情趣和能力。
2. 实施幼儿美育的途径
(1)艺术教育是幼儿美育的主要途径。
(2)幼儿的日常生活是美育的重要途径。
(3)大自然、大社会是幼儿美育的广阔天地。
3. 实施幼儿美育应注意的问题
(1)幼儿美育是面向全体幼儿的。
(2)重视通过美育培养幼儿健全的人格。
(3)重视培养幼儿的想象力和创造力。

第五章　幼儿教师和幼儿

本章学习指南

一、考情概况

本章属于学前教育学的基础章节,知识系统、理论性强,考生可带着以下学习目标进行备考:
1. 掌握幼儿教师劳动的特点和幼儿教师的职业素养。
2. 理解儿童观的内涵和价值取向,掌握儿童观的发展演变。
3. 理解师幼关系的内涵,掌握优质师幼关系的特征及建立优质师幼关系的策略。
4. 理解教师和幼儿的相互作用。

二、考点地图

考点	年份/地区/题型
幼儿教师劳动的特点	2023山东德州单选;2023山东临沂单选;2021江西统考单选
幼儿教师的职业道德	2023安徽宿州单选
儿童观的内涵	2024山东临沂名词解释
个人本位的儿童观	2020广东广州单选
现代社会的儿童观	2024福建统考单选;2023浙江台州简答
建立优质师幼关系的策略	2024江苏苏州论述
幼儿"学"的活动	2021天津津南判断

注:上述表格仅呈现重要考点的相关考情。

核心考点

第一节 幼儿教师

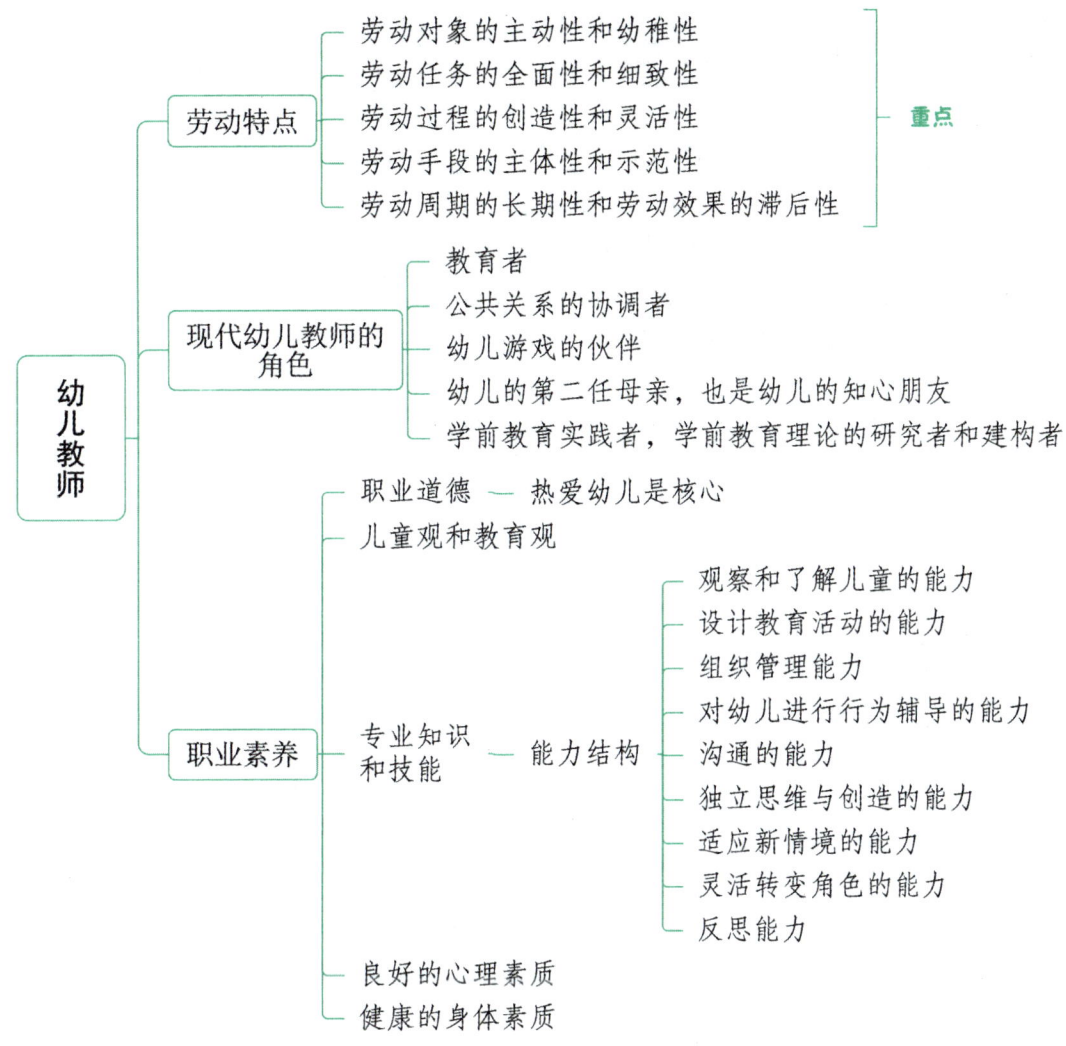

一、幼儿教师劳动的特点 【单选】★★★

考点 1 劳动对象的主动性和幼稚性

1. 主动性

幼儿教师的劳动对象是幼儿,幼儿是具有主体性的独立个体。在教育教学过程中,幼儿既是教师的教育对象,又是和教师一样平等的学习的主体。面对教师所施加的任何影响,幼儿并不是消极被动地去完全接受,而是通过自身的内部作用来主动选择和接受,进而形成自己的知识经验和思想感情。这一特点决定了幼儿教师在工作中一定要尊重幼儿,了解幼儿,从幼儿的实际情况出发,调动幼儿的主动性,而不能仅凭自己的意愿对其进行灌输式教育。

2. 幼稚性

幼儿教师的劳动对象是低年龄段的儿童,他们正处于人生的早期阶段,身心发展刚刚起步,极为不成熟。他们刚能独立行动,能用语言表达自己的想法和愿望,知识经验还很少,对很多事物也是初次接触。作为幼儿教师,必须要尊重幼儿的意愿和兴趣,不能用对待大人的方式去对待幼儿,在教育的目标、内容、方式方法上都要充分地考虑他们当前的实际身心发展状况,进行适合他们天性的教育,只有这样才能更好地引导他们向前发展。

考点 2 ▶ 劳动任务的全面性和细致性

1. 全面性

幼儿教师的劳动任务是根据教育目的和幼儿教育目标,对幼儿进行德、智、体、美等方面的教育,促使幼儿身心全面健康地成长。在幼儿园中,幼儿教师需要全面负责幼儿的整个活动,不仅要照料幼儿的生活起居、饮食睡眠,指导他们进行体育锻炼,关心他们的身心健康,还要指导他们开展游戏、劳动、散步等各项活动,促进他们在身体、智力、品德等方面的发展。幼儿教师劳动任务的全面性还表现在要关心、帮助每一位幼儿获得全面发展。

2. 细致性

幼儿教师的劳动任务也非常细致。由于幼儿年龄较小,独立生活能力较差,因此幼儿教师需要细心地照顾他们的生活,包括吃饭、穿衣、睡觉、洗漱等,还要时时注意他们的身体健康情况,观察身体是否有疾病,从而及时处理。此外,幼儿教师还要细致地指导他们在智力、情感、人格、社会性等方面的发展。幼儿旺盛的求知欲、良好行为习惯、健全人格等的培养都是在教师精心教育下才逐步建立起来的。

考点 3 ▶ 劳动过程的创造性和灵活性

1. 创造性

幼儿教师的劳动是充满创造性的劳动。幼儿教师面对的是千差万别的儿童。每个儿童都有着不同的家庭生活环境和经历,有着各自不同的兴趣、爱好和性格,发展水平和发展优势领域也不同。因此,幼儿教师劳动的创造性首先表现在对不同儿童的区别对待和因材施教上。教师要针对幼儿的个别差异,提出不同的要求,采取不同的方法,创造性地开展工作。另外,幼儿教师在一日教育过程中,会遇到一系列的问题,诸如怎样引导幼儿开展户外活动、怎样对爱捣乱的幼儿进行个别教育等,都需要创造性地去处理。

2. 灵活性

幼儿教师劳动具有极大的灵活性,首先表现在对教学内容的加工和处理以及对教育教学方法的选择和运用方面。在幼儿园教学活动中,幼儿教师不能机械教条地照搬教材,也不能采用固定不变的教学方法,而是要根据教学目标、幼儿的身心发展水平、幼儿园的现有教学设备条件等方面的具体情况,灵活对教学内容进行再加工和改造,对教学方法进行选择和运用,以获得最佳的教学效果。其次,幼儿教师劳动的灵活性也体现在教育机智方面。教育机智是指教师对于突发性的事件迅速做出恰当处理的随机应变能力。教育过程中充满教育者不可控的因素,事先预料不到的情况也会经常发生,这就要求教师要能够随机应变,善于观察幼儿的细微变化,机智地采取措施,化险为夷,化不利为有利。

考点 4 ▶ 劳动手段的主体性和示范性

1. 主体性

教师劳动不同于工人农民的劳动。工人农民的劳动手段都是"物",是游离于自身之外的劳动工具,而

教师的劳动手段则是教师自身,是凝结于教师自身的知识、智慧、才能、思想品德等。教育过程就是将教师自身具备的这些素质转移到幼儿身上去。凭借教师自身的知识、智慧、才能、思想品德等去直接影响幼儿,这就是教师劳动的主体性。

2. 示范性

幼儿教师劳动手段的主体性使幼儿教师的劳动呈现出强烈的示范性。幼儿教师的一言一行、一举一动都会成为幼儿模仿学习的榜样,时时刻刻潜移默化地影响着幼儿在智力、思想、品德等方面的发展。这种示范性表现在教育过程的各个方面,在上课、开展游戏、日常生活管理中,幼儿教师的任何言行举止都会被幼儿静悄悄地观察和感受,成为强有力的教育因素。因此,幼儿教师不仅要言传,更要身教。对幼儿教师来说,劳动的示范性是进行教育的一种有效工具和资源,在教育教学过程中幼儿教师应该重视示范性的价值,充分利用自身积极因素影响幼儿,避免不良行为对幼儿产生负面影响。同时,教师劳动的示范性要求幼儿教师要不断学习和反省,提高自我,完善自我,真正成为幼儿成长过程中的良好榜样。

考点 5 ▶ 劳动周期的长期性和劳动效果的滞后性

1. 长期性

幼儿教师劳动的任务是把幼儿培养成为社会所需要的人,而人的成长是一个长期的过程。对幼儿来说,知识经验的积累、智力的提高、道德观念或行为习惯的养成、健全人格的形成、审美情趣的陶冶等都是一个逐步的长期的过程,绝非一朝一夕就能完成的。因此,幼儿教师的劳动具有长期性,幼儿教师在工作中要付出长期的大量的辛勤劳动,才能促进幼儿快速发展。

2. 滞后性

幼儿教师劳动周期的长期性,决定了幼儿教师劳动效果的滞后性。幼儿教师的劳动效果不是很快就能见成效,立即为社会所承认,而是需要一个漫长的时期才能看到效果。幼儿教师的劳动效果往往是通过幼儿进入小学、中学、大学后的表现和将来参加工作后取得的成就体现出来的。

真题1 [2023山东德州,单选]儿童从幼儿园回到家中后,会用教师的口吻对玩具发号施令,例如,"请你这样做"或"请你自己完成自己的事"。这种情形主要体现了教师劳动具有(　　)

A. 细致性　　　　　　　　　　　　B. 权威性

C. 示范性　　　　　　　　　　　　D. 主动性

真题2 [2023山东临沂,单选]幼儿教师在一日生活中,面对的是来自不同家庭的幼儿,幼儿的性格和发展水平各不相同,这就需要幼儿教师在一日生活的各个环节中,因时、因地采取不同措施促进幼儿发展,这体现了幼儿教师(　　)

A. 劳动对象的主动性和幼稚性　　　　B. 劳动任务的全面性和细致性

C. 劳动过程的创造性　　　　　　　　D. 劳动周期的长期性

真题3 [2021江西统考,单选]龙应台出过一本书,名字叫《孩子,你慢慢来》,从这个书名可以说明幼儿教师的职业特点是(　　)

A. 工作任务的全面性和细致性　　　　B. 工作对象的主动性和幼稚性

C. 工作过程的创造性和灵活性　　　　D. 教育影响的示范性和感染性

答案:1. C　2. C　3. B

二、现代幼儿教师的角色

考点 1 ▶ 教育者

学前教育机构的中心任务就是教育、教导幼儿,因此幼儿教师主要的职责还是教育孩子。概括起来说,幼儿教师是教育活动的设计者、组织者和实施者。幼儿教师在学前教育活动中要充分发挥主导作用,教师要根据课程标准,设计丰富多彩的活动,并组织幼儿积极参与活动,通过活动来获得发展。具体来说,作为教育者的幼儿教师应履行以下职责:

1. 班级物质环境和文化环境的创设者

适宜的物质环境是幼儿获取各类经验的源泉,是激发幼儿自主性和创造性的主要途径。为了让幼儿能够通过物质环境学习,幼儿教师必须善于制作教具、玩具,布置好室内外环境。在保证安全与卫生的基础上,幼儿教师要考虑幼儿的年龄特点,激发幼儿想象、操作和创造的欲望,所提供的材料要能够对幼儿有新的启发,并且要注意整体性和有效利用原则。

除了物质环境以外,班级的文化环境和课堂气氛对幼儿的学习与发展也十分重要。幼儿教师还要与幼儿一起创设良好的精神氛围。幼儿园的班级环境既要有良好的秩序,又要有自由和轻松的氛围,还要鼓励幼儿互相尊重、互相合作。

2. 幼儿的观察者和记录者

每个幼儿都有自己独特的个性和丰富的内心世界,但幼儿并不善于表达自己的所思所想。因此,幼儿教师要尽可能地因材施教。这就要求幼儿教师必须细心观察、研读幼儿的语言和行为,通过观察和记录来发现幼儿的进步或行为的不良倾向,及时给予纠正,甚至可以保留幼儿的作品或为幼儿建立成长档案。这些观察和记录不仅是幼儿教师设计课程的依据,也是幼儿教师制订教育计划,与家长和社区沟通的重要内容之一。

3. 幼儿的榜样和示范者

幼儿理解力较弱,难以明白一些抽象的大道理,但幼儿喜欢模仿,所以幼儿教师要善于示范、表演,让幼儿具体地模仿学习。另外,幼儿的好奇心强,也容易受别人的暗示和感染,因此,幼儿教师要注意自己的言行,为人师表,为幼儿树立一个良好的榜样。

4. 幼儿学习的引导者

幼儿教师必须依照明确的教育目标,对幼儿施加具体有效的学习指导,以促进其身心健康发展。幼儿是自主发展的"主体",因此,在学前教育过程中,幼儿教师要引导、启发幼儿主动、自觉地去学习、去体验,教师单纯地灌输或一味地包办代替只会妨碍幼儿的发展。蒙台梭利认为,幼儿教师的工作就是引导幼儿在活动中学习,就是依据孩子的成熟程度为孩子提供活动的环境及作业的教具。幼儿教师对幼儿学习的引导还体现在很多方面,如提供新的玩具,设计问题,用问题引导幼儿的思考,参与探索活动,运用语言、动作、手势等不同的方式帮助幼儿自主建构。

考点 2 ▶ 公共关系的协调者

近年来,幼儿的主体性成为学前教育工作者关注的焦点,师幼关系也产生了一些变化。教师不再是发号施令的命令者,幼儿也不再是被动的受控者。师幼关系变得平等、多样。所以,幼儿教师应当以适宜的方式参与幼儿的活动,成为师幼关系的协调者,确立以情感沟通为核心的平等、多样的交往方式,形成良好的师幼互动关系,更有效地促进幼儿的身心发展。另外,幼儿教师不仅要考虑如何处理好师幼关系,还要善于与同事、家长、社区等各方面的人员进行交流与合作。这些交流与合作当然应当以促进幼儿身心和谐发展为主要目标,这也是幼儿教师应成为协调者的原因所在。

考点 3 ▶ 幼儿游戏的伙伴

幼儿喜欢游戏,游戏也是学前教育的主要途径。在幼儿快乐的游戏中,幼儿教师既是游戏材料的准备者、游戏活动的设计者,也是游戏活动的参与者和游戏中矛盾的协调人。幼儿教师作为幼儿游戏的伙伴,与幼儿一起做游戏、扮演角色,这个时候教师和幼儿处于平等的地位,教师的教导更易被幼儿所接受,也往往能达到较好的教育效果。因此,做孩子的游戏伙伴是幼儿教师很重要的职责。皮亚杰非常重视幼儿的物质活动,主张教师做幼儿游戏的伙伴。他认为,幼儿是通过物质活动来进行学习的,教师要创造条件,让幼儿自我发展,帮助幼儿成为主动的探索者。教师应该放下权威主动与幼儿合作,成为幼儿游戏的伙伴。

考点 4 ▶ 幼儿的第二任母亲,也是幼儿的知心朋友

学前教育机构是幼儿在成长过程中所遇到的第一个社会性机构,可以说是幼儿迈向社会的第一站。由于幼儿社会经验缺乏、身心发展水平低,对成人的依赖性较强,因此当他们进入幼教机构后,会很自然地把对家长的依赖逐渐转移到幼儿教师身上,对家长的亲情也会逐渐迁移、扩展到幼儿教师身上。这就要求幼儿教师要注意满足孩子的这种心理需求,要做他们的亲人,给予幼儿以母亲般的热爱和照顾,这有利于消除幼儿离家后的焦虑与不安情绪,使幼儿产生"托儿所、幼儿园是我家"的感觉,这样幼儿才能安心、愉快地在幼儿园生活和学习。一般来讲,女性教师比较细心、感情细腻,善于接近孩子、照顾孩子,所以比较容易在孩子心目中建立起母亲的形象。

幼儿虽然是幼稚的个体,思想还比较单纯,但幼儿已有丰富的情感,且比较敏感。在生活和学习的过程中他们会有愉快或痛苦的感受,高兴的时候希望有人分享,痛苦的时候希望有人分担和安慰,因此要求幼儿教师要善于做幼儿的知心朋友,要能够获得幼儿的信任和喜爱。这样才能洞察幼儿的内心世界,了解幼儿的喜与忧,有针对性地帮助幼儿,使幼儿能对周围的世界保持积极的情感体验,形成健康的自我。

考点 5 ▶ 既是学前教育实践者,也是学前教育理论的研究者和建构者

幼儿教师的工作不是一成不变的,而是富有创造性的,出色的幼儿教师不仅要较好地扮演以上几种角色,还要成为学前教育的研究者。在实践中不断地反思,积极参与教育科学研究,善于以理论指导实践,同时也要能及时把经验上升到理论,使理论和实践相互促进,这样才能使自己的工作保持活力和生机,才能实现自身的专业化发展。在工作的过程中,幼儿教师对幼儿的研究,对课程、教学和游戏的研究,对幼儿家长和社区环境的研究,对自身教学行为的反思等,都是永无止境的。

> •知识再拔高•
>
> **幼儿教师劳动的价值**
>
> 1.教师是维护幼儿身体健康的保健师
>
> 教师保健师的作用表现在:(1)教师照料幼儿的生活;(2)教师要负责幼儿的安全;(3)教师保证幼儿的健康;(4)教师锻炼幼儿的身体。
>
> 2.教师是开启幼儿智力之窗的建筑师
>
> 教师建筑师的作用体现在:(1)教师要激发幼儿的学习兴趣。例如,教师把妙趣横生的颠倒儿歌《公鸡下个大鸭蛋》("听我唱个颠倒歌,7个没有3个多;公鸡下个大鸭蛋,小猫游泳多快活;鱼儿岸边晒太阳,兔子头上长尖角;兔捉老鹰飞上天,骨头咬狗真奇特。小朋友们想一想,你说可乐不可乐")教给

幼儿时,幼儿就会积极动脑思考,在欢声笑语中了解颠倒歌的内容,从中领悟什么是对的,什么是错的。(2)教师丰富幼儿的知识概念。(3)教师培养幼儿的技能技巧。(4)教师提高幼儿的智力能力。

3.教师是塑造幼儿高尚品德的工程师

教师工程师的作用包括:(1)教师提高幼儿的道德认识;(2)教师陶冶幼儿的道德情感;(3)教师锻炼幼儿的道德意志;(4)教师训练幼儿的道德行为。

4.教师是提高幼儿审美能力的美容师

教师美容师的作用体现在:(1)教师为幼儿创造美的生活环境;(2)教师引导幼儿认识自然的美;(3)教师指导幼儿表现美、创造美。

真题4 [2023陕西特岗,单选]教师把颠倒歌《公鸡下个大鸭蛋》(听我唱个颠倒歌,七个没有三个多;公鸡下个大鸭蛋,小猫游泳多快活……)教给幼儿时,幼儿就会积极动脑思考,在欢声笑语中了解颠倒歌的内容,从中领悟学习。此案例体现出的幼儿教师的劳动价值是(　　)

A.维护幼儿身体健康的保健师　　　　B.提高幼儿审美能力的美容师
C.塑造幼儿高尚品德的工程师　　　　D.开启幼儿智力之窗的建筑师

答案:D

三、幼儿教师的职业素养 【单选】 ★★

教师职业是由教育教学专业人员在社会分工条件下所从事的培养人的活动。幼儿教师的职业素养是幼儿教育工作者对幼儿教师提出的专业化的要求,是幼儿教师开展幼儿教育工作必须具备的素质,主要包括职业道德、科学的儿童观和教育观、合理的知识结构和能力结构、良好的心理素质和健康的身体素质。

考点 1 ▸ 幼儿教师的职业道德

教师的职业道德是教师从事教育教学活动的基本行为规范,是教师对自己职业行为的自觉要求,是顺利进行教育教学工作的重要保证。而幼儿园教师的职业道德,是幼儿园教师在从事幼儿教育工作中应履行的行为规范和道德准则的总和。

对于学前时期的幼儿来讲,他们的模仿性很强,但分辨是非的能力却较弱。可以说,幼儿很多的知识和经验不是来自于正规的教学活动,而更多是来自日常生活中对成人的模仿和成人潜移默化的影响。幼儿园教师作为幼儿园内专门从事教育教学活动的专职人员,他们除了要用自己的专业技能向幼儿传递粗浅的知识和经验,更重要的是通过自己的人格魅力和道德力量,言传身教地影响幼儿的发展。

1.对待事业,要爱岗敬业

爱岗敬业是幼儿园教师做好本职工作的基本前提,热爱教育事业是幼儿教师的基本道德准则。教师只有喜欢、热爱幼儿园的工作,才会真正感受到教育孩子的价值与意义,进而才能心甘情愿地知难而上,对幼儿教育这一职业产生责任感。

2.对待幼儿,要接纳热爱

热爱幼儿是幼儿教师职业道德的核心,是评价幼儿教师职业道德水准的重要指标。热爱幼儿是良好的师幼关系得以存在和发展的基础。作为专业的教育者,教师的爱应该是普遍而广泛的。每位幼儿都各自不同的性格特征和学习特点,教师应该认识到这些差异的普遍存在,并充分尊重幼儿的差异,平等地对待每一位幼儿,促进他们富有个性地全面发展。

真题5 [2023安徽宿州,单选]幼儿园教师职业道德的核心是(　　)

A.热爱幼儿　　　　B.热爱教育事业　　　　C.为人师表　　　　D.遵纪守法

答案:A

3. 对待家长,要尊重合作

家长是幼儿园重要的合作伙伴。幼儿园教师要本着尊重、平等、合作的态度,与家长保持密切的联系,及时与家长沟通幼儿的表现。无论是幼儿园教师的职责,还是其专业教育者的地位,都要求教师在与家长的合作关系中处于更积极主动的位置。教师一方面要积极争取广大家长对幼儿园工作的理解、支持和主动参与;另一方面要以专业化的知识帮助家长更新教育观念、改善教育行为、提高教育能力,共同促进幼儿的全面健康发展。

4. 对待同事,要团结协作

教师在教育教学过程中,要认真对待并处理好与其他教师的关系,这是教师完善自我、提高综合素质的有效途径,直接关系到教师教育活动的效果。幼儿园教育任务的完成、班级保教工作的开展都需要教师集体的努力。只有教师集体中的所有成员都协调一致、相互支持,才能形成最大的合力。

5. 对待自己,要以身作则

幼儿园教师自身道德修养的高低直接关系着幼儿教育的质量。教师必须在思想品德、生活方式、言谈举止等各方面严格要求自己,为人师表,不断进取,成为幼儿的表率。同时,不断提高自身的业务水平也是对幼儿园教师的一项重要要求。只有勤奋学习、积极探索科学的教育规律,保持积极进取的态度才能促使自己不断提升专业素质。

考点 2 ▶ 幼儿教师的儿童观和教育观

幼儿教师应树立正确的儿童观和教育观。幼儿教师的儿童观和教育观影响着幼儿教师如何理解教育目的、教育内容,如何对待儿童,如何进行教育实践。

1. 儿童权利观和民主平等的师生观

在教育上,教师应民主、平等地对待幼儿,应尊重他们的人格、尊严和基本权利,并保护他们的人格、尊严和基本权利免受剥夺和侵犯;不得任意处置、惩罚、虐待和歧视幼儿,应尊重他们的意愿、需要和兴趣,不可按自己的意志对他们采取任意的强制措施;每一个幼儿的基本权利是平等的,教师不可忽视对每一个幼儿的保护和教育。

2. 儿童特质观和适宜教育观

在教育上,教师应避免从成人的角度去看待幼儿,而应该充分利用幼儿自身的特点和发展规律去教育他们,避免幼儿教育的成人化;既要认识到幼儿巨大的发展潜力,合理利用幼儿的学习潜能,及时对他们进行各方面的教育,又要避免对幼儿一味地加速训练,缩短他们的童年期。

3. 幼儿主体观和幼儿教育方法观

幼儿在发展过程中是积极主动的,而不是消极被动地接受教育和环境的刺激。他们有自己的需要、愿望、兴趣、主观能动性,他们会对外部刺激进行选择,对于同样的教育和环境的影响,每一个幼儿做出的反应是不完全一样的。活动是幼儿主动与外部环境相互作用的最重要的方式。通过活动,幼儿可以与周围的事物和人直接接触和交往,逐渐掌握一定的知识与技能,发展体力和智力,形成对社会和人的一定认识和态度。游戏是幼儿的最主要的活动形式。

在教育上,教师应让幼儿在主动积极的活动中获得身心各方面的发展;同时,要注意了解每个幼儿的个别差异,了解每个幼儿不同的特点、兴趣、需要和愿望,对幼儿因材施教。

考点 3 ▶ 幼儿教师的专业知识和技能

1. 幼儿教师的知识结构

为了搞好幼儿教育工作,幼儿教师必须具备如下几方面的知识文化素养:

(1)广博的文化基础知识

幼儿对世界充满了好奇,幼儿的提问往往涉及动物、植物、天文、地理、文学等各个领域,涉及自然和社会的许多方面。这就要求幼儿教师要有广博的文化基础知识,并且要根据社会和科技的发展,不断地更新自己的知识,完善自己的知识结构。

(2)扎实的幼儿教育理论基础知识

幼儿教师若想做好自己的教育工作:

①必须了解幼儿。为此,幼儿教师必须具备一定的幼儿卫生学、心理学方面的知识。

②要善于运用教育规律。为此,幼儿教师必须学习幼儿教育学、幼儿营养学、幼儿教育评价学等学科的知识。

③为发挥幼儿家庭和社区的教育力量,幼儿教师还必须懂得教育社会学、教育文化学、教育人类学等方面的知识。托幼机构中艺术、健康活动频繁,这使得幼儿教师还需具备音乐、体育、美工、舞蹈等方面的知识。

2. 幼儿教师的能力结构

(1)观察和了解儿童的能力

观察是幼教工作者了解幼儿身心发展水平和特点最方便、最主要、最常用、最有效的方法。实施教育,必须观察先行。幼儿教师的观察力主要指对幼儿直觉的、原样的、不加任何操作的自然观察能力,表现在随机的观察和有计划的观察中。

(2)设计教育活动的能力

教育全班幼儿,促进他们在德、智、体、美等方面的发展是幼儿教师的中心工作。幼儿教师应善于运用教学理论,结合幼儿的心理特点和接受能力,对教育活动进行设计,并选择恰当的教学方法,促进幼儿全面的发展。

(3)组织管理能力

幼儿教师的组织管理能力是指幼儿教师对教育教学情境的组织、领导、监督和协调的能力。它主要表现为:制订班级教育工作计划和检查教育教学效果的能力;组织幼儿的各种游戏、参观等活动的能力;与家长、社区合作、交往的能力等。

(4)对幼儿进行行为辅导的能力

幼儿行为辅导是指对符合社会文化、价值标准的良好行为的塑造,对幼儿良好行为表现的支持、鼓励,以及对不良行为表现的矫正和治疗。因此,行为辅导与以往经常提到的行为矫正是不同的,它不仅包括对幼儿不良行为的矫正,而且包括对幼儿良好行为的塑造和鼓励。这不仅要求幼儿教师要掌握行为辅导的一般方法,如强化法、自然后果法、移情训练法、行为练习法、同伴交往法、榜样影响法等,而且要仔细观察幼儿的行为,思考幼儿出现某一行为背后的原因,切记慎用惩罚法。

（5）沟通的能力

教师的沟通能力主要包括教师与幼儿、教师与家长的沟通能力和促进幼儿之间相互沟通的能力。

①教师与幼儿的沟通

教师与幼儿的沟通主要包括非言语沟通和言语沟通。

第一，非言语的沟通。对幼儿来说，动作比语言更容易理解，更容易接受，所以在幼儿园教育中，这是一种重要的沟通方式。一方面，教师的微笑、点头、蹲下与幼儿交流、看着幼儿的眼睛、倾听他们说话的态度等，远比言语更容易表达教师对幼儿的尊重、关心、爱护、肯定。另一方面是幼儿需要教师的身体接触。心理学实验表明，身体肌肤的接触有利于安抚幼儿的情绪，让幼儿感到温暖、安全等。

第二，言语的沟通。与幼儿进行言语沟通时，教师本身的语言素养非常重要。鉴于幼儿的知识经验和理解能力较差，教师的口语表达应符合幼儿的接受水平，如说话的态度温和、语气坚定、表述简单明了、尽量用愉快的声调、走到幼儿身边说话等。

· 知识再拔高·

提高教师与幼儿言语沟通质量的具体技能

1. 引发交谈的技能

善于敏锐地抓住时机，创造气氛，发现幼儿感兴趣的话题，将幼儿自然地引入交谈之中；或者善于用多种方法引起幼儿对某个特定话题的兴趣。

2. 倾听的技能

用恰当的言语或非言语方式热情地接纳和鼓励幼儿谈话、提问，让幼儿产生"老师很喜欢听我说""老师觉得我的问题很有意思"的喜悦感和自信心，并相信老师是自己随时可以交谈的对象。

3. 扩展谈话的技能

用幼儿能够理解的方式向幼儿提供适宜的信息、词汇或问题，引导幼儿把谈话延续、深入下去。

4. 面向全体、注意差异、有针对性的谈话技能

如注意激发那些沉默寡言、或说话不清的幼儿的说话积极性，耐心地倾听，尽量多地鼓励；根据幼儿的特点使用不同的话题、方式、词汇、语速等有效地刺激幼儿交谈。

5. 结束交谈的技能

适时地结束谈话，让幼儿表现出满足感。即使由于时间或别的原因必须要结束谈话，也要让幼儿感到老师很想听他讲，可惜没时间了，回头还有机会。

②教师与家长的沟通

家长作为教师的合作者加入教育一方，不仅可以带来教育的优化，还可以形成教育的合力，有利于提高教育的质量。教师应如何与家长沟通呢？

首先，要了解家长的需求与希望、家长的性格类型、家长的教育观念和方法，家长的文化水平、待人接物习惯等，以确定自己的工作方法和沟通策略。必须注意的是，一定要尊重幼儿家庭的隐私，这是教师与家长相互信赖的基础。否则，动机再好也会事与愿违。

其次，教师应当具备与家长交流的技巧，如与家长面对面交谈时，聆听的技巧，以适合家长的态度、语言、表达方式以及考虑家长的观点、心情的谈话技巧，向不同类型的家长传达信息（口头的或书面的），特别是描述孩子行为、提出建议或意见的技巧等等，都是非常必需的，它能帮助教师求得与家长的相互尊重、相互理解、相互支持。

最后,要实现与家长的情感沟通。教师与家长的沟通是一种特殊的人与人的交流,特殊在交流的双方共同地爱着、关心着同一个孩子,为这个孩子而交流。因此,沟通是充满爱心、关心、热心、诚心、责任心的。

③促进幼儿之间的沟通

幼儿之间的沟通受到社会性发展、语言发展等方面的制约,需要教师有意识地进行帮助。

A.幼儿之间的口语沟通。幼儿之间的交谈可以极大地促进幼儿社会性、智力、语言的发展。促进幼儿之间的交谈,需要发展他们自我表达和理解他人的能力、听和说的能力,这是教师的一个重要任务。

B.幼儿间冲突的解决。幼儿的冲突是其沟通不畅的最激烈的表现形式,多发生在物的分配或活动机会的选择时。正确认识和对待幼儿的冲突,是教师的基本技能之一。帮助幼儿正确对待冲突、获得解决冲突的策略;通过冲突使幼儿理解人际交往的规则,认识自己和别人的权利,克服自我中心,是幼儿园教育的重要内容。

(6)独立思维与创造的能力

幼儿教师的劳动是一种创造性的劳动,独立思维和创造能力便显得尤为重要。

①教育改革需要幼儿教师具有独立思维和创造的能力,教师只有在教育观念、教育方法上不断探索创新,才能跟上教育的发展;

②教育情境需要幼儿教师具有独立思维和创造的能力,在教育过程中,完全相同的教育情境是不存在的,教师不可能完全照搬别人的和自己以前的经验;

③教育对象的千差万别要求教师采取不同的方式,因人施教,不断创造新的东西。

(7)适应新情境的能力

随着网络技术的发展,整个社会生产、生活方式发生了深刻的变革,教育也被赋予了新的使命,具有新的特征。面临网络时代的挑战,幼儿教师适应新情境的能力主要体现在以下方面:①交流与沟通技能;②浏览与查阅技能;③信息发布与网络参与技能。

(8)灵活转变角色的能力

教育活动中教师的角色是多元而特殊的,教育活动情境的复杂性决定了教师角色的多样性。由于教师的主要角色已经从传统意义上的"传道授业者"转变为儿童活动的支持者、合作者、引导者,这一角色身份的变化,要求教师在完成支持者、合作者、引导者的角色任务时,应当根据具体的教育对象、确定的教育目标、具体的教育情境、幼儿的学习方式灵活地处理各个角色之间的更替。

(9)反思能力

在教育活动过程中,教师应当及时地对幼儿的活动和学习做出分析评价,进而反思自己的教育行为策略以及对幼儿所产生的影响,以此来理解自己的教育行为与幼儿的行为或态度反应之间的关系。

考点 4 ▶ 良好的心理素质

作为一个幼儿教师,应当具有宽阔、慈爱的心胸,稳定的情绪,丰富的感情,活泼开朗的性格,良好的行为习惯,等等。这样的教师容易与幼儿打成一片,接纳幼儿,并能潜移默化地让幼儿受到教师的感染,有利于幼儿身心的发展。它主要表现在如下几个方面:

1.幼儿教师的教育信念

幼儿教师的教育信念是指具有动力作用的教育观念系统。它直接支配和调节教育教学活动,影响教育教学效率。它主要表现在如下几个方面:

(1)教学效能感。幼儿教师的教学效能感是幼儿教师对自己影响幼儿学习活动和学习结果能力的一种主观判断。教学效能感影响幼儿教师在工作中的努力程度,效能感高的教师相信自己的教育活动能使幼儿不断成长进步,会对教育工作投入更大的精力,表现出极大的热情,往往取得良好的教育效果。

(2)对幼儿发展的归因倾向。对幼儿发展的归因倾向是指教师对幼儿发展的原因上所持的态度。优秀教师一般倾向于外部与内部相结合的归因,既注意幼儿自身的个体差异,又注意对幼儿施加有效的外在影响,引导幼儿往良好的方向发展。

(3)对幼儿监控的态度。不同类型的教师监控幼儿的态度不同。家长式的教师,往往对幼儿采取高压控制,习惯运用惩罚措施,师幼之间形成的是控制者与被控制者的关系,缺乏相互沟通,信任度低。

(4)对待心理压力的态度。教师职业的众多冲突是引发教师压力与紧张的根源。如果一个教师对自己的角色有明确的意识,对于众多的影响因素有比较细致的思考,就会较少受他人期望的影响;如果一个教师与同事合作愉快,也会减少工作的压力和紧张感。

2. 幼儿教师的情感特征

(1)对幼儿真诚的热爱,这是幼儿教师情感生活的核心;(2)对学前教育事业的热爱;(3)道德感、理智感、审美感。

3. 幼儿教师的教育机智

教育机智是教师对儿童活动的敏感性以及根据儿童新的特别是意外的情况,快速做出反应,及时采取恰当措施的能力。教育机智所依赖的主要心理品质是高度的责任感,对儿童的尊重和公正的态度,冷静沉着的性格等。幼儿教师的教育机智主要表现在:因势利导,随机应变,对症下药,掌握教育分寸。

4. 幼儿教师的个性

个性又称人格,是指一个人各种心理特征的总和。

幼儿教师应具备的主要人格特征包括:(1)正确的动机;(2)成熟的自我意识;(3)良好的性格。

考点 5 · 健康的身体素质

保教幼儿的工作极其繁重复杂,幼儿教师一天到晚与孩子生活在一起,要全面保教孩子,因此,必须具有较好的身体素质。

★★ 本节核心考点回顾 ★★

1. 幼儿教师劳动的特点

(1)劳动对象的主动性和幼稚性;(2)劳动任务的全面性和细致性;(3)劳动过程的创造性和灵活性;(4)劳动手段的主体性和示范性;(5)劳动周期的长期性和劳动效果的滞后性。

2. 幼儿教师的职业道德

(1)对待事业,要爱岗敬业;(2)对待幼儿,要接纳热爱(热爱幼儿是幼儿教师职业道德的核心,是评价幼儿教师职业道德水准的重要指标);(3)对待家长,要尊重合作;(4)对待同事,要团结协作;(5)对待自己,要以身作则。

3. 幼儿教师的能力结构

(1)观察和了解儿童的能力;(2)设计教育活动的能力;(3)组织管理能力;(4)对幼儿进行行为辅导的能力;(5)沟通的能力;(6)独立思维与创造的能力;(7)适应新情境的能力;(8)灵活转变角色的能力;(9)反思能力。

第二节 儿童观

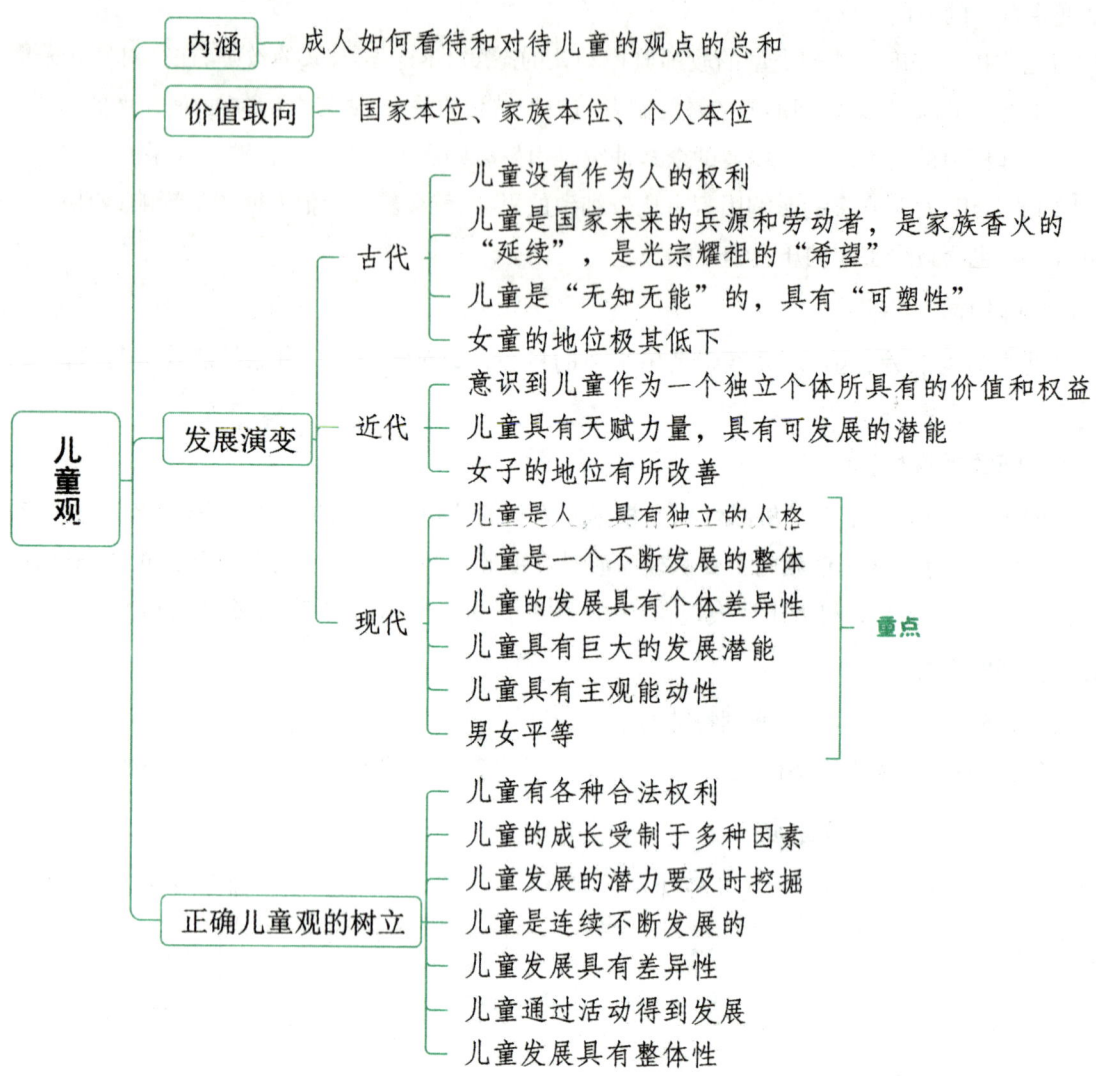

一、儿童观的内涵 【名词解释】 ★★

儿童观是成人如何看待和对待儿童的观点的总和。儿童观和教育观一样，属于社会意识形态，是社会存在的一种反映。它主要包括这几个方面：人们对儿童的地位和权益的看法，对儿童的特质和能力的认识程度，儿童期的意义以及儿童在其发展过程中所起的作用等。儿童观的形成要受社会政治、经济、科技发展水平、文化传统和社会习俗等多种因素的影响和制约。儿童观的结构可以分为自然的、社会的和精神的三个层面，即承认儿童是自然的、社会的和精神的存在。

真题1 ［2024山东临沂,名词解释］儿童观

答案：详见内文

二、儿童观的价值取向 【单选】★

儿童处于复杂的关系体系之中,主要包括和国家、家庭、自身等的关系。这些关系中价值主体的不同,反映了不同的价值取向,即国家本位、家族本位与个人本位。

考点 1 ▶ 国家本位的儿童观

国家本位的儿童观,是以国家利益为根本出发点,在国家利益和家族、个人利益出现矛盾时,将国家利益放在首位。这种儿童观将儿童看成是国家的财富、未来的劳动者,是国家延续与富强的一种"工具",往往从国家兴亡的高度看待儿童选拔、教育等问题。

考点 2 ▶ 家族本位的儿童观

家族本位的儿童观,是以家族利益为根本出发点,在家族利益和国家、个人利益出现矛盾时,将家族利益放在首位。这种儿童观将儿童视为家族的"私有财产",是家族继承、繁衍和光宗耀祖的"工具",往往从家族兴盛衰败的角度对待儿童的教育、婚姻、职业等问题。

考点 3 ▶ 个人本位的儿童观

个人本位的儿童观是以儿童利益为根本出发点,在个人利益和国家、家族利益出现矛盾时,将个人利益放在首位。这种儿童观打破了儿童对国家或家族的人格依附关系,使儿童成为一个具有自身独特个性的独立个体,往往从儿童自身发展的需要和规律出发看待儿童的成长、教育等问题。

真题2 [2020广东广州,单选]( )是指把儿童作为一个独立的、具有独特个性的个体来看待的儿童观。

A. 国家本位的儿童观　　　　　　　　B. 个人本位的儿童观
C. 家族本位的儿童观　　　　　　　　D. 学校本位的儿童观

答案:B

三、儿童观的发展演变

考点 1 ▶ 古代的儿童观

1. 以成人为本,儿童对成人具有依附关系,儿童没有作为人的权利

古代社会是以成人为本位的社会,一切活动都围绕着成人展开,儿童没有"地位",没有作为人的基本权益,儿童只是成人的附属品,对成人具有依附关系,儿童自身的兴趣、愿望,根本得不到重视和理解,一切要听从于成人的命令和安排,甚至连最基本的生存权利都得不到保障。

2. 儿童是国家未来的兵源和劳动者,是家族香火的"延续",是光宗耀祖的"希望"

在古代,儿童被看作是国家的财富,是未来的兵源和劳动者,同时又被看作是传宗接代的工具,是家族香火的延续,因此,人们开始重视儿童以及对儿童的教育,统治者为维护其统治,也实施了一些关心儿童的措施,但其出发点并不在于儿童自身,儿童并没有因作为社会群体的一员而受到尊重,让儿童接受教育也是由于国家或家族的利益,以把他造就成符合成人所期望的某种类型的人。

3. 人们对儿童的特质和能力有了最初的认识,认为儿童是"无知无能"的,具有"可塑性"

随着对儿童的关注的加大,人们开始注意到儿童与成人在身体、能力和知识经验等方面的差异,认为儿童是"软弱无知"的,但在身体和行为方面具有"可塑性",可以通过教育来培养和训练他们。

4. 以男性为中心，男尊女卑，女童的地位极其低下

古代社会是一个以男性为中心的社会，男女不平等，女性受歧视的现象极为严重。由于男孩被视为家族香火的延续，将来可以支撑门户，光宗耀祖，因而在家中备受宠爱；而女孩在家中地位极其低下。

考点 2 ▶ 近代的儿童观

1. 对儿童有了"新的发现"，人们开始意识到儿童作为一个独立个体所具有的价值和权益

14~16世纪的文艺复兴运动，提倡人权反对神权，提出的"以人为中心，一切为了人类"的新观念，给儿童的命运带来了重大的转机。它要求人们热爱儿童、尊重儿童，反对把儿童看作天生的罪人。资产阶级提出的"天赋人权""人人生而平等"的观点，使人们开始意识到儿童作为一个独立的个体存在所具有的价值，人们也开始认识到儿童自身的权益和各种需要。卢梭对儿童的发现，从根本上扭转了过去以成人的标准来要求儿童的传统，这是第一次把儿童作为一个独立、平等的人来看待。

2. 儿童具有天赋力量，具有可发展的潜能

随着科学技术的进步，人们对儿童的特质有了进一步的认识。人们不再把儿童看作无知的、软弱无能的，而是认为儿童生来就蕴藏着一切道德的、理智的、身体的、能力的萌芽。福禄贝尔认为，儿童具有天赋力量，可以通过教育，使儿童的这种内在能力得到发展。

3. 女子的地位有所改善，但男女不平等的问题依然存在

到了近代社会，女子的社会地位有所提高，女童也可以进入学校接受教育，但性别歧视、男女不平等的现象依然存在。人们认为男女天生就存在差别，女子接受教育的目的与男子不同，女子接受教育主要是为了成为贤妻良母。

考点 3 ▶ 现代社会的儿童观 【单选、简答】 ★★★

现代社会的
儿童观

1. 儿童是人，具有与成年人一样的人的一切基本权益，具有独立的人格

每个儿童均有固定的生命权，儿童从出生那天起，其生命就受法律的保护，并不为成人或家庭私有，更不能被其随意处置。儿童自出生起就有获得姓名、国籍的权利，以及尽可能知道谁是其父母并得到其父母或其他养护人照料的权利。儿童同样具有言论自由的权利，享有思想、信仰和宗教自由的权利。每个儿童都享有受教育的权利，且教育机会均等。儿童的这些权益都要受到国家和政府的尊重与保护。

2. 儿童是一个不断发展的整体，应尊重并满足儿童各种发展的需要

儿童身心各方面的发展是一个有机的整体。所谓完整儿童是指全面发展、和谐平衡的儿童，其发展是身体的、认知的、情感的、社会的和人格的整体性的发展。成人及社会应承认儿童所具有的各种发展的需要，并尽可能为儿童创造良好的环境与条件，不仅保证其身体的正常的生长发育，还要给他们提供充分参加文化、艺术、娱乐和休息活动的机会，使其获得最充分的发展，要避免孤立地只偏重某一方面的发展。

3. 儿童的发展具有个体差异性

儿童发展中共性与个性并存。儿童的个性发展，有些特征与共性一致，有些特征在发展速度上会超前或滞后于共性；此外每个儿童都有鲜明的个性差异，同龄儿童中，也没有完全一样的儿童，对儿童个性的尊重和自由的发展，是创造性的前提。

4. 儿童具有巨大的发展潜能，在适当的环境和教育的条件下，应最大限度地发展儿童的潜力

现代科学与技术的发展，尤其是生理学、生化学、脑神经科学及心理学等学科的发展，使人们对儿童的特质和能力有了更深入的认识。研究表明，新生儿甚至在胎儿时期，就有了听觉、触觉、记忆力和情感等方面的反应，所以新生儿就具有很大的学习潜能，这些潜能必须在适当的环境和教育条件下才能被挖掘出来，并得到充分的发展。

5. 儿童具有主观能动性

传统的儿童观把儿童看作消极被动的，认为儿童的发展要么是由先天的遗传素质决定，要么是由后天的环境决定，完全忽视了儿童作为人所具有的主观能动性。20世纪下半叶以来，人们开始用积极主动的观点看待儿童在发展中的作用，认为每个儿童都是独立的生命实体，有自己的兴趣、需要，有自己的认知结构和心理状态，他们总是主动地对外界刺激加以选择，接受自己所需要的东西，拒绝不需要的东西，具有创造力。儿童的发展是由生物的、社会的、主观的和客观的等多种因素相互影响，相互作用的过程。在这一过程中，儿童起着积极主动的作用，儿童是外部世界的探索者、发现者，是活动的主体，只有让儿童在活动中充分发挥其积极主动性和创造力，才能使儿童得到真正的发展。

6. 男女平等，不同性别的儿童应享有均等的机会和相同的权益，受到平等的对待

女孩与男孩一样享有人的一切基本权益，享有均等的受教育的机会。《儿童权利公约》明确指出：每一个儿童都享有该公约所载的一切权利，不因儿童的种族、肤色、性别、语言、宗教、政治或其他见解等而有任何差别。尽管如此，妇女的地位仍有待于进一步提高，要真正地实现男女平等还需要相当长的时间去努力。但人们已经认识到，提高妇女地位并使他们有平等的机会接受教育、培训等，是对一个国家的经济发展做出的宝贵贡献。

真题3 [2024福建统考，单选]自主游戏活动区中，有的幼儿自主性强，有的幼儿表现力强，有的幼儿社会交往能力强，这说明（　　）

A. 儿童是完整的个体　　　　　　　　B. 儿童是正在发展中的个体

C. 儿童的发展具有个体差异性　　　　D. 儿童是独立的、积极主动的个体

真题4 [2023浙江台州，简答]简述现代社会儿童观的内容。

答案：3. C　4. 详见内文

四、正确儿童观的树立

考点 1　儿童有各种合法权利

每个儿童都拥有出生权、姓名权、国籍权、生存权、发展权、学习权、游戏权、娱乐权、休息权、受教育权等，应该得到承认、尊重和保护。

考点 2　儿童的成长受制于多种因素

影响儿童发展的因素是多种多样的，归纳起来主要有生物因素和社会因素两大类，它们相互作用，共同制约着儿童的发展。

1. 生物因素是儿童成长的生理基础

生物因素主要指的是遗传素质，是儿童从父母身上获得的各种基因，为儿童后天发展成为一个正常的

人提供了生理基础和物质条件。儿童在遗传素质上存在着差异,这种差异使儿童在发展上也出现了差异。同时遗传也对儿童的身体健康有影响。

2.社会因素是儿童成长的关键条件

社会因素主要指的是环境,包括自然环境和社会环境。教育是一种独特的社会环境,它们为儿童的成长开辟了广阔的空间,决定了儿童发展的速度和水平。儿童生活的环境不同,其发展水平也不同。

考点 3 ▶ 儿童发展的潜力要及时挖掘

儿童发展有极大的潜力。生理学、脑科学研究表明,儿童在1个月至6岁期间,其大脑不是按天而是按小时生长的,儿童吸收知识几乎毫不费力。

考点 4 ▶ 儿童是连续不断发展的

儿童随着年龄的增长,身心发展水平日益提高,并且儿童的发展呈现出阶段性特征,前一个阶段是后一个阶段的基础,后一个阶段是前一个阶段的继续,彼此相连,不能分割。

考点 5 ▶ 儿童发展具有差异性

1.儿童发展有性别差异

同一年龄的儿童,在发展上呈现出性别的差异。美国的研究表明,男女婴儿在听讲童话故事或音乐会时,用脑的部位正好相反。教育实践证明,幼儿性别之间发展的差异,在幼儿园的各科教育上都有所表现。

2.儿童的发展有个体差异

同一年龄的儿童,在发展上还有个别差异。不同的儿童在对物体的感知、判断推理、兴趣爱好等方面都有所差异,同时,儿童还在情感、意志、个性等方面的发展上存在着差异。

3.儿童的发展有文化差异

同一年龄,不同国家的儿童,各自所受到的文化熏陶不同,在发展上也有差异。

考点 6 ▶ 儿童通过活动得到发展

活动是幼儿发展的基础和源泉。活动对学前儿童的发展有着重要的价值,不论是在婴儿期,还是在幼儿期均如此。

幼儿的活动可大致分为内部活动和外部活动两类。内部活动是指不可见的幼儿的生理、心理活动;外部活动指可见的幼儿的实践活动。幼儿的实践活动大致分为两类:一是以物为对象的实物操作活动;二是以人为对象的人际交往活动。

考点 7 ▶ 儿童发展具有整体性

儿童生理、心理、精神、道德、社会性的发展是儿童发展的各个不同的侧面,它们构成一个整体,相互联系,彼此制约。要满足儿童各方面发展的需要,不应孤立片面地强调某一方面而忽视另一方面,以保证儿童整体性的发展。

★ 本节核心考点回顾 ★

1.儿童观的内涵

儿童观是成人如何看待和对待儿童观点的总和。儿童观的结构可以分为自然的、社会的和精神的三个层面,即承认儿童是自然的、社会的和精神的存在。

2.儿童观的价值取向
(1)国家本位的儿童观:以国家利益为根本出发点。
(2)家族本位的儿童观:以家族利益为根本出发点。
(3)个人本位的儿童观:以儿童利益为根本出发点。

3.现代社会的儿童观
(1)儿童是人,具有与成年人一样的人的一切基本权益,具有独立的人格。
(2)儿童是一个不断发展的整体,应尊重并满足儿童各种发展的需要。
(3)儿童的发展具有个体差异性。
(4)儿童具有巨大的发展潜能,在适当的环境和教育的条件下,应最大限度地发展儿童的潜力。
(5)儿童具有主观能动性。
(6)男女平等,不同性别的儿童应享有均等的机会和相同的权益,受到平等的对待。

4.正确儿童观的树立
(1)儿童有各种合法权利。
(2)儿童的成长受制于多种因素。
(3)儿童发展的潜力要及时挖掘。
(4)儿童是连续不断发展的。
(5)儿童发展具有差异性。
(6)儿童通过活动得到发展。
(7)儿童发展具有整体性。

第三节 师幼关系

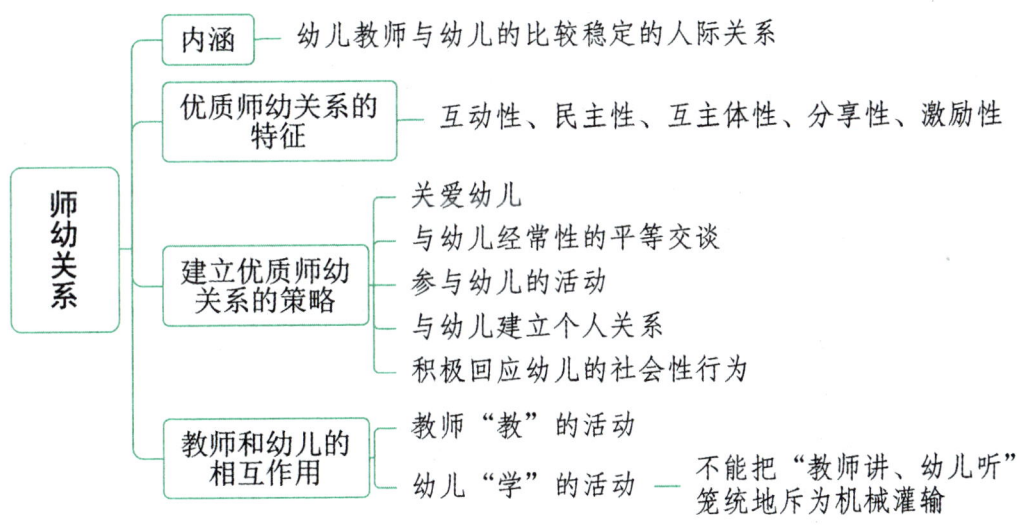

一、师幼关系的内涵

师幼关系是指幼儿教师与幼儿在保教过程中形成的比较稳定的人际关系。相对于亲子关系和同伴关系,师幼关系对幼儿的学习和幼儿园适应方面的影响最为突出。它是一种"教学"关系,但又不是教育者与被教育者之间的事务性关系,而是带有明显的情感性特征。

二、优质师幼关系的特征

1. 互动性

师幼关系的互动性体现在相互性和双向性上。教师与幼儿真正的互动是一种双向的交流活动,在活动中进行沟通、交流、理解,彼此都表达自己的情感、体会、态度,并对对方产生一定的影响。教师不仅是问题的提出者、建议者、陈述者,同时也是接收者、倾听者。幼儿不仅是问题的接收者、回答者、执行者、倾听者,同时也是发问者、建议者、陈述者。

2. 民主性

现代优质师幼关系的重要特征之一就是在幼儿与教师的相互关系中,常常能够使儿童感受到教师的民主作风。

在实际的教育过程中,教师的作用不是发号施令,而是建议、劝告。民主既是联合生活的方式,也是共同交流的方式,任何个人得出的结论都必须经受大家的检验、批评、质问,不允许任何一个人独断专行,这就是民主的方法和态度。

3. 互主体性

教师与儿童的互主体性(主体间性)是在活动中得以实现的,进一步讲,互主体性只有在相互交往的活动中才能体现出来。在相互交往中,教师必须把幼儿看作是他本人,必须强迫自己意识到,对方是一个独特的存在,一个基本上与其他人不同的存在,是以一种只属于他自己的方式存在的人。

互主体性体现为从对方那里得到体认,彼此映照,从对方那里"看到"自己。有的时候,一些孩子会主动向老师表达自己的问题、想法、意见、建议、主张等,并希望得到教师的回应。教师的回应对于幼儿来说十分重要,也是考查教师与幼儿关系是否体现互主体性的重要标准。幼儿期待教师的回应,不仅希望受到教师对自己的表达的重视,更想知道教师对这些表达的相应观点,希望从教师那里证明自己的表达所具有的意义。教师的主体性与幼儿的主体性之间能够通过一定的交往行为得到相互体认。

4. 分享性

优质师幼关系是主体之间的一种相互理解、融通、分享的关系。主体间相互认识、相互理解。教师与幼儿彼此倾听对方的表达,彼此经受对方的经验,体谅对方的心灵感受,在分享中双方获得新的生命体验和意义。

5. 激励性

优质师幼关系的一个显著特点就是教师与幼儿之间在一定的活动中的相互激发。师幼关系中的"激发"主要体现于教师与儿童之间不同观点、意见、见解的相遇、相映、碰撞。一方面彼此激发对方的思考,另一方面在原有观点、意见、见解的基础上激发出对于双方来说都是新的观点、意见和见解。

> **·记忆有妙招·**
>
> 优质师幼关系的特征:**主动想利民**。**主**:互主体性。**动**:互动性。**想**:分享性。**利**:激励性。**民**:民主性。

三、建立优质师幼关系的策略 【论述】 ★★★

1. 关爱幼儿

关爱幼儿是对幼儿教师的基本要求,也只有在关爱幼儿的基础上,教师才有可能与幼儿建立良好的关

系。教师对幼儿的关爱,可以消除幼儿对教师的顾虑,促使幼儿敢于亲近教师、信赖教师,建立安全感。教师对幼儿的关爱不是体现在一时一事之中,而是体现在教师与幼儿互动的整个过程之中。

2. 与幼儿经常性的平等交谈

教师应在日常生活中针对幼儿感兴趣的事物、话题与幼儿平等、亲切地交谈,这种形式的互动有利于良好师幼关系的形成。之所以强调与幼儿在日常生活中进行交谈或谈话,是为了强调交谈或谈话的随意性、自由性、平等性。因为在随意、自由、平等的交谈中,有利于师幼之间的良性互动,有利于师幼之间良好关系的形成。此外,教师面对幼儿要坦白诚实。

3. 参与幼儿的活动

师幼关系是以教师与幼儿之间一定的互动或交往活动为基础的,离开师幼之间的互动或交往活动,我们所说的"师幼关系"也就不复存在。在幼儿园的教育活动中,有许多是幼儿自主的活动,如游戏活动、活动区活动以及幼儿的个别活动等,教师应该积极地参与到幼儿自主的活动中去。

4. 与幼儿建立个人关系

教师与个别幼儿的关系,尤其是与班级里特殊的幼儿的关系,常常会影响着教师与其他幼儿的关系,教师应该设法与个别幼儿建立良好的个人关系,并以个人关系影响与其他幼儿的关系。由于这个孩子与教师的关系比较密切,教师不仅能够让其在有关的活动中充分展示他的活跃的一面,同时也由于这种密切的关系,使该幼儿感受到教师对他的期望,他能够努力学习自律,克服自己的不良行为。这样的孩子往往在幼儿同伴中有一定的影响力,他与教师的密切关系会影响到其他幼儿与教师保持一种良好的关系。

当然,教师要能够处理好自己与个别幼儿以及与其他大多数幼儿之间的关系,以个别关系带动与其他幼儿的普遍关系,而不能因与个别幼儿的关系去损害与其他大多数幼儿的关系。

5. 积极回应幼儿的社会性行为

教师应对幼儿的社会性行为做出反应,给予积极的关注和回应。对于幼儿积极的社会性行为,教师应该给予肯定和赞赏,并设法引起社会性赞同,扩大其影响;对于幼儿消极的社会性行为,教师也应该做出恰当的反应,使幼儿感受到教师的态度和价值取向。对幼儿的行为做出积极的回应,不仅是对幼儿行为本身的一种评价,同时也是为了加强师幼互动,强化师幼关系。

真题1 [2024江苏苏州,论述]阐述你对师幼关系的理解,并说明建立优质师幼关系的具体策略。
答案:详见内文

四、教师和幼儿的相互作用 【判断】

教师和幼儿的相互作用主要通过教师的"教"和幼儿的"学"得以发生的。

考点 1 ▶ 教师"教"的活动

教师的"教",就是教师对幼儿施加教育影响。"教"的活动主要通过两个途径进行:一是直接"教",二是间接"教"。

1. 直接"教"的方式

直接"教"的方式是指教师按照教育目的,直接把教育的内容传递给幼儿。
(1)直接"教"时应注意的问题
①变单向的"教"为双向的交流

改变教师单方面讲、幼儿只用耳朵听的单一模式,应使用启发式教学,多给幼儿发表意见、提问及师生讨论的时间;幼儿教师要注意根据幼儿的反馈灵活地调整教育方法和自己的教育行为。

②变单一的言语传授为多样化的教育手段

改变偏重言语讲授的现象,教师应当重视使用非言语的身体动作、表情等,如对幼儿点点头表示肯定、拍拍肩表示鼓励、微笑以示赞赏等;多使用简单有趣的直观教具和材料,教师具体形象的演示要和幼儿的动手操作相互配合,而不是教师做、幼儿看;导入多样化的教育活动,特别是多种游戏活动,让幼儿除听之外,能有操作、练习、模仿、实践的机会,通过看看、说说、做做、玩玩,消化理解所学的间接知识,并转化为自己的直接经验。

③重视情感效应

幼儿是否听教师的话、是否专心上课,主要取决于教师对幼儿的情感态度。幼儿如果受到教师的批评、指责远远多于鼓励、表扬,其学习情绪、自尊和自信心都会受到损害。

④重视幼儿的个别差异,因材施教

幼儿极大的个别差异要求教师与每个个体有特殊的、不同于他人的作用方式,年龄越小越是如此。因此,必须改变过多地使用集体活动的形式。

⑤重视随机地"教"

直接"教"的方式绝不是只限于在正规的场合和作业课上,灵活地利用一日生活中的各种机会进行自然地、有针对性地"教",往往更切合幼儿的实际,更容易实现个别教育。随机地"教"是建立在教师对幼儿深刻了解的基础上的,是在清楚的目标意识之下的教育行为。

⑥直接"教"和间接"教"相结合

直接"教"和间接"教"都各有利弊,而两者的优缺点恰恰可以互补,因此两种方式应当结合起来使用。另外,在教育活动中,幼儿的学习方式是在不断变化的,"接受学习"和"发现学习"不断地交替出现,有时甚至交织在一起。因此,教师只有把直接"教"与间接"教"两种方式结合使用,才能有效地帮助幼儿学习。

(2)直接"教"的优缺点

表1-3 直接"教"的优缺点

优点	清楚明确、系统有序、省时经济
缺点	①因为知识和理解能力缺乏,幼儿对"教"的内容难以真正理解和运用; ②教师和幼儿之间难以双向交流,容易形成教师向幼儿的单向灌输; ③幼儿自主学习机会少,其主动性、创造性难以发挥

2. 间接"教"的方式

所谓间接的"教",指教师不是把教育内容直接讲给幼儿听,而是通过环境中适当的中介,如利用环境中的玩具、榜样、幼儿关心的现象或事件的作用等,迂回地达到教育目的。

(1)间接"教"应注意的问题

①与直接"教"的方式相结合。由于间接"教"的方式自身存在一些缺点,这就要求幼儿教师要恰当地结合直接的言语传授,以提高幼儿知识的准确性、明确性和概括性。

②教师应有正确的角色定位。在使用间接"教"的方式时,教师主要是幼儿活动的观察者、支持者、合作者,只在必要时才直接给幼儿提供一些帮助等。

③环境应适合幼儿的年龄特点和个别差异。活动中满足幼儿个别差异最有效的途径,就是活动的形式、内容、材料的多样化,教师指导的个别化、个性化。

(2)间接"教"的优缺点

表1-4 间接"教"的优缺点

优点	①能较充分地发挥幼儿的自主性,使幼儿通过尝试主动学习和发展; ②幼儿获得的都是有意义的直接经验,有利于从根本上发展幼儿的兴趣、情感能力等; ③教师以平等的姿态参与幼儿的活动,不但丰富了幼儿的交往形式,也有利于提高活动的效果; ④以自然的方式接近幼儿的生活,甚至与幼儿的生活完全融合,幼儿会不知不觉地受到教育影响
缺点	①幼儿获得的知识、经验容易陷入表面、缺乏系统性,有时甚至会得出错误结论; ②与直接"教"相比,间接"教"的指导困难得多,其虽有一定规律可循,但没有一个固定、统一的模式可套用,这要求教师要有较高的技能技巧,特别是需要教育的灵活性、随机性

考点 2 ▶ 幼儿"学"的活动

教师的"教"是为了幼儿的"学"。如果幼儿不学,或者学了没有效果,那么,教育就失败了。因此,要有效地"教",必须了解幼儿学习的规律和特点。

1. 幼儿是自身学习的主体

无论教师直接地"教"还是间接地"教",幼儿都是自身学习的主体。对教师所教的内容,幼儿是否接受,接受到什么程度,主要依赖于幼儿的兴趣、经验、认知能力、情感等,而不是取决于教师的意志。

2. 幼儿的"接受学习"和"发现学习"

(1)接受学习。"接受学习",是指学习者主要通过教师的言语讲授获得知识、技能、概念等的学习方式。如果教师能按照幼儿的身心特点来讲课,让幼儿发挥主体性,学有兴趣,把教师传授的东西积极地消化、吸收,转化为自己的东西,而不是死记硬背,那么幼儿这样的学习是主动的、有意义的学习。把"教师讲、幼儿听"笼统地斥为机械灌输的说法是不对的。

(2)发现学习。"发现学习"是指幼儿通过动手操作、亲自实践、与人交往等去发现自己原来不知道的东西,从而获得各种直接经验、体验以及思维方法的学习方式。在幼儿期,这是比"接受学习"更适合幼儿的一种学习方式,特别有利于发挥幼儿的主体性,如激发幼儿的学习动机,发展其分析和解决问题的能力,培养主动参与的积极态度等。因此,幼儿的学习是否有意义,关键是教师能否激发幼儿的主动性,而不在于教给幼儿采用哪种学习方式。

真题2 [2021天津津南,判断]"教师讲、幼儿听"是灌输式的机械教育。
答案:×

3. 影响幼儿学习的内外因素

影响幼儿学习的外部因素主要有家庭条件、幼儿园教育水平、幼儿园环境条件的好坏等。影响幼儿学习的内部因素主要有两方面,即智力因素和非智力因素,二者相互联系,相互依存。智力因素主要有幼儿的注意、记忆、思维、理解、推理能力;想象、创造等方面的能力;语言能力;知识、经验水平等。非智力因素主要有主动性、好奇心、自信心、坚持性。

本节核心考点回顾

1. 师幼关系的内涵

(1)师幼关系是指幼儿教师与幼儿在保教过程中形成的比较稳定的人际关系。

(2)相对于亲子关系和同伴关系,师幼关系对幼儿的学习和幼儿园适应方面的影响最为突出。

2. 优质师幼关系的特征

(1)互动性:教师与幼儿真正的互动是一种双向的交流活动。

(2)民主性:在幼儿与教师的相互关系中,常常能够使儿童感受到教师的民主作风。

(3)互主体性:从对方那里得到体认,彼此映照,从对方那里"看到"自己。

(4)分享性:教师与幼儿彼此倾听对方的表达,彼此经受对方的经验。

(5)激励性:教师与幼儿之间在一定的活动中相互激发。

3. 建立优质师幼关系的策略

(1)关爱幼儿。

(2)与幼儿经常性的平等交谈。

(3)参与幼儿的活动。

(4)与幼儿建立个人关系。

(5)积极回应幼儿的社会性行为。

4. 幼儿的"接受学习"和"发现学习"

(1)接受学习:通过教师的言语讲授获得知识、技能、概念等。把"教师讲、幼儿听"笼统地斥为机械灌输的说法是不对的。

(2)发现学习:幼儿通过动手操作、亲自实践、与人交往等去发现自己原来不知道的东西。

第六章 幼儿园教育活动

本章学习指南

一、考情概况

本章属于学前教育学的基础章节,需要理解和运用的知识较多,考生可带着以下学习目标进行备考:
1. 理解幼儿园教学活动的内涵,掌握幼儿园教学活动的方法。
2. 掌握幼儿园主题活动的特点。
3. 理解幼儿园区域活动的内涵、特点,掌握幼儿园活动区域的设置。
4. 了解幼儿园生活活动的概念及一日生活的环节。

二、考点地图

考点	年份/地区/题型
幼儿园教学活动的方法	2024山东临沂单选;2023浙江宁波单选;2023安徽宿州单选
幼儿园主题活动的特点	2024福建统考单选
幼儿园区域活动的内涵	2024江苏苏州名词解释
活动区域的布局要求	2022山东临沂多选
活动区材料投放的层次性	2022福建统考单选
幼儿园生活活动的概念	2021浙江温州多选
幼儿园晨检工作的重点	2021山东青岛单选

注:上述表格仅呈现重要考点的相关考情。

核心考点

第一节　幼儿园教学活动

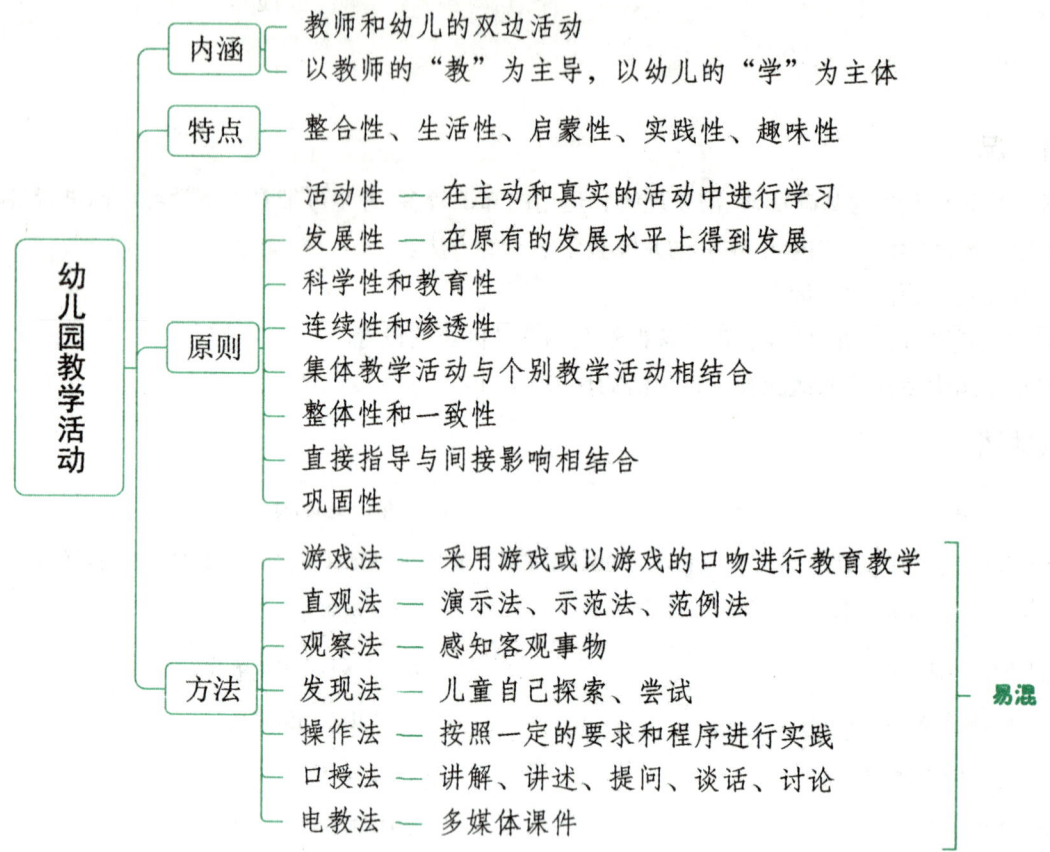

一、幼儿园教学活动的内涵

幼儿园教学活动是指幼儿教师从幼儿的兴趣和实际水平出发,根据幼儿园教育目标,有目的、有计划、有组织地增进幼儿对周围环境的认识,培养幼儿的学习兴趣,帮助幼儿获得有利于其身心发展的经验的活动。幼儿园教学活动是由幼儿教师的"教"和幼儿的"学"组成的双边活动,以教师的"教"为主导,以幼儿的"学"为主体。

二、幼儿园教学活动的特点

1. 整合性

整合性是指幼儿园教学应是综合的、全面的,而非单一的、分科的。主要表现在以下三个方面:

（1）教学目标应体现整合性。教学目标在于促进幼儿的一般发展,所以在制定教学目标时应考虑儿童发展的实际,从知识、技能、情感态度等方面综合考虑制定适宜的目标,既要关注预设的目标,还要考虑能生成哪些目标。

（2）内容的选择上要体现整合性。幼儿园教育内容相对划分为健康、语言、社会、科学、艺术五大领域,每个领域的内容是整合的,而非分科的,当然,即使在分领域的教学中,也要考虑不同领域内容的相互融合和渗透。

(3)教学方法和形式上要体现整合性。在组织同一教学活动时,可以选择多种教学形式和方法,使集体教学、小组教学和个别教学相结合,把讲解、实验、游戏等各种方法整合应用。

2. 生活性

幼儿园教学要从帮助幼儿积累生活的感性经验出发,其内容和途径必须贴近幼儿的实际生活,引导幼儿在生活中学习生活,在交往中学习交往。教学设计必须针对幼儿生活中出现的问题和幼儿的实际需要。

3. 启蒙性

学前阶段是人生发展的重要阶段,也是人生启蒙的阶段。幼儿园的教学活动在促进儿童身体、认知、情感、个性、社会性等方面全面和谐发展的同时,也要关注儿童原有的发展水平。学前儿童身心处于初步发育、成长阶段,各方面的能力均未成熟,因此,在选择教学活动内容时要选择那些粗浅的、利于儿童接受的、启蒙性的知识,使他们身心得到与其发展水平相适应的发展和提高。

4. 实践性

幼儿的学习是通过亲自摆弄、操作、观察、触摸、体验等多种方式进行的,因此,教师在组织教育活动时要为儿童提供多样化的材料,调动幼儿的多种感官,鼓励幼儿在听一听、看一看、摸一摸、闻一闻的活动中,去认识周围环境,获得相应的体验。

5. 趣味性

趣味性是指幼儿园教学活动的内容和形式应生动有趣、能激发幼儿参与活动的兴趣。学前儿童以无意注意为主,常常被游戏和运动、新奇、有趣的事物所吸引,因此,在幼儿园教学活动中要体现趣味性,活动内容要符合幼儿年龄特征,富有童趣。另外,要开展各种形式的活动,特别要增加一些竞赛性的活动,以引发儿童对活动的兴趣。

三、幼儿园教学活动的原则

1. 活动性原则

活动性原则就是要让儿童在主动和真实的活动中,通过感知、操作、体验、交流来进行学习。儿童是在活动中学习,获取经验并发展的。活动是儿童认知发展的关键,这是由学前儿童的认知发展水平决定的。

为此,幼儿园教师要作为儿童学习与发展的指导者和帮助者,尽力创设适宜的环境和条件,让儿童在具体的活动中来感知、探索、操作、练习,与人交往,从事身体运动,思考解决问题,进行表达和表现,从中不断获得新的经验而实现发展。

2. 发展性原则

发展性原则就是通过教学使儿童在原有的发展水平上,得到身心和谐的充分的持续的发展。贯彻发展性教学原则,教师所选择的学习内容应有一定的难度,而且是逐步加深的,需要幼儿做出一定的努力才能学会,从而促进幼儿不断地发展。要通过教学促使幼儿积极主动地开展智力的、情感的、独立的活动,以促进幼儿个性的全面发展。

3. 科学性和教育性原则(科学性、思想性原则)

教学内容要具有科学性和教育性,促使幼儿正确地感知客观事物和现象,帮助幼儿形成正确的概念,形成对事物的正确态度,并结合各科教学内容有机地进行道德品质教育。

贯彻科学性、教育性原则有赖于教师正确的教育观、儿童观、发展观和专业知识水平。为此,必须不断提高教师的素质,以保证这一原则的正确贯彻。

4. 连续性和渗透性教学原则

贯彻教学活动中连续性和渗透性原则,对教育者提出了更高的要求。教师不仅要理解、熟悉各种教学活动内容的内在联系、连续性和体系,还要了解不同教学内容之间的相互渗透性,并把各种教育活动科学、合理地组织安排,从而既保持各种教育活动特定的体系和经验的连续,又互相渗透、有机联系,不人为割裂,以使全部教学活动取得最佳效果。

5. 集体教学活动与个别教学活动相结合的原则

集体教学活动是以往"作业""上课"的延续,是我国学前教育的传统之一。它要求面向全班或一部分儿童开展教学活动,以保证所有的儿童都有接受教育的机会,使他们都能达到教育目标的一般要求。

由于遗传、环境、生活和教育条件的不同,幼儿的生活经验、知识技能、兴趣、爱好、智力的发展水平等都有差异,在学习活动中的表现也各不相同。为了使每个幼儿都能在原有基础上得到最大限度的发展,在教学中要从每个幼儿实际出发,个别对待。

集体教学活动和个别教学活动相结合,可以相互联系、相互补充,但不能只重视集体活动而忽视、取消儿童的个别活动,也不能强调个别活动而放弃集体活动。在学前教育活动中,既要保证一定的集体活动时间,又要为儿童提供充分的、个别活动的机会。

6. 整体性和一致性原则

幼儿身心的各个方面都是相互制约、相互促进的,统一于整体之中。任何一方面孤立的发展是不存在的,而人为的侧重于某一方面的培养、训练有可能破坏幼儿的整体和谐发展。为了使儿童个体得到整体、协调的发展,幼儿园的课程和教学活动贯彻整体性、一致性原则是很重要的。

贯彻这一原则时应注意:(1)保证学前教育目标的整体性;(2)保证教育目标与内容、原则、方法、实施过程的整体性和一致性;(3)保证集体教学活动的设计和实施的整体性和一致性。

7. 直接指导与间接影响相结合的原则

教师的指导有直接指导和间接影响两种。它们既有区别,又有联系,必须结合运用。教师的直接指导是由教师根据学前教育活动的目标,直接向儿童提出进行活动的要求,发出指示,传递某些知识、技能,教以一定的行为方法,提出需遵守的某些行为规则,诸如动作、语法、行为规则的示范讲解,概念、范例的解释等,都属于直接指导。

教师的间接影响(间接指导)是指教师为儿童提供环境、物质材料,唤起儿童的好奇心,引起儿童的兴趣,激发儿童的内在动机和参与活动的愿望,教师通过参与活动,以情感、态度感染儿童,从而使儿童积极愉快地参与活动。

教师在活动中的直接指导与间接影响是相互联系、相辅相成的。在各种教育活动中都有直接指导与间接影响,但对不同的活动,指导的程度是不同的。

教师在活动中要善于处理好两种指导的关系,以保证幼儿在活动中充分发挥主动性和创造性。教师要尽力避免过多干预儿童的活动,以免造成儿童思维的中断和活动的终止。

8. 巩固性原则

儿童积累经验,储存信息,掌握简单的技能是学习新的知识技能的基础,是发展智力、进行活动的必要前提,也是进入小学后学习系统的科学文化知识需要具备的条件。但幼儿期大脑皮质形成新的暂时神经联系不稳定,为使儿童学习的知识技能得到积累,在教学中必须贯彻巩固性原则。

因此,在教学过程中,首先在学习新知识技能时要激发儿童的兴趣,促使他们主动、积极地作用于客体,

给予适当的学习内容,使其及时理解,得到及时巩固。其次要创设条件,给予儿童运用已学知识技能的机会,还要引导儿童在学习新知识时联系已有经验,复习原有的知识技能,使儿童在较自然的条件下,对已学习的内容加以巩固,尽力避免单调机械的重复。

四、幼儿园教学活动的方法 【单选】 ★★★

考点 1 ▶ 游戏法

游戏法是指教师采用游戏或以游戏的口吻进行教育教学的方法,它是学前教育机构教学活动的主要方法。

运用游戏的方法来组织教学,符合儿童喜欢游戏的天性,能够激发儿童学习的兴趣,集中儿童的注意力,能充分调动儿童学习的主动性、积极性,让儿童在玩中学,乐中学。

运用游戏法时应注意:

(1)根据具体的教学目的、任务、内容设计合适的游戏化教学模式。常用于集体教学中的游戏有:语言教学中的听说游戏、艺术教学中的音乐游戏、健康领域的体育游戏、科学活动中的认知小游戏等,其目的在于以游戏的方式让儿童积极参与,完成一定的教学任务,这种形式可以组织全体儿童进行,也可以是小组或个别儿童的活动。

(2)教学活动中采用游戏法是指游戏化的教学,即教师在教学活动中创设游戏的场景,采用游戏的口吻进行教学,以便达到一定的教学目的。它与平时的游戏活动是有区别的,平时的游戏活动的主要目的是儿童自主参与获得快乐,不特别强调完成一定的教学目的。

(3)在教学中,各年龄班运用游戏化教学的比重应有所不同,年龄越小,宜多采用游戏法,随着儿童年龄的增长,知识经验的丰富,语言和智力的发展,可以适当减少游戏法的比重,综合运用多种方法。

考点 2 ▶ 直观法

直观法是一种让儿童直接感知认识对象的方法。演示法、示范法、范例法属于直观法。直观法符合学前儿童的思维特点,是儿童教育教学中常用的方法。

1. 演示法

演示法是教师通过向儿童展示各种实物或直观教具,引导儿童按一定的顺序注意物体的各个方面和各种特征,使他们获得对某一事物或现象较完整的认知。在科学活动、语言活动中较常使用演示法。

2. 示范法

示范法是教师通过自己的语言、动作所做的教学表演,为儿童提供具体模仿的范例。示范法包括完整示范、部分示范、分解示范、不同方向示范等多种形式。示范可由教师示范,也可以请儿童示范。语言活动中教师应经常运用语言示范,发展儿童叙述、描述、创造性讲述及朗诵的能力;体育活动中则通过示范动作帮助儿童掌握学习的内容和动作技能。

3. 范例法

范例法是指按教学要求或者活动目标提供给儿童一种可模仿的榜样,它是形象的、具体的。范例对年龄越小的儿童作用越明显。在思想品德教育中,以优秀人物为范例。在教学过程中,是指向儿童出示的各种样品,如绘画、纸工、泥工样品等,供儿童观察、模仿学习。这种方法多用于美术等活动。范例包括图片、模型、玩具、画册、实物标本以及幼儿教师画或做的图画、手工和贴绒样品等。

真题1 [2024山东临沂,单选]教师通过向幼儿展示各种实物或直观教具,引导幼儿观察物体的特征,从而使幼儿获得对某一事物的完整认识。这运用的幼儿园教学方法是(　　)

A. 游戏法　　　　　B. 直观法　　　　　C. 实操法　　　　　D. 口授法

真题2 [2023安徽宿州,单选]在教学过程中,某教师出示事先准备好的各种样品,如图片、模型、手工样品,供儿童观察、模仿学习,该教师使用的教学方法是(　　)

A. 范例法　　　　　B. 欣赏法　　　　　C. 观察法　　　　　D. 演示法

真题3 [2023浙江宁波,单选]教师为幼儿展示"水的沉浮"科学实验,这位教师运用了(　　)

A. 测验法　　　　　B. 探究法　　　　　C. 演示法　　　　　D. 发现法

答案:1. B　2. A　3. C

考点 3 观察法

观察法是指儿童在教师或成人指导下,有目的地感知客观事物的一种方法。观察法是儿童认识周围世界,取得直接经验的重要途径,是儿童教学活动的基本方法。

观察法符合人的认知规律和儿童的认识特点,学前教育机构各项活动都离不开儿童的观察。运用观察法可以通过儿童与客体的相互作用,丰富儿童的感性经验,扩大儿童的眼界。结合儿童好玩好动的天性,通过儿童在观察过程中的看一看、闻一闻、摸一摸、尝一尝等方法,有效地刺激儿童的各种感觉器官,锻炼儿童的感知觉的敏锐性和大脑机能,促进儿童语言和智力发展,激发儿童的求知欲,培养儿童积极关注周围事物的态度。

考点 4 发现法

发现法是由美国心理学家布鲁纳所倡导的,是指教师提供给儿童进行发现活动的材料,使他们通过自己的探索、尝试,自行发现问题和解决问题的方法。

发现法容易激发儿童的兴趣和内部学习动机,有益于儿童的主动性、积极性的发挥,有利于学前儿童智力、创造力和独立能力的发展,还能丰富、扩大儿童的知识经验,且易于记忆、迁移和运用。

考点 5 操作法

操作法是指儿童按照一定的要求和程序通过自身的实践活动进行学习的方法。儿童的发展是通过自身的活动进行的。操作法符合儿童好动好玩的天性,动手操作是儿童认识世界的重要实践活动,也是儿童巩固新知识、形成技能技巧的方法。

在儿童教学活动中,要充分体现活动性原则,给儿童动手动脑的机会,就应该多运用操作法,如科学领域的分类活动、排列活动等,艺术领域的形体训练、泥工等。

考点 6 口授法

口授法是指教师通过口头语言系统地向儿童传授知识经验的一种教学方法。口语是教师与学前儿童相互交流的主要媒介,教师经常用口语指导儿童的各类活动,为儿童提供信息、解释事物、向儿童提问、交流、评价等。儿童的教学活动中的口授法,主要包括讲解、讲述、提问、谈话、讨论等。

表1-5　口授法的类型

类型	概念
讲解	教师用儿童能理解的语言来解释和说明某事某物的一种方法
讲述	教师通过口头语言生动地叙述事物、朗诵文艺作品的一种语言表达方式

续表

类型	概念
提问	教师通过提出启发儿童思维的问题,组织儿童进行回答和讨论的一种教育方法
谈话	教师根据儿童已有的知识和经验,通过提问,引导儿童思考、交流以获得相应的知识经验的一种互动教育方法
讨论	在教师的指导下,通过提出交流话题,引导幼儿在已有知识经验的基础上,围绕话题各抒己见,辨明是非真伪,以此提高认识或弄清问题的方法。 讨论法是有效提高儿童认识、情感、意志与行为水平的重要方法

·小香课堂·

谈话与讨论是两种易混淆的方法,两者区别在于教师的作用不同:谈话法——教师和儿童进行交流互动;讨论法——教师指导儿童针对某一问题进行交流互动。

考点 7 ▸ 电教法

电教法是指通过电影、电视、幻灯片、录像、录音、电脑及网络的多媒体课件等现代教学手段,把声音、形象和色彩等综合使用的一种先进的教学方法,它具有生动活泼、具体形象、富于吸引力和感染力等特点。这种方法由于新颖生动、易于理解而备受儿童喜爱。

运用电教法要服从教学目的和儿童的发展需要,不能只图热闹,还应该给儿童留出充足的思考时间。运用电教手段必须深入分析教学内容和教学过程,周密考虑使用的步骤和恰当的场合,以达到较好的效果。

★★ 本节核心考点回顾 ★★

1. 幼儿园教学活动的内涵

幼儿园教学活动是由幼儿教师的"教"和幼儿的"学"组成的双边活动,以教师的"教"为主导,以幼儿的"学"为主体。

2. 幼儿园教学活动的特点

(1)整合性;(2)生活性;(3)启蒙性;(4)实践性;(5)趣味性。

3. 幼儿园教学活动的方法

(1)游戏法:教师采用游戏或以游戏的口吻进行教育教学。

(2)直观法:让儿童直接感知认识对象。演示法、示范法、范例法属于直观法。

①演示法:向儿童展示各种实物或直观教具,引导儿童获得对某一事物或现象较完整的认知。

②示范法:通过自己的语言、动作所做的教学表演,为儿童提供具体模仿的范例。

③范例法:提供给儿童一种可模仿的榜样。在教学过程中,是指向儿童出示各种样品,如绘画、纸工、泥工样品等,供儿童观察、模仿学习。

(3)观察法:儿童在教师或成人指导下,有目的地感知客观事物。

(4)发现法:提供给儿童进行发现活动的材料,使他们通过自己的探索、尝试,自行发现问题和解决问题。

(5)操作法:儿童按照一定的要求和程序通过自身的实践活动进行学习。

(6)口授法:通过口头语言系统地向儿童传授知识经验。主要包括讲解、讲述、提问、谈话、讨论等。

(7)电教法:通过现代教学手段,把声音、形象和色彩等综合使用的一种先进的教学方法。

第二节 幼儿园主题活动

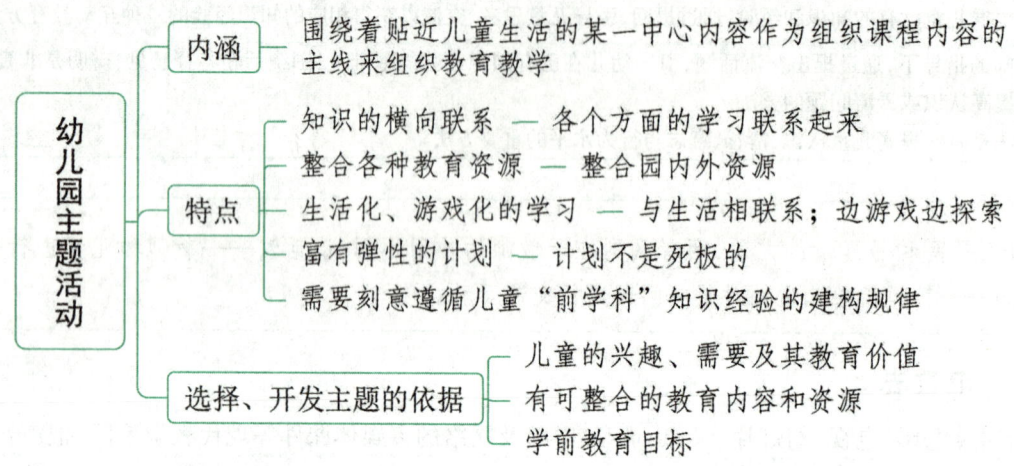

一、幼儿园主题活动的内涵

主题活动是指围绕着贴近儿童生活的某一中心内容即主题作为组织课程内容的主线来组织教育教学的活动。它打破学科领域的界限,根据主题的核心内容,确定主题展开的基本线索,再顺着这些基本线索,确定主题的具体内容,并创设相应的教育环境,组织开展一系列的教育教学活动。主题活动强调,儿童生活中的世界以具体的事物为主,儿童所接触的事物通常自然地包含着多个学科领域,他们需要的是对事物有一个较为全面的、整体的、生活化的认识。所以主题活动所涉及的范围和学科领域很宽泛,教师要充分调动儿童群体、教师群体、幼儿园、家庭及社区等多方面资源创设儿童的学习环境,为主题服务,教师要会发掘与整合教育资源,设计活动方案,在实施时还要关注儿童的学习活动情况,调整活动方案,使主题深化,使儿童获得与主题中心内容相联系的较为完整的经验。

二、幼儿园主题活动的特点 【单选】 ★★

1. 知识的横向联系

主题活动打破了学科领域之间的界限,将各个方面的学习有机地联系起来,这样儿童所获得的经验是完整的。因为主题活动的中心是儿童生活中的一个具体的问题和事件,这些事物通常很自然地包含着多个学科领域。从儿童的角度,儿童也需要对问题有一个较整体的、生活化的认识,而不是虽然精深但却相互割裂的认识。

2. 整合各种教育资源

主题活动往往整合了幼儿园内外各种与教育内容紧密相关的资源。幼儿园、家庭及社区中有许多丰富的教育资源,都需要充分运用到主题活动中。例如,主题活动"秋天来了"就有许多活动要整合家庭和社区的资源,如亲子活动"秋游"、社区活动"一起扫落叶"等。

3. 生活化、游戏化的学习

主题活动涉及面广,多与儿童的生活相联系。主题活动中的许多活动都具有探索性,儿童感兴趣,往往边游戏边探索。如主题活动"神奇的水"中,"观察植物生长""多喝水""雨水"等都是和幼儿生活密切相关

的,"玩水球""会航行的船""会变颜色的水"等都是儿童十分喜爱的游戏,儿童在游戏中会获得丰富的知识经验。

4. 富有弹性的计划

主题活动是建立在对儿童已有经验和活动过程的学习状况有充分了解的基础上而展开的。主题活动的计划不能是死板的,教师要细致考虑到与主题有关的各种可能性,在活动中要及时捕捉儿童活动的信息,并及时做出反应,调整计划,所以主题活动的方案是富有弹性的。如在小班主题活动"我长大了"中的"生日晚会"活动计划本来是在本班开展的,但是教师在活动之前发现小班的儿童很喜欢和大班儿童一起玩。于是,教师临时调整计划,和大班的教师商议,两个班合作开展这个活动,通过这样的混龄活动,促进了小班儿童和大班儿童的交往,大班儿童帮助小班儿童,小班儿童又让大班儿童体验到长大后的自豪。

5. 需要刻意遵循儿童"前学科"知识经验的建构规律

为了克服学前教育传统学科课程中学习内容割裂及重复的现象,主题活动以贴近儿童生活的某一中心内容为组织课程内容的主线来组织教育教学的活动。这样较充分体现了儿童学习的整体性,但却打乱了各学科领域的知识体系,难以有序地组织儿童的不同经验体系,这样易于遗失领域知识经验体系的教育价值。现实中就有教师只注意主题活动中的综合,却不注意儿童的经验体系不同,其学习方式、规律和教育规律也不同,在组织和开展教育教学活动时,导致出现儿童基本的美术表现技能、语言表达技能、基本动作能力下降的现象。可见,尽管学前儿童尚只在表象、初级概念的经验层上建构知识经验体系,但他们的学习确实存在不同的领域,而这些不同领域的学习规律、教育规律也是不同的。因此,主题活动也无法回避特定领域教育的规律性这一问题,要使主题活动发挥对儿童发展的更大价值,就应该遵循儿童"前学科"知识经验的建构规律,既保证儿童前后学习经验间的联系,又增强儿童学习经验的横向联系与整合。

> **·记忆有妙招·**
> 幼儿园主题活动的特点:**向资生谈钱**。**向**:知识的横向联系。**资**:整合各种教育资源。**生**:生活化、游戏化的学习。**谈**:富有弹性的计划。**钱**:需要刻意遵循儿童"前学科"知识经验的建构规律。

真题 [2024福建统考,单选]"秋天的水果"主题活动中,在林老师的指导下,家长带幼儿到水果店一起辨认、选择和购买水果,并与幼儿在家中玩水果店的游戏。这体现的主题活动的特点是(　　)

A. 整合各种教育资源　　　　　　　　　B. 富有弹性的计划
C. 知识的横向联系　　　　　　　　　　D. 遵循"前学科"知识经验

答案: A

三、选择、开发主题的依据

自然和社会这两种环境是儿童天天接触到的,应当成为幼儿园课程的中心。一般来说,主题主要来自儿童的生活。所选择的主题要贴近儿童的现实生活,才能有效地引发儿童的兴趣,实现教师与儿童的互动。生活是教育的源泉,社会是生动的课堂。例如,主题"保护自己办法多""有事怎样通知他""我爱运动""我要上小学了"中的大部分内容都来自儿童的生活,是他们所熟悉的,因此,开展起来就比较丰富,主题进展得很顺利。

1. 儿童的兴趣、需要及其教育价值

儿童感兴趣的事物中可能包含着丰富的教育价值,可以作为主题。儿童的需要和兴趣有些不一样,需

要有时是教师判定的,如刚入园的小班儿童出现哭闹现象,他对同伴不感兴趣,只是哭着要妈妈,这时教师可以判断儿童的需要为得到"同伴和老师的关心",于是教师随即开展主题活动"我们的新家",从而消除儿童对同伴和班级的陌生感,更快地融入幼儿园的班级生活。

2. 有可整合的教育内容和资源

有些学习内容和学习材料会有规律地呈现,如四季的变化、节假日等,按照节日和季节的变换选择主题是一个不错的主意。而有一些内容会不期而至,成为难得的好题材,教师切不可轻易放掉。例如,儿童刚刚旅游回来的照片、刚刚刮的台风、刚刚在植物角发现的小蜗牛、班上刚刚添置电视机剩下的纸箱等,都可以成为主题,如"快乐的假期""台风来了""神奇的小蜗牛""小小主持人"等。有时,教师自身的资源优势也不可忽视。教师的业余爱好、家庭背景和社会活动圈等都可以成为主题开发的资源库。例如,有的教师喜欢美术,平时就搜集了许多剪纸和京剧脸谱材料,这样教师在"有趣的剪纸"和"京剧人物"等主题活动中就可以充当"专家"的角色。有的教师家是开花店的,那么在有关花草的主题中,自然就有丰富的实物资源了。

3. 学前教育目标

课程目标的实现需要相应的教育活动加以支持。我们可以直接从教育目标出发,寻找相应的活动主题。例如,根据目标"培养儿童热爱大自然的情感",就可以选择"秋天的树叶""好玩的水""神奇的海底世界"等主题,通过这些主题,让儿童了解自然中的许多秘密,让儿童体验大自然生物的神奇,感受大自然带给我们的恩泽,唤起儿童对大自然的爱。当然,一个目标可以通过不同的主题活动来实现,同样一个主题活动也能实现不同的教育目标。

有些目标(如合作、感知成长等)是为了让儿童适应社会需要而设立的,为了实现这样的目标,不是通过一两个主题活动就可以实现的,必须要经过长期的教育过程。有的教师将"我长大了"作为一个系列的活动贯穿于幼儿园三个年龄班,让儿童通过不同年龄段的不同活动感受成长的快乐与艰辛,这样具有前瞻性的方案值得借鉴。

✦✦ 本节核心考点回顾 ✦✦

1. 幼儿园主题活动的特点
(1)知识的横向联系:打破了学科领域之间的界限,将各个方面的学习有机地联系起来。
(2)整合各种教育资源:整合了幼儿园内外各种与教育内容紧密相关的资源。
(3)生活化、游戏化的学习:多与儿童的生活相联系;儿童往往边游戏边探索。
(4)富有弹性的计划:计划不能是死板的。
(5)需要刻意遵循儿童"前学科"知识经验的建构规律:保证儿童前后学习经验间的联系。
2. 幼儿园主题活动中选择、开发主题的依据
(1)儿童的兴趣、需要及其教育价值;(2)有可整合的教育内容和资源;(3)学前教育目标。

第三节　幼儿园区域活动

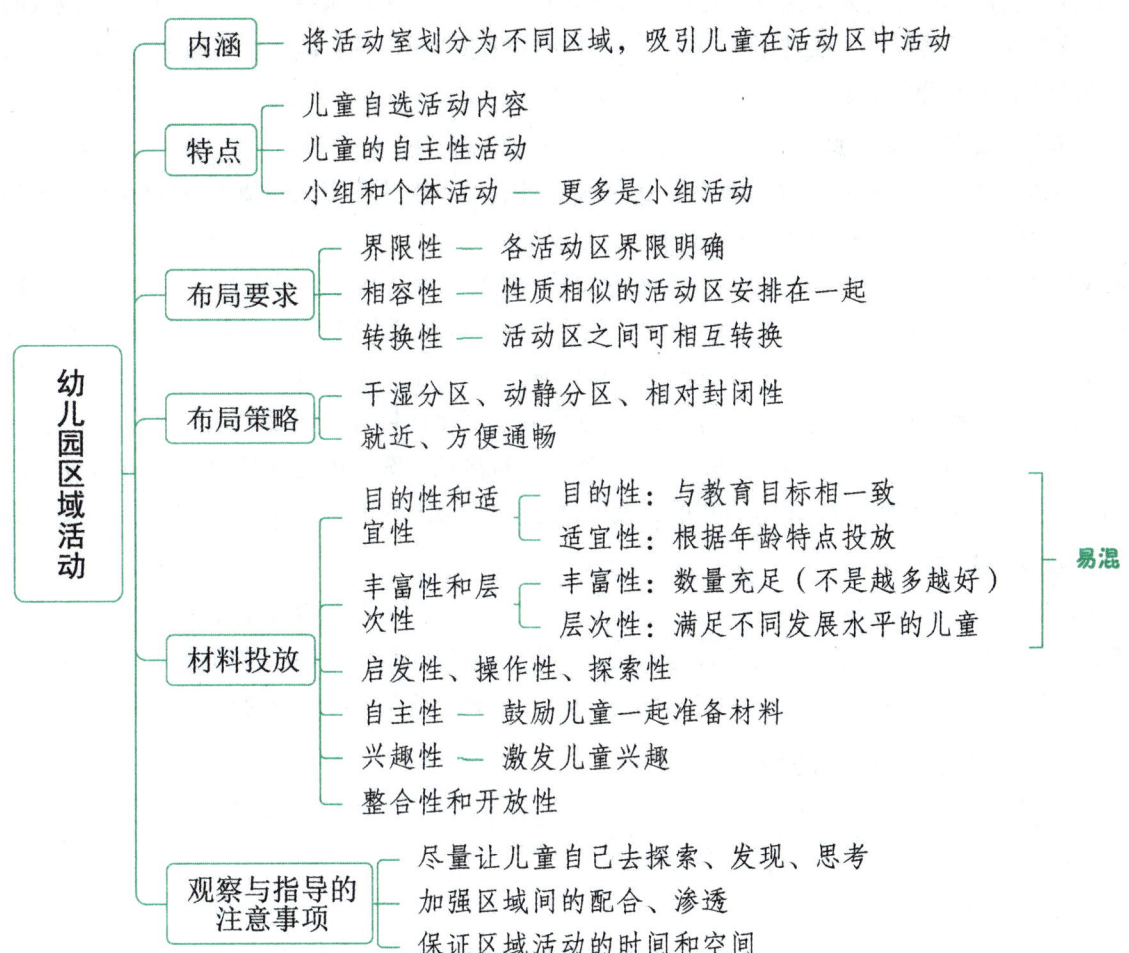

一、幼儿园区域活动的内涵 【名词解释】 ★

区域活动,也叫"活动区活动",指的是教师以教育目标、儿童感兴趣的活动材料和活动类型为依据,将活动室的空间相对划分为不同区域,吸引儿童自主选择并在活动区中通过与材料、环境、同伴的充分互动而获得学习与发展的活动。我们对教育机构的活动室、寝室、走廊、门厅及室外场地充分利用,并进行分割,在不同的空间开展不同的活动,这个空间可以是全班的整体空间,也可以是分隔的空间,可以是室内的空间,也可以是室外的空间。

真题1 [2024江苏苏州,名词解释]幼儿园区域活动
答案:详见内文

二、幼儿园区域活动的特点

1.儿童自选活动内容

活动区的活动多为儿童的自选活动,教师的直接干预较少。这样就为儿童提供更多的按照自己的兴趣

和能力进行活动的机会,满足儿童的个别化的需要。区域活动打破了传统的集体授课形式,让儿童通过自身的操作与物质环境发生相互作用,从而获得发展。区域活动大多是自选游戏,能给儿童提供更多的活动机会,无需受到"自己要与集体同步"的约束,能够使儿童在轻松、愉快、自愿的状态下活动与游戏。区域活动材料多样,内容丰富,它为儿童提供了自由自在的选择余地,儿童可以选择自己喜欢的、自己擅长的或对自己带有挑战性的项目操作。通过操作,赋予每位儿童成就感。所以这种既适合儿童能力,又有挑战性的区域活动深受学前儿童的喜爱。

2. 儿童的自主性活动

自主性是个性的一个方面,主要是指一个人的独立性和主动性。即不依赖他人,自己主动负责的个性特征。自主性培养作为一个重要的教育目标正在引起我们的重视。

区域活动具有自由、自选、独立而协作的优势。以区域活动为手段培养幼儿的自主性是非常恰当的。儿童在没有压力的环境中玩玩做做,生动、活泼、自主、愉快地活动,潜移默化地学习,更多地体验到成功的乐趣。自主学习的能力不是由教师直接教会的,而是通过儿童自由自主的探索学习活动,通过积极快乐的情感体验逐步培养和发展起来的。所以,在区域活动中教师更多地将着眼点放在儿童的活动态度上、放在儿童的活动过程中,去关注儿童一点一滴的进步。教师不直接把答案告诉给儿童,而是尽量让儿童自己去探索、自己去发现。这就使儿童在随意自在的气氛中,个性得到显现和张扬,充分调动和激发其自我潜能。

3. 小组和个体活动

区域活动可以是个体活动,但一个区域的环境自然构成一个小组,所以区域活动更多是小组活动,这就为儿童提供更多的自由交往和自我表现的机会,增进了同伴之间的相互了解,尤其是对同伴在集体活动中所不可能表现出来的才能和优点的了解。有时小组也可通过教师与儿童共同活动来实现。

三、幼儿园活动区域的设置

考点 1 · 活动区域的布局要求【多选】★★

1. 活动区域的界限性

所谓界限性,即各活动区要划分清楚,界限明确,便于儿童开展活动和教师进行管理。在划分界限时,除了考虑美观、漂亮之外,更要从教育的角度出发来设计。活动区之间的界限有以下几种形式的划分:其一,平面界限的划分。教师通过地面的不同颜色、图案或质地来划分不同的区域。如在娃娃家里的地面上刷上温暖的红色,在积木区的地面上铺上地毯等,让儿童看了一目了然,很快就会记住不同的区域。其二,立体界限的划分。教师运用架子、柜子或其他物体隔离划分出不同的区域,形成封闭或开放的空间。其三,悬挂不同标牌或装饰物。教师可以用写有相关活动区的文字、图片或装饰物帮助幼儿区别各个区域。

2. 活动区域的相容性

所谓相容性是指在布置活动区时要考虑各个区域的性质,尽量把性质相似的活动区安排在一起,以免相互干扰。如把以安静的阅读活动为主的图书区和以动脑为主的数学区放在一起,把操作活动为主的积木区和娃娃家放在一起等。同时还要考虑,需要用水的活动区应当靠近盥洗间或取水处,自然区和图书区等需要明亮光线的区域应靠近窗户等。

3. 活动区域的转换性

所谓转换性,即教师在考虑划分各个区域的同时,也要考虑儿童可能出现的将一个活动区内的活动延伸转换至其他活动区的需要。例如,幼儿在扮演区的活动可能会延伸至积木区;在自然角的活动,幼儿观察了自然角中的花,可能会延伸至美工区,在美工区画下来。应该预见幼儿可能出现的延伸活动,并在活动区的设置上满足幼儿的这一需求。同时,密切观察幼儿在各个活动区的活动,细心了解幼儿的兴趣和需要,并及时调整活动区的种类和数量。

真题2 [2022山东临沂,多选]幼儿教师在布置活动区时要考虑各个区域的性质,尽量把性质相似的活动区安排在一起,以免相互干扰;同时也要考虑幼儿可能出现的将一个活动区内的活动延伸转换至其他活动区的需要。以上说法体现了幼儿园区域活动布局的(　　)策略。

A. 规则性　　　　B. 界限性　　　　C. 转换性　　　　D. 相容性

答案:CD

考点 2 ▶ 活动区的布局策略

1. 干湿分区
美工区、科学区要用水,而图书角不需要水,应该分开。

2. 动静分区
建构区、表演区、音乐区等属于热闹的"动"区,而图书区、数学区等活动量较小,需要安静,这样两类区域最好离得远些,以免相互干扰。

3. 相对封闭性
由于界限不明晰,会导致儿童无目的地"乱窜"。所以教师要利用各种玩具柜、书架、地毯等现有设施作为活动区之间的分界线。不同的活动区、不同年龄的幼儿有不同的要求。图书区的封闭程度要高一些,而美术区、娃娃家则可以开放一些,以便于取水、换水和出入方便。

4. 就近
美工区经常需要用水,最好离水源近一些;科学区、运动区需要自然的光线,而且经常需要将活动延伸到户外场地,最好选择向阳和接近户外的一面。

5. 方便通畅
教师要合理利用活动室的每个角落,充分发挥活动室内设施的作用,保证活动室内的"交通"畅通无阻。积木区、娃娃家等区域活动量较大,最好有一大块宽敞的地方;活动室的中央和各个门口最好不要设置活动区。

考点 3 ▶ 活动区材料的投放 【单选】 ★★

区域活动的教育功能主要是通过材料来实现的,区域活动材料是儿童主动建构知识的支持物。材料不同,儿童操作方法不同,儿童在活动过程中所获得的知识经验也不同。在投放区域活动材料时,我们应该注意:

1. 目的性和适宜性

(1)目的性,即与教育目标的一致性

在区域活动中,材料的投放应该有的放矢,与我们所要达成的教育目标紧紧相连。将教育目标隐性地体现于材料之中,是区域活动的一大特点。这里有两层意思:第一层意思是"一种材料能实现多个教育目标",第二层意思是"一个教育目标可以通过多种材料的共同作用来实现"。教师要了解各个区域中的各种材料所隐含的不同教育功能,将幼儿发展目标与这些材料的教育功能较确切地对应起来,有目的地引导儿童进入相应的区域活动中,通过儿童的操作活动,使儿童逐步接近预定的教育目标。因此,教师要积极地充分挖掘材料在不同区域角内的多种教育,进一步提高材料投放的目的性。

(2)适宜性,即根据儿童的年龄特点投放材料

活动的材料应与儿童的年龄特点相符,以引起儿童活动的兴趣。在活动区大目标明确后,教师就可根据本班儿童的基本发展水平、阶段教育目标和主要任务,以及个体差异,投放各种适宜的材料。

2. 丰富性和层次性

(1)丰富性,即提供数量充足和形式、功能多样的材料

①材料在数量上要多,能够满足幼儿自由选择不同或相同材料的需要。

②材料在类型上要全面多样。

③材料要有多样的变化。

④丰富的材料不是越多越好。在投放材料时,应做到有的放矢,根据对儿童活动的观察,定期更换补充。另外,有价值的材料不是越精美越好。教师应尽量少提供精美的成品材料,多研究、开发、投放一些半成品或原始材料。

(2)层次性,即提供能满足不同水平的儿童发展需要的材料

①投放材料要有个别差异性。教师要允许和支持儿童以适合自己的方式、速度去学习、探索。根据不同发展水平的需要提供不同层次、不同要求的材料,让每个儿童在自己原有的水平上有所提高。

②要投放"有坡度"的材料。教师在选择、投放操作材料时,要将所要投放的材料与将要达成的目标之间,按照由浅入深、从易到难的要求,分解出若干个能与儿童的认知发展相吻合的层次。这个层次就是在实现教育目标的过程中,教师根据儿童的发展阶梯,投放角度不同、难度不同的材料,以满足儿童操作、学习的需要。

3. 启发性、操作性、探索性

材料要具有启发性,要有利于儿童创造能力的发展。材料最好要能让儿童直接操作、直接获得体验,进而获得相关经验。同时,材料要有趣、可变、可操作,这样才能激发儿童主动参与操作。总之,应为儿童提供能激发创造欲望的可操作材料,让儿童的创造性思维在操作中得到锻炼和发展。

4. 自主性

要让儿童利用材料自主地进行设计制作。在这个过程中,要充分调动儿童的积极性和想象力。教师应注重引导儿童参与,充分发挥儿童的主体作用。教师要善于将收集材料和创设环境的过程作为儿童的学习过程,这也是一个十分重要的发展儿童自主性的教育过程。儿童提供材料与作品,是他们参与活动室环境创设的一个重要途径。教师在发动儿童集体讨论决定区域布置的内容后,就应鼓励他们一起准备材料,儿童能想到的都要让他们自己去想办法,能做到的要让他们自己去做。

5. 兴趣性

形象生动、色彩鲜艳、可操作、有趣的材料最能吸引儿童的眼球、激发儿童的兴趣,儿童带着兴趣参与活动,教育目标才容易实现。与儿童的生活密切相关的材料和活动方式,会让儿童的兴趣高涨。儿童共同参与准备的材料,如投放他们的作品,也可以增强儿童的自豪感和活动兴趣。

6. 整合性和开放性

区域的材料应该是一个开放的体系,要整合教育机构、教师、儿童、家庭以及社区等多方面的资源。(1)教师要根据主题活动的目标,有计划、有目的、有选择地投放开放性材料。(2)教师要结合近期的教育目标和本地资源来投放材料。(3)充分利用废旧物品制作活动材料,提高活动的娱乐性和趣味性,也充分体现了材料投放的整合和开放。(4)教师应充分发挥家庭、社区和互联网在活动区材料投放中的作用。这里所

讲的"开放性"还有一层意思,那就是材料放置的开放性。许多教师习惯在区域活动结束后把材料放到橱柜里封闭起来,这样不利于儿童的自主发展。教师在投放材料的时候要注意开放性地投放材料,让材料呈现在儿童的眼前。

> •记忆有妙招•
>
> 活动区材料的投放:**牧师封层草毯,发起曲子开喝。牧**:目的性。**师**:适宜性。**封**:丰富性。**层**:层次性。**草**:操作性。**毯**:探索性。**发起**:启发性。**曲**:兴趣性。**子**:自主性。**开**:开放性。**喝**:整合性。

真题3 [2022福建统考,单选]某教师把钓鱼玩具的鱼钩线设计得长短不一,这体现了活动区材料投放的(　　)

A.目的性　　　　B.整合性　　　　C.层次性　　　　D.操作性

答案:C

四、区域活动观察与指导的注意事项

考点 1　尽量让儿童自己去探索、发现、思考,不急于提供答案

儿童是主动的学习者,是学习的主体。我们主张为儿童提供材料,让儿童主动探索学习。让儿童自主地决定"我想玩什么,和谁一起玩,怎么玩,玩到什么程度",决定游戏的材料、方式、内容及玩伴,按自己的方式和意愿进行游戏。

考点 2　应加强区域间的配合、渗透,加强横向联系

不同区域虽然是相对独立的,但它们之间可以相互联系起来,这可以增强活动的趣味性,使儿童保持活动的兴趣。例如,引导儿童把在美工区印的小鱼、制作的花环等送到娃娃家和表演角激发儿童的表演欲望;引导儿童将在数学区有规律装饰的项链送给娃娃家的娃娃等。

考点 3　保证区域活动的时间和空间

区域活动的时间、空间保证是实施活动达到预期效果的必要条件。要保证一日活动中稳定的区域活动时间,每班每天安排活动40分钟左右,自由活动时间还可以玩。

此外,教师本身还应该注意指导个别儿童时的音量,尽量不要影响其他正在活动的儿童。教师尽量不要打扰儿童自然的行为过程,要与之保持一定的距离。

★★ 本节核心考点回顾 ★★

1.幼儿园区域活动的内涵

教师以教育目标、儿童感兴趣的活动材料和活动类型为依据,将活动室的空间相对划分为不同区域,吸引儿童自主选择并在活动区中通过与材料、环境、同伴的充分互动而获得学习与发展的活动。

2.幼儿园区域活动的特点

(1)儿童自选活动内容:活动区的活动多为儿童的自选活动。

(2)儿童的自主性活动。

(3)小组和个体活动:区域活动更多是小组活动。

3.活动区域的布局要求

(1)界限性:各活动区要划分清楚,界限明确。

(2)相容性:要考虑各个区域的性质,尽量把性质相似的活动区安排在一起。

(3)转换性:要考虑儿童可能出现的将一个活动区内的活动延伸转换至其他活动区的需要。

4.活动区的布局策略

(1)干湿分区:用水和不用水的区域应该分开。

(2)动静分区:热闹的"动"区和安静的活动区最好离得远些。

(3)相对封闭性:利用玩具柜、书架等现有设施作为活动区之间的分界线。

(4)就近:需要用水的区域离水源近些。

(5)方便通畅:保证活动室内的"交通"畅通无阻。

5.活动区材料的投放

(1)目的性和适宜性。①目的性:与教育目标一致;②适宜性:根据儿童的年龄特点投放材料。

(2)丰富性和层次性。①丰富性:提供数量充足和形式、功能多样的材料;②层次性:提供能满足不同水平的儿童发展需要的材料。

(3)启发性、操作性、探索性:材料要有启发性,要可变、可操作,有利于创造能力的发展。

(4)自主性:引导儿童参与,发挥儿童主体作用。

(5)兴趣性:激发儿童兴趣。

(6)整合性和开放性:整合多方资源;材料放置的开放性。

第四节　幼儿园一日生活

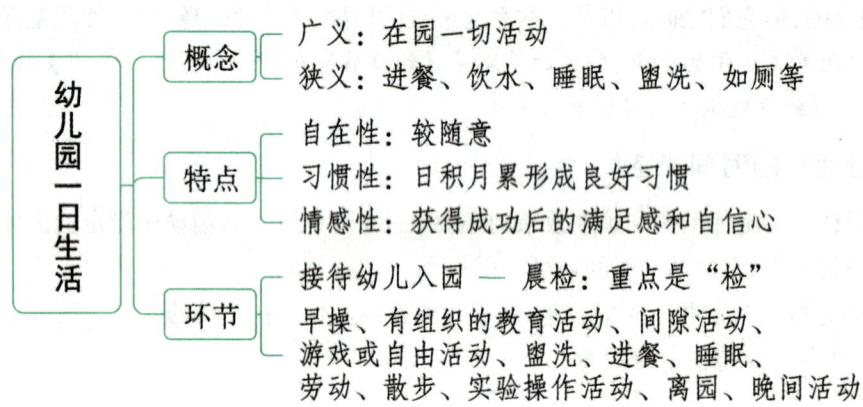

一、幼儿园生活活动的概念 【多选】 ★

幼儿园生活活动有广义和狭义之分。广义的生活活动是指幼儿在园的一切活动,即幼儿园每天进行的保育、教育活动,包括由教师组织的活动(如幼儿的生活活动、劳动、教学活动等)和幼儿的自主自由活动(如自由游戏、区角自由活动)。狭义的生活活动特指幼儿园一日生活中除了教学、游戏活动以外的一切日常活动,主要包括进餐、饮水、睡眠、盥洗、如厕等。

真题1 [2021浙江温州,多选]幼儿园的生活活动除如厕外,还包括(　　)环节。

A.盥洗　　　　　　B.进餐　　　　　　C.饮水　　　　　　D.午睡

答案:ABCD

二、幼儿一日生活的特点

1. 自在性

日常生活活动是一种具有自在性特征的活动,如果我们去观察学前儿童在家里的一日生活,可以发现,有很多儿童的日常生活一般都没有固定的活动内容。他们可以随意地去做自己喜欢的事情,种种活动既没有时间的限制,也没有确定的地点,玩腻了自然休息,饿了找东西吃,困了就睡觉,生活活动往往是自然、自在的。

2. 习惯性

学前教育机构的日常生活是平常而琐碎的,但却日复一日地反复出现。在日常生活活动中,学前儿童能力和习惯的形成是日积月累的,并具有反复的特点。学前儿童良好行为习惯的养成贯穿于日常生活的方方面面,与他们各方面的发展有着紧密的联系。良好生活习惯的培养,重点是从日常生活中的琐事、小事做起。

3. 情感性

一方面,儿童要在日常生活中接触许多事物,遇到许多困难。他们不断克服困难,可以获得成功后的满足感和自信心。另一方面,儿童在日常生活活动中会逐步学会关注和理解自己及他人的情绪,学习用恰当的方式表达情感,提高了他们的人际交往能力。

> **·记忆有妙招·**
>
> 幼儿一日生活的特点:**请自习**。**请**:情感性。**自**:自在性。**习**:习惯性。

三、幼儿园一日生活的环节 【单选】 ★★

考点 1 接待幼儿入园

接待幼儿入园,包括如下几项工作:

1. 接待幼儿

(1)教师要以热情、亲切的态度接待幼儿,要相互问好。

(2)教师应有礼貌地向家长问好,用简洁的语言向家长了解儿童在家的情况,听取家长的要求和意见。对双方需要及时商洽的问题交换意见,做好个别幼儿的药品交接工作。

2. 晨检

幼儿晨间来园时,身心状况正常才能积极参加幼儿园的活动。晨检的工作重点是"检",即检查幼儿的身心状况。检查步骤可概括为一问、二摸、三看、四查。

表1-6 晨检步骤

步骤	具体做法
一问	儿童入园时,询问家长,了解儿童在家的健康状况,如食欲、睡眠、大小便、精神等,以及有无传染病接触史
二摸	摸儿童额部、手心是否发烫,摸腮腺及淋巴有无肿大
三看	观察儿童的精神状态以及脸色是否正常、眼睛是否有流泪、眼结膜是否充血、皮肤是否有皮疹等
四查	检查儿童口袋里有无不安全的东西,如小刀、弹弓、别针、小钉子、玻璃片、黄豆等

真题2 [2021 山东青岛,单选]幼儿园晨检工作的重点是(　　)
A. 检查幼儿身心状况　　　　　　　　B. 进行幼儿礼仪培训
C. 提醒幼儿锻炼身体　　　　　　　　D. 与家长沟通交流
答案:A

3. 幼儿活动的指导

(1)值日生活动:教师要引导幼儿学会保持活动室的整洁、有序、美观。要有计划地组织中、大班幼儿参加活动室的清洁工作,如擦桌椅、整理玩具、整理图书、照料自然角。让幼儿参加这样一些力所能及的劳动,既发展了动作、熟练了技能,又培养了幼儿热爱劳动、相互友爱的好品质,促进幼儿独立性与自信心的发展。

(2)分散的活动:幼儿根据自己的兴趣、爱好,可以自由参加各种不同类型的活动。例如,看图书、搭积木、下棋、折纸、画画等。要让幼儿自由选择活动内容,自由选择玩具,自由选择伙伴,给幼儿自主权。

考点 2 ▶ 早操(或间操)

早晨以体操为主并配以跑步、体育游戏、器械活动等,宜按年龄班组织团体活动,以锻炼身体,培养团体精神和对体育活动的兴趣为主要目的。

考点 3 ▶ 有组织的教育活动

有组织的教育活动是教师从儿童的兴趣和实际水平出发,有计划地循序渐进地组织实施全面发展教育的活动。

考点 4 ▶ 间隙活动

间隙活动是使幼儿大脑获得休息,调节幼儿身心的有效方法。活动内容应该丰富多彩,尽量安排在户外进行,让幼儿玩得愉快、休息得好。

在间隙活动时间里,教师要提醒幼儿上厕所、喝水。教师要保证幼儿每天喝足够的水,这是因为幼儿正处在生长发育最迅速的时期,活动量大,消耗水分较多,儿童对水的生理需要相对比成人要多。班级幼儿饮用水管理的具体要求如下:

(1)教师要根据季节变化供应冷暖适度、符合卫生标准的生活饮用水;
(2)按时组织学前儿童集体喝水,每日上下午各1~2次集中喝水;
(3)保证学前儿童按需喝水,鼓励学前儿童用自己的杯子随渴随喝,引导不爱喝水的学前儿童喝水;
(4)注意安全,谨防热水烫伤。

考点 5 ▶ 游戏或自由活动

游戏时间内,可以组织幼儿玩各种游戏,也可以组织户外自由活动或体育游戏。游戏活动应丰富多彩,尽量安排在户外进行,要注意动静交替。无论组织哪种活动,都要注意在饭前半小时转入安静活动,进行盥洗,而后进餐。

考点 6 ▶ 盥洗

在饭前10~15分钟组织幼儿盥洗。盥洗应使用流动水,每个幼儿要用各自的毛巾。让幼儿按顺序或分组盥洗,同时,还要教会幼儿正确洗脸、洗手,正确使用肥皂、毛巾,还要教会小班幼儿漱口和中大班幼儿刷牙。冬季要教幼儿擦润肤霜。

考点 7 ▶ 进餐

进餐包括早餐、午餐、晚餐和两餐之间的点心。根据幼儿身体发育的特点,幼儿园要制定正确的饮食制

度,幼儿进餐必须定时定量,开饭要准时,合理地安排就餐时间,规定正餐之间的时间间隔不少于3.5小时;合理地分配食物数量,早餐食物供应要充足,晚餐不宜过多。

考点 8 ▶ 睡眠

午餐后要组织幼儿午睡,寄宿制幼儿园还要组织晚上睡觉。

照顾好幼儿睡眠的三条标志:一是按时睡,睡得好,按时醒,醒后精神饱满愉快;二是睡够应睡的时间,要以孩子为主,不能任意减少或增加睡眠时间;三是保持良好的睡眠姿势和习惯。

考点 9 ▶ 劳动

日常生活中的劳动,早饭前可组织幼儿擦桌椅、床、柜等,下午一般可组织幼儿集体劳动,如大扫除、管理小菜园、修补图书、自制玩具等。教师要明确组织幼儿劳动是为了对幼儿进行教育,培养热爱劳动、克服困难、认真完成任务的好品德,不能把它作为惩罚幼儿的手段。幼儿劳动的内容、时间、劳动量和难易程度要适合幼儿身心发展水平,要注意安全、卫生。

考点 10 ▶ 散步

教师带领幼儿到室外长时间的步行,可以锻炼幼儿的毅力、耐力和组织性,同时教师还可利用散步,引导幼儿观察社会、观察自然。大自然对幼儿来说是最丰富的教科书,以其富有生机的美吸引着幼儿,观察大自然可以使幼儿开阔视野,增长知识,丰富美的形象,可以培养幼儿热爱祖国的情感。教师要让儿童充分接触自然界,让幼儿在草地上打个滚,在雪地上走走,让幼儿捉昆虫,采野花,让幼儿尽情地走,尽情地玩,让幼儿通过多种感官立体地感受自然界的美。

教师要和孩子们一起谈话、描述散步中的见闻,儿童的感受是肤浅的,必须经过成人的引导才能深化。儿童的认识具有无意性、偶然性,教师的引导、描述可以加深幼儿的认识。教师的描述要充满感情,语言要生动形象,使幼儿产生情感共鸣,更充分地体会、认识自然之美。

考点 11 ▶ 实验操作活动

儿童对世界的热爱、对知识的兴趣、对未知世界的探索是在大量的实验操作活动和劳动中发展起来的。教师应准备供幼儿使用的工具,按年龄的不同,分别指导工具用法,并鼓励他们多实践,逐步积累使用多种工具的经验。儿童手指的灵活性比较差,但在幼儿期,进步却相当迅速。在没有危险的情况下,教师应该积极让幼儿多实践,让每个幼儿都能参加小实验。

考点 12 ▶ 离园

教师在幼儿离园前,应让幼儿做好结束工作,引导、帮助幼儿做好清洁、整理工作。环境应该整整齐齐,个人仪表应该干干净净,并要提醒幼儿带好回家的物品。教师可组织离园前的总结性谈话,对一日或一周生活进行简单小结,表扬鼓励幼儿的进步,提出回家的要求,让幼儿高高兴兴地回家。幼儿离园时,根据需要向家长介绍幼儿在园的情况和听取家长的意见。对暂时不能回家的幼儿要个别照顾、妥善安排,适当组织活动,消除幼儿因等待家长而产生的急躁不安的情绪。

考点 13 ▶ 晚间活动

晚间活动是全托幼儿园一日活动的组成部分。一般来说,晚间可以组织一些安静的、活动量小的活动。如看电视(看电视的时间每周以1～2次为宜,要注意保护幼儿的视力)、演木偶戏、组织幼儿欣赏音乐以及自由游戏等。

★ 本节核心考点回顾 ★

1. 幼儿园生活活动的概念

幼儿园生活活动有广义和狭义之分。狭义的生活活动特指幼儿园一日生活中除了教学、游戏活动以外的一切日常活动,主要包括进餐、饮水、睡眠、盥洗、如厕等。

2. 幼儿一日生活的特点

(1)自在性:幼儿可以随意地去做自己喜欢的事情。

(2)习惯性:幼儿日积月累形成良好习惯。

(3)情感性:幼儿可以获得成功后的满足感和自信心。

3. 晨检的工作重点和步骤

(1)晨检的工作重点是"检",即检查幼儿的身心状况。

(2)晨检步骤:

一问:询问家长,了解儿童在家的健康状况,如食欲、睡眠、大小便、精神等,以及有无传染病接触史。

二摸:摸儿童额部、手心是否发烫,摸腮腺及淋巴有无肿大。

三看:观察儿童的精神状态以及脸色是否正常、眼睛是否有流泪、眼结膜是否充血、皮肤是否有皮疹等。

四查:检查儿童口袋里有无不安全的东西。

第七章 幼儿游戏

本章学习指南

一、考情概况

本章属于学前教育学的基础章节,也是考试重点考查的章节,内容较为琐碎,考生可带着以下学习目标进行备考:

1. 理解游戏的概念,掌握幼儿游戏的相关理论。
2. 掌握幼儿游戏的特点及价值。
3. 掌握幼儿游戏的类型。
4. 掌握幼儿游戏的条件创设及指导。

二、考点地图

考点	年份/地区/题型
幼儿游戏理论	2023浙江杭州单选;2023山东济南多选;2020天津武清单选
幼儿游戏的特点	2020山东青岛单选;2020内蒙古赤峰多选
以儿童社会性发展为依据的游戏分类	2024山东临沂单选;2024山东青岛单选;2021福建统考单选
以认知发展为依据的游戏分类	2024山东青岛单选;2024浙江杭州单选;2023安徽宿州单选
以游戏的教育作用为依据的游戏分类	2024山东临沂判断;2023福建统考单选
以教育的目的性为依据的游戏分类	2022山东威海多选
幼儿游戏的条件创设	2023江苏泰州判断;2022福建统考单选;2021山东青岛单选
游戏观察的方法	2024福建统考判断;2021山东潍坊单选
教师对幼儿游戏的介入	2024山东临沂单选;2023福建统考单选;2023浙江杭州单选
小班幼儿的游戏特点	2021山东青岛多选
结构游戏的指导策略	2020山东青岛单选
小班幼儿结构游戏的特点	2024山东淄博单选

注:上述表格仅呈现重要考点的相关考情。

第一节 幼儿游戏概述

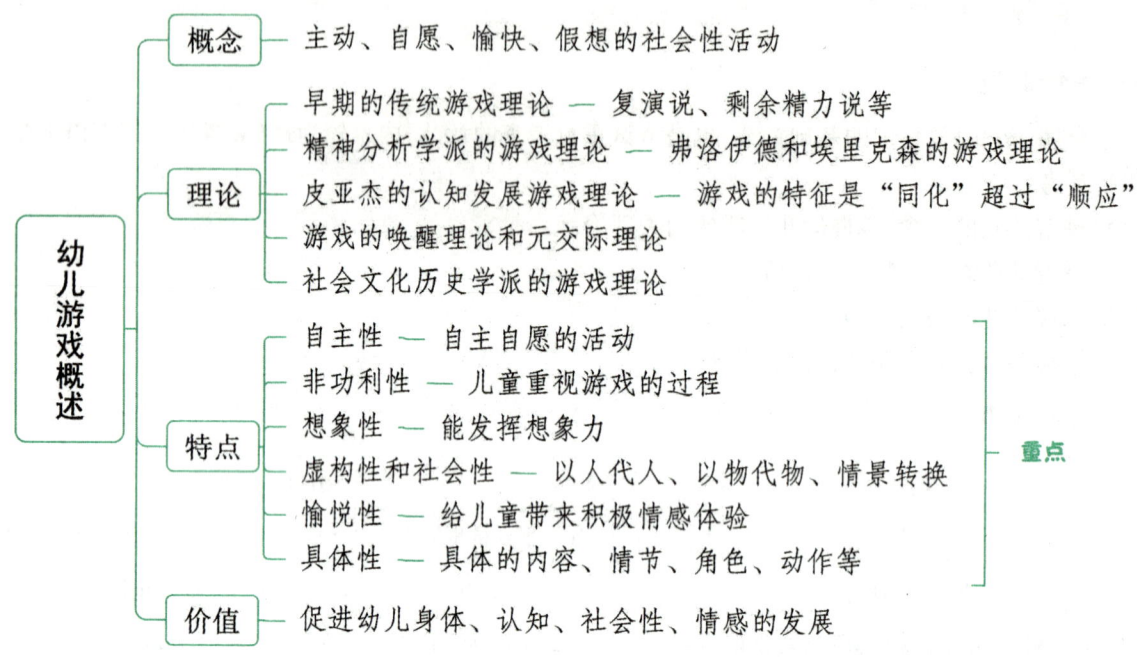

一、游戏的概念

张燕在《幼儿园游戏探新》中指出：游戏是儿童为了寻求快乐而自愿参加的一种活动，其实质在于儿童的主体性、自主性能够在活动中实现。我们一般认为，游戏是一种主动、自愿、愉快、假想的社会性活动，是学前儿童获得知识的最有效手段。

二、幼儿游戏理论 【单选、多选】 ★★

考点 1 早期的传统游戏理论

表1-7 早期的传统游戏理论

种类	代表人物	主要观点
复演说	霍尔	游戏是远古时代人类祖先的生活特征在儿童身上的重演
剩余精力说（精力过剩论）	席勒、斯宾塞	游戏是由于机体内剩余精力需要发泄而产生的
机能快乐说	彪勒	游戏是儿童从行动中获得机体愉快的手段
生活预备说	格罗斯	游戏是儿童对未来生活的一种无意准备，是为成熟作预备性的练习
松弛说	拉扎鲁斯	游戏不是源于精力的过剩，而是来自于放松的需要
成熟说	博伊千介克	反对生活准备说，认为游戏不是本能，而是一般欲望的表现

真题1 [2023山东济南,多选]下列选项中关于"游戏理论"的描述,正确的有( )

A. 席勒和斯宾塞的"精力过剩论",认为游戏是由于机体内剩余精力需要发泄而产生的
B. 彪勒的"机能快乐说"强调游戏是儿童从行动中获得机体愉快的手段
C. 博伊千介克的"成熟说",认为游戏是一般欲望的表现
D. 格罗斯的"生活预备说",把游戏看作儿童对未来生活的一种无意准备,是为成熟作预备性的练习

答案:ABCD

考点 2 ▶ 精神分析学派的游戏理论

1. 弗洛伊德的游戏理论

弗洛伊德认为,游戏是满足现实生活中不能满足的欲望和克服创伤性事件的手段。它使儿童能逃脱现实的强制和约束,给儿童提供安全的环境,使他们发泄那些在现实中不被接受的、通常是攻击性的危险冲动,以满足其追求快乐的愿望。例如,儿童遭受父母挨打后,可能对玩具娃娃发火,或者假装处罚他的玩伴。通过角色转换,从被动者成为主动者,儿童可以将消极情绪转移至一个替代的物或人。随着自我的发展,那些不被理性所接受的追求快乐的愿望就不再以直接的象征性的游戏方式表现,而被更现实的、为社会所接受的一些活动,如俏皮话、玩笑、创造性艺术活动等取代,用这些更隐蔽的方式来满足其早先通过游戏得以满足的愿望。

2. 埃里克森的游戏理论

埃里克森认为,游戏是情感和思想的一种健康的发泄方式。在游戏中,儿童可以"复活"他们的快乐经验,修复自己的精神创伤,这是从新精神分析角度对游戏的解释。西方流行的"游戏治疗"就是这一理论的应用,用于矫治儿童在精神上与行为中的问题。

真题2 [2020天津武清,单选]西方流行的"游戏治疗"就是( )游戏理论的应用,应用于矫治儿童在精神上与行为中的问题。

A. 复演说   B. 同化说   C. 元交际   D. 精神分析

答案:D

考点 3 ▶ 皮亚杰的认知发展游戏理论

皮亚杰认为游戏是幼儿认识新的复杂客体和事件的方法,是巩固和扩大概念、技能的方法,是使思维和行动结合起来的方法。幼儿在游戏时并不发展新的认知结构,而是努力使自己的经验适合于先前存在的结构,即同化。他还认为幼儿认知发展的阶段性决定了幼儿特定时期的游戏方式。在感知运动阶段,幼儿通过身体动作和摆弄、操作具体物体来进行游戏,称为练习游戏。在前运算阶段,幼儿发展了象征性功能(语词和表象),就可以进行象征性游戏,他能把眼前不存在的东西假想为存在的。以后,可以进行简单的有规则的游戏。真正的有规则游戏出现在具体运算阶段。

皮亚杰认为,从认知活动的本质来看,游戏的特征是"同化"超过了"顺应"。皮亚杰认为"同化"和"顺应"是机体与环境相互作用的两种方式。所谓"同化",从生物学的意义上来说,意味着"接纳"和"整合",是把环境因素纳入有机体原有的结构中去。所谓"顺应",是有机体在环境因素的作用下使自身发生变化以适应环境。

由于儿童早期认知结构发展的不成熟,往往不能保持同化与顺应之间的协调或平衡。这种不平衡有两种情况:

(1)顺应超过同化:外部影响超过自身能力,表现为主体对客体的模仿。

(2)同化超过顺应:主体自身的兴趣与需要超过外部影响而占据主导地位,主体只是为自我的需要与愿望去转变现实而很少考虑事物的客观特征。这是游戏的特征。

在皮亚杰看来,一种活动的性质是模仿还是游戏,取决于同化和顺应在认知结构中所占的比例。

考点 4 ▶ 游戏的唤醒理论和元交际理论

1. 游戏的唤醒理论

游戏的唤醒理论又称内驱力理论、激活理论或觉醒理论,其代表人物为美国心理学家伯莱恩和哈特等人。该理论认为个体的中枢神经系统通过控制环境刺激的输入量(信息加工活动)来维持和追求最佳觉醒水平。游戏的作用在于探寻和调节外部和内部刺激的数量,以产生最佳的平衡,获得更多的满足和快乐。

游戏的唤醒理论,提出了环境与人的交互作用的原理,启发我们应当重视幼儿园环境的科学创设合理组织。早期教育实践往往强调得更多的是丰富托幼机构的环境刺激,而不注意在人与环境交互作用的背景中研究环境刺激的适当性、合理性。实际上,刺激缺乏,固然对儿童发展不利,但刺激过多,同样也是有害的。来自环境的刺激过多,会使机体觉醒水平增高,超出最佳范围,不仅会抑制游戏行为,而且会使探究行为刻板单一,防御性成分增加,孩子会感到紧张不安,厌恶、退缩。我们在组织幼儿开展游戏时,应当注意从整体上考虑游戏材料的数量、新异性等因素的合理组织。游戏的觉醒理论,对于做好新生入园的适应工作也具有指导意义。当幼儿新入园时,全新的环境可使觉醒水平增高,孩子感到紧张、敏感、害羞、退缩。这时教师应当安排一些镶拼图形之类的独自游戏或其他认知性成分较高的安静性活动,这会更适合于孩子的觉醒状态。如果安排诸如社会性表演游戏等表达、表现成分较多的活动,则是不合适的,而且孩子也不会融入其中。

2. 游戏的元交际理论

元交际游戏理论是由贝特森提出的。元交际是指交际活动中交际的双方识别、理解对方交际表现中的隐含意义的活动,交际双方只有理解交际背后的深层含义才能达到真正的沟通。游戏正是一种元交际的过程,是以一种"玩"和"假装"为背景表现种种现实生活的行为,将人类的表层活动与活动的深层含义联系起来,引导游戏者在联系中增进认识。儿童游戏的价值不在于教会儿童认知技能或承担某种角色,而在于向儿童传递特定环境中的行为意识,教儿童从所处的情境来看待和理解行为、评价事物。

真题3 [2023浙江杭州,单选]幼儿初次入园时,全新的环境使幼儿感到紧张、敏感、害羞、退缩。这时,刘老师便会为幼儿安排一些拼图之类的独自游戏或其他认知性成分较高的安静性活动。刘老师的做法所依据的游戏理论是(　　)

A. 元交际说　　　　　　　　　　B. 剩余精力说
C. 觉醒理论　　　　　　　　　　D. 生活预备说

答案:C

考点 5 ▶ 社会文化历史学派的游戏理论

1. 维果斯基的游戏理论

维果斯基把游戏看成是社会性文化历史作用的结果,儿童看到周围成人活动就会模仿,把这些活动迁移到游戏之中,创造一种想象的情境,形成"最近发展区"。情境中"假装"的行为出现,就是社会生活影响的结果。

2. 鲁宾斯坦的游戏理论

鲁宾斯坦认为游戏是一种经过思考的活动,是儿童对周围现实态度的一种表现。他提出游戏是解决儿童日益增长的新的需要和儿童本身的有限能力之间的矛盾的一种活动。儿童不是消极被动地接受环境和教育的影响,而是在积极活动中发展。儿童渴望模仿成人的活动,试探着认识并参加周围生活,要求在行动中表现自己的印象和体验,但同时儿童又受知识、能力和体力的限制,不可能真正参加成人的生活,于是主观愿望和实际能力发生矛盾,游戏正是为解决这种内部矛盾而产生的。

3. 艾里康宁的游戏理论

艾里康宁较系统地研究了儿童的游戏,1978年出版了《游戏心理学》,他重点研究了儿童的角色游戏,认为角色游戏是儿童的典型游戏,强调角色游戏是在真实条件之外,借助想象,利用象征材料再现人与人的关系。儿童在游戏中,不仅模仿,而且创造。艾里康宁还探讨了角色游戏的社会起源,他认为游戏作为儿童生活的一种组织形式,是由于儿童的地位在社会发展的一定阶段上发生了变化而出现的。

三、幼儿游戏的特点 【单选、多选】 ★★

幼儿游戏的特点

考点 1 ▶ **游戏是儿童自主自愿的活动(自主性)**

学前儿童正处在身心迅速发展的时期。3岁后幼儿的体质日趋强健,基本动作有一定的发展,能进行手的操作活动;思维和想象力有一定发展,并能使用语言进行交往;独立活动的能力增强,具有参加活动的需要,游戏不要求务必达到外在的任务和要求,没有严格的程序和方式,儿童完全可以自由自在地进行游戏,玩什么,怎么玩,均由儿童自己决定。在游戏中,儿童是出于自己的兴趣和愿望、自发自愿自主地进行游戏,而不是在外在的强制下进行游戏,他们可以自由表达自己的内心,显露自己的潜力。所以,幼儿乐于从事游戏,游戏是儿童自主自愿的活动。

考点 2 ▶ **儿童重视的是游戏的过程,而非游戏的结果,无强制性的外在目的(非功利性)**

儿童游戏没有任何功利的目的,既没有外部目标,也没有内在约定。儿童参加游戏就是为了享受游戏的过程,而非追求游戏的结果。一旦儿童的游戏活动被设定为达到某个目标,就会给儿童带来无形的压力,儿童就难以享受无拘无束的游戏过程了。这样的活动也终将被儿童贴上"非游戏"的标签。因此,成人在评价儿童的游戏时,应着重在儿童参与游戏过程的情况,而非最终的成果或结果上。当然,成人在设计、指导儿童游戏时,仍然可以给游戏外加一定的目的,如通过在游戏中扮演警察培养儿童遵守规则的意识;扮演医生,培养儿童关心他人的行为等。但这并不需要儿童在游戏中明确这个目的,追求实现这个目的,儿童的兴趣仍然在于游戏的过程。事实上,儿童游戏活动所实现的目的不是靠人为的设定和要求达到的,而是随着游戏活动过程的展开自然而然实现的。

考点 3 ▶ **游戏是充满想象和创造的活动(想象性)**

儿童在游戏过程中能够充分发挥其想象力,创造不同的玩法。如儿童在玩沙、玩泥的时候,会想出不同的玩法,并且玩得津津有味。儿童可以依靠想象不断变换物体的功能,不断变换人物的角色,不断变换游戏的情节,儿童在想象中把狭小的游戏场所变成无比广阔的天地。可以说,正是儿童的想象和创造性,才使游戏的方式千变万化、多姿多彩,富有趣味性。

115

考点 4 ▶ 游戏具有假想成分,是在假想的情景中反映社会生活,是虚构和现实统一的活动(虚构性和社会性)

游戏是在假想的情景中反映真实的生活,是虚构和现实的统一。儿童游戏的成分、角色、情节、行动以及玩具或游戏材料,往往只是象征性的,具有明显的虚构性。但儿童的游戏并不是主观臆断或者空想,也不是对周围生活的机械模仿,而是以客观现实为依据,是周围生活的反映和写照,是通过想象将日常生活中的表象形成新的形象,用新的动作方式去重演别人的活动。游戏的假想性是指儿童的游戏是想象与现实的结合,是儿童在假想的情境中对生活经验的创造性反映。

游戏的主题内容、角色情节、游戏规则以及行为方式都具有社会性,是对现实世界的反映,是儿童渴望参与成人的社会生活的反映。游戏是虚构与现实相统一的活动,幼儿对游戏的假想表现在:

1. 对游戏角色的假想(以人代人)

幼儿在游戏中必须凭借想象,把自己想象、装扮成某个角色,并接受游戏伙伴所想象、装扮的角色。

2. 对游戏材料的假想(以物代物)

幼儿的游戏离不开游戏材料。有的材料较接近于真实的事物,有的材料则和真实物体有较大的差异。幼儿在运用这些游戏材料时,需要把它们想象成真的,并对其施加类似成人的真实动作。

3. 对游戏情景的假想(情景转换)

幼儿在以人代人和以物代物的基础上,通过动作把自己目前的现状想象成生活的某一情景。

考点 5 ▶ 游戏是能给儿童带来积极情感体验的活动(愉悦性)

游戏是儿童快乐的源泉。在游戏中,儿童能控制所处的环境,表现自己的能力和实现自己的愿望,因而能够使儿童获得愉悦感、胜任感和满足感。同时,儿童的游戏活动没有强制的目标,因而缓解了为达到目标而产生的紧张情绪。耗费精力小,也使儿童感到轻松、愉快。事实上儿童总是在情绪积极时才做游戏,游戏又给儿童带来积极的情绪。

考点 6 ▶ 游戏是具体的活动(具体性)

游戏是非常具体、形象的活动。每个游戏都有具体的内容、情节、角色、动作、实际的玩具和游戏材料,游戏角色之间还有对话,所有这一切,会不断引起儿童的表象活动。在这些表象的引导之下,儿童的游戏变得兴趣盎然,其乐无穷。

一般来说,儿童游戏具有以上几个特点,但并不是说每一个具体的游戏都全部具备上述特点,如儿童在玩娃娃家时,必定含有假装的成分,但是在玩沙、玩水时则不一定含有假装的成分,儿童完全从对沙和水的操作中感到满足和快乐。明确儿童游戏的特点,有利于在幼儿园游戏的计划和对游戏的指导上,保持和加强这些特点,使儿童的游戏朝着正确的方向发展。

• 记忆有妙招 •

幼儿游戏的特点:**公主想学会越剧**。**公**:非功利性。**主**:自主性。**想**:想象性。**学会**:虚构性和社会性。**越**:愉悦性。**剧**:具体性。

真题4 [2020山东青岛,单选]马卡连柯指出:"工作是人类参加社会生产或参与领导生产、参加创造物质和文化价值的活动,换句话说,就是参加创造社会价值的活动。游戏并不追求这样的目的,它与社会目的没有直接的关系。"这句话揭示了游戏具有(　　)

A. 愉悦性　　　　　　B. 主动性　　　　　　C. 虚拟性　　　　　　D. 非功利性

真题5 [2020内蒙古赤峰,多选]幼儿游戏具有( )的特点。
A. 游戏是幼儿自主自愿的活动 B. 幼儿的游戏是对现实生活的反映
C. 游戏是有目的性的活动 D. 游戏使幼儿心情愉悦

答案:4. D　5. ABD

四、幼儿游戏的价值

考点 1 ▶ 促进幼儿的身体发展

1. 促进幼儿身体的生长发育

游戏可以使幼儿身体各器官得到活动和锻炼,促进幼儿大肌肉、小肌肉的运动,促进骨骼、关节的灵活与协调。

2. 促进基本动作和技能的发展

幼儿的游戏总是与身体运动和肢体动作的练习密切相关。幼儿在游戏中会反复练习各种基本动作,如抓、爬、滚、跑、跳、攀登、投掷等。这些运动不仅能促进他们骨骼、肌肉系统及体内新陈代谢和运动技能的发展,还可使幼儿动作的协调和控制能力得到提高。

3. 促进幼儿身体动作协调能力的发展

运动控制与协调能力的发展对于规则复杂的游戏以及体育运动来说都是必要的基础。幼儿在游戏时总是多次重复一种运动,而且,他们又总是用各种不同的方法来进行这种运动,因此游戏对于运动控制与协调能力的发展具有积极的意义。

4. 促进幼儿身体适应能力的发展

幼儿身体适应能力的发展,包括机体对外界环境的各种变化,如冷、热、干燥、潮湿、风雨、噪声等环境的适应能力以及机体对各种疾病的抵抗能力和病后恢复能力。

考点 2 ▶ 促进幼儿认知的发展

1. 丰富幼儿的知识,培养其学习能力

(1)游戏能丰富幼儿对事物的认识;(2)游戏能够丰富幼儿的社会性知识和经验;(3)游戏能够加深幼儿对周围事物的认识。

2. 促进幼儿思维能力的发展

(1)为幼儿提供积极思维的机会;(2)促进幼儿具体形象思维和抽象逻辑思维的发展;(3)促进幼儿发散性思维的发展;(4)促进幼儿问题解决能力的发展。

3. 促进幼儿想象力和创造力的发展

(1)促进幼儿想象力的发展。虚拟性或象征性是游戏的普遍特征,并以"假装"或"好像"为标志,给幼儿提供自由想象的充分空间,促进幼儿想象力的发展。

(2)促进幼儿创造力的发展。幼儿在想象过程中发展了创造性想象的能力,它是幼儿创造力发展的重要基础,因而游戏也能促进幼儿创造力的发展。

4. 促进幼儿语言的发展

在游戏过程中,语言自始至终伴随着游戏的进行,游戏为幼儿提供了语言实践的良好机会。游戏是轻松、愉快的,在这种氛围中,幼儿可以较为自由地表达出自己的想法和愿望。

考点 3 ▶ 促进幼儿的社会性发展

1. 为幼儿提供社会交往的机会,发展幼儿社会交往的能力

(1)幼儿在游戏中熟悉周围的人和事,了解他人的想法、行为和情感;(2)幼儿在游戏中掌握交往的规则,学习分享、谦让、合作等社会交往技能。

2. 有助于幼儿克服自我中心化,学会理解他人

在游戏中,幼儿通过不断扮演不同的角色,掌握一些社会行为规范,逐渐摆脱"自我中心"意识,能学习不同的角色间的交往方式等。

3. 使幼儿学习社会角色,增强社会角色扮演的能力

(1)使幼儿实现了性别角色的认同;(2)使幼儿理解了社会角色的特征;(3)使幼儿增强了社会角色扮演能力。

4. 有助于幼儿掌握社会行为规范,形成良好的道德品质

(1)有助于幼儿形成亲社会行为;(2)有助于幼儿理解和遵守规则;(3)有助于幼儿形成良好的道德品质。

5. 有助于幼儿增强自制力

在现实生活中行动的果断性、对无意义行为的自我控制能力、遵守规则、克服困难等意志品质,是幼儿社会性构成的重要方面。在游戏中幼儿为了达到某种目的,需要遵守一定的规则,克服一定的困难,这样就逐步培养了幼儿的自制力和勇敢的精神。

考点 4 ▶ 促进幼儿的情感发展

1. 丰富幼儿积极的情绪情感体验

幼儿在游戏中按自己的意愿,自由自在地活动。游戏为儿童提供了表达各种情绪的安全场所,能保障儿童心理的卫生和健康。

2. 发展幼儿的成就感,增强自信心

在游戏中,幼儿享有充分的自由选择、自主决策的权利,可以根据自己的想法和愿望来行动,这可以使幼儿更容易产生成就感。

3. 发展幼儿审美情趣和情感

幼儿在玩具的选择和使用、环境及场面的布置等方面都感受到了美,特别是音乐游戏、表演游戏对幼儿感受美、表现美的能力发展有着更为重要的作用。

4. 可以消除幼儿消极的情绪情感

游戏是幼儿表达自我情感的自然媒介,幼儿在玩的过程中有机会发泄郁积起来的紧张、挫折、不安、恐惧等情感。

★ 本节核心考点回顾 ★

1. 早期的传统游戏理论

(1)复演说:游戏是远古时代人类祖先的生活特征在儿童身上的重演。

(2)剩余精力说(精力过剩论):游戏是由于机体内剩余精力需要发泄而产生的。

(3)机能快乐说:游戏是儿童从行动中获得机体愉快的手段。

(4)生活预备说:游戏是儿童对未来生活的一种无意准备。

(5)松弛说:游戏是来自于放松的需要。

(6)成熟说:游戏是一般欲望的表现。

2. 精神分析学派的游戏理论

(1)弗洛伊德:游戏是满足现实生活中不能满足的欲望和克服创伤性事件的手段。

(2)埃里克森:游戏是情感和思想的一种健康的发泄方式。西方流行的"游戏治疗"就是这一理论的应用,用于矫治儿童在精神上与行为中的问题。

3. 皮亚杰的认知发展游戏理论

皮亚杰认为,从认知活动的本质来看,游戏的特征是"同化"超过了"顺应"。

4. 游戏的唤醒理论对于新生入园的适应工作的指导意义

当幼儿新入园时,全新的环境可使觉醒水平增高,孩子感到紧张、敏感、害羞、退缩。这时教师应当安排一些镶拼图形之类的独自游戏或其他认知性成分较高的安静性活动,这会更适合孩子的觉醒状态。

5. 幼儿游戏的特点

(1)游戏是儿童自主自愿的活动(自主性);

(2)儿童重视的是游戏的过程,而非游戏的结果,无强制性的外在目的(非功利性);

(3)游戏是充满想象和创造的活动(想象性);

(4)游戏具有假想成分,是在假想的情景中反映社会生活,是虚构和现实统一的活动(虚构性和社会性);

(5)游戏是能给儿童带来积极情感体验的活动(愉悦性);

(6)游戏是具体的活动(具体性)。

6. 幼儿游戏的价值

游戏可以促进幼儿身体、认知、社会性以及情感的发展。

第二节 幼儿游戏的类型

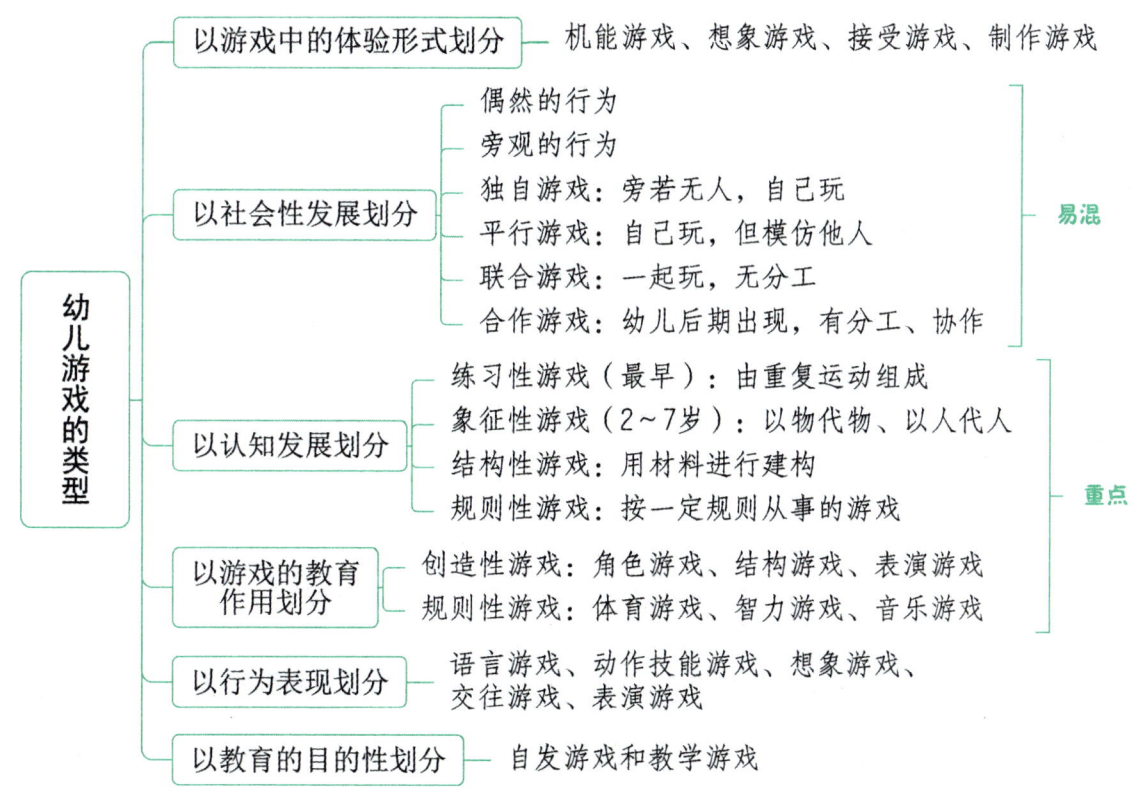

一、以幼儿在游戏中的体验形式为依据的游戏分类

奥地利心理学家比勒根据幼儿在游戏中的不同体验形式,将游戏分为四类:

1. 机能游戏

机能游戏是2岁前儿童的典型游戏,幼儿反复做某个动作以示快乐和满足,乍一看像是无意义的活动,但是它能自然地锻炼感觉运动器官,有效地发展身心机能。婴儿期的游戏多属于这种游戏,三四岁以后完全消失。如动手脚、伸舌头、上下楼梯、躲猫猫等。

2. 想象游戏

想象游戏又称为"模仿游戏""角色游戏"等,是利用玩具来模仿各种人和事物的游戏,一般从2岁左右开始,随年龄的增加而逐渐增多。

3. 接受游戏

接受游戏又称为"鉴赏游戏",它是一种幼儿通过看画册、看电视、听音乐、听故事等活动来获得乐趣的相对被动的游戏。一般看画册是1岁以后开始的,2岁以后,就可以看到儿童对收音机和电视的特定节目发生兴趣。不过,儿童真正对听故事、看电视剧和木偶戏感到有趣,大约是在幼儿期即将结束的五六岁以后。

4. 制作游戏

制作游戏是幼儿运用积木、黏土、沙或纸等各种材料主动地进行创造并欣赏结果的游戏。从2岁开始,5岁左右较多。如搭积木、折纸、玩沙、泥工等。

二、以儿童社会性发展为依据的游戏分类 【单选】 ★★

这种分类以帕登的研究为代表。帕登认为儿童之间的社会性互动随着年龄的增长而增加,他把游戏分为以下六种:

1. 偶然的行为

偶然的行为,也称无所用心的行为,行为缺乏目标,东游西逛,注视碰巧引起兴趣的事。这是一种无目的的活动,例如,儿童在一旁发呆或乱跑、闲荡,只在房间里走动、张望而不参加游戏等,这些行为都不是游戏。

2. 旁观的行为(游戏的旁观者)

儿童长久地站在"游戏圈"外看别人活动,关注着他人的游戏,但自己不参加。虽然偶尔也发表一些口头意见,但总是不加入到游戏中去。

3. 独自游戏(独立游戏/单独游戏)

独自游戏指儿童独自玩耍,还没有玩伴意识时期的一种游戏情形。处于独自游戏阶段的儿童往往旁若无人,玩自己的玩具。

4. 平行游戏

平行游戏是一种两人以上在同一空间里进行的,以基本相同的玩具玩着大致相同内容的个人独自游戏。在平行游戏中,儿童玩的玩具与周围儿童的玩具相同或相仿,儿童之间相互靠近,能意识到别人的存在,相互之间有眼神接触,也会看别人怎么操作,甚至模仿别人,但彼此都无意影响或参与到对方的活动之中,既没有合作的行为,也没有共同的目的。例如,两个儿童都在玩积木,但各玩各的,如果一个儿童离开,另一个儿童还会继续玩下去。

5. 联合游戏

联合游戏又称分享游戏。它是由多个儿童一起进行同样的或类似的游戏,没有分工,也没有按照任何具体目标或结果组织活动。儿童行为的社会性仅仅是同伴交往关系,而不是游戏合作关系。儿童相互之间可能交换材料,或进行语言沟通,提供和接受彼此的玩具,对他人的活动表示赞赏或否定,甚至攻击。这种游戏从表面上看,儿童之间产生了相互联系,而实际上在涉及游戏本身的内容时,他们之间却没有共同的意愿,儿童不会使自己个人的兴趣服从小组的兴趣,每个人仍然是按自己的兴趣来游戏的。

6. 合作游戏

合作游戏是幼儿后期出现的较高级的游戏形式,是一种有着共同需要,通过共同计划、共同协商完成的游戏活动。游戏者之间有分工、协作,有领头者,也有随从者。这种游戏具有组织意味,有明显的集体意识,有共同遵守的规则。这种游戏离不开相互的配合,一般要到3岁以上才会产生,5~6岁得到发展,反映了儿童社会性发展日渐成熟的趋势。

真题1 [2024山东临沂,单选]下列哪项不属于以儿童社会性发展为依据的游戏分类( )

A. 联合游戏　　　　B. 独自游戏　　　　C. 规则游戏　　　　D. 平行游戏

真题2 [2024山东青岛,单选]小班几名幼儿一起在活动室玩积木,彼此之间不说话,没有交流,这种游戏属于( )

A. 单独游戏　　　　B. 平行游戏　　　　C. 联合游戏　　　　D. 合作游戏

真题3 [2021福建统考,单选]禾禾跟明明都在玩积木,禾禾向明明借了一块黄色积木,还夸明明的房子漂亮。这说明禾禾此时的游戏处于( )

A. 单独游戏阶段　　　　　　　　　　B. 联合游戏阶段

C. 合作游戏阶段　　　　　　　　　　D. 平行游戏阶段

答案:1. C　2. B　3. B

三、以认知发展为依据的游戏分类 【单选】 ★★

以认知发展为依据的游戏分类主要以皮亚杰的理论为代表。皮亚杰根据游戏与认知发展的关系,把游戏分为练习性游戏、象征性游戏和规则性游戏三种游戏类型。

皮亚杰认为结构性游戏不是一种独立的、具有可明确划分发展阶段的游戏类型。但是也有研究者提出了不同的看法。例如,以色列心理学家史密兰斯基认为结构游戏是幼儿游戏的一个重要类型,应包括在认知型游戏的系列中。巴特勒等也认为结构游戏在2~4岁时最为普遍。

1. 练习性游戏

练习性游戏又称感觉机能性游戏或机械性游戏。它是儿童发展中最早出现的一种游戏形式,其动因来自感觉器官所获得的快感,由简单的重复运动组成。例如,奔跑、跳跃、攀登、摇拨浪鼓、骑木马、敲打和摆弄物体等。这类游戏往往以独自游戏或各自游戏的形式发生,随着儿童年龄的增长,这类游戏的比例逐渐下降。

2. 象征性游戏

象征性游戏是处于前运算阶段(2~7岁)儿童常进行的一类游戏。它是把知觉到的事物用它的替代物来象征的一种游戏形式。儿童将一物体作为一种信号物来代替现实的客体,这就是象征游戏的开始。象征性游戏的初级阶段就是以物品的替代而获得乐趣,随着儿童年龄的增长和知识经验的不断丰富,儿童的象征功能也在不断发展。他们会通过使用替代物并扮演角色来模仿真实生活。这时的象征性游戏就进入角色游戏阶段,最常见的"过家家""医院""商店""公共汽车"等游戏,都借助了一些替代物品,通过扮演角色并反映种种社会生活、场景和人物。象征性游戏是学前儿童最典型的游戏形式,对儿童人格和情绪的发展都能发挥一定的功效;基于它的这一功效,现代的游戏治疗也是通过这种游戏形式得以实现的。

3. 结构性游戏

结构性游戏又称建构游戏或造型游戏,是指儿童运用积木、积塑、金属材料、泥、沙等各种材料进行建构或构造,从而创造性地反映现实生活的游戏。这类游戏有三个基本特点:

(1)以造型为基本活动,往往以搭建某一建筑物或物品为动因,如搭一座公园的大门、建一个汽车的模型等;(2)活动成果是具体的造型物品,如高楼、飞机、坦克、卡通形象等;(3)它与角色游戏存在着相互转化的密切关系。

4. 规则性游戏

规则性游戏是一种由两人以上参加的,按一定规则从事的游戏。规则可以是由成人事先制定的,也可以是故事情节要求的,还可以是儿童按他们假设的情节自己规定的。这类游戏一般是4~5岁以后发展起来的。

研究表明,幼儿中期的儿童能按一定的规则进行游戏,但是也常常会出现因为自己的兴趣或好恶而忘记或破坏规则的现象。幼儿晚期的儿童,不仅能较好地开展这类游戏,还能较好地理解并坚持游戏的规则,并运用规则约束参加游戏的所有成员。幼儿中晚期经常开展的体育游戏、运动竞赛、智力竞赛等都属于规则性游戏,这类游戏可以一直延续到成年。规则游戏是儿童游戏发展的高级形式。

真题4 [2024浙江杭州,单选]皮亚杰以儿童的认知发展水平为依据,把儿童的游戏划分为三种类型,即练习性游戏、(   )和规则性游戏。

A. 角色性游戏　　　　　　　　　　　B. 创造性游戏
C. 象征性游戏　　　　　　　　　　　D. 表演性游戏

真题5 [2024山东青岛,单选]做陶泥游戏时,幼儿将陶泥捏成"泥娃娃",这种游戏是(   )

A. 练习性游戏　　　　　　　　　　　B. 规则性游戏
C. 结构性游戏　　　　　　　　　　　D. 象征性游戏

真题6 [2023安徽宿州,单选]贝贝最喜欢做妈妈,每天妈妈下班后都要求妈妈扮演她的宝宝,将妈妈当成宝宝,将自己当做妈妈。这体现了哪类游戏行为(   )

A. 规则性游戏　　　　　　　　　　　B. 结构性游戏
C. 练习性游戏　　　　　　　　　　　D. 象征性游戏

答案:4. C　5. C　6. D

四、以游戏的教育作用为依据的游戏分类 【单选、判断】 ★★

按游戏的教育作用来进行的游戏分类,是我国较多采用的一种分类方法。按照这种分类方法,幼儿园游戏可以分为创造性游戏和规则性游戏两大类。创造性游戏强调儿童的主动性和创造性,大都由儿童自由地玩,主要包括角色游戏、结构游戏、表演游戏。规则性游戏是成人在儿童自发游戏的基础上,为一定的教育目的而编制的,大都由教师组织儿童进行,有时也可以由儿童组织进行,主要包括体育游戏、智力游戏、音乐游戏。

表1-8 以游戏的教育作用为依据的游戏分类

类型		概念	举例
创造性游戏	角色游戏	学前儿童以模仿和想象,通过扮演角色,创造性地反映周围现实生活的一种游戏	"娃娃家""医院"
	结构游戏	儿童利用积木、积塑、泥、沙、雪等结构材料进行建造的游戏	搭积木、堆雪人
	表演游戏	儿童扮演童话故事等文学作品中的角色,用动作、语言、表情等对童话故事的内容进行创造性地表演的游戏	表演《白雪公主和七个小矮人》
规则性游戏	体育游戏	以身体练习为主要内容,以发展基本动作为目的的游戏活动	老鹰捉小鸡、两人三足
	智力游戏	以生动、新颖、有趣的游戏形式,使儿童在轻松愉快的活动中增进知识、发展智力的游戏	猜谜语、下棋
	音乐游戏	在歌曲或乐曲伴奏下进行的游戏	抢椅子、丢手绢

真题7 [2023福建统考,单选]幼儿玩"聪明的孩子和笨老狼"游戏,要求听到音乐重音时,"笨老狼"向后转头,"聪明的孩子"即刻静止。该游戏属于(　　)

A.角色游戏　　　　B.表演游戏　　　　C.音乐游戏　　　　D.语言游戏

真题8 [2024山东临沂,判断]幼儿在区域活动内进行的娃娃家游戏,我们称之为表演游戏。

答案: 7. C　8. ×

五、以儿童行为表现为依据的游戏分类

从儿童游戏所倚重的行为表现可将游戏分为:语言游戏、动作技能游戏、想象游戏、交往游戏、表演游戏。

1. 语言游戏

语言游戏指儿童时期运用语音、语调、语词、字形等而开展的游戏,如跟着语音、节奏的变化而展开的拍手游戏、绕口令、接龙等。在课后及环节过渡中,教师可以引导幼儿做语言趣味游戏、拍手游戏等不需要使用材料的游戏。

2. 动作技能游戏

动作技能游戏指通过手脚和身体其他部位的运动而获得快乐的游戏活动,既可以是一种户外进行的身体大幅度的运动,如相互追逐、荡秋千、滑滑梯、骑三轮车、攀登等,也可以是在室内桌面上进行的串珠、夹弹珠、弹弹珠、挑游戏棒、拍纸牌等相对精细的活动。这类游戏可以有简单的规则,也有纯机能性的,纯粹满足动作机能的快感。

3. 想象游戏

想象游戏又被称为象征游戏、假装游戏、假想游戏。这些名称的含义虽然有细微的差异,但它们常常被互换使用。这类游戏的主要特征有:

(1)儿童将事物的某些方面做象征性的转换,如以玩具或玩物代表实物(用一块积木代表电话、将小板凳当火车等)。

(2)以某个动作代表真实的动作(张开双臂跑代表飞机在飞、双脚并拢往前跳代表小兔子在跳)。

(3)以儿童自己或其他儿童代表现实或虚构的角色(扮演妈妈、医生、司机、营业员、小白兔、卡通人物等)。

想象游戏以儿童的想象为转移。随着儿童生活经验和想象力的丰富,社会生活中的各种角色都可能成

为儿童游戏中所扮演的角色,爸爸、妈妈、医生、司机、营业员、动画或卡通形象都是儿童在游戏中乐于扮演的角色。

4. 交往游戏

交往游戏指两个以上的儿童以遵守某些共同规则为前提而开展的社会性游戏。这类游戏以参与者之间的行为互动为其特点。在使用游戏材料方面采用协商分配或轮换的形式。

5. 表演游戏

表演游戏又称为戏剧游戏,是以故事或童话情节为表演内容的一种游戏形式。在表演游戏中,儿童扮演故事或童话中的人物,并以故事中人物的语言、动作和表情进行活动。这种游戏也是以想象为基础的。这种游戏和角色游戏有其相同点,即都是儿童扮演角色的游戏,以表演角色的活动为满足。二者的区别在于表演游戏中,儿童扮演的角色是以一定的故事或童话为依据,情节内容也是对故事或童话情节内容的反映;而在角色游戏中,儿童扮演的角色既是生活印象的再现,又是儿童自由创造的表现。

表演游戏内容选择的策略包括:(1)以幼儿自主创编的故事为蓝本;(2)以教师根据幼儿的发展需要或生成主题创编的故事为蓝本;(3)以传统、优秀的语言文学作品为蓝本。

六、以教育的目的性为依据的游戏分类 【多选】 ★

游戏可以是一种儿童自发、自愿的活动,没有任何的功利和目的,但同时,游戏也可以成为一种有效的教育手段,利用游戏的手段,达到教育的目的和功效。因此,依据游戏中的教育目的性成分,可以将儿童的游戏分成自发游戏和教学游戏。

1. 自发游戏

自发游戏是儿童自己发起的、自愿参加的、自主支配的游戏。它一方面反映了儿童的认知特点和社会性等方面的发展水平,另一方面也反映了儿童的兴趣爱好。儿童的自发游戏对于儿童创造性的发展是极有价值的。游戏的主题、材料、规则都是儿童自己规定、自己确立的,这些都源于儿童创造性的萌芽和发展。儿童的自发游戏是儿童的权利,应得到尊重。当然儿童的自发游戏有时也需要成人加以适当的引导,使游戏的题材和内容更加健康、有趣、积极。

2. 教学游戏

教学游戏是指在幼儿园中,游戏被作为一种教育手段和教育组织形式而加以运用。教学游戏就是根据幼儿园教育大纲和课程的要求,有目的、有计划地进行设计和开展的游戏。正如《教育大辞典》指出,教学游戏,是"根据教学大纲,将教学内容和生动有趣的游戏结合起来的教学方法"。"游戏因素与非游戏因素相结合"是教学游戏的本质特点。

真题9 [2022山东威海,多选]依据游戏中的教育目的性成分,可以将儿童的游戏分为( )

A. 教学游戏　　　　　B. 创造性游戏　　　　　C. 自发游戏　　　　　D. 规则游戏

答案:AC

✦✦ 本节核心考点回顾 ✦✦

1. 以儿童社会性发展为依据的游戏分类

(1)偶然的行为:行为缺乏目标,东游西逛,注视碰巧引起兴趣的事。

(2)旁观的行为:关注着他人的游戏,但自己不参加。

(3)独自游戏:往往旁若无人,玩自己的玩具。
(4)平行游戏:两人以上在同一空间里进行的,以基本相同的玩具玩着大致相同内容的个人独自游戏。
(5)联合游戏:多个儿童一起进行游戏,没有分工。
(6)合作游戏:幼儿后期出现的较高级的游戏形式,是一种有着共同需要,通过共同计划、共同协商完成的游戏活动。

2. 以认知发展为依据的游戏分类

皮亚杰根据游戏与认知发展的关系,把游戏分为练习性游戏、象征性游戏和规则性游戏,其他学者将结构性游戏也划分在了其中。

(1)练习性游戏(感觉机能性游戏):最早出现,由简单的重复运动组成。
(2)象征性游戏:2~7岁儿童常进行的一类游戏。是把知觉到的事物用它的替代物来象征的一种游戏形式。
(3)结构性游戏:运用各种材料进行建构或构造的游戏。
(4)规则性游戏:由两人以上参加的,按一定规则从事的游戏。

3. 以游戏的教育作用为依据的游戏分类

(1)创造性游戏
①角色游戏:通过扮演角色,创造性地反映周围现实生活。
②结构游戏:利用积木、积塑、泥、沙、雪等结构材料进行建造。
③表演游戏:扮演童话故事等文学作品中的角色,进行创造性地表演。
(2)规则性游戏
①体育游戏:以身体练习为主要内容,以发展基本动作为目的。
②智力游戏:增进知识、发展智力的游戏。
③音乐游戏:在歌曲或乐曲伴奏下进行。

4. 以教育的目的性为依据的游戏分类

(1)自发游戏;(2)教学游戏。

第三节 幼儿游戏的条件创设

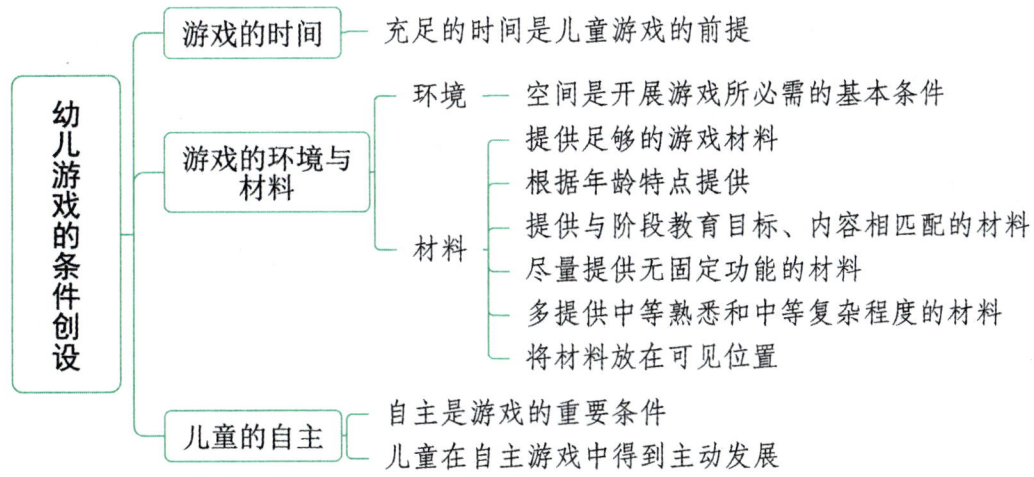

一、游戏的时间 【单选】 ★

1. 充足的时间是儿童游戏的前提

时间是开展游戏活动的重要保证,教师要在幼儿的一日活动中安排出游戏的时间,"专项专用",以保证游戏得以顺利进行而不至于被其他活动所侵占,为此,教师应注意以下几点:

(1)巧妙利用各种时间进行游戏。例如,早晨儿童陆续来园时,可以安排一些小型多样、便于收拾与整理的桌面游戏、结构游戏;教育活动开始前或结束后,可以进行智力游戏、音乐游戏等。

(2)力争每次有较长的时间进行游戏。儿童每次游戏的时间不能太短,应保持在30~50分钟,这样儿童就有时间去寻找伙伴、准备环境、安排过程,使游戏既有好的开端,又能发展下去,进入高潮,还能进行集体评议和收拾整理玩具。

(3)使室内游戏时间与室外游戏时间基本均等。室内游戏与室外游戏对儿童的发展有不同的影响,室内游戏有利于儿童社会情感的陶冶,而室外游戏则有助于儿童运动技能的培养。

(4)合理安排集体游戏、小组游戏和个人游戏的时间。集体游戏是由教师组织的,全班儿童按照统一的教育要求与规则开展游戏;小组游戏和个人游戏是儿童根据自己的兴趣爱好自由选择进行游戏。

2. 减少过渡环节,提高单位时间内儿童游戏的有效时间

有些幼儿园虽然能够严格执行作息制度,不挤占儿童的游戏时间,但活动室布置不够合理,不创设游戏角,没有专门的游戏空间。所以,一到游戏时间,教师就手忙脚乱地指挥儿童搬桌子、挪椅子、铺地,临时准备游戏环境和材料,把本该属于儿童游戏的时间浪费在准备环节上。要解决这个问题,首先要在观念上打破桌椅板凳排排坐的"上课"模式,同时要在活动室的布置上动脑筋想办法,创设相对固定的游戏场地,以提高单位时间内儿童游戏的有效时间。

真题1 [2022福建统考,单选]幼儿游戏的首要前提是( )

A. 充足的游戏时间　　　　　　　　B. 丰富的游戏材料
C. 贴近生活的游戏主题　　　　　　D. 明确具体的游戏规则

答案:A

二、游戏的环境与材料 【单选】 ★

考点 1　游戏的环境

1. 游戏的空间环境

(1)户外游戏场地

户外游戏场地是儿童在户外游戏的空间。户外游戏活动对于儿童的身心健康有着重要意义。户外游戏场地的大小和结构特征等对儿童的游戏有一定的影响。

儿童在户外活动,能够与大自然亲密接触,经常接受阳光的照射,呼吸新鲜空气,增强对外界环境的适应能力,加强机体的新陈代谢,促进生长发育。

幼儿园室外可以规划自然区、玩沙区、玩水区、运动区、休闲区和活动材料区等游戏场地。

游戏场地中要放置数量适宜的大型设备和用具,设备、器械的数量与场地面积要保持合理的比例,以不妨碍儿童奔跑、活动为原则。

好的游戏场地不仅要有设备,更要有"结构"。游戏场地的结构是指游戏场地中的各个部分、各种材料

与器械构成一个有机整体。这样的游戏场地,不仅能发展儿童的动作与运动能力,而且能够发展想象力和创造能力,满足儿童的各种不同需要。

户外游戏场地在设计时要注意安全卫生。地面以坚实的土地或沙地为宜,这种地面适宜做跑、跳等运动,减少跑跳活动对脑部造成的震荡,同时也比较安全。场内的设备或器械应适合儿童的身高和运动能力。户外游戏场地的结构设计,要尽量利用地形地貌的自然特点,减少不必要的人工装饰,让儿童在接近大自然的环境中愉快地游戏。

(2)室内游戏场地

室内游戏场地主要指活动室。活动室是儿童在室内进行游戏活动的主要场所。游戏活动空间的安排通常分为中心式和区隔式。这两种空间的安排对儿童的游戏有着不同的影响。中心式,便于儿童开展集体性规则游戏、平行游戏和大动作游戏;区隔式,根据游戏活动的不同类别,将游戏区分隔为若干个不同的区域,这样的空间便于儿童开展合作性游戏和探索性游戏。

(3)安排游戏空间的注意事项

空间是开展游戏所必需的基本条件。所以,教师在安排幼儿游戏空间时应注意以下问题:

①维持适当的空间密度。空间密度是指儿童在游戏场地中人均所占的面积,空间密度越大,表明越宽敞,反之,空间密度越小,则表明越拥挤。教师应创造条件,使空间密度保持在一个适中的位置上,让儿童有机会参加各种游戏活动。

②开辟各种游戏区域。教师要根据儿童的人数和特点,来划分游戏区。一般而言,教师在室内,要设立4~6个游戏区,可运用暂时性游戏区和永久性游戏区相结合的方式,防止游戏区过多,游戏空间过窄的现象发生。

③游戏场地要有吸引力。游戏的场地应能激发儿童的兴趣,教师为儿童提供的游戏场地应多种多样,既有开阔的空场地,也有设备的场地;既有不太陡的坡地,也有较为平坦的土地、草地或塑胶板地、木板地。

④保证游戏场地的安全。游戏场地应没有任何危及儿童人身安全的隐患,以保证儿童能安全地进行游戏。教师要保证游戏场地的清洁卫生,器械置放牢固、井然有序,做到地面上无铁钉、碎玻璃、破瓦片,以免幼儿的身体受到损伤。

真题2 [2021山东青岛,单选]( )是开展游戏所必需的基本条件。

A. 时间　　　　　　B. 空间　　　　　　C. 材料和设备　　　　D. 幼儿游戏的经验

答案:B

2.游戏的心理环境

要开展内容充实、丰富多彩的游戏,除了为儿童创设科学合理的物质环境外,还要为孩子们创设宽松、自由、和谐,符合儿童年龄特征的心理环境。由于儿童情绪情感易受感染,因此游戏心理环境的创设关键取决于教师。

(1)教师应建立与儿童民主、亲切、平等、和谐的关系;(2)建立互助、友爱的伙伴关系;(3)教师之间的真诚相待、友好合作,是儿童最好的榜样。

考点 2 **游戏的材料** 【判断】 ★

游戏材料是儿童游戏所用玩具和物品的总称。材料是游戏的物质支柱,是儿童游戏的工具,如果离开了游戏材料,儿童的游戏就难以进行。儿童在缺乏游戏材料的情境下,很难将已有的经验调动出来,因为儿童的思维是具体、形象的。游戏材料也恰好具备形象具体、生动的特点,正好满足了这一要求,给儿童以刺

127

激,使其产生联想,将生活中的经验迁移至游戏中,刺激儿童再度体验其已有的经验。游戏材料可以激发儿童的游戏动机、游戏构思,引起儿童的联想和行动。

1. 为儿童提供足够的游戏材料

儿童是通过使用玩具材料在游戏中学习的。不同的玩具、材料有不同的功能和特点。材料的种类对儿童游戏的具体选择有着某种定向的功能。如果教师提供的材料单一,儿童游戏情节的发展就会受到限制。

因此,在游戏中为儿童提供多种材料,有利于儿童通过探索接受丰富的感官刺激,利用不同的材料去替代和想象,在与材料的互动中促进发散性思维的发展。当游戏材料的品种多样化时,可促进儿童发散性思维的发展;不同种类和数量的游戏材料摆放在一起,会影响儿童游戏的主题和性质。研究表明,在活动面积较大和活动材料丰富的情况下,儿童表现出来的竞争性、侵犯性和破坏性行为都低于活动空间小、活动材料贫乏的情况下产生的类似行为。但这并不是说给予学前儿童的材料越多越好。重要的是要让这些材料真正地发挥作用,提高其利用率。

2. 根据儿童的年龄特点提供游戏材料

教师应根据各个年龄班儿童游戏活动发展的特点,分别提供适宜种类和数量的材料。游戏材料和儿童的年龄之间存在交叉关系,较小儿童在游戏时需要同类的游戏材料要多一些,年龄较大的儿童在游戏时需要不同种类的游戏材料要多一些。例如,幼儿园小班幼儿大都处于平行游戏或独自游戏的阶段,教师就应多准备一些相同种类的玩具和其他材料。而到了中、大班以后,则应更多地为他们准备、提供适宜于发展合作性游戏的活动材料。

3. 提供与阶段教育目标、内容相匹配的游戏材料

教师要根据学前儿童不同年龄特点,制定适合本班儿童整体发展水平的阶段教育目标和内容,根据阶段教育目标和教育内容的要求,在不同的活动区,有计划、有目的地投放与之相适应、相匹配的游戏材料,以最大限度和最大效益地促进学前儿童的发展。

4. 尽量提供无固定功能的游戏材料

游戏材料的特性与儿童的游戏行为有密切关系。游戏材料具有象征性,可替代生活中的人与事物。材料特征的不同(模拟物和多功能物)将引发不同水平的游戏经验;游戏材料功能固定单一,只能引发儿童的一种行为,游戏情节的发展会受到限制,而无固定功能的游戏材料,往往可以使儿童按照自己的想象创造出游戏的多种玩法,有利于学前儿童通过探索接受丰富的感官刺激,利用不同的材料去替代和想象,在与材料的互动中促进发散性思维的发展。

5. 多提供中等熟悉和中等复杂程度的游戏材料

据研究表明,游戏材料的复杂程度以及儿童对材料的熟悉程度对儿童的游戏有一定影响。当游戏材料对儿童来说完全陌生和比较复杂时,可引发他们的探究性行为;当游戏材料对儿童来说是中等熟悉和中等复杂程度时,可引起儿童的象征性游戏和练习性游戏。根据学前儿童的年龄特点,可以多为其提供中等熟悉和中等复杂程度的游戏材料。

6. 将游戏材料放在可见位置

据实验表明,放在中央位置的游戏材料使用率较高,并容易引起儿童彼此相互作用的游戏。游戏材料的可见性也会对儿童使用游戏材料发生影响。如果儿童由于视线被柜子或其他物品阻隔,看不到游戏材料,儿童就不知道有哪些材料可以使用。儿童越能直接看到游戏材料,就会越多地去使用游戏材料。所以,教师在投放游戏材料时,应将其放在中央位置或儿童能直接看到的位置上。

真题3 [2023江苏泰州,判断]教师为幼儿提供游戏材料时,尽量提供无固定功能的游戏材料。
答案:√

三、儿童的自主

"自主游戏"研究理论认为:游戏是学前儿童有机体的内在需要,是内发而非外力强加。因此游戏必须是儿童自由选择的,是以游戏活动本身为目的的愉快活动。经过学前儿童自由选择的游戏才能真正成为自主自发的、对学前儿童产生巨大教育影响价值的儿童游戏。

1. 自主是儿童游戏的重要条件

自主是儿童游戏的重要条件,游戏的形式、材料以及游戏的开始、结束都应由儿童自己掌握,按照他们自己的意愿、体力、智力来进行。自主游戏宽松自由的氛围消除了儿童的胆怯和距离,使他们能够主动交往,友好合作。正因为游戏是儿童自主的活动,因此儿童在游戏中的态度是积极主动的,反之,如果游戏失去了自主性的这一特征,而是由教师来精心安排和"导演"的,儿童只是在不得已的情况下,被动地参加游戏,担任某一角色,从表面上看,儿童是在参加游戏,实际上儿童并没有真正地在玩游戏,他们认为是在完成教师布置的任务,也就失去了游戏的积极性。所以,只有充分尊重游戏的心愿,发挥游戏者的主动性,才是真正的游戏。

2. 儿童在自主游戏中得到主动发展

自主游戏为儿童提供了表现与创造的机会,使学前儿童摆脱了对教师的依赖,能进行充分的想象、发现和创造,探索和解决问题的能力得到很大提高。

✦✦ **本节核心考点回顾** ✦✦

1. 儿童游戏的前提
充足的时间是儿童游戏的前提。
2. 开展游戏所必需的基本条件
空间是开展游戏所必需的基本条件。
3. 幼儿园游戏材料的投放
(1)为儿童提供足够的游戏材料。
(2)根据儿童的年龄特点提供游戏材料。
(3)提供与阶段教育目标、内容相匹配的游戏材料。
(4)尽量提供无固定功能的游戏材料。
(5)多提供中等熟悉和中等复杂程度的游戏材料。
(6)将游戏材料放在可见位置。

第四节 幼儿游戏的指导

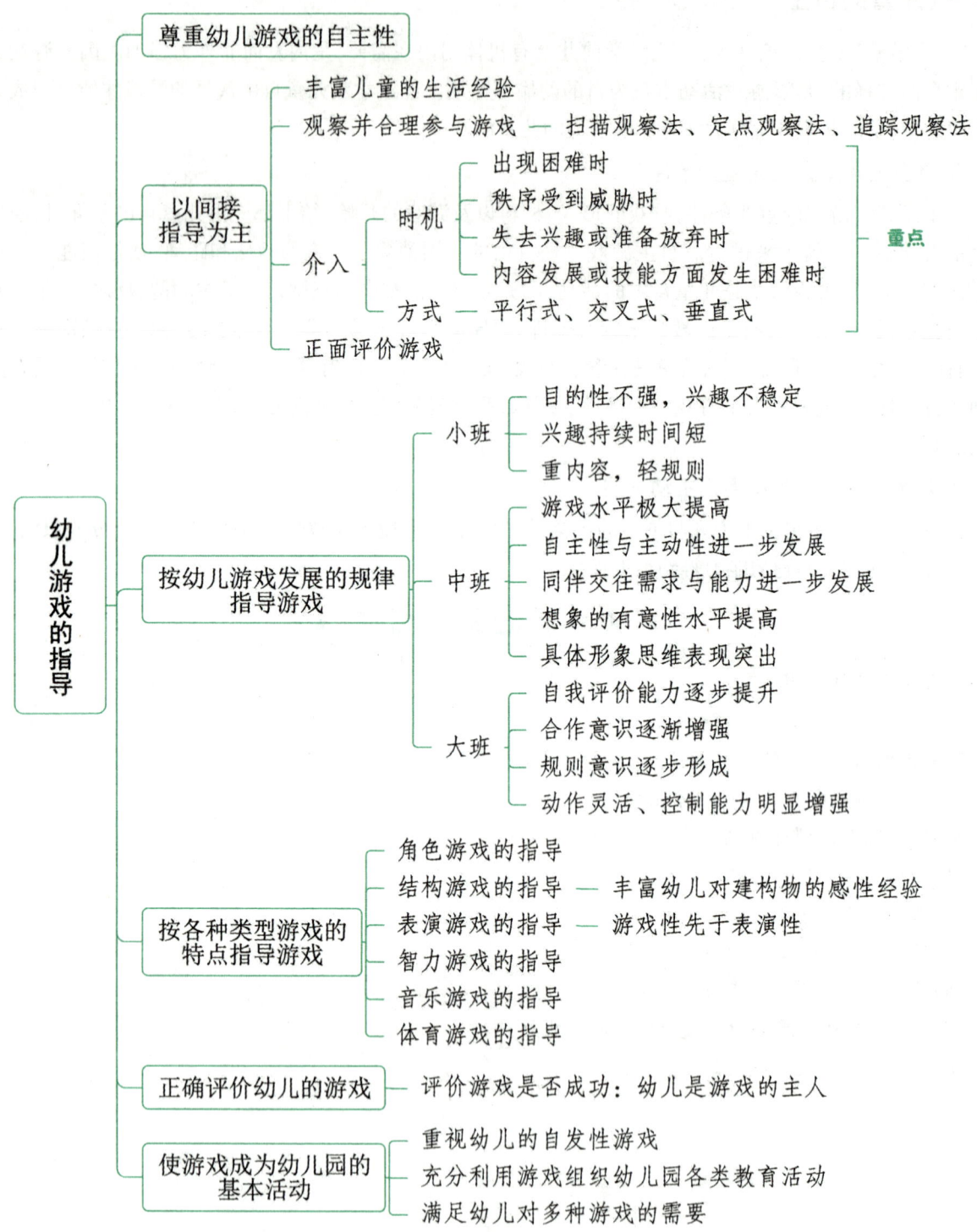

游戏是幼儿自主的活动,并不是说幼儿的游戏不需要教师的指导。相反,教师在幼儿游戏中起着很重要的作用。教师对幼儿游戏的指导必须以保证幼儿游戏的特点为前提。否则,一切指导都可能是徒劳的,甚至可能成为幼儿发展的障碍。

一、尊重幼儿游戏的自主性

1. 尊重幼儿游戏的意愿和兴趣

幼儿是独立的人,因而有着他们自己的意愿和兴趣。显然,幼儿在按自己的意愿和兴趣活动时,他们对活动有很高的自主性。他们在游戏开始、进行、结束中都有自己的想法。教师应予以尊重,而不能因为不符合自己的想法、经验或实际生活就不予以理睬、批评,甚至强行制止。

2. 尊重幼儿游戏的氛围和游戏中的想象、探索、表现、创造

幼儿游戏时的氛围是幼儿积极主动参与游戏的结果,是游戏"假想"的特点在游戏中的体现。教师不能因是游戏就随意去破坏这种氛围,否则会使游戏索然无味。幼儿在游戏中想象、探索、表现、创造的时候,也是幼儿自主性得到极大提高和体现的时候,是游戏功能正在实现的时候,所以教师应予以尊重、鼓励。

二、以间接指导为主

考点 1 ▶ 丰富儿童的生活经验

儿童的游戏是对儿童生活的反映,其生活经验是幼儿游戏的基础和源泉。教师要善于利用幼儿园的各种活动,如上课、参观、观察、劳动、娱乐、看书、讲故事等来丰富儿童的知识经验,充实儿童的日常生活,使儿童在每天的生活中有新的收获。同时,教师也要指导家长,利用家庭中个别教育的优势,丰富儿童的生活经验。

考点 2 ▶ 观察并合理参与儿童游戏

1. 游戏观察的内容

教师对游戏进行观察通常可以从以下几个方面进行:

(1)游戏与环境

①游戏场地。游戏场地安排是否合理,有无浪费的地方或过于拥挤的区域。区域间的邻近安排是否合理,如互补区域间的临近、安静区和喧闹区的远离等。游戏场地间是否有通道,场地间的路线、标注、边界是否清晰合理。

②游戏材料的投放。游戏材料的数量是否满足学前儿童的需要,有无争抢游戏材料的现象发生;游戏材料是否符合学前儿童的年龄层次需要,有无过难或过易的、儿童不问津的;游戏材料是否安全卫生;辅助性材料的运用及效果。

③游戏时间的保证。其主要观察:游戏开始、进行、结束的时间分配;游戏中专注的时间长短;一日游戏的时间长短。

(2)游戏中的课程和教师

游戏中有些什么主题,这些主题情节内容的进展情况,与现行教学之间的关系;新主题是怎样产生和发展的。教师何时介入学前儿童游戏会增强学前儿童游戏的兴趣,并提升学前儿童的游戏经验,何时介入游戏会消解学前儿童游戏并干扰学前儿童游戏的进展,这完全取决于该教师对学前儿童游戏的观察与思考,以及在此基础上对游戏介入时机的判断和把握。

(3)游戏中的学前儿童

观察学前儿童身心发展情况,包括认知发展、社会性发展、身体发展、情绪情感发展等。学前儿童对游戏的专注程度如何,是坚持一项游戏,还是不能坚持甚至变换频繁;学前儿童游戏的兴趣和偏好;学前儿童

游戏的目的性、主动性如何,是主动积极参加游戏并想办法出主意,还是在别人的带领下进行游戏甚至不参加游戏;学前儿童在游戏中的社会交往水平如何,是主动还是被动或者是无交往,学前儿童处于何种交往合作水平;学前儿童在游戏中组织能力如何;学前儿童能否遵守游戏规则,爱护玩具,收拾并整理玩具。

2. 游戏观察的方法 【单选、判断】★★

(1)扫描观察法

这种方法是指观察者在相等的时间段里对观察对象依次轮流进行观察。此法比较适合粗线条地了解全班儿童的游戏情况,如可以掌握游戏开展了哪些主题,学前儿童选择了哪些主题,扮演了什么角色等一般行为特点,扫描观察法一般在游戏开始和结束的时候运用较多。

(2)定点观察法

观察者固定在游戏中的某一区域进行观察,适合于了解某主题或区域幼儿的游戏情况,了解学前儿童的现有经验以及他们的兴趣点、学前儿童之间交往、游戏情节的发展等动态信息,并且让教师较为系统地了解某一事件发生的前因后果,避免指导的盲目性。定点观察法一般多在游戏过程中使用。

(3)追踪观察法

观察者根据需要确定1~2个儿童作为观察对象,观察他们在游戏活动中的各种情况,固定人而不固定地点。它适合于观察了解个别学前儿童在游戏中的发展水平。教师可以自始至终地观察,也可以就某一时段或某一情节进行观察。

真题1 [2021山东潍坊,单选]( )适合于粗线条地了解全班儿童的游戏情况,如可以掌握游戏开展了哪些主题,幼儿选择了哪些主题,扮演了什么角色等一般行为特点,一般在游戏开始和结束的时候运用较多。

A.扫描观察法　　　　B.定点观察法　　　　C.追踪观察法　　　　D.定时观察法

真题2 [2024福建统考,判断]区域活动开始阶段,为了解全班幼儿的游戏情况,应首选扫描观察法。

答案:1. A　2. √

3. 参与儿童的游戏

在观察的基础上,教师应参与儿童的游戏。

(1)通过参与儿童的游戏,可以进一步观察、了解儿童;

(2)可以使儿童获得心理上的支持,增加儿童对游戏的兴趣,促进游戏的发展。

研究表明,成人在场可以抚慰儿童,并让儿童感到他们的游戏是有价值的活动。此外,儿童还可以通过观察成人的游戏学会新玩法,让游戏活动能持续得更长久。

考点 3 · 教师对幼儿游戏的介入 【单选】 ★★

1. 介入的时机

成人对游戏干预时机的选择主要取决于两个因素:

一是幼儿客观的需要,即看幼儿的游戏行为是否自然顺畅,是否需要帮助;

二是成人的主观心态和状况,即成人希望幼儿在游戏中表现出的水平、态度和情绪体验,也包括成人是否具备投入幼儿游戏的热情和精力。在介入之前,成人一定要仔细观察,选择适宜的时机再介入。

(1)当幼儿游戏出现困难时介入。当幼儿不知道自己该做什么游戏、如何去游戏时,教师的介入是引导幼儿开始游戏的关键。

(2)当必要的游戏秩序受到威胁时介入。当必要的游戏秩序受到威胁时,教师可用游戏口吻自然地制止幼儿的干扰行为,并提出活动建议。

(3)当幼儿对游戏失去兴趣或准备放弃时介入。这时教师的介入可以帮助幼儿拓展游戏内容,提高游戏技能,进一步激发幼儿的游戏兴趣。

(4)在游戏内容发展或技能方面发生困难时介入。在这种情况下,教师可以作为游戏同伴介入游戏给予幼儿示范,或者让幼儿相互启发,相互影响,以帮助幼儿克服困难,拓展游戏。

• 记忆有妙招 •

教师介入幼儿游戏的时机:**难容稚气**。**难**:出现困难时。**容**:内容发展或技能方面发生困难时。**稚**:秩序受到威胁时。**气**:失去兴趣或准备放弃时。

真题3 [2024山东临沂,单选]以下哪种情况教师不需要介入儿童游戏(　　)
A. 在幼儿就游戏内容展开讨论时
B. 在幼儿对游戏失去兴趣或准备放弃时
C. 在幼儿游戏内容发展或技能方面发生困难时
D. 在幼儿游戏出现困难时
答案:A

2. 介入的方式

表1-9 教师介入幼儿游戏的方式

分类依据	介入方式	含义
影响活动的形式	平行式介入	教师在幼儿附近和幼儿玩相同或不同材料的游戏,目的在于引导幼儿模仿
	交叉式介入	教师扮演一个角色进入幼儿的游戏,通过与幼儿角色间的互动,起到指导幼儿游戏的作用(如果教师认为有必要对幼儿游戏加以直接指导,则可以根据游戏情节的发展,提出相关的问题,促使幼儿去思考)
	垂直式介入	幼儿游戏出现严重违反规则或攻击性等危险时,教师直接介入游戏,对幼儿的行为进行直接干预
介入媒介的不同	语言介入	通过鼓励、发问、提示、赞扬等形式指导幼儿游戏
	非语言介入	利用身体语言、动作示范以及通过材料提供、场地布置等给予幼儿游戏支持

真题4 [2023福建统考,单选]教师询问幼儿:"你们搭建的楼房怎么有这么多缺口?"于是幼儿开始"补墙",该教师的介入方式是(　　)介入。
A. 平行式　　　　B. 垂直式　　　　C. 交叉式　　　　D. 合作式
答案:C

• 知识再拔高 •

教师语言介入幼儿游戏时的语言分类

在对幼儿游戏进行介入时,根据教师运用语言进行指导的目的和方式不同,可将教师的语言分为七大类。

1. 询问式语言

教师根据幼儿游戏情节的发展需要,发现幼儿需要帮助或有指导的必要时,有目的地设置问题情境、提出有针对性的问题。如"这么大的萝卜该怎么变小呢?""警察的工作是不是只抓坏人呀?"

2. 建议式语言

教师观察幼儿在游戏中的行为表现,当发现幼儿在游戏中情节发展方面有困难或停滞不前时,教师用一两句简单的建议性提示,帮助幼儿明确想法,促进游戏顺利开展。建议式语言的特点是非强迫性的,语言中暗含解决问题的方案。如:"这样试试……""我觉得如果放在旁边会更好。"

3. 澄清式语言

对于游戏中一些幼儿不明白的事情,或幼儿模仿了一些不良现象,教师不去随便评价,而是通过语言引导幼儿加以讨论、澄清,帮助他们形成正确的认识和价值观。

4. 鼓励式语言

即在幼儿游戏中,教师用激励式的正面语言对幼儿表现出的创造性及正向的游戏行为和意志品质加以肯定并提出希望,以强化幼儿出现的正向行为。针对幼儿在游戏中表现的某些不良行为习惯和违规行为,教师也可运用此法,即不直接指出幼儿的不足,而是用激励式语言把希望幼儿出现的行为要求提出来,以促进幼儿良好行为习惯及规则意识的形成,如"售货员叫卖的声音如果再大些,我们就听得更清楚了"。

5. 邀请式语言

对于游戏中的弱者或无人问津的区域,教师可以运用邀请的方式,如"我们一起去吧!""你可以帮我理发吗?"等语言来提高幼儿游戏的兴趣和愿望,带领他们进入游戏情景。

6. 角色式语言

当发现游戏情节总是处于停滞状态时,教师以角色身份参与到幼儿的游戏中去,如,"我是商场送货的,需要帮忙吗?"不仅会使游戏的情节得以丰富,而且还使幼儿感到亲切和平等。

7. 指令式语言

当幼儿在游戏中严重违反规则或出现攻击性行为时,教师应立即用行为和语言加以制止,并明确告诉幼儿这样做的后果。这类语言通常伴随着垂直式介入法而出现,也可能严重干扰游戏甚至使游戏停止。所以,若非十分必要,应尽量少用。

真题5 [2023浙江杭州,单选]在角色区"果茶店",幼儿分配好角色进行游戏时,裴老师观察到小悦静静地坐在椅子上,于是上前对小悦说:"小悦,我想喝果汁,我们一起去买吧。"小悦便和裴老师一起参与到游戏中。裴老师在游戏中运用的语言指导方式是( )语言。

A. 邀请式　　　　　B. 建议式　　　　　C. 指令式　　　　　D. 澄清式

答案:A

考点 4　正面评价游戏

对幼儿游戏进行评价可以帮助教师了解幼儿身心发展情况,了解活动设计是否达到目标,活动内容、组织和指导方法是否切合幼儿的能力、需要和兴趣,从而有利于进一步改进教师的行为,提高游戏的质量。

对幼儿游戏的评价应该是正面评价,这样能保持幼儿在游戏过程中的愉悦、成功的情绪体验,有利于激起幼儿再次游戏的愿望。

三、按幼儿游戏发展的规律指导游戏

幼儿游戏会随着幼儿年龄的增长、身心的发展变化而发展，教师对幼儿游戏的指导应考虑这种发展，如象征性游戏在小班处于萌芽期、中班处于高峰期、大班处于高水平期。因此，在小班应多丰富幼儿的生活经验、吸引幼儿玩象征性游戏；中班应尽量多地为幼儿提供多种条件，对其游戏进行引导；大班则可以减少玩象征性游戏的时间，增加在游戏中面对问题、思考问题、解决问题的机会。

考点 1 ▶ 小班幼儿的游戏特点 【多选】 ★★

小班幼儿的游戏具有目的性不强，兴趣不稳定，兴趣持续时间短，重内容、轻规则等特点。

1. 目的性不强

小班幼儿游戏，只是无计划地摆弄结构元件，只有在他人的提问下才会注意自己的结构物，并开始思考"这是什么？"小班后期的幼儿在成人的指导和示范下，游戏逐渐有了主题，但主题很不稳定。

2. 兴趣不稳定

小班幼儿年龄为3～4岁，这个阶段的幼儿自控能力较差，容易转移兴趣。每个幼儿都是独立的、有思想意识的个体，对于相同的事物会表现出不同的反应。如果教师提供的游戏材料是幼儿感兴趣的，幼儿在游戏时就表现得积极、主动，认真地投入游戏，否则就会表现得漫不经心。

3. 兴趣持续时间短

小班幼儿对游戏产生的兴趣持续时间比较短。在游戏前，教师会按课程表的安排提供相关游戏材料，幼儿会积极地投入到游戏中，尝试不同的玩法，充分感受游戏给他们带来的快乐。但是这种积极的状态一般只有10～15分钟，过了这段时间，他们就会失去兴趣，即使老师再组织，效果也不佳。

4. 重内容，轻规则

不管是哪种游戏，小班幼儿都会按自己的意愿进行游戏，而对于游戏过程中应当遵守的规则，幼儿时而遵守，时而不遵守。

真题6 ［2021山东青岛，多选］小班幼儿的游戏特点有（　　）

A. 规则意识较强　　　　　　　　　B. 游戏中有良好的表征水平
C. 目的性不强　　　　　　　　　　D. 兴趣持续时间短

答案：CD

考点 2 ▶ 中班幼儿的游戏特点

中班幼儿的动作能力有明显发展，幼儿活动的范围大大扩展，活动积极性有了极大的提高。其游戏特点主要表现在以下几方面：

1. 幼儿的游戏水平极大提高，需要不断拓展游戏空间

中班幼儿非常喜欢象征性游戏。在选择中班的教育形式时，要考虑提供促进幼儿不断发展的条件，注重发挥活动区的作用。

2. 幼儿的自主性与主动性进一步发展，需要宽松、安全的探索环境

中班幼儿活动的自主性和主动性有了进一步的发展，他们能够提出自己的活动想法，有主动参与活动的热情与能力，能努力完成自己选择的活动。活动的自主性在游戏以及其他活动中都明显地表现出来。教师应为幼儿创设一个宽松、自主、有规则的活动环境，让幼儿真正成为活动的主人。

135

3. 幼儿同伴交往需求与能力进一步发展,需要良好的社会性发展氛围

中班幼儿游戏能力与水平都有所发展,与同伴的合作性游戏也逐步发展起来。他们已不再满足于自己玩,而开始喜欢找同伴一起玩。中班幼儿有着强烈的交往需求,这种需求在自主游戏活动中得以实现。

因此,教师为幼儿提供可以交往合作的游戏氛围,是促进学前儿童社会性发展的重要手段。户外锻炼、表演游戏、角色游戏以及各种活动区的游戏,都能为幼儿的这一发展需要提供帮助。

4. 幼儿想象的有意性水平提高,需要更大的表达与创造的空间

中班幼儿的想象力丰富,教师应提供有利于幼儿充分发挥想象力的活动空间,如活动区。幼儿在活动区的活动,可进一步发展成所有幼儿都非常投入的集体活动。

5. 幼儿具体形象思维表现突出,需要具体的活动情境与活动形式

中班幼儿思维的形象性最为突出。这一思维特点不仅表现在幼儿解决问题、判断事物时,而且表现在幼儿的各种活动中。在游戏中,幼儿容易沉浸在形象化的思维活动中。区角活动为幼儿的具体形象思维提供了自由活动的空间,满足和实现了幼儿的需要。

考点 3 ▶ 大班幼儿的游戏特点

1. 游戏的自我评价能力逐步提升

5岁以后,幼儿的个性特征有了较明显的表现,其中最突出的是幼儿自我意识的发展。这一时期,幼儿自我意识的发展主要体现在自我评价的能力上。幼儿在评价自己时,不再轻信成人的评价,当成人的评价与幼儿的自我评价不一致时,他们会提出申辩。同时,幼儿可以从多个角度进行自我评价。例如,大班幼儿在评价自己时会说:"我会唱歌跳舞,但画画不行。"

2. 合作意识逐渐增强

大班幼儿开始有了合作意识,他们会选择自己喜欢的玩伴,也能与三五个小朋友一起开展合作性游戏。他们逐渐明白公平的原则和个人需要服从集体约定的规则,也能向其他伙伴介绍、解释游戏规则。

3. 规则意识逐步形成

大班幼儿的规则意识逐步形成,他们开始学习控制自己的行为,遵守集体的共同规则。例如,游戏结束后要把玩具整理好放回原处,上课发言要举手,等等。大班后期的幼儿特别喜欢有规则的游戏,像体育游戏、棋类游戏等。对在活动中违背规则的行为,幼儿常常会"群起而攻之"。但这一时期的幼儿对于规则的认识还没有达到自律。规则对幼儿来说还是外在的,因此,幼儿在规则的实践方面仍会表现出自我中心的倾向。

4. 动作灵活、控制能力明显增强

大班幼儿的走路速度基本与成人相同,平衡能力明显增强,可以用比较复杂的运动技巧进行活动,还能伴随音乐进行律动与舞蹈。手指小肌肉快速发展,能自如地控制手腕,运用手指活动。例如,大班幼儿会灵活地使用剪刀,会用橡皮泥等材料捏出各种造型,还能正确地使用画笔、铅笔,进行简单的美工活动。所以,大班幼儿开始热衷于结构游戏与创造性游戏。

四、按各种类型游戏的特点指导游戏

由于不同种类的游戏有着不同的特点,所以,教师对游戏的指导还应考虑到游戏的种类。例如,角色游戏和结构游戏都是幼儿对其生活的反映,但角色游戏主要反映的是幼儿周围的社会生活,而结构游戏则是幼儿对物体造型的一种反映。因此,两类游戏从丰富生活、提供材料、场地布置、指导策略上都会有所差异。教师应在活动中把握好自己干预游戏的"度",考虑到不同类型游戏的特点,施以不同的指导。

考点 1 ▶ 角色游戏的指导

1. 角色游戏组织与指导的原则

(1)主体性原则,允许幼儿自由选择游戏及游戏中的角色;(2)个性化原则,体现层次性,满足幼儿的发展需要;(3)开放、随机性原则,适时介入给予指导。

2. 角色游戏的指导环节与要点

(1)角色游戏前期准备:①丰富幼儿的生活经验;②提供适合的场所以及丰富的游戏材料;③提供充足的游戏时间。

(2)角色游戏过程中的现场指导:①鼓励和启发幼儿按照自己的意愿自主确定游戏主题;②教会幼儿分配游戏角色;③观察、参与幼儿游戏,尊重幼儿个体差异性,给予适宜的指导。

(3)角色游戏结束环节的指导:①愉快地结束游戏,培养幼儿对游戏的兴趣;②引导幼儿收拾游戏材料和场地,培养幼儿良好的习惯;③评价游戏,丰富幼儿的游戏经验,提升游戏水平。

3. 各年龄段角色游戏的特点与指导要点

幼儿的游戏水平具有年龄差异性。在角色游戏中,小班幼儿以模仿为主,大班幼儿则以创造为主。教师应针对幼儿的年龄特点和游戏水平,有针对性地进行指导。

表1-10 各年龄段角色游戏的特点与指导要点

小班	特点	①幼儿处于独自游戏、平行游戏的高峰期; ②角色意识不强; ③游戏主题单一、情节简单
	指导要点	①教师根据幼儿的游戏特点和社会经验为幼儿提供种类少,但同一种类数量较多的成型玩具,避免幼儿因相互模仿而争抢玩具; ②以游戏者的身份介入游戏,引导幼儿; ③培养幼儿的规则意识,让幼儿逐渐学会在游戏中进行自我管理; ④通过游戏评价不断丰富游戏经验
中班	特点	①游戏的内容与情节较小班不断丰富; ②处于联合游戏阶段,游戏主题丰富,但不稳定; ③希望与别人交往,但欠缺交往技能; ④角色意识较强,能够按照自己选定的角色开展游戏
	指导要点	①为幼儿提供丰富且富有变化的游戏材料,鼓励幼儿不断丰富游戏主题; ②以游戏者的身份介入游戏,指导游戏; ③通过幼儿讨论等形式展开游戏评价; ④指导幼儿在游戏中逐渐掌握社会规则和交往技能,逐渐学会独立解决问题
大班	特点	①游戏经验丰富,主题新颖,内容丰富,游戏所反映的人际关系较为复杂; ②处于合作游戏阶段,喜欢与伙伴共同游戏; ③能按照自己的愿望主动选择游戏主题,并有计划地开展游戏; ④在游戏中独立解决问题的能力增强
	指导要点	①与幼儿一起准备游戏环境,侧重语言引导; ②给幼儿提供必要的条件和机会以及适当的引导; ③允许并鼓励幼儿在游戏中进行创造; ④通过多种形式开展游戏讲评

考点 2 结构游戏的指导 【单选】 ★★

1. 结构游戏的指导原则

(1)坚持循序渐进的原则。教师应掌握幼儿结构游戏发展的规律,根据儿童的年龄特点和游戏水平循序渐进地加以指导。

(2)坚持自发与示范相结合,培养幼儿结构造型的能力。研究表明,儿童对结构材料普遍有自发的游戏愿望,但儿童结构游戏的水平却存在着很大的个体差异。教师应适时向儿童示范一些结构游戏的基本技能,也可适时向儿童推荐一些结构游戏水平较高的儿童的作品,并让他们示范一些基本的技能。

(3)坚持创新。利用儿童喜欢相互模仿和好奇的特点,培养幼儿对物体的观察力,鼓励儿童发挥自己的想象力和创造性,在游戏中获得满足感和成就感。

2. 结构游戏的指导策略

(1)创设良好的游戏环境

①平等、尊重、自主的精神环境。教师应为幼儿营造和谐融洽的人际关系,以平等的心态与幼儿积极沟通,尊重和支持幼儿的选择,发挥幼儿游戏的主动性,鼓励幼儿做游戏的主人。

②开放、丰富多样的物质环境。首先,教师应尽可能拓展幼儿的游戏空间。其次,教师应为幼儿提供充足的游戏时间,可以结合幼儿园的活动安排,灵活有效地开展各类型结构游戏。最后,提供丰富多样的建构材料。

(2)丰富幼儿对建构物的感性经验

①教师在日常活动中引导幼儿观察周围生活中的多种建筑,引导幼儿注意观察这些客观事物的外形特征(形状特征、结构特征、组合关系与色泽特点),如楼房是有层次的,房顶有尖的、平的,也有圆的,桥梁是由桥面和桥墩组成的等,注意观察客观事物之间的差异。

②可通过影视、图书等手段开阔幼儿的视野,丰富建构题材。

(3)引导幼儿掌握结构造型的基本技能

①识别与使用材料的技能。教师引导幼儿认识结构玩具,识别结构元件的颜色、形状、大小等特征,选用结构元件去构造物体,灵活使用材料。

②建构操作技能。具体有积木的排列组合(平铺、叠加、盖顶、搭台阶等),积塑的插接、镶嵌(整体连接、交叉连接、端点连接、围合连接等),以及穿套编织,黏合造型等,这是幼儿构造物体的基础。

③设计构思能力。引导幼儿整体构思构造计划,使幼儿能有目的、有计划、有步骤地进行构造活动。

(4)按照儿童的年龄特点指导结构游戏

真题7 [2020 山东青岛,单选]在以"医院"为主题的建构活动之前,老师带幼儿去参观医院,其目的是( )

A. 为幼儿提供丰富多样的建构游戏材料

B. 丰富幼儿对建构物实体的感性经验

C. 培养幼儿进行建构游戏的基本知识和技能

D. 增进幼儿建构性游戏的合作行为

答案:B

3. 各年龄段结构游戏的特点与指导要点

表1-11　各年龄段结构游戏的特点与指导要点

小班	特点	①结构游戏缺乏目的性和计划性； ②选用结构材料盲目、简单； ③建构技能简单、重复； ④对游戏的坚持性较差
	指导要点	①引导幼儿认识结构材料； ②带领幼儿参观中、大班幼儿的建构活动,引起幼儿对建构活动的兴趣； ③为幼儿安排场地,准备足够数量的结构玩具； ④指导幼儿学习基本的构造技能,建构简单的物体； ⑤建立结构游戏简单的规则； ⑥教给幼儿整理和保管玩具的简单方法
中班	特点	①目的比较明确,能初步了解结构游戏的计划； ②对操作过程有浓厚的兴趣,关心结构成果； ③能围绕结构物开展游戏,会按主题进行构建； ④能独立地整理玩具
	指导要点	①丰富幼儿的生活经验； ②引导幼儿学习设计结构方案,有目的地选材； ③指导幼儿掌握结构技能并会应用技能塑造物体； ④鼓励幼儿独立地进行创造性的建构活动； ⑤组织结构活动小组（3～4人）进行集体建构活动； ⑥组织幼儿评议结构成果
大班	特点	①结构游戏的目的性、计划性和持久性增强,建构内容丰富,使用材料增多,有一定的独立构造能力； ②能合作选取丰富多样的材料,围绕主题进行较复杂的建构； ③希望自己的作品有新意,追求结构的逼真和完美
	指导要点	①丰富幼儿的结构造型知识和生活印象； ②指导幼儿学习表现物体的细节和特征； ③指导幼儿制订计划； ④重点指导幼儿掌握并应用新的技能； ⑤教育幼儿重视结构成果； ⑥引导幼儿开展参加人数多、持续时间长的大型结构活动

真题8　[2024山东淄博,单选]关于小班幼儿结构游戏的特点,下列说法正确的是(　　)

①缺乏目的性和计划性　　　　　　　②能围绕结构物开展游戏
③选用结构材料盲目、简单　　　　　④能独立地整理玩具

A.①②　　　　B.②③④　　　　C.①③　　　　D.①④

答案:C

考点 3 ▸ 表演游戏的指导

1. 表演游戏的指导原则

(1)游戏性先于表演性,要确保所组织的活动是"游戏"而不是单纯的表演；
(2)游戏性与表演性应当很好地融合、交织在一起。

2. 组织和指导表演游戏的注意事项

(1)协助幼儿选择表演游戏的主题,选择适合表演的文学作品。

幼儿表演游戏的题材主要来自童话故事等文学作品。适于幼儿进行表演游戏的作品,应具有如下特征:

①思想内容健康活泼,具有明显的表演性;②要有一定情境,适合小班表演的作品最好只有一个场面,还要有明显的动作性,小中班宜选择简单的、有重复动作的作品;③起伏的情节,情节主线要简单明确,节奏要快;④较多的对话,易于用动作来表演。

(2)激发幼儿对表演游戏的兴趣。

(3)创设适合表演的游戏环境,提供表演游戏的物质条件。

(4)帮助幼儿组织表演活动,指导幼儿分配角色。

最初可先组织部分幼儿练习表演,之后,再组织全班幼儿参加表演游戏,可以同时组织几组,让幼儿轮流当观众与演员。在表演过程中,教师要注意儿童表演的逼真性和教育性,还应特别注意吸引一些胆怯幼儿参加表演游戏,教他们学会担任角色,充分发挥表演游戏对所有幼儿的教育作用。分配角色时,教师要尊重幼儿的选择。小班可由教师指定角色,或幼儿自选;对于中、大班幼儿,教师应鼓励他们按照自己的意愿进行表演。

(5)指导幼儿表演的技能,鼓励幼儿自然生动地表演。

指导幼儿表演技能的方法有:①引导幼儿观察、表现和交流;②教师示范表演;③教师与幼儿共同表演;④利用幼儿的生活经验,对幼儿进行口头语言、歌唱表演、形体表演等技能的训练;⑤启发并尊重幼儿的创造性表演。

(6)引导幼儿积累社会经验,提高表演水平。

教师应注意在幼儿的日常生活、教育活动以及游戏活动中丰富幼儿的社会经验,不断提升幼儿表演游戏的水平。另外,教师可以以观众的身份,用提问、建议等方式指导幼儿顺利演出,并对幼儿的演出加以评价,但是切莫变成"导演"。

3. 中、大班幼儿表演游戏的特点与指导要点

表1-12 中、大班幼儿表演游戏的特点与指导要点

中班	特点	①可以自行分配角色,但角色更换意识不强; ②游戏的目的性、计划性差,以一般性表现为主,以动作为主要表现手段
	指导要点	①教师应为幼儿提供适宜的游戏时间和空间; ②为幼儿准备封闭或半封闭的空间; ③为幼儿提供的材料要简单易搭,以2~4种为宜; ④游戏最初开展阶段,教师要帮助幼儿做好分组工作,讲解角色更换原则; ⑤不要过多干预幼儿的游戏,不要急于示范,要耐心等待幼儿协商、讨论,提醒幼儿坚持游戏主题; ⑥在游戏展开阶段,教师应帮助幼儿提高角色表现意识,可以参与游戏,为幼儿提供适当的示范
大班	特点	①能独立完成角色分配任务,有很强的角色更换意识; ②游戏的目的性、计划性较强,能自觉表现故事内容; ③具有一定的表演意识,但尚待提高; ④具备一定的表演技巧,能灵活运用多种表现手段,但表演水平尚待提高
	指导要点	①教师可以为幼儿提供种类较多的游戏材料,以鼓励和支持他们进行多样化探索; ②在游戏的最初阶段,教师除了提供时间、空间和基本材料外,应尽可能少地干预幼儿; ③随着游戏的展开,教师应及时为幼儿提供反馈,反馈重点是如何塑造角色

考点 4 智力游戏的指导

1. 智力游戏的组织与指导原则

(1)选择和编制合适的智力游戏;(2)帮助幼儿构建规则意识;(3)培养幼儿的游戏策略意识,而不是教给幼儿游戏的策略。

2. 各年龄段智力游戏的特点与指导要点

表1-13 各年龄段智力游戏的特点与指导要点

小班	特点	①游戏任务容易理解,易于完成; ②游戏方法明确具体; ③游戏规则要求低,通常只有一个规则; ④游戏趣味性大于实际操作性,启发性大于知识性; ⑤游戏注重幼儿的兴趣及参与意识的培养
	指导要点	①游戏所涉及的知识要适应幼儿的接受能力; ②要选择规则简单、趣味性较强的游戏; ③教师应熟悉智力游戏的目的、难点、重点、规则和游戏中的相关知识,以发挥其开发智力的作用
中班	特点	①游戏任务知识性大于娱乐性,注重趣味性及幼儿实际操作能力的培养; ②游戏方法复杂多样; ③游戏规则带有更多控制性,要求相对提高; ④注重幼儿在完成游戏任务的同时,遵守规则,并在游戏中给幼儿一定的知识概念
	指导要点	①使幼儿在智力游戏中产生愉快的情绪,注意激发幼儿学习的积极性; ②注意培养幼儿动手动脑的习惯; ③应考虑幼儿的生活经验与接受能力,难度适当; ④要循序渐进,由易到难
大班	特点	①知识性大于娱乐性,创造性增强; ②游戏任务较为复杂,有时一个游戏多项任务; ③游戏方法多且难度较大; ④游戏规则可以改变,幼儿可以在活动中通过协商制定新的规则
	指导要点	①应注意游戏本身的趣味性和吸引力; ②内容应有一定的难度; ③教师主要依靠语言讲解游戏,并要求幼儿独立开展游戏; ④教师对幼儿游戏的引导应多于指导; ⑤幼儿在智力游戏活动中应遵守规则,同时允许幼儿制定新规则

考点 5 音乐游戏的指导

1. 音乐游戏的指导原则

(1)"漫不经心的娱乐"原则:强调幼儿自身的参与和感受,从幼儿身心特点出发,让幼儿在亲身参与和感受中体会音乐的魅力和内涵。

(2)"幼儿主体、教师引导"原则:①在了解幼儿的基础上,以促进幼儿的发展来设计游戏,确定游戏主题;②充分发挥幼儿的想象力,与他们共同设计音乐游戏。

2.音乐游戏的指导内容

(1)自娱性音乐游戏的指导

自娱性音乐游戏的特点是"自发性、趣味性、随机性",这决定了教师的指导应当少之又少,基本上只提供游戏材料,或者间接指导,尽量不干涉幼儿游戏。教师应创设丰富的音乐环境,提供自娱性音乐游戏的平台。音乐环境一般包括小舞台和音乐区,教师要用心布置该区域,调动幼儿积极性。

(2)教学性音乐游戏的指导

教师要通过选择合适的、有趣的内容,通过教师的感染力来激发幼儿游戏的兴趣。注重游戏过程中的音乐体验,给幼儿充分地表现自我的机会。

考点 6 ▶ 体育游戏的指导

1.幼儿体育游戏的指导原则

(1)经常化原则,避免"三天打鱼,两天晒网";

(2)适量的运动负荷原则,通过合理安排及注意调节幼儿练习时身体和心理所承受的负荷量,保证幼儿在运动后取得超量恢复的最佳效果;

(3)多样化原则,灵活运用多种途径、多种组织形式和方法进行体育活动;

(4)全面发展原则,保证体育游戏既能促进幼儿身心发展,又能使身体各部位、各器官系统得到全面协调的发展。

2.幼儿体育游戏常用指导方法

幼儿体育游戏常用指导方法有:讲解法、示范法、练习法(重复练习法、条件练习法、完整练习法、分解练习法、循环练习法)、语言提示和具体帮助法、游戏法等。

五、正确评价幼儿的游戏

评价游戏对幼儿发展的教育作用是否得以实现,或幼儿通过游戏是否得到教育,是评价幼儿游戏是否成功的关键。而评价游戏教育作用的大小或游戏是否成功的根本出发点是:幼儿是游戏的主人。具体来说,可以从以下几方面来衡量游戏是否成功。

(1)幼儿按意愿选择玩具做游戏,幼儿在游戏中感到轻松、愉快,发挥了创造性;

(2)幼儿玩一种游戏很认真,能克服困难,遵守游戏规则,不依赖他人,能够独立游戏;

(3)会正确使用玩具、爱护玩具、会收放玩具;

(4)在游戏中对同伴友爱、谦让,能与同伴合作,愿意帮助别人、不妨碍别人;

(5)游戏内容健康,有益于幼儿的身心发展。

六、使游戏成为幼儿园的基本活动

1.重视幼儿的自发性游戏

自发性游戏是指幼儿自己想出来的、自己发起的游戏,这种游戏完全符合游戏的特点,最贴近游戏的本质,也是幼儿最愿意玩的游戏。自发性游戏特别有利于培养幼儿的自主性、独立性和创造性。幼儿只有有了一定的自主性,才可能成为自己活动的真正主体,才可能使以自主性为显著特征的游戏成为幼儿的基本活动。作为幼儿教师,应充分认识自发性游戏对幼儿的重要作用,应准许、支持并鼓励幼儿进行自发性游戏。

2.充分利用游戏组织幼儿园各类教育活动

为了达到幼儿园的保教目标,促进幼儿身心和谐发展,教师除让幼儿进行各种游戏活动以外,还要有目的、有计划、有系统地组织幼儿进行各种教育活动,如劳动、参观、上课等。为了既能保证教育的计划性,又能保证游戏成为幼儿的基本活动,教师必须充分利用游戏组织各类教育教学活动。

3.满足幼儿对多种游戏的需要

幼儿对游戏的需要是多种多样的,他们想玩各种各样的游戏,加上幼儿之间存在着很大的个体差异,有的幼儿想玩角色游戏,有的幼儿想玩结构游戏,即使是同一种游戏,幼儿关注的重点、感兴趣的部分也有差异。各种游戏之间并无好坏、高低之分,任何一种游戏都具有其自身独特的作用。所以,教师应为幼儿提供各种各样的游戏,注意到幼儿的个体差异,满足幼儿的需要。

★ 本节核心考点回顾 ★

1. 幼儿游戏的基础和源泉

儿童的游戏是对儿童生活的反映,其生活经验是幼儿游戏的基础和源泉。

2. 游戏观察的方法

(1)扫描观察法:在相等的时间段里对观察对象依次轮流进行观察。适合粗线条地了解全班儿童的游戏情况,一般在游戏开始和结束的时候运用较多。

(2)定点观察法:固定在游戏中的某一区域进行观察。适合于了解某主题或区域幼儿的游戏情况,一般多在游戏过程中使用。

(3)追踪观察法:确定1~2个儿童作为观察对象,固定人而不固定地点。适合于观察了解个别学前儿童在游戏中的发展水平,可以自始至终地观察,也可以就某一时段或某一情节进行观察。

3. 教师介入幼儿游戏的时机

(1)出现困难时;

(2)游戏秩序受到威胁时;

(3)对游戏失去兴趣或准备放弃时;

(4)游戏内容发展或技能方面发生困难时。

4. 根据游戏过程中影响活动的形式划分,教师介入幼儿游戏的方式

(1)平行式介入:在幼儿附近和幼儿玩相同或不同材料的游戏,目的在于引导幼儿模仿。

(2)交叉式介入:扮演一个角色进入幼儿的游戏。

(3)垂直式介入:出现危险时,进行直接干预。

5. 教师语言介入幼儿游戏时的语言分类

(1)询问式语言:设置问题情境、提出有针对性的问题。

(2)建议式语言:简单的建议性提示。

(3)澄清式语言:幼儿不明白的事情,或模仿了不良现象,通过语言引导幼儿加以讨论、澄清。

(4)鼓励式语言:用激励式的正面语言对幼儿的正向行为加以肯定并提出希望。

(5)邀请式语言:弱者或无人问津的区域,可以运用邀请的方式。

(6)角色式语言:以角色身份参与到幼儿的游戏中。

(7)指令式语言:严重违反规则或出现攻击性行为时,立即制止。

6. 小班幼儿的游戏特点

(1)目的性不强;(2)兴趣不稳定;(3)兴趣持续时间短;(4)重内容,轻规则。

7. 结构游戏的指导策略

(1)创设良好的游戏环境。

(2)丰富幼儿对建构物的感性经验。

(3)引导幼儿掌握结构造型的基本技能。

(4)按照儿童的年龄特点指导结构游戏。

8. 小班幼儿结构游戏的特点

(1)结构游戏缺乏目的性和计划性;

(2)选用结构材料盲目、简单;

(3)建构技能简单、重复;

(4)对游戏的坚持性较差。

第八章 幼儿园班级管理与环境创设

本章学习指南

一、考情概况

本章属于学前教育学的基础章节,知识点较为琐碎、实用性强,考生可带着以下学习目标进行备考:

1. 了解幼儿园班级的人员结构及班级管理的内容。
2. 掌握幼儿园班级管理的方法及原则。
3. 理解幼儿园环境的内涵、分类及特点。
4. 掌握教师在幼儿园环境创设中的作用。
5. 掌握幼儿园环境创设的一般原则。

二、考点地图

考点	年份/地区/题型
幼儿园班级的人员结构	2021福建统考单选
幼儿园班级管理的内容	2023安徽宿州单选
幼儿园班级管理的方法	2024福建统考单选;2023江西统考单选;2022安徽安庆多选
幼儿园环境的分类	2021福建统考判断;2020内蒙古赤峰单选
教师在幼儿园环境创设中的作用	2021山东滨州单选
幼儿园环境创设的一般原则	2024山东临沂单选;2023福建统考单选;2021浙江绍兴简答

注:上述表格仅呈现重要考点的相关考情。

核心考点

第一节 幼儿园班级管理

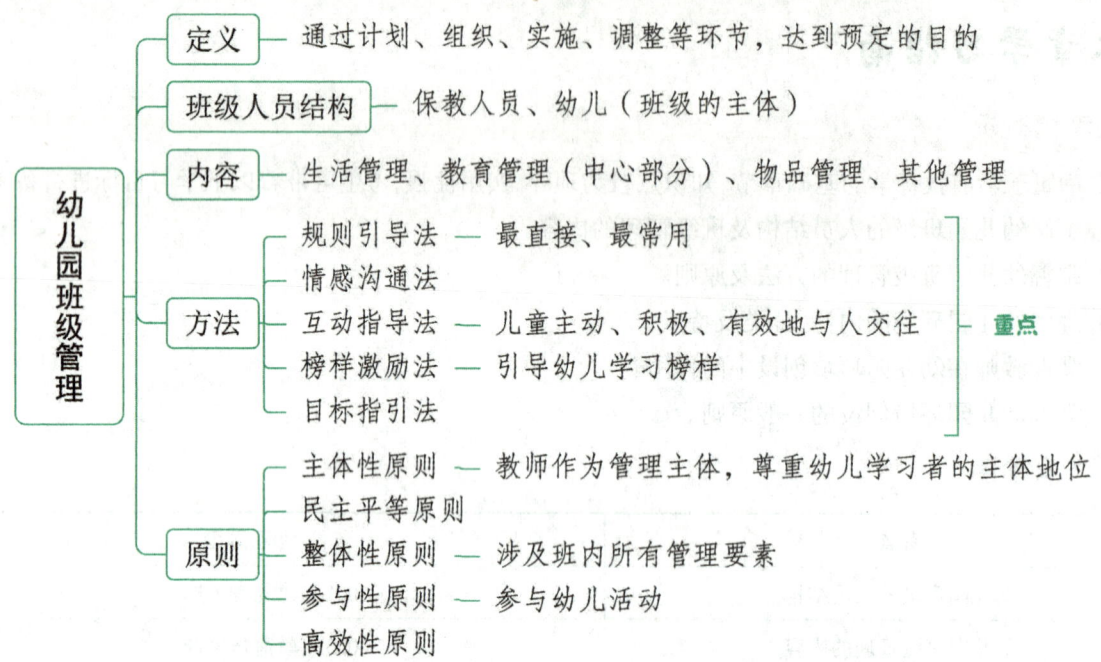

一、幼儿园班级管理的定义

幼儿园班级管理是指班级教师通过计划、组织、实施、调整等环节,把幼儿园的人、财、物、时间、空间、信息等资源充分利用起来,以便达到预定的目的。

幼儿园班级管理的主要实施者是班级教师。班级管理要以幼儿为中心,合理安排人、财、物和事,有效利用时间和信息,以完成保教幼儿和服务家长的双重任务,促进幼儿的健康成长。

二、幼儿园班级的人员结构 【单选】 ★

1. 保教人员

整个幼儿园的工作都是通过各个班级的工作来实现的,因此,作为班级工作的承担者,保教人员在幼儿园完成各项保教任务中起着关键的作用。保教人员的数量、素质等因素直接影响到幼儿园保教目标的达成度。

2. 幼儿

幼儿是幼儿园教育的对象,是班级的主体。

真题1 [2021福建统考,单选]幼儿园班级的主体是( )
A. 园长　　　　　B. 教师　　　　　C. 幼儿　　　　　D. 保育员
答案:C

146

三、幼儿园班级管理的内容 【单选】 ★

1. 生活管理

幼儿园班级生活管理是为了保证幼儿的身体正常发育、心理健康成长,保教人员围绕幼儿在园内的起居、饮食等生活方面的需要而进行的管理工作。没有科学规范的生活管理,幼儿就无法开展各种有目的、有规则的教育与游戏活动。

2. 教育管理

班级保教人员对教育过程精心设计组织,对教育结果进行细致评估,在班主任教师带领下对班级幼儿进行调查研究,这一系列的工作称为幼儿园班级教育管理。

幼儿园班级教育管理是班级保教人员最经常和最基本的管理工作,又是幼儿园各项管理工作的中心部分,是幼儿园管理水平的反映和幼儿园质量的反映,是衡量幼儿园保教工作成果的显性标准。各个班级的教育管理水平组成了幼儿园教育管理的总体水平。

3. 物品管理

班级物品摆放得当,能给幼儿一个整齐有序的环境,有利于幼儿生活和活动,有利于幼儿成长,同时也方便教师使用,班级物品包括小床、小被等生活用品,玩具、学具等学习用品以及钢琴、电视等教师教学物品。

4. 其他管理

幼儿园班级管理除了进行生活管理、教育管理和物品管理外,还有许多与之相关的其他管理,如班级间交流管理、家庭教育管理、幼儿社区活动管理等,它们也是班级常规管理的重要组成部分。

•记忆有妙招•

> 幼儿园班级管理的内容:**教其生物**。**教**:教育管理。**其**:其他管理。**生**:生活管理。**物**:物品管理。

真题2 [2023安徽宿州,单选]幼儿园各项管理工作的中心部分是( )
A. 班级生活管理　　　　　　　　B. 班级间交流管理
C. 班级教育管理　　　　　　　　D. 家庭教育管理
答案:C

四、幼儿园班级管理的方法 【单选、多选】 ★★

1. 规则引导法

规则引导法是指用规则引导幼儿的行为,使其与集体活动的方向和要求保持一致或确保幼儿自身安全并不危及他人的一种管理方法。规则引导法是对班级幼儿最直接和最常用的管理方法。

规则引导法的操作要领:(1)规则的内容要明确且简单易行;(2)要提供给幼儿实践的机会,使幼儿在活动中掌握规则;(3)教师要保持规则的一贯性。

2. 情感沟通法

情感沟通法是指通过激发和利用师生间或幼儿间以及幼儿对环境的情感,以引发或影响幼儿行为的方法。

由于幼儿的情感是丰富的、纯真的、自由的,情感沟通法很少有统一的实施步骤,但可以归纳出实施管

147

理的主要着眼点：(1)教师在日常生活和教育活动中,要观察幼儿的情感表现；(2)教师要经常对幼儿进行移情训练；(3)教师要保持和蔼可亲的个人形象。情感沟通法的基础是教师对幼儿的理解和爱。

3. 互动指导法

互动指导法是通过促进儿童与同伴、儿童与教师、儿童与环境材料的相互作用,引导儿童主动、积极、有效地与人交往,实现教育目标的方法。因为班级活动的本质是由幼儿参与的,与指向的对象发生相互作用的活动,即班级活动过程就是幼儿同不同对象互动的过程。因此,指导幼儿主动地、积极地、有效地同他人交往是班级管理的一种重要方法。

互动指导法的运用要注意如下几点：(1)教师对幼儿互动指导的适当性；(2)教师对幼儿互动指导的适时性；(3)教师对幼儿互动指导的适度性。此外,教师在指导中应采用不同的方式。可以语言指导,也可以行为指导,还可以是表情的暗示；可以在幼儿的活动外加以指导,也可以参与到幼儿的活动之中加以指导。

4. 榜样激励法

榜样激励法是指通过树立榜样并引导幼儿学习榜样以规范幼儿行为,从而达成管理目的的方法。

榜样激励法的使用要领是：(1)榜样的选择要健康、形象、具体；(2)班级集体中榜样的树立要公正,有权威性；(3)及时对幼儿表现的榜样行为做出反应。

5. 目标指引法

目标指引法是教师以行为结果作为目标,引导幼儿的行为方向,规范幼儿行为方式的一种管理方法。从行为的预期结果出发,引导幼儿自觉识别行为正误是目标指引法的基本特点。

目标指引法的使用要注意如下几点：(1)目标要明确具体；(2)目标要切实可行,要具有吸引力；(3)目标与行为的联系要清晰可见。

真题3 [2024福建统考,单选]罗老师发现最近迟到的幼儿比较多,便请准时入园的幼儿分享不迟到的好办法,后来迟到的幼儿渐渐少了。罗老师采用的班级管理方法是(　　)

A. 规则引导法　　　　B. 情感沟通法　　　　C. 角色扮演法　　　　D. 榜样激励法

真题4 [2023江西统考,单选]看到丽丽把其他小朋友碰倒的椅子扶起来,王老师及时鼓励并在全班幼儿面前表扬她。王老师这一做法采用的是班级管理中的(　　)

A. 规则引导法　　　　B. 榜样激励法　　　　C. 目标指引法　　　　D. 互动指导法

真题5 [2022安徽安庆,多选]规则引导法是幼儿园班级管理最直接、最常用的管理方法,下列属于规则引导法的操作要领的是(　　)

A. 规则的内容要简单易行　　　　　　　　B. 给幼儿实践的机会

C. 教师要保持规则的一贯性　　　　　　　D. 没有互动性

答案：3. D　4. B　5. ABC

五、幼儿园班级管理的原则

1. 主体性原则

主体性原则是指教师作为班级管理的主体具有自主性、创造性和主动性,同时又要充分尊重幼儿作为学习者的主体地位。要贯彻好这一原则,应注意以下几个方面：

(1)明确教师对班级管理的职责和权利；(2)作为班级管理者的教师应充分了解并把握班级的各种管理要素；(3)教师还应正确地理解和处理与作为被管理者的幼儿之间的关系。

2. 民主平等原则

民主平等原则是指运用民主集中制的理念,广泛发动幼儿积极参与班级管理活动,培养幼儿主人翁意识和社会责任感,实现班级管理的现代化。

运用民主平等原则应注意的要点:(1)打破垂直管理模式,采用圆形平等管理模式;(2)打破上下级之间的界限,确立人格平等的人际关系;(3)教师要充分尊重、理解、信任幼儿。

3. 整体性原则

整体性原则是指班级管理应是面向全体幼儿并涉及班内所有管理要素的管理。整体性原则保证了班级全体幼儿的共同进步而不是部分幼儿的超常发展,确保班级各种管理要素得到充分的利用。整体性原则指导作用的发挥应注意以下几点:

(1)教师对班级的管理不仅是对集体的管理,也是对每个幼儿的管理;(2)教师应充分利用班集体作为一个整体的熏陶作用和约束作用;(3)班级管理不只是人的管理,还涉及物、时间、空间等要素的管理。

4. 参与性原则

参与性原则是指教师在管理过程中不以管理者身份高高在上,而是要以多种形式参与到幼儿的活动之中,在活动中民主、平等地对待幼儿,与幼儿共同开展有益的活动。贯彻参与性原则应注意以下几点:

(1)教师参与活动应注意角色的不断变换,以适应幼儿活动的需要;(2)在某种场合教师参与活动要根据幼儿的需要,取得幼儿的许可;(3)教师在参与活动中,指导和管理要适度。

5. 高效性原则

高效性原则是指教师进行班级管理时,要以最少的人力、物力和时间,尽可能地使幼儿获得更多、更全面、更好的发展,使班级呈现更健康的面貌。贯彻高效性原则应注意以下几个方面:

(1)班级管理目标的确定要合理,计划的制订要科学;(2)班级管理计划的实施要严格而灵活;(3)班级管理方法要适当,管理过程中重视检查反馈。

本节核心考点回顾

1. 幼儿园班级的人员结构
(1)保教人员;(2)幼儿(幼儿园教育的对象,班级的主体)。

2. 幼儿园班级管理的内容
(1)生活管理;(2)教育管理(各项管理工作的中心部分);(3)物品管理;(4)其他管理。

3. 幼儿园班级管理的方法
(1)规则引导法(最直接和最常用):用规则引导幼儿的行为。操作要领:①规则的内容要明确且简单易行;②要提供给幼儿实践的机会;③教师要保持规则的一贯性。

(2)情感沟通法:激发和利用师生间或幼儿间以及幼儿对环境的情感。

(3)互动指导法:促进儿童与同伴、儿童与教师、儿童与环境材料的相互作用,引导儿童主动、积极、有效地与人交往。

(4)榜样激励法:树立榜样并引导幼儿学习榜样。

(5)目标指引法:以行为结果作为目标,引导幼儿的行为方向。

4. 幼儿园班级管理的原则
(1)主体性:教师作为班级管理的主体,同时又要充分尊重幼儿作为学习者的主体地位。
(2)民主平等:运用民主集中制的理念,广泛发动幼儿积极参与班级管理活动。

(3)整体性:面向全体幼儿并涉及班内所有管理要素。

(4)参与性:以多种形式参与到幼儿的活动之中,在活动中民主、平等地对待幼儿,与幼儿共同开展有益的活动。

(5)高效性:以最少的人力、物力和时间,使幼儿获得更多、更全面、更好的发展。

第二节　幼儿园环境创设

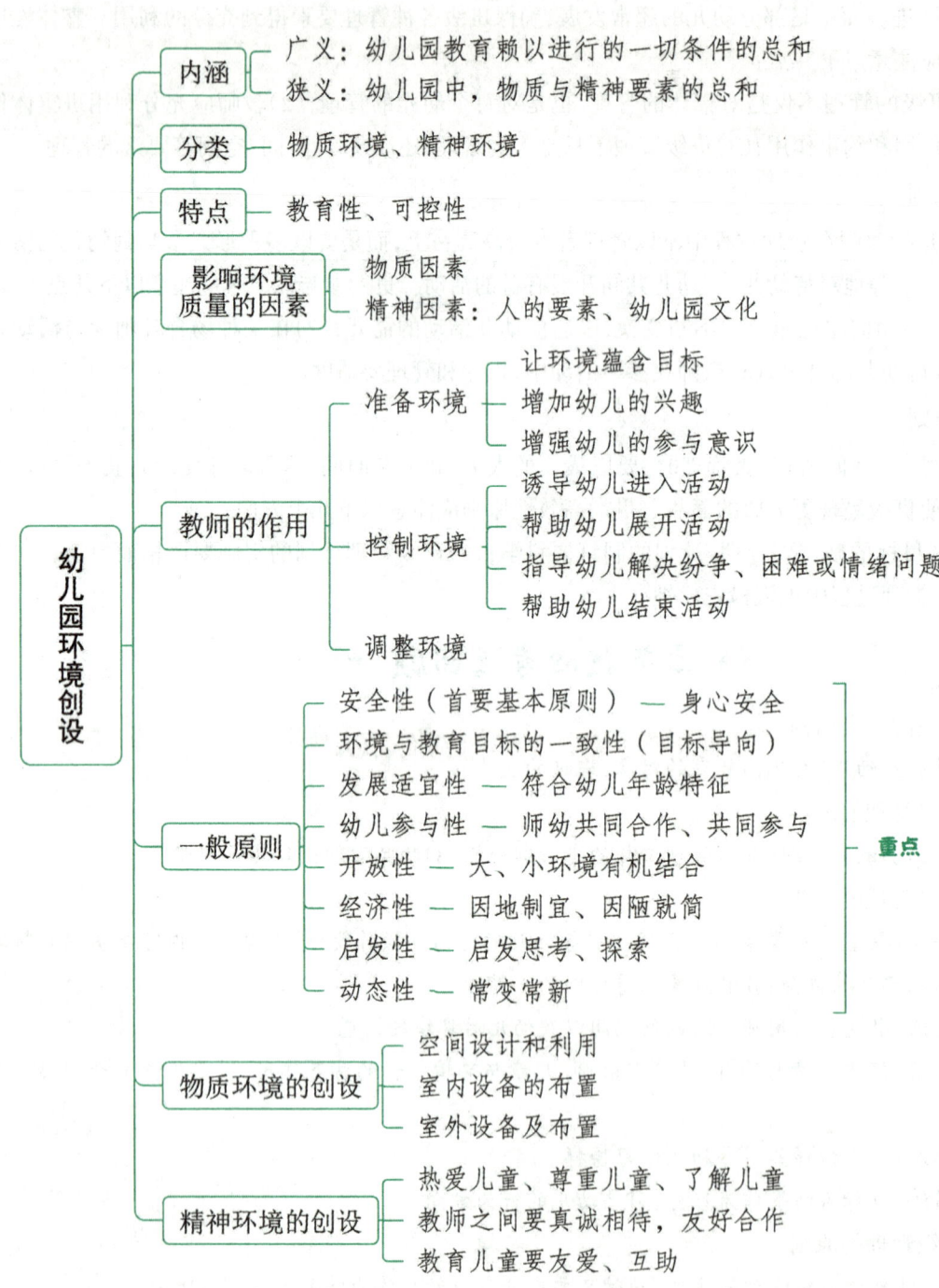

一、幼儿园环境的内涵和分类

考点 1 ▶ 幼儿园环境的内涵

对于幼儿园教育而言,广义的幼儿园环境是指幼儿园教育赖以进行的一切条件的总和,包括幼儿园内部的小环境,又包括园外的家庭、社会、自然、文化等大环境。狭义的幼儿园环境是指在幼儿园中,对幼儿身心发展产生影响的物质与精神要素的总和。

考点 2 ▶ 幼儿园环境的分类 【单选、判断】 ★★

幼儿园环境按其性质可分为物质环境和精神环境两大类。

表1-14 物质环境和精神环境

类型		内涵	内容
物质环境	广义	对幼儿园教育产生影响的一切天然环境与人工环境中物的要素的总和	自然风光、城市建筑、社区绿化,家庭物质条件、居室空间安排、室内装潢设计等
	狭义	幼儿园内对幼儿发展有影响作用的各种物质要素的总和	园舍建筑、园内装饰、场所布置、设备条件、物理空间的设计与利用及各种材料的选择与搭配等
精神环境	广义	对幼儿园教育产生影响的整个社会的精神因素的总和	社会的政治、经济、文化、艺术、道德、风俗习惯、生活方式、人际关系等
	狭义	幼儿园内对幼儿发展产生影响的一切精神因素的总和	幼儿园人际关系、幼儿园文化氛围等

在具备了基本的物质条件后,对幼儿园教育起决定作用的是精神环境。和谐的精神环境有利于幼儿的发展,不良的精神环境如大众传媒中不宜幼儿收听、收看的内容,成人不正确的教养态度等则会对幼儿的发展产生负面影响。因此,幼儿教育工作者要善于创设与利用各种有利的精神环境,控制各种不利因素,保证幼儿顺利、健康地发展。

真题1 [2020内蒙古赤峰,单选]幼儿园环境是儿童生活的基本保障,是幼儿园的"第三位教师"。下列属于幼儿园精神环境的是(　　)

A. 户外绿化　　　　B. 种植园地　　　　C. 园风　　　　D. 园所建筑

真题2 [2021福建统考,判断]幼儿园环境创设主要是进行空间规划、墙面装饰、添加设备和提供玩具材料。

答案:1. C　2. ×

二、幼儿园环境的特点

1. 环境的教育性

幼儿园作为专门的幼儿教育机构,其环境创设与其他非教育机构有显著区别,它是根据幼儿园教育的目标及幼儿的发展特点有目的、有计划、有组织地精心创设的。

在幼儿园教育中,环境创设不仅是美化的需要,更是教育者实现教育意图的重要中介,教育者把教育意图隐含在环境中,让环境去说话,让环境去引发幼儿应有的行为。因此,幼儿园的环境具有教育功能,是为实现教育目标服务的。

151

2. 环境的可控性

幼儿园内部环境与外界环境相比具有可控性,即幼儿园内部环境的构成处于教育者的控制之下。具体表现在两个方面：一方面社会上的精神、文化产品,各种幼儿用品等在进入幼儿园时,必须经过精心地筛选甄别,取其精华,去其糟粕,以有利于幼儿发展为选择标准。另一方面,教师根据教育的要求及幼儿的特点,有效地调控环境中的各种要素,维护环境的动态平衡,使之始终保持在最适合幼儿发展的状态。

如上所述,幼儿园环境具有教育性与可控性的特点。另外也不难看到,环境的教育性与可控性之间是相互联系的,环境的教育性决定了环境的可控性的特点,使可控性有了明确的标准和方向。而可控性又保证了教育性的实现,二者具有相互依存、相互制约的关系。

三、影响幼儿园环境质量的因素

考点 1　物质因素

物质环境是幼儿园环境的重要组成部分,与幼儿园教育的关系十分密切,并对幼儿园环境质量产生重要影响。教师应结合幼儿园的各级教育目标,科学合理地选择材料与安排空间,满足幼儿活动的需要。

考点 2　精神因素

在影响幼儿园环境质量的各种精神因素中,人的要素和幼儿园文化的作用是十分巨大的。

1. 人的要素

在人的要素中,幼儿教师是幼儿园中对幼儿发展影响最大的因素。在一定的物质条件具备后,教师的观念和行为是影响幼儿园环境质量的决定因素。

(1)教师的思想、态度、情感和行为本身就是构成幼儿园环境的要素之一。教师的观念和行为决定着他们对幼儿的教养方式,决定着幼儿与教师之间、幼儿与幼儿之间、教师与教师之间的人际关系,决定着幼儿园和家庭、社区的关系……这些都对幼儿园环境质量的提高有重要的影响。

(2)由于幼儿园的各种环境都是教师根据教育的要求及幼儿的特点精心创设与控制的,因此,如果教师具有正确的观念与行为,就可以敏锐地发现幼儿的各种需要,协调各方面的因素,创设一个良好的发展环境,促进幼儿的发展。如果教师的教育观念不正确,把美观、漂亮作为评价环境好坏的主要标准的话,就会盲目追求豪华高档的硬件设备,结果装备再好,教育质量也未必提高。因此,在幼儿园教育中,教师的观念、人格、专业水平、教育行为等,是环境中影响教育质量的重要因素。每个幼儿教师都要自觉地更新教育观念,规范教育行为,保证环境的高质量。

2. 幼儿园文化

相对于人与物等可见的因素而言,幼儿园文化比较抽象,但对幼儿园环境质量的影响却是巨大的。

幼儿园文化对于幼儿园整体环境具有十分重要的影响作用,它影响着幼儿园的精神风貌,对全园的成人和幼儿都有潜移默化的作用。如果幼儿园受社会不良文化的影响,必然导致幼儿园整体文化氛围的低级、粗俗,使幼儿园环境质量大打折扣；如果是高雅、健康的文化氛围,那么带给幼儿的是一种无形的精神力量,教师和幼儿都能在其中受到良好的熏陶。除此之外,幼儿园文化还在一定程度上决定了教育的价值取向、教育的内容和方法等。因为教师的价值观决定了他主张什么,反对什么,喜欢什么,讨厌什么,这就必然影响他对教育目的的理解,对内容的选择和对活动的指导。如果教师迎合社会上的低级趣味,他就会背离教育目标,其教育行为也必然出现偏差,这样不仅影响幼儿园教育质量,甚至可能使幼儿园教育目标最后难以真正实现。

四、教师在幼儿园环境创设中的作用 【单选】 ★★

教师是幼儿园环境创设中重要的人的要素,在幼儿园环境创设中起着重要的作用。

考点 1 ▶ 准备环境

为了使幼儿能够更快乐、更轻松地学习和游戏,教师必须准备一个与教育相适宜的环境,这是教师的职责所在。教师在准备环境时的作用主要表现在:

1.让环境蕴含目标

教师在准备环境时,必须带着明确的目标,而不能随意准备。教师要将周围的人际因素和物质条件精心地加以组织,让环境中的一切都负载教育的信息,使幼儿能得到潜移默化的教育。

2.增加幼儿的兴趣

环境不仅要体现教育目标,还要符合幼儿的需要和兴趣。因此,教师要将幼儿发展所必需的物质条件和精神条件都纳入到环境中,从而引导和发展幼儿的兴趣。

3.增强幼儿的参与意识

幼儿的参与是教师准备环境时重要的内容之一,也是教师发挥作用的最重要的一个方面。让幼儿参与准备和创设的环境,最能引起幼儿的关注和投入,也最能激发幼儿的兴趣,增强幼儿的主动性和积极性。

考点 2 ▶ 控制环境

教师能够通过对环境的控制来激发、保持幼儿的活动积极性,帮助幼儿利用环境的条件来发展自己。教师控制环境大致分为以下几个环节:(1)诱导幼儿进入活动;(2)帮助幼儿展开活动;(3)指导幼儿解决纷争、困难或情绪问题;(4)帮助幼儿结束活动。

考点 3 ▶ 调整环境

环境必须随着幼儿的兴趣、需要、能力的变化以及教育目标、客观条件的变化而不断变化。因此,教师必须保持高度的敏感,随时审视环境,经常调整环境,使环境处于适宜幼儿发展的最佳状态。

准备环境、控制环境、调整环境,这是教师在幼儿园环境创设中的重要作用。环境中的物质材料、人际因素以及与幼儿的关系和相互作用是由教师来调控的,幼儿在环境中的活动也是由教师直接或间接引导的,没有教师的主导作用,幼儿在环境中的发展是不可能实现的。

> **记忆有妙招**
>
> 教师在幼儿园环境创设中的作用:**准备空调**。**准备**:准备环境。**空**:控制环境。**调**:调整环境。

真题3 [2021山东滨州,单选]诱导幼儿进入活动,并帮助幼儿展开活动是教师在(　　)中起到作用。
A.准备环境　　　　　B.控制环境　　　　　C.调整环境　　　　　D.变换环境
答案:B

五、幼儿园环境创设的一般原则 【单选、简答】 ★★★

考点 1 ▶ 安全性原则

安全性原则是幼儿园环境创设的首要基本原则。安全性原则主要是指幼儿园的园舍建筑、设施设备、活动场地、玩具等有形的物质条件和园所的制度、文化、人际氛围等隐形的精神条件必须符合国家颁布的卫生标准、安全标准和幼儿园教师专业标准,对幼儿的身体或心理没有危险和安全隐患,不造成幼儿的畸形发展。因此,创设幼儿园环境时,作为教师必须顾及幼儿身心两方面的安全:

1. 心理安全

这意味着在精神环境的创设中要让幼儿能真切地感受到教师对他的理解、关心和爱护,幼儿在幼儿园的集体生活中能够感受到大家的呵护和尊重。

2. 身体的安全

除必须注意活动室光线、色彩、温度、湿度、通风等条件外,特别要注意物品摆放的位置是否合适,活动中的材料对幼儿是否容易造成伤害,如废旧物品制作的玩具有没有易于划伤幼儿的角和边,材料的投放是否有利于幼儿自由自主地选择等。另外,还要教育幼儿不接近危险物品,如电源插座、电线等。

考点 2 ▶ 环境与教育目标的一致性原则(目标导向原则)

环境与教育目标的一致性原则也叫目标导向原则,是指环境的创设要体现环境的教育性。即环境设计的目标要符合幼儿全面发展的需要,与幼儿园教育目标相一致。

幼儿园是特殊的教育环境,为了充分发挥环境的教育功能,在创设幼儿园环境时,必须明确环境创设所要达到的教育目的,以教育目标为依据创设教育环境。把促进幼儿园全面发展的教育目标落实到月计划、周计划、日计划及每项具体活动中,体现在所创设的环境中。如结合十月一日"爱祖国"主题活动,可让幼儿搜集祖国各地名胜古迹风景图片贴在墙上。

考点 3 ▶ 发展适宜性原则

发展适宜性原则是指幼儿园环境创设要符合幼儿的年龄特征及身心健康发展的需要,促进每个幼儿全面、和谐地发展。

从一般年龄特征来看,小班、中班、大班幼儿在身心发展特点上的差异是非常明显的,其身心发展所需要的环境也不尽相同。因此,教师要根据幼儿不同的年龄特征为其提供适宜的发展环境。

考点 4 ▶ 幼儿参与性原则

幼儿参与性原则是指环境的创设过程是幼儿与教师共同合作、共同参与的过程。

让幼儿参与环境创设过程的意义主要体现在:培养幼儿的主体精神,发展幼儿的主体意识;培养幼儿的责任感;培养幼儿的合作精神。

总之,幼儿在参与创设幼儿园环境的过程中,得到发展、学习、创造、合作的机会。这是对幼儿最好的教育,其效果不亚于教师创设的现成环境。树立正确的观念是贯彻这一原则的根本保证。

考点 5 ▶ 开放性原则

开放性原则是指创设幼儿园环境时应把大、小环境有机结合,形成开放的幼儿教育系统。

随着社会科技与文化的日益发展,社会环境对教育的影响也越来越大。不管教师们、家长们是否愿意,社会环境都以它特有的潜移默化的方式强有力地作用于幼儿。通过大小环境的配合,主要是与家庭、社区的合作,取长补短,在一个开放的系统中,培养适合新时代要求的幼儿。例如,请交警来幼儿园模拟操作,给幼儿介绍交通安全知识;带领幼儿参观附近市场(街市)等。

考点 6 ▶ 经济性原则

经济性原则是指创设幼儿园环境应考虑不同地区、不同条件园所的实际情况,做到因地制宜、因陋就简。

贯彻经济性原则具体要做到少花钱多办事,在这方面我国幼教工作者已经积累了许多很好的经验。有的经济条件很好的城市幼儿园仍坚持利用废旧材料制作玩教具,利用自然材料布置教室。农村很多幼儿园努力克服困难,为幼儿创设丰富的环境。如充分利用当地的自然优势,为幼儿修沙坑,让幼儿在沙坑里做造型、结构游戏,用树枝在沙上画画、写字;用剥了玉米粒的玉米棒子让幼儿当"手榴弹"练习投掷、练数数、练排序;用竹筒做水枪,或在竹筒里装上沙、小石子或豆子让幼儿去摇,去捻,区分不同的声音或不同的重量;用黏土让幼儿学习造型、表现;农村美丽的自然风光,丰富的植物,各种家禽等更成为让幼儿发展情感、增长知识的活教材。这些经验大大丰富了我国幼儿教育的实践。

考点 7 ▶ 启发性原则

环境创设的内容应能刺激幼儿的好奇心,引起他们的求知欲,启发幼儿去思考、探索。如:在活动室里设置图书角,准备各种题材的图书,让幼儿在图书角里自由阅读。又如:利用各种不同质地的材料组成一幅画面,让孩子们用手去触摸,通过感知粗糙、细腻、坚硬、柔软、厚薄等不同的感觉,引发幼儿对以往生活体验的联想,促进幼儿的思维发展。

考点 8 ▶ 动态性原则

动态性原则强调幼儿园环境创设是一项持续性的活动,在活动空间、内容、材料、规则等方面都应随幼儿的发展和教育活动的变化而变化。长期固定不变的环境内容会减少幼儿动手参与及与周围环境之间积极互动的机会。因此,幼儿园环境创设应遵循动态性原则,做到常变常新,随幼儿生活经验的丰富而调整,随幼儿兴趣、热点的转移而调整,随活动主题经验的拓展而调整,随幼儿同伴互动的丰富而调整。

• 记忆有妙招 •

幼儿园环境创设的一般原则:**全京启动开发幼教**。**全**:安全性。**京**:经济性。**启**:启发性。**动**:动态性。**开**:开放性。**发**:发展适宜性。**幼**:幼儿参与性。**教**:环境与教育目标的一致性。

真题4 [2024山东临沂,单选]在开展"端午节"主题活动时,教师让幼儿搜集有关该节日的照片张贴在主题墙上。这体现了幼儿园环境创设的( )

A. 目标导向原则　　　　　　　　　B. 安全性原则
C. 经济性原则　　　　　　　　　　D. 艺术性原则

真题5 [2023福建统考,单选]师幼共同设置活动区域,商定规则,收集材料,这遵循了环境创设的( )

A. 开放性原则　　　　　　　　　　B. 幼儿参与性原则
C. 动态性原则　　　　　　　　　　D. 发展适宜性原则

真题6 [2021浙江绍兴,简答]简述幼儿园环境创设应遵循的原则。

答案:4. A　5. B　6. 详见内文

六、幼儿园物质环境的创设方法

考点 1 ▶ 空间设计和利用

1. 教室

教室环境的创设以墙面和区角（活动区）为主，活动区的相关设置具体参看第一部分第六章第三节内容，在此仅就教室墙面环境创设做一说明。墙面环境是教室环境创设的重要组成部分，是幼儿生活的一部分，教室墙面环境是教育与互动相结合的场所和空间，也是实施教育的手段之一。

教室墙面环境展示的形式多种多样，不同形式的墙面环境功用各不相同，主要有以下几种分类：

表1-15 教室墙面环境展示的形式分类

分类依据	类型	含义
墙面环境展示的造型	平面创设	把作品、图片等直接贴在墙面上
	立体创设	突出于墙面的布置，如用纸盒制作成小鸟的屋子固定在墙面上
	半立体创设	介于平面与立体创设之间。例如，幼儿制作菊花的花瓣时，用铅笔把花瓣卷起，使其呈现出半立体状
墙面环境与幼儿的互动程度	观赏性创设	墙面仅仅作为一种作品，只需幼儿用眼睛"看"
	操作性创设	墙面的创设内容是幼儿动手操作而成的
环境创设的过程	填充式创设	最初墙面上只有一些原始的记录或是一些简单的框架，随着活动的不断深入，逐步将幼儿的作品、学习成果布置到墙面上，对大片空白的墙面进行填充
	满幅式创设	一次性对空白的墙面进行布置
墙面创设的作用	记录式创设	着重于对幼儿学习经历和学习过程的展示
	展览式创设	注重于对学习成果的展示
墙面上展示的作品	幼儿作品创设	用幼儿独立完成的作品来布置
	教师作品创设	用教师独立完成的作品来布置
	幼儿和教师共同完成的作品创设	用幼儿和教师共同完成的作品来布置

2. 寝室

寝室是儿童休息的地方，绝大多数幼儿园都要求儿童中午在幼儿园休息2个小时左右，所以寝室是儿童在园的重要物质环境，需要教师精心布置。寝室的整体色彩可以影响幼儿的睡眠时间和质量，使用暗红、蓝色等深色的窗帘，有助于儿童心跳减缓、血压下降，较快地进入梦乡。寝室的墙面装饰画可以使用较淡的色彩，画面表现安静的活动，以保证儿童能尽快安静下来。注意寝室装饰画不要经常更换，以避免对儿童产生新奇的刺激。寝室不一定要有很大的空间，但儿童的床之间要间隔30~50 cm，以避免某些疾病通过飞沫传染。寝室应该有较好的通风条件，同时保证紧急疏散通道畅通。

3. 盥洗室

一般面积较小，当儿童集中使用时会比较拥挤。教师可在饮水处、洗手池等较容易拥挤的地面上画上小脚印，要求儿童按照脚印排队，有助于培养儿童良好的习惯。盥洗室的墙面上还可以通过文字、图画宣传节约用水，培养儿童的环保意识。

4.走廊

精心布置的走廊可以成为幼儿园教育环境的重要部分和最好的家园互动平台。门厅、楼梯等公共走廊一般由全园统一布置,一般会根据季节或幼儿园的特色布置相应的主题。活动室门前的走廊一般由教师根据本班孩子的特点布置,通常是家园互动的内容。如育儿知识专栏、教学专栏、家长来信专栏,也可以让家长参与走廊的布置。

考点 2 ▶ 室内设备的布置

室内设备主要包括基本设备、玩具和教具。

1.基本设备

基本设备是建园一般所需具备的普通用具。包括桌、椅、床、小柜等。

(1)桌、椅

桌、椅表面应能防水、防污,易于清洗。若室内空间不大,可采用折叠式。桌、椅高度应适合儿童身高,以免造成儿童姿势不良或影响学习活动的开展。桌、椅质料宜轻而坚固,使儿童易于搬动。桌、椅脚下应有橡胶垫,以免发出噪声并保护地面。桌、椅形状不必固定,视各园空间大小、经济情况及教育需要选择,一般有长方形、弧形的桌子。桌、椅颜色应与四周色调相配合。

(2)小柜

小柜为放置寝具、清洁用具或玩教具等用。它的质料宜坚固、轻便,其大小与形式视使用对象的年龄、安置位置及用途而定。颜色应与室内环境协调。幼儿园常用小柜包括:衣物柜,放置儿童的衣服、鞋子;玩具柜,放置玩具,一般为开架,便于儿童取放玩具,尺寸大小视需要而定;教师用柜,放置教材、教具等,分格要多,以便分类放置,高度以儿童够不着为标准;空间有限的幼儿园,可在儿童用柜上端加数格为教师用柜;清洁用具柜,放置清洁用品,高度以儿童够不着为标准,不用时应锁好。

2.玩具、教具

玩教具是教师在教学中采用的一种教学手段,它是教师有效传递信息、促使主体与客体相互作用以及发挥主体学习积极性和主动性的重要因素。玩教具运用得当,可以帮助儿童更好地理解、思维,调动儿童学习的主动性,促进教师和儿童的互动,提高课堂教学效率。

考点 3 ▶ 室外设备及布置

1.室外设备

室外设备指幼儿园室外活动场地中所需的设备,其种类大约分为体育活动器械和无固定结构的材料(沙、水等)及玩沙、水的玩、教具。

(1)体育活动器械

户外体育活动和游戏对增强儿童体质,培养儿童坚强、勇敢、自信的性格有重要作用。尤其是在住宅高层化,户外活动场地普遍缺乏的城市,充分利用幼儿园的有利条件积极开展户外体育活动,就更为重要;为开展户外体育活动,幼儿园应配备必要的体育活动器械。

(2)沙、水及玩沙、水的玩、教具

沙、水作为无结构材料,可塑性大,富于变化,又可配合各种玩具开展游戏,可满足儿童想象力、创造力和成就感并丰富儿童的感觉经验。玩沙、玩水是儿童喜欢的活动之一。因此,我们应创造条件鼓励儿童玩沙、玩水,有条件的幼儿园可造木制或水泥制的沙地和水池。没有条件的,简单的办法就是用废旧木箱装入沙子或用水盆盛水供儿童玩。幼儿园还需配备必要的玩沙、水的玩、教具。

2. 室外活动场地设计

幼儿园室外活动场地大致可分为以下四个区域：

(1)固定器具区：用于放置大中型体育活动器械，如秋千、滑梯等。可以分散放置，以避免拥挤。

(2)水泥地：供儿童骑车、推车或玩拖拉玩具。行车水泥地应与儿童奔跑追逐的地方分开，以免相互冲撞。

(3)草地：供儿童奔跑、跳跃、开展游戏，周围可种植灌木树丛以起隔离作用。为避免被过度践踏，草地应设在离活动室较远的地方。

(4)泥土地：可供儿童种植植物、饲养小动物。

七、幼儿园精神环境的创设方法

1. 教师要热爱儿童、尊重儿童、了解儿童，与儿童建立民主、平等、和谐的关系

(1)教师要热爱儿童，对每个儿童关心、体贴，使儿童感到教师是爱护他们的，是可信任的，从而产生安全感。

(2)教师要在了解每个儿童发展水平、特点、兴趣的基础上，因材施教。

(3)教师要树立正确的儿童观。尊重儿童的人格和正当权利，尊重儿童的兴趣、爱好，坚持以正面激励为主，使儿童敢想、敢说、敢于探索和创造；引导、鼓励和帮助儿童参加各种活动，随时肯定、表扬他们的积极性和良好表现。

2. 教师之间要真诚相待，友好合作，为儿童做好榜样

保教人员自身的形象是幼儿园精神环境的重要组成部分。因此，保教人员的言行举止要文明、大方，以自己的言行去感染儿童。同时教师之间要互相尊重，真诚相待，友好合作，建立一个团结和睦的集体，做儿童的楷模。

3. 教育儿童要友爱、互助

教师要加强儿童的情感教育和集体教育，引导幼儿之间建立互助、友爱、和谐的伙伴关系，使幼儿生活在一个轻松、愉快的群体环境中，在集体中得到全面的发展。

✦✦ 本节核心考点回顾 ✦✦

1. 幼儿园环境的内涵

(1)广义：幼儿园教育赖以进行的一切条件的总和。

(2)狭义：在幼儿园中，对幼儿身心发展产生影响的物质与精神要素的总和。

2. 幼儿园环境的分类

幼儿园环境按其性质可分为物质环境和精神环境两大类。在具备了基本的物质条件后，对幼儿园教育起决定作用的是精神环境。

3. 幼儿园环境的特点

(1)教育性；(2)可控性。

4. 教师在幼儿园环境创设中的作用

(1)准备环境。主要表现在：①让环境蕴含目标；②增加幼儿的兴趣；③增强幼儿的参与意识。

(2)控制环境。大致分为以下几个环节：①诱导幼儿进入活动；②帮助幼儿展开活动；③指导幼儿解决

纷争、困难或情绪问题;④帮助幼儿结束活动。

(3)调整环境。

5.幼儿园环境创设的一般原则

(1)安全性(首要基本原则):对幼儿的身体或心理没有危险和安全隐患。

(2)环境与教育目标的一致性(目标导向):要体现环境的教育性。

(3)发展适宜性:要符合幼儿的年龄特征及身心健康发展的需要。

(4)幼儿参与性:幼儿与教师共同合作、共同参与。

(5)开放性:大、小环境有机结合,形成开放的幼儿教育系统。

(6)经济性:因地制宜、因陋就简。

(7)启发性:内容应能启发幼儿去思考、探索。

(8)动态性:随幼儿的发展和教育活动的变化而变化。

6.幼儿园精神环境的创设方法

(1)教师要热爱儿童、尊重儿童、了解儿童,与儿童建立民主、平等、和谐的关系。

(2)教师之间要真诚相待,友好合作,为儿童做好榜样。

(3)教育儿童要友爱、互助。

第九章 幼儿园与家庭、社区的合作以及与小学的衔接

本章学习指南

一、考情概况

本章属于学前教育学的基础章节，内容较为琐碎，考生可带着以下学习目标进行备考：

1. 理解学前儿童家庭教育的特点及幼儿园对家庭教育指导的原则。
2. 理解幼儿教育离不开家庭的原因，掌握家园合作的概念和形式。
3. 掌握幼小衔接的意义、造成幼儿园与小学不衔接的原因、幼儿园实施幼小衔接工作的指导思想以及幼小衔接工作的策略，理解幼儿园"小学化"的危害。
4. 了解开展幼小衔接工作的原则及幼小衔接工作中矛盾的解决办法。
5. 了解幼儿园与社区合作的意义及方式。

二、考点地图

考点	年份/地区/题型
学前儿童家庭教育的特点	2021天津北辰单选
家园合作的概念	2024山东临沂名词解释
幼儿园与家长互动沟通的方式	2022福建统考单选；2021山东青岛单选
幼小衔接的意义	2024山东临沂简答
学前阶段与小学阶段的不同教育特点	2021浙江临海论述
开展幼小衔接工作的原则	2023福建统考单选
幼儿园实施幼小衔接工作的指导思想	2021山东济南判断
幼儿园"小学化"的危害	2024山东临沂单选
幼小衔接工作中矛盾的解决办法	2021山东青岛单选

注：上述表格仅呈现重要考点的相关考情。

第一节　学前儿童家庭教育

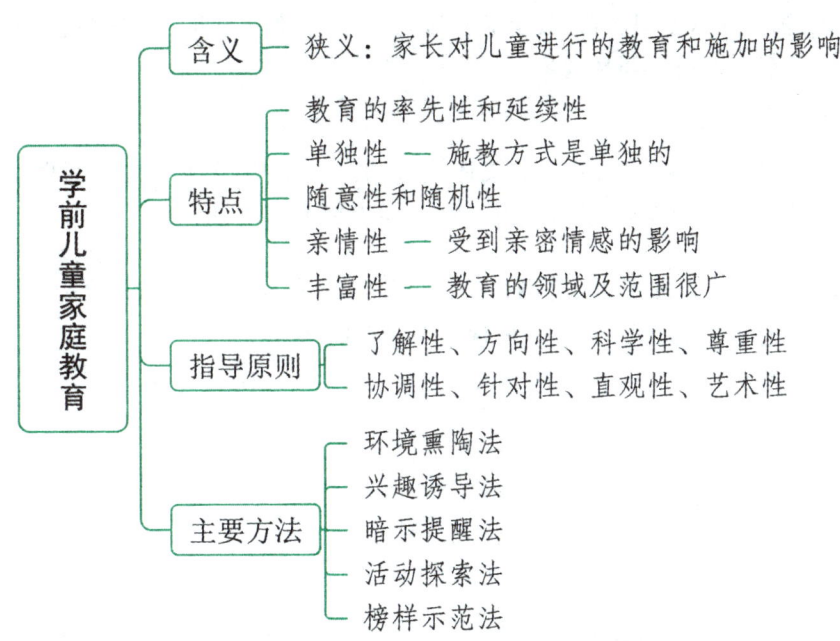

一、学前儿童家庭教育的含义

一般认为,学前儿童家庭教育有广义和狭义之分。广义的学前儿童家庭教育主要是指家庭成员之间的相互影响和教育。

狭义的学前儿童家庭教育则指的是在家庭生活中,由家长(主要是父母或其他长辈)对学前儿童进行的教育和施加的影响。不论这种教育是有意识的、自觉的,还是无意识的、不自觉的,都发生在家庭生活之中,并以亲子关系为中心,从德、智、体、美诸方面积极地影响着儿童,把儿童培养成为社会所需要的人。

二、学前儿童家庭教育的特点 【单选】★

学前儿童家庭教育是一种伴随人类社会产生和发展的历史悠久的学前教育形式,它以家庭为主要基地,以父母为主要实施者。学前儿童家庭教育一般具有以下特点:

1. 教育的率先性和延续性

家庭教育具有率先性,现在人们提倡胎教,而且幼儿降生后的第一个环境便是家庭,家长是幼儿的第一任老师,人生最初的信息是从家庭获得的。家庭教育的影响会不断地延续,即使在儿童进入专门的教育机构接受专门教育后,家庭的教育作用仍继续发挥。

2. 单独性

儿童在家庭中接受的是一个以上成人的影响教育,独生子女的家庭环境则更为突出,施教方式是单独的、非群体的。

3. 随意性和随机性

家庭中对子女教什么及怎么教,受家庭成员的思想观念、知识水平、心态和情绪、时间条件、物质环境、家庭生活的运转方式等的影响,教育有较大的随意性;家庭教育与家庭生活相伴随,多采取"遇物则诲"的方式进行,因此又具有随机性。

4. 亲情性

儿童在成长过程中与父母建立了亲子关系,随着成长过程的延续,儿童与家长的关系不断亲密化。在教育过程中,家长与儿童均要受到亲密情感的影响。经常表现为儿童依从父母的情感状态,如儿童怕父母生气发怒,怕父母离他而去,为此,儿童可以克制自己,接受成人的要求;家长则常对儿童感情用事,如时而对孩子百般宠爱、百依百顺,时而打骂、发泄激怒的情绪等。

5. 丰富性

家庭教育的领域及范围很广,在不同的家庭生活环境、交往关系、生活方式中,儿童可随之获得不同的教育信息和生活经验,儿童在家庭中学习行为规范、学习知识经验、学习生活技能等。

真题 [2021天津北辰,单选]家庭教育领域涉及范围很广,在不同家庭的生活环境、交往关系、生活方式中,儿童可随之获得不同的教育信息和生活经验,这一点体现的是家庭教育的( )

A. 丰富性　　　　　　B. 亲情性　　　　　　C. 持久性　　　　　　D. 随意性

答案:A

三、幼儿园对家庭教育指导的原则

1. 了解性原则

幼儿园要对家庭教育进行指导,就必须了解幼儿家长及家庭。在获取了关于家长自身的情况、家庭情况、家庭教育情况、对幼儿园教育的看法等方面的大量信息以后,再给家长切实的指导。在执行这一原则时,幼儿园可利用谈话、家访、填表等多种形式来进行。

2. 方向性原则

幼儿园在指导家庭教育时,要使家长认识到家庭教育是国民教育的重要组成部分,必须同国家的教育方针、幼儿教育法规的精神相一致,考虑幼儿发展的特点和社会发展的要求,对孩子进行德、智、体、美全面发展的教育,使孩子健康活泼地成长,为入小学打好基础,为造就一代新人打好基础。

在贯彻这一原则时,应给家长讲一些浅显易懂的道理和研究成果,使家长意识到不对孩子进行全面发展的教育,孩子就不能很好地发展。

3. 科学性原则

在指导家庭教育的内容和方法时,幼儿园要注意科学性,使其符合幼儿身心发展的基本规律和幼儿教育发展的客观规律,做到理论联系实际,既有科学性又有通俗性,注重实效。

在贯彻这一原则时,要注意向家长传授的知识,既要正确、准确,又要深入浅出,生动有趣,操作性强。

4. 尊重性原则

在指导家庭教育时,幼儿园要尊重家长,平等对待各类家长,尤其是各方面发展暂时落后的幼儿的家长,并引导家长在家庭里建立民主平等的亲子关系。

5. 协调性原则

幼儿园在进行家庭教育指导中,要经常和家长交流情况,相互沟通,互通有无,协调配合,形成教育的合力。

在遵循这条原则时,幼儿园要及时把幼儿各方面的情况反馈给家长,争取家长的合作。幼儿园还应要求家长及时把孩子在家里的表现反馈给幼儿园,以强化孩子的良好言行,克服孩子的不良言行。此外,幼儿园还要帮助家长解决一些问题,使双方教育一致,帮助孩子更好成长。

6. 针对性原则

幼儿园在进行家庭教育指导时,要根据幼儿和家长的不同特点,开展分类型和分层次的指导,注意灵活性。

在贯彻这条原则时:(1)要从幼儿身心发展的年龄特征出发,进行分类指导;(2)要从家长的具体情况出发,进行分类指导;(3)要把如何发挥自身作用的策略教给他们。如介绍自己的职业特点,萌发孩子的爱父母之心;全面关心孩子的生活,满足孩子的生理需求;运用科学的育儿方法,满足孩子的安全需要;和孩子一起学习、游戏,满足孩子的社会需要等等。

7. 直观性原则

幼儿园指导家庭教育,要采用一些直观教育、现代化教育手段,和讲解相结合,使家长通过观察和表象,来丰富家庭教育知识,提高家庭教育能力。

在贯彻这条原则时:(1)要根据指导的需要,正确选用实物、图片、图表、模型、幻灯片、录像带、电视、电影等不同的直观形式。(2)要注意语言直观,通过形象的描述、生动的讲解,唤起家长的感性知识和切身体验,使家长在自省中,提高教育孩子的自觉性和主动性。

8. 艺术性原则

家庭教育指导要寓教于乐,寓教于游戏活动之中,使家长在较为轻松、愉快的气氛中,丰富教育孩子的知识,发展教育孩子的能力。

在执行这一原则时,要讲究家庭教育指导的艺术性,把一些教育的规律、途径、方法,巧妙地隐藏在家园活动之中,融合在亲子活动里面,使家长从亲身的体验中获得教育,自然而然地得到指导。此外,家庭教育的指导,还要做到不搞排场,不扎花架子;要注意勤俭节约,本着少花钱,多办事的精神来进行,避免贵族化、高档化。

四、学前儿童家庭教育的主要方法

家庭教育方法是家长在对孩子进行教育时所选择和运用的策略及措施,直接关系到家庭教育的成功与失败。家庭教育的方法体系主要由环境熏陶法、兴趣诱导法、暗示提醒法、活动探索法、榜样示范法等组成,父母要创造性地加以综合使用。

1. 环境熏陶法

环境熏陶法指在家庭教育中,家长有意识地创设一个和谐的家庭生活环境,使孩子受到潜移默化的影响,以培养孩子良好道德品质的一种方法。

2. 兴趣诱导法

兴趣诱导法指的是在家庭教育中,家长要通过各种机会了解孩子的特点,发现孩子的需要,捕捉孩子的兴趣,因势利导,使孩子的个性得到生动活泼的发展的一种方法。

3. 暗示提醒法

暗示提醒法是指在家庭教育中,家长用间接而含蓄的方式对孩子的心理施加影响,从言语上去提示孩子、从感情上去感染孩子、从行为上去引导孩子的一种方法。

4. 活动探索法(实践活动法)

活动探索法指的是在家庭教育中,家长让孩子通过丰富多彩的活动,尝试探索,经受磨难,掌握多种技能,培养顽强意志的一种方法。

5. 榜样示范法

榜样示范法是指在家庭教育中,家长以自己和别人的好思想、好言语、好行为,形象生动地影响孩子的一种方法。

★ 本节核心考点回顾 ★

1. 学前儿童家庭教育的特点

(1)教育的率先性和延续性:①家长是幼儿的第一任老师;②在儿童进入专门的教育机构接受专门教育后,家庭的教育作用仍继续发挥。

(2)单独性:施教方式是单独的、非群体的。

(3)随意性和随机性:①教育有较大的随意性;②多采取"遇物则诲"的方式进行。

(4)亲情性:在教育过程中,家长与儿童均要受到亲密情感的影响。

(5)丰富性:教育的领域及范围很广。

2. 幼儿园对家庭教育指导的原则

(1)了解性原则;(2)方向性原则;(3)科学性原则;(4)尊重性原则;(5)协调性原则;(6)针对性原则;(7)直观性原则;(8)艺术性原则。

第二节 幼儿园与家庭的合作

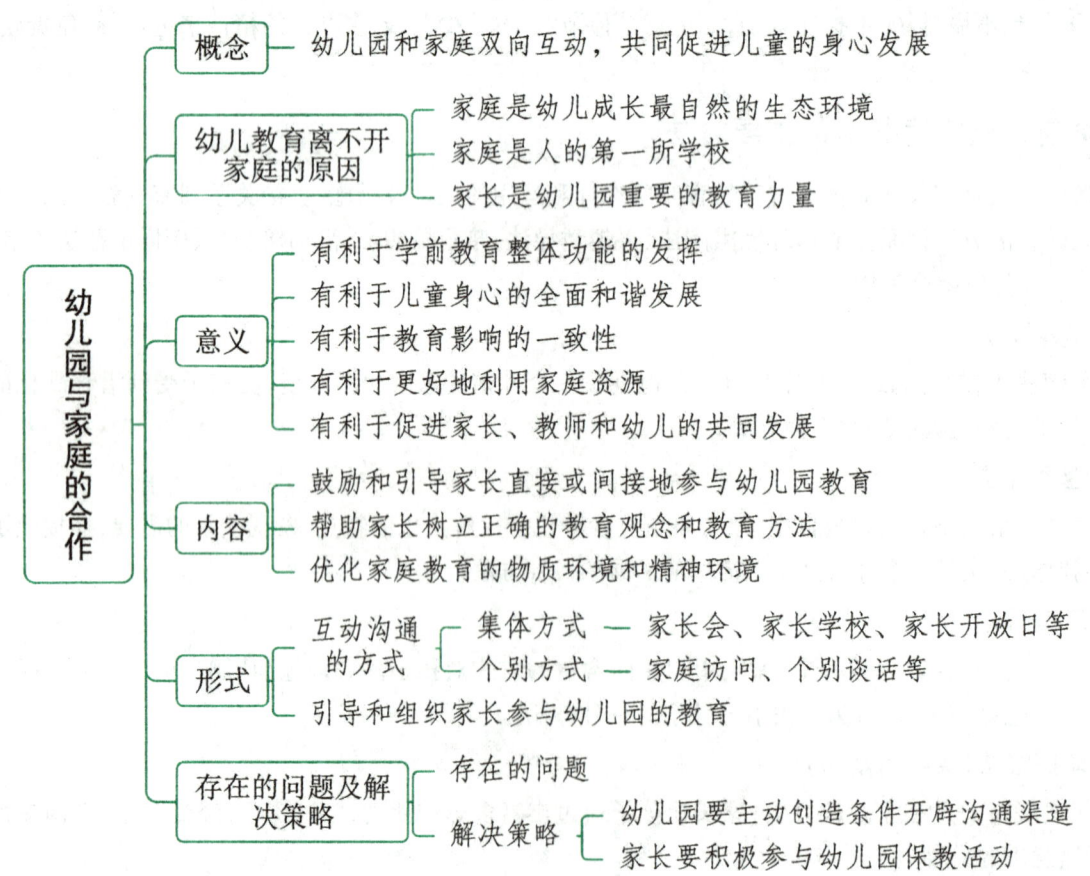

一、家园合作的概念 【名词解释】★★

所谓家园合作是指幼儿园和家庭都把自己当作促进儿童发展的主体,双方积极主动地相互了解、相互配合、相互支持,通过幼儿园和家庭的双向互动,共同促进儿童的身心发展。在家园合作中,幼儿园应该处于主导地位。

真题1 [2024山东临沂,名词解释]家园合作
答案: 详见内文

二、幼儿教育离不开家庭的原因

1. 家庭是幼儿成长最自然的生态环境

人类最初的幼儿教育是由家庭承担的,随着社会生产力的发展,这一责任转移到幼儿园。幼儿教育发展到今天,家庭的重要性又重新受到重视。

2. 家庭是人的第一所学校

父母对孩子的态度为幼儿以后对社会的态度奠定了基础。每个幼儿都从自己家庭的生活中获得了不同于他人的经验,形成了自己的行为习惯,发展了待人处事的能力以及语言等。

这一切在幼儿入园后,仍然极大地影响和制约着幼儿园教育,我国已经有研究证明,在幼儿的社会性发展方面,家庭教育的效果并不低于幼儿园。尤其引人注意的是,在城市里,尤其是父母文化水平较高的地区,家庭在幼儿认知发展中的作用还超过了幼儿园。当然幼儿园与家庭的特点、长处各不相同,不能互相替代。

3. 家长是幼儿园重要的教育力量

家长与幼儿天然的联系使家长具有别人难以替代的优势,一旦家长与教师为着一个共同的目的携起手来,那教育效果就将倍增。家长作为重要的教育力量表现在:(1)家长的参与极有利于幼儿的发展;(2)家长是教师最好的合作者,是教师了解幼儿的最好信息源;(3)家长参与幼儿在园的活动能够大大提高幼儿活动的兴趣和积极性;(4)家长与教师的配合使教育计划的可行性、幼儿园课程的适宜性、教育的连续性和有效性等都能更好地得到保证;(5)家长本身是幼儿园宝贵的教育资源。

综上所述,幼儿园与家庭的合作是幼儿园教育提高质量的必由之路,是幼儿园教育自身发展的必然选择。

三、家园合作的意义

(1)有利于学前教育整体功能的发挥,提高教育的整体效率;(2)有利于儿童身心的全面和谐发展,形成健全的人格;(3)有利于教育影响的一致性,为儿童营造最佳发展环境;(4)有利于更好地利用家庭资源,为学前教育注入新鲜血液;(5)有利于促进家长、教师和幼儿的共同发展。

四、家园合作的主要内容

1. 鼓励和引导家长直接或间接地参与幼儿园教育,同心协力培养幼儿

家长直接参与指家长参与到幼儿园教育过程中,如共同商议教育计划、参与课程设置、加入幼儿活动、深入具体教育环节与教师联手配合(共同组织或分工合作)、被邀请主持一些教育活动等;家长间接参与指

家长为幼儿园提供人力、物力支持,或将有关意见反映给幼儿园和教师,如家长会、家长联系簿等,而自己不参与幼儿园教育各层次的决策和活动。一般的家园联系大多属于这一类。

2. 幼儿园帮助家长树立正确的教育观念和教育方法,以走出家教观念的误区

绝大多数的家长毕竟不是学习幼教专业的,缺乏幼儿心理发展及教育的专业知识,而且缺乏幼儿教育经验,他们对幼儿教育的观念是模糊的,甚至是错误的,往往凭自己的愿望,干预孩子该做什么、不该做什么,以为这是爱孩子,结果可能正好对孩子有害。当前,错误的家庭教育观念,是学前儿童家庭教育面临的主要问题。因此,帮助家长树立正确的教育观念、掌握正确的教育方法是幼儿园的职责。

3. 优化家庭教育的物质环境和精神环境

因为父母和其他的看护者是幼儿直接的模仿对象,所以,幼儿园教师在和家长的交流过程中,要注意强调家庭环境对孩子的影响,帮助优化家庭教育的环境。

五、家园合作的形式 【单选】★★

> **考点 1** 幼儿园与家长互动沟通的方式

1. 集体方式

(1)家长会

家长会有全园的、年级的、班级的。全园性的家长会议要求全体家长都参加,一般安排在学年(或学期)初与学年(或学期)末。如开学初幼儿园要开展课程改革,进行全园部署,向家长传达课改精神,宣传教育新理念,指导家长配合,做好合作共育,共同促进儿童发展。家长会也可分年级开,向家长介绍新学期该年龄段的教学工作、计划及家园配合的要求等,也可针对同年龄的儿童在教育方面的共同问题提供指导。

班级家长会则更有针对性,便于家长与教师互相交流,共同研讨孩子的保教问题。它主要让家长直接了解孩子所在班级的教育要求和孩子在班级里生活学习和发展的情况,同时增进家长之间的互相沟通和家庭教育经验的交流。

(2)家长学校

家长学校是幼儿园向家长进行家庭教育系统宣传和指导的主要形式。有些未办家长学校的幼儿园可适时举办家教主题讲座或报告会。举办家长学校主要是向家长系统地宣传先进的教育理念,指导家长教育孩子的正确方法,通过家长学校组织家长参与学习和活动,提高家长的学前教育认识水平和教育能力。家长学校的活动内容和形式可根据园所的具体情况而定。

真题2 [2021山东青岛,单选]( )是幼儿园向家长进行家庭教育系统宣传和指导的主要形式。

A. 咨询活动　　　　B. 家长会　　　　C. 家长学校　　　　D. 家长开放日

答案: C

(3)家长开放日

家长开放日指幼儿园定期或不定期地向家长开放,届时邀请家长来园观摩或参观幼儿园的活动。家长观摩或参观幼儿园的活动,可以从中具体了解幼儿园教育工作的内容、方法;可亲自看到自己孩子在各方面的表现,得知孩子的发展水平与交友状况,特别是可以看到自己的孩子在与同龄幼儿相比较中显示出的优势与不足,从而有助于家长深入了解孩子,与教师合作有针对性地教育孩子。同时,家长在观摩与参观活动的过程中,还可以观察到教师的教养态度、教养方法、教养技能,领会教师的教育要求和方法,增进家长对幼儿园工作的认同感,以更好地借鉴和改进家庭教育方法。

真题3 [2022福建统考,单选]教师想让家长亲眼看到幼儿在园的表现,可以采取的方式是( )
A. 家长会　　　　B. 家长开放日　　　　C. 家长接待日　　　　D. 家园联系栏
答案:B

(4)家长接待日和专家咨询

家长接待日是幼儿园安排一个固定的时间,由主管领导接待家长的来访,解答家长对园所及班级保育教育、管理等方面工作的疑问,听取家长的意见和建议,或设意见箱收集家长的意见,从而更好地改进和完善园所工作,拉近家园之间的距离。

专家咨询是幼儿园聘请一些学前教育专家定期对家长进行现场咨询,为家长提供直接有效的服务。需要咨询的家长们把自己平时在教育孩子方面存在的问题、困惑和对教师、幼儿园的意见和建议与专家进行面对面的沟通与交流,这种形式很受家长欢迎。

(5)家园联系栏

大部分幼儿园都设有家园联系栏或家教园地,有面向全体家长的,也有各班办的。面向全体家长的家园联系栏一般都是介绍有关家教新观念、家教好经验、保健小常识、季节流行病的预防、亲子游戏等。各班的家园联系栏内容主要有介绍本班近期教育目标、需要家园合作的教育内容、孩子的发展情况与一些有针对性的家教指导性文章等。

(6)小报小刊和学习材料提供

有条件的幼儿园可举办面向家长的定期或者不定期的小报、小刊。其内容要丰富、精短、生动活泼,语言朴实亲切,既有老师的话,又有家长的话,紧紧围绕着对孩子的教育。

随着人们对家庭教育越来越重视,有关家教的报刊资料也日益增多,幼儿园可以有选择地向家长推荐、介绍。还可以将对家教有重要现实指导意义的资料及时印发给家长学习。

2. 个别方式

(1)家庭访问

家庭访问是加强幼儿园与家庭联系的一种常用方式。做好家访,首先,要有目的有计划地进行。其次,要实事求是地、全面地向家长介绍幼儿在园的情况、幼儿的优点与缺点。再次,要与家长互相尊重、信赖,以协作的态度与家长一起研究教育问题,落实教育措施,要帮助家庭改善幼儿在家学习与生活的条件。最后,改变过去以教师为主体,幼儿、家长为客体的刻板做法。

(2)个别谈话

个别谈话是进行家长工作最简便、最经常、最及时的方法,教师可以利用家长到园接送孩子的时间与家长交谈有关教育孩子的情况,向家长反映问题,提出要求,商讨解决的办法。这种谈话时间比较短,一次谈话内容不宜过多。若是有明确目的的个别谈话,教师应事先做准备,包括汇集、分析有关孩子发展的材料,准备提出的问题及解决问题的初步设想,在交谈时教师不仅要态度诚恳,还应该设法营造宽松的氛围,使家长消除思想顾虑,轻松地参与交谈。

(3)家园联系册或联系卡

家园联系册是教师与家长围绕孩子的发展与教育进行书面联系与交流的形式,也可以制作成联系卡,用于教师与家长经常性的联系,简便易行,传递信息及时。家长可从联系册中经常得到孩子的近来表现、存在的问题及幼儿园对家庭在配合教育方面的具体要求;教师则可从联系册中获得幼儿园教育效果的反馈信息,了解幼儿在家中的表现,得知家长的意见和要求。家园联系册所写的内容要具体,不能空泛,要侧重反映幼儿的变化与新的情况。

(4)书信、电话、网络等

书信多用于向留守儿童的家长汇报孩子的成长情况,这种做法不仅能密切家园联系,往往也能促使家长人不在孩子身边,但心仍然关注着孩子的发展,起到配合教育的作用。

利用电话联系**最快捷,能及时**与家长沟通儿童在园所的情况,迅速处理一些应急事件。通过电话联系,教师可简短地向家长反映儿童在园所的表现及生活情况,使家长放心和安心。

教师可充分利用网络这一优势,及时把新的信息在网上公布给家长,同时还可在网上设留言板,将园长信箱、班主任信箱向家长公开。家长对幼儿园的管理和班级工作的意见和建议,可直接通过电子邮箱进行反馈与交流。

考点 2 ▶ 引导和组织家长参与幼儿园的教育

1. 与孩子一起参与班级的活动

(1)亲子活动

亲子活动是一种有助于增强教师与家长、家长与幼儿情感交流的集体活动形式,是幼儿园与家庭共育的重要渠道。教师可经常组织开展亲子活动,由孩子邀请家长参与各种内容和形式的亲子活动。它有利于增进儿童与家长的感情,培养儿童良好的个性、健康的心理;有利于教师、家长相互了解、理解,增强共育的默契;有利于强化家长的认同感和合作责任意识,从而达到家园共育的理想境界。家长在家长开放日中可以参与教师所组织的亲子活动,参与节日的家园同乐活动,参与班级组织的郊游、参观活动以及参加幼儿园的开学、毕业典礼等活动。

(2)家长代表参与活动

班级平时教育若有可能,还可以请个别或一些家长作为代表来班上参与日常的教育活动,他们可以与孩子共同制作食品、手工,一起开展游戏、娱乐及体育竞赛活动等。家长的参与会大大提高儿童学习与探索的积极性,还可以使家长在参与过程中,学会如何引导幼儿主动学习。

2. 支持与参与幼儿园创设环境的各项活动

幼儿园在环境创设中,小至建立自然角,大至美化、绿化全园环境,家长都可以力所能及地发挥作用。

3. 参与教师的教学

这也是充分利用家长的职业资源而开展的合作共育,可以称为"家长教师"的家园共育活动。日常与家长专业、职业有关的教育内容都可以有计划地与有关家长沟通联系,请他们当"助教",与家长一起讨论、备课,使家长能以儿童乐于、易于接受的方式,发挥专业、职业优势开展教育活动。实践证明,"家长教师"利用自身专业优势,组织开展的教育活动很受儿童欢迎,既有新鲜感,又很准确地认识有关知识经验。"家长教师"往往比幼儿园老师讲授的内容更具知识性、趣味性和创造性。例如,主题"交通工具",当交警的家长给孩子讲"交规"常识、标志,介绍重要路口的交通情况,并组织孩子参观交通指挥中心停车场,认识汽车标志,让家长和孩子一起玩"标志游戏"等,孩子们很开心,收获很大。

六、家园合作中存在的问题及解决策略

考点 1 ▶ 家园合作中存在的问题

(1)家长和教师之间存在矛盾与冲突;(2)合作不够深入,合作内容脱节;(3)家长参与配合不够好,援助学前教育更少;(4)母亲参与度明显高于父亲,不利于儿童阳刚性格的培养。

考点 2　家园合作中存在的问题的解决策略

1. 幼儿园要主动创造条件开辟沟通渠道

(1)教师要以诚相待,放下权威,把"支持每个家庭在学校里找到归属感和幸福感,家长和教师共同思考家庭参与的途径,不断丰富和支持家长参与学校教育"作为宗旨,实现与家长真正意义上的沟通和交流。

(2)引导家长对自己孩子在幼儿园活动中的表现进行观察。

(3)利用现代科学技术和网络技术,建立幼儿园网站,为家园双方提供相互交流的平台,加强家园交流的双向互动和信息共享。

(4)定期就儿童的家园表现进行交流。

(5)家访工作要落到实处。

(6)在家长每日接送孩子时,教师应尽可能地和家长交流。

2. 家长要积极参与幼儿园保教活动

(1)在家园合作过程中,家长要谨记,在教育孩子的问题上家长和教师是平等、共育、合作的关系。即使自己是高学历、高管理阶层,也不应该轻视教师,在小问题上和教师斤斤计较,偏离教育目的和教育宗旨。

(2)家长要有参与幼儿园教学的积极性和兴趣。

★ 本节核心考点回顾 ★

1. 家园合作的概念

所谓家园合作是指幼儿园和家庭都把自己当作促进儿童发展的主体,双方积极主动地相互了解、相互配合、相互支持,通过幼儿园和家庭的双向互动,共同促进儿童的身心发展。在家园合作中,幼儿园应该处于主导地位。

2. 幼儿教育离不开家庭的原因

(1)家庭是幼儿成长最自然的生态环境。

(2)家庭是人的第一所学校。

(3)家长是幼儿园重要的教育力量。家长作为重要的教育力量表现在:

①家长的参与极有利于幼儿的发展;

②家长是教师最好的合作者,是教师了解幼儿的最好信息源;

③家长参与幼儿在园的活动能够大大提高幼儿活动的兴趣和积极性;

④家长与教师的配合使教育计划的可行性、幼儿园课程的适宜性、教育的连续性和有效性等都能更好地得到保证;

⑤家长本身是幼儿园宝贵的教育资源。

3. 幼儿园与家长互动沟通的方式

(1)集体方式:①家长会;②家长学校;③家长开放日;④家长接待日和专家咨询;⑤家园联系栏;⑥小报、小刊和学习材料提供。

(2)个别方式:①家庭访问;②个别谈话;③家园联系册或联系卡;④书信、电话、网络等。

第三节 幼儿园与社区的合作

一、幼儿园与社区合作的含义

"社区"一词最早由德国社会学家滕尼斯于1887年提出,目前有关社区的定义已有150多种。我国学前教育专家黄人颂认为"在一定地域里,在生活上互相联系,具有一定社会关系的人群就是一个社区",幼儿园是社区的一个组成部分,是社区的小环境。幼儿园与社区合作就是指幼儿园与其所处社区密切结合,共同为幼儿的健康成长服务。

二、幼儿园与社区合作的意义

1. 开阔儿童视野,促进儿童身心和谐发展

社区的自然景观、名胜古迹、公园、游乐园、图书馆等设施,是学前儿童游览、游玩、参观,开阔视野,增进身心健康的好去处,社区内的商店、超市、银行、邮电局、敬老院、电影院、学校是学前儿童丰富社会认知、积累社会经验、进行社会性教育的重要资源。社区内各行各业的工作人员都具有一定的专业、职业优势,是幼儿园教育活动的人力和智力支持。作为一个居住、生活、文化等功能兼备的社会小区,作为与幼儿园紧密联系的社会环境,社区能为幼儿园提供教育所需的人力、物力、财力、教育场所、教育信息、教育智力等多方面的支持与服务。幼儿园可充分利用社区资源,打破传统的封闭式教育,开放办学。带领儿童走进社区、接触社会,也可以把社区的人员请到幼儿园来,引导儿童与社区内丰富的环境、人员充分相互作用,开阔视野、扩展认知、锻炼身心、陶冶情操,获得身心全面发展。

2. 幼儿园是社区建设的支持者,为社区提供教育和文化服务

当今幼儿园具有许多优势,如完善的硬件设施和环境,专业的师资力量,有计划、有组织的教育内容和活动等,因而幼儿园在社区教育发展中处于核心地位,可以带动社区学前教育的发展。幼儿园要以自身的优势服务于社区,支持社区的各项教育活动开展。幼儿园办学质量的提高为培养社区高素质公民奠定良好基础。幼儿园走进社区、融入社区、支持社区和为社区服务,都是在为社区建设,构建和谐社会贡献力量。

可见,幼儿园加强与社区的联系与合作,无论是对学前教育机构,还是对社区的构建,都具有重要的意义。

三、学前教育对社区教育资源利用的意义和途径

> **考点 1** ▶ **学前教育对社区教育资源利用的意义**

(1)适应世界幼儿教育事业发展的需要;(2)适应幼儿自身发展的需要;(3)适应家庭教育、社区教育发展的需要。

> **考点 2** ▶ **学前教育对社区教育资源利用的途径**

1. 利用社区的地域环境优化幼儿园教育

社区的地域环境主要指的是社区的地理环境、资源环境和人工环境等。优越的地理环境、丰富的资源环境和独特的人工环境都是幼儿园应该加以利用的宝贵资源。

(1)幼儿园在利用地理环境的时候,要考虑社区的地理位置、地形地势和气候特征等因素。

(2)幼儿园在利用资源环境的时候,应考虑社区的水资源、土地和矿物等因素。

2. 利用社区的人口环境优化幼儿园教育

幼儿园在利用社区的个人因素时,要从个体的知识结构、人格特征、行为模式、道德规范和心理需求出发。教师要注意把社区中具有很高威望的人、助人为乐的人、宽容大度的人、不断进取的人、责任感强的人等都吸引到幼儿园里来,为幼儿提供与他们共同生活、学习和游戏的机会,使幼儿能潜移默化地受到他们的良好影响。

3. 利用社区的文化环境优化幼儿园教育

社区的文化环境包括社区的物质生活方式(如衣食住行方式、工作及娱乐方式)和社区的精神生活方式。幼儿园在发挥社区文化环境的教育功能时,要注意协调好以下几种文化之间的关系:

(1)处理好物质文化与精神文化之间的关系。幼儿园一方面要选择时机,增加幼儿对美发院、美容室、健身房、茶馆、咖啡屋等的认识,另一方面还要加大比重,促进幼儿对书店、图书馆、博物馆、影剧院、美术馆、科技馆、电脑屋、少年宫等的理解。

(2)处理好传统文化与现代文化之间的关系。相比来讲,传统文化具有较强的区域性、民族性、历史性和稳定性,而现代文化则具有较强的世界性、共同性、综合性和现代性。所以,教师要积极应对这两种文化之间存在的矛盾和冲突,不能固守一方而排斥另一方,而需汲取两者精华,促使两者互补和结合。

(3)处理好东方文化与西方文化之间的关系。为了促进幼儿对不同文化的认识、理解、尊重、宽容和接纳,教师既可以带领幼儿对比着参观面条店及水饺店、汉堡店,鼓励幼儿说说中餐店和西餐店的异同点,也可以指导幼儿对比着观看二胡及古筝、钢琴及小提琴,启发幼儿讲讲中国民族乐器和西洋乐器有什么异同点。

四、幼儿园与社区合作的方式

幼儿园与社区合作的方式主要有两种:一是幼儿园要"请进来",积极有效地利用社区人力、物力和环境资源开展幼儿园教育活动。二是幼儿园的教育活动要"走出去",主动融入社区、与社区资源相衔接。

1. 请进来

(1)请社区成员参与幼儿园教育活动的设计。幼儿园的各种教育教学、管理活动可以利用现代网络多媒体的手段公布于社区公众,征求社区公众对幼儿园工作的意见,根据社区群众的反馈,积极采纳合理的意见。特别是幼儿教师组织的一些社区集体活动,活动方案在社区群众的参与下,更能保证活动的顺利开展,同时更好地完成活动的教育意义。

(2)将社区资源引入幼儿园教育活动。幼儿园主要通过"家长导师""亲子游戏""家长辅助教学"等形式,鼓励社区家庭和幼儿园互动,将社区资源中可移动的部分"请进"幼儿园;对于不能移动或不便移动的,采取绘画、录音、录像等方式,将社区的影音图像带入教学情境中,从而使社区资源真正走进幼儿园的教育活动中。

(3)和社区成员的互动。利用一些节假日向社区开放园内活动,将社区活动和园内教育活动有机地结合起来。如在重阳节,邀请幼儿园小朋友的爷爷、奶奶、姥姥、姥爷来园,组织幼儿为他们表演节目,并自制礼物送给他们,同时让这些祖辈们对幼儿开展孝道的教育。既延伸了幼儿园的教育,又丰富了孩子们的日常生活。

通过"请进来"的办法,让社区力量、资源加入幼儿园的教育活动,丰富、激活幼儿园的课程,由此生成的活动带有浓厚的生活气息,孩子们乐于参与。同时丰富多彩的活动还为不同能力的孩子提供了不同的发展空间,促进孩子素质的普遍提高。

2. 走出去

(1)幼儿园教师主动走向社区,了解社区资源。幼儿园要利用社区资源,幼儿教师要有主动走出去、走向社区的意识。通过接触社区的管理者、居民,掌握社区的资源情况,了解社区的文化景观、生活设施设备、人员构成、家庭情况等,为利用社区资源作准备。

(2)组织幼儿走出去,感知社区生活,培养幼儿的社会认知、情感和技能。幼儿对社会生活的认识,对集体生活的态度与情感,在社区生活的实际能力,都可以在幼儿园老师组织走向社区的各种活动中得到实际体验与锻炼。幼儿园可以充分利用社区的环境资源,组织幼儿参观社区的农贸菜市场、超市,观察马路、红绿信号灯、交通岗亭,认识社区生活环境。

第四节　幼儿园与小学的衔接

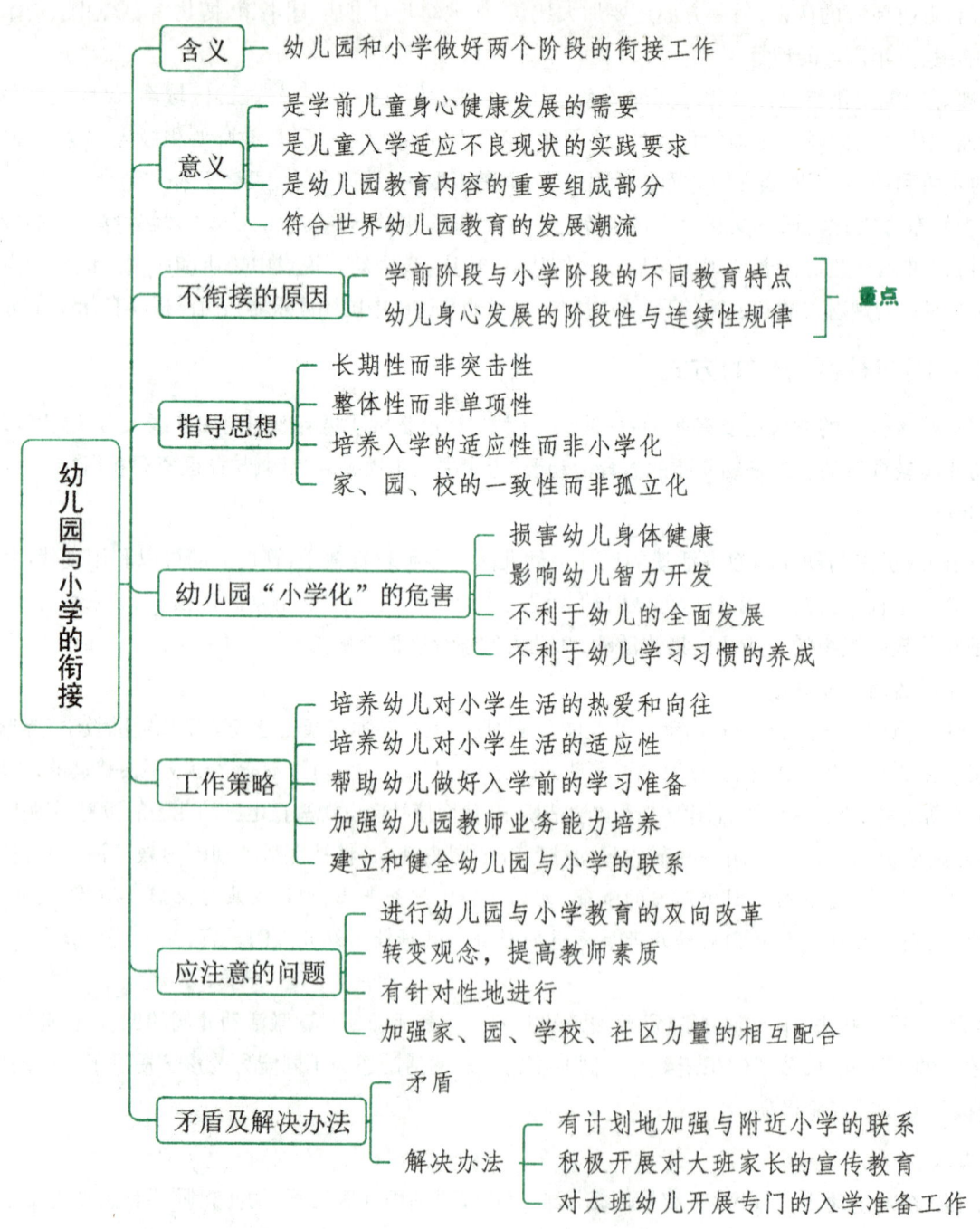

一、幼儿园与小学衔接的含义

衔接,是指两个相邻的教育阶段之间在教育上的互相连接。

幼儿园与小学的衔接工作是指幼儿园和小学根据儿童身心发展的阶段性和连续性规律及儿童可持续发展的需要,做好两个阶段的衔接工作,使幼儿尽快地适应新的学习生活,避免或减少因两个学习阶段间存在的差异给幼儿身心发展带来的负面影响,为其入小学后的发展及终身发展打好基础。

二、幼小衔接的意义 【简答】 ★★★

1. 做好幼儿园与小学的衔接工作,是学前儿童身心健康发展的需要

尽管幼儿园和小学是两个有着不同性质、不同教育任务和不同教育要求的独立教育机构,但儿童身心发展的内在规律决定了教育应从连续性、整体性出发,从生理、心理等各方面做好充分准备,实现从一个教育阶段到另一个教育阶段的自然、顺利过渡。

2. 做好幼儿园与小学的衔接工作,是儿童入学适应不良现状的实践要求

幼儿园阶段和小学阶段在主导活动、生活环境、规章制度、师生关系和社会要求等方面均存在较大差异。这些差异带来了儿童入学后出现的诸多身体、精神、社会适应等方面的不良反应和不适应状态。这些现实决定了学前儿童从幼儿园进入小学并开始新的生活之前应该接受一定的调整和准备工作,建立一系列过渡性的行为方式,以满足新的教育阶段的新要求。

3. 做好幼儿园与小学的衔接工作,是幼儿园教育内容的重要组成部分

做好幼儿园与小学的衔接工作,是幼儿园阶段的一项基本教育任务,是教育内容的重要组成部分,而不是额外增加的工作。

4. 做好幼儿园与小学的衔接工作,符合世界幼儿园教育的发展潮流

幼儿园与小学的衔接问题,是世界性的问题。继续加强幼小衔接工作的研究和实践,可以进一步推动这一世界性问题的解决与发展,同时也是对世界学前教育工作的一大贡献。

真题1 [2024山东临沂,简答]简述幼小衔接的意义。

答案:详见内文

三、造成幼儿园与小学不衔接的原因

1. 学前阶段与小学阶段的不同教育特点 【论述】 ★★★

表1-16 学前阶段与小学阶段对比

不同方面	学前阶段	小学阶段
办学性质	幼儿园教育是非义务教育,没有统一的教材,没有成套的考核条例,办学与教学随意性较强	小学是义务教育,有严格的教育要求,学校对学生学习成绩要进行考试、检查
教学内容	幼儿园所学的内容是与幼儿生活紧密相关的浅显知识	小学的教育内容是以符号为媒介的学科知识,其抽象水平相对较高,这种学习内容只有当学习者的思维具有一定的抽象、概括能力时才能理解和接受

173

续表

不同方面	学前阶段	小学阶段
教学方法	幼儿园教师多采用归纳法,即让幼儿看到许多有关的现象,让幼儿开动脑筋,自己去归纳、发现其中的规律	小学教师则多采用演绎法,即教师教学生一些规律性的知识,然后用例题来证明此规律是正确的,这一过程与幼儿阶段的学习过程正好相反
主导活动	多种多样、丰富多彩的游戏,幼儿在玩中"学",教师指导方法比较直观、灵活、多样,没有家庭作业及考试制度	各种学科文化知识的学习,以上课为主要的教学形式,教学方法相对固定、单一,有一定的家庭作业及必要的考试制度
作息制度及生活管理	生活节奏是宽松的。一日生活中游戏活动时间较多;生活管理不带强制性,没有出勤要求;教师对幼儿在生活上的照顾比较周到和细致	生活节奏快速、紧张;作息制度非常严格,每天上课时间较长;纪律及行为规范带有强制性;教师对儿童在生活上的照料明显减少
师幼关系	教师与幼儿个别接触机会多,时间长,涉及面广,关系密切、具体	师生接触主要是在课堂上,个别接触少,涉及面较窄
环境设备的选择与布置	教室的环境布置生动活泼,有许多活动区域,在其中有丰富的玩具和材料供幼儿动手操作、摆弄,幼儿可以自由选择游戏及进行同伴交往	教室的环境布置相对严肃,成套的课桌椅排列固定,教室内没有玩具,学生自由选择活动的余地较少
社会及成人对儿童的要求和期望	对幼儿的要求相对宽松,幼儿的学习压力小,自由多,没有非完成不可的社会任务	对小学生的要求相对严格、具体,家长对小学生具有很高的期望,儿童的学习压力大,自由少,要负担一定的社会责任

• 记忆有妙招 •

学前阶段与小学阶段的不同教育特点:**主办方要做关怀内容**。**主**:主导活动。**办**:办学性质。**方**:教学方法。**要**:对儿童的要求和期望。**做**:作息制度及生活管理。**关**:师幼关系。**怀**:环境。**内容**:教学内容。

真题2 [2021浙江临海,论述]试述幼儿从幼儿园进入小学将面临哪些方面的转变。
答案:详见内文

2. 幼儿身心发展的阶段性与连续性规律

幼儿的成长有一定的阶段性,但是,幼儿发展的各个阶段不是截然分开的,是有连续性的,发展是一个渐进的过程,在前、后两个发展阶段之间存在一个兼具两个阶段特点的交叉时期。在这一时期,幼儿既保留了上一阶段的某些特征,又拥有下一阶段刚刚出现的某些特点,这一时期在教育学上被称为过渡期。幼儿园与小学是两个根据儿童不同发展阶段的特点而设立的、具有不同教育任务的教育机构。如前所述,两类机构的巨大差异说明,两类教育机构都比较重视阶段性,而忽视阶段之间的过渡,这是造成幼儿园与小学不衔接的根本原因。

具体表现在:(1)对过渡阶段幼儿的发展特点和需要认识不清,两个机构之间缺乏相互了解和沟通,不

能互相配合做好过渡阶段的教育工作;(2)对处于过渡阶段的幼儿缺乏行之有效的教育方法,不能为幼儿提供有效的帮助,从而造成了许多幼儿入学后适应不良的问题。

四、幼儿园实施幼小衔接工作的指导思想 【判断】 ★★

1. 长期性而非突击性

帮助幼儿为入学做准备的最终目的,乃是为其适应终身学习做准备。因此,入学准备不应当是急功近利的,而应当是对幼儿长远发展有利的素质准备教育。这样的素质准备教育不可能只靠大班后期来突击完成,因而必须作为整个幼儿园阶段的重要而长远的工作。也就是说,幼儿园在时间上要把幼小衔接工作贯穿于幼儿园教育的各个阶段,而不仅仅是大班或大班后期。

2. 整体性而非单项性

幼小衔接是全面素质教育的重要组成部分,应当从幼儿德、智、体、美各方面全面进行,不应仅偏重某一方面。在幼小衔接中,偏重"智"的倾向比较严重。有的教师一谈到衔接,马上就想到让幼儿认汉字、学拼音、做算术题。而对于德、智、体、美各方面的全面准备重视不够。研究表明:健康的身体,积极的学习态度,浓厚的学习兴趣及求知欲,充足的自信心与自我控制能力,稳定的情绪,以及人际交往能力、独立性等,对幼儿顺利适应小学生活是至关重要的。幼儿入学后适应不良的主要原因是对新环境所需的身体、心理素质、独立自理能力等准备不足。幼儿入学适应困难不仅仅是在"智"的方面,更多的是由于身体、态度、习惯、意志、人际关系、交往能力、独立自理能力等方面的准备不足而造成的。要搞好幼小衔接工作,必须促进幼儿的德、智、体、美的全面发展,在全面发展教育过程中培养他们入学所必需的各种基本素质。

在衔接中仅偏重某一方面是错误的,而在某一方面中又偏重某些因素则更片面了。可见,幼小衔接工作应该是德、智、体、美全方位的素质教育,使幼儿在全面发展中顺利过渡,而决不能搞"单项突破"或片面发展。

3. 培养入学的适应性而非小学化

幼小衔接工作的重点应当放在培养幼儿的入学适应性上。教师要针对过渡期幼儿的特点及实际情况,着重培养幼儿适应新环境的各种素质,帮助幼儿顺利完成幼小过渡,而不是把小学的一套简单地下放到幼儿园。

4. 家、园、校的一致性而非孤立化

在做幼小衔接工作的时候,幼儿园应充分发掘家庭和社区教育资源的作用,视家庭为幼儿园重要的合作伙伴,应本着尊重、平等、合作的原则,争取家长的理解、支持和主动参与,并积极支持、帮助家长提高教育能力,同时建立幼儿园与小学之间的联系,共同搞好衔接工作。

> **· 记忆有妙招·**
>
> 幼儿园实施幼小衔接工作的指导思想:**长征十一**。**长**:长期性而非突击性。**征**:整体性而非单项性。**十**:培养入学的适应性而非小学化。**一**:家、园、校的一致性而非孤立化。

真题3 [2021山东济南,判断]幼小衔接工作的重点应当放在培养幼儿的读写能力上。

答案:×

> **知识再拔高**
>
> **开展幼小衔接工作的原则**
>
> 1. 双向性原则
>
> 双向性原则是指幼小衔接工作的开展要小学和幼儿园彼此配合,相互衔接。幼小衔接工作不是幼儿园单方面的向小学靠拢,小学也要积极地做好准备工作。幼儿园需要在儿童在园期间,逐步开展教育活动,促进儿童身体、心理和能力全面和谐发展,为幼小衔接奠定坚实的基础。小学要相应地做好接待新生的准备工作,考虑儿童入学初的焦虑与不安,给儿童留有适应的时间。同时考虑儿童的心理特点,适时地调整教学进度和教学内容,帮助儿童做好前期的过渡。
>
> 2. 全面性原则
>
> 全面性原则是指幼小衔接工作不仅仅是智的衔接,还包括体、德、美各方面的衔接。幼儿园与小学虽然是两个不同的教育阶段,但是都要促进儿童的全面发展。我们常常看到的情况是教师和家长最关心的是儿童知识的掌握,简单地将幼小衔接理解为"智"的衔接,这是错误的。
>
> 3. 渐进性原则
>
> 渐进性原则是指幼小衔接工作要依照儿童身心发展的特点和个性差异循序渐进,逐步开展。儿童的发展是持续渐进的过程,儿童能力的提升和习惯的形成不是一蹴而就的,而是不断变化发展的结果。应该将儿童入学前应具备的各方面能力分解成不同层次、水平的教育目标,划分到不同阶段的教育中去完成。

真题4 [2023福建统考,单选]科学的幼小衔接是( )

A. 幼儿园向小学衔接
B. 小学向幼儿园衔接
C. 学校与社区双向衔接
D. 幼儿园与小学双向衔接

答案:D

五、幼儿园"小学化"的危害 【单选】 ★★

1. 损害幼儿身体健康

在幼儿园实施小学教育,过早写字会造成孩子手指畸形,长时间待在教室学习,过早加重孩子负担会造成幼儿视力下降、驼背等。

2. 影响幼儿智力开发

幼儿阶段孩子的认知发展水平还很低,处于前运算阶段,这个阶段幼儿的活动应该以游戏为主。过早的小学教育不利于幼儿的身心发展,会使幼儿的思维发展停滞不前。若按照这种方式进行幼儿教育,到了小学阶段,学生的厌学情绪、适应不良等问题就会暴露出来,从而不利于学习积极性的培养。

3. 不利于幼儿的全面发展

在幼儿园实施小学教育,必然会忽略其他方面的发展,只重视文化知识教育,而不重视孩子非智力因素的发展,会造成孩子发展的片面性和畸形化,不利于素质教育的全面实施。

4. 不利于幼儿学习习惯的养成

幼儿阶段的小学化,会对幼儿的学习习惯产生不良影响,因为一年级的大部分知识在幼儿园都有所涉

及,部分孩子上一年级后,会觉得学习太容易,而产生轻视态度,养成不爱思考的习惯,不利于以后的学习,面对新的学习内容时,会出现适应不良。

真题5 [2024山东临沂,单选]小红在幼儿园学习了部分小学知识,上一年级时因学过这些知识而不想再听老师讲课,导致注意力分散,这说明了幼儿园"小学化"( )

A. 影响幼儿的心理健康　　　　　　　　B. 影响幼儿的身体健康
C. 不利于幼儿学习习惯的养成　　　　　D. 影响教师的发展

答案:C

六、幼小衔接工作的策略

1. 培养幼儿对小学生活的热爱和向往

幼儿对小学生活的态度、看法、情绪状态等,对其入学后的适应性影响很大。因此,幼儿阶段应注意培养幼儿愿意上学、对小学的生活怀着兴趣和向往、为做一名小学生感到自豪的积极态度,并让幼儿有机会获得对小学生活的积极情感体验。为此,幼儿园应当通过多种教育活动,特别是加强与家长、小学的合作,来让幼儿逐步了解小学,喜欢小学,渴望上小学,最后愉快、自信地跨进小学。

2. 培养幼儿对小学生活的适应性

幼儿入学后,是否适应小学新的环境、新的人际关系,对其身心健康影响很大。培养幼儿的社会适应性,特别是主动性、独立性、人际交往能力等,不仅关系幼儿入学后的生活质量,也关系着他们在小学的学习质量,这是幼小衔接的重要内容。

(1)培养幼儿的主动性

培养主动性就是要在幼儿园教育中,培养幼儿的自信心及对周围人和物的积极态度,激发幼儿对活动的参与欲望和兴趣,给他们提供自己选择、自己计划、自己决定的机会和条件,鼓励他们去探索、尝试,并尽量使他们获得成功的体验。

(2)培养幼儿的独立性

小学生课间和课余时间由自己支配,生活需要自理,这就要求他们有较强的独立生活能力。在学前教育阶段,要注意培养儿童的时间观念,增强独立意识,让儿童知道什么时候做什么事情,并自觉去做,培养儿童自理、自觉的能力,逐渐减少成人的直接照顾。独立性强的儿童,上小学就能自己整理书包,管理好学习用具物品,按要求安排好时间,努力完成老师布置的学习任务。

幼儿的独立性、生活自理能力对入学后的适应影响很大。很多幼儿因为不能自己管理好自己的学习用具和生活用品、不能自己按情况穿脱衣服、不能记住喝水或害怕独自上厕所等,从而影响身体健康和学习,使其对小学生活感到适应困难。

(3)发展人际交往能力

幼儿人际交往能力的重要性表现在入学后对新的人际环境的适应上。适应能力差的幼儿胆小,不能主动地与同伴交往,或与同伴不能友好相处,遇到问题也不敢去找老师反映或寻求帮助等。结果没有新朋友,他们感到孤独、心情沮丧,学习的兴趣大大降低,学校对他的吸引力也随之消失。

(4)培养幼儿的规则意识和任务意识

小学环境中有大量的新规则出现,如进老师办公室要报告、坐姿端正、不能搞小动作,等等。新入学的儿童往往难以记住和遵守,这成为不少新生在学校受批评的主要原因。同时,入学后学习、课后作业等成为必须完成的任务,儿童也往往难以确立这样的任务意识。有的新生在老师询问作业时,还很轻松地说,"我不喜欢做""昨天,爸爸带我去姥姥家了,所以我没写"。学前期应当注意培养儿童的规则意识和任务意识,特别是在大班阶段。

(5)发展动作,增强体质

小学的学习活动较之游戏活动显得枯燥,儿童入学后脑力活动增多,书写任务较多,学习压力增大,因此,儿童应具有健康的身体、强壮的体魄及抵抗疾病的能力、较强的手眼协调能力和运动能力。学前教育阶段除了保证必需的营养、做好保健工作外,更重要的是要积极锻炼儿童的身体,发展动作,以增强他们的体质,发展好手眼协调能力和运动能力。

> •记忆有妙招•
>
> 　　培养幼儿对小学生活的适应性包括的几个方面:**主人读懂乌龟**。**主:**主动性。**人:**人际交往能力。**读:**独立性。**懂:**动作。**乌龟:**规则意识和任务意识。

3. 帮助幼儿做好入学前的学习准备

幼儿园在帮助幼儿做好学习准备方面需要做好以下工作:

(1)培养良好的学习习惯

从小养成良好的学习习惯,将使幼儿终身受益,如爱看书的习惯、做事认真的习惯、集中注意力听老师讲话的习惯、保持文具和书本整洁的习惯等。

(2)培养良好的非智力品质

非智力品质指影响智力活动的各种个性品质,主要是认知兴趣、学习积极性、意志、自信心等。我们应当培养幼儿的好奇心、对外部世界的兴趣和探索积极性,培养他们做事坚持到底、不怕困难的意志品质。

(3)发展思维能力和基础能力

不少家长想让孩子上学后学习好,就在入学前教孩子拼音、认字、做算术题,甚至用小学一年级的课本来"系统"地教。这一现象在一些幼儿园也不同程度地存在。幼儿园应当坚决反对这种舍本求末的做法,从根本上发展幼儿的智力,特别是智力的核心——思维能力。

4. 加强幼儿园教师业务能力培养

幼儿园的教育工作者,要了解幼小衔接阶段幼儿的心理变化规律,采取因势利导的策略激发幼儿的学习兴趣,及时发现幼儿表现出的不利于适应小学学习生活的习惯和行为,尽早给予矫正。

5. 建立和健全幼儿园与小学的联系

幼儿园教师应定期参观小学一年级的教学活动,主动参与一年级教师的教研活动,并向小学一年级教师介绍幼儿园的教育方法,展示幼儿的学习水平,在教育工作上做好衔接;幼儿园教师还应带领幼儿参观小学,使幼儿了解小学生的一般情况,让幼儿参加小学生的某些活动,同小学生联欢,举办作品交流展览,以引起幼儿入学的兴趣,激发他们求学和效法小学生的愿望。

七、幼小衔接工作中应注意的问题

有关研究表明,解决幼小衔接问题的关键在于转变观念、加强研究,根据幼儿身心发展的规律,做好过渡期的教育工作。在工作中应注意如下几点:

1. 进行幼儿园与小学教育的双向改革

幼儿园和小学双方都应把培养幼儿的基本素质作为衔接工作的着眼点,共同创造合理的过渡期的外部

教育环境与条件,搞好衔接工作。

由于幼小衔接问题在我国比较突出,多年来许多教育工作者对此进行了多方面的探索。曾经出现过幼儿园向小学看齐和小学向幼儿园看齐两种倾向。在探索中发现,幼小衔接问题绝不是单靠哪一方能完全解决的,必须进行幼儿园与小学教育的双向改革,加强园、校间的沟通与协作,以幼儿身心发展的阶段性与连续性的规律为依据,把培养和提高幼儿各方面的适应能力作为幼小衔接工作的着眼点。在此基础上,双方共同努力,才能搞好衔接工作。

2. 转变观念,提高教师素质

广大的幼儿教师要认真研究过渡期幼儿的特点与发展需要,有的放矢地做好过渡期的教育工作。许多幼小衔接的研究结果证明,提高教师的素质是幼小衔接工作取得成功的保证。而提高教师素质的关键则在于转变旧有观念,提高教师对衔接意义的认识,加深广大教师对幼儿过渡期特点的理解,从而使广大教师能够自觉研究过渡期每个幼儿不同的发展特点及需要,有计划、有针对性地开展衔接工作。

3. 结合地区特点及幼儿身心发展的个别特点有针对性地进行幼小衔接工作

我国幅员辽阔,地区差异很大。各地区都要结合本地实际情况,立足于当地幼儿的具体情况,针对幼儿过渡中最主要的问题有的放矢地进行教育。不可盲目照搬照抄别人的经验与实验成果。从调查中看到,城市幼儿在生活自理能力方面较弱,而农村幼儿却是在人际交往能力方面较弱。因此,不同地区幼小衔接工作的内容是有差异的,各自的侧重点不同。

有针对性地做好衔接工作还要求教师明确:尽管幼小衔接的"坡度"确实存在,但由于幼儿身心发展存在个体差异,因而并非每个幼儿面临的问题都是一样的。因此,在教育中必须因人施教,在面向全体的同时照顾个体差异,对每个幼儿进行有针对性的教育,最大限度地改善每个幼儿在入学准备上的不足状态。

4. 加强家、园、学校、社区力量的相互配合

如前所述,幼小衔接工作仅仅依靠幼儿园或小学单方面的力量是不够的,幼儿园、小学、家长、社区必须互相配合,形成影响幼儿成长的教育合力。目前,不少家长在有关幼儿入学准备问题上,存在各种不正确的认识。如有些家长反对幼儿园以游戏作为基本活动,认为孩子在幼儿园整天玩,进入小学后不能很快适应小学生活,把入学准备片面地理解为认字、做数学题,对入学前的健康准备及社会适应能力的培养重视不够等。由此原因造成的来自家长的压力可能对幼儿园的衔接工作构成很大冲击。因此,做好家长工作,转变家长观念,使家长掌握正确的态度与方法,与幼儿园和小学共同配合搞好过渡期的教育是十分必要的。

此外,在整个衔接工作中,全社会对教育的支持,对幼儿的关心也是不可缺少的。幼儿园与小学应加强与社区的沟通与协作,大力宣传做好幼小衔接工作的重大意义。使全社会对此都达成共识,共同配合,做好衔接工作。

八、幼小衔接工作中的矛盾及解决办法 【单选】 ★

考点 1 ▶ 幼小衔接工作中的矛盾

(1)小学和幼儿园之间对衔接工作不重视,缺少沟通;(2)把幼小衔接看作单纯的物质准备和知识准备;(3)小学教师偏重教学技能、教学内容的研究;(4)家庭和学校的相互理解配合不够。

考点 2 ▶ 幼小衔接工作中矛盾的解决办法

搞好幼小衔接工作需要幼儿园、小学和家庭的共同努力,以帮助儿童顺利跨进学习、生活的新起点。

1. 有计划地加强与附近小学的联系

(1)定期沟通:了解彼此教育改革工作进程。幼儿园了解、熟悉一年级的小学教育计划、教学要求、各科大纲和教材的基本内容、具体进度,以便衔接工作的稳定性、一致性。

(2)联系本社区的小学,共同研究大班与一年级之间各项要求的差距,制订出大班搞好衔接工作的具体方案,向小学教师主动介绍儿童身心发展水平、年龄特征和教学特点、即将入学儿童的发展情况等。

(3)调查以往毕业的儿童在小学的表现,找出衔接不当的问题,研究改进措施。

(4)邀请小学一年级优秀教师与优秀的本园往届毕业生来园座谈。

2. 积极开展对大班家长的宣传教育

幼儿园园长与大班教师共同负责动员家长引导幼儿做好以下几项工作:

(1)心理准备:幼儿对小学的态度、看法和情绪,与其入学后的适应能力关系很大。因此,教师和家长要多带孩子参观小学环境,在游戏和故事中有意识地插入小学方面的知识和情节,增强孩子想当小学生、戴红领巾的兴趣和向往。

(2)能力准备:训练孩子的自制能力和纪律意识,养成良好的习惯。独立安排应负责的学习与劳动任务,学会生活自理,如穿、脱衣服、如厕、整理书包和学习用品、打扫房间等;同时还应训练孩子的自我保护能力,如会管好钥匙、会过马路、会加热饭菜、会处理意外事故,牢记家庭地址和父母的姓名、工作地点、电话号码等。

(3)学习准备:家长要有意识地让孩子学会有条理地整理书包和管理好学习用品,从小养成孩子放置东西整洁有序,爱惜书本和物品,看书、握笔姿势正确,在固定地点认真、专心地看书、绘画等学习习惯。

(4)物质准备:孩子进入小学之前,需要准备好书包、铅笔、橡皮等学习用品和水杯、餐具等生活用品,这个过程对孩子具有很强的吸引力。家长应尊重孩子的选择,和孩子一起商量着购买他们喜欢的用品,从而激发孩子对新的校园生活的向往之情。

此外,还有身体的准备,具体参看本节"培养幼儿对小学生活的适应性"。

真题6 [2021山东青岛,单选]搞好幼儿园和小学的衔接工作,是幼儿园的基本教育任务之一。要求家长带领孩子参观即将进入的小学环境,看看小学校舍、操场等,初步熟悉从家庭到学校的路径。这属于( )准备。

A. 心理　　　　　　B. 能力　　　　　　C. 学习　　　　　　D. 物质

答案:A

3. 对大班幼儿开展专门的入学准备工作

(1)采取多种形式培养幼儿对小学生活的向往之情,激发幼儿良好的入学动机与愿望(培养入学意识)

幼儿园大班可以更集中、更有针对性地对幼儿进行一些专门性的入学准备活动,以激发幼儿渴望上学、向往小学生活的愿望和做一名小学生的自豪情感,并通过体验式的活动让幼儿获得直接的、积极的情感体验。为此,幼儿园可以开展以下教育活动:

①引导幼儿设想自己的未来,培养幼儿的上学意识;②通过游戏,使幼儿熟悉小学生的生活,因势利导加强学习意识的培养;③组织幼儿参观小学,直接尝试小学生的学习活动;④参加小学有趣的活动,激发幼儿对小学学习生活的向往;⑤组织幼儿参加毕业告别会,开展毕业离园教育。

(2)合理改变作息制度和环境布置,缩小与小学之间的差异

幼儿园可从大班下学期开始,在不影响幼儿身心健康的前提下,适当调整一日生活的作息制度,可适当

缩短午睡的时间,减少游戏时间,延长集中教育活动的时间至35分钟左右,并适量增加课时和智力活动的强度。

在环境创设方面也可做适当的改变:减少活动区角,扩大图书角,增加知识型图书的数量;将惯常的围坐方式改为小学生的排列方式;绒布板或磁性板改为黑板;幼儿可带小书包入园,可自带阅读书籍和文具盒等学习工具,但教学内容不能小学化。

(3)培养幼儿良好的学习品质,提高幼儿的学习能力

从幼儿园大班开始,可以将小学生应达到的基本要求融入到幼儿园的一日活动中,引导幼儿逐步养成小学生应有的学习品质和行为习惯。例如,按时作息、按时上学、遵守上课纪律、不做小动作、勤于动脑等。同时,还要不断提高幼儿的学习能力,重视培养幼儿听(专心听讲)、说(大胆表达)、写(前书写)、看(前阅读)的能力,从而使幼儿更快地适应小学的学习生活,并得以顺利过渡。

(4)加强幼儿独立生活能力和劳动习惯的培养

小学生在校期间的课余时间均由自己独立支配,生活需要自理,这就要求他们在入学前要做好生活自理能力方面的准备:①培养幼儿的时间观念,增强独立自主的意识,提高处理事务的效率;②培养幼儿自觉、自理的能力,学会自己整理学习用品和生活用品;③培养劳动习惯,学会打扫卫生、洗刷餐具等基本劳动技能。

★ 本节核心考点回顾 ★

1. 幼小衔接的意义

(1)是学前儿童身心健康发展的需要。

(2)是儿童入学适应不良现状的实践要求。

(3)是幼儿园教育内容的重要组成部分。

(4)符合世界幼儿园教育的发展潮流。

2. 造成幼儿园与小学不衔接的原因

(1)学前阶段与小学阶段的不同教育特点。其不同方面表现在:①办学性质;②教学内容;③教学方法;④主导活动;⑤作息制度及生活管理;⑥师幼关系;⑦环境设备的选择与布置;⑧社会及成人对儿童的要求和期望。

(2)幼儿身心发展的阶段性与连续性规律。

3. 幼儿园实施幼小衔接工作的指导思想

(1)长期性而非突击性。

(2)整体性而非单项性。

(3)培养入学的适应性而非小学化。

(4)家、园、校的一致性而非孤立化。

4. 开展幼小衔接工作的原则

(1)双向性原则;(2)全面性原则;(3)渐进性原则。

5. 幼儿园"小学化"的危害

(1)损害幼儿身体健康;(2)影响幼儿智力开发;(3)不利于幼儿的全面发展;(4)不利于幼儿学习习惯的养成。

6. 幼小衔接工作的策略

(1)培养幼儿对小学生活的热爱和向往。

(2)培养幼儿对小学生活的适应性:培养幼儿的主动性、独立性、人际交往能力、规则意识和任务意识,以及发展幼儿的动作,增强体质。

(3)帮助幼儿做好入学前的学习准备:培养良好的学习习惯、非智力品质,发展思维能力和基础能力。

(4)加强幼儿园教师业务能力培养。

(5)建立和健全幼儿园与小学的联系。

7. 幼小衔接工作中矛盾的解决办法

(1)有计划地加强与附近小学的联系。

(2)积极开展对大班家长的宣传教育。幼儿园园长与大班教师共同负责动员家长引导幼儿做好以下几项工作:①心理准备;②能力准备;③学习准备;④物质准备;⑤身体准备。

(3)对大班幼儿开展专门的入学准备工作。

第十章 幼儿园教育评价

本章学习指南

一、考情概况

本章属于学前教育学的基础章节,内容较少,考查难度较低,考生可带着以下学习目标进行备考:

1. 理解幼儿园教育评价的目的。
2. 掌握幼儿园教育评价的类型。
3. 掌握幼儿园教育评价的主要内容。
4. 理解幼儿园教育评价的方法。

二、考点地图

考点	年份／地区／题型
幼儿园教育评价的类型	2023山东青岛单选;2023山东济南单选;2022浙江金华单选;2021山东德州单选
幼儿发展评价的含义	2024浙江杭州简答
幼儿发展评价的方法	2024山东青岛单选

注:上述表格仅呈现重要考点的相关考情。

核心考点

第一节 幼儿园教育评价概述

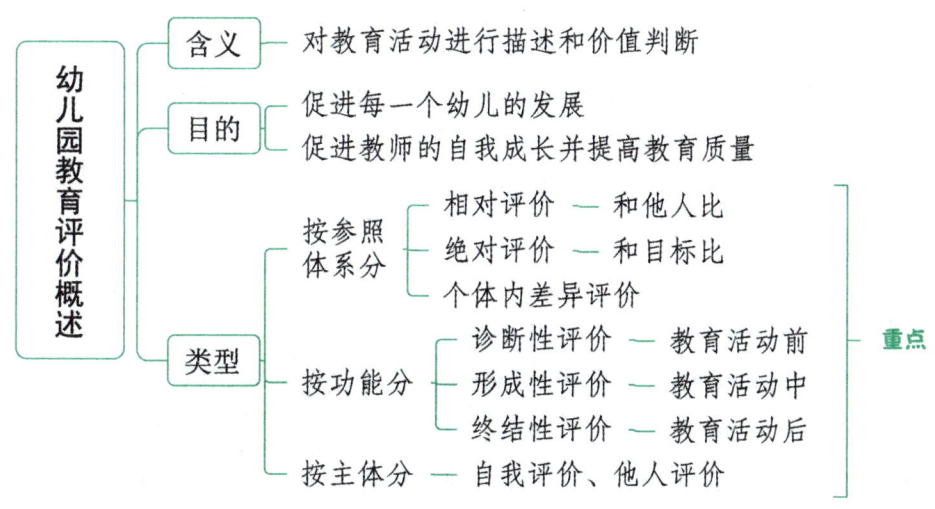

一、幼儿园教育评价的含义

幼儿园教育评价是幼儿园教育体系的重要组成部分,是对教育活动有关的各个方面和各种问题进行系统的描述和科学的价值判断的过程。

二、幼儿园教育评价的目的

《幼儿园教育指导纲要(试行)》指出,教育评价是促进每一个幼儿发展,提高教育质量的必要手段,强调评价的过程是"教师自我成长的重要途径"。可见,这些要求清晰地突显了当今幼儿园教育评价的目的在于:促进每一个幼儿的发展,促进幼儿教师的自我成长并提高教育质量。

三、幼儿园教育评价的类型 【单选】 ★★★

考点 1 ▶ 按评价的参照体系分类

按评价的参照体系的不同,可以将幼儿园教育评价分为相对评价、绝对评价和个体内差异评价。

1. 相对评价

相对评价是指在被评价对象集合中选取一个或几个对象作为标准,然后将各个被评价对象与所确定的标准进行比较,判断其达到标准的程度,或者确定被评价对象在集合总体中所处的位置的评价。例如,在某一个组织中树立一个榜样,将组织中其他成员的行为表现都与该榜样相对照,这种做法就属于相对评价。

2. 绝对评价

绝对评价是以某种既定的目标为参照,目的在于判断个体是否达到这些目标。该评价不计个体在群体中的位置,只考察个体达到标准的程度。例如,某市教育主管部门使用本市幼儿园分级验收标准,对某幼儿园进行验收,就属于绝对评价的类型。

3. 个体内差异评价

个体内差异评价是把被评价个体的过去和现在相比较,或将个体的各个侧面相互比较。这种评价充分照顾到了个体间的差异,在评价中不会对被评价者造成压力。但是,这种评价由于既不与客观标准比较,又不与其他被评价者比较,很容易使被评价者自我满足。

真题1 [2023山东青岛,单选]参照《山东省幼儿园分级定类标准》对幼儿园进行分级定类,这种评价方式是( )

A. 绝对评价　　　B. 相对评价　　　C. 形成性评价　　　D. 个体内差异评价

真题2 [2022浙江金华,单选]在绘画课上,老师把红红的作品贴在正中间,比红红好的作品贴在红红作品的前面,比红红差的作品贴在红红作品的后面,这体现了( )

A. 形成性评价　　　B. 相对评价　　　C. 绝对评价　　　D. 个体内差异评价

答案:1. A　2. B

考点 2 ▶ 按评价的功能分类

按评价功能的不同,可以将幼儿园教育评价分为诊断性评价、形成性评价和终结性评价。

1. 诊断性评价

诊断性评价是指在教育活动开始之前,为使其计划更有效地实施而进行的预测性评价,其目的在于了解被评价对象的基本情况,为制订教育计划或解决问题搜集资料、做好准备。如在某项活动开展前,教师或评价者会对幼儿某方面的发展水平进行判断,以便把握幼儿发展情况,或发现其发展中的一些特点,以便设计活动方案。这种评价就是诊断性评价。

2. 形成性评价

形成性评价是指在教育活动过程中评价活动本身的效果,目的在于及时了解教育活动过程中的情况,以便及时地获取反馈信息,适时调节控制,以缩小工作过程与目标之间的差距,并通过评价研究工作进程、总结经验教训,及时改进工作。形成性评价又叫"即时评价",是一种在计划实施过程中不断进行的动态评价。

3. 终结性评价(总结性评价)

终结性评价是指在完成某个阶段教育活动之后,对其成果做出价值判断,也就是以预先设定的教育目标为基准,对评价对象达到目标的程度进行评价。这种评价的目的在于全面了解该阶段的成果,以向决策者提供信息。终结性评价关心的是教育活动的结果,常对被评价对象做出鉴定,或对被评价对象划分等级,预测其未来发展的可能性,等等。如幼儿园在某项科研后进行的成果验收、幼儿园办园等级评定等就属于终结性评价。

> **小香课堂**
>
> 考生在面对诊断性评价、形成性评价和终结性评价的试题时,可通过以下方法进行区分:
>
> 诊断性评价——一般发生在教育活动开始之前;
>
> 形成性评价——在计划实施过程中不断进行的动态评价;
>
> 终结性评价——一般发生在完成某个阶段教育活动之后。

真题3 [2023 山东济南,单选]幼儿园在某项科研后进行的成果验收、幼儿园办园等级评定属于( )

A.诊断性评价   B.形成性评价   C.总结性评价   D.自我评价

真题4 [2021 山东德州,单选]在课程与教学活动开展之前所进行的测定性或预测性评价属于( )

A.自我评价   B.诊断性评价   C.形成性评价   D.总结性评价

答案:3.C 4.B

考点 3 ▶ 按评价的主体分类

按评价的主体不同,可以将幼儿园教育评价分为自我评价和他人评价。

1. 自我评价

自我评价是指被评价者自己根据评价指标,参照一定的标准,对自己的情况进行评价。这种评价简便易行,有利于激发被评价者的自信心。但是,自评主观性比较大,易出现评价过高或过低的现象。

2. 他人评价

他人评价是指被评价者之外的其他人或组织对被评价者进行的评价。专家、同行的评价和幼儿园管理者对员工的评价等,都属于他人评价。与自我评价相比,他人评价要客观些,但一般来讲,他人评价的组织比较困难,花费的人力、物力多。

★ 本节核心考点回顾 ★

1.幼儿园教育评价的目的

促进每一个幼儿的发展,促进幼儿教师的自我成长并提高教育质量。

2.幼儿园教育评价的类型

(1)按评价的参照体系分类

①相对评价:和他人比较,有排名。

②绝对评价:和目标比较,看是否达标。

③个体内差异评价:个体不同时期或不同方面的比较。

(2)按评价的功能分类

①诊断性评价:教育活动前的评价。

②形成性评价:教育活动中的评价。

③终结性评价:教育活动后的评价。

第二节 幼儿园教育评价的主要内容与方法

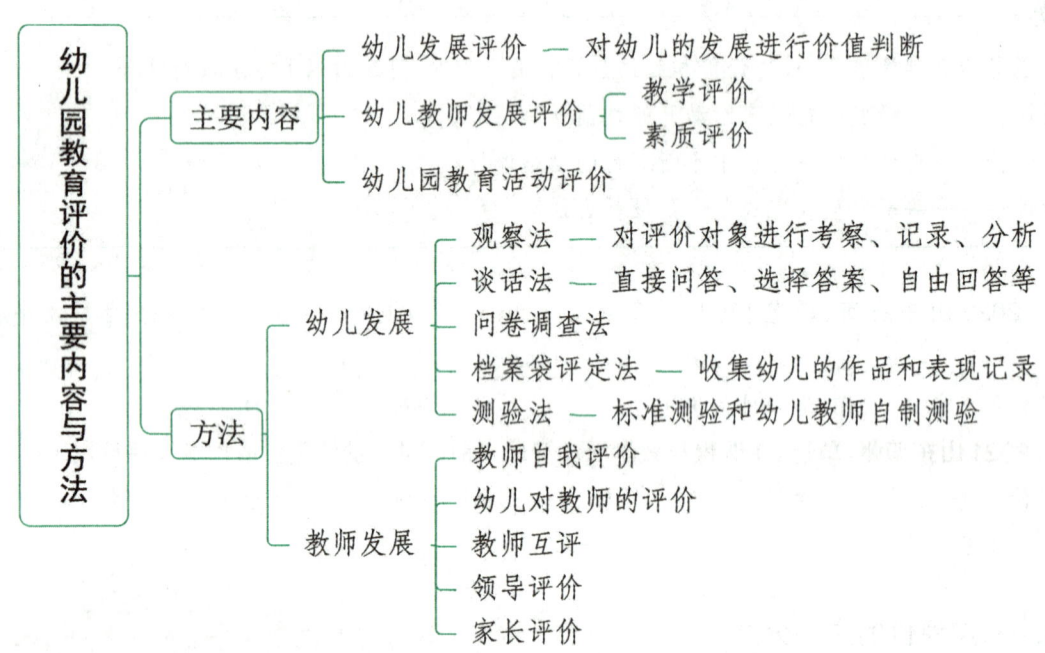

一、幼儿园教育评价的主要内容

根据幼儿园教育评价的含义,可以理解为幼儿园教育评价应涉及幼儿园教育的各个方面、各个层次、各个部门。幼儿园教育评价的主要内容可划分为幼儿发展评价、幼儿教师发展评价和幼儿园教育活动评价。

考点 1 幼儿发展评价 【简答】 ★★★

幼儿发展评价是依据幼儿教育目标以及与此相适应的幼儿发展目标,运用教育评价的理论与方法,对幼儿身体、认知、品德与社会性等方面的发展进行价值判断的过程。它是幼儿园教育评价的重要组成部分。具体的评价内容,教师可以根据评价的目的、教育工作的需要进行选择。

一般而言,幼儿发展评价的内容及其切入点可包括以下几个方面:

(1)可选择按课程领域来对幼儿发展进行评价。

(2)可选择按课程进行的主题所经历的不同阶段对幼儿发展进行评价。

①主题的开始阶段:幼儿已有的经验是什么,对哪些方面产生兴趣。

②主题的进行阶段:幼儿收集了哪些与主题有关的材料,哪些内容可以进行深入的探究。

③主题的深入阶段:幼儿是如何解决问题的,采用了哪些方法和途径,在解决问题的过程中幼儿有哪些差异等。

④主题的结束阶段:幼儿在这个主题中获得了哪些发展,还存在什么问题,这些问题如何解决等。

(3)可选择多元智能的各个方面来对幼儿发展进行评价。

(4)可选择按某一事件、某一活动来对幼儿发展进行评价。

(5)可选择对幼儿的活动风格进行评价。

真题1 [2024浙江杭州,简答]简述幼儿发展评价的基本含义。

答案:详见内文

考点 2 ▶ 幼儿教师发展评价

幼儿教师发展评价是在一定目标的指导下,遵循一定的程序,运用科学的方法,借助现代技术广泛收集评价信息,全面地对幼儿教师的教学和自身素质进行价值判断,从而促进幼儿教师更好地发展的过程。

幼儿教师发展评价主要是为了全面、客观地了解和评价每位幼儿教师各项教育工作的质量。对幼儿教师的评价,主要着眼于幼儿教师各项教育、教学工作,以及幼儿教师工作的技巧和态度。幼儿教师发展评价的内容主要包括幼儿教师教学评价和幼儿教师素质评价两个方面。

1.幼儿教师教学评价

对幼儿教师教学的评价包括以下几个方面的内容:

(1)教育计划和教育活动的目标是否建立在了解本班幼儿现状的基础上。

(2)教育的内容、方式、策略、环境条件是否能调动幼儿学习的积极性。

(3)教育过程是否能为幼儿提供有益的学习经验,并符合其发展需要。

(4)教育内容、要求能否兼顾群体需要和个体差异,使每个幼儿都能得到发展,都有成功感。

(5)教师的指导是否有利于幼儿主动、有效地学习。

2.幼儿教师素质评价

对幼儿教师的素质评价可从其职业道德、专业知识、教学能力、文化素养、参与和共事能力、反省与计划性等方面进行。

考点 3 ▶ 幼儿园教育活动评价

1.对活动目标的评价

(1)评价活动目标与教育总目标、年龄阶段目标及单元目标是否有紧密的联系。

(2)评价活动目标的构成是否体现出幼儿园教育活动的价值取向,是否能促进幼儿的全面发展。

(3)评价活动目标是否与幼儿的实际情况相适应。

2.对活动内容的评价

(1)评价教育活动内容的选择是否与幼儿教育目标相一致;是否与幼儿教育所涉及的范围、领域相一致;是否与幼儿的能力水平相一致。

(2)评价活动内容是否具有审美性和艺术性。

187

另外，还要评价在一个具体的教育活动中各部分内容间的比例关系是否合理；评价活动内容与形式是否相适应；评价活动内容的组织安排是否突出重点、难点；评价活动内容各个部分之间的过渡衔接是否流畅。

3. 对活动方法的评价

(1)评价活动方法的选择和运用是否与活动的目标和内容相呼应。

(2)评价活动方法的选择和运用是否顾及幼儿的年龄特点和水平。

(3)评价活动方法是否强调并体现幼儿的自主性和主体性。

(4)评价活动方法是否注意到与活动环境和有关设备相联系。

4. 对教育活动过程的评价

活动过程是一个综合而复杂的过程。因而，对活动过程的评价也是一个动态的评价过程，它涉及教师、幼儿及其他方面。一般来说，对活动过程的评价包括：评价教师的行为；评价活动中师幼互动情况；评价活动的组织形式；评价活动的结构安排。

5. 对活动环境和材料的评价

活动的环境和材料与目标、内容有着必然的联系。这一评价主要包括四个方面：是否与该活动内容相适应；是否能适合幼儿的实际需要和能力；是否适合于教育活动的展开；是否充分地发挥了环境和材料的作用。

6. 对活动效果的评价

活动效果的评价主要是指从幼儿方面反映出来的教育结果。它包括三个方面的评价：一是评价幼儿在活动过程中参与和学习的态度，即注意力是否集中，表现是否主动积极。二是评价幼儿在活动过程中的情绪情感的反应，即精神是否饱满，情绪是否愉快和轻松。三是评价幼儿的活动预期目标是否都达成。

二、幼儿园教育评价的方法

考点 1 ▶ 幼儿发展评价的方法 【单选】 ★

1. 观察法

观察法是指有目的、有计划地对评价对象进行系统和连续的考察、记录、分析，并对观测结果做出评定的一种方法。由于观察是在日常生活的自然状态下进行的，因此可以保证获得真实、具体的信息。

2. 谈话法

谈话法，又称访谈法，是通过与幼儿面对面地交谈收集评价信息的方法。谈话法可以弥补观察法的不足，能较快地了解幼儿发展中某些难以用行为表现出来的认识方面的问题，丰富已有资料。谈话法可分为直接问答的谈话、选择答案的谈话、自由回答的谈话、自然谈话等。

3. 问卷调查法

问卷调查法是由评价者根据评价目的，向家长发放问卷调查表，广泛收集幼儿发展信息的一种方法。

4. 档案袋评定法

档案袋评定法又称成长记录袋评价法，是指幼儿园教师和家长收集幼儿在学习过程中具有代表性的作品和典型性的表现记录，以幼儿的现实表现作为判断幼儿学习质量依据的评价方法。这种评估活动从多种渠道收集资料，旨在提供有关幼儿实际水平的各种材料，重视幼儿发展的过程，从多角度、多侧面了解幼儿的发展状况。

通常，档案袋覆盖的内容可包括：幼儿在幼儿园和家中的各种作品(如绘画、泥塑、折纸等)；幼儿在各种

活动中的照片或录像;语言和音乐表现的录音;教师和家长对幼儿活动的观察记录;幼儿自己通过语言录音、图画或文字的方式表达的自我反思、探究设想和活动过程等。

5. 测验法

测验法主要是指对幼儿身体、认知、语言、社会性发展等方面的测量。它是幼儿园教育评价的一种重要工具。分为以下两种:一是标准测验法。主要是专门组织人力、物力,由教育专家制定的测验。例如,比纳智力量表。这种标准测验法具有一定的科学性和合理性,但是操作起来也较为复杂。针对较小的幼儿来说,这种测验法具有一定的难度。因为较小幼儿的认知能力和理解能力都处于发展中,幼儿需要借助他人的帮助才能完成。二是幼儿教师自制测验法。在幼儿园教育评价中,教师为了了解本班幼儿在某些方面的发展情况,自制测验题目,对幼儿进行测验。

真题2 [2024山东青岛,单选]在幼儿发展评价中,教师为每一位幼儿建立了成长记录册,用来存放幼儿的活动照片、幼儿作品、游戏记录、健康体检卡等材料。这种幼儿发展评价方法属于(　　)

A. 观察法　　　　　B. 自我评价法　　　　　C. 统计分析法　　　　　D. 档案袋评定法

答案:D

考点 2 幼儿教师发展评价的方法

幼儿园教育工作评价实行以幼儿教师自评为主,园长以及有关领导、其他教师和家长等参与评价的制度。因此,对幼儿教师发展进行评价可采用以下几种方法。

1. 幼儿教师自我评价

自我评价法是依据一定的评价原则和标准,主动对自己的思想和行为做出评价的方法。教师自我评价是教师教学评价的主要形式。自我评价方法可以帮助幼儿教师提升自我意识、促进幼儿教师的发展,提高幼儿教师的积极性。

2. 幼儿对幼儿教师的评价

幼儿经常和幼儿教师生活在一起,所以对幼儿教师的教学情况和幼儿教师的素质都非常了解。幼儿评价幼儿教师的形式可以采用个别谈话、座谈会等。

3. 教师互评

教师之间互相评课,可以起到互相了解、互相交流,取他人之长、补己之短的作用。教师之间互评,可以以教学研究组结合听课等方式来进行。

4. 领导评价

教育督导部门的专家和教育行政部门的领导、园长、教学主任等都需要掌握教师的教学情况,收集教学信息,以便有计划地帮助幼儿教师提高教学水平和掌握情况。

5. 家长评价

家长评价也是对幼儿教师发展评价的一种手段。通过家长问卷、家长座谈等形式了解幼儿教师的情况。这也是幼儿园经常运用的一种方法。

> **·知识再拔高·**
>
> **《幼儿园教育指导纲要(试行)》解读中的评价方法**
>
> 1. 幼儿发展评价的方法
> (1)观察法;(2)作品分析法;(3)谈话法;(4)问卷调查法;(5)档案评估法。

2.教师发展评价的方法

(1)自我评价。

(2)观察记录:管理者将平时在与教师共同研讨、听课、观看活动、沟通交谈等环节中的所看、所听详细地进行记录,了解每个教师的发展情况、教学特色、专业上需要增强的地方,及时与教师沟通,提供有效的支持与服务,帮助教师不断发展。

(3)案例分析:用摄像方法将教师的教学活动拍摄下来,组织教师采用个人、小组或集体形式进行研讨。

(4)家长评价。

★ 本节核心考点回顾 ★

1.幼儿园教育评价的主要内容

(1)幼儿发展评价。幼儿发展评价是依据幼儿教育目标以及与此相适应的幼儿发展目标,运用教育评价的理论与方法,对幼儿身体、认知、品德与社会性等方面的发展进行价值判断的过程。

(2)幼儿教师发展评价。

(3)幼儿园教育活动评价。

2.幼儿发展评价的方法

(1)观察法:对评价对象进行考察、记录、分析,并对观测结果做出评定。

(2)谈话法:通过与幼儿面对面地交谈收集评价信息。

(3)问卷调查法:评价者根据评价目的,向家长发放问卷调查表,广泛收集幼儿发展信息。

(4)档案袋评定法(成长记录袋评价法):收集幼儿在学习过程中具有代表性的作品和典型性的表现记录,以幼儿的现实表现作为判断幼儿学习质量的依据。

(5)测验法:对幼儿身体、认知、语言、社会性发展等方面的测量。

02 第二部分 学前心理学

内容导学

- 幼儿园教师招聘考试学前心理学部分共八章。

- 第一章主要是对学前心理学的研究原则与方法进行阐释,考查题型偏重于客观题。

- 第二章主要是对学前儿童心理发展的基本特点、影响因素等的讲述,考查题型偏重于客观题。

- 第三章至第七章主要讲述了学前儿童动作、言语、认知、情绪情感和意志、个性和道德、社会性等的发展,考生要了解学前儿童心理各方面的发展,考查题型侧重于客观题和主观题。

- 考生要重点掌握第四章、第六章和第七章的内容,并结合历年真题有针对性地进行复习。

- 为了方便考生梳理知识脉络,我们在重点节设置思维导图和核心考点回顾。

第一章　学前心理学概述

本章学习指南

一、考情概况

本章属于学前心理学的基础知识,内容较少,需要识记的知识较少。考生可带着以下学习目标进行备考:

1. 了解学前心理学的研究对象、研究内容。
2. 掌握学前心理学的研究原则和方法。

二、考点地图

考点	年份／地区／题型
学前心理学的研究对象	2021安徽合肥单选
学前心理学的研究原则	2021安徽宿州多选;2020山东青岛单选
观察法	2023福建统考单选;2021山东青岛单选
问卷法	2021安徽宿州单选
作品分析法	2020山东青岛单选

注:上述表格仅呈现重要考点的相关考情。

核心考点

第一节　学前心理学的研究对象、内容与任务

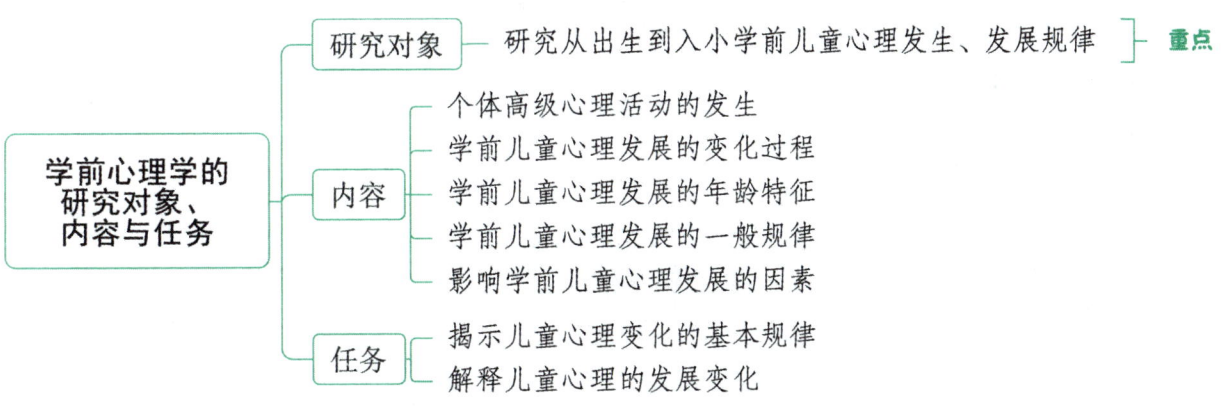

一、学前心理学的研究对象 【单选】 ★

心理学的研究对象是人的心理。学前儿童心理学是研究从出生到入小学前儿童心理发生、发展规律的科学。

儿童心理发展是指从出生到成熟时期(0~18岁)心理的发展。从出生到进入小学之前,是广义的学前时期(0~6岁)。学前儿童心理学的研究对象是在这个年龄范围内的儿童心理的发展规律。

真题 [2021安徽合肥,单选]学前儿童心理学是研究( )儿童心理发展规律的科学。
A.1~8岁　　　　　B.0~3岁　　　　　C.0~6岁　　　　　D.3~6岁
答案:C

二、学前心理学的研究内容

学前心理学主要研究以下内容。
(1)个体高级心理活动的发生;(2)学前儿童心理发展的变化过程;(3)学前儿童心理发展的年龄特征;(4)学前儿童心理发展的一般规律;(5)影响学前儿童心理发展的因素。

三、学前心理学的任务

1.揭示儿童心理变化的基本规律

包括各种心理现象发生的时间、出现的顺序和发展的趋势以及随着年龄的增长,儿童各种心理活动所出现的变化和各个年龄阶段心理发展的主要特征。

2.解释儿童心理的发展变化

阐明儿童心理发生发展的原因和机制,说明是什么因素在影响儿童心理的变化,这些因素又如何制约心理的发生和发展。

✦✦ 本节核心考点回顾 ✦✦

1.学前心理学的研究对象
学前儿童心理学是研究从出生到入小学前儿童心理发生、发展规律的科学。
2.学前心理学的研究内容
(1)个体高级心理活动的发生;(2)学前儿童心理发展的变化过程;(3)学前儿童心理发展的年龄特征;(4)学前儿童心理发展的一般规律;(5)影响学前儿童心理发展的因素。
3.学前心理学的任务
(1)揭示儿童心理变化的基本规律;
(2)解释儿童心理的发展变化。

第二节 学前心理学的研究原则与方法

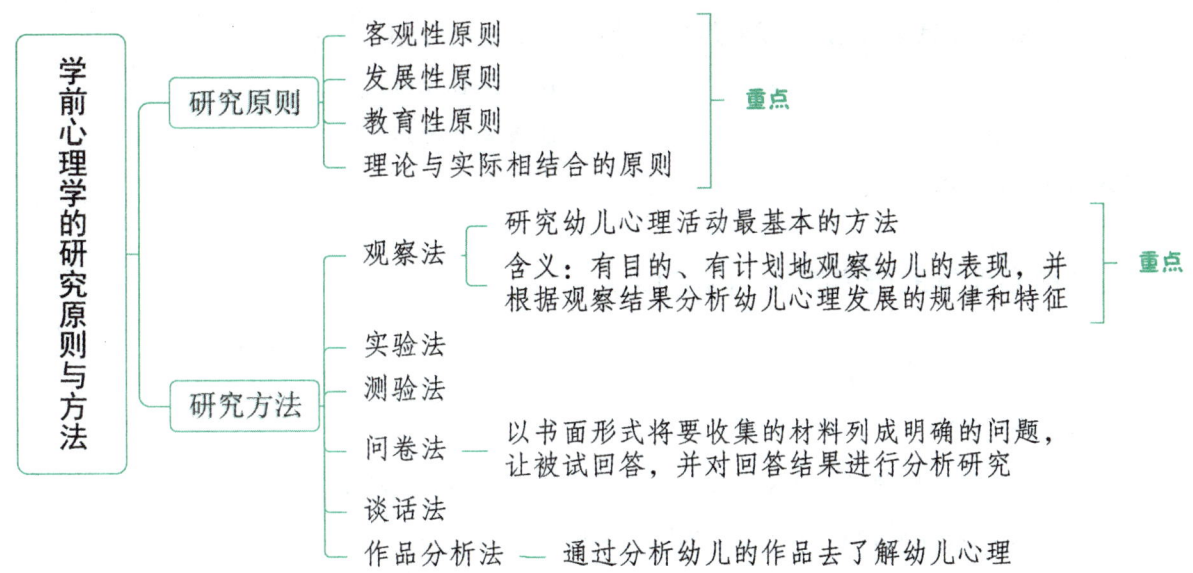

一、学前心理学的研究原则 【单选、多选】 ★★

1. 客观性原则

客观性原则是一切科学研究都必须遵循的基本原则,尤其在研究心理时要特别注意。因为研究与被研究的都是"人",都有主观意识,会使材料带有主观性,以致不能反映人心理本来的面貌。因此,在心理学研究中特别强调要以充分的事实材料为依据。

客观性原则主要包括两个方面:(1)研究幼儿的心理,必须考虑幼儿生活的客观条件;(2)任何结论都要以充分的事实材料为依据。

2. 发展性原则

发展性原则指的是必须用发展的眼光研究幼儿心理,不仅要注意已经形成的心理特点,更要注意那些刚刚萌芽的心理特点及其发展趋势。

3. 教育性原则

在幼儿心理研究中贯彻教育性原则,是研究者必须遵循的职业道德。研究工作对幼儿心理总会有或多或少的影响,研究过程本身往往就是教育过程,因此研究者必须对幼儿的身心发展负责。从设计研究方案、安排时间到研究者的举止行为,都必须考虑到对幼儿心理可能产生的影响。

一切幼儿心理的研究都必须符合教育的要求,不允许进行损害幼儿身心健康的研究(关于幼儿惧怕的研究或那些不考虑幼儿健康情况的心理实验),不允许向幼儿提出跟教育目的和任务相矛盾的问题或作业等。

4. 理论与实际相结合原则

学前心理学的研究应当密切结合我国幼儿教育事业中所提出的实际问题来进行。在研究过程中应当注意更多地通过实际来进行,而不是脱离实际来研究。当然,这也绝不意味着把研究工作局限在很狭小的"实用"范围内。

真题1 [2020山东青岛,单选]研究学前儿童心理的基本原则有发展性原则、客观性原则和(　　)

A. 基础性原则　　　　　　　　　　　　B. 整合性原则

C. 教育性原则　　　　　　　　　　　　D. 全面性原则

真题2 [2021安徽宿州,多选]学前儿童心理学的研究原则包括(　　)

A. 客观性原则　　　　　　　　　　　　B. 发展性原则

C. 教育性原则　　　　　　　　　　　　D. 定向性原则

答案:1. C　2. ABC

二、学前心理学的研究方法 【单选】 ★★

考点 1 ▶ 观察法

1. 观察法的概念

观察法是通过有目的、有计划地观察幼儿在日常生活、游戏、学习和劳动过程中的表现,包括其言语、表情和行为,并根据观察结果分析幼儿心理发展的规律和特征的方法。

观察法是研究幼儿心理活动最基本的方法。早期的幼儿心理研究大都利用观察法。因为幼儿的心理活动有突出的外显性,通过观察其外部行为,就可以了解他们的心理活动。同时,观察法是在自然状态下进行的,观察对象处于正常的生活条件下,其心理活动及表现都比较自然,研究者可以比较真实地获得幼儿心理活动的资料。

2. 运用观察法时应注意的问题

观察法要求有一定的技术训练。运用观察法研究幼儿心理时应注意:

(1)观察前观察者要做好准备;

(2)观察时尽量使幼儿保持自然状态;

(3)观察记录要求详细、准确、客观,不仅要记录行为本身,还应记录行为的前因后果;

(4)观察应排除偶然性,一般应在较长时间内系统地反复进行。

3. 观察法的优缺点

观察法最大的优点在于:被研究者处于自然状态,因此心理活动和表现比较自然真实,有利于研究者获得真实可靠的资料。

缺点在于:正因为强调让幼儿处于日常的自然状态,故无法控制刺激变量,使得观察者处于被动地位,也就是说,观察者可能得不到所需要的资料。

真题3 [2023福建统考,单选]为了解中二班幼儿语言发展特点,研究者深入该班级,详细记录幼儿的语言情况,这一研究方法是(　　)

A. 观察法　　　　B. 测验法　　　　C. 访谈法　　　　D. 问卷法

真题4 [2021山东青岛,单选]幼儿教师研究儿童心理发展最基本的方法是(　　)

A. 观察法　　　　B. 实验法　　　　C. 测验法　　　　D. 作品分析法

答案:3. A　4. A

考点 2 ▶ 实验法

1. 实验法的概念

实验法是根据研究目的,改变或控制幼儿的活动条件,以引起其心理活动有规律地变化,从而揭示特定条件与心理活动之间关系的方法。

2. 实验法的分类

学前心理学常用的实验法有两种:实验室实验法和自然实验法。

(1)实验室实验法

实验室实验法是在有特殊装备的实验室内,利用专门的仪器设备进行心理研究的一种方法。它广泛应用于对出生几个月的婴儿进行研究。

实验室实验法最大的优点是能严格控制实验条件,可以通过特定的仪器探测一些不易观察到的情况,取得有价值的科学资料,如利用微电极技术研究新生儿对语音和其他声音刺激的辨别能力。但实验室条件本身往往使幼儿产生不自然的心理状态,而且也难以研究较复杂的心理现象。

(2)自然实验法

自然实验法是在幼儿的日常生活、游戏、学习和劳动等正常活动中,有目的、有计划地控制某些条件,来引起并研究幼儿心理变化的方法。

自然实验的整体实验情境是自然的,因此被试者往往可以保持正常的状态,实验获得的结果也比较真实,这与观察法相同。自然实验法与观察法的不同之处在于研究者可以对某些条件进行控制,避免研究者处于被动的地位,所以说其兼具观察法和实验法的优点。正因为如此,自然实验法和观察法一样,成为研究幼儿心理的主要方法。

自然实验法的不足在于:由于强调在自然条件下进行实验,难免出现各种不易控制的因素。此外,一般而言,自然实验法中对条件的控制不如实验室实验法那么严格。

考点 3 ▶ 测验法

1. 测验法的概念

测验法是根据一定的测验项目和量表,来了解幼儿心理发展水平的方法。测验主要用来明确幼儿心理发展的个别差异,也可用于了解不同年龄幼儿心理发展的差异。幼儿心理测验一般采用个别测验,逐个进行,不宜用团体测验。测验人员必须受过训练,测验中要善于与幼儿合作,使其表现出真实的心理水平。

2. 测验法的优缺点

测验法的优点是比较简便,在较短时间内能够粗略了解幼儿的发展状况。但测验法也有严重缺点,如测验所得往往只是被试完成任务的结果,不能说明达到结果的过程,也就是说测验法无法反映幼儿思考的过程或方式;测验题目很难同时适用于不同生活背景下的幼儿等。另外,由于幼儿心理活动有极大的不稳定性,任何一次测验的结果,都难以作为最终评定的依据。因此,测验法的争议较大。

考点 4 ▶ 问卷法

1. 问卷法的概念

问卷法是根据研究目的,以书面形式将要收集的材料列成明确的问题,让被试回答,并对回答结果进行分析研究的方法。更为常用的是将一个问题回答范围的各种可能性都列在问卷上,让被试圈定,研究者根据被试的回答,分析整理结果。问卷法可以说是把调查问题标准化。运用问卷法研究学前儿童的心理,所问对象主要是与学前儿童有关的成人,即请被调查者按拟定的问卷表作书面回答。问卷法也可以直接用于年龄较大的幼儿。幼儿不识字,对幼儿的问卷可采取口头问答方式。

2. 问卷法的优缺点

问卷法的优点是效率高,可以在较短时间内获得大量资料,所得资料便于统计,较易作出结论。但是编制问卷表并非容易的事情,题目的信度、效度要经过考验。即使是较好的问卷表,也容易流于简单化,其题目也可能被回答者误解。研究学前儿童心理的问卷对象往往是儿童家长或教师。其中许多人缺乏有关知识和训练,不善于掌握回答的标准,往往影响回答的质量。答题还可能受回答者的偏见影响。总之,儿童心理的复杂情况,有时难以从一些问卷题目上充分反映出来。因此,也不能高估由此而得出的统计结论。

真题5 [2021安徽宿州,单选]学前儿童心理研究的基本方法中,效率高、可在短时间内获得大量资料的是( )

A. 问卷法 B. 作品分析法
C. 访谈法 D. 观察法

答案:A

考点 5 ▶ 谈话法

谈话法是通过和幼儿交谈以研究他们的各种心理活动的方法。谈话的形式可以是自由的,但内容要围绕研究者的目的展开。谈话者应有充足的理论准备、明确的目的以及熟练的谈话技巧。

谈话法简单易行,但得出的结论有时带有主观片面性且谈话结果难以量化,数据处理较麻烦。

考点 6 ▶ 作品分析法

作品分析法是通过分析幼儿的作品(如手工、图画等)去了解幼儿心理的方法。同其他研究方法相比,作品分析法由于具有间接性的特点,更容易排除因学前儿童防范心理所带来的信息失真,可以达到降低学前儿童防范心理,获得真实信息的良好效果。作品分析法的优点是可比性强,同一主题,几个学前儿童的作品放在一起,能推断学前儿童的探究能力水平与心理特征的发展程度,比较后便可见出高低。但是由于幼儿在创造活动过程中,往往用语言和表情去辅助或补充作品所不能表达的思想,因此脱离幼儿的创造过程来分析作品,难以充分了解其心理活动,对幼儿作品的分析最好是结合观察和实验进行。

研究幼儿心理,往往采取综合方法。应根据不同的研究目的和课题,以及研究的具体条件,综合运用各种方法。

真题6 [2020山东青岛,单选]教师以幼儿的绘画作品为依据,对其心理进行分析,这种方法是( )

A. 作品分析法 B. 自然实验法
C. 档案袋评价法 D. 观察法

答案:A

★ 本节核心考点回顾 ★

1. 学前心理学的研究原则

(1)客观性原则;(2)发展性原则;(3)教育性原则;(4)理论与实际相结合原则。

2. 学前心理学的研究方法

(1)观察法。观察法是通过有目的、有计划地观察幼儿在日常生活、游戏、学习和劳动过程中的表现,包括其言语、表情和行为,并根据观察结果分析幼儿心理发展的规律和特征的方法。

(2)实验法。

(3)测验法。

(4)问卷法。问卷法是根据研究目的,以书面形式将要收集的材料列成明确的问题,让被试回答,并对回答结果进行分析研究的方法。该方法效率高,可以在较短时间内获得大量资料。

(5)谈话法。

(6)作品分析法。作品分析法是通过分析幼儿的作品去了解幼儿心理的方法。

第二章　学前儿童的心理发展

本章学习指南

一、考情概况

本章属于学前心理学的基础章节,内容琐碎、理论性知识较多,考生可带着以下学习目标进行备考:

1. 理解儿童心理发展的年龄特征的内涵。
2. 掌握学前儿童心理发展各年龄阶段的主要特征。
3. 掌握学前儿童心理发展的趋势和基本特点。
4. 掌握影响学前儿童心理发展的因素。
5. 掌握有关儿童心理发展的重要概念。

二、考点地图

考点	年份／地区／题型
婴儿期的年龄特征(0~1岁)	2023安徽宿州单选;2023山东烟台单选;2021山东青岛单选、多选;2021内蒙古通辽单选;2021天津宝坻单选
幼儿期的年龄特征(3~6岁)	2023安徽宿州单选
学前儿童心理发展的趋势	2022福建统考单选
学前儿童心理发展的基本特点	2021福建统考单选;2021山东青岛多选
影响学前儿童心理发展的因素	2024/2023/2022福建统考单选、填空;2024江西统考单选;2022山东威海判断;2021江苏镇江单选;2021浙江绍兴单选
转折期和危机期	2020广东湛江单选
关键期或印刻现象	2022浙江宁波判断
最近发展区	2021安徽合肥单选;2021浙江绍兴单选

注:上述表格仅呈现重要考点的相关考情。

核心考点

第一节 儿童心理发展的年龄特征

一、儿童心理发展的年龄特征的内涵

儿童心理发展的年龄特征是指在一定的社会和教育条件下，儿童在每个年龄阶段中形成并表现出来的一般的、典型的、本质的心理特征。把握儿童心理的年龄特征，需要我们至少明确以下几点：

1. 儿童心理发展的阶段，往往以年龄为标志

因为年龄是儿童生活时间的标志。儿童的生理发展和儿童的经验积累，都与生活时间相联系。儿童心理的发展和这两个方面也不可分。但是，年龄本身不能决定儿童心理发展的特征。不能把儿童心理年龄特征和儿童的实际年龄完全对应起来。

2. 儿童心理年龄特征是在一定的社会和教育条件下形成的

儿童心理发展的方向和趋势固然受客观的自身发展规律所制约，但由于社会和教育条件不同，儿童的年龄特征会出现差异。比如，原始社会的生产发展水平极低，幼小儿童已经能够和成人一起参与社会生产劳动，因而儿童期很短。随着社会生产水平的提高，儿童需要更多的时间学习和准备参加社会生产劳动，儿童期逐渐延长，儿童心理的年龄特征也随之发生变化。可见，儿童心理年龄特征并不是随年龄增长而自发地出现的。

3. 儿童心理年龄特征不能代表这一年龄阶段中每一个儿童所有的心理特征

儿童心理年龄特征是指儿童心理在一定年龄阶段中的那些一般的、典型的、本质的特征，是从许多个别儿童的心理特征中概括出来的。它只能代表这一年龄阶段儿童心理发展的一般趋势和典型的特点，而不能代表这一年龄阶段中每一个儿童所有的心理特点。因为每个个体的遗传、环境、教育等条件不同，导致个体心理发展之间存在个别差异。所以，个体心理发展可能会存在与心理年龄特征不完全吻合的现象。

二、儿童心理发展年龄特征的稳定性和可变性

1. 稳定性

一般来说，儿童心理发展的年龄特征具有相对的稳定性。百年前和几十年前儿童心理学所揭示的儿童心理发展年龄特征的基本点，至今仍然适用于当代儿童。儿童心理发展年龄特征具有稳定性主要受下列因素所制约，而这些因素从本质上没有改变。

（1）儿童脑的结构和机能的发展有一个大致稳定的顺序和阶段。

（2）人类知识经验本身是有一定顺序性的，儿童掌握人类知识经验也必须遵循这一顺序，都有一个从低级到高级，从简单到复杂，从外表到本质的过程，都需要经历相应的时间。

（3）儿童从掌握知识经验到心理机能发生变化，也要经过一个大体相同的从量变到质变的过程。

2. 可变性

不同的社会和教育条件会使儿童心理发展的特征有所差异，这就构成了儿童心理年龄特征的可变性。

儿童心理年龄特征具有可变性的主要原因在于儿童心理年龄特征受外界条件，主要是社会和教育条件的制约，而社会和教育条件是经常在变化的。

3. 稳定性与可变性的辩证统一

儿童心理发展的年龄特征既有稳定性，又有可变性，它们的关系是辩证统一的。

（1）因为儿童心理发展年龄特征具有稳定性，所以我们可以参照前人所揭示的有关年龄特征的表现来了解和教育今天的儿童。但也要反对过分夸大其稳定性，以免忽视社会条件和教育工作对儿童心理发展年龄特征的作用。

（2）因为具有可变性，所以我们坚信改善儿童的社会生活条件和教育条件，能够促进儿童心理发展年龄特征的变化。当然，也要反对过分强调儿童心理发展年龄特征的可变性，以免不顾儿童年龄特征而盲目地提出过高的要求，过分夸大社会条件特别是教育工作的作用。只有全面、辩证地理解儿童心理发展年龄特征的稳定性与可变性的辩证统一关系，才能真正把握儿童心理发展年龄特征的实质。

三、儿童期的年龄阶段及我国常用儿童发展阶段的划分

我国常用儿童发展阶段划分

对儿童心理发展年龄阶段的划分，许多学者根据不同的标准提出了各种意见。我们可以根据教育工作的经验及心理学研究中已经揭示的某些质的特点，把儿童心理发展划分为六个阶段：

（1）乳儿期（出生～1岁）；（2）先学前期（1～3岁）；（3）幼儿期（3～6岁）；（4）学龄初期（6、7～11、12岁）；（5）学龄中期或少年期（11、12～14、15岁）；（6）学龄晚期或青年早期（14、15～17、18岁）。

但是，目前我国社会上和各种专业书籍中对儿童发展各阶段的命名常有出入，为了便于学习，我们用图表示如下：

儿童期（广义）
- 学前期（广义）
  - 婴儿期（又称乳儿期）
    - 新生儿期（0~1个月）
    - 婴儿期（狭义）
      - 婴儿早期（1~6个月）
      - 婴儿晚期（6~12个月）
  - 先学前期（1~3岁）
  - 学前期（狭义）（又称幼儿期）
    - 学前（幼儿）初期（3~4岁）
    - 学前（幼儿）中期（4~5岁）
    - 学前（幼儿）晚期（5~6岁）
- 学龄期
  - 学龄初期（又称儿童期）（6、7~11、12岁）
  - 学龄中期（又称少年期）（11、12~14、15岁）
  - 学龄晚期（又称青年早期）（14、15~17、18岁）

图 2-1　儿童发展阶段划分

以上各阶段既是互相区别，又是互相联系的。这是因为各年龄阶段既有质的差别，不能混同，同时，两个相连的阶段也不是截然分开的。前一阶段往往孕育着后一阶段的一些特点，而后一阶段又往往残留着前一阶段的一些特点。两个阶段是互相联系，逐渐过渡的。教育工作者如果掌握儿童心理发展的这个规律，就能不失时机地培养一定年龄阶段儿童应有的心理特征，同时又预见到未来的远景，从而自觉地促进儿童心理的发展。

第二节 学前儿童心理发展各年龄阶段的主要特征

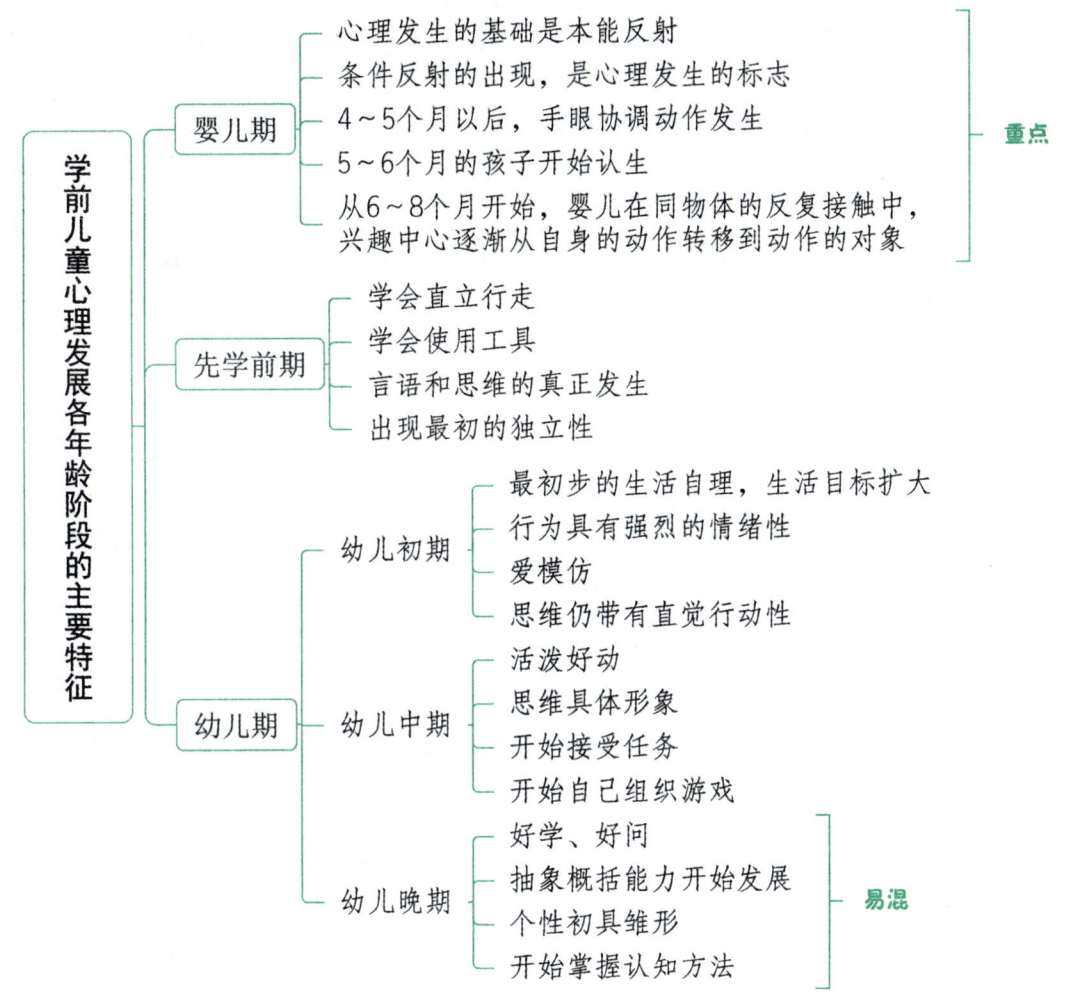

一、婴儿期的年龄特征(0~1岁)【单选、多选】 ★★

儿童出生后的第一年,称为婴儿期,也有人称之为乳儿期。这一年是儿童心理开始发生和心理活动开始萌芽的阶段,又是儿童心理发展最为迅速和心理特征变化最大的阶段。由于其变化发展迅速,这一年儿童心理发展分为三个阶段。这三个阶段是:初生到满月(0~1月),满月到半岁(1~6月),半岁到周岁(6~12月)。

考点 1 ▶ 初生到满月(0~1月)

初生到满月,称为新生儿期。满月前儿童的一切活动,都是围绕适应胎外生活而展开的。也正是在适应新生活的过程中,新生儿的心理得以产生和发展。

1. 心理发生的基础——惊人的本能

过去,人们以为孩子刚出生时是无能的,什么也不会。可是,近年来的研究材料发现,儿童先天带来了应付外界刺激的许多本能,其本能之多,令人惊讶。天生的本能表现为无条件反射,它们是不学而会的。下面简述一些婴儿的本能反射:

203

表 2-1　婴儿的本能反射

名称	表现
吸吮反射	奶头、手指或其他物体,碰到了新生儿的脸,并未直接碰到他的嘴唇,新生儿也会立即把头转向物体,张嘴做吃奶的动作,这种反射使新生儿能够找到食物
眨眼反射	物体或气流刺激眼睫毛、眼皮或眼角时,新生儿会做出眨眼动作。这是一种防御性的本能,可以保护自己的眼睛
怀抱反射	当新生儿被抱起时,他会本能地紧紧靠贴成人
抓握反射（达尔文反射）	物体触及掌心,新生儿立即把它紧紧握住
巴宾斯基反射	物体轻轻地触及新生儿的脚掌时,他本能地竖起大脚趾,伸开小趾,这样5个脚趾形成扇形
惊跳反射（莫罗反射）	突然发生的高噪声刺激,或者被人猛烈地从高处放下,都会使新生儿立即伸直双臂,张开手指,弓起背,头向后仰,双腿挺直
击剑反射（强直性颈部反射）	当新生儿仰卧时,把他的头转向一侧,他立即伸出该侧的手臂和腿,做出击剑的姿势
迈步反射（行走反射）	大人扶着新生儿的两腋,把他的脚放在桌面、地板或其他平面上,他会做出迈步的动作,好像两腿协调地交替走路
游泳反射	让婴儿俯伏在小床上,托住他的肚子,他会抬头,伸腿,做出游泳的姿势。如果让婴儿俯伏在水里,他会本能地抬起头,同时做出协调的游泳动作
巴布金反射	如果新生儿的一只手或双手的手掌被压住,他会转头张嘴。当手掌上的压力减去时,他会打呵欠
蜷缩反射	当新生儿的脚背碰到平面的、类似楼梯的边缘时,他本能地做出像小猫那样的蜷缩动作

无条件反射是建立条件反射的基础。儿童的各种心理活动,即用以应答外界环境刺激的条件反射,是在无条件反射的基础上建立的。

真题1　[2023安徽宿州,单选]如果新生儿的一只手或双手的手掌被压住,他会转头张嘴。当手掌上的压力减去时,他会打哈欠。这一本能反射是(　　)

A.巴布金反射　　　　　　　　　　B.达尔文反射

C.巴宾斯基反射　　　　　　　　　D.莫罗反射

真题2　[2021山东青岛,多选]下列属于新生儿无条件反射现象的是(　　)

A.吸吮反射　　　　　　　　　　　B.抓握反射

C.惊跳反射　　　　　　　　　　　D.行走反射

答案:1. A　2. ABCD

2. 心理的发生——条件反射的出现

条件反射是后天经过学习才能得到的反射,即所谓有意识学习得来的知识、技能、经验等。条件反射的出现,使儿童获得了维持生命、适应新生活需要的新机制。无条件反射只是本能活动、生理活动,而条件反射既是生理活动,又是心理活动。条件反射的出现,可以说是心理发生的标志。

儿童出生后不久,就能够建立条件反射。孩子所获得的一切知识和能力,例如,一切学习,都是条件反射活动。又如,妈妈每次给孩子喂奶,都是把他抱在怀里,经过多次强化,被抱起来喂奶的姿势,和奶头在嘴里吃奶的无条件反射相结合,新生儿就形成了对吃奶姿势的条件反射。

真题3 [2023山东烟台,单选]儿童心理发生的标志是( )

A. 无条件反射的出现　　　　　　　　　B. 条件反射的出现

C. 眨眼反射的出现　　　　　　　　　　D. 巴宾斯基反射的出现

答案:B

3. 认识世界的开始

儿童出生后就开始认识世界,最初对世界的认知活动,突出表现在知觉发生和视觉、听觉的集中。

感知觉是低级的心理过程。儿童出生后就有感知觉。他会看、会听,也会尝味道,会闻气味,等等。新生儿不但会看眼前的物体,而且会对看到的物体有选择性。他们爱看颜色鲜艳的东西,轮廓清楚的东西,还喜欢看人脸。新生儿也会听,他们爱听柔和的声音,优美的乐曲,最爱听人的声音,特别是妈妈的声音,提高音调的说话声。出生后2~3天的新生儿,会对某些声音做出把头转向声源的动作,最初的动作是非常轻微的,以后逐渐加强和发展。孩子刚出生时最发达的感觉是味觉。新生儿的嗅觉,比味觉稍有逊色。

视觉和听觉的集中,是注意发生的标志。明显的注意发生,是在满月之前,大约2~3周时。这时孩子可以对出现在眼前的人脸或手注视片刻。再大一点的孩子,会用双眼跟随慢慢移动的物体,但如果物体移动出他的视野,就不再去看。同样在出生后2~3周时,听到拖长的声响,会停止一切活动,安静下来,直到声音停止。到出生后第4周,成人对孩子说话,也会引起同样的反应。

注意的出现,表明孩子不是被动地接受外界刺激,而是对外界的刺激会做出选择性反应,他注意某些东西,同时不注意另外的东西。人生最初的这种选择性反应,正是人的心理对客观世界有能动性反应的最初表现。

4. 人际交往的开端

孩子是人,他们从出生开始,就表现出和别人交往的需要,这是人类特有的需要。新生儿和别人的交往,是通过情绪和表情来实现的。出生后第一个月内,孩子逐渐和母亲用"眼睛对话",或称眼神交流。

考点 2 满月到半岁(1~6月)

从满月到半岁,称为婴儿早期。半岁前儿童心理的发展,突出表现在视觉和听觉的发展上。在视听发展的基础上,婴儿主要依靠定向活动来认识世界。眼睛和手的动作逐渐协调。将近半岁时,婴儿开始能够分辨熟悉的人和陌生的人。

1. 视觉和听觉迅速发展

满月以后,婴儿的眼睛更加灵活了。他不仅能用眼睛盯着在他面前的东西,视线追随着物体移动,而且会主动寻找视听的目标。3个月的婴儿,会积极地用眼睛寻找成人,还会主动寻找成人手里摇动着的玩具。再大一些,还会去寻找身边的玩具,对这一时期的婴儿来说,小床上方挂些玩具,室内有些摆设是必要的。

2~3个月以后,婴儿对声音的反应也比以前积极了。他听见说话声或铃声时,会把身体和头转过去,用眼睛寻找声源,他也会凝神地倾听洗衣机脱水的声音,等等。从小给婴儿放一些短小动听的歌曲或其他乐曲,可以为他日后音乐素质的形成打下基础。

半岁内的婴儿,认识周围事物主要靠视觉和听觉,因为他的动作刚刚开始发展,能够直接用手和身体接触到的事物还很有限。

2. 手眼协调动作开始发生

手眼协调动作,是指眼睛的视线和手的动作能够配合,手的运动和眼球的运动协调一致,也就是能够抓住所看见的东西,这是手眼协调的主要标志。

手眼协调动作发生于婴儿早期。孩子刚出生时,动作是混乱的,到2~3个月时,手偶然碰到被子或别的东西时,他去抚摸或拍拍它。3~4个月时,会被动地抓住东西,这时已不是本能地抓握动作,但是,也还不能有意识地抓住东西。大约4个月时,婴儿看见挂在眼前的玩具,喜欢伸手去抓,但是,他的手不能准确地达到目标。这时,手的动作还不能同视线协调起来。婴儿4~5个月以后,手眼协调的动作发生了。

3. 主动招人

婴儿早期的孩子,往往主动发起和别人交往。满月以后,哭常常是婴儿最初社会性交往需要的表现,孩子哭时,把他抱起来,他就不哭了。但是孩子一哭,就去抱他,也不是最好的方法。摇摇他的小床,对他说话,做事时在他眼前走动,都可以满足他的需要。2个月婴儿的笑,已经较多摆脱了生理性作用,具有明显的情绪交往性质。从3个月开始,婴儿会咯咯地笑出声音,他不但会用哭声招惹成人的注意,也会用笑来吸引人,喜欢别人和他玩。如果对着他伸出舌头,提高嗓音和他说话,婴儿会露出愉快的表情,这时出现了最初的亲子游戏。亲子游戏可以满足婴儿的社会性交往需要。婴儿即使是饿了、困了,亲子游戏也能够使他在短暂时间内停止哭闹。亲子游戏也可以通过不同渠道开发孩子的智力,如视听能力、注意力,还有助于发展身体和四肢的动作能力。

4. 开始认生

5~6个月的孩子开始认生,也就是说,他对交往的人有所选择。有的成人在孩子3~4个月时曾到他家做客,和他玩得很高兴,再过2个月,即孩子5~6个月时又来看他。成人以为他和孩子已经有过"交情",热情地把他抱过来,孩子却睁大眼睛看着他,大人还笑着说:"认得我吗?"出乎意料,婴儿大哭起来,挣扎着要离开,要找妈妈。这一事例说明,孩子开始认生了,他对亲近和陌生的人已经有了明显不同的反应。

认生是儿童认知发展和社会性发展过程中的重要变化。它一方面明显地表现了感知辨别能力和记忆能力的发展,即能区分熟悉的人和陌生人,能够清楚地记得不同的人脸;另一方面,也表现了儿童情绪和人际关系发展上的重大变化,出现了对人的依恋和对熟悉程度不同的人的不同态度。

真题4 [2021内蒙古通辽,单选]婴儿手眼协调动作的发生时间是( )
A. 2~3个月　　　　B. 4~5个月　　　　C. 7~8个月　　　　D. 9~10个月
答案: B

考点 3 ▶ 半岁到周岁(6~12月)

从半岁到周岁,称为婴儿晚期。半岁以后,儿童的明显变化是动作比以前灵活了,表现在身体活动范围比以前扩大,双手可以模仿多种动作,还逐渐出现言语的萌芽,亲子依恋关系更加牢固。

1. 身体动作迅速发展

坐、爬、站、走,这些动作都是在6~12个月这个阶段开始学习的。儿童在半岁前学会了抬头和翻身,开始学习独自坐,但是还坐不稳。6~7个月,孩子能够坐稳了,坐着时身体躯干不再向前倾。

爬和坐的动作是交叉发展的。学会爬行动作对婴儿发展是重要的一步,但是婴儿学爬往往被忽视。爬行对婴儿的发展有许多好处,既可以锻炼四肢和背部肌肉的力量和协调运动,又可以促进大脑和小脑之间神经的生长与发育。10个月左右,孩子开始学习扶着站起,扶着站稳,然后扶着迈步。

会坐使婴儿从躺着的姿势解放出来,会爬、站、走使他可以主动移位。坐、爬、站、走这些身体动作的发展,使婴儿开始摆脱成人的怀抱。这个时期,孩子开始能够自己活动,扩大了活动范围,开阔了眼界,满足了好奇心,这对孩子认知的发展和情绪的发展,以及人际交往的发展都有所促进。

这一时期为婴儿准备一些适宜的玩具,对于促进他的动作发展具有重要的作用。当然,对周岁内婴儿的玩具,要精心选择。玩具和游戏的安全保障,从一开始就不可忽视。

2. 手的动作开始形成

6个月以后,儿童的手日益灵活,其中最重要的是,五指分工动作发展起来了。所谓五指分工,是指大拇指和其他四指的动作逐渐分开,而且活动时采取对立的方向,而不是五指一把抓,五指分工动作和手眼协调动作是同时发展的,这是人类拿东西的典型动作。

从6~8个月开始,婴儿在同物体的反复接触中,兴趣中心逐渐从自身的动作转移到动作的对象。这时他会将各种东西乱敲、乱撕或扔在地上,想以此来了解自己的动作能带来什么影响。这实际上也是婴儿较早的有意识的探究活动。6~8个月的儿童喜欢做重复的动作,出现重复连锁的动作。如果让他在小床上玩,他会把小玩具扔到地上,然后要成人来捡,你捡起来,交给他,他又扔下。他喜欢的是这种动作,成人要认识到这种年龄特征,不要去责怪他,而要耐心地和他玩。儿童的思维正是在这个过程中发展起来的。

真题5 [2021山东青岛,单选]从( )开始,婴儿在同物体的反复接触中,兴趣中心逐渐从自身的动作转移到动作的对象。

A.1~3个月　　　　B.3~6个月　　　　C.6~8个月　　　　D.8~10个月

真题6 [2021天津宝坻,单选]婴儿喜欢将东西扔在地上,成人捡起来给他,他又扔在地上,如此反复,乐此不疲。这说明婴儿喜欢( )

A.甩臂动作　　　　　　　　　　　　B.重复连锁动作

C.手部活动　　　　　　　　　　　　D.摔打物品

答案:5. C　6. B

3. 言语开始萌芽

满半岁以后,婴儿喜欢发出各种声音。这时的声音和以前不同,音节比较清楚。他可以发出许多重复的、连续的音节,如"爸—爸—爸",好像是爸爸,其实不代表任何声音。他还可以发出一些包含不同音节的连续声音,如"阿—杰—卢—比"等,听起来像说话,其实不是说话。

这个阶段的孩子喜欢自己嘟嘟囔囔。将近1岁时,会学着成人读书的样子,咿咿啊啊地念个不停,拉长声音,又似朗读,又似唱歌。至于"歌词",不但成人听不懂,他自己也不懂。他也不求去弄懂,只是为了发声的愉快。

9~10个月以后的婴儿,能够听懂一些词,并按成人说的去做一些动作,如成人说"欢迎",他拍拍手;说"谢谢",他拱拱手。

7个月的孩子就会分别用不同的声音招呼别人。招呼别人所用的声音和自己嘟囔的声音是有区别的,前者往往用"唔—唔""唉—唉"等声音,后者则用"格""克""别"等等。到9~10个月,婴儿开始主动发出不同的声音,来表示不同的意思。将近1岁的孩子,会用单词招呼别人,如看见爸爸回家,会喊"爸爸"。不过,直到1岁,孩子能说出的词,还是极少的。

4. 依恋关系发展

6个月后,孩子开始用许多重复的连续音节和亲人交往,这种前言语交往方式的出现,表明儿童在社会化过程中发生了重要的变化。这种交往,使孩子和亲人之间有了相互了解的萌芽。一方面孩子能够理解亲人所说的一些词,做出亲人所期待的反应。另一方面,孩子的前言语发声和他的动作(特别是发声和手势相结合)使亲人开始理解他的要求。再加上孩子和亲人经过将近一年的相处,亲子之间的依恋关系得到日益发展。

二、先学前期的年龄特征(1~3岁)

1~3岁称为先学前期,这时期是真正形成人类心理特点的时期,表现在儿童在这时期学会走路,开始说话,出现思维,有了最初的独立性,这些都是人类特有的心理活动。因此可以说,人的各种心理活动是在这个时期才逐渐齐全的。

1. 学会直立行走

满1周岁时,孩子开始迈步,但还走不稳。在学步车里,他可以自如地走动。但如果要求他独自迈步,他总是有些害怕,要成人伸出双手保护,或者牵着一只手。孩子开始走路时步子不稳,显得僵硬,头向前倾,跟跟跄跄,容易摔跤。

在学会走路的基础上,1岁多的儿童还学习走楼梯,起先是手脚并用,去爬楼梯或台阶,他不但向上爬而且向下爬,先把脚放下,再全身趴下。两岁左右,孩子能够原地跳,学会跑,还能站着扔球和踢球,弯下腰去从地上捡起东西,不跌跤。当然,这时的动作仍然比较笨拙。

2. 学会使用工具

1岁半左右的孩子,已不再是把手里的任何东西都拿来敲敲打打,单纯摆弄,而是根据物体的特性来使用,这就是把物体当作工具来使用的开端。两岁半以后,孩子能够自己用小毛巾洗脸,拿起笔来画画。

3. 言语和思维的真正发生

人类特有的言语和思维活动是在2岁左右真正形成的。

1岁以前是语言发生的准备阶段。1岁~1岁半的儿童处于理解语言阶段。他能听懂许多话,但是说出的不多,有的孩子甚至完全不说话。1岁半以后,儿童有一个似乎是突然开口的阶段,一下说得很好。2岁左右的儿童,虽然说话不成句,但总是喜欢叽哩咕噜地说话,更喜欢模仿大人说话。到了3岁,能够初步用语言表达自己的意思。因此,孩子开始学说话时,成人就应注意给他树立正确的榜样。

人类典型的认识活动是思维。思维也是在这个时期出现的。这时孩子出现了最初的概括和推理。比如,能够把性别不同的人加以分类,主动叫"爷爷""奶奶"或"哥哥""姐姐"。这时孩子还不能说出分类的理由,但是他能有所表现。

4. 出现最初的独立性

孩子出生后进入第二个年头,就不像以前那么顺从了。特别是到2~3岁,他们有了自己的主意,和家长的意见不一致。比如,1岁多的孩子,走路还摇摇晃晃,却要到处走、到处钻,见到东西就扯,见到小洞就抠。2岁左右,外出走在路上,不愿意总是由妈妈领着走,而是自己跑跑跳跳,时而蹲下捡块小石子当"手榴弹",时而捡根树枝当枪使。这是孩子出现独立性的表现。从此,人际关系的发展进入了新的阶段。

独立性的出现是儿童开始产生自我意识的明显表现。这时孩子知道"我"和他人有区别,在语言上逐渐分清"你""我",在行动上要"自己来",比如他要自己走路,成人想抱着他走,他会把身体挺直,使人无法抱他,嘴里还说"我自己走"或"自己走"。独立性的出现是儿童心理发展上非常重要的一步,也是人生头两三年心理发展成就的集中表现。

三、幼儿期的年龄特征（3~6岁）【单选】 ★★

考点 1　幼儿初期（3~4岁）的年龄特征

1. 最初步的生活自理，生活目标扩大

小班幼儿逐渐学会最初步的生活自理，能进餐、控制大小便、能在成人帮助下穿衣，能用语言表达思想和要求，能与他人游戏。

2. 行为具有强烈的情绪性

（1）小班儿童的行动常常受情绪支配，而不受理智支配。情绪性强，是整个幼儿期儿童的特点，但年龄越小越突出。

（2）小班儿童情绪性强的特点表现在很多方面。如高兴时听话，不高兴时说什么也不听；如果喜欢哪位老师，就特别听那位老师的话。

（3）小班幼儿的情绪很不稳定，很容易受外界环境的影响。如看见别的孩子都哭了，自己也莫名其妙地哭起来，老师拿来新玩具，马上又破涕为笑。

了解儿童的以上特点，对教育工作有重要意义。如每年开学初，小班教师都面临一个接待新入园儿童的问题。大多数初次离开妈妈的儿童刚入园的几天总爱哭，有经验的老师总是一边用亲切的态度对待每个孩子，稳定他们的情绪，一边用新鲜事物（如新奇的玩具、儿童喜爱的小动物等）吸引儿童的注意，使他们不知不觉地加入伙伴的行列。

3. 爱模仿

小班儿童的独立性差，爱模仿别人。看见别人玩什么，自己也玩什么；看见别人有什么，自己就想要什么，所以小班玩具的种类不必很多，但同样的玩具要多准备几套。在教育工作中，多为儿童树立模仿的样板。教师常常是儿童模仿的榜样，因此，应该时刻注意自己的言行举止，为孩子们树立好榜样。

爱模仿

4. 思维仍带有直觉行动性

思维依靠动作进行，是先学前期儿童的典型特点。小班幼儿仍然保留着这个特点。让他们说出某一小堆糖有几块，他们就用手一块一块地数才能弄清楚，他们不会像大一些的孩子那样在心里默数。

由于小班儿童的思维还要依靠动作，因此他们不会计划自己的行动，只能是先做后想，或者边做边想。例如，在捏橡皮泥之前往往说不出自己要捏成什么，而常常是在捏好之后才突然有所发现："面条！"

考点 2　幼儿中期（4~5岁）的年龄特征

1. 活泼好动

活泼好动的特点在幼儿中期尤为突出。幼儿园中班的孩子明显地比小班孩子活泼好动。小班孩子比较听话，顺从老师的意见，说话和动作的速度也相对缓慢。中班的孩子就不同，他们的动作比小班孩子灵活得多，头脑里的主意也多，使老师感到不像小班那么"好带"，要求老师更加注意教育内容和技巧。

2. 思维具体形象

中班幼儿的思维可以说是典型的具体形象思维，他们较少依靠行动来思维，但是思维过程还必须依靠实物的形象作支柱。例如，他知道了3个苹果加2个苹果是5个苹果，也能算出6颗糖给了弟弟3颗还剩3

颗,但还不理解"3加2等于几,6减3还剩多少"的抽象含义。

中班幼儿常常根据自己的具体生活经验来理解成人的语言。例如,他们常常认为"儿子"一词的意思就是"小孩"。当他们听说某个大人是××的儿子时,常常感到不可思议:"这么大,还是儿子?"为了让幼儿明白教师说的话,必须注意了解幼儿的水平和经验,避免说过于抽象的语言。语言教学中,尽量用形象的解释来帮助儿童理解新词。教"笔直"一词,可以竖起一支铅笔,"笔直"就是像铅笔一样直,这样幼儿就能懂,而且能牢牢记住。

3. 开始接受任务

4岁以后幼儿之所以能够接受任务,和他的思维的概括性和心理活动有意性的发展有密切关系。由于思维的发展,他的理解力增强,能够理解任务的意义,由于心理活动有意性的发展,幼儿行为的目的性、方向性和控制性都有所提高,这些都是接受任务的重要条件。

4. 开始自己组织游戏

小班幼儿已经有游戏活动,但是他们还不大会玩,需要成人领着玩。4岁左右是游戏蓬勃发展的时期。中班幼儿不但爱玩而且会玩,他们能够自己组织游戏,自己规定主题。他们不再像小班那样,出现许多平行的角色。他们会自己分工,安排角色。中班幼儿游戏的情节也比较丰富,内容多样化。在沙坑里玩沙,能够发展起钻地洞的游戏;搭积木时,搭好了"动物园"后,玩动物园游戏。在游戏中不但反映日常生活的事情,还经常反映电视、电影里的故事情节。

考点 3 ▶ 幼儿晚期(5～6岁)的年龄特征

1. 好学、好问

好奇是幼儿的共同特点,但大班儿童的好奇与小、中班有所不同。小、中班儿童的好奇心较多表现在对事物表面的兴趣上。他们经常向成人提问题,但问题多半停留在"这是什么""那是什么"上。大班儿童不同,他们不光问"是什么",还要问"为什么"。问题的范围也很广,天文地理,无所不有,希望成人给予回答。

好学、好问是求知欲的表现。甚至一些淘气行为也反映儿童的求知欲。家长、教师都应该保护幼儿的求知欲,不应该因嫌麻烦而拒绝回答孩子的提问。对类似破坏玩具的行为也不要简单地训斥了事,而应该加以正面引导,一面耐心讲道理,一面向幼儿介绍一些简单的机械原理,满足他们渴求知识的愿望。

2. 抽象概括能力开始发展

大班儿童的思维仍然是具体形象的,但已有了抽象概括性的萌芽。例如,他们已开始掌握一些比较抽象的概念(如左、右概念),能对熟悉的物体进行简单的分类(白菜、茄子都是蔬菜;苹果、梨、葡萄都是水果),也能初步理解事物的因果关系(针是铁做的,所以沉到水底了;火柴棒是木头做的,所以能浮在水面上)。由于大班幼儿已有了抽象概括能力的萌芽,所以,也应该进行一些简单的科学知识教育,引导他们去发现事物间的各种内在联系,促进智力发展。

3. 个性初具雏形

大班儿童初步形成了比较稳定的心理特征。他们开始能够控制自己,做事也不再"随波逐流",显得比较有"主见"。对人、对己、对事开始有了相对稳定的态度和行为方式。有的热情大方,有的胆小害羞,有的活泼,有的文静,有的自尊心很强,有的有强烈的责任感,有的爱好唱歌跳舞,有的显示出绘画才能……

对于幼儿最初的个性特征,成人应当给予充分的注意。幼儿教师在面向全体幼儿进行教育的同时,还应该因材施教,针对每个人的特点,长善救失,使儿童全面、健康地发展。

4.开始掌握认知方法

5~6岁幼儿出现了有意地自觉控制和调节自己心理的方法,在认知活动方面,无论是观察、注意、记忆过程,或是思维和想象过程,都有了方法。4岁前幼儿往往不会比较两个或几个图形的异同,而5岁以后幼儿则能较好地完成任务。因为他们已经掌握了对比的方法。把图形或图形的相应部分一一对应地进行比较。注意的活动中,5~6岁幼儿能够采取各种方法使自己不分散注意。

> **•记忆有妙招•**
>
> 幼儿初期的年龄特征:**行李轻放**。**行**:思维仍带有直觉行动性。**李**:最初步的生活自理。**轻**:情绪性。**放**:爱模仿。
>
> 幼儿中期的年龄特征:**有人想活动**。**有**:开始自己组织游戏。**人**:开始接受任务。**想**:思维具体形象。**活动**:活泼好动。
>
> 幼儿晚期的年龄特征:**任性好丑**。**任**:开始掌握认知方法。**性**:个性初具雏形。**好**:好学、好问。**丑**:抽象概括能力开始发展。

真题7 [2023安徽宿州,单选]幼儿的个性初具雏形多发生在(　　)

A.5~6岁　　　　B.2~3岁　　　　C.3~4岁　　　　D.6~7岁

答案:A

★★ 本节核心考点回顾 ★★

1.婴儿期的年龄特征(0~1岁)

(1)初生到满月(0~1月):心理发生的基础是本能反射;条件反射的出现,是心理发生的标志;认识世界的开始;人际交往的开端。

(2)满月到半岁(1~6月):视觉和听觉迅速发展;手眼协调动作开始发生;主动招人;开始认生。

(3)半岁到周岁(6~12月):①身体动作迅速发展。②手的动作开始形成。从6~8个月开始,婴儿在同物体的反复接触中,兴趣中心逐渐从自身的动作转移到动作的对象。③言语开始萌芽。④依恋关系发展。

2.幼儿初期(3~4岁)的年龄特征

(1)最初步的生活自理,生活目标扩大;(2)行为具有强烈的情绪性;(3)爱模仿;(4)思维仍带有直觉行动性。

3.幼儿中期(4~5岁)的年龄特征

(1)活泼好动;(2)思维具体形象;(3)开始接受任务;(4)开始自己组织游戏。

4.幼儿晚期(5~6岁)的年龄特征

(1)好学、好问;(2)抽象概括能力开始发展;(3)个性初具雏形;(4)开始掌握认知方法。

第三节 学前儿童心理发展的趋势和基本特点

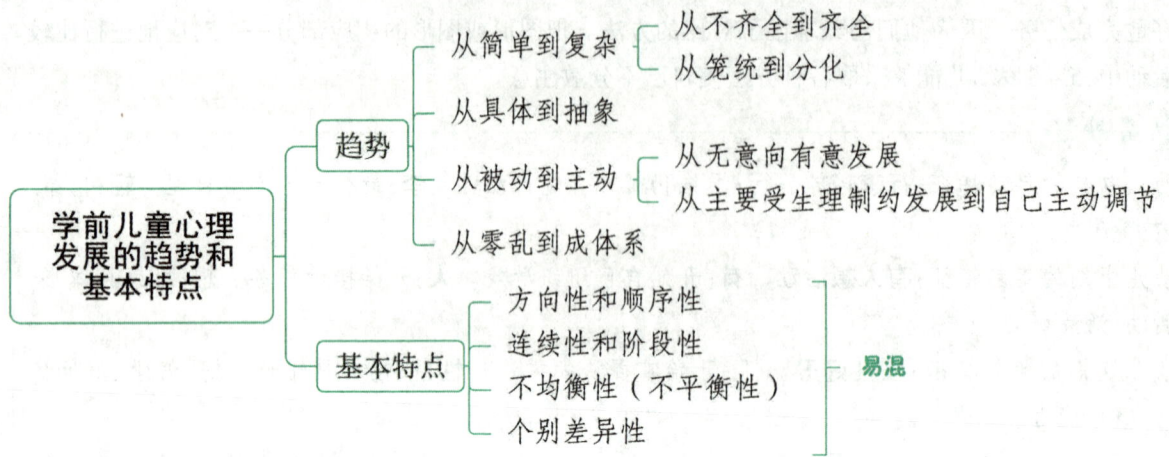

一、学前儿童心理发展的趋势【单选】★

考点 1 从简单到复杂

学前儿童最初的心理活动,只是非常简单的反射活动,以后越来越复杂化。这种发展趋势又表现在两个方面:

1. 从不齐全到齐全

学前儿童的各种心理过程在出生的时候并非已经齐全,而是在发展过程中先后形成的。

2. 从笼统到分化

学前儿童最初的心理活动是笼统、弥漫而不分化的。无论是认识活动还是情绪,其发展趋势都是从混沌或笼统到分化和明确。也可以说,学前儿童的心理活动最初是简单和单一的,后来逐渐复杂和多样化。例如,最初婴儿的情绪只有笼统的愉快和不愉快之分,随后几年才逐渐分化出喜爱、高兴、痛苦、惊奇、恐惧、厌恶以及妒忌等各种复杂而多样的情绪情感。

考点 2 从具体到抽象

学前儿童的心理活动最初是非常具体的,以后越来越抽象和概括化。从思维的发展来看,学前儿童的思维最初是直觉行动的,然后出现具体形象思维,最后发展起来的是抽象逻辑思维。从情绪发展过程看,最初引起情绪活动的,都是具体形象性的事物,以后才是越来越抽象的事物。

考点 3 从被动到主动

学前儿童心理活动最初是被动的,心理活动的主动性后来才发展起来,并逐渐提高,直到成人所具有的极大的主观能动性。学前儿童心理发展的这种趋势主要表现在两个方面:

1. 从无意向有意发展

学前儿童心理活动是从无意向有意发展的。新生儿的原始反射是本能活动,是对外界刺激的直接反应,完全是无意识的。随着年龄的增长,学前儿童逐渐开始出现自己能意识到的、有明确目的的心理活动,然后发展到不仅意识到活动目的,还能够意识到自己心理活动进行的情况和过程。

2.从主要受生理制约发展到自己主动调节

学前儿童的心理活动,很大程度上受生理局限,随着生理的成熟,其心理活动的主动性也逐渐增加。

考点 4 ▶ 从零乱到成体系

学前儿童的心理活动最初是零散杂乱的,心理活动之间缺乏有机的联系。例如,学前儿童一会儿哭,一会儿笑,一会儿说东,一会儿说西,这些都是心理活动没有形成体系的表现。正因为不成体系,其心理活动非常容易变化。随着学前儿童年龄的增长,他们的心理活动逐渐组织起来,有了系统性,形成了整体,并且有了稳定的倾向,出现每个人特有的个性。

真题1 [2022福建统考,单选]新生儿的世界里只有黑、白、灰,3个月的婴儿只能分辨鲜明与灰暗,3岁幼儿却能辨别各种基本颜色。这说明儿童心理发展的趋势是(　　)

A.从简单到复杂　　B.从被动到主动　　C.从具体到抽象　　D.从零乱到成体系

答案:A

二、学前儿童心理发展的基本特点 【单选、多选】 ★★

考点 1 ▶ 发展具有方向性和顺序性

学前儿童的心理发展具有一定的方向性和先后顺序,既不能逾越,也不会逆向发展,按由低级到高级、由简单到复杂的固定顺序进行。如心理的发展总是按照由机械记忆到意义记忆,由形象思维到抽象思维,由情绪到情感的顺序发展。

儿童心理发展的顺序性要求教育要循序渐进地促进儿童的身心发展,不能"陵节而施""揠苗助长"。无论是在知识的获得上还是思想品德的形成上,都应由浅入深,由简到繁,由易到难,由少到多,由具体到抽象,循序渐进地进行。

考点 2 ▶ 发展具有连续性和阶段性

连续性指的是个体的发展是一个分阶段的连续过程,前后相邻的阶段是有规律地更替的,前一阶段为后一阶段的过渡做准备。阶段性是指个体在不同的年龄阶段表现出身心发展不同的总体特征及主要矛盾,面临着不同的发展任务。

儿童心理发展的连续性和阶段性不是绝对对立的,而是辩证统一的。儿童心理发展一般采取渐变的形式,在旧的特征占主要地位时,已经开始出现新特征的萌芽,而当新的特征占主要地位之后,往往仍有旧特征的表现,发展之间一般不出现突然的中断,阶段之间具有交叉性。

儿童心理发展的阶段性特点决定了教育要根据不同年龄阶段的特点分阶段进行,对不同年龄阶段的儿童应采取不同的内容和方法。

考点 3 ▶ 发展具有不均衡性(不平衡性)

学前儿童心理发展不是匀速上升,而是呈波浪形发展的,具有不平衡性。心理发展的不均衡性表现在两个方面:

一是同一方面的发展在不同年龄阶段的发展速度是不均衡的。美国著名心理学家布卢姆曾对上千名婴幼儿进行长期的跟踪研究,他最后得出的结论是:5岁以前是儿童智力发展最迅速的时期,如果把17岁时个体所达到的智力水平定为100%的话,那么出生后的前4年他已获得了50%,到8岁时已获得了80%,从8岁到17岁之间又获得了最后的20%。

二是不同方面发展的不均衡性,有的方面在较早的年龄阶段就已经达到较高的发展水平,有的则要到较晚的年龄阶段才能达到较为成熟的水平。如感觉、知觉等认识过程在出生后很快就能达到比较发达的水平,而思维要2岁左右才开始发展,到学前期仍处在比较低级的逻辑思维阶段。

从儿童发展的不均衡性来看,儿童各种心理机能的发展存在一个关键期。如果在这个关键期为儿童提供适当的条件,就会有效地促进儿童该方面的发展。如果错过了这一时期,将来弥补起来就比较困难。因此,教育者们应该充分利用儿童发展的关键期,对儿童实施科学合理的教育。

考点 4 ▶ 发展具有个别差异性

心理发展的个别差异性是指由于个体的遗传、社会生活条件、教育等因素的不同,心理发展在不同人之间存在着差异。正所谓"人心不同,各如其面"。例如,在感知觉方面,有的人很敏锐,有的人很迟钝;在注意的稳定性方面,有的人能够维持较长时间,有的人只能维持较短时间。

在教育工作中要善于发现并研究个体间的差异特征,充分尊重每个儿童的个别差异,有的放矢、因材施教地挖掘儿童的潜力,选择最有效的教育途径对儿童进行有针对性的教育,使每个儿童都能得到最大限度的发展。

真题2 [2021福建统考,单选]语言学习关键期的存在说明儿童心理发展具有(　　)
A.顺序性　　　　　B.阶段性　　　　　C.个别差异性　　　　　D.不均衡性

真题3 [2021山东青岛,多选]学前儿童心理发展具有(　　)、个体差异性等特点。
A.方向性和顺序性　　　　　　B.偶然性和可能性
C.连续性和阶段性　　　　　　D.不均衡性

答案:2. D　3. ACD

★★ 本节核心考点回顾 ★★

1. 学前儿童心理发展的趋势

(1)从简单到复杂;(2)从具体到抽象;(3)从被动到主动;(4)从零乱到成体系。

2. 学前儿童心理发展的基本特点

(1)发展具有方向性和顺序性;(2)发展具有连续性和阶段性;(3)发展具有不均衡性(不平衡性);(4)发展具有个别差异性。

第四节　影响学前儿童心理发展的因素

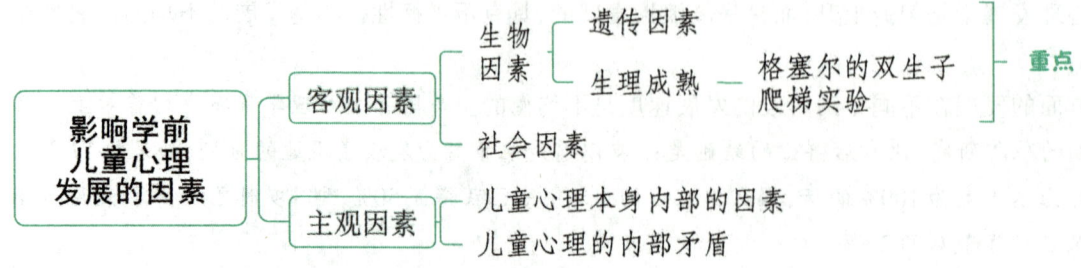

影响儿童心理发展的因素是极其复杂多样的,我们讨论的重点是"基本因素"。这些基本因素可概括为客观因素和主观因素两大方面。客观因素主要指儿童心理发展必不可少的外在条件,主要是生物因素和社会因素,遗传因素和生理成熟是影响儿童心理发展的生物因素。主观因素则指儿童心理本身内部的因素。主客观因素又总是处于相互作用中。

一、客观因素【单选、判断、填空】★★

考点 1 ▸ 生物因素

1. 遗传因素

遗传是一种生物现象。通过遗传,祖先的一些生物特征可以传递给后代。遗传的生物特征主要指那些与生俱来的解剖生理特点,如机体的构造、形态、感官和神经系统的特征等,其中对心理发展具有最重要意义的是神经系统的结构和机能的特征,这些遗传的生物特征也叫遗传素质。

遗传对儿童心理发展的具体作用表现在下列两个方面:

(1)提供发展人类心理的最基本的自然物质前提

人类共有的遗传因素是使儿童在成长过程中有可能形成人类心理的前提条件,也是儿童有可能达到一定社会所要求的那种心理水平的最初步、最基本的条件。

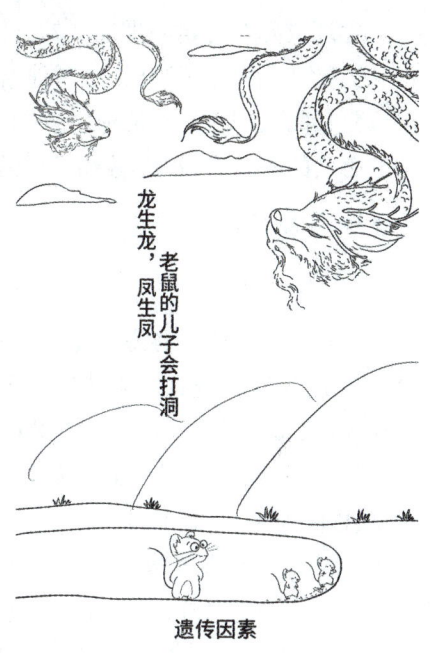

遗传因素

(2)奠定儿童心理发展个别差异的最初基础

一些同卵双生子的研究证明,同卵双生子有近乎相同的智力。同卵双生子是由一个受精卵分裂为两个发育而成的,具有相同的遗传素质。

遗传因素对儿童心理发展不同方面的影响是不完全相同的。一般认为,特殊能力的发展受遗传的影响大些。遗传素质的个别差异也影响着儿童智力的差异,这在智力障碍儿童身上表现得最为明显。遗传因素不仅影响儿童的特殊能力和一般智力的发展,而且在一定程度上影响其个性的形成。

由此可见,遗传在儿童心理发展中的作用是客观存在的。它为心理发展提供了最初的物质前提和可能性。在环境的影响下,最初的可能性能够变为最初的现实,而这个现实又将成为继续发展的前提和可能。儿童每一步的发展现实总是先天和后天相互作用的结果。

真题1 [2024福建统考,单选]黑猩猩即使有良好的人类生活条件,并接受精心地训练,其智力发展的最高限度也只能是人类婴儿的水平,这说明对儿童心理发展起前提作用的因素是( )

A. 遗传素质　　　　B. 生理成熟　　　　C. 自然环境　　　　D. 社会环境

真题2 [2021江苏镇江,单选]儿童心理发展的最基本的自然物质前提是( )

A. 生理成熟　　　　B. 遗传　　　　C. 环境　　　　D. 教育

真题3 [2022山东威海,判断]遗传因素对儿童心理发展不同方面的影响是完全相同的。

答案:1. A　2. B　3. ×

2. 生理成熟

生理成熟又叫生理发展,是指身体结构和机能生长发育的程度和水平。生理成熟和遗传关系密切,这可以从以下两个方面来理解:一方面,生理成熟是以遗传素质为基础的;另一方面,生理成熟的过程服从于种系遗传的成长程序,有一定的规律性,这也就是遗传决定了生理成熟的规律。

(1)生理成熟的程序制约着儿童心理发展的顺序

例如,儿童到1周岁时发音器官和大脑皮层语言运动区的成熟才能使儿童学说话,当儿童手的骨骼肌肉系统成熟以后才能学写字。儿童心理机能的发展是按照由低级到高级的顺序进行的,这是与大脑皮层各相应区域的成熟的顺序有关的。

(2)生理成熟为儿童心理发展提供物质前提

生理成熟对儿童心理发展的具体作用是,使心理活动的出现或发展处于准备状态。如果在某种生理结构和机能达到一定成熟时,适时地给予适当的刺激,就会使相应的心理活动有效地出现或发展;如果机体尚未成熟,那么,即使给予某种刺激,也难以取得预期的结果。

著名的成熟论心理学家格塞尔的双生子爬梯实验,是说明生理成熟对学习技能的前提作用的有力例证。

> **知识再拔高**
>
> **格塞尔的双生子爬梯实验**
>
> 美国心理学家格塞尔曾经对一对同卵双生子进行了实验研究,他首先对双生子1(代号为T)和双生子2(代号为C)进行行为基线的观察,认为他们发展水平相当。在双生子出生第48周时,对T进行爬楼梯训练,每天练习10分钟,而对C则不予相应训练。训练持续了6周,期间T比C更早地显示出某些技能。到了第53周,当C达到能够学习爬楼梯的成熟水平时,开始对他进行集中训练,发现只要少量训练,C就达到了T的熟练水平。进一步的观察发现,在55周时,T和C的爬楼梯能力没有差别。格塞尔原来认为这只是个偶然现象,于是他就换了另一对双生子,结果类似;又换了一对,仍然如此。如此反复做了多个对比实验,最终得出的结果是相同的,即孩子在52周左右,学习爬楼梯的效果最佳。于是,格塞尔断定,儿童的学习与发展取决于生理的成熟,生理成熟之前的早期训练对最终的结果并没有显著作用。

(3)生理成熟的个别差异,是儿童心理发展个别差异的生理基础

由于遗传及先天、后天环境的千差万别,儿童生理成熟的时间、速度等方面都存在个别差异。这些差异影响并制约着儿童心理发展的个别差异。例如,女孩的语言发展比男孩早,是和女孩的相应部分生理成熟较早有关。

遗传素质以及遗传的发展程序虽然制约着儿童的生理成熟,但成熟却并不绝对由遗传决定。生理发展本身存在着遗传和变异辩证统一的规律。遗传的东西在一定条件下会变化,人类的种系特征就是世世代代遗传和变异进化的产物。成熟过程始终受到环境的影响。

真题4 [2024江西统考,单选]下列关于儿童心理学实验的表述,不正确的选项是(   )

A."陌生情境"实验是安斯沃斯研究儿童分离焦虑、陌生焦虑的实验

B."三山"实验是皮亚杰证明幼儿自我中心主义倾向的实验

C."双生子爬梯"实验是格塞尔证明遗传对儿童发展影响的实验

D."视崖"实验是沃克和吉布森研究婴幼儿深度知觉的实验

真题5 [2023福建统考,填空]"双生子爬梯"实验说明,为幼儿心理发展提供物质前提的是_____。

答案:4. C   5.生理成熟

考点 2 社会因素

环境和教育是影响儿童心理发展的社会因素。

环境可以分自然环境和社会环境。自然环境提供儿童生存所需要的物质条件,如空气、阳光、水分、养料等。儿童出生前所处的胎内环境,也是一种自然环境。它影响儿童出生时带来的解剖生理特征,即影响儿童心理发展的最初物质基础。社会环境指儿童的社会生活条件,包括社会的生产发展水平、社会制度、儿童所处的家庭状况、周围的社会气氛等。

儿童处于受教育过程,教育条件是儿童社会环境中最重要的部分。有目的、有计划、有系统影响的学前教育,在一定程度上对学前儿童心理发展水平起着主导作用。所谓环境对儿童心理发展的作用,主要指社会生活条件和教育的作用。

1. 社会环境使遗传所提供的心理发展的可能性变为现实

社会环境,首先是指人类生活的环境,它不同于动物生活的环境。人的后代如果不生活在社会环境里,那么虽然遗传提供了发展儿童心理的可能性,但这种可能性不会变成现实。野兽哺育长大的孩子,虽然具有人类遗传素质,却不具备人类的正常心理。典型的例子如印度狼孩卡玛拉和阿玛拉,她们都不会直立行走,不能学会说话,没有人类的动作和情感。直立行走和说话本来是人类的特征,但是,对每一个具体儿童来说,遗传只提供了直立行走和说话的可能性,没有人类的社会环境,这种可能性不能变为现实性。

2. 宏观的社会环境和教育从根本上制约着儿童心理发展的水平和方向

儿童的心理发展与动物不同,主要是靠社会生活条件和教育来学习人类的文化成果和社会经验。生产力、生产关系、社会制度、社会风气及儿童的社会地位等因素都会对儿童的心理发展产生极其重要的作用。

3. 微观的社会环境是影响儿童心理个别差异的最重要的条件

在对儿童心理影响的微观环境中,家庭环境是最重要的因素,而家庭教育是对儿童心理发展作用最大的因素。家庭教育的作用表现为:

(1)家庭是儿童的第一所学校,父母是儿童的第一任老师。儿童心理发展是有连续性的,儿童在家庭教育影响下所形成的心理特点是以后心理发展的基础。

(2)学前儿童和父母及家庭其他成员之间有深厚的感情。感情用事是学前儿童心理特点之一,父母和家庭其他成员对儿童心理的教育,比家庭以外其他人更易起作用。

(3)家庭对学前儿童心理发展的影响,在时间和空间上都是全面的。

除家庭教育外,对于进入托幼机构的学前儿童来说,托儿所或幼儿园的环境和教育,对他们心理的发展无疑起着十分重要的作用。

• 知识再拔高 •

表2-2 遗传与环境对心理发展作用的学说

时期	第一个时期(谁起决定作用)		第二个时期(各起多少作用)		第三个时期(如何起作用)
理论	遗传决定论	环境决定论	会合论	成熟论	相互作用论(遗传与环境)
代表人物	高尔顿	华生	斯腾	格塞尔	皮亚杰
观点	强调遗传在心理发展中的作用	强调环境的教育作用	心理的发展并非单纯受外界的影响,而是内在本性和外在条件辐合的结果	支配儿童心理发展的因素有两个:成熟和学习。成熟是推动儿童发展的主要动力。"双生子爬梯"实验论证了成熟论的观点	①遗传与环境是相互依存、相互制约、缺一不可的;②遗传与环境的作用是相互渗透、相互转化的

真题6 [2022福建统考,单选]印度狼孩卡玛拉的典型事例说明影响儿童心理发展的主要因素是(　　)

A. 遗传素质　　　　B. 生理成熟　　　　C. 自然环境　　　　D. 社会环境

真题7 [2021浙江绍兴,单选]"染于苍则苍,染于黄则黄"用来说明(　　)对人的成长和发展的影响是巨大的。

A. 颜色　　　　　　B. 环境　　　　　　C. 遗传　　　　　　D. 物质

答案:6. D　7. B

二、主观因素

1. 儿童心理本身内部的因素是儿童心理发展的内部原因

环境和教育绝不能机械地决定儿童心理的发展,它们的决定作用也只能是通过儿童心理发展本身的内部因素来实现。

影响儿童心理发展的主观因素,笼统地说,包含儿童的全部心理活动。具体地说,包括儿童的需要、兴趣爱好、能力、性格、自我意识以及心理状态等。其中,最活跃的因素是需要。

性格同样影响幼儿心理活动的积极性。自我意识在人的心理活动中起控制作用。心理状态,包括注意、激情、心境等,是心理活动的背景,即心理活动进行时所处的相对稳定的水平,起着提高或降低心理活动积极性的作用。

2. 儿童心理的内部矛盾是推动儿童心理发展的根本原因或动力

儿童心理的内部矛盾可以概括为两个方面,即新的需要和旧的心理水平或状态。

新需要与旧水平发生矛盾,新需要否定旧水平。当水平提高后满足了需要,这种需要又被否定。新需要和旧水平的斗争,就是矛盾运动,儿童心理正是在这样不断的内部矛盾运动中发展的。

儿童心理内部矛盾的两个方面又是互相依存的。一方面,儿童的需要依存于儿童原有的心理水平或状态;另一方面,一定的心理水平的形成,又依存于相应的需要。

✦✦ 本节核心考点回顾 ✦✦

1. 影响学前儿童心理发展的生物因素

(1)遗传因素:提供发展人类心理的最基本的自然物质前提;奠定儿童心理发展个别差异的最初基础。

(2)生理成熟:生理成熟的程序制约着儿童心理发展的顺序;生理成熟为儿童心理发展提供物质前提;生理成熟的个别差异,是儿童心理发展个别差异的生理基础。

2. 影响学前儿童心理发展的社会因素

(1)社会环境使遗传所提供的心理发展的可能性变为现实;

(2)宏观的社会环境和教育从根本上制约着儿童心理发展的水平和方向;

(3)微观的社会环境是影响儿童心理个别差异的最重要的条件。

第五节 有关儿童心理发展的重要概念

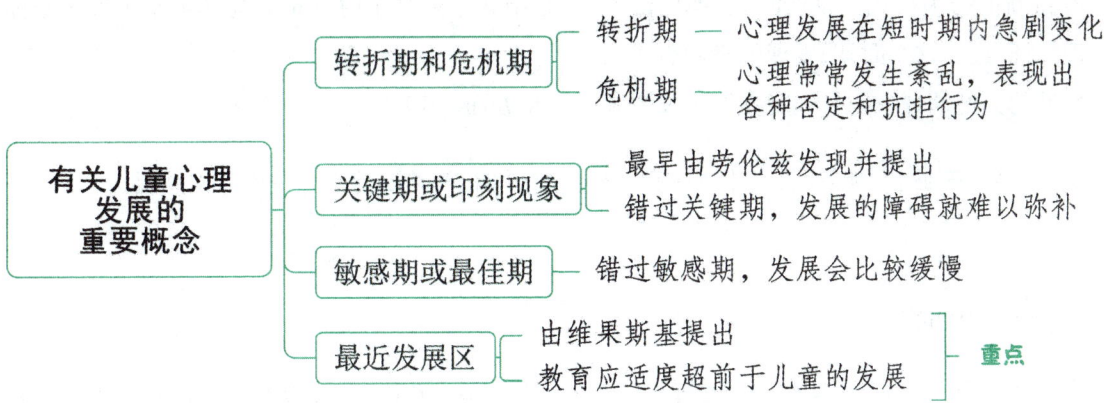

一、转折期和危机期 【单选】 ★

考点 1 ▸ 转折期

转折期是指在儿童心理发展的两个阶段之间,有时出现的心理发展在短时期内急剧变化的情况。儿童的心理发展过程与其他物质发展过程一样,都具有规律性,遵循从量变到质变的过程。量变的过程表现为心理发展的阶段特点的稳定性,而质变的过程则表现为儿童心理特征的转折与飞跃,形成儿童心理发展的关键转折期。

考点 2 ▸ 危机期

危机期是指在发展的某些年龄时期,儿童心理常常发生紊乱,表现出各种否定和抗拒行为的现象,如经常与人发生冲突,违抗成人要求等。由于儿童心理发展的转折期常常出现对成人的反抗行为,或各种不符合社会行为准则的表现,因此,也有人把转折期称为危机期。但心理发展的转折期和危机期还有所区别:转折期是儿童心理发展过程中必然出现的,但"危机"却不是必然出现的。"危机"往往是由于儿童心理发展迅速导致心理发展上的不适应。如果成人在掌握儿童心理发展规律的情况下,正确引导儿童心理的发展,化解其一时产生的尖锐矛盾,"危机"会在不知不觉中度过,或者说,"危机期"可以不出现。那么要避免"危机"就要抓住转折期的教育,为此转折期也就成了教育的"关键期""敏感期"或"最佳期"。

真题1 [2020广东湛江,单选]小怡妈妈对小怡说:"你是好孩子。"小怡说:"不,我是坏孩子。"这说明小怡可能处于心理发展的( )

A. 敏感期　　　　　B. 危机期　　　　　C. 关键期　　　　　D. 最佳期

答案:B

二、关键期或印刻现象 【判断】 ★

关键期的概念最早出现于实验胚胎学中。20世纪30年代,奥地利习性学家劳伦兹发现,小雁、小鸭、小鹅等在出生后数小时就能跟随自己的母亲。但是如果刚出生时就把它们与母亲分开,不久,这些小动物就

219

再也不会跟随自己的母亲了。这说明动物某些行为的形成有一个关键时期,错过了这个机会,有关行为就难以形成。小动物的其他行为也有类似情况,劳伦兹将此情况叫作"印刻",印刻发生的时期就叫关键期。

个体发展过程中环境影响能起最大作用的时期即关键期。关键期是指由生物学因素决定的、个体做好最充分准备来获得新的行为模式的发展时期,换句话说,它是指儿童在某个时期最容易学习某种知识技能或形成某种心理特征,过了这个时期,发展的障碍就难以弥补。

儿童心理发展的关键期现象主要表现在语言发展和感知觉方面。

真题2 [2022浙江宁波,判断]家长经常害怕孩子错过关键期,关键期的概念是由劳伦兹提出的。
答案:√

三、敏感期或最佳期

敏感期是指个体比其他时候更容易获得新行为模式的发展阶段,换句话说,敏感期就是儿童学习某种知识和行为比较容易,儿童心理某个方面发展最为迅速的时期,又叫最佳期。错过了敏感期或最佳期,不是不可以学习或形成某种知识或能力,但是比起敏感期或最佳期来说,就较为困难,发展比较缓慢。

> **·小香课堂·**
>
> 关键期和敏感期是考生容易混淆的两个概念,它们的区别侧重强调其影响程度的不同:
>
> 关键期的影响通常更为深远,表现在错过了关键期,发展的障碍难以弥补。例如,狼孩卡玛拉,被人从狼窝中发现时已经8岁了。由于多年和狼生活在一起,不会使用人类语言。人们努力通过教育和训练想使她学会说话,但收效甚微,其根本原因就是错过了发展的"关键期"。
>
> 而在敏感期之后,个体仍然可以通过学习获得相关的技能或知识。只是错过了敏感期,发展会比较缓慢。
>
> 需要说明的是,在一些心理学的专著中,这两个概念几乎是等同的,即关键期也叫敏感期。但在考试过程中,这两个概念一般是有区别的。对这两个概念的理解主要以选择题的方式进行考查,考生在做题时可以根据题意灵活做出选择。

四、最近发展区 【单选】 ★★

最近发展区是维果斯基对儿童心理学的一个突出贡献。它是一种介于儿童看得见的现实能力与并不是显而易见的潜在能力之间的潜能范围。换句话说,最近发展区是指一种儿童无法依靠自己来完成,但可在成人和更有技能的儿童帮助下来完成的任务范围,也就是儿童能够独立表现出来的心理发展水平,和儿童在成人指导下能够表现出来的心理发展水平之间的差距。最近发展区的大小是儿童心理发展潜能的主要标志,也是儿童可以接受教育程度的重要标志。

最近发展区决定着教学的可能性,而教学也应当以它为目标。维果斯基写道:"教学不应以儿童发展的昨天为目标,而应以儿童发展的明天为目标。"只有在这种条件下,教学才会走在发展的前面。因此,教育教学的作用就在于创造"最近发展区",推动或加速儿童内部的发展过程,为儿童的心理发展创造条件。教育应该适度超前于儿童的发展,教育者不仅要了解儿童的现状,还要判断儿童发展的动态和趋势,让孩子"跳一跳,摘个桃",帮助儿童勇敢地迎接挑战,激发思考力、创造力和意志力,体验成功的快乐。

真题3 [2021安徽合肥,单选]"最近发展区"是心理学家( )提出的概念。
A.格塞尔　　　　　B.华生　　　　　C.维果斯基　　　　　D.皮亚杰

真题4 [2021浙江绍兴,单选]教育学上称"跳一跳,摘个桃"说的是( )
A.关键期　　　　　B.转折期　　　　　C.最近发展区　　　　　D.敏感期

答案:3. C　4. C

★★ 本节核心考点回顾 ★★

1.转折期和危机期的关系

(1)有人把转折期称为危机期。

(2)转折期是儿童心理发展过程中必然出现的,但"危机"却不是必然出现的。"危机"往往是由于儿童心理发展迅速导致心理发展上的不适应。

(3)"危机期"可以不出现,要避免"危机"就要抓住转折期的教育,为此转折期也就成了教育的"关键期""敏感期"或"最佳期"。

2.敏感期或最佳期

敏感期就是儿童学习某种知识和行为比较容易,儿童心理某个方面发展最为迅速的时期,又叫最佳期。错过了敏感期或最佳期,不是不可以学习或形成某种知识或能力,但是比起敏感期或最佳期来说,就较为困难,发展比较缓慢。

3.最近发展区

最近发展区是由维果斯基提出,是指儿童能够独立表现出来的心理发展水平,和儿童在成人指导下能够表现出来的心理发展水平之间的差距。

第三章 学前儿童动作和言语的发展

本章学习指南

一、考情概况

本章属于学前心理学的基础知识，内容较为琐碎，需要识记的知识较多。考生可带着以下学习目标进行备考：

1. 理解学前儿童动作发展的规律。
2. 理解言语的分类，掌握学前儿童口头言语、内部言语的发展。

二、考点地图

考点	年份／地区／题型
学前儿童动作发展的规律	2024福建统考单选；2020山东青岛单选
学前儿童词汇的发展	2024江苏扬州单选；2024福建统考判断；2023山东济南判断
学前儿童语法的发展	2024山东青岛单选；2023山东烟台单选；2021天津北辰单选
学前儿童口语表达能力的发展	2022福建统考单选
学前儿童内部言语的发展	2024山东青岛判断；2023山东青岛单选；2021安徽宿州单选

注：上述表格仅呈现重要考点的相关考情。

核心考点

第一节 学前儿童动作的发展

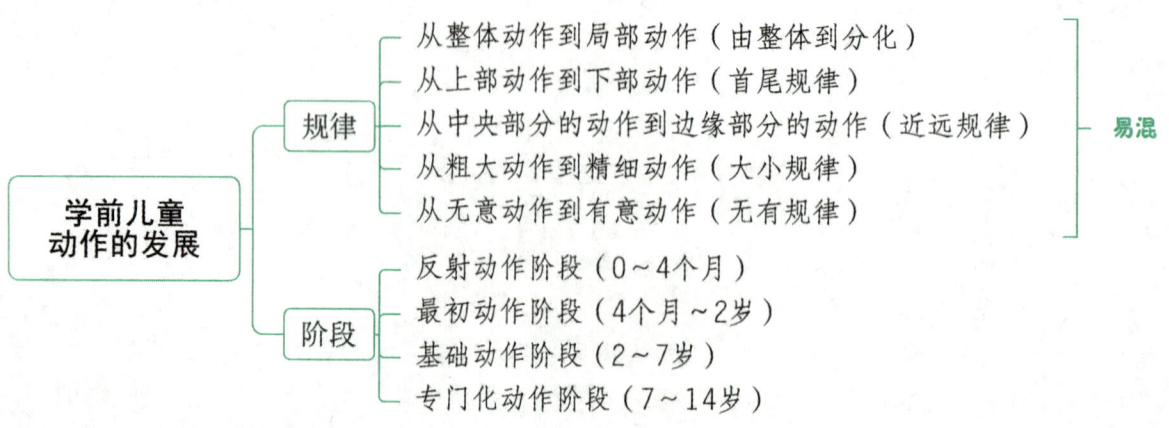

一、学前儿童动作发展的规律 【单选】 ★★

1. 从整体动作到局部动作(由整体到分化)

儿童最初的动作是全身性的、笼统的、弥漫性的,以后动作逐渐分化、局部化、准确化和专门化。例如,满月前儿童受到痛刺激后,哭喊着全身乱动;3岁孩子拿着笔认真画画时,不仅是手动,身体的动作、面部的动作也来帮忙;同样的动作,幼儿做得慢而不够准确,而且付出的努力相对较大,成人则做得又快又好。这是"从整体到局部规律"的表现。

2. 从上部动作到下部动作(首尾规律)

儿童动作的发展,先从上部动作开始,然后到下部动作。婴儿最早出现的是眼的动作和嘴的动作。半个月内的婴儿,双眼协调动作就已经出现。上肢动作发展早于下肢动作。6个月大婴儿手的动作已经有较好的发展,而腿的动作还远未发展。儿童先学会抬头,然后能俯撑、翻身、坐和爬,最后学会站和行走,也就是从离头部最近的部位的动作开始发展。这种趋势也表现在一些动作本身的发展上。例如,婴儿学爬行,先是依靠着手臂匍匐爬行,然后才逐渐运用大腿、膝盖和脚来爬行,即也服从"首尾规律"。

3. 从中央部分的动作到边缘部分的动作(近远规律)

儿童动作的发展先从头部和躯干的动作开始,然后发展双臂和腿部的动作,再后是手的精细动作。也就是靠近中央部分(头和躯干,即脊椎)动作先发展,然后才发展边缘部分(臂、手、腿)的动作。例如,婴儿看见物体时,先是移动肩肘,用整只手掌去接触物体,然后才会用腕和手指去接触并抓取物体。这种从身躯的中央部位再到远离身躯中央的边缘部位的发展规律,即"近远规律"。

真题1 [2020山东青岛,单选]学前儿童的动作发展最先从头部和躯干的动作开始,最后发展到臂、手、腿等部位,最后是手的精细动作的发展,这体现了学前儿童动作发展具有的规律之一是(　　)

A. 从大到小　　　　B. 由近及远　　　　C. 从上到下　　　　D. 从无意到有意

答案:B

4. 从粗大动作到精细动作(大小规律)

动作可以分为粗大动作和精细动作。儿童动作的发展,先从粗大动作开始,而后才学会比较精细的动作。粗大的动作是指活动幅度较大的动作,也是大肌肉群的动作,包括抬头、翻身、坐、爬、走、跑、跳、踢、走平衡等。大肌肉动作常常伴随强有力的大肌肉的伸缩和全身运动神经的活动,以及肌肉活动的能量消耗。精细动作是指小肌肉动作,也就是个体主要凭借手以及手指等部位的小肌肉或小肌肉群的运动,如画画、剪纸、穿珠子等。动作发展的这种规律,称为"大小规律"。

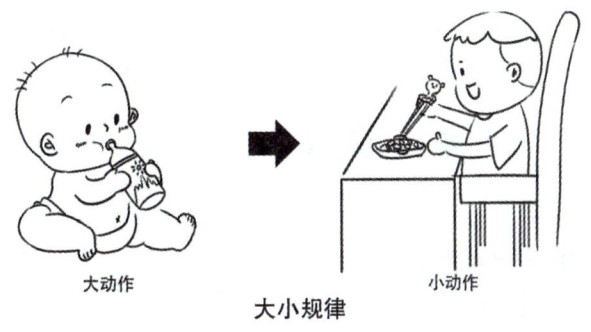

大小规律

真题2 [2024福建统考,单选]儿童先学会走路,再学会拿笔,这说明儿童动作发展遵循的规律是( )

A.首尾规律　　　　　B.近远规律　　　　　C.大小规律　　　　　D.无有规律

答案:C

5. 从无意动作到有意动作(无有规律)

婴儿最初的动作是无意的,以后越来越多地受到心理有意的支配。例如,初生婴儿已会用手紧握小棍,这是无意的、本能的动作,几个月以后,婴儿才逐渐能够有意地、有目的地去抓物体。学前儿童的动作最初是从无意动作向有意动作发展,以后则是从以无意动作为主向以有意动作为主的方向发展,即服从"无有规律"。

·小香课堂·

学前儿童动作发展的规律作为考试易混点,考生可结合下表准确理解、记忆。

学前儿童动作发展的规律	别称	特点
从整体到局部	由整体到分化	全身、笼统→局部、准确
从上部到下部	首尾规律	抬头→俯撑→翻身→坐→爬→站→走
从中央到边缘	近远规律	头部、躯干→双臂、腿部→手
从粗大到精细	大小规律	大肌肉→小肌肉
从无意到有意	无有规律	无意识动作→有意识动作

·记忆有妙招·

学前儿童动作发展的规律:**整首进大屋**。**整**:由整体到分化。**首**:首尾。**进**:近远。**大**:大小。**屋**:无有。

二、儿童动作发展的阶段

儿童动作发展分四个阶段,前三个阶段处于学前期。

表2-3　儿童动作发展的阶段

阶段	时期	表现
反射动作阶段	0~4个月	有许多不受意识支配的本能动作(无条件反射)
最初动作阶段	4个月~2岁	掌握人生最初的、起码的、基本动作
基础动作阶段	2~7岁	能控制自己的肌肉系统,保持稳定性,能自由运动,是儿童获得大量运动经验的时期
专门化动作阶段	7~14岁	动作处于转变、应用和终生使用阶段,这阶段的动作,把前一阶段孤立的、分开的动作的基本因素联结起来,形成各种专门化动作技能

★★ 本节核心考点回顾 ★★

1.学前儿童动作发展的规律

(1)从整体动作到局部动作(由整体到分化);

(2)从上部动作到下部动作(首尾规律);

(3)从中央部分的动作到边缘部分的动作(近远规律);

(4)从粗大动作到精细动作(大小规律);

(5)从无意动作到有意动作(无有规律)。

2.儿童动作发展的阶段

(1)反射动作阶段(0~4个月),有许多不受意识支配的本能动作,即无条件反射。

(2)最初动作阶段(4个月~2岁),掌握人生最初的、起码的、基本动作的阶段。

(3)基础动作阶段(2~7岁),能控制自己的肌肉系统,保持稳定性,能自由运动,是儿童获得大量运动经验的时期。

(4)专门化动作阶段(7~14岁),动作处于转变、应用和终生使用阶段,这阶段的动作,把前一阶段孤立的、分开的动作的基本因素联结起来,形成各种专门化动作技能。

第二节　学前儿童言语的发展

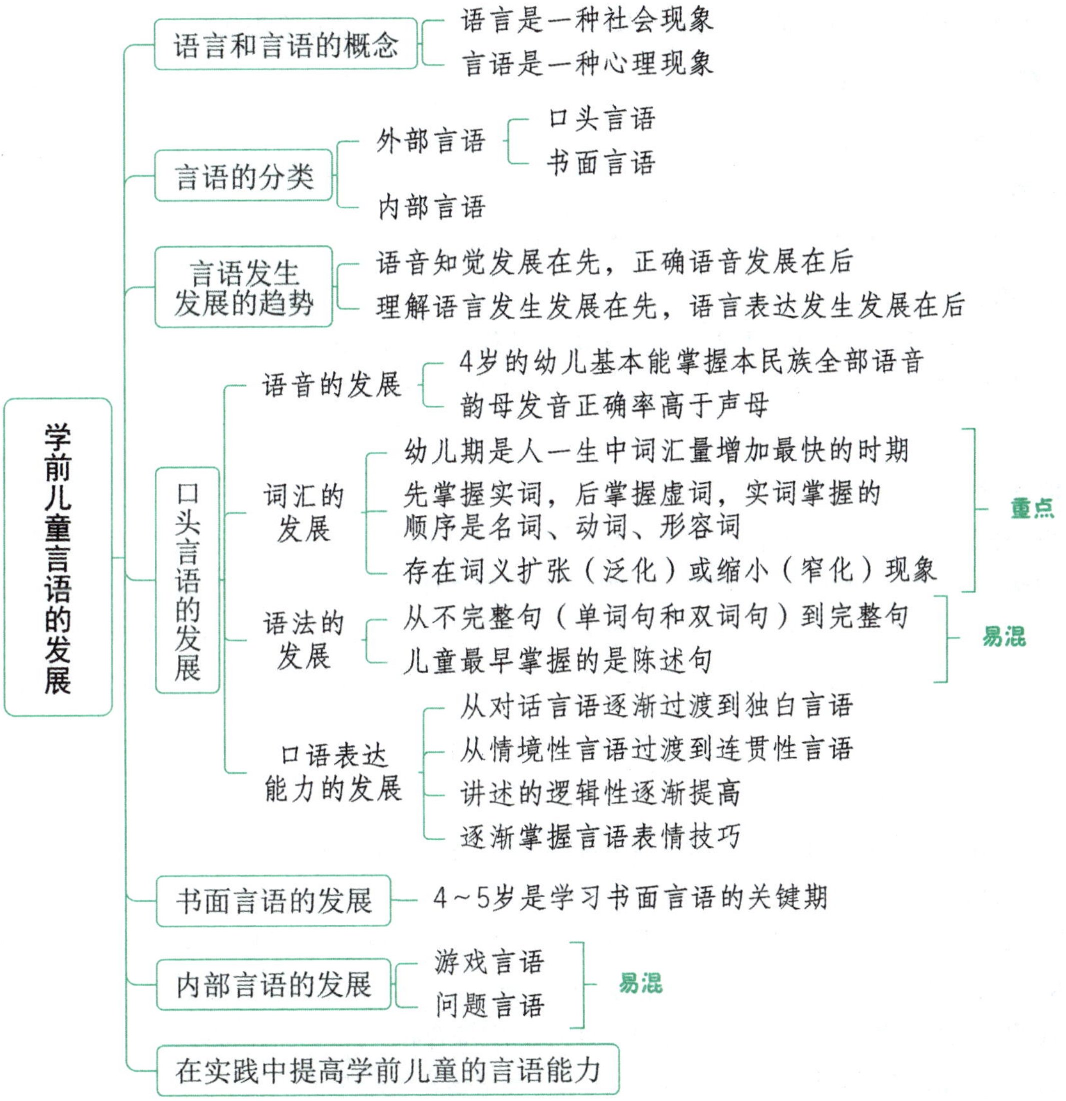

```
学前儿童言语的发展
├─ 语言和言语的概念
│   ├─ 语言是一种社会现象
│   └─ 言语是一种心理现象
├─ 言语的分类
│   ├─ 外部言语
│   │   ├─ 口头言语
│   │   └─ 书面言语
│   └─ 内部言语
├─ 言语发生发展的趋势
│   ├─ 语音知觉发展在先,正确语音发展在后
│   └─ 理解语言发生发展在先,语言表达发生发展在后
├─ 口头言语的发展
│   ├─ 语音的发展
│   │   ├─ 4岁的幼儿基本能掌握本民族全部语音
│   │   └─ 韵母发音正确率高于声母
│   ├─ 词汇的发展 【重点】
│   │   ├─ 幼儿期是人一生中词汇量增加最快的时期
│   │   ├─ 先掌握实词,后掌握虚词,实词掌握的顺序是名词、动词、形容词
│   │   └─ 存在词义扩张(泛化)或缩小(窄化)现象
│   ├─ 语法的发展 【易混】
│   │   ├─ 从不完整句(单词句和双词句)到完整句
│   │   └─ 儿童最早掌握的是陈述句
│   └─ 口语表达能力的发展
│       ├─ 从对话言语逐渐过渡到独白言语
│       ├─ 从情境性言语过渡到连贯性言语
│       ├─ 讲述的逻辑性逐渐提高
│       └─ 逐渐掌握言语表情技巧
├─ 书面言语的发展 —— 4~5岁是学习书面言语的关键期
├─ 内部言语的发展 【易混】
│   ├─ 游戏言语
│   └─ 问题言语
└─ 在实践中提高学前儿童的言语能力
```

一、语言和言语的概念

考点 1 ▶ 语言

语言是人类在社会实践中逐渐形成和发展起来的交际工具,是一种社会上约定俗成的符号系统。语言是一种社会现象。人们在改造客观外界的活动中,产生了交际的需要,伴随着交际就产生了语言。人们为了交际,或使用汉语,或使用英语,或使用俄语等,这里的汉语、英语、俄语,就是作为交际工具的各种语言。人类有了语言后,就可能在较短时间内认识和掌握科学知识和生活经验。

考点 2 ▶ 言语

言语是运用语言进行实际活动的过程。言语是一种心理现象。使用着一定语言的人,他说话、听话、阅读、写作中的说、听、读、写等活动,就是作为交际过程的言语,它是一种心理现象。如讲课时老师用的是汉语这种语言,而讲述的过程则是言语,它是一个动态的过程。

言语的概念

二、言语的分类

言语通常分为外部言语和内部言语两类。其中,外部言语包括口头言语和书面言语。

考点 1 ▶ 外部言语

外部言语是指表现为外显的语音或文字符号的交际性言语,主要有口头言语和书面言语两种形式。

1. 口头言语

口头言语是通过人的发音器官所发出的语言声音来表达思想和感情的言语。口头言语又可分为对话言语和独白言语。

(1)对话言语。对话言语指两个人或几个人直接交际时的言语活动,如聊天、座谈等。

(2)独白言语。独白言语是个人独自进行的,与叙述思想、情感相联系的、较长而连贯的言语,如报告、演讲等。

2. 书面言语

书面言语是人们借助于文字来表达思想感情、传授知识经验的言语。也就是写出的文字、看到的文字,例如写作、朗读。

书面言语可以突破时间和空间的限制。如想要知道先辈们的经验,就要通过书面言语;要想知道远在外地的亲人的情况,除了可以通过电话还可以写信等,书面言语可以反复阅读、回味、推敲,需要专门的教学才能掌握。

考点 2 ▶ 内部言语

内部言语是指只为语言使用者所意识到的内隐的言语,也叫作不出声的言语,是个人做无声思考时使用的非交际性言语。它是人们进行思维活动时凭借的主要工具,通常以简缩的形式进行。如果说用于交往的言语是"宣之于外"的外部言语,那么,用于调节的言语则主要是"隐之于内"的内部言语。内部言语的对象不是别人,而是自己,是自己思考问题时所用的一种特殊的言语形式。内部言语的特点是隐蔽发音,默默无声,比较简约、压缩,与思维密不可分。主要执行自觉分析、综合和自我调节的机能。

内部言语与外部言语相互联系,互相促进;口头言语和书面言语是内部言语的外显表现,口头言语和书面言语的发展推动内部言语的发展,而内部言语的发展有助于口头言语和书面言语的提高。

· 小香课堂 ·

言语的分类作为本节的基础内容,考生可结合以下表格进行梳理。

种类			概念	例子
外部言语	口头言语	对话言语	两个人或几个人直接交际时的言语活动	聊天、座谈
		独白言语	个人独自进行的,与叙述思想、情感相联系的,较长而连贯的言语	报告、演讲
	书面言语		人们借助于文字来表达思想感情、传授知识经验的言语	写作
内部言语			不出声的言语	默默思考问题

三、学前儿童言语发生发展的趋势

1. 语音知觉发展在先,正确语音发展在后

语音知觉,是指对语言中语音的辨别。即能够辨别语音的差别,再进一步则能够说出语音的名称。

很小的婴儿已经能够区别语音的差异。例如,有研究报告表明,2~3个月的婴儿,能够分辨语音的细微差异,而这时婴儿还不能发出音节分明的语音。研究还表明,婴儿对语音非常敏感,而成人在习得母语后,对某些语音细微差异的先天敏感性明显地发生变化。例如,汉语不同方言中语音虽有变化,却会被成人忽略。因为语言中不需要辨别某种语音差异。但是,在学习第二语言时,对某些语音的辨别能力又可能形成。

2. 理解语言发生发展在先,语言表达发生发展在后

儿童学习语言是从理解语词开始的。大约在6个月以后,婴儿已能"听懂"一些词。其实那只是根据父母说话的音调(语调)变化做出不同的反应。1~1岁半儿童能理解的词,数量增长很快。但是,儿童一般在1岁左右才能说出少数几个词,而在1岁半以后,才"开口说话"。常常有些孩子,特别是男孩,在1岁8个月时还没有"开口",他们懂得很多,只是不说,往往使父母产生多余的担忧,以为是小哑巴,可是过了几个月,就都会说话了。

四、学前儿童口头言语的发展

学前期是口语发展的关键期,学前儿童口语的发展主要表现在语音、词汇、语法、口语表达能力的发展上。

考点 1 ▶ 语音的发展

1. 逐渐掌握本民族语言的全部语音

4岁的幼儿基本能掌握本民族全部语音,到6岁时,幼儿已经能够辨别绝大部分母语中的发音,也基本上能发准母语中的绝大部分语音。其中,3~4岁是儿童语音发准的飞跃阶段,这一阶段的幼儿很容易学会世界各民族语言的发音。

2. 韵母发音正确率高于声母

幼儿初期常常不能掌握某些声母的发音方法,不会运用发音器官的某些部位。在儿童的发音中,韵母正确率高于声母,韵母中只有"o"和"e"音容易混淆,而声母的发音错误很普遍,如将"g"音发成"d"音,将后鼻音"ang""ing"发成前鼻音"on""un"等。

227

3. 语音的发展受生理原因和语言环境影响

幼儿发音的正确率与其发音器官、大脑神经系统的生理成熟有关,同时也与他们所处的社会环境有关,主要表现在不同方言地区的儿童发音正确率存在差异,同一方言地区的城乡儿童发音也各有特色。

4. 语音意识的发生

语音意识是指对语音的自觉态度。2岁以后幼儿能逐渐自觉地辨别发音是否正确,自觉地模仿正确发音,纠正错误发音,特别是在4岁左右,语音意识明显地发展起来。例如,有的孩子不愿意在别人面前发自己发不准的音,笑话或故意模仿别人的错误发音等。语音意识的发展对于幼儿学习正确发音、普通话以及外语都有重要作用。

考点 2 · 词汇的发展 【单选、判断】★★

1. 词汇数量增加

词汇量是衡量儿童言语发展水平的标志之一,幼儿期也是人一生中词汇量增加最快的时期。在幼儿期内,词汇量快速增加。据资料统计表明,3岁幼儿词汇量为800个至1100个,4岁为1600个至2000个,5岁则增至2200个至3000个,6岁时词汇数量可达3000个至4000个。

2. 词类范围日益扩大

首先,幼儿掌握词类的顺序是先掌握实词,后掌握虚词。在实词中,儿童掌握的顺序是名词—动词—形容词,对其他实词如副词、代词、数词掌握较晚。虚词如连词、介词、助词、语气词等,幼儿掌握得也较晚,数量也较少。各种词类在儿童词汇总量中所占的比例:名词占1/2左右,动词占1/5~1/4,形容词占1/10,其他词类所占比例都较小。儿童掌握的词类与概念的发展密切相关,名词、动词、形容词反映事物及其属性,幼儿较易掌握。副词比较抽象,幼儿较难掌握。虚词反映事物之间的关系,幼儿掌握起来最困难。

其次,幼儿词汇的内容不断扩大。幼儿使用最频繁和掌握最多的词汇是与他们日常生活关系密切的词汇。以幼儿常用的名词为例,主要包括人物称呼、生活用品、交通工具、自然常识等。随着年龄的增长,幼儿掌握的抽象词汇逐渐增多。

3. 词义逐渐丰富和深化

儿童最初对词义的掌握是不够丰富和深刻的,表现为三个特点:

(1)词义扩张(泛化)或缩小(窄化)。词义扩张是指儿童在语言习得过程中,对词义的理解或使用超出了目标语言范围。比如不仅称狗为"狗",还把牛、马、羊等能走动的四足动物都称为"狗"。词义缩小是对词义掌握太过狭窄,比如"桌子"单指自己家里的方桌,"妈妈"则仅指自己的妈妈。

(2)词义理解从具体到深刻,但整个学前阶段仍难理解词的隐喻和转义。比如老师说:"咱们班丽丽的嘴真甜。"有小朋友就会问:"老师,您舔过丽丽的嘴吗?"

(3)他们还常把成人的反话当作正话理解。

总的来说,随着幼儿生活经验的丰富和思维发展,他们对词的概括性联系也逐渐发展,对词义的理解趋向丰富和深刻化。

真题1 [2024江苏扬州,单选]幼儿有一只兔兔毛绒玩具,所以幼儿在看到其他毛绒玩具时都叫兔兔,这是词义理解的(　　)现象。

A. 窄化　　　　　　B. 精确化　　　　　　C. 泛化　　　　　　D. 多义化

真题2 [2024福建统考,判断]幼儿期是一生中词汇量增加最快的时期,其词汇掌握的先后顺序通常是名词、动词、形容词。

真题3 [2023山东济南,判断]幼儿期是人一生中词汇量增加最快的时期。

答案: 1. C　2. √　3. √

考点 3 ▶ 语法的发展 【单选】 ★★

语法是组词成句的规则,儿童要掌握语言,进行言语交际,必须要掌握语法体系。从幼儿说话的句子发展来看,幼儿语法的发展具有以下趋势:

1. 从不完整句到完整句

最初,儿童句子的结构是不完整的,儿童的不完整句包括单词句和电报句。

(1)单词句(1~1.5岁)。在1~1岁半,儿童只能用单词句说话,一个词代表一个句子。所用的词并不是单独和某种对象相联系,而是和某种情境相联系。它的含义不够明确,语音往往也不够清晰,成人除了根据儿童说话时的表情和动作外,还必须根据说话的情境来推测其意义。一般只有与儿童特别亲近的人才能听懂他们所说的话。例如,当儿童说"爸爸"这个词时,可能是代表要爸爸帮他拿东西。

(2)双词句(1.5~2岁)。1岁半到2岁左右,儿童开始说电报句。电报句又称双词句,它是由两个单词组成的不完整句,有时也由三个词组成。电报句表达的意思比单词句明确,它已具备句子的雏形。例如"妈妈抱""爸爸坐"。

2岁以后,儿童逐渐出现比较完整的句子。完整句的数量和比例随年龄的增长而增加。到6岁左右,儿童98%使用完整句。

2. 从简单句到复合句

简单句是指句法结构完整的单句,复合句是指由两个或两个以上意思关联比较密切的单句组成的句子。

学前儿童使用简单句的比例较大,幼儿简单句的主要类型有三种:(1)主谓句。如"宝宝觉觉";(2)主谓宾句。如"宝宝坐车";(3)主谓双宾句。如"阿姨给妹妹糖"。随着年龄的增长,孩子日常交流中复合句所占的比例逐渐增加,如"妈妈上班,我上幼儿园"。4岁以后还出现了各种从属复合句,还能运用适当的连词构成复合句以反映各种关系。如会用"如果……就""只有……才""因为……所以"等来造句。但到幼儿晚期,复合句的比例仍在50%以下,特别是使用连词的句子仍较少。

3. 从陈述句到多种形式的句子

儿童最早掌握的是陈述句。在整个学前期,简单的陈述句都是基本的句型。幼儿常用的句型除陈述句外,还有疑问句、祈使句、感叹句等。由于日常生活的需要,其中疑问句最早产生。但是,幼儿对复杂的句子形式往往不能理解而发生误解,如对双重否定句很难正确理解,将"没有一个娃娃不是站着的"误解为"没有娃娃站着"。

4. 从无修饰句到修饰句

儿童最初的句子是没有修饰语的,2~3岁的儿童有时出现一些修饰的形式,如"大灰狼""小白兔",但实际上他们是把修饰词和被修饰词当作一个词组来用的。3~3.5岁是复杂修饰语句的数量增加最快的年龄,而且学会使用一些介词、冠词、助动词、感叹词等。到4岁,有修饰语的句子开始占优势。

229

5. 句子由短到长

随着年龄的增长,儿童说话的句子含词量逐渐增加。

真题4 [2024山东青岛,单选]小红说"奶奶,吃果果",意思是"奶奶,我要吃苹果"。这表明小红的语言发展处于(　　)

A. 双词句阶段　　　　　　　　　　B. 完整句阶段

C. 单词句阶段　　　　　　　　　　D. 复合句阶段

真题5 [2023山东烟台,单选]儿童电报句一般出现于(　　)

A. 1~1.5岁　　B. 1.5~2岁　　C. 2.5~3岁　　D. 3~3.5岁

真题6 [2021天津北辰,单选]儿童最初掌握的句型是(　　)

A. 疑问句　　B. 祈使句　　C. 感叹句　　D. 陈述句

答案:4. A　5. B　6. D

考点 4　口语表达能力的发展　【单选】

1. 从对话言语逐渐过渡到独白言语

3岁以前的孩子基本上都是和成人一起或在成人的帮助下进行活动的,日常的言语交流只限于向成人请求、提问或简单地回答成人的问题,基本上都是采取对话言语的方式。幼儿期,由于儿童独立性的发展,活动范围的扩大,在他们和成人、同伴的交流中越来越多地需要独立向别人传达自己的各种经历、情感和知识经验,这促使了幼儿独白言语的发展。

独白言语是在幼儿期产生的言语。幼儿初期,幼儿只能主动讲述自己生活中的事情,但是叙述时有较多的废词,如"这个这个""后来后来",表达常显得不流畅。到幼儿末期就能比较清楚地、系统地讲述所看到或所听到的事情和故事了,有的幼儿甚至能够讲得有声有色、活灵活现。

2. 从情境性言语过渡到连贯性言语

情境性言语指说话者表达得不够完整和连贯,需要运用一定的表情和手势作为辅助手段,听者只有结合具体情境才能理解说话人所要表达内容的言语。连贯性言语是指说话者表达时句子完整、前后连贯、逻辑性强,听者仅仅从言语本身完全能理解讲话人要表达思想的言语。

3岁前幼儿的言语主要是情境性言语,他们使用的不完整句和简单句都不能离开具体情境。幼儿期运用连贯性言语表达的能力随着年龄的增长逐渐增强,但是3~4岁的幼儿,甚至是5岁的幼儿言语仍带有情境性,他们说话断断续续,并辅以各种手势和面部表情,不太能说出事物现象、行为动作之间的联系,缺少连贯性。可以说,整个幼儿期都处于从情境性言语向连贯性言语过渡。直到六七岁,儿童才能把整个思想内容比较连贯地表述出来,能用完整的句子说明前后逻辑关系,但发展水平也不是很高。

3. 讲述的逻辑性逐渐提高

幼儿讲述的逻辑性逐渐提高,主要表现为讲述的主题逐渐明确、突出,层次逐渐清晰。幼儿的讲述常常是现象的堆积和罗列,主题不清楚、不突出。随着儿童的成长,其口头表达的逻辑性有所提高。儿童讲述的逻辑性反映了思维的逻辑性。研究表明,对幼儿来说,单纯积累词汇是不够的,幼儿讲述的逻辑性的发展需要专门培养。

4. 逐渐掌握言语表情技巧

儿童不仅可以学会完整、连贯、清晰且有逻辑地表述,而且能够根据需要恰当地运用声音的高低、强弱、大小、快慢和停顿等语气和声调的变化,使之更生动,更有感染力。当然,这需要专门的教育。

真题7　[2022福建统考,单选]3岁前儿童的言语主要是(　　)

A. 对话言语　　　　　B. 独白言语　　　　　C. 连贯言语　　　　　D. 问题言语

答案:A

五、学前儿童书面言语的发展

儿童书面言语的产生,同口头言语一样,是从接受性的言语活动开始,先会认字,后会写字,先会阅读,以后慢慢才会说出符合语法的完整句子。由于对言语交际的态度积极和口头言语的进一步发展,到学前晚期,儿童往往主动要求识字、读书。这个时期的儿童,形象知觉、图像识别能力较强,适当学习书面语言并不困难,也很有兴趣。

幼儿掌握书面言语的一个最大特点是:他们开始以词、言语本身为分析综合的对象。这是一种复杂的能力,一般要到幼儿晚期才能具备这种能力。有研究表明,4～5岁是幼儿学习书面言语的关键期。

六、学前儿童内部言语的发展　【单选、判断】　★★

幼儿初期并没有内部言语,到4岁以后,内部言语才产生。幼儿时期的内部言语在发展过程中,常出现一种介乎外部言语和内部言语之间的过渡形式,即出声的自言自语。这是幼儿内部言语发展的过渡阶段,主要表现为游戏言语和问题言语。

1. 游戏言语

游戏言语是一种在游戏、绘画活动中出现的言语,表现为幼儿一边做动作一边说话,用言语补充和丰富自己的行动。如幼儿一边搭积木——长江大桥,一边发出声音"这上边可以过火车,桥下面可以过轮船……"

2. 问题言语

问题言语是指幼儿在活动中遇到困难或问题时产生的言语,常用以表达困惑、怀疑、惊奇等,例如,幼儿在拼图时遇到困难,就说:"这个放在哪里?不对。这是个什么?呀!这应该放这儿。噢!对了,对了。"问题言语一般比较简单、零碎,由一些压缩的词句组成,并不需要别人回答。幼儿中期以后,随着年龄增长,自言自语所担负的自我调节功能逐渐由内部言语来实现。

真题8　[2023山东青岛,单选]轩轩用积木搭桥,边搭边说:"上面可以跑车,嘀嘀,桥下可以过船,呜呜。"这种言语是(　　)

A. 问题言语　　　　　B. 游戏言语　　　　　C. 内部言语　　　　　D. 对话言语

真题9　[2021安徽宿州,单选]儿童出声的自言自语的形式主要是(　　)和问题言语。

A. 游戏言语　　　　　B. 内部言语　　　　　C. 书面言语　　　　　D. 外部言语

真题10　[2024山东青岛,判断]幼儿在做游戏的过程常常自言自语,2～3岁这种现象较多。

答案:8. B　9. A　10. ×

七、在实践中提高学前儿童的言语能力

学前儿童的言语能力是在社会环境与教育的影响下形成和发展的,因此,要重视在实践中发展学前儿童的言语能力。

1. 有目的、有计划的幼儿园语言教育活动是发展学前儿童言语能力的重要途径

幼儿园的语言教育活动,是有目的、有计划地对学前儿童施加影响的教育活动。在幼儿园的语言活动中,要求学前儿童发音正确,用词恰当,句子完整,表达清楚、连贯,并及时帮助学前儿童纠正语音;要运用有效的教学方法,调动学前儿童说话的积极性,并给予反复练习的机会,以及做出良好的示范,促进学前儿童语言的发展和言语的规范化。

2. 创设良好的语言环境,提供学前儿童交往的机会

要组织丰富多彩的活动,使学前儿童广泛地认识周围环境,扩大眼界,丰富知识面,增长词汇。同时,要给他们提供更多的交往机会,尤其是和同龄人的交往,并重视学前儿童在交往中用词的准确性和说完整的句子的能力。当孩子"见多识广",语言自然也就丰富了。

3. 把言语活动贯穿于学前儿童的一日活动之中

教师可以组织学前儿童通过收听广播、看电视、阅读图书、朗读文学作品等活动来丰富和积累文学语言;在一日生活中,通过随时的观察、交谈等来获得大量的感性认识,并同时复习、巩固和运用在专门的语言活动中所学过的词汇和句式,更多地学习新的词汇,学会用清楚、正确、完整、连贯的语言描述周围事物,表达自己的情感和愿望。

4. 教师良好的言语榜样

在平时的教育活动中,教师要坚持说普通话,尽量做到吐字清晰、正确,潜移默化地去影响学前儿童的语言发展。

5. 注重个别教育

教师在教育活动中,不可忽视对学前儿童的个别教育。如对言语能力较强的学前儿童,可向他们提出更高的要求,让他们完成一些有一定难度的言语交往任务;对言语能力较差的学前儿童,教师要主动亲近和关心他们,有意识地和他们交谈,鼓励他们大胆说话,表达自己的要求、愿望,叙述自己喜闻乐见的事,给予他们更多的语言实践机会,从而提高他们的言语水平。

★★ 本节核心考点回顾 ★★

1. 言语的分类

(1)外部言语:①口头言语(对话言语和独白言语);②书面言语。

(2)内部言语(不出声的言语)。

2. 学前儿童言语发生发展的趋势

(1)语音知觉发展在先,正确语音发展在后。

(2)理解语言发生发展在先,语言表达发生发展在后。

3. 学前儿童词汇发展的特点

(1)词汇数量增加,幼儿期是人一生中词汇量增加最快的时期。

(2)词类范围日益扩大,幼儿先掌握实词,后掌握虚词。实词掌握的顺序是名词—动词—形容词。

(3)词义逐渐丰富和深化。

4.学前儿童语法的特点

(1)从不完整句到完整句,儿童的不完整句包括单词句(1~1.5岁)和电报句(1.5~2岁)。

(2)从简单句到复合句。

(3)从陈述句到多种形式的句子,儿童最早掌握的是陈述句。

(4)从无修饰句到修饰句。

(5)句子由短到长。

5.学前儿童出声的自言自语的形式

(1)游戏言语:在游戏、绘画活动中出现的言语。

(2)问题言语:在活动中遇到困难或问题时产生的言语。

第四章 学前儿童认知的发展

本章学习指南

一、考情概况

本章属于学前心理学的基础知识,也是考试重点考查的章节,内容较为琐碎,需要识记的知识较多。考生可带着以下学习目标进行备考:

1. 理解注意的分类及注意的品质,掌握3~6岁幼儿注意发展的主要特征及幼儿注意的分散与防止。
2. 掌握幼儿感知觉发展的主要特征及感知觉规律。
3. 理解记忆的基本环节和记忆的分类,掌握学前儿童记忆的发展趋势、幼儿记忆发展的特点及培养措施,了解幼儿记忆发展中易出现的问题以及遗忘规律。
4. 理解想象的分类,掌握幼儿想象发展的特点和学前儿童想象力的培养措施。
5. 理解思维的基本特点,掌握儿童思维发展的趋势、幼儿思维发展的特点以及学前儿童概念、推理的发展。
6. 掌握皮亚杰理论的基本思想和认知发展阶段理论。

二、考点地图

考点	年份／地区／题型
注意的分类	2024江苏扬州单选;2023江西统考单选
幼儿有意注意产生的条件	2023浙江绍兴简答
幼儿注意的品质	2024山东青岛单选;2024浙江杭州单选;2023安徽宿州单选;2023福建统考填空;2022安徽安庆单选;2021山东青岛多选
幼儿注意的分散与防止	2024山东青岛判断;2024福建统考简答
学前儿童空间知觉的发展	2024江苏海安单选;2023安徽宿州单选;2023福建统考简答;2020山东青岛单选
学前儿童时间知觉的发展	2021福建统考单选
感觉的规律及其运用	2024福建统考单选;2023浙江永康单选
知觉的规律及其运用	2022安徽安庆单选;2022江西统考单选
记忆的分类	2024山东青岛单选;2023福建统考单选;2021江西统考单选;2020山东青岛多选
学前儿童记忆发展的趋势	2024山东青岛单选;2024浙江杭州单选;2021江西统考简答;2020内蒙古赤峰单选
幼儿记忆发展的特点	2023浙江永康单选;2023安徽宿州多选;2021浙江绍兴简答
幼儿记忆发展中易出现的问题	2024山东青岛单选
艾宾浩斯遗忘曲线	2020山东青岛单选
幼儿记忆力的培养	2023江西统考单选;2021福建统考简答
想象的分类	2024浙江杭州判断;2023山东青岛单选;2021安徽宿州单选
幼儿想象发展的特点	2024福建统考单选;2024山东青岛单选;2023山东德州单选;2022江西统考单选;2022山东威海单选
学前儿童想象力的培养	2021安徽宿州简答

续表

考点	年份/地区/题型
思维的基本特点	2023福建统考单选;2023江西统考单选
儿童思维发展的趋势	2024福建统考单选;2023福建统考填空
具体形象思维的特点	2024山东青岛单选;2024江西统考单选;2023安徽宿州单选
学前儿童概念的发展	2022山东威海多选;2021福建统考单选
学前儿童推理的发展	2023山东青岛单选
心理发展的实质和过程	2024山东青岛单选;2023浙江永康单选;2023浙江宁波单选;2024江苏苏州名词解释
皮亚杰的认知发展阶段理论	2024江苏苏州单选;2024福建统考单选;2024山东临沂单选;2021安徽宿州单选;2021/2020山东青岛单选

注:上述表格仅呈现重要考点的相关考情。

核心考点

第一节　学前儿童注意的发展

学前儿童注意的发展

- 概念：心理活动对一定对象的指向和集中
- 分类
  - 无意注意：没有预定目的、无需意志努力
  - 有意注意：有自觉的目的，需要意志努力
  - 有意后注意
- 主要特征
  - 无意注意占优势
  - 有意注意初步发展
    - 依赖于丰富多彩活动的开展
    - 对活动目的、活动任务的理解程度
    - 对活动的兴趣与良好的活动方式
    - 言语指导和言语提示
    - 性格与意志特点
- 注意的品质
  - 注意的广度：同时察觉和把握对象的数量
  - 注意的稳定性：注意保持时间的长短
  - 注意的转移：主动调换注意对象
  - 注意的分配：同时关注不同类事物
- 注意的分散与防止——防止措施
  - 防止无关刺激的干扰
  - 制定合理的作息制度
  - 养成良好的注意习惯
  - 适当控制幼儿的玩具和图书的数量
  - 使幼儿明确活动的目的和要求
  - 灵活地交互运用无意注意和有意注意
  - 提高教学质量
  - 对幼儿进行有意注意的训练

一、注意的概念

注意是一种心理状态,它是心理活动对一定对象的指向和集中。指向性和集中性是注意的两个基本特点。

注意的指向性是指人在清醒的每一瞬间,心理活动都指向某个对象,而离开其他对象。如我们周围有许多人,我们一下只能注视某几个人,对其他人则并未留意。

注意的集中性是指心理活动在指向某一事物的同时,就会对这个事物全神贯注,把精神都集中到这一事物上,使人的活动得以进行下去并使活动得以完成。有时周围发生了别的事,他也不会察觉到,这就是人们常说的"视而不见,充耳不闻"。如幼儿听老师讲故事,当他听得很入神时,周围的大人对他说话他可能都听不见。这就是幼儿的注意对事物的集中。

二、注意的分类 【单选】 ★★

一般情况下,我们按照有无预定目的以及是否需要意志努力,将注意分为无意注意、有意注意以及有意后注意。

考点 1 无意注意

无意注意也称不随意注意,是指没有预定目的、无需意志努力的注意。例如,教师正在给孩子们讲故事,突然外面闪电打雷了,孩子们都看向窗外。这种注意预先没有目的性,也没有明确的认识任务,不需要个人的意志努力。

考点 2 有意注意

有意注意也称随意注意,它具有自觉的目的,并和意志努力相联系。例如,幼儿要用积木搭一个动物园,就必须集中注意,不受其他活动的干扰,并且坚持努力才能完成,这样的注意就是有意注意。这是一种人所特有的注意形式,与无意注意有着质的区别。

考点 3 有意后注意

有意后注意也称为随意后注意,是指有自觉的目的,但不需要意志努力的注意。有意后注意是注意的一种特殊形式。从特征上讲,它同时具有无意注意和有意注意的某些特征。有意后注意通常是有意注意转化而成的。例如,在刚开始做一件工作的时候,人们往往需要一定的努力才能把自己的注意保持在这件工作上,但是在对工作发生了兴趣以后,就可以不需要意志努力也能保持注意了,而这种注意仍是自觉的和有目的的。

> **小香课堂**
>
> 无意注意、有意注意和有意后注意三者的区别见下表:
>
> | 类型 | 别名 | 目的性 | 意志努力 | 举例 |
> | --- | --- | --- | --- | --- |
> | 无意注意 | 不随意注意 | 无 | 不需要 | 被窗外的雷声吸引 |
> | 有意注意 | 随意注意 | 有 | 需要 | 集中注意用积木搭动物园 |
> | 有意后注意 | 随意后注意 | 有 | 不需要 | 熟练地织毛衣 |

| 无意注意 | 有意注意 | 有意后注意 |

真题1 [2024江苏扬州,单选]教师在授课时,天空中突然响起了雷声,把学生的注意力都吸引了过去。相对于授课时教师的音量,外面的雷声音量较大,故学生会被雷声吸引属于( )

A.无意注意　　　　B.有意注意　　　　C.随意注意　　　　D.有意后注意

真题2 [2023江西统考,单选]李老师常常会在活动开始前向幼儿讲清活动的目的以及应该完成的任务,李老师的做法有助于提高幼儿的( )

A.无意注意　　　　B.有意注意　　　　C.有意后注意　　　　D.注意的分配

答案：1. A　2. B

三、3～6岁幼儿注意发展的主要特征 【简答】 ★★★

3岁前儿童的注意基本上属于无意注意,3～6岁幼儿注意的特点是无意注意占优势地位,有意注意初步发展。

考点 1 · 幼儿的无意注意占优势

容易引起幼儿无意注意的诱因有以下两大类：

1. 刺激比较强烈,对比鲜明,新异和变化多动的事物

恰当地利用这些因素非常有利于对幼儿进行教育以及幼儿教育活动的组织。

(1)教师选择和制作的玩具、教具必须是颜色鲜明,对比性强,形象生动,新颖多变的;

(2)要求教师说话清楚,符合幼儿特点,同时说话要抑扬顿挫;

(3)恰当安排、布置教育环境,既要避免繁杂干扰,又要能适当引起幼儿的注意,利于幼儿正常活动的开展;

(4)教育内容、方法要新颖,赋予各种容易引起幼儿注意的因素。

2. 与幼儿兴趣、需要和生活经验有关系的事物

幼儿兴趣、需要和生活经验的丰富,使得幼儿对更多的事物产生无意注意。只要是幼儿感兴趣和爱好的事物都容易引起幼儿的无意注意。

(1)兴趣是引起幼儿无意注意的一个因素。幼儿兴趣各有不同,引起注意的对象也有可能不同。有的孩子在街上看见汽车会特别注意,而且可以注意很长时间,但对自行车则不会注意。这是因为他对汽车特别感兴趣。

(2)需要也是引起幼儿无意注意的一个重要条件。漂亮的玩具,极易引起幼儿的注意。幼儿非常喜欢玩,喜欢活动,喜欢游戏,如果有小朋友在游戏,其他小朋友就会马上去注意并要求参加进去。

(3)幼儿的生活经验也与幼儿无意注意的产生有关。凡是幼儿很熟悉的事物或见过的东西,都非常容易引起幼儿的注意。如幼儿听过的故事、动画音乐很容易引起幼儿的注意,还有幼儿自己经常玩的玩具或吃的东西也特别容易引起幼儿的注意,这些都与他们的生活经验有关系。

考点 2 ▶ 幼儿的有意注意初步发展

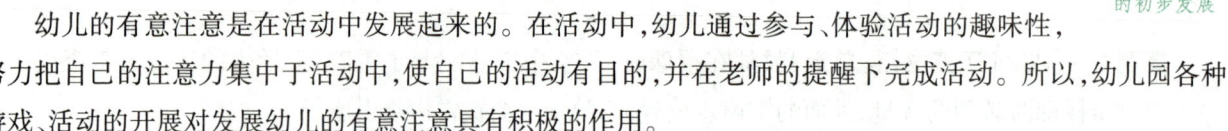
幼儿有意注意
的初步发展

幼儿有意注意产生的条件如下:

1. 幼儿的有意注意依赖于丰富多彩活动的开展

幼儿的有意注意是在活动中发展起来的。在活动中,幼儿通过参与、体验活动的趣味性,努力把自己的注意力集中于活动中,使自己的活动有目的,并在老师的提醒下完成活动。所以,幼儿园各种游戏、活动的开展对发展幼儿的有意注意具有积极的作用。

2. 幼儿对活动目的、活动任务的理解程度

幼儿如果明白老师、成人让他做的事,而且知道具体的任务是什么,他就会按要求完成任务,这一过程中幼儿是需要有意注意的。因此,让幼儿理解活动的目的,知道有什么任务,是有助于提高幼儿的有意注意的。但必须切记,为幼儿提供的活动,目的必须是明确的,任务必须是简单的,而且内容是幼儿能够理解的和能够记住的。

3. 幼儿对活动的兴趣与良好的活动方式

幼儿如果对所进行的游戏或活动感兴趣,那么,他就会自觉地使自己投入活动,并且主动参与活动。

在组织幼儿进行活动时,最好把幼儿的智力活动与幼儿的实际操作活动结合起来,这样有助于维持幼儿的有意注意。如让小朋友看图画书时,可以让幼儿用手指着图画,这样就可以帮助幼儿注意图画书中的内容。反之,如果让幼儿单纯坐着听老师讲解,幼儿就不易将注意保持在这一活动上。

4. 言语指导和言语提示

成人对幼儿注意的组织常是通过言语指示来实现的。通过言语指示可以提醒幼儿必须完成的动作,注意哪些情况。例如,老师说:"要搭高楼,最大的积木应该放在哪儿?小的应该放在哪儿?"这时幼儿就会注意大的积木,而且会去为大积木寻找适合的位置,这可以帮助幼儿维持注意,提高幼儿有意注意的水平。此外,幼儿自我言语提示,也有助于其有意注意的发展。

5. 幼儿的性格与意志特点

性格中细心、坚持性强、不爱认输的幼儿,一般易于使自己的注意服从于当前的活动和任务,如在一个活动中,老师让两位幼儿各守一个"城堡"。结果发现,一个幼儿能把自己的注意始终保持在分配的任务上;而另一个幼儿虽然注意着"城堡",但不能保持较长时间,并且最后竟随着奔跑的小朋友而去,忘了自己的任务。因此,教师要注意幼儿的这种个别差异,在活动中有目的地发展幼儿的注意力。

真题3 [2023浙江绍兴,简答]简述幼儿有意注意产生的条件。
答案: 详见内文。

四、幼儿注意的品质 【单选、多选、填空】 ★★★

考点 1 ▶ 注意的广度

注意的广度也叫注意的范围,是指一个人在同一时间内能够清楚地察觉和把握对象的数量。"一目十行""眼观六路",指的都是注意的范围。心理学研究认为,人的注意广度是生理性的。扩大注意的广度主要是把信息对象组成块,使各个对象之间能联系为一个整体。注意的紧张度(集中)与注意的范围有着密切的联系:注意的紧张度越高,注意的范围越小;注意的范围越大,要保持高度紧张的注意就越困难。

幼儿注意的范围比较小,但随着年龄的增长,注意的范围在逐渐扩大。但在实际生活中,注意广度受许多因素的影响。影响注意广度的因素主要有以下两个方面:

1. 注意对象的特点

研究发现,在活动任务相同的情况下,注意的对象排列有规律时,注意的范围就要大些,而排列没有规律时,注意范围就小些;注意对象颜色相同时,注意范围大些,颜色多杂时,注意范围就小些;大小一致的对象的注意范围大些,大小不一的对象的注意范围就小些;信息组块并有密切联系的对象,注意的范围就大些,而信息零散毫无联系的对象,注意范围就小些。

2. 活动的任务和个人的知识经验

一般来说,如果在活动中要求的任务比较多,那么人的注意范围就要受到一些限制。另外,一个人的知识经验也影响其注意的广度。而知识经验在这里起到了将各注意对象建立联系,使之形成整体的重要作用。

真题4 [2024浙江杭州,单选]"一目十行""眼观六路""耳听八方"指的是注意的(　　)

A.深度　　　　B.长度　　　　C.广度　　　　D.速度

答案:C

考点 2 ▶ 注意的稳定性

注意的稳定性是指注意力在同一活动范围内所维持的时间长短。注意的稳定性对幼儿活动的完成具有重要意义。幼儿要听完一个故事,做完一件手工,玩一个完整的游戏,听教师讲解完一段完整的知识都离不开稳定的注意。可以说注意的稳定性是幼儿进行活动的重要保证。幼儿注意的稳定性有如下几个特点:

1. 幼儿注意的稳定性比较差

幼儿的注意稳定性比较差,与幼儿的自制能力差有密切关系。例如,在活动中如果老师提出一个很有趣的问题,幼儿就能注意一段时间;如果在某一个活动中伴随有操作活动,那么,幼儿也能把注意保持在活动上,可是当幼儿把问题回答完或操作完之后,他们的注意很快就不稳定了,并且很容易转向其他事情。因此,不能用成人的标准来要求幼儿长时间地注意一个事物。在设计活动、组织活动时,不应太单调、时间太长。

(1)影响幼儿注意稳定性的因素

①对象本身的特点。如果注意对象内容丰富,复杂多变,注意就容易稳定。反之,那些内容贫乏、单调和静止的对象,就难于维持稳定的注意。

②活动的内容及活动的方式。在复杂而持续时间长的活动中,必须适当变化活动的内容和方式,才能维持稳定的注意。

③主体状态。一个意志坚强、善于控制自己的人,一个对事物抱有积极态度、对活动内容有着浓厚兴

趣、对目的任务明确的人,能和各种干扰做斗争,保持稳定的注意。反之,如果一个人意志薄弱,对活动的目的任务不明确,缺乏兴趣,或处于身体有病、失眠、过度疲劳或心境不佳等不正常的状态,就难于使注意保持稳定。

(2)培养幼儿注意稳定性的方法

①提供新颖、生动的注意对象;②开展游戏化的活动;③结合操作化的活动。

2. 幼儿注意的稳定性存在明显的年龄差异

幼儿注意的稳定性存在年龄差异,年龄不同,注意的稳定性也不相同。在良好的教育环境下,3岁幼儿能集中注意3~5分钟,4岁幼儿能集中注意10分钟,5~6岁幼儿能集中注意15分钟左右。如果教师组织得法,5~6岁幼儿可集中注意20分钟。研究表明:游戏是幼儿最感兴趣的活动形式,在游戏条件下,幼儿注意稳定的时间比一般条件下,特别是比枯燥的实验室条件下长得多。

真题5 [2024山东青岛,单选]小班的幼儿能保持注意3~5分钟。这体现的注意品质是( )
A. 注意的选择性   B. 注意的范围   C. 注意的广度   D. 注意的稳定性

真题6 [2023安徽宿州,单选]在良好的教育环境下,3岁幼儿能集中注意约( )
A. 15分钟   B. 10分钟   C. 8分钟   D. 5分钟

真题7 [2023福建统考,填空]幼儿能认真、完整地听完老师讲述《小熊拔牙》的故事,说明其注意的_____较好。

答案:5. D   6. D   7. 稳定性

考点 3 注意的转移

注意的转移是人们根据新的活动任务,及时、有意地调换注意对象,即把注意从一个对象转换到另一个对象上。

注意的转移可以发生在同一活动的不同对象之间,也可以发生在不同活动之间。注意转移的快慢和难易,依赖于前后活动的性质、关系以及人们对它们的态度。如果前一种活动中注意的紧张度高,两种活动之间没有什么内在联系,或者主体对前一种活动特别感兴趣,注意的转移就困难而且缓慢。反之,就容易且迅速。例如,幼儿刚玩过激烈的竞赛游戏,马上坐下来学计算,注意就很难转移过来。

小香课堂

注意的转移与分心不同。转移是主动的,是主体根据任务需要,自觉地将注意指向新的对象或新的活动;分心是被动的,是受到无关刺激的干扰而使注意离开活动任务。幼儿易分心,不善于根据任务的需要灵活地转移注意。随着儿童活动目的性的提高和言语调节机能的发展,幼儿逐渐学会主动转移注意。

考点 4 注意的分配

在同一时间内,把注意分配到两种或几种不同的对象或活动上,这就是注意的分配。如幼儿一边唱歌,一边跳舞;同学们一边记笔记,一边听老师讲课等都是注意的分配。幼儿注意的分配能力比较差。例如,大人吃饭时,可以谈笑自如,丝毫不影响进餐,而且由于交谈带来的愉快气氛,还增加了食欲。幼儿吃饭时,如果注意听别人说话,就会停止吃饭;如果幼儿自己说话,他就会把碗筷都放下,甚至还站起来,手脚一起比划。因此,幼儿园要求幼儿专心吃饭,不许随便说话,以保证幼儿吃好、消化吸收好。

在良好的教育条件下,随着年龄的增长,幼儿注意分配的能力逐渐提高。例如,3岁幼儿自己活动时,顾及不到别人,所以只能自己单独玩;4岁幼儿则可以和别的小朋友们联合做游戏;5~6岁幼儿就能参加较复杂的集体游戏和活动,并能和其他小朋友协调一致。

作为幼儿教师,在工作中需要有注意分配的能力才能把工作做好。例如,教师在组织幼儿做操时,既要注意向全班幼儿发出指令,又要注意到个别幼儿的表现。幼儿园里孩子多,情况变化多端,幼儿又活泼好动,作为幼儿教师既要注意孩子的活动与安全,又要注意自己的教育活动。如故事不能讲错,动作要做对,边教唱歌曲边弹琴等,都需要教师进行注意的分配,以便顺利地组织幼儿进行活动,并保证幼儿的安全。因此,注意的分配能力是幼儿教师工作所必备的心理素质条件。

> 小香课堂

考生可结合以下表格来理解幼儿注意的品质的相关概念:

注意的品质	概念	关键词	举例
注意的广度 (注意的范围)	同一时间内能够清楚地察觉和把握对象的数量	数量	"一目十行""眼观六路"
注意的稳定性	注意力在同一活动范围内所维持的时间长短	时间	认真、完整地听完老师讲故事
注意的转移	及时、有意地调换注意对象,即把注意从一个对象转换到另一个对象上	从……到……	听完老师讲故事后开始画画
注意的分配	同一时间内,把注意分配到两种或几种不同的对象或活动上	同一时间,多个对象	一边唱歌一边跳舞

真题8 [2022安徽安庆,单选]幼儿悠悠喜欢弹钢琴,能一边弹琴,一边唱歌,这属于注意的( )

A. 转移　　　　　B. 分配　　　　　C. 广度　　　　　D. 稳定性

真题9 [2021山东青岛,多选]儿童注意的发展除了表现在有意注意和无意注意,还表现在注意的稳定性、( )等品质。

A. 注意的深度　　　　　　　　　　B. 注意的转移

C. 注意的分配　　　　　　　　　　D. 注意的广度

答案:8. B　9. BCD

五、幼儿注意的分散与防止 【判断、简答】 ★★★

注意的分散是与注意的稳定性相反的一种状态,是指幼儿的注意离开了当前应该指向的对象,而被一些与活动无关的刺激物所吸引的现象,俗语叫作分心。

注意的分散与注意的稳定

真题10 [2024山东青岛,判断]幼儿正在画画,听到窗外的鸟叫声便寻窗望去,这个过程体现了幼儿注意的分散。

答案:√

考点 1 ▶ 幼儿注意分散的原因

幼儿的无意注意占优势,自我控制能力差,注意力容易分散,这是幼儿注意比较突出的一个特点。一般来说,引起幼儿注意分散的原因有以下几点:

1. 连续进行单调的活动

幼儿如果长时间处于单调的活动状态下,容易发生疲劳。例如,教幼儿一首较长的儿歌,让幼儿长时间坐在那里跟着老师学,幼儿就容易由于疲劳而分心。因此,幼儿园在组织幼儿活动时,活动不能太单调,形式要多样化,而且,活动时间不能超过各年龄阶段幼儿所适合的时间。

2. 缺乏严格的作息制度

有不少幼儿在家中的生活作息时间没有规律。晚上幼儿在家里看电视看得很晚,或者与成人一起睡得很晚,致使幼儿休息不充分而造成疲劳。因此,幼儿园应与家长经常联系,共同保证幼儿的生活合理、有规律,养成良好的生活习惯,从而使幼儿精力充沛地游戏和活动,并且防止幼儿注意的分散。

3. 无关刺激的干扰

幼儿很容易被新异、多变、强烈的刺激物所吸引,这些都容易使幼儿的注意分散。例如,幼儿正在听老师讲故事,教室里突然响起了清脆的鸟叫声,不少幼儿就会转头去注意教室里的鸟笼子。这就引起了幼儿注意的分散。

无关刺激的干扰引起幼儿注意的分散,也就是引起了幼儿的无意注意。因此,恰当地避免无关刺激的干扰在组织幼儿的活动中显得非常重要。

4. 注意转移的能力差

幼儿注意的转移还不灵活,他们往往不能根据活动的需要及时将注意集中在当前应该注意的事物或活动上。幼儿由于被前面内容的吸引而长时间地受到影响,注意难以迅速地调整到新的活动上去。因而幼儿在从事新的活动时,心里还"惦记"着前一个事物,出现了注意的分散。因此,教师要善于组织幼儿活动,适当安排,有效地引导幼儿将注意保持在当前的活动上。

5. 无意注意和有意注意没有灵活并用

虽然幼儿的注意以无意注意为主,但是两种注意在活动过程中是相互补充、交替进行的。教师在组织幼儿活动时,如果只用新异刺激来引起幼儿的无意注意,当新异刺激失去新异性时,幼儿便不再注意;如果只调动幼儿的有意注意,让幼儿长时间主动集中注意,则很容易引起身体疲劳,注意涣散。

因此,教师在组织幼儿活动时,应设法使活动的方式与内容适合幼儿,在可能的情况下增强活动的趣味性,以减少幼儿的疲劳;同时,也要引导幼儿集中注意坚持活动,培养幼儿的有意注意,防止其注意的分散。

6. 目的要求不明确

有时教师对幼儿提出的要求不具体,或者活动的目的不能为幼儿理解,也是引起幼儿注意分散的原因。幼儿在活动中常常因为不明确应该干什么,左顾右盼,注意力动摇,从而影响其积极地参与活动。

考点 2 ▶ 防止幼儿注意分散

针对幼儿注意分散的原因,教师应采用适当措施防止注意分散。

1. 防止无关刺激的干扰

游戏时不要一次呈现过多的刺激物；上课前应先把玩具、图书等收起、放好；上课时运用的挂图等教具不要过早呈现，用过应立即收起；对年幼的幼儿不要出示过多的教具。教师本身的装束要整洁大方，不要有过多的装饰，以免分散幼儿的注意。

2. 制定合理的作息制度

制定合理的生活作息制度，使幼儿有充分的睡眠和休息。

3. 养成良好的注意习惯

成人应培养幼儿"集中注意学习""集中注意做事"的良好习惯，使他们在学习或参加其他活动时不要随便行动或漫不经心，成人这时也不要随便使唤他做事或打扰他，使幼儿在实践活动中养成集中注意的习惯。

4. 适当控制幼儿的玩具和图书的数量

这里不是指购买的数量，而是阶段时间内提供给幼儿的数量。

5. 使幼儿明确活动的目的和要求

在活动前，教师或家长应向幼儿提出明确的活动目的和要求。幼儿对活动的目的要求越明确，注意的有意性越强，越容易保持注意。

6. 灵活地交互运用无意注意和有意注意

教师可以运用新颖、多变、强烈的刺激，激发幼儿的无意注意。但无意注意不能持久，而且学习等活动也不是只靠无意注意就能完成的，因而还要培养和激发幼儿的有意注意。教师可向幼儿讲明学习本领和做其他活动的意义和重要性，说明必须集中注意的道理，使幼儿逐渐能主动地集中注意。即使对不感兴趣的事物也能努力注意，自觉地防止分心，教师应灵活运用两种注意形式，交替运用，使幼儿能持久地集中注意。

7. 提高教学质量

教师要积极提高教学质量，这是防止幼儿注意分散的重要保证，对此，教师要多方面改善教学内容，改进教学方法。

8. 对幼儿进行有意注意的训练

这一点应该贯穿在日常生活的各个环节，在来幼儿园的路上，要求家长引导幼儿注意马路上的行人、车辆，道路两旁的植物等，特别是季节变化时，让幼儿注意以上事物和现象的变化。来到幼儿园，教师组织幼儿围绕在路上的所见所闻进行谈话；入园时，教师引导幼儿注意观察自然角内喂养的小蝌蚪、蚕宝宝有什么变化，如果能经常这样坚持反复要求和训练，就能使得幼儿逐渐形成一种专心做事的意识和习惯，提高自觉调节、控制自己注意方向的能力。

真题11 ［2024福建统考，简答］简述防止幼儿注意力分散的方法。
答案：详见内文

★★ 本节核心考点回顾 ★★

1. 注意的分类
(1) 无意注意（不随意注意）：没有预定目的、无需意志努力。
(2) 有意注意（随意注意）：有自觉的目的，并和意志努力相联系。
(3) 有意后注意（随意后注意）：有自觉的目的，但不需要意志努力。

2. 3~6岁幼儿注意发展的主要特征

3~6岁幼儿注意的特点是无意注意占优势地位,有意注意初步发展。

3. 幼儿有意注意产生的条件

(1)幼儿的有意注意依赖于丰富多彩活动的开展。

(2)幼儿对活动目的、活动任务的理解程度。

(3)幼儿对活动的兴趣与良好的活动方式。

(4)言语指导和言语提示。

(5)幼儿的性格与意志特点。

4. 幼儿注意的品质

(1)注意的广度(范围):在同一时间内能够清楚地察觉和把握对象的数量。

(2)注意的稳定性:注意力在同一活动范围内所维持的时间长短。

(3)注意的转移:根据新的活动任务,及时、有意地调换注意对象。

(4)注意的分配:在同一时间内,把注意分配到两种或几种不同的对象与活动上。

5. 幼儿注意的稳定性的年龄差异

在良好的教育环境下,3岁幼儿能集中注意3~5分钟,4岁幼儿能集中注意10分钟,5~6岁幼儿能集中注意15分钟左右。如果教师组织得法,5~6岁幼儿可集中注意20分钟。

6. 防止幼儿注意分散的措施

(1)防止无关刺激的干扰;(2)制定合理的作息制度;(3)养成良好的注意习惯;(4)适当控制幼儿的玩具和图书的数量;(5)使幼儿明确活动的目的和要求;(6)灵活地交互运用无意注意和有意注意;(7)提高教学质量;(8)对幼儿进行有意注意的训练。

第二节 学前儿童感知觉的发展

```
学前儿童感知觉的发展
├─ 概念
│   ├─ 感觉 —— 对客观事物个别属性的反映
│   └─ 知觉 —— 对客观事物整体属性的反映
├─ 主要特征
│   ├─ 视觉的发展
│   ├─ 空间知觉的发展 【重点】
│   │   ├─ 形状知觉：幼儿最早认识的图形是圆形
│   │   ├─ 大小知觉
│   │   ├─ 方位知觉：3岁辨别上下，4岁辨别前后，5岁以自身为中心辨别左右
│   │   └─ 距离知觉："视崖"实验说明婴儿已有深度知觉
│   └─ 时间知觉的发展
├─ 观察力发展的特点
│   ├─ 目的性逐渐增强
│   ├─ 持续的时间逐渐延长
│   ├─ 细致性逐渐增加
│   ├─ 概括性逐渐增强
│   └─ 方法逐渐形成
└─ 感知觉规律及其运用
    ├─ 感觉的规律 【重点】
    │   ├─ 感觉的适应
    │   ├─ 感觉后像
    │   ├─ 感觉的对比
    │   ├─ 联觉
    │   └─ 感觉的补偿
    └─ 知觉的规律 【易混】
        ├─ 知觉的选择性
        ├─ 知觉的理解性
        ├─ 知觉的整体性
        └─ 知觉的恒常性
```

一、感知觉的概念

1. 感觉的概念

感觉是人脑对直接作用于感觉器官的客观事物的<u>个别属性</u>的反映。如讲台，它具有凉、滑、硬等属性，这些个别属性在我们头脑中的反映，就是感觉。<u>感觉是一种最简单的心理现象，是认识的起点。可以说感觉是一切知识和经验的基础，是人正常心理活动的必要条件。</u>

感觉除了反映客观事物的个别属性(如颜色、声音、味道、气味、温度等各种属性)，也反映我们机体各部分的运动情况和状态，如我们可以感觉到身体的姿势，四肢的运动，以及自身的不舒服等。

2. 知觉的概念

知觉是人脑对直接作用于感觉器官的客观事物的<u>整体反映</u>。它和感觉一样，都是对直接作用于感觉器官的客观事物的反映，但又有区别：感觉是对事物的个别属性的反映，而知觉却是对事物的整体反映。任何

245

客观的事物,其个别属性都不是孤立存在的,而是由多种属性有机结合起来构成一个整体。如我们面前有一枝花,我们并非孤立地反映它的红色、香味、多刺的枝干……而是通过脑的分析与综合活动,从整体上同时反映出它是一朵玫瑰花,这就是知觉。

3. 感觉和知觉的关系

表2-4 感觉和知觉的关系

	感觉	知觉
区别	反映事物的个别属性	反映事物的整体属性
	仅依赖于个别感觉器官的活动	依赖于多种感觉器官的联合活动
	受感觉系统的生理因素影响	受感觉系统的生理因素、人的过去经验、心理特点的制约
联系	(1)二者都是刺激物直接作用于感觉器官而产生的,都是我们对现实的感性反映形式; (2)都是人类认识世界的初级形式,反映的都是事物的外部特征和外部联系	

二、幼儿感知觉发展的主要特征

考点 1 ▶ 视觉的发展

幼儿视觉的发展主要表现在两个方面:视敏度(视觉敏锐度)的发展和颜色视觉的发展。

1. 视敏度

视敏度即视觉敏锐度,是指人分辨细小物体或远距离物体细微部分的能力,也就是人通常所称的视力。

有人认为,年龄越小,视力越好,此话对幼儿来说并非如此。随着幼儿年龄的增长,视敏度也在不断提高,但发展速度不是均衡的。5~6岁与6~7岁的幼儿视敏度水平比较接近,而4~5岁与5~6岁幼儿的视敏度水平相差很大。

2. 颜色视觉

颜色视觉指区别颜色细微差异的能力,也称辨色力。幼儿期,颜色视觉的发展主要表现在区别颜色细微差别能力的继续发展。与此同时,幼儿期对颜色的辨别往往和掌握颜色名称结合起来。据实验研究,幼儿的颜色视觉发展有如下特点:

视觉的发展（颜色视觉）

幼儿初期(3~4岁),已能初步辨认红、橙、黄、绿、蓝等基本色,但在辨认紫色等混合色和蓝与天蓝等近似色时,往往较困难,也难以说出颜色的正确名称。

幼儿中期(4~5岁),大多数能认识基本色、近似色,并能说出基本色的名称。

幼儿晚期(5~6岁),不仅能认识颜色,而且在画图时,能运用各种颜色调出需要用的颜色,并能正确地说出黑、白、红、蓝、绿、黄、棕、灰、粉红、紫等颜色的名称。

幼儿期对颜色辨别力的发展,主要依靠生活经验和教育。研究表明,6岁前的幼儿基本上都喜欢亮度大的红、橙、黄色,性别差异不明显。7岁前的儿童对颜色的爱好基本上不受物体固定颜色的影响,7~8岁是转折期。

考点 2 ▶ **学前儿童空间知觉的发展** 【单选、简答】 ★★★

空间知觉包括形状知觉、大小知觉、方位知觉和距离知觉,是用多种感官进行的复合知觉。

1. 形状知觉

形状知觉是对物体形状的知觉。它依靠运动觉和视觉的协同活动。幼儿的形状知觉发展得很快。通常3岁的幼儿能区别一些几何图形,如圆形、正方形、三角形等。有的研究发现,4岁至4岁半是辨认几何图形正确率增长最快的时期。又有实验证明,5岁幼儿能正确辨别各种基本的几何图形,儿童最容易辨别的图形是圆形,幼儿叫出图形名称比辨认图形要晚。李季湄、周欣、罗秋英等人认为,幼儿认识形状由易到难的顺序是:圆形→三角形→长方形→正方形→梯形→半圆形→菱形→平行四边形→椭圆形。曹成刚、刘吉祥、张瑞平等人认为,幼儿认识形状由易到难的顺序是:圆形→正方形→三角形→长方形→半圆形→梯形→菱形→平行四边形→椭圆形。

• 小香课堂 •
考生容易混淆幼儿认识形状由易到难的顺序,在做题时,应注意观察考查的是哪一种说法,根据选项选择对应的答案。

真题1 [2020山东青岛,单选]学前儿童最早能辨别的几何图形是( )
A. 菱形　　　　　B. 平行四边形　　　　　C. 三角形　　　　　D. 圆形
答案:D

2. 大小知觉
大小知觉是人们对物体大小的感知能力。

2.5~3岁的孩子已经能够按语言指示拿出大皮球或小皮球,3岁以后判断大小的精确度有所提高。据研究,2.5~3岁是孩子判别平面图形大小能力急剧发展的阶段。

对图形大小判断的正确性,要由图形本身的形状而定。幼儿判断圆形、正方形和等边三角形的大小较容易,而判断椭圆、长方形、菱形和五角形的大小却有困难。

幼儿判断大小的能力还表现在判断的策略上。4~5岁的幼儿在判别积木大小时,要用手逐块地摸积木的边缘,或把积木叠在一起去比较。而6~7岁的幼儿,由于经验的作用,已经可以单凭视觉辨别出积木的大小。

3. 方位知觉
方位知觉是指对物体的空间关系和自己的身体在空间所处位置的知觉,包括辨别上、下、前、后、左、右、东、西、南、北、中的知觉。

幼儿方位知觉的发展趋势是:3岁辨别上下方位,4岁开始辨别前后方位,5岁开始能以自身为中心辨别左右方位,6岁幼儿虽然能完全正确地辨别上下前后四个方位,但以左右方位的相对性来辨别左右仍然感到困难。7岁才开始能够辨别以别人为基准的左右方位,以及两个物体之间的左右方位。幼儿方位知觉的发展早于方位词的掌握。当幼儿还不能很好地掌握左右方位的相对性和方位词的时候,教师可把左右方位词与实物结合起来。例如,老师说"举起拿勺子的手",小班幼儿就能完成任务。由于幼儿只能辨别以自身为中心的左右方位,因此,教师在音乐、体育等教学活动中要用"镜面示范",即从幼儿的角度来做示范动作。

真题2 [2024江苏海安,单选]幼儿教师在进行动作示范时往往采用"镜面示范",原因是( )
A. 幼儿是以自身为中心来辨别左右的　　　　B. 幼儿好模仿
C. 幼儿分不清左右　　　　D. 使幼儿看得更清楚

真题3 [2023安徽宿州,单选]方位知觉发展中,儿童3岁能正确辨别( )
A. 前后　　　　　B. 上下　　　　　C. 左右　　　　　D. 里外

真题4 [2023福建统考,简答]简述幼儿方位知觉发展的特点。
答案:2. A　3. B　4. 详见内文

4.距离知觉

距离知觉是辨别物体远近的知觉。幼儿可以分清他们所熟悉的物体或场所的远近,对于比较广阔的空间距离,他们还不能正确认识。幼儿常常不懂得近物大,远物小,近物清楚,远物模糊等感知距离的视觉信号。因此,他们画出的物体也是远近大小不分,在图画中,不善于把现实物体的距离、位置、大小等空间特性正确表现出来,不能正确判断图画中人物的远近位置。

深度知觉是距离知觉的一种。为了了解婴幼儿深度知觉的发展状况,吉布森和沃克设计了"视崖"实验。"视觉悬崖"是一种测查婴儿深度知觉的有效装置,这种装置把婴儿放在厚玻璃板的平台中央,平台一侧下面紧贴着方格图案。吉布森和沃克曾选取36名6.5~14个月的婴儿进行"视崖"实验。实验时,母亲轮流在两侧呼唤婴儿。结果发现大多数婴儿只爬到浅滩,即使母亲在深滩一侧呼喊,婴儿也不过去,或因为想过去又不能过去而哭喊。该实验说明婴儿已有深度知觉,但无法判断深度知觉是否是先天的。

深度知觉的发展受经验的影响比较大,婴幼儿的深度知觉随着经验的丰富逐步发展。游戏和体育活动能够促进幼儿深度知觉的发展。

考点 3 · 学前儿童时间知觉的发展 【单选】★

时间知觉是对客观现象的延续性、顺序性和速度的反映。人总是通过某种衡量时间的媒介来反映时间的。任何变化速度均匀的现象都可以作为时间的标尺,其中包括外界的变化,也包括人体内部的一些生理状态。

(1)幼儿前期,主要以人体内部的生理状态来反映时间。例如,"生物钟"即以生物节律周期来反映"时间",到点感到饿,想要吃。幼儿期逐渐能够以外界事物作为时间的标尺。

(2)幼儿初期(3~4岁),儿童不仅有生物性的时间知觉,还有了与具体事物和事件相联系的时间知觉。幼儿的时间知觉,主要是依靠生活中接触到的周围现象的变化,他们逐渐学习了借助于某种生活经验(生活作息制度、有规律的生活事件等)和环境信息反映时间。如他们理解的"早晨"就是起床、上幼儿园的时候,"下午"则是妈妈来接的时候。有时也会用一些带有相对性的时间概念,如"昨天""明天",但往往用错。如会说"我明天去过奶奶家了"。

(3)幼儿中期,幼儿可以正确理解"昨天""明天",也能运用"早晨"和"晚上"等词,但是对较远的时间,如"前天""后天"等,理解起来仍感到困难。

(4)幼儿晚期,在前面的基础上,又开始能辨别"前天""大后天"等;并能学会看钟表等。但对更大或更小的时间单位,如几个月、几分钟等辨别仍感到困难。

鉴于上述特点,对幼儿讲时间问题,应该结合具体事情。例如,通知他们后天看表演,要解释"后天就是睡了一个晚上,过了一天,再睡一个晚上就到了"。有规律的幼儿园生活常规,音乐、体育活动中有节奏的动作,观察自然界的规律性变化,对幼儿时间知觉的发展都很有帮助。

真题5 [2021福建统考,单选]早上天阴沉沉的,佳佳对妈妈说:"天黑了,晚上了,爸爸要下班了。"这说明佳佳的时间知觉(　　)

A.与语言发展相关　　　　　　　　B.与情感相关
C.与生活经验相关　　　　　　　　D.与想象能力相关

答案:C

三、幼儿观察力发展的特点

观察力就是观察的能力,即通过观察活动认识事物特点的能力,是一种有意识、有目的、有组织的知觉

248

能力。观察力是视觉、听觉、触觉、嗅觉等多种感觉协同作用的结果,是一种高级的视知觉活动能力。感知觉的水平越高,观察力发展的可能性越高。

观察力的发展在3岁后比较明显,幼儿期是观察力初步形成的时期,观察力的发展主要表现在以下几个方面:

1. 观察的目的性逐渐增强

随着年龄的增长,幼儿观察的目的性逐渐增强。任务越具体,幼儿观察的目的就越明确,观察的效果就越好。例如,让幼儿找出两幅图画的不同之处,如果明确告诉他们有几处不同,观察的效果就会显著提高。

2. 观察持续的时间逐渐延长

观察持续的时间短,与幼儿观察的目的性不强有关。对于喜欢的东西,幼儿观察的时间就长些。学前期幼儿观察持续的时间随着年龄的增长显著延长。

3. 观察的细致性逐渐增加

幼儿的观察一般是笼统的,看得不细致是幼儿观察的特点和突出问题。例如,幼儿观察时,只看事物的表面和较明显的部分,而不去看事物较隐蔽、细致的特征;只看事物的轮廓,不看内在的关系。又如,6岁左右的孩子往往在认识"n"和"m""工"和"土""日"和"月"等相似符号时出现混淆。学习活动要求观察要精细,经过系统的培养,幼儿观察的细致性能够有所提高。

4. 观察的概括性逐渐增强

观察的概括性是指能够观察到事物之间的联系。据研究,幼儿对图画的观察逐渐概括化,可以分为四个阶段:(1)认识个别对象阶段,只有对图画中各个事物孤立零碎的知觉,不能把事物有机地联系起来;(2)认识空间联系阶段,只能直接感知到各事物之间的外表的、空间位置的联系,不能看到其中的内部联系;(3)认识因果关系阶段,观察各事物之间的不能直接感知到的因果联系;(4)认识对象总体阶段,观察到图画中事物的整体内容,把握图画的主题。

幼儿对图画的观察主要处于认识个别对象和空间联系阶段。

5. 观察方法逐渐形成

幼儿的观察,是以依赖于外部动作,向以视觉为主的内心活动发展。幼儿初期,观察时常常要边看边用手指点,也就是说,视知觉要以手的动作为指导。以后,幼儿有时用点头代替手的指点,有时用出声的自言自语来帮助观察。幼儿末期,可以摆脱外部支柱,借助内部言语来控制和调节自己的知觉。

幼儿的观察是从跳跃式、无序的,逐渐向有顺序性的观察发展。幼儿的观察是跳跃式的,东看一眼,西看一眼,不讲顺序。经过教育,幼儿能够学会有顺序地从左向右,从上到下,或从外到里进行观察。幼儿掌握观察方法,需要教师指导和培养。

四、感知觉规律及其运用 【单选】 ★★

考点 1 · 感觉的规律及其运用

1. 感觉的适应

感觉适应是指感受器在刺激物的持续作用下使感受性发生变化的现象。古语所说的"入芝兰之室,久而不闻其香;入鲍鱼之肆,久而不闻其臭"就是嗅觉的适应现象。

适应既可以表现为感受性的提高,也可以表现为感受性的降低。通常强刺激可以引起感受性降低,弱刺激可以引起感受性提高。此外,一个持续的刺激也可引起感受性的下降。例如,当一个人从光亮处走进电影院时,起初会感到伸手不见五指,要过一段时间才能慢慢看清周围的东西,这是视觉感受性提高的暗适应。反之,从暗处到光亮的地方,最初强光使人发眩,什么也看不见,但过一会儿视力就恢复了正常,这是视觉感受性降低的明适应。除了嗅觉和视觉适应外,还有味觉、肤觉等其他感觉的适应。

教师在组织教育活动和生活活动中,要有效利用幼儿的各种适应现象。由光线较强的户外进入光线较暗的室内时,要让幼儿有暗适应的过程,以避免幼儿发生摔跤、踩踏等安全事故。在让幼儿闻某种气味时,不要闻得太久,以免因为适应而分辨不出。播放给幼儿听的音乐不应过响,以免幼儿的听觉感受性下降,甚至损伤听力。在教育活动中应避免单一的刺激持久作用于幼儿,否则会使幼儿对其变得不敏感,影响儿童参与活动的兴趣。

2. 感觉后像

感觉后像是指外界刺激停止作用后,感觉还能暂时保留一段时间的感觉现象。电灯灭了,眼睛里还有灯泡的形象;声音停止,耳朵里还有余音在萦绕,这些都是感觉后像。感觉后像分为正后像和负后像。与刺激物的性质相同的感觉后像是正后像,比如灯灭后留下的视觉后像还是亮的灯。与刺激物的性质相反的感觉后像是负后像,比如灯灭后留下的视觉后像是亮背景下的暗灯泡的形象。彩色的负后像是刺激色的补色。如果视觉刺激呈现的频率达到一定程度,则后像会使这些断续的刺激引起连续的感觉,这种现象叫作闪光融合现象。

感觉后像现象在生活中十分常见,电影、动画及闪烁的霓虹灯利用的都是人的视觉后像。正是因为有视觉后像存在,我们才能将不连续的运动看成连续的。当然,后像也有不利的一面,在一些需要我们快速反应的活动中,后像可能会造成反应的延误。

真题6 [2023浙江永康,单选]学前儿童的感受性具有一定的变化规律,其中用来描述外界刺激停止作用后,还能暂时保持一段时间的感觉现象是(　　)

A. 感觉适应　　　　B. 感觉对比　　　　C. 感觉补偿　　　　D. 感觉后像

答案:D

3. 感觉的对比

感觉的对比是指同一感受器接受不同的刺激而使感受性发生变化的现象。感觉对比分为同时对比和继时对比。同时对比是不同刺激物同时作用于同一感受器时产生的对比现象,而继时对比是不同刺激物先后作用于同一感受器时产生的对比现象。例如,"月明星稀",天空上的星星在明月映衬之下显得比较稀少,而在黑夜里看起来就明显地多,这是同时对比。在吃过甜点心之后再吃苹果,苹果变得发酸;而吃了酸苹果之后再吃甜点心,点心就显得格外甜,这是继时对比。

幼儿园教师掌握感觉的对比规律对教师制作和使用直观教具、提高幼儿的感受性具有重要意义。例如,运用颜色的对比,可以使活动室的美术装饰相互衬托,在白底的贴绒教具上面贴黑色的图形很突出,但贴"淡黄"的图形却不明显。制作多媒体课件可以利用视觉对比,突出要演示的对象,使幼儿看得清楚,印象深刻。

真题7 [2024福建统考,单选]"月明星稀"运用的感受性变化规律是(　　)

A. 感觉的适应　　　　B. 感觉的对比　　　　C. 联觉　　　　D. 感觉的补偿作用

答案:B

4. 联觉

联觉是指一种感觉兼有另一种感觉的心理现象。联觉的形式很多,其中比较典型的是颜色感觉的联觉,即某种颜色往往兼有冷暖感、远近感和轻重感。红、橙、黄色接近于阳光、烈火的颜色,所以引起温暖的感觉,称之为暖色。宽敞的房间涂上这些颜色,就使人感觉温暖、紧凑。蓝、青、绿色接近于碧空寒水的颜色,所以引起寒冷的感觉,称之为冷色。狭小的房间涂上这些颜色,就使人感到房间凉爽、宽敞。同时,色调的浓淡带有远近感,绘画艺术上的"近山浓抹,远树轻描"就是这种心理效应的实际应用。色调的浓淡能引起轻重的感觉。深色调使人感到沉重,淡色调使人感到轻松等。

联觉的应用在建筑物色调的设计上比较多。例如,高温车间采用冷色粉刷环境,使人有凉爽感,可以起到辅助降温的作用。医院的病房也可以根据治疗的需要,选用不同的色调粉刷病房环境。紫色可使人感到镇静,就可能使孕妇心情平静一些。

5. 感觉的补偿

由于某种原因造成丧失一种感觉能力的人,他们的其他感觉能力会由于代偿而得到特殊的发展,心理学称这种现象为感觉补偿。例如,有的盲人的听觉感受性比较高,他们能凭树叶碰击发出的声音来辨别树的种类,能凭脚步声的回音来判断障碍物的距离;有的盲人嗅觉特别灵敏,能"以鼻代目"来认人;有的聋哑人视觉高度发达,可以"以目代耳"听懂别人说的话。

考点 2 ▶ 知觉的规律及其应用

1. 知觉的选择性

作用于人的客观事物是纷繁多样的,但人不可能对客观事物全部清楚地感知到,只能根据需要选择少数事物作为知觉的对象,这种特性称为知觉的选择性。被选择的就成为知觉的对象,没有被选择的就成为背景。

在幼儿园的教学活动中,由于幼儿自觉寻找知觉对象的能力有限,因此,教师要根据教学目的,引导全班幼儿选择共同的知觉对象。在运用直观教具时,要突出知觉对象,淡化背景影响。在讲述中,教师的形象化语言应集中使用在对象部分,对背景部分要尽量淡化,尤其对年龄小的幼儿,知觉内容不要太复杂,要注意加大对象与背景的差别,以使幼儿的知觉收到良好的效果。

2. 知觉的理解性

在知觉的过程中,人总是用过去所获得的有关知识经验,对感知的事物进行加工处理,并用词把它们表示出来,知觉的这种特性就是知觉的理解性。对知觉对象的理解情况与知觉者的知识经验直接有关。例如,一张X光片,医生可以从X光片中看出身体某部分的病变情况,而一般人做不到;操作工人在机器运转的声音中能够辨别出机器是否有故障,而非此行业的人则无法做到。而且,词对人的知觉具有指导作用,可以加快对知觉对象的理解。

根据知觉的理解性,教师在教学过程中,要充分利用幼儿已有的知识经验,帮助幼儿理解知觉对象,把讲解与直观材料结合起来,通过语言揭示出直观材料不够完备之处,使幼儿能深入理解直观材料的意义。

3. 知觉的整体性

知觉的对象具有不同的属性,由不同的部分组成,但是人并不把知觉的对象感知为个别的孤立部分,而总是把它知觉为一个统一的整体,这种特性称为知觉的整体性。

知觉对象作为一个整体,不是各部分的机械相加。人们对一个事物的知觉取决于它的关键性的、强的部分,非关键性的、弱的部分一般被掩蔽。例如,一首歌,无论是男高音唱还是女高音唱,是童声唱,还是老人唱,人们都会把它知觉为同一首歌,而一旦改变其旋律就会成为另一首歌。在这里,不同的音色、音调不是一首歌的关键性部分,只有歌曲的旋律才是决定一首歌的关键因素。

幼儿的知识经验很肤浅,为提高他们的知觉效果,教师应指点他们在观察事物时把注意力放在事物的关键性特征上。在教学中要使幼儿获得整体性知觉,就要让幼儿眼、耳、口、手多种感官进行感知,从不同角度去认识。对事物属性、各部分的感知愈丰富、愈细致,对事物的整体性知觉就愈正确、愈完整。

4.知觉的恒常性

当知觉的条件在一定范围内改变了的时候,知觉的映象仍然保持相对不变,这就是知觉的恒常性。恒常性在视觉中最为明显,表现在大小、形状、亮度、颜色等方面。例如,阳光照射下的煤块的亮度远远大于黄昏时粉笔的亮度,但我们仍然认为煤块是黑色的,这就是亮度恒常性。幼儿坐在第一排座位上看老师与坐在最后一排座位上看老师,在他们视网膜上的影像大小不一,但幼儿总是把老师看成是有特定大小的形象,这就是大小恒常性。无论你在教室的哪个地方看教室的门,无论教室的门是开着的还是关着的,你总把教室的门看成是长方形的,这就是形状恒常性。皮亚杰指出,形状恒常性大约出现在婴儿出生后的第9个月,而大小恒常性则在第6个月出现。

知觉的恒常性对人的生活有很大作用。它使人在知觉条件发生一定变化时,仍能按照事物的实际面貌对它做出反应,从而能够根据对象的实际意义来适应环境。如果不具有知觉的恒常性,那么,在不同的情景下,每一个认识活动,每一个反应动作,都必须经过一番新的学习和适应过程,实际上也就使适应变得不可能了。

真题8 [2022安徽安庆,单选]从教室的不同方位看同一幅画,画的大小不会变,这属于知觉的( )
A.选择性 B.整体性 C.理解性 D.恒常性

真题9 [2022江西统考,单选]皮亚杰指出,形状恒常性大约出现在婴儿出生后的第_____个月,而大小恒常性则出现在第_____个月。( )
A.9;6 B.6;9 C.9;12 D.12;9

答案:8.D 9.A

★ 本节核心考点回顾 ★

1.幼儿空间知觉发展的主要特征
(1)形状知觉:儿童最容易辨别的图形是圆形。
(2)大小知觉:4~5岁的幼儿在判别积木大小时,要用手逐块地摸积木的边缘,或把积木叠在一起去比较。
(3)方位知觉:3岁辨别上下,4岁开始辨别前后,5岁开始能以自身为中心辨别左右。教师在音乐、体育等教学活动中要用"镜面示范"。
(4)距离知觉:深度知觉是距离知觉的一种。为了了解婴幼儿深度知觉的发展状况,吉布森和沃克设计了"视崖"实验。

2.幼儿观察力的发展特点
(1)观察的目的性逐渐增强;(2)观察持续的时间逐渐延长;(3)观察的细致性逐渐增加;(4)观察的概括性逐渐增强;(5)观察方法逐渐形成。

3.感觉的规律
(1)感觉适应:感受器在刺激物的持续作用下使感受性发生变化。
(2)感觉后像:外界刺激停止作用后,感觉还能暂时保留一段时间。
(3)感觉对比:同一感受器接受不同刺激而使感受性发生变化,分为同时对比和继时对比。
(4)联觉:一种感觉兼有另一种感觉。
(5)感觉的补偿:丧失一种感觉能力的人,其他感觉能力会得到特殊的发展。

4.知觉的规律

(1)知觉的选择性:选择少数事物作为知觉的对象。

(2)知觉的理解性:用过去所获得的有关知识经验,对感知的事物进行加工处理。

(3)知觉的整体性:把事物知觉为一个统一的整体。

(4)知觉的恒常性:知觉的条件改变时,知觉的映象仍然保持相对不变。皮亚杰指出,形状恒常性大约出现在婴儿出生后的第9个月,而大小恒常性则在第6个月出现。

第三节　学前儿童记忆的发展

学前儿童记忆的发展
- 概念——人脑对过去经验的反映
- 基本环节——识记、保持、再认或回忆
- 分类【易混】
  - 根据内容——运动记忆、情绪记忆、形象记忆、语词记忆
  - 根据保持时间——瞬时记忆、短时记忆、长时记忆
  - 按照意志性和目的性——无意记忆和有意记忆
  - 按照理解程度——机械记忆和意义记忆
  - 根据信息加工处理的方式不同——陈述性记忆和程序性记忆
- 发展趋势
  - 记忆保持时间的延长
  - 记忆容量的增加
  - 记忆内容的变化
  - 记忆的意识性与记忆策略的形成【重点】
    - 视觉复述策略
    - 定位策略
    - 复述策略
    - 组织性策略
    - 提取策略
- 发展特点【重点】
  - 无意记忆占优势,有意记忆逐渐发展
  - 记忆的理解和组织程度逐渐提高
  - 形象记忆占优势,语词记忆逐渐发展
  - 幼儿记忆的意识性和记忆方法逐渐发展
- 易出现的问题——偶发记忆、"说谎"问题等
- 保持、遗忘及遗忘规律
  - 保持和遗忘
  - 遗忘规律
- 记忆力的培养【重点】
  - 明确记忆目的,增强记忆的积极性
  - 通过各种感官参与识记
  - 教授幼儿运用记忆的方法和策略
  - 引导幼儿按照遗忘规律进行复习
  - 培养幼儿对学习的兴趣和信心
  - 选择最佳的记忆时间

一、记忆的概念

记忆是人脑对过去经验的反映。一个人出生以后，会接受来自客观世界的各种各样的刺激。这些刺激带来的信息，有的随着时间的流逝消失了，有的则在大脑中保留了下来，成为前面所说的"经验"。这里的"经验"，可以是感知过的事物，也可以是思考过的问题、体验过的情绪，或者是练习过的动作等等。以后在一定的条件下，人们又能对这些"经验"重新回忆起来，或者当它再次出现时能辨认出来，这就是记忆。

二、记忆的基本环节

记忆过程可以分为识记、保持、再认或回忆三个基本环节。

1. 识记

识记就是识别和记住事物，从而积累知识经验的过程。识记是记忆过程的开端，是反复认识某种事物并在头脑中形成一定印象的过程，从信息加工的观点看，识记是信息的输入（编码）过程。

2. 保持

保持是对识记过的事物进一步在头脑中保存、巩固的过程。从信息加工的观点看，保持就是信息的储存过程。它是由识记通往再认或回忆的必经环节。

3. 再认或回忆（在不同情况下恢复经验的过程）

（1）再认

再认是指识记过的事物重新出现时，感到熟悉，确认是以前感知过或经历过的。例如，小明跟随妈妈逛商店，指着货架上的几种玩具，告诉妈妈："我们幼儿园也有这样的玩具！"在听到一支歌曲时，高兴地说："妈妈，我也会唱，老师教过我们！"这都是再认。

（2）回忆

回忆也叫再现，是指识记过的事物并没有再次出现，由于其他事物的影响而使这些事物在头脑里呈现出来的过程。例如，谈起我们过去某个同学的名字，你脑中就出现了这个同学的形象，可这个同学此时并不在场。又如，客人请小朋友唱歌，小朋友就唱起了"我爱北京天安门"。这些都是回忆。

三、记忆的分类 【单选、多选】 ★★

记忆的分类

考点 1 ▶ 根据记忆的内容，分为运动记忆、情绪记忆、形象记忆和语词记忆

1. 运动记忆

运动记忆是指个人以过去经历过的身体运动或动作形象为内容的记忆。如幼儿对叠被子动作要领的记忆，对舞蹈动作的记忆，对学习骑自行车的记忆等。通常来说，运动记忆形成较为困难，一旦记住，则很难被遗忘。

2. 情绪记忆

情绪记忆是指个人以曾经体验过的情绪或情感为内容的记忆。如考试中紧张情绪的记忆，在独自一人时的害怕情绪，幼儿在与伙伴游戏时体会到的快乐情绪等。

3. 形象记忆

形象记忆是指个人以感知过的事物的具体形象为内容的记忆。如人们心目中对于曾经照顾自己的爷爷、奶奶的形象，童年中对老师、伙伴的印象等。形象记忆不仅是指视觉上的，听觉、触觉、嗅觉、味觉同样都可以开展形象记忆，如我们听过的音乐、品尝过的美食、触摸过的物体等都是形象记忆。幼儿的形象记忆是依靠表象进行的，其中起主要作用的是视觉表象。

4. 语词记忆

语词记忆是指个人对各种有组织的知识为内容的记忆,又称为语词逻辑记忆。如对某个生物概念、物理定理、化学公式、文章诗句的记忆。

真题1 [2020山东青岛,多选]小宇暑假和爸爸妈妈去了海边旅游,开学后和同学聊起来说:"海边好美呀,海水可蓝了,我可开心了。"小宇的记忆属于(　　)

A.形象记忆　　　　　B.运动记忆　　　　　C.情绪记忆　　　　　D.语词—逻辑记忆

答案:AC

考点 2 ▶ 根据记忆的保持时间,分为瞬时记忆、短时记忆和长时记忆

1. 瞬时记忆(感觉记忆)

瞬时记忆是指在客观刺激停止作用后,记忆印象在头脑中大约只能保持在0.25~2秒的记忆。最明显的就是视觉瞬时记忆,我们看到的电影就是利用这一原理进行展示的,听觉瞬时记忆的时间略长,但也不超过4~5秒。

2. 短时记忆

短时记忆是指获得的信息在头脑中贮存不超过1分钟的记忆。如电话接线员接线时对用户号码的记忆就是短时记忆。当他们接完线后,一般来说不再把号码保持在头脑里。

3. 长时记忆

长时记忆是指获得的信息在头脑中贮存1分钟以上甚至保持终生的记忆。它是由短时记忆经过加工和重复的结果。长时记忆贮存信息的数量无法划定范围,只要有足够的复习,把信息按意义加以整理、归类,整合于已有信息的贮存系统中,就能把信息保持在记忆中。

考点 3 ▶ 按照记忆的意志性和目的性,分为无意记忆和有意记忆

1. 无意记忆

无意记忆指的是没有预定目的,不需要意志努力,也不采用任何专门有效的方法所进行的记忆。例如,看到一个很好笑的笑话而感到愉悦的情绪,日常生活中一些偶然的事件,都有可能被自然而然地记住,这种识记事前并无明确的目的,也没有相应的记忆方法和步骤,是一种被动的记忆。

2. 有意记忆

有意记忆是有预定目的,必要时需要意志努力的参与,并且采用一定的方法和步骤的记忆。有意记忆是积累系统的知识经验、动作技能的主要途径,这种记忆方法使人的记忆内容和信息更为全面、系统、完整、实用。例如,我们要学习一篇课文并将其背诵出来,幼儿要学会一套广播体操等都属于有意记忆。这是一种复杂的智力活动和意志活动,它在一切人的活动,特别是学习活动中占有极其重要的地位。

考点 4 ▶ 按照记忆的理解程度,分为机械记忆和意义记忆

1. 机械记忆

机械记忆是指根据事物的外部联系或者表现形式,主要依靠机械重复的方式而进行的记忆,如通过一遍遍地复述来记忆小说名字。采用机械记忆的材料一般有两种情况。一是材料本身有意义,但由于太过深奥、抽象,识记者一时难以理解,只能用机械重复的方式去记忆。例如,对于某些高难度的定理、公式等死记硬背。二是材料本身并无任何联系,只能靠机械记忆来记住,如历史学年代、人名、地名等。

2. 意义记忆

意义记忆指在对材料内容理解的基础上,通过材料的内在联系或者新旧知识、经验之间的联系而进行的记忆。意义记忆一般有两种表现形式。一是材料本身有意义,识记者能够理解其意义。例如,人们对于已经学会的课文、化学反应规律、物理学原理等的记忆。二是材料本身不具有内在意义,但识记者可以通过特殊方法或联想人为赋予材料某种意义,便于识记者结合固有的经验进行记忆。

真题2 [2023福建统考,单选]桦桦不理解《三字经》,但也能背诵,这种记忆是( )
A. 形象记忆　　　B. 逻辑记忆　　　C. 机械记忆　　　D. 意义记忆

真题3 [2021江西统考,单选]李老师写了自己的电话号码在黑板上看看谁先记住,结果小明把这组数据按顺序编成一个小故事,很快就记住了老师的电话号码,这种记忆属于( )
A. 情绪记忆　　　B. 无意记忆　　　C. 机械记忆　　　D. 意义记忆

答案:2. C　3. D

考点 5 ▶ 根据信息加工处理的方式不同,分为陈述性记忆和程序性记忆

1. 陈述性记忆

陈述性记忆是指对有关事实和事件的记忆。如最喜欢的人的名字、最喜欢的饭店的位置、某个名词解释、定理定律等。这种类型的记忆可以通过语言传授而一次性获得,并且提取这种记忆时往往需要意识的参与。例如,入园时的自我介绍。

2. 程序性记忆

程序性记忆是指如何做事情的记忆。如电脑打字、写字、骑自行车等。它们主要被存储在小脑中。这种类型的记忆往往需要通过多次尝试才能逐渐获得,并且利用这种记忆时往往不需要意识的参与。例如,弹钢琴。

真题4 [2024山东青岛,单选]经过一段时间的练习,幼儿已经掌握了新的舞蹈动作,幼儿的这一记忆类型是( )
A. 短时记忆　　　B. 情绪记忆　　　C. 陈述性记忆　　　D. 程序性记忆

答案:D

四、学前儿童记忆的发展趋势 【单选、简答】 ★★★

考点 1 ▶ 记忆保持时间的延长

记忆保持时间是指从识记材料开始到能对材料再认或回忆之间的间隔时间,也称为记忆的潜伏期。儿童记忆保持的时间长度可以从再认或回忆的潜伏期来看。再认或回忆的潜伏期都随着年龄的增长而增长。

短时记忆和长时记忆,表明了记忆保持时间的不同。儿童最初出现的记忆属于短时记忆。长时记忆出现和发展稍晚。

短时记忆比长时记忆出现得早和儿童大脑发育,即记忆生理基础的成熟有关。短时记忆的痕迹是机能性的,长时记忆的痕迹是结构性的,即有关的神经组织发生了结构性的变化。

在幼儿记忆保持时间的发展中,存在一些独特的现象:

1. 幼年健忘

幼年健忘是指3岁前儿童的记忆一般不能永久保持。有研究者认为这种现象与幼儿脑的发育有关。幼儿脑的各个区域的成熟不是同时完成的,而是有先后的。先发育的脑区域在3岁左右承担了记忆的任务,但随着脑的其他区域的发展,晚成熟的脑区域控制了先成熟的脑区域,从而妨碍了原先所学东西的保持,使人回忆不起更早发生的事情。

2. 记忆恢复(回涨)现象

记忆恢复(回涨)现象是指在一定条件下,学习后过几天测得的保持量比学习后立即测得的保持量要高。

产生记忆恢复(回涨)现象的原因可能是幼儿的神经系统还比较弱,刚识记时接受大量的新异刺激,神经系统疲乏了,便转入抑制状态,所以不能马上恢复,过了一段时间后,经过休息便能回忆出来。

真题5 [2020内蒙古赤峰,单选]3岁前儿童的记忆一般不能永久保持,这种现象称为( )
A. "幼年健忘"　　B. 暂时性遗忘　　C. 记忆的恢复　　D. 动机性遗忘
答案: A

考点 2 ▶ 记忆容量的增加

1. 记忆广度

记忆广度是指在单位时间内能够记忆的材料的数量。这个数量是有一定限度的。一般人的记忆广度为7±2个信息单位。所谓信息单位,是指彼此之间没有明确联系的独立信息,这种信息单位称为组块。

幼儿记忆广度的增加受生理发育的局限。幼儿大脑皮质的不成熟,使他在极短的时间来不及对更大的信息量进行加工,因而不能达到成人的记忆广度。

记忆广度对记忆容量有一定的影响,但记忆容量的大小主要不取决于记忆广度的大小,而取决于把实际材料组织加工,并使之系统化的能力。因为每个信息单位内部的容量是不同的,加工能力强的,单位容量就大。

2. 记忆范围

记忆范围的扩大是指记忆材料种类的增多,内容的丰富。由于幼儿动作的发展,和外界交往范围的扩大以及幼儿活动的多样化,他们的记忆范围也随之越来越大。

记忆范围的扩大,不仅表现在能记忆更多的材料,而且还表现为儿童能对已学得的知识、经验进行系统化,逐渐形成知识结构。

3. 工作记忆

工作记忆是指在短时记忆过程中,把新输入的信息和记忆中原有的知识经验联系起来的记忆。新旧知识相联系后,可使储存的新信息内容或成分增加。儿童形成工作记忆以后,可以在30秒左右的短时间内获得更多的信息。随着年龄的增长,工作记忆的能力越来越高。据研究,让儿童看一系列图片,起初出现的是画面非常模糊难以辨认的,然后是画面越来越清晰的。在4~19岁的被试中,再认图片的平均时间随着年龄增长而缩短,其中4~5岁之间再认的进步最大。

总之,儿童记忆容量的增加,主要不在于记忆广度的扩大,而在于把识记材料联系和组织起来的能力有所发展。正是这种能力,使儿童能够识记并保持更多的范围、更广的知识和经验。这种观点可以解释下列事实:在幼儿园的同一个班上,同一年龄的两个孩子,经测验,甲的记忆广度为9,乙则只有5,可是平时学习成绩和一般动作水平,乙都比甲好。

257

考点 3　记忆内容的变化

从记忆的内容看，记忆可以分为运动记忆、情绪记忆、形象记忆和语词记忆。幼儿记忆内容也有随年龄变化的客观趋势。

从儿童这几种记忆发生发展的顺序来看，最早出现的是运动记忆（出生后2周左右），然后是情绪记忆（6个月左右），再后是形象记忆（6～12个月左右），最晚出现的是语词记忆（1岁左右）。儿童这几种记忆的发展，并不是用一种记忆简单代替另一种记忆，而是一个相当复杂的相互作用的过程。

• 记忆有妙招 •

　　从记忆的内容看，儿童记忆发生发展的顺序是：**动情相遇**。**动**：运动记忆。**情**：情绪记忆。**相**：形象记忆。**遇**：语词记忆。

考点 4　记忆的意识性与记忆策略的形成

1. 记忆意识性的发展

随着年龄的增长，儿童记忆意识性开始逐渐萌芽、发展。有意记忆的出现意味着记忆意识性的萌芽，而元记忆的发展则意味着记忆意识性发展到了一个新的阶段。

元记忆的发展是指儿童对自己的记忆过程的认识或意识的发展，包括以下几个方面：（1）明确记忆任务，包括认识到记忆的必要性和了解需要记忆的内容；（2）估计到完成任务过程中的困难，努力去完成任务，并选择记忆方法；（3）能够检查自己的记忆过程，评价自己的记忆水平。

2. 记忆策略的形成

（1）儿童记忆策略的发展阶段

<u>记忆策略</u>是指能够增强记忆效果的方法。记忆有意性的发展和记忆策略的形成有密切联系。可以说，儿童有了自觉完成记忆任务的意识以后，也就产生了运用记忆策略的要求，并且在实践中逐渐形成运用记忆策略的能力。在儿童记忆活动的各个阶段，都可以运用记忆策略。不同年龄的记忆能力差异，主要与他们使用记忆策略的能力有关。

儿童的记忆策略经历了一个从无到有的发展过程，这一过程分为四个阶段。

表 2-5　儿童记忆策略的发展阶段

阶段	年龄	表现
无策略阶段	0～5岁	儿童既不能自发地使用某一种记忆策略，也不能在他人的要求或暗示下使用策略
部分策略阶段	5～7岁	儿童能部分地使用策略或使用一种策略的某种变式，表现为儿童在有些场合能使用记忆策略，而在另一些场合却不能使用策略
策略与效果脱节阶段	7～10岁	儿童能在各种场合使用某一种策略，但记忆的效果并没有因策略的使用而提高，表现为记忆成绩滞后于策略使用的脱节现象
有效策略阶段	10岁以后	儿童能熟练地运用记忆策略，并有效地提高记忆成绩

（2）学前儿童的记忆策略

学前儿童处于无策略向部分策略发展的阶段，他们运用的记忆策略有以下几种：

①视觉复述策略

儿童在记忆过程中使用的一个最为简单的策略，就是将自己的注意力有选择地集中在所要记住的事物上，如不断地注视目标刺激，以加强记忆，这可以视为一种"视觉复述"。

258

②定位策略

儿童对目标刺激"贴上"某种特定的标签以便于记忆。海斯尔等进行了一项研究:主试让儿童将一个小物品藏在一个有196个格子的棋盘中,并要求儿童尽可能记住物品所藏的位置。结果发现,5岁以上的儿童倾向于选择那些较有特点的位置去藏物品(如棋盘的某一角落);而3岁儿童就不会使用这种策略,但有些3岁儿童知道在同一个实验的不同次别里将物品藏在同一个位置会便于以后寻找。

③复述策略

在记忆过程中,儿童不断重复需要记忆的内容,以便准确、牢固地记住这些信息。复述是一个常用的有效记忆策略,也是将短时记忆转化为长时记忆的必要手段。随着儿童年龄的增长,使用复述策略的能力和复述的质量都在提高。

④组织性策略

主体在记忆过程中将记忆材料按不同的意义组织成各种类别,编入各种主题,使它们产生意义联系,或对内容进行改组,以便于记忆的方法,称为组织性策略。

⑤提取策略

个体在回忆过程中,将贮存于长期记忆中的特定信息回收到意识水平上的方法和手段称为提取策略。再认和再现都需要运用提取策略。当然,再现比再认要困难得多。儿童在记忆能力上表现出的年龄差异和个体差异,主要是由提取能力的不同而造成的。

总体来说,儿童在提取策略方面存在着年龄差异,年幼儿童在提取记忆信息的时候,对刺激出现的原本情景依赖性较大,同时也需要由他人提供的外在线索的帮助。

真题6 [2024山东青岛,单选]幼儿记忆大象的形象时,常给大象贴上"长鼻子"的标签。幼儿运用的这种记忆策略是( )

A. 视觉复述策略   B. 定位策略   C. 组织性策略   D. 提取策略

真题7 [2024浙江杭州,单选]儿童不断重复需要记忆的内容,以便准确、牢固地记住这些信息。这种记忆策略是( )

A. 组织性策略   B. 复述策略   C. 定位策略   D. 视觉复述策略

真题8 [2021江西统考,简答]简述学前儿童的记忆策略。

答案:6. B 7. B 8. 详见内文

五、幼儿记忆发展的特点 【单选、多选、简答】★★★

考点 1 · 无意记忆占优势,有意记忆逐渐发展

幼儿记忆的基本特点是无意记忆占优势,有意记忆逐渐发展。

1. 无意记忆占优势

(1)无意记忆的效果优于有意记忆。3岁前儿童基本上只有无意记忆,他们不会进行有意记忆。

(2)无意记忆的效果随着年龄增长而提高。

(3)无意记忆是积极认知活动的副产物。幼儿的无意记忆,不是由幼儿直接接受记忆任务和完成记忆任务产生的,而是幼儿在完成感知和思维任务过程中附带产生的结果,是一种副产物。事实证明,幼儿的认知活动越积极,其无意记忆效果越好。

2. 有意记忆逐渐发展

有意记忆的发展,是幼儿记忆发展中最重要的质的飞跃,2~3岁儿童出现有意记忆的萌芽,但是有意记忆在学前末期才真正发展起来。幼儿有意记忆的发展有以下特点:

(1)幼儿的有意记忆是在成人的教育下逐渐产生的。成人在日常生活和组织幼儿进行各种活动时,经常向他们提出记忆的任务。在讲故事前,预先向幼儿提出复述故事的要求;背诵儿歌时,要求他们尽快记住。这些都是促使有意记忆发展的手段。

(2)有意记忆的效果依赖于对记忆任务的意识和活动动机。例如,幼儿在玩"开商店"游戏时担任"顾客"的角色,"顾客"必须记住应购物品的各种名称,角色本身使幼儿意识到这种识记任务,因而他就会努力去识记,记忆效果也有所提高。

活动动机对幼儿有意记忆的积极性和效果都有很大影响。一些专门的实验或测验,把幼儿带到实验室里,简单地要求他们完成记忆任务,幼儿对这种活动缺乏积极性,记忆效果往往比较差。而在游戏中,有意记忆的效果比较好。

在实际生活中,如果成人提出的要求恰当,能够使幼儿明确识记的目的、任务,那么在完成任务中,有意记忆的效果甚至超过游戏的效果。这种情况发生的原因在于完成生活中的实际任务时,幼儿的记忆效果能够得到成人或小朋友集体的评价,或者受到赞许,或者得到奖励。这种赞许或奖励有助于识记的强化。

(3)幼儿有意回忆的发展先于有意识记。研究表明,儿童达到有意再认或回忆较高行为类型的年龄略早于有意识记。在不同的活动条件下,儿童有意识记和有意回忆的水平有所不同,实验室条件下水平最低;游戏和完成实际任务的条件下水平较高。

考点 2 ▶ 记忆的理解和组织程度逐渐提高

1. 机械记忆用得多

与成人相比较,儿童常常运用机械记忆,他们反复背诵一些自己并不了解的材料,显得不是那么困难。幼儿相对较多运用机械记忆,可能出于两个原因:(1)幼儿大脑皮质的反应性较强,感知一些不理解的事物也能够留下痕迹;(2)幼儿对事物的理解能力较差,对许多识记材料不理解,不会进行加工,只能死记硬背,进行机械记忆。

2. 意义记忆的效果优于机械记忆

许多材料证明,幼儿对理解了的材料,记忆效果较好。在日常生活中,幼儿对儿歌的识记比不理解的诗歌效果好。另外,幼儿对理解了的内容,记忆保持的时间也较长。

为什么意义记忆比机械记忆效果好?其主要原因有以下几个方面:

(1)意义记忆是通过对材料的理解进行的。理解使记忆的材料和过去头脑中已有的知识经验联系起来,把新材料纳入已有的知识经验系统中。

(2)机械记忆只能把事物作为单个、孤立的小单位来记忆,意义记忆使记忆材料互相联系,从而把孤立的小单位联系起来,形成较大的单位或系统。

3. 幼儿的机械记忆和意义记忆都在不断发展

在整个幼儿期,无论是机械记忆还是意义记忆,其效果都随着年龄的增长而有所提高。与此同时,年龄较小的幼儿意义记忆的效果比机械记忆要高得多,而随着年龄增长,两种记忆效果的差距逐渐缩小,意义记忆的优越性似乎降低了。这种现象并不表明机械记忆的发展越来越迅速,而是由于年龄增长后,意义记忆和机械记忆效果的差异减少,机械记忆中加入了越来越多的理解成分,机械记忆中的理解成分使机械记忆的效果有所提高。

考点 3 ▶ 形象记忆占优势,语词记忆逐渐发展

1. 幼儿形象记忆的效果优于语词记忆

形象记忆是根据具体的形象来识记各种材料。在儿童语言发生之前,其记忆内容只有事物的形象,即只有形象记忆。儿童语言发生后,直到整个幼儿期,形象记忆仍然占主要地位。幼儿形象记忆的效果高于语词记忆的效果。

2. 形象记忆和语词记忆都随着年龄的增长而发展

幼儿期形象记忆和语词记忆都在发展。研究表明,3～4岁幼儿无论是形象记忆还是语词记忆,其水平都相对较低。其后,两种记忆的效果都随年龄的增长而增长。

3. 形象记忆和语词记忆的差别逐渐缩小

各种研究显示,形象记忆和语词记忆的差距日益缩小。两种记忆效果之所以逐渐缩小,是因为随着年龄的增长,形象和语词都不是单独在儿童头脑中起作用,而是有越来越密切的联系。一方面,幼儿对熟悉的物体能够叫出名称,那么物体的形象和相应的词就紧密联系在一起;另一方面,幼儿熟悉的词,也必然建立在具体形象的基础上,词和物体的形象是不可分割的。

考点 4 ▶ 幼儿记忆的意识性和记忆方法逐渐发展

前面所说到的幼儿有意记忆和意义记忆的发展,意义记忆对机械记忆的渗透,语词记忆对形象记忆的渗透以及它们的日益接近,都反映了幼儿记忆过程的自觉意识性和记忆策略、方法的发展。

真题9 [2023浙江永康,单选]下列关于3～6岁幼儿记忆发展的特点,说法不正确的是( )
A. 无意记忆占优势,有意记忆逐渐发展
B. 记忆的理解和组织程度逐渐提高
C. 语词记忆占优势,形象记忆逐渐发展
D. 记忆的意识性和记忆方法逐渐发展

真题10 [2023安徽宿州,多选]关于幼儿记忆发展的特点,下列说法正确的有( )
A. 无意记忆占优势,有意记忆逐渐发展
B. 机械记忆的效果优于意义记忆
C. 形象记忆的效果优于语词记忆
D. 形象记忆和语词记忆的差别逐渐缩小

真题11 [2021浙江绍兴,简答]简述幼儿记忆发展的特点。

答案:9. C 10. ACD 11. 详见内文

六、幼儿记忆发展中易出现的问题及教育措施 【单选】 ★

1. 偶发记忆

这种现象是指当要求幼儿记住某样东西时,他记住的往往是和这件东西一起出现的其他东西。例如,在幼儿园教育教学活动中,当教师要幼儿回忆刚出示的卡片上有几只小狗时,幼儿的回答是:小狗是黄色的。教师要重视幼儿这种特有的记忆现象,注意引导幼儿朝有意记忆方向努力发展。

2. "说谎"问题

幼儿的记忆存在着正确性差的特点,容易受暗示,容易把现实与想象混淆,用自己虚构的内容来补充记忆中残缺的部分,把主观臆想的事情,当作自己亲身经历过的事情来回忆。因此,教师不能随便指责幼儿"不诚实",而是要耐心地帮助孩子把事情弄清楚,把现实的东西和想象的东西区分开来。

3. 记忆有意性差

在实际教育过程中,家长与老师要顾及幼儿无意记忆占优势的特点,要有意识地向幼儿提出有意记忆任务,增强记忆效果。

4. 记忆方法运用水平低

幼儿由于年龄较低,受思维水平的发展限制,并没有掌握一定的记忆策略和方法,或者水平较低,因此,要求成人对幼儿进行有针对性的方法的学习。

真题12 [2024山东青岛,单选]教学活动中,当教师要幼儿回忆刚出示的卡片上有几个桃子时,有的幼儿回答:"桃子很好吃。"有的幼儿回答:"桃子是粉色的。"这是一种(　　)

A. 偶发记忆现象　　　　　　　　　　B. 记忆的恢复现象
C. 幼年健忘现象　　　　　　　　　　D. 说谎现象

答案:A

七、记忆的保持、遗忘及遗忘规律 【单选】 ★

1. 保持和遗忘

保持是过去识记过的事物形象在头脑中得到巩固的过程。

遗忘是对识记过的材料不能再认和再现,或者是错误的再认和再现。

保持和遗忘是相反的过程,也是同一记忆活动的两个方面:保持住的东西就是没被遗忘,而遗忘的东西就是没被保持。保持越多,遗忘越少。记忆力强的人总是信息量保持得很多而极少遗忘。遗忘有各种情况:能再认不能回忆,叫不完全遗忘;不能再认也不能回忆,叫完全遗忘;一时不能再认或回忆,叫临时性遗忘;永远不能再认或回忆,叫永久性遗忘。

2. 遗忘规律

心理学研究表明,遗忘是有规律的。德国心理学家艾宾浩斯最早对遗忘现象做了比较系统的实验研究。为避免经验对学习和记忆的影响,他在实验中用无意义音节做学习材料,以重学时所节省的时间或次数为指标测量了遗忘的进程。实验表明,在学习材料记熟后,间隔20分钟重新学习,可节省诵读时间58.2%左右;一天后再学可节省时间33.7%左右;六天以后再学习节省时间缓慢下降到25.4%左右。依据这些数据绘制的曲线就是著名的"艾宾浩斯遗忘曲线"。在艾宾浩斯之后,许多心理学家用无意义材料和有意义材料对遗忘的进程进行研究,结果都证明"艾宾浩斯遗忘曲线"基本上是正确的。

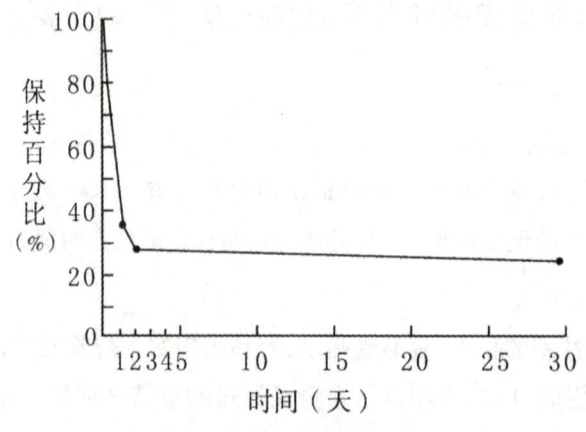

图2-2　艾宾浩斯遗忘曲线

这条曲线表明,遗忘在学习之后立即开始,而且在最初的时间里遗忘速度很快,随着时间的推移,遗忘的速度逐渐缓慢下来,过了相当长的时间后,几乎不再发生遗忘。由此可以看出,遗忘是有规律的,即遗忘的进程是不均衡的,其趋势是**先快后慢,呈负加速**,且到一定的程度就不再遗忘了。

真题13 [2020山东青岛,单选]提出遗忘进程不均衡且表现出先快后慢趋势的学者是(　　)
A. 弗洛伊德　　　　B. 艾宾浩斯　　　　C. 班杜拉　　　　D. 皮亚杰
答案:B

八、幼儿记忆力的培养 【单选、简答】 ★★★

考点 1 明确记忆目的,增强记忆的积极性

有意识记的形成和发展是幼儿记忆中最重要的质变,识记的目的和积极性直接影响记忆的效果。因此,要想提高记忆效果,必须要使幼儿明确地意识到识记任务。幼儿没有记住某些事情,常常是因为他不了解为什么要记,也不清楚要记住什么,因而没有认真去记。如果识记对象与幼儿活动的动机有直接关系,或者识记对象是完成活动任务的手段时,幼儿就容易意识到识记任务。例如,在玩"开商店"的游戏时,记住各种商品的名称或特征是进行游戏(扮演售货员或顾客)的必要条件,记不住这些,游戏就无法开展,幼儿游戏的需要就不能得到满足。在这种情况下,幼儿很清楚地意识到识记任务,有意识记的效果自然也就提高了。

考点 2 通过各种感官参与识记

实验证明,在记忆活动中,有多种感官的参与,记忆效果较好。在幼儿园教育活动中,教师要创造机会,尽力调动幼儿各种感官都投入记忆活动中,让幼儿在记忆过程中既听又看,还能动手操作,等等,这样就容易记得完整、牢固。例如,引导幼儿认识兔子,可以让幼儿看兔子的外形,摸兔子的皮毛,学兔子的蹦跳。通过这些接触,幼儿对兔子的认识就比较"立体",记忆效果就比较好。再如,认识椅子,老师可以让幼儿看看、闻闻、摸摸,这要比单纯的让幼儿看或老师一味地讲的记忆效果好得多。

考点 3 教授幼儿运用记忆的方法和策略

幼儿记忆能力的强弱关键在于记忆方法的运用。教师在向幼儿传授各种知识的同时,还应该教给他们一些常用的记忆的方法和策略。常用的记忆方法包括:

1. 直观形象记忆法

直观形象记忆法就是应用直观的形象代替语言、文字以提高记忆效果的方法。常用的直观形象法有图形形象法、物体形象法、数字形象法、字母形象法等。因为幼儿的语言理解能力和概念抽象能力较差,所以,在识记中特别是数字,搭配一些直观的形象是非常必要的。如"1"像一根筷子,"2"像一只小鸭,"3"像一只耳朵,这样就会增强幼儿的记忆效果。

2. 归类记忆法

归类记忆法就是把许多同类的事物归为一类,将记忆材料整理成适当有序的材料库进行记忆。归类记忆法可以让幼儿根据一定的规律对某一类事物进行识记,在扩大幼儿记忆容量的同时,增强记忆的效果。如我们把香蕉、梨、苹果和葡萄等归类为水果,不论是童话书、手工书还是漫画书,我们都把它们归类为书本。

3. 歌诀记忆法

歌诀记忆法就是把要学习的内容编成歌谣或者歌诀的形式进行记忆的方法。几乎所有人对歌曲都表

现出较强的记忆力。除了歌曲之外,还有一些节奏感强的儿歌、诗词等也是很容易记忆的。如儿歌《上山打老虎》:"一二三四五,上山打老虎,老虎没打到,打到小松鼠,松鼠有几只,让我数一数,一二三四五,五只小松鼠。"

4.愉快识记法

愉快识记法就是让幼儿怀着愉快的心情识记。(1)在识记前,教师要尽量表扬他们,指出他们以前的优秀表现;(2)在幼儿整个识记过程中,教师应始终关心他们并充分相信他们的能力,并且不时给予表扬、鼓励、赞美等,这样他们才会信心百倍、勇气十足,力争完成好识记任务;(3)当幼儿完成识记后,无论他们完成的情况如何,只要他们尽力去做了,教师和家长就要给予适当的表扬,这样会增强他们记忆的信心,给他们留下愉快的记忆。

考点 4 ▶ 引导幼儿按照遗忘规律进行复习

幼儿记忆保持的时间短,记忆的精确性差,如果识记之后不及时复习,就容易发生遗忘。教师在教育活动中要帮助幼儿及时复习,做到集中复习和分散复习相结合,要根据遗忘先快后慢的规律,赶在大量遗忘发生之前将学习内容进行复习巩固。复习的次数要多,每次复习的间隔要短,以后次数可以逐渐减少,间隔也可以逐渐延长,这样做,可以达到事半功倍的效果。

考点 5 ▶ 培养幼儿对学习的兴趣和信心

幼儿的记忆效果与其情绪状态有很大关系。能引起兴趣的事物,记忆效果好;主动进行的、满怀信心的学习,效果也好。反过来,无兴趣的、被迫的、缺乏信心的学习,其记忆效果就差。因此,激发儿童的学习兴趣,鼓励他们的每一点成绩和进步,也是培养记忆力不可缺少的条件。

考点 6 ▶ 选择最佳的记忆时间

遗忘是因为在学习和回忆之间受到其他刺激的干扰所致。影响遗忘进程的因素之一有系列位置效应。所谓系列位置,是指在系列学习中,学习材料处于系列记忆的不同位置。位置不同,回忆效果也不同。系列位置效应就是指接近开头和末尾的记忆材料的记忆效果好于中间部分的记忆效果的趋势。开头部分和结尾部分的记忆效果较好,分别称为首因效应和近因效应,而效果较差的中间部分被称为渐近部分。先学习的材料对识记和回忆后学习的材料的干扰作用称为前摄抑制,后学习的材料对保持或回忆先学习的材料的干扰,称为倒摄抑制或后摄抑制。前摄抑制和倒摄抑制一般是在两种学习中间产生的,如学习一篇文章,一般总是首尾容易记住,不易遗忘;中间部分识记较难,也容易遗忘。这就是由于开始部分只受后摄抑制的影响而无前摄抑制,终末部分受前摄抑制的影响而无倒摄抑制,中间部分则受两种抑制的影响。

为了使记忆巩固,在组织幼儿学习活动的时候,应当选择最佳的记忆时间,充分考虑前摄抑制和倒摄抑制的作用。要使前后邻接的学习活动在内容方面尽量不同,并使中间有一定的休息时间,这样对幼儿的记忆效果是有益的。

真题14 [2023江西统考,单选]小班的汪老师发现当自己交代几项任务要求幼儿按顺序完成时,幼儿往往只记住了最后一项,幼儿的这种情况属于记忆中的( )

A.近因效应　　　　B.首因效应　　　　C.过度学习　　　　D.前摄抑制

真题15 [2021福建统考,简答]简述幼儿记忆力的培养措施。

答案:14. A　15.详见内文

★ 本节核心考点回顾 ★

1. 再认和回忆的区别

(1)再认:识记过的事物重新出现时,感到熟悉,确认是以前感知过或经历过的。

(2)回忆(再现):识记过的事物并没有再次出现,由于其他事物的影响而使这些事物在头脑里呈现出来的过程。

2. 记忆的分类

(1)按记忆的内容分:运动记忆、情绪记忆、形象记忆和语词记忆。

(2)按记忆的保持时间分:瞬时记忆、短时记忆和长时记忆。

(3)按记忆的意志性和目的性分:无意记忆和有意记忆。

(4)按记忆的理解程度分:机械记忆和意义记忆。

(5)按信息加工处理的方式分:陈述性记忆和程序性记忆。

3. 学前儿童记忆的发展趋势

(1)记忆保持时间的延长。在儿童记忆保持时间的发展中,存在一些独特的现象:

①幼年健忘:3岁前儿童的记忆一般不能永久保持。

②记忆恢复(回涨)现象:学习后过几天测得的保持量比学习后立即测得的保持量要高。

(2)记忆容量的增加。

(3)记忆内容的变化。从记忆的内容看,儿童记忆发生发展的顺序是:运动记忆→情绪记忆→形象记忆→语词记忆。

(4)记忆的意识性与记忆策略的形成。

4. 学前儿童的记忆策略

(1)视觉复述策略(最简单):不断地注视目标刺激。

(2)定位策略:对目标刺激"贴上"某种特定的标签。

(3)复述策略:不断重复需要记忆的内容。

(4)组织性策略:将记忆材料按不同的意义组织成各种类别,编入各种主题。

(5)提取策略:将贮存于长期记忆中的特定信息回收到意识水平上。

5. 幼儿记忆发展的特点

(1)无意记忆占优势,有意记忆逐渐发展。

(2)记忆的理解和组织程度逐渐提高。①机械记忆用得多;②意义记忆的效果优于机械记忆;③机械记忆和意义记忆都在不断发展。

(3)形象记忆占优势,语词记忆逐渐发展。①形象记忆的效果优于语词记忆;②形象记忆和语词记忆都随着年龄的增长而发展;③形象记忆和语词记忆的差别逐渐缩小。

(4)记忆的意识性和记忆方法逐渐发展。

6. 偶发记忆

当要求幼儿记住某样东西时,他记住的往往是和这件东西一起出现的其他东西。

7. 遗忘的规律

艾宾浩斯总结出遗忘的规律,即遗忘的进程是不均衡的,其趋势是先快后慢,呈负加速,且到一定的程度就不再遗忘了。

8.幼儿记忆力的培养

(1)明确记忆目的,增强记忆的积极性;(2)通过各种感官参与识记;(3)教授幼儿运用记忆的方法和策略;(4)引导幼儿按照遗忘规律进行复习;(5)培养幼儿对学习的兴趣和信心;(6)选择最佳的记忆时间。

第四节 学前儿童想象的发展

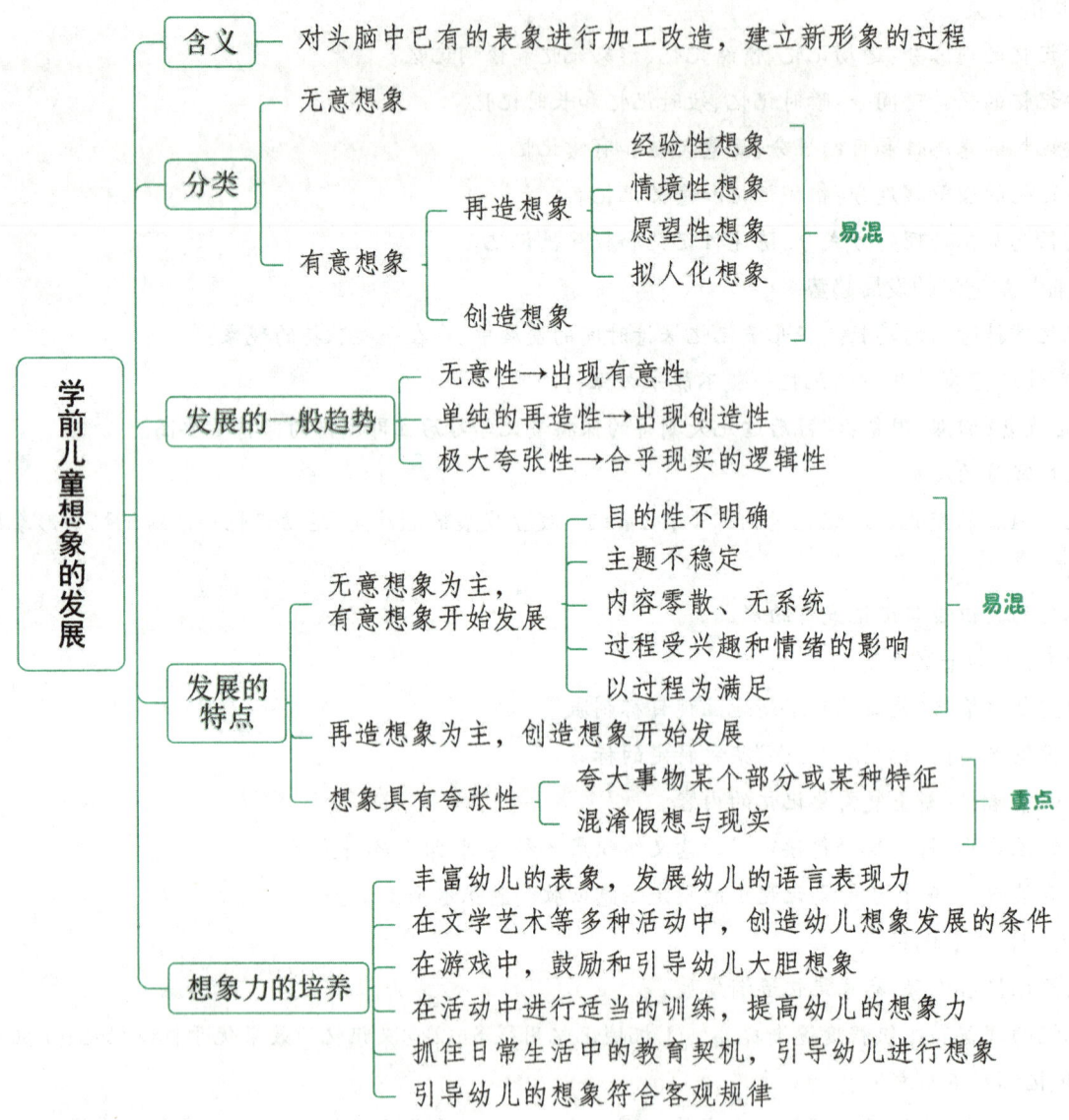

一、想象的含义

想象是对头脑中已有的表象进行加工改造,建立新形象的过程。如一个没有去过江南的人,读白居易的名句"日出江花红胜火,春来江水绿如蓝",头脑中浮现出祖国江南秀丽景色的形象;发明家在发明创造时,头脑中产生的尚未存在的新产品的形象等。人脑形成这些形象的过程都属于想象。想象的两大特点是形象性和新颖性。

二、想象的分类 【单选、判断】 ★★

考点 1 ▶ 无意想象和有意想象

按照想象的目的性和计划性,可以把想象分为无意想象和有意想象。

1. 无意想象

无意想象是指没有预定目的和意图,在一定的刺激影响下,不由自主地进行的想象。例如,看着天上的白云,想象它是一匹马,一辆坦克或其他物体。无意想象是最简单最初级形式的想象。梦是无意想象的极端形式,是完全无目的被动的想象。

2. 有意想象

有意想象是指根据一定的目的、自觉地创造出新形象的过程。人们在实践活动中,为实现某个目标,完成某项任务所进行的活动,都属于有意想象。为了织一件新毛衣,想象织什么花色;为搭一座大桥,幼儿想象用什么结构材料等都是有意想象。

真题1 [2024浙江杭州,判断]傍晚看火烧云,自然而然地想象每朵云彩像什么,并随着云彩的变化而变化想象,这属于有意想象。

答案:×

考点 2 ▶ 再造想象和创造想象

按照想象内容的新颖性、独立性和创造性,可把有意想象分为再造想象和创造想象。

1. 再造想象

再造想象是根据言语的描述或图形的示意,在头脑中形成相应的新形象的过程。例如,我们在阅读小说、听广播时,在头脑中产生的有关人物形象、事物形象、活动场面的过程就是再造想象的过程。

2. 创造想象

创造想象是在创造活动中,根据一定的目的、任务,在人脑中独立地创造新形象的心理过程。在创造新产品、新艺术、新作品、新理论时,人脑中构成的新事物的形象都属于创造想象。创造想象不是根据现成的描述再造出事物的形象,而是在头脑里独立地创造出新的形象。例如,鲁迅先生创作的"阿Q"形象,发明家构思的新作品的形象等都是创造性的新形象。因此,它具有首创性、独立性和新颖性的特点。

幻想是创造想象的一种特殊形式,指与个人愿望相联系,并指向未来事物的想象。如:想象自己变成一只老鹰在天空翱翔,想象自己成为长发公主等,这些都属于幻想。幻想又分为理想和空想两种。理想(又称为积极幻想)是指符合事物发展的客观规律,通过努力可能实现的幻想。空想(又称为消极幻想)是指不符合事物发展的客观规律,也不可能实现的幻想。如:我想当神仙。

创造想象　　　　　　　　再造想象

真题2 [2023山东青岛,单选]在"未来城市"的主题活动中,幼儿根据教师的要求,画出自己想象中未来城市的样子,这是(　　)

A.无意想象　　　　B.幻想　　　　C.再造想象　　　　D.创造想象

真题3 [2021安徽宿州,单选]幼儿在听老师讲述《小红帽》时,头脑中会浮现小女孩的生动形象,这种心理活动属于(　　)

A.幻想　　　　B.创造想象　　　　C.再造想象　　　　D.无意想象

答案:2. D　3. C

三、学前儿童想象的发生及想象发展的一般趋势

考点 1 ▶ 学前儿童想象的发生

1. 想象发生的年龄

想象的发生和儿童大脑皮质的成熟有关,也和儿童表象的发生、表象数量的积累以及儿童言语的发生发展有关。

1岁半到2岁儿童出现想象的萌芽,主要是通过动作和语言表现出来的。

2. 想象萌芽的表现与特点

儿童最初的想象可以说是记忆材料的简单迁移。具体表现如下:

(1)记忆表象在新情景下的复活。2岁儿童的想象,几乎完全重复感知过的情景,只不过是在新的情景下的复活。例如,儿童看见大人抱小娃娃,他也抱玩具娃娃。

(2)简单的相似联想。最初的想象是依靠事物外表的相似性而把事物的形象联系在一起的。例如,儿童把玩具娃娃称作"小妹妹"。

(3)没有情节的组合。最初的想象只是一种简单的代替,以一物代替另一物。例如,从生活中掌握了把小女孩称作"小妹妹"的经验,在想象中就把玩具娃娃代替小妹妹。这种想象没有更多的情节,没有或很少把已有经验的情节成分重新组合。

考点 2 ▶ 学前儿童想象发展的一般趋势

学前儿童想象发展的一般趋势是从简单的自由联想向创造性想象发展。具体表现在以下三个方面:

(1)从想象的无意性,发展到开始出现有意性;(2)从想象的单纯的再造性,发展到出现创造性;(3)从想象的极大夸张性,发展到合乎现实的逻辑性。

四、幼儿想象发展的特点 【单选】 ★★★

考点 1 ▶ 无意想象为主,有意想象开始发展

1. 无意想象的特点

幼儿以无意想象为主,主要是从以下方面归纳得到的:

(1)想象的目的性不明确

幼儿想象的产生,经常是由外界刺激物直接引起的,想象活动不能指向一定的目的。例如,他(她)拿到什么东西,就想象可以用来干什么,拿起小竹竿,才想象成它是一匹小马,可以进行骑马活动。孩子越小,想象的目的越不明确,也就越以想象过程为满足。

(2)想象的主题不稳定(想象的主题易受外界的干扰而变化)

幼儿初期的孩子,想象不能按一定的目的坚持下去,很容易从一个主题转换到另一个主题。例如,在游戏中,幼儿正在当"医生",忽然看见别的小朋友在"包糖果",他就跑去当"工人",和小朋友们一起"包糖果"。幼儿正在画"雨伞",听到别人说:"这像雨伞吗?"他立刻说:"这是大炮。"

(3)想象的内容零散、无系统

由于想象的主题没有预定目的,主题不稳定,因此,幼儿想象的内容是零散的,所想象的形象之间不存在有机的联系。幼儿绘画常常有这种情况,画了"小人",又画"螃蟹",再画"海军",然后又画了一把"牙刷",显然是一串无系统的自由联想。

(4)想象过程受兴趣和情绪的影响

幼儿的想象不仅容易受外界刺激所左右,也容易受自己的情绪和兴趣的影响。幼儿的情绪常常能够引起某种想象过程,或者改变想象的方向,比如,在一次"老鹰捉小鸡"的游戏中,幼儿由于同情被捉去的小鸡,产生了这样的想象:"最后又把小鸡救回来了。"又如,一个幼儿画了一只小兔子,要求老师来看,老师让他等一会儿,幼儿不高兴地说:"那小兔子会跑掉的。"等到老师走过来时,小兔子果真被涂掉了。幼儿说:"它跑到树林里去了。"此外,幼儿对感兴趣的想象主题会多次重复。

(5)以想象过程为满足

幼儿的想象往往不追求达到一定目的,只满足于想象进行的过程。例如,在听故事的活动中,大班儿童对听过的故事不感兴趣,而小班则不然,他们对"小兔乖乖""拔萝卜"等故事百听不厌,因为他们对这些听过的故事中的形象比较熟悉,可以边听边想象,并从中获得极大的满足。幼儿在绘画过程中的想象也是如此,

幼儿常常在一张纸上画了一样又画一样,直到把画面填满为止,甚至最后把所画的东西涂满黑色,自己口中念念有词,感到极大的满足。

总之,无意想象实际上是一种自由联想,不要求意志努力,意识水平低,是幼儿想象的典型形式。

真题4 [2024福建统考,单选]幼儿看见棍子就想象自己是挥舞着金箍棒的孙悟空;看见树叶就想象自己是给娃娃做菜的妈妈,这主要体现了幼儿想象的特点是( )

A. 内容零散　　　　　B. 受兴趣影响　　　　　C. 受情绪影响　　　　　D. 由外界刺激引起

真题5 [2024山东青岛,单选]游戏中,幼儿正在扮演"厨师",忽然看见别的小朋友在"看病",他就跑去当"病人",和小朋友们一起玩"医院看病"的游戏。此游戏活动体现的幼儿想象特点是( )

A. 想象受到认知水平的限制　　　　　B. 想象易受情绪影响

C. 想象的主题不稳定　　　　　D. 想象以过程为满足

真题6 [2022江西统考,单选]大班幼儿往往对听过的故事不感兴趣,希望老师讲新故事;小班幼儿则不然,他们对"小兔乖乖""拔萝卜"等喜欢的故事百听不厌。这体现了小班幼儿( )的特点。

A. 想象的主题不稳定　　　　　B. 以想象的过程为满足

C. 想象无预定目的　　　　　D. 想象的内容零散、无系统

答案:4. D　5. C　6. B

2. 有意想象的特点

在教育的影响下,幼儿的有意想象开始发展。

中班以后,幼儿的想象已具有一定的有意性和目的性。如通过老师对故事前半部分的描述,幼儿会进行有意想象,续编故事的结尾。续编故事体现出幼儿已有明确的想象目的,想象的有意性开始发展了,而且想象的内容也日益丰富。

大班以后,幼儿的想象还有了他们本身的独立性,如对神话故事的看法。有的孩子在听了神话故事后,会为主人公的命运担心,害怕不安全,而有的小朋友则会说:"不用怕,这故事是假的。"这表明他们对想象内容有了一定的评价。这不难看出,随着年龄的增长和教育的影响,幼儿想象的有意性开始发展,并逐步丰富。

考点 2 ▶ 再造想象为主,创造想象开始发展

1. 再造想象的特点

儿童最初的想象大多是再造想象,其想象的新形象和记忆的表象差别很小,在很大程度上表现出复制性和模仿性,创造性成分较低。具体来说,幼儿再造想象主要有以下三方面的特点:

(1)幼儿的想象常常依赖于成人的语言描述

在游戏中,幼儿往往根据成人的语言提示来进行相应的想象活动。这在幼儿初期表现得更明显。例如,小班的幼儿抱着一个玩具娃娃,可能完全不进行想象,老师走过来说"娃娃该喝水了",这时,幼儿才可能去玩给玩具娃娃喂水的游戏。中、大班幼儿想象的内容虽然比较复杂,但仍然常常是根据老师的语言描述来进行的。

(2)幼儿的想象常常根据外界情景的变化而变化

由于幼儿头脑中的表象贫乏,且运用内部的智力动作对已有表象进行加工改造的水平较低,幼儿的想象常常根据外界情景的变化而变化,以再造想象为主,缺乏独立性。

(3)幼儿想象中的形象多是记忆表象的极简单加工,缺乏新异性

幼儿常常没有目的地摆弄物体,改变着它的形状,当改变了的形状正巧比较符合儿童头脑中的某种表象时,儿童才能把它想象成某种物体。由于这种想象的形象与头脑中保存的有关事物的"原型"形象相差不多,所以很难具有新颖性、独特性。

> **知识再拔高**
>
> **再造想象的类型**
>
> 1. 经验性想象
>
> 幼儿凭借个人生活经验和个人经历开展想象活动。如中班的超超对夏日的想象是:小朋友们在水上世界玩,一会儿游泳,一会儿滑滑梯,一会儿吃冷饮。
>
> 2. 情境性想象
>
> 幼儿的想象活动是由画面的整个情境引起的。如中班的霓霓对暑假的想象是:坐在电风扇下,阿婆从冰箱中拿出冷饮让我们一起吃。
>
> 3. 愿望性想象
>
> 在想象中表露出个人的愿望。如大班幼儿苏立说:"妈妈,我长大了也想和你一样,做一位老师。"
>
> 4. 拟人化想象
>
> 把客观物体想象成人,用人的生活、思想、情感、语言等去描述。如中班的霓霓去海底世界玩后,对妈妈说:"有的鱼睁着眼睛在盯着我看,好像在说'我认识你'。"

真题7 [2024福建统考,单选]甜甜看到小鸡在叽叽喳喳地叫,高兴地说:"小鸡请我去它家里玩。"这种想象是(　　)

A. 经验性想象　　　　　　　　　　B. 情境性想象

C. 拟人化想象　　　　　　　　　　D. 愿望性想象

答案:C

2. 创造想象的特点

幼儿期是创造想象开始发生的时期。随着幼儿知识经验的丰富和抽象概括能力的提高,幼儿创造想象的水平逐渐提高。他们常常提出一些不平常的问题,有时会自己编新的故事,游戏内容也日益丰富,游戏想象的空间距离日益扩大。幼儿期创造想象的主要特点如下:

(1)最初的创造想象是无意的自由联想,可称为表露式创造,这是最初级的创造。

(2)幼儿创造想象的形象和原型只是略有不同,或者在常见模式的基础上略有改造。

(3)情节逐渐丰富,从原型发散出来的数量和种类增加,以及能够从不同中找出非常规性的相似。

整个幼儿时期,幼儿是以再造想象为主的。在教育的影响下,幼儿在中班以后,再造想象中开始出现创造性的成分。

真题8 [2023山东德州,单选]创造想象是一种有意想象。它是根据一定的目的、任务,在脑海中创造出新形象的心理过程。儿童最初的创造想象是(　　)

A. 无意的自由联想　　　　　　　　B. 随意的自由联想

C. 愿望性想象　　　　　　　　　　D. 情境性想象

答案:A

271

考点 3 ▶ 想象具有夸张性

1. 幼儿想象夸张性的表现

(1)夸大事物某个部分或某种特征

幼儿在想象中常常把事物的某个部分或某种特征加以夸大。例如,一个幼儿画小孩放风筝,把小孩子的手画得很长,比身体几乎长了3倍。幼儿说话也喜欢夸张,例如说:"我家的花开得可大了!""我家种的那个瓜可大了!"等等。

幼儿喜欢童话故事,原因之一就是童话的内容夸张,"大人国""小人国"里,大人"特别特别的大",小人儿则只是像手指头那么"一点儿"。

(2)混淆假想与现实

幼儿时期,常将想象的东西和现实进行混淆,表现在三个方面:

①把渴望得到的东西说成已经得到。如有的幼儿看到别人有漂亮的娃娃或"冲锋枪",他会说:"我们家也有。"可事实上并没有。

②把希望发生的事情当成已发生的事情来描述。如一位中班小朋友听邻居讲去玄武湖公园玩的事,很开心,于是这位小朋友也有了去玄武湖玩的愿望。他把玩的"过程"想象了一下(即根据别人的描述而想象),然后到幼儿园去对同伴说他自己去玄武湖公园玩的"经历"。

③在参加游戏或欣赏文艺作品时,往往身临其境,与角色产生同样的情绪反应。如幼儿园里小班幼儿正在玩"狡猾的狐狸,你在哪里"的游戏,当老师扮演的狐狸逮着小鸡(小朋友饰),装着要吃她的时候,这个孩子大哭起来说:"你是老师,怎么可以吃人呢!"并拼命挣扎。

真题9 [2022 山东威海,单选]幼儿常把期望的或没有发生的事情当作真实的事情,这说明幼儿( )

A. 好奇心强   B. 想象与现实混淆
C. 说谎   D. 移情

答案: B

2. 幼儿想象夸张的原因

(1)认知水平的限制。由于认知水平尚处于感性认识占优势的阶段,因此往往抓不住事物的本质。例如,幼儿的绘画有很大的夸张性,但这种夸张与漫画艺术的夸张有质的不同。漫画艺术的夸张是在抓住事物本质基础上的夸张,往往具有深刻的意义。幼儿的夸张往往显得可笑,因为没有抓住事物的本质和主要特征,他们在绘画中表现出来的往往是在感知过程中给他们留下了深刻印象的事物。

(2)情绪对想象过程有影响。幼儿的一个显著心理特点是情绪性强。他感兴趣的东西、他希望的东西,往往在其意识中占据主要地位。如,对蝴蝶有兴趣,画面上就会留给它以中心位置,希望自家的东西比别人强,就拼命地去夸大,甚至自己有时也信以为真。

(3)幼儿想象在认知中地位的制约。幼儿想象的夸大性,反映了幼儿想象的发展水平,及其在认知发展中的地位。幼儿的想象是一端接近于记忆,另一端接近于创造性思维的阶段。在成人的认知活动中,想象可以作为思维的一个部分,而在幼儿想象与思维中则有认知发展等级的区别。幼儿想象的夸张性,想象与真实混淆,想象受情绪左右等特点,都说明想象还没有达到创造性思维的水平。当儿童进入学龄期以后,想象逐渐深入现实,想象的特点与思维融合。

(4)想象表现能力的局限。想象总要通过一定的手段来表现,幼儿想象的夸张与事实不符,往往受表现能力的限制。这一点在各种造型活动中尤为突出。

整个幼儿时期,幼儿的想象是以无意想象为主,有意想象开始发展;再造想象为主,创造性想象开始发展;想象具有夸张性。据此,有人说,幼儿时期是想象发展最快的时期,甚至说,比成人更善于想象,这是不正确的。因为想象的水平直接取决于表象的数量和质量以及分析综合能力的发展程度。而幼儿的知识经验和语言水平都远不如成人,且表象的丰富性和准确性发展得不是很完善,思维也不如成人。所以,幼儿想象的有意性、协调性、丰富性和创造性都不如成人。

五、学前儿童想象力的培养 【简答】 ★★★

1. 丰富幼儿的表象,发展幼儿的语言表现力

表象是想象的材料。表象的数量和质量直接影响着想象的水平。因此教师在各种活动中,要有计划地使用一些直观教具,帮助幼儿积累丰富的表象,使他们多获得一些进行想象加工的"原材料"。

语言可以表现想象,语言水平直接影响想象的发展。幼儿在表达自己的想象内容时能进一步激发其想象活动,使想象内容更加丰富。因此,教师在丰富幼儿表象的同时,要发展幼儿的语言表达能力。如在语言教育活动中,让幼儿讲故事、复述故事、创编故事;在科学活动中,让幼儿用正确、清晰、生动形象的语言来描绘事物,都是发展幼儿语言的途径。

2. 在文学艺术等多种活动中,创造幼儿想象发展的条件

文学活动中的讲故事能发展幼儿的再造想象。语言教育活动中的创造性讲述,更能激发幼儿广泛的联想,使他们在已有的经验基础上构思、加工,创造出自己满意的内容。如续编故事,老师将故事的前半部分讲清楚,关键处就不讲了,让孩子自己结合经验和想象往下讲,效果很好。

幼儿园开展的多种艺术教育活动,也是培养幼儿想象发展的有利条件。如美术活动中的主题画,要求幼儿围绕主题开展想象。而意愿画能活跃幼儿的想象力,使他们无拘无束地构思、创造出各种新形象。这都是发展幼儿想象力的有效途径。

3. 在游戏中,鼓励和引导幼儿大胆想象

游戏是幼儿的主要活动。在游戏活动中,特别是角色游戏和造型游戏中,随着扮演的角色和游戏情节的发展变化,幼儿的想象异常活跃。如抱着娃娃时,幼儿不仅把自己想象成"妈妈",还要想象"妈妈"怎样去爱护自己的"孩子"。于是她一会儿喂娃娃吃饭,一会儿哄娃娃睡觉,一会儿又抱娃娃上"医院"看病,送娃娃去"托儿所"等。幼儿的想象力正是在这种有趣的游戏活动中逐渐发展起来的。游戏的内容越丰富,想象就越活跃,因此老师要积极引导幼儿参与各种游戏。

幼儿进行游戏,总离不开玩具和游戏材料。玩具和游戏材料是引起幼儿想象的物质基础。因此,老师要为幼儿多提供玩具和游戏材料(不一定都是精致漂亮的玩具,只要安全、卫生即可),鼓励幼儿大胆想象,同样能起到活跃幼儿想象,促进想象发展的作用。

4. 在活动中进行适当的训练,提高幼儿的想象力

有目的、有计划地训练,是提高幼儿想象力的重要措施。除通过讲故事、绘画、听音乐等活动培养幼儿想象力外,还可以采用其他形式。如在纸上画好一些线条和几何形体,让幼儿通过添画,来完成整幅画面;让幼儿听几组声音的录音,想象这几组声音说明了什么事情;给孩子几幅顺序颠倒的图画,让其重新排列,并叙述整个事情经过等。经常进行这样的训练,可使幼儿想象的内容广泛而又新颖。

5. 抓住日常生活中的教育契机,引导幼儿进行想象

日常生活是培养幼儿想象力的主要途径。在日常生活中,成人可以采用一些有效的方法来激发孩子的想象。如看着天空的白云,和孩子一起想象白云像什么;列举出某种物体(杯子、水等),请孩子尽量多地设想它们的用途。如果成人坚持鼓励幼儿从多个角度来探讨问题,鼓励与众不同而又合理的想法和答案,幼儿的想象能力和水平就会不断提高。

6. 引导幼儿的想象符合客观规律

对幼儿想象的夸张性既要接受与尊重,又要注意引导。

真题10 [2021安徽宿州,简答]如何促进幼儿想象力的发展?
答案: 详见内文

✦✦ 本节核心考点回顾 ✦✦

1. 想象的分类
(1)无意想象:没有预定目的和意图,在一定的刺激影响下,不由自主地进行的想象。
(2)有意想象:根据一定的目的、自觉地创造出新形象的过程。
①再造想象:根据言语的描述或图形的示意,在头脑中形成相应的新形象。
②创造想象:根据一定的目的、任务,在人脑中独立地创造新形象。

2. 幼儿想象发展的特点
(1)无意想象为主,有意想象开始发展。
(2)再造想象为主,创造想象开始发展。
(3)想象具有夸张性。表现为:①夸大事物某个部分或某种特征。②混淆假想与现实:把渴望得到的东西说成已经得到;把希望发生的事情当成已发生的事情来描述;在参加游戏或欣赏文艺作品时,往往身临其境,与角色产生同样的情绪反应。

3. 幼儿无意想象的特点
(1)想象的目的性不明确:想象由外界刺激直接引起。
(2)想象的主题不稳定:想象的主题容易受外界的干扰而变化。
(3)想象的内容零散、无系统:想象的形象之间不存在有机的联系。
(4)想象过程受兴趣和情绪的影响:幼儿的情绪常常能够引起某种想象过程,或者改变想象的方向。此外,幼儿对感兴趣的想象主题会多次重复。
(5)以想象的过程为满足:想象不追求达到一定目的。

4. 再造想象的类型
(1)经验性想象:凭借个人生活经验和个人经历开展想象活动。
(2)情境性想象:想象活动是由画面的整个情境引起的。
(3)愿望性想象:在想象中表露出个人的愿望。
(4)拟人化想象:把客观物体想象成人。

5. 学前儿童想象力的培养
(1)丰富幼儿的表象,发展幼儿的语言表现力。
(2)在文学艺术等多种活动中,创造幼儿想象发展的条件。

(3)在游戏中,鼓励和引导幼儿大胆想象。
(4)在活动中进行适当的训练,提高幼儿的想象力。
(5)抓住日常生活中的教育契机,引导幼儿进行想象。
(6)引导幼儿的想象符合客观规律。

第五节 学前儿童思维的发展

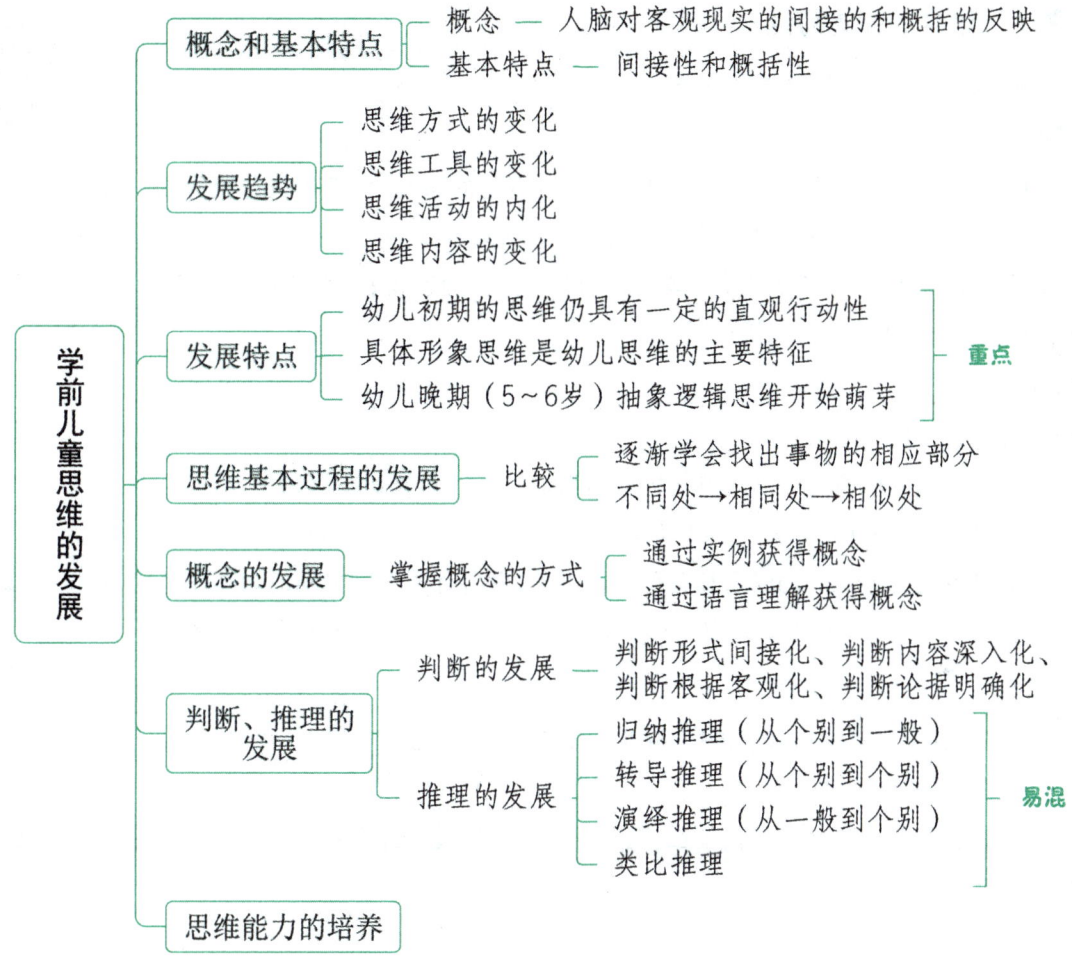

一、思维的概念和基本特点

考点 1 思维的概念

思维是人脑对客观现实的间接的和概括的反映,是人认知的高级阶段。

1. 思维与感知觉

思维与感知觉一样都是人脑对客观事物的反映。但是,感知觉是客观事物直接作用于感觉器官时所产生的反映,它反映的是事物的外部特征和事物之间的外部联系。感知觉是认知活动的低级阶段。思维则是对事物本质特征及内在规律的间接、概括的反映。

思维与感知觉有着联系,幼儿时期这种联系尤为密切。人的思维是在对事物感知的基础上产生的,它是认知的高级阶段。如果没有大量的感知材料,思维就无从产生。学前儿童正处于思维发展的初级阶段。学前儿童思维的发展更不可离开感知觉的发展。

2.思维与言语

思维与言语是密不可分的。言语中的词都是对事物一般属性和联系的概括。如"车"一词就是对各式各样的车的概括。词是思维活动必不可少的材料。此外,思维的表达与交流也是借助于言语活动来实现的。在学前儿童的思维发展中,言语与思维的关系尤为密切。所以,发展学前儿童的言语对发展学前儿童的思维具有非常重要的意义。

考点 2 思维的基本特点 【单选】 ★

思维具有两个基本特点:间接性和概括性。

1.间接性

间接性是指思维能对感官所不能直接把握的或不在眼前的事物,借助于某些媒介物与头脑加工来进行反映。例如:内科医生不能直接看到病人内脏的病变,却能以听诊、化验、切脉、测体温、量血压、B超、CT检验等手段为中介,经过思维加工间接判断出病人的病情;地震工作者可以根据动物的反常现象或其他仪表的数据来分析与预报震情;等等。

2.概括性

概括性包含两层意思:

(1)把同一类事物的共同特征和本质特征抽取出来加以概括。例如:人们把形状、大小各不相同而能结出枣的树木称为"枣树";把枣树、苹果树、梨树等依据其根、茎、叶、果等共性称为"果树"等。

(2)将多次感知到的事物之间的联系和关系加以概括,得出有关事物之间的内在联系的结论。例如,每次看到"月晕"就要"刮风","础石潮湿"就要"下雨",就能得出"月晕而风,础润而雨"的结论。

小香课堂

考生在区分思维的间接性和概括性时,需要把握题目中的关键词。

间接性:"根据""推断";概括性:"对……的认识""得出……结论"。

题目强调"间接地推测事物",选间接性;题目强调人们通过自身多年劳动经验,总结归纳出一套生活的规律,选概括性。

思维的特点

真题1 [2023福建统考,单选]幼儿看到池塘里的荷叶绿了,就知道夏天要来了。这种心理现象是( )

A.感知觉　　　　B.记忆　　　　C.想象　　　　D.思维

真题2 [2023江西统考,单选]洋洋告诉弟弟:"夏天很热,最好不要到户外去活动,容易中暑。"这反映了洋洋( )

A.感觉的概括性　　　　　　　　　　B.知觉的概括性

C.思维的概括性　　　　　　　　　　D.记忆的概括性

答案:1.D　2.C

二、儿童思维发展的趋势 【单选、填空】 ★★

考点 1 ▶ 思维方式的变化(思维发展的阶段性)

1. 直观行动思维

儿童最初的思维是以直观行动思维为主。直观行动思维是指以直观的、行动的方式进行的思维。直观行动思维的主要特征为:

(1)思维是在直接感知中进行的。思维不能离开直观的事物,要紧紧依靠对事物的直接感知。

(2)思维是在实际行动中进行的。思维不能离开儿童自己的动作。

实际上,动作和感知是不可分的,动作不但为儿童提供触觉形象,而且提供不断更新的视觉和听觉形象。由此使儿童能够认识那些单凭感知所不能揭露的知识。

直观行动思维是最低水平的思维。这种思维的概括水平低,它更多依赖感知动作的概括。这种思维方式在2~3岁儿童身上表现最为突出。在3~4岁儿童身上也常有表现。这些儿童离开了实物就不能解决问题,离开了玩具就不会游戏。年龄更大的一些儿童,在遇到困难的问题时,也要依靠这种思维方式。

2. 具体形象思维

3~6、7岁儿童的思维,以具体形象思维为主,所谓具体形象思维是指儿童依靠事物在头脑中的具体形象进行的思维,即依靠具体事物的表象以及对具体形象的联想而进行的思维。

例如,这个阶段的学前儿童在开展游戏活动、扮演各种角色、遵守规则等活动时,主要是依靠在他们头脑中的有关角色、规则和行为方式的表象。思维的具体形象性是在直观行动性的基础上形成和发展起来的。具体形象思维是幼儿期儿童思维的典型方式。

真题3 [2024福建统考,单选]幼儿通过摆弄龙眼说出"3颗龙眼,吃掉2颗,还剩1颗",这种思维方式是( )

A.直观行动思维　　　　　　　　　　B.具体形象思维

C.抽象逻辑思维　　　　　　　　　　D.自我中心思维

真题4 [2023福建统考,填空]幼儿期儿童思维的典型方式是_____。

答案:3.A　4.具体形象思维

3. 抽象逻辑思维

抽象逻辑思维反映事物的本质特征,是指运用概念、根据事物的逻辑关系来进行的思维。它是靠语言进行的思维,是人类所特有的思维。幼儿期,特别是5岁以后,明显地出现了抽象逻辑思维的萌芽。如在科学活动中,幼儿能用数字、图表整理自己观察到的现象。

直观行动思维

具体形象思维

抽象逻辑思维

考点 2 ▶ 思维工具的变化

儿童思维方式的发展变化,是与所用工具的变化相联系的。直观行动思维所用的工具主要是感知和动作,具体形象思维所用的工具主要是表象,而抽象逻辑思维所用的工具则是语词所代表的概念。

在思维发展过程中,动作和语言对思维活动的作用不断发生变化。变化的规律是:动作在其中的作用是由大到小,语言的作用则是由小到大。研究表明,不同年龄幼儿思维过程中动作和语言的作用变化可以分为以下三个阶段:

1. 思维活动主要依靠动作进行,语言只是行动的总结

实验者要求儿童把小图形拼成一张图,并要求在拼图前说出将要拼什么样的图,拼完后再说明是怎样拼成的。幼儿初期,儿童拿到图形后立即着手行动,只是说:"瞧,现在我要拼东西了。"不能说出拼图的目标和计划。拼完以后,他们惊讶地发现自己拼出的结果。例如,有的孩子发现自己拼了"一个老大爷在挖沙土"或"一个男孩在骑马"。可见,语言在这里只是总结自己的动作。动作不是受语言支配而是受视觉形象支配。儿童依靠再认眼前的图形而建立"短时的"联系。

2. 语言伴随动作进行

幼儿中期,儿童往往是在解决问题的过程中,一边做,一边说,语言和行动似乎总是不分离。儿童在开始行动之后,通常只能笼统地说出要拼什么东西。在行动过程中,用语言概括着每一个解决问题的动作,同时计划着下一步的行动,并且把每一次的零星结果同他们面临的总任务对照一番。完成了动作以后的语言总是比动作开始以前要丰富些。

3. 思维主要依靠语言进行,语言先于动作出现,并起着计划动作的作用

幼儿晚期,在行动之前儿童已经能够完全用语言表述行动目标和计划。这是因为儿童在感知拿到手的图形时,就已经分辨出他们的特征。由于能够概括地感知各个实物的特征及其相似性,能够用语言来表示实物之间的联系,幼儿晚期有可能在思想中进行综合。他们的语言出现于动作之前,而动作之后的语言只不过是动作前语言的简单重述,有时比动作前的语言还要贫乏。

考点 3 ▶ 思维活动的内化

儿童思维起先是外部的、展开的,以后逐渐向内部的、压缩的方向发展。

直观行动思维活动的典型方式是尝试错误,其活动过程依靠具体动作展开,而且有许多无效的多余动作。这种外部的、展开的智力活动方式虽然能够初步揭露事物的一些隐蔽属性以及事物间的一些关系。但是,这些隐蔽的属性和关系的展现,只是儿童行动的客观结果。在行动之前,儿童主观上并没有预定目的和行动计划,也不可能预见自己行动的后果。

在实际生活中,儿童对自己的行动结果不断做出分析和评价。在这种分析和评价的基础上,逐渐出现了最初的、短暂的行动目标和行动计划。于是混乱的尝试错误逐渐发展成为有系统的尝试错误或最初的探索性行动。

考点 4 思维内容的变化

儿童的思维是从反映事物的外部联系和现象发展到反映事物的内在的、本质的联系和属性。随着思维的内化,思维在头脑内部进行,其内容逐渐间接化、深刻化,逐渐能够全面地、客观地反映事物的关系和联系,范围日益扩大。由于思维的概括化内容逐渐形成系统,所以越来越灵活,并且反映事物的本质。从反映当前事物的本质联系和属性发展到反映未来事物的本质联系和属性。

小香课堂

儿童思维发展的趋势内容较多,现将主要内容以表格形式帮助大家梳理:

思维方式	年龄	思维工具	动作和语言的作用	思维活动	思维内容
直观行动思维	2~4岁	感知和动作	语言是行动的总结	外部的、展开的 ↓ 内部的、压缩的	反映事物的外部联系和现象 ↓ 反映事物内在的、本质的联系和属性
具体形象思维	3~6、7岁	表象	语言伴随动作进行		
抽象逻辑思维	5岁萌芽	概念	语言先于动作出现,并起着计划动作的作用		

三、幼儿思维发展的特点 【单选】★★

幼儿期儿童的思维以具体形象思维为主,抽象逻辑思维开始萌芽。在幼儿期的每一个年龄段,其思维特点是不同的。

考点 1 幼儿初期的思维仍具有一定的直观行动性

思维的直观行动性是思维发生阶段的主要特点。直观行动思维在思维发展过程中继续发展,并且发生质的变化。这些变化主要表现在:

1. 思维解决的问题复杂化

学前儿童能够更多地用相同的行为方式对相似的情景做出反应,用间接的手段达到自己的目的。在日常生活中,学前儿童会用间接方式提出要求,有时不直接问妈妈要某个东西,而缠着妈妈讨论这个东西。

2. 思维解决问题的方法比较概括化

2岁左右儿童的思维方法是依靠详尽的、展开的实际行动。思维的每一步都和实际行动分不开,而且常常是由行动中的"顿悟"解决问题。例如,一岁半的小阳把装药丸的瓶子打翻了。他蹲在地上捡小药丸,每捡到一粒,就站起来,放在桌上的瓶子里,几次之后,他呆了一会儿,把瓶子拿到地上,一粒一粒地捡到瓶子里。

3岁后儿童思维所依靠的行动逐渐概括化,解决问题过程中的某些具体行动可以压缩或省略。例如,在游戏中,儿童端起碗来比划一下,就算是吃了饭。

3. 思维中语言的作用逐渐增强

在儿童最初的思维中,语言只是行动的总结,往往在行动之后,儿童根据感知和联想,说出行动的结果。

以后,语言仍然离不开直观形象,直观和行动在思维中还有相当大的比重,但是,语言对思维的调节作用越来越大,而直观和行动变为引起注意、补充和加强语言,并作为语言的支柱。

考点 2 ▶ 具体形象思维是幼儿思维的主要特征

具体形象思维是运用已有的直观形象(表象)解决问题的思维。进入幼儿中期,在一定的生活环境和教育条件下,学前儿童的思维在前一阶段的基础上有了进一步的发展,由以直观行动思维为主逐渐发展到以具体形象思维为主。

学前儿童的具体形象思维主要表现出以下几个方面的特点:

1. 具体性

学前儿童思维的内容是具体的。儿童在思考问题时,总是借助于具体事物或具体事物的表象。学前儿童容易掌握那些代表实际东西的概念,不容易掌握比较抽象的概念。如"交通工具"这个概念比较抽象,而"小汽车"这个概念较为具体,所以学前儿童掌握"小汽车"这个概念比"交通工具"要容易。学前儿童对具体的语言容易理解,对抽象的语言则不易理解,如老师说:"喝完水的小朋友把杯子放到柜子里去!"刚入园的学前儿童都没有反应。但老师如果说:"明明,把杯子放到柜子里去吧!"这时明明就理解老师说话的意思。对刚入园的学前儿童来讲,"小朋友"这个词是不具体的,每个学前儿童的名字才是具体的。

真题5 [2023安徽宿州,单选]幼儿听到老师喊小朋友这一称呼没有反应,听老师喊到自己名字才会做出反应,这体现幼儿思维的( )

A. 实际性　　　　　B. 形象性　　　　　C. 抽象性　　　　　D. 具体性

答案:D

2. 形象性

学前儿童思维的形象性,表现在学前儿童依靠事物的形象来思维。学前儿童的头脑中充满着各种各样颜色和形状等事物的生动形象。例如:爷爷总是长着白胡子,奶奶总是头发花白的;穿军装的才是解放军;兔子总是"小白兔"等。

具体性和形象性是具体形象思维的两个最为突出的特点。以下是一系列派生的特点。

3. 经验性

学前儿童的思维常根据自己的生活经验来进行。例如,学前儿童把热水倒入鱼缸中,问他为什么时,他说,老师说了喝开水不生病,小鱼也应该喝开水。学前儿童是从他自己的具体生活经验去思维的,而不是按逻辑推理进行思维。

真题6 [2024山东青岛,单选]萌萌听到妈妈说"阳台太冷了,花都快冻死了",于是拿来热水浇花,并自言自语"给花喝点热水,暖一暖就不冷了"。这说明幼儿思维具有( )

A. 不可逆性　　　　B. 守恒性　　　　　C. 抽象性　　　　　D. 经验性

答案:D

4. 拟人性

学前儿童往往把动物或一些物体当作人来对待。如他们认为太阳公公能看见小朋友们在玩,他们还提出许多拟人化的问题,如"风是车轮放出来的吗"等。

5. 表面性

学前儿童只从表面理解事物,因而不理解词的转义。例如,儿童听妈妈说:"看那个女孩子长得多甜!"他问:"妈妈,您舔过她吗?"儿童也难以理解"反话"。一位老师用反话对一个小朋友说:"你吃不吃饭?不吃饭就脱衣服去睡觉吧!"孩子果真放下饭碗到床上脱衣服去了。

真题7 [2024江西统考,单选]亮亮妈妈到幼儿园接他回家,他还在建构区着迷地玩,妈妈催了好几次都不肯回家,每次都说:"妈妈,让我再玩一会吧!"妈妈着急了,说:"那你就玩个够吧,别回家了。"亮亮听到后可开心了,以为真的可以一直玩,不回家了。亮亮听不懂妈妈的反话,表明他处于(　　)阶段。

A. 常规思维　　　　B. 具体形象思维　　　　C. 自我中心思维　　　　D. 抽象逻辑思维

答案:B

6. 片面性

由于学前儿童的思维只是从事物的表面出发,不能反映事物的本质,因此,学前儿童思维常常具有片面性,不善于全面地看问题。在解决问题的过程中,儿童常常只照顾到事物的一个维度,而不能同时兼顾两个维度。例如,把一个杯子里的水倒入形状不同的两个杯子里,其中一个杯子比另一个杯子高而窄,或矮而宽。儿童就认为水变多了或少了。他们不能把握高矮与宽窄两个维度的相互联系。思维的片面性,还常常使学前儿童"好心办坏事"。例如,一个儿童想在妈妈下班前帮助妈妈把饭做好。他把米洗好了放在锅里,却没有放水,结果帮了"倒忙"。这就是因为他只知其一,不知其二。

7. 固定性

学前儿童思维的具体性使儿童的思维缺乏灵活性。在日常生活中,儿童常常"认死理",如在美工活动中,小朋友都在等着教师发剪刀,可是发到中途剪刀发完了,教师又去拿。另一位老师给他们拿手工区的剪刀,他们说什么也不肯要。这时他们的老师回来说:"没有剪刀了,你们就用手工区的吧!"可是这几个小朋友仍然不愿意用手工区的剪刀。

8. 近视性

思维的具体性还表现在儿童只能考虑到事物眼前的关系,而不会更多地去思考事情的后果。例如,一个男孩摔破了头,额头左右都缝了针。父母感到很不安,担心他将来留下疤痕。可是孩子特别高兴,他说:"我这样就像汽车了,两个车灯。"他不停地做出开汽车的动作,跑来跑去。正是由于儿童思维的这种近视性,常常导致成人和儿童的矛盾。成人给儿童的告诫,他往往不能理解。

具体形象思维是幼儿期思维发展最主要的特征。这种特征在学前儿童各种思维活动中都有表现,但是在不同的年龄,表现程度是有所不同的。

> **考点 3** 幼儿晚期(5~6岁)抽象逻辑思维开始萌芽

幼儿初期,由于思维水平和生活经验的局限,只能认识事物的外部特征。但到了幼儿晚期,不少幼儿开始能够对事物的一些本质特征进行初步的认识。

四、学前儿童思维基本过程的发展

> **考点 1** 学前儿童分析和综合的发展

分析是指在头脑中把事物或对象分解成各个部分或各个属性。例如,把一棵树分解为根、茎、叶、花等。综合是在人脑中把事物或对象的个别部分或属性联合为一体。例如,把一个人过去与现在的经历联系起来编成一个短剧;儿童把几个积木块搭成一个小房子等。在不同的认知阶段,分析和综合有不同的水平。对事物感知形象的分析综合,是感知水平的分析综合。随着语言在学前儿童分析综合中作用的增加,学前儿童逐渐学会凭借语言在头脑中分析综合。学前儿童在分析综合活动中,还不能把握事物的复杂的组成部分。

考点 2 ▶ 学前儿童比较的发展

比较是在思想上把各种事物进行对比,并确定它们的异同。比较是分类的前提,通过比较才能进行分类和概括。

学前儿童对物体进行比较,有以下特点和发展趋势:

1. 逐渐学会找出事物的相应部分

儿童最初不善于寻找物体的相应部分。他们常常按照物体的颜色来进行比较。例如,要求儿童比较一幅图上的两个孩子,他们会说:"小围裙是绿色的,喷水壶也是绿色的。"可以说,他们还不会比较。问一个男孩子:"你大,还是她(站在旁边的女孩)大?"回答:"我也大,她也大。"说明他还没有形成比较的概念。

4~5岁学前儿童逐渐能够找出物体的相应部分,并进行比较。但是他们只能找到两三个相应部分。例如,他们对图上两个孩子做比较时指出:"这个孩子戴了帽子,那个孩子没有戴帽子。""这个孩子手里拿着皮球,那个孩子手里没有拿皮球。"等等。说完这些后,他们就去看物体不相应的部分,孤立地说出每个部分的名称或属性。

2. 先学会找物体的不同处,后学会找物体的相同处,最后学会找物体的相似处

学前儿童倾向于比较物体的不同之处。找出物体的相似之处,既要找出物体的共同处,又要找出其不同,需要较复杂的分析和综合。这必须在成人的教育下才能学会,一般地说,加入第三种物体,有助于确定两种物体之间的相似点。

考点 3 ▶ 学前儿童分类的发展

分类活动表现了学前儿童的概括水平。分类能力的发展是逻辑思维发展的一个重要标志。

1. 学前儿童分类的类型

儿童分类的情况,可归纳为以下五类:

(1)**不能分类**。把性质上毫无联系的一些图片,按原排列顺序或按数量平均地放入各个木格里,不能说明分类原因;或任意把图片分成若干类,也不能说出原因。

(2)**依感知特点分类**。依颜色、形状、大小或其他特点分类。例如,把桌子和椅子归为一类,因为都有四条腿等。

(3)**依生活情境分类**。把日常生活情境中经常在一起的东西归为一类。例如,书包是放在桌子上的,就把书包和桌子归为一类。

(4)**依功用分类**。如桌、椅是写字用的,碗、筷是吃饭用的,车、船是运人用的等。儿童只能说出物体的个别功能,而不能加以概括。

(5)**依概念分类**。如按交通工具、玩具、家具等分类;并能给这些概念下定义,说明分类原因,如说车、船等都是载人、运东西的交通工具等。

•记忆有妙招•

学前儿童分类的类型:**不知庆功年**。不:不能分类。知:感知特点。庆:生活情境。功:功用。年:概念。

2. 学前儿童分类的年龄特点

不同年龄儿童的分类情况有所不同。随着年龄增长，从第一类到第五类依次变化。其特点如下：

(1)4岁以下儿童基本上不能分类。

(2)5~6岁是儿童处于由不会分类向开始发展初步分类能力的过渡时期。该年龄不能分类的情况已大大减少，而主要依据物体的感知特点和情境联系来分类。例如，有的儿童把几个动物放在一起，因为它们"不大也不小"(意思是大小相同)。有的把梨、老虎、胡萝卜放在一起，因为都是"黄色上面带有小黑点的"。这表明儿童能够观察到外部特征中的精细部分。有的儿童即使在分类时能说出每个物体的名称，但分类仍按"形"与"色"等外部特征来进行，如把沙发和熊放在一起，说："它们都是胖的，圆圆的，也是红的。"把汽车、船放在一起，因为都有"窗户"。该年龄儿童按情境分类的也较多，如把象和虎归为一类，"因为打起架来，它(指虎)可以抓它(指象)，它(指象)可以卷它(指虎)、吃它"。有的把梨、公共汽车和一两种动物合在一起，因为星期日他们常常坐公共汽车买梨，然后再到动物园去玩。可见，5岁儿童的分类活动主要是依据物体直接的可感知的特性或者在儿童的切身经验中经常发生的联系。

5~6岁儿童发生了从依靠外部特点向依靠内部隐蔽特点进行分类的显著转变，可以说是一个发展的转折期，其分类的特点迅速向6岁特点靠近。

(3)6岁以后，儿童开始逐渐摆脱具体感知和情境性的束缚，能够依物体的功用及其内在的联系进行分类，说明他们的概括水平开始发展到一个新的阶段。

考点 4 ▸ 学前儿童概括的发展

学前儿童的概括水平处于表面的、具体的感知和经验的概括到开始进行某些内部的、靠近本质概括的发展阶段。

五、学前儿童概念的发展 【单选、多选】 ★★

考点 1 ▸ 概念的形成与掌握

概念是思维的基本形式，是人脑对客观事物的本质属性的反映。概念是用词来表示的，词是概念的物质外衣，也就是概念的名称。

概念是在社会历史发展过程中形成的，是人类劳动实践和社会经验积累概括的结果。人类在认识世界、改造世界的过程中，把认识到的事物的共同特征抽取出来加以概括，并用词表示出来，就成为概念。

概念的掌握是针对个体而言的，它是指学前儿童掌握社会上已形成的概念。成人利用语言工具，通过与学前儿童的言语交际及教学，把社会上已形成的概念传授给学前儿童。

学前儿童对概念的掌握并不是简单地、原封不动地接受，而是要把成人传授的现成概念纳入自己的经验系统中，按照自己的方式加以改造。所以，学前儿童掌握的概念与社会上形成的概念之间往往有一定的差距。随着学前儿童经验的丰富和理解的加深，二者之间的差距逐渐缩小。

考点 2 ▸ 学前儿童掌握概念的方式

(1)通过实例获得概念。学前儿童获得的概念几乎都是这种学习方式的结果。学前儿童在日常生活中经常接触各种事物，其中有些就被成人作为概念的实例(变式)而特别加以介绍，同时用词来称呼它。学前儿童通过词(概念的名称)和各种实例(概念的外延)的结合，逐渐理解和掌握概念。

(2)通过语言理解获得概念。在较正规的学习中，成人也常用给概念下定义，即讲解的方式帮助学前儿童掌握概念。在这种讲解中，把某概念归属到更高一级的类或种属概念，并突出它的本质特征是十分关键的。学前儿童只有真正理解了定义(解释)的含义才能掌握概念。以这种方式获得的概念不是日常概念(即前科学概念),而是科学概念。科学概念的掌握往往需要用语言理解的方式进行。但学前儿童抽象逻辑思维刚刚萌芽,很难用这种方式获得概念。

真题8 [2021福建统考,单选]下列不属于引导儿童通过实例获得汽车概念的方法是( )
A. 看到路上汽车告诉儿童,这是汽车
B. 拿着汽车图片告诉儿童,这是汽车
C. 告诉儿童汽车是烧汽油的四轮车
D. 让儿童摸摸汽车告诉他,这是汽车
答案:C

考点 3 ▶ 学前儿童掌握概念的一般特点

学前儿童对概念的掌握受其概括能力发展水平的制约。一般认为学前儿童概括能力的发展可以分为三种水平:动作水平概括、形象水平概括和本质抽象水平的概括。它们分别与三种思维方式相对应。学前儿童的概括能力主要属于形象水平,后期开始向本质抽象水平发展,这就决定了他们掌握概念的基本特点:

1. 以掌握具体实物概念为主,向掌握抽象概念发展

学前儿童掌握的各种概念中以实物概念为主。在实物概念中,又以掌握具体实物概念为主,即以掌握基本概念为主。随着学前儿童年龄的增长,幼儿晚期,他们开始能够掌握一些生活中常见的抽象概念,但学前儿童对这类概念的掌握也离不开事物的形象和具体活动的支持。例如,儿童对"勇敢"的理解是"打针不哭",对"节约"的理解是"吃饭时不撒米饭"。

2. 掌握概念的名称容易,掌握概念内涵困难

每个概念都有一定的内涵和外延。内涵即含义,是指概念所反映的事物的本质特征。例如,"动物"这个概念的内涵(本质特征)就是指一种生物,这种生物有神经、有感觉、能吃食、能运动。概念的外延,则是指概念所反映的具体事物,即适用范围。"动物"这一概念的外延(实例),就是指各种各样的动物,如鸟、兽、昆虫、鱼等。

学前儿童掌握概念通常表现在掌握概念的内涵不精确、外延不恰当上,也就是说,学前儿童有时会说一些词,但不代表他能理解其中的真正含义。

由于学前儿童基本是通过实例的方式来获得概念的,而成人又常常有意无意地从各种实例中选择一些学前儿童常见的、并对某一概念具有代表意义的"典型实例"重点向学前儿童介绍,同时与概念的名称(词)相结合。这种做法固然有利于学前儿童较快地获得概念,但同时也可能起到一种消极的定势作用,使得学前儿童掌握概念的范围局限于"典型实例",造成其内涵和外延的不准确。

从实例入手获得的概念基本上是日常概念,即前科学概念,其内涵与外延难免不准确。只有在真正理解其含义的基础上掌握的概念,才可能内涵精确,外延适当。这是学前儿童的水平难以达到的。

为了提高学前儿童掌握概念的水平,比较可行的办法是多给他们提供具有不同典型性的实例,同时引导他们总结概括其中的共同特征。

考点 4 ▶ 学前儿童掌握不同概念的特点

1. 学前儿童掌握实物概念的特点

学前儿童掌握的实物概念以低层次概念和具体特征为主。有人通过下定义的方式来研究幼儿掌握实物概念的特点,研究表明:

幼儿初期,幼儿所掌握的实物概念主要是他们熟悉的事物。给物体下定义多属直指型。如问幼儿:"什么是狗?"他就会指着图画或玩具说:"这是狗!"

幼儿中期,幼儿已能掌握实物某些比较突出的特征,由此获得实物的概念。他们给物体下定义多属列举型。这时幼儿对上面的问题就会回答:"狗有四条腿,还长着毛呢!看见小花猫就汪汪叫。"

幼儿晚期,幼儿开始初步掌握某一事物较为本质的特征,他们给物体下定义多为功用型,但仍有对事物的描述。他们对上面的问题会回答"狗是看门的""狗也是动物""狼狗很厉害"等。

2.学前儿童掌握数概念的特点

掌握数概念是逻辑思维发展的一个重要方面。数概念比实物概念更抽象,掌握数概念比实物概念要困难。

(1)学前儿童数概念的萌芽

学前儿童数概念的发生可分为以下阶段:

①辨数。对物体大小或多少的模糊认识。例如,1.5~2岁的孩子,有些还不太会讲话,但知道伸手去抓数量多的糖果或大的苹果。

②认数。产生对物体整个数目的知觉。2~3.5岁儿童还不会口头数数,但是能根据成人的指示,拿出1个、2个或3个物体。

③点数。开始形成数概念。在3.5~4岁才发展起来。

可见,3岁前儿童对数的认识主要处于知觉阶段,只能说出现了数概念的萌芽。数概念在3岁以后开始形成。

(2)学前儿童数概念的发展

学前儿童掌握数概念包括三个成分:

①掌握数的顺序。一般3岁儿童已经能够学会口头数10以内的数。这时,他们记住了数的顺序,但是并不会真正去数物体。

②掌握数的实际意义。当儿童学会口头数数以后,逐渐学会口手一致地数物体,即按物点数,然后学会说出物体总数,这时,可以说是掌握了数的实际意义。

③掌握数的组成。掌握数的组成是儿童形成数概念的关键。儿童学会点数物体总数以后,逐渐能够学会用实物进行10以内的加减。

儿童的数概念的形成,经历口头数数→给物说数→按数取物→掌握数概念四个阶段。

儿童数概念的形成过程是从感知和动作开始的。儿童计数,起先不但要用眼看,而且要动手去数。以后,儿童可以逐渐减少用手点数的动作,主要凭视觉把握物体的数量,用眼看实物,嘴里默默地数。有时还用点头来帮助数数,似乎以头的动作代替手的动作。

当儿童可以脱离感知而进行口头计算时,他还必须依靠物体数量的表象。这表现在儿童能够正确回答10以内的应用题,却往往不能正确回答10以内的式子题。因为应用题描述了情境成分,唤起儿童关于物体的表象,这些表象可以作为计算的支柱,帮助儿童从感知阶段向数概念过渡。学前儿童晚期才逐渐能够用数词进行计算,开始进入数概念阶段。

真题9 [2022山东威海,多选]幼儿掌握数概念包括(   )三个成分。

A.掌握数的实际意义　　　　　　　　　　B.掌握数的顺序
C.掌握数的运算　　　　　　　　　　　　D.掌握数的组成

答案:ABD

六、学前儿童判断、推理的发展

考点 1 学前儿童判断的发展

判断就是肯定或否定概念之间的某种联系,是事物之间或事物与它们的特征之间联系的反映。学前儿童判断的发展变化有以下特点:

1. 判断形式间接化

从判断形式看,学前儿童的判断从以直接判断为主,开始向间接判断发展。直接判断,主要是感知形式的判断,不需要复杂的思维加工。在进行判断时,常受知觉线索的左右,把直接观察到的事物的表面现象或事物间偶然的外部联系,当作事物的本质特征或规律性联系。例如,有儿童认为"汽车比飞机跑得快"。飞机比汽车快,对于一般成人来说,是间接判断的结果。成人即使没有坐过飞机,根据经验、知识等也能作出正确的判断。而这个儿童坚持自己的判断,是因为他是从直接判断得出的。他的理由是"我坐在汽车里,看到天上的飞机飞得很慢"。

李文馥等在研究儿童对面积的判断时发现,5~6岁儿童在判断两块相等的面积时,大部分依靠直觉判断。他们倾向于认为一块完整面积比被分割开的同样面积大,或反之,如说"一整块大,许多小块的小"或"分成两块的就小,一大块的就大"等。7岁以后儿童大部分进行间接推理判断。6~7岁判断发展显著,是两种判断变化的转折点。

2. 判断内容深入化

从判断的内容来看,儿童的判断从反映事物的表面联系到开始向反映事物的本质联系发展。幼儿初期往往把直接观察到的物体表面现象作为因果关系。例如,对斜板上皮球滚落下来的原因,3~4岁儿童认为是"(球)站不稳,没有脚"。对只有一条腿的桌子是否倒下来的原因,3~4岁儿童认为"要倒,是烂的"。这些判断都是根据表面现象,或偶然性的联系进行的。5~6岁学前儿童,开始能够按事物隐蔽的、比较本质的联系做出判断和推理。例如,"皮球是圆的,它要滚""(桌子)断了三条腿,它站不稳"。

在这个过程中,学前儿童的判断从反映物体的个别联系逐渐向反映物体多方面的特征发展。例如,较小的学前儿童说:"火柴浮起来,因为它小。"较大的学前儿童已经知道:"钥匙沉下去是因为小而且重。"判断和推理只有在揭示事物之间的本质和规律性联系时,才是正确的。学前儿童起先对事物关系的判断是笼统而不分化的,以后逐渐分化和准确化。由上述事例也可以看出,学前儿童能够把客体(或其特性)之间的联系(或关系)分解出来,并且概括出来,开始反映概括了的规律,分解的深度和概括性也就逐渐提高。

3. 判断根据客观化

从判断根据看,学前儿童从以对待生活的态度为依据,开始向以客观逻辑为依据发展。幼儿初期常常不能按事物本身的客观逻辑进行判断和推理,而是按照"游戏的逻辑"或"生活的逻辑"进行。这种判断没有一般性原则,不符合客观规律,而是从自己对生活的态度出发,属于"前逻辑思维"。例如,3~4岁儿童认为,球会滚下去,是因为"它不愿意待在椅子上",或者是因为"猫会吃掉它"。物体会浮是因为它们"想洗澡"。秤杆为什么要一头翘起,因为"它不乖""它不听话"。他们不会客观地进行逻辑判断。

学前儿童逐渐从以生活逻辑为根据的判断,向以客观逻辑为根据的判断发展。在这个过程中,还要经过以事物的偶然性特征(颜色、形状等)为根据,过渡到以孤立的、片面的、不确切的原则为根据(重的沉,轻的浮),然后,开始出现一些正确的或接近正确的客观逻辑判断(木做的东西在水里浮)。

4.判断论据明确化

从判断论据看,学前儿童从没有意识到判断的根据到开始向明确意识到自己的判断根据发展。幼儿初期,儿童虽然能够做出判断,但是,他们没有或不能说出判断的依据,或者以别人的论据作为论据,如"妈妈说的""老师说的";或者只能说出模糊的论据,如"不会漂,它在水里待不住"。他们甚至并未意识到判断的论点应该有论据。随着学前儿童的发展,他们开始设法寻找论据,但是最初出现的论据往往是游戏性的或猜测性的。幼儿晚期,儿童不断修改自己的论据,努力使自己的判断有合理的根据,对判断的论据日益明确,说明思维的自觉性、意识性和逻辑性开始发展。

考点 2 ▶ 学前儿童推理的发展 【单选】 ★

推理是判断和判断之间的联系,是由一个判断或多个判断推出另一新的判断的思维过程。推理可以分为直接推理和间接推理两大类。直接推理比较简单,是由一个前提本身引出某一个结论。如从"讲卫生的小朋友不随地吐痰"这一前提推出"随地吐痰的小朋友不讲卫生"这个结论。间接推理是由几个前提推出某一结论的推理。又可以分为归纳推理、演绎推理和类比推理。

1.学前儿童的归纳推理

归纳推理是一种从个别到一般的推理。通过考察个别事物或现象具有某种属性,进而推导出该类事物或现象普遍具有该属性。归纳推理必须以概括为基础,首先要把个别事物或现象归属到某一类事物或现象,然后在此基础上进行推理。例如,由"喜鹊长着两只脚,燕子长着两只脚,乌鸦长着两只脚",推出"鸟长着两只脚"。

学前儿童的概括处于具体形象水平,故往往只能对事物的外部的非本质的特征进行归纳,很难抓住事物间的本质联系进行从个别到一般的推理,以至于出现从一些特殊事例到另一个特殊事例的推理,称为"转导推理"。它不是逻辑推理,而属于前概念的推理。例如,有个3岁的孩子看到大人种葵花籽,知道了"种豆得豆,种葵花长葵花"的道理,于是自己抓了几颗最爱吃的糖来种,希望长出几棵"糖树"。

转导推理是从个别到个别的推理,这一类型的推理在3~4岁学前儿童身上是常见的。这种无逻辑的推理是儿童还没有形成"类概念",即不能把同类与非同类事物相区别的结果。随着儿童概括能力的发展,类概念的形成,归纳推理的能力才能逐渐发展起来。

2.学前儿童的演绎推理

演绎推理是从一般到个别的推理。其简单且典型的形式是三段论。例如,"大班小朋友暑期后要上小学了(大前提),佳佳是大班的小朋友(小前提),佳佳暑假后要上小学了(结论)"。学前儿童的演绎推理尚处于萌芽状态。但研究表明,学前晚期(5~7岁)的儿童,经过专门教学,能够正确运用三段论式的逻辑推理。

3.学前儿童的类比推理

类比推理也是一种逻辑推理,它在某种程度上属于归纳推理。它是对事物或数量之间关系的发现和应用。类比推理简称类比,从形式逻辑的角度讲,是指从两个(类)对象的相似性和一个(类)对象的已知特征推出另一个(类)对象也具有这个特征的过程。如呈现"苹果／水果""（？）／文具"类比项目,要求儿童从"铅笔、书、报纸"等几个答案中选择。类比推理的测验材料可以是几何图形、实物图片、语词,也可以是数字等。

研究表明,类比推理的能力随学前儿童年龄的增长而发展。3岁儿童还不会进行类比推理,4岁儿童类比推理开始发展,但水平很低,5~6岁儿童的类比推理能力有了进一步的发展,但还没有达到较高级水平。

287

真题10 [2023山东青岛,单选]教师带着幼儿给小树苗浇水,并告诉幼儿说:"这样小树苗就会快快长大。"帅帅听了,端着水给石凳浇上,盼着石凳快快长大。帅帅的这种推理是(   )

A. 演绎推理　　　　　B. 归纳推理　　　　　C. 转导推理　　　　　D. 类比推理

答案:C

七、学前儿童思维能力的培养

1. 不断丰富学前儿童的感性知识

人们对客观世界正确、概括的认识,绝不是主观臆造或凭空虚构的,而是通过感知觉获得大量具体、生动的材料后,经过大脑的分析、综合、比较、抽象、概括等思维过程才达到的。只有这样,才能反映事物的本质和内在联系。因此,感性知识越丰富,思维就越深刻。从某种意义上说,感性知识、经验是否丰富,制约着思维的发展。因此,幼儿园教师要针对幼儿思维以具体形象为主、向抽象逻辑过渡的特点,有意识、有计划地组织各种活动,发展幼儿的观察力,丰富幼儿的感性知识及其表象,促进幼儿思维能力的发展。

2. 帮助学前儿童丰富词汇,正确理解和使用各种概念,发展语言

语言是思维的工具。学前儿童语言的发展,直接影响到思维的发展。要发展学前儿童的抽象逻辑思维,必须帮助学前儿童掌握一定数量的概念,而概念总是用词来表达的。许多研究表明,学前儿童概括水平较低,与缺乏感性经验有关,除此之外也与缺乏相应的概括性的语词有关。因此,在日常生活和教育、教学过程中,教师应该有计划地不断丰富学前儿童的词汇,并帮助学前儿童正确理解和使用各种概念,促进思维能力的发展。

3. 开展分类练习活动,培养学前儿童的抽象逻辑思维能力

分类法常常用来测查学前儿童概括能力和掌握概念水平,也用来培养和发展学前儿童概括能力。进行分类练习,有利于发展学前儿童的概括能力、抽象逻辑思维能力。进行分类练习的方法很多。例如,在学前儿童面前摆好几组正确归类的图片,告诉学前儿童每组(类)的名称,并适当地说明理由,然后让学前儿童自己说出各组图片组的名称和理由,等等。

4. 在日常生活中鼓励学前儿童多想、多问,激发其求知欲,保护其好奇心

学前儿童好奇心很强,频繁地提出各种问题。例如:"鱼在水里为什么不闭眼睛?""鱼睡觉吗?"面对这种情况,教师和父母都必须主动、热情耐心地对待学前儿童的问题,不能采用冷淡或压制的态度,特别是在学前儿童提出难以马上回答的问题时,更应注意态度,可以告诉学前儿童:"让我想想再告诉你。"同时鼓励学前儿童好问、多问,称赞他们会动脑筋。另外,成人也可以经常向学前儿童提出各种他们能够接受的问题,引导学前儿童去思考,去观察。例如,"两个大小、颜色完全相同的球,一个是木头做的,另一个是石头做的。请小朋友想想,用什么办法才能把它们区别出来? 办法想得越多越好。"经常向学前儿童提一些问题,能使学前儿童的思维经常处在积极的活动状态之中,有助于思维的发展。

5. 开展各种游戏(智力游戏、教学游戏),培养学前儿童的创造性思维

许多幼儿园都在开展变一变、不做别人的小尾巴(要求幼儿无论绘画、游戏,或是编故事结尾,都必须与别人不同)、情境设疑、看图改错以及问题抢答等游戏,这些游戏有助于培养学前儿童思维的变通性、流畅性和独特性。也就是说,通过这些游戏,能促进学前儿童创造性思维的发展。

★★ 本节核心考点回顾 ★★

1. 思维的基本特点

(1)间接性;(2)概括性。

2. 儿童思维方式的变化

儿童思维遵循从直观行动思维——具体形象思维——抽象逻辑思维的发展路线。

(1)直观行动思维:儿童最初的思维以直观行动思维为主。该思维活动的典型方式是尝试错误。

(2)具体形象思维:3~6、7岁儿童的思维,以具体形象思维为主。

(3)抽象逻辑思维:5岁以后,明显地出现了抽象逻辑思维的萌芽。

3. 幼儿思维发展的特点

(1)幼儿初期的思维仍具有一定的直观行动性;

(2)具体形象思维是幼儿思维的主要特征;

(3)幼儿晚期(5~6岁)抽象逻辑思维开始萌芽。

4. 学前儿童比较的发展趋势

(1)逐渐学会找出事物的相应部分;

(2)先学会找物体的不同处,后学会找物体的相同处,最后学会找物体的相似处。

5. 学前儿童掌握概念的方式

(1)通过实例获得概念;(2)通过语言理解获得概念。

6. 学前儿童推理的发展

(1)归纳推理:个别到一般的推理。转导推理:从个别到个别的推理。

(2)演绎推理:一般到个别的推理。

(3)类比推理:对事物或数量之间关系的发现和应用。

第六节 皮亚杰的心理发展观

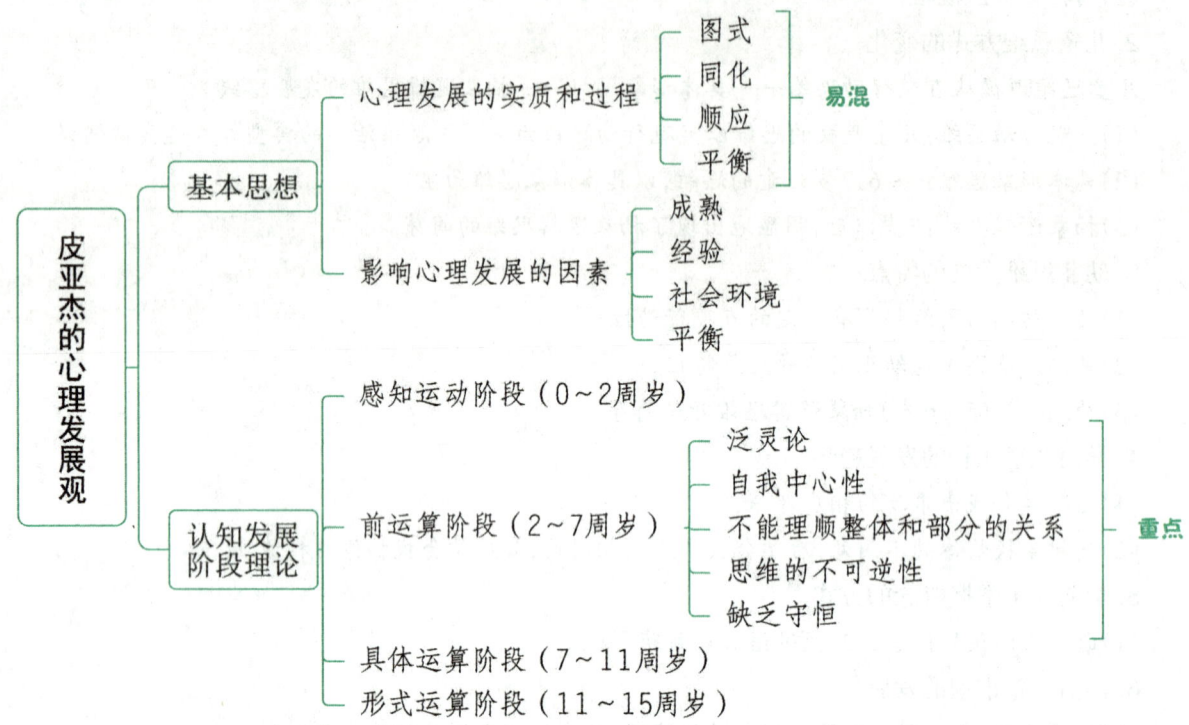

一、皮亚杰理论的基本思想 【单选、名词解释】 ★★★

考点 1　心理发展的实质和过程

皮亚杰的理论核心是"发生认识论"。皮亚杰认为,人的知识来源于动作,动作是感知的源泉和思维的基础。儿童心理发展的实质和原因就是主体通过动作完成对客体的适应。适应的本质在于取得机体与环境的平衡。适应分为两种不同的类型:同化和顺应。

儿童对环境做出的适应性变化并不是消极被动的过程,而是一种内部结构的积极建构过程,即儿童的认知是在已有图式的基础上,通过同化、顺应和平衡,不断从低级向高级发展。

1. 图式

图式是一种心理结构,是一系列整合的知觉、观念和行为在心理上的表征。从发展的角度来看,儿童最初的图式是遗传所带来的一些本能反射行为,如吸吮反射、定向反射等。

2. 同化

同化是指把环境因素纳入机体已有的图式或认知结构之中,以加强和丰富主体的动作。同化本质上是用旧的观点处理新的情况。例如,学会抓握的婴儿看见床上的玩具,会反复用抓握的动作去获得玩具。当他独自一个人,玩具又较远,婴儿手够不着(看得见)时,他仍然用抓握的动作试图得到玩具,即用以前的经验来对待新的情境(远处的玩具),这一动作过程就是同化。

3. 顺应

顺应是指改变主体已有的图式或认知结构以适应客观变化。顺应本质上是改变旧观点以适应新情况。

例如,婴儿为了得到远处的玩具,反复抓握而不能得到,偶然地,他抓到床单一拉,玩具从远处来到了近处,这一动作过程就是顺应。

4. 平衡

平衡是指同化和顺应之间的"均衡"。皮亚杰认为,同化和顺应过程对于认知能力的发展变化是非常重要的。儿童通过同化和顺应达到机体与环境的平衡,如果失去平衡,就需要改变行为以重建平衡。但平衡是相对的,不是绝对的。儿童在平衡与不平衡的交替中不断建构和完善认知结构,实现认知发展。

> **小香课堂**
>
> 考生容易混淆同化和顺应的内涵。
> 同化:补充、完善认知结构(量变)。顺应:改变认知结构(质变)。

① 小孩天生有吸吮的图式。

② 原有的图式"吸吮"接纳新的刺激"奶瓶",认知结构没有发生根本变化,这是同化。

③ 小孩改变原有的图式"吸吮",学会用"咀嚼"的动作来接纳新的刺激,比如米饭、菜等,认知结构发生了根本变化,这是顺应。

④ 我们时而需要同化,时而需要顺应,以达到身体与环境的平衡,这就是平衡。

真题1 [2024山东青岛,单选]瑞瑞第一次见到癞蛤蟆,高呼"快来看,这只青蛙长得好丑"。根据皮亚杰的理论,可解释瑞瑞反应的概念是( )

A. 同化 B. 顺应 C. 平衡 D. 守恒

真题2 [2023浙江永康,单选]瑞士心理学家皮亚杰用来阐述认知结构的四个基本概念是( )

A. 图式、同化、顺应、平衡 B. 本我、自我、超我、忘我
C. 成熟、刺激、反应、模仿 D. 最近发展区、最佳期、支架式教学、内化学说

真题3 [2023浙江宁波,单选]学会抓握的婴儿看见床上的玩具,会反复用抓握的动作去获得玩具。当他独自一个人,玩具又较远,婴儿手够不着(看得见)时,他仍然用抓握的动作试图得到玩具。这一动作过程是( )

A. 图式 B. 同化 C. 顺应 D. 平衡

真题4 [2024江苏苏州,名词解释]同化和顺应

答案:1. A 2. A 3. B 4. 详见内文

考点 2 · 影响心理发展的因素

1. 成熟

成熟主要指大脑和神经系统的发育程度。皮亚杰认为,成熟在幼儿日益增长的理解他们周边世界的能力上有重要作用。但幼儿能否承担某些任务,还要看他们在心理上是否也成熟到足以负担。例如,一个5岁的幼儿可能无法形成计算"2+2=4"的演绎推理能力。

2. 经验

在环境中获得的经验是心理发展的又一重要影响因素,因为新的认知结构就是在与环境的交互中形成

的。皮亚杰把经验分为具体经验(即物理经验)和抽象经验(即逻辑数学经验)。幼儿直接面对实在的物品，从而获得具体经验。皮亚杰认为，具体经验是思维发展的基础。具体经验是重要的，但不能决定心理的发展。

3. 社会环境

幼儿不仅需要从环境中获取经验，还需要进行社会交往。社会生活、文化教育、语言同样会加速或阻碍认知发展，关键在于给予幼儿检验和讨论他们的信仰和观念的机会。教育者不但要帮助幼儿获得具体经验和抽象经验，还要向幼儿灌输社会规则和社会价值观，为幼儿创造社会交往的条件。大大小小的集体讨论对于幼儿的认知发展是至关重要的。

不管幼儿生活在什么样的社会环境中，甚至是没有语言的聋哑幼儿，到了七岁左右也会出现具体运算的逻辑思维。因此，皮亚杰认为，环境、教育对幼儿心理发展并不起决定作用，它只能促进或延缓幼儿心理发展而已。

4. 平衡

平衡是主体对外界刺激所进行的积极的反应的集合。皮亚杰认为平衡化是发展的基本因素，它甚至是协调其他三种因素的必要因素。

二、皮亚杰的认知发展阶段理论 【单选、案例分析】 ★★★

皮亚杰认为从出生到成熟这个过程中，人的认知结构是一直不断变化的，在环境作用的过程中会不断地重组，并不是说一出生就是固定不变的。皮亚杰心理学的理论核心是"认知发展理论"。他认为，人类的认识不管多么高深、复杂，都可以追溯到人的童年时期，甚至可以追溯到胚胎时期。他将儿童认知发展分为四个阶段：

考点 1 ▶ 感知运动阶段(0~2周岁)

在这一阶段，儿童通过自己的感觉、知觉和动作来认识、理解周围环境并与之相互作用。当婴儿在观看、触摸、移动物体时，他就在进行思维。当这些感知与动作停止后，儿童的思维也就停止了。在这一阶段后期，儿童形成了一种重要的能力——"客体永恒性"，即物体不在眼前时，儿童还能将其表象保存在头脑中。这一能力为儿童进入下一发展阶段从事更高级的思维奠定了基础。

真题5 [2024江苏扬州，单选]儿童依靠具体的动作感知世界，这说明儿童处于皮亚杰认知发展阶段理论中的(　　)

A. 感知运动阶段　　B. 前运算阶段　　C. 具体运算阶段　　D. 形式运算阶段

答案：A

考点 2 ▶ 前运算阶段(2~7周岁)

该阶段儿童已获得了心理表征，他们可以将不在眼前的事物表征为图片、声音、表象、单词或其他形式，进而能运用符号进行思维和推理，但是他们的思维还缺乏逻辑性。皮亚杰认为，该阶段儿童的思维有以下特点：

1. 泛灵论

所谓泛灵论是指幼儿将一切物体都赋予生命的色彩。前运算阶段的儿童会认为任何物体都是有生命的。例如，前运算阶段的儿童画画，太阳或月亮上各画了一张笑脸。又如，如果让前运算阶段的儿童把洋娃娃扔到地上去，他会说不能扔到地上，会摔疼洋娃娃的。

真题6 [2020山东青岛,单选]小宝走路撞到桌子,便踢了踢桌子说:"让你也疼一疼。"这体现出小宝的认知具有( )

A. 不可逆性　　　　B. 泛灵性　　　　C. 经验性　　　　D. 逻辑性

答案:B

2. 自我中心性

所谓自我中心是指儿童仅从自己的角度去表征世界,很难从别人的视角看问题,认为所有人的观点、想法和情绪体验都是和自己一样的。为研究这一阶段儿童思维的自我中心性,皮亚杰设计了著名的"三山实验"。在"三山实验"中,实验材料是一个包括三座高低、大小和颜色不同的假山模型。实验首先要求儿童从模型的四个角度观察"这三座山",然后要求儿童面对模型而坐,并且放一个玩具娃娃在山的另一边。实验任务是要求儿童从四张图片中指出哪一张是玩具娃娃看到的"山"。结果发现幼童无法完成这个任务,他们只能从自己的角度来描述"三山"的形状。皮亚杰以此证明幼童无法想象他人的观点,即他们的思维具有"自我中心"的特点。

三山实验

真题7 [2021安徽宿州,单选]皮亚杰设计的"三山实验"主要是考察幼儿的( )

A. 守恒能力　　　　B. 自我中心性　　　　C. 深度知觉　　　　D. 计数能力

答案:B

3. 不能理顺整体和部分的关系

通过要求儿童考察整体和部分关系的研究发现,儿童能把握整体,也能分辨两个不同的类别。但是,当要求他们同时考虑整体和整体的组成部分的关系时,儿童多半会给出错误的答案。如向幼儿展示12朵花,其中6朵玫瑰花,6朵雏菊花。要幼儿指出这儿有几朵花、几朵玫瑰花、几朵雏菊花,幼儿都能做出正确回答。而当问幼儿"花多还是玫瑰花多",幼儿却回答"一样多"。若向幼儿展示的花中玫瑰花较多,则他们回答"玫瑰花多"。这说明他们的思维受眼前的显著知觉特征的局限,而意识不到整体和部分的关系,皮亚杰称之为缺乏层级类概念(类包含关系)。

真题8 [2021山东青岛,单选]4岁的小朋友不能理解从一套玩具中拿出来的一个玩偶是这套玩具的一部分,这说明该小朋友的思维处于( )

A. 形式运算阶段　　　　　　　　B. 具体运算阶段

C. 前运算阶段　　　　　　　　　D. 接近联想阶段

答案:C

4. 思维的不可逆性

思维的不可逆性是指儿童无法改变思维的方向,使之回到起点。例如,问一个4岁的儿童:"你有兄弟吗?"他回答:"有。"再问他:"你兄弟的名字是什么?"他回答:"吉姆。"但反过来问:"吉姆有兄弟吗?"他则回答:"没有。"又如,知道A>B,但不知道B<A。

5. 缺乏守恒

所谓守恒,是指儿童认识到即使客体在外形上发生了变化,但其特有的属性不变。守恒的类型有数量守恒、长度守恒、体积守恒、质量守恒等。前运算阶段的儿童认识不到在事物的表面特征发生某些改变时,其本质特征并不发生变化。不能守恒是前运算阶段儿童的重要特征,他们通常被事物的表面现象所蒙蔽。皮亚杰设计了大量相关实验来考察儿童思维的守恒情况。

(1)数量守恒实验是给儿童呈现两排砝码或糖果,前后排列一致,让他们回答两排砝码或糖果的数量是否一样多,幼儿一般回答说一样多。实验者把其中的一排扩大或缩小间距,改变其外在形态,然后再让幼儿回答这两排的数量是否一样多。

(2)长度守恒实验是先向幼儿呈现两根相等的直线,移动其中一根,然后问幼儿移动后的两根直线是否相等。

(3)体积守恒实验是给儿童呈现两个一样的杯子,将水装至两个杯子的同一高度水平,让幼儿明白两个杯子中的水一样多,然后将其中的一杯水倒入一个较高或扁平的杯子中,问幼儿两杯水是否一样多。

(4)质量守恒实验是先向幼儿呈现两个一样质量的泥球,改变其中一个泥球的形状,然后问幼儿两个泥球的质量是否相等。

一系列的守恒实验表明,处于前运算阶段的幼儿还不能理解不变性原则,还没有获得守恒概念。

真题9 [2024福建统考,单选]乐乐把袋子里的花生倒在桌上说:"哇,花生变多啦!"这说明其思维特点是( )

A. 经验性　　　　B. 表面性　　　　C. 不守恒　　　　D. 不可逆

真题10 [2024山东临沂,单选]按照皮亚杰的观点,( )儿童的思维发展处于前运算阶段。

A. 0~2岁　　　　B. 2~7岁　　　　C. 7~11岁　　　　D. 11岁以上

答案:9. C　10. B

考点 3 · 具体运算阶段(7~11周岁)

这一阶段儿童的认知结构已发生了重组和改善,思维具有一定的弹性,思维可以逆转。儿童已经认识了长度、体积、重量和面积等的守恒,能凭借具体事物或从具体事物中获得的表象进行逻辑思维和群集运算。

考点 4 · 形式运算阶段(11~15周岁)

这一阶段儿童的思维已超越了对具体可感知的事物的依赖,儿童的思维是以命题形式进行的,并能发现命题之间的关系;能够根据逻辑推理、归纳或演绎的方式来解决问题;能理解符号的意义、隐喻和直喻;能做一定的概括,其思维发展水平已接近成人的水平。

记忆有妙招

皮亚杰的认知发展阶段:**敢签巨星**。敢:感知运动。签:前运算。巨:具体运算。星:形式运算。

真题11 [2023山东历城,案例分析]三岁幼儿的自问自答。

"为什么小树不会走路呢?""哦,因为它只有一条腿,而我有两条腿,太好了。"

"吃包子时,包子为什么会流油呢?""对不起,是我把它咬疼了,它哭了。"

"为什么要下雨呢?""啊,天空被乌云弄得太脏,该洗一洗了。"

"哎呀!怎么把小椅子推翻了。""小椅子,对不起,你的腿很疼吧,我帮你揉揉。"

"为什么雨点往下掉而不往上掉呢?""因为往下掉有地面给接着,地面是他们的妈妈。"

"雨为什么又停了呢?""准是下累了。"

"为什么会打雷呢?""黑云脾气坏,爱吵架。"

问题:(1)试述皮亚杰认知发展阶段理论及其主要特点。

(2)请运用皮亚杰认知发展阶段的相关理论分析材料中的幼儿处于哪一阶段?材料中"三岁幼儿的自问自答"体现出此阶段的哪些特点。

参考答案:(1)皮亚杰将儿童认知发展分为四个阶段:

①感知运动阶段(0~2周岁)。在这一阶段的前期,儿童处于极端的自我中心,他不能区别自己与客体之间的关系,那么到了后期,儿童获得了客体永久性,即知道某人或某物虽然现在看不见,但仍然是存在的。

②前运算阶段(2~7周岁)。该阶段儿童的思维有以下特点:泛灵论;自我中心性;不能理顺整体和部分的关系;思维的不可逆性;缺乏守恒。

③具体运算阶段(7~11周岁)。这一阶段儿童的认知结构已发生了重组和改善,思维具有一定的弹性,思维可以逆转。儿童已经认知了长度、体积、重量和面积等的守恒,能凭借具体事物或从具体事物中获得的表象进行逻辑思维和群集运算。

④形式运算阶段(11~15周岁)。这一阶段儿童的思维已超越了对具体可感知的事物的依赖,儿童的思维是以命题形式进行的,并能发现命题之间的关系;能够根据逻辑推理、归纳或演绎的方式来解决问题;能理解符号的意义、隐喻和直喻;能做一定的概括,其思维发展水平已接近成人的水平。

(2)材料中的幼儿处于前运算阶段。该幼儿的自问自答体现了此阶段的以下特点:

①泛灵论。即幼儿将一切物体都赋予生命的色彩。材料中,幼儿认为包子流油是因为被咬疼了,把小椅子推翻之后小椅子腿会疼等,就体现了泛灵论的特点。

②自我中心性。该特点表现为儿童认为别人眼中的世界和他所看到的一样。自我中心性在儿童的语言中也存在。如即使没有一个人听,年龄小的儿童也高兴地描述着他正在做什么。材料中,幼儿的自问自答就体现了此特点。

★ 本节核心考点回顾 ★

1.皮亚杰用来阐述认知结构的四个基本概念

(1)图式:一系列整合的知觉、观念和行为在心理上的表征。

(2)同化:把环境因素纳入机体已有的图式或认知结构之中,以加强和丰富主体的动作。

(3)顺应:改变主体已有的图式或认知结构以适应客观变化。

(4)平衡:同化和顺应之间的"均衡"。

2. 皮亚杰的认知发展阶段理论

(1)感知运动阶段(0~2周岁)。主要通过感觉和动作感知世界。同时,该阶段的儿童获得了客体永久性。

(2)前运算阶段(2~7周岁)。

①泛灵论:将一切物体都赋予生命的色彩。

②自我中心性:儿童仅从自己的角度去表征世界,很难从别人的视角看问题。为研究儿童思维的自我中心性,皮亚杰设计了著名的"三山实验"。

③不能理顺整体和部分的关系:意识不到整体和部分的关系。

④不可逆性:儿童无法改变思维的方向,使之回到起点。

⑤缺乏守恒:儿童认识不到在事物的表面特征发生某些改变时,其本质特征并不发生变化。

(3)具体运算阶段(7~11周岁)。

(4)形式运算阶段(11~15周岁)。

第五章 学前儿童情绪情感和意志的发展

本章学习指南

一、考情概况

本章属于学前心理学的基础章节,需要理解的知识较多,考生可带着以下学习目标进行备考:

1. 理解情绪情感的分类以及情绪情感在学前儿童心理发展中的作用。
2. 理解学前儿童情绪发展的一般趋势,掌握幼儿情绪、情感发展的特点。
3. 掌握学前儿童情绪的培养措施。
4. 理解意志行动中的动机冲突和意志的品质。
5. 掌握学前儿童意志的培养。

二、考点地图

考点	年份/地区/题型
情绪的分类	2023山东青岛单选;2021安徽宿州单选;2021山东东营单选
情感的分类	2024福建统考单选;2023江西统考单选;2020山东青岛单选
情绪情感在学前儿童心理发展中的作用	2024山东青岛单选
学前儿童情绪发展的一般趋势	2024福建统考填空
学前儿童情绪发展的特点	2024浙江台州单选;2021福建统考单选
学前儿童情感发展的特点	2023安徽宿州单选;2022山东威海单选
学前儿童情绪的培养	2023福建统考案例分析;2021江西统考单选;2020山东青岛单选
意志行动中的动机冲突	2023山东青岛单选
意志的品质	2023山东青岛单选

注:上述表格仅呈现重要考点的相关考情。

核心考点

第一节　情绪情感概述

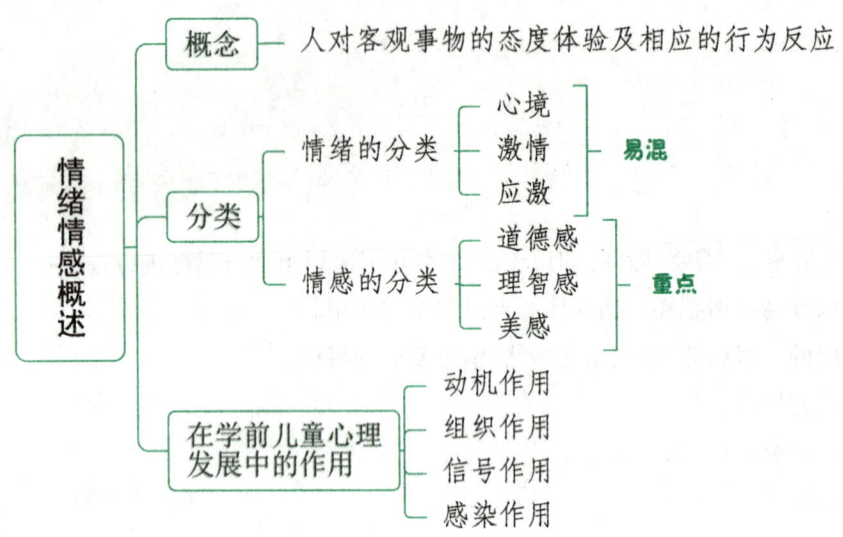

一、情绪情感的概念及关系

考点 1　情绪情感的概念

情绪情感是人对客观事物的态度体验及相应的行为反应。人们对客观事物产生不同的态度体验是以某事物是否满足人的需要为中介的。不同的态度体验反映着客观事物与人的需要之间的不同关系。

考点 2　情绪情感的关系

表2-6　情绪情感的关系

	情绪	情感
区别	原始的、低级的	后继的、高级的
	具有情境性、外显性和不稳定性	具有深刻性、内隐性和稳定性
	与生理需要是否满足相联系	与社会需要是否满足相联系
联系	①情绪要受到情感的制约和调节； ②稳定的情感是在情绪的基础上形成并通过各种变化着的情绪表现出来	

二、情绪情感的分类

考点 1　情绪的分类　【单选】　★★

根据主体与客体之间关系的不同，心理学家把人的情绪划分为快乐、悲哀、愤怒、恐惧四种基本形式；依据情绪发生的强度、持续性和紧张度的不同，可以把情绪状态划分为心境、激情和应激三种。

1. 心境

心境是一种微弱的、持续时间较长的、带有弥散性的情绪状态。心境一经产生就不只表现在某一特定对象上,而是在相当长的一段时间内,使人的整个心理活动都染上某种情绪色彩,影响人的整个行为表现,成为情绪生活的背景。"忧者见之则忧,喜者见之则喜"说的就是心境。良好的心境,有助于积极性的发挥,提高工作和学习的效率,并促进坚强意志品质的培养;不良的心境则会妨碍工作和学习,影响身心健康。因此,培养良好的心境是一个人个性修养的重要组成部分。

2. 激情

激情是一种爆发式的、猛烈而短暂的情绪状态,例如,狂喜、暴怒、恐惧、绝望等都是激情的表现。它往往带有特定的指向性和较明显的外部行为表现,如暴跳如雷、浑身战栗、手舞足蹈等。激情发生时,意识范围缩小,意识对行为的控制作用明显降低,理解力降低,判断力减弱,易感情用事,不考虑后果。有人用激情爆发来原谅自己的错误,认为"激情时完全失去理智,自己无法控制",这种说法是不对的,人能够意识到自己的激情状态,也能够有意识地调节和控制它。

3. 应激

应激是在出乎意料的紧迫情况下引起的急速而高度紧张的情绪状态。当人们遇到突然出现的事件或发生意外危险时,为了应付这类瞬息万变的紧急情况,就得果断地采取决定,迅速地做出反应,应激正是在这种情境中产生的内心体验。

应激状态有积极的作用,也有消极的作用。一般的应激状态是一种行为保护机制,能使机体具有特殊防御、排险机能,使人更加机智勇敢,以集中全身精力应付危急局面,急中生智,摆脱困境。应激状态持续时间也不可过长,否则会有害健康。

激情

心境

应激

> **·知识再拔高·**
>
> **原始情绪的分类**
>
> 行为主义的创始人华生根据对医院500多名婴儿的观察提出:新生儿有三种天生的主要情绪,即怕、怒和爱。
>
> 1. 怕
>
> 华生认为新生儿的怕是由于大声和失持引起的。当婴儿安静地躺着时,在其头部附近敲击钢条,会立即引起他的惊跳、肌肉猛缩,继之以哭;当婴儿的身体突然失去支持,或身体下面的毯子被人猛抖时,婴儿会发抖、大哭、呼吸急促、双手乱抓。

2. 怒

怒是由于限制新生儿运动引起的。如用毯子把孩子紧紧地裹住,不准其活动,婴儿会发怒,会把身体挺直或手脚乱蹬。

3. 爱

爱是由于抚摸、轻拍或触及身体敏感区域产生的。如抚摸婴儿的皮肤,或是温柔地轻拍他,会使婴儿安静,产生一种广泛的松弛反应,展开手指、脚趾。

真题1 [2023山东青岛,单选]"感时花溅泪,恨别鸟惊心"。这句话体现的情绪状态是( )

A. 激情　　　　　　B. 心境　　　　　　C. 应激　　　　　　D. 挫折

真题2 [2021安徽宿州,单选]华生认为,新生儿天生的情绪包括( )

A. 喜、怒、哀、乐　　B. 兴奋、悲伤　　　　C. 恐惧、愤怒　　　　D. 怕、怒、爱

真题3 [2021山东东营,单选]小芮正在使用学步车,前面道路突然出现了一排钉子,小芮赶紧停下脚步,此时他产生的紧张的情绪体验属于( )

A. 热情　　　　　　B. 心境　　　　　　C. 应激　　　　　　D. 激情

答案:1. B　2. D　3. C

考点 2　情感的分类 【单选】 ★★

1. 道德感

道德感是因自己或别人的言行是否符合社会道德标准而引起的情感体验。

2. 理智感

理智感是在认识客观事物的过程中所产生的情感体验,它与人的求知欲、认识兴趣、解决问题的需要等满足与否相联系。

3. 美感

美感是人对事物审美的体验,它是根据一定的美的标准而产生的。

道德感　　　　　　　　　　　理智感　　　　　　　　　　　美感

真题4 [2024福建统考,单选]幼儿观看动画片《喜羊羊和灰太狼》,对恶毒的灰太狼表示讨厌,对善良的喜羊羊战胜灰太狼表示高兴。这种情感体验属于( )

A. 美感 B. 实践感 C. 理智感 D. 道德感

真题5 [2023江西统考,单选]贝贝对美丽的花朵、悦耳的声音以及好看的图画表现出明显的兴趣,甚至对艺术作品也开始产生喜爱之情,这是贝贝的( )初步发展的表现。

A. 社会化 B. 道德感 C. 美感 D. 理智感

真题6 [2020山东青岛,单选]幼儿园举行猜谜语活动,硕硕冥思苦想,终于猜出其中一个,在这个过程中,他表现出沉醉、愉快、满足、自豪等情绪状态。这种体验是( )

A. 美感 B. 道德感 C. 理智感 D. 本体感

答案:4. D 5. C 6. C

三、情绪情感在学前儿童心理发展中的作用 【单选】

情绪、情感在学前儿童心理发展的过程中起重要的作用,主要表现在以下几方面:

1. 动机作用

情绪、情感是伴随人的需要是否得到满足而产生的体验,它对人的行为具有推动或抑制作用。例如,无论在任何时候和任何情况中,恐惧均能使人退缩,厌恶均能引起人躲避。相反,愉快、喜爱等积极情绪则会使人愿意去接近和探索。

对于学前儿童来说,情绪的动机作用表现得更加明显,直接影响学前儿童的各种行为。例如,喜欢小动物的孩子就会经常去接近小动物,在接触的过程中,他会逐渐了解小动物的生活习性,掌握很多关于小动物的常识。但对于那些害怕、讨厌小动物的孩子来说,这是很难做到的。学前儿童的行为目的性和受理智支配的程度很低,他们不能有意识地控制自己去做不愿意做的事,因此,他们比成人更多地受情绪的支配。

2. 组织作用

情绪是心理活动的监控者,它对其他心理活动具有组织作用。积极情绪起协调、组织的作用,消极情绪起破坏、瓦解的作用。研究表明,不同的情绪状态对幼儿的智力操作有不同的影响,过度兴奋不利于儿童的智力操作,适中的愉快情绪可以提高幼儿智力活动的效果,其中起核心作用的是幼儿的兴趣。相反,痛苦、惧怕等消极情绪对幼儿的智力活动有明显的抑制作用,痛苦、惧怕越大,操作效果越差。在日常生活中,我们也可以看到,虽然很多孩子在学习各种技能,如弹琴、画画等,但学习效果差别非常大,这当然不能排除孩子天赋的作用,但更重要的还是孩子的兴趣。有兴趣的孩子在活动过程中会充满愉快的情绪,这种愉快和兴趣对他们的活动起到了协调和组织的作用,能提高其活动的效果。而那些缺乏兴趣的孩子进行学习,更多的是出于父母的压力,他们甚至会产生害怕、厌恶等消极情绪,其活动效果就非常差。

3. 信号作用

情绪和情感是个体向他人表达、传递自身需要及状态(如愉快、愤怒等)的信号,这种信号功能主要通过情绪、情感的外显形式(表情及言语)来实现。学前儿童在与父母、教师的交往中,更多的是从父母、教师的言行中获得一种感情的信号:喜爱或不喜爱。而儿童在接受这些信号之后,就会逐渐学会将类似的信号(友好或不友好)传达给周围的其他人,并产生相应的友好或不友好的行为。学前儿童与父母、教师的关系,特别是与父母的关系,对其人格发展具有重大影响。

由于情绪、情感具有信号功能,因此,父母或教师应该注意孩子的感情信号。例如,孩子对父母、教师、同伴的态度,孩子是否紧张、焦虑等,从而了解孩子的情绪发展是否正常,及时发现孩子发展中存在的问题并进行教育,以保证学前儿童心理的健康发展。

4.感染作用

情绪和情感的感染作用是指在一定的条件下,一个人的情绪和情感可以影响别人,使之产生同样的情绪和情感。

情绪和情感的这种作用在学前初期表现尤为明显。例如,新生入园,班里有一个孩子哭,其他孩子也会莫名其妙地跟着哭;教师在组织教育活动时,以自己积极的情感去感染孩子,孩子们也会满腔热情,积极投入。因此,幼儿园积极、愉快的生活环境对学前儿童的健康成长是非常必要的。

真题7 [2024山东青岛,单选]爸爸叫天天回家吃饭,他不愿意,爸爸皱起了眉头,天天知道爸爸不高兴了,这一现象反映了情绪的(　　)

A.动机作用　　　　B.组织作用　　　　C.信号作用　　　　D.感染作用

答案:C

★ 本节核心考点回顾 ★

1.情绪的分类

(1)心境:微弱的、持续时间较长的、带有弥漫性的情绪状态。

(2)激情:爆发式的、猛烈而短暂的情绪状态。

(3)应激:在出乎意料的紧迫情况下所引起的急速而高度紧张的情绪状态。

2.情感的分类

(1)道德感:言行是否符合社会道德标准而引起的情感体验。

(2)理智感:在认识客观事物的过程中所产生的情感体验。

(3)美感:人对事物审美的体验。

3.情绪情感在学前儿童心理发展中的作用

(1)动机作用:情绪、情感对人的行为具有推动或抑制作用。

(2)组织作用:积极情绪起协调、组织的作用,消极情绪起破坏、瓦解的作用。

(3)信号作用:情绪和情感是个体向他人表达、传递自身需要及状态的信号。

(4)感染作用:情绪和情感可以影响别人,使之产生同样的情绪和情感。

第二节 学前儿童情绪情感的产生与发展

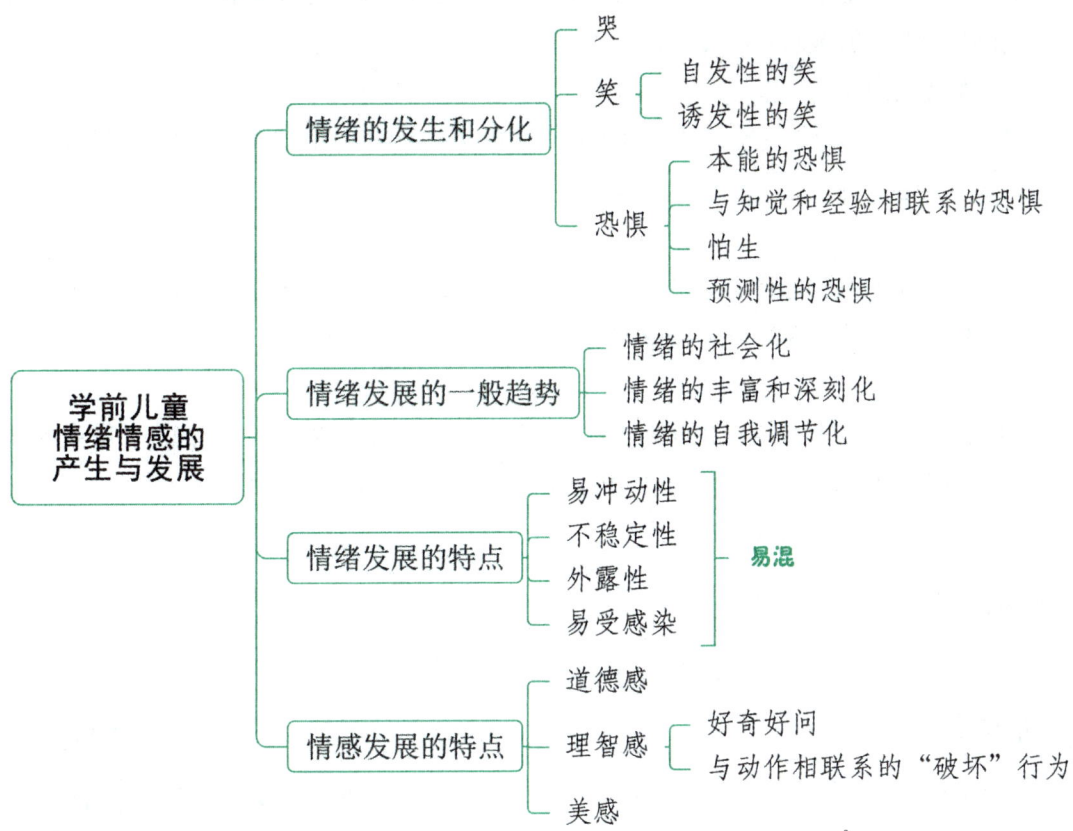

一、学前儿童基本情绪的发生和分化

1. 哭

儿童出生后,最明显的情绪表现就是哭。哭代表不愉快的情绪。哭最初是生理性的,以后逐渐带有社会性。新生儿的哭主要是生理性的,幼儿的哭,主要表现为社会性情绪。

2. 笑

笑是愉快情绪的表现,儿童的笑比哭发生得晚。主要有以下类型:

(1) 自发性的笑

婴儿最初的笑是自发性的,或称内源性的笑,这是一种生理表现,而不是交往的表情手段。内源性的笑主要发生在婴儿的睡眠中,困倦时也可能出现。

(2) 诱发性的笑

诱发性的笑和自发性的笑不同,它是由外界刺激引起的。它可以分为反射性的诱发笑和社会性的诱发笑两大类。婴儿最初的诱发笑发生于睡眠时间。例如,在婴儿睡着时,温柔地碰碰婴儿的脸颊,或者是抚摸婴儿的肚子,都可能使其出现微笑。新生儿在第三周时,开始出现清醒时间的诱发笑。研究发现,从第五周开始,婴儿对社会性物体和非社会性物体的反应不同,人的出现,包括人脸、人声,最容易引起婴儿的笑,即婴儿开始出现"社会性微笑"。

3. 恐惧

恐惧的分化也经历了以下几个阶段：

（1）本能的恐惧

恐惧是婴儿出生就有的情绪反应，甚至可以说是本能的反应。最初的恐惧不是由视觉刺激引起的，而是由听觉、肤觉、机体觉刺激引起的，如刺耳的高声等。

（2）与知觉和经验相联系的恐惧

婴儿从4个月左右开始，出现与知觉发展相联系的恐惧。引起过不愉快经验的刺激也会激起恐惧情绪。也是从这个时候开始，视觉对恐惧的产生逐渐起主要作用。

（3）怕生

所谓怕生，可以说是对陌生刺激物的恐惧反应。怕生与依恋情绪同时产生，一般在6个月左右出现。伴随婴儿对母亲依恋的形成，怕生情绪也逐渐明显、强烈。

（4）预测性的恐惧

2岁左右的婴儿，随着想象的发展，出现了预测性恐惧，如怕黑、怕坏人等。这些都是和想象相联系的恐惧情绪，往往是因环境的不良影响而形成。与此同时，由于语言在儿童心理发展中作用增强，也可以通过成人讲解及肯定、鼓励等方式来帮助儿童克服这一种恐惧。

二、学前儿童情绪发展的一般趋势 【填空】 ★

儿童情绪的发展趋势主要有三个方面：社会化、丰富和深刻化、自我调节化。

考点 1 ▶ 情绪的社会化

儿童最初出现的情绪是与生理需要相联系的，随着年龄的增长，儿童情绪逐渐与社会性需要相联系。社会化成为儿童情绪发展的一个主要趋势。

情绪的社会化

1. 情绪中社会性交往的成分不断增加

儿童的情绪活动中涉及社会性交往的内容，随着年龄的增长而增加。一项研究发现，儿童交往中的微笑可以分为三类：(1)儿童自己玩得高兴时的微笑；(2)儿童对教师微笑；(3)儿童对小朋友微笑。在这三类微笑中，第一类不是社会性情感的表现，后两类微笑则是社会性的。

2. 引起情绪反应的社会性动因不断增加

引起儿童情绪反应的原因，称为情绪动因。婴儿的情绪反应，主要是和他的基本生活需要是否得到满足相联系。总的来说，在3岁前儿童情绪反应的动因中，生理需要是否满足是其主要动因。

3~4岁是儿童情绪反应的动因从主要为满足生理需要向主要为满足社会性需要的过渡阶段。在中班和大班儿童中，社会性需要的作用越来越大。儿童非常希望被人注意，被人重视、关爱，要求与别人交往。与人交往的社会性需要是否得到满足，和人际关系状况如何，直接影响着儿童情绪的产生和性质。

不仅是成人的交往需要及状况是制约儿童情绪产生的重要社会性动因，而且，同伴交往的状况也日益成为影响儿童情绪的重要原因。

由此可见，儿童的情绪情感与社会性交往、社会性需要的满足密切联系，儿童的情绪情感正日益摆脱同生理需要的联系而逐渐社会化，与成人（包括教师、家长）和同伴的交往密切联系，社会性交往、人际关系对儿童情绪影响很大，是左右其情绪情感产生的最主要动因。

真题1 [2024福建统考,填空]教师的抚爱、拥抱能使儿童感到很满足,这种情绪动因是_____。
答案: 社会性需要

3. 情绪表述的社会化

表情是情绪的外部表现。有些表情是生物学性质的本能表现。儿童在成长过程中,逐渐掌握周围人们的表情手段,表情日益社会化。

儿童表情社会化的发展主要包括两个方面:一是理解(辨别)面部表情的能力;二是运用社会化表情手段的能力。

(1)理解(辨别)面部表情的能力

表情提供的信息,对儿童与成人交往的发展与社会性行为的发展起着特别重要的作用。近1岁的婴儿已经能够笼统地辨别成人的表情。例如,对他微笑,他会笑,如果接着立即对他做出严厉的表情,婴儿马上会哭起来。有研究表明,小班的儿童已经能够辨认别人高兴的表情,对愤怒表情的识别,则大约从幼儿园中班开始。

(2)运用社会化表情的能力

通过对5~20岁先天盲人和正常人面部表情后天习得性的研究发现,年幼的盲童和正常儿童相比,无论是面部表情动作的数量,还是表达表情的适当程度,都没有明显的差别。但是,正常儿童的表情动作数量和表达表情的逼真性,都随着年龄增长有进步,而盲童则相反。这说明,先天的表情能力只能保持一定水平,如果缺乏后天的学习,先天的表情能力就会下降。盲童由于缺乏对表情的人际知觉条件,其表情的社会化受到了阻碍。

研究表明,随着年龄的增长,儿童解释面部表情和运用表情手段的能力都有所增长。一般而言,辨别表情的能力高于制造表情的能力。

考点 2 ▶ 情绪的丰富和深刻化

从情绪所指向的事物来看,其发展趋势是越来越丰富和深刻。

1. 丰富

所谓情绪的日益丰富,包括两种含义:一是情绪过程越来越分化;二是情绪所指向的事物不断增加。

(1)情绪过程越来越分化。刚出生的婴儿只有少数的几种情绪,随着年龄的增长,情绪不断分化、增加。

(2)情绪指向的事物不断增加。有些先前不引起儿童体验的事物,随着年龄的增长,引起了儿童的情绪体验。例如,2~3岁的婴儿不太在意小朋友是否和他一起玩,但随着年龄的增长,小朋友的孤立,以及成人的不理,特别是误会、不公正对待、批评等,会使儿童非常伤心。

2. 深刻化

情绪的深刻化即指向事物性质的变化,从指向事物的表面到指向事物更内在的特点。如年幼儿童对父母的依恋,主要由于父母是满足他们基本生活需要的来源,而年长儿童则已包含对父母的尊重和爱戴等内容。

考点 3 ▶ 情绪的自我调节化

从情绪的进行过程看,其发展趋势是越来越受自我意识的支配。随着年龄的增长,婴幼儿对情绪过程的自我调节能力越来越强。这种发展趋势主要表现在三个方面:

305

1. 情绪的冲动性逐渐减少

幼小儿童常常处于激动的情绪状态。在日常生活中，婴幼儿往往由于某种外来刺激的出现而非常兴奋，情绪冲动强烈。儿童的情绪冲动性还常常表现在他用过激的动作和行为表现自己的情绪。例如，儿童看到故事书中的"坏人"，常常会把他抠掉。

随着儿童脑的发育及语言的发展，情绪的冲动性逐渐减少。儿童对自己情绪的控制，起初是被动的，即在成人要求下，由于服从成人的指示而控制自己的情绪。到儿童晚期，对情绪的自我调节能力才逐渐发展。成人经常不断地教育和要求，以及儿童所参加的集体活动和集体生活的要求，都有利于逐渐养成控制自己情绪的能力，减少冲动性。

2. 情绪的稳定性逐渐提高

婴幼儿的情绪是非常不稳定且短暂的。随着年龄的增长，儿童情绪的稳定性逐渐提高，但总的来说，儿童的情绪仍然是不稳定、易变化的。

婴幼儿的情绪不稳定，与其情绪的情境性有关。婴幼儿的情绪常常被外界情境支配，情绪往往随着某种情境的出现而产生，又随着情境的变化而消失。

婴幼儿情绪的不稳定还与情绪的受感染性有关。一个新入托的孩子哭着要找妈妈，会引起早已习惯了托儿所生活的其他孩子都哭起来。

3. 情绪从外显到内隐

婴儿期和幼儿初期的幼儿，不能意识到自己情绪的外部表现。他们的情绪完全表露于外，随着言语和儿童心理活动有意性的发展，儿童逐渐能够调节自己的情绪。调节情绪外部表现的能力比调节情绪本身的能力发展得早。往往有这种情况，儿童开始产生某种情绪体验时，自己还没有意识到，直到情绪过程已在进行时，才意识到它。这时儿童才记起对情绪及其表现应有的要求，才去控制自己。

幼儿晚期，儿童能较多地调节自己情绪的外部表现，但控制自己的情绪表现还常常受周围情境的左右。

婴幼儿情绪外显的特点有利于成人及时了解孩子的情绪，给予正确的引导和帮助。但是，控制调节自己的情绪表现以至情绪本身，是社会交往的需要，主要依赖于正确的培养。同时，由于幼儿晚期情绪已经开始有内隐性，要求成人细心观察和了解儿童内心的情绪体验。

三、学前儿童情绪发展的特点 【单选】 ★★

考点 1 ▶ 情绪的易冲动性

幼儿常常处于激动状态，而且来势强烈，不能自制，往往全身心都受到不可遏制的威力所支配。年龄越小，这种冲动越明显。随着年龄的增长、语言的发展，幼儿逐渐学会接受成人的语言指导，调节控制自己的情绪。

考点 2 ▶ 情绪的不稳定性

婴幼儿期的情绪是非常不稳定的，容易变化，表现为两种对立的情绪在短时间内互相转换。如当幼儿由于得不到喜爱的玩具而哭泣时，成人递给他一块糖，他就会立刻笑起来。这种"破涕为笑"的现象，在学前儿童身上尤为明显。

考点 3 ▶ 情绪的外露性

婴儿时期，儿童不能意识到自己情绪的外部表现，他们的情绪完全表露在外，丝毫不加控制和掩饰。例如，婴儿想哭就哭，想笑就笑。他们不认为这样做有什么不合理。到了2岁左右，孩子从日常生活中，逐渐了解了一些初步的行为规范，知道了有些行为是要加以克制的。例如，一个孩子摔倒会引起本能的哭泣，但刚一哭，马上就自己对自己说："我不哭！我不哭！"这时的孩子脸上还挂着泪珠，甚至还在继续哭。这种矛盾的情况，说明儿童开始产生调节自己情绪表现的意识，但由于自我控制的能力差，还不能完全控制自己的情绪表现。这种情况一直持续到幼儿初期。

考点 4 ▶ 情绪的易受感染

所谓情绪的易受感染是指情绪非常容易受周围人的情绪影响。幼儿情绪的易受感染与暗示有关。如新入园的幼儿哭着要妈妈，会引起已经适应幼儿园生活的其他孩子也跟着哭；有一个孩子笑，其他幼儿也会莫名其妙地跟着笑，如果老师问"你为什么笑"，幼儿往往说"不知道"，或者指别人说"他也笑"，这些现象在小班较为明显。

> **• 记忆有妙招 •**
> 学前儿童情绪发展的特点：**不易外感**。**不**：不稳定。**易**：易冲动。**外**：外露。**感**：易受感染。

> **• 小香课堂 •**
> 因为幼儿情绪的不稳定（易变）与幼儿情绪易受感染有关。因此，在有些说法当中，学前儿童情绪的"易受感染"被划分到了"不稳定性"特点的范畴之内。
> 在做选择题时，考生可以根据题意灵活选择。如果题干中给出了幼儿情绪"易受感染"的例子，请考生选择该例子体现了幼儿情绪的哪个特点。但是给的选项中却未体现"易受感染"，那么可以灵活选择"不稳定性"。

真题2 [2024浙江台州,单选]爸爸妈妈在聊天时，高兴地笑了出来，旁边搭积木的宝宝看到了也跟着笑了起来。这一现象反映幼儿情绪具有（　　）的特点。

A. 易受感染　　　　　　　　　B. 易冲动性
C. 内隐性　　　　　　　　　　D. 外露性

真题3 [2021福建统考,单选]小班幼儿看到班上其他小朋友哭，自己也哭了起来，这说明他们（　　）

A. 出现了分离焦虑　　　　　　B. 情绪不稳定
C. 情绪开始分化　　　　　　　D. 对事物的理解受情绪影响

答案：2. A　3. B

四、学前儿童情感发展的特点 【单选】 ★★

考点 1 ▶ 道德感

幼儿3岁前只有某些道德感的萌芽，进入幼儿园以后，特别是在集体生活环境中，孩子逐渐掌握了各种行为规范，道德感也逐步发展起来。小班的幼儿道德感主要是指向个别行为的，如知道打人、咬人是不好的。中班幼儿不但关心自己的行为是否符合道德标准,而且开始关心别人的行为,并由此产生相应的情感。如中班幼儿的告状行为就是对别人行为方面的评价,它是基于一定的道德标准产生的。到了大班,幼儿的道德感进一步发展和复杂化。他们对好与坏、好人与坏人,有鲜明的不同感情。如看小人书时,往往把大灰狼和坏人的眼睛挖掉,这个年龄段的幼儿的集体情感也开始发展起来。

幼儿的羞愧感或内疚感也开始发展起来。特别是羞愧感,从幼儿中期开始明显发展,幼儿对自己出现的错误行为会感到羞愧,这对幼儿道德行为的发展具有非常重要的意义。

总的来说,幼儿期的道德感是不深刻的,大都是模仿成人、执行成人的口头要求,在集体活动中和在成人的道德评价的影响下逐渐发展起来的。

考点 2 ▶ 理智感

幼儿期是幼儿理智感开始发展的时期。幼儿的理智感有一种特殊的表现形式,即好奇好问。另一种表现形式是与动作相联系的"破坏"行为。对一般儿童来说,5岁左右,这种情感已明显地发展起来,突出表现在幼儿很喜欢提问题,并由于提问和得到满意的回答而感到愉快。6岁幼儿喜爱进行各种智力游戏或所谓的"动脑筋"活动,如下棋,猜谜语等,这些活动能满足他们的求知欲和好奇心,促进理智感的发展。

考点 3 ▶ 美感

幼儿对色彩鲜艳的艺术作品或物品容易产生喜爱之情。在教育的影响下,幼儿中期能从音乐、绘画作品中,从自己参与的美术活动、跳舞、朗诵中得到美的享受。幼儿晚期,幼儿开始不满足于颜色鲜艳,还要求颜色搭配协调。

真题4 [2023安徽宿州,单选]中班幼儿爱告状是幼儿(　　)发展的表现。
A. 内疚感　　　　　　　　　　　　B. 责任感
C. 道德感　　　　　　　　　　　　D. 理智感
答案: C

★ 本节核心考点回顾 ★

1. 学前儿童情绪发展的一般趋势
(1)情绪的社会化。
(2)情绪的丰富和深刻化。
(3)情绪的自我调节化。
2. 学前儿童情绪发展的特点
(1)易冲动性:情绪来势强烈,不能自制。
(2)不稳定性:两种对立的情绪在短时间内互相转换。
(3)外露性:情绪完全表露在外。
(4)易受感染:容易受周围人的情绪影响。
3. 学前儿童情感发展的特点
(1)道德感
①小班:主要指向个别行为。

②中班:不但关心自己的行为是否符合道德标准,而且开始关心别人的行为(告状)。
③大班:进一步发展和复杂化。他们对好与坏、好人与坏人,有鲜明的不同感情,集体情感也开始发展起来。

(2)理智感

5岁左右,理智感明显发展。幼儿的理智感有一种特殊的表现形式,即好奇好问。另一种表现形式就是与动作相联系的"破坏"行为。

(3)美感

在教育的影响下,幼儿中期能从音乐、绘画作品中,从自己参与的美术活动、跳舞、朗诵中得到美的享受。幼儿晚期,儿童开始不满足于颜色鲜艳,还要求颜色搭配协调。

第三节 学前儿童情绪的培养

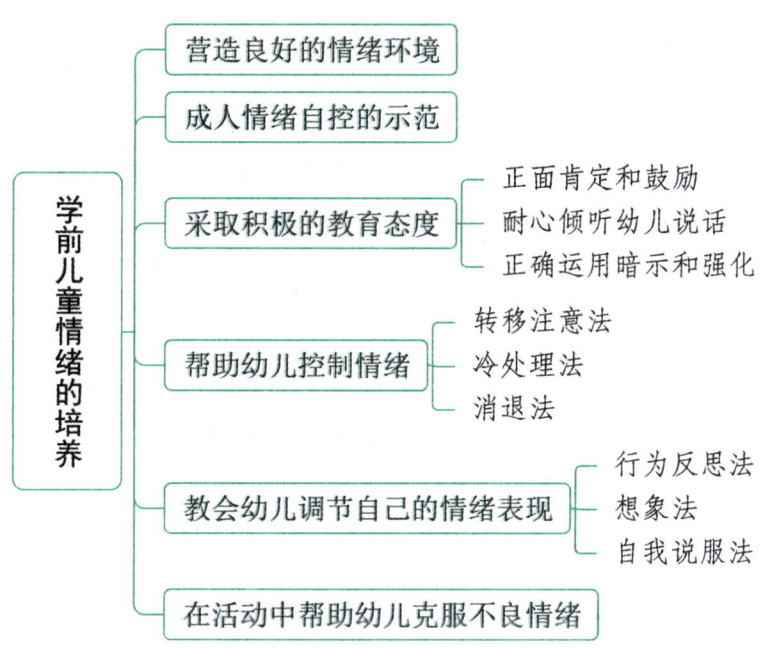

一、营造良好的情绪环境

婴幼儿情绪发展主要依靠周围情绪气氛的熏陶。因此,在幼儿园教育中应注意保持和谐的气氛,并且与幼儿之间建立良好的师生情。

二、成人情绪自控的示范

为人之师,要学会控制自己的情绪。优秀教师能够做到把自己的一切忧伤留在教室之外,情绪饱满地走进课堂,这样才能使幼儿保持良好的情绪状态。教师还要理智地对待每个幼儿,有的幼儿容易引起教师的好感,教师对他的态度也自然较好,并且经常委派他们任务,使他们得到更多锻炼机会,也容易进步,跟教师的感情也越来越好;另一些幼儿不为别人喜爱,爱哭闹,不专心学习,不听劝说等,由于干扰集体活动常受到批评,他们和教师疏远,学习也不好。上述这两种情况,在师幼感情上,前者表现为良性循环,后者则为恶性循环。教师应自觉地控制自己的情绪,主动关心幼儿,发现其优点,耐心给予帮助。

三、采取积极的教育态度 【单选】 ★

1. 正面肯定和鼓励

许多父母常常对孩子说:"你不行!""太笨了!""没出息!"经常处于这些负面影响下,孩子情绪消极,也没有活动热情。有个孩子平时不爱说话,一天他主动发言,教师高兴地说:"太好了! 我知道你能行!"回到家,妈妈也给他鼓励,他非常高兴。从此以后,这个小朋友发言越来越大胆,越来越积极。

2. 耐心倾听幼儿说话

耐心倾听幼儿说话,对培养幼儿良好的情绪十分重要。幼儿总是愿意把自己的见闻向亲人诉说。当幼儿感受到和教师亲,对教师信任时,也总是愿意向教师诉说。可是成人往往由于自己太忙,没有时间听幼儿说话,有时成人认为幼儿说的话幼稚可笑,不屑于听。这些都会使幼儿感到压抑和孤独,因而情绪不佳。有时幼儿因此出现逆反心理,会故意做出错误行为,以引起成人的注意。

3. 正确运用暗示和强化

幼儿的情绪在很大程度上受成人的暗示。例如,有个家长在外人面前总是对自己的孩子加以肯定,说:"我们孩子上幼儿园从来不哭。"她的孩子果真能控制自己的情绪。另一个家长则常常对别人说:"我们孩子就是爱哭。"这种暗示则容易使孩子形成消极情绪。

幼儿的情绪发展也往往受成人强化的影响。例如,有的父母在孩子哭闹时总是给孩子吃糖果,或尽量满足孩子的其他要求。孩子受到了强化,以后有什么不满意时更是大哭。另一种情况是,当孩子摔倒要哭时,大人说:"不怕! 男子汉摔倒了自己爬起来!"虽然泪水在眼眶里转,孩子硬是自己站了起来。类似这样的强化,对于儿童抵御挫折、减少焦虑十分必要。

真题1 [2021江西统考,单选]豆豆摔倒刚要大哭时,妈妈立即说:"我们豆豆很勇敢,摔倒从来不哭!"豆豆听了妈妈的话,一骨碌就爬了起来。豆豆妈妈运用( )的方式调控幼儿的情绪。

A. 耐心倾听   B. 理解幼儿情绪
C. 接纳幼儿情绪   D. 积极暗示

答案:D

四、帮助幼儿控制情绪 【单选】 ★

幼儿不会控制自己的情绪。成人可以用各种方法帮助他们控制情绪。

1. 转移注意法

3岁孩子刚进入幼儿园时往往会哭闹,教师常常用转移注意的方法,要么逗他玩玩具,要么指着书上的动物给他讲故事,一会儿孩子的情绪会有所好转。对4岁以后的幼儿,当他处于情绪困扰之中时,可以用精神的而非物质的转移方法。例如,孩子哭时,对他说:"看这里这么多的泪水,就像下雨一样。下雨了,我们多难受啊!"也许孩子会被这幽默的话语逗笑。

2. 冷处理法

孩子情绪十分激动时,可以采取暂时置之不理的办法,孩子自己会慢慢地停止哭喊。当孩子处于激动状态时,成人切忌激动。例如,对孩子大声喊叫"你再哭! 我打你"或"你哭什么? 不准哭,赶快闭上嘴"之类的。这样做会使孩子情绪更加激动,无异于火上加油。

3. 消退法

消退法就是通过减少引起不良情绪的因素来减少不良情绪。例如,一个幼儿在睡觉前只要父母离去,他就大发脾气,哭闹不休,以至父母不得不陪伴他1~2小时,直到他熟睡后才离去。后来父母决定用消退法,对他的哭闹行为进行矫治。母亲照旧将他放在床上,但是告诉幼儿不再陪伴他睡觉了,然后离去,不再进屋。第1天,该幼儿哭闹的时间长达50分钟之久;第2天,哭闹的时间就缩短到15分钟以下;第10天晚上,哭闹行为就完全消失了。可见,父母的妥协和陪伴就是幼儿哭闹的强化物,只要撤销了这种强化物,幼儿的不良情绪就会逐渐消退。

真题2 [2020山东青岛,单选]爸爸关掉电脑后,贝贝又哭又闹,爸爸没有理会,过了一会儿,贝贝慢慢地平静了下来。爸爸采用的方法是(　　)

A. 转移注意法　　　B. 自我说服法　　　C. 冷处理法　　　D. 反思法

答案:C

五、教会幼儿调节自己的情绪表现

1. 行为反思法

让孩子想一想自己的情绪表现是否合适。例如,在孩子哭闹后,让他想一想这样哭闹好不好;小朋友为玩玩具发生争执时,想一想自己行为对不对,还有哪些解决问题的办法。

2. 想象法

当幼儿遇到困难或挫折而伤心时,教他想想自己是"大姐姐""大哥哥""男子汉"或某个英雄人物等。

3. 自我说服法

孩子初入园由于要找妈妈而伤心地哭泣时,可以教他对自己大声说:"好孩子不哭。"孩子起先是边说边抽泣,以后渐渐地不哭了。孩子和小朋友打架,很生气时,可以要求他讲述打架发生的过程,孩子会越讲越平静。随着年龄增长,在正确的引导和培养下,幼儿能学会恰当地调节自己的情绪并学会情绪的适当表现方式。

六、在活动中帮助幼儿克服不良情绪

幼儿期是情绪自由表现的时期,幼儿对自己的情绪不想掩饰,也不会掩饰,都自然地、毫无保留地表现在他们的活动中。这也给教师提供了观察幼儿情绪、帮助幼儿克服不良情绪的良好条件。

1. 成人要善于发现与辨别孩子的情绪

有时一个活泼的孩子突然默不作声,就很可能是遇到了不顺心的事;而一向温顺内向的孩子突然有粗暴言行,很可能是他发泄情绪的一种方式。很多成人特别是家长往往认为,孩子有吃有穿有玩,还有什么理由不开心,分明是"捣蛋"。其实不然,孩子在幼儿园或家庭中,会遇到许多不称心的事,易使孩子紧张焦虑,失去心理平衡。那么,如何对待发脾气的幼儿呢?要找出原因,帮助幼儿分析问题,解除孩子心中的忧虑,同时,允许孩子以适当的方式表达自己的心情。当然教师和家长可以针对不同的情况,给予灵活的处理。

2. 从幼儿的情绪表现来分析幼儿的内心情感世界

孩子的行为往往反映了孩子内心已经形成的一些品质。发现孩子的情绪时要正确进行分析,对那些有益的部分,要及时表扬并加以保护;而对不良的苗头,则要帮助幼儿克服、纠正。

3. 注意幼儿的个别差异，对不同的孩子采取不同的方法

有的幼儿较内向，有人说他衣服不好看时，他会坐在一旁闷闷不乐，对于这样的孩子要与他交朋友，增进感情的交流；而有的孩子不一样，一不顺心就大哭大闹，这类孩子的情绪"来得快，去得也快"，可以"冷处理"，等孩子冷静下来再与之谈心，而不要"火上浇油"。

4. 注意孩子积极情感的引导，让积极情感成为幼儿情感的主旋律，减少消极情感的产生

不要以为孩子的年龄小就不懂感情，其实幼儿的情感敏感而脆弱，更需要大人的保护和关心；也不要以为幼儿无忧无虑，幼儿的情感世界同样丰富多彩，风云变幻。幼儿的情感世界需要父母、教师的关注、爱护并引导其趋向成熟。

真题3 [2023福建统考，案例分析]晨间活动，小班幼儿青青从家里带来的电动小飞机坏了，青青伤心地大哭起来，老师安慰青青，给了她一辆玩具小汽车，青青马上破涕为笑，开心地玩起了汽车，过了一会儿青青看到同桌的彤彤哭了，也莫名其妙地跟着哭起来。

(1)结合案例中青青的表现分析幼儿情绪发展的特点。

(2)写出培养幼儿良好情绪的策略。

参考答案：(1)案例中，青青的表现体现了幼儿情绪发展的以下几个特点：

①情绪的易冲动性。幼儿的情绪常常处于激动状态，而且来势强烈，不能自制，往往全身心都受到不可遏制的威力所支配。年龄越小，这种冲动越明显。案例中，青青因从家里带来的电动小飞机坏了便伤心地大哭起来，体现了其情绪具有易冲动性的特点。

②情绪的不稳定性。幼儿的情绪是非常不稳定的，容易变化，表现为两种对立的情绪在短时间内互相转换。案例中，当青青因为电动小飞机坏了伤心地哭时，老师给了她一辆玩具小汽车，青青马上破涕为笑，说明其情绪具有不稳定性的特点。

③情绪的外露性。幼儿初期的儿童，情绪完全表露在外，丝毫不加控制和掩饰。案例中，青青的情绪表现体现了其情绪的外露性。

④情绪的易受感染。幼儿的情绪非常容易受周围人的情绪影响。案例中，青青看到同桌的彤彤哭了，也莫名其妙地跟着哭起来，体现了其情绪的易受感染。

(2)培养幼儿良好情绪的策略有：

①营造良好的情绪环境；②成人情绪自控的示范；③采取积极的教育态度；④帮助幼儿控制情绪；⑤教会幼儿调节自己的情绪表现；⑥在活动中帮助幼儿克服不良情绪。

✦✦ 本节核心考点回顾 ✦✦

1. 学前儿童情绪的培养

(1)营造良好的情绪环境；(2)成人情绪自控的示范；(3)采取积极的教育态度；(4)帮助幼儿控制情绪；(5)教会幼儿调节自己的情绪表现；(6)在活动中帮助幼儿克服不良情绪。

2. 学前儿童情绪的培养过程中，成人应采取的积极教育态度

(1)正面肯定和鼓励；(2)耐心倾听幼儿说话；(3)正确运用暗示和强化。

3. 成人帮助幼儿控制情绪的方法

(1)转移注意法；(2)冷处理法；(3)消退法。

4.幼儿调节自己情绪表现的方法

(1)行为反思法;(2)想象法;(3)自我说服法。

5.在活动中帮助幼儿克服不良情绪的方法

(1)成人要善于发现与辨别孩子的情绪;

(2)从幼儿的情绪表现来分析幼儿的内心情感世界;

(3)注意幼儿的个别差异,对不同的孩子采取不同的方法;

(4)注意孩子积极情感的引导,让积极情感成为幼儿情感的主旋律,减少消极情感的产生。

第四节　学前儿童意志的发展

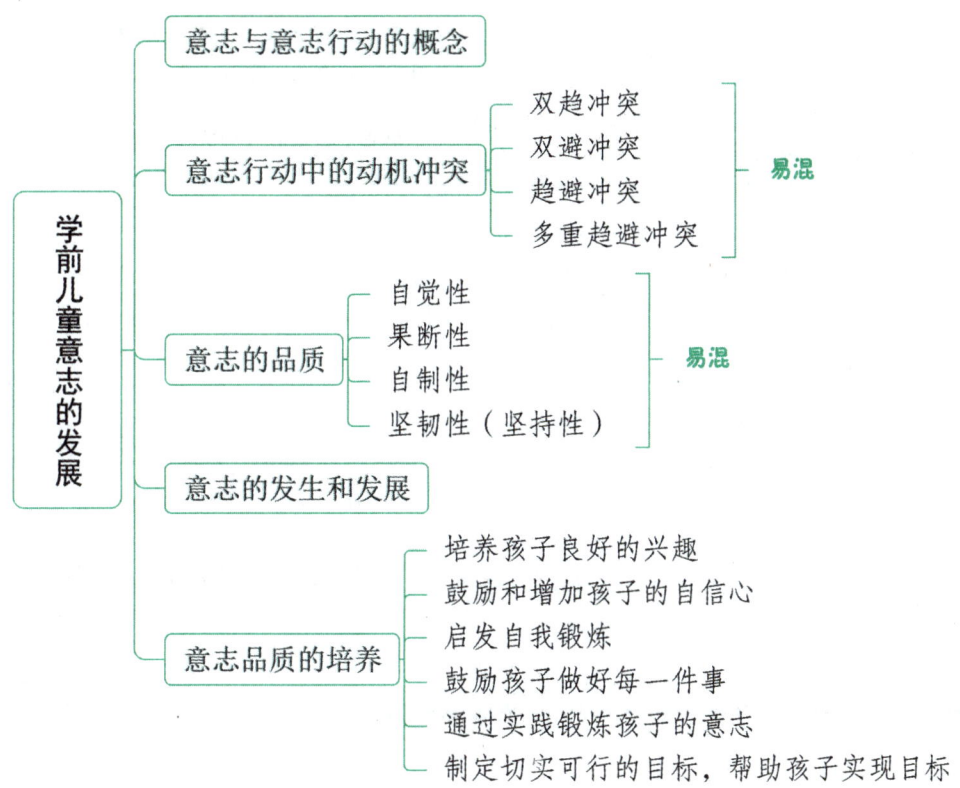

一、意志与意志行动的概念

1.意志的概念

意志是个体自觉地确定目的,并根据目的支配、调节自己的行动,克服面临的各种困难,实现预定目的的心理过程。例如,考试前学生为了获得好的成绩,不看电视、不出去玩、努力学习;运动员为了在竞赛中拿到好成绩,平时坚持不懈地训练等。

2.意志行动的概念

意志和行动是不可分割的。人在行动之前总要考虑做什么,怎么做,并按照考虑好的计划去行动,努力克服在行动之中遇到的困难。通常把这种在意志支配下的行动叫意志行动。人们在改造主客观世界方面所取得的成就就是人的意志行动的结果。

二、意志行动中的动机冲突 【单选】★

人的行动是由一定的动机所引起的,并指向一定的对象。人的行为动机往往以愿望的形式表现出来,由于人的需要多种多样并且是不断发展的,所以在同一时间内往往存在多种动机。几种动机相互矛盾,就形成了动机冲突。从形式上看,可将动机冲突分为四类。

表2-7 动机冲突的分类

种类	概念	典例
双趋冲突（接近—接近型）	从自己同时都很喜爱的两个事物中仅择其一的心理状态	高中选文理科时,有的学生既想学文科又想学理科
双避冲突（回避—回避型）	从希望回避的两种事物中必取其一的心理状态	既不想起床,又不想因迟到而被批评
趋避冲突（接近—回避型）	对同一目的兼具好恶的矛盾心理	学生想参加学校里的文体活动锻炼自己,又怕耽误时间影响自己的学习成绩
多重趋避冲突（多重接近—回避型）	对含有吸引与排斥两种力量的多种目标予以选择时所发生的冲突	大学毕业生择业时多种选择的冲突

> **·小香课堂·**
>
> 动机冲突(斗争)常结合实例进行考查,通常可以根据题意,运用以下关键词组进行理解。
>
> 双趋冲突:表述中含有"既想……又想……,但不可兼得"的含义。
>
> 双避冲突:表述中含有"既怕……又怕……"的含义。
>
> 趋避冲突:表述中含有"既想……又怕……"的含义。
>
> 多重趋避冲突:表述中的冲突因素为两个以上。

真题1 [2023山东青岛,单选]幼儿玩"超市"游戏时,既想当"保安"又想当"收银员"。这种动机冲突是(　　)

A. 双避冲突　　　　　　　　　　B. 趋避冲突

C. 双趋冲突　　　　　　　　　　D. 多重趋避冲突

答案:C

双趋冲突

双避冲突

趋避冲突

多重趋避冲突

三、意志的品质 【单选】 ★

表2-8 意志的品质

意志的品质	定义	与之相反的意志品质
自觉性	一个人清晰地意识到自己行动的目的和意义,并且能够主动地支配自己的行动,使之符合既定目的	受暗示性(盲从)和独断性
果断性	善于辨明是非、抓住时机、迅速而合理地采取决定并执行	优柔寡断和草率武断
自制性	一个人善于控制和支配自己的情绪,约束自己的言行	任性和怯懦
坚韧性（坚持性）	一个人在行动中坚持决定,百折不挠地克服重重困难去达到行动目的	动摇性和执拗性

• 小香课堂 •

意志的自觉性与自制性是易混淆的知识点,两者的侧重点不同:

自觉性是对自己行动的动机和目的非常明确,能主动支配自己的行动(无人看管、自觉自发)。

自制性是善于控制、约束自己的言行(抵制诱惑、约束言行)。

真题2 [2023山东青岛,单选]做应该做的事情,哪怕不愿做;不做不应该做的事情,哪怕很想做。这体现了意志的(　　)

A. 自觉性　　　　B. 坚韧性　　　　C. 果断性　　　　D. 自制性

答案:D

四、学前儿童意志的发生和发展

考点 1 ▶ 学前儿童意志的发生

意志是通过动作表现出来的。个体的意志行动不是一出生就有的,它是在出生后两年的成长过程中,在儿童本身有意运动实践的基础上,随着言语和认识过程的发展,经过成人的教育指导而逐渐形成的。

1. 学前儿童有意运动的发生

动作根据有无目的性和努力的程度分为无意运动(不随意运动)和有意运动(随意运动)。无意运动是指由事物变化直接引起的肌肉运动,是被动的、无意识的、天生就会的无条件反射活动,如初生的孩子就有吸吮动作反应,手摸到发烫的东西会缩回来。有意运动是指人为了达到某种目的支配自己的肌肉运动,是后天学会的,是自觉意识到的主动的运动,如伸手去拿某样东西。有意运动是在无意运动的基础上发生的,它是意志的基本组成部分。

人所特有的手的动作和直立行走都是有意运动,是儿童在人类社会生活环境影响下,由成人教育而逐渐掌握的。

手眼协调动作的发生是儿童有意动作发生的主要标志,也是其有目的地认识世界和摆弄物体的萌芽。

2. 学前儿童意志行动的萌芽

意志行动是一种特殊的有意行动,其特点不仅在于自觉意识到行动的目的和过程,还在于努力克服前进中的困难。因此,儿童行动自觉意识性的发展,要经过比较长的过程。

新生儿是没有意志活动的,只有本能的反射性运动。到4个月左右时,孩子的行为出现了最初的有意性和目的性,如当孩子躺在床上,听见音乐声时会去寻找音乐来自何方。到8个月左右时,孩子动作有意性的发展出现了较大的质变,可以说是意志行动的萌芽。这时孩子能够坚持指向一个目标,并且用一定努力去排除障碍,如当孩子想玩隔着某个物品而拿不到的玩具时,他会努力挪开这个物品把东西拿到手。

考点 2 · 学前儿童意志的发展

1. 自觉性的发展

学前初期儿童自觉性还很差,行动还不能很好地服从一定的目的,按照成人提出来的要求去活动还有一定的困难,常常容易受周围情境的影响。学前晚期自觉性有一定的发展,表现为不仅能执行成人的简单委托,而且自己也能提出一定的行动目的。

2. 果断性的发展

学前儿童在活动中,有时可能会遇到两个或两个以上的目标,这些目标不可能同时实现,常常会引起意志行动中的目标冲突或动机斗争。当学前儿童在意志行动中遇到目标冲突时,是坚持已有的目标还是转换目标,这对儿童的果断性具有极大的挑战。学前儿童在解决这些冲突时,就锻炼着其意志的果断性。总体来说,学前儿童的果断性还比较差,当他们面临动机冲突时,往往犹豫不决,或草率决定,不能在成人的指导或暗示下做出决断。

3. 自制性的发展

3~4岁儿童不善于控制自己的愿望和行为,他们喜欢做感兴趣的事情,易被当前的情景或事物吸引。在正确的教育影响下,4~5岁儿童可以学习控制、调节自己的行动,自制力有了一定的发展。这一阶段的儿童,由于还不能很好地通过自己的言语来调节自己的行为,因而,无论是控制自己的行动,还是完成别人的要求,都有一定的困难,自制力相对较差。5~6岁儿童的自制力有了明显的提高,他们逐渐学会了按规矩活动,开始能够控制自己的外部行动和内部心理过程,但其发展的水平仍很低。

4. 坚持性的发展

3~4岁的幼儿,坚持性发展的水平是很低的,他们在某些条件下,虽然能够开始有意识地控制自己的行动,但行动过程不完全受行动目的所制约,他们时常违背成人的语言指示和任务要求,做事有头无尾、有始无终。坚持性发生明显质变的年龄是在4~5岁。他们开始能够努力坚持完成每一项任务,特别是他们在感兴趣的、喜欢的活动中,能够坚持较长时间,并在遇到困难时也能尝试克服困难而努力实现目的。随着言语和思维机能的不断发展,5~6岁的幼儿能够自己提出活动目的和要求,将自己的注意力较长时间地放在活动任务上,并抗拒环境中的诱惑与干扰。

五、学前儿童意志品质的培养

1. 培养孩子良好的兴趣

兴趣是激起活动动机的手段。幼儿的兴趣不是天生的,幼儿的活动兴趣是在一定条件的影响下发展变化的,重要的是随时注意幼儿活动兴趣的发展趋势,及时采取措施,促使他们的兴趣向正确的方向发展。

当孩子在练习抬头时,用发声的玩具吸引他;当孩子学爬行、学走路时,用诱人的玩具吸引他向玩具的方向爬去或走去,都是很有效的。进入幼儿期以后,幼儿兴趣的范围扩大了,对任何新鲜的事物都感兴趣,对客观世界充满了好奇,什么都想看看,什么都想摸摸。兴趣左右着孩子的行为,实践证明,充满好奇心且兴趣广泛的幼儿,一般都能积极主动地参与到老师组织的各种活动和游戏中;遇到困难和挫折时,有一定的克制能力。教师应利用幼儿感兴趣的游戏,使幼儿积极主动、心情愉快地活动,以此来激发幼儿良好的活动动机,进而培养幼儿的意志行动。

2. 鼓励和增加孩子的自信心

增加自信心,是孩子发展各种动作和意志行动的有力的内部力量。当孩子得到点滴进步时,成功感可以使他增加自信心。当孩子活动失败时,更需要成人的支持、亲近和语言强化,包括提出要求、提示、建议、称赞等,鼓励他再接再厉。当孩子跌倒稍有碰伤时,有些家长冷静地帮助他,告诉他如何对待,让孩子感到是正常的事,孩子就会信心十足地继续练习,跑跑跳跳;另一些家长在类似情况下则大惊小怪,担心孩子受伤,责备孩子不该奔跑,这就挫伤了孩子的活动积极性。

3. 启发自我锻炼

只有在实践活动中不断地加强自我锻炼,才能形成优良的意志品质。这就需要经常地进行自我鼓励、自我命令、自我监督。只有发自内心地严格要求自己,主动地克服困难,才能有效地培养坚强的意志品质。

可以根据孩子的特点,通过讲故事、看电影和阅读等方式,让孩子学习典型人物坚强意志力的培养方法,进行自我锻炼。

4. 鼓励孩子做好每一件事

对于孩子而言,他们行动的目的性和计划性不是很强,经常做事有头无尾,半途而废,所以应鼓励孩子自始至终做好每一件事。另外,孩子年龄小,做事易受外部环境影响,在做事的过程中,遇到困难,就丢下手中的事去干别的,对待这种情况,成人一定不要迁就,而要及时表扬孩子已取得的成绩,帮助孩子克服行动的困难,鼓励孩子做完手中的事再去干别的。这是指导孩子经受意志锻炼的重要手段。

5. 通过实践锻炼孩子的意志

意志是通过行动表现出来的。实践活动不仅可以促进孩子的身体健康,保证正常的生长发育,而且对意志品质的锻炼也有促进作用。在实践活动中,会碰到来自内部和外部的各种困难。怎样对待这些困难,能否克服这些困难,就是对意志品质的实际考验。如带孩子登山游玩就是一种很好的锻炼方式。有的孩子走累了,想让大人抱,这时可以跟孩子说:"咱们来当解放军,看看谁先到达目的地。"孩子会一边学着解放军的样子,一边继续往前走。

6. 制定切实可行的目标,帮助孩子实现目标

与孩子一起制定出一个能够达到的目标,并帮助与督促孩子努力实现这个目标。制定的目标一定要具体、切实、可行,通过孩子的努力可以实现。

本节核心考点回顾

1. 意志行动中的动机冲突

(1)双趋冲突:从自己同时都很喜爱的两个事物中仅择其一的心理状态。

(2)双避冲突:从希望回避的两种事物中必取其一的心理状态。

(3)趋避冲突:对同一目的兼具好恶的矛盾心理。

(4)多重趋避冲突:对含有吸引与排斥两种力量的多种目标予以选择时所发生的冲突。

2.意志的品质

(1)自觉性:一个人清晰地意识到自己行动的目的和意义,并且能够主动地支配自己的行动,使之符合既定目的。

(2)果断性:善于辨明是非、抓住时机、迅速而合理地采取决定并执行。

(3)自制性:一个人善于控制和支配自己的情绪,约束自己的言行。

(4)坚韧性:一个人在行动中坚持决定,百折不挠地克服重重困难去达到行动目的。

3.学前儿童意志品质的培养

(1)培养孩子良好的兴趣;

(2)鼓励和增加孩子的自信心;

(3)启发自我锻炼;

(4)鼓励孩子做好每一件事;

(5)通过实践锻炼孩子的意志;

(6)制定切实可行的目标,帮助孩子实现目标。

第六章 学前儿童个性、道德的发展

本章学习指南

一、考情概况

本章属于学前心理学的重点章节,内容系统,需要理解和掌握的知识较多,考生可带着以下学习目标进行备考:

1. 理解个性的结构,掌握个性的基本特征及埃里克森的人格发展阶段理论。
2. 掌握气质的类型及其行为特征,理解学前儿童气质发展的特点及培养措施。
3. 理解性格与气质的关系,掌握幼儿性格的年龄特点。
4. 掌握多元智能理论。
5. 理解学前儿童自我意识产生和发展的阶段,掌握幼儿自我意识发展的特点。
6. 理解皮亚杰和科尔伯格的道德发展理论。

二、考点地图

考点	年份/地区/题型
个性的结构	2023江西统考单选
个性的基本特征	2024山东青岛单选;2023安徽宿州单选
埃里克森的人格发展阶段理论	2024江西统考单选;2024山东青岛单选
气质的类型及其行为特征	2024/2021山东青岛单选;2024山东临沂单选;2024江西统考单选
性格与气质的关系	2023福建统考判断
幼儿性格的年龄特点	2022安徽安庆多选
多元智能理论	2024江苏苏州简答;2023浙江永康单选;2021浙江临海单选
学前儿童自我意识产生和发展的阶段	2024福建统考单选;2023福建统考判断
学前儿童自我意识发展的特点	2024山东青岛单选;2020山东青岛单选
自我意识的发展阶段	2024山东临沂单选;2023山东济南判断
皮亚杰的道德发展理论	2024山东青岛单选

注:上述表格仅呈现重要考点的相关考情。

319

核心考点

第一节 个性概述

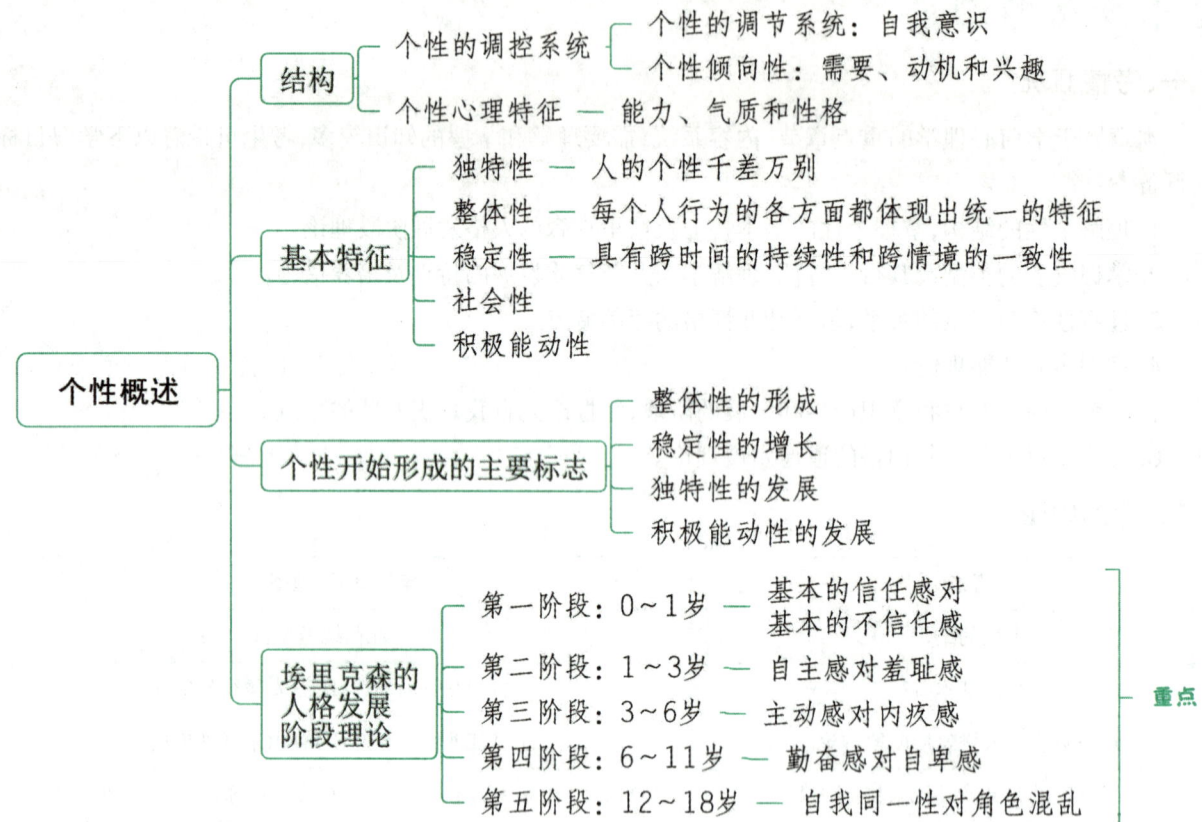

一、个性的概念

个性是指一个人比较稳定的、具有一定倾向性的各种心理特点或品质的独特组合。人与人之间个性的差异主要体现在每个人待人接物的态度和言行中,行为表现更能反映一个人的真实个性。心理学所说的个性,又称人格,其概念与日常生活中所说的个性和人格的含义不同。

二、个性的结构【单选】★

个性是由哪些心理成分构成的,心理学家对此有不同的看法,主要有广义和狭义之分。这里主要介绍狭义的个性心理结构。

1. 个性的调控系统

个性的调控系统包含两方面,即个性的调节系统和个性倾向性。个性的调节系统以自我意识为核心。个性倾向性是以人的需要为基础的动机系统,它是推动个体行为的动力。对于幼儿来说,个性倾向性主要是需要、动机和兴趣。

2. 个性心理特征

个性心理特征是指一个人身上经常地、稳定地表现出来的心理特点,是人的多种心理特点的一种独特结合。个性心理特征主要包括能力、气质和性格。对于幼儿来说,个性发展的主要内容就是个性特征开始形成。

> **知识再拔高**
>
> **广义的个性心理结构**
>
> 广义的个性心理结构,包含下列五种成分:
>
> 1. 个性倾向性
>
> 个性倾向性包括需要、动机、兴趣、理想、信念、世界观等,表明人对周围环境的态度,是个性心理结构中最活跃的成分。
>
> 2. 个性心理特征
>
> 个性心理特征包括气质、性格、能力等,这些特征最突出地表现出人的心理的个别差异。
>
> 3. 自我意识
>
> 自我意识是个性心理结构中的控制系统。
>
> 4. 心理过程
>
> 心理过程包括感知、记忆、思维、想象以及情感等。这些过程是人心理活动的基本成分或基础成分,是人对现实发生反映和联系的基本形式。
>
> 5. 心理状态
>
> 心理状态包括注意、激情、心境等,是心理活动的背景,表明心理活动进行时所处的相对稳定的水平,起提高或降低个性积极性的作用。

真题1 [2023江西统考,单选]能够集中反映个性的独特性的是个性心理特征系统,它包括(　　)

A. 动机、需要、兴趣等 B. 气质、能力、性格等

C. 自我认识、自我体验、自我监控等 D. 自我观察、自我分析、自我评价

答案:B

三、个性的基本特征 【单选】 ★★

1. 个性的独特性

个性的独特性是指人与人之间没有完全相同的个性,人的个性千差万别。但对于同一民族、同一性别、同一年龄的人来说,个性中往往存在着一定的共性。从这个意义上说,个性是独特性与共同性的统一。

2. 个性的整体性

个性是一个统一的整体结构,是由各个密切联系的成分构成的多层次、多水平的统一体。在这个整体中各个成分相互影响、相互依存,使每个人行为的各方面都体现出统一的特征,这就是个性的整体性含义。因此,从个体行为的一个方面往往可以看出他的个性,这就是个性整体性的具体表现。如一个脾气急的人,往往表现出以下特点:动作快、吃饭急、做事时喜欢一口气干完,和人相处时也容易冲动等。一个有开拓性、创造性的人往往在任何时候都会表现出这种特点:不安于现状,爱动脑筋,不愿跟在别人的后面走,而希望和别人有所不同等。

3. 个性的稳定性

个性的稳定性是指个体的个性特征具有跨时间的持续性和跨情境的一致性。跨时间的持续性指个

在时间上具有稳定性,不会在短时间内有很大的变化。因此人们常说"三岁看大,七岁看老"。跨情境的一致性指在不同的情境下,同一个人的个性特征在一定程度上会保持不变。例如,一个内向的人,在不同场合都会表现出不爱讲话、不爱交际的行为倾向。

4. 个性的社会性

人的本质是一切社会关系的总和。在人的个性形成、发展中,个性的本质方面是由人的社会关系决定的,社会因素对个性的影响还表现在:即使一些比较基本的个性特征的形成,也与人所处的社会环境密不可分。比较典型的例子就是不同国家、不同民族的人的个性有比较明显的差异。因此,个性具有强烈的社会性,是社会生活的产物。

个性具有社会性,但个性的形成也离不开生物因素。现代心理学已经证明,生物因素给个性发展提供了可能性,社会因素使这一可能变成现实。因此,我们说个性是社会性和生物性的统一。

5. 个性的积极能动性

每个人对事物都有不同的反映,每个个体都积极地以不同的态度、特有的行为方式去反映、适应或改造客观现实。

真题2 [2024山东青岛,单选]"江山易改,本性难移",体现了个性的(　　)
A. 独特性　　　　　　B. 整体性　　　　　　C. 稳定性　　　　　　D. 差异性

真题3 [2023安徽宿州,单选]"三岁看大,七岁看老"说明幼儿个性具有(　　)
A. 积极能动性　　　　B. 独特性　　　　　　C. 整体性　　　　　　D. 稳定性

答案:2. C　3. D

四、个性开始形成的主要标志

2岁前,幼儿的各种心理成分还没有完全发展起来,在这一阶段,其心理活动是零碎、片段的,还没有形成系统,因此个性不可能发生。一个人的个性并不是生来就有的,而是出生后在生理发育的基础上,在社会环境作用下,逐渐形成和发展起来的,有一个比较漫长的发生、发展过程。

2岁左右,个性逐步萌芽。3~6岁幼儿的个性开始形成,其主要标志为以下四个方面:

1. 心理活动整体性的形成

3岁前是幼儿的各种心理现象逐渐发生的时期,但这时孩子的心理活动是零散的、混乱的。到了幼儿末期,幼儿调节、控制自己行为的能力逐渐增强,开始能够按照一定目的、计划去活动。只有当一个人能够按照自己的目的,控制自己的行为的时候,才能说开始形成了一个完整的主观世界。由此可以看出,幼儿期心理活动开始具有系统性、完整性的特点。

2. 心理活动稳定性的增长

新生儿和幼小婴儿的心理活动变化多样,不论是注意、记忆、思维,还是情感各方面,都是如此。随着年龄的增长,心理活动的稳定性逐渐增长。孩子可以按照自己的目的进行观察、学习、思考,受外界环境影响的程度相对婴儿降低,而受自身控制的水平逐渐增高。

3. 心理活动独特性的发展

幼儿的个性特征已显示出明显的差异。在新生儿期个别差异的基础上,幼儿气质的不同已十分明显。在能力方面,幼儿的智力差异及特殊能力也开始显露出来,特别是作为个性特征核心部分的性格开始形成。同时,幼儿的个人特点在不同的情境中表现渐趋一致,出现稳定的个人特点。可以通过对幼儿日常生活的行为观察,对每个幼儿做出比较准确的个性评定。

4. 心理活动积极能动性的发展

积极能动性对幼儿心理的各个方面产生巨大的影响。在自我意识方面,孩子对自己的评价及相应的自信心已经表现出差异。如有的孩子对自己充满信心,有的退缩;有的孩子能够控制自己,有的则自制力差。而自我意识水平的高低直接影响着幼儿的学习、生活,甚至对自己以后的发展产生影响。在兴趣、爱好方面,有的孩子对事物充满好奇,喜欢探索,有的对什么都无所谓;有的喜欢昆虫,有的喜欢画画,有的则喜欢舞蹈等。兴趣、爱好的不同提供了幼儿的发展好坏和朝哪个方向发展的可能性。兴趣性强的孩子会有更好的发展,因为孩子的兴趣是影响其学习效果的最主要因素。

五、埃里克森的人格发展阶段理论【单选】★★

埃里克森认为,人格是受生物、心理和社会三方面因素的影响,在自我与社会环境相互作用中形成的。其发展经历几个既连续又不同的阶段,每一阶段都有其特定的发展任务。如果成功地完成发展任务,就形成积极的品质;如果发展任务没有成功地完成,就形成消极的品质。一个阶段任务的完成有助于下一个阶段任务的完成。如果没能成功完成前一阶段的任务,将会对这个人后来的发展产生消极的影响,但是后期的发展阶段也可以克服前期出现的问题。在任何一个阶段,个体都可以在前后两个阶段之间往复发展。由于每个儿童完成任务,解决冲突的程度不同,因此,发展的结果和过程也是不一样的。埃里克森把人的一生从出生到死亡划分为八个互相联系的阶段,要解决八对矛盾,其中前五个阶段具体如下。

表2-9 埃里克森的人格发展阶段理论

阶段	年龄	冲突	获得的人格
第一阶段	0~1岁	基本的信任感对基本的不信任感	信任感
第二阶段	1~3岁	自主感对羞耻感	自主性
第三阶段	3~6岁	主动感对内疚感	主动性
第四阶段	6~11岁	勤奋感对自卑感	勤奋感
第五阶段	12~18岁	自我同一性对角色混乱	自我同一性

备注:这里只具体列出前五个阶段。其他三个阶段分别为:亲密感对孤独感(成年早期)、繁殖感对停滞感(成年中期)、自我整合对绝望感(成年晚期)。

真题4 [2024江西统考,单选]依据埃里克森的人格发展阶段理论可知,5岁的儿童正处于(　　)阶段。

A. 基本的信任对不信任　　　　　　B. 自主对羞怯、怀疑

C. 主动对内疚　　　　　　　　　　D. 勤奋对自卑

真题5 [2024山东青岛,单选]根据埃里克森的人格发展阶段理论,1岁至3岁儿童发展的主要任务是(　　)

A. 获得信任感,克服不信任感　　　B. 获得自主感,克服羞耻感

C. 获得主动感,克服内疚感　　　　D. 获得勤奋感,克服自卑感

答案:4. C　5. B

★★ 本节核心考点回顾 ★★

1. 个性的结构

(1)个性的调控系统:个性的调节系统、个性倾向性。

(2)个性心理特征:主要包括能力、气质和性格。

323

2.个性的基本特征
(1)独特性:人与人之间没有完全相同的个性。
(2)整体性:每个人行为的各方面都体现出统一的特征。
(3)稳定性:个性特征具有跨时间的持续性和跨情境的一致性。
(4)社会性:个性是社会生活的产物,不同国家、不同民族的人的个性有比较明显的差异。
(5)积极能动性:每个个体都积极地去反映、适应或改造客观现实。

3.埃里克森的人格发展阶段理论

埃里克森认为人格是在自我和社会环境相互作用中形成的,他把人的一生划分为八个阶段,其中,前三个阶段为:

(1)0~1岁:基本的信任感对基本的不信任感。
(2)1~3岁:自主感对羞耻感。
(3)3~6岁:主动感对内疚感。

第二节 学前儿童气质的发展

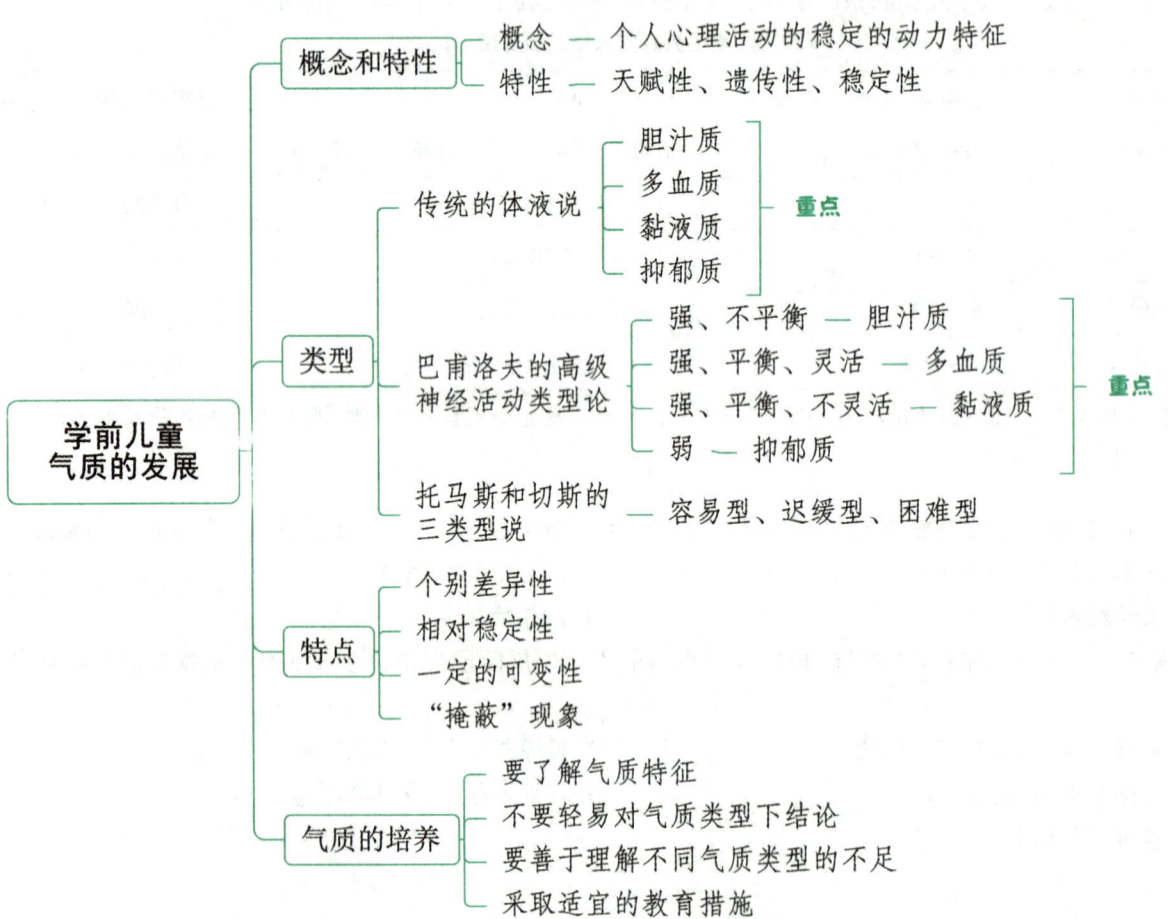

一、气质的概念和特性

1.气质的概念

气质是个人心理活动的稳定的动力特征。心理活动的动力特征主要指心理过程的速度和稳定性,心理过程的强度和心理活动的指向性等方面的特点。"禀性""脾气"是气质的通俗说法。现代心理学一般认为,气质是不以活动目的和内容为转移的典型的、稳定的心理活动的动力特征。

2.气质的特性

(1)天赋性。气质是出生就有的,在新生儿期就有表现。

(2)遗传性。气质与人的神经系统联系密切,因此,和其他心理现象相比,气质和遗传的关系更为密切。

(3)稳定性。气质与性格、能力等其他心理特征相比,更具有稳定性。但气质也不是完全不能改变的,在环境、教育影响下,在一定程度上是可以改变的。

二、气质的类型及其行为特征 【单选】 ★★

考点 1 ▶ 传统的体液说

气质类型是指在一类人身上共有的或相似的心理活动特征的有规律的结合。气质类型的划分多种多样,从古希腊沿袭下来的四种气质类型的划分最有生命力。

表 2-10 气质类型及其特征

气质类型	特征	代表人物
胆汁质	精力旺盛、表里如一、刚强、易感情用事	张飞、李逵
多血质	反应迅速、有朝气、活泼好动、动作敏捷、情绪不稳定、粗枝大叶	王熙凤
黏液质	稳重,但灵活性不足;踏实,但有些死板;沉着冷静,但缺乏生气	沙僧、林冲
抑郁质	敏锐、稳重、体验深刻、外表温柔、怯懦、孤独、行动缓慢	林黛玉

真题1 [2024山东青岛,单选]《西游记》里的红孩儿活泼好动,动作敏捷,有朝气有活力,情绪不太稳定。红孩儿的气质类型很可能是( )

A.多血质　　　　B.胆汁质　　　　C.黏液质　　　　D.抑郁质

真题2 [2024山东临沂,单选]琪琪精力旺盛、易于冲动、反应迅速、难以约束自己的行为。琪琪的气质类型倾向于( )

A.抑郁质　　　　B.胆汁质　　　　C.黏液质　　　　D.多血质

答案:1. A　2. B

考点 2 ▶ 巴甫洛夫的高级神经活动类型论

巴甫洛夫将动物的高级神经活动分为四种类型:强、不平衡(不可遏制型);强、平衡、灵活(活泼型);强、平衡、不灵活(安静型);弱(弱型)。

四种不同类型动物的活动特点是:强而不平衡型的动物易激动,不易约束;强而平衡且灵活型的动物容易兴奋,较灵活;强而平衡且不灵活型的动物难以兴奋,迟钝而不灵活;弱型的动物难以形成条件反射,容易疲劳。

表2-11 高级神经活动类型与气质类型对照表

高级神经活动类型	高级神经活动过程	气质类型
不可遏制型	强、不平衡	胆汁质
活泼型	强、平衡、灵活	多血质
安静型	强、平衡、不灵活	黏液质
弱型	弱	抑郁质

巴甫洛夫用高级神经活动类型学说解释气质的生理基础,但是从现在生理学的发展来看,这四种气质类型的生理根据是不科学的。

•小香课堂•

注意区分巴甫洛夫的高级神经活动类型论和古希腊希波克拉底的气质分类,考生需准确识记两者的区别和联系,注意各个类型的主要心理特征。

真题3 [2024江西统考,单选]巴甫洛夫通过实验研究,发现高级神经系统活动具有强度、平衡性和灵活性三个基本特点,在不同个体身上存在各种不同组合,从而产生了各种神经活动类型。强、平衡而不灵活的类型对应(　　)的气质类型。

A. 胆汁质　　　　B. 多血质　　　　C. 黏液质　　　　D. 抑郁质

真题4 [2021山东青岛,单选]萱萱小朋友非常活泼,集体活动时小动作比较多,但是老师示意时能够停下正在进行的动作。请分析萱萱小朋友的气质类型和这种气质类型的神经活动类型是(　　)

A. 多血质;强、平衡、灵活型　　　　B. 多血质;强、不平衡型
C. 胆汁质;强、不平衡型　　　　　　D. 胆汁质;强、平衡、灵活型

答案:3. C　4. A

考点 3 ▶ 托马斯和切斯的三类型说(婴儿的气质类型)

托马斯和切斯发现,新生儿1~3个月就有明显、持久的气质特征,不大容易改变,一直持续到成年。他们根据儿童活动水平、生理活动的规律性、对新异刺激反应的害怕或抑制等九个维度,把婴儿的气质分为三种类型。

1. 容易型

托马斯等人认为,这类儿童的人数最多,占40%。他们情绪稳定,活泼、爱玩、愉快,睡眠和饮食都有规律,容易适应新的环境,容易接近陌生人,容易接受新事物。通常这类儿童被看成可爱的孩子而更多地受到成人的关怀。

2. 迟缓型

这类儿童占15%。他们平时不够活泼,有时大惊小怪,表现为安静和退缩,对新环境和新事物适应缓慢。但是通过抚爱和教育可以逐渐培养起对新事物的兴趣,反应渐渐积极起来。

对具有迟缓型气质的婴儿只要给予足够的关爱和耐心,通常不会发生心理问题。但如果家长对他们缺乏应有的敏感和关心,如漠视、粗暴等,他们容易形成不安全依恋。而且进入学校后,与同龄人相比,显得有些适应困难,如表现出焦虑不安等。

3. 困难型

这类儿童占10%。他们经常大惊小怪,生理活动没有规律,害怕生人,对新环境表现出强烈的退缩和激动,反应迟缓。他们心情不愉快,与成人关系不密切,并且缺乏教育。这类儿童具有发生心理问题的危险性。一项研究表明,这类儿童到7岁时,有情绪问题的人数要比其他两种类型的儿童多。

属于困难型气质的婴儿,如果家长照料态度不当,容易发生心理问题,易形成不安全依恋。进入学校后,大多数这类气质的儿童会发生更多的适应问题。而且,这类儿童在幼儿期和童年期表现为焦虑退缩,或有较多的侵犯性行为。

托马斯和切斯认为,以上三种类型只涵盖了65%的研究对象,另有35%的婴儿不能简单地划归到上述任何一种气质类型中去。他们往往具有上述两种或三种气质类型混合的特点,情绪、行为倾向性和个人特点不明显,属于上述类型中的中间型或过渡型。

真题5 [2021山东青岛,单选]婴儿的气质类型可以划分为( )三种。
A. 容易型、困难型、冲动型   B. 容易型、困难型、迟缓型
C. 容易型、困难型、稳定型   D. 容易型、稳定型、冲动型
答案:B

三、学前儿童气质发展的特点

1. 个别差异性

婴儿出生后即表现出气质的差异。到了幼儿期,儿童已经明显地出现不同的气质类型。幼儿的个性初步形成,个性的个别差异在气质方面表现出来,有经验的老师和细心的家长很容易发现幼儿的气质特征,辨别出具有不同气质类型的幼儿。

2. 相对稳定性

在人的各种个性心理特征中,气质是最早出现的,也是变化最缓慢的。因为气质和儿童的生理特点关系最直接。儿童出生时就已经具备一定的气质特点,在大多数儿童身上,早期的气质特征一般保持相对稳定。

3. 一定的可变性

儿童的气质类型具有相对稳定的特点,但并不是一成不变的。事实上,高级神经活动具有可塑性,高级神经活动类型也有可变性。儿童的气质在后天的生活环境与教育影响下可以逐渐改变。这种改变包含两个方面:一方面,幼儿气质中的积极特征,如行动的敏捷性、注意的稳定性、乐于交往等,会因成人的积极引导和鼓励表扬而得到巩固和发展;另一方面,幼儿气质中的消极特征,如胆汁质儿童的急躁、任性,抑郁质儿童的孤僻、害羞,也往往在教师的指导和集体生活的影响下逐步得到改变。

4. "掩蔽"现象

幼儿的气质也可能受到生活环境与教育的影响而发生"掩蔽"现象。儿童一出生就已经具备一定的气质特点,在整个儿童期内常会保持相对稳定。但并不是一成不变的,其后天的生活环境和教育可以改变原来的气质类型。但有时我们所看到的并不是气质类型的改变,而是因受环境和教育的影响,原有气质特征没有充分表现出来,或改变了其表现形式,这在心理学上称为气质的掩蔽。气质的"掩蔽"现象也就是指一个人气质类型没有改变,但是形成了一种新的行为模式,表现出一种不同于原来类型的气质外貌。

四、学前儿童气质的培养及教育适宜性

1. 要了解学前儿童的气质特征

教师或父母可以运用行为评定法,通过对学前儿童在游戏、学习、劳动等活动中的情感表现、行为态度等进行反复细致的观察,来了解学前儿童的气质特点。

2. 不要轻易对学前儿童的气质类型下结论

学前儿童虽然表现出各种气质特征,但教师或父母不应轻率地对学前儿童的气质类型做出判定。因为在实际生活中纯粹属于某种气质类型的人是极少的,某一种行为特点可能为几种气质类型所共有,而且学前儿童虽然表现出气质的个别差异,但他们的气质还在发展之中,尚未稳定,还可能发生变化。因此,教师必须长期地反复观察学前儿童的各种行为特点,再审慎地确定学前儿童的气质接近或属于哪种类型,以免引起教育上的失误。

3. 要善于理解不同气质类型儿童的不足之处

尽管我们说气质类型无所谓好坏,但作为个体的行为特征,在社会生活中会表现出适宜或不适宜的情况。

成人要善于利用每一气质类型的积极方面,给儿童提供充分表现的机会。同时,对于儿童气质中所表现出来的不尽如人意之处,也要表现出充分的理解,并考虑采取更换策略来对待。

4. 针对学前儿童的气质特点,采取适宜的教育措施

教师进行教育和教学工作时,要针对学前儿童的气质特点,采取相应的教育措施。对于容易兴奋的儿童,要教会他们自制,午睡先醒时要安静地躺着,养成安静、遵守纪律的习惯;对于行动畏怯的儿童,要多肯定他们的成绩,培养他们的自信心,激发他们活动的积极性;对于热情活泼、难于安静下来的儿童,要着重培养他们专心工作、耐心做事的习惯;对于反应迟缓、沉默寡言的儿童,要鼓励他们多参加集体活动,引导他们多与同伴交往,教给他们各种活动技能和工作方法。

气质本身没有好坏之分,每一种气质既有优点,又有缺点。教育的目的不是设法改变儿童原有的气质,而是要克服缺点,发展优点,使儿童在原有气质的基础上建立优良的个性特征。

(1)对于胆汁质的孩子,要培养勇于进取、豪放的品质,防止任性、粗暴;

(2)对于多血质的孩子,要培养热情开朗的性格及稳定的兴趣,防止粗枝大叶、虎头蛇尾;

(3)对于黏液质的孩子,要培养积极探索精神及踏实、认真的优点,防止墨守成规、谨小慎微;

(4)对于抑郁质的孩子,要培养机智、敏锐和自信心,防止疑虑、孤独。

✦✦ 本节核心考点回顾 ✦✦

1. 传统的体液说关于气质类型的划分

(1)胆汁质:精力旺盛、表里如一、刚强、易感情用事。

(2)多血质:反应迅速、有朝气、活泼好动、动作敏捷、情绪不稳定、粗枝大叶。

(3)黏液质:稳重,但灵活性不足;踏实,但有些死板;沉着冷静,但缺乏生气。

(4)抑郁质:敏锐、稳重、体验深刻、外表温柔、怯懦、孤独、行动缓慢。

2. 高级神经活动类型与气质类型的匹配

(1)强、不平衡——胆汁质。

(2)强、平衡、灵活——多血质。

(3)强、平衡、不灵活——黏液质。

(4)弱——抑郁质。

3.托马斯和切斯对婴儿气质类型的划分

(1)容易型;(2)迟缓型;(3)困难型。

4.学前儿童气质发展的特点

(1)个别差异性:婴儿出生后即表现出气质的差异。

(2)相对稳定性:在人的各种个性心理特征中,气质是最早出现的,也是变化最缓慢的。

(3)一定的可变性:儿童的气质类型具有相对稳定的特点,但并不是一成不变的。

(4)"掩蔽"现象:一个人的气质类型没有改变,但表现出一种不同于原来类型的气质外貌。

第三节 学前儿童性格的发展

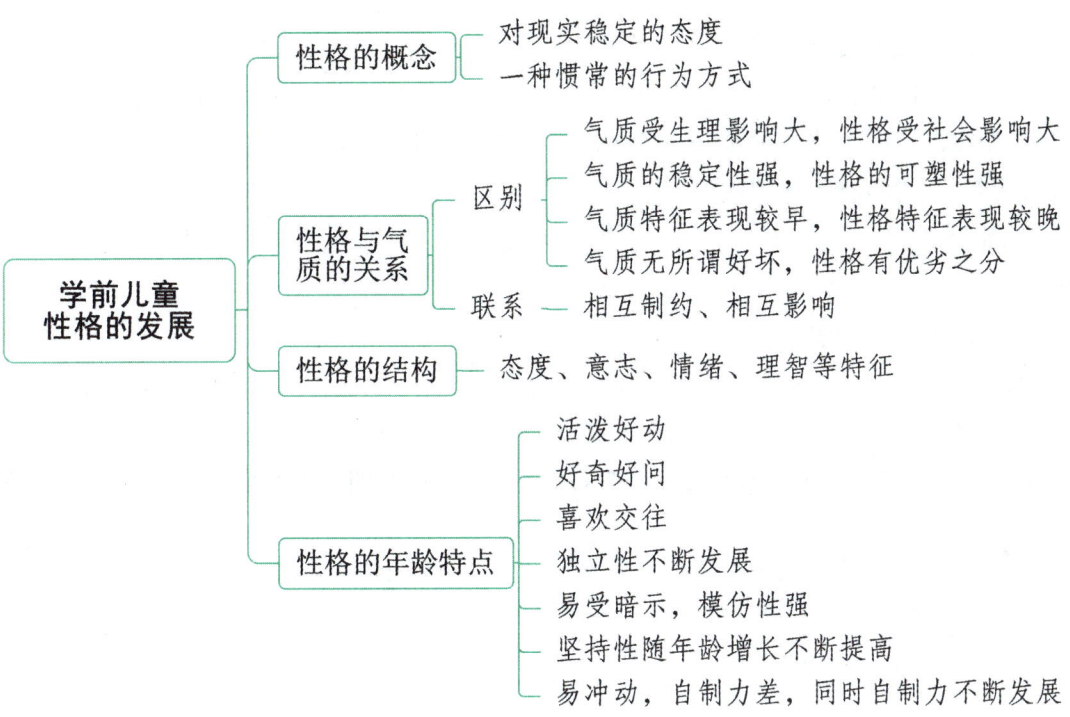

一、性格的概念

性格是具有核心意义的个性特征,它是个性的核心。性格是指表现在人对现实的态度和惯常的行为方式中的比较稳定的心理特征。具体可以从以下两方面理解:

1.性格是对现实稳定的态度

在日常生活中,人们对待周围的人与事的态度是各式各样的。如有的人待人热情,善于关心别人;有的人冷漠;有的人私心很重,只顾自己;有的人勤劳,有的人懒惰等,这种一个人经常表现的对人、对己及对事的态度方面的差异是人的性格的一个主要方面。

2.性格是一种惯常的行为方式

所谓惯常的行为方式就是区别于一时的、偶然的行为方式。如某人勇敢、坚强,只是在一个偶然的场合表现出胆怯的行为,不能据此就说他有怯懦的性格特征。

人在现实生活中的行为方式是多种多样的,包括衣食住行的各个方面。但这些行为方式并不是无规律地堆积在一个人的身上,而是在人生观和价值观指导下的各种生活方式的总和。如一个有着高尚人生观和价值观的人,他在现实生活中的最典型的行为方式应该是关心他人、勤奋、无私、勇敢的,而一个只顾自己的人,遇事首先为自己打算,就会表现出怯懦的性格。俗话说得好:"无私才能无畏。"

稳定的态度和惯常的行为方式是统一的。人对现实的态度决定其行为方式,而惯常的行为方式又体现着人对现实的态度。

二、性格与气质的关系 【判断】★

考点 1 性格与气质的区别

1. 气质受生理影响大,性格受社会影响大

气质是由人的神经系统的某些生物学特点,特别是脑的特点决定的。性格是人对现实的态度及其行为方式所表现出来的个性心理特征。在不同的社会生活条件下,人们的性格有明显的区别。

2. 气质的稳定性强,性格的可塑性强

由于气质较多地受生物因素的制约,因此,气质变化较难、较慢。性格是后天形成的,由生活实践决定,它虽然也具有一定的稳定性,但在社会生活条件的影响下,比气质的变化要快得多,它的可塑性更强。

3. 气质特征表现较早,性格特征表现较晚

人的气质差异是先天形成的,受神经系统活动过程的特性所制约,因此,气质形成得早,表现在先。性格是后天形成的,受社会影响大,因此,性格特征出现的比较晚。

4. 气质无所谓好坏,性格有优劣之分

气质是人的天性,无好坏之分,但是由于它影响到儿童的全部心理活动和行为,如果不加以正确对待,将会成为不良个性的因素。气质不能决定人的社会价值与成就的高低,也不直接具有社会道德评价含义,但气质对人在不同性质的活动中的适应性,甚至活动的效率却有一定的影响。也就是说,气质特征是职业选择的依据之一。

性格是在后天社会环境中逐渐形成的,受人的世界观、人生观、价值观的影响,具有道德评价含义,有好坏、优劣之分,能最直接地反映出一个人的道德风貌。

考点 2 性格与气质的联系

气质与性格相互制约、相互影响,有着密切的联系。一方面,气质影响性格的形成和表现,在性格特征形成的快慢速度和表现方面,无不明显地带着各自气质类型的特点;另一方面,性格对气质也产生一定的影响,它在一定程度上掩盖和影响着气质,甚至渐渐影响一个人某方面气质特征的改变。

> **小香课堂**
>
> 考生可通过以下表格来梳理性格与气质的关系:

	气质	性格
区别	受生理影响大	受社会影响大
	稳定性强	可塑性强
	表现较早	表现较晚
	无所谓好坏	有优劣之分
联系	(1)气质影响性格的形成和表现,在性格特征形成的快慢速度和表现方面,无不明显地带着各自气质类型的特点;(2)性格对气质也产生一定的影响,它在一定程度上掩盖和影响着气质,甚至渐渐影响一个人某方面气质特征的改变	

真题1 [2023福建统考,判断]性格是与生俱来的,有好坏之分。
答案:×

三、性格的结构

人的性格是非常复杂的,它是由各种各样的性格特征有机结合组成的统一体。具体包括性格的态度特征、性格的意志特征、性格的情绪特征和性格的理智特征。

1.性格的态度特征

表现在人对现实态度方面的特点。由以下三方面组成:(1)对社会、集体和他人的态度(集体主义、同情心、诚实、正直等);(2)对工作和学习的态度(勤劳、有责任心、认真、创新性等);(3)对自己的态度(谦虚、自信等)。

2.性格的意志特征

表现在人自觉调节自己行为方面的特点。由以下四方面组成:(1)对行为目的的明确程度(冲动性、独立性、纪律性等);(2)对行为的自觉控制水平(主动性、自制力等);(3)在长期工作中表现出来的特征(恒心、坚韧性、顽固性等);(4)在紧急或困难情况下表现出来的特征(勇敢、果断、镇定、顽强等)。

3.性格的情绪特征

表现在人受情绪影响的程度和情绪受意志控制的程度。由以下四方面组成:(1)情绪的强度(是否易受感染及反应强度);(2)情绪的稳定性(波动与否);(3)情绪的持久性(持续时间长短);(4)主动心境(愉快与否)。

4.性格的理智特征

也称人的认知风格,表现在人的认识活动方面的特点。分别表现在四个方面:(1)感知(观察的主动性、目的性、快速性及精确性);(2)想象(想象的主动性和大胆性);(3)记忆(记忆的主动性和自信程度);(4)思维(思维的独立性、分析性还是综合性)。

四、幼儿性格的年龄特点 【多选】 ★★

1.活泼好动

活泼好动是幼儿的天性,也是幼儿期儿童性格最明显的特征之一,不论何种类型的幼儿都是如此。

2.好奇好问

好奇心是一种认识兴趣,它是人在认识事物过程中表现出来的短暂的探索性行为。幼儿的好奇心很强,主要表现在探索行为和提出问题两个方面。

3.喜欢交往

随着幼儿年龄的增长,他们越来越喜欢和同龄或年龄相近的小朋友交往。

4.独立性不断发展

独立性反映一个人在行动中的自主程度。3岁前儿童的心理活动几乎完全是直接依赖于外界环境的影响,随着外界环境的改变而变化,没有自己的目的性和独立性。3岁左右,幼儿独立性的发展进入一个新的阶段。他们不再满足于按照成人的直接命令来行动,而开始渴望像成人一样独立行动。这个阶段的幼儿常常想到什么就做什么,不考虑后果,也不知道失败的危险,表现出不听话、执拗、顶撞,经常说"我自己来""我偏要……"这一类话。3~5岁的幼儿几乎普遍存在这种倾向。幼儿独立性发展还表现为行为的模仿性。在模仿过程中,一般没有他人的指令,模仿是主动的。

幼儿独立性发展最后表现在他们能够自己进行各种活动,不再完全依赖和成人共同进行活动。幼儿在游戏中能够自己确定主题、角色和规则。如果成人对幼儿的游戏干涉过多,幼儿就会自觉或不自觉地反抗,不想再玩了。

5. 易受暗示,模仿性强

模仿性强是幼儿期的典型特征,小班幼儿表现尤为突出。幼儿往往没有主见,常常随外界环境影响而改变自己的意见,受暗示性强。幼儿模仿的对象可以是成人,也可以是其他小朋友。

6. 坚持性随年龄增长不断提高

坚持性表现为坚持行动,努力达到预定的目的。幼儿初期行动的坚持性很差,在游戏中3岁左右儿童常常有违反游戏规则的现象,要他们坚持10分钟坐着不动都是困难的。幼儿的坚持性随着年龄的增长而不断提高,但是,4~5岁是幼儿坚持性发展最快的年龄阶段。在这个年龄,外界环境对幼儿的坚持性影响最大,因此,有人认为4~5岁是幼儿坚持性发展的关键期。

7. 易冲动,自制力差,同时自制力不断发展

易冲动,自制力差是幼儿性格的一个非常突出的特点。幼儿很容易受外界情景或他人的影响而情绪激动,或者因自己主观情绪或兴趣的左右而行为冲动。幼儿又具有坦率、诚实的性格特征。他们的情绪、思想比较外露,喜怒形于色,对人真诚,不虚伪。

自制力是指一个人善于控制自己的情绪,约束自己言行的品质。自制力不仅表现在调节活动能持久地进行,也表现在对不符合成人要求和集体规则的行为抑制上。坚持性也可以说是一种推进性的自制,即在活动中抑制那些干扰性因素,保持有效行为。抗拒诱惑和延迟满足被看作幼儿自制的两种形式。抗拒诱惑是抑制自己,不去从事能够得到满足,但又为社会所不允许的行为,无论在有人或无人的情况下,都拒绝有诱惑力却被禁止的愿望和行动。延迟满足是为了长远利益而自愿延缓当前的享受。

真题2 [2022安徽安庆,多选]幼儿性格的年龄特点包括( )
A. 模仿性强　　　　B. 喜欢交往　　　　C. 活泼好动　　　　D. 喜欢发问
答案:ABCD

✦★ 本节核心考点回顾 ★✦

1. 性格与气质的区别
(1)气质受生理影响大,性格受社会影响大。
(2)气质的稳定性强,性格的可塑性强。
(3)气质特征表现较早,性格特征表现较晚。
(4)气质无所谓好坏,性格有优劣之分。
2. 幼儿性格的年龄特点
(1)活泼好动;(2)好奇好问;(3)喜欢交往;(4)独立性不断发展;(5)易受暗示,模仿性强;(6)坚持性随年龄增长不断提高;(7)易冲动,自制力差,同时自制力不断发展。

第四节　学前儿童能力的发展

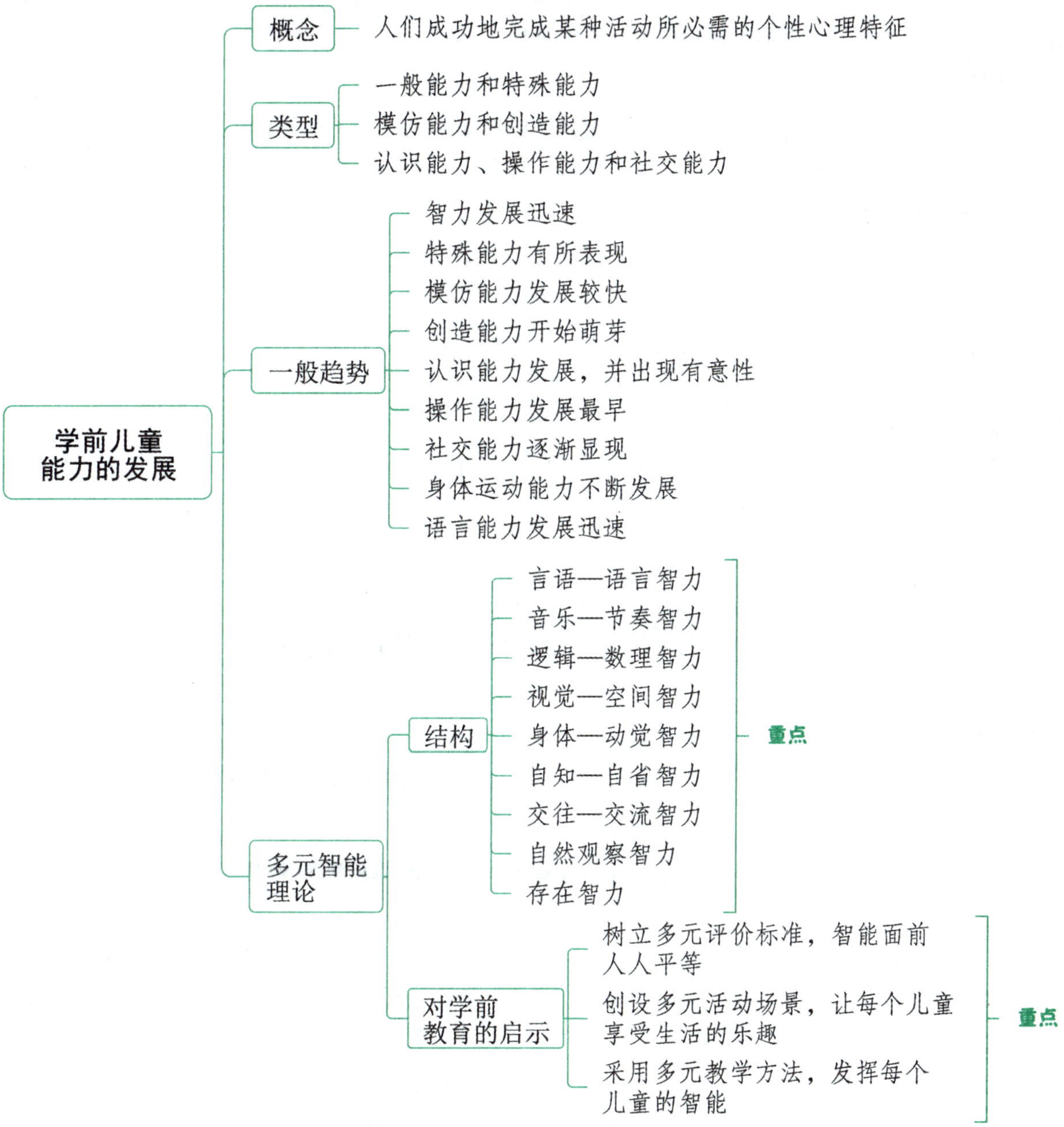

```
学前儿童能力的发展
├─ 概念 ── 人们成功地完成某种活动所必需的个性心理特征
├─ 类型
│    ├─ 一般能力和特殊能力
│    ├─ 模仿能力和创造能力
│    └─ 认识能力、操作能力和社交能力
├─ 一般趋势
│    ├─ 智力发展迅速
│    ├─ 特殊能力有所表现
│    ├─ 模仿能力发展较快
│    ├─ 创造能力开始萌芽
│    ├─ 认识能力发展，并出现有意性
│    ├─ 操作能力发展最早
│    ├─ 社交能力逐渐显现
│    ├─ 身体运动能力不断发展
│    └─ 语言能力发展迅速
└─ 多元智能理论
     ├─ 结构（重点）
     │    ├─ 言语—语言智力
     │    ├─ 音乐—节奏智力
     │    ├─ 逻辑—数理智力
     │    ├─ 视觉—空间智力
     │    ├─ 身体—动觉智力
     │    ├─ 自知—自省智力
     │    ├─ 交往—交流智力
     │    ├─ 自然观察智力
     │    └─ 存在智力
     └─ 对学前教育的启示（重点）
          ├─ 树立多元评价标准，智能面前人人平等
          ├─ 创设多元活动场景，让每个儿童享受生活的乐趣
          └─ 采用多元教学方法，发挥每个儿童的智能
```

一、能力的概念

能力是指人们成功地完成某种活动所必需的个性心理特征。一般认为,能力有两种含义:其一是指已经发展出来或是表现出来的实际能力;其二是指可能发展出来的潜在能力。潜在能力只是各种实际能力展现的可能性,只有通过学习才有可能变为实际能力。潜在能力是实际能力形成的基础和条件,而实际能力则是潜在能力的展现,实际能力和潜在能力密切地联系着。

二、能力的类型

1. 一般能力和特殊能力

一般能力是指大多数活动所共同需要的能力。一般能力以抽象概括（思维）能力为核心。特殊能力指某项专门活动所必需的能力，又称专门能力，它只在特殊领域内发挥作用，是完成有关活动不可缺少的能力。完成一种活动通常都需要两种能力的共同参与。

2. 模仿能力和创造能力

模仿能力指效仿他人的举止行为而引起的与之相类似活动的能力。创造能力指产生新思想，发现和创造新事物的能力。模仿能力和创造能力是相互联系的。创造能力是在模仿能力的基础上发展起来的。

3. 认识能力、操作能力和社交能力

认识能力就是学习、研究、理解、概括和分析的能力。操作能力是操纵、制作和运动的能力。社交能力是人们在社会交往活动中表现出来的能力。

三、学前儿童能力发展的一般趋势

1. 智力发展迅速

智力随年龄增长而增长，但增长不是等速的，而是有变化的。一般是先快后慢，到一定年龄则停止增长，而后随着人的衰老，智力又开始下降。

2. 特殊能力有所表现

有些人在幼儿期就已表现出某些方面的优异能力。能力的早期表现是能力发展中的一个带有普遍性的现象，这种现象在音乐、绘画等领域最为常见。根据哈克和齐汉的研究，儿童在3岁左右开始显露音乐才能的情况最多。

3. 模仿能力发展较快

儿童模仿能力的发展是随着延迟模仿一起发展起来的，延迟模仿大约发生在18~24个月左右。

4. 创造能力开始萌芽

儿童的创造能力发展较晚，到幼儿晚期才出现创造能力的萌芽，这种创造能力明显地表现在儿童的绘画作品中。

5. 认识能力发展，并出现有意性

儿童出生时只具备基本的感知能力，随着年龄的增长，各种认识能力逐渐发展，并逐步向比较高级的心理水平发展，认识活动的有意性开始发展。

6. 操作能力发展最早

从1岁开始，儿童操作物体的能力逐步发展起来，开始进行各种游戏活动。同时儿童的各种动作能力也逐渐完善。

7. 社交能力逐渐显现

随着儿童言语的发展，儿童的社交能力也逐渐发展起来。儿童言语的连贯性、完整性和逻辑性的发展，为儿童的学习和交往创造了良好的条件。

8. 身体运动能力不断发展

儿童从出生开始，已具有一定的运动能力。之后随着身体的不断成长，身体运动能力不断发展。进入

幼儿期,儿童的身体运动能力进一步得到发展,能掌握基本的走、跑、跳、攀、钻、爬、踢、跨等动作,并能灵活组合运用,动作也越来越复杂化。

9. 语言能力发展迅速

在1岁左右,儿童开始发展语言能力。在之后短短的几年时间里,儿童从不会说话到能用单个字,再到能用两个词,最终能够用简单句比较清楚地表达意思。进入幼儿期,儿童的语言表达能力进一步发展和提高,特别是言语的连贯性、完整性和逻辑性迅速发展。

四、多元智能理论 【单选、简答】★★

考点 1 多元智能理论的本质

加德纳的智力理论提出,人是具有多种能力的个体,人的多种智力都与具体的认知领域或知识范畴紧密相关且独立存在。加德纳的多元智能理论把智力看作有待于环境和教育激活及培养的潜能,并把智力的本质看作个体的实践能力和创造能力,而这种实践能力和创造能力是置于一定的文化环境之中的,具有明显的文化属性。

考点 2 多元智能的结构

加德纳最早提出的多元智能框架中主要包括七种智力,这七种智力分别是言语—语言智力、音乐—节奏智力、逻辑—数理智力、视觉—空间智力、身体—动觉智力、自知—自省智力和交往—交流智力。1999年,加德纳又提出了第八种智力,即自然观察智力。后来,他又提出了第九种智力,即存在智力。

1. 言语—语言智力

这种智力主要是指听、说、读、写的能力,表现为个人能够顺利而高效地利用语言描述事、表达思想并与人交流的能力。这种智力在记者、编辑、作家、演讲家和政治领袖等人身上有比较突出的表现,例如,由记者转变为演说家、作家和政治领袖的丘吉尔。

2. 音乐—节奏智力

这种智力主要是指感受、辨别、记忆、改变和表达音乐的能力,表现为个人对音乐包括节奏、音调、音色和旋律的敏感以及通过作曲、演奏和歌唱等表达音乐的能力。这种智力在作曲家、指挥家、歌唱家、演奏家、乐器制造者和乐器调音师身上有比较突出的表现,例如,音乐天才莫扎特。

3. 逻辑—数理智力

这种智力主要是指运算和推理的能力,表现为对事物间类比、对比、因果和逻辑等各种关系的敏感,以及通过数理运算和逻辑推理等进行思维的能力。这种智力在侦探、律师、工程师、科学家和数学家身上有比较突出的表现,例如,相对论的提出者爱因斯坦。

4. 视觉—空间智力

这种智力主要是指感受、辨别、记忆、改变物体的空间关系并借此表达思想和情感的能力,表现为对线条、形状、结构、色彩和空间关系的敏感以及通过平面图形和立体造型将它们表现出来的能力。这种智力在画家、雕刻家、建筑师、航海家、博物学家和军事战略家的身上有比较突出的表现,例如,画家毕加索。

5. 身体—动觉智力

这种智力主要是指运用四肢和躯干的能力,表现为能够较好地控制自己的身体,或对事件能够做出恰当的身体反应以及善于利用身体语言来表达自己的思想和情感的能力。这种智力在运动员、舞蹈家、外科医生、赛车手和发明家身上有比较突出的表现,例如,篮球运动员迈克尔·乔丹。

6. 自知—自省智力

这种智力主要是指认识、洞察和反省自身的能力,表现为能够正确地意识和评价自身的情绪、动机、欲望、个性、意志,并在正确的自我意识和自我评价的基础上形成自尊、自律和自制的能力。这种智力在哲学家、小说家、律师等人身上有比较突出的表现,例如,哲学家柏拉图。

7. 交往—交流智力

这种智力主要是指与人相处和交往的能力,表现为觉察、体验他人情绪、情感和意图,并据此做出适宜反应的能力。这种智力在教师、律师、推销员、公关人员、谈话节目主持人、管理者和政治家等人身上有比较突出的表现。例如,美国黑人民权运动领袖马丁·路德·金。

8. 自然观察智力

这种智力主要是指对自然现象敏感,喜欢探索大自然,善于对自然现象观察、分类和鉴别,乐于种植、饲养等的能力。例如,探险家、考古工作者、农业工作人员、饲养员、登山运动员等。

9. 存在智力

存在智力是指陈述、思考有关生与死、身体与心理等问题的倾向性,如人为何到地球上来,在人类出现之前地球是怎样的,别的星球有无生命,以及动物之间能否相互理解等。这种智力在哲学家身上表现得比较明显。

• 记忆有妙招 •

多元智能结构:**语数音体美,一交两自存**。**语**:言语—语言智力。**数**:逻辑—数理智力。**音**:音乐—节奏智力。**体**:身体—动觉智力。**美**:视觉—空间智力。**一交**:交往—交流智力。**两自**:自知—自省智力;自然观察智力。**存**:存在智力。

真题1 [2021浙江临海,单选]微微妈妈发现微微具有优势智能,认为她会成为舞蹈演员,于是重点培养她。这说明微微具有( )智能。

A. 语言　　　　　B. 视觉—空间　　　　　C. 音乐　　　　　D. 身体—动觉

答案: D

考点 3 加德纳的多元智能理论对学前教育的启示

加德纳的多元智能理论的应用领域是广泛的,但在教育领域的应用尤为引人注目。这个理论给学前教育带来的启示有以下三个方面。

1. 树立多元评价标准,智能面前人人平等

每个儿童都有独特的智能倾向和结构,只要以他的智能为标准去评价他,我们就会发现每个儿童都是美丽的,都是可以培养的。树立多元评价标准,克服以偏概全的现象。在实际教学中只有平等地对待每一种智能,每个儿童都有可能受到尊重。

2. 创设多元活动场景,让每个儿童享受生活的乐趣

学前教育以活动为主,让每个儿童感受到活动的愉悦,是尊重儿童的表现。从多元智能理论出发,创设符合儿童个性的多元的活动场景,使儿童在和谐、快乐的环境中度过每一天。教师应依据儿童的智能特征,构建符合其智能发展的学习活动,使儿童从小就享受到学习带来的快乐,体验生命的魅力。

3. 采用多元教学方法,发挥每个儿童的智能

多元教学法使尊重儿童个性,体现多元智能得以实现。由于每个儿童的智能潜力是不同的,而且是不断丰富发展的,所以教师应分别对待,不仅对全班儿童,而且对每一个儿童都应采用多元的教学方法。

真题2 [2024江苏苏州,简答]简述多元智能理论的内涵及其对教育的启示。
答案: 详见内文

★★ 本节核心考点回顾 ★★

1. 多元智能的结构
(1)言语—语言智力;(2)音乐—节奏智力;(3)逻辑—数理智力;(4)视觉—空间智力;(5)身体—动觉智力;(6)自知—自省智力;(7)交往—交流智力;(8)自然观察智力;(9)存在智力。

2. 多元智能理论对学前教育的启示
(1)树立多元评价标准,智能面前人人平等。
(2)创设多元活动场景,让每个儿童享受生活的乐趣。
(3)采用多元教学方法,发展每个儿童的智能。

第五节 学前儿童自我意识的发展

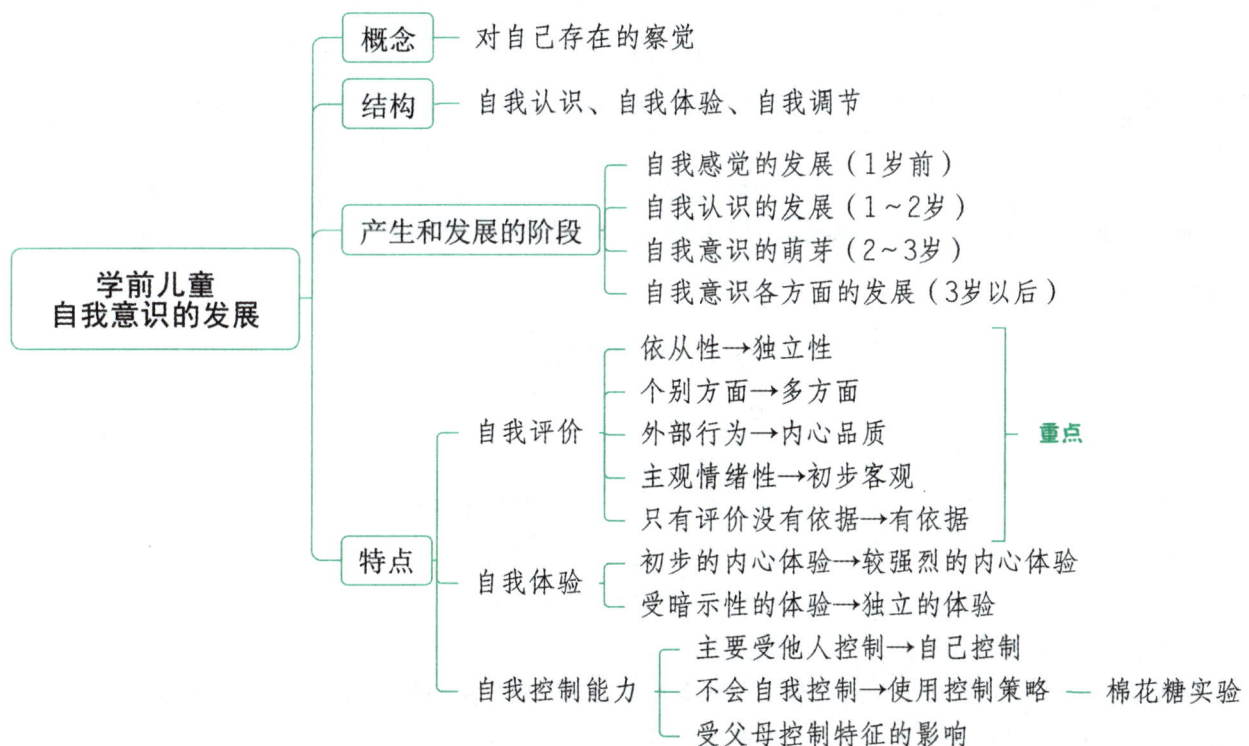

337

一、自我意识的概念

自我也称自我意识,是对自己存在的察觉,即自己认识自己的一切,包括认识自己的生理状况(如身高、体重、形态等)、心理特征(如兴趣爱好、能力、性格、气质等)以及自己与他人的关系(如自己与周围人们相处的关系、自己在集体中的位置与作用等)。总之,自我意识是人对自己身心状态及对自己同客观世界的关系的意识。自我意识是人类特有的反映形式,是人的心理区别于动物心理的一大特征。

二、自我意识的结构

自我意识包括自我认识、自我体验和自我调节。

1. 自我认识

自我认识是自我意识的认知成分。它是自我意识的主要成分,也是自我调节控制的心理基础。自我认识包括自我感觉、自我概念、自我观察、自我分析和自我评价。其中,自我概念就是指个体对自己的知觉。它是指自我系统中的认知方面或描述性内容,所表达的是人们关于自己身心特点的主观知识,所回答的是"我是谁"的问题。学前儿童自我认识的对象包括自己的身体,自己的动作和行动,自己的内心活动。

2. 自我体验

自我体验是自我意识在情感方面的表现。自尊心、自信心是自我体验的主体内容。自尊心是指个体在社会交往中通过比较所获得的有关自我价值的积极的评价与体验。自信心是对自己的能力是否适合所承担的任务而产生的自我体验。自信心与自尊心都是和自我评价紧密联系的。

3. 自我调节

自我调节是自我意识的意志成分。自我调节主要表现为个人对自己的行为、活动和态度的调控。它包括自我检查、自我监督、自我控制等。

自我检查是主体在头脑中将自己的活动结果与活动目的加以比较、对照的过程。自我监督是一个人以其良心或内在的行为准则对自己的言行实行监督的过程。自我控制是主体对自身心理与行为的主动的掌握。

自我调节是自我意识中直接作用于个体的环节,它是一种自我教育、自我发展的重要机制。自我调节的实现是自我意识的能动性质的表现。

• 知识再拔高 •

自我意识的发展阶段

个体自我意识的发展经历了从生理自我到社会自我,再到心理自我的过程。

1. 生理自我(自我中心期)

生理自我是自我意识最原始的形态。通常儿童1周岁末开始将自己的动作和动作的对象区分开来,把自己和自己的动作区分开来,并在与成人的交往中,按照自己的姓名、身体特征、行动和活动能力来看待自己,并做出一定的评价。生理自我在3岁左右基本成熟。

2. 社会自我(客观化时期)

儿童在3岁以后,自我意识的发展进入社会自我阶段。他们从轻信成人的评价逐渐过渡到自我独立评价。这时,自我评价的独立性、原则性、批判性正在迅速发展,对道德行为的判断能力,也逐渐达到了前所未有的水平,从对具体行为的评价发展到有一定概括程度的评价。但他们的自我评价通常不涉及个人的内心世界和人格特征,自我的调节控制能力也较差,常出现言行不一的现象。社会自我到少年期基本成熟。

3. 心理自我(主观自我时期)

心理自我是在青春期开始发展和形成的。这时,青年开始形成自觉地按照一定的行动目标和社会准则来评价自己的心理品质和能力。他们的自我评价越来越客观、公正和全面,且具有社会道德性,并在此基础上形成自我理想,追求最有意义和最有价值的目标。

真题1 [2024山东临沂,单选]从内容上看,自我意识发展的第三阶段是(　　)

A. 社会自我　　　B. 心理自我　　　C. 精神自我　　　D. 生理自我

真题2 [2023山东济南,判断]个体自我意识的发展经历了从生理自我到心理自我,再到社会自我的过程。

答案:1. B　2. ×

三、学前儿童自我意识产生和发展的阶段 【判断】

1. 自我感觉的发展(1岁前)

1岁前儿童不能把自己作为一个主体同周围的客体区别开,甚至不知道手脚是自己身体的一部分,因而常常可以看到七八个月的孩子咬自己的手指、脚趾,有时会把自己咬疼而哭叫起来。逐渐地,儿童知道了手脚是自己身体的一部分,这就是自我意识的最初级形式,即自我感觉阶段。

2. 自我认识的发展(1~2岁)

孩子认识到自己是一个独立的人的前提是要和妈妈分离。这个过程从儿童发展中的一个有趣的现象,即"母子同一性"可以看出。孩子很小的时候觉得自己和妈妈是同一个人,以后逐渐知道妈妈和自己是两个人。自己是一个独立的个体,才开口叫妈妈。随着孩子会叫"妈妈",说明孩子已经开始把自己作为一个独立的个体来看待了。婴儿出生的第二年,客体的自我开始出现。其标志表现在"点红实验"中。

知识再拔高

阿姆斯特丹的点红实验

1. 实验目的

研究婴儿的自我意识水平。

2. 实验过程

阿姆斯特丹借用动物学家盖勒帕在黑猩猩研究中使用的点红测验(以测定黑猩猩是否知觉"自我"这个客体),从而使有关婴儿自我觉知的研究取得了突破性进展。实验的被试是88名3~24个月的儿童。实验开始,在儿童毫无察觉的情况下,主试在其鼻子上涂一个无刺激红点,然后观察婴儿照镜子时的反应。研究者假设,如果婴儿在镜子里能立即发现自己鼻子上的红点,并用手去摸它或试图抹掉,表明婴儿已能区分自己的形象和加在自己形象上的东西,这种行为可作为自我认识出现的标志。

点红实验

真题3 [2024福建统考,单选]研究儿童自我意识发展的典型实验是（　　）

A. 三山实验　　　　B. 守恒实验　　　　C. 视崖实验　　　　D. 点红实验

答案：D

3. 自我意识的萌芽（2～3岁）

自我意识的真正出现是和儿童言语的发展相联系的。在掌握了有关的词后，孩子逐渐学会像其他人那样叫自己的名字。这时儿童只是把名字理解为自己的信号，遇到别人也叫相同的名字时就会感到困惑。

<mark>儿童在2～3岁的时候,掌握代名词"我",是儿童自我意识萌芽的最重要标志。</mark>这个年龄的孩子经常说"我的"，开始不让别人动自己的东西。经过一段时间以后，孩子逐渐会较准确地使用"我"这个词来表达自己的愿望。这时可以说儿童的自我意识产生了。

自我意识

4. 自我意识各方面的发展（3岁以后）

2～3岁时，在孩子知道自己是一个独立的个体的基础上，逐渐开始了对自己的评价，如评价自己好不好、乖不乖等。但这种评价是非常简单的。进入幼儿期后，孩子的自我评价逐渐发展起来，同时，自我体验、自我控制已开始发展。

真题4 [2023福建统考,判断]2～3岁儿童逐渐学会用"我"这个词表达自己的愿望，这说明儿童出现了自我体验。

答案：×

四、幼儿自我意识发展的特点

考点 1 ▶ 幼儿自我评价发展的特点 【单选】★★

自我评价是自我意识的核心，自我评价能力的发展是自我意识发展的重要标志。幼儿自我意识的发展主要表现为自我评价的发展。整个幼儿期，幼儿对自己的评价能力不高，仍处于学习评价和前自我评价的阶段。这是因为自我评价能力的发展与其认识、情感的发展水平密切相关。幼儿自我评价有下列特点：

1. 从依从性的评价发展到自己独立性的评价

幼儿初期对自己或别人的评价带有依从性，往往都是成人简单的复述。例如，要幼儿评价他是好孩子时，他会说："妈妈说我是好孩子。""老师说我乖。"这种自我评价还不是真正的自我评价，只能算作"前自我评价"。从发生过程讲，自我评价开始是接受别人对自己的评价，而以后是把自己和别人相比较这一过程不断内化的结果。

此外，幼儿晚期开始出现独立性评价。特别表现在当成人的评价与幼儿自我评价不一致时，幼儿会提出申辩，表示反感和不信任。

2. 从对个别方面的评价发展到对多方面的评价

4岁的幼儿可以进行自我评价，但主要是个别方面或局部的自我评价。例如，问幼儿为什么说自己是好孩子时，他会说"我不骂人""我帮助老师收玩具"。

6岁的幼儿则不仅能从个别方面进行自我评价，而且也能从其他几方面进行自我评价，表现出自我评价的多向性。例如，要6岁幼儿回答他是好孩子的理由时，他会说："我对人有礼貌，上课认真，大声发言，还帮助老师收小朋友的玩具。"等等。

3.从对外部行为的评价向对内心品质的评价过渡

幼儿基本上是对自己的外部行为进行自我评价,而不能深入到对自己内心品质进行自我评价。例如,前面所讲幼儿在回答自己是好孩子的理由时,一般都倾向于外部行为作答。只有到幼儿晚期,极少数孩子在自我评价中涉及内心品质,但是这种自我评价仍属于过渡状态。严格地说,这不是真正地对自己内心品质的自我评价,只是从对自己外部行为评价向对自己内心品质评价的转化倾向。

4.从主观情绪性的评价到初步客观的评价

幼儿的自我评价常常不从具体事实出发,而是从情绪出发,带有主观片面性。例如,幼儿对美工作品做比较评价时,当幼儿知道是老师的作品时,即便作品的质量比自己的差,幼儿总是评价老师的作品好。幼儿对自己的作品和小朋友的作品做比较时,总是评价自己的作品好。在一般情况下,幼儿总倾向于过高评价自己。在成人正确的教育下,到幼儿晚期,儿童已逐渐能够对自己做出客观、正确的评价。

5.从只有评价没有依据发展到有依据的评价

幼儿初期常常做了评价后说不出依据,幼儿中期逐渐意识到评价应该有依据,并逐渐能给出比较明确、清晰的依据。

> **·记忆有妙招·**
> 幼儿自我评价发展的特点:**一只格外美丽的猪**。**一**:依从性。**只**:只有评价没有依据。**格**:个别方面。**外**:外部行为。**美丽的猪**:主观情绪性。

真题5 [2020山东青岛,单选]客人问两岁半的康康:"你是个乖孩子吗?"康康回答:"乖的,老师都说我很乖的。"这说明2~3岁儿童的自我评价( )

A. 具有主观情绪性　　　　　　　　　B. 主要依赖成人的评价

C. 具有自主性　　　　　　　　　　　D. 具有情境性

答案:B

考点 2 · 幼儿自我体验发展的特点

1.从初步的内心体验发展到较强烈的内心体验

3岁左右的孩子基本上不会用语言来表达自己的内心体验。到了4岁以后,孩子会用语言表达自己内心的感受,如"我不高兴""我生气",而到了五六岁,孩子则会用一些修饰词,如"很""太"等,来表达自己内心较强烈的体验。

2.从受暗示性的体验发展到独立的体验

在幼儿的自我体验的产生中,成人的暗示起着重要的作用,年龄越小,表现越明显。如问幼儿,如果你做捂眼睛贴鼻子的游戏时,你私自拉下毛巾,被老师发现,你会觉得怎样?3岁的孩子只有3.33%的人回答有羞愧的体验。而在有暗示时"如果你做错了事,觉得难为情吗?"有26.67%的孩子回答有羞愧的体验,这就提醒我们要充分利用儿童易受暗示的特点,多采用积极暗示来促进儿童良好情感的发展。而随着年龄的增长,孩子自我体验的受暗示性会逐渐降低。

考点 3 · 幼儿自我控制能力发展的特点

幼儿自我控制能力的发展和其品质的发展水平密切相关。3~4岁的幼儿坚持性和自制力都很差,到了5~6岁,幼儿才有一定的坚持性和自制力。因此,总的来说,幼儿的自我控制能力还是较弱的。

幼儿自我控制发展的趋势如下：

1. 从主要受他人控制发展到自己控制

3岁左右的孩子，其自我控制的水平是很低的。当遇到外界诱惑时，主要受成人的控制，而一旦成人离开，则很难自己控制自己，很快就会违反行为的规则。随着年龄的增长，在教育的影响下，幼儿自我控制的能力逐渐增强。

2. 从不会自我控制发展到使用控制策略

控制策略是影响幼儿控制能力的一个重要因素，对于年龄小的孩子来说，他们还不会使用有效的控制策略。美国斯坦福大学心理学教授沃尔特·米歇尔用"延迟满足"实验——"棉花糖"实验来研究幼儿的自我控制。实验者发给被试儿童每人一颗好吃的棉花糖，同时告诉孩子们如果马上吃，只能吃一颗，如果等15分钟后再吃，就能吃两颗。实验表明，三分之二的孩子不能坚持到15分钟。随着幼儿年龄的增长，他们逐渐学会使用简单的控制策略进行自我控制，如有少数幼儿能运用"小声地唱歌""眼睛看天花板"等许多分心的策略而坚持等到15分钟。

3. 幼儿自我控制的发展受父母控制特征的影响

有研究表明，父母要求少或要求低的幼儿有高攻击性的特征；严厉控制下的幼儿有情绪压抑、盲目顺从等过度自我控制的倾向。在父母控制下形成的幼儿自我控制的特征，在幼儿后期自我控制的发展中有一定的稳定性。

总的来说，幼儿自我意识的发展，表现在能够意识到自己的外部行为和内心活动，并且能够恰当地评价和支配自己的认识活动、情感态度和动作行为，并且由此逐渐形成自我满足、自尊心、自信心等性格特征。

真题6 [2024山东青岛，单选]研究幼儿自我控制的实验是（　　）

A. 点红实验　　　　B. 三山实验　　　　C. 视崖实验　　　　D. 棉花糖实验

答案：D

★ 本节核心考点回顾 ★

1. 学前儿童自我意识产生和发展的阶段

(1)自我感觉的发展(1岁前)：不能把自己作为一个主体同周围的客体区别开。

(2)自我认识的发展(1~2岁)：把自己作为一个独立的个体来看待。

(3)自我意识的萌芽(2~3岁)：自我意识的真正出现是和儿童言语的发展相联系的，掌握代名词"我"是儿童自我意识萌芽的最重要标志。

(4)自我意识各方面的发展(3岁以后)：自我评价、自我体验、自我控制逐渐发展。

2. 幼儿自我评价发展的特点

(1)依从性→独立性；(2)个别方面→多方面；(3)外部行为→内心品质；(4)主观情绪性→初步客观；(5)只有评价没有依据→有依据。

3. 棉花糖实验

美国斯坦福大学心理学教授沃尔特·米歇尔用"延迟满足"实验——"棉花糖"实验来研究幼儿的自我控制。实验者发给被试儿童每人一颗好吃的棉花糖，同时告诉孩子们如果马上吃，只能吃一颗，如果等15分钟后再吃，就能吃两颗。实验表明，三分之二的孩子不能坚持到15分钟。

4. 自我意识的发展阶段

个体自我意识的发展经历了从生理自我(自我中心期)到社会自我(客观化时期),再到心理自我(主观自我时期)的过程。

第六节　学前儿童道德的发展

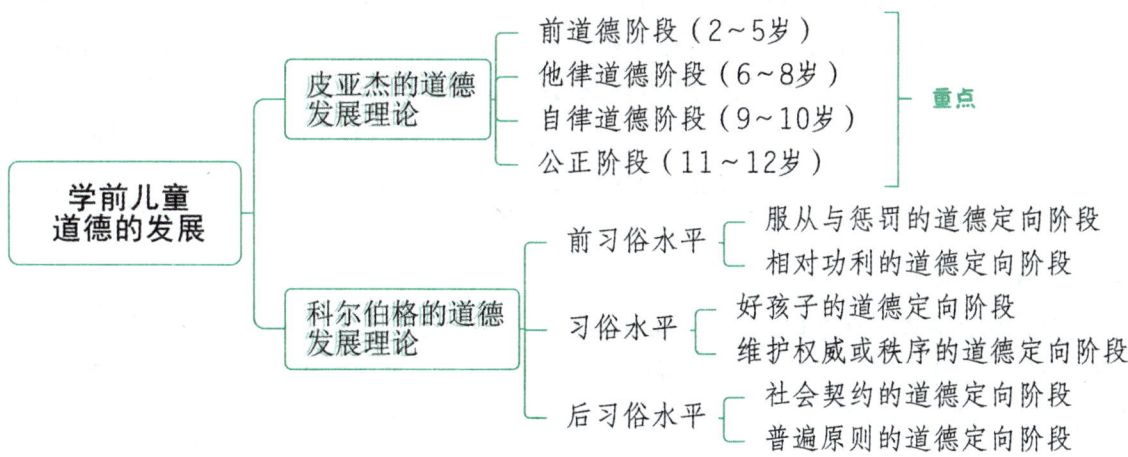

一、皮亚杰的道德发展理论 【单选】★★

皮亚杰对儿童道德判断进行了研究,他采用了开放式的临床访谈,运用成对的故事,在故事中,人物的行为意图与行为后果是冲突的,看幼儿如何判断好坏,以了解儿童的道德判断。下面是皮亚杰采用的对偶故事之一:

A. 一个叫约翰的小男孩在他的房间里,家里人叫他去吃饭,他走进餐厅,但门背后有一把椅子,椅子上有一个放着15个杯子的托盘,约翰并不知道门背后有这些东西,他推门进去,门撞倒了托盘,结果15个杯子都撞碎了。

B. 有一个叫亨利的小男孩。一天,他母亲外出了,他想从碗橱里拿出一些果酱,他爬到一把椅子上,并伸手去拿,由于放果酱的地方太高,他的手够不着,在试图取果酱时,他碰倒了一个杯子,结果杯子掉下来打碎了。

当被试听懂故事后,皮亚杰问被试两个问题:(1)这两个男孩的过错是否相同?(2)这两个孩子中,谁的过错更大? 为什么?

从儿童的反应中,皮亚杰认为儿童的道德发展是一个从低级到高级、从他律到自律逐渐发展的、有阶段的连续过程,每一个阶段儿童又形成了一个相对一致的做出道德决定的模式。

1. 前道德阶段(自我中心阶段)(2~5岁)

此时儿童尚没有道德的概念,儿童还不能把自己与外界区分开来,将自己与外界混为一谈,规则对儿童来说不具有约束力,儿童不能把规则当成一种义务去遵守。皮亚杰把这一阶段称作道德的自我中心主义。

2. 他律道德阶段(权威阶段或道德实在论阶段)(6~8岁)

"他律"是指按照外在的他人的标准判断事物的好坏。他律道德,也称强制道德、道德现实主义,是指早期儿童的道德判断只注意行为的客观后果,不关心行为者的主观动机,是受自身以外的价值标准所支配的道德判断,具有客体性。在约翰和亨利的故事中,他们认为约翰更淘气,因为他打坏了更多的杯子,尽管他的动机是相反的。

服从权威、遵守规则是这一阶段的主要特征。儿童会服从父母、老师等权威者,且认为权威者制定的规则是固定的,不可改变的,必须绝对地服从与遵守。谁破坏了规则谁就要受到惩罚。皮亚杰把儿童绝对服从规则的倾向称为道德实在论。他认为,成人的约束和滥用权力对儿童的道德发展极其有害。

3. 自律道德阶段(可逆性阶段或合作道德阶段)(9~10岁)

自律道德,是指儿童根据自己的主观价值标准所支配的道德判断,具有主体性。这一阶段的儿童既不简单地服从权威,也不机械地遵守规则,他们已不把准则看成是不可改变的,而把它看作是同伴间共同约定的,并且一般都形成了这样的概念:"如果所有的人都同意的话,规则是可以改变的。"儿童意识到同伴间的社会关系是应当相互尊重的。准则对他们来说已具有一种保证他们相互行动、互惠的可逆特征。同伴间的可逆关系的出现,标志着道德由他律阶段开始进入自律阶段。同时,该阶段的儿童开始以动机作为道德判断的依据,认为公平的行为都是好的。

4. 公正阶段(11~12岁)

这一阶段的公正观念是从可逆的道德认知中脱胎而来的,儿童开始倾向于主持公正、公平等。公正的奖惩不能是千篇一律的,应根据个人的具体情况进行。也就是说,儿童不再刻板地按固定的规则去判断,在依据规则判断时应该考虑到同伴的一些具体情况,从关心和同情出发去进行判断。

·小香课堂·

为帮助考生更好地掌握皮亚杰的道德发展理论,现将关键内容整理如下:

阶段名称	年龄	道德特点
前道德阶段 (自我中心阶段)	2~5岁	规则无约束力
他律道德阶段 (权威或道德实在论阶段)	6~8岁	①重行为后果; ②服从权威、遵守规则,规则不可变
自律道德阶段 (可逆性或合作道德阶段)	9~10岁	①规则可变; ②重行为动机
公正阶段	11~12岁	主持公正、公平

真题 [2024山东青岛,单选]小龙偷拿柜子里的零食打碎了一个杯子,小虎帮助妈妈洗碗不小心打碎了两个杯子,欢欢听说这两件事后觉得小虎的过失更大。欢欢的反应说明他所处的道德阶段是(　　)

A.他律阶段　　　　　　　　　　　　B.自律阶段
C.社会秩序取向阶段　　　　　　　　D.社会契约取向阶段
答案:A

二、科尔伯格的道德发展理论

科尔伯格是皮亚杰道德认知发展理论的追随者,同时,他又在皮亚杰的"对偶故事"的基础上进行改良,进一步修改、提炼和扩充,提出了自己的一套关于儿童道德发展阶段的理论。

他采用道德两难故事,让儿童在两难推理中做出选择并说明理由,其中最著名的是"海因兹偷药"的故事:在欧洲,一个妇女得了癌症快要死了,医生认为有一种药可以救她。同城的一个药商有这种药,但是这个药商要索取高于药本身十倍的价钱来卖它。得病妇女的丈夫海因兹尽全力去借钱,但是他仅仅凑够了药费的一半。药商拒绝便宜一些卖这种药,并且让海因兹凑够钱以后再来买,海因兹很绝望,为了救妻子的命,他闯进这个人的药店把药偷了出来,结果被警察逮捕。故事讲完之后问儿童,海因兹应该那样做吗?为什么?

依据儿童对道德两难故事的选择推理,科尔伯格把儿童道德的发展划分为三种主要水平,包括了六个阶段。分别是:前习俗水平(阶段1和阶段2)、习俗水平(阶段3和阶段4)、后习俗水平(阶段5和阶段6)。

1. 前习俗水平

前习俗水平出现在学前期至小学低、中年级。该时期的特征是:儿童的道德观念是纯外在的,儿童为了免受惩罚或获得奖励而顺从权威人物规定的行为准则,根据行为的直接后果和自身的利害关系判断好坏是非。此水平又分为以下两个阶段:

阶段1:服从与惩罚的道德定向阶段

这一阶段儿童的道德价值来自对外力的屈从或对惩罚的逃避。他们衡量是非的标准是由成年人来决定的,对成人或准则采取服从的态度,缺乏是非善恶的观念。他们会认为,海因兹不能去偷药,因为如果被人抓住的话会坐牢的。

阶段2:相对功利的道德定向阶段

这一阶段儿童的道德价值来自对自己要求的满足,偶尔也来自对他人需要的满足。在进行道德评价时,他们开始从不同角度将行为与需要联系起来,但具有较强的自我中心性,认为符合自己需要的行为就是正确的。他们会认为,海因兹应该去偷药,谁让那个药商那么坏,便宜一点就不行吗。

2. 习俗水平

习俗水平是在小学中年级出现的,一直到青年、成年。这一阶段的特征是:个体着眼于社会的希望和要求,能够从社会成员的角度去思考道德问题;开始意识到人的行为必须符合群体或社会的准则;能够了解、认识社会行为规范,并遵守、执行这些规范。此水平又分为以下两个阶段:

阶段3:好孩子的道德定向阶段

这一阶段儿童的价值是以人际关系的和谐为导向,顺从传统的要求,符合大众的意见,谋求大家的称赞。在进行道德评价时,总是考虑到社会对一个"好孩子"的期望和要求,并总是按照这种要求去展开思维。他们会认为,海因兹应该去偷药,因为做一个好丈夫就应该照顾好自己的妻子。如果他不这样做,结果妻子死了,别人都会骂他见死不救,没有良心。

阶段4:维护权威或秩序的道德定向阶段

这一阶段个体的道德价值是以服从权威为导向,包括服从社会规范,遵守公共秩序,尊重法律的权威,以法制观念判断是非、知法守法。儿童会认为,海因兹不应该去偷药,因为如果人人都违法去偷东西的话,社会就会变得很混乱。

3. 后习俗水平

大约自青年末期接近人格成熟时开始。该时期的特点是:个体不只是自觉遵守某些行为规则,还认识到法律的人为性,并在考虑全人类的正义和个人尊严的基础上形成某些超越法律的普遍原则。此水平又分为以下两个阶段:

阶段5:社会契约的道德定向阶段

这一阶段仍以法制观念为导向,有强烈的责任心和义务感,但不再把社会规则和法律看成是死板的、一成不变的条文,而认识到了它们的人为性和灵活性,他们尊重法制但不拘泥于法律条文,认为法律是人制定的,不合时宜的条文可以修改。也就是说,他们认识到法律或习俗的道德规范仅仅是一种社会契约,它由大家商定,可以改变,而不是固定僵死的。他们会认为,海因兹应该去偷药,因为一个人生命的价值远远大于药商对个人财产的所有权。

阶段6:普遍原则的道德定向阶段

这一阶段个体以价值观念为导向,有自己的人生哲学,对是非善恶的判断有独立的价值标准,思想超越了现实道德规范的约束,行为完全自律。由于认识到了社会秩序的重要性与维持这种共同秩序所带来的弊病,看到了社会准则与法律的界限性,所以在进行道德评价时,能超越以前的社会契约所规定的责任,而且是以正义、公平、平等、尊严等这些最高的原则为标准进行思考,以普遍的标准来判断人们的行为。他们认为,海因兹应该去偷药,因为和种种可考虑的事情相比,没有什么比人类的生命更有价值。

• 小香课堂 •

为帮助考生更好地掌握科尔伯格的道德发展理论,现将关键内容整理如下:

三水平	六阶段	道德特点
前习俗	服从与惩罚的道德定向	道德价值来自对外力的屈从或对惩罚的逃避
	相对功利的道德定向	认为符合自己需要的行为是正确的
习俗	好孩子的道德定向	谋求大家的称赞
	维护权威或秩序的道德定向	尊重法律的权威,以法制观念判断是非
后习俗	社会契约的道德定向	认为法律可变
	普遍原则的道德定向	思想超越了现实道德规范的约束

★ 本节核心考点回顾 ★

1. 皮亚杰的道德发展理论

(1)前道德阶段(自我中心阶段)(2~5岁)

此时儿童尚没有道德的概念,儿童还不能把自己与外界区分开来,将自己与外界混为一谈,规则对儿童来说不具有约束力,儿童不能把规则当成一种义务去遵守。

(2)他律道德阶段(权威阶段或道德实在论阶段)(6~8岁)

他律道德,也称强制道德、道德现实主义,是指早期儿童的道德判断只注意行为的客观后果,不关心行为者的主观动机,是受自身以外的价值标准所支配的道德判断,具有客体性。

(3)自律道德阶段(可逆性阶段或合作道德阶段)(9~10岁)

这一阶段的儿童既不简单地服从权威,也不机械地遵守规则,他们已不把准则看成是不可改变的,而把它看作是同伴间共同约定的。

(4)公正阶段(11~12岁)

这一阶段的公正观念是从可逆的道德认知中脱胎而来的,儿童开始倾向于主持公正、公平等。

2. 科尔伯格的道德发展理论

(1)前习俗水平

阶段1:服从与惩罚的道德定向阶段

这一阶段儿童的道德价值来自对外力的屈从或对惩罚的逃避。

阶段2：相对功利的道德定向阶段

这一阶段儿童的道德价值来自对自己要求的满足，偶尔也来自对他人需要的满足。

(2)习俗水平

阶段3：好孩子的道德定向阶段

这一阶段儿童的价值是以人际关系的和谐为导向，顺从传统的要求，符合大众的意见，谋求大家的称赞。

阶段4：维护权威或秩序的道德定向阶段

这一阶段个体的道德价值是以服从权威为导向，包括服从社会规范，遵守公共秩序，尊重法律的权威，以法制观念判断是非、知法守法。

(3)后习俗水平

阶段5：社会契约的道德定向阶段

这一阶段他们认识到法律或习俗的道德规范仅仅是一种社会契约，它由大家商定，可以改变，而不是固定僵死的。

阶段6：普遍原则的道德定向阶段

这一阶段个体以价值观念为导向，有自己的人生哲学，对是非善恶的判断有独立的价值标准，思想超越了现实道德规范的约束，行为完全自律。

第七章 学前儿童社会性的发展

本章学习指南

一、考情概况

本章属于学前心理学的重点章节,知识系统、需要理解和掌握的知识较多,考生可带着以下学习目标进行备考:

1. 理解亲子关系的概念和类型,掌握依恋的类型及依恋发展的阶段。
2. 掌握同伴关系的类型及学前儿童同伴交往的意义。
3. 理解性别概念的获得,了解性别角色认知和性别行为的发展阶段与特点。
4. 理解亲社会行为的概念以及学前儿童亲社会行为的发展阶段和特点,了解影响儿童亲社会行为发展的因素。
5. 理解攻击性行为的分类,掌握儿童攻击性行为的影响因素。

二、考点地图

考点	年份/地区/题型
亲子关系的概念	2023福建统考单选
亲子关系的类型	2024山东青岛单选
依恋发展的阶段	2024江西统考单选
依恋的类型	2024山东青岛单选;2023福建统考单选
同伴关系的类型	2024福建统考填空;2021山东青岛多选
学前儿童同伴交往的意义	2023山东烟台简答
性别概念的获得	2023河南洛阳单选
亲社会行为的概念	2023福建统考判断;2021山东青岛单选
亲社会行为发展的阶段和特点	2020内蒙古赤峰单选
影响儿童亲社会行为发展的因素	2020山东青岛单选
攻击性行为的分类	2024福建统考判断
儿童攻击性行为的影响因素	2023安徽宿州单选

注:上述表格仅呈现重要考点的相关考情。

核心考点

第一节 学前儿童社会性发展概述

一、社会性发展的概念

社会性是作为社会成员的个体，为适应社会生活所表现出的心理和行为特征。社会性发展(有时也称幼儿的社会化)是指幼儿从一个生物个体到逐渐掌握社会的道德行为规范与社会行为技能，成长为一个社会人并逐渐步入社会的过程。它是在个体与社会群体、幼儿集体以及同伴的相互作用和相互影响的过程中实现的。

二、学前儿童社会性发展的内容

学前儿童社会性发展的内容主要包括亲子关系、同伴关系、性别角色、亲社会行为、攻击性行为等。

亲子关系和同伴关系既是学前儿童社会性发展的重要内容，又是影响学前儿童社会性发展的重要因素；性别角色是作为一个有特定性别的人在社会中适当行为的总和，是社会性发展的主要方面；而亲社会行为和攻击性行为则属于幼儿道德发展的范畴。

三、学前儿童社会性发展的意义

1. 社会性发展是幼儿健全发展的重要组成部分，促进学前儿童社会性发展已经成为现代教育最重要的目标

培养身心健全的人是教育最根本的目标。社会性发展是幼儿身心健全发展的重要组成部分，它与体格发展、认知发展共同构成幼儿发展的三大方面。从现代教育观念看，让幼儿"学会做人"的教育远比知识和智能教育重要。重视社会性教育这一主题，已经成为现代教育观念转变的一个主要标志。

2. 幼儿期是学前儿童社会性发展的重要时期，学前儿童社会性发展是幼儿未来发展的重要基础

学前儿童社会性发展在人一生的社会性发展中占有极其重要的地位。学前儿童社会性发展是其未来人格发展的重要基础。学前儿童社会性发展的好坏，直接关系到幼儿未来人格发展的方向和水平。

第二节　学前儿童亲子关系的发展

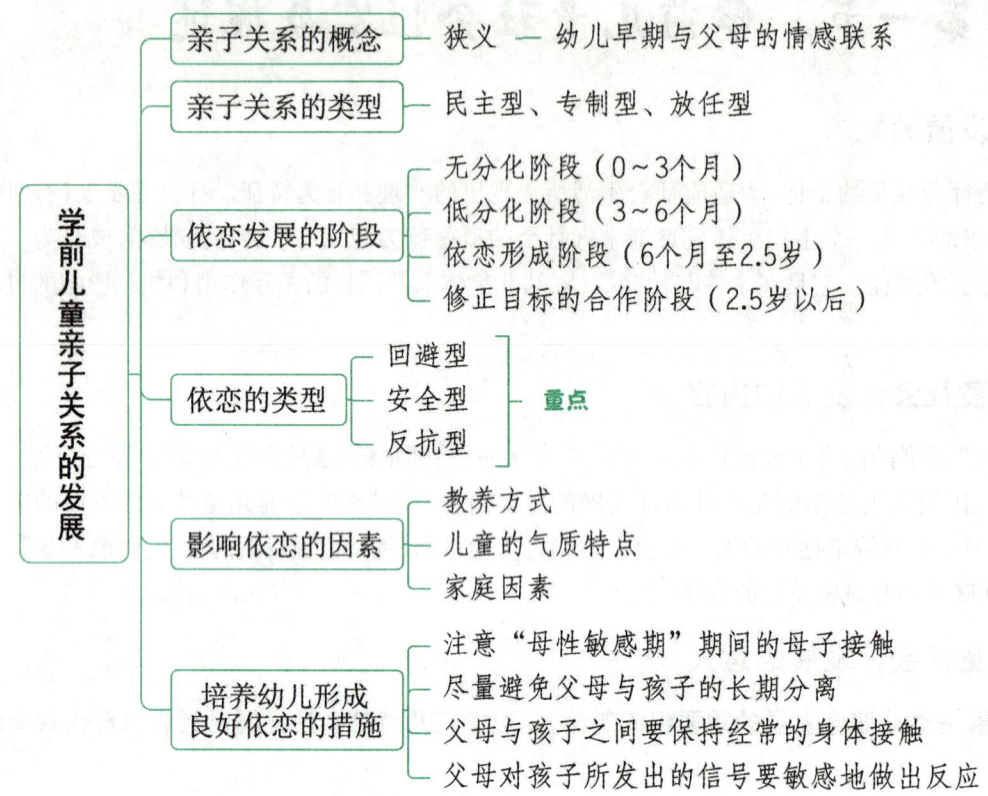

一、亲子关系的概念 【单选】 ★

亲子关系,也叫作亲子交往,是指父母与子女的关系,也可以包含隔代亲人的关系。亲子关系有狭义与广义之分。广义的亲子关系是指父母与子女的相互作用方式。狭义的亲子关系是指幼儿早期与父母的情感联系,即依恋。亲子关系是儿童早期生活中最主要的社会关系,对于儿童个性的发展具有不可替代的作用。

真题1 [2023福建统考,单选]幼儿早期生活中最主要的人际关系是（　　）
A. 亲子关系　　　B. 师幼关系　　　C. 同伴关系　　　D. 邻里关系
答案：A

二、亲子关系的类型 【单选】 ★★

亲子关系通常分成三种：民主型、专制型和放任型。不同的亲子关系类型对幼儿的影响是不同的。研究证明,民主型的亲子关系最有益于幼儿个性的良好发展。

1. 民主型

父母对孩子的态度是慈祥的、诚恳的,善于与孩子交流,支持孩子的正当要求,尊重孩子的需要,积极支持子女的爱好、兴趣；同时对孩子有一定的控制,常对孩子提出明确而又合理的要求,将控制、引导性的训练与积极鼓励幼儿的自主性和独立性相结合。父母与子女关系融洽,孩子的独立性、主动性、自我控制、信心、探索性等方面发展较好。

2. 专制型

父母给孩子的温暖、慈祥、同情较少。对孩子过多地干预和禁止,对子女态度简单粗暴,甚至不通情达理,不尊重孩子的需要,对孩子的合理要求不予满足,不支持子女的爱好兴趣,更不允许孩子对父母的决定和规则有不同的意见。这类家庭中培养的孩子或是变得顺从、缺乏生气,创造性受到压抑,无主动性、情绪不安,甚至带有神经质,不喜欢与同伴交往,忧虑、退缩、怀疑;或是变得自我中心和胆大妄为,在家长面前和背后言行不一。

3. 放任型

在这种亲子关系中,父母对孩子充满关爱与期望,过度关怀、百依百顺、溺爱娇惯,忽视孩子的社会化任务,父母很少对孩子提出要求或施加一定的限制;或是消极的不关心、不信任,缺乏亲子间的交流,忽视孩子的要求,对孩子否定过多,任其自然发展。这类家庭培养的孩子,往往形成好吃懒做,生活不能自理,胆小怯懦、蛮横胡闹、自私自利、没有礼貌、清高孤傲、自命不凡、害怕困难、意志薄弱、缺乏独立性等许多不良品质;但也可能使孩子发展自主、独立、创造性强等性格特点。

真题2 [2024山东青岛,单选]父母没有和小虎沟通,直接给他报了音乐兴趣班,然而他想学画画,但是父母拒绝了他。小虎父母的教育方式属于(　　)

A. 放任型　　　　　B. 民主型　　　　　C. 专制型　　　　　D. 忽视型

答案:C

三、依恋的概念

依恋是由鲍尔比最先提出的一个心理概念。依恋是婴儿寻求并企图保持与另一个人亲密的身体和情感联系的一种倾向。一般认为,婴儿与主要照料者(母亲)的依恋大约在第六七个月里形成。

四、依恋发展的阶段 【单选】

在儿童的早期发展过程中,依恋不是突然发生的,而是在婴儿与母亲的相互作用中逐渐建立的。鲍尔比提出依恋的发展分为四个阶段。其中,婴儿经历了依恋发展的前三个阶段。

第一阶段:无分化阶段(0～3个月)(无差别社会反应的阶段)

婴儿开始探索周围环境,尤其是人,表现为倾听、追视、吸吮。婴儿对人的探索只能借助哭泣、微笑和咿呀语等。一旦成人给予回应,或是留在孩子身边,或是抱起孩子轻轻摇晃,都能使之高兴、兴奋,并且感到愉快、满足。这个时期婴儿对人反应的最大特点是不加区分,没有差别,婴儿对所有人的反应几乎都是一样的,同时,所有的人对婴儿的影响也是一样的。因为此时的儿童还未能实现对人际关系客体的分化,他们并不介意被陌生人抱起。

第二阶段:低分化阶段(3～6个月)(有差别社会反应的阶段)

婴儿继续探索环境,开始识别熟悉的人(如父母)与不熟悉的人的差别,也能区别一个熟悉的人与另一个熟悉的人。如婴儿用不同的微笑和发声区别不同的人。对熟悉的人表现为更敏感。他们在母亲面前表现出更多的微笑、咿呀学语、依偎、接近,而在其他熟悉的人面前这些反应就要相对少些,若是面对陌生人这些反应则更少。但此时的儿童除了能从人群中找出母亲,仍旧不会介意和父母分开。

第三阶段：依恋形成阶段(6个月至2.5岁)(特殊情感联结阶段)

从这时候起,孩子对母亲的存在尤其关注,特别愿意与母亲在一起,而当母亲离开时则非常不安,表现出一种分离焦虑。同时,当陌生人出现时,孩子则会显得谨慎、恐惧甚至哭泣、大喊大叫,表现出怯生、无所适从。不过,这时候的孩子已经明白成人不在视野范围内后还会继续出现,所以他们以母亲为安全保障,在新环境中探寻、冒险,然后又回来寻求保护。

第四阶段：修正目标的合作阶段(2.5岁以后)(目标调整的伙伴关系阶段)

随着认知水平和语言能力的提高,儿童的自我中心减少,能从母亲的角度看待问题。亲子之间形成了更为复杂的关系,具有"目标—矫正"的"伙伴关系"性质。儿童能认识并理解母亲的情感、需要、愿望,知道她爱自己,不会抛弃自己,他们已经理解父母离去的原因,也知道他们什么时候回来,这样分离焦虑便降低了。这时的儿童会同父母协商,向成人提出要求,亲子之间的合作性加强,而不是跟在他们后面或拉住他们。

真题3 [2024江西统考,单选]根据鲍尔比提出的依恋发展四阶段可知,依恋形成阶段发生在( )
A. 0~3个月　　　　B. 3~6个月　　　　C. 6个月~2.5岁　　　　D. 2.5岁以后
答案：C

五、依恋的类型 【单选】 ★★

美国心理学家安斯沃斯及其同事运用陌生情境实验研究儿童的依恋。在陌生情境研究中观察母亲与其孩子的相互作用,在标准程序的第一步,儿童被带进一个有很多玩具的陌生房间,在母亲在场的情况下,儿童被鼓励去探索房间和使用玩具。几分钟后,一个陌生人走进屋和母亲交谈,并接近这个儿童。接着,母亲离开房间。经过短暂分离后,母亲返回,与儿童在一起,陌生人离开。观察发现,不同儿童对陌生情境的反应有明显的差异。根据儿童和依恋对象的关系密切程度、交往质量不同,儿童的依恋存在不同的类型。

1. 回避型

母亲在场或不在场对这类幼儿影响不大。母亲离开时,他们并无特别紧张或忧虑的表现。母亲回来了,他们往往也不予理会,有时也会欢迎母亲的到来,但只是暂时的,接近一下又走开了。这种幼儿接受陌生人的安慰和接受母亲的安慰一样。实际上,这类幼儿并未形成对母亲的依恋。因此,有的人把这类幼儿称为"无依恋的幼儿"。一般来说,回避型依恋的幼儿较少。

2. 安全型

这类幼儿与母亲在一起时,能安逸地玩弄玩具,对陌生人的反应比较积极,并不总是假依在母亲身旁。当母亲离开时,探索性行为会受影响,明显地表现出一种苦恼。当母亲回来时,他们会立即寻求与母亲的接触,但很快又平静下来,继续做游戏。

3. 反抗型

这类幼儿在母亲要离开之前,总显得很警惕,有点大惊小怪。如果母亲要离开他,他就会表现出极度的反抗。但是与母亲在一起时,又无法把母亲作为他安全探究的基地。这类幼儿见到母亲回来时就寻求与母亲的接触,但同时又反抗与母亲接触,甚至还有点发怒的样子。如孩子见到母亲立刻要求母亲抱他,可刚被抱起来又挣扎着要下来。要他重新回去做游戏似乎不太容易,他会不时地朝母亲那里看。

在所有的依恋类型中,安全型依恋是较好的依恋类型。

• 小香课堂 •

学前儿童的依恋类型在考试中常以客观题的形式出现,考生可结合以下表格做到理解掌握。

依恋类型	母亲在时	母亲离开	母亲回来
回避型	无所谓	无所谓	无所谓
安全型	积极探索	苦恼不安	愉快投入母亲怀抱
反抗型	时刻警惕	极度反抗	矛盾挣扎

真题4 [2024山东青岛,单选]明明在房间里玩玩具,发现妈妈离开了,他没有紧张、焦虑,看到妈妈回来他也没反应,这种依恋类型属于(　　)

A. 安全型　　　　B. 回避型　　　　C. 安抚型　　　　D. 矛盾性

真题5 [2023福建统考,单选]安斯沃斯研究儿童依恋类型的实验是(　　)

A. "恒河猴"实验　　　　　　　　B. "陌生情境"实验
C. "延迟满足"实验　　　　　　　D. "感觉剥夺"实验

答案: 4. B　5. B

六、影响依恋的因素

1. 教养方式

在生命的早期阶段,儿童被养育的过程中,教养方式是影响他们与母亲形成情感联结的主要因素。

从教养方式来看,安全型依恋的儿童具有很强的探索欲望,能主动与别的小朋友分享玩具,友好地在一起玩耍,很少有反常的行为问题。而其母亲在情感上往往能够给予孩子恰当的、合适的关注;在态度上给予肯定、接纳和鼓励;在行为上给予指导和帮助。回避型依恋的儿童容易出现外显的行为问题,如攻击性比较强、经常抢夺别的小朋友的玩具、欺负别的小朋友等。因为他们的母亲往往忽视了孩子的生理和心理需要或对之不敏感,因此孩子发出的需求信号经常遭到冷遇,久而久之,孩子对母亲的感情也变得冷漠了。反抗型依恋的儿童容易出现内隐的行为问题,如情绪抑郁、胆小、退缩、缺乏好奇心和探索欲望等。这类儿童的母亲对孩子的需要和亲近的要求反应往往缺乏一贯性,她们根据自己的心情,有时对孩子很亲近,有时又很冷漠,使孩子无所适从,对母亲缺乏信赖感,也缺乏在新环境中探索的安全感。

当然,家庭中由母亲或亲属单个照看,还是把婴儿送到托儿所集体照看,这两种不同的教养环境对儿童依恋的形成也是可以产生影响的。

2. 儿童的气质特点

依恋关系是父母和婴儿双方共同构筑的,因此,婴儿形成哪种类型的依恋不只是与母亲的养育、教养方式有关,也可能与婴儿本身的气质特点有关。

婴儿早期的这些气质特征很可能影响了父母对他们的印象与态度。难以教养的儿童往往被归结为反抗型不安全依恋,易教养型儿童被归结为安全型依恋,行动缓慢型儿童则被归结为回避型不安全依恋。

3. 家庭的因素

(1)儿童的生存条件。在家庭的构成要素中,诸如失业、婚姻失败、经济困难和其他一些因素都会影响父母对儿童照料的质量,从而破坏儿童的依恋安全。

353

(2)孩子受重视的程度。孩子在养育环境中是否得到关爱,是否被精心抚养,会直接影响到孩子的依恋安全。有一项研究表明,第一个出生的孩子会因第二个孩子的出生而降低依恋安全性。

(3)家庭的氛围。正常家庭,尤其是婚姻美满、较少有摩擦的家庭,会使儿童依恋的安全感增强。相反,成人之间充满愤怒的交往,对孩子不适宜的照料,会直接影响孩子的安全依恋。

七、培养幼儿形成良好依恋的措施

1. 注意"母性敏感期"期间的母子接触

有研究认为,最佳依恋的发展需要在"母性敏感期"期间使孩子与母亲接触。他们把正常医院条件下的母子接触和理想条件下的接触做比较。医院的标准做法是:出生时让妈妈看一下孩子,10个小时后孩子再在妈妈身边稍留一会儿,然后每隔4小时喂奶一次。理想条件是:出生后3小时起便有定时的母子接触,在开始3天里,每天另有5小时让妈妈搂抱孩子。结果发现,理想条件下的孩子与妈妈关系更密切,面对面注视的次数更多,并且后期依恋关系更好。

2. 尽量避免父母与孩子的长期分离

研究表明,孩子与父母的长期分离会造成孩子的"分离焦虑",从而影响孩子正常的心理发展。特别是6~8个月后的分离,会产生严重的影响。因为这个时期正好是孩子与他人建立情感联系的关键时期,所以不管存在什么样的困难,父母都要尽量自己负担起养育、教育孩子的责任。

3. 父母与孩子之间要保持经常的身体接触

如抱孩子,适当地和孩子一起玩耍。同时,父母在和孩子接触时要保持愉快的情绪,高高兴兴地和孩子玩。

4. 父母对孩子所发出的信号要敏感地做出反应

要注意孩子的行为(如找人、哭闹等),并给予一定的关照。

✦✦ 本节核心考点回顾 ✦✦

1. 亲子关系的概念

广义的亲子关系指父母与子女的相互作用方式。狭义的亲子关系指幼儿早期与父母的情感联系,即依恋。亲子关系是儿童早期生活中最主要的社会关系。

2. 亲子关系的类型

(1)民主型;(2)专制型;(3)放任型。

3. 依恋发展的阶段

(1)无分化阶段(0~3个月)(无差别社会反应的阶段)。

(2)低分化阶段(3~6个月)(有差别社会反应的阶段)。

(3)依恋形成阶段(6个月至2.5岁)(特殊情感联结阶段)。

(4)修正目标的合作阶段(2.5岁以后)(目标调整的伙伴关系阶段)。

4. 依恋的类型

美国心理学家安斯沃斯及其同事运用陌生情境实验研究儿童的依恋,把儿童的依恋分为:(1)回避型;(2)安全型;(3)反抗型。

5. 影响依恋的因素

(1)教养方式;(2)儿童的气质特点;(3)家庭的因素。

6.培养幼儿形成良好依恋的措施

(1)注意"母性敏感期"期间的母子接触。

(2)尽量避免父母与孩子的长期分离。

(3)父母与孩子之间要保持经常的身体接触。

(4)父母对孩子所发出的信号要敏感地做出反应。

第三节　学前儿童同伴关系的发展

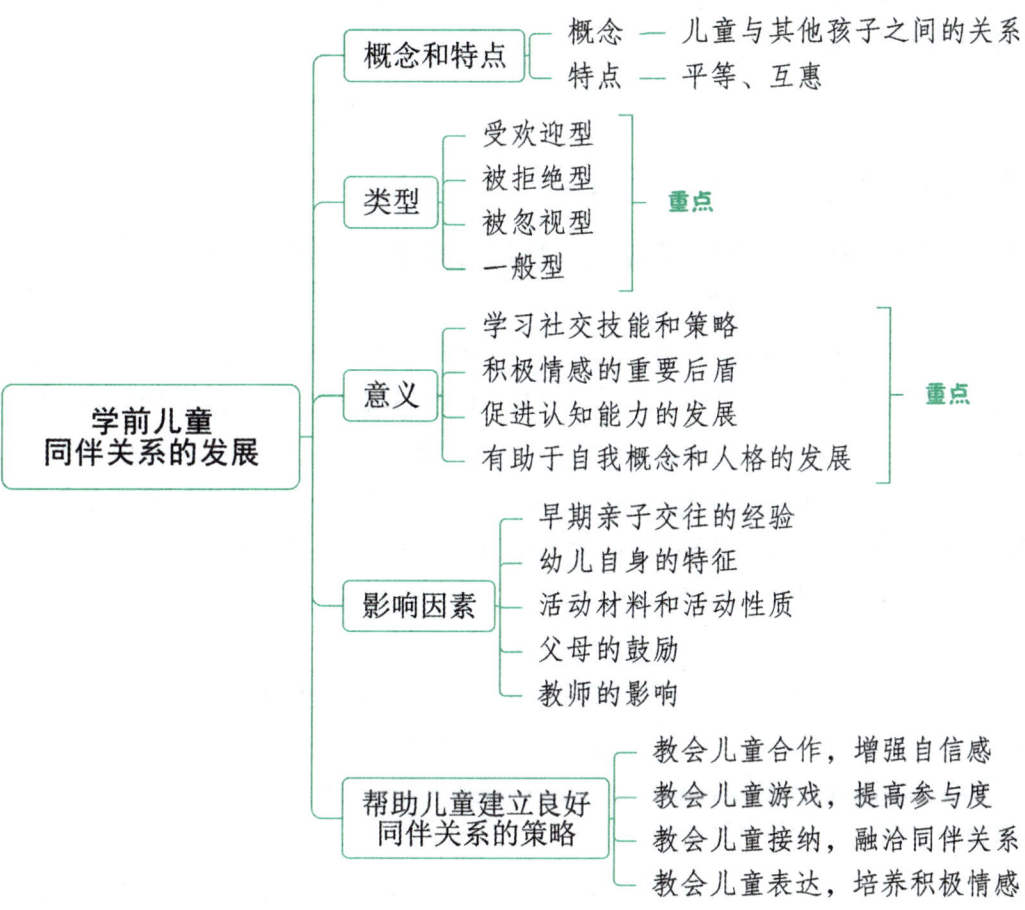

一、同伴关系的概念和特点

同伴关系是指儿童与其他孩子之间的关系,是年龄相同或相近的儿童之间的一种共同活动并相互协作的关系。具有平等、互惠的特点。

二、同伴关系的类型【多选、填空】★★

庞丽娟采用"同伴现场提名法",通过同伴对儿童的提名情况,了解某一儿童在同伴社交中的地位。实验中逐个向每一幼儿提问:"你最喜欢班上哪三个小朋友?"(正提名)和"你最不喜欢班上哪三个小朋友?"(负提名),详细记录幼儿的提名情况。根据提名结果将幼儿划分为不同的社交类型。

(1)<u>受欢迎型儿童</u>。喜欢与人交往,主动积极并表现较好,被大多数同伴所接纳、喜欢;他们在同伴中的交往地位高,影响力大。

(2) **被拒绝型儿童**。交往活跃，但常做出不友好的、攻击性的举动(强行加入、争夺玩具、大声喊叫等)，为大多数同伴所不喜欢或常被拒绝。

(3) **被忽视型儿童**。不喜欢交往，常一个人玩，在群体交往中显得退缩、害羞、不起眼，常常被冷落。

(4) **一般型儿童**。表现一般，既不主动、友好，也不消极、敌对，既不为同伴特别喜爱，也不令人讨厌，在同伴心目中的地位一般。

真题1 [2021山东青岛,多选]北京师范大学教授庞丽娟将同伴交往类型划分为( )
A. 受欢迎型　　　　B. 被拒绝型　　　　C. 被忽视型　　　　D. 一般型

真题2 [2024福建统考,填空]喜欢交往，常常表现出友好、积极的交往行为，受到大多数同伴的接纳、喜欢。这种同伴交往类型属于_____型。

答案：1. ABCD　2. 受欢迎

三、学前儿童同伴交往的意义 【简答】 ★★★

1. 同伴交往有利于儿童学习社交技能和策略，促进其社会行为向友好、积极的方向发展

(1) 同伴交往有助于促进儿童社交技能及策略的获得

儿童与同伴的交往不仅需要自己去引发和维持，而且他从同伴那儿得到的反应远比从父母那儿得到的反应要模糊和缺乏指导性，因此，儿童必须提高自己的社交技能，使其信号和行为反应更富有表现性，以使交往活动得以顺利进行。由此可见，同伴交往系统比亲子交往系统更能促进儿童社交技能的提高。另一方面，与亲子交往相比，在同伴交往中，儿童更会遇到各种不同的交往场合和情景，要求儿童能根据这些场合与情景性质的不同来确定自己的行为、反应，发展多种社交技能和策略，以适应这种变化。

(2) 在同伴交往中，同伴的反馈有助于儿童的社会行为向积极、友好的方向发展

与亲子交往相比，同伴交往中同伴的反馈更真实、自然和即时。儿童积极、友好的行为，如分享、微笑等，能马上引发另一儿童的积极反应，得到肯定性的反馈；而消极、不友好的行为则正好相反，如抢夺、抓人等，会马上引发其他儿童的反感，或引起相应的行为。儿童正是在与同伴的交往中通过不断地调整、修正自己的行为方式，掌握、巩固较为适宜的交往方式。

2. 同伴交往是学前儿童积极情感的重要后盾

儿童与儿童之间良好的交往关系，能和良好的亲子关系一样，使儿童产生安全感和归属感，成为儿童的一种情感依赖，对学前儿童具有重要的情感支持作用。如在陌生的实验室中，一些4岁的儿童与其同伴在一起，而另一些则独自玩耍。结果发现：前者比后者更容易积极主动地探索周围环境、玩玩具，或做操作练习。

在日常生活中，我们也可以观察到，学前儿童在与同伴交往时经常能更愉快、兴奋和无拘无束地交谈，而且能更放松、更自主地投入各种活动中。同伴关系良好的幼儿往往感到很愉快，反之，则会产生消极的情感体验。

3. 同伴交往能促进学前儿童认知能力的发展

不同的孩子有各自不同的生活经验和认知基础，他们在共同的活动中也会做出各不相同的具体表现(同样的玩具也可能玩出不一样的花样)，这种由不同个体组成的集体能够对儿童产生教育性的影响，虽然儿童很少得到自己小伙伴的"教导"，但是他们是通过观察"更有能力"的伙伴的所作所为来学习的。因此同伴交往为儿童提供了分享知识经验、相互模仿、共同学习的重要机会。

同伴交往也为儿童提供了大量的同伴交流、协商讨论的机会,儿童常在一起探索物体的多种用途或问题的多种解决方式。这些都非常有助于儿童扩展知识,丰富认知,发展自己思考、操作和解决问题的能力。

4. 同伴交往有助于儿童自我概念和人格的发展

儿童通过与同伴的比较进行自我认知。同伴的行为和活动就像一面"镜子",为儿童提供自我评价的参照,使儿童能够通过对照更好地认识自己,对自身的能力做出判断。

良好的同伴关系可以促进儿童人格的健康发展,甚至在儿童处于不利的发展状况下,可以抵消不良环境对其发展的影响。另外,儿童在早期同伴交往中获得的经验对塑造其个性、价值观及人生态度都有独特的、重要的影响。

真题3　[2023山东烟台,简答]简述学前儿童同伴交往的意义。
答案: 详见内文

四、影响幼儿同伴关系发展的因素

1. 早期亲子交往的经验

亲子关系对今后的同伴关系有预告和定型的作用,而更近一些的观点则认为二者是相互影响的。

幼儿在与父母的交往过程中不但实际练习着社交方式,而且发现自己的行为可以引起父母的反应,由此可以获得一种最初的"自我肯定"的概念。这种概念是幼儿将来自信心和自尊感的基础,也是其同伴交往积极、健康发展的先决条件之一。再有,不少心理学研究指出,婴儿最初的同伴交往行为,几乎都是来自于更早些时候与父母的交往。例如,婴儿第一次对成人微笑和发声之后的2个月,在同伴交往中才开始出现相同的行为。

2. 幼儿自身的特征

对幼儿来说,影响同伴关系的主要因素有以下两个方面:外表及个人性格。幼儿的身心特征一方面制约着同伴对他们的态度和接纳程度,另一方面也决定着他们在交往中的行为方式。

(1)性别、长相、年龄等生理因素和姓名影响着幼儿被同伴选择和接纳的程度。

(2)幼儿的气质、情感、能力、性格等个性、情感特征影响着他们对同伴的态度和交往中的行为特征,由此影响同伴对他们的反应和其在同伴中的关系类型。

(3)对幼儿同伴交往关系影响最大的是其在交往中的积极主动性、交往行为和交往技能。

3. 活动材料和活动性质

活动材料,特别是玩具,是幼儿同伴交往的一个不可忽视的影响因素,尤其是婴儿期到幼儿初期,幼儿之间的交往大多围绕玩具发生。

活动性质对同伴交往的影响主要体现在自由游戏的情境下,不同社交类型的幼儿表现出交往行为上的巨大差异,而在有一定任务的情境下,如在表演游戏或集体活动中,即使是不受同伴欢迎的幼儿,也能与同伴进行一定的配合、协作,因为活动情境本身已规定了同伴间的作用关系,对其行为有许多制约性。

4. 父母的鼓励

学龄前儿童在各种不同场合及不同活动中努力寻找着自己的游戏伙伴,但是他们的这种能力是有限的,他们通常依靠父母来为自己建立与同龄人的伙伴关系。

5. 教师的影响

一个儿童在教师心目中的地位如何,会间接地影响到同伴对这个儿童的评价。社会心理学家认为,在同伴群体中的评价标准出现之前,教师是影响儿童最有力的人物。因此,作为教师,在教育过程中必须注意自己的言行对儿童的影响。

> **·记忆有妙招·**
>
> 影响幼儿同伴关系发展的因素:**师父亲自活动**。**师**:教师。**父**:父母。**亲**:亲子交往的经验。**自**:自身。**活动**:活动材料和活动性质。

五、帮助儿童建立良好同伴关系的策略

1. 教会儿童合作,增强儿童的自信感

对于那些因为有攻击性行为而遭到同伴拒绝的儿童,教师需要教他们如何用积极的方式解决冲突,小组讨论、木偶表演、角色扮演等活动和阅读一些相关的儿童读物,都会有利于减少儿童的攻击性行为。而对于那些害羞和孤僻的儿童,可以引导他们与更小的儿童提前活动,从而增强其交往的信心,提高他们的社会交往能力。

2. 教会儿童游戏,提高儿童的参与度

在幼儿园的实际活动中我们注意到,能够进行高水平游戏的儿童会被教师和其他成人评价为有社交能力、能积极地表现自己、合群、好交际和具有亲社会性等。所以,在游戏中教师可以通过以下方式来提高儿童游戏的参与度:(1)提供游戏的主题和一些需要的材料;(2)用多种方式鼓励儿童参与到游戏中去;(3)主动参与儿童的游戏,并担任一个角色;(4)针对目标,略作示范。一些不会游戏或对参与游戏缺乏方法的儿童,在游戏中可以学到被同伴群体接受的必要的社交技能,并能在游戏中改善与其他儿童的关系,从而进一步提高其交往的技能。因为,游戏来自友谊而友谊也来自游戏,同伴关系在这两种方式中都起作用,而且作用一样大。

3. 教会儿童接纳,融洽儿童的同伴关系

帮助被忽略型儿童和被拒绝型儿童积极和恰当地对待同伴的参与,接纳他人的加入,有助于帮助他们形成良好的人际关系。那些在早期能接受同伴加入、善于接纳他人的儿童,在以后的成长中也更能被其他儿童所接受和接纳。

4. 教会儿童表达,培养儿童的积极情感

儿童心理学的研究表明:儿童情感的个体差异在学前期是很明显的,而且直接影响着儿童在以后的发展时期中社交能力的提高。对同伴的积极情感可以通过言语或非言语的形式表达出来,这本身就是一种策略,从研究中我们看到,在儿童阶段言语的形式更多些。教师在幼儿园的一日活动中应当注意引导儿童,例如说话礼貌,对同伴表示同意和赞赏,微笑、拥抱、轮流做事(玩)、共享一些东西,以及互相帮助等。对于这些行为,教师不但要教给儿童,更重要的是教师自己要亲身示范,以示榜样,这对儿童有效交往行为的培养始终是十分必要的。

> **·记忆有妙招·**
>
> 帮助儿童建立良好同伴关系的策略:**表姐做游戏**。**表**:教会表达。**姐**:教会接纳。**做**:教会合作。**游戏**:教会游戏。

★★ 本节核心考点回顾 ★★

1. 庞丽娟对幼儿社交类型的划分
(1)受欢迎型:交往主动且行为友好。
(2)被拒绝型:交往主动,但行为不友好。
(3)被忽视型:不喜欢交往,常常独处或一人活动。
(4)一般型:表现一般,既不特别主动、友好,也不特别不主动、不友好。

2. 学前儿童同伴交往的意义
(1)同伴交往有利于儿童学习社交技能和策略,促进其社会行为向友好、积极的方向发展;
(2)同伴交往是学前儿童积极情感的重要后盾;
(3)同伴交往能促进学前儿童认知能力的发展;
(4)同伴交往有助于儿童自我概念和人格的发展。

3. 影响幼儿同伴关系发展的因素
(1)早期亲子交往的经验;(2)幼儿自身的特征;(3)活动材料和活动性质;(4)父母的鼓励;(5)教师的影响。

4. 帮助儿童建立良好同伴关系的策略
(1)教会儿童合作,增强儿童的自信感;(2)教会儿童游戏,提高儿童的参与度;(3)教会儿童接纳,融洽儿童的同伴关系;(4)教会儿童表达,培养儿童的积极情感。

第四节 学前儿童性别角色的发展

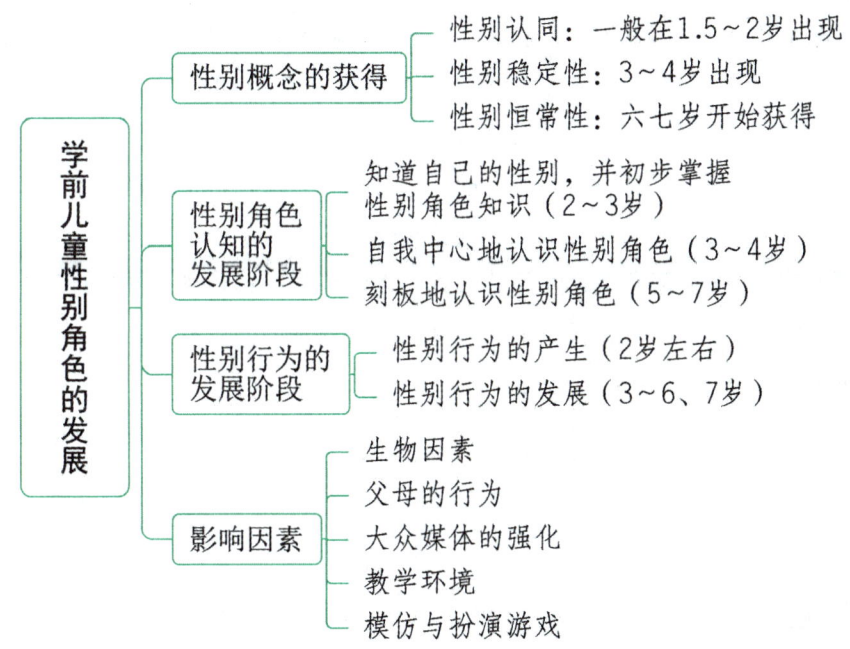

一、性别角色的概念

性别角色是被社会认可的男性和女性在社会上的一种地位,也是社会对男性和女性在行为方式和态度上期望的总称。包括性别概念、性别角色知识、性别行为等三方面。儿童性别角色行为的发展,是在对性别角色认知的基础上,逐渐形成较为稳定的行为习惯的过程,从而导致儿童之间在心理和行为上的性别差异。

二、性别概念的获得 【单选】★

性别概念是指儿童对自己及他人的性别的认识和认识的稳定性。根据现有的研究,学者们普遍认为儿童的性别概念主要包括三种成分:性别认同、性别稳定性和性别恒常性。

性别概念的获得

考点 1 ▶ 性别认同的发展

性别认同是指对自己和他人的性别的正确认识。性别认同出现的年龄较早,大致在1.5~2岁。在这一阶段儿童开始知道一些特定的活动或物品同性别的联系,例如,知道领带是"爸爸的",口红是"妈妈的"。到3岁时,大部分幼儿都能正确地识别自己和别人的性别,这时他们已经有了性别认同。

在进行性别认同的线索方面,儿童往往先依据发型,特别是头发的长度,其次是服饰的特点来确认被观察者的性别。

研究发现,男女儿童性别认同的发展影响其性别行为,能够进行性别认同的儿童的性别行为显著地多于不能进行性别认同的儿童。

考点 2 ▶ 性别稳定性的发展

性别稳定性是指对自己的性别不随其年龄、情境等的变化而改变这一特征的认识。儿童的性别稳定性一般在3~4岁的时候就出现了。例如,在被问及"当你是个婴儿的时候,你是个男孩还是女孩?""当你长大以后,你是爸爸还是妈妈?"4岁以上的儿童能够做出正确的回答。

考点 3 ▶ 性别恒常性的发展

性别恒常性是指对人的性别不因为其外表(如衣着打扮等)和活动的变化而改变的认识。儿童一般要到六七岁才能获得性别恒常性的认识,这一年龄也正是儿童对液体和面积等物理特征开始获得守恒的年龄。儿童首先对自己的性别认识产生了恒常性,然后才能应用到别人身上。其发展顺序大致表现为:(1)自身的性别恒常性;(2)与自己相同性别的他人的性别恒常性;(3)异性的性别恒常性。

有研究者认为,性别稳定性的发展依赖于儿童对其心理方面的特征的感知,性别恒常性的发展是儿童对其活动、外表特性的认识,这就导致了性别稳定性的发展早于性别恒常性的发展。

总之,儿童性别认同、性别稳定性与性别恒常性之间的关系具有以下特征:(1)性别认同的产生早于性别稳定性;(2)性别恒常性出现最晚,儿童所处的生活环境对其性别恒常性的发展影响不大;(3)大约在9岁,儿童开始能够用语言解释性别的稳定性和恒常性。

性别认同

性别稳定性

性别恒常性

真题 [2023河南洛阳,单选]儿童能够知道无论自己或别人穿什么衣服、留什么样的发型,其性别都保持不变。这一认识说明儿童已获得( )

A.性别的恒常性　　　　B.性别的稳定性　　　　C.性别的认同　　　　D.性别的独特性

答案:A

三、学前儿童性别角色认知的发展阶段与特点

儿童性别角色的认知经历了四个发展阶段,对于学前儿童而言,主要经历了前三个阶段的发展。

1. 知道自己的性别,并初步掌握性别角色知识(2~3岁)

儿童的性别概念包括两个方面:一是对自己性别的认识;二是对他人性别的认识。儿童对他人的性别认识是从2岁开始的,但这时还不能准确说出自己是女孩还是男孩。直到2.5~3岁,绝大多数孩子能准确说出自己的性别。同时,这个年龄的孩子已经有了一些关于性别角色的初步知识,如女孩要玩娃娃,男孩要玩汽车等。

2. 自我中心地认识性别角色(3~4岁)

这个阶段的儿童已经能明确分辨出自己的性别,并对性别角色的知识逐渐增多,如男孩和女孩在穿衣服和游戏、玩具方面的不同等。但这个时期的孩子能接受各种与性别习惯不符的行为偏差,如认为男孩穿裙子也很好。

3. 刻板地认识性别角色(5~7岁)

这个阶段的儿童不仅对男孩和女孩在行为方面的区别认识得越来越清楚,同时开始认识到一些与性别有关的心理因素,如男孩要胆大、勇敢等。儿童对性别角色的认识也表现出刻板性,他们认为违反性别角色习惯是错误的,如一个男孩玩娃娃会遭到同性别孩子的反对等。

四、学前儿童性别行为的发展阶段与特点

考点 1 ▶ 性别行为的产生(2岁左右)

2岁左右是儿童性别行为初步产生的时期,具体体现在儿童的活动兴趣、同伴选择和社会性发展三个方面。例如,14~22个月的幼儿,通常男孩在所有玩具中更喜欢卡车和小汽车,而女孩则更喜欢玩具娃娃或柔软的玩具。儿童对同性别玩伴的偏好也出现得很早。在托幼机构中,2岁的女孩就表现出更喜欢与其他女孩玩,而不喜欢跟男孩玩。2岁的女孩对父母或其他成人的要求有更多的遵从,而男孩对父母要求的反应则更趋于多样化。

考点 2 ▶ 性别行为的发展(3~6、7岁)

进入幼儿期后,儿童之间的性别角色差异日益稳定、明显,具体体现在以下三个方面:

1. 游戏活动兴趣方面的差异

在现实中我们不难发现,幼儿期的游戏活动中,已经可以看到男女儿童明显的兴趣差异。男孩更喜欢有汽车参与的运动性、竞赛性游戏,女孩则更喜欢过家家的角色游戏。

2. 选择同伴和同伴相互作用方面的差异

进入3岁后,儿童选择同性别伙伴的倾向日益明显。研究发现,3岁的男孩就明显地选择男孩而不选择女孩作为伙伴。还有研究发现,男孩和女孩在同伴之间的相互作用方式也不同。男孩之间更多打闹、为玩具争斗、大声叫喊、发笑,女孩则很少有身体上的接触,更多是通过规则协调。

3. 个性和社会性方面的差异

幼儿期在个性和社会性方面已经开始有了比较明显的性别差异,并且这种差异不断发展。一项跨文化研究发现,在所有文化中,女孩早在3岁时就对照看比她们小的婴儿感兴趣。还有研究显示,4岁女孩在独立能力、自控能力、关心他人三个方面优于同龄男孩;6岁男孩的好奇心、情绪稳定性和观察力优于女孩;6岁女孩对人与物的关心优于男孩。

五、影响幼儿性别角色行为的因素

考点 1 ▶ **生物因素对幼儿性别行为有一定的影响**

影响幼儿性别行为的生物因素主要是性激素(荷尔蒙)。研究发现,在胎儿期雄性激素过多的女孩,在抚养过程中虽然按女孩来养,但仍然具有典型的假小子的特征。她们喜欢消耗较多精力的体育活动,如玩球。这类女孩在幼儿期也不喜欢玩娃娃。

考点 2 ▶ **父母的行为对幼儿性别角色和行为起着引导、被模仿和强化的作用**

在承认生物因素对幼儿性别行为产生影响的同时,人们普遍认为,社会文化因素,特别是家庭因素对幼儿的性别角色和相应的性别行为的形成起着更重要的作用。

1. 父母是孩子性别行为的引导者

在孩子还不知道自己的性别和应该具有什么样的行为之前,父母就已经开始对孩子的性别行为进行引导了。如孩子出生以后,大多数父母对孩子房间的布置、玩具的选择、衣服的样式与颜色的安排等,都是根据孩子的性别决定的。随着孩子年龄的增长,父母就更加明显地用男孩或女孩的行为模式来约束自己的孩子,其中,强化在孩子形成性别行为的过程中起着重要的作用,如男孩应该勇敢、像个男子汉,女孩则应该温柔、文静等。父母的态度和行为直接引导孩子朝着符合自己性别行为的方向发展。

2. 父母是孩子性别行为的模仿对象

孩子从知道自己是男孩或女孩开始,一般会把自己的同性别父母作为模仿对象。如小女孩就开始学着妈妈的样子,给娃娃喂饭、拍娃娃睡觉等;男孩则更容易看到爸爸做什么就学着做什么。

3. 父母对孩子性别行为的强化

父母对孩子性别行为的强化是幼儿性别社会化的重要因素。有人发现,从孩子刚出生,母亲就用不同的方式对待男孩和女孩。例如,在我们中国的传统社会中,当女儿做出女性行为(如安静、不淘气)时,母亲就会做出积极的反应;而当女儿做出男性行为(淘气、爱活动)时,她会做出消极的反应。父母的这种强化在孩子形成性别行为过程中起着重要作用,使他们(她们)逐渐形成符合自己性别的行为。在父亲和母亲对孩子性别行为反应的比较研究发现,父亲比母亲的强化作用更明显。重视父亲对幼儿性别行为发展的影响作用是十分必要的。

通过父母的引导、对父母行为的模仿及父母对孩子行为的强化,幼儿的性别行为逐渐定型。

考点 3 ▶ **大众媒体的强化**

大众媒体在一定程度上也会强化幼儿的性别角色差异。它们对人们的社会生活影响巨大,是传播性别角色观念的有效途径。通过观看电影、电视、阅读报纸杂志等,人们看到其塑造的男性角色大都刚强稳健,女性角色大都多情温顺。这必然也会影响到男女幼儿对性别角色的模仿学习。

考点 4 ▶ 教学环境

学校是幼儿性别角色知识扩展和加深的场所。在这里,对幼儿的性别角色起重要作用的是教师对幼儿的性别角色期待。

考点 5 ▶ 模仿与扮演游戏

在幼儿习得性别区分的过程中,父母及周围人给予的赏罚起着直接而巨大的强化作用。幼儿往往以同性家长为榜样,求得同样的行为和感受。模仿在性别角色的获得与发展中起着不同的作用,其中之一就是替代性获得。

游戏是幼儿的主导活动。由于这个时期幼儿想象活动异常活跃,因而他们的游戏也非常有趣,他们可以给任何一样东西加上他们所想象的象征性意义。

• 记忆有妙招 •

影响幼儿性别角色行为的因素:**生父大方教**。**生**:生物因素。**父**:父母的行为。**大**:大众媒体。**方**:模仿与扮演游戏。**教**:教学环境。

★ 本节核心考点回顾 ★

1. 性别概念的获得

(1)性别认同是指对自己和他人的性别的正确认识。性别认同出现的年龄较早,大致在1.5~2岁。

(2)性别稳定性是指对自己的性别不随其年龄、情境等的变化而改变这一特征的认识。一般在3~4岁时出现。

(3)性别恒常性是指对人的性别不因为其外表和活动的变化而改变的认识。

2. 学前儿童性别角色认知的发展阶段与特点

(1)知道自己的性别,并初步掌握性别角色知识(2~3岁)。

(2)自我中心地认识性别角色(3~4岁)。

(3)刻板地认识性别角色(5~7岁)。

3. 学前儿童性别行为发展的阶段与特点

(1)性别行为的产生(2岁左右)。2岁左右是儿童性别行为初步产生的时期,具体体现在儿童的活动兴趣、同伴选择和社会性发展三个方面。

(2)性别行为的发展(3~6、7岁)。进入3岁后,儿童选择同性别伙伴的倾向日益明显。

4. 影响幼儿性别角色行为的因素

(1)生物因素;(2)父母的行为;(3)大众媒体的强化;(4)教学环境;(5)模仿与扮演游戏。

第五节　学前儿童亲社会行为的发展

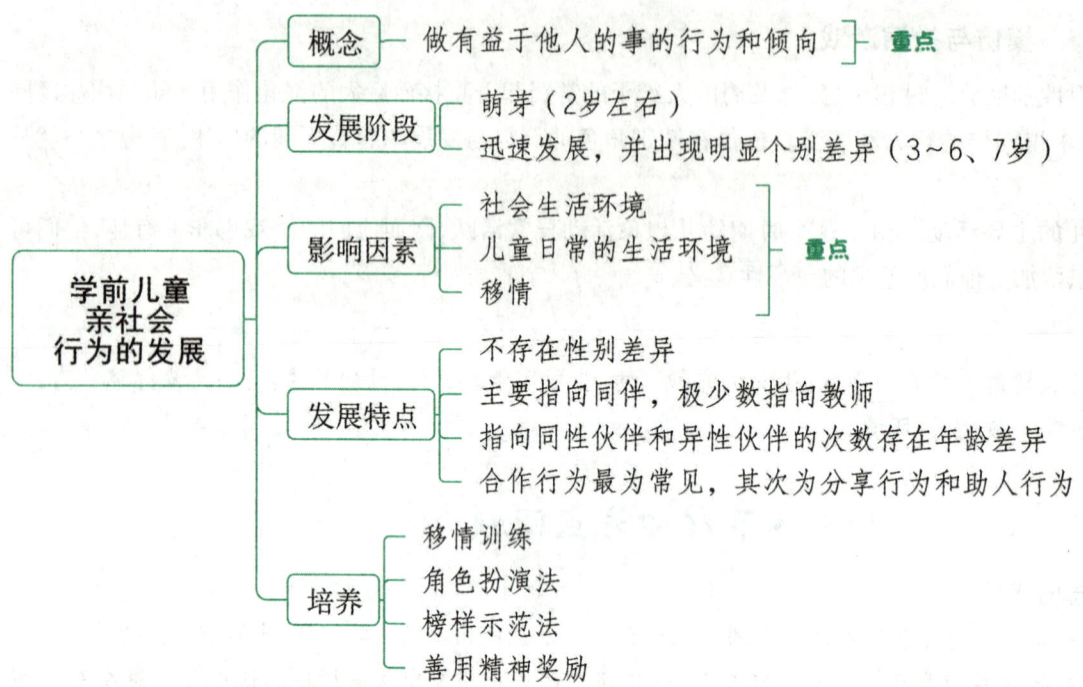

一、亲社会行为的概念　【单选、判断】★★

亲社会行为又称为积极的社会行为,指一个人帮助或打算帮助他人,做有益于他人的事的行为和倾向。儿童在很小的时候就通过多种方式表现出亲社会行为,尤其是同情、帮助、分享、谦让等利他行为。亲社会行为的发展是幼儿道德发展的核心问题。关于亲社会行为的形成,人们普遍认为,幼儿的亲社会行为的形成是在从别人的角度考虑(移情)的基础上,产生情感反应(同情),进而产生安慰、援助等亲社会行为。从这个意义上说,移情是亲社会行为产生的基础。

真题1　[2021山东青岛,单选]儿童从小表现出来的同情、帮助、分享、谦让等属于(　　)的社会行为。
A. 友爱　　　　　　B. 善良　　　　　　C. 利他　　　　　　D. 助人

真题2　[2023福建统考,判断]幼儿道德发展的核心问题是亲社会行为的发展。

答案:1. C　2. √

二、学前儿童亲社会行为发展的阶段和特点　【单选】★

1. 亲社会行为的萌芽(2岁左右)

研究证明,2岁左右,儿童的亲社会行为即已萌芽。

观察发现,1岁之前的儿童当看到别人处于困境,如摔倒、哭泣时,他们会加以关注,并出现皱眉、伤心的表情。到1岁左右,儿童还会做出积极的抚慰动作,如轻拍或抚摸等。

2岁以后,随着生活范围和交往经验的增多,儿童的亲社会行为进一步发展,他们逐渐能够根据一些不太明显的细微变化来识别他人的情绪体验,推断他人的处境,并做出相应的抚慰或帮助行为。

364

真题3 [2020 内蒙古赤峰,单选]( )岁左右,儿童已经出现了亲社会行为的萌芽。
A. 1　　　　　　B. 2　　　　　　C. 3　　　　　　D. 3.5
答案:B

2. 各种亲社会行为迅速发展,并出现明显个别差异(3~6、7岁)

(1)合作行为发展迅速

儿童亲社会行为发生频率最多的是合作行为和合作性游戏。有研究发现,在儿童的亲社会行为中,合作行为的发生频率最高,占一半以上。关于儿童的合作行为的发展可以从儿童同伴交往的发展中看出。

(2)分享行为受物品的特点、数量、分享对象的不同而变化

分享行为是幼儿期亲社会行为发展的主要方面。目前国内有研究发现,儿童分享行为的发展具有如下特点:

①儿童的"均分"观念占主导地位。其中,4~5岁时分享观念增强,表现为从不会均分到会均分。5~6岁时分享水平提高,表现为慷慨行为的增多。

②儿童的分享水平受分享物品数量的影响。当分享物品与分享人数相等时,几乎所有儿童都做出均分反应。当分享物品不足或只有一件时,表现出慷慨的反应最高。随着分享物数量的递增,儿童的分享水平逐次下降,满足自我的反应渐次增高,这说明儿童利他观念不稳定。

③当物品在人手一份之外有多余的时候,儿童倾向于将多余的那份分给需要的儿童,非需要的儿童则不被重视。

④当分享对象不同时,儿童的分享反应也不同。当分享对象是家长,且物品少的时候,儿童慷慨反应较对同伴的多。但当物品有多余时,则慷慨反应下降。

⑤儿童更注重于食物,对这些东西,儿童的均分反应高,而慷慨反应少,而对玩具,儿童慷慨反应稍多。

(3)出现明显的个性差异

有人观察3~7岁儿童对同伴困境的反应,记录一个儿童大哭引起的他附近的儿童的反应。结果发现,毫无反应的儿童极少,只占了7%;目睹事件的儿童有一半呈现面部表情;有17%的儿童直接去安慰大哭者;其他同情行为包括10%的儿童去寻找成人帮助,5%的儿童去威胁肇事者,但有12%的儿童回避,2%的儿童表现了明显的非同情性反应,表明儿童的亲社会行为存在个别差异。

三、影响儿童亲社会行为发展的因素 【单选】 ★

1. 社会生活环境

社会生活环境包括社会文化的影响和电视媒介的影响。社会宏观环境的影响要通过儿童具体的生活环境来起作用,因为儿童是生活在具体的家庭和同伴环境中的。

2. 儿童日常的生活环境

(1)家庭的影响

家庭是儿童形成亲社会行为的主要影响因素。家庭对儿童亲社会行为的影响,主要表现在两个方面:一是榜样的作用,父母自身的亲社会行为成为幼儿模仿学习的对象;二是父母的教养方式,这是关键因素。从目前的研究看,人们普遍认为,温和养育型的父母更有利于培养幼儿的亲社会行为。

(2)同伴相互作用

同伴关系对儿童的亲社会行为具有非常重要的影响。同伴的作用在于模仿和强化两个方面。同伴可以作为一种社会模式或榜样影响儿童的行为发展。如果让儿童和那些更为成熟的儿童在一起玩,他们就会

变得更加合作,更多地采用建议或请求的方式,而不是用武力来对待别人。儿童还没有足够评定自己行为的能力,于是就常把同伴的行为作为衡量自己行为的尺码。这种社会比较过程是儿童建立自我形象与自我尊重的过程。

3. 移情

移情是指从他人的角度来考虑问题。不论是社会生活环境的影响,还是儿童具体生活环境的影响,最终都要通过儿童的移情起作用。**移情是导致亲社会行为最根本、最内在的因素**。对儿童来说,由于其认识的局限,特别是容易自我中心地考虑问题,因此,帮助儿童从他人角度去考虑问题,是发展儿童亲社会行为的主要途径。

(1)移情的作用

①移情可以使儿童摆脱自我中心,产生利他思想,从而导致亲社会行为;②移情引起儿童的情感共鸣,产生同情心和羞愧感。儿童从自我愿望出发,产生降低他人痛苦的动机,增加亲社会行为,降低攻击性行为。

(2)移情能力发展的特点

①对别人心理状态的理解从简单到复杂;②从需要明显的外部线索到能理解隐蔽线索;③儿童移情能力的水平是随儿童完成任务难度而变化的;④移情能力发展的关键期可能在4~6岁。

• 记忆有妙招 •

影响幼儿亲社会行为发展的因素:**挺会同情**。**挺**:家庭的影响。**会**:社会生活环境。**同**:同伴相互作用。**情**:移情。

真题4 [2020山东青岛,单选]小顺和小杭闹矛盾,小杭很生气推了小顺,小顺摔在地上。事后,老师问小杭:"如果你是小顺,被别人推倒受伤,会不会很疼,会不会很委屈呢?"老师试图培养小杭的( )

A. 移情能力　　　　B. 注意力　　　　C. 想象力　　　　D. 创造力

答案:A

四、幼儿期亲社会行为的发展特点

随着年龄的增长、儿童生活范围的扩大和交往经验的增多,到了幼儿期,儿童的亲社会行为有了进一步发展。表现出以下特点。

1. 儿童的亲社会行为发展不存在性别差异

据王美芳、庞维国对在园儿童亲社会行为的观察研究表明:不论小班、中班还是大班儿童,在园儿童亲社会行为均不存在性别差异。这与一些通过家长、教师的评定来研究儿童的亲社会行为所得的结论并不一致。这些研究认为,女孩的亲社会行为要多于男孩。他们认为,这一结论与人们传统的性别角色期待有密切的关系,一般的社会文化期待女孩更富有同情心、更敏感,因此应表现出更多的亲社会行为。教师、家长在对儿童的亲社会行为做出评定时难免受性别角色期待的影响。但现实中儿童亲社会行为的性别差异可能比人们想象的要小。

2. 儿童的亲社会行为主要指向同伴,极少数指向教师

据王美芳、庞维国观察研究表明:学前儿童在园的亲社会行为中88.7%是指向同伴,指向教师和无明确指向对象的亲社会行为较少,仅为6.5%、4.8%。主要原因是,学前儿童的亲社会行为主要发生在自由活动时

间。在自由活动时,儿童的交往对象基本上是同伴,而且同伴之间地位平等、能力接近、兴趣一致,因此他们有机会、有能力做出指向同伴的亲社会行为。儿童与教师之间是服从与权威、受教育者与教育者的关系。在儿童与教师的交往中,儿童一般是处于接受教育的地位,更多表现出遵从行为,而较少有机会做出亲社会行为。因此,儿童的亲社会行为指向教师的也较少。

3. 儿童的亲社会行为指向同性伙伴和异性伙伴的次数存在年龄差异

在幼儿园小班,儿童的亲社会行为指向同性、异性伙伴的人次比较接近,这是由于小班儿童的性别角色、认知水平处于同一阶段,他们并不严格根据性别来选择交往对象,因此他们的亲社会行为指向同性伙伴和异性伙伴的人次之间也就不存在明显差异。而中班和大班儿童的亲社会行为指向同性伙伴的次数不断增多,指向异性伙伴的次数不断减少。这是由于从中班起,儿童的性别角色认知相当稳定,他们开始更多地选择同性别儿童作为交往对象,因此他们的亲社会行为自然也就更多指向同性伙伴。学前儿童所做出的指向同伴的亲社会行为中,既有指向同性伙伴的亲社会行为,也有指向异性伙伴的亲社会行为。学前儿童的亲社会行为指向同性、异性伙伴的比例随着年龄的增长而变化。

4. 在儿童的亲社会行为中,合作行为最为常见,其次为分享行为和助人行为,安慰行为和公德行为较少发生

观察者发现,儿童的合作行为多为儿童间自发的合作性规则游戏。由于受心理发展水平的制约,小班儿童的合作意识、自制能力差,游戏多为无共同目的的玩耍,合作性的规则游戏较少;中班儿童的合作意识、自制能力有一定发展,但还不稳定,他们之间的合作游戏有所增多;从大班起,随着儿童合作意识的不断提高、自制能力的不断增强,儿童之间的合作游戏迅速增多。

此外研究者发现,幼儿期儿童安慰行为和公德行为等亲社会行为发生较少的原因是这些行为没有得到及时的强化。因此,学前儿童进入幼儿园后,教师、同伴对其社会化发展起着重要作用,儿童不可能离开教育而自发成长为符合社会要求的、品德高尚的社会成员。

五、儿童亲社会行为的培养

1. 移情训练

利用移情来教育儿童,使其具有内在的自我调节能力,比一味地限制、要求这种外部约束要有效得多。移情一方面可以使儿童从他人的角度考虑问题,产生利他思想,另一方面可以引起儿童的情感共鸣,产生同情心和羞愧感。移情训练的具体方法有:听故事,引导理解、续编故事,扮演角色等。

2. 角色扮演法

角色扮演是一种使人暂时置身于他人的社会位置,并按这一位置所要求的方式和态度行事,以增进对他人社会角色及自身原有角色的理解,从而更有效地履行自己角色的心理学技术。

3. 榜样示范法

心理学的研究表明,模仿是儿童获得相应的亲社会行为的重要途径。儿童亲社会行为的获得与表现在一定程度上与模仿有密切的关系。因此,为儿童提供亲社会行为的榜样是培养其亲社会行为的最基本方法。

(1)在教育、教养儿童的过程中,为儿童提供亲社会行为的榜样。有关研究表明,父母教育、教养儿童的不同方式影响着儿童亲社会行为的发展,其中民主型的教育、教养方式有利于发展儿童的社会适应能力和亲社会行为。

(2)家长、教师应注意在自己的日常生活中为儿童树立良好的行为榜样。家长、教师要切实提高自身的修养,规范自己的行为,注意与周围的人和睦相处、积极合作,并热心为他人排忧解难等,优化儿童的生活环境,让孩子从中找到学习、模仿的良好榜样。

(3)教师和家长要通过故事书、电视节目等多种途径为儿童提供分享、合作、助人等良好行为榜样。有很多童话、寓言、儿歌、卡通片等讲述了亲社会行为故事,教师、家长要充分利用这些生动、形象、富有童趣的文学形象来提高儿童的利他认识,发展他们的同情心、自豪感、内疚感等利他情感,从而培养儿童的亲社会行为。

4. 善用精神奖励

儿童亲社会行为无论是自觉的还是不自觉的,都需要得到群体的认可。儿童一旦出现了利他行为,其他成人和教师要及时强化,如表扬、奖励等,使儿童获得积极反馈,达到逐渐巩固的目的。反之,习得的利他行为可能消退。

★ 本节核心考点回顾 ★

1. 亲社会行为的概念

亲社会行为又称为积极的社会行为,指一个人帮助或打算帮助他人,做有益于他人的事的行为和倾向。儿童在很小的时候就通过多种方式表现出亲社会行为,尤其是同情、帮助、分享、谦让等利他行为。亲社会行为的发展是幼儿道德发展的核心问题。

2. 亲社会行为发展的阶段

(1)亲社会行为的萌芽(2岁左右)。

(2)各种亲社会行为迅速发展,并出现明显个别差异(3~6、7岁)。在儿童的亲社会行为中,合作行为的发生频率最高。

3. 影响儿童亲社会行为发展的因素

(1)社会生活环境。

(2)儿童日常的生活环境:①家庭的影响;②同伴相互作用。

(3)移情。移情是指从他人的角度来考虑问题。移情是导致亲社会行为最根本、最内在的因素。

4. 幼儿期亲社会行为的发展特点

(1)不存在性别差异。

(2)主要指向同伴,极少数指向教师。

(3)指向同性伙伴和异性伙伴的次数存在年龄差异。

(4)合作行为最为常见,其次为分享行为和助人行为,安慰行为和公德行为较少发生。

第六节 学前儿童攻击性行为的发展

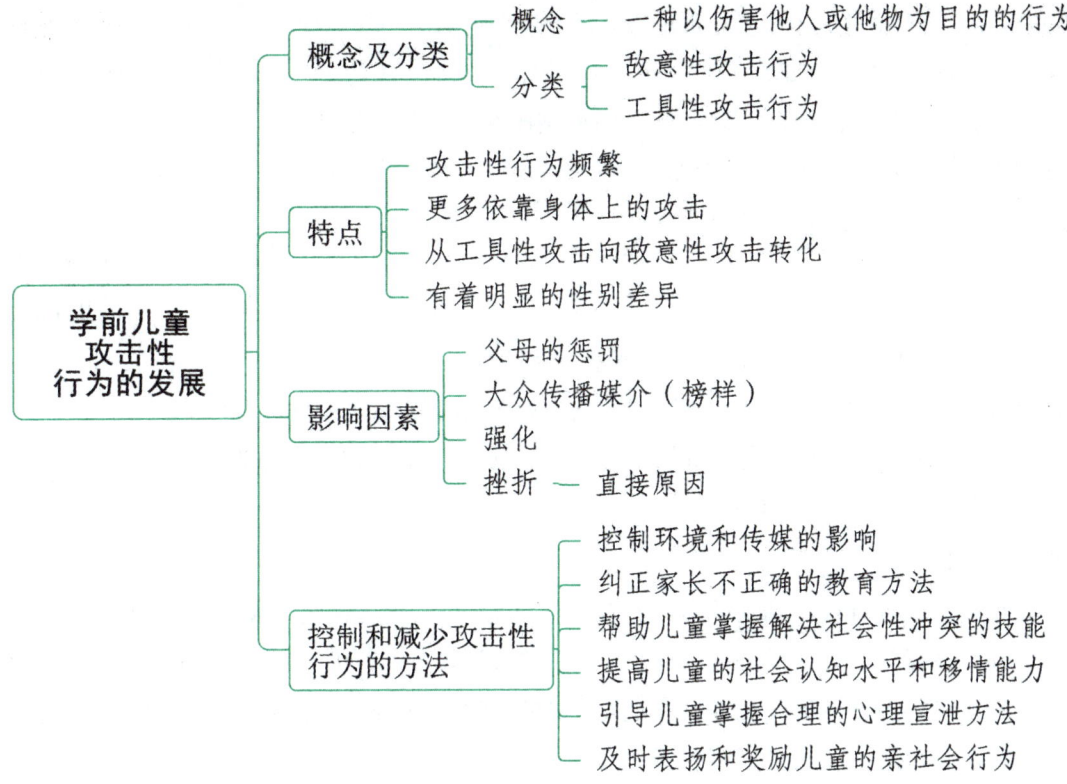

一、攻击性行为的概念及分类

攻击性行为是一种以伤害他人或他物为目的的行为,是一种不受欢迎但却经常发生的行为。**攻击性行为最大的特点是其目的性**。幼儿的许多攻击性行为并非对对方有明确的敌意,而是为了其他目的而对他人造成伤害。研究者将这两类实质上有差别的行为称为**敌意性攻击行为**和**工具性攻击行为**。

敌意性攻击行为是以人为指向目标,其目的在于打击、伤害他人,如嘲笑、讽刺、殴打等。工具性攻击行为指幼儿为了获得某个物品所做出的抢夺、推搡等动作,这类攻击本身指向于一个主要的目标或某一物品的获取。

真题1 [2024福建统考,判断]幼儿甲讨厌幼儿乙就动手打幼儿乙,这种行为属于敌意性攻击。
答案:√

二、幼儿攻击性行为的特点

1岁左右幼儿开始出现工具性攻击行为,到2岁左右幼儿之间表现出一些明显的冲突,如打、推、咬等。幼儿期幼儿的攻击性行为在频率、表现形式和性质上发生了很大的变化。从频率上看,4岁之前,攻击性行为的数量逐渐增多,到4岁最多,之后数量就逐渐减少。从具体表现上看,多数幼儿采用身体动作的方式,如推、拉、踢等,尤其是年龄较小的幼儿。随着言语的发展,幼儿从中班开始逐渐增加了言语的攻击。言语攻击在人际冲突中表现得越来越多,而身体动作的攻击反应则逐渐减少。从攻击性质看,以工具性攻击行为为主,但慢慢出现敌意性的攻击行为。幼儿期攻击行为有如下特点:

（1）幼儿攻击性行为频繁，主要表现为为了玩具和其他物品而争吵、打架，行为更多是直接争夺或破坏玩具和物品。

（2）幼儿更多依靠身体上的攻击，而不是言语的攻击。

（3）从工具性攻击向敌意性攻击转化，小班幼儿的工具性攻击行为多于敌意性攻击行为，而大班幼儿的敌意性攻击则显著多于工具性攻击。

（4）幼儿的攻击性行为有着明显的性别差异，幼儿园男孩比女孩更多地怂恿和卷入攻击性事件。男孩比女孩更容易在受到攻击以后发动报复行为，碰到对方是男性比对方是女性时更容易发生攻击性行为。

三、儿童攻击性行为的影响因素

1. 父母的惩罚

研究发现，有攻击性行为男孩的父母对他们惩罚更多，而且即使他们行为正确也经常受到惩罚。惩罚对攻击型和非攻击型的幼儿能产生不同的影响。惩罚能抑制非攻击型幼儿的攻击性，却不能抑制攻击型幼儿的攻击性，反而会加重他们的攻击性行为。因此，以惩罚作为抑制幼儿攻击性行为的方法往往给幼儿树立了攻击性行为的榜样。

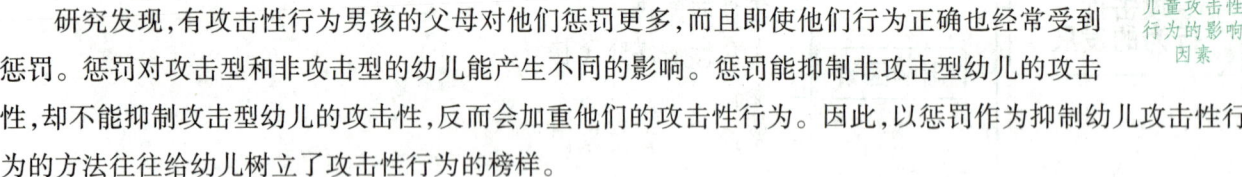
儿童攻击性行为的影响因素

2. 大众传播媒介（榜样）

大众传播媒介里的攻击性榜样会增加幼儿以后的攻击性行为，幼儿会从这些电视、电影暴力节目中观察学习到各种具体的攻击性行为。幼儿不仅能从暴力节目中学习到攻击性行为，更为重要的是，电视、电影人物的经历会使许多幼儿将武力视为解决人际冲突的有效手段，并在现实生活中实际依靠攻击性行为来解决与他人的矛盾。

3. 强化

当幼儿出现攻击性行为时，父母或教师不加制止或听之任之，就等于强化了幼儿的侵犯行为。同伴之间也能学会攻击性行为，如果一个幼儿成功地运用了攻击策略来控制同伴，就可以加强和增加他以后的攻击性。

研究发现，当一个儿童猛冲过去，去抢另一个儿童的玩具时，若受害者做出哭、退缩或沉默的反应，那么这个进攻者以后还会用同样的方式去对付别的儿童，也就是说，消极的反应会强化儿童的攻击行为。相反，如果一个儿童受到攻击后立即给予反击，或者老师立即制止攻击者的行为，批评攻击者，并把东西还给原主，那么，这个攻击者的攻击行为就有可能收敛一些，或者改变这种行为，或者另觅攻击的对象。

研究还发现，有时候关注（惩罚、批评）是消极的，也会起到强化的作用，而用不理会孩子的攻击行为和鼓励相互合作的方式，可使三四岁孩子的攻击行为有所减少。

4. 挫折

攻击性行为产生的直接原因主要是挫折。挫折是人在活动过程中遇到障碍或干扰，使自己的目的不能实现、需要不能满足时的情绪状态。研究认为，一个受挫折的幼儿很可能比一个心满意足的幼儿更具攻击性。对幼儿来说，家长或教师的不公正是挫折产生的主要原因之一。因此，教师和家长在处理问题时，要保持公正的态度和采用公正的方式。

> **•记忆有妙招•**
>
> 儿童攻击性行为的影响因素：**挫样逞强**。**挫**：挫折。**样**：榜样。**逞**：惩罚。**强**：强化。

真题2 [2023安徽宿州,单选]心理学家观察表明,观看暴力动画片的孩子可能会存在更高的攻击性认知,这是因为动画片的内容对幼儿攻击性行为起(　　)

A.定势作用　　　　B.强化作用　　　　C.依赖作用　　　　D.榜样作用

答案:D

四、控制和减少儿童攻击性行为的方法

1.创设良好环境,控制环境和传媒的影响

由于儿童攻击性行为的发生很多时候与活动场地狭小、玩具过少等因素有关。因而,创设足够的游戏空间和玩具数量非常重要。此外,由于许多儿童的攻击性行为都是从社会环境中学来的,家长应从社会环境中寻找那些可能导致儿童攻击性行为的因素,并予以消除。

2.改善亲子关系,纠正家长不正确的教育方法

家长首先要从自身做起,在教育孩子时应尽量避免动不动就打骂的方法,多与孩子进行思想上的沟通,多听孩子的声音,以便更多地了解孩子的内心世界。当孩子有过错时,家长首先进行调查,了解事情原因,进行必要的批评和耐心的说服,切忌上来就采用惩罚手段解决问题。这样就消除了孩子从父母身上模仿解决矛盾行为的可能,引导孩子在与他人产生矛盾时,首先不去攻击别人,而是用其他积极的方式去解决问题,逐步改善以攻击性行为作为解决矛盾的首选手段的不良习惯。

3.提高儿童的自控能力和交往技能,帮助儿童掌握解决社会性冲突的技能

易发生攻击性行为的儿童大多情绪易冲动,自控能力差。因此,可以通过提高儿童的自控能力来减少攻击行为的发生。提高儿童的自控能力可以采用轮流等待法、放松疗法、警告暂停法、正强化法等有效的方法。例如,当其他儿童坐错座位时,小班儿童往往采用拖、拽、拉、扯、挤、推等攻击性方法,迫使别人离开座位。而年龄较大的儿童就会采用不同的解决策略,有的会向别人声明这是自己的座位,请别人自动离座;有的会据理力争,要回自己的座位。当遇到儿童自身无法解决的社会性冲突问题时,要教会儿童向成人请教,或者教师利用角色扮演、移情训练、价值澄清等方法,开展故事讲述、情景表演、谈话活动等,组织儿童积极参与学习、观察、讨论,为儿童提供正确的榜样示范。

4.提高儿童的社会认知水平和移情能力

只有丰富儿童相关的社会性知识和经验,才能提高儿童的社会认知水平。如果让攻击者更多地了解他的攻击行为给对方造成的不良后果,觉察和体验到别人的痛苦,就能有效地减少攻击行为。其中,角色扮演法、移情训练法等在发展儿童的社会理解力、减少攻击性行为、改善同伴关系方面起着非常重要的作用。

5.引导儿童掌握合理的心理宣泄方法

在社会规范允许的范围内,成人要教会儿童采用对他人和自己没有破坏性的幻想攻击活动等进行合理的宣泄。

6.及时表扬和奖励儿童亲社会行为

有些儿童的攻击性表现仅仅是为了引起成人的关注。这时候,成人采取的策略可以是不予理睬。当儿童知道这种方法并不能达到目的,甚至还会弄巧成拙,导致成人反感时,就会终止自己的攻击性行为。成人的这种态度在一定程度上可以适当减少攻击性行为的出现。当儿童采取与同伴之间的友好合作做法时,成人要给予积极的关注,及时地给予表扬和奖励。这样,儿童的攻击性行为就会明显减少。这些做法,对于提高攻击性儿童解决社会性冲突问题的技能和策略能够达到正强化的作用。

•记忆有妙招•

控制和减少儿童攻击性行为的方法:**环空宣扬认亲**。**环**:创设良好环境。**空**:提高自控能力和交往技能。**宣**:合理的心理宣泄。**扬**:及时表扬和奖励。**认**:提高认知水平和移情能力。**亲**:改善亲子关系。

★ 本节核心考点回顾 ★

1. 攻击性行为的类型

(1)工具性攻击:以物品为指向目标。

(2)敌意性攻击:以人为指向目标。

2. 攻击性行为的影响因素

(1)父母的惩罚;(2)大众传播媒介(榜样);(3)强化;(4)挫折(直接原因)。

3. 控制和减少儿童攻击性行为的方法

(1)创设良好环境,控制环境和传媒的影响。

(2)改善亲子关系,纠正家长不正确的教育方法。

(3)提高儿童的自控能力和交往技能,帮助儿童掌握解决社会性冲突的技能。

(4)提高儿童的社会认知水平和移情能力。

(5)引导儿童掌握合理的心理宣泄方法。

(6)及时表扬和奖励儿童亲社会行为。

03 第三部分
幼儿教育心理学

内容导学

- 幼儿园教师招聘考试幼儿教育心理学部分,共四章。

- 第一章主要是对幼儿教育心理学基本知识的阐述,在历年考题中较少涉及。

- 第二章主要是对幼儿学习理论的阐述,考查题型偏重于客观题。

- 第三章主要是对幼儿学习心理的讲解,考查题型客观题和主观题均有涉及。

- 第四章主要是对幼儿学习的个别差异与适宜性教学的讲述,考查题型侧重于客观题。

- 考生要重点掌握第二章和第三章的内容,并结合历年真题有针对性地进行复习。

- 为了方便考生梳理知识脉络,我们在重点节设置思维导图和核心考点回顾。

第一章 幼儿教育心理学概述

本章学习指南

本章属于幼儿教育心理学的基础章节,需要识记的内容较少,考生可带着以下学习目标进行备考:
1. 了解幼儿教育心理学的学科性质。
2. 理解幼儿教育心理学的发展历程。

核心考点

第一节 幼儿教育心理学的研究对象与学科性质

幼儿教育心理学是在教育心理学的基础上形成与发展的。西方第一本以"教育心理学"命名的专著是1903年美国心理学家桑代克出版的《教育心理学》。1913年至1914年间,他又将此书发展成三大卷《教育心理大纲》。这一著作标志着教育心理学作为独立的学科而产生,奠定了教育心理学发展的基础。

一、幼儿教育心理学的研究对象

教育心理学的研究对象是教育活动,主要是学校教育活动中学与教的心理现象及其发展变化的规律。作为从教育心理学中分化出来的一个分支,幼儿教育心理学与其母学科有着更深层次的联系。在教育心理学体系中,幼儿教育心理学是与学校教育心理学(包括中学教育心理学、小学教育心理学)并列的,从学校教育与幼儿园教育的本质区别去确定教育心理学的研究对象,能够把幼儿教育心理学与学校教育心理学比较清晰地区分开来。我们可以把幼儿教育心理学的研究对象确定为幼儿教育,特别是幼儿园教育活动中学习与教育的心理现象及其基本规律。

二、幼儿教育心理学的学科性质

一门学科的性质因其研究对象而确定。幼儿教育心理学研究心理现象,以人的心理现象作为研究对象的各分支心理学,其学科性质基本上属于边缘学科,幼儿教育心理学当然也不例外。应该指出,幼儿教育中的心理现象与其他领域的心理现象尽管性质相同,但由于幼儿教育是一种独特的社会活动,所以幼儿教育中的心理现象更多地带有社会性质。因此,幼儿教育心理学是一门偏重社会科学的边缘科学。

幼儿教育心理学要研究幼儿教育过程中心理现象及其规律,要建立自己的理论体系,必须加强理论研究,包括幼儿学习理论,幼儿园教育教学心理学理论。一门学科没有深厚的理论研究和坚实的理论基础,则无立足之地。同时,幼儿教育心理学必须把一般原理应用于幼儿教育实践,解决幼儿教育实践中的具体问题,加强应用性研究。所以,幼儿教育心理学是一门理论性与应用性相结合,偏重应用性的学科。

综上所述,我们基本认为,幼儿教育心理学是研究幼儿教育,特别是幼儿园教育活动中学习与教育的心理现象及其基本规律的科学,它是一门偏向社会科学,偏重应用性的综合科学。

第二节 幼儿教育心理学的发展历程

一、萌芽期：18世纪至20世纪四五十年代

在幼儿教育心理学萌芽期有三位主要代表人物，即法国的卢梭、德国的福禄贝尔和意大利的蒙台梭利。最早从幼儿心理发展和学习特点的角度论述幼儿教育的学者，可以追溯到卢梭。他关于幼儿发展的独立性及与之相适应的自然教育思想，为重视幼儿教育的研究开启了先河，而且他关于婴幼儿心理发展与教育的论述可以看作最早的幼儿教育心理学思想。他所著的《爱弥儿》一书被誉为"儿童宪章和儿童权利宣言"。

福禄贝尔是研究幼儿游戏心理的先驱者之一。福禄贝尔认为幼儿发展是阶段性与连续性的统一，发展是一个连续不断的逐渐上升的过程。为此，他强调幼儿期在人生发展过程中的独立地位，人的整个未来活动在人生早期就已经有了萌芽。他认为，婴幼儿期是人生最为重要的时期，真正的"人的教育"应从此时开始。福禄贝尔指出，游戏是幼儿活动本能的表现形式之一，最能表现出幼儿的创造性和自主性。因此，幼儿教育应以游戏为基础，让幼儿的内在需要和愿望在生动活泼的游戏中得到满足。幼儿教育就是让幼儿在游戏中快乐成长。他认为，玩具是引导幼儿把活动本能引向外部世界，并从中"吸收"各种心智的手段；游戏则是幼儿与外部世界相互作用的基础形式。由福禄贝尔确立的"游戏是幼儿园教育活动的基本形式"这一教育原则已成为幼儿教育心理学的重要基础。

进入20世纪，幼儿教育研究与心理学研究的联系日趋紧密。蒙台梭利以其所从事的医学心理学背景研究幼儿发展与教育，其独特的幼儿教育理念和教育方法至今在110多个国家中仍被采用。以幼儿的感知觉发展为基础，她设计了一系列学具与教具作为教学手段，对幼儿进行系统的教育，被后人称之为"蒙台梭利教学法"。蒙台梭利的思想对幼儿教育心理学的发展，提供了重要的基础。

在萌芽期，学者们主要从幼儿心理发展的角度来思考幼儿教育，它未能摆脱发展心理学、幼儿心理学的痕迹。

二、初创期：20世纪60年代至80年代

1. 直接教学方案

20世纪60年代，贝雷特和英格曼依据行为主义学派的学习理论与原则，创建了贝—英学前教育方案，在此基础上又发展成直接教学模式。他们认同这样的观点，学习是指"学习者在某种特定情境中行为的改变，它源于个体在这一情境中反复的实践经验，这种改变不是学习者自然发生的，也不是因成熟或个体状态的某种因素而导致的暂时的改变（如劳累、服药）等"。直接教学模式是行为主义学习理论在幼儿教育领域较早应用的成功例子，它特别针对处境不利（主要指家庭经济条件差）的幼儿，为其提供早期补偿教育。

2. 认知主义教育方案

美国威斯康星大学实验幼儿园的"奥苏贝尔方案"，是以认知学习理论为基础的幼儿教育方案的代表。事实上，"奥苏贝尔方案"的基础是三种认知学习理论：一是奥苏贝尔的学习理论，二是布鲁纳的发现学习理

论,三是皮亚杰的发展理论,但它主要是受奥苏贝尔的意义学习理论的影响,认为学前阶段幼儿习得的基本概念,必须通过概念形成与概念同化这两个过程来完成。

3. 建构主义教育方案

建构主义有多种流派,其中,以皮亚杰的个人建构主义学习理论为基础的幼儿教育方案主要有两种,一个是凯米—德弗里斯的幼儿教育方案。这一方案虽然定型较晚,直至1987年才在芝加哥、休斯敦、阿拉巴马等地的公立与私立幼儿教育机构中实施,但被认为是比较正统的,而且是唯一被皮亚杰本人认可的建构主义幼儿教育模式。

另一个是海伊斯科普幼儿教育方案。它由韦卡特等人于1962年创立。海伊斯科普幼儿教育方案从皮亚杰建构主义学习理论中提取了两个最重要的原则:个体智能的发展有可预见的序列;幼儿逻辑推理的发展与背后的认知结构密不可分。幼儿学习与发展主要不是通过教师的直接教授获得的,而是幼儿自主、积极建构的过程。

可见,在初创期,幼儿教育心理学已转向对幼儿学习心理的关注。

三、发展期:20世纪80年代至今

考点 1 ▶ 对早期教育价值的新认识

20世纪90年代以来,随着脑科学对早期人脑发展及其影响机制研究的不断突破,早期教育及其价值备受关注。研究发现,幼儿的学习与发展存在着关键期。在关键期内,幼儿对于某些知识经验的学习或行为的形成比较容易。如果错过了这一时期,在较晚的阶段弥补则非常困难,甚至是不可能的。个体发展的关键期又与脑发育的关键期有着密切联系,在幼儿期,脑的发展也最为迅速有效。脑的结构和技能在幼儿期的发展并非处于一种纯粹的自然状态,而是在很大程度上受环境和教育的影响与制约,特别是早期环境、教育和经验对幼儿大脑发育有着深远影响。

考点 2 ▶ 对幼儿学习特点的新发现

近年来,现代心理学不断取得新进展,特别是人本主义学习理论、建构主义学习理论、后现代主义心理学理论的转向,对幼儿学习特点的认识也日趋深入。对于幼儿是一个什么样的学习者、幼儿学习的主要方式、幼儿学习的条件、幼儿学习的环境、幼儿学习的个体差异等已经形成了较为一致的认识。

1. 幼儿是什么样的学习者

幼儿是主动的学习者,他们从直接接触的客体、社会经验以及文化传承中,主动建构对周围世界的认识。从出生开始,他就从与客体的交往中积极建构自己对事物的理解。这种理解来自于社会的互动,包括观察及与父母、教师、同伴等的互动;直接观察及操作周围的人、事、物;思考、提问及做出答案,验证自己的假设。

2. 幼儿学习的方式

游戏是幼儿学习及发展情绪、认知与社会能力的重要方式。游戏使幼儿有机会了解世界,在游戏中与人互动、表达与控制情绪、发展想象力。

3. 幼儿学习的条件

幼儿处于安全的环境和受重视的群体中,才能获得最佳的发展与学习。马斯洛的需要层次理论指出,除非个体的身体及心理两方面的安全感能被满足,否则不可能产生学习行为。幼儿的心理是敏感而脆弱的,只有身体需要得到满足,心理有安全感的条件下,幼儿才会有认知探究活动。因此,要为幼儿创设健康、安全的物质与心理环境,教师要与幼儿建立良好的"师生关系"。

4. 幼儿学习的环境

幼儿在日常生活情境中,通过体验与主动参与,学习效果最佳。幼儿的学习以行为实践为主,而不是依靠对文字符号的简单识记。幼儿教育应该以幼儿的游戏与自由活动为主,应尽可能地给予幼儿动手操作、直接观察和模仿的机会,让他们获得亲身的经历和体会,用自己的语言、操作表达自己的思想感情。

5. 幼儿学习的个体差异

幼儿的学习存在个体差异,不同的幼儿有不同的认知与学习方式。意大利瑞吉欧教育体系的创始人马拉古兹就曾用"一百种语言"来形容幼儿学习形态的多样性与差异性。

第二章 幼儿学习理论

本章学习指南

一、考情概况

本章属于幼儿教育心理学的基础章节,也是重点考查章节,内容较为琐碎,理论性知识较多,考生可带着以下学习目标进行备考:

1. 理解学习的内涵,掌握学习的分类。
2. 掌握斯金纳的操作性条件作用理论、班杜拉的社会学习理论和马斯洛的需要层次理论。
3. 掌握奥苏贝尔和布鲁纳的学习理论。
4. 理解建构主义的教学方式。

二、考点地图

考点	年份/地区/题型
加涅关于学习的划分	2024山东临沂单选;2021浙江绍兴单选;2021浙江温州单选
斯金纳的操作性条件作用理论	2024山东临沂单选;2022安徽安庆单选;2021山东临沂单选;2020广东湛江判断
班杜拉的社会学习理论	2024山东淄博单选;2024山东青岛单选;2023安徽宿州单选
马斯洛的需要层次理论	2024山东临沂单选;2021浙江温州判断
奥苏贝尔的学习理论	2023江苏扬州判断
建构主义的教学方式	2024山东临沂单选;2021江苏南通单选

注:上述表格仅呈现重要考点的相关考情。

核心考点

第一节 学习概述

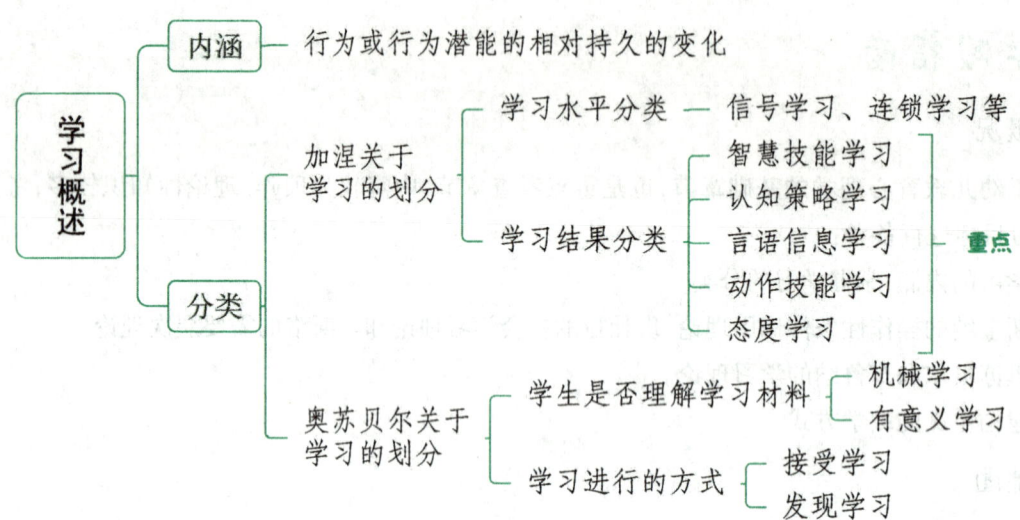

一、学习的内涵

学习是个体在特定情境下由于练习或反复经验而产生的行为或行为潜能的相对持久的变化。

学习的内涵可以从以下几方面去理解:

(1)学习实质上是一种适应活动。

(2)学习是人和动物共有的普遍现象。

(3)学习是由反复经验引起的,也有观点直接强调学习的发生是由于经验引起的。

(4)学习是有机体后天习得经验的过程。

(5)学习的过程可以是有意的,也可以是无意的。

(6)学习引起的是相对持久的行为或行为潜能的变化。

但值得注意的是,并非所有的行为变化都是由学习产生的,如生理成熟、疲劳、药物等因素亦可引起行为的变化。

二、学习的分类

学习是一种复杂的现象,心理学家们依据不同的标准,提出了多种学习分类学说。

考点 1 ▶ 加涅关于学习的划分 【单选】 ★★

1. 学习水平分类

根据学习情境由简单到复杂、学习水平由低到高的顺序,加涅把学习分为八类,建构了一个完整的学习层级结构。

表3-1 学习水平分类

分类	含义	典例
信号学习	学习对某种信号做出某种反应,其过程为:刺激—强化—反应	巴甫洛夫的经典性条件反射
刺激—反应学习	学会对某一情境中的刺激做出某种反应,以获得某种结果。其过程是:情境—反应—强化	斯金纳的操作性条件反射
连锁学习	学习联合两个或两个以上的刺激—反应动作,以形成一系列刺激—反应动作联结	儿童学习打篮球,学会了一系列的接球、躲闪动作
言语联结学习	形成一系列的言语单位的联结,即言语连锁化	造句,将单词组成合乎语法规则的句子
辨别学习	学会识别多种刺激的异同并对之做出不同的反应	对相似的、易混淆的单词分别做出正确的反应
概念学习	对刺激进行分类时,学会对一类刺激做出同样的反应	将"狗""猪""牛"等概括为"动物"
规则或原理学习	学习两个或两个以上概念之间的关系	各种规律、定理的学习
解决问题的学习（高级规则的学习）	在不同情况下,使用所学原理或规则去解决问题	根据已知条件证明三角形的度数

• 记忆有妙招 •

加涅的学习水平分类:**信刺反锁,言别概念,原理解决**。**信**:信号学习。**刺反**:刺激—反应学习。**锁**:连锁学习。**言**:言语联结学习。**别**:辨别学习。**概念**:概念学习。**原理**:原理学习。**解决**:解决问题的学习。

2. 学习结果分类

加涅根据学习结果,将学习分为以下五种类型。

表3-2 学习结果分类

分类	含义	典例
智慧技能学习	运用符号或概念与环境交互作用的能力的学习。智慧技能学习又可分为五个小类:辨别学习、具体概念学习、定义性概念学习、规则学习、高级规则学习	通过计算,将分数化为小数
认知策略学习	调控自己的注意、学习、记忆和思维等内部心理过程的技能的学习	通过谐音法记忆单词
言语信息学习	有关事物的名称、时间、地点、定义以及特征等方面的事实性信息的学习	通过学习后,能说出"诚信"的含义
动作技能学习	通过身体动作的质量的不断改善而形成整体动作模式的学习	学会游泳的动作
态度学习	个体对人、事、物等逐渐形成某种特定内部状态的学习	幼儿初入托儿所时害怕生人,几天后就不怕了

这五项内容分属于三个领域,前三项内容属于认知领域;第四项内容属于动作技能领域;第五项内容属于情感领域。加涅认为,上述五类学习不存在等级关系,其顺序是随意排列的,它们是范畴各不相同的学习。这种分类是对学习层次分类的一种简缩,它集中于学习的更高水平,充分体现了人类学习的特点,尤其符合学校学习的性质。

> **记忆有妙招**
>
> 加涅的学习结果分类:**两只鱼东渡**。**两只**:智慧技能、认知策略。**鱼**:言语信息。**东**:动作技能。**渡**:态度。

真题1 [2024山东临沂,单选]以下属于加涅的技能分类的有(　　)

①智慧技能　②动作技能　③元认知策略　④认知策略

A.①②③　　　　　　B.①②④　　　　　　C.①②③④　　　　　　D.②③④

真题2 [2021浙江绍兴,单选]加涅将学习分为言语信息、智慧技能等五种类型的依据是(　　)

A.不同的学习结果　　　　　　　　　　B.学习层次的高低

C.学习情境的简繁　　　　　　　　　　D.学习水平的优劣

真题3 [2021浙江温州,单选]丽丽在晨间活动学会了广播体操,根据加涅对学习结果的五种分类,这属于(　　)学习。

A.智力技能　　　　B.认知策略　　　　C.态度　　　　D.动作技能

答案:1. B　2. A　3. D

考点 2　奥苏贝尔关于学习的划分

美国认知教育心理学家奥苏贝尔从两个维度对学习做了区分。

表3-3　奥苏贝尔关于学习的划分

分类依据	学习类型	概念
学习材料与学习者原有知识的关系（学生是否理解学习材料）	机械学习	学习者尚未理解符号所代表的知识,只是依据字面上的联系,记住某些符号的词句或组合,死记硬背
	有意义学习	符号所代表的新知识与学习者认知结构中已有的适当观念建立起非人为的和实质性的联系
学习进行的方式	接受学习	教师把学习内容以定论的形式传授给学生。对学生来讲,学习不包括任何的发现,只是需要把学习内容与自己已有的知识相联系
	发现学习	学习的内容不是以定论的形式教给学生,而是由学生自己先从事某些心理活动,发现学习内容,然后再把这些内容与已有知识相联系

✶✶ 本节核心考点回顾 ✶✶

1. 加涅关于学习的划分

(1)按学习情境由简单到复杂、学习水平由低到高:①信号学习;②刺激—反应学习;③连锁学习;④言语联结学习;⑤辨别学习;⑥概念学习;⑦规则或原理学习;⑧解决问题的学习。

(2)按学习结果:①智慧技能学习;②认知策略学习;③言语信息学习;④动作技能学习;⑤态度学习。

2. 奥苏贝尔关于学习的划分

(1)按学习材料与学习者原有知识的关系:有意义学习、机械学习。

(2)按学习进行的方式:接受学习、发现学习。

第二节　行为主义学习理论

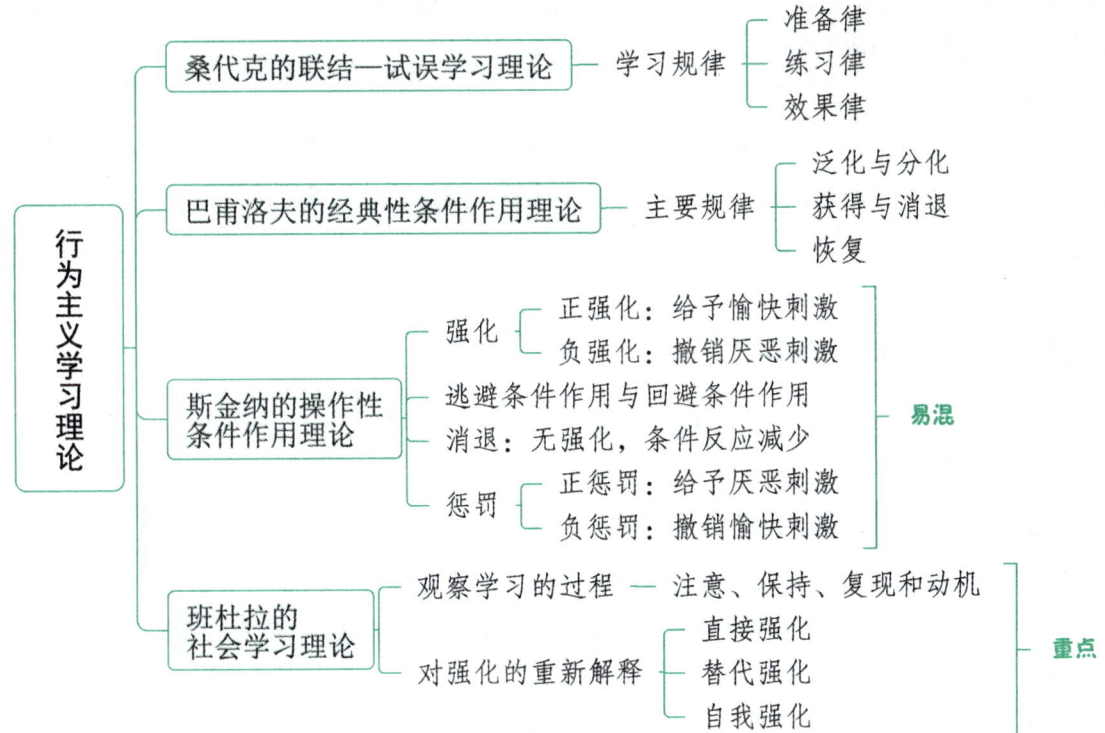

美国心理学家华生在1913年发表了《行为主义者心目中的心理学》一文,这标志着行为主义心理学的诞生。

一、桑代克的联结—试误学习理论

桑代克是美国著名心理学家,西方教育心理学奠基人之一,联结主义学习理论的创始人。桑代克的联结说是教育心理学史上第一个较为完整的学习理论。它系统地回答了有关学习的一些最基本的问题,这为教育心理学成为一门独立的学科起到了奠基作用。

桑代克最初研究学习问题是从各种动物实验开始的,其中最著名的是"饿猫打开迷箱"的实验。在实验中,一只饿猫被关在他专门设计的一个实验迷箱里,箱门紧闭,箱子附近放着一条鲜鱼,箱内有一个开门的旋钮,碰到这个旋钮,门便会启开。开始饿猫无法走出箱子,只是在里面乱碰乱撞,偶然一次碰到旋钮打开门,便得以逃出吃到鱼。经多次尝试错误,猫学会了碰旋钮去开箱门的行为。

根据上述实验,桑代克认为学习是一种渐进的、盲目的、尝试错误的过程。随着错误的反应逐渐减少,正确反应逐渐增加,终于形成固定的刺激反应,即在刺激与反应之间形成了联结。桑代克认为动物的学习没有任何推理演绎的思想,没有任何观念的作用。动物的基本学习方式是试探式的、尝试与错误式的学习,从而提出了他的"尝试与错误"的学习理论。所以,他的学习理论又被称为错误说或试误说。

桑代克根据对动物的研究,提出了三条基本的学习规律。

1. 准备律

准备律是指联结的加强或削弱取决于学习者的心理准备和心理调节状态。准备不是指学习前的知识准备或成熟方面的准备,而是指学习者在学习开始时的预备定势。学习者有准备而且给予活动就感到满意,有准备而不活动则感到烦恼,学习者无准备而强制活动也感到烦恼。

2. 练习律

练习律是指刺激与反应之间的联结会由于重复或练习而加强,不重复或练习,联结的力量就会减弱。练习律又分为应用律和失用律两个次律。

3. 效果律

效果律是指刺激和反应之间的联结可因导致满意的结果而加强,也可因导致烦恼的结果而减弱。即如果一个动作跟随情境中一个满意的变化,在类似的情境中这个动作重复的可能性将增加;但是,如果跟随的是一个不满意的变化,这个行为重复的可能性将减少。这样我们就能看到一个人当前行为的后果对决定他未来的行为起着关键的作用。

二、巴甫洛夫的经典性条件作用理论

巴甫洛夫是俄国著名的生理学家、心理学家,高级神经活动学说的创始人,高级神经活动生理学的奠基人,条件反射理论的建构者。

考点 1 ▶ 巴甫洛夫的经典性条件作用

巴甫洛夫在研究狗的进食行为时发现:狗吃到食物时,会分泌唾液。这是自然的生理反应,不需要学习,这种反应叫无条件反射,引起这种反应的刺激是食物,称为无条件刺激。如果在狗每次进食时发出铃声,一段时间后,狗只要听到铃声也会分泌唾液,这时作为中性刺激的铃声由于与无条件刺激联结而成了条件刺激,由此引起的唾液分泌就是条件反射,这种单独呈现条件刺激即能引起的唾液分泌反应叫做条件反应,后人称之为"经典性条件作用"。

巴甫洛夫的经典性条件作用实验

考点 2 ▶ 经典性条件作用的主要规律

1. 泛化与分化

机体对与条件刺激相似的刺激做出条件反应,属于刺激的泛化。如果只对条件刺激做出条件反应,而对其他相似刺激不做反应,则出现了刺激的分化。

刺激泛化和刺激分化是互补的过程。泛化是对事物的相似性的反应,分化则是对事物的差异性的反应。泛化能使我们的学习从一种情境迁移到另一种情境;而分化则能使我们对不同的情境做出不同的恰当反应,从而避免盲目行动。

> **·小香课堂·**
> 考生易混淆泛化和分化的内涵。泛化:对事物相似性的反应(分不清);分化:对事物差异性的反应(分得清)。

2. 获得与消退

条件作用的获得过程是通过条件刺激反复与无条件刺激相匹配,从而使个体学会对条件刺激做出条件反应的过程。条件反射形成以后,如果得不到强化,条件反应会逐渐减弱,直至消失,这称为消退现象。

3. 恢复

消退现象发生后,如果个体得到一段时间的休息,条件刺激再度出现,这时条件反射可能又会自动恢复。这种未经强化而条件反射自动重现的现象被称为恢复。

三、斯金纳的操作性条件作用理论 【单选、判断】 ★★

桑代克为操作性条件作用理论奠定了基础,斯金纳则系统地发展了这一理论,并使之对教育实践产生巨大作用。

斯金纳把人和动物的行为分为两类:应答性行为和操作性行为。应答性行为是由特定刺激引起的,是不随意的反射性反应;而操作性行为则不与任何特定刺激相联系,是有机体自发做出的随意反应。在日常生活中,人的大部分行为都是操作性行为。经典性条件作用理论可以解释应答性行为的产生,而操作性条件作用理论可以解释操作性行为的产生。

考点 1 ▶ 巴甫洛夫的经典性条件作用与斯金纳的操作性条件作用的比较

表3-4 两种条件作用的比较

比较范畴	经典性条件作用	操作性条件作用
主要代表人物	巴甫洛夫	斯金纳
行为	无意的、情绪的、生理的	有意的
顺序	行为发生在刺激之后	行为发生在刺激之前
学习的发生	中性刺激与无条件刺激的匹配	行为后果影响随后的行为
典例	新生儿出生不久后,通过喂奶与音乐的前后出现,多次重复后,婴儿在听到音乐时会加速吮吸	幼儿在集体活动时因大胆发言受到老师表扬而形成了积极发言的好习惯

考点 2 ▶ 斯金纳操作性条件作用的基本规律

操作性条件作用的基本规律有:强化、逃避条件作用与回避条件作用、消退、惩罚。

1. 强化

强化是采用适当的强化物而使机体的反应频率、强度和速度增加的过程。斯金纳认为,强化是塑造行为的有效而重要的条件,塑造行为的过程就是学习的过程。强化既能影响行为的习得速度与反应速度,也能影响行为的消退速度。强化有正强化和负强化之分。

(1)正强化:也称积极强化,是通过呈现想要的愉快刺激来增强反应频率。

(2)负强化:也称消极强化,是通过消除或中止厌恶、不愉快刺激来增强反应频率。

真题1 [2021山东临沂,单选]当一个不守纪律的学生表现出良好的守纪行为时,老师便撤销对他的批评,老师的这一做法属于( )

A. 正强化　　　　B. 负强化　　　　C. 消退　　　　D. 惩罚

真题2 [2020广东湛江,判断]剥夺幼儿玩玩具或看动画片的机会属于正强化。

答案:1. B　2. ×

2. 逃避条件作用与回避条件作用

逃避条件作用是指当厌恶刺激出现时,有机体做出某种反应,从而逃避了厌恶刺激,则该反应在以后的类似情境中发生的概率便增加的一类条件作用。在日常生活中,逃避条件作用不乏其例,如看见路上的垃圾后绕道走开;感觉屋内人声嘈杂时暂时离屋等。

回避条件作用是指当预示厌恶刺激即将出现的刺激信号呈现时,有机体也可以自发地做出某种反应,从而避免了厌恶刺激的出现,则该反应在以后的类似情境中发生的概率便增加的一类条件作用。它是在逃避条件作用的基础上建立的,是个体在经历过厌恶刺激的痛苦之后,学会了对预示厌恶刺激的信号做出反应,从而免受痛苦等。

逃避条件作用

回避条件作用

3. 消退

消退是指条件刺激形成以后,如果得不到强化,条件反应会逐渐减弱,直至消失的现象。

4. 惩罚

惩罚是指通过某一刺激减少某种行为频率的过程。惩罚包括正惩罚和负惩罚。

(1)正惩罚:个体行为出现之后,伴随着消极的刺激的增加,而导致行为出现频率减少的现象。例如,小孩撒谎后受到家长的责罚,那么,以后小孩撒谎的行为频率将会减少。

(2)负惩罚:个体行为出现之后,伴随着积极的刺激的减少,而导致行为出现频率减少的现象。例如,小孩子不愿意吃药,家长便取消了小孩子看电视的机会,而导致不愿意吃药的行为减少。

真题3 [2024山东临沂,单选]笑笑吃饭时不爱吃青菜,奶奶告诉他,如果不把碗里的青菜吃完,就不允许他看动画片。这种做法属于( )

A. 正强化　　　　B. 负强化　　　　C. 正惩罚　　　　D. 负惩罚

答案:D

斯金纳利用操作条件作用理论和积极强化的理论进行教育,他强调学习目的和及时反馈的作用,依据该理论创造了有着深远影响的程序教学和教学机器,但是该理论把学习行为过于简化为机械的操作条件反射,忽视学生学习的主观思考、能动性、智力差异等,把人的学习同动物的学习等同看待,在以后的发展中被不断完善。

小香课堂

考生可以结合以下表格来区分强化、惩罚和消退:

基本规律		条件	行为发生概率	典例
强化 (鼓励性行为)	正强化	给予愉快刺激	增加	乐于助人后给予奖励、表扬
	负强化	撤销厌恶刺激		主动完成作业后撤销禁令
惩罚 (抑制性行为)	正惩罚	给予厌恶刺激	减少	说谎后给予谴责
	负惩罚	撤销愉快刺激		不好好吃饭不让看电视
消退		无任何强化物		哭闹时不予理睬

真题4 [2022安徽安庆,单选]一个孩子出现打人行为,因此父母规定他一个月不准吃肯德基,这种做法属于( )

A. 正强化 B. 消退 C. 负强化 D. 惩罚

答案:D

四、班杜拉的社会学习理论 【单选】 ★★

考点 1 学习的实质——观察学习

社会学习论者强调学习的重要性,否认先天的因素对社会化的影响,并把人的发展看成是接受教育的过程。班杜拉认为,儿童的许多行为并不是按照早期行为主义那种单调的"强化—惩罚"的方式学到的,而是通过"观察—模仿"习得的。班杜拉等人以儿童的社会行为习得为研究对象,设计了一系列以儿童为对象的实验研究,形成了其关于学习的基本思路,证明了榜样、模仿的作用,儿童是通过对榜样的模仿而实现其社会化的,榜样的作用要比强化大得多。即观察学习是人的学习最重要的形式。所谓观察学习是指个体通过观察他人所表现的行为及其后果而进行的学习。通过观察学习,个人或者习得某些新的反应,或者矫正已有的某些行为特征。

观察学习又称模仿学习、替代性学习等,这种学习不需要学习者亲身经历刺激—反应之间的联结,是一种只从别人的学习经验即学到新经验的学习方式。

真题5 [2024山东淄博,单选]班杜拉的社会学习理论认为儿童是通过( )实现社会化的。

A. 自我意识 B. 自我强化 C. 自我认知 D. 对榜样的模仿

真题6 [2023安徽宿州,单选]一名儿童上课睡觉被惩罚,另一名儿童看到后立马端正坐姿,认真听讲。根据班杜拉社会学习理论,这种学习现象属于( )

A. 自主学习 B. 观察学习 C. 强化学习 D. 机械学习

答案:5. D 6. B

考点 2 ▶ 观察学习的过程

班杜拉把观察学习的过程分为注意、保持、复现和动机四个子过程。

(1)在注意过程中,观察者注意并知觉榜样情境的各个方面。

(2)在保持过程中,观察者记住从榜样情境中了解的行为,以表象和言语的形式将它们在记忆中进行表征、编码以及存储。

(3)在复现过程中,观察者将头脑中有关榜样情境的表象和符号概念转为外显的行为。

(4)在动机过程中,观察者因表现出所观察到的行为而受到激励。

班杜拉还认为习得的行为不一定都表现出来,学习者是否会表现出已习得的行为,会受强化的影响。

> **•记忆有妙招•**
>
> 班杜拉观察学习的过程:**珠宝浮动**。**珠**:注意。**宝**:保持。**浮**:复现。**动**:动机。

考点 3 ▶ 对强化的重新解释

(1)<u>直接强化</u>。观察者因表现出观察行为而受到强化。

(2)<u>替代强化</u>。观察者因看到榜样的行为被强化而受到强化。

(3)<u>自我强化</u>。对自己表现出的符合或超出标准的行为进行自我奖励。

真题7 [2024山东青岛,单选]弟弟发现哥哥看书得到表扬后,弟弟看书的次数也多了。这种强化是( )

A. 负强化　　　　B. 自我强化　　　　C. 直接强化　　　　D. 替代强化

答案:D

★ 本节核心考点回顾 ★

1. 斯金纳操作性条件作用的基本规律

(1)强化

①正强化:通过呈现想要的愉快刺激来增强反应频率。

②负强化:通过消除或中止厌恶、不愉快刺激来增强反应频率。

(2)逃避条件作用与回避条件作用

①逃避条件作用:厌恶刺激出现时,逃避厌恶刺激。

②回避条件作用:厌恶刺激没有出现,只是信号出现,做出反应,避免厌恶刺激出现。

(3)消退:条件刺激形成以后,如果得不到强化,条件反应会逐渐减弱,直至消失。

(4)惩罚

①正惩罚:伴随着消极的刺激的增加,而导致行为出现频率减少的现象。

②负惩罚:伴随着积极的刺激的减少,而导致行为出现频率减少的现象。

2. 班杜拉观察学习的内涵

根据班杜拉的研究,所谓观察学习是指个体通过观察他人所表现的行为及其后果而进行的学习。儿童是通过对榜样的模仿而实现其社会化的,榜样的作用要比强化大得多。

3.班杜拉对强化的重新解释

(1)直接强化:观察者因表现出观察行为而受到强化。

(2)替代强化:观察者因看到榜样的行为被强化而受到强化。

(3)自我强化:对自己表现出的符合或超出标准的行为进行自我奖励。

第三节 人本主义学习理论

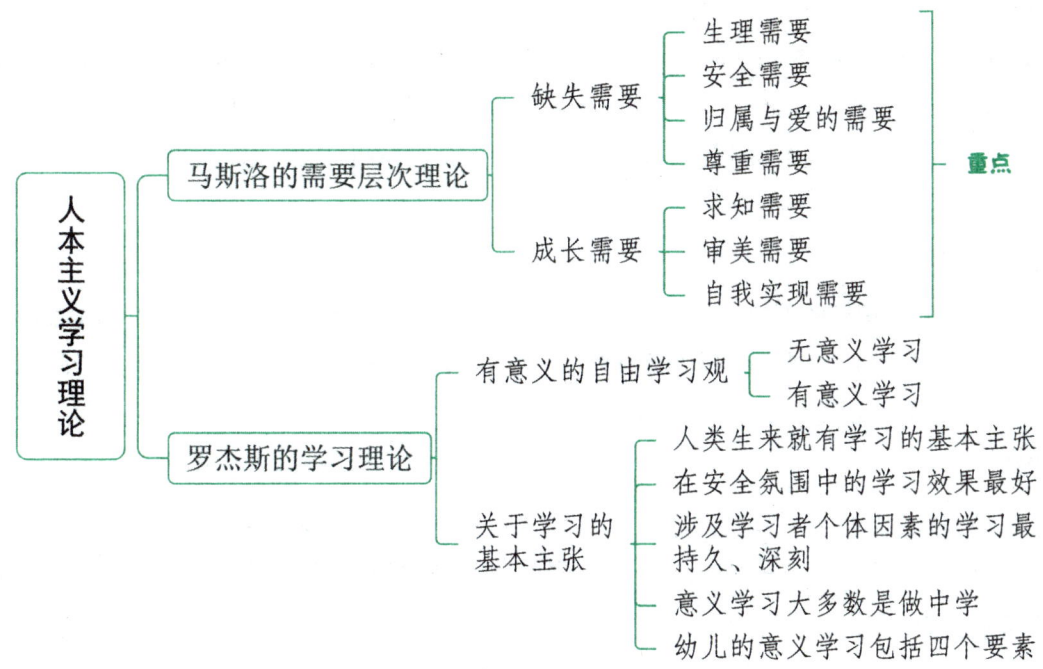

人本主义心理学是20世纪60年代在美国兴起的一个心理学流派。它一方面反对行为主义把人看作动物或机器;另一方面也批评认知心理学虽然重视人类的认知结构,但却忽视人类情感、态度、价值观等对学习的影响,认为心理学应该探讨完整的人,强调人的价值,强调人有发展的潜能,而且有发挥潜能的内在倾向,即自我实现倾向。人本主义重视的是教学的过程而不是教学的内容,重视的是教学的方法而不是教学的结果。人本主义教学理论又称情感教学理论,美国人本主义心理学家罗杰斯的非指导性教学就是这一流派的代表。

一、马斯洛的需要层次理论 【单选、判断】 ★★

马斯洛是美国人本主义心理学家,他的需要层次理论是最富有影响力的需要理论。早期,他根据需要出现的先后及强弱顺序,把需要分成了五个层次,即生理需要、安全需要、归属与爱的需要、尊重需要和自我实现的需要。后来他又补充了求知需要和审美需要,即需要由五个层次扩充为七个层次。

1.生理需要

生理需要是人对食物、水分、空气、睡眠、性等的需要。它是人的所有需要中最基本、最原始,也是最强有力的需要,是其他一切需要产生的基础。当一个人被生理需要所控制时,其他一切需要均退居次要地位。

2.安全需要

安全需要是指希求受到保护与免遭威胁从而获得安全感的需要。人在生理需要相对满足的情况下,就会出现安全需要。婴幼儿由于无力应付环境中不安全因素的威胁,他们的安全需要就显得尤为强烈。在成人中,人们希望得到较安全的职位,愿意参加各种保险等,都表现了他们的安全需要。

3. 归属与爱的需要

归属与爱的需要,也称社交需要,是指每个人都有被他人或群体接纳、爱护、关注、鼓励及支持的需要。它是生理需要和安全需要得到满足之后的更高一级的需要,包括被人爱与爱他人、希望交友融洽、保持友谊、和谐人际关系、被团体接纳、成为团体一员、有归属感等。

4. 尊重需要

尊重需要是在生理、安全、归属与爱的需要得到基本满足后产生的对自己社会价值追求的需要,包括自尊和受到别人的尊重(他尊)两个方面。自尊是指个人渴求力量、成就、自强、自信和自主等。他尊是指个人希望别人尊重自己,希望自己的工作和才能得到别人的承认、赏识、重视和高度评价,也即希望获得威信、实力、地位等。

5. 求知需要

求知需要,又称认知与理解的需要,是指个人对自身和周围世界的探索、理解及解决疑难问题的需要。马斯洛将其看成克服障碍的工具,当认知需要受挫时,其他需要的满足也会受到威胁。如何找到食物,如何摆脱危险,怎样得到别人的好感等,都离不开认知。

6. 审美需要

审美需要是指对对称、秩序、完整结构以及对行为完美的需要。审美需要是与其他需要相互关联,不可截然分开的,如对秩序的需要既是审美需要,也是安全需要、求知需要(如数学、数量方面)。

7. 自我实现的需要

自我实现的需要是最高层次的需要,是在上述几种需要得到满足后产生的。所谓"自我实现",即追求自我理想的实现,是充分发挥个人潜能、才能的心理需要,也是一种创造和自我价值得到体现的需要。

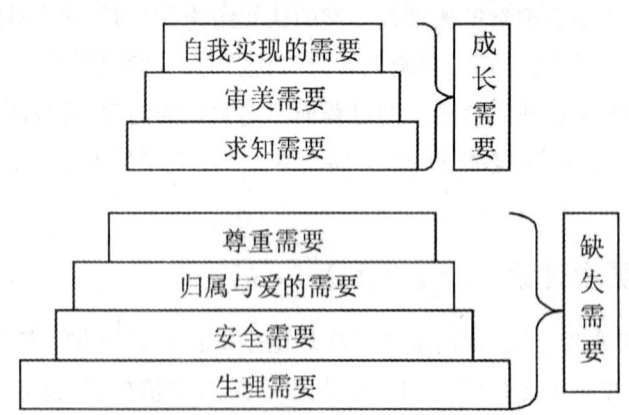

图3-1 马斯洛需要层次理论

马斯洛对以上七种需要进行了进一步的区分:位于需要层次底部的四种需要被称为缺失需要,它们是个体生存所必需的,必须得到一定程度的满足。但是,这些需要一旦满足,由此产生的动机就会趋于消失。后三种需要是成长需要,它虽不是我们生存所必需的,但对于我们适应社会来说却有重要的积极意义。也就是说,缺失需要使我们得以生存,成长需要使我们能够更好地生活。

较低级的需要至少必须部分满足之后才会出现对较高级需要的追求。例如,在一个非常饥饿的孩子面

前同时摆上一堆书和一堆食物,让其选择其一,孩子肯定先选食物,吃饱以后再去选书读。与缺失需要相反,成长需要是永远得不到完全满足的需要,因为无论是求知,还是审美,都是永无止境的。

> **记忆有妙招**
>
> 马斯洛的需要层次理论:**李安蜀中求美食**。**李**:生理需要。**安**:安全需要。**蜀**:归属与爱的需要。**中**:尊重需要。**求**:求知需要。**美**:审美需要。**食**:自我实现的需要。

真题1 [2024山东临沂,单选]马斯洛将人的基本需要划分为成长性需要和缺失性需要两大类。下列不属于缺失性需要的是( )

A.安全的需要　　　　　　　　　　B.归属与爱的需要

C.尊重的需要　　　　　　　　　　D.自我实现的需要

真题2 [2021浙江温州,判断]尊重需要是马斯洛需要层次理论中最高层次的需要。

答案:1.D　2.×

二、罗杰斯的学习理论

考点 1 ▶ 有意义的自由学习观

罗杰斯根据学习对学习者的个人意义,将学习分为无意义学习和有意义学习两大类。

1. 无意义学习

所谓无意义学习是指学习没有个人意义的材料,不涉及感情或个人意义,仅仅涉及经验累积与知识增长,与完整的人(具有情感和理智的人)无关,学得吃力,而且容易遗忘。

2. 有意义学习

有意义学习,是指一种涉及学习者成为完整的人,使个体的行为、态度、个性以及在未来选择行动方针时发生重大变化的学习,是一种与学习者各种经验融合在一起的、使个体全身心地投入其中的学习。

人本主义者倡导有意义的自由学习观,有意义学习关注学习内容与个人之间的关系。它不仅是理解记忆的学习,而且是学习者所做出的一种自主、自觉的学习,要求学习者能够在相当大的范围内自行选择学习材料,自己安排适合于自己的学习情境。这种意义学习实际上就是一种非指导性教学。非指导性教学既是一种理论,又是一种实践,它是一种教学模式。

> **小香课堂**
>
> 奥苏贝尔的有意义学习和罗杰斯的有意义学习的区别:
>
> (1)奥苏贝尔的有意义学习强调新旧知识之间建立联系。例:学习者在了解哺乳动物的基本特征后,再对照特征,知道鲸也属于哺乳动物。
>
> (2)罗杰斯的有意义学习强调知识和人的经验发生联系。例:当一个孩子触碰到一个正在工作的取暖器时,他就可以学到"烫"这个字的含义,同时也知道以后对所有取暖器都要当心。

考点 2 ▶ 关于学习的基本主张

1. 人类生来就有学习的潜能

幼儿拥有与生俱来的早期学习潜能,他们渴望学习,喜欢探究,爱好活动,富于想象、表现与创造力。教

391

育必须为幼儿一生的发展奠定良好的素质基础。因此,教师要尊重幼儿,激发其学习潜能,倡导主动活动,引导其主动发展,在活动中培养幼儿的学习兴趣、习惯和能力,让幼儿从小学会学习、学会生活。

2. 在安全氛围中的学习效果最好

在幼儿的探索创新活动中,教师应多表明肯定、鼓励、接纳、欣赏的态度,甚至淡化教师的权威意识,让幼儿感到教师是对自己的活动很感兴趣,并能提供有益建议的大朋友,即使自己做错了,活动失败了,也不会受到教师的指责,没有什么可担心的。这种安全感和自由感对幼儿自信心的培养、认知监控能力的发展都是大有裨益的。

3. 涉及学习者个体因素(包括情感与理智)的学习最持久、深刻

罗杰斯区分了两种学习,一种是抹杀了个人特性的无意义学习,这种学习让幼儿死记硬背一些材料,它只涉及心智的训练,是一种"颈部以上"的学习。另一种是涉及个人特性的有意义学习,即对个人产生重要意义与价值的学习。意义学习把逻辑与直觉、理智与情感、概念与经验、观念与意义等结合在一起。当我们以这种方式学习时,我们就成了一个完整的人。

4. 意义学习大多数是做中学

在罗杰斯看来,最有效的学习方式是让幼儿直接面对问题情境,包括日常生活问题、社会问题、个人问题、研究问题等,通过设计各种问题情境,让幼儿形成研究小组,合作研究与解决问题,这是一种做中学的学习方式。

5. 幼儿的意义学习包括四个要素

(1)学习具有个人参与性,即整个身心(包括情感和认知等方面)投入学习活动中。

(2)学习应成为自我发起的行为,即虽然需要环境与教育的外部推动与激发,但必须是幼儿自主探究的,要有主动学习的内在动力。

(3)学习是全方位的,它能使幼儿在行为、态度、情感,乃至个性等各方面发生变化,而不只是单一方面的认知或行为的改变。

(4)学习应以幼儿的自我评价为主。一方面它能有效降低幼儿面对外部评价时的紧张与压力,另一方面则能激发幼儿形成自主学习的意识。

✦★ 本节核心考点回顾 ★✦

1. 马斯洛的需要层次理论

(1)缺失需要:生理需要、安全需要、归属与爱的需要、尊重需要。

(2)成长需要:求知需要、审美需要、自我实现的需要(最高层次)。

2. 罗杰斯关于学习的基本主张

(1)人类生来就有学习的潜能;

(2)在安全氛围中的学习效果最好;

(3)涉及学习者个体因素(包括情感与理智)的学习最持久、深刻;

(4)意义学习大多数是做中学;

(5)幼儿的意义学习包括四个要素。

第四节 认知主义学习理论

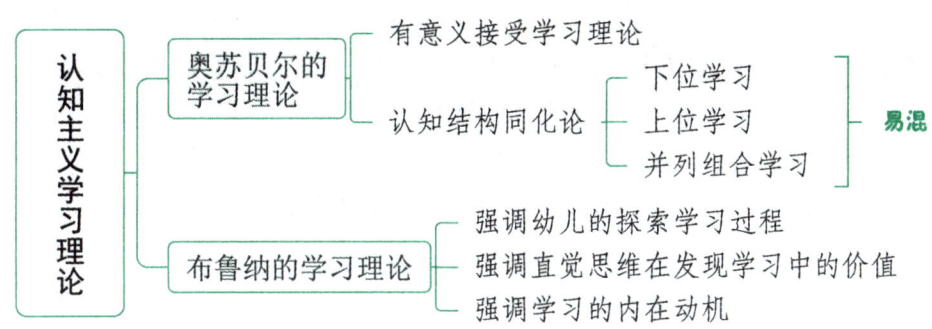

认知派学习理论认为,有机体获得经验的过程是通过积极主动的内部信息加工活动形成新的认知结构的过程。即学习不是在外部环境的支配下被动地形成S-R联结,而是主动地在头脑内部建构认知的结构。

一、奥苏贝尔的学习理论 【判断】★★

考点 1 有意义接受学习理论

奥苏贝尔认为,意义学习即将符号所代表的新知识与学习者认知结构中已有的适当观念建立起非人为和实质性的联系。非人为的联系,指有内在联系而不是任意的联想或联系,指新知识与原有认知结构中有关的观念建立在某种合理的或逻辑基础上的联系。实质性的联系指表达的词语虽然不同,但却是等值的,也就是说这种联系是非字面的联系。反之,如果学习者没有理解符号所代表的知识,只是依据字面上的联系,记住某些符号的词句或组合,则是一种机械式的学习。

在区分意义学习与机械学习时,奥苏贝尔提出了一个重要的观点:无论接受学习还是发现学习,都有可能是机械的,也都可能是有意义的。如果教师教学方法得当,幼儿的接受学习就不是机械学习;同样,如果教师教学不得法,也有可能导致幼儿的发现学习变成机械学习。

同时,他认为,在课堂上由于时间空间所限,应该更多采用接受学习,但这种接受学习必须成为有意义的学习。为此,教师在讲解式教学中要注意:

(1)师生之间应有大量的互动。虽然以教师讲解为主,但在课堂上应始终要求幼儿做出反应。
(2)大量运用例证。由于幼儿认知结构中的已有经验以形象为主,教师应大量采用图解或图画。
(3)运用演绎方法。先呈现幼儿在生活中常见的最一般的概念,然后引出特殊的概念。
(4)逐步深化。材料的呈现要由浅入深。

考点 2 认知结构同化论

同化是认知学派从生理学中引用的概念,皮亚杰和布鲁纳都使用过它。奥苏贝尔的贡献在于利用这个概念较好地解释了课堂教学中概念和命题掌握的具体模式。同化就是学习者利用认知结构中原有的有关知识(概念、命题)理解新知识。奥苏贝尔认为,同化理论的核心是学生能否习得新信息,主要取决于他们认知结构中已有的有关观念。有意义学习是通过新信息与学生认知结构中已有的有关观念的相互作用才得以发生的,这种相互作用的结果导致了新旧知识意义的同化。认知结构的同化可以表现为三种模式。

1. 下位学习

下位学习又称为类属学习。当所学的新知识相对于原有认知结构为下位关系时，新旧知识的同化作用就表现为新知识被吸收到原有的认知结构中，充实了原有认知结构，新知识本身也获得了再吸收新材料的力量。

2. 上位学习

上位学习又称为总括学习。当所学的新知识相对于原有认知结构为上位关系时，新知识就要将原有认知结构组织起来，原有认知结构就成为进行归纳推理的一整套观念。就是当认知结构已经形成了几个观念，现在要在这几个原有观念的基础上学习一个包摄程度更高的命题时，便产生上位学习。上位学习在概念学习中比在命题学习中更为普遍。通过学习上位学习概念时，新学习的概念总括了原有的概念，新的概念就具有了意义。

3. 并列组合学习

并列组合学习又称为组合学习。当新知识相对于原有认知结构既不存在上位关系，又不存在下位关系，只是和认知结构中的某些观念具有一般的吻合性时，新知识则可用原有知识进行类化外推获得，并与原有认知结构产生一种并列的组合，可能产生联合意义，这种学习称为并列组合学习。例如，莎士比亚说"人生就像一个影子"，人们可以通过平时对影子的理解（短暂、虚无缥缈）来认识人生，而两者并无真正上下属关系，只能通过类比而产生意义。

> **·小香课堂·**
>
> 下面结合具体的实例来区分理解认知结构的同化模式：
>
> 下位学习：掌握了水果的概念后，学习苹果概念；
>
> 上位学习：知道了苹果概念后，学习水果概念；
>
> 并列结合学习：学习苹果与梨的概念。

真题 [2023江苏扬州，判断]儿童往往是在熟悉了"土豆""菠菜"和"胡萝卜"这类概念后，再去学习"蔬菜"这一概念的，这属于下位学习。

答案：×

二、布鲁纳的学习理论

发现学习，是布鲁纳主张的学习方式。发现学习是指给学生提供有关的学习材料，让学生通过探索、操作和思考，自行发现知识、理解概念和原理的教学方法。布鲁纳主张，教师的任务主要不是传授知识，而是让幼儿发现学习。所谓发现，不是说要让幼儿发现人类尚未知晓的事物，而是让幼儿用自己的头脑通过探索过程获得知识。

布鲁纳的发现学习有如下几个特点：

1. 强调幼儿的探索学习过程

布鲁纳认为在教学过程中，幼儿是一名积极的探究者。教师的角色是为幼儿创设独立探究的情境，而不是提供现成的知识。他认为教一门学科，不是要建造一个小型藏书室，而是要让幼儿自己去思考，参与知识获得的过程，"认识是一个过程，而不是一种产品"。幼儿探索学习的过程，就是他们主动参与建立学科知识体系的过程。同时，幼儿的探索需要教师积极引导。

2.强调直觉思维在发现学习中的价值

传统教学一般注重分析思维,要求思维的逻辑性、严密性。直觉思维与分析思维不同,它提倡幼儿可以用跃进、跨越式和走捷径的方式来思考。布鲁纳认为直觉思维是发现学习的重要特征,"机灵的推测、丰富的假设和大胆迅速地做出试验性结论,这些是从事任何一项工作的思想家都应具备的极其珍贵的财富。"

3.强调学习的内在动机

布鲁纳强调,学习应成为幼儿主动发现的过程,真正对幼儿学习有作用的是内在动机,而不是成绩、奖赏、竞争之类的外部动机。他认为发现活动有助于激发幼儿的好奇心。幼儿容易受好奇心的驱使,对探究未知的结果感兴趣。布鲁纳把好奇心称为"幼儿内部动机的原型"。

布鲁纳主张,与其让幼儿把同伴竞争作为主要动机,不如让幼儿向自己的能力提出挑战。所以,他提出要形成幼儿的能力动机,就是使幼儿有一种发展才能的内驱力,通过激励幼儿提高自己的才能需求,提高学习效率。

★★ 本节核心考点回顾 ★★

1.下位学习与上位学习的内涵

(1)下位学习:所学的新知识相对于原有认知结构为下位关系。

(2)上位学习:所学的新知识相对于原有认知结构为上位关系。

2.发现学习的内涵

发现学习,是布鲁纳主张的学习方式。发现学习是指给学生提供有关的学习材料,让学生通过探索、操作和思考,自行发现知识、理解概念和原理的教学方法。

第五节 建构主义学习理论

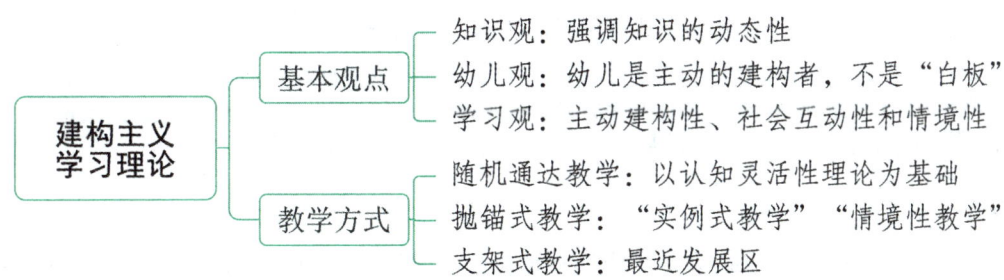

一、建构主义学习理论的基本观点

考点 1 ▶ 知识观

建构主义在一定程度上对知识的客观性和确定性提出质疑,强调知识的动态性。(1)建构主义认为知识并不是问题的最终答案,而是随着人类进步而不断改正并随之出现的新的假设和解释;(2)知识并不能精确地概括世界的法则,而是需要针对具体情境进行再创造。此外,知识不可能以实体的形式存在于具体个体之外,尽管我们通过语言符号赋予了知识一定的外在形式,但学习者仍然会基于自己的经验背景进行理解并建构属于自己的知识。

考点 2 · 幼儿观

建构主义学习理论认为,幼儿不是消极、被动、有待教师填充知识的客体,不是装知识的容器,而是有主观能动性的学习者。建构主义学习理论认为幼儿的主体性表现在两个方面:

1. 幼儿在学习中不是一块"白板"

幼儿在任何时候都不是空着脑袋进入课堂的,他们有已有的经验。幼儿在以往的学习中,在日常生活中已经形成了各种直观的经验,即使有些问题他们并没有接触过,也没有现成的经验,但他们可以基于以往的相关经验,对自身的各种经验重新组织,以形成对新问题的解释。这说明幼儿在遇到问题时,是从已有经验背景出发来解决问题的。教学不能无视幼儿的原有经验,而要把幼儿的原有经验作为新信息或新知识的生长点或平台。教师不能只做简单的知识传递工作,而要注重幼儿对各种问题的理解,倾听他们的想法,引导幼儿形成新的知识结构。

2. 幼儿是主动的建构者

建构主义认为幼儿是以自己的方式建构对事物的理解,并且通过同伴合作,有利于他们更加丰富和全面地理解事物的内涵。传统教学认为,可以将观念、概念,甚至整个知识体系由教师完全无误地传递给幼儿,但事实上这是一种误解。建构主义认为,事物的意义并非完全独立于个体而存在,而是源于学习者的主动建构。由于每个幼儿都以自己的方式理解事物的某些方面,所以,教学要增进幼儿之间的合作,使他们能彼此发现不同的观点及其原因。因此,建构主义学者非常重视幼儿的合作学习。

考点 3 · 学习观

建构主义在学习观上强调学习的主动建构性、社会互动性和情境性三方面,认为"情境""协作""会话""意义建构"是学习环境中的四大要素或四大属性。

(1)学习的主动建构性是指学生能够主动地对已有知识经验进行综合、重组和改造,从而用以解释新信息,并最终建构属于个人意义的知识内容。

(2)学习的社会互动性主要表现为:学习是通过对某种社会文化的参与而内化相关的知识和技能、掌握有关工具的过程,这一过程常常需要通过一个学习共同体的合作互动来完成。

(3)学习的情境性主要指学习、知识和智慧的情境性,认为知识是不可能脱离活动情境而孤立存在的。

二、建构主义的教学方式 【单选】 ★★

1. 随机通达教学

随机通达教学以认知灵活性理论为基础,它最早由斯皮罗提出。美国学者斯皮罗认为,学习分两种,一是结构良好领域的学习,有严密的逻辑体系,可以按部就班地学习;另一种是结构不好领域的学习,它具有概念的复杂性,以及实际案例间的差异性,即这些知识是运用到具体情境的,不具有良好的结构特征。在日常生活中,有很多并非结构良好领域的学习,斯皮罗据此进一步对学习进行了分析,将学习分为初级学习与高级学习。在初级学习阶段,幼儿只要知道一些重要的概念和事实就可以了,而高级学习则不同,幼儿必须充分把握概念的复杂性,并能广泛而灵活地运用到具体情境中。

斯皮罗认为,传统教学混淆了高级学习与初级学习的区别,将初级学习的教学策略(如概括、抽象、建立单一标准)不合理地推广到高级学习中,使教学简单化,这使幼儿的学习缺乏迁移性。斯皮罗等人根据对高级学习的认识提出了"随机通达教学"。他们认为,幼儿对同一内容的学习要在不同的时间多次进行,且每次情境都需要有一定的变化,不能雷同,每次情境应分别着眼于问题的不同侧面。这种反复绝非为巩固知识技能而进行的简单重复。由于每次学习情境都不相同,因而能促进幼儿更深刻地把握概念的实质。随机通达教学不是抽象地让幼儿记住概念,而是将概念具体到一定实例中,与具体情境联系起来,每个概念的教学都包含了充分的实例变化,这有助于幼儿的深刻理解。例如,对"火"这一语词的深刻理解可以表现在把握它的不同使用方式——火势凶猛、火气很大、火红的太阳等。

2. 抛锚式教学

抛锚式教学要求建立在有感染力的真实事件或真实问题的基础上。建构主义认为,学习者要想完成对所学知识的意义建构,即达到对该知识所反映事物的性质、规律以及该事物与其他事物之间联系的深刻理解,最好的办法是让学习者到现实世界的真实环境中去感受、去体验(即通过获取直接经验来学习),而不是仅仅聆听别人(例如教师)关于这种经验的介绍和讲解。由于抛锚式教学要以真实事例或问题为基础(作为"锚"),所以有时也被称为"实例式教学"或"基于问题的教学"或"情境性教学"。对于抛锚式教学的内涵可以从以下几点来理解:

(1)幼儿的学习应与现实情境相类似,以解决幼儿在现实生活中遇到的问题为目标,学习要选择真实性任务,不能将学习内容抽象化、脱离具体情境,而应呈现不同情境中的类似问题。

(2)这种教学过程与幼儿解决现实问题的过程相类似,教师不是将事先准备好的内容教给幼儿,而是提出幼儿可能遇到的问题,支持幼儿自主探索,在特定情境中解决问题。

(3)这种教学不采用独立的、脱离情境的测验方法,而是采用融合式测验法,在学习中解决具体问题的过程本身反映了幼儿的思维过程和学习效果,或是进行与学习(问题解决)过程一致的情境化评估。

在运用抛锚式教学过程中教师应遵循两个基本原则:一是学与教的活动应该围绕"锚"来进行,以激发幼儿主动探究与解决问题;二是课程组织材料应该允许幼儿互动与探索。例如,初学弹吉他的乐谱上都附有指法图,以帮助学习者灵活记忆各种指法。

真题1 [2021江苏南通,单选]建立在有感染力的真实事件或真实问题基础上的教学称为( )
A. 抛锚式教学　　　　B. 支架式教学　　　　C. 发现式教学　　　　D. 交互式教学
答案:A

3. 支架式教学

围绕教师和幼儿在教和学过程中的作用,建构主义者提出了支架式教学。支架原意是指建筑行业中的脚手架,这里用来形象地说明一种教学模式:教师为幼儿搭建向上发展的平台,引导教学的进行,使幼儿掌握并内化所学的知识技能,并为下一阶段的进一步发展再构建平台。

这种教学思想来源于维果斯基的"最近发展区"理论。维果斯基认为在幼儿智力活动中,要解决的问题和原有能力之间可能存在差距。通过教学,幼儿在教师的帮助下可以消除这种差距,这种差距就是"最近发展区"。因此,教学绝不应消极地适应幼儿智力发展的已有水平,而应当走在发展的前面,把幼儿的智力从一个水平引导到另一个新的更高水平,创造最近发展区。建构主义者正是从维果斯基的思想出发,借用建筑行业中使用的"脚手架"作为上述概念框架的形象化比喻。

支架式教学首先肯定学习是一个主动的过程,幼儿原有的经验和发展水平是学习的基础。同时,为了确保学习的有效性,教师必须不断提出挑战性的任务和提供必要的支持,帮助幼儿不断从借助支持到摆脱支持,逐渐达到独立完成任务的水平。这里,设置问题情景,提出具有挑战性、能引发幼儿新旧经验之间冲突的任务,引导幼儿意识到问题和冲突,并提示解决问题的线索,便成为有效的支架行为。例如,有个大班孩子照着书上的图案拼图,拼完了一个图,他就坐在那里无所事事。按照支架教学的教学思想,教师启发孩子在完成一个任务后再提目标,让他知道在哪个方面进一步努力。

真题2 [2024山东临沂,单选]发现学习法、支架式教学、非指导性教学、程序性教学法的教学方法。其中的教学理论分别是( )

A. 建构主义教学理论、认知教学理论、情感教学理论、行为主义教学理论
B. 行为主义教学理论、认知教学理论、建构主义教学理论、情感教学理论
C. 认知教学理论、建构主义教学理论、情感教学理论、行为主义教学理论
D. 情感教学理论、认知教学理论、建构主义教学理论、行为主义教学理论

答案:C

✦✦ 本节核心考点回顾 ✦✦

1. 建构主义学习理论的幼儿观

建构主义学习理论认为,幼儿不是消极、被动、有待教师填充知识的客体,不是装知识的容器,而是有主观能动性的学习者。建构主义学习理论认为幼儿的主体性表现在两个方面:(1)幼儿在学习中不是一块"白板";(2)幼儿是主动的构建者。

2. 建构主义的教学方式

(1)随机通达教学:以认知灵活性理论为基础。
(2)抛锚式教学:教学要建立在有感染力的真实事件或真实问题的基础上。
(3)支架式教学:来源于维果斯基的"最近发展区"理论。

第三章 幼儿学习心理

本章学习指南

一、考情概况

本章属于幼儿教育心理学的基础章节,也是重点考查章节,知识系统、需要理解和掌握的知识较多,考生可带着以下学习目标进行备考:

1. 理解学习动机的内涵,掌握学习动机的分类。
2. 理解学习迁移的含义,掌握学习迁移的分类。
3. 掌握学习动机和学习迁移的理论。

二、考点地图

考点	年份／地区／题型
幼儿学习动机的分类	2023山东德州判断;2021江苏镇江多选;2020江西统考单选
成就动机理论	2022山东临沂多选;2021浙江杭州单选
成败归因理论	2024山东临沂单选;2022山东临沂单选
学习迁移的分类	2024江苏扬州单选;2022浙江金华单选;2022安徽安庆单选;2021山东临沂单选
早期的迁移理论	2023山东德州单选

注:上述表格仅呈现重要考点的相关考情。

核心考点

第一节 幼儿学习动机

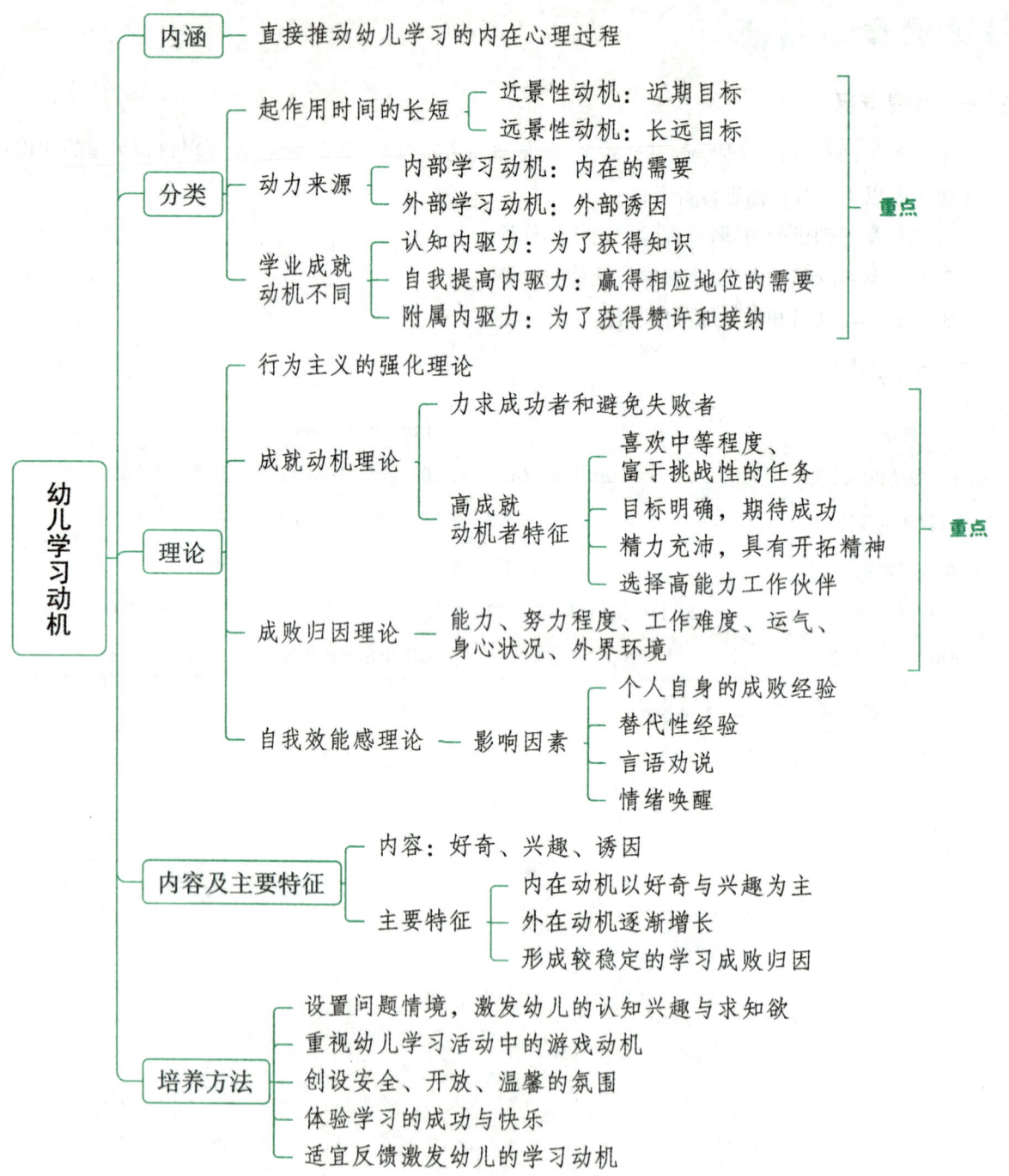

一、学习动机的内涵

动机是激发、引起个体的活动，引导、维持已引发的活动，并促进活动朝向某一目标的内在动力作用。通俗地讲，动机就是使幼儿开始行动，维持行动，并且决定行动方向的动力。动机不仅决定幼儿如何行动，而且决定幼儿从活动和接受的信息中学到多少知识。

学习动机是指直接推动幼儿进行学习、维持学习，并使该学习活动趋向教师所设定目标的内在心理过程。它是激励和指引幼儿进行学习活动的一种需要，对幼儿的学习有重要影响。有学者提出，动机的强度适中，能激发幼儿的学习成效，动机过高易使幼儿产生焦虑，过低则难以激发幼儿学习的欲望。

二、学习动机的分类 【单选、多选、判断】 ★★

1. 近景性动机与远景性动机

根据学习动机起作用时间的长短，可将学习动机分为近景性动机与远景性动机。

(1)近景性动机：指向近期目标的动机。例如，幼儿为了得到五角星，积极发言。

(2)远景性动机：指向长远目标的动机。例如，幼儿为了长大成为钢琴家而努力练习。远景性动机一旦形成，往往不容易为情境中的偶然因素而改变，能在较长时间内起作用，因而具有较高的稳定性和持久性。

真题1 [2020江西统考，单选]豆豆每天都认真练琴，他说将来要成为像郎朗一样的钢琴家。这反映了豆豆练琴的学习动机属于(　　)

A. 坚持性动机　　　B. 近景性动机　　　C. 远景性动机　　　D. 辅助性动机

答案：C

2. 内部学习动机和外部学习动机

根据学习动机的动力来源，可以将学习动机分为内部学习动机和外部学习动机。

(1)内部学习动机：是指由个体内在的需要引起的动机。例如，幼儿的求知欲、学习兴趣、改善和提高自己能力的愿望等内部动机因素，会促使幼儿积极主动地学习。

(2)外部学习动机：是指个体由外部诱因所引起的动机。例如，某些幼儿为了得到教师或父母的奖励，或避免受到教师或父母的惩罚而努力学习，他们从事学习活动的动机不在学习任务本身，而是在学习活动之外。

真题2 [2023山东德州，判断]根据学习动机的动力来源，可以把动机分为内部学习动机和外部学习动机，为了躲避教师的惩罚而努力学习属于外部学习动机。

答案：√

3. 认知内驱力、自我提高内驱力和附属内驱力

根据学校情境中的学业成就动机的不同，奥苏贝尔等人把动机分为认知内驱力、自我提高内驱力和附属内驱力三个方面。

(1)认知内驱力：要求了解、理解和掌握知识以及解决问题的需要。一般来说，这种内驱力大多是从好奇倾向中派生出来的。在有意义学习中，认知内驱力是最重要而且稳定的动机。这种动机指向学习任务本身(为了获得知识)，满足这种动机的奖励(知识的实际获得)是由学习本身提供的，属于内部动机。

401

(2)**自我提高内驱力**:个体因自己的胜任或工作能力而赢得相应地位的需要。自我提高内驱力并非直接指向学习任务本身,而是把成就看作赢得地位与自尊心的根源,属于外部动机。

(3)**附属内驱力**:个体为了获得长者们(如家长、教师)的赞许或认可而表现出把工作、学习做好的一种需要。它既不直接指向学习任务本身,也不把学业成就看作赢得地位的手段,而是为了从长者或同伴那里获得赞许和接纳。附属内驱力是一种间接的学习需要,属于外部动机。

·小香课堂·

考生容易混淆自我提高内驱力和附属内驱力。自我提高内驱力是为了赢得地位与自尊心;附属内驱力是为了获得长者们(如家长、教师)的赞许或认可。做题时,考生只需要牢牢把握住这一点即可。

真题3 [2021江苏镇江,多选]奥苏贝尔认为,学校情境中的学业成就动机主要有三方面的内驱力,即( )

A.认知内驱力　　　　　　　　　　B.自我提高内驱力

C.直接内驱力　　　　　　　　　　D.附属内驱力

答案:ABD

三、学习动机理论

考点 1 ▶ 行为主义的强化理论

行为主义者倡导强化理论。行为主义不仅用强化来解释学习的发生,而且用强化来解释动机的产生。不少行为主义者,如斯金纳认为,无须将动机与学习区分,因为引起动机与习得行为并无两样,都可用强化来解释。在他们看来,没有必要区分独立的学习理论与动机理论,动机只是儿童强化后的产物。例如,幼儿因学习而得到强化(如得到教师和家长的表扬),他们就会有学习的动机;如果学习没有得到强化,幼儿就没有学习动机;如果幼儿在学习中受到了惩罚,则会产生避免学习的动机。

因此,行为主义所主张的学习动机理论,在性质上是外控的,属于外在动机,而不关注幼儿学习的内部动机。在教育教学中颇为流行的程序教学与电脑辅助教学,其教学的心理基础,就是采用了强化原理,借以维持儿童的学习动机。

行为主义的动机强化理论与实践虽然在促进幼儿学习上有一定效果,特别对年龄尚小的幼儿,他们非

常重视身边"重要他人"的奖励与批评,因此外部强化确实能起到维持学习动机的效果。但从幼儿自主发展的观点来看,这种只重外在学习动机而忽视个体内在动机的教学方式有很多不足。

1. 只重外部控制难以有效激发、培养幼儿的求知欲

只重外在动机而不顾内在动机的做法,很容易导致幼儿为追求外在奖励而学习,而不是出于对知识的渴求、对问题的探求心、对学习的热情而学习。3~4岁幼儿有强烈的好奇心与求知的兴趣。为此,教师不要刻意地用学习的成效来奖惩幼儿,而应该激发幼儿的好奇心和探索的欲望。采用奖惩的方法,会使得学习成为一种趋奖避罚的活动。

2. 将手段目的化不利于幼儿良好人格的形成

奖励和惩罚是手段,是激励幼儿学习的外部动机,而不是目的。但在实践中却很可能出现幼儿把得到奖励作为学习的主要目的,乃至唯一目的的情形。这样,学习就变成了一种功利性活动,一旦缺乏外部奖励,幼儿的学习就失去了主动性。学习活动原本是一种富有乐趣的探索、求知的过程,但由于外部刺激的引入,幼儿将求学的乐趣转向寻求外部奖励,反而影响幼儿学习的内部动机。

考点 2 · 成就动机理论 【单选、多选】 ★★

成就动机是指个体努力克服障碍、施展才能,力求又快又好地解决某一问题的愿望或趋势。它在人的成就需要的基础上产生,是激励个体乐于从事自己认为重要的或有价值的工作并力求获得成功的一种内在驱动力。

成就动机理论的主要代表人物是阿特金森。他认为,个体的成就动机可以分成两类:一类是力求成功的动机,另一类是避免失败的动机。力求成功的动机,即指人们追求成功和由成功带来的积极情感的倾向性;避免失败的动机,即指人们避免失败和由失败带来的消极情感的倾向性。根据这两类动机在个体的动机系统中所占的强度,可以将个体分为力求成功者和避免失败者。力求成功者的目的是获取成就,所以他们会选择有所成就的任务,而成功概率为50%的任务是他们最有可能选择的,因为这种任务能给他们提供最大的现实挑战,当他们面对完全不可能成功或稳操胜券的任务时,动机水平反而会下降。相反,避免失败者则倾向于选择非常容易或非常困难的任务,如果成功的几率大约是50%时,他们会回避这项任务,因为选择容易的任务可以保证成功,使自己免遭失败;而选择极其困难的任务,即使失败,也可以找到适当的借口,得到自己和他人的原谅,从而减少失败感。

通过成就动机研究得出的个体行为差异的结果发现,追求成功的动机高于避免失败动机,成为高成就动机者,反之成为低成就动机者。高成就动机者一般具有下列特征:(1)喜欢中等程度、富于挑战性的任务,并且会全力以赴地获取成功;(2)目标明确,并对之抱有成功的期望;(3)精力充沛,探新求异,具有开拓精神;(4)选择工作伙伴以高能力为条件,而不是以交往的亲疏关系为前提。

真题4 [2021浙江杭州,单选]个体的成就动机包括力求成功的动机和(　　)
A. 好奇探究的动机　　　　　　　　B. 害怕失败的动机
C. 避免失败的动机　　　　　　　　D. 超越自我的动机

真题5 [2022山东临沂,多选]根据阿特金森的观点,下列属于高成就动机者具有的特点的是(　　)
A. 选择中等难度的任务,并全力以赴　　B. 活动目标明确,对成功充满信心
C. 愿意尝试新事物,不惧怕失败　　　　D. 以交往的亲疏关系来选择工作伙伴

答案:4. C　5. ABC

403

考点 3 成败归因理论 【单选】 ★★

1. 主要观点

归因理论由美国社会心理学家海德最早提出。所谓归因是人们对自己或他人活动及其结果的原因所做的解释和评价。美国心理学家韦纳对此进行了系统的研究。他把人经历过事情的成败归结为六种原因，即能力、努力程度、工作难度、运气、身心状况、外界环境。又把上述六项因素按各自的性质，分别归入三个维度：内部归因和外部归因、稳定性归因和非稳定性归因、可控制归因和不可控制归因。

表 3-5 韦纳成败归因理论中的六因素与三维度

维度 因素	稳定性		因素来源（控制点）		可控性	
	稳定	不稳定	内在	外在	可控制	不可控制
能力	√		√			√
努力程度		√	√		√	
工作难度	√			√		√
运气		√		√		√
身心状况		√	√			√
外界环境		√		√		√

努力　　　　　能力　　　　　难度　　　　　运气

• 记忆有妙招 •

成败归因理论中的归因方式：**两力一心是内在，能力工作最稳定，只有努力最可控。两力**：能力、努力程度。**一心**：身心状况。**是内在**：内在因素。**能力工作**：能力、工作难度。**最稳定**：稳定。**只有努力**：努力程度。**最可控**：可控制。

真题6 [2024 山东临沂,单选]物理出成绩后,小军兴奋地说:"太棒了,我都蒙对了。"结合韦纳的归因理论,这属于(　　)归因。

A. 能力　　　　B. 努力　　　　C. 运气　　　　D. 任务难度

真题7 [2022 山东临沂,单选]韦纳归因理论中内部而稳定的归因是(　　)

A. 能力　　　　B. 努力　　　　C. 任务难度　　　　D. 运气

答案：6. C　7. A

2. 意义

韦纳的归因理论对幼儿教育具有重要意义。教师若注意引导幼儿进行积极的自我归因,即凡事自己主动承担责任,认定事情可以向好的方向发展,并积极寻求自己可以解决的办法,那么随着孩子逐步长大,他能学会自己承担责任,并善于从失败中吸取教训,最终能够成为把握自己命运的人。归因理论在教学活动中得到了较多运用,主要是因为该理论从幼儿的观点出发,揭示了学习活动的成败因素。同时它还使教师认识到,帮助幼儿建立起明确的自我观念有重要作用,即形成积极的成败归因,有助于幼儿积极地看待成功与失败,并努力追求成功。

考点 4 ▶ 自我效能感理论

1. 自我效能感的内涵

所谓自我效能感,就是人们对自己能否成功地从事某一活动的主观判断。这一概念是美国心理学家班杜拉提出的。他认为,一个人做出某种行为,大多数情况并不是由于他之前曾经得到过直接的强化,而是由于其内心对强化抱有期待。这种期待往往是通过观察那些受到过直接强化的人所产生的,因此可以被称为"替代性强化"。替代性强化产生的前提之一,就是个体要相信自己有能力完成同样的行为任务。这就需要"自我效能感"的参与了。当个体具有较高的自我效能感,确信自己有能力做出同样的行为时,就会对强化产生更强的期待,从事该行为的动机就会增强;反之,当个体的自我效能感较低时,动机就会下降。

2. 影响自我效能感的因素

(1)个人自身的成败经验

个人自身的成败经验是影响自我效能感的最主要的因素。一般来说,成功经验会提高效能期望,反复的失败会降低效能期望。但需要指出的是,成功经验对效能期望的影响还要受个体归因方式的左右。如果个体把成功的经验归因于外部、不可控的因素(如运气、工作难度)就不会增强效能感,把失败归因于内部、可控的因素(如努力程度)就不一定会降低效能感。因此,归因方式直接影响自我效能感的形成。

(2)替代性经验

他人的替代经验也会影响自我效能。当个体看到与自己的能力水平相当的人在活动中取得成功时,便相信当自己处于类似活动情境时,也能获得同样成功,从而提高自我效能。反之亦然。

(3)言语劝说

通过说理让儿童相信自己具有能力,相信自己能够胜任学习活动,完成学习任务,就会给儿童增添学习活动的动力,增强克服困难的毅力。言语劝说因其简便、有效而得到广泛应用。

(4)情绪唤醒

平和、中等强度的情绪有助于自我效能的形成,而过度强烈的情绪会削弱自我效能的功效发挥。

3. 自我效能感的发展阶段

儿童的自我效能感发展有以下三个阶段。

阶段一:驾驭的喜悦。在1岁10个月之前,婴儿驾驭新挑战时会有快乐的表现,能驾驭的结果是幼小的婴儿马上产生欢乐或效能感。

阶段二:评价成就。2岁时,婴幼儿对得到他人对其成就的认可变得越来越有兴趣。2岁的婴儿好像已能鉴定他们的结果是成功或是失败,而且知道成功时会得到赞许,失败则会受到责难。即使是2~5岁的幼儿,也是受内在的驱动去挑战,他们也会为自己的成就寻求认可。

阶段三:胜利是无上的喜悦。3.5~5岁时,赢得比赛获得的快乐强于完成工作本身,幼儿已有输赢的观念。幼儿已获得了一套内化的成就标准,而且当他们达到这个目标时,会觉得骄傲(不只是喜悦而已);但在他们无法达到那个标准时,就会觉得羞耻(而不只是失望而已)。虽然如此,幼儿在竞争性的任务中输掉时,羞愧反应并不常见。对5岁以前的幼儿来说,胜利似乎是天意,而输了通常也不认为是明显的失败。

四、幼儿学习动机的内容及主要特征

考点 1 幼儿学习动机的内容

1. 好奇

好奇是指幼儿去观察、探索、操作、询问新奇有趣的事物,从而获得对事物了解的一种原始性内在冲动。三四岁幼儿的好奇心特别强,他们用各种感知觉去闻、去咬、去拨弄、去凝视。

2. 兴趣

兴趣与动机有着密切关系,它是指幼儿对某人、某物或某事所表现出来的选择性注意的内在心向。兴趣是一种带有情绪色彩的认识倾向,它以认识和探索某种事物的需要为基础,是推动幼儿认识事物、探求现象的重要动机,也是幼儿学习动机中最活跃的因素。兴趣可以从幼儿的外在行为去分析。

兴趣是激发幼儿探索的重要内在动力,而动机的实现与否又会影响到幼儿兴趣的进一步形成或改变。例如,一个喜欢美工活动的幼儿却总是被老师安排去图书角,其去美工角的动机就得不到实现,久而久之,他就可能逐渐产生阅读的兴趣,而不再对美工活动感兴趣,该幼儿的学习兴趣就发生了转变。所以说,幼儿的学习兴趣在教育与环境的影响下是可以改变的。

3. 诱因

如果说好奇与兴趣是幼儿学习的内在动机的话,那么诱因则是幼儿学习的外在动机。诱因是指诱发个体行为的外在原因。外在原因通常指环境刺激,但并非任何环境刺激都可以引起幼儿的学习行为,有些环境刺激反而会阻碍、制约幼儿的学习。例如,柔和的室内灯光能促进幼儿的学习,而嘈杂的环境则妨碍幼儿安心学习;教师提供小红花、粘贴纸、小红星等幼儿感兴趣的奖赏物会激发他们产生学习的渴望,对幼儿的失败予以批评讽刺,会阻止幼儿积极主动探索,不利于幼儿学习动机的产生。

诱因按其性质的不同,可以分为两类:凡是令幼儿趋向或接近,并由接近而获得满足体验的环境刺激称为正诱因,如食物、玩具、小红花、代币等;凡是令幼儿逃离或躲避,并由躲避而获得满足感的刺激是负诱因,如惩罚、批评等。

考点 2 幼儿学习动机的主要特征

1. 内在动机以好奇与兴趣为主

在幼儿阶段,幼儿的内部动机以好奇为主。幼儿从出生就开始探索周围世界,对环境充满了好奇。幼儿总是不停地提问"这是什么,那是什么,为什么",这反映了幼儿对外部世界的好奇心与探索欲,充满对新异事物探究的心理需要。

随着年龄的增长,幼儿的内部动机逐渐从好奇变为兴趣。兴趣与好奇相联系,常常表现为幼儿的探究。兴趣与好奇又有区别。好奇更多地受外在环境的影响,表现为在外部新异刺激的影响下受到吸引,更多体现为新异刺激所引起的一种普遍性。兴趣虽然也表现为幼儿的好奇心与探索,但它更多体现的是个体性,与个体的内在倾向相关联。

智力超常幼儿的兴趣倾向明显突出,求知欲强烈,学习兴趣高,对有兴趣的游戏全神贯注,对产生浓厚兴趣的某些活动,有不达目的不罢休的韧劲。相反,智力发展迟滞的幼儿,对周围事物的兴趣较弱。

2. 外在动机逐渐增长

幼儿期外在的学习动机逐渐增长,主要表现为渴望得到成人的肯定、鼓励和表扬。教师在幼儿心目中有很高的威望,幼儿在各种活动中总是力求得到教师鼓励,包括精神鼓励和一些物质鼓励(如赞许的微笑、口头表扬及小红花等)。虽然幼儿对学习已产生内部动机,并逐渐具有探求与认识外部世界的认知需求,但是外部动机在幼儿的学习活动中仍然是大量的、重要的。幼儿仍然离不开教师的支持与肯定,教师对幼儿内部动机的激发起着重要作用。为了获得教师的赞扬,幼儿能够坚持完成较枯燥的学习任务。教师需要运用各种外部动机的激励方法,引导幼儿进行学习活动。

3. 形成较稳定的学习成败归因

研究表明,7岁时幼儿已形成较稳定的内外归因。对我国幼儿成败归因稳定性的研究发现,从他人总体评价、他人具体评价以及日常生活选择等三个维度对幼儿进行了内外控制点的访谈,两周后进行重测的结果证实:5~6岁是形成较稳定的学习成败归因的年龄,6岁幼儿已初步形成比较稳定的内外控倾向。

五、培养幼儿学习动机的有效方法

1. 设置问题情境,激发幼儿的认知兴趣与求知欲

教师应创设激发幼儿探索的问题情境,即让活动内容与幼儿已有的认知结构之间产生矛盾,激发幼儿产生"这是为什么""为什么是这样的呢"等一些冲突性问题,从而激发幼儿主动探索与发现。同时,教师还要设计有趣的活动内容,让幼儿积极参与学习活动,做到让幼儿"动"起来。这个"动"不仅仅是手动,更重要的是心动,即幼儿内在学习动机的激发和思维的活动。此外,教师还要特别注意对幼儿提问的方式,尤其是多运用开放式提问而非封闭式提问。

2. 重视幼儿学习活动中的游戏动机

游戏是幼儿认知世界的重要方式。游戏适应幼儿心理发展的需要,符合幼儿心理发展的水平。形式多样的游戏可以最大程度的淡化教育痕迹。

3. 为幼儿学习创设安全、开放、温馨的氛围

根据马斯洛的需要层次理论,幼儿在产生求知需求前,必须满足其基本的生理、安全、归属与爱的需要。因此,为激发幼儿学习与探索的主动性,教师必须创设安全、开放、温馨的学习氛围。

4. 让幼儿体验学习的成功与快乐

获得成功与快乐是幼儿学习的重要动力。假如幼儿在追求成功的过程中屡遭失败,学习动机就难以维持。教师必须针对幼儿学习的个别差异,使每个幼儿获得成功的体验,以期在努力之后获得满足,肯定自己的价值。教师在评定幼儿学习时,应该重视幼儿学习的努力与进步,并予以积极表扬。教师不能用"一刀切"的标准,使在集体中处于下游的幼儿总是受到批评。

5. 运用适宜反馈激发幼儿的学习动机

韦纳的归因理论指出,幼儿内部或外部归因的形成与教师的评价和影响有关,教师的反馈对幼儿的学习归因与学习动机有很大影响。教师的反馈无论是正面的(赞许或鼓励),还是负面的(批评或训斥),均会成为幼儿对自己学习成败归因的根据。

本节核心考点回顾

1. 学习动机的分类

(1)学习动机起作用时间的长短:近景性动机与远景性动机。

(2)学习动机的动力来源:内部学习动机和外部学习动机。

(3)学校情境中的学业成就动机的不同(奥苏贝尔):认知内驱力、自我提高内驱力和附属内驱力。

2. 成就动机理论的观点

(1)个体的成就动机可以分成两类:一类是力求成功的动机,另一类是避免失败的动机。

(2)高成就动机者一般具有下列特征:①喜欢中等程度、富于挑战性的任务,并且会全力以赴地获取成功;②目标明确,并对之抱有成功的期望;③精力充沛,探新求异,具有开拓精神;④选择工作伙伴以高能力为条件,而不是以交往的亲疏关系为前提。

3. 韦纳的成败归因理论

(1)能力:稳定的、内在的、不可控制因素。

(2)努力程度:不稳定的、内在的、可控制因素。

(3)工作难度:稳定的、外在的、不可控制因素。

(4)运气:不稳定的、外在的、不可控制因素。

(5)身心状况:不稳定的、内在的、不可控制因素。

(6)外界环境:不稳定的、外在的、不可控制因素。

第二节 幼儿学习迁移

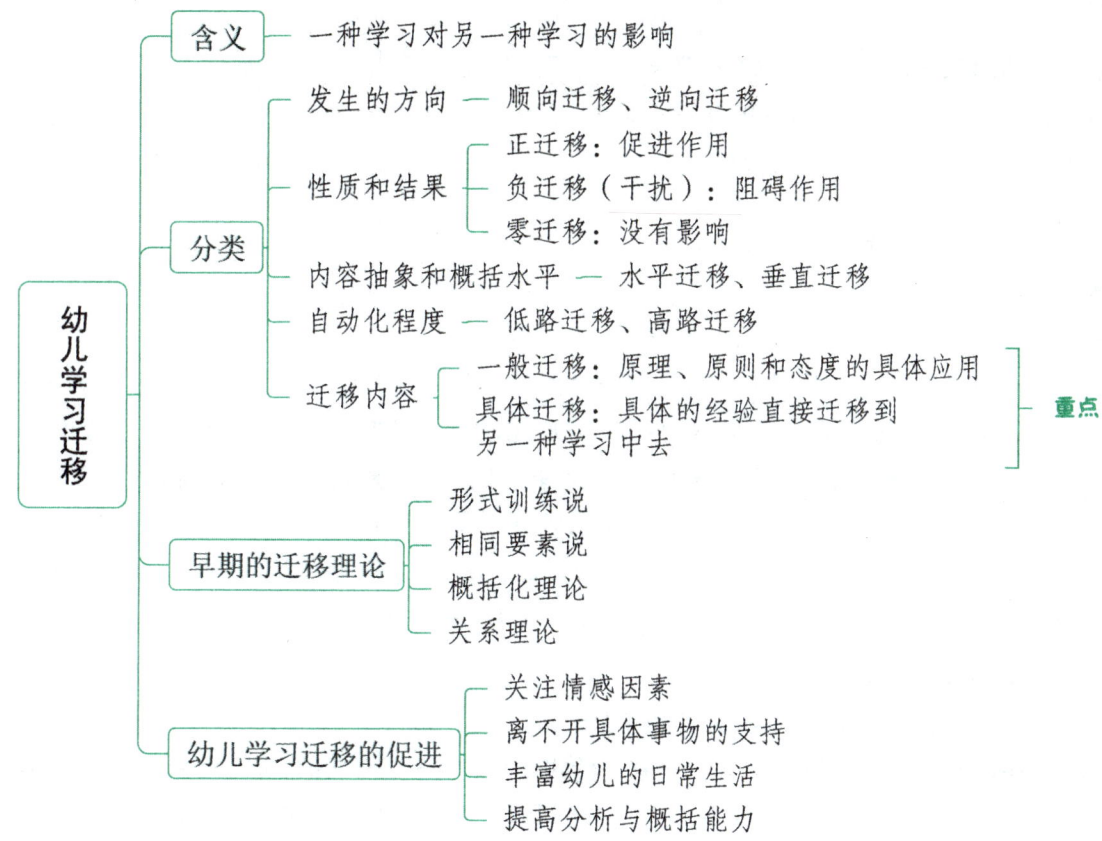

一、学习迁移的含义

学习迁移也称训练迁移,是指一种学习对另一种学习的影响,或习得的经验对完成其他活动的影响。迁移是学习的一种普遍现象,广泛存在于各种知识、技能、行为规范与态度的学习中,平时所说的"举一反三""触类旁通"等就是典型的迁移形式。通过迁移,各种经验得以沟通,经验结构得以整合。

二、学习迁移的分类 【单选】 ★★

1. 顺向迁移和逆向迁移

根据迁移发生的方向,可分为顺向迁移和逆向迁移。

顺向迁移指先前的学习对后来学习的影响,如先学习了汉语拼音对后学英语音标的影响。

逆向迁移指后来的学习对先前学习的影响,如后学习的"发展与教育心理学"对先学习的"普通心理学"的影响。

2. 正迁移、负迁移和零迁移

根据迁移的性质和结果,或者根据迁移的效果,可分为正迁移、负迁移和零迁移。

正迁移指在一种学习中学得的经验对另一种学习起促进作用(或产生积极影响)。如骑自行车有助于更快地学会骑摩托车。

负迁移也称干扰,指在一种学习中学得的经验对另一种学习起阻碍作用(或产生消极影响)。如学习汉语拼音对学习英语的干扰,学会打羽毛球(压腕)会影响到打网球(不压腕)。

零迁移是指在一种学习中学得的经验对另一种学习不起作用(或没有影响)。如体育锻炼对数学教学没有影响。

真题1 [2024江苏扬州,单选]幼儿初学会"6"的写法时,很少会出现写法方面的错误,但在学习"9"的写法后,往往会把"6"写成"9"。从迁移的效果来看,这属于( )

A. 顺向迁移　　　　B. 逆向迁移　　　　C. 正迁移　　　　D. 负迁移

答案:D

3. 水平迁移和垂直迁移

根据迁移内容抽象和概括水平的不同,可分为水平迁移和垂直迁移。

水平迁移也叫横向迁移,指处于同一概括水平的经验之间的相互影响。学习内容之间的逻辑关系是并列的,如婴儿学会称呼邻居家比自己大的女孩为"姐姐"后,他可能称呼遇到的任何陌生女孩为"姐姐"。

垂直迁移也称纵向迁移,指处于不同概括水平的经验之间的相互影响,即具有较高概括水平的上位经验与具有较低概括水平的下位经验之间的相互影响。垂直迁移包括自上而下和自下而上两种迁移。如在概念学习中,学习了上位概念"水果"后,有助于下位概念"猕猴桃""香蕉""苹果"等的学习;学习了"老虎""狐狸""狮子"等下位概念,有助于对上位概念"野兽"特征的理解和概括等。

4. 低路迁移和高路迁移

根据迁移的自动化程度,可分为低路迁移和高路迁移。

低路迁移是指反复练习的技能自动化的迁移。低路迁移的发生是自然的、自动化的。一个非常熟练的技能从一种情境迁移至另一种情境时,通常不需要思维活动或者只需要很少的思维活动,这就是低路迁移。例如,一旦你学会了骑某一辆自行车,你就会把这种技能迁移到另一辆自行车上。

高路迁移是指有意识地将在某一情境中学到的抽象知识运用到新的情境中。例如,学前儿童学习了绘画技能,他就将这种技能运用到美工活动中,先画好动物图像,再裁剪。

5. 一般迁移和具体迁移

根据迁移内容的不同,可分为一般迁移和具体迁移。

一般迁移也称非特殊迁移、普遍迁移,是指一种学习中所习得的一般原理、原则和态度对另一种具体内容学习的影响,即原理、原则和态度的具体应用。例如,获得基本的运算技能、阅读技能后运用到各种具体的学科学习中。

具体迁移也称特殊迁移,指一种学习中习得的具体的、特殊的经验直接迁移到另一种学习中去,或经过某种要素的重新组合,迁移到新情境中去。如学习了"日""月"后,再学习"明"字,则比较容易产生具体迁移。

真题2 [2022浙江金华,单选]小可妈妈让小可学习认识字母C,小可学习后,妈妈再让小可学习单词come就比较容易了,这属于( )

A. 逆向迁移　　　　B. 负迁移　　　　C. 一般迁移　　　　D. 具体迁移

真题3 [2022安徽安庆,单选]小黄把搭积木中学习的搭建技巧运用到了搭房子中,这属于( )

A. 负迁移　　　　B. 逆向迁移　　　　C. 一般迁移　　　　D. 垂直迁移

真题4 [2021山东临沂,单选]赵老师认为,数学学习中形成的认真审题的态度及其审题的方法将会对学习化学、物理等学科有积极影响。这种现象属于( )

A.负迁移　　　　B.垂直迁移　　　　C.一般迁移　　　　D.具体迁移

答案:2. D　3. C　4. C

三、早期的迁移理论 【单选】 ★

1. 形式训练说

形式训练说是对学习迁移现象的最早的系统解释,它的心理学基础是官能心理学。官能心理学认为,人的心灵是由"意志""记忆""感觉""思维"和"推理"等官能组成的。从形式训练的观点来看,迁移是通过对组成心灵的各种官能的训练,以提高各种能力(如注意力、记忆力、推理力、想象力等)而实现的。而且,迁移的产生将是自动的。

形式训练说注重训练和改进心灵的各种官能,所以它认为学习的具体内容并不重要,重要的是学习活动的形式和学习的东西的训练价值。它认为,某些学科可能具有训练某一种或某些官能的价值,如学习几何学可以训练推理官能。它还认为,学习要收到最大的迁移效果,它的训练过程应当是极其严格的,甚至是痛苦的,所以学习应有一定的难度。

真题5 [2023山东德州,单选]( )是对学习迁移现象的最早的系统解释。它注重改进心灵的各种官能,所以它认为学习的具体内容并不重要。

A.学习定势理论　　　B.形式训练说　　　C.认知迁移理论　　　D.认知灵活理论

答案:B

2. 相同要素说

桑代克等人认为,迁移是非常具体的、有条件的,需要有共同的要素。只有当两个机能的因素中有相同要素时,一个机能的变化才会改变另一个机能的习得。两种情境中的刺激相似、反应也相似时,迁移才会发生。两种情境中相同要素越多,迁移的量也就越大。

几乎与此同时,另一位心理学家武德沃斯通过研究也得出了与桑代克相同的结论,他把相同要素说改为共同要素说。根据共同要素说,如果两种学习活动含有共同成分,无论学习者是否意识到这种成分的共同性,都会有迁移现象的产生。这些理论对学习迁移的研究和实际教学产生了积极的影响,但这些理论只看到学习情境的作用,完全忽略了主体因素对学习迁移的影响,只从一个维度讨论学习间的影响问题,忽略了一种学习也可能会对另一种学习产生干扰作用。

3. 概括化理论

概括化理论也称经验类化说,由美国心理学家贾德提出,其主要观点是,一个人只要对自己的经验进行了概括,就可以完成从一个情境到另一个情境的迁移。他认为概括等于迁移,概括是学与教的结果,所以教学方法在迁移中的作用很大,并且先前的学习之所以能迁移到后来的学习中,是因为在先前学习中获得了一般原理,这种一般原理可以部分或全部地运用于后续的学习中。对原理了解、概括得越好,迁移效果也越好。贾德在1908年所做的"水下击靶"实验,是概括化理论的经典实验。

4. 关系理论

格式塔心理学家提出关系理论即关系转换说,认为迁移是学习者突然发现两个学习经验之间关系的结果,是对情境中各种关系的理解和顿悟,而非由于具有共同成分或原理自动产生。学习迁移的重点不在于掌握原理,而在于觉察到手段与目的之间的关系。他们认为学生"顿悟"情境中原理、原则之间的关系,特别是手段—目的之间的关系,是实现迁移的根本条件。

> •小香课堂•
>
> 早期的各个迁移理论易混淆,考生做题时可抓住关键点进行判断:"形式训练说"强调心理官能的训练;"相同要素说"强调有相同的要素;"概括化理论"强调对经验、原理的概括;"关系转换说"强调对关系的理解和顿悟。

四、幼儿学习迁移的促进

1. 关注情感因素对幼儿学习迁移的影响

各种学习迁移理论从不同侧面探讨了幼儿的学习迁移,但也存在不足,特别是对情感因素在幼儿学习迁移中的重要影响有所忽视。对幼儿来说,影响学习迁移的一个重要因素是情感因素,特别是幼儿对学习和对幼儿园的态度。如果幼儿认为幼儿园是一个令人愉快的、能获得有益知识和经验的地方,而且他与同伴建立了良好、融洽的关系,那么学习迁移就比较容易产生。相反,如果幼儿对教师、幼儿园有害怕或厌恶的情绪,则不利于其学习迁移。

2. 幼儿学习迁移离不开具体事物的支持

概括化理论、认知迁移理论均指出,幼儿在学习迁移中必须形成共同原则和一般概念,这样才能产生迁移。对幼儿来说,其思维发展处于前运算阶段,未完全形成抽象逻辑、概括推理能力,因此幼儿产生学习迁移,常常要借助具体、形象、直观的事物,如图片与实物。幼儿学习迁移更多表现在先后学习内容间、较为具体的相同要素之间的相互影响,而不是抽象概括的原理。因此,相同要素说、共同要素理论更能解释幼儿的学习迁移过程。

3. 丰富幼儿的日常生活,使其在学习中发生迁移

概括化理论和图式理论均强调幼儿原有知识经验和认知结构在学习迁移中的重要作用。为了促进幼儿的学习迁移,必须丰富幼儿在日常生活中的各种体验与经验。认知灵活性理论的奠基人斯皮罗指出,学习情境主要体现在生活中。生活中充满各种各样的知识,要使幼儿能解决不同生活情境中的新问题,就必须丰富幼儿的生活实践,使他们获得对生活的各种丰富体验与感性知识,这有助于幼儿在学习中更好地迁移。

4. 提高幼儿的分析与概括能力

幼儿的分析能力和概括能力是影响学习迁移的又一重要因素。如果幼儿分析能力和概括能力强,那么他就很容易分析概括出新旧知识之间的共同点,掌握新旧知识之间的联系,这样就有利于知识经验的迁移;反之,则很难将以前所学的知识、技能迁移到当前的学习中来。

幼儿的分析能力和概括能力又是在知识学习和不断迁移中形成和发展的。要提高幼儿这方面的能力,教师应该在教学过程中对幼儿进行相应的训练。布鲁纳认为,这方面最有效的方法就是采用发现法,让幼儿在分析、比较、概括中学习知识,不但让其"知其然",还要让其"知其所以然"。

本节核心考点回顾

1.学习迁移的分类

(1)根据迁移发生的方向

①顺向迁移:前对后的影响。②逆向迁移:后对前的影响。

(2)根据迁移的性质和结果,或根据迁移的效果

①正迁移:促进作用。②负迁移:阻碍作用。③零迁移:无影响。

(3)根据迁移内容抽象和概括水平的不同

①水平迁移:同一概括水平。②垂直迁移:不同概括水平。

(4)根据迁移的自动化程度

①低路迁移:自然的、自动化的。

②高路迁移:有意识参与。

(5)根据迁移的内容

①一般迁移:原理、原则和态度的具体应用。

②具体迁移:具体的、特殊的经验直接迁移。

2.早期的迁移理论

(1)形式训练说(最早):注重训练和改进心灵的各种官能。

(2)相同要素说:迁移是非常具体的、有条件的,需要有共同的要素。

(3)概括化理论:对自己的经验进行概括,完成从一个情境到另一个情境的迁移。

(4)关系理论:迁移是学习者突然发现两个学习经验之间关系的结果。

第四章　幼儿学习的个别差异与适宜性教学

本章学习指南

一、考情概况

本章属于幼儿教育心理学的基础章节,内容较少,需要识记的知识较少,考生可带着以下学习目标进行备考：

1. 理解幼儿个别差异概念,掌握幼儿个别差异的类型。
2. 理解适宜性教学的内涵,掌握适宜性教学的模式。

二、考点地图

考点	年份／地区／题型
幼儿个别差异的类型	2023山东青岛不定项
适宜性教学的内涵	2023山东德州单选
适宜性教学的模式	2022浙江宁波单选

注：上述表格仅呈现重要考点的相关考情。

核心考点

第一节　幼儿个别差异概述

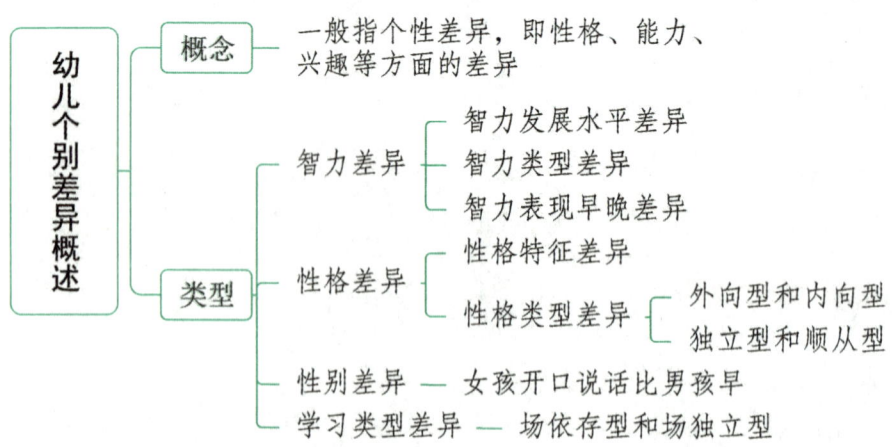

一、幼儿个别差异的概念

个别差异（个体差异） 一般是指个性差异,即个体之间在稳定的心理特点上的差异,包括性格、能力、兴趣等方面的差异。幼儿教育心理学中的个别差异,着重分析幼儿在幼儿园的学习活动中表现出来的个体差异。在这里,个别差异指幼儿在幼儿园学习与教学情景下,在智力、性格、性别、认知方式等方面的差别。个别差异研究旨在提高幼儿学习的动机水平,最大程度地激发幼儿已有的能力,促进幼儿的学习。

二、幼儿个别差异的类型 【不定项】 ★

考点 1 ▶ 幼儿智力差异

智力是指个体处理抽象概念、处理新情境和进行学习以适应新环境的能力。由于智力是个体先天禀赋和后天环境相互作用的结果,所以个体智力的发展存在明显的差异。

1. 智力发展水平的差异

智力发展水平的差异是指个体与同龄团体智商稳定的平均数相比较所表现出的差异。研究表明,个体智力水平呈正态分布,即智力水平属于中等水平的占大多数,智力水平极高和极低的占少数。一般认为,IQ超过140的人属于天才,他们在世界总人口中所占的比例不到1%。

2. 智力类型差异

智力类型差异是指根据个体在知觉、记忆、表象、思维和言语等活动中的特点与品质不同,智力表现形式也不同。加德纳的多元智能理论就反映了幼儿在智力类型方面的差异,教师必须发现并尊重这种差异,确保教学的高效率和高质量。

3. 智力表现早晚的差异

人的智力表现存在着早晚差异。有的人从小就表现出了超常的智力,被称为早慧的儿童、小天才,而有的人却大器晚成。

考点 2 ▶ 幼儿性格差异

性格的个别差异表现在性格特征差异和性格类型差异两个方面。

1. 性格特征差异

性格的特征差异表现在以下四个方面:(1)性格的态度特征差异;(2)性格的意志特征差异;(3)性格的情绪特征差异;(4)性格的理智特征差异。

2. 性格类型差异

性格类型是指一个人身上所有的性格特征的独特结合。

(1)根据个人心理活动倾向于外部还是内部可分为外向型和内向型。外向型的人心理活动倾向于外部,经常对外部事物表示关心,开朗、活泼、善于交际。内向型的人心理活动倾向于内部,一般表现为沉静、反应缓慢、适应困难、较孤僻等。

(2)根据一个人独立或顺从的程度可分为独立型和顺从型。独立型的人善于独立地发现问题和解决问题,不易被次要因素干扰,在紧急情况下不慌张。顺从型的人独立性差、易受暗示,经常不加批判地接受别人的意见,按别人的意见办事,在紧急、困难的情况下表现得惊慌失措。

幼儿期是幼儿性格初步形成的时期,这时期幼儿的性格已经表现出明显的个别差异。性格的好坏作为一种动力因素会影响幼儿学习的速度和质量,因此,应更重视幼儿良好性格的培养,为幼儿的个体全面发展打好基础。

考点 3 ▶ 幼儿性别差异

男女性别差异主要源于社会实践和风俗习惯的不同,取决于他们的社会地位、教育、种族和职业。两三岁的孩子,开始知道自己是男孩还是女孩,渐渐懂得男孩与女孩的区别。通过模仿同性别的人,逐渐出现性别角色心理的萌芽。

性别差异不仅会影响幼儿学习某种技能的速度,还会影响到幼儿的学习方式。例如,婴幼儿期在身体发育方面,女孩比男孩发育得快,成熟得早些;学龄前的女孩比男孩更善于跳跃,做节律运动,保持平衡。女孩在智力发展的某些方面比男孩快一些。大部分女孩开口说话比男孩早,在遣词造句方面也比男孩要好些、早些。在数学方面,从童年到少年,女孩的算术比男孩稍强。可是在此之后,男孩在数学推理方面就要略显优势。

考点 4 幼儿学习类型差异

学习类型是个人对学习情境的一种特殊反应倾向或习惯方式,它主要包括认知风格、学习策略、内外控制点等。学习类型具有独特性、稳定性的特点,学习类型的差异通过个体的认知、情感、行为习惯等方面表现出来。其中,个体认知风格的差异主要表现在场独立型和场依存型、冲动型和沉思型等方面。场依存型的幼儿对客观事物的判断易受外界因素的影响,社会敏感性强;场独立型的幼儿倾向于对事物进行独立判断。冲动型的幼儿认识问题速度快,但错误多;沉思型的幼儿认识问题时,谨慎全面,错误少。

真题 [2023山东青岛,不定项]下列属于幼儿个体差异表现的是( )
A. 大部分女孩开口说话比男孩早
B. 凯凯平时活泼好动,今天身体不舒服,表现得很安静
C. 有的幼儿反应快,容易冲动;有的幼儿反应慢,细心谨慎
D. 宁宁的运动能力很强,但表达能力比同龄幼儿弱
答案: ACD

⭐ **本节核心考点回顾** ⭐

1. 幼儿个别差异的概念
个别差异(个体差异)一般是指个性差异,即个体之间在稳定的心理特点上的差异。
2. 幼儿智力差异
(1)智力发展水平的差异;(2)智力类型差异;(3)智力表现早晚的差异。
3. 幼儿性格差异
(1)性格特征差异;(2)性格类型差异。

第二节 针对个别差异的适宜性教学

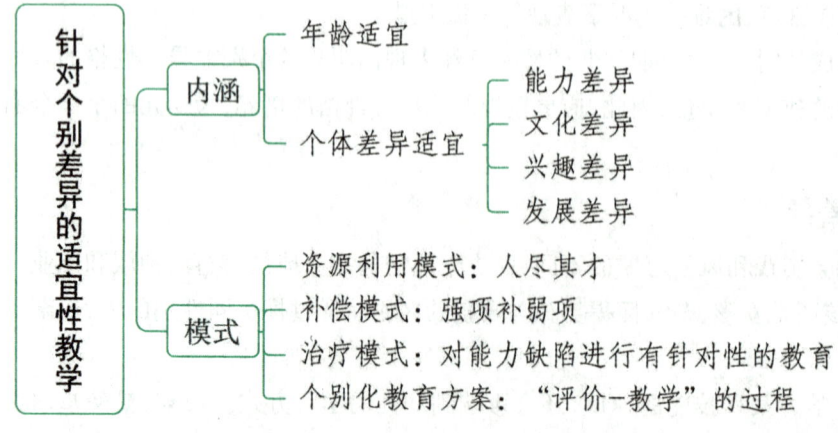

一、适宜性教学的内涵 【单选】 ★

适宜性教学源于美国的发展适宜性教学主张。发展适宜性教学是美国幼儿教育协会在1987年"符合孩子身心发展的专业幼教"声明中提出的。适宜性包括年龄适宜和个体差异适宜,随着对学前儿童学习方式的不断深入认识,以及多元文化社会中学前儿童社会文化背景的差异性,美国幼儿教育协会对适宜性教学提出了改进,更突出了教学中的个体差异适宜。

在个体差异的适宜性教学中,教师不仅需要为每个孩子创造机会,帮助孩子使用他们偏好的学习方式进行学习,而且还要帮助孩子发展他们相对薄弱的学习领域。个体差异的适宜性教学主要包括能力差异、文化差异、兴趣差异、发展差异四个方面。在能力差异方面,适宜的教学方式是教师了解每一个孩子,根据孩子的能力和发展水平来设计课程,在教学中兼顾孩子的能力差异;在文化差异方面,教师将孩子的家庭文化和语言纳入学校文化,引导孩子们相互尊重,彼此欣赏;在兴趣差异方面,教师能根据孩子的兴趣设计学习计划,孩子可根据兴趣自由选择自己喜欢的活动;在发展差异方面,残障或有特殊问题的孩子也能参与班上的活动,必要时教师应予以协助。

真题1 [2023山东德州,单选]适宜性教学源于美国的发展适宜性教学主张,美国幼儿教育协会对适宜性教学做了改进,适宜性教学在改进时侧重于(　　)

A.年龄差异适宜　　　　B.兴趣差异适宜　　　　C.个体差异适宜　　　　D.文化差异适宜

答案:C

二、适宜性教学的模式 【单选】 ★

1.资源利用模式

资源利用模式是指在教学中充分利用幼儿的长处和优点,以求人尽其才。教师要多开展区角活动,发现幼儿的优势领域,并为幼儿创造能表现并发挥其长处的机会与平台。每个幼儿的智能优势中心都有差异,我们必须尊重这种差异,才能保证教学的有效性。

2.补偿模式

补偿模式是指幼儿在某一方面会有所不足,可以改由另一方面的强项去补偿,以求"失之东隅,收之桑榆"。例如,某一幼儿阅读能力差,因而舍文字为媒介,而改之以录像教学,辅助其学习。每一个幼儿均有不同的学习表现,存在着个别差异。具体在教育教学中,那些在某项智能比较占优势的幼儿,在与他们求知方式吻合的学习活动中取得成功后,会很自觉地协助那些在该项智能较为弱势的,或对学习活动提不起兴趣的幼儿,采取不厌其烦的态度去帮助他们进行活动。教师要把握好幼儿好学的心理,提供有效的学习环境及材料,让幼儿的学习潜能萌发出来。

3.治疗模式

治疗模式是指针对幼儿某一方面的能力缺陷,进行有针对性的教育,如"补偿教育"就是为促进社会经济地位不利的儿童基本认知学习技巧的治疗教学。

4.个别化教育方案

个别化教育方案最先用于特殊幼儿的干预和矫正。由于对幼儿个体差异与发展的关注,它逐渐在幼儿教育领域中应用,即为每个幼儿的发展提供个别化的、适宜的教育方案。个别化教学的特色在于它是一种"评价—教学"的过程,即先了解、鉴定每一个幼儿的学习情况与特殊需要,然后为其提供适当而且必需的教学。

5.性向与教学处理交互作用模式

这一理论也称为"教学相适"理论。它是指教学应配合幼儿的性向,教师对不同的性向的儿童,应提供不同的教育措施,以发挥最大的教学效果,其教育启示是:没有任何一种教学与教材可以适合所有的幼儿,教师不应轻易放弃任何一个幼儿,而要采用适宜的教学方法。

真题2 [2022浙江宁波,单选]( )是一种"评价—教学"的过程,即先了解、鉴定每一位儿童的学习情况与特殊需要,然后为其提供适当而且必需的教学。

A.资源利用模式　　　B.个别化教育方案　　　C.治疗模式　　　D.补偿模式

答案:B

★ 本节核心考点回顾 ★

1.适宜性教学的内涵

适宜性教学源于美国的发展适宜性教学主张。适宜性包括年龄适宜和个体差异适宜。后来,美国幼儿教育协会对适宜性教学提出了改进,更突出了教学中的个体差异适宜。

2.适宜性教学的模式

(1)资源利用模式:在教学中充分利用幼儿的长处和优点,以求人尽其才。

(2)补偿模式:幼儿在某一方面会有所不足,可以改由另一方面的强项去补偿。

(3)治疗模式:针对幼儿某一方面的能力缺陷,进行有针对性的教育。

(4)个别化教育方案:先了解、鉴定每一个儿童的学习情况与特殊需要,然后为其提供适当而且必需的教学。

(5)性向与教学处理交互作用模式:教学应配合儿童的性向,教师对不同的性向的儿童,应提供不同的教育措施。

04 第四部分
学前卫生学

内容导学

- 幼儿园教师招聘考试学前卫生学部分共四章。

- 第一章主要是对幼儿的生长发育特点与卫生保健进行阐释,考查题型侧重于客观题。

- 第二章主要是对幼儿营养与膳食的讲述,考查题型侧重于客观题。

- 第三章主要是对幼儿常见疾病的防护和意外事故的处理的讲述,考生要学会在实践中运用该知识,考查题型侧重于客观题。

- 第四章主要是幼儿安全与心理卫生教育,考生要注意在实际生活中的运用,考查题型侧重于客观题。

- 考生要重点掌握第一章、第三章的内容,并结合历年真题有针对性地进行复习。

- 为了方便考生梳理知识脉络,我们在重点节设置思维导图和核心考点回顾。

第一章 幼儿生长发育特点与卫生保健

本章学习指南

一、考情概况

本章属于学前卫生学的基础章节,也是重点考查章节,内容较为琐碎,理论性知识较多,考生可带着以下学习目标进行备考:

1. 掌握幼儿神经系统、感觉器官、运动系统、消化系统的发展特点和保育要点。
2. 理解循环系统、呼吸系统、泌尿及内分泌系统的发展特点和保育要点。
3. 掌握幼儿生长发育的主要规律和评价指标,理解幼儿体格发育的测量方法。

二、考点地图

考点	年份/地区/题型
大脑皮质活动的特性	2023山东烟台单选;2022福建统考单选;2021浙江临海单选;2021安徽阜阳判断
幼儿神经系统发展的特点和保育要点	2022江苏淮安单选;2021山东菏泽单选;2020福建统考单选
幼儿眼球的特点	2021山东青岛单选
斜视和弱视	2021山东德州单选;2021安徽阜阳单选
幼儿耳的保育要点	2021安徽阜阳多选
幼儿皮肤的特点	2023福建统考案例分析
幼儿运动系统发展的特点	2024山东淄博单选;2024/2023福建统考单选;2023山东潍坊判断;2023江苏徐州判断;2021山东青岛单选
幼儿运动系统的保育要点	2021浙江临海单选
幼儿血液循环系统发展的特点	2023安徽宿州单选;2020浙江杭州单选
幼儿呼吸系统的保育要点	2023安徽宿州单选
幼儿消化系统发展的特点	2023安徽阜阳单选;2021山东临沂单选;2021安徽阜阳判断
幼儿内分泌系统发展的特点	2021安徽阜阳单选;2020福建统考单选
幼儿生长发育的主要规律	2024江西统考单选;2023安徽宿州单选;2023/2022福建统考单选;2023山东德州判断;2021浙江台州简答
幼儿生长发育评价的指标	2024福建统考单选;2022安徽安庆单选;2022山东菏泽单选;2021浙江杭州单选
幼儿体格发育的测量方法	2022安徽安庆单选

注:上述表格仅呈现重要考点的相关考情。

第一节　幼儿神经系统的发展与卫生保健

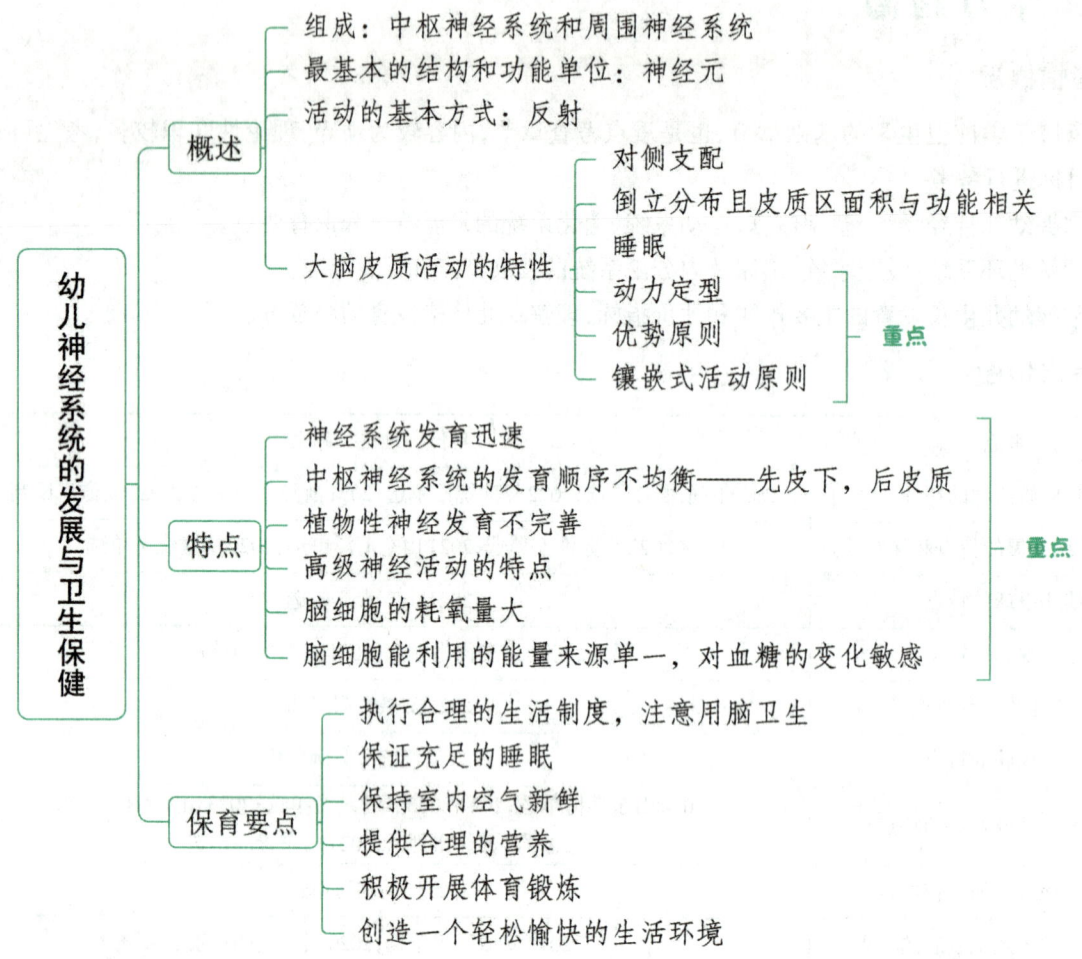

一、神经系统概述

考点 1　神经系统的组成

神经系统包括中枢神经系统和周围神经系统。

中枢神经系统由脑和脊髓组成。脑位于颅腔内,包括大脑、小脑、间脑和脑干。大脑有左右两个半球,是中枢神经最高级的部分,是思维与意识的器官;小脑位于大脑的后下方,与维持身体平衡、协调肌肉运动有关;脑干中的延髓是调节生命活动(如呼吸、心血管运动)的重要中枢。脊髓位于脊柱的椎管内,它将接收来的信息刺激传达到脑,再把脑的指令下达到各个器官。

周围神经系统由脑神经、脊神经和植物神经组成,它们把中枢神经和全身的各器官联系起来。脑神经支配头部各器官的运动,并接受外界的信息,使人产生感觉和表情;脊神经支配躯干和四肢的运动,并感受刺激;植物神经分交感神经和副交感神经,分布于内脏,体内各个脏器均受这两种神经的双重支配。

考点 2 神经系统最基本的结构和功能单位——神经元

1. 神经元的结构

神经元即神经细胞,由细胞体和与其相连的突起构成。突起有两种:树突和轴突。树突一般较短,分支多,能接受刺激,并将刺激传向细胞体;轴突较细长,只有一个,分支少,可将神经冲动从细胞体传出。突起又称神经纤维。许多神经纤维集合成束而成为通常所说的神经。

2. 神经元的功能

神经元具有接受刺激、传递信息和整合信息的功能。通常,神经元通过树突和细胞体接受传来的信息,由细胞体对信息进行整合,然后再通过轴突将信息传出去。

考点 3 神经系统活动的方式

1. 神经系统活动的基本方式——反射

神经活动的基本方式是反射。反射是人体对外界和内部各种刺激发生的反应。完成反射活动的神经结构是反射弧。反射弧由感受器、传入神经、神经中枢、传出神经和效应器五个环节组成。

2. 高级神经(大脑皮质)活动的方式——条件反射

反射可分为非条件反射和条件反射两种。非条件反射是机体先天形成的本能行为,是生来就有的,反射弧是固定的,反射比较恒定,是一种较低级的神经活动。如小孩儿生下来就会吸吮,食物进入口腔就会引起唾液分泌。

条件反射是后天获得的,在生活过程中通过一定条件形成的,是在非条件反射的基础上建立起来的,反射弧是不固定的、临时的,是一种高级神经活动。这种反射提高了动物和人适应环境的能力,一般认为,高等动物必须有大脑皮质参加才能实现各种条件反射。

条件反射是动物和人都具有的生理活动,但是人和动物的条件反射有着本质的区别。动物只能对外界具体事物的刺激发生反应,形成条件反射,这种只对具体信号刺激发生反应的皮质功能系统叫做第一信号系统。而人类除对具体信号刺激发生反应外,还可以对语言文字发生反应,人类对语言文字发生反应的皮质功能系统叫做第二信号系统。因而,人类能在语言文字的基础上建立更复杂的条件反射,使人类的神经功能更加复杂和完善,丰富了人类对外界各种事物的认识,使人类有了概念、判断、推理等抽象思维的能力,从而使人类增加了适应环境的能力。

• 小香课堂 •

为方便考生区分第一信号系统和第二信号系统,现将相关内容以表格形式梳理,方便考生理解:

种类	含义	特点	典例
第一信号系统	对外界具体事物的刺激发生反应形成的条件反射	人和动物共有的	望梅生津
第二信号系统	在语言文字的基础上建立的条件反射	人类特有的	谈虎色变

考点 4 大脑皮质活动的特性 【单选、判断】 ★★

表4-1 大脑皮质活动的特性

特点	含义
对侧支配	大脑的左、右两半球各将人体相反一侧置于自己的管辖之下,具有对侧支配的特点

续表

特点	含义
倒立分布且皮质区面积与功能相关	躯体不同部位在皮质的代表区呈倒立分布,即皮质感觉运动区最上部支配下肢与躯干,中部支配上肢,最下部支配头、面部
睡眠	睡眠可以消除疲劳,使精力和体力得到休息和恢复
动力定型	若一系列的刺激总是按照一定的时间、顺序,先后出现,重复多次后(强化),这种时间和顺序就在大脑皮质上"固定"下来(神经联系的牢固建立),每到一定时间大脑就自然地重现这一系列的活动,并提前做好准备
优势原则	人们学习和工作的效率与有关的大脑皮层区域是否处于"优势兴奋"状态有关。若有关的大脑皮层区域处于兴奋状态,人们的注意力会比较集中,理解力、创造力也会大大增强,思维非常活跃,从而提高学习或工作的效率;否则,效果不理想。兴趣能促使"优势兴奋"状态的形成,人们对感兴趣的事物,往往表现为特别专注,对其他出现的无关刺激则可"视而不见""听而不闻"
镶嵌式活动原则	当人在从事某一项活动时,只有相应区域的大脑皮质在工作(兴奋过程),与这项活动无关的区域则处于休息状态(抑制过程)。随着工作性质的转换,工作区与休息区不断轮换。好比镶嵌在一块板上的许多小灯泡,忽闪、忽灭,闪闪发光。这种"镶嵌式活动"方式,使大脑皮质的神经细胞能有劳有逸、以逸待劳,维持高效率

真题1 [2023山东烟台,单选]幼儿教师要选择符合幼儿兴趣的材料,这体现了大脑皮质活动的( )

A.优势原则　　　　B.镶嵌式活动原则　　　C.动力原则　　　　D.定型原则

真题2 [2022福建统考,单选]幼儿专注于感兴趣的事物,而对其他事物视而不见、听而不闻,体现幼儿大脑皮质的活动特性是( )

A.优势原则　　　　B.动力定型　　　　C.抑制过程　　　　D.镶嵌式活动原则

真题3 [2021浙江临海,单选]经过较长时间的教育和培养,幼儿养成按时吃饭、按时睡觉,上课不吵不闹的习惯,这是利用了大脑皮质活动中的( )

A.动力定型　　　　B.优势原则　　　　C.镶嵌式原则　　　　D.保护性抑制

真题4 [2021安徽阜阳,判断]幼儿大脑皮质的镶嵌式活动原则能使大脑皮质的神经细胞劳逸结合,从而提高效率。

答案:1.A　2.A　3.A　4.√

二、幼儿神经系统发展的特点 【单选】 ★★

考点 1 ▶ 神经系统发育迅速

神经系统是发育最早的系统,妊娠3个月时,胎儿的神经系统就已经基本发育完善。

1.脑优先发育

在胎儿2~6个月及出生后的第一年是脑细胞数量增长的重要阶段,1岁前脑细胞数量飞速增长,接近成人水平。

2.神经纤维逐渐髓鞘化

神经纤维外层髓鞘的形成,表明神经传导通路和神经纤维形态发育的成熟程度。但总的来说,在婴幼儿时期,由于神经髓鞘的不成熟,当外界刺激作用于神经而传到大脑时,因无髓鞘的隔离,兴奋易于扩散,刺激在无髓鞘神经纤维中传导的速度也较慢,表现为:容易兴奋激动、注意力不集中,对外来刺激的反应较慢且易于泛化。

3. 脑的可塑性强

在脑的发育过程中,良好的教育能使幼儿大脑的发育达到最佳水平。

考点 2 ▶ 中枢神经系统的发育顺序不均衡——先皮下,后皮质

新生儿出生时,脊髓和延髓的发育已基本成熟,所以功能较完善,这就保证了呼吸、消化、血液循环和排泄器官的正常活动。

新生儿的小脑发育很差,这是婴儿早期肌肉活动不协调的重要原因。1岁左右小脑的发育迅速,此时儿童动作发展特别快,已学会了许多基本动作。3岁时小脑的发育基本和成人相同,肌肉活动的协调性大大增强,因此,幼儿的生活与前期相比基本上能自理,这是孩子3岁可以进入幼儿园过集体生活的生理基础之一。

大脑皮质的发育是随年龄的增长而发育成熟的。出生时已具有与成人相似的六层结构,但皮质的沟和回较成人浅,神经细胞体积小,神经纤维短、分支少,因此,对外来刺激不能迅速而精确地进行传导和分化。幼儿3岁左右大脑皮质细胞体积不断增大,8岁时大脑皮质的发育基本接近成人。

考点 3 ▶ 植物性神经发育不完善

交感神经兴奋性强而副交感神经兴奋性较弱。例如,婴幼儿心率及呼吸频率较快,但节律不稳定;胃肠消化能力极易受情绪影响。

考点 4 ▶ 高级神经活动的特点

高级神经活动的特点

1. 兴奋过程占优势

幼儿大脑皮质活动过程的特点是兴奋过程强于抑制过程,即兴奋占优势。表现为:容易激动,控制自己的能力较差。

随着年龄的增长,大脑皮质的功能日趋完善,兴奋过程的加强使幼儿睡眠时间逐渐减少,觉醒时间不断延长。抑制过程的加强,使幼儿学会控制自己的行为和较精确地进行各种活动。一般在8岁左右,儿童能较好地控制自己的活动。

2. 条件反射建立少

一般婴幼儿对外界的感知较少,所以大脑皮质条件反射的建立相对较少,使婴幼儿知识经验相对贫乏,因此对一切事物都感兴趣。表现为好奇、好问、好模仿,有强烈的求知欲。

3. 第一信号系统发育早于第二信号系统

孩子在6岁前,大脑中的语言中枢还不成熟,也就是说,左脑还没有定型,这个时期的孩子基本上是生活在形象世界即右脑世界里的,用右脑观察和分析事物。幼儿第一信号系统发育早于第二信号系统,容易对具体的、鲜明的、形象的事物感兴趣,并且注意力维持的时间相对较长。因此,幼儿的教育教学活动要以直观教学为主。

4. 容易疲劳,易受毒物损害

因为幼儿大脑皮质的神经细胞很脆弱——易疲劳,加之易兴奋,抑制过程发育不完善,所以注意力很难持久,需要较长的睡眠时间进行休整。同时大脑皮质也容易受到一些毒物的损害,如铅、汞、锡、铝、硫化氢、一氧化碳等。

考点 5 脑细胞的耗氧量大

神经系统的耗氧量较其他系统高。在神经系统中,脑的耗氧量最高,幼儿脑的耗氧量为全身耗氧量的50%左右,而成人则为20%,因此幼儿脑的血流量占心排血量的比例较成人大。幼儿脑组织对缺氧十分敏感,对缺氧的耐受力也较差。所以,保持幼儿生活环境空气清新对其神经系统的正常发育和良好功能状态的维持都很重要。

真题 5 [2022江苏淮安,单选]在幼儿的身体各系统中,耗氧量最高的是( )
A. 循环系统　　　　B. 消化系统　　　　C. 神经系统　　　　D. 呼吸系统

真题 6 [2021山东菏泽,单选]学前儿童(   )的耗氧量大约为全身耗氧量的50%,在空气污浊,氧气不足的环境中,学前儿童容易发生头晕、眼花、全身无力等疲劳现象,严重时会影响儿童身体发育。
A. 脑　　　　B. 心脏　　　　C. 肺　　　　D. 肝

答案:5. C　6. A

考点 6 脑细胞能利用的能量来源单一,对血糖的变化敏感

人体中枢神经系统主要依靠葡萄糖氧化获得能量,对血液中葡萄糖(血糖)含量的变化非常敏感。幼儿体内肝糖原储备量少,在饥饿时可使血糖过低,从而造成脑的功能活动紊乱,直接影响幼儿脑的正常功能,因此应按时让幼儿进食,以保证其体内的血糖保持在一定水平上。

三、幼儿神经系统的保育要点 【单选】★

1. 执行合理的生活制度,注意用脑卫生

科学用脑的具体做法:(1)利用"优势原则"让幼儿兴趣盎然地投入到他所从事的活动中,培养幼儿对事物的探究兴趣,发展其敏锐的观察力和积极的思维能力;(2)利用"镶嵌式活动原则",恰当安排幼儿各项活动的时间、内容和方式,使幼儿轻松地活动,动静交替,防止兴奋后产生过度疲劳;(3)根据"动力定型"妥善安排幼儿一日生活各环节,建立起良好的生活节奏并养成习惯,保持良好的情绪。

2. 保证充足的睡眠

充足的睡眠不仅能使神经系统、感觉器官和肌肉得到充分的休息,同时,睡眠时脑组织能量消耗减少,脑垂体分泌的生长素也在睡眠时分泌,可以促进机体生长。幼儿是生长发育的重要时期,因此要养成幼儿按时睡眠的习惯,并保证睡眠的时间和质量。3~6岁儿童午睡时间根据季节以2~2.5小时/日为宜,3岁以下儿童日间睡眠时间可适当延长。

3. 保持室内空气新鲜

幼儿对缺氧的耐受力不如成人,如果居室空气污浊,脑细胞首先受害。所以,幼儿用房一定要定时通风,保证幼儿脑力活动对氧的需要。

4. 提供合理的营养,保证大脑发育

营养是脑进行生理活动和生长发育的物质基础。所以,保证幼儿合理膳食,饮食中要供给丰富的优质蛋白质、磷脂、维生素和无机盐等营养物质。

5. 积极开展体育锻炼

适当的体育锻炼可以加强神经系统的调控能力,使大脑皮质的活动更迅速、更准确、更灵活。在从事各

项锻炼活动时,各器官系统的生理活动密切配合,以适应机体的需要,这样就促进神经系统进一步完善,加强了对机体调节控制的能力。有意识地让幼儿进行左侧肢体的锻炼,促进右脑机能的发展。

6. 创造一个轻松愉快的生活环境

心情舒畅、精神愉快是学前儿童健康发展的基本保证。情绪不愉快,精神上过于压抑,会抑制脑垂体的分泌,从而影响各种腺体的活动,导致学前儿童消化不良,生长发育迟缓,得不到健康发展。因此,托幼机构应努力为学前儿童创造一个轻松愉快的环境,关心、爱护他们,全面细致地照顾每一个孩子,不歧视有缺陷的孩子,坚持正面教育,严禁体罚或变相体罚。

真题7 [2020福建统考,单选]针对大脑皮质活动特性的镶嵌式活动原则,相应的教育策略是( )
A. 贯彻生活性原则　　B. 动静交替,劳逸结合
C. 有充足的睡眠　　　D. 开展幼儿感兴趣的活动
答案:B

★★ 本节核心考点回顾 ★★

1. 大脑皮质活动的特性
(1)对侧支配。
(2)倒立分布且皮质区面积与功能相关。
(3)睡眠。
(4)动力定型:养成习惯。
(5)优势原则:对感兴趣的事物特别专注。
(6)镶嵌式活动原则:工作区与休息区不断轮换(劳逸结合)。

2. 幼儿神经系统发展的特点
(1)神经系统发育迅速。
(2)中枢神经系统的发育顺序不均衡——先皮下,后皮质。
(3)植物性神经发育不完善。
(4)高级神经活动的特点:①兴奋过程占优势;②条件反射建立少;③第一信号系统发育早于第二信号系统;④容易疲劳,易受毒物损害。
(5)脑细胞的耗氧量大:神经系统的耗氧量较其他系统高,幼儿脑的耗氧量最高,为全身耗氧量的50%左右。
(6)脑细胞能利用的能量来源单一,对血糖的变化敏感。

3. 幼儿神经系统的保育要点
(1)执行合理的生活制度,注意用脑卫生。
(2)保证充足的睡眠。
(3)保持室内空气新鲜。
(4)提供合理的营养,保证大脑发育。
(5)积极开展体育锻炼。
(6)创造一个轻松愉快的生活环境。

第二节 幼儿感觉器官的发展与卫生保健

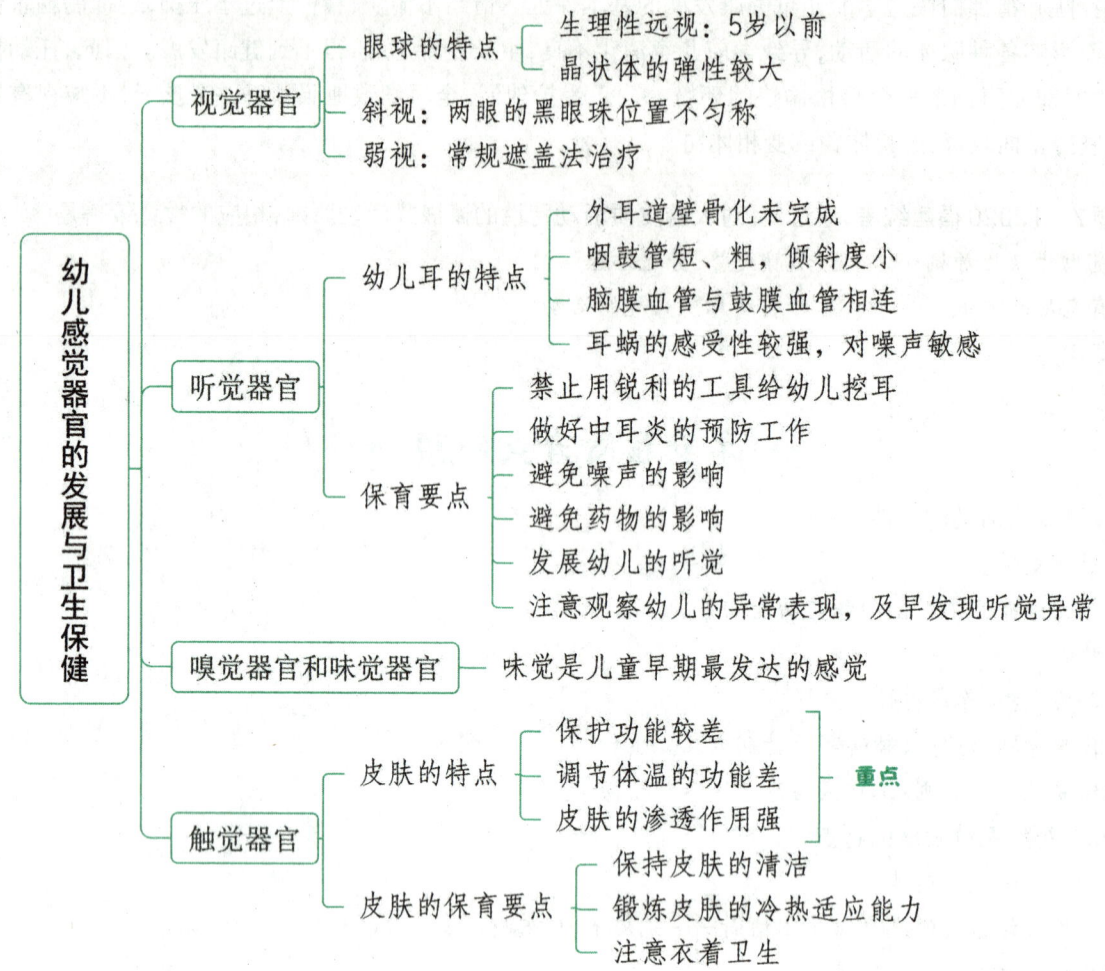

一、视觉器官——眼

眼由眼球及附属部分组成。附属部分包括眉、眼睑、睫毛、泪腺和动眼肌等。眉、眼睑、睫毛有保护眼球的作用;泪腺能分泌泪液,使眼球经常保持湿润;动眼肌可使眼球在眼窝里转动。眼球是眼的主要部分。

考点 1 ▶ 眼球的结构

眼球由眼球壁及其内容物构成。眼球壁分三层,由外膜、中膜和内膜构成。眼的内容物包括房水、晶状体和玻璃体。其中,眼球壁的中膜是由虹膜、睫状体和脉络膜组成,我们说的"黑眼珠""蓝眼睛",实际上就是虹膜的颜色。

考点 2 ▶ 幼儿眼球的特点【单选】 ★

1. 生理性远视

幼儿5岁以前可能有生理性远视。幼儿的眼球前后距离较短,物体往往成像于视网膜的后面,称为生理性远视。随着眼球的发育,眼球前后距离变长,一般5岁左右,就可以达到正常的视力。

幼儿眼球的特点

真题1 [2021 山东青岛,单选]儿童( )岁之前可能有生理性远视。
A. 3　　　　　B. 4　　　　　C. 5　　　　　D. 6
答案:C

2. 晶状体的弹性较大

幼儿晶状体的弹性好,具有很强的调节能力,所以他们能看清很近的物体。但较长时间看近距离的物体,会使睫状肌过度紧张而疲劳,引发近视。

考点 3 ▶ 斜视和弱视 【单选】 ★★

1. 发现儿童斜视要早治

儿童早期,特别是3岁以前是视觉发育的敏感期,适宜的视觉刺激有益于视觉功能的正常发育。应注意保护视力,及时发现、治疗和矫正眼疾。

当两眼向前平视时,两眼的黑眼珠位置不匀称,称为斜视。

由于两眼位置不匀称,看东西时就不能同时注视一个物体,而出现双影。模糊的双影使人极不舒服,于是大脑皮质就抑制自斜眼传入的视觉冲动,只允许正常的那只眼睛看见东西。时间久了,眼位不正的那只眼睛就会出现斜视。婴幼儿斜视的治疗,年龄越小,治疗效果越好。

2. 尽早发现弱视

患弱视的儿童,不能建立双眼平视功能,难以形成立体视觉,故不能很好分辨物体的远近、深浅等,难以完成精细活动,对生活、学习和将来的工作带来不良影响。

弱视的治疗,年龄越小,治愈率越高,最佳治疗年龄在3~6岁,年龄大于7岁,治愈率明显下降。虽然矫治弱视的方法不同,但"常规遮盖法"被公认为是一种简便易行的方法,即平日遮盖健眼,以提高弱视眼的视力,配合一些需精细目力的作业(如串小珠子、剪纸等),定期复查,以决定遮盖的时间长短。此外还有视觉刺激疗法、红色滤光胶片疗法等,对不同病因所致的弱视可有选择地应用。

真题2 [2021 山东德州,单选]"常规遮盖法"是一种简便易行的有效方法,主要用来治疗( )
A. 远视　　　　　B. 近视　　　　　C. 弱视　　　　　D. 散光

真题3 [2021 安徽阜阳,单选]小曼眼周的肌肉出现了问题,导致其两眼不能同时注视目标,这种现象称为( )
A. 弱视　　　　　B. 斜视　　　　　C. 近视　　　　　D. 远视

答案:2. C　3. B

考点 4 ▶ 幼儿眼的保育要点

1. 教育幼儿养成良好的用眼习惯

(1)不要在阳光直射或过暗处看书、画画;(2)不躺着看书,不在走路或乘车时看书;(3)集中用眼一段时间后,应远望或去户外活动,以消除视疲劳;(4)看电视要有节制,小班每次不超过半小时,中、大班不超过1小时;(5)幼儿的座位要隔一段时间进行调换,以防眼斜视。

2. 为幼儿提供良好的采光环境、适宜的读物和教具

(1)幼儿活动室的光线要适中,当幼儿画画、写字、阅读时,光线应来自左上方,以免造成暗影;(2)幼儿读物,字体宜大,字迹、图案应清晰;(3)教具大小适中,颜色鲜艳,画面清楚。

429

3. 注意眼的安全和卫生，预防眼外伤

(1)教育幼儿不玩有可能伤害眼睛的危险物品，如竹签、弹弓、小刀、剪刀等；(2)不放鞭炮，不撒沙子；(3)教育孩子不要用手揉眼，自己的手绢、毛巾等要专用，并且保持清洁，保教人员要定期将这些物品消毒；(4)教育孩子最好用流动的水洗手、洗脸，以防眼病。

4. 定期检查幼儿的视力

要定期检查幼儿的视力，以便及时发现，及时矫治。幼儿期(3~6岁)是视觉发育的关键时期和可塑阶段，也是预防和治疗视觉异常的最佳年龄段。

5. 培养和发展幼儿的辨色力

颜色鲜艳的玩具、教具，可以使幼儿色觉得到发展。因此，应组织幼儿进行辨认颜色的活动，使幼儿会区别近似的颜色并说出它们的名称。

6. 供给足够的营养

幼儿的饮食中要注意供给充足的维生素A、胡萝卜素、钙等营养物质，预防夜盲症和干眼病。

7. 照顾视力差的幼儿，减轻他们的用眼负担

对视力差的幼儿，应及时查明原因，及时治疗。合理安排这些孩子的座位，限制他们的用眼时间。如果佩戴了矫治眼镜，应要求幼儿按医生嘱咐去做。

二、听觉器官——耳

考点 1 ▶ 耳的结构

耳由**外耳**、**中耳**和**内耳**三部分组成。外耳和中耳是声波的传导装置，内耳是听觉器官的主要部分。外耳包括耳郭和外耳道。中耳由鼓膜、鼓室和三块听小骨组成，三块听小骨指锤骨、砧骨和镫骨。内耳由半规管、前庭、耳蜗组成。

考点 2 ▶ 幼儿耳的特点

(1)外耳道壁骨化未完成。

①幼儿的耳正在发育过程中。5岁前，外耳道壁还未完全骨化和愈合，因此一旦感染，容易扩散到附近的组织与器官，直到10岁，外耳道壁才骨化完成，12岁听觉器官才发育完全。

②幼儿耳郭皮下组织少，血液循环差，易生冻疮。

③感觉神经末梢丰富，皮肤与骨膜相贴甚紧，外耳道炎性肿胀会引起剧痛。

(2)咽鼓管短、粗，倾斜度小。幼儿的咽鼓管比成人的短、粗，位置水平，倾斜度较小，所以咽、喉和鼻腔感染时，容易引起中耳炎。

(3)脑膜血管与鼓膜血管相连。幼儿的脑膜血管与鼓膜血管相连，会由此感染脑膜炎或其他脑的疾病。

(4)耳蜗的感受性较强，对噪声敏感。幼儿基膜纤维的感受能力较成人强，所以幼儿听觉比成人敏锐。

考点 3 ▶ 幼儿耳的保育要点【多选】★★

1. 禁止用锐利的工具给幼儿挖耳

挖耳可能引起外耳道感染，容易划破鼓膜。这样，不仅引起剧痛，还可能造成听觉障碍，甚至会引起脑部的炎症。另外，在正常情况下，耵聍会随着运动、侧身睡、打喷嚏等掉出来。若发生耵聍栓塞，可请医生取出。

2. 做好中耳炎的预防工作

(1)教会幼儿用正确的方法擤鼻涕。感冒时,擤鼻涕不要用力,否则会将鼻咽部的分泌物挤入中耳,导致感染。(2)洗头、洗澡、游泳时要防止污水进入外耳道,以免引起外耳道炎症。

> **知识再拔高**
>
> **正确擤鼻涕和打喷嚏的方法**
>
> 正确的擤鼻涕方法应是先压住一侧鼻孔擤鼻涕,然后再压住另一侧擤鼻涕。不要同时按住两侧鼻孔擤鼻涕,以防鼻腔压力过大,使病原体经咽鼓管吸入中耳,引发中耳炎。打喷嚏时要用纸巾或手捂住口鼻,防止飞沫传播疾病。

3. 避免噪声的影响

噪声是指使人感到吵闹或为人所不需要的声音,它是一种环境污染,会影响幼儿听力的发展。因此要做到:(1)要防止幼儿受噪声的影响,平时成人与幼儿讲话声音要适中,不要大喊大叫,家电的声音勿开得太大;(2)教育幼儿听到过大的声音要张嘴、捂耳,预防强音震破鼓膜,影响听力。

4. 避免药物的影响

一些耳毒性抗生素如链霉素、卡那霉素、庆大霉素等会损害耳蜗,可致感音性耳聋。

5. 发展幼儿的听觉

尽管幼儿的听觉较敏锐,但由于知识经验的贫乏,不能较好地分辨声音。因此要做到:
(1)经常组织幼儿欣赏音乐、唱歌等活动,以培养幼儿的节奏感,丰富想象力;
(2)引导幼儿留心听一些大自然的声音,如风声、雨声、鸟叫声等,以促进幼儿听觉的分化,从而学会辨别各种细微和复杂的声音;
(3)严格限制使用耳聋性药物,对婴幼儿的听力进行监测。

6. 注意观察幼儿的异常表现,及早发现听觉异常

教师应注意观察幼儿的活动,及早发现听觉异常。如幼儿对突然的或过强的声音反应不敏感;与人交流时总盯着对方的嘴;听人说话时喜欢侧着头,耳朵对着声源;不爱说话,或发音不清、说话声音很大;平时很乖,很安静,睡觉不怕吵;经常用手掻耳朵,说耳闷、耳内有响声等。

真题4 [2021安徽阜阳,多选]关于学前儿童耳的卫生保健,下列说法正确的有(　　)
A. 禁止用锐利的工具给学前儿童挖耳
B. 教育学前儿童听到过大的声音时要捂耳或张口,预防强音震破鼓膜,影响听力
C. 严格限制使用耳聋性药物,对婴幼儿的听力进行监测
D. 要教会儿童正确擤鼻涕的方法,用力擤鼻涕可预防中耳炎
答案:ABC

三、嗅觉器官和味觉器官——鼻和舌

1. 鼻

在鼻腔上部的黏膜里,有嗅觉感受器,可以感受气味的刺激,产生兴奋,由嗅神经传入大脑,引起嗅觉。

幼儿对各种气味的辨别能力较差,应通过各种活动引导幼儿辨别各种物质所散发出来的气味,促进嗅觉的发展。

2. 舌

味觉感受器主要是味蕾,它分布在舌的表面和舌缘的舌乳头中,特别是舌尖和舌两侧。味蕾内含味觉细胞,溶解于水或唾液中的化学物质能透过味孔,使味蕾内味觉细胞兴奋,经味神经传入大脑皮质味觉中枢,产生味觉。

舌能辨别酸、甜、苦、咸四种基本味道。对甜味最敏感的是舌尖;对苦味最敏感的是舌根;对酸味最敏感的是舌两侧;对咸味最敏感的是舌尖和舌两侧。味觉对保证机体的营养和维持内环境的恒定起着重要作用,一般认为,味觉是儿童早期最发达的感觉,因为它具有保护生命的价值。

味觉与嗅觉密切相关。食物一方面以液体状态刺激味蕾,另一方面以气体状态刺激嗅觉细胞,形成复杂的滋味。

学前儿童出生后已能辨别酸、甜、苦、咸。如习惯吃母乳的小孩儿就不愿喝牛奶。在组织幼儿膳食时,应当注意供给多种味道的食物,从小培养幼儿不挑食的好习惯。

四、触觉器官——皮肤

考点 1 ▶ 皮肤的生理功能

(1)感觉作用;(2)代谢作用;(3)保护机体;(4)分泌与排泄作用;(5)调节体温;(6)吸收作用。

考点 2 ▶ 幼儿皮肤的特点 【案例分析】 ★★★

1. 保护功能较差

(1)幼儿表皮的角质层比较薄嫩,因此容易损伤和感染;(2)小儿皮下脂肪较少,保护功能差。

2. 调节体温的功能差

(1)幼儿皮肤里毛细血管网较密,通过皮肤的血量相对比成人多;

(2)年龄越小,皮肤的表面积相对地比成人大,由皮肤散发的热量也相对比成人多;

(3)幼儿神经系统对体温的调节作用还不稳定,在外界温度变化的影响下,往往不能适应,这是婴幼儿易患感冒的原因之一。

3. 皮肤的渗透作用强

幼儿皮肤薄嫩,渗透作用强,一些物质易通过皮肤吸收进入体内。例如,有机磷农药、苯、酒精等可经皮肤被吸收到体内,引起中毒。

真题5 [2023福建统考,案例分析]某幼儿得了流行性感冒,多次测量体温都是38℃,还伴有鼻塞、头痛、咽痛和乏力等症状,幼儿妈妈很着急,想用75%浓度的酒精给幼儿擦拭身体。

(1)能否用75%浓度的酒精给幼儿擦拭身体,为什么?

(2)阐述幼儿在发烧时的护理要求。

参考答案:(1)不可以用75%浓度的酒精给幼儿擦拭身体。理由如下:

①幼儿皮肤薄嫩,75%浓度的酒精具有较强的刺激性,可能会引起幼儿皮肤的干燥、红肿和瘙痒等不适反应。

②幼儿皮肤的渗透作用强,使用高浓度的酒精擦拭身体可能导致酒精通过皮肤吸收进入血液,对幼儿的健康产生潜在危害。

(2)①注意观察幼儿的症状和体温变化,及时采取相应的措施。一般来说,如果幼儿体温超过38℃,就需要及时给予药物降温,或者采取物理降温的方法。

②让幼儿多喝水,保持足够的水分摄入。发烧时,幼儿容易出现口渴、口干等不适症状,应该及时给幼儿提供清凉的饮品或适当的水果等,保持足够的水分摄入。

③保持幼儿的休息和睡眠,避免过度劳累和兴奋。发烧时,幼儿身体处于亚健康状态,容易疲劳和虚弱,应保持足够的休息和睡眠时间,避免过度劳累和兴奋。

④注意幼儿的饮食,提供易于消化的清淡食物。发烧时,幼儿的胃肠道功能可能会受到影响,容易出现消化不良等不适症状,应该提供易于消化的清淡食物,避免食用过于油腻或刺激性的食物。

⑤保持环境清洁和通风,避免交叉感染。发烧时,幼儿容易感染其他病菌,应该保持环境的清洁和通风,避免交叉感染。

⑥留意幼儿的病情变化,及时就医。如果幼儿的症状持续或加重,应该及时就医,进行进一步的检查和治疗。

考点 3 ▸ 幼儿皮肤的保育要点

1. 保持皮肤的清洁

教育幼儿每天擦洗身体裸露的部分,如脸、颈、手、耳等,要常洗澡、洗头。勤剪指甲;不给幼儿戴各种金属饰物;凡是盛过有毒物品的容器要妥善处理,不能让幼儿拿着玩。

2. 锻炼皮肤的冷热适应能力

保证每天有一定的户外活动时间,充分接受阳光的照射和气温气流的刺激,增强对冷热变化的适应性,可提高皮肤调节体温的能力;组织幼儿参加适当的体育锻炼,增强幼儿皮肤的血液循环,提高幼儿耐寒和抗病能力。

3. 注意衣着卫生

选购质地柔软、吸水性强、浅色、纯棉内衣。外衣也要选不掉色、甲醛含量符合安全标准的衣服。根据气候气温变化随时增减衣服,冬季穿着应主要防寒保暖,夏季穿着要注意防暑降温。

★ 本节核心考点回顾 ★

1. 幼儿眼球的特点
(1)生理性远视:5岁以前可能有生理性远视。
(2)晶状体的弹性较大:能看清很近的物体,但长时间看近距离的物体会引发近视。

2. 斜视和弱视
(1)斜视:当两眼向前平视时,两眼的黑眼珠位置不匀称,看东西时不能同时注视一个物体。
(2)弱视:不能建立双眼平视功能,难以形成立体视觉,故不能很好分辨物体的远近、深浅等,难以完成精细活动。"常规遮盖法"是治疗弱视简便易行的方法。

3. 幼儿耳的保育要点
(1)禁止用锐利的工具给幼儿挖耳。
(2)做好中耳炎的预防工作。感冒时,擤鼻涕不要用力。正确的擤鼻涕方法应是先压住一侧鼻孔擤鼻涕,然后再压住另一侧擤鼻涕。
(3)避免噪声的影响。教育幼儿听到过大的声音要张嘴、捂耳。
(4)避免药物的影响。

(5)发展幼儿的听觉。严格限制使用耳聋性药物,对婴幼儿的听力进行监测。
(6)注意观察幼儿的异常表现,及早发现听觉异常。

4.幼儿皮肤的特点
(1)保护功能较差;(2)调节体温的功能差;(3)皮肤的渗透作用强。

第三节　幼儿运动系统的发展与卫生保健

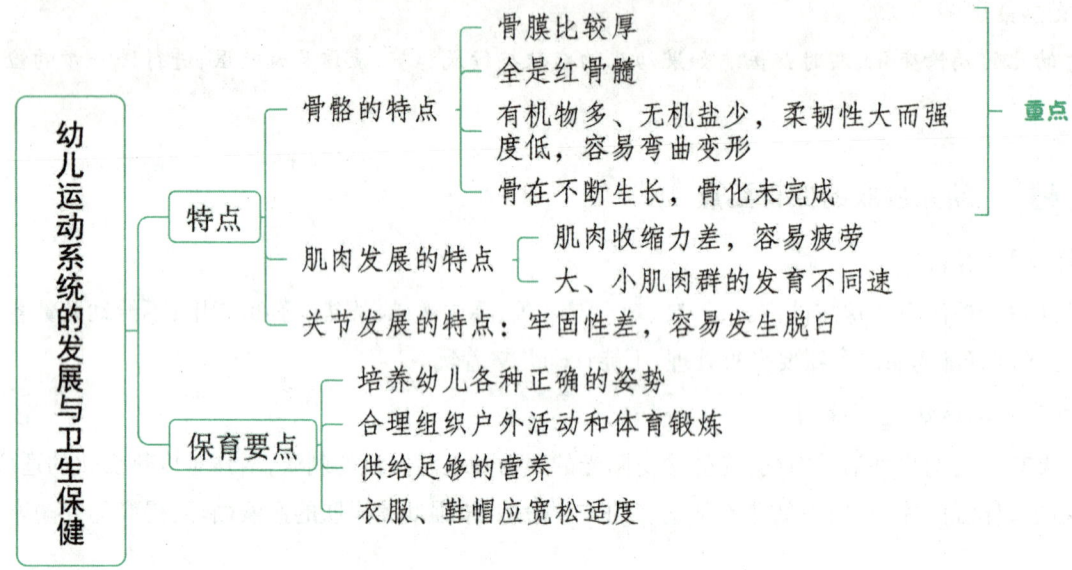

一、幼儿运动系统发展的特点 【单选、判断】★★★

运动系统主要由骨、关节、骨骼肌等组成。它是人们从事劳动和活动的主要器官,有保护脑和内脏器官的作用。

考点 1　幼儿骨骼的特点

1. 骨膜比较厚

幼儿的骨膜比较厚,血管丰富,这对骨的生长及再生起重要作用。当幼儿的骨骼受损伤时,因血液供应丰富,新陈代谢旺盛,愈合较成人快。

2. 全是红骨髓

幼儿5岁前的骨髓全是红骨髓,造血功能强,有利于全身的生长发育。5~7岁时,脂肪细胞增生。

3. 有机物多、无机盐少,柔韧性大而强度低,容易弯曲变形

骨的成分组成是有机物和无机物。有机物使骨具有弹性和韧性,无机物使骨具有硬度和脆性。不同年龄段的人,骨组织中有机物和无机物的含量不同,成年人骨中有机物和无机物含量的比例约为3:7,而儿童的骨中有机物和无机物含量的比例约为1:1。所以,幼儿骨骼含有机物比成人多,无机盐比成人少,故骨骼弹性大,可塑性强,容易变形。一旦发生骨折,常会出现折而不断的现象,称为"青枝骨折"。

真题1 [2024福建统考,单选]幼儿的(　　)比较厚且代谢旺盛,含丰富的血管和神经,对骨的生长及再生起重要作用。

A. 骨膜　　　　B. 长骨　　　　C. 骨髓　　　　D. 骨质

真题2 [2021山东青岛,单选]学前儿童发生"折而不断"的骨折现象,被称为(   )

A. 裂纹骨折　　　　B. 青枝骨折　　　　C. 脆性骨折　　　　D. 粉碎性骨折

真题3 [2023山东潍坊,判断]幼儿骨骼含有机物比成人多,无机盐比成人少。

答案:1. A　2. B　3. √

4. 骨在不断生长,骨化未完成

儿童几种主要骨的发育特征如下:

(1)颅骨

乳儿的颅骨骨化尚未完成,有些骨的边缘彼此尚未连接起来,有些地方仅以结缔组织膜相连,这些膜的部分叫囟门。前囟门在12～18个月时闭合,后囟门最晚在2～4个月闭合。囟门的闭合,反映了颅骨的骨化过程。囟门早闭多见于头小畸形;晚闭多见于佝偻病或脑积水。

(2)腕骨

新生儿的腕骨是由软骨组成的。6个月后,逐渐出现骨化中心,10岁左右,8块腕骨的骨化中心才全部出现。所以,学前儿童的手部力量小,不能拿重物。

表4-2　幼儿各年龄段腕骨的发展

年龄(岁)	腕骨名称	骨化中心出现总数
1	头状骨、钩状骨	2
3	三角骨	3
4	月状骨	4
5	大多角骨、舟状骨	6
6	小多角骨	7
10	豆状骨	8

所以,可根据腕骨的多少判断骨骼发育的年龄,称骨龄。

(3)掌骨和指骨

掌骨和指骨在9～11岁时骨化完毕。所以,幼儿腕部力量不足,运用手的精细动作时,时间不宜过长。

(4)脊椎骨

成人脊柱有四个生理弯曲,即颈曲、胸曲、腰曲、骶曲。这些弯曲与人类直立行走有关,可以起到缓冲震荡和平衡身体的作用。新生儿脊柱除骶骨有弯曲外,其他弯曲还没有出现。出生后3个月,能抬头时形成颈曲,即颈部的脊柱向前凸;6个月会坐时,出现胸曲,即胸部的脊柱后凸;1岁开始行走时,出现腰曲,即腰部的脊柱前凸。但是,这时三个弯曲还未完全固定,当婴儿卧床时就消失了。颈曲、胸曲在7岁时才固定下来,腰曲在性成熟期才完全被韧带固定。20～21岁时,脊椎的骨化才完成。

学前儿童脊柱的生理弯曲虽已形成但尚未固定,且椎骨之间的软骨层较厚。因此,当儿童体位不正或长时间一侧紧张,如坐立姿势不正确、单肩负重、睡软床等容易引起脊柱的侧弯。

真题4 [2023福建统考,单选]幼儿不宜睡软床和久坐沙发,原因是幼儿(   )

A. 骨膜较厚　　　　　　　　　　　　B. 关节囊较松

C. 足弓不结实　　　　　　　　　　　D. 脊柱生理性弯曲未固定

答案:D

(5)骨盆

正常骨盆是由髋骨、骶骨和尾骨共同围成的。幼儿的髋骨是由髂骨、坐骨和耻骨借软骨连接在一起,一般在19~25岁软骨才完全骨化而形成一块完整的骨。在完成骨化以前,组成髋骨的三块骨之间的连结还不是很牢固,容易在外力作用下产生位移,发生不正常的接合,影响骨盆的发育。因此,儿童要避免从高处跳到硬地上,或在硬地上进行大量的蹦跳动作。

(6)足弓

足骨的跖骨及其联结的韧带形成凸向上方的弓形,称足弓。足弓具有弹性作用,可以缓冲行走时对身体所产生的震荡,还可以保护足底的血管和神经免受压迫。维持足弓主要靠韧带的强度和足底肌肉的力量。

学前儿童的脚底板是平平的,不算扁平足,到会站、会走以后,才渐渐形成脚弓。形成脚弓以后因为肌肉、韧带还不结实,若运动量不合适,就容易形成平脚。运动量过大,比如长时间地站立、行走或负重,会使脚底肌肉过于疲劳而松驰;运动量太小,经常不活动,脚底的肌肉、韧带得不到锻炼,也不会结实。

真题5 [2023江苏徐州,判断]婴幼儿骨盆还没长结实,在蹦蹦跳跳时要注意安全。

答案:√

考点 2 · 幼儿肌肉发展的特点

1. 肌肉收缩力差,容易疲劳

幼儿的肌肉柔嫩,肌纤维较细,间质组织相对较多,肌腱宽而短,肌肉中所含的水分较成人多,能量储备差。因此,幼儿的肌肉收缩力较差,容易疲劳。但是,由于新陈代谢旺盛,疲劳后肌肉功能的恢复也较快。

2. 大、小肌肉群的发育不同速

幼儿各肌肉群的发育是不平衡的。支配上、下肢的大肌肉群发育较早,1岁左右会走,3岁时上、下肢的活动更加协调,5岁时下肢肌肉发育较快,肌肉的力量和工作能力都有所提高。而小肌肉群如手指和腕部的肌肉群发育较晚,3~4岁还不能运用自如,往往不会很好地拿笔和筷子,5岁以后这些小肌肉群才开始发育,能比较协调地做一些较精细的动作。随着年龄的增长和通过各项活动的锻炼,幼儿动作的速度、准确度及控制活动的能力,都会不断提高。

真题6 [2024山东淄博,单选]幼儿不宜过早的学写字是因为(　　)

A. 小肌肉群发育晚　　B. 腕骨未钙化　　C. 手部肌肉容易疲劳　　D. 关节易脱臼

答案:A

考点 3 · 幼儿关节发展的特点

幼儿的关节窝较浅,关节附近的韧带较松,所以关节的伸展性及活动范围比成人大,尤其是肩关节、脊柱和髋关节的灵活性与柔韧性显著地超过成人。但是,关节的牢固性差,容易发生脱臼。譬如牵着幼儿的手上楼梯、过马路或为幼儿脱衣服时,如果动作太粗暴、猛烈,往往会引起脱臼。

二、幼儿运动系统的保育要点 【单选】★★

考点 1 · 培养幼儿各种正确的姿势,防止脊柱和胸廓畸形

正确的姿势不仅有利于幼儿形成良好的骨架,达到形体美,还可以减少肌肉疲劳,提高肌肉的工作效率。

为防止骨骼变形,形成良好体态,需注意:
(1)托幼园所应配备与幼儿身材合适的桌椅;
(2)教师要随时纠正幼儿坐、立、行中的不正确姿势,并为幼儿做出榜样。

正确站姿是:头端正,两肩平,挺胸收腹,肌肉放松,双手自然下垂,两腿站直,两足并行,前面略开。

正确坐姿是:头略向前,身体坐直、背靠椅背;大腿和臀部大部分落坐在座位上;小腿与大腿成直角,两手自然放在腿上;脚自然放在地上。有桌子时,身体与桌子距离适当;两臂能自然放在桌子上,不耸肩或塌肩,坐时两肩一样高。

考点 2 ▶ 合理组织户外活动和体育锻炼

1. 多晒太阳,促进骨骼和肌肉发育

经常到户外活动,接受空气的温度、湿度和气流的刺激,可增强机体的抵抗力。阳光中的红外线能使人体血管扩张,促进新陈代谢;紫外线照射在人体皮肤上,可使皮肤内的7-脱氢胆固醇转化成活性维生素D,有利于防止佝偻病。

2. 全面发展动作

(1)幼儿的动作正处于迅速的发生和发展阶段,在组织活动时要注意多样化,还应选择适宜的运动项目和运动量来发展幼儿的动作。

(2)在活动中应让幼儿的两臂交替使用,上、下肢均参与活动。避免经常单一地使用某些肌肉、骨骼,如让幼儿长时间站立等,幼儿园不宜开展拔河、长跑、长时间的踢球等剧烈运动。

(3)不宜让幼儿拎重物,不宜让幼儿进行长时间的写字、绘画练习,给幼儿提供的玩具不能过重。

(4)安排符合幼儿特点的大小肌肉群活动,不能对幼儿的精细动作要求过高。

3. 保证安全,防止伤害事故

(1)要做好运动前的准备活动和运动后的整理运动;
(2)牵拉幼儿的手臂时避免用力过猛,防止脱臼和肌肉损伤;
(3)幼儿应避免从高处跳到硬的地面上,以免使组成髋骨的各骨移位,影响正常愈合,甚至对女孩成年后的生育造成不良影响。

考点 3 ▶ 供给足够的营养

幼儿应多摄取含钙、磷、维生素D、蛋白质等丰富的食品,如小虾皮、蛋黄、牛奶、鱼肝油、动物肝脏、豆制品等,以促进骨的钙化和肌肉的发育。

考点 4 ▶ 衣服、鞋帽应宽松适度

幼儿的服饰应有别于成人,要便于骨骼的发育和动作的发展。幼儿不要穿戴过小、过紧的衣服、鞋帽,以免影响骨骼、肌肉的发育。反之,过肥、过大、过长的衣服、鞋帽,不仅造成活动不便,还会影响动作的发展。

真题7 [2021浙江临海,单选]下列不属于学前儿童运动系统保育要点的是( )

A.教育儿童保持正确姿势   B.组织适当的体育锻炼和户外活动
C.注意预防传染病   D.供给足够的营养

答案:C

★★ 本节核心考点回顾 ★★

1. 幼儿骨骼的特点

(1)骨膜比较厚。

(2)全是红骨髓。

(3)有机物多、无机盐少,柔韧性大而强度低,容易弯曲变形(一旦发生骨折,常会出现折而不断的现象,称为"青枝骨折")。

(4)骨在不断生长,骨化未完成。

2. 幼儿肌肉发展的特点

(1)肌肉收缩力差,容易疲劳(疲劳后恢复较快)。

(2)大、小肌肉群的发育不同速(大肌肉群发育早,小肌肉群发育较晚)。

3. 幼儿运动系统的保育要点

(1)培养幼儿各种正确的姿势,防止脊柱和胸廓畸形。

(2)合理组织户外活动和体育锻炼。

(3)供给足够的营养。

(4)衣服、鞋帽应宽松适度。

第四节 幼儿循环系统的发展与卫生保健

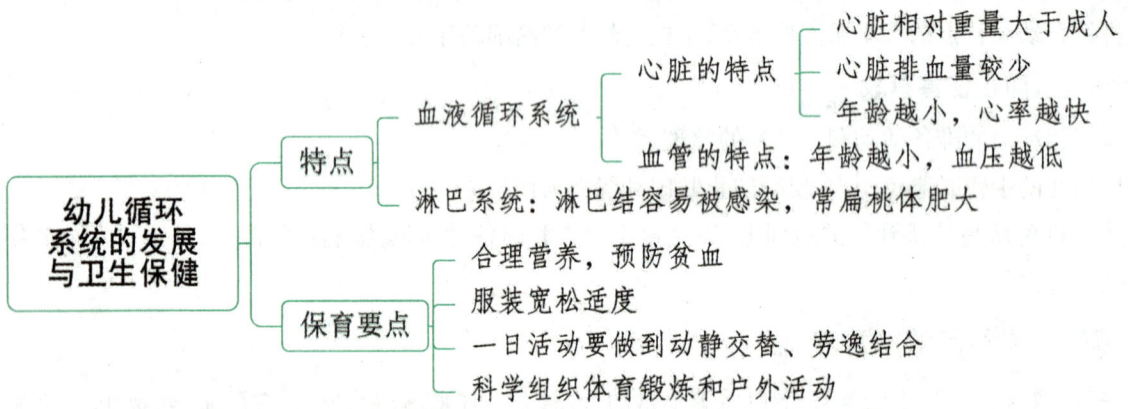

一、幼儿循环系统发展的特点

在人体的生命活动中,循环系统的主要功能是不断将氧气和养料送到各组织,同时把体内产生的二氧化碳和废物排出体外。循环系统由血液循环系统和淋巴系统组成。血液循环系统包括血液、心脏和血管,其主要功能是通过血液在全身流动运送物质。淋巴系统由淋巴管、淋巴结、脾、扁桃体组成,主要功能是清除体内有害微生物和生成抗体。

考点 1 幼儿血液循环系统发展的特点 【单选】 ★★

1. 幼儿血液发展的特点

(1)幼儿的血液总量相对比成人多,约占体重的8%~10%。但幼儿的造血器官易受伤害,某些药物及放射性污染对造血器官危害极大。

(2)幼儿生长发育迅速,血液循环量增加很快,喂养不当或幼儿严重挑食、偏食,容易发生贫血。

(3)幼儿血液中血小板数目与成人相近,但血浆中的凝血物质(纤维蛋白、钙等)较少,因此一旦出血,凝血较慢。

(4)幼儿血液中白细胞吞噬病菌能力较差,发生感染容易扩散。

2. 幼儿心脏的特点

(1)心脏相对重量大于成人。新生儿心脏约占体重的0.8%,成人为0.5%。出生时心脏重20~25g。1岁时心脏重60~75g,为出生时的2~3倍,5岁时为出生时的4倍,9岁时为出生时的6倍。青春期达到成人水平。

心脏发育过程中有两次增快阶段,即2岁以前和青春期后期。心脏容积的增大也基本如此。

(2)心排血量较少。小儿心肌纤维细,弹性纤维少,所以,小儿的心室壁较薄,心脏的收缩力差,每次心跳脉搏的血量少,负荷力较差。幼儿不宜做时间较长或剧烈的活动。六七岁后,弹性纤维开始分布到心肌壁,增加了心脏的收缩功能和心脏的弹性。

(3)心率快。心脏受交感神经和迷走神经双重支配。前者对心脏具有兴奋作用,后者对心脏具有抑制作用。由于小儿支配心脏的迷走神经发育尚未完善,对心脏的抑制作用较弱,而以交感神经支配为主。至5岁左右,随着迷走神经的发育,心脏的神经支配开始具有成人的特征,至10岁时完全成熟。因此,幼儿年龄越小,心率越快。

表4-3 学前儿童各年龄段的平均心率

年龄	新生儿	1~2岁	3~4岁	5~6岁	7~8岁	成人
平均心率(次/分)	140	110	105	95	85	72

• 记忆有妙招 •

学前儿童心脏的特点是:**大少快**。**大**:心脏相对重量大于成人。**少**:心排血量较少。**快**:心率快。

3. 幼儿血管的特点

(1)管径粗,毛细血管丰富。幼儿血管内径相对成人较宽,毛细血管非常丰富,因此血流量大,供给身体各部分的营养物质和氧气充足。

(2)血管比成人短。幼儿的血管比成人短,血液在体内循环一周所需的时间短,如3岁为15秒,14岁为18秒,成人为22秒。供血充足,有利于机体的新陈代谢。

(3)血管的管壁薄,弹性小。小儿年龄越小,血管壁越薄,血管弹性也越小。随着年龄的增长,血管壁加厚,弹性纤维增多,弹性加强。到12岁时,已具有成人动脉的构造。

(4)血压低。小儿的年龄越小,血压越低,这与他们心脏收缩力较弱、心排血量较少、动脉管径较大等有关。10岁以后接近成人。

• 记忆有妙招 •

学前儿童血管的特点是:**粗短薄低**。**粗**:管径粗。**短**:血管比成人短。**薄**:血管的管壁薄。**低**:血压低。

真题1 [2023安徽宿州,单选]与成人相比,学前儿童心脏的特点在于(　　)

A. 心脏相对大于成人 　　　　　　　　B. 心率慢于成人
C. 心排血量多于成人 　　　　　　　　D. 心脏容积大于成人

真题2 [2020浙江杭州,单选]婴幼儿的心率特点是( )

A. 年龄越小,心率越快　　　　　　　B. 年龄越小,心率越慢
C. 时常忽快,时常忽慢　　　　　　　D. 时常停止

答案:1. A　2. A

考点 2　幼儿淋巴系统发展的特点

1. 淋巴结的特点

幼儿淋巴结尚未发育成熟,因此屏障作用较差,感染易于扩散,局部轻微感染就可使淋巴结发炎、肿大,甚至化脓。幼儿经常患的扁桃体炎、口腔炎、龋齿、中耳炎、头皮疖肿等疾病均可引起颈部淋巴结肿大。12~13岁时,淋巴结才发育完善。

2. 扁桃体的特点

2岁以后,扁桃体增大较快,在4~10岁时达到发育高峰,14~15岁时逐渐退化,故学前期常见的扁桃体肥大往往是正常生理现象。

二、幼儿循环系统的保育要点

考点 1　合理营养,预防贫血

(1)幼儿正处在生长发育时期,要供给充足的营养,多进食含铁和蛋白质丰富的食物,如瘦肉、黄豆、芝麻酱、动物肝脏等,有利于血红蛋白的合成。

(2)贫血是指单位容积血液中的红细胞数目和血红蛋白浓度都比正常值显著减少,或两者之一有显著减少。预防贫血,预防动脉硬化应从幼年开始,使幼儿形成有利于健康的饮食习惯。儿童膳食应控制胆固醇和饱和脂肪酸的摄入量,同时,宜少盐,口味"淡"。

(3)纠正幼儿挑食、偏食的毛病,预防缺铁性贫血。

考点 2　服装宽松适度

过紧的服装、鞋帽会影响幼儿的血液循环速度,不能使幼儿及时地从外界得到氧气,也不能及时把体内产生的二氧化碳排出体外。因此,幼儿的服装、鞋帽要宽大舒适,保证血液循环的畅通。

考点 3　一日活动要做到动静交替、劳逸结合

(1)安排幼儿一日生活时,要注意劳逸结合、动静交替;
(2)避免长时间的精神紧张,避免过度的或突然的神经刺激,否则将会影响心脏和血管的正常机能;
(3)要保证充足的睡眠时间,发烧时卧床休息,减轻心脏负担。

考点 4　科学组织体育锻炼和户外活动,增强心脏功能

经常组织幼儿进行户外活动和体育锻炼,可使幼儿的心肌粗壮结实,提高心脏的工作能力和血管壁的收缩力,促进循环系统的发育。但是,如果组织不当,会适得其反。所以,在组织幼儿活动和锻炼时要注意以下四点:

1. 活动量要适当

不要让幼儿因过度疲劳而影响健康,也不要因活动量不足而达不到锻炼的目的。

2. 活动程序要符合生理要求

组织幼儿活动前应做准备活动,结束时应做整理运动,尤其在剧烈运动时不应立即停止。因为活动时,心排血量剧增,如果突然停止运动,必然会影响肌肉血液流回心脏,此时,心排血量减少,血压降低,由于重力影响,血液不容易到达头部,可造成暂时性脑缺血,而表现为头昏、恶心、呕吐、面色苍白、心慌甚至晕倒等症状。

3. 剧烈运动后不宜马上喝大量的开水

饮入大量的水分会影响横膈膜的运动,水分大量进入血液也会增加心脏的负担。但是,因为运动时大量出汗,失水和盐较多,会出现头晕、眼花、口渴等症状,严重时会晕倒,所以最好喝少量淡盐水。

4. 多在阳光下活动或睡眠

幼儿出生2周至1个月,就可以晒太阳。在日光照射下,周围血管扩张,循环加快,可促进心脏功能发育。所以应经常带幼儿到户外进行活动和睡眠。

★ 本节核心考点回顾 ★

1. 幼儿心脏的特点
(1)心脏相对重量大于成人。
(2)心排血量较少。
(3)心率快(年龄越小,心率越快)。

2. 幼儿循环系统的保育要点
(1)合理营养,预防贫血。
(2)服装宽松适度。
(3)一日活动要做到动静交替、劳逸结合。
(4)科学组织体育锻炼和户外活动,增强心脏功能。

第五节 幼儿呼吸系统的发展与卫生保健

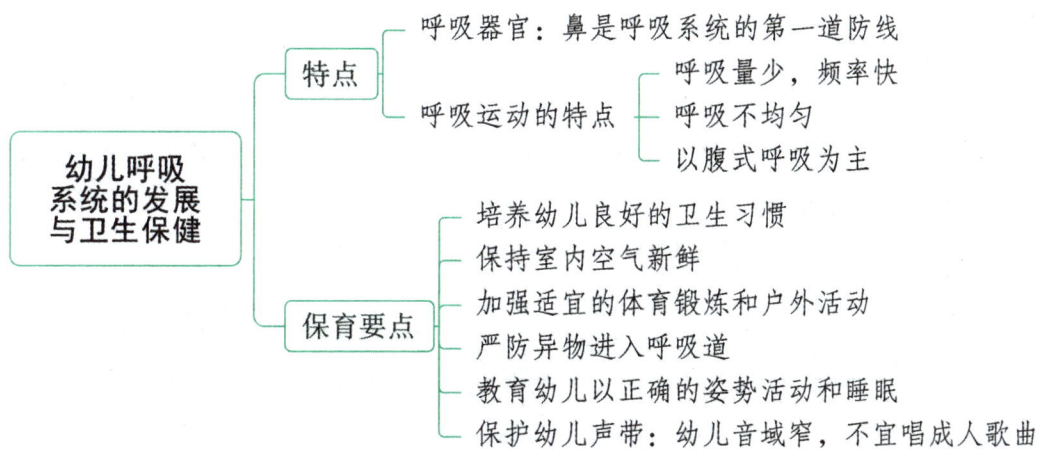

一、幼儿呼吸系统发展的特点

呼吸系统由呼吸道和肺两部分组成。呼吸道是气体的通道,它包括鼻、咽、喉、气管和支气管。临床上通常把鼻、咽、喉称为上呼吸道,气管和支气管统称为下呼吸道。肺是主要的呼吸器官,是进行气体交换的主要场所。

考点 1 呼吸器官的特点

1. 鼻腔

鼻是呼吸道的起始部分,是呼吸系统的第一道防线,起着清洁、过滤、加湿、加温空气的作用,对整个呼吸道的健康非常重要。幼儿的鼻和鼻腔相对短小、狭窄,黏膜柔嫩,血管丰富,小儿没长鼻毛,故过滤空气的能力差,易受感染。感染疾病时,很容易引起鼻黏膜的充血、肿胀、流涕,造成鼻腔闭塞而张口呼吸。

2. 咽

咽是呼吸和消化系统的共同通道。鼻咽部通过鼻泪管与眼部相通,通过耳咽管与中耳相连。幼儿耳咽管较宽、短,而且平直,上呼吸道感染时,易并发中耳炎。幼儿咽部的功能尚不完善,容易形成气管异物。

3. 喉

幼儿喉腔狭窄,黏膜柔嫩,富有血管和淋巴组织,炎症时易引起喉头狭窄,由于神经系统功能发育不完善,喉部保护性反射功能差,极易将异物吸入气管。

幼儿声门短而窄,声带短而薄,所以声调较成人高而尖。幼儿声带的弹性纤维及喉部肌肉发育尚未完善,声门肌肉容易疲劳、发炎;经常高声哭喊、唱歌时,声带易充血水肿、变厚,出现声音嘶哑。

4. 气管、支气管

幼儿气管、支气管管腔较狭窄,管壁和软骨柔软,缺乏弹性组织,黏膜富于血管,黏液腺分泌黏液少,管腔较干燥,黏膜上的纤毛运动差,故易感染而发炎肿胀,引起呼吸困难。

5. 肺

幼儿肺的弹力组织发育差,间质发育旺盛,血管丰富,充血较多,若被黏液阻塞,也易引起呼吸困难。肺泡数量少,所以,他们的肺含气量较少,肺功能较差,每次呼出和吸入的气量较小。

考点 2 呼吸运动的特点

1. 呼吸量少,频率快

婴幼儿胸廓短小呈圆桶形,呼吸肌较薄弱,肌张力差,呼气和吸气动作表浅,故吸气时肺不能充分扩张,换气不足,使每次呼吸量较成人少。而该年龄段代谢旺盛,需消耗较多的氧气,因此只能通过加快呼吸频率来满足生理需要,年龄越小,呼吸频率越快。

表4-4 学前儿童各年龄段的呼吸频率

年龄	新生儿	1~3岁	4~7岁	10~14岁	成人
呼吸频率(次/分)	40~44	25~30	22左右	20左右	16~18

2. 呼吸不均匀

幼儿年龄越小,呼吸的节律性越差,往往是深度呼吸与表浅呼吸相交替,这与呼吸中枢发育不完善有关。

3. 以腹式呼吸为主

(1)婴儿期呼吸肌发育不完全,胸廓活动范围小,呼吸时表现为膈肌上下移动明显,呈腹式呼吸;
(2)2岁时站立行走后,腹腔器官下降,肋骨由水平位逐渐成斜位,呼吸肌也逐渐发达,幼儿开始出现腹胸式呼吸。

> **•记忆有妙招•**
>
> 呼吸运动的特点:**少快不均腹为主**。**少**:呼吸量少。**快**:频率快。**不均**:呼吸不均匀。**腹为主**:以腹式呼吸为主。

二、幼儿呼吸系统的保育要点 【单选】 ★★

1. 培养幼儿良好的卫生习惯

日常生活中要注意培养孩子以下习惯:(1)让幼儿用鼻子呼吸;(2)教会幼儿用正确的方法擤鼻涕,恰当处理打喷嚏、咳嗽等生理现象,防止中耳炎;(3)不要让幼儿蒙头睡觉;(4)不要让幼儿用手挖鼻孔等。

2. 保持室内空气新鲜

幼儿生活、活动用房应经常通风换气。因为新鲜空气里病菌少并有充足的氧气,能促进人体的新陈代谢,还可以增强幼儿对外界气候变化的适应能力,预防感冒。

3. 加强适宜的体育锻炼和户外活动

(1)经常参加体育锻炼,可以加强呼吸肌的力量,扩大胸廓活动范围,使参加呼吸的肺泡增多,从而增加肺活量。(2)经常参加体育锻炼,特别是利用冷空气等进行锻炼,还可增强呼吸器官的适应能力,降低呼吸道疾病的发病率。(3)在组织幼儿体育游戏、体操、跑步时,应注意配合动作,自然而正确地加深呼吸,使肺部充分吸进氧气,排出二氧化碳。

4. 严防异物进入呼吸道

(1)不要让幼儿玩和捡拾纽扣、硬币、玻璃球、药片、豆粒等物品,更要教育孩子不准把这些物品放进口、鼻内含玩;(2)吃饭、喝水时不要哭笑打闹,防止食物误入气管。

5. 教育幼儿以正确的姿势活动和睡眠

以正确的姿势来坐、站、走及睡眠,才能保证幼儿脊柱、胸廓的正常发育和呼吸运动的正常进行。

6. 保护幼儿声带

幼儿音域窄,不宜唱成人歌曲。唱歌的场所要空气新鲜,保持相对湿度为40%～60%,温度不低于18℃～20℃,避免尘土飞扬。要避免幼儿大声喊叫或唱歌,更不能在冷空气中喊叫或唱歌。当咽部有炎症时,应减少发音,直到完全恢复。

真题 [2023安徽宿州,单选]以下关于学前儿童呼吸系统的保育要点,说法错误的是( )
A. 保持室内空气新鲜　　　　　　　　B. 加强适宜的体育锻炼和户外活动
C. 教育幼儿以正确的姿势活动和睡眠　　D. 教育幼儿唱成人歌曲,拓宽音域
答案:D

★ **本节核心考点回顾** ★

1. 幼儿呼吸运动的特点
(1)呼吸量少,频率快(年龄越小,呼吸频率越快)。
(2)呼吸不均匀。
(3)以腹式呼吸为主。
2. 幼儿呼吸系统的保育要点
(1)培养幼儿良好的卫生习惯。
(2)保持室内空气新鲜。
(3)加强适宜的体育锻炼和户外劳动。
(4)严防异物进入呼吸道。
(5)教育幼儿以正确的姿势活动和睡眠。
(6)保护幼儿声带。幼儿音域窄,不宜唱成人歌曲。

第六节 幼儿消化系统的发展与卫生保健

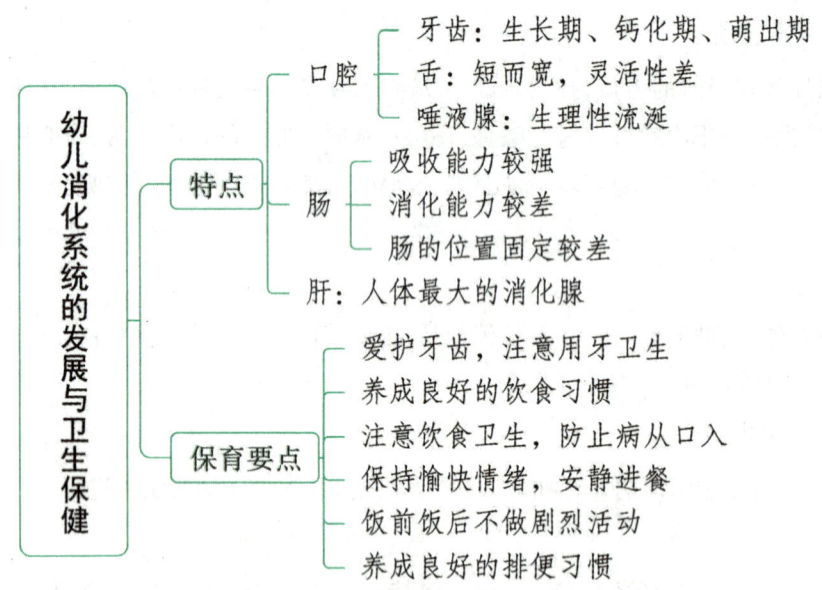

一、幼儿消化系统发展的特点 【单选、判断】 ★★

消化系统由消化道(口腔、咽、食道、胃、小肠、大肠、直肠、肛门)和消化腺(唾液腺、胃腺、肠腺、肝脏、胰腺)等组成。

考点 1 ▶ 口腔

1. 牙齿

牙齿的主要功能是咀嚼、磨碎食物,使食物和消化液混合,还能辅助发音。机体在整个发育期间,先后长出两组牙齿,第一组是乳牙,第二组是恒牙。每个牙齿的发育都有三个时期,即生长期、钙化期和萌出期。

婴儿吃奶期间开始长的牙齿叫乳牙,通常6~7月时出牙,最早4个月就出牙了,但不晚于1岁,个体差异

较大。共20颗,2~2.5岁出齐。乳牙萌发时幼儿喜欢咬乳头和手指头等东西。乳牙的牙釉质较薄,牙本质较软脆,牙髓腔较大,所以更易患龋齿。

幼儿6岁左右,最先萌出的恒牙是"第一恒磨牙"(又称"六龄齿"),上下左右共4颗。恒牙共28~32颗,其中28颗在14岁前全部出齐。六龄齿对建立正常的咬合关系最为重要。

2. 舌

小儿的舌短而宽,灵活性较差,对食物的搅拌及协助吞咽的能力不足,也容易造成吐字不清。

3. 唾液腺

小儿的唾液腺在初生时已形成,但唾液腺的分泌功能较差,3~6个月时逐渐完善,由于吞咽能力较差,加上口腔比较浅,所以唾液往往流到口腔外面,这种现象称为"生理性流涎",可随年龄增长而消失。随着唾液量的增加,小儿消化淀粉类食物的能力也逐步增强。唾液腺中分泌淀粉酶、溶菌酶和大量黏液素,具有杀菌、湿润口腔和初步消化淀粉的功能,对幼儿的健康比较重要,是"生命之津"。

真题1 [2023安徽阜阳,单选]婴幼儿牙齿生长的三个阶段分别为生长期、(　　)期和萌出期。
A. 钙化　　　　　B. 成熟　　　　　C. 长成　　　　　D. 成长
答案:A

考点 2 ▶ 食管

幼儿的食管比成人的短而狭窄,黏膜薄嫩,管壁肌肉组织及弹力纤维发育较差,易于损伤。

考点 3 ▶ 胃

新生儿胃呈水平位,至开始行走时,才逐渐变为垂直。由于贲门括约肌发育较弱,幽门括约肌发育较好,所以低龄乳儿吃奶时如果吸入空气或喂奶后振动胃部,容易溢奶。

幼儿年龄越小,胃的容量越小。因胃壁肌肉组织、弹力纤维及神经组织发育较差,蠕动能力不及成人。由于胃腺数目少,分泌的胃液在质和量上均不如成人,其酸度和酶的效能也没有达到成人的标准,所以消化能力较弱。故应该少食多餐,给婴幼儿提供的食物以及每餐的间隔时间,应考虑到年龄特点。

表4-5 学前儿童胃在舒张时的容量

年龄	新生儿	3个月	1岁	3岁	4岁	5岁	6岁
胃的容量(mL)	30~50	150	250	680	760	830	890

考点 4 ▶ 肠

1. 吸收能力较强

幼儿肠管的总长度相对地比成人长,其肠管总长度约为身长的6倍,成人则仅为4.5倍。幼儿的肠黏膜发育较好,有丰富的血管和淋巴管,因此吸收功能比成人强,但屏障作用小,也容易吸收食物中的有害物质,从而引起中毒症状。

2. 消化能力较差

幼儿肠壁肌层及弹力纤维发育的不完善。肠的蠕动功能比成人弱,容易发生肠道功能紊乱,引起腹泻或便秘。再加上幼儿小肠内各种消化液的质量差,所以幼儿的消化能力较差。

3. 肠的位置固定较差

幼儿的肠系膜发育不完善,所以肠的位置固定较差,如坐便盆或蹲的时间过长容易出现脱肛现象。由于肠壁薄、固定性差,若腹部受凉、饮食突然改变、腹泻等,可使肠蠕动加强并失去正常节律,从而诱发肠套叠。

真题2 [2021山东临沂,单选]下列关于婴幼儿生长发育特点的描述,不正确的是(　　)

A.幼儿肌肉容易疲劳,户外活动时,应适时让幼儿休息,避免过度疲劳

B.幼儿肠的消化功能强而吸收功能弱

C.幼儿年龄越小,呼吸频率越快

D.幼儿年龄越小,心率越快,幼儿心肌容易疲劳

答案:B

考点 5　肝

肝脏是以代谢功能为主的一个器官,它也是人体最大的消化腺,位于胆囊的前端,右边肾脏的前方和胃上方。正常肝呈红褐色,质地柔软。幼儿肝脏的发育呈现出以下几个特点:

(1)幼儿肝脏相对比成人大,5~6岁时肝重约占体重的3.3%,而成人只占2.8%;(2)幼儿肝细胞发育不健全,肝功能也不完善,胆囊小,分泌胆汁较少,对脂肪的消化能力较差;(3)幼儿的肝糖原贮存量较少,饥饿时容易发生低血糖,甚至会出现"低血糖休克";(4)肝解毒能力差,损害肝功能的药物要慎用;(5)肝细胞再生能力较强,代谢旺盛,肝病相对容易复原。

真题3 [2021安徽阜阳,判断]肝脏是具有代谢功能的一个器官,也是人体最大的消化腺。

答案:√

考点 6　胰腺

幼儿的胰腺很不发达,出生时重2g~3.5g,4~5岁重约20g,而成人为65g~100g。婴幼儿胰腺富有血管及结缔组织,实质细胞较少,分化不全。随着年龄的增长,胰腺的结构与功能不断完善。

二、幼儿消化系统的保育要点

考点 1　爱护牙齿,注意用牙卫生

乳牙不仅是咀嚼的工具,而且对促进颌骨的发育和恒牙的正常生长很重要。乳牙要使用6~10年,因此,应采取切实有效的措施保护牙齿。

1.养成进食后漱口的好习惯

幼儿进食后应及时用温水漱口,及时清除掉口腔里的食物残渣。

2.正确刷牙

(1)正确的刷牙方法

幼儿在3岁后应逐渐学会刷牙,早晚各1次,晚上尤其重要。家长或教师应教会幼儿正确的刷牙方法:①顺着牙缝竖刷,刷上牙自上而下,刷下牙自下而上;②磨牙的里外要竖刷,咬合面横刷;③刷牙时间不要太短,要使牙齿里外及牙缝都刷到。为有效祛除牙菌斑,每次刷牙的时间不宜少于3分钟。

(2)选择牙刷、牙膏及清洗牙齿

选择幼儿牙刷,刷毛尽可能要柔软一些,刷牙前用热水将牙刷浸泡一会儿,牙刷最好使用2~3个月,及时更换。使用含少量氟的牙膏,因为氟可与珐琅质(牙釉质)结合形成一层保护膜,从而防止酸对牙齿的腐蚀,但不可使用含氟过多的牙膏,因为过多的氟可使牙齿表面形成斑点,另外每次使用牙膏的量要少,以免幼儿吞入体内。因为刷牙时常常有一些死角,所以有条件者最好每半年去医院清洗牙齿。

3. 不吃过冷过热的食物,不用牙齿咬坚硬的东西

牙齿受忽冷忽热的刺激或咬核桃等硬东西,牙釉质可能会产生裂缝或脱落,从而损伤牙齿。

4. 预防牙齿排列不齐

(1)纠正学前儿童的不良习惯,如托腮、咬舌、咬指甲、吃手指等,这些都可能使颌骨的发育或乳牙的萌出受影响,导致牙齿排列不齐。(2)换牙期间,若乳牙没有掉,恒牙就会被挤到唇侧或颊侧,形成"双层牙",应将乳牙拔掉,使恒牙正常萌出。(3)避免外伤。乳牙的牙根浅,牙釉质也不如恒牙坚硬,怕的是"硬碰硬",一旦牙齿被硬东西硌伤了,就不能再重新长好了。受了损伤的牙齿就更容易生龋齿。所以,要教育孩子,避免用牙咬果壳等硬东西。

5. 合理营养和户外活动

(1)牙齿的主要构成物质是磷酸钙,应合理搭配营养,保证钙、磷的摄取,教育幼儿不要咬坚硬的东西;
(2)应经常参加户外活动,适当接受紫外线的照射,保证身体中维生素D的含量,以免体内缺钙。

6. 定期检查

一般每半年检查一次,便于尽早发现问题并及时处理。

考点 2 ▶ 养成良好的饮食习惯

(1)幼儿的消化能力较弱,所以应培养幼儿细嚼慢咽、定时定量、少吃零食、不偏食、不吃过冷过热的食物等习惯;(2)应避免进食时说笑,以防食物呛入气管。

考点 3 ▶ 注意饮食卫生,防止病从口入

幼儿消化能力较差,所以应少吃一些不易消化的食品。要注意饮食卫生,教育孩子饭前便后要洗手。

考点 4 ▶ 保持愉快情绪,安静进餐

组织幼儿进餐时,可播放轻松愉快、悠扬悦耳的音乐,如果在餐厅就餐,餐厅的灯光应柔和,墙壁粘贴水果等壁画,释放香喷喷的气味等激发幼儿的食欲,促进副交感神经的兴奋,增强消化器官的功能。

进餐前后不宜处理幼儿行为上的问题,以免影响幼儿的食欲。

考点 5 ▶ 饭前饭后不做剧烈活动

(1)剧烈运动时,大部分血液涌向运动器官,从而使消化器官的血液量减少;
(2)剧烈运动时,交感神经的兴奋性增强,使消化器官的功能减弱;
(3)尤其是饭后胃肠充满食物,剧烈活动将牵拉胃肠系膜,导致胃下垂等疾病的发生。

考点 6 ▶ 养成良好的排便习惯

让幼儿养成定时排便的习惯。不要让幼儿憋着大便,以防形成习惯性便秘。对6个月以后的婴儿应逐步训练定时大便的习惯,既可以防止便秘的发生又有利于教师的管理。便盆的大小要合适、干净、不冰凉。一般坐5~10分钟,不排便就起来,不要长时间坐便盆。另外,平时应经常组织幼儿参加户外活动,多吃蔬菜、水果,多喝开水,预防便秘。

★★ 本节核心考点回顾 ★★

1. 幼儿牙齿发展的特点
(1)每个牙齿的发育都有三个时期,即生长期、钙化期和萌出期。
(2)婴儿吃奶期间开始长的牙齿叫乳牙,共20颗,2~2.5岁出齐。

(3)幼儿6岁左右,最先萌出的恒牙是"第一恒磨牙"(又称"六龄齿"),上下左右共4颗。恒牙共28~32颗,其中28颗在14岁前全部出齐。

2.幼儿肠的发育特点

(1)吸收能力较强;(2)消化能力较差;(3)肠的位置固定较差。

3.肝脏的功能

肝脏是以代谢功能为主的一个器官,它也是人体最大的消化腺。

4.幼儿消化系统的保育要点

(1)爱护牙齿,注意用牙卫生。

(2)养成良好的饮食习惯。

(3)注意饮食卫生,防止病从口入。

(4)保持愉快情绪,安静进餐。

(5)饭前饭后不做剧烈活动。

(6)养成良好的排便习惯。

第七节 幼儿泌尿及内分泌系统的发展与卫生保健

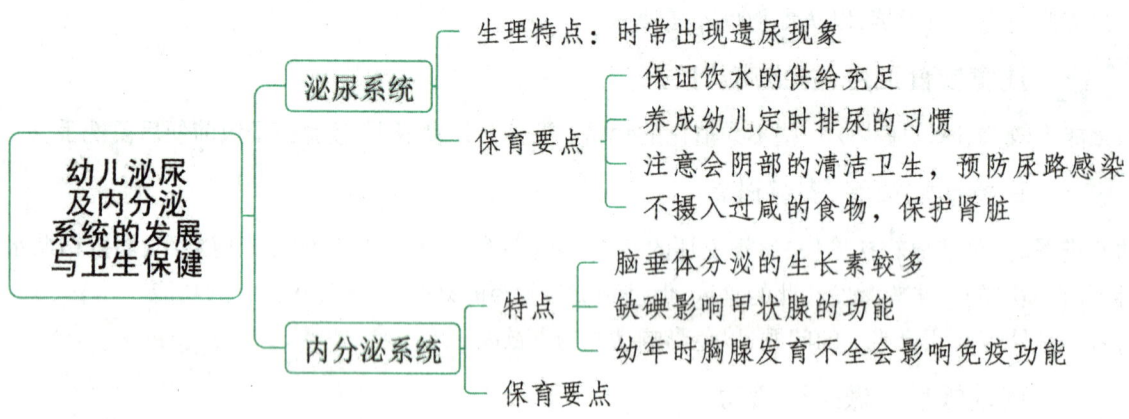

一、幼儿泌尿系统

考点 1 ▶ 幼儿泌尿系统的生理特点

表4-6 学前儿童泌尿系统的生理特点

肾脏	肾盂和输尿管	膀胱	尿道
(1)幼儿肾脏的重量相对地大于成人; (2)在1岁和12~15岁两个阶段肾脏的发育最快	小儿肾盂和输尿管相对比成人宽,管壁肌肉和弹力组织发育不全,紧张度较低,弯曲度较大	(1)年龄越小,每天排尿次数越多; (2)年龄越小,控制排尿能力越差,时常出现遗尿的现象	(1)幼儿尿道较短,女孩尿道更短; (2)尿道黏膜容易损伤和脱落

考点 2 ▶ 幼儿泌尿系统的保育要点

(1)保证饮水的供给充足。每天让幼儿饮适量的开水,使体内的代谢产物及时随尿排出体外。另外,充足的尿液对尿道有清洗作用,可以减少感染。

(2)养成幼儿定时排尿的习惯。①从小儿3个月起,就应培养其定时排尿的习惯,如睡觉前后、哺乳前后

训练小便,若训练得当,1岁左右即能表示要大小便,并能主动自己去小便,2～3岁后夜间不小便,4～5岁后不尿床,如有夜间尿床应就医,查明原因进行矫治;②要注意观察尿液的颜色、气味,发现异常,及时就医,教师在组织幼儿集体活动前,要提醒孩子排尿,要掌握好时间间隔,不要频繁;③不要让幼儿憋尿,憋尿会使膀胱失去正常功能而发生排尿困难,并易造成感染。

(3)注意会阴部的清洁卫生,预防尿路感染。①每晚睡前应给幼儿清洗外阴部;②1岁左右穿封裆裤,不要让小儿坐地,特别是女孩;③教会幼儿便后擦屁股的方法,即从前往后擦;④托幼机构的厕所和便盆要经常冲洗,定期消毒;⑤注意制止个别幼儿玩弄生殖器。

(4)不摄入过咸的食物,保护肾脏。

二、幼儿内分泌系统

考点 1 ▶ 幼儿内分泌系统发展的特点 【单选】 ★★

1. 脑垂体分泌的生长素较多

脑垂体是人体最重要的内分泌腺,它分泌生长激素、促甲状腺素、促性腺素、促肾上腺素、催产素、催乳素等多种激素,这些激素对机体的新陈代谢、生长发育和性成熟等有重要作用,并能调节其他内分泌腺的活动。在昼夜间,垂体分泌激素的速度是不均衡的,脑垂体分泌的生长激素促进机体生长发育。白天分泌较少,夜间分泌较多。在学前期,若生长激素分泌不足,则生长迟缓,可患垂体性侏儒症,表现为身材矮小,但智力正常。相反,如果生长激素分泌过多,就会造成生长速度过快,导致巨人症。由于幼儿的睡眠时间较长,脑垂体分泌的生长激素较多,加速了骨骼的生长发育。

2. 缺碘影响甲状腺的功能

甲状腺是关系儿童生长发育和智力发展的内分泌腺,它是人体最大的内分泌腺,通过分泌甲状腺激素来调节新陈代谢,影响中枢神经系统的兴奋性,促进生长发育。碘是合成甲状腺素的原材料,碘的缺乏会严重影响幼儿甲状腺的功能,阻碍幼儿的正常发育。孕期若缺碘,可致使甲状腺机能不足,婴儿出生后易患克汀病,又称呆小症,表现为智力低下、身材矮小、耳聋。但碘元素摄入过多也可能导致甲亢、甲状腺癌等,特别是沿海常食用海产品的城市居民,应少食加碘盐。

真题1 [2021安徽阜阳,单选]儿童时期甲状腺功能低下,主要表现为(　　)
A. 生长过速,肢端肥大
B. 很难适应外界环境变化,易感冒
C. 智力低下,反应迟钝
D. 呼吸道感染或腹泻

真题2 [2020福建统考,单选]下列与智力发展最相关的是(　　)
A. 生长激素　　　B. 甲状腺素　　　C. 肾上腺激素　　　D. 性激素

答案:1. C　2. B

3. 幼年时胸腺发育不全会影响免疫功能

由骨髓造的淋巴干细胞在胸腺素的作用下才具有免疫功能。幼年时如果胸腺发育不全,会影响机体的免疫功能,以致反复出现呼吸道感染或腹泻等疾病。

考点 2 ▶ 幼儿内分泌系统的保育要点

(1)制定合理的生活制度,要保证幼儿有充足的睡眠,以促进其生长发育;(2)合理营养,预防碘缺乏病,多食海产品,适当食用加碘盐;(3)不乱服营养品,防止性早熟。

449

◆★ 本节核心考点回顾 ★◆

1. 幼儿泌尿系统的保育要点
(1)保证饮水的供给充足。
(2)养成幼儿定时排尿的习惯。
(3)注意会阴部的清洁卫生,预防尿路感染。
(4)不摄入过咸的食物,保护肾脏。

2. 幼儿内分泌系统发展的特点
(1)脑垂体分泌的生长素较多:脑垂体分泌的生长激素能促进机体生长发育。白天分泌较少,夜间分泌较多。
(2)缺碘影响甲状腺的功能:孕期若缺碘,可致使甲状腺机能不足,婴儿出生后易患克汀病,又称呆小症,表现为智力低下、身材矮小、耳聋。
(3)幼年时胸腺发育不全会影响免疫功能:幼年时如果胸腺发育不全,会影响机体的免疫功能,以致反复出现呼吸道感染或腹泻等疾病。

第八节　幼儿的生长发育

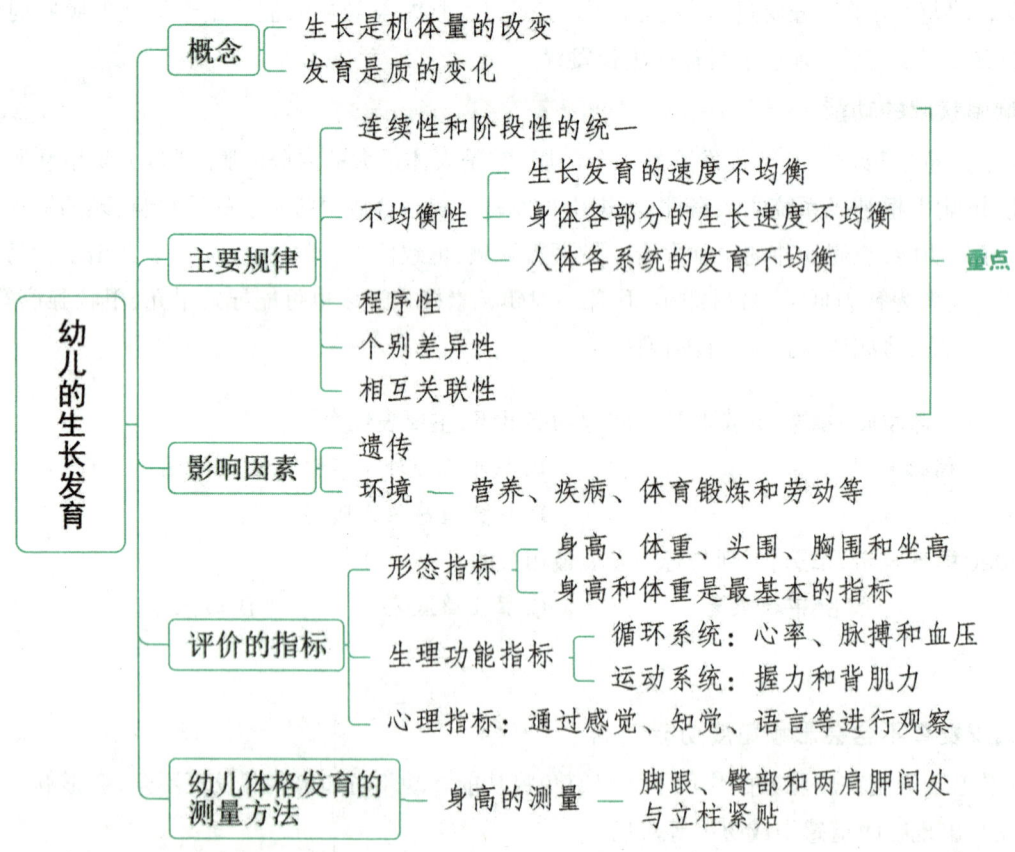

一、生长发育的概念

生长是指身体各个器官、系统以及全身的大小、长短和重量的增加与变化,是机体量的改变。例如,体重的增加、头围的增长等都是生长。生长源于细胞数目的增多、增大和细胞间质的增加。发育是指细胞、组织、器官和系统功能的不断成熟与完善,属于质的变化。例如,运动能力的提高、心理的变化、消化能力的改善等都是发育。

二、幼儿生长发育的主要规律 【单选、判断、简答】 ★★★

考点 1 ▶ 生长发育是连续性和阶段性的统一

生长发育从幼稚到成熟是一个连续、统一的过程。在这个连续的过程中,还存在着阶段性,每一阶段有其自身特点。这些阶段之间相互联系,前一阶段是后一阶段发育的基础,后一阶段是前一阶段发育的延续,如果前一阶段出了问题,就会影响后一阶段的发育。

考点 2 ▶ 生长发育具有不均衡性(不平衡性)

生长发育具有不均衡性(不平衡性)

1. 生长发育的速度不均衡

各年龄阶段生长发育的速度不同,有快有慢,呈波浪式。在人的生长发育过程中,共有两个生长发育的高峰,分别是2岁以前和青春期。

2. 身体各部分的生长速度不均衡

在生长发育过程中,身体各个部分的生长速度不同,因而身体各部分的增长幅度也不一样。如果按增长的倍数来看,头增长约为原来的1倍,躯干增长约为原来的2倍,上肢增长约为原来的3倍,下肢增长约为原来的4倍。从人体整个形态上看,则从新生儿时期的较大头颅、较长的躯干和短小双腿,逐步发展为成人时较小的头颅、较短的躯干和较长的双腿。

3. 人体各系统的发育不均衡

人体各系统的生长发育是不均衡的,有四种不同的发育趋势。神经系统发育最早,儿童在6岁时脑重已达成人的90%;肌肉、骨骼和一般内脏器官发育趋势和身长、体重的增长规律相似,也呈波浪式;淋巴系统的发育也比较早,10岁左右达到高峰,12岁左右淋巴系统几乎到达成人时期的200%;而生殖系统在出生头12年里几乎没什么发育,到青春期迅速发育,并很快达到成人水平。可见,各系统的发育是不均衡的,但这种不均衡恰恰是机体整体协调发展的需要。

真题1 [2023安徽宿州,单选]幼儿身体各系统发育不平衡,下列系统发育较晚的是(   )
A.神经系统　　　　B.淋巴系统　　　　C.生殖系统　　　　D.运动系统
真题2 [2023山东德州,判断]幼儿身体各系统的发育不均衡。
真题3 [2021浙江台州,简答]简述幼儿生长发育不均衡性的表现。
答案:1. C　2. √　3. 详见内文

考点 3 ▶ 生长发育具有程序性

身体各部分的生长发育有一定的程序,一般遵循由上到下、由近到远、由粗到细、由低级到高级、由简单到复杂的规律。例如,胎儿期的形态发育的顺序:头部领先,其次是躯干,最后为四肢。再如,婴儿期的动作发育的顺序:首先是头部的运动(抬头、转头),以后发展到上肢(取物),再发展到躯干的活动(翻身与直坐),最后发展到下肢的活动(爬、立、行)。这个由头部开始逐渐延伸到下肢的发展趋向又叫"头尾发展规律"。从上肢的发育又可以看出,初生儿只会无意识地乱动,手几乎不起任何作用;4~5个月时,才能有意识地去拿东西,但这时只会用全手一把抓;到10个月左右才会用指尖去拿东西;要在1岁左右才会灵巧地用两个手指捏起细小的物体。这说明动作是由整个上肢逐渐发展到手指,由身体正中向侧面发展,称为"正侧发展规律"。

真题4 [2024江西统考,单选]学前儿童身体各部分生长发育一般是遵循由上到下、(　　)的规律。
①由近到远　②由小到大　③由粗到细　④由快到慢　⑤由低级到高级　⑥由简单到复杂
A.①②③④　　　　　B.②③⑤⑥　　　　　C.①③⑤⑥　　　　　D.③④⑤⑥
答案:C

考点 4 ▶ 生长发育具有个别差异性

生长发育有其一般的规律,但每个儿童生长发育又有自身的特点。由于先天遗传以及后天环境条件的不同,个体在整个生长时期都存在着广泛的差异,呈现出高矮、胖瘦、强弱、智愚的不同。

真题5 [2023福建统考,单选]幼儿教育要因材施教,这是因为幼儿生长发育具有(　　)
A.阶段性　　　　　B.顺序性　　　　　C.连续性　　　　　D.个体差异性
答案:D

考点 5 ▶ 生长发育具有相互关联性

学前儿童身体各系统的发育时间和速度虽然各有不同,但机体是统一的整体,各系统的发育并非孤立地进行,而是互相联系、互相影响、互相适应的。因此,任何一种对机体起作用的因素,都可能影响到多个系统。例如,适当的体育锻炼不仅能促进骨骼肌肉的发育,而且也能促进呼吸系统、循环系统和神经系统发育。

真题6 [2022福建统考,单选]幼儿生长发育的一般规律是(　　)
A.发育的速度先快后慢　　　　　B.身体各系统均衡发育
C.既有连续性又有阶段性　　　　D.身体各部分等比例发育
答案:C

三、影响幼儿生长发育的因素

影响幼儿生长发育的因素可分为遗传因素和环境因素,遗传因素决定了发育的可能范围,环境因素决定了发育的速度和最终达到的程度。

考点 1 ▶ 遗传

遗传是指子代和亲代在形态、结构和功能上的相似,它是保持物种稳定的基础。遗传对幼儿的生长发育具有很大的作用。研究表明,人类的身高、体型、智力和体重等均受遗传的影响,其中,身高和体型受遗传的影响更大。

考点 2 ▶ 环境

1. 营养

营养是幼儿生长发育的物质基础。充足和合理的营养素供给,有助于幼儿的生长潜力得到最好的发挥。

2. 疾病

疾病对幼儿生长发育的干扰作用十分明显,疾病的预防重于治疗。在幼教机构,应重视疾病的预防。

3. 体育锻炼和劳动

幼儿经常参加体育锻炼和适当的劳动,可以加快机体的新陈代谢,使其身体各个器官和系统充分发挥作用、提高功能并更好地相互协调。此外,锻炼和劳动对骨骼和肌肉的影响比较显著,能促进骨骼钙化,增强骨骼硬度,使肌肉生长得粗壮。

经常进行锻炼和劳动可以提高身体的综合素质,增强对气候变化的适应能力和免疫力,缓解精神压力,促进生长发育,提高健康水平。而且还对促进智力发展和培养良好的个性起到积极作用。

4. 生活制度

在合理的生活制度下,幼儿的生活有规律、有节奏,能够养成良好的生活习惯,使其身体各部分活动和休息适度,营养消耗也能及时地补充,这将有利于幼儿的生长发育。

5. 环境污染

环境污染对幼儿发育有较大危害。

此外,季节和气候以及社会经济、文化教育和生活环境对幼儿生长发育也有一定影响。在一年之中,春季身高增长最快,秋季体重增长最快。生活环境直接影响学前儿童的生长发育。良好的生活环境可以陶冶他们的情操,激励他们积极向上,保持愉快的生活状态,促进学前儿童的生长发育;相反,生活贫困、疾病流行、文化落后,以及不和谐的家庭环境等会对学前儿童的身心发育造成不良影响。

四、幼儿生长发育评价的指标 【单选】 ★★

评价幼儿生长发育的指标,包括形态指标、生理功能指标、心理指标。

考点 1 · 形态指标

常用的形态指标是身高、体重、头围、胸围和坐高。其中,身高和体重是最基本的指标,不但测定简单,而且能较为准确地评定生长发育状况。个体的身高、体重值在判定标准均值±2个标准差范围内(约占儿童总数的95%)均可视为正常。但在均值±2个标准差外的儿童,不能据此定为异常,需定期连续观察,结合其他检查,慎重做出结论。

1. 身高是判断身体发育特征和评价生长发育速度时不可缺少的依据

新生儿出生身长一般50厘米,1~6个月的小儿,平均每月身长增长2.5厘米,7~12个月平均每月增长1.5厘米,1周岁时身长为出生身长的1.5倍,4岁时身高为出生身长的2倍。

幼儿2岁以后,平均每年身高增长5厘米,可用公式估算:

$$2~7岁身高=年龄×5+75(厘米)$$

2. 体重是代表体格生长,尤其是营养状况最易取得的重要指标

体重是指人体的总重量。在一定程度上代表儿童的骨骼、肌肉、皮下脂肪和内脏重量及其增长的综合情况。从体重、身高可以推测儿童的营养状况。粗略估算幼儿体重,可按以下公式进行:

$$6个月以内体重=[出生体重+月龄×700]克$$
$$7个月至1岁体重=[6000+月龄×250]克$$
$$2~7岁体重=年龄×2+8(千克)$$

3. 头围代表了颅和脑的大小及其发育的情况

头围是判断大脑发育障碍如脑积水、小头畸形等的主要诊断标准,是6岁以下幼儿生长发育评价的一项重要指标。

4. 胸围反映了身体形态及呼吸器官的发育状况

胸围表示胸廓的容积以及胸部骨骼、胸肌、背肌和脂肪层的发育情况，并在一定程度上反映身体形态及呼吸器官的发育状况。

婴儿出生时胸围比头围小1～2厘米，一般1岁时赶上头围。

5. 坐高

坐高通常表示躯干的长度，可以间接地了解内脏器官的发育情况，坐高是头颅至坐骨结节的长度。幼儿随年龄的增加，下肢的增长速度不断加快，故坐高占身高的比例随年龄而降低。

真题7 [2022山东菏泽,单选]对学前儿童的生长发育进行评价时，身高、体重是最常用的形态指标，个体的身高、体重值在判定标准均值（　　）个标准差范围内可视为正常。

A. ±1　　　　B. ±2　　　　C. ±3　　　　D. ±4

答案：B

考点 2 ▸ 生理功能指标

1. 生长发育的功能指标

生长发育的功能指标是指身体各系统、各器官在生理功能上可测出的各种量度，呼吸系统常用的指标是肺活量和呼吸频率；循环系统常用的指标是心率、脉搏和血压；运动系统常用的指标为握力和背肌力。

2. 生化和临床检验指标

生化和临床检验指标主要是指反映身体内部生物化学组成成分含量的有关指标。如血液中红细胞、血红蛋白、白细胞、血脂的含量。

真题8 [2024福建统考,单选]考查幼儿循环系统发育状况的基本生理功能指标是（　　）

A. 握力和背肌力　　B. 肺活量　　C. 脉搏和血压　　D. 身高和体重

真题9 [2021浙江杭州,单选]考查幼儿运动系统发育状况的基本生理功能指标是（　　）

A. 握力和背肌力　　B. 肺活量　　C. 脉搏和血压　　D. 身高和体重

答案：8. C　9. A

考点 3 ▸ 心理指标

一般通过感觉、知觉、语言、记忆、思维、情感、意志、能力和性格等进行观察。通过对幼儿心理的观察和研究，可以针对幼儿从小到大的年龄特征提出心理卫生的措施，促进幼儿生长发育达到最好的水平。

真题10 [2022安徽安庆,单选]评价幼儿身体发育的指标不包括（　　）

A. 形态指标　　B. 生理功能指标　　C. 卫生指标　　D. 心理指标

答案：C

五、幼儿体格发育的测量方法 【单选】 ★

体格是指人体形态、结构和生理机能的发展状况。体格发育的测量是要采用规范的测量用具和正确的测量方法，力求获得准确的测量数据。

1. 身高(身长)的测量

3岁以下学前儿童测身长用量床。脱去学前儿童鞋袜仰卧于量床中央,使其面朝上。助手将学前儿童头扶正,头顶触及头板。测量者站在学前儿童右侧,左手握住学前儿童双膝,使腿伸直并贴紧量床底板,右手移动足板使其接触双脚足跟,然后读取量床刻度,以厘米为单位,精确到小数点后一位。

3岁以上学前儿童用身高计或固定于墙壁上的立尺或软尺。被测者赤足,背靠立柱以立正姿势站立,脚跟、臀部和两肩胛间处与立柱紧贴。要求足跟并拢,身体自然挺直,头正直,两眼平视前方。以厘米为单位,精确到小数点后一位。另外,测量时应注意测量时间。由于身高受重力影响,在一天中的测量值略有差异,所以测量时应选择一天中的同一时间进行。

2. 体重的测量

体重的测量最好在清晨空腹排便后进行。新生儿称体重可用婴儿磅秤,1个月至7岁的学前儿童应用杠杆式磅秤,7岁以后用磅秤。称体重以千克为单位,记录到小数点后两位。

被测学前儿童要脱去外衣、鞋、帽。尽量只穿单衣、裤,否则测后应扣除衣裤的重量。称重时,1岁以下的学前儿童取卧位,1~3岁学前儿童可蹲在称台上,3岁以上学前儿童站立测量。测量时,学前儿童不接触其他物品,家长也不可扶着小孩,以免影响测量精度。

3. 胸围的测量

3岁以下学前儿童取卧位或立位,3岁以上取立位。被测学前儿童应脱去外衣,双眼平视,两肩放松,双手自然下垂,不应故意挺胸、驼背或深呼吸。测量者位于学前儿童前方或右侧,左手先将软尺零点固定于学前儿童胸前乳头下缘,右手拉软尺绕经后背,过两肩胛下角下缘,最后回至零点。

4. 头围的测量

测量者位于学前儿童右侧或前方,左手将软尺零点固定于学前儿童额头眉间处,软尺从右侧经过枕骨最突出处,再绕回至零点,经过的距离即为头围。测量时,软尺须紧贴皮肤,长发者要先将头发在软尺经过处向上下分开,以免影响测量精度。

5. 坐高的测量

3岁以下学前儿童取卧位,头部位置与测身长时的要求相同,测量者左手提起学前儿童双腿,同时使学前儿童整个身子紧贴底板,移动足板使其紧贴臀部,最后读取测量数值,以厘米为单位,精确到小数点后一位。

3岁以上取坐位测量坐高。被测者坐到坐高计的坐盘上,或坐在高度适合的板凳上,先使身体前倾,让骶部紧靠立柱或墙壁,然后坐直,双脚自然放在地上,大腿与地面平行,头和肩部的位置与测量身高的要求相同。

真题11 [2022安徽安庆,单选]幼儿测量身高的正确姿势是要让身体的哪三点靠在身高仪立柱上( )

A. 脚跟、腰部、后脑勺
B. 小腿、臀部、后脑勺
C. 脚跟、臀部、肩胛间
D. 小腿、腰部、肩胛间

答案:C

★ 本节核心考点回顾 ★

1. 幼儿生长发育的主要规律

(1)生长发育是连续性和阶段性的统一。

(2)生长发育具有不均衡性:①生长发育的速度不均衡;②身体各部分的生长速度不均衡;③人体各系统的发育不均衡。

(3)生长发育具有程序性。身体各部分的生长发育有一定的程序,一般遵循由上到下、由近到远、由粗到细、由低级到高级、由简单到复杂的规律。

(4)生长发育具有个别差异性。

(5)生长发育具有相互关联性。

2. 幼儿生长发育评价的指标

(1)形态指标。其中,身高和体重是最基本的指标。

(2)生理功能指标。呼吸系统常用的指标是肺活量和呼吸频率;循环系统常用的指标是心率、脉搏和血压;运动系统常用的指标为握力和背肌力。

(3)心理指标。一般通过感觉、知觉、语言、记忆、思维、情感、意志、能力和性格等进行观察。

3. 幼儿身高(身长)的测量

3岁以上学前儿童用身高计或固定于墙壁上的立尺或软尺。被测者赤足,背靠立柱以立正姿势站立,脚跟、臀部和两肩胛间处与立柱紧贴。

第二章 幼儿营养与膳食

本章学习指南

一、考情概况

本章属于学前卫生学的基础章节,内容较琐碎,需要识记的内容较多,考生可带着以下学习目标进行备考:

1. 掌握人体需要的六大营养素及其作用、来源。
2. 熟悉安排幼儿膳食的原则。
3. 掌握培养幼儿好的饮食习惯的内容。

二、考点地图

考点	年份／地区／题型
营养素的构成	2023安徽宿州单选
蛋白质的生理功能	2024山东淄博单选
碳水化合物的组成	2022安徽安庆多选
碳水化合物的食物来源	2023山东烟台单选
矿物质(无机盐)	2024山东临沂单选
维生素	2024山东临沂单选；2024/2022江西统考单选；2022浙江宁波单选；2022江苏淮安单选；2021山东青岛单选
安排幼儿膳食的原则	2024福建统考单选；2024浙江金华单选；2021浙江临海单选
好的饮食习惯的内容	2022江西统考简答；2020安徽滁州单选

注:上述表格仅呈现重要考点的相关考情。

核心考点

第一节　营养基础知识

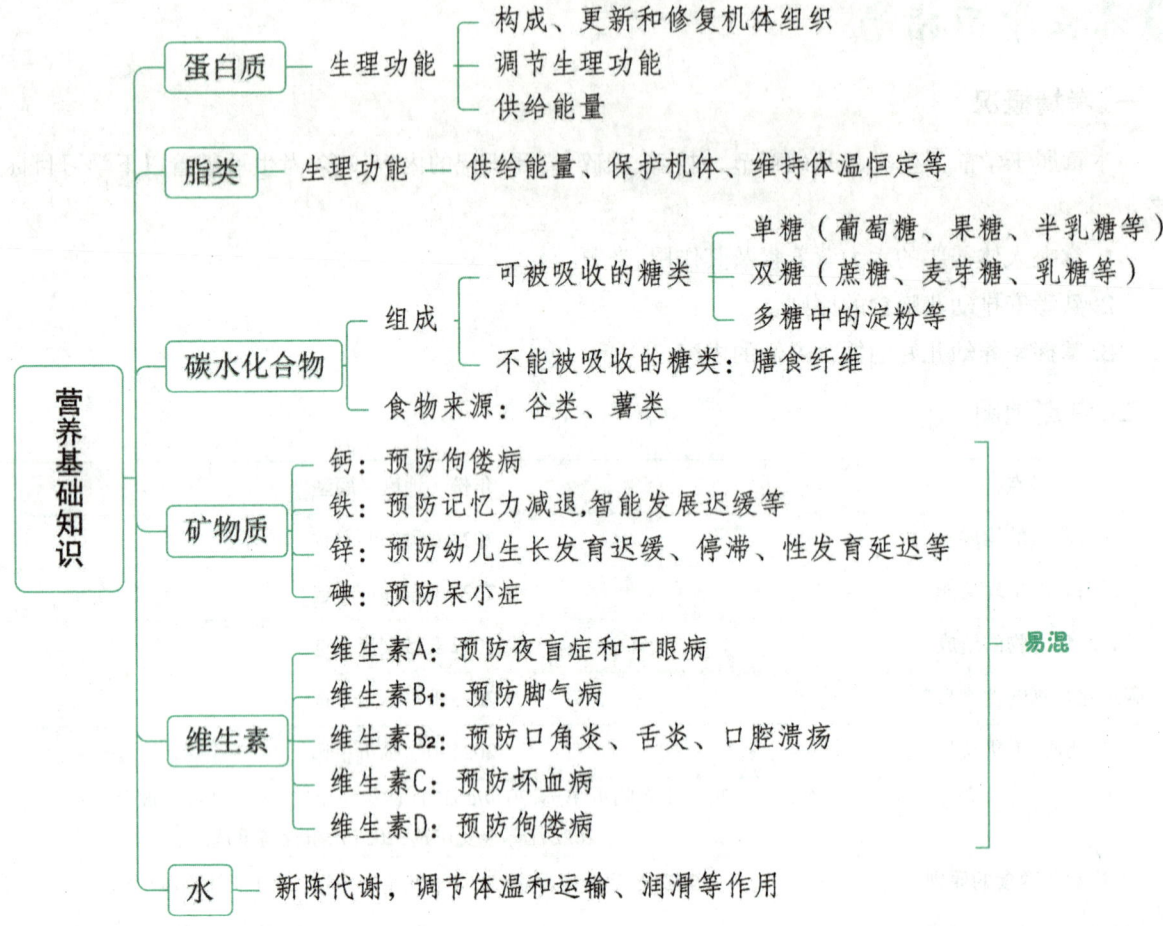

营养素是指食物中所含的能够维持生命和健康并促进机体生长发育的化学物质。营养素分为蛋白质、脂类、碳水化合物、矿物质(无机盐)、维生素和水六大类。其中,**蛋白质、脂类、碳水化合物能够提供机体所需要的能量,故称为产能营养素**。营养素需要量是指维持机体正常生理功能所需要营养素的量,而营养素供给量是指在满足机体正常生理需要的基础上,按食物生产和饮食习惯而规定的适宜数量,一般比营养素需要量充足。

·记忆有妙招·

六大营养素:**双水蛋白只为物**。双水:碳水化合物和水。蛋白:蛋白质。只:脂类。为:维生素。物:矿物质(无机盐)。

真题1　[2023安徽宿州,单选]以下营养素中属于非产能营养素的是(　　)
A. 蛋白质　　　　　　B. 维生素　　　　　　C. 脂类　　　　　　D. 碳水化合物
答案:B

一、蛋白质

考点 1 ▶ 蛋白质的生理功能【单选】 ★

1. 构成、更新和修复机体组织

蛋白质是构成人体组织的重要物质。任何一个细胞、组织和器官中都含有蛋白质。在人体受到损伤时,更需要蛋白质参与修复和更新组织。

2. 调节生理功能

蛋白质通过构成一些重要的物质如酶、激素、抗体等来调节生理功能。人体对蛋白质的需求量比较恒定,儿童每千克体重的蛋白质需要量比成人高。膳食中蛋白质摄入量不足,可以导致学前儿童生长发育迟缓、体重过轻、贫血、精神疲乏,甚至产生智力发育障碍、营养不良性水肿等症状。

3. 供给能量

每克蛋白质大约可提供4kcal的能量,幼儿需要的总能量约15%来源于蛋白质。但供给能量不是蛋白质的主要生理功能。

真题 2 [2024山东淄博,单选]学前儿童膳食中( )摄入不足会导致发育迟缓、体重过轻、贫血、智力障碍等症状。

A. 脂肪　　　　　　B. 维生素　　　　　　C. 碳水化合物　　　　　　D. 蛋白质

答案:D

考点 2 ▶ 蛋白质的食物来源及参考摄入量

瘦肉、鱼、奶、蛋4类食物是动物性蛋白质的主要来源,豆类、硬果类和谷类是植物性蛋白质的主要来源。其中动物性食物的蛋白质与大豆蛋白质所含的必需氨基酸种类比较齐全且比例适当,属于优质蛋白质。1~6岁幼儿每日膳食中蛋白质的推荐摄入量为45~55g,其中一半应来源于优质蛋白质。

二、脂类

考点 1 ▶ 脂类的构成

脂类是中性脂肪(三酰甘油)和类脂的总称,后者包括磷脂、糖脂和固醇类等。我们通常称脂类为脂肪。

考点 2 ▶ 脂类的生理功能

(1)人体组织的重要组成成分。脂类是人体组织的重要组成成分,在维持细胞结构、功能中起重要作用。例如,细胞膜中存在着类脂层,神经纤维的髓鞘主要由磷脂所构成,固醇是固醇类激素的重要原料。

(2)供给机体能量。脂肪是高能量密度的食物,1g脂肪在体内氧化可产生9kcal的能量。

(3)保护机体组织、器官,维持体温恒定。脂肪如同衬垫,可以减少器官间的摩擦,并起支撑和固定作用,降低振动带来的损伤。皮下脂肪还起着隔热保温作用,维持体温恒定。

(4)提供脂溶性维生素,并促进脂溶性维生素的吸收。食物脂肪中常含有丰富的脂溶性维生素,是脂溶性维生素的重要来源,如动物肝脏脂肪富含维生素A,胚芽油富含维生素E,但动物的储存脂肪几乎不含维生素。另外,脂类能刺激胆汁分泌,促进脂溶性维生素的吸收。

(5)提供必需脂肪酸。必需脂肪酸在人体内不能合成,必须由食物供给,包括亚油酸和亚麻酸等。

必需脂肪酸的生理功能有:①促进胆固醇转运,防止动脉硬化;②是细胞膜的重要成分,维护皮肤的屏障功能;③是合成磷脂的原料,有利于中枢神经系统的发育等。

(6)促进食欲,增加饱腹感。

考点 3 ▶ 脂类的食物来源及供给量

亚油酸在各种植物油中普遍存在;亚麻酸在豆油和紫苏油中含量较多;磷脂含量丰富的食物有蛋黄、肝脏、大豆和花生;胆固醇在动物内脏、脑组织、蛋黄中含量较多,在乳类和鱼类中含量较少。

脂肪摄入过多,为动脉粥样硬化埋下隐患,因此要从幼儿时期开始预防动脉硬化,适当限制胆固醇和饱和脂肪酸的摄入量。

三、碳水化合物(糖类)

考点 1 ▶ 碳水化合物的组成 【多选】 ★

碳水化合物是一大类含有碳、氢、氧元素的化合物,又称糖类。

食物中所含的碳水化合物,一部分可被人体吸收;另一部分则不能被消化吸收,两部分各有其生理作用。

1. 可被吸收的糖类

能被人体吸收的糖类包括单糖(葡萄糖、果糖、半乳糖等)、双糖(蔗糖、麦芽糖、乳糖等)及多糖中的淀粉等。

2. 不能被吸收的糖类

不能被人体吸收的糖类包括多糖中的纤维素、果胶等,总称"膳食纤维"。

真题3 [2022安徽安庆,多选]碳水化合物是热能的主要食物来源,食物中所含的碳水化合物,一部分可以被人体吸收,一部分不能被吸收,下列可被吸收的是( )

A. 葡萄糖　　　　B. 淀粉　　　　C. 纤维素　　　　D. 果胶

答案:AB

考点 2 ▶ 碳水化合物的生理功能(可吸收部分)

1. 提供热能

碳水化合物为热能的主要食物来源。每日由碳水化合物供给的热能应占总热能的50%以上。

2. 构成组织

碳水化合物也是构成体内组织的成分,如核酸中的核糖、抗体中的糖蛋白、细胞膜中的糖脂等。

3. 维持神经系统的生理功能

神经系统所需的热能,完全要由碳水化合物的代谢产物——葡萄糖来提供。

4.合成肝糖元和肌糖元

吸收入血的糖,叫血糖。血糖经过血液循环,供给各个器官使用。若有多余,则以肝糖元和肌糖元的形式储存于肝脏和肌肉中。

肝糖元的水平直接影响机体对毒物的解毒能力。肝糖元不足则对化学毒物的解毒作用下降。

5.有抗生酮作用

糖类是供给机体热能的主要来源,一旦供给不足,则机体将动用体内储备的脂肪供给热能。脂肪的大量消耗常导致氧化不完全,从而产生过多的对人体有害的酮体。

6.减少蛋白质的消耗

糖类供给充足还可以避免机体消耗过多的蛋白质作为热能来源,以保证蛋白质充分发挥其重要的生理功能,因此碳水化合物具有保护蛋白质的作用。

考点 3 ▶ 膳食纤维的生理功能

膳食纤维的生理作用,包括有利和不利于机体健康的两个方面。

1.有利的作用

(1)纤维素可吸收和保留水分,使粪便质软,并能刺激肠蠕动,有助于通便。
(2)膳食纤维能延缓糖的吸收,具有降低血糖,减少机体对胰岛素需要的功能。
(3)由于膳食纤维体积大,可使其他的食物摄入量减少,对控制肥胖有积极意义。

2.不利的作用

(1)食入过多的膳食纤维可引起肠胀气,且过分刺激肠黏膜,使粪便中排出的脂肪增多。
(2)食入过多的膳食纤维可影响某些矿物质如钙、锌的吸收利用,也可影响铁和叶酸的吸收利用。

考点 4 ▶ 碳水化合物的食物来源 【单选】 ★★

碳水化合物来源广泛,除了纯品(如糖类和淀粉)含量在90%~100%之外,碳水化合物含量高的食物主要是谷类(如面粉、大米、玉米等)和薯类(如白薯、土豆等)。谷类食物一般含碳水化合物60%~80%;薯类脱水后高达80%左右;豆类为40%~60%。

真题4 [2023山东烟台,单选]妈妈对只喜欢吃肉肉的豆豆说,不能只吃肉要多吃米饭,请问米饭提供的主要营养素是( )

A.蛋白质　　　　　B.脂肪　　　　　C.碳水化合物　　　　　D.维生素

答案:C

四、矿物质(无机盐) 【单选】 ★

人体组织内发现有20多种元素,除碳、氢、氧、氮以有机物的形式存在外,其余各元素均为无机物,被称为无机盐或矿物质,它们是机体维持正常生理功能所必需的物质。

考点 1 ▶ 钙

1.钙的生理功能

钙是构成人体骨骼和牙齿的重要成分,并在维持神经和肌肉的兴奋性、血液凝固、心动节律方面发挥重

461

要作用。幼儿时期摄入充足的钙有助于增加骨密度,从而延缓成年后发生骨质疏松的年龄。幼儿骨骼中的钙1~2年更新一次,成人10~12年更新一次。

2. 影响钙吸收的因素

有的因素能促进钙的吸收。机体需要量大时,对钙的吸收率相应高一些。维生素D、乳糖和膳食中丰富的蛋白质有利于钙的吸收。有的因素不利于钙的吸收:

(1)谷类和豆类的外皮含有植酸,可与钙结合形成不溶性的植酸钙,蔬菜中的草酸与钙结合形成不溶性的草酸钙,这些钙盐均会降低钙的吸收率;

(2)过多摄入脂肪,可因未消化的脂肪酸与钙结合形成不溶性的钙皂,使钙自粪便排出;

(3)食物中的纤维素也会妨碍钙的吸收。

3. 钙的食物来源

钙的食物来源首选牛奶,它含钙丰富,吸收率也较高。其次是豆类、豆制品和绿叶蔬菜,如小白菜、油菜、芹菜等。海产品如小虾皮、小鱼干、紫菜等也是钙的良好来源。我国4岁以上儿童钙的适宜摄入量为每天800mg。幼儿钙缺乏会影响骨骼和牙齿发育,容易发生佝偻病,导致骨骼变形;另外,由于血钙偏低,神经和肌肉兴奋性增加,会引起手足搐搦症和惊厥。

考点 2 ▶ 铁

铁是合成血红蛋白的原料,参与维持正常造血功能和体内氧的运送。

由于谷类中的植酸和蔬菜中的草酸影响铁的吸收,植物食品中铁的吸收率一般较低,大约在10%以下。动物食物中的铁是血红素铁,吸收率较高,吸收率在11%~22%。食物中的维生素C有利于铁的吸收。铁的食物来源是猪肝、瘦肉等动物性食品。植物性食品中的黑色食品如黑木耳、黑豆、黑芝麻以及芝麻酱、黄豆等含铁量较高,但吸收率较低。乳类贫铁,乳儿喂养必须在4~6个月及时补充铁。人体缺铁会发生缺铁性贫血,同时还影响各种含铁酶的活性,降低肌肉收缩力和机体免疫能力,影响消化吸收,损害神经系统的功能,使儿童注意力分散,记忆力减退,智能发展迟缓。

真题5 [2024山东临沂,单选]膳食中摄入的(　　)长期不足会影响消化吸收,损害神经系统的功能,会使儿童注意力分散、记忆力减退、学习能力降低、智能发展迟缓。

A. 钙　　　　　　B. 铁　　　　　　C. 锌　　　　　　D. 碘

答案:B

考点 3 ▶ 锌

锌是人体重要的必需微量元素之一。它对幼儿的生长发育、正常味觉的维持、创伤愈合和机体免疫力有重要作用。锌的缺乏会引起蛋白质合成障碍、细胞分裂减少,导致幼儿生长发育迟缓、停滞、性发育延迟、智能发育迟缓、伤口愈合不良、食欲减退,甚至发生异食癖。

高蛋白食物含锌量较高,海产品次之,蔬菜和水果普遍含锌量不高。

考点 4 ▶ 碘

碘是合成甲状腺素的原料。甲状腺素具有调节新陈代谢、促进神经系统发育的生理功能。碘缺乏会导致甲状腺素合成不足,造成碘缺乏病。碘缺乏的典型症状为甲状腺肿大。胎儿发育期缺碘,婴儿出生后就

会生长发育迟缓、智力低下,严重者发生"呆小症",即"克汀病",表现为聋、哑、矮、傻。缺碘对神经系统的损害是不可逆的。

含碘丰富的食物主要是海产品,如海带、海虾、海鱼、紫菜等。

小香课堂

矿物质的缺乏症是容易混淆的知识点,现将关键信息以表格的形式进行提炼,以帮助考生清晰记忆。

矿物质	生理功能	主要来源	缺乏症
钙	构成骨骼和牙齿等	牛奶、豆类、绿叶蔬菜等	佝偻病
铁	合成血红蛋白等	动物性食物	缺铁性贫血
锌	保持正常味觉、促进创口愈合等	高蛋白食物	食欲减退;异食癖
碘	合成甲状腺素	海产品	呆小症;克汀病

五、维生素【单选】★★★

维生素不能供给热量,也不构成机体组织,在人体内虽然含量极微,却在机体的物质和能量代谢过程中发挥重要作用。维生素种类众多,根据溶解性的不同可分为水溶性维生素和脂溶性维生素两大类,前者有B族维生素和维生素C等,后者有维生素A、D、E、K。幼儿容易缺乏的维生素主要是维生素A、维生素D、维生素B_1和维生素C等。

考点 1 维生素A

维生素A与正常视力有密切关系,是维持暗视力所必需的物质。另外,维生素A也是维持上皮细胞的健全、生长发育和机体的免疫力所不可缺少的物质。维生素A严重缺乏会造成夜盲症和干眼病。还可有皮肤干燥、粗糙,毛发干、脆,易于脱落,并易于反复发生呼吸道、消化道感染。

一般情况下,正常的膳食不会引起维生素A摄入过多。但是,若给婴幼儿服用过多的浓缩鱼肝油或维生素A制剂,则会导致中毒。维生素A急性中毒表现为食欲减退、烦躁、呕吐、前囟隆起。维生素A慢性中毒,表现为骨痛、毛发脱落、体重不增等。人体从食物中获得的维生素A有两大类,一类来源于动物性食物中的维生素A,主要存在于动物肝脏、鱼肝油、蛋、牛奶中;另一类来自植物性食物中的胡萝卜素,一般橙黄色、深绿色蔬菜和水果中含量较高,如胡萝卜、西兰花、菠菜、豌豆苗、芒果等,胡萝卜素在人体内可以转化为维生素A。

真题6 [2024山东临沂,单选]夜盲症是指在暗环境下夜视能力很差或者完全看不见东西,患夜盲症是因为机体内部缺乏( )

A. 钙　　　　　　B. 锌　　　　　　C. 维生素A　　　　　　D. 维生素B

真题7 [2021山东青岛,单选]婴幼儿饮食中如果长期缺乏维生素A,则易患( )

A. 呆小症　　　　B. 夜盲症　　　　C. 佝偻病　　　　　　D. 坏血病

答案:6. C　7. B

463

考点 2 ▶ 维生素 B₁

维生素 B₁又称硫胺素,是一种水溶性维生素。它参与糖类的代谢,对维持神经系统正常功能起着重要作用。同时,维生素 B₁可以促进肠蠕动,辅助消化。维生素 B₁缺乏常引起"脚气病",表现为乏力、肢体麻木、水肿、感觉迟钝等。维生素 B₁广泛存在于瘦肉、动物内脏、豆类、坚果类食物中,粮谷类食物外皮中维生素 B₁含量丰富,但米面碾磨过细、过分淘米或烹调中加碱,会丢失大量维生素 B₁。因此,幼儿膳食应注意粗细搭配,每天吃豆类及其制品,以获取维生素 B₁。

考点 3 ▶ 维生素 B₂

维生素 B₂又叫核黄素,是机体中许多重要辅酶的组成成分;能维护皮肤和黏膜的完整,参与蛋白质、脂肪和糖类的代谢过程,与热量代谢直接相关。若缺乏,则物质代谢紊乱,可出现口角炎、舌炎、口腔溃疡等。

维生素 B₂在动物性食物中含量较高,尤其脏器肉(肝脏、肾脏、心脏);其次是奶类、蛋类;许多绿叶蔬菜和豆类含量也较多。

真题 8 [2022 江西统考,单选]维生素 B₂是机体内许多重要辅助酶的组成部分,如果缺乏会引发( )

A. 口角炎　　　　　B. 巨细胞性贫血　　　　　C. 佝偻病　　　　　D. 脚气病

答案:A

考点 4 ▶ 维生素 C

维生素 C 是水溶性维生素,又名抗坏血酸。维生素 C 可以促进胶原合成,参与胆固醇代谢,增强机体免疫力,还能促进铁的吸收和利用。维生素 C 缺乏会造成毛细血管通透性增加,导致坏血病。

维生素 C 的主要食物来源是各种新鲜的蔬菜和水果。猕猴桃、柑橘、鲜枣等富含维生素 C。维生素 C 溶于水,容易在空气中氧化,烹调时,菜要现洗现切,急火快炒。

考点 5 ▶ 维生素 D

维生素 D 可促进钙、磷的吸收,将钙和磷运送到骨骼内,使骨钙化,促进骨骼和牙齿的正常生长。维生素 D 有助于预防佝偻病,又称抗佝偻病维生素。如果缺乏维生素 D,幼儿易患佝偻病。

海鱼、动物肝脏和蛋黄等动物性食品含有丰富的维生素 D。此外,维生素 D 还有一个重要的来源:晒太阳。晒太阳是获得维生素 D 最简便的方法,其原理是:阳光中的紫外线照射在皮肤上,可使皮肤上的 7-脱氢胆固醇转化为维生素 D,从而促进钙和磷的吸收。因此我们应提倡婴幼儿多参加户外活动,多接受日光的照射。人工喂养的婴儿在晒太阳的同时,应适量服用鱼肝油,以补充维生素 D,但不可过量,防止维生素中毒。不应擅自为婴儿注射维生素 D 针剂,以防止中毒。

真题 9 [2024 江西统考,单选]晒太阳是幼儿获得( )的最简便的方法。

A. 维生素 B　　　　　B. 维生素 A　　　　　C. 维生素 D　　　　　D. 维生素 C

真题 10 [2022 浙江宁波,单选]幼儿缺乏维生素 D,可能会患有( )

A. 肥胖症　　　　　B. 弱视　　　　　C. 佝偻病　　　　　D. 营养性贫血

答案:9. C　10. C

小香课堂

维生素的缺乏症是容易混淆的知识点,现将关键信息以表格的形式进行提炼,以帮助考生清晰记忆。

维生素	生理功能	主要来源	缺乏症
A	维持暗视力及上皮细胞健全、生长发育和机体免疫力	动物性食品、植物性食物中的胡萝卜素	夜盲症和干眼病;皮肤干燥、粗糙,毛发干、脆,易脱落;呼吸道、消化道感染
B_1	参与糖类代谢;维持神经系统正常功能;辅助消化	瘦肉、动物内脏、豆类、坚果类食物	脚气病
B_2	机体中许多重要辅酶的组成成分;维护皮肤和黏膜	动物性食品	口角炎、舌炎
C	增强免疫力,促进铁的吸收等	新鲜的蔬菜和水果	坏血病
D	促进钙、磷吸收	动物性食品;紫外线	佝偻病

真题11 [2022江苏淮安,单选]下列食物中含维生素C最丰富的是( )
A. 牛奶　　　　B. 鱼虾　　　　C. 新鲜蔬菜　　　　D. 面包
答案: C

六、水

水是维持正常生命活动不可缺少的物质。新生儿体重的80%是水,幼儿体重的65%是水,成人体重的60%是水。人体丢失20%的水就会威胁生命。

水是细胞的主要成分,促进细胞的新陈代谢,起着调节体温和运输、润滑的作用。幼儿对水的需要量相对比成人多,应让他们及时喝到符合卫生要求的水。各年龄儿童每日水的需要量大致如下:初生至1岁,120~160毫升/每千克体重;2~3岁,100~140毫升/每千克体重;4~7岁,90~110毫升/每千克体重。

★ 本节核心考点回顾 ★

1. 营养素的构成

营养素分为蛋白质、脂类、碳水化合物、矿物质(无机盐)、维生素和水六大类。其中,蛋白质、脂类、碳水化合物能够提供机体所需要的能量,故称为产能营养素。

2. 碳水化合物的组成及食物来源

(1)组成

①可被吸收的糖类:单糖(葡萄糖、果糖、半乳糖等)、双糖(蔗糖、麦芽糖、乳糖等)及多糖中的淀粉等。

②不能被吸收的糖类:多糖中的纤维素、果胶等,总称"膳食纤维"。

(2)食物来源

碳水化合物来源广泛,含量高的食物主要是谷类(如面粉、大米、玉米等)和薯类(如白薯、土豆等)。

3. 各类矿物质(无机盐)的缺乏症

(1)钙:钙缺乏会影响骨骼和牙齿发育,容易发生佝偻病。

(2)铁:人体缺铁会发生缺铁性贫血,影响消化吸收,损害神经系统的功能,使儿童注意力分散,记忆力减退,智能发展迟缓。

(3)锌:锌的缺乏会导致幼儿生长发育迟缓、停滞、性发育延迟、智能发育迟缓、伤口愈合不良、食欲减退,甚至发生异食癖。

(4)碘:胎儿发育期缺碘,婴儿出生后就会生长发育迟缓、智力低下,严重者发生"呆小症",即"克汀病"。

5.各类维生素的主要来源及缺乏症

(1)维生素A:①食物来源有两大类,一类是动物性食物,一类是植物性食物中的胡萝卜素;②严重缺乏维生素A会造成夜盲症和干眼病。

(2)维生素B_1:①广泛存在于瘦肉、动物内脏、豆类、坚果类食物中;②缺乏维生素B_1常引起"脚气病"。

(3)维生素B_2:①动物性食物中含量较高;②缺乏维生素B_2可出现口角炎、舌炎、口腔溃疡等。

(4)维生素C:①主要食物来源是各种新鲜的蔬菜和水果;②缺乏维生素C会造成毛细血管通透性增加,导致坏血病。

(5)维生素D:①晒太阳是获得维生素D最简便的方法;②缺乏维生素D易患佝偻病。

第二节 合理安排幼儿膳食

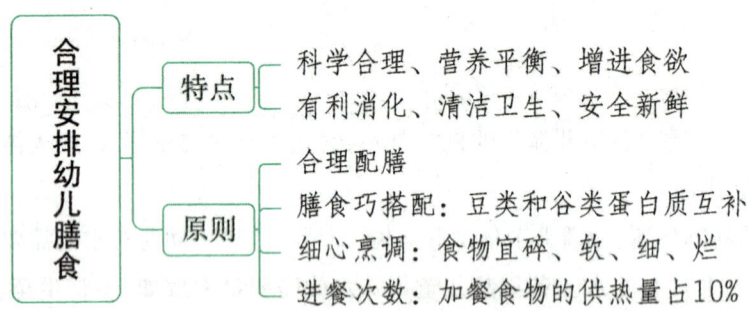

一、学前儿童膳食的特点

托幼机构特别是寄宿制园所内的儿童处于集体教养的环境之中,膳食质量的优劣直接关系到儿童的生长发育和身心健康。因此托幼机构内儿童的膳食应努力具备科学合理、营养平衡、增进食欲、有利消化、清洁卫生、安全新鲜的特点。

1.科学合理

儿童在家庭里的膳食,受家长的饮食习惯、家庭经济条件、家庭教养方式等条件的影响,带有较大的随意性,而托幼机构则有专门人员负责膳食计划的制订、营养素的科学搭配和餐点的制备,避免了家庭膳食中的一些不科学因素。

2.营养平衡

膳食的营养平衡是指膳食中不仅含有满足人体需要的各种营养素,而且各营养素的数量和相互比例合适。营养素过多或过少,或比例失调,都可能影响儿童的身心健康。

营养平衡的膳食还应做到食物多样化,发挥食物之间营养素的互补作用,其中较为重要的是产热营养素之间的比例要恰当,动物蛋白质和豆类蛋白质摄入要均衡,食物多样化还有利于矫治儿童在家庭中养成的偏食等不良饮食习惯。

3. 增进食欲

食物对机体引起的兴奋即为食欲,食物进入口腔,接触消化器官,引起消化液的分泌,称为"化学相"分泌;在此无条件反射基础上,食物的色、香、味、形、温度等刺激可产生条件反射,人们只要看到或嗅到,甚至想到所喜爱的食物,就会分泌大量的消化液,这种食物还未到口就分泌了消化液的现象,称为"反射相"分泌。"化学相"分泌和"反射相"分泌的结合就能引起旺盛的食欲。旺盛的食欲是食物被充分消化的基础。

4. 有利消化

婴幼儿的消化系统尚未发育完善,托幼机构的膳食要根据这一特点,在烹调制备时既要尽力保持食物中的各种营养素,也要注意食物要煮熟、烧透、避免油腻、辛辣、刺激性食物,有利于儿童的消化吸收,做到碎、细、软、烂。

5. 清洁卫生

托幼机构的膳食必须保证清洁卫生,新鲜良好。从采购、加工到制成都必须进行严格的卫生监控,做到万无一失。

6. 安全新鲜

食物要保证安全新鲜,食物被细菌污染后会腐烂变质,不仅营养素被大量破坏,营养价值降低,还会产生致病物质,如粮食、玉米、花生霉变后产生的黄曲霉素会致癌,腐烂的肉类中有大量的普通变形杆菌、大肠杆菌,易产生有害物质。腌制、腌腊制品,烘烤和熏制的食物含有亚硝胺和多环芳烃致癌因子。咸菜、火腿、熏鱼等食品,不宜提供给学前儿童食用。有些食物是天然有毒物质,如四季豆、发芽的马铃薯、新鲜的黄花菜、发青的西红柿等都含有毒素。且为防止农药中毒,蔬菜水果必须洗净,浸泡后才能食用,有些颜色过于鲜艳的水果可能添加人工色素,也不宜食用。

二、安排幼儿膳食的原则 【单选】 ★★

幼儿的咀嚼与胃肠道的消化功能已比婴儿成熟。但1~3岁,乳牙正陆续萌出,且正处于断奶后的饮食调整阶段,安排好这个年龄阶段的膳食,是幼儿健康成长的关键。

3~6岁是培养饮食习惯的重要时期。口味形成在儿时,饮食习惯关系着健康,一旦养成良好的饮食习惯,终身受益。安排幼儿膳食的原则:

考点 1 ▶ 合理配膳

幼儿期生长发育虽不如婴儿期快,但仍在长身体、增智慧,活动量也大于婴儿期。幼儿膳食必须精心安排,保证供给足够的热能和各种营养素。

幼儿膳食中,蛋白质供给热能应占总热能的12%~15%,脂肪所供热能占总热能的30%~35%,碳水化合物所供热能占总热能的50%~60%。

膳食中优质蛋白质占蛋白质总量的1/3~1/2为好。每天喝半斤至1斤的牛奶或豆浆。

每日膳食要使食物种类多样化,各类食品合理搭配。

中国营养学会于1997年修订的《中国居民膳食指南》,体现了科学营养的观念:多样、平衡、适量。该《指南》不仅适用于成人,也适用于儿童,它指出合理膳食应符合"宝塔"形:最底层是五谷;往上是蔬菜、水果;再往上是畜、禽、鱼、蛋;再往上是奶类及奶制品、豆类及豆制品;"宝塔"的顶部是少量的油脂。

真题1 [2024福建统考,单选]幼儿膳食计划应力求各营养素之间有合理的比值,其中碳水化合物所提供的热能应占总热量的( )

A. 12%~15%　　　B. 15%~20%　　　C. 20%~30%　　　D. 50%~60%

真题2 [2024浙江金华,单选]幼儿膳食中蛋白质的供热能占总热能的( )

A. 12%~15%　　　B. 20%~30%　　　C. 40%~45%　　　D. 50%~60%

答案:1. D　2. A

考点 2 膳食巧搭配

具体在配膳时,可以按以下方法进行搭配:

1. 粗细粮搭配

细粮容易消化,口感好;粗粮含维生素B_1丰富,耐嚼。粗细粮搭配着吃,兼顾了儿童的食欲和营养需要。

2. 米面搭配

米比面食耐嚼,多嚼有益。但面食花样多,巧做、细做,可以引起食欲。

3. 荤素搭配

动物性食品多属酸性食物,蔬菜为碱性食物,荤素搭配不仅不腻,还可以使体内酸碱基本平衡,有利健康。

4. 谷类与豆类搭配

豆类蛋白质为优质蛋白质,谷类中的蛋白质营养价值较低。豆类与谷类混合食用,可起到"蛋白质的互补作用"。

5. 蔬菜五色搭配

一般"观菜色,知营养"。绿色、红色、黄色的蔬菜,所含的胡萝卜素、铁、钙等优于浅色蔬菜。浅色蔬菜可用于调剂口味,但菜篮子里要以深色菜为主。

6. 干稀搭配

主食有干有稀,或有菜有汤,吃着舒服,水分也充足。

考点 3 细心烹调

由于幼儿咀嚼能力尚弱,肠胃消化能力尚差,食物宜碎、软、细、烂,不宜喂食粗硬的食物,如腊肉、香肠、硬豆粒等,并少吃油煎炸的食物。2岁以后,可逐渐吃些耐嚼的食物,肉、菜可切成小丁、小片、细丝。

3岁以前,要去骨、去刺,枣去核。不宜吃刺激性强的食物,如酸、辣、麻的食品。

考点 4 进餐次数

通常,幼儿一日膳食次数可定为三餐两点或三餐一点。一般要求早餐吃好,中餐吃饱,晚餐适量。要重视早餐的重要性,早餐不足或结构不合理,会使幼儿上午活动时身体能量供应不足,导致血糖过低,影响幼儿的身体健康。三餐热量分布合理是指早、午、晚三餐食物的供热量比应分别占25%~30%、30%~35%、

25%~30%,两次加餐占10%。点心可根据不同情况安排上午、下午各一次或只安排下午一次。两餐之间的时间间隔要合适,不宜过长或过短,以3.5~4小时为宜。

真题3 [2021浙江临海,单选]从数量上看,幼儿加餐摄取的热能占全天热能的(　　)左右。
A. 25%　　　　　　B. 20%　　　　　　C. 10%　　　　　　D. 5%
答案:C

★ 本节核心考点回顾 ★

1. 幼儿膳食中,三大产能营养素所供热能应占总热能的百分比

幼儿膳食中,蛋白质、脂肪、碳水化合物所供热能应占总热能的百分比分别为:蛋白质占12%~15%,脂肪占30%~35%,碳水化合物占50%~60%。

2. 幼儿每餐合理的热量分布

早、午、晚三餐食物的供热量比应分别占25%~30%、30%~35%、25%~30%,两次加餐占10%。

第三节 幼儿良好饮食习惯的培养

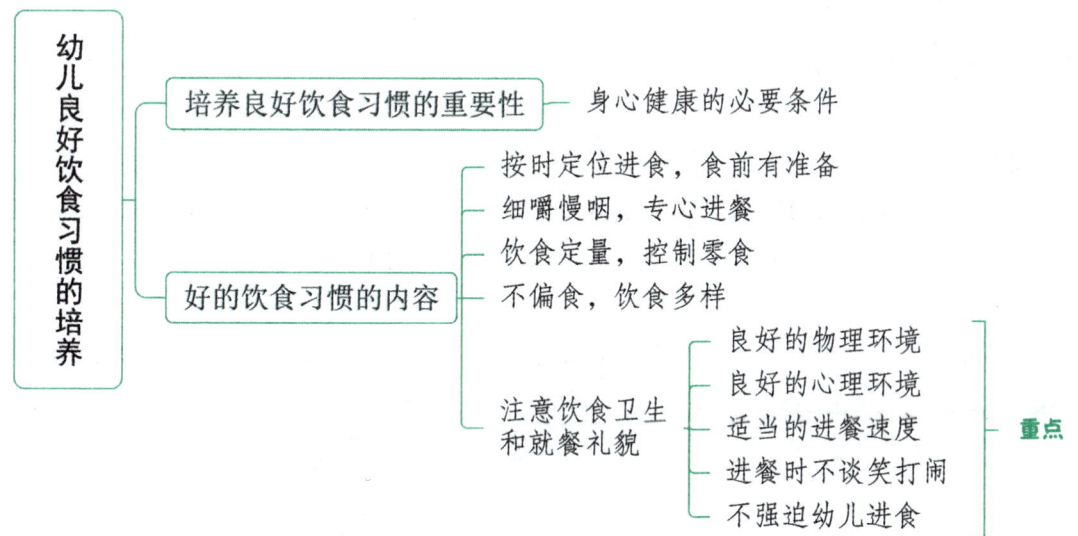

一、培养良好饮食习惯的重要性

儿童在数月、数年中,每日反复的生活活动形成了一定的规律,就是生活习惯。饮食习惯是生活习惯的重要组成部分。对儿童来说,良好的饮食习惯是身心健康的必要条件。

维持生命、保证生长发育的营养物质是通过吃来取得的。平衡的膳食,吃进去才能发挥其作用。

(1)有的幼儿零食不断,以致胃内经常有食物,半饥半饱,吃饭时没有食欲,得不到足够的营养素,进而影响了生长发育。

(2)有的幼儿挑食、偏食,有的不吃青菜,有的不吃豆腐,有的不肯喝牛奶,不吃鸡蛋等,以致食物单调,也得不到足够的营养素。

(3)有的幼儿摸透了家长的心理,在餐桌上要家长答应种种条件,才肯张口;有的好菜独吞,旁若无人,家长却往往忽略了"饮食习惯塑造性格"。从小培养良好的饮食习惯,关系着儿童的身心健康。

二、好的饮食习惯的内容 【多选、简答】★★★

1. 按时定位进食,食前有准备

食前,告诉幼儿要吃饭了。1~2岁的孩子,要求他们洗好手,带上围嘴,坐在自己的小椅子上。3岁左右可以在吃饭前帮忙做一些就餐的准备,如擦桌子、摆筷子,放好自己用的小匙、小盘、小碗。看到固定的餐具,想到马上要吃饭了,会使幼儿食欲增加。

2. 细嚼慢咽,专心进餐

切忌放任幼儿端着饭碗到处走,边玩边吃。每顿饭应有大致的时间限制,既要求幼儿细嚼慢咽,又不要拖得太久,应该专心吃饭。

3. 饮食定量,控制零食

除了三顿饭、1~2次点心之外,要控制零食,使幼儿养成吃好三餐的好习惯。另外,教育幼儿不要贪食,以免消化不良。

4. 不偏食,饮食多样

偏食是一种不良的饮食习惯,不仅影响幼儿的健康,而且形成固定的口味以后,长大成人也难再适应多样化的膳食。膳食多样化才能使人体获得全面的营养。

5. 注意饮食卫生和就餐礼貌

进食卫生的要求主要包括:

(1)良好的物理环境

托幼机构幼儿用餐的场所应整齐清洁,空气通畅,温度适宜,桌椅高低适合幼儿身高,餐具简单便于使用。进餐时良好的物理环境有益于幼儿保持大脑皮层的兴奋和用餐时的愉快情绪。

(2)良好的心理环境

幼儿用餐时的心理环境与保教人员的态度有密切的关系。托幼机构的保育员和教师在幼儿进餐时要给予关心和爱护,对独立进餐有困难的幼儿要给予帮助。不能在就餐时批评、训斥幼儿,造成幼儿情绪低落,大脑皮层受到抑制,食欲不振,即使吃下去的食物也不能得到很好的消化吸收。

(3)适当的进餐速度

幼儿进餐时保教人员不能一味地要求孩子吃得快,或用"看谁得第一"等比赛的方法以刺激幼儿提高进餐速度。进餐过快会造成咀嚼不够,引起消化不良,或因呛噎造成气管异物等情况发生。进餐速度过慢会造成饭菜变凉,特别是在冬季,会导致幼儿胃部不适,消化不良。要指导帮助进餐速度过慢的幼儿改进进餐技巧,提高进餐速度,和同伴一起把饭吃完。

(4)进餐时不谈笑打闹

(5)不强迫幼儿进食

如果幼儿突然出现比往日进餐量骤减的情况,一般都是有原因的,要注意观察了解,加强与家长的联系,不要强迫幼儿进食,以免造成不良后果。

自幼儿上桌开始,就应培养良好的就餐礼貌,如咀嚼、喝汤时不应发出大的声响,夹菜不可东挑西拣,不糟蹋饭菜等。特别是要懂得谦让,不应把好吃的独占。

真题1 [2020安徽滁州,单选]幼儿良好进食的卫生要求不包括( )

A. 良好的心理环境　　　　　　　　　B. 适当的进餐速度

C. 不强迫幼儿进食　　　　　　　　　D. 进餐时说笑打闹

真题2 [2022江西统考,简答]幼儿园集体儿童膳食的卫生要求有哪些?

答案:1. D　2. 详见内文

★★ 本节核心考点回顾 ★★

1. 好的饮食习惯的内容

(1)按时定位进食,食前有准备;(2)细嚼慢咽,专心进餐;(3)饮食定量,控制零食;(4)不偏食,饮食多样;(5)注意饮食卫生和就餐礼貌。

2. 幼儿进食卫生的要求

(1)良好的物理环境;(2)良好的心理环境;(3)适当的进餐速度;(4)进餐时不谈笑打闹;(5)不强迫幼儿进食。

第三章　幼儿常见疾病的防护和意外事故的处理

本章学习指南

一、考情概况

本章属于学前卫生学的基础章节,也是重点考查章节,内容较为琐碎,考生可带着以下学习目标进行备考：

1. 了解幼儿常见身体疾病的症状及防护。
2. 理解传染病的特性,掌握传染病流行过程的三个基本环节及预防传染病的主要措施。
3. 了解幼儿常见传染病的症状及防护。
4. 掌握幼儿常见意外事故的急救与处理。

二、考点地图

考点	年份／地区／题型
常见呼吸道疾病	2022江西统考单选
常见营养性疾病	2024浙江金华单选；2023江西统考单选；2023/2022福建统考单选、判断
常见五官疾病	2021山东青岛多选
常见皮肤病	2023江西统考单选
传染病的特性	2023安徽宿州单选；2023/2020福建统考单选；2022江西统考单选
传染病流行过程的三个基本环节	2022浙江台州简答
预防传染病的主要措施	2023浙江绍兴简答；2023安徽宿州单选；2022安徽安庆多选；2022福建统考单选
常见病毒性传染病	2024山东青岛单选；2023江西统考单选；2022/2021福建统考单选；2021安徽合肥单选；2021山东青岛多选；2020内蒙古赤峰单选
常见细菌性传染病	2024福建统考单选；2023安徽宿州单选
急救的原则与急救术	2024山东淄博多选；2023福建统考单选
小外伤的处理方法	2024/2023山东临沂单选；2022安徽安庆判断
骨折的处理方法	2023安徽宿州单选
鼻出血的病因及处理方法	2020浙江杭州简答
异物入体的处理方法	2024山东青岛单选；2021江西统考单选
动物咬伤的处理方法	2024浙江台州单选；2023福建统考单选；2021浙江临海单选
烧烫伤的程度	2023安徽宿州单选
中暑的处理方法	2021安徽阜阳单选

注：上述表格仅呈现重要考点的相关考情。

核心考点

第一节 幼儿常见身体疾病与预防

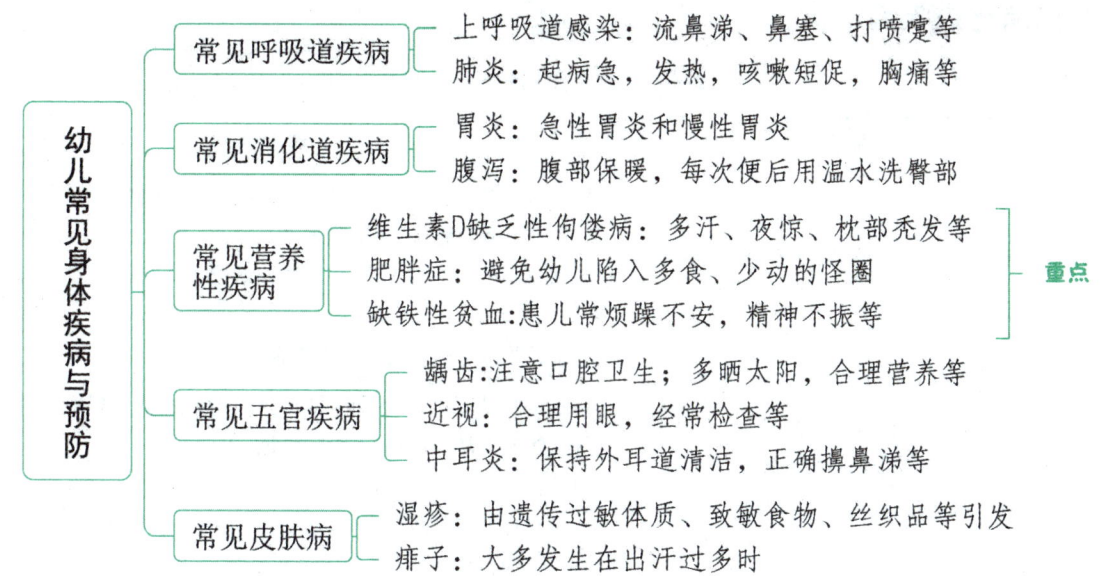

一、常见呼吸道疾病 【单选】

表4-7 常见呼吸道疾病

	上呼吸道感染	肺炎
病因	上呼吸道感染(上感)是由细菌或病毒引起的鼻咽部炎症。体弱儿常反复发生上感	常由肺炎双球菌、链球菌、葡萄球菌、流感杆菌、大肠杆菌以及某些病毒引起。四季均可发病,尤以冬春气温骤变季节为多见
症状	(1)较大儿童多为鼻咽部症状,主要表现为鼻塞、流鼻涕、打喷嚏、咳嗽、乏力,可有发热。年龄较小(3岁以下)可出现高热、精神不振、食欲减退、呕吐、腹泻等症状,有的可因高热出现惊厥。 (2)可能引发急性化脓性中耳炎、淋巴结炎、气管炎、支气管炎等	起病急,发热(营养不良者体温可不高,或反而降低),咳嗽短促,胸痛,呼吸困难,气急,烦躁不安,面色苍白,严重者鼻翼扇动,指甲或唇周青紫,听诊呼吸音粗糙或稍减低,有湿罗音。继发于上呼吸道感染者,原有的咳嗽加剧,体温突然升高,为并发病征象。肺炎可出现心力衰竭和呼吸衰竭等严重的并发症,必须及时治疗
防护	(1)护理:①病儿宜卧床休息,多喝开水。饮食应有营养、易消化。②对高热病儿可用药物降温和物理降温法,使体温降至38℃左右。③若出现高热持续不退、咳嗽加重、喘憋等症状时需及时诊治。 (2)预防:①应加强锻炼,多组织幼儿在户外活动,根据季节变化提醒幼儿增减衣服。②合理安排饮食,保证幼儿的营养需要,但不宜饮食过饱或过于油腻,以免消化不良使抵抗力下降。③幼儿活动室及卧室应经常通风,保持空气新鲜。④冬春季节,避免与上感患者接触	常开窗户,经常到户外活动,使肌体的耐寒能力和适应气温变化的能力增强,积极治疗和预防感冒、佝偻病,去除诱发肺炎的根源,孩子患病后应立即送医院治疗

473

真题1 [2022江西统考,单选]依依出现了发热、咳嗽短促、胸痛、呼吸困难、气急、烦躁、面色苍白、鼻翼扇动等症状。她可能是患了( ),必须及时治疗。

A.感冒　　　　　　B.哮喘　　　　　　C.肺炎　　　　　　D.鼻炎

答案:C

二、常见消化道疾病

表4-8　常见消化道疾病

	胃炎	腹泻
病因	饮食不合理、挑食、偏食、受凉等均可导致胃炎的发生	(1)感染。因吃了被细菌、病毒、霉菌污染的食物,或食具被污染,引起胃肠道感染,夏秋季多见。 (2)饮食不当。多发生于人工喂养的婴儿。如饮食过多、过少、突然改变饮食。 (3)腹部受凉,贪吃冷食,可引起腹泻
症状	(1)急性胃炎常有上腹疼痛、恶心、呕吐和食欲减退等症状,其临床表现轻重不等。 (2)慢性胃炎临床表现并无特异性,且年龄越小,症状越不典型。绝大多数表现为上腹部或脐周疼痛反复发作	(1)腹泻症状轻的,一日腹泻数次至10余次,大便稀糊状或蛋花汤样,体温正常或低热,不影响食欲。 (2)腹泻严重者多因肠道内感染所致。起病急,一日腹泻数十次,呈水样便,尿量减少或无尿,食欲减退,伴有频繁呕吐。因大量失水,使机体脱水,表现为精神萎靡、眼窝凹陷、口唇及皮肤干燥等,严重时会危及生命
防护	①饮食规律,定时适当,食物宜软、易消化,避免食用过硬、过冷、过酸、粗糙的食物和酒类以及含咖啡因的饮料。 ②改掉睡前进食的习惯。 ③避免精神紧张。 ④尽量不用或少用对胃有刺激性的药物	(1)护理:①腹部保暖,每次便后用温水洗臀部。②已有脱水症状者,无论程度轻重,均应立即送医院治疗。③不要让腹泻的小儿挨饿。 (2)预防:①合理喂养婴幼儿,提倡母乳喂养,合理添加辅食,合理断奶。②要悉心照料婴幼儿,避免腹部着凉。③要做好日常饮食卫生工作。④当发现腹泻患儿时,应进行隔离治疗,做好消毒工作

三、常见营养性疾病 【单选、判断】 ★★

表4-9　常见营养性疾病

	维生素D缺乏性佝偻病	肥胖症	缺铁性贫血
病因	①紫外线照射不足; ②食物中维生素D摄入不足; ③生长速度过快,所需维生素D更多; ④其他疾病影响; ⑤某些药物的影响	①进食过多,营养过剩; ②运动过少; ③遗传; ④心理因素(受到精神创伤或心理异常的幼儿可有异常的食欲,导致肥胖症) 进食过多、运动过少和遗传是导致肥胖的三大关键因素,其中,进食过多和运动过少是主要诱因	①先天储铁不足; ②饮食中铁的摄入量不足(这是导致缺铁性贫血的重要原因); ③生长发育过快; ④疾病的影响

474

续表

	维生素D缺乏性佝偻病	肥胖症	缺铁性贫血
症状	①多汗、夜惊、烦躁、睡眠不安；②学前儿童经常因多汗摇头擦枕，致使枕部秃发；③骨骼病变	①食欲旺盛，食量超常，偏食；②懒动，喜卧，爱睡；③体格发育较正常小儿迅速。体重明显超过同龄同身高者。脂肪成全身性分布，以腹部为主	①一般表现。患儿常烦躁不安，精神不振，食欲减退，体重增长减慢，皮肤黏膜变得苍白，以口唇、口腔黏膜、甲床和手掌最为明显，容易疲乏，注意力不集中，理解力降低，反应迟钝。②造血器官的表现。由于骨髓外造血反应，肝、脾和淋巴结轻度肿大。年龄越小，贫血越严重、病程越长，则肝、脾肿大越明显，但肿大程度很少超过中度
预防	孕妇及学前儿童应多做户外活动，多接触阳光，遵医嘱补充维生素D	①避免婴儿哺乳量过多；②避免幼儿陷入多食、少动的怪圈	①应坚持母乳喂养；②及时治疗钩虫病及各种感染性疾病；③定期进行贫血检查

知识再拔高

肥胖症的诊断标准

1. 体重超过同龄儿童（按身高计算的标准）体重的20%为肥胖症。
2. 按脂肪总量算，超过正常脂肪含量的15%为肥胖症。
3. 分度标准。以体重超标程度来分度，可分三度：(1)超过标准体重20%~30%者为轻度；(2)超过标准体重30%~50%者为中度；(3)超过标准体重50%者为重度。

真题2 [2024浙江金华,单选]某幼儿经常夜间惊醒并哭闹，还因经常出汗而导致枕秃，该幼儿可能患有（　　）

A. 夜惊　　　　　　　　　　　　B. 佝偻病

C. 结核病　　　　　　　　　　　D. 儿童期恐惧

真题3 [2023江西统考,单选]近期骁骁出现了烦躁不安、食欲减退、注意力不集中的症状，对活动不感兴趣，时常较累，反应也没有原来快，骁骁可能患有（　　）

A. 蛋白质能量缺乏性营养不良　　B. 维生素缺乏症

C. 营养性缺铁性贫血　　　　　　D. 碘缺乏症

真题4 [2022福建统考,单选]某幼儿平日面色苍白、容易疲乏，常烦躁不安、精神不振、食欲减退。可能患有（　　）

A. 缺锌症　　　　　　　　　　　B. 碘缺乏症

C. 缺铁性贫血　　　　　　　　　D. 维生素A缺乏症

真题5 [2023福建统考,判断]对体重超标幼儿，要注意控制饮食和增加运动量。

答案：2. B　3. C　4. C　5. √

四、常见五官疾病 【多选】 ★

表4-10 常见五官疾病

	龋齿	近视	中耳炎
病因	①口腔中细菌的破坏作用； ②牙齿牙缝中的食物残渣； ③牙齿结构上的缺陷，如牙釉质发育不良、牙齿排列不齐等	①先天的遗传因素； ②后天的用眼疲劳	婴幼儿的咽鼓管相对成人的要平坦和短粗，接近水平位置，若鼻咽部感染后，病菌极易由此进入鼓室，当抵抗力减弱或细菌毒素增强时会产生炎症
症状	根据牙齿的破坏程度可以分为浅龋、中龋和深龋： ①浅龋时牙齿变色，表现出褐色或黑褐色斑点，表面粗糙但无自觉症状； ②中龋腐蚀到牙本质，形成龋洞，遇冷、热、酸、甜等刺激，有酸痛不适感； ③深龋腐蚀已达牙本质深层或牙髓，可致牙髓炎，因脓液积聚在髓腔内，压迫神经末梢，可引起剧烈牙痛	①视远物模糊，视近物清晰； ②易疲劳； ③部分患儿可有外隐斜或外斜视； ④眼底改变，中度以上近视眼玻璃体混浊和液化，高度近视眼因眼轴较长、眼球变大呈现眼球突出状态	耳内疼痛（夜间加剧）、耳鸣、发热、恶寒、口苦、小便红或黄、大便秘结、听力减退，若鼓膜穿孔，耳内会流出脓液，疼痛会减轻。急性期治疗不彻底，会转变为慢性中耳炎，随体质、气候变化，耳内会经常性流脓液，时多时少，严重的会危及儿童的生命
预防	①从小注意口腔卫生； ②注意正确的刷牙方法； ③要根据儿童的年龄选择大小适宜的牙刷； ④多晒太阳，合理营养； ⑤定期进行口腔检查	①合理看电视、玩游戏，用眼时间不宜过长； ②用眼时的光线要适中，避免光线过强或过弱； ③用眼姿势要正确； ④培养幼儿良好的生活习惯（保证充足睡眠和均衡营养、多做户外活动、养成良好的用眼卫生习惯）； ⑤经常检查，发现近视，及时治疗	①洗头、洗澡时避免污水入耳，保持外耳道清洁。 ②不要将异物塞入耳道，不要随便为儿童挖耳朵。 ③注意口腔卫生。鼻分泌物较多时，切勿同时捏住双侧鼻孔擤鼻涕，要先擤一侧鼻孔，再擤另一侧鼻孔，以防鼻涕和细菌经咽鼓管进入中耳

真题6 [2021山东青岛，多选]预防龋齿的有效方法是（   ）

A. 注意口腔卫生　　　　　　　　B. 多晒太阳

C. 合理营养　　　　　　　　　　D. 定期口腔检查

答案：ABCD

五、常见皮肤病 【单选】 ★

表4-11 常见皮肤病

	湿疹	痱子
病因	①由学前儿童的遗传过敏体质引发； ②由致敏食物引起； ③由接触丝织品、人造纤维、外用药物等引起	由于汗液排泄不通畅滞留于皮内引起的汗腺周围发炎，大多发生在出汗过多时

续表

	湿疹	痱子
症状	①多见于头面部,亦可能出现在身体其他部位,最初为细小的疹子,以后有液体渗出,干燥后形成黄色痂皮; ②由于患儿时感奇痒,故往往烦躁不安,脾气急躁; ③多数可以自愈	多发生在多汗或易受摩擦的部位,如头皮、前额、颈部、胸部、腋窝、腹股沟等处。初起,皮肤出现红斑,后形成针尖大小的小疹或水疱,自觉刺痒或有灼痛感。痱毒起初是小米粒大小的脓疱,渐渐肿大为玉米粒或杏核大小,脓疱慢慢变软、破溃,流出黄色黏稠的脓液
预防	①应回避致敏源; ②不宜使用碱性较强的肥皂为婴幼儿洗脸、洗澡、洗衣服或洗尿布; ③乳母应多食含维生素丰富的食物	①勤洗澡,保持皮肤干燥清洁,夏季宜穿透气吸汗的纯棉衣服,多喝水、勤翻身; ②应避免在烈日下玩耍

真题7 [2023江西统考,单选]萱萱的颈部和胸部皮肤出现红斑,接着这些红斑形成了针尖大小的疹子并伴有水疱出现,萱萱痒的不停抓挠,之后小疱渐渐长为玉米粒大小,随后慢慢变软。萱萱患的皮肤病是(　　)

A.痱子　　　　B.脓疱疮　　　　C.体癣　　　　D.麻疹

答案:A

★★ 本节核心考点回顾 ★★

1.肺炎的症状

起病急,发热(营养不良者体温可不高,或反而降低),咳嗽短促,胸痛,呼吸困难,气急,烦躁不安,面色苍白,严重者鼻翼扇动,指甲或唇周青紫,听诊呼吸音粗糙或稍减低,有湿罗音。

2.维生素D缺乏性佝偻病的症状

(1)多汗、夜惊、烦躁、睡眠不安;(2)学前儿童经常因多汗摇头擦枕,致使枕部秃发;(3)骨骼病变。

3.肥胖症的预防

(1)避免婴儿哺乳量过多;(2)避免幼儿陷入多食、少动的怪圈。

4.缺铁性贫血的症状

缺铁性贫血的一般表现是患儿常烦躁不安,精神不振,食欲减退,体重增长减慢,皮肤黏膜变得苍白,以口唇、口腔黏膜、甲床和手掌最为明显,容易疲乏,注意力不集中,理解力降低,反应迟钝。

5.龋齿的预防

(1)从小注意口腔卫生;(2)注意正确的刷牙方法;(3)要根据儿童的年龄选择大小适宜的牙刷;(4)多晒太阳,合理营养;(5)定期进行口腔检查。

6.痱子的症状

(1)多发生在多汗或易受摩擦的部位。

(2)初起,皮肤出现红斑,后形成针尖大小的小疹或水疱,自觉刺痒或有灼痛感。

(3)痱毒起初是小米粒大小的脓疱,渐渐肿大为玉米粒或杏核大小,脓疱慢慢变软、破溃,流出黄色黏稠的脓液。

第二节 传染病概述

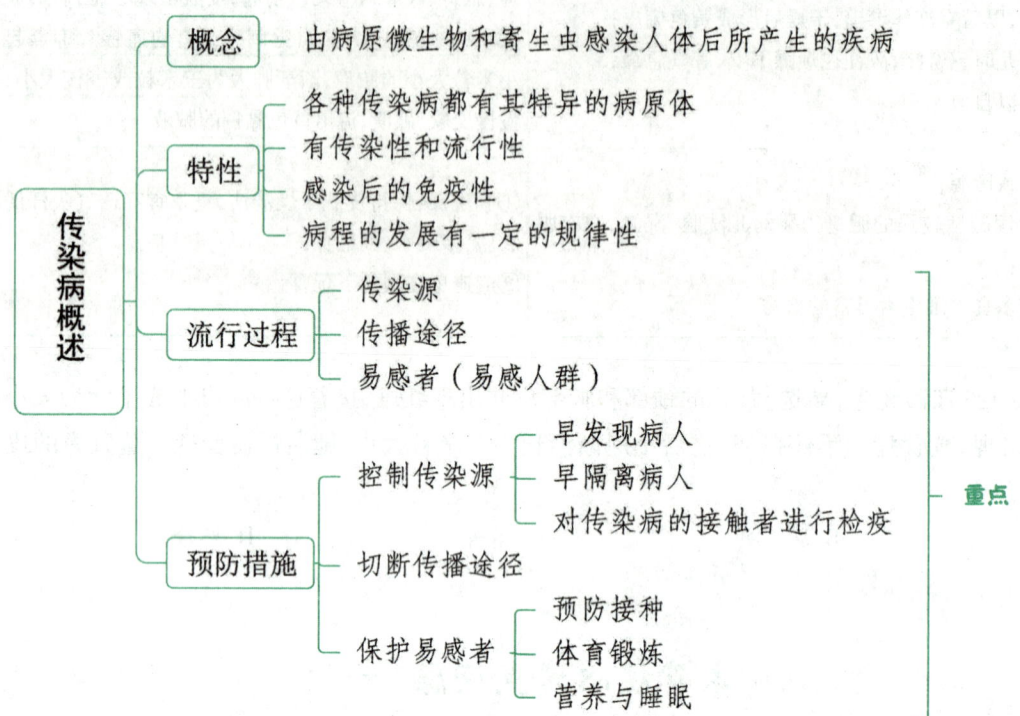

一、传染病的概念

传染病又称感染性疾病,是由病原微生物(细菌、病毒和真菌)和寄生虫(原虫和蠕虫)感染人体后所产生的疾病,具有传染性和流行性。由寄生虫引起的疾病又称寄生虫病。

二、传染病的特性 【单选】★★

在人体外环境中,有一些能侵袭人体的微生物,称为病原体。

由于传染病的致病因素是有生命的病原体,它在人体内所引起的疾病与其他致病因素所引起的疾病有本质的区别,因此,传染病有它自己的特性。

传染病不同于其他疾病,它有四个基本特征,也有特殊的临床表现,可与其他疾病相区别。

考点 1 各种传染病都有其特异的病原体

病原体是指外界环境中的一些能侵袭人体的微生物和寄生虫,它是传染病的致病因素。各种传染病都有其特异的病原体,如微生物中的病毒、细菌、衣原体、立克次体、真菌、原虫、蠕虫等,多数传染病的病原体是病毒,对于历史上的许多传染病,人们都是先认识其临床特征,然后才知道其病原体的。

真题1 [2020福建统考,单选]一种传染病有别于另一种传染病,主要是因为( )

A. 病原体   B. 传染性   C. 免疫性   D. 水源传播

答案:A

考点 2 ▶ 传染病有传染性和流行性

传染病的病原体可以由人或动物经过一定的途径,直接或间接地传染给他人。个体是否传染上某种疾病,与病原体的致病力以及自身的抵抗力有关。当病原体的传染力超过人群普遍的免疫力时,就可以在一定的地区、一定的时间引起广泛的流行。从流行的时间与范围来看,可以分为:

(1)流行:某种传染病在大面积地区广泛发生,如水痘、腮腺炎、细菌性痢疾的流行。

(2)地方病:某种传染病局限于特定的自然地区,如苏、浙、沪、皖、湘、赣等地易发生的血吸虫病。

(3)爆发流行:某种传染病在短时间内有大量病例出现,如1988年上海甲肝的爆发流行。

(4)大流行:某种传染病超出国界或洲界时的大流行。

另外,传染病的发病在不同季节、不同人群中的分布也不一样。

真题2 [2023安徽宿州,单选]传染病具有传染性和流行性,从流行的时间和范围来看,新型冠状病毒肺炎属于( )

A.流行　　　　　B.地方病　　　　　C.暴发流行　　　　　D.大流行

答案:D

考点 3 ▶ 传染病有感染后的免疫性

正常人体感染病原体后,无论是隐性或显性感染,都能产生针对该病原体的特异性免疫。不同的传染病产生的免疫程度是不同的,一般来说,病毒性传染病(如麻疹、甲肝等)感染后免疫力常可保持终身,但也有例外,如流感的免疫时间很短,可多次感染;细菌、原虫感染后免疫时间一般较短,只有数月或数年(如菌痢),但也有例外,如伤寒的免疫时间较长。

考点 4 ▶ 病程的发展有一定的规律性

传染病的发生、发展和恢复,一般有下列四个阶段:

1. 潜伏期

从病原体侵入人体到开始出现临床症状,这段时期称为潜伏期。潜伏期通常相当于病原体在机体内定居、繁殖、转移、引起组织损伤和功能改变,出现临床症状之前的整个过程。

由于病原体的种类、数量、毒性及人体免疫力的不同,潜伏期的长短不一,大多数传染病的潜伏期是几天、几十天,而另一些传染病的潜伏期为数月甚至数年。

熟悉各种传染病的潜伏期,是进行流行病学调查、检疫接触者的重要依据,一般参考某种传染病的最长潜伏期,决定该传染病的检疫期限。

2. 前驱期

前驱期是潜伏期末至症状明显期前,出现某些临床表现的短暂时间,一般1~2天,呈现乏力、头痛、低热、皮疹等表现。

3. 症状明显期(又称急性期)

这段时期出现各种传染病的特有症状,不同的传染病在发烧的持续时间、皮疹类型及出疹时间等方面各不一样。

4. 恢复期

机体免疫力增长至一定强度,病原体消失,体内病理、生理变化终止,组织功能逐步恢复正常。但在恢复期有时因为病原体的再度繁殖,急性期症状重新出现,病情会恶化,如伤寒、甲型肝炎等。如果传染病人在恢复期结束以后,机体的某些功能仍长期未能得到恢复,则称为后遗症,后遗症的发生多见于中枢神经系统传染病,如乙型脑炎、脊髓灰质炎等。

真题3 [2023福建统考,单选]确定传染疾病接触者观察期限应根据其(　　)

A. 最短潜伏时间　　　　　　　　　　B. 最长潜伏时间

C. 典型潜伏时间　　　　　　　　　　D. 一般潜伏时间

真题4 [2022江西统考,单选]传染病的病程发展有一定的规律性,(　　)是潜伏期末到发病期前,出现某些临床表现的短暂时期。

A. 传染期　　　　B. 前驱期　　　　C. 症状明显期　　　　D. 恢复期

答案:3. B　4. B

三、传染病流行过程的三个基本环节 【简答】 ★★

传染病的流行过程就是传染病在人群中发生、发展和转归的过程。传染源、传播途径和易感者(易感人群)构成了传染病发生和流行的三个基本环节,缺少其中任何一个环节,都不会形成传染病的流行。

考点 1 ▶ 传染源

传染源是指病原体在其体内生存、繁殖并向体外排出的人和动物。传染源的类型分为以下几种:

1. 病人

病人指感染了病原体并表现出一定症状的人。例如,麻疹、病毒性肝炎、细菌性痢疾等传染病,带有病原体的病人是唯一的传染源。病人排出病原体的整个时期称为传染期,传染期的长短决定病人隔离时间的长短。

2. 病原携带者

病原携带者包括病后病原携带者(也称恢复期病原携带者)和健康病原携带者。病后病原携带者是指患传染病以后,症状虽已消失,但仍然能够排出病原体的病人。健康病原携带者是指病原体虽然已经侵入人体,但并未表现出任何临床症状,却能排出病原体的人。这种潜伏性感染病人,往往成为流行过程的主要危险。

3. 受感染的动物

动物传染了病原体后也能成为传染源而传播疾病,如被狂犬病毒感染的狗、猫就是狂犬病的传染源。

考点 2 ▶ 传播途径

病原体从传染源体内排出,经过一定的方式,又侵入他人体内,所经过的途径被称为传染途径。病原体主要通过以下几种途径,传播给易感儿童。

1. 空气飞沫传播

病原体由传染源的唾液、痰以及鼻咽分泌物通过空气、飞沫、尘埃等作为媒介,经过呼吸道侵入机体,感染疾病,如麻疹、流感、猩红热等。由于空气飞沫传播是呼吸道传染病的主要传播方式,日常生活中应注意环境卫生,加强室内通风换气,并宜采用湿式打扫。

2. 水、食物传播

病原体由口通过胃肠道侵入机体,使人受到感染。饮食传播是消化道传染病的主要传播方式,如伤寒、菌痢、甲型肝炎等。有些传染病,如血吸虫病,是因接触被污染的水,病原体通过皮肤侵入人体的,故保护水源、饮用开水是减少传染病的重要措施。

3. 接触传播

接触传播有两种形式,即直接接触和间接接触。直接接触是指病原体直接从传染源到达易感者体内感染致病,如狂犬病、破伤风、梅毒。间接接触是指病原体通过污染各种物品(桌椅、玩具、文具)、用品(衣物、碗筷、杯子、毛巾),再经易感者接触而致病,又称日常生活接触传播。流感、水痘、手足口病、红眼病(急性结膜炎)、乙肝、沙眼等疾病可由间接接触传染。

4. 医源性传播

医务人员在检查、治疗疾病时以及实验操作过程中,通过血液、注射等造成疾病感染,如输入了带有乙型肝炎病毒的血液而感染上乙型肝炎,又如与某种病原携带者共用了注射器而感染上疾病等。

5. 虫媒传播

因吸血节肢动物如蚊子、跳蚤、虱子及白蛉等叮咬人体而传播疾病,如流行性乙型脑炎、疟疾、黑热病等。

6. 土壤传播

人体接触带有病原体的土壤而感染疾病,如破伤风、钩虫病等。土壤传播与儿童接触土壤的机会及卫生习惯有关。

7. 母婴传播

病原体从母亲传给亲生子女,其主要类型有:

出生前传播:病原体通过胎盘传播给胎儿,如风疹病毒、乙型肝炎病毒感染;或病原体从阴道通过子宫的细微破口进入羊水,再感染胎儿,如疱疹病毒感染。

出生时经产道传播:如巨细胞病毒、乙型肝炎病毒感染,这种传播方式较为多见。

母乳传播:如巨细胞病毒、乙型肝炎病毒等都可通过母乳传播。

出生后母婴密切接触传播:母亲或在妊娠和分娩时虽已带有病原体但未传染给孩子,或在生育后感染上病原体,由于后来与子女的密切接触,而将病原体传播给子女。

8. 自身传播

有时带有病原体的儿童可发生反复的自身感染,如患有蛲虫病的孩子睡眠时雌虫到体外肛门周围大量产卵,患儿用手抓痒而沾染虫卵,又通过口腔吞入,反复感染,使疾病延续不愈。

真题5 [2022浙江台州,简答]简述传染病传播的途径。

答案:详见内文

考点 3 易感者(易感人群)

易感者是指对某种传染病缺乏特异性免疫力或免疫力较弱,被传染后易发病的人。学前儿童是多种传染病的易感者。

四、预防传染病的主要措施 【单选、多选、简答】 ★★★

传染病具有流行性,往往能在短时间内使众多人群感染发病,危害极大,故必须加强预防。预防传染病的关键在于针对其发生和流行的三个基本环节,采取综合性措施。

预防传染病的主要措施

考点 1 ▶ 控制传染源

总的来说,对传染源要早发现、早报告、早隔离、早诊断及早治疗,具体措施如下:

1. 早发现病人

多数传染病在疾病早期传染性最强,早发现病人,是防止传染病流行的重要措施。托幼机构的工作人员应每年进行一次以上的体格检查,新来的工作人员必须通过严格的体格检查方能参加工作。婴幼儿入园(所)前应做全面的健康检查,入园后也要定期检查。

2. 早隔离病人

托幼机构可根据自己的条件建立隔离室,使病人及可疑传染病者得到隔离及个别照顾。隔离室的工作人员不要与健康儿童接触,不进厨房。隔离室内的用具应专用,用后消毒。照顾健康儿童的工作人员不得进入隔离室。不要把患不同传染病的儿童放在同一间隔离室内,以免相互传染。

3. 对传染病的接触者进行检疫

对于曾与传染病患儿接触过的儿童,要实行检疫,进行观察。在检疫期间,受检疫儿童应与健康儿童隔离,但每日活动照常进行。要根据受检疫传染病的种类和特征,密切观察儿童是否出现异常情况。

考点 2 ▶ 切断传播途径

根据传染病的传播途径,采取相应的防范措施,以切断传播途径。托幼机构应加强卫生知识的宣传,高度重视环境卫生,彻底消灭蚊子、苍蝇、老鼠、蟑螂,室内经常打扫,减少尘埃,使病原体失去适宜的生存与繁殖场所。教职工应严格执行卫生制度,养成良好的个人卫生习惯,并注意培养幼儿良好的生活卫生习惯,防止病从口入,儿童所用物品应经常进行消毒,消毒方法一般有物理消毒法和化学消毒法(即使用化学消毒剂),各种物品及脏物的消毒方法。这里主要介绍物理消毒法。

物理消毒法是简便易行、较为有效的消毒法。它又分为机械法、煮沸法、日晒法三种。

1. 机械法

机械法采用洗涤、通风换气等方法,排除部分或全部的病原体,但不能有效地杀灭病原体。

2. 煮沸法

煮沸法是简便可靠的消毒方法。被消毒的物品必须全部浸入水中。一般致病菌在煮沸1～2分钟后即可灭活。甲型或乙型肝炎病毒,煮沸15～30分钟方能灭活。各种耐热的物品、金属器皿和食具等均可煮沸消毒。

3. 日晒法

日晒法是利用紫外线消毒灭菌。一般附着在衣服、被褥等物品表面的病原体,在阳光下暴晒3～6小时就可灭活。流感、百日咳、流脑、麻疹等病原体,在阳光直射下很快就会灭活。

真题6 [2023安徽宿州,单选]幼儿园一日生活活动中,教师教给幼儿"七步洗手法",引导幼儿把小手洗干净后再吃午餐,从预防传染病的角度看,这是为了(　　)

A. 控制传染源　　　　　　　　　　　　B. 保护易感人群

C. 切断传播途径　　　　　　　　　　　D. 以上都是

真题7 [2022安徽安庆,多选]消毒是切断病毒传播途径的一种重要措施,下列属于物理消毒的是( )

A. 乙醇消毒法　　　　B. 机械消毒法　　　　C. 日晒消毒法　　　　D. 煮沸消毒法

答案:6. C　7. BCD

考点 3 ▶ 保护易感者

(1)预防接种。预防接种又称人工自动免疫,是指运用人工的方法使人获得特异性免疫的能力,也就是将各种病原体的毒性降低,制成疫苗,通过适当的途径接种到人体内,从而达到预防传染病的目的。人工自动免疫后,人体免疫力可在1~4周内出现,并且可持续较长时间。预防接种是当前最有效、最经济、最简便的预防传染病的方法。

(2)体育锻炼。锻炼可增强儿童体质,提高机体免疫力和抵抗力。幼儿园和家庭要重视幼儿的体育锻炼,每天保证幼儿有2小时的户外活动时间和足够的运动量。

(3)营养与睡眠。保证营养供给充足,提供平衡膳食;保证睡眠充足、有规律的一日生活,均可增强幼儿体质,提高免疫力。

真题8 [2022福建统考,单选]新冠肺炎期间,教师鼓励家长带幼儿接种新冠疫苗,目的在于( )

A. 早发现早隔离　　　　　　　　　　B. 监控传染源

C. 切断传染途径　　　　　　　　　　D. 保护易感幼儿

真题9 [2023浙江绍兴,简答]简述预防传染病的主要措施。

答案:8. D　9. 详见内文

★ 本节核心考点回顾 ★

1. 传染病的特性

(1)各种传染病都有其特异的病原体。

(2)传染病有传染性和流行性。

(3)传染病有感染后的免疫性。

(4)病程的发展有一定的规律性。传染病的发生、发展和恢复一般包括潜伏期、前驱期、症状明显期(又称急性期)、恢复期。

①潜伏期:从病原体侵入人体到开始出现临床症状,这段时期称为潜伏期。一般参考某种传染病的最长潜伏期,决定该传染病的检疫期限。

②前驱期:潜伏期末至症状明显期前,出现某些临床表现的短暂时间。

③症状明显期:出现各种传染病的特有症状。

④恢复期:病原体消失,组织功能逐步恢复正常。

2. 传染病流行过程的三个基本环节

传染源、传播途径和易感者(易感人群)构成了传染病发生和流行的三个基本环节。

3. 传染病常见的传播途径

(1)空气飞沫传播;(2)水、食物传播;(3)接触传播;(4)医源性传播;(5)虫媒传播;(6)土壤传播;(7)母婴传播;(8)自身传播。

483

4. 预防传染病的主要措施

（1）控制传染源：早发现病人、早隔离病人、对传染病的接触者进行检疫。

（2）切断传播途径：严格执行卫生制度，儿童所用物品应经常进行消毒。消毒方法一般有物理消毒法和化学消毒法。物理消毒法又分为机械法、煮沸法、日晒法三种。

（3）保护易感者：预防接种、体育锻炼、营养与睡眠。

第三节　幼儿常见传染病的种类和预防

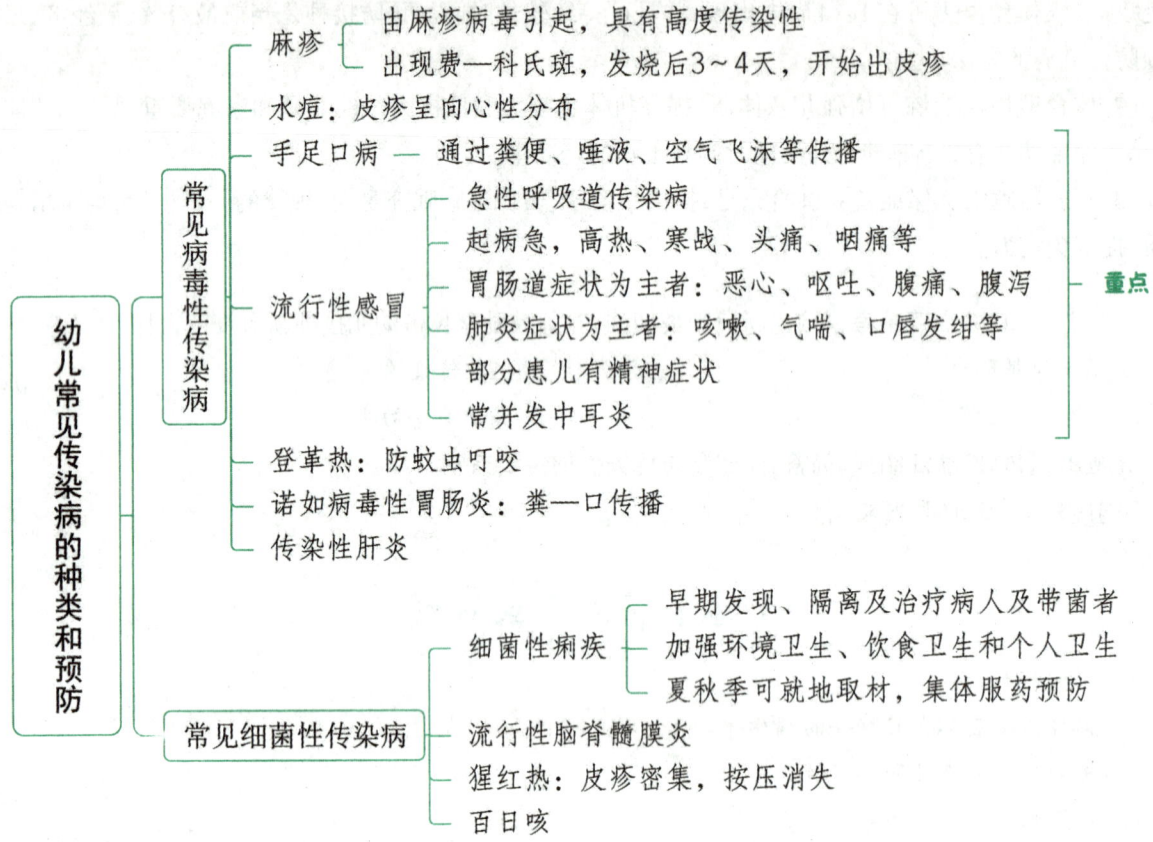

一、常见病毒性传染病 【单选、多选】 ★★★

考点 1　麻疹

1. 病因

麻疹是由麻疹病毒引起的急性呼吸道传染病，具有高度传染性。麻疹病毒存在于病人的口、鼻及眼的分泌物中，主要经飞沫传播或直接接触感染者的鼻咽分泌物传播。病毒离开人体后，生存力不强，在流动的空气中或日晒下0.5小时即被杀灭。

2. 症状

病初的症状和患感冒差不多，有发烧、咳嗽、流鼻涕、眼怕光流泪等现象；发烧后2~3天，口腔黏膜会有改变，在两侧乳磨牙旁的颊黏膜上，可以看到周围有红晕、中心发白的小斑点，叫费—科氏斑，下唇也可有相似的斑点，这是麻疹所特有的症状；发烧后3~4天，开始出皮疹，皮疹先由耳后出现；出疹一般持续3~4天，疹子出齐后开始消退，体温逐渐恢复正常。

3.预防

(1)积极进行麻疹预防知识的宣传,普遍接种麻疹疫苗。对尚未接种却已接触传染源的学前儿童,应在5天内进行人工被动免疫,但被动免疫的有效性只能维持3~8周。

(2)麻疹流行期间,学前儿童不宜到人群密集的场所去。患儿需隔离,并避免集中到医院就诊,争取做到"麻疹不出门"。患儿停留过的房间用紫外线照射消毒或通风半小时,其衣物应在阳光下曝晒或用肥皂水清洗。

真题1 [2022福建统考,单选]下列对麻疹描述错误的是(　　)
A.由麻疹病毒引起　　　　　　　　　　B.不具备很强的传染性
C.颊黏膜会出现费—科氏斑　　　　　　D.发热3~4天后出现皮疹
答案:B

考点 2 ▶ 水痘

1.病因

水痘是一种传染性很强的出疹性传染病;病原体是水痘—带状疱疹病毒,主要通过空气飞沫经呼吸道传播,也可通过接触病人疱疹内的疱浆而感染,传染性极强,一次患病可获终身免疫。

2.症状

在皮疹出现前常有发热等前驱症状。1~2天后出现皮疹,皮疹特点为向心性,以躯干、头、腰及头皮处多见,四肢稀少,受压或受刺激的部位如腰、臀等处,皮疹较密集。皮疹初为红色的小点,1天左右转为水疱,3~4天后水疱干缩,结成痂皮。干痂脱落后,皮肤上不留瘢痕。发疹期多有发热、精神不安、食欲不振等全身症状。在发病后1周内,由于新的皮疹陆续出现,陈旧的皮疹已结痂,也有的正处在水疱的阶段,所以患者皮肤上可见到三种皮疹:红色小点、水疱、结痂。出疹期间,皮肤刺痒。

3.预防

(1)隔离病人直至全部皮疹结痂,对接触病人的易感儿童应注意观察。室内通风换气,用紫外线对空气进行消毒。

(2)国外已有水痘减毒活疫苗,对保护易感者有较好的作用。

真题2 [2020内蒙古赤峰,单选]皮疹呈向心性分布,先见于头皮、面部,渐渐延至躯干、四肢,该疾病是(　　)
A.麻疹　　　　　B.手足口病　　　　　C.水痘　　　　　D.风疹
答案:C

考点 3 ▶ 手足口病

1.病因

手足口病是由肠道病毒引起的婴幼儿常见传染病,其感染部位是包括口腔在内的整个消化道,可引起手、足、口腔等部位的疱疹,故称"手足口病"。该病主要通过患儿的粪便、唾液、咽部分泌物污染的食物而传播,直接接触患儿疱疹液亦会传播病毒,患儿咽喉分泌物及唾液中的病毒,可通过空气飞沫传播。

2.症状

(1)最先出现轻微的症状,如发烧、全身不适、咳嗽、咽痛等。

(2)在指(趾)的背面、侧缘、手掌、足跖,尤其是指(趾)甲的周围,有时在臀部、躯干四肢发生红色斑丘疹,很快发展为水疱。

(3)口腔内在舌、硬腭、颊黏膜、齿龈上发生水疱,破溃后形成浅在的糜烂,可因疼痛影响进食。

(4)一般于8~10天水疱干涸,病愈。

3.预防

(1)饭后漱口,保持口腔清洁;(2)不要喝生水、吃生冷食物;(3)儿童饭前便后、外出后要用肥皂或洗手液等洗手;(4)本病流行期间不宜带儿童到人群聚集、空气流通差的公共场所;(5)注意保持环境卫生,要经常通风,勤晒衣被,避免接触患病儿童;(6)患儿食具、便具应专用,用后消毒;(7)看护人接触儿童前、替幼童更换尿布、处理粪便后均要洗手,并妥善处理污物;(8)儿童出现相关症状要及时到医疗机构就诊。

15字防病口诀是:勤通风、勤洗手、喝开水、食熟食、晒衣被。

真题3 [2024山东青岛,单选]下列不属于手足口病传播途径的是( )

A.肢体接触传播 B.空气飞沫传播
C.虫媒传播 D.饮食传播

答案:C

考点 4 ▶ 流行性感冒

1.病因

由流行性感冒病毒引起的常见急性呼吸道传染病,简称流感,传播力强,多在冬末春初流行,在小儿中的发病率及病死率高。患者呼吸道分泌物排出病毒,经飞沫由人到人直接传播,飞沫污染手、玩具、茶杯、衣物后也能发生间接传播,由于流感病毒在空气中存活时间不超过30分钟,故以空气飞沫直接传播为主。人类对流感病毒普遍易感,感染后即获得对同型病毒的免疫力,但维持时间短,仅8~12个月,不超过2年。各型及亚型之间无交叉免疫,且甲型流感病毒变异多,故可引起反复发病。

2.症状

流感潜伏期为数小时至一两日。其表现为起病急,出现高热、寒战、头痛、咽痛、乏力、眼结膜充血等症状。以胃肠道症状为主者,可有恶心、呕吐、腹痛、腹泻等症状;以肺炎症状为主者,发病1~2天后即出现咳嗽、气促、气喘、口唇发绀等症状。部分患儿有明显的精神症状,如嗜睡、惊厥等。患儿常并发中耳炎。

3.预防

(1)对流感患儿要尽早隔离,治疗一周或至热退后两天。患儿应多喝水,饮食注意有营养、易消化。

(2)对密切接触者要加强观察,并采取相应措施,中草药板蓝根、金银花等有一定的预防作用。

(3)室内应通风、有阳光照射。避免学前儿童出入人群密集的公共场所,外出归来、饭前便后均应用肥皂洗手。

(4)托幼机构应定期消毒儿童玩具及其他用品,儿童被褥等不能交叉使用。

真题4 [2021安徽合肥,单选]春季是流感的高发季节,流感属于( )传染病。

A.消化道 B.呼吸道 C.自然疫源性 D.中枢神经系统

真题5 [2021山东青岛,多选]流行性感冒潜伏期为数小时至一两日。其表现为起病急,出现高热、头痛、咽痛、乏力、眼结膜充血等症状,其他症状主要有( )

A. 以胃肠道症状为主者,可有恶心、呕吐、腹痛、腹泻等症状
B. 以肺部发炎症状为主者,发病一两日后即出现咳嗽、气促、气喘、口唇发绀等症状
C. 部分患儿有明显的精神症状,如嗜睡、惊厥等
D. 婴幼儿常并发中耳炎

答案:4. B 5. ABCD

考点 5 ▶ 登革热

1.病因

登革热又称波尔加热、五天热等。是由登革热病毒引起的一种急性发热性疾病,登革热通过带有登革热病毒的雌性伊蚊叮咬而传染给人类。主要传播媒介为埃及伊蚊、白纹伊蚊。当人被带病毒蚊子叮咬后,病毒会从蚊子的唾液进入人体血液而引起感染。如果病者在刚发烧前至退烧期内(大约六七日)被蚊叮,病毒就有可能传给蚊子继而传播开去。此病并不会经由人与人之间传播,与患者接触是不会被传染的。

2.症状

感染登革热病毒后,经过3至15天的潜伏期(通常为5至8日),患者多以突然发热为首发症状,持续发热3~5天,严重头痛,四肢酸痛、关节痛、肌肉痛、背痛、后眼窝痛。发病后三四日出现红疹,恶心、呕吐,轻微的流牙血和流鼻血。病后有可能出现极度疲倦及抑郁症状,极少数病者会恶化至出血性登革热,并进一步出血、休克,严重时可导致死亡。

3.预防

防止蚊虫叮咬。传播登革热的主要病媒是伊蚊,应防止蚊虫叮咬,避免在人群聚集的地方活动。在暴露的皮肤处应喷洒驱虫剂。白天或夜晚室外活动时应穿长衣和长裤。蚊子可以隔着薄薄的衣服叮咬,因而可以在衣服上喷上驱虫剂。另外,伊蚊的主要孳生地是人为的水容器具,如废弃的车胎、水桶、水管、花瓶、花盆、罐子和储水箱内。人们应尽可能避开或清除住所周围的上述容器。

考点 6 ▶ 诺如病毒性胃肠炎

1.病因

诺如病毒性胃肠炎是由诺如病毒感染所引起的急性传染病,是最常见的急性非细菌性感染性胃肠炎。粪—口传播为诺如病毒性胃肠炎的主要传播方式,气溶胶传播和接触传播为诺如病毒性胃肠炎的辅助传播方式。诺如病毒性胃肠炎暴发时,一级病例多借助排泄物污染的食用载体如食品、水源传播;二级和三级病例多借助呕吐物和排泄物挥发产生的气溶胶或呕吐物和排泄物污染的生活载体如门把手传播。

真题6 [2021福建统考,单选]诺如病毒性胃肠炎的主要传播途径是( )

A. 粪—口传播 B. 虫媒传播
C. 血液传播 D. 土壤传播

答案:A

2.症状

诺如病毒感染发病以轻症为主,最常见的症状是腹泻和呕吐,其次为恶心、腹痛、头痛、发热、畏寒和肌

肉酸痛等。严重呕吐或腹泻，病人可出现脱水，但死亡病例罕见。死亡主要见于出现严重脱水的婴幼儿、体弱或老年病人。

真题7 [2023江西统考，单选]儿童感染（　　）后，会出现胃炎症状，典型的表现是呕吐和腹泻，同时伴有发烧、头痛、恶心、腹痛、畏寒等表现，严重的可能会脱水。

A.新冠肺炎　　　　B.诺如病毒　　　　C.流感病毒　　　　D.手足口病

答案：B

3.预防

目前尚无理想的疫苗可供使用。预防诺如病毒性胃肠炎应遵循以切断传播途径为主的综合性原则。最重要的措施是减少水源和食品污染。加大食品卫生执法力度和加强对供水单位的管理，确保饮食卫生和饮用水安全。加强诺如病毒性胃肠炎预防知识的宣传，重点教育群众尽量不吃或半生吃海产品等食物。做好疫情监测和规范疫情报告。

考点 7 ▶ 传染性肝炎

1.病因

传染性肝炎是由肝炎病毒引起的传染病。肝炎病毒可分为甲型、乙型和非甲非乙等诸多类型，传染性强，传播途径复杂，传播范围广泛，其中以甲型肝炎和乙型肝炎感染率较高。

（1）甲型传染性肝炎由甲型肝炎病毒引起。存在于粪便中的病毒污染了食物和饮水，经口造成传染。

（2）乙型传染性肝炎由乙型肝炎病毒引起。病毒存在于病人的血液、唾液、乳汁等体液中，主要通过血液、密切接触和母婴传播。

2.症状

无论甲型、乙型传染性肝炎，在症状上都可分为黄疸型与无黄疸型两种。

（1）黄疸型肝炎。病初类似感冒，相继出现食欲减退、恶心、呕吐、腹泻等症状，尤其不喜欢吃油腻食物。病儿无精打采，乏力，脾气烦躁，易发怒。经一周左右，巩膜、皮肤出现黄疸，尿色加深，肝功能异常。

（2）无黄疸型肝炎。与黄疸型肝炎相比，病情较轻。一般有发热、乏力、恶心、呕吐、头晕等症状，无黄疸。

3.预防

（1）接种甲肝、乙肝疫苗，保护易感者。

（2）注意饮食卫生，强调个人卫生。生活用品、餐具应专人专用。

（3）做好日常性的消毒工作。尤其是食具、水杯的煮沸消毒。

（4）幼儿园的工作人员应定期进行健康检查。

（5）发现病情，要向防疫机构报告，对受到影响的地方进行专业处理。

二、常见细菌性传染病 【单选】★★

考点 1 ▶ 细菌性痢疾

1.流行特点

细菌性痢疾是由痢疾杆菌引起的肠道传染病。病菌存在于病人的粪便中，若患者的粪便污染了食物、饮水等，食用后会被传染；若污染了用具，也会经手、口传播。

2. 症状

(1)发病急,高热、腹痛、腹泻。一日可腹泻几十次,有明显的里急后重症状(有总排不净大便的感觉)。大便内有黏液及脓血。

(2)少数患儿未见脓血就发高热,很快抽风、昏迷,为中毒型痢疾。

3. 护理

(1)发热时应卧床休息,饮食以流质或半流质为主,忌食多渣(如粗纤维食物)、油腻或有刺激性的食物。病情好转后逐步恢复普通饮食并加强营养。

(2)应遵医嘱服药。急性菌痢的疗程一般为7～10天,若未按医嘱服药,治疗不彻底,易转成慢性菌痢。

(3)每次排便后,用温水清洗患儿臀部,不要让患儿长时间坐在便器上,防止脱肛。

(4)要注意严格消毒隔离,对患儿的用品进行消毒,保证其个人卫生。

4. 预防

(1)早期发现、隔离及治疗病人及带菌者。

(2)加强环境卫生、饮食卫生和个人卫生。

(3)夏、秋季可就地取材,采用集体服药预防的方法,如马齿苋煎剂有一定的预防效果。

真题8 [2023安徽宿州,单选]对于细菌性痢疾患儿的预防与护理,以下说法错误的是(　　)

A. 忌流质、半流质食物　　　　　　　　B. 排便后,用温水清洗臀部

C. 夏季可食用马齿苋进行预防　　　　　D. 加强个人卫生、饮食卫生、环境卫生

答案:A

考点 2　流行性脑脊髓膜炎

1. 流行特点

流行性脑脊髓膜炎,简称流脑,是由细菌引起的呼吸道传染病。病菌存在于病人的鼻咽部,主要经飞沫传染。冬春季,室内通风不良,人体呼吸道抵抗力下降,容易造成流脑的流行。

2. 症状

(1)病初类似感冒,发热、寒战,但流鼻涕、打喷嚏、咳嗽等症状不明显。

(2)剧烈头痛,肌肉酸痛、关节痛。

(3)频繁呕吐,呈喷射状,即没感到恶心就喷吐出来。

(4)病人烦躁或神志恍惚,嗜睡。乳儿常有尖叫、惊跳。病情进一步发展可出现抽风、昏迷。

(5)发病后几小时,皮肤上可出现出血性皮疹。用手指压迫后红色不退,是出血性皮疹的特点。

(6)颈部有抵抗感。让病人仰卧,检查者托住病人的头,向胸前屈曲。检查者可感到病人的颈部发硬,很难使病人的下巴贴到前胸。

3. 预防

(1)接种流行性脑脊髓膜炎菌苗。

(2)室内经常开窗通风,保持空气新鲜。冬春季,尽量不组织幼儿去人多的公共场所。

(3)接触者检疫,可服磺胺嘧啶预防,药量遵医嘱,服药期间多喝开水。

考点 3 猩红热

1. 流行特点
猩红热为乙型溶血性链球菌引起的呼吸道传染病。病菌在人体外生存力较强,病人和带菌者是主要的传染源。主要经飞沫传染,少数可由被细菌污染的食物、玩具、书等传播。

2. 症状
(1)起病急,可有发热、咽痛、呕吐等症状。
(2)于发病后1~2天出皮疹。皮疹从耳后、颈部、腋下出现,迅速波及躯干、四肢。皮疹细密,压迫可退色。皮疹之间的皮肤,为一片猩红色,用手按压红色可暂退。在肘弯、腋窝、大腿根等皮肤有皱褶处,皮疹十分密集,呈现一条条红线。皮肤瘙痒。两颊发红,但口唇周围明显苍白。于病后2~3天,舌乳头肿大突出,很像杨梅,故叫"杨梅舌"。

3. 护理
(1)需用抗菌素彻底治疗,以免咽部长期带菌。抗菌素的用法应遵医嘱。
(2)病人需卧床休息。常用盐水漱口,保持口腔清洁。
(3)在病后2~3周时要检查尿。因少数病人可并发急性肾炎。

4. 预防
(1)早隔离病人。
(2)接触者检疫。在检疫期间发现有咽炎、扁桃体炎,尽早用抗菌素治疗。
(3)病人停留过的房间,可用食醋熏蒸消毒。

真题9 [2024福建统考,单选]某幼儿出现咽痛、发热、呕吐症状,于一到两天出现皮疹,皮疹密集,按压消失,于病后2~3天舌乳头肿大突出。该幼儿可能患有(　　)

A. 风疹　　　　　　B. 湿疹　　　　　　C. 猩红热　　　　　　D. 手足口病

答案:C

考点 4 百日咳

1. 流行特点
百日咳为百日咳杆菌引起的呼吸道传染病。百日咳杆菌离开人体后生存力不强。病人自潜伏期末至发病后6周均有传染性,主要经飞沫传染。

2. 症状
(1)病初期。病初类似感冒,数日后咳嗽加重,尤其夜间咳重。经1~2周发展为阵咳期。
(2)阵咳期。表现为一阵一阵的咳嗽,咳声短促,连咳十数声而无吸气间隙,脸憋得通红,鼻涕、眼泪流出,最后有一深长的吸气,并发出"鸡鸣"样吼声,常将食物吐出。
值得注意的是,新生儿患百日咳,因咳嗽无力,气管、支气管管腔狭窄,很容易被痰液堵塞,因此病情常不表现出典型的一阵阵咳嗽,只是一阵阵憋气、面色青紫。
(3)恢复期。经2~6周的阵咳期以后,进入恢复期。恢复期约2~3周。

3. 护理
(1)病人住的地方应空气新鲜。不要在室内吸烟、炒菜,以免引起咳嗽。病儿要注意保暖,到户外轻微活动,可以减少阵咳的发作。

(2)因病人常有呕吐,呕吐后要进食少量食物。饮食宜少量多餐,选择有营养较黏稠的食物。

4. 预防

(1)接种百白破混合制剂(百日咳、白喉、破伤风混合疫苗)。

(2)早发现、早隔离病人。

(3)接触者检疫,在检疫期间出现咳嗽症状即应隔离观察。

★★ 本节核心考点回顾 ★★

1. 麻疹的病因及症状

(1)病因:由麻疹病毒引起的急性呼吸道传染病,具有高度传染性。

(2)症状:①病初有发烧、咳嗽、流鼻涕、眼怕光流泪等现象;②发烧后2~3天,口腔黏膜会有改变,在两侧乳磨牙旁的颊黏膜上,可以看到周围有红晕、中心发白的小斑点,叫费—科氏斑;③发烧后3~4天,开始出皮疹,皮疹先由耳后出现。

2. 水痘的症状

在皮疹出现前常有发热等前驱症状。1~2天后出现皮疹,皮疹特点为向心性,以躯干、头、腰及头皮处多见,四肢稀少。

3. 手足口病的传播途径

(1)主要通过患儿的粪便、唾液、咽部分泌物污染的食物而传播;(2)直接接触患儿疱疹液亦会传播;(3)患儿咽喉分泌物及唾液中的病毒,可通过空气飞沫传播。

4. 流行性感冒的症状

流行性感冒是由流行性感冒病毒引起的常见急性呼吸道传染病,简称流感。其症状主要有:

(1)起病急,出现高热、寒战、头痛、咽痛、乏力、眼结膜充血等症状。

(2)以胃肠道症状为主者,可有恶心、呕吐、腹痛、腹泻等症状。

(3)以肺炎症状为主者,发病1~2天后即出现咳嗽、气促、气喘、口唇发绀等症状。

(4)部分患儿有明显的精神症状,如嗜睡、惊厥等。

(5)患儿常并发中耳炎。

5. 诺如病毒性胃肠炎的传播方式和症状

(1)传播方式:粪—口传播为主要传播方式。

(2)症状:诺如病毒感染发病以轻症为主,最常见的症状是腹泻和呕吐,其次为恶心、腹痛、头痛、发热、畏寒和肌肉酸痛等。严重呕吐或腹泻,病人可出现脱水。

6. 细菌性痢疾的护理和预防

(1)护理:①发热时应卧床休息,饮食以流质或半流质为主,忌食多渣、油腻或有刺激性的食物;②应遵医嘱服药;③每次排便后,用温水清洗患儿臀部;④要注意严格消毒隔离。

(2)预防:①早期发现、隔离及治疗病人及带菌者;②加强环境卫生、饮食卫生和个人卫生;③夏、秋季可就地取材,采用集体服药预防的方法,如马齿苋煎剂有一定的预防效果。

7. 猩红热的症状

(1)起病急,可有发热、咽痛、呕吐等症状。

(2)于发病后1~2天出皮疹。皮疹细密,压迫可退色。皮疹之间的皮肤,为一片猩红色,用手按压红色可暂退。于病后2~3天,舌乳头肿大突出,很像杨梅,故叫"杨梅舌"。

第四节 幼儿常见意外事故的急救与处理

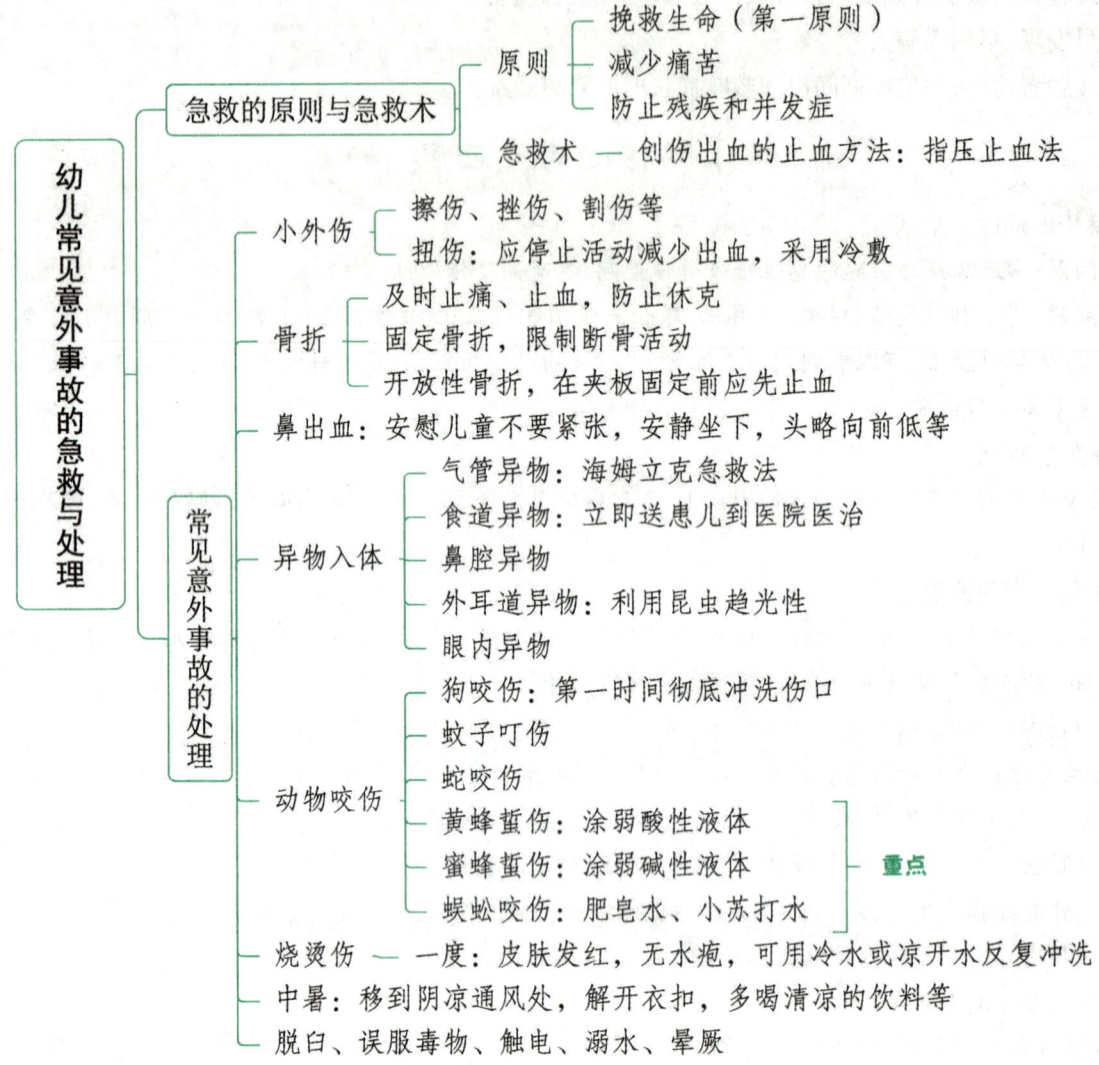

一、急救的原则与急救术 【单选】 ★★

考点 1 急救的原则

1. 挽救生命

生命是至高无上的,在任何伤情下,首先要挽回生命,因此在急救时,第一原则是挽救生命。呼吸和心跳是最重要的生命活动,在常温下,呼吸、心跳若完全停止4分钟以上,生命就有危险,超过10分钟则很难救回。当伤者呼吸、心跳停止,意识丧失时,应立即实施心肺复苏,帮助伤者维持呼吸和心跳,以帮助伤者恢复自主呼吸。

2. 减少痛苦

意外伤害往往会带来剧烈疼痛,甚至出现疼痛性休克,因此在包扎、搬动、处理时动作要轻柔,位置要适当,语气要温和。不要认为救命要紧,其他都不管不顾。正确的处置恰恰也是减少痛苦的措施,如固定伤肢减少其因扭动带来的刺痛、牵拉等。

3. 防止残疾和预防并发症

抢救时要尽量预防和减少并发症的出现。例如,颈椎腰椎错位,搬动时要防止伤及脊髓,造成终身残疾;皮肤烧伤处理时,要防止感染诱发的感染性疾病。因此,实施急救需要专业的知识和技能。

真题1 [2023福建统考,单选]幼儿发生事故时,急救的第一原则是( )

A. 安抚情绪　　　　B. 减轻痛苦　　　　C. 挽救生命　　　　D. 预防残疾

答案:C

考点 2 ▶ 急救术

1. 心肺复苏

心肺复苏是针对呼吸心跳停止的危重伤病人所采取的抢救措施,即通过胸外按压形成暂时的人工循环,采用人工呼吸代替自主呼吸,使伤病人重新恢复心跳和呼吸的急救技术。心肺复苏的实施包括胸外心脏按压和人工呼吸两项措施同时或交替进行。

2. 止血包扎

人体血液量一般占自身体重的约8%。以20千克体重的幼儿为例,全身血液量约为1600毫升,如果失血20%可能出现面色苍白、肢体发冷、烦躁、大汗、心率快、休克的症状,如果失血达40%,则会有生命危险。因此,现场急救一般应按照"挽救生命—止血—包扎—固定"的顺序进行。创伤出血的止血方法主要包括以下几种。

(1)一般止血法

小伤口的出血,可用生理盐水(用9克盐加冷开水1000毫升配成)冲洗局部,涂红药水,盖上消毒纱布块,用绷带紧紧地包扎伤处,以不出血为度。

(2)加压包扎止血法

常用消毒纱布或干净毛巾、布等,折成比伤口稍大的垫子盖住伤口,然后再用绷带或三角巾加压包扎,以达到止血的目的。此法可用于动脉或静脉出血。

(3)指压止血法

用手指或手掌将出血的血管上端(近心端)用力压向相邻的骨骼上,以阻断血流,达到暂时止血的目的。此法常用于紧急抢救时的动、静脉出血,不适用于长时间止血。

(4)止血带止血法

适用于大血管出血,尤其是动脉出血,使用一般加压包扎法无效时可使用此法,止血效果较好。使用此法时常用橡皮管、绷带、三角巾等。上止血带前,先抬高伤肢,帮助静脉回流。然后看准出血点,在止血带与皮肤间垫上垫子,将止血带扎在伤口的上方接近伤口处(但禁止缚在上臂的中1/3段以防损伤桡神经)。止血带的松紧应适度,以摸不到远端的脉搏为宜。在此同时应紧急送医院救治。扎上止血带后应定时放松,以使组织获得血液供应,避免坏死。一般15~20分钟放松一次,每次30秒~1分钟。如出血停止,不必再结扎。

真题2 [2024山东淄博,单选]乐乐在运动时被石头划伤了,手掌血流不止,教师应采取什么应急处理方式( )

A. 一般止血法　　　　B. 指压止血法　　　　C. 加压包扎止血法　　　　D. 止血带止血法

答案:B

3. 固定伤肢

四肢骨折一般选取硬质材料固定,如夹板、筷子、扫帚杆都可以,如果一侧下肢骨折,还可以将其与另一侧健肢固定在一起。脊椎错位一般选择枕头、软垫等软材料进行固定。固定肢体时,一般就地施救,夹板与皮肤、关节、骨突出部位加软衬垫,固定时操作要轻,先固定骨折的上端,再固定下端,绑带不要系在骨折处。前臂、小腿部位的骨折,尽可能在损伤部位的两侧都放置夹板固定,以防止肢体旋转及避免骨折断端相互接触,固定后,上肢为屈肘位,下肢呈伸直位,应露出指(趾)端,便于检查末梢血液循环是否通畅。固定肢体时应注意"三不",即不复位、不涂药、不冲洗。

伤肢固定之后,如果情况不是特别紧急,尽可能等待专业医生前来搬运,不得已需要自行运送时,注意动作轻缓,保证头颈及腰背挺直,避免伤及脊椎,搬运可采用背负法、扶行法、平卧搬运法、椅托搬运法等。

4. 断指保护

意外事故中如果出现断指(趾),应保护好断离部分,在有限时间内还可能实现再植。保存断离部分应注意干燥、低温,先将断指(趾)装进干燥且干净的口袋,再将口袋置入容器中,容器内口袋周围装上冰块,是保存断指(趾)的较好环境。

二、常见意外事故的处理

考点 1 小外伤 【单选、判断】 ★★

1. 擦伤

因摔跤等皮肤极易擦伤并常伴伤口污染,应先用凉开水冲洗伤口,除去污物;然后涂红药水,盖上纱布。

2. 挫伤

受到撞击或受到石子等的打击,皮肤未破损,但伤处肿痛、青紫,在损伤初期可局部冷敷,防止皮下继续出血。24小时后可热敷或用伤湿止痛膏等外贴患处。对严重者应限制受伤的肢体活动。

3. 割伤

削铅笔等常不慎将手割破出血,可先用棉签压迫止血,然后用碘酒消毒伤口,通常伤口较小,可用创可贴包裹伤口。

4. 扭伤

多发生在四肢的关节部位,肌肉、韧带等软组织因过度牵拉而受到损伤。损伤的局部充血、肿胀和疼痛,活动受到限制。初期应停止活动减少出血,采用冷敷,以达到止血、消肿、止痛的目的。1~2天后,可用热敷促进消肿和血液的吸收。中药七厘散外敷伤处有良好效果。

真题3 [2024/2023山东临沂,单选]硕硕在跳绳时不小心扭到脚了,但是没骨折,脚部出现肿胀、充血和疼痛等反应。教师应对幼儿采取措施( )

A. 停止活动,热敷扭伤处　　　　　　　　B. 清洁扭伤处,继续活动

C. 按摩扭伤处,继续活动　　　　　　　　D. 停止活动,冷敷扭伤处

真题4 [2022安徽安庆,判断]发生扭伤后,损伤部位充血、肿胀和疼痛,应采用冷敷的方式,以达到止血、消肿、止痛的目的。

答案:3. D　4. √

考点 2　骨折【单选】★★

幼儿在意外事故中使骨的完整性遭到破坏而导致骨折。折断的骨不穿破皮肤而外露的骨折,称为单纯骨折(又称闭合性骨折)。如果折断的骨刺伤局部的肌肉,骨的断端外露,神经受到伤害的骨折,称为复杂骨折(又称开放性骨折)。如果骨骼从正常关节部位滑出,成为关节脱臼。

骨折的处理措施:

(1)急救的重点应是及时止痛、止血,防止休克,不要盲目地搬动患儿,特别是在可能伤及患儿的脊柱和颈部时更应注意,以免加重伤势,或引起严重的并发症甚至危及生命。

(2)固定骨折,限制断骨的活动。可使用绷带和夹板,将骨折处上下关节都固定起来。上肢应采用曲肘固定,下肢应采用直肢固定。绷带不宜绑得过紧,时间不宜过长。伤肢固定时应露出指或趾尖,以观察血液循环的情况。

(3)对开放性骨折,在夹板固定前应先止血,局部消毒处理,不要将外露骨骼推入伤口,应盖上消毒纱布后再用夹板固定,送医院治疗。

真题5 [2023安徽宿州,单选]以下急救措施中,不正确的做法是(　　)

A. 动脉出血时,用手指或者手掌压住出血部位的上端

B. 骨折有伤口出血时,应先固定,再止血和清洗创面

C. 开放性骨折时,不要将外露骨骼推入伤口

D. 伤肢固定时,应露出手指或脚趾,以观察血液循环情况

答案:B

考点 3　鼻出血【简答】★★

1. 病因

婴幼儿鼻出血的原因很多,如鼻部外伤、某些全身性疾病、鼻黏膜干燥、鼻腔异物等都可引起鼻出血,最常见于用手抠挖鼻痂、发热及空气干燥时。鼻出血的程度不同,由短时间流几滴到长时间的大量流血。

2. 处理方法

(1)安慰儿童不要紧张,让儿童安静坐下,头略向前低,不能仰卧位,也不能头向后仰,以免血液呛入呼吸道。

(2)压迫止血。让患儿用口呼吸,并用拇指和食指捏住患儿的鼻翼,同时用湿毛巾冷敷鼻部或前额,一般压迫5~10分钟即可。

(3)若出血较多,用上述方法不能止血,可用0.5%麻黄碱或1/1000肾上腺素湿棉球填塞出血侧鼻孔,一定要达到出血部位。

(4)止血后,2~3小时内不能做剧烈活动,避免再出血。

(5)若幼儿有频繁的吞咽动作,一定让他把"口水"吐出来,若吐出的是鲜血,说明仍继续出血,应尽快送医院处理。

若幼儿常发生鼻出血,应去医院做全面检查,确定是否有血液病或其他疾病。

真题6 [2020浙江杭州,简答]简述幼儿鼻出血常见原因和处理办法。
答案:详见内文

考点 4 ▶ 异物入体 【单选】 ★★

1. 气管异物

当人们在吞咽食物的时候,会厌软骨盖住气管口,以免食物误入"歧途"进入气管。但幼儿会厌软骨的工作不如成人机灵敏感,因此当幼儿正吃东西时突然大哭、大笑,会厌软骨来不及盖住气管,使食物呛入气管,形成气管异物。异物以圆滑的食物最为多见。幼儿气管发育不完善,驱赶力较弱,很难将气管异物"赶走",造成异物在气管内的停留。当异物将气管完全堵住时,幼儿会出现呼吸困难,面色青紫。较小的异物还要继续下滑,常常滑入右侧支气管,导致右侧肺不能工作,也会出现呼吸困难。

一旦发生气管异物,要立即进行急救。海姆立克急救法是一种专门用于解除气道异物的急救手法。其方法如下:救护者站在患儿背后,搂住他的腰,迅速用右手大拇指的背部顶住上腹部,左手重叠于右手之上,间断地向上、后方用力推压,使横膈肌压缩肺,产生冲击气流,将气管异物冲出。采取上述方法后,仍不能排出气管异物,应立即送医院急救。

为了防止气管异物事故的发生,要让幼儿养成良好的习惯。告诉幼儿不要捡东西吃,不要躺在床上吃东西。当幼儿嘴中含有豆粒、花生米等食物时,成人不能一惊一乍,也不能吓唬他,而要同他讲道理,让他吐出来。幼儿在哭闹时,不要用吃东西来哄他。

2. 食道异物

幼儿有时候会误吞骨头、纽扣等异物,这些异物有时会卡在食道里,有时还会沿着食道进到胃里。异物若卡在食道,患儿的食道部位会有明显的疼痛,在吞咽时,疼痛更明显,致使进食困难。如果异物在食道停留时间过长,还会引起局部及附近部位发炎,严重的会导致食道壁穿孔。一旦发生食道异物,应立即送患儿到医院医治,禁止采用吃东西把异物顶到胃中的做法。即使是鱼刺,不要用喝醋软化、吞咽饭团、馒头等处理,也应及时去医院。

真题7 [2024山东青岛,单选]萱萱午餐时不小心把鱼刺卡到食道中,老师应采取的正确做法是( )

A. 吞咽大块馒头　　　　　　　　B. 喝醋软化鱼刺
C. 海姆立克急救法　　　　　　　D. 去医院取出食道中的鱼刺

答案:D

3. 鼻腔异物

幼儿出于好奇,有时会将纸团、小珠子、豆粒等塞入鼻孔,形成鼻腔异物。若疏于医治,可出现大量带黏液的血脓性分泌物。一旦发现幼儿将异物塞进一侧鼻孔,千万不要用镊子试图将异物夹出,尤其是圆滑的异物,很难夹住,越捅越往深处走。正确的做法是:让幼儿将无异物的鼻孔按住,然后用力擤鼻涕;还可用羽毛、纸刺激幼儿鼻黏膜,引起喷嚏反射。如果上述方法排不出异物,则应到医院处理。

4. 外耳道异物

幼儿将豆粒、小珠子等塞入耳中,或有小昆虫钻入耳中,会形成外耳道异物。幼儿会感到耳鸣,耳内有东西,听力往往也会下降。若是苍蝇、蚂蚁等小昆虫钻进耳内,爬来爬去,使幼儿感到疼痛,较易被发现。此

时可用灯光对着外耳道口,利用昆虫的趋光性,引诱它爬出来;也可将半茶匙稍加热后的食用油、甘油、酒精倒入耳内,再让患儿病耳朝下,坚持5~10分钟,被淹死的昆虫可随液体一道流出。

对于其他外耳道异物,最好到医院处理。因为在没有良好的照明条件、必要的机械和技术不熟练的情况下操作,易损伤幼儿的外耳道皮肤,也可能将异物推入深处,损坏鼓膜,还有可能将异物推向中耳,造成更严重的后果。

真题8 [2021江西统考,单选]一只小昆虫爬进了跃跃的耳朵里,教师正确的处理方式是(　　)

A.用强光接近跃跃的外耳道,将小昆虫引出来

B.用棉签掏出来

C.可用倾斜头部,单脚跳跃的动作,将小昆虫跳出来

D.用掏耳勺挖出来

答案:A

5. 眼内异物

眼内异物多由灰沙落入眼中所致。幼儿会因异物刺激感到疼痛、睁不开眼。处理眼内异物,不能用手或手帕揉擦,可让幼儿用力眨眼,利用泪水将异物带出。也可用温水或蒸馏水冲洗眼睛,还可翻开上、下眼睑,找到异物后用干净的棉签,纱布擦去。若运用上述方法不能取出,幼儿仍感极度不适,有可能是角膜异物,应立即去医院治疗。

考点 5 ▶ 动物咬伤 【单选】 ★★★

1. 狗咬伤

被狗咬伤后,第一时间应快速彻底冲洗伤口。清洁流水冲洗15分钟,肥皂水冲洗15分钟,冲洗的水量要大,水流要急,最好对着水龙头急水冲洗,以最快速度把沾染在伤口上的狂犬病毒冲洗掉。个别伤口大,又伤及血管需要止血外,一般不上任何药物,也不要包扎。及时送医院做进一步的救治处理,并在24小时内尽早注射狂犬病疫苗。

2. 蚊子叮伤

夏天蚊子较多,因而幼儿常常会被蚊子叮伤。蚊子叮后可出现微肿、发红、发痒,有时痒得厉害,会使幼儿变得不安,难以入眠。为了解痒,患儿只好抓搔叮咬处,常常造成皮肤破损,进而造成感染,产生化脓性疾病。为了减轻发痒,要在被叮咬处涂上花露水、酒精等。为了防止蚊子叮咬,夏季一定要采取防蚊措施,如在幼儿身体裸露处涂上驱蚊油等。

3. 蛇咬伤

被毒蛇咬伤后,蛇毒会很快扩散,危及生命。因此,一旦被蛇咬伤,要立即阻止蛇毒扩散,其方法是:用带子或撕下衣服,捆扎伤口靠近心脏的一端,以阻断淋巴、血流。紧接着用清水或盐水冲洗伤口,将留在表面的毒液冲走。用刀片以伤口牙痕为中心,划个十字切口,并用手挤伤口,使毒液流出,也可用拔火罐或吸奶器把毒液吸出来。这样反复几次,使毒液流净,将结扎带子解开,迅速送医院治疗。为了避免毒蛇咬伤,不要带幼儿到潮湿、低洼地散步,也不要带幼儿去长满野草和茂密的树丛中去,更不要让他们在青草或稻草上玩耍和躺着。

4. 黄蜂、蜜蜂蜇伤

幼儿在蜂窝附近或花丛中玩耍,有可能遭蜂蜇。蜂蜇后毒物进入幼儿体内,会引起被蜇处表面皮肤红

肿,并伴有剧烈疼痛,而后奇痒无比,以后症状慢慢消失。一旦遭蜂蜇后,首先要找到并取出昆虫的毒刺,然后在蜇伤处涂些液体。黄蜂毒液呈碱性,可在伤口涂食醋等弱酸性液体;蜜蜂的毒液呈酸性,可在伤口涂淡碱水、肥皂水等弱碱性液体,以达到减轻疼痛和消除水肿的目的。若蜇伤后还伴有中毒症状,应立即送医院。

> **•记忆有妙招•**
>
> 蜜蜂蜇伤要涂弱碱性液体,可记忆为:**蜜饯**。蜜:蜜蜂。饯:弱碱性液体。
>
> 黄蜂蜇伤要涂弱酸性液体,可记忆为:**磺酸**。磺:黄蜂。酸:弱酸性液体。

5. 蜈蚣咬伤

幼儿在室外玩耍时,可能会被蜈蚣咬伤。蜈蚣咬人后,其毒腺分泌出大量毒液,经由咬破的伤口注入被咬者皮下而致人中毒。被小型蜈蚣咬伤者,会在局部发生红肿、疼痛、瘙痒,被大蜈蚣咬伤者,局部灼热肿胀、疼痛难忍,部分患者可出现局部水疱或坏死,甚至出现头痛、发热、眩晕、恶心、呕吐等全身中毒症状,可导致休克、昏迷、抽搐、心脏和呼吸麻痹等。幼儿被蜈蚣咬伤,严重者可危及生命。所以,一定要做好被蜈蚣咬伤后的应急处理,以防止毒液的进一步扩散,加重病情。正确的处理步骤和方法如下。

(1)查看伤势,安抚幼儿的情绪并迅速选择恰当的方法,准备好施救所需物品。

(2)最好先用拔火罐、吸奶器等吸出局部伤口的毒液。

(3)彻底清洗创面。蜈蚣的毒液呈酸性,所以可立即用肥皂水、小苏打水、氨水等碱性溶液对伤口进行冲洗,可起到中和蜈蚣毒液的作用。

(4)对伤口周围进行冷敷或冰敷,然后及时去医院处理。

真题9 [2024浙江台州,单选]小玲在户外活动时,被一只蜈蚣咬伤了。下列做法不合适的是( )

A.用小苏打水冲洗伤口 B.用食醋冲洗伤口
C.用肥皂水冲洗伤口 D.用氨水冲洗伤口

真题10 [2023福建统考,单选]幼儿户外游玩时,不慎被黄蜂蜇伤,急救时应给幼儿涂抹( )

A.醋 B.盐水 C.肥皂水 D.苏打水

真题11 [2021浙江临海,单选]小光的胳膊被狗咬伤了,教师在第一时间发现后采取的正确处理方法是( )

A.用止血药粉或者药膏涂抹在伤口上 B.用自来水对着伤口急水冲洗
C.用嘴去吸吮伤口 D.用牙膏、醋等非医疗物品涂抹伤口

答案:9.B 10.A 11.B

考点 6 ▶ 烧(烫)伤 【单选】★

根据烧(烫)伤的深浅不同,烧(烫)伤可分三度:一度烧(烫)伤,仅表皮受损。局部皮肤发红,感到灼痛,没有水疱。二度烧(烫)伤,损伤深及真皮。局部红肿有水疱,疼痛剧烈。三度烧(烫)伤,损伤皮肤全层,可累及肌肉。

处理一度烧(烫)伤时,可将损伤部位用冷水或凉开水反复冲洗,若手足灼伤可直接浸于冷水中,至疼痛缓解后去除冷水。可在伤面上涂清凉油或烫伤药膏等,一般4~5天可痊愈,不留疤痕。千万不可随意乱抹肥皂水、牙膏、酱油等。对二、三度(烫)伤的患儿,可用干净的纱布、毛巾等覆盖创面,或用干净的床单包裹住,不要弄破水疱,及时送医院救治。有时烧(烫)伤面积较大,患儿可能烦躁口渴,可少量多次喝些淡盐水。

真题12 [2023安徽宿州,单选]仅表皮烫伤,局部皮肤发红,感到灼痛,没有水疱,这属于( )
A.一度烫伤　　　B.浅二度烫伤　　　C.深二度烫伤　　　D.三度烫伤
答案:A

考点 7 ▶ 脱臼

幼儿的关节韧带松,如用力过猛,则可能造成关节面脱离原来的位置,以肩关节、肘关节脱位为常见。表现为功能丧失、局部疼痛。

当幼儿发生脱臼时,不要活动受伤的部位,迅速送往医院,让外科医生采用手法复位,教师切不可贸然试行复位。

考点 8 ▶ 误服毒物

一旦发现幼儿误服了毒物,或乱吃了药片、药水等,只要病儿未昏迷,则应向他讲清道理,取得合作,争取时间尽早把毒物从胃中"请"出来,尽量减少有毒物质的吸收。一般可以采用催吐、洗胃等措施。

对于吃进毒物时间较长的病儿,如超过4小时,毒物已混入肠道,则应立即送医院抢救。在急救的同时,要收集病儿吃剩的东西、呕吐物,以及残留的有毒物质,以供医生检验毒物的性质,为进一步治疗提供依据。

考点 9 ▶ 触电

一旦发生触电,应尽快脱离电源,因为电流作用于人体时间越长,后果越严重。救护者切记不可直接用手去拉触电人,应选择一个安全可靠的方法尽快切断电源。如果幼儿摆弄电器开关、插座触电,要立即关闭电门,再将保险盒打开。如果幼儿触及了室外断落的电线而触电,附近又找不到电闸,救护者穿上胶鞋,脚下垫干燥的厚木板或站于棉被上,用干燥的木棒、竹竿等绝缘工具将电线挑开;也可用干的绳子套在触电人的身上,将其拉出。脱离电源后,要立即对患儿进行检查,一旦发现呼吸、心跳停止,要迅速进行人工呼吸和胸外按压,千万别中断,直到送入医院。

考点 10 ▶ 中暑【单选】★

一旦发生中暑,应将患儿迅速移到阴凉通风处,解开衣扣,让其好好休息,并用冷毛巾敷头部、扇扇子等帮助他散热。若患儿能自己饮水,则可让他多喝一些清凉的饮料,盐汽水最佳,也可服十滴水(一种中成药,对于中暑引起的头晕、恶心、腹痛、胃肠不适等症状,有不错的缓解效果)、人丹。较轻的中暑,经上述处理后,能够很快好转。

真题13 [2021安徽阜阳,单选]微微户外活动后,出现中暑情况,她感到头晕,还有一些发热。这时教师不宜采取的措施是( )
A.将毛巾浸过热水以后敷在额头上　　　B.将微微移至阴凉通风处
C.解开其衣扣,让其平躺休息　　　　　D.若症状严重,应立即送往医院
答案:A

考点 11 ▶ 溺水

发现儿童溺水后要抓紧将其救上岸,接下来:
(1)迅速清除溺水者口鼻内的淤泥杂草,松解内衣、裤带。
(2)控水。救护者取半跪姿势,将溺水者匍匐在救护者的膝盖上,使其头部下垂,按压其腹、背部,使溺

499

水者口、咽及气管内的水控出。但控水时间不能太久,否则会丧失心肺复苏的良好时机。

(3)迅速复苏。检查溺水者呼吸、心跳的情况。有心跳、无呼吸者,可做口对口人工呼吸。如果心跳、呼吸都停止了,应就地进行胸外心脏按压和口对口人工呼吸,以保证溺水者脑的血流灌注,不至于因缺氧造成不可逆转的损害。

考点 12 ▶ 晕厥

晕厥是由于疼痛、闷热、站立时间过长、精神紧张等原因引起的,幼儿在短时间内大脑供血不足,发生头晕、恶心、心慌等症状,继而失去知觉、晕倒,晕倒后,患儿会出现面色苍白、出冷汗等症状。晕厥时应进行以下急救:

(1)晕厥发生时,不要慌张,应尽快让幼儿平卧着休息,头略低,以利于脑部恢复足够的血液供应,防止跌倒引起外伤。

(2)尽快松开衣领、腰带,让幼儿身体略放松。

(3)可按压人中穴,帮助幼儿清醒,恢复意识。

(4)若晕厥由低血糖引起,应立即给幼儿饮糖水,提高血糖浓度。晕厥好转恢复后应去医院诊断,做全面的体格检查,如心电图、脑电图、CT等必要检查、化验,查明引起晕厥的原因。

★★ 本节核心考点回顾 ★★

1. 急救的原则

(1)挽救生命(第一原则);(2)减少痛苦;(3)防止残疾和预防并发症。

2. 幼儿扭伤时的处理措施

初期应停止活动减少出血,采用冷敷,以达到止血、消肿、止痛的目的。1~2天后,可用热敷促进消肿和血液的吸收。

3. 幼儿骨折时的处理

(1)急救的重点应是及时止痛、止血,防止休克,不要盲目地搬动患儿。

(2)固定骨折,限制断骨的活动。伤肢固定时应露出指或趾尖,以观察血液循环的情况。

(3)对开放性骨折,在夹板固定前应先止血。

4. 幼儿鼻出血的病因和处理方法

(1)病因:鼻部外伤、某些全身性疾病、鼻黏膜干燥、鼻腔异物等。

(2)处理方法:

①安慰儿童不要紧张,让儿童安静坐下,头略向前低。

②压迫止血。让患儿用口呼吸,并用拇指和食指捏住患儿的鼻翼,同时用湿毛巾冷敷鼻部或前额,一般压迫5~10分钟即可。

③若出血较多,用上述方法不能止血,可用0.5%麻黄碱或1/1000肾上腺素湿棉球填塞出血侧鼻孔。

④止血后,2~3小时内不能做剧烈活动。

⑤若幼儿有频繁的吞咽动作,一定让他把"口水"吐出来,若吐出的是鲜血,说明仍继续出血,应尽快送医院处理。

5. 狗、蜈蚣咬伤和黄蜂、蜜蜂蜇伤的处理

(1)狗、蜈蚣咬伤:

①狗咬伤:快速彻底冲洗伤口。个别伤口大,又伤及血管需要止血外,一般不上任何药物,也不要包扎。

及时送医院做进一步的救治处理,并在24小时内尽早注射狂犬病疫苗。

②蜈蚣咬伤:用肥皂水、小苏打水、氨水等碱性溶液对伤口进行冲洗。

(2)黄蜂、蜜蜂蜇伤:

①黄蜂:在伤口涂食醋等弱酸性液体。

②蜜蜂:在伤口涂淡碱水、肥皂水等弱碱性液体。

6.烧(烫)伤的程度分类

(1)一度烧(烫)伤:仅表皮受损。局部皮肤发红,感到灼痛,没有水疱。

(2)二度烧(烫)伤:损伤深及真皮。局部红肿有水疱,疼痛剧烈。

(3)三度烧(烫)伤:损伤皮肤全层,可累及肌肉。

7.食道异物的处理方法

一旦发生食道异物,应立即送患儿到医院医治,禁止采用吃东西把异物顶到胃中的做法。

8.幼儿中暑时的处理措施

一旦发生中暑,应将患儿迅速移到阴凉通风处,解开衣扣,让其好好休息,并用冷毛巾敷头部、扇扇子等帮助他散热。若患儿能自己饮水,则可让他多喝一些清凉的饮料。

第四章 幼儿安全与心理卫生教育

本章学习指南

一、考情概况

本章属于学前卫生学的基础章节,内容较为琐碎,考生可带着以下学习目标进行备考:
1. 掌握安全教育的内容,理解安全教育的方法。
2. 理解幼儿的情绪障碍、品行障碍、睡眠障碍、语言障碍和发育障碍。

二、考点地图

考点	年份/地区/题型
安全教育的内容	2023福建统考简答
情绪障碍	2024山东青岛不定项;2023福建统考单选;2021浙江杭州判断;2020安徽滁州单选
品行障碍	2023山东济南判断;2023江苏扬州判断;2020福建统考单选
睡眠障碍	2023安徽宿州单选;2023山东菏泽单选;2023山东德州多选
语言障碍	2024江西统考单选;2024山东淄博单选
发育障碍	2024山东青岛判断;2020湖南长沙单选
饮食障碍	2024山东青岛判断

注:上述表格仅呈现重要考点的相关考情。

核心考点

第一节 安全措施和安全教育

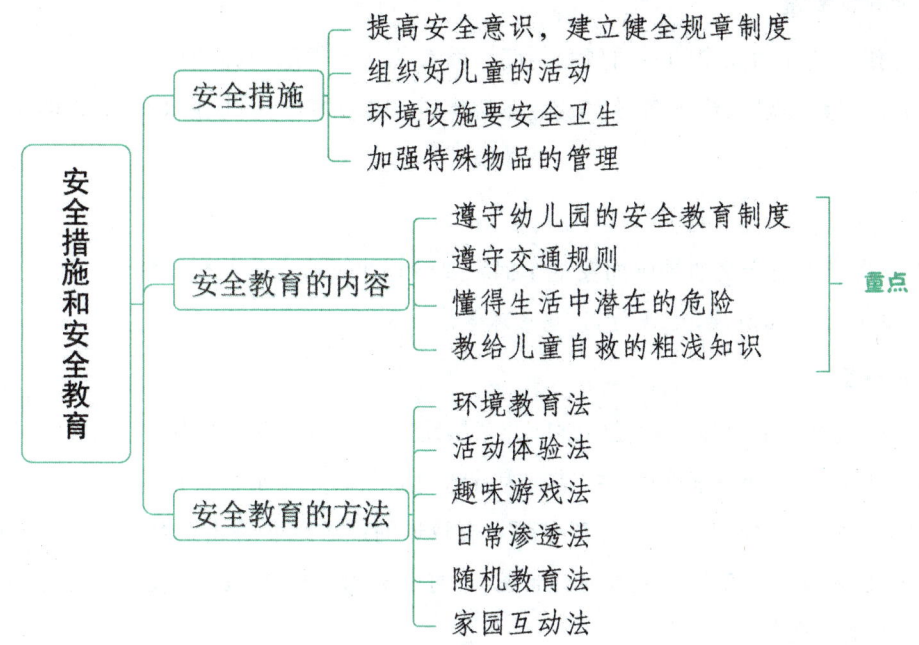

一、安全措施

1. 提高安全意识,建立健全规章制度

托幼机构内儿童发生的意外伤害,许多是因为机构内各项规章制度不健全,工作人员安全意识不强,安全措施不到位造成的,应健全各项规章制度,加强全体保教人员的职业道德教育,牢固树立"安全第一"的思想,明确岗位职责,克服麻痹思想,经常检查督促,杜绝事故发生。

2. 组织好儿童的活动

每次活动前做好充分的准备工作,向幼儿提出活动的具体注意事项,配备足够数量的保教人员。活动过程中,保教人员要全面细致地照顾幼儿,确保幼儿在保教人员的视线范围内从事活动。

建立幼儿园接送制度,防止走失,防止冒领。交接班时应清点人数。

3. 环境设施要安全卫生

托幼机构的建筑设备及用具要符合安全卫生要求,并定期检修,发现问题及时处理。运动器械如滑梯、木马、转椅、秋千要随时检查,并保持表面光滑和坚固。房屋、门窗、地板、楼梯、栏杆要定期检修,确保儿童安全。

4. 加强特殊物品的管理

建立严格的药品保管制度。内服药、外用药、消毒剂均需标签清楚、分开放置、专人保管,不给儿童造成可轻松拿到的机会。给儿童用药前,要仔细核对姓名、药名、剂量,切勿拿错药或服过量。

避免让学前儿童近距离接触有毒物品,如各类消毒剂、杀虫剂、油漆、卫生球等。在为学前儿童消毒时,要注意降低消毒剂的浓度。使用杀虫剂时,要让学前儿童暂时离开喷洒杀虫剂的环境。

化妆品颜色鲜艳,常诱使儿童品尝它的滋味,会使儿童中毒。要妥善保管化妆品,勿让儿童拿到手。

二、安全教育的内容 【简答】★★

1. 遵守幼儿园的安全教育制度

经常性、多渠道地教育孩子遵守幼儿园的各项规章制度。教育儿童不得随便离开自己的班级,有事必须得到老师的允许才能离开。遵守秩序,出入各教室及上下楼梯时不要拥挤。运动、游戏时遵守规则。不做有危险的活动或游戏等。

2. 遵守交通规则

学前儿童常常因为不懂得或不遵守交通规则而发生车祸。要教育儿童遵守公共交通秩序。例如,横过马路时要走人行道,不能在马路上停留玩耍、追逐打闹、踢足球等。

3. 懂得生活中潜在的危险

(1)懂得"水""火""电"的危险。通过多种途径向学前儿童展示"水、火、电"对人的用途及对人的危害。据统计,1~4岁儿童发生溺水,以误入水中淹溺为主,其次为游泳时溺水。儿童平衡及自救能力差,误入水中,无挣扎及自救能力,很容易溺水。所以要教育儿童在距水边较近的地方玩耍时注意安全。教育儿童防火用电的基本知识,如不玩火,不摆弄电器。在室外遇到雷雨,不可在大树下避雨,尤其是在高大孤树下,以免被雷击,并注意躲开被刮断的电线等。

(2)不采食花、草、种子,以免误食有毒植物。

(3)不要捡拾小物件,不能将小钢珠、豆粒、碎玻璃等小东西放进鼻、耳中,或把玩具放在口中吸吮、咬。

4. 教给儿童自救的粗浅知识

许多事实证明,当发生意外事故时,如果当事者具有救护、自救的知识,能冷静、沉着、迅速地采取急救的措施,往往能在很大程度上争取时间,减轻事故造成的损失,减少人员伤亡。因此,在幼儿园安全教育中,应提高学前儿童自我防备和救护的能力,教给他们自救的粗浅知识。如突遇火灾、煤气泄漏、烧烫伤,以及迷路走失等怎样处理。

真题 [2023福建统考,简答]简述幼儿安全教育的内容。
答案:详见内文

三、安全教育的方法

1. 环境教育法——通过浅显易懂的环境创设让幼儿感受安全教育的知识

环境创设是幼儿园最直观的教育方法。让幼儿在环境中潜移默化地受到熏陶、感受安全教育。可以通过有趣的图片、漫画、标志符号、照片、宣传画等布置安全宣传栏或墙饰。在活动室周围和楼梯、过道两旁贴上安全标记图,用来经常提示幼儿。如小心触电、当心危险、上下楼梯按指示箭头行走,不推挤,以免碰撞。教育幼儿不玩火、不动插头开关等。

2. 活动体验法——通过开展丰富多彩的主题活动让幼儿体验安全防护的技能

活动是幼儿教育的主要渠道,通过开展一系列安全主题活动,让幼儿亲身经历体验整个过程,增加感受,增强安全意识,提高自我保护能力。如,开展"发生火灾怎么办"的主题活动,通过观看录像、图片,使幼儿初步感知火对人们的帮助和害处,通过模拟逃生的游戏,使幼儿了解安全自救逃生的常识,学习保护自己。

3. 趣味游戏法——通过生动有趣的游戏活动强化幼儿安全自救的技能技巧

游戏是幼儿园的主导活动,也是幼儿最感兴趣的活动,是幼儿园最有效的教育方式。我们要充分利用游戏这一主导活动,让幼儿在轻松、愉快的气氛中,得到安全自救技能的训练。

4. 日常渗透法——抓住一日生活常规中各个环节渗透安全教育的方法

幼儿一日生活的各个环节都是安全教育的最好时机,如晨检、午餐、散步、盥洗、户外活动、自由活动等。幼儿教师、保育员、保健员、厨师等都应成为安全教育员,时时抓住机会对幼儿进行安全教育。

5. 随机教育法——抓住日常生活中教育的契机随机进行教育

安全教育不仅要在集体活动中集中进行,还要在日常生活中随机进行,应渗透在幼儿的日常生活中。随时观察幼儿的一举一动,利用各种教育活动,抓住幼儿日常生活中瞬间发生的偶发事件、典型事例,有针对性地对幼儿进行安全教育,来提高幼儿的自我保护能力,也不失为安全教育的好方法。

6. 家园互动法——家园密切配合进一步深化幼儿的自我保护教育

对幼儿的安全教育单靠幼儿园的教育是远远不够的,应该家园合作,统整各方资源,形成教育合力,促进幼儿的发展。这就需要家庭与幼儿园密切配合,强化幼儿的自我保护意识,培养幼儿的良好生活习惯,深化自我保护教育,并长期坚持。

★★ 本节核心考点回顾 ★★

1. 安全教育的内容

(1)遵守幼儿园的安全教育制度;(2)遵守交通规则;(3)懂得生活中潜在的危险;(4)教给儿童自救的粗浅知识。

2. 安全教育的方法

(1)环境教育法;(2)活动体验法;(3)趣味游戏法;(4)日常渗透法;(5)随机教育法;(6)家园互动法。

第二节 幼儿常见问题行为与心理卫生问题的预防与矫正

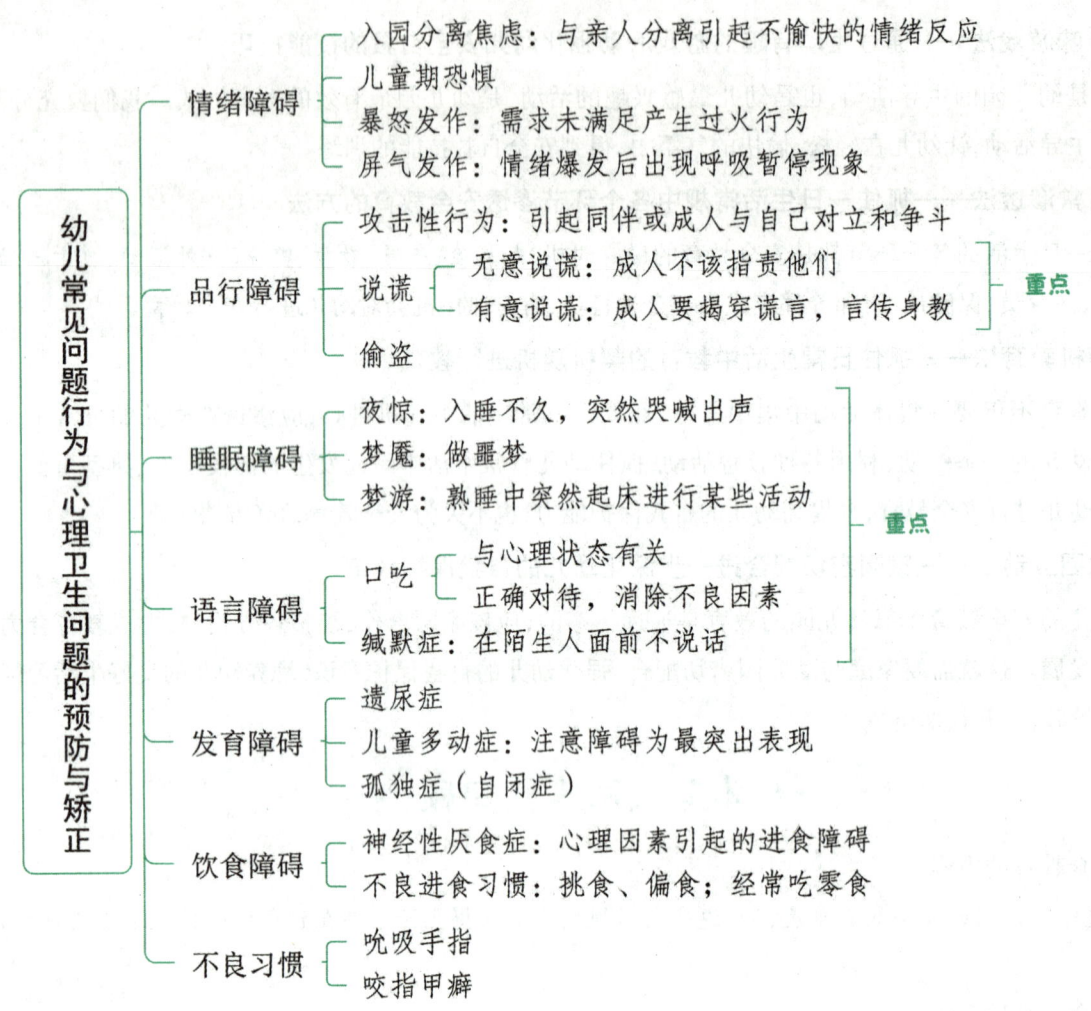

一、情绪障碍 【单选、不定项】 ★★

考点 1 ▶ 入园分离焦虑

分离焦虑是指婴幼儿因与亲人分离而引起的焦虑、不安或不愉快的情绪反应，又称离别焦虑。幼儿刚开始上幼儿园时，最易出现这种现象，俗称"入园焦虑"。

1. 表现

总体来说，新入园幼儿的分离焦虑表现在以下几方面：

(1)情绪方面。表现为焦虑、坐立不安、恍惚、低声啜泣、失声哭闹、恋物、暴躁、生气、恐惧、紧张等。有的幼儿会一直哭泣，并大喊大叫，异常烦躁，不断询问"妈妈怎么还不来接我"并缠着老师或小朋友，直到老师或者小朋友对他说"你妈妈会来的，会来接你的"，这才安心地离开，但过不了多久就又问，不厌其烦，一遍又一遍。对自己所带物品总是随手拿着,不让别人碰一下,甚至不和别人挨着坐,独自在一边,若别人不小心碰了他,或拿了他的东西,他会非常愤怒,甚至声嘶力竭。还有一些幼儿似乎非常害怕,蜷缩在角落里,低声哭泣,情绪非常低落,别人碰了他,抢了他的玩具,甚至打了他,他也不敢反抗,就连大声说话也不敢。

(2)行为方面。表现为胆怯、害羞、缄默(整天不讲一句话)、缠人、孤僻、打人、抢玩具、拒食、拒绝拥抱、扔玩具、拒绝脱衣服、执拗、自虐等。有的幼儿入园后拒绝做任何事情,不坐、不让碰、不吃、不玩,唯一想做的就是趴在窗口等妈妈或者四处游荡,稍不如意,就大哭特哭。也有的幼儿把自己封闭起来以求保护,独坐一边,不说话、不玩玩具,明显表现出胆怯和不知所措的样子。还有的幼儿则特别缠人,看到别的家长和老师从门口走过,就会跟过去,或者要求老师一直抱着他、领着他、看着他,当老师眼神离开或牵着的手放开,他就会大哭起来。还有的以扔东西、打人等来进行发泄。

(3)生理方面。表现为喂食困难、食欲下降、入睡困难、夜惊、遗尿等。大部分幼儿有不吃饭、尿裤子等现象发生。

2. 预防

(1)仔细观察,确定特点,找出症结;(2)对症下药,既有爱心又有原则;(3)活动吸引;(4)规则教育;(5)能力培养。

3. 减轻幼儿焦虑情绪的教育策略

(1)做好幼儿入园的前期工作。通过家访向家长了解、熟悉幼儿的基本情况,指导家长在入园前如何调整、改变幼儿的生活习惯,减轻幼儿入园后的不适应感,同时让幼儿认识自己的新老师,从而与幼儿建立初步的师生关系。

(2)要取得家长的配合。幼儿入园适应期的长短与家长的关系密不可分,可以利用家长会、家长园地、与家长个别沟通等形式,让家长了解幼儿的分离焦虑是正常的表现,取得家长对幼儿园的信任,同时告诉家长应该如何配合幼儿园的工作。

(3)营造温馨宽松的外部环境和心理环境。根据小班幼儿的年龄特点,将幼儿的活动室及寝室装饰一新,让室内的气氛热闹而温馨,舒适而美丽,有趣而生动。

(4)开展丰富多彩的游戏活动。幼儿的天性是活泼好动的,他们喜欢玩游戏,可以精心设计各种有趣的活动来吸引幼儿,让他们忘却离别的痛苦,产生来园的兴趣。

(5)重点帮助有困难的幼儿。幼儿存在着个体差异,有的幼儿对环境的适应比较困难。对新入园孩子适应性的培养是整个学前教育的"序曲",它是一个循序渐进的过程,需要家长和教师的共同努力。

• 知识再拔高 •

依恋物

根据精神分析学理论,在六个月左右时,幼儿开始发现,自己和妈妈并不是一体的。这种发现会使幼儿感到分离的压力,产生一种"分离恐惧"。而依恋物会使幼儿既在头脑中保留妈妈的形象,又对陌生的环境产生勇气。有人把这些能够给幼儿带来安慰的物品,叫做依恋物。这些依恋物通常是软软的,触感近似于跟妈妈的身体接触。

真题1 [2023福建统考,单选]新生入园时,有的幼儿又哭又闹,有的幼儿闷闷不乐,此类表现属于( )

A. 分离焦虑　　　　B. 暴怒发作　　　　C. 儿童期恐惧　　　　D. 选择性缄默

真题2 [2020安徽滁州,单选]刚入园的幼儿会产生分离焦虑现象,这属于学前儿童常见心理问题中的( )

A. 情绪障碍　　　　B. 品行障碍　　　　C. 发展障碍　　　　D. 行为障碍

真题3 [2024山东青岛,不定项]幼儿园小班开学一段时间了,暖暖在幼儿园还是经常哭闹不止。为缓解暖暖的焦虑情绪,教师正确的做法是( )

A. 分散暖暖的注意力,和她一起玩她喜欢的游戏

B. 去暖暖家家访,了解暖暖的日常生活以及喜好

C. 日常与家长及时交流暖暖在园的情绪状态

D. 允许暖暖把妈妈的珍珠项链带在身边当依恋物

答案:1. A　2. A　3. ABC

考点 2 ▶ 儿童期恐惧

1. 什么是"儿童期恐惧"

儿童期恐惧是一种心理卫生问题。它是指儿童对某些物体或情景产生过分激烈的情感反应;恐惧强烈、持久,影响正常的情绪和生活,特别是到了某个年龄本该不再怕的事,仍表现惧怕。

2. 儿童期恐惧产生的原因

(1)特殊刺激引起的直接经验;(2)恐惧可以是一种"共鸣";(3)恐惧是受恐吓的结果。

3. 预防"儿童期恐惧"

在日常生活中引导、鼓励儿童去认识自然现象。在任何情况下都不要恐吓孩子,或让他们看恐怖影视。家长处事不惊,本身就是一种"模仿疗法",孩子会模仿家长的行为,克服儿童期恐惧。

考点 3 ▶ 暴怒发作

1. 什么是"暴怒发作"

暴怒发作是指儿童在自己的要求或欲望得不到满足,受到挫折时,就哭闹、尖叫、在地上打滚、用头撞墙、撕东西、扯自己的头发等过火的行为。

儿童经常出现暴怒发作,往往是因为每次发作,家长就会妥协,满足他的要求。发作的结局,强化了行为,越演越烈。

2. 预防和措施

预防:从小培养儿童合理宣泄不良情绪的习惯,对孩子不溺爱。第一次出现暴怒发作,家长不妥协,坚持讲道理,绝不迁就不合理的要求。

教育措施:(1)家长采用冷处理或故意忽视;(2)幼儿情绪平稳后的教育,成人(尤其是家长不以情绪化的态度对待孩子)用各种方法疏导幼儿的不良情绪;(3)帮助幼儿学习情绪、情感自我调节和控制的方法;(4)家长可以采用脱敏疗法和阳性强化疗法进行治疗。

考点 4 ▶ 屏气发作

1. 什么是"屏气发作"

屏气发作又称呼吸暂停症,该症的主要特征是,婴幼儿在情绪急剧变化时出现呼吸暂停的现象。

发生屏气发作多为3岁以下的幼儿,3岁以后很少发生,6岁以后更为罕见。

2. 屏气发作的表现

该症的具体表现是,在遇到不合己意的事情时,突然出现急剧的情绪爆发,发怒、惊惧、哭闹后随即发生呼吸暂停。轻者呼吸暂停半分钟到1分钟左右,面色发白,口唇青紫;重者呼吸暂停2~3分钟,全身僵直,意识丧失,出现抽搐,其后肌肉松弛,恢复正常呼吸。

3. 预防

尽量解除可引起幼儿心理过度紧张的种种因素,不要溺爱孩子。

对正在发作的孩子,家长要镇静,立即松开孩子的衣领、裤带,使其侧卧,轻轻扶着孩子。孩子恢复正常后,可以用给他讲故事、带他玩等方法转移他的紧张情绪。

真题4 [2021浙江杭州,判断]当婴幼儿遇到不合己意的事情时,突然出现急剧的情绪爆发,发怒、惊惧、哭闹后随即发生呼吸暂停。这种表现称为暴怒发作。

答案:×

二、品行障碍 【单选、判断】 ★★

考点 1 ▶ 攻击性行为

具体内容详见本书第二部分第七章第六节"学前儿童攻击性行为的发展"。

考点 2 ▶ 说谎

1. 无意说谎

三四岁的幼儿由于认知水平低,在思维、记忆、想象、判断等方面,往往会出现与事实不相符的情况,属于无意说谎,遇到这种情况,不该指责他们,只需要教育他们该怎么说就可以了。

真题5 [2023山东济南,判断]三四岁的幼儿由于认知水平低,在思维、记忆、想象、判断等方面,往往会出现与事实不相符的情况,属于无意说谎,遇到这种情况,不该批评他们。

答案:√

2. 有意说谎

有的小朋友为了得到老师的表扬、奖励或逃避责备、惩罚,故意编造谎言,属于有意说谎。

对于幼儿的有意说谎,成人要及时揭穿其谎言,不能使其得逞。还可以给幼儿讲《狼来了》等故事,让其明白说谎的后果。同时成人应言传身教,为幼儿树立榜样。

真题6 [2020福建统考,单选]通过成人的言传身教,可以防治( )心理卫生问题。
A. 说谎　　　　　B. 口吃　　　　　C. 遗尿症　　　　　D. 咬指甲癖

真题7 [2023江苏扬州,判断]对幼儿有意说谎的行为,通过讲故事等形式让幼儿明白说谎的后果是教师和家长可以采取的一种教育对策。

答案:6. A　7. √

考点 3 ▶ 偷盗

幼儿的某种"偷盗"行为不一定是病态反应。例如,幼儿饿了,不经别人同意,就拿别人的东西来吃;幼儿园的幼儿常常把自己喜欢的东西带回家,因为他认为好玩的东西应与他在一起;父母往往不在意地乱放钱,幼儿发现后未征得父母同意就拿了钱买他喜欢的东西等。幼儿在没有道德概念之前,他分不清哪些是偷,哪些不是偷。如果幼儿偷盗行为经常而持久地发生,则应该考虑到这是问题行为,及时加以注意与矫正。在教育和纠正幼儿偷盗行为之前,必须深入了解其原因。

幼儿偷盗行为的原因有:作为自我吹嘘的手段;吸引别人的注意;不公平感觉的结果;出于好奇心等。父母与教师要针对这些原因来进行耐心细致的教育,才会取得效果。

三、睡眠障碍　【单选、多选】　★★

考点 1 ▶ 夜惊

夜惊指睡眠中突然出现的短暂性惊扰症状。常见于4～7岁儿童,男孩多于女孩。通常青春期开始后消失。

1. 表现

入睡不久,在没有任何外界环境变化的情况下,突然哭喊出声,两眼直视,并从床上坐起,表情恐惧,不易唤醒,对他人的安抚也不予理睬。发作常持续10余分钟,随后又自行入睡,次晨对夜惊发作完全遗忘,或者仅有片段的记忆。

2. 诱因

受惊和紧张不安是主要的精神因素。鼻咽部疾病导致睡眠时呼吸不畅,以及肠道寄生虫病也是导致夜惊的常见原因。

3. 矫治

排除脑瘤、癫痫等病史后,患儿一般不需特殊治疗。消除引起幼儿紧张不安的精神因素和有关疾病因素,保证有规律地作息,一段时间后,症状可自然消失。

考点 2 ▶ 梦魇

1. 表现

梦魇也是睡眠障碍的一种表现。表现为儿童做噩梦(如从树上跌落、突然失足落水等),伴有呼吸急促、心跳加快等症状,自觉全身不能动弹,以致从梦中惊醒、哭闹。醒后仍有短暂的情绪失常,紧张、害怕、出冷汗、面色苍白等。对梦境能有片段的记忆。

2. 矫治

只要不是经常发作,可不做特殊治疗。

3. 预防

生活有规律,使儿童体内的生物钟正常运转;培养开朗的性格;化解心理冲突。

考点 3 ▶ 梦游

1. 表现

儿童于熟睡中突然起床,可逐件穿好衣服,在室内外进行某些活动,如来回走动、跑步,甚至到门外游荡,表情茫然,步态不稳,动作刻板,有时口中念念有词,但是意识并不清醒。发作可持续1小时以上,然后上床入睡,醒后完全遗忘。

2. 诱因

(1)家庭性遗传;
(2)因患传染病或脑外伤后,引起大脑皮质内抑制功能减退;
(3)白天游戏过于兴奋,以致睡眠中出现模拟白天游戏的动作;
(4)遗尿症患儿常伴有梦游症。

3. 矫治

一般随着年龄的增长,内抑制能力的增强,此症可自行消失,不需特殊治疗。避免在患梦游症的儿童面前渲染其表现或取笑他们。消除使其产生恐惧、焦虑的精神因素。对于较常发作的儿童,居室内要有安全措施,以免发生意外。

真题8 [2023安徽宿州,单选]下列选项中属于学前儿童梦游情形的是( )
A. 突然哭喊出声,两眼直视　　　　　　B. 醒后对夜间行为大多能回忆
C. 心跳加速、呼吸急促、全身出汗　　　　D. 在睡眠状态中起床行走,做一些动作

真题9 [2023山东菏泽,单选]幼儿睡觉过程中做噩梦,醒来伴有短暂的情绪失常,遗留着噩梦时的恐惧记忆,导致长时间不能入睡的行为是( )
A. 夜惊　　　B. 睡行症　　　C. 梦魇　　　D. 梦游

真题10 [2023山东德州,多选]睡眠障碍的表现有哪些( )
A. 梦魇　　　B. 梦游　　　C. 哮喘　　　D. 夜惊

答案:8. D　9. C　10. ABD

四、语言障碍 【单选】 ★

考点 1 ▶ 口吃

口吃为常见的语言节奏障碍。口吃的发生并非因发音器官或神经系统有缺陷,而是与心理状态有密切关系。口吃出现的年龄以2~4岁为多。2~3岁,一般是口吃开始发生的年龄,3~4岁是口吃的常见期。

1. 口吃的表现

口吃表现为正常的语言节律受阻,无法控制地重复某些字音或词句,发音延长或停顿。常伴有跺脚、摇头、挤眼、歪嘴等动作,才能费力地将字拼出。

有口吃的儿童大都性格内向、不开朗、自卑、羞怯、退缩、情绪易急躁、冲动。

出于对口吃的恐惧心理和高度注意,越怕口吃越口吃,终成心理痼疾。

2. 引起口吃的诱因

(1)精神创伤:受惊吓;迁入陌生的环境,久久不能适应;家庭破裂,失去温暖;等等。

(2)模仿:幼儿喜欢模仿,觉得口吃者滑稽可笑,先模仿,终成口吃。

(3)心理紧张:心理紧张是引起口吃的重要因素。如突然的精神刺激、环境的改变、精神紧张过度等,这些都可以导致孩子发生口吃现象。

(4)成人的教养方式不当,尤其是当孩子发音不准、说话不流利的时候,成人过分的指责给孩子造成心理压力,从而导致口吃。

(5)疾病:幼儿患百日咳、流行性感冒、猩红热等传染病,或脑部受创伤后,都可造成大脑皮质功能减退而发生口吃。

3. "发育性口齿不流利"不是"口吃"

值得注意的是,2~5岁的幼儿正是语言和心理发展十分迅速的阶段,词汇也逐渐丰富,但言语功能尚未熟练,还不善于选择词汇,因此说话时常有迟疑、不流畅的现象。这种现象称为"发育性口齿不流利",不是口吃。

如果家长或教师对幼儿上述口齿不流利的现象,流露出担心、不安的心情,并时时提醒"别结巴",或强迫幼儿"把话再说一遍",幼儿在开口前先心理紧张了,怕说不好,就更加张口结舌,很有可能真发展成口吃。

4. 口吃的矫治

(1)要消除环境中导致幼儿心理紧张的不良因素。矫治幼儿的口吃时,首先要消除环境中的各种不良因素,避免周围人对幼儿的嘲笑和模仿,要消除幼儿对口吃的紧张心理,使幼儿树立自信心,鼓励幼儿主动练习,大胆地说话、自由地呼吸,放松与说话器官相关的肌肉。对于口吃较为严重的幼儿,不要强迫他们说话,不要催促幼儿重复地把话说清楚,可以指导幼儿进行语言训练,用简单的对答方式一问一答,放慢语言速度,使幼儿在说话时呼吸逐渐正常,使口吃现象减轻。

(2)正确对待幼儿说话时不流畅的现象,成人和孩子说话时要正确示范,要教给孩子正确的说话方法。成人宜用平静、从容、缓慢、轻柔的语气语调和幼儿说话,来感染他们,使他们学会说话时不着急,呼吸平稳,全身放松,特别是不去注意自己是否又结巴了。

(3)多让幼儿练习朗诵、唱歌,不强迫幼儿当众说话。

(4)和谐的家庭氛围,正确的教育方法,有规律地生活,充足的睡眠,都有助于幼儿恢复正常的语言节律。

真题11 [2024江西统考,单选]口吃是幼儿常见的一种语言节律的障碍,矫治口吃不适宜的做法是(　　)

A.催促幼儿重复地把话说清楚　　B.消除幼儿对口吃的紧张心理

C.避免周围人对幼儿的嘲笑和模仿　　D.鼓励幼儿大胆地说话、自由地呼吸

答案:A

考点 2 ▶ 缄默症

1.表现

患儿在幼儿园或陌生人面前不说话,可以长时间静坐不动,但与家人或很熟悉的人有一些语言交流。缄默时,可能用手势、点头、摇头等躯体语言进行交流,有时也可用绘画、书写等与人交流。

2.原因

多数缄默症是患儿由于受惊、恐惧、生气或怕被人嘲笑等精神因素引起的防卫性反应,常见于敏感、胆怯、害羞、体弱的儿童;有的患儿是因父母离异、受虐待等精神创伤所致。少数缄默症是儿童精神病的症状。

3.防治措施

对于缄默症要及早发现,并进行科学的引导。消除周围环境中导致患儿紧张的因素,鼓励他们多参加集体活动和锻炼,转移儿童对自己语言的注意力,使其逐渐忘掉自己在语言方面的缺陷。具体应做到以下两点:

(1)让孩子开口说话

家长与孩子要多进行语言上的交流,如讲故事、介绍新事物、提出一些简单问题让他回答等。逐渐扩大孩子的词汇量,激发他们对语言的兴趣,鼓励他们用语言表达。

(2)让孩子大胆地说话

家长和教师要避免操之过急,不能训斥、责备或逼迫他们说话,当孩子有一点进步时要给予鼓励。让孩子多参与同龄朋友的集体活动,还可以带他到视野开阔的地方,给他自由、无拘束的空间。

真题12 [2024山东淄博,单选]豆豆在家中和家人有一定交流,但在出门后会变得胆怯,一言不发。这属于(　　)

A.孤独症　　B.自闭症　　C.缄默症　　D.情绪障碍

答案:C

五、发育障碍 【单选、判断】★★

考点 1 ▶ 遗尿症

1.遗尿症的定义

幼儿在5岁或5岁以上,仍不能控制排尿,经常夜间尿床,白天尿裤,称"遗尿症"。所谓"经常",是指5岁,每月至少有2次遗尿;6岁,每月至少有1次遗尿。

513

2. 遗尿症的类型

遗尿症有两大类：器质性遗尿症和功能性遗尿症。

(1)器质性遗尿症

因躯体疾病引起的遗尿症，称为"器质性遗尿症"。

(2)功能性遗尿症

功能性遗尿症，是指已排除了各种躯体疾病的遗尿症。在遗尿症中，功能性遗尿症占大多数。因此，人们一般说的遗尿症就只指功能性遗尿症。

3. 遗尿症的原因

(1)精神紧张，压力过大；(2)过度疲劳，睡眠过熟；(3)教育方式不当；(4)遗传因素和生理病变。

4. 遗尿症的矫治

(1)及时为孩子体检，确定遗尿原因。当发现孩子患有遗尿症后，家长应带孩子去正规医院进行全面的身体检查，以确定究竟是生理方面的器质性躯体疾病还是因为心理因素、教养方式等导致了孩子遗尿，从而有针对性地进行治疗。

(2)合理安排孩子的饮食和生活习惯。合理确定孩子的饮食，干稀搭配，避免孩子摄入太多水分。同时，要合理安排孩子的生活习惯，使幼儿有规律地生活。

(3)心理行为治疗。教师和父母对孩子的尿床行为要有正确的态度和适当的教育方式，不能歧视或嘲笑，也不要打骂，而是要理解孩子尿床后的不安心理，给予安慰和关怀，以消除孩子的紧张心理。

(4)创造良好的治疗环境。防止周围的同伴、成人给他施加压力，减轻其自卑感和羞耻感，要让幼儿坦然面对和承认自己的遗尿行为是一种需要治疗的疾病，和其他疾病一样最终会被治愈。通过耐心鼓励和训练，树立幼儿面对遗尿症、克服困难的信心，建立正常的排尿能力和习惯。

考点 2 · 儿童多动症

儿童多动症，又名轻微脑功能失调(MBD)，或"注意缺陷障碍"(ADD)，是一类以注意障碍为最突出表现，以多动为主要特征的儿童行为问题。

1. 分类

(1)单纯的活动和注意障碍：以注意持续时间短暂且容易分散，以及活动过度为主要表现，无明显的品行障碍或其他特殊技能的发展迟缓。

(2)伴有发展迟缓的多动症：伴有言语发展延迟、笨拙、阅读困难或其他特殊技能的发展迟缓。

(3)多动症伴有品行障碍，但没有发展的迟缓。

(4)其他。

2. 多动症的表现

多动症的表现是多种多样的，美国精神病协会编制的《精神障碍的诊断和统计手册》第3版将这些表现概括为基本特征和有关特征两类。多动症在不同年龄阶段的表现不尽相同。

(1)在婴儿期，主要表现为不安宁、易激怒、饮食情况差；

(2)在先学前期和学前期，则主要表现为注意力集中时间短暂、有破坏行为、不能静坐、对动物残忍、有

攻击行为和冲动行为、情绪易波动、遗尿等;

(3)学龄儿童的多动症症状最为突出,表现为学习困难、上课不能安静听讲、小动作多、不能完成作业、容易激动、好与人争吵、注意力集中时间短暂等。

所有这些表现并非每个患有多动症的儿童都具备。总之,小动作多,易冲动,注意力有明显缺陷是多动症的主要表现。

3. 病因

多动症是由多种原因引起的一组综合征。先天原因(某种神经递质的缺陷、神经髓鞘发育落后)、后天某些原因造成的脑损伤以及不良的教育都有可能诱发和促使症状的出现和发展。

4. 矫治

对于学前儿童,治疗多动症一般不宜使用药物。

(1)心理治疗

调整家庭环境,父母要改变管束过严、动辄打骂和溺爱放任两种不正确的教育方法,以消除各种紧张刺激。严格遵守作息制度,增加文体活动,对治疗也有积极作用。

(2)"视、听、动"能力训练

多动儿童常在绘画、语言、动作技能以及社会性等方面较一般儿童发展迟缓,因此要从提升基本的能力入手,进行训练。

可通过走平衡台、拍球、荡秋千、跳绳等动作训练,提高儿童体能(协调、灵敏、耐力、速度、力量等)。例如,通过走平衡台、荡秋千等训练平衡动作;让他们自己解系纽扣、鞋带,穿脱衣服,给图片上颜色,用剪刀剪纸,以此训练手眼协调动作和培养注意力的集中;多让他们与同伴一起做游戏,以增强语言交往和社会适应的能力。对这类儿童的教育和训练要有极大的耐心,长期坚持,每一次提出的具体要求不要太高,使他们通过努力能够达到。

(3)注意力训练

①视觉注意力训练:通过让儿童凭借视觉来感知信息以达到训练注意力的目的。例如,让幼儿数出一堆杂乱无章的火柴棍的根数。又如,在桌子上摆放十几件玩具,让幼儿按顺序连续说出玩具的名称。

②听觉注意力训练:通过让幼儿用听觉感知信息,从而达到训练注意力的目的。例如,让幼儿听机械手表秒针的嘀嗒声,要求幼儿一边听,一边数,一直数到100。又如,给幼儿讲一段故事,要求幼儿每听到一个动词(或其他词类)就把这个动词念一遍。

③动作注意力训练:通过让幼儿来完成特定的动作,达到训练注意力的目的。例如,要求幼儿把20粒黄豆,一个个连续不断地扔进1米远的小水杯里。又如,让幼儿把小皮球向上抛起、接住,再抛起、再接住,连续10~20次。

④混合注意力训练:通过让幼儿的几种感知器官同时参与活动,从而达到训练注意力的目的。例如,教师依次念不同的动词,要求幼儿听到动词后立即完成相应的动作。又如,依次念不同物品的名称,要求幼儿听到食物名称拍一下手,听到家具名称拍两下手。

家长或幼儿园老师可以利用各种机会对幼儿进行复习性训练。训练的难度,可以根据幼儿完成的情况进行增减。如果幼儿完成得好,可以增加难度,但不能太难,以幼儿经过努力能完成的程度为宜。

真题13 [2020湖南长沙,单选]多动症又称为( )

A. 认知缺陷障碍　　　　　　　　　　B. 情绪缺陷障碍

C. 注意缺陷障碍　　　　　　　　　　D. 思维缺陷障碍

答案:C

考点 3 · 孤独症(自闭症)

孤独症(自闭症)的发病率虽然很低,但它在儿童心理疾患中却占据了重要的位置。

1. 孤独症(自闭症)的心理障碍

(1)社会交往障碍

由于孤独、退缩,对亲人没有依恋之情,不能领会表情的含义,也不会表示自己的要求和情感。他们似乎生活在一个自我封闭的"壳"里,与外界建立不起情感联系,因此,"孤独症"又称"自闭症"。

(2)语言障碍

孤独症(自闭症)患儿虽有语言功能但往往缄默不语,或使用一种不为交流的语言,如模仿某句话或广告词,而且不会使用"代词",常将"你""我"颠倒使用。他们常自言自语,无视他人。

(3)行为异常

孤独症(自闭症)患儿常以奇异、刻板的方式对待某些事物。例如,反复敲打一个物体,或长时间把一个东西转来转去,或长时间做身体摇摆、挥手臂等刻板动作。他们的兴趣十分狭窄,要求周围环境和生活方式固定不变,因此很难适应幼儿园的生活。

(4)其他

可能有感知障碍、癫痫发作等表现。

2. 诱因

(1)生物学因素。主要指孕期和围产期对胎儿造成的脑损伤,如孕母病毒感染、先兆流产、宫内窒息、产伤等。

(2)环境因素。早期生活环境单调,缺乏情感、语言等丰富和适当的刺激,没有形成良好的社会行为,也是引发该病的重要因素。

真题14 [2024山东青岛,判断]自闭症是由于父母教养不当造成的。

答案:×

3. 矫治

(1)康复训练的重点放在提高患儿基本的生存能力,加强患儿的生活自理训练、语言训练、购物训练等。

(2)为患儿创造正常的生活环境,最好让患儿上普通幼儿园,这样有利于孩子的交往能力、语言能力的发展。教师和家长密切配合,共同制订康复计划。

(3)要对患儿的康复充满信心,国内外孤独症康复训练的结果表明,绝大多数孤独症患儿,随着年龄的增长和训练的加强,症状都会有不同程度的改善。

六、饮食障碍 【判断】★★

考点 1 ▸ 神经性厌食症

1. 表现

神经性厌食症主要是由心理因素引起的进食障碍,多见于年龄较大的学前儿童。最初表现为食欲减退,吃得极少,逐渐对任何食物都不感兴趣,经常回避或拒绝进食,甚至将食物暗中抛弃,若强迫进食会引起呕吐。患儿由于进食少而导致体重减轻、逐渐消瘦,出现头晕、乏力、手足发凉,甚至体温降低、心率减慢、血压降低、贫血等症状。

2. 预防

一般来说,学前儿童只要没有影响食欲的躯体疾病,吃饭香甜本不必强求。

(1)如果学前儿童有反复的厌食现象,应规律饮食,培养学前儿童定时定量进食的习惯,少吃油腻、不易消化的食物,少吃零食;

(2)营造良好的进食环境,让孩子集中精力吃饭,不能边吃边玩,边吃边看书和电视等;

(3)注意饮食多样化,用食物本身的色、香、味激发他们的食欲;

(4)对于孩子爱吃的东西要控制,不要一次性让他们吃够,要少吃多餐;

(5)对于孩子的厌食行为要正确对待,对孩子的食量变化不必过于敏感,不要用"许诺"作为开胃药,要让孩子懂得不好好吃饭,得不到大人的注意和关怀,好好吃饭才能受到表扬;

(6)儿童每天吃定量的瘦肉等,保证从饮食中摄取足够的锌,解决缺锌问题;

(7)缺锌的孩子常伴有缺钙,因此要注意多吃含钙多的食物,如牛奶、豆制品等;

(8)补充钙锌复合制剂,是快速解决孩子厌食的最有效的途径之一。

此外,还要注意消除引起学前儿童情绪不安的各种精神因素。通过良好的生活规律,适度的运动调节其生理活动,久而久之,孩子就会养成按时吃饭的好习惯,消除厌食行为。

考点 2 ▸ 不良进食习惯

1. 表现

挑食、偏食;经常吃零食;不会正确使用餐具;哄着、追着吃饭;进餐时间过长;就餐情绪低落。

2. 预防

(1)应为学前儿童提供尝试各种食物的机会,要有妥善的饮食安排,但千万不能强迫幼儿进食,以免引起厌食;

(2)有不良习惯的家长要以身作则,先改变自己的不良饮食习惯;

(3)鼓励幼儿参加户外活动,消耗体内的热量,容易有饥饿感,而饥饿感会直接增强幼儿的食欲,这样就会让幼儿慢慢改变偏食的不良习惯;

(4)为幼儿创设良好的进餐环境;

(5)注意科学的烹调和加工,将饭菜做到色、香、味、形俱全,会增强幼儿的食欲;

(6)可以把蔬菜和牛奶、鱼肉等含有蛋白质的食品掺到其他食物中,配出意想不到的香味,改变幼儿的偏食习惯。

真题15 [2024山东青岛,判断]面对小班幼儿出现的挑食现象,老师的做法是统一要求,不准挑食。

答案:×

七、不良习惯

考点 1 ▶ 吮吸手指

1. 表现

吮吸手指是一种幼稚动作,大多见于未满周岁的婴儿。婴儿饥饿时常吮吸手指,是生理上的习惯,但如持续时间太长,尤其是两三岁以后,仍保留这种行为,则不易戒除。经常吮吸手指,将引起手指肿胀、局部化脓,若此习惯延续到换牙之后,会导致下颌发育不良、牙列异常、上下牙对合不齐,妨碍咀嚼功能。同时,吮吸手指的儿童可能因遭受同伴的嘲笑、成人的指责而影响心理发展。故要重视家庭环境中可能引起儿童苦闷、恐惧或嫉妒的原因,在婴儿期,就要注意为之提供足够的食物和丰富的环境刺激。

2. 预防

预防吸吮手指关键是帮助幼儿建立安全依恋,同时满足幼儿喂养的需要(吃饱)。家长要多陪伴孩子,多鼓励孩子,给孩子一个温馨、安全、和谐的家庭,让孩子感受到父母的爱。不要动辄训斥、惩罚孩子,也不要无故拒绝孩子,因为这些都可能造成他们心理上的无助感和紧张不安。同时,可安排丰富多彩的娱乐和游戏活动,鼓励幼儿与小伙伴们交往,将儿童的注意力转移到各种活动中。

考点 2 ▶ 咬指甲癖

1. 表现

咬指甲癖现象在幼儿中的发生率比在其他人群中高,有的儿童能把每个手指的指甲都咬得很短。

出现这种情况与儿童内在心理紧张有很大的关系,如家庭、幼儿园的环境使儿童情绪不安、高度焦虑,则会产生这种现象。如果父母和同伴中有人先有此习惯,也可引起儿童的模仿,久而久之,形成习惯,甚至可持续终身。

2. 矫正

纠正咬指甲癖的关键在于消除儿童的紧张心理,而劝诫、惩罚、涂苦药或辣物等均不能取得良好效果。成人应为儿童创设良好的生活环境,适当安排儿童进行体育活动,使患儿心情愉快,注意力得到转移。同时应调动患儿的积极性进行自我矫正。

✦★ 本节核心考点回顾 ★✦

1.幼儿常见问题行为与心理卫生问题

(1)情绪障碍:入园分离焦虑、儿童期恐惧、暴怒发作、屏气发作。

(2)品行障碍:攻击性行为、说谎、偷盗。

(3)睡眠障碍:夜惊、梦魇、梦游。

(4)语言障碍:口吃、缄默症。

(5)发育障碍:遗尿症、儿童多动症、孤独症。

(6)饮食障碍:神经性厌食症、不良进食习惯。

(7)不良习惯:吮吸手指、咬指甲癖。

2.幼儿分离焦虑的含义及应对策略

含义:婴幼儿因与亲人分离而引起的焦虑、不安或不愉快的情绪反应,又称离别焦虑。

应对策略:(1)做好幼儿入园的前期工作。通过家访向家长了解、熟悉幼儿的基本情况。

(2)要取得家长的配合。

(3)营造温馨宽松的外部环境和心理环境。

(4)开展丰富多彩的游戏活动。

(5)重点帮助有困难的幼儿。

3.暴怒发作和屏气发作的表现

(1)暴怒发作:在自己的要求或欲望得不到满足,受到挫折时,就出现哭闹、尖叫、在地上打滚、用头撞墙、撕东西、扯自己的头发等过火的行为。

(2)屏气发作:在遇到不合己意的事情时,突然出现急剧的情绪爆发,发怒、惊惧、哭闹后随即发生呼吸暂停。

4.幼儿说谎行为的矫治

(1)对于幼儿的无意说谎,不该指责他们,只需要教育他们该怎么说就可以了。

(2)对于幼儿的有意说谎,成人要及时揭穿其谎言,不能使其得逞。还可以给幼儿讲《狼来了》等故事,让其明白说谎的后果。同时成人应言传身教,为幼儿树立榜样。

5.幼儿夜惊、梦魇、梦游的表现

(1)夜惊:入睡不久,突然哭喊出声,两眼直视,并从床上坐起,表情恐惧。随后又自行入睡,次晨对夜惊发作完全遗忘,或者仅有片段的记忆。

(2)梦魇:做噩梦,伴有呼吸急促、心跳加快等症状,自觉全身不能动弹,以致从梦中惊醒、哭闹。醒后仍有短暂的情绪失常,紧张、害怕、出冷汗、面色苍白等。对梦境能有片段的记忆。

(3)梦游:于熟睡中突然起床,可逐件穿好衣服,在室内外进行某些活动,有时口中念念有词,但是意识并不清醒,醒后完全遗忘。

6.幼儿口吃的矫治

(1)要消除环境中导致幼儿心理紧张的不良因素。①避免周围人对幼儿的嘲笑和模仿,要消除幼儿对口吃的紧张心理,使幼儿树立自信心,鼓励幼儿主动练习,大胆地说话、自由地呼吸,放松与说话器官相关的肌肉。②对于口吃较为严重的幼儿,不要强迫他们说话,不要催促幼儿重复地把话说清楚,可以指导幼儿进行语言训练。

(2)正确对待幼儿说话时不流畅的现象,成人和孩子说话时要正确示范,要教给孩子正确的说话方法。

(3)多让幼儿练习朗诵、唱歌,不强迫幼儿当众说话。

(4)和谐的家庭氛围,正确的教育方法,有规律地生活,充足的睡眠。

7.儿童多动症的表现

儿童多动症是一类以注意障碍为最突出表现,以多动为主要特征的儿童行为问题。

8. 幼儿自闭症的诱因

(1)生物学因素;(2)环境因素。

9. 幼儿不良进食习惯的预防

(1)应为学前儿童提供尝试各种食物的机会,要有妥善的饮食安排,但千万不能强迫幼儿进食,以免引起厌食;

(2)有不良习惯的家长要以身作则,先改变自己的不良饮食习惯;

(3)鼓励幼儿参加户外活动,消耗体内的热量,饥饿感会直接增强幼儿的食欲;

(4)为幼儿创设良好的进餐环境;

(5)注意科学的烹调和加工,增强幼儿的食欲;

(6)可以把蔬菜和牛奶、鱼肉等含有蛋白质的食品掺到其他食物中,改变幼儿的偏食习惯。

05 第五部分
教育法规政策与教师职业道德

内容导学

- 幼儿园教师招聘考试教育法规政策与教师职业道德部分,共两章。

- 第一章主要是对教育法规政策的阐述,考查题型客观题和主观题均有涉及。

- 第二章主要是对教师职业道德的阐述,考查题型侧重于客观题。

- 考生要重点掌握第一章的内容,并结合历年真题有针对性地进行复习。

- 为了方便考生梳理知识脉络,我们在重点节设置思维导图和核心考点回顾。

第一章 教育法规政策

本章学习指南

一、考情概况

本章属于教育法规政策的知识范畴,也是重点考查章节,内容较为琐碎,考生可带着以下学习目标进行备考:

1. 了解《幼儿园管理条例》的内容。

2. 识记《幼儿园工作规程》《幼儿园教师专业标准(试行)》《幼儿园保育教育质量评估指南》《教育部关于大力推进幼儿园与小学科学衔接的指导意见》(节录)《新时代幼儿园教师职业行为十项准则》的内容。

3. 掌握《幼儿园教育指导纲要(试行)》(以下简称《纲要》)《3~6岁儿童学习与发展指南》(以下简称《指南》)的内容。

二、考点地图

考点	年份/地区/题型
《幼儿园管理条例》	2023江苏徐州判断;2020安徽滁州判断
《幼儿园工作规程》	2024江苏南京多选、判断;2023安徽宿州单选、多选;2023安徽阜阳单选;2023山东济南单选、简答;2022江西统考单选;2022/2021福建统考单选、判断
《纲要》总则	2024江苏苏州填空;2022江苏淮安填空;2020福建统考判断
《纲要》教育内容与要求	2024江苏南京单选、判断;2023山东济南多选、判断;2023安徽宿州多选;2022浙江湖州简答;2022江西统考单选;2021江苏镇江单选;2021浙江临海简答
《纲要》组织与实施	2024浙江杭州单选;2024江苏南京单选、判断;2024江苏苏州填空;2023安徽宿州多选;2022福建统考简答
《纲要》教育评价	2024江苏南京单选;2024江苏苏州填空;2023安徽宿州多选
《指南》说明部分	2024江苏苏州填空;2022江苏淮安填空;2022山东临沂论述
《指南》健康领域	2024浙江杭州判断;2023山东烟台单选;2023江西统考单选;2023江苏徐州单选;2023山东临沂单选;2023山东济南判断;2022山东威海单选、多选;2022浙江衢州简答;2022浙江湖州简答
《指南》语言领域	2024江苏南京单选;2023山东济南多选、简答;2022江西统考单选;2022福建统考判断;2022山东威海判断
《指南》社会领域	2024江苏南京单选、判断;2023山东青岛单选;2023山东济南判断;2023/2021安徽阜阳单选;2023山东德州判断
《指南》科学领域	2024浙江杭州判断;2024江苏南京判断;2024浙江金华简答;2023山东济南多选;2023山东德州判断
《指南》艺术领域	2024山东临沂单选;2024山东青岛判断;2024江苏南京简答;2023安徽宿州多选;2022福建统考单选

续表

考点	年份／地区／题型
《幼儿园教师专业标准(试行)》	2024山东临沂单选;2024江苏海安简答;2023安徽宿州单选;2023/2022江西统考单选;2023山东济南简答;2022福建统考单选
《教育部关于大力推进幼儿园与小学科学衔接的指导意见》(节录)	2024/2023/2022福建统考判断;2024/2023江西统考单选;2023安徽宿州多选
《幼儿园保育教育质量评估指南》	2024/2023江西统考单选;2023福建统考单选;2023山东济南多选;2023浙江杭州简答
《幼儿园保育教育质量评估指标》	2024浙江杭州单选、判断;2024福建统考判断
《新时代幼儿园教师职业行为十项准则》	2024/2023江西统考单选;2023福建统考案例分析;2022安徽安庆判断

注：上述表格仅呈现重要考点的相关考情。

第一节　幼儿园管理条例

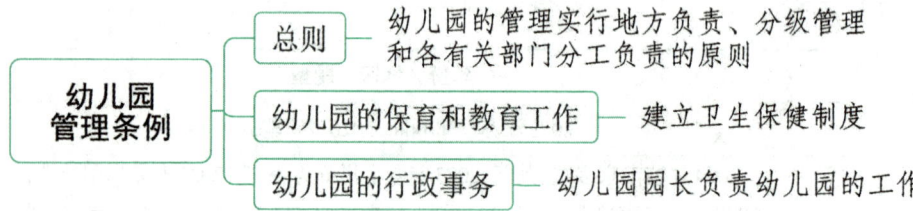

1989年8月20日经国务院批准,1989年9月11日中华人民共和国国家教育委员会令第4号发布,1990年2月1日起施行。

第一章　总　则

第一条　为了加强幼儿园的管理,促进幼儿教育事业的发展,制定本条例。

第二条　本条例适用于招收三周岁以上学龄前幼儿,对其进行保育和教育的幼儿园。

第三条　幼儿园的保育和教育工作应当促进幼儿在体、智、德、美诸方面和谐发展。

第四条　地方各级人民政府应当根据本地区社会经济发展状况,制订幼儿园的发展规划。幼儿园的设置应当与当地居民人口相适应。

乡、镇、市辖区和不设区的市的幼儿园的发展规划,应当包括幼儿园设置的布局方案。

第五条　地方各级人民政府可以依据本条例举办幼儿园,并鼓励和支持企业事业单位、社会团体、居民委员会、村民委员会和公民举办幼儿园或捐资助园。

第六条　幼儿园的管理实行地方负责、分级管理和各有关部门分工负责的原则。

国家教育委员会主管全国的幼儿园管理工作;地方各级人民政府的教育行政部门,主管本行政辖区内的幼儿园管理工作。

真题1　[2020安徽滁州,判断]幼儿园的管理实行地方负责、分级管理和各有关部门分工负责的原则。

答案:√

第二章 举办幼儿园的基本条件和审批程序

第七条 举办幼儿园必须将幼儿园设置在安全区域内。严禁在污染区和危险区内设置幼儿园。

第八条 举办幼儿园必须具有与保育、教育的要求相适应的园舍和设施。幼儿园的园舍和设施必须符合国家的卫生标准和安全标准。

第九条 举办幼儿园应当具有符合下列条件的保育、幼儿教育、医务和其他工作人员：

(一)幼儿园园长、教师应当具有幼儿师范学校(包括职业学校幼儿教育专业)毕业程度,或者经教育行政部门考核合格。

(二)医师应当具有医学院校毕业程度,医士和护士应当具有中等卫生学校毕业程度,或者取得卫生行政部门的资格认可。

(三)保健员应当具有高中毕业程度,并受过幼儿保健培训。

(四)保育员应当具有初中毕业程度,并受过幼儿保育职业培训。慢性传染病、精神病患者,不得在幼儿园工作。

第十条 举办幼儿园的单位或者个人必须具有进行保育、教育以及维修或扩建、改建幼儿园的园舍与设施的经费来源。

第十一条 国家实行幼儿园登记注册制度,未经登记注册,任何单位和个人不得举办幼儿园。

第十二条 城市幼儿园的举办、停办,由所在区、不设区的市的人民政府教育行政部门登记注册。农村幼儿园的举办、停办,由所在乡、镇人民政府登记注册,并报县人民政府教育行政部门备案。

第三章 幼儿园的保育和教育工作

第十三条 幼儿园应当贯彻保育与教育相结合的原则,创设与幼儿的教育和发展相适应的和谐环境,引导幼儿个性的健康发展。幼儿园应当保障幼儿的身体健康,培养幼儿的良好生活、卫生习惯;促进幼儿的智力发展;培养幼儿热爱祖国的情感以及良好的品德行为。

第十四条 幼儿园的招生、编班应当符合教育行政部门的规定。

第十五条 幼儿园应当使用全国通用的普通话。招收少数民族为主的幼儿园,可以使用本民族通用的语言。

第十六条 幼儿园应当以游戏为基本活动形式。幼儿园可以根据本园的实际,安排和选择教育内容与方法,但不得进行违背幼儿教育规律,有损于幼儿身心健康的活动。

第十七条 严禁体罚和变相体罚幼儿。

第十八条 幼儿园应当建立卫生保健制度,防止发生食物中毒和传染病的流行。

第十九条 幼儿园应当建立安全防护制度,严禁在幼儿园内设置威胁幼儿安全的危险建筑物和设施,严禁使用有毒、有害物质制作教具、玩具。

第二十条 幼儿园发生食物中毒、传染病流行时,举办幼儿园的单位或者个人应当立即采取紧急救护措施,并及时报告当地教育行政部门或卫生行政部门。

第二十一条 幼儿园的园舍和设施有可能发生危险时,举办幼儿园的单位或个人应当采取措施,排除险情,防止事故发生。

真题2 [2023江苏徐州,判断]幼儿园应当建立卫生保健制度,防止发生食物中毒和传染病的流行。

答案:√

第四章 幼儿园的行政事务

第二十二条 各级教育行政部门应当负责监督、评估和指导幼儿园的保育、教育工作,组织培训幼儿园的师资,审定、考核幼儿园教师的资格,并协助卫生行政部门检查和指导幼儿园的卫生保健工作,会同建设行政部门制定幼儿园园舍、设施的标准。

第二十三条 幼儿园园长负责幼儿园的工作。幼儿园园长由举办幼儿园的单位或个人聘任,并向幼儿园的登记注册机关备案。幼儿园的教师、医师、保健员、保育员和其他工作人员,由幼儿园园长聘任,也可由举办幼儿园的单位或个人聘任。

第二十四条 幼儿园可以依据本省、自治区、直辖市人民政府制定的收费标准,向幼儿家长收取保育费、教育费。幼儿园应当加强财务管理,合理使用各项经费,任何单位和个人不得克扣、挪用幼儿园经费。

第二十五条 任何单位和个人,不得侵占和破坏幼儿园园舍和设施,不得在幼儿园周围设置有危险、有污染或影响幼儿园采光的建筑和设施,不得干扰幼儿园正常的工作秩序。

第五章 奖励与处罚

第二十六条 凡具备下列条件之一的单位或者个人,由教育行政部门和有关部门予以奖励:

(一)改善幼儿园的办园条件成绩显著的;

(二)保育、教育工作成绩显著的;

(三)幼儿园管理工作成绩显著的。

第二十七条 违反本条例,具有下列情形之一的幼儿园,由教育行政部门视情节轻重,给予限期整顿、停止招生、停止办园的行政处罚:

(一)未经登记注册,擅自招收幼儿的;

(二)园舍、设施不符合国家卫生标准、安全标准,妨害幼儿身体健康或者威胁幼儿生命安全的;

(三)教育内容和方法违背幼儿教育规律,损害幼儿身心健康的。

第二十八条 违反本条例,具有下列情形之一的单位或者个人,由教育行政部门对直接责任人员给予警告、罚款的行政处罚,或者由教育行政部门建议有关部门对责任人员给予行政处分:

(一)体罚或变相体罚幼儿的;

(二)使用有毒、有害物质制作教具、玩具的;

(三)克扣、挪用幼儿园经费的;

(四)侵占、破坏幼儿园园舍、设备的;

(五)干扰幼儿园正常工作秩序的;

(六)在幼儿园周围设置有危险、有污染或者影响幼儿园采光的建设和设施的。前款所列情形,情节严重,构成犯罪的,由司法机关依法追究刑事责任。

第二十九条 当事人对行政处罚不服的,可以在接到处罚通知之日起十五日内,向做出处罚决定的机关的上一级机关申请复议,对复议决定不服的,可在接到复议决定之日起十五日内,向人民法院提起诉讼。当事人逾期不申请复议或者不向人民法院提起诉讼又不履行处罚决定的,由做出处罚决定的机关申请人民法院强制执行。

第六章 附 则

第三十条 省、自治区、直辖市人民政府可根据本条例制定实施办法。

第三十一条 本条例由国家教育委员会解释。

第三十二条 本条例自1990年2月1日起施行。

> ★ **本节核心考点回顾** ★

1. 幼儿园的管理

幼儿园的管理实行地方负责、分级管理和各有关部门分工负责的原则。

2. 幼儿园的卫生保健制度

幼儿园应当建立卫生保健制度，防止发生食物中毒和传染病的流行。

3. 幼儿园的领导体制

幼儿园园长负责幼儿园的工作。幼儿园园长由举办幼儿园的单位或个人聘任，并向幼儿园的登记注册机关备案。

第二节 幼儿园工作规程

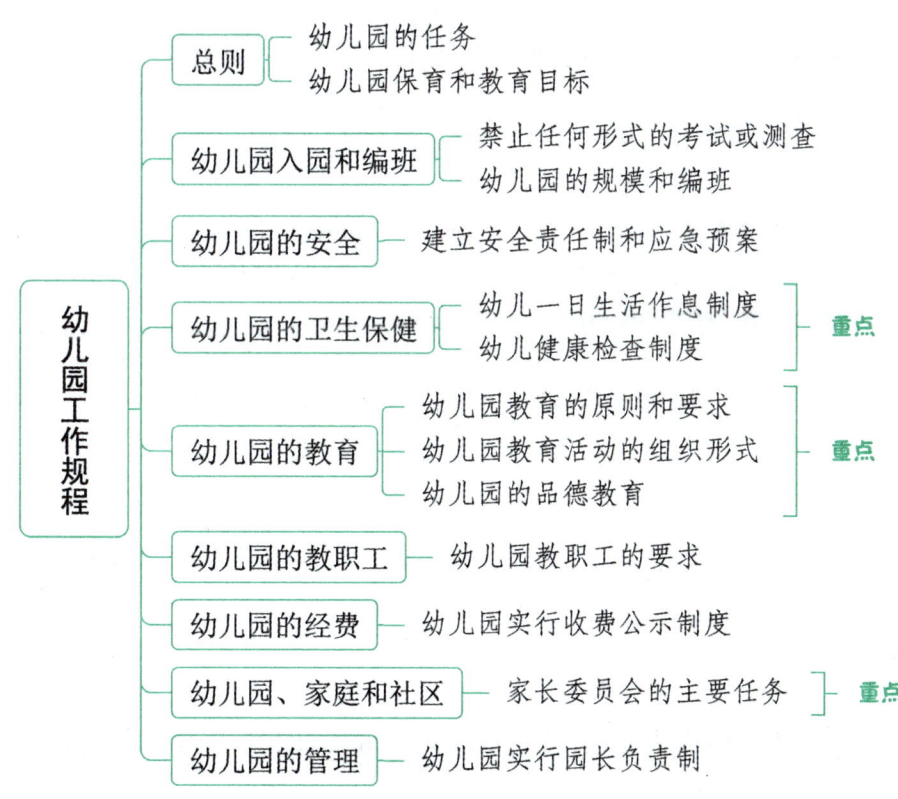

中华人民共和国教育部令第39号

《幼儿园工作规程》已于2015年12月14日第48次部长办公会议审议通过,自2016年3月1日起施行。

第一章 总 则

第一条 为了加强幼儿园的科学管理,规范办园行为,提高保育和教育质量,促进幼儿身心健康,依据《中华人民共和国教育法》等法律法规,制定本规程。

第二条 幼儿园是对3周岁以上学龄前幼儿实施保育和教育的机构。幼儿园教育是基础教育的重要组成部分,是学校教育制度的基础阶段。

真题1 [2023安徽宿州,单选]幼儿园是对(　　)以上学龄前幼儿实施保育和教育的机构。幼儿园教育是基础教育的重要组成部分,是学校教育制度的基础阶段。

A. 2周岁　　　　B. 3周岁　　　　C. 4周岁　　　　D. 5周岁

答案:B

第三条 幼儿园的任务是:贯彻国家的教育方针,按照保育与教育相结合的原则,遵循幼儿身心发展特点和规律,实施德、智、体、美等方面全面发展的教育,促进幼儿身心和谐发展。

幼儿园同时面向幼儿家长提供科学育儿指导。

第四条 幼儿园适龄幼儿一般为3周岁至6周岁。

幼儿园一般为三年制。

第五条 幼儿园保育和教育的主要目标是:

(一)促进幼儿身体正常发育和机能的协调发展,增强体质,促进心理健康,培养良好的生活习惯、卫生习惯和参加体育活动的兴趣。

(二)发展幼儿智力,培养正确运用感官和运用语言交往的基本能力,增进对环境的认识,培养有益的兴趣和求知欲望,培养初步的动手探究能力。

(三)萌发幼儿爱祖国、爱家乡、爱集体、爱劳动、爱科学的情感,培养诚实、自信、友爱、勇敢、勤学、好问、爱护公物、克服困难、讲礼貌、守纪律等良好的品德行为和习惯,以及活泼开朗的性格。

(四)培养幼儿初步感受美和表现美的情趣和能力。

真题2 [2023安徽宿州,多选]幼儿园教育要实行保育和教育相结合的原则,其保育和教育的主要目标包括(　　)

A. 发展幼儿智力

B. 培养幼儿初步感受美和表现美的情趣和能力

C. 培养良好的生活习惯、卫生习惯和参加体育活动的兴趣

D. 促进幼儿身体正常发育和机能的协调发展

答案:ABCD

第六条 幼儿园教职工应当尊重、爱护幼儿,严禁虐待、歧视、体罚和变相体罚、侮辱幼儿人格等损害幼儿身心健康的行为。

第七条 幼儿园可分为全日制、半日制、定时制、季节制和寄宿制等。上述形式可分别设置,也可混合设置。

第二章 幼儿入园和编班

第八条 幼儿园每年秋季招生。平时如有缺额,可随时补招。

幼儿园对烈士子女、家中无人照顾的残疾人子女、孤儿、家庭经济困难幼儿、具有接受普通教育能力的残疾儿童等入园,按照国家和地方的有关规定予以照顾。

第九条 企业、事业单位和机关、团体、部队设置的幼儿园,除招收本单位工作人员的子女外,应当积极创造条件向社会开放,招收附近居民子女入园。

第十条 幼儿入园前,应当按照卫生部门制定的卫生保健制度进行健康检查,合格者方可入园。

幼儿入园除进行健康检查外,禁止任何形式的考试或测查。

第十一条 幼儿园规模应当有利于幼儿身心健康,便于管理,一般不超过360人。

幼儿园每班幼儿人数一般为:小班(3周岁至4周岁)25人,中班(4周岁至5周岁)30人,大班(5周岁至6周岁)35人,混合班30人。寄宿制幼儿园每班幼儿人数酌减。

幼儿园可以按年龄分别编班,也可以混合编班。

真题3 [2022福建统考,单选]规定"幼儿入园除进行健康检查外,禁止任何形式的考试或测查"的文件是( )

A.《幼儿园工作规程》　　　　　　　　B.《幼儿园管理条例》
C.《幼儿园教育指导纲要(试行)》　　　D.《3~6岁儿童学习与发展指南》

真题4 [2024江苏南京,判断]幼儿园可以按年龄分别编班,不可以混合编班。

答案:3. A　4. ×

第三章 幼儿园的安全

第十二条 幼儿园应当严格执行国家和地方幼儿园安全管理的相关规定,建立健全门卫、房屋、设备、消防、交通、食品、药物、幼儿接送交接、活动组织和幼儿就寝值守等安全防护和检查制度,建立安全责任制和应急预案。

真题5 [2023安徽阜阳,单选]幼儿园应当建立( )和应急预案。

A. 安全制度　　B. 安全责任制　　C. 安全检查制　　D. 值班值守制

答案:B

第十三条 幼儿园的园舍应当符合国家和地方的建设标准,以及相关安全、卫生等方面的规范,定期检查维护,保障安全。幼儿园不得设置在污染区和危险区,不得使用危房。

幼儿园的设备设施、装修装饰材料、用品用具和玩教具材料等,应当符合国家相关的安全质量标准和环保要求。

入园幼儿应当由监护人或者其委托的成年人接送。

第十四条 幼儿园应当严格执行国家有关食品药品安全的法律法规,保障饮食饮水卫生安全。

第十五条 幼儿园教职工必须具有安全意识,掌握基本急救常识和防范、避险、逃生、自救的基本方法,在紧急情况下应当优先保护幼儿的人身安全。

幼儿园应当把安全教育融入一日生活,并定期组织开展多种形式的安全教育和事故预防演练。

529

幼儿园应当结合幼儿年龄特点和接受能力开展反家庭暴力教育,发现幼儿遭受或者疑似遭受家庭暴力的,应当依法及时向公安机关报案。

第十六条 幼儿园应当投保校方责任险。

第四章 幼儿园的卫生保健

第十七条 幼儿园必须切实做好幼儿生理和心理卫生保健工作。

幼儿园应当严格执行《托儿所幼儿园卫生保健管理办法》以及其他有关卫生保健的法规、规章和制度。

第十八条 幼儿园应当制定合理的幼儿一日生活作息制度。正餐间隔时间为3.5~4小时。在正常情况下,幼儿户外活动时间(包括户外体育活动时间)每天不得少于2小时,寄宿制幼儿园不得少于3小时;高寒、高温地区可酌情增减。

真题6 [2023安徽宿州,单选]幼儿园应当制定合理的幼儿一日生活作息制度,正餐间隔时间为( )

A. 1小时　　　　　　B. 2小时　　　　　　C. 3.5~4小时　　　　D. 6~8小时

真题7 [2023山东济南,单选]根据《幼儿园工作规程》的规定,寄宿制幼儿园户外活动时间每天不得少于( )

A. 1小时　　　　　　B. 2小时　　　　　　C. 3小时　　　　　　D. 4小时

答案: 6. C　7. C

第十九条 幼儿园应当建立幼儿健康检查制度和幼儿健康卡或档案。每年体检一次,每半年测身高、视力一次,每季度量体重一次;注意幼儿口腔卫生,保护幼儿视力。

幼儿园对幼儿健康发展状况定期进行分析、评价,及时向家长反馈结果。

幼儿园应当关注幼儿心理健康,注重满足幼儿的发展需要,保持幼儿积极的情绪状态,让幼儿感受到尊重和接纳。

> **·记忆有妙招·**
>
> 幼儿健康检查的时间规定:**年检集中扮绅士**。**年检**:每年体检一次。**集中**:每季度量体重一次。**扮绅士**:每半年测身高、视力一次。

真题8 [2024江苏南京,判断]幼儿园应当组织幼儿每半年测身高、体重一次,每季度体检一次,每年测视力一次。

答案: ×

第二十条 幼儿园应当建立卫生消毒、晨检、午检制度和病儿隔离制度,配合卫生部门做好计划免疫工作。

幼儿园应当建立传染病预防和管理制度,制定突发传染病应急预案,认真做好疾病防控工作。

幼儿园应当建立患病幼儿用药的委托交接制度,未经监护人委托或者同意,幼儿园不得给幼儿用药。幼儿园应当妥善管理药品,保证幼儿用药安全。

幼儿园内禁止吸烟、饮酒。

第二十一条 供给膳食的幼儿园应当为幼儿提供安全卫生的食品,编制营养平衡的幼儿食谱,定期计算和分析幼儿的进食量和营养素摄取量,保证幼儿合理膳食。

幼儿园应当每周向家长公示幼儿食谱,并按照相关规定进行食品留样。

第二十二条 幼儿园应当配备必要的设备设施,及时为幼儿提供安全卫生的饮用水。

幼儿园应当培养幼儿良好的大小便习惯,不得限制幼儿便溺的次数、时间等。

第二十三条 幼儿园应当积极开展适合幼儿的体育活动,充分利用日光、空气、水等自然因素以及本地自然环境,有计划地锻炼幼儿肌体,增强身体的适应和抵抗能力。正常情况下,每日户外体育活动不得少于1小时。

幼儿园在开展体育活动时,应当对体弱或有残疾的幼儿予以特殊照顾。

第二十四条 幼儿园夏季要做好防暑降温工作,冬季要做好防寒保暖工作,防止中暑和冻伤。

第五章　幼儿园的教育

第二十五条 幼儿园教育应当贯彻以下原则和要求:

(一)德、智、体、美等方面的教育应当互相渗透,有机结合。

(二)遵循幼儿身心发展规律,符合幼儿年龄特点,注重个体差异,因人施教,引导幼儿个性健康发展。

(三)面向全体幼儿,热爱幼儿,坚持积极鼓励、启发引导的正面教育。

(四)综合组织健康、语言、社会、科学、艺术各领域的教育内容,渗透于幼儿一日生活的各项活动中,充分发挥各种教育手段的交互作用。

(五)以游戏为基本活动,寓教育于各项活动之中。

(六)创设与教育相适应的良好环境,为幼儿提供活动和表现能力的机会与条件。

第二十六条 幼儿一日活动的组织应当动静交替,注重幼儿的直接感知、实际操作和亲身体验,保证幼儿愉快的、有益的自由活动。

第二十七条 幼儿园日常生活组织,应当从实际出发,建立必要、合理的常规,坚持一贯性和灵活性相结合,培养幼儿的良好习惯和初步的生活自理能力。

第二十八条 幼儿园应当为幼儿提供丰富多样的教育活动。

教育活动内容应当根据教育目标、幼儿的实际水平和兴趣确定,以循序渐进为原则,有计划地选择和组织。

教育活动的组织应当灵活地运用集体、小组和个别活动等形式,为每个幼儿提供充分参与的机会,满足幼儿多方面发展的需要,促进每个幼儿在不同水平上得到发展。

教育活动的过程应注重支持幼儿的主动探索、操作实践、合作交流和表达表现,不应片面追求活动结果。

真题9 [2024江苏南京,多选]教育活动的组织应当灵活地运用(　　)活动等形式,为每个幼儿提供充分参与的机会,满足幼儿多方面发展的需要,促进每个幼儿在不同水平上得到发展。

A. 游戏　　　　　　B. 集体　　　　　　C. 小组　　　　　　D. 个别

答案:BCD

第二十九条 幼儿园应当将游戏作为对幼儿进行全面发展教育的重要形式。

幼儿园应当因地制宜创设游戏条件,提供丰富、适宜的游戏材料,保证充足的游戏时间,开展多种游戏。

幼儿园应当根据幼儿的年龄特点指导游戏,鼓励和支持幼儿根据自身兴趣、需要和经验水平,自主选择游戏内容、游戏材料和伙伴,使幼儿在游戏过程中获得积极的情绪情感,促进幼儿能力和个性的全面发展。

第三十条 幼儿园应当将环境作为重要的教育资源,合理利用室内外环境,创设开放的、多样的区域活动空间,提供适合幼儿年龄特点的丰富的玩具、操作材料和幼儿读物,支持幼儿自主选择和主动学习,激发幼儿学习的兴趣与探究的愿望。

幼儿园应当营造尊重、接纳和关爱的氛围,建立良好的同伴和师生关系。幼儿园应当充分利用家庭和社区的有利条件,丰富和拓展幼儿园的教育资源。

第三十一条 幼儿园的品德教育应当以情感教育和培养良好行为习惯为主,注重潜移默化的影响,并贯穿于幼儿生活以及各项活动之中。

真题10 [2022江西统考,单选]幼儿园的品德教育应当以(　　)和培养良好行为习惯为主,注重潜移默化的影响,并贯穿于幼儿生活以及各项活动之中。

A. 情感教育　　　　B. 认知教育　　　　C. 技能教育　　　　D. 态度教育

答案:A

第三十二条 幼儿园应当充分尊重幼儿的个体差异,根据幼儿不同的心理发展水平,研究有效的活动形式和方法,注重培养幼儿良好的个性心理品质。

幼儿园应当为在园残疾儿童提供更多的帮助和指导。

第三十三条 幼儿园和小学应当密切联系,互相配合,注意两个阶段教育的相互衔接。

幼儿园不得提前教授小学教育内容,不得开展任何违背幼儿身心发展规律的活动。

第六章 幼儿园的园舍、设备

第三十四条 幼儿园应当按照国家的相关规定设活动室、寝室、卫生间、保健室、综合活动室、厨房和办公用房等,并达到相应的建设标准。有条件的幼儿园应当优先扩大幼儿游戏和活动空间。

寄宿制幼儿园应当增设隔离室、浴室和教职工值班室等。

第三十五条 幼儿园应当有与其规模相适应的户外活动场地,配备必要的游戏和体育活动设施,创造条件开辟沙地、水池、种植园地等,并根据幼儿活动的需要绿化、美化园地。

第三十六条 幼儿园应当配备适合幼儿特点的桌椅、玩具架、盥洗卫生用具,以及必要的玩教具、图书和乐器等。

玩教具应当具有教育意义并符合安全、卫生要求。幼儿园应当因地制宜,就地取材,自制玩教具。

第三十七条 幼儿园的建筑规划面积、建筑设计和功能要求,以及设施设备、玩教具配备,按照国家和地方的相关规定执行。

第七章 幼儿园的教职工

第三十八条 幼儿园按照国家相关规定设园长、副园长、教师、保育员、卫生保健人员、炊事员和其他工作人员等岗位,配足配齐教职工。

第三十九条 幼儿园教职工应当贯彻国家教育方针,具有良好品德,热爱教育事业,尊重和爱护幼儿,具有专业知识和技能以及相应的文化和专业素养,为人师表,忠于职责,身心健康。

幼儿园教职工患传染病期间暂停在幼儿园的工作。有犯罪、吸毒记录和精神病史者不得在幼儿园工作。

真题11 [2021福建统考,判断]某幼儿园教师曾经患过精神病,治愈后,他仍没有资格担任幼儿园教师。

答案:√

第四十条 幼儿园园长应当符合本规程第三十九条规定,并应当具有《教师资格条例》规定的教师资格、具备大专以上学历、有三年以上幼儿园工作经历和一定的组织管理能力,并取得幼儿园园长岗位培训合格证书。

幼儿园园长由举办者任命或者聘任,并报当地主管的教育行政部门备案。幼儿园园长负责幼儿园的全面工作,主要职责如下:

(一)贯彻执行国家的有关法律、法规、方针、政策和地方的相关规定,负责建立并组织执行幼儿园的各项规章制度;

(二)负责保育教育、卫生保健、安全保卫工作;

(三)负责按照有关规定聘任、调配教职工,指导、检查和评估教师以及其他工作人员的工作,并给予奖惩;

(四)负责教职工的思想工作,组织业务学习,并为他们的学习、进修、教育研究创造必要的条件;

(五)关心教职工的身心健康,维护他们的合法权益,改善他们的工作条件;

(六)组织管理园舍、设备和经费;

(七)组织和指导家长工作;

(八)负责与社区的联系和合作。

第四十一条 幼儿园教师必须具有《教师资格条例》规定的幼儿园教师资格,并符合本规程第三十九条规定。

幼儿园教师实行聘任制。

幼儿园教师对本班工作全面负责,其主要职责如下:

(一)观察了解幼儿,依据国家有关规定,结合本班幼儿的发展水平和兴趣需要,制订和执行教育工作计划,合理安排幼儿一日生活;

(二)创设良好的教育环境,合理组织教育内容,提供丰富的玩具和游戏材料,开展适宜的教育活动;

(三)严格执行幼儿园安全、卫生保健制度,指导并配合保育员管理本班幼儿生活,做好卫生保健工作;

(四)与家长保持经常联系,了解幼儿家庭的教育环境,商讨符合幼儿特点的教育措施,相互配合共同完成教育任务;

(五)参加业务学习和保育教育研究活动;

(六)定期总结评估保教工作实效,接受园长的指导和检查。

第四十二条 幼儿园保育员应当符合本规程第三十九条规定,并应当具备高中毕业以上学历,受过幼儿保育职业培训。

幼儿园保育员的主要职责如下:

(一)负责本班房舍、设备、环境的清洁卫生和消毒工作;

(二)在教师指导下,科学照料和管理幼儿生活,并配合本班教师组织教育活动;

(三)在卫生保健人员和本班教师指导下,严格执行幼儿园安全、卫生保健制度;

(四)妥善保管幼儿衣物和本班的设备、用具。

第四十三条 幼儿园卫生保健人员除符合本规程第三十九条规定外,医师应当取得卫生行政部门颁发的《医师执业证书》;护士应当取得《护士执业证书》;保健员应当具有高中毕业以上学历,并经过当地妇幼保健机构组织的卫生保健专业知识培训。

幼儿园卫生保健人员对全园幼儿身体健康负责,其主要职责如下:

(一)协助园长组织实施有关卫生保健方面的法规、规章和制度,并监督执行;

(二)负责指导调配幼儿膳食,检查食品、饮水和环境卫生;

(三)负责晨检、午检和健康观察,做好幼儿营养、生长发育的监测和评价;定期组织幼儿健康体检,做好幼儿健康档案管理;

(四)密切与当地卫生保健机构的联系,协助做好疾病防控和计划免疫工作;

(五)向幼儿园教职工和家长进行卫生保健宣传和指导。

(六)妥善管理医疗器械、消毒用具和药品。

第四十四条 幼儿园其他工作人员的资格和职责,按照国家和地方的有关规定执行。

第四十五条 对认真履行职责、成绩优良的幼儿园教职工,应当按照有关规定给予奖励。

对不履行职责的幼儿园教职工,应当视情节轻重,依法依规给予相应处分。

第八章 幼儿园的经费

第四十六条 幼儿园的经费由举办者依法筹措,保障有必备的办园资金和稳定的经费来源。

按照国家和地方相关规定接受财政扶持的提供普惠性服务的国有企事业单位办园、集体办园和民办园等幼儿园,应当接受财务、审计等有关部门的监督检查。

第四十七条 幼儿园收费按照国家和地方的有关规定执行。

幼儿园实行收费公示制度,收费项目和标准向家长公示,接受社会监督,不得以任何名义收取与新生入园相挂钩的赞助费。

幼儿园不得以培养幼儿某种专项技能、组织或参与竞赛等为由,另外收取费用;不得以营利为目的组织幼儿表演、竞赛等活动。

真题12 [2023安徽宿州,单选]某幼儿园规定新入园的幼儿缴赞助费排队入学,不缴费无法入学,并根据缴纳赞助费的高低录取幼儿,该幼儿园的做法( )

A. 正确,有利于幼儿园的经费来源

B. 正确,幼儿园正常招生的权利

C. 不正确,幼儿园不能以任何名义收取与新生入园相挂钩的赞助费

D. 不正确,幼儿园不能对幼儿进行任何形式的测试或检查

答案:C

第四十八条 幼儿园的经费应当按照规定的使用范围合理开支,坚持专款专用,不得挪作他用。

第四十九条 幼儿园举办者筹措的经费,应当保证保育和教育的需要,有一定比例用于改善办园条件和开展教职工培训。

第五十条 幼儿膳食费应当实行民主管理制度,保证全部用于幼儿膳食,每月向家长公布账目。

第五十一条 幼儿园应当建立经费预算和决算审核制度,经费预算和决算应当提交园务委员会审议,并接受财务和审计部门的监督检查。

幼儿园应当依法建立资产配置、使用、处置、产权登记、信息管理等管理制度,严格执行有关财务制度。

第九章 幼儿园、家庭和社区

第五十二条 幼儿园应当主动与幼儿家庭沟通合作,为家长提供科学育儿宣传指导,帮助家长创设良好的家庭教育环境,共同担负教育幼儿的任务。

第五十三条 幼儿园应当建立幼儿园与家长联系的制度。幼儿园可采取多种形式,指导家长正确了解幼儿园保育和教育的内容、方法,定期召开家长会议,并接待家长的来访和咨询。

幼儿园应当认真分析、吸收家长对幼儿园教育与管理工作的意见与建议。幼儿园应当建立家长开放日制度。

第五十四条 幼儿园应当成立家长委员会。

家长委员会的主要任务是:对幼儿园重要决策和事关幼儿切身利益的事项提出意见和建议;发挥家长的专业和资源优势,支持幼儿园保育教育工作;帮助家长了解幼儿园工作计划和要求,协助幼儿园开展家庭教育指导和交流。

家长委员会在幼儿园园长指导下工作。

第五十五条 幼儿园应当加强与社区的联系与合作,面向社区宣传科学育儿知识,开展灵活多样的公益性早期教育服务,争取社区对幼儿园的多方面支持。

真题13 [2023山东济南,简答]简述幼儿园家长委员会的主要任务。
答案: 详见内文

第十章 幼儿园的管理

第五十六条 幼儿园实行园长负责制。

幼儿园应当建立园务委员会。园务委员会由园长、副园长、党组织负责人和保教、卫生保健、财会等方面工作人员的代表以及幼儿家长代表组成。园长任园务委员会主任。

园长定期召开园务委员会会议,遇重大问题可临时召集,对规章制度的建立、修改、废除、全园工作计划、工作总结、人员奖惩、财务预算和决算方案,以及其他涉及全园工作的重要问题进行审议。

真题14 [2023安徽宿州,单选]幼儿园每年秋季招生。平时如有缺额,可随时补招。幼儿园实行( )

A.学校负责制 B.教师负责制 C.家长负责制 D.园长负责制

答案: D

第五十七条 幼儿园应当加强党组织建设,充分发挥党组织政治核心作用、战斗堡垒作用。幼儿园应当为工会、共青团等其他组织开展工作创造有利条件,充分发挥其在幼儿园工作中的作用。

第五十八条 幼儿园应当建立教职工大会制度或者教职工代表大会制度,依法加强民主管理和监督。

第五十九条 幼儿园应当建立教研制度,研究解决保教工作中的实际问题。

第六十条 幼儿园应当制订年度工作计划,定期部署、总结和报告工作。每学年年末应当向教育等行政主管部门报告工作,必要时随时报告。

第六十一条 幼儿园应当接受上级教育、卫生、公安、消防等部门的检查、监督和指导,如实报告工作和反映情况。

535

幼儿园应当依法接受教育督导部门的督导。

第六十二条　幼儿园应当建立业务档案、财务管理、园务会议、人员奖惩、安全管理以及与家庭、小学联系等制度。

幼儿园应当建立信息管理制度，按照规定采集、更新、报送幼儿园管理信息系统的相关信息，每年向主管教育行政部门报送统计信息。

第六十三条　幼儿园教师依法享受寒暑假期的带薪休假。幼儿园应当创造条件，在寒暑假期间，安排工作人员轮流休假。具体办法由举办者制定。

第十一章　附　则

第六十四条　本规程适用于城乡各类幼儿园。

第六十五条　省、自治区、直辖市教育行政部门可根据本规程，制订具体实施办法。

第六十六条　本规程自2016年3月1日起施行。1996年3月9日由原国家教育委员会令第25号发布的《幼儿园工作规程》同时废止。

✦✦ 本节核心考点回顾 ✦✦

1. 幼儿园及幼儿园教育的定位

幼儿园是对3周岁以上学龄前幼儿实施保育和教育的机构。幼儿园教育是基础教育的重要组成部分，是学校教育制度的基础阶段。

2. 幼儿园的任务

(1)贯彻国家的教育方针，按照保育与教育相结合的原则，遵循幼儿身心发展特点和规律，实施德、智、体、美等方面全面发展的教育，促进幼儿身心和谐发展。

(2)幼儿园同时面向幼儿家长提供科学育儿指导。

3. 幼儿园保育和教育的主要目标

(1)促进幼儿身体正常发育和机能的协调发展，增强体质，促进心理健康，培养良好的生活习惯、卫生习惯和参加体育活动的兴趣。

(2)发展幼儿智力，培养正确运用感官和运用语言交往的基本能力，增进对环境的认识，培养有益的兴趣和求知欲望，培养初步的动手探究能力。

(3)萌发幼儿爱祖国、爱家乡、爱集体、爱劳动、爱科学的情感，培养诚实、自信、友爱、勇敢、勤学、好问、爱护公物、克服困难、讲礼貌、守纪律等良好的品德行为和习惯，以及活泼开朗的性格。

(4)培养幼儿初步感受美和表现美的情趣和能力。

4. 幼儿园的入园检查

幼儿入园前，应当按照卫生部门制定的卫生保健制度进行健康检查，合格者方可入园。幼儿入园除进行健康检查外，禁止任何形式的考试或测查。

5. 幼儿园的规模和编班

幼儿园规模应当有利于幼儿身心健康，便于管理，一般不超过360人。

幼儿园每班幼儿人数一般为：小班(3周岁至4周岁)25人，中班(4周岁至5周岁)30人，大班(5周岁至6周岁)35人，混合班30人。寄宿制幼儿园每班幼儿人数酌减。

幼儿园可以按年龄分别编班，也可以混合编班。

6. 幼儿园卫生保健工作

(1)幼儿园应当制定合理的幼儿一日生活作息制度。正餐间隔时间为3.5~4小时。在正常情况下,幼儿户外活动时间(包括户外体育活动时间)每天不得少于2小时,寄宿制幼儿园不得少于3小时;高寒、高温地区可酌情增减。

(2)幼儿园应当建立幼儿健康检查制度和幼儿健康卡或档案。每年体检一次,每半年测身高、视力一次,每季度量体重一次;注意幼儿口腔卫生,保护幼儿视力。

7. 幼儿园的教育

(1)幼儿园教育应以游戏为基本活动,寓教育于各项活动之中。

(2)教育活动的组织应当灵活地运用集体、小组和个别活动等形式,为每个幼儿提供充分参与的机会,满足幼儿多方面发展的需要,促进每个幼儿在不同水平上得到发展。

(3)幼儿园的品德教育应当以情感教育和培养良好行为习惯为主,注重潜移默化的影响,并贯穿于幼儿生活以及各项活动之中。

8. 幼儿园教职工的要求

幼儿园教职工患传染病期间暂停在幼儿园的工作。有犯罪、吸毒记录和精神病史者不得在幼儿园工作。

9. 幼儿园收费要求

幼儿园收费按照国家和地方的有关规定执行。幼儿园实行收费公示制度,收费项目和标准向家长公示,接受社会监督,不得以任何名义收取与新生入园相挂钩的赞助费。

10. 幼儿园家长委员会的主要任务

(1)对幼儿园重要决策和事关幼儿切身利益的事项提出意见和建议;

(2)发挥家长的专业和资源优势,支持幼儿园保育教育工作;

(3)帮助家长了解幼儿园工作计划和要求,协助幼儿园开展家庭教育指导和交流。

11. 幼儿园的管理

幼儿园实行园长负责制。

第三节 幼儿园教育指导纲要(试行)

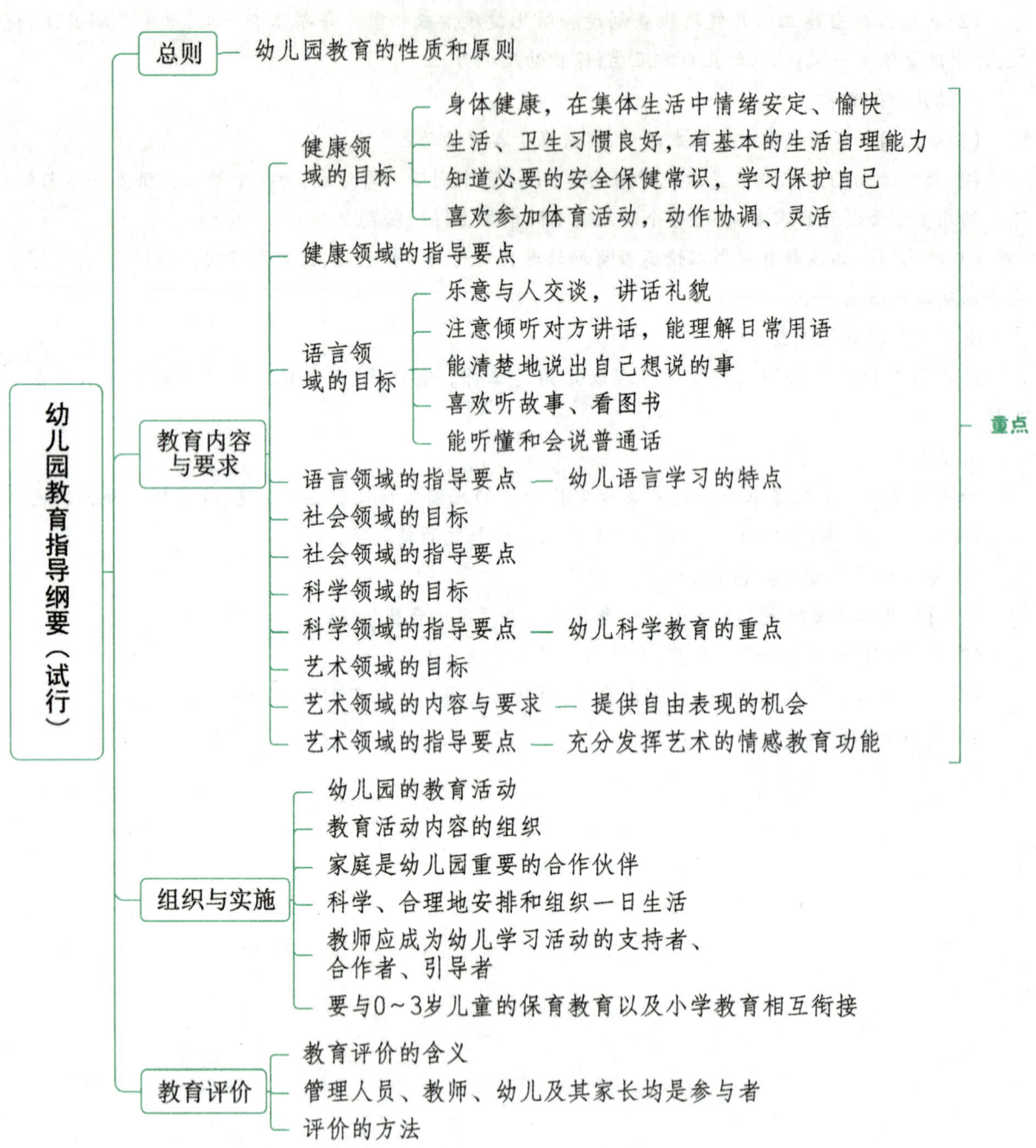

教基〔2001〕20号

2001年7月2日中华人民共和国国家教育委员会令第20号发布,自2001年9月1日起试行。

第一部分 总 则

一、为贯彻《中华人民共和国教育法》《幼儿园管理条例》和《幼儿园工作规程》,指导幼儿园深入实施素质教育,特制定本纲要。

二、幼儿园教育是基础教育的重要组成部分,是我国学校教育和终身教育的奠基阶段。城乡各类幼儿园都应从实际出发,因地制宜地实施素质教育,为幼儿一生的发展打好基础。

三、幼儿园应与家庭、社区密切合作,与小学相互衔接,综合利用各种教育资源,共同为幼儿的发展创造良好的条件。

四、幼儿园应为幼儿提供健康、丰富的生活和活动环境,满足他们多方面发展的需要,使他们在快乐的童年生活中获得有益于身心发展的经验。

五、幼儿园教育应尊重幼儿的人格和权利,尊重幼儿身心发展的规律和学习特点,以游戏为基本活动,保教并重,关注个别差异,促进每个幼儿富有个性的发展。

真题1 [2020福建统考,判断]幼儿园教育活动应以学习为基本活动,保教并重,关注个别差异,促进每个幼儿富有个性的发展。

真题2 [2024江苏苏州,填空]幼儿园教育应尊重幼儿的_____,尊重幼儿身心发展的规律和学习特点,以_____为基本活动,保教并重,关注_____,促进每个幼儿富有个性的发展。

真题3 [2022江苏淮安,填空]幼儿园教育是基础教育的重要组成部分,是我国学校教育和_____的奠基阶段。

答案:1. × 2. 人格和权利 游戏 个别差异 3. 终身教育

第二部分 教育内容与要求

幼儿园的教育内容是全面的、启蒙性的,可以相对划分为健康、语言、社会、科学、艺术等五个领域,也可作其他不同的划分。各领域的内容相互渗透,从不同的角度促进幼儿情感、态度、能力、知识、技能等方面的发展。

真题4 [2021江苏镇江,单选]根据《幼儿园教育指导纲要(试行)》,我国幼儿园的教育内容是( )和启蒙性的。

A. 社会的   B. 发展的   C. 灵活的   D. 全面的

真题5 [2023山东济南,多选]幼儿园的教育内容可以相对划分为健康、语言、社会、_____和_____。( )

A. 艺术   B. 音乐   C. 科学   D. 数学

答案:4. D 5. AC

一、健康

(一)目标

1. 身体健康,在集体生活中情绪安定、愉快;

2. 生活、卫生习惯良好,有基本的生活自理能力;

3. 知道必要的安全保健常识,学习保护自己;

4. 喜欢参加体育活动,动作协调、灵活。

• 记忆有妙招•

健康领域的目标:**身情习理,体动安保**。**身**:身体。**情**:情绪。**习**:习惯。**理**:生活自理。**体**:体育活动。**动**:动作。**安**:安全保健常识。**保**:保护自己。

真题6 [2022浙江湖州,简答]简述《幼儿园教育指导纲要(试行)》中健康领域的目标。

答案:详见内文

(二)内容与要求

1. 建立良好的师生、同伴关系,让幼儿在集体生活中感到温暖,心情愉快,形成安全感、信赖感。

2. 与家长配合,根据幼儿的需要建立科学的生活常规,培养幼儿良好的饮食、睡眠、盥洗、排泄等生活习惯和生活自理能力。

3. 教育幼儿爱清洁、讲卫生,注意保持个人和生活场所的整洁和卫生。

4. 密切结合幼儿的生活进行安全、营养和保健教育,提高幼儿的自我保护意识和能力。

5. 开展丰富多彩的户外游戏和体育活动,培养幼儿参加体育活动的兴趣和习惯,增强体质,提高对环境的适应能力。

6. 用幼儿感兴趣的方式发展基本动作,提高动作的协调性、灵活性。

7. 在体育活动中,培养幼儿坚强、勇敢、不怕困难的意志品质和主动、乐观、合作的态度。

(三)指导要点

1. 幼儿园必须把保护幼儿的生命和促进幼儿的健康放在工作的首位,树立正确的健康观念,在重视幼儿身体健康的同时,要高度重视幼儿的心理健康。

2. 既要高度重视和满足幼儿受保护、受照顾的需要,又要尊重和满足他们不断增长的独立要求,避免过度保护和包办代替,鼓励并指导幼儿自理、自立的尝试。

3. 健康领域的活动要充分尊重幼儿生长发育的规律,严禁以任何名义进行有损幼儿健康的比赛、表演或训练等。

4. 培养幼儿对体育活动的兴趣是幼儿园体育的重要目标,要根据幼儿的特点组织生动有趣、形式多样的体育活动,吸引幼儿主动参与。

真题7 [2024江苏南京,判断]培养幼儿对体育活动的兴趣是幼儿园体育的重要目标,要根据幼儿的特点组织生动有趣、形式多样的体育活动,吸引幼儿主动参与。

真题8 [2023山东济南,判断]幼儿园必须把促进幼儿全面发展放在工作的首位。

答案:7. √ 8. ×

二、语言

(一)目标

1. 乐意与人交谈,讲话礼貌;

2. 注意倾听对方讲话,能理解日常用语;

3. 能清楚地说出自己想说的事;

4. 喜欢听故事、看图书;

5. 能听懂和会说普通话。

• 记忆有妙招 •

语言领域的目标:**谈听说图谱**。**谈**:交谈。**听**:倾听。**说**:说出。**图**:图书。**谱**:普通话。

真题9 [2021浙江临海,简答]简述《幼儿园教育指导纲要(试行)》中语言领域的目标。

答案:详见内文

(二)内容与要求

1. 创造一个自由、宽松的语言交往环境,支持、鼓励、吸引幼儿与教师、同伴或其他人交谈,体验语言交流的乐趣,学习使用适当的、礼貌的语言交往。

2. 养成幼儿注意倾听的习惯,发展语言理解能力。

3. 鼓励幼儿大胆、清楚地表达自己的想法和感受,尝试说明、描述简单的事物或过程,发展语言表达能力和思维能力。

4. 引导幼儿接触优秀的儿童文学作品,使之感受语言的丰富和优美,并通过多种活动帮助幼儿加深对作品的体验和理解。

5. 培养幼儿对生活中常见的简单标记和文字符号的兴趣。

6. 利用图书、绘画和其他多种方式,引发幼儿对书籍、阅读和书写的兴趣,培养前阅读和前书写技能。

7. 提供普通话的语言环境,帮助幼儿熟悉、听懂并学说普通话。少数民族地区还应帮助幼儿学习本民族语言。

(三)指导要点

1. 语言能力是在运用的过程中发展起来的,发展幼儿语言的关键是创设一个能使他们想说、敢说、喜欢说、有机会说并能得到积极应答的环境。

2. 幼儿语言的发展与其情感、经验、思维、社会交往能力等其他方面的发展密切相关,因此,发展幼儿语言的重要途径是通过互相渗透的各领域的教育,在丰富多彩的活动中去扩展幼儿的经验,提供促进语言发展的条件。

3. 幼儿的语言学习具有个别化的特点,教师与幼儿的个别交流、幼儿之间的自由交谈等,对幼儿语言发展具有特殊意义。

4. 对有语言障碍的儿童要给予特别关注,要与家长和有关方面密切配合,积极地帮助他们提高语言能力。

真题10 [2024江苏南京,单选]幼儿的语言学习具有( )的特点,教师与幼儿的个别交流、幼儿之间的自由交谈等,对幼儿语言发展具有特殊意义。

A. 个体化　　　B. 特别化　　　C. 个别化　　　D. 潜移默化

答案:C

三、社会

(一)目标

1. 能主动地参与各项活动,有自信心;

2. 乐意与人交往,学习互助、合作和分享,有同情心;

3. 理解并遵守日常生活中基本的社会行为规则;

4. 能努力做好力所能及的事,不怕困难,有初步的责任感;

5. 爱父母长辈、老师和同伴,爱集体、爱家乡、爱祖国。

> **·记忆有妙招·**
>
> 社会领域的目标:**两心两则各种爱**。**两心**:自信心、同情心。**两则**:社会行为规则、责任感。**各种爱**:爱父母长辈、老师、同伴、集体、家乡、祖国。

(二)内容与要求

1. 引导幼儿参加各种集体活动,体验与教师、同伴等共同生活的乐趣,帮助他们正确认识自己和他人,养成对他人、社会亲近合作的态度,学习初步的人际交往技能。

2. 为每个幼儿提供表现自己长处和获得成功的机会,增强其自尊心和自信心。

3. 提供自由活动的机会,支持幼儿自主地选择、计划活动,鼓励他们通过多方面的努力解决问题,不轻易放弃克服困难的尝试。

4. 在共同的生活和活动中,以多种方式引导幼儿认识、体验并理解基本的社会行为规则,学习自律和尊重他人。

5. 教育幼儿爱护玩具和其他物品,爱护公物和公共环境。

6. 与家庭、社区合作,引导幼儿了解自己的亲人以及与自己生活有关的各行各业人们的劳动,培养其对劳动者的热爱和对劳动成果的尊重。

7. 充分利用社会资源,引导幼儿实际感受祖国文化的丰富与优秀,感受家乡的变化和发展,激发幼儿爱家乡、爱祖国的情感。

8. 适当向幼儿介绍我国各民族和世界其他国家、民族的文化,使其感知人类文化的多样性和差异性,培养理解、尊重、平等的态度。

(三)指导要点

1. 社会领域的教育具有潜移默化的特点。幼儿社会态度和社会情感的培养尤应渗透在多种活动和一日生活的各个环节之中,要创设一个能使幼儿感受到接纳、关爱和支持的良好环境,避免单一呆板的言语说教。

2. 幼儿与成人、同伴之间的共同生活、交往、探索、游戏等,是其社会学习的重要途径。应为幼儿提供人际间相互交往和共同活动的机会和条件,并加以指导。

3. 社会学习是一个漫长的积累过程,需要幼儿园、家庭和社会密切合作,协调一致,共同促进幼儿良好社会性品质的形成。

四、科学

(一)目标

1. 对周围的事物、现象感兴趣,有好奇心和求知欲;

2. 能运用各种感官,动手动脑,探究问题;

3. 能用适当的方式表达、交流探索的过程和结果;

4. 能从生活和游戏中感受事物的数量关系并体验到数学的重要和有趣;

5. 爱护动植物,关心周围环境,亲近大自然,珍惜自然资源,有初步的环保意识。

> •记忆有妙招•
> 科学领域的目标:**好奇探究得结果,数量环保要做好**。**好奇**:好奇心和求知欲。**探究**:探究问题。**得结果**:交流探索的过程和结果。**数量**:数量关系。**环保要做好**:环保意识。

(二)内容与要求

1. 引导幼儿对身边常见事物和现象的特点、变化规律产生兴趣和探究的欲望。

2. 为幼儿的探究活动创造宽松的环境,让每个幼儿都有机会参与尝试,支持、鼓励他们大胆提出问题,发表不同意见,学会尊重别人的观点和经验。

3. 提供丰富的可操作的材料,为每个幼儿都能运用多种感官、多种方式进行探索提供活动的条件。

4. 通过引导幼儿积极参加小组讨论、探索等方式,培养幼儿合作学习的意识和能力,学习用多种方式表现、交流、分享探索的过程和结果。

5. 引导幼儿对周围环境中的数、量、形、时间和空间等现象产生兴趣,建构初步的数概念,并学习用简单的数学方法解决生活和游戏中某些简单的问题。

6. 从生活或媒体中幼儿熟悉的科技成果入手,引导幼儿感受科学技术对生活的影响,培养他们对科学的兴趣和对科学家的崇敬。

7. 在幼儿生活经验的基础上,帮助幼儿了解自然、环境与人类生活的关系。从身边的小事入手,培养初步的环保意识和行为。

(三)指导要点

1. 幼儿的科学教育是科学启蒙教育,重在激发幼儿的认识兴趣和探究欲望。

2. 要尽量创造条件让幼儿实际参加探究活动,使他们感受科学探究的过程和方法,体验发现的乐趣。

3. 科学教育应密切联系幼儿的实际生活进行,利用身边的事物与现象作为科学探索的对象。

真题11 [2023安徽宿州,多选]幼儿的科学教育是科学启蒙教育,重在激发幼儿的(   )

A. 直接感知　　　B. 实际操作　　　C. 认识兴趣　　　D. 探究欲望

答案:CD

五、艺术

(一)目标

1. 能初步感受并喜爱环境、生活和艺术中的美;

2. 喜欢参加艺术活动,并能大胆地表现自己的情感和体验;

3. 能用自己喜欢的方式进行艺术表现活动。

(二)内容与要求

1. 引导幼儿接触周围环境和生活中美好的人、事、物,丰富他们的感性经验和审美情趣,激发他们表现美、创造美的情趣。

2. 在艺术活动中面向全体幼儿,要针对他们的不同特点和需要,让每个幼儿都得到美的熏陶和培养,对有艺术天赋的幼儿要注意发展他们的艺术潜能。

3. 提供自由表现的机会,鼓励幼儿用不同艺术形式大胆地表达自己的情感、理解和想象,尊重每个幼儿的想法和创造,肯定和接纳他们独特的审美感受和表现方式,分享他们创造的快乐。

4. 在支持、鼓励幼儿积极参加各种艺术活动并大胆表现的同时,帮助他们提高表现的技能和能力。

5. 指导幼儿利用身边的物品或废旧材料制作玩具、手工艺品等来美化自己的生活或开展其他活动。

6. 为幼儿创设展示自己作品的条件,引导幼儿相互交流、相互欣赏、共同提高。

真题12 [2024江苏南京,单选]提供自由表现的机会,鼓励幼儿用不同艺术形式大胆地表达自己的情感、理解和想象,尊重每个幼儿的想法和创造,肯定和接纳他们独特的(　　),分享他们创造的快乐。

A. 审美感受和表现方式　　　　　　B. 审美体验和表现方式
C. 审美感受和表达方式　　　　　　D. 审美体验和表达方式

答案:A

(三)指导要点

1. 艺术是实施美育的主要途径,应充分发挥艺术的情感教育功能,促进幼儿健全人格的形成,要避免仅仅重视表现技能或艺术活动的结果,而忽视幼儿在活动过程中的情感体验和态度的倾向。

2. 幼儿的创作过程和作品是他们表达自己的认识和情感的重要方式,应支持幼儿富有个性和创造性的表达,克服过分强调技能技巧和标准化要求的偏向。

3. 幼儿艺术活动的能力是在大胆表现的过程中逐渐发展起来的,教师的作用应主要在于激发幼儿感受美、表现美的情趣,丰富他们的审美经验,使之体验自由表达和创造的快乐。在此基础上,根据幼儿的发展状况和需要,对表现方式和技能技巧给予适时、适当的指导。

真题13 [2022江西统考,单选]艺术是实施美育的主要途径,应充分发挥艺术的情感教育功能,促进幼儿健全人格的形成,要避免仅仅重视表现技能或艺术活动的结果,而忽视幼儿在活动过程中的(　　)的倾向。

A. 审美经验　　　B. 情感体验和态度　　　C. 艺术兴趣和能力　　　D. 创造性表达

答案:B

第三部分　组织与实施

一、幼儿园的教育是为所有在园幼儿的健康成长服务的,要为每一个儿童,包括有特殊需要的儿童提供积极的支持和帮助。

二、幼儿园的教育活动,是教师以多种形式有目的、有计划地引导幼儿生动、活泼、主动活动的教育过程。

三、教育活动的组织与实施过程是教师创造性地开展工作的过程。教师要根据本《纲要》,从本地、本园的条件出发,结合本班幼儿的实际情况,制定切实可行的工作计划并灵活地执行。

四、教育活动目标要以《幼儿园工作规程》和本《纲要》所提出的各领域目标为指导,结合本班幼儿的发展水平、经验和需要来确定。

五、教育活动内容的选择应遵照本《纲要》第二部分的有关条款进行,同时体现以下原则:

(一)既适合幼儿的现有水平,又有一定的挑战性。

(二)既符合幼儿的现实需要,又有利于其长远发展。

(三)既贴近幼儿的生活来选择幼儿感兴趣的事物和问题,又有助于拓展幼儿的经验和视野。

六、教育活动内容的组织应充分考虑幼儿的学习特点和认识规律,各领域的内容要有机联系,相互渗透,注重综合性、趣味性、活动性,寓教育于生活、游戏之中。

真题14 [2024浙江杭州,单选]幼儿园的教育活动,是教师以多种形式有目的、有计划地引导幼儿生动、活泼、（　　）活动的教育过程。

A.有序　　　　B.主动　　　　C.自由　　　　D.积极

真题15 [2024江苏苏州,填空]教育活动内容的组织应充分考虑幼儿的学习特点和认识规律,各领域的内容要有机联系,相互渗透,注重_____、_____、_____,寓教育于生活、游戏之中。

答案:14.B　15.综合性　趣味性　活动性

七、教育活动的组织形式应根据需要合理安排,因时、因地、因内容、因材料灵活地运用。

八、环境是重要的教育资源,应通过环境的创设和利用,有效地促进幼儿的发展。

（一）幼儿园的空间、设施、活动材料和常规要求等应有利于引发、支持幼儿的游戏和各种探索活动,有利于引发、支持幼儿与周围环境之间积极的相互作用。

（二）幼儿同伴群体及幼儿园教师集体是宝贵的教育资源,应充分发挥这一资源的作用。

（三）教师的态度和管理方式应有助于形成安全、温馨的心理环境;言行举止应成为幼儿学习的良好榜样。

（四）家庭是幼儿园重要的合作伙伴,应本着尊重、平等、合作的原则,争取家长的理解、支持和主动参与,并积极支持、帮助家长提高教育能力。

（五）充分利用自然环境和社区的教育资源,扩展幼儿生活和学习的空间,幼儿园同时应为社区的早期教育提供服务。

真题16 [2024江苏南京,单选]家庭是幼儿园重要的合作伙伴,应本着尊重、平等、合作的原则,争取家长的理解、支持和_____,并积极支持、帮助家长提高教育能力。

A.主动参与　　　B.积极参与　　　C.支持和合作　　　D.理解和合作

答案:A

九、科学、合理地安排和组织一日生活。

（一）时间安排应有相对的稳定性与灵活性,既有利于形成秩序,又能满足幼儿的合理需要,照顾到个体差异。

（二）教师直接指导的活动和间接指导的活动相结合,保证幼儿每天有适当的自主选择和自由活动时间。教师直接指导的集体活动要能保证幼儿的积极参与,避免时间的隐性浪费。

（三）尽量减少不必要的集体行动和过渡环节,减少和消除消极等待现象。

（四）建立良好的常规,避免不必要的管理行为,逐步引导幼儿学习自我管理。

• 记忆有妙招 •

科学、合理地安排和组织一日生活:**食指极度长**。**食**:时间安排。**指**:直接指导和间接指导。**极度**:集体行动和过渡环节。**长**:常规。

真题17 [2024浙江杭州,单选]教师应科学、合理地安排和组织一日生活。时间安排应有相对的稳定性与灵活性,既有利于形成（　　）,又能满足幼儿的合理需要,照顾到个体差异。

A.秩序　　　　B.规则　　　　C.统一要求　　　　D.班级文化

真题18 [2022福建统考,简答]简述如何科学、合理地安排和组织幼儿一日生活。

答案:17.A　18.详见内文

十、教师应成为幼儿学习活动的支持者、合作者、引导者。

（一）以关怀、接纳、尊重的态度与幼儿交往。耐心倾听，努力理解幼儿的想法与感受，支持、鼓励他们大胆探索与表达。

（二）善于发现幼儿感兴趣的事物、游戏和偶发事件中所隐含的教育价值，把握时机，积极引导。

（三）关注幼儿在活动中的表现和反应，敏感地察觉他们的需要，及时以适当的方式应答，形成合作探究式的师生互动。

（四）尊重幼儿在发展水平、能力、经验、学习方式等方面的个体差异，因人施教，努力使每一个幼儿都能获得满足和成功。

（五）关注幼儿的特殊需要，包括各种发展潜能和不同发展障碍，与家庭密切配合，共同促进幼儿健康成长。

• 记忆有妙招 •

教师应成为幼儿学习活动的支持者、合作者、引导者：**用特殊态度发现个体活动**。**用特殊**：关注幼儿的特殊需要。**态度**：关怀、接纳、尊重的态度。**发现**：善于发现。**个体**：尊重个体差异。**活动**：关注幼儿在活动中的表现。

真题19 [2023安徽宿州，多选]《幼儿园教育指导纲要（试行）》明确指出，教师应成为幼儿学习活动的（　　）

A. 合作者　　　　B. 启蒙者　　　　C. 引导者　　　　D. 支持者

真题20 [2024江苏苏州，填空]教师要善于发现_____、_____和_____中所隐含的教育价值，把握时机，积极引导。

答案：19. ACD　20. 幼儿感兴趣的事物　游戏　偶发事件

十一、幼儿园教育要与0～3岁儿童的保育教育以及小学教育相互衔接。

真题21 [2024江苏南京，判断]幼儿园教育要与0～3岁儿童的保育教育以及小学教育相互衔接。

答案：√

第四部分　教育评价

一、教育评价是幼儿园教育工作的重要组成部分，是了解教育的适宜性、有效性，调整和改进工作，促进每一个幼儿发展，提高教育质量的必要手段。

二、管理人员、教师、幼儿及其家长均是幼儿园教育评价工作的参与者。评价过程是各方共同参与、相互支持与合作的过程。

三、评价的过程，是教师运用专业知识审视教育实践，发现、分析、研究、解决问题的过程，也是其自我成长的重要途径。

四、幼儿园教育工作评价实行以教师自评为主，园长以及有关管理人员、其他教师和家长等参与评价的制度。

五、评价应自然地伴随着整个教育过程进行。综合采用观察、谈话、作品分析等多种方法。

六、幼儿的行为表现和发展变化具有重要的评价意义，教师应视之为重要的评价信息和改进工作的依据。

七、教育工作评价宜重点考察以下方面：

(一)教育计划和教育活动的目标是否建立在了解本班幼儿现状的基础上。

(二)教育的内容、方式、策略、环境条件是否能调动幼儿学习的积极性。

(三)教育过程是否能为幼儿提供有益的学习经验,并符合其发展需要。

(四)教育内容、要求能否兼顾群体需要和个体差异,使每个幼儿都能得到发展,都有成功感。

(五)教师的指导是否有利于幼儿主动、有效地学习。

八、对幼儿发展状况的评估,要注意：

(一)明确评价的目的是了解幼儿的发展需要,以便提供更加适宜的帮助和指导。

(二)全面了解幼儿的发展状况,防止片面性,尤其要避免只重知识和技能,忽略情感、社会性和实际能力的倾向。

(三)在日常活动与教育教学过程中采用自然的方法进行,平时观察所获的具有典型意义的幼儿行为表现和所积累的各种作品等,是评价的重要依据。

(四)承认和关注幼儿的个体差异,避免用划一的标准评价不同的幼儿,在幼儿面前慎用横向的比较。

(五)以发展的眼光看待幼儿,既要了解现有水平,更要关注其发展的速度、特点和倾向等。

本《纲要》从2001年9月起施行。

真题22 [2024江苏南京,单选]评价应_____地伴随着整个教育过程进行。综合采用_____、谈话、作品分析等多种方法。( )

A. 自然;观察　　　B. 有意识;观察　　　C. 自然;评价　　　D. 有意识;评价

真题23 [2023安徽宿州,多选]幼儿园教育评价工作的参与者包括( )

A. 幼儿　　　B. 教师　　　C. 家长　　　D. 管理人员

真题24 [2024江苏苏州,填空]教育评价是幼儿园教育工作的重要组成部分,是了解教育的适宜性、_____,调整和_____工作,促进每一个幼儿发展,提高_____的必要手段。

答案：22. A　23. ABCD　24. 有效性　改进　教育质量

★ 本节核心考点回顾 ★

1. 幼儿园教育的性质和原则

幼儿园教育是基础教育的重要组成部分,是我国学校教育和终身教育的奠基阶段。城乡各类幼儿园都应从实际出发,因地制宜地实施素质教育,为幼儿一生的发展打好基础。

幼儿园教育应尊重幼儿的人格和权利,尊重幼儿身心发展的规律和学习特点,以游戏为基本活动,保教并重,关注个别差异,促进每个幼儿富有个性的发展。

2.《幼儿园教育指导纲要(试行)》中健康领域的目标

(1)身体健康,在集体生活中情绪安定、愉快;

(2)生活、卫生习惯良好,有基本的生活自理能力;

(3)知道必要的安全保健常识,学习保护自己;

(4)喜欢参加体育活动,动作协调、灵活。

3.《幼儿园教育指导纲要(试行)》中语言领域的目标

(1)乐意与人交谈,讲话礼貌;

(2)注意倾听对方讲话,能理解日常用语;

(3)能清楚地说出自己想说的事；

(4)喜欢听故事、看图书；

(5)能听懂和会说普通话。

4. 如何科学、合理地安排和组织一日生活

(1)时间安排应有相对的稳定性与灵活性，既有利于形成秩序，又能满足幼儿的合理需要，照顾到个体差异。

(2)教师直接指导的活动和间接指导的活动相结合，保证幼儿每天有适当的自主选择和自由活动时间。教师直接指导的集体活动要能保证幼儿的积极参与，避免时间的隐性浪费。

(3)尽量减少不必要的集体行动和过渡环节，减少和消除消极等待现象。

(4)建立良好的常规，避免不必要的管理行为，逐步引导幼儿学习自我管理。

5. 教师应如何成为幼儿学习活动的支持者、合作者、引导者

(1)以关怀、接纳、尊重的态度与幼儿交往。耐心倾听，努力理解幼儿的想法与感受，支持、鼓励他们大胆探索与表达。

(2)善于发现幼儿感兴趣的事物、游戏和偶发事件中所隐含的教育价值，把握时机，积极引导。

(3)关注幼儿在活动中的表现和反应，敏感地察觉他们的需要，及时以适当的方式应答，形成合作探究式的师生互动。

(4)尊重幼儿在发展水平、能力、经验、学习方式等方面的个体差异，因人施教，努力使每一个幼儿都能获得满足和成功。

(5)关注幼儿的特殊需要，包括各种发展潜能和不同发展障碍，与家庭密切配合，共同促进幼儿健康成长。

6. 幼儿园教育评价的参与者及方法

(1)管理人员、教师、幼儿及其家长均是幼儿园教育评价工作的参与者。

(2)以教师自评为主，园长以及有关管理人员、其他教师和家长等参与评价。

(3)评价应自然地伴随着整个教育过程进行。综合采用观察、谈话、作品分析等多种方法。

第四节 3~6岁儿童学习与发展指南

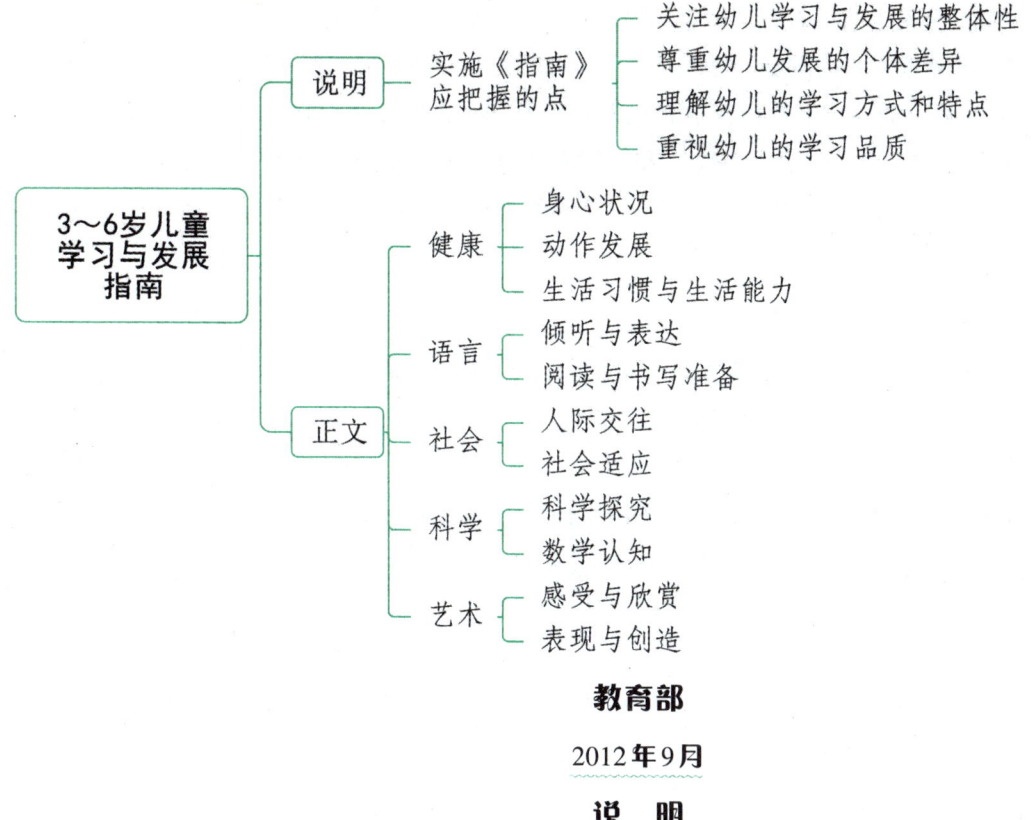

教育部

2012年9月

说　明

一、为深入贯彻《国家中长期教育改革和发展规划纲要(2010~2020年)》和《国务院关于当前发展学前教育的若干意见》(国发〔2010〕41号),指导幼儿园和家庭实施科学的保育和教育,促进幼儿身心全面和谐发展,制定《3~6岁儿童学习与发展指南》(以下简称《指南》)。

二、《指南》以为幼儿后继学习和终身发展奠定良好素质基础为目标,以促进幼儿体、智、德、美各方面的协调发展为核心,通过提出3~6岁各年龄段儿童学习与发展目标和相应的教育建议,帮助幼儿园教师和家长了解3~6岁幼儿学习与发展的基本规律和特点,建立对幼儿发展的合理期望,实施科学的保育和教育,让幼儿度过快乐而有意义的童年。

三、《指南》从健康、语言、社会、科学、艺术五个领域描述幼儿的学习与发展。每个领域按照幼儿学习与发展最基本、最重要的内容划分为若干方面。每个方面由学习与发展目标和教育建议两部分组成。

目标部分分别对3~4岁、4~5岁、5~6岁三个年龄段末期幼儿应该知道什么、能做什么,大致可以达到什么发展水平提出了合理期望,指明了幼儿学习与发展的具体方向;教育建议部分列举了一些能够有效帮助和促进幼儿学习与发展的教育途径与方法。

四、实施《指南》应把握以下几个方面:

1. 关注幼儿学习与发展的整体性。儿童的发展是一个整体,要注重领域之间、目标之间的相互渗透和整合,促进幼儿身心全面协调发展,而不应片面追求某一方面或几方面的发展。

2. 尊重幼儿发展的个体差异。幼儿的发展是一个持续、渐进的过程,同时也表现出一定的阶段性特征。每个幼儿在沿着相似进程发展的过程中,各自的发展速度和到达某一水平的时间不完全相同。要充分理解和尊重幼儿发展进程中的个别差异,支持和引导他们从原有水平向更高水平发展,按照自身的速度和方式到达《指南》所呈现的发展"阶梯",切忌用一把"尺子"衡量所有幼儿。

3.理解幼儿的学习方式和特点。幼儿的学习是以直接经验为基础,在游戏和日常生活中进行的。要珍视游戏和生活的独特价值,创设丰富的教育环境,合理安排一日生活,最大限度地支持和满足幼儿通过直接感知、实际操作和亲身体验获取经验的需要,严禁"拔苗助长"式的超前教育和强化训练。

4.重视幼儿的学习品质。幼儿在活动过程中表现出的积极态度和良好行为倾向是终身学习与发展所必需的宝贵品质。要充分尊重和保护幼儿的好奇心和学习兴趣,帮助幼儿逐步养成积极主动、认真专注、不怕困难、敢于探究和尝试、乐于想象和创造等良好学习品质。忽视幼儿学习品质培养,单纯追求知识技能学习的做法是短视而有害的。

> **·记忆有妙招·**
>
> 实施《指南》应把握的几个方面:**意志特正式**。**意**:尊重个体差异。**志**:重视学习品质。**特正**:关注学习与发展的整体性。**式**:理解学习方式和特点。

真题1 [2022江苏淮安,填空]为深入贯彻《国家中长期教育改革和发展规划纲要(2010~2020年)》和《国务院关于当前发展学前教育的若干意见》,指导幼儿园和家庭实施科学的_____,促进幼儿身心_____,制定《3~6岁儿童学习与发展指南》。

真题2 [2024江苏苏州,填空]幼儿的学习是以_____为基础,在游戏和日常生活中进行的。要珍视游戏和生活的独特价值,创设丰富的_____,合理安排_____,最大限度地支持和满足幼儿通过直接感知、_____和亲身体验获取经验的需要,严禁"拔苗助长"式的超前教育和强化训练。

真题3 [2022山东临沂,论述]试述实施《3~6岁儿童学习与发展指南》应把握哪些方面。

答案:1.保育和教育 全面和谐发展 2.直接经验 教育环境 一日生活 实际操作 3.详见内文

一、健康

健康是指人在身体、心理和社会适应方面的良好状态。幼儿阶段是儿童身体发育和机能发展极为迅速的时期,也是形成安全感和乐观态度的重要阶段。发育良好的身体、愉快的情绪、强健的体质、协调的动作、良好的生活习惯和基本生活能力是幼儿身心健康的重要标志,也是其它领域学习与发展的基础。

为有效促进幼儿身心健康发展,成人应为幼儿提供合理均衡的营养,保证充足的睡眠和适宜的锻炼,满足幼儿生长发育的需要;创设温馨的人际环境,让幼儿充分感受到亲情和关爱,形成积极稳定的情绪情感;帮助幼儿养成良好的生活与卫生习惯,提高自我保护能力,形成使其终身受益的生活能力和文明生活方式。

幼儿身心发育尚未成熟,需要成人的精心呵护和照顾,但不宜过度保护和包办代替,以免剥夺幼儿自主学习的机会,养成过于依赖的不良习惯,影响其主动性、独立性的发展。

真题4 [2022山东威海,多选]健康是指人在( )方面的良好状态。

A.身体　　　　　　B.心理　　　　　　C.社会适应　　　　　　D.认知

真题5 [2023山东济南,判断]发育良好的身体、愉快的情绪、强健的体质、协调的动作、良好的生活习惯和基本生活能力是幼儿身心健康的重要标志,也是其它领域学习与发展的基础。

答案:4.ABC　5.√

(一)身心状况

目标1　具有健康的体态

3～4岁	4～5岁	5～6岁
1.身高和体重适宜。参考标准： 男孩:身高:94.9～111.7厘米 体重:12.7～21.2公斤 女孩:身高:94.1～111.3厘米 体重:12.3～21.5公斤 2.在提醒下能自然坐直、站直。	1.身高和体重适宜。参考标准： 男孩:身高:100.7～119.2厘米 体重:14.1～24.2公斤 女孩:身高:99.9～118.9厘米 体重:13.7～24.9公斤 2.在提醒下能保持正确的站、坐和行走姿势。	1.身高和体重适宜。参考标准： 男孩:身高:106.1～125.8厘米 体重:15.9～27.1公斤 女孩:身高:104.9～125.4厘米 体重:15.3～27.8公斤 2.经常保持正确的站、坐和行走姿势。

注：身高和体重数据来源:《2006年世界卫生组织儿童生长标准》4、5、6周岁儿童身高和体重的参考数据

教育建议：

1.为幼儿提供营养丰富、健康的饮食。如：

·参照《中国孕期、哺乳期妇女和0～6岁儿童膳食指南》,为幼儿提供谷物、蔬菜、水果、肉、奶、蛋、豆制品等多样化的食物,均衡搭配。

·烹调方式要科学,尽量少煎炸、烧烤、腌制。

2.保证幼儿每天睡11～12小时,其中午睡一般应达到2小时左右。午睡时间可根据幼儿的年龄、季节的变化和个体差异适当减少。

3.注意幼儿的体态,帮助他们形成正确的姿势。如：

·提醒幼儿要保持正确的站、坐、走姿势;发现有八字脚、罗圈腿、驼背等骨骼发育异常的情况,应及时就医矫治。

·桌、椅和床要合适。椅子的高度以幼儿写画时双脚能自然着地、大腿基本保持水平状为宜;桌子的高度以写画时身体能坐直,不驼背、不耸肩为宜;床不宜过软。

4.每年为幼儿进行健康检查。

真题6　[2023江苏徐州,单选]保证幼儿每天睡11～12小时,其中午睡一般应达到(　　)左右。

A. 1.5小时　　　　B. 2小时　　　　C. 2.5小时　　　　D. 3小时

答案：B

目标2　情绪安定愉快

3～4岁	4～5岁	5～6岁
1.情绪比较稳定,很少因一点小事哭闹不止。 2.有比较强烈的情绪反应时,能在成人的安抚下逐渐平静下来。	1.经常保持愉快的情绪,不高兴时能较快缓解。 2.有比较强烈情绪反应时,能在成人提醒下逐渐平静下来。 3.愿意把自己的情绪告诉亲近的人,一起分享快乐或求得安慰。	1.经常保持愉快的情绪。知道引起自己某种情绪的原因,并努力发缓解。 2.表达情绪的方式比较适度,不乱发脾气。 3.能随着活动的需要转换情绪和注意。

教育建议：

1.营造温暖、轻松的心理环境,让幼儿形成安全感和信赖感。如：

·保持良好的情绪状态,以积极、愉快的情绪影响幼儿。

·以欣赏的态度对待幼儿。注意发现幼儿的优点,接纳他们的个体差异,不简单与同伴做横向比较。

·幼儿做错事时要冷静处理,不厉声斥责,更不能打骂。

2.帮助幼儿学会恰当表达和调控情绪。如：

·成人用恰当的方式表达情绪,为幼儿做出榜样。如生气时不乱发脾气,不迁怒于人。

551

·成人和幼儿一起谈论自己高兴或生气的事,鼓励幼儿与人分享自己的情绪。

·允许幼儿表达自己的情绪,并给予适当的引导。如幼儿发脾气时不硬性压制,等其平静后告诉他什么行为是可以接受的。

·发现幼儿不高兴时,主动询问情况,帮助他们化解消极情绪。

目标3　具有一定的适应能力

3~4岁	4~5岁	5~6岁
1. 能在较热或较冷的户外环境中活动。 2. 换新环境时情绪能较快稳定,睡眠、饮食基本正常。 3. 在帮助下能较快适应集体生活。	1. 能在较热或较冷的户外环境中连续活动半小时左右。 2. 换新环境时较少出现身体不适。 3. 能较快适应人际环境中发生的变化。如换了新老师能较快适应。	1. 能在较热或较冷的户外环境中连续活动半小时以上。 2. 天气变化时较少感冒,能适应车、船等交通工具造成的轻微颠簸。 3. 能较快融入新的人际关系环境。如换了新的幼儿园或班级能较快适应。

教育建议:

1. 保证幼儿的户外活动时间,提高幼儿适应季节变化的能力。

·幼儿每天的户外活动时间一般不少于两小时,其中体育活动时间不少于1小时,季节交替时要坚持。

·气温过热或过冷的季节或地区应因地制宜,选择温度适当的时间段开展户外活动,也可根据气温的变化和幼儿的个体差异,适当减少活动的时间。

2. 经常与幼儿玩拉手转圈、秋千、转椅等游戏活动,让幼儿适应轻微的摆动、颠簸、旋转,促进其平衡机能的发展。

3. 锻炼幼儿适应生活环境变化的能力。如:

·注意观察幼儿在新环境中的饮食、睡眠、游戏等方面的情况,采取相应的措施帮助他们尽快适应新环境。

·经常带幼儿接触不同的人际环境,如参加亲戚朋友聚会,多和不熟悉的小朋友玩,使幼儿较快适应新的人际关系。

真题7　[2022山东威海,单选]幼儿每天的户外活动时间一般不少于＿＿＿小时,其中体育活动时间不少于＿＿＿小时。(　　)

A. 2;1.5　　　　　　B. 2.5;1　　　　　　C. 2;1　　　　　　D. 3;2

真题8　[2024浙江杭州,判断]5~6岁幼儿已能在较热或较冷的户外环境中连续活动半小时以上。

答案:7. C　8. √

(二)动作发展

目标1　具有一定的平衡能力,动作协调、灵敏

3~4岁	4~5岁	5~6岁
1. 能沿地面直线或在较窄的低矮物体上走一段距离。 2. 能双脚灵活交替上下楼梯。 3. 能身体平稳地双脚连续向前跳。 4. 分散跑时能躲避他人的碰撞。 5. 能双手向上抛球。	1. 能在较窄的低矮物体上平稳地走一段距离。 2. 能以匍匐、膝盖悬空等多种方式钻爬。 3. 能助跑跨跳过一定距离,或助跑跨跳过一定高度的物体。 4. 能与他人玩追逐、躲闪跑的游戏。 5. 能连续自抛自接球。	1. 能在斜坡、荡桥和有一定间隔的物体上较平稳地行走。 2. 能以手脚并用的方式安全地爬攀登架、网等。 3. 能连续跳绳。 4. 能躲避他人滚过来的球或扔过来的沙包。 5. 能连续拍球。

教育建议:
1. 利用多种活动发展身体平衡和协调能力。如:
· 走平衡木,或沿着地面直线、田埂行走。
· 玩跳房子、踢毽子、蒙眼走路、踩小高跷等游戏活动。
2. 发展幼儿动作的协调性和灵活性。如:
· 鼓励幼儿进行跑跳、钻爬、攀登、投掷、拍球等活动。
· 玩跳竹竿、滚铁环等传统体育游戏。
3. 对于拍球、跳绳等技能性活动,不要过于要求数量,更不能机械训练。
4. 结合活动内容对幼儿进行安全教育,注重在活动中培养幼儿的自我保护能力。

真题9 [2022山东威海,单选]《3～6岁儿童学习与发展指南》健康领域"动作发展"部分目标中指出,( )幼儿能以手脚并用的方式安全地爬攀登架、网等。
A. 3～4岁　　　　B. 4～5岁　　　　C. 5～6岁　　　　D. 6～7岁

真题10 [2022浙江衢州,简答]发展幼儿身体平衡和协调能力的活动有哪些?
答案:9. C　10. 详见内文

目标2　具有一定的力量和耐力

3～4岁	4～5岁	5～6岁
1. 能双手抓杠悬空吊起10秒左右。 2. 能单手将沙包向前投掷2米左右。 3. 能单脚连续向前跳2米左右。 4. 能快跑15米左右。 5. 能行走1公里左右(途中可适当停歇)。	1. 能双手抓杠悬空吊起15秒左右。 2. 能单手将沙包向前投掷4米左右。 3. 能单脚连续向前跳5米左右。 4. 能快跑20米左右。 5. 能连续行走1.5公里左右(途中可适当停歇)。	1. 能双手抓杠悬空吊起20秒左右。 2. 能单手将沙包向前投掷5米左右。 3. 能单脚连续向前跳8米左右。 4. 能快跑25米左右。 5. 能连续行走1.5公里以上(途中可适当停歇)。

教育建议:
1. 开展丰富多样、适合幼儿年龄特点的各种身体活动,如走、跑、跳、攀、爬等,鼓励幼儿坚持下来,不怕累。
2. 日常生活中鼓励幼儿多走路、少坐车;自己上下楼梯、自己背包。

• 记忆有妙招 •

在"具有一定的力量和耐力"方面,不同年龄阶段幼儿的发展目标是个易混点,为方便考生对该表格内容进行区分,现将记忆方法为考生总结如下:

4～5岁(中班)年龄阶段发展目标是"4投5跳跑20,15秒吊,1.5公里走"。4投(投沙包4米)5跳(单脚跳5米)跑20(快跑20米),15秒吊(悬空吊起15秒),1.5公里走(连续行走1.5公里)。

3～4岁(小班)整体水平比4～5岁(中班)低,5～6岁(大班)整体水平比4～5岁(中班)高。考生可根据表格发现其规律。

真题11 [2023山东临沂,单选]下列属于《3～6岁儿童学习与发展指南》中5～6岁儿童发展目标的是( )
①能双手抓杠悬空吊起20秒左右　②能单脚连续向前跳8米左右
③能快跑20米左右　④能连续行走1.5公里左右
A. ①②　　　　B. ③④　　　　C. ①②④　　　　D. ①③④

真题12 [2022浙江湖州,简答]请简述4~5岁幼儿动作发展中力量和耐力的发展目标。

答案:11. A 12. 详见内文

目标3 手的动作灵活协调

3~4岁	4~5岁	5~6岁
1. 能用笔涂涂画画。 2. 能熟练地用勺子吃饭。 3. 能用剪刀沿直线剪,边线基本吻合。	1. 能沿边线较直地画出简单图形,或能边线基本对齐地折纸。 2. 会用筷子吃饭。 3. 能沿轮廓线剪出由直线构成的简单图形,边线吻合。	1. 能根据需要画出图形,线条基本平滑。 2. 能熟练使用筷子。 3. 能沿轮廓线剪出由曲线构成的简单图形,边线吻合且平滑。 4. 能使用简单的劳动工具或用具。

教育建议:

1. 创造条件和机会,促进幼儿手的动作灵活协调。如:

·提供画笔、剪刀、纸张、泥团等工具和材料,或充分利用各种自然、废旧材料和常见物品,让幼儿进行画、剪、折、粘等美工活动。

·引导幼儿生活自理或参与家务劳动,发展其手的动作。如练习自己用筷子吃饭、扣扣子,帮助家人择菜叶、做面食等。

·幼儿园在布置娃娃家、商店等活动区时,多提供原材料和半成品,让幼儿有更多机会参与制作活动。

2. 引导幼儿注意活动安全。如:

·为幼儿提供的塑料粒、珠子等活动材料要足够大,材质要安全,以免造成异物进入气管、铅中毒等伤害。提供幼儿用安全剪刀。

·为幼儿示范拿筷子、握笔的正确姿势以及使用剪刀、锤子等工具的方法。

·提醒幼儿不要拿剪刀等锋利工具玩耍,用完后要放回原处。

(三)生活习惯与生活能力

目标1 具有良好的生活与卫生习惯

3~4岁	4~5岁	5~6岁
1. 在提醒下,按时睡觉和起床,并能坚持午睡。 2. 喜欢参加体育活动。 3. 在引导下,不偏食、挑食。喜欢吃瓜果、蔬菜等新鲜食品。 4. 愿意饮用白开水,不贪喝饮料。 5. 不用脏手揉眼睛,连续看电视等不超过15分钟。 6. 在提醒下,每天早晚刷牙、饭前便后洗手。	1. 每天按时睡觉和起床,并能坚持午睡。 2. 喜欢参加体育活动。 3. 不偏食、挑食,不暴饮暴食。喜欢吃瓜果、蔬菜等新鲜食品。 4. 常喝白开水,不贪喝饮料。 5. 知道保护眼睛,不在光线过强或过暗的地方看书,连续看电视等不超过20分钟。 6. 每天早晚刷牙、饭前便后洗手,方法基本正确。	1. 养成每天按时睡觉和起床的习惯。 2. 能主动参加体育活动。 3. 吃东西时细嚼慢咽。 4. 主动饮用白开水,不贪喝饮料。 5. 主动保护眼睛。不在光线过强或过暗的地方看书,连续看电视等不超过30分钟。 6. 每天早晚主动刷牙、饭前便后主动洗手,方法正确。

教育建议:

1. 让幼儿保持有规律的生活,养成良好的作息习惯。如:早睡早起、每天午睡、按时进餐、吃好早餐等。

2. 帮助幼儿养成良好的饮食习惯。如:

·合理安排餐点,帮助幼儿养成定点、定时、定量进餐的习惯。

·帮助幼儿了解食物的营养价值,引导他们不偏食不挑食、少吃或不吃不利于健康的食品;多喝白开水,少喝饮料。

·吃饭时不过分催促,提醒幼儿细嚼慢咽,不要边吃边玩。

3. 帮助幼儿养成良好的个人卫生习惯。如：

· 早晚刷牙、饭后漱口。

· 勤为幼儿洗澡、换衣服、剪指甲。

· 提醒幼儿保护五官，如不乱挖耳朵、鼻孔，看电视时保持3米左右的距离等。

4. 激发幼儿参加体育活动的兴趣，养成锻炼的习惯。如：

· 为幼儿准备多种体育活动材料，鼓励他选择自己喜欢的材料开展活动。

· 经常和幼儿一起在户外运动和游戏，鼓励幼儿和同伴一起开展体育活动。

· 和幼儿一起观看体育比赛或有关体育赛事的电视节目，培养他对体育活动的兴趣。

目标2 具有基本的生活自理能力

3~4岁	4~5岁	5~6岁
1. 在帮助下能穿脱衣服或鞋袜。 2. 能将玩具和图书放回原处。	1. 能自己穿脱衣服、鞋袜、扣纽扣。 2. 能整理自己的物品。	1. 能知道根据冷热增减衣服。 2. 会自己系鞋带。 3. 能按类别整理好自己的物品。

教育建议：

1. 鼓励幼儿做力所能及的事情，对幼儿的尝试与努力给予肯定，不因做不好或做得慢而包办代替。

2. 指导幼儿学习和掌握生活自理的基本方法，如穿脱衣服和鞋袜、洗手洗脸、擦鼻涕、擦屁股的正确方法。

3. 提供有利于幼儿生活自理的条件。如：

· 提供一些纸箱、盒子，供幼儿收拾和存放自己的玩具、图书或生活用品等。

· 幼儿的衣服、鞋子等要简单实用，便于自己穿脱。

真题13 [2023山东烟台，单选]能自己穿脱衣服、鞋袜、扣纽扣是（　　）岁幼儿的发展目标。

A. 2~3   B. 3~4   C. 4~5   D. 5~6

答案：C

目标3 具备基本的安全知识和自我保护能力

3~4岁	4~5岁	5~6岁
1. 不吃陌生人给的东西，不跟陌生人走。 2. 在提醒下能注意安全，不做危险的事。 3. 在公共场所走失时，能向警察或有关人员说出自己和家长的名字、电话号码等简单信息。	1. 知道在公共场合不远离成人的视线单独活动。 2. 认识常见的安全标志，能遵守安全规则。 3. 运动时能主动躲避危险。 4. 知道简单的求助方式。	1. 未经大人允许不给陌生人开门。 2. 能自觉遵守基本的安全规则和交通规则。 3. 运动时能注意安全，不给他人造成危险。 4. 知道一些基本的防灾知识。

教育建议：

1. 创设安全的生活环境，提供必要的保护措施。如：

· 要把热水瓶、药品、火柴、刀具等物品放到幼儿够不到的地方；阳台或窗台要有安全保护措施；要使用安全的电源插座等。

· 在公共场所要注意照看好幼儿；幼儿乘车、乘电梯时要有成人陪伴；不把幼儿单独留在家里或汽车里等。

555

2. 结合生活实际对幼儿进行安全教育。如：

·外出时，提醒幼儿要紧跟成人，不远离成人的视线，不跟陌生人走，不吃陌生人给的东西；不在河边和马路边玩耍；要遵守交通规则等。

·帮助幼儿了解周围环境中不安全的事物，不做危险的事。如不动热水壶，不玩火柴或打火机，不摸电源插座，不攀爬窗户或阳台等。

·帮助幼儿认识常见的安全标识，如：小心触电、小心有毒、禁止下河游泳、紧急出口等。

·告诉幼儿不允许别人触摸自己的隐私部位。

3. 教给幼儿简单的自救和求救的方法。如：

·记住自己家庭的住址、电话号码、父母的姓名和单位，一旦走失时知道向成人求助，并能提供必要信息。

·遇到火灾或其他紧急情况时，知道要拨打110、120、119等求救电话。

·可利用图书、音像等材料对幼儿进行逃生和求救方面的教育，并运用游戏方式模拟练习。

·幼儿园应定期进行火灾、地震等自然灾害的逃生演习。

真题14 [2023江西统考，单选]下列选项中不属于《3～6岁儿童学习与发展指南》中的"结合生活实际对幼儿进行安全教育"的教育建议的是(　　)

A. 外出时，提醒幼儿要紧跟成人，不远离成人的视线，不跟陌生人走，不吃陌生人给的东西；不在河边和马路边玩耍；要遵守交通规则等

B. 帮助幼儿了解周围环境中不安全的事物，不做危险的事。如不动热水壶，不玩火柴或打火机，不摸电源插座，不攀爬窗户或阳台等

C. 帮助幼儿认识常见的安全标识，如：小心触电、小心有毒、禁止下河游泳、紧急出口等

D. 在公共场所要注意照看好幼儿；幼儿乘车、乘电梯时要有成人陪伴；不把幼儿单独留在家里或汽车里

答案：D

二、语言

语言是交流和思维的工具。幼儿期是语言发展，特别是口语发展的重要时期。幼儿语言的发展贯穿于各个领域，也对其他领域的学习与发展有着重要的影响：幼儿在运用语言进行交流的同时，也在发展着人际交往能力、理解他人和判断交往情境的能力、组织自己思想的能力。通过语言获取信息，幼儿的学习逐步超越个体的直接感知。

幼儿的语言能力是在交流和运用的过程中发展起来的。应为幼儿创设自由、宽松的语言交往环境，鼓励和支持幼儿与成人、同伴交流，让幼儿想说、敢说、喜欢说并能得到积极回应。为幼儿提供丰富、适宜的低幼读物，经常和幼儿一起看图书、讲故事，丰富其语言表达能力，培养阅读兴趣和良好的阅读习惯，进一步拓展学习经验。

幼儿的语言学习需要相应的社会经验支持，应通过多种活动扩展幼儿的生活经验，丰富语言的内容，增强理解和表达能力。应在生活情境和阅读活动中引导幼儿自然而然地产生对文字的兴趣，用机械记忆和强化训练的方式让幼儿过早识字不符合其学习特点和接受能力。

真题15 [2022山东威海，判断]幼儿期是语言发展，特别是口语发展的重要时期。

答案：√

(一)倾听与表达

目标1　认真听并能听懂常用语言

3~4岁	4~5岁	5~6岁
1. 别人对自己说话时能注意听并做出回应。 2. 能听懂日常会话。	1. 在群体中能有意识地听与自己有关的信息。 2. 能结合情境感受到不同语气、语调所表达的不同意思。 3. 方言地区和少数民族幼儿能基本听懂普通话。	1. 在集体中能注意听老师或其他人讲话。 2. 听不懂或有疑问时能主动提问。 3. 能结合情境理解一些表示因果、假设等相对复杂的句子。

教育建议：

1. 多给幼儿提供倾听和交谈的机会。如：经常和幼儿一起谈论他感兴趣的话题，或一起看图书、讲故事。
2. 引导幼儿学会认真倾听。如：
- 成人要耐心倾听别人(包括幼儿)的讲话，等别人讲完再表达自己的观点。
- 与幼儿交谈时，要用幼儿能听得懂的语言。
- 对幼儿提要求和布置任务时要求他注意听，鼓励他主动提问。
3. 对幼儿讲话时，注意结合情境使用丰富的语言，以便于幼儿理解。如：
- 说话时注意语气、语调，让幼儿感受语气、语调的作用。如对幼儿的不合理要求以比较坚定的语气表示不同意；讲故事时，尽量把故事人物高兴、悲伤的心情用不同的语气、语调表现出来。
- 根据幼儿的理解水平有意识地使用一些反映因果、假设、条件等关系的句子。

目标2　愿意讲话并能清楚地表达

3~4岁	4~5岁	5~6岁
1. 愿意在熟悉的人面前说话，能大方地与人打招呼。 2. 基本会说本民族或本地区的语言。 3. 愿意表达自己的需要和想法，必要时能配以手势动作。 4. 能口齿清楚地说儿歌、童谣或复述简短的故事。	1. 愿意与他人交谈，喜欢谈论自己感兴趣的话题。 2. 会说本民族或本地区的语言，基本会说普通话。少数民族聚居地区幼儿会用普通话进行日常会话。 3. 能基本完整地讲述自己的所见所闻和经历的事情。 4. 讲述比较连贯。	1. 愿意与他人讨论问题，敢在众人面前说话。 2. 会说本民族或本地区的语言和普通话，发音正确清晰。少数民族聚居地区幼儿基本会说普通话。 3. 能有序、连贯、清楚地讲述一件事情。 4. 讲述时能使用常见的形容词、同义词等，语言比较生动。

教育建议：

1. 为幼儿创造说话的机会并体验语言交往的乐趣。
- 每天有足够的时间与幼儿交谈。如谈论他感兴趣的话题，询问和听取他对自己事情的意见等。
- 尊重和接纳幼儿的说话方式，无论幼儿的表达水平如何，都应认真地倾听并给予积极的回应。
- 鼓励和支持幼儿与同伴一起玩耍、交谈，相互讲述见闻、趣事或看过的图书、动画片等。
- 方言和少数民族地区应积极为幼儿创设用普通话交流的语言环境。
2. 引导幼儿清楚地表达。如：
- 和幼儿讲话时，成人自身的语言要清楚、简洁。
- 当幼儿因为急于表达而说不清楚的时候，提醒他不要着急，慢慢说；同时要耐心倾听，给予必要的补充，帮助他理清思路并清晰地说出来。

目标3 具有文明的语言习惯

3~4岁	4~5岁	5~6岁
1. 与别人讲话时知道眼睛要看着对方。 2. 说话自然，声音大小适中。 3. 能在成人的提醒下使用恰当的礼貌用语。	1. 别人对自己讲话时能回应。 2. 能根据场合调节自己说话声音的大小。 3. 能主动使用礼貌用语，不说脏话、粗话。	1. 别人讲话时能积极主动地回应。 2. 能根据谈话对象和需要，调整说话的语气。 3. 懂得按次序轮流讲话，不随意打断别人。 4. 能依据所处情境使用恰当的语言。如在别人难过时会用恰当的语言表示安慰。

教育建议：

1. 成人注意语言文明，为幼儿做出表率。如：

·与他人交谈时，认真倾听，使用礼貌用语。

·在公共场合不大声说话，不说脏话、粗话。

·幼儿表达意见时，成人可蹲下来，眼睛平视幼儿，耐心听他把话说完。

2. 帮助幼儿养成良好的语言行为习惯。如：

·结合情境提醒幼儿一些必要的交流礼节。如对长辈说话要有礼貌，客人来访时要打招呼，得到帮助时要说谢谢等。

·提醒幼儿遵守集体生活的语言规则，如轮流发言，不随意打断别人讲话等。

·提醒幼儿注意公共场所的语言文明，如不大声喧哗。

真题16 [2023山东济南，多选]《3~6岁儿童学习与发展指南》将幼儿语言领域的学习与发展划分为"倾听与表达""阅读与书写准备"两个子领域。其中"倾听与表达"包含的目标有（　　）

A. 认真听并能听懂常用语言
B. 愿意讲话并能清楚地表达
C. 具有文明的语言习惯
D. 喜欢听故事，看图书

答案：ABC

(二) 阅读与书写准备

目标1 喜欢听故事，看图书

3~4岁	4~5岁	5~6岁
1. 主动要求成人讲故事、读图书。 2. 喜欢跟读韵律感强的儿歌、童谣。 3. 爱护图书，不乱撕、乱扔。	1. 反复看自己喜欢的图书。 2. 喜欢把听过的故事或看过的图书讲给别人听。 3. 对生活中常见的标识、符号感兴趣，知道它们表示一定的意义。	1. 专注地阅读图书。 2. 喜欢与他人一起谈论图书和故事的有关内容。 3. 对图书和生活情境中的文字符号感兴趣，知道文字表示一定的意义。

教育建议：

1. 为幼儿提供良好的阅读环境和条件。如：

·提供一定数量、符合幼儿年龄特点、富有童趣的图画书。

·提供相对安静的地方，尽量减少干扰，保证幼儿自主阅读。

2. 激发幼儿的阅读兴趣，培养阅读习惯。如：

·经常抽时间与幼儿一起看图书、讲故事。

·提供童谣、故事和诗歌等不同体裁的儿童文学作品，让幼儿自主选择和阅读。

·当幼儿遇到感兴趣的事物或问题时，和他一起查阅图书资料，让他感受图书的作用，体会通过阅读获取信息的乐趣。

3. 引导幼儿体会标识、文字符号的用途。如：
· 向幼儿介绍医院、公用电话等生活中的常见标识,让他知道标识可以代表具体事物。
· 结合生活实际,帮助幼儿体会文字的用途。如买来新玩具时,把说明书上的文字念给幼儿听,了解玩具的玩法。

目标2　具有初步的阅读理解能力

3~4岁	4~5岁	5~6岁
1. 能听懂短小的儿歌或故事。 2. 会看画面,能根据画面说出图中有什么,发生了什么事等。 3. 能理解图书上的文字是和画面对应的,是用来表达画面意义的。	1. 能大体讲出所听故事的主要内容。 2. 能根据连续画面提供的信息,大致说出故事的情节。 3. 能随着作品的展开产生喜悦、担忧等相应的情绪反应,体会作品所表达的情绪情感。	1. 能说出所阅读的幼儿文学作品的主要内容。 2. 能根据故事的部分情节或图书画面的线索猜想故事情节的发展,或续编、创编故事。 3. 对看过的图书、听过的故事能说出自己的看法。 4. 能初步感受文学语言的美。

教育建议：
1. 经常和幼儿一起阅读,引导他以自己的经验为基础理解图书的内容。如：
· 引导幼儿仔细观察画面,结合画面讨论故事内容,学习建立画面与故事内容的联系。
· 和幼儿一起讨论或回忆书中的故事情节,引导他有条理地说出故事的大致内容。
· 在给幼儿读书或讲故事时,可先不告诉名字,让幼儿听完后自己命名,并说出这样命名的理由。
· 鼓励幼儿自主阅读,并与他人讨论自己在阅读中的发现、体会和想法。
2. 在阅读中发展幼儿的想象和创造能力。如：
· 鼓励幼儿依据画面线索讲述故事,大胆推测、想象故事情节的发展,改编故事部分情节或续编故事结尾。
· 鼓励幼儿用故事表演、绘画等不同的方式表达自己对图书和故事的理解。
· 鼓励和支持幼儿自编故事,并为自编的故事配上图画,制成图画书。
3. 引导幼儿感受文学作品的美。如：
· 有意识地引导幼儿欣赏或模仿文学作品的语言节奏和韵律。
· 给幼儿读书时,通过表情、动作和抑扬顿挫的声音传达书中的情绪情感,让幼儿体会作品的感染力和表现力。

真题17　[2024江苏南京,单选]经常和幼儿一起阅读,引导他以自己的(　　)为基础理解图书的内容。

A. 理解　　　　　　B. 观点　　　　　　C. 想法　　　　　　D. 经验

真题18　[2023山东济南,简答]简述4~5岁儿童"具有初步的阅读理解能力"的学习与发展目标。

答案:17. D　18. 详见内文

目标3　具有书面表达的愿望和初步技能

3~4岁	4~5岁	5~6岁
喜欢用涂涂画画表达一定的意思。	1. 愿意用图画和符号表达自己的愿望和想法。 2. 在成人提醒下,写写画画时姿势正确。	1. 愿意用图画和符号表现事物或故事。 2. 会正确书写自己的名字。 3. 写画时姿势正确。

教育建议：

1. 让幼儿在写写画画的过程中体验文字符号的功能，培养书写兴趣。如：

·准备供幼儿随时取放的纸、笔等材料，也可利用沙地、树枝等自然材料，满足幼儿自由涂画的需要。

·鼓励幼儿将自己感兴趣的事情或故事画下来并讲给别人听，让幼儿体会写写画画的方式可以表达自己的想法和情感。

·把幼儿讲过的事情用文字记录下来，并念给他听，使幼儿知道说的话可以用文字记录下来，从中体会文字的用途。

2. 在绘画和游戏中做必要的书写准备。如：

·通过把虚线画出的图形轮廓连成实线等游戏，促进手眼协调，同时帮助幼儿学习由上至下、由左至右的运笔技能。

·鼓励幼儿学习书写自己的名字。

·提醒幼儿写画时保持正确姿势。

真题19 [2022江西统考,单选]"愿意用图画和符号表达自己的愿望和想法"是语言领域对(　　)幼儿发展水平提出的合理期望。

A. 2~3岁　　　　　　B. 3~4岁　　　　　　C. 4~5岁　　　　　　D. 5~6岁

真题20 [2022福建统考,判断]中班教师可以应家长要求教孩子学会正确书写自己的名字。

答案：19. C　20. ×

三、社会

幼儿社会领域的学习与发展过程是其社会性不断完善并奠定健全人格基础的过程。人际交往和社会适应是幼儿社会学习的主要内容，也是其社会性发展的基本途径。幼儿在与成人和同伴交往的过程中，不仅学习如何与人友好相处，也在学习如何看待自己、对待他人，不断发展适应社会生活的能力。良好的社会性发展对幼儿身心健康和其他各方面的发展都具有重要影响。

家庭、幼儿园和社会应共同努力，为幼儿创设温暖、关爱、平等的家庭和集体生活氛围，建立良好的亲子关系、师生关系和同伴关系，让幼儿在积极健康的人际关系中获得安全感和信任感，发展自信和自尊，在良好的社会环境及文化的熏陶中学会遵守规则，形成基本的认同感和归属感。

幼儿的社会性主要是在日常生活和游戏中通过观察和模仿潜移默化地发展起来的。成人应注重自己言行的榜样作用，避免简单生硬的说教。

真题21 [2023安徽阜阳,单选]幼儿的社会性主要是在日常生活和游戏中通过观察和(　　)潜移默化地发展起来的。

A. 交往　　　　　　B. 模仿　　　　　　C. 合作　　　　　　D. 操作

真题22 [2023山东德州,判断]人际交往和社会适应是幼儿社会学习的主要内容，也是其社会性发展的基本途径。

答案：21. B　22. √

(一)人际交往

目标1　愿意与人交往

3~4岁	4~5岁	5~6岁
1.愿意和小朋友一起游戏。 2.愿意与熟悉的长辈一起活动。	1.喜欢和小朋友一起游戏,有经常一起玩的小伙伴。 2.喜欢和长辈交谈,有事愿意告诉长辈。	1.有自己的好朋友,也喜欢结交新朋友。 2.有问题愿意向别人请教。 3.有高兴的或有趣的事愿意与大家分享。

教育建议:

1.主动亲近和关心幼儿,经常和他一起游戏或活动,让幼儿感受到与成人交往的快乐,建立亲密的亲子关系和师生关系。

2.创造交往的机会,让幼儿体会交往的乐趣。如:

·利用走亲戚、到朋友家做客或有客人来访的时机,鼓励幼儿与他人接触和交谈。

·鼓励幼儿参加小朋友的游戏,邀请小朋友到家里玩,感受有朋友一起玩的快乐。

·幼儿园应多为幼儿提供自由交往和游戏的机会,鼓励他们自主选择、自由结伴开展活动。

目标2　能与同伴友好相处

3~4岁	4~5岁	5~6岁
1.想加入同伴的游戏时,能友好地提出请求。 2.在成人指导下,不争抢、不独霸玩具。 3.与同伴发生冲突时,能听从成人的劝解。	1.会运用介绍自己、交换玩具等简单技巧加入同伴游戏。 2.对大家都喜欢的东西能轮流、分享。 3.与同伴发生冲突时,能在他人帮助下和平解决。 4.活动时愿意接受同伴的意见和建议。 5.不欺负弱小。	1.能想办法吸引同伴和自己一起游戏。 2.活动时能与同伴分工合作,遇到困难能一起克服。 3.与同伴发生冲突时能自己协商解决。 4.知道别人的想法有时和自己不一样,能倾听和接受别人的意见,不能接受时会说明理由。 5.不欺负别人,也不允许别人欺负自己。

教育建议:

1.结合具体情境,指导幼儿学习交往的基本规则和技能。如:

·当幼儿不知怎样加入同伴游戏,或提出请求不被接受时,建议他拿出玩具邀请大家一起玩;或者扮成某个角色加入同伴的游戏。

·对幼儿与别人分享玩具、图书等行为给予肯定,让他对自己的表现感到高兴和满足。

·当幼儿与同伴发生矛盾或冲突时,指导他尝试用协商、交换、轮流玩、合作等方式解决冲突。

·利用相关的图书、故事,结合幼儿的交往经验,和他讨论什么样的行为受大家欢迎,想要得到别人的接纳应该怎样做。

·幼儿园应多为幼儿提供需要大家齐心协力才能完成的活动,让幼儿在具体活动中体会合作的重要性,学习分工合作。

2.结合具体情境,引导幼儿换位思考,学习理解别人。如:

·幼儿有争抢玩具等不友好行为时,引导他们想想"假如你是那个小朋友,你有什么感受?"让幼儿学习理解别人的想法和感受。

3.和幼儿一起谈谈他的好朋友,说说喜欢这个朋友的原因,引导他多发现同伴的优点、长处。

真题23 [2023山东济南,判断]活动时愿意接受同伴的意见和建议是5~6岁儿童在社会领域的学习与发展目标之一。

答案:×

目标3 具有自尊、自信、自主的表现

3~4岁	4~5岁	5~6岁
1.能根据自己的兴趣选择游戏或其他活动。 2.为自己的好行为或活动成果感到高兴。 3.自己能做的事情愿意自己做。 4.喜欢承担一些小任务。	1.能按自己的想法进行游戏或其他活动。 2.知道自己的一些优点和长处,并对此感到满意。 3.自己的事情尽量自己做,不愿意依赖别人。 4.敢于尝试有一定难度的活动和任务。	1.能主动发起活动或在活动中出主意、想办法。 2.做了好事或取得了成功后还想做得更好。 3.自己的事情自己做,不会的愿意学。 4.主动承担任务,遇到困难能够坚持而不轻易求助。 5.与别人的看法不同时,敢于坚持自己的意见并说出理由。

教育建议:

1.关注幼儿的感受,保护其自尊心和自信心。如:

· 能以平等的态度对待幼儿,使幼儿切实感受到自己被尊重。

· 对幼儿好的行为表现多给予具体、有针对性的肯定和表扬,让他对自己优点和长处有所认识并感到满足和自豪。

· 不要拿幼儿的不足与其他幼儿的优点作比较。

2.鼓励幼儿自主决定,独立做事,增强其自尊心和自信心。如:

· 与幼儿有关的事情要征求他的意见,即使他的意见与成人不同,也要认真倾听,接受他的合理要求。

· 在保证安全的情况下,支持幼儿按自己的想法做事;或提供必要的条件,帮助他实现自己的想法。

· 幼儿自己的事情尽量放手让他自己做,即使做得不够好,也应鼓励并给予一定的指导,让他在做事中树立自尊和自信。

· 鼓励幼儿尝试有一定难度的任务,并注意调整难度,让他感受经过努力获得的成就感。

目标4 关心尊重他人

3~4岁	4~5岁	5~6岁
1.长辈讲话时能认真听,并能听从长辈的要求。 2.身边的人生病或不开心时表示同情。 3.在提醒下能做到不打扰别人。	1.会用礼貌的方式向长辈表达自己的要求和想法。 2.能注意到别人的情绪,并有关心、体贴的表现。 3.知道父母的职业,能体会到父母为养育自己所付出的辛劳。	1.能有礼貌地与人交往。 2.能关注别人的情绪和需要,并能给予力所能及的帮助。 3.尊重为大家提供服务的人,珍惜他们的劳动成果。 4.接纳、尊重与自己的生活方式或习惯不同的人。

教育建议:

1.成人以身作则,以尊重、关心的态度对待自己的父母、长辈和其他人。如:

· 经常问候父母,主动做家务。

· 礼貌地对待老年人,如坐车时主动为老人让座。

· 看到别人有困难能主动关心并给予一定的帮助。

2.引导幼儿尊重、关心长辈和身边的人,尊重他人劳动及成果。如:

· 提醒幼儿关心身边的人,如妈妈累了,知道让她安静休息一会儿。

·借助故事、图书等给幼儿讲讲父母抚育孩子成长的经历,让幼儿理解和体会父爱与母爱。

·结合实际情境,提醒幼儿注意别人的情绪,了解他们的需要,给予适当的关心和帮助。

·利用生活机会和角色游戏,帮助幼儿了解与自己关系密切的社会服务机构及其工作,如商场、邮局、医院等,体会这些机构给大家提供的便利和服务,懂得尊重工作人员的劳动,珍惜劳动成果。

3.引导幼儿学习用平等、接纳和尊重的态度对待差异。如:

·了解每个人都有自己的兴趣、爱好和特长,可以相互学习。

·利用民间游戏、传统节日等,适当向幼儿介绍我国主要民族和世界其他国家和民族的文化,帮助幼儿感知文化的多样性和差异性,理解人们之间是平等的,应该互相尊重,友好相处。

真题24 [2024江苏南京,单选]利用民间游戏、( )等,适当向幼儿介绍我国主要民族和世界其他国家和民族的文化,帮助幼儿感知文化的多样性和差异性,理解人们之间是平等的,应该互相尊重,友好相处。

A.传统文化　　　　B.传统节日　　　　C.文化活动　　　　D.民间活动

真题25 [2023山东青岛,单选]《3～6岁儿童学习与发展指南》社会领域目标中指出:幼儿能注意到别人的情绪,并有关心、体贴的表现。能达到这一目标的年龄段是( )

A.2～3岁　　　　B.3～4岁　　　　C.4～5岁　　　　D.5～6岁

答案:24.B　25.C

(二)社会适应

目标1　喜欢并适应群体生活

3～4岁	4～5岁	5～6岁
1.对群体活动有兴趣。 2.对幼儿园的生活好奇,喜欢上幼儿园。	1.愿意并主动参加群体活动。 2.愿意与家长一起参加社区的一些群体活动。	1.在群体活动中积极、快乐。 2.对小学生活有好奇和向往。

教育建议:

1.经常和幼儿一起参加一些群体性活动,让幼儿体会群体活动的乐趣。如:参加亲戚、朋友和同事间的聚会以及适合幼儿参加的社区活动等,支持幼儿和不同群体的同伴一起游戏,丰富其群体活动的经验。

2.幼儿园组织活动时,可以经常打破班级的界限,让幼儿有更多机会参加不同群体的活动。

3.带领大班幼儿参观小学,讲讲小学有趣的活动,唤起他们对小学生活的好奇和向往,为入学做好心理准备。

目标2　遵守基本的行为规范

3～4岁	4～5岁	5～6岁
1.在提醒下,能遵守游戏和公共场所的规则。 2.知道不经允许不能拿别人的东西,借别人的东西要归还。 3.在成人提醒下,爱护玩具和其他物品。	1.感受规则的意义,并能基本遵守规则。 2.不私自拿不属于自己的东西。 3.知道说谎是不对的。 4.知道接受了的任务要努力完成。 5.在提醒下,能节约粮食、水电等。	1.理解规则的意义,能与同伴协商制定游戏和活动规则。 2.爱惜物品,用别人的东西时也知道爱护。 3.做了错事敢于承认,不说谎。 4.能认真负责地完成自己所接受的任务。 5.爱护身边的环境,注意节约资源。

教育建议:

1.成人要遵守社会行为规则,为幼儿树立良好的榜样。如:答应幼儿的事一定要做到、尊老爱幼、爱护公共环境,节约水电等。

2.结合社会生活实际,帮助幼儿了解基本行为规则或其他游戏规则,体会规则的重要性,学习自觉遵守规则。如:
· 经常和幼儿玩带有规则的游戏,遵守共同约定的游戏规则。
· 利用实际生活情境和图书故事,向幼儿介绍一些必要的社会行为规则,以及为什么要遵守这些规则。
· 在幼儿园的区域活动中,创设情境,让幼儿体会没有规则的不方便,鼓励他们讨论制定规则并自觉遵守。
· 对幼儿表现出的遵守规则的行为要及时肯定,对违规行为给予纠正。如:幼儿主动为老人让座时要表扬;幼儿损害别人的物品或公共物品时要及时制止并主动赔偿。

3.教育幼儿要诚实守信。如:
· 对幼儿诚实守信的行为要及时肯定。
· 允许幼儿犯错误,告诉他改了就好。不要打骂幼儿,以免他因害怕惩罚而说谎。
· 小年龄幼儿经常分不清想象和现实,成人不要误认为他是在说谎。
· 发现幼儿说谎时,要反思是否是因自己对幼儿的要求过高过严造成的。如果是,要及时调整自己的行为,同时要严肃地告诉幼儿说谎是不对的。
· 经常给幼儿分配一些力所能及的任务,要求他完成并及时给予表扬,培养他的责任感和认真负责的态度。

目标3 具有初步的归属感

3~4岁	4~5岁	5~6岁
1.知道和自己一起生活的家庭成员及与自己的关系,体会到自己是家庭的一员。 2.能感受到家庭生活的温暖,爱父母,亲近与信赖长辈。 3.能说出自己家所在街道、小区(乡镇、村)的名称。 4.认识国旗,知道国歌。	1.喜欢自己所在的幼儿园和班级,积极参加集体活动。 2.能说出自己家所在地的省、市、县(区)名称,知道当地有代表性的物产或景观。 3.知道自己是中国人。 4.奏国歌、升国旗时能自动站好。	1.愿意为集体做事,为集体的成绩感到高兴。 2.能感受到家乡的发展变化并为此感到高兴。 3.知道自己的民族,知道中国是一个多民族的大家庭,各民族之间要互相尊重,团结友爱。 4.知道国家一些重大成就,爱祖国,为自己是中国人感到自豪。

真题26 [2024江苏南京,判断]"愿意为集体做事,为集体的成绩感到高兴"是4~5岁幼儿的发展目标。

答案:×

教育建议:
1.亲切地对待幼儿,关心幼儿,让他感到长辈是可亲、可近、可信赖的,家庭和幼儿园是温暖的。如:
· 多和孩子一起游戏、谈笑,尽量在家庭和班级中营造温馨的氛围。
· 通过和幼儿一起翻阅照片、讲幼儿成长的故事等,让幼儿感受到家庭和幼儿园的温暖,老师的和蔼可亲,对养育自己的人产生感激之情。

2.吸引和鼓励幼儿参加集体活动,萌发集体意识。如:
· 幼儿园和班级里的重大事情和计划,请幼儿集体讨论决定。
· 幼儿园应经常组织多种形式的集体活动,萌发幼儿的集体荣誉感。

3.运用幼儿喜闻乐见和能够理解的方式激发幼儿爱家乡、爱祖国的情感。如:
· 和幼儿说一说或在地图上找一找自己家所在的省、市、县(区)名称。

·和幼儿一起外出游玩,一起看有关的电视节目或画报等;和他们一起收集有关家乡、祖国各地的风景名胜、著名的建筑、独特物产的图片等,在观看和欣赏的过程中激发幼儿的自豪感和热爱之情。

·利用电视节目或参加升旗等活动,向幼儿介绍国旗、国歌以及观看升旗、奏国歌的礼仪。

·向幼儿介绍反映中国人聪明才智的发明和创造,激发幼儿的民族自豪感。

四、科学

幼儿的科学学习是在探究具体事物和解决实际问题中,尝试发现事物间的异同和联系的过程。幼儿在对自然事物的探究和运用数学解决实际生活问题的过程中,不仅获得丰富的感性经验,充分发展形象思维,而且初步尝试归类、排序、判断、推理,逐步发展逻辑思维能力,为其他领域的深入学习奠定基础。

幼儿科学学习的核心是激发探究兴趣,体验探究过程,发展初步的探究能力。成人要善于发现和保护幼儿的好奇心,充分利用自然和实际生活机会,引导幼儿通过观察、比较、操作、实验等方法,学习发现问题、分析问题和解决问题;帮助幼儿不断积累经验,并运用于新的学习活动,形成受益终身的学习态度和能力。

幼儿的思维特点是以具体形象思维为主,应注重引导幼儿通过直接感知、亲身体验和实际操作进行科学学习,不应为追求知识和技能的掌握,对幼儿进行灌输和强化训练。

真题27 [2023山东德州,判断]幼儿科学学习的核心是激发探究兴趣,体验探究过程,发展初步的探究能力。

答案:√

(一)科学探究

目标1 亲近自然,喜欢探究

3~4岁	4~5岁	5~6岁
1.喜欢接触大自然,对周围的很多事物和现象感兴趣。 2.经常问各种问题,或好奇地摆弄物品。	1.喜欢接触新事物,经常问一些与新事物有关的问题。 2.常常动手动脑探索物体和材料,并乐在其中。	1.对自己感兴趣的问题总是刨根问底。 2.能经常动手动脑寻找问题的答案。 3.探索中有所发现时感到兴奋和满足。

教育建议:

1.经常带幼儿接触大自然,激发其好奇心与探究欲望。如:

·为幼儿提供一些有趣的探究工具,用自己的好奇心和探究积极性感染和带动幼儿。

·和幼儿一起发现并分享周围新奇、有趣的事物或现象,一起寻找问题的答案。

·通过拍照和画图等方式保留和积累有趣的探索与发现。

2.真诚地接纳、多方面支持和鼓励幼儿的探索行为。如:

·认真对待幼儿的问题,引导他们猜一猜、想一想,有条件时和幼儿一起做一些简易的调查或有趣的小实验。

·容忍幼儿因探究而弄脏、弄乱、甚至破坏物品的行为,引导他们活动后做好收拾整理。

·多为幼儿选择一些能操作、多变化、多功能的玩具材料或废旧材料,在保证安全的前提下,鼓励幼儿拆装或动手自制玩具。

565

真题28 [2024江苏南京,判断]容忍幼儿因探究而弄脏、弄乱、甚至破坏物品的行为,引导他们活动后做好收拾整理。

答案:√

目标2 具有初步的探究能力

3~4岁	4~5岁	5~6岁
1.对感兴趣的事物能仔细观察,发现其明显特征。 2.能用多种感官或动作去探索物体,关注动作所产生的结果。	1.能对事物或现象进行观察比较,发现其相同与不同。 2.能根据观察结果提出问题,并大胆猜测答案。 3.能通过简单的调查收集信息。 4.能用图画或其他符号进行记录。	1.能通过观察、比较与分析,发现并描述不同种类物体的特征或某个事物前后的变化。 2.能用一定的方法验证自己的猜测。 3.在成人的帮助下能制订简单的调查计划并执行。 4.能用数字、图画、图表或其他符号记录。 5.探究中能与他人合作与交流。

教育建议:

1.有意识地引导幼儿观察周围事物,学习观察的基本方法,培养观察与分类能力。如:

·支持幼儿自发的观察活动,对其发现表示赞赏。

·通过提问等方式引导幼儿思考并对事物进行比较观察和连续观察。

·引导幼儿在观察和探索的基础上,尝试进行简单的分类、概括。如:根据运动方式给动物分类,根据生长环境给植物分类,根据外部特征给物体分类等。

2.支持和鼓励幼儿在探究的过程中积极动手动脑寻找答案或解决问题。如:

·鼓励幼儿根据观察或发现提出值得继续探究的问题,或成人提出有探究意义且能激发幼儿兴趣的问题。如:皮球、轮胎、竹筒等物体滚动时都走直线吗?怎样让橡皮泥球浮在水面上?

·支持和鼓励幼儿大胆联想、猜测问题的答案,并设法验证。如:玩风车时,鼓励幼儿猜测风车转动方向及速度快慢的原因和条件,并实际去验证。

·支持、引导幼儿学习用适宜的方法探究和解决问题,或为自己的想法收集证据。如:想知道院子里有多少种植物,可以进行实地调查;想知道球在平地上还是在斜坡上滚得快,可以动手试一试;想证明影子的方向与太阳的位置有关,可以做个小实验进行验证等。

3.鼓励和引导幼儿学习做简单的计划和记录,并与他人交流分享。如:

·和幼儿共同制定调查计划,讨论调查对象、步骤和方法等,也可以和幼儿一起设法用图画、箭头等标识呈现计划。

·鼓励幼儿用绘画、照相、做标本等办法记录观察和探究的过程与结果,注意要让记录有意义,通过记录帮助幼儿丰富观察经验、建立事物之间的联系和分享发现。

·支持幼儿与同伴合作探究与分享交流,引导他们在交流中尝试整理、概括自己探究的成果,体验合作探究和发现的乐趣。如一起讨论和分享自己的问题与发现,一起想办法收集资料和验证猜测。

4.帮助幼儿回顾自己探究过程,讨论自己做了什么,怎么做的,结果与计划目标是否一致,分析一下原因以及下一步要怎样做等。

真题29 [2023山东济南,多选]下列不属于4~5岁儿童科学领域学习与发展目标的是(　　)

A.能根据观察结果提出问题,并大胆猜测答案　　B.能用数字、图画、图表或其他符号记录

C.能用一定的方法验证自己的猜测　　D.能通过简单的调查收集信息

真题30 [2024浙江金华,简答]《3～6岁儿童学习与发展指南》中关于"具有初步的探究能力"的教育建议是什么?

答案:29. BC 30. 详见内文

目标3 在探究中认识周围事物和现象

3～4岁	4～5岁	5～6岁
1. 认识常见的动植物,能注意并发现周围的动植物是多种多样的。 2. 能感知和发现物体和材料的软硬、光滑和粗糙等特性。 3. 能感知和体验天气对自己生活和活动的影响。 4. 初步了解和体会动植物和人们生活的关系。	1. 能感知和发现动植物的生长变化及其基本条件。 2. 能感知和发现常见材料的溶解、传热等性质或用途。 3. 能感知和发现简单物理现象,如物体形态或位置变化等。 4. 能感知和发现不同季节的特点,体验季节对动植物和人的影响。 5. 初步感知常用科技产品与自己生活的关系,知道科技产品有利也有弊。	1. 能察觉到动植物的外形特征、习性与生存环境的适应关系。 2. 能发现常见物体的结构与功能之间的关系。 3. 能探索并发现常见的物理现象产生的条件或影响因素,如影子、沉浮等。 4. 感知并了解季节变化的周期性,知道变化的顺序。 5. 初步了解人们的生活与自然环境的密切关系,知道尊重和珍惜生命,保护环境。

教育建议:

1. 支持幼儿在接触自然、生活事物和现象中积累有益的直接经验和感性认识。如:

·和幼儿一起通过户外活动、参观考察、种植和饲养活动,感知生物的多样性和独特性,以及生长发育、繁殖和死亡的过程。

·给幼儿提供丰富的材料和适宜的工具,支持幼儿在游戏过程中探索并感知常见物质、材料的特性和物体的结构特点。

2. 引导幼儿在探究中思考,尝试进行简单的推理和分析,发现事物之间明显的关联。如:

·引导5岁以上幼儿关注和思考动植物的外部特征、习性与生活环境对动植物生存的意义。如兔子的长耳朵具有自我保护的作用;植物种子的形状有助于其传播等。

·引导幼儿根据常见物质、材料的特性和物体的结构特点,推测和证实它们的用途。如:带轮子的物体方便移动;不同用途的车辆有不同的结构等等。

3. 引导幼儿关注和了解自然、科技产品与人们生活的密切关系,逐渐懂得热爱、尊重、保护自然。如:

·结合幼儿的生活需要,引导他们体会人与自然、动植物的依赖关系。如动植物、季节变化与人们生活的关系、常见灾害性天气给人们生产和生活带来的影响等。

·和幼儿一起讨论常见科技产品的用途和弊端,如汽车等交通工具给生活带来的方便和对环境的污染等。

(二)数学认知

目标1 初步感知生活中数学的有用和有趣

3～4岁	4～5岁	5～6岁
1. 感知和发现周围物体的形状是多种多样的,对不同的形状感兴趣。 2. 体验和发现生活中很多地方都用到数。	1. 在指导下,感知和体会有些事物可以用形状来描述。 2. 在指导下,感知和体会有些事物可以用数来描述,对环境中各种数字的含义有进一步探究的兴趣。	1. 能发现事物简单的排列规律,并尝试创造新的排列规律。 2. 能发现生活中许多问题都可以用数学的方法来解决,体验解决问题的乐趣。

教育建议：

1. 引导幼儿注意事物的形状特征,尝试用表示形状的词来描述事物,体会描述的生动形象性和趣味性。如：

· 参观游览后,和幼儿一起谈论所看到的事物的形状,鼓励幼儿产生联想,并用自己的语言进行描述。如熊猫的身体圆圆的,全身好像是一个个的圆形组成的。

· 和幼儿交谈或读书讲故事时,适当地运用一些有关形状的词汇来描述事物,如看图片时,和幼儿讨论奥运会场馆的形状,体会为什么有的场馆叫"水立方",有的叫"鸟巢"。

2. 引导幼儿感知和体会生活中很多地方都用到数,关注周围与自己生活密切相关的数的信息,体会数可以代表不同的意义。如：

· 和幼儿一起寻找发现生活中用数字作标识的事物,如电话号码、时钟、日历和商品的价签等。

· 引导幼儿了解和感受数用在不同的地方,表示的意义是不一样的。如天气预报中表示气温的数代表冷热状况；钟表上的数表明时间的早晚等。

· 鼓励幼儿尝试使用数的信息进行一些简单的推理。如知道今天是星期五,能推断明天是星期六,爸爸妈妈休息。

3. 引导幼儿观察发现按照一定规律排列的事物,体会其中的排列特点与规律,并尝试自己创造出新的排列规律。如：

· 和幼儿一起发现和体会按一定顺序排列的队形整齐有序。

· 提供具有重复性旋律和词语的音乐、儿歌和故事,或利用环境中有序排列的图案(如按颜色间隔排列的瓷砖、按形状间隔排列的珠帘等),鼓励幼儿发现和感受其中的规律。

· 鼓励幼儿尝试自己设计有规律的花边图案、创编有一定规律的动作,或者按某种规律进行搭建活动。

· 引导幼儿体会生活中很多事情都是有一定顺序和规律的,如一周七天的顺序是从周一到周日,一年四季按照春夏秋冬轮回等。

4. 鼓励和支持幼儿发现、尝试解决日常生活中需要用到数学的问题,体会数学的用处。如：

· 拍球、跳绳、跳远或投沙包时,可通过数数、测量的方法确定名次。讨论春游去哪里玩时,让幼儿商量想去哪里玩？每个想去的地方有多少人？根据统计结果做出决定。

· 滑滑梯时,按照"先来先玩"的规则有序地排队玩。

目标2　感知和理解数、量及数量关系

3~4岁	4~5岁	5~6岁
1. 能感知和区分物体的大小、多少、高矮长短等量方面的特点,并能用相应的词表示。 2. 能通过一一对应的方法比较两组物体的多少。 3. 能手口一致地点数5个以内的物体,并能说出总数。能按数取物。 4. 能用数词描述事物或动作。如我有4本图书。	1. 能感知和区分物体的粗细、厚薄、轻重等量方面的特点,并能用相应的词语描述。 2. 能通过数数比较两组物体的多少。 3. 能通过实际操作理解数与数之间的关系,如5比4多1；2和3合在一起是5。 4. 会用数词描述事物的排列顺序和位置。	1. 初步理解量的相对性。 2. 借助实际情境和操作(如合并或拿取)理解"加"和"减"的实际意义。 3. 能通过实物操作或其他方法进行10以内的加减运算。 4. 能用简单的记录表、统计图等表示简单的数量关系。

教育建议：

1. 引导幼儿感知和理解事物"量"的特征。如：

· 感知常见事物的大小、多少、高矮、粗细等量的特征,学习使用相应的词汇描述这些特征。

·结合具体事物让幼儿通过多次比较逐渐理解"量"是相对的。如小亮比小明高,但比小强矮。

·收拾物品时,根据情况,鼓励幼儿按照物体量的特征分类整理。如整理图书时按照大小摆放。

2.结合日常生活,指导幼儿学习通过对应或数数的方式比较物体的多少。如:

·鼓励幼儿在一对一配对的过程中发现两组物体的多少。如在给桌子上的每个碗配上勺子时,发现碗和勺多少的不同。

·鼓励幼儿通过数数比较两样东西的多少。如数一数有多少个苹果,多少个梨,判断苹果和梨哪个多,哪个少。

3.利用生活和游戏中的实际情境,引导幼儿理解数概念。如:

·结合生活需要,和幼儿一起手口一致点数物体,得出物体的总数。通过点数的方式让幼儿体会物体的数量不会因排列形式、空间位置的不同而发生变化。如鼓励幼儿将一定数量的扣子以不同的形式摆放,体会扣子的数量是不变的。

·结合日常生活,为幼儿提供"按数取物"的机会,如游戏时,请幼儿按要求拿出几个球。

4.通过实物操作引导幼儿理解数与数之间的关系,并用"加"或"减"的办法来解决问题。如:

·游戏中遇到让4个小动物住进两间房子的问题,或生活中遇到将5块饼干分给两个小朋友问题时,让幼儿尝试不同的分法。

·鼓励幼儿尝试自己解决生活中的数学问题。如家里来了5位客人,桌子上只有3个杯子,还需要几个杯子等。

·购少量物品时,有意识地鼓励幼儿参与计算和付款的过程等。

真题31 [2024江苏南京,判断]"能用数词描述事物或动作。如我有4本图书"是中班幼儿可以达到的能力水平。

真题32 [2024浙江杭州,判断]"初步理解量的相对性"是4~5岁幼儿的典型表现。

答案:31. ×　32. ×

目标3　感知形状与空间关系

3~4岁	4~5岁	5~6岁
1.能注意物体较明显的形状特征,并能用自己的语言描述。 2.能感知物体基本的空间位置与方位,理解上下、前后、里外等方位词。	1.能感知物体的形体结构特征,画出或拼搭出该物体的造型。 2.能感知和发现常见几何图形的基本特征,并能进行分类。 3.能使用上下、前后、里外、中间、旁边等方位词描述物体的位置和运动方向。	1.能用常见的几何形体有创意地拼搭和画出物体的造型。 2.能按语言指示或根据简单示意图正确取放物品。 3.能辨别自己的左右。

教育建议:

1.用多种方法帮助幼儿在物体与几何形体之间建立联系。如:

·引导幼儿感受生活中各种物品的形状特征,并尝试识别和描述。如感受和识别盘子、桌子、车轮、地砖等物品的形状特征。

·鼓励和支持幼儿用积木、纸盒、拼板等各种形状材料进行建构游戏或制作活动。如用长方形的纸盒加两个圆形瓶盖制作"汽车"。

·收拾整理积木时,引导幼儿体验图形之间的转换。如两个三角形可组合成一个正方形,两个正方形可组合成一个长方形。

569

·引导幼儿注意观察生活物品的图形特征,鼓励他们按形状分类整理物品。

2. 丰富幼儿空间方位识别的经验,引导幼儿运用空间方位经验解决问题。如:

·请幼儿取放物体时,使用他们能够理解的方位词,如把桌子下面的东西放到窗台上,把花盆放在大树旁边等。

·和幼儿一起识别熟悉场所的位置。如超市在家的旁边,邮局在幼儿园的前面。

·在体育、音乐和舞蹈活动中,引导幼儿感受空间方位和运动方向。

·和幼儿玩按指令找宝的游戏。对年龄小的幼儿要求他们按语言指令寻找,对年龄大些的幼儿可要求按照简单的示意图寻找。

五、艺术

艺术是人类感受美、表现美和创造美的重要形式,也是表达自己对周围世界的认识和情绪态度的独特方式。

每个幼儿心里都有一颗美的种子。幼儿艺术领域学习的关键在于充分创造条件和机会,在大自然和社会文化生活中萌发幼儿对美的感受和体验,丰富其想象力和创造力,引导幼儿学会用心灵去感受和发现美,用自己的方式去表现和创造美。

幼儿对事物的感受和理解不同于成人,他们表达自己认识和情感的方式也有别于成人。幼儿独特的笔触、动作和语言往往蕴含着丰富的想象和情感,成人应对幼儿的艺术表现给予充分的理解和尊重,不能用自己的审美标准去评判幼儿,更不能为追求结果的"完美"而对幼儿进行千篇一律的训练,以免扼杀其想象与创造的萌芽。

(一)感受与欣赏

目标1 喜欢自然界与生活中美的事物

3~4岁	4~5岁	5~6岁
1. 喜欢观看花草树木、日月星空等大自然中美的事物。 2. 容易被自然界中的鸟鸣、风声、雨声等好听的声音所吸引。	1. 在欣赏自然界和生活环境中美的事物时,关注其色彩、形态等特征。 2. 喜欢倾听各种好听的声音,感知声音的高低、长短、强弱等变化。	1. 乐于收集美的物品或向别人介绍所发现的美的事物。 2. 乐于模仿自然界和生活环境中有特点的声音,并产生相应的联想。

教育建议:

1. 和幼儿一起感受、发现和欣赏自然环境和人文景观中美的事物。如:

·让幼儿多接触大自然,感受和欣赏美丽的景色和好听的声音。

·经常带幼儿参观园林、名胜古迹等人文景观,讲讲有关的历史故事、传说,与幼儿一起讨论和交流对美的感受。

2. 和幼儿一起发现美的事物的特征,感受和欣赏美。如:

·让幼儿观察常见动植物以及其它物体,引导幼儿用自己的语言、动作等描述它们美的方面,如颜色、形状、形态等。

·让幼儿倾听和分辨各种声响,引导幼儿用自己的方式来表达他对音色、强弱、快慢的感受。

·支持幼儿收集喜欢的物品并和他一起欣赏。

真题33 [2024江苏南京,简答]简述在活动中如何与幼儿一起发现美的事物的特征,感受和欣赏美。

答案:详见内文

目标2　喜欢欣赏多种多样的艺术形式和作品

3～4岁	4～5岁	5～6岁
1.喜欢听音乐或观看舞蹈、戏剧等表演。 2.乐于观看绘画、泥塑或其他艺术形式的作品。	1.能够专心地观看自己喜欢的文艺演出或艺术品,有模仿和参与的愿望。 2.欣赏艺术作品时会产生相应的联想和情绪反应。	1.艺术欣赏时常常用表情、动作、语言等方式表达自己的理解。 2.愿意和别人分享、交流自己喜爱的艺术作品和美感体验。

教育建议：

1.创造条件让幼儿接触多种艺术形式和作品。如：

·经常让幼儿接触适宜的、各种形式的音乐作品,丰富幼儿对音乐的感受和体验。

·和幼儿一起用图画、手工制品等装饰和美化环境。

·带幼儿观看或共同参与传统民间艺术和地方民俗文化活动,如皮影戏、剪纸和捏面人等。

·有条件的情况下,带幼儿去剧院、美术馆、博物馆等欣赏文艺表演和艺术作品。

2.尊重幼儿的兴趣和独特感受,理解他们欣赏时的行为。如：

·理解和尊重幼儿在欣赏艺术作品时的手舞足蹈、即兴模仿等行为。

·当幼儿主动介绍自己喜爱的舞蹈、戏曲、绘画或工艺品时,要耐心倾听并给予积极回应和鼓励。

真题34　[2022福建统考,单选]"愿意和别人分享、交流自己喜爱的艺术作品和美感体验"是(　　)幼儿的典型表现。

A.2～3岁　　　　　B.3～4岁　　　　　C.4～5岁　　　　　D.5～6岁

真题35　[2023安徽宿州,多选]《3～6岁儿童学习与发展指南》将幼儿艺术学习与发展划分为"感受与欣赏""表现与创造"两个子领域,其中"感受与欣赏"包含的目标为(　　)

A.喜欢自然界与生活中美的事物　　　　B.具有初步的艺术表现与创造能力

C.喜欢进行艺术活动并大胆表现　　　　D.喜欢欣赏多种多样的艺术形式和作品

答案：34. D　35. AD

(二)表现与创造

目标1　喜欢进行艺术活动并大胆表现

3～4岁	4～5岁	5～6岁
1.经常自哼自唱或模仿有趣的动作、表情和声调。 2.经常涂涂画画、粘粘贴贴并乐在其中。	1.经常唱唱跳跳,愿意参加歌唱、律动、舞蹈、表演等活动。 2.经常用绘画、捏泥、手工制作等多种方式表现自己的所见所想。	1.积极参与艺术活动,有自己比较喜欢的活动形式。 2.能用多种工具、材料或不同的表现手法表达自己的感受和想象。 3.艺术活动中能与他人相互配合,也能独立表现。

教育建议：

1.创造机会和条件,支持幼儿自发的艺术表现和创造。如：

·提供丰富的便于幼儿取放的材料、工具或物品,支持幼儿进行自主绘画、手工、歌唱、表演等艺术活动。

·经常和幼儿一起唱歌、表演、绘画、制作,共同分享艺术活动的乐趣。

2.营造安全的心理氛围,让幼儿敢于并乐于表达表现。如：

·欣赏和回应幼儿的哼哼唱唱、模仿表演等自发的艺术活动,赞赏他独特的表现方式。

571

- 在幼儿自主表达创作过程中,不做过多干预或把自己的意愿强加给幼儿,在幼儿需要时再给予具体的帮助。
- 了解并倾听幼儿艺术表现的想法或感受,领会并尊重幼儿的创作意图,不简单用"像不像""好不好"等成人标准来评价。
- 展示幼儿的作品,鼓励幼儿用自己的作品或艺术品布置环境。

目标2　具有初步的艺术表现与创造能力

3~4岁	4~5岁	5~6岁
1. 能模仿学唱短小歌曲。 2. 能跟随熟悉的音乐做身体动作。 3. 能用声音、动作、姿态模拟自然界的事物和生活情景。 4. 能用简单的线条和色彩大体画出自己想画的人或事物。	1. 能用自然的、音量适中的声音基本准确地唱歌。 2. 能通过即兴哼唱、即兴表演或给熟悉的歌曲编词来表达自己的心情。 3. 能用拍手、踏脚等身体动作或可敲击的物品敲打节拍和基本节奏。 4. 能运用绘画、手工制作等表现自己观察到或想象的事物。	1. 能用基本准确的节奏和音调唱歌。 2. 能用律动或简单的舞蹈动作表现自己的情绪或自然界的情景。 3. 能自编自演故事,并为表演选择和搭配简单的服饰、道具或布景。 4. 能用自己制作的美术作品布置环境、美化生活。

教育建议:

尊重幼儿自发的表现和创造,并给予适当的指导。如:

- 鼓励幼儿在生活中细心观察、体验,为艺术活动积累经验与素材。如观察不同树种的形态、色彩等。
- 提供丰富的材料,如图书、照片、绘画或音乐作品等,让幼儿自主选择,用自己喜欢的方式去模仿或创作,成人不做过多要求。
- 根据幼儿的生活经验,与幼儿共同确定艺术表达表现的主题,引导幼儿围绕主题展开想象,进行艺术表现。
- 幼儿绘画时,不宜提供范画,特别不应要求幼儿完全按照范画来画。
- 肯定幼儿作品的优点,用表达自己感受的方式引导其提高。如"你的画用了这么多红颜色,感觉就像过年一样喜庆""你扮演的大灰狼声音真像,要是表情再凶一点就更好了"等。

真题36　[2024山东临沂,单选]"能用声音、动作、姿态模拟自然界的事物和生活情景"。这是《3~6岁儿童学习与发展指南》中(　　)幼儿的典型表现。

A. 2~3岁　　　　B. 3~4岁　　　　C. 4~5岁　　　　D. 5~6岁

真题37　[2024山东青岛,判断]幼儿绘画时,不宜提供范画,特别不应要求幼儿完全按照范画来画。

答案:36. B　37. √

小香课堂

《3~6岁儿童学习与发展指南》中五大领域的目标在考试时会进行考查,为方便考生更好地识记,现将其梳理如下:

领域(5个)	子领域(11个)	目标(32个)
健康	身心状况	(1)具有健康的体态; (2)情绪安定愉快; (3)具有一定的适应能力

续表

领域(5个)	子领域(11个)	目标(32个)
健康	动作发展	(1)具有一定的平衡能力,动作协调、灵敏; (2)具有一定的力量和耐力; (3)手的动作灵活协调
健康	生活习惯与生活能力	(1)具有良好的生活与卫生习惯; (2)具有基本的生活自理能力; (3)具备基本的安全知识和自我保护能力
语言	倾听与表达	(1)认真听并能听懂常用语言; (2)愿意讲话并能清楚地表达; (3)具有文明的语言习惯
语言	阅读与书写准备	(1)喜欢听故事,看图书; (2)具有初步的阅读理解能力; (3)具有书面表达的愿望和初步技能
社会	人际交往	(1)愿意与人交往; (2)能与同伴友好相处; (3)具有自尊、自信、自主的表现; (4)关心尊重他人
社会	社会适应	(1)喜欢并适应群体生活; (2)遵守基本的行为规范; (3)具有初步的归属感
科学	科学探究	(1)亲近自然,喜欢探究; (2)具有初步的探究能力; (3)在探究中认识周围事物和现象
科学	数学认知	(1)初步感知生活中数学的有用和有趣; (2)感知和理解数、量及数量关系; (3)感知形状与空间关系
艺术	感受与欣赏	(1)喜欢自然界与生活中美的事物; (2)喜欢欣赏多种多样的艺术形式和作品
艺术	表现与创造	(1)喜欢进行艺术活动并大胆表现; (2)具有初步的艺术表现与创造能力

本节核心考点回顾

1. 实施《指南》应把握的几个方面
(1)关注幼儿学习与发展的整体性。
(2)尊重幼儿发展的个体差异。
(3)理解幼儿的学习方式和特点。
(4)重视幼儿的学习品质。
2. 幼儿身心健康的重要标志
　　健康是指人在身体、心理和社会适应方面的良好状态。发育良好的身体、愉快的情绪、强健的体质、协调的动作、良好的生活习惯和基本生活能力是幼儿身心健康的重要标志,也是其它领域学习与发展的基础。

3. 幼儿的睡眠时间和户外活动时间

(1)保证幼儿每天睡11~12小时,其中午睡一般应达到2小时左右。

(2)幼儿每天的户外活动时间一般不少于两小时,其中体育活动时间不少于1小时,季节交替时要坚持。

4. 发展幼儿身体平衡和协调能力的活动

(1)走平衡木,或沿着地面直线、田埂行走。

(2)玩跳房子、踢毽子、蒙眼走路、踩小高跷等游戏活动。

5. 4~5岁幼儿具有一定的力量和耐力的学习与发展目标

(1)能双手抓杠悬空吊起15秒左右。

(2)能单手将沙包向前投掷4米左右。

(3)能单脚连续向前跳5米左右。

(4)能快跑20米左右。

(5)能连续行走1.5公里左右(途中可适当停歇)。

6. 4~5岁儿童具有初步的阅读理解能力的学习与发展目标

(1)能大体讲出所听故事的主要内容。

(2)能根据连续画面提供的信息,大致说出故事的情节。

(3)能随着作品的展开产生喜悦、担忧等相应的情绪反应,体会作品所表达的情绪情感。

7. 幼儿科学学习的核心

幼儿科学学习的核心是激发探究兴趣,体验探究过程,发展初步的探究能力。

8. 培养幼儿具有初步的探究能力的教育建议

(1)有意识地引导幼儿观察周围事物,学习观察的基本方法,培养观察与分类能力。

(2)支持和鼓励幼儿在探究过程中积极动手动脑寻找答案或解决问题。

(3)鼓励和引导幼儿学习做简单的计划和记录,并与他人交流分享。

(4)帮助幼儿回顾自己探究过程,讨论自己做了什么,怎么做的,结果与计划目标是否一致,分析一下原因以及下一步要怎样做等。

9. 在活动中如何与幼儿一起发现美的事物的特征,感受和欣赏美

(1)让幼儿观察常见动植物以及其它物体,引导幼儿用自己的语言、动作等描述它们美的方面,如颜色、形状、形态等。

(2)让幼儿倾听和分辨各种声响,引导幼儿用自己的方式来表达他对音色、强弱、快慢的感受。

(3)支持幼儿收集喜欢的物品并和他一起欣赏。

第五节 幼儿园教师专业标准(试行)

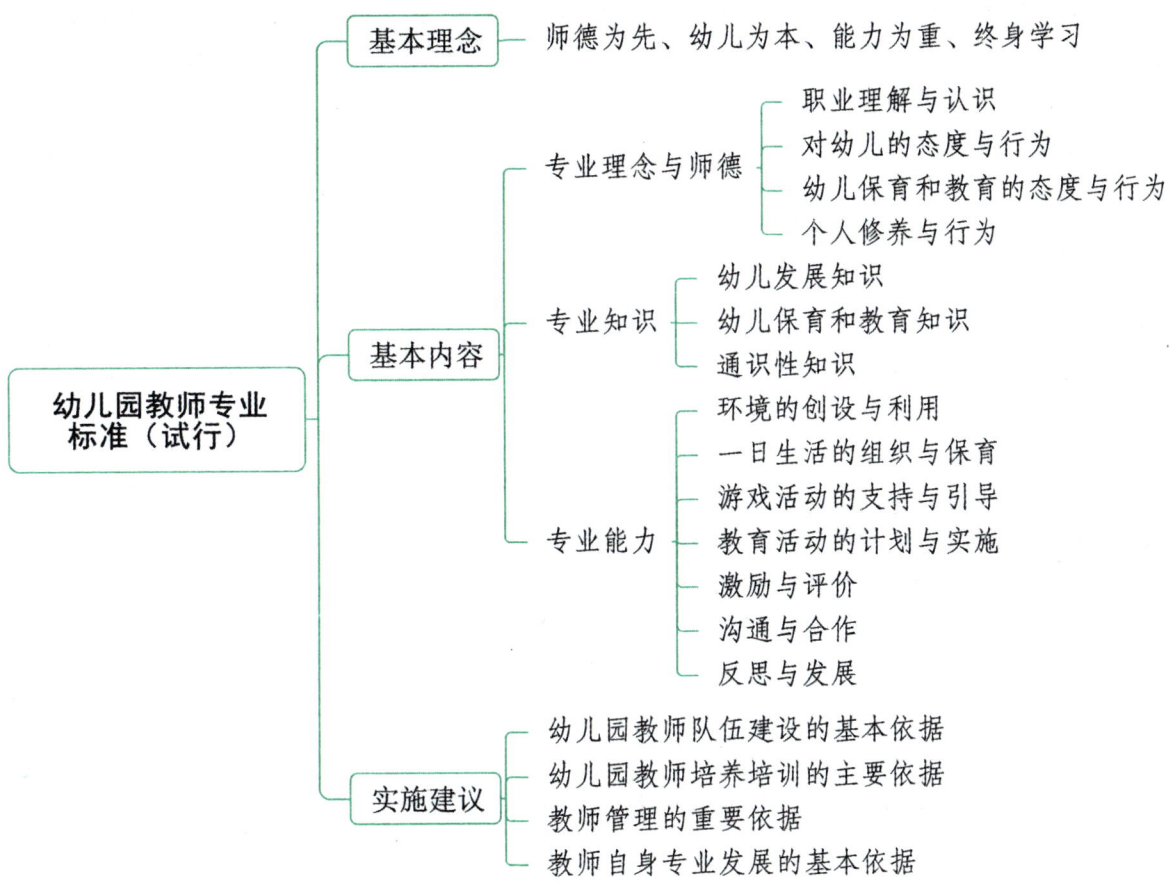

教师〔2012〕1号

为促进幼儿园教师专业发展,建设高素质幼儿园教师队伍,根据《中华人民共和国教师法》,特制定《幼儿园教师专业标准(试行)》(以下简称《专业标准》)。

幼儿园教师是履行幼儿园教育教学工作职责的专业人员,需要经过严格的培养与培训,具有良好的职业道德,掌握系统的专业知识和专业技能。《专业标准》是国家对合格幼儿园教师专业素质的基本要求,是幼儿园教师实施保教行为的基本规范,是引领幼儿园教师专业发展的基本准则,是幼儿园教师培养、准入、培训、考核等工作的重要依据。

真题1 [2023安徽宿州,单选]《幼儿园教师专业标准(试行)》是国家对合格幼儿园教师专业素质的_____,是幼儿园教师实施保教行为的_____,是引领幼儿园教师专业发展的_____。(   )

A. 基本要求　基本规范　基本准则　　　　B. 根本要求　基本准则　基本规范
C. 基本规范　基本要求　基本准则　　　　D. 根本准则　基本规范　基本要求

答案: A

一、基本理念

(一)师德为先

热爱学前教育事业,具有职业理想,践行社会主义核心价值体系,履行教师职业道德规范,依法执教。关爱幼儿,尊重幼儿人格,富有爱心、责任心、耐心和细心;为人师表,教书育人,自尊自律,做幼儿健康成长的启蒙者和引路人。

(二)幼儿为本

尊重幼儿权益,以幼儿为主体,充分调动和发挥幼儿的主动性;遵循幼儿身心发展特点和保教活动规律,提供适合的教育,保障幼儿快乐健康成长。

(三)能力为重

把学前教育理论与保教实践相结合,突出保教实践能力;研究幼儿,遵循幼儿成长规律,提升保教工作专业化水平;坚持实践、反思、再实践、再反思,不断提高专业能力。

(四)终身学习

学习先进学前教育理论,了解国内外学前教育改革与发展的经验和做法;优化知识结构,提高文化素养;具有终身学习与持续发展的意识和能力,做终身学习的典范。

> **·记忆有妙招·**
> 《幼儿园教师专业标准(试行)》的基本理念:**师幼能学**。**师**:师德为先。**幼**:幼儿为本。**能**:能力为重。**学**:终身学习。

真题2 [2024山东临沂,单选]赵老师说:"我都快退休了,照顾好孩子的安全就行了,还参加什么培训。"这表明赵老师(　　)

A. 违反了《中华人民共和国未成年人保护法》　　B. 缺乏终身学习的理念

C. 工作期间疏忽职守　　D. 侵犯了幼儿权益

真题3 [2024江苏海安,简答]简述《幼儿园教师专业标准(试行)》的基本理念。

答案: 2. B　3. 详见内文

二、基本内容

维度	领域	基本要求
专业理念与师德	(一)职业理解与认识	1. 贯彻党和国家教育方针政策,遵守教育法律法规。 2. 理解幼儿保教工作的意义,热爱学前教育事业,具有职业理想和敬业精神。 3. 认同幼儿园教师的专业性和独特性,注重自身专业发展。 4. 具有良好职业道德修养,为人师表。 5. 具有团队合作精神,积极开展协作与交流。
	(二)对幼儿的态度与行为	6. 关爱幼儿,重视幼儿身心健康,将保护幼儿生命安全放在首位。 7. 尊重幼儿人格,维护幼儿合法权益,平等对待每一位幼儿。不讽刺、挖苦、歧视幼儿,不体罚或变相体罚幼儿。 8. 信任幼儿,尊重个体差异,主动了解和满足有益于幼儿身心发展的不同需求。 9. 重视生活对幼儿健康成长的重要价值,积极创造条件,让幼儿拥有快乐的幼儿园生活。

续表

维度	领域	基本要求
专业理念与师德	(三)幼儿保育和教育的态度与行为	10. 注重保教结合,培育幼儿良好的意志品质,帮助幼儿养成良好的行为习惯。 11. 注重保护幼儿的好奇心,培养幼儿的想象力,发掘幼儿的兴趣爱好。 12. 重视环境和游戏对幼儿发展的独特作用,创设富有教育意义的环境氛围,将游戏作为幼儿的主要活动。 13. 重视丰富幼儿多方面的直接经验,将探索、交往等实践活动作为幼儿最重要的学习方式。 14. 重视自身日常态度言行对幼儿发展的重要影响与作用。 15. 重视幼儿园、家庭和社区的合作,综合利用各种资源。
	(四)个人修养与行为	16. 富有爱心、责任心、耐心和细心。 17. 乐观向上,热情开朗,有亲和力。 18. 善于自我调节情绪,保持平和心态。 19. 勤于学习,不断进取。 20. 衣着整洁得体,语言规范健康,举止文明礼貌。
专业知识	(五)幼儿发展知识	21. 了解关于幼儿生存、发展和保护的有关法律法规及政策规定。 22. 掌握不同年龄幼儿身心发展特点、规律和促进幼儿全面发展的策略与方法。 23. 了解幼儿在发展水平、速度与优势领域等方面的个体差异,掌握对应的策略与方法。 24. 了解幼儿发展中容易出现的问题与适宜的对策。 25. 了解有特殊需要幼儿的身心发展特点及教育策略与方法。
	(六)幼儿保育和教育知识	26. 熟悉幼儿园教育的目标、任务、内容、要求和基本原则。 27. 掌握幼儿园各领域教育的学科特点与基本知识。 28. 掌握幼儿园环境创设、一日生活安排、游戏与教育活动、保育和班级管理的知识与方法。 29. 熟知幼儿园的安全应急预案,掌握意外事故和危险情况下幼儿安全防护与救助的基本方法。 30. 掌握观察、谈话、记录等了解幼儿的基本方法和教育心理学的基本原理和方法。 31. 了解0~3岁婴幼儿保教和幼小衔接的有关知识与基本方法。
	(七)通识性知识	32. 具有一定的自然科学和人文社会科学知识。 33. 了解中国教育基本情况。 34. 具有相应的艺术欣赏与表现知识。 35. 具有一定的现代信息技术知识。
专业能力	(八)环境的创设与利用	36. 建立良好的师幼关系,帮助幼儿建立良好的同伴关系,让幼儿感到温暖和愉悦。 37. 建立班级秩序与规则,营造良好的班级氛围,让幼儿感受到安全、舒适。 38. 创设有助于促进幼儿成长、学习、游戏的教育环境。 39. 合理利用资源,为幼儿提供和制作适合的玩教具和学习材料,引发和支持幼儿的主动活动。
	(九)一日生活的组织与保育	40. 合理安排和组织一日生活的各个环节,将教育灵活地渗透到一日生活中。 41. 科学照料幼儿日常生活,指导和协助保育员做好班级常规保育和卫生工作。 42. 充分利用各种教育契机,对幼儿进行随机教育。 43. 有效保护幼儿,及时处理幼儿的常见事故,危险情况优先救护幼儿。
	(十)游戏活动的支持与引导	44. 提供符合幼儿兴趣需要、年龄特点和发展目标的游戏条件。 45. 充分利用与合理设计游戏活动空间,提供丰富、适宜的游戏材料,支持、引发和促进幼儿的游戏。 46. 鼓励幼儿自主选择游戏内容、伙伴和材料,支持幼儿主动地、创造性地开展游戏,充分体验游戏的快乐和满足。 47. 引导幼儿在游戏活动中获得身体、认知、语言和社会性等多方面的发展。

续表

维度	领域	基本要求
专业能力	(十一)教育活动的计划与实施	48. 制定阶段性的教育活动计划和具体活动方案。 49. 在教育活动中观察幼儿,根据幼儿的表现和需要,调整活动,给予适宜的指导。 50. 在教育活动的设计和实施中体现趣味性、综合性和生活化,灵活运用各种组织形式和适宜的教育方式。 51. 提供更多的操作探索、交流合作、表达表现的机会,支持和促进幼儿主动学习。
	(十二)激励与评价	52. 关注幼儿日常表现,及时发现和赏识每个幼儿的点滴进步,注重激发和保护幼儿的积极性、自信心。 53. 有效运用观察、谈话、家园联系、作品分析等多种方法,客观地、全面地了解和评价幼儿。 54. 有效运用评价结果,指导下一步教育活动的开展。
	(十三)沟通与合作	55. 使用符合幼儿年龄特点的语言进行保教工作。 56. 善于倾听,和蔼可亲,与幼儿进行有效沟通。 57. 与同事合作交流,分享经验和资源,共同发展。 58. 与家长进行有效沟通合作,共同促进幼儿发展。 59. 协助幼儿园与社区建立合作互助的良好关系。
	(十四)反思与发展	60. 主动收集分析相关信息,不断进行反思,改进保教工作。 61. 针对保教工作中的现实需要与问题,进行探索和研究。 62. 制定专业发展规划,积极参加专业培训,不断提高自身专业素质。

真题4 [2022福建统考,单选]《幼儿园教师专业标准(试行)》提出"了解幼儿发展中容易出现的问题与适宜的对策"的基本要求,其所属的领域是( )

A. 幼儿发展知识 B. 幼儿保育和教育知识
C. 对幼儿的态度与行为 D. 幼儿保育和教育的态度与行为

真题5 [2022江西统考,单选]幼儿园教师需要掌握的通识性知识包括( )
①具有一定的自然科学和人文社会科学知识 ②了解中国教育基本情况
③具有相应的艺术欣赏与表现知识 ④具有一定的现代信息技术知识
A.①③④ B.①②③ C.②③④ D.①②③④

真题6 [2023山东济南,简答]简述《幼儿园教师专业标准(试行)》中对幼儿教师"反思与发展"专业能力的基本要求。

答案:4. A 5. D 6. 详见内文

三、实施建议

(一)各级教育行政部门要将《专业标准》作为幼儿园教师队伍建设的基本依据。根据学前教育改革发展的需要,充分发挥《专业标准》引领和导向作用,深化教师教育改革,建立教师教育质量保障体系,不断提高幼儿园教师培养培训质量。制定幼儿园教师准入标准,严把幼儿园教师入口关;制定幼儿园教师聘任(聘用)、考核、退出等管理制度,保障教师合法权益,形成科学有效的幼儿园教师队伍管理和督导机制。

(二)开展幼儿园教师教育的院校要将《专业标准》作为幼儿园教师培养培训的主要依据。重视幼儿园教师职业特点,加强学前教育学科和专业建设。完善幼儿园教师培养培训方案,科学设置教师教育课程,改革教育教学方式;重视幼儿园教师职业道德教育,重视社会实践和教育实习;加强从事幼儿园教师教育的师资队伍建设,建立科学的质量评价制度。

(三)幼儿园要将《专业标准》作为教师管理的重要依据。制定幼儿园教师专业发展规划,注重教师职业理想与职业道德教育,增强教师育人的责任感与使命感;开展园本研修,促进教师专业发展;完善教师岗位职责和考核评价制度,健全幼儿园教师绩效管理机制。

(四)幼儿园教师要将《专业标准》作为自身专业发展的基本依据。制定自我专业发展规划,爱岗敬业,增强专业发展自觉性;大胆开展保教实践,不断创新;积极进行自我评价,主动参加教师培训和自主研修,逐步提升专业发展水平。

真题7 [2023江西统考,单选]《幼儿园教师专业标准(试行)》实施建议主要包括以下( )方面。
①各级教育行政部门要将《专业标准》作为幼儿园教师队伍建设的基本依据
②开展幼儿园教师教育的院校要将《专业标准》作为幼儿园教师培养培训的主要依据
③幼儿园要将《专业标准》作为教师管理的重要依据
④幼儿园教师要将《专业标准》作为自身专业发展的基本依据
A.①③④　　　　　B.①②③④　　　　　C.①②③　　　　　D.②③④
答案:B

★ 本节核心考点回顾 ★

1.《幼儿园教师专业标准(试行)》的基本理念
(1)师德为先;(2)幼儿为本;(3)能力为重;(4)终身学习。

2.《幼儿园教师专业标准(试行)》中对幼儿教师"幼儿发展知识"的基本要求
(1)了解关于幼儿生存、发展和保护的有关法律法规及政策规定。
(2)掌握不同年龄幼儿身心发展特点、规律和促进幼儿全面发展的策略与方法。
(3)了解幼儿在发展水平、速度与优势领域等方面的个体差异,掌握对应的策略与方法。
(4)了解幼儿发展中容易出现的问题与适宜的对策。
(5)了解有特殊需要幼儿的身心发展特点及教育策略与方法。

3.《幼儿园教师专业标准(试行)》中对幼儿教师"通识性知识"的基本要求
(1)具有一定的自然科学和人文社会科学知识。
(2)了解中国教育基本情况。
(3)具有相应的艺术欣赏与表现知识。
(4)具有一定的现代信息技术知识。

4.《幼儿园教师专业标准(试行)》中对幼儿教师"反思与发展"专业能力的基本要求
(1)主动收集分析相关信息,不断进行反思,改进保教工作。
(2)针对保教工作中的现实需要与问题,进行探索和研究。
(3)制定专业发展规划,积极参加专业培训,不断提高自身专业素质。

5.《幼儿园教师专业标准(试行)》的实施建议
(1)各级教育行政部门要将《专业标准》作为幼儿园教师队伍建设的基本依据。
(2)开展幼儿园教师教育的院校要将《专业标准》作为幼儿园教师培养培训的主要依据。
(3)幼儿园要将《专业标准》作为教师管理的重要依据。
(4)幼儿园教师要将《专业标准》作为自身专业发展的基本依据。

第六节 教育部关于大力推进幼儿园与小学科学衔接的指导意见(节录)

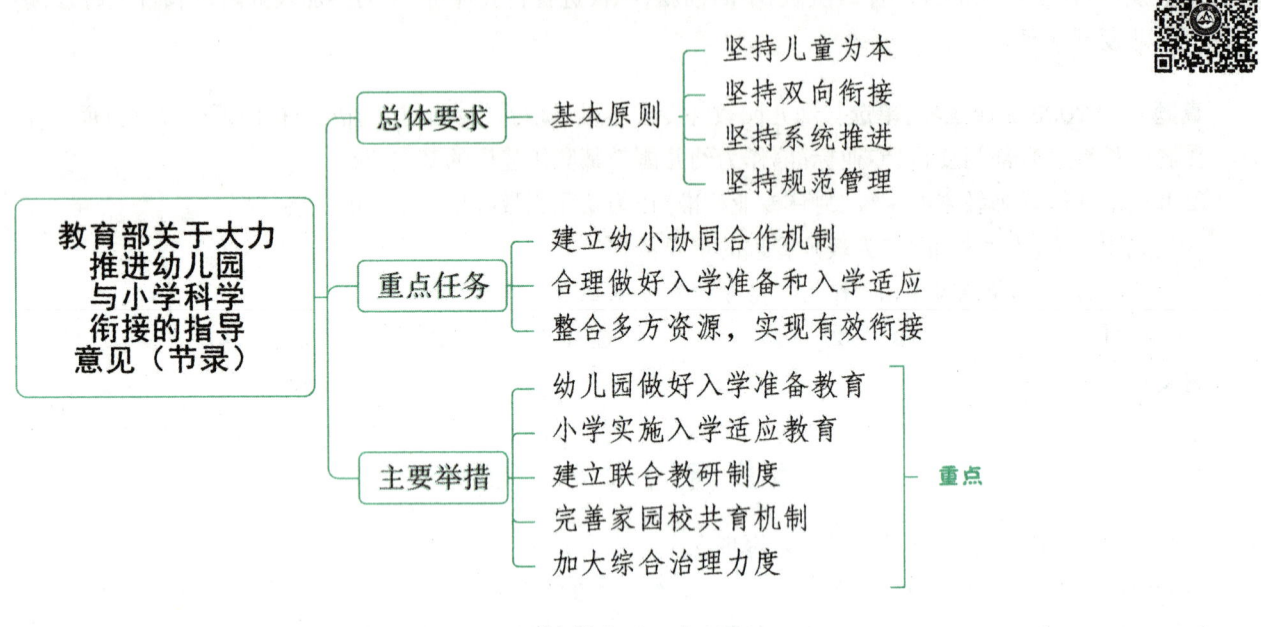

教基〔2021〕4号

各省、自治区、直辖市教育厅(教委),新疆生产建设兵团教育局:

为深入贯彻党的十九届五中全会"建设高质量教育体系"的要求,落实党中央、国务院《关于学前教育深化改革规范发展的若干意见》和《关于深化教育教学改革全面提高义务教育质量的意见》,推进幼儿园与小学科学有效衔接,现提出如下指导意见。

一、总体要求

(一)指导思想

以习近平新时代中国特色社会主义思想为指导,全面贯彻党的教育方针,落实立德树人根本任务,遵循儿童身心发展规律和教育规律,深化基础教育课程改革,建立幼儿园与小学科学衔接的长效机制,全面提高教育质量,促进儿童德智体美劳全面发展和身心健康成长。

(二)基本原则 【单选、判断】 ★★

坚持儿童为本。关注儿童发展的连续性,尊重儿童的原有经验和发展差异;关注儿童发展的整体性,帮助儿童做好身心全面准备和适应;关注儿童发展的可持续性,培养有益于儿童终身发展的习惯与能力。

坚持双向衔接。强化衔接意识,幼儿园与小学协同合作,科学做好入学准备和入学适应,促进儿童顺利过渡。

坚持系统推进。整合多方教育资源,行政、教科研、幼儿园和小学统筹联动,家园校共育,形成合力。

坚持规范管理。建立动态监管机制,加大治理力度,纠正和扭转校外培训机构、幼儿园和小学违背儿童身心发展规律的做法和行为。

真题1 [2024江西统考,单选]以下不属于幼儿园与小学科学衔接应坚持的基本原则的是( )
A. 儿童为本　　　　B. 联合教研　　　　C. 双向衔接　　　　D. 系统推进

真题2 [2022福建统考,判断]《教育部关于大力推进幼儿园与小学科学衔接的指导意见》指出,幼儿园与小学应协同合作,科学做好入学准备和入学适应。

答案:1. B　2. √

(三)主要目标

全面推进幼儿园和小学实施入学准备和入学适应教育,减缓衔接坡度,帮助儿童顺利实现从幼儿园到小学的过渡。幼儿园和小学教师及家长的教育观念与教育行为明显转变,幼小协同的有效机制基本建立,科学衔接的教育生态基本形成。

二、重点任务

(一)改变衔接意识薄弱,小学和幼儿园教育分离的状况,建立幼小协同合作机制,为儿童搭建从幼儿园到小学过渡的阶梯,推动双向衔接。

(二)改变过度重视知识准备,超标教学、超前学习的状况,规范学校和校外培训机构的教育教学行为,合理做好入学准备和入学适应,做好科学衔接。

(三)改变衔接机制不健全的状况,建立行政推动、教科研支持、教育机构和家长共同参与的机制,整合多方资源,实现有效衔接。

真题3 [2024福建统考,判断]科学幼小衔接需要为儿童搭建从幼儿园到小学过渡的阶梯,建立幼小协同合作机制。

答案:√

三、主要举措 【单选、多选、判断】 ★★★

(一)幼儿园做好入学准备教育。幼儿园要贯彻落实《3～6岁儿童学习与发展指南》和《幼儿园教育指导纲要》,促进幼儿身心全面和谐发展,为入学做好基本素质准备,为终身发展奠定良好基础。要进一步引导教师树立科学衔接的理念,大班下学期要有针对性地帮助幼儿做好生活、社会和学习等多方面的准备,建立对小学生活的积极期待和向往。要防止和纠正把小学的环境、教育内容和教育方式简单搬到幼儿园的错误做法。

(二)小学实施入学适应教育。小学要强化衔接意识,将入学适应教育作为深化义务教育课程教学改革的重要任务,纳入一年级教育教学计划,教育教学方式与幼儿园教育相衔接。国家修订义务教育课程标准,调整一年级课程安排,合理安排内容梯度,减缓教学进度。小学将一年级上学期设置为入学适应期,重点实施入学适应教育,地方课程、学校课程和综合实践活动主要用于组织开展入学适应活动,确保课时安排。改革一年级教育教学方式,国家课程主要采取游戏化、生活化、综合化等方式实施,强化儿童的探究性、体验式学习。要切实改变忽视儿童身心特点和接受能力的现象,坚决纠正超标教学、盲目赶进度的错误做法。

(三)建立联合教研制度。各级教研部门要把幼小衔接作为教研工作的重要内容,纳入年度教研计划,推动建立幼小学段互通、内容融合的联合教研制度。教研人员要深入幼儿园和小学,根据实践需要确定研究专题,指导区域教研和园(校)本教研活动,总结推广好做法好经验。鼓励学区内小学和幼儿园建立学习共同体,加强教师在儿童发展、课程、教学、管理等方面的研究交流,及时解决入学准备和入学适应实践中的突出问题。

(四)完善家园校共育机制。幼儿园和小学要把家长作为重要的合作伙伴,建立有效的家园校协同沟通机制,引导家长与幼儿园和小学积极配合,共同做好衔接工作。要及时了解家长在入学准备和入学适应方面的困惑问题及意见建议,积极宣传国家和地方的有关政策要求,宣传展示幼小双向衔接的科学理念和做法,帮助家长认识过度强化知识准备、提前学习小学课程内容的危害,缓解家长的压力和焦虑,营造良好的家庭教育氛围,积极配合幼儿园和小学做好衔接。

真题4 [2023福建统考,判断]《关于大力推进幼儿园与小学科学衔接的指导意见》指出,幼儿园要为幼儿入小学做好基本素质准备。

答案:√

(五)加大综合治理力度。各级教育部门要会同有关部门持续加大对校外培训机构、小学、幼儿园违反教育规律行为的治理力度,开展专项治理。落实国家有关规定,校外培训机构不得对学前儿童违规进行培训。小学严格执行免试就近入学,严禁以各类考试、竞赛、培训成绩或证书等作为招生依据,坚持按课程标准零起点教学。幼儿园满足需要的地方,小学不得举办学前班。幼儿园不得提前教授小学课程内容,不得布置读写算家庭作业,不得设学前班,幼儿园出现大班幼儿流失的情况,应及时了解原因和去向,并向当地教育部门报告。教育部门应根据有关线索,对接收学前儿童违规开展培训的校外培训机构进行严肃查处并列入黑名单,将黑名单信息纳入全国信用信息共享平台,按有关规定实施联合惩戒。对办学行为严重违规的幼儿园和小学,追究校长、园长和有关教师的责任。

真题5 [2023江西统考,单选]2021年教育部颁布的《关于大力推进幼儿园与小学科学衔接的指导意见》中提出的主要举措有(　　)
①幼儿园做好入学准备教育　　　　②小学实施入学适应教育
③加大综合治理力度　　　　　　　④坚持双向衔接和系统推进
⑤完善家园校共育机制　　　　　　⑥建立联合教研制度
A. ①②③④⑤　　　　　　　　　　B. ①②③⑤⑥
C. ①②⑤⑥　　　　　　　　　　　D. ③④⑤⑥

真题6 [2023安徽宿州,多选]《教育部关于大力推进幼儿园与小学科学衔接的指导意见》中提出,各级教育部门要会同有关部门持续加大对校外培训机构、小学、幼儿园违反教育规律行为的治理力度,开展专项治理,其内容有(　　)

A. 校外培训机构不得对学前儿童违规进行培训。小学严格执行免试就近入学,严禁以各类考试、竞赛、培训成绩或证书等作为招生依据,坚持按课程标准零起点教学
B. 幼儿园满足需要的地方,小学不得举办学前班
C. 幼儿园不得提前教授小学课程内容,不得布置读写算家庭作业,不得设学前班
D. 幼儿园出现大班幼儿流失的情况,应及时了解原因和去向,并向当地教育部门报告

答案:5. B　6. ABCD

★ 本节核心考点回顾 ★

1. 幼儿园与小学科学衔接的基本原则
(1)坚持儿童为本。(2)坚持双向衔接。强化衔接意识,幼儿园与小学协同合作,科学做好入学准备和入学适应,促进儿童顺利过渡。(3)坚持系统推进。(4)坚持规范管理。

2.幼儿园与小学科学衔接的重点任务

(1)改变衔接意识薄弱,小学和幼儿园教育分离的状况,建立幼小协同合作机制,为儿童搭建从幼儿园到小学过渡的阶梯,推动双向衔接。

(2)改变过度重视知识准备,超标教学、超前学习的状况,规范学校和校外培训机构的教育教学行为,合理做好入学准备和入学适应,做好科学衔接。

(3)改变衔接机制不健全的状况,建立行政推动、教科研支持、教育机构和家长共同参与的机制,整合多方资源,实现有效衔接。

3.幼儿园与小学科学衔接的主要举措

(1)幼儿园做好入学准备教育。幼儿园要贯彻落实《3~6岁儿童学习与发展指南》和《幼儿园教育指导纲要(试行)》,促进幼儿身心全面和谐发展,为入学做好基本素质准备,为终身发展奠定良好基础。

(2)小学实施入学适应教育。

(3)建立联合教研制度。

(4)完善家园校共育机制。

(5)加大综合治理力度。校外培训机构不得对学前儿童违规进行培训。小学严格执行免试就近入学,严禁以各类考试、竞赛、培训成绩或证书等作为招生依据,坚持按课程标准零起点教学。幼儿园满足需要的地方,小学不得举办学前班。幼儿园不得提前教授小学课程内容,不得布置读写算家庭作业,不得设学前班,幼儿园出现大班幼儿流失的情况,应及时了解原因和去向,并向当地教育部门报告。

第七节 幼儿园保育教育质量评估指南

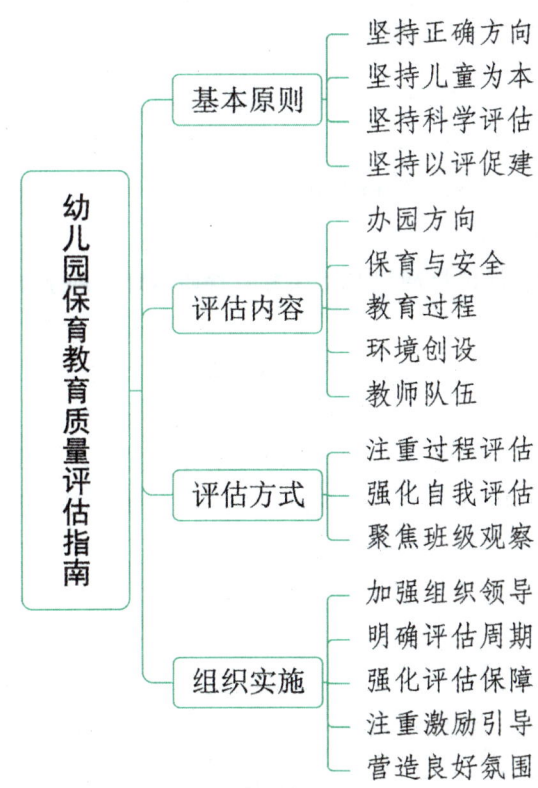

教基〔2022〕1号

为深入贯彻全国教育大会精神,加快建立健全教育评价制度,促进学前教育高质量发展,根据中共中央、国务院《关于学前教育深化改革规范发展的若干意见》和《深化新时代教育评价改革总体方案》精神,制定本指南。

一、总体要求

(一)指导思想

以习近平新时代中国特色社会主义思想为指导,全面贯彻党的教育方针,落实立德树人根本任务,遵循幼儿发展规律和教育规律,完善以促进幼儿身心健康发展为导向的学前教育质量评估体系,切实扭转不科学的评估导向,强化评估结果运用,推动树立科学保育教育理念,全面提高幼儿园保育教育水平,为培养德智体美劳全面发展的社会主义建设者和接班人奠定坚实基础。

(二)基本原则 【单选、多选】★★

1. **坚持正确方向**。坚持社会主义办园方向,践行为党育人、为国育才使命,树立科学评价导向,推动构建科学保育教育体系,整体提升幼儿园办园水平和保育教育质量。

2. **坚持儿童为本**。尊重幼儿年龄特点和成长规律,注重幼儿发展的整体性和连续性,坚持保教结合,以游戏为基本活动,有效促进幼儿身心健康发展。

3. **坚持科学评估**。完善评估内容,突出评估重点,改进评估方式,切实扭转"重结果轻过程、重硬件轻内涵、重他评轻自评"等倾向。

4. **坚持以评促建**。充分发挥评估的引导、诊断、改进和激励功能,注重过程性、发展性评估,引导办好每一所幼儿园,促进幼儿园安全优质发展。

真题1 [2024江西统考,单选]《幼儿园保育教育质量评估指南》指出,坚持科学评估的原则,完善评估内容,突出评估重点,改进评估方式,切实扭转( )等倾向。

①重结果轻过程 ②重硬件轻内涵 ③重他评轻自评 ④重数量轻质量

A.①②③ B.①③④ C.②③④ D.①②④

真题2 [2023福建统考,单选]《幼儿园保育教育质量评估指南》指出,保育教育质量评估的基本原则是( )

A. 正确方向,儿童为本,科学评估,以评促建
B. 儿童为本,科学评估,以评促建,以评促改
C. 政治为本,质量为本,科学评估,奖惩合一
D. 政治为本,科学评估,以评促建,奖惩合一

真题3 [2023山东济南,多选]《幼儿园保育教育质量评估指南》指出,要尊重幼儿年龄特点和成长规律,注意幼儿发展的_____和_____,坚持保教结合,以游戏为基本活动,有效促进幼儿身心健康发展。( )

A. 科学性 B. 整体性 C. 连续性 D. 持续性

答案: 1. A 2. A 3. BC

二、评估内容 【单选、简答】★★★

坚持以促进幼儿身心健康发展为导向,聚焦幼儿园保育教育过程质量,评估内容主要包括办园方向、保育与安全、教育过程、环境创设、教师队伍等5个方面,共15项关键指标和48个考查要点。

（一）办园方向。包括党建工作、品德启蒙和科学理念等3项关键指标，旨在促进幼儿园全面贯彻党的教育方针，落实立德树人根本任务，强化党组织战斗堡垒作用，树立科学保育教育理念，确保正确办园方向。

（二）保育与安全。包括卫生保健、生活照料、安全防护等3项关键指标，旨在促进幼儿园加强膳食营养、疾病预防、健康检查等工作，建立合理的生活常规，强化医护保健人员配备、安全保障和制度落实，确保幼儿生命安全和身心健康。

（三）教育过程。包括活动组织、师幼互动和家园共育等3项关键指标，旨在促进幼儿园坚持以游戏为基本活动，理解尊重幼儿并支持其有意义地学习，强化家园协同育人，不断提高保育教育质量。

（四）环境创设。包括空间设施、玩具材料等2项关键指标，旨在促进幼儿园积极创设丰富适宜、富有童趣、有利于支持幼儿学习探索的教育环境，配备数量充足、种类多样的玩教具和图画书，有效支持保育教育工作科学实施。

（五）教师队伍。包括师德师风、人员配备、专业发展和激励机制等4项关键指标，旨在促进幼儿园加强教师师德工作，注重教师专业能力建设，提高园长专业领导力，采取有效措施激励教师爱岗敬业、潜心育人。

真题4 [2023江西统考，单选]《幼儿园保育教育质量评估指南》在教育过程方面提出了活动组织、（　　）和家园共育等3项关键指标，旨在促进幼儿园坚持以游戏为基本活动，理解尊重幼儿并支持其有意义地学习，强化家园协同育人，不断提高保育教育质量。

A. 师幼互动　　　　B. 科学保教　　　　C. 潜心育人　　　　D. 儿童为本

真题5 [2023浙江杭州，简答]简述《幼儿园保育教育质量评估指南》中的评估内容有哪些。

答案：4. A　5. 详见内文

三、评估方式 【单选】★★

（一）注重过程评估。重点关注保育教育过程质量，关注幼儿园提升保教水平的努力程度和改进过程，严禁用直接测查幼儿能力和发展水平的方式评估幼儿园保育教育质量。

（二）强化自我评估。幼儿园应建立常态化的自我评估机制，促进教职工主动参与，通过集体诊断，反思自身教育行为，提出改进措施。同时，有效发挥外部评估的导向、激励作用，有针对性地引导幼儿园不断完善自我评估，改进保育教育工作。

（三）聚焦班级观察。通过不少于半日的连续自然观察，了解教师与幼儿互动情况，准确判断教师对促进幼儿学习与发展所做的努力与支持，全面、客观、真实地了解幼儿园保育教育过程和质量。外部评估的班级观察采取随机抽取的方式，覆盖面不少于各年龄班级总数的三分之一。

真题6 [2024江西统考，单选]《幼儿园保育教育质量评估指南》中提出了"聚焦班级观察"的评估方式，其中外部评估的班级观察采取随机抽取的方式，覆盖面不少于各年龄班级总数的（　　）

A. 二分之一　　　　B. 三分之一　　　　C. 四分之一　　　　D. 五分之一

真题7 [2023福建统考，单选]《幼儿园保育教育质量评估指南》指出，幼儿园的质量评估要聚焦班级观察，连续自然观察的时间不少于（　　）

A. 半日　　　　　　B. 一日　　　　　　C. 两日　　　　　　D. 三日

答案：6. B　7. A

四、组织实施

（一）加强组织领导。各地要高度重视幼儿园保育教育质量评估工作，将其作为促进学前教育高质量发展、办好人民满意教育的重要举措,纳入本地深化教育评价改革重要内容,建立党委领导、政府教育督导部门牵头、部门协同、多方参与的组织实施机制。各省(区、市)要结合实际,完善本地质量评估具体标准,编制幼儿园保育教育质量自评指导手册,增强质量评估的操作性,确保评估工作有效实施。要逐步将幼儿园保育教育质量评估工作与已经开展的对地方政府履行教育职责评价、学前教育普及普惠督导评估、幼儿园办园行为督导评估等工作统筹实施,避免重复评估,切实减轻基层和幼儿园迎检负担。

(二)明确评估周期。幼儿园每学期开展一次自我评估,教育部门要加强对幼儿园保育教育工作和自评的指导。县级督导评估依据所辖园数和工作需要,原则上每3~5年为一个周期,确保每个周期内覆盖所有幼儿园。省、市结合实际适当开展抽查,具体抽查比例由各省(区、市)自行确定。

(三)强化评估保障。各地要为幼儿园保育教育质量评估提供必要的经费保障,支持开展评估研究。要切实加强评估队伍建设,建立一支尊重学前教育规律、熟悉幼儿园保育教育实践、事业心责任感强、相对稳定的专业化评估队伍,评估人员主要由督学、学前教育行政人员、教研人员、园长、骨干教师等组成,强化评估人员专业能力建设。加强对本指南的学习培训,推动幼儿园园长、教师自觉运用对本指南自我反思改进,不断提高保育教育水平。

(四)注重激励引导。各地要将幼儿园保育教育质量评估结果作为对幼儿园表彰奖励、政策支持、资源配置、园长考核以及民办园年检、普惠性民办园认定扶持等方面工作的重要依据。对履职不到位、违反有关政策规定、违背幼儿身心发展规律、保教质量持续下滑的幼儿园,要及时督促整改,并视情况依法依规追究责任。要通过幼儿园保育教育质量评估工作,积极推动地方政府履行相应教育职责,为办好学前教育提供充分的条件保障和良好的政策环境。

(五)营造良好氛围。要广泛宣传国家关于学前教育改革发展的政策措施,深入解读幼儿园保育教育质量评估的重要意义、内容要求和指标体系,认真总结推广质量评估工作先进典型经验,有效发挥示范引领作用,积极开展国际交流与合作,营造有利于促进学前教育高质量发展的良好氛围。

附件:幼儿园保育教育质量评估指标

重点内容	关键指标	考查要点
A1.办园方向	B1.党建工作	1.健全党组织对幼儿园工作领导的制度机制,以政治建设为统领,加强幼儿园领导班子建设,推进党的工作与保育教育工作紧密融合。 2.落实幼儿园党的组织和党的工作全覆盖,加强教师思想政治工作,落实党风廉政建设责任制和意识形态工作责任制,坚持党建带团建,充分发挥工会、共青团等群团组织的作用。 3.坚持社会主义办园方向,积极研究制定幼儿园发展规划和年度工作计划
	B2.品德启蒙	4.全面贯彻党的教育方针,落实立德树人根本任务,坚持保育教育结合,将培育和践行社会主义核心价值观融入保育教育全过程,注重从小做起、从点滴做起,为培养德智体美劳全面发展的社会主义建设者和接班人奠基。 5.注重幼儿良好品德和行为习惯养成,潜移默化贯穿于一日生活和各项活动,创设温暖、关爱、平等的集体生活氛围,建立积极和谐的同伴关系;帮助幼儿学会生活,养成自己的事情自己做的习惯,培育幼儿爱父母长辈、爱老师同伴、爱集体、爱家乡、爱党爱国的情感
	B3.科学理念	6.遵循幼儿身心发展规律和学前教育规律,尊重幼儿个体差异,坚持以游戏为基本活动,珍视生活和游戏的独特教育价值。 7.充分尊重和保护幼儿的好奇心和探究兴趣,相信每一个幼儿都是积极主动、有能力的学习者,最大限度地支持和满足幼儿通过直接感知、实际操作和亲身体验获取经验的需要。不提前教授小学阶段的课程内容,不搞不切实际的特色课程

续表

重点内容	关键指标	考查要点
A2.保育与安全	B4.卫生保健	8.膳食营养、卫生消毒、疾病预防、健康检查等工作制度和岗位职责健全,并认真抓好落实。 9.科学制定带量食谱,确保幼儿膳食营养均衡,引导幼儿养成良好饮食习惯。 10.教职工具有传染病防控常识,认真落实传染病报告制度,具备快速应对和防控处置能力。 11.按资质要求配备专(兼)职卫生保健人员,认真做好幼儿膳食指导、晨午检和健康观察、疾病预防、幼儿生长发育监测等工作
	B5.生活照料	12.帮助幼儿建立合理生活常规,引导幼儿根据需要自主饮水、盥洗、如厕、增减衣物等,养成良好的生活卫生习惯。 13.指导幼儿进行餐前准备、餐后清洁、图画书与玩具整理等自我服务,引导幼儿养成劳动习惯,增强环保意识、集体责任感。 14.制定并实施与幼儿身体发展相适应的体格锻炼计划,保证每天户外活动时间不少于2小时,体育活动时间不少于1小时。 15.重视有特殊需要的幼儿,尽可能创造条件让幼儿参与班级的各项活动,同时给予必要的照料。根据需要及时与家长沟通,帮助幼儿获得专业的康复指导与治疗
	B6.安全防护	16.认真落实幼儿园各项安全管理制度和措施,每学期开学前分析研判潜在的安全风险,有针对性地完善安全管理措施。 17.保教人员具有安全保护意识,做好环境、设施设备、玩具材料等方面的日常检查维护,及时消除安全隐患。发生意外时,优先保护幼儿的安全。 18.幼儿园切实把安全教育融入幼儿一日生活,帮助幼儿学习判断环境、设施设备和玩具材料可能出现的安全风险,增强安全防范意识,提高自我保护能力
A3.教育过程	B7.活动组织	19.认真按照《幼儿园教育指导纲要》《3～6岁儿童学习与发展指南》要求,结合本园、班实际,每学期、每周制定科学合理的班级保教计划。 20.一日活动安排相对稳定合理,并能根据幼儿的年龄特点、个体差异和活动需要做出灵活调整,避免活动安排频繁转换、幼儿消极等待。 21.以游戏为基本活动,确保幼儿每天有充分的自主游戏时间,因地制宜为幼儿创设游戏环境,提供丰富适宜的游戏材料,支持幼儿探究、试错、重复等行为,与幼儿一起分享游戏经验。 22.发现和支持幼儿有意义的学习,采用小组或集体的形式讨论幼儿感兴趣的话题,鼓励幼儿表达自己的观点,提出问题、分析解决问题,拓展提升幼儿日常生活和游戏中的经验。 23.关注幼儿学习与发展的整体性,注重健康、语言、社会、科学、艺术等各领域有机整合,促进幼儿智力和非智力因素协调发展,寓教育于生活和游戏中。 24.关注幼儿发展的连续性,注重幼小科学衔接。大班下学期采取多种形式,有针对性地帮助幼儿做好身心、生活、社会和学习等多方面的准备,建立对小学的积极期待和向往,促进幼儿顺利过渡
	B8.师幼互动	25.教师保持积极乐观愉快的情绪状态,以亲切和蔼、支持性的态度和行为与幼儿互动,平等对待每一名幼儿。幼儿在一日活动中是自信、从容的,能放心大胆地表达真实情绪和不同观点。 26.支持幼儿自主选择游戏材料、同伴和玩法,支持幼儿参与一日生活中与自己有关的决策。 27.认真观察幼儿在各类活动中的行为表现并做必要记录,根据一段时间的持续观察,对幼儿的发展情况和需要做出客观全面的分析,提供有针对性地支持。不急于介入或干扰幼儿的活动。

重点内容	关键指标	考查要点
A3.教育过程	B8.师幼互动	28.重视幼儿通过绘画、讲述等方式对自己经历过的游戏、阅读图书、观察等活动进行表达表征,教师能一对一倾听并真实记录幼儿的想法和体验。 29.善于发现各种偶发的教育契机,能抓住活动中幼儿感兴趣或有意义的问题和情境,能识别幼儿以新的方式主动学习,及时给予有效支持。 30.尊重并回应幼儿的想法与问题,通过开放性提问、推测、讨论等方式,支持和拓展每一个幼儿的学习。 31.理解幼儿在健康、语言、社会、科学、艺术等各领域的学习方式,尊重幼儿发展的个体差异,发现每个幼儿的优势和长处,促进幼儿在原有水平上的发展。不片面追求某一领域、某一方面的学习和发展
	B9.家园共育	32.幼儿园与家长建立平等互信关系,教师及时与家长分享幼儿的成长和进步,了解幼儿在家庭中的表现,认真倾听家长的意见建议。 33.家长有机会体验幼儿园的生活,参与幼儿园管理,引导家长理解教师工作对幼儿成长的价值,尊重教师的专业性,积极参与并支持幼儿园的工作,成为幼儿园的合作伙伴。 34.幼儿园通过家长会、家长开放日等多种途径,向家长宣传科学育儿理念和知识,为家长提供分享交流育儿经验的机会,帮助家长解决育儿困惑。 35.幼儿园与家庭、社区密切合作,积极构建协同育人机制,充分利用自然、社会和文化资源,共同创设良好的育人环境
A4.环境创设	B10.空间设施	36.幼儿园规模与班额符合国家和地方相关规定,合理规划并灵活调整室内外空间布局,最大限度地满足幼儿游戏活动的需要。除综合活动室外,不追求设置专门的功能室,避免奢华浪费和形式主义。 37.各类设施设备安全、环保,符合幼儿的年龄特点,方便幼儿使用和取放,满足幼儿逐步增长的独立活动需要。提供必要的遮阳遮雨设施设备,确保特殊天气条件下幼儿必要的户外活动能正常开展
	B11.玩具材料	38.玩具材料种类丰富,数量充足,以低结构材料为主,能够保证多名幼儿同时游戏的需要。尽可能减少幼儿使用电子设备。 39.幼儿园配备的图画书应符合幼儿年龄特点和认知水平,注重体现中华优秀传统文化和现代生活特色,富有教育意义。人均数量不少于10册,每班复本量不超过5册,并根据需要及时调整更新。幼儿园不得使用幼儿教材和境外课程,防止存在意识形态和宗教等渗透的图画书进入幼儿园
A5.教师队伍	B12.师德师风	40.教职工有坚定的政治信仰,按照"四有"好教师标准履行幼儿园教师职业道德规范,爱岗敬业,关爱幼儿,严格自律,没有歧视、侮辱、体罚或变相体罚等有损幼儿身心健康的行为。 41.关心教职工思想状况,加强人文关怀,帮助解决教职工思想问题与实际困难,促进教职工身心健康
	B13.人员配备	42.幼儿园教职工按国家和地方相关要求配备到位,并做到持证上岗,无岗位空缺和无证上岗情况。 43.幼儿园教师符合专业标准要求,保育员受过幼儿保育职业培训,保教人员熟知学前儿童身心发展规律,具有较强的保育教育实践能力。园长应具有五年以上幼儿园教师或者幼儿园管理工作经历,具有较强的专业领导力

续表

重点内容	关键指标	考查要点
A5.教师队伍	B14.专业发展	44.园长能与教职工共同研究制订符合教职工自身特点的专业发展规划,提供发展空间,支持他们有计划地达成专业发展目标。
		45.制订合理的教研制度并有效落实,教研工作聚焦解决保育教育实践中的困惑和问题,注重激发教师积极主动反思,提高教师实践能力,增强教师专业自信。
		46.园长能深入班级了解一日活动和师幼互动过程,共同研究保育教育实践问题,形成协同学习、相互支持的良好氛围
	B15.激励机制	47.树立正确激励导向,突出日常保育教育实践成效,克服唯课题、唯论文等倾向,注重通过表彰奖励、薪酬待遇、职称评定、岗位晋升、专业支持等多种方式,激励教师爱岗敬业、潜心育人。
		48.善于倾听、理解教职工的所思所做,发现和肯定每一名教职工的闪光点和成长进步,教职工能够感受到来自园长和同事的关心与支持,有归属感和幸福感

真题8 [2024浙江杭州,单选]班级玩具材料要种类丰富,数量充足,以( )为主,能够保证多名幼儿同时游戏的需要。

A. 高结构材料　　　　B. 自然材料　　　　C. 生活材料　　　　D. 低结构材料

真题9 [2024浙江杭州,判断]教师应关注幼儿学习与发展的阶段性,注重健康、语言、社会、科学、艺术等各领域有机整合,促进幼儿智力和非智力因素协调发展,寓教育于生活和游戏中。

真题10 [2024浙江杭州,判断]教师要重视幼儿通过绘画、讲述等方式对自己经历过的游戏、阅读图画书、观察等活动进行表达表征,教师能一对一倾听并真实记录幼儿的想法和体验。

真题11 [2024福建统考,判断]《幼儿园保育教育质量评估指标》指出,幼儿园不得使用幼儿教材和境外课程,防止存在意识形态和宗教等渗透的图画书进入幼儿园。

答案:8. D　9. ×　10. √　11. √

★★ 本节核心考点回顾 ★★

1.《幼儿园保育教育质量评估指南》中的基本原则

(1)坚持正确方向。(2)坚持儿童为本。尊重幼儿年龄特点和成长规律,注重幼儿发展的整体性和连续性,坚持保教结合,以游戏为基本活动,有效促进幼儿身心健康发展。(3)坚持科学评估。完善评估内容,突出评估重点,改进评估方式,切实扭转"重结果轻过程、重硬件轻内涵、重他评轻自评"等倾向。(4)坚持以评促建。

2.《幼儿园保育教育质量评估指南》中评估的内容

(1)办园方向;(2)保育与安全;(3)教育过程;(4)环境创设;(5)教师队伍。

3.《幼儿园保育教育质量评估指南》中规定的评估方式

(1)注重过程评估。重点关注保育教育过程质量,关注幼儿园提升保教水平的努力程度和改进过程,严禁用直接测查幼儿能力和发展水平的方式评估幼儿园保育教育质量。

(2)强化自我评估。幼儿园应建立常态化的自我评估机制,促进教职工主动参与,通过集体诊断,反思自身教育行为,提出改进措施。

(3)聚焦班级观察。通过不少于半日的连续自然观察,了解教师与幼儿互动情况,准确判断教师对促进幼儿学习与发展所做的努力与支持,全面、客观、真实地了解幼儿园保育教育过程和质量。外部评估的班级观察采取随机抽取的方式,覆盖面不少于各年龄班级总数的三分之一。

第八节 新时代幼儿园教师职业行为十项准则

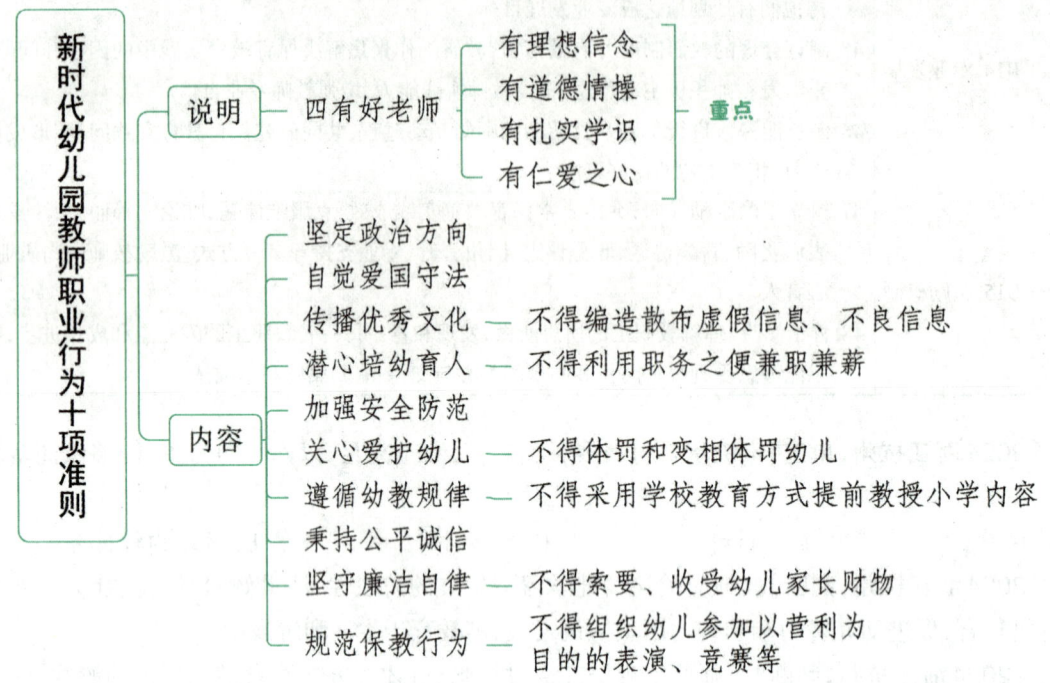

教师〔2018〕16号

教师是人类灵魂的工程师，是人类文明的传承者。长期以来，广大教师贯彻党的教育方针，教书育人，呕心沥血，默默奉献，为国家发展和民族振兴作出了重大贡献。新时代对广大教师落实立德树人根本任务提出新的更高要求，为进一步增强教师的责任感、使命感、荣誉感，规范职业行为，明确师德底线，引导广大教师努力成为有理想信念、有道德情操、有扎实学识、有仁爱之心的好老师，着力培养德智体美劳全面发展的社会主义建设者和接班人，特制定以下准则。

真题1 [2024江西统考,单选]新时代幼儿园教师应努力成为有理想信念、有（　　）、有扎实学识、有仁爱之心的好老师，着力培养德智体美劳全面发展的社会主义建设者和接班人。
A.道德情操　　　　B.道德规范　　　　C.职业道德　　　　D.道德修养
真题2 [2022安徽安庆,判断]教师是人类灵魂的工程师，是人类文明的传承者。
答案：1. A　2. √

一、**坚定政治方向**。坚持以习近平新时代中国特色社会主义思想为指导，拥护中国共产党的领导，贯彻党的教育方针；不得在保教活动中及其他场合有损害党中央权威和违背党的路线方针政策的言行。

二、**自觉爱国守法**。忠于祖国，忠于人民，恪守宪法原则，遵守法律法规，依法履行教师职责；不得损害国家利益、社会公共利益，或违背社会公序良俗。

三、**传播优秀文化**。带头践行社会主义核心价值观，弘扬真善美，传递正能量；不得通过保教活动、论坛、讲座、信息网络及其他渠道发表、转发错误观点，或编造散布虚假信息、不良信息。

四、**潜心培幼育人**。落实立德树人根本任务，爱岗敬业，细致耐心；不得在工作期间玩忽职守、消极怠工，或空岗、未经批准找人替班，不得利用职务之便兼职兼薪。

五、加强安全防范。增强安全意识,加强安全教育,保护幼儿安全,防范事故风险;不得在保教活动中遇突发事件、面临危险时,不顾幼儿安危,擅离职守,自行逃离。

六、关心爱护幼儿。呵护幼儿健康,保障快乐成长;不得体罚和变相体罚幼儿,不得歧视、侮辱幼儿,严禁猥亵、虐待、伤害幼儿。

七、遵循幼教规律。循序渐进,寓教于乐;不得采用学校教育方式提前教授小学内容,不得组织有碍幼儿身心健康的活动。

八、秉持公平诚信。坚持原则,处事公道,光明磊落,为人正直;不得在入园招生、绩效考核、岗位聘用、职称评聘、评优评奖等工作中徇私舞弊、弄虚作假。

九、坚守廉洁自律。严于律己,清廉从教;不得索要、收受幼儿家长财物或参加由家长付费的宴请、旅游、娱乐休闲等活动,不得推销幼儿读物、社会保险或利用家长资源谋取私利。

十、规范保教行为。尊重幼儿权益,抵制不良风气;不得组织幼儿参加以营利为目的的表演、竞赛等活动,或泄露幼儿与家长的信息。

• 记忆有妙招•

《新时代幼儿园教师职业行为十项准则》:**尖子传心安,爱幼并守规。尖**:坚定政治方向。**子**:自觉爱国守法。**传**:传播优秀文化。**心**:潜心培幼育人。**安**:加强安全防范。**爱**:关心爱护幼儿。**幼**:遵循幼教规律。**并**:秉持公平诚信。**守**:坚守廉洁自律。**规**:规范保教行为。

真题3 [2023江西统考,单选]廖老师以食化育,立德无声,探索幼儿园食育课程,开展了"二十四节气田园体验""烟火传薪文化探秘""诗书礼乐游园会"等活动,廖老师的做法,遵循了《新时代幼儿园教师职业行为十项准则》中的( )准则。

A. 自觉爱国守法　　　　　　　　　　B. 潜心培幼育人

C. 传播优秀文化　　　　　　　　　　D. 规范保教行为

真题4 [2022安徽安庆,判断]幼儿教师要坚守廉洁自律,不得索要幼儿家长的财物。

真题5 [2023福建统考,案例分析]陈某在小班时,经常攻击同伴,争抢玩具,集体教学活动爱乱跑,户外活动爱爬高。翁老师了解陈某的特殊情况后,翻阅了大量的资料,了解了这种特殊幼儿的身心特点。翁老师经常对陈某家访,谈论幼儿在园情况,与陈某家长交流、探讨有效的教育方式和方法。同时,翁老师还有意识地表扬陈某爱运动、爱劳动的行为,以此鼓励他纠正爱乱跑、爱爬高的问题,给予他特别的关注与保护。

陈某进入中班后,各方面都有较大的进步,家长十分感激,每逢节假日都给翁老师送土特产,她也笑纳。根据《新时代幼儿园教师职业行为十项准则》的相关规定,分析案例中翁老师的行为。

答案:3. C　4. √　5.案例中翁老师的行为有值得借鉴的地方,同时也有需要改进的地方。

(1)翁老师的行为遵守了《新时代幼儿园教师职业行为十项准则》中的以下几条规定:

①潜心培幼育人。潜心培幼育人要求教师要落实立德树人根本任务,爱岗敬业,细致耐心。案例中,翁老师发现陈某的不良行为后,积极采取应对措施,给予特别的关注与保护,使陈某各方面有了较大的进步,体现了此点。

②关心爱护幼儿。关心爱护幼儿要求教师要呵护幼儿健康,保障快乐成长;不得体罚和变相体罚幼儿,不得歧视、侮辱幼儿,严禁猥亵、虐待、伤害幼儿。案例中,翁老师发现陈某的不良行为后,没有对陈某进行体罚,反而是耐心教育,体现了此点。

③遵循幼教规律。遵循幼教规律要求教师要循序渐进,寓教于乐;不得采用学校教育方式提前教授小

学内容,不得组织有碍幼儿身心健康的活动。案例中,翁老师翻阅大量资料,了解特殊幼儿的身心特点,有针对性地施教,体现了此点。

(2)翁老师违反了《新时代幼儿园教师职业行为十项准则》中"坚守廉洁自律"的规定。坚守廉洁自律要求教师要严于律己,清廉从教;不得索要、收受幼儿家长财物或参加由家长付费的宴请、旅游、娱乐休闲等活动,不得推销幼儿读物、社会保险或利用家长资源谋取私利。案例中,家长十分感激翁老师,每逢节假日都给翁老师送土特产,翁老师也笑纳,体现了此点。

★★ 本节核心考点回顾 ★★

1. 四有好老师的标准
(1)有理想信念;(2)有道德情操;(3)有扎实学识;(4)有仁爱之心。

2.《新时代幼儿园教师职业行为十项准则》的内容
(1)坚定政治方向。
(2)自觉爱国守法。
(3)传播优秀文化。带头践行社会主义核心价值观,弘扬真善美,传递正能量;不得通过保教活动、论坛、讲座、信息网络及其他渠道发表、转发错误观点,或编造散布虚假信息、不良信息。
(4)潜心培幼育人。
(5)加强安全防范。
(6)关心爱护幼儿。呵护幼儿健康,保障快乐成长;不得体罚和变相体罚幼儿,不得歧视、侮辱幼儿,严禁猥亵、虐待、伤害幼儿。
(7)遵循幼教规律。
(8)秉持公平诚信。
(9)坚守廉洁自律。严于律己,清廉从教;不得索要、收受幼儿家长财物或参加由家长付费的宴请、旅游、娱乐休闲等活动,不得推销幼儿读物、社会保险或利用家长资源谋取私利。
(10)规范保教行为。

第二章　教师职业道德

本章学习指南

一、考情概况

本章属于教师职业道德的知识范畴，内容较少，整体考频较低，考生可带着以下学习目标进行备考：

1. 理解教师职业道德的概念，了解教师职业道德的特点。
2. 掌握《中小学教师职业道德规范(2008年修订)》的内容及解读。

二、考点地图

考点	年份／地区／题型
《中小学教师职业道德规范(2008年修订)》的内容	2024山东临沂单选
《中小学教师职业道德规范(2008年修订)》的解读	2024江西统考单选

注：上述表格仅呈现重要考点的相关考情。

核心考点

第一节　教师职业道德的概念与特点

一、教师职业道德的概念

教师职业道德是教师在从事教育劳动时所应遵循的行为规范和必备的品德的总和，是调节教师与他人、与社会等关系时所必须遵守的基本道德规范和行为准则，以及在此基础上所表现出来的道德观念、情操和品质。它是一般社会道德在教师职业中的特殊体现，在教师素质中居于核心地位。

教师职业道德是教师在从业过程中进行道德选择、道德评价、道德教育和道德行为等实践活动必须遵循的道德规范和要求，它反映了教师的职业义务，体现了教师所担负的道德责任。从总体上来说，教师职业道德是由教师职业理想、职业责任、职业态度、职业纪律、职业技能、职业良心、职业作风和职业荣誉等因素构成的。

二、教师职业道德的特点

考点 1 ▶ 教师职业道德的教育专门性(适用的针对性)

教师职业道德适用的针对性表现为教师职业道德对教育善恶的体现和专门要求，这是教师职业道德的一个基本特点。

教师职业道德的形成和发展与教师这一行业有着密切联系。教师职业的独特性决定了教师职业道德的针对性。可以说，教师职业道德是关于教育领域是非善恶的道德，它的一切理论都是围绕教师职业展开的。它不仅告诉人们教师职业何以为善的道理，而且指出了教师职业如何为善的途径。

考点 2 ▶ 教师职业道德要求的双重性

教师的根本任务是教书育人，教师职业道德的一切内容都是围绕这一根本问题产生的，都是与这一根本问题相联系的。古今教师职业道德的发展，始终贯穿着教书育人的要求。在教师职业道德中，育人被视为教书的根本目的。如我国古代《礼记》中就有"师也者，教之以事而喻诸德者也"，意思是教师的职责是既要教学生有关具体事物的知识，又要让学生知晓立身处世的品德。教师职业道德的教书与育人要求的双重性也就要求教师能根据国家和社会的要求，把人类世代创造积累起来的知识、经验和技能认真负责地传授给年轻一代，能从德、智、体等方面培养和塑造学生，使之成才。高尚的职业道德能指引教师积极努力地塑造学生的灵魂，培养学生的思想和品德。

考点 3 ▶ 教师职业道德内容的全面性

在古今教育发展的长河中，教师职业道德的内容越来越丰富，涉及教师职业劳动的各个方面，充分体现了教师职业道德内容的全面性。

考点 4 ▶ 教师职业道德功能的多样性

教师职业道德作为教师这一行业所特有的伦理现象和精神文化，构成了教师这一行业特有的精神风貌，成为教师职业发展源源不断的精神动力。教师职业道德作为教师行为的善恶标准和观念意识，不仅是衡量教师职业行为及其水平的重要依据，对教师行为具有引导作用，而且是教师在职业活动中对各种关系和矛盾加以调节或解决的重要依据，它能提高教师对其职业道德的评价能力，促进教师职业道德修养水平的不断提高……这都说明了教师职业道德功能具有多样性。

考点 5 ▶ 教师职业道德境界的高层次性

境界的高层次性是指社会和他人对教师职业道德要求总是在整个社会道德体系中处于较高水平和较高层次。教师职业道德的高层次是由教师教书育人的目的和任务决定的。

考点 6 ▶ 教师职业道德意识的自觉性

教师劳动的个体性要求教师要有遵守教师职业道德的自觉性。个体性主要是指教师在教育教学过程中所表现出来的相对独立性和灵活性。对于教师个体劳动的质量考评，有些"量"的指标好衡量，有些"量"的指标不好衡量。利益的驱动可能在潜意识之中影响教师的价值选择，思想觉悟的高低可能决定教师教育行为的付出多寡。道德意味着牺牲，价值取决于奉献，教书育人的神圣职责要求教师具有高度的责任感和自觉性。

考点 7 ▶ 教师职业道德行为的典范性和示范性

教师职业道德不仅是对教师自身行为的规范要求，是对学生进行教育的手段，而且也对社会成员具有教育价值。

1. 典范性

行为的典范性是指教师的品德和行为对学生的思想品德的形成与行为具有榜样作用。教师职业道德的典范性是由教师劳动的示范性决定的。教师要以身作则、为人师表,这是教师职业道德区别于其他职业道德的显著标志。

2.示范性

教育机构自古以来就被认为是道德高尚的场所和人间净土。人们对教师在道德上的要求一般都高于从事其他职业的人员。因此,教师所具备的职业道德广泛、深入地影响着整个社会成员乃至整个社会的进步。

考点 8 教师职业道德影响的广泛性和深远性

1.广泛性

所谓教师职业道德影响的广泛性,是指教师的思想道德不仅影响在校学生,而且会通过学生和家长进而影响整个社会。学校是社会主义精神文明建设的基地,教师是精神文明的倡导者和推行者。可以说,教师职业道德建设是一件牵动千家万户并影响千秋万代的大事,具有重大意义。

2.深远性

教师职业道德影响的深远性是指教师的道德品质和行为将给学生留下深刻久远的印象,它不会因学生的毕业而随之结束,还将延续到毕业之后,有时甚至伴随学生的一生。

第二节 《中小学教师职业道德规范(2008年修订)》的内容及解读

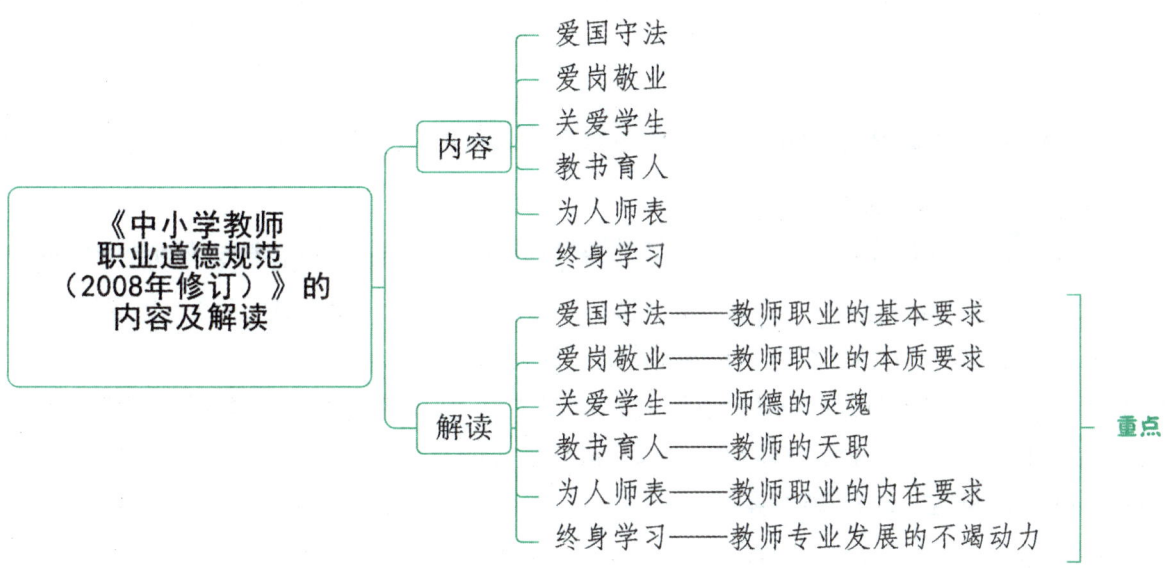

一、《中小学教师职业道德规范(2008年修订)》的内容 【单选】 ★★

2008年9月,教育部、中国教科文卫体工会全国委员会联合发布了重新修订的《中小学教师职业道德规范》。《中小学教师职业道德规范(2008年修订)》的基本内容有六条,包含爱国守法、爱岗敬业、关爱学生、教书育人、为人师表和终身学习。全文如下:

(1)爱国守法。热爱祖国,热爱人民,拥护中国共产党领导,拥护社会主义。全面贯彻国家教育方针,自觉遵守教育法律法规,依法履行教师职责权利。不得有违背党和国家方针政策的言行。

(2)爱岗敬业。忠诚于人民教育事业,志存高远,勤恳敬业,甘为人梯,乐于奉献。对工作高度负责,认真备课上课,认真批改作业,认真辅导学生。不得敷衍塞责。

(3)关爱学生。关心爱护全体学生,尊重学生人格,平等公正对待学生。对学生严慈相济,做学生良师益友。保护学生安全,关心学生健康,维护学生权益。不讽刺、挖苦、歧视学生,不体罚或变相体罚学生。

(4)教书育人。遵循教育规律,实施素质教育。循循善诱,诲人不倦,因材施教。培养学生良好品行,激发学生创新精神,促进学生全面发展。不以分数作为评价学生的唯一标准。

(5)为人师表。坚守高尚情操,知荣明耻,严于律己,以身作则。衣着得体,语言规范,举止文明。关心集体,团结协作,尊重同事,尊重家长。作风正派,廉洁奉公。自觉抵制有偿家教,不利用职务之便谋取私利。

(6)终身学习。崇尚科学精神,树立终身学习理念,拓宽知识视野,更新知识结构。潜心钻研业务,勇于探索创新,不断提高专业素养和教育教学水平。

•记忆有妙招•

《中小学教师职业道德规范(2008年修订)》的六条内容:**三爱两人一终身**。**三爱**:爱国守法、爱岗敬业、关爱学生。**两人**:教书育人、为人师表。**一终身**:终身学习。

真题1 [2024山东临沂,单选]每学期换座时,张老师都按成绩高低让学生自由选座,这违反了《中小学教师职业道德规范》中的( )

A. 为人师表　　　　　B. 爱国守法　　　　　C. 爱岗敬业　　　　　D. 教书育人

答案:D

二、《中小学教师职业道德规范(2008年修订)》的解读 【单选】 ★★

1. 爱国守法——教师职业的基本要求

爱国守法是教师处理其与国家、社会的关系时所应遵循的原则要求。教师与国家、社会的关系是教师必须首先面对的关系,也是在职业行为上必须首先要协调的关系。在教师与国家、社会的关系上,教师需要处理自己作为一个公民和自己作为社会职业者与国家、社会的关系。

倡导"爱国守法"就是要求教师热爱祖国、遵纪守法。建设社会主义法治国家是我国现代化建设的重要目标。要实现这一目标,需要每个社会成员知法守法,用法律来规范自己的行为,不做法律禁止的事情。

2. 爱岗敬业——教师职业的本质要求

爱岗敬业是教师处理其与教育事业的关系时所应遵循的原则要求。教师的职业活动,是一种事业——教育事业。教育事业是教师职业活动的全部内容,是教师职业活动中必须处理好的根本关系。

倡导"爱岗敬业"就是要求教师对教育事业具有强烈的责任感和深厚的感情。没有责任就办不好教育,没有感情就做不好教育工作。教师要始终牢记自己的神圣职责,志存高远,把个人的成长进步同社会主义伟大事业、同祖国的繁荣富强紧密联系在一起,并在深刻的社会变革和丰富的教育实践中履行自己的光荣职责。

3. 关爱学生——师德的灵魂

关爱学生是教师处理其与学生的关系时所应遵循的原则要求。教师与学生的关系是教师职业活动中发生的最重要的关系。教育活动主要就是在教师与学生之间发生的,教师所从事的教育活动的中心就是师生关系。

倡导"关爱学生"就是要求教师有热爱学生、诲人不倦的情感和爱心。亲其师,信其道。没有爱,就没有教育。这是调节教师与学生关系的基本行为准则。

4. 教书育人——教师的天职

教书育人是教师在处理其与职业劳动的关系时所遵循的原则要求。教师的职业劳动是具体的教育教学活动。教育教学活动从现象上看是"教书"。在教育教学活动中,教师要开展传递知识与技能的活动,知识与技能是教师直接操作的对象,但是,教师操作知识与技能的目的还在于学生。因而,"育人"是教师职业劳动的本质。

倡导"教书育人"就是要求教师以育人为根本任务。教师必须遵循教育规律,实施素质教育,以之培养学生良好品行,激发学生创新精神,促进学生的全面发展。

5. 为人师表——教师职业的内在要求

为人师表是教师在处理其与自己的关系时应遵循的原则要求。教师职业劳动不只是同别人交往,也是同自己交往,即教师也把自己作为职业行为所要调节的对象,就是对自己提出道德的要求,在自己的心中树立起一种职业行为的形象。

倡导"为人师表"就是要求教师言传身教,以身立教。"为人师表"对教师工作具有特殊重要的意义。教师要坚守高尚情操、知荣明耻、严于律己、以身作则,在各个方面率先垂范,做学生的榜样,以自己的人格魅力和学识魅力教育影响学生。

6. 终身学习——教师专业发展的不竭动力

终身学习是教师在处理其与自己发展的关系时所应遵循的原则要求。教师与自己的发展,也属于教师与自己关系的范畴。但是,强调教师自己的发展,是说教师在教育活动中,不仅要把学生作为一种发展对象来看待,也要把自己作为一种发展对象来看待。教师的自我发展,也是教师职业行为调节的对象。这是在终身学习的社会中发生的关系。

倡导"终身学习"就是要求教师做终身学习的表率。终身学习是时代发展的要求,也是由教师职业特点所决定的。教师必须树立终身学习的理念,才能不断提高专业素养和教学水平。教师终身学习应涉及教师职业道德修养的养成、教师教育科研能力的发展、教师反思能力的培养以及现代信息技术的掌握。

真题2 [2024江西统考,单选]教师职业道德规范有六大内容,其中_____是教师职业的基本要求,_____是师德的灵魂,_____是教师的天职,_____是教师职业的内在要求。( )
①爱国守法 ②关爱学生 ③教书育人 ④为人师表
A. ①②③④   B. ①②④③   C. ①④②③   D. ③④①②
答案:A

★★ 本节核心考点回顾 ★★

1.《中小学教师职业道德规范(2008年修订)》中教书育人的要求

遵循教育规律,实施素质教育。循循善诱,诲人不倦,因材施教。培养学生良好品行,激发学生创新精神,促进学生全面发展。不以分数作为评价学生的唯一标准。

2.《中小学教师职业道德规范(2008年修订)》中为人师表的要求

坚守高尚情操,知荣明耻,严于律己,以身作则。衣着得体,语言规范,举止文明。关心集体,团结协作,尊重同事,尊重家长。作风正派,廉洁奉公。自觉抵制有偿家教,不利用职务之便谋取私利。

3.《中小学教师职业道德规范(2008年修订)》的解读

(1)爱国守法——教师职业的基本要求。

(2)爱岗敬业——教师职业的本质要求。

(3)关爱学生——师德的灵魂。

(4)教书育人——教师的天职。

(5)为人师表——教师职业的内在要求。

(6)终身学习——教师专业发展的不竭动力。

教师招聘考试 历年真题详解及预测试卷

教育理论基础

幼儿园

山香教育考试命题研究中心 主编

图书在版编目(CIP)数据

教师招聘考试：历年真题详解及预测试卷. 教育理论基础 幼儿园 / 山香教育考试命题研究中心主编. 北京：首都师范大学出版社, 2024.7. -- ISBN 978-7-5656-8486-9

Ⅰ. G451.1-44

中国国家版本馆CIP数据核字第2024U8D019号

教师招聘考试. 教育理论基础. 幼儿园

历年真题详解及预测试卷

山香教育考试命题研究中心　主编

策划编辑　张文强
责任编辑　张娜娜　　　　　　　封面设计　山香教育
首都师范大学出版社出版发行
地　　址　北京市海淀区西三环北路105号
邮　　编　100048
咨询电话　010-68418523（总编室）　　010-68982468（发行部）
网　　址　http://cnupn.cnu.edu.cn
印　　刷　河南黎阳印务有限公司
经　　销　全国新华书店
版　　次　2024年7月第1版
印　　次　2024年7月第1次印刷
开　　本　889mm×1194mm　1/16
印　　张　56
字　　数　1500千
定　　价　118.00元（全两册）

版权所有　翻印必究

目 录

真题试卷

2024年江苏省南京市教师招聘考试幼儿园教育理论基础真题试卷（一）……001

2024年山东省临沂市教师招聘考试幼儿园教育理论基础真题试卷（二）……005

2024年浙江省杭州市教师招聘考试幼儿园教育基础知识真题试卷（三）……013

2023年安徽省宿州市泗县教师招聘考试幼儿园教育综合知识真题试卷（四）……017

2023年福建省教师招聘考试教育综合知识幼儿园真题试卷（五）……024

2023年江西省教师招聘考试幼儿教育综合知识真题试卷（六）……033

2023年山东省济南市天桥区教师招聘考试幼儿园教育基础知识真题试卷（七）……042

2022年安徽省安庆市宿松县教师招聘考试幼儿园教育理论基础真题试卷（八）……047

2022年江苏省淮安市淮阴区教师招聘考试幼儿园教育理论基础真题试卷（九）……054

2022年福建省教师招聘考试教育综合知识幼儿园真题试卷（十）……059

2022年江西省教师招聘考试幼儿教育综合知识真题试卷（十一）……068

2021年山东省青岛市幼儿园教育理论基础知识真题试卷（十二）……076

预测试卷

教师招聘考试幼儿园教育理论基础预测试卷（十三）……083

教师招聘考试幼儿园教育理论基础预测试卷（十四）……088

教师招聘考试幼儿园教育理论基础预测试卷（十五）……093

教师招聘考试幼儿园教育理论基础预测试卷（十六）……098

教师招聘考试幼儿园教育理论基础预测试卷（十七）……104

教师招聘考试幼儿园教育理论基础预测试卷（十八）……110

教师招聘考试幼儿园教育理论基础预测试卷（十九）……115

教师招聘考试幼儿园教育理论基础预测试卷（二十）……122

参考答案及解析

真题试卷

2024年江苏省南京市教师招聘考试幼儿园教育理论基础真题试卷(一) ················127

2024年山东省临沂市教师招聘考试幼儿园教育理论基础真题试卷(二) ················133

2024年浙江省杭州市教师招聘考试幼儿园教育基础知识真题试卷(三) ················144

2023年安徽省宿州市泗县教师招聘考试幼儿园教育综合知识真题试卷(四) ············149

2023年福建省教师招聘考试教育综合知识幼儿园真题试卷(五) ························160

2023年江西省教师招聘考试幼儿教育综合知识真题试卷(六) ···························171

2023年山东省济南市天桥区教师招聘考试幼儿园教育基础知识真题试卷(七) ··········182

2022年安徽省安庆市宿松县教师招聘考试幼儿园教育理论基础真题试卷(八) ··········189

2022年江苏省淮安市淮阴区教师招聘考试幼儿园教育理论基础真题试卷(九) ··········198

2022年福建省教师招聘考试教育综合知识幼儿园真题试卷(十) ························205

2022年江西省教师招聘考试幼儿教育综合知识真题试卷(十一) ························214

2021年山东省青岛市幼儿园教育理论基础知识真题试卷(十二) ························224

预测试卷

教师招聘考试幼儿园教育理论基础预测试卷(十三) ····································231

教师招聘考试幼儿园教育理论基础预测试卷(十四) ····································236

教师招聘考试幼儿园教育理论基础预测试卷(十五) ····································242

教师招聘考试幼儿园教育理论基础预测试卷(十六) ····································247

教师招聘考试幼儿园教育理论基础预测试卷(十七) ····································252

教师招聘考试幼儿园教育理论基础预测试卷(十八) ····································257

教师招聘考试幼儿园教育理论基础预测试卷(十九) ····································263

教师招聘考试幼儿园教育理论基础预测试卷(二十) ····································270

真题试卷

2024年江苏省南京市教师招聘考试幼儿园教育理论基础真题试卷（一）

（满分100分 时间120分钟）

本套试卷共35小题，包括选择题（15小题），判断选择题（16小题），简答题（2小题），案例分析题（1小题），活动设计题（1小题）。

一、选择题（在每小题列出的四个备选项中选出符合题目要求的，请将其代码填写在括号内。错选、多选或少选均无分。本大题共15小题，第1～10小题为单项选择题，第11～15小题为多项选择题，每小题2分，共30分）

1. 幼儿入学准备教育要以促进幼儿身心全面和谐发展为目标，注重身心准备、生活准备、社会准备和学习准备几方面的有机融合和渗透。其中学习准备包括（　　）、学习习惯、学习兴趣和学习能力。

A. 好奇好问　　　　　　　　B. 好奇探究

C. 学习品质　　　　　　　　D. 学习态度

2.《3～6岁儿童学习与发展指南》从健康、语言、社会、科学、艺术五个领域描述幼儿的学习与发展。每个领域按照幼儿学习与发展最基本、最重要的内容划分为若干方面，共有11个子领域，（　　）个目标。

A. 29　　　　B. 30　　　　C. 31　　　　D. 32

3. 家庭是幼儿园重要的合作伙伴，应本着尊重、平等、合作的原则，争取家长的理解、支持和（　　），并积极支持、帮助家长提高教育能力。

A. 主动参与　　　　　　　　B. 积极参与

C. 支持和合作　　　　　　　D. 理解和合作

4. 幼儿的语言学习具有（　　）的特点，教师与幼儿的个别交流、幼儿之间的自由交谈等，对幼儿语言发展具有特殊意义。（常考）

A. 个体化　　　B. 特别化　　　C. 个别化　　　D. 潜移默化

5. 教育活动的过程应注重支持幼儿的（　　），不应片面追求活动结果。

A. 主动探索、操作实践、合作交流和表达表现

B. 主动探索、操作体验、合作交流和表达表现

C. 直接感知、操作实践、合作交流和亲身体验

D. 主动探索、操作实践、实际感知和表达表现

6. 提供自由表现的机会，鼓励幼儿用不同艺术形式大胆地表达自己的情感、理解和想象，尊重每个幼儿的想法和创造，肯定和接纳他们独特的（　　），分享他们创造的快乐。

A. 审美感受和表现方式　　　　B. 审美体验和表现方式

C. 审美感受和表达方式　　　　D. 审美体验和表达方式

7. 幼儿园应当根据幼儿的年龄特点指导游戏,鼓励和支持幼儿根据自身兴趣、需要和经验水平,自主选择(　　)
   A. 游戏内容、游戏材料和玩法　　B. 游戏内容、游戏材料和时间
   C. 游戏内容、游戏材料和伙伴　　D. 游戏内容、游戏材料和场地

8. 经常和幼儿一起阅读,引导他以自己的(　　)为基础理解图书的内容。(易错)
   A. 理解　　B. 观点　　C. 想法　　D. 经验

9. 利用民间游戏、(　　)等,适当向幼儿介绍我国主要民族和世界其他国家和民族的文化,帮助幼儿感知文化的多样性和差异性,理解人们之间是平等的,应该互相尊重,友好相处。
   A. 传统文化　　B. 传统节日　　C. 文化活动　　D. 民间活动

10. 评价应_____地伴随着整个教育过程进行。综合采用_____、谈话、作品分析等多种方法。(　　)
    A. 自然;观察　　B. 有意识;观察　　C. 自然;评价　　D. 有意识;评价

11. 获得基础教育国家级教学成果奖的幼儿园课程有(　　)
    A. 南京市太平巷幼儿园田野课程
    B. 南京市实验幼儿园综合课程
    C. 南京市北京东路小学附属幼儿园开放性课程
    D. 南京市鼓楼幼儿园单元课程

12.《幼儿园保育教育质量评估指南》指出,保育教育质量评估的基本原则包括(　　)(常考)
    A. 坚持正确方向　　B. 坚持儿童为本
    C. 坚持科学评估　　D. 坚持以评促建

13. 教育活动的组织应当灵活地运用(　　)活动等形式,为每个幼儿提供充分参与的机会,满足幼儿多方面发展的需要,促进每个幼儿在不同水平上得到发展。
    A. 游戏　　B. 集体　　C. 小组　　D. 个别

14. 教育活动内容的组织应充分考虑幼儿的学习特点和认识规律,各领域的内容要有机联系,相互渗透,注重(　　),寓教育于生活、游戏之中。(常考)
    A. 趣味性　　B. 挑战性　　C. 综合性　　D. 活动性

15. 教职工要有坚定的政治信仰,按照"四有"好教师标准履行幼儿园教师职业道德规范,爱岗敬业,关爱幼儿,严格自律,不得有(　　)等有损幼儿身心健康的行为。
    A. 歧视
    B. 侮辱
    C. 体罚或变相体罚
    D. 批评教育

二、判断选择题(判断下列各命题的正误,请将其代码填写在括号内。本大题共16小题,每小题1分,共16分)

1. 既要关注幼儿在艺术活动中的表现技能或结果,也要重视幼儿在活动过程中的情感体验和态度。(　　)
   A. 正确　　B. 错误

2. "五指活动"是陈鹤琴对其"活教育"课程组织形式的形象表述。(　　)
   A. 正确　　B. 错误

3. 幼儿园应当制定合理的幼儿一日生活作息制度。正餐间隔时间为3~3.5小时。（ ）
   A. 正确　　　　　　　　　　　　　B. 错误

4. 培养幼儿对体育活动的兴趣是幼儿园体育的重要目标，要根据幼儿的特点组织生动有趣、形式多样的体育活动，吸引幼儿主动参与。（ ）
   A. 正确　　　　　　　　　　　　　B. 错误

5. "能用数词描述事物或动作。如我有4本图书"是中班幼儿可以达到的能力水平。（ ）
   A. 正确　　　　　　　　　　　　　B. 错误

6. 幼儿园可以按年龄分别编班，不可以混合编班。(常考)（ ）
   A. 正确　　　　　　　　　　　　　B. 错误

7. "愿意为集体做事，为集体的成绩感到高兴"是4~5岁幼儿的发展目标。（ ）
   A. 正确　　　　　　　　　　　　　B. 错误

8. 重视幼儿通过绘画、讲述等方式对自己经历过的游戏、阅读图画书、观察等活动进行表达表征，教师能一对一倾听并真实记录幼儿的想法和体验。（ ）
   A. 正确　　　　　　　　　　　　　B. 错误

9. 课程游戏化就是把幼儿园所有的活动都变为游戏。(易错)（ ）
   A. 正确　　　　　　　　　　　　　B. 错误

10. 教育部于2023年7月发布了《大中小学劳动教育指导纲要(试行)》。（ ）
    A. 正确　　　　　　　　　　　　　B. 错误

11. 容忍幼儿因探究而弄脏、弄乱、甚至破坏物品的行为，引导他们活动后做好收拾整理。（ ）
    A. 正确　　　　　　　　　　　　　B. 错误

12. 幼儿园应当组织幼儿每半年测身高、体重一次，每季度体检一次，每年测视力一次。（ ）
    A. 正确　　　　　　　　　　　　　B. 错误

13. 幼儿园教育要与0~3岁儿童的保育教育以及小学教育相互衔接。（ ）
    A. 正确　　　　　　　　　　　　　B. 错误

14-16. 缺

三、简答题(本大题共2小题，每小题6分，共12分)

1. 简述在活动中如何与幼儿一起发现美的事物的特征，感受和欣赏美。

2. 根据《幼儿园工作规程》，简述如何将环境作为重要的教育资源。

四、案例分析题（本大题共12分）

幼儿园里种有三棵银杏树，上午李老师带班级幼儿散步时，幼儿发现三棵树中有一棵树下有银杏果，另外两棵树下没有，幼儿对此展开了积极讨论：

壮壮："这棵银杏树是棵'妈妈树'，所以会结果子。"

萌萌："这棵树的叶子有小裂痕，和别的树不一样。"

龙龙："这棵树下的果子是其他班小朋友捡过来的，所以其他树没有。"

丁丁："我妈妈经常上网，我们可以在网上找答案。"

幼儿们回到班级午休后，李老师利用中午休息时间上网查答案，但并没有找到合理的解释。

问题：

(1)李老师下午要不要分享上网查询的结果？(2分)请说明理由。(2分)

(2)通过此次教育契机，后续还可以进行哪些活动？(8分)

五、活动设计题（本大题共30分）

以"周围的植物"为主题，设计中班集体教学活动（题目自拟、领域不限）；设计内容包括：活动名称、教材分析、幼儿分析、活动目标、活动准备、活动过程、活动延伸。

扫一扫即可领取：
①精选历年考题及解析
②获取当地考试资讯，从容准备
③山香老师备考指导，不走弯路
④备考交流群，互动答疑，督促学习

领取方式：
①扫一扫关注公众号
②回复备考省份

2024年山东省临沂市教师招聘考试幼儿园教育理论基础真题试卷(二)

(满分100分　时间120分钟)

本套试卷共84小题,包括单项选择题(70小题),填空题(4小题),判断题(4小题),名词解释(2小题),简答题(3小题),论述题(1小题)。

一、单项选择题(在每小题列出的四个备选项中只有一个是符合题目要求的,请将其代码填写在括号内。错选、多选或未选均无分。本大题共70小题,每小题1分,共70分)

1. 教育学的研究对象是(　　)
   A. 教育现象　　B. 教育问题　　C. 教育规律　　D. 教育方法

2. 世界教育史上第一个明确提出"教育心理学化"的教育家是(　　)(常考)
   A. 赫尔巴特　　B. 裴斯泰洛齐　　C. 夸美纽斯　　D. 康德

3. 下列符合苏格拉底法特点的是(　　)
   A. 师生平等,对话式启发诱导　　B. 强调教师的传授作用
   C. 讥讽学生,突出教师的权威　　D. 受教育者是没有任何知识积累的儿童

4. 教育系统中的目的、目标从宏观到微观依次是(　　)
   ①教学目标　②课程目标　③培养目标　④教育目的
   A. ④③①②　　B. ③④①②　　C. ④③②①　　D. ③④②①

5. 教学目标是衡量教学效果的标准。这体现了教学目标的(　　)
   A. 激励功能　　B. 导向功能　　C. 评价功能　　D. 聚合功能

6. 陶行知说:"让学生走上创造之路,手脑并用,劳力上劳心。"这体现了他的(　　)思想。
   A. 教育即生活　　B. 活教育　　C. 社会即学校　　D. 教学做合一

7. 林老师为了让小组之间加强合作,共同进步,于是在班里实行小组积分制。一段时间后,他发现组内成员之间的合作加强了,但是各小组之间出现了不良竞争,班里的氛围变得很紧张。"各小组之间出现了不良竞争,班里的氛围变得很紧张"是教育的(　　)
   A. 正向显性功能　　B. 正向隐性功能　　C. 负向显性功能　　D. 负向隐性功能

8. 《学记》是中国教育史上,也是世界教育史上第一部专门论述教育和教学问题的论著。其中,"道而弗牵,强而弗抑,开而弗达"体现了教学原则中的(　　)(常考)
   A. 因材施教原则　　B. 巩固性原则　　C. 启发性原则　　D. 系统性原则

9. 在西方教育史上,重视女子教育,认为女子也要接受教育和军事训练的是(　　)
   A. 雅典教育　　B. 斯巴达教育　　C. 智者派　　D. 古罗马教育

10. 在讲完细胞后,老师让同学们画出细胞的亚显微结构图,并标出重要信息以及各组成成分之间的关系。这种学习策略属于(　　)
    A. 精细加工策略　　B. 注意策略　　C. 组织策略　　D. 元认知策略

11. 马斯洛将人的需要划分为成长性需要和缺失性需要两大类。下列不属于缺失性需要的是( )
   A. 安全需要 B. 归属与爱的需要
   C. 尊重需要 D. 自我实现的需要

12. 教师职业的意义不包括( )
   A. 增加社会财富 B. 传播人类文明
   C. 开发学生潜能 D. 升华人生价值

13. "春蚕""孺子牛""为人师表",这些词语勾画出教师的;"才高八斗""学富五车"体现了教师的;"温暖有爱""诙谐幽默"表现了教师的。( )(易混)
   A. 道德形象 人格形象 文化形象
   B. 道德形象 文化形象 人格形象
   C. 人格形象 文化形象 道德形象
   D. 文化形象 道德形象 人格形象

14. 在童年期,情感特征不稳定且形于外;在少年期,对情感的体验开始向深与细的方向发展,但很脆弱;在青年初期,情感较丰富细腻、深刻稳定。这体现了学生身心发展的( )
   A. 个别差异性 B. 不均衡性
   C. 整体性 D. 顺序性和阶段性

15. 同样对于未完成作业的学生,王老师在课堂上不分青红皂白地给予严厉批评;吴老师认为该学生成绩一般,就没有再进行要求;季老师询问原因后得知,该学生最近在学习上出现了困难,然后耐心开导、鼓励学生,并要求他补完上交。这分别体现了( )的师生关系。
   A. 专制型、放任型、民主型
   B. 专制型、民主型、放任型
   C. 放任型、专制型、民主型
   D. 民主型、放任型、专制型

16. 罗杰斯提出,非指导性教学是一种以学生为中心、以情感为基调,教师是促进者、学生自我发起的学习与教学模式。非指导性教学模式的步骤是( )
   ①探索问题 ②确定帮助的情境 ③整合 ④计划和抉择 ⑤形成见识
   A. ①②⑤④③ B. ②①⑤④③ C. ②①④③⑤ D. ①②④③⑤

17. 教学的主要作用不包括( )
   A. 教学是促进学生全面发展的基本途径
   B. 教学是提高学校教育质量的有效途径
   C. 教学是推动社会发展的重要手段
   D. 教学是引导学生掌握基础知识和基本技能的主要途径

18. 发现学习法、支架式教学、非指导性教学、程序性教学法对应的教学理论分别是( )
   A. 建构主义教学理论、认知教学理论、情感教学理论、行为主义教学理论
   B. 行为主义教学理论、认知教学理论、建构主义教学理论、情感教学理论
   C. 认知教学理论、建构主义教学理论、情感教学理论、行为主义教学理论
   D. 情感教学理论、认知教学理论、建构主义教学理论、行为主义教学理论

19. 以下属于加涅的技能分类的有( )
   ①智慧技能 ②动作技能 ③元认知策略 ④认知策略
   A. ①②③ B. ①②④ C. ①②③④ D. ②③④

20.认为青年期是人生的"第二诞生期",并提出"全人生指导"思想的教育家是( )
A.陶行知　　　B.晏阳初　　　C.梁漱溟　　　D.杨贤江

21.笑笑吃饭时不爱吃青菜,奶奶告诉他,如果不把碗里的青菜吃完,就不允许他看动画片。这种做法属于( )(常考)
A.正强化　　　　　　　　　B.负强化
C.正惩罚　　　　　　　　　D.负惩罚

22.某学生很怕狗,老师先让他看狗的照片,与他谈论狗,再让他看关在笼子里的狗,最后让他摸狗。这种帮助求助者逐步消除恐惧的方法是( )
A.行为塑造法　　B.系统脱敏法　　C.认知疗法　　D.松弛训练法

23.酒后驾车事故发生率极高的原因之一是人失去了对物体远近的判断力。这主要是酒精破坏了( )
A.知觉的恒常性　　　　　　B.知觉的对象和背景
C.知觉的整体和部分　　　　D.知觉学习

24.张老师给学生指出重难点,并进行学法指导,然后让他们带着问题看书,最后集中讲解,加深提高。这属于教学方法中的( )
A.实习作业法　　B.讲授法　　C.练习法　　D.自学辅导法

25.情绪是动机的源泉之一,是动机系统的一个基本成分。研究发现,情绪唤醒水平和工作效率之间存在着( )的关系。
A.正相关　　　B.负相关　　　C.倒U形曲线　　　D.U形曲线

26.埃里克森认为,在心理发展的每一个阶段,个体都会面临着一个需要解决的心理社会问题,该问题会引起个体心理发展的矛盾与危机。其中,12~18岁的个体面临的心理社会问题是( )(常考)
A.自我同一性对角色混乱　　　B.勤奋感对自卑感
C.亲密感对孤独感　　　　　　D.主动感对内疚感

27.盛老师反复打磨课件,上课时根据学生反应及时调整进度,下课布置分层作业。根据福勒和布朗的教师职业生涯发展阶段理论,盛老师处于( )
A.关注生存阶段　　　　　　B.关注情境阶段
C.关注学生阶段　　　　　　D.关注自我实现的阶段

28.以下不属于班主任角色作用的是( )
A.学生成长的关护者　　　　B.学生发展的指导者
C.班级的领导者　　　　　　D.舆论的引导者

29.谢老师接任新班级后,查阅了学生的单元、期中、期末语文检测成绩,并进行整体与个人的语文素养的分析。这体现了学生评价类型中的( )
A.形成性评价　　B.诊断性评价　　C.终结性评价　　D.反馈性评价

30.假如学生学会了一道和差问题,再让他们解决另一道和差问题时,如果学生能够运用之前学过的和差问题的解决程序来正确解题,则学生表现出的是( )
A.一般迁移　　B.特殊迁移　　C.垂直迁移　　D.负迁移

31. 物理出成绩后,小军兴奋地说:"太棒了,我都蒙对了。"结合韦纳的归因理论,这属于(　　)归因。(常考)
   A. 能力　　　　B. 努力　　　　C. 运气　　　　D. 任务难度

32. 关于学习障碍,以下说法不正确的是(　　)
   A. 学习障碍是由生理或身体上的原发性缺陷(如盲、聋、哑等身体残疾)造成
   B. 每个学生学习障碍的具体表现不尽相同
   C. 学习障碍的学生存在心理过程的缺失
   D. 学习障碍与中枢神经功能失调有关

33. 孙老师对在课堂上表现优秀的学生,奖励相应数量的小星星。当累积到指定数量时,学生就可以领取对应数量的奖品。这种行为矫正技术为(　　)
   A. 小步子强化　　　　　　　　B. 代币奖励法
   C. 行为契约　　　　　　　　　D. 正强化

34. 在实际教学中,很多教师不能正确进行教学目标的陈述,会经常使用"理解""知道""体会"等模糊的词语来陈述,影响了教学的(　　)
   A. 信度　　　　B. 效度　　　　C. 难度　　　　D. 区分度

35. 后现代主义是20世纪后半叶在西方社会盛行的一种哲学文化思潮。以下符合后现代主义教学理论的有(　　)
   ①强调学生在学习过程中的主体性和创造性,强调应该重新确立师生关系
   ②教学过程是一种人与人之间的对话关系,教师是学习共同体中的首席
   ③课程应注重灌输和阐释,课程是师生共同探索新知识的发展过程
   ④教学是一个开放的系统,需要学生的"错误"和"干扰"
   A. ①②③　　　B. ①③④　　　C. ①②③④　　D. ①②④

36. 以下不属于课程实施取向的是(　　)
   A. 忠实取向　　　　　　　　　B. 相互调适取向
   C. 探究取向　　　　　　　　　D. 创生取向

37. 下列符合设立学校及其他教育机构基本条件的是(　　)
   ①有组织机构和章程
   ②有合格的教师
   ③有符合规定标准的教学场所及设施、设备
   ④有必备的办学资金和稳定的经费来源
   A. ①②③④　　B. ①③④　　　C. ①②④　　　D. ①②③

38. 每学期换座时,张老师都按成绩高低让学生自由选座。这违反了教师职业道德的(　　)要求。
   A. 为人师表　　B. 爱国守法　　C. 爱岗敬业　　D. 教书育人

39. 根据《中华人民共和国未成年人保护法》,学校应当根据未成年学生身心发展的特点,进行(　　)
   ①社会生活指导　②网络安全教育　③青春期教育　④生命教育　⑤心理健康辅导
   A. ①②③　　　B. ①②③④⑤　　C. ②③④⑤　　D. ①③④⑤

40. 根据《中华人民共和国教育法》的规定,不属于我国教育基本制度的是(　　)

　　A.继续教育制度　　　　　　　　　　B.学校教育制度

　　C.社会教育制度　　　　　　　　　　D.职业教育制度

41. 按照皮亚杰的认知发展阶段理论,(　　)儿童的思维发展处于前运算阶段。

　　A.0~2岁　　　　B.2~7岁　　　　C.7~11岁　　　　D.11岁以上

42. 教师通过向幼儿展示各种实物或直观教具,引导幼儿观察物体的特征,从而使幼儿获得对某一事物的完整认识。这运用的幼儿园教学活动的方法是(　　)

　　A.游戏法　　　　B.直观法　　　　C.操作法　　　　D.口授法

43. 琪琪精力旺盛、易于冲动、反应迅速、难以约束自己的行为。琪琪的气质类型倾向于(　　)

　　A.抑郁质　　　　B.胆汁质　　　　C.黏液质　　　　D.多血质

44. "成熟势力说"的提出者是(　　)

　　A.格塞尔　　　　B.霍尔　　　　　C.高尔顿　　　　D.杜威

45. 孟子认为:"仁义礼智,非由外铄我也,我固有之也,弗思耳矣。"这强调了(　　)的重要性。

　　A.环境　　　　　B.遗传　　　　　C.知识　　　　　D.物质

46. "一目十行""眼观六路""耳听八方"指的是注意的(　　)

　　A.选择性　　　　B.范围　　　　　C.分配　　　　　D.稳定性

47. 幼儿"能结合情境理解一些表示因果、假设等相对复杂的句子"。这是语言领域对(　　)幼儿提出的合理期望。

　　A.托班　　　　　B.小班　　　　　C.中班　　　　　D.大班

48. 硕硕在跳绳时不小心扭到了脚,但是没骨折,脚部出现肿胀、充血和疼痛等症状。这时教师应对幼儿采取的措施是(　　)

　　A.停止活动,热敷扭伤处　　　　　　B.清洁扭伤处,继续活动

　　C.按摩扭伤处,继续活动　　　　　　D.停止活动,冷敷扭伤处

49. 下列哪一项不属于兴趣的特点(　　)

　　A.指向性　　　　B.情绪性　　　　C.动力性　　　　D.需要性

50. 学前儿童的社会性行为不包括(　　)

　　A.平等　　　　　B.分享　　　　　C.合作　　　　　D.谦让

51. 缺

52. 赵老师说:"我都快退休了,照顾好孩子的安全就行了,还参加什么培训。"这表明赵老师(　　)

　　A.违反了《中华人民共和国未成年人保护法》

　　B.缺乏终身学习理念

　　C.工作期间疏忽职守

　　D.侵犯了幼儿权益

53. 在瑞吉欧教育体系中,教师的(　　)角色表达了教师对待儿童的基本态度,这种态度表达了教师对儿童的关注、重视、尊重和欣赏。

　　A.合作者　　　　B.引导者　　　　C.倾听者　　　　D.儿童的合作伙伴

54. ( )既是幼儿科学学习的目标,也是其科学学习的方法。
   A. 好奇   B. 好问   C. 探究   D. 能力

55. 儿童最先大量掌握的是( )
   A. 动词   B. 形容词   C. 名词   D. 代词

56. 影响学前儿童性别发展的社会因素是( )
   A. 文化传统   B. 家庭教育
   C. 幼儿园环境   D. 以上都是

57. 膳食中摄入的( )长期不足会影响消化吸收,损害神经系统的功能,会使儿童注意力分散、记忆力减退、学习能力降低、智能发展迟缓。
   A. 钙   B. 铁   C. 锌   D. 碘

58. 2012年颁布的《幼儿园教师专业标准(试行)》中,( )是师德的核心。
   A. 热爱学前教育事业,具有职业理想,践行社会主义核心价值体系,履行教师职业道德规范
   B. 关爱幼儿,尊重幼儿人格,富有爱心、责任心、耐心和细心
   C. 为人师表,教书育人,自尊自律,做幼儿健康成长的启蒙者和引路人
   D. 遵循幼儿身心发展特点和保教活动规律,提供适合的教育,保障幼儿快乐健康成长

59. 从内容上看,自我意识发展的第三阶段是( )
   A. 社会自我   B. 心理自我   C. 精神自我   D. 生理自我

60. 下列不属于幼儿游戏心理特点的是( )
   A. 模仿性   B. 想象性   C. 社会性   D. 重复性

61. 下列哪一项属于智力游戏的目标( )
   A. 积极反映幼儿的直接社会经验   B. 利用自然因素提高幼儿机体适应能力
   C. 引起幼儿对构造活动的兴趣   D. 训练、发展幼儿听说的口头语言能力

62. 春节期间,教师组织幼儿向社区送春联,这反映了幼儿园教育活动内容选择的( )原则。
   A. 兴趣性   B. 生活性   C. 时代性   D. 发展性

63. 以下情况中教师不需要介入儿童游戏的是( )
   A. 在幼儿就游戏内容展开讨论时
   B. 在幼儿对游戏失去兴趣或准备放弃时
   C. 在幼儿游戏内容发展或技能方面发生困难时
   D. 在幼儿游戏遇到困难时

64. 小红在幼儿园学习了部分小学知识,上一年级时因学过这些知识而不想再听老师讲课,导致注意力分散。这说明了幼儿园"小学化"( )
   A. 影响幼儿的心理健康   B. 影响幼儿的身体健康
   C. 不利于幼儿学习习惯的养成   D. 影响教师的发展

65. 下列不属于以儿童社会性发展为划分依据的游戏类型的是( )
   A. 联合游戏   B. 独自游戏
   C. 规则性游戏   D. 平行游戏

66. 陆老师发现近期孩子们对观察植物生长的活动有些厌倦,于是陆老师投放了放大镜、直尺等材料,孩子们来了兴趣。这说明教学要注重( )策略。
A. 提供具有教学意图的多样性的材料　　B. 提供材料的动态性
C. 提供材料的适宜性　　D. 提供材料的属性不同

67. "能用声音、动作、姿态模拟自然界的事物和生活情景。"这是《3~6岁儿童学习与发展指南》中( )幼儿艺术领域的教育目标。
A. 2~3岁　　B. 3~4岁　　C. 4~5岁　　D. 5~6岁

68. 在开展端午节主题活动时,教师让幼儿搜集有关该节日的图片张贴在主题墙上。这体现了幼儿园环境创设的( )
A. 目标导向原则　　B. 安全性原则　　C. 经济性原则　　D. 艺术性原则

69. 幼儿园要坚持以游戏为基本活动,纠正以机械背诵、记忆、抄写、计算等方式进行知识技能性强化训练的行为。这种情况属于《教育部办公厅关于开展幼儿园"小学化"专项治理工作的通知》中的( )
A. 严禁教授小学课程内容　　B. 纠正"小学化"教育方式
C. 整治"小学化"教育环境　　D. 解决教师资质能力不合格问题

70. 夜盲症是指在暗环境下夜视能力很差或者完全看不见东西,出现夜盲症是因为机体缺乏( )
A. 钙　　B. 锌　　C. 维生素A　　D. 维生素B

二、填空题(本大题共4小题,每小题1分,共4分)

71. 幼儿园班级管理的方法包括:规则引导法、_____、榜样激励法、目标指引法、情感沟通法。

72. 幼儿园教学活动准备应从_____的准备、_____的准备和学习情境的创设三方面入手。

73.《幼儿园教育指导纲要(试行)》分为总则、_____、_____、教育评价四部分。

74. 陈鹤琴提出了适合学前儿童发展的课程组织法,即"整个教学法",而_____是整个教学法的具体化。

三、判断题(本大题共4小题,每小题1分,共4分)

75. 幼儿在区域活动内进行的娃娃家游戏,我们称之为表演游戏。　　(　　)

76. 儿童的口语能力是观察、分析、表达、概括等多种能力的综合体现。　　(　　)

77. 教育活动目标不属于幼儿园教育工作评价的内容。　　(　　)

78. 皮亚杰的"三山实验"考查的是儿童的守恒能力。　　(　　)

四、名词解释(本大题共2小题,每小题2分,共4分)

79. 儿童观

80. 家园合作

五、简答题(本大题共3小题,每小题3分,共9分)

81. 简述良好同伴关系的重要作用。

82. 简述幼小衔接的意义。

83. 简述教师在游戏过程中的作用。

六、论述题(本大题共9分)

84. "教师群体中涌现出一批教育家和优秀教师,他们具有心有大我、至诚报国的理想信念,言为士则、行为世范的道德情操,启智润心、因材施教的育人智慧,勤学笃行、求是创新的躬耕态度,乐教爱生、甘于奉献的仁爱之心,胸怀天下、以文化人的弘道追求,展现了中国特有的教育家精神。"这一重要论述首次提出并深刻阐释了中国特有的教育家精神,赋予新时代人民教师崇高使命,为我们打造高素质教师队伍、推进教育高质量发展、建设教育强国指明了方向、提供了遵循,具有十分重要的理论价值和实践意义。

近年来社会上时有虐童事件曝光,请结合教育家精神谈谈你对虐童事件的看法及如何建立良好师幼关系。

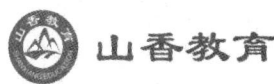

2024年浙江省杭州市教师招聘考试幼儿园教育基础知识真题试卷（三）

（满分100分　时间150分钟）

本套试卷共31小题，第一部分包括单项选择题（5小题）。第二部分包括判断题（10小题），单项选择题（10小题），简答题（3小题），案例分析题（2小题），实践题（1小题）。

第一部分　教师职业道德

一、单项选择题（在每小题列出的四个备选项中只有一个是符合题目要求的，请将其代码填写在括号内。错选、多选或未选均无分。本大题共5小题，每小题2分，共10分）

1. 教师职业道德修养包含职业道德意识修养和（　　）修养。
　A.职业技术　　　B.职业理念　　　C.职业道德行为　　　D.科学文化

2. 师德修养只有在（　　）中才能得到不断的充实。
　A.实践　　　B.交往　　　C.思考　　　D.学习

3. 教师在履行教育义务的活动中，最主要、最基本的道德责任是（　　）
　A.教书育人　　　B.依法执教　　　C.爱岗敬业　　　D.团结协作

4. 教师职业道德修养的基本原则不包括（　　）（易错）
　A.确立可行目标，坚持不懈努力　　　B.坚持知和行的统一
　C.坚持动机和效果的统一　　　D.坚持继承和创新相结合

5. 15岁的初中生小军因抢劫被抓，学校随后将其开除。因为小军年龄尚小，在抢劫过程中也只是胁从，法院依法对其免予刑事处罚。事后，小军要求回校读书，学校加以拒绝。该学校的做法（　　）
　A.合情、合理、合法　　　B.合情、合理、不合法
　C.合情、不合理、不合法　　　D.不合情、不合理、不合法

第二部分　学科专业知识

二、判断题（判断下列各题的正误，并在题后括号内打"√"或"×"。本大题共10小题，每小题1分，共10分）

6. 教师应关注幼儿学习与发展的阶段性，注重健康、语言、社会、科学、艺术等各领域有机整合，促进幼儿智力和非智力因素协调发展，寓教育于生活和游戏中。（　　）

7. "初步理解量的相对性"是4~5岁幼儿的典型表现。（常考）（　　）

8. 5~6岁幼儿已能在较热或较冷的户外环境中连续活动半小时以上。（　　）

9. 用口头语言把人物的经历、行为或事情的发生、发展、变化讲述出来，是学前儿童语言学习与发展中的说明性讲述的核心经验。（　　）

10. 教师要重视幼儿通过绘画、讲述等方式对自己经历过的游戏、阅读图画书、观察等活动进行表达表征，教师能一对一倾听并真实记录幼儿的想法和体验。（　　）

11. 大班下学期要采取多种形式,有针对性地帮助幼儿做好身心、生活、社会和学习等多方面的准备,建立对小学的积极期待和向往,促进幼儿顺利过渡。（　　）

12. 《浙江省幼儿园托班管理指南(试行)》强调:要保证幼儿充足的身体活动时间,天气条件具备的情况下,全日制托班每天至少有2小时各种强度的身体活动。（　　）

13. 评价应自然地伴随着整个教育过程进行,常单一地采用观察、谈话、作品分析等多种方法。（　　）

14. 傍晚看火烧云,自然而然地想象每朵云彩像什么,并随着云彩的变化而变化想象,这属于有意想象。(常考)（　　）

15. 幼儿园与家庭、社区密切合作,积极构建协同育人机制,充分利用自然、社会和文化资源,共同创设良好的育人环境。（　　）

三、单项选择题(在每小题列出的四个备选项中只有一个是符合题目要求的,请将其代码填写在括号内。错选、多选或未选均无分。本大题共10小题,每小题1分,共10分)

16. 《幼儿园保育教育质量评估指南》提出:"重点关注保育教育过程质量,关注幼儿园提升保教水平的努力程度和改进过程,严禁用直接测查幼儿能力和发展水平的方式评估幼儿园保育教育质量。"这是强调了(　　)的评估方式。

　　A.强化自我评估　　　　　　B.聚焦班级观察
　　C.注重以评促建　　　　　　D.注重过程评估

17. 幼儿园的教育活动,是教师以多种形式有目的、有计划地引导幼儿生动、活泼、(　　)活动的教育过程。

　　A.有序　　　B.主动　　　C.自由　　　D.积极

18. 教师应科学、合理地安排和组织一日生活。时间安排应有相对的稳定性与灵活性,既有利于形成(　　),又能满足幼儿的合理需要,照顾到个体差异。(易错)

　　A.秩序　　　B.规则　　　C.统一要求　　　D.班级文化

19. 幼儿园托班要重视2~3岁幼儿在身体发育、动作-运动发展、语言发展、认知发展、情感与社会性发展、审美发展等方面的差异,以自然差异为基础,重视开展(　　)教育。

　　A.个别化　　　B.针对性　　　C.特殊性　　　D.一对一

20. 小明对同伴说:"我有一个梨和一个桃子,你有两个苹果,我们的水果数量一样多。"此时,小明正在运用的数学核心概念主要是(　　)

　　A.空间方位　　　　　　B.集合的比较
　　C.模式和规律　　　　　D.数字的组成

21. 幼儿的社会性主要是在日常生活和游戏中通过(　　)潜移默化地发展起来的。

　　A.感知和体验　　　　　B.观察和模仿
　　C.模仿和练习　　　　　D.耳濡目染

22. 班级玩具材料要种类丰富,数量充足,以(　　)为主,能够保证多名幼儿同时游戏的需要。

　　A.高结构材料　　B.自然材料　　C.生活材料　　D.低结构材料

23. "一目十行""眼观六路""耳听八方"指的是注意的(　　)(常考)

　　A.深度　　　B.长度　　　C.广度　　　D.速度

014

24. 倡导"对3~6岁儿童的教育首先应该从感知训练开始,使他们直接接触实物,储存大量的感性经验"的是( )
　　A. 加德纳　　　B. 蒙台梭利　　　C. 皮亚杰　　　D. 维果斯基

25. 皮亚杰以儿童的认知发展水平为依据,把儿童的游戏划分为三种类型,即练习性游戏、( )和规则性游戏。
　　A. 角色游戏　　　B. 创造性游戏　　　C. 象征性游戏　　　D. 表演游戏

四、简答题(本大题共3小题,第26、27小题各6分,28小题8分,共20分)

26. 简述幼儿发展评价的基本含义。

27. 简述3~6岁幼儿在"科学探究"方面学习与发展的主要目标。(常考)

28. 教师的领导和组织能力包括哪些方面?

五、案例分析题(本大题共2小题,每小题15分,共30分)

29. 音乐活动中,李老师一遍又一遍地带领幼儿进行"摘果子"律动的学习,幼儿的动作整齐划一。
　　(1)请分析上述案例中李老师的做法是否正确。(5分)
　　(2)根据《3~6岁儿童学习与发展指南》中艺术领域的相关核心要点,谈谈教师应如何引导幼儿感受美和表现美?(10分)

30. 小雨看到主题墙上有蜗牛在潮湿的环境中的图片,就大声说:"蜗牛会游泳。"身边的小伙伴听到后,都争论了起来。看到这种情况,陈老师着急回应说:"蜗牛不会游泳。"孩子们安静了下来,但依然坚持自己的观点。

(1)请分析该案例中陈老师的做法是否合适。(5分)

(2)当主题墙上的内容容易引发幼儿生成新问题时,教师该如何应对?(10分)

六、实践题(本大题共20分)

31. 请自拟年龄阶段和领域,以"旅行"为主题,设计一个集体教学活动方案(包括活动目标和活动过程)。

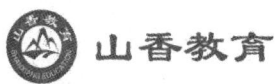

2023年安徽省宿州市泗县教师招聘考试
幼儿园教育综合知识真题试卷(四)

（满分100分 时间120分钟）

本套试卷共72小题，包括单项选择题(50小题)，多项选择题(10小题)，判断题(10小题)，论述题(1小题)，活动设计题(1小题)。

一、单项选择题(在每小题列出的四个备选项中只有一个是符合题目要求的,请将其代码填写在括号内。错选、多选或未选均无分。本大题共50小题,每小题1分,共50分)

1. 幼儿园是对（　　）以上学龄前幼儿实施保育和教育的机构。幼儿园教育是基础教育的重要组成部分,是学校教育制度的基础阶段。(常考)
   A. 2周岁　　　　B. 3周岁　　　　C. 4周岁　　　　D. 5周岁

2. 幼儿园各项管理工作的中心部分是（　　）
   A. 班级生活管理　　　　　　　B. 班级间交流管理
   C. 班级教育管理　　　　　　　D. 家庭教育管理

3. （　　）是幼儿最基本的活动和学习方法,也是幼儿获得发展的最基本的途径。
   A. 合作　　　　B. 聊天　　　　C. 游戏　　　　D. 教育

4. 《幼儿园教师专业标准(试行)》是国家对合格幼儿园教师专业素质的_____,是幼儿园教师实施保教行为的_____,是引领幼儿园教师专业发展的_____。（　　）
   A. 基本要求,基本规范,基本准则　　　B. 根本要求,基本准则,基本规范
   C. 基本规范,基本要求,基本准则　　　D. 根本准则,基本规范,基本要求

5. 创办世界上第一所幼儿园,被誉为"幼儿园之父"的是（　　）(常考)
   A. 福禄贝尔　　　B. 夸美纽斯　　　C. 陶行知　　　D. 陈鹤琴

6. 幼儿身体各系统发育不平衡,下列系统发育较晚的是（　　）
   A. 神经系统　　　　　　　　B. 淋巴系统
   C. 生殖系统　　　　　　　　D. 运动系统

7. 在编故事活动中,糖糖能编出完整故事情节。这说明糖糖正处于幼儿园（　　）阶段。
   A. 大班　　　　B. 中班　　　　C. 小班　　　　D. 过渡班

8. 一名儿童上课睡觉被惩罚,另一名儿童看到后立马端正坐姿,认真听讲。根据班杜拉社会学习理论,这种学习现象属于（　　）
   A. 自主学习　　　　　　　　B. 观察学习
   C. 参与性学习　　　　　　　D. 机械学习

9. 教学过程中,某教师出示事先准备好的各种样品,如图片、模型、手工样品,供儿童观察、模仿学习,该教师使用的方法是（　　）
   A. 范例法　　　　B. 欣赏法　　　　C. 观察法　　　　D. 演示法

10. 幼儿听到老师喊"小朋友"这一称呼没有反应,当听到老师喊自己的名字时才会做出反应。这体现了幼儿思维的( )
　　A. 实际性　　　B. 形象性　　　C. 抽象性　　　D. 具体性

11. 贝贝最喜欢做妈妈,每天妈妈下班后都要求妈妈扮演她的宝宝,将妈妈当成宝宝,将自己当成妈妈。这体现了哪类游戏行为( )(常考)
　　A. 规则游戏　　B. 结构游戏　　C. 练习性游戏　　D. 象征性游戏

12. 下列现象中属于教育现象的是( )
　　A. 亮亮偶然学会了用筷子吃饭　　　　B. 猫妈妈教小猫捕捉老鼠的技能
　　C. 小美跟着老师学习绘画　　　　　　D. 猩猩跟妈妈学习用不同的叫声表达不同的信息

13. 新入园的幼儿看见妈妈离去时会哭闹,当妈妈的身影消失后,经过老师的引导,会愉快玩耍。但是当妈妈身影再次出现时,又会再次哭闹。这说明幼儿的情绪具有( )(易混)
　　A. 情境性　　　B. 易感染性　　C. 外露性　　　D. 易冲动性

14. 大班幼儿在进行读书活动,王老师观察发现,泡泡用彩笔在纸张上乱涂乱画,于是走过去,数落泡泡,并大声呵斥泡泡以后不许参加活动了。该教师违背了( )
　　A. 尊重幼儿的人格尊严和合法权益的原则
　　B. 促进幼儿全面发展的原则
　　C. 发展适宜性原则
　　D. 面向全体,尊重个别差异原则

15. 依据人的发展和社会发展的实际需要,以全面提高全体学生的基本素质为根本目的,以尊重学生主体性和主动精神、注重开发人的智慧潜能、注重形成人的健全个性为根本特征的教育为( )
　　A. 特殊教育　　B. 素质教育　　C. 职业教育　　D. 高等教育

16. 小班的就餐活动中,教师在幼儿吃饭时告诉幼儿不要浪费粮食,不可以打闹,还时时关注幼儿的用餐情况,引导幼儿形成良好的行为习惯。这体现了学前教育的( )
　　A. 以游戏为活动的原则　　　　　　B. 教育的活动性和直观性原则
　　C. 保教结合原则　　　　　　　　　D. 生活化和一日活动整体性的原则

17. 某幼儿园规定新入园的幼儿缴纳赞助费排队入学,不缴费无法入学,并根据缴纳赞助费的高低录取幼儿,该幼儿园的做法( )
　　A. 正确,有利于幼儿园的经费来源
　　B. 正确,这是幼儿园正常招生的权利
　　C. 不正确,幼儿园不得以任何名义收取与新生入园相挂钩的赞助费
　　D. 不正确,幼儿园不得对幼儿进行任何形式的考试或测查

18. 按照社会要求去促进幼儿发展,将教育目标真正落实为幼儿发展的总设计师是( )
　　A. 幼儿教师　　B. 保育员　　　C. 幼儿园园长　　D. 幼儿家长

19. 在健康教育活动中,针对活动效果而进行的持续性评价是( )
　　A. 预测性评价　　　　　　　　　　B. 诊断性评价
　　C. 总结性评价　　　　　　　　　　D. 形成性评价

20. 在美术活动中,通过合作绘画,有效提高儿童相互协作的能力。在音乐活动中,通过歌曲让儿童体会帮助他人的快乐。这种活动安排体现了学前社会教育活动设计的(　　)原则。
　　A. 整合性　　　　B. 发展性　　　　C. 活动性　　　　D. 协调性

21. 我国创立的第一所公立学前教育机构是(　　)(常考)
　　A. 湖南幼稚园　　B. 湖北幼稚园　　C. 河北幼稚园　　D. 南京幼稚园

22. 在方位知觉发展中,儿童3岁能正确辨别(　　)
　　A. 前后　　　　　B. 上下　　　　　C. 左右　　　　　D. 里外

23. 幼儿园应当制定合理的幼儿一日生活作息制度,正餐间隔时间为(　　)
　　A. 1小时　　　　B. 2小时　　　　C. 3.5～4小时　　D. 6～8小时

24. 幼儿园每年秋季招生。平时如有缺额,可随时补招。幼儿园实行(　　)
　　A. 学校负责制　　　　　　　　　　B. 教师负责制
　　C. 家长负责制　　　　　　　　　　D. 园长负责制

25. 下列说法正确的是(　　)(易错)
　　A. 一岁是培养儿童正确发音的关键期
　　B. 记忆是维持儿童心理健康的重要手段
　　C. 幼儿早期教育是全面发展的素质教育
　　D. 根据皮亚杰的儿童认知发展阶段,儿童自我中心出现在感知运动阶段

26. 17世纪英国教育家洛克在(　　)中提出绅士教育。
　　A.《教育漫话》　B.《爱弥儿》　　C.《大教学论》　　D.《母育学校》

27. (　　)是我国现代教育史上乡村教育的先行者,他的教育思想即生活教育。
　　A. 蔡元培　　　　B. 王国维　　　　C. 陶行知　　　　D. 陈鹤琴

28. 历史上第一本对幼儿进行启蒙教育的看图识字课本是(　　)
　　A.《母亲与儿歌》　　　　　　　　B.《新爱洛伊丝》
　　C.《幼稚教育》　　　　　　　　　D.《世界图解》

29. 心理学家观察表明,观看暴力动画片的孩子可能会存在更高的攻击性认知,这是因为动画片的内容对幼儿攻击性行为起(　　)
　　A. 定势作用　　　B. 强化作用　　　C. 依赖作用　　　D. 榜样作用

30. 一般来说,小班区域活动内容最少为(　　)个。
　　A. 3～4　　　　　B. 6～7　　　　　C. 5～6　　　　　D. 8～9

31. 幼儿园课程以(　　)为基础。
　　A. 幼儿的直接经验　　　　　　　　B. 幼儿的间接经验
　　C. 老师讲授　　　　　　　　　　　D. 幼儿自学

32. (　　)是福禄贝尔创制的一套供儿童使用的教学用品。(常考)
　　A. 玩具　　　　　B. 恩尚　　　　　C. 串珠　　　　　D. 恩物

33. 在幼儿教育目标体系中,(　　)是指在某一阶段内要达到的教育目标。
　　A. 远期目标　　　B. 活动目标　　　C. 近期目标　　　D. 中期目标

34.幼儿的( )是幼儿教育的依据,也是幼儿教育的目的。
A.身心发展　　　B.学校教育　　　C.家庭环境　　　D.社会因素

35.实现保教合一的前提是( )
A.幼儿的自理能力　　　　　　　B.保育员的工作态度
C.良好的工作伙伴与师生关系　　D.教师的保育意识

36.幼儿的个性初具雏形多发生在( )
A.5~6岁　　　B.2~3岁　　　C.3~4岁　　　D.6~7岁

37.幼儿知道"夏天很热,最好不要到户外去"反映了幼儿( )(易错)
A.知觉的概括性　　　B.记忆的概括性
C.思维的概括性　　　D.感觉的概括性

38."三岁看大,七岁看老"说明幼儿个性具有( )
A.积极能动性　　　B.独特性　　　C.整体性　　　D.稳定性

39.幼儿想象的典型形式是( )
A.无意想象　　　B.再造想象　　　C.创造想象　　　D.有意想象

40.对不同年龄阶段的幼儿,美术欣赏活动的指导也会有所不同,下列表述不正确的是( )
A.3岁左右的幼儿开始萌发了审美心理,因此幼儿园环境的设计要兼具实用性和美观性
B.美丽的班级环境、漂亮的娃娃家等都可以作为小班幼儿美术欣赏的教学内容
C.幼儿到了大班,欣赏内容可以进一步加深,欣赏层面可以更广一些,如徐悲鸿、齐白石、毕加索等名家的名作
D.根据不同年龄阶段幼儿认知水平的差异,美术欣赏活动中应培养中班幼儿感受作品的色调、色彩之间的变化及色彩情感,并说出这种情感

41.幼儿在刚入园时,当与家人暂时分离后,会出现情绪不安的表现,称为( )
A.分离断乳　　　B.分离异常　　　C.分离依恋　　　D.分离焦虑

42.在幼小衔接过程中,智育的核心是( )
A.思维能力　　　B.非智力因素
C.掌握技能　　　D.记忆知识

43.在良好的教育环境下,三岁幼儿能集中注意约( )(常考)
A.15分钟　　　B.10分　　　C.8分钟　　　D.5分钟

44.在歌唱活动中,帮助幼儿获得清晰准确地表现内容和富于感染力地表达情感的方法,主要是( )
A.倾听录音范唱　　　　B.欣赏录像带中的优秀表演
C.倾听教师精湛的弹奏　D.教师正确的范唱

45.中班幼儿爱告状是幼儿( )发展的表现。(常考)
A.内疚感　　　B.责任感　　　C.道德感　　　D.理智感

46.幼儿教师职业道德的核心是( )
A.热爱幼儿　　　　B.热爱教育事业
C.为人师表　　　　D.遵纪守法

47. 教师与幼儿的(   )是连接师幼之间的一座永恒的友谊之桥。
   A. 信任   B. 真诚   C. 平等   D. 沟通

48. 全国学前教育宣传月是教育部举行的面向公众宣传学前教育的活动,从2012年起,教育部将(   )定为全国学前教育宣传月,面向全社会普及科学育儿知识。
   A. 3月20日至4月20日   B. 5月20日至6月20日
   C. 7月20日至8月20日   D. 9月20日至10月20日

49. 教师对幼儿应该一碗水端平,这表明师爱是一种(   )
   A. 偏爱   B. 严爱   C. 溺爱   D. 泛爱

50. 教师职业道德教育原则中的(   )主要与道德的自律性相联系。
   A. 认知与实践相结合原则   B. 差异性原则
   C. 内化性原则   D. 引导性原则

二、多项选择题(下列各题备选答案中至少有两项是符合题意的,请找出恰当的选项,并将其代码填在相应的括号内,多选、错选或少选均不得分。本大题共10小题,每小题1.5分,共15分)

1. 构成教育活动必不可少的基本要素包括(   )
   A. 教育者   B. 受教育者
   C. 教育物资   D. 教育内容

2. 《教育部关于大力推进幼儿园与小学科学衔接的指导意见》中提出,各级教育部门要会同有关部门持续加大对校外培训机构、小学、幼儿园违反教育规律行为的治理力度,开展专项治理,其内容有(   )(易错)
   A. 校外培训机构不得对学前儿童违规进行培训。小学严格执行免试就近入学,严禁以各类考试、竞赛、培训成绩或证书等作为招生依据,坚持按课程标准零起点教学
   B. 幼儿园满足需要的地方,小学不得举办学前班
   C. 幼儿园不得提前教授小学课程内容,不得布置读写算家庭作业,不得设学前班
   D. 幼儿园出现大班幼儿流失的情况,应及时了解原因和去向,并向当地教育部门报告

3. 陶行知批判旧中国的幼儿教育害了三大病,即(   )
   A. 外国病   B. 花钱病   C. 攀比病   D. 富贵病

4. 幼儿园师幼交往的主要类型包括(   )
   A. 灌输型   B. 严厉型   C. 民主型   D. 开放学习型

5. 对于幼儿教师职业道德的监督,下列哪些属于外在的监督手段(   )
   A. 家长代表会   B. 家长举报电话
   C. 设立意见箱   D. 给家长发放问卷

6. 《幼儿园教育指导纲要(试行)》明确指出,教师应成为幼儿学习活动的(   )(常考)
   A. 合作者   B. 启蒙者   C. 引导者   D. 支持者

7. 学前教育的实施主要有两种形式,包括(   )
   A. 学前公共教育   B. 学前教育
   C. 学前家庭教育   D. 学前幼儿教育

8.教师与幼儿沟通时正确做法有( )
A.蹲下与幼儿平等对话　　　　　　　B.大声呵斥不懂事的幼儿
C.说话的内容接近幼儿的语言　　　　D.面带微笑,注意倾听

9.幼儿园教育评价工作的参与者包括( )
A.幼儿　　　B.教师　　　C.家长　　　D.管理人员

10.幼儿园教育要实行保育和教育相结合的原则,其保育和教育的主要目标包括( )
A.发展幼儿智力
B.培养幼儿初步感受美和表现美的情趣和能力
C.培养良好的生活习惯、卫生习惯和参加体育活动的兴趣
D.促进幼儿身体正常发育和机能的协调发展

三、判断题(判断下列各命题的正误,并在题后括号内打"√"或"×"。本大题共10小题,每小题0.8分,共8分)

1.幼儿的思维能力不强,对科学概念如果没有专门的教育,就不可能掌握。　　　　　　　(　)
2.《爱弥儿》是以一个假想的无忧无虑的儿童自然成长来揭示教育规律的著作。(常考)　(　)
3.3~5岁幼儿常常自己造词,出现"造词现象"。这说明儿童生活丰富,表现欲增强。　　(　)
4.幼儿园环境创设过程中不宜种植水仙、夹竹桃等有毒的植物。　　　　　　　　　　　(　)
5.《卖火柴的小女孩》《青蛙王子》《丑小鸭》都是童话大王安徒生所创作的。　　　　　(　)
6.与同龄编班相比,混龄编班教育更有利于实现因人施教。　　　　　　　　　　　　　(　)
7.注意是心理活动对一定对象的指向和集中,是人的心理活动的一种能动的、积极的状态。(　)
8.幼儿每天户外活动时间一般不少于两小时,其中,体育活动时间不少于1小时,季节交替时要坚持。
　　　　　　　　　　　　　　　　　　　　　　　　　　　　　　　　　　　　　　　(　)
9.扑克牌、夹子、树枝、报纸等材料应当投放到美工区,这一区域被称为"塑造工程师"的地方。(　)
10.安斯沃斯及其同事将依恋分为三种类型,其中,回避型儿童所占比例最多。　　　　　(　)

四、论述题(本大题共10分)

试论述教师如何实现与幼儿有效沟通。

五、活动设计题(本大题共17分)

在大部分幼儿园,随便问一位孩子:"你会洗手吗?"得到的答案往往是肯定的,但是如果真正地去关注孩子的洗手情况,结果却往往不尽如人意,蓝天幼儿园的小班幼儿洗手问题主要集中在以下方面:洗手时不注意衣袖和地面,玩水,不用肥皂,洗手时不认真,出现了不洗手、洗不干净等问题,有的洗手马虎、打闹、肥皂或洗手液用量过多,出现为了完成任务而洗手的问题。

问题:请对上述现象为蓝天幼儿园小班幼儿设计一个改进洗手环节的教育活动。要求写出设计思路、活动名称、活动目标、活动准备、活动过程。

2023年福建省教师招聘考试教育综合知识幼儿园真题试卷(五)

（满分150分 时间120分钟）

本套试卷共64小题,包括单项选择题(35小题),判断选择题(15小题),填空题(8小题),简答题(2小题),案例分析题(4小题)。

一、单项选择题(在每小题列出的四个备选项中只有一个是符合题目要求的,请将其代码填写在括号内。错选、多选或未选均无分。本大题共35题,每题2分,共70分)

1. 习近平总书记在中国共产党第二十次全国代表大会上所作的《高举中国特色社会主义伟大旗帜 为全面建设社会主义现代化国家而团结奋斗》的报告中宣读了二十大主题,该主题要求弘扬伟大(　　)
   A. 创造精神　　　B. 奋斗精神　　　C. 建党精神　　　D. 团结精神

2. 2022年6月5日,神舟十四号载人飞船在酒泉发射,成功执行这次载人飞天任务的航天员是(　　)
   A. 陈冬、叶光富、聂海胜　　　　B. 陈冬、刘洋、蔡旭哲
   C. 杨利伟、刘洋、蔡旭哲　　　　D. 杨利伟、叶光富、聂海胜

3. 2022年6月17日上午,我国举行第三艘航空母舰下水命名仪式,经中央军委批准,我国第三艘航空母舰命名为"中国人民解放军海军_____"。(　　)
   A. 福建舰　　　B. 浙江舰　　　C. 山东舰　　　D. 辽宁舰

4. 2022年10月30日,十三届全国人大常委会第三十七次会议表决通过的旨在加强河流生态环境保护的法律是(　　)
   A.《中华人民共和国长江保护法》　　　B.《中华人民共和国淮河保护法》
   C.《中华人民共和国黄河保护法》　　　D.《中华人民共和国珠江保护法》

5. 2022年12月20日,标志着世界最大清洁能源走廊全面建成的大型水电工程是(　　)
   A. 闽江水电站　　B. 白鹤滩水电站　　C. 三峡水电站　　D. 小浪底水电站

6. 2022年11月20日至12月18日,第22届世界杯足球赛再次在亚洲举行,也是中东地区举办的首届世界杯足球赛,世界杯的举办地是(　　)
   A. 法国　　　B. 意大利　　　C. 阿根廷　　　D. 卡塔尔

7. 2022年11月29日,我国非物质文化遗产项目又一次申遗成功,并引入联合国教科文组织人类非物质文化遗产代表作名录,该非物质文化遗产项目是(　　)
   A. 送王船　　　　　　　　　B. 中秋节
   C. 藏医药古法　　　　　　　D. 中国传统制茶技艺及其相关习俗

8.《幼儿园教师违反职业道德行为处理办法》第七条规定,给予教师记过处分,提出建议的部门是所在公办幼儿园,做出决定的部门是该园的(　　)
   A. 主管部门　　　　　　　B. 上级主管部门
   C. 同级主管部门　　　　　D. 上级人事部门

9.《中华人民共和国教师法》第七条规定,教师特有的权利包括教育教学权、科学研究权、指导评价权、获取报酬权、民主管理权和(　　)(常考)

　　A. 言论自由权　　　　　　　　B. 全面发展权

　　C. 集会结社权　　　　　　　　D. 进修培训权

10.《中华人民共和国教师法》第三十七条规定,教师故意不完成教育教学任务给教育教学工作造成损失的,会受到(　　)

　　A. 行政处分或解聘　　　　　　B. 行政处罚或解聘

　　C. 行政处罚或开除　　　　　　D. 行政处分或开除

11.《幼儿园管理条例》第二十四条规定,幼儿园可以依据本省、自治区、直辖市人民政府制定的收费标准,向幼儿家长收取(　　)

　　A. 保育费、教育费　　　　　　B. 保育费、建园费

　　C. 保育费、择校费　　　　　　D. 教育费、赞助费

12.《中华人民共和国家庭教育促进法》第四十八条规定,幼儿园发现幼儿父母或其他监护人拒绝、怠于履行家庭教育责任,应当予以批评教育、劝诫制止,必要时(　　)

　　A. 通知其所在单位　　　　　　B. 取消其监护人资格

　　C. 督促其接受家庭教育指导　　D. 强制其接受家庭教育培训

13."生活就是教育,五六岁的孩子们在幼稚园生活的实践,就是行为课程"提出该观点的教育家是(　　)(易混)

　　A. 陈鹤琴　　B. 陶行知　　C. 张宗麟　　D. 张雪门

14. 要以儿童为中心,提出"做中学"主张,让儿童通过活动获得直接经验的教育家是(　　)

　　A. 杜威　　　　　　　　　　　B. 欧文

　　C. 洛克　　　　　　　　　　　D. 蒙台梭利

15. 科学的幼小衔接是(　　)

　　A. 幼儿园向小学衔接　　　　　B. 小学向幼儿园衔接

　　C. 学校与社区双向衔接　　　　D. 幼儿园与小学双向衔接

16. 教师与幼儿共同创设"我要上小学"的主题墙,而且制定跳绳、拍球等运动计划并让幼儿坚持打卡,这有助于促进幼儿入学的(　　)

　　A. 社会适应　　　　　　　　　B. 身心适应

　　C. 生活适应　　　　　　　　　D. 学习适应

17. 教师设计"主题活动网络"时,涉及健康、语言、社会、科学、艺术五个领域的内容,促进幼儿情感、态度、能力、知识、技能等方面的发展,这体现了教师的儿童观是(　　)

　　A. 儿童是独立的个体　　　　　B. 儿童是独特的个体

　　C. 儿童是整体发展的个体　　　D. 儿童是有个体差异的

18. 教师提出"衣服折放好,闭上眼和嘴,安静睡好觉"的午睡要求,体现了学前教育的(　　)

　　A. 活动性原则　　　　　　　　B. 主体性原则

　　C. 整合性原则　　　　　　　　D. 正面性原则

19.陈老师用图示引导幼儿学习同伴之间发生小矛盾的解决办法。陈老师的教育行为具有(　　)(常考)

A.复杂性　　　B.示范性　　　C.长期性　　　D.整体性

20.小班幼儿用积木搭"亭子"体现的建构技能主要有(　　)

A.架空和模式　　　　　　B.平铺和垒高

C.平铺和模式　　　　　　D.架空和垒高

21.幼儿玩"聪明的孩子和笨老狼"游戏,要求听到音乐重音时,"笨老狼"向后转头,"聪明的孩子"即刻静止。该游戏属于(　　)

A.角色游戏　　B.表演游戏　　C.音乐游戏　　D.语言游戏

22.教师询问幼儿:"你们搭建的楼房怎么有这么多缺口?"于是幼儿开始"补墙",该教师的介入方式是(　　)

A.平行式　　　B.垂直式　　　C.交叉式　　　D.合作式

23.师幼共同设置活动区域,商定规则,收集材料,遵循了环境创设的(　　)

A.开放性原则　　　　　　B.幼儿参与性原则

C.动态性原则　　　　　　D.发展适宜性原则

24."马路上的车"主题活动中,开发和利用家长资源的适宜方式是(　　)

A.捐赠大量图书　　　　　B.轮流当助教

C.亲子完成调查表　　　　D.购买玩教具

25.新老师小李对体育活动"趣夺手环"进行回顾、分析与总结,这种行为属于(　　)

A.专业进修　　B.实践反思　　C.同伴互助　　D.专业引领

26.《三只蝴蝶》语言活动教学中,有助于幼儿积极思考的问题是(　　)(常考)

A.故事里有谁　　　　　　B.故事里讲了哪些事

C.故事的题目是什么　　　D.三只蝴蝶可以不一起避雨吗?为什么

27.安斯沃斯研究儿童依恋类型的实验是(　　)

A."恒河猴"实验　　　　　B."陌生情境"实验

C."延迟满足"实验　　　　D."感觉剥夺"实验

28.为了解中二班幼儿语言发展特点,研究者深入该班级,详细记录幼儿的语言情况,这一研究方法是(　　)

A.观察法　　　B.测验法　　　C.访谈法　　　D.问卷法

29.幼儿看到黄花,这种心理现象是(　　)

A.嗅觉　　　　B.视觉　　　　C.视知觉　　　D.嗅知觉

30.桦桦不理解《三字经》,但也能背诵,这种记忆是(　　)

A.形象记忆　　B.逻辑记忆　　C.机械记忆　　D.意义记忆

31.乐乐看到孙悟空大闹天宫的电视剧后对同伴说:"我昨天去天宫玩了。"这种表现属于(　　)

A.联想　　　　　　　　　B.吹牛

C.撒谎　　　　　　　　　D.想象与现实混淆

32.幼儿看到池塘里的荷叶绿了,就知道夏天要来了。这种心理现象是( )(常考)
A.感知觉　　　B.记忆　　　C.想象　　　D.思维

33.幼儿早期生活中最主要的人际关系是( )
A.亲子关系　　B.师幼关系　　C.同伴关系　　D.邻里关系

34.幼儿一边搭积木,一边说:"这是支机关枪,嘟嘟嘟,轰!啊!打中了。"这类言语是( )
A.问题言语　　B.游戏言语　　C.独白言语　　D.连贯言语

35.游戏时,贝贝帮同伴铺"青石小路",老师表扬她助人为乐,这种教育行为属于( )
A.正强化　　　　　　　　　B.负强化
C.替代强化　　　　　　　　D.自我强化

二、判断选择题(本大题共15小题,每小题1分,共15分)

36.《幼儿园工作规程》十三条规定,入园幼儿可以由监护人,也可以由未成年人的哥哥或姐姐接送。
( )
A.正确　　　　　　　　　　B.错误

37.《中华人民共和国教育法》第二十六条规定,幼儿园不得设立为营利性组织。(常考)　( )
A.正确　　　　　　　　　　B.错误

38.《中华人民共和国家庭教育促进法》第十九条规定,未成年人的父母或者其他监护人应当积极参加由幼儿园提供的公益性家庭教育指导和实践活动,共同促进未成年人健康成长。
( )
A.正确　　　　　　　　　　B.错误

39.《中华人民共和国未成年人保护法》第七十四条规定,以未成年人为服务对象的在线教育网络产品和服务,不得插入网络游戏链接,不得推送广告等与教学无关的信息。　　　　　　　　( )
A.正确　　　　　　　　　　B.错误

40.性格是与生俱来的,有好坏之分。　　　　　　　　　　　　　　　　　　　　　　　　( )
A.正确　　　　　　　　　　B.错误

41.2~3岁儿童逐渐学会用"我"这个词表达自己的愿望,这说明儿童出现了自我体验。　　( )
A.正确　　　　　　　　　　B.错误

42.幼儿道德发展的核心问题是亲社会行为的发展。　　　　　　　　　　　　　　　　　( )
A.正确　　　　　　　　　　B.错误

43.幼儿园课程评价是对课程进行优、良、合格、不合格的等级鉴定。(易错)　　　　　　( )
A.正确　　　　　　　　　　B.错误

44.午餐前的过渡环节,王老师鼓励幼儿自主选择下棋、拼图、分享自带玩具等进行安静活动。( )
A.正确　　　　　　　　　　B.错误

45."火锅店"游戏的顾客越来越少,游戏无法进行,刘老师便以顾客身份和幼儿一起增添食物种类、开展销售活动,这体现了刘老师对该游戏活动的观察与支持。　　　　　　　　　　　　( )
A.正确　　　　　　　　　　B.错误

46.区域活动仅仅是教学活动的延伸。　　　　　　　　　　　　　　　　　　　　　　　( )
A.正确　　　　　　　　　　B.错误

47. 南京鼓楼幼稚园创办的主旨是"试验中国化的幼稚教育"。 （ ）
　　A. 正确　　　　　　　　　　　　B. 错误

48. 王守仁的自然教育论比西方卢梭早了两百多年。 （ ）
　　A. 正确　　　　　　　　　　　　B. 错误

49. 自主性游戏是不需要教师和幼儿设定规则的游戏。 （ ）
　　A. 正确　　　　　　　　　　　　B. 错误

50. 抗日战争和解放战争期间有各种不同类型的托幼机构,形式灵活多样。（易错） （ ）
　　A. 正确　　　　　　　　　　　　B. 错误

三、填空题(在下列每小题的空格中填上正确的答案。错填、不填均不得分。本大题共8小题,每小题1分,共8分)

51. 2022年6月30日至7月1日,中共中央总书记、国家主席、中央军委主席习近平莅临香港,出席庆祝香港回归祖国_____周年大会暨香港特别行政区第六届政府就职典礼,并视察香港。习近平指出有伟大祖国的坚定支持,有"一国两制"方针的坚实保障,在实现我国第二个百年奋斗目标的新征程上,香港一定能够创造更大辉煌。

52.《中华人民共和国教育法》第二十七条规定,设立幼儿园必须具备的基本条件包括有组织机构和章程;_____;有符合规定标准的教学场所及设施、设备等;有必备的办学资金和稳定的经费来源。

53. 通过正面形象和良好的行为示范引导和规范幼儿行为,这种班级管理方法是_____。

54. 幼儿园的任务是对幼儿实施保育和教育,同时面向幼儿家长提供科学_____。（常考）

55. 主题活动打破学科界限,使课程具有_____。

56. "双生子爬楼梯"实验说明,为幼儿心理发展提供物质前提的是_____。

57. 幼儿能认真、完整地听完老师讲述《小熊拔牙》的故事,说明其注意的_____较好。

58. 幼儿期思维的典型方式是_____。（常考）

四、简答题(本大题共2题,每小题6分,共12分)

59. 简述幼儿方位知觉发展的特点。

60. 简述实施幼儿园课程游戏化的策略。（易错）

五、案例分析题(本大题共4小题,第61小题9分,第62小题6分,第63、64小题各15分,共45分)

61.户外活动时间到了,曹老师看到幼儿园操场上有其他班级的幼儿在玩,便带班上的幼儿到附近的水泥空地玩滚筒游戏。曹老师介绍游戏的玩法和规则后便让幼儿自由玩耍,晶晶快速往滚筒上爬,当她站上滚筒后,滚筒开始滚动,她一下子从滚筒上摔下来摔破了膝盖哇哇大哭。

(1)哪些责任主体该对晶晶受伤承担法律责任?(2分)

(2)这些责任主体的过错体现在哪些方面?结合案例做具体分析。(5分)

(3)写出这些责任主体应承担责任的法律法规依据。(2分)

62. 陈某在小班时，经常攻击同伴，争抢玩具，集体教学活动爱乱跑，户外活动爱爬高。翁老师了解陈某的特殊情况后，翻阅了大量的资料，了解了这种特殊幼儿的身心特点。翁老师经常对陈某家访，谈论幼儿在园情况，与陈某家长交流、探讨有效的教育方式和方法。同时，翁老师还有意识地表扬陈某爱运动、爱劳动的行为，以此鼓励他纠正爱乱跑、爱爬高的问题，给予他特别的关注与保护。

陈某进入中班后，各方面都有较大的进步，家长十分感激，每逢节假日都给翁老师送土特产，她也笑纳。

根据《新时代幼儿园教师职业行为十项准则》的相关规定，分析案例中翁老师的行为。(6分)

63.建构区又被六个男生占领了,欢欢和小云向陈老师抱怨:"他们已经玩了三天,我们女孩都没机会。"陈老师听完走向建构区,幽默地问:"小男士们,能让女生加入你们的队伍吗?"洋洋说:"可以,但现在人已经满了,让她们明天再来吧!"协商无果,陈老师只能安抚垂头丧气的小云和欢欢。

游戏分享时,陈老师组织幼儿针对建构区的问题进行讨论,欢欢说:"男孩天天玩,很不公平。"东东马上反驳:"我们先来的,怎么会不公平?"洋洋说:"那我们玩两天,你们玩一天。"小云着急地叫起来:"这也不公平。"陈老师便问:"那你们有什么好办法?"小云便说:"轮流玩,男生一天,女生一天。"陈老师说:"轮流是个好办法,还有其他的办法吗?""男生三人,女生三人,每天大家都一起玩。"欢欢的建议得到了大家的一致认可,陈老师提醒幼儿把这个新规则加入建构区公约。

(1)结合案例分析优质师幼关系的特征。(9分)
(2)写出构建良好师幼关系的具体策略。(6分)

64. 晨间活动,小班幼儿青青从家里带来的电动小飞机坏了,伤心地大哭起来,老师安慰青青,给了她一辆玩具小汽车,青青马上破涕为笑,开心地玩起了汽车,过了一会儿青青看到同桌的形形哭了,也莫名其妙地跟着哭起来。

(1)结合案例中青青的表现分析幼儿情绪发展的特点。(9分)
(2)写出培养幼儿良好情绪的策略。(6分)

2023年江西省教师招聘考试幼儿教育综合知识真题试卷(六)

(满分100分 时间120分钟)

本套试卷共55小题,包括单项选择题(50小题),简答题(2小题),案例分析题(1小题),论述题(1小题),活动设计题(1小题)。

第一部分 客观题

单项选择题(在下列每小题列出的四个选项中只有一个是最符合题意的,请将其代码填在括号内。错选、多选或未选均不得分。本大题共50小题,每小题1分,共50分)

1.《幼儿园教师专业标准(试行)》实施建议,主要包括以下( )方面。(常考)
①各级教育行政部门要将《专业标准》作为幼儿园教师队伍建设的基本依据
②开展幼儿园教师教育的院校要将《专业标准》作为幼儿园教师培养培训的主要依据
③幼儿园要将《专业标准》作为管理教师的重要依据
④幼儿园教师要将《专业标准》作为自身专业发展的基本依据
A.①③④　　　　B.①②③④　　　　C.①②③　　　　D.②③④

2.下列选项中不属于《3~6岁儿童学习与发展指南》中的"结合生活实际对幼儿进行安全教育"的教育建议是( )
A.外出时,提醒幼儿要紧跟成人,不远离成人的视线,不跟陌生人走,不吃陌生人给的东西;不在河边和马路边玩耍;要遵守交通规则等
B.帮助幼儿了解周围环境中不安全的事物,不做危险的事。如不动热水壶,不玩火柴或打火机,不摸电源插座,不攀爬窗户或阳台等
C.帮助幼儿认识常见的安全标识,如:小心触电、小心有毒、禁止下河游泳、紧急出口等
D.在公共场所要注意照看好幼儿;幼儿乘车、乘电梯时要有成人陪伴;不把幼儿单独留在家里或汽车里等

3.廖老师以食化育,立德无声,探索幼儿园食育课程,开展了"二十四节气田园体验""烟火传薪文化探秘""诗书礼乐游园会"等活动。廖老师的做法遵循了《新时代幼儿园教师职业行为十项准则》中的( )准则。(易错)
A.自觉爱国守法　　　　　　B.潜心培幼育人
C.传播优秀文化　　　　　　D.规范保教行为

4. 2021年教育部颁布的《教育部关于大力推进幼儿园与小学科学衔接的指导意见》中提出的主要举措有( )
①幼儿园做好入学准备教育　②小学实施入学适应教育　③加大综合治理力度
④坚持双向衔接和系统推进　⑤完善家园校共育机制　⑥建立联合教研制度
A.①②③④⑤　　B.①②③⑤⑥　　C.①②⑤⑥　　D.③④⑤⑥

033

5.《幼儿园保育教育质量评估指南》在教育过程方面提出了活动组织、(　　)和家园共育等3项关键指标,旨在促进幼儿园坚持以游戏为基本活动,理解尊重幼儿并支持其有意义地学习,强化家园协同育人,不断提高保育教育质量。

　　A.师幼互动　　　　B.科学保教　　　　C.潜心育人　　　　D.儿童为本

6.教师是一类专业人员,在专业领域中有独特的道德要求和标准,下列表述正确的是(　　)(易混)

　　A.学高为师——师德之本　身正为范——师德之魂　热爱学生——师德之基

　　B.学高为师——师德之魂　身正为范——师德之基　热爱学生——师德之本

　　C.学高为师——师德之本　身正为范——师德之基　热爱学生——师德之魂

　　D.学高为师——师德之基　身正为范——师德之本　热爱学生——师德之魂

7.幼儿园教师职业理想实现的途径有(　　)

①树立正确的职业观　②坚守自己的职业追求　③保持积极的职业状态

④努力践行正确的职业行为　⑤不断调整职业方向

　　A.①②③④　　　　B.①②④⑤　　　　C.①③④⑤　　　　D.②③④⑤

8.幼儿园教师职业必须遵守的道德底线是(　　)

　　A.尊重幼儿　　　　　　　　　　　　B.关注幼儿生活教育

　　C.关爱幼儿　　　　　　　　　　　　D.平等对待每一位幼儿

9.下列选项中不属于幼儿园教师保教观的是(　　)

　　A.注重保教结合　　　　　　　　　　B.爱岗敬业,为人师表

　　C.游戏为主,科学保教　　　　　　　D.家园共育,形成合力

10.《幼儿园教师专业标准(试行)》中指出,幼儿园教师应"学习先进学前教育理论,了解国内外学前教育改革与发展的经验和做法;优化知识结构,提高文化素养;具有终身学习与持续发展的意识和能力,做终身学习的典范。"由此可见,幼儿园教师必须树立(　　)

　　A.职业观　　　　　B.保教观　　　　　C.儿童观　　　　　D.自我发展观

11.以下关于学前儿童健康的特征,阐述正确的是(　　)(易错)

①学前儿童健康具有易变性和发展性

②身体各器官、组织系统发育还不完善,易受到周围环境的影响

③学前儿童的身心发展,从纵向上看均是在原有水平上不断提升,从横向上看总是与同龄儿童发展水平接近

④同一年龄学前儿童身高与体重的增长速度、语言和认知的发展程度基本一致

　　A.①②③　　　　　B.①②④　　　　　C.②③④　　　　　D.①③④

12.托幼机构健康教育的途径有多种,在"养成幼儿积极参加体格锻炼的习惯"的方面主要是通过(　　)进行。

　　A.一日生活活动　　　　　　　　　　B.家庭与社区

　　C.成人的榜样　　　　　　　　　　　D.教育环境的创设

13.处于(　　)的儿童身高、体重增长减慢,但中枢神经系统的发育加快,随着儿童生活范围的扩大以及接触事物的增多,儿童的语言、思维和交往能力得到发展,智能发育较快。

　　A.新生儿期　　　　B.婴儿期　　　　　C.幼儿前期　　　　D.幼儿期

14. 在户外观察草地上的小虫子活动中,成成一直躲在邓老师身边且嘴巴不停地念叨:"我不想看,我不想看。"针对成成这一情况,邓老师不适宜采取的方法是(　　)(易错)

A. 多倾听和关注成成的内在需求　　　　B. 鼓励成成多参加各类活动
C. 跟成成讲道理让其不要害怕　　　　　D. 运用模拟示范法让成成正确感知小虫子

15. 萱萱的颈部和胸部皮肤出现红斑,接着这些红斑形成了针尖大小的疹子并伴有水疱出现,萱萱痒得不停抓挠,之后小疱渐渐长为玉米粒大小,随后慢慢变软。萱萱患的皮肤病是(　　)

A. 痱子　　　　B. 脓疱疮　　　　C. 体癣　　　　D. 麻疹

16. 近期骁骁出现了烦躁不安、食欲减退、注意力不集中的症状,对活动不感兴趣,容易疲乏,反应迟钝,骁骁可能患有(　　)

A. 蛋白质能量缺乏性营养不良　　　　B. 维生素缺乏
C. 营养性缺铁性贫血　　　　　　　　D. 碘缺乏

17. 儿童感染(　　)后,会出现胃炎症状,典型的表现是呕吐和腹泻,同时伴有发烧、头痛、恶心、腹痛、畏寒等表现,严重的可能会脱水。(易混)

A. 新冠肺炎　　　　B. 诺如病毒　　　　C. 流感病毒　　　　D. 手足口病

18. 学前儿童需要的营养包括蛋白质、脂肪、碳水化合物、无机盐、维生素、水六大类。以下属于碳水化合物主要来源的是(　　)

①大豆　②红薯　③玉米　④山药　⑤花生　⑥土豆

A. ①②③④　　　　B. ②③④⑤　　　　C. ①③④⑥　　　　D. ②③④⑥

19. 某幼儿园的保健医生发现,每当幼儿在户外自主游戏时,到保健室擦外伤药物的幼儿就比较多。为此,保健医生对班级教师进行了幼儿运动活动中的安全管理培训,对教师提出相关正确的督导意见有(　　)

①活动前检查运动场地及运动材料
②活动前注意幼儿的着装
③活动中多做动作示范,引导幼儿形成正确的动作概念
④规定幼儿自主游戏的范围,一旦超出及时制止
⑤活动结束后及时清点人数,重点小结幼儿运动中的常规

A. ①②③④⑤　　　　B. ①②③⑤　　　　C. ①③④⑤　　　　D. ①②④⑤

20. 根据托幼机构选用和制作玩具的要求,以下不宜选用的是(　　)

A. 布料和人造毛皮制作的玩具　　　　B. 金属制作的玩具
C. 塑料制作的玩具　　　　　　　　　D. 木材制作的玩具

21. 以下关于儿童听觉阐述不正确的选项是(　　)(易错)

A. 新生儿出生后就能听到声音;随着年龄的增加,婴儿的听觉阈限逐步下降
B. 低频声音对婴儿具有安抚作用;相比父亲的声音,胎儿更容易接受母亲的声音
C. 儿童在6个月到3岁期间最容易患中耳炎。中耳炎会导致儿童语言发展滞后,注意力下降,严重的甚至导致听力丧失
D. 尽量减少环境中的噪音,是保护儿童听力的重要措施

22. 中班的俊俊知道哥哥比自己大两岁,他天真地以为自己再长大就会和哥哥同龄,说:"我马上就和哥哥一样大,都6岁。"妈妈却说哥哥会一直比他大两岁,他觉得很迷惑。这是因为( )
   A. 幼儿时间知觉发展较迟,水平不高
   B. 幼儿继时对比比较困难,水平不高
   C. 幼儿同时对比比较困难,水平不高
   D. 幼儿知觉的恒常性发展较迟,水平不高

23. 贝贝对美丽的花朵、悦耳的声音以及好看的图画表现出明显的兴趣,甚至对艺术作品开始产生喜爱之情,这是贝贝( )的初步发展。
   A. 社会化   B. 道德感   C. 美感   D. 理智感

24. 李老师常常会在活动开始前向幼儿讲清活动的目的以及应该完成的任务。李老师的做法有助于提高幼儿的( )
   A. 无意注意   B. 有意注意   C. 有意后注意   D. 注意的分配

25. 小班的汪老师发现当自己交代几项任务要求幼儿按顺序完成时,幼儿往往只记住了最后一项,幼儿的这种情况属于记忆中的( )(常考)
   A. 近因效应   B. 首因效应   C. 过度学习   D. 前摄抑制

26. 以下关于幼儿的想象阐述正确的是( )
   ①幼儿的想象是以其感知过的事物所形成的表象为基础的,从未感知过的事物是无法想象的
   ②大班以后,儿童开始能对想象的内容进行一定的独立性评价
   ③幼儿比成年人想象力更强,更善于想象
   ④幼儿的想象常常没有什么目的,往往以想象的过程为满足
   A. ①②③   B. ①②④   C. ②③④   D. ①②③④

27. 许多研究表明,( )岁是人生初学说话的关键时期,如果有良好的语言环境,那么这一时期将成为儿童语言发展最迅速的时期。
   A. 1~2   B. 2~3   C. 3~4   D. 4~5

28. 洋洋告诉弟弟:"夏天很热,最好不要到户外去活动,容易中暑。"这反映了洋洋( )
   A. 感觉的概括性
   B. 知觉的概括性
   C. 思维的概括性
   D. 记忆的概括性

29. 爸爸平时很讨厌孩子哭,所以只要明明一哭,爸爸就会采取冷处理的方法,即要求全家人无视明明的哭闹,照常吃饭、聊天、看电视,只当明明不存在。久而久之,明明渐渐不怎么哭了。对此,你认为爸爸的做法( )
   ①正确,有利于孩子调节情绪
   ②正确,有利于孩子纠正不良习惯
   ③不正确,没有理解和接纳孩子发展的水平和特点,不利于孩子不良情绪的疏导
   ④不正确,会使孩子感到挫败、压抑和孤独,导致孩子不良情感的产生
   A. ①②   B. ②③   C. ③④   D. ①④

30. 杨老师常常有意识地鼓励幼儿一心一意做好一件事,比如要求幼儿从头至尾读完一本书再读另一本,画画有始有终,做好一件事再去做别的事情等等。杨老师的做法有益于幼儿( )的培养。(常考)
   A. 独立性   B. 果断性   C. 自制力   D. 坚持性

31. 能够集中反映个性的独特性的是个性心理特征系统,它包括( )
   A. 动机、需要、兴趣等
   B. 气质、能力、性格等
   C. 自我认识、自我体验、自我监控等
   D. 自我观察、自我分析、自我评价

32. 心理学家安斯沃斯通过"( )"实验,研究了儿童分离焦虑、陌生焦虑,把儿童的依恋划分为三大类型。
   A. 三山   B. 视崖   C. 陌生情境   D. 双生子爬梯

33. 有研究发现,儿童与成人的交往策略分为支配、协商、顺从、逆反四类,其中( )是6岁儿童与成人交往的主要策略。
   A. 支配和协商
   B. 顺从和逆反
   C. 支配、协商、顺从和逆反
   D. 逆反

34. 哥哥因为帮妈妈干活摔坏了餐盘,爸爸严厉地惩罚了哥哥,弟弟觉得爸爸做得对。按照皮亚杰的道德发展理论,弟弟的道德判断应该处于( )阶段。(易混)
   A. 他律性道德
   B. 自律性道德
   C. 前习俗道德水平
   D. 后习俗道德水平

35. 瑶瑶经常将自己无法实现的愿望在绘画中实现,比如在画中呈现很少陪伴自己的爸爸正亲切地陪着自己玩游戏,小伙伴们拥有了超能力打败了怪兽、家里丢失的小狗又回来了等等。对此教师不宜采用的指导方法是( )
   A. 选择适宜的刺激题材,使儿童有强烈的表现动机,适当地使用各种材料、技法,增强儿童的表现热情,丰富儿童画面的效果
   B. 用童心加以赞美来观测与评价儿童的作品与表达
   C. 可通过儿童的画来了解儿童的生活经历与思考,从而有针对性地对儿童施教
   D. 及时介入,参与指导

36. ( )曾说过:"如果你要了解孩子的个性和兴趣,明了孩子的能力和情感,自己一定要参与到孩子的队伍中去。"
   A. 陈鹤琴   B. 张雪门   C. 陶行知   D. 蔡元培

37. 幼儿园教育活动设计的主要要素包括活动设计意图、活动目标、活动准备、活动方法、组织形式、活动过程、活动延伸、活动评价。其中,活动延伸的主要方向一般分为两个,分别是( )
   A. 区域活动和生活活动
   B. 生活活动和家园共育
   C. 区域活动和家园共育
   D. 家园共育和社区活动

38. 教师开展了一次《和树朋友一起跳舞》的活动,活动开始时教师播放了一首《树先生的朋友》的儿歌。活动结束后教师对幼儿说:"我们一起去森林里找树先生的朋友吧。"题干中教师设计结束活动时采用的策略是( )(易错)
   A. 总结归纳策略   B. 水到渠成策略   C. 延伸扩展策略   D. 场景变换策略

39. 在教育活动实施过程中,采用( )有利于教师及时获取有效信息,把握活动状况、儿童需要,调整教学策略,促进儿童的有效学习。
   A. 形成性评价   B. 总结性评价   C. 正式评价   D. 非正式评价

40. 马老师给发脾气的小琼一个发泄的场所,并教给她正确的发泄方法;对爱哭闹、有攻击行为的宸宸多一些关注和理解;对乐于表达的莉莉给她一个点头表示认可。这些做法说明马老师注重了(　　)
　　A. 创设安全、自由的心理环境　　　B. 构建积极有效的师幼互动关系
　　C. 促进幼儿的成长与发展　　　　　D. 帮助幼儿建立和谐友好的人际关系

41. 有专家曾指出:"游戏场地之所以吸引人,主要在于其产生的刺激效果,让参与者在可掌控与不可掌控的边缘激荡,令人兴奋不已、一试再试、流连忘返。"这一说法与幼儿园室外环境创设的(　　)原则是一致的。(常考)
　　A. 多样性　　　B. 层次性　　　C. 挑战性　　　D. 创造性

42. 余老师跟随本班幼儿生活的变化、课程的主题深入,不断调整墙面展示的内容,课程中的幼儿行走到哪里,墙面环境就跟随到哪里,使墙面环境具有(　　)特点。
　　A. 统筹性　　　B. 幼儿参与性　　　C. 适宜性　　　D. 动态性

43. 某幼儿园创生了"小小考察员"的制度,7名幼儿在考察户外滚筒游戏区时,发现一些滚筒摆放的乱七八糟,并且只有滚筒,他们觉得天天这样玩就没有意思了,于是幼儿决定对滚筒区进行改造,他们自己制定改造计划,为滚筒安个家,分工合作,搜集多样化材料,尝试各种挑战性游戏,这充分体现了(　　)
　　A. 游戏是快乐的　　　　　　　　B. 游戏是自愿、自主的
　　C. 游戏是充满幻想的　　　　　　D. 游戏是有趣的,与生活密不可分

44. 教师作为游戏的引导者,是因为(　　)
　　①幼儿的经验需要提升　　　　　②幼儿的经验需要分享
　　③幼儿的经验需要心理支持　　　④幼儿的经验需要整理
　　A. ①②③④　　　B. ①②③　　　C. ②③④　　　D. ①②④

45. "你跑来跑去干什么呀?""如果你想要的玩具没有了,怎么办呢?"这属于幼儿园游戏指导中的(　　)指导法。
　　A. 建议式语言　　　　　　　　　B. 询问式语言
　　C. 澄清式语言　　　　　　　　　D. 指令式语言

46. 喜欢与同伴一起玩游戏,能按自己的愿望主动选择并有计划地游戏;在游戏中自己解决问题的能力增强。这是(　　)年龄段幼儿的游戏特点。(易混)
　　A. 托班　　　B. 小班　　　C. 中班　　　D. 大班

47. 一些幼儿园把易产生较大声音的活动安排在室外廊道厅角,避免班级环境过于嘈杂而影响其他区域的活动,如戏剧表演、皮影戏、木偶表演等;大型建构活动一般都安放在厅角,便于幼儿建构及其作品的短期保存,这遵循了活动区创设的(　　)原则。
　　A. 合理有序地规划区域空间　　　B. 注重区域的开放性与封闭性
　　C. 立体地、动态地利用空间　　　D. 给幼儿留出自由支配的空间

48. 看到丽丽把其他小朋友碰倒的椅子扶起来,王老师及时鼓励并在全班幼儿面前表扬她。王老师这一做法采用的是班级管理中的(　　)
　　A. 规则引导法　　　　　　　　　B. 榜样激励法
　　C. 目标指引法　　　　　　　　　D. 互动指导法

49. 幼儿通过对家长行为、处事态度的观察与模仿,会逐渐内化与父母类似的行为方式与思维习惯,这说明在学前家庭教育中应注重( )(常考)

A. 保障儿童身体的健康成长　　　　B. 丰富儿童对周围世界的认知

C. 促进儿童的社会性发展　　　　　D. 培养儿童良好的个性

50. 幼儿园从中班开始就会促进幼儿开展"值日生"活动,这一做法有利于为幼儿进入小学做好( )

A. 身心准备　　　B. 心理准备　　　C. 社会准备　　　D. 学习准备

第二部分　主观题

一、简答题(本大题共2小题,每小题5分,共10分)

1. 按照庞丽娟的研究,幼儿的同伴社交类型可分为哪几种?从发展的角度和性别维度上分析有何规律?

2. 预防流行性腮腺炎的主要措施有哪些?

二、案例分析题(本大题共8分)

为了不让孩子输在起跑线上,爸爸每天为4岁的咪咪布置认字、写字作业,还让咪咪学拼音、做算术。这天,爸爸要求咪咪背九九乘法口诀,爸爸没做任何讲解,咪咪也完全不懂九九乘法口诀是什么意思,她反反复复背了十多遍,就是记不住,总是出错。每次出错爸爸就严厉地打断她,说:"错了!从头来过!"一遍又一遍咪咪还是记不住,她几次崩溃大哭喊道:"这也太难了!我永远也记不住。"爸爸毫不心软继续严厉地督促:"快背快背,谁让你背不出来呢?你背不出来就啥也别干,哪也别去!"咪咪一边哭一边死记硬背,可怎么也记不住……

请结合以上案例,从幼儿有意义学习的条件的角度分析咪咪的学习是否属于有意义的学习。

三、论述题(本大题共12分)

大班幼儿玩"大马路"搭建游戏,相关辅助材料不多,幼儿没有太多搭建的兴趣,搭建时间很短。王老师立即投放了许多交通标志牌,引发了幼儿相互协商、讨论。于是,幼儿搭建起了马路两边的房子、斑马线、车道、人行道,还用小车玩起了"红绿灯"游戏。游戏结束时,幼儿的兴趣仍然高涨,王老师说:"你的小车会开到哪里去?"有的幼儿说:"动物园。"有的幼儿说:"我的幼儿园。"于是王老师又投放了相应的玩具材料。第二天幼儿继续玩这个游戏。一些幼儿在马路一角搭建"动物园",还在动物园旁边竖起了"禁止鸣笛"和"行人通行"的标志牌;另外一些幼儿搭建"我的幼儿园大门"。王老师发现亮亮与其他幼儿的互动特别多,他会拉着同伴去对照大门的实景图片,发现了大门上还应该有窗户、灯笼等装饰。于是就亮亮的发现,王老师在游戏小结时及时分享,并投放了与图片对应的材料。幼儿再次进行建构游戏时,王老师发现他们已经有了对称意识,并开始注意和模仿搭建图例中大门的灯笼数量、摆放位置和窗户的对称。

根据以上材料,你建议王老师运用哪些观察记录的方法记录上述活动?请从游戏观察的维度论述大班幼儿建构游戏的关键经验。

四、活动设计题(本大题共20分)

请根据《幼儿园入学准备教育指导要点》,在幼儿社会准备方面提出的关于"具备任务意识和执行任务的能力"的教育建议,设计一节大班幼小衔接方面的社会领域活动,题目自拟。要求写明:活动意图(2分)、活动目标(3分)、活动重难点(2分)、活动准备(2分)、活动过程(10分)、活动延伸(1分)。

2023年山东省济南市天桥区教师招聘考试
幼儿园教育基础知识真题试卷(七)

(本套试题共44小题,目前已收录42小题)

本套试卷共44小题,包括单项选择题(20小题),多项选择题(10小题),判断题(10小题),简答题(3小题),活动设计题(1小题)。

一、单项选择题(在下列每小题列出的四个选项中只有一个是最符合题意的,请将其代码填在括号内。错选、多选或未选均不得分。本大题共20小题,每小题2分,共40分)

1. 鲁迅的诗句"横眉冷对千夫指,俯首甘为孺子牛"说明了人格的(　　)
   A. 独特性　　　B. 稳定性　　　C. 复杂性　　　D. 功能性

2. 小亮阅读了8遍后将课文背诵下来,按照适当过度学习的要求,要达到最佳记忆效果,他需要再阅读(　　)
   A. 3遍　　　B. 4遍　　　C. 5遍　　　D. 8遍

3. 下列说法违背终身教育思想的是(　　)
   A. "活到老,学到老"　　　B. "人过四十不学艺"
   C. "大器晚成,大音希声"　　　D. "亡羊补牢,犹未为晚"

4.《中华人民共和国未成年人保护法》规定,非法招用未满16周岁的未成年人,情节严重的,由工商行政管理部门(　　)
   A. 追究民事责任　　　B. 追究刑事责任
   C. 吊销营业执照　　　D. 提出口头警告

5. 新课程改革的核心理念是"为了每位学生的发展",包含着三个方面的含义,其中不属于这一含义的是(　　)
   A. 以人的发展为本　　　B. 强化基础教育
   C. 倡导全人教育　　　D. 追求学生个性化发展

6. 动作技能形成的具体途径是(　　)(易错)
   A. 练习　　　B. 模仿　　　C. 观察　　　D. 熟练化

7. 我国明代教育家王阳明指出:"大抵童子之情,乐嬉游而惮拘检,如草木之始萌芽,舒畅之则条达,摧挠之则衰萎。今教童子,必使其趋向鼓舞,中心喜悦,则其进自不能已。"这句话反映出,在德育过程中,教师要遵循(　　)
   A. 导向性原则　　　B. 尊重学生与严格要求学生相结合原则
   C. 因材施教原则　　　D. 教育的一致性与连贯性原则

8. 李老师在课堂上提到了孔子的教育思想,他提到的内容最有可能是(　　)
   A. 兼爱、明辨是非　　　B. 上士闻道,勤而行之
   C. 学思结合、温故知新　　　D. 无先王之语,以吏为师

9. 习近平总书记在全国教育大会上的讲话指出,在实践中,我们就教育改革发展提出一系列新理念新思想新观点。有九方面的"坚持",其中根本任务是坚持(　　)
　　A. 立德树人　　　　　　　　　　B. 深化教育改革创新
　　C. 社会主义办学方向　　　　　　D. 教师队伍建设

10. 以下关于《中小学教师职业道德规范》的基本要求,表述正确的是(　　)(易混)
　　A. 爱国守法是教师职业的天职　　B. 爱岗敬业是教师职业的基本要求
　　C. 关爱学生是师德的灵魂　　　　D. 教书育人是教师职业的本质要求

11. 教育调查可以帮助教师尽快地了解已有教育成果,总结经验,发现问题,以帮助学生建立学习的自信心。班主任选取各方面表现优异的学生张三为例,调查其家庭背景、学习习惯、父母的管教情况等。这属于教育调查中的(　　)
　　A. 全面调查　　B. 重点调查　　C. 抽样调查　　D. 个案调查

12. 《中华人民共和国国民经济和社会发展第十四个五年规划和2035年远景目标纲要》指出,全面贯彻党的教育方针,坚持优先发展教育事业,坚持立德树人,增强学生(　　)
　　①文明素养　　②创新能力　　③社会责任意识　　④实践本领
　　A. ①③　　　B. ①③④　　　C. ②③　　　D. ②③④

13. 抑郁症的表现为(　　)
　　①情绪消极　　　　　　　　　　②主客观世界不统一
　　③动机缺失、被动　　　　　　　④躯体上疲劳、失眠
　　A. ①②③　　B. ①③④　　C. ①②④　　D. ①②③④

14. 关于《中华人民共和国教育法》规定的我国教育的基本制度,下列表述正确的是(　　)
　　①国家实行初等教育、中等教育、高等教育的学校教育制度
　　②国家实行九年制义务教育制度
　　③国家实行国家教育考试制度
　　④国家实行教育督导制度和学校及其他教育机构教育评估制度
　　A. ②③④　　B. ①②④　　C. ①②③　　D. ①②③④

15. 下列教育家与其教育思想相对应的是(　　)(易错)
　　①杜威——生活即教育　　　　　　②陶行知——教育即生活
　　③夸美纽斯——泛智教育　　　　　④洛克——白板说
　　A. ①②③④　　B. ①②③　　C. ①②④　　D. ③④

16. 世界上第一所幼儿园的创立者是(　　)
　　A. 夸美纽斯　　　　　　　　　　B. 洛克
　　C. 福禄贝尔　　　　　　　　　　D. 卢梭

17. 根据《幼儿园工作规程》规定,寄宿制幼儿园户外活动时间每天不得少于(　　)(常考)
　　A. 1小时　　B. 2小时　　C. 3小时　　D. 4小时

18. 缺

19. 缺

20.承担对未成年人实施家庭教育主体责任的是( )
A.父母
B.父母或者其他监护人
C.共同居住的家庭成员
D.教育行政部门

二、多项选择题(下列各题备选答案中至少有两项是符合题意的,请找出恰当的选项,并将其代码填在相应的括号内,多选、错选或少选均不得分。本大题共10小题,每小题2分,共20分)

21.《儿童权利公约》第十三条规定,儿童应有自由发表言论的权利,此项权利应包括通过口头、书面或印刷、艺术形式或儿童所选择的任何其他媒介,( )各种信息和思想的自由,而不论国界。
A.交流　　B.寻求　　C.接受　　D.传递

22.皮亚杰将儿童和青少年的认知发展划分为四个阶段,分别是:感知运动阶段、_____、_____和形式运算阶段。( )
A.前运算阶段
B.具体运算阶段
C.形象运算阶段
D.自我认知阶段

23.《幼儿园保育教育质量评估指南》指出,要尊重幼儿年龄特点和成长规律,注重幼儿发展的_____和_____,坚持保教结合,以游戏为基本活动,有效促进幼儿身心健康发展。( )
A.科学性　　B.整体性　　C.连续性　　D.持续性

24.《幼儿园保育教育质量评估指标》指出,要发现和支持幼儿有意义的学习,采用小组或集体的形式讨论幼儿感兴趣的话题,鼓励幼儿表达自己的观点,( ),拓展提升幼儿日常生活和游戏中的经验。
A.同伴交流　　B.探索学习　　C.提出问题　　D.分析解决问题

25.《幼儿园入学准备教育指导要点》围绕幼儿入学所需的关键素质,提出( )和学习准备四个方面的内容。
A.身心准备　　B.生活准备　　C.身体准备　　D.社会准备

26.在维果斯基的理论中,对包括幼儿园课程在内的教育理论和实践影响最为直接的概念是( )(常考)
A.最近发展区　　B.鹰架教学　　C.发展适宜性　　D.心理工具

27.《"十四五"学前教育发展提升行动计划》的重点任务是( )
A.补齐普惠资源短板
B.完善普惠保障机制
C.坚持科学保育教育
D.全面提升保教质量

28.幼儿园的教育内容可以相对划分为健康、语言、社会和( )
A.艺术　　B.音乐　　C.科学　　D.数学

29.《幼儿园保育教育质量评估指标》指出,要充分尊重和保护幼儿的好奇心和探究兴趣,相信每一个幼儿都是积极主动、有能力的学习者,最大限度地支持和满足幼儿通过( )获取经验的需要。
A.直接感知
B.实际操作
C.亲身体验
D.同伴合作

30.下列不属于4～5岁儿童科学领域学习与发展目标的是( )(易错)
A.能根据观察结果提出问题,并大胆猜测答案

B. 能用数字、图画、图表或其他符号记录
C. 能用一定的方法验证自己的猜测
D. 能通过简单的调查收集信息

三、判断题(判断下列各命题的正误,并在题后括号内打"√"或"×"。本大题共10小题,每小题1分,共10分)

31. 活动时愿意接受同伴的意见和建议是5～6岁儿童在社会领域的学习与发展目标之一。（　）

32. 家庭教育以立德树人为根本任务,培育和践行社会主义核心价值观,弘扬中华民族优秀传统文化、革命文化、社会主义先进文化,促进未成年人健康成长。（　）

33. 幼儿期是人一生中词汇量增加最快的时期。（常考）（　）

34. 蒙台梭利在教师与学生的问题上,提出了儿童中心论的观点。（　）

35. 学校对未成年学生不承担监护职责,但法律有规定的或者学校依法接受委托承担相应监护职责的情形除外。（　）

36. 个体自我意识的发展经历了从生理自我到心理自我,再到社会自我的过程。（　）

37. 促进儿童的全面发展是家园合作追求的最终目标。（常考）（　）

38. 制定合理的幼儿园生活制度,首先应该考虑的因素是季节和地区特点。（　）

39. 发育良好的身体、愉快的情绪、强健的体质、协调的动作、良好的生活习惯和基本生活能力是幼儿身心健康的重要标志,也是其他领域学习与发展的基础。（　）

40. 幼儿园必须把促进幼儿全面发展放在工作的首位。（常考）（　）

四、简答题(本大题共3小题,每小题6分,共18分)

41. 简述4～5岁儿童"具有初步的阅读理解能力"的学习与发展目标。

42. 简述《幼儿园教师专业标准(试行)》中对幼儿教师专业能力"反思与发展"的基本要求。

43. 简述幼儿园家长委员会的主要任务。

五、活动设计题（本大题共12分）

44. 大班幼儿即将步入小学，要以"向往的小学"为主题开展系列活动。请围绕此主题设计一节大班社会领域的教育活动。

设计要求：

(1) 目标准确、恰当，符合幼儿的年龄特点；

(2) 列出活动重点和难点；

(3) 活动过程结构完整、思路清晰，列出活动过程每一环节的主要内容。

2022年安徽省安庆市宿松县教师招聘考试幼儿园教育理论基础真题试卷(八)

(本套试题共75小题,目前已收录72小题)

本套试卷共75小题,包括单项选择题(40小题),多项选择题(10小题),判断题(20小题),简答题(2小题),论述题(2小题),案例分析题(1小题)。

一、单项选择题(在下列每小题列出的四个选项中只有一个是最符合题意的,请将其代码填在括号内。错选、多选或未选均不得分。本大题共40小题,每小题1.05分,共42分)

1. 幼儿园是宣传和传播文化的场所,幼儿园通过传播科学真理,弘扬优良道德,形成正确的舆论,为幼儿成为一名合格的社会公民奠定基础,这属于学前教育的( )(易错)
   A. 政治功能 B. 经济功能
   C. 保育功能 D. 改善功能

2. 在日常生活中帮助幼儿了解人与人之间、人与社会之间、人与物之间的关系,了解一定的行为准则,逐渐形成良好的行为品质,这属于( )方面的实施途径。
   A. 智育 B. 德育
   C. 体育 D. 美育

3. 星星幼儿园组织了一次"我来制定园规"的活动,让幼儿也参与到园规的制定当中,并在活动过程中对幼儿进行了规则教育,这一活动体现了( )
   A. 儿童是自主建构的个体 B. 儿童是小大人
   C. 儿童的发展是一个整体 D. 儿童有各种合法权利

4. 在学习红绿灯时,顾老师利用幼儿园现有的材料,创设了一个富有教育性的模拟环境,在模拟环境中,组织幼儿学习红绿灯知识,这体现了幼儿教师的( )
   A. 自主学习能力 B. 科学研究能力
   C. 艺术表现能力 D. 组织能力

5. 在家长会上,付老师与家长一起交流育儿心得,帮助家长解决在教育子女上遇到的问题,并与家长建立了诚挚的友谊,这说明付老师( )
   A. 具有教育权威,在家长面前是高高在上的
   B. 懂得尊重和团结家长,能为家长提供家庭教育指导
   C. 善于推卸责任,把自己的教学工作推给家长
   D. 是幼儿学习的指导者,是幼儿的第二任母亲

6. ( )是历史上最早论述优生优育问题的思想家。
   A. 柏拉图 B. 孔子 C. 陶渊明 D. 夸美纽斯

7. 卢梭提倡( )教育的儿童观。
   A. 社会主义 B. 人本主义 C. 自然主义 D. 要素主义

8. 凡用朋友之道教人学做艺术或者手艺便是艺友制,这是陶行知创立( )的好方法。
   A. 教育超常幼儿　　　　　　　　B. 参与幼儿游戏
   C. 发现幼儿天赋　　　　　　　　D. 培养幼儿师资

9. 因为活动的内容、形式不同,所以在幼儿发展中的作用也是不一样的。教师要注意教育活动的( ),才能有效地促进幼儿发展。
   A. 多样性　　　B. 直观性　　　C. 生活性　　　D. 发展性

10. 在教幼儿如何使用扫把时,幼儿只有通过感官和动作确切地接触到扫把,并尝试做出扫地动作,才能真正理解应当如何使用扫把,这体现了学前教育的( )特点。(常考)
    A. 非义务性　　　　　　　　　　B. 直接经验性
    C. 启蒙性　　　　　　　　　　　D. 保教合一

11. 通过为幼儿讲述小鹰学飞的故事,让幼儿向小鹰学习,学习小鹰不怕困难的精神,这种教育方法属于( )
    A. 榜样示范法　B. 目标指引法　C. 自我评价法　D. 互动指导法

12. 教师在班级管理过程中要民主、平等地对待幼儿,与幼儿共同开展有益的活动,这是遵循班级管理的( )
    A. 目标性原则　B. 整体性原则　C. 参与性原则　D. 高效性原则

13. 幼儿园晨间检查不包括( )
    A. 看脸色　　　B. 看皮肤　　　C. 看精神状态　D. 看作业

14. 下列关于幼儿园进餐活动的说法,错误的是( )
    A. 进餐前半小时可组织幼儿进行一些安静的游戏
    B. 要营造宽松温馨的进餐氛围,安抚幼儿情绪
    C. 要引导幼儿掌握正确的进餐技能
    D. 要保证进餐后安静活动并跑步10~15分钟

15. 何老师在端午节时组织幼儿一起包粽子,这反映了学前儿童社会教育内容选择的( )原则。
    A. 感染性　　　B. 生活性　　　C. 民族性　　　D. 发展性

16. 下列哪项不属于学前儿童心理健康活动的主要内容( )
    A. 培养初步的自我保护能力　　　B. 预防心理障碍和行为异常
    C. 性启蒙教育　　　　　　　　　D. 培养社会交往能力

17. 将骑脚踏车的动作练习活动变成有趣的模仿活动,激发幼儿练习的兴趣,这种组织方法属于( )(常考)
    A. 比赛法　　　B. 讲解法　　　C. 游戏法　　　D. 信号法

18. "乐于参加游戏活动,在游戏中大胆地说话",最有可能是( )幼儿听说游戏的目标。
    A. 托班　　　　B. 小班　　　　C. 中班　　　　D. 大班

19. 对幼儿能在阅读活动中保持安静的行为予以表扬后,幼儿在今后阅读活动中保持安静的行为增加了,这属于强化评价法中的( )
    A. 自我强化　　B. 替代强化　　C. 正强化　　　D. 负强化

20. 幼儿用脚掌量教室的宽度,这种测量属于( )
   A. 观察测量　　B. 自然测量　　C. 并放测量　　D. 连体测量

21. 在音乐教育课上,周老师为幼儿播放了一段音乐,并让幼儿跟着音乐的节奏来吹口风琴,这种音乐教育的方法是( )
   A. 直观提示法　　B. 示范模仿法　　C. 节奏朗诵法　　D. 联想仿创法

22. 学前儿童的活动主要包括对物的操作活动和与人的交往活动。活动是促进学前儿童心理发展的有效途径。尤其应重视学前儿童的( )
   A. 游戏活动　　B. 实验活动　　C. 观察活动　　D. 教育活动

23. 思维的( )是指儿童逐渐学会从他人的角度看问题。
   A. 去自我中心主义　　　　　　B. 可逆性
   C. 守恒性　　　　　　　　　　D. 具体形象性

24. 多元智能理论的代表人物是( )
   A. 加德纳　　B. 维果斯基　　C. 班杜拉　　D. 巴甫洛夫

25. 评价幼儿身体发育的指标不包括( )
   A. 形态指标　　　　　　　　　B. 生理功能指标
   C. 卫生指标　　　　　　　　　D. 心理指标

26. 下列哪项体育运动不适合在幼儿园开展( )
   A. 徒手操　　B. 长跑　　C. 投掷小沙包　　D. 跳绳

27. 从教室的不同方位看同一幅画,画的大小不会变,这属于知觉的( )(易错)
   A. 选择性　　B. 整体性　　C. 理解性　　D. 恒常性

28. 幼儿悠悠喜欢弹钢琴,能一边弹琴,一边唱歌,这属于注意的( )
   A. 转移　　B. 分配　　C. 广度　　D. 稳定性

29. ( )是指幼儿会对目标内容给予某种特定的标签,以便于对其进行有效的记忆。
   A. 定位策略　　B. 视觉复述策略　　C. 组织策略　　D. 提取策略

30. 琳琳看到小虎乱扔垃圾,觉得很生气,这属于( )(常考)
   A. 理智感　　B. 道德感　　C. 内疚感　　D. 愧疚感

31. 在吃点心时,老师为幼儿准备了苹果和香蕉作为点心,要求每位幼儿只能选择其中一种,笑笑既想选择苹果,又想选择香蕉,难以抉择,此时笑笑面临的是( )
   A. 双趋式冲突　　　　　　　　B. 双避式冲突
   C. 趋避式冲突　　　　　　　　D. 多重趋避式冲突

32. 小黄把搭积木中学习的搭建技巧运用到了搭房子中,这属于( )
   A. 负迁移　　B. 逆向迁移　　C. 一般迁移　　D. 垂直迁移

33. 做泥工游戏时,幼儿将橡皮泥捏成小人,这属于( )游戏。
   A. 练习性　　B. 规则性　　C. 结构性　　D. 象征性

34. 幼儿教师应按照尊重、平等、( )的原则对待家长,并取得家长理解,让家长积极参与进来。
   A. 灵活　　B. 稳定　　C. 权威　　D. 合作

35. 能从生活和游戏中感受事物的数量关系并体验到数学的重要和有趣,是( )领域的教学目标。
A.科学　　　B.健康　　　C.艺术　　　D.社会

36. 缺

37. 幼儿园大班幼儿人数一般为( )人。(常考)
A.20　　　B.25　　　C.30　　　D.35

38. 根据《幼儿园工作规程》,下列错误的是( )
A.幼儿园不得教授小学内容　　　B.每年秋季招生,平时不可补招
C.应当将环境作为重要资源　　　D.患有传染病的幼儿教师立即停止工作

39. 根据《3~6岁儿童学习与发展指南》,能够躲避丢来的沙包属于( )岁幼儿动作发展的典型表现。
A.5~6　　　B.3~4　　　C.4~5　　　D.2~3

40. 缺

二、多项选择题(下列各题备选答案中至少有两项是符合题意的,请找出恰当的选项,并将其代码填在相应的括号内,多选、错选或少选均不得分。本大题共10小题,每小题1.8分,共18分)

41. 学前教育贯彻科学性原则,要做到( )
A.教育内容应该是健康的　　　B.教育内容要从实际出发,对幼儿健康发展有利
C.教育设计和实施要科学、正确　　　D.教育要达到科学家标准

42. 幼儿园大班应当更集中、更直接地对幼儿进行幼小衔接教育,在入学情感和学习能力等方面做好专门的衔接工作。在学习能力方面,应提高幼儿的( )
A.共情能力　　　B.前书写能力　　　C.倾听能力　　　D.前阅读能力

43. 幼儿性格年龄特点包括( )(常考)
A.模仿性强　　　B.喜欢交往　　　C.活泼好动　　　D.喜欢发问

44. 下列哪些属于语言教学游戏类型( )
A.语音练习的游戏　　　B.句子练习的游戏
C.词汇练习的游戏　　　D.描述性练习的游戏

45. 规则引导法是幼儿园班级管理中最直接、最常用的管理方法,下列属于规则引导法的操作要领的是( )
A.规则的内容要简单易行　　　B.给幼儿实践的机会
C.教师要保持规则的一贯性　　　D.没有互动性

46. 幼儿园与家庭合作的任务包括( )
A.促进双方取得教育共识　　　B.优化整合家庭教育资源
C.促进双方有效互动　　　D.为幼儿园介绍生源

47. 杜威认为教育即生长,下列正确的是( )
A.生长是个连续性和阶段性相联结的动态的心理发展过程
B.生长必须以儿童的本能、能力为依据
C.习惯是生长的表现
D.是否帮助儿童生长是衡量学校教育价值的标准

48. 碳水化合物是热能的主要食物来源,食物中所含的碳水化合物,一部分可以被人体吸收,一部分不能吸收,下列可被吸收的是(　　)
　　A. 葡萄糖　　　　B. 淀粉　　　　C. 纤维素　　　　D. 果胶

49. 消毒是切断病毒传播途径的一种重要措施,下列属于物理消毒的是(　　)(常考)
　　A. 乙醇消毒法　　B. 机械消毒法　　C. 日晒消毒法　　D. 煮沸消毒法

50. 幼儿社会学习的重要途径包括与成人、同伴之间的(　　)
　　A. 共同生活　　　B. 交往　　　　C. 探索　　　　D. 游戏

三、判断题(判断下列各命题的正误,并在题后括号内打"√"或"×"。本大题共20小题,每小题0.6分,共12分)

51. 感知运动阶段是儿童智力发展的萌芽阶段。　　　　　　　　　　　　　　　　　　　　(　　)
52. 手接球这一活动的重点在于发展幼儿精细动作。　　　　　　　　　　　　　　　　　　(　　)
53. 3岁前儿童的记忆一般不能永久保存,称为幼儿健忘。(常考)　　　　　　　　　　　　(　　)
54. 幼儿无意想象的过程受情绪和兴趣的影响。　　　　　　　　　　　　　　　　　　　　(　　)
55. 3~6岁是人一生中词汇量增加最慢的时期。　　　　　　　　　　　　　　　　　　　　(　　)
56. 陌生人焦虑是指婴儿对陌生人的警觉反应。　　　　　　　　　　　　　　　　　　　　(　　)
57. 性格是人的心理活动的动力特征。　　　　　　　　　　　　　　　　　　　　　　　　(　　)
58. 体格的发展、认知的发展和社会性的发展是儿童全面发展的三大方面。　　　　　　　　(　　)
59. 稳定的同伴关系是儿童依恋形成的必要条件。　　　　　　　　　　　　　　　　　　　(　　)
60. 开放性原则是指创设幼儿园环境时应把大小环境有机结合,形成开放式的幼儿教育系统。(　　)
61. 家庭访问是普及家教知识的有效渠道,其主要任务是系统地向家庭传授教育子女的科学知识。(易混)　　　　　　　　　　　　　　　　　　　　　　　　　　　　　　　　(　　)
62. 亲社会行为发展是幼儿道德发展的核心问题。　　　　　　　　　　　　　　　　　　　(　　)
63. 独立游戏是幼儿后期出现较高级的游戏形式。　　　　　　　　　　　　　　　　　　　(　　)
64. 蒙台梭利注重感官教育。　　　　　　　　　　　　　　　　　　　　　　　　　　　　(　　)
65. 幼儿园应当成立家长委员会,家长委员会应该在保育员的指导下工作。　　　　　　　　(　　)
66. 缺
67. 幼儿园必须把保护幼儿的生命和促进幼儿的健康放在工作的首位。(常考)　　　　　　(　　)
68. 教育活动的组织形式应根据需要合理安排,因时、因地、因内容、因材料灵活地运用。(　　)
69. 幼儿教师要坚守廉洁自律,不得索要幼儿家长的财物。　　　　　　　　　　　　　　　(　　)
70. 教师是人类灵魂的工程师,是人类文明的传承者。　　　　　　　　　　　　　　　　　(　　)

四、简答题(本大题共2小题,每小题6分,共12分)

71. 简述预防幼儿攻击性行为的方法。

72. 简述学前儿童早期阅读活动目标。

五、论述题(本大题共2小题,每小题10分,共20分)

73. 幼小衔接是长期被教育工作者和家长所关注却一直没有得到很好的解决的难题,请论述解决这一问题有何重要意义。

74. 请论述幼儿园心理环境对幼儿发展的影响。

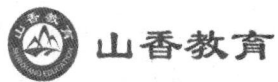

六、案例分析题(本大题共16分)

75. 材料:有一次绘画课上,悠悠和小康都向老师反映自己的彩笔不见了,老师就问其他同学是否看到了悠悠和小康的彩笔,好多同学都说是小新拿走了,结果在小新书包里找到了彩笔,在与小新家长的沟通中得知,小新一直想要一盒彩笔,家长一直没有时间购买。

还有一次老师给班上每个人发了3个西红柿,然后带他们去洗手,结果回来后3个小朋友的西红柿都不见了,最终在小新的盘子里发现了,老师问小新,为什么要拿其他小朋友的西红柿,小新说因为我喜欢吃西红柿。

请分析小新出现上述问题的原因,(6分)如果你是老师,你会如何教育小新?(10分)

2022年江苏省淮安市淮阴区教师招聘考试幼儿园教育理论基础真题试卷（九）

（本套试卷共56小题，目前已收录52小题）

本试卷分为两部分，共56小题。第一部分为公共知识部分，依次为单项选择题(16小题)、多项选择题(6小题)、判断题(10小题)。第二部分为幼儿专业知识部分，依次为填空题(10小题)、单项选择题(10小题)、简答题(2小题)、论述题(2小题)。

第一部分　公共知识部分

一、单项选择题（在每小题列出的四个备选项中只有一个是符合题目要求的，请将其代码填写在括号内。错选、多选或未选均无分。本大题共16小题，每小题1分，共16分）

1. 下列不属于《学记》的教育思想的是（　　）
   A. 不愤不启，不悱不发　　　　　　B. 化民成俗，其必由学
   C. 教学相长，及时而教　　　　　　D. 道而弗牵，强而弗抑，开而弗达

2. "教育不应再限于学校的围墙之内"体现了（　　）教育的理念。（易混）
   A. 前制度化　　　　　　　　　　　B. 制度化
   C. 非制度化　　　　　　　　　　　D. 前三项兼有艺术的社会本质

3. 在教育工作中谨记"欲速则不达"的道理，即教育工作要遵循人身心发展的（　　）
   A. 顺序性　　　　　　　　　　　　B. 阶段性
   C. 不平衡性　　　　　　　　　　　D. 互补性

4. "学者未必是良师"体现了教师职业的（　　）
   A. 权威性　　　　　　　　　　　　B. 道德性
   C. 学术性　　　　　　　　　　　　D. 专业性

5. 马克思主义观点认为，培养全面发展的人的唯一方法是（　　）（常考）
   A. 脑力劳动与体力劳动相结合　　　B. 城市与农村相结合
   C. 知识分子与工人农民相结合　　　D. 教育与生产劳动相结合

6. "寓德育于教学之中，寓德育于活动之中，寓德育于教师榜样之中，寓德育于学生自我教育之中，寓德育于管理之中"，这体现了德育过程是（　　）
   A. 对学生知、情、意、行的培养与提高的过程
   B. 促进学生思想内部矛盾斗争的发展过程，是教育与自我教育相结合的过程
   C. 长期的、反复的、逐步提高的过程
   D. 组织学生的活动和交往，统一多方面教育影响的过程

7. 课程资源指的是（　　）
   A. 教师和学生　　　　　　　　　　B. 课程标准和教科书
   C. 国家课程、地方课程和学校课程　D. 有利于实现课程目标的各种因素

8. 赫尔巴特的"教学永远具有教育性"思想反映了(   )
A. 直接经验与间接经验的关系　　B. 知识与能力的关系
C. 知识与思想品德的关系　　　　D. 教师与学生的关系

9. 第斯多惠有一句名言:"一个坏的教师奉送真理,一个好的教师则教人发现真理。"这体现了教学中要贯彻(   )(常考)
A. 启发性原则　　　　　　　　　B. 循序渐进原则
C. 直观性原则　　　　　　　　　D. 因材施教原则

10. 某个学生在课堂上故意弄出声响以引起老师注意,这时老师采取(   )的处理方式最为适宜。
A. 言语提醒　　B. 非言语暗示　　C. 有意忽视　　D. 暂时隔离

11. 有个学生迟到了,推门而进,师生这时不由自主地转向教室门,这是注意的(   )
A. 分散　　　　B. 起伏　　　　　C. 转移　　　　D. 分配

12. "外行看热闹,内行看门道"体现了知觉的(   )
A. 理解性　　　B. 选择性　　　　C. 整体性　　　D. 恒常性

13. 许多人利用早晚时间学习、记忆,其效果优于白天,这是因为早上和晚上所受的抑制干扰是(   )
A. 双重抑制　　B. 单一抑制　　　C. 前摄抑制　　D. 后摄抑制

14. "足智多谋,随机应变"体现了思维的(   )
A. 广阔性　　　B. 批判性　　　　C. 灵活性　　　D. 敏捷性

15. "先天下之忧而忧,后天下之乐而乐"体现了哪种情感(   )
A. 道德感　　　　　　　　　　　B. 美感
C. 理智感　　　　　　　　　　　D. 心境

16. 学生中流传的"大考大玩、小考小玩、不考不玩"具有一定的道理,可以说明这一现象的理论是(   )
A. 耶克斯—多德森定律　　　　　B. 动机强化说
C. 动机需要论　　　　　　　　　D. 归因理论

二、多项选择题(下列各题备选答案中至少有两项是符合题意的,请找出恰当的选项,并将其代码填在相应的括号内,多选、错选或少选均无分。本大题共6小题,每小题1.5分,共9分)

1. "四书"是中国封建社会正统的教育内容,下列著作属于"四书"的是(   )
A.《大学》　　B.《中庸》　　　C.《论语》　　　D.《春秋》

2. 创造性与智商存在一定的关系,下列表述正确的是(   )(易错)
A. 高创造性者智商一定不低　　　B. 高智商者,创造性可能高也可能低
C. 低智商者,创造性一定低　　　D. 低创造性者,智商一定低

3. 能体现具有潜移默化特点的德育方法是(   )
A. 让学校的每一面墙壁都开口说话
B. 桃李不言,下自成蹊
C. 让学校的一草一木,一砖一石都发挥教育影响
D. 春风化雨

4. 布置作业时,教师应当遵守的要求有( )
A. 作业内容要符合课程标准　　　　B. 作业分量要适宜,难易要适度
C. 要向学生提出明确的要求　　　　D. 教师应反馈清晰、及时

5. 班级管理的模式有( )
A. 常规管理　　　　　　　　　　B. 平行管理
C. 民主管理　　　　　　　　　　D. 目标管理

6. 最重要和最良性的学习动机是( )
A. 父母的期待　　　　　　　　　B. 浓厚的兴趣
C. 教师的鼓励　　　　　　　　　D. 远大的理想

三、判断题(判断下列各命题的正误,并在题后括号内打"√"或"×"。本大题共10小题,每小题0.5分,共5分)

1. "孟母择邻"的故事表明了环境因素决定着人的身心发展变化。(常考)　　　　　　　　　( )
2. 天才并非天生之才。　　　　　　　　　　　　　　　　　　　　　　　　　　　　　　( )
3. 培训进修是教师应当享有的权利,而不是教师应履行的义务。　　　　　　　　　　　　( )
4. 用测量知识的题目去测量学生的智力,这样的测验显然缺乏区分度。　　　　　　　　　( )
5. 人的各种心理活动中,都伴随着注意这种心理状态,因此注意是一种独立的心理过程。　( )
6. 机械记忆就是死记硬背,学习过程中应尽量避免。　　　　　　　　　　　　　　　　　( )
7. 客观题答案明确,判断公正,所以在考试中应越多越好。　　　　　　　　　　　　　　( )
8. 人在激情状态下,认识和自控能力会减弱,所以总是做错事。　　　　　　　　　　　　( )
9. 只要教育得法,人人都可以成为歌唱家、科学家或诗人。　　　　　　　　　　　　　　( )
10. 没有惩罚的教育是不完整的教育。　　　　　　　　　　　　　　　　　　　　　　　( )

第二部分　幼儿专业知识部分

一、填空题(在下列每小题的空格中填上正确的答案。错填、不填均不得分。本大题共10小题,每小题2分,共20分)

1. 幼儿园教育是基础教育的重要组成部分,是我国学校教育和_____的奠基阶段。(常考)

2. 家长要理解幼儿的_____,严禁"拔苗助长"式的超前教育和强化训练。

3. 为深入贯彻《国家中长期教育改革和发展规划纲要(2010~2020年)》和《国务院关于当前发展学前教育的若干意见》,指导幼儿园和家庭实施科学的_____,促进幼儿身心_____,制定《3~6岁儿童学习与发展指南》。

4. 《幼儿园教育指导纲要(试行)》中提出,要建立良好的师生、_____关系,让幼儿在集体生活中感到温暖,心情愉快,形成安全感、_____。(常考)

5. 《新时代幼儿园教师职业行为十项准则》要求我们要潜心培幼育人,落实_____的根本任务。

6. 幼儿身心发育尚未成熟,需要成人的_____,但不宜过度_____,以免剥夺幼儿自主学习的机会,养成过于依赖的不良习惯,影响其主动性、独立性的发展。

7-10缺。

二、单项选择题(在每小题列出的备选项中只有一个是符合题目要求的,请将其代码填写在括号内。错选、多选或未选均无分。本大题共10小题,每小题2分,共20分)

1.《3~6岁儿童学习与发展指南》以为幼儿后继学习和(　　)奠定良好素质基础为目标。
　　A. 全面发展　　　B. 终身学习　　　C. 终身发展

2. 幼儿每天户外活动时间一般不少于两小时,其中体育活动时间不少于(　　)
　　A. 1小时　　　　B. 2小时　　　　C. 3小时

3. 幼儿艺术活动的能力是在大胆表现的过程中逐渐发展起来的,教师的作用应主要在于激发幼儿感受美、表现美的情趣,丰富他们的(　　),使之体验自由表达和创造的快乐。
　　A. 创造思维　　　B. 情感体验　　　C. 审美经验

4. 幼儿园教育工作评价实行以(　　)为主。
　　A. 管理人员评价　B. 教师自评　　　C. 家长评价

5. 幼儿园应本着(　　)的原则,争取家长的支持。
　　A. 尊重、民主、平等　B. 尊重、平等、合作　C. 平等、互助、合作

6. 语言是(　　)的工具。
　　A. 交流和思维　　B. 语言发展　　　C. 各个领域

7. 幼儿的社会性主要是在日常生活和(　　)中通过观察和模仿潜移默化地发展起来的。
　　A. 游戏　　　　　B. 教育　　　　　C. 劳动

8.《教育部关于大力推进幼儿园与小学科学衔接的指导意见》中提出,要改变衔接意识薄弱,小学和幼儿园教育(　　)的状况。(常考)
　　A. 脱节　　　　　B. 分离　　　　　C. 分叉

9.《幼儿园教育指导纲要(试行)》中指出,要用幼儿感兴趣的方式发展基本动作,提高动作的(　　)
　　A. 协调性　　　　B. 灵敏性　　　　C. 协调性、灵活性

10. 以下不属于3~4岁幼儿喜欢并适应群体生活的典型表现的是(　　)
　　A. 对群体活动有兴趣
　　B. 愿意与家长一起参加社区的一些群体活动
　　C. 对幼儿园的生活好奇,喜欢上幼儿园

三、简答题(本大题共2小题,每小题5分,共10分)

1. 幼儿园户外场地可以设置哪些活动区?(至少列举三个)

2. 如何做好班级疫情防控工作?

四、论述题(本大题共2小题,每小题10分,共20分)

1. 请你设计一种体育游戏,包括:游戏名称、游戏目标、游戏玩法。

2. 请你列举幼儿园夏季课程实施过程中,可利用的三种本地自然资源,并就其中一种在过程中如何运用做详细阐述。

2022年福建省教师招聘考试教育综合知识幼儿园真题试卷(十)

(满分150分　时间150分钟)

本套试卷共64小题,包括单项选择题(37小题),判断选择题(15小题),填空题(6小题),简答题(2小题),材料分析题(4小题)。

一、单项选择题(在每小题列出的四个备选项中只有一个是符合题目要求的,请将其代码填写在括号内。错选、多选或未选均无分。本大题共37小题,每小题2分,共74分)

1. 2021年7月1日,习近平总书记在庆祝中国共产党成立100周年大会上的讲话中,代表党和人民庄严宣告,经过全党全国各族人民持续奋斗,我们实现了第一个百年奋斗目标,在中华大地上(　　)
   A. 全面建成了小康社会　　　　　　B. 全面建成了法制社会
   C. 全面解决了人民群众的温饱问题　　D. 全面建成了社会主义现代化强国

2. 2021年7月25日,我国世界遗产提名项目在第44届世界遗产大会上顺利通过审议,列入《世界遗产名录》,成为中国第56项世界遗产,我国本次申遗成功的项目是(　　)
   A. 杭州:西湖文化景观　　　　　　B. 鼓浪屿:历史国际社区
   C. 丝绸之路:长安——天山廊道的路网　D. 泉州:宋元中国的世界海洋商贸中心

3. 2021年8月27日至28日,中央民族工作会议在北京召开,习近平总书记强调,做好新时代党的民族工作的主线是(　　)
   A. 实现各民族共同富裕　　　　　　B. 坚持依法治理民族事务
   C. 铸牢中华民族共同体意识　　　　D. 促进各民族广泛交流交融

4. 从2008年百年奥运圆梦到2022年与奥林匹克再度携手,北京已成为全球首座"双奥之城"。本次北京冬奥会和冬残奥会的主题口号是(　　)
   A. 一起向未来　　　　　　　　　　B. 让我们一起向春天出发
   C. 同一个世界,同一个梦想　　　　D. 更快、更高、更强、更团结

5. 下列时事共同反映的主题是:(　　)2021年10月14日,我国成功发射首颗太阳探测科学技术试验卫星"羲和号"。2021年12月27日,神舟十三号航天员乘组圆满完成第二次出舱活动全部既定任务。2022年2月27日,我国成功发射泰景三号01卫星等22颗卫星,创造一箭多星新纪录。
   A. 科技实力问鼎全球　　　　　　　B. 浩瀚星空奇妙无穷
   C. 全球科技合作共赢　　　　　　　D. 太空探索成就显著

6. 下列新闻事件与新闻解读相匹配的是(　　)

新闻事件	新闻解读
2021年我国国内生产总值1143670亿元	我国已经成为世界第一大经济体
我国现有行政村已全面实现"村村通宽带"	网络进村入户助力乡村振兴
我国公布第二轮"双一流"建设高校及建设学科名单	高等教育实现全民化和普惠制
2022年1月1日区域全面经济化RCEP生效实施	全球最大自由贸易区正式启航

A. ①②　　　　B. ①③　　　　C. ②④　　　　D. ③④

7.《教育部关于大力推进幼儿园与小学科学衔接的指导意见》指出,幼小衔接应坚持儿童为本、双向衔接、规范管理和( )
A. 快速推进　　B. 全面推进　　C. 系统推进　　D. 稳步推进

8. 2018年11月教育部颁布的《幼儿园教师违反职业道德行为处理办法》规定,幼儿园教师违反师德规定的,可能受到的处分包括( )(常考)
A. 警告、记过、降低专业技术职务等级　　B. 警告、记过、降低岗位等级或撤职、开除
C. 警告、记大过、撤销专业技术职务　　D. 警告、记过、记大过、降级、撤职、开除

9.《中华人民共和国教育法》第七十七条规定,盗用、冒用他人身份,顶替他人取得的入学资格的,由教育行政部门或者其他有关行政部门( )
A. 责令撤销入学资格　　　　B. 责令延期参加考试
C. 责令上缴相关证书　　　　D. 予以降级

10. 某幼儿园在幼儿入园前,采集家长职业、职务和收入等信息。这种做法侵犯了家长的( )
A. 人身权　　B. 隐私权　　C. 身份权　　D. 姓名权

11.《中华人民共和国未成年人保护法》第六十二条规定,密切接触未成年人的单位招聘工作人员时,要查询应聘者是否具有性侵害、虐待、拐卖、暴力伤害等违法犯罪记录,查询途径是向( )
A. 人民法院、公安机关查询　　B. 人民法院、人民检察院查询
C. 公安机关、人民检察院查询　　D. 公安机关、教育行政部门查询

12. 在幼儿园安全问题上,不属于幼儿园的法定职责的是( )
A. 教育　　B. 管理　　C. 监护　　D. 保护

13. 下列以"研究和试验如何办好农村幼稚园的具体方法"为办园宗旨的是( )
A. 南京鼓楼幼稚园　　　　B. 上海大同幼稚园
C. 上海总工会幼儿园　　　D. 南京燕子矶幼稚园

14. 在教育史上第一个系统研究游戏的价值,并尝试创建游戏实践体系的教育家是( )(易错)
A. 卢梭　　　　B. 夸美纽斯
C. 福禄贝尔　　D. 蒙台梭利

15. 陈鹤琴先生提出的"活教育"方法论坚持( )
A. 以"教"为中心　　B. 以"学"为中心
C. 以"做"为中心　　D. 以"求进步"为中心

16. 在新型冠状病毒肺炎形势严峻时期,王老师精心设计"抗击疫情"的主题活动,引导幼儿做好防疫卫生,鼓励幼儿参与疫苗接种,该做法体现了( )
A. 教育生活化　　　　B. 生活教育化
C. 以游戏为基本活动　　D. 教育活动的多样性

17. "幼儿的学习并非教师教授后一个自行发生的结果,反而大部分是由于幼儿自己参与活动的结果及我们提供的资源。"瑞吉欧幼儿教育体系的创始人马拉古齐的这句话体现了( )
A. 儿童具有巨大的潜能　　　　B. 儿童是主动的学习者
C. 儿童有充分的生存和发展权利　　D. 儿童是正在发展中的独特的人

18. 以下属于以幼儿为主体的行为目标的是(　　)
A. 充分感受树枝创意造型的乐趣
B. 引导幼儿制订秋游的采集计划
C. 分享参观海洋馆过程中发生的有趣事件
D. 能够在直线上脚跟碰脚尖左右交替地走

19. 幼儿园课程游戏化项目推进的最终目的是(　　)
A. 优化幼儿园现有课程体系　　B. 打造幼儿园的特色和品牌
C. 提高幼儿教师的专业水平　　D. 促进幼儿的发展

20. 幼儿开展游戏的首要前提是(　　)
A. 充足的游戏时间　　B. 丰富的游戏材料
C. 贴近生活的游戏主题　　D. 明确具体的游戏规则

21. 幼儿以自主创编的故事为主题,借助语言、动作和表情进行表现的游戏是(　　)(常考)
A. 智力游戏　　B. 语言游戏　　C. 角色游戏　　D. 表演游戏

22. 某教师把钓鱼玩具的鱼钩线设计得长短不一,体现了活动区材料投放的(　　)
A. 目的性　　B. 整合性　　C. 层次性　　D. 操作性

23. 当幼儿游戏过程中出现危险时,教师采用的介入方式是(　　)
A. 平行式介入　　B. 交叉式介入　　C. 垂直式介入　　D. 材料指引介入

24. "环境的布置要通过儿童的头脑和双手"这句话体现了创设环境应遵循(　　)
A. 教育性原则　　B. 开放性原则
C. 适宜性原则　　D. 幼儿参与性原则

25. 大班科学活动中,教师引导幼儿通过自主选择材料制作风车,感知影响风车转动的多种因素,主要采用的教学方法是(　　)
A. 操作法　　B. 观察法　　C. 发现法　　D. 游戏法

26. 下列关于幼儿园推进与小学相互衔接举措的叙述,错误的是(　　)
A. 加强与小学教师的教研沟通　　B. 少量地布置读写算家庭作业
C. 帮助幼儿做好基本素质准备　　D. 向家长宣传"小学化"的危害

27. 教师想让家长亲眼看到幼儿在园的表现,可以采取的方式是(　　)
A. 家长会　　B. 家长开放日　　C. 家长接待日　　D. 家园联系栏

28. 3岁前儿童的言语主要是(　　)
A. 对话言语　　B. 独白言语　　C. 连贯言语　　D. 问题言语

29. 黑板上的白色数字很容易看清,但黑板上的灰色数字不容易看清,这是知觉的(　　)
A. 恒常性　　B. 选择性　　C. 整体性　　D. 理解性

30. 印度狼孩卡玛拉的典型事例说明影响儿童心理发展的主要因素是(　　)
A. 遗传素质　　B. 生理成熟　　C. 自然环境　　D. 社会环境

31. 大班幼儿常常因为提出问题后得到满意的回答而感到无比快乐,这种体验是(　　)(常考)
A. 美感　　B. 责任感　　C. 理智感　　D. 道德感

32. "幼儿以为儿子都是小孩,爷爷奶奶都是白头发"这种现象突出表现了幼儿思维的(　　)
　　A. 可逆性　　　　B. 固定性　　　　C. 拟人性　　　　D. 近视性

33. 自我意识的主要成分是(　　)
　　A. 自我认识　　　B. 自我体验　　　C. 自我调节　　　D. 自我监控

34. 人类学家根据古生物化石的有关资料推知人类进化规律,这反映的心理现象是(　　)
　　A. 知觉　　　　　B. 记忆　　　　　C. 想象　　　　　D. 思维

35. 老师说:"看,娟娟坐得多直!"顿时,许多幼儿都挺起腰坐直。这反映幼儿的性格特点是(　　)
　　A. 活泼好动　　　B. 好奇好问　　　C. 模仿性强　　　D. 自制力强

36. 幼儿最初认为蝙蝠是鸟类,班级开展关于哺乳动物的主题活动后,幼儿知道了蝙蝠虽然会飞,但却是哺乳动物,这属于(　　)
　　A. 同化　　　　　B. 顺应　　　　　C. 图式　　　　　D. 平衡

37. 3个月的婴儿能分辨颜色的鲜明与灰暗,3岁的幼儿已经能辨别各种基本颜色。这说明幼儿心理发展的趋势是(　　)
　　A. 从简单到复杂　　　　　　　　　B. 从被动到主动
　　C. 从具体到抽象　　　　　　　　　D. 从零乱到成体系

二、判断选择题(本大题共15小题,每小题1分,共15分)

38. 《未成年人学校保护规定》规定,学校学生保护工作应当坚持最有利于未成年人的原则。(　　)
　　A. 正确　　　　　　　　　　　　　B. 错误

39. 具备了设立幼儿园的实体条件,幼儿园就能依法成立。(　　)
　　A. 正确　　　　　　　　　　　　　B. 错误

40. 幼儿膳食费应当实行民主管理制度,保证全部用于幼儿膳食,每月向家长公布账目。(　　)
　　A. 正确　　　　　　　　　　　　　B. 错误

41. 任何组织和个人不得以营利为目的举办幼儿园。(　　)
　　A. 正确　　　　　　　　　　　　　B. 错误

42. 幼儿攻击性行为不仅存在个体差异,也存在显著的性别差异。(　　)
　　A. 正确　　　　　　　　　　　　　B. 错误

43. 注意是一个独立的心理过程,心理过程也离不开注意。(　　)
　　A. 正确　　　　　　　　　　　　　B. 错误

44. 幼儿较多运用机械记忆,但意义记忆的效果优于机械记忆的效果。(　　)(常考)
　　A. 正确　　　　　　　　　　　　　B. 错误

45. 杜威认为教育的本质和作用是促使幼儿的本能生长。(　　)
　　A. 正确　　　　　　　　　　　　　B. 错误

46. 幼儿只有在活动中的学习才是有意义的学习,才是理解性的学习。(　　)
　　A. 正确　　　　　　　　　　　　　B. 错误

47. 幼儿园教学活动质量的高低,直接决定了幼儿发展的质量和水平。( )
   A. 正确　　　　　　　　　　　　B. 错误

48. 幼儿不仅可以自主选择区域游戏材料,还可以自主生成游戏内容。( )
   A. 正确　　　　　　　　　　　　B. 错误

49. 幼儿同伴互动是幼儿园中对幼儿发展影响最大的因素。( )(易错)
   A. 正确　　　　　　　　　　　　B. 错误

50. 幼儿家长不可以参加幼儿园课程建设,但可以支持和参与幼儿园的活动。( )
   A. 正确　　　　　　　　　　　　B. 错误

51. 幼儿教师应该在幼儿心中树立良好的公信力,并以关怀、接纳、尊重的态度与幼儿交往。( )
   A. 正确　　　　　　　　　　　　B. 错误

52. 幼儿园课程游戏化是重新建立一套游戏化课程,让游戏精神落实到一日生活的各个环节。( )
   A. 正确　　　　　　　　　　　　B. 错误

三、填空题(在下列每小题的空格中填上正确的答案。错填、不填均不得分。本大题共6小题,每小题1分,共6分)

53. 2021年11月8日至11日,中国共产党第十九届中央委员会第六次全体会议在北京举行,全会听取和讨论了习近平受中央政治局委托作的工作报告,审议通过了《中共中央关于党的_____重大成就和历史经验的决议》。

54. 《中华人民共和国未成年人保护法》规定,未成年人在校内、园内或者本校、本园组织的校外、园外活动中发生人身伤害事故的,学校、幼儿园应当_____,妥善处理,及时通知未成年人的父母或其他监护人,并向有关部门报告。

55. 通过"脑力激荡"而调动出来的与主题有关的知识经验或概念,经过归纳整理,建立起某种关系和联系,并以"网状"的形式,将这种关系和联系直观形象地呈现出来,称为_____。

56. 支架式教学是以维果斯基的_____理论为基础而发展起来的一种教学模式。

57. 最有利于儿童发展的依恋类型是_____。(常考)

58. 吉布森和沃克设计的"_____"实验表明,6个月大的婴儿已具有深度知觉。

四、简答题(本大题共2小题,每小题5分,共10分)

59. 简述幼儿想象发展的特点。(常考)

60. 简述幼儿园教育评价工作宜重点考察的内容。

五、材料分析题(本大题共4小题,第61小题7分,第62小题8分,第63、64小题各15分,共45分)

61. 某幼儿园李老师为人正直,业务能力强,热爱幼教事业,深受幼儿和家长喜爱。她非常关心幼儿园的发展,经常为幼儿园献计献策。为了调动教师的工作积极性,该幼儿园出台了《××幼儿园教职工绩效奖励分配方案》。教代会上,李老师正在发表不同意见,王园长怕她的发言有导向作用,引起大家对绩效奖励分配方案的否决,使自己的意图难以达成,就强行制止她发言。李老师非常气愤,和园长吵起来。园长大声地说:"幼儿园实行的是园长负责制,幼儿园的事情就应该园长说了算。"

问题:

(1)王园长的行为侵犯了李老师的什么权利?(2分)

(2)幼儿园园长的做法违反了哪些法律法规?请结合案例具体分析。(5分)

62. 大班幼儿 A 大便拉在裤子上,不敢告诉林老师,林老师从其他幼儿那儿得知此事,生气地说:"大班了还把大便拉在裤子上,真不害臊,太恶心了!"幼儿 A 大哭,引来其他幼儿围观,方园长听到哭声走了过来,帮幼儿 A 将裤子清洗干净并安慰说:"没关系,老师知道你是不小心的。"幼儿 A 停止了哭泣。

问题:

根据《中小学教师职业道德规范》《新时代幼儿园教师职业行为十项准则》的相关规定对林老师和方园长的行为进行分析。(8分)

63. 小(1)班幼儿在收拾玩具的时候,有的把玩具堆到玩具篮里,有的把玩具扔在一旁,有的把玩具混在筐里,刘老师告诉他们:"不能乱堆乱放,不可以放在这里。"但收效甚微。刘老师只好一边示范一边说:"大积木要放在红色筐里,小积木要放在蓝色筐里。"但是幼儿不良行为反复出现,刘老师只好自己动手收拾玩具。刘老师对幼儿说:"你们再这样,以后都不要再玩游戏了。"

问题:

(1)结合材料分析班级管理中存在的问题。(7分)

(2)写出班级常规管理的建议。(8分)

64. 中班美工区活动时,鹏鹏画了一半就不画了。老师亲切地问:"宝贝,你怎么不画了?"鹏鹏回答:"太难了。"下午角色游戏时,鹏鹏扮演"爸爸"开车去上班,看到"宝宝"在玩遥控飞机,说道:"我不当爸爸了,我要当宝宝。"过了一会儿,鹏鹏又不当"宝宝"了,跑去"医院"当"医生"给"病人"看病。没过多久,鹏鹏离开医院,并对老师说:"我不想当医生了。"

问题:

(1)结合材料,分析鹏鹏的行为体现的幼儿意志发展的特点。(5分)

(2)结合材料,写出促进鹏鹏意志发展的教育建议。(10分)

2022年江西省教师招聘考试幼儿教育综合知识真题试卷(十一)

(满分100分 时间120分钟)

本套试卷共55小题,包括单项选择题(50小题),简答题(2小题),案例分析题(1小题),论述题(1小题),活动设计题(1小题)。

第一部分 客观题

单项选择题(在下列每小题列出的四个选项中只有一个是最符合题意的,请将其代码填在括号内。错选、多选或未选均不得分。本大题共50小题,每小题1分,共50分)

1. 幼儿园教师需要掌握的通识性知识包括( )
①具有一定的自然科学和人文社会科学知识 ②了解中国教育基本情况
③具有相应的艺术欣赏与表现知识 ④具有一定的现代信息技术知识
A. ①③④ B. ①②③ C. ②③④ D. ①②③④

2. 艺术是实施美育的主要途径,应充分发挥艺术的情感教育功能,促进幼儿健全人格的形成,要避免仅仅重视表现技能或艺术活动的结果,而忽视幼儿在活动过程中的( )的倾向。(常考)
A. 审美经验 B. 情感体验和态度
C. 艺术兴趣和能力 D. 创造性表达

3. 要充分尊重和保护幼儿的好奇心和学习兴趣,帮助幼儿逐步养成积极主动、( )等良好学习品质。
①认真专注 ②不怕困难
③敢于探究和尝试 ④乐于想象和创造
A. ①④ B. ①②③ C. ①②③④ D. ②③④

4. 幼儿园的品德教育应当以( )和培养良好行为习惯为主,注重潜移默化的影响,并贯穿于幼儿生活以及各项活动之中。
A. 情感教育 B. 认知教育
C. 技能教育 D. 态度教育

5. "愿意用图画和符号表达自己的愿望和想法"是语言领域对( )幼儿发展水平提出的合理期望。
A. 2~3岁 B. 3~4岁 C. 4~5岁 D. 5~6岁

6. 教师的教育活动是一种具有高度自觉性的活动,教育对象的主体性,教师工作的复杂性、困难性和创造性,都要求教师必须具备职业道德的( )
①自觉 ②自律 ③自发 ④自尊
A. ①② B. ①③ C. ②④ D. ②③

7. ( )是幼儿园教师职业道德的核心,也是评价幼儿园教师职业道德水准的重要指标。(常考)
A. 尊重幼儿的个体差异 B. 信任幼儿
C. 尊重幼儿人格 D. 热爱幼儿

8. 幼儿教师不仅在幼儿园里要言行一致,做幼儿的表率,在社会上也要做维护公共秩序、遵纪守法、遵守社会公德的模范。这体现幼儿园教师应(　　)

A. 爱岗敬业　　　　　　　　　B. 团结合作

C. 为人师表　　　　　　　　　D. 有使命感和责任感

9. 游戏精神是指体现儿童游戏活动特点的一种心理状态,以及在这种心理状态支配下儿童对待事物的主观态度。游戏精神至少包括(　　)

①自由精神　　②创造精神　　③体验精神　　④科学精神

A. ①②④　　B. ①②③　　C. ②③④　　D. ①③④

10. 教师在组织中班幼儿进行助跑跨跳活动时,设置了长1米,宽15厘米,高15厘米的障碍物,当幼儿基本能安全熟练地跨越,又增加了长1米,宽15厘米,高20厘米的障碍物。该教师遵循了体育活动卫生原则中的(　　)

A. 循序性原则　　　　　　　　B. 全面性原则

C. 区别性原则　　　　　　　　D. 与游戏相结合原则

11. 在引导幼儿建立正确的性别角色认同过程中,家长或教师不正确的做法是(　　)

A. 起名字、买衣服时体现性别差异　　B. 利用有关绘本引导

C. 在日常生活中随机教育　　　　　　D. 禁止男孩玩芭比娃娃

12. 在"不给陌生人开门"的安全教育活动中,李老师让小朋友表演独自在家遇见陌生人敲门的场景,以引导幼儿掌握居家安全防范的方法。该教师运用了(　　)

A. 讲解法　　B. 讨论法　　C. 练习法　　D. 情境演示法

13. 俗话说"六坐八爬九站立"。这反映了婴儿生长发育的(　　)

①个体差异性　　②阶段性　　③连续性　　④不均衡性

A. ①④　　B. ②③　　C. ①③　　D. ②④

14. 依依出现了发热、咳嗽短促、胸痛、呼吸困难、气急、烦躁不安、面色苍白、鼻翼扇动等症状。她可能是患了(　　),必须及时治疗。(易混)

A. 感冒　　B. 哮喘　　C. 肺炎　　D. 鼻炎

15. 下面属于化脓性中耳炎症状的是(　　)

①剧烈耳痛　　　　　　　　　②伴有呕吐、腹泻

③闷胀感　　　　　　　　　　④视力模糊

A. ①④　　B. ①②　　C. ①③　　D. ②④

16. 传染病的病程发展有一定的规律性,(　　)是潜伏期末到发病期前,出现某些临床表现的短暂时期。

A. 传染期　　　　　　　　　　B. 前驱期

C. 症状明显期　　　　　　　　D. 恢复期

17. 异食癖是学前儿童的一种饮食障碍,多表现为喜食泥土、石块、蜡笔、纸张、毛发等,一般(　　)

A. 随年龄增长而逐渐加重　　　B. 随年龄增长而逐渐消失

C. 多数会持续到成年　　　　　D. 无法治愈

069

18. 维生素B_2是机体内许多重要辅助酶的组成部分,如果缺乏会引发(　　)

A. 口角炎　　　　　　　　　　　B. 巨细胞性贫血

C. 佝偻病　　　　　　　　　　　D. 脚气病

19. 在绘画、写字时,要教育幼儿不要将胸部压在桌缘,以免胸腔受到压迫,眼与纸之间应保持(　　)厘米的距离。(易错)

A. 20~30　　　B. 30~35　　　C. 35~40　　　D. 40~45

20. 在传染病多发季节,活动室和寝室应该每天开窗通风_____次,每次不少于_____分钟。(　　)

A. 3;20　　　B. 4;40　　　C. 3;30　　　D. 3;60

21. 婴幼儿在户外活动中,往往会发生奔跑时撞上障碍物或互相碰撞的安全问题。原因之一是他们(　　)的发展受个体经验的局限。

A. 大小知觉　　　　　　　　　　B. 方位知觉

C. 形状知觉　　　　　　　　　　D. 距离知觉

22. 皮亚杰指出,形状恒常性大约出现在婴儿出生后的第_____个月,而大小恒常性则出现在第_____个月。(　　)

A. 9;6　　　B. 6;9　　　C. 9;12　　　D. 12;9

23. 大班幼儿往往对听过的故事不感兴趣,希望老师讲新故事;小班幼儿则不然,他们对"小兔乖乖""拔萝卜"等喜欢的故事百听不厌。这体现了小班幼儿(　　)的特点。

A. 想象的主题不稳定　　　　　　B. 以想象的过程为满足

C. 想象无预定目的　　　　　　　D. 想象的内容零散、无系统

24. 离园前,张老师提醒小朋友明天带手工作品。玲玲一直念叨着这件事,一看见妈妈来接自己,赶紧扑过去告诉妈妈。玲玲使用的记忆策略是(　　)(常考)

A. 视觉复述策略　　　　　　　　B. 复述策略

C. 组织性策略　　　　　　　　　D. 提取策略

25. 幼儿早期说话时有一种常见的现象,他们往往一边说,一边做动作,尤其是当语言难以表达的时候,动作总是语言的注释和"图解"。这是语言的(　　)功能的体现。

A. 表达情感　　B. 情境化　　C. 意动　　D. 指物

26. 下列有关幼儿的抽象逻辑思维表述不正确的是(　　)

A. 幼儿末期开始获得可逆性思维

B. 幼儿约四岁以后开始出现抽象逻辑思维的萌芽

C. 幼儿末期开始能够去自我中心化

D. 学龄初期儿童抽象逻辑思维开始发展,但仍带有很大的具体性

27. 王老师给小朋友们准备了一些活动材料,在让幼儿动手操作之前,先给幼儿讲解操作过程的注意事项。为了避免干扰,王老师将材料放在小朋友的椅子下面并让他们不要动。明明看到小宇在偷偷拿材料,赶紧报告王老师。这是明明(　　)发展的体现。

A. 道德感　　B. 美感　　C. 理智感　　D. 责任感

28. 亮亮每拿放一块拼图时总会看看旁边的妈妈,如果妈妈脸上笑眯眯的,他就放心去拼。这反映了亮亮( )发展比较差。
   A. 独立性   B. 果断性   C. 自制力   D. 坚持性

29. 当一个儿童的兴趣发生变化后,他的知识结构、认知能力也会随之变化,同样他的自我评价、自我体验、态度和行为也会随之变化。这体现了个性的( )特点。(易混)
   A. 独特性   B. 稳定性   C. 开放性   D. 整体性

30. 豆豆性情平和、内向稳重、做事认真、有韧性、有条理,动作有些不灵活,适应环境慢。李老师平时注意给他参加各种活动的机会,鼓励他多说话,引导他快速完成任务。豆豆的气质类型很可能是( )
   A. 胆汁质   B. 多血质   C. 黏液质   D. 抑郁质

31. 鲍尔比提出,依恋的发展分为四个阶段。其中修正目标的合作阶段发生在( )
   A. 2.5岁以后   B. 6个月~2.5岁
   C. 3~6个月   D. 0~3个月

32. 关于儿童交往策略表述正确的是( )(易错)
   A. 小、中、大班幼儿在发起行为方面存在显著差异
   B. 性别因素对幼儿的协调行为起显著作用
   C. 幼儿交换行为存在明显的类型差异
   D. 受欢迎儿童常常运用发起、支配、让步等交往策略

33. 在一次谈话活动中,华华说:"我不喜欢孙悟空,他老是打人,王老师说打人是不好的。"根据科尔伯格道德发展阶段理论,华华的道德判断处于( )阶段。
   A. 以服从与惩罚为取向   B. 以工具性目的为取向
   C. 以"好孩子"为取向   D. 以维持社会秩序为取向

34. 童童画画时不能以透视的观念绘画,经常把从多个角度观察的结果组合在一张画中。童童的绘画表现出( )的特征。
   A. 拟人化   B. 透明式
   C. 夸张式   D. 展开式

35. 在美术欣赏活动中,李老师引导幼儿按照从上往下、从左往右的顺序观察。对幼儿来说,这属于( )
   A. 知识的学习   B. 认知技能的学习
   C. 运动技能的学习   D. 态度的学习

36. 游戏中李老师观察到平平对"水从高处往低处流"已有所了解,她接下来投放了各种属性的水管及支撑物等材料,引发平平继续探究"水管高度与水流速度的关系"。李老师的行为主要符合( )
   A. 教育生态学理论   B. 最近发展区理论
   C. 心理工具理论   D. 多元智能理论

37. 针对"来园时如何签到"这一问题,王老师组织幼儿进行讨论,并就讨论的结果进行投票,让幼儿自主选出最佳签到方式。这体现了王老师在班级管理中主要遵循了( )原则。(常考)
   A. 高效性   B. 主体性   C. 整体性   D. 科学性

38. 口头语言法可以适用所有领域的教育活动。以下不属于口头语言法的是(　　)

　　A. 讲解法　　　　B. 讨论法　　　　C. 谈话法　　　　D. 示范法

39. (　　)原则是指在设计教育活动时,不仅要充分发挥活动内容、形式、过程等各因素的功能,还应加强各因素间的协调、配合,从而促进幼儿的整体发展。

　　A. 主体性　　　　B. 活动性　　　　C. 整合性　　　　D. 发展性

40. 王老师在益智区里投放了几张不同难度的记录表,幼儿可以根据自己的能力选择运用打钩、画图案、写数字等多种表征方式进行记录。王老师投放材料的做法符合(　　)原则。

　　A. 丰富性　　　　B. 层次性　　　　C. 情感性　　　　D. 探索性

41. (　　)是让幼儿知道"是什么",是幼儿通过学习以后,能记忆事物的名称、符号、地点、定义以及对事物描述等具体事实。

　　A. 言语信息　　　　　　　　　　　B. 智力技能

　　C. 认知策略　　　　　　　　　　　D. 动作技能

42. "榨果汁"的时候,贝贝把不同颜色的彩纸撕碎,什么颜色的纸就做什么样的"果汁"。做好"果汁"以后,他小心地端着,生怕自己的"果汁"洒出来。这主要体现了角色游戏的(　　)特点。

　　A. 自主性　　　　B. 情境性　　　　C. 表征性　　　　D. 社会性

43. 表演游戏中,李老师结合幼儿"肢体表现"这一关键经验,事先列出"较少肢体动作、肢体动作多样、肢体动作多样且符合角色特征"等具体项目。幼儿游戏时,李老师对照项目判断幼儿肢体表现水平。该教师采用的观察记录方法是(　　)(易错)

　　A. 评定法　　　　　　　　　　　B. 描述法

　　C. 取样法　　　　　　　　　　　D. 抽样法

44. 游戏分享环节中,王老师在建构区结合幼儿刚刚建构好的"八一大桥"作品,引导幼儿针对大桥桥墩的建构过程进行经验分享,说明王老师在活动评价时遵循了(　　)原则。

　　A. 尊重性　　　　B. 科学性　　　　C. 全面性　　　　D. 情境性

45. 智力游戏是以发展幼儿智力、智力品质、智力技能为主要目标的规则游戏。(　　)幼儿智力游戏的任务侧重思维能力、观察力以及想象力的发展。

　　A. 托班　　　　　B. 小班　　　　　C. 中班　　　　　D. 大班

46. 菲菲对王老师说:"老师,我想教小朋友折兔子,好吗?"王老师欣然同意。菲菲马上在手工区兴奋地教了起来。过了一会儿,菲菲找老师商量:"老师,他们怎么都不会?"老师笑着说:"别着急,想想他们是没看清还是没听明白。"菲菲想了想说:"要不要我讲慢点?"老师说:"好,你试试。"王老师采取的师幼互动策略是(　　)

　　A. 引导性互动　　　　　　　　　　B. 参与性互动

　　C. 评价性互动　　　　　　　　　　D. 目标性互动

47. (　　)是幼儿园定期请家长来园或来班观摩半日活动,目的是让家长了解幼儿在园表现及幼儿园的保教情况。

　　A. 家长开放日　　　　　　　　　　B. 家长会

　　C. 家长志愿者活动　　　　　　　　D. 家庭访问

48. 象征性游戏是幼儿的典型游戏形式,主要特点是假想。2岁以后开始大量出现,( )是比较成熟的发展阶段。

A. 3岁以后 B. 4岁以后 C. 5岁以后 D. 6岁以后

49. 图书区里李老师发现幼儿大多选择自己热爱的故事书,对生疏的故事书不感兴趣。李老师拿出一本幼儿不太爱看的书,他先介绍书名,并提出问题:"《绿色王国的吃大王》中的'吃大王'是谁?为什么他是'吃大王'?"然后请幼儿自主阅读并寻找答案。李老师主要采用的介入策略是( )

A. 交叉式介入　　　　　　　　B. 平行式介入
C. 材料指引　　　　　　　　　D. 语言指导

50. 某小学为帮助学生平稳度过入学适应期,每天保障一年级学生有1小时的自主游戏时间,有50分钟的午睡计划。该小学采取的有效衔接策略主要是( )(易混)

A. 构建良好的师生关系　　　　B. 帮助幼儿逐步适应活动常规
C. 注重班级的环境创设　　　　D. 采取形式多样的教育方式

第二部分　主观题

一、简答题(本大题共2小题,每小题5分,共10分)

1. 简述影响学前儿童注意稳定性的因素。

2. 简述学前儿童进食的卫生要求。(常考)

二、案例分析题(本大题共8分)

建构游戏区里,乐乐取来装有雪花片的玩具筐,说道:"我要搭摩天轮了。"他用十字插的方式将深绿色和浅绿色雪花片有规律地拼搭出"摩天轮"的立体柱底座,然后用橘黄、柠檬黄色雪花片组建成摩天轮圆形边框,在圆形边框内部按浅绿、深绿的规律用一字插的方式将雪花片连接起来。这时花花来观看并与他交流,乐乐并未回应,花花便离开了。

搭建过程中,圆形边框总是会倾斜变形。乐乐思考了一会,拆开并拼插好"摩天轮"的边框及底座,他采用花插的方式用橘黄色、柠檬黄色雪花片拼插出"摩天轮"的旋转轮,用围合的方式搭建"摩天轮"的外围圆圈,这时,旁边角色区的欢欢在大声地吆喝着,乐乐抬头望了望,又继续搭建"摩天轮"的外围圆圈。过了7分钟,"摩天轮"外围圆圈与旋转轮成功地连接了,乐乐开心地笑了……

根据案例中乐乐的游戏行为表现,分析该游戏中乐乐身体、认知、情绪情感、社会性及创造力等方面的发展水平。

三、论述题(本大题共12分)

请论述学习动机对幼儿学习的作用,并结合幼儿教育实践谈谈幼儿教师应如何有效激发幼儿学习动机。

四、活动设计题(本大题共20分)

请设计一个大班幼小衔接的体验活动方案,可选择体验活动中的某一环节进行设计(例如体验活动之前的计划、准备环节、体验活动过程中的实施环节、体验活动之后的总结分享环节),题目自拟。要求写明:活动设计意图(2分),活动目标(3分),活动准备(2分),活动重难点(2分),活动过程(11分)。

2021年山东省青岛市幼儿园教育理论基础知识真题试卷(十二)

(本套试题共120小题,目前已收录81小题)

本套试卷共81小题,包括单项选择题(46小题),多项选择题(20小题),判断题(15小题)。

一、单项选择题(在下列每小题列出的四个选项中只有一个是最符合题意的,请将其代码填在括号内。错选、多选或未选均不得分。本大题共46小题,每小题0.7分,共32.2分)

1. 我国现代著名的学前教育专家( )在1923年创办了南京鼓楼幼稚园,他主张五指活动课程。
   A. 陈鹤琴　　　　　　　　　　B. 陶行知
   C. 张雪门　　　　　　　　　　D. 张宗麟

2. 国际儿童村( )是收养孤儿的国际慈善组织机构。(常考)
   A. SEA　　　　　　　　　　　B. SAN
   C. SOS　　　　　　　　　　　D. SUN

3. 儿童( )岁之前可能有生理性远视。
   A. 3　　　　B. 4　　　　C. 5　　　　D. 6

4. 手足口病的潜伏期为( )日。
   A. 3~5　　　　　　　　　　　B. 4~6
   C. 1~5　　　　　　　　　　　D. 1~6

5. 儿童从小表现出来的同情、帮助、分享、谦让等属于( )的社会行为。
   A. 友爱　　　　　　　　　　　B. 善良
   C. 利他　　　　　　　　　　　D. 助人

6. 婴儿的气质类型可以划分为( )三种。
   A. 容易型、困难型、冲动型　　　B. 容易型、困难型、迟缓型
   C. 容易型、困难型、稳定型　　　D. 容易型、稳定型、冲动型

7. 幼儿园晨检工作的重点是( )
   A. 检查幼儿身心状况　　　　　B. 进行幼儿礼仪培训
   C. 提醒幼儿锻炼身体　　　　　D. 与家长沟通交流

8. 人体在运动过程中,生理机能活动变化的状况通常分为上升阶段、( )阶段、下降阶段。
   A. 平衡　　　　　　　　　　　B. 保持
   C. 高潮　　　　　　　　　　　D. 平稳

9. 《幼儿园教育指导纲要(试行)》语言教育领域内容与要求指出,应培养幼儿对生活中常见的( )的兴趣。
   A. 简单标记和图画符号　　　　B. 简单标记和文字符号
   C. 简单标记和标点　　　　　　D. 简单标记和语言

10.《3～6岁儿童学习与发展指南》指出,忽视幼儿(　　)培养,单纯追求知识技能学习的做法是短视而有害的。(易混)

A. 学习方法　　　　　　　　　B. 学习能力

C. 学习习惯　　　　　　　　　D. 学习品质

11. 能努力做好力所能及的事,不怕困难,有初步的责任感,是(　　)领域的目标。

A. 健康　　　B. 社会　　　C. 语言　　　D. 科学

12. 成人要充分尊重和接纳幼儿的说话方式,无论幼儿的表达水平如何,都应认真地(　　)并给予积极的回应。

A. 关注　　　B. 等待　　　C. 倾听　　　D. 提问

13. (　　)应自然地伴随着整个教育过程进行。综合采用观察、谈话、作品分析等多种方法。

A. 教育评价　　　　　　　　　B. 教师评价

C. 教育反思　　　　　　　　　D. 教师反思

14. (　　)是幼儿园向家长进行家庭教育系统宣传和指导的主要形式。

A. 咨询活动　　　　　　　　　B. 家长会

C. 家长学校　　　　　　　　　D. 家长开放日

15. 教育活动的组织与实施过程是教师(　　)地开展工作的过程。

A. 生动性　　　B. 积极性　　　C. 创造性　　　D. 能动性

16. 幼儿园课程实施的创生取向是把课程实施过程看成是(　　)在具体情境中联合创造、生成新的教育经验的过程。

A. 领导　　　B. 专家　　　C. 师生　　　D. 家园

17. 生成课程最大的特点是活动的生长点与幼儿的兴趣紧密相连,活动的展开以幼儿内在的需要为动力,课程通常表现为(　　),这与教师中心课程是有差别的。(易错)

A. "计划不及变化快"　　　　　B. 计划赶不上变化

C. 计划=变化　　　　　　　　D. 计划>变化

18. 提出"教育应该以儿童为中心"的教育家是(　　)

A. 蒙台梭利　　　　　　　　　B. 福禄贝尔

C. 杜威　　　　　　　　　　　D. 张雪门

19. 大班幼儿注意集中的时间一般在(　　)

A. 5分钟左右　　　　　　　　B. 10分钟左右

C. 15分钟左右　　　　　　　　D. 20分钟左右

20. 不同流派的心理学家对心理发展阶段进行了划分,精神分析学派的心理学家(　　)重视自我与社会环境的相互作用。

A. 弗洛伊德　　B. 埃里克森　　C. 班杜拉　　D. 罗杰斯

21. (　　)是开展游戏所必需的基本条件。

A. 时间　　　　　　　　　　　B. 空间

C. 材料和设备　　　　　　　　D. 幼儿游戏的经验

22.（　　）强调"学习的最佳期限"问题,他认为,技能的学习不应当错过最佳年龄,否则,对儿童的发展不利。

A.劳伦兹　　　　　B.米德　　　　　C.维果斯基　　　　　D.苏霍姆林斯基

23.幼儿每天的户外活动时间,不得少于（　　）

A.30分钟　　　　　B.1小时　　　　　C.1.5小时　　　　　D.2小时

24.有意记忆从（　　）开始出现。

A.2岁　　　　　B.3岁　　　　　C.4岁　　　　　D.5岁

25.教师评价幼儿的社会情感发展水平的适宜方法是（　　）

A.游戏规则法　　　　　　　　B.投射测验法

C.故事两难法　　　　　　　　D.自然测验法

26.幼儿教师研究幼儿最基本的方法是（　　）（常考）

A.观察法　　　　　　　　　　B.实验法

C.测验法　　　　　　　　　　D.作品分析法

27.幼儿常以（　　）作为时间定向的依据。

A.钟表时间　　　　　　　　　B.生活制度

C.作息制度　　　　　　　　　D.家长的要求

28.搞好幼儿园和小学的衔接工作,是幼儿园的基本教育任务之一。要求家长带领孩子参观即将进入的小学环境,看看小学校舍、操场等,初步熟悉从家庭到学校的路径属于（　　）准备。

A.心理　　　　　B.能力　　　　　C.学习　　　　　D.物质

29.（　　）有助于教师与幼儿建立良好的社会关系。

A.提出期望和要求　　　　　　B.表扬与奖赏

C.积极的社会强化　　　　　　D.外部强化

30.从（　　）开始,婴儿在同物体的反复接触中,兴趣中心逐渐从自身的动作转移到动作的对象。

A.1～3个月　　　　　　　　　B.3～6个月

C.6～8个月　　　　　　　　　D.8～10个月

31.瑞吉欧教育体系产生于意大利的一个富裕和资源丰富的小城市——瑞吉欧,（　　）是意大利早期教育系统的奠基人。

A.克伯屈　　　　　B.马拉古兹　　　　　C.拜伯　　　　　D.乌索娃

32.随着眼球的发育,眼球前后距离变长,一般（　　）左右,就可以达到正常的视力。

A.3岁　　　　　B.4岁　　　　　C.5岁　　　　　D.6岁

33.皮亚杰认为,婴儿的客体永久性真正出现发生在（　　）阶段。（易错）

A."被动地期望"　　　　　　　B."客体位移后寻找"

C."探索部分被遮盖的物体"　　D."儿童开始主动寻找"

34.出自_____的"道而弗牵,强而弗抑,开而弗达"体现出教学必须遵循的原则是_____。（　　）

A.《学记》；发展性原则　　　　B.《大学》；启发性原则

C.《学记》；启发性原则　　　　D.《中庸》；发展性原则

35. 心理学家艾斯沃斯通过"陌生情境"实验研究母子依恋关系。丫丫既寻求与母亲接触,又拒绝母亲的爱抚,根据此研究结果,丫丫的依恋类型属于( )

A. 焦虑—回避型　　　　　　　　　　B. 安全型
C. 焦虑—反抗型　　　　　　　　　　D. 容易型

36. 能单脚连续向前跳5米左右,是( )岁儿童的典型性行为。

A. 2~3　　　　B. 3~4　　　　C. 4~5　　　　D. 5~6

37. 妞妞是一个5岁的女孩,有一次她的绘画经历了三个阶段。阶段一,在画画前她说:"我想画爸爸。"画了爸爸的脸、耳朵、眼睛、嘴,她接着画了房子,画了一棵小树。阶段二,她又开始画起了小草和蝴蝶。阶段三,这时,她又突然想起来:"爸爸还没有身体呢,也没画胡子。"妞妞在绘画过程中的想象属于( )

A. 有意想象　　　　　　　　　　B. 无意想象
C. 创造想象　　　　　　　　　　D. 再造想象

38. 根据儿童发展敏感期进行适当的教育,对儿童的智力发展具有重要意义,其中儿童形状知觉的敏感期出现在( )(常考)

A. 4岁　　　　B. 4.5岁　　　　C. 5岁　　　　D. 6岁

39. 学前儿童发生"折而不断"的骨折现象,被称为( )

A. 裂纹骨折　　　B. 青枝骨折　　　C. 脆性骨折　　　D. 粉碎性骨折

40. 性别图式理论强调环境压力和儿童的认知共同塑造了性别角色发展,3~6岁的幼儿基本形成了性别角色的身份认同,按照男性和女性的( )认同性别身份。

A. 生理发展特征　　　　　　　　　　B. 社会期望所形成的认知结构
C. 性别榜样　　　　　　　　　　　　D. 刻板印象

41. 新修订的《幼儿园工作规程》自2016年( )起施行。

A. 3月1日　　　　　　　　　　　B. 6月30日
C. 9月1日　　　　　　　　　　　D. 12月31日

42. 4岁的小朋友不能理解从一套玩具中拿出来的一个玩偶是这套玩具的一部分,这说明该小朋友的思维处于( )

A. 形式运算阶段　　　　　　　　　B. 具体运算阶段
C. 前运算阶段　　　　　　　　　　D. 接近联想阶段

43. 陈鹤琴于1923年创办的( ),是我国第一个幼儿教育实验中心。

A. 南京鼓楼幼稚园　　　　　　　　B. 南京燕子矶幼稚园
C. 北京香山慈幼院　　　　　　　　D. 湖北幼稚园

44. 皮皮是个吃饭"困难户",每天吃饭的时候总爱跑东跑西,妈妈要追着喂饭才行。后来,妈妈想了个好办法,如果皮皮吃饭时很乖就可以看动画片,睡觉前还可以听故事。该案例中,妈妈想到的好办法属于( )

A. 正强化　　　　　　　　　　　B. 负强化
C. 负惩罚　　　　　　　　　　　D. 替代强化

45. 夸美纽斯在（　　）中详细论述了学前教育的内容和方法。该著作是世界上第一本论述学前教育的专著。（常考）

　　A.《世界图解》　　　　　　　　B.《母育学校》
　　C.《大教学论》　　　　　　　　D.《教育漫话》

46. 萱萱小朋友非常活泼，集体活动时小动作比较多，但是老师示意时能够停下正在进行的动作。请分析萱萱小朋友的气质类型和这种气质类型的神经活动类型是（　　）
　　A. 多血质；强、平衡、灵活型　　　B. 多血质；强、不平衡型
　　C. 胆汁质；强、不平衡型　　　　　D. 胆汁质；强、平衡、灵活型

二、多项选择题（在每小题列出的四个备选项中有两个或两个以上是符合题目要求的，请将其代码填写在题后的括号内。错选、多选或未选均无分。本大题共20小题，每小题1.2分，共24分）

47. 问卷调查法具有（　　）等优点。
　　A. 匿名性　　　　　　　　　　　B. 统一性
　　C. 定量性　　　　　　　　　　　D. 节省性

48. 学前儿童的想象只是处于初级形态，水平并不高，主要表现在哪些方面（　　）（易错）
　　A. 以无意性、再造性想象为主　　　B. 有意想象和创造性想象刚开始发展
　　C. 想象常常脱离现实或与现实相混淆　D. 游戏活动有助于想象力的发展

49. 儿童注意的发展除了表现在有意注意和无意注意，还表现在注意的稳定性、（　　）等品质。
　　A. 注意的深度　　　　　　　　　B. 注意的转移
　　C. 注意的分配　　　　　　　　　D. 注意的广度

50. 学前儿童抽象逻辑思维的特点是（　　）
　　A. 学前末期开始出现抽象逻辑思维的萌芽
　　B. 自我中心的特点逐渐开始消除，即开始"去自我中心化"
　　C. 具体形象思维特征，自我中心
　　D. 开始理解事物的相对性，获得"守恒"概念

51. 测查儿童掌握概念水平的常用方法有（　　）
　　A. 分类法　　　　　　　　　　　B. 排除法
　　C. 解释法（定义法）　　　　　　D. 守恒法

52. 言语在儿童心理发展中具有重要的意义。掌握言语之后，儿童的心理机能发生了重大变化，表现在以下几方面（　　）
　　A. 自我意识产生，个性开始萌芽
　　B. 高级心理机能开始形成，低级心理机能得到改造
　　C. 模仿发音——学话萌发阶段
　　D. 语言表达的积极性高涨起来

53. 学前儿童心理发展具有（　　）、个体差异性等特点。（常考）
　　A. 方向性和顺序性　　　　　　　B. 偶然性和可能性
　　C. 连续性和阶段性　　　　　　　D. 不均衡性

54. 流行性感冒潜伏期为数小时至一两日,起病急、高热、头痛、咽痛、乏力、眼结膜充血,其他症状主要有( )
  A. 以胃肠道症状为主者,可有恶心、呕吐、腹痛、腹泻等症状
  B. 以肺部发炎症状为主者,发病一两日后即出现咳嗽、气促、气喘、口唇发绀等症状
  C. 部分患儿有明显的精神症状,如嗜睡、惊厥等
  D. 婴幼儿常并发中耳炎

55. 北京师范大学教授庞丽娟将同伴交往类型划分为( )
  A. 受欢迎型　　B. 被拒绝型
  C. 被忽视型　　D. 一般型

56. 社会性行为的培养和训练,需进行相应的教育和培养,包括( )
  A. 共情训练　　B. 移情训练
  C. 交往技能和行为训练　　D. 善用精神奖励

57. 学前儿童的主要社会关系包括( )、长幼关系。
  A. 邻里关系　　B. 亲子关系
  C. 同伴关系　　D. 师幼关系

58. 设计学前教育课程时,我们应使其内容具有全面性、( )等特点。
  A. 启蒙性　　B. 社会性　　C. 发展性　　D. 思考性

59. 幼儿教育整合的策略包括( )
  A. 注意教育内容之间的整合　　B. 把一日生活看作一个教育整体
  C. 随机教育,因材施教　　D. 在现实的、多样化的活动过程中实现整合

60. 幼儿美感的发展具有哪些特点( )
  A. 情绪性　　B. 肤浅性　　C. 行动性　　D. 表面性

61. 下列属于新生儿无条件反射现象的是( )
  A. 吸吮反射　　B. 抓握反射
  C. 惊跳反射　　D. 行走反射

62. 教师在儿童游戏中应扮演哪些角色( )
  A. 观察者　　B. 参与者
  C. 引导者　　D. 评价者

63. 下列教师对待幼儿的行为违反《中华人民共和国未成年人保护法》的是( )
  A. 罚站　　B. 批评教育
  C. 讽刺挖苦　　D. 不允许参与集体活动

64. 美国学者纽曼提出区分游戏和工作劳动的标准是( )(易错)
  A. 动机　　B. 个体需求　　C. 真实性　　D. 控制的程度

65. 预防龋齿的有效方法是( )
  A. 注意口腔卫生　　B. 多晒太阳
  C. 合理营养　　D. 定期口腔检查

66. 从教师组织的角度,可将幼儿园的教学活动形式分为( )
A. 集体活动　　　　　　　　B. 小组活动
C. 个别活动　　　　　　　　D. 区域活动

三、判断题(判断下列各命题的正误,并在题后括号内打"√"或"×"。本大题共15小题,每小题1分,共15分)

67. 幼儿的社会化是指幼儿从一个生物个体到逐渐掌握社会的道德行为规范与社会行为技能,即从自然人转化为社会人的进程。（　　）

68. 世界著名的教育专家蒙台梭利在1907年创设了"儿童之家",主张吸收性心智、有准备的环境、不教的教育等。(常考)（　　）

69. 游戏是学前儿童的基本活动形式之一,但并非是学前儿童离不开的活动。（　　）

70. 成人的言语间接或潜移默化地影响着儿童的感知。（　　）

71. 幼儿观察力的发展表现为观察的目的性差而精确性强。（　　）

72. 幼儿的注意力训练可以从视觉、听觉、动作、混合等多种机会适度进行。（　　）

73. 有研究证明,缺乏自尊心并不容易导致儿童自卑、退缩、不合群等性格特征的形成。（　　）

74. 幼儿绘画时,不宜提供范画,特别不应要求幼儿按照范画来画。（　　）

75. 4~5岁幼儿,能够通过即兴哼唱、即兴表演或给熟悉的歌曲编词来表达自己的心情。（　　）

76. 科学的儿童观认为儿童是白板,可以任意塑造。(易错)（　　）

77. 健康的心理环境表现在尊重、平等、民主、开放这几个方面。（　　）

78. 幼儿园一日生活的组织应遵循整体性原则、游戏化原则、动静交替的原则、分散与集中原则、双主体原则、预成与生成相结合原则。（　　）

79. 从安全管理的角度而言,我们可以将幼儿在园的一日活动,按区域概括划分为几个不同的方面:饮食与卫生安全,教育活动安全,游戏活动安全,睡眠安全,心理安全。（　　）

80. 家园合作是幼儿园和家长之间的一种沟通方式,这种单向指导家长互动的活动是家庭教育与幼儿园教育的结合。（　　）

81. 著名儿童教育家孙敬修先生曾说:"一个生动故事的教育作用要比单纯的要求、命令、说教效果好得多。"讲故事是幼儿教师的基本功之一。（　　）

教师招聘考试幼儿园教育理论基础预测试卷(十三)

（满分100分　时间120分钟）

本套试卷共47小题,包括单项选择题(20小题),判断题(10小题),填空题(10小题),简答题(4小题),论述题(2小题),案例分析题(1小题)。

一、单项选择题(在每小题列出的四个备选项中只有一个是符合题目要求的,请将其代码填写在题后的括号内。错选、多选或未选均无分。本大题共20小题,每小题1分,共20分)

1. 我国学前儿童家长可以根据孩子及家庭情况综合考虑是否送孩子进托儿所或幼儿园。这体现了学前教育的(　　)
   A. 公益性　　　　B. 非义务性　　　　C. 基础性　　　　D. 公共性

2. 对于骨折,下列做法正确的是(　　)
   A. 要立刻止血
   B. 要立刻将幼儿移动到平坦的地方
   C. 幼儿开放性骨折时要立即采用夹板固定
   D. 用绷带固定,应用绷带包裹手指、脚趾,避免感染

3. 幼儿脑的耗氧量为全身耗氧量的(　　)
   A. 50%　　　　B. 30%　　　　C. 60%　　　　D. 20%

4. 建构区里,明明把昨天王老师指导大家搭建的大桥重新搭了出来,这一过程是(　　)
   A. 识记　　　　B. 再认　　　　C. 再现　　　　D. 保持

5. 午餐时,盘子不小心掉在了地上,看到这一幕的亮亮对教师说:"盘子受伤了,它难过得哭了。"这说明亮亮的思维特点是(　　)
   A. 自我中心性　　　　　　B. 泛灵论
   C. 不可逆性　　　　　　　D. 缺乏守恒

6. 儿童游戏的基础与源泉是(　　)
   A. 生活经验　　　　　　　B. 教师引导
   C. 同伴引导　　　　　　　D. 家长指导

7. 杜威以实用主义哲学为基础建立其教育理论体系,他主张教育要以儿童为中心,基本原则是(　　)
   A. "做中学"　　　　　　　B. "玩中学"
   C. "教中学"　　　　　　　D. "乐中学"

8. 小班的岚岚和芸芸争玩具时,岚岚哭了起来。芸芸看到后,马上把玩具让给了她,岚岚随即笑了起来,两人又重新玩了起来。这说明幼儿的情绪具有(　　)的特点。
   A. 不稳定性　　　B. 丰富性　　　C. 深刻性　　　D. 易感染性

9.《3~6岁儿童学习与发展指南》社会领域目标中指出幼儿"能注意到别人的情绪,并有关心、体贴的表现"。能达到这一目标的年龄段是( )
A. 2~3岁　　　B. 3~4岁　　　C. 4~5岁　　　D. 5~6岁

10. "生活预备说"认为儿童游戏是为未来生活做准备,这一理论的代表人物是( )
A. 席勒　　　B. 斯宾塞　　　C. 霍尔　　　D. 格罗斯

11. 东东喜欢画猫,但他画的猫常常眼睛特别大,身躯特别小,嘴巴、耳朵更是小得几乎看不见,完全不合理。对他的画分析不正确的是( )
A. 这是因为幼儿想象力丰富,比成人更善于想象
B. 这是因为幼儿认知水平较低,往往抓不住事物的本质
C. 这是因为幼儿的心理过程有显著的情绪性,常常过于夸大感兴趣的东西
D. 这是因为幼儿的想象力具有夸张性

12. 在幼儿园环境创设过程中,教师首要注意的是( )原则。
A. 多样性　　　B. 安全性　　　C. 经济性　　　D. 幼儿参与性

13. 中班的扬扬内心腼腆,玩游戏时非常专注,而且经常能察觉到其他小朋友不易察觉的问题,但另一方面扬扬又不善于表现自己,没信心,不爱和别的小朋友一起玩。扬扬的气质类型倾向于( )
A. 胆汁质　　　B. 多血质　　　C. 黏液质　　　D. 抑郁质

14. 妈妈问军军:"你长大了是爸爸还是妈妈?"军军说:"我当然是爸爸了,我又不是女的。"这说明军军性别概念的发展处于( )
A. 认同阶段　　　　　　　　　B. 差异性阶段
C. 稳定性阶段　　　　　　　　D. 独特性阶段

15. 在幼儿园常用的教学方法中,( )是一种让幼儿直接感知认识对象的方法。
A. 直观法　　　B. 实验法　　　C. 游戏法　　　D. 活动法

16. 磊磊处于( )阶段,和自己玩相同积木的小朋友离开不会影响他。
A. 单独游戏　　　B. 平行游戏　　　C. 联合游戏　　　D. 合作游戏

17. 苗苗画了一只小兔子,急切地叫老师来看,但老师正在指导别的小朋友,等老师过来时,只见画纸上的小兔子已经被涂抹得看不出来了。老师询问苗苗,她冷冷地说:"小兔子已经跑掉了。"这说明幼儿的想象( )
A. 主题不稳定　　　　　　　　B. 受兴趣和情绪的影响
C. 目的性不明确　　　　　　　D. 内容零散

18. 婴儿喜欢将东西扔在地上,成人捡起来给他,他又扔在地上,如此反复,乐此不疲。这说明婴儿喜欢( )
A. 扔东西　　　　　　　　　　B. 重复连锁动作
C. 手的动作　　　　　　　　　D. 抓握动作

19. 小朋友听老师讲《猴子捞月》的故事,头脑中就会形成各种猴子的形象,如老猴子沉稳持重,小猴子调皮灵活等。这属于( )
A. 符号表象　　　B. 创造想象　　　C. 再造想象　　　D. 直觉思维

20. 以下对儿童语言发展的阐述中,正确的是( )
A. 儿童大概要到3岁左右才能全部掌握本民族的全部语音
B. 儿童要掌握语音,必须先听懂语音,然后才能说出语音
C. 维果斯基将儿童的言语划分为自我中心言语和社会化言语两大类
D. 外部言语包括口头言语和自我中心言语

二、判断题(判断下列各命题的正误,并在题后括号内打"√"或"×"。本大题共10小题,每小题1分,共10分)

1. 《3～6岁儿童学习与发展指南》是评价和衡量幼儿发展快与慢、好与差的"标尺"。 ( )
2. 独立性的出现是开始产生自我意识的明显表现,也是人生头2～3年心理发展成就的集中表现。 ( )
3. 世界上第一所真正意义上的幼儿教育机构是1816年福禄贝尔在德国建立的。 ( )
4. 老师应阻止幼儿接触不同的人际环境,不要让幼儿和不熟悉的小朋友玩,因为这样会让幼儿感到恐惧。 ( )
5. 幼儿生活活动由保育员负责,教师负责组织教学活动,不用管幼儿卫生习惯。 ( )
6. 注意的转移指注意是被动的,容易受无关刺激的干扰而离开原先对象。 ( )
7. 游戏常规是幼儿进入游戏环境应该遵守的活动规则,以及允许或者禁止的游戏行为,应由教师进行制定。 ( )
8. 知觉是对事物的整体反映,而感觉是对事物的个别属性的反映。 ( )
9. 学前儿童的全面发展教育要求幼儿在体、智、德、美诸方面齐头并进地、平均地发展。 ( )
10. 教师指导的频率越高,越有助于儿童游戏水平的提高。 ( )

三、填空题(本大题共10小题,每小题1分,共10分)

1. 幼儿园应当将_____作为对幼儿进行全面发展教育的重要形式。
2. 最近发展区的大小是_____的主要标志,也是儿童可接受教育程度的重要标志。
3. 根据有无目的、是否需要意志努力,可以把注意分为_____、_____和有意后注意。
4. 如果想让幼儿进行计数、计算、分类、回形针拼图、玩棋子等游戏活动,应该把这些活动安排在_____区。
5. 皮亚杰认为,从认知活动的本质来看,游戏的特征是"_____"超过了"_____"。
6. 幼儿园应当制定合理的幼儿一日生活作息制度,《幼儿园工作规程》规定正餐间隔时间为_____小时,幼儿户外活动时间(包括户外体育活动时间)每天不少于_____小时。
7. 根据记忆内容的变化,记忆可分为_____、_____、形象记忆和_____。
8. 语言是一种_____现象,言语是一种_____现象。
9. 幼儿的思维特点是以_____为主,应引导幼儿通过直接感知、亲身体验和实际操作进行科学学习。
10. _____创建了我国第一所公立幼稚师范学校——江西省立实验幼稚师范学校,实验研究师范教育,为我国幼儿教育师资培训事业做出了不可磨灭的贡献。

四、简答题(本大题共4小题,每小题5分,共20分)

1. 简述幼儿记忆力的培养策略。

2. 简述幼儿攻击性行为的特点。

3. 简述学前儿童动作发展的规律。

4. 简述幼儿园保育和教育的主要目标。

五、论述题(本大题共2小题,每小题10分,共20分)

1. 试述幼儿从幼儿园进入小学,将面临哪些方面的转变。

2. 试述解放儿童的创造力具体包括哪些方面。

六、案例分析题(本大题共20分)

区域活动中,中班孩子们在玩"十字路口"的游戏,其中小星星和大虎只对玩具车感兴趣,一点都不管其他小朋友怎么玩,他们拿着"车"一会儿开进路边的"商店",一会儿撞倒"行人",其他小朋友看到了,也拿着"车"撞来撞去,整个活动闹翻了天。一直在一旁观察的李老师看到了,赶紧以"交警"的身份介入游戏:"你们这是在干什么,交通秩序都被破坏了。"小朋友们都纷纷指着小星星和大虎说,都是他们俩"开车"乱撞。在"交警"的指导下,大家把被破坏的"商店"整理好,"马路"也被整理了出来,大家的"车"都在马路上行驶,游戏又开始正常进行……

(1)李老师是通过什么方式介入游戏并对幼儿进行指导的?

(2)李老师介入的时机是否恰当?教师应如何判断介入游戏的时机?

教师招聘考试幼儿园教育理论基础预测试卷(十四)

(满分100分 时间120分钟)

本套试卷共42小题,包括单项选择题(20小题),判断题(10小题),名词解释(5小题),简答题(4小题),论述题(2小题),案例分析题(1小题)。

一、单项选择题(在每小题列出的四个备选项中只有一个是符合题目要求的,请将其代码填写在题后的括号内。错选、多选或未选均无分。本大题共20小题,每小题1分,共20分)

1. 以下不属于幼儿园环境创设原则的是(　　)
   A. 发展适宜性原则　　　　　　　　B. 开放性原则
   C. 幼儿参与性原则　　　　　　　　D. 活动性原则

2. 关于婴幼儿循环系统的特点,描述正确的是(　　)
   A. 年龄越小,心率越慢　　　　　　B. 年龄越小,心率越快
   C. 年龄越大,心率越快　　　　　　D. 心率与年龄无关

3. 刚学完故事,立即要幼儿复述,有时效果倒不如隔一天好。这体现的是(　　)现象。
   A. 幼年健忘　　B. 记忆恢复　　C. 暂时性遗忘　　D. 不完全遗忘

4. 下列不属于蒙台梭利的教育思想的是(　　)
   A. 重视儿童心理发展的敏感期和阶段性　　B. 强调儿童具有内在生命力
   C. 强调游戏在儿童教育中的地位和价值　　D. 重视儿童秩序感的建立

5. 幼儿知道凡是刚从锅里蒸出来的东西都是烫的、热的。这种认识是通过(　　)获得的。
   A. 感知　　　　B. 记忆　　　　C. 想象　　　　D. 思维

6. 幼儿正在教室听老师讲故事,窗外突然电闪雷鸣,幼儿都向窗外看,这是(　　)
   A. 注意的分散　　B. 注意的分配　　C. 注意的广度　　D. 注意的转移

7. 小班幼儿点点初入园时,不愿意午睡,连自己的小床都不愿意靠近。对此,刘老师正确的做法是(　　)
   A. 通知家长,领回训练　　　　　　B. 批评点点,坚持常规
   C. 统一要求,不能特殊对待　　　　D. 降低要求,个别对待

8. 被称为三大产能营养素的是(　　)
   ①蛋白质　　　②脂类　　　③碳水化合物　　　④维生素
   A. ①②③　　　B. ②③④　　　C. ①②④　　　D. ①③④

9. 幼儿一边进食一边说话容易呛咳,是因为幼儿(　　)
   A. 呼吸道管腔狭窄　　　　　　　　B. 会厌软骨保护性反射机能不完善
   C. 声带还不够坚韧　　　　　　　　D. 气管、支气管的自净能力差

10. 学习的因素与游戏的形式很好地结合起来,并实现增进知识、发展智力的有规则的游戏是(　　)
    A. 体育游戏　　B. 智力游戏　　C. 音乐游戏　　D. 感官游戏

11. 做应该做的事情,哪怕不想做;不做不应该做的事情,哪怕很想做。这体现了意志的( )
   A. 自觉性   B. 坚韧性   C. 果断性   D. 自制性

12. 在教育史上,( )是提倡"爱的教育"和实施"爱的教育"的典范,他指出:"教育的主要原则是爱。"
   A. 福禄贝尔   B. 卢梭   C. 裴斯泰洛齐   D. 夸美纽斯

13. 建构区里,幼儿正在搭建房子,在选择积木时,平平抢走了安安手里的积木,并把他推倒。平平的这种行为属于( )行为。
   A. 工具性攻击   B. 敌意性攻击   C. 报复性攻击   D. 言语性攻击

14. 幼儿玩"超市"游戏时,既想当"保安"又想当"收银员"。这种动机冲突是( )
   A. 双避冲突   B. 趋避冲突   C. 双趋冲突   D. 多重趋避冲突

15. 美术课上,张老师出示卡片,问幼儿卡片上一共有几只小白兔,明明却答成小白兔是白颜色的。这体现的是幼儿的( )
   A. 瞬时记忆   B. 短时记忆   C. 偶发记忆   D. 想象记忆

16. 教师引导儿童有目的地感知客观事物,丰富感性经验,扩大眼界,锻炼感知觉。该教师运用了( )
   A. 示范法   B. 范例法   C. 观察法   D. 演示法

17. "尤其对幼儿,照料与教育对他们来讲,就像纬线和经线一样紧密地交织在一起。"这句话体现了( )
   A. 个别教育原则   B. 因材施教原则
   C. 保教结合原则   D. 集体教育原则

18. 幼儿园大班每班幼儿人数一般为( )
   A. 25人   B. 30人   C. 35人   D. 40人

19. 《幼儿园教师专业标准(试行)》的基本内容包括( )、专业知识及专业能力三大维度的内容。
   A. 专业技能   B. 专业素养   C. 专业理念   D. 专业理念与师德

20. 在幼儿园"快递公司"角色游戏中,教师扮演"寄快递的人",却假装不知道要怎样正确寄快递,吸引"工作人员"主动前来介绍。在这里,教师使用了( )
   A. 交叉式介入法   B. 平行式介入法
   C. 垂直式介入法   D. 情感性鼓励

二、判断题(判断下列各命题的正误,并在题后括号内打"√"或"×"。本大题共10小题,每小题1分,共10分)

1. 教师可以通过比赛的方式激发幼儿进餐的积极性,加快幼儿的进食速度。（ ）

2. 看见红、橙、黄,便使人产生暖的感觉,看见绿、青、蓝,便引起冷的感觉,这属于感觉适应现象。
（ ）

3. 儿童方位知觉的发展顺序为先前后,次上下,再左右。（ ）

4. 根据幼儿身心发展的个别差异性特点,教育应做到循序渐进。（ ）

5. 幼儿进行的画、剪、折、粘等美工活动,可以促进其手的动作灵活协调。（ ）

6. 牙齿发育过程中,最先发育长出的牙叫六龄齿。（ ）

7. 小班幼儿囡囡自哼自唱《两只老虎》,妈妈听了说:"你唱的什么?都跑调了。"妈妈这样说是对的。
( )
8. 幼儿园的经费应当按照规定的使用范围合理开支,坚持专款专用,不得挪作他用。( )
9. 幼儿懂得点数并能说出总数,说明他已经掌握数的实际意义了。( )
10. 表演游戏的基本原则是表演性先于游戏性,并且二者要统一。( )

三、名词解释(本大题共5小题,每小题3分,共15分)

1. 狭义的学前教育

2. 幼小衔接

3. 具体形象思维

4. 机械记忆

5. 亲社会行为

四、简答题(本大题共4小题,每小题5分,共20分)

1. 简述5~6岁儿童心理发展的特点。

2. 简述影响幼儿同伴关系发展的因素。

3. 简述学前儿童心理发展的趋势。

4. 简述对幼儿发展状况的评估需注意哪些方面。

五、论述题(本大题共2小题,每小题10分,共20分)

1. 试述教师组织和指导表演游戏的注意事项。

2. 试述大班幼儿表演游戏的特点与指导要点。

六、案例分析题(本大题共15分)

小班幼儿菲菲在纸上涂着涂着,觉得像苹果,于是说自己画得像苹果;又涂着涂着,说是大海的波浪。过了一会儿,她突然想起妈妈织的毛衣,又说成是毛衣;又涂着涂着,最后她把整个画面涂黑了。

(1)该案例体现了菲菲的何种心理现象?

(2)结合案例分析菲菲这种心理现象的特点。

教师招聘考试幼儿园教育理论基础预测试卷(十五)

(满分100分　时间120分钟)

本套试卷共47小题,包括单项选择题(20小题),判断题(10小题),填空题(10小题),简答题(4小题),论述题(2小题),案例分析题(1小题)。

一、单项选择题(在每小题列出的四个备选项中只有一个是符合题目要求的,请将其代码填写在题后的括号内。错选、多选或未选均无分。本大题共20小题,每小题1分,共20分)

1. 根据《幼儿园管理条例》第二十七条规定,未经登记注册,擅自招生的幼儿园将面临的行政处罚不包括(　　)
   A. 罚款　　　　B. 限期整顿　　　　C. 停止招生　　　　D. 停止办园

2. 幼儿教师在进行动作示范时往往采用"镜面示范",原因是(　　)
   A. 幼儿是以自身为中心来辨别左右的　　B. 幼儿好模仿
   C. 幼儿分不清左右　　　　　　　　　　D. 使幼儿看得更清楚

3. 幼儿食欲减退,生长迟缓主要是因为缺(　　)
   A. 铁　　　　B. 铜　　　　C. 锌　　　　D. 碘

4. 华生认为,新生儿天生的情绪反应包括(　　)
   A. 喜、怒、哀、乐　　B. 兴奋、悲伤　　C. 恐惧、愤怒　　D. 怕、怒、爱

5. 在人的各种个性心理特征中,最早出现也是变化最缓慢的是(　　)
   A. 性格　　　　B. 气质　　　　C. 能力　　　　D. 兴趣

6. 幼儿使用的桌子的高度以写画时身体能(　　),不驼背、不耸肩为宜。
   A. 坐直　　　　B. 平直　　　　C. 直立　　　　D. 伸直

7. 幼儿反复敲打桌子,在房间里跑来跑去,在椅子上摇来摇去。这类游戏属于(　　)
   A. 结构游戏　　B. 感觉机能性游戏　　C. 规则游戏　　D. 象征性游戏

8. 小刚原来见了陌生人就躲避,上幼儿园一个月后,小刚的这种行为消失了。根据加涅的学习结果分类,这里发生了(　　)的学习。
   A. 言语信息　　B. 智慧技能　　C. 动作技能　　D. 态度

9. 一个大班幼儿在绘画之前说:"我要画大街上的人。"她按主题展开想象,共画了37分钟,所画内容都没有脱离主题。这体现了幼儿想象的(　　)的特点。
   A. 有意性相当明显　　　　　　　B. 内容进一步丰富,有情节
   C. 内容新颖性程度增加　　　　　D. 形象力求符合客观逻辑

10. 王老师在班上开展了"丰收水果店"的主题活动,将社会、科学、健康、语言等领域有机联系在一起。这反映的主题活动的特点是(　　)
    A. 知识的横向联系　　　　　　　B. 整合各种教育资源
    C. 富有弹性的计划　　　　　　　D. 生活化、游戏化的学习

11. 教师根据幼儿所画的动物作品对幼儿的表达和表现进行评价,这种方法是( )
A. 作品分析法　　　B. 谈话法　　　C. 观察法　　　D. 赏识法

12. 孩子能区别一个人是男的还是女的,就说明他已经( )
A. 形成了性别角色习惯　　　　　B. 具有了性别概念
C. 产生了性别行为　　　　　　　D. 对性别角色有了明确的认识

13. 在儿童言语的形成中,出现单词句的年龄阶段是( )
A. 6个月~1岁　　　　　　　　B. 1~1.5岁
C. 1.5~2岁　　　　　　　　　D. 2~3岁

14. "能连续行走1.5公里左右(途中可适当停歇)"。这一目标所属的年龄段是( )
A. 2~3岁　　　B. 3~4岁　　　C. 4~5岁　　　D. 5~6岁

15. 下列说法不太符合3~6岁儿童认知的是( )
A. 你和一个女孩打电话时,她也许会说:"看看我的新芭比娃娃。"就好像你能通过电话看到那边的情况一样
B. 如果一个孩子摔了一跤,头磕到了桌子上,他也许会抱怨这张"坏桌子"为什么会伤害他
C. 萨姆和玛丽都有一个装有一样多葡萄干的盒子,萨姆看见玛丽将盒子里的葡萄干撒在桌子上,他想:"哇,玛丽所拥有的葡萄干要比我那小盒子里装的葡萄干多得多。"
D. 如果有两串珠子,珠子的个数相同、大小一样,其中红的一串拉成直线,而蓝的一串堆成一堆,孩子能理解两串珠子是一样长的

16. 在"认识树叶"活动中,教师请幼儿摸一摸、看一看、比一比,幼儿所使用的方法是( )
A. 实验法　　　B. 调查法　　　C. 观察法　　　D. 演示法

17. 幼儿用积木、奶粉桶等搭房子,这种游戏是( )
A. 角色游戏　　　B. 表演游戏　　　C. 结构游戏　　　D. 智力游戏

18. 幼儿园应为幼儿提供健康、丰富的生活和活动环境,满足他们多方面发展的需要,使他们在快乐的童年生活中获得有益于( )
A. 认知发展的经验　　　　　B. 身心发展的经验
C. 语言发展的经验　　　　　D. 动作发展的经验

19. 艺术是实施美育的主要途径,应充分发挥艺术的( )
A. 技能教育功能　　　　　B. 认知教育功能
C. 情感教育功能　　　　　D. 心理教育功能

20. 幼儿在玩沙时,常常把自己刚挖好的"山洞"压塌,再重新挖,这体现的幼儿游戏特点是( )
A. 游戏是幼儿的自主活动　　　　B. 游戏无强制性的外在目的
C. 游戏伴随着愉悦的情绪体验　　D. 游戏在假想的情境中发展

二、判断题(判断下列各命题的正误,并在题后括号内打"√"或"×"。本大题共10小题,每小题1分,共10分)

1. 幼儿园体育应以增强幼儿体质为核心。 ( )
2. 情绪的外部表现叫表情,儿童在掌握语言之前,主要是以表情作为交际的工具。 ( )

3. 儿童心理年龄特征代表这一年龄阶段中每一个儿童所有的心理特点。（ ）
4. "教师讲、幼儿听"是灌输式的机械教育。（ ）
5. 教师应与家长进行有效沟通合作，共同促进幼儿发展。（ ）
6. "教育即生长，教育即生活，学校即社会"是夸美纽斯提出的教育主张。（ ）
7. 最近发展区存在于儿童心理发展的关键期。（ ）
8. 要建立良好、和谐的师幼关系，关键在于幼儿。（ ）
9. 儿童动作发展的一般顺序是抬头→翻身→坐→爬→站→行走。（ ）
10. 突然有人敲门，学生都看向门口，属于随意后注意。（ ）

三、填空题（在下列每小题的空格中填上正确的答案。错填、不填均不得分。本大题共10小题，每题1分，共10分）

1. 注意是心理活动对一定对象的指向和_____。
2. 幼儿美育的目标是培养幼儿初步_____、_____的情趣和能力。
3. 想象的两大特点是_____和_____。
4. 幼儿一日活动的组织应当_____，注重幼儿的直接感知、实际操作和_____，保证幼儿愉快的、有益的自由活动。
5. 幼儿喜欢欣赏日月星辰、艺术作品，装饰自己的娃娃屋。这说明幼儿高级情感中的_____正在发展。
6. 直观行动思维活动的典型方式是_____。
7. 幼儿园体育的主要目标：促进幼儿身体正常发育和机能的协调发展，增强体质，促进心理健康，培养良好的_____、_____和参加体育活动的兴趣。
8. 如果新生儿的一只手或双手的手掌被压住，他会转头张嘴，当手掌上的压力减去时，他会打呵欠。这属于新生儿本能反射中的_____。
9. 3～6岁幼儿注意的特点是_____占优势，有意注意逐渐发展。
10. 卢梭的教育思想主要集中于他的教育著作_____一书中。

四、简答题（本大题共4小题，每小题5分，共20分）

1. 简述《幼儿园教师专业标准（试行）》的基本理念。

2. 简述幼儿自我控制能力发展的特点。

3. 简述学前儿童想象发展的一般趋势。

4. 简述5~6岁幼儿在"具有自尊、自信、自主的表现"发展目标中的典型性表现。

五、论述题(本大题共2小题,每小题10分,共20分)

1. 试述幼儿园方面的幼小衔接工作策略。

2. 请结合工作实际,谈谈幼儿园教师应如何科学、合理地安排和组织幼儿一日生活。

六、案例分析题(本大题共20分)

午休起床后,小朋友们在吃香蕉,亮亮看见香蕉像一把手枪,于是开始对着老师射击,全班小朋友哄堂大笑。王老师没有斥责亮亮,问其他小朋友:"亮亮觉得香蕉像手枪,你们觉得像什么?"小朋友们说:"像月亮,像小船……"吃香蕉时,王老师问小朋友:"你们吃香蕉有什么感觉?"小朋友们回答:"甜甜的,软软的……"吃完香蕉后,王老师并没有像往常一样把香蕉皮丢进垃圾桶,而是给小朋友们发了剪刀、胶带等工具,让他们自己玩,看哪位小朋友的玩法又多又好。

请你根据学前教育的原则分析王老师的教育行为。

教师招聘考试幼儿园教育理论基础预测试卷(十六)

(满分100分 时间120分钟)

本套试卷共47小题,包括单项选择题(20小题),判断题(10小题),填空题(10小题),简答题(4小题),论述题(2小题),案例分析题(1小题)。

一、单项选择题(在每小题列出的四个备选项中只有一个是符合题目要求的,请将其代码填写在题后的括号内。错选、多选或未选均无分。本大题共20小题,每小题1分,共20分)

1. 对待幼儿出声的自言自语,成人正确的处理方式是( )
   A. 发展为对话言语   B. 发展为真正的外部言语
   C. 发展为书面言语   D. 发展为真正的内部言语

2. 下列关于幼儿智育的目标,说法正确的是( )
   A. 培养有益的兴趣和求知欲望   B. 掌握事物的科学概念
   C. 培养美的感受力   D. 培养合作交往能力

3. 小班自主游戏环节,当教师以"顾客"的身份进入"肯德基餐厅"时,有三位"小服务员"同时来接待,都送了饮料和食物。对幼儿的游戏行为理解正确的是( )
   A. 游戏角色定位不清晰   B. 过于重视教师的身份
   C. 角色游戏呈现平行游戏的特点 D. 角色游戏呈现合作游戏的特点

4. 在"未来城市"的主题活动中,幼儿根据教师的要求,画出自己想象中未来城市的样子,这是( )
   A. 无意想象   B. 幻想   C. 再造想象   D. 创造想象

5. 孩子看到陌生人开始会惧怕,但如果大人用微笑、点头等表情鼓励他,他就会慢慢接触从而对大人不陌生,这个现象体现了情绪和情感的( )作用。
   A. 适应   B. 动机   C. 调节   D. 信号

6. 爸爸经常揉捏儿子的脸,觉得儿子像猴子一样好玩。这违背了( )
   A. 儿童与成人一样具有独立人格和权利   B. 男女儿童享受平等的待遇
   C. 儿童的发展是整体的   D. 儿童具有个体差异

7. 幼儿园大(1)班和大(2)班在进行踢足球比赛,这属于社会性游戏中的( )
   A. 合作游戏   B. 联合游戏
   C. 平行游戏   D. 独自游戏

8. 王老师想了解班上幼儿在益智区使用材料、与同伴交往及操作兴趣等情况。建议他采用( )
   A. 追踪观察法   B. 定点观察法
   C. 扫描观察法   D. 定人观察法

9. 亮亮将电话号码83517517记成"爬山我要吃我要吃",这种记忆属于( )
   A. 意义记忆   B. 机械记忆
   C. 形象记忆   D. 言语记忆

10. 幼儿的乳牙共20颗,( )出齐。
A. 半岁左右
B. 1岁左右
C. 2岁半左右
D. 4岁左右

11. 穿着迷彩服的人在树林中不容易被发现,这是因为迷彩服干扰了观察者( )
A. 知觉的理解性
B. 知觉的选择性
C. 知觉的整体性
D. 知觉的恒常性

12. 青青拿了一根海绵条对着明明的头说:"我在给客人洗头发。"这种游戏属于( )
A. 练习性游戏
B. 结构性游戏
C. 象征性游戏
D. 规则性游戏

13. 如果是色盲或失明儿童就无从发展视力,也就培养不成画家了。这表明( )
A. 遗传决定一切
B. 遗传素质为儿童发展提供前提
C. 后天环境决定遗传素质
D. 教育起主导作用

14. 幼儿园的精神环境不包括( )
A. 教师的教育观念和行为
B. 游戏材料和玩具
C. 同伴关系
D. 师幼关系

15. 班级一日活动常规由教师与幼儿共同商讨制定,这遵循了学前教育的( )
A. 科学性原则
B. 发展适宜性原则
C. 目标性原则
D. 主体性原则

16. 学前儿童言语发生发展的趋势是( )
A. 语音知觉发展在先,正确语音发展在后;理解语言发生发展在先,语言表达发生发展在后
B. 语音知觉发展在先,正确语音发展在后;语言表达发生发展在先,理解语言发生发展在后
C. 正确语音发展在先,语音知觉发展在后;理解语言发生发展在先,语言表达发生发展在后
D. 正确语音发展在先,语音知觉发展在后;语言表达发生发展在先,理解语言发生发展在后

17. 教师带着幼儿给小树苗浇水,并对幼儿说:"这样小树苗就会快快长大。"帅帅听了,端着水给石凳浇上,盼着石凳快快长大。帅帅的这种推理是( )
A. 演绎推理
B. 归纳推理
C. 转导推理
D. 类比推理

18. "幼儿与同伴发生冲突时,能在他人帮助下和平解决"。该社会领域的典型表现所属的年龄班是( )
A. 大班
B. 中班
C. 小班
D. 学前班

19. 注意是一种( )
A. 独立的心理过程
B. 个性特征
C. 认识风格
D. 心理状态

20. 教师应因地制宜地为幼儿创设游戏条件(时间、空间、材料),游戏材料应强调( )
A. 多功能和可变性
B. 单一性和安全性
C. 复杂性和合理性
D. 美观性和稳定性

二、判断题(判断下列各命题的正误,并在题后括号内打"√"或"×"。本大题共10小题,每小题1分,共10分)

1. 幼儿科学学习的核心是激发探究兴趣,体验探究过程,发展初步的探究能力。( )
2. 《3~6岁儿童学习与发展指南》对4~5岁幼儿的要求是"做了错事敢于承认,不说谎"。( )
3. 第一个专门对学前教育提出了深刻认识并有系统论述的是卢梭。( )
4. 幼儿园的管理实行地方负责、分级管理和各有关部门分工负责的原则。( )
5. 为幼儿做视力检查时,发现幼儿不能很好地分辨物体的远近、深浅等,且难以完成一些精细活动,初步判断幼儿患有斜视。( )
6. 幼儿的攻击性行为存在明显的性别差异。一般来说,男孩比女孩更容易在受到攻击以后发动报复行为。( )
7. 教师违反职业行为规范、影响恶劣的实行"一票否决",终身不得从教。( )
8. 应激是一种爆发式、猛烈而短暂的情绪状态,如狂喜、暴怒、恐惧、绝望等都是应激的表现。( )
9. 灵灵音乐感受和表现能力强,这种能力属于特殊能力。( )
10. 为引起儿童的象征性游戏,给儿童提供游戏的材料时,多提供中等熟悉和中等复杂程度的游戏材料。( )

三、填空题(在下列每小题的空格中填上正确答案。错填、不填均不得分。本大题共10小题,每小题1分,共10分)

1. 人类的记忆广度约为_____个信息单位。
2. 内部言语是不出声音的,是对自己的言语,因此又被称为_____。
3. 幼儿的言语种类中,_____是人们借助于文字来表达思想感情、传授知识经验的言语。
4. 想象是对头脑中已有的_____进行加工改造,建立新形象的过程。
5. 一种学习对另一种学习的影响被称为_____。
6. 幼儿知道自己的性别,并初步掌握性别角色知识是在_____岁。
7. 提出"大自然、大社会都是活教材"观点的教育家是_____。
8. 《幼儿园教师专业标准(试行)》是国家对合格幼儿园教师_____的基本要求,是幼儿园教师实施保教行为的基本规范。
9. 《幼儿园工作规程》提出,幼儿园应当把_____融入一日生活,并定期组织开展多种形式的安全教育和事故预防演练。
10. _____是在认识客观事物的过程中所产生的情感体验,它与人的求知欲、认识兴趣、解决问题的需要等满足与否相联系。

四、简答题(本大题共4小题,每小题5分,共20分)

1. 简述《3~6岁儿童学习与发展指南》中艺术领域的目标。

2. 简述幼儿园精神环境的创设方法。

3. 简述如何培养幼儿的想象力。

4. 人们对儿童的认识和看法随着时代的变化不断发展,简述现代儿童观的内容。

五、论述题(本大题共2小题,每小题10分,共20分)

1. 结合《3~6岁儿童学习与发展指南》科学领域的内容,谈谈如何支持和鼓励幼儿在探究的过程中积极动手动脑寻找答案或解决问题。

2. 试述教师如何成为幼儿学习活动的支持者、合作者、引导者。

六、案例分析题(本大题共20分)

辉辉带来了一个陀螺玩具,自由活动时他招呼明明一起玩。明明转不起来,辉辉就教他玩,军军、强强也围过来,辉辉说:"我们轮着玩吧。"军军、强强抢着要先玩,辉辉说:"你们剪刀石头布,谁赢谁先玩。"明明说:"我们来比赛,看谁转得久!"辉辉说:"好呀!"……正玩着,涛涛也想玩,辉辉说:"人太多了,你不要玩了。"涛涛就用脚蹭了一下陀螺,陀螺停了。辉辉一急,就用力推了涛涛,两个孩子打了起来,辉辉大声哭了……

问题:

(1)分析案例中辉辉人际交往的典型表现。

(2)结合案例,提出解决幼儿冲突的指导策略。

教师招聘考试幼儿园教育理论基础预测试卷(十七)

(满分100分 时间120分钟)

本套试卷共42小题,包括单项选择题(20小题),判断题(10小题),名词解释(5小题),简答题(4小题),论述题(2小题),案例分析题(1小题)。

一、单项选择题(在每小题列出的四个备选项中只有一个是符合题目要求的,请将其代码填写在题后的括号内。错选、多选或未选均无分。本大题共20小题,每小题1分,共20分)

1. 动静交替、劳逸结合地组织活动,符合大脑皮质活动的(   )
   A. 优势原则   B. 镶嵌式活动原则
   C. 动力定型   D. 抑制原则

2. 对幼儿来说,"家具"这个词比"桌子""椅子"等词更难掌握,在生活中,抽象的语言也常常使幼儿难以理解,这是因为幼儿的思维发展具有(   )
   A. 具体形象性   B. 直觉行动性
   C. 逻辑性   D. 抽象性

3. 幼儿园定期或不定期地向家长开放,并邀请家长来观摩和参观的活动形式是(   )
   A. 家长会   B. 家长学校   C. 家长委员会   D. 家长开放日

4. 王老师让幼儿陌陌扮演大灰狼,婷婷扮演小红帽,再现经典童话《大灰狼与小红帽》的故事,以此来告诉幼儿要牢记大人的叮嘱,这样才不会在遇到坏人时上当。这种游戏属于(   )
   A. 规则性游戏   B. 角色游戏   C. 结构游戏   D. 表演游戏

5. 从一个人行为的一个方面可看出他的个性,这是个性(   )的表现。
   A. 整体性   B. 独特性   C. 稳定性   D. 社会性

6. 一个人希望自己能够有实力、充满信心,能够独立自主,或者有地位、有威信,受到别人的信任和高度评价,这体现的是马斯洛需要层次理论中的(   )
   A. 生理需要   B. 尊重需要
   C. 归属与爱的需要   D. 自我实现的需要

7. 以下关于学前儿童呼吸系统的保育要点,说法错误的是(   )
   A. 保持室内空气新鲜   B. 加强适宜的体育锻炼和户外活动
   C. 教育幼儿以正确的姿势活动和睡眠   D. 教育幼儿唱成人歌曲,拓宽音域

8. 幼儿时常提出一些不平常的问题,是以下哪方面的具体表现(   )
   A. 再造想象   B. 创造想象   C. 无意想象   D. 有意想象

9. 杨老师对着五岁的甜甜说:"上次词语记忆,你记得真快而且特别准确,大家都夸你聪明,这次你一定能记得更好。"杨老师表扬甜甜,主要是让她运用哪种记忆方法(   )
   A. 直观形象记忆法   B. 归类记忆法
   C. 歌诀记忆法   D. 愉快识记法

10. 儿童容易模仿影视片中反面人物的行为,结果导致不良品德的形成。为了避免影视片的消极影响,根据班杜拉的社会学习理论,适当的做法是( )
   A. 避免儿童观看这类影视片
   B. 对有模仿行为的儿童进行说服教育
   C. 影片中尽量少描写反面人物
   D. 影视片应使儿童体验到"恶有恶报,善有善报"

11. 在分类活动中,玥玥把桌子和书包归为一类,原因是书包是放在桌子上的。这说明玥玥是依据( )分类。
   A. 生活情境   B. 感知特点   C. 功用   D. 概念

12. 人们通常将( )作为言语发生的标志。
   A. 儿童能说出第一批真正被理解的词(1岁左右)
   B. 儿童开口说话
   C. 儿童可以与成人进行语言交流
   D. 儿童能听懂成人的语言

13. 对于幼儿如厕,教师正确的做法是( )
   A. 允许幼儿按需自由如厕
   B. 组织幼儿活动后统一如厕
   C. 控制幼儿如厕的次数
   D. 组织教育活动时禁止幼儿如厕

14. 4~5岁儿童能够借助一些卡片进行简单的数学运算,到了小学阶段,就可以摆脱卡片进行加减运算。这说明儿童心理发展的趋势是( )
   A. 从简单到复杂
   B. 从被动到主动
   C. 从具体到抽象
   D. 从零乱到成体系

15. 明明说:"我是个好孩子,我不挑食,我帮妈妈收衣服,我还跟小朋友分享玩具。"这说明明明的自我评价( )
   A. 带有主观情绪性
   B. 具有被动性
   C. 主要依赖成人评价
   D. 具有表面性

16. 儿童的数概念的形成,经历的四个阶段分别是( )
   A. 口头数数—按数取物—给物说数—掌握数概念
   B. 口头数数—给物说数—按数取物—掌握数概念
   C. 按数取物—口头数数—给物说数—掌握数概念
   D. 按数取物—给物说数—口头数数—掌握数概念

17. 教师应理解和尊重幼儿在欣赏艺术作品时的( )、即兴模仿等行为。
   A. 安静沉醉   B. 手舞足蹈   C. 好友互动   D. 即兴创造

18. 幼儿园应当建立患病幼儿用药的( )制度,未经监护人委托或者同意,幼儿园不得给幼儿用药。
   A. 委托监管
   B. 安全保障
   C. 预警管理
   D. 委托交接

19. 关于学前儿童运动系统的特点,以下说法不正确的是( )
   A. 学前儿童骨骼的弹性大,可塑性强,软骨较多,骨骼容易变形
   B. 学前儿童足弓周围韧带较松、肌肉细弱,若长时间站立、行走,足底负重过多,易引起足弓塌陷

C. 学前儿童关节窝较浅,周围韧带较松,容易脱臼

D. 学前儿童肌肉中水分较多,蛋白质及储存的糖原较少,因此肌肉柔嫩,收缩力差,力量小,易疲劳,而且疲劳后很难恢复

20. 在学前儿童思维工具的发展变化中,语词的作用(　　)

A. 基本不变　　　　B. 越来越大　　　　C. 越来越小　　　　D. 始终很小

二、判断题(判断下列各命题的正误,并在题后括号内打"√"或"×"。本大题共10小题,每小题1分,共10分)

1. 肺是呼吸系统的主要器官,是气体交换的主要场所。(　　)

2. 食物中所含的糖类,一部分能被人体吸收,如单糖、双糖和多糖中的淀粉,而多糖中的纤维素和果胶不能被人体吸收,被称为"膳食纤维"。(　　)

3. 国家实行幼儿园登记注册制度,但私人不经登记注册也可以举办幼儿园。(　　)

4. 无条件反射是建立条件反射的基础。(　　)

5. 幼儿园环境具有两个特点:教育性和可塑性。(　　)

6. 飞机设计师在头脑中构成一架新型飞机的形象属于再造想象。(　　)

7.《3～6岁儿童学习与发展指南》的目标部分分别对3～4岁、4～5岁、5～6岁三个年龄段中期幼儿应该知道什么、能做什么,大致可以达到什么发展水平提出了合理期望。(　　)

8. 洛克提倡"绅士教育",他认为教育的目的就是培养绅士。所谓绅士,就是一种有德行、有学问、有能力、有礼貌的人。(　　)

9. 幼儿园保育和教育不可分割的关系是由幼教工作的特殊性和幼儿身心发展的特点决定的。(　　)

10. 记忆是人脑对过去经验的反映。(　　)

三、名词解释(本大题共5小题,每小题3分,共15分)

1. 同化和顺应

2. 结构性游戏

3. 敌意性攻击行为

4. 五指活动

5. 学习动机

四、简答题（本大题共4小题，每小题5分，共20分）

1. 简述教师在幼儿游戏时可采用的观察方法。

2. 简述幼儿鼻出血的原因和处理方法。

3. 简述学前儿童自我评价发展的特点。

4. 简述实施《3～6岁儿童学习与发展指南》应把握的四个方面。

五、论述题(本大题共2小题,每小题10分,共20分)

1. 试述陈鹤琴的教育思想。

2. 试述学前儿童气质的培养及教育适宜性的策略。

六、案例分析题(本大题共15分)

冬冬今年4岁,是幼儿园中班的孩子。他在日常生活中能流利地用语言与父母和小伙伴交流,也能玩过家家、扮医生等游戏,但是在面对问题情境时,他往往只集中于事物的一个方面而忽略其他方面。比如,把一个圆饼切成4片,他会认为切成4片的圆饼比整块的多。在交谈中问他:"你有兄弟吗?"他回答:"有。"又问他:"他叫什么名字?"他回答:"叫小军。"再问:"小军有兄弟吗?"他回答:"没有。"有一天,他兴奋地告诉幼儿园老师:"我家的花开了,因为它想看看我。"

请结合案例运用皮亚杰的认知发展阶段理论分析:

(1)冬冬的认知发展属于哪个阶段?

(2)该阶段儿童认知的发展具有哪些特点?

教师招聘考试幼儿园教育理论基础预测试卷(十八)

（满分100分　时间120分钟）

本套试卷共52小题,包括单项选择题(20小题),多项选择题(5小题),判断题(10小题),填空题(10小题),简答题(4小题),论述题(2小题),案例分析题(1小题)。

一、单项选择题(在每小题列出的四个备选项中只有一个是符合题目要求的,请将其代码填写在题后的括号内。错选、多选或未选均无分。本大题共20小题,每小题1分,共20分)

1. 下列哪项属于卢梭的主张（　　）
A. 强调对幼儿进行教育必须遵循自然的要求,顺应幼儿的自然本性
B. 强调"教育即生长"
C. 主张"泛智"主义的教育思想,认为人人都有接受教育的可能性
D. 强调要重视幼儿的自主性

2. "常规遮盖法"被公认为是一种简便易行的有效方法,主要用来治疗（　　）
A. 远视　　　B. 近视　　　C. 弱视　　　D. 散光

3. 提出成熟是推动儿童发展的主要动力,儿童的学习取决于生理的成熟的是（　　）
A. 格塞尔　　B. 弗洛伊德　　C. 赞可夫　　D. 维果斯基

4. 一朝被蛇咬,十年怕井绳。这种现象最适宜的解释是（　　）
A. 刺激泛化　B. 刺激分化　C. 刺激恐惧　D. 刺激评价

5. 教师在组织幼儿玩"老狼、老狼,几点钟"的体育游戏时,先用语言讲解玩法,再请几个小朋友分别当老狼、小羊示范玩一遍。在这个环节中,教师使用了（　　）
A. 操作法　　B. 直观法　　C. 发现法　　D. 电教法

6. 学会抓握的婴儿看见床上的玩具,会反复用抓握的动作去获得玩具。当他独自一个人,玩具又较远,婴儿手够不着(看得见)时,他仍然用抓握的动作试图得到玩具。这一动作过程是（　　）
A. 图式　　　B. 同化　　　C. 顺应　　　D. 平衡

7. 在母亲离开时无特别紧张或忧虑的表现,在母亲回来时,欢迎母亲的到来,但这只是短暂的。这种孩子的依恋可能属于（　　）依恋。
A. 回避型　　B. 安全型　　C. 反抗型　　D. 迟钝型

8. 幼儿园班级要建立良好的常规,避免不必要的管理行为,逐步引导幼儿学习（　　）
A. 自我管理　　　　　　B. 自主管理
C. 小组管理　　　　　　D. 班级管理

9. 斌斌和轩轩出生时身高、体重差不多,到两岁时,斌斌长得高高胖胖,轩轩却瘦瘦小小的,这说明学前儿童的生长具有（　　）
A. 阶段性　　　　　　　B. 不均衡性
C. 个别差异性　　　　　D. 相互关联性

10. 我国幼儿教育机构的名称随着时间的推移发生过一系列变化,下面是按时间先后顺序排列的是( )
A. 幼稚园—蒙养园—蒙养院—幼儿园
B. 蒙养园—蒙养院—幼稚园—幼儿园
C. 蒙养院—蒙养园—幼儿园—幼稚园
D. 蒙养院—蒙养园—幼稚园—幼儿园

11. ( )是由于儿童体内缺乏维生素D,引起全身钙、磷代谢失常的一种慢性营养性疾病。
A. 佝偻病   B. 腹泻   C. 肺炎   D. 缺铁性贫血

12. 丽丽在晨间活动学会了广播体操,根据加涅对学习结果的五种分类,这属于( )学习。
A. 智慧技能
B. 认知策略
C. 态度
D. 动作技能

13. 在日常生活中,我们强调一些卫生常识,如饭前便后洗手。从预防传染病流行的角度分析,这是为了( )
A. 控制传染源
B. 切断传播途径
C. 保护易感者
D. 以上都是

14. 手眼协调出现的主要标志是( )
A. 手能持续抓握
B. 能用手抓住看到的物体
C. 看到物体后,又把视觉指向自己的手
D. 看不见玩具而只听到玩具的声音,就能伸手抓玩具

15. 儿童只有有玩具的时候才能展开游戏,如果没有玩具就不能玩游戏,只能东看看西看看或者咬手指等,这种表现说明儿童最可能在( )思维水平。
A. 直观行动
B. 具体形象
C. 抽象逻辑
D. 形式逻辑

16. "能根据自己的意愿自由结伴",该幼儿发展目标属于( )领域。
A. 语言   B. 健康   C. 社会   D. 科学

17. 在健康领域,"能自己穿脱衣服、鞋袜、扣纽扣""能整理自己的物品"属于( )幼儿"具有基本的生活自理能力"方面的目标。
A. 小班   B. 中班   C. 大班   D. 小小班

18. 下列关于3~6岁幼儿记忆发展的特点,说法不正确的是( )
A. 无意记忆占优势,有意记忆逐渐发展
B. 记忆的理解和组织程度逐渐提高
C. 语词记忆占优势,形象记忆逐渐发展
D. 记忆的意识性和记忆方法逐渐发展

19. 下列不是儿童心理发展特征的是( )
A. 不平衡性
B. 连续性和阶段性
C. 特殊性和间断性
D. 方向性和顺序性

20. 关于攻击性行为的特点,下列说法不正确的是( )
A. 攻击型儿童受惩罚时其攻击性行为加剧
B. 惩罚对于非攻击型的儿童能抑制其攻击性
C. 父母的惩罚本身就给孩子树立了攻击性行为的榜样
D. 惩罚是抑制儿童攻击性行为的有效手段

二、多项选择题(下列各题备选答案中至少有两项是符合题意的,请找出恰当的选项,并将其代码填在相应的括号内,多选、错选或少选均不得分。本大题共5小题,每小题2分,共10分)

1. 学前教育的基本原则之一是发展适宜性,包括两个层面的含义,即(　　)
   A. 年龄适宜性　　　　　　　　　B. 个体适宜性
   C. 活动适宜性　　　　　　　　　D. 游戏适宜性

2. 根据我国《幼儿园工作规程》,下列属于幼儿教师的职责的有(　　)
   A. 学期(或学年)初,做好本班收费工作
   B. 创设良好的教育环境,合理组织教育内容
   C. 了解幼儿家庭的教育环境,商讨符合幼儿特点的教育措施
   D. 定期总结评估保教工作实效,接受园长的指导和检查

3. 学前儿童社会教育的主要目标包括(　　)
   A. 能主动地参与各项活动,有自信心
   B. 乐意与人交往,学习互助、合作和分享,有同情心
   C. 理解并遵守日常生活中基本的社会行为规则
   D. 能努力做好力所能及的事,不怕困难,有初步的责任感

4. 《中小学教师职业道德规范》中,对中小学教师职业道德规范的要求有(　　)
   A. 爱国守法、爱岗敬业　　　　　B. 关爱学生、教书育人
   C. 关注差异、多元评价　　　　　D. 为人师表、终身学习

5. 以下哪些人员不适合在幼儿园工作(　　)
   A. 有犯罪记录的人员　　　　　　B. 有吸毒记录的人员
   C. 有精神病史的人员　　　　　　D. 有传染病史的人员

三、判断题(判断下列各命题的正误,并在题后括号内打"√"或"×"。本大题共10小题,每小题1分,共10分)

1. 教师要使用符合幼儿年龄特点的语言进行保教工作。(　　)

2. 尊重需要是马斯洛需要层次理论中最高层次的需要。(　　)

3. 幼儿的活动大致可分为内部活动和外部活动两类,其中内部活动是指可见的幼儿的实践活动。(　　)

4. 世界上第一本图文并茂的儿童读物是《图说天下》。(　　)

5. 多元智能理论评价的目的不是为发现小天才,而是对儿童进行选拔、排队。(　　)

6. 能以手脚并用的方式安全地爬攀登架是中班幼儿动作发展的具体要求。(　　)

7. 学前儿童同伴关系具有平等、互惠的特点。(　　)

8. 游戏是幼儿完成社会化的一种重要方式。(　　)

9. 不同的幼儿有着不同的情绪表达方式,因此,教师要有意识地提高自身的观察能力、倾听能力,主动与幼儿交流,从而有效地觉察、把握他们的情绪状况。(　　)

10. 幼儿的创造过程和作品是他们表达自己的认识和技能的重要方式。(　　)

四、填空题(在下列每小题的空格中填上正确答案。错填、不填均不得分。本大题共10小题,每小题1分,共10分)

1. _____的亲子关系最有益于幼儿个性的良好发展。

2. 幼儿园教职工必须具有安全意识,掌握基本急救常识和防范、避险、逃生、自救的基本方法,在紧急情况下应当优先保护_____的人身安全。

3. 小朋友看到春游乘车的照片,才想起是谁坐在他旁边,这种记忆水平是_____。

4. 《幼儿园保育教育质量评估指南》指出,评估方式包括注重过程评估、_____和聚焦班级观察。

5. 幼儿能够知道无论自己或别人穿什么衣服,留什么样的发型,其性别都保持不变,这表明幼儿性别概念的发展处于_____阶段。

6. 规则性游戏包括体育游戏、_____和_____。

7. 性格是指表现在人对现实的态度和惯常的_____中的比较稳定的心理特征。

8. 《3~6岁儿童学习与发展指南》语言领域分为两个子领域,分别是_____、阅读与书写准备。

9. 根据想象内容新颖性的不同,有意想象可分为再造想象和_____。

10. 幼儿园教育是_____的重要组成部分,是我国学校教育和终身教育的奠基阶段。

五、简答题(本大题共4小题,每小题4分,共16分)

1. 简述幼儿园环境创设的一般原则。

2. 简述幼儿观察力发展的特点。

3. 简述怎样在实践中提高学前儿童的言语能力。

4. 简述埃里克森的人格发展阶段理论。

六、论述题（本大题共2小题，每小题7分，共14分）

1. 结合《3~6岁儿童学习与发展指南》，说说培养幼儿遵守基本的行为规范的教育措施。

2. 论述家园合作的方式。

七、案例分析题（本大题共20分）

林老师从事幼儿教学工作20多年，业务精湛，为幼儿园赢得了很多荣誉，从不居功自傲，为人谦和，悉心帮扶新教师，她从不谈论班上家长职业情况或利用家长资源为自己和亲友提供便利。林老师热情如一地对待工作，她总是蹲下来和孩子轻声交谈，每天与孩子亲切拥抱，甚至自创了专属每一个孩子的打招呼方式，孩子们很喜欢。林老师对年轻老师说："要花心思让孩子真正喜欢你，当孩子喜欢老师，学习自然就会发生，老师每天最重要的工作是陪伴和观察孩子，从孩子的兴趣和需要出发开展教学工作。"得知家长在家中教孩子做算术、学拼音，林老师耐心说明这些做法对幼儿身心健康成长的危害，邀请家长来园里观看孩子游戏，为家长分析孩子在游戏中的学习和发展，家长们心服口服。

分析林老师践行了哪些新时代幼儿园教师职业行为准则。

教师招聘考试幼儿园教育理论基础预测试卷(十九)

(满分100分　时间120分钟)

本套试卷共64小题,包括单项选择题(40小题),多项选择题(10小题),判断题(10小题),简答题(2小题),论述题(1小题),案例分析题(1小题)。

一、单项选择题(在下列每小题列出的四个选项中只有一个是最符合题意的,请将其代码填在括号内。错选、多选或未选均不得分。本大题共40小题,每小题1分,共40分)

1. 当幼儿园小朋友获悉本班取得运动会团体比赛第一名的成绩时欣喜若狂,他们的情绪状态属于(　　)
   A. 激情　　　　　B. 心境　　　　　C. 应激　　　　　D. 热情

2. 以下关于气质的表述,正确的是(　　)
   A. "强、平衡、灵活"的神经活动类型对应的气质类型是胆汁质
   B. 气质具有稳定性,又有可塑性的说法是不对的
   C. 气质类型没有好坏之分,不同气质类型的儿童都可以发展成社会的有用人才
   D. 小说《红楼梦》中林黛玉的气质类型属于抑郁质,王熙凤则倾向于黏液质

3. 某幼儿被蚊子叮咬后,妈妈为他大面积涂了花露水,结果该幼儿出现了酒精中毒症状,这是因为幼儿皮肤(　　)
   A. 保护功能强　　　　　　　　B. 散热功能差
   C. 渗透作用强　　　　　　　　D. 吸收作用差

4. 最佳学习期限这个概念是由(　　)提出来的。
   A. 维果斯基　　　B. 冯特　　　　　C. 弗洛伊德　　　D. 埃里克森

5. 瑞士心理学家皮亚杰用来阐述认知结构的四个基本概念是(　　)
   A. 图式、同化、顺应、平衡　　　　B. 本我、自我、超我、忘我
   C. 成熟、刺激、反应、模仿　　　　D. 最近发展区、最佳期、支架式教学、内化学说

6. (　　)能促进视觉细胞类感光物质的合成与再生,促进生长发育,有利于提高机体免疫力,缺乏它会引起夜盲症。
   A. 维生素B_2　　B. 维生素C　　　C. 维生素D　　　D. 维生素A

7. 亲子关系是父母与其亲生子女、养子女或继子女之间的关系,不同的亲子关系类型对幼儿的影响是不同的,亲子关系通常被分成(　　)
   A. 民主型、专制型、放任型　　　　B. 民主型、和平型、独断型
   C. 专制型、放任型、友好型　　　　D. 和平型、独断型、友好型

8. 下列不属于手足口病的传播途径的是(　　)
   A. 肢体接触传播　　　　　　　B. 空气飞沫传播
   C. 虫媒传播　　　　　　　　　D. 饮食传播

9. 白天从电影院看完电影走出来,觉得阳光非常刺眼,什么都看不清,过了一会儿视觉才恢复正常。这种现象是( )
   A. 对比现象   B. 联觉现象
   C. 定位现象   D. 适应现象

10. 某班幼儿表现出相对稳定的兴趣。在自由活动中,有的幼儿总是玩球,有的总是凑在一起看书、讲故事,各有各的特色。这最有可能是( )的幼儿。
    A. 托班   B. 小班   C. 中班   D. 大班

11. 幼儿拔河、下棋一般属于( )
    A. 表演游戏   B. 规则性游戏
    C. 角色游戏   D. 结构游戏

12. 家长和孩子一起参加"参观敬老院"的活动,让孩子在与老人的互动中得到锻炼,养成良好的行为习惯。这是运用了家庭教育的( )
    A. 讲解说理法   B. 暗示提醒法
    C. 榜样示范法   D. 实践活动法

13. 宽宽能正确说出红、蓝、绿、棕、灰、粉红、紫等颜色名称,并能运用各种颜色调出需要用的颜色,宽宽可能是( )儿童。
    A. 托班   B. 小班   C. 中班   D. 大班

14. 小明亲眼目睹那些欺负弱小的同学经常受到老师的严厉批评、处罚,而那些爱护弱小的同学则受到大家的喜爱。久而久之,他也变成了一个乐于助人、不欺负弱小的学生。这种学习属于( )
    A. 亲历学习   B. 观察学习   C. 迁移学习   D. 试误学习

15. 幼儿园应当建立( ),严禁在幼儿园内设置威胁幼儿安全的危险建筑物和设施,严禁使用有毒、有害物质制作教具、玩具。
    A. 安全防护制度   B. 卫生检查制度
    C. 安全监管制度   D. 校长责任制

16. 在同一时间里,注意指向多个不同对象,比如老师一边写板书,一边观察孩子听课,这指的是( )
    A. 注意的分配 B. 注意的转移 C. 注意的广度 D. 注意的稳定性

17. 《幼儿园教育指导纲要(试行)》指出,科学、合理地安排和组织一日生活,时间安排应有相对的( )
    A. 系统性与灵活性   B. 秩序性与灵活性
    C. 稳定性与差异性   D. 稳定性与灵活性

18. 奥苏贝尔按照学习进行的方式将学习分为接受学习和发现学习;按照学习材料与学习者原有知识的关系将学习分为机械学习和有意义学习。科学家的科学研究属于( )
    A. 有意义的接受学习   B. 有意义的发现学习
    C. 机械的接受学习   D. 机械的发现学习

19. 一个热情豪爽的孩子,无论在家还是在幼儿园都表现出这种品质,这说明幼儿的个性具有( )
    A. 稳定性   B. 独特性   C. 整体性   D. 社会性

20. 一名4岁幼儿听到教师说"一滴水,不起眼",结果他理解成了"一滴水,肚脐眼"。这一现象主要说明幼儿( )
 A. 听觉辨别力较弱　　　　　　　B. 想象力丰富
 C. 语言理解凭借自己的具体经验　D. 理解语言具有随意性

21. 提出"父母是孩子的第一任教师"主张的教育家是( )
 A. 陶行知　　　　B. 张雪门　　　　C. 福禄贝尔　　　　D. 陈鹤琴

22. "对大家都喜欢的东西能轮流、分享",这体现的社会领域目标是( )
 A. 具有自尊、自信、自主的表现　　B. 能与同伴友好相处
 C. 愿意与人交往　　　　　　　　　D. 关心尊重他人

23. 教师为幼儿做了纸杯托水的小实验。这位教师采用的方法是( )
 A. 演示法　　　　B. 欣赏法　　　　C. 观察法　　　　D. 操作法

24. 幼儿教师了解幼儿的最好的信息来源是( )
 A. 同龄人　　　　B. 社区人员　　　C. 家长　　　　　D. 教养员

25. 一个中班男孩想象的夏景是:有个小女孩在小河边玩水,手里拿着手帕当小船玩,又不敢放手,怕被水冲走。这是一种( )
 A. 经验性想象　　　　　　　　　　B. 夸张性想象
 C. 拟人化想象　　　　　　　　　　D. 情境性想象

26. 以自然教育理论为依据,在道德教育上提出了"自然后果法"的是( )
 A. 夸美纽斯　　　B. 福禄贝尔　　　C. 洛克　　　　　D. 卢梭

27. "余音绕梁,三日不绝于耳"属于( )
 A. 形象记忆　　　B. 情绪记忆　　　C. 动作记忆　　　D. 逻辑记忆

28. 幼儿说话时,常常不连续,并伴有各种手势和面部表情。这种言语属于( )
 A. 自言自语　　　B. 问题言语　　　C. 情境性言语　　D. 游戏言语

29. 儿童最早发展的是头部和躯干的动作,然后发展双臂和腿部的动作,再后是手的精细动作。这体现了儿童动作发展的( )
 A. 无有规律　　　B. 大小规律　　　C. 首尾规律　　　D. 近远规律

30. 1岁8个月的东东想给爸爸吃苹果,会对爸爸说"爸爸,果果,吃",并把苹果递给爸爸。这表明这个阶段儿童语言的发展处于( )阶段。
 A. 完整句　　　　B. 单词句　　　　C. 电报句　　　　D. 复合句

31. 某班主任在建构区门口地上画了四对小脚印,表示有三层意思:只能进四位小朋友;进去要脱鞋;鞋子要放整齐。这一管理方法属于( )
 A. 互动指导法　　　　　　　　　　B. 榜样激励法
 C. 目标指引法　　　　　　　　　　D. 规则引导法

32. 豆豆在母亲在场时能安逸地玩游戏,母亲离开时情绪出现困扰,但母亲回来后豆豆的情绪很快又恢复平静。而且对陌生人的反应比较积极,能顺利地与陌生人交往。豆豆的依恋类型属于( )
 A. 迟钝型依恋　　B. 反抗型依恋　　C. 回避型依恋　　D. 安全型依恋

33. 教育者要在儿童发展的关键期施以相应的教育,这是因为人的发展具有( )

A. 顺序性和阶段性　　　　　　　　　B. 稳定性和可变性

C. 不均衡性　　　　　　　　　　　　D. 个别差异性

34. 表现出"精力旺盛、表里如一、刚强、易感情用事"的特征的气质类型是( )

A. 多血质　　　B. 抑郁质　　　C. 胆汁质　　　D. 黏液质

35. "老子打儿子"被认为是天经地义、家庭私事,别人无权干涉。这是以下哪一种儿童观的典型表现( )

A. 儿童是"私有财产"　　　　　　　　B. 儿童有罪

C. 儿童是小大人　　　　　　　　　　D. 儿童是"白板"

36. 依据对"具备基本的安全知识和自我保护能力"目标的理解,下面哪句话是正确的( )

A. 家长不能让幼儿接触剪刀、热水杯、洗衣机、冰箱等

B. 家长可以让幼儿单独上下电动扶梯玩耍

C. 幼儿在河边单独玩耍是可以的

D. 幼儿教师和家长要教育幼儿不吃陌生人的东西,不跟陌生人走

37. 当教师发现幼儿遭受家暴或疑似遭受家庭暴力的情况时,正确的做法是( )

A. 依法及时向公安机关报案　　　　　B. 与家长进行沟通交流

C. 向园领导汇报　　　　　　　　　　D. 向幼儿的其他监护人反映

38. 儿童最初的思维是以( )为主。

A. 抽象逻辑思维　　　　　　　　　　B. 具体形象思维

C. 想象性思维　　　　　　　　　　　D. 直观行动思维

39. 儿童到了象征游戏高峰期,游戏内容扩展,情节丰富,游戏水平明显提高,象征游戏高峰期的年龄阶段一般在( )

A. 幼儿早期　　　　　　　　　　　　B. 幼儿中期

C. 幼儿晚期　　　　　　　　　　　　D. 学龄早期

40. "具有一定的力量和耐力"这一目标归属于健康子领域的( )

A. 动作发展　　　B. 身心状况　　　C. 生活能力　　　D. 自我保护

二、多项选择题(下列各题备选答案中至少有两项是符合题意的,请找出恰当的选项,并将其代码填在相应的括号内,多选、错选或少选均不得分。本大题共10小题,每小题2分,共20分)

1. 关于学前儿童耳的卫生保健,下列说法正确的有( )

A. 禁止用锐利的工具给学前儿童挖耳

B. 教育学前儿童听到过大的声音时要捂耳或张口,预防强音震破鼓膜,影响听力

C. 严格限制使用耳聋性药物,对婴幼儿的听力进行监测

D. 要教会儿童正确擤鼻涕的方法,用力擤鼻涕可预防中耳炎

2. 以下哪些是学前教育的特殊原则( )

A. 发展适宜性原则　　　　　　　　　B. 保教合一的原则

C. 以游戏为基本活动的原则　　　　　D. 教育的活动性原则

3. 下列属于陶行知的教育思想的有( )
   A. 教、学、做合一　　　　　　　　B. 生活即教育
   C. 幼儿的自由与作业的组织相结合　　D. 解放幼儿的头脑、双手、眼睛、嘴巴、时间和空间

4. 好的饮食习惯应当有( )
   A. 按时定位进食,食前有准备　　B. 细嚼慢咽,专心进餐
   C. 饮食定量,控制零食　　　　　D. 不偏食,饮食多样

5. 午饭时,典典把不爱吃的蔬菜挑出来,其他小朋友看到,也像他一样挑出来,老师说:"谁能不挑食,谁就可以做值日班长。"于是,典典认真地吃起蔬菜,老师说:"典典很棒,能大口吃蔬菜。"于是,其他小朋友也学着典典大口吃起蔬菜来,该教师运用了( )
   A. 正强化　　B. 负强化　　C. 直接强化　　D. 替代强化

6. 在幼儿园班级管理的方法中,情感沟通法的操作要领包括( )
   A. 教师要提供给幼儿实践的机会　　B. 教师要善于观察幼儿的日常情感表现
   C. 教师要保持和蔼可亲的个人形象　　D. 教师应注意规则的一致性

7. 陈鹤琴是儿童教育家。他反对埋没人性的读死书的死教育。在抗战年代,他抱着实验新教育的使命,创建了"活教育"理论体系。即( )
   A. 目的论:做人,做中国人,做现代中国人
   B. 教育论:不在做上用功夫。教固不成为教,学也不成为学
   C. 方法论:做中教,做中学,做中求进步
   D. 课程论:大自然、大社会都是活教材

8. 心理学家桑代克根据实验结果提出了关于人类学习的理论:"尝试—错误"学习的基本律,包括( )
   A. 效果律　　B. 准备律　　C. 练习律　　D. 运动律

9. 为了让儿童拥有健康的体态,《3~6岁儿童学习与发展指南》提出的建议包括( )
   A. 为幼儿提供营养丰富、健康的饮食
   B. 保证幼儿每天睡18~20小时,其中午睡一般应达到2小时左右
   C. 注意幼儿的体态,帮助他们形成正确的姿势
   D. 每年为幼儿进行健康检查

10. 下列属于蒙台梭利教育思想观点的有( )
    A. 有准备的环境　　B. 感官教育　　C. 吸收性心智　　D. 混龄教育

三、判断题(判断下列各命题的正误,并在题后括号内打"√"或"×"。本大题共10小题,每小题1分,共10分)

1. 狭义的学前教育包括早期教育、幼儿教育和家庭教育。　　　　　　　　　　　　( )
2. 热爱幼儿是幼儿教师职业道德的核心,是评价幼儿教师职业道德水准的重要指标。　( )
3. 家园共育的首要任务是促使家长与幼儿园在教育理念、目标、内容、原则和基本方法等方面取得共识。
　　　　　　　　　　　　　　　　　　　　　　　　　　　　　　　　　　　　　( )
4. 独自游戏是幼儿后期出现的较高级的游戏形式。　　　　　　　　　　　　　　　( )

5. 一般情况下，4岁半的幼儿经过一年的幼儿园教育，在与家长或亲人走散的情况下，能够向警察或有关人员说出自己和家长的名字、电话号码等简单信息。（   ）

6. 幼儿在活动时可以在硬地上进行大量的蹦跳运动，这样有利于骨骼的生长发育。（   ）

7. 性格受先天遗传影响，所以是无法改变的。（   ）

8. 自我意识是人对自己身心状态及对自己同客观世界的关系的意识。（   ）

9. 3~6岁儿童的有意注意是在外界环境，特别是成人的要求下发展的。（   ）

10. 教师与幼儿的沟通就是要求教师平时多用言语的形式表扬、指导幼儿，学会倾听。（   ）

四、简答题（本大题共2小题，每小题6分，共12分）

1. 简述幼儿游戏的特点。

2. 简述3~4岁儿童心理发展的主要特征。

五、论述题（本大题共8分）

试述幼儿有意注意产生的条件。

六、案例分析题(本大题共10分)

乐乐是一个精力旺盛的孩子,他性格急躁,情绪强烈,经常会无缘无故地打其他小朋友。

问题: 乐乐无缘无故打人属于哪种攻击性行为?幼儿教师应该如何对待这种攻击性行为?

教师招聘考试幼儿园教育理论基础预测试卷(二十)

（满分100分　时间120分钟）

本套试卷共46小题，包括单项选择题(30小题)，多项选择题(5小题)，填空题(6小题)，简答题(3小题)，论述题(1小题)，案例分析题(1小题)。

一、单项选择题(在下列每小题列出的四个选项中只有一个是最符合题意的，请将其代码填在括号内。错选、多选或未选均不得分。本大题共30小题，每小题1分，共30分)

1. 1904年，清政府颁布的《奏定学堂章程》将我国的公共学前教育机构命名为(　　)
   A. 幼稚园　　　B. 幼儿园　　　C. 蒙养院　　　D. 托儿所

2. 儿童按照一定的要求和程序通过自身的实践活动进行学习的方法是(　　)
   A. 游戏法　　　B. 直观法　　　C. 操作法　　　D. 发现法

3. 妈妈在陪1岁半的小嘉玩拨浪鼓时，趁她不注意把拨浪鼓藏到身后，小嘉到处寻找。这表明(　　)
   A. 小嘉具备了客体永久性的观念　　　B. 小嘉的有意注意开始发展
   C. 小嘉的自我意识已经形成　　　D. 小嘉的依恋行为开始发展

4. 一般来说，大班幼儿所处的游戏水平是(　　)
   A. 独自游戏　　　B. 平行游戏　　　C. 联合游戏　　　D. 合作游戏

5. 幼儿园智育区别于小学智育的重要特征是(　　)
   A. 感知能力的培养　　　B. 记忆力的培养
   C. 思维能力的培养　　　D. 想象力的培养

6. 在开展角色游戏时，王老师发现"理发店"没有顾客，理发师无所事事，王老师就去当顾客，并建议理发师去超市买一些理发用品。王老师在该游戏中的角色是(　　)
   A. 幼儿活动的支持者　　　B. 幼儿活动的组织者
   C. 幼儿活动的整合者　　　D. 幼儿活动的中介者

7. 幼小衔接工作的重点应放在培养幼儿的(　　)上。
   A. 入学适应性　　　B. 学习能力　　　C. 学习态度　　　D. 责任感

8. 幼儿园请交通警察来园给孩子们讲解交通规则。这属于(　　)
   A. 幼儿园与家庭合作　　　B. 幼儿园与社区合作
   C. 家庭与社区合作　　　D. 家庭与交警合作

9. 小朋友帮助同学受到了老师的表扬，以后该小朋友就经常做好事，其基本原理是(　　)
   A. 无条件反射　　　B. 经典条件反射
   C. 模仿学习　　　D. 操作性条件反射

10. 儿童动作发展可依次分为(　　)
    A. 反射动作阶段—最初动作阶段—基础动作阶段—专门化动作阶段
    B. 反射动作阶段—最初动作阶段—专门化动作阶段—基础动作阶段

C.反射动作阶段—基础动作阶段—最初动作阶段—专门化动作阶段

D.最初动作阶段—反射动作阶段—基础动作阶段—专门化动作阶段

11.根据遗忘的各种情况,不能再认也不能回忆的属于(　　)

A.完全遗忘　　B.不完全遗忘　　C.临时性遗忘　　D.永久性遗忘

12.当刺激多次重复出现时,婴儿好像已经认识了它,对它的反应强度减弱,这是(　　)

A.条件反射　　B.重复记忆　　C.习惯化　　D.有意记忆

13.吃过巧克力之后再吃苹果,苹果变得发酸。这种心理现象是(　　)

A.感觉的适应　　B.感觉的对比　　C.知觉的适应　　D.知觉的对比

14.一个孩子出现打人行为,因此父母规定他一个月不准去肯德基吃东西。这种做法属于(　　)

A.正强化　　B.消退　　C.负强化　　D.惩罚

15.为了发展幼儿感知形状、空间的能力,教师引导幼儿制定按语言指示或根据简单示意图正确取放物品的活动,这种做法适合(　　)

A.2~3岁的幼儿　　　　　　B.3~4岁的幼儿

C.4~5岁的幼儿　　　　　　D.5~6岁的幼儿

16.脂溶性维生素不包括(　　)

A.维生素A　　B.维生素C　　C.维生素D　　D.维生素E

17.照顾好幼儿睡眠的标志有(　　)

①晚上尽量早入睡　　　　　　②睡够应睡的时间

③保持良好的睡眠姿势和习惯　　④按时睡

A.①②③　　B.①③④　　C.②③④　　D.①②③④

18.幼儿看到图画书的坏人,常常会把它抠掉。这种心理现象是(　　)

A.理智感　　B.道德感　　C.美感　　D.自尊感

19.幼儿在生活中常常把自己的强烈愿望当作真实的东西。例如,东东说他爸爸给他买了一架电动飞机,可好玩了。可是,经了解,他爸爸只是口头答应他,还没买。这种心理现象是(　　)

A.想象表现力差　　　　　　B.撒谎

C.认知水平低　　　　　　　D.将想象与现实混淆

20.教师介入幼儿游戏的恰当时机是(　　)

A.幼儿兴趣正浓时　　　　　B.游戏井然有序时

C.幼儿打算继续游戏时　　　D.游戏内容发展有困难时

21.幼儿园环境创设应有效促进幼儿的发展,对于小班幼儿活动区的设置,下列做法正确的是(　　)

A.提供的材料应体积较小,同类材料数量较少

B.提供的材料应体积较大,同类材料数量较多

C.可以专门建设益智区等智力活动区

D.应提供材料及结构复杂的积塑、数学卡等材料

22.下列教育案例中运用了"最近发展区"理论的是(　　)

A.3岁的小军在妈妈的指导下,逐渐学会了自己穿衣服

B. 小海的妈妈希望小海长大后成为一名科学家

C. 小明的实际身高和同龄男孩的平均身高有差距

D. 5岁的小丽能够背诵近百首唐诗

23. 在进行学前儿童心理研究时,可采用(　　)对学前儿童外部行为进行长期全面的观察。

A. 日记法或传记法　　　　　　　　B. 问卷法

C. 谈话法　　　　　　　　　　　　D. 作品分析法

24. 刘老师看到乐乐打了一个喷嚏,浓浓的鼻涕喷出来,快要流到嘴巴里了,赶紧对正在拖地板的保育员喊:"王老师,快拿纸帮他擦一下。"刘老师的做法违反了学前教育的(　　)

A. 目标性原则　　　　　　　　　　B. 主体性原则

C. 保教结合的原则　　　　　　　　D. 发展适宜性原则

25. 归属与爱的需要以及尊重的需要是人类的基本需要,儿童这些需要的满足更多地从一般的同伴集体中获得。这表明同伴关系具有(　　)的功能。

A. 赋予社会知觉　　　　　　　　　B. 提供情感支持

C. 培养自信品质　　　　　　　　　D. 帮助发现自我

26. 几个小朋友开心地表演故事《金色的房子》。这一游戏属于(　　)

A. 音乐游戏　　　B. 听说游戏　　　C. 体育游戏　　　D. 创造性游戏

27. 幼儿阶段是儿童身体发育和(　　)极为迅速的时期,也是形成安全感和乐观态度的重要阶段。

A. 心理发展　　　B. 机能发展　　　C. 社会适应　　　D. 情绪发展

28. 某儿童表现出焦虑、退缩、怀疑、不喜欢与同伴交往等心理特征,那么该幼儿的亲子关系类型最有可能是(　　)

A. 放任型　　　　B. 专制型　　　　C. 民主型　　　　D. 自由型

29. 家园合作的注意事项不包括(　　)

A. 要赢得家长的信任和真诚合作　　B. 努力提高双方合作共育的能力

C. 追求合作共育效益最大化　　　　D. 共育过程中,幼儿园与家长是监督关系

30. 幼儿园提前教授小学低年级的内容,这种做法违背了(　　)

A. 主体性原则　　　　　　　　　　B. 发展适宜性原则

C. 以游戏为基本活动的原则　　　　D. 教育的活动性原则

二、多项选择题(下列各题备选答案中至少有两项是符合题意的,请找出恰当的选项,并将其代码填在相应的括号内,多选、错选或少选均不得分。本大题共5小题,每小题2分,共10分)

1. 下列选项中,属于陶行知先生提出的观点的是(　　)

A. 生活是教育的中心

B. 教、学、做合一的教育方法

C. 强调亲子教育,提出父母应多给孩子爱的教育

D. 解放儿童的创造力

2. 福禄贝尔把儿童的发展分为(　　)

A. 自然儿童　　　B. 社会儿童　　　C. 人类儿童　　　D. 神的儿童

3. 幼儿园晨检的内容包括(　　)
A. 问有无发烧、咳嗽等症状　　　　　B. 摸额头、手心是否发烫
C. 看神态、皮肤有无异常　　　　　　D. 查口袋有无不安全的东西

4. 传染病发生和流行的三个基本环节是(　　)
A. 传染源　　　B. 传播途径　　　C. 易感人群　　　D. 预防措施

5. 幼儿日常生活活动的特点包括(　　)
A. 习惯性　　　B. 创造性　　　C. 自在性　　　D. 情感性

三、填空题(在下列每小题的空格中填上正确答案。填错、不填均不得分。本大题共6小题,每空1分,共10分)

1. 幼儿园各领域的内容相互渗透,从不同角度促进幼儿_____、_____、_____、知识、技能等方面的发展。

2. _____是世界上第一个明确提出"教育心理学化"口号的教育家,并且是西方教育史上第一位将教育与生产劳动相结合的思想付诸实践的教育家。

3. 游戏是一种主动、自愿、愉快、假想的_____性活动,是学前儿童获得知识的最有效手段。

4. 《3～6岁儿童学习与发展指南》以为幼儿_____学习和_____发展奠定良好素质基础为目标,以促进幼儿体、智、德、美各方面的协调发展为核心。

5. 从学前儿童对营养和热能的需要的种类上看,蛋白质、脂肪、碳水化合物、无机盐、维生素和_____六大类缺一不可。

6. 马斯洛的需要层次理论把人的需要分为_____、安全需要、_____、尊重需要、求知需要、审美需要和自我实现的需要。

四、简答题(本大题共3小题,每小题6分,共18分)

1. 简述《幼儿园教育指导纲要(试行)》中语言领域的目标。

2. 简述幼儿园教育活动内容的选择应体现什么原则。

3. 简述学前儿童的记忆策略。

五、论述题（本大题共12分）

试述幼儿教师应采取哪些措施有效激发幼儿的学习动机。

六、案例分析题（本大题共20分）

周一上午，中(2)班幼儿一到班级就发现活动室四周挂满了彩带和红灯笼，孩子们高兴极了，在活动室里追逐起来。穿着红色新裙子的王老师开始上公开课了，只见平平盯着头顶上摇动的红灯笼，红红跟兰兰小声议论着王老师的新裙子，明明和东东聊着刚才的游戏，看到这一情景，王老师不时地停止活动，提醒孩子们认真听讲。为了完成教学任务，王老师匆匆走完了活动流程。活动结束后，王老师认为今天的活动没组织好。

(1)从注意影响因素的角度，分析本次活动未达到预期效果的原因。

(2)对本次活动提出改进建议。

参考答案及解析

真题试卷

2024年江苏省南京市教师招聘考试幼儿园教育理论基础真题试卷(一)

一、选择题

题序	1	2	3	4	5	6	7	8	9	10	11	12	13	14	15
答案	A	D	A	C	A	A	C	D	B	A	ABCD	ABCD	BCD	ACD	ABC

1. A 【解析】本题考查《幼儿园入学准备教育指导要点》的内容。《幼儿园入学准备教育指导要点》指出，幼儿入学准备教育要以促进幼儿身心全面和谐发展为目标，注重身心准备、生活准备、社会准备和学习准备几方面的有机融合和渗透，不应片面追求某一方面或几方面的准备，更不应用小学知识技能的提前学习和强化训练替代全面准备。其中，身心准备包括向往入学、情绪良好、喜欢运动、动作协调；生活准备包括生活习惯、生活自理、安全防护、参与劳动；社会准备包括交往合作、诚实守规、任务意识、热爱集体；学习准备包括好奇好问、学习习惯、学习兴趣和学习能力。

2. D 【解析】本题考查《3~6岁儿童学习与发展指南》(简称《指南》)的内容。《指南》从健康、语言、社会、科学、艺术五个领域描述幼儿的学习与发展。五个领域共含11个子领域、32个目标。目标部分分别对3~4岁、4~5岁、5~6岁三个年龄段末期幼儿应该知道什么、能做什么，大致可以达到什么发展水平提出了合理期望，指明了幼儿学习与发展的具体方向。

3. A 【解析】本题考查《幼儿园教育指导纲要(试行)》的内容。《幼儿园教育指导纲要(试行)》的组织与实施部分指出，家庭是幼儿园重要的合作伙伴，应本着尊重、平等、合作的原则，争取家长的理解、支持和主动参与，并积极支持、帮助家长提高教育能力。

4. C 【解析】本题考查《幼儿园教育指导纲要(试行)》的内容。《幼儿园教育指导纲要(试行)》语言领域的指导要点指出，幼儿的语言学习具有个别化的特点，教师与幼儿的个别交流、幼儿之间的自由交谈等，对幼儿语言发展具有特殊意义。

5. A 【解析】本题考查《幼儿园工作规程》的内容。《幼儿园工作规程》第二十八条规定，幼儿园应当为幼儿提供丰富多样的教育活动。教育活动内容应当根据教育目标、幼儿的实际水平和兴趣确定，以循序渐进为原则，有计划地选择和组织。教育活动的组织应当灵活地运用集体、小组和个别活动等形式，为每个幼儿提供充分参与的机会，满足幼儿多方面发展的需要，促进每个幼儿在不同水平上得到发展。教育活动的过程应注重支持幼儿的主动探索、操作实践、合作交流和表达表现，不应片面追求活动结果。

6. A 【解析】本题考查《幼儿园教育指导纲要(试行)》的内容。《幼儿园教育指导纲要(试行)》艺术领域的"内容与要求"指出，提供自由表现的机会，鼓励幼儿用不同艺术形式大胆地表达自己的情感、理解和想象，尊重每个幼儿的想法和创造，肯定和接纳他们独特的审美感受和表现方式，分享他们创造的快乐。

| 127

7. C 【解析】本题考查《幼儿园工作规程》的内容。《幼儿园工作规程》第二十九条规定,幼儿园应当根据幼儿的年龄特点指导游戏,鼓励和支持幼儿根据自身兴趣、需要和经验水平,自主选择游戏内容、游戏材料和伙伴,使幼儿在游戏过程中获得积极的情绪情感,促进幼儿能力和个性的全面发展。

8. D 【解析】本题考查《3~6岁儿童学习与发展指南》的内容。《3~6岁儿童学习与发展指南》语言领域中"阅读与书写准备"部分的目标2"具有初步的阅读理解能力"的教育建议指出,经常和幼儿一起阅读,引导他以自己的经验为基础理解图书的内容。

9. B 【解析】本题考查《3~6岁儿童学习与发展指南》的内容。《3~6岁儿童学习与发展指南》社会领域中"人际交往"部分的目标4"关心尊重他人"的教育建议指出,引导幼儿学习用平等、接纳和尊重的态度对待差异。如:了解每个人都有自己的兴趣、爱好和特长,可以相互学习。利用民间游戏、传统节日等,适当向幼儿介绍我国主要民族和世界其他国家和民族的文化,帮助幼儿感知文化的多样性和差异性,理解人们之间是平等的,应该互相尊重,友好相处。

10. A 【解析】本题考查《幼儿园教育指导纲要(试行)》的内容。《幼儿园教育指导纲要(试行)》"教育评价"部分指出,评价应自然地伴随着整个教育过程进行。综合采用观察、谈话、作品分析等多种方法。

11. ABCD 【解析】本题考查南京市获得基础教育国家级教学成果奖的幼儿园课程名单。在教育部公布的2014年国家级教学成果奖获奖项目名单中,南京市太平巷幼儿园的申报项目《幼儿园田野课程的架构与实施》荣获基础教育国家级教学成果二等奖。故A项当选。

南京市实验幼儿园的《以综合的教育造就完整的儿童——"幼儿园综合课程"35年的探索与建构》荣获2018年基础教育国家级教学成果一等奖。故B项当选。

南京市北京东路小学附属幼儿园的《自主·融通·共生:幼儿园开放性课程的研究与实践》荣获2022年基础教育国家级教学成果二等奖。故C项当选。

"活教育"是南京市鼓楼幼儿园创始人陈鹤琴针对旧教育的一种教育倡导,是通过改革创新与长期的教育实践逐渐形成和发展的教育理论。近30多年来,单元课程在早期单元教学课程实验的基础上,将"活教育"作为文化之根,坚持"幼童本位"的儿童立场,研究探索出一系列主动性学习教育策略,让教育过程成为儿童自发生成、自愿参与、主动探索、自主建构的过程,体现了"活"的教育思想和改革精神,实现"让儿童活泼泼地成长"的教育追求。《幼儿园单元课程的实践建构——陈鹤琴活教育思想的传承与发展》荣获2014年基础教育国家级教学成果一等奖。故D项当选。

12. ABCD 【解析】本题考查《幼儿园保育教育质量评估指南》的内容。《幼儿园保育教育质量评估指南》指出,保育教育质量评估的基本原则包括:(1)坚持正确方向;(2)坚持儿童为本;(3)坚持科学评估;(4)坚持以评促建。

13. BCD 【解析】本题考查《幼儿园工作规程》的内容。《幼儿园工作规程》第二十八条规定,教育活动的组织应当灵活地运用集体、小组和个别活动等形式,为每个幼儿提供充分参与的机会,满足幼儿多方面发展的需要,促进每个幼儿在不同水平上得到发展。

14. ACD 【解析】本题考查《幼儿园教育指导纲要(试行)》的内容。《幼儿园教育指导纲要(试行)》"组织与实施"部分指出,教育活动内容的组织应充分考虑幼儿的学习特点和认识规律,各领域的内容要有机联系,相互渗透,注重综合性、趣味性、活动性,寓教育于生活、游戏之中。

15. ABC 【解析】本题考查《幼儿园保育教育质量评估指标》的内容。《幼儿园保育教育质量评估指南》

的附件《幼儿园保育教育质量评估指标》指出,在"教师队伍"方面,"师德师风"这一关键指标的考查要点之一是,教职工有坚定的政治信仰,按照"四有"好教师标准履行幼儿园教师职业道德规范,爱岗敬业,关爱幼儿,严格自律,没有歧视、侮辱、体罚或变相体罚等有损幼儿身心健康的行为。

二、判断选择题

题序	1	2	3	4	5	6	7
答案	A	A	B	A	B	B	B
题序	8	9	10	11	12	13	14～16
答案	A	B	B	A	B	A	缺

1. A 【解析】本题考查《幼儿园教育指导纲要(试行)》的内容。《幼儿园教育指导纲要(试行)》艺术领域的"指导要点"指出,艺术是实施美育的主要途径,应充分发挥艺术的情感教育功能,促进幼儿健全人格的形成。要避免仅仅重视表现技能或艺术活动的结果,而忽视幼儿在活动过程中的情感体验和态度的倾向。

2. A 【解析】本题考查陈鹤琴的学前教育思想。陈鹤琴先生反对埋没人性的、读死书的死教育。在抗战时代,他抱着实验新教育的使命,创建了"活教育"。他把"活教育"的内容概括为五大方面,即所谓的"五指活动",包括:健康活动、社会活动、科学活动、艺术活动和文学活动。故题干表述正确。

3. B 【解析】本题考查《幼儿园工作规程》的内容。《幼儿园工作规程》第十八条规定,幼儿园应当制定合理的幼儿一日生活作息制度。正餐间隔时间为3.5～4小时。在正常情况下,幼儿户外活动时间(包括户外体育活动时间)每天不得少于2小时,寄宿制幼儿园不得少于3小时;高寒、高温地区可酌情增减。

4. A 【解析】本题考查《幼儿园教育指导纲要(试行)》的内容。《幼儿园教育指导纲要(试行)》健康领域的"指导要点"指出,培养幼儿对体育活动的兴趣是幼儿园体育的重要目标,要根据幼儿的特点组织生动有趣、形式多样的体育活动,吸引幼儿主动参与。

5. B 【解析】本题考查《3～6岁儿童学习与发展指南》的内容。《3～6岁儿童学习与发展指南》科学领域中"数学认知"部分的目标2"感知和理解数、量及数量关系"指出,3～4岁(小班)幼儿"能用数词描述事物或动作。如我有4本图书"。

6. B 【解析】本题考查《幼儿园工作规程》的内容。《幼儿园工作规程》第十一条规定,幼儿园规模应当有利于幼儿身心健康,便于管理,一般不超过360人。幼儿园每班幼儿人数一般为:小班(3周岁至4周岁)25人,中班(4周岁至5周岁)30人,大班(5周岁至6周岁)35人,混合班30人。寄宿制幼儿园每班幼儿人数酌减。幼儿园可以按年龄分别编班,也可以混合编班。

7. B 【解析】本题考查《3～6岁儿童学习与发展指南》的内容。《3～6岁儿童学习与发展指南》社会领域中"社会适应"部分的目标3"具有初步的归属感"指出,5～6岁幼儿愿意为集体做事,为集体的成绩感到高兴。

8. A 【解析】本题考查《幼儿园保育教育质量评估指标》的内容。《幼儿园保育教育质量评估指南》的附件《幼儿园保育教育质量评估指标》指出,在"教育过程"方面,"师幼互动"这一关键指标的考查要点之一是,重视幼儿通过绘画、讲述等方式对自己经历过的游戏、阅读图画书、观察等活动进行表达表征,教师能一对一倾听并真实记录幼儿的想法和体验。

9. B 【解析】本题考查课程游戏化的含义。南京师范大学虞永平教授认为,课程实施的途径有很多,所谓课程游戏化,不是用游戏去替代其他实施途径,不是把幼儿园所有活动都变为游戏。课程游戏化是确保基本的游戏活动时间,同时又把游戏的理念、精神渗透到课程实施的各类活动中,其中包括一日生活、区域活动、集体教学活动等。也就是说,专门的游戏活动时间要确保,使幼儿每天有自选活动的机会,自由游戏时间有保证。课程游戏化追求的是让幼儿园课程更加适合儿童,更生动、丰富、有趣。

10. B 【解析】本题考查《大中小学劳动教育指导纲要(试行)》的发布时间。为深入贯彻习近平总书记关于教育的重要论述,全面贯彻党的教育方针,落实《中共中央 国务院关于全面加强新时代大中小学劳动教育的意见》,加快构建德智体美劳全面培养的教育体系,教育部组织研究制定了《大中小学劳动教育指导纲要(试行)》,于2020年7月发布。

11. A 【解析】本题考查《3~6岁儿童学习与发展指南》的内容。《3~6岁儿童学习与发展指南》科学领域中"科学探究"部分的目标1"亲近自然,喜欢探究"的"教育建议"指出,真诚地接纳、多方面支持和鼓励幼儿的探索行为。如:认真对待幼儿的问题,引导他们猜一猜、想一想,有条件时和幼儿一起做一些简易的调查或有趣的小实验。容忍幼儿因探究而弄脏、弄乱、甚至破坏物品的行为,引导他们活动后做好收拾整理。多为幼儿选择一些能操作、多变化、多功能的玩具材料或废旧材料,在保证安全的前提下,鼓励幼儿拆装或动手自制玩具。

12. B 【解析】本题考查《幼儿园工作规程》的内容。《幼儿园工作规程》第十九条规定,幼儿园应当建立幼儿健康检查制度和幼儿健康卡或档案。每年体检一次,每半年测身高、视力一次,每季度量体重一次;注意幼儿口腔卫生,保护幼儿视力。

13. A 【解析】本题考查《幼儿园教育指导纲要(试行)》的内容。《幼儿园教育指导纲要(试行)》"组织与实施"部分指出,幼儿园教育要与0~3岁儿童的保育教育以及小学教育相互衔接。

14-16. 缺

三、简答题(参考答案)

1. 简述在活动中如何与幼儿一起发现美的事物的特征,感受和欣赏美。

(1)让幼儿观察常见动植物以及其它物体,引导幼儿用自己的语言、动作等描述它们美的方面,如颜色、形状、形态等。

(2)让幼儿倾听和分辨各种声响,引导幼儿用自己的方式来表达他对音色、强弱、快慢的感受。

(3)支持幼儿收集喜欢的物品并和他一起欣赏。

(共6分。完全正确得6分;答出"观察常见动植物以及其它物体""倾听和分辨各种声响""收集喜欢的物品"等关键点可酌情给3~5分)

2. 根据《幼儿园工作规程》,简述如何将环境作为重要的教育资源。

(1)合理利用室内外环境,创设开放的、多样的区域活动空间,提供适合幼儿年龄特点的丰富的玩具、操作材料和幼儿读物,支持幼儿自主选择和主动学习,激发幼儿学习的兴趣与探究的愿望。

(2)幼儿园应当营造尊重、接纳和关爱的氛围,建立良好的同伴和师生关系。

(3)幼儿园应当充分利用家庭和社区的有利条件,丰富和拓展幼儿园的教育资源。

(共6分。完全正确得6分;答出"合理利用室内外环境""建立良好的同伴和师生关系""丰富和拓展教育资源"等关键点可酌情给3~5分)

四、案例分析题(参考答案)

(1)李老师下午需要分享上网查询的结果。原因如下:

①教师把上网找到的答案与幼儿分享,幼儿带着疑惑,回家和爸爸妈妈一起找答案。这样有助于培养幼儿的探究精神。②教师和家长可以带孩子找找《我的植物朋友》这本书里是怎么写的或者去植物园观察更多的银杏树,也可以请教专家朋友、业界和学界的专家们。

(2)后续还可以进行以下活动:

①社会实践活动"找找银杏树":让幼儿在来园或离园路上找找银杏树,和大树合个影。并观察银杏树的样子,收集银杏树的资料。

②科学探究活动"认识银杏树":引导幼儿认识银杏树的特征及生长特点。

③科学探究活动"神奇的银杏果":引导幼儿了解银杏果的形状、气味、颜色、价值等。

④美术活动"银杏叶拼贴画":引导幼儿观察银杏叶的形状、颜色,并尝试用银杏叶做拼贴画。

⑤谈话活动"说说银杏树":幼儿根据搜集到的银杏树的资料或前期经验,交流银杏树的特征。

(共12分。答出"需要分享上网查询的结果"2分,说明需要的理由2分。对后续活动的说明8分,至少答出4个活动,每个活动2分)

五、活动设计题(参考答案)

中班科学活动:植物的力量

(一)教材分析

本次活动主要是通过多种形式、多种途径的学习,让孩子们共同来探索奇妙的植物世界。自然界有各种各样的植物,通过引导幼儿观察和探索,幼儿不仅能够发现植物的特点,而且可以感受到自然界的奇妙和植物顽强的生命力。让幼儿探究植物可以培养他们的好奇心,培养他们关爱与呵护植物的情感和能力。

(二)幼儿分析

中班幼儿在对事物进行探究时,喜欢接触新事物,经常问一些与新事物有关的问题,而且能通过简单的调查收集信息,也能用图画或其他符号进行记录。基于对幼儿年龄特点的了解,在本次活动中,特设置一些有趣的新鲜事物,引导幼儿通过调查、记录、观察、讨论等形式感受植物的力量。

(三)活动目标

(1)了解一些植物的名称及外形特征。

(2)观察并感受植物生长的各种力量,大胆表达自己的发现。

(3)对植物生长的奇趣现象有进一步的探索兴趣。

(四)活动准备

(1)物质准备:图片、视频、喷瓜模型、沙包若干。

(2)经验准备:幼儿在幼儿园自主或结伴开展"植物的力量"调查,发现植物生长中的一些有趣现象并用自己喜欢的方式记录下来。

(五)活动过程

1.我找到的植物力量——回忆分享

(1)导入:最近我们在幼儿园里寻找了"植物的力量",谁愿意来说说你的发现?

(2)观看图片:幼儿找到的看似弱小的植物,比如小草。

131

提问:这么小的植物,感觉风一吹就会被刮跑了,它会有力量吗?

小结:别看它这么小,但是它风吹也不怕,雨打也不怕,就靠着一点点泥土,就活了下来,它很有力量。

2.各种各样的植物力量——观察感受

(1)出示图1:沙漠里的仙人掌——感受植物在恶劣环境下顽强的生命力

提问:仙人掌有什么力量?

小结:沙漠里还生长着很多植物,它们像仙人掌一样,可以在恶劣的环境下顽强地生长,很有力量。

(2)出示图2:喷射种子的喷瓜——感受种子传播的奇特力量

①提问:关于这种植物,大家有什么问题吗?

②出示喷瓜模型并猜测:这么小的喷瓜,种子可以喷多远?

③验证:观看视频并分享自己的发现。

④感受:扔沙包感受喷瓜的力量。

小结:喷瓜这么小,传播种子却可以喷那么远,这股力量真是太惊人了!

(3)出示图3:上海树王(古银杏树)——感受身边植物的巨大力量

①提问:树的身上有什么力量?

②揭秘:它的力量就藏在这个视频里,我们一起来看一下。

③交流:幼儿自主分享对树身上力量的感受。

小结:上海树王竟然有一千多岁了,生命的力量真是强大。

3.结束部分——活动总结

总结本次活动内容,并对幼儿在活动中的表现进行鼓励。

(六)活动延伸

教师及家长带幼儿散步、户外活动及游园时,引导幼儿观察认识各种植物,在大自然中认知、体验和感受。

> 评分标准参考如下:
> (1)活动名称(共1分。名称完整、年龄阶段明确1分)
> (2)教材分析(共3分。熟悉活动内容及基本意图,分析饱满且合理3分)
> (3)幼儿分析(共3分。分析具有针对性且内容合理3分)
> (4)活动目标(共3分。目标符合幼儿的年龄特点,具有可操作性3分)
> (5)活动准备(共2分。准备得当、充分2分,若准备的材料在活动过程中未用到扣1分)
> (6)活动过程(共16分。①选择能吸引幼儿注意力的导入方式2分,若导入方式不能充分引发幼儿的兴趣,在不偏离主题的情况下可酌情给1分;②活动过程步骤清晰、注重幼儿主动探究12分,写出大致活动过程,在不偏离主题的情况下可酌情给7~10分;③结束环节能让幼儿保持愉快情绪并强化活动效果2分)
> (7)活动延伸(共2分。延伸具体可行、有利于激发幼儿的兴趣2分)

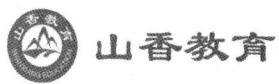

2024年山东省临沂市教师招聘考试幼儿园教育理论基础真题试卷(二)

一、单项选择题

题序	1	2	3	4	5	6	7	8	9	10
答案	B	B	A	C	C	D	D	C	B	C
题序	11	12	13	14	15	16	17	18	19	20
答案	D	A	B	D	A	B	D	C	B	D
题序	21	22	23	24	25	26	27	28	29	30
答案	D	B	A	D	C	A	C	D	B	B
题序	31	32	33	34	35	36	37	38	39	40
答案	C	A	B	B	D	C	A	D	D	C
题序	41	42	43	44	45	46	47	48	49	50
答案	B	B	B	A	B	B	D	D	D	A
题序	51	52	53	54	55	56	57	58	59	60
答案	缺	B	C	C	C	D	B	A	B	D
题序	61	62	63	64	65	66	67	68	69	70
答案	D	B	A	C	C	B	B	A	B	C

1. B 【解析】本题考查教育学的研究对象。冯建军主编的《现代教育学基础(第四版)》认为:教育学的研究对象是"教育问题",而不是教育现象、教育事实或教育规律。只有先有了教育问题,然后才谈得上对问题的解释或解决,才谈得上教育学研究。故本题选B项。(关于教育学的研究对象,在教育学界存在着各种各样的观点:有的学者认为教育学的研究对象是"教育问题";有的学者认为是"教育现象";有的学者认为是"教育现象和教育问题";等等。故本题存在答案不唯一的问题)

2. B 【解析】本题考查世界教育史上第一个明确提出"教育心理学化"的教育家。在西方教育史上,也可以说在世界教育史上,裴斯泰洛齐是第一个明确提出"教育心理学化"口号和诉求的教育家。所谓"教育心理学化"就是把教育提高到科学的水平,将教育科学建立在人的心理活动规律的基础上。

3. A 【解析】本题考查苏格拉底法。苏格拉底法是一种启发式教学法,可以分为四个部分:讥讽、助产术、归纳和下定义。苏格拉底法对教师而言,意味着教师要去权威,倡师生平等。教师权威不在,师生在对话式的教与学过程中处于平等的地位。故A项正确,C项错误。苏格拉底法要求教师是启发者,而不能是灌输者。教师的主要任务不是传授知识,而是引领学生享受知识获得的过程。故B项错误。苏格拉底法也存在一定的局限性,如它要求受教育者具有探求真理的愿望和热情,同时对所要讨论的问题有一定的知识积累。故D项错误。

4. C 【解析】本题考查教育目的的层次结构。教育目的是各级各类学校遵循的工作总方针,但各级各类学校还有各自的具体工作方针,这便决定了教育目的的层次性。教育目的的层次结构从宏观到微观依次为:教育目的、培养目标、课程目标、教学目标。

133

5. C 【解析】本题考查教学目标的功能。教学目标的功能包括:(1)导向功能,即教学目标对整个教学活动具有指引、定向功能。(2)激励功能,即教学目标能够激发教师和学生教和学的积极性、主动性。(3)评价功能,即教学目标是衡量教学效果的尺度、标准。(4)聚合功能,即教学目标能够对教学系统内的其他要素进行优化、组合、协调,使整个教学系统能够发挥最佳的教学效果。故本题选C项。(具体参看岳刚德、苏一波、周俊平主编的《课程与教学论》)

6. D 【解析】本题考查陶行知的教育思想。陶行知提出了生活教育理论,认为"生活即教育""社会即学校""教学做合一"。其中,"教学做合一"原理的核心在"做"字上。而真正意义上的"做"是指"在劳力上劳心,用心以制力",即手脑并用。故本题选D项。

7. D 【解析】本题考查教育功能的类型。(1)根据作用的方向,教育功能可分为正向功能和负向功能。正向功能指教育有助于社会进步和个体发展的积极影响和作用。负向功能指教育阻碍社会进步和个体发展的消极影响和作用。(2)根据作用的呈现形式,教育功能可分为显性功能和隐性功能。显性功能指教育活动依照教育目的,在实际运行中所出现的与之相吻合的结果。隐性功能指伴随显性教育功能所出现的非预期性的功能。(3)日本学者柴野昌山将教育功能的方向和形式结合起来,把教育功能划分为四类,即正向显性功能、正向隐性功能、负向隐性功能以及负向显性功能。题干中,林老师在班里实行小组积分制,导致各小组之间出现不良竞争,班里氛围变得紧张。这既体现了教育的负向功能(阻碍学生发展的功能),又体现了教育的隐性功能(非预期性的功能),即负向隐性功能。故本题选D项。

8. C 【解析】本题考查启发性原则。启发性原则是指在教学活动中,教师要调动学生的主动性和积极性,引导他们通过独立思考、积极探索,生动活泼地学习,自觉地掌握科学知识,提高分析问题和解决问题的能力。《学记》中"道而弗牵,强而弗抑,开而弗达"的意思是:强调开导学生,但不要牵着学生走;对学生提出较高的要求,但不能使学生灰心;指导学生学习的门径,而不把答案直接告诉学生。这体现了启发性的教学原则。故本题选C项。

9. B 【解析】本题考查斯巴达教育。斯巴达以军事体育训练和政治道德灌输为主,教育内容单一,教育方法也比较严厉,其教育目的是培养忠于统治阶级的强悍的军人和武士。另外,斯巴达也很重视女子教育,主张女子与男子受同样的教育与军事训练。

10. C 【解析】本题考查组织策略。组织策略是指将经过精加工提炼出来的知识点加以构造,形成更高水平的知识结构的信息加工策略。符号纲要法是常用的组织策略之一。符号纲要法是采用图解的方式体现知识的结构,即作关系图。在作关系图时,应先识别主要知识点,然后识别这些知识点之间的关系,再用适当的图解来标明这些知识点之间的内在联系。符号纲要法主要包括系统结构图、流程图、模式或模型图和网络关系图。题干中,老师让学生画出细胞的结构图,并标出重要信息及各组成成分之间的关系,属于用图解的方式体现知识的结构,故属于组织策略。

11. D 【解析】本题考查马斯洛的需要层次理论。马斯洛把需要分成了七个层次,即生理需要、安全需要、归属与爱的需要、尊重需要、求知需要、审美需要、自我实现的需要。他又对七种需要进行了进一步的区分:前四种需要被称为缺失性需要;后三种需要是成长性需要。故选D项。

12. A 【解析】本题考查教师职业的意义。教师职业的意义主要表现在:(1)传播人类文明。教师的职责就是传播优秀的人类文明,丰富年青一代的精神生活,培养对社会有用的人才。(2)传递社会价值。教师受国家委托,对受教育者进行有目的、有计划的系统教育,使受教育者成为国家、社会需要的合格人才。教师在教育教学活动中,要重视传递社会道德规范和社会价值,帮助学生形成科学的世界观、人生观、价值观。(3)开发学生潜能。教师要帮助学生实现全面发展,学生的全面发展离不开潜能的开发。只有当个体的潜能得到最大化的开发,才能实现自身全面、自由发展的目标,才能在最大限度上实现自身价值以及贡献社会价值。(4)升华人生价值。教师要引导学生追求美好人生,实现学生的主体性、创造性、独立性、自主性的发展。在培育学生成长成才的过程中,教师自身也会获得职业价值感和幸福感。在教育活动中,教师与学生都会获得丰富的生命体验和充盈的人生价值。故A选项不属于教师职业的意义。(具体参看项贤明主编的《教育学原理》)

13. B 【解析】本题考查教师的职业形象。教师职业形象至少包括:(1)教师的道德形象。教师的道德形象被视为教师的最基本形象。"为人师表""身正为范,学高为师"等强调教师的榜样、示范作用,是教师道德形象的体现。另外,"春蚕""孺子牛"等词语也勾画出教师是一种"奉献"的道德形象。(2)教师的文化形象。教师的文化形象是教师形象的核心。"才高八斗""学富五车"皆是教师的典型文化特征。(3)教师的人格形象。教师的人格形象是学生亲近或疏远教师的首要因素。理想教师的人格包括善于理解学生、富有耐心、性格开朗、情绪乐观、意志力强、有幽默感等。故本题选B项。

14. D 【解析】本题考查学生身心发展的一般规律。学生身心发展具有顺序性和阶段性。学生个体身心发展具有一定的顺序,即从低级到高级、从量变到质变的过程。例如,人的情感的发展是先有喜、怒、惧等一般情感,而后才出现道德感、理智感等高级社会情感。个体身心发展也有一定的阶段性,表现为青少年身心发展的年龄特征,即在发展的不同年龄阶段,身心发展的一般的、典型的特征。例如,在童年期,情感特征不稳定且形于外;在少年期,对情感的体验开始向深与细的方向发展,但很脆弱;在青年初期,情感较丰富细腻、深刻稳定,同时道德感、理智感等在情感生活中占主要地位。故本题选D项。

15. A 【解析】本题考查师生关系的基本类型。师生关系的基本类型包括:(1)专制型。在此类师生关系中,教师的教学责任心强,但不讲求方式方法,不注意听取学生的意愿和与学生协作。对于未完成作业的学生,王老师不分青红皂白地给予严厉批评,这体现了专制型的师生关系。(2)放任型。在此类师生关系中,教师缺乏责任心和爱心,对学生的学习和发展任其自然。吴老师认为未完成作业的学生成绩一般,便不再对学生进行要求,这体现了放任型的师生关系。(3)民主型。在此类师生关系中,教师能力强、威信高,善于和学生交流,不断调整教学进程和方法。对于未完成作业的学生,季老师询问原因并耐心开导、鼓励,这体现了民主型的师生关系。故本题选A项。

16. B 【解析】本题考查非指导性教学模式的步骤。非指导性教学过程包括五个阶段:(1)确定帮助的情境;(2)探索问题;(3)形成见识;(4)计划和抉择;(5)整合。故本题选B项。

17. D 【解析】本题考查教学的主要作用。教学的主要作用包括:(1)教学是促进学生全面发展的基本途径;(2)教学是提高学校教育质量的有效途径;(3)教学是推动社会发展的重要手段。故本题选D项。

18. C 【解析】本题考查当代主要教学理论流派。当代主要教学理论流派主要包括:(1)哲学取向的教学理论。(2)行为主义教学理论。以程序教学的方法为代表。(3)认知教学理论。以发现学习法为代表。(4)情感教学理论。以非指导性教学为代表。(5)建构主义教学理论。以支架式教学和抛锚式教学为代表。故本题选C项。

19. B 【解析】本题考查加涅的技能分类。在加涅的学习结果分类中,广义的技能可以分为智慧技能、认知策略和动作技能三类。故选B项。(具体参看皮连生主编的《教育心理学》)

20. D 【解析】本题考查杨贤江的教育思想。杨贤江认为青年期是人生发展的一个非常重要的时期。他借用心理学家的观点,把青年期称为"第二诞生期""第二危险期"。在这个阶段,人的身心两个方面都发生了很大变化,是"人生改造期"。这个时期的变化十分关键,或向上,或堕落。因此,对青年进行正确的教育和指导十分重要。他批评当时的学校教育只偏重书本知识的传授,而不注意对青年生活中其他重要方面的指导。对此,他创造性地提出了对青年进行全方位教育的"全人生指导"思想。故本题选D项。

21. D 【解析】本题考查负惩罚。A项,正强化也称积极强化,是通过呈现想要的愉快刺激来增强反应频率。B项,负强化也称消极强化,是通过消除或中止厌恶、不愉快刺激来增强反应频率。C项正惩罚是通过呈现厌恶刺激来降低反应频率。D项负惩罚是通过取消愉快刺激来降低反应频率。题干强调通过取消看动画片这一愉快刺激,来减少笑笑不吃青菜的反应频率。故选D项。

22. B 【解析】本题考查系统脱敏法。A项,行为塑造法是指通过不断强化逐渐趋近目标的反应,来形成某种较复杂的行为。B项,系统脱敏法是指当某些人对某事物、某环境产生敏感反应(害怕、焦虑、不安)时,我们可以在当事人身上发展起一种不相容的反应,使其对本来可引起敏感反应的事物,不再发生敏感反应。C项,认知疗法强调帮助患者改变认知曲解成分,调整其不合理的思维、想象、信念,摆脱消极观念,接受新的正确的思想,消除不适应情绪反应。D项,松弛训练法是通过改变肌肉紧张,减轻肌肉紧张引起的酸痛,以应对情绪上的紧张、不安、焦虑和气愤。题干强调帮助求助者逐步消除对狗的恐惧(脱敏),这属于系统脱敏法的应用。

23. A 【解析】本题考查知觉的恒常性。知觉的恒常性是指客观事物本身不变,但知觉条件在一定范围内发生变化时,人的知觉映像仍相对不变。知觉恒常性包括颜色恒常性、亮度恒常性、形状恒常性、大小恒常性和声音恒常性。酒精会破坏知觉的大小和形状恒常性,这是酒后驾车易发生事故的原因之一。

24. D 【解析】本题考查教学方法。自学辅导法分为四个阶段:(1)给学生指定作业,让学生带着问题看书;(2)指出教材的重点、难点,告诉学生如何学;(3)学生自学、自己做练习和进行考察,教师巡视、指导并注意发现问题和积累问题;(4)集中讲解,抓重点。故题干中张老师运用的教学方法是自学辅导法。

25. C 【解析】本题考查情绪唤醒水平和工作效率之间的关系。心理学家研究发现,情绪的唤醒水平和工作效率之间存在倒U形曲线的关系。太低或太高的唤醒水平都会降低工作效率。

26. A 【解析】本题考查埃里克森的人格发展阶段理论。美国精神分析学家埃里克森认为,人格发展是一个逐渐形成的过程,必须经历八个顺序不变的阶段。每一个阶段都有一个由生物学的成熟与社会文化环境、社会期望之间的冲突和矛盾所决定的发展危机。其中,12～18岁的个体面临的发展危机是自我同一性对角色混乱。

27. C 【解析】本题考查教师成长的阶段。福勒和布朗根据教师的需要和不同时期所关注的焦点问题,把教师的成长划分为关注生存、关注情境和关注学生三个阶段。在关注学生阶段,教师将考虑学生的个别差异,认识到不同发展水平的学生有不同的需要,根据学生的差异采取适当的教学,促进学生发展。题干中,盛老师上课时根据学生反应调整进度,下课布置分层作业,这是关注学生个别差异的体现,说明盛老师处于关注学生阶段。

28. D 【解析】本题考查班主任的角色作用。班主任的角色作用体现在:(1)班主任是学生成长的关护者。班主任可以对学生各科学习的情况进行深入细致的了解,并给学生更细致、更有针对性的指导或辅导,

关照集体教学未曾关照到的方面。(2)班主任是学生发展的指导者。班主任教学生学习做人、做事;靠自身的威望激发学生接受教育,形成自我教育的能力。(3)班主任是班级的领导者。班主任受学校和校长的委托,担任班级组织的领导者。故本题选D项。

29. B【解析】本题考查学生评价的类型。诊断性评价一般是在教育、教学或学习计划实施的前期阶段开展的评价,重在对学生已经形成的知识、能力、情感等发展状况做出合理的评价,为计划的有效实施提供可靠的信息资源,以获取更好的效果。其获取相关信息的手段有:查阅被评价者在此之前的有关成绩记录、摸底测验、必要的学习要素调查表。题干中,谢老师接任新班级后查阅学生之前的单元、期中、期末成绩,并进行分析,目的是了解学生当前的语文学习情况,为下一步的教学做准备。这体现了学生评价类型中的诊断性评价。故本题选B项。

30. B【解析】本题考查特殊迁移。特殊迁移是指学习迁移发生时,学习者原有的经验组成要素及其结构没有变化,只是将一种学习中习得的经验要素重新组合并移用到另一种学习之中。题干中学生将之前学习的和差问题的解决程序运用到后续和差问题的解题上,是特殊迁移。

31. C【解析】本题考查韦纳的归因理论。美国心理学家韦纳把人经历过事情的成败归结为六种原因,即能力、努力程度、工作难度(任务难度)、运气、身心状况、外界环境。题干中的小军将成功归因为"都蒙对了",这是一种运气归因。

32. A【解析】本题考查学习障碍。一般说来,学习障碍表现为在某种特殊的学习能力或多种学习能力方面的缺损。这些能力的缺陷并不是由生理或身体上的原发性缺损(如盲、聋、哑等身体残疾)所造成的,也不是由于情绪障碍、教育与环境剥夺造成的。故A项说法不正确,当选。

33. B【解析】本题考查代币奖励法。代币是一种象征性强化物,筹码、小红星、盖章的卡片、特制的塑料币等都可作为代币。当学生做出我们所期待的良好行为后,就发给他们数量相当的代币作为强化物。学生用代币可以兑换有实际价值的奖励物或活动。题干强调教师通过代币(小星星)来矫正学生的行为。这属于代币奖励法的应用。

34. B【解析】本题考查效度。效度是指一个测验工具希望测到某种行为特征的有效性与准确程度。教学目标的陈述使用"理解""知道""体会"等较为模糊的词语,会使教学目标不够明确、具体,可能会观测不到教师想要的结果,进而影响教学的效度。

35. D【解析】本题考查后现代主义教学理论。后现代主义教学理论的重要代表人物是多尔。多尔对现代主义课程进行了详细的分析和批判,认为后现代课程必须强调开放性、复杂性和变革性,他强调课程实施不应注重灌输和阐释,所有课程参与者都是课程的开发者和创造者,课程是师生共同探索新知识的发展过程。故③不符合后现代主义教学理论。后现代主义教学论强调学生在学习过程中的主体性和创造性,强调应该重新确立师生关系。故①符合后现代主义教学理论。后现代主义教学论认为教学过程是一种人与人之间的对话关系,教师是学习共同体中的首席。故②符合后现代主义教学理论。在后现代视野中,教学是一个开放的系统,需要学生的"错误"和"干扰",这正是激发学生创造力的载体。故④符合后现代主义教学理论。因此,本题选D项。

36. C【解析】本题考查课程实施的三种取向。课程实施的三种取向包括:(1)忠实取向;(2)相互适应(调适)取向;(3)创生取向。故本题选C项。

37. A【解析】本题考查《中华人民共和国教育法》。《中华人民共和国教育法》第二十七条规定,设立学

| 137

校及其他教育机构,必须具备下列基本条件:(1)有组织机构和章程;(2)有合格的教师;(3)有符合规定标准的教学场所及设施、设备等;(4)有必备的办学资金和稳定的经费来源。

38. D 【解析】本题考查2008年修订的《中小学教师职业道德规范》。2008年修订的《中小学教师职业道德规范》中关于"教书育人"方面所规定的具体职业行为要求之一是:不以分数作为评价学生的唯一标准。因此,张老师把学生的成绩作为学生选座的依据的做法违反了"教书育人"的要求。

39. D 【解析】本题考查《中华人民共和国未成年人保护法》。《中华人民共和国未成年人保护法》第三十条规定,学校应当根据未成年学生身心发展特点,进行社会生活指导、心理健康辅导、青春期教育和生命教育。

40. C 【解析】本题考查《中华人民共和国教育法》。《中华人民共和国教育法》第十七条规定,国家实行学前教育、初等教育、中等教育、高等教育的学校教育制度。《中华人民共和国教育法》第二十条规定,国家实行职业教育制度和继续教育制度。《中华人民共和国教育法》第二章教育基本制度中并未提及社会教育制度。因此,本题选C项。

41. B 【解析】本题考查皮亚杰的认知发展阶段理论。皮亚杰将儿童认知发展分为四个阶段:(1)感知运动阶段(0~2周岁);(2)前运算阶段(2~7周岁);(3)具体运算阶段(7~11周岁);(4)形式运算阶段(11~15周岁)。

42. B 【解析】本题考查幼儿园教学活动的方法。直观法是一种让儿童直接感知认识对象的方法。演示法、示范法、范例法都属于直观法。其中,演示法是教师通过向儿童展示各种实物或直观教具,引导儿童按一定的顺序注意物体的各个方面和各种特征,使他们获得对某一事物或现象较完整的认知。题干中教师运用的幼儿园教学活动的方法是直观法中的演示法。

43. B 【解析】本题考查气质的类型及其行为特征。胆汁质的儿童外向,情绪易兴奋;精力旺盛,敢作敢为,性情急躁;直率热情,表里如一;反应快速,容易冲动,很难约束自己的行为;情绪强烈,但持续时间短,整个心理活动带有迅速、突发的特点。

44. A 【解析】本题考查格塞尔的"成熟势力说"。"成熟势力说"是格塞尔提出的心理发展理论,他认为支配儿童心理发展的因素有两个:成熟与学习。发展是儿童行为或心理形式在环境影响下按一定顺序出现的过程,这个顺序与成熟的关系较多,而与学习的关系较少,学习只是促进成熟,只是为发展提供适当的时机而已。

45. B 【解析】本题考查内发论的观点。题干的意思是:仁义礼智都不是外部给予的,而是本身所固有的,只是平时不用心思考、领悟罢了。这符合内发论的观点。内发论强调内在因素,如"需要""成熟",强调人的身心发展的力量主要源于人自身的内在需要,身心发展的顺序也是由身心成熟机制决定的。即在人的身心发展过程中起决定作用的是遗传素质。故答案选B项。

46. B 【解析】本题考查注意的品质。注意的广度也叫注意的范围,是指一个人在同一时间内能够清楚地察觉和把握对象的数量。"一目十行""眼观六路""耳听八方",指的都是注意的广度(范围)。

47. D 【解析】本题考查《3~6岁儿童学习与发展指南》的内容。《3~6岁儿童学习与发展指南》语言领域"倾听与表达"部分目标1"认真听并能听懂常用语言"指出,5~6岁幼儿的学习与发展目标包括:(1)在集体中能注意听老师或其他人讲话;(2)听不懂或有疑问时能主动提问;(3)能结合情境理解一些表示因果、假设等相对复杂的句子。因此,题干所述是对5~6岁(大班)幼儿提出的合理期望。

48. D　【解析】本题考查扭伤的紧急处理。幼儿出现扭伤时,损伤的局部充血、肿胀和疼痛,活动受到限制。初期应停止活动、减少出血,采用冷敷,以达到止血、消肿、止痛的目的。1~2天后,可用热敷促进消肿和血液的吸收。

49. D　【解析】本题考查兴趣的特点。兴趣是指人们力求认识某种事物和从事某项活动的意识倾向。兴趣有三个特点:指向性、情绪性和动力性。兴趣随幼儿年龄发展而不断分化和稳定。

50. A　【解析】本题考查学前儿童的社会性行为。社会性行为是指人们在交往活动中对他人或某一事件表现出的态度、语言和行为反应。根据其动机和目的的不同,可以分为亲社会行为和反社会行为两大类。亲社会行为又称积极的社会行为,指一个人帮助或打算帮助他人,做有益于他人的事的行为和倾向,儿童的亲社会行为主要有:同情、关心、分享、合作、谦让、帮助、抚慰等。反社会行为也称消极的社会行为,是指可能对他人或群体造成损害的行为和倾向。其中最具代表性、在学前儿童中最突出的是攻击性行为。

51. 缺

52. B　【解析】本题考查《幼儿园教师专业标准(试行)》的内容。《幼儿园教师专业标准(试行)》的基本理念包括:(1)师德为先;(2)幼儿为本;(3)能力为重;(4)终身学习。其中终身学习要求教师:学习先进学前教育理论,了解国内外学前教育改革与发展的经验和做法;优化知识结构,提高文化素养;具有终身学习与持续发展的意识和能力,做终身学习的典范。教师参加培训是为了学习先进学前教育理论、了解最新的学前教育改革与发展经验,因此题干中赵老师以年纪大为由不参加培训是缺乏终身学习理念的表现。

53. C　【解析】本题考查瑞吉欧幼儿教育体系中教师的角色与作用。"倾听"在瑞吉欧幼儿教育的教师工作中处于非常重要的位置。倾听(包括观察)行为无疑能向幼儿传达教师对他们的关注、重视、尊重和欣赏。它不只是对儿童语言和行为的知觉和记忆,而且包括对它的意义的建构和解释。这个过程,不仅直接表达了教师的态度,而且能帮助教师更好地理解幼儿,理解他们的学习方式。因为倾听意味着赋予对方价值,对他们及他们所说的话保持一定的支持状态。倾听既丰富了倾听者,又刺激了讲话者。因此,教师的一个重要任务就是倾听。

54. C　【解析】本题考查《3~6岁儿童学习与发展指南》解读的内容。从幼儿的科学学习来看,相关科学研究和教育实践研究的结果已经证实:探究应成为幼儿科学学习的核心,它既是幼儿科学学习的目标,也是幼儿科学学习的方法。

55. C　【解析】本题考查学前儿童词汇的发展。幼儿先掌握的是实词,其中最先和大量掌握的是名词,其次是动词,再次是形容词。其他实词,如副词、代词、数词;虚词,如连词、介词、助词和语气词等,幼儿则掌握较晚,在幼儿词汇中的比例也较小。

56. D　【解析】本题考查影响学前儿童性别发展的社会因素。影响学前儿童性别发展的社会因素主要包括:(1)文化传统;(2)家庭教育;(3)幼儿园环境;(4)大众传媒。

57. B　【解析】本题考查铁的生理功能。铁是合成血红蛋白的重要原料之一,参与体内氧的运输和利用。儿童缺乏铁会造成缺铁性贫血,使儿童的注意力分散、记忆力减退、学习能力降低、智能发展迟缓。此外,铁也是合成酶的原料,各种细胞色素酶、过氧化氢酶等是细胞代谢不可缺少的物质。机体缺乏铁元素时,酶的活性降低,会导致肌肉收缩力和机体免疫力下降,影响消化吸收,损害神经系统的功能。

58. A　【解析】本题考查《幼儿园教师专业标准(试行)》解读的内容。师德是幼儿园教师最基本、最重要的职业准则和规范,是教师在教育教学工作中必须遵循的各种行为准则和道德规范的总和。幼儿园教师应秉持"师德为先"的理念。在"师德为先"的具体要求中，热爱学前教育事业、具有职业理想、践行社会主义核心价值体系、履行教师职业道德规范，是师德的核心。关爱幼儿，尊重幼儿人格，富有爱心、责任心、耐心和细心是师德的重要内容。

59. B【解析】本题考查自我意识发展的阶段。自我意识从内容上可以分为生理自我、社会自我和心理自我。其中生理自我是自我意识最原始的形态，指个体对自己的生理属性的意识，包括个体对自己的存在、行为，对自己的身体、外貌、体能等方面的意识。生理自我在3岁左右基本成熟。社会自我(儿童在3岁之后进入社会自我发展阶段)指个体对自己的社会属性的意识，包括对自己在各种社会关系中的角色、地位、权利、人际距离等方面的意识。社会自我至少年期基本成熟。心理自我指个体对自己心理属性的意识，包括个体对自己的人格特征、人格倾向、心理状态、心理过程及行为表现等方面的意识。心理自我是在青春期开始形成和发展的。C为干扰项，故答案选B项。

60. D【解析】本题考查幼儿游戏心理的特点。幼儿游戏心理的特点主要包括：(1)模仿性；(2)想象性；(3)社会性。婴儿游戏心理的特点主要包括：(1)被动性；(2)自主性；(3)重复性。故答案D项不属于幼儿游戏心理的特点。

61. D【解析】本题考查幼儿智力游戏的目标。幼儿智力游戏的目标主要包括：(1)训练、发展幼儿听说的口头语言能力；(2)形成空间概念、时间概念、简单数形概念，学习对应、比较、分类、排序、计算、测量数的活动能力；(3)使幼儿获得关于自然、生物现象(四季、动植物)、简单物理现象(磁铁、水、电)、化学现象(食物变化)、自然物(石头、泥沙)方面的直接经验；(4)培养幼儿良好的学习态度和习惯。故D项正确。A项属于幼儿角色游戏的目标。B项属于幼儿体育游戏的目标。C项属于幼儿结构造型游戏的目标。

62. B【解析】本题考查幼儿园教育活动内容选择的原则。生活性原则是指幼儿教育与幼儿的生活是紧密联系在一起的，因此幼儿园教育活动内容应该主要来源于现实生活，教育活动应该是促进幼儿美好生活的积极手段。衡量幼儿发展最核心的依据是幼儿在现实生活中的表现。因此，幼儿园教育活动应从现实生活中挖掘教育资源，选择教育内容，把各种教育内容与幼儿的现实生活联系起来，把教育活动和幼儿的生活结合起来。题干中教师组织幼儿向社区送春联，让幼儿深切地感受春节的热闹氛围，这反映了幼儿园教育活动内容选择的生活性原则。

63. A【解析】本题考查教师介入幼儿游戏的时机。教师介入幼儿游戏的恰当时机是：(1)当幼儿游戏出现困难时介入；(2)当必要的游戏秩序受到威胁时介入；(3)当幼儿对游戏失去兴趣或准备放弃时介入；(4)在游戏内容发展或技能方面发生困难时介入。故答案选A项。

64. C【解析】本题考查幼儿园"小学化"的危害。幼儿阶段的"小学化"，不利于幼儿学习习惯的养成。因为在幼儿园学习部分小学知识后，会使得部分幼儿在一年级面对这些重复的知识时觉得学习太容易，而产生轻视态度，会养成不爱思考的习惯，不利于以后的学习，面对新的学习内容时，会出现适应不良。

65. C【解析】本题考查幼儿游戏的分类。帕登认为儿童之间的社会性互动随着年龄的增长而增加，他把游戏分为以下六种：(1)偶然的行为；(2)旁观的行为(游戏的旁观者)；(3)独自游戏(独立游戏/单独游戏)；(4)平行游戏；(5)联合游戏；(6)合作游戏。皮亚杰根据游戏与认知发展的关系，把游戏分为练习性游戏、象征性游戏和规则性游戏三种游戏类型。故答案选C项。

66. B【解析】本题考查活动区材料的投放。一些活动区的材料常年不变，在材料开始放置的时候，幼儿兴致勃勃地去玩,但一段时间后,没有新材料的加入,幼儿就会慢慢失去兴趣。最终,活动区的材料成了摆设。所以,活动区的材料必须具有动态性,根据幼儿的需要,及时更新,但并不是说需要全部替换,老师可以用增加、删减或者组合材料来使材料处于变化之中。可以在已有的游戏中增加材料,加大游戏的难度,例如在"分豆豆"的游戏中,再加上几种豆,那么就使分类的难度增大了。同时,增加材料,也可以引发幼儿新的探索活动。题干中陆老师投放了新的材料,激发了孩子们的兴趣,这说明教学要注重提供材料的动态性策略。故答案选B项。

布置活动区时,要考虑材料的多样性,因为幼儿构建一个概念时,需要通过反复操作,获得多种经验,概念才能逐渐构建而成。所以,种类多样的材料,对于幼儿来说十分重要。例如老师让幼儿认识四边形,可以提供正方形、长方形、菱形等多种图形。注意:多样性并不代表材料杂乱无章,材料过多过杂反而容易让幼儿分心,也不利于幼儿知识的构建。故A项、D项不符合题意。

提供材料的适宜性就是根据儿童的年龄特点投放材料,活动的材料应与儿童的年龄特点相符,能引起儿童游戏的兴趣。题干中陆老师提供的材料侧重体现增加新材料,而不是体现幼儿的年龄特点,故C项不符合题意。

67. B【解析】本题考查《3～6岁儿童学习与发展指南》的内容。《3～6岁儿童学习与发展指南》艺术领域"表现与创造"目标2"具有初步的艺术表现与创造能力"指出3～4岁儿童的学习与发展目标主要包括:(1)能模仿学唱短小歌曲;(2)能跟随熟悉的音乐做身体动作;(3)能用声音、动作、姿态模拟自然界的事物和生活情景;(4)能用简单的线条和色彩大体画出自己想画的人或事物。

68. A【解析】本题考查幼儿园环境创设的一般原则。目标导向原则是指环境设计的目标要符合幼儿全面发展的需要,与幼儿园教育目标相一致。题干中教师的教育目标是让幼儿了解有关端午节的知识,让幼儿搜集有关端午节的图片张贴在主题墙上是为了通过环境的配合来实现这一目标,故教师的做法体现了幼儿园环境创设的目标导向原则。

69. B【解析】本题考查《教育部办公厅关于开展幼儿园"小学化"专项治理工作的通知》的内容。《教育部办公厅关于开展幼儿园"小学化"专项治理工作的通知》指出,要纠正"小学化"教育方式。针对幼儿园不能坚持以游戏为基本活动,脱离幼儿生活情景,以课堂集中授课方式为主组织安排一日活动;或以机械背诵、记忆、抄写、计算等方式进行知识技能性强化训练的行为,要坚决予以纠正。要引导幼儿园园长、教师及家长树立科学育儿观念,坚持以幼儿为本,尊重幼儿学习兴趣和需求,以游戏为基本活动,灵活运用集体、小组和个别活动等多种形式,合理安排和组织幼儿一日生活,促进幼儿在活动中通过亲身体验、直接感知、实践操作进行自主游戏和学习探究。

70. C【解析】本题考查维生素的生理功能及缺乏症。维生素A与正常视力有密切关系,是维持暗视力所必需的物质。维生素A严重缺乏会造成夜盲症和干眼病。

二、填空题

71. 互动指导法

72. 活动材料　知识经验

73. 教育内容与要求　组织与实施

74. 游戏法

三、判断题

题序	75	76	77	78
答案	×	√	×	×

75. × 【解析】本题考查表演游戏的含义。表演游戏是指儿童扮演童话故事等文学作品中的角色,用动作、语言、表情等对童话故事的内容进行创造性地表演的游戏。角色游戏是指学前儿童以模仿和想象,通过扮演角色,创造性地反映周围现实生活的一种游戏。题干的表述属于角色游戏。

76. √ 【解析】本题考查儿童的口语能力。儿童的口语能力是观察、分析、表达、概括等多种能力的综合体现。

77. × 【解析】本题考查幼儿园教育工作评价的内容。《幼儿园教育指导纲要(试行)》教育评价部分第七条指出,教育工作评价宜重点考查以下方面:(1)教育计划和教育活动的目标是否建立在了解本班幼儿现状的基础上;(2)教育的内容、方式、策略、环境条件是否能调动幼儿学习的积极性;(3)教育过程是否能为幼儿提供有益的学习经验,并符合其发展需要;(4)教育内容、要求能否兼顾群体需要和个体差异,使每个幼儿都能得到发展,都有成功感;(5)教师的指导是否有利于幼儿主动、有效地学习。故教育活动目标属于幼儿园教育工作评价的内容。

78. × 【解析】本题考查前运算阶段儿童思维的自我中心性。自我中心是指儿童仅从自己的角度去表征世界,很难从别人的视角看问题,认为所有人的观点、想法和情绪体验都是和自己一样的。为研究这一阶段儿童思维的自我中心性,皮亚杰设计了著名的"三山实验"。

四、名词解释

79. 儿童观

儿童观是成人如何看待和对待儿童的观点的总和。

(共2分。答出"看待儿童的观点"即可得2分)

80. 家园合作

家园合作是指幼儿园和家庭都把自己当作促进儿童发展的主体,双方积极主动地相互了解、相互配合、相互支持,通过幼儿园和家庭的双向互动,共同促进儿童的身心发展。

(共2分。答出"促进儿童发展的主体,双方相互配合、相互支持,双向互动"等关键点可得2分)

五、简答题(参考答案)

81. 简述良好同伴关系的重要作用。

(1)有利于儿童学习社交技能和策略,促进其社会行为向友好、积极的方向发展;

(2)是学前儿童积极情感的重要后盾;

(3)能促进学前儿童认知能力的发展;

(4)有助于儿童自我概念和人格的发展。

(共3分。完全正确得3分。答出3条可得3分,少答1条扣1分)

82. 简述幼小衔接的意义。

(1)做好幼儿园与小学的衔接工作,是学前儿童身心健康发展的需要;

(2)做好幼儿园与小学的衔接工作,是儿童入学适应不良现状的实践要求;

(3)做好幼儿园与小学的衔接工作,是幼儿园教育内容的重要组成部分;

(4)做好幼儿园和小学的衔接工作,符合世界幼儿园教育的发展潮流。

(共3分。完全正确得3分。答出3条可得3分,少答1条扣1分)

83. 简述教师在游戏过程中的作用。

(1)创设游戏环境;

(2)指导和促进游戏的开展;

(3)观察和评估游戏。

(共3分,每条1分,少答1条扣1分)

六、论述题(参考答案)

84.(1)我对虐童事件的看法:

①虐童事件照见了教育界存在的某些阴暗角落,严重冲击着人们的道德底线,侵害儿童权益,影响恶劣,不仅给儿童带来身体上的伤害,更会在其心理上留下深刻的创伤,影响其一生的情感和社会适应能力发展。

②发生"虐童事件",说明不少教师缺乏从事教书育人工作的基本职业素养,对教师职业缺乏基本的认识,甚至产生错误的认识,不能规范自身的言行,以至于行为上出现错误。因此,教师需要不断学习教育教学理论知识,了解如何以健康、积极的方式引导和教育孩子,不断提高自身职业素养,坚持勤学笃行、求是创新的躬耕态度,发挥启智润心、因材施教的育人智慧。

③同时,保护儿童远离任何形式的虐待是全社会的责任,需要家庭、学校、社区以及政府机构等多方面的共同努力,共同营造一个安全、健康、和谐的儿童成长环境。

(2)建立良好师幼关系的策略:

①关爱幼儿。关爱幼儿是对幼儿教师的基本要求,也只有在关爱幼儿的基础上,教师才有可能与幼儿建立良好的关系。教师应当具备高尚的道德情操和仁爱之心,真正关心、关爱每一个学生,以学生的身心健康为首要目标,坚决杜绝任何形式的暴力行为。

②与幼儿经常性地平等交谈。教师应在日常生活中针对幼儿感兴趣的事物、话题与幼儿平等、亲切地交谈,这种形式的互动有利于良好师幼关系的形成。

③参与幼儿的活动。在幼儿园的教育活动中,有许多是幼儿自主的活动,如游戏活动、活动区活动以及幼儿的个别活动等,教师应该积极地参与到幼儿自主的活动中去。

④与幼儿建立个人关系。教师与个别幼儿的关系,尤其是与班级里特殊的幼儿的关系,常常会影响着教师与其他幼儿的关系,教师应该设法与个别幼儿建立良好的个人关系,并以个人关系影响与其他幼儿的关系。

⑤积极回应幼儿的社会性行为。对于幼儿积极的社会性行为,教师应该给予肯定和赞赏,并设法引起社会性赞同,扩大其影响;对于幼儿消极的社会性行为,教师也应该做出恰当的反应,使幼儿感受到教师的态度和价值取向。对幼儿的行为做出积极的回应,不仅是对幼儿行为本身的一种评价,同时也是为了加强师幼互动,强化师幼关系。

总的来说,建立良好的师幼关系需要教师具备高尚的教育家精神,以仁爱之心和启智润心的态度对待学生,同时不断提升自身的教育水平和专业素养,为学生提供更优质的教育服务,从而有效地预防和避免虐童事件的发生。

(共9分。我对虐童问题的看法4分,结合教育家精神具体分析可酌情给3分。如何建立良好师幼关系5分:观点正确并对每一观点进行分析可得5分,少答一条扣1分)

2024年浙江省杭州市教师招聘考试幼儿园教育基础知识真题试卷(三)

第一部分　教师职业道德

一、单项选择题

题序	1	2	3	4	5
答案	C	A	A	A	D

1. C 【解析】本题考查教师职业道德修养的内容。教师职业道德修养的内容包含两个方面:(1)职业道德意识修养;(2)职业道德行为修养。

2. A 【解析】本题考查教师职业道德修养的方法。实践是师德修养的根本途径。师德修养只有在实践中才能得到不断的充实、提高和完善。

3. A 【解析】本题考查教师义务的相关内容。教师在履行教育义务的活动中,最主要、最基本的道德责任是正反两个方面。正面:教书育人;反面:"不要误人子弟"。故选A项。

4. A 【解析】本题考查教师职业道德修养的基本原则。教师职业道德修养的基本原则包括:(1)坚持知和行的统一;(2)坚持动机和效果的统一;(3)坚持自律和他律相结合;(4)坚持个人和社会相结合;(5)坚持继承和创新相结合。A项,"确立可行目标,坚持不懈努力"是教师职业道德修养的方法之一。故选A项。

5. D 【解析】本题考查教育相关法律法规。根据《中华人民共和国未成年人保护法》(2012年修正)第十八条规定,学校应当尊重未成年学生受教育的权利,关心、爱护学生,对品行有缺点、学习有困难的学生,应当耐心教育、帮助,不得歧视,不得违反法律和国家规定开除未成年学生。根据《中华人民共和国预防未成年人犯罪法》(2012年修正)第四十八条规定,依法免予刑事处罚、判处非监禁刑罚、判处刑罚宣告缓刑、假释或者刑罚执行完毕的未成年人,在复学、升学、就业等方面与其他未成年人享有同等权利,任何单位和个人不得歧视。因此,学校的行为是不合情、不合理、不合法的。

第二部分　学科专业知识

二、判断题

题序	6	7	8	9	10	11	12	13	14	15
答案	×	×	√	×	√	√	×	×	×	√

6. × 【解析】本题考查《幼儿园保育教育质量评估指标》的内容。《幼儿园保育教育质量评估指标》指出,关注幼儿学习与发展的整体性,注重健康、语言、社会、科学、艺术等各领域有机整合,促进幼儿智力和非智力因素协调发展,寓教育于生活和游戏中。

7. × 【解析】本题考查《3～6岁儿童学习与发展指南》的内容。《3～6岁儿童学习与发展指南》科学领域"数学认知"中目标2"感知和理解数、量及数量关系"指出,5～6岁幼儿能"初步理解量的相对性"。

8. √ 【解析】本题考查《3~6岁儿童学习与发展指南》的内容。《3~6岁儿童学习与发展指南》健康领域"身心状况"中目标3"具有一定的适应能力"指出,5~6岁幼儿能在较热或较冷的户外环境中连续活动半小时以上。

9. × 【解析】本题考查学前儿童讲述活动的主要类型。叙事性讲述即用口头语言把人物的经历、行为或事情的发生、发展、变化讲述出来。说明性讲述是用简单明了的语言,把事物的形状、特征、用途等解说清楚的讲述形式。故题干表述错误。

10. √ 【解析】本题考查《幼儿园保育教育质量评估指标》的内容。《幼儿园保育教育质量评估指标》指出,重视幼儿通过绘画、讲述等方式对自己经历过的游戏、阅读图画书、观察等活动进行表达表征,教师能一对一倾听并真实记录幼儿的想法和体验。

11. √ 【解析】本题考查《幼儿园保育教育质量评估指标》的内容。《幼儿园保育教育质量评估指标》指出,关注幼儿发展的连续性,注重幼小科学衔接。大班下学期采取多种形式,有针对性地帮助幼儿做好身心、生活、社会和学习等多方面的准备,建立对小学的积极期待和向往,促进幼儿顺利过渡。

12. × 【解析】本题考查《浙江省幼儿园托班管理指南(试行)》的内容。《浙江省幼儿园托班管理指南(试行)》第十八条"活动组织"中指出,活动方式灵活多样,以个别、小组活动形式为主,尽可能多的把活动安排在户外进行。保证幼儿充足的身体活动时间,天气条件具备的情况下,全日制托班每天至少有3小时各种强度的身体活动,其中至少1小时为中高强度活动,每日户外活动不少于2小时。天气条件不具备的情况下,幼儿每日参与不少于2小时的室内体育活动。集中统一活动时间不宜过长,同时避免独自久坐现象。半日制托班各类活动时间对应减半。

13. × 【解析】本题考查《幼儿园教育指导纲要(试行)》的内容。《幼儿园教育指导纲要(试行)》第四部分教育评价指出,评价应自然地伴随着整个教育过程进行。综合采用观察、谈话、作品分析等多种方法。

14. × 【解析】本题考查无意想象的含义。无意想象是指没有预定目的和意图,在一定的刺激影响下,不由自主地进行的想象。有意想象是指根据一定的目的、自觉地创造出新形象的过程。题干的表述属于无意想象。

15. √ 【解析】本题考查《幼儿园保育教育质量评估指标》的内容。《幼儿园保育教育质量评估指标》指出,幼儿园与家庭、社区密切合作,积极构建协同育人机制,充分利用自然、社会和文化资源,共同创设良好的育人环境。

三、单项选择题

题序	16	17	18	19	20	21	22	23	24	25
答案	D	B	A	A	B	B	D	C	B	C

16. D 【解析】本题考查《幼儿园保育教育质量评估指南》的内容。《幼儿园保育教育质量评估指南》中的评估方式指出,注重过程评估。重点关注保育教育过程质量,关注幼儿园提升保教水平的努力程度和改进过程,严禁用直接测查幼儿能力和发展水平的方式评估幼儿园保育教育质量。

17. B 【解析】本题考查《幼儿园教育指导纲要(试行)》的内容。《幼儿园教育指导纲要(试行)》第三部分组织与实施指出,幼儿园的教育活动,是教师以多种形式有目的、有计划地引导幼儿生动、活泼、主动活动的教育过程。

18. A 【解析】本题考查《幼儿园教育指导纲要(试行)》的内容。《幼儿园教育指导纲要(试行)》第三部分组织与实施指出,科学、合理地安排和组织一日生活。时间安排应有相对的稳定性与灵活性,既有利于形成秩序,又能满足幼儿的合理需要,照顾到个体差异。

19. A 【解析】本题考查《浙江省幼儿园托班管理指南(试行)》的内容。《浙江省幼儿园托班管理指南(试行)》第三条"保教原则"中指出,了解差异,因材施教。重视2~3岁幼儿在身体发育、动作-运动发展、语言发展、认知发展、情感与社会性发展、审美发展等方面的差异,以自然差异为基础,重视开展个别化教育。

20. B 【解析】本题考查学前数学教育的内容。把一组对象看成一个整体就形成一个集合,集合中的每个对象叫作这个集合的元素。集合之间可以进行比较,感知其关系,即比较两个集合中元素的数量是否一样多,如果不一样多,那么谁多谁少。题干中,幼儿通过比较两个集合中元素数量的多少,最后得出"我们的水果数量一样多"的结论,这运用到的数学核心概念是集合的比较。

21. B 【解析】本题考查《3~6岁儿童学习与发展指南》的内容。《3~6岁儿童学习与发展指南》社会领域指出,幼儿的社会性主要是在日常生活和游戏中通过观察和模仿潜移默化地发展起来的。成人应注重自己言行的榜样作用,避免简单生硬的说教。

22. D 【解析】本题考查《幼儿园保育教育质量评估指标》的内容。《幼儿园保育教育质量评估指标》指出,玩具材料种类丰富,数量充足,以低结构材料为主,能够保证多名幼儿同时游戏的需要。尽可能减少幼儿使用电子设备。

23. C 【解析】本题考查幼儿注意的品质。注意的广度也叫注意的范围,它是指一个人在同一时间内能够清楚地察觉和把握对象的数量。"一目十行""眼观六路",指的都是注意的广度(范围)。

24. B 【解析】本题考查蒙台梭利的教育思想。蒙台梭利认为,对3~6岁儿童的教育首先应该从感知训练开始,使他们直接接触实物,储存大量的感性经验。为此,她还发明了很多相关的教具,这些教具是具体的,可以丰富幼儿的感性知识,幼儿利用这些教具可以自由地摆弄、操作、分类和比较等。

25. C 【解析】本题考查皮亚杰的游戏分类理论。皮亚杰根据游戏与认知发展的关系,把游戏分为练习性游戏、象征性游戏和规则性游戏三种游戏类型。

四、简答题(参考答案)

26. 简述幼儿发展评价的基本含义。

幼儿发展评价是依据幼儿教育目标以及与此相适应的幼儿发展目标,运用教育评价的理论与方法,对幼儿身体、认知、品德与社会性等方面的发展进行价值判断的过程。

(共6分。完全正确得6分;答出"依据幼儿教育目标与幼儿发展目标,对幼儿各方面发展进行价值判断"等关键点得5分)

27. 简述3~6岁幼儿在"科学探究"方面学习与发展的主要目标。

(1)亲近自然,喜欢探究;

(2)具有初步的探究能力;

(3)在探究中认识周围事物和现象。

(共6分。完全正确得6分;答出"喜欢探究,具有初步探究能力,认识周围事物现象"等关键点得5分)

28. 教师的领导和组织能力包括哪些方面?

(1)明确认识自己在领导和组织方面的责任;

(2)建立学习共同体;

(3)积极与家长建立密切的合作关系;

(4)充分利用社区资源。

(共8分。完全正确得8分;答出"明确认识自己的责任,建立学习共同体,与家长合作,充分利用社区资源"等关键点得6分)

五、案例分析题(参考答案)

29. (1)案例中李老师的做法是错误的。《3~6岁儿童学习与发展指南》指出,成人应对幼儿的艺术表现给予充分的理解和尊重,不能用自己的审美标准去评判幼儿,更不能为追求结果的"完美"而对幼儿进行千篇一律的训练,以免扼杀其想象与创造的萌芽。

(2)①对于引导幼儿对美的感受与体验,《3~6岁儿童学习与发展指南》的核心要点有三个方面:第一,为幼儿提供审美感受的机会,比如,让幼儿接触大自然、社会生活和艺术场馆,创设美的环境,让幼儿有更多的机会去体验和欣赏美的事物和艺术作品。第二,在审美体验中尊重幼儿的独特感受,不要将成人的审美标准强加给幼儿。第三,支持幼儿的审美情趣和爱好,如对幼儿收集的糖纸、瓶盖、果核、石子等给予鼓励。

②对于引导幼儿对美的表达与表现,《3~6岁儿童学习与发展指南》的核心要点也有三方面:第一,尊重幼儿自发的表达和表现,如对幼儿的自由涂画和随意唱跳的行为要给予认同。第二,创设让幼儿自主表达与表现的机会和条件,如提供空间、时间、材料和艺术作品,让幼儿有机会自发模仿、自由涂画和随意唱跳。第三,营造宽松的心理环境使幼儿敢于表达和表现,如在幼儿自由表现时,对幼儿的作品不轻易给予否定的评价。

(共15分。第一问5分,判断教师的做法2分,说出理由3分。第二问10分,答出"引导幼儿对美的感受与体验的核心要点"5分,答出"引导幼儿对美的表达与表现的核心要点"5分)

30. (1)①案例中陈老师的做法不合适,不利于培养幼儿的探究能力。

②针对案例中的情况,教师需要巧妙应答,以促进幼儿认真思考,而不是直接否定。其实,不管幼儿能否说出正确答案,教师都应做出积极的回应:教师应当追问幼儿"你是怎么知道的"或"你是怎么发现的",让幼儿充分表达自己的真实想法;教师应当仔细倾听幼儿的表述,对幼儿的认知水平做出判断。

(2)①共同讨论。教师可将幼儿提出的问题简单加工后交由全体幼儿回答,这不仅可以促进幼儿与同伴相互交流、共同讨论,还能帮助那些有疑问的幼儿梳理思路、认真反思。例如,在本案例中,教师可以这样提问:其他小朋友的答案是什么?你们也和他一样认为蜗牛会游泳吗?你们究竟是怎么看出蜗牛会游泳的呢?

②延迟研讨。很多时候,仅仅依靠一次活动就想让幼儿获得某个较复杂问题的科学经验,显然是不符合幼儿认知特点的。因此,教师不要惧怕幼儿得出错误的结论,而要借此了解幼儿认识的误区,有针对性地开展教学活动。在本案例中,首先,教师要了解幼儿产生错误认识的原因,如"你为什么说蜗牛会游泳"。其次,教师要激发幼儿进一步探索,不要直接纠正"错误","大家一起来想办法研究蜗牛会不会游泳,怎么研究呢,下次我们一起来讨论。"

③启发幼儿迁移经验。教师可以在充分了解幼儿真实想法的基础上,引发幼儿的认知冲突。例如:"会游泳的动物有哪些特征呢?你们是怎样知道的?"这样幼儿很自然地会想到鱼、虾、蟹等动物的特征,进行对比。同时,幼儿在解决问题的过程中会知道"问父母""查书籍""看电视""上网搜索"等途径是解决问题的方法,从而养成不懂就问的好习惯,教师也可从幼儿想出的办法中了解到幼儿建构知识的方法和过程。

(共15分。第一问5分,判断教师的做法2分,说出理由3分。第二问10分,应对策略合理、易于操作可得6分,结合案例分析4分)

六、实践题(参考答案)

31. 美丽的新疆之旅(大班社会活动)

(一)活动目标

(1)了解新疆的风土人情,知道新疆是个美丽的地方。

(2)能结合自己的生活经验,制定合理的旅游计划。

(3)萌发热爱祖国,热爱少数民族和民族文化的美好情感。

(二)活动准备

(1)环境布置:请孩子们在家里找一张和家人旅游的照片带到幼儿园来,晨间活动时和孩子们一起把照片展示出来,让每个孩子都能去欣赏、去感受,为下面的活动做铺垫。

(2)物质准备:①多媒体课件:"美丽的新疆";②旅游计划表、笔;③新疆葡萄干、新疆小花帽;④中国地图、有关新疆的图片若干、展板、归类标识。

(三)活动过程

1. 活动导入

(1)启发谈话,激发幼儿旅游愿望。引导幼儿讨论、思考:以前你和家人旅游过吗?老师也去过一个美丽的地方,它就在我们中国地图的雄鸡尾巴上,你们看……

(2)出示地图,观察新疆的地理位置。

2. 交流经验

(1)欣赏教师新疆旅游照片,初步了解新疆之美。

(2)提问:老师去过的地方是什么地方?你们怎么知道是新疆?

(3)小结:新疆的自然风景很美,土地辽阔,有雪山、沙漠、戈壁和草原等等;新疆人的服饰很美,姑娘们穿着漂亮的长裙和背心,戴着小花帽;新疆的风俗习惯很特别,他们喜欢骑马、放牧,喜欢唱歌跳舞;新疆还有很多特色食品,有美味的葡萄、哈密瓜、羊肉串……

(4)请幼儿想一想、说一说:你喜欢新疆吗?想去新疆吗?我们去旅游该怎么去呢?要准备些什么?

3. 尝试与探索

(1)出示旅游计划表,请幼儿自由组合,分组讨论旅游交通工具、食品和用品,并把结果记录在表上。

(2)在集体中逐一展示各组制订的计划,对计划中不完善的地方进行补充。

(3)分享同伴的经验,修改并确定旅游计划。

4. 经验提升与情感体验

(1)伴随着开飞机的音乐,师生做律动来到情景创设的"新疆"(大屏幕展示新疆风光,教师戴上小花帽扮成新疆姐姐,激发幼儿兴趣)。

(2)观看多媒体课件,让幼儿再次感受新疆风情。

(3)幼儿自由选择一张自己喜欢的新疆图片(自然风光、特色服饰、民俗风情、特色食品),和同伴互相讨论并讲述"在图片上看到了什么,为什么喜欢它?"

(4)讲述完后将图片分类粘贴在展板相应的标识旁边,增进对新疆的了解。

(5)请幼儿品尝新疆有名的葡萄干,鼓励他们伴随大屏幕上载歌载舞的画面,与老师一起共舞。

5.结束部分

(1)教师总结:像新疆这么美的地方,我们的祖国还有很多,海南岛的阳光沙滩,辽阔的青藏高原,神秘的西双版纳都非常美。

(2)播放《开飞机》音乐,师生做律动"飞出"教室。

(四)活动延伸

请幼儿回家后通过各种途径查找其他旅游胜地的资料,带到幼儿园来分享。

> 评分标准参考如下:
> (1)活动名称(共1分。名称和年龄阶段适宜1分)
> (2)活动目标(共1.5分。目标符合幼儿的身心发展特点,具体可操作1.5分)
> (3)活动准备(共1.5分。若在具体活动过程中用到但在活动准备环节没有体现扣0.5分)
> (4)活动过程(共15分。①选择能吸引幼儿注意力的导入方式2分,若导入方式不能充分引发幼儿兴趣,在不偏离主题的情况下可酌情给1分;②活动过程步骤清晰、注重幼儿主动探究13分,写出大致活动过程,在不偏离主题的情况下可酌情给7~9分)
> (5)活动延伸(共1分。活动延伸环节具体可行并贴合主题1分)

2023年安徽省宿州市泗县教师招聘考试幼儿园教育综合知识真题试卷(四)

一、单项选择题

题序	1	2	3	4	5	6	7	8	9	10
答案	B	C	C	A	A	C	A	B	A	D
题序	11	12	13	14	15	16	17	18	19	20
答案	D	C	A	A	B	C	C	A	D	A
题序	21	22	23	24	25	26	27	28	29	30
答案	B	B	C	D	C	A	C	D	D	B
题序	31	32	33	34	35	36	37	38	39	40
答案	A	D	C	A	C	A	C	D	A	D
题序	41	42	43	44	45	46	47	48	49	50
答案	D	A	D	D	C	A	C	B	D	C

1.B 【解析】本题考查《幼儿园工作规程》的内容。《幼儿园工作规程》第二条指出,幼儿园是对3周岁以上学龄前幼儿实施保育和教育的机构。幼儿园教育是基础教育的重要组成部分,是学校教育制度的基础阶段。

2.C 【解析】本题考查幼儿园班级管理的内容。幼儿园班级教育管理是班级保教人员最经常和最基本的管理工作,又是幼儿园各项管理工作的中心部分,是幼儿园管理水平的反映和幼儿园质量的反映,是衡量幼儿园保教工作成果的显性标准。各个班级教育管理水平组成了幼儿园教育管理的总体水平。

3. C 【解析】本题考查幼儿园教育的特点。幼儿园教育具有游戏性的特点,游戏是幼儿最基本的活动,是幼儿最基本的学习方法,也是幼儿获得发展的最基本的途径。幼儿园教育活动的游戏特性是显而易见的。

4. A 【解析】本题考查《幼儿园教师专业标准(试行)》的内容。《幼儿园教师专业标准(试行)》是国家对合格幼儿园教师专业素质的基本要求,是幼儿园教师实施保教行为的基本规范,是引领幼儿园教师专业发展的基本准则,是幼儿园教师培养、准入、培训、考核等工作的重要依据。

5. A 【解析】本题考查著名幼儿教育家的教育实践。19世纪中叶,福禄贝尔在德国创办了世界上第一所幼儿园,而且创立了一整套幼儿教育理论和相应的教育方法、教材、玩具等。他推动了世界范围内的幼儿园运动的兴起和发展,因而被世人誉为"幼儿教育之父"(幼儿园之父)。

6. C 【解析】本题考查幼儿生长发育的主要规律。人体各系统的生长发育是不均衡的。神经系统发育最早,儿童在6岁时脑重已达成人的90%。运动系统的生长发育趋势和身高体重增长相一致,也呈波浪式发展。可用身高、体重的发育趋势作代表,即出生后第一年增长最快,以后逐渐减慢,在青春期又快速增长,然后再逐渐减慢,直到发育成熟。淋巴系统的发育也比较早,10岁左右达到高峰,12岁左右淋巴系统几乎达到成人时期的200%,之后随着其他系统功能的逐渐成熟以及免疫系统的完善,淋巴系统逐渐萎缩。而生殖系统发育最晚,在出生头12年里几乎没什么发育,到青春期迅速发育,并很快达到成人水平。

7. A 【解析】本题考查学前儿童编构故事能力的发展。小班儿童主要是编结局,即儿童根据个人对故事语言、情节、人物、主题的理解,在故事即将结束时为故事想象编构一个结局。中班儿童主要是编高潮和结局,即编"有趣情节"。教师在讲述故事时到高潮部分时戛然而止,提醒儿童想象可能编构的部分。大班儿童主要是编完整故事。由于大班已经比较普遍地掌握了故事编构的情节开展方式,所以大班儿童可以编构完整故事,只要儿童编构的故事基本具有语言、情节、人物和主题等构成要素即可。

8. B 【解析】本题考查班杜拉的社会学习理论。班杜拉认为,观察学习是一种最主要的社会学习形式。观察学习是指个体通过观察他人(班杜拉称之为榜样)所表现的行为及其后果而进行的学习。通过观察学习,个人或者习得某些新的反应,或者矫正已有的某些行为特征。题干中,一名儿童上课睡觉被惩罚,另一名儿童看到后立马端正坐姿,认真听讲。这是在观察他人的行为及其后果后,矫正了已有的某些行为特征,因此该学习现象是观察学习。故本题选B。

9. A 【解析】本题考查幼儿园教学活动的方法。范例法是指按教学要求或者活动目标提供给幼儿一种可模仿的榜样,它是形象的、具体的。范例对年龄越小的幼儿作用越明显。在思想品德教育中,以优秀人物为范例。在教学过程中,是指向幼儿出示的各种样品,如绘画、纸工、泥工样品等,供幼儿观察、模仿学习。这种方法多用于美术、美工的教学。范例包括图片、模型、玩具、画册、实物标本以及幼儿教师画或做的图画、手工和贴绒样品等。题干中,教师出示事先准备好的各种样品供儿童观察、模仿学习,这正是范例法的体现。

10. D 【解析】本题考查幼儿思维的特点。学前儿童思维的内容是具体的。儿童在思考问题时,总是借助于具体事物或具体事物的表象。学前儿童容易掌握那些代表实际东西的概念,不容易掌握比较抽象的概念。题干中,幼儿只有听到自己的名字时才会做出反应,这说明幼儿未形成对"小朋友"这个抽象概念的理解,而需要具体的自己的名字作为提示。这体现了幼儿思维的具体性。

11. D 【解析】本题考查幼儿游戏的分类。象征性游戏是处于前运算阶段(2~7岁)儿童常进行的一类游戏。它是把知觉到的事物用它的替代物来象征的一种游戏形式。儿童将一物体作为一种信号物来代替现实的客体,这就是象征游戏的开始。象征性游戏的初级阶段就是以物品的替代而获得乐趣,随着儿童年龄的增长和知识经验的不断丰富,儿童的象征功能也在不断发展。他们会通过使用替代物并扮演角色来模仿真实生活。题干中,贝贝让妈妈扮演宝宝的角色,自己扮演妈妈的角色,这属于象征性游戏。

12. C 【解析】本题考查教育的本质属性。教育的本质属性是育人,即教育是一种有目的地培养人的社会活动,这是教育区别于其他事物现象的根本特征,也是教育的质的规定性。对教育的本质属性可以从以下三个方面来理解:第一,教育是把自然人转化为社会人的过程。这表明教育是人类所特有的社会现象。第二,教育是有意识、有目的、自觉地对受教育者进行培养的过程。第三,在教育这种培养人的活动中,存在着教育者、受教育者以及社会要求三者之间的矛盾运动。C项,"小美跟着老师学习绘画"是一种有目的地培养人的社会活动,属于教育现象。故本题选C。

A项,亮亮偶然学会了用筷子吃饭,这是一种偶然发生的行为,没有明确的目的,因此不属于教育现象。

B、D两项均属于动物的行为,动物界不存在教育,教育是人类所特有的社会现象。因此,B、D两项也不属于教育现象。

13. A 【解析】本题考查幼儿情绪的特点。人的情绪会随所处情境的变化而变化,这就是情绪的情境性。题干中,当妈妈离开时,经过老师的引导,幼儿会愉快玩耍。但是当妈妈再次出现时,幼儿会再次哭闹。这说明幼儿的哭闹和愉快并非由内在需求驱动,而是受到外在情境的影响。故A项最符合题意。B项易感染性,强调情绪容易受其他人情绪的影响。C项外露性,强调情绪外显而不内敛。D项易冲动性,强调情绪快速出现而缺乏控制。

14. A 【解析】本题考查学前教育的一般原则。儿童与教师是平等的人与人之间的关系。教师要将儿童作为具有独立人格的人来对待,尊重他们的思想感情、兴趣、爱好、要求和愿望等。教师如果随意呵斥、责备、惩罚儿童,让儿童常常感到委屈、羞辱,他们便会认为自己是无能、被人看不起的,从而丧失基本的自尊与自信。这种消极的自我概念一旦形成,将会影响儿童终生的发展。题干中的教师数落幼儿,并呵斥幼儿以后不许参加活动,这违背了尊重幼儿的人格尊严和合法权益的原则。

15. B 【解析】本题考查素质教育的内涵。素质教育是指依据人的发展和社会发展的实际需要,以全面提高全体学生的基本素质为根本目的,以尊重学生主体性和主动精神、注重开发人的智慧潜能、注重形成人的健全个性为根本特征的教育。

16. C 【解析】本题考查学前教育的特殊原则。保教合一的原则,也称保教结合或保教并重,指对幼儿保育和教育要给予同等的重视,并使两者相互配合。幼儿园保育和教育不可分割的关系是由幼教工作的特殊性和幼儿身心发展的特点决定的。虽然保育和教育有各自的主要职能,但并不是完全分离的。教育中包含了保育的成分,保育中也渗透着教育的内容。题干中,教师在幼儿的就餐过程中,告诉幼儿不要浪费粮食,不可以打闹,还时时关注幼儿的用餐情况,引导幼儿形成良好的行为习惯,将教育融入日常生活中。这体现了学前教育的保教结合原则。

17. C 【解析】本题考查《幼儿园工作规程》的内容。《幼儿园工作规程》第四十七条指出,幼儿园收费按照国家和地方的有关规定执行。幼儿园实行收费公示制度,收费项目和标准向家长公示,接受社会监督。不得以任何名义收取与新生入园相挂钩的赞助费。幼儿园不得以培养幼儿某种专项技能、组织或参与竞赛等为由,另外收取费用;不得以营利为目的组织幼儿表演、竞赛等活动。

18. A 【解析】本题考查幼儿教师的角色。幼儿教师是按照社会要求去促进幼儿发展的,是将教育目标真正落实为幼儿发展的总设计师。首先,教师必须正确、清楚、全面地理解和把握幼儿园教育目标的内涵,将这种"外在"的教育目标转化为"内在"的正确的教育观念,并指导自己的行动;其次,教师必须掌握将教育目标转化为幼儿发展的技术;最后,在教育过程中,教师要依据幼儿的实际水平,选择相适应的教育目标、教育模式、教育内容、活动方式、组织形式、指导方法等,以促进幼儿的发展。没有教师的这种努力,教育目标的实现是不可能的。

19. D 【解析】本题考查学前健康教育活动评价的类型。按评价的功能及运行的时间,学前健康教育评价可分为以下三种类型:(1)诊断性评价,又称前期评价,是指在开展健康教育活动之前进行的预测性的评价,或者对于评价对象的发展基础和条件加以测定。其目的在于了解评价对象的基本情况,发现存在问题。(2)形成性评价,又称中期评价,是指在健康教育活动中针对活动效果而进行的持续性的评价。其目的在于及时获得反馈信息,适时调整教育进程、方法、手段,以便达成教育目标。(3)总结性评价,又称终期评价,是指在健康教育计划实施后对其终极结果所进行的评价,它以预先设定的健康教育目标为依据,判断评价对象达成目标的实际水平。总结性评价既是最终的评价结果,也是制订新的健康教育计划的依据。

20. A 【解析】本题考查学前儿童社会教育活动设计的基本原则。学前儿童社会教育活动设计的整合性原则是指幼儿园社会教育要将各个方面的教育因素整体考虑,有机结合,全面地对儿童施以教育。社会领域的教育包括社会认知、社会情感、社会行为三个方面的教育。在设计活动时,要将这三者有机结合起来并融入教育活动之中,促进儿童社会性的整体发展。此外,在社会教育过程中要将各种有用的教育资源和教育手段渗透融合起来,发挥最大的教育功效。还可考虑运用其他领域的教育因素,以及家庭、社区资源的统筹利用等,增强学前儿童社会教育的合力。题干中,运用其他领域的教育因素,在不同领域的活动中培养幼儿的社会性行为,这体现了社会教育活动设计的整合性原则。

21. B 【解析】本题考查学前教育机构的产生与发展。我国最早的公立学前教育机构是1903年在湖北武昌创办的湖北幼稚园。湖北幼稚园后改称为武昌蒙养院。

22. B 【解析】本题考查幼儿方位知觉的发展。幼儿方位知觉发展的特点是:3岁幼儿能辨别上下方位,4岁能开始辨别前后方位,5岁开始能以自身为中心辨别左右方位,6岁幼儿虽然能完全正确地辨别上下前后四个方位,但以左右方位的相对性来辨别左右仍然感到困难。

23. C 【解析】本题考查《幼儿园工作规程》的内容。《幼儿园工作规程》第十八条指出,幼儿园应当制定合理的幼儿一日生活作息制度。正餐间隔时间为3.5~4小时。在正常情况下,幼儿户外活动时间(包括户外体育活动时间)每天不得少于2小时,寄宿制幼儿园不得少于3小时;高寒、高温地区可酌情增减。

24. D 【解析】本题考查《幼儿园工作规程》的内容。《幼儿园工作规程》第八条指出,幼儿园每年秋季招生。平时如有缺额,可随时补招。第五十六条指出,幼儿园实行园长负责制。

25. C 【解析】本题考查幼儿早期教育的重要性。《幼儿园工作规程》指出,幼儿园的任务之一是:贯彻国家的教育方针,按照保育与教育相结合的原则,遵循幼儿身心发展特点和规律,实施德、智、体、美等方面全面发展的教育,促进幼儿身心和谐发展。同时,《幼儿园教育指导纲要(试行)》第一部分指出,幼儿园教育是基础教育的重要组成部分,是我国学校教育和终身教育的奠基阶段。城乡各类幼儿园都应从实际出发,因地制宜地实施素质教育,为幼儿一生的发展打好基础。因此,幼儿早期教育是全面发展的素质教育,这个说法是正确的。故本题选C。四岁左右,是培养儿童正确发音的关键期。故A项说法错误。想象是维持儿童

心理健康的重要手段,儿童通过想象可以满足其情感的需要。故B项说法错误。皮亚杰将儿童认知发展分为四个阶段,其中前运算阶段儿童的思维有以下特点:(1)泛灵论;(2)自我中心性;(3)不能理顺整体和部分的关系;(4)思维的不可逆性;(5)缺乏守恒。故D项说法错误。

26. A 【解析】本题考查洛克的幼儿教育思想。在《教育漫话》一书中,洛克阐述了他的绅士教育思想。他认为,教育的目的就是培养绅士。所谓绅士,就是一种有德行、有学问、有能力、有礼貌的人。他认为一国之中的绅士教育是最应该注意的。为了实现绅士教育的目的,洛克设计了一整套具体的实施办法,为幼儿安排了包括德育、智育、体育在内的教育内容,并且详细提出了各项教育的要求和方法。不过洛克所注重的绅士教育是贵族子弟的教育,主张把他们培养成为身体强健、举止优雅、有德行、有智慧、有才干的事业家。

27. C 【解析】本题考查陶行知的学前教育思想。陶行知秉持"捧着一颗心来,不带半根草去"的精神,先后参与发动了平民教育运动、乡村教育运动等,极大地推动了民国时期教育实践的进步,并创造性地构建了"生活教育理论"体系,被公认为"人民教育家"。他是我国现代教育史上最早提倡乡村教育的先行者。

28. D 【解析】本题考查夸美纽斯的著作。《世界图解》是夸美纽斯根据适应自然和直观教学原则所编写的历史上第一本对幼儿进行启蒙教育的看图识字课本。俄国著名教育家乌申斯基曾说过:"我们可以承认,夸美纽斯的《世界图解》已是能估计到每个儿童年龄特征来符合教育要求地给儿童讲述科学知识的开端。"

29. D 【解析】本题考查攻击性行为的影响因素。大众传播媒介里的攻击性榜样会增加儿童以后的攻击性行为,儿童会从这些电视、电影暴力节目中观察学习到各种具体的攻击性行为。儿童不仅能从暴力节目中学习到攻击性行为,更为重要的是,电视、电影人物的经历会使许多孩子将武力视为解决人际冲突的有效手段,并在现实生活中依靠攻击性行为来解决与他人的矛盾。因此,动画片的内容对幼儿攻击性行为起到的是榜样作用。故本题选D。

30. B 【解析】本题考查幼儿园活动区内容的创设。区域活动内容设置应以促进幼儿发展为基础,根据儿童发展目标和本阶段课程实施目标,在了解幼儿兴趣、需要和能力发展水平的基础上,立足于幼儿生活,确立各个活动区的具体目标,并进行相应内容设计和投放相关材料。一般来说,小班区域活动内容最少为6~7个,中班为8~9个,大班为9~10个。

31. A 【解析】本题考查幼儿园课程的特点。幼儿园课程以幼儿的直接经验为基础,让幼儿以获得直接经验为主。这是因为,幼儿主要通过各种感官来认识世界,并且他们的思维是伴随着动作,没有直接的经验便没有学习和思维,只有在获得丰富的感性经验的基础上,幼儿才能理解事物,才能对事物形成相对比较抽象概括的认识。幼儿的这种具有行动性和形象性的认知方式和认知特点,使得幼儿园课程必须以幼儿主动参与的教育性活动为其基本的存在形式和构成成分。对幼儿来讲,只有在活动中的学习才是有意义的学习,只有在直接经验基础上的学习才是理解性的学习。

32. D 【解析】本题考查福禄贝尔的教育贡献。恩物是福禄贝尔创制的一套供儿童使用的教学用品。他认为,恩物的教育价值就在于它是帮助儿童认识自然及其内在规律的重要工具。自然界的万物虽统一于上帝的精神,但在发展中又显出外在的差异性、多样性。恩物作为自然的象征,能帮助儿童由易到难,由简及繁,循序渐进地认识自然。

33. C 【解析】本题考查学前教育的目标体系。近期目标,也称短期目标,指在某一阶段内要达到的教育目标,近期目标的制定是为完成最终目标服务的,往往在月计划和周计划中体现出来。

34. A 【解析】本题考查幼儿教育的依据及目的。幼儿是教育的对象。幼儿的身心发展是幼儿教育的依据,也是幼儿教育的目的。

153

35. C 【解析】本题考查学前教育原则中的保教合一原则。保教合一的原则,也称保教结合或保教并重,指对幼儿保育和教育要给予同等的重视,并使两者相互配合。良好的工作伙伴与师生关系是实现保教合一的前提。

36. A 【解析】本题考查幼儿期的年龄特征。幼儿晚期(5~6岁)的心理特点主要包括:(1)好学、好问;(2)抽象概括能力开始发展;(3)个性初具雏形;(4)开始掌握认知方法。

37. C 【解析】本题考查思维的基本特点。思维是对事物概括的反映。思维不像感知觉那样只反映事物的个别属性或个别具体的事物,而是反映一类事物共同的本质属性,或事物之间的规律性联系。题干的描述反映了思维的概括性。

38. D 【解析】本题考查个性的基本特征。个性的稳定性是指个体的个性特征具有跨时间的持续性和跨情境的一致性。跨时间的持续性指个性在时间上具有稳定性,不会在短时间内有很大的变化。因此人们常说"三岁看大,七岁看老"。跨情境的一致性指在不同的情境下,同一个人的个性特征在一定程度上会保持不变。例如,一个内向的人,在不同场合都会表现出不爱讲话、不爱交际的行为倾向。故本题选D。

39. A 【解析】本题考查幼儿想象的特点。幼儿的想象活动主要属于无意想象,在幼儿的想象中,无意想象占主要地位,有意想象在幼儿期才开始萌芽。而无意想象实际上是一种自由联想,意识水平低,是幼儿想象的典型形式。幼儿中、晚期,在教育的影响下,随着幼儿语言的发展、经验的丰富,幼儿想象的有意性逐渐发展。

40. D 【解析】本题考查学前儿童美术欣赏活动的指导。3岁左右的幼儿开始萌发了审美心理。这时的幼儿有了审美心理结构的雏形,即对优美的形态产生审美态度,对优美事物产生偏爱,对优美物体的识别具有审美敏感性,同时有相应的美感体验。因此,教师在指导幼儿进行美术欣赏时,要注意欣赏环境的作用。在幼儿生活和受教育的场所,为幼儿创设优美的环境,使其经常感受环境中的美。幼儿园环境的设计要兼具实用性和美观性,要符合幼儿的审美趣味。故A项表述正确。

小班幼儿视觉色彩功能还没有形成,所以小班幼儿的美术欣赏应选择一些贴近幼儿生活、具有鲜明色块、季节特征明显的教学内容,这样能让幼儿亲眼看见、亲身感受、体验和表达,有助于提高幼儿的审美情趣。如:美丽的春天、秋天的水果、秋天的树叶,漂亮的糖纸、宝宝的艺术照、全家福等,都可以作为小班幼儿美术欣赏的教学内容。选项B中,美丽的班级环境、漂亮的娃娃家也可以作为小班幼儿美术欣赏的教学内容。故B项表述正确。

幼儿到了大班,欣赏内容可进一步加深,欣赏层面可以更广一些。如徐悲鸿、齐白石、毕加索、马蒂斯、凡·高等中外画家的名作,再过渡到中国的秦童面具、京剧脸谱,这些都是中国戏曲艺术中的美以及装饰性的图案美。它们不仅颜色漂亮,而且各种颜色都有不同的含义。故C项表述正确。

大班幼儿欣赏活动的目标是:(1)能欣赏感兴趣的名画、民间工艺品等,了解作品主题和简单的背景知识,并能说出自己的感受。(2)能欣赏感兴趣的幼儿作品、幼儿读物插图等,并说出自己的评价。(3)能感受作品的色调、色彩之间关系的变化及色彩情感,并说出这种情感。(4)能感受作品中形象的象征性、寓意性,以及人物形象的感情变化。(5)能感受作品的对称、均衡、韵律、和谐所形成的美感,并能引起审美联想。故D项表述不正确。

综上所述,本题选D。

(具体参看杨旭、杨白主编的《幼儿园教育活动设计与指导 综合版 第2版》)

41. D 【解析】本题考查幼儿常见的心理问题。分离焦虑是指婴幼儿因与亲人分离而引起的焦虑、不安或不愉快的情绪反应,又称离别焦虑。幼儿刚开始上幼儿园时,最易出现这种现象,俗称"入园焦虑"。

42. A 【解析】本题考查幼小衔接过程中智育的核心。在幼小衔接过程中,思维能力是智育的核心成分。

43. D 【解析】本题考查幼儿注意稳定性的发展。幼儿注意的稳定性存在年龄差异,年龄不同,注意的稳定性也不相同。实验证明:在良好的教育环境下,3岁幼儿能够集中注意3～5分钟,4岁幼儿注意可持续10分钟左右,5～6岁幼儿能集中注意15分钟左右。如果教师组织得法,5～6岁幼儿可集中注意20分钟。

44. D 【解析】本题考查提高幼儿歌唱艺术水平的方法。帮助幼儿获得清晰准确地表现内容和富于感染力地表达情感的方法主要就是教师应时时处处给幼儿做出正确的歌唱榜样。为此,教师应尽量争取有更多机会直接面对面地对着幼儿歌唱或带着幼儿歌唱,经常使用不带伴奏的清唱和稍带夸张口型的歌唱,以及随时注意自己在歌唱时情感表达的准确性和感染性。

45. C 【解析】本题考查幼儿情感的发展。道德感是因自己或别人的言行是否符合社会道德标准而引起的情感体验。中班幼儿掌握了一些概括化的道德标准,他们不但关心自己的行为是否符合道德标准,而且开始关心别人的行为是否符合道德标准,由此产生相应的情感。中班幼儿爱告状,是由道德感激发起来的一种行为。

46. A 【解析】本题考查幼儿教师的职业道德。热爱幼儿是幼儿教师职业道德的核心,是评价幼儿教师职业道德水准的重要指标。

47. D 【解析】本题考查教师与幼儿的沟通。教师与幼儿的沟通是连接师幼之间的一座永恒的友谊之桥,这座桥可以让教师少走弯路,让儿童健康发展。

48. B 【解析】本题考查全国学前教育宣传月的内容。全国学前教育宣传月是教育部举行的面向公众宣传学前教育的活动,从2012年起,教育部将5月20日至6月20日定为全国学前教育宣传月,面向全社会普及科学育儿知识。

49. D 【解析】本题考查幼儿教师的职业道德。热爱幼儿是幼儿教师职业道德的核心,是评价幼儿教师职业道德水准的重要指标。热爱幼儿是良好的师幼关系得以存在和发展的基础。作为专业的教育者,教师的爱应该是普遍而广泛的。每位幼儿都有各自不同的性格特征和学习特点,教师应该认识到这些差异的普遍存在,并充分尊重幼儿的差异,平等地对待每一位幼儿,促进他们富有个性地全面发展。

50. C 【解析】本题考查教师职业道德教育的原则。教师职业道德教育原则中的内化性原则主要与道德的自律性相联系,师德的道理虽是可教的,但师德本身却主要靠教师主体去修养。所以,在进行师德培养时,一定要注意师德规范向受教育者内心的转化,使其由外在强制转为内心信念,把教师职业道德的基本观点、原则和规范转化为自身的需要、动机和信念,自觉自愿地指导自己的行为。

二、多项选择题

题序	1	2	3	4	5
答案	ABCD	ABCD	ABD	ABCD	ABCD
题序	6	7	8	9	10
答案	ACD	AC	ACD	ABCD	ABCD

1. ABCD 【解析】本题考查教育活动的基本要素。叶澜在《教育概论》中认为教育的基本要素包括教育者与受教育者、教育内容与教育物资,其中教育者与受教育者是复合主体,教育内容是教育活动中的纯客体,教育物资是进入教育过程的各种物质资源。

2. ABCD 【解析】本题考查《教育部关于大力推进幼儿园与小学科学衔接的指导意见》的内容。《教育部关于大力推进幼儿园与小学科学衔接的指导意见》中指出,要加大综合治理力度。各级教育部门要会同有关部门持续加大对校外培训机构、小学、幼儿园违反教育规律行为的治理力度,开展专项治理。落实国家有关规定,校外培训机构不得对学前儿童违规进行培训。小学严格执行免试就近入学,严禁以各类考试、竞赛、培训成绩或证书等作为招生依据,坚持按课程标准零起点教学。幼儿园满足需要的地方,小学不得举办学前班。幼儿园不得提前教授小学课程内容,不得布置读写算家庭作业,不得设学前班,幼儿园出现大班幼儿流失的情况,应及时了解原因和去向,并向当地教育部门报告。教育部门应根据有关线索,对接收学前儿童违规开展培训的校外培训机构进行严肃查处并列入黑名单,将黑名单信息纳入全国信用信息共享平台,按有关规定实施联合惩戒。对办学行为严重违规的幼儿园和小学,追究校长、园长和有关教师的责任。

3. ABD 【解析】本题考查陶行知的学前教育思想。陶行知先生猛烈地批判旧中国幼儿教育的弊端,他针对当时幼稚园的三大弊病——外国病、花钱病和富贵病,提出要建立适合中国国情的、省钱的和平民的幼稚园。并在张宗麟、陈鹤琴的协助下,在南京郊区创办了南京燕子矶幼稚园。该园是中国第一所乡村幼稚园,也是陶行知的生活教育理论试用于幼稚教育领域的试验田。

4. ABCD 【解析】本题考查师幼关系的类型。姜勇、庞丽娟将幼儿园师幼交往分为严厉型、民主型、开放学习型、灌输型四种类型,而开放学习型是我国幼儿园师幼交往的一种特有类型。

5. ABCD 【解析】本题考查教师职业道德的外在监督。外在监督包括许多方面,如舆论监督、制度规范监督、体制监督、法纪监督等等。从监督的操作主体来看,有组织监督、群众监督。自觉接受外在监督,一是要主动把从教行为置于组织和群众监督之下。组织监督即学校及有关部门监督,群众监督包括学生监督、家长监督、同行监督等。二是在从教过程中处理各种关系时要增强透明度,如讲究程序的合理性和处理各种关系的合乎原则性,或让组织、家长、学生等直接参与,共同决定并负责等。因此,ABCD均属于外在监督手段。

6. ACD 【解析】本题考查《幼儿园教育指导纲要(试行)》的内容。《幼儿园教育指导纲要(试行)》组织与实施部分指出,教师应成为幼儿学习活动的支持者、合作者、引导者。

7. AC 【解析】本题考查学前教育的实施形式。学前教育的实施主要有两种形式:一是学前家庭教育,主要由父母或其他照看者在家庭中实施;二是学前公共教育,主要由家庭以外的社会组织机构指派专人实施。

8. ACD 【解析】本题考查幼儿教师与幼儿的沟通。B项,大声呵斥不懂事的幼儿,这样的方式没有起到解决问题的作用,反而会打击幼儿的信心和兴趣,故B项不属于教师与幼儿沟通时的正确做法。A项,蹲下与幼儿平等对话,能让幼儿感觉得到尊重,有利于教师与幼儿的沟通。C项,说话的内容接近幼儿的语言,便于幼儿理解,有利于教师与幼儿的沟通。D项,面带微笑,注意倾听。亲和的面部表情和积极的眼神接触可以增进沟通,倾听幼儿有助于理解幼儿。故ACD三项均是教师与幼儿沟通时的正确做法。

9. ABCD 【解析】本题考查《幼儿园教育指导纲要(试行)》的内容。《幼儿园教育指导纲要(试行)》教育评价部分指出,管理人员、教师、幼儿及其家长均是幼儿园教育评价工作的参与者。评价过程是各方共同参与、相互支持与合作的过程。

10. ABCD 【解析】本题考查《幼儿园工作规程》的内容。《幼儿园工作规程》第五条指出,幼儿园保育和教育的主要目标是:(1)促进幼儿身体正常发育和机能的协调发展,增强体质,促进心理健康,培养良好的生活习惯、卫生习惯和参加体育活动的兴趣。(2)发展幼儿智力,培养正确运用感官和运用语言交往的基本能力,增进对环境的认识,培养有益的兴趣和求知欲望,培养初步的动手探究能力。(3)萌发幼儿爱祖国、爱家乡、爱集体、爱劳动、爱科学的情感,培养诚实、自信、友爱、勇敢、勤学、好问、爱护公物、克服困难、讲礼貌、守纪律等良好的品德行为和习惯,以及活泼开朗的性格。(4)培养幼儿初步感受美和表现美的情趣和能力。

三、判断题

题序	1	2	3	4	5	6	7	8	9	10
答案	√	√	×	√	×	√	√	√	×	×

1. √ 【解析】本题考查学前儿童掌握科学概念的特点。学前儿童所掌握的概念,主要是日常概念,而不是科学概念。日常概念可以不经过专门教学而在日常和别人交往中或个人积累经验过程中掌握,科学概念则要经过专门教学才能掌握。

2. √ 【解析】本题考查卢梭的教育著作《爱弥儿》的内容。卢梭的《爱弥儿》是以一个假想的无忧无虑的儿童自然成长来揭示教育规律的著作。《爱弥儿》通过对假想的教育对象爱弥儿进行系统教育的过程,批判封建教育制度,提倡服从自然法则,听任人的身心自由发展的"自然教育"。

3. × 【解析】本题考查学前儿童词汇的发展。3~5岁幼儿常常自己造词,出现"造词现象"。比如,一个3岁半的孩子说:"电话这里有条子(指电线)。"一个4岁孩子说:"他在讲话,讲地下的话(指低头讲话)。"有的幼儿把一条裤子叫"一双裤子"。这是儿童词汇贫乏,词义掌握不确切时出现的一时现象。例如,幼儿能够通过视觉区别大红和粉红,但不能掌握粉红这个词,便说成"小红",或把灰色说成"小黑",当幼儿确切掌握了有关的词义后,他就不会出现这种错误了。

4. √ 【解析】本题考查幼儿园环境创设的原则。安全性原则是幼儿园环境创设的首要基本原则。安全性原则主要是指幼儿园的园舍建筑、设施设备、活动场地、玩具等有形的物质条件和园所的制度、文化、人际氛围、幼儿的言行举止等隐形的精神条件必须要符合国家颁布的卫生标准、安全标准和幼儿园教师专业标准,对幼儿的身体或心理没有危险和安全隐患,不造成幼儿的畸形发展。因此,幼儿园环境创设过程中不宜种植水仙、夹竹桃等有毒的植物。

5. × 【解析】本题考查安徒生的童话作品。《卖火柴的小女孩》《丑小鸭》是丹麦童话作家安徒生创作的童话作品。《青蛙王子》是德国作家格林兄弟创作的童话,选自《格林童话》。

6. √ 【解析】本题考查混龄班的优势。混龄班中的儿童年龄各不相同,决定了其大多数教育必须个别化。教师要仔细观察每个孩子的不同特点,从而制定出具有针对性的教育方案,因人而异、循序渐进地进行教育,这可以使每个儿童发挥自己的潜力,在原有水平上获得发展。同时,混龄班的生活、游戏、学习等各种不同的环节有多种组织形式。一般来说,在生活环节上,更多地以混龄进行;但是在学习环节上,除了混龄进行以外,也有根据不同的能力、爱好进行自由地组合。这种组合方式需要教师进行个别化的教育。因此,混龄教育在客观上促进了开放式个别化教育的实施,提高了教师的教育教学水平。

7. √ 【解析】本题考查注意的概念。注意是心理活动对一定对象的指向和集中,是人的心理活动的一种能动的、积极的状态。

8.√ 【解析】本题考查《3~6岁儿童学习与发展指南》的内容。《3~6岁儿童学习与发展指南》健康领域的教育建议指出,要保证幼儿的户外活动时间,提高幼儿适应季节变化的能力。幼儿每天的户外活动时间一般不少于两小时,其中体育活动时间不少于1小时,季节交替时要坚持。

9.× 【解析】本题考查幼儿园活动区的内容。建构区被誉为"塑造工程师"的地方,幼儿在变化多样的建构活动中,不仅获得了大小、高矮、长短、厚薄、轻重、对称、平衡、方位等概念,同时能锻炼幼儿动作的协调性、准确性,促进幼儿想象力、创造力的发展,满足幼儿的心理需要。

10.× 【解析】本题考查依恋的类型。根据儿童和依恋对象的关系密切程度、交往质量不同,儿童的依恋存在不同的类型。一般情况下,可将儿童的依恋行为分为三种类型:(1)回避型,这类儿童约占20%;(2)安全型,这类儿童约占65%~70%;(3)反抗型,这类儿童占10%~15%。故题干表述错误。

四、论述题(参考答案)

试论述教师如何实现与幼儿有效沟通。

幼儿园教师要实现与幼儿的有效沟通,需要具备相应的知识与能力,包括教育学、心理学、卫生学等方面的知识,以及观察力、沟通力、组织小组活动、指导游戏、指导幼儿行为、评价教育活动的能力等。其中,沟通能力在幼儿教育过程中尤为重要。

(1)教师与幼儿沟通主要有两个方面,非言语沟通与言语沟通。

①非言语沟通包括教师通过微笑、点头、抚摸、蹲下与幼儿交流等。教师与幼儿的身体接触有利于安抚幼儿的情绪,让幼儿消除紧张感,感到温暖、安全。

②言语沟通是指教师和幼儿直接交谈。个别或小组中的交谈是与幼儿分享情感,和幼儿进行心灵交汇的重要途径。它需要教师在抓住机会、选择话题、引发和延续谈话、激发和幼儿谈话的兴趣和积极性等环节上,具有灵活机智的策略、丰富的经验技巧。教师与幼儿之间平等地、民主地交流,并且面向全体幼儿,这样才可以取得较好的效果。

(2)幼儿园教师要与幼儿实现有效沟通,除教师要与幼儿平等交流外,还需要掌握一些技能。

①引发交谈的技能。善于敏锐地抓住时机,创造气氛,发现幼儿感兴趣的话题,将幼儿自然地引入交谈之中;或者善于用多种方法引起幼儿对某个特定话题的兴趣。

②倾听的技能。用恰当的言语或非言语方式热情地接纳和鼓励幼儿谈话、提问,让幼儿产生"老师很喜欢听我说""老师觉得我的问题很有意思"的喜悦感和自信心,并相信老师是自己随时可以交谈的对象。

③扩展谈话的技能。用幼儿能够理解的方式向幼儿提供适宜的信息、词汇或问题,引导幼儿把谈话延续、深入下去。

④面向全体、注意差异、有针对性的谈话技能。如注意激发那些沉默寡言或说话不清的幼儿的说话积极性,耐心地倾听,尽量多地鼓励;根据幼儿的特点使用不同的话题、方式、词汇、语速等有效地刺激幼儿交谈。

⑤结束交谈的技能。适时地结束谈话,让幼儿表现出满足感。即使由于时间或别的原因必须要结束谈话,也要让幼儿感到老师很想听他讲,可惜没时间了,回头还有机会。

(共10分。完全正确得10分;答出"言语沟通和非言语沟通,掌握教师与幼儿沟通的技巧"等关键词得4分,具体阐述6分)

五、活动设计题(参考答案)

(一)设计思路

通过小组互动,激发幼儿主动正确洗手的意愿,并逐渐养成好习惯。

(二)活动名称

洗手达人(小班)

(三)活动目标

(1)了解洗手的常用工具,初步掌握正确的洗手方法;

(2)按照正确的洗手步骤洗手,合理使用肥皂或洗手液;

(3)养成饭前、便后、手脏时洗手的习惯。

(四)活动准备

(1)已有经验准备:知道手脏了后要洗手。

(2)材料准备:《洗手步骤》课件、水龙头图片、肥皂或洗手液、毛巾。

(五)活动过程

1. 开始部分:情景导入

师:"请大家想一想,手脏了怎么办呢?"

(教师鼓励幼儿说一说自己平常是怎么洗手的,并简单演示)

2. 基本环节

(1)了解洗手用具

师:小朋友们,我们会用什么东西洗手?

(肥皂、洗手液、毛巾、干净水等)

教师逐一出示肥皂、水龙头图片、毛巾,并引导幼儿说"用肥皂,搓搓手""干净水,冲冲手""小毛巾,擦擦手"。

(教师念儿歌,并加上相应动作,请幼儿模仿)

(2)了解洗手步骤

教师播放课件《洗手步骤》,让幼儿了解洗手的步骤。

师:小朋友们跟着老师一起进行洗手动作的学习。

(请幼儿边念儿歌边洗手)

(3)体验活动:洗洗手

①教师带领幼儿到洗手池处,请一名幼儿按照教师刚才的方法试一试,请其他幼儿来做小裁判,看他做的对不对。

②幼儿分组进行洗手体验活动,教师巡回指导。

3. 结束

小结:我们在饭前、便后、手脏时都要洗手,这样可以防止传染病。所以,我们以后要用正确的洗手方法,将我们的小手洗得干干净净。

4. 活动延伸

(1)请幼儿回去观察自己家人的洗手方式,提醒家人用正确的方法洗手。

(2)在日常生活中随机教育,提醒幼儿饭前、便后洗手并坚持使用正确的方法。

评分标准参考如下：
(1)设计思路(共1分。思路清晰,幼儿可操作1分)
(2)活动名称(共1分。名称符合小班幼儿的特点1分)
(3)活动目标(共1分。目标符合幼儿发展的特点1分)
(4)活动准备(共1分。若在具体活动过程中用到但在活动准备环节没有体现扣0.5分)
(5)活动过程(共13分。①选择能吸引幼儿注意力的导入方式2分,若导入方式不能充分引发幼儿的兴趣,在不偏离主题的情况下可酌情给1分;②活动过程步骤清晰、注重幼儿主动探究10分,写出大致活动过程,在不偏离主题的情况下可酌情给6~8分;③结束环节能让幼儿保持愉快情绪并强化活动效果1分)

2023年福建省教师招聘考试教育综合知识幼儿园真题试卷(五)

一、单项选择题

题序	1	2	3	4	5	6	7
答案	C	B	A	C	B	D	D
题序	8	9	10	11	12	13	14
答案	A	D	A	A	C	D	A
题序	15	16	17	18	19	20	21
答案	D	B	C	D	B	B	C
题序	22	23	24	25	26	27	28
答案	C	B	C	B	D	B	A
题序	29	30	31	32	33	34	35
答案	C	C	D	D	A	B	A

1. C 【解析】本题考查时事政治。2022年10月16日,中国共产党第二十次全国代表大会在北京人民大会堂开幕。习近平总书记代表第十九届中央委员会向大会作了题为《高举中国特色社会主义伟大旗帜 为全面建设社会主义现代化国家而团结奋斗》的报告。习近平指出,中国共产党第二十次全国代表大会,是在全党全国各族人民迈上全面建设社会主义现代化国家新征程、向第二个百年奋斗目标进军的关键时刻召开的一次十分重要的大会。大会的主题是:高举中国特色社会主义伟大旗帜,全面贯彻新时代中国特色社会主义思想,弘扬伟大建党精神,自信自强、守正创新,踔厉奋发、勇毅前行,为全面建设社会主义现代化国家、全面推进中华民族伟大复兴而团结奋斗。

2. B 【解析】本题考查时事政治。2022年6月5日7时54分,神舟十四号载人飞行任务航天员乘组出征仪式在酒泉卫星发射中心问天阁广场举行,航天员陈冬、刘洋、蔡旭哲领命出征。

3. A 【解析】本题考查时事政治。2022年6月17日上午,我国第三艘航空母舰下水命名仪式在中国船舶集团有限公司江南造船厂举行。经中央军委批准,我国第三艘航空母舰命名为"中国人民解放军海军福建舰",舷号为"18"。

4. C 【解析】本题考查时事政治。2022年10月30日,中华人民共和国第十三届全国人民代表大会常务委员会第三十七次会议通过《中华人民共和国黄河保护法》。《中华人民共和国黄河保护法》是为了加强黄河流域生态环境保护,保障黄河安澜,推进水资源节约集约利用,推动高质量发展,保护传承弘扬黄河文化,实现人与自然和谐共生、中华民族永续发展,制定的法律。

5. B 【解析】本题考查时事政治。2022年12月20日,装机规模全球第二大水电站——白鹤滩水电站最后一台机组顺利完成72小时试运行,正式投产发电。至此,白鹤滩水电站16台百万千瓦水轮发电机组全部投产发电,标志着我国在长江之上全面建成世界最大清洁能源走廊。

6. D 【解析】本题考查时事政治。2022年国际足联世界杯是第22届国际足联世界杯,又称2022年卡塔尔世界杯,该届赛事于2022年11月20日至12月18日在卡塔尔境内8座球场举行,是历史上首次在卡塔尔和中东国家境内举行、也是第二次在亚洲举行的世界杯足球赛,卡塔尔世界杯还是首次在北半球冬季举行、首次由从未进过世界杯决赛圈的国家举办的世界杯足球赛。

7. D 【解析】本题考查时事政治。2022年11月29日晚,我国申报的"中国传统制茶技艺及其相关习俗"在摩洛哥拉巴特召开的联合国教科文组织保护非物质文化遗产政府间委员会第17届常会上通过评审,列入联合国教科文组织人类非物质文化遗产代表作名录。

8. A 【解析】本题考查《幼儿园教师违反职业道德行为处理办法》的内容。《幼儿园教师违反职业道德行为处理办法》第七条指出,警告和记过处分,公办幼儿园教师由所在幼儿园提出建议,幼儿园主管部门决定。民办幼儿园教师由所在幼儿园提出建议,幼儿园举办者做出决定,并报主管部门备案。

9. D 【解析】本题考查《中华人民共和国教师法》的内容。《中华人民共和国教师法》第七条指出,教师享有下列权利:(1)进行教育教学活动,开展教育教学改革和实验;(2)从事科学研究、学术交流,参加专业的学术团体,在学术活动中充分发表意见;(3)指导学生的学习和发展,评定学生的品行和学业成绩;(4)按时获取工资报酬,享受国家规定的福利待遇以及寒暑假期的带薪休假;(5)对学校教育教学、管理工作和教育行政部门的工作提出意见和建议,通过教职工代表大会或者其他形式,参与学校的民主管理;(6)参加进修或者其他方式的培训。上述六条分别对应的是教师的教育教学权、科学研究权、指导评价权、获取报酬权、民主管理权和进修培训权。故本题选D。

10. A 【解析】本题考查《中华人民共和国教师法》的内容。《中华人民共和国教师法》第三十七条指出,教师有下列情形之一的,由所在学校、其他教育机构或者教育行政部门给予行政处分或者解聘:(1)故意不完成教育教学任务给教育教学工作造成损失的;(2)体罚学生,经教育不改的;(3)品行不良、侮辱学生,影响恶劣的。教师有前款第(2)项、第(3)项所列情形之一,情节严重,构成犯罪的,依法追究刑事责任。

11. A 【解析】本题考查《幼儿园管理条例》的内容。《幼儿园管理条例》第二十四条规定,幼儿园可以依据本省、自治区、直辖市人民政府制定的收费标准,向幼儿家长收取保育费、教育费。幼儿园应当加强财务管理,合理使用各项经费,任何单位和个人不得克扣、挪用幼儿园经费。

12. C 【解析】本题考查《中华人民共和国家庭教育促进法》的内容。《中华人民共和国家庭教育促进法》第四十八条规定,未成年人住所地的居民委员会、村民委员会、妇女联合会,未成年人的父母或者其他监护人所在单位,以及中小学校、幼儿园等有关密切接触未成年人的单位,发现父母或者其他监护人拒绝、怠于履行家庭教育责任,或者非法阻碍其他监护人实施家庭教育的,应当予以批评教育、劝诫制止,必要时督促其接受家庭教育指导。

13. D 【解析】本题考查张雪门的教育思想。张雪门提出:"课程是什么?课程是经验,是人类的经验。

用最经济的手段,按有组织的调制,用各种的方法,以引起孩子的反应和活动。"同时明确指出:"幼稚园的课程是什么?这是给三足岁到六足岁的孩子所能够做而且欢喜做的经验的预备。"1966年他出版了《增订幼稚园行为课程》一书,明确提出行为课程的概念。他说:"生活就是教育,五六岁的孩子们在幼稚园生活的实践,就是行为课程。"

14. A 【解析】本题考查杜威的教育思想。在怎样对儿童进行教育的问题上,杜威批判了传统教育的做法,提出了"从做中学"的基本原则。杜威所说的"从做中学",实际上也就是"从活动中学""从经验中学"。他认为,儿童应该从自身的活动中进行学习,教学应该从学生的经验和活动出发。

15. D 【解析】本题考查开展幼小衔接工作的原则。幼儿园和小学教育机构要建立平等合作关系。幼小衔接,不是"谁向谁单方面靠拢"的问题,而应是双向衔接。幼儿园与小学应从促进儿童身心持续发展的角度出发,围绕共同的教育目标,充分发挥各自的主动性,建立互相学习、互相支持的平等合作关系,共同做好学前教育与小学教育的衔接工作。故本题选D。

16. B 【解析】本题考查幼小衔接的主要任务。促进幼儿入学的身心适应即帮助幼儿做好身体和心理两方面的适应。身体适应,即让儿童在身体素质方面适应小学的生活和学习。心理适应,即帮助儿童在心理方面做好入小学的积极准备。题干中,教师制定跳绳、拍球等运动计划并让幼儿坚持打卡有助于促进幼儿入学的身体适应。教师与幼儿共同创设"我要上小学"的主题墙,可以使幼儿提前了解小学校园,有利于激发幼儿良好的入学动机,促进幼儿入学的心理适应。故本题选B。

17. C 【解析】本题考查儿童观。儿童是完整的个体,是有自己思想、情感、个性的完整的人。从心理学的角度来说,儿童在认知、情感、意志及个性方面都需要得到全面发展。从社会学的角度来说,儿童具有独立完整的社会地位,他一出生,就是社会的成员,享有社会赋予他的各种权利。随着年龄的增长,儿童也要承担一定义务,因此,儿童是完整的社会人。从发展的角度来说,儿童应当在德、智、体、美等各方面得到充分的发展,任何方面都不能偏废。题干中,教师设计"主题活动网络"时,涉及健康、语言、社会、科学、艺术五个领域的内容,促进幼儿情感、态度、能力、知识、技能等方面的发展。这种做法是将各领域的教学内容整合为一体,促进儿童整体的发展。因此,这体现了教师的儿童观是"儿童是整体发展的个体"。

18. D 【解析】本题考查学前教育的原则。正面性原则是指,幼儿处在人生起步的阶段,是非的判断和辨别能力弱,而好奇心和模仿力又特别强,所以外加的影响力会在他们身上表现得特别突出。因此,在教学活动过程中教师需要多给予正面的榜样和示范,以免误导孩子,与教师原有的目标背道而驰。例如有位教师在教育小班孩子爱护树木时,播放了一段"小朋友乱折树枝、乱摘花朵"的录像,孩子们一个个看得目不转睛,结果,之后所有的谈话都围绕着如何破坏树木的行为展开了,不仅违背了本活动的宗旨,甚至还可能给孩子们带来反面的示范作用。题干中,教师提出"衣服折放好,闭上眼和嘴,安静睡好觉"的午睡要求,体现了学前教育的正面性原则。

19. B 【解析】本题考查教师的劳动特点。示范性是指在教育过程中教师用自己的思想、观点、学识和言行,通过示范的方式直接对其教育对象施加影响,从而使儿童在知识水平、智力水平和道德水平等方面都有所发展。教师不仅是幼儿的知识传授者,更是他们的榜样和引路人。通过向幼儿展示正确的行为和态度,教师能够在幼儿心中树立正确的价值观念和行为模式,帮助幼儿更好地发展自己各方面的能力。题干中的陈老师通过图示来展示解决同伴间矛盾的方法,这是一种非常直观的示范,使得幼儿能够更清晰、更具体地理解和掌握这个技能。所以,陈老师的教育行为具有示范性。

20. B　【解析】本题考查小班结构游戏的特点。小班幼儿经历了从"非建构活动"到"建构活动"的时期。最初,幼儿只是初步摆弄或取放积木。随着认知发展水平的提高,以及对建构材料的熟悉,幼儿开始利用积木垒高,即"盖高楼",将一块又一块的积木重叠堆砌在同一个底座。除垒高外,平铺也是小班幼儿常见的建构方式,幼儿把积木一块一块前后或者左右水平平放在地板上。故本题选B。

随着建构技能的发展,中班幼儿大多开始掌握架空、围合、模式等建构技能,并能将多种建构技能组合使用,搭建出复杂的建构物体。架空是指用一块建构材料盖在相互之间有一定距离的两块建构材料之上,从而把两块建构材料连接起来。围合是指幼儿用积木等建构材料围合空间,使里外不通,将一块空间完全地包围在材料里面。模式是指将材料按照一定的方式排放在一起。比如,在一块红积木之后放两块绿色的积木,不断重复这种组合。大班幼儿的建构技能有很大程度的提升,他们能综合运用垒高、架空、围合、排列与组合等,搭出有场景、有情节的水平较高的建筑群,架构作品大多呈立体结构。因此,ACD三个选项不符合题意,排除。(具体内容参看曹中平、韦丹、蔡铭烨主编的《幼儿园游戏指导》)

21. C　【解析】本题考查幼儿游戏的分类。音乐游戏是指幼儿在歌曲或乐曲伴奏下进行的游戏。它是一种有规则的游戏,是以发展幼儿的音乐能力为目标的一种游戏活动。题干中,幼儿玩"聪明的孩子和笨老狼"游戏,要求听到音乐重音时,"笨老狼"向后转头,"聪明的孩子"即刻静止。该游戏是伴随音乐开展的,并具有一定的规则,属于音乐游戏。

22. C　【解析】本题考查教师介入幼儿游戏的方式。交叉式介入是指,当幼儿认为教师有参与的需要或教师认为有指导的必要时,由幼儿邀请教师作为游戏中的某一角色或教师自己扮演一个角色进入幼儿的游戏,教师通过与幼儿角色间的互动,起到指导幼儿游戏的作用。题干中,教师询问幼儿:"你们搭建的楼房怎么有这么多缺口?"于是幼儿开始"补墙",体现的是交叉式介入。故本题选C。A项,平行式介入是指教师在幼儿附近和幼儿玩相同或不同材料的游戏,目的在于引导幼儿模仿,教师起着示范指导的作用,这种指导是隐性的。B项,垂直式介入是指幼儿游戏出现严重违反规则或攻击性等危险时,教师直接介入游戏,对幼儿的行为进行直接干预,这时幼儿教师的指导是显性的。D项,合作式介入是指教师加入幼儿正在进行的游戏,并让幼儿学会掌控游戏的进程。

23. B　【解析】本题考查环境创设的原则。幼儿参与性原则是指环境的创设过程是幼儿与教师共同合作、共同参与的过程。题干中,师幼共同设置活动区域,商定规则,收集材料,遵循了环境创设的幼儿参与性原则。故本题选B。A项,开放性原则是指创设幼儿园环境时应把大、小环境有机结合,形成开放的幼儿教育系统。通过大小环境的配合,主要是与家庭、社区的合作,互相取长补短,同心协力,在一个开放的系统中,去培养适合新时代要求的幼儿。C项,动态性原则强调幼儿园环境创设是一项持续性的活动,在活动空间、内容、材料、规则等方面都应随幼儿的发展和教育活动的变化而变化。D项,发展适宜性原则是指幼儿园环境创设要符合幼儿的年龄特征及身心健康发展的需要,促进每个幼儿全面、和谐地发展。

24. C　【解析】本题考查家长资源的开发和利用。家长资源的利用要遵循经济原则,经济原则即实惠原则,是指在强调幼儿园利用家长资源的时候,不要增加幼儿家庭的经济负担。A、D两个选项违背了该原则,因此这两个选项不是开发和利用家长资源的适宜方式。幼儿园教育是需要专业知识和技能的,家长可能没有受过相关的教育和培训,因此可能不具备作为教师的必要素质和技能。此外不同家长的时间、能力和投入都不同,这可能会导致幼儿接受到的教育质量不均。故B项轮流当助教不是开发和利用家长资源的适宜方式。亲子完成调查表需要家长和孩子一起完成任务,这样可以提高家长的责任感和参与感,也有助于建立家庭和学校之间的良好合作关系。通过亲子调查表，教师也可以收集到家庭的相关信息，了解幼儿的家庭背景，这对于教师理解幼儿的行为和需求，提供个性化的教育有很大帮助。故C项亲子完成调查表是较适宜的开发和利用家长资源的方式。

25. B 【解析】本题考查幼儿园教师专业发展的途径。教育实践反思是教师在先进的教育理论指导下不断地对自己的教育实践各环节和教育实践中获得的认识和经验进行回顾、分析和总结，积极探索与解决教育实践中的问题，努力提升教育实践的科学性、合理性，并使自己在专业上逐渐成长的过程。题干中，新老师小李对体育活动"趣夺手环"进行回顾、分析与总结，这种行为属于实践反思，故本题选B。

26. D 【解析】本题考查幼儿思维的培养。A、B、C三个选项属于回忆式提问，这是低层次的提问，目的主要是让幼儿回忆过去已有的经验和知识。这类提问能帮助幼儿恢复和保持曾经获取的基本知识，它是幼儿完成较高水平的提问的必要基础。这类简单的回忆提问，只宜在必要时穿插在其他多种形式提问中配合使用，不宜过多依赖它，这种提问容易妨碍幼儿思维能力的发展。D项的提问方式需要让幼儿通过分析故事后做出回答，这种提问可以较好发展幼儿的思维能力，有助于幼儿积极思考问题。

27. B 【解析】本题考查研究儿童依恋类型的实验。美国心理学家安斯沃斯及其同事运用陌生情境实验研究儿童的依恋。在陌生情境研究中观察孩子与其母亲的相互作用，在标准程序的第一步，儿童被带进一个有很多玩具的陌生房间，在母亲在场的情况下，儿童被鼓励去探索房间和使用玩具。几分钟后，一个陌生人走进屋和母亲交谈，并接近这个儿童。接着，母亲离开房间。经过短暂分离后，母亲返回，与儿童在一起，陌生人离开。观察孩子在这些场景中的表现，发现儿童依恋有着不同的类型。故B项正确。

A项，美国心理学家哈洛曾经做过一个著名的"恒河猴"实验。将刚出生的恒河猴与母猴脱离，单独将它关在笼子里。笼子里装有两个机器人"代理妈妈"：一个用铁丝编成，无覆盖物，身上装有奶瓶；另一个用绒布做成，身上不装奶瓶。小恒河猴感到饥饿时才在铁丝妈妈身上吃奶，大多数时间小猴都待在绒布妈妈身上。实验发现，小猴不仅需要食物，还有一种先天的需要，那就是与母亲亲密的身体接触。哈洛称之为"接触安慰"，从这个实验推断人类婴儿也具有接触安慰的先天需要。

C项，美国斯坦福大学心理学教授沃尔特·米歇尔用"延迟满足"实验来研究幼儿的自我控制。实验者发给被试儿童每人一颗好吃的软糖，同时告诉孩子们如果马上吃，只能吃一颗，如果等15分钟后再吃，就能吃两颗。实验表明，三分之二的孩子不能坚持到15分钟。

D项，加拿大心理学家贝克斯顿等进行了"感觉剥夺"实验。感觉剥夺是指将志愿者和外界环境刺激高度隔绝的特殊状态。该实验用以验证感觉获取一定信息对人类维持正常的心理活动的重要性。

28. A 【解析】本题考查儿童心理研究的主要方法。观察法是通过有目的、有计划地观察幼儿在日常生活、游戏、学习和劳动过程中的表现，包括其言语、表情和行为，并根据观察结果分析幼儿心理发展的规律和特征的方法。题干中，为了解中二班幼儿语言发展特点，研究者深入该班级，详细记录幼儿的语言情况，体现了观察法的运用。

29. C 【解析】本题考查感知觉的分类。知觉是人脑对直接作用于感觉器官的客观事物的整体属性的反映。根据知觉过程中起主导作用的感觉器官活动，可以把知觉分为视知觉、听知觉、味知觉、嗅知觉和触知觉等。其中，视知觉是更进一步地从眼球接收器官接收到视觉刺激后，一路传导到大脑接收和辨识的过程。题干中，幼儿看到花的颜色，说明其接收到的是视觉刺激；知道这是一朵花，说明幼儿能够对刺激物进行整体的辨识，这是对客观事物的整体属性的反映。因此这种心理现象属于视知觉。故本题选C。

A、B两个选项"嗅觉"和"视觉"体现的是感觉。感觉是人脑对直接作用于感觉器官的客观事物的个别属性的反映。如看到颜色、闻到气味等。与题干不符,排除。

D选项"嗅知觉"在题干中未体现,也排除。

30. C【解析】本题考查记忆的类型。机械记忆是指根据事物的外部联系或者表现形式,主要依靠机械重复的方式而进行的记忆。采用机械记忆的材料一般有两种情况。一是材料本身有意义,但由于太过深奥、抽象,识记者一时难以理解,只能用机械重复的方式去记忆;二是材料本身并无任何联系,只能靠机械记忆来记住。与成人相比较,儿童常常运用机械记忆,他们反复背诵一些自己并不了解的材料,显得不是那么困难。题干中,桦桦不理解《三字经》,但也能背诵,这种记忆属于机械记忆。故本题选C。

形象记忆是指个人以感知过的事物的具体形象为内容的记忆。因此,A项与题干不符,排除。

意义记忆指在对材料内容理解的基础上,通过材料的内在联系或者新旧知识、经验之间的联系而进行的记忆。意义记忆也叫理解记忆或逻辑记忆。因此,B、D两项也与题干不符,排除。

31. D【解析】本题考查幼儿想象发展的特点。幼儿时期,常将想象的东西和现实进行混淆,表现在三个方面:(1)把渴望得到的东西说成已经得到。(2)把希望发生的事情当成已发生的事情来描述。(3)在参加游戏或欣赏文艺作品时,往往身临其境,与角色产生同样的情绪反应。题干中,乐乐看到孙悟空大闹天宫的电视剧后对同伴说:"我昨天去天宫玩了。"说明乐乐在欣赏文艺作品时,身临其境,与角色产生了同样的情绪反应。这是想象与现实混淆的表现。故本题选D。

32. D【解析】本题考查思维的含义。思维是人脑对客观现实的间接的和概括的反映,是人认知的高级阶段。思维具有两个特征,分别是间接性和概括性。思维的间接性是指人能凭借已有的知识经验或其他事物,理解和把握那些没有直接感知或根本不可能直接感知的事物、事物之间的关系以及事物发展的进程。思维的概括性是指将同一类事物的共同的本质特征以及事物之间的联系和关系抽取出来,加以概括,得出结论。思维的间接性和概括性是相互联系的。人之所以能够间接地反映事物,是因为人有概括性的知识经验,而人的知识经验越概括,就越能间接地反映客观事物。题干中,幼儿看到池塘里的荷叶绿了,就知道夏天要来了,这是在对夏天的特征进行概括的基础上,间接地推断出来的。因此体现的心理现象是思维。故本题选D。

33. A【解析】本题考查学前儿童的人际关系。亲子关系,也叫作亲子交往,是指父母与子女的关系,也可以包含隔代亲人的关系。狭义的亲子关系是指幼儿早期与父母的情感联系,即依恋。它是儿童早期生活中最主要的社会关系,对于儿童个性的发展具有不可替代的作用。

34. B【解析】本题考查幼儿言语的分类。幼儿时期的内部言语在发展过程中,常出现一种介乎外部言语和内部言语的过渡形式,即出声的自言自语。这种自言自语有两种形式,一种是"游戏言语";另一种是问题言语。其中,游戏言语是一种在游戏、绘画活动中出现的言语。这种言语的特点是比较完整、详细,有丰富的情感和表现力。题干中,幼儿一边搭积木,一边说话,属于游戏言语。故本题选B。

A项,问题言语是比较简单、零碎的,在行动中遇到困难或问题时出现,是表现困惑、怀疑、惊奇的言语。

C项,独白言语是个人独自进行的,与叙述思想、情感相联系的、较长而连贯的言语,如报告、演讲等,独白言语属于外部言语。

D项,连贯言语的特点是句子完整,前后连贯,能够反映完整而详细的思想内容,使听者从言语本身就能理解所讲述的意思。

165

35. A 【解析】本题考查强化的分类。正强化也称积极强化,是通过呈现想要的愉快刺激来增强反应频率,如儿童做对了某件事后得到成人的物质奖励或表扬。题干中,贝贝帮助同伴铺"青石小路",老师表扬她助人为乐,这种教育行为属于正强化。故本题选A。

B项,负强化也称消极强化,是通过消除或中止厌恶、不愉快的刺激来增强反应频率,如儿童因有改正错误行为的表现,所以家长取消了限制儿童看电视的禁令。

C项,替代强化是指观察者通过观察他人行为所带来的后果而受到强化。如幼儿看到同伴因讲礼貌而受到表扬时,就会增强其产生同样行为的倾向。

D项,自我强化是指观察者根据自己设立的标准来评价自己的行为,从而对自身行为发挥自我调整的作用。例如,幼儿因上课认真听讲,放学后自己奖励自己一颗糖果。

二、判断选择题

题序	36	37	38	39	40	41	42	43
答案	B	B	A	A	B	B	A	B
题序	44	45	46	47	48	49	50	
答案	A	A	B	A	A	B	A	

36. B 【解析】本题考查《幼儿园工作规程》的内容。《幼儿园工作规程》第十三条规定,入园幼儿应当由监护人或者其委托的成年人接送。故题干表述错误。

37. B 【解析】本题考查《中华人民共和国教育法》的内容。《中华人民共和国教育法》第二十六条规定:"国家制定教育发展规划,并举办学校及其他教育机构。国家鼓励企业事业组织、社会团体、其他社会组织及公民个人依法举办学校及其他教育机构。国家举办学校及其他教育机构,应当坚持勤俭节约的原则。以财政性经费、捐赠资产举办或者参与举办的学校及其他教育机构不得设立为营利性组织。"因此,符合相关规定的幼儿园不得设立为营利性组织,并非针对所有幼儿园,故题干表述错误。

38. A 【解析】本题考查《中华人民共和国家庭教育促进法》的内容。《中华人民共和国家庭教育促进法》第十九条指出,未成年人的父母或者其他监护人应当与中小学校、幼儿园、婴幼儿照护服务机构、社区密切配合,积极参加其提供的公益性家庭教育指导和实践活动,共同促进未成年人健康成长。

39. A 【解析】本题考查《中华人民共和国未成年人保护法》的内容。《中华人民共和国未成年人保护法》第七十四条规定,网络产品和服务提供者不得向未成年人提供诱导其沉迷的产品和服务。网络游戏、网络直播、网络音视频、网络社交等网络服务提供者应当针对未成年人使用其服务设置相应的时间管理、权限管理、消费管理等功能。以未成年人为服务对象的在线教育网络产品和服务,不得插入网络游戏链接,不得推送广告等与教学无关的信息。

40. B 【解析】本题考查性格与气质的区别。性格是指表现在人对现实的态度和惯常的行为方式中的比较稳定的心理特征。气质是个人心理活动的稳定的动力特征。性格与气质同属于个性心理特征,但它们之间有着严格的区别:(1)两者表现个性特征的角度不同。性格是从个体对待现实的态度和行为方式方面来表现其个性特征;而气质则是从心理活动的速度、稳定性与灵活性、强度与平衡性及趋向性等方面来表现个性差异的。(2)两者可塑性程度不同。气质较多地受制于生物学因素,体现着高级神经活动类型的自然表现,可塑性较小,变化较缓慢;而性格是后天形成的,由现实生活经历与个人实践决定,可塑性较大,虽然相对稳定,但较易改变。(3)两者的社会意义不同。气质所表现的只是心理活动特征,无好坏之分;而性格则直接体现于社会生活之中,具有社会内容与社会意义,本身具有社会评价的好坏之分。

41. B 【解析】本题考查学前儿童自我意识的发展。儿童在2~3岁的时候,掌握代名词"我",是儿童自我意识萌芽的最重要标志。这个年龄的孩子经常说"我的",开始不让别人动自己的东西。经过一段时间以后,孩子逐渐会较准确地使用"我"这个词来表达自己的愿望。这时可以说儿童的自我意识产生了。

42. A 【解析】本题考查幼儿亲社会行为的发展。亲社会行为又称为积极的社会行为,指一个人帮助或打算帮助他人,做有益于他人的事的行为和倾向。儿童的亲社会行为主要有:同情、关心、分享、合作、谦让、帮助、抚慰等。亲社会行为的发展是幼儿道德发展的核心问题。

43. B 【解析】本题考查幼儿园课程的评价。幼儿园课程评价不能以区分评价对象的优劣为目的,重视评价的等级鉴定的功能,而应以诊断和改进幼儿园课程、促进教育活动的参与者(尤其是幼儿与教师)在原有基础上得到发展为最终目的。因此,幼儿园应树立促进幼儿园课程不断改进与提高的评价理念,实施以发展为导向的课程评价。

44. A 【解析】本题考查一日生活过渡环节的组织。幼儿一日生活的过渡环节是促使幼儿发生自发游戏活动的好时机。在幼儿园一日生活的过渡环节中,为了减少幼儿的消极等待,教师可以给幼儿自选游戏的时间。例如幼儿玩自带玩具或者进活动区游戏等。(具体内容参看韩雪梅主编的《幼儿园游戏》)

45. A 【解析】本题考查教师对幼儿游戏的指导。教育者只有认真地观察儿童游戏,才能有力地支持儿童游戏,正确地评价游戏。对儿童游戏的观察可以这样进行:观察儿童的游戏兴趣与需要,了解儿童的认知水平、个性特点、动作技能、社交能力等,及时提供儿童所需要的帮助,必要时可参与儿童的游戏,以儿童游戏伙伴的身份支持儿童的游戏。题干中,"火锅店"游戏的顾客越来越少,游戏无法进行,刘老师便以顾客身份和幼儿一起增添食物种类、开展销售活动,这是刘老师在观察的基础上,对幼儿游戏进行的支持,故题干表述正确。

46. B 【解析】本题考查区域活动的形式。区域活动不仅仅是教学活动的延伸,它主要有三种方式:作为分组教学的区域活动;作为集体教学延伸的区域活动;作为自由活动的区域活动。在作为分组教学的区域活动中,教师重点指导某几个区域儿童的学习,其余儿童在其他区域做自己最喜欢做的事;作为集体教学活动延伸部分的区域活动,主要目的是弥补集体教学活动不能满足所有儿童需要的不足,通过区域活动与集体教学的相互配合,共同促进儿童的发展;而作为自由活动的区域活动则是儿童完全按照自己的兴趣、爱好选择活动,自主游戏的原生态活动。因此,区域活动仅仅是教学活动的延伸,这种说法是错误的。

47. A 【解析】本题考查陈鹤琴的教育实践。1923年春,由东南大学教授陈鹤琴在自家客厅创办南京鼓楼幼稚园。同年秋,得东大教育科之辅助,聘请东大幼稚教育讲师卢爱林女士为指导员,甘梦丹女士为教师,该园便成为东南大学教育科的实验园地,我国第一个幼教实验中心。1925年派毕业生张宗麟为研究员,协助陈鹤琴进行实验研究。该园创办的主旨是:试验中国化的幼稚教育,并以试验所得供全国采用。

48. A 【解析】本题考查王守仁的教育思想。王守仁关于儿童教育的论述,是其整个教育思想的精华,它不仅当时在反对传统教育方面具有明显的积极意义,而且在很大程度上符合儿童教育的规律,与近代进步的教育学说有较多吻合的地方,尤其是他的"自然教育论"的提出,比西方最早表达自然教育思想的名著——法国卢梭的《爱弥儿——论教育》的出版时间(1762年)早了两百多年,实属难能可贵。

49. B 【解析】本题考查对自主性游戏的错误认识。有人以为在自主性游戏中儿童是绝对自由的,他们可以为所欲为、自由自在,想干什么就干什么,这样导致的结果是儿童没有一点约束,缺乏行为规范,教师面对放任自流的孩子,不知所措,困惑多多。让儿童在游戏中发展自主性,并不是不要规则,如果没有规则,儿童就不可能学会控制自我冲动,形成良好的行为习惯。因此,游戏中的自由必须是建立在一定规则约束之上的。在培养儿童自主性的同时,也要培养儿童的规则意识,自主与规则是同步的。

50. A 【解析】本题考查学前教育机构的建立和发展。抗日战争和解放战争期间,学前教育机构发展的特点在于形式灵活多样,有各种不同类型的托幼机构。当时托幼机构的类型主要有以下几种:(1)寄宿制的保育院、托儿所;(2)单位日间托儿所;(3)变工托儿所、哺乳室;(4)游击式的托幼组织(或称化整为零的托幼组织);(5)小学附设幼稚班(园);(6)私人设立的托儿所;(7)混合类型的托幼组织。

三、填空题

51. 25

52. 有合格的教师

53. 榜样激励法

54. 育儿指导

55. 整合性

56. 生理成熟

57. 稳定性

58. 具体形象思维

四、简答题(参考答案)

59. 简述幼儿方位知觉发展的特点。

(1)3岁幼儿能辨别上下方位;

(2)4岁开始能辨别前后方位;

(3)5岁开始能以自身为中心辨别左右方位;

(4)6岁幼儿虽然能完全正确地辨别上下前后四个方位,但以左右方位的相对性来辨别左右仍然感到困难。

(共6分。完全正确得6分,答出"3岁上下,4岁前后,5岁以自身为中心"等关键词可酌情给4~5分)

60. 简述实施幼儿园课程游戏化的策略。

(1)转变教师的传统观念,推进课程游戏化的改革进程;

(2)创设丰富的游戏环境,满足幼儿多样化的游戏需求;

(3)形成并渗透游戏精神,关注整体的课程文化。

(共6分。完全正确得6分,答出"转变教师观念,创设丰富的游戏环境,关注整体的课程文化"等关键词可酌情给4~5分)

五、案例分析题(参考答案)

61. (1)幼儿园和曹老师应该对晶晶受伤承担法律责任。

(共2分。答出"幼儿园、曹老师"得2分)

(2)①曹老师的过错主要体现在以下几方面:

A. 教师组织活动未选择合适的场地;

B.教师没有向幼儿进行动作示范,也未讲解安全注意事项;

C.教师未对幼儿做任何安全保护措施,缺乏安全意识;

D.教师在活动中未进行有序地组织,未细心观察幼儿。

②幼儿园的过错主要体现在:幼儿园户外活动安排组织不合理,未能协调好不同班级的户外活动时间及场地安排,使得晶晶所在班级在户外活动时被迫选择了不安全的场地。

(共5分。答出"未选择合适场地、未讲解安全注意事项、缺乏安全意识"等关键词得4分,答出"幼儿园对户外活动安排组织不合理"得1分)

(3)责任主体应承担责任的法律法规依据如下:

①幼儿园应承担法律责任。《学生伤害事故处理办法》第九条指出,学校组织学生参加教育教学活动或者校外活动,未对学生进行相应的安全教育,并未在可预见的范围内采取必要的安全措施的。造成的学生伤害事故,学校应当依法承担相应的责任。

②曹老师应承担法律责任。《学生伤害事故处理办法》第八条指出,因学校、学生或者其他相关当事人的过错造成的学生伤害事故,相关当事人应当根据其行为过错程度的比例及其与损害后果之间的因果关系承担相应的责任。当事人的行为是损害后果发生的主要原因,应当承担主要责任;当事人的行为是损害后果发生的非主要原因,承担相应的责任。

(共2分。答出依据《学生伤害事故处理办法》中对应的内容得2分)

62.案例中翁老师的行为有值得借鉴的地方,同时也有需要改进的地方。

(1)翁老师的行为遵守了《新时代幼儿园教师职业行为十项准则》中的以下几条规定:

①潜心培幼育人。潜心培幼育人要求教师要落实立德树人根本任务,爱岗敬业,细致耐心。案例中,翁老师发现陈某的不良行为后,积极采取应对措施,给予特别的关注与保护,使陈某各方面有了较大的进步,体现了此点。

②关心爱护幼儿。关心爱护幼儿要求教师要呵护幼儿健康,保障快乐成长;不得体罚和变相体罚幼儿,不得歧视、侮辱幼儿,严禁猥亵、虐待、伤害幼儿。案例中,翁老师发现陈某的不良行为后,没有对陈某进行体罚,反而是耐心教育,体现了此点。

③遵循幼教规律。遵循幼教规律要求教师要循序渐进,寓教于乐;不得采用学校教育方式提前教授小学内容,不得组织有碍幼儿身心健康的活动。案例中,翁老师翻阅大量资料,了解特殊幼儿的身心特点,有针对性地施教,体现了此点。

(2)翁老师违反了《新时代幼儿园教师职业行为十项准则》中"坚守廉洁自律"的规定。坚守廉洁自律要求教师要严于律己,清廉从教;不得索要、收受幼儿家长财物或参加由家长付费的宴请、旅游、娱乐休闲等活动,不得推销幼儿读物、社会保险或利用家长资源谋取私利。案例中,家长十分感激翁老师,每逢节假日都给翁老师送土特产,翁老师也笑纳,体现了此点。

(共6分。答出"潜心培幼育人、关心爱护幼儿、遵循幼教规律"等关键词得3分,结合案例分析2分,答出翁老师违反了"坚守廉洁自律"的规定得1分)

63.(1)优质师幼关系有以下几个特征:

①平等性。幼儿是与教师平等的,都是具有独立人格的个体,教师和幼儿有超乎于社会角色上的平等。案例中,建构区被男生占领时,陈老师为了解决问题,去询问男生是否同意让女生加入到队伍中,没有强迫

男生,体现了师幼关系的平等性。

②助长性。在强调教师和幼儿平等的基础上,要看到教师在知识、经验、能力等方面优于幼儿,这决定了教师需从各方面支持和促进幼儿成长。案例中,游戏分享时,陈老师组织幼儿进行讨论,从而解决建构区的问题,这能够促进幼儿的成长,体现了师幼关系的助长性。

③民主性。民主的师幼关系不是什么事都由老师说了算,教师不是唯一的发言者,幼儿也有发言的权利,教师也需要学会倾听。案例中,陈老师组织幼儿讨论解决建构区的问题,与幼儿共同制定建构区的规则,体现了师幼关系的民主性。

④对话性。对话不仅是一种具体谈话行为,更多的是强调一种对话的意识、对话的精神、对话的境界。案例中,教师针对建构区的问题组织幼儿讨论时,询问幼儿,看幼儿有什么好办法,这是一种对话的状态,体现了师幼关系的对话性。

⑤互动性。教师与幼儿真正的互动是一种双向的交流活动,在活动中进行沟通、交流、理解,彼此都表达自己的情感、体会、态度,并对对方产生一定的影响。案例中,教师针对建构区的问题与幼儿进行了互动,解决了该问题,体现了师幼关系的互动性。

(共9分。答出"平等性、助长性、民主性、对话性、互动性"等关键词得6分,结合案例分析3分。只答出观点未结合案例分析扣3分)

(2)构建良好师幼关系的策略有:

①关爱幼儿。关爱幼儿是对幼儿教师的基本要求,也只有在关爱幼儿的基础上才有可能与幼儿建立良好的关系。教师对幼儿的关爱,可以消除幼儿对教师的顾虑,促使幼儿敢于亲近教师、信赖教师,建立安全感。

②与幼儿经常性地平等交谈。教师应在日常生活中针对幼儿感兴趣的事物、话题与幼儿平等、亲切地交谈,这种形式的互动有利于良好师幼关系的形成。

③参与幼儿的活动。师幼关系是以教师与幼儿之间一定的互动或交往活动为基础的,离开师幼之间的互动或交往活动,我们所说的"师幼关系"也就不复存在。

④与幼儿建立个人关系。教师与个别幼儿的关系,尤其是与班级里特殊的幼儿的关系,常常会影响着教师与其他幼儿的关系,教师应该设法与个别幼儿建立良好的个人关系,并以个人关系影响与其他幼儿的关系。

⑤积极回应幼儿的社会性行为。教师应该对幼儿的行为做出适当的反应,尤其是一些社会性行为,如具有合作、谦让、互助、负责、正直、友好、勇敢等特征的行为,教师应对幼儿的社会性行为做出反应,给予积极的关注和回应。

(共6分。答出"关爱幼儿、与幼儿经常性地平等交谈、参与幼儿的活动、与幼儿建立个人关系、积极回应幼儿的社会性行为"等关键词得4分)

64.(1)案例中,青青的表现体现了幼儿情绪发展的以下几个特点:

①情绪的易冲动性。幼儿的情绪常常处于激动状态,而且来势强烈,不能自制,往往全身心都受不可遏制的威力所支配。年龄越小,这种冲动越明显。案例中,青青从家里带来的电动小飞机坏了便伤心地大哭起来,体现了其情绪具有易冲动性的特点。

②情绪的不稳定性。幼儿的情绪是非常不稳定的,容易变化,表现为两种对立的情绪在短时间内互相

转换。案例中,当青青因为电动小飞机坏了伤心地哭时,老师给了她一辆玩具小汽车,青青马上破涕为笑,说明其情绪具有不稳定性的特点。

③情绪的外露性。幼儿初期的儿童,情绪完全表露在外,丝毫不加控制和掩饰。案例中,青青的情绪表现体现了其情绪的外露性。

④情绪的易受感染。幼儿的情绪非常容易受周围人的情绪影响。案例中,青青看到同桌的彤彤哭了,也莫名其妙地跟着哭起来,体现了其情绪的易受感染。

(共9分。答出"易冲动性、不稳定性、外露性、易受感染"等关键词得6分,结合案例分析3分。只答出观点未结合案例分析扣3分)

(2)培养幼儿良好情绪的策略有:

①营造良好的情绪环境。婴幼儿情绪发展主要依靠周围情绪气氛的熏陶。因此,在幼儿园教育中应注意保持和谐的气氛,并且与幼儿之间建立良好的师生情。

②成人情绪自控的示范。为人之师,也要学会控制自己的情绪。优秀教师能够做到把自己的一切忧伤留在教室之外,情绪饱满地走进课堂,这样才能使幼儿保持良好的情绪状态。教师应自觉地控制自己的情绪,主动关心幼儿,发现其优点,给予耐心帮助。

③采取积极的教育态度。正面肯定和鼓励;耐心倾听幼儿说话;正确运用暗示和强化。

④帮助幼儿控制情绪。成人可以用各种方法帮助他们控制情绪:转移注意法、冷处理法、消退法。

⑤教会幼儿调节自己的情绪表现。例如教会幼儿使用行为反思法、想象法、自我说服法调节自己的情绪表现。

⑥在活动中帮助幼儿克服不良情绪。成人要善于发现与辨别幼儿的情绪;从幼儿的情绪表现来分析幼儿的内心情感世界;注意幼儿的个别差异,对不同的幼儿采取不同的方法;注意幼儿积极情感的引导,让积极情感成为幼儿情感的主旋律,减少消极情感的产生。

(共6分。每条1分。答出"营造良好的情绪环境、成人情绪自控的示范、采取积极的教育态度、帮助幼儿控制情绪、教会幼儿调节自己的情绪表现、在活动中帮助幼儿克服不良情绪"等关键词得4分,具体分析2分)

2023年江西省教师招聘考试幼儿教育综合知识真题试卷(六)

第一部分 客观题

单项选择题

题序	1	2	3	4	5	6	7	8	9	10
答案	B	D	C	B	A	D	A	C	B	D
题序	11	12	13	14	15	16	17	18	19	20
答案	A	A	C	A	A	C	B	D	B	A
题序	21	22	23	24	25	26	27	28	29	30
答案	B	A	C	B	A	B	B	C	C	D

题序	31	32	33	34	35	36	37	38	39	40
答案	B	C	B	A	D	A	C	B	A	A
题序	41	42	43	44	45	46	47	48	49	50
答案	C	D	B	D	B	D	A	B	D	C

1. B 【解析】本题考查《幼儿园教师专业标准（试行）》的内容。《幼儿园教师专业标准（试行）》实施建议包括：(1)各级教育行政部门要将《专业标准》作为幼儿园教师队伍建设的基本依据；(2)开展幼儿园教师教育的院校要将《专业标准》作为幼儿园教师培养培训的主要依据；(3)幼儿园要将《专业标准》作为教师管理的重要依据；(4)幼儿园教师要将《专业标准》作为自身专业发展的基本依据。故B项正确。

2. D 【解析】本题考查《3～6岁儿童学习与发展指南》的内容。《3～6岁儿童学习与发展指南》中的"结合生活实际对幼儿进行安全教育"的教育建议包括：(1)外出时，提醒幼儿要紧跟成人，不远离成人的视线，不跟陌生人走，不吃陌生人给的东西；不在河边和马路边玩耍；要遵守交通规则等。(2)帮助幼儿了解周围环境中不安全的事物，不做危险的事。如不动热水壶，不玩火柴或打火机，不摸电源插座，不攀爬窗户或阳台等。(3)帮助幼儿认识常见的安全标识，如：小心触电、小心有毒、禁止下河游泳、紧急出口等。(4)告诉幼儿不允许别人触摸自己的隐私部位。D项，在公共场所要注意照看好幼儿；幼儿乘车、乘电梯时要有成人陪伴；不把幼儿单独留在家里或汽车里等。这属于"创设安全的生活环境，提供必要的保护措施"的教育建议。故本题选D项。

3. C 【解析】本题考查《新时代幼儿园教师职业行为十项准则》的内容。《新时代幼儿园教师职业行为十项准则》中传播优秀文化要求："带头践行社会主义核心价值观，弘扬真善美，传递正能量；不得通过保教活动、论坛、讲座、信息网络及其他渠道发表、转发错误观点，或编造散布虚假信息、不良信息"。根据题干可知廖老师致力于传播中国优秀传统文化。故C项正确。

4. B 【解析】本题考查《教育部关于大力推进幼儿园与小学科学衔接的指导意见》的内容。《教育部关于大力推进幼儿园与小学科学衔接的指导意见》主要举措包括：(1)幼儿园做好入学准备教育；(2)小学实施入学适应教育；(3)建立联合教研制度；(4)完善家园校共育机制；(5)加大综合治理力度。故B项正确。

5. A 【解析】本题考查《幼儿园保育教育质量评估指南》的内容。《幼儿园保育教育质量评估指南》在教育过程方面提出了活动组织、师幼互动和家园共育等3项关键指标，旨在促进幼儿园坚持以游戏为基本活动，理解尊重幼儿并支持其有意义地学习，强化家园协同育人，不断提高保育教育质量。故A项正确。

6. D 【解析】本题考查教师职业道德概念的理解。教师职业道德的概念可分为三个层次理解，第一，教师是一类专业人员，在专业领域中有独特的道德要求和标准，即学高为师——师德之基，身正为范——师德之本，热爱学生——师德之魂。第二，教师在从事教学这一专业工作时要履行教书育人这一特定的职责。第三，教师无论作为社会人，还是作为专业人，都要遵守一定的社会行为准则和道德行为规范。故D项正确。

7. A 【解析】本题考查幼儿园教师职业理想实现的途径。幼儿园教师职业理想实现的途径包括：(1)树立正确的职业观；(2)坚守自己的职业追求；(3)保持积极的职业状态；(4)努力践行正确的职业行为。故A项正确。

8. C 【解析】本题考查幼儿园教师儿童观的内容。关爱幼儿是幼儿教师职业道德修养的灵魂，也是幼儿园教师职业必须遵守的道德底线。故C项正确。

9. B 【解析】本题考查幼儿教师保教观的内容。幼儿教师保教观的内容包括：(1)注重保教结合；(2)游戏为主，科学保教；(3)家园共育，形成合力。故B项错误。

10. D 【解析】本题考查幼儿教师的自我发展观。《幼儿园教师专业标准(试行)》中的终身学习要求教师学习先进学前教育理论，了解国内外学前教育改革与发展的经验和做法；优化知识结构，提高文化素养；具有终身学习与持续发展的意识和能力，做终身学习的典范。题干的描述符合幼儿教师自我发展观中的终身学习的理念。故D项正确。

11. A 【解析】本题考查学前儿童健康的特征。学前儿童健康包括身体健康和心理健康。学前儿童健康具有易变性和发展性的特点。①正确。学前儿童身体与心理都处于不断发育的过程中，各器官、组织、系统发育还不完善，易受到周围环境的影响，在健康与疾病构成的连续体中不断成长。②正确。学前儿童的身心发展，从纵向上看均是在原有水平上不断提升，从横向上看总是与同龄儿童发展水平接近，因此，不能简单地依照某些特征评价和衡量学前儿童是否健康。③正确。学前儿童健康存在一定的个体差异，如同一年龄儿童身高与体重的增长速度、语言与认知的发展程度可能不太一致。④错误。故答案选A项。

12. A 【解析】本题考查托幼机构健康教育的途径。托幼机构幼儿良好的健康行为习惯和自我保护意识需要通过一日生活各个环节随机地进行健康教育。如学前儿童的体格锻炼，可以通过早操、体育游戏、运动器材等进行。故A项正确。

13. C 【解析】本题考查学前儿童生长发育中幼儿前期的发展特点。1周岁至3周岁为幼儿前期。这一时期的儿童身高、体重增长减慢，中枢神经系统发育加快，随着儿童生活范围的扩大以及接触周围事物的增多，儿童的语言、思维和交往能力得到发展，智能发育较快。故C项正确。

14. A 【解析】本题考查儿童期恐惧。儿童期恐惧是幼儿中较为常见的一种情绪障碍，是指恐惧情绪在程度上比较严重，或者到了一定的年龄仍不消退，以至明显地干扰了其正常行为，造成其社会适应性困难。恐惧对象主要有两类，一是对某些具体事物的恐惧，如怕动物、怕火、怕水、怕陌生人；二是对一些抽象概念的恐惧，如怕死、怕被诱惑。题干中，成成害怕小虫子是儿童期恐惧的表现。预防恐惧的措施是帮助幼儿提高认知水平，鼓励幼儿去观察和认识各种自然现象，学习科学知识和道理。任何情况下不要对儿童进行恐吓，如不要让他们看恐怖的电影、电视、书刊和图片。要鼓励儿童多参加各类活动，锻炼不惧困难、勇敢坚毅的意志，以此克服种种恐惧情绪。恐惧一般无须给予正式治疗，若恐惧情绪已对幼儿造成严重的社会适应困难，可采用模拟示范法和系统脱敏法等行为治疗的方法进行矫治。因此，BCD三项均是适宜采取的方法。A项，"多倾听和关注成成的内在需求"是儿童期焦虑的预防措施。儿童期焦虑也是幼儿中会产生的一种情绪障碍，表现为烦躁不安、不愉快、胆小害怕，对环境变化敏感。对于过度焦虑的儿童可以进行心理治疗，对焦虑反应程度较轻的儿童，则应主要采取心理上给予支持以及教育的方法，在弄清使儿童产生过度焦虑反应的原因的基础上，逐渐引导他们从主观上努力克服焦虑的各种症状。家长和教师要正确对待儿童，给儿童提供支持，平时倾听并关注幼儿的需求。故本题选A。

15. A 【解析】本题考查学前儿童常见的皮肤病。痱子多发生在多汗或易受摩擦的部位，如头皮、前额、颈部、胸部、腋窝、腹股沟等处。初起，皮肤出现红斑，后形成针尖大小的小疹或水疱，自觉刺痒或灼痛感。痱毒起初是小米粒大小的脓疱，渐渐肿大为玉米粒或杏核大小，脓疱慢慢变软、破溃，流出黄色黏稠的脓液。故A项正确。

| 173

16. C 【解析】本题考查常见的营养性疾病。营养性缺铁性贫血症状包括：患儿常烦躁不安、精神不振、食欲减退，体重增长减慢，皮肤黏膜变得苍白，以口唇、口腔黏膜、甲床和手掌最为明显，容易疲乏，注意力不集中，理解力降低，反应迟钝。故C项正确。

17. B 【解析】本题考查学前儿童常见传染病及其预防。诺如病毒感染发病以轻症为主，最常见的症状是腹泻和呕吐，其次为恶心、腹痛、头痛、发热、畏寒和肌肉酸痛等。故B项正确。新冠肺炎患者有发热、乏力、干咳、呼吸困难等症状，少数患者伴有鼻塞、流涕、腹泻等上呼吸道症状和消化道症状。A项排除。流感潜伏期数小时至1~2日，起病急、高烧、寒战、头痛、咽痛、乏力、眼结膜充血。以胃肠道症状为主者，可有恶心、呕吐、腹痛、腹泻等症状。故C项排除。手足口病最先出现轻微的症状，如发烧、全身不适、咳嗽、咽痛等。在指（趾）的背面、侧缘、手掌、足跟，尤其是指（趾）甲的周围，有时在臀部、躯干、四肢发生红色斑丘疹，很快发展为水疱。口腔内在舌、硬腭、颊黏膜、齿龈上发生水疱，破溃后形成潜在的糜烂，可因疼痛影响进食。D项排除。

18. D 【解析】本题考查碳水化合物的来源。碳水化合物在自然界分布很广，膳食中主要由植物性食物供给。粮谷类、薯类、根茎类是碳水化合物的主要食物来源。故本题选D。膳食中脂肪的来源主要是各种植物油和动物脂肪。各种食物含有不同量的脂肪和类脂质，植物性食物中的油料作物，如大豆、花生等，含油量较丰富；动物性食物和坚果的脂肪含量都很高。

19. B 【解析】本题考查幼儿运动活动中的安全管理。幼儿运动活动的安全管理要求包括：(1)教师每次组织幼儿运动前，都要根据活动内容，在活动器材的选择、活动场地的布置等方面，全面考虑安全性；(2)运动前，教师应认真检查幼儿的着装情况；(3)活动过程中，教师应多做动作示范，引导幼儿注意观察动作的要领，尽量使幼儿形成明确的动作印象，逐步建立正确的动作概念；(4)教师应在组织幼儿运动中及时给幼儿补充水分，及时为幼儿擦汗和增减衣服，同时要引导幼儿有序参加运动，不乱挤、不乱推同伴，学会一些自我保护技能；此外，教师要观察、照顾到每个幼儿，特别是一些特殊幼儿，发现危险应及时制止并进行教育，使其懂得危害。也可利用周围发生的事件或幼儿活动中发生的不安全动作对幼儿进行随机教育，使幼儿逐步树立安全意识；(5)结束后，教师及时清点幼儿人数，重点小结幼儿运动中的常规，强化幼儿户外运动活动的常规意识。故B项正确。

20. A 【解析】本题考查托幼机构选用和制作玩具的卫生要求。玩具应考虑卫生性，不易传染疾病（易于保持清洁、不易污染、便于清洗消毒）。对玩具的卫生要求主要应考虑不易传播疾病、无毒、安全以及不对学前儿童产生心理伤害等问题。玩具的种类很多，制作材料也各不相同。从流行病学的意义来说，用塑料制作的玩具易保持清洁，不易污染，便于清洗消毒；以金属、橡胶和木材制作的玩具也比较理想；用布料和人造毛皮制作的玩具最容易受污染，且不易消毒，因此在托幼机构中不宜选用。故本题选A。

21. B 【解析】本题考查学前儿童听觉敏度和听觉辨别的内容。声音的差异包括声音的强度、频率、持续时间及定时。婴儿对这些差异具有一定的敏感性，最典型的反应是低频声音对婴儿具有安抚作用，胎儿对父亲的声音比对母亲的声音更容易接受。故B项说法错误。

22. A 【解析】本题考查学前儿童知觉发展中的时间知觉。时间知觉是对客观现象的延续性、顺序性和速度的反映。据有关研究，幼儿时间知觉具有以下特点：4~5岁幼儿不能完全理解年龄大小和出生顺序；5~6岁幼儿能够知道年龄大的先出生，年龄小的后出生，但对于出生顺序所产生的年龄差还不能理解；6岁以上幼儿能理解出生顺序所产生的年龄差距始终存在，能够理解年龄大小和出生顺序的关系，形成稳定的年龄概念。题干中,俊俊不能理解出生顺序所产生的年龄差距始终存在,这是因为幼儿时间知觉发展较迟,水平不高。故本题选A。

23. C 【解析】本题考查学前儿童高级情感的发展。美感是人对事物审美的体验,它是根据一定的美的标准而产生的。幼儿对色彩鲜艳的艺术作品或物品容易产生喜爱之情。在教育的影响下,幼儿中期能从音乐、绘画作品中,从自己从事的美术活动跳舞、朗诵中得到美的享受。幼儿晚期,幼儿开始不满足于颜色鲜艳,还要求颜色搭配协调。故C项正确。

24. B 【解析】本题考查有意注意的含义。有意注意是指有预定目的,需要一定意志努力的注意,是注意的一种积极、主动的形式。一般来说,活动的目的越明确、任务越具体,就越容易引起和维持有意注意。故B项正确。

25. A 【解析】本题考查学前儿童记忆力的培养。结尾部分的记忆效果较好,称为近因效应。故A项正确。开头部分的记忆效果较好,称为首因效应。B项错误。在识记材料时,如果达到恰能成诵之后还继续学习一段时间,称之为过度学习。C项错误。先学习的材料对识记和回忆后学习的材料的干扰作用称为前摄抑制。D项错误。

26. B 【解析】本题考查学前儿童想象的发展。儿童的想象并不是凭空产生的,是以其感知过的事物所形成的表象为基础,依靠记忆,对材料进行加工、改造而来,是思维的一种表现。①正确。大班以后,幼儿能对想象的内容进行一定独立性的评价。②正确。幼儿想象往往不追求达到一定的目的,只满足想象进行的过程。④正确。有人说,幼儿想象力丰富,比成年人更善于想象,这是不正确的。因为想象的水平直接取决于表象的数量和质量以及分析综合能力的发展程度,而幼儿的知识经验和语言水平都远不如成人,且表象的丰富性和准确性都发展不够完善,思维也不如成人,所以幼儿想象的有意性、协调性、丰富性和创造性都不如成人,故排除③。故B项正确。

27. B 【解析】本题考查儿童语言的发展。许多研究表明,2~3岁是人生初学说话的关键时期,如果有良好的语言环境,那么这一时期将成为语言发展最迅速的时期。故B项正确。

28. C 【解析】本题考查思维的特点。思维的概括性是指对客观事物进行总结、归纳。夏天很热,去户外容易中暑是在总结概括夏天的特征,属于思维的概括性。故C项正确。

29. C 【解析】本题考查学前儿童的情绪理解与调控。(1)成人要理解和接纳幼儿的情绪特点。幼儿年龄小,心理发展不成熟,情绪外露、不稳定,很小的事情可能引起幼儿强烈的情绪反应。成人应理解幼儿的情绪发展水平和特点,以宽容、体谅的心态接纳幼儿种种幼稚的表现,帮助他们疏导不良情绪,稳定他们良好的情绪状态,引导他们体验积极的情绪体验。题干中爸爸的做法不正确,没有理解和接纳孩子发展的水平和特点,不利于孩子不良情绪的疏导。(2)成人要耐心倾听幼儿说话。成人消极地应对幼儿的说话,会使幼儿感受到挫败、压抑和孤独,继而产生消极、低落甚至愤怒的情绪。成人要允许幼儿向你诉说他的感受,不要对他妄加评论,也不要急于帮他解决问题,要学会耐心倾听。题干中爸爸的做法不正确,没有耐心倾听孩子的需要,会使孩子感到挫败、压抑和孤独,会导致孩子不良情感的产生。

易错提示:做题时应注意冷处理法的适用情况。当幼儿的无理要求未得到满足而哭闹时,成人采用冷处理法是正确的。该题爸爸讨厌孩子哭闹,不管孩子因为什么哭闹,都采用冷处理法是不正确的。

30. D 【解析】本题考查意志品质的特点。意志是个体自觉地确定目的,并根据目的支配、调节自己的行动,克服面临的各种困难,实现预定目的的心理过程。构成意志力的稳定因素称为意志品质,主要包括独

175

立性、坚持性、果断性和自制力等。坚持性表现为长时间地相信自己的决定的合理性,并坚持不懈地克服困难,为执行决定而努力。故D项正确。独立性表现为一个人自己有能力做出重要的决定并执行这些决定,有责任并愿意对自己的行为所产生的结果负责,深信这样的行为是切实可行的。A项错误。果断性表现为一个人善于明辨是非,能及时、坚决地采取决定和执行决定的品质。B项错误。自制力是善于控制自我的能力,如善于控制自己的行为和情绪反应的能力等。C项错误。

31. B 【解析】本题考查个性心理特征系统的内容。个性即个体在物质活动和交往活动中形成的具有社会意义的稳定的心理特征系统。个性作为一个心理特征系统,包括三个彼此紧密相连的子系统,它们是个性倾向性系统、自我意识系统和个性心理特征系统。个性心理特征系统是个性的独特性的集中表现,包括气质、能力、性格等心理成分。故B项正确。

32. C 【解析】本题考查依恋的类型。安斯沃斯设计的"陌生情境"实验是研究儿童分离焦虑、陌生焦虑的经典实验。在陌生情境研究中观察母亲与其孩子的相互作用,在标准程序的第一步,儿童被带进一个有很多玩具的陌生房间,在母亲在场的情况下,儿童被鼓励去探索房间和使用玩具。几分钟后,一个陌生人走进屋和母亲交谈,并接近这个儿童。接着,母亲离开房间。经过短暂分离后,母亲返回,与儿童在一起,陌生人离开。观察发现,不同儿童对陌生情境的反应有明显的差异。根据儿童和依恋对象的关系密切程度、交往质量不同,儿童的依恋存在不同的类型。故本题选C。

33. B 【解析】本题考查儿童交往的策略。有一项研究针对6岁儿童在人为障碍条件下与成人交往的策略。发现儿童与成人的交往策略分为支配、协商、顺从、逆反四类,其中顺从和逆反是6岁儿童与成人交往的主要策略。故B项正确。

34. A 【解析】本题考查皮亚杰的道德发展理论。从儿童的反应中,皮亚杰认为儿童的道德判断的发展经历两个阶段:他律性道德(5~10岁)和自律性道德(10岁以后)。"他律"指按照外在的他人的标准判断事物的好坏。"他律性道德"表明,这个阶段的儿童把规则看作由权威人士传下来的(神、父母和教师),是一个永久的存在,是不可改变的,是需要严格遵守的。成人的权力、自我中心以及现实主义导致了儿童肤浅的道德判断。在判断一个行为是否为错误的时候,儿童集中于注意客观的结果而不是行为的意图。故A项正确。随着儿童的年龄增长和认知水平的提高,尤其是可逆性的出现,与同龄人的交流愈加频繁,这就促使孩子的道德判断过渡到了自律性道德阶段,也就是按自身内在的标准进行道德判断。科尔伯格在皮亚杰理论的基础上,将儿童的道德发展划分为三个水平六个阶段:前习俗道德水平、习俗道德水平、后习俗道德水平。BCD项错误。

35. D 【解析】本题考查儿童绘画能力发展阶段中定型期的指导建议。定型期是儿童绘画的典型时期,又称图式期。4岁以后的儿童开始努力将头脑中的表象用图画的方式表现出来。这一时期的儿童表达意愿、发泄情感的欲望增强,但又受语言尤其是文字符号的限制,不得不借助动作和表象来表达,图画便成了他们最有效的交流形式。儿童画不仅表示意中之物,也多少有点像所画的对象,瑶瑶的绘画能力就处于定型期。此阶段的指导建议:(1)在充分了解定型期儿童各种表现特征的基础上,用童心加以赞美来观测与评价幼儿的作品与表达;(2)可以适当地使用各种材料、技法,增强儿童的表现热情,丰富画面效果,但变换材料与技法的使用应根据儿童的发展,不能只注重表面热闹;(3)通过亲历和学习来丰富儿童的经验,一方面是生活中的感性经验,另一方面是美术欣赏与成人美术经验的平行影响;(4)选择适宜的刺激题材,增强儿童的绘画动机;(5)成人可通过儿童的画来了解儿童的生活经历与思考,从而有针对性地对儿童施教。故本题选D。

36. A【解析】本题考查教育生态学理论。教育生态学是将教育及其生态环境相联系,并以其相互关系及其机理为研究对象的一门新兴学科。教师要有效提升幼儿园教育活动的质量,使之更符合教育规律,体现教育生态,就必须首先转变自己的一些传统观念,在教育活动中成为过程的积极参与者。陈鹤琴曾经说过:"如果你要了解孩子的个性和兴趣,明了孩子的能力和情感,自己一定要参与到孩子的队伍中去。"故A项正确。

37. C【解析】本题考查幼儿园教育活动设计的主要要素的内容。幼儿园教育活动设计的主要要素有活动设计意图、活动目标、活动准备、活动方法、确定教育活动的组织形式、活动过程、活动延伸及活动评价等。活动延伸的主要方向一般有两个:一是区域活动,二是家园共育。故C项正确。

38. B【解析】本题考查活动结束环节的策略。水到渠成策略是指按照活动内容顺序,根据幼儿认知规律一步步进行,最后自然收尾。此策略需在活动过程中环环相扣才能达到预期目的,水到渠成结束活动。故B项正确。

39. A【解析】本题考查幼儿园教育活动评价的方式。形成性评价是通过对儿童学习进展情况的评价,进而影响学习过程的一种评价模式。这种评价主要反映在教育活动的持续进行过程中,通过了解、鉴定教育活动的进展,及时地获取调节或改进活动的依据,以提高教育活动的实效。它是伴随着活动的进程而自始至终的一种动态性评价,能够获取的评价信息大、范围广。对于教育活动的实施来说,形成性评价有利于教师及时获取有效信息,把握活动状况、儿童需要,调整教学策略,促进儿童的有效学习。故A项正确。总结性评价是指在完成某个教育活动或某个单元性、阶段性活动之后进行的总结和评定,它是与目标的达成程度紧密相关的。正式评价是指评价者富有计划性、目的性和针对性实施的评价,一般往往是采用量化的方式来进行的。非正式评价通常是指发生在教育活动过程和特定活动情境中的,不自觉地进行着的对学习者的行为、语言以及教学活动现象或事件等的观察和评定。它是教师在与儿童日常接触及互动过程中通过不断地了解儿童,进而形成对儿童的某种判断与反馈的一种评价方式。故BCD项错误。

40. A【解析】本题考查幼儿园精神环境创设的要求。在心理安全、自由的环境中,幼儿的心情愉快,无压抑感,会对周围环境进行积极的探索,因此,幼儿园教师应为幼儿创设一个心理安全、自由的环境。创设安全、自由的心理环境要求教师应经常表扬、鼓励幼儿;对幼儿持肯定、支持的态度;多接纳、多欣赏幼儿。题干中,教师的做法注重创设安全、自由的心理环境。故A正确。

41. C【解析】本题考查室外环境创设的原则。室外环境创设的挑战性原则是指环境创设要挑战幼儿的现有能力,以促使幼儿得到进一步的发展。台湾政治大学汤志民指出:"游戏场地之所以吸引人,主要在于其产生的刺激效果,让参与者在可掌控与不可掌控的边缘激荡,令人兴奋不已,一试再试、流连忘返"。这一说法与幼儿园室外环境创设的挑战性原则是一致的。

42. D【解析】本题考查室内墙面环境创设的原则。墙面环境创设原则包括统筹性、幼儿参与性、适宜性和动态性。动态性是指教师应追随幼儿生活的变化、课程的主题深入,不断呈现能够引发幼儿新的活动兴趣的材料,同时不断调整墙面展示的幼儿观察记录、美术作品等。D项正确。统筹性是指每个班级的墙面情况不一样,教师需要根据班级的具体情况进行整体设计,统筹考虑幼儿园文化、班级课程目标、幼儿主题活动等内容及其相互关系。A项错误。幼儿参与性是指让幼儿参与班级墙面环境布置,一方面可以体现幼儿作为班级主人翁的主体性价值,另一方面可以充分发挥幼儿的创造性。B项错误。适宜性是指不一样的班级在不一样的时段里,呈现的内容和呈现的方式可能都不一样。墙面呈现的方式一方面要考虑师幼双方使用简单,有效性,另一方面墙面呈现的方式最好与呈现的内容相吻合,应讲究美感和秩序,给予幼儿美的熏陶。C项错误。

43. B 【解析】本题考查幼儿游戏的特点。在幼儿游戏中,自愿和自主是两个重要条件,这表现为游戏的形式、材料以及游戏的开始、结束都应由幼儿自己掌握,按照他们自己的意愿、体力、智力来进行。题干中,幼儿对滚筒区进行改造,搜集多样化材料,尝试各种挑战性游戏,游戏的形式、材料等均是幼儿自己掌握的。因此,这体现了游戏是自愿、自主的。故本题选B。

44. D 【解析】本题考查幼儿园游戏中教师的角色。教师在游戏中作为引导者的角色,体现在游戏结束后引导幼儿梳理经验方面,主要因为幼儿的经验需要整理、提升和分享。

45. B 【解析】本题考查幼儿园游戏指导中的语言指导法。语言指导是教师通过运用"询问式""建议式""鼓励式""澄清式""邀请式""角色式""指令式"等不同形式的语言指导儿童游戏的方法。询问式语言,一般以疑问句的形式出现,主要的目的是帮助幼儿将游戏进行下去。"你跑来跑去干什么呀?""如果你想要的玩具没有了,怎么办呢?"是询问式语言。B项正确。有的建议式语言也是以询问的方式出现的,但是与询问式不同之处在于它不仅提出问题而且还给予具体的暗示。A项错误。澄清式语言是指,幼儿的游戏是对现实生活的反映,他们自己并不知道筛选,对于游戏中一些不明白的事情或幼儿模仿的一些不良现象,教师不能随便评价,而应该引导幼儿来加以讨论、澄清,帮助他们形成正确的价值观。C项错误。指令式语言是指当幼儿在游戏中严重地违反规则或出现攻击性行为时,教师的指导方式一般有两种,一种是强行制止,另一种是明确告诉幼儿这样做的后果,以保证幼儿在游戏中的安全与健康。D项错误。

46. D 【解析】本题考查各年龄段角色游戏的特点。大班幼儿处于合作游戏阶段,喜欢与同伴一起游戏,能按自己的愿望主动选择并有计划地游戏;在游戏中自己解决问题的能力增强。D项正确。小班幼儿处于独自游戏、平行游戏的高峰期;角色意识不强;游戏主题单一、情节简单。中班幼儿处于联合游戏阶段,游戏主题丰富,但不稳定;希望与别人交往,但欠缺交往技能;角色意识较强,能够按照自己选定的角色开展游戏。ABC三项错误。

47. A 【解析】本题考查活动区创设的原则。合理有序地规划区域空间要求教师应做到:(1)根据区域活动的性质确定其位置与面积;(2)根据区域之间的关系确定其位置关系;(3)动区与静区的划分。题干中,一些幼儿园把易产生较大声音的活动安排在室外廊道厅角,这是做到了动静分区;把大型建构活动安排在厅角,便于幼儿建构及作品的短期保存,这是考虑到了区域活动的性质,从而确定的建构区的位置。因此,幼儿园遵循了活动区创设的合理有序地规划区域空间原则。A项正确。注重区域的开放性与封闭性,开放即区域门口没有任何围挡,封闭即区域周围有围挡。B项错误。立体地、动态地利用空间是指如果班级的空间不足,人数相对较多,可以考虑立体地利用空间,还可以动态地调整使用空间,根据需要随时调整每个区域的位置和空间大小。C项错误。给幼儿留出自由支配的空间是指为了保证幼儿有充分活动的权利和可能,要给幼儿留出一定的自由支配的空间和材料,设置一定的区域作为备用区,供幼儿选用。D项错误。

48. B 【解析】本题考查幼儿园班级管理的方法。榜样激励法是指通过树立榜样并引导幼儿学习榜样以规范幼儿行为,从而达成管理目的的方法。B项正确。规则引导法是指用规则引导幼儿,使其与集体活动的方向和要求保持一致或确保幼儿自身安全并不危及他人的一种管理方法。A项错误。目标指引法是教师以行为结果作为目标,引导幼儿的行为方向,规范幼儿行为方式的一种管理方法。C项错误。互动指导

法是指幼儿园教师、同伴、环境等相互作用的方法。D项错误。

49.D 【解析】本题考查学前家庭教育的功能。学前家庭教育的特性在儿童成长的过程中,发挥着重要的作用。主要体现在以下几个方面:(1)保障儿童身体的健康成长;(2)丰富儿童对周围世界的认知;(3)促进儿童的社会性发展;(4)培养儿童良好的个性。个性是指在个人自然素质的基础上,由于社会的影响,通过人的活动而形成的稳固的心理特征的总和。学前家庭教育在幼儿个性养成过程中的作用不容小觑,幼儿通过对家长行为、处世态度的观察与模仿,会逐渐内化与父母类似的行为方式与思维习惯,从而形成自己的个性。故D项正确。ABC不符合题意,排除。

50.C 【解析】本题考查幼儿园的幼小衔接策略。帮助幼儿科学做好入学准备教育,是幼儿园教育的重要内容。要在身心准备、生活准备、社会准备和学习准备四个方面为幼儿提供帮助。幼儿园的社会准备提到,大班下学期,教师和家长要创造条件,有意识地、持续性布置一些与入学准备相关的任务,鼓励、支持幼儿独立完成,增强幼儿的任务意识和独立做事的能力。组织幼儿开展"值日生"活动,这是在进行社会准备。C项正确。ABD不符合题意,排除。

第二部分　主观题

一、简答题(参考答案)

1. 按照庞丽娟的研究,幼儿的同伴社交类型可分为哪几种?从发展的角度和性别维度上分析有何规律?

(1)庞丽娟采用"同伴提名法"对4~6岁儿童同伴交往的类型进行研究。她把儿童的同伴交往类型分为受欢迎型、被拒绝型、被忽视型和一般型四种基本类型。

(2)从发展的角度看,在4~6岁范围内,随着幼儿年龄的增长,受欢迎型幼儿人数呈增多趋势,而被拒绝型幼儿、被忽视型幼儿的人数呈减少趋势。

(3)从性别维度上看,受欢迎型幼儿中,女孩儿明显多于男孩儿;在被拒绝型幼儿中,男孩儿显著多于女孩儿;而在被忽视型幼儿中,女孩儿多于男孩儿,但男孩儿也有一定的比例。

(共5分。完全正确得5分;答出"受欢迎型、被拒绝型、被忽视型和一般型"等关键词得3分,从发展角度分析1分,从性别维度分析1分)

2. 预防流行性腮腺炎的主要措施有哪些?

(1)管理传染源。患者应按呼吸道传染病隔离,隔离至患者临床症状消失。

(2)切断传播途径。室内要注意开窗通风,对被污染的用具进行彻底消毒。

(3)保护易感人群。①主动免疫应用腮腺炎减毒活疫苗进行皮内、皮下注射,亦可采用喷鼻或气雾法,90%以上可产生抗体,免疫期一年。由于腮腺炎减毒活疫苗有致畸作用,故孕妇禁用。②被动免疫可应用高价免疫球蛋白,其免疫力可保持2~3周。

(共5分。完全正确得5分;答出"管理传染源、切断传播途径、保护易感人群"等关键词得3分,具体分析2分)

二、案例分析题(参考答案)

咪咪的学习不属于有意义学习。幼儿有意义的学习包括三个条件:一是学习内容的有意义性;二是学习方式方法的有意义性;三是学习结果的有意义性。具体表现如下:

(1)学习内容的有意义性,即学习的内容必须是幼儿可以理解的,能够有效认知的,而不是幼儿无法理解只能机械记忆的知识。案例中,咪咪爸爸要求咪咪背出九九乘法口诀,咪咪完全不理解其中意思,那么这种学习内容对幼儿而言就不具有意义性。

(2)学习方式方法的有意义性,即学习的方法是符合幼儿年龄特征的,有利于幼儿身心发展的,比如活动法、操作法、游戏法等。案例中,咪咪对许多识记材料不理解,不会进行加工,只能死记硬背,进行机械识记。游戏是幼儿学习的最佳方式,要创设条件让幼儿乐于参加多种有益活动,寓教于乐,使孩子们能够在做中学,在游戏中快乐成长。

(3)学习的结果的有意义性,即学习的结果能促进幼儿身心发展,使得幼儿在认知、情感、社会性等方面获得进一步的发展。案例中,咪咪只是4岁的幼儿,学习乘法口诀脱离了幼儿的生活经验,在日常生活中较难具体实践运用,同时爸爸强迫式的教育也容易导致咪咪对学习失去兴趣,不利于咪咪的身心全面发展。

综上,咪咪的学习不符合有意义学习的条件,不属于有意义学习。

(共8分。完全正确得8分;答出"学习内容有意义,学习方式方法有意义,学习的结果有意义"等关键点得5分,根据案例具体分析3分)

三、论述题(参考答案)

(1)根据材料的表述,建议王老师综合运用描述法、行为检核法和事件抽样法。

①描述法是指记录被试在自然状态下所发生的行为和所处的情境,然后对所收集的原始资料进行分类并加以分析的方法。材料中,面对本班儿童对搭建游戏兴趣持续高涨的情况,王老师可以采用描述法来观察记录本班儿童的具体行为表现,了解儿童的需求,有针对性地指导。

②行为检核法又称核对表法、清单法等,主要用于核查有重要意义的行为或事件的呈现与否。材料中,针对儿童在游戏中表现,王老师可以采用行为检核法,把涉及儿童能力发展的一些指标先写出来,在游戏进行时,看他有没有出现这些行为。

③事件抽样法是在观察前选定所要观察的行为或事件,观察中只注意观察这些选定的行为或事件的一种方法。材料中,幼儿再次进行建构游戏时,王老师发现他们已经有了对称意识,并开始注意和模仿搭建图例中大门的灯笼数量、摆放位置和窗户的对称,这是需要重点观察的行为和事件。王老师采用事件抽样法可以有效地把握最关键的游戏经验,提高观察指导的针对性和有效性。

(2)大班幼儿建构游戏的关键经验:

①能专注、投入、持续地进行搭建,愿意搭建有挑战性的作品,体验搭建成功后的成就感和喜悦感。

②了解各种建构材料的特点,能熟练运用各种建构技能,进行综合搭建;能恰当地选择不同的建构材料拼搭;有一定的创新意识,能根据经验进行想象搭建;会看平面图,能把平面图变成立体搭建物。

③能与同伴友好协商搭建主题和建构方案,分工合作,完成搭建作品;能较完整地讲述建构活动的过程和主题;在合作中既能有主张、有主见,又能尊重别人的意见,有合作的态度;喜欢挑战,富有想象力;主动沟通、协商、解决游戏中的问题和纠纷。

④能在教师的指导下,与同伴共同建立材料使用、场地整理、合作搭建的相关规则,并主动遵守;能分工协作、动作迅速地将玩具和辅助材料分类摆放整齐;能按需取用材料,随时清理现场,有一定的安全意识。

(共12分。完全正确得12分;其中,观察记录方法8分,答出"描述法、行为检核法、事件抽样法"等关键词及含义得6分,根据材料具体分析2分。建构游戏的关键经验4分,答出符合大班幼儿特点的建构经验可酌情给3分,至少答出3条)

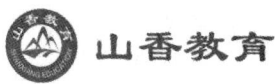

四、活动设计题(参考答案)

好担心(大班社会)

(一)活动意图

过几个月,孩子们就要进入小学了。向往小学又有所担忧是幼儿入学前较为普遍的心态。社会活动《好担心》通过马上进入小学的豆豆和莉莉两个角色说出了孩子们普遍担心的问题,通过本次活动主要让幼儿了解即将面临的入学变化——幼儿园与小学的差异,以正确的心态和策略面对变化,使他们从担心转变为放心,适时调整好自己的心态,为进入小学做好心理准备,最终以健康愉悦的心理状态进入小学。

(二)活动目标

(1)能消除对升入小学的担忧,以积极乐观的心态面对变化。

(2)能大胆、清楚地表达自己的见解,体验成功的快乐。

(3)培养乐观开朗的性格。

(三)活动重难点

重点:理解豆豆和莉莉担心的事情,知道上小学即将面临的变化。

难点:梳理交流有关上小学担心的问题,寻找解决问题的方法。

(四)活动准备

(1)课件视频。

(2)提前与幼儿交流过关于上小学的话题。

(五)活动过程

1. 导入活动

师:小朋友们好,我们马上要上小学了,你们的心情怎么样呢?都做了哪些准备呀?你们有没有担心的事情呢?

小结:对于马上进入小学的你们来说,心情是开心的、兴奋的、激动的,要努力养成良好的生活习惯和学习习惯,为上小学积极做准备。

2. 活动展开

(1)播放视频,引导幼儿观察和倾听,梳理豆豆和莉莉担心的事情。

师:豆豆和莉莉担心什么?

小结:豆豆和莉莉担心的事情可真不少,他们担心生活、交往和学习三个方面,今天就请小朋友们来帮忙解决他们担心的问题。

(2)分组讨论

师:为什么不能迟到?怎样做才能不迟到?

小结:少看电视、提前整理好书包、定好闹钟、早睡早起都是不迟到的好方法。

师:小学里的厕所和幼儿园的一样吗?哪里不一样?什么时间可以上厕所?

小结:小学里的厕所和幼儿园的不一样,幼儿园每个班里都有一个厕所,而小学却不是,小学里的厕所又分为男厕和女厕。小学里上课时间不能上厕所,要合理的利用课间休息时间,不要贪玩。

(3)情景模拟

师:你在生活中是怎样交朋友的?害怕老师要怎么办?

小结:微笑地主动打招呼并介绍自己,会让你交到新朋友,称赞别人、说说彼此的爱好、互相帮助都是交朋友的好方法。小学老师会像幼儿园老师一样关心你、爱护你、教你学本领。犯错误时老师批评你只是针对这件事情,老师不会因为你犯错而不喜欢你。

师:当你遇到不会的问题时怎么办?

小结:当你学习上遇到困难时要自己努力,动脑思考、书籍查询都是不错的方法,如果还解决不了的话,同学和老师都会帮助你。小朋友们,不管在生活上还是学习上遇到困难,老师和同学都会给予你帮助。

(4)结合幼儿生活,说一说自己担心的事,同伴间讨论解决。

师:豆豆和莉莉担心的问题已经解决了,你们还有什么担心的事情吗?谁能帮他想想办法?

(六)活动延伸

请小朋友们自己画一幅"心目中的小学",并讲解自己心目中的小学是什么样子的。

评分标准参考如下:

(1)活动意图(共2分。意图明确2分)

(2)活动目标(共3分。目标符合幼儿发展的特点3分)

(3)活动重难点(共2分。重点1分,难点1分)

(4)活动准备(共2分。若在具体活动过程中用到,但在活动准备环节没有体现扣1分)

(5)活动过程(共10分。①选择能吸引幼儿注意力的导入方式2分,若导入方式不能充分引发幼儿兴趣,在不偏离主题的情况下可酌情给1分;②活动过程步骤清晰、注重幼儿主动探究7分,写出大致活动过程,在不偏离主题的情况下可酌情给3~5分;③结束环节能让幼儿保持愉快情绪并强化活动效果1分)

(6)活动延伸(共1分。延伸活动具有可操作性1分)

2023年山东省济南市天桥区教师招聘考试幼儿园教育基础知识真题试卷(七)

一、单项选择题

题序	1	2	3	4	5
答案	C	B	B	C	B
题序	6	7	8	9	10
答案	A	B	C	A	C
题序	11	12	13	14	15
答案	D	B	B	A	D
题序	16	17	18	19	20
答案	C	C	缺	缺	B

1. C 【解析】本题考查人格的特征。人格的复杂性是指几种人格特征表现在活动中的具体结合方式因人而异;同一人格特征在不同场合下也有不同的表现方式。鲁迅曾说:"横眉冷对千夫指,俯首甘为孺子牛。"这句话说明了人格的复杂性。

2. B 【解析】本题考查过度学习。过度学习是指学习达到恰能背诵之后再继续学习。实验证明:过度学习达到50%,即学习的熟练程度达到150%时,学习的效果最好;超过150%时,效果并不递增,很可能引起厌倦、疲劳而成为无效劳动。题干中小亮阅读了8遍后将课文背诵下来,因此要达到最佳记忆效果,他需要再阅读4遍。

3. B 【解析】本题考查终身教育思想。终身教育包括各个年龄阶段的各种方式的教育,强调职前教育与职后教育的一体化、青少年教育与成人教育的一体化、学校教育与社会教育的一体化。A、C、D三项说法均符合终身教育的思想。B项的意思是:人过了一定年龄就不用去学习什么技艺了。这违背了终身教育的思想。

4. C 【解析】本题考查《中华人民共和国未成年人保护法》。《中华人民共和国未成年人保护法》第六十一条规定,任何组织或者个人不得招用未满十六周岁未成年人,国家另有规定的除外。第一百二十五条规定,违反本法第六十一条规定的,由文化和旅游、人力资源和社会保障、市场监督管理等部门按照职责分工责令限期改正,给予警告,没收违法所得,可以并处十万元以下罚款;拒不改正或者情节严重的,责令停产停业或者吊销营业执照、吊销相关许可证,并处十万元以上一百万元以下罚款。故本题选C项。

5. B 【解析】本题考查"为了每位学生的发展"的含义。"为了每位学生的发展"包含着三层含义:(1)以人(学生)的发展为本;(2)倡导全人教育;(3)追求学生个性化发展。

6. A 【解析】本题考查动作技能的形成。练习是动作技能形成的具体途径。技能形成必须通过一定的练习。练习的主要作用是促使技能的进步与完善,它包括加快技能完成的时间,改善技能的精确度和使动作间建立更完善的协调。

7. B 【解析】本题考查德育原则。尊重学生与严格要求学生相结合的德育原则的贯彻要求之一是教育者要从学生的年龄特征和品德发展状况出发,提出适度的要求,并坚定不渝地贯彻到底。题干中王阳明指出,教育孩子,一定要使他们顺着自己的兴趣,多加鼓励,使他们内心喜悦,那么他们自然就能不断进步,这体现了尊重学生与严格要求学生相结合原则。

8. C 【解析】本题考查孔子的教育思想。墨家主张培养具有"兼爱"精神、长于辩论、明辨是非,而又道术渊博、有益于世的人才。"上士闻道,勤而行之"出自《道德经》。"无先王之语,以吏为师"出自《韩非子·五蠹》。故A、B、D三个选项不符合题干要求。C项为孔子提出的教学原则与方法中的内容。

9. A 【解析】本题考查教育时政。习近平总书记在全国教育大会上的讲话指出,在实践中,我们就教育改革发展提出一系列新理念新思想新观点,主要有以下几个方面:坚持党对教育事业的全面领导,坚持把立德树人作为根本任务,坚持优先发展教育事业,坚持社会主义办学方向,坚持扎根中国大地办教育,坚持以人民为中心发展教育,坚持深化教育改革创新,坚持把服务中华民族伟大复兴作为教育的重要使命,坚持把教师队伍建设作为基础工作。

10. C 【解析】本题考查2008年修订的《中小学教师职业道德规范》。2008年修订的《中小学教师职业道德规范》中,爱国守法是教师职业的基本要求,爱岗敬业是教师职业的本质要求,关爱学生是师德的灵魂,教书育人是教师职业的天职。故C项表述正确。

11. D 【解析】本题考查调查研究法。依据调查的对象,可将调查研究法分为全面调查、重点调查、抽样调查和个案调查。全面调查也称普遍调查,是指对调查对象总体中的每一个单位或个人都进行调查;抽样调查是指从调查对象的总体中抽取一部分具有代表性的对象作为样本进行调查,并以样本特征推算总体特征的一种调查方法;重点调查,是一种非全面调查,它是在调查对象中,选择一部分重点单位作为样本进行调查;个案调查又称为典型调查,是指从总体中选取具有代表性的若干人或典型单位进行调查。题干中的班主任从学生群体中选取了具有代表性的学生张三作为研究对象,这运用的是个案调查。

12. B 【解析】本题考查教育时政。《中华人民共和国国民经济和社会发展第十四个五年规划和2035年远景目标纲要》指出,全面贯彻党的教育方针,坚持优先发展教育事业,坚持立德树人,增强学生文明素养、社会责任意识、实践本领,培养德智体美劳全面发展的社会主义建设者和接班人。

13. B 【解析】本题考查抑郁症。抑郁症是以持久性的情绪低落为特征的神经症。其症状表现为:(1)情绪消极、悲伤、颓废、淡漠,失去满足感和生活的乐趣。(2)消极的认识倾向,低自尊、无能感,从消极方面看事物,好责难自己,对未来不抱多大希望。(3)动机缺失、被动,缺少热情。(4)躯体上疲劳、失眠、食欲不振等。故①③④正确,本题选B项。具体内容参见廖策权,梁俊主编的《教育心理学》。

14. A 【解析】本题考查《中华人民共和国教育法》。《中华人民共和国教育法》第十七条规定,国家实行学前教育、初等教育、中等教育、高等教育的学校教育制度。①错误。第十九条规定,国家实行九年制义务教育制度。②正确。第二十一条规定,国家实行国家教育考试制度。国家教育考试由国务院教育行政部门确定种类,并由国家批准的实施教育考试的机构承办。③正确。第二十五条规定,国家实行教育督导制度和学校及其他教育机构教育评估制度。④正确。故本题选②③④,即A项。

15. D 【解析】本题考查教育家及其教育思想。杜威认为,教育即生活,教育即生长,教育即经验的改组或改造。陶行知提出了生活教育理论,认为"生活即教育"。夸美纽斯提出了"泛智教育"思想。洛克反对天赋观念,提出了"白板说"。故答案选择D项。

16. C 【解析】本题考查福禄贝尔的贡献。19世纪中叶,福禄贝尔在德国创办了世界上第一所幼儿园,而且创立了一整套幼儿教育理论和相应的教育方法、教材、玩具等。他推动了世界范围内的幼儿园运动的兴起和发展,因而被世人誉为"幼儿教育之父"。

17. C 【解析】本题考查《幼儿园工作规程》的内容。《幼儿园工作规程》第十八条指出,幼儿园应当制定合理的幼儿一日生活作息制度。正餐间隔时间为3.5~4小时。在正常情况下,幼儿户外活动时间(包括户外体育活动时间)每天不得少于2小时,寄宿制幼儿园不得少于3小时;高寒、高温地区可酌情增减。

18. 缺

19. 缺

20. B 【解析】本题考查《中华人民共和国家庭教育促进法》的内容。《中华人民共和国家庭教育促进法》第十四条指出,父母或者其他监护人应当树立家庭是第一个课堂、家长是第一任老师的责任意识,承担对未成年人实施家庭教育的主体责任,用正确思想、方法和行为教育未成年人养成良好思想、品行和习惯。

二、多项选择题

题序	21	22	23	24	25
答案	BCD	AB	BC	CD	ABD
题序	26	27	28	29	30
答案	ABD	ABD	AC	ABC	BC

21. BCD 【解析】本题考查《儿童权利公约》的内容。《儿童权利公约》第十三条规定,儿童应有自由发表言论的权利,此项权利应包括通过口头、书面或印刷、艺术形式或儿童所选择的任何其他媒介,寻求、接受和

传递各种信息和思想的自由,而不论国界。

22. AB 【解析】本题考查皮亚杰认知发展阶段理论。皮亚杰将儿童认知发展分为四个阶段:(1)感知运动阶段(0~2周岁);(2)前运算阶段(2~7周岁);(3)具体运算阶段(7~11周岁);(4)形式运算阶段(11~15周岁)。

23. BC 【解析】本题考查《幼儿园保育教育质量评估指南》的内容。《幼儿园保育教育质量评估指南》中的总体要求部分指出,要坚持儿童为本的基本原则,尊重幼儿年龄特点和成长规律,注重幼儿发展的整体性和连续性,坚持保教结合,以游戏为基本活动,有效促进幼儿身心健康发展。

24. CD 【解析】本题考查《幼儿园保育教育质量评估指标》的内容。《幼儿园保育教育质量评估指南》中的附件《幼儿园保育教育质量评估指标》指出,在教育过程的活动组织中,要发现和支持幼儿有意义的学习,采用小组或集体的形式讨论幼儿感兴趣的话题,鼓励幼儿表达自己的观点,提出问题、分析解决问题,拓展提升幼儿日常生活和游戏中的经验。

25. ABD 【解析】本题考查《幼儿园入学准备教育指导要点》的内容。《教育部关于大力推进幼儿园与小学科学衔接的指导意见》中含有两个附件:附件1《幼儿园入学准备教育指导要点》;附件2《小学入学适应教育指导要点》。其中《幼儿园入学准备教育指导要点》以促进幼儿身心全面准备为目标,围绕幼儿入学所需的关键素质,提出身心准备、生活准备、社会准备和学习准备四个方面的内容,每个内容由发展目标、具体表现和教育建议三部分组成。

26. ABD 【解析】本题考查维果斯基的教育理论。在维果斯基的理论中,"最近发展区""鹰架教学"和"心理工具"这三个概念是对包括幼儿园课程在内的教育理论和实践影响最为直接的概念。"最近发展区"是指一种儿童无法依靠自己来完成,但可在成人和更有技能的儿童帮助下来完成的任务范围,也就是儿童能够独立表现出来的心理发展水平,和儿童在成人指导下能够表现出来的心理发展水平之间的差距。"鹰架教学"是指为儿童提供教学,并逐步转化为提供外部支持的过程。"心理工具"是指能扩展心理能力,帮助儿童记忆、注意和解决问题的内在工具,例如语言和其他媒介。

27. ABD 【解析】本题考查《"十四五"学前教育发展提升行动计划》的任务。《"十四五"学前教育发展提升行动计划》中的重点任务包括:(1)补齐普惠资源短板;(2)完善普惠保障机制;(3)全面提升保教质量。

28. AC 【解析】本题考查《幼儿园教育指导纲要(试行)》的内容。《幼儿园教育指导纲要(试行)》指出,幼儿园的教育内容是全面的、启蒙性的,可以相对划分为健康、语言、社会、科学、艺术等五个领域,也可作其他不同的划分。各领域的内容相互渗透,从不同的角度促进幼儿情感、态度、能力、知识、技能等方面的发展。

29. ABC 【解析】本题考查《幼儿园保育教育质量评估指标》的内容。《幼儿园保育教育质量评估指南》中的附件《幼儿园保育教育质量评估指标》指出,在办园方向的科学理念中,要充分尊重和保护幼儿的好奇心和探究兴趣,相信每一个幼儿都是积极主动、有能力的学习者,最大限度地支持和满足幼儿通过直接感知、实际操作和亲身体验获取经验的需要。不提前教授小学阶段的课程内容,不搞不切实际的特色课程。

30. BC 【解析】本题考查《3~6岁儿童学习与发展指南》的内容。《3~6岁儿童学习与发展指南》科学领域"科学探究"部分中目标2"具有初步的探究能力"指出,4~5岁儿童的学习与发展目标为:(1)能对事物或现象进行观察比较,发现其相同与不同;(2)能根据观察结果提出问题,并大胆猜测答案;(3)能通过简单的调查收集信息;(4)能用图画或其他符号进行记录。5~6岁儿童的学习与发展目标为:(1)能通过观察、比较与分析,发现并描述不同种类物体的特征或某个事物前后的变化;(2)能用一定的方法验证自己的猜测;(3)在成人的帮助下能制订简单的调查计划并执行;(4)能用数字、图画、图表或其他符号记录;(5)探究中能与他人合作与交流。由此可以看出,BC两项不属于4～5岁儿童科学领域的学习与发展目标。

三、判断题

题序	31	32	33	34	35	36	37	38	39	40
答案	×	√	√	×	√	×	√	×	√	×

31. × 【解析】本题考查《3～6岁儿童学习与发展指南》的内容。《3～6岁儿童学习与发展指南》社会领域"人际交往"部分的目标2"能与同伴友好相处"指出,4～5岁幼儿的学习与发展目标是:(1)会运用介绍自己、交换玩具等简单技巧加入同伴游戏;(2)对大家都喜欢的东西能轮流、分享;(3)与同伴发生冲突时,能在他人帮助下和平解决;(4)活动时愿意接受同伴的意见和建议;(5)不欺负弱小。

32. √ 【解析】本题考查《中华人民共和国家庭教育促进法》的内容。《中华人民共和国家庭教育促进法》第三条指出,家庭教育以立德树人为根本任务,培育和践行社会主义核心价值观,弘扬中华民族优秀传统文化、革命文化、社会主义先进文化,促进未成年人健康成长。

33. √ 【解析】本题考查幼儿词汇的发展。言语是由词以一定方式组成的,因此,词汇的发展可作为言语发展的重要标志之一。幼儿期是人一生中词汇量增加最快的时期。在幼儿期内,词汇量年年增加。

34. × 【解析】本题考查杜威的教育思想。在教师与学生问题上,杜威提出"儿童中心论",其主要观点如下:(1)必须站在儿童立场上,以儿童为教师教育的出发点,坚决克服传统学校来自教师的刺激和抑制过多的现象;(2)教师不应该采取对儿童予以放任的态度,"放弃他们的指导责任";(3)教育过程是儿童和教师共同参与、真正合作和相互作用的过程。

35. √ 【解析】本题考查《学生伤害事故处理办法》的内容。《学生伤害事故处理办法》第七条指出,未成年学生的父母或者其他监护人应当依法履行监护职责,配合学校对学生进行安全教育、管理和保护工作。学校对未成年学生不承担监护职责,但法律有规定的或者学校依法接受委托承担相应监护职责的情形除外。

36. × 【解析】本题考查自我意识的发展阶段。个体自我意识的发展经历了从生理自我到社会自我,再到心理自我的过程。(1)生理自我是自我意识最原始的形态。通常儿童1周岁末开始将自己的动作和动作的对象区分开来,把自己和自己的动作区分开来,并在与成人的交往中,按照自己的姓名、身体特征、行动和活动能力来看待自己,并做出一定的评价。生理自我在3岁左右基本成熟。(2)儿童在3岁以后,自我意识的发展进入社会自我阶段。他们从轻信成人的评价逐渐过渡到自我独立评价。社会自我到少年期基本成熟。(3)心理自我是在青春期开始发展和形成的。这时,青年开始形成自觉地按照一定的行动目标和社会准则来评价自己的心理品质和能力。他们的自我评价越来越客观、公正和全面,且具有社会道德性,并在此基础上形成自我理想,追求最有意义和最有价值的目标。

37. √ 【解析】本题考查家园合作的最终目标。家园合作要考虑幼儿园和家庭双方的需求,但家园合作围绕的核心是儿童,他们是幼儿园和家庭服务的共同对象,促进儿童的全面发展是家园合作追求的最终目标。

38. × 【解析】本题考查幼儿园生活制度制定的依据。托幼机构的生活制度是指科学地把儿童每日在园的主要活动,如入园、进餐、盥洗、睡眠、游戏、户外活动、教育活动、离园等各个环节在时间和顺序上固定下来,并形成一种制度。托幼机构的生活制度必须首先考虑儿童的年龄特点,儿童年龄越小,其进餐的次数就越多,睡眠时间就越长,而每次游戏活动或教育活动的时间则越短。随着儿童年龄的增长,其进餐的次数以及睡眠时间可以逐渐减少,而每次游戏活动或教育活动的时间则可以逐渐延长。

39. √ 【解析】本题考查《3~6岁儿童学习与发展指南》的内容。《3~6岁儿童学习与发展指南》的健康领域指出,健康是指人在身体、心理和社会适应方面的良好状态。幼儿阶段是儿童身体发育和机能发展极为迅速的时期,也是形成安全感和乐观态度的重要阶段。发育良好的身体、愉快的情绪、强健的体质、协调的动作、良好的生活习惯和基本生活能力是幼儿身心健康的重要标志,也是其他领域学习与发展的基础。

40. × 【解析】本题考查《幼儿园教育指导纲要(试行)》的内容。《幼儿园教育指导纲要(试行)》健康领域中的指导要点指出,幼儿园必须把保护幼儿的生命和促进幼儿的健康放在工作的首位,树立正确的健康观念,在重视幼儿身体健康的同时,要高度重视幼儿的心理健康。

四、简答题(参考答案)

41. 简述4~5岁儿童"具有初步的阅读理解能力"的学习与发展目标。
(1)能大体讲出所听故事的主要内容;
(2)能根据连续画面提供的信息,大致说出故事的情节;
(3)能随着作品的展开产生喜悦、担忧等相应的情绪反应,体会作品所表达的情绪情感。

(共6分。少答或错答一条扣2分)

42. 简述《幼儿园教师专业标准(试行)》中对幼儿教师专业能力"反思与发展"的基本要求。
(1)主动收集分析相关信息,不断进行反思,改进保教工作;
(2)针对保教工作中的现实需要与问题,进行探索和研究;
(3)制定专业发展规划,积极参加专业培训,不断提高自身专业素质。

(共6分。少答或错答一条扣2分)

43. 简述幼儿园家长委员会的主要任务。
(1)对幼儿园重要决策和事关幼儿切身利益的事项提出意见和建议;
(2)发挥家长的专业和资源优势,支持幼儿园保育教育工作;
(3)帮助家长了解幼儿园工作计划和要求,协助幼儿园开展家庭教育指导和交流。

(共6分。少答或错答一条扣2分)

五、活动设计题(参考答案)

44. (一)活动名称

我要上小学了(大班)

(二)活动目标

(1)增进对小学的认识,了解小学生的学习和生活情况,激发争当小学生的愿望;
(2)找出小学与幼儿园的不同之处,提高观察分析能力;
(3)了解初入小学时会遇到的困难,尝试找出解决的办法,增强自信心。

(三)活动重难点

活动重点:增进对小学的认识,了解小学生的学习和生活情况。

活动难点:乐意与同伴交流分享自己对小学的了解,有争当小学生的愿望。

(四)活动准备

物质准备:教学挂图、小学生一日生活各个环节照片。

知识准备:(1)集体参观过小学,对小学环境有所了解;(2)请一位一年级学生准备好介绍第一天成为小学生的情况和小学学习、生活、环境的情况。

(五)活动过程

1. 观看照片,激发兴趣

(1)引导幼儿观看小学生一日生活各个环节片段的照片。

教师:今天,老师带来了小学哥哥姐姐的照片,你们想看吗?

(2)引导幼儿从学习、生活、环境三方面说出小学与幼儿园的区别。

教师:你觉得小学和幼儿园一样吗?有哪些不同呢?

2. 观察、交流,加深认识

(1)教师出示挂图并提问,启发幼儿思考,引导幼儿了解小学与幼儿园的区别。

①小学操场是什么样子的?操场上有什么?这些运动器材有什么作用?

②小学图书馆里有什么?它和幼儿园的阅读室有什么不同?我们可以在里面学到什么?

③小学教室的课桌、椅子和幼儿园一样吗?教室内还有哪些不一样的地方?

小结:当我们成为一名小学生的时候,这些地方就会成为我们的好朋友,我们可以在这些地方快乐运动、快乐阅读、快乐学习,掌握更多的新知识和新本领。

(2)经验交流,引导幼儿进一步了解小学生的学习和生活情况。

①教师:今天我请来了一位小姐姐,她是一年级小学生,现在,我们请她讲讲小学生的学习和生活是什么样的,好吗?大家欢迎!

②请小姐姐讲述成为小学生第一天的情况和现在学习、生活的情况。

③引导交流:刚才小姐姐讲到上幼儿园和上小学的起床时间一样吗?下课十分钟要做哪些事情?小学生还有哪些课外活动?

小结:原来小学和幼儿园有这么多不一样的地方。在学习、生活、环境上都有很大的改变,更重要的是读小学后我们会熟悉更多的小朋友和老师,会学到更多的本领。

3. 创设情景,操作体验

(1)教师:小朋友们,看小姐姐的衣领上系着什么?大家想学吗?请姐姐教我们系红领巾吧。

(2)成为小学生后,每天都要自己整理小书包,现在我们都来尝试一下好吗?

4. 分享交流,激发情感

(1)幼儿畅谈:我想就读的小学。

(2)小结:假如你们能在同一所小学读书的话,要继续互相学习、互相帮助,做一名优秀的小学生,争取早日戴上红领巾!

评分标准:

(1)活动目标(共1分。缺乏认知、行为、情感任意一方面的目标扣0.5分)

(2)活动重点和难点(共2分。重点1分,难点1分)

(3)活动准备(共1分。准备得当、充分1分)

(4)活动过程(共8分。①选择能吸引幼儿注意力的导入方式2分,若导入方式不能充分引发幼儿的兴趣,在不偏离主题的情况下可酌情给1分;②活动过程步骤清晰、注重幼儿主动探究6分,写出大致活动过程,在不偏离主题的情况下可酌情给3~4分;③结束环节能让幼儿保持愉快情绪并强化活动效果1分)

2022年安徽省安庆市宿松县教师招聘考试幼儿园教育理论基础真题试卷(八)

一、单项选择题

题序	1	2	3	4	5	6	7	8	9	10
答案	A	B	D	D	B	A	C	D	A	B
题序	11	12	13	14	15	16	17	18	19	20
答案	A	C	D	D	C	A	C	B	C	B
题序	21	22	23	24	25	26	27	28	29	30
答案	D	A	A	A	C	B	D	B	A	B
题序	31	32	33	34	35	36	37	38	39	40
答案	A	C	C	D	A	缺	D	B	A	缺

1. A 【解析】本题考查学前教育的功能。学前教育的政治功能体现在下列几个方面:(1)促进下一代的政治社会化;(2)培养社会需要的政治人才;(3)促进政治民主化;(4)促进社会公平;(5)通过传播思想,形成舆论,对社会政治直接产生影响。幼儿园通过传播科学真理,弘扬优良道德,形成正确的舆论,为幼儿成为一名合格的社会公民奠定基础,体现的是学前教育的政治功能。

2. B 【解析】本题考查幼儿德育实施的途径。日常生活是实施幼儿德育最基本的途径。幼儿德育应贯穿于幼儿的日常生活之中。幼儿在日常生活中,在与同伴、成人交往的过程中,了解人与人之间、人与社会之间、人与物之间的关系,了解一定的行为准则,并且进行各种行为练习,日积月累、循序渐进,逐步形成某些良好的行为品质。

3. D 【解析】本题考查正确儿童观的树立。每个儿童都拥有出生权、姓名权、国籍权、生存权、发展权、学习权、游戏权、娱乐权、休息权、受教育权等,应该得到我们的承认、尊重和保护。题干中幼儿园组织制定园规的活动,让幼儿也有机会参与到活动当中,体现了儿童有参与各种活动的权利。

4. D 【解析】本题考查幼儿教师的能力素养。幼儿教师的组织能力首先表现在善于制定教育工作的计划、备课、组织幼儿日常生活的各项活动环节及游戏、上课、体育活动方面。教师必须充分估计各项活动的时间和内容,充分考虑幼儿的发展水平及各种具体情况,善于规划自己的行动,做到计划性和灵活性相结合,使幼儿的活动很充实,既不过分匆忙也不拖延时间。教师还要善于集中全班孩子的注意力,调动每个孩子的积极性,使他们能够积极参加活动。题干中,教师在模拟环境中组织幼儿学习红绿灯知识,体现了教师的组织能力。

5. B 【解析】本题考查幼儿教师的职业道德。家长是幼儿园重要的合作伙伴。幼儿园教师要本着尊重、平等、合作的态度,与家长保持密切的联系,及时沟通幼儿在园和在家的表现。题干中付老师与家长一起交流育儿心得,帮助家长解决在教育子女上遇到的问题,这体现了付老师懂得尊重和团结家长,能为家长提供家庭教育指导。故B项正确,A项、C项说法错误。幼儿教师是幼儿学习的指导者,主要表现为幼儿教师在幼儿学习过程中为幼儿提供新的玩具、设计问题、用问题引导幼儿的思考等。幼儿教师是幼儿的第二任母亲,主要表现为幼儿教师满足幼儿的各种心理需求,给予幼儿以母亲般的热爱和照顾,消除幼儿离家后的各种焦虑和不安情绪。这两方面在题干中均未体现,故D项错误。

6. A 【解析】本题考查国外学前教育理论的产生和发展。柏拉图是历史上最早论述优生优育问题的思想家,他强调胎教对儿童发展的重要性。

7. C 【解析】本题考查自然主义教育的儿童观。以卢梭为代表的自然主义教育家把锋芒直接指向压制人性、忽视儿童特点、束缚人的自由发展的封建教育,要求人们确立正确的儿童观,尊重儿童的权利,遵循儿童发展的自然规律,培养反对封建教育的"自然人"。

8. D 【解析】本题考查陶行知的学前教育思想。陶行知在教育实践中,用艺友制的办法培养了一批幼儿师资,为学前教育的发展创造了条件。

9. A 【解析】本题考查幼儿园教育的原则。幼儿园的活动不应当是单一的。因为活动的内容、形式不同,在幼儿发展中的作用是不一样的。教师要注意教育活动的多样性,才能有效地促进幼儿发展。

10. B 【解析】本题考查学前教育的特点。直接经验性是指在学前教育阶段,由于学前儿童的认知水平比较低,知识经验欠缺,他们认识事物主要是通过感官和动作,与周围生活环境中的事物直接接触,进行感知和操作,获取直接经验。题干中教师通过让幼儿亲身接触扫把,并尝试做出扫地动作,使得幼儿真正理解应当如何使用扫把,这体现了学前教育的直接经验性特点。

11. A 【解析】本题考查学前社会教育的方法。榜样示范法是指在学前社会教育中,教师用他人的好思想、好行动和英雄事迹去影响和教育儿童,形成良好社会品质的方法。

12. C 【解析】本题考查幼儿园班级管理的原则。参与性原则是指教师在管理过程中不以管理者的身份高高在上,而是要以多种形式参与到幼儿的活动之中,在活动中民主、平等地对待幼儿,与幼儿共同开展有益的活动。

13. D 【解析】本题考查幼儿园晨检工作。晨检的工作重点是"检",即检查幼儿的身心状况。检查步骤可概括为一问、二摸、三看、四查。一问:即儿童入园时,询问家长,了解儿童在家的健康状况,如食欲、睡眠、大小便、精神等,以及有无传染病接触史。二摸:摸儿童额部、手心是否发烫,摸腮腺及淋巴有无肿大。三看:观察儿童的精神状态以及脸色是否正常、眼睛是否有流泪、眼结膜是否充血、皮肤是否有皮疹等。四查:检查儿童口袋里有无不安全的东西,如小刀、弹弓、别针、小钉子、玻璃片、黄豆等。

14. D 【解析】本题考查幼儿园一日生活环节中进餐的注意事项。进餐前后不做剧烈运动。饭前半小时,教师可组织学前儿童进行一些安静的游戏。故D项错误。

15. C 【解析】本题考查学前儿童社会教育内容选择的原则。时代性与民族性原则是指学前儿童社会教育的内容既要体现时代发展的特点,又要体现传统文化的特色。坚持这一要求才能使学前儿童社会教育的内容在适应时代变化的同时,又能发扬民族优秀的文化传统。对民族性的强调是因为社会的发展是有传承性的,儿童的社会学习不仅有时代的内容,也有超越时代的内容。根据民族性原则,学前儿童社会教育内容的选择应当注意:挖掘优秀的传统文化内容,如我国的民间艺术、传统节日、民间风俗习惯、人文景观等。

16. A 【解析】本题考查学前儿童心理健康教育的内容。学前儿童心理健康教育的内容包括:(1)学习表达和调节自己情绪的方法;(2)培养社会交往能力;(3)锻炼独立生活和学习的能力;(4)学习养成良好的习惯;(5)性教育;(6)预防心理障碍和行为异常。

17. C 【解析】本题考查学前儿童体育活动常用的基本方法。游戏法是通过游戏的方式,在规则许可的范围内,充分发挥个人的主动性和创造性,以达到教学目的的一种方法。在幼儿园体育教学中,游戏法是最常用、最有效的一种主要方法。它突出的优点是能引起学前儿童浓厚的兴趣,产生强烈的练习欲望,提高教学的效果。

18. B 【解析】本题考查学前语言教育的年龄阶段目标。小班幼儿在听说游戏中的目标为:(1)乐于参加游戏活动,在游戏中大胆地说话;(2)发准某些难发的音,初步掌握方位词及人称代词,学习正确运用动词;(3)在游戏中尝试按照规则运用简单句说话;(4)养成在集体活动中倾听别人讲话的习惯,能听懂并理解较简单的语言游戏规则。

19. C 【解析】本题考查强化的分类。正强化也称积极强化,是通过呈现想要的愉快刺激来增强反应频率;负强化也称消极强化,是通过消除或中止厌恶、不愉快刺激来增强反应频率。题干中对幼儿能在阅读活动中保持安静的行为予以表扬属于呈现愉快刺激,最终使得幼儿在今后阅读活动中保持安静的行为增加了,故属于正强化。自我强化是指对自己表现出的符合或超出标准的行为进行自我奖励。替代强化是指观察者因看到榜样的行为被强化而受到强化。两者均不符合题意。

20. B 【解析】本题考查测量的类型。非正式量具测量也称自然测量,指不采用通用、标准的量具,而是运用一些自然物如木棍、积木、绳子、手指、手臂、步长等作为量具,对物体进行直接测量的方法。题干中幼儿用脚掌量教室的宽度,属于自然测量。

21. D 【解析】本题考查幼儿园音乐教育的方法。联想仿创法是指引导幼儿根据音乐、歌曲、情境,通过联想、想象,富于创造性地表现和创造音乐的方法。比如,听音乐想象故事,听音乐编动作,听音乐画图,跟随音乐演奏乐器,创编新动作、新歌词等。

22. A 【解析】本题考查学前儿童的活动。学前儿童的活动主要包括对物的操作活动和与人的交往活动。活动是促进学前儿童心理发展的有效途径。重视学前儿童的活动尤其是游戏,对学前儿童的心理发展具有重要意义。

23. A 【解析】本题考查学前儿童思维发展的特点。思维的去自我中心主义是幼儿抽象思维发展的特点之一,这一时期的幼儿开始逐渐意识到他人与自己的立场、观点、角度可能是不同的,能够克服思维自我中心主义的局限,学会站在他人的角度来看待、分析问题。

24. A 【解析】本题考查加德纳的多元智能理论。加德纳的多元智能理论指出,人是具有多种智力的个体,人的多种智力都与具体的认知领域或知识范畴紧密相关且独立存在。

25. C 【解析】本题考查幼儿生长发育评价的指标。评价幼儿生长发育的指标,包括形态指标、生理功能指标、心理指标。

26. B 【解析】本题考查学前儿童体育活动的目标及安排。长跑项目即长距离跑步,路程通常在5000米及以上。幼儿身心发展尚未成熟,《3～6岁儿童学习与发展指南》中的发展目标指出,小班幼儿能快跑15米左右,能行走1公里左右(途中可适当停歇);中班幼儿能快跑20米左右,能连续行走1.5公里左右(途中可适当停歇);大班幼儿能快跑25米左右,能连续行走1.5公里以上(途中可适当停歇)。

27. D 【解析】本题考查知觉的规律。当知觉的条件在一定范围内改变时,知觉的映象仍然保持相对不变,这就是知觉的恒常性。恒常性在视觉中最为明显,表现在大小、形状、亮度、颜色等方面。题干中从教室的不同方位来看同一幅画,投射到视网膜上的视像大小相差很大,但人们还是能按实际大小来知觉,知道画的大小不会变。这属于知觉的恒常性。

28. B【解析】本题考查注意的分配。在同一时间内,把注意分配到两种或几种不同的对象与活动上,这就是注意的分配。如幼儿一边唱歌,一边跳舞;同学们一边记笔记,一边听老师讲课等都是注意的分配。题干中悠悠一边弹琴,一边唱歌属于注意的分配。

29. A【解析】本题考查学前儿童的记忆策略。定位策略是指儿童对目标刺激"贴上"某种特定的标签以便于记忆。

30. B【解析】本题考查情感的分类。道德感是因自己或别人的言行是否符合社会道德标准而引起的情感体验。题干中琳琳看到小虎乱扔垃圾这一不符合社会道德标准的事,就觉得生气,属于道德感。

31. A【解析】本题考查动机冲突的形式。双趋式冲突是指当一个人追求同时并存的两个有利目标,但又不可能同时都得到满足,只能求其一,不知究竟选择哪个时所产生的心理矛盾冲突。如"鱼我所欲也,熊掌亦我所欲也",但二者不可以兼得。题干中老师让幼儿选择一种点心,笑笑既想选择苹果,又想选择香蕉,其面临的冲突是双趋式冲突。

32. C【解析】本题考查迁移的分类。一般迁移也称非特殊迁移、普遍迁移,是指一种学习中所习得的一般原理、原则和态度对另一种具体内容学习的影响,即原理、原则和态度的具体应用。例如,获得基本的运算技能、阅读技能后运用到各种具体的学科学习中。题干中小黄把搭建积木的技巧运用到了搭房子中,属于一般迁移。

33. C【解析】本题考查幼儿游戏的分类。结构性游戏又称建构游戏或造型游戏,是指儿童运用积木、积塑、金属材料、泥、沙等各种材料进行建构或构造,从而创造性地反映现实生活的游戏。

34. D【解析】本题考查幼儿教师的职业道德。家长是幼儿园重要的合作伙伴。幼儿园教师要本着尊重、平等、合作的态度,与家长保持密切的联系,及时沟通幼儿在园和在家的表现。

35. A【解析】本题考查《幼儿园教育指导纲要(试行)》的内容。《幼儿园教育指导纲要(试行)》中科学领域的目标包括:(1)对周围的事物、现象感兴趣,有好奇心和求知欲;(2)能运用各种感官,动手动脑,探究问题;(3)能用适当的方式表达、交流探索的过程和结果;(4)能从生活和游戏中感受事物的数量关系并体验到数学的重要和有趣;(5)爱护植物,关心周围环境,亲近大自然,珍惜自然资源,有初步的环保意识。

36. 缺

37. D【解析】本题考查《幼儿园工作规程》的内容。《幼儿园工作规程》第十一条指出,幼儿园每班幼儿人数一般为:小班(3周岁至4周岁)25人,中班(4周岁至5周岁)30人,大班(5周岁至6周岁)35人,混合班30人。寄宿制幼儿园每班幼儿人数酌减。

38. B【解析】本题考查《幼儿园工作规程》的内容。《幼儿园工作规程》第八条指出,幼儿园每年秋季招生。平时如有缺额,可随时补招。

39. A【解析】本题考查《3~6岁儿童学习与发展指南》的内容。《3~6岁儿童学习与发展指南》健康领域中动作发展部分目标1"具有一定的平衡能力,动作协调、灵敏"指出,5~6岁的幼儿能躲避他人滚过来的球或扔过来的沙包。

40. 缺

二、多项选择题

题序	41	42	43	44	45
答案	ABC	BCD	ABCD	ABCD	ABC
题序	46	47	48	49	50
答案	ABC	ABCD	AB	BCD	ABCD

41. ABC 【解析】本题考查学前教育的原则。贯彻科学性、思想性原则,要做到以下几点:(1)教育内容应是健康、科学的;(2)教育要从实际出发,对儿童健康发展有利;(3)教育设计和实施要科学、正确。

42. BCD 【解析】本题考查对大班幼儿开展的专门的入学准备工作。从幼儿园大班开始,可以将小学生应达到的基本要求融入幼儿园的一日活动中,逐步养成小学生应有的学习品质和行为习惯。例如,按时作息、按时上学、按时完成作业、遵守上课纪律、不做小动作、勤于动脑等。同时,还要不断提高幼儿的学习能力,重视培养幼儿听(专心听讲)、说(大胆表达)、写(前书写)、看(前阅读)的能力,从而使幼儿更快地适应小学的学习生活,并得以顺利过渡。

43. ABCD 【解析】本题考查幼儿性格的年龄特点。幼儿性格的年龄特点包括:(1)活泼好动;(2)好奇好问;(3)喜欢交往;(4)独立性不断发展;(5)易受暗示,模仿性强;(6)坚持性随年龄增长不断提高;(7)易冲动,自制力差,同时自制力不断发展。

44. ABCD 【解析】本题考查语言教学游戏的主要类型。听说游戏是指由教师设计组织,有明确的语言学习指向目标,有明确的语义内容的语言教学游戏。它可以分为:(1)语音练习的游戏;(2)词汇练习的游戏;(3)句子和语法练习的游戏;(4)描述练习的游戏。

45. ABC 【解析】本题考查规则引导法的操作要领。规则引导法的操作要领:(1)规则的内容要明确且简单易行;(2)要提供给幼儿实践的机会,使幼儿在活动中掌握规则;(3)教师要保持规则的一贯性。

46. ABC 【解析】本题考查学前教育机构与家庭合作共育的任务。学前教育机构与家庭合作的任务主要包括:(1)促进双方取得教育的共识;(2)促进双方有效互动,磋商共育策略;(3)盘活和优化整合家庭教育资源,实现教育效益最大化。

47. ABCD 【解析】本题考查杜威的学前教育思想。教育即生长,杜威的生长论受到了生物进化论及机能心理学与本能心理学的直接影响,这代表了杜威的儿童发展观,主要表现为以下四方面的含义:(1)生长是个连续性和阶段性相联结的动态的心理发展过程;(2)生长必须以儿童的本能、能力为依据;(3)习惯是生长的表现;(4)儿童的本能、能力的生长是通过其经验不断改组改造的活动而得以完成和实现的。杜威认为,是否帮助儿童生长是衡量学校教育价值的标准。

48. AB 【解析】本题考查碳水化合物的组成。碳水化合物是一大类含有碳、氢、氧元素的化合物,又称糖类。食物中所含的碳水化合物,一部分可被人体吸收,另一部分则不能被消化吸收,两部分各有其生理作用。能被人体吸收的糖类包括单糖(葡萄糖、果糖、半乳糖等)、双糖(蔗糖、麦芽糖、乳糖)及多糖中的淀粉、糊精等。不能被人体吸收的糖类包括多糖中的纤维素、果胶等,总称"膳食纤维"。

49. BCD 【解析】本题考查物理消毒法。物理消毒法是简便易行、较为有效的消毒法。它又分为机械法、煮沸法、日晒法三种。

50. ABCD 【解析】本题考查《幼儿园教育指导纲要(试行)》的内容。《幼儿园教育指导纲要(试行)》社会领域指导要点指出,幼儿与成人、同伴之间的共同生活、交往、探索、游戏等,是其社会学习的重要途径。应为幼儿提供人际间相互交往和共同活动的机会和条件,并加以指导。

三、判断题

题序	51	52	53	54	55	56	57	58	59	60
答案	√	×	√	√	×	√	×	√	×	√
题序	61	62	63	64	65	66	67	68	69	70
答案	×	√	×	√	×	缺	√	√	√	√

51. √ 【解析】本题考查皮亚杰的认知发展阶段理论。感知运动阶段是儿童智力发展的萌芽阶段,是以后发展的基础。在这个阶段,儿童通过不断地和外界交往,动作慢慢协调起来,并逐渐知道自己的动作及其对外物所引起的效果之间的关系。

52. × 【解析】本题考查学前儿童动作的发展。动作可以分为粗大动作和精细动作。儿童动作的发展,先从粗大动作开始,而后才学会比较精细的动作。粗大的动作是指活动幅度较大的动作,也是大肌肉群的动作,包括抬头、翻身、坐、爬、走、跑、跳、踢、走平衡等。大肌肉动作常常伴随强有力的大肌肉的伸缩和全身运动神经的活动,以及肌肉活动的能量消耗。精细动作是指小肌肉动作,如吃、穿、画画、剪纸、玩积木、翻书、穿珠子等。手接球这一活动首先需要幼儿活动手臂,在接球过程中幼儿伴随他人的传球而跑动,故这一活动的重点在于发展幼儿的大肌肉群动作。

53. √ 【解析】本题考查学前儿童记忆的发展趋势。幼儿健忘是指3岁前儿童的记忆一般不能永久保持。幼儿脑的各个区域的成熟不是同时完成的,而是有先后的。先发育的脑区域在3岁左右承担了记忆的任务,但随着脑的其他区域的发展,晚成熟的脑区域控制了先成熟的脑区域,从而妨碍了原先所学东西的保持,使人回忆不起更早发生的事情。

54. √ 【解析】本题考查幼儿无意想象的特点。幼儿无意想象的过程受情绪和兴趣的影响。情绪高涨时,幼儿想象就活跃,不断出现新的想象结果。如在幼儿园中,老师亲了一下孩子,那么他就会产生丰富的联想,头脑中浮现出老师喜欢他的情景。另外,兴趣也影响孩子的想象。对于幼儿感兴趣的游戏和学习,他就会长时间去想象,专注于这个活动;而对不感兴趣的活动,则缺乏想象,往往是消极地应付或远离这项活动。

55. × 【解析】本题考查学前儿童词汇的发展。幼儿期是人一生中词汇量增加最快的时期。在幼儿期内,词汇量年年增加。

56. √ 【解析】本题考查婴幼儿情绪情感的发展。陌生人焦虑是指婴幼儿对陌生人的警觉反应。大多数婴儿在形成对亲人的依恋之前(即六七个月之前),对陌生人的反应通常是积极的。但从六七个月以后,他们开始害怕陌生人;8~10个月时最为严重,一周岁以后强度逐渐减弱。但这种陌生人焦虑到4岁时也还没有完全消失,尤其是在陌生环境里接近陌生人时,他们还会表现出警觉。

57. × 【解析】本题考查气质的概念。气质是个人心理活动的稳定的动力特征。心理活动的动力特征主要指心理过程的速度和稳定性、心理过程的强度和心理活动的指向性等方面的特点。"禀性""脾气"是气质的通俗说法。现代心理学一般认为,气质是不以活动目的和内容为转移的典型的、稳定的心理活动的动力特征。

58. √ 【解析】本题考查学前儿童的全面发展。培养身心健全的人是教育最根本的目标。社会性发展是幼儿身心健全发展的重要组成部分,它与体格发展、认知发展共同构成幼儿发展的三大方面。

59. × 【解析】本题考查影响依恋的因素。婴儿是否能够形成安全型依恋受到许多因素的影响,主要有儿童的主要照看者、儿童的特点、家庭及社会文化背景等方面。其中稳定的照看者是儿童依恋形成的必要条件,通常这个人是母亲。母亲在婴儿依恋的形成过程中扮演着重要的角色。如果由于某种原因导致照看者不稳定,将对儿童依恋的形成起到破坏性作用。

60. √ 【解析】本题考查幼儿园环境创设的一般原则。幼儿园环境创设的开放性原则是指创设幼儿园环境时应把大小环境有机结合,形成开放式的幼儿教育系统。

61. × 【解析】本题考查家园合作的形式。家长学校是普及家教知识的有效渠道,其主要任务是系统地向家长讲授教育子女的科学知识。而家庭访问的目的在于深入了解儿童在家中的真实情况,家长对学前教育的认识、态度和方法,家庭及其周围环境对儿童身心发展的影响等。针对个别儿童的具体表现,与家长共同商讨教育儿童的措施,以及介绍儿童在班上的进步情况与存在的问题,争取家长与幼儿园的密切合作。家庭访问体现着教师对儿童的亲切关怀、对家长的尊重与理解以及教育的责任感。

62. √ 【解析】本题考查幼儿亲社会行为的发展。亲社会行为又称为积极的社会行为,指一个人帮助或打算帮助他人,做有益于他人的事的行为和倾向。儿童在很小的时候就通过多种方式表现出亲社会行为,尤其是同情、帮助、分享、谦让等利他行为。亲社会行为的发展是幼儿道德发展的核心问题。

63. × 【解析】本题考查幼儿游戏的类型。帕登认为儿童之间的社会性互动随着年龄的增长而增加,他把游戏分为以下六种:(1)非游戏行为;(2)旁观游戏;(3)独立游戏;(4)平行游戏;(5)联合游戏;(6)合作游戏。其中独立游戏是指儿童2岁半以后能自己玩玩具,进行游戏,不参与别人的游戏,似乎没有意识到其他儿童的存在。合作游戏是幼儿后期出现较高级的游戏形式。

64. √ 【解析】本题考查蒙台梭利的教育思想。在蒙台梭利教育中,感觉教育是重要内容。她认为3~6岁是幼儿身心迅速发展的时期,幼儿的各种感觉先后处于敏感期,因此必须对幼儿进行系统的和多方面的感官训练,使他们通过与外部世界的直接接触发展敏锐的感觉和观察力,为高级的智力活动和思维发展奠定基础。

65. × 【解析】本题考查《幼儿园工作规程》的内容。《幼儿园工作规程》第五十四条指出,幼儿园应当成立家长委员会。家长委员会的主要任务是:对幼儿园重要决策和事关幼儿切身利益的事项提出意见和建议;发挥家长的专业和资源优势,支持幼儿园保育教育工作;帮助家长了解幼儿园工作计划和要求,协助幼儿园开展家庭教育指导和交流。家长委员会在幼儿园园长指导下工作。

66. 缺

67. √ 【解析】本题考查《幼儿园教育指导纲要(试行)》的内容。《幼儿园教育指导纲要(试行)》中健康领域的指导要点指出,幼儿园必须把保护幼儿的生命和促进幼儿的健康放在工作的首位,树立正确的健康观念,在重视幼儿身体健康的同时,要高度重视幼儿的心理健康。

68. √ 【解析】本题考查《幼儿园教育指导纲要(试行)》的内容。《幼儿园教育指导纲要(试行)》组织与实施部分第七条指出,教育活动的组织形式应根据需要合理安排,因时、因地、因内容、因材料灵活地运用。

69. √ 【解析】本题考查《新时代幼儿园教师职业行为十项准则》的内容。《新时代幼儿园教师职业行为十项准则》中指出,幼儿教师要坚守廉洁自律。严于律己,清廉从教;不得索要、收受幼儿家长财物或参加由家长付费的宴请、旅游、娱乐休闲等活动,不得推销幼儿读物、社会保险或利用家长资源谋取私利。

70. √ 【解析】本题考查《新时代幼儿园教师职业行为十项准则》的内容。《新时代幼儿园教师职业行为十项准则》中指出,教师是人类灵魂的工程师,是人类文明的传承者。

四、简答题(参考答案)

71. 简述预防幼儿攻击性行为的方法。

(1)创设良好环境,控制环境和传媒的影响;

(2)改善亲子关系,纠正家长不正确的教育方法;

(3)提高儿童的自控能力和交往技能,帮助儿童掌握解决社会性冲突的技能;

(4)提高儿童的社会认知水平和移情能力;

(5)引导儿童掌握合理的心理宣泄方法;

(6)及时表扬和奖励儿童亲社会行为。

(共6分。每条1分)

72. 简述学前儿童早期阅读活动目标。

(1)认知目标:懂得口语与文字和图书的对应与转换关系。

(2)情感、态度目标:对图书和文字产生兴趣,喜欢认读常见的简单的独体汉字。

(3)能力和技能目标:掌握阅读图书的基本方法;能集中注意阅读图书,倾听、理解图书内容;能学会制作图书并配以文字说明;了解汉字的书写风格,主动积极地认读常用字;能按规范笔顺书写自己的姓名和一些常见的独体汉字。

(共6分。每条2分)

五、论述题(参考答案)

73. 幼小衔接是长期被教育工作者和家长所关注却一直没有得到很好的解决的难题,请论述解决这一问题有何重要意义。

(1)做好幼儿园与小学的衔接工作,是学前儿童身心健康发展的需要。尽管幼儿园和小学是两个不同性质、不同教育任务和不同教育要求的独立教育机构,但儿童身心发展的内在规律决定了教育应从连续性、整体性出发,从生理、心理等各方面做好充分准备,实现从一个教育阶段到另一个教育阶段的自然、顺利过渡。

(2)做好幼儿园与小学的衔接工作,是儿童入学适应不良现状的实践要求。幼儿园阶段和小学阶段在主导活动、生活环境、规章制度、师生关系和社会要求等方面均存在较大差异。这些差异带来了儿童入学后出现的诸多身体、精神、社会适应等方面的不良反应和不适应状态。这些现实决定了学前儿童从幼儿园进入小学并开始新的生活之前应该接受一定的调整和准备工作,建立一系列过渡性的行为方式,以满足新的教育阶段的新要求。

(3)做好幼儿园与小学的衔接工作,是幼儿园教育内容的重要组成部分。《幼儿园工作规程》与《幼儿园教育指导纲要(试行)》都曾指出,做好幼儿园与小学的衔接工作,是幼儿园阶段的一项基本教育任务,是教育内容的重要组成部分而不是额外增加的工作。

(4)做好幼儿园和小学的衔接工作,符合世界幼儿园教育的发展潮流。幼儿园与小学的衔接问题,是世界性的问题。继续加强幼小衔接工作的研究和实践,可以进一步推动这一世界性问题的解决与发展,同时也是对世界学前教育工作的一大贡献。

(共10分。每条2.5分)

74. 请论述幼儿园心理环境对幼儿发展的影响。

(1)影响幼儿情绪情感的健康发展。良好的幼儿园心理环境可以使整个幼儿园在一种和谐的人际关系和快乐的氛围中开展活动,给幼儿提供一个和谐、健康、有安全感的发展空间。幼儿园里正确的教育理念、平等和谐的人际关系能使幼儿产生信赖、轻松愉快的心理,产生安全感和自由感,并养成良好的行为习惯;相反,专制、冷漠的心理环境易导致幼儿产生紧张、焦虑情绪,甚至诱发一些不良行为,如攻击性行为。

(2)影响幼儿创造潜能的发展。宽松和谐的心理氛围有助于幼儿的主动学习和探索创造,而专制与严肃的心理环境则将压抑和束缚幼儿的创造性发展。

(3)影响幼儿人格的形成。娇宠、放任的环境容易使人任性,专制的环境容易使人抑郁,民主的环境则有利于个体形成活泼开朗的性格。

(共10分。少答一条扣4分)

六、案例分析题(参考答案)

75. 小新出现上述问题的原因:

(1)尚未形成对事物归属性的概念。对他们来说,想要就是拥有。案例中小新因为想要彩笔就去随意拿别的小朋友的彩笔。喜欢西红柿就把老师发给别的小朋友的西红柿也据为己有。这表明小新尚未形成事物归属性的概念。

(2)个人需求没有得到满足。案例中小新一直想要彩笔,但家长因为忙一直没给他买,导致他去拿别人的彩笔。因为喜欢吃西红柿,但老师未提供足量的西红柿,也间接导致了小新抢夺别的小朋友的西红柿。

(3)别的小伙伴对小新抢夺物品行为的消极反应。案例中很多小朋友都看到是小新拿了悠悠和小康的彩笔,但却未及时制止,助长了小新抢夺他人物品的行为。

(共6分。每条2分)

如何教育小新:

(1)帮助小新形成事物归属性的概念。启发小新想用别人物品时使用礼貌用语,可以向他提问"这个彩笔不是你的,你想用该说什么呢?"

(2)了解幼儿的真正需要,提供必要的帮助和干预措施。"老师知道你喜欢彩笔,可爸爸妈妈因为工作忙没时间给你买,老师可以帮你提醒爸爸妈妈给你买。老师这儿刚好也有一盒彩笔,可以先借给你。"

(3)帮助幼儿设身处地地思考被抢夺物品者的感受,引导小新自觉改正这一行为。"你拿走别人的彩笔跟西红柿,别人跟你一样也喜欢这些东西,被抢走后是不是会很难过啊?"

(4)用发展的观点去对待幼儿,注意自身态度和说话语气。"老师相信你是一个好孩子,以后肯定不会再出现这一行为。如果你愿意把东西还给别的小朋友,他们以后也会非常愿意和你成为朋友呢!"

(共10分。每条2.5分)

2022年江苏省淮安市淮阴区教师招聘考试幼儿园教育理论基础真题试卷(九)

第一部分 公共知识部分

一、单项选择题

题序	1	2	3	4	5	6	7	8
答案	A	C	A	D	D	D	D	C
题序	9	10	11	12	13	14	15	16
答案	A	C	A	A	B	C	A	A

1. A 【解析】本题考查《学记》的教育思想。A项,"不愤不启,不悱不发"这句话出自《论语》,意为:不到他努力想弄明白而不得的程度不要去开导他;不到他心里明白却不能完善表达出来的程度不要去启发他。故A项不属于《学记》中的教育思想,本题选A项。B项,《学记》提出:"君子如欲化民成俗,其必由学乎!"强调教育在教化百姓方面的重要作用。C项,《学记》提出了教学相长和豫时孙摩的教学原则,其中,豫时孙摩包括:预防+及时施教+循序渐进+观摩学习。D项,《学记》提出了启发诱导的教学原则,反对死记硬背,主张启发式教学,主张开导学生,但不要牵着学生走;对学生提出较高的要求,但不能使学生灰心:"故君子之教,喻也。道而弗牵,强而弗抑,开而弗达。道而弗牵则和,强而弗抑则易,开而弗达则思。和、易以思,可谓善喻矣"。

2. C 【解析】本题考查教育制度的发展历史。教育制度的发展经历了从前制度化教育到制度化教育,再到非制度化教育的过程。非制度化教育是相对于制度化教育而言的。它指出了制度化教育的弊端,但又不是对制度化教育的全盘否定。非制度化教育所推崇的理想是:"教育不应再限于学校的围墙之内。"故本题答案选C项。

3. A 【解析】本题考查个体身心发展的规律。A项,顺序性是指人的身心发展是一个由低级到高级、由简单到复杂、由量变到质变的连续不断的发展过程。题干中,"欲速则不达"的意思是指过于性急求快,反而不能达到目的。这说明做事时应做到循序渐进,即教育工作要遵循个体身心发展的顺序性规律。故本题选A项。B项,阶段性是指个体在不同的年龄阶段表现出身心发展不同的总体特征及主要矛盾,面临着不同的发展任务。C项,个体身心发展的不平衡性主要表现在两个方面。一方面是指身心发展的同一方面的发展速度,在不同的年龄阶段是不平衡的。另一方面是就个体身心发展的不同方面而言的。D项,互补性是指机体某一方面的机能受损甚至缺失后,可通过其他方面的超常发展得到部分补偿。互补性也存在于心理机能与生理机能之间。

4. D 【解析】本题考查教师职业的特点。教师职业是一种专门职业,教师是专业人员。所谓"学者未必是良师",是说即便一个优秀的学者,如果没有经过专业化训练,也未必能成为一名优秀的教师。这体现了教师职业的专业性,故答案选D项。

5. D 【解析】本题考查马克思主义关于人的全面发展学说。马克思主义关于人的全面发展学说是我国确定教育目的的理论依据和基础。其基本内容包括:(1)人的全面发展;(2)旧式分工造成了人的片面发展;(3)机器大工业生产为人的全面发展提供了基础和可能;(4)社会主义制度是实现人的全面发展的社会条件;(5)教育与生产劳动相结合是"造就全面发展的人的唯一方法"。故本题答案选D项。

6. D　【解析】本题考查德育过程的基本规律。个体的思想品德是在活动和交往的过程中,接受外界教育影响,逐渐形成和发展,并通过活动和交往的过程表现出来的。题干引文表明德育过程是组织学生的活动和交往,统一多方面教育影响的过程。

7. D　【解析】本题考查课程资源的概念。课程资源是指课程设计、实施和评价等整个课程教学过程中可以利用的一切人力、物力以及自然资源的总和,包括教材、教师、学生、家长以及学校、家庭和社区中所有有利于实现课程目标,促进教师专业成长和学生有个性的全面发展的各种资源。故本题答案选D项。

8. C　【解析】本题考查教学过程的基本规律。传授知识与思想品德教育相统一的规律即教学的教育性规律,指的是在教学过程中,学生掌握科学文化知识和提高思想品德修养是相辅相成的。题干中,赫尔巴特的"教学永远具有教育性"思想反映的正是知识与思想品德的关系。C项正确。

9. A　【解析】本题考查教学原则。启发性原则是指在教学活动中,教师要调动学生的主动性和积极性,引导他们通过独立思考、积极探索,生动活泼地学习,自觉地掌握科学知识,提高分析问题和解决问题的能力。第斯多惠这句话的意思就是直接教给学生真理不如教学生如何发现真理,这是一种启发性的教学。故第斯多惠的名言体现了教学中要贯彻启发性原则。

10. C　【解析】本题考查课堂问题行为的矫正。个别学生有时为了引起教师和其他同学的注意,会做出一些问题行为。这时,如果教师直接干预,正好迎合了学生的目的,会对其问题行为起到强化作用。在这种情况下,教师采取有意忽视的态度,装作视而不见,是比较合适的处理方式。故针对学生故意弄出声响以引起老师注意的行为,老师采取有意忽视的方式最为适宜,本题答案选C项。

11. A　【解析】本题考查注意的基本特征。注意的分散(分心),是指注意离开了当前应当完成的任务而被无关的事物所吸引。题干中,一位学生推门而进引起大家的注意属于注意的分散。故本题答案选A项。B项,注意的起伏是指短时间内注意周期性地不随意跳跃现象。它是由人的感受性不能长时间地保持固定的状态,而是间歇性地加强和减弱造成的。C项,注意的转移是根据新的任务,主动地把注意从一个对象转移到另一个对象或由一种活动转移到另一种活动的现象。D项,注意的分配,是指人在进行两种或多种活动时能把注意指向不同对象的现象。

12. A　【解析】本题考查知觉的规律。知觉的理解性是指人以知识经验为基础对感知的事物加工处理,并用语词加以概括赋予说明的加工过程。题干中,"外行看热闹,内行看门道"指的是不懂行的只看事物的表面,懂行的却看其关键所在,体现的是知觉的理解性。故本题答案选A项。B项,知觉的选择性是指当面对众多的客体时,知觉系统会自动地将刺激分为对象和背景,并把知觉对象优先地从背景中区分出来。C项,知觉的整体性是指人根据自己的知识经验把直接作用于感官的客观事物的多种属性整合为统一整体的过程。D项,知觉的恒常性是指客观事物本身不变,但知觉条件在一定范围内发生变化时,人的知觉映像仍相对不变。

13. B　【解析】本题考查干扰说。干扰说认为,遗忘是因为在学习和回忆之间受到其他刺激的干扰。一旦干扰被排除,记忆就能恢复,而记忆痕迹并未消退。干扰说可用前摄抑制和倒摄抑制来说明。前摄抑制是先学习的材料对识记和回忆后学习的材料的干扰作用。倒摄抑制是后学习的材料对保持和回忆先学习的材料的干扰作用。题干中,早上学习效果好是因为只受倒摄抑制的影响,晚上学习效果好是因为只受前摄抑制的影响。前摄抑制与倒摄抑制的任意一种都可以被称为单一抑制。B项正确。而学习的材料既受到了前摄抑制的干扰,又受到了后摄抑制的干扰被称为双重抑制。

14. C 【解析】本题考查思维的品质。思维的灵活性是指能灵活地思考问题。它表现为能从不同角度、运用不同方法思考问题,在条件发生变化时,能随机应变,及时地改变原有计划、方案,寻找新的解决问题的途径。故"足智多谋,随机应变"体现了思维的灵活性。本题答案选C项。A项,思维的广阔性是指思路开阔,能从各个角度、多个方面揭露事物的联系,全面地思考问题。B项,思维的批判性是指既善于批判地评价他人的思想和成果,吸取别人的长处、优点和思想的精华,摒弃别人的短处、缺点和思想的糟粕,又善于严格而精细地思考问题,冷静而客观地评价和自觉地控制自己的思维活动,不易受自己的情绪和偏爱的影响。D项,思维的敏捷性是指思维活动迅速正确,能当机立断。

15. A 【解析】本题考查情感的分类。道德感是根据一定的道德标准评价人的思想、意图和言行时所产生的主观体验。它表现在对待国家、集体、工作、事业、学习以及人与人之间的关系等各个方面,如爱国主义情感、集体主义情感、责任感、事业心、荣誉感、自尊心等。"先天下之忧而忧,后天下之乐而乐"强调把国家的利益放在首位,这体现了爱国主义情感,故属于道德感。因此,答案选A项。

16. A 【解析】本题考查耶克斯—多德森定律。根据"耶克斯—多德森定律",教师在教学时,要根据学习任务的不同难度,恰当控制学生学习动机的激起程度。所谓"平时如战时,战时如平时",就是要求在学习较容易、较简单的课题时,应尽量使学生集中注意力,使学生尽量紧张一点,动机激起水平达到中等偏高的最佳状态;而在学习较复杂、较困难的课题时,则应尽量创造轻松自由的课堂气氛,让动机激起水平处于中等稍低的最佳状态;在学生遇到困难或出现问题时,要尽量心平气和地慢慢引导,以免学生过度紧张和焦虑。从这个角度来看,平日在学生中流传的"大考大玩,小考小玩,不考不玩"的俏皮话,在一定程度上是有积极意义的。

二、多项选择题

题序	1	2	3	4	5	6
答案	ABC	ABC	ABCD	ABCD	ABCD	BD

1. ABC 【解析】本题考查"四书"的内容。《孟子》与《论语》《大学》《中庸》合称为"四书"。A、B、C三项符合题意。"五经"是《诗》《书》《礼》《易》《春秋》的合称,故D项属于"五经"的范畴。

2. ABC 【解析】本题考查创造性与智力之间的关系。创造性的研究表明,创造性与智力并非成简单的线性关系,二者既有独立性,又在某种条件下具有相关性,在整体上呈正相关趋势。高智力是高创造性的必要条件,但不是充分条件。其关系表现为:(1)低智力不可能具有高创造性;(2)高智力可能有高创造性,也可能有低创造性;(3)低创造性者的智力水平可能高,也可能低;(4)高创造性者必须有高于一般水平的智力。

3. ABCD 【解析】本题考查常用的德育方法。陶冶教育法是教师利用环境和自身的教育因素,对学生进行潜移默化的熏陶和感染,使其在耳濡目染中受到感化的德育方法。陶冶教育法的方式主要有环境陶冶、情感陶冶、人格陶冶、艺术陶冶、科学知识陶冶、各种活动和交往情境陶冶等。"让学校的每一面墙壁都开口说话""让学校的一草一木、一砖一石都发挥教育影响"这两句话都体现了潜移默化地影响学生。"春风化雨"是指适宜草木生长的风雨,多用在人或事,比喻良好的熏陶和教育。"桃李不言,下自成蹊"比喻为人真诚笃实,自然能感召人心,其体现的是人格陶冶符合题意。

4. ABCD 【解析】本题考查布置作业的要求。布置作业的要求有:(1)作业内容符合课程标准的要求;(2)考虑不同学生的能力需求;(3)分量适宜、难易适度;(4)作业形式多样,具有多选性;(5)要求明确,规定作业完成时间;(6)作业反馈清晰、及时;(7)作业要具有典型意义和举一反三的作用;(8)作业应有助于启发学生的思维,含有鼓励学生独立探索并进行创造性思维的因素;(9)尽量同现代生产和社会生活中的实际问题结合起来,力求理论联系实际。

5.ABCD 【解析】本题考查班级管理的模式。班级管理的模式包括:(1)班级常规管理;(2)班级平行管理;(3)班级民主管理;(4)班级目标管理。

6.BD 【解析】本题考查学习动机。内部学习动机是指诱因来自学习者本身的内在因素,即学生因对活动本身发生兴趣而产生的动机。外部学习动机是指诱因来自学习者外部的某种因素,即在学习活动以外,由外部的诱因激发出来的学习动机。其中,内部学习动机是最重要的和最良性的学习动机。根据选项描述可知,浓厚的兴趣和远大的理想属于内部学习动机;而父母的期待和教师的鼓励属于外部诱因激发出来的动机,即外部学习动机。因此,B项和D项符合题意。

三、判断题

题序	1	2	3	4	5	6	7	8	9	10
答案	×	√	×	×	×	×	×	×	×	√

1.× 【解析】本题考查影响人身心发展的因素。影响人的身心发展的因素是多方面的。遗传素质是人的身心发展的物质前提,环境为个体的发展提供了多种可能,而教育作为特殊的环境对人的身心发展起主导作用,个体主观能动性是人的身心发展的内因和动力。孟母择邻的故事体现的是环境对人的身心发展的影响,但是环境对人的发展不起决定作用。

2.√ 【解析】本题考查天才的概念。才能的高度发展就是天才,它是各种能力的最完备的结合,它使人能够创造性地完成某种或多种活动。天才并非天生之才,它是在良好素质的基础上,通过后天环境、教育的影响,加上在生活实践中个人自己的主观努力发展起来的。

3.× 【解析】本题考查教师的权利与义务的内容。《中华人民共和国教师法》第七条规定了教师享有参加培训进修的权利,第八条则规定了教师应当履行"不断提高思想政治觉悟和教育教学业务水平"的义务。因此,培训进修既是教师所享有的权利,又是其应履行的义务。

4.× 【解析】本题考查智力测验的标准。测验的效度是指一个测验工具希望测到某种行为特征的有效性与准确程度。要测量学生的智力,需要的是测量智力的题目,而不是测量知识的题目,因此,这份测验是缺乏效度的,而不是缺乏区分度。

5.× 【解析】本题考查注意的内涵。注意是心理活动或意识对一定对象的指向和集中,是心理过程的动力特征之一。它与认知过程、情绪情感过程、意志过程难以分开,是一切心理活动的共同特征。注意不是一种独立的心理过程,也不属于某一种心理过程,而是伴随各种心理过程存在的特殊心理状态。

6.× 【解析】本题考查机械记忆的内涵。机械记忆是指在材料本身无内在联系或不理解其意义的情况下,按照材料的顺序,通过机械重复方式而进行的记忆,也称机械识记,如对无意义音节、地名、人名、历史年代等的识记。这种识记具有被动性,但它能够防止对记忆材料的歪曲。对于学生而言,这种识记也是必要的,因为有一部分学习内容的确需要精确记忆,如山脉的高度、河流的长度等。也有些内容,限于学生的知识经验,不可能真正理解其意义,但这些知识对以后的学习是重要的,也应该进行机械记忆,如小学一二年级的学生背诵乘法口诀。故在学习过程中并不是要尽量避免机械记忆,题干的说法是错误的。

7.× 【解析】本题考查试卷题型的编制。试卷题型有主观题和客观题之分,两者各有利弊。其中客观题的优点是知识覆盖面广、评分标准客观,缺点是猜题也有答对的可能;主观题的优点是能够考查学生高水平的认知能力以及学生的个性化表现,缺点在于评分标准的主观性较强。因此,主客观题型的比例要适当。

8.× 【解析】本题考查激情的表现。激情是一种爆发式的、猛烈而时间短暂的情绪状态。激情发生时,意识范围缩小,意识对行为的控制作用明显降低,理解力降低,判断力减弱,易感情用事,不考虑后果。有人用激情爆发来原谅自己的错误,认为"激情时完全失去理智,自己无法控制",这种说法是不对的,人能够意识到自己的激情状态,也能够有意识地调节和控制它。因此,人在激情状态下,并不总是做错事。

9.× 【解析】本题考查影响人身心发展的因素。总体来看,影响个体身心发展的因素主要有遗传、环境、教育(学校教育)和个体主观能动性等。"只要教育得法,人人都可以成为歌唱家、科学家或诗人"的说法片面夸大了教育的作用,忽视了遗传、个体主观能动性等的影响,因而是错误的。

10.√ 【解析】本题考查惩罚的相关内容。著名教育专家孙云晓认为,没有惩罚的教育是不完整的教育。他还认为惩罚绝不等于体罚,更不是伤害,不是心理虐待、歧视,让你觉得难堪,打击你的自信心。惩罚是个双刃剑,是一种危险的、高难度的教育技巧。惩罚必须要因人而异、适度。

第二部分 幼儿专业知识部分

一、填空题

1. 终身教育

2. 学习方式和特点

3. 保育和教育 全面和谐发展

4. 同伴 信赖感

5. 立德树人

6. 精心呵护和照顾 保护和包办代替

7—10缺。

二、单项选择题

题序	1	2	3	4	5	6	7	8	9	10
答案	C	A	C	B	B	A	A	B	C	B

1.C 【解析】本题考查《3～6岁儿童学习与发展指南》的内容。《3～6岁儿童学习与发展指南》指出,《指南》以为幼儿后继学习和终身发展奠定良好素质基础为目标,以促进幼儿体、智、德、美各方面的协调发展为核心,通过提出3～6岁各年龄段儿童学习与发展目标和相应的教育建议,帮助幼儿园教师和家长了解3～6岁幼儿学习与发展的基本规律和特点,建立对幼儿发展的合理期望,实施科学的保育和教育,让幼儿度过快乐而有意义的童年。

2.A 【解析】本题考查《3～6岁儿童学习与发展指南》的内容。《3～6岁儿童学习与发展指南》健康领域"身心状况"部分,目标3"具有一定的适应能力"的教育建议指出,幼儿每天的户外活动时间一般不少于两小时,其中体育活动时间不少于1小时,季节交替时要坚持。

3.C 【解析】本题考查《幼儿园教育指导纲要(试行)》的内容。《幼儿园教育指导纲要(试行)》艺术领域的指导要点指出,幼儿艺术活动的能力是在大胆表现的过程中逐渐发展起来的,教师的作用应主要在于激发幼儿感受美、表现美的情趣,丰富他们的审美经验,使之体验自由表达和创造的快乐。

4.B 【解析】本题考查《幼儿园教育指导纲要(试行)》的内容。《幼儿园教育指导纲要(试行)》第四部分教育评价中第四条指出,幼儿园教育工作评价实行以教师自评为主,园长以及有关管理人员、其他教师和家长等参与评价的制度。

5. B 【解析】本题考查《幼儿园教育指导纲要(试行)》的内容。《幼儿园教育指导纲要(试行)》第三部分组织与实施中第八条指出,家庭是幼儿园重要的合作伙伴,应本着尊重、平等、合作的原则,争取家长的理解、支持和主动参与,并积极支持、帮助家长提高教育能力。

6. A 【解析】本题考查《3～6岁儿童学习与发展指南》的内容。《3～6岁儿童学习与发展指南》语言领域指出,语言是交流和思维的工具。幼儿期是语言发展,特别是口语发展的重要时期。

7. A 【解析】本题考查《3～6岁儿童学习与发展指南》的内容。《3～6岁儿童学习与发展指南》社会领域指出,幼儿的社会性主要是在日常生活和游戏中通过观察和模仿潜移默化地发展起来的。成人应注重自己言行的榜样作用,避免简单生硬的说教。

8. B 【解析】本题考查《教育部关于大力推进幼儿园与小学科学衔接的指导意见》的内容。其中,在推进幼儿园与小学科学有效衔接的重点任务方面指出,改变衔接意识薄弱,小学和幼儿园教育分离的状况,建立幼小协同合作机制,为儿童搭建从幼儿园到小学过渡的阶梯,推动双向衔接。

9. C 【解析】本题考查《幼儿园教育指导纲要(试行)》的内容。《幼儿园教育指导纲要(试行)》健康领域的内容与要求指出,用幼儿感兴趣的方式发展基本动作,提高动作的协调性、灵活性。

10. B 【解析】本题考查《3～6岁儿童学习与发展指南》的内容。《3～6岁儿童学习与发展指南》社会领域"社会适应"部分,目标1"喜欢并适应群体生活"指出,3～4岁幼儿的发展目标为:(1)对群体活动有兴趣;(2)对幼儿园的生活好奇,喜欢上幼儿园。4～5岁幼儿的发展目标为:(1)愿意并主动参加群体活动;(2)愿意与家长一起参加社区的一些群体活动。5～6岁幼儿的发展目标为:(1)在群体活动中积极、快乐;(2)对小学生活有好奇和向往。故B项属于4～5岁幼儿的发展目标。

三、简答题(参考答案)

1. 幼儿园户外场地可以设置哪些活动区?(至少列举三个)

(1)固定器具区,用于放置大中型体育活动器械。如秋千、滑梯等,可以分散放置,以避免拥挤。

(2)水泥地,供儿童骑车、推车或玩拖拉玩具。行车水泥地应与儿童奔跑追逐的地方分开,以免相互冲撞。

(3)草地,供儿童奔跑、跳跃、开展游戏,周围可种植灌木树丛以起隔离作用。为避免被过度践踏,草地应设在离活动室较远的地方。如果园内无草地,则应保留一部分土地作为儿童开展体育活动的场地。

(4)泥土地,可供儿童种植植物、饲养小动物。

(共5分。少答1条扣2分)

2. 如何做好班级疫情防控工作?

(1)提前到岗,按照要求做好消毒工作。

(2)采用手持式测温枪,定时测温。若发现幼儿有可疑症状,首先,要做好个人防护,及时将幼儿送至临时隔离场所,并通知家长带幼儿就诊。其次,上报园部及疾控中心。最后,做好该班幼儿与其他班级幼儿的隔离工作。

(3)日常要做好幼儿因病缺勤的管理和登记工作。

(4)节假日返园要严格落实疫情不进校园制度。对有疫情高风险地区或病例报告社区旅居史的幼儿,严格落实隔离14天的要求,观察期满之后方可入园,入园时要进行严格的健康检测。

(5)开展与疫情主题相关的活动。教育幼儿做好日常个人防护,引导幼儿认识疫情,感恩防疫英雄,学会爱护自己和身边的人。

（共5分。每条1分）

四、论述题(参考答案)

1. 活动名称:中班体育游戏《好玩的神球》

游戏目标:

(1)了解球的多种玩法,知道背对背运球的游戏玩法。

(2)掌握"背对背运球"的动作要领,提高动作的灵活性。

(3)喜欢参加体育活动,感受和同伴合作游戏的乐趣。

游戏玩法:

(1)将幼儿分成两支队伍,每支队伍前后两个小朋友一组,背对背手挽手站在起始位置,同一队的幼儿帮助该组幼儿将皮球放在两个幼儿的背上。

(2)背对背运球的两个幼儿从起始线出发将球运到对面的篮筐中,中途球掉落需要将球捡回并从起点重新出发。

(3)到达终点的幼儿想办法将球送进篮筐内,掉落出来的不计分;上一组幼儿完成运球后下一组幼儿开始出发,在规定时间内,运球入筐最多的队伍获胜。

（共10分。活动名称1分,活动目标3分,游戏玩法6分）

2. 课程资源是指课程设计、实施和评价等整个课程教学过程中可以利用的一切人力、物力以及自然资源的总和。自然资源指构成自然界的生态环境以及自然界中的各种事物。它是幼儿探究世界、了解自然以及获取经验的必要条件。它不仅为幼儿的发展提供了物质基础,也对其审美及人格的发展起着重要的作用。

(1)幼儿园夏季课程实施过程中,可利用的自然资源有:

①利用空气,可以进行有氧运动,如体育游戏、有氧操等;

②利用小动物的声音,可以进行夏天里的声音活动;

③利用水和土,可以进行玩泥巴、打水仗等活动。

(2)以中班活动"玩泥巴"为例,该活动的活动过程如下:

①引导幼儿随意取泥放于手中,通过看、揉、捏,说出自己的感觉。

②幼儿自由玩泥,边玩边交流自己的感受。

③请配班教师事先在泥土中把脚丫埋起来,做好造型。

④教师示范如何深挖、埋物,幼儿仔细观察。

教师:要把洞挖得深、大,才能把脚放进去;在埋脚的时候,要将泥盖在脚上,要盖满,脚趾不能露出来。

⑤幼儿尝试把自己的小脚丫藏起来。

⑥合作游戏。

教师:两名小朋友为一组,商量好要摆的造型。听到老师开始唱"木头人"儿歌时,马上开始挖洞。儿歌结束时,一名小朋友要把脚丫藏到洞里,另一名小朋友帮忙把他的脚丫埋起来。

⑦幼儿互换角色,继续游戏。鼓励幼儿每一次都摆出不同的造型。

⑧放松小脚丫,在泥土里散散步,进一步体验赤足玩泥的乐趣。

(共10分。课程资源的种类3分,活动过程7分)

2022年福建省教师招聘考试教育综合知识幼儿园真题试卷(十)

一、单项选择题

题序	1	2	3	4	5	6	7	8	9	10
答案	A	D	C	A	D	C	C	B	A	B
题序	11	12	13	14	15	16	17	18	19	20
答案	C	C	D	C	C	A	B	D	D	A
题序	21	22	23	24	25	26	27	28	29	30
答案	D	C	C	D	A	B	B	A	B	D
题序	31	32	33	34	35	36	37			
答案	C	B	A	D	C	B	A			

1. A 【解析】本题考查时事政治。2021年7月1日,习近平总书记在庆祝中国共产党成立100周年大会上的讲话中,代表党和人民庄严宣告,经过全党全国各族人民持续奋斗,我们实现了第一个百年奋斗目标,在中华大地上全面建成了小康社会,历史性地解决了绝对贫困问题,正在意气风发向着全面建成社会主义现代化强国的第二个百年奋斗目标迈进。

2. D 【解析】本题考查时事政治。2021年7月25日,我国世界遗产提名项目"泉州:宋元中国的世界海洋商贸中心",顺利通过联合国教科文组织第44届世界遗产大会审议,成功列入《世界遗产名录》,我国世界遗产总数升至56项。

3. C 【解析】本题考查时事政治。2021年8月27日至28日,中央民族工作会议在北京召开,习近平总书记出席会议并发表重要讲话,强调做好新时代党的民族工作,要把铸牢中华民族共同体意识作为党的民族工作的主线。铸牢中华民族共同体意识,就是要引导各族人民牢固树立休戚与共、荣辱与共、生死与共、命运与共的共同体理念。

4. A 【解析】本题考查时事政治。从2008年百年奥运圆梦到2022年与奥林匹克再度携手,北京已成为全球首座"双奥之城"。"一起向未来"是北京2022年冬奥会和冬残奥会的主题口号。

5. D 【解析】本题考查时事政治。题干中时事共同反映的主题是太空探索成就显著,故D项正确。

6. C 【解析】本题考查时事政治。①的说法是错误的,我国稳居全球第二大经济体。②的说法是正确的,截至2021年11月底,我国现有行政村已全面实现"村村通宽带",为全面推进乡村振兴、加快农业农村现代化提供坚实网络支撑。③的说法是错误的,"双一流"建设的最终目标是以一流人才建设为核心,并非实现高等教育全民化和普惠制。④的说法是正确的,2022年1月1日,《区域全面经济伙伴关系协定》(RCEP)生效实施,全球最大自由贸易区正式启航。故②④正确,答案选C项。

7. C 【解析】本题考查《教育部关于大力推进幼儿园与小学科学衔接的指导意见》的内容。《教育部关于大力推进幼儿园与小学科学衔接的指导意见》指出,幼小衔接应坚持的基本原则包括:儿童为本、双向衔接、系统推进和规范管理。

8. B 【解析】本题考查《幼儿园教师违反职业道德行为处理办法》的内容。《幼儿园教师违反职业道德行为处理办法》第三条规定,本办法所称处理包括处分和其他处理。处分包括警告、记过、降低岗位等级或撤职、开除。警告期限为6个月,记过期限为12个月,降低岗位等级或撤职期限为24个月。

9. A 【解析】本题考查《中华人民共和国教育法》的内容。《中华人民共和国教育法》第七十七条规定,盗用、冒用他人身份,顶替他人取得的入学资格的,由教育行政部门或者其他有关行政部门责令撤销入学资格,并责令停止参加相关国家教育考试二年以上五年以下;已经取得学位证书、学历证书或者其他学业证书的,由颁发机构撤销相关证书;已经成为公职人员的,依法给予开除处分;构成违反治安管理行为的,由公安机关依法给予治安管理处罚;构成犯罪的,依法追究刑事责任。

10. B 【解析】本题考查隐私权的内容。隐私权,是自然人享有的人格权,是指自然人享有的私人生活安宁和对不愿为他人知晓的私密空间、私密活动和私密信息等私生活安全利益自主进行支配和控制,不受他人侵扰的具体人格权。题干中幼儿园的做法侵犯了家长的隐私权。

11. C 【解析】本题考查《中华人民共和国未成年人保护法》的内容。《中华人民共和国未成年人保护法》第六十二条规定,密切接触未成年人的单位招聘工作人员时,应当向公安机关、人民检察院查询应聘者是否具有性侵害、虐待、拐卖、暴力伤害等违法犯罪记录;发现其具有前述行为记录的,不得录用。

12. C 【解析】本题考查幼儿园的法定职责。(1)幼儿园不是幼儿的法定监护人。现行法律尚无幼儿园、学校对未成年人履行监护职责的规定;但不承担监护职责不等于没有责任,幼儿园对在园幼儿的人身安全要履行教育、管理、保护职责。(2)幼儿父母应履行监护责任。法定监护人应与幼儿园共同做好幼儿人身安全保护工作。按时接送孩子,看护好孩子。不要让幼儿把有安全隐患的物品、玩具带到幼儿园。故答案选C项。

13. D 【解析】本题考查南京燕子矶幼稚园的办园宗旨。1927年11月,在陶行知领导下,由张宗麟协助筹措在南京郊区创办南京燕子矶幼稚园。该园是中国第一所乡村幼稚园,又是陶行知的生活教育理论试用于幼稚教育领域的试验田。办园宗旨在于研究和试验如何办好农村幼稚园的具体方法,以便在全国农村普及。

14. C 【解析】本题考查幼儿游戏的基本理论。德国的福禄贝尔是教育史上第一个系统研究游戏的价值并尝试创建游戏实践体系的教育家。他认为,游戏是儿童内部存在的自我活动的表现,是一种本能性的活动。他将游戏的本质归结为生物性。

15. C 【解析】本题考查陈鹤琴的教育思想。陈鹤琴的活教育方法论的基本原则是"做中教、做中学、做中求进步"。活教育重视直接经验,强调以"做"为中心,主张在学校里的一切活动,"凡是儿童自己能够做的,应当让他自己做"。做了就与事物发生直接的接触,就得到直接的经验,就知道做事的困难,就认识事物的性质。

16. A 【解析】本题考查学前教育的特殊原则。由于学前儿童生理、心理的特点,对儿童的教育要贯彻生活化和一日活动整体性的原则。贯彻这一原则,应当注意以下三点。(1)教育生活化;(2)生活教育化;(3)发挥一日活动整体功能。其中,教育生活化是指在组织一些教育活动当中,采取一些生活当中的知识内容,作为我们的教育。如在组织活动的过程中,教育幼儿要节约用水。生活教育化是指在生活当中来进行教育,要求教师要抓住孩子的教育契机。如,幼儿在洗手的时候,教育孩子要节约用水,生活当中发现问题,及时进行教育。题目中教师将疫情期间的防疫卫生和疫苗接种作为主题活动的内容,体现了教育生活化。故A项正确。题目中并没有涉及多种类型的教育活动及游戏,故C项、D项不符合题意。

17. B【解析】本题考查瑞吉欧幼儿教育体系提倡的儿童观。瑞吉欧教育体系认为儿童的学习过程不应是由外界推动的,而是要儿童自己积极主动地进行发现和学习的。正如马拉古齐所言:"幼儿的学习并非教师教授后一个自行发生的结果,反而大部分是由于幼儿自己参与活动的结果及我们提供的资源。"

18. D【解析】本题考查以幼儿为主体的行为目标。拟定幼儿行为目标,最少要做到两方面:(1)要具体明确,能观察得到。配合幼儿的年龄、能力,依据教学活动的内容和性质,订出明确和详细的目标,写明期望幼儿通过该项活动能做到的具体行为。目标能不能达到,可以通过幼儿的行为观察到。用作描写行为目标的动词通常是"说出""指出""描述""复述""辨认""分辨出""数出""画出""写出"等有具体行为表现的词。描写行为目标,不应采用"培养""启发""认识""了解""知道""促进"等抽象的动词。(2)要明确写出达到目标的条件。对不同年龄的幼儿,会期望他们能从不同的层次去认识和理解事物。有些活动需要明确写出期望幼儿在怎样的条件下达到目标。例如,同是有关分辨水果的活动,对3岁的幼儿,可能要求他们从众多食物中辨认出水果;对4岁的幼儿,则要求他们闭上眼睛,单凭味觉分辨出水果。B项的主体是教师,不符合题目要求。A项目标表述不够具体明确,C项没有写出达到目标的条件。D项从儿童的角度表述,指明儿童通过学习达到的发展,故D项正确。

19. D【解析】本题考查幼儿园课程游戏化的最终目的。游戏是幼儿园的基本活动,课程游戏化就是让幼儿园课程更贴近生活,更生动有趣,活动形式更多样化。幼儿动用多种感官探究、交往和表现的机会更多,幼儿的自主性和创造性更充分。因此,幼儿园课程游戏化项目的推进,最终目的是促进幼儿的发展。

20. A【解析】本题考查幼儿园游戏的条件创设。充足的游戏时间是儿童开展游戏活动的首要前提,游戏时间的多少直接影响游戏的数量和质量。

21. D【解析】本题考查表演游戏的含义。表演游戏又称为戏剧游戏,它是以故事或童话情节为表演内容的一种游戏形式。在表演游戏中,儿童扮演故事或童话中的人物,并以故事中人物的语言、动作和表情进行活动。表演游戏内容选择的策略包括:(1)以幼儿自主创编的故事为蓝本;(2)以教师根据幼儿的发展需要或生成主题创编的故事为蓝本;(3)以传统、优秀的语言文学作品为蓝本。

22. C【解析】本题考查区域活动材料投放应注意的问题。区域游戏材料投放的层次性,一方面指的是教师应该根据幼儿不同的年龄阶段,提供难易程度不同的游戏材料;而更重要的一方面,则指的是在同一年龄阶段也要看到幼儿发展的个体差异性和发展的不平衡性。针对同一学习内容,投放不同层次的材料,让每个幼儿根据自己的方式去学习,去探索,去发展。孩子只有在游戏中找到了难度适当的材料,才能使他们保持浓厚的操作兴趣。对于幼儿来说,动作发展水平越高,越能操作鱼钩线长一些的玩具。题干中教师准备了长短不一的鱼钩线,方便每个幼儿根据自己的动作发展状况选择适宜长度的玩具,这体现了活动区材料投放的层次性。

23. C【解析】本题考查教师介入的方式。垂直式介入是指,幼儿游戏出现严重违反规则或攻击性等危险时,教师直接介入游戏,对幼儿的行为进行直接干预,这时幼儿教师的指导是显性的。这种方式易破坏游戏气氛,甚至使游戏中止,因此,教师要建立在观察的基础上,视情况而定。平行式介入法指教师在幼儿附近,和幼儿玩相同的或不同材料和情节的游戏,目的在于引导幼儿模仿,教师起着暗示指导作用。交叉式介入法是指教师以角色的身份参与游戏,以游戏情节需要的动作、语言来引导幼儿游戏的发展。材料指引介入是通过教师为儿童提供材料,引发游戏的兴趣,促进游戏的延续和提升的方法。故答案选C项。

24.D 【解析】本题考查幼儿园环境创设的一般原则。幼儿参与性原则是指环境的创设过程是幼儿与教师共同合作、共同参与的过程。题干的表述体现了创设环境应遵循幼儿参与性原则。

25.A 【解析】本题考查幼儿园教学活动的方法。操作法是指儿童按照一定的要求和程序通过自身的实践活动进行学习的方法。操作法符合儿童好动好玩的天性,动手操作是儿童认识世界的重要实践活动,也是儿童巩固新知识、形成技能技巧的方法。题干中主要采用的教学方法是操作法。

26.B 【解析】本题考查《教育部关于大力推进幼儿园与小学科学衔接的指导意见》的内容。《教育部关于大力推进幼儿园与小学科学衔接的指导意见》明确指出,幼儿园做好入学准备教育。幼儿园要贯彻落实《3~6岁儿童学习与发展指南》和《幼儿园教育指导纲要》,促进幼儿身心全面和谐发展,为入学做好基本素质准备,为终身发展奠定良好基础。要进一步引导教师树立科学衔接的理念,大班下学期要有针对性地帮助幼儿做好生活、社会和学习等多方面的准备,建立对小学生活的积极期待和向往。要防止和纠正把小学的环境、教育内容和教育方式简单搬到幼儿园的错误做法。少量布置读写算家庭作业属于小学的教育内容和教育方式,故B项错误。

27.B 【解析】本题考查家园合作的形式。家长开放日指幼儿园定期或不定期地向家长开放,届时邀请家长来园观摩或参加幼儿园的活动。家长观摩或参观幼儿园的活动,可以从中具体了解幼儿园教育工作的内容、方法;可亲眼看到自己孩子在各方面的表现,得知孩子的发展水平与交友状况,特别是可以看到自己的孩子在与同龄幼儿相比较中显示出的优势与不足,从而有助于家长深入了解孩子,与教师合作有针对性地教育孩子。

28.A 【解析】本题考查学前儿童言语的发展。对话言语是两个或更多的人在一起交谈时所进行的言语活动。3岁前的幼儿大多数情况下是与成人协同活动的,因此与人的交际多采用对话言语。独白言语是一个人单独发言,其他人作为他的听众的言语活动。3岁后的幼儿由于其独立性的发展,独白言语也随着发展起来。连贯言语的特点是句子完整,前后连贯,能够反映完整而详细的思想内容,使听者从言语本身就能理解所讲述的意思,不必事先熟悉所谈及的具体情境。四五岁幼儿说话常常是断断续续的,不能说明事物现象、行为动作之间的联系,只能说出一些片段。六七岁儿童已能完整、连贯地说话,开始从叙述外部联系发展到叙述内部联系。问题言语的特点是比较简短、零碎,常常在遇到问题或困难时出现,表示困惑、怀疑、惊奇等。四五岁儿童的问题言语最为丰富。故答案选A项。

29.B 【解析】本题考查知觉的规律。知觉的选择性,即我们总是选择某些事物或事物的某些特性作为我们知觉的对象。知觉的对象能被我们清晰地感知,知觉的背景只是被我们模糊地感知。当对象与背景的差别越大、对比越大时,对象越容易被感知,如万绿丛中一点红、在黑板上写的白粉笔字、夜深人静时的电话铃声;反之,则不容易被感知,如冰天雪地中的白熊、穿着迷彩服藏在草地中的士兵、喧闹集市中的手机铃声等。题干的描述属于知觉的选择性。

30.D 【解析】本题考查影响学前儿童心理发展的基本因素。人的后代如果不生活在社会环境里,那么,虽然遗传提供了发展儿童心理的可能性,这种可能性也不会变成现实。印度狼孩"卡玛拉",虽有人的遗传素质,但由于自幼脱离人类社会,其身心发展受到严重阻碍,其被发现之初不仅缺乏人的心理,没有语言和思维,也不具备人的情感和兴趣。这表明影响儿童心理发展的主要因素是社会环境。

208

31. C 【解析】本题考查幼儿情感的发展。幼儿的理智感有一种特殊的表现形式,即好奇好问。另一种表现形式是与动作相联系的"破坏"行为。对一般儿童来说,5岁左右,这种情感已明显地发展起来,突出表现在幼儿很喜欢提问题,并由于提问和得到满意的回答而感到愉快。题干中幼儿的体验是理智感,故C项正确。

32. B 【解析】本题考查幼儿具体形象思维的特征。学前儿童思维的具体性使儿童的思维缺乏灵活性,在日常生活中,儿童常常"认死理"。题干中的现象体现了思维的固定性。

33. A 【解析】本题考查自我意识的结构。自我意识包括自我认识、自我体验和自我调节。其中,自我认识是自我意识的认知成分。它是自我意识的主要成分,也是自我调节控制的心理基础。

34. D 【解析】本题考查思维的含义。思维是人脑对客观现实的间接的和概括的反映,是人认知的高级阶段。由于人的思维具有间接性的特点,所以人可以推测未来,了解远古,透过表面现象知道事物的本质。世界上许许多多无法直接感知到的事物,都是通过思维去认识的。因此,题干的表述反映的心理现象是思维。

35. C 【解析】本题考查幼儿的性格特点。模仿性强是幼儿期的典型特征,小班幼儿表现尤为突出。幼儿往往没有主见,常常随外界环境影响而改变自己的意见,受暗示性强。幼儿模仿的对象可以是成人,也可以是其他小朋友。此外,儿童之间会相互模仿。题干中许多幼儿模仿娟娟坐得直,反映了幼儿模仿性强的性格特点。

36. B 【解析】本题考查皮亚杰关于心理发展的实质和过程的观点。顺应是指改变主体已有的图式或认知结构以适应客观变化。题干中幼儿的表现属于顺应。

37. A 【解析】本题考查学前儿童心理发展的基本趋势。刚出生的孩子只有非常简单的反射活动,发展的趋势是越来越复杂化。这种发展趋势又表现在两个方面:(1)从不齐全到齐全。幼儿的各种心理过程在出生的时候并非已经齐全,而是在发展过程中先后形成的。各种心理过程出现和形成的次序,服从由简单向复杂发展的规律,感觉和知觉属于简单的认识过程,在感知之后出现记忆,只有在记忆的基础上才发生想象和思维等比较复杂的认识过程,以及其它复杂的心理活动。(2)从笼统到分化。儿童最初的心理活动是笼统不分化的。无论是认知活动或情绪态度,发展趋势都是从混沌到分化和明确。也可以说,最初是简单和单一的,后来逐渐复杂和多样化。例如,幼小的婴儿只能分辨颜色的鲜明和灰暗;3岁左右才能辨别各种基本颜色。

二、判断选择题

题序	38	39	40	41	42	43	44	45
答案	A	B	A	B	A	B	A	A
题序	46	47	48	49	50	51	52	
答案	A	B	A	B	B	A	B	

38. A 【解析】本题考查《未成年人学校保护规定》的内容。《未成年人学校保护规定》第四条规定,学校学生保护工作应当坚持最有利于未成年人的原则,注重保护和教育相结合,适应学生身心健康发展的规律和特点;关心爱护每个学生,尊重学生权利,听取学生意见。

39. B 【解析】本题考查幼儿园依法成立的条件。《中华人民共和国教育法》第二十七条规定:"设立学校及其他教育机构,必须具备下列基本条件:(1)有组织机构和章程;(2)有合格的教师;(3)有符合规定标准的教学场所及设施、设备等;(4)有必备的办学资金和稳定的经费来源。"以上四点是设立学校必须具备的一般实体条件。《中华人民共和国教育法》第二十八条规定:"学校及其他教育机构的设立、变更和终止,应当按照国家有关规定办理审核、批准、注册或者备案手续。"即学校及其他教育机构的设立,除具备法律规定的一般实体条件外,还要符合程序性规定,才能取得合法地位。

40. A 【解析】本题考查《幼儿园工作规程》的内容。《幼儿园工作规程》第五十条规定,幼儿膳食费应当实行民主管理制度,保证全部用于幼儿膳食,每月向家长公布账目。

41. B 【解析】本题考查《中华人民共和国教育法》的内容。《中华人民共和国教育法》第二十六条规定,国家制定教育发展规划,并举办学校及其他教育机构。国家鼓励企业事业组织、社会团体、其他社会组织及公民个人依法举办学校及其他教育机构。国家举办学校及其他教育机构,应当坚持勤俭节约的原则。以财政性经费、捐赠资产举办或者参与举办的学校及其他教育机构不得设立为营利性组织。

42. A 【解析】本题考查幼儿攻击性行为的特点。幼儿攻击性行为存在个体差异,如主动型攻击者会非常自信地认为,攻击会为他们赢得实际利益(如获得双方都想要的玩具),反应型攻击者会表现出高度的敌意和报复性行为。幼儿的攻击性行为有着明显的性别差异,幼儿园男孩比女孩更多地怂恿和卷入攻击性事件。

43. B 【解析】本题考查注意与心理过程的关系。注意不是一种独立的心理过程,但它与心理过程不可分割,注意总是伴随着各种心理现象的发生。

44. A 【解析】本题考查幼儿记忆发展的特点。根据对记忆材料是否理解,记忆可分为机械记忆和意义记忆。幼儿机械记忆用得多,意义记忆的效果优于机械记忆。

45. A 【解析】本题考查杜威的教育思想。杜威从其生物化的本能论心理学出发,认为教育就是促进儿童本能生长的过程,即教育的本质和作用就是促使儿童的本能生长。

46. A 【解析】本题考查幼儿园课程的特点。对于幼儿来讲,只有在活动中的学习才是有意义的学习,只有以直接经验为基础的学习才是理解性的学习。他们必须借助于具体的情境、具体的事物,在参与、探索和交往中学习,离开了幼儿与环境相互作用的各种具体活动及情境,幼儿园课程就没有了鲜活的生命力。

47. B 【解析】本题考查幼儿园教学活动的功能。幼儿园教学活动作为对幼儿实施全面和谐发展教育的基本途径,对幼儿发展的影响具有直接性、目的性、计划性,并体现在幼儿发展的各方面。因此,幼儿园教学活动质量的高低直接影响幼儿发展的质量和水平。

48. A 【解析】本题考查区域游戏的指导。在区域游戏中,幼儿可以自主选择游戏材料,并自主生成游戏内容。如大班幼儿在材料架里选择了各种颜色的多米诺骨牌,但并不按常规骨牌玩法玩,而是根据骨牌的颜色玩起了铺地砖的游戏,教师针对这一情况就可以和幼儿一起收集各种地砖图案,引导幼儿用骨牌铺各式各样的"地砖"。

49. B 【解析】本题考查影响幼儿园环境质量的因素。在影响幼儿园环境质量的各种精神因素中,人的要素和幼儿园文化的作用是十分巨大的。在人的要素中,幼儿教师是幼儿园中对幼儿发展影响最大的因素。

50. B 【解析】本题考查幼儿园教育活动设计中的环境创设与资源支持。幼儿园应积极发挥家长的主观能动性,引导家长参与幼儿园的课程建设和管理,充分利用家庭的物力和人力资源,拓展教育空间,提升教育质量。具体可以从以下两个方面来做:(1)利用家庭物力资源,丰富幼儿园区域活动。(2)利用家庭人力资源,开展幼儿园集体教育活动。家长来自社会的各个阶层,是非常珍贵和重要的人力资源。教师可以引导家长运用各自的专业知识和技能,协助教师开展集体教育活动,拓宽幼儿的认知视野。

51. A 【解析】本题考查《幼儿园教育指导纲要(试行)》的内容以及教师公信力的树立。《幼儿园教育指导纲要(试行)》组织与实施部分指出,教师应成为幼儿学习活动的支持者、合作者、引导者。以关怀、接纳、尊重的态度与幼儿交往,耐心倾听,努力理解幼儿的想法与感受,支持、鼓励他们大胆探索与表达。幼儿教师的公信力在保教活动中起着重要的作用。而幼儿教师的威信来自于其令人信服的言行,而能否做到公正,是幼儿教师树立威信的一个重要因素。正如孔子所言:"其身正,不令而行;其身不正,虽令不从。"实践证明,幼儿教师坚守教书育人、为人师表、以身作则、幼儿为本的师德规范,能够平等对待每个幼儿,理所当然会深受幼儿及其家长的喜爱和尊重,进而确立自己的公信力。而幼儿也会把对幼儿教师的喜爱和信赖,转移到幼儿教师开展的各类保教活动中,并积极、默契地与教师互动,继而促进幼儿教师的保教工作质量。

52. B 【解析】本题考查课程游戏化的内涵。无论是课程游戏化还是游戏课程化,都"在保证自由游戏的情况下,让游戏精神落实到一日生活的各个环节中去"。课程游戏化是一种课程取向,而游戏课程化是一种课程模式。游戏课程化的目标是构建一套全新的中国幼教模式,彻底清除幼儿园教育小学化的不良倾向。而课程游戏化是在尊重幼儿园课程传统的基础上对现有课程的提升、改造和完善,没有要求重新设计一套游戏化课程。

三、填空题

53. 百年奋斗

54. 立即救护

55. 编制主题网络

56. 最近发展区

57. 安全型依恋

58. 视觉悬崖(视崖)

四、简答题(参考答案)

59. 简述幼儿想象发展的特点。

(1)无意想象为主,有意想象开始发展;(2)再造想象为主,创造想象开始发展;(3)想象具有夸张性。

(共5分。完全正确得5分。答出"无意想象为主、再造想象为主、夸张"等关键词可酌情给1~4分)

60. 简述幼儿园教育评价工作宜重点考察的内容。

(1)教育计划和教育活动的目标是否建立在了解本班幼儿现状的基础上;

(2)教育的内容、方式、策略、环境条件是否能调动幼儿学习的积极性;

(3)教育过程是否能为幼儿提供有益的学习经验,并符合其发展需要;

(4)教育内容、要求能否兼顾群体需要和个体差异,使每个幼儿都能得到发展,都有成功感;

(5)教师的指导是否有利于幼儿主动、有效地学习。

(共5分。完全正确得5分。答出"了解幼儿现状、调动积极性、提供有益的学习经验、兼顾群体和个体、主动学习"等关键词可酌情给1~4分)

五、材料分析题(参考答案)

61. (1)材料中"王园长说,幼儿园实行的是园长负责制,幼儿园园长说了算"侵犯了李老师的民主管理权。

(共2分。答错不给分)

(2)①《中华人民共和国教育法》规定,学校及其他教育机构应当按照国家有关规定,通过以教师为主体的教职工代表大会等组织形式,保障教职工参与民主管理和监督。材料中"教师代表会上,李老师正在发表不同意见,王园长害怕李老师的发言有导向作用,绩效奖励分配方案被否决,达不成自己的目的,便制止李老师发言,李老师非常气愤,就和园长吵了起来。"违背了该规定,没有保障教职工参与民主管理。

②《中华人民共和国教师法》规定,教师享有的权利之一:对学校教育教学、管理工作和教育行政部门的工作提出意见和建议,通过教职工代表大会或者其他形式,参与学校的民主管理。材料中李老师发表意见的时候,王园长制止李老师发言这侵犯了李老师的民主管理权。

③《幼儿园工作规程》第五十六条规定,幼儿园实行园长负责制。幼儿园应当建立园务委员会。材料中,园长说幼儿园实行园长负责制是正确的,但并不代表幼儿园的事情就应该园长说了算。根据《幼儿园工作规程》规定,园长应定期召开园务委员会会议,在会议中对幼儿园的相关工作进行审议,参与者包括园长、副园长、党组织负责人和保教、卫生保健、财会等方面工作人员的代表以及幼儿家长代表。

(共5分。少答一条或没有结合案例进行分析扣2分)

62. 林老师的做法违反了《中小学教师职业道德规范》中关爱学生、爱岗敬业的要求,违反了《新时代幼儿园教师职业行为十项准则》中的关心爱护幼儿、潜心培幼育人的要求。园长的做法遵循了上述要求。

(1)关爱学生、爱岗敬业。《中小学教师职业道德规范》中的爱岗敬业要求教师对工作高度负责、不得敷衍塞责。关爱学生要求教师关心爱护全体学生,尊重学生人格,平等公正对待学生,不讽刺、挖苦、歧视学生,不体罚或变相体罚学生。林老师面对幼儿拉裤子的表现,没有第一时间帮助幼儿清理,明显是敷衍工作的表现,之后还出言讽刺幼儿,给幼儿的身心健康造成了损害。违背了爱岗敬业和关爱学生的要求。园长发现该情况及时处理并安慰幼儿情绪,遵循了相关要求。

(2)关心爱护幼儿、潜心培幼育人。《新时代幼儿园教师职业行为十项准则》第四条规定:潜心培幼育人。落实立德树人根本任务,爱岗敬业,细致耐心;不得在工作期间玩忽职守、消极怠工,或空岗、未经批准找人替班,不得利用职务之便兼职兼薪。第六条规定:关心爱护幼儿。呵护幼儿健康,保障快乐成长;不得体罚和变相体罚幼儿,不得歧视、侮辱幼儿,严禁猥亵、虐待、伤害幼儿。材料中林老师面对幼儿拉裤子的现象,不仅没有及时处理,还说:"大班了还把大便拉在裤子上,真不害臊,太恶心了!"侮辱了该幼儿。没有遵守关心爱护幼儿、潜心培幼育人的要求。园长发现该情况及时处理并安慰幼儿情绪,遵循了相关要求。

(共8分。答出《中小学教师职业道德规范》中"关爱学生、爱岗敬业"和《新时代幼儿园教师职业行为十项准则》中"关心爱护幼儿、潜心培幼育人"的要求各2分,结合案例分析林老师和方园长的行为是否符合相关要求各2分)

63. (1)①管理制度有些偏于强硬化。幼儿天性活泼,对于一些事情还没有形成良好的判断能力,这就需要教师能够耐心地教导他们。就目前的班级管理模式来看,大多幼儿园教师习惯于强硬化的管理班级方式,通俗地来讲就是对幼儿进行一种控制,强硬地告诉幼儿他这样是错的,那样是对的,却没有告诉幼儿原因是什么。而且还会给幼儿设置各种规定和强硬的要求,在幼儿违反这些规定时就做出相应的强硬化的惩罚。管理太过于强硬化，会造成幼儿的逆反心理，从而幼儿的教育就更难展开，也严重影响了幼儿的发展。材料中刘老师反复强调"玩具不能乱堆乱放，不可以放在这里"，体现了管理制度的强硬化。

②教师对于幼儿园班级管理工作认识不深刻。教师在对幼儿园班级管理问题与处理上缺乏思考，所以班级管理工作效果很差，教师的工作开展也变得越来越困难。因此，教师应深刻地研究自己工作的职责，积极地做出改变。材料中刘老师对幼儿反复出现的不良行为，缺乏思考，只是自己包办代替，这体现了刘老师对幼儿园班级管理工作认识不深刻。

(共7分。答出"管理制度有些偏于强硬化"和"教师对幼儿园班级管理工作认识不深刻"各1.5分，结合案例对上述两条班级管理中存在的问题进行分析说明各2分)

(2)①创设环境，规范幼儿常规。幼儿园班级活动是幼儿一日活动的主要环境，教师根据班级常规管理需要创设宽松的形象化的环境，让幼儿能够直观地理解规则，引导幼儿潜移默化地规范常规，形成自我管理，养成良好行为习惯，其效果往往比教师的言传身授来得更实在。

②共同商讨，让幼儿成为班级常规的主人。教师应和幼儿共同讨论，哪些行为是班级所接受和赞赏的，哪些行为是班级所不允许、应该被禁止的，违反班规的结果将会如何，教师要尽量让每一个幼儿都有参与讨论、表达意见的机会。然后根据讨论的结果，共同规划、订立全班遵守的班级常规，也让规则从他律转换成自律。

③创设"红花"栏，提高幼儿的自我管理意识。班级常规养成是要在一日活动各环节中经常性地练习，促进幼儿良好的常规习惯的形成。每个孩子都希望得到老师的肯定，得到小红花和小贴纸，教师可以创设"红花"栏，设定规则，以此鼓励幼儿。

④家园共育，养成良好的班级常规。班级行为常规的形成，不仅需要班级的班主任、配班教师和保育员的同心协力，还需要家长的共同配合才能更好地完成。

(共8分。每条2分，其中具体建议1分，对建议进行具体阐述说明1分)

64.(1)①鹏鹏的行动缺乏明确的目的，其行动带有很大的冲动性，易受外界的影响。材料中下午的角色游戏，鹏鹏一会扮演"爸爸"开车去上班，看到别的"宝宝"在玩遥控飞机，就要当"宝宝"，过了一会又去当"医生"，这体现了鹏鹏的行动缺乏目的，易受他人的影响。②鹏鹏不善于掌握自己的行动，不善于坚持自己的行动以达到预定的目的。材料中鹏鹏画画，画到一半就不画了，认为太难了，体现了鹏鹏的坚持性比较差。③鹏鹏的自制力，总的来说是比较弱的。材料中鹏鹏一会当"爸爸"，一会当"宝宝"，一会当"医生"，体现了鹏鹏的自制力比较弱。

(共5分。少答一条扣2分)

(2)促进鹏鹏意志发展的教育建议有：

①培养孩子良好的兴趣。兴趣是激起活动动机的手段。教师应利用幼儿感兴趣的游戏，使幼儿积极主动、心情愉快地进行活动，以此来激发幼儿良好的活动动机，进而培养幼儿的意志行动。案例中，教师可以利用鹏鹏感兴趣的事物来吸引他的注意力。

②鼓励和增加孩子的自信心。成人的态度对婴幼儿动作和意志行动的发展至关重要。案例中，教师可以在活动中鼓励鹏鹏，增加鹏鹏的自信心，这是孩子发展各种动作和意志行动的有力的内部力量。

③启发自我锻炼。优良的意志品质的培养，必须在实践活动中不断地加强自我锻炼。只有发自内心的要求，严格要求自己，主动地去克服困难，才能有效地培养坚强的意志品质。案例中，教师可以根据鹏鹏的

特点,通过讲故事、看电影和阅读等方式,让鹏鹏学习典型人物坚强意志力的培养,进行自我锻炼。

④鼓励孩子做好每一件事。对于孩子而言,他们行动的目的性和计划性不是很强,经常做事有头无尾,半途而废。案例中,面对鹏鹏这样的孩子,应鼓励鹏鹏自始至终做好每一件事。

⑤通过实践锻炼孩子的意志。意志是通过行动表现出来的。实践活动不仅可以促进孩子的身体健康,保证正常的生长发育,而且对意志品质的锻炼也有促进作用。案例中,教师可以根据鹏鹏的特点有针对性地安排一些需克服障碍才能完成的活动来锻炼鹏鹏的意志。

⑥制定切实可行的目标,帮助孩子实现目标。定的目标一定要具体、切实、可行。案例中,教师可以与孩子一道制定出一个能够达到的目标,并帮助与督促鹏鹏努力实现这个目标。

(共10分。每条2分,考生需最少答出5条,其中答出具体教育建议1分,结合案例具体分析教育建议的实施1分)

2022年江西省教师招聘考试幼儿教育综合知识真题试卷(十一)

第一部分 客观题

单项选择题

题序	1	2	3	4	5	6	7	8	9	10
答案	D	B	C	A	C	A	D	C	B	A
题序	11	12	13	14	15	16	17	18	19	20
答案	D	D	B	C	B	B	B	A	C	C
题序	21	22	23	24	25	26	27	28	29	30
答案	D	A	B	B	C	B	A	A	D	C
题序	31	32	33	34	35	36	37	38	39	40
答案	A	C	A	D	B	B	B	D	C	B
题序	41	42	43	44	45	46	47	48	49	50
答案	A	C	A	D	C	A	A	B	D	B

1. D 【解析】本题考查《幼儿园教师专业标准(试行)》的内容。《幼儿园教师专业标准(试行)》专业知识维度通识性知识领域的基本要求包括:(1)具有一定的自然科学和人文社会科学知识;(2)了解中国教育基本情况;(3)具有相应的艺术欣赏与表现知识;(4)具有一定的现代信息技术知识。

2. B 【解析】本题考查《幼儿园教育指导纲要(试行)》的内容。《幼儿园教育指导纲要(试行)》艺术领域的指导要点指出,艺术是实施美育的主要途径,应充分发挥艺术的情感教育功能,促进幼儿健全人格的形成,要避免仅仅重视表现技能或艺术活动的结果,而忽视幼儿在活动过程中的情感体验和态度的倾向。

3. C 【解析】本题考查《3~6岁儿童学习与发展指南》的内容。《3~6岁儿童学习与发展指南》指出,幼儿在活动过程中表现出的积极态度和良好行为倾向是终身学习与发展所必需的宝贵品质。要充分尊重和保护幼儿的好奇心和学习兴趣,帮助幼儿逐步养成积极主动、认真专注、不怕困难、敢于探究和尝试、乐于想象和创造等良好学习品质。忽视幼儿学习品质培养,单纯追求知识技能学习的做法是短视而有害的。

4. A 【解析】本题考查《幼儿园工作规程》的内容。《幼儿园工作规程》第三十一条规定,幼儿园的品德教育应当以情感教育和培养良好行为习惯为主,注重潜移默化的影响,并贯穿于幼儿生活以及各项活动之中。

5. C 【解析】本题考查《3～6岁儿童学习与发展指南》的内容。《3～6岁儿童学习与发展指南》语言领域"阅读与书写准备"中目标3"具有书面表达的愿望和初步技能"指出,4～5岁幼儿的发展目标包括:(1)愿意用图画和符号表达自己的愿望和想法;(2)在成人提醒下,写写画画时姿势正确。

6. A 【解析】本题考查教师具备的职业道德。学校教育活动是一种具有高度自觉性的活动。教育对象的主体性、教师工作的复杂性和创造性、困难性都要求教师有职业道德的自觉和自律。

7. D 【解析】本题考查幼儿园教师职业道德的内容。热爱幼儿是幼儿园教师职业道德的核心,是幼儿园教师教育观、儿童观的集中体现,也是评价幼儿园教师职业道德水准的重要指标。

8. C 【解析】本题考查幼儿园教师的职业观。为人师表的内容包括:(1)注重仪容仪表,加强语言修养;(2)规范自身行为,举止文明礼貌;(3)以身作则,树立高尚的教师形象。以身作则,率先垂范,是社会主义教师崇高品德的表现,也是幼儿教师完成保教工作必须具有的高尚品德。题干的表述体现了幼儿园教师应为人师表。

9. B 【解析】本题考查游戏精神。游戏精神是指体现儿童游戏活动特点的一种心理状态,以及在这种心理状态支配下儿童对待事物的主观态度。游戏精神至少包括三种基本精神,即自由精神、创造精神和体验精神。追求自由、主动创造、体验生命是人的精神的内在要求,这正是游戏精神的核心所在。

10. A 【解析】本题考查体育活动卫生原则。循序性原则是指在体育教学中要有计划、有步骤地增加体育活动的运动量和运动的复杂程度,由易到难,由小量到大量,循序渐进地逐步提高,使学前儿童的机体有一个逐渐适应的过程。题干中教师遵循了体育活动卫生原则中的循序性原则。

11. D 【解析】本题考查性教育的内容。性别的自我认同是个体对性角色的自我体验。要让学前儿童逐渐能够以自己的性别角色适应社会生活,家长或老师在给学前儿童起名字、买衣服、选玩具、安排活动、与儿童交流时,要注意体现性教育的意义。但是,不是要将男孩、女孩彻底分开,要注意很多事情并没有性别的差别。故D项错误。

12. D 【解析】本题考查健康教育的方法。情境演示法是让学前儿童以表演的方式思考和表现在不同的生活情境中做出行为对策的方法。在学前儿童健康教育中,运用情境演示法能取得一定的教育效果,这是因为情境演示的主题往往取自儿童的现实生活,情境演示的方法生动有趣,能够引起儿童的注意和兴趣,通过儿童自己的表演和演示,能帮助儿童摸索和领悟解决问题的方法和技能,提高儿童对健康问题进行决策的能力。题干中李老师运用了情境演示法。

13. B 【解析】本题考查学前儿童生长发育的规律。学前儿童的生长发育具有连续性和阶段性的规律。人体生长发育是一个连续的、统一的和完整的过程,但是生长发育的速度在各年龄阶段并非一致,而是时快、时慢,呈现出明显的阶段性。每一阶段都有其独特的区别于其他阶段的特点,前后阶段又相互衔接,前一阶段为后一阶段的发展打下基础,任何一个阶段的发育受到障碍都会对后一阶段的发展产生不良的影响。"六坐八爬九站立"反映了婴儿生长发育的连续性和阶段性规律。

14. C 【解析】本题考查肺炎的症状。肺炎的症状是起病急,发热(营养不良者体温可不高,或反而降低),咳嗽短促、胸痛,呼吸困难、气急,烦躁不安,面色苍白,严重者鼻翼扇动,指甲或唇周青紫,听诊呼吸音粗糙或稍减低,有湿啰音。继发于上呼吸道感染者,原有的咳嗽加剧,体温突然升高,为并发病征象。肺炎

215

可出现心力衰竭和呼吸衰竭等严重的并发症,必须及时治疗。

15. B 【解析】本题考查化脓性中耳炎的症状。(1)患儿一般会发热,体温可高达40℃,有的患儿会出现高热惊厥。(2)早期耳部有堵塞感,继而出现剧烈搏动性耳痛。年长婴幼儿自述耳疼难忍,幼小的婴幼儿则难以述说,常表现为哭闹、烦躁、摇头、抓耳、拒绝吃奶等现象。(3)鼓膜穿孔后脓液流出,因耳部压力减轻耳痛,痊愈后鼓膜小穿孔可愈合不影响听力。(4)化脓期可伴有腹泻、呕吐、脱水等症状。(5)如不及时治疗有可能转化为慢性中耳炎,或继发脑膜炎等并发症。

16. B 【解析】本题考查传染病的发生、发展过程。前驱期是潜伏期末至症状明显期前,出现某些临床表现的短暂时间,一般1~2天,呈现乏力、头痛、低热、皮疹等表现。起病急的传染病可无明显的前驱期。

17. B 【解析】本题考查异食癖的表现。异食癖是学前儿童的一种饮食障碍,有这种饮食障碍的儿童,喜食泥土、石块、煤渣、蜡笔、纸张、毛发、玩具上的油漆等,对小物体吞食,对较大物体则放在口中咀嚼,虽经劝阻,仍暗自吞食。这些儿童因嗜好异食,会出现食欲减退、腹痛、呕吐、便秘、营养不良等症状。异食癖一般随年龄增长而逐渐消失,很少持续到成人期。

18. A 【解析】本题考查营养的基础知识。维生素B_2有维持眼睛、皮肤、口舌及神经系统正常功能的作用。维生素B_2缺乏时易发生结膜炎、角膜炎、口角炎等炎症。

19. C 【解析】本题考查绘画、写字卫生。在绘画、写字时,要训练儿童掌握正确的握笔姿势,拿笔时食指应比大拇指低,笔杆和纸张应成60°左右;要教育儿童不要将胸部压在桌缘,以免胸腔受到压迫;要让儿童在光照足够的环境中绘画、写字,光线应来自左上方,以免在纸上产生阴影,眼与纸之间应保持35~40cm的距离。

20. C 【解析】本题考查幼儿园通风的要求。在传染病多发季节,活动室和寝室应该每天开窗通风3次,每次不少于30分钟。

21. D 【解析】本题考查距离知觉。距离知觉是辨别物体远近的知觉。幼儿可以分清他们所熟悉的物体或场所的远近,对于比较广阔的空间距离,他们还不能正确认识。幼儿常常不懂得近物大,远物小,近物清楚,远物模糊等感知距离的视觉信号。婴幼儿在户外活动中,往往会发生奔跑时撞上障碍物或互相碰撞的安全问题。原因之一是他们距离知觉的发展受个体经验的局限。

22. A 【解析】本题考查知觉的恒常性。皮亚杰指出,形状恒常性大约出现在婴儿出生后的第9个月,而大小恒常性则在第6个月出现。

23. B 【解析】本题考查幼儿无意想象的特点。幼儿想象往往不追求达到一定的目的,只满足想象进行的过程。例如,小班幼儿往往对某个故事百听不厌。一个幼儿常常给小朋友讲故事,乍看起来有声有色,既有动作又有表情,实际听起来毫无中心,没有说出任何一件事情的情节及其来龙去脉。题干的表述体现了小班幼儿以想象的过程为满足的特点。

24. B 【解析】本题考查儿童记忆的策略。复述策略是指在记忆过程中,儿童不断重复需要记忆的内容,以便准确、牢固地记住这些信息。复述是一个常用的有效记忆策略,也是将短时记忆转化为长时记忆的必要手段。题干中玲玲使用的记忆策略是复述策略。

25. C 【解析】本题考查幼儿早期的语言功能。幼儿早期的语言功能有表达情感、意动(语言和动作结合表示意愿)和指物三个方面。其中,幼儿语言表达意动的功能是一种常见的现象,他们讲话时往往一边说,一边做动作,尤其是当语言难以表达的时候,动作总是语言的注释和"图解"。

26．B　【解析】本题考查幼儿抽象逻辑思维的发展。幼儿在6～8岁这一时期,开始出现抽象逻辑思维的萌芽。故B项错误。学前儿童抽象逻辑思维萌芽的表现主要有:第一,幼儿开始获得可逆性思维。第二,幼儿的思维开始能够去自我中心化。第三,幼儿开始能够同时将注意集中于某一物体的几个属性,并开始认识到这些属性之间的关系。第四,幼儿开始使用逻辑原则。故A项、C项正确。学龄初期幼儿抽象逻辑思维开始发展,但仍带有很大的具体性,尤其是低年级儿童,他们掌握的概念大部分是具体的,与直接可以感知的对象相联系。故D项正确。

27．A　【解析】本题考查情感发展的特点。道德感是因自己或别人的言行是否符合社会道德标准而引起的情绪体验。中班孩子不但关心自己的行为是否符合道德标准,而且开始关心别人的行为,并由此产生相应的情感。如中班幼儿的告状行为就是幼儿对别人行为方面的评价,它是基于一定的道德标准而产生的。题干中明明的做法体现了道德感的发展。

28．A　【解析】本题考查学前儿童意志的发展。独立性表现为一个人自己有能力做出重要的决定并执行这些决定,有责任并愿意对自己的行为所产生的结果负责,深信这样的行为是切实可行的。与独立性相反的意志品质是受暗示性。受暗示性表现为盲从,没有主见,很容易受他人的影响。题干中妈妈的笑对亮亮来说就是一种暗示,暗示他这么做是对的,体现了亮亮的独立性发展比较差。

29．D　【解析】本题考查个性的特征。个性的整体性主要表现在两个方面:(1)个性中各要素相互作用。个性系统中的各要素相互作用并联系在一起。每一个要素都影响着个性,个性也影响着每一部分。个性中任何一个要素的变化,都会引起个性系统中其他要素的变化。(2)个性影响着各要素。个性系统是由各要素组成的,但个性一旦形成后(即部分一旦整合为整体后),就会反过来制约各要素,这种"制约"的实质是各部分之间的协同关系。协同关系导致个性具备了各单个要素所不具备的功能和性质,体现出"整体大于部分之和"的特性。故题干的表述体现了个性的整体性特点。

30．C　【解析】本题考查气质的类型。黏液质的儿童的气质特征为:稳重,但灵活性不足;踏实,但有些死板;沉着冷静,但缺乏生气。题干中豆豆的气质类型可能是黏液质。

31．A　【解析】本题考查依恋的发展阶段。儿童的早期发展过程中,依恋不是突然发生的,而是在婴儿与母亲的相互作用中逐渐建立的。鲍尔比提出依恋的发展分为四个阶段:无分化阶段(0～3个月);低分化阶段(3～6个月);依恋形成阶段(6个月～2.5岁);修正目标的合作阶段(2.5岁以后)。

32．C　【解析】本题考查儿童交往的策略。发起行为有年龄差异。中班儿童与小班儿童之间存在着显著差异,而中班到大班则无明显差异。这主要是因为小班儿童心理水平较低,反映在交往策略上的随意性、主动性和积极性都较低。而中班儿童的发展水平有了较大提高,在交往策略上也有了长足进步。但发起行为毕竟是一种较高水平的交往策略,即使对于大班儿童来说,其发展也是有限的,不可能达到很高水平,因此中班与大班儿童的行为差异不显著是可以理解的。发起行为在性别维度上无差异,即性别因素不影响儿童的发起行为。故A项错误。协调是比发起更为困难的交往策略,而且在不同的年龄段中,协调的发展速度不一样。与发起的趋势相同,从小班到中班存在着显著差异,而从中班到大班不存在显著差异。性别因素同样对儿童的协调行为不起显著作用。故B项错误。在交往中,支配心理是以满足支配欲为目的,进而拉帮结伙的一种不良心理。若对方不听其支配,便处处加以为难或施以惩罚,使之畏惧,或与其对抗,从而影响良好的人际关系的形成。故D项错误。在交往策略中,交换是一种基本的模式,通过物质交换解决彼此的缺失困难,有效地达到目的。儿童交换行为存在着明显的类型上的差异。故C项正确。

33. A 【解析】本题考查科尔伯格的道德发展理论。前习俗道德水平(大约在学前期至小学低、中年级)。华华属于前习俗道德水平以服从与惩罚为取向。处于这个水平上的儿童认为规则是权威制订的,必须无条件地服从。服从权威或规则只是为了避免惩罚。违背了规则认为应该受罚。题干中华华说的话体现了服从老师的权威,认为老师说的话都是对的,故答案选A项。

34. D 【解析】本题考查儿童绘画能力的发展。展开式的表现是图式期儿童绘画表现的常见特征。展开式的表现即儿童不能以透视的观念绘画,绘画仅基于认识和经验,所以,他们的画中经常会把从多个角度观察的结果组合在一张画中。

35. B 【解析】本题考查心智技能的含义。心智技能也称为智力技能、认知技能,是通过学习而形成的合乎法则的心智活动方式。根据心智技能适用范围不同,可将其分为一般心智技能和专门心智技能。一般心智技能指在一般的心智活动中形成的心智技能,可以广泛应用于各领域,如观察技能、比较技能、分析技能等。题干中李老师引导幼儿按照顺序观察,主要培养幼儿认知技能中的观察技能。

36. B 【解析】本题考查幼儿园教育活动设计的理论基础。最近发展区是指一种儿童无法依靠自己来完成,但可在成人和更有技能的儿童帮助下来完成的任务范围,也就是儿童能够独立表现出来的心理发展水平,和儿童在成人指导下能够表现出来的心理发展水平之间的差距。在幼儿园教育活动设计中,一个称职的幼儿教师应当努力地为儿童提供一个在"最近发展区"内的"鹰架",进而促使学习者在一个更高水平上发展。题干中李老师了解到平平已经掌握了"水从高处往低处流",之后便提供材料,帮助平平探究"水管高度与水流速度的关系",李老师的行为符合最近发展区理论。

37. B 【解析】本题考查幼儿园班级管理的原则。主体性原则是指教师作为班级管理的主体具有的自主性、创造性和主动性,同时又充分尊重幼儿作为学习者的主体地位。在许多情况下,教师是管理的主体,幼儿是管理的客体或对象,这是一个基本事实。而幼儿作为被管理者,并不意味着就失去了其在管理活动中的主体地位及主体性。在任何时候,幼儿必然是也应该是学习和游戏活动的主体。题干中王老师让幼儿进行讨论,让幼儿自主选择最佳签到方式,体现了王老师在班级管理中遵循了主体性原则。

38. D 【解析】本题考查幼儿园教育活动的常用方法。幼儿园教育活动常用的方法按不同性质可分为三大类,每一类又可分为不同方法。(1)口头语言法。指运用口头语言指导幼儿学习的一种方法,主要包括:讲述法、讲解法、谈话法、讨论法、语言评价法等。(2)直观教育法。指教师借助于实物、教具,设计相关的教育情境,将教育内容直观地展示给幼儿,实现教育目标的一种方法。如演示法、范例法、榜样法、情境表演法等。(3)实践法。指教师为幼儿创设一定的环境,提供充足的实物材料,让幼儿通过自身的实践、练习活动进行学习的方法。如观察法、游戏法、操作法、探究法、移情训练法、练习法等。

39. C 【解析】本题考查幼儿园教育活动设计的基本原则。整合性原则是指在设计教育活动时,不仅要充分发挥活动内容、形式、过程等各因素的功能,还应加强各因素间的协调、配合,发挥其整合效能,从而促进幼儿的整体发展。

40. B 【解析】本题考查区角活动材料投放的原则。层次性原则是指由于儿童具有个体差异,他们对事物会有不同认识,操作也会处于不同层面。因此,有些活动内容材料既要体现对儿童群体的关注,也要体现对儿童个体的关照,要有层次性。题干中王老师根据幼儿能力水平发展各异的情况,在益智区投放了不同难度的记录表,照顾了个体差异,符合层次性原则。

41. A 【解析】本题考查幼儿园教育活动内容的类别。美国教育心理学家加涅在《学习的条件》一书中,从学习的结果出发,把认知学习分为智力技能、言语信息和认知策略三类。智力技能是指幼儿通过学习获得了使用符号与环境相互作用的能力。言语信息是指幼儿通过学习以后,能记忆事物的名称、符号、地点、时间、定义,以及对事物的描述等具体事实,能够用语言将这些事实表述出来。认知策略是指幼儿调节自己的注意、学习、记忆和思维等内部过程的技能。动作技能指通过身体动作的质量的不断改善而形成整体动作模式。

42. C 【解析】本题考查角色游戏的特点。角色游戏具有表征性、自主性、创造性和社会性的特点。表征性是指幼儿在游戏中常以动作、语言来扮演角色,对游戏的动作和情景进行假想,会出现以物代物、以物代人、以人代物,人和物无定指表征的特点。题干中贝贝把不同颜色的彩纸做成各种颜色的"果汁",体现了角色游戏的表征性特点。

43. A 【解析】本题考查观察记录的方法。评定法要求研究者在观察的基础上,对行为或事件做出判断。评定法主要的类型有行为检核法和等级评定量表法。行为检核法又称核对表法、清单法等,主要用于核查有重要意义的行为或事件的呈现与否。等级评定法是对被观察者进行观察后,对其表现行为所达到的水平进行评定,并可判断行为质量高低的一种方法。题干中李老师事先列出具体项目,在幼儿游戏时,观察后对照项目判断幼儿肢体表现水平。这体现的观察记录方式是评定法。

44. D 【解析】本题考查幼儿园教育活动评价的原则。由于教育活动是在特定的环境与背景下由不同的个体参与而发生的活动过程,因此,对教育活动的评价就不可能脱离其特定的情境。情境性原则要求教师根据儿童的真实生活和学习情境,观察与记录他们在实际情境问题中的参与、操作、实验、交流、合作、态度等方面的状况并做出分析和评价。题干中教师让幼儿分享大桥桥墩的建构经验是围绕幼儿刚刚建构好的"八一大桥"作品进行的,这体现了王老师在活动评价时遵循了情境性原则。

45. C 【解析】本题考查智力游戏的特点。智力游戏是指以发展幼儿智力、智力品质和智力技能为主要目标的有规则游戏。不同年龄班幼儿的智力游戏有着不同的特点。(1)小班幼儿的智力游戏任务侧重感知能力发展,多在实物材料的操作中进行,游戏动作、规则简单。(2)中班幼儿的智力游戏任务侧重思维能力、观察力和想象力的发展;除运用实物玩具和材料外,增加了语言游戏的成分;游戏动作、规则变得复杂,增加了竞赛因素。(3)大班幼儿的智力游戏任务侧重思维的有意性、各种智力品质和创造力的发展;难度增加,综合性增强;游戏动作和规则更加严格、复杂。

46. A 【解析】本题考查师幼互动的策略。引导性互动是指教师对幼儿的活动行为趋向与方式加以指导以使之有效的互动方式。包括提醒、建议、启发、提问、示范、指导等。题干中面对幼儿在活动中遇到的困难,教师启发幼儿自己解决问题,这体现的师幼互动策略是引导性互动。

47. A 【解析】本题考查幼儿园家长工作的实施途径。家长开放日是指幼儿园定期请幼儿家长来园或来班参与活动,目的主要是让家长了解幼儿的在园表现、幼儿园的教育情况。在家长开放日活动期间,家长可以观摩孩子在园的学习生活,对幼儿园开展的活动有更加直观的认识。幼儿园可以在开放日结束后,发放反馈意见表,了解家长的意见与建议,并及时地将信息汇总分析,采纳合理化建议。

48. B 【解析】本题考查幼儿象征性游戏的发展。象征性游戏是学前儿童的典型的游戏形式,2岁以后开始大量出现,4岁以后是比较成熟的发展阶段。幼儿伙伴之间合作进行的象征性游戏(皮亚杰称之为"集体的象征")是象征性游戏的最成熟的形式,这种游戏也被称为社会性扮演游戏或主题角色游戏。

49. D 【解析】本题考查教师介入策略。语言指导是教师通过运用"询问式""建议式""鼓励式""澄清式""邀请式""角色式""指令式"等不同形式的语言指导儿童游戏的方法。题干中李老师通过提出问题激发幼儿的求知欲和阅读兴趣,并请幼儿自主阅读去寻找答案,这体现的介入策略是语言指导。

50. B 【解析】本题考查小学的幼小衔接策略。帮助幼儿逐步适应活动常规即在入学之初,教师应考虑儿童的实际情况,循序渐进地帮助儿童逐渐适应小学生活常规。如小学的教学活动以上课为主,上课的时间一般为40~45分钟。而刚入学的儿童注意时间有限,一般为15分钟。这需要小学教师变换上课的手段和形式,在有效注意时间里讲授学科知识,其余时间配以丰富的练习和游戏活动。

第二部分　主观题

一、简答题(参考答案)

1. 简述影响学前儿童注意稳定性的因素。

(1)对象本身的特点;(2)活动的内容及活动的方式;(3)主体状态。

(共5分。少答一条扣2分)

2. 简述学前儿童进食的卫生要求。

(1)良好的物理环境;(2)良好的心理环境;(3)适当的进餐速度;(4)进食时不谈笑打闹;(5)不强迫幼儿进食。

(共5分。每点1分)

二、案例分析题(参考答案)

(1)身体方面。游戏中乐乐的精细动作发展较好。案例中,乐乐能灵活使用各种拼插的建构技能,说明了他的手部精细动作发展较好。

(2)认知方面。游戏中乐乐的感知能力、思维能力和想象能力发展较好,语言能力发展较弱。案例中,乐乐能用多种雪花片拼成"摩天轮",这是建立在乐乐对摩天轮特征和雪花片特征足够了解的基础上才能做到的,说明他感知能力发展较好。拼搭过程中能将拼成的每个部分想象成摩天轮的零件,说明他想象能力发展较好。在发现建构的倾斜问题时,能自己独立想办法解决问题,说明他思维能力发展较好。游戏中伴有同伴交往的需要,花花想与乐乐交流,而乐乐并未做出积极回应,说明其语言表达能力发展较弱。

(3)情绪情感方面。游戏中乐乐能充分体验快乐并能充分表达自己的情感,情绪情感发展较好。案例中,乐乐在进行游戏时获得了愉快的情绪体验,搭建完成后开心地笑了,遇到问题时也没有气馁难过,说明他的积极情绪发展较好。

(4)社会性方面。游戏中乐乐的社会交往发展较弱。案例中,乐乐都是独自一人在进行游戏,面对花花的交流不予积极的回应,只是在最后搭建完成时开心地笑起来,说明他的交往技能发展较弱,在游戏中以自我为中心。

(5)创造力方面。游戏中乐乐的创造力具有较高的发展。案例中,乐乐建构时对不同技能的使用,建构材料颜色的搭配都展现了他较高的创造能力。

(共8分。每条1分,结合案例合理阐述3分)

三、论述题(参考答案)

请论述学习动机对幼儿学习的作用,并结合幼儿教育实践谈谈幼儿教师应如何有效激发幼儿学习动机。

学习动机对幼儿学习的作用:

(1)激活功能。当幼儿对于某些知识或技能产生迫切的学习需要时,就会引发学习内驱力,唤起内部激动状态,产生焦急、渴求等心理体验,并最终激起一定的学习行为。

(2)定向功能。学习动机以学习需要和学习期待为出发点,使幼儿的学习行为在初始状态时就指向一定的学习目标,并推动幼儿为达到这一目标而努力学习。有的幼儿可能面临多种学习目标或诱因,这就需要在其中做出选择。这种目标选择既取决于幼儿对不同目标或诱因的期望强度,又取决于幼儿已有的知识和经验。

(3)强化功能。在学习过程中,幼儿的学习是认真还是马虎,是勤奋还是懒惰,是持之以恒还是半途而废,在很大程度上取决于学习动机的水平。学习动机水平高的幼儿能在长时间的学习活动中保持认真的态度和坚持把学习任务顺利完成,而学习动机水平低的幼儿则缺乏学习行为的稳定性和持久性。

(4)调节功能。学习动机调节学习行为的强度、时间和方向。如果行为活动未达到既定目标,动机还将驱使学生转换行为活动方向以达到既定目标。

幼儿教师可以采取以下措施有效激发幼儿学习动机:

(1)激发幼儿的学习兴趣。"兴趣是最好的老师",学习有兴趣,才会快乐,才会有积极性、主动性。教师要采取多种措施激发幼儿的学习兴趣。比如,教师在讲授《青蛙》时,先以谜语的方式引入:"河边有个歌唱家,白肚皮,大嘴巴,一天到晚叫呱呱,吃掉害虫保庄稼",让幼儿猜猜这是什么动物。同时,教师可配合使用青蛙模型、有关青蛙生活的电视录像等,来帮助幼儿理解青蛙的生活习性。教师还可以把真实的蝌蚪和青蛙分别装入瓶子中,让幼儿观察它们,然后引导幼儿提出诸如"青蛙的妈妈为什么不和孩子在一起?""小蝌蚪吃什么?"等问题。

(2)制定具体、明确而适当的学习目标。幼儿的学习兴趣很不稳定,常常"来得快,走得急",很难持久。这就需要教师、家长做好儿童的思想工作,借助表演活动、成功的榜样,使幼儿明确学习的目的和意义,激发学习的积极性。比如,教师在让幼儿画画前,提出明确的目标:"今天小朋友们画的画要送给亲爱的爸爸妈妈,看谁能画一张最好的画送给爸爸妈妈。"有这样明确的目的,幼儿很容易产生强烈的愿望来从事绘画活动,并自觉地专心完成这一任务。

(3)及时反馈,积极评定。通过对学习结果的积极反馈,幼儿既可以看到自己的进步,激起进一步学好的愿望;也可以了解自己的缺点,树立克服缺点的信心。比如,在美术活动中,教师让幼儿轮流站起来向大家介绍自己的作品。在某个内向的幼儿站起来介绍完之后,教师可以这样评价:"某某的画真不错,要是下次给大家介绍自己的作品时能大声一点、自然一点就更好了。"通过这样的评价,即保护了他的自尊心,又充分肯定了他的成绩,并提出了更高的目标。使幼儿不仅获得了成功的体验,也有了不断进取的动力。

(4)恰当运用奖励和惩罚。奖励与惩罚是对幼儿学习成绩和态度的肯定或否定的一种强化方式。恰当运用奖励和惩罚,可以提高幼儿的认识水平,激发幼儿的上进心和自尊心。奖励和惩罚应该具体明确,以奖励为主,惩罚为辅,严禁体罚和变相体罚。以精神奖励为主,物质奖励为辅。此外,实施奖励和惩罚还要注意幼儿的个别差异性。例如,对性格内向、自信心不足的幼儿要多奖励;对骄傲自大、自负的幼儿要指出其缺点,指明其努力方向。

(5)鼓励合作,适度竞赛。幼儿间的合作与竞赛是影响学习动机的一个重要因素,合作性目标结构容易激发以社会目标为中心的动机系统。个体会以一种既有利于自己成功又有利于同伴成功的方式互动,相互帮助、共同努力。例如,教师在组织音乐教学活动之前,先告诉幼儿:"今天教学之后会分小组进行一场音乐技能比赛,请大家一定好好发挥。"这样幼儿在集体教学活动环节便会格外关注。因为他们知道接下来的竞赛需要通过自己的努力为团队争光,这样就大大激发了幼儿的学习动机。

(6)正确的归因指导。积极的归因能使幼儿体验成功感,增强自信心,有助于学习动机的激发;消极的归因易使幼儿推脱责任,丧失自信心,降低学习积极性。幼儿时期稳定的学习归因正在形成,教师应指导幼儿对学习成败进行科学归因。例如,在美术教育活动结束后,对于那些完成情况较好,或相对于以前有进步的幼儿,可利用餐前活动等零碎时间,先让幼儿尝试自评"为什么这次画画我有进步?"再组织大家讨论"他为什么这次画得好?"最后教师再进行总评:"其实他画画是很棒的,但他以前没有认真画,没有这次努力,而这次他画得很认真,所以他画得很好,如果将来他再继续努力,他会画得更好!"

(共12分。学习动机对幼儿学习的作用4分,激发幼儿学习动机的措施6分,结合教育实际阐述2分)

四、活动设计题(参考范文)

大班幼小衔接的体验活动方案:

1. 准备环节

为幼儿创设一个良好的心理氛围,让大班孩子知道自己马上要升入小学,需要不同于幼儿园的"自我管理"。适当调整活动室的布局,将集中围坐式的环境改变为分隔式区域型环境,让幼儿在幼儿园里感受到小学班级式教学环境,促进幼儿身心的发展。

2. 实施环节

组织幼儿到小学去参观小学生升旗仪式、早操活动、课间活动。把幼儿带进小学生课堂,比较两者教学氛围与组织形式的不同。

3. 总结分享环节

画一画自己心中的小学

幼小衔接活动设计(总结分享环节)

心中的小学(大班)

(一)设计意图

幼儿参观小学后,对小学已有初步的印象。为了让这种感性认识得到一定的提升而设计本活动。让幼儿通过回忆参观小学的情况,巩固对小学的认识;让幼儿通过绘画的形式表现自己最感兴趣的事情和最后参观的地方,以激发幼儿上小学的愿望。

(二)活动目标

(1)感知小学的外观,区域分布情况,以及与幼儿园不一样的地方;

(2)尝试用多种绘画材料,用各种图形、线条、分区域的方式画小学;

(3)愿意介绍作品,萌发对小学的热爱与向往之情。

（三）活动准备

(1)参观过小学校园；

(2)小学各区域的图片、勾线笔、油画棒、彩色笔、白纸等。

（四）活动重难点

重点：感知小学与幼儿园的不同，尝试用多种美工材料以及各种图形、线条画小学。

难点：愿意在同伴面前介绍"心中的小学"，萌发对小学的热爱与向往之情。

（五）活动过程

1. 忆小学

带领幼儿回忆参观过的小学

（在你的脑海中，小学是什么样的呢？）

教师小结：小学是大大的，而且有很多幢教学楼……

2. 比一比，找不同

教师展示图片，幼儿观察小学与幼儿园的不同。

（一起来看看小学的楼层分布、幢数与幼儿园有什么不同呢？小学的教室与幼儿园有什么不同呢？小学的哥哥姐姐的着装与幼儿园的小朋友有什么不同呢？）

教师小结：小学分了好多区块，有教学楼、实验楼、展示楼、操场等等，特别的大，而且楼层也很高；教室可以坐好多人。哥哥姐姐穿着一样的衣服，还戴着红领巾……

3. 我心中的小学

现在你们心中一定有一所让你向往的小学，那大家一起相互讨论一下吧。

4. 画心中的小学

(1)教师介绍美工材料，以及绘画中需注意的地方。

今天呀，老师准备了勾线笔、水彩笔等美工材料，想让你们开动小脑袋用多种图形、线条画出心中的小学，并涂上漂亮的颜色。

(2)幼儿自由选择材料，画心中的小学。

(3)教师观察，个别指导。

5. 介绍我心中的小学

(1)鼓励幼儿大胆介绍心中的小学；

(2)师幼共同欣赏、点评，肯定作品的优点；

(3)展示我心中的小学作品。

评分标准参考如下：

(1)活动设计意图(共2分。意图明确2分)

(2)活动目标(共3分。三维目标各1分)

(3)活动准备(共2分。准备得当、充分2分)

(4)活动重难点(共2分，重点1分，难点1分)

(5)活动过程(共11分。活动内容完整4分，活动方法得当3分，教学手段合理2分，符合幼儿认知2分)

2021年山东省青岛市幼儿园教育理论基础知识真题试卷(十二)

一、单项选择题

题序	1	2	3	4	5	6	7	8	9	10
答案	A	C	C	B	C	B	A	D	B	D
题序	11	12	13	14	15	16	17	18	19	20
答案	B	C	A	C	C	C	A	C	C	B
题序	21	22	23	24	25	26	27	28	29	30
答案	B	C	D	A	B	A	C	A	C	C
题序	31	32	33	34	35	36	37	38	39	40
答案	B	C	D	C	C	C	A	A	B	D
题序	41	42	43	44	45	46				
答案	A	C	A	A	B	A				

1. A 【解析】本题考查陈鹤琴的贡献和教育思想。陈鹤琴先生于1923年创办了我国最早的幼儿教育实验中心——南京鼓楼幼稚园,他把课程内容划分为:健康活动、社会活动、科学活动、艺术活动和文学活动五项,但这五项活动是一个整体,如人的手指与手掌,手指只是手掌的一部分,其骨肉相连,血脉相通,因此被称为"五指活动"。

2. C 【解析】本题考查学前教育机构的发展。SOS是国际通用的呼救信号。SOS国际儿童村是收养孤儿的国际慈善组织,1949年由奥地利医学博士哥麦纳在维也纳创办,旨在给儿童"母爱"。

3. C 【解析】本题考查生理性远视。幼儿5岁以前可能有生理性远视。幼儿的眼球前后距离较短,物体往往成像于视网膜的后面,称为生理性远视。随着眼球的发育,眼球前后距离变长,一般5岁左右,就可以达到正常的视力。

4. B 【解析】本题考查手足口病的潜伏期。手足口病主要发生于学前儿童,尤以1～2岁婴幼儿为多。多在夏季流行,潜伏期为4～6日。

5. C 【解析】本题考查亲社会行为的含义。亲社会行为又称为积极的社会行为,指一个人帮助或打算帮助他人,做有益于他人的事的行为和倾向。儿童在很小的时候就通过多种方式表现出亲社会行为,尤其是同情、帮助、分享、谦让等利他行为。

6. B 【解析】本题考查托马斯—切斯的气质类型。托马斯和切斯发现,新生儿1～3个月就有明显、持久的气质特征,不大容易改变,一直持续到成年。他们根据儿童活动水平、生理活动的规律性、对新异刺激反应的害怕或抑制等九个维度,把婴儿的气质分为三种类型:(1)容易型;(2)迟缓型;(3)困难型。

7. A 【解析】本题考查幼儿园的晨检工作重点。幼儿晨间来园时,身心状况正常才能积极参加幼儿园的活动。晨检的工作重点是"检",即检查幼儿的身心状况。

8. D 【解析】本题考查人体生理机能活动能力变化的规律。人体在运动过程中,生理机能活动能力是不断变化的,而且有一定规律。一般在开始时,能力逐步上升,然后达到和在一定时间内保持较高的水平,最后又逐渐下降。这个过程可分为上升、平稳和下降三个阶段,这个变化过程是一个客观规律。

9. B　【解析】本题考查《幼儿园教育指导纲要(试行)》的内容。《幼儿园教育指导纲要(试行)》语言教育领域的内容与要求指出,培养幼儿对生活中常见的简单标记和文字符号的兴趣。

10. D　【解析】本题考查《3～6岁儿童学习与发展指南》的内容。《3～6岁儿童学习与发展指南》指出,重视幼儿的学习品质。幼儿在活动过程中表现出的积极态度和良好行为倾向是终身学习与发展所必需的宝贵品质。要充分尊重和保护幼儿的好奇心和学习兴趣,帮助幼儿逐步养成积极主动、认真专注、不怕困难、敢于探究和尝试、乐于想象和创造等良好学习品质。忽视幼儿学习品质培养,单纯追求知识技能学习的做法是短视而有害的。

易错提示:本题容易混淆学习习惯和学习品质,考生要准确记忆《3～6岁儿童学习与发展指南》中学习品质的具体内容。

11. B　【解析】本题考查《幼儿园教育指导纲要(试行)》的内容。《幼儿园教育指导纲要(试行)》社会领域的目标是:(1)能主动地参与各项活动,有自信心;(2)乐意与人交往,学习互助、合作和分享,有同情心;(3)理解并遵守日常生活中基本的社会行为规则;(4)能努力做好力所能及的事,不怕困难,有初步的责任感;(5)爱父母长辈、老师和同伴,爱集体、爱家乡、爱祖国。

12. C　【解析】本题考查《3～6岁儿童学习与发展指南》的内容。《3～6岁儿童学习与发展指南》语言领域的教育建议指出,尊重和接纳幼儿的说话方式,无论幼儿的表达水平如何,都应认真地倾听并给予积极的回应。

13. A　【解析】本题考查《幼儿园教育指导纲要(试行)》的内容。《幼儿园教育指导纲要(试行)》第四部分教育评价指出,评价应自然地伴随着整个教育过程进行。综合采用观察、谈话、作品分析等多种方法。

14. C　【解析】本题考查幼儿园与家长互动沟通的方式。家长学校面向家长开放,其主要宗旨在于向家长系统宣传和指导教育孩子的正确方法,家长学校由园所管理,通过讲座、讨论、参观等形式提高家长教育孩子的能力。

15. C　【解析】本题考查《幼儿园教育指导纲要(试行)》的内容。《幼儿园教育指导纲要(试行)》指出,教育活动的组织与实施过程是教师创造性地开展工作的过程。教师要根据本《纲要》,从本地、本园的条件出发,结合本班幼儿的实际情况,制定切实可行的工作计划并灵活地执行。

16. C　【解析】本题考查幼儿园课程实施的取向。课程实施的创生取向指的是把课程看成是教师与学生联合创造的教育经验,课程实施本质上是在具体教育情境中创生新的教育经验的过程,而课程计划只是选择的工具而已。故C项正确。

17. A　【解析】本题考查生成课程的特点。生成课程最大的特点是活动的生长点与幼儿的兴趣紧密相连,活动的展开以幼儿内在的需求为动力,课程常常表现为"计划不及变化快",这与教师中心课程是有根本差别的。在生成课程中,一方面要尊重幼儿的兴趣需要,另一方面要重视教师的支持、帮助、引导,以达到"教"与"学"的和谐统一。

18. C　【解析】本题考查杜威的教育原则。杜威认为,学校生活组织应该是以儿童为中心,一切需要的措施都应该是为了促进儿童的生长。因为是儿童,而不是教学大纲决定教育的质和量,所以,教学内容、计划和方法以及一切教育活动都要服从儿童的兴趣和经验的需要,也就是我们现在所说的以儿童为中心。

19. C　【解析】本题考查幼儿注意的稳定性。在良好的教育环境下,3岁幼儿能集中注意3～5分钟,4岁幼儿能集中注意10分钟,5~6岁幼儿能集中注意15分钟左右。如果教师组织得法,5~6岁幼儿可集中注意20分钟。

20. B 【解析】本题考查埃里克森心理社会化发展理论。美国精神分析学家埃里克森的个性发展渐成说,不再过分强调弗洛伊德的本能论和泛性论,而是强调自我在个性发展中的决定作用,强调自我与社会环境相互作用的心理社会机制,强调文化和社会因素对个性的影响,重视自我教育的作用,重视家庭、社会对儿童教育的作用。

21. B 【解析】本题考查幼儿游戏的条件创设。空间是开展游戏所必需的基本条件。时间是开展游戏的重要保证,材料与设备是游戏的物质基础,幼儿游戏的经验是开展游戏的源泉。故答案选B项。

22. C 【解析】本题考查维果斯基的教育思想。维果斯基认为,任何教学都存在最佳的时期。对这个时期的任何或早或晚的偏离,对儿童的智力发展将会产生不良影响。在最佳学习期内,实施相应的教学,才会对儿童的认知发展有更大的效果。

23. D 【解析】本题考查《幼儿园工作规程》的内容。《幼儿园工作规程》第十八条规定,幼儿园应当制定合理的幼儿一日生活作息制度。正餐间隔时间为3.5~4小时。在正常情况下,幼儿户外活动时间(包括户外体育活动时间)每天不得少于2小时,寄宿制幼儿园不得少于3小时;高寒、高温地区可酌情增减。

24. A 【解析】本题考查幼儿记忆出现的年龄。2岁以后,幼儿的有意记忆开始萌芽,同时,无意记忆也得到进一步的发展。

25. B 【解析】本题考查幼儿园社会教育评价的方法。当教师要评价幼儿的社会认知发展水平时,可采用游戏规则法和故事两难法。故A、C项错误。当教师要评价幼儿的社会行为发展水平时,可运用自然测验法和情景测验法。故D项错误。当教师要评价幼儿的社会情感发展水平时,可选用投射测验法和移情测验法。故答案选B项。

26. A 【解析】本题考查学前心理学的研究方法。观察法是通过有目的、有计划地观察幼儿在日常生活、游戏、学习和劳动过程中的表现,包括其言语、表情和行为,并根据观察结果分析幼儿心理发展的规律和特征的方法。观察法是研究幼儿最基本的方法。早期的幼儿心理研究大都利用观察法。因为幼儿的心理活动有突出的外显性,通过观察其外部行为,就可以了解他们的心理活动。

27. C 【解析】本题考查时间知觉的特点和发展趋势。生活制度和作息制度在儿童的时间知觉中起着极为重要的作用,幼儿常以作息制度作为时间定向的依据。

28. A 【解析】本题考查幼儿园的幼小衔接工作。幼儿园幼小衔接工作的内容包括:(1)心理准备:幼儿对小学的态度、看法和情绪,与其入学后的适应能力关系很大。因此,教师和家长要多带孩子参观小学环境,在游戏和故事中有意识地插入小学方面的知识和情节,让幼儿感知小学的印象。增强孩子对想当小学生、戴红领巾的兴趣和向往。(2)能力准备:训练孩子的自制能力和纪律意识,养成良好的习惯。独立安排应负责的学习与劳动任务,学会生活自理;如穿、脱衣服,如厕,整理书包和学习用品,打扫房间等;同时还应训练孩子的自我保护能力,如会管好钥匙,会过马路,会加热饭菜,会处理意外事故,牢记家庭地址和父母的姓名、工作地点、电话号码等。(3)学习准备:有意识地让孩子学会按课程表取书,学会认真、专心地看书、写字、绘画等学习习惯,培养孩子强烈的学习兴趣和求知欲望。故A项正确。

29. C 【解析】本题考查教师及其教育行为对幼儿的影响。在教师的教育行为中,积极的社会强化、模仿和辨认、期望和要求、特性分类等因素对幼儿社会化的影响显得极为重要。其中,积极的社会强化有助于教师与幼儿建立一种良好的社会关系,促进幼儿获取各种新的社会交往的技能,巩固已形成的正确的行为习惯。

30. C 【解析】本题考查手的运动技能的发展。从6~8个月开始,婴儿在同物体的反复接触中,兴趣中心逐渐从自身的动作转移到动作的对象。这时他会将各种东西乱敲、乱撕或扔在地上,想以此来了解自己的动作能带来什么影响。

31. B 【解析】本题考查瑞吉欧教育体系的创始人。瑞吉欧教育课程产生于意大利的一个富裕和资源丰富的小城市——瑞吉欧。洛里斯·马拉古兹是意大利早期教育系统的奠基人。他从20世纪60年代开始,建立婴儿中心和学前学校,形成了儿童保育和教育服务系统,包括高质量的早期儿童保育和教育条件、目标、教师职责以及儿童的家庭和邻居对教育事业参与的权利。

32. C 【解析】本题考查生理性远视的含义。幼儿的眼球前后距离较短,物体往往成像于视网膜的后面,称为生理性远视。随着眼球的发育,眼球前后距离变长,一般5岁左右,就可以达到正常的视力。

33. D 【解析】本题考查皮亚杰的客体永久性的含义。皮亚杰认为,婴儿在出生后的头几个月里不存在客体永久性观念,具体表现在当一个原先存在于婴儿视野中的物体从他们的视野中消失后,婴儿就不会再去寻找或抓握,表明他们以为物体已经没有了。7个月以后的婴儿才会继续寻找从他们视线中消失的物体,表明他们已经知道物体虽然从视线中消失,但一定在什么地方,表明他们已经获得了客体永久性。

34. C 【解析】本题考查《学记》中的教学原则。《学记》提出"道而弗牵,强而弗抑,开而弗达",阐明了教师的作用在于引导、激励、启发,而不是硬牵拉着学生走,不是强迫和代替学生学习,凸显了学生在教学中的主体地位与作用,体现出教学必须遵循启发性原则。

35. C 【解析】本题考查依恋的类型。焦虑—反抗型的幼儿在母亲要离开之前,总显得很警惕,有点大惊小怪。如果母亲要离开他,他就会表现出极度的反抗。但是与母亲在一起时,又无法把母亲作为他安全探究的基地。见到母亲回来时就寻求与母亲的接触,但同时又反抗与母亲接触,甚至还有点发怒的样子。故丫丫的依恋类型属于焦虑—反抗型。

36. C 【解析】本题考查《3~6岁儿童学习与发展指南》的内容。《3~6岁儿童学习与发展指南》健康领域,"动作发展"中目标2"具有一定的力量和耐力"指出,4~5岁儿童能单脚连续向前跳5米左右。

37. A 【解析】本题考查有意想象的含义。有意想象是指根据一定的目的、自觉地创造出新形象的过程。人们在实践活动中,为实现某个目标,完成某项任务所进行的活动,都属于有意想象。题干中妞妞绘画前确定了画爸爸的主题,而且按照自己想的去画了,所以,妞妞在绘画过程中的想象属于有意想象。

38. A 【解析】本题考查学前儿童形状知觉的敏感期。研究表明,4岁是形状知觉的敏感期,以后逐渐减弱。

39. B 【解析】本题考查"青枝骨折"的含义。幼儿骨骼含有机物比成人多,无机盐比成人少,故骨骼弹性大,可塑性强,容易变形。一旦发生骨折,常会出现折而不断的现象,称为"青枝骨折"。

40. D 【解析】本题考查性别图式理论的相关内容。性别图式理论的代表人物是卡洛尔·马丁和查尔斯·霍尔沃森。该理论是在认知发展理论的基础上提出的,强调性别图式作为一种预期结构,为搜索和同化性别知识和信息做好准备。性别图式理论是那些与社会学习和认知发展有关的性别刻板印象的一种信息处理方式,它也是性别特征形成过程中的各种元素——刻板印象、性别认定和性别角色采纳整合成一幅统一的男性和女性倾向是如何出现以及如何经常得到维持的画面。

41. A 【解析】本题考查《幼儿园工作规程》的施行时间。《幼儿园工作规程》已于2015年12月14日第48次部长办公会议审议通过,自2016年3月1日起施行。

42. C 【解析】本题考查皮亚杰的认知发展阶段理论。前运算阶段的儿童还不能理解整体和部分的关系。通过要求儿童考察整体和部分关系的研究发现,儿童能把握整体,也能分辨两个不同的类别。但是,当要求他们同时考虑整体和整体的组成部分的关系时,儿童多半会给出错误的答案。他们的思维受眼前的显著知觉特征的局限,而意识不到整体和部分的关系,皮亚杰称之为缺乏层级类概念(类包含关系)。故答案选C项。

43. A 【解析】本题考查陈鹤琴的贡献。陈鹤琴于1923年创办了我国最早的幼儿教育实验中心——南京鼓楼幼稚园,他创立了"活教育"理论,一生致力于探索中国化、平民化、科学化的幼儿教育道路。

44. A 【解析】本题考查正强化的含义。正强化是通过呈现想要的愉快刺激来增强反应频率。题干中妈妈想到的好办法属于正强化。

45. B 【解析】本题考查夸美纽斯的著作。夸美纽斯为父母们编写的学前家庭教育指南《母育学校》,是世界上第一部论述学前教育的专著,集中体现了他的学前教育思想。

46. A 【解析】本题考查气质类型和气质类型的神经活动类型。多血质的幼儿表现为反应迅速、有朝气、活泼好动、动作敏捷、情绪不稳定。多血质的神经活动类型为强、平衡、灵活。题干中萱萱的气质类型属于多血质,气质类型的神经活动类型是强、平衡、灵活型,故答案选A项。

二、多项选择题

题序	47	48	49	50	51
答案	ABCD	ABC	BCD	ABD	ABCD
题序	52	53	54	55	56
答案	AB	ACD	ABCD	ABCD	BCD
题序	57	58	59	60	61
答案	BCD	ABC	ABD	ACD	ABCD
题序	62	63	64	65	66
答案	ABCD	ACD	ACD	ABCD	ABC

47. ABCD 【解析】本题考查问卷调查法的优点。问卷调查法的优点包括:统一、定量、节省、匿名等优点。

48. ABC 【解析】本题考查学前儿童想象发展的特点。学前儿童想象发展的特点包括:(1)无意想象为主,有意想象开始发展;(2)再造想象为主,创造想象开始发展;(3)想象具有夸张性。所以,学前儿童以无意性、再造性想象为主,有意想象和创造性想象开始发展。故A、B项正确。幼儿时期,常将想象的东西和现实进行混淆。故C项正确。D项属于幼儿想象力的培养。故答案选ABC项。

49. BCD 【解析】本题考查注意的品质。注意可以分为无意注意和有意注意两种基本形式。注意的品质包括注意的广度、注意的稳定性、注意的转移、注意的分配。

50. ABD 【解析】本题考查学前儿童抽象逻辑思维的特点。抽象逻辑思维是借助人脑的最高产物——概念来完成的,是人类特有的思维方式。学前儿童尚不具备这种思维方式,但在学前儿童晚期,出现了抽象逻辑思维的萌芽。故A项正确。随着抽象逻辑思维的萌芽,儿童自我中心的特点逐渐开始消除,即开始"去自我中心化"。故B项正确。儿童开始学会从他人以及不同的角度考虑问题,开始获得"守恒"概念,开始理解事物的相对性。故D项正确。C项属于具体形象思维的特征,故C项错误。

51. ABCD 【解析】本题考查测查儿童掌握概念水平的常用方法。测查儿童掌握概念水平的常用方法有分类法、排除法、解释法(定义法)、守恒法。

52. AB 【解析】本题考查言语在儿童心理发展中的意义。言语在儿童心理的发展中有极为重要的意义。掌握言语之后,儿童的心理机能发生了重大变化,形成了新的意识系统,具体体现为:高级心理机能开始形成,低级心理机能得到改造。意识和自我意识产生,个性开始萌芽。故答案选AB项。

53. ACD 【解析】本题考查学前儿童心理发展的基本特点。学前儿童心理发展的基本特点包括方向性和顺序性、连续性和阶段性、不均衡性、个体差异性。

54. ABCD 【解析】本题考查流行性感冒的症状。流行性感冒潜伏期为数小时至1~2天。起病急,高热、头痛、咽痛、乏力、眼结膜充血。以胃肠道症状为主者,可有恶心、呕吐、腹痛、腹泻等症状;以肺炎症状为主者,发病1~2天后即出现咳嗽、气促、气喘、口唇发绀等症状。部分患儿有明显的精神症状,如嗜睡、惊厥等。婴幼儿常并发中耳炎。

55. ABCD 【解析】本题考查同伴关系的类型。北京师范大学教授庞丽娟根据同伴关系的不同,一般将儿童划分为受欢迎型、一般型、被拒绝型、被忽视型四种。

56. BCD 【解析】本题考查社会性行为的培养和训练。要减少儿童的攻击性行为,促进其亲社会行为,需要进行相应的教育和培养,主要包括移情训练、交往技能和行为训练、角色扮演、善用精神奖励。

57. BCD 【解析】本题考查学前儿童的社会关系。在儿童参与社会生活的过程中,他们的社会性会逐步获得发展。儿童不仅能学会与别人进行最初的社会交往,开始建立人际关系,如亲子关系、同伴关系、长幼关系、师生关系等,而且还会慢慢形成符合社会要求的愿望、情感和态度,能按照社会行为规范行动。

58. ABC 【解析】本题考查学前教育课程内容的特点。在设计学前教育课程时,我们应使其内容具有全面性、启蒙性、社会性、发展性和灵活性等特点。

59. ABD 【解析】本题考查幼儿教育整合的策略。幼儿教育整合的策略包括:(1)把一日生活看作一个教育整体;(2)注意教育内容之间的整合;(3)在现实的、多样化的活动过程中实现整合。

60. ACD 【解析】本题考查幼儿美感发展的基本特点。幼儿美感发展的基本特点包括情绪性、差异性、多样性、表面性、行动性、直率性。

61. ABCD 【解析】本题考查新生儿的无条件反射。天生的本能表现为无条件反射,它们是不学而会的本能,主要包括吸吮反射、眨眼反射、怀抱反射、抓握反射、巴宾斯基反射、惊跳反射、击剑反射、迈步反射又称行走反射、游泳反射、巴布金反射、蜷缩反射。

62. ABCD 【解析】本题考查现代幼儿教师的角色分析。在游戏活动中,教师扮演游戏的观察者、参与者、引导者、评价者角色。

63. ACD 【解析】本题考查《中华人民共和国未成年人保护法》第三章学校保护的内容。《中华人民共和国未成年人保护法》第二十七条规定,学校、幼儿园的教职员工应当尊重未成年人人格尊严,不得对未成年人实施体罚、变相体罚或者其他侮辱人格尊严的行为。故答案选ACD项。

64. ACD 【解析】本题考查纽曼的教育理念。美国学者纽曼提出,区分游戏和工作劳动的标准有三条:

一是控制的程度,可以从对游戏的控制是内部还是外部来区分。二是真实性,从活动内容是真实的或是假想的来区分。三是动机,从活动的动机是内部的还是外部的来区分。故答案选ACD项。

65. ABCD 【解析】本题考查预防龋齿的有效方法。预防龋齿的有效方法包括:(1)从小注意口腔卫生;(2)注意正确的刷牙方法;(3)要根据儿童的年龄选择大小适宜的牙刷;(4)多晒太阳,合理营养;(5)定期进行口腔检查。故答案选ABCD项。

66. ABC 【解析】本题考查幼儿园教学活动的形式。从教师组织角度来看,可将幼儿园教学活动形式分为集体活动、小组活动、个别活动。

三、判断题

题序	67	68	69	70	71	72	73	74
答案	√	√	×	√	×	√	×	√
题序	75	76	77	78	79	80	81	
答案	√	×	√	√	√	×	√	

67. √ 【解析】本题考查社会性发展的概念。社会性发展(有时也称幼儿的社会化)是指幼儿从一个生物个体到逐渐掌握社会的道德行为规范与社会行为技能,成长为一个社会人并逐渐步入社会的过程。

68. √ 【解析】本题考查蒙台梭利的教育理念。蒙台梭利于1907年在罗马贫民区创办了一所"儿童之家"。她十分重视儿童的遗传和内在的生命力,她认为儿童具有内在的冲动性,即"吸收性心智"。蒙台梭利教育是"不教的教育",教师只是担任示范者、指导者、观察者、环境提供者和管理者角色。蒙台梭利认为,儿童的心理发展既不是单纯的内部成熟,也不是环境、教育的直接产物,而是机体和环境交互作用的结果,是"通过对环境的经验而实现的"。因此,一个有准备的环境是关键。

69. × 【解析】本题考查游戏活动的作用。游戏是学前教育机构的基本活动。游戏最符合儿童身心发展的特点,是儿童最愿意从事的活动,最能满足儿童的需要,有效地促进儿童发展,具有其他活动所不能替代的教育价值。

70. √ 【解析】本题考查成人对幼儿的影响。对于学前阶段的幼儿来讲,他们的模仿性很强但分辨是非的能力却较弱。可以说,幼儿很多的知识和经验不是来自正规的教学活动,而更多是来自日常生活中对成人的模仿和潜移默化的影响。

71. × 【解析】本题考查幼儿观察力发展的表现。幼儿观察力发展的表现包括:(1)观察的目的性不强;(2)观察持续的时间较短;(3)观察缺乏系统性;(4)观察缺乏概括性;(5)缺乏观察方法。其中,观察缺乏系统性是指幼儿的观察一般是笼统的,看得不细致是幼儿观察的特点和突出问题。

72. √ 【解析】本题考查幼儿注意力的训练。幼儿注意力的训练包括:(1)视觉注意力训练:通过让儿童凭借视觉来感知信息以达到训练注意力的目的。(2)听觉注意力训练:通过让幼儿用听觉感知信息,从而达到训练注意力的目的。(3)动作注意力训练:通过让幼儿来完成特定的动作,达到训练注意力的目的。(4)混合注意力训练:通过让幼儿的几种感知器官同时参与活动,从而达到训练注意力的目的。

73. × 【解析】本题考查自尊心的优缺点。心理学研究表明:有自尊心的儿童是积极的、富有朝气与机智的,好与人交往的,善于表达自己的思想,喜欢探索,富于创造,对自己所从事的活动充满自信。而缺乏自尊心的儿童容易形成自卑、退缩、不合群等性格特征。

74. √ 【解析】本题考查《3～6岁儿童学习与发展指南》的内容。《3～6岁儿童学习与发展指南》艺术领域中"表现与创造"目标2教育建议指出,幼儿绘画时,不宜提供范画,特别不应要求幼儿完全按照范画来画。

75. √ 【解析】本题考查《3～6岁儿童学习与发展指南》的内容。《3～6岁儿童学习与发展指南》艺术领域中"表现与创造"目标2"具有初步的艺术表现与创造能力"指出,4～5岁幼儿的发展目标是,能通过即兴哼唱、即兴表演或给熟悉的歌曲编词来表达自己的心情。

76. × 【解析】本题考查儿童观的历史演进。持有儿童是"白板"观点的人认为,儿童刚生下来的时候,其心灵就像一块白板,成人可以任意塑造他。这种说法是不正确的,认为儿童的发展仅仅是消极被动地接受外界刺激,完全忽视了儿童的主观能动性。

77. √ 【解析】本题考查健康的心理环境的标识。健康的心理环境表现在尊重、平等、民主、开放四个方面。

78. √ 【解析】本题考查幼儿园一日生活组织应遵循的原则。幼儿园一日生活的组织应遵循整体性原则、游戏化原则、动静交替的原则、分散与集中原则、双主体原则、预成与生成相结合原则。

79. √ 【解析】本题考查幼儿在园一日区域活动安全管理的内容。从安全管理的角度而言,我们可以将幼儿在园的一日的活动,按区域概括划分为几个不同的方面:饮食与卫生安全,教育活动安全,游戏活动安全,睡眠安全,心理安全等。

80. × 【解析】本题考查家园合作的含义。家园合作是指幼儿园和家庭都把自己当作促进儿童发展的主体,双方积极主动地相互了解、相互配合、相互支持,通过幼儿园和家庭的双向互动,共同促进儿童的身心发展。在家园合作中,幼儿园应该处于主导地位。

81. √ 【解析】本题考查幼儿教师的基本功。幼儿教师的基本功包含有:理论知识、撰写教案、绘画、弹唱、舞蹈、讲故事等项目。因此,讲故事是幼儿教师的基本功之一。

预测试卷

教师招聘考试幼儿园教育理论基础预测试卷(十三)

一、单项选择题

题序	1	2	3	4	5	6	7	8	9	10
答案	B	A	A	C	B	A	A	A	C	D
题序	11	12	13	14	15	16	17	18	19	20
答案	A	B	D	C	A	B	B	B	C	B

1. B 【解析】非义务性指的是学前儿童去学前教育机构接受教育是自愿的而非强制的,家长完全可以根据孩子和自己的情况综合考虑是否送孩子进托儿所或者幼儿园,以及送孩子进哪所托儿所或者幼儿园。

2. A 【解析】骨折的处理措施包括:(1)急救的重点应是及时止痛、止血,防止休克,不要盲目地搬动患儿,特别是在可能伤及患儿的脊柱和颈部时更应注意,以免加重伤势,或引起严重的并发症,甚至危及生命。故B项错误。(2)固定骨折,限制断骨的活动。伤肢固定时应露出指或趾尖,以观察血液循环的情况。故D项错误。(3)对开放性骨折,在夹板固定前应先止血,局部消毒处理,不要将外露骨骼推入伤口,应盖上消毒纱布后再用夹板固定,送医院治疗。故A项正确,C项错误。因此,答案选A项。

3. A 【解析】在神经系统中,脑的耗氧量最高,幼儿脑的耗氧量为全身耗氧量的50%左右,而成人则为20%。

4. C 【解析】记忆过程可以分为识记、保持、再认或回忆三个基本环节。其中再认或回忆均是在不同情况下恢复经验的过程。再认是指识记过的事物重新出现时,感到熟悉,确实是以前感知过或经历过的。回忆也叫再现,是指识记过的事物并没有再次出现,由于其他事物的影响而使这些事物在头脑里呈现出来的过程。题干中,王老师指导大家搭建的大桥并未重新出现,而是明明根据自己的回忆搭建的。因此,这一过程是回忆(再现)。

5. B 【解析】泛灵论是指幼儿将一切物体都赋予生命的色彩。2~7周岁的儿童会认为任何物体都是有生命的。题干中的描述体现了幼儿思维泛灵论的特点。

6. A 【解析】儿童游戏是对儿童生活的反映,所以生活经验是其基础与源泉。

7. A 【解析】杜威主张教育要以儿童为中心,基本原则是"做中学"。

8. A 【解析】婴幼儿期的情绪是非常不稳定的,容易变化,表现为两种对立的情绪在短时间内互相转换。如当幼儿由于得不到喜爱的玩具而哭泣时,成人递给他一块糖,他就立刻会笑起来。这种"破涕为笑"的现象,在学前儿童身上尤为明显。题干中的幼儿因为争抢玩具而哭闹,表现出悲伤的情绪,随后同伴将玩具给她,幼儿随即转悲为喜并恢复正常的活动,这体现的是幼儿情绪的不稳定性。

9. C 【解析】《3~6岁儿童学习与发展指南》社会领域"人际交往"部分目标4"关心尊重他人"中指出,4~5岁幼儿学习与发展的目标之一是"能注意到别人的情绪,并有关心、体贴的表现"。

10. D 【解析】格罗斯的"生活预备说"认为游戏是儿童对未来生活的一种无意准备,是为成熟作预备性的练习。

11. A 【解析】幼儿的想象具有夸张性,在想象中常常把事物的某个部分或某种特征加以夸大。题干中,东东画的猫眼睛特别大,身躯特别小,嘴巴、耳朵更是小得几乎看不见,这体现了东东的想象具有夸张性。幼儿想象夸张的原因包括:(1)认知水平的限制。由于认知水平尚处于感性认识占优势的阶段,因此往往抓不住事物的本质。(2)情绪对想象过程有影响。幼儿感兴趣的东西、希望的东西,往往在其意识中占据主要地位。(3)幼儿想象在认知中地位的制约。(4)想象表现能力的局限。故B、C、D三项是正确的分析。A项,幼儿想象力丰富,比成人更善于想象,这是不正确的。因为想象的水平直接取决于表象的数量和质量以及分析综合能力的发展程度。而幼儿的知识经验和语言水平都远不如成人,且表象的丰富性和准确性发展得不是很完善,思维也不如成人。所以,幼儿想象的有意性、协调性、丰富性和创造性都不如成人。故本题选A。

12. B 【解析】在环境创设中,教师要始终把设施、设备、玩具、操作材料等所有物质材料的安全和卫生问题放在首位。因此,安全性原则是幼儿园环境创设的首要基本原则。

13. D 【解析】抑郁质的人以敏锐、稳重、体验深刻、外表温柔、怯懦、孤独、行动缓慢为特征。题干中,扬扬内心腼腆,不善于交际,行为孤僻且感受性高,说明其气质类型倾向于抑郁质。

14. C 【解析】性别稳定性是指对自己的性别不随其年龄、情境等的变化而改变这一特征的认识。题干中,军军知道自己的性别不随年龄的变化而改变,这说明军军性别概念的发展处于稳定性阶段。

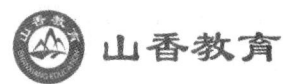

15. A　【解析】直观法是一种让儿童直接感知认识对象的方法。直观法符合学前儿童的思维特点,是儿童教育教学中常用的方法。

16. B　【解析】平行游戏是一种两人以上在同一空间里进行的,以基本相同的玩具玩着大致相同内容的个人独自游戏。所以,磊磊处于平行游戏阶段。

17. B　【解析】幼儿的想象不仅容易受外界刺激所左右,也容易受自己的情绪和兴趣的影响。幼儿的情绪常常能够引起某种想象过程,或者改变想象的方向,比如,一个幼儿画了一只小兔子,要求老师来看,老师让他等一会儿,幼儿不高兴地说:"那小兔子会跑掉的。"等到老师走过来时,小兔子果真被涂掉了。幼儿说:"它跑到树林里去了。"此外,幼儿对感兴趣的想象主题会多次重复。题干中的表述说明幼儿的想象受兴趣和情绪的影响。

18. B　【解析】重复连锁动作是儿童手的动作的发展表现之一。6~8个月的儿童喜欢做重复的动作,出现重复连锁的动作。如果让他在小床上玩,他会把小玩具扔到地上,然后要成人来捡,你捡起来,交给他,他又扔下。

19. C　【解析】再造想象是根据言语的描述或图形的示意,在头脑中形成相应的新形象的过程。题干描述的现象属于再造想象。

20. B　【解析】儿童进入语言发展期后,要到4岁左右才能全部掌握本民族语言的全部语音。故A项错误。儿童要掌握语音,必须先听懂语音,然后才能说出语音。前者需要听觉系统与视觉系统的协同活动,后者还要加上动觉系统的协调。因此,成人应该有意识地引导儿童注意成人的口型和发音示范,使儿童的语音系统一开始就符合社会上既定的标准语音,能够准确地听和说。故B项正确。儿童心理学家皮亚杰着重研究了2~7岁儿童的言语,并将其归为两大类:自我中心言语和社会化言语。故C项错误。外部言语包括口头言语和书面言语。故D项错误。综上所述,本题选B。

二、判断题

题序	1	2	3	4	5	6	7	8	9	10
答案	×	√	×	×	×	×	×	√	×	×

1. ×　【解析】《3~6岁儿童学习与发展指南》以为幼儿后继学习和终身发展奠定良好素质基础为目标,以促进幼儿体、智、德、美各方面的协调发展为核心,通过提出3~6岁各年龄段儿童学习与发展目标和相应的教育建议,帮助幼儿园教师和家长了解3~6岁幼儿学习与发展的基本规律和特点,建立对幼儿发展的合理期望,实施科学的保育和教育,让幼儿度过快乐而有意义的童年。因此,《3~6岁儿童学习与发展指南》并不是评价和衡量幼儿发展的"标尺"。

2. √　【解析】大约2岁左右,孩子出现自我意识的萌芽,其突出表现为独立行动的愿望很强烈。独立性的出现是开始产生自我意识的明显表现,也是儿童心理发展上非常重要的一步,也是人生头2~3年心理发展成就的集中表现。

3. ×　【解析】世界上第一所幼儿园是由德国的教育家福禄贝尔创办的。1837年,福禄贝尔在德国勃兰根堡开办了一所儿童游戏活动机构,1840年将其命名为幼儿园。他创办的这所幼儿园是第一所真正意义上的幼儿教育机构。

4. ×　【解析】《3~6岁儿童学习与发展指南》健康领域"身心状况"部分目标3"具有一定的适应能力"中

的教育建议指出,经常带幼儿接触不同的人际环境,如参加亲戚朋友聚会,多和不熟悉的小朋友玩,使幼儿较快适应新的人际关系。

5.×　【解析】《幼儿园工作规程》第四十一条指出,幼儿园教师对本班工作全面负责,其主要职责之一是"严格执行幼儿园安全、卫生保健制度,指导并配合保育员管理本班幼儿生活,做好卫生保健工作"。

6.×　【解析】注意的转移是人们根据新的活动任务,及时、有意地调换注意对象,即把注意从一个对象转换到另一个对象上。注意的分散是指幼儿的注意离开了当前应该指向的对象,而被一些与活动无关的刺激物所吸引的现象,俗语叫作分心。注意的转移与分心不同。转移是主动的,是主体根据任务需要自觉地将注意指向新的对象或新的活动;分心是被动的,是受到无关刺激的干扰而使注意离开活动任务。故题干表述不正确。

7.×　【解析】游戏常规是指在幼儿班级中开展游戏活动时,对幼儿不适宜行为予以禁止和对适宜行为予以许可和支持的经常性规定。在引导幼儿理解游戏常规后,我们应让幼儿参与游戏常规的制定。因为游戏是幼儿最喜欢的活动,幼儿参与制定游戏规则能充分发挥幼儿的自主性,让幼儿做游戏的主人,提升幼儿的责任感,从而有效地减少幼儿违反游戏规则现象的发生。

8.√　【解析】感觉是人脑对直接作用于感觉器官的客观事物的个别属性的反映。而知觉是人脑对直接作用于感觉器官的客观事物的整体反映。

9.×　【解析】全面发展并不意味着个体在德、智、体、美诸方面齐头并进地、平均地发展,也不意味着个体的各个发展侧面可以各自孤立地发展。因此,幼儿园的全面发展教育在保证幼儿德、智、体、美诸方面全面发展的基础上,可以允许幼儿个体在某方面突出一些。同时,应注重幼儿各方面发展的和谐与协调。

10.×　【解析】游戏过程中并不是教师指导的频率越高,幼儿的游戏热情就越高,更不是教师参与幼儿游戏越积极,幼儿游戏发展得就越快。教师要把握关键的瞬间介入游戏,在幼儿需要帮助时做出正确的判断,满足幼儿的发展需要。

三、填空题

1. 游戏

2. 儿童心理发展潜能

3. 无意注意　有意注意

4. 益智

5. 同化　顺应

6. 3.5~4　2

7. 运动记忆　情绪记忆　语词记忆

8. 社会　心理

9. 具体形象思维

10. 陈鹤琴

四、简答题(参考答案)

1. 简述幼儿记忆力的培养策略。

(1)明确记忆目的,增强记忆的积极性;

(2)通过各种感官参与识记;

(3)教授幼儿运用记忆的方法和策略；

(4)引导幼儿按照遗忘规律进行复习；

(5)培养幼儿对学习的兴趣和信心；

(6)选择最佳的记忆时间。

2.简述幼儿攻击性行为的特点。

(1)幼儿攻击性行为频繁，主要表现为为了玩具和其他物品而争吵、打架，行为更多是直接争夺或破坏玩具和物品；

(2)幼儿更多依靠身体上的攻击，而不是言语的攻击；

(3)从工具性攻击向敌意性攻击转化；

(4)幼儿的攻击性行为有着明显的性别差异，幼儿园男孩比女孩更多地怂恿和卷入攻击性事件。

3.简述学前儿童动作发展的规律。

(1)从整体动作到局部动作(由整体到分化)；

(2)从上部动作到下部动作(首尾规律)；

(3)从中央部分的动作到边缘部分的动作(近远规律)；

(4)从粗大动作到精细动作(大小规律)；

(5)从无意动作到有意动作(无有规律)。

4.简述幼儿园保育和教育的主要目标。

(1)促进幼儿身体正常发育和机能的协调发展，增强体质，促进心理健康，培养良好的生活习惯、卫生习惯和参加体育活动的兴趣；

(2)发展幼儿智力，培养正确运用感官和运用语言交往的基本能力，增进对环境的认识，培养有益的兴趣和求知欲望，培养初步的动手探究能力；

(3)萌发幼儿爱祖国、爱家乡、爱集体、爱劳动、爱科学的情感，培养诚实、自信、友爱、勇敢、勤学、好问、爱护公物、克服困难、讲礼貌、守纪律等良好的品德行为和习惯，以及活泼开朗的性格；

(4)培养幼儿初步感受美和表现美的情趣和能力。

五、论述题(参考答案)

1.试述幼儿从幼儿园进入小学，将面临哪些方面的转变。

(1)办学性质。小学是义务教育，有严格的教育要求，学校对学生学习成绩要进行考试、检查。

(2)教学内容。小学的教育内容是以符号为媒介的学科知识，其抽象水平相对较高，这种学习内容只有当学习者的思维具有一定的抽象、概括能力时才能理解和接受。

(3)教学方法。小学教师多采用演绎法，即教师教学生一些规律性的知识，然后用例题来证明此规律是正确的，这一过程与幼儿阶段的学习过程正好相反。

(4)主导活动。小学阶段的主导活动是各种学科文化知识的学习，以上课为主要的教学形式，教学方法相对固定、单一，有一定的家庭作业及必要的考试制度。

(5)作息制度及生活管理。小学的生活节奏快速、紧张；作息制度非常严格，每天上课时间较长；纪律及行为规范带有强制性；教师对儿童在生活上的照料明显减少。

(6)师幼关系。小学阶段的师生接触主要是在课堂上，个别接触少，涉及面较窄。

(7)环境设备的选择与布置。小学教室的环境布置相对严肃,成套的课桌椅排列固定,教室内没有玩具,学生自由选择活动的余地较少。

(8)社会及成人对儿童的要求和期望。对小学生的要求相对严格、具体,家长对小学生具有很高的期望,儿童的学习压力大,自由少,要负担一定的社会责任。

2.试述解放儿童的创造力具体包括哪些方面。

(1)解放儿童的头脑,把他们的头脑从迷信、成见、曲解和幻想中解放出来;

(2)解放儿童的双手,给儿童动手的机会;

(3)解放儿童的眼睛,让他们去观察,去看事实;

(4)解放儿童的嘴巴,给儿童说话的自由,尤其是要允许他们发问;

(5)解放儿童的空间,让他们接触大自然、大社会;

(6)解放儿童的时间,给他们自己学习、活动的时间,不要把儿童的全部的时间占去,让儿童有学习人生的机会。

六、案例分析题(参考答案)

(1)李老师采用交叉式介入的方式对幼儿游戏进行了指导,即教师扮演一个角色进入幼儿的游戏,通过与幼儿角色间的互动,起到指导幼儿游戏的作用。如果教师认为有必要对幼儿游戏加以直接指导,则可以根据游戏情节的发展,提出相关的问题,促使幼儿去思考。

(2)①李老师的介入时机是恰当的。案例中李老师在观察了幼儿游戏一段时间之后,寻找到了可以对幼儿加以暗示、点拨的情节,即以"交警"的身份介入了幼儿游戏,并进行了及时的随机教育,使幼儿知道遵守交通规则的重要性。

②教师介入幼儿游戏的时机:其一,当幼儿游戏出现困难时介入。当幼儿不知道自己该做什么游戏、如何去游戏时,教师的介入是引导幼儿开始游戏的关键。其二,当必要的游戏秩序受到威胁时介入。当必要的游戏秩序受到威胁时,教师可用游戏口吻自然地制止幼儿的干扰行为,并提出活动建议。其三,当幼儿对游戏失去兴趣或准备放弃时介入。这时教师的介入可以帮助幼儿拓展游戏内容,提高游戏技能,进一步激发幼儿的游戏兴趣。其四,在游戏内容发展或技能方面发生困难时介入。在这种情况下,教师可以作为游戏同伴介入游戏给予幼儿示范,或者让幼儿相互启发,相互影响,以帮助幼儿克服困难,拓展游戏。

教师招聘考试幼儿园教育理论基础预测试卷(十四)

一、单项选择题

题序	1	2	3	4	5	6	7	8	9	10
答案	D	B	B	C	D	A	D	A	B	B
题序	11	12	13	14	15	16	17	18	19	20
答案	D	C	A	C	C	C	C	C	D	A

1.D 【解析】幼儿园环境创设的一般原则主要包括:(1)安全性原则;(2)环境与教育目标的一致性原则;(3)发展适宜性原则;(4)幼儿参与性原则;(5)开放性原则;(6)经济性原则;(7)启发性原则;(8)动态性原则。故D项不属于幼儿园环境创设的原则。

2. B 【解析】由于小儿支配心脏的迷走神经发育尚未完善,对心脏的抑制作用较弱,而以交感神经支配为主。至5岁左右,随着迷走神经的发育,心脏的神经支配开始具有成人的特征,至10岁时完全成熟。因此,幼儿年龄越小,心率越快。

3. B 【解析】记忆恢复现象是指在一定条件下,学习后过几天测得的保持量比学习后立即测得的保持量要高。题干的描述体现了幼儿的记忆恢复现象。

4. C 【解析】蒙台梭利认为,儿童发展具有敏感期。"敏感期"即在特定的时期内,对环境中特定的因素产生特别敏锐的感受性。蒙台梭利强调:正是这种敏感性,使儿童以一种特有的强烈态度接触外部世界。同时,儿童发展是有阶段性的,在发展中的每个阶段,儿童均有特定的身心特点,而前一阶段的发展又为下一阶段奠定基础。因此,A选项属于蒙台梭利的教育思想。

蒙台梭利认为儿童存在着与生俱来的"内在的生命力",提出生长是由于内在的生命潜力的发展而使生命力显现出来。因此,B选项也属于蒙台梭利的教育思想。

蒙台梭利十分重视儿童的秩序感,她提出成人要为儿童营造适合他们身心发展的环境,即"有准备的环境"。满足儿童的"秩序感"是"环境"中重要的条件。因此,D选项也是蒙台梭利的教育思想。

C项,强调游戏在儿童教育中的地位和价值的教育家是福禄贝尔,而不是蒙台梭利。蒙台梭利认为,儿童最主要的活动不是游戏。她认为游戏不可能培养儿童严肃、认真、求实的责任感和严格遵守纪律的精神与行为习惯,只有工作才是儿童最主要和最喜爱的活动,也只有工作才能促进儿童的全面发展。本题为选非题,故答案为C选项。

5. D 【解析】思维是人脑对客观现实的间接的和概括的反映,是人认知的高级阶段。思维具有两个基本特点:间接性和概括性。思维的概括性包含两层意思:(1)把同一类事物的共同特征和本质特征抽取出来加以概括;(2)将多次感知到的事物之间的联系和关系加以概括,得出有关事物之间的内在联系的结论。题干中幼儿知道凡是刚从锅里蒸出来的东西都是烫的、热的,这属于一类事物的共性,体现了思维的概括性。

6. A 【解析】注意的分散是与注意的稳定性相反的一种状态,是指幼儿的注意离开了当前应该指向的对象,而被一些与活动无关的刺激物所吸引的现象,俗语叫作分心。分心是被动的,是受到无关刺激的干扰而使注意离开活动任务。题干中,幼儿正在教室听老师讲故事,窗外突然电闪雷鸣,幼儿都向窗外看,这属于注意的分散。故本题选A。

7. D 【解析】让教育自然地融入幼儿当下的生活中,需要成人牢固树立"幼儿为本"的观念,尊重幼儿的生活与发展规律,让教育去适应幼儿,转变观念,以幼儿为本,在保证幼儿快乐生活的同时,进行积极而适宜的教育引导,让幼儿以自己的速度去学习规则,适应新环境。题干中,当初入园的幼儿不愿意午睡时,教师可以"个别对待"幼儿,放慢教育速度,降低常规要求。例如,在最初的一两周内,教师在午睡时间陪着幼儿玩他最喜爱的玩具,当其他孩子熟睡后,带着幼儿到午睡室帮忙披被子、整理衣物等,消除他对幼儿园午睡的陌生感与恐惧感。慢慢地,幼儿可以轻松地、自然地适应幼儿园的生活,逐步养成午睡习惯。

8. A 【解析】营养素分为蛋白质、脂类、碳水化合物、矿物质、维生素和水六大类。其中,蛋白质、脂类、碳水化合物能够提供机体所需要的能量,故称为产能营养素。

9. B 【解析】当人们在吞咽食物的时候,会厌软骨盖住气管口,以免食物误入"歧途"进入气管。但幼儿会厌软骨的工作不如成人机灵敏感,因此当幼儿正吃东西时突然大哭、大笑,会厌软骨来不及盖住气管,会使食物呛入气管,形成气管异物。

10. B 【解析】智力游戏是以生动、新颖、有趣的游戏形式,使儿童在轻松愉快的活动中,增进知识、发展智力的游戏。故答案选B项。

11. D 【解析】意志的自制性是指一个人善于控制和支配自己的情绪,约束自己的言行。题干中的描述反映的是控制和支配自己的想法和行动,因此体现了意志的自制性。故本题选D。

A项,意志的自觉性是指一个人清晰地意识到自己行动的目的和意义,并且能够主动地支配自己的行动,使之符合既定目的的意志品质。

B项,意志的坚韧性是指一个人在行动中坚持决定,百折不挠地克服重重困难去达到行动目的的意志品质。

C项,意志的果断性是指一种善于辨明是非、抓住时机、迅速而合理地采取决定并执行决定的意志品质。

12. C 【解析】裴斯泰洛齐是提倡"爱的教育"和实施"爱的教育"的典范。

13. A 【解析】工具性攻击行为指幼儿为了获得某个物品所做出的抢夺、推搡等动作,这类攻击本身指向于一个主要的目标或某一物品的获取。题干中的幼儿为了抢夺积木而出现攻击性行为,这属于工具性攻击行为。

14. C 【解析】双趋冲突是指从自己同时都很喜爱的两个事物中仅择其一的心理状态。题干中的幼儿既想当"保安"又想当"收银员",这种动机冲突是双趋冲突。

15. C 【解析】偶发记忆是指当要求幼儿记住某样东西时,他记住的往往是和这件东西一起出现的其他东西。题干中明明的回答体现的是偶发记忆。

16. C 【解析】观察法是指儿童在教师或成人指导下,有目的地感知客观事物的一种方法。观察法是儿童认识周围世界,取得直接经验的重要途径,是儿童教学活动的基本方法。

17. C 【解析】保教合一的原则,也称保教结合或保教并重,指对幼儿的保育和教育要给予同等的重视,并使两者相互配合。"保"侧重于生活照料,"教"侧重于心智活动。因为幼儿是一个身心和谐统一的生命个体,因此"保"和"教"是幼儿教育整体中不可分割的两个方面。"保"中有"教","教"中有"保",保教相互渗透,相互影响。正如联合国教科文组织关于《发展中国家儿童保育和教育计划》一书中所描述的那样:"尤其对幼儿,照料与教育对他们来讲,就像纬线和经线一样紧密地交织在一起。"这里所提到的"照料"就是保育的意思。因此,题干的表述体现了保教结合的原则。

18. C 【解析】《幼儿园工作规程》第十一条指出,幼儿园规模应当有利于幼儿身心健康,便于管理,一般不超过360人。幼儿园每班幼儿人数一般为:小班(3周岁至4周岁)25人,中班(4周岁至5周岁)30人,大班(5周岁至6周岁)35人,混合班30人。寄宿制幼儿园每班幼儿人数酌减。

19. D 【解析】《幼儿园教师专业标准(试行)》的基本内容包括专业理念与师德、专业知识及专业能力三大维度的内容。

20. A 【解析】交叉式介入法是指教师扮演一个角色进入幼儿的游戏,通过与幼儿角色间的互动,起到指导幼儿游戏的作用。如果教师认为有必要对幼儿游戏加以直接指导,则可以根据游戏情节的发展,提出相关的问题,促使幼儿去思考。题干中,教师以角色的身份参与游戏,并通过与幼儿角色之间的互动指导幼儿游戏的发展,属于交叉式介入法。故本题选A。

B项,平行式介入法指教师在幼儿附近和幼儿玩相同或不同材料的游戏,目的在于引导幼儿模仿,幼儿教师起着暗示指导作用。

C项,垂直式介入法是指幼儿游戏出现严重违反规则或攻击性等危险时,教师直接介入游戏,对幼儿的行为进行直接干预,这时幼儿教师的指导是显性的。

D项,情感性鼓励,即在介入时侧重采用鼓励、欣赏、融入、暗示、启发、建议和引导等方法,如教师的一个微笑、一声赞美,能增强儿童战胜自我的信心,鼓起战胜困难的勇气。

二、判断题

题序	1	2	3	4	5	6	7	8	9	10
答案	×	×	×	×	√	×	×	√	√	×

1. × 【解析】教师通过比赛的方式激发幼儿进餐,可能导致幼儿由于过快进餐而呛着或者噎着等情况的发生,对幼儿身心健康是有害的,更不利于幼儿进餐积极性的培养,这是一种错误的方式。我们应提醒幼儿要细嚼慢咽,不挑食、不偏食,心情愉悦地进餐。

2. × 【解析】联觉是指一种感觉兼有另一种感觉的心理现象。联觉的形式很多,其中比较典型的是颜色感觉的联觉,即某种颜色往往兼有冷暖感、远近感和轻重感。因此,题干所述是联觉的现象。感觉适应是指感受器在刺激物的持续作用下使感受性发生变化的现象。古语所说的"入芝兰之室,久而不闻其香;入鲍鱼之肆,久而不闻其臭"就是嗅觉的适应现象。

3. × 【解析】幼儿方位知觉的发展趋势是:3岁辨别上下方位,4岁开始辨别前后方位,5岁开始能以自身为中心辨别左右方位,6岁幼儿虽然能完全正确地辨别上下前后四个方位,但以左右方位的相对性来辨别左右仍然感到困难。

4. × 【解析】个体身心发展的个别差异性,是指个体在成长过程中因受遗传与环境交互影响,使不同个体之间在身心特征上所显示的彼此不同的现象。这就要求教育必须因材施教,充分发挥每个学生的潜能和积极因素,有的放矢地选择适宜、有效的教育途径和方法手段,使每个学生都能得到最大的发展。个体身心发展的顺序性,是指人的身心发展是一个由低级到高级、由简单到复杂、由量变到质变的连续不断的发展过程,要求教育工作要循序渐进地促进人的发展,不可"陵节而施"。故题干表述错误。

5. √ 【解析】《3～6岁儿童学习与发展指南》健康领域"动作发展"部分目标3"手的动作灵活协调"中的教育建议指出,创造条件和机会,促进幼儿手的动作灵活协调。如:(1)提供画笔、剪刀、纸张、泥团等工具和材料,或充分利用各种自然、废旧材料和常见物品,让幼儿进行画、剪、折、粘等美工活动。(2)引导幼儿生活自理或参与家务劳动,发展其手的动作。如练习自己用筷子吃饭、扣扣子,帮助家人择菜叶、做面食等。(3)幼儿园在布置娃娃家、商店等活动区时,多提供原材料和半成品,让幼儿有更多机会参与制作活动。

6. × 【解析】牙齿发育过程中,最先发育长出的牙叫乳牙。

7. × 【解析】《幼儿园教育指导纲要(试行)》艺术领域的指导要点指出,艺术是实施美育的主要途径,应充分发挥艺术的情感教育功能,促进幼儿健全人格的形成,要避免仅仅重视表现技能或艺术活动的结果,而忽视幼儿在活动过程中的情感体验和态度的倾向。因此,妈妈这样说是不对的。

8. √ 【解析】《幼儿园工作规程》第四十八条指出,幼儿园的经费应当按照规定的使用范围合理开支,坚持专款专用,不得挪作他用。

9. √ 【解析】当儿童学会口头数数以后,逐渐学会口手一致地数物体,即按物点数,然后学会说出物体总数,这时,可以说是掌握了数的实际意义。

10.× 【解析】表演游戏的基本原则是游戏性先于表演性,游戏性与表演性应统一。

三、名词解释

1. 狭义的学前教育

狭义的学前教育是指学前教育工作者整合儿童周围的资源,对0~6岁儿童的发展施以有目的、有计划、有系统的影响活动。

2. 幼小衔接

幼小衔接是指幼儿园和小学根据儿童身心发展的阶段性和连续性规律及儿童可持续发展的需要,做好两个阶段的衔接工作,使儿童尽快地适应新的学习生活,避免或减少因两个学习阶段间存在的差异给儿童身心发展带来的负面影响,为其入小学后的发展及终身发展打好基础。

3. 具体形象思维

具体形象思维是指儿童依靠事物在头脑中的具体形象进行的思维,即依靠具体事物的表象以及对具体形象的联想而进行的思维。

4. 机械记忆

机械记忆是指根据事物的外部联系或者表现形式,主要依靠机械重复的方式而进行的记忆。

5. 亲社会行为

亲社会行为又称为积极的社会行为,指一个人帮助或打算帮助他人,做有益于他人的事的行为和倾向。

四、简答题(参考答案)

1. 简述5~6岁儿童心理发展的特点。

(1)好学、好问;(2)抽象概括能力开始发展;(3)个性初具雏形;(4)开始掌握认知方法。

2. 简述影响幼儿同伴关系发展的因素。

(1)早期亲子交往的经验;

(2)幼儿自身的特征;

(3)活动材料和活动性质;

(4)父母的鼓励;

(5)教师的影响。

3. 简述学前儿童心理发展的趋势。

(1)从简单到复杂;(2)从具体到抽象;(3)从被动到主动;(4)从零乱到成体系。

4. 简述对幼儿发展状况的评估需注意哪些方面。

(1)明确评价的目的是了解幼儿的发展需要,以便提供更加适宜的帮助和指导;

(2)全面了解幼儿的发展状况,防止片面性,尤其要避免只重知识和技能,忽略情感、社会性和实际能力的倾向;

(3)在日常活动与教育教学过程中采用自然的方法进行,平时观察所获的具有典型意义的幼儿行为表现和所积累的各种作品等,是评价的重要依据;

(4)承认和关注幼儿的个体差异,避免用划一的标准评价不同的幼儿,在幼儿面前慎用横向的比较;

(5)以发展的眼光看待幼儿,既要了解现有水平,更要关注其发展的速度、特点和倾向等。

五、论述题(参考答案)

1.试述教师组织和指导表演游戏的注意事项。

(1)协助幼儿选择表演游戏的主题,选择适合表演的文学作品。幼儿表演游戏的题材主要来自童话故事等文学作品,还可以来自电影、电视。适于进行表演游戏的作品,应具有如下特征:①思想内容健康活泼,具有明显的表演性;②要有一定情境,适合小班表演的作品最好只有一个场面,还要有明显的动作性,小中班宜选择简单的、有重复动作的作品;③起伏的情节,情节主线要简单明确,节奏要快;④较多的对话,易于用动作来表演。

(2)激发幼儿对表演游戏的兴趣。

(3)创设适合表演的游戏环境,提供表演游戏的物质条件。

(4)帮助幼儿组织表演活动,指导幼儿分配角色。在表演过程中,教师要注意儿童表演的逼真性和教育性,还应特别注意吸引一些胆怯幼儿参加表演游戏,教他们学会担任角色,充分发挥表演游戏对所有幼儿的教育作用。分配角色时,教师要尊重幼儿的选择。小班可由教师指定角色,或幼儿自选;对于中、大班幼儿,教师应鼓励他们按照自己的意愿进行表演。

(5)指导幼儿表演的技能,鼓励幼儿自然生动地表演。指导幼儿表演技能的方法有:①引导幼儿观察、表现和交流;②教师示范表演;③教师与幼儿共同表演;④利用幼儿的生活经验,对幼儿进行口头语言、歌唱表演、形体表演等技能的训练;⑤启发并尊重幼儿的创造性表演。

(6)引导幼儿积累社会经验,提高表演水平。教师应注意在幼儿的日常生活、教育活动以及游戏活动中丰富幼儿的社会经验,不断提升幼儿表演游戏的水平。另外,教师可以以观众的身份,用提问、建议等方式指导幼儿顺利演出,并对幼儿的演出加以评价,但是切莫变成"导演"。

2.试述大班幼儿表演游戏的特点与指导要点。

(1)特点:①能独立完成角色分配任务,有很强的角色更换意识;②游戏的目的性、计划性较强,能自觉表现故事内容;③具有一定的表演意识,但尚待提高;④具备一定的表演技巧,能灵活运用多种表现手段,但表演水平尚待提高。

(2)指导要点:①教师可以为幼儿提供种类较多的游戏材料以鼓励和支持他们进行多样化探索;②在游戏的最初阶段,教师除了提供时间、空间和基本材料外,应尽可能少地干预幼儿;③随着游戏的展开,教师应及时为幼儿提供反馈,反馈重点是如何塑造角色。

六、案例分析题(参考答案)

(1)该案例体现的幼儿心理现象是想象。想象是对头脑中已有的表象进行加工改造,建立新形象的过程。在学前儿童的想象中,无意想象占主要地位,有意想象开始发展。无意想象是指没有预定目的和意图,在一定的刺激影响下,不由自主地进行的想象。有意想象是指根据一定的目的、自觉地创造出新形象的过程。案例中菲菲的想象属于无意想象。

(2)案例中菲菲的这种想象所体现的特点有以下几个:

①想象的目的性不明确。幼儿想象的产生,是由外界刺激物直接引起的,想象活动不能指向一定的目的。案例中,菲菲说自己画得像苹果、像海浪、像妈妈织的毛衣,均由她所画的内容引起,说明菲菲的想象是由外界刺激物直接引起的,没有预定目的。

②想象的主题不稳定,易受外界的干扰而变化。幼儿初期的孩子,想象不能按一定的目的坚持下去,很

容易从一个主题转换到另一个主题。案例中,菲菲在纸上涂着涂着,觉得像苹果,于是说自己画得像苹果;又涂着涂着,说是大海的波浪,说明菲菲想象的主题不稳定。

③想象的内容零散,无系统。由于想象的主题没有预定目的,主题不稳定,因此,幼儿想象的内容是零散的,所想象的形象之间不存在有机的联系。案例中,菲菲想象的内容分别是苹果、海浪、毛衣,这些形象之间不存在有机的联系,说明菲菲想象的内容比较零散,无系统。

④以想象过程为满足。幼儿的想象往往不追求达到一定目的,只满足于想象进行的过程。案例中,菲菲画了一样又一样,最后她把整个画面涂黑,说明菲菲仅以想象的过程为满足,对于绘画的结果并不在意。

教师招聘考试幼儿园教育理论基础预测试卷(十五)

一、单项选择题

题序	1	2	3	4	5	6	7	8	9	10
答案	A	A	C	D	B	A	B	D	A	A
题序	11	12	13	14	15	16	17	18	19	20
答案	A	B	B	C	D	C	C	B	C	B

1. A 【解析】《幼儿园管理条例》第二十七条规定,违反本条例,具有下列情形之一的幼儿园,由教育行政部门视情节轻重,给予限期整顿、停止招生、停止办园的行政处罚:(1)未经登记注册,擅自招收幼儿的;(2)园舍、设施不符合国家卫生标准、安全标准,妨害幼儿身体健康或者威胁幼儿生命安全的;(3)教育内容和方法违背幼儿教育规律,损害幼儿身心健康的。

2. A 【解析】幼儿方位知觉的发展趋势是:3岁辨别上下方位,4岁开始辨别前后方位,5岁开始能以自身为中心辨别左右方位,6岁幼儿虽然能完全正确地辨别上下前后四个方位,但以左右方位的相对性来辨别左右仍然感到困难。7岁才开始能够辨别以别人为基准的左右方位,以及两个物体之间的左右方位。由于幼儿只能辨别以自身为中心的左右方位,因此,教师在音乐、体育等教学活动中要用"镜面示范",即从幼儿的角度来做示范动作。

3. C 【解析】锌是人体重要的必需微量元素之一。它对幼儿的生长发育、正常味觉的维持、创伤愈合和机体免疫力有重要作用。锌的缺乏会导致幼儿生长发育迟缓、停滞、性发育延迟、智能发育迟缓、伤口愈合不良、食欲减退,甚至发生异食癖。

4. D 【解析】行为主义的创始人华生根据对医院500多名婴儿的观察提出:新生儿有三种天生的情绪反应,即怕、怒和爱。

5. B 【解析】气质是个人心理活动的稳定的动力特征。心理活动的动力特征主要指心理过程的速度和稳定性,心理过程的强度和心理活动的指向性等方面的特点。气质与性格、能力等其他心理特征相比,更具有稳定性。但气质也不是完全不能改变的,在环境、教育影响下,在一定程度上是可以改变的。因此,人的各种个性心理特征中,气质是最早出现的,也是变化最缓慢的。

6. A 【解析】《3~6岁儿童学习与发展指南》健康领域"身心状况"部分目标1"具有健康的体态"中的教育建议指出,注意幼儿的体态,帮助他们形成正确的姿势。如:提醒幼儿要保持正确的站、坐、走姿势;发现有八字脚、罗圈腿、驼背等骨骼发育异常的情况,应及时就医矫治。桌、椅和床要合适。椅子的高度以幼儿写画时双脚能自然着地、大腿基本保持水平状为宜;桌子的高度以写画时身体能坐直,不驼背、不耸肩为宜;床不宜过软。

7. B【解析】感觉机能性游戏又称为练习性游戏或机械性游戏。它是儿童发展中最早出现的一种游戏形式,其动因来自感觉器官所获得的快感,由简单的重复运动组成,例如:奔跑、跳跃、攀登、摇拨浪鼓、骑木马、敲打和摆弄物体等。

8. D【解析】根据学习的结果,心理学家加涅将学习分为五类:言语信息学习、智慧技能学习、认知策略学习、态度学习和动作技能学习。其中态度学习指个体对人、事、物等逐渐形成某种特定内部状态的学习。小刚对陌生人的倾向发生了改变,是发生了态度学习。

9. A【解析】大班幼儿想象的有意性相当明显,在想象活动前已经有明确的主题,整个行动过程能够有秩序地按计划进行。故答案选A项。

10. A【解析】主题活动中知识的横向联系是指主题活动打破了学科领域之间的界限,将各个方面的学习有机地联系起来,这样儿童所获得的经验是完整的。题干的描述反映了主题活动中知识的横向联系的特点。

11. A【解析】作品分析法是通过分析幼儿的作品(如手工、图画等)去了解幼儿心理的方法。题干中,教师根据幼儿所画的动物作品对幼儿的表达和表现进行评价,这种方法属于作品分析法。

12. B【解析】性别概念是指儿童对自己及他人的性别的认识和认识的稳定性。题干中,孩子能区别一个人是男的还是女的,就说明他已经具有了性别概念。

13. B【解析】单词句阶段(1~1.5岁)期间,儿童言语的发展主要反映在言语理解方面。

14. C【解析】《3~6岁儿童学习与发展指南》健康领域中"动作发展"部分目标2"具有一定的力量和耐力"指出,4~5岁幼儿的发展目标为:(1)能双手抓杠悬空吊起15秒左右;(2)能单手将沙包向前投掷4米左右;(3)能单脚连续向前跳5米左右;(4)能快跑20米左右;(5)能连续行走1.5公里左右(途中可适当停歇)。

15. D【解析】根据皮亚杰的认知发展阶段理论可知,3~6岁儿童处于前运算阶段,前运算阶段儿童认知具有泛灵论、自我中心性、缺乏守恒等特点。

A项,女孩能看到自己的芭比娃娃,就认为别人也能看见,体现了自我中心的特点。所谓自我中心是指儿童仅从自己的角度去表征世界,很难从别人的视角看问题,认为所有人的观点、想法和情绪体验都是和自己一样的。

B项,孩子抱怨"坏桌子"伤害他,是把桌子赋予了生命的色彩,认为桌子和人一样是有生命、有意识的,体现了泛灵论的特点。所谓泛灵论是指幼儿将一切物体都赋予生命的色彩。

C项,同样多的葡萄干,萨姆认为撒在桌子上的葡萄干变多了,体现了其思维缺乏守恒。缺乏守恒是指儿童认识不到即使客体在外形上发生了变化,但其特有的属性不变。

D项,儿童知道两串一样长的珠子,即使外在形状发生了变化,但其实还是一样长的,说明其思维具有守恒性。

综上所述,D项不属于3~6岁幼儿认知的特点。故本题选D项。

16. C【解析】观察法是指儿童在教师或成人指导下,有目的地感知客观事物的一种方法。题干中,教师请幼儿摸一摸、看一看、比一比,这是在引导幼儿感知树叶的特征,因此幼儿所使用的是观察法。

17. C 【解析】结构游戏是指儿童利用积木、积塑、泥、沙、雪等结构材料进行建造的游戏。

18. B 【解析】《幼儿园教育指导纲要(试行)》总则第四条规定,幼儿园应为幼儿提供健康、丰富的生活和活动环境,满足他们多方面发展的需要,使他们在快乐的童年生活中获得有益于身心发展的经验。

19. C 【解析】《幼儿园教育指导纲要(试行)》艺术领域的指导要点指出,艺术是实施美育的主要途径,应充分发挥艺术的情感教育功能,促进幼儿健全人格的形成,要避免仅仅重视表现技能或艺术活动的结果,而忽视幼儿在活动过程中的情感体验和态度的倾向。

20. B 【解析】儿童重视的是游戏的过程,而非游戏的结果,无强制性的外在目的。儿童游戏没有任何功利的目的,既没有外部目标,也没有内在约定。儿童参加游戏就是为了享受游戏的过程,而非追求游戏的结果。题干中,幼儿在玩沙时,可以把自己刚挖好的"山洞"压塌,然后再挖,说明幼儿更多的是被游戏过程所吸引,并不追求、强求游戏之后一定要得到一个什么结果。这体现的幼儿游戏特点是游戏无强制性的外在目的。

二、判断题

题序	1	2	3	4	5	6	7	8	9	10
答案	√	√	×	×	√	×	×	×	√	×

1. √ 【解析】科学的适合于幼儿的体育活动是增强幼儿体质最积极、最有效的因素之一。幼儿园体育应以增强幼儿体质为核心。

2. √ 【解析】每一种情绪都有其外部表现——表情。表情是人与人之间进行信息交流的重要工具之一,在婴幼儿与人的交往中,占有特殊的、重要的地位。新生儿几乎完全借助于他的面部表情、动作姿态及不同的声音表情等引起与成人的交往,或者维持、调整交往。儿童在掌握语言之前,主要是以表情作为交际的工具,在儿童初步掌握语言之后,表情仍然是其重要的交流工具,它和语言一起共同实现着儿童与成人、儿童与同伴间的社会性交往。

3. × 【解析】儿童心理年龄特征是指儿童心理在一定年龄阶段中的那些一般的、典型的、本质的特征,是从许多个别儿童的心理特征中概括出来的。它只能代表这一年龄阶段儿童心理发展的一般趋势和典型的特点,而不能代表这一年龄阶段中每一个儿童所有的心理特点。因为每个个体的遗传、环境、教育等条件不同,导致个体心理发展之间存在个别差异。所以,个体心理发展可能会存在与心理年龄特征不完全吻合的现象。

4. × 【解析】如果教师能按照幼儿的身心特点来讲课,让幼儿发挥主体性,学有兴趣,把教师传授的东西积极地消化、吸收,转化为自己的东西,而不是死记硬背,那么幼儿这样的学习是主动的、有意义的学习。把"教师讲、幼儿听"笼统地斥为机械灌输的说法是不对的。

5. √ 【解析】《幼儿园教师专业标准(试行)》"专业能力"维度"沟通与合作"领域的基本要求指出,教师应"与家长进行有效沟通合作,共同促进幼儿发展"。

6. × 【解析】"教育即生长,教育即生活,学校即社会"是杜威提出的教育主张。

7. × 【解析】最近发展区的大小是儿童心理发展潜能的主要标志,也是儿童可以接受教育程度的重要标志。在明确儿童心理发展的最近发展区后,可以向其提出难度稍高的、但是力所能及的任务,促进他达到新的发展水平。最近发展区是在儿童心理发展的每一时刻都存在的,同时又是每一时刻都在发生变化的。

8. × 【解析】要建立良好、和谐的师幼关系,关键在于教师。幼儿教师只有用心去倾听幼儿的表达,多尊重和理解幼儿,用心去感受幼儿的心灵,多关注和信任幼儿,用关爱去激励幼儿的行为,多支持和鼓励幼儿,才能在教师与幼儿之间搭起一座心灵沟通的桥梁,也才能建立起一种平等友善的师幼关系,营造宽松、愉快的活动氛围,让幼儿沐浴在健康、和谐和快乐之中,从而真正实现幼儿学习积极性的提高和认知能力的发展。

9. √ 【解析】一般来说,儿童先学会抬头,然后能俯撑、翻身、坐和爬,最后学会站和行走,也就是从离头部最近的部位的动作开始发展。

10. × 【解析】无意注意是指没有预定目的,无需意志努力的注意。题干中学生的表现属于无意注意。

三、填空题

1. 集中

2. 感受美　表现美

3. 形象性　新颖性

4. 动静交替　亲身体验

5. 美感

6. 尝试错误

7. 生活习惯　卫生习惯

8. 巴布金反射

9. 无意注意

10.《爱弥儿》

四、简答题(参考答案)

1. 简述《幼儿园教师专业标准(试行)》的基本理念。

(1)师德为先;(2)幼儿为本;(3)能力为重;(4)终身学习。

2. 简述幼儿自我控制能力发展的特点。

(1)从主要受他人控制发展到自己控制;

(2)从不会自我控制发展到使用控制策略;

(3)幼儿自我控制的发展受父母控制特征的影响。

3. 简述学前儿童想象发展的一般趋势。

(1)从想象的无意性,发展到开始出现有意性;(2)从想象的单纯的再造性,发展到出现创造性;(3)从想象的极大夸张性,发展到合乎现实的逻辑性。

4. 简述5~6岁幼儿在"具有自尊、自信、自主的表现"发展目标中的典型性表现。

(1)能主动发起活动或在活动中出主意、想办法;

(2)做了好事或取得了成功后还想做得更好;

(3)自己的事情自己做,不会的愿意学;

(4)主动承担任务,遇到困难能够坚持而不轻易求助;

(5)与别人的看法不同时,敢于坚持自己的意见并说出理由。

245

五、论述题（参考答案）

1. 试述幼儿园方面的幼小衔接工作策略。

（1）培养幼儿对小学生活的热爱和向往。幼儿对小学生活的态度、看法、情绪状态等，对其入学后的适应性影响很大。因此，幼儿阶段应注意培养幼儿愿意上学、对小学的生活怀着兴趣和向往、为做一名小学生感到自豪的积极态度，并让幼儿有机会获得对小学生活的积极情感体验。

（2）培养幼儿对小学生活的适应性。幼儿入学后，是否适应小学新的环境、新的人际关系，对其身心健康影响很大。培养幼儿的社会适应性，特别是主动性、独立性、人际交往能力等，不仅关系着幼儿入学后的生活质量，也关系着他们在小学的学习质量，是幼小衔接的重要内容。

（3）帮助幼儿做好入学前的学习准备。①培养良好的学习习惯；②培养良好的非智力品质；③发展思维能力和基础能力。

（4）加强幼儿园教师业务能力培养。幼儿园的教育工作者，要了解幼小衔接阶段幼儿的心理变化规律，采取因势利导的策略激发学习兴趣，及时发现幼儿表现出的不利于适应小学学习生活的习惯和行为，尽早给予矫正。

（5）建立和健全幼儿园与小学的联系。幼儿园教师应定期参观小学一年级的教学活动，主动参与一年级教师的教研活动，并向小学一年级教师介绍幼儿园的教育方法，展示幼儿的学习水平，在教育工作上做到衔接；幼儿园教师还应带领幼儿参观小学，使幼儿了解小学生的一般情况，让幼儿参加小学生的某些活动，同小学生联欢，举办作品交流展览，以引起幼儿入学的兴趣，激发他们求学和效法小学生的愿望。

2. 请结合工作实际，谈谈幼儿园教师应如何科学、合理地安排和组织幼儿一日生活。

（1）时间安排应有相对的稳定性与灵活性，既有利于形成秩序，又能满足幼儿的合理需要，照顾到个体差异。如每次教育活动的时间可根据活动的内容、活动的方式和儿童的年龄而定，有长有短，以儿童不过度疲劳为限。

（2）教师直接指导的活动和间接指导的活动相结合，保证幼儿每天有适当的自主选择和自由活动时间，教师直接指导的集体活动要能保证幼儿的积极参与，避免时间的隐性浪费。如在户外游戏活动环节，可由教师组织幼儿集体活动，也可由幼儿自由选择开展活动。教师要为幼儿准备好玩具、材料及活动场地，要让全班幼儿积极参加活动、情绪愉快。

（3）尽量减少不必要的集体行动和过渡环节，减少和消除消极等待现象。如在过渡环节，教师可以避免说教，改用幼儿喜闻乐见的歌曲、故事、儿歌、游戏等方式进行积极的过渡。将幼儿静坐等待的时间变为积极的活动过程。

（4）建立良好的常规，避免不必要的管理行为，逐步引导幼儿学习自我管理。常规的制订是贯彻《幼儿园教育指导纲要（试行）》的保证，常规是儿童社会化的一个方面。幼儿在一日生活中，只有按照制定的常规去努力养成各种良好的生活习惯、行为习惯，才能很好地在集体的共同生活中协调一致。教师介绍规则应在必要的时候进行，如休息前、第一次玩积木前等，并应注意把这些规则和幼儿的生活经验联系起来。

六、案例分析题（参考答案）

案例中王老师的教育行为遵循了学前教育的以下原则：

（1）尊重儿童的人格尊严和合法权益的原则。教师要将儿童作为具有独立人格的人来对待，尊重他们的思想感情、兴趣、爱好、要求和愿望等。案例中，亮亮把香蕉想象成枪，全班小朋友哄堂大笑，王老师没有

批评亮亮,体现了这一原则。

(2)主体性原则。儿童是学习的主体,只有儿童积极参与、主动建构,课程才能内化为他们的学习经验,促进其身心发展。发挥主体性原则,要尊重儿童人格、尊重儿童需要、激发儿童的主动性。案例中,王老师不断地通过问题引导、启发幼儿,尊重了幼儿的主体性,激发了幼儿的学习兴趣。

(3)以游戏为基本活动的原则。游戏最符合儿童身心发展的特点,是儿童最愿意从事的活动,最能满足儿童的需要,有效地促进儿童发展,具有其他活动所不能替代的教育价值。案例中,王老师给小朋友们提供剪刀、胶带等工具,让小朋友们玩香蕉皮,体现了寓教于乐。

(4)生活化和一日活动整体性的原则。由于学前儿童生理、心理的特点,对儿童的教育要特别注重生活化,并发挥一日活动的整体功能。学前教育机构应充分认识和利用一日生活中各种活动的教育价值,通过合理组织、科学安排,让一日活动发挥一致的、连贯的、整体的教育功能,寓教育于一日活动之中。案例中,王老师是在小朋友吃午点的时候引发的教育活动,体现了这一原则。

综上所述,王老师通过多种方式促进了幼儿身心的和谐发展,其教育行为值得我们学习。

教师招聘考试幼儿园教育理论基础预测试卷(十六)

一、单项选择题

题序	1	2	3	4	5	6	7	8	9	10
答案	D	A	C	D	D	A	A	B	A	C
题序	11	12	13	14	15	16	17	18	19	20
答案	B	C	B	B	D	A	C	B	D	A

1. D 【解析】出声的自言自语是学前儿童口语发展的一种形态,成人要正确加以对待,应该帮助和引导他发展成真正的内部言语。

2. A 【解析】幼儿智育的目标是:发展幼儿智力,培养正确运用感官和运用语言交往的基本能力,增进对环境的认识,培养有益的兴趣和求知欲望,培养初步的动手探究能力。故本题选A。

3. C 【解析】平行游戏是一种两人以上在同一空间里进行的,以基本相同的玩具玩着大致相同内容的个人独自游戏。在平行游戏中,儿童玩的玩具与周围儿童的玩具相同或相仿,儿童之间相互靠近,能意识到别人的存在,相互之间有眼神接触,也会看别人怎么操作,甚至模仿别人,但彼此都无意影响或参与到对方的活动之中,既没有合作的行为,也没有共同的目的。题干中,三位"小服务员"在游戏中都做了同样的事情,这是平行游戏的特点。故本题选C。

A项,幼儿在进行角色游戏时,给自己的定位是服务员,符合游戏的角色定位,没有出现角色定位不清晰的情况。

B项,教师在游戏中是以"顾客"身份介入的,而不是以教师本身的角色直接介入。因此,幼儿出现题干中的表现并非是因为过于重视教师的身份。

D项,合作游戏是一种有着共同需要,通过共同计划、共同协商完成的游戏活动。游戏者之间有分工、协作,有领头者,也有随从者。这种游戏具有组织意味,有明显的集体意识,有共同遵守的规则。题干中,幼儿的游戏并未进行分工合作,因此未呈现合作游戏的特点。

247

4．D 【解析】创造想象是在创造活动中，根据一定的目的、任务，在人脑中独立地创造新形象的心理过程。创造想象具有首创性、独立性和新颖性的特点。题干中，幼儿根据教师的要求，画出自己想象中未来城市的样子，这属于创造想象。故本题选D。

5．D 【解析】情绪和情感的信号作用是指情绪和情感是个体向他人表达、传递自身需要及状态（如愉快、愤怒等）的信号，这种信号功能主要通过情绪、情感的外显形式（表情及言语）来实现。学前儿童在与父母、教师的交往中，更多的是从父母、教师的言行中获得一种感情的信号：喜爱或不喜爱。而儿童在接受这些信号之后，就会逐渐学会将类似的信号（友好或不友好）传达给周围的其他人，并产生相应的友好或不友好的行为。题干的表述体现了情绪和情感的信号作用。

6．A 【解析】现代儿童观认为：儿童是与成人平等的、独立的、发展中的个体，社会应当保障他们的生存和发展，应当尊重他们的人格尊严和权利，尊重他们的发展特点和规律，尊重他们的能力和个性，应当为他们创造参与社会生活的机会。题干中爸爸的做法违背了儿童与成人一样具有独立人格和权利的儿童观。

7．A 【解析】合作游戏是一种有着共同需要，通过共同计划、共同协商完成的游戏活动。游戏者之间有分工、协作，有领头者，也有随从者。这种游戏具有组织意味，有明显的集体意识，有共同遵守的规则。题干描述的现象属于合作游戏。

8．B 【解析】定点观察法是观察者固定在游戏中的某一区域进行观察，适合于了解某主题或区域幼儿的游戏情况，了解学前儿童的现有经验以及他们的兴趣点、学前儿童之间交往、游戏情节的发展等动态信息，并且让教师较为系统地了解某一事件发生的前因后果，避免指导的盲目性。定点观察法一般多在游戏过程中使用。

9．A 【解析】意义记忆指在对材料内容理解的基础上，通过材料的内在联系或者新旧知识、经验之间的联系而进行的记忆。意义记忆一般有两种表现形式。一是材料本身有意义，识记者能够理解其意义。例如，人们对于已经学会的课文、化学反应规律、物理学原理等的记忆。二是材料本身不具有内在意义，但识记者可以通过特殊方法或联想人为赋予材料某种意义，便于识记者结合固有的经验进行记忆。题干中，亮亮运用谐音法，将电话号码83517517记成"爬山我要吃我要吃"。这个方法使无意义的材料变成有意义的材料，帮助亮亮进行理解记忆。因此，这种记忆方法属于意义记忆。

10．C 【解析】婴儿吃奶期间开始长的牙齿叫乳牙，通常6～7月时出牙，最早4个月就出牙了，但不晚于1岁，个体差异较大。共20颗，2～2.5岁出齐。

11．B 【解析】作用于人的客观事物是纷繁多样的，但人不可能对客观事物全部清楚地感知到，只能根据需要选择少数事物作为知觉的对象，这种特性称为知觉的选择性。被选择的就成为知觉的对象，没有被选择的就成为背景。对象和背景的差别性，也即差异律影响知觉的选择性。差别越大，越容易被优先选择。例如：教师批改作业，用红笔最明显；出板报时，重点部分用彩色粉笔书写，最易被优先选择。相反，军事上的伪装、昆虫的保护色，使对象和背景的差别变小，不易被人发现。故穿着迷彩服的人在树林中不容易被发现，是因为迷彩服干扰了观察者知觉的选择性。

12．C 【解析】象征性游戏是处于前运算阶段（2～7岁）儿童常进行的一类游戏。它是把知觉到的事物用它的替代物来象征的一种游戏形式。题干描述的是象征性游戏。

13．B 【解析】遗传对儿童心理发展的具体作用表现在下列两个方面：(1)提供发展人类心理的最基本的自然物质前提；(2)奠定儿童心理发展个别差异的最初基础。题干中先天色盲或失明的儿童就无从发展颜色视觉和视力,也就培养不成画家了,表明遗传素质为儿童发展提供前提。

14. B【解析】幼儿园环境按其性质可分为物质环境和精神环境两大类。广义的精神环境泛指对幼儿园教育产生影响的整个社会的精神因素的总和,主要包括社会的政治、经济、文化、艺术、道德、风俗习惯、生活方式、人际关系等等。狭义的精神环境指幼儿园内对幼儿发展产生影响的一切精神因素的总和,主要包括教师的教育观念和行为、幼儿园人际关系、幼儿园文化氛围等。A、C、D三项均属于幼儿园的精神环境。狭义的物质环境是指幼儿园内对幼儿发展有影响作用的各种物质要素的总和,包括园舍建筑、园内装饰、场所布置、设备条件、物理空间的设计与利用及各种材料的选择与搭配等。B项属于幼儿园的物质环境。

15. D【解析】儿童是学习的主体,只有儿童积极参与、主动建构,课程才能内化为他们的学习经验,促进其身心发展。发挥主体性原则,要尊重儿童人格、尊重儿童需要、激发儿童的主动性。题干的描述遵循了学前教育的主体性原则。

16. A【解析】学前儿童言语发生发展的趋势包括:语音知觉发展在先,正确语音发展在后;理解语言发生发展在先,语言表达发生发展在后。

17. C【解析】学前儿童的概括处于具体形象水平,故往往只能对事物的外部的非本质的特征进行归纳,很难抓住事物间的本质联系进行从个别到一般的推理,以至于出现从一些特殊事例到另一些特殊事例的推理,称为"转导推理"。它不是逻辑推理,而属于前概念的推理。例如,有个3岁的孩子看到大人种葵花籽,知道了"种豆得豆,种葵花长葵花"的道理,于是自己抓了几颗最爱吃的糖来种,希望长出几棵"糖树"。题干中,幼儿知道小树苗通过浇水会长大,于是就给石凳浇水,盼着石凳也能通过浇水快快长大。这种个别到个别的无逻辑推理,说明帅帅还没有形成"类概念",不能把同类与非同类事物相区别,因此这体现的是转导推理。故本题选C。

18. B【解析】《3～6岁儿童学习与发展指南》社会领域中"能与同伴友好相处"的目标指出,中班幼儿与同伴发生冲突时,能在他人帮助下和平解决。

19. D【解析】注意是一种心理状态,它是心理活动对一定对象的指向和集中。注意不是一种独立的心理过程,它总是与人的其他心理活动相伴随而进行。我们在清醒时所有的活动都必须有注意的参与,注意与我们的看、听、说、想、记等心理活动密不可分。

20. A【解析】教师应根据幼儿的年龄特点选择和指导游戏。应因地制宜地为幼儿创设游戏条件(时间、空间、材料),游戏材料应强调多功能和可变性。

二、判断题

题序	1	2	3	4	5	6	7	8	9	10
答案	√	×	×	√	×	√	√	×	√	√

1. √【解析】《3～6岁儿童学习与发展指南》指出,幼儿科学学习的核心是激发探究兴趣,体验探究过程,发展初步的探究能力。成人要善于发现和保护幼儿的好奇心,充分利用自然和实际生活机会,引导幼儿通过观察、比较、操作、实验等方法,学习发现问题、分析问题和解决问题;帮助幼儿不断积累经验,并运用于新的学习活动,形成受益终身的学习态度和能力。

2. ×【解析】《3～6岁儿童学习与发展指南》社会领域"社会适应"部分目标2"遵守基本的行为规范"指出,5～6岁幼儿"做了错事敢于承认,不说谎"。

3. ×【解析】第一个专门对学前教育提出了深刻认识并有系统论述的是夸美纽斯。

4. √ 【解析】《幼儿园管理条例》第六条指出,幼儿园的管理实行地方负责、分级管理和各有关部门分工负责的原则。

5. × 【解析】患弱视的儿童,不能建立双眼平视功能,难以形成立体视觉,故不能很好地分辨物体的远近、深浅等,难以完成精细活动,对生活、学习和将来的工作会带来不良影响。当两眼向前平视时,两眼的黑眼珠位置不匀称,称为斜视。由于两眼位置不匀称,看东西时就不能同时注视一个物体,而出现双影。模糊的双影使人极不舒服,于是大脑皮质就抑制自斜眼传入的视觉冲动,只允许正常的那只眼睛看见东西。

6. √ 【解析】幼儿的攻击性行为有着明显的性别差异,幼儿园男孩比女孩更多地怂恿和卷入攻击性事件。男孩比女孩更容易在受到攻击以后发动报复行为。

7. √ 【解析】《中共中央 国务院关于学前教育深化改革规范发展的若干意见》第十七条指出,强化师德师风建设,通过加强师德教育、完善考评制度、加大监察监督、建立信用记录、完善诚信承诺和失信惩戒机制等措施,提高教师职业素养,培养热爱幼教、热爱幼儿的职业情怀。对违反职业行为规范、影响恶劣的实行"一票否决",终身不得从教。

8. × 【解析】激情是一种爆发式、猛烈而短暂的情绪状态,如狂喜、暴怒、恐惧、绝望等都是激情的表现。应激是在出乎意料的紧迫情况下引起的急速而高度紧张的情绪状态。

9. √ 【解析】特殊能力指某项专门活动所必需的能力,又称专门能力,它只在特殊领域内发挥作用,是完成有关活动不可缺少的能力。灵灵的音乐感受和表现能力属于特殊能力。

10. √ 【解析】当游戏材料对儿童来说完全陌生和比较复杂时可引发他们的探究性行为;当游戏材料对儿童来说是中等熟悉和中等复杂程度时,可引起儿童的象征性游戏和练习性游戏。

三、填空题

1. 7±2

2. 不出声的言语

3. 书面言语

4. 表象

5. 学习迁移

6. 2～3

7. 陈鹤琴

8. 专业素质

9. 安全教育

10. 理智感

四、简答题(参考答案)

1. 简述《3～6岁儿童学习与发展指南》中艺术领域的目标。

(1)感受与欣赏方面的目标包括:①喜欢自然界与生活中美的事物;②喜欢欣赏多种多样的艺术形式和作品。

(2)表现与创造方面的目标包括:①喜欢进行艺术活动并大胆表现;②具有初步的艺术表现与创造能力。

2.简述幼儿园精神环境的创设方法。

(1)教师要热爱儿童、尊重儿童、了解儿童,与儿童建立民主、平等、和谐的关系;(2)教师之间要真诚相待,友好合作,为儿童做好榜样;(3)教育儿童要友爱、互助。

3.简述如何培养幼儿的想象力。

(1)丰富幼儿的表象,发展幼儿的语言表现力;

(2)在文学艺术等多种活动中,创造幼儿想象发展的条件;

(3)在游戏中,鼓励和引导幼儿大胆想象;

(4)在活动中进行适当的训练,提高幼儿的想象力;

(5)抓住日常生活中的教育契机,引导幼儿进行想象;

(6)引导幼儿的想象符合客观规律。

4.人们对儿童的认识和看法随着时代的变化不断发展,简述现代儿童观的内容。

(1)儿童是人,具有与成年人一样的人的一切基本权益,具有独立的人格;

(2)儿童是一个不断发展的整体,应尊重并满足儿童各种发展的需要;

(3)儿童的发展具有个体差异性;

(4)儿童具有巨大的发展潜能,在适当的环境和教育的条件下,应最大限度地发展儿童的潜力;

(5)儿童具有主观能动性;

(6)男女平等,不同性别的儿童应享有均等的机会和相同的权益,受到平等的对待。

五、论述题(参考答案)

1.结合《3～6岁儿童学习与发展指南》科学领域的内容,谈谈如何支持和鼓励幼儿在探究的过程中积极动手动脑寻找答案或解决问题。

(1)鼓励幼儿根据观察或发现提出值得继续探究的问题,或成人提出有探究意义且能激发幼儿兴趣的问题。如:皮球、轮胎、竹筒等物体滚动时都走直线吗?怎样让橡皮泥球浮在水面上?

(2)支持和鼓励幼儿大胆联想、猜测问题的答案,并设法验证。如:玩风车时,鼓励幼儿猜测风车转动方向及速度快慢的原因和条件,并实际去验证。

(3)支持、引导幼儿学习用适宜的方法探究和解决问题,或为自己的想法收集证据。如:想知道院子里有多少种植物,可以进行实地调查;想知道球在平地上还是在斜坡上滚得快,可以动手试一试;想证明影子的方向与太阳的位置有关,可以做个小实验进行验证等。

2.试述教师如何成为幼儿学习活动的支持者、合作者、引导者。

(1)以关怀、接纳、尊重的态度与幼儿交往,耐心倾听,努力理解幼儿的想法与感受,支持、鼓励他们大胆探索与表达;(2)善于发现幼儿感兴趣的事物、游戏和偶发事件中所隐含的教育价值,把握时机,积极引导;(3)关注幼儿在活动中的表现和反应,敏感地察觉他们的需要,及时以适当的方式应答,形成合作探究式的师生互动;(4)尊重幼儿在发展水平、能力、经验、学习方式等方面的个体差异,因人施教,努力使每一个幼儿都能获得满足和成功;(5)关注幼儿的特殊需要,包括各种发展潜能和不同发展障碍,与家庭密切配合,共同促进幼儿健康成长。

六、案例分析题(参考答案)

(1)案例中辉辉人际交往的典型表现有:

①能想办法吸引同伴和自己一起游戏。案例中,辉辉带来陀螺玩具,并招呼明明一起玩,体现了此点。

②对大家都喜欢的东西能提出"轮流""分享"。案例中,当军军、强强围过来也想玩陀螺时,辉辉建议一起轮流玩,说明辉辉对大家都喜欢的东西能够做到轮流、分享。

③活动时愿意接受同伴的意见和建议。案例中,辉辉对明明的建议表示赞同,体现了此点。

④与同伴发生冲突时不能自己协商解决。案例中,辉辉因为人多拒绝了涛涛加入游戏,并用力推了涛涛,导致两人打了起来,体现了此点。

(2)当幼儿与同伴发生矛盾或冲突时,指导他们尝试用协商、交换、轮流玩、合作等方式解决冲突。案例中,想玩陀螺的人数比较多,教师在指导幼儿玩陀螺游戏的时候,可以引导幼儿协商每人轮流玩陀螺的时间或者用交换玩具的方式解决这一矛盾。

教师招聘考试幼儿园教育理论基础预测试卷(十七)

一、单项选择题

题序	1	2	3	4	5	6	7	8	9	10
答案	B	A	D	D	A	B	D	B	D	D
题序	11	12	13	14	15	16	17	18	19	20
答案	A	A	A	C	D	B	B	D	D	B

1. B 【解析】当人在从事某一项活动时,只有相应区域的大脑皮质在工作(兴奋过程),与这项活动无关的区域则处于休息状态(抑制过程)。随着工作性质的转换,工作区与休息区不断轮换。好比镶嵌在一块板上的许多小灯泡,忽闪、忽灭,闪闪发光。这种"镶嵌式活动"方式,使大脑皮质的神经细胞能有劳有逸,以逸待劳,维持高效率。动静交替、劳逸结合符合大脑皮质活动的镶嵌式活动原则。

2. A 【解析】具体形象思维是指儿童依靠事物在头脑中的具体形象进行的思维,即依靠具体事物的表象以及对具体形象的联想而进行的思维。题干中幼儿掌握"家具"比掌握"桌子""椅子"难,是因为幼儿的思维发展具有具体形象性。

3. D 【解析】家长开放日指幼儿园定期或不定期地向家长开放,届时邀请家长来园观摩和参观幼儿园的活动。

4. D 【解析】表演游戏是指儿童扮演童话故事等文学作品中的角色,用动作、语言、表情等对童话故事的内容进行创造性地表演的游戏。题干中王老师组织的游戏属于表演游戏。

5. A 【解析】个性的整体性是指个性是一个统一的整体结构,是由各个密切联系的成分构成的多层次、多水平的统一体。在这个整体中各个成分相互影响、相互依存,使每个人行为的各方面都体现出统一的特征。因此,从一个人行为的一个方面往往可以看到他的个性,这是个性整体性的具体表现。

6. B 【解析】尊重需要包括自尊和受到别人的尊重(他尊)两个方面。自尊是指个人渴求力量、成就、自强、自信和自主等。他尊是指个人希望别人尊重自己,希望自己的工作和才能得到别人的承认、赏识、重视和高度评价,也即希望获得威信、实力、地位等。题干的描述是马斯洛需要层次理论中的尊重需要。

7. D 【解析】幼儿呼吸系统的保育要点包括：(1)培养幼儿良好的卫生习惯；(2)保持室内空气新鲜；(3)加强适宜的体育锻炼和户外活动；(4)严防异物进入呼吸道；(5)教育幼儿以正确的姿势活动和睡眠；(6)保护幼儿声带。幼儿音域窄，不宜唱成人歌曲。故D项表述错误。

8. B 【解析】创造想象是在创造活动中，根据一定的目的、任务，在人脑中独立地创造新形象的心理过程。幼儿期是创造想象开始发生的时期。随着幼儿知识经验的丰富和抽象概括能力的提高，幼儿创造想象的水平逐渐提高。他们常常提出一些不平常的问题，有时会自己编新的故事，创造性地绘画，游戏内容也日益丰富，游戏想象的空间距离日益扩大。

9. D 【解析】愉快识记法就是让幼儿怀着愉快的心情识记。(1)在识记前，教师要尽量表扬他们，指出他们以前的优秀表现；(2)在幼儿整个识记过程中，教师应始终关心他们并充分相信他们的能力，并且不时给予表扬、鼓励、赞美等，这样他们才会信心百倍、勇气十足，力争完成好识记任务；(3)当幼儿完成识记后，无论他们完成的情况如何，只要他们尽力去做了，教师和家长就要给予适当的表扬，这样会增强他们记忆的信心，给他们留下愉快的记忆。题干中杨老师表扬甜甜，主要是让她运用愉快识记法。

10. D 【解析】班杜拉认为，观察学习是人学习的最重要的形式。所谓观察学习是指个体通过观察他人所表现的行为及其后果而进行的学习，即观察他人的行为结果受到奖励还是惩罚所获得的行为反应模式，而不必亲自动手做和体验行动结果，因此也叫间接经验的学习。因此，为了避免影视片的消极影响，根据班杜拉的社会学习理论，在儿童接触的影视作品中，要让儿童明白"恶有恶报，善有善报"。当儿童发觉"坏人"通常不能得到好的下场时，为了避免这种不良后果，自己也会远离破坏性行为。

11. A 【解析】儿童分类的情况，可归纳为以下五类：(1)不能分类。把性质上毫无联系的一些图片，按原排列顺序或按数量平均地放入各个木格里，不能说明分类原因；或任意把图片分成若干类，也不能说出原因。(2)依感知特点分类。依颜色、形状、大小或其他特点分类。例如，把桌子和椅子归为一类，因为都有四条腿等。(3)依生活情境分类。把日常生活情境中经常在一起的东西归为一类。例如，书包是放在桌子上的，就把书包和桌子归为一类。(4)依功用分类。如桌、椅是写字用的，碗、筷是吃饭用的，车、船是运人用的等。儿童只能说出物体的个别功能，而不能加以概括。(5)依概念分类。如按交通工具、玩具、家具等分类，并能给这些概念下定义，说明分类原因，如说车、船等都是载人、运东西的交通工具等。故答案选A项。

12. A 【解析】人们通常将儿童能说出第一批真正被理解的词(1岁左右)作为言语发生的标志，并以此为界，将言语活动的发生发展过程划分为言语准备期和言语发展期两大阶段。

13. A 【解析】《幼儿园工作规程》第二十二条指出，幼儿园应当培养幼儿良好的大小便习惯，不得限制幼儿便溺的次数、时间等。故A项正确。

14. C 【解析】学前儿童的心理活动最初是非常具体的，以后越来越抽象和概括化。题干中，儿童从能够借助一些卡片进行简单的数学运算，到可以摆脱卡片进行加减运算，体现了从具体到抽象的发展趋势。

15. D 【解析】幼儿的自我评价具有表面性，这表现为：幼儿基本上是对自己的外部行为进行自我评价，而不能深入到对自己内心品质进行自我评价。题干中的幼儿在回答自己是好孩子的理由时，是从不挑食、会帮妈妈干活、会跟小朋友分享玩具等外部行为进行回答，并没有涉及自己内心品质的评价。因此，这体现了幼儿的自我评价具有表面性。

16. B 【解析】儿童的数概念的形成，经历口头数数—给物说数—按数取物—掌握数概念四个阶段。

17. B 【解析】《3～6岁儿童学习与发展指南》艺术领域"感受与欣赏"部分目标2"喜欢欣赏多种多样的

艺术形式和作品"中的教育建议指出,尊重幼儿的兴趣和独特感受,理解他们欣赏时的行为。如:理解和尊重幼儿在欣赏艺术作品时的手舞足蹈、即兴模仿等行为。当幼儿主动介绍自己喜爱的舞蹈、戏曲、绘画或工艺品时,要耐心倾听并给予积极回应和鼓励。

18. D 【解析】《幼儿园工作规程》第二十条指出,幼儿园应当建立患病幼儿用药的委托交接制度,未经监护人委托或者同意,幼儿园不得给幼儿用药。幼儿园应当妥善管理药品,保证幼儿用药安全。

19. D 【解析】学前儿童骨骼含有机物比成人多,无机盐比成人少,故骨骼弹性大,可塑性强,容易变形。故A项正确。维持足弓主要靠韧带的强度和足底肌肉的力量。学前儿童过于肥胖,走路、站立时间过长,负重过度,都会引起足弓塌陷,形成扁平足。故B项正确。学前儿童的关节窝较浅,关节附近的韧带较松,所以关节的伸展性及活动范围比成人大。关节的牢固性差,容易发生脱臼。故C项正确。学前儿童的肌肉柔嫩,肌纤维较细,间质组织相对较多,肌腱宽而短,肌肉中所含的水分较成人多,能量储备差。因此,学前儿童的肌肉收缩力较差,容易疲劳。但是,由于新陈代谢旺盛,疲劳后肌肉功能的恢复也较快。故D项错误。

20. B 【解析】在思维发展过程中,动作和语言对思维活动的作用不断发生变化。变化的规律是:动作在其中的作用是由大到小,语言的作用则是由小到大。

二、判断题

题序	1	2	3	4	5	6	7	8	9	10
答案	√	√	×	√	×	×	×	√	√	√

1. √ 【解析】呼吸系统由呼吸道和肺两部分组成。呼吸道是气体的通道,它包括鼻、咽、喉、气管和支气管。肺是主要的呼吸器官,是进行气体交换的主要场所。

2. √ 【解析】食物中所含的糖类,一部分可被人体吸收,另一部分不能被消化吸收。可被吸收的糖类包括单糖(葡萄糖、果糖、半乳糖等)、双糖(蔗糖、麦芽糖、乳糖等)及多糖中的淀粉等。而多糖中的纤维素和果胶等不能被人体吸收,被称为"膳食纤维"。

3. × 【解析】《幼儿园管理条例》第十一条规定,国家实行幼儿园登记注册制度,未经登记注册,任何单位和个人不得举办幼儿园。

4. √ 【解析】无条件反射是建立条件反射的基础。儿童的各种心理活动,即用以应答外界环境刺激的条件反射,是在无条件反射的基础上建立的。

5. × 【解析】幼儿园环境的特点包括:环境的教育性和环境的可控性。

6. × 【解析】再造想象是根据言语的描述或图形的示意,在头脑中形成相应的新形象的过程。创造想象是在创造活动中,根据一定的目的、任务,在人脑中独立地创造新形象的心理过程。在创造新产品、新艺术、新作品、新理论时,人脑中构成的新事物的形象都属于创造想象。因此,飞机设计师在头脑中构成一架新型飞机的形象属于创造想象。

7. × 【解析】《3~6岁儿童学习与发展指南》的目标部分分别对3~4岁、4~5岁、5~6岁三个年龄段末期幼儿应该知道什么、能做什么,大致可以达到什么发展水平提出了合理期望,指明了幼儿学习与发展的具体方向。

8. √ 【解析】洛克认为,教育的目的就是培养绅士。所谓绅士,就是一种有德行、有学问、有能力、有礼貌的人。他认为一国之中的绅士教育是最应该注意的。

9. √ 【解析】幼儿园保育和教育不可分割的关系是由幼教工作的特殊性和幼儿身心发展的特点决定

的。虽然保育和教育有各自的主要职能,但并不是完全分离的。教育中包含了保育的成分,保育中也渗透着教育的内容。

10. √ 【解析】记忆是人脑对过去经验的反映,是一种较为复杂的心理过程。

三、名词解释

1. 同化和顺应

同化是指把环境因素纳入机体已有的图式或认知结构之中,以加强和丰富主体的动作。顺应是指改变主体已有的图式或认知结构以适应客观变化。

2. 结构性游戏

结构性游戏又称建构游戏或造型游戏,是指儿童运用积木、积塑、金属材料、泥、沙等各种材料进行建构或构造,从而创造性地反映现实生活的游戏。

3. 敌意性攻击行为

敌意性攻击行为是以人为指向目标,其目的在于打击、伤害他人,如嘲笑、讽刺、殴打等。

4. 五指活动

陈鹤琴把课程内容划分为:健康活动、社会活动、科学活动、艺术活动和文学活动,这五项活动是一个整体,如人的手指与手掌,手指只是手掌的一部分,其骨肉相连,血脉相通,因此被称为"五指活动"。

5. 学习动机

学习动机是指直接推动幼儿进行学习、维持学习,并使该学习活动趋向教师所设定目标的内在心理过程。

四、简答题(参考答案)

1. 简述教师在幼儿游戏时可采用的观察方法。

(1)扫描观察法。扫描观察法是指观察者在相等的时间段里对观察对象依次轮流进行观察。

(2)定点观察法。定点观察法是指观察者固定在游戏中的某一区域进行观察,适合于了解某主题或区域幼儿的游戏情况,了解学前儿童的现有经验以及他们的兴趣点、学前儿童之间交往、游戏情节的发展等动态信息,并且让教师较为系统地了解某一事件发生的前因后果,避免指导的盲目性。

(3)追踪观察法。追踪观察法是指观察者根据需要确定1~2个学前儿童作为观察对象,观察他们在游戏活动中的各种情况,固定人而不固定地点。

2. 简述幼儿鼻出血的原因和处理方法。

(1)原因:幼儿鼻出血的原因很多,如鼻部外伤、某些全身性疾病、鼻黏膜干燥、鼻腔异物等都可引起鼻出血,最常见于用手抠挖鼻痂、发热及空气干燥时。

(2)处理方法:

①安慰儿童不要紧张,让儿童安静坐下,头略向前低,不能仰卧位,也不能头向后仰,以免血液呛入呼吸道。

②压迫止血。让患儿用口呼吸,并用拇指和食指捏住患儿的鼻翼,同时用湿毛巾冷敷鼻部或前额,一般压迫5~10分钟即可。

③若出血较多,用上述方法不能止血,可用0.5%麻黄碱或1/1000肾上腺素湿棉球填塞出血侧鼻孔,一定要达到出血部位。

④止血后,2~3小时内不能做剧烈活动,避免再出血。

⑤若幼儿有频繁的吞咽动作,一定让他把"口水"吐出来,若吐出的是鲜血,说明仍继续出血,应尽快送医院处理。

若幼儿常发生鼻出血,应去医院做全面检查,确定是否有血液病或其他疾病。

3. 简述学前儿童自我评价发展的特点。

(1)从依从性的评价发展到自己独立性的评价;

(2)从对个别方面的评价发展到对多方面的评价;

(3)从对外部行为的评价向对内心品质的评价过渡;

(4)从主观情绪性的评价到初步客观的评价;

(5)从只有评价没有依据发展到有依据的评价。

4. 简述实施《3~6岁儿童学习与发展指南》应把握的四个方面。

(1)关注幼儿学习与发展的整体性;

(2)尊重幼儿发展的个体差异;

(3)理解幼儿的学习方式和特点;

(4)重视幼儿的学习品质。

五、论述题(参考答案)

1. 试述陈鹤琴的教育思想。

(1)反对半殖民地半封建的幼儿教育,提倡适合国情的中国化幼儿教育。他批评当时的幼儿园不是抄袭日本就是模仿欧美,生搬外国的教材、教法,全然不顾中国国情。

(2)反对死教育,提倡活教育。陈鹤琴在江西省立实验幼稚师范学校时开始提出"活教育"思想,经过几年的教育实验,他在上海逐步整理出"活教育"的理论体系。陈鹤琴的活教育理论体系包括三大纲领(目的论、课程论、方法论)以及教学原则和训育原则。

(3)幼儿园课程理论。①课程的中心。陈鹤琴先生反对幼儿园课程脱离实际,主张将幼儿的环境——自然的环境、社会的环境作为幼稚园课程系统的中心,让幼儿能充分地与实物和人接触,获得直接经验。②课程的结构。陈鹤琴先生认为"应当把幼稚园的课程打成一片,成为有系统的组织"。虽然他把课程内容划分为:健康活动、社会活动、科学活动、艺术活动和文学活动,但这五项活动是一个整体,如人的手指与手掌,手指只是手掌的一部分,其骨肉相连,血脉相通,因此被称为"五指活动"。③课程的实施。强调以幼儿经验、身心发展特点和社会发展需要作为选择教材的标准;反对实行分科教学,提倡综合的单元教学,以社会自然为中心的"整个教学法";主张游戏式的教学。

(4)重视幼儿园与家庭的合作。陈鹤琴先生十分重视家庭对幼儿的影响,积极主张幼儿园与家庭合作起来教育幼儿。

2. 试述学前儿童气质的培养及教育适宜性的策略。

(1)要了解学前儿童的气质特征。教师或父母可以运用行为评定法,通过对学前儿童在游戏、学习、劳动等活动中的情感表现、行为态度等进行反复细致地观察,来了解学前儿童的气质特点。

(2)不要轻易对学前儿童的气质类型下结论。教师必须长期地反复观察学前儿童的各种行为特点,再审慎地确定学前儿童的气质接近或属于哪种类型,以免引起教育上的失误。

(3)要善于理解不同气质类型儿童的不足之处。成人要善于利用每一气质类型的积极方面,给儿童提供充分表现的机会。同时,对于儿童气质中所表现出来的不尽如人意之处,也要表现出充分的理解,并考虑采取更换策略来对待。

(4)针对学前儿童的气质特点,采取适宜的教育措施。教师进行教育和教学工作时,要针对学前儿童的气质特点,采取相应的教育措施。对于胆汁质的孩子,要培养其勇于进取、豪放的品质,防止任性、粗暴;对于多血质的孩子,要培养其热情开朗的性格及稳定的兴趣,防止粗枝大叶、虎头蛇尾;对于黏液质的孩子,要培养其积极探索精神及踏实、认真的优点,防止墨守成规、谨小慎微;对于抑郁质的孩子,要培养其机智、敏锐感和自信心,防止疑虑、孤独。

六、案例分析题(参考答案)

(1)冬冬的认知发展属于前运算阶段(2～7周岁)。

(2)皮亚杰认为,该阶段儿童的认知有以下特点:

①泛灵论。泛灵论是指幼儿将一切物体都赋予生命的色彩。案例中,冬冬兴奋地告诉幼儿园老师:"我家的花开了,因为它想看看我。"这体现了冬冬的认知具有泛灵论的特点。

②自我中心性。自我中心是指儿童仅从自己的角度去表征世界,很难从别人的视角看问题,认为所有人的观点、想法和情绪体验都是和自己一样的。

③不能理顺整体和部分的关系。通过要求儿童考察整体和部分关系的研究发现,儿童能把握整体,也能分辨两个不同的类别。但是,当要求他们同时考虑整体和整体的组成部分的关系时,儿童多半会给出错误的答案。

④思维的不可逆性。思维的不可逆性是指儿童无法改变思维的方向,使之回到起点。案例中,在交谈中问冬冬:"你有兄弟吗?"他回答:"有。"又问他:"他叫什么名字?"他回答:"叫小军。"再问:"小军有兄弟吗?"他回答:"没有。"这体现了冬冬的认知具有不可逆性。

⑤缺乏守恒。儿童认识不到即使客体在外形上发生了变化,但其特有的属性不变。案例中,把一个圆饼切成4片,冬冬会认为切成4片的圆饼比整块的多。这体现了冬冬的认知缺乏守恒。

教师招聘考试幼儿园教育理论基础预测试卷(十八)

一、单项选择题

题序	1	2	3	4	5	6	7	8	9	10
答案	A	C	A	A	B	B	A	A	C	D
题序	11	12	13	14	15	16	17	18	19	20
答案	A	D	B	B	A	C	B	C	C	D

1. A 【解析】卢梭自然教育的核心思想是强调对幼儿进行教育必须遵循自然的要求,顺应幼儿的自然本性。故A项正确。

2. C 【解析】虽然矫治弱视的方法不同,但"常规遮盖法"被公认为是一种简便易行的方法,即平日遮盖健眼,以提高弱视眼的视力,配合一些需精细目力的作业(如穿小珠子、剪纸等),定期复查,以决定遮盖的时间长短。

3. A 【解析】格塞尔认为在儿童的成长和行为的发展中,起决定性作用的是生物学结构。他认为个体的生理和心理发展,都是按基因规定的顺序有规则、有顺序地进行的。他把通过基因来指导发展过程的机制定义为成熟。出生以后,成熟继续指导着发展。因此,成熟是推动儿童发展的主要动力。没有足够的成熟,就没有真正的变化。脱离了成熟的前提条件,学习本身并不能推动发展。格塞尔的这种观点主要来源于其著名的双生子爬楼梯实验。具体实验步骤如下:双生子T和C在不同年龄开始学习爬楼梯。T从出生后第48周起接受爬楼梯训练,每日练习10分钟,连续6周;C则从出生后第53周开始,仅训练2周,就赶上了T的水平。由这个实验得出结论:儿童的学习取决于生理的成熟,没有足够的成熟就没有真正的发展,而学习只是对发展起一种促进作用。

4. A 【解析】机体对与条件刺激相似的刺激做出条件反应,属于刺激的泛化。题干的描述体现了刺激泛化。

5. B 【解析】直观法是一种让幼儿直接感知认识对象的方法。演示法、示范法、范例法属于直观法。示范法是教师通过自己的语言、动作所做的教学表演,为幼儿提供具体模仿的范例。示范可由教师示范,也可以请幼儿示范。题干中教师使用了直观法中的示范法,故答案选B项。

6. B 【解析】皮亚杰认为,儿童的认知是在已有图式的基础上,通过同化、顺应和平衡,不断从低级向高级发展。(1)图式。图式是一种心理结构,是一系列整合的知觉、观念和行为在心理上的表征。(2)同化。同化是指把环境因素纳入机体已有的图式或认知结构之中,以加强和丰富主体的动作。(3)顺应。顺应是指改变主体已有的图式或认知结构以适应客观变化。(4)平衡。平衡是指同化和顺应之间的"均衡"。题干中,学会抓握的婴儿看见床上的玩具,会反复用抓握的动作去获得玩具。当他独自一个人,玩具又较远,婴儿手够不着(看得见)时,他仍然用抓握的动作试图得到玩具。说明他是在用以前的经验来对待新的情境,即婴儿面对一个新的刺激情境时,把刺激整合到已有的图式或认知结构中去了。因此,这一动作过程是同化。

7. A 【解析】回避型依恋表现为母亲在不在场都无所谓。母亲离开时,他们并无特别紧张或忧虑的表现。母亲回来了,他们往往也不予理会,有时也会欢迎母亲的到来,但只是暂时的,接近一下又走开了。这种幼儿接受陌生人的安慰和接受母亲的安慰一样。实际上,这类幼儿并未形成对母亲的依恋。因此,有的人把这类幼儿称为"无依恋的幼儿"。

8. A 【解析】《幼儿园教育指导纲要(试行)》"组织与实施"部分第九条"科学、合理地安排和组织一日生活"中指出,要建立良好的常规,避免不必要的管理行为,逐步引导幼儿学习自我管理。

9. C 【解析】学前儿童生长发育的个别差异性体现为生长发育有其一般的规律,但每个儿童生长发育又有自身的特点。由于先天遗传以及后天环境条件的不同,个体在整个生长时期都存在着广泛的差异,呈现出高矮、胖瘦、强弱、智愚的不同。题干的描述说明学前儿童的生长具有个别差异性。

10. D 【解析】1904年,清政府正式颁布并施行了中国近代第一个学制《奏定学堂章程》,即癸卯学制。在癸卯学制中,《奏定蒙养院章程及家庭教育法章程》(简称《章程》)是专门为学前教育制定的一个章程,它是我国近代学前教育的第一个法规。在此《章程》中,将学前教育机构命名为"蒙养院"。辛亥革命以后,1912~1913年的《壬子癸丑学制》将清末的蒙养院改名为蒙养园,规定入园者为年龄未满6周岁的儿童。1922年,北洋政府公布《学校系统改革案》(又称"壬戌学制""新学制"),将蒙养园改为幼稚园,这一名称一直使用到中华人民共和国建立初期。新中国成立后改名为幼儿园。

易错提示: 1904年《奏定学堂章程》命名为蒙养院→1912～1913年《壬子癸丑学制》改名为蒙养园→1922年《学校系统改革案》改名为幼稚园→新中国成立后改名为幼儿园。

11. A 【解析】佝偻病是由于学前儿童体内缺乏维生素D,引起全身钙、磷代谢失常的一种慢性营养性疾病,是3岁以下儿童的常见疾病。佝偻病早期表现为神经兴奋性增高,易发怒、烦躁、多汗、夜惊、睡眠不安等;活动期出现骨骼改变,囟门闭合延迟等症状。

12. D 【解析】动作技能学习是通过身体动作的质量的不断改善而形成整体动作模式的学习。题干中丽丽在晨间活动学会了广播体操,属于动作技能学习。

13. B 【解析】饭前便后洗手是为了切断传播途径。环境卫生、空气新鲜、饮食卫生、个人卫生习惯良好是很重要的预防措施。

14. B 【解析】手眼协调动作,是指眼睛的视线和手的动作能够配合,手的运动和眼球的运动协调一致,也就是能够抓住所看见的东西,这是手眼协调的主要标志。

15. A 【解析】儿童最初的思维是以直观行动思维为主。直观行动思维是指以直观的、行动的方式进行的思维。这种思维方式在2～3岁儿童身上表现最为突出。在3～4岁儿童身上也常有表现。这些儿童离开了实物就不能解决问题,离开了玩具就不会游戏。具体形象思维是指儿童依靠事物在头脑中的具体形象进行的思维,即依靠具体事物的表象以及对具体形象的联想而进行的思维。抽象逻辑思维反映事物的本质特征,是指运用概念、根据事物的逻辑关系来进行的思维。形式逻辑思维是指运用形式逻辑的方法、遵循形式逻辑的规律而进行的思维。题干中儿童只有有玩具的时候才能展开游戏,体现了儿童最可能在直观行动思维水平,故A项正确。

16. C 【解析】《3～6岁儿童学习与发展指南》社会领域"人际交往"部分目标1"愿意与人交往"的教育建议指出:幼儿园应多为幼儿提供自由交往和游戏的机会,鼓励他们自主选择、自由结伴开展活动。因此,"能根据自己的意愿自由结伴"属于社会领域的发展目标。

17. B 【解析】《3～6岁儿童学习与发展指南》健康领域"生活习惯与生活能力"部分目标2"具有基本的生活自理能力"中指出,4～5岁(中班)幼儿能自己穿脱衣服、鞋袜、扣纽扣;能整理自己的物品。故B项正确。

18. C 【解析】幼儿记忆发展的特点包括:(1)无意记忆占优势,有意记忆逐渐发展;(2)记忆的理解和组织程度逐渐提高;(3)形象记忆占优势,语词记忆逐渐发展;(4)幼儿记忆的意识性和记忆方法逐渐发展。故C项说法错误。

19. C 【解析】儿童心理发展的主要特征包括:(1)发展具有方向性和顺序性;(2)发展具有连续性和阶段性;(3)发展具有不均衡性(不平衡性);(4)发展具有个别差异性。故C项表述错误。

20. D 【解析】惩罚能抑制非攻击型幼儿的攻击性,却不能抑制攻击型幼儿的攻击性,反而会加重他们的攻击性行为。因此,以惩罚作为抑制幼儿攻击性行为的方法往往给幼儿树立了攻击性行为的榜样。故D项错误。

二、多项选择题

题序	1	2	3	4	5
答案	AB	BCD	ABCD	ABD	ABC

1. AB 【解析】发展适宜性原则是指学前教育方案在充分参考和利用现有儿童发展研究成果的基础上,

259

为每名儿童提供适合其年龄特点的、适合其个别差异性的课程及教育教学实践活动。它包括两个层面的含义：一是年龄适宜性，二是个体适宜性。

2. BCD 【解析】《幼儿园工作规程》中第四十一条指出，幼儿园教师对本班工作全面负责，其主要职责如下：(1)观察了解幼儿，依据国家有关规定，结合本班幼儿的发展水平和兴趣需要，制订和执行教育工作计划，合理安排幼儿一日生活；(2)创设良好的教育环境，合理组织教育内容，提供丰富的玩具和游戏材料，开展适宜的教育活动；(3)严格执行幼儿园安全、卫生保健制度，指导并配合保育员管理本班幼儿生活，做好卫生保健工作；(4)与家长保持经常联系，了解幼儿家庭的教育环境，商讨符合幼儿特点的教育措施，相互配合共同完成教育任务；(5)参加业务学习和保育教育研究活动；(6)定期总结评估保教工作实效，接受园长的指导和检查。因此，B、C、D三项都正确。A项，学期(或学年)初做好本班收费工作，不属于幼儿教师的职责。

3. ABCD 【解析】《幼儿园教育指导纲要(试行)》中规定的社会领域的目标有：(1)能主动地参与各项活动，有自信心；(2)乐意与人交往，学习互助、合作和分享，有同情心；(3)理解并遵守日常生活中基本的社会行为规则；(4)能努力做好力所能及的事，不怕困难，有初步的责任感；(5)爱父母长辈、老师和同伴，爱集体、爱家乡、爱祖国。

4. ABD 【解析】《中小学教师职业道德规范》的主要内容包括爱国守法、爱岗敬业、关爱学生、教书育人、为人师表和终身学习。

5. ABC 【解析】《幼儿园工作规程》第三十九条规定，幼儿园教职工患传染病期间暂停在幼儿园的工作。有犯罪、吸毒记录和精神病史者不得在幼儿园工作。

三、判断题

题序	1	2	3	4	5	6	7	8	9	10
答案	√	×	×	×	×	×	√	√	√	×

1. √ 【解析】《幼儿园教师专业标准(试行)》中沟通与合作能力指出，教师应使用符合幼儿年龄特点的语言进行保教工作。

2. × 【解析】马斯洛根据需要出现的先后及强弱顺序，把需要分成了七个层次，即生理需要、安全需要、归属与爱的需要、尊重需要、求知需要、审美需要和自我实现的需要。其中，自我实现的需要是最高层次的需要，所谓"自我实现"，即追求自我理想的实现，是充分发挥个人潜能、才能的心理需要，也是一种创造和自我价值得到体现的需要。

3. × 【解析】幼儿的活动可大致分为内部活动和外部活动两类。内部活动是指不可见的幼儿的生理、心理活动；外部活动指可见的幼儿的实践活动。

4. × 【解析】夸美纽斯编写了世界上第一本图文并茂的儿童读物《世界图解》，该书被誉为"儿童插图书的始祖"。

5. × 【解析】采用多元智能理论的评价既不是为了发现小天才，也不是为了对儿童进行选拔、排队，而是为了发现每个儿童的智能潜力和特点，识别并培养他们区别于他人的智能和兴趣，帮助他们去实现富有个性特色的发展，为他们提供一条建立自我价值感的有效途径，并以此为依据选择和设计适宜的教育内容和教育方法。

6. × 【解析】《3～6岁儿童学习与发展指南》健康领域"动作发展"部分目标1"具有一定的平衡能力，动

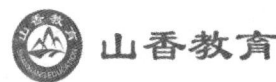

作协调、灵敏"指出:5~6岁幼儿能以手脚并用的方式安全地爬攀登架、网等。5~6岁是幼儿园大班的年龄段,故题干表述错误。

7. √ 【解析】同伴关系是指儿童与其他孩子之间的关系,是年龄相同或相近的儿童之间的一种共同活动并相互协作的关系。具有平等、互惠的特点。

8. √ 【解析】幼儿的游戏具有社会性。游戏的内容是模仿周围的社会生活,这种模仿又不是生活的翻版,而是融入了儿童自己对生活的理解和希望。在游戏中,他们用简单的玩具代替生活中的物品,创造性地体验生活,并在这种虚构中体验到快乐。可以说,游戏是幼儿完成社会化的一种重要方式。

9. √ 【解析】不同的幼儿有着不同的情绪表达方式。有的明显外露、热烈奔放,喜怒哀乐都呈现在脸上,这些幼儿的情绪,教师能很快地觉察到。而有的幼儿低调内敛,温婉含蓄,没有明显的表情和行为,不易被教师觉察到。因此,教师要有意识地提高自身的观察能力、倾听能力,主动与幼儿交流,从而有效地觉察、把握他们的情绪状况。

10. × 【解析】《幼儿园教育指导纲要(试行)》中艺术领域的指导要点提出:幼儿的创作过程和作品是他们表达自己的认识和情感的重要方式,应支持幼儿富有个性和创造性的表达,克服过分强调技能技巧和标准化要求的偏向。

四、填空题

1. 民主型

2. 幼儿

3. 再认

4. 强化自我评估

5. 性别恒常性

6. 智力游戏　音乐游戏

7. 行为方式

8. 倾听与表达

9. 创造想象

10. 基础教育

五、简答题(参考答案)

1. 简述幼儿园环境创设的一般原则。

(1)安全性原则;(2)环境与教育目标的一致性原则;(3)发展适宜性原则;(4)幼儿参与性原则;(5)开放性原则;(6)经济性原则;(7)启发性原则;(8)动态性原则。

2. 简述幼儿观察力发展的特点。

(1)观察的目的性逐渐增强;(2)观察持续的时间逐渐延长;(3)观察的细致性逐渐增加;(4)观察的概括性逐渐增强;(5)观察方法逐渐形成。

3. 简述怎样在实践中提高学前儿童的言语能力。

(1)有目的、有计划的幼儿园语言教育活动是发展学前儿童言语能力的重要途径;(2)创设良好的语言环境,提供学前儿童交往的机会;(3)把言语活动贯穿于学前儿童的一日活动之中;(4)教师良好的言语榜样;(5)注重个别教育。

4.简述埃里克森的人格发展阶段理论。

(1)基本的信任感对基本的不信任感(0~1岁);

(2)自主感对羞耻感(1~3岁);

(3)主动感对内疚感(3~6岁);

(4)勤奋感对自卑感(6~11岁);

(5)自我同一性对角色混乱(12~18岁)。

其他三个阶段分别为:亲密感对孤独感(成年早期)、繁殖感对停滞感(成年中期)、自我整合对绝望感(成年晚期)。

六、论述题(参考答案)

1.结合《3~6岁儿童学习与发展指南》,说说培养幼儿遵守基本的行为规范的教育措施。

(1)成人要遵守社会行为规则,为幼儿树立良好的榜样。如:答应幼儿的事一定要做到、尊老爱幼、爱护公共环境,节约水电等。

(2)结合社会生活实际,帮助幼儿了解基本行为规则或其他游戏规则,体会规则的重要性,学习自觉遵守规则。如:①经常和幼儿玩带有规则的游戏,遵守共同约定的游戏规则。②利用实际生活情境和图书故事,向幼儿介绍一些必要的社会行为规则,以及为什么要遵守这些规则。③在幼儿园的区域活动中,创设情境,让幼儿体会没有规则的不方便,鼓励他们讨论制定规则并自觉遵守。④对幼儿表现出的遵守规则的行为要及时肯定,对违规行为给予纠正。如:幼儿主动为老人让座时要表扬;幼儿损害别人的物品或公共物品时要及时制止并主动赔偿。

(3)教育幼儿要诚实守信。如:①对幼儿诚实守信的行为要及时肯定。②允许幼儿犯错误,告诉他改了就好。不要打骂幼儿,以免他因害怕惩罚而说谎。③小年龄幼儿经常分不清想象和现实,成人不要误认为他是在说谎。④发现幼儿说谎时,要反思是否是因自己对幼儿的要求过高过严造成的。如果是,要及时调整自己的行为,同时要严肃地告诉幼儿说谎是不对的。⑤经常给幼儿分配一些力所能及的任务,要求他完成并及时给予表扬,培养他的责任感和认真负责的态度。

2.论述家园合作的方式。

(1)集体方式。①家长会。家长会有全园的、年级的、班级的。全园性的家长会议要求全体家长都参加,一般安排在学年(或学期)初与学年(或学期)末。②家长学校。家长学校是幼儿园向家长进行家庭教育系统宣传和指导的主要形式。③家长开放日。家长开放日指幼儿园定期或不定期地向家长开放,届时邀请家长来园观摩和参观幼儿园的活动。④家长接待日和专家咨询。家长接待日是幼儿园安排一个固定的时间,由主管领导接待家长的来访,解答家长对园所及班级保育教育、管理等方面工作的疑问,听取家长的意见和建议,或设意见箱收集家长的意见,从而更好地改进和完善园所工作,拉近家园之间的距离。专家咨询是幼儿园聘请一些学前教育专家定期对家长进行现场咨询,为家长提供直接有效的服务。⑤家园联系栏。大部分幼儿园都设有家园联系栏或家教园地,有面向全体家长的,也有各班办的。⑥小报小刊和学习材料提供。

(2)个别方式。①家庭访问。家庭访问是加强幼儿园与家庭联系的一种常用方式。②个别谈话。个别谈话是进行家长工作最简便、最经常、最及时的方法,教师可以利用家长到园接送孩子的时间与家长交谈有关教育孩子的情况,向家长反映问题,提出要求,商讨解决的办法。③家园联系册或联系卡。家园联系册是教师与家长围绕孩子的发展与教育进行书面联系与交流的形式,也可以制作成联系卡,用于教师与家长经常性的联系,简便易行,传递信息及时。④书信、电话、网络等。

七、案例分析题(参考答案)

林老师践行的新时代幼儿园教师职业行为准则包括:

(1)《新时代幼儿园教师职业行为十项准则》第四条规定:潜心培幼育人。落实立德树人根本任务,爱岗敬业,细致耐心;不得在工作期间玩忽职守、消极怠工,或空岗、未经批准找人替班,不得利用职务之便兼职兼薪。案例中的林老师从事幼儿教学工作20多年,业务精湛,为幼儿园赢得了很多荣誉,体现了该行为准则。

(2)《新时代幼儿园教师职业行为十项准则》第六条规定:关心爱护幼儿。呵护幼儿健康,保障快乐成长;不得体罚和变相体罚幼儿,不得歧视、侮辱幼儿,严禁猥亵、虐待、伤害幼儿。林老师热情如一地对待工作,她总是蹲下来和孩子轻声交谈,每天与孩子亲切拥抱,甚至自创了专属每一个孩子的打招呼方式,孩子们很喜欢,体现了该行为准则。

(3)《新时代幼儿园教师职业行为十项准则》第七条规定:遵循幼教规律。循序渐进,寓教于乐;不得采用学校教育方式提前教授小学内容,不得组织有碍幼儿身心健康的活动。林老师得知家长在家中教孩子做算术、学拼音,耐心说明这些做法对幼儿身心健康成长的危害,邀请家长来园里观看孩子游戏,为家长分析孩子在游戏中的学习和发展,家长们心服口服,体现了该行为准则。

(4)《新时代幼儿园教师职业行为十项准则》第九条规定:坚守廉洁自律。严于律己,清廉从教;不得索要、收受幼儿家长财物或参加由家长付费的宴请、旅游、娱乐休闲等活动,不得推销幼儿读物、社会保险或利用家长资源谋取私利。林老师从不谈论班上家长职业情况或利用家长资源为自己和亲友提供便利,体现了该行为准则。

教师招聘考试幼儿园教育理论基础预测试卷(十九)

一、单项选择题

题序	1	2	3	4	5	6	7	8	9	10
答案	A	C	C	A	A	D	A	C	D	D
题序	11	12	13	14	15	16	17	18	19	20
答案	B	D	D	B	A	A	D	B	A	C
题序	21	22	23	24	25	26	27	28	29	30
答案	C	B	A	C	D	D	A	C	D	C
题序	31	32	33	34	35	36	37	38	39	40
答案	D	D	C	C	A	D	A	C	B	A

1. A 【解析】激情是一种爆发式、猛烈而短暂的情绪状态,例如,狂喜、暴怒、恐惧、绝望等都是激情的表现。题干中他们的情绪状态属于激情。

2. C 【解析】强、平衡而且灵活的神经活动类型,该类型神经活动的特点是兴奋过程和抑制过程都较强,且两者可以自由转换。这种类型的人反应迅速、灵敏、活泼,能很快适应变化着的外界环境。这类人一般被称为活泼型的人,所对应的气质类型是多血质。故A项表述不正确。一个人的气质具有极大的稳定性,在一般情况下,它不会因活动环境的变化而变化。俗话说"江山易改,本性难移",指的就是气质具有稳定的、不易改变的特点。但后天在生活、教育以及实践活动中形成的各种个性特征,都会对气质产生影响,在长期影响下,气质也会得到发展和改造。所以,气质也具有一定程度的可塑性。故B项表述不正确。气质类型没有好坏之分,不同气质类型的儿童都能以自己特有的动力特征成为社会的有用之才。故C项表述正确。在文学作品中,《水浒传》中的李逵是典型的胆汁质,林冲是典型的黏液质,《红楼梦》中的王熙凤是典型的多血质,林黛玉则是典型的抑郁质。故D项表述不正确。综上所述,本题选C。

3. C 【解析】幼儿皮肤薄嫩,渗透作用强,一些物质易通过皮肤吸收进入体内。例如,有机磷农药、苯、酒精等可经皮肤被吸收到体内,引起中毒。

4. A 【解析】维果斯基提出了最佳学习期限的概念,他认为,任何教学都存在最佳的时期。在最佳学习期内,实施相应的教学,才会对儿童的认知发展有更大的效果。

5. A 【解析】皮亚杰认为,在个体与环境相互作用的过程中,每一种认知活动都有一定的认知结构。认知结构涉及图式、同化、顺应和平衡四个基本概念。

6. D 【解析】维生素A与正常视力有密切关系,是维持暗视力所必需的物质。另外,维生素A也是维持上皮细胞的健全、生长发育和机体的免疫力所不可缺少的物质。维生素A严重缺乏会造成夜盲症和干眼病。

7. A 【解析】亲子关系通常分成三种:民主型、专制型和放任型。不同的亲子关系类型对幼儿的影响是不同的。研究证明,民主型的亲子关系最有益于幼儿个性的良好发展。

8. C 【解析】手足口病主要通过患儿的粪便、唾液、咽部分泌物污染的食物而传播,直接接触患儿疱疹液亦会传播病毒,患儿咽喉分泌物及唾液中的病毒,可通过空气飞沫传播。

9. D 【解析】感觉适应是指感受器在刺激物的持续作用下使感受性发生变化的现象。从暗处到光亮的地方,最初强光使人发眩,什么也看不见,但过一会儿视力就恢复了正常,这是视觉感受性降低的明适应。题干描述的现象属于明适应。

10. D 【解析】大班幼儿初步形成了比较稳定的心理特征。他们开始能够控制自己,做事也不再"随波逐流",显得比较有"主见"。对人、对己、对事开始有了相对稳定的态度和行为方式。有的热情大方,有的胆小害羞;有的活泼,有的文静;有的自尊心很强,有的有强烈的责任感;有的爱好唱歌跳舞,有的显示出绘画才能。题干中幼儿的表现最有可能是大班的幼儿。

11. B 【解析】规则性游戏是一种由两人以上参加的,按一定规则从事的游戏。体育游戏、运动竞赛、智力竞赛等都属于规则性游戏,它以规则为游戏中心,摆脱了具体情节,用规则来组织游戏。

12. D 【解析】实践活动法是家长有计划地组织各种活动,让孩子接受实际锻炼,养成良好的品德行为习惯。幼儿园应指导家长运用实践活动法时注意:广泛开展各类活动,给孩子提供反复练习的机会,制定必要的家庭规则,委托孩子完成一定的任务。例如,上下楼梯时,要求孩子让老奶奶、老爷爷、小弟弟、小妹妹先上、先下,以培养孩子敬老爱幼的品行。题干的描述运用了实践活动法。

13. D 【解析】幼儿晚期(5~6岁),不仅能认识颜色,而且在画图时,能运用各种颜色调出需要用的颜色,并能正确地说出黑、白、红、蓝、绿、黄、棕、灰、粉红、紫等颜色的名称。

14. B 【解析】观察学习是指个体通过观察他人所表现的行为及其后果而进行的学习。题干所述与观察学习的概念相吻合。

15. A 【解析】《幼儿园管理条例》第十九条指出,幼儿园应当建立安全防护制度,严禁在幼儿园内设置威胁幼儿安全的危险建筑物和设施,严禁使用有毒、有害物质制作教具、玩具。

16. A 【解析】在同一时间内,把注意分配到两种或几种不同的对象或活动上,这就是注意的分配。题干所述是注意分配的表现。

17. D 【解析】《幼儿园教育指导纲要(试行)》第三部分组织与实施第九条指出,科学、合理地安排和组织一日生活。时间安排应有相对的稳定性与灵活性,既有利于形成秩序,又能满足幼儿的合理需要,照顾到个体差异。

18. B 【解析】奥苏贝尔从两个维度对学习做了区分:从学习进行的方式上,将学习分为接受学习与发现学习;从学习材料与学习者原有知识的关系上,又将学习分为有意义学习和机械学习。根据奥苏贝尔的学习分类,科学研究属于有意义的发现学习。

19. A 【解析】个性的稳定性是指个体的个性特征具有跨时间的持续性和跨情境的一致性。跨时间的持续性指个性在时间上具有稳定性,不会在短时间内有很大的变化。因此人们常说"三岁看大,七岁看老"。跨情境的一致性指在不同的情境下,同一个人的个性特征在一定程度上会保持不变。例如,一个内向的人,在不同场合都会表现出不爱讲话、不爱交际的行为倾向。题干所述说明幼儿的个性具有稳定性。

20. C 【解析】儿童在理解句中某些词的词义时常使用一些与语言本身无关的策略,是根据经验而不是语言信息来理解句义。故C项正确。

21. C 【解析】福禄贝尔主张"父母是孩子的第一任教师",强调教育幼儿的时候首先应该教育父母。

22. B 【解析】《3～6岁儿童学习与发展指南》社会领域"人际交往"部分目标2"能与同伴友好相处"指出,4～5岁的幼儿会运用介绍自己、交换玩具等简单技巧加入同伴游戏;对大家都喜欢的东西能轮流、分享;与同伴发生冲突时,能在他人帮助下和平解决;活动时愿意接受同伴的意见和建议;不欺负弱小。

23. A 【解析】演示法是教师通过向儿童展示各种实物或直观教具,引导儿童按一定的顺序注意物体的各个方面和各种特征,使他们获得对某一事物或现象较完整的认知。题干中教师采用的是演示法。

24. C 【解析】家长是教师最好的合作者,是教师了解幼儿的最好的信息来源。

25. D 【解析】情境性想象是指幼儿的想象活动是由画面的整个情境引起的。题干中,小男孩想象的内容是一幅完整的画面,可以看出其想象是由画面的整个情境引起的。因此,小男孩的想象是情境性想象。故本题选D。

A项,经验性想象是幼儿凭借个人生活经验和个人经历开展想象活动。

B项,夸张性想象是指幼儿常常喜欢夸大事物的某些特征和情节。

C项,拟人化想象是幼儿把客观物体想象成人,用人的生活、思想、情感、语言等去描述。

26. D 【解析】以自然教育理论为依据,卢梭在道德教育上提出了"自然后果法"。他强调,对于幼儿的过失,不必加以责备和处罚,而要利用幼儿过失所造成的自然后果,使他们自食其果,从而使他们认识其过失并予以改正。

27. A 【解析】形象记忆是指个人以感知过的事物的具体形象为内容的记忆。形象记忆不仅是指视觉上的,听觉、触觉、嗅觉、味觉同样可以开展形象记忆。"余音绕梁,三日不绝于耳"就是对感知过的声音形象的记忆。

28. C 【解析】情境性言语是指幼儿在独自叙述时不连贯、不完整并伴有各种手势、表情,听者需结合当时的情境,审察手势表情,边听边猜才能懂得意义的言语。

29. D 【解析】动作发展的近远规律是指儿童动作的发展先从头部和躯干的动作开始,然后发展双臂和腿部的动作,再后是手的精细动作。也就是靠近中央部分(头和躯干,即脊椎)动作先发展,然后才发展边缘部分(臂、手、腿)的动作。

30. C 【解析】电报句是由两个单词或三个单词组成的不完整句,如"娃娃排排坐"。这种句子在表达意思时虽较单词句明确,但其表现形式是语句断续的、简略的、结构不完整的,出现在1.5~2岁左右。题干描述的是电报句。

31. D 【解析】规则引导法是指用规则引导幼儿的行为,使其与集体活动的方向和要求保持一致或确保幼儿自身安全并不危及他人的一种管理方法。规则引导法是对班级幼儿最直接和最常用的管理方法。题干中班主任采用的管理方法属于规则引导法。

32. D 【解析】安全型依恋的儿童,母亲在场时能安逸地游戏和探索,母亲离开时情绪出现困扰,但母亲回来后很快又恢复平静。他们对陌生人的反应比较积极,能顺利地与陌生人交往。题干的表述说明豆豆属于安全型依恋的儿童。

33. C 【解析】儿童身心发展的不均衡性要求教育工作者要抓住儿童发展的关键期,教育才能取得良好的效果。

34. C 【解析】胆汁质以精力旺盛、表里如一、刚强、易感情用事为特征,整个心理活动笼罩着迅速而突发的色彩。

35. A 【解析】家族本位的儿童观,是以家族利益为根本出发点,在家族利益和国家、个人利益出现矛盾时,将家族利益放在首位。这种儿童观将儿童视为家族的"私有财产",是家族继承、繁衍和光宗耀祖的"工具"。

36. D 【解析】《3~6岁儿童学习与发展指南》健康领域中"具备基本的安全知识和自我保护能力"的目标指出,教师和家长要教育3~4岁幼儿不吃陌生人给的东西,不跟陌生人走。故D项正确。

37. A 【解析】《幼儿园工作规程》第十五条规定,幼儿园应当结合幼儿年龄特点和接受能力开展反家庭暴力教育,发现幼儿遭受或者疑似遭受家庭暴力的,应当依法及时向公安机关报案。

38. D 【解析】直观行动思维是指以直观的、行动的方式进行的思维。儿童最初的思维以直观行动思维为主,其特点是所要解决的问题是直观的、具体的,其解决问题的方式是实际动作。这个阶段思维的特点就是行动没有事先的计划和预定的目的,也不会预见行动的后果。

39. B 【解析】幼儿中期是儿童象征游戏的高峰期,儿童游戏内容逐渐扩展,同时游戏的水平也提高了。游戏情节丰富、内容多样化,游戏兴趣明显增加。

40. A 【解析】《3~6岁儿童学习与发展指南》健康领域中"动作发展"部分目标2为"具有一定的力量和耐力"。

二、多项选择题

题序	1	2	3	4	5
答案	ABC	BCD	ABD	ABCD	ACD

题序	6	7	8	9	10
答案	BC	ACD	ABC	ACD	ABCD

1. ABC 【解析】幼儿耳的保育要点包括:(1)禁止用锐利的工具给幼儿挖耳。故A项正确。(2)做好中耳炎的预防工作。成人要教会幼儿用正确的方法擤鼻涕。感冒时,擤鼻涕不要用力,否则会将鼻咽部的分泌物挤入中耳,导致感染。故D项错误。(3)避免噪声的影响。教育幼儿听到过大的声音要张嘴、捂耳,预防强音震破鼓膜,影响听力。故B项正确。(4)避免药物的影响。一些耳毒性抗生素如链霉素、卡那霉素、庆大霉素等会损害耳蜗,可致感音性耳聋。故C项正确。(5)发展幼儿的听觉。(6)注意观察幼儿的异常表现,及早发现听觉异常。

2. BCD 【解析】学前教育的特殊原则包括:(1)保教合一的原则;(2)以游戏为基本活动的原则;(3)教育的活动性和直观性原则;(4)生活化和一日活动整体性的原则。

3. ABD 【解析】在教育实践中,陶行知创立了生活教育理论和教、学、做合一的教育方法。他认为,生活即教育,游戏即工作。同时,陶行知先生认为教育要启发、解放幼儿的创造力,为他们提供手脑并用的条件和机会。具体包括六个方面:解放幼儿的头脑;解放幼儿的双手;解放幼儿的眼睛;解放幼儿的嘴巴;解放幼儿的空间;解放幼儿的时间。故本题选ABD。选项C,"幼儿的自由与作业的组织相结合"是蒙台梭利儿童教育理论的主要观点。

4. ABCD 【解析】好的饮食习惯的内容包括:(1)按时定位进食,食前有准备;(2)细嚼慢咽,专心进餐;(3)饮食定量,控制零食;(4)不偏食,饮食多样;(5)注意饮食卫生和就餐礼貌。

5. ACD 【解析】A项,正强化也称积极强化,是通过呈现想要的愉快刺激来增强反应频率。题干中,老师说:"谁能不挑食,谁就可以做值日班长。"即给一个愉快的刺激提高幼儿"不挑食"行为发生的概率,这符合正强化概念。故A项是教师运用的一种强化类型。

B项,负强化也称消极强化,是通过消除或中止厌恶、不愉快刺激来增强反应频率。题干未体现。

C项,直接强化是指观察者因表现出观察行为而受到强化。题干中,典典吃蔬菜时,老师表扬了典典,这属于直接强化。故C项是教师运用的一种强化类型。

D项,替代强化是指观察者因看到榜样的行为被强化而受到强化。题干中,老师表扬吃蔬菜的典典,其他小朋友看到了,也学着典典的样子吃起了蔬菜,这是因为其他小朋友受到了替代强化。故D项也是教师运用的一种强化类型。

6. BC 【解析】情感沟通法是指通过激发和利用师生间或幼儿间以及幼儿对环境的情感,以引发或影响幼儿行为的方法。由于幼儿的情感是丰富的、纯真的、自由的,情感沟通法很少有统一的实施步骤,但可以归纳出实施管理的主要着眼点:(1)教师在日常生活和教育活动中,要观察幼儿的情感表现;(2)教师要经常对幼儿进行移情训练;(3)教师要保持和蔼可亲的个人形象。

7. ACD 【解析】陈鹤琴的活教育理论体系包括三大纲领(目的论、课程论、方法论)以及教学原则和训育原则。三大纲领包括:目的论:陈鹤琴指出活教育的目的就是教育幼儿"做人,做中国人,做现代中国人"。课程论:陈鹤琴指出:"大自然、大社会,都是活教材。"方法论:"做中教、做中学、做中求进步"。

8. ABC 【解析】桑代克认为,学习的实质是经过试误在刺激与反应之间形成联结,即形成S-R之间的联结。他认为学习遵循三条重要的学习原则:准备律、练习律和效果律。

9. ACD 【解析】为了让儿童拥有健康的体态,《3~6岁儿童学习与发展指南》提出的教育建议有:(1)为幼儿提供营养丰富、健康的饮食;(2)保证幼儿每天睡11~12小时,其中午睡一般应达到2小时左右;(3)注意幼儿的体态,帮助他们形成正确的姿势;(4)每年为幼儿进行健康检查。

10. ABCD 【解析】蒙台梭利认为在教育上,环境所扮演的角色是相当重要的,因为孩子从环境中吸收所有的东西,并将其融入自己的生命之中。所以教师要为儿童提供一个环境,一个有准备的环境。所谓有准备的环境,一方面是指充满爱与快乐的心理环境,另一方面也是指经过教师组织与安排的物质环境,主要指各种可供幼儿操作使用的材料或教具,以及有关的设备。故A项正确。

感官教育在蒙台梭利教育中占有重要的地位,并成为其教育实验的主要部分。在她看来,学前阶段的儿童处在各种感觉的敏感期,在这一时期应该进行充分的感官教育。感官教育或称感觉教育,其内容包括视觉、听觉、嗅觉、味觉和触觉的训练,其中以触觉训练为主。故B项正确。

在教育实验中,蒙台梭利通过对儿童的观察和研究,发现从婴儿期开始,儿童就具有一种受内在生命力驱使的无意识的记忆力和吸收并适应环境的能力,即"吸收性心智"。故C项正确。

蒙台梭利于1907年在罗马贫民区创办了一所"儿童之家",不按年龄分班,在一个班级里,既有大龄孩子,也有小龄孩子,在教师的指导下共同学习、游戏、开展活动。故D项正确。

三、判断题

题序	1	2	3	4	5	6	7	8	9	10
答案	×	√	√	×	×	×	×	√	√	×

1. × 【解析】学前教育是以学龄前儿童(即从出生到入小学前的儿童)为对象的教育活动。根据我国教育制度的相关规定,儿童入小学的年龄是6周岁以后,所以,通常意义上,学前教育是指从出生到6岁前儿童的教育,可以细分为早期教育(0~3岁)和幼儿教育(3~6岁)。同时,学前教育有广义和狭义之分,从广义上说,凡是能够影响和促进学前儿童身体成长及认知、情感、意志、性格、行为等方面发展的活动,如儿童在成人的指导下看电视、做家务、参加社会活动等,都可以称为学前教育。广义的学前教育包括针对学前儿童的社会专门机构的教育、社区教育和家庭教育。而狭义的学前教育是指学前教育工作者整合儿童周围的资源,对0~6岁儿童的发展施以有目的、有计划、有系统的影响活动。也就是说,狭义的学前教育是指幼儿园和其他专门开设的学前教育机构的教育。因此,狭义的学前教育不包括家庭教育。故本题表述错误。

2. √ 【解析】热爱幼儿是幼儿教师职业道德的核心,是评价幼儿教师职业道德水准的重要指标。

3. √ 【解析】学前教育机构与家庭合作共育的任务包括:(1)促进双方取得教育的共识;(2)促进双方有效互动,磋商共育策略;(3)盘活和优化整合家庭教育资源,实现教育效益最大化。其中,学前教育机构与家庭合作共育的首要任务就是:促使家长与学前教育机构在教育理念、目标、内容、原则和基本方法等方面取得共识。

4. × 【解析】合作游戏是幼儿后期出现的较高级的游戏形式,是一种有着共同需要,通过共同计划、共同协商完成的游戏活动。游戏者之间有分工、协作,有领头者,也有随从者。这种游戏具有组织意味,有明显的集体意识,有共同遵守的规则。

5. × 【解析】《3~6岁儿童学习与发展指南》健康领域中"具备基本的安全知识和自我保护能力"指出:3~4岁儿童在公共场所走失时,能向警察或有关人员说出自己和家长的名字、电话号码等简单信息。

6. × 【解析】儿童的髋骨是由髂骨、坐骨和耻骨借助软骨连接而成,很不牢固,容易在外力作用下产生移位,影响骨盆的发育。因此,儿童要避免从高处跳到硬地上,或在硬地上进行大量的蹦跳动作。

7. ×　【解析】性格是后天形成的,由现实生活经历与个人实践决定,可塑性较大,虽然相对稳定,但较易改变。

8. √　【解析】自我意识是对自己存在的察觉,即自己认识自己的一切,包括认识自己的生理状况、心理特征以及自己与他人的关系。总之,自我意识是人对自己身心状态及对自己同客观世界的关系的意识。自我意识是人类特有的反映形式,是人的心理区别于动物心理的一大特征。

9. √　【解析】幼儿进入幼儿园以后,生活的环境较之前发生了很大改变,幼儿园有各种规章制度需要遵守,老师也会常常向幼儿提出各种任务,并要求幼儿承担一定的义务。为了适应环境的变化,完成老师提出的任务,幼儿必须发展有意注意。从这个意义上说,幼儿的有意注意是在外界环境,特别是成人的要求下发展的。

10. ×　【解析】教师的沟通能力主要包括教师与幼儿、教师与家长的沟通能力和促进幼儿之间相互沟通的能力。其中,教师与幼儿的沟通能力有言语的和非言语的两种,教师可以通过掌握一定的沟通技能,用准确的言语沟通,平等地与幼儿交流。也可以通过微笑、点头等非言语的沟通,表达对幼儿的关心和爱护。

四、简答题(参考答案)

1. 简述幼儿游戏的特点。

(1)游戏是儿童自主自愿的活动(自主性);

(2)儿童重视的是游戏的过程,而非游戏的结果,无强制性的外在目的(非功利性);

(3)游戏是充满想象和创造的活动(想象性);

(4)游戏具有假想成分,是在假想的情景中反映社会生活,是虚构和现实统一的活动(虚构性和社会性);

(5)游戏是能给儿童带来积极情感体验的活动(愉悦性);

(6)游戏是具体的活动(具体性)。

2. 简述3~4岁儿童心理发展的主要特征。

(1)最初步的生活自理,生活目标扩大;

(2)行为具有强烈的情绪性;

(3)爱模仿;

(4)思维仍带有直觉行动性。

五、论述题(参考答案)

试述幼儿有意注意产生的条件。

(1)幼儿的有意注意依赖于丰富多彩活动的开展。幼儿的有意注意是在活动中发展起来的。在活动中,幼儿通过参与、体验活动的趣味性,努力把自己的注意力集中于活动中,使自己的活动有目的,并在老师的提醒下完成活动。

(2)幼儿对活动目的、活动任务的理解程度。幼儿如果明白老师、成人让他做的事,而且知道具体的任务是什么,他就会按要求完成任务,这一过程中幼儿是需要有意注意的。

(3)幼儿对活动的兴趣与良好的活动方式。幼儿如果对所进行的游戏或活动感兴趣,那么,他就会自觉地使自己投入活动,并且主动参与活动。

(4)言语指导和言语提示。成人对幼儿注意的组织常是通过言语指示来实现的。通过言语指示可以提醒幼儿必须完成的动作,注意哪些情况。此外,幼儿自我言语指示,也有助于其有意注意的发展。

(5)幼儿的性格与意志特点。性格中细心、坚持性强、不爱认输的幼儿,一般易于使自己的注意服从于当前的活动和任务。因此,教师要注意幼儿的这种个别差异,在活动中有目的地发展幼儿的注意力。

六、案例分析题(参考答案)

(1)乐乐的行为属于身体攻击。身体攻击是指攻击者利用身体动作直接对受攻击者一方实施的攻击行为。

(2)①创设良好环境,控制环境和传媒的影响;②改善亲子关系,纠正家长不正确的教育方法;③提高儿童的自控能力和交往技能,帮助儿童掌握解决社会性冲突的技能;④提高儿童的社会认知水平和移情能力;⑤引导儿童掌握合理的心理宣泄方法;⑥及时表扬和奖励儿童的亲社会行为。

教师招聘考试幼儿园教育理论基础预测试卷(二十)

一、单项选择题

题序	1	2	3	4	5	6	7	8	9	10
答案	C	C	A	D	A	A	A	B	D	A
题序	11	12	13	14	15	16	17	18	19	20
答案	A	C	B	D	D	B	C	B	D	D
题序	21	22	23	24	25	26	27	28	29	30
答案	B	A	A	C	B	D	B	B	D	B

1. C 【解析】1904年,癸卯学制即《奏定学堂章程》第一次用国家学制的形式把学前教育机构的名称定下来,把社会学前教育机构的地位固定下来,使蒙养院成为我国最早的学前教育机构。

2. C 【解析】操作法是指儿童按照一定的要求和程序通过自身的实践活动进行学习的方法。儿童的发展是通过自身的活动进行的。

3. A 【解析】"客体永久性"即知道某人或某物虽然现在看不见但仍然是存在的。在感知运动阶段的后期,完整清晰的客体永久性已经形成。此时,尽管儿童并没有看见这些物体放在某个特定的地方,但也能积极地寻找他们认为被藏起来的东西。

4. D 【解析】合作游戏是幼儿后期出现的较高级的游戏形式,是一种有着共同需要,通过共同计划、共同协商完成的游戏活动。游戏者之间有分工、协作,有领头者,也有随从者。这种游戏具有组织意味,有明显的集体意识,有共同遵守的规则。

5. A 【解析】幼儿正处于感知能力迅速发展和不断完善的时期,运用视觉、听觉、触觉等感觉器官来感知外部世界是幼儿的一个重要认知特点。因此,感知能力的培养是幼儿园智育的基础和重要内容,也是幼儿园智育区别于小学智育的一个重要特征。

6. A 【解析】教师更多的应以游戏伙伴的身份进入儿童的活动,成为活动的支持者,这样才能保证孩子在一日生活中顺利地按照自己的意愿去发展。王老师在该游戏中的角色是幼儿活动的支持者。

7. A 【解析】幼小衔接工作的重点应放在培养幼儿的入学适应性上。教师一定要遵循过渡期幼儿身心发展的特点和实际情况,重视培养幼儿适应新环境的各种素质,帮助幼儿顺利完成幼小过渡,而不是把小学的一套简单地转移到幼儿园。

8. B 【解析】题干的描述是幼儿园与社区的合作,幼儿园主要通过"家长导师""亲子游戏""家长辅助教学"等形式,鼓励社区家庭和幼儿园互动,将社区资源中可移动的部分"请进"幼儿园。

9. D 【解析】斯金纳的操作性条件反射是指强化生物的自发活动而形成的条件反射。斯金纳的操作性条件反射理论强调,学习是先有行为后有刺激,行为反应是自发出现的,而后被刺激所强化。题干中,"小朋友帮助同学"是该小朋友自发做出的行为,"受到了老师的表扬"是小朋友得到的强化,先有行为后有刺激,体现的是操作性条件反射理论的原理,故本题选D。

A项,无条件反射是指那些儿童与生俱来的不用学习就能对某些刺激做出相应反应的能力,它是儿童先天就有的应付外界刺激的本能。

B项,经典条件反射是指一个刺激(如铃声)和另一个带有奖赏或惩罚的无条件刺激(如食物)多次联结,可使个体(动物或人,如一只狗)学会在单独呈现该刺激(前面的铃声)时,也能引发类似无条件反应的条件反应(分泌唾液)。在经典性条件反射理论中,学习是先刺激后有反应,或者说,行为反应是由刺激引发的。

C项,模仿学习不需要学习者亲身经历刺激—反应之间的联结,是一种只从别人的学习经验即学到新经验的学习方式。

10. A 【解析】儿童动作发展的阶段依次是反射动作阶段—最初动作阶段—基础动作阶段—专门化动作阶段。

11. A 【解析】遗忘有各种情况:(1)能再认不能回忆,叫不完全遗忘;(2)不能再认也不能回忆,叫完全遗忘;(3)一时不能再认或回忆,叫临时性遗忘;(4)永远不能再认或回忆,叫永久性遗忘。

12. C 【解析】随着刺激物出现频率的增加而对它的注意时间逐渐减少甚至消失的现象,心理学家称之为"习惯化"。

13. B 【解析】感觉的对比是同一感觉器官接受不同的刺激而使感受性发生变化的现象。感觉对比分为同时对比和继时对比。同时对比是不同刺激物同时作用于同一感受器时产生的对比现象,而继时对比是不同刺激物先后作用于同一感受器时产生的对比现象。题干中吃过巧克力之后再吃苹果,苹果变得发酸,这是继时对比。

14. D 【解析】无论是正强化还是负强化,其目的都是增强反应频率,题干中父母的做法是为了让幼儿以后不再出现打人行为,明显是为了降低反应频率,故A、C两项均不符合题意。B项,消退是指条件刺激形成以后,如果得不到强化,条件反应会逐渐减弱,直至消失的现象。因此该选项也不符合题意。D项,惩罚是指通过某一刺激减少某种行为频率的过程。惩罚包括正惩罚和负惩罚。正惩罚是指个体行为出现之后,伴随着消极的刺激的增加,而导致行为出现频率减少的现象。负惩罚是指个体行为出现之后,伴随着积极的刺激的减少,而导致行为出现频率减少的现象。题干中,父母在幼儿出现打人行为后,随即罚他一个月不准去肯德基吃东西(伴随着积极的刺激的减少),以此来降低幼儿以后出现打人行为的频率。故这种做法属于负惩罚。

15. D 【解析】《3～6岁儿童学习与发展指南》科学领域"数学认知"中目标3"感知形状与空间关系"指出,5～6岁的幼儿"能按语言指示或根据简单示意图正确取放物品"。

16. B　【解析】维生素种类众多,根据溶解性的不同可分为水溶性维生素和脂溶性维生素两大类,前者有B族维生素和维生素C等,后者有维生素A、D、E、K。

17. C　【解析】照顾好幼儿睡眠的三条标志:一是按时睡,睡得好,按时醒,醒后精神饱满愉快;二是睡够应睡的时间,要以孩子为主,不能任意减少或增加睡眠时间;三是保持良好的睡眠姿势和习惯。

18. B　【解析】道德感是因自己或别人的言行是否符合社会道德标准而引起的情感体验。题干中幼儿的行为说明他们对好与坏、好人与坏人,有鲜明的不同感情。

19. D　【解析】幼儿时期,常将想象的东西和现实混淆,表现在三个方面:(1)把渴望得到的东西说成已经得到;(2)把希望发生的事情当成已发生的事情来描述;(3)在参加游戏或欣赏文艺作品时,往往身临其境,与角色产生同样的情绪反应。故答案选D项。

20. D　【解析】教师介入幼儿游戏的恰当时机主要有:(1)当幼儿游戏出现困难时介入;(2)当必要的游戏秩序受到威胁时介入;(3)当幼儿对游戏失去兴趣或准备放弃时介入;(4)在游戏内容发展或技能方面发生困难时介入。

21. B　【解析】为小班幼儿提供的材料应体积大一些,以免被幼儿误吞或是塞入鼻孔中,从而造成伤害。同时,考虑到幼儿的年龄特点,小班的幼儿年龄小,喜欢模仿,因此在为他们提供玩具时,同一种玩具的数量要多,但是玩具的种类不必太多,以满足他们喜欢模仿、平行游戏的需要。故本题选B。

22. A　【解析】最近发展区是指一种儿童无法依靠自己来完成,但可在成人和更有技能的儿童帮助下来完成的任务范围,也就是儿童能够独立表现出来的心理发展水平,和儿童在成人指导下能够表现出来的心理发展水平之间的差距。A项,小军本来自己不会穿衣服,在妈妈的帮助下,完成了更高水平的任务,属于最近发展区的运用。故本题选A。B项,长大后成为一名科学家是愿望,是将来达到的水平,不属于最近发展区的运用。C项,小明的实际身高和同龄男孩的平均身高之间的差距,反映的是小明的身高与外在标准的差距,不是小明个体内部发展水平之间的差距。因此,也不属于最近发展区的运用。D项,小丽能背诵近百首唐诗是当前的已经会的知识,属于现有水平,并未体现出与更高水平之间的差距,同样也不属于最近发展区的运用。

23. A　【解析】日记法或传记法是一种长期的全面的观察方法。例如,我国儿童心理学家陈鹤琴于1919年留学回国后,曾在南京高等师范学校讲授儿童心理学课程,他对儿子陈一鸣从出生到大约3岁进行了长期的观察,做了日记式的记录以及摄影记录,并写成我国最早的儿童心理学著作《儿童心理之研究》。

24. C　【解析】保教结合的原则,也称保教合一或保教并重,指对幼儿保育和教育要给予同等的重视,并使两者相互配合。虽然保育和教育有各自的主要职能,但并不是完全分离的。教育中包含了保育的成分,保育中也渗透着教育的内容。题干中刘老师的做法违反了学前教育的保教结合的原则。

25. B　【解析】归属与爱的需要以及尊重的需要是人类的基本需要。儿童这些需要的满足更多地从一般的同伴集体中获得。例如在不熟悉或有威胁的环境中,或由于父母不在身边而无法得到抚慰时,同伴提供了一定的情感支持。儿童在成长过程中会遇到无数的困惑与烦恼,会产生特别的焦虑和紧张。儿童可以从同伴交往中得到宽慰、同情和理解,在情感上得到同伴的支持而产生安全感和责任感。他们相互帮助,克服情绪上和心理上可能出现的问题,从而获得良好的情感发展。因此,题干的表述表明同伴关系具有提供情感支持的功能。

26. D　【解析】创造性游戏是幼儿创造性地反映现实生活的一种游戏形式。创造性游戏包括:角色游戏、结构游戏、表演游戏。其中,表演游戏是儿童扮演童话故事等文学作品中的角色,用动作、语言、表情等对童话故事的内容进行创造性地表演的游戏。题干中小朋友表演故事属于表演游戏。故答案选D项。

27. B 【解析】《3～6岁儿童学习与发展指南》健康领域指出,幼儿阶段是儿童身体发育和机能发展极为迅速的时期,也是形成安全感和乐观态度的重要阶段。

28. B 【解析】专制型家庭中培养的孩子或是变得顺从、缺乏生气,创造性受到压抑,无主动性,情绪不安,甚至带有神经质,不喜欢与同伴交往、忧虑、退缩、怀疑;或是变得自我中心和胆大妄为,在家长面前和背后言行不一。

29. D 【解析】家园合作的注意事项包括:(1)要赢得家长的信任和真诚合作;(2)努力提高双方合作共育的能力;(3)追求合作共育效益最大化。

30. B 【解析】学前教育的发展适宜性原则指出,教师所提出的教育目标,既不可任意拔高,也不能盲目滞后,内容的安排应以儿童身心发展的成熟程度为基础,注重儿童的学习准备。题干描述的这种做法违背了发展适宜性原则。

二、多项选择题

题序	1	2	3	4	5
答案	ABD	ACD	ABCD	ABC	ACD

1. ABD 【解析】陶行知先生提出生活是教育的中心和教、学、做合一的教育方法,并认为教育要启发、解放幼儿的创造力,为他们提供手脑并用的条件和机会。

2. ACD 【解析】福禄贝尔认为,儿童的发展是由"自然儿童"出发,经由"人类儿童"最终成为"神的儿童",儿童发展的这三种不同情况是一个统一的整体的三个方面,最先显现的是"自然"的方面,只有通过教育的力量,才能把原来潜伏的"人类的"和"神的"两方面显现出来。

3. ABCD 【解析】晨检的检查步骤可概括为一问、二摸、三看、四查。一问:儿童入园时,询问家长,了解儿童在家的健康状况,如食欲、睡眠、大小便、精神等,以及有无传染病接触史。二摸:摸儿童额部、手心是否发烫,摸腮腺及淋巴有无肿大。三看:观察儿童的精神状态以及脸色是否正常、眼睛是否有流泪、眼结膜是否充血、皮肤是否有皮疹等。四查:检查儿童口袋里有无不安全的东西,如小刀、弹弓、别针、小钉子、玻璃片、黄豆等。

4. ABC 【解析】传染源、传播途径和易感者(易感人群)构成了传染病发生和流行的三个基本环节,缺少其中任何一个环节,都不会形成传染病的流行。

5. ACD 【解析】幼儿日常生活活动具有自在性、习惯性和情感性的特点。

三、填空题

1. 情感 态度 能力

2. 裴斯泰洛齐

3. 社会

4. 后继 终身

5. 水

6. 生理需要 归属与爱的需要

四、简答题(参考答案)

1. 简述《幼儿园教育指导纲要(试行)》中语言领域的目标。

(1)乐意与人交谈,讲话礼貌;

(2)注意倾听对方讲话,能理解日常用语;

(3)能清楚地说出自己想说的事;

(4)喜欢听故事、看图书;

(5)能听懂和会说普通话。

2. 简述幼儿园教育活动内容的选择应体现什么原则。

(1)既适合幼儿的现有水平,又有一定的挑战性;

(2)既符合幼儿的现实需要,又有利于其长远发展;

(3)既贴近幼儿的生活来选择幼儿感兴趣的事物和问题,又有助于拓展幼儿的经验和视野。

3. 简述学前儿童的记忆策略。

(1)视觉复述策略。儿童将自己的注意力有选择地集中在所要记住的事物上,如不断地注视目标刺激,以加强记忆,这可以视为一种"视觉复述"。

(2)定位策略。儿童对目标刺激"贴上"某种特定的标签以便于记忆。

(3)复述策略。在记忆过程中,儿童不断重复需要记忆的内容,以便准确、牢固地记住这些信息。

(4)组织性策略。主体在记忆过程中将记忆材料按不同的意义组织成各种类别,编入各种主题,使它们产生意义联系,或对内容进行改组,以便于记忆。

(5)提取策略。个体在回忆过程中,将贮存于长期记忆中的特定信息回收到意识水平上的方法和手段称为提取策略。

五、论述题(参考答案)

试述幼儿教师应采取哪些措施有效激发幼儿的学习动机。

(1)设置问题情境,激发幼儿的认知兴趣与求知欲。教师应创设激发幼儿探索的问题情境,即在活动内容与幼儿已有的认知结构之间产生矛盾,激发幼儿产生"这是为什么""为什么是这样的呢"等一些冲突性问题,从而激发幼儿主动探索与发现。

(2)重视幼儿学习活动中的游戏动机。游戏是幼儿认知世界的重要方式。游戏适应幼儿心理发展的需要,符合幼儿心理发展的水平。形式多样的游戏可以在最大程度上淡化教育痕迹。

(3)为幼儿学习创设安全、开放、温馨的氛围。根据马斯洛的需要层次理论,幼儿在产生求知需求前,必须满足其基本的生理、安全、归属与爱的需要。因此,为激发幼儿学习与探索的主动性,教师必须创设安全、开放、温馨的学习氛围。

(4)让幼儿体验学习的成功与快乐。获得成功与快乐是幼儿学习的重要动力。教师必须针对幼儿学习的个别差异,使每个幼儿获得成功的体验,以期在努力之后获得满足,肯定自己的价值。教师在评定幼儿学习时,应该重视幼儿学习的努力与进步,并予以积极表扬。教师不能用"一刀切"的标准,使在集体中处于下游的幼儿总是受到批评。

(5)运用适宜反馈激发幼儿的学习动机。韦纳的归因理论指出,幼儿内部或外部归因的形成与教师的评价和影响有关,教师的反馈对幼儿的学习归因与学习动机有很大影响。教师的反馈无论是正面的(赞许或鼓励),还是负面的(批评或训斥),均会成为幼儿对自己学习成败归因的根据。

六、案例分析题(参考答案)

(1)案例中,幼儿不由自主地被一些事物所吸引,体现的是幼儿的无意注意。幼儿的注意是无意注意占优势,有意注意初步发展。引起幼儿无意注意的诱因有两大类:

①刺激比较强烈,对比鲜明,新异和变化多动的事物是引起无意注意的原因。案例中,活动室挂着的彩带,摇动的红灯笼,王老师的新裙子,这些刺激物对幼儿来说是新颖的、变化多动的,引起了幼儿的无意注意。

②与幼儿的兴趣、需要和生活经验有关的事物,也是引起幼儿无意注意的原因。案例中,老师在教学时,明明和东东还在聊着刚才的游戏,说明此时他们的兴趣是游戏,游戏引起了他们的无意注意。

(2)对本次活动的建议主要有以下几个:

①防止无关刺激的干扰。上课时运用的挂图等教具不要过早呈现,用过后应立即收起;对年幼的儿童不要出示过多的教具。教师本身的装束要整洁大方,不要有过多的装饰,以免分散幼儿的注意。案例中,教室四周挂的彩带和红灯笼,王老师穿着的红色新裙子都是无关刺激。教师在教学之前应将彩带和灯笼等收好,穿着打扮要符合幼儿常见的形象,以免分散幼儿的注意。

②使幼儿明确活动的目的和要求。在活动前,教师或家长应向幼儿提出明确的活动目的和要求。幼儿对活动的目的要求越明确,注意的有意性越强,越容易保持注意。案例中,教师在活动前,应该向幼儿提出明确的活动目的和要求,使幼儿做好开始活动的准备。

③提高教学质量。教师要积极提高教学质量,这是防止幼儿注意分散的重要保证,教师要多方面改善教学内容,改进教学方法。在活动的过程中,王老师不时停止活动,匆匆走完活动流程等都是教学质量不高的表现。教师在活动中要多方面改善教学内容,改进教学方法,提高幼儿参与活动的兴趣。

图书反馈

重磅！考题有奖征集！

「凡提供当年度考题者，根据考题完整度，可获得500元以内奖励。」

具体请联系QQ:1831595423

（温馨提示：所提供考题须是当年度考题，且真实有效。）

亲爱的考生：

　　感谢您对山香教育的信任和支持，您的建议是我们前进的动力！为进一步提高图书质量，我们特向全国各地的考生开展图书反馈活动。

　　凡通过图书反馈链接提供山香图书意见反馈者，均可获得**相关网课**。

图书反馈链接

联系方式：400-600-3363　　　　研发部QQ:1831595423

招教网
招考资讯平台

山香官网
考编服务平台

山香网校
线上学习平台

图书订正链接
勘误更新平台

综合布线系统
安装与维护 初级

责任编辑：白　楠
封面设计：彩丰文化

定价：75.00元

互动练习 18　工具使用和故障维修

请扫描二维码下载 Word 版

专业_____　姓名_____　学号_____　成绩_____

1. 在综合布线系统的使用、管理和维护过程中，经常需要使用专用工具。因此需要对用户和维护人员进行工具使用培训，以使相关人员掌握工具的使用、保管、维修及保养方法，能够安全、规范、正确使用工具。请结合所学知识，简要描述网络压线钳、单口打线钳及螺丝刀的使用注意事项（参考 9.4.2）。

_____
_____
_____
_____
_____
_____
_____
_____
_____

2. 实践表明网络系统的故障 70%发生在综合布线系统，因此在项目培训时，必须指导用户掌握简单故障维修的方法，使用户能够快速准确地分析故障原因，及时解决故障，从而保障系统恢复并正常运行。请结合所学知识，简要描述故障判断及处理（参考 9.5.2）。

_____
_____
_____
_____
_____
_____
_____
_____

互动练习 17 项目移交流程和日常维护

请扫描二维码
下载 Word 版

专业_____ 姓名_____ 学号_____ 成绩_____

1. 项目移交是指项目施工单位向建设单位移交项目所有权的过程。住宅综合布线系统工程项目竣工并验收合格后，应由项目施工单位向建设单位进行项目移交。请结合所学知识和相关规定，简要描述项目移交流程（参考 9.2.2）。

2. 综合布线系统运行期间，应定期进行保养及检查，以确保系统始终处于良好的运行状态，建议每月定期保养和检查一次。请填写一般应包括哪几个方面的工作（参考 9.5.2）。

互动练习 16　项目管理

请扫描二维码
下载 Word 版

专业_____　　姓名_____　　学号_____　　成绩_____

1. 在综合布线系统工程施工过程中，项目负责人等管理人员要随时关注施工进度情况，做好现场施工管理，包括隐蔽工程管理、现场材料和工具管理等，从而有效推进施工进度，保障施工质量，控制施工成本等。请结合所学知识，简要描述工程现场材料管理的相关规定（参考 8.4.2）。

_____
_____
_____
_____
_____
_____
_____
_____
_____
_____

2. 工程项目管理的能力和方法直接决定项目质量、成本、工期和安全。请结合所学知识，简要描述工程施工质量管理的相关规定（参考 8.5.2）。

_____
_____
_____
_____
_____
_____
_____
_____

互动练习 15 施工进度管理

专业_____ 姓名_____ 学号_____ 成绩_____

1. 施工进度管理是综合布线系统工程施工阶段的重要内容，是实现项目管理目标的主要途径，直接影响项目工期目标和投资效益。请结合所学知识和相关规定，简要描述施工进度管理的重要环节（参考 8.2.2）。

_____
_____
_____
_____
_____
_____
_____
_____
_____
_____

2. 施工进度管理的关键就是编制施工进度表，合理安排前后工序作业的实施进度。请结合所学知识和相关规定，简述施工进度表的编制依据和要求（参考 8.2.2）。

_____
_____
_____
_____
_____
_____
_____
_____

19

互动练习 14 链路测试

请扫描二维码
下载 Word 版

专业_____ 姓名_____ 学号_____ 成绩_____

1. 综合布线系统工程应对每一个完工后的信息点进行永久链路测试。永久链路测试一般是指从配线架上的跳线端口算起，到工作区插座面板位置，对这段链路进行的物理性能测试。请绘制永久链路连接模型（参考 7.2.3）。

2. 请写出下列测试中测试仪指示灯的显示现象（参考 7.4.3）。

（1）测试非屏蔽双绞线电缆时，如果接线和线序正确，主测试仪和远程测试仪按照下列顺序轮流闪烁，指示灯显示现象如下。

主测试仪亮灯：_____

远程测试仪亮灯：_____

（2）测试屏蔽双绞线电缆时，如果接线和线序正确，主测试仪和远程测试仪按照下列顺序轮流闪烁，指示灯显示现象如下。

主测试仪亮灯：_____

远程测试仪亮灯：_____

（3）测试四芯电话线，如果接线和线序正确，主测试仪和远程测试仪按照下列顺序轮流闪烁，指示灯显示现象如下。

主测试仪亮灯：_____

远程测试仪亮灯：_____

互动练习 13　电缆测试

请扫描二维码
下载 Word 版

专业_____　　姓名_____　　学号_____　　成绩_____

1. GB/T 50312《综合布线系统工程验收规范》国家标准中规定，电缆的检验应符合下列规定（参考 7.2.2）。

_____
_____
_____
_____
_____
_____
_____
_____
_____
_____

2. 综合布线系统工程测试验收应从工程开工之日起就开始，从工程材料的验收开始，应严把产品质量关，保证工程质量。请结合所学知识和相关规定，简要描述电缆测试的环境要求（参考 7.2.2）。

_____
_____
_____
_____
_____
_____
_____
_____
_____

17

互动练习 12 电缆端接故障

专业_____　姓名_____　学号_____　成绩_____

1. 网络系统 70%的故障发生在综合布线系统，综合布线系统 90%的故障发生在配线端接。请结合下图，简要描述配线端接的重要性（参考 6.5.2）。

终端/PC　墙面信息插座　110跳线架　网络配线架　接入层交换机　汇聚层交换机　核心层交换机

_____
_____
_____
_____
_____

2. 综合布线系统中常见的配线端接故障有开路/断路、短路、跨接、反接等。请确认下图故障类型，并简要描述其产生原因（参考 6.5.2）。

(　　　　)　　　　(　　　　)

_____
_____
_____
_____
_____

互动练习 11 穿线管安装、管接头故障

请扫描二维码
下载 Word 版

专业_____　　姓名_____　　学号_____　　成绩_____

1. 请根据穿线管安装位置与铺设规定，完成下图相关信息的标注（参考 6.2.2）。

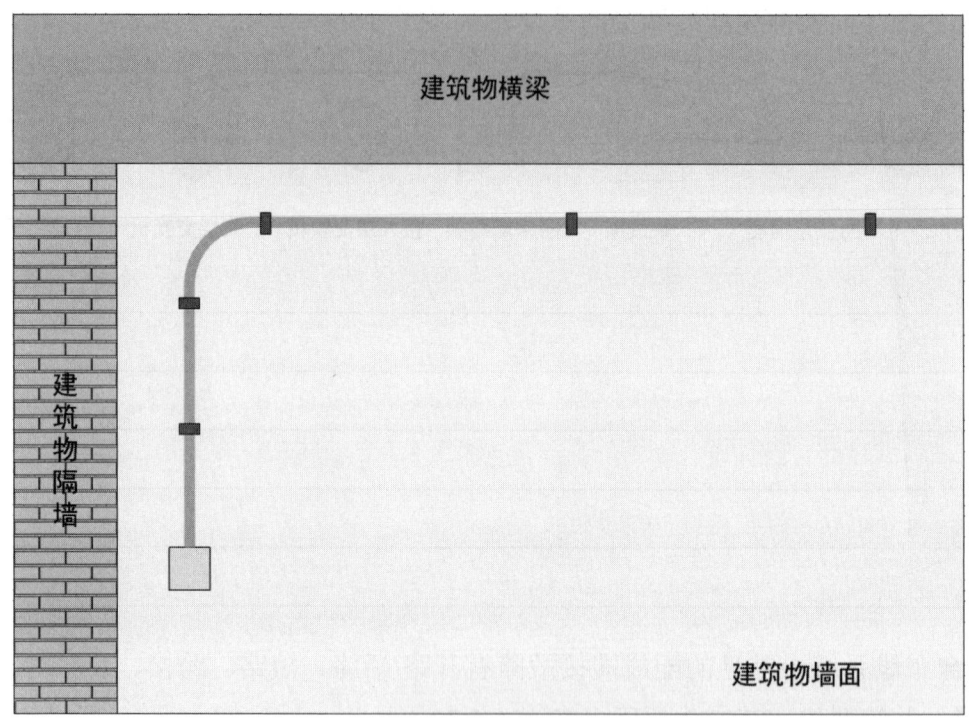

2. 穿线管与穿线管、信息盒（箱）连接处接头发生脱落，不仅穿线困难，严重时无法穿线，也不能起到保护内部缆线的作用。请简要描述管接头脱落的主要原因（参考 6.3.2）。

_____
_____
_____
_____
_____
_____
_____
_____

15

互动练习 10 机柜调整与住宅布线

请扫描二维码
下载 Word 版

专业_____ 姓名_____ 学号_____ 成绩_____

1. 在楼层管理间和设备间，模块化配线架和网络交换机一般安装在机柜内。为了使安装在机柜内的配线架和网络交换机美观大方且方便管理，必须对机柜内设备的安装进行规划。请结合所学知识和相关规定，简要描述机柜内设备安装的基本原则（参考 5.4.2）。

_____
_____
_____
_____
_____
_____
_____
_____

2. 住宅信息箱安装时，首先必须认真研读图纸和技术要求，特别注意工作任务的种类、缆线长度、路由和端接位置、现场管理等，并且在施工过程中规范安装，优先保证工作质量，在规定时间完成工作任务。请结合所学知识和相关规定，简要描述住宅信息箱电缆布线的基本步骤（参考 5.5.3）。

_____
_____
_____
_____
_____
_____
_____
_____

互动练习 9 网络故障与配线管理

请扫描二维码
下载 Word 版

专业_____   姓名_____   学号_____   成绩_____

1. 计算机网络故障主要有网络不通和网络不稳定,请结合所学知识,完成表 6 的填写(参考 5.2.2)。

表 6 常见的网络故障产生原因及处理措施

序号	故障类型		产生原因	处理措施
1	网络不通	硬件方面		
		软件方面		
2	网络不稳定	硬件方面		
		软件方面		

2. 管理间子系统使用色标来区分配线设备的性质,标明端接区域、物理位置、编号、类别、规格等,以便维护人员在现场一目了然地加以识别。请结合所学知识和相关规定,简要描述标识编制的原则(参考 5.3.2)。

_____
_____
_____
_____
_____
_____
_____

13

互动练习 8　设备安装、端接和理线

请扫描二维码
下载 Word 版

专业_____　　姓名_____　　学号_____　　成绩_____

1. 配线设备一般安装在管理间子系统，一般包括机柜、配线架、跳线架、理线环等，主要用于对综合布线系统各种缆线进行规范、集中管理。请结合所学知识和相关规定，简要描述配线架的安装要求（参考 4.5.2）。

_____
_____
_____
_____
_____
_____
_____
_____
_____
_____
_____

2. 网络配线端接是连接网络设备和综合布线系统的关键施工技术，涉及网络跳线的制作、网络模块、配线架等的端接和安装、网络设备的配线连接等。请结合所学知识和相关规定，简要描述网络跳线制作的主要技术要求（参考 4.6.2）。

_____
_____
_____
_____
_____
_____
_____
_____

互动练习 7 管路铺设与穿线

请扫描二维码
下载 Word 版

专业_____ 姓名_____ 学号_____ 成绩_____

1. 综合布线系统工程穿线管路由的设计和铺设，应根据现场实际情况进行二次专业设计，合理安排穿线管路由与位置，设计出最优铺设路由与施工方案。请结合所学知识和相关规定，简要描述在暗埋铺设穿线管时，一般应遵守的原则和要求（参考 4.2.2）。

_____
_____
_____
_____
_____
_____
_____
_____

2. 在综合布线系统工程施工中，穿线管铺设完成后，需要进行穿线工作。请结合所学知识和相关规定，简要描述布线施工经验与注意事项（参考 4.3.2）。

_____
_____
_____
_____
_____
_____
_____

互动练习 6　综合布线系统工程常用工具

请扫描二维码下载 Word 版

专业_____　　姓名_____　　学号_____　　成绩_____

"工欲善其事，必先利其器。"在综合布线系统工程施工安装中，需要多种专业工具，请在表 5 中填写工具的基本功能（参考 3.2.2）。

表 5　综合布线系统工程常用工具

序号	名称	基本功能
1	网络压线钳	
2	单口打线钳	
3	钢卷尺	
4	活扳手	
5	十字螺丝刀	
6	钢锯架、钢锯条	
7	美工刀	
8	线管剪	
9	老虎钳	
10	尖嘴钳	
11	镊子	
12	不锈钢角尺	
13	条形水平尺	
14	线槽剪	
15	ϕ20 弯管器	
16	弯头模具	
17	旋转剥线器	
18	丝锥和丝锥扳手	

互动练习 5 　根据安装工序准备工具

请扫描二维码
下载 Word 版

专业_____　　姓名_____　　学号_____　　成绩_____

　　综合布线系统工程施工周期比较长，贯穿建筑工程的土建阶段、装饰阶段、设备安装阶段等，在不同阶段的不同工序需要使用不同的工具，主要包括铺设暗埋管、穿线、安装信息插座、安装配线设备、端接和理线、光纤熔接、测试等施工工序。在工作准备阶段，施工现场仓库需要按照施工阶段和工序，分别准备充足数量的施工工具，各施工工序负责人应及时申领施工工具。

　　请填写各工序需要准备的工具（参考 3.2.1）。

1. 铺设暗埋管

2. 穿线

3. 安装信息插座

4. 安装配线设备

5. 端接和理线

6. 光纤熔接

7. 测试

9

互动练习 4　综合布线系统常用材料设备

请扫描二维码
下载 Word 版

专业_____　姓名_____　学号_____　成绩_____

1. 住宅综合布线系统常用器材清单（表 4）（参考 2.3）

表 4　住宅综合布线系统常用器材清单

序号	类别	名称	常用规格
1	电缆类		
2	连接器件类		
3	设备类		
4	配件类		

2. 列出常用的安全防护用品，并说明安全防护用品的判废原则（参考 2.4.2 和 2.5.1）

_____
_____
_____
_____
_____
_____
_____

互动练习 3　领料单的填写

请扫描二维码
下载 Word 版

专业_____　　姓名_____　　学号_____　　成绩_____

1. 领料单填写注意事项（参考 2.2.3）

_____

_____

_____

_____

_____

_____

_____

2. 完成领料单的填写（参考 2.2.3）

班级进行网络跳线的制作实训。要求全班 30 人，每人独立完成 1 根 5e 类网络跳线制作，长度 300mm/根。请根据实训需求，确定所需材料和工具，完成领料单的填写（表 3）。

表 3　西安开元电子实业有限公司领料单

工程项目领料单　　　　　编号：　　　时间：

工程名称：			施工工期		
领用部门：			事由/工序		
序号	材料/设备名称	型号规格	数量	用途	备注说明
申领人签字： 时间：		项目负责人审批签字： 时间：		仓管员（主管）签字： 时间：	

互动练习 2　设计住宅综合布线系统施工图

专业_____　姓名_____　学号_____　成绩_____

在图 1 中设计西元住宅建筑模型布线路由图，并给出必要说明。（参考 1.4.3）

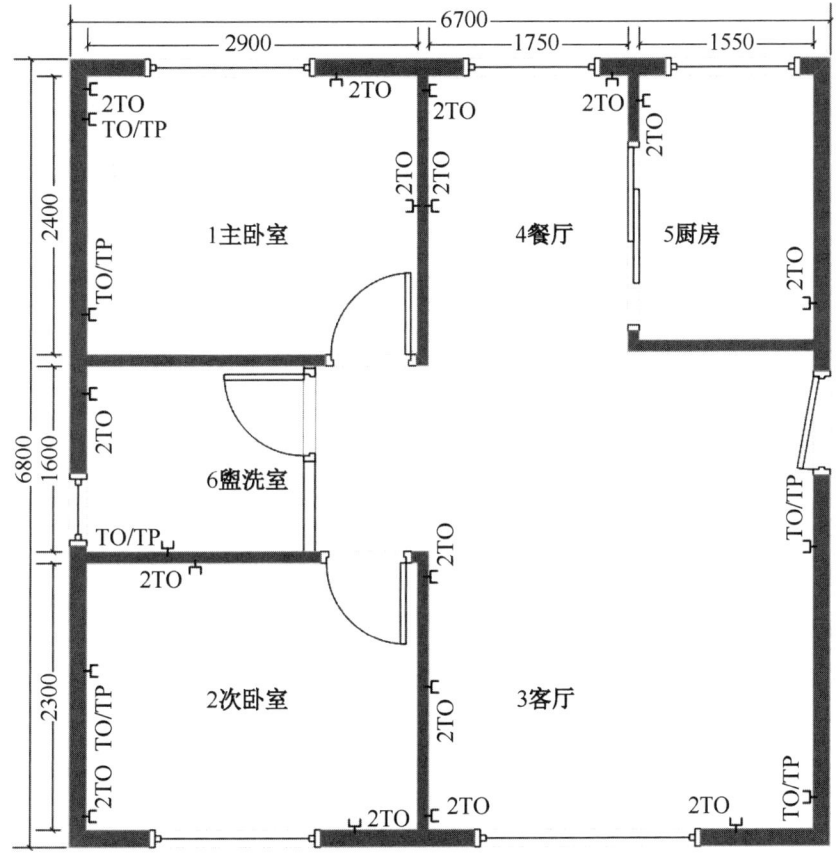

图 1　布线路由图

互动练习 1　综合布线系统常用名词术语和缩略词

请扫描二维码
下载 Word 版

专业_____　　姓名_____　　学号_____　　成绩_____

1. 综合布线行业常用名词术语（表 1）（参考 1.2.3）

表 1　GB 50311—2016《综合布线系统工程设计规范》规定的常用术语

序号	中文术语	英文	术语定义与解释
1	工作区	work area	
2	信道	channel	
3		permanent link	信息点与楼层配线设备之间的传输线路。它不包括工作区缆线和连接楼层配线设备的设备缆线、跳线，但可以包括一个 CP 链路
4		horizontal cable	楼层配线设备至信息点之间的连接缆线
5	信息点（TO）	telecommunications outlet	
6		equipment cable	通信设备连接到配线设备的缆线
7		patch cord/jumper	不带连接器件或带连接器件的电缆线对和带连接器件的光纤，用于配线设备之间进行连接
8	缆线	cable	

2. 综合布线行业常用的缩略词（表 2）（参考 1.2.4）

表 2　GB 50311—2016《综合布线系统工程设计规范》规定的常用缩略词

序号	缩略词	中文名称	英文名称
1		建筑物配线设备	Building Distributor
2		建筑群配线设备	Campus Distributor
3		楼层配线设备	Floor Distributor
4	OF		Optical Fiber
5	SW		Switch
6	TE		Terminal Equipment
7	TO		Telecommunications Outlet

5

互动练习目录

工作任务序号	互动练习名称
工作任务 1	互动练习 1　综合布线系统常用名词术语和缩略词
	互动练习 2　设计住宅综合布线系统施工图
工作任务 2	互动练习 3　领料单的填写
	互动练习 4　综合布线系统常用材料设备
工作任务 3	互动练习 5　根据安装工序准备工具
	互动练习 6　综合布线系统工程常用工具
工作任务 4	互动练习 7　管路铺设与穿线
	互动练习 8　设备安装、端接和理线
工作任务 5	互动练习 9　网络故障与配线管理
	互动练习 10　机柜调整与住宅布线
工作任务 6	互动练习 11　穿线管安装、管接头故障
	互动练习 12　电缆端接故障
工作任务 7	互动练习 13　电缆测试
	互动练习 14　链路测试
工作任务 8	互动练习 15　施工进度管理
	互动练习 16　项目管理
工作任务 9	互动练习 17　项目移交流程和日常维护
	互动练习 18　工具使用和故障维修

手机端请扫描二维码观看/下载 Word 版。

PC 端请访问电子工业出版社华信教育资源网（www.hxedu.com.cn）下载。

综合布线系统安装与维护

（初级）

互动练习

参 考 文 献

[1] 王公儒．网络综合布线系统工程技术实训教程第 4 版[M]．北京：机械工业出版社，2021．

[2] 王公儒．综合布线工程实用技术第 3 版[M]．北京：中国铁道出版社，2021．

[3] 王公儒．蔡永亮．综合布线实训指导书第 2 版[M]．北京：机械工业出版社，2021．

[4] 卢勤，王公儒．信息网络布线工程技术训练教程[M]．大连：东软电子出版社，2014．

[5] 王公儒．综合布线系统技能实训教程[M]．北京：机械工业出版社，2021．

[6] 中华人民共和国工业和信息化部．综合布线系统工程设计规范[S]．北京：中国计划出版社，2016．

[7] 中华人民共和国工业和信息化部．综合布线系统工程验收规范[S]．北京：中国计划出版社，2016．

[8] 中华人民共和国国家质量监督检验检疫总局．信息技术 住宅通用布缆[S]．北京：中国标准出版社，2013．

[9] 西安开元电子实业有限公司．"西元"综合布线系统安装与维护装置产品使用说明书．2021．

[10] 西安开元电子实业有限公司．"西元"网络综合布线常用器材和工具展示柜产品说明书．2018．

[11] 西安开元电子实业有限公司．"西元"综合布线工具箱使用说明书．2018．

[12] 西安开元电子实业有限公司．"西元"光纤熔接机产品使用说明书．2019．

三、简答题（50分，每题10分）

1. 简述综合布线系统项目移交方准备的相关文档资料。（参考 9.2.2）

2. 简述住宅综合布线系统工程项目培训内容及基本要求。（参考 9.3.2）

3. 简述安全使用扳手的注意事项。（参考 9.4.2）

4. 综合布线系统常见故障主要有哪些类型？（参考 9.5.2）

5. 住宅综合布线系统日常维护一般包括哪些方面的工作？（至少列出 5 个）（参考 9.5.2）

二、选择题（部分为多选题）（30分，每题3分）

1. 移交的整个过程包括（　　　）。（参考9.2.2）
   A．移交准备　　　　　　　　B．移交实施
   C．移交总结　　　　　　　　D．移交确认

2. 移交实施阶段需要完成三项（　　　）工作。（参考9.2.2）
   A．项目实体移交　　　　　　B．项目设备移交
   C．项目文件移交　　　　　　D．项目培训

3. 综合布线系统使用和管理部门至少（　　　）以上参加。（参考9.3.2）
   A．1人　　　　　　　　　　B．2人
   C．3人　　　　　　　　　　D．无要求

4. 项目的培训内容可包括（　　　）等方面。（参考9.3.2）
   A．系统业务流程讲解　　　　B．系统操作培训
   C．系统安装培训　　　　　　D．系统日常维护培训

5. 交换机需要在适宜的（　　　）环境下运行。（参考9.3.2）
   A．温度　　　　　　　　　　B．湿度
   C．空间　　　　　　　　　　D．防尘

6. 起锯时锯条与工作表面倾斜角约为（　　　），保证最少有三个锯齿同时接触工件。（参考9.4.2）
   A．15°　　　　　　　　　　B．20°
   C．25°　　　　　　　　　　D．30°

7. 锯割时应注意推拉频率，锯割软材料和有色金属材料时，推拉频率宜为每分钟往复（　　　）次。（参考9.4.2）
   A．30～40　　　　　　　　　B．40～50
   C．50～60　　　　　　　　　D．60～70

8. 综合布线系统常见故障中，开路属于（　　　）故障。（参考9.5.2）
   A．交换设备　　　　　　　　B．端接
   C．终端设备　　　　　　　　D．连接件

9. 故障判断及处理一般应遵循（　　　）的原则。（参考9.5.2）
   A．先代通，后恢复　　　　　B．先管理间，后终端
   C．先主干，后支路　　　　　D．先高级，后低级

10. 综合布线系统日常维护，建议每月定期进行（　　　）次。（参考9.5.2）
    A．一　　　　　　　　　　　B．二
    C．三　　　　　　　　　　　D．四

图 9-7　压接模块

5．逐一更换模块

按照上述步骤更换剩余故障模块。注意不允许一次性拔掉全部故障模块，避免造成线序混乱。

6．清理多余线端

用水口钳清理 110 跳线架上多余的缆线端头。

互动练习

- 互动练习 17　项目移交流程和日常维护
- 互动练习 18　工具使用和故障维修

内容详见本书附册。

一、填空题（20 分，每题 2 分）

1. ＿＿＿＿＿＿是指项目施工单位向建设单位移交项目所有权的过程。（参考 9.2.1）

2．移交方为＿＿＿＿＿＿单位，包括项目经理、技术负责人等。（参考 9.2.2）

3．接收方为＿＿＿＿＿＿单位，包括项目建设单位业主或指定代表、项目使用负责人等。（参考 9.2.2）

4．由项目施工单位技术人员在＿＿＿＿＿＿对建设单位使用人员进行培训。（参考 9.3.2）

5．住宅综合布线系统管理的基础就是＿＿＿＿＿＿。（参考 9.3.2）

6．工具应存放在＿＿＿＿＿＿的工具箱或工具包内。（参考 9.4.2）

7．锯割较厚的软材料时应选用＿＿＿＿＿＿锯条。（参考 9.4.2）

8．严禁用普通钳子带电作业，带电作业请使用＿＿＿＿＿＿。（参考 9.4.2）

9．接到故障报警后，当班管理人员应立即做好＿＿＿＿＿＿登记。（参考 9.5.2）

10．日常维护是指住宅综合布线系统在正常运行期间，定期进行＿＿＿＿＿＿。（参考 9.5.2）

时清理。

（4）检查桥架的平整度，如果发生变形、支架螺丝脱落等应立即修复，以免桥架断裂或脱落致使系统业务突然中断。

（5）使用性能测试仪对铜缆信道和光纤信道进行抽检，并与原始记录进行核对。

（6）对电子配线架系统进行抽样检查，可人为设置故障，检查实时报警的响应时间和报警音响。对综合布线系统管理软件、台账、记录清单进行人工检查，台账、清单等记录应完整。

9.5.3 任务实践

指导用户进行综合布线系统 110 跳线架端接故障维修，更换 5 对连接模块。

1. 准备工具和材料

准备老虎钳 1 把、5 对打线钳 1 把、水口钳 1 把、5 对连接模块 5 个。

2. 拔掉故障模块

左手扶住 110 跳线架，右手持老虎钳夹紧 5 对连接模块中间位置，用力拔出，如图 9-5 所示。

图 9-5 拔掉故障模块

3. 重新理线

将故障模块下层的缆线轻轻抽出 5～10mm，重新将线芯卡接在 110 跳线架上，如图 9-6 所示。

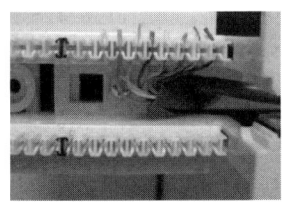

图 9-6 重新理线

4. 压接新模块

使用 5 对打线钳将新的 5 对连接模块压接在 110 跳线架上，注意模块方向，如图 9-7 所示。

（4）交换设备故障：设备无法正常启动、设备接口损坏等。

（5）终端设备故障：设备缆线接口损坏等。

2．故障接报及初判

接到故障报警后，当班管理人员应立即做好故障报修登记，同时查找用户端口号，根据端口号在交换数据接口端对故障进行初步确认，排除交换机数据输出故障。

3．故障判断及处理

故障判断及处理一般应遵循"先代通，后恢复；先电信间，后终端；先主干，后支路；先高级，后低级"的原则。

（1）根据故障现象及信息插座端口号查找相应配线架端口号，检查交换机端口跳线连接是否松动，数据端口是否完好有效，确保跳线及端口工作正常。

（2）检查信息插座是否正常，水晶头、网络模块是否有虚接现象。

（3）查找连接件及交接箱、分线箱各模块端口是否正常。

（4）检查用户端工作区数据端口与用户终端连接是否正确。

（5）替换工作正常的用户终端进行测试，确认终端设备是否正常。

（6）检查、测试水平缆线是否畅通，确定故障点后再进行维修。

（7）做好故障维修记录。处理完故障后，要拟定相应对策，尽可能避免类似故障再次发生，同时做好记录，积累运维经验。故障维修记录单具体格式见表9-7。

表9-7　故障维修记录单

用户姓名		联系电话		时间	
故障现象					
故障原因					
处理记录					
遗留问题					
意见或建议					
维修人员			用户确认		

4．综合布线系统日常维护

日常维护是指在综合布线系统运行期间，定期进行保养及检查。其目的是减少系统故障，以确保系统始终处于良好的运行状态。建议每月定期保养和检查一次，一般包括以下几个方面工作：

（1）清除灰尘，紧固设备接地线和固定螺栓等。

（2）检查电信间机柜、双绞线、配线架、跳线上的标签是否与端口对应表一致，根据实际情况对变更的标签进行更改，将脱落的标签补全，将粘贴不牢的标签固定好，更换有损伤的标签。

（3）检查缆线捆扎是否整齐，有无随意乱拉的飞线、跳线等，对不用的废线、弃线应及

来说可能会比较危险，使用时应多加小心。

（2）由于做工处理的缘故，美工刀造成的伤口不容易止血，请务必小心使用。

8）老虎钳。

（1）带电作业请使用绝缘良好的电工专用钳，严禁用普通钳子带电作业。

（2）剪切紧绷的金属线时应做好防护措施，防止被剪断的金属线弹伤。

（3）不能将老虎钳作为敲击工具使用。

9）尖嘴钳。

（1）普通尖嘴钳不得带电作业，以防触电。

（2）在剪切崩紧的金属线时，必须佩戴护目镜，同时要用一只手抓紧剪切刃口外侧的金属线，防止被剪断的金属线弹伤。

（3）登高作业时，不要将钳子随意放置，以防坠落伤人。

9.4.3 任务实践

选取 3~5 个综合布线系统常用工具，指导用户安全使用工具。

（1）介绍该工具的基本结构、性能和特点。

（2）介绍和演示该工具的基本使用方法、注意事项。

（3）介绍和演示该工具的安全注意事项、安全隐患。

（4）介绍该工具的日常保管和维护方法、注意事项。

（5）指导用户完成该工具的安全使用。

9.5 简单故障维修

9.5.1 任务描述

实践表明网络系统的故障 70%发生在综合布线系统，因此在项目培训时，必须指导用户掌握简单故障维修的方法，使用户能够快速准确地分析故障原因，及时解决故障，从而保障系统恢复并正常运行。

本任务要求掌握简单故障维修的相关知识，完成典型工作任务。

9.5.2 相关知识介绍

1．常见故障

（1）端接故障：开路、短路、跨接（错对）、反接（交叉）、缆线过长等。

（2）连接器件故障：缆线压接不到位、连接器件接口损坏等。

（3）信息插座故障：端口插针发生形变甚至断裂、端口脱落等。

3）钢卷尺。

（1）测量时，应佩戴防护手套，以免被薄的钢尺带边缘划伤。

（2）尺带只能卷，不能折。

（3）尺带表面镀有铬、镍或其他涂层，应保持清洁。

（4）测量时，尺带应尽量减少与被测物体产生摩擦，以免划伤。

（5）钢卷尺应存放在干燥的地方，不要放在潮湿或有酸性气体的地方，避免锈蚀。

4）扳手。

（1）应使扳手开口与被旋拧件配合好后再用力，接触不好容易滑脱造成受伤。

（2）扳手的尺寸应与螺钉或螺母的尺寸相匹配，防止损坏部件。

（3）用力方向上不要站人，防止因用力不当造成人员受伤。

（4）定期使用酒精或除锈剂清洁扳手，防止生锈。

5）螺丝刀。

（1）应根据螺丝槽宽和槽形选用合适的螺丝刀，不能用较小的螺丝刀去旋拧较大的螺丝钉，以防失手脱落，伤及自身。

（2）螺丝刀的刀口损坏、变钝时应及时修磨，无法修补的螺丝刀应报废。

（3）不要用螺丝刀旋紧或松开握在手中的工件上的螺丝钉。

（4）不得用锤击螺丝刀柄的方法撬开缝隙或剔除金属毛刺。

6）锯弓和钢锯条。

（1）姿势：右手握住锯柄，左手握住钢锯架的前端，锯时身体稍向前倾斜，利用身体的前后摆动带动锯弓前后运动。

（2）起锯：起锯时锯条与工作表面倾斜角约为15°，保证最少有三个锯齿同时接触工件。起锯时靠在一个面的棱边上起锯，来回推拉距离最短，压力要轻。

（3）推拉锯：推锯时锯齿起切削作用，应给以适当的压力。向回拉时不切削，应将锯稍微提起，减少对锯齿的磨损。

（4）有效长度：锯割时应尽量利用锯条的有效长度，如行程过短，则局部磨损过快降低锯条的使用寿命，也可能因局部磨损造成锯缝变窄锯条卡住或折断。

（5）推拉频率：锯割时应注意推拉频率，锯割软材料和有色金属材料时，推拉频率宜为每分钟往复50～60次；锯割普通钢材时，推拉频率宜为每分钟往复30～40次。

（6）锯割线：锯割前首先在原材料或工件上划出锯割线，划线时应考虑锯割后的加工余量。锯割时，要始终保持锯条与锯割线重合，避免锯缝歪斜。

（7）锯条选择：锯割较厚的软材料时应选用粗齿锯条，锯割硬材料或薄的材料时应选用细齿锯条。

7）美工刀。

（1）美工刀为了方便折断，都会在折线工艺上做处理，但是这些处理对于惯用左手的人

9.4 安全使用工具

9.4.1 任务描述

在综合布线系统的使用、管理和维护过程中,经常需要使用专用工具。因此需要对用户和维护人员进行工具使用培训,使相关人员掌握工具的使用、保管、维修及保养方法,能够安全、规范、正确使用工具。

本任务要求掌握安全使用工具的相关知识,完成典型工作任务。

9.4.2 相关知识介绍

1. 安全携带工具

(1)工具应存放在专用的工具箱或工具包内,如图 9-4 所示,不要放在衣裤的口袋内,更不要插在腰带上,避免安全隐患。

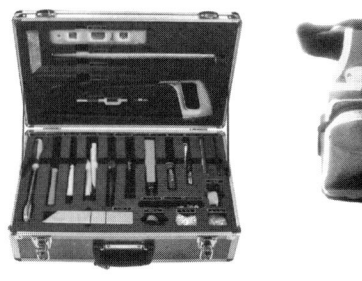

图 9-4 西元工具箱和工具包

(2)对暂时不用的工具,存放位置要得当,安放应平稳,使其不易脱落伤人,不要放在梯子、架空管道上。

(3)传递工具应手递手传递,不要抛掷。传递带刃口的锋利工具时,要把柄部朝向接收工具人员。

(4)携带电动工具时,要注意保护好电源线,远离尖锐物、热源、油或溶剂,以免损坏或软化绝缘层。

2. 安全使用工具

1)网络压线钳。

使用网络压线钳前,应检查刀口处的护手安全挡板是否牢固可靠,如有松动或脱落隐患,应及时紧固处理,以防使用时刀片割伤手指。

2)单口打线钳。

使用单口打线钳时,应对准模块,垂直快速打线,且用力适当。打线时,另一只支撑手不应离打线模块太近,避免失手打歪、刀头割伤手部。

4）配线设备。

（1）配线架。

配线架是用来专门管理缆线的设备。水平缆线进入电信间后首先端接在配线架模块上，然后用跳线连接配线架与交换机。如果没有配线架，水平缆线直接插入交换机端口，当缆线出现问题时就需要重新铺设，而且多次插拔可能引起交换机端口损坏。

（2）网络交换机。

日常环境维护。交换机需要在适宜的温湿度环境下运行，温度较高时，交换机散热困难，容易造成元器件参数变化，严重时可能会损坏设备；湿度较低时，容易产生静电，威胁交换机的安全。因此需要在电信间设置空调或加湿器等进行温度和湿度的调节，还要做好防火、防尘的措施。

软硬件维护。运维人员每天需检查软、硬件的功能，记录电信间的温度和湿度，检查输入电压和输出电压、电流、频率等，测试各种信号是否正常，检查备品、备件、工具、仪表是否齐全，充分了解综合布线系统运行情况，做好记录和检查。

预防性维护。通过对配线架、交换机等的检查和测量，收集各种数据，再对数据进行专业分析，从而提出排除隐患的具体方法和措施。在日常工作中，运维人员应善于发现设备的潜在故障，找出可能诱发故障的主要原因，消除隐患。

故障维护。如果综合布线系统缆线损坏，接头脱落时，应及时维修；如果交换机报警指示灯长亮，说明发生了故障，应该切断电源，停止使用，交给专业人员进行检测和维修。

9.3.3 任务实践

以工作任务1所述西元住宅建筑模型综合布线系统工程项目为例，了解和掌握设备使用培训的内容和方法。

1. 制定培训计划

培训计划内容包括日程安排、培训内容、培训资料、培训器材和工具、培训讲师、联系信息、具体实施计划等。

2. 准备培训资料

培训资料包括培训课件、竣工图纸、产品说明书等。

3. 开展项目培训

培训内容包括系统业务流程、系统操作、系统安装、系统日常维护、设备使用、管理和维护等。

4. 签署培训确认单

2. 设备使用、管理和维护

1）电信间。

电信间存在大量的设备和缆线，日常使用、管理和维护过程中应始终保持布线的整齐与美观。使用、管理和维护不当会使缆线凌乱不堪，导致系统无法正常使用，甚至需要推翻重建，如图9-1所示。

凌乱的机房　　　　　　　　　　　　　整齐的机房

图9-1　电信间管理与维护

2）标签标识。

综合布线系统管理的基础之一就是标签标识。合理的标签标识利于系统的使用、管理和维护，管理人员能够快速查找相关信息，缩短移动、添加和变更的时间，提高工作效率，使系统更加灵活，如图9-2所示。

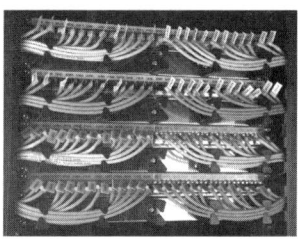

图9-2　标签标识管理与维护

3）机柜机架。

在机柜和机架的日常使用中，应考虑垂直和水平缆线管理和冗余长度的合理收纳，在维持缆线弯曲半径的同时，让缆线更加整齐有序，如图9-3所示。应避免缆线缠绕和堆积，阻挡机柜和机架上冷热空气的流动，使有源设备实现散热冷却。

图9-3　机柜机架管理与维护

保系统安全可靠地运行。

本任务要求掌握设备与系统使用培训的相关知识，完成典型工作任务。

9.3.2 相关知识介绍

1. 项目培训

1）培训对象。

建设单位的使用、管理和维护人员，应具有一定的综合布线系统基本理论和专业技术知识，主要使用和管理部门至少 2 人以上参加培训。

2）培训内容。

根据综合布线系统工程的规模、结构和特点制定培训内容，一般包括系统业务流程、系统操作、系统安装和系统日常维护等方面。表 9-5 为住宅综合布线系统工程项目的培训内容及基本要求。

表 9-5　住宅综合布线系统工程项目培训内容及基本要求

培训内容	基本要求
系统业务流程	讲解系统的业务流程，使使用人员对系统的业务流程有详尽、明确的了解
系统操作	使使用人员能够熟悉系统的各项功能，以及使用、操作方法等
系统安装	使使用人员能够独立完成部分设备或系统的安装、调试工作
系统日常维护	讲解系统日常维护方法，使使用人员能够独立完成系统日常维护、常见故障处理等工作

3）培训流程。

由项目施工单位技术人员在工程现场对建设单位使用人员进行培训，培训完成后填写培训确认单并签字确认，培训确认单格式见表 9-6。

表 9-6　培训确认单

工程名称		建设单位	
培训时间		培训周期	
参加培训人员		项目经理	
培训内容：			
意见或建议：			
培训结论			
培训老师签字			
参加培训人员签字			

表 9-3　西元综合布线工程教学模型项目移交清单

项目名称	西元综合布线工程教学模型	项目地址	实训楼 301 综合布线实训室
移交方	西安开元电子实业有限公司	接收方	××学校
开工日期	2021 年 6 月 27 日	竣工日期	2021 年 9 月 1 日
项目经理	西元项目经理	联系电话	138××××××××
项目移交内容		完成情况	
1．实物移交	建筑模型	已完成验收	
	家具设施模型	已完成验收	
	综合布线系统模型	已完成验收	
2．资料移交	投标文件	移交情况（份数）	1 份
	设计文件		1 份
	产品清单		2 份
	产品使用说明书		2 份
	验收报告		2 份
移交方签字： （盖章） 年　月　日			接收方签字： （盖章） 年　月　日

表 9-4　西元综合布线工程教学模型项目移交确认单

项目名称	西元综合布线工程教学模型项目		
施工单位	西安开元电子实业有限公司	建设单位	××学校
移交方	西安开元电子实业有限公司	接收方	××学校
移交项目	西元综合布线工程教学模型项目	移交时间	2021 年 9 月 6 日
移交内容及范围	1．实物移交，已完成 2．资料移交，已完成 3．项目培训，已完成		
项目移交意见	该项目移交内容完整，符合项目移交要求，移交完成。		
移交方	项目负责人： 年　月　日 || 项目负责人： 接收方 年　月　日	

9.3　设备使用培训

9.3.1　任务描述

为了使用户全面了解综合布线系统的使用和管理，施工单位除了提供技术说明、操作说明等相关文件外，还应进行全面系统的设备使用培训，使用户能够正确使用和管理系统，确

续表

工程项目移交意见						
移交方	项目负责人： 年　月　日	接收方	项目负责人： 年　月　日	监理单位	项目负责人： 年　月　日

9.2.3 任务实践

我们以本书中的西元综合布线系统工程教学模型项目为例介绍移交流程，移交方为西安开元电子实业有限公司（简称西元），接收方为某学校。该项已经在2021年9月1日完成了安装与调试，并且验收合格，西元计划在2021年9月6日向学校进行项目移交。具体移交流程和方法如下。

1．编制项目移交申请书

移交方西元公司成立移交小组，编制项目移交申请书，向接收方学校提出项目移交申请，具体格式和内容见表9-2。

表9-2　西元综合布线工程教学模型项目移交申请书

申请单位	西安开元电子实业有限公司	申请日期	2021年9月6日
项目名称	西元综合布线工程教学模型	项目地址	实训楼301综合布线实训室
使用部门	网络工程学院	使用人数	100人/学期
开工日期	2021年6月27日	竣工日期	2021年9月1日
项目造价			
项目经理	西元项目经理	联系电话	138××××××××
施工单位	西安开元电子实业有限公司		
设计单位	西安开元电子实业有限公司		
项目情况说明： 该项目已完成设备安装调试并且验收合格，具备移交条件。			
申请单位负责人签字：			

2．组建项目移交接收小组

学校接到项目移交申请后，组建项目移交接收小组，一般由网络工程学院、教务处、资产处代表组成。

3．编制项目移交清单

西元在项目移交前编制项目移交清单，具体格式见表9-3。

4．项目移交

西元项目移交小组与学校项目接收小组根据项目移交清单清点设备数量，核对产品型号和规格，并签署项目移交确认单，具体格式见表9-4。

9.2.2 相关知识介绍

1．项目移交的条件

（1）项目已竣工并验收合格。

（2）项目的技术资料、文件齐全。

（3）项目遗留问题已有妥善的解决办法。

2．移交方与接收方

移交方为项目实施单位，包括项目经理、技术负责人等。接收方为项目建设单位，包括项目建设单位业主或指定代表、项目使用负责人等。

3．项目移交的流程

1）移交准备。

移交方与接收方共同制定移交计划，明确移交内容。移交方应准备的相关文档资料如下：

（1）工程指导文件。包括技术交底记录、招投标文件、设计图纸、竣工图纸等。

（2）工程记录文件。包括各种验收记录、测量记录、施工日记等。

（3）质量保证文件。包括各种材料的合格证、开箱检验记录、测试报告、随工验收记录、隐蔽工程验收记录等。

（4）产品评定文件。包括各工序质量评定文件等。

（5）沟通记录文件。包括工程洽商记录、工程变更记录，与建设单位、监理单位、供应商沟通协调的全部记录，特别是重点问题、遗留问题及解决方案记录文件等。

2）移交实施。

（1）项目实体移交。完成住宅综合布线系统工程项目实体、设备和服务移交。

（2）项目文件移交。移交方将所有文档资料整理归档，并编制移交清单，接收方核对并确认后，双方在移交清单上签字盖章，移交清单一式两份，双方各执一份。

（3）项目培训。完成业务流程讲解、操作培训和日常维护培训等。

3）移交确认。

移交方、接收方与监理单位签署项目移交确认单，完成项目移交工作。项目移交确认单格式见表9-1。

表9-1 项目移交确认单

工程名称			
建设单位		监理单位	
移交方		接收方	
移交项目		移交时间	
移交内容及范围			

工作任务 9

住宅综合布线系统项目培训和指导

工作任务 9 以住宅项目为例，介绍小型综合布线系统工程项目的培训和指导，以及具体职业技能要求和相关知识，主要包括项目移交、设备使用、工具使用、简单故障维修等，也给出了工作中常用的表格。

9.1 《综合布线系统安装与维护职业技能等级标准》初级职业技能要求

《综合布线系统安装与维护职业技能等级标准》（2.0 版）对住宅综合布线系统项目培训和指导工作任务，提出了如下职业技能要求。

1. 能对用户进行项目移交。
2. 能对用户进行设备使用培训。
3. 能指导用户安全使用工具。
4. 能指导用户进行简单故障维修。

9.2 项目移交

9.2.1 任务描述

项目移交是指项目施工单位向建设单位移交项目所有权的过程。住宅综合布线系统工程项目竣工并验收合格后，应由项目施工单位向建设单位进行项目移交。在住宅毛坯房装修或装饰中的综合布线系统工程项目，应向业主移交。

本任务要求掌握项目移交的相关知识，完成典型工作任务。

8.6.4 左侧 ⑩⑪⑫ 号信息插座永久链路搭建

本实训任务与 8.6.1 实训任务的技术知识、技能要求和工作量基本相同，注意布线路由、信息插座、信息点编号、网络配线架端口、语音配线架端口等不同。请参考 8.6.1 的要求完成本实训任务。

独立完成 6 个电缆永久链路的搭建，要求按照图 8-25（图纸编号 XY-01-56-23-4）所示的信息插座、端口和路由规定，把来自左侧 ⑩⑪⑫ 号信息插座的电缆分别端接在网络配线架的 10～12 口，语音配线架的 10～12 口，并使用 RJ-45-鸭嘴跳线进行永久链路电气通断测试，评判合格。请扫描二维码查看彩色高清图片。

彩色高清图片

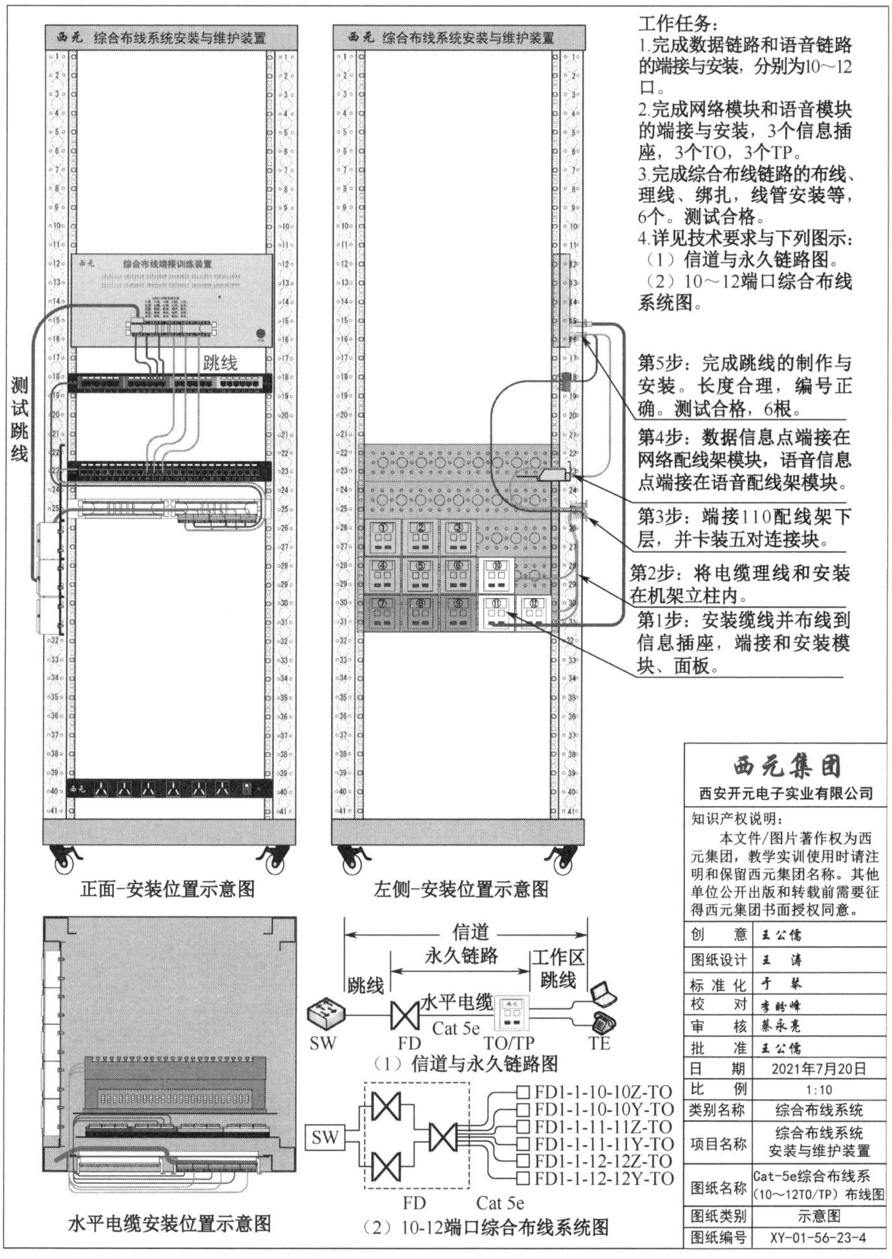

图 8-25 Cat-5e 综合布线系统布线图（左侧 ⑩、⑪、⑫ 号信息插座）

住宅综合布线系统项目管理 工作任务 8

8.6.3 左侧⑦⑧⑨号信息插座永久链路搭建

本实训任务与 8.6.1 实训任务的技术知识、技能要求和工作量基本相同，注意布线路由、信息插座、信息点编号、网络配线架端口、语音配线架端口等不同。请参考 8.6.1 的要求完成本实训任务。

独立完成 6 个电缆永久链路的搭建，要求按照图 8-24（图纸编号 XY-01-56-23-3）所示的信息插座、端口和路由规定，把来自左侧⑦⑧⑨号信息插座的电缆分别端接在网络配线架的 7～9 口，语音配线架的 7～9 口，并使用 RJ-45-鸭嘴跳线进行永久链路电气通断测试，评判合格。请扫描二维码查看彩色高清图片。

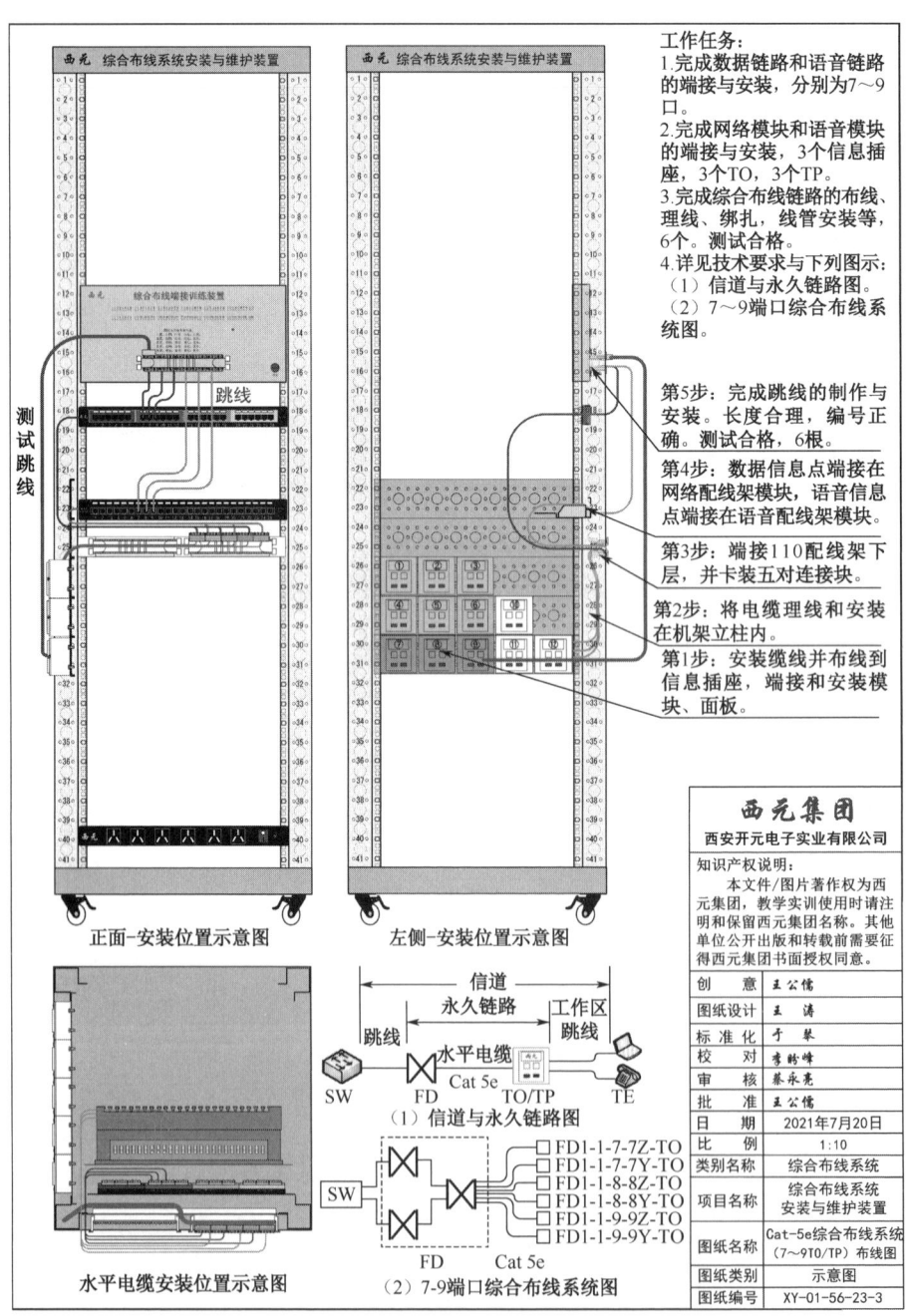

图 8-24 Cat-5e 综合布线系统布线图（左侧⑦⑧⑨号信息插座）

285

独立完成 6 个电缆永久链路的搭建，要求按照图 8-23（图纸编号 XY-01-56-23-2）所示的信息插座、端口和路由规定，把来自④⑤⑥号信息插座的电缆分别端接在网络配线架的 4～6 口，语音配线架的 4～6 口，并使用 RJ-45-鸭嘴跳线进行永久链路电气通断测试，评判合格。请扫描二维码查看彩色高清图片。

彩色高清图片

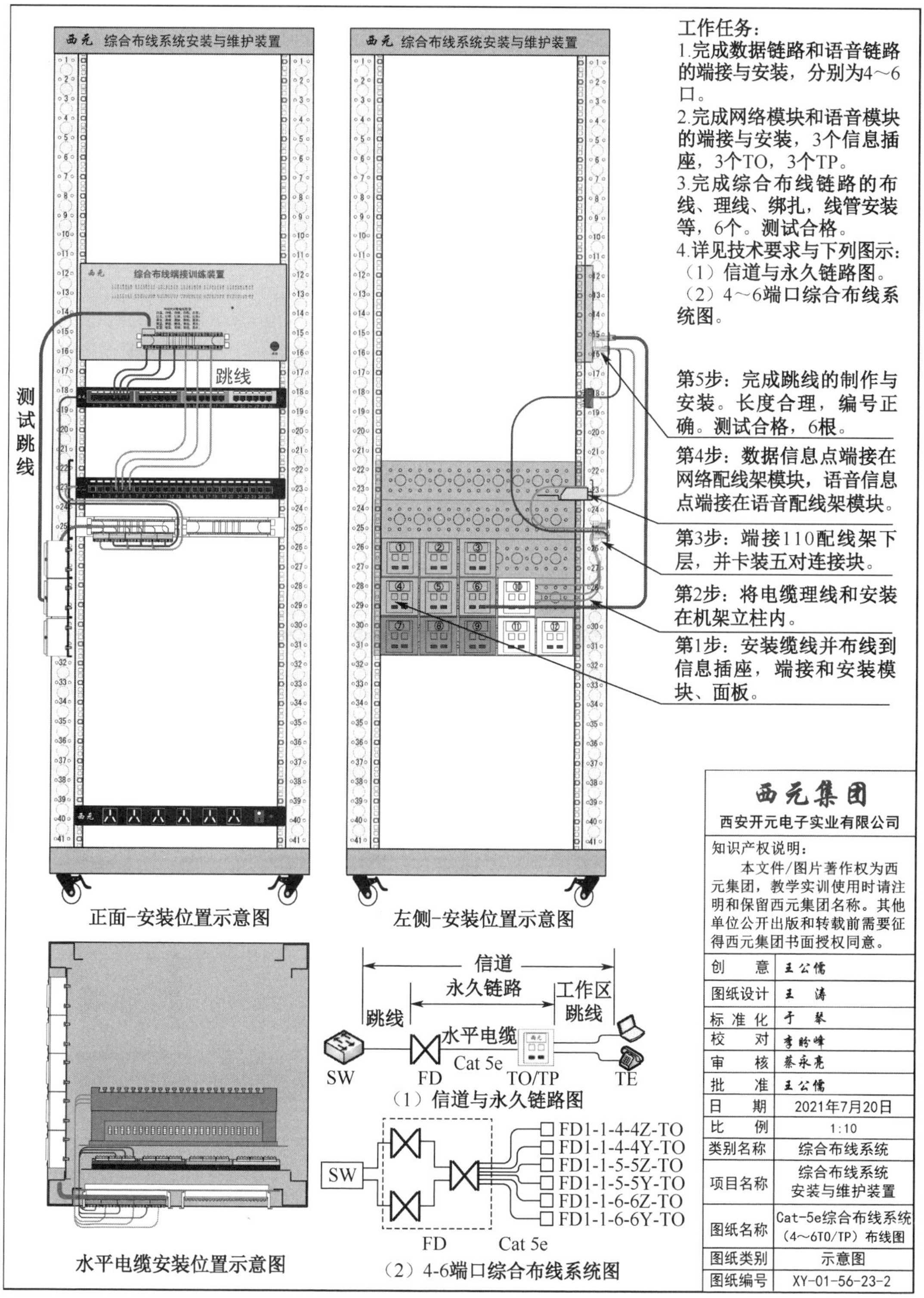

图 8-23　Cat-5e 综合布线系统布线图（左侧④⑤⑥号信息插座）

10. 实训报告

请按照实训项目1表1-11所示的实训报告要求和模板，独立完成实训报告，2课时。

11. 实训材料

实训材料见表8-14。

表8-14 综合布线系统永久链路搭建实训材料表

序号	产品名称	型号/规格	数量	单位
1	信息插座底盒	86×86×36，透明	3	个
2	信息插座面板	86×86 双口面板	3	个
3	非屏蔽电缆	Cat 5e	15	m
4	网络模块	RJ-45 网络模块	3	个
5	语音模块	RJ-11 语音模块	3	个
6	五对连接块	五对连接块	5	个
7	非屏蔽水晶头	超5类非屏蔽	6	个
8	PVC 管	ϕ20，1.75m/根	1	根
9	ϕ20 管卡	ϕ20 管卡	10	个
10	尼龙线扎	3×200 线扎	12	个
11	标签扎带	100mm 标签扎带	12	个

12. 实训工具

实训工具见表8-15。

表8-15 综合布线系统永久链路搭建实训工具表

序号	名称	型号/规格	数量	单位
1	旋转剥线器	旋转式双刀同轴剥线器	1	把
2	5对打线钳	五对110型打线刀	1	把
3	水口钳	6寸水口钳	1	把
4	语音打线钳	语音配线架打线刀	1	把
5	单口打线钳	单对110型打线刀	1	把
6	十字螺丝刀	ϕ6×150mm	1	把
7	网络压线钳	RJ-45 与 RJ-11 水晶头压接	1	把
8	线管剪	用于裁剪 PVC 穿线管	1	把
9	弯管器	用于制作 PVC 穿线管弯头	1	把

8.6.2 左侧④⑤⑥号信息插座永久链路搭建

本实训任务与8.6.1实训任务的技术知识、技能要求和工作量基本相同，注意布线路由、信息插座、信息点编号、网络配线架端口、语音配线架端口等不同。请参考8.6.1的要求完成本实训任务。

 图 8-18 剥护套 20mm　　 图 8-19 压入线柱　　 图 8-20 压接防尘盖　　 图 8-21 剪掉线端

第五步：110 跳线架端接。

端接 110 跳线架下层。按照图 8-7 所示右下角系统图的规定顺序，将 6 根水平电缆从左到右依次端接在 110 跳线架左上排的下层，并用五对连接块进行压接，线序为 T568B 线序。

端接 110 跳线架上层。按照图 8-7 所示路由，裁取 6 根长度合适的电缆，从左到右依次端接在 110 跳线架左上排的上层，线序为 T568B 线序。

第六步：网络配线架端接。

将数据永久链路的 3 根跳线，依次端接到网络配线架第 1、2、3 模块，按照 T568B 线序。要求端接线序正确，没有偏心，剥开双绞线长度小于 15mm。

第七步：语音配线架端接。

将语音永久链路的 3 根跳线，依次端接到语音配线架第 1、2、3 模块，按照 3645 线序。要求端接线序正确。

第八步：制作和安装跳线。

制作 6 根网络跳线。如图 8-7 所示，一端为 RJ-45 水晶头，3 根插接在网络配线架，3 根插接在语音配线架端口。另一端压接在西元综合布线端接训练装置下排模块，T568B 线序。同时对电缆进行理线和绑扎，信息插座背面电缆的整理和绑扎，参考图 8-22 所示。

第九步：永久链路测试。

如图 8-7 所示，用配套的 RJ-45-鸭嘴测试跳线进行永久链路的测试，观察指示灯，数据永久链路按照 1~8 顺序闪烁，语音永久链路按照 3~6 顺序闪烁，测试合格。

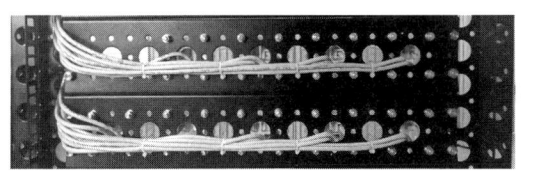

图 8-22　信息插座背面电缆的整理和绑扎示意图

9. 评判标准

评判标准见表 8-13，每个永久链路 100 分，共 600 分。

表 8-13　综合布线系统永久链路搭建评分表

姓名或链路编号	操作工艺评价（不合格扣分，每处扣 5 分）									测试结果	得分
	第一步 穿线管安装 10 分	第二步 电缆标记 5 分	第三步 穿线和预留长度 5 分	第四步 模块端接与面板安装 15 分	第五步 110 跳线架端接 20 分	第六步 网络配线架端接 15 分	第七步 语音配线架端接 20 分	第八步 制作和安装跳线 10 分	第九步 通过 100 分不合格 0 分	

第一步：安装 PVC 穿线管。

安装管卡。根据图 8-14 所示的布线路由和图 8-15 所示的位置，安装管卡。要求横平竖直、位置正确。

穿线管折弯。标记需要折弯的位置，使用弯管器进行折弯。要求曲率半径正确，没有变形和破损。

裁剪穿线管。使用线管剪裁取长度合适的穿线管。要求长度合适，两端平齐。

安装穿线管。如图 8-14 所示，将穿线管安装在管卡中，要求横平竖直、位置正确。如图 8-15 所示穿线管应穿入底盒内约 15mm。如图 8-16 所示穿线管没有穿入底盒内，电缆外露。如图 8-17 所示穿线管穿入底盒太长，影响网络模块安装。

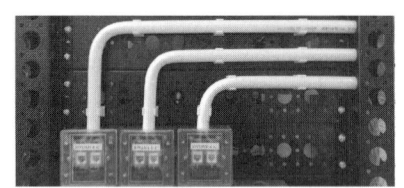
图 8-14　线管安装实物图

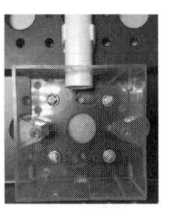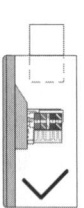
图 8-15　插入底盒 15mm

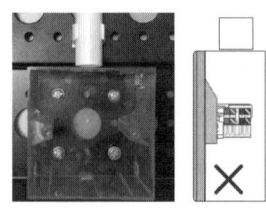
图 8-16　没有插入

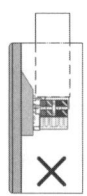
图 8-17　插入太长

第二步：电缆标记。

根据需要裁取长度合适的水平电缆，在电缆两端标记编号，一般按照信息点编号进行标记，建议用黑色记号笔标记。也可以按照配线架端口编号进行临时标记，在完成穿线后统一制作标签进行编号。

第三步：穿线。

按照图 8-7 所示完成左侧①、②、③号信息插座布线，每个信息插座布放 2 根水平电缆。要求电缆平顺，没有缠绕和打结。在 110 跳线架对应的端接位置，预留电缆长度宜为 30～60mm，并且考虑理线长度。在底盒内预留电缆长度宜为 100mm，完成端接后预留 30～60mm。

第四步：模块端接与面板安装。

完成①、②、③号信息插座的模块端接与卡装，包括 3 个 TO，3 个 TP。网络模块端接与安装参照本教材"2.7 实训项目 3-网络模块端接训练"。语音模块的端接与安装，按照图 8-18 至图 8-21 所示步骤完成端接，端接线序为白绿、蓝、白蓝、绿。最后正确安装信息面板，进行编号，要求横平竖直。

类别名称	综合布线系统
项目名称	综合布线系统安装与维护装置
图纸名称	Cat-5e综合布线系统（1～3TO/TP）布线图
图纸类别	示意图
图纸编号	XY-01-56-23-1

图 8-8　图纸右下角的标题栏

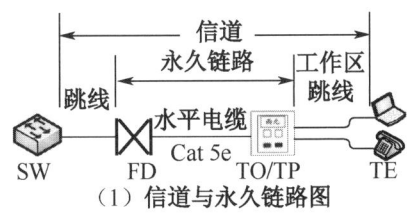

图 8-9　信道与永久链路图

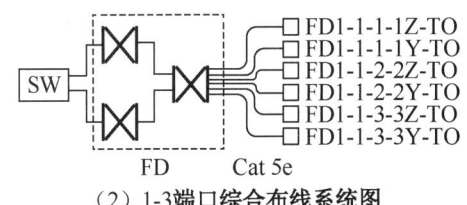

图 8-10　综合布线系统图、端口和信息点编号

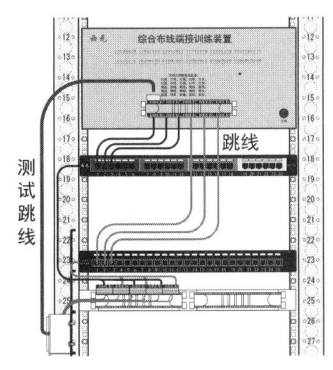 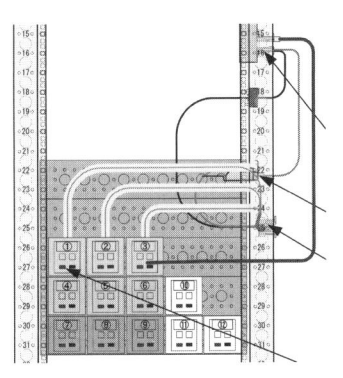 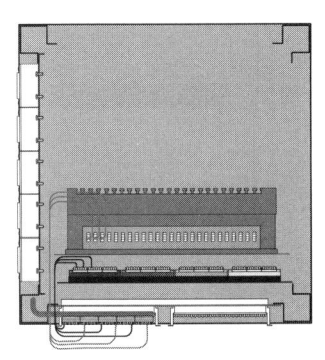

图 8-11　鸭嘴跳线数量、接口位置、长度和顺序　　图 8-12　信息插座编号、位置、布线路由　　图 8-13　配线架端接位置和路由

5．实训课时

（1）初级 2 课时完成，其中技术讲解和视频演示 25 分钟，实操 45 分钟，永久链路测试与评判 10 分钟，整理清洁现场 10 分钟。

（2）实训报告 2 课时，独立完成实训报告。

6．实训指导视频

1XCJ81-实训 9-综合布线系统永久链路搭建。

7．实训设备

西元综合布线系统安装与维护装置，产品型号 KYPXZ-01-56。该装置基于《综合布线系统安装与维护职业技能等级标准》的技术技能训练与鉴定等需求专门研发，设计有 7 个独立单元，包括①屏蔽电缆永久链路，②网络数据永久链路，③综合布线永久链路（数据+语音），④光纤永久链路安装，⑤光纤永久链路熔接，⑥光纤永久链路冷接，⑦住宅布线系统。每个单元既可供 4 名学生同时进行不同项目的技能实战训练，也可供 4～8 人按照顺序进行技能鉴定，并且在 5 分钟内快速完成测试与评判，通过指示灯闪烁持续显示永久链路开路、跨接、反接等故障。

8．综合布线系统永久链路搭建项目实训步骤

实训操作前，初学者应提前预习，认真研究实训任务，仔细阅读和理解图纸，掌握技术知识点，通过反复认真观看实训指导视频，熟悉关键技能与要求内容，准备和检查实训材料和工具，在规定时间内有计划地完成本实训任务。

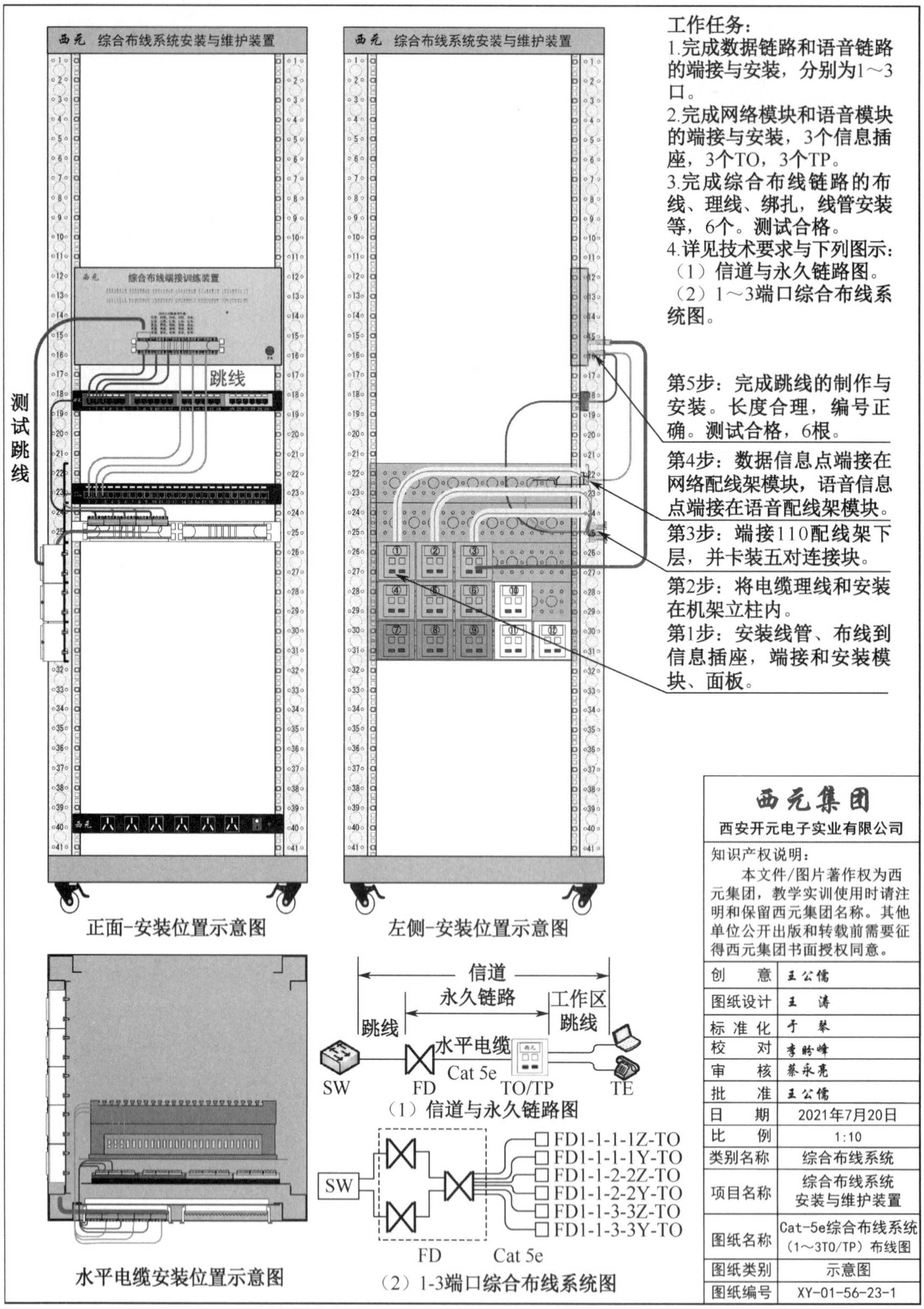

图 8-7　Cat-5e 综合布线系统布线图（左侧①②③号信息插座）

彩色高清图片

8.6.1 左侧①②③号信息插座永久链路搭建

1. 实训任务来源

永久链路是综合布线系统的基本单元，它的搭建涉及水平电缆、网络配线架、语音配线架、网络模块和水晶头等连接器件的安装与端接技术技能，也是 1+X《综合布线系统安装与维护职业技能等级标准》规定的初级技能。

2. 实训任务

独立完成 6 个电缆永久链路的搭建，包括 3 个数据永久链路和 3 个语音永久链路，要求按照图 8-7（图纸编号 XY-01-56-23-1）所示的信息插座、端口和路由规定，把来自设备左侧的①②③号信息插座的电缆，分别端接在网络配线架的 1~3 口和语音配线架的 1~3 口，并使用 RJ-45-鸭嘴跳线进行永久链路电气通断测试，评判合格。请扫描二维码查看彩色高清图片。

读图重点和注意事项如下：

（1）首先查看图 8-8 所示标题栏，确认图纸编号与实训任务要求相符，切勿用错图纸；

（2）查看技术文件和图纸，对实训任务、技能鉴定的具体要求，以及图纸规定的操作步骤等文字信息，建议至少认真看两遍，理解和读懂具体要求；

（3）查看图 8-9 所示的信道与永久链路图，增加了电话机；

（4）查看图 8-10 所示的综合布线系统图、端口和信息点编号，汉字拼音首字母表示面板的插口位置，例如"Z"表示面板左口，"Y"表示面板右口；

（5）查看图 8-11 所示的 RJ-45-鸭嘴跳线的数量、接口位置、长度和顺序；

（6）查看图 8-12 所示的信息插座编号、位置、布线路由等，正确安装完成，切勿出现位置错误；

（7）查看图 8-13 所示的网络配线架、语音配线架的端接位置和布线路由；

（8）安装过程中，随时看图纸，按图操作。

3. 技术知识点

（1）在 GB 50311《综合布线系统工程设计规范》国家标准 2.1 条术语中规定，永久链路就是"信息点与楼层配线设备之间的传输线路"。

（2）永久链路中水平电缆长度不大于 90m。

4. 关键技能与要求

（1）熟练掌握水平电缆的安装布线方法，包括穿线、理线、标记的方法与技巧。

（2）熟练掌握信息插座底盒、面板的安装方法，包括质量检查、现场保护。

（3）熟练掌握 RJ-45、RJ-11 水晶头和模块等连接器件的端接方法。

（4）掌握穿线管的安装方法和技巧，包括钢管、PVC 管的裁剪、折弯与固定。

（5）掌握网络配线架、语音配线架、110 跳线架的安装与端接方法。

（6）熟悉使用鸭嘴跳线测试 110 跳线架连接块的方法。

三、简答题（50分，每题10分）

1．什么是施工进度表？施工进度表的作用是什么？（参考8.2.2）

2．简述图纸和资料的主要内容。（参考8.3.2）

3．简述隐蔽工程中预埋暗管保护应符合哪些规定。（至少列出5个）。（参考8.4.2）

4．简述材料员和质量主管的主要职责。（参考8.4.2）

5．住宅综合布线系统工程项目管理包括哪些内容？（参考8.5.1）

8.6 实训项目9 综合布线系统永久链路搭建

实训项目9

本节安排的实训项目9比实训项目8更为复杂，更接近实际工程应用，不仅有网络配线架，还增加了25口语音配线架，需要使用鸭嘴跳线测试永久链路。全部信息插座位于设备的左侧，每个信息插座有1个数据模块、1个语音模块。

实训项目9通过4个实训项目，再次反复训练初学者与初级工的识图能力、按图施工能力等，示例了多人多批次快速技能鉴定的做法，减少了准备时间和评判时间，不仅提高了鉴定效率，也保证了技能鉴定的公平、公开、公正。

实训项目9中，每人完成6个不同路由和端口的永久链路，也可以作为4个技能鉴定项目，工作任务量和技术技能难度相同；每人完成1个实训项目后，用配套的RJ-45-鸭嘴测试跳线进行电气性能通断评判和安装工艺评判，每人10分钟即可完成成绩评判，然后开始第2个人的技能鉴定，可供4人持续技能鉴定，提高了鉴定效率和设备利用率。

也可以按照每人完成1个或2个不同路由和端口的永久链路，每人5分钟即可完成成绩评判。一次技术和材料准备，就能供12人或24人持续技能鉴定，鉴定效率更高。

二、选择题（部分为多选题）(30分，每题3分)

1. 住宅综合布线系统工程一般包括（　　）等施工阶段。（参考8.2.2）
   A．准备阶段　　　　　　　　　B．基础施工阶段
   C．缆线安装铺设阶段　　　　　D．设备安装、缆线终接阶段和系统测试阶段

2. 项目基本信息资料包括（　　）。（参考8.3.2）
   A．合同　　　　　　　　　　　B．施工图
   C．预算与工程量清单　　　　　D．工程量报验审批单

3. 归档的工程文件应为（　　）。（参考8.3.2）
   A．原件或复印件　　　　　　　B．原件
   C．复印件　　　　　　　　　　D．草稿

4. 工程档案一般不少于（　　）。（参考8.3.2）
   A．一套　　　　　　　　　　　B．两套
   C．三套　　　　　　　　　　　D．四套

5. 穿线管管口应光滑，并应加有护口保护，管口伸出部位宜为（　　）。（参考8.4.2）
   A．20～25mm　　　　　　　　 B．25～50mm
   C．20～50mm　　　　　　　　 D．25～60mm

6. 槽盒直埋长度超过（　　）或在槽盒路由交叉、转弯时，宜设置过线盒。（参考8.4.2）
   A．30m　　　　　　　　　　　B．50m
   C．70m　　　　　　　　　　　D．90m

7. 终接时，每对对绞线应保持扭绞状态，5类电缆不应大于（　　）的盘绕空间。（参考8.4.2）
   A．12mm　　　　　　　　　　 B．13mm
   C．70mm　　　　　　　　　　 D．75m

8. 质量管理分为（　　）阶段。（参考8.5.2）
   A．事前控制　　　　　　　　　B．事中控制
   C．事后控制　　　　　　　　　D．施工质量控制

9. 开工报告由（　　）负责保存。（参考8.5.3）
   A．现场工程师　　　　　　　　B．项目负责人
   C．施工管理员　　　　　　　　D．监理

10. 施工单位按照施工合同完成了施工任务后，会向（　　）申请工程验收。（参考8.5.3）
    A．建设单位　　　　　　　　　B．监理单位
    C．设计单位　　　　　　　　　D．勘察单位

表 8-12　工程验收申请

工程名称				工程地点				
建设单位				施工单位				
计划开工	年	月	日	实际开工		年	月	日
计划竣工	年	月	日	实际竣工		年	月	日
工程完成主要内容：								
提前和推迟竣工的原因：								
工程中出现和遗留的问题：								
主抄： 抄送： 报告日期：	施工单位意见： 签名： 日期：					建设单位意见： 签名： 日期：		

互动练习

- 互动练习 15　施工进度管理
- 互动练习 16　项目管理

内容详见本书附册。

习题

一、填空题（20 分，每题 2 分）

1. 施工进度管理的关键就是编制_____，合理安排前后工序作业的实施进度。（参考 8.2.1）

2. 综合布线系统工程项目的施工进度管理通常采用_____方式。（参考 8.2.2）

3. 综合布线系统工程项目的_____是工程项目建设的依据。（参考 8.3.1）

4. 保存的工程资料每_____核对一次，如有遗失、损毁，要查明原因，及时处理。（参考 8.3.2）

5. 隐蔽工程必须_____，如发现不合格或存在安全隐患时，应及时整改。（参考 8.4.2）

6. 住宅综合布线系统隐蔽工程主要涉及_____的暗埋铺设，以及缆线端接等。（参考 8.4.2）

7. 施工工具分类放置，摆放整齐，并在工具柜内外标明工具的_____。（参考 8.4.2）

8. _____和质量主管负责施工现场材料和工具管理。（参考 8.4.2）

9. 工程项目管理的能力和方法直接决定项目_____和安全。（参考 8.5.1）

10. 影响质量控制的因素主要有"人、机械、材料、方法和环境"五大方面，简称为_____。（参考 8.5.2）

表 8-9　工程协调会议纪要

日期：			
工程名称		建设地点	
主持单位		施工单位	
参加协调单位：			
工程主要协调内容：			
工程协调会议决定：			
仍需协调的遗留问题：			
参加会议代表签字：			

7．施工事故报告单

施工过程中出现任何事故时，由项目经理填写施工事故报告单。具体格式见表 8-10。

表 8-10　施工事故报告单

填报单位		项目工程师	
工程名称		设计单位	
地点		施工单位	
事故发生时间：		报出时间	
事故情况及主要原因：			

8．施工报停表

工程实施过程中可能会受到其他施工单位的影响，或者由于建设单位提供的场地和条件等原因造成施工无法进行。为明确工期延误的责任，当施工无法进行时，应及时填写施工报停表，并报相关部门批准。具体格式见表 8-11。

表 8-11　施工报停表

工程名称			工程地点		
建设单位			施工单位		
停工日期	年　月　日		计划复工	年　月　日	
工程停工主要原因：					
计划采取的措施和建议：					
停工造成的损失和影响：					
主抄： 抄送： 报告日期：	施工单位意见： 签名： 日期：			建设单位意见： 签名： 日期：	

9．工程验收申请

施工单位按照施工合同完成了施工任务后，会向建设单位申请工程验收，填报工程验收申请，待建设单位答复后组织安排验收。具体格式见表 8-12。

3. 施工人员签到表

施工人员必须签到，签到按先后顺序，每人须亲笔签名，明确施工责任人。签到表由现场项目工程师负责落实，并保留存档。具体格式见表8-6。

表8-6 施工人员签到表

项目名称				项目工程师			
日期	姓名1	姓名2	姓名3	姓名4	姓名5	姓名6	姓名7

4. 施工进度日志

施工进度日志由现场工程师每日填写，具体格式见表8-7。

表8-7 施工进度日志

组别：		人数：		负责人：		日期：	
工程进度计划							
工程实际进度							
工程情况记录							
时间		方位、编号		处理情况	尚待处理情况	备注	

5. 工程设计变更单

工程设计经建设单位认可后，施工单位无权单方面改变。工程施工过程中如确实需要对原设计进行修改，必须由施工单位和建设单位协商解决，对局部改动必须填报"工程设计变更单"，经审批后方可施工。具体格式见表8-8。

表8-8 工程设计变更单

工程名称		原图名称			
设计单位		原图编号			
原设计规定的内容：		变更后的工作内容：			
变更原因说明：		批准单位及文号：			
原工程量		现工程量			
原材料数		现材料数			
补充图纸编号		日 期	年	月	日

6. 工程协调会议纪要

具体格式见表8-9。

进度和现场情况，做到有计划性和预见性，预埋条件具备时，采取见缝插针，集中人力预埋的办法，节省人力物力。

7. 安全管理

安全管理应采取安全控制措施，主要包括施工现场防火、用电安全，低温雨季防潮，机房内通信设备的安全，施工过程中水、电、煤气、通信电（光）缆管线等市政或电信设施的安全，高处作业时人员和仪表的安全等。

8.5.3 任务实践

以工作任务 1 所述西元住宅建筑模型综合布线系统工程项目为例，了解和掌握住宅综合布线系统工程项目管理的内容和方法。

综合布线系统工程必须有严格可控的施工质量、施工工艺和施工过程管理制度，并建立完善的质量监督和各类施工记录、报表。工程开工之前做好准备工作，严格执行各项制度，针对施工过程和工艺处理必须预先提出方案，并及时与其他施工单位协调，保证施工质量。

1. 工程开工报告

工程开工前，由项目经理填写开工报告，正式批准后方可开工，开工报告由施工管理员负责保存。具体格式见表 8-4。

表 8-4 工程开工报告

工程名称			工程地点		
用户单位			施工单位		
计划开工	年 月 日		计划竣工	年 月 日	
工程主要内容：					
工程主要情况：					
主抄： 抄送： 报告日期：	施工单位意见： 签名： 日期：			建设单位意见： 签名： 日期：	

2. 工程领料单

项目工程师根据现场施工进度填写工程领料单，安排材料领取和发放。具体格式见表 8-5。

表 8-5 工程领料单

工程名称			领料单位		
批料人			领料日期	年 月 日	
序号	材料名称	材料编号	单位	数量	备注

是保证工程质量的关键。为加强质量管理，明确各工序质量控制的重点，可把项目质量管理分为事前控制、事中控制和事后控制三个阶段。

1）事前质量控制。

事前质量控制是指工程项目正式施工前的质量控制，重点是做好施工前的各项审查工作。

（1）对施工参与人员进行审查，确保合适的人干合适的事，"好钢用在刀刃上"。如施工单位是施工质量的直接实施者，选择一个优秀的项目经理和施工队伍至关重要。

（2）对工具和材料进行审查。明确工具和材料的质量标准和要求，未经检验的材料绝不允许使用，质量不合格的材料立即清退出场，重要的工具及检测仪器应定期提供性能测试报告。

（3）对施工方法和工艺进行审查。索取设计图纸、参与设计图纸会审、进行工程路由复测，如发现设计与施工现场有差距，应及时提出设计变更，并取得建设单位及监理单位的认可。

（4）对施工环境进行审查。确保施工现场的环境具备开工条件，如水、电等基本施工条件，设备、材料的进场条件等。

2）事中质量控制。

事中质量控制是施工过程中进行的质量控制，重点是控制工序质量，做到工序交接有检查，质量预控有对策，施工项目有方案，技术措施有交底，图纸会审有记录，配置材料有试验，隐蔽工程有验收，设计变更有手续，质量处理有复查，成品保护有措施，质量文件有档案等。

3）事后质量控制。

事后质量控制是施工完成后进行的质量控制，主要包括成立验收小组，组织自检和初步验收，准备竣工验收材料，组织竣工验收等。分项工程或单项工程施工完毕后，应及时对质量进行验收。

5．施工进度控制管理

施工进度控制的关键就是编制施工进度表，合理安排作业工序，保证工程进度。

6．成本控制管理

（1）加强现场管理。合理安排材料进场和堆放，减少二次搬运和损耗。

（2）加强材料管理。做到不错发、不丢弃材料。合理使用材料，做到材料精用。

（3）材料管理人员要及时组织材料的发放和收集工作。

（4）加强技术交流。推广先进的施工方法，采用科学的施工方案，提高施工技术。

（5）开展"合理化建议"活动，提高施工人员的技术水平，节约材料，降低成本。

（6）加强质量控制和管理。做好工序衔接，杜绝返工，做到一次施工，一次验收合格。

（7）合理组织工序穿插，缩短工期，减少人工及有关费用支出。

（8）合理安排工序。做好人力、工具、材料的综合平衡，向管理要效益。及时了解土建

2) 现场居住环境管理。

项目经理应对施工驻地的居住环境进行重点管理，落实驻地管理负责人，制定伙房管理办法、宿舍管理办法、防火防盗办法、卫生管理办法，保证施工人员的生活和安全。

3) 现场周围环境管理。

项目经理需要熟悉施工现场周围的地形特点、施工季节、交通流量、居民密度、高压线和其他管线等情况，对重要环境因素应重点对待。

4) 现场物资管理。

施工现场物资应堆放整齐，注意防火、防盗、防潮。物资管理人员应做好物资进货、领用记录，项目经理应在施工过程中进行检查，发现问题及时解决。

2．技术管理

1) 图纸审核。

工程开工前，管理及技术人员应充分了解设计意图、工程特点和技术要求。

（1）施工图自审。

施工单位收到有关技术文件后，应尽快研读施工图纸，写出自审记录。自审记录应包括对施工图的疑问和有关建议等。

（2）施工图设计会审。

施工图设计会审由建设单位主持，设计单位、施工单位和监理单位参加。一般由设计单位说明项目的设计依据、意图和功能，并对特殊结构、新材料、新工艺和新技术提出设计要求。施工单位根据自审记录及对设计意图的了解，提出对施工图的疑问和建议。会审需要做好记录，形成"施工图设计会审纪要"。会审纪要与施工图具有同等效力，是项目施工和结算的依据。

2) 技术交底。

技术交底是确保工程项目质量的关键环节，目的是让所有参与施工的人员熟悉并了解项目的基本情况、设计要求、技术要求和工艺要求等，主要包括工程概况、施工方案、质量策划、安全措施、"三新"技术、关键工序、特殊工序、质量控制点、施工工艺、法律法规、保护措施、质量通病预防及注意事项等。

3．施工现场人员管理

施工现场人员管理包括制定人员档案、佩戴有效证件、发放安全守则、制定人员分配方案、明确工作责任、定期会议、巡查场地、考勤管理等内容。项目经理要组织制定施工人员行为规范和奖惩制度，教育施工人员遵守当地的法律法规、风俗习惯和施工现场的规章制度，保证施工现场的秩序。

4．质量管理

施工质量控制是工程建设质量管理最重要的一环，影响质量控制的因素主要有"人、机械、材料、方法和环境"五大方面，简称为"人机料法环"，因此，对这五方面因素严格控制，

表 8-3 隐蔽工程验收报告

工程名称				工程地点			
建设单位				施工单位			
计划开工	年	月	日	实际开工	年	月	日
计划竣工	年	月	日	实际竣工	年	月	日
隐蔽工程完成情况：							
提前和推迟竣工的原因：							
工程中出现和遗留的问题：							
主抄： 抄送： 报告日期：		施工单位意见： 签名： 日期：			建设单位意见： 签名： 日期：		

第五步：验收结果分析。

验收合格，施工单位可继续施工。验收不合格，施工单位应对验收结果进行分析，并在限定时间内整改后重新验收。

8.5 住宅综合布线项目管理

8.5.1 任务描述

工程项目管理的能力和方法直接决定项目质量、成本、工期和安全。住宅综合布线系统工程项目管理主要包括现场管理、技术管理、人员管理、质量管理、进度管理、成本管理、安全管理等，也涉及大量的工作表格和文件。

本任务要求掌握住宅综合布线项目管理的相关知识，完成典型工作任务。

8.5.2 相关知识介绍

1. 现场管理

施工现场是指施工活动所涉及的施工场地及项目各部门和施工人员可能涉及的一切活动范围。现场管理主要是对施工现场的工作环境、居住环境、周围环境、现场物资及人员行为进行管理，应按照制定计划、实施计划、过程检查、发现问题、分析问题、制定预案的程序进行管理。

1）现场工作环境管理。

项目经理应按照施工要求管理现场工作环境，落实各项工作负责人，并严格检查，对检查中发现的问题进行分析，制定纠正及预防措施，并予以实施。

验收的一般流程。

第一步：自检。

隐蔽工程具备验收条件时，施工单位对照施工设计、施工规范进行自检。

第二步：验收申报。

自检完成后，提前 48 小时以书面形式通知监理/甲方验收。通知包括隐蔽工程验收的内容、时间和地点。

第三步：监理/甲方验收。

收到验收通知后，监理/甲方在约定时间组织相关人员与承包人共同检查或试验，并安排专人填写验收记录。

隐蔽工程验收记录应由施工单位填写、监理（建设）单位的监理工程师得出检查结论，且记录的格式应符合表 8-2。

表 8-2 隐蔽工程（随工检查）验收记录

工程名称			资料编号	
隐检项目			隐检日期	
隐检部位				
隐检依据：施工图图号：_____ 设计变更/洽商（编号：_____）及有关国家标准等 主要材料名称及规格/型号：_____				
隐检内容： 申报人：				
检查意见： 检查结论：□同意隐检　　　　□不同意，修改后进行复查				
复查结论： 复查人：　　　　复查日期：				
签字栏	施工单位		专业技术负责人	专业质检员	专业工长
	监理（建设）单位		专业工程师		

第四步：填写隐蔽工程验收报告。

隐蔽工程验收后，由施工单位填写验收报告，报告格式见表 8-3。

（10）终接时，每对对绞线应保持扭绞状态，扭绞松开长度对于 3 类电缆不应大于 75mm；对于 5 类电缆不应大于 13mm；对于 6 类电缆应尽量保持扭绞状态，减小扭绞松开长度。

2．施工现场材料和工具管理

施工现场材料和工具管理包括施工前材料、工具的准备和运输，施工过程中到货验收、现场堆放与耗用监督，竣工后组织清理、回收、盘点、核算与转移等内容。做好施工现场材料和工具管理，能有效预防由于材料或工具不合格而引发的事故，确保工具正确使用、维护及保养，杜绝人为损坏和流失，降低成本，提高效率，确保正常作业。

1）管理人员。

材料员和质量主管负责施工现场材料和工具管理，主要职责和要求如下。

（1）材料员：负责施工现场设备、材料、工具、仪器的采购、保管、借用，严格出入库手续，不合格产品不允许入库，保证出库设备、材料和工具完好无损。

（2）质量主管：负责施工现场设备、材料、工具的检验、现场质量管理及工程验收工作。要求熟悉工程特点、技术特点和产品特点，并熟悉相关质量标准与验收标准。

2）材料管理。

（1）做好材料采购前的基础工作。工程开工前，项目经理、施工员必须反复研读设计图纸，合理测定材料数量，提出材料申请计划，申请计划应做到准确无误。

（2）加强入库、领料、出库、投料、用料、补料、退料和废料回收管理。对于材料消耗特别大的工序，由项目经理直接负责。施工过程中按照工序分配材料，每一工序完工后，由施工员进行清点，并汇报材料使用和剩余情况。

（3）对部分材料实行包干使用，节约有奖，超耗则罚。

（4）及时发现和解决浪费材料、出入库不计量、超额用料和废品率高等问题。

（5）材料报废必须提交报废原因，以便有据可循，作为后续奖惩的依据。

3）工具管理。

（1）建立专用的施工工具文件夹，台账、检验卡、检查记录放入文件夹内。

（2）施工工具存放在通风良好、清洁干燥的专用工具箱或指定库房。

（3）施工工具分类放置，摆放整齐，并在工具柜内外标明工具名称、数量。

（4）精密仪器和专用工具单独存放，不得和其他工具混放。

（5）做好工具领用记录，不得出现不经登记而从库房借出工具的现象。

（6）施工工具严禁移作他用，未经施工现场负责人批准不得向外借用。

（7）不合格的工具应及时报废，不得使用。

（8）工具受潮或损坏时，应及时检修并试验合格后方可使用。

8.4.3　任务实践

以工作任务 1 所述西元住宅建筑模型综合布线系统工程项目为例，了解和掌握隐蔽工程

（3）过线盒盖应能开启，并应与地面齐平，盒盖处应具有防灰与防水功能。

（4）过线盒和接线盒盒盖应能抗压。

（5）从金属槽盒至信息插座模块接线盒、86底盒间或金属槽盒与金属钢管之间相连接时的缆线宜采用金属软管铺设。

3）隐蔽工程中预埋暗管保护应符合下列规定：

（1）金属管铺设在钢筋混凝土现浇楼板内时，穿线管的最大外径不宜大于楼板厚度的1/3；穿线管在墙体、楼板内铺设时，其保护层厚度不应小于30mm。

（2）穿线管不应穿越机电设备基础。

（3）预埋在墙体中间的穿线管的最大管外径不宜超过50mm，楼板中的穿线管的最大管外径不宜超过25mm，室外管道进入建筑物的最大管外径不宜超过100mm。

（4）直线布管每30m处、有1个转弯的管段长度超过20m时、有2个转弯长度不超过15m时、路由中反向（U型）弯曲的位置应设置过线盒。

（5）穿线管的转弯角度应大于90°。在布线路由上每根穿线管的转弯角不得多于2个，并不应有S弯出现。

（6）穿线管管口应光滑，并应加有护口保护，管口伸出部位宜为25～50mm。

（7）至楼层电信间穿线管的管口应排列有序，应便于识别与布放缆线。

（8）穿线管内应安置牵引线或拉线。

（9）管路转弯的曲率半径不应小于所穿入缆线的最小允许弯曲半径，并且不应小于该管外径的6倍；当穿线管外径大于50mm时，不应小于10倍。

4）隐蔽工程中缆线的暗埋铺设应符合下列规定：

（1）电源线、综合布线系统缆线应分隔布放。

（2）缆线在桥架内水平铺设时，在缆线的首、尾、转弯及每间隔5～10m处进行固定。

（3）缆线在桥架内垂直铺设时，在缆线的上端和每间隔1.5m处应固定在桥架的支架上，距地1.8m以下部分应加金属盖板保护。

（4）缆线的布放应自然平直，不得产生扭绞、打圈、接头等现象，不应受外力的挤压和损伤。

（5）缆线两端应贴有标签，应标明编号，标签书写应清晰、端正和正确。标签应选用不易损坏的材料。

（6）密封线槽内缆线布放应顺直，尽量不交叉，在缆线进出线槽部位、转弯处应绑扎固定。

（7）缆线应有余量以适应终接、检测和变更。对绞电缆预留长度：在工作区宜为3～6cm，电信间宜为0.5～2m，设备间宜为3～6m；光缆布放路由宜盘留，预留长度宜为3～6m，有特殊要求的应按设计要求预留长度。

（8）非屏蔽4对对绞电缆的弯曲半径应至少为电缆外径的4倍。

（9）对绞电缆与连接器件连接应认准线号、线位色标，不得颠倒和错接。

的保管与存档典型工作任务。

(1) 整理项目图纸和资料。

(2) 检查图纸和资料的质量。

(3) 归档和保管图纸和资料。

8.4 现场施工管理

8.4.1 任务描述

在综合布线系统工程施工过程中,项目负责人等管理人员要随时关注施工进度情况,做好现场施工管理,包括隐蔽工程管理、现场材料和工具管理等,从而有效推进施工进度,保障施工质量,控制施工成本等。

本任务要求掌握综合布线系统工程现场施工管理的相关知识,完成典型工作任务。

8.4.2 相关知识介绍

1. 隐蔽工程管理

隐蔽工程是指将穿线管、桥架、缆线等暗铺设在楼板、墙壁、天花板、隔墙等建筑物构建中,被后续的项目或工序覆盖,不易检验的工序。隐蔽工程必须随工验收,如发现不合格或存在安全隐患时,应及时整改。未完成隐蔽工程验收,不得进行下一道工序施工。

住宅综合布线系统隐蔽工程主要涉及穿线、缆线的暗埋铺设,以及缆线端接等。

1) 隐蔽工程中采用预埋槽盒和暗管铺设缆线应符合下列规定:

(1) 穿线管的两端宜用标志表示出编号等内容。

(2) 预埋槽盒宜采用金属槽盒,截面利用率应为30%~50%。

(3) 穿线管宜采用钢管或阻燃聚氯乙烯导管。布放大对数主干电缆及4芯以上光缆时,直线管道的管径利用率应为50%~60%,弯管应为40%~50%。布放4对对绞电缆或4芯及以下光缆时,管道的截面利用率应为25%~30%。

(4) 对金属材质有严重腐蚀的场所,不宜采用金属的穿线管、桥架布线。

(5) 在建筑物吊顶内应采用金属穿线管、槽盒布线。

(6) 穿线管、桥架跨越建筑物变形缝处,应设补偿装置。

2) 隐蔽工程中预埋金属槽盒保护应符合下列规定:

(1) 在建筑物中预埋槽盒,宜按单层设置,每一路由进出同一过线盒的预埋槽盒均不应超过3根,槽盒截面高度不宜超过25mm,总宽度不宜超过300mm。槽盒路由当中包括过线盒和出线盒时,截面高度宜在70~100mm范围内。

(2) 槽盒直埋长度超过30m或在槽盒路由交叉、转弯时,宜设置过线盒。

（2）绝密文件、技术资料一般不借出、不复制、不拍照摄影，如确因工作需要，应在借阅申请单上注明范围、内容、用途，先经部门领导同意，资料员只能按其范围、要求、内容提供图纸和资料。

（3）借阅人必须妥善保管借阅的资料，不得损坏、勾画、删改、加注、拆页等，防止丢失和泄密。未经同意，不得复印、抄录和转借，不能将资料内容公开，如遇丢失，要及时编写丢失报告，在没有做出处理前停止借阅。

（4）到了归还日期需要继续使用时，可办理续借手续。需要较长时间借阅时，要经主管领导批准，但年末要将所借资料交回，进行清点、核对后重新借出。对长期借阅不归还，又不说明原因、不办理续借手续的，资料员要通知借阅部门负责人催还。

6．图纸和资料保管与使用的管理流程

图纸和资料保管与使用的管理流程，如图 8-6 所示。

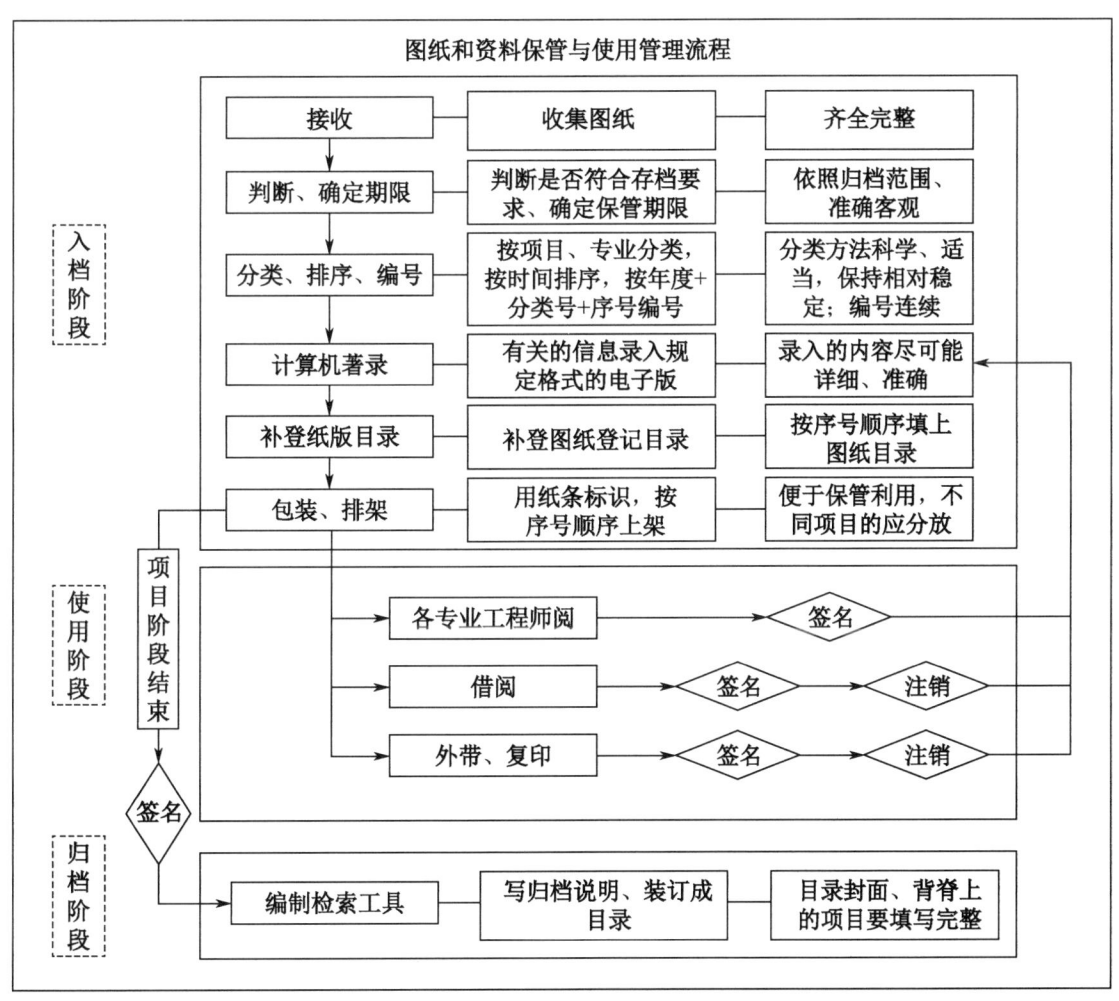

图 8-6　图纸和资料保管与使用的管理流程

8.3.3　任务实践

以工作任务 1 所述西元住宅建筑模型综合布线系统工程项目为例，完成以下图纸和资料

（5）工程文件的纸张应采用能够长期保存的韧力大、耐久性强的纸张。图纸一般采用蓝晒图，竣工图应是新蓝图。

（6）利用施工图改绘竣工图，必须标明变更修改依据。凡施工图结构、工艺、平面布置等有重大改变，或变更部分超过图面 1/3 的，应当重新绘制竣工图。

（7）不同幅面的工程图纸应按 GB/T 10609.3《技术制图 复制图的折叠方法》国家标准规定统一折叠成 A4 幅面（297mm×210mm），标题栏露在外面。

3．工程施工过程中的资料检查

资料员在工程施工过程中不定期检查（每月必检一次）施工单位、监理单位的质量验收和安全资料，及时检查资料是否按国家质量/安全验收规范、地方主管部门相关文件要求编制，与施工现场是否同步，原材料、试件等是否按规范留置、送检，发现有缺漏的，列出缺漏清单，督促施工、监理单位及时补齐。

4．图纸和资料的保管

（1）及时将收集的资料、图纸等整理分类、编写目录、装订成册，在保管过程中，严格遵守档案接收、查阅、出借、归还的登记制度。

（2）归档文件必须完整、准确、系统，能够反映工程建设活动的全过程。

（3）归档文件必须经过分类整理存放，在相应的档案盒上贴上标签。重要的记录必须保留一份原件并存档至合同规定的年限。

（4）根据建设程序和工程特点，归档可以分阶段进行，也可以在分项工程通过竣工验收后进行。

（5）工程档案一般不少于两套，一套由建设单位保管，一套（原件）移交当地城建档案馆（室）。

（6）勘察、设计、施工、监理等单位向建设单位移交档案时，应编制移交清单，双方签字、盖章后方可交接。

（7）做好资料的"防火、防盗、防潮、防尘"工作，档案柜必须加锁。

（8）保存的工程资料每半年核对一次，如有遗失、损毁，要查明原因，及时处理。

5．图纸和资料的借阅

（1）借阅图纸和资料，必须填写借阅申请单，经相关负责人签字确认后方可借阅，借阅时要填写借阅登记表，见表 8-1，归还时经资料员检查核对后，方可归档。

表 8-1 工程资料借阅登记表

序号	文件名称	借阅人	借阅日期	归还日期	借阅天数	备注

第五步：填写编制人员信息。

在表格中填写文件编制人员信息，如图8-5所示。

施工进度表											
项目名称：西元住宅建筑模型综合布线系统											
序	工种工序	工期	开始时间	截止时间	2021年10月						
^	^	^	^	^	8	9	10	11	12	15	16	17
1	施工准备（材料、工具准备）	2	10.8	10.9	━	━						
2	信息箱安装、管路铺设	3	10.10	10.12			━	━	━			
3	缆线铺设、端接	2	10.15	10.16						━	━	
4	系统测试	1	10.17	10.17								━
编制：李盼峰　审核：蔡永亮　审定：王公儒				西安开元电子实业有限公司				2021年9月28日			

图 8-5　填写编制人员信息

8.3 图纸和资料的保管与存档

8.3.1 任务描述

综合布线系统工程项目的图纸和资料是工程项目建设的依据，其保管与存档的情况直接影响到工程的建设、竣工验收及结算，因此必须按照相关规范，将图纸和资料编制到位，收集齐全，并且要分门别类地整理存档。

本任务要求掌握图纸和资料保管与存档的相关知识，完成典型工作任务。

8.3.2 相关知识介绍

1. 图纸和资料的主要内容

（1）项目基本信息资料：包括合同、施工图、预算与工程量清单。

（2）施工过程各类图纸和资料：开工报告、竣工报告、试运行记录、移交清单、变更签证、质量验收记录（材料进场检验单、隐蔽工程验收单、子分项工程验收单、主要功能性能检验验收单等）、施工组织计划、技术文件（图纸、说明书、关键工艺技术说明等）、维保协议等。

（3）工程进度与结算文件：工程量报验审批单、变更签证审批单、付款申请单、收付款记录、工程量决算单。

（4）施工日志：记录每日进度与重要事项。

2. 图纸和资料的质量要求

（1）归档的工程文件应为原件。

（2）工程文件的格式及内容必须符合国家有关工程勘察、设计、施工、监理等方面的技术规范、标准和规程。

（3）工程文件应采用耐久性强的书写材料，如碳素墨水、蓝黑墨水，不得使用易褪色的书写材料，如红色墨水、纯蓝墨水、圆珠笔、复写纸、铅笔等。

（4）工程文件应字迹清楚、图样清晰、图表整洁、签字盖章手续完备，不能代签或打印。

第一步：创建表格。

在 Word 中创建 1 个表格，设置表格基本信息，调整表格行、列数量与宽度等，如图 8-1 所示。

图 8-1　创建表格

第二步：填写工序。

按照施工顺序，将施工工序按照顺序排列，填写在"工种工序"列，如图 8-2 所示。

图 8-2　填写工序

第三步：填写工期。

确定每道施工工序所需的工期和起止时间，如图 8-3 所示。

图 8-3　填写工期

第四步：绘制横道图。

根据施工工期，对每一工序从开始时间到截止时间画一条横线，如图 8-4 所示。

图 8-4　绘制横道图

1）施工进度表的作用。

（1）反映施工进度目标，指导项目施工，实现施工进度管理。

（2）有效控制工程节点，确保工期。

（3）协调各工种之间作业，确保工程质量。

2）施工进度表的编制依据。

（1）工程设计方案。

（2）有关概（预）算指标、定额、资料和工期定额。

（3）合同规定的进度要求和施工组织规划。

（4）施工总方案（施工部署和施工方案）等。

3）施工进度表的编制要求。

（1）表格设计合理。

一般使用 A4 幅面横向排版的文件，要求表格打印后，表格宽度和文字大小合理，编号清楚，特别是编号数字不能太大或太小，一般使用小四字号或五号字。

（2）文件名称、项目名称正确。

文件名称（表格类别）、项目名称等信息正确。

（3）工序和工种齐全、正确。

按照工程各施工阶段施工顺序，详细设计和给出每个施工种类，不能漏项。

（4）施工进度安排合理。

依据施工现场的物料和器材供应情况、施工条件、工时定额、人力资源、工具数量、管理水平、工作日等，合理安排施工进度，编制施工进度表。

（5）签字和日期正确。

作为工程技术文件，编写、审核、审定、批准等人员的签字及签字日期等非常重要，必须规范完整，没有遗漏。

4）编制施工进度表的注意事项。

（1）作业工期要短，一般要求一道工序或一个工作任务的施工周期在 15 天以内。

（2）施工进度表应尽量符合施工工艺的自然流程。

（3）依据施工工作量的大小决定是否细化。

5）特殊情况处理。

在施工过程中，会出现影响进度的各种因素，导致工程项目进度难以按预定计划执行，此时需要及时查找偏差原因，并采取纠偏措施，对施工进度表进行综合调整或修正后，再按新的施工进度计划执行。

8.2.3 任务实践

完成工作任务 1 所述西元住宅建筑模型综合布线系统施工进度表的编制。

8.2.2 相关知识介绍

1. 施工进度管理

综合布线系统工程项目的施工进度管理通常采用 PDCA 循环方式,也就是计划、实施、检查和总结四个过程不断循环,通过对人力和物力投入的不断调整,以保证施工进度和计划不发生偏差。施工进度管理的关键就是编制施工进度表,根据工程规模,合理规划、调整各阶段的工序和时间。

施工进度管理的重要环节如下:

(1) 根据合同确定的开工日期、工期和竣工日期,确定施工进度目标,结合项目特点和工程经验,编制可行的施工进度计划,编制施工进度表。

(2) 确定劳动力、材料进度计划。

(3) 及时取得工程施工相关手续,避免停工。

(4) 跟踪施工进度计划的实施并进行监督,当发现受到干扰时,应及时、灵活地做好工程调度、材料调度工作,保证工程按照施工进度计划实施。

(5) 加强工程现场管理,做好现场工程调度,尽量避免窝工。

(6) 施工进度管理应落实具体执行人,以及进度目标、任务、方法等。

(7) 施工进度检查应采取日检查或定期检查的方式,在保证工程质量的前提下,进行偏差分析,合理调整施工进度计划,包括施工内容、工程量、施工时间等。

(8) 及时调整施工进度计划,施工过程中需要不断沟通和协调,当其他工程节点计划发生改变时,综合布线系统工程的施工进度计划也应做出相应的调整。

(9) 当总工期要求缩短时,在关键任务的施工中,应加强人力和物力投入,重点保证关键任务按期完成,其他工种协同作战,以确保工程进度。

2. 主要施工阶段

住宅综合布线系统工程一般包括以下五个施工阶段。

(1) 准备阶段。现场测量、图纸设计与优化等。

(2) 基础施工阶段。管路铺设、信息插座底盒安装、住宅信息箱安装等。

(3) 缆线安装铺设阶段。缆线布放、整理、绑扎、固定等。

(4) 设备安装、缆线终接阶段。电缆终接、配线架安装、信息插座面板安装等。

(5) 系统测试阶段。永久链路通断、性能测试等。

3. 施工进度表

施工进度表是施工进度计划的关键内容,用于安排和控制施工进度,合理安排作业工序,保质保量完成施工任务。在项目施工前根据工程量大小,科学合理地编制施工进度表,依据系统工程结构,把整个工程划分为多个子项目,循序渐进,依次执行。施工过程中也可以根据实际施工情况,做出合理调整,把握项目进展工期,按时完成项目施工。

工作任务 8

住宅综合布线系统项目管理

工作任务 8 以住宅为例介绍小型综合布线系统项目管理,以及项目管理的具体职业技能要求和相关知识,包括编制施工进度表、图纸和资料的保管与存档、现场施工管理和住宅综合布线系统项目管理等;最后安排了典型的工程实训项目。

8.1 《综合布线系统安装与维护职业技能等级标准》初级职业技能要求

《综合布线系统安装与维护职业技能等级标准》(2.0 版)对住宅综合布线系统项目管理工作任务,提出了如下职业技能要求。

1. 能编制施工进度表。
2. 能进行图纸和资料的保管与存档。
3. 能进行隐蔽工程、现场材料和工具的管理。
4. 能进行住宅综合布线项目的管理。

8.2 编制施工进度表

8.2.1 任务描述

施工进度管理是综合布线系统工程施工阶段的重要内容,是实现项目管理目标的主要途径,直接影响项目工期目标和投资效益。施工进度管理的关键就是编制施工进度表,合理安排前后工序作业的实施进度。

本任务要求掌握施工进度管理的相关知识,完成施工进度表编制。

7.6.5 永久链路搭建项目多人技能鉴定建议方案

为了提高技能鉴定效率和设备利用率，减少技能鉴定前期准备时间，满足多人多天技能鉴定的需要，在永久链路搭建技能测试中，建议按照下列方案设计工作量。

（1）每人完成1个信息插座对应的2个永久链路搭建，该项目配置有12个信息插座，可以安排12人按照顺序进行。例如从第1至第12个信息插座，或者从第12至第1个信息插座。

（2）每人30分钟，实际操作25分钟，每人评判时间5分钟，其中永久链路测试2分钟，安装工艺评判3分钟。中间轮换时间10分，每台设备每天安排12人。40台设备每天可以安排480人进行永久链路搭建项目的技能鉴定。

（3）第1人完成第1个信息插座永久链路搭建后，2名裁判进行通断测试，同时进行安装工艺评判，评判完成后保留作品，不拆除；第2人继续完成第2个信息插座永久链路搭建；依次类推，第12人完成第12个信息插座永久链路搭建后，最后集中拆除作品，准备下一轮12个人的技能鉴定。

（4）住宅信息箱安装、语音配线架端接等其他技能鉴定项目，参考该项目思路组织技能鉴定。

7.6.4 ⑩⑪⑫号信息插座永久链路搭建

本实训任务与 7.6.1 实训任务的技术知识、技能要求和工作量基本相同，注意布线路由、端接的信息插座、信息点编号、配线架端口不同。请参考 7.6.1 要求完成本实训任务。

独立完成 6 个电缆永久链路的搭建，要求按照图 7-46（图纸编号 XY-01-56-22-4）所示的信息插座、端口和路由规定，把来自⑩⑪⑫号信息插座的电缆分别端接在网络配线架的 19~24 口，并进行电气通断测试，评判合格。请扫描二维码查看彩色高清图片。

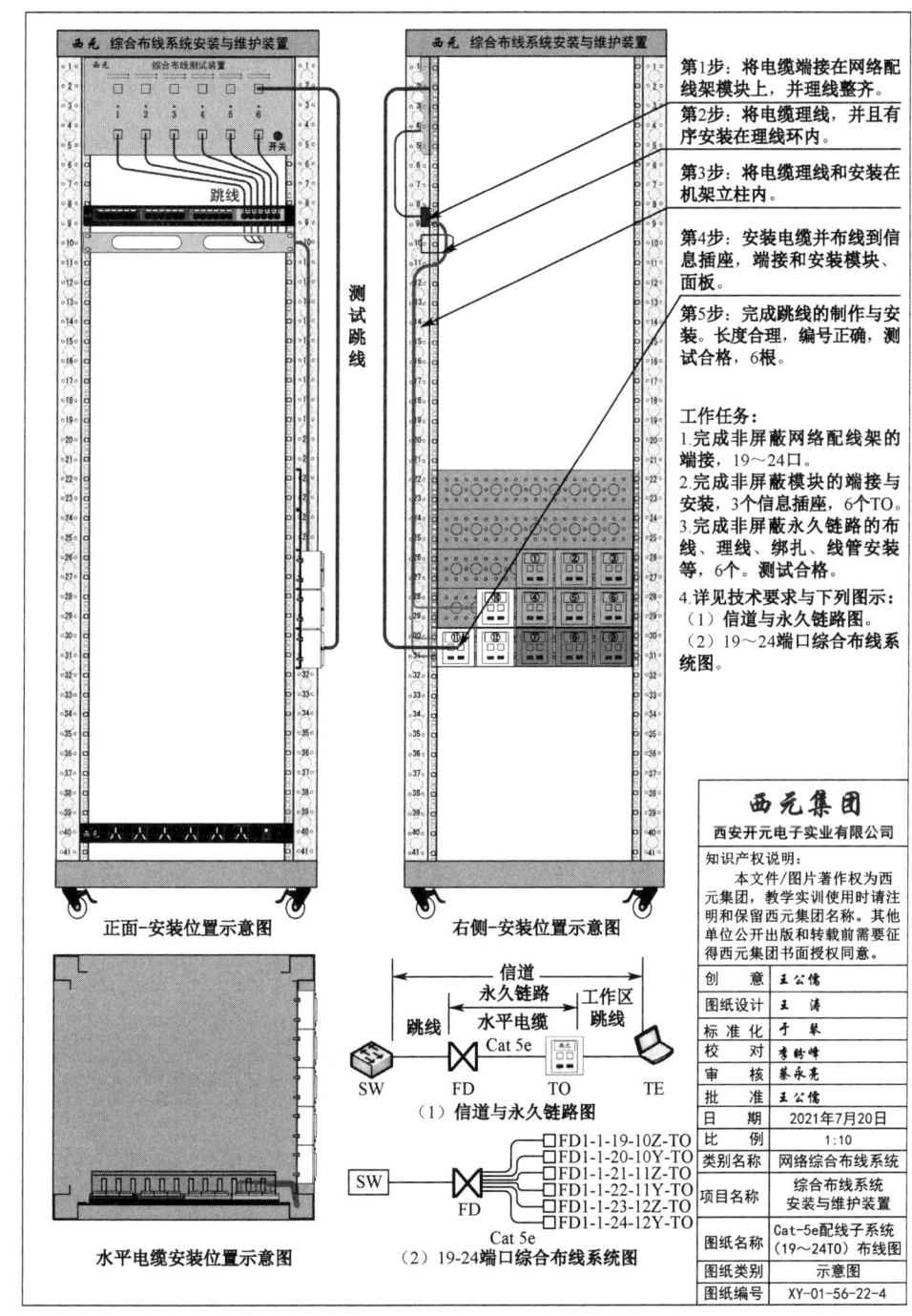

图 7-46　永久链路安装与测试示意图（⑩⑪⑫号信息插座）

7.6.3 ⑦⑧⑨号信息插座永久链路搭建

本实训任务与 7.6.1 实训任务的技术知识、技能要求和工作量基本相同，注意布线路由、端接的信息插座、信息点编号、配线架端口不同。请参考 7.6.1 要求完成本实训任务。

独立完成 6 个电缆永久链路的搭建，要求按照图 7-45（图纸编号 XY-01-56-22-3）所示的信息插座、端口和路由规定，把来自⑦⑧⑨号信息插座的电缆分别端接在网络配线架的 13~18 口，并进行电气通断测试，评判合格。请扫描二维码查看彩色高清图片。

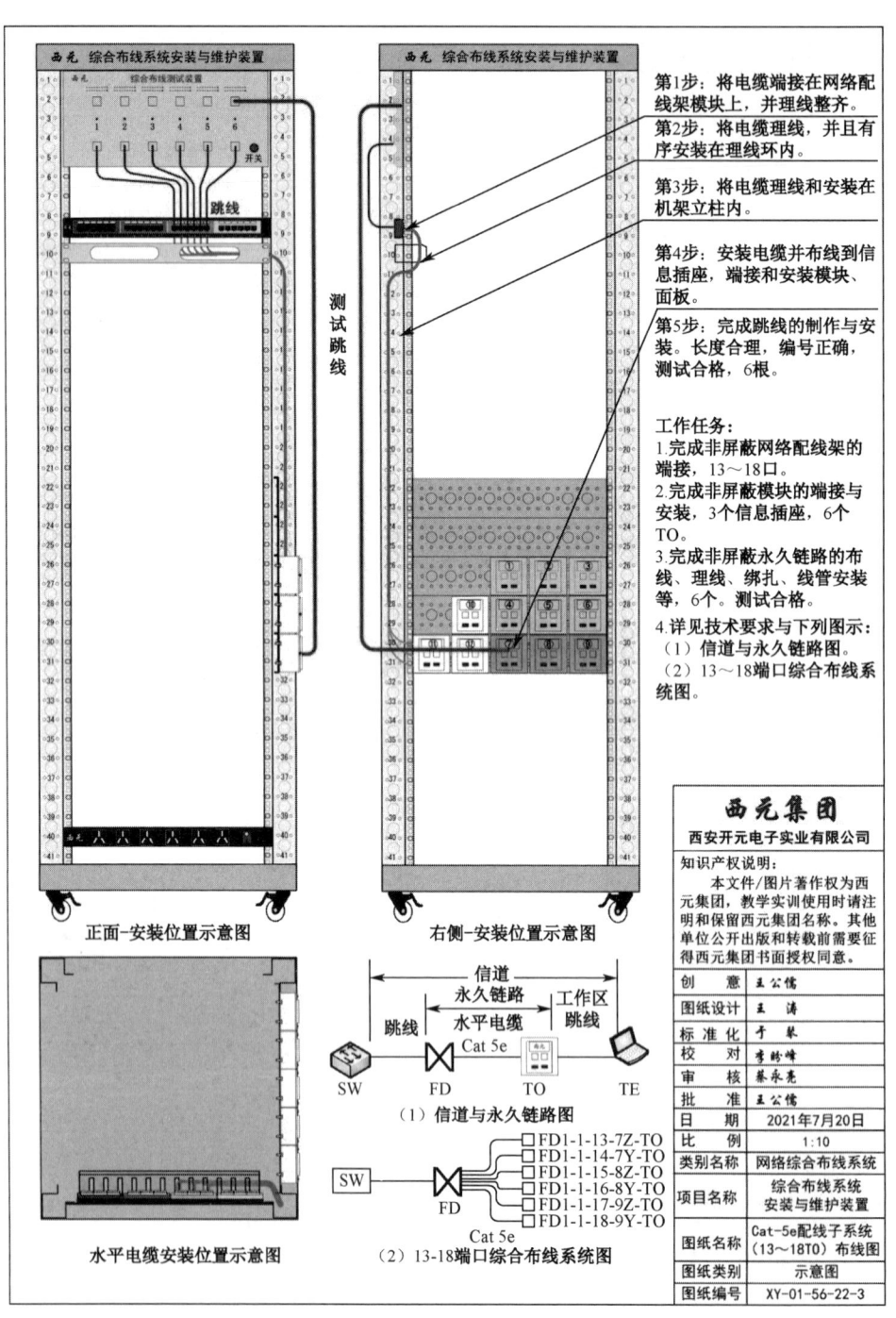

图 7-45　永久链路安装与测试示意图（⑦⑧⑨号信息插座）

7.6.2 ④⑤⑥号信息插座永久链路搭建

本实训任务与 7.6.1 实训任务的技术知识、技能要求和工作量基本相同，注意布线路由、端接的信息插座、信息点编号、配线架端口不同。请参考 7.6.1 要求完成本实训任务。

独立完成 6 个电缆永久链路的搭建，要求按照图 7-44（图纸编号 XY-01-56-22-2）所示的信息插座、端口和路由规定，把来自④⑤⑥号信息插座的电缆分别端接在网络配线架的 7~12 口，并进行电气通断测试，评判合格。请扫描二维码查看彩色高清图片。

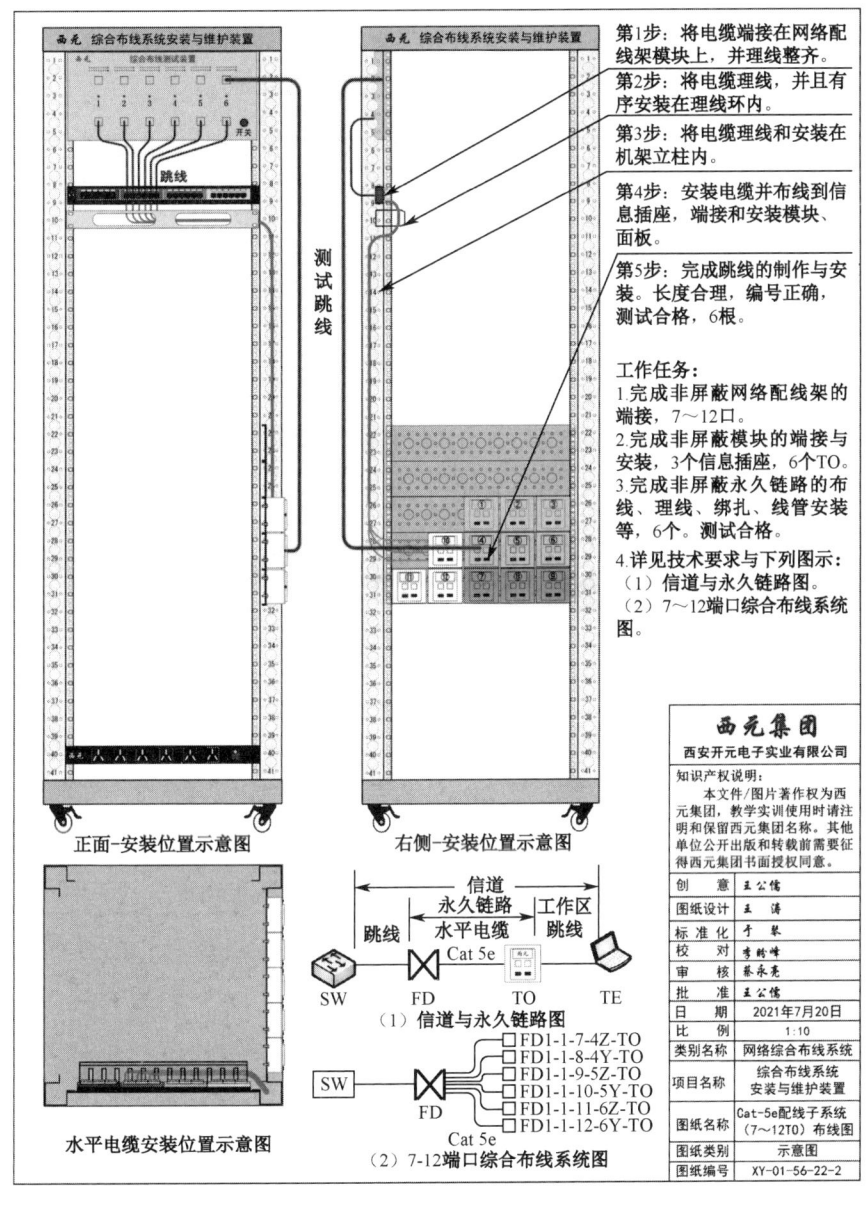

图 7-44　永久链路安装与测试示意图（④⑤⑥号信息插座）

9. 评判标准

评判标准详见表 7-4，每个永久链路 100 分，共 600 分。

表 7-4 综合布线系统永久链路搭建评分表

姓名或链路编号	操作工艺评价（不合格扣分，每处扣 5 分)							测试结果	得分
	第一步 线管安装 10 分	第二步 电缆标记 10 分	第三步 穿线和预留长度 10 分	第四步 模块端接与面板安装 25 分	第五步 理线与绑扎 15 分	第六步 网络配线架端接 20 分	第七步 制作和安装跳线 10 分	第八步 通过 100 分 不合格 0 分	

10. 实训报告

请按照实训项目 1 表 1-11 所示的实训报告要求和模板，独立完成实训报告，2 课时。

11. 实训材料

本实训使用的材料详见表 7-5。

表 7-5 综合布线系统永久链路搭建材料表（①②③号信息插座）

序号	产品名称	型号/规格	数量	单位	主要器材照片
1	信息插座底盒	86×86×36，透明	3	个	
2	信息插座面板	86×86 双口面板	3	个	
3	非屏蔽双绞线电缆	Cat 5e	17	m	
4	网络模块	RJ-45 网络模块	6	个	
5	非屏蔽水晶头	超 5 类非屏蔽	12	个	
6	PVC 管	ϕ20，1.75m/根	1	根	
7	ϕ20 管卡	ϕ20 管卡	10	个	
8	尼龙线扎	3×200 线扎	10	个	
9	标签扎带	100mm	12	个	

12. 实训工具

本实训使用的工具详见表 7-6。

表 7-6 综合布线系统永久链路搭建常用工具表

序号	产品名称	型号/规格	数量	单位	主要工具照片
1	旋转剥线器	旋转式双刀同轴剥线器	1	把	
2	水口钳	6 寸水口钳	1	把	
3	单口打线钳	单对 110 型打线刀	1	把	
4	十字螺丝刀	ϕ6×150mm	1	把	
5	网络压线钳	RJ-45 与 RJ-11 水晶头压接	1	把	
6	线管剪	用于裁剪 PVC 线管	1	把	
7	弯管器	用于制作 PVC 线管弯头	1	把	

建议用黑色记号笔标记。

第三步：穿线。

按照图 7-32 所示完成①、②、③号信息插座布线。每个信息插座布放 2 根电缆。要求电缆平顺，没有缠绕和打结。在网络配线架对应端接位置，预留电缆长度约为 100mm，并考虑理线长度。底盒内预留电缆长度宜为 100mm，完成端接后预留 30～60mm，如图 7-40 所示。

第四步：模块端接与面板安装。

完成①、②、③号信息插座内 6 个网络模块的端接与安装。网络模块端接与安装参照"2.7 实训项目 3-网络模块端接训练"。最后安装信息面板，粘贴标识标志，要求电缆预留长度合适，端接正确，面板横平竖直，固定牢固，没有变形。

第五步：理线。

使用塑料线扎或魔术贴将电缆绑扎整齐，要求电缆自然平直，不受拉力和挤压。电缆弯曲半径不应小于电缆外径的 8 倍，6 类电缆采用束缆方式。如图 7-41 所示为配线架处超 5 类电缆的理线。

图 7-40　电缆端接后预留 30～60mm

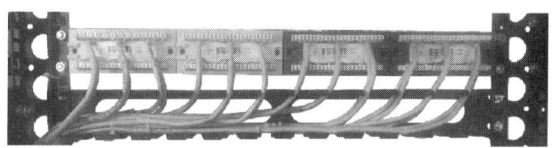

图 7-41　配线架处超 5 类电缆的理线

第六步：网络配线架端接。

如图 7-42 所示，将 6 根电缆依次端接到网络配线架第 1～6 模块，T568B 线序。要求电缆排列整齐，进入理线环整理电缆，没有交叉和缠绕，端接位置正确，线序正确，没有偏心，剥开双绞线长度合适，端接完成后最短的线芯长度不大于 5mm。

第七步：制作和安装跳线。

制作 6 根 RJ-45-RJ-45 超 5 类网络跳线，T568B 线序，长度合适，如图 7-43 所示，逐一将跳线一端插接在网络配线架 1～6 端口，另一端插接在西元综合布线测试装置下排端口。

第八步：永久链路测试。

如图 7-32 所示，用配套的 RJ-45-RJ-45 测试跳线进行永久链路的测试，观察到指示灯按照 1～8 顺序闪烁，测试合格。如果出现开路、跨接、反接时，请仔细检查故障并且维修好。

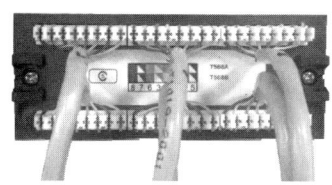

图 7-42　配线架端接位置、剥线长度图

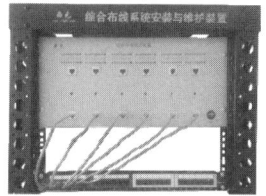 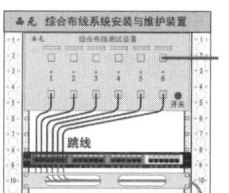

图 7-43　跳线安装位置、接口、顺序示意图

（2）实训报告 2 课时，独立完成实训报告。

6．实训指导视频

1XCJ71-实训 8-网络综合布线系统永久链路搭建与评判。

7．实训设备

西元综合布线系统安装与维护装置，产品型号为 KYPXZ-01-56。该装置基于《综合布线系统安装与维护职业技能等级标准》的技术技能训练与鉴定等需求专门研发，设计有 7 个独立单元，包括①屏蔽电缆永久链路，②网络数据永久链路，③综合布线永久链路（数据+语音），④光纤永久链路安装，⑤光纤永久链路熔接，⑥光纤永久链路冷接，⑦住宅布线系统。每个单元既可供 4 名学生同时进行不同项目的技能实战训练，也可供 4~8 人按照顺序进行技能鉴定，并且在 5 分钟内快速完成测试与评判，通过指示灯闪烁持续显示永久链路开路、跨接、反接等故障。

在实操或技能训练中，建议首先熟悉和充分理解实训任务，然后认真读懂图纸，看清楚布线路由和位置，最后准备材料和工具，按图施工，正确操作，熟练掌握关键技能。

在技能鉴定中，建议在规定时间内，分项逐一完成工作任务，保证工作质量。

8．综合布线系统永久链路搭建实训步骤

实训操作前，初学者应提前预习，认真研究实训任务，仔细阅读和理解图纸，看清楚图纸规定的布线路由和位置，通过反复认真观看实训指导视频，掌握技术知识点，熟悉关键技能与要求内容，准备和检查实训材料和工具，在规定时间内有计划地完成本实训任务。

第一步：安装 PVC 线管。

（1）安装管卡。根据图 7-38、图 7-39 所示的布线路由和位置，安装管卡，要求横平竖直、位置正确。

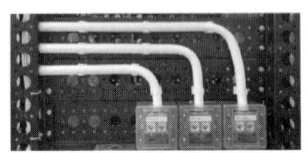 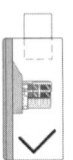

图 7-38　穿线管安装实物图　　　　　　　　图 7-39　插入底盒 15mm

（2）穿线管折弯。标记需要折弯的位置，使用弯管器，完成穿线管折弯。要求曲率半径正确，没有变形和破损。

（3）裁剪穿线管。使用线管剪裁取长度合适的穿线管。要求长度合适，两端平齐。

（4）安装穿线管。如图 7-38 所示，将穿线管安装在管卡中，要求横平竖直，位置正确。如图 7-39 所示将穿线管穿入底盒内约 15mm。如果穿线管未穿入底盒内，网络电缆将外露，如果穿线管穿入底盒过长，将会影响网络模块安装。

第二步：电缆标记。

首先检查确认电缆型号、规格，然后根据需要裁取长度合适的电缆，并在电缆两端标记相同的编号。一般电缆按照信息点编号进行标记，也可以按照配线架端口编号进行临时标记，

（2）查看技术文件和图纸，对实训任务、技能鉴定的具体要求，以及图纸规定的操作步骤等文字信息，建议至少认真看两遍，理解和读懂具体要求；

（3）查看图 7-34 所示的信道与永久链路图；

（4）查看图 7-35 所示的综合布线系统图、端口和信息点编号，汉字拼音字头表示面板的插口位置，例如"Z"表示面板左口，"Y"表示面板右口。

（5）查看图 7-36 所示的信息插座编号与位置，正确安装完成，切勿出现位置错误；

（6）查看图 7-37 所示的跳线数量、接口位置、长度和顺序；

（7）安装过程中，随时看图纸，按图操作。

类别名称	网络综合布线系统
项目名称	综合布线系统安装与维护装置
图纸名称	Cat-5e配线子系统（1～6TO）布线图
图纸类别	示意图
图纸编号	XY-01-56-22-1

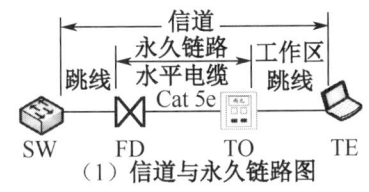
（1）信道与永久链路图

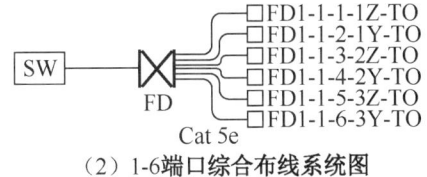
（2）1-6端口综合布线系统图

图 7-33　图纸右下角的标题栏　　图 7-34　信道与永久链路图　　图 7-35　综合布线系统图和信息点编号

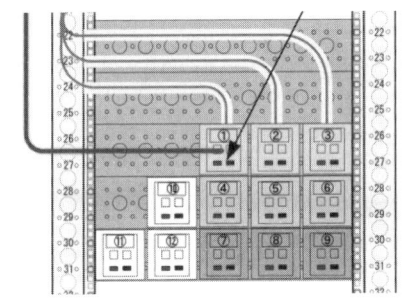

图 7-36　信息插座编号与位置

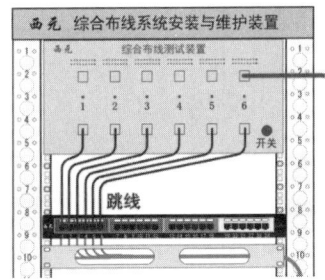

图 7-37　跳线数量、接口位置、长度和顺序

3．技术知识点

（1）在 GB 50311《综合布线系统工程设计规范》国家标准 2.1 条术语中规定，永久链路就是"信息点与楼层配线设备之间的传输线路"。

（2）对绞电缆终接处，预留长度在工作区信息插座底盒内宜为 30～60mm。

4．关键技能与要求

（1）熟练掌握水平电缆的安装布线方法，包括穿线、理线、标记的方法与技巧。

（2）熟练掌握信息插座底盒、面板的安装方法，包括螺纹质量检查、面板编号。

（3）熟练掌握 RJ-45 水晶头和模块的端接方法，包括超 5 类、6 类水晶头的区别。

（4）掌握穿线管的安装方法和技巧，包括钢管、PVC 管的裁剪、折弯与固定。

（5）掌握网络配线架的安装与端接方法，包括电缆剥线长度、端接不能偏芯等。

5．实训课时

（1）初级 2 课时完成，其中技术讲解和视频演示 25 分钟，实操 45 分钟，永久链路测试与评判 10 分钟，整理清洁现场 10 分钟。

晶头等连接器件的安装与端接技术技能，在日常网络系统应用和维护中经常使用，也是1+X《综合布线系统安装与维护职业技能等级标准》规定的初级技能。

2. 实训任务

独立完成6个电缆永久链路的搭建，要求按照图7-32（图纸编号XY-01-56-22-1）所示的信息插座、端口和路由规定，把来自①②③号信息插座的电缆分别端接在网络配线架的1~6口，并进行电气通断测试，评判合格。请扫描二维码查看彩色高清图片。

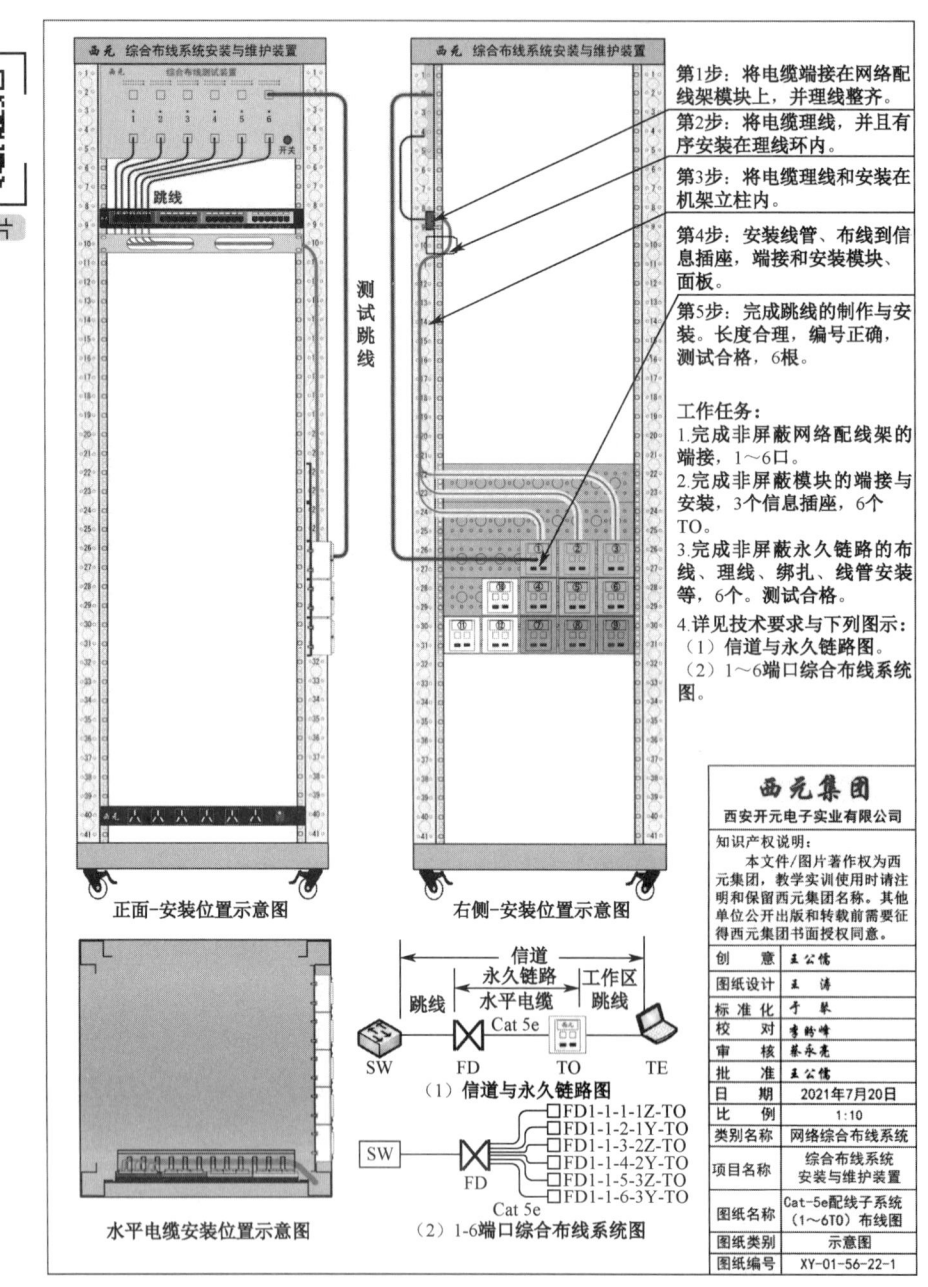

图7-32 永久链路安装与测试示意图（①②③号信息插座）

读图重点和注意事项如下：

（1）首先查看图7-33所示标题栏，确认图纸编号与实训任务要求相符，切勿用错图纸；

三、简答题（50分，每题10分）

1. 电缆的测试内容包括哪些？（至少写出5个）（参考7.2.2）

2. 测试报告应包括哪些？（至少写出5个）（参考7.2.2）

3. 综合布线系统工程的竣工技术资料应包括哪些内容？（参考7.3.3）

4. 简述电缆测试仪的使用方法。（参考7.4.2）

5. 简述各类配线架的安装要求。（参考7.5.2）

7.6 实训项目8 网络综合布线系统永久链路搭建

本节安排的实训项目全部使用网络配线架，注意全部信息插座位于设备右侧。

通过4个实训项目，训练初学者与初级工的识图能力、按图施工能力等，示例了多人多批次快速技能鉴定的做法，减少了准备时间和评判时间，不仅提高了鉴定效率，也保证了技能鉴定的公平、公开、公正。

下面安排的4个实训项目，每人完成6个不同路由和端口的永久链路搭建，也可以作为4个技能鉴定项目，工作任务量和技术技能难度相同；每人完成1个实训项目后，用配套测试跳线进行电气性能通断评判和安装工艺评判，每人10分钟即可完成成绩评判，开始第2个人的技能鉴定，可满足4人持续技能鉴定，提高了鉴定效率和设备利用率。

也可以按照每人完成1个或2个不同路由和端口的永久链路搭建，每人5分钟即可完成成绩评判。一次技术和材料准备，就能满足12人或24人持续技能鉴定，鉴定效率更高。

7.6.1 ①②③号信息插座永久链路搭建

1．实训任务来源

永久链路是综合布线系统的基本单元，永久链路搭建涉及水平电缆布线、网络模块和水

二、选择题（部分为多选题）(30分，每题3分)

1. 通常在检测中遇到的故障有（　　）等。（参考 7.2.2）
   A．短路　　　　　　　　　　B．断路
   C．反接　　　　　　　　　　D．错对/跨接

2. 测试现场的环境温度宜为（　　），湿度宜为（　　）。（参考 7.2.2）
   A．20~30℃　　　　　　　　B．25~35℃
   C．50%~80%　　　　　　　D．30%~85%

3. 从工程的角度可将综合布线系统工程的测试分为（　　）。（参考 7.3.2）
   A．验证测试　　　　　　　　B．认证测试
   C．网络测试　　　　　　　　D．布线测试

4. （　　）测试一般是指从配线架上的跳线端口算起，到工作区插座面板位置，对这段链路进行的物理性能测试。（参考 7.3.2）
   A．基本链路　　　　　　　　B．永久链路
   C．信道链路　　　　　　　　D．布线链路

5. 综合布线系统工程验收的主要内容包括（　　）等。（参考 7.3.3）
   A．环境检查　　　　　　　　B．器材及测试仪表工具检查
   C．设备安装检验　　　　　　D．缆线铺设和保护方式检验

6. 工程验收分类包括（　　）。（参考 7.3.3）
   A．施工前检查　　　　　　　B．随工验收
   C．初步验收　　　　　　　　D．竣工验收

7. 红光笔又叫作（　　），多数用于检测光纤断点。（参考 7.4.2）
   A．通光笔　　　　　　　　　B．笔式红光源
   C．可见光检测笔　　　　　　D．光纤故障检测器

8. 机柜安装的垂直偏差度不应大于（　　）。（参考 7.5.2）
   A．1mm　　　　　　　　　　B．2mm
   C．3mm　　　　　　　　　　D．4mm

9. 配线架应安装在左右对应的孔中，水平误差不大于（　　），不允许左右错位安装。（参考 7.5.2）
   A．1mm　　　　　　　　　　B．2mm
   C．3mm　　　　　　　　　　D．4mm

10. 墙挂式箱体底面距地不宜小于（　　）。（参考 7.5.2）
    A．1.0m　　　　　　　　　　B．1.5m
    C．1.8m　　　　　　　　　　D．2.0m

续表

检查情况				
检查项目	检查结果			
^	水平度		垂直度	
PDU电源插座水平度/垂直度	合格☐	不合格☐	合格☐	不合格☐
机柜水平度/垂直度	合格☐	不合格☐	合格☐	不合格☐
网络配线架水平度/垂直度	合格☐	不合格☐	合格☐	不合格☐
跳线架水平度/垂直度	合格☐	不合格☐	合格☐	不合格☐
语音配线架水平度/垂直度	合格☐	不合格☐	合格☐	不合格☐
网络交换机水平度/垂直度	合格☐	不合格☐	合格☐	不合格☐
理线架水平度/垂直度	合格☐	不合格☐	合格☐	不合格☐

检验单位： 负责人： 审核人： 测试人：

互动练习

- 互动练习13　电缆测试
- 互动练习14　链路测试

内容详见本书附册。

习题

一、填空题（20分，每题2分）

1. 电缆应附有本批量的_____检验报告。（参考7.2.2）

2. 在综合布线系统工程中，对双绞线链路的测试通常有_____与_____两类。（参考7.2.2）

3. 双绞线电缆一般整箱为_____英尺，也就是_____m。（参考7.2.3）

4. 认证测试是指对布线系统依照标准进行逐项检测，包括_____测试和_____测试。（参考7.3.2）

5. 工程验收应_____起就开始。（参考7.3.3）

6. _____应对工程的隐蔽部分边施工边验收。（参考7.3.3）

7. 电缆测试仪主要用于电缆链路的_____。（参考7.4.2）

8. _____的通断测试一般选用红光笔进行测试。（参考7.4.3）

9. 水平尺材料的平直度和水准泡质量，决定了水平尺的_____和_____。（参考7.5.2）

10. 壁嵌式箱体底边距地不宜小于_____。（参考7.5.2）

（1）PDU 电源插座。

（2）网络配线架。

（3）跳线架。

（4）语音配线架。

（5）网络交换机。

（6）机柜。

（7）理线架。

检验过程中，随时填写检验记录表。

▶ 任务 2：完成机架类设备垂直度检验

在实际工程施工中，往往由于地面不平，或者地脚螺丝没有调节好，造成机柜不垂直或不稳定，影响整个机柜内的设备不垂直。因此必须首先调整和检验机柜的垂直度，保证机柜横平竖直，垂直度偏差不大于 3mm。每个配线架等机架类设备检验时，首先目测横平竖直，对于新手或怀疑不垂直时，使用水平尺，逐一检验垂直度，包括下列设备。

（1）PDU 电源插座。

（2）网络配线架。

（3）跳线架。

（4）语音配线架。

（5）网络交换机。

（6）机柜。

（7）理线架。

检验过程中，随时填写检验记录表。

利用现有机架类实训设备或参观学校综合布线系统管理间，进行机架类设备的水平度和垂直度工程检验，并填写检验记录表，见表 7-3。

表 7-3 综合布线系统工程机架类设备检验记录表

项目名称：　　　　　　　　　　　　　　　　　　项目编号：

施工单位			施工负责人		完成日期	
工程完成情况							
序号	设备名称	台数	生产厂家	安装地点	安装方式	备注
1	机柜					
2	网络配线架					
3	跳线架					
4	语音配线架					
5	网络交换机					
6	理线架					

架面板的 RJ-45 端口接出后，通过理线架从机柜两侧进入交换机间的理线架，然后再接入交换机端口。

（6）对于要端接的缆线，先以配线架为单位，在机柜内部进行整理、绑扎，将多余的缆线盘放在机柜的底部后再进行端接，使机柜内整齐美观、便于管理和使用，接线端子各种标记应齐全。

（7）各部件应完整，安装就位，标志齐全、清晰。

（8）安装螺丝应拧紧，面板应保持在一个平面上。

7.5.3 任务实践

综合布线系统机架类设备包括机柜、网络配线架、跳线架、语音配线架、网络交换机、理线架等。

▶ 任务1：完成机架类设备水平度检验

网络机柜的安装尺寸执行 YD/T 1819—2016《通讯设备用综合集装架》标准的规定，标准 U 机柜立柱上设计的安装孔为宽 9mm、高 9mm 的方孔，左右孔距为 465.1mm，并且由上至下标记有 1U、2U～41U、42U 等标记。网络配线架等设备挂耳的安装孔为 $\phi 7 \times 11$ 的长条型孔，安装螺丝一般为 M5 或 M6，在安装过程中可能出现的左右最大偏差为 8～10mm，上下最大偏差为 4～6mm。如图 7-30 所示为标准 U 机柜立柱安装尺寸图，如图 7-31 为标准 U 机柜安装设备实物照片。请扫描二维码查看彩色高清图片。

彩色高清图片

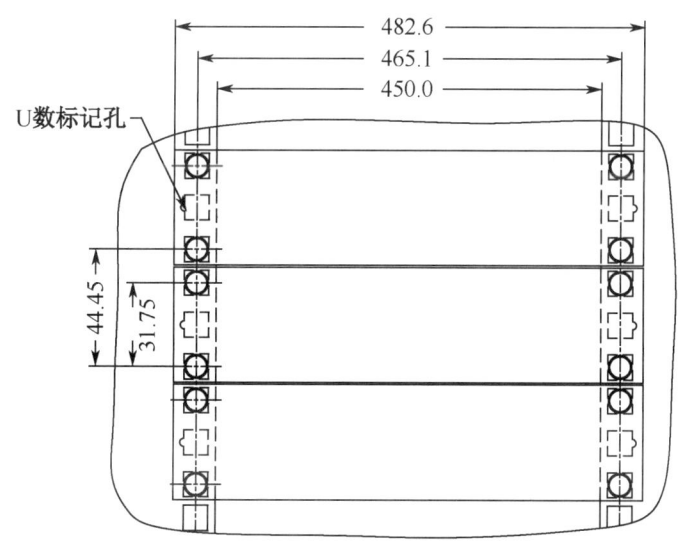

图 7-30　标准 U 机柜立柱安装尺寸

图 7-31　标准 U 机柜安装设备实物照片

因此在机架类设备的水平度检验时，首先目测是否横平，左右立柱安装孔是否对齐，确认左右立柱没有错位；其次检查是否居中安装；最后对目测有明显不平的设备，或者新手，使用水平尺进行水平度测量。需要检查和测量的机架类设备主要如下：

的相应一端读数 c，将 c 加上水平位置的零位误差即为铅垂位置的零位误差。

45°位置的零位误差校准：

调整分度头，使水平位置气泡的一端对准长刻线，将分度头转过45°，在45°位置气泡的相应一端读数 d，将 d 加上水平位置的零位误差即为45°位置的零位误差。

（2）分度值误差校准。

转动分度头，使气泡对准水准泡左边（或右边）的起始线，然后依次改变分度头的示值，每次改变量为被校水平尺的标称分度值。待气泡稳定后，在气泡的一端进行读数，以同样的方法校准水准泡另一边。

5）水平尺的保管。

（1）水平尺悬挂、平放都可以，不会因长期平放影响其直线度、平行度；

（2）铝镁轻型水平尺不易生锈，使用期间不用涂油；

（3）长期不使用，存放时轻轻地涂上薄薄的一层一般工业油即可。

2．直角尺

直角尺是检验和划线工作中常用的量具，用于检测工件的垂直度及工件相对位置的垂直度，是一种专业量具。

直角尺简称为角尺，在有些场合还被称为靠尺。直角尺通常用钢、铸铁制成，按材质它可分为铸铁直角尺、镁铝直角尺，如图7-29所示。

图7-29　直角尺

3．网络机柜安装要求

机柜安装的垂直偏差度不应大于3mm；在公共场所安装配线箱时，壁嵌式箱体底边距地不宜小于1.5m，墙挂式箱体底面距地不宜小于1.8m。

4．各类配线架的安装要求

（1）为了管理方便，配线间的数据配线架和网络交换设备一般都安装在同一个19英寸的机柜中。

（2）根据楼层信息点标识编号，按顺序安放配线架，并画出机柜中配线架信息点分布图，便于安装和管理。

（3）缆线一般从机柜的底部进入，所以通常配线架安装在机柜下部，交换机安装在机柜上部，也可根据进线方式做出调整。

（4）配线架应安装在左右对应的孔中，水平误差不大于2mm，不允许左右错位安装。

（5）为美观和管理方便，机柜正面配线架之间和交换机之间要安装理线架，跳线从配线

气泡示值的，所以又称为水准尺式水平尺或气泡式水平尺。按其结构不同可以分为可调式水平尺和不可调式水平尺。

（1）条式水平尺。

条式水平尺是具有一个基座测量面，且水准气泡固定或可相对基座测量面进行调整的矩形水准器式测量器具，如图7-26所示。

（2）框式水平尺。

框式水平尺是具有一个基座测量面及两个垂直测量面，且水准器气泡固定或可相对基座测量面进行调整的框形水准器式测量器具，如图7-27所示。

（3）磁性水平尺。

磁性水平尺是具有一个基座测量面及一个侧面，侧面有磁性，可用在机床仪器Z轴的吸附测量，有磁性开关，如图7-28所示。

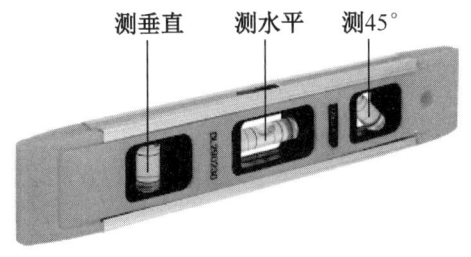
图7-26 条式水平尺

图7-27 框式水平尺

图7-28 磁性水平尺

3）水平尺的特点。

（1）重量轻：长度小于2m的水平尺的单位重量为1.5kg/m，2m以上的为3kg/m。一根6m的水平尺的重量只有18kg，一个人可轻松使用。

（2）不易变形：水平尺的制造材质为镁铝合金。镁铝合金的屈服点是一般钢材材质的3～4倍，起到了抗弯曲、不易变形的效果。

4）水平尺的校准方法。

水平尺的零位误差与分度值误差是对水平尺校准的重要项目，包括水平位置的零位误差、铅垂位置的零位误差、45°位置的零位误差等。

校准器具由光学分度头和专用夹具组成，校准时将专用夹具固定于分度头的主轴锥孔中，调整分度头使平板大致水平，将水平尺固定在平板上，逐项进行校准。

（1）零位误差校准。

水平位置的零位误差校准：

待气泡稳定后，在水平位置气泡一端读数得a，然后将水平尺调转180°，放在平板的原位置，按照第一次读数的一边记下气泡另一端的读数b，两次读数差的一半为零位误差。

铅垂位置的零位误差校准：

调整分度头，使水平位置气泡的一端对准长刻线，将分度头转过90°，在铅垂位置气泡

电池安装完后将笔头和笔身拧紧，打开红光笔的防尘帽和控制开关，观察红光笔是否有红光，有红光则代表电池安装正确，红光笔完好可使用。

2. 根据光纤跳线类型选择合适的接头

根据光纤跳线类型选择合适的接头，如 LC 光纤跳线则选择 LC 接头安装在红光笔的接口上，再将光纤跳线插入红光笔的接头上，光纤跳线插入前请用清洁工具清洗其接口。

3. 打开红光笔工作模式，检测光纤跳线

首先选择红光笔的恒亮模式（向上推），通过连续光检查光纤跳线是否连通、完好，若光纤跳线中没有出现红光泄露，则表示此光纤跳线完好。若在光纤跳线的某处存在红光泄露的情况，则打开红光笔的闪烁模式（向下推），通过闪烁光快速查找出光纤跳线的故障点。若因为光纤弯曲过大导致光纤跳线受损，更换光纤跳线即可；若光纤跳线的故障点是光纤熔接处，那么有可能是熔接处存在气泡，则需重新熔接光纤。

7.5 检验机架类设备的水平度和垂直度

7.5.1 任务描述

在综合布线系统工程中，机架类设备的横平竖直是基本要求，通过使用水平尺检验其水平度和垂直度是必要的工作任务。设备的水平度和垂直度不达标，不仅直接影响综合布线系统的正常工作和日常维护，也影响整齐度和美观度等。

本任务要求掌握机架类设备安装基本知识、测试方法等相关知识，完成典型工作任务。

任务 1：完成机架类设备水平度检验

任务 2：完成机架类设备垂直度检验

7.5.2 相关知识介绍

1. 水平尺

1) 水平尺的工作原理。

水平尺是利用液面水平的原理，以水准泡直接显示角位移，测量被测表面相对水平位置、铅垂位置、倾斜位置偏离程度的一种计量器具。这种水平尺既能用于短距离测量，又能用于远距离的测量，也解决现有水平仪只能在开阔地测量、狭窄地方测量难的缺点，且测量精确，造价低，携带方便，经济实用。水平尺材料的平直度和水准泡质量，决定了水平尺的精确性和稳定性。

2) 水平尺的分类。

水平尺分为机械式水平尺和电子水平尺。本节主要讲解机械式水平尺。

机械式水平尺分为条式水平尺（钳工水平尺）、框式水平尺和磁性水平尺。它们是以水准

研究等方面不可或缺的工具，能够快速进行光纤、光缆的通断测试。

7.4.3 任务实践

▶ 任务1：完成电缆通断测试

在测试之前，先安装测线仪的电池，然后将电缆两端的水晶头分别插入主测试仪和远程测试仪的 RJ-45 端口，按下开关键，打开设备电源。设备此时为自动测试状态，主测试仪和远程测试仪的指示灯逐个闪亮。

将被测试电缆两头的 RJ-45 接头分别插入主测试仪和远程测试仪对应的端口，电缆测试仪自动开始测试。

（1）测试非屏蔽双绞线电缆时，如果接线和线序正确，主测试仪和远程测试仪按照下列顺序轮流闪烁，指示灯显示现象如下：

主测试仪亮灯　　1 - 2 - 3 - 4 - 5 - 6 - 7 - 8。G 灯不亮。

远程测试仪亮灯　1 - 2 - 3 - 4 - 5 - 6 - 7 - 8。G 灯不亮。

（2）测试屏蔽双绞线电缆时，如果接线和线序正确，主测试仪和远程测试仪按照下列顺序轮流闪烁，指示灯显示现象如下：

主测试仪亮灯　　1 - 2 - 3 - 4 - 5 - 6 - 7 - 8 - G。G 灯代表屏蔽层。

远程测试仪亮灯　1 - 2 - 3 - 4 - 5 - 6 - 7 - 8 - G。G 灯代表屏蔽层。

（3）测试六芯电话线，如果接线和线序正确，主测试仪和远程测试仪按照下列顺序轮流闪烁，指示灯显示现象如下：

主测试仪亮灯：　　1 - 2 - 3 - 4 - 5 - 6。

远程测试仪亮灯：　1 - 2 - 3 - 4 - 5 - 6。

（4）测试四芯电话线，如果接线和线序正确，主测试仪和远程测试仪按照下列顺序轮流闪烁，指示灯显示现象如下：

主测试仪亮灯：　　2 - 3 - 4 - 5。

远程测试仪亮灯：　2 - 3 - 4 - 5。

（5）测试二芯电话线，如果接线和线序正确，主测试仪和远程测试仪按照下列顺序轮流闪烁，指示灯显示现象如下：

主测试仪亮灯：　　3 - 4。

远程测试仪亮灯：　3 - 4。

（6）若电缆接线或线序不正确时，指示灯不亮，或者按照错误的线序闪烁。

▶ 任务2：完成光缆通断测试

光缆链路的通断测试一般选用红光笔进行测试。

1. 安装电池，检查红光笔是否完好

将红光笔的笔头和笔身拧开，将电池安装在红光笔的笔身中，注意电池的正负极应正确，

2）工作原理。

测试仪的信号检测是按电缆一端芯线序号 1~8 顺序排列的 8 条线与微处理器 P0 口的 8 个 I/O 连接，电缆另外一端芯线序号 1~8 顺序排列的 8 条线与微处理器 P2 口的 8 个 I/O 连接。由 P0 口发送一组数据，经过电缆到微处理器 P2 口接收。当 P2 口接收到的数据与 P0 口发送的数据一样时，说明电缆中的芯线接线正确，P0 和 P2 处理器上对应线对的指示灯同时闪烁；当 P2 口接收到的数据与 P0 口发送的数据不一样时，说明电缆中的芯线接线错误，P0 和 P2 处理器上对应线对的指示灯不同时闪烁。

3）使用方法。

第一步：将测试仪的电源开关拔至 ON 位进行快速扫描测试，有的测试仪有慢速测试挡，标记为 S。主测试仪 1、2、3、4、5、6、7、8、G 号指示灯顺序闪亮自检，表明仪器进入正常工作状态。

第二步：将需要测试的电缆插头分类插入主测试仪和远程测试仪相对应的端口里，保持插头和插座接触良好。观察指示灯，主测试仪和远程测试仪指示灯按 1、2、3、4、5、6、7、8、G 逐个顺序闪亮，则表示该测试电缆所有的线端均正常。如果测试电缆没有屏蔽层，则远程测试仪的 G 灯不会闪亮。

如果被测试电缆有跨接故障时，对应的指示灯按照跨接顺序闪烁。

如果被测试电缆有反接故障时，对应的指示灯按照反接顺序闪烁。

如果被测试电缆有开路或断路故障时，对应的指示灯不闪烁。

如果被测试电缆有短接故障时，对应的 2 个指示灯同时闪烁。

2．红光笔测试光缆通断

1）红光笔的组成。

红光笔又叫通光笔、笔式红光源、可见光检测笔、光纤故障检测器、光纤故障定位仪等，多用于检测光纤断点。如图 7-25 所示，红光笔一般由笔头、笔身、笔尾组成，笔头上设置有防尘帽、指示灯、控制开关、光接口、防尘盖等，笔身为电池仓，笔尾为电池盖。

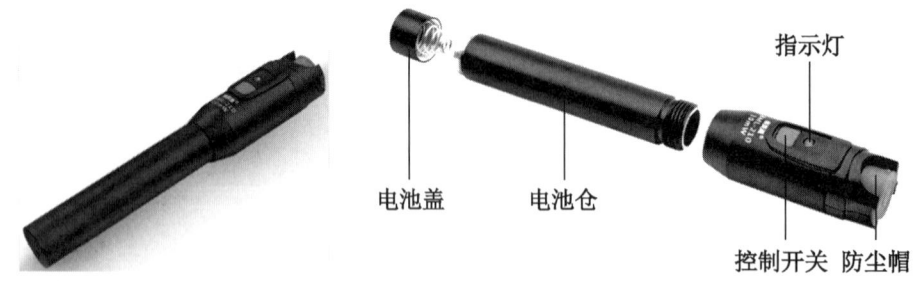

图 7-25　红光笔

2）红光笔的工作原理。

红光笔是以半导体激光器为发光器件的，能够持续发射出稳定的红光，与光接口连接后红光进入光纤，实现光纤故障检测功能。它是光缆工程施工、光缆网络维护、光器件生产与

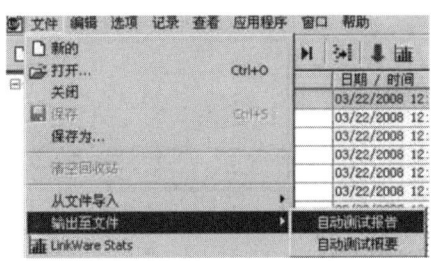 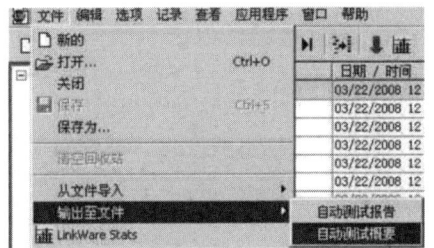

图 7-23　导出 TXT 格式测试报告和测试概要

根据实际工程要求，也可填写建设单位提供的纸质版测试报告。

7.4　通断测试

7.4.1　任务描述

综合布线系统工程的测试是一项系统性工作，涉及链路连通性、电气特性、物理特性等诸多方面的测试工作。缆线通断测试是最基本的测试内容，综合布线系统工程缆线铺设完成后，均需要对每一路缆线进行通断测试。

本任务要求掌握缆线通断测试的相关知识，完成典型工作任务。

任务 1：完成电缆通断测试

任务 2：完成光缆通断测试

7.4.2　相关知识介绍

1. 电缆测试仪

电缆测试仪主要用于电缆链路的通断性测试，如图 7-24 所示。该设备采用自动扫描方式，可测试的电缆类型包括双绞线和电话线。

图 7-24　电缆测试仪

1）测试仪功能介绍。

（1）测试非屏蔽双绞线电缆时，亮灯 1、2、3、4、5、6、7、8，G 灯不亮。

（2）在测试屏蔽双绞线电缆时，亮灯 1、2、3、4、5、6、7、8、G。G 代表屏蔽层。

可实现对上述电缆逐根（对）进行扫描测试，区分和判定哪根（对）存在开路、短路、跨接、反接等故障。

➤ 任务2：填写测试报告

第一步：在计算机上安装 LinkWare 软件。

第二步：运行 LinkWare 软件，将软件语言设置为中文。

第三步：选择需要导入的数据，如图 7-20 所示。

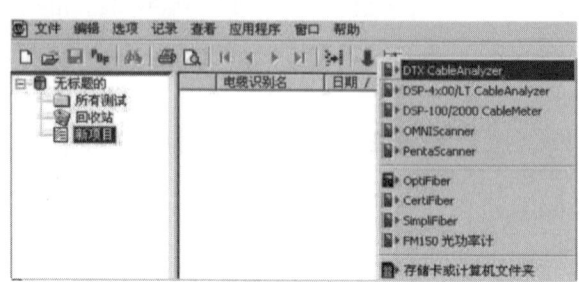

图 7-20　选择需要导入的数据

第四步：导入数据，如图 7-21 所示。

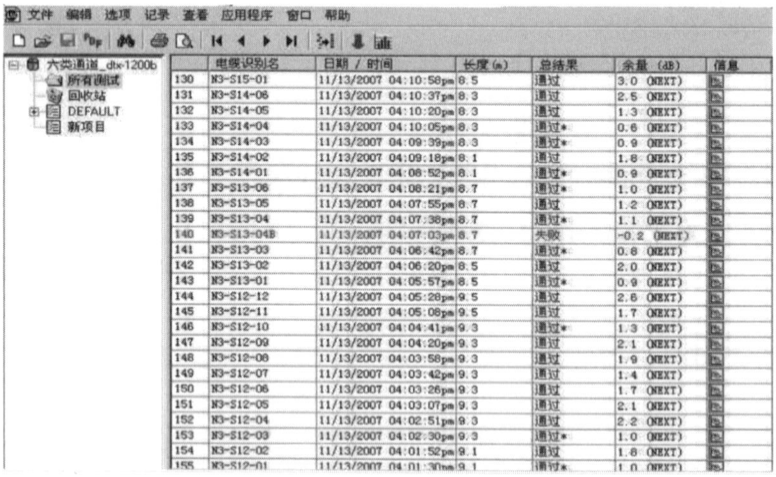

图 7-21　导入数据

第五步：导出 PDF 格式测试报告和测试概要，如图 7-22 所示。

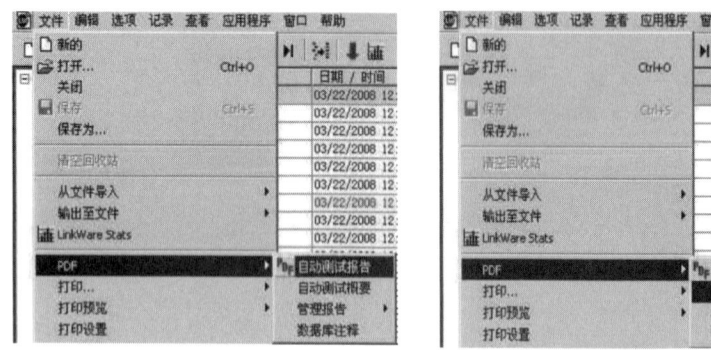

图 7-22　导出 PDF 格式测试报告和测试概要

第六步：导出 TXT 格式测试报告和测试概要，如图 7-23 所示。

（1）所有信息点测试结果如图 7-17 所示。

（2）单个信息点测试结果如图 7-18 所示。

（3）通过预览方式查看各个信息点测试结果，如图 7-19 所示。

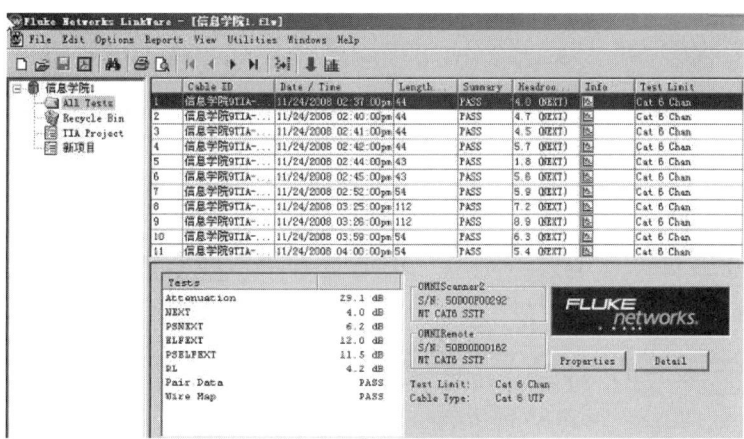

图 7-17　所有信息点测试结果

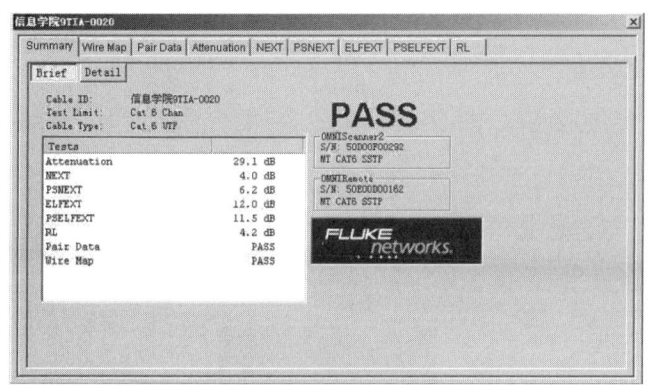

图 7-18　单个信息点测试结果

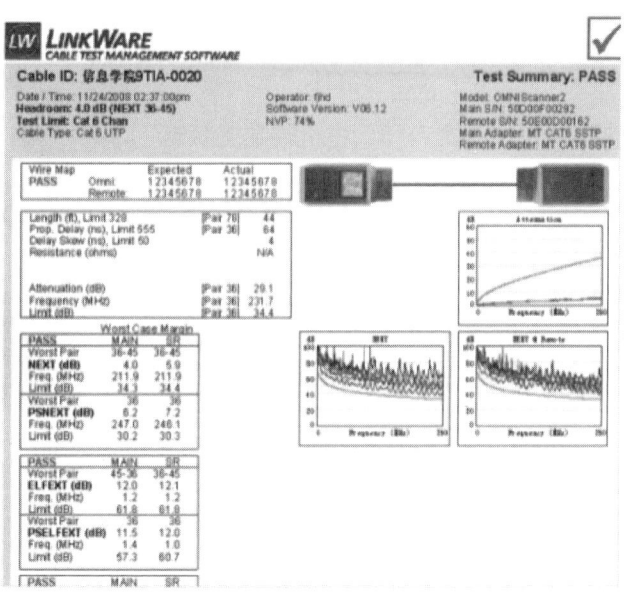

图 7-19　预览方式查看测试结果

7.3.4 任务实践

➤ 任务1：完成电缆永久链路测试

1．确定测试标准

当工程为国内工程时，应该选择和使用中国国家标准，如 GB/T 50312。

2．确定测试链路标准

为了保证缆线的测试精度，采用永久链路测试。

3．确定测试设备

项目全部使用 6 类线进行铺设，所以选用适合 6 类双绞线的模块进行。

4．测试信息点，具体步骤如下

第一步：将 DTX 设备的主机和远端机都接好 6 类双绞线永久链路测试模块。

第二步：将 DTX 设备的主机放置在配线间（中央控制室）的配线架前，远端机接入各楼层的信息点进行测试。

第三步：设置 DTX 主机的测试标准，旋钮至"SETUP"，选择测试标准为"GB/T 50312"，如图 7-12 所示。

第四步：接入测试电缆接口。图 7-13 和图 7-14 分别显示了测试中主机端和远端端接状态。

第五步：缆线测试。旋钮至"AUTO TEST"，按下"TEST"按键，设备将自动开始测试缆线，图 7-15 和图 7-16 分别显示了开始测试和保存结果操作。

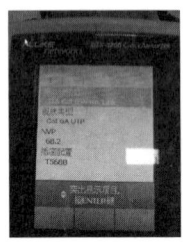　　　　　　

图 7-12　测试标准选择　　　图 7-13　主机端端接状态　　　图 7-14　远端端接状态

　　　　　　　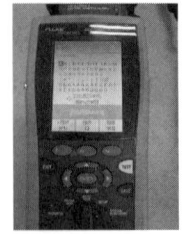

图 7-15　开始测试　　　　　　　图 7-16　保存结果

第六步：保存测试结果。直接按"SAVE"按键即可对结果进行保存。

5．分析测试数据

通过专用线将结果导入计算机中，通过 LinkWare 软件即可查看相关结果。

续表

阶段	验收项目	验收内容	验收方式
电缆、光缆、布放（楼间）	2. 管道缆线	（1）使用管孔孔位； （2）缆线规格； （3）缆线走向； （4）缆线的防护设施的设置质量	隐蔽工程签证
	3. 埋式缆线	（1）缆线规格； （2）铺设位置、深度； （3）缆线的防护设施的设置质量； （4）回土夯实质量	
	4. 通道缆线	（1）缆线规格； （2）安装位置，路由； （3）土建符合工艺要求	
	5. 其他	（1）通信线路与其他设施的间距； （2）进线室设施安装、施工质量	随工检验 隐蔽工程签证
缆线终接	1. 8位模块式通用插座	符合工艺要求	随工检验
	2. 光纤连接器件	符合工艺要求	
	3. 各类跳线	符合工艺要求	
	4. 配线模块	符合工艺要求	
系统测试	1. 工程电气性能测试	（1）连接图； （2）长度； （3）衰减； （4）近端串音； （5）近端串音功率和； （6）衰减串音比； （7）衰减串音比功率和； （8）等电平远端串音； （9）等电平远端串音功率和； （10）回波损耗； （11）传播时延； （12）传播时延偏差； （13）插入损耗； （14）直流环路电阻； （15）设计中特殊规定的测试内容； （16）屏蔽层的导通	竣工检验
	2. 光纤特性测试	（1）衰减； （2）长度	
管理系统	1. 管理系统级别	符合设计要求	竣工检验
	2. 标识符与标签设置	（1）专用标识符类型及组成； （2）标签设置； （3）标签材质及色标	
	3. 记录和报告	（1）记录信息； （2）报告； （3）工程图纸	
工程总验收	1. 竣工技术文件	清点、交接技术文件	
	2. 工程验收评价	考核工程质量，确认验收结果	

注：系统测试内容的验收也可在随工中进行检验。

2) 工程验收内容。

综合布线系统工程应按表 7-2 所列项目、内容进行检验。检测结论作为工程竣工资料的组成部分及工程验收的依据之一。

表 7-2 检验项目及内容

阶段	验收项目	验收内容	验收方式
施工前检查	1. 环境要求	（1）土建施工情况：地面、墙面、门、电源插座及接地装置； （2）土建工艺：机房面积、预留孔洞； （3）施工电源； （4）地板铺设； （5）建筑物入口设施检查	施工前检查
	2. 器材检验	（1）外观检查； （2）型式、规格、数量； （3）电缆及连接器件电气性能测试； （4）光纤及连接器件特性测试； （5）测试仪表和工具的检验	
	3. 安全、防火要求	（1）消防器材； （2）危险物的堆放； （3）预留孔洞防火措施	
设备安装	1. 电信间、设备间、设备机柜、机架	（1）规格、外观； （2）安装垂直度、水平度； （3）油漆不得脱落，标志完整齐全； （4）各种螺钉必须紧固； （5）抗震加固措施； （6）接地措施	随工检验
	2. 配线模块及 8 位模块式通用插座	（1）规格、位置、质量； （2）各种螺钉必须拧紧； （3）标志齐全； （4）安装符合工艺要求； （5）屏蔽层可靠连接	
电缆、光缆、布放（楼内）	1. 电缆桥架及线槽布放	（1）安装位置正确； （2）安装符合工艺要求； （3）符合布放缆线工艺要求； （4）接地	随工检验
	2. 缆线暗铺（包括暗管、线槽、地板下等方式）	（1）缆线规格、路由、位置； （2）符合布放缆线工艺要求； （3）接地	隐蔽工程签证
电缆、光缆、布放（楼间）	1. 架空缆线	（1）吊线规格、架设位置、装设规格； （2）吊线垂度； （3）缆线规格； （4）卡、挂间隔； （5）缆线的引入符合工艺要求	随工检验

数量、型号是否符合设计要求，检查缆线的外护套有无破损，抽查缆线的电气性能指标是否符合技术规范。环境检查主要检查土建施工情况，包括地面、墙面、电源插座及接地装置、机房面积和预留孔洞等。

2）随工验收。

在工程中随时检查施工单位的施工水平和施工质量，对产品的整体技术指标和质量有一个了解，部分验收工作应随工进行，如布线系统的电气性能测试工作、隐蔽工程等。

随工验收应对工程的隐蔽部分边施工边验收，在竣工验收时，一般不再对隐蔽工程进行复查，由建筑工地代表和质量监督员负责。

3）初步验收。

对所有的新建、扩建和改建项目，都应在完成施工调测之后进行初步验收。初步验收的时间应在原计划的建设工期内进行，由建设方组织设计、施工、监理和使用等单位人员参加。初步验收工作包括检查工程质量、审查竣工资料、对发现的问题提出处理的意见，并组织相关责任单位落实解决。

4）竣工验收。

综合布线系统接入电话交换系统、计算机局域网或其他弱电系统，在试运行后的半个月内，由建设单位向上级主管部门报送竣工报告，并请示主管部门组织对工程进行验收。

3．验收内容

综合布线系统工程验收的主要内容为：环境检查、器材及测试仪表工具检查、设备安装检验、缆线铺设和保护方式检验、缆线终接和工程电气测试等。

1）竣工技术文件。

工程竣工后，施工单位应在工程验收以前将工程竣工技术资料交给建设单位。综合布线系统工程的竣工技术资料应包括以下内容：

（1）工程项目名称等基本信息；

（2）安装工程量；

（3）工程说明；

（4）设备、器材明细表；

（5）竣工图纸；

（6）测试记录；

（7）工程变更、检查记录及施工过程中需更改的设计或采取的相关措施；

（8）建设、设计、施工等单位之间的双方洽商记录；

（9）随工验收记录；

（10）隐蔽工程签证；

（11）工程决算。

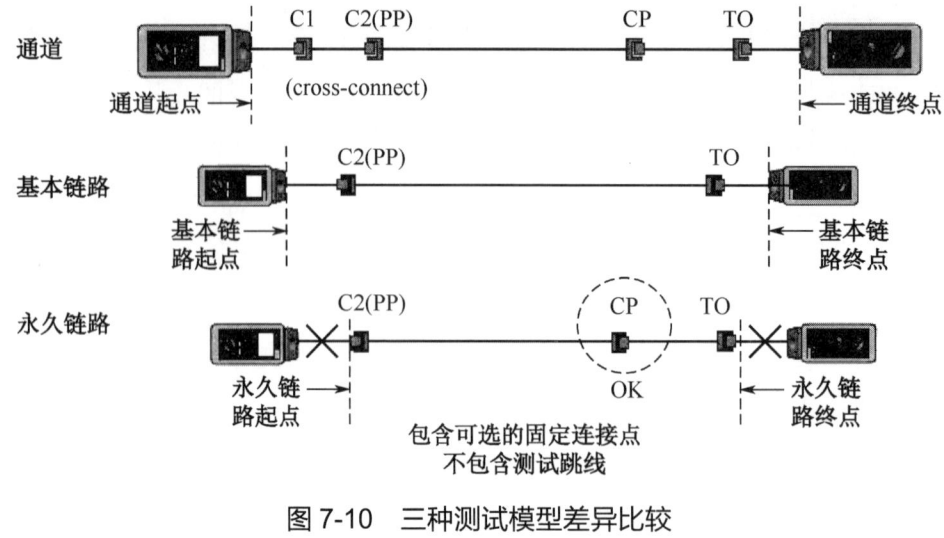

图 7-10 三种测试模型差异比较

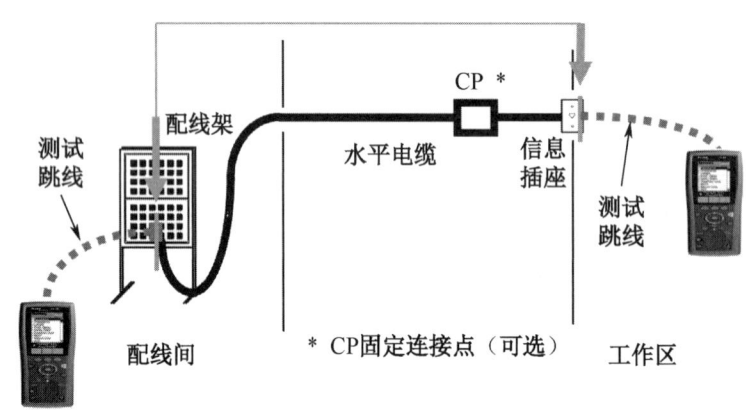

图 7-11 永久链路测试示意图

7.3.3 综合布线系统工程验收

1. 工程验收人员组成

验收是整个工程中最后的部分,同时标志着工程的全面完工。为了保证工程的质量,需要聘请相关行业的专家参与验收。综合布线系统工程验收领导小组可以考虑聘请以下人员参与工程的验收。

(1) 工程双方单位的行政负责人。

(2) 有关直管人员和项目主管。

(3) 主要工程项目监理人员。

(4) 建筑物设计和施工单位的相关技术人员。

(5) 第三方验收机构或相关技术人员组成的专家组。

2. 工程验收分类

1) 施工前检查。

工程验收应从工程开工之日起就开始。从工程材料的验收开始,严把产品质量关,保证工程质量,施工前的检查包括设备材料检验和环境检查。设备材料检验包括查验产品的规格、

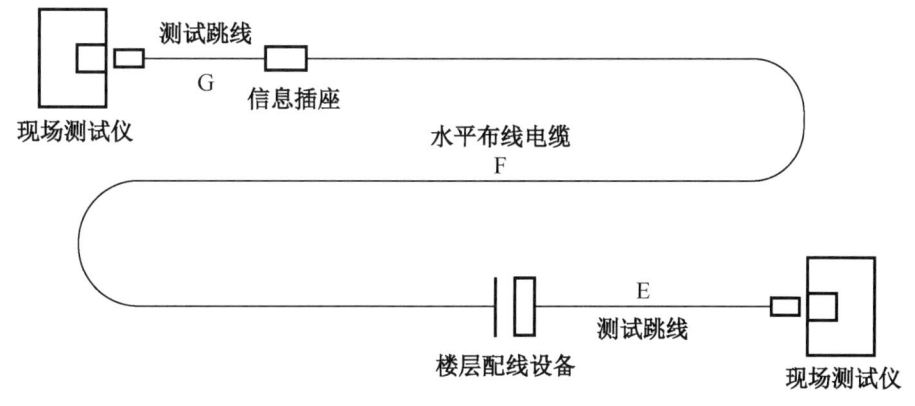

图 7-8　基本链路模型

2）信道模型。

信道指从网络设备跳线到工作区跳线间端到端的连接，它包括最长为 90m 的水平布线电缆、两端接插件、一个工作区转接连接器、两端连接跳线和用户终端连接线，信道最长为 100m，如图 7-9 所示。

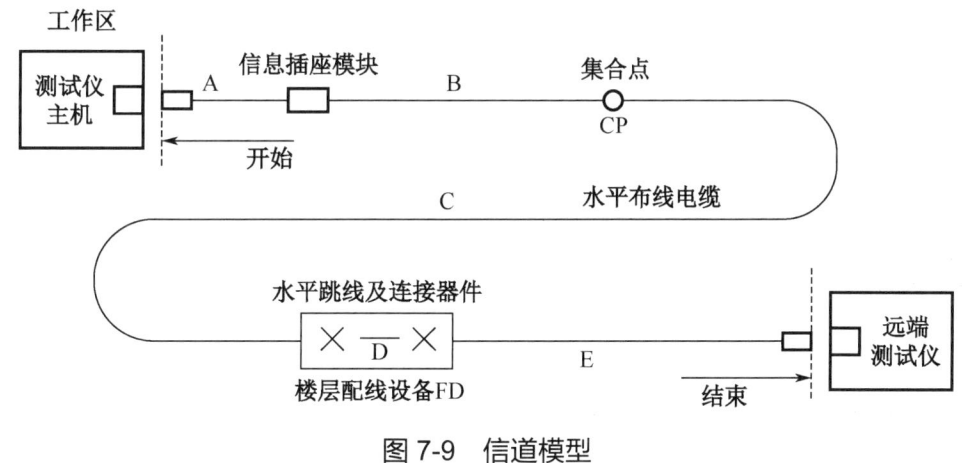

图 7-9　信道模型

3）永久链路模型。

永久链路又称固定链路，它由最长为 90m 的水平电缆、两端接插件和转接连接器组成，如图 7-6 所示。H 为从信息插座至楼层配线设备（包括集合点）的水平电缆，H 的长度小于等于 90m。其与基本链路的区别在于基本链路包括两端的 2m 测试电缆。

4）各种模型之间的差别。

图 7-10 显示了三种测试模型之间的差异性，主要体现在测试起点和终点的不同、包含的固定连接点不同和是否可用终端跳线等。

3．永久链路测试

永久链路测试一般是指从配线架上的跳线端口算起，到工作区插座面板位置，对这段链路进行的物理性能测试，如图 7-11 所示。在使用永久链路测试时，可排除跳线在测试过程中本身带来的误差，从技术上消除了测试跳线对整个链路测试结果的影响，使测试结果更准确、合理。

续表

	实测值（m）									
性能指标测试结果											
	样品编号	1			2			3		
	样品长度（m）	90			90			90		
衰减	频率（MHz）	1	16	100	1	16	100	1	16	100
	标准值（dB）	4	7.1	18.5	4	7.1	18.5	4	7.1	18.5
	实测值（dB）									
单项结果（实测值≤标准值为合格）											
近端串音	频率（MHz）	1	16	100	1	16	100	1	16	100
	标准值（dB）	65	54.6	41.8	65	54.6	41.8	65	54.6	41.8
	实测值（dB）									
单项结果（实测值≤标准值为合格）											
结论：											

检验单位： 负责人： 审核人： 测试人：

7.3 永久链路测试

7.3.1 任务描述

综合布线系统工程应对每一个完工后的信息点进行永久链路测试。主干缆线为电缆时按照永久链路的连接模型进行测试。

本任务要求掌握电缆永久链路测试的相关知识，完成典型工作任务。

任务1：完成电缆永久链路测试

任务2：填写测试报告

7.3.2 永久链路测试相关知识

1. 测试类型

从工程的角度可将综合布线系统工程的测试分为两类：验证测试和认证测试。

验证测试一般是在施工的过程中由施工人员边施工边测试，以保证所完成的每一个连接的正确性。

认证测试是指对布线系统依照标准进行逐项检测，以确定布线是否达到设计要求，包括连接性能测试和电气性能测试。认证测试通常分为自我认证和第三方认证两种类型。

2. 测试模型

1）基本链路模型。

基本链路包括三部分：最长为90m的水平布线电缆、两端接插件和两条2m测试跳线。基本链路模型应符合图7-8所示方式。

（1）将电缆两端，按 T568B 线序，分别端接在工程配套的信息插座模块上。
（2）用配套测试电缆分别连接测试仪主机和远端测试仪。
（3）分别将测试跳线另一端插接在信息插座模块上，完成测试链路搭建。
（4）在测试仪中选择"设置"→"双绞线"，选择和设置测试信息。
（5）完成设置后，将旋钮转至"自动测试"挡，按下"测试"按键，进行整箱电缆全部参数技术指标测试，如图 7-7 所示。也可将旋钮转至"信号测试"挡，选择特定参数，进行单个参数测试。

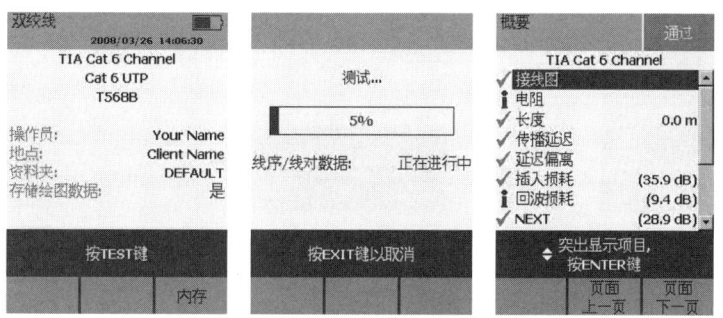

图 7-7 技术指标测试

重复上述流程，依次完成 3 根电缆的技术指标测试，并记录所需的测试数据。

▶ 任务 2：填写测试报告

根据测试内容和测试结果，填写综合布线电缆进场测试报告，表 7-1 为常见的测试报告模板。

表 7-1 综合布线材料进场测试报告

工程名称	某综合布线系统工程项目	试验编号	
委托单位	×××技术集团有限公司	委托日期	年　月　日
建设单位	西安开元电子实业有限公司	发出日期	年　月　日
缆线品牌	西元	缆线批号	
缆线产品编号		产品外观	
缆线类型	Cat 6 类非屏蔽双绞线电缆	依据标准	TIA/EIA568A、ISO/IEC 11801
接插件品牌	西元	接插件类型	信息插座模块
送样人		监理工程师	
外观测试结果			
资料是否齐全			
包装箱、缆线外护套是否完整无损			
缆线线标标识是否清晰			
单项结果			
长度测试结果			
样品编号	1	2	3
标准值（m）	305	305	305

本项目测试的是 6 类双绞线，即选择"TIA Cat 6 Perm.link"；如果是测试超 5 类双绞线，则选择"TIA Cat 5e channel"。

（2）缆线类型：选择要测试的缆线类型，例如本项目为"Cat 6 UTP"。

（3）NVP：不用修改，使用默认。

（4）插座配置：选择要测试的打线标准，一般为"T568B"。

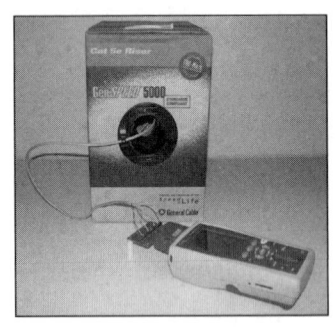
图 7-3　连接测试仪

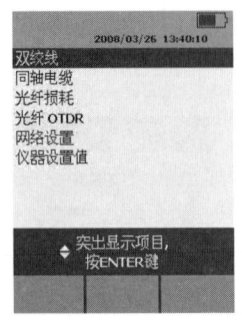
图 7-4　选择"双绞线"

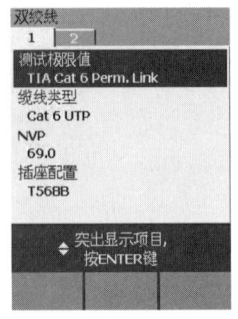
图 7-5　设置测试信息

（5）完成信息设置后，选择"NVP"，按下"测试"按键，进行整箱电缆长度测试。

重复上述流程，依次完成 3 箱电缆的长度测试，并记录测试数据。

3．主要技术指标测试

根据以往对大批电缆测试的统计分析，正规生产商生产的双绞线电缆检测不合格的参数绝大多数都集中在插入损耗、近端串音两个核心参数上。所以，在整箱电缆进场测试时，一般测试记录这两个参数，只要这两个核心参数测试合格，则基本上可以"推定"电缆的技术指标合格，可以进场。

下面介绍永久链路测试方法。利用测试仪，进行电缆技术指标测试，测试仪具体操作测试步骤请查阅参照设备说明书。

第一步：从采购的电缆中任意抽取 3 箱电缆。

第二步：从 3 箱电缆中，分别截取 90m 长度的电缆。

第三步：按图 7-6 所示永久链路连接模型，搭建永久链路，具体如下：

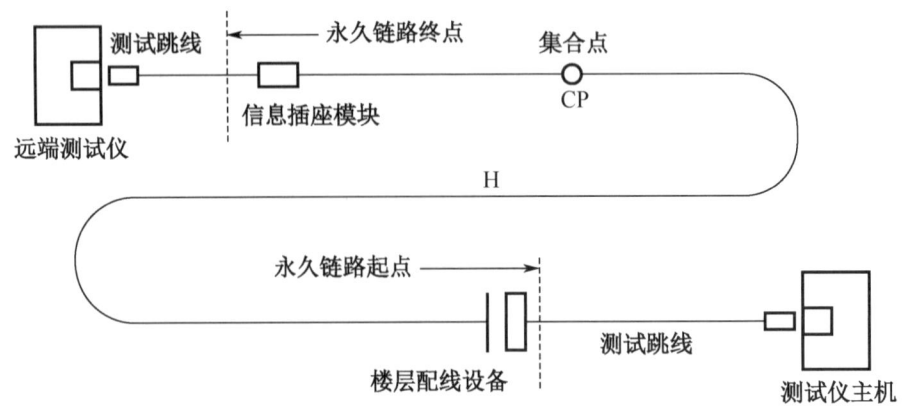
图 7-6　永久链路连接模型

合布线系统必须是无源网络，测试时应断开与之相连的全部有源或无源通信设备。

（4）测试现场的环境温度宜为 20～30℃，湿度宜为 30%～85%。标准规定的数值为 20℃时的标准值，在实际测试时应根据现场情况进行修正。

5．测试报告和测试记录

测试报告是综合布线系统工程各个项目测试结果的汇总，测试记录则是针对某个具体的性能指标进行测试的详细记载。

1）测试报告。

缆线测试完毕后，在测试报告中首先应该提供测试组人员姓名，测试仪器型号（厂商、型号、设备序号）等信息，测试报告应包括电缆、光缆的型号，厂商，端接与终端地点名，测试方向，测试时间，测试结果等内容。测试报告主要由测试负责人和工程负责人完成填写。

2）测试记录。

电缆系统电气性能测试项目应根据布线信道或永久链路的设计等级和布线系统的类别要求制定。各项测试结果应有详细记录，作为竣工资料的一部分。

对某些具体项目的测试，记录的内容和格式可灵活确定，总的要求是记录详细、清晰、准确、真实，经得起检验。

7.2.3 任务实践

任务场景：某小型综合布线系统工程项目，根据设计要求采购了 30 箱 Cat 6 类非屏蔽双绞线电缆。为保障项目的顺利实施，要求电缆进场前，必须对电缆的基本性能进行抽检测试，并记录形成测试报告，作为项目最终验收的资料文件。

▶ 任务1：完成整箱电缆的测试

1．电缆外观检验

逐箱检查电缆，包括规格、型号是否符合设计要求，外包装和护套是否有破损，出厂检验报告、合格证等资料是否齐全等。

2．电缆长度测试

双绞线电缆一般整箱为 1000 feet（英尺），也就是 305m。因为双绞线电缆由四对线绞绕而成，每对绞绕的节距不同，所以四对线的长度都大于 305m。

利用测试仪，进行整箱电缆长度测试，下面简要介绍具体测试步骤，实际测试中请查阅和按照设备说明书规定进行。下面简要介绍主要措施步骤。

第一步：在采购的电缆中任意抽取 3 箱电缆。

第二步：如图 7-3 所示，将电缆一端按 T568B 线序端接在测试仪主机适配器模块上。

第三步：如图 7-4 所示，在测试仪中选择"设置"→"双绞线"。

第四步：如图 7-5 所示，从"双绞线"选项卡中选择、设置测试信息。

（1）测试极限值：选择与测试缆线类型匹配的标准。一般选择 TIA 里面的标准，例如

(6）传输时延和时延差。

传输时延是电信号从电缆一端传播到另一端所必需的时间，数值上等于导线的长度 L 除以电信号的传播速度 u，即 $T=L/u$。

时延差是指不同线对的传输时延差值。信号从链路的一端传输到另一端，每一对线的传输时间之间都维持着一定的联系，传输最快的线对的传输时间和其他三对的传输时间之间的差不能太大。

（7）接线图。

接线图是指布线连接线序。通常在检测中遇到的故障有短路、断路、反接、错对/跨接。

（8）长度。

长度为被测电缆的实际长度。长度测量的准确性主要受几个方面的影响：电缆的额定传输速度（NVP）、绞线长度与外皮护套的长度，以及沿长度方向的脉冲散射。

（9）特性阻抗。

特性阻抗包括电阻及频率段范围内（如 1～200 MHz 间）的电感抗及电容抗，它与一对电线之间的距离及绝缘体的电气特性有关。

（10）结构化回损。

结构化回损所测量的是电缆阻抗的一致性。由于电缆的结构无法完全一致，因此会引起阻抗发生少量变化，阻抗的变化会使信号产生损耗。

3．测试设备

在综合布线系统工程中，对双绞线链路的测试通常有通断测试与分析测试两类。如图 7-1 所示为永久链路或信道的通断和线序测试设备，如图 7-2 所示为永久链路或信道的性能参数等分析类测试设备。

图 7-1　通断和线序测试仪

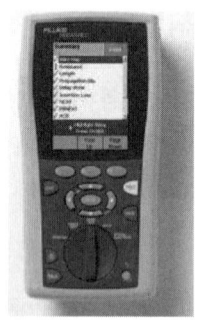

图 7-2　DTX 系列产品

4．测试环境

（1）无论是永久链路还是信道，在测试中必须对仪器和电缆的连接部分（接头和插座）进行补偿，将它们的影响排除。也就是说，在指标中不包含两个末端的接头和插座的影响。

（2）近端串音 NEXT 的测试必须从两个方向进行，也就是双向测试。

（3）测试环境应无产生严重电火花的电焊、电钻和产生强磁干扰的设备作业，被测的综

任务2：填写测试报告

7.2.2 电缆测试相关知识介绍

1. GB/T 50312《综合布线系统工程验收规范》中规定，电缆的检验应符合下列规定

（1）工程使用电缆的型式、规格及缆线的阻燃等级应符合设计文件要求。

（2）缆线的出厂质量检验报告、合格证、出厂测试记录等各种随盘资料应齐全，所附标志、标签内容应齐全、清晰，外包装应注明型号和规格。

（3）电缆外包装和外护套需完整无损，当该盘、箱外包装损坏严重时，应按电缆产品要求进行检验，测试合格后再在工程中使用。

（4）电缆应附有本批量的电气性能检验报告，施工前对盘、箱的电缆长度、插入损耗、近端串音等技术指标参数应按电缆产品标准进行抽验，提供的设备电缆及跳线也应按5%比例进行抽样测试，并做测试记录。

首先应从本批量电缆配盘中任意抽取三盘进行电缆总长度的核准，需在电缆一端按标准终接连接器件，利用仪表的单端测长功能进行总长度核验。另外从本批量电缆中的任意三盘中截取90m长度，加上工程中所选用的连接器件，按永久链路模型进行抽样测试。

2. 电缆测试内容

电缆的测试内容包括插入损耗（衰减）、近端串音、远端串音、衰减串音比、回波损耗、传输时延和时延差、接线图、长度、特性阻抗、结构化回损。

（1）插入损耗（衰减）。

插入损耗（衰减）为初始传送端与接收端信号强度的比值，大小以分贝（dB）数表示。链路的插入损耗与电缆的结构、长度及传输信号的频率的关系十分密切。

（2）近端串音。

近端串音是指电缆传输数据时线对间信号的相互泄漏，类似于噪声。近端串音可以被理解为电缆系统内部产生的噪声，会严重影响信号的正确传输。

（3）远端串音。

远端串音和近端串音产生方向相反，是指在远离发送端的接收端处所感应到的从发送线对感应过来的串音信号。

（4）衰减串音比。

衰减串音比和综合衰减串音比都是用于比较相对于任何线对因近端串音和综合近端串音引起的噪声的信号强度。

（5）回波损耗。

回波损耗是电缆链路由于阻抗不匹配所产生的反射，是一对线自身的反射。回波损耗用输入的测试信号水平与同一电缆端同一线对上反射的噪声信号水平间的比率来表示。

工作任务 7

住宅综合布线系统测试验收

工作任务 7 以住宅为例，介绍小型综合布线系统测试验收，以及测试验收中的具体职业技能要求和相关知识，主要包括整箱电缆测试、永久链路测试、通断测试、机架类设备水平度和垂直度检验等；最后安排了典型的工程实训项目。

7.1 《综合布线系统安装与维护职业技能等级标准》初级职业技能要求

《综合布线系统安装与维护职业技能等级标准》（2.0 版）对住宅综合布线系统测试验收工作任务，提出了如下职业技能要求。

1. 能测试整箱电缆和填写测试报告。
2. 能测试永久链路和填写测试报告。
3. 能测试电缆、光缆的通断。
4. 能使用水平尺检验机柜、网络配线架、语音配线架等机架类设备的水平度和垂直度。

7.2 整箱电缆测试

7.2.1 任务描述

综合布线系统工程测试验收应从工程开工之日起就开始，从工程材料的验收开始，应严把产品质量关，保证工程质量。如果等全部项目完工后再进行测试，可能因为采购的电缆不符合要求而造成大面积不合格的现象，进而造成整改、返工、工期延误等严重后果。如果能对采购的电缆进行必要的事前检测或质量抽查，则可以基本杜绝这种"管理型浪费"。

本任务要求掌握整箱电缆测试的相关知识，完成典型工作任务。

任务 1：完成整箱电缆的测试

图 6-51　线芯压入鸭嘴连接器刀片中

图 6-52　完成的鸭嘴连接器

第五步：制作 RJ-45-RJ-45 网络跳线 1 根。

制作 1 根 RJ-45-RJ-45 水晶头网络跳线。

第六步：链路检查和测试。

按照图 6-44 所示路由和位置，检查路由是否正确，端接是否到位可靠，电气是否连通。

（1）如图 6-53 所示，将鸭嘴连接器卡装在 110 跳线架上的五对模块上层，例如对准白/白蓝线对，将 RJ-45 水晶头插接在综合布线测试装置下排端口。

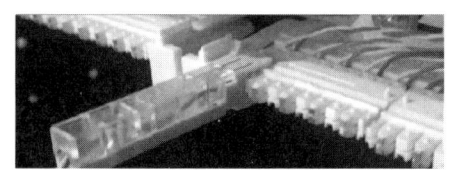

图 6-53　鸭嘴跳线测试示意图

（2）将 RJ-45-RJ-45 网络跳线，一端插接在语音配线架对应端口，例如 1 号端口；另一端插接在综合布线测试装置上排端口，这样就搭建了 1 个完整的测试链路。

（3）测试装置指示灯按照 4-4，5-5 顺序轮流闪烁，即为通断测试通过。以此类推，逐一测试各个链路，完成 25 对的测试。

11．评判标准

本实训按照工程标准评判，只有合格与不合格，不允许使用"及格"或"半对"等模糊的概念，全部 25 对测试通过后，再进行操作工艺评价，具体评判标准见表 6-6。

表 6-6　语音配线架端接训练评分表

姓名/ 链路编号	测试结果 合格 100 分 不合格 0 分	操作工艺评价（不合格扣分，每处扣 10 分）					评判 结果 得分	排名
		路由正确 1 处	剪掉撕拉线 2 处	剪掉塑料包带 2 处	剥开线对长度合适 2 处	理线规范 3 处		

12．实训报告

请按照实训项目 1 表 1-11 所示的实训报告要求和模板，独立完成实训报告，2 课时。

第三步：语音配线架端接。

将大对数电缆的另一端端接在语音配线架上。

（1）剥除 25 对大对数电缆外护套，长度为 50cm。剪掉撕拉线和塑料包带，按照 25 对大对数电缆色谱，将线对分为白、红、黑、黄、紫 5 组。

（2）如图 6-46 所示，使用尼龙线扎将大对数电缆固定在语音配线架理线排上，注意不能将大对数电缆固定在有地线接线柱的一端。

（3）语音配线架 T 型理线排与语音配线架模块一一对应，将已分好的线对按照大对数电缆的色谱顺序，绑扎在 T 型理线排上。

（4）如图 6-47 所示，将线对端接在语音配线架模块 4、5（或 3、6）线柱，注意线对的进线方向，线端朝向有台阶的一面。使用专门的打线钳，将线对压入线柱内，特别注意打线钳刀片方向，朝向有台阶的一面，也就是线端方向，图 6-48 所示为打线钳刀片方向示意图。如果刀片方向错误，将会把线芯切断，而且严重损坏塑料模块。

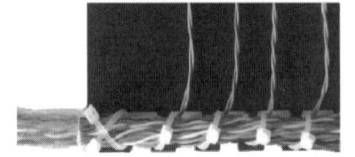 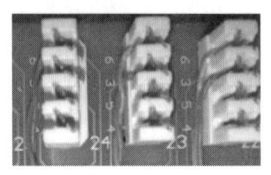 

图 6-46　固定大对数电缆　　　图 6-47　模块进线方向　　　图 6-48　打线钳刀片方向图

如图 6-49 所示，完成语音配线架端接，剪掉多余线扎。

图 6-49　语音配线架端接示意图

第四步：制作 RJ-45-鸭嘴测试跳线。

（1）将跳线一端端接 RJ-45 水晶头。

（2）跳线另一端端接鸭嘴连接器，具体制作方法如下。

● 拆开鸭嘴连接器的压盖，如图 6-50 所示。

● 将 3、6 两芯压入鸭嘴连接器的刀片中，如图 6-51 所示。

● 安装鸭嘴连接器压盖，用手捏紧，完成鸭嘴连接器的制作，如图 6-52 所示。

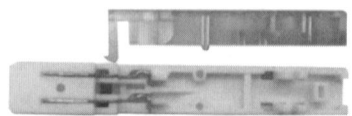

图 6-50　拆开鸭嘴连接器压盖

8. 实训材料

语音配线架端接训练实训材料见表6-4。

表6-4 语音配线架端接训练实训材料表

序号	名称	规格说明	数量	器材照片
1	25对大对数电缆	25对大对数电缆，5m/根	1根	
2	5e类网线	超五类非屏蔽网线	1m	
3	RJ-45水晶头	超五类非屏蔽水晶头	3个	
4	鸭嘴连接器	2位鸭嘴连接器	1个	
5	线扎	3×100尼龙线扎，用于理线	30个	

9. 实训工具

语音配线架端接训练实训工具见表6-5。

表6-5 语音配线架端接训练实训工具表

序号	名称	规格说明	数量	工具照片
1	开缆刀	用于剥除25对大对数电缆外护套	1把	
2	水口钳	6寸水口钳，用于剪齐线端	1把	
3	五对打线钳	五对110型打线刀	1把	
4	语音打线钳	语音配线架打线刀	1把	
5	旋转剥线器	旋转式剥线器，用于剥除外护套	1把	
6	网络压线钳	支持RJ-45与RJ-11水晶头压接	1把	

10. 实训步骤

1）预习和播放视频。

课前应预习。初学者提前预习，请多次认真观看实训指导视频，熟悉主要关键技能和评判标准，熟悉色谱。

实训时，教师首先讲解技术知识点和关键技能，然后播放视频。

2）器材工具准备。

建议在播放视频期间，教师准备和分发材料和工具。

（1）按照材料表发放材料，包括25对大对数电缆、5e类网线、RJ-45水晶头等。

（2）按照工具表发放工具。

（3）学员检查材料和工具，规格数量应正确，质量应合格。

（4）本实训要求每个学员单独完成1组链路搭建，优先保证质量，掌握方法。

3）实训步骤和方法。

第一步：研读图纸。反复研读图纸，确定链路路由和端接位置，明确端接步骤。

第二步：110跳线架端接。

将大对数电缆的一端端接在110跳线架下层。

住宅综合布线系统故障处理　工作任务 6

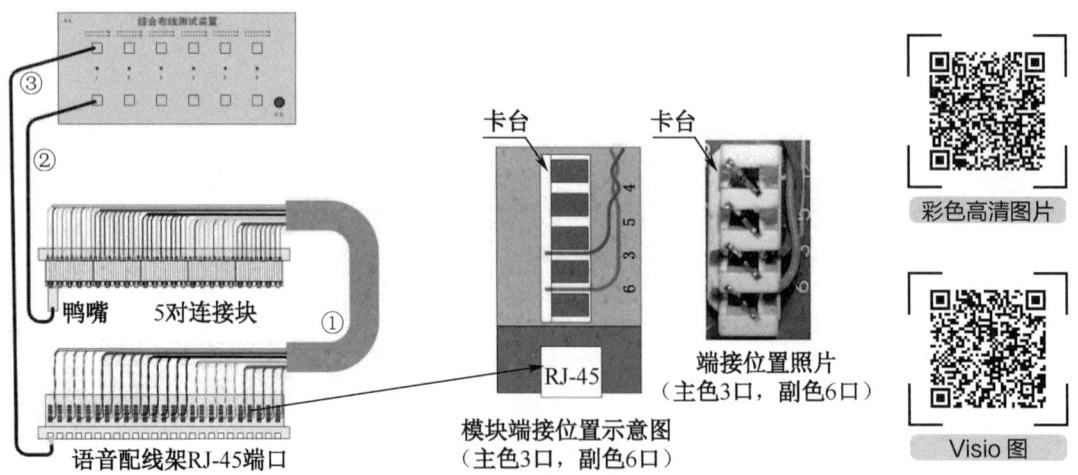

图 6-44　语音配线架端接路由与端接位置（3、6口）图

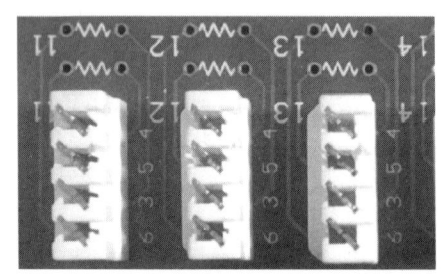

图 6-45　西元语音配线架模块电路板

4．关键技能

（1）掌握大对数电缆剥除外护套的方法。

（2）语音配线架端接时，应保证端接线序正确、位置正确。

（3）掌握鸭嘴跳线的制作和使用方法。

（4）掌握开缆刀、五对打线钳、语音打线钳等工具的使用方法。

5．实训课时

（1）该实训共计 2 课时完成，其中技术讲解和视频演示 25 分钟，学员实际操作 45 分钟，测试与评判 10 分钟，整理清洁现场 10 分钟。

（2）课后作业 2 课时，独立完成实训报告，提交合格实训报告。

6．实训指导视频

1XCJ61-实训 7-语音配线架端接训练。

7．实训设备

西元综合布线系统安装与维护装置，产品型号：KYPXZ-01-56。

本实训装置基于《综合布线系统安装与维护职业技能等级标准》专门研发，配置有综合布线测试装置、语音配线架、110 跳线架等，仿真语音配线架端接等典型工作任务和职业技能要求，通过指示灯闪烁直观和持续显示链路通断等故障，包括跨接、反接、短路、开路等各种常见故障。

219

三、简答题（50分，每题10分）

1. 暗埋穿线管在哪些情况应设置过线盒？（参考 6.2.2）

2. 简述常见的穿线管堵塞故障类型。（参考 6.2.3）

3. 简述常见的管接头故障及其处理方法。（参考 6.3.3）

4. 简述常见的插座底盒螺孔损坏故障及处理方法。（参考 6.4.3）

5. 简述电缆跨接、反接故障的常见类型和处理方法。（参考 6.5.3）

6.6 实训项目7 语音配线架端接训练

项目实训7

1. 实训任务来源

语音配线架的端接是综合布线系统常用配线设备的基本技术技能，也是 1+X《综合布线系统安装与维护职业技能等级标准》规定的职业技能。

2. 实训任务

独立完成一组语音配线架链路搭建，包括 1 根 25 对大对数电缆的 2 次端接和 1 根鸭嘴跳线的端接，具体路由如图 6-44 所示，仿真 110 跳线架到语音配线架的链路端接。要求端接路由正确，剪掉撕拉线和塑料包带，剥开线对长度合适，理线美观，链路通断测试通过。

请扫描"彩色高清图片"二维码，查看彩色高清图片。

请扫描"Visio 图"二维码，下载 Visio 原图，自行设计更多训练链路。

3. 技术知识点

（1）语音配线架主要用于实现语音信息点与程控交换机的连接，对来自信息点的电缆进行模块化端接和管理。

（2）语音配线架后端设计有"T"型理线排，用于绑扎和固定线对。

（3）语音配线架模块带有线序标记，一般为 3、6，4、5。如图 6-45 所示为西元语音配线架模块电路板。

二、选择题（部分为多选题）(30分，每题3分)

1. 发生（　　）故障，需要更换或重新铺设穿线管。（参考 6.2.2）
   A. 穿线管破裂　　　　　　　　B. 穿线管内混凝土堵塞
   C. 穿线管内有杂物　　　　　　D. 穿线管拐弯弯曲半径太小

2. 同一过线盒的预埋穿线管不应超过（　　）根。（参考 6.2.3）
   A. 1　　　　　　　　　　　　B. 2
   C. 3　　　　　　　　　　　　D. 4

3. 暗埋穿线管在（　　）情况应设置过线盒，方便布放缆线和维修。（参考 6.2.2）
   A. 穿线管长度超过 20m
   B. 穿线管有 1 个拐弯，并且长度超过 15m 时
   C. 穿线管有 2 个拐弯，并且长度超过 15m 时
   D. 穿线管有交叉时

4. 开槽时，开槽宽度应大于管外径（　　）左右，槽深大于管外径（　　）左右。（参考 6.2.2）
   A. 5mm　　　　　　　　　　　B. 10mm
   C. 15mm　　　　　　　　　　 D. 20mm

5. 穿线管堵塞的原因包括（　　）。（参考 6.2.2）
   A. 管接头脱落　　　　　　　　B. 穿线管弯管时，拐弯处凹扁
   C. 穿线管出现 S 弯　　　　　　D. 管口封堵不严密被灌浆

6. 可能导致管接头脱落的原因包括（　　）。（参考 6.3.2）
   A. 管接头安装不到位　　　　　B. 管接头与穿线管尺寸不配套
   C. 管接头受挤压破损　　　　　D. 连接部位未涂抹粘贴胶

7. 插座底盒螺孔损坏的原因包括（　　）。（参考 6.4.3）
   A. 插座底盒质量太差　　　　　B. 施工操作不当
   C. 螺孔板松动　　　　　　　　D. 螺孔损坏或滑丝

8. 网络模块未按照规定线序压接，属于（　　）故障。（参考 6.5.2）
   A. 开路/断路　　　　　　　　 B. 短路
   C. 跨接　　　　　　　　　　　D. 反接

9. 水晶头制作工序可能会发生（　　）故障。（参考 6.5.2 和 6.5.3）
   A. 开路/断路　　　　　　　　 B. 短路
   C. 跨接　　　　　　　　　　　D. 反接

10. 常见的电缆开路/断路故障有（　　）。（参考 6.5.3）
    A. 网络模块压接不到位　　　　B. 水晶头压接不到位
    C. 网络模块压接线序错误　　　D. 配线架模块电缆短路

钳压接到位，如图 6-43 所示。请扫描二维码查看彩色高清图片。

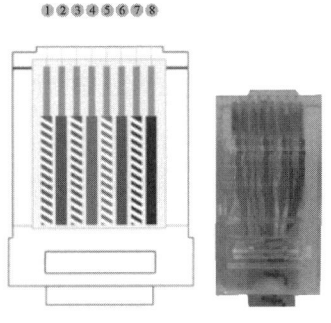
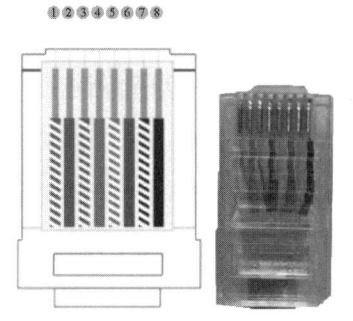

图 6-42　第 1、第 2 芯反接（橙、白橙）　　　图 6-43　第 1、第 2 芯线序正确（白橙、橙）

互动练习

- 互动练习 11　穿线管安装、管接头故障
- 互动练习 12　电缆端接故障

内容详见本书附册。

习题

一、填空题（20 分，每题 2 分）

1. 明装穿线管、线槽、底盒与横梁、侧墙或其他障碍物的间距不宜小于_____mm。（参考 6.2.2）

2. 穿线管暗埋在建筑物楼板中时，应按_____设置，不允许重叠。（参考 6.2.2）

3. 一个穿线管路由中不允许出现_____弯。（参考 6.2.2）

4. 穿线管穿越结构伸缩缝时，应设置_____装置。（参考 6.2.2）

5. 穿线管放入槽后，每隔_____m 左右须用铁钉固定，不得松脱。（参考 6.2.2）

6. 在地下室、盥洗室的管路等必须在埋管阶段做好_____处理。（参考 6.3.2）

7. 配线端接正确率必须达到_____。（参考 6.5.2）

8. 综合布线系统中常见的配线端接故障有_____、短路、跨接、反接等。（参考 6.5.2）

9. _____故障是指双绞线中有一芯或多芯导线没有实现电气连接。（参考 6.5.2）

10. 双绞线电缆的短路故障往往发生在_____位置。（参考 6.5.3）

第二步：随时检查发现故障，及时维修故障。

1）网络模块跨接故障维修。

如图 6-38 所示网络模块中，3、6 和 1、2 位置线芯端接不正确，出现跨接故障。

网络模块色谱标识顺序为**白绿、绿**和**白橙、橙**；

图 6-38 中实际端接顺序为**白橙、橙**和**白绿、绿**，出现了跨接故障。

维修方法为把铜导线全部拔掉，按照网络模块色谱标识线序重新压入，使用打线钳将铜导线全部压接到位，如图 6-39 所示。请扫描二维码查看彩色高清图片。

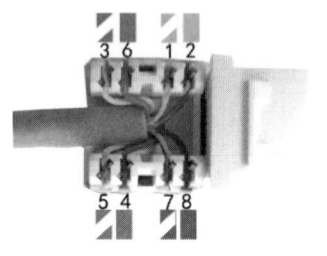 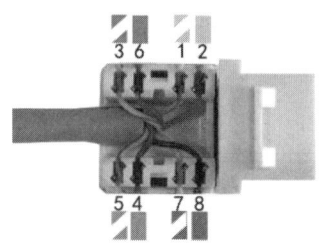 

彩色高清图片

图 6-38　3、6 和 1、2 两对跨接　　　图 6-39　维修正确
（白橙、橙和白绿、绿）　　　　　（白绿、绿白和橙、橙）

2）配线架模块反接故障维修。

如图 6-40 所示为配线架模块的第 1 芯、第 2 芯端接位置不正确，铜导线没有按照色谱标识线序端接，产生反接故障。

配线架模块色谱标识 568B 线序为棕、白棕、绿、白绿、**橙、白橙**、蓝、白蓝；

配线架模块实际端接 568B 顺序为棕、白棕、绿、白绿、**白橙、橙**、蓝、白蓝。

维修方法为把反接的电缆拆掉，重新按照正确的线序端接，如图 6-41 所示。请扫描二维码查看彩色高清图片。

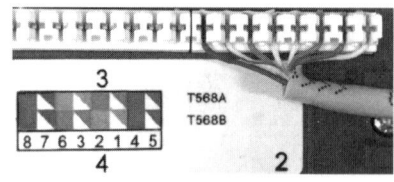 

彩色高清图片

图 6-40　第 1 芯、第 2 芯反接（白橙、橙）

图 6-41　第 1 芯、第 2 芯维修正确（橙、白橙）

3）水晶头反接故障维修。

如图 6-42 所示，水晶头第 1 芯、第 2 芯端接位置不正确，铜导线没有按照 T568B 色谱标识线序端接，产生反接故障。维修方法为剪掉水晶头，按照 T568B 线序重新排列，使用压线

▶ 任务2：处理电缆短路故障

第一步：确定短路故障位置。

双绞线电缆的短路故障往往发生在端接位置，如果没有剪掉铜导线多余线头，两个铜导线相互接触在一起，就会发生短路故障。因此在端接过程中，必须随时认真检查端接线序和端接部位，及时剪掉铜导线多余线头，特别是仔细检查网络模块、配线架模块等端接部位，及时发现和确认铜导线没有多余线头的情况。

第二步：随时检查发现故障，及时维修故障。

1）网络模块短路故障维修。

如图6-34所示为网络模块端接部位线头过长，铜导线之间直接接触，产生短路故障。维修方法为用水口钳剪掉多余线头，铜导线被物理隔开，如图6-35所示。

请扫描二维码查看彩色高清图片。

彩色高清图片

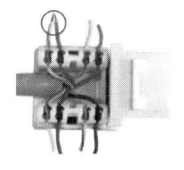
图6-34 线头过长

图6-35 剪掉线头

2）配线架模块短路故障维修。

如图6-36所示，配线架模块中第4芯、第5芯铜导线端接部位线头过长，铜导线端头直接接触，产生短路故障。维修方法为使用单口打线钳重新端接，单口打线钳刀口朝向线头，端接同时剪掉多余线头，或者用剪刀剪掉多余线头，如图6-37所示。

请扫描二维码查看彩色高清图片。

彩色高清图片

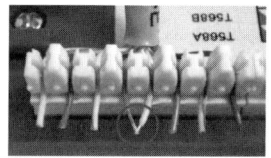
图6-36 第4芯、第5芯短路

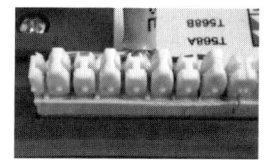
图6-37 剪掉全部多余线头

▶ 任务3：处理电缆跨接、反接故障

第一步：确定跨接、反接故障位置。

在端接过程中，跨接、反接故障往往是由于没有按照正确的线序压接，造成跨接或反接故障。安装过程中，必须随时认真检查端接线序和端接部位，确认铜导线线序正确。请提前阅读产品说明书，按照产品上标记的色谱标识线序正确端接，及时发现线序错误的情况，并且随时重新压接维修好。

请扫描二维码查看彩色高清图片。

图 6-28　网络模块左口损坏照片

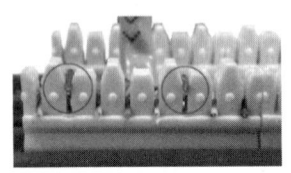 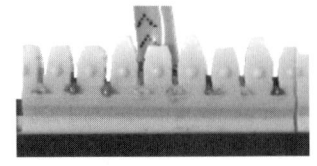 

图 6-29　第 2 芯、第 6 芯压接不到位　　图 6-30　第 2 芯、第 6 芯压接到位　　彩色高清图片

4）水晶头压接不到位故障维修。

如图 6-31 所示，水晶头线芯压接不到位，没有实现可靠接触和电气连接，出现开路故障。维修方法为剪掉水晶头，重新将线芯插到位，用网络压线钳重新压接水晶头，压接过程中刀片刺破线芯外绝缘层后扎入铜导线内，实现可靠电气连接，如图 6-32 所示。

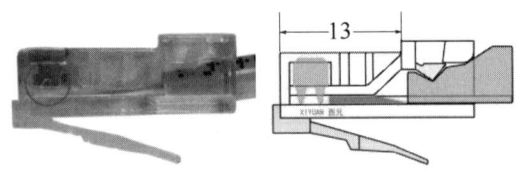 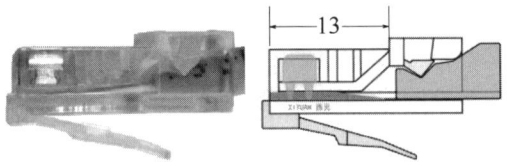

图 6-31　线芯压接不到位　　　　　　　　图 6-32　线芯压接到位

5）电缆断路故障。

在布线施工过程中，如果拉线时拉力过大，有可能拉断一芯或多芯铜导线，也可能拉断整根双绞线电缆，发生断路故障，或在墙面开孔、安装钉子时造成铜导线的线芯断裂，发生断路故障。如图 6-33 所示为电缆第 8 芯断开，出现断路故障。

电缆断路故障维修方法为将整根电缆全部抽出，重新进行穿线，穿线时应用力均匀，拉拽方向正确，防止电缆被拉断。

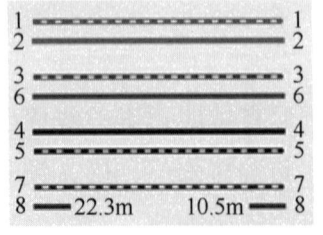 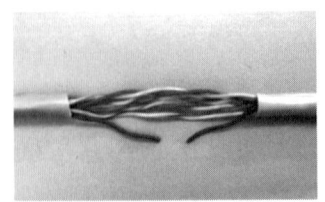

图 6-33　电缆第 8 芯断开

213

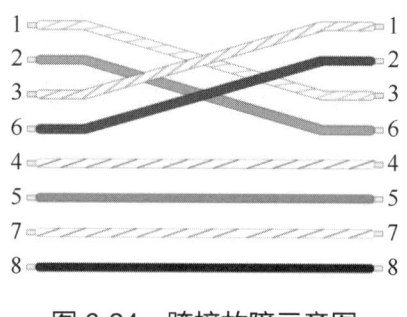
图 6-24 跨接故障示意图

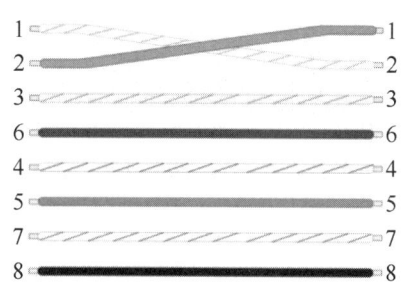
图 6-25 反接故障示意图

6.5.3 任务实践

▶ 任务1：处理电缆开路/断路故障

第一步：确定开路/断路故障位置。

在端接过程中，开路故障往往是铜导线没有压接到位产生的，随时认真检查端接线序和端接部位，确认铜导线压接到位，特别是仔细检查网络模块、配线架模块、水晶头等端接部位，及时发现和确认铜导线没有压接到位的情况，并且随时重新压接维修好。

第二步：随时检查发现故障，及时维修故障。

1）网络模块压接不到位故障维修。

如图 6-26 所示，网络模块 4 口没有压接到位，铜导线没有压入弹簧插针中间，没有实现可靠接触和电气连接，产生开路故障。

维修方法为用打线钳重新把铜导线压入弹簧插针中间，压紧过程中弹簧插针的刀片划破外绝缘层，夹紧铜导线，实现电气连接，如图 6-27 所示。

请扫描二维码查看彩色高清图片。

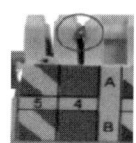

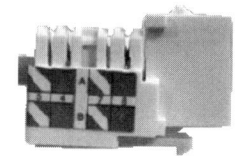

图 6-26 网络模块 4 口压接不到位　　　图 6-27 网络模块 4 口压接到位

2）网络模块损坏故障维修。

如图 6-28 所示为压接时把左边口损坏的情况。维修方法为重新更换合格的网络模块，压接时保持打线钳垂直，不要倾斜。

3）配线架模块压接不到位故障维修。

如图 6-29 所示，配线架模块中第 2 芯、第 6 芯铜导线没有压接到位，产生开路故障。维修方法为用打线钳重新把铜导线压入弹簧插针中间，压紧过程中弹簧插针的刀片划破外绝缘层，夹紧铜导线，实现电气连接，如图 6-30 所示。

4. 常见配线端接故障

综合布线系统中常见的配线端接故障有开路/断路、短路、跨接、反接等。

1）开路/断路故障。

开路/断路故障是指双绞线电缆中有一芯或多芯导线没有实现电气连接，中间开路或断开了，也称为开路故障，如图 6-22 中第 8 芯铜导线所示。

开路/断路故障产生的原因如下。

原因 1：铜导线压接不到位，没有实现电气连接。开路故障多发生在模块端接、配线架端接、水晶头压接等工序或部位。

原因 2：铜导线断开或被拉断。断路故障偶尔出现在永久链路中，例如拉线时拉力过大，或在墙面开孔、安装钉子时造成铜导线的线芯断开。

2）短路故障。

短路故障是指双绞线电缆中某两芯或多芯铜导线电气接通，如图 6-23 中第 3、第 6 铜线芯右端所示。

短路故障产生的原因如下。

原因 1：线端接触在一起。短路故障多发生在模块端接、配线架端接等工序或部位，主要是端接时，多余线头未剪掉，铜导线的线端直接接触造成短路。

原因 2：铜导线被金属导体连接在一起。短路故障偶尔出现在永久链路中，例如固定缆线时钉子或自攻丝损坏缆线线芯绝缘层，把 2 个铜导线连接在一起了。

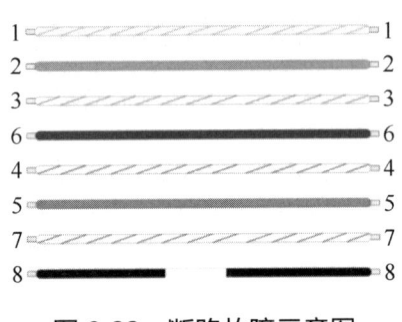

图 6-22　断路故障示意图

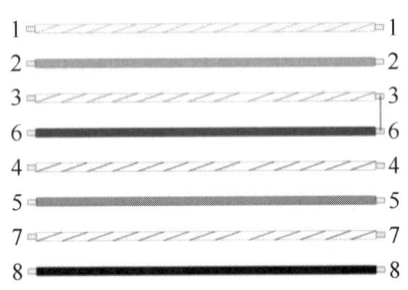

图 6-23　短路故障示意图

3）跨接故障。

跨接故障是指双绞线电缆跨过 2 芯以上的线序端接，如图 6-24 所示，1、2 线对与 3、6 线对跨接了。

跨接故障产生的原因：跨接故障一般发生在模块端接、配线架端接、水晶头制作等工序或部位，主要是端接线序错误所致。

4）反接故障。

反接故障是指双绞线电缆中某 2 芯交叉连接，如图 6-25 所示，第 1、2 线芯接反了。

反接故障产生的原因：反接故障一般多发生在模块端接、配线架端接、水晶头制作等工序或者部位，主要是端接线序错误所致。

接触不良的错误率按照 1%计算，将会有 960 个线芯出现端接错误。

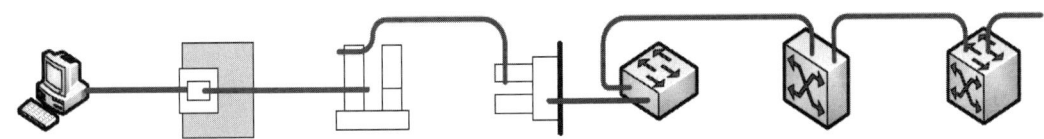

图 6-20　网络配线端接信道示意图

假如这些错误平均出现在不同的信息点或信道中，可能有 960 个信息点出现信道不通，导致 1000 个信息点的综合布线系统工程竣工后，仅仅信道不通这一项错误将高达 96%，信道故障率将达到 96%以上。

如果端接错误率达到 0.1%，也可能出现 96 处端接错误，造成 96 个信息点或信道不通，信道故障率达到 9.6%，这也是用户无法接受的。

更为重要的是综合布线系统工程往往无法随工测试每个信道或永久链路，只能等待信息插座和管理间设备全部竣工后，才能进行全面测试，即使在测试中发现故障，也很难正确定位故障位置，耗时费力把故障定位了，才发现维修非常困难，例如开路、跨接、反接等故障位于 110 跳线架的下层，需要拆除上层全部电缆才能维修。

综上所述，综合布线系统工程中出现的开路、跨接、反接等故障的定位困难、维修困难，严重时甚至无法维修。因此综合布线系统工程的配线端接技术与技能非常重要，必须保证配线端接质量达到 1000‰。

3．配线端接原理

目前网络系统使用的电缆都是 4 对网络双绞线电缆，由 8 根直径 0.5～0.6mm 的铜电线绞绕组成，每根铜电线都有独立的外绝缘层。如果像电气工程那样将每芯线剥开外绝缘层直接拧接或焊接在一起，不仅工程量大，而且将严重破坏双绞节距，因此在网络施工中坚决不能采取电工式接线方法。

综合布线系统配线端接的基本原理是将铜线芯用机械力量压入两个刀片中，在压入过程中刀片将绝缘护套划破，与铜线芯紧密接触，同时金属刀片的弹性将铜线芯长期夹紧，从而实现长期稳定的电气连接，如图 6-21 所示。

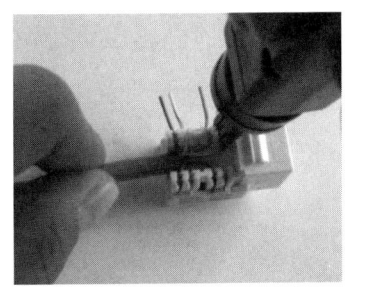 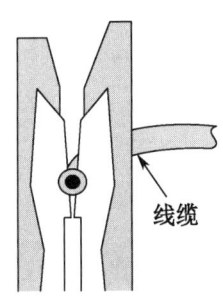

图 6-21　配线端接原理图

3. 使用弹片式底盒修复器，完成底盒螺孔损坏故障处理

可以根据插座底盒尺寸，选择合适长度的弹片，适当弯曲嵌入底盒内，利用金属弹片中间的螺孔固定面板。如图6-19所示为弹片式底盒修复器。

图6-16　在面板安装修复器　　图6-17　放入底盒　　图6-18　拧紧螺丝　　图6-19　弹片式底盒修复器

6.5 处理配线端接故障

6.5.1 任务描述

网络系统70%的故障发生在综合布线系统，综合布线系统90%的故障发生在配线端接。综合布线系统配线端接技术是连接网络设备和综合布线系统的关键施工技术，端接的质量直接反映着整个系统的施工质量。在施工过程中，必须做好电缆端接的测试，及时处理端接故障。

本任务要求掌握端接故障的相关知识，完成典型工作任务。

任务1：处理电缆开路/断路故障

任务2：处理电缆短路故障

任务3：处理电缆跨接、反接故障

6.5.2 相关知识介绍

1．配线端接的重要性

网络配线端接是连接网络设备和综合布线系统的关键施工技术。通常每个网络系统管理间有数百甚至数千根网络缆线，在工程实际施工中，如图6-20所示，一般每个信息点的网络信道从终端/PC→设备跳线→墙面信息插座→楼层管理间机柜内110跳线架→网络配线架→接入层交换机→汇聚层交换机→核心层交换机等，需要平均端接12次，每次端接8个线芯，每个信息点至少需要端接96芯，因此配线端接对综合布线系统至关重要，端接合格率必须达到1000‰。

2．配线端接正确率必须达到1000‰

例如，1000个信息点的综合布线系统工程施工，按照每个信息点平均端接12次计算，该工程总共需要端接12000次，共需要端接线芯96000次，如果操作人员端接线芯的线序和

6.4.3 任务实践

在综合布线系统工程土建安装阶段,应重视信息插座底盒的安装,特别要关注螺孔质量与位置正确。在后期安装面板工序中,遇到插座底盒螺孔损坏的情况时,可能无法安装面板,或者面板安装不牢固,容易掉落,请按照表 6-3 中的方法处理故障。

表 6-3 插座底盒螺孔损坏故障处理表

序号	故障类型	处理方案与方法
1	插座底盒质量太差	选择合格的品牌产品,安装前检查螺孔正常,位置正确,没有松动
2	施工不当,螺孔移位	正确安装插座底盒,保持横平竖直,螺孔位置正确。 土建阶段随工检查与及时更换
3	螺孔板松动	选择合格的品牌产品,土建阶段随工检查与及时更换
4	底盒安装太深	使用长螺丝,一般使用 M3.5×25 螺丝,必要时使用 M3.5×50 等长螺丝
5	螺孔损坏 螺纹滑丝 螺孔金属件掉落	土建阶段质量检查和筛选合格品,安装后及时保护、检查与更换。 在设备安装阶段增加撑杆式底盒修复器,或者菱形底盒修复器增加新的安装螺孔

1. 利用撑杆式底盒修复器,完成底盒螺孔损坏故障处理

第一步:如图 6-12 所示,把撑杆放入插座底盒内,紧靠左右两边,调整到合适位置,调整撑杆长度,使得撑杆两端顶住底盒内壁。注意用螺丝定位撑杆中间的螺孔位置。

第二步:如图 6-13 所示,拧紧螺丝,撑住上下边固定。用配套呆扳手,拧紧撑杆螺丝,上端螺丝逆时针方向拧紧,下端螺丝顺时针方向拧紧,把撑杆固定在底盒内壁。

第三步:如图 6-14 所示,利用撑杆中间的螺孔,安装面板。

如图 6-15 所示为撑杆式底盒修复器。

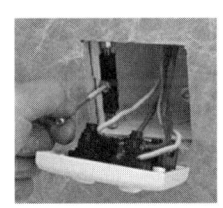 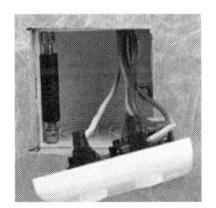 

图 6-12 撑杆放入底盒　　图 6-13 拧紧螺丝　　图 6-14 安装面板　　图 6-15 撑杆式底盒修复器

2. 利用菱形底盒修复器,完成底盒螺孔损坏故障处理

第一步:如图 6-16 所示,在插座面板安装修复器。将螺丝穿过面板和修复器安装孔,轻拧螺丝,将菱形底盒修复器固定在插座面板上。

第二步:如图 6-17 所示,将修复器放入底盒,调整面板位置与高度。

第三步:如图 6-18 所示,拧紧修复器螺丝。使用螺丝刀拧紧修复器螺丝,使修复器两端顶住底盒内壁,固定面板,注意调整面板横平竖直。

表 6-2 管接头故障处理表

序号	故障类型	处理方案与方法
1	管接头不配套	在安装前,认真选择配套的管接头,建议选择相同厂商的产品
2	穿线管没有插到位	清理干净管接头内腔,以及穿线管插入部分。 测量管接头深度,并在穿线管做好标记,用力插到卡台位置
3	管接头脱落	管接头内腔和穿线管连接处均匀涂抹黏结剂,重新插接牢固
4	管接头破损	重新更换新的管接头
5	墙体位移损坏管接头	在墙体开槽增加过线盒
6	管接头进水	在管接头内腔和穿线管连接处,均匀涂抹黏结剂,重新安装好管接头

6.4 处理插座底盒螺孔损坏故障

6.4.1 任务描述

综合布线系统的插座底盒,都在土建阶段完成安装,插座面板的安装在室内装饰完成后才能进行,此时墙面已经完成粉刷或已经贴好壁纸,如果遇到插座底盒螺孔损坏的情况,就很难处理了,如果开槽更换插座底盒,必然损坏墙面或壁纸,这是用户不能接受的。

本任务首先介绍插座底盒螺孔损坏故障维修的相关知识,要求掌握插座底盒螺孔故障维修方法。

6.4.2 相关知识介绍

插座底盒螺孔损坏的主要原因和正确安装要求如下。

1. 插座底盒质量太差

不合格的插座底盒,产品壁薄且脆。暗埋施工时,很容易因受力而变形甚至损坏连接部位,导致螺孔金属件松动移位,无法安装螺丝。在安装阶段选择合格产品,安装前检查螺孔是否正常。

2. 施工操作不当

在安装插座底盒时,由于操作不当,导致底盒螺孔金属件掉落或变形。在安装阶段提前预留或开好孔洞,放入插座底盒后,周边用水泥砂浆固定牢固,横平竖直。

3. 螺孔板松动

在安装插座底盒时,底盒受力变形,造成螺孔位置偏移,无法安装螺丝。在安装阶段正确安装插座底盒,保证螺孔位置正确。

4. 螺孔损坏或滑丝

安装好插座底盒后,用盖板保护插座底盒,或者用胶带纸保护螺孔。在安装螺丝时均匀用力,不要大力拧,防止螺纹滑丝或面板变形。

严重时无法穿线，也不能起到保护内部缆线的作用。主要原因如下：

（1）铺设穿线管时，管接头脱落，水泥砂浆从脱落的缝隙处进入穿线管，导致管路堵塞。

（2）后期工序施工中，小石子等杂物灌入穿线管，堆积在接头处，导致管路堵塞。

（3）管接头与穿线管尺寸不配套，太松，造成管接头脱落。

（4）管接头与穿线管连接部位，没有涂抹黏结剂或黏结剂失效松动。

（5）管接头受挤压破损脱落。

2．管接头安装不到位

如图 6-11 所示，穿线管与穿线管、信息盒（箱）连接处接头安装不到位，出现台阶，会导致管路穿线困难、穿线时损伤缆线，同时会产生管接头脱落。如果不能及时发现处理，最终会导致重新铺设管路。

图 6-10　管接头脱落

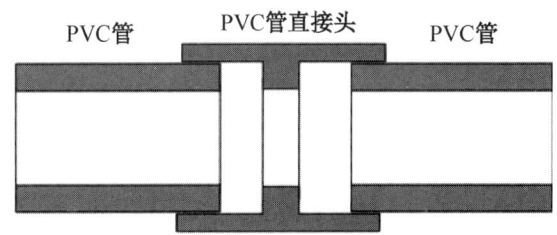

图 6-11　管接头安装不到位

3．管接头进水

如果管接头没有做防水处理，就会在长期使用过程中进水，长期浸泡电缆，严重时降低电缆护套绝缘性能，产生短路。尤其在地下室、盥洗室的管路等必须在埋管阶段做好防水处理。

6.3.3　任务实践

在穿线管安装与布线施工中，经常在管接头位置发生故障，包括管接头安装不到位、脱落、进水等故障。一般首先检查管接头安装情况，分析原因和故障现象，然后制定故障处理方案和方法，最后完成故障维修。

在实际工程施工中，经常遇到上述故障，往往需要花费较多的时间和人力，因此保证工程质量、减少故障出现非常重要。建议采取如下措施：

（1）提前研读图纸和技术文件，按图施工。

（2）培训操作人员熟练掌握专业技能，正确合理使用工具、穿线管、配套接头，正确安装管接头和保护成品。

（3）加强工程现场管理，随工检查，拍摄隐蔽工程照片等。

（4）遇到故障时，请按照表 6-2 中的方法处理管接头故障。

续表

序号	故障类型	处理方法
2	90°成品弯头	注塑的成品弯头为90°，很容易卡穿线器和缆线。开洞更换大拐弯的弯头
3	拐弯太多	重新设计穿线管路由，另外铺设穿线管
4	穿线管内灌入小石子、碎块等杂物	使用吸尘器或吹风机等辅助工具，完成管路疏通。如图6-9所示为使用吸尘器吸走杂物。 第一步：将管路的一端连接吸尘器，另一端穿入棉线。 第二步：用吸尘器将管路内的杂物吸出来，同时将棉线吸到这一端。 第三步：使用棉线带入铁丝，使用铁丝带入缆线，完成穿线
5	穿线管破裂	找到位置，开槽更换破裂的穿线管，或者重新铺设穿线管
6	混凝土堵塞	找到位置，开槽更换穿线管，或者重新铺设穿线管
7	穿线管变形严重	找到位置，开槽更换穿线管，或者重新铺设穿线管

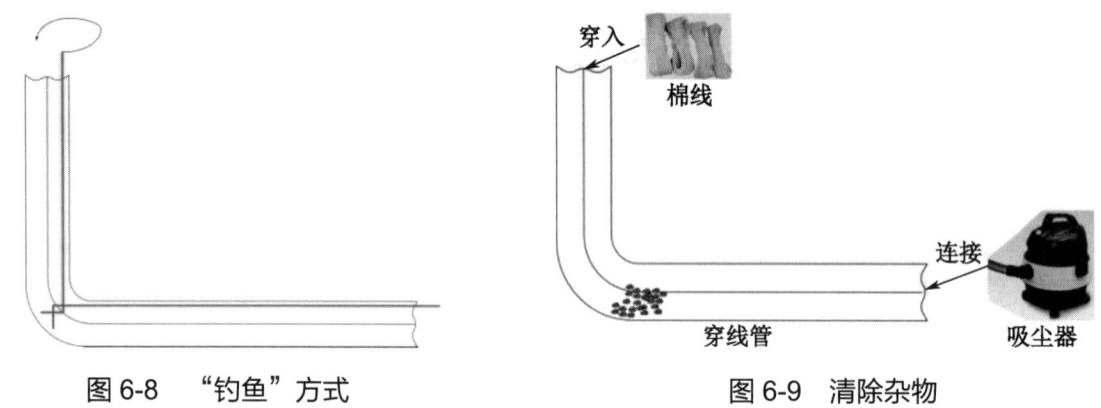

图 6-8 "钓鱼"方式　　　　图 6-9 清除杂物

6.3 处理穿线管接头安装故障

6.3.1 任务描述

在综合布线系统工程施工安装过程中，穿线管接续、穿线管与桥架连接、穿线管与底盒连接等均需要安装管接头。管接头的不规范安装，会造成管路无法穿线、损伤缆线、管路进水等诸多问题，进而导致整个系统不能正常运作。因此规范正确安装管接头、合理处理管接头安装故障，不仅能够提高施工效率和安装速度，也能有效保障工程质量。

本任务要求掌握穿线管接头安装故障的相关知识，完成典型工作任务。

任务1：处理管接头脱落故障

任务2：处理管接头安装不到位故障

任务3：处理管接头漏水故障

6.3.2 相关知识介绍

1. 管接头脱落

如图6-10所示，穿线管与穿线管、信息盒（箱）连接处接头发生脱落，不仅穿线困难，

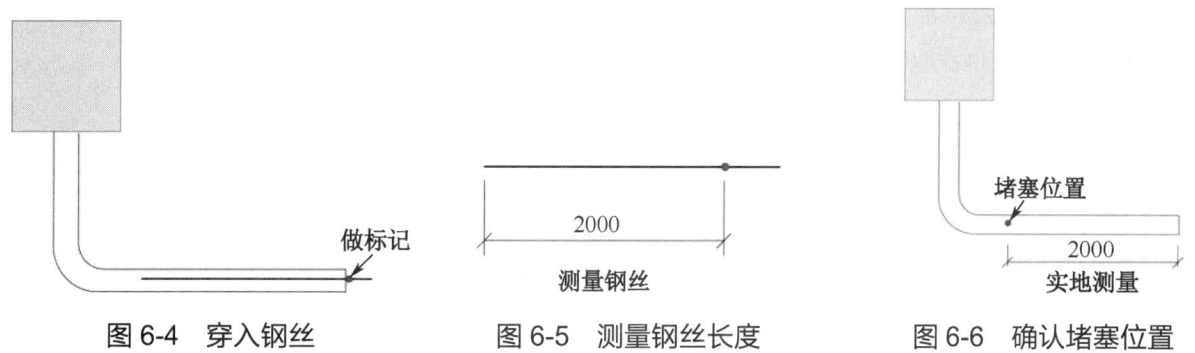

| 图 6-4 穿入钢丝 | 图 6-5 测量钢丝长度 | 图 6-6 确认堵塞位置 |

2. 仪器测量

需要使用穿线测堵仪，一般采用无线电收发原理，精准找到堵塞位置，如图 6-7 所示。

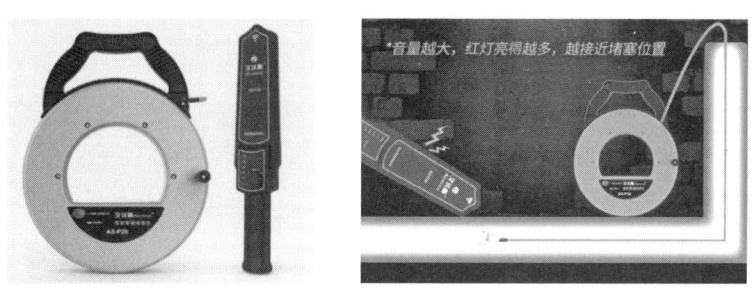

图 6-7 穿线测堵仪

第一步：把信号线和发射探头穿入管道中，直到信号线不能前进为止，此时探头所在位置即为堵塞位置。

第二步：打开发射器电源开关，信号发射指示灯亮。

第三步：打开接收器电源开关，手持信号接收器，沿埋设穿线管的大致方向探测，如果接近内部探头，接收器喇叭会发出"嗡嗡"声，接收指示灯会亮起，声音最大、亮灯数最多处就是堵塞点。

第四步：在堵塞点做上记号，抽出信号线。

▶ 任务 2：穿线管堵塞故障处理

土建阶段预埋的穿线管可能发生堵塞或不规范的情况，经常在拐弯处或直管被压变形处等出现堵塞故障，一般按照表 6-1 中的方法处理。

表 6-1 穿线管堵塞故障处理表

序号	故障类型	处理方法
1	拐弯半径太小	拐弯半径太小，穿线困难时，采取"钓鱼"方式穿线，如图 6-8 所示。 第一步：取两根钢丝，分别将一端折成弯钩，确认两头弯钩可以互相勾挂。 第二步：将两根钢丝的弯钩一端，从穿线管两端穿入，让它们在拐弯处相遇。 第三步：保持一根钢丝不动，旋转另一根钢丝，使得两个弯钩绞绕勾挂在一起。 第四步：抽出一根钢丝，并通过勾连结构，带出另一根钢丝。 第五步：把钢丝更换为铁丝，作为牵引线，完成缆线的穿线

（2）管接头露天存放，接管时未清理灰尘，管接头黏结不牢导致脱落。

（3）管接头长期存放于地下室有水的地方或在户外受雨水浸泡，管接头黏结不牢导致脱落。

（4）穿线管接头处连接不牢靠，导致管接头脱落。

（5）铺设过程中穿线管插入接头过短，导致管接头脱落。

（6）管接头本身质量不标准或不合格，致使穿线管连接不良而脱落。

2）穿线管被压扁造成穿线管堵塞。

（1）穿线管弯管时，拐弯处凹扁。

（2）穿线管铺设完成后，在混凝土浇筑过程中受外力变形。

（3）穿线管成品保护不到位，如土建、运输等工序中压扁穿线管或损伤管口。

（4）冬期施工时，地面取暖致使穿线管长时间受热凹扁。

3）穿线管内部杂物堵塞。

（1）穿线管铺设完成后，管口封堵不严密被灌入水泥砂浆。

（2）砌墙施工阶段，管口封堵不严密掉进杂物或人为塞入杂物。

（3）抹灰阶段，管口保护不到位落入混凝土灰块。

（4）冬期施工时，穿线管内的水结冰。

4）其余原因。

（1）穿线管管径选择不合理，例如太小，无法穿入更多电缆。

（2）穿线管铺设过长或弯曲过多未加过线盒，例如超过 30m，或者出现 S 弯。

（3）穿线管位置不合理，被其他工序施工打断。

（4）修补墙面时，挂网用的直钉钉入穿线管。

（5）工种配合不合理，被人为拆除或破坏。

6.2.3 任务实践

▶ 任务1：确认穿线管堵塞位置

1. 简单测量

第一步：穿入钢丝。如图 6-4 所示，使用钢丝穿入堵塞的穿线管，直到穿不动为止，然后在钢丝上标记该节点，并拔出钢丝。

第二步：测量长度。如图 6-5 所示，测量穿入钢丝的长度，确定穿线管堵塞长度。

第三步：确认堵塞位置。如图 6-6 所示，对照穿线管路由，在墙上测量出同等长度，确定并标注出堵塞位置。

这种方法有个前提，就是一定要准确知道穿线管暗埋的路由位置，如果穿线管路由位置拿不准，不建议采用该方法。

2）暗埋穿线管、底盒的位置和铺设规定。

（1）穿线管暗埋在建筑物楼板中时，应按单层设置，不允许重叠。

（2）穿线管暗埋在建筑物楼板中时，穿线管直径不宜超过 25mm。钢筋混凝土现浇楼板的厚度一般为 60～80mm，穿线管的最大外径不宜大于楼板厚度的 1/3，因此一般选用 ϕ16 或 ϕ20 的金属穿线管。

（3）预埋在墙体中间的穿线管的最大管外径不宜超过 50mm，室外管道进入建筑物的最大管外径不宜超过 100mm。

（4）穿线管在墙体、楼板内铺设时，其保护层厚度不应小于 30mm。

（5）一个穿线管路由中不允许出现 S 弯。

（6）同一过线盒的预埋穿线管不应超过 3 根。

（7）暗埋穿线管在下列情况应设置过线盒，方便布放缆线和维修。

① 暗埋穿线管长度超过 30m 时；

② 暗埋穿线管有 1 个拐弯，并且长度超过 20m 时；

③ 暗埋穿线管有 2 个拐弯，并且长度超过 15m 时；

④ 暗埋穿线管有交叉时。

2．穿线管施工安装注意事项

（1）穿线管不应有折扁、裂缝，管内无杂物，切断口应平整。

（2）穿线管应用管接头连接，塑料管采用胶水粘接，在管接头两端应与楼板底筋绑扎牢固。

（3）穿线管接头处必须连接或粘接牢固和密封严密，并对管口做好保护措施，如塞上塑料管塞等，防止杂物进入堵塞管路。

（4）预埋在楼板、剪力墙内的穿线管、过线盒应固定牢固，防止移位。

（5）配管时要注意每趟穿线管弯头不宜超过 3 个，保证曲率半径。

（6）现浇混凝土楼板、墙、柱、梁内配管应随浇注或墙砌砖配管。

（7）暗铺管路必须与土建主体工程密切配合施工。

（8）配管要尽量减少转弯，沿最短路径，合理确定管路铺设路由。

（9）管路可用铁丝捆扎固定，底盒中要填满泡沫塑料或其他填充物，防止水泥落入。

（10）穿线管穿越结构伸缩缝时，应设置变形补偿装置。

（11）穿线管并列时，管与管的间距应不小于 25mm，保证管周围均有混凝土包裹。

（12）开槽时，开槽宽度应大于管外径 10mm 左右，槽深大于管外径 15mm 左右。

（13）穿线管放入槽后，每隔 0.5m 左右须用铁钉固定，不得松脱。

（14）穿线管固定好后，先用水泥砂浆修补，然后挂钢丝网，再交付由土建统一抹灰。

3．穿线管堵塞的原因

1）管接头脱落造成穿线管堵塞。

（1）穿线管铺设时，接头处未用黏结剂或黏结剂失效，导致管接头脱落。

任务 2：穿线管堵塞故障处理

6.2.2 相关知识介绍

1. 穿线管安装位置与铺设规定

1) 明装穿线管、线槽、底盒的安装位置和铺设规定。

（1）明装穿线管、线槽、底盒与横梁、侧墙或其他障碍物的间距不宜小于 100mm，如图 6-1 所示为正确位置示意图，如图 6-2 所示为错误位置示意图。

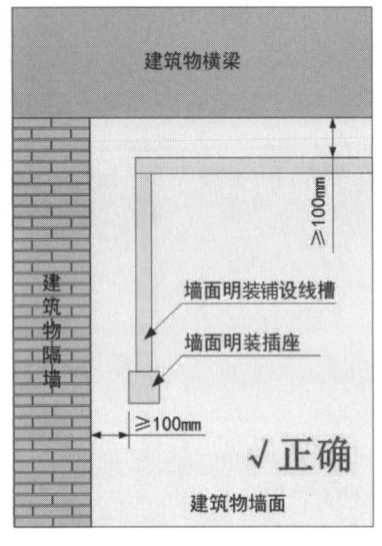

图 6-1 穿线管正确位置

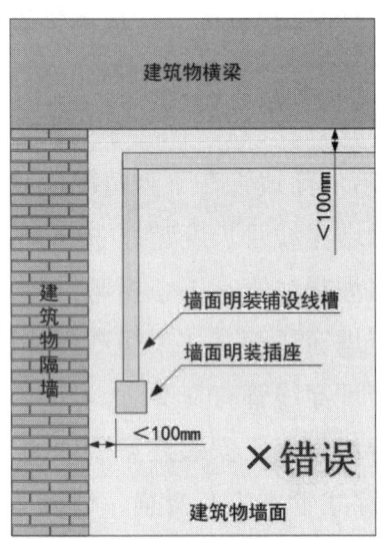

图 6-2 穿线管错误位置

（2）明装穿线管、线槽、底盒的连接部位不应设置在穿越楼板处和实体墙的孔洞处。

（3）竖向穿线管、线槽、底盒的墙面固定间距不宜大于 1500mm。

（4）穿线管在距出线盒 300mm 以内、弯头处两边、每隔 3m 处均应采用管卡固定，如图 6-3 所示。

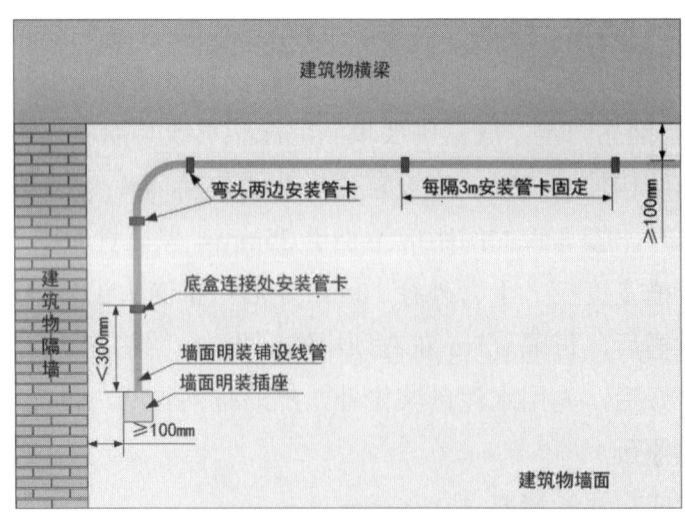

图 6-3 穿线管管卡固定

工作任务 6

住宅综合布线系统故障处理

工作任务 6 以住宅项目为例，介绍综合布线系统故障处理，以及处理故障需要的核心职业技能和相关知识，包括穿线管堵塞、管接头安装、螺纹损坏、电缆端接等故障，还安排了典型的工程实训项目。

6.1 《综合布线系统安装与维护职业技能等级标准》初级职业技能要求

《综合布线系统安装与维护职业技能等级标准》（2.0 版）对住宅综合布线系统故障处理工作任务，提出了如下职业技能要求。

1. 能处理穿线管堵塞故障。
2. 能处理管接头安装故障。
3. 能处理插座底盒螺纹损坏故障。
4. 能处理配线子系统的端接故障。

6.2 处理穿线管堵塞故障

6.2.1 任务描述

在住宅综合布线系统工程施工过程中，穿线管堵塞是最常见的故障，也是最让施工人员头疼的问题。产生穿线管堵塞故障，往往是由于在各个施工环节过程中，没有严格规范施工与安装，也没有做好对管路的保护。

穿线管出现堵塞故障时，应及时处理和排除，保证施工进度与质量。本任务要求掌握穿线管堵塞故障的相关知识，完成典型工作任务。

任务 1：确认穿线管堵塞位置

5.6.4 ④号 TO/TP 信息插座和④号 TV 插座永久链路的布线安装与测试

本实训任务按照 5.6.1 要求和视频，1 人独立完成图 5-65 中④号 TO/TP 信息插座和④号 TV 插座永久链路的布线安装与测试，包括 1 个数据永久链路、1 个语音永久链路和 1 个 TV 链路，并进行测试，评判合格，完成实训报告等工作任务。注意图示位置与路由。请扫描二维码，查看彩色高清图片。

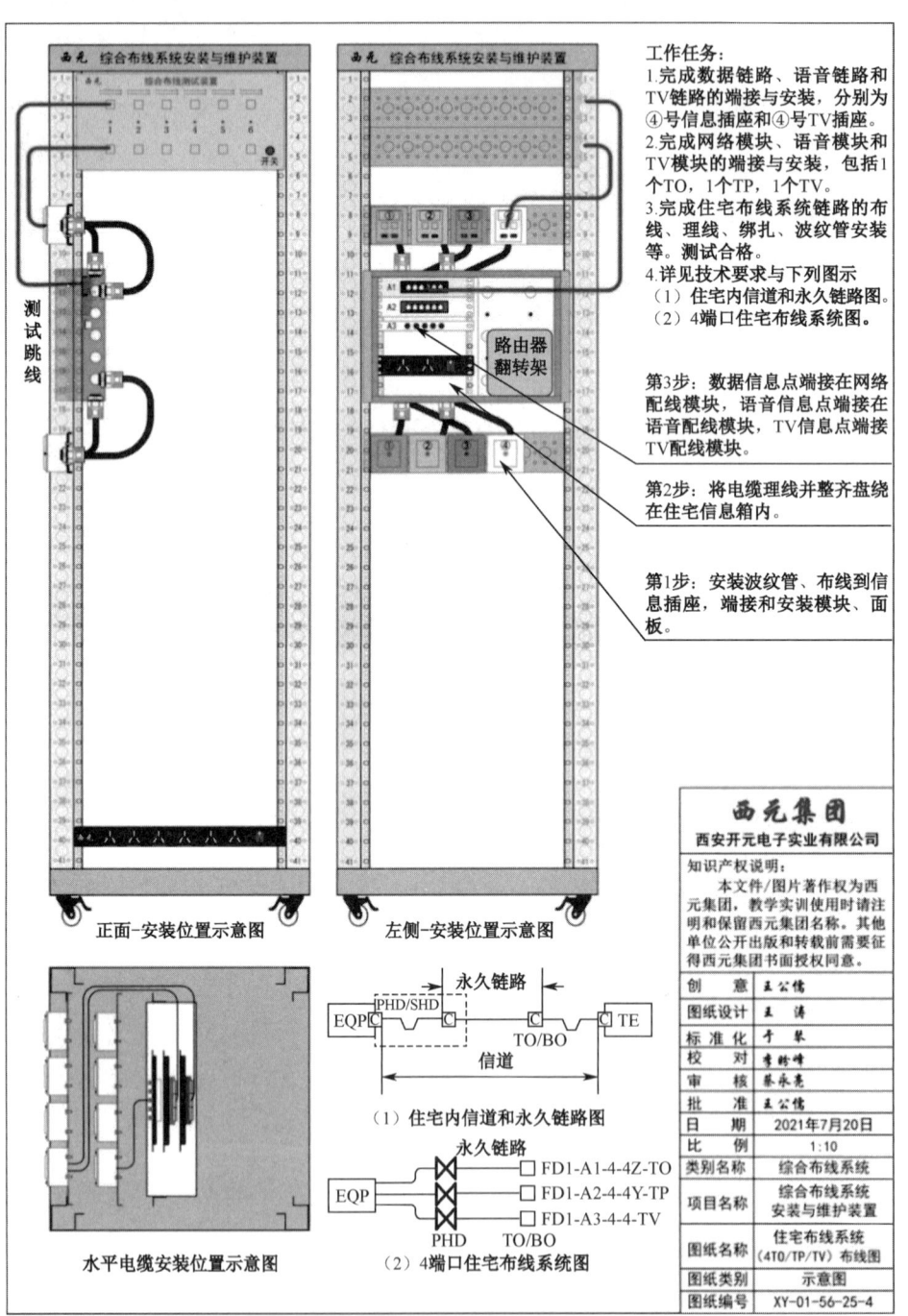

图 5-65 住宅布线系统永久链路布线安装图（④号 TO/TP 插座，④号 TV 插座）

5.6.3 ③号 TO/TP 信息插座和③号 TV 插座永久链路的布线安装与测试

本实训任务按照 5.6.1 要求和视频，1 人独立完成图 5-64 中③号 TO/TP 信息插座和③号 TV 插座永久链路的布线安装与测试，包括 1 个数据永久链路、1 个语音永久链路和 1 个 TV 链路，并进行测试，评判合格，完成实训报告等工作任务。注意图示位置与路由。请扫描二维码，查看彩色高清图片。

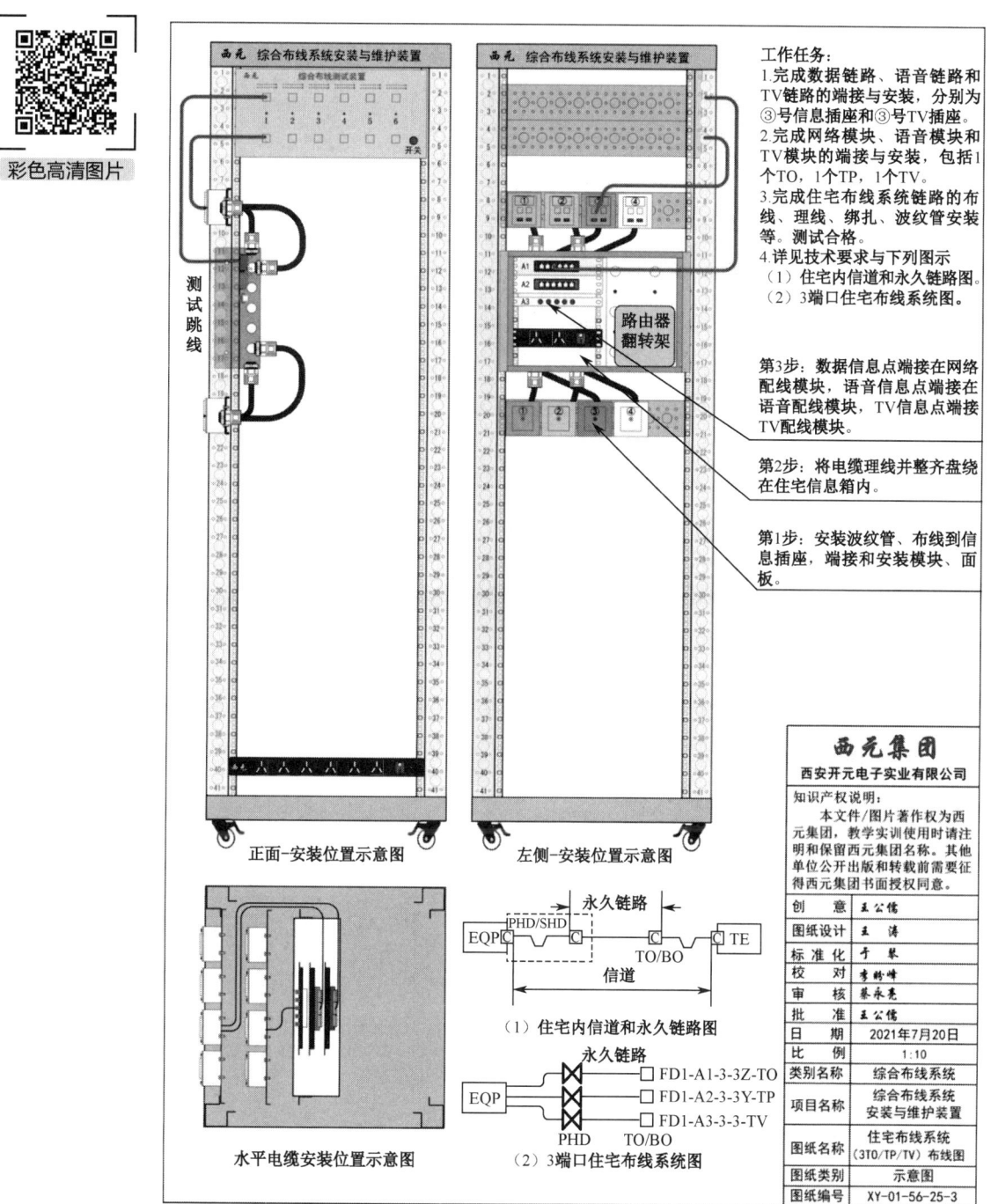

图 5-64 住宅布线系统永久链路布线安装图（③号 TO/TP 插座，③号 TV 插座）

5.6.2 ②号 TO/TP 信息插座和②号 TV 插座永久链路的布线安装与测试

本实训任务按照 5.6.1 要求和视频，1 人独立完成图 5-63 中②号 TO/TP 信息插座和②号 TV 插座永久链路的布线安装与测试，包括 1 个数据永久链路、1 个语音永久链路和 1 个 TV 链路，并进行测试，评判合格，完成实训报告等工作任务。注意图示位置与路由。请扫描二维码，查看彩色高清图片。

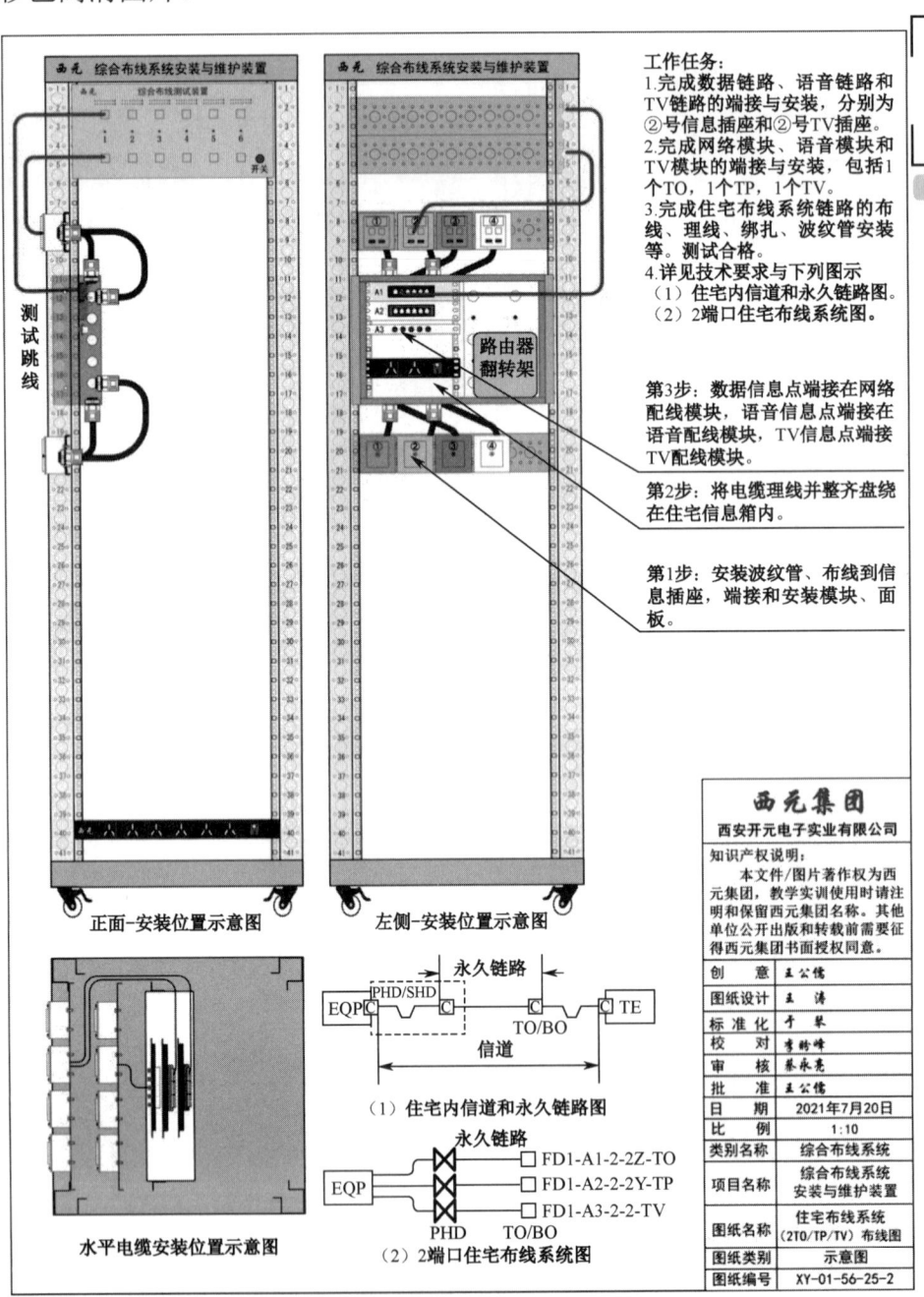

图 5-63 住宅布线系统永久链路布线安装图（②号 TO/TP 插座，②号 TV 插座）

10．实训报告

请按照实训项目 1 表 1-11 所示的实训报告要求和模板，独立完成实训报告，2 课时。

11．实训材料

序号	产品名称	型号/规格	数量	单位	主要器材照片
1	信息插座底盒	86×86×45	2	个	
2	信息插座面板	86×86 双口面板	1	个	
3	TV 面板	86×86	1	个	
4	同轴电缆	SYV75-5	1	m	
5	非屏蔽电缆	Cat 5e	2.5	m	
6	网络模块	RJ-45 网络模块	1	个	
7	语音模块	RJ-11 语音模块	1	个	
8	波纹管	ϕ21.2 波纹管	0.4	m	
9	波纹管接头	AD21.2-M20	4	个	
10	F 接头	-5 F 头	1	个	
11	尼龙线扎	3×100 线扎	6	个	
12	标签扎带	100mm	6	个	

12．实训工具

序号	名称	型号/规格	数量	单位	主要工具照片
1	旋转剥线器	旋转式双刀同轴剥线器	1	个	
2	水口钳	6 寸水口钳	1	把	
3	十字螺丝刀	ϕ6×150mm	1	把	
4	网络压线钳	RJ-45 与 RJ-11 水晶头压接	1	把	
5	单口打线钳	单对 110 型打线刀	1	把	

TV 模块端接方法如图 5-57~图 5-59 所示。

图 5-57 剥除同轴电缆外护套　　图 5-58 保留屏蔽层 10mm　　图 5-59 安装同轴电缆与屏蔽层

第五步：理线。

将电缆整齐、合理地预留并绑扎在住宅信息箱内，要求电缆自然平直，不受拉力和挤压。电缆弯曲半径不应小于电缆外径的 4 倍。

第六步：数据、语音配线模块端接。

将数据永久链路端接在住宅信息箱内 A1 配线架对应模块，将语音永久链路端接在 A2 配线架对应模块。

第七步：TV 配线模块端接。

首先确定合适长度，裁剪多余部分，按照如图 5-60~图 5-62 所示方法制作 F 接头，然后将同轴电缆插接在 TV 配线模块 OUT 1 口。

图 5-60　剥除外护套，保留铜线芯

图 5-61 安装套环和 F 接头　　　　图 5-62 夹紧套环，剪掉多余线芯

第八步：永久链路测试。

用配套的测试跳线进行住宅布线系统永久链路的测试，观察指示灯，数据永久链路按照 1~8 顺序闪烁，语音永久链路按照 3~6 顺序闪烁，TV 永久链路按照 1~2 顺序闪烁，测试合格。

9. 评判标准

评判标准见表 5-3，每个永久链路 100 分，共 300 分。

表 5-3　住宅布线系统永久链路评分表

姓名或链路编号	操作工艺评价（不合格扣分，每处扣 5 分）							测试结果	得分
	第一步 波纹管安装 10 分	第二步 电缆标记 10 分	第三步 穿线和预留长度 15 分	第四步 模块端接与面板安装 20 分	第五步 理线与绑扎 15 分	第六步 数据、语音配线模块端接 20 分	第七步 TV 配线模块端接 10 分	第八步 通过 100 分 不合格 0 分	

8. 住宅布线系统永久链路搭建项目实训步骤

实训操作前，初学者应提前预习，认真研究实训任务，仔细阅读和理解图纸，掌握技术知识点，通过反复认真观看实训指导视频，熟悉关键技能与要求内容，准备和检查实训材料和工具，在规定时间内有计划地完成本实训任务。

第一步：波纹管安装。

裁剪波纹管。按照图 5-53 所示位置和路由，裁剪两根波纹管，长度分别为 150mm、180mm，要求波纹管两端裁剪平齐。

安装波纹管接头。按照图 5-54 所示波纹管安装位置和路由，将波纹管接头安装在图 5-53 中①号信息插座和①号 TV 插座对应位置。波纹管接头安装方法如图 5-55 所示。

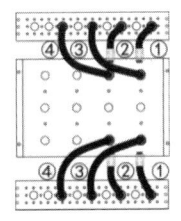

图 5-54　波纹管安装位置和路由示意图

图 5-55　波纹管接头安装方法

安装波纹管。在如图 5-54 和图 5-56 所示位置和路由安装波纹管，要求波纹管安装平顺，没有硬弯和缠绕。

图 5-56　波纹管安装照片

第二步：电缆标记。

首先检查电缆，确认电缆规格型号是否正确。然后根据需要裁取长度合适的电缆，在电缆两端标记相同编号，一般采用信息点编号进行标记，也可按照配线架端口编号进行临时标记，在完成穿线后统一制作电缆标签。

第三步：穿线。

完成图 5-53 所示①号信息插座和①号 TV 插座的布线。信息插座布放 2 根超五类电缆，TV 插座布放 1 根同轴电缆，要求电缆平顺，没有缠绕和打结。在信息箱内配线架端接位置，预留电缆长度宜为 30～60mm。在底盒内预留电缆长度宜为 100mm，完成端接后预留 30～60mm。

第四步：模块端接与面板安装。

完成信息插座和 TV 插座的模块端接与卡装，包括 1 个 TO、1 个 TP、1 个 TV。网络模块和语音模块的端接方法，请参照本教材配套视频或其他实训项目要求。

单元，包括①屏蔽电缆永久链路，②网络数据永久链路，③综合布线永久链路（数据+语音），④光纤永久链路安装，⑤光纤永久链路熔接，⑥光纤永久链路冷接，⑦住宅布线系统。每个单元既能满足 4 名学生同时进行不同项目的技能实战训练，也能满足 4～8 人按照顺序进行技能鉴定，并且在 5 分钟内快速完成测试与评判，通过指示灯闪烁持续显示永久链路开路、跨接、反接等故障。

在实操或技能训练中，建议首先熟悉和充分理解实训任务，然后认真读懂图纸，看清楚布线路由和位置，最后准备材料和工具，按图施工，正确操作，熟练掌握关键技能。

在技能鉴定中，建议在规定时间内，分项逐一完成工作任务，保证工作质量。

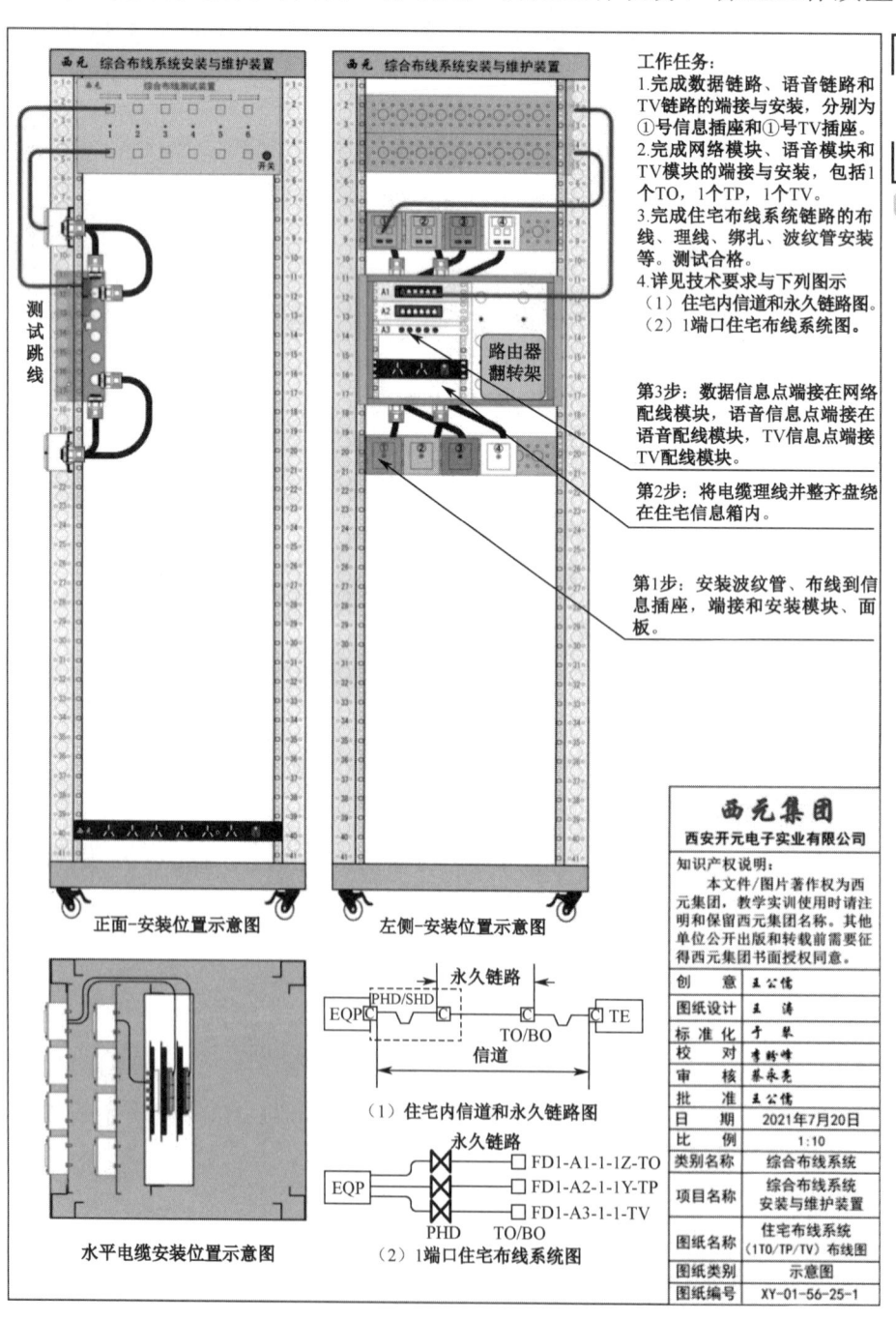

图 5-53 住宅布线系统永久链路布线安装图（①号 TO/TP 插座，①号 TV 插座）

技能鉴定的公平、公开、公正。

下面安排的4个实训项目，也可以作为4个技能鉴定项目，工作任务量和技术技能难度相同；每人完成1个后，进行电气性能通断评判和安装工艺评判，每人5分钟即可完成成绩评判，然后开始第2个人技能鉴定，可满足4人持续技能鉴定，提高了鉴定效率和设备利用率。

5.6.1 ①号TO/TP信息插座和①号TV插座永久链路的布线安装与测试

1．实训任务来源

住宅布线系统能够向住户提供具有广泛应用能力的独立布线，涉及住宅信息箱、水平电缆和信息插座、同轴电缆和TV插座等器材的安装与端接技术技能，也是1+X《综合布线系统安装与维护职业技能等级标准》规定的初级技能。

2．实训任务

本实训任务要求1人独立完成图5-53中①号TO/TP信息插座和①号TV插座永久链路的布线安装与测试，包括1个数据永久链路、1个语音永久链路和1个TV链路，并进行测试，评判合格。请扫描图左侧的二维码，查看彩色高清图片。

3．技术知识点

（1）住宅信息箱用于对住宅弱电信号进行统一管理、分配和布线，包括语音、数据、有线电视等。

（2）住宅布线系统永久链路由住宅配线架PHD/SHD至应用插座TO/TP、TV等配线架和缆线组成。

4．关键技能与要求

（1）熟练掌握水平电缆的安装布线方法，包括穿线、理线、标记的方法与技巧。

（2）熟练掌握信息插座底盒、面板、TV面板的安装方法，包括质量检查、现场保护。

（3）熟练掌握RJ-45模块、RJ-11模块和同轴电缆F5头等连接器件的端接方法。

（4）掌握波纹管的安装方法和技巧，包括波纹管裁剪、波纹管安装固定。

（5）掌握住宅信息箱中配线架与模块的安装与端接方法。

5．实训课时

（1）该实训共计2课时完成，其中技术讲解和视频演示25分钟，实际操作50分钟，永久链路测试与评判10分钟，整理清洁现场5分钟。

（2）课后作业2课时，独立完成实训报告，提交合格实训报告。

6．实训指导视频

1XCJ51-实训6-住宅布线系统永久链路搭建。

7．实训设备

西元综合布线系统安装与维护装置，产品型号KYPXZ-01-56。该装置基于《综合布线系统安装与维护职业技能等级标准》的技术技能训练与鉴定等需求专门研发，设计有7个独立

7. 机柜与墙面、地面的垂直偏差应不大于（　　）。（参考 5.4.2）
   A．2mm　　　　　　　　　B．3mm
   C．4mm　　　　　　　　　D．5mm

8. 住宅信息箱箱体与带电部件之间的绝缘电阻不应小于（　　）。（参考 5.5.2）
   A．10MΩ　　　　　　　　B．20MΩ
   C．100MΩ　　　　　　　 D．200MΩ

9. 住宅信息箱的功能模块包括（　　）。（参考 5.5.2）
   A．宽带接入模块　　　　　B．路由交换模块
   C．语音配线模块　　　　　D．数据配线模块

10. 住宅信息箱接地端子应能连接截面积不小于（　　）的接地线，而且接地连接点应有清晰的接地标识。（参考 5.5.2）
    A．4mm²　　　　　　　　B．6mm²
    C．8mm²　　　　　　　　D．10mm²

三、简答题（50 分，每题 10 分）

1. 简述网络跳线选用原则。（参考 5.2.2）

2. 描述安装计算机网络跳线的步骤。（参考 5.2.3）

3. 简述水平子系统的基本原则。（参考 5.3.2）

4. 简述机柜垂直调整基本步骤。（参考 5.4.3）

5. 简述住宅信息箱内网络配线架的端接与测试步骤。（参考 5.5.3）

5.6　实训项目 6　住宅布线系统永久链路搭建

实训项目 6

本节通过 4 个实训项目，训练初学者与初级工识图能力、按图施工能力等，介绍了多人多批次快速技能鉴定的做法，减少了准备时间和评判时间，不仅提高了鉴定效率，也保证了

191

3. _____命令是测试网络连接状况及信息包发送和接收状况非常有用的工具，是网络测试最常用的命令。（参考 5.2.2）

4. 双绞线电缆的信道长度不超过 100m，水平电缆长度一般不超过_____m。（参考 5.3.2）

5. 水平布线子系统为_____结构。（参考 5.3.2）

6. 配线架端口数量应该_____信息点数量，保证从全部信息点过来的缆线能够全部端接在配线架中。（参考 5.3.2）

7. 综合布线系统的每条电缆、光缆、配线设备、端接点、安装通道和安装空间均应给定_____标志。（参考 5.3.2）

8. 同一条缆线或永久链路的两端编号必须_____。（参考 5.3.2）

9. 标准 U 机柜以 U 为单位区分，1U 等于_____mm。（参考 5.4.2）

10. 住宅信息箱箱门应平整牢固，具有关闭锁机构，开启角度不应小于_____度。（参考 5.5.2）

二、选择题（部分为多选题）（30 分，每题 3 分）

1. 信息插座与计算机等终端设备的距离宜保持在（　　）范围内。（参考 5.2.2）
   A．3m　　　　　　　　　　B．5m
   C．7m　　　　　　　　　　D．10m

2. 计算机网络不通的原因有（　　）。（参考 5.2.2）
   A．缆线损坏　　　　　　　B．驱动程序问题
   C．IP 地址冲突　　　　　　D．网络接口损坏

3. 一般尽量避免水平电缆与（　　）以上强电供电线路平行走线。（参考 5.3.2）
   A．36V　　　　　　　　　B．72V
   C．110V　　　　　　　　　D．220V

4. 水平电缆与强电供电线路需要平行走线时，应保持一定的距离，一般非屏蔽网络双绞线电缆与强电电缆的距离大于（　　）。（参考 5.3.2）
   A．7cm　　　　　　　　　B．10cm
   C．30cm　　　　　　　　　D．50cm

5. 管内穿放 4 对双绞线电缆时，截面利用率应为（　　）。（参考 5.3.2）
   A．25%～35%　　　　　　B．25%～50%
   C．30%～35%　　　　　　D．30%～50%

6. 管理间子系统使用色标来区分配线设备的性质，标明（　　）等，以便维护人员在现场一目了然地加以识别。（参考 5.3.2）
   A．端接区域　　　　　　　B．物理位置
   C．类别和规格　　　　　　D．编号

第五步：如图 5-50 所示，将铜线芯插入 F5 接头内，并且夹紧套环，把同轴电缆和 F 接头牢牢固定在一起。注意铝箔屏蔽层与 F5 接头密切接触，实现电气连通，套环与 F5 接头保持 2~3mm 间隙。

第六步：如图 5-51 所示，使用水口钳剪掉多余铜线芯，铜线芯与 F5 接头右端平齐，这样就完成同轴电缆与 F5 接头的端接。

图 5-48　剥除外护套 15mm

图 5-49　插入 F5 接头

图 5-50　夹紧套环

图 5-51　完成端接

第七步：如图 5-52 所示，将带有 F5 头的同轴电缆安装在电视分配器上，注意铜线芯对准中间孔水平用力插入，并且顺时针拧紧螺丝，实现可靠连接。

图 5-52　安装同轴电缆

6）TV 链路的测试与故障处理。

电视分配器插接完成后，应进行及时测试，具体测试方法如下：

使用同轴电缆测线器，一端插接电视分配器输入口，另一端插接在 TV 插座端口，对 TV 链路进行逐条测试，观察测线器指示灯闪烁顺序，判断链路是否电气连通。

互动练习

- 互动练习 9　网络故障与配线管理
- 互动练习 10　机柜调整与住宅布线

内容详见本书附册。

习题

一、填空题（20 分，每题 2 分）

1. 跳线必须与布线系统的等级和＿＿＿＿＿＿相配套。（参考 5.2.2）
2. IP 协议的两个重要的因素是＿＿＿＿＿＿和 MAC 地址。（参考 5.2.2）

接头上的防尘帽。注意在取掉防尘帽后，光纤接头不能与任何物品发生触碰，防止污染。

第四步：插接 SC 接头。

如图 5-45 所示，首先将 SC 接头的长条形卡台对准光纤配线架 SC 耦合器上的缺口，然后用力水平插入即可，插拔销闩式结构自动固定跳线，图 5-46 为完成插接的照片。

图 5-43　取掉耦合器防尘帽

图 5-44　取掉接头防尘帽

图 5-45　对准缺口插入

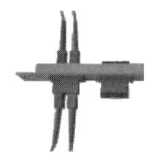

图 5-46　完成插接

4）光纤链路的测试与故障处理。

光纤配线架插接完成后，应进行及时测试，具体测试方法如下：

使用激光笔或光功率计进行测试，光纤跳线一端插接在激光笔或光功率计插口，另一端插接在光纤配线架端口。观察对应端口是否有红色激光射出，判断光路是否连通。

如果没有红色激光射出，拔掉光纤跳线插头，重新插接。

5）电视分配器的端接。

如图 5-47 所示为 1 进 4 出电视分配器，也称为 TV 配线架。输入电视信号为一路，输出电视信号为四路，可以满足四台电视机使用。

图 5-47　1 进 4 出电视分配器

电视分配器的端接步骤和方法如下。

第一步：整理同轴电缆。

闭路电视系统一般使用同轴电缆，同轴电缆也称为闭路电视线。根据设计布线路由和位置，首先整理同轴电缆，盘绕预留部分，然后束缆或固定。

第二步：检查和更换同轴电缆标记。

同轴电缆在前期穿线牵引过程中，端部进行了绑扎和拉拽，同轴结构可能受到损坏，标签掉落或模糊，因此往往需要仔细检查，剪掉损坏的前端，重新制作和更换清晰的标签。

第三步：如图 5-48 所示，剥除同轴电缆外护套 15mm，注意不要损伤铜线芯。

第四步：如图 5-49 所示，将 F5 接头自带的套环穿在同轴电缆的护套上。

第五步：如图5-39所示，按照配线架模块所标线序，将双绞线电缆压入对应模块中。

第六步：如图5-40所示，使用打线钳压接线芯，使其与模块刀片可靠连接。

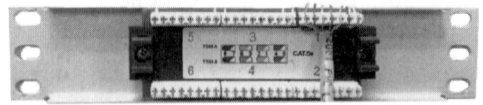 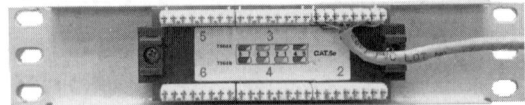

图5-39　双绞线电缆放入端接口　　　　　图5-40　配线架端接

2）永久链路的测试与故障处理。

配线架端接完成后，应进行及时测试，具体测试方法如下：

使用双绞线电缆测线器，一端插接在信息插座，另一端插接在配线架对应的端口，对永久链路进行逐条测试，观察测线器指示灯闪烁顺序，判断链路是否电气连通。

如果出现开路故障：检查配线架端接处，是否端接到位，使用打线钳重新端接；再次端接后显示开路，需要拔掉双绞线电缆，重新端接，实现电气连通。

如果出现线序故障：仔细检查端接处，拔掉双绞线电缆，重新端接。

3）光纤配线架的插接。

光纤配线架用于光缆布线系统，配置4个双口SC光纤模块，背面安装SC口光纤接头，正面安装SC口光纤跳线，如图5-41所示。

图5-41　4×2口SC光纤配线架

插接方法如下。

第一步：整理光纤跳线。

根据图纸设计的位置或端口，整理光纤跳线，盘绕预留部分，并且束缆或固定，如图5-40所示。

第二步：检查和更换光纤跳线标记。

根据光纤跳线插接端口与编号，在光纤跳线端头制作和固定标签。一般按照配线架编号—配线架端口号—信息点编号制作标签标号，如图5-42所示。

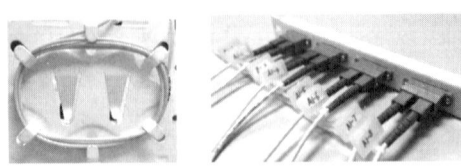

图5-42　光纤跳线盘留、束缆与标签

第三步：取掉防尘帽。

如图5-43所示，取掉光纤配线架SC耦合器的防尘帽，如图5-44所示取掉光纤跳线SC

线端 200mm，固定牢固。

第四步：把电缆固定在牵引铁丝上。

将裁好的电缆一端使用胶带固定或绑扎在对应穿线管口的牵引铁丝上。

第五步：牵引电缆。

在信息点底盒内，用力抽拉牵引铁丝，拉线困难时使用老虎钳抽拉牵引铁丝，直至所带电缆穿出管口。

第六步：预留电缆。

在信息插座底内预留 100mm 电缆，并且盘成圈，防止电缆缩回管内；在信息箱内预留电缆长度为 700mm，方便电缆端接与后期维护。在信息箱内预留长度一般不小于信息箱的三边长度之和。

第七步：整理电缆。

在住宅信息箱内，首先把电缆按照房间等区域分类整理成束，其次按照数据、语音等整理分类，然后根据端接顺序和位置在箱内绑扎或固定牢固，方便端接。注意在整理电缆的同时，仔细检查线端标记，及时更换掉落或不清楚的标记。

2．电缆端接

1）网络配线架的端接。

如图 5-36 所示为住宅信息箱内安装的 6 口网络配线架，前面有 6 个 RJ-45 口模块，用于插接网络跳线，背面有对应的 6 个模块，用于端接来自信息点的电缆。

图 5-36　6 口 RJ-45 网络配线架

网络配线架的端接步骤与方法如下。

第一步：整理电缆。

根据图纸设计的位置或端口，整理电缆，把预留电缆盘绕和固定牢固。

第二步：检查和更换电缆标记。

电缆在牵引过程中，端部进行了绑扎，往往都要剪掉受损伤的前端，更换或重新制作标签。

第三步：如图 5-37 所示，剥开双绞线电缆外绝缘护套 20mm。

第四步：如图 5-38 所示，拆开 4 对双绞线。

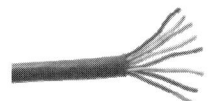

图 5-37　剥开双绞线电缆外绝缘护套　　　　　　图 5-38　拆开 4 对双绞线

5. 住宅信息箱安装要求

住宅信息箱安装时，首先必须认真研读图纸和技术要求，特别注意工作任务的种类、缆线长度、路由和端接位置、现场管理等，并且在施工过程中规范安装，优先保证工作质量，在规定时间完成工作任务。住宅信息箱内设备的安装分为配线架安装和信息插座安装与布线两个阶段，下面就各阶段的安装规范分别做介绍说明。

1）配线架安装。

按照图纸规定位置，安装全部配线架，要求保证安装位置正确，横平竖直，安装牢固，没有松动，如图5-35所示。

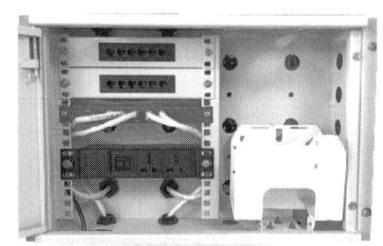

图5-35 西元住宅信息箱配线架安装实物图

2）信息插座安装与布线。

按照图纸规定的位置和路由完成全部电缆、光缆、闭路线的布线，并安装信息插座。

（1）电缆布线要求布管路由正确，管卡安装位置合理，管接头安装牢固；两端预留电缆长度合适，线标规范，信息箱内理线合理规范；电缆端接剥线长度合适，剪掉撕拉线，剪掉线端，端接位置正确，线序正确。

（2）光缆布线要求布管路由正确，横平竖直，拐弯曲率半径合理美观；管卡安装位置合理，管接头安装牢固；光缆两端预留长度合适，信息箱内理线合理规范。如果光缆采用冷接方式安装快速连接器，要求剥缆长度合适，剪掉撕拉线，冷接质量合格，插接位置正确。

（3）闭路布线要求布管路由正确，横平竖直，拐弯曲率半径合理美观；管卡安装位置合理，管接头安装牢固；电缆两端预留长度合适，信息箱内理线合理规范。同时要求两端安装F端子，剥缆长度合适，F端子安装正确，插接位置正确。

5.5.3 任务实践 住宅信息箱的安装与调试

1. 电缆布线

第一步：测量布线长度。

测量住宅信息箱与信息点之间布线长度。根据设计图纸或者现场实测进行估算。

第二步：抽取长度合适的电缆。

首先从电缆箱中抽出一端，然后根据布线长度抽出长度合适的电缆，并裁断。

第三步：缆线标记。

把写有信息点编号的标签纸用透明胶带固定在电缆两端，注意两端编号必须相同，距离

7）直流电源模块。

（1）直流电源模块应符合相关标准的要求。

（2）直流电源模块宜设置开关和指示灯。

3．箱体技术要求

1）机械性能。

箱体的机械性能应满足相关标准的要求。

2）密封性能。

箱体的密封性能应满足相关标准的要求。

3）电气性能。

（1）在试验电压DC500V条件下，箱体与带电部件之间的绝缘电阻不应小于100MΩ，环境试验后不应小于10MΩ。

（2）箱体与带电部件之间耐电压强度不应小于DC1500V或AC1000V，1分钟内无击穿和飞弧现象。

（3）箱体金属部分应良好导通，并预留接地端子，接地端子应能连接截面积不小于6mm^{2}的接地线，而且接地连接点应有清晰的接地标识。

4．住宅信息箱结构组成与功能模块

住宅信息箱是统一管理住宅内的电话、传真、电脑、电视机、影碟机、音响、安防监控设备和其他智能家居设备的家庭信息平台。住宅信息箱可实现各类弱电信息布线在户内的汇集、分配的需求，并方便集中管理各类用户终端适配器。它可以使家中各种电器、通信设备、安防报警、智能控制等设备功能更强大，使用更方便，维护更快捷，扩展更容易。如图5-34为住宅信息箱及其系统示意图，能够直接明装或嵌入式安装在土建墙、装饰墙或钢板墙等各种墙面或墙体中。

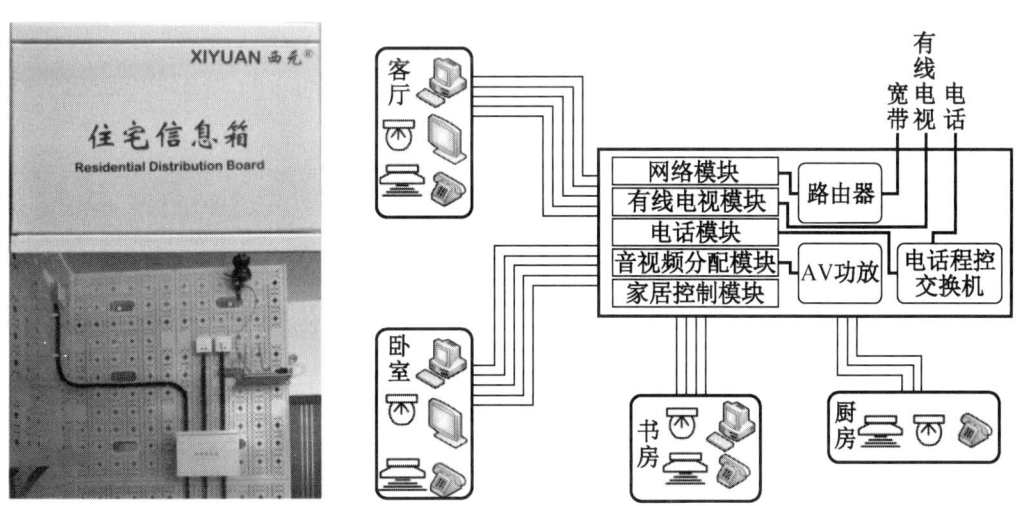

图5-34 住宅信息箱及其系统示意图

挂流、划痕、露底、气泡及发白等现象。

箱体采用塑料材质时，箱体表面应光洁无损、色泽均匀，无明显凹痕、飞边、拉丝、熔接痕等缺陷。

（2）箱门应平整牢固，具有关闭锁机构，开启角度不应小于110°，门的开闭应灵活可靠。

（3）箱体结构应牢固，装配具有一致性和互换性。箱体外露和操作部位不得有锐边、锐角等可能伤及人身的结构。

（4）信息箱内应能为接入光缆提供不小于0.5m的盘绕空间。

（5）信息箱四周应预留敲落孔，敲落孔应满足最多进出线的要求。

（6）信息箱应提供配线架等功能模块和配件，设计有安装支架及理线绑扎孔洞。

（7）信息箱应设计有散热孔。

（8）信息箱应附有清晰的标签，可在箱门内侧提供标签的粘贴位置。

（9）信息箱应能安装宽带接入模块、智能家居中控模块和直流电源模块。

（10）综合信息箱应配备220V交流供电电源插座。

2．功能模块技术要求

1）宽带接入模块。

当采用FTTH宽带接入方式时，宽带接入模块应选用ONU模块，入户光缆应连接箱体内的ONU模块。

2）智能家居中控模块。

（1）智能家居中控模块应支持智能家居终端的控制与管理。

（2）智能家居中控模块可通过家庭局域网与有线或无线智能家居系统互通。

（3）智能家居中控模块应提供以太网接口。

3）路由交换模块。

（1）路由交换模块应具备在公用通信网和家庭局域网之间进行路由转发及在家庭局域网进行数据链路层交换的功能。

（2）路由交换模块应满足相关标准的要求。

4）语音配线模块。

语音配线模块的机械物理和环境性能应满足相关标准的要求，输入输出电阻应小于300mΩ。

5）数据配线模块。

数据配线模块的电气性能应满足相关标准的要求。数据配线模块应明确指示产品性能等级。数据输入/输出端口不应直接并联，并应满足相关标准的要求。

6）有线电视配线模块。

有线电视配线模块应满足相关标准的要求。

柜下部向右调整。

（3）当水泡调整至中心时，则表示机柜与地面呈垂直状态。

2．调整机柜与墙面垂直

第一步：将直角尺没有刻度的一端紧贴墙面放置。

第二步：观察直角尺有刻度的一端与机柜侧面平面间的缝隙。

第三步：调整机柜与墙面垂直。

（1）如果直角尺有刻度的一端靠近没有刻度一端的部分与机柜侧面平面间的缝隙较大，说明机柜前部偏右，则需要将机柜前部向左调整，或将机柜后部向右调整。

（2）如果直角尺有刻度的一端远离没有刻度一端的部分与机柜侧面平面间的缝隙较大，说明机柜前部偏左，则需要将机柜前部向右调整，或将机柜后部向左调整。

（3）如果直角尺有刻度的一端与机柜侧面紧密贴合，则表示机柜与墙面呈垂直状态。

▶ 任务 2：机柜水平调整

机柜水平调整步骤如下。

第一步：将水平尺放在机柜顶部平面的两个相互垂直的方向上。

第二步：观察水平尺横向玻璃管的水泡位置。

第三步：调整机柜水平。

（1）水泡向左偏，表示机柜左侧偏高，需要降低该侧的高度，或调高右侧的高度。

（2）水泡向右偏，表示机柜右侧偏高，需要降低该侧的高度，或调高左侧的高度。

（3）当水泡调整至中心时，则表示机柜与地面和墙面呈水平状态。

5.5 住宅综合布线系统安装与调试

5.5.1 任务描述

在信息时代，智能建筑、智能家居已经普及，住宅内布线的范围也得到逐步扩大，例如语音电话、计算机上网、计算机联网等；住宅中的电视、背景音乐、智能影院、安防监控、入侵报警、可视对讲等都属于住宅弱电系统的范畴。住宅中的"线网"越织越密、越织越复杂。

本任务要求掌握住宅综合布线系统搭建调试的相关知识，完成典型工作任务。

任务：住宅信息箱的安装与调试

5.5.2 相关知识介绍

GB 37142—2018《住宅用综合信息箱技术要求》国家标准对信息箱有如下规定。

1．住宅信息箱结构设计与要求

（1）箱体采用金属材质时，外观色泽应均匀光滑平整，喷塑层或漆膜应附着牢固，没有

4）测量工具。

（1）水平尺。

水平尺是利用液面水平的原理，以水准泡直接显示角位移，测量被测表面相对水平位置、铅垂位置、倾斜位置偏离程度的一种计量器具。综合布线系统工程施工中也常用水平尺测量机柜和桥架等设备与墙面和地面的水平状态，也用于测量机柜和桥架等设备与地面的垂直状态。如图 5-32 所示为使用水平尺测量机柜的水平和垂直。

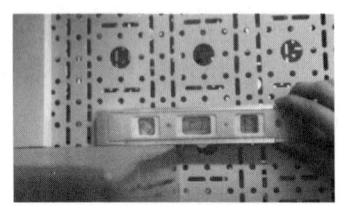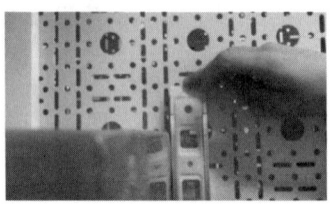

图 5-32　水平尺测量机柜的水平和垂直

（2）直角尺。

直角尺是检验和划线工作中常用的量具，用于检测工件的垂直度及工件相对位置的垂直度，是一种专业量具，适用于机床、机械设备及零部件的垂直度检验、安装加工定位、划线等，是机械行业中的重要测量工具。综合布线系统工程施工中也常用直角尺测量机柜和桥架等设备与墙面的垂直状态。图 5-33 所示为使用直角尺测量机柜与墙面的垂直状态。

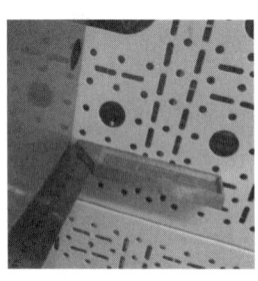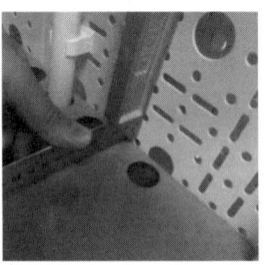

图 5-33　直角尺测量机柜的垂直状态

5.4.3　任务实践

▶ 任务 1：机柜垂直调整

机柜垂直调整步骤如下。

1. 调整机柜与地面垂直

第一步：将水平尺纵向放在机柜侧面平面上。

第二步：观察竖向玻璃管水泡的位置。

第三步：调整机柜与地面垂直。

（1）如果水平尺水泡向右偏，表示机柜上部偏左，则需要将机柜上部向右调整，或将机柜下部向左调整。

（2）如果水平尺水泡向左偏，表示机柜上部偏右，则需要将机柜上部向左调整，或将机

4）机柜立柱安装尺寸。

在楼层管理间和设备间，模块化配线架和网络交换机一般安装在机柜内。为了使安装在机柜内的配线架和网络交换机美观大方且方便管理，必须对机柜内设备的安装进行规划，具体遵循以下原则：

（1）一般配线架安装在机柜下部，交换机安装在其上方。

（2）每个配线架之间安装一个理线环，每个交换机之间也要安装理线环。

（3）正面的跳线从配线架中出来全部要放入理线环内，然后从机柜侧面绕到上部的交换机间的理线环中，再插入交换机端口。

一般，网络机柜的安装尺寸执行 YD/T 1819—2016《通讯设备用综合集装架》标准的规定，具体安装尺寸如图 5-30 所示，如图 5-31 所示为常见的机柜内配线架安装实物图。

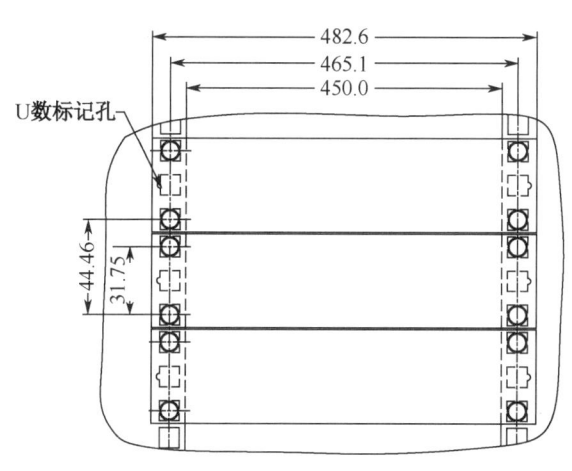

图 5-30 网络机柜的安装尺寸

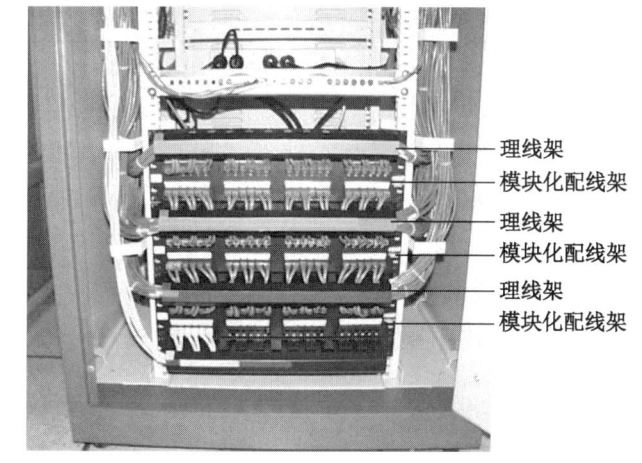

图 5-31 机柜内配线架安装实物图

2．机柜安装要求

1）壁挂式机柜安装基本要求。

结合工程经验和相关综合布线系统工程标准，壁挂式机柜的安装应满足下列要求：

（1）应安装在平整坚固的墙面上，距离地面不低于 2000mm。

（2）应保持与地面垂直，垂直偏差应不大于 3mm。

（3）应保持与地面水平，水平偏差应不大于 3mm。

2）壁挂式机柜垂直度。

壁挂式机柜的垂直度是指机柜相对于墙面和地面的垂直偏差。测量方法如下：

（1）可使用水平尺测量壁挂机柜是否与地面呈垂直状态。

（2）可使用直角尺测量壁挂机柜是否与墙面呈垂直状态。

3）壁挂式机柜水平度。

壁挂式机柜的水平度是指机柜相对于墙面和地面的水平偏差。

测量方法：可使用水平尺测量壁挂机柜是否与墙面和地面呈水平状态。

标准机柜的规格一般为 19 英寸，内部立柱安装尺寸宽度为 482mm（19 英寸）。机柜外部尺寸宽度为 600mm，深度为 600mm，高度一般为 2000mm。具体规格见表 5-2。

表 5-2 网络机柜规格表

产品名称	单元	规格型号/mm（宽×深×高）	产品名称	单元	规格型号/mm（宽×深×高）
普通墙柜系列	6U	530×400×300	普通网络机柜系列	18U	600×600×1000
	8U	530×400×400		22U	600×600×1200
	9U	530×400×450		27U	600×600×1400
	12U	530×400×600		31U	600×600×1600
普通服务器机柜系列（加深）	31U	600×800×1600		36U	600×600×1800
	36U	600×800×1800		40U	600×600×2000
	40U	600×800×2000		45U	600×600×2200

2）配线机柜。

配线机柜是为综合布线系统特殊定制的机柜。其特殊点在于增添了布线系统特有的一些附件，例如垂直布置的理线架、理线环、光纤收纳架等，并对电源的布局提出了特别的要求，常见的配线机柜如图 5-28 所示。

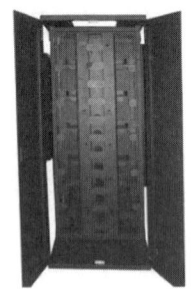

图 5-28 配线机柜

3）壁挂式机柜。

壁挂式机柜主要用于楼层管理间或分管理间，外观轻巧美观，全柜采用钢板制作，柜门一般装有玻璃，机柜背面有四个挂墙的安装孔，可将机柜挂在墙上节省空间，广泛用于小型综合布线系统工程、楼道明装、办公室内明装等，如图 5-29 所示。

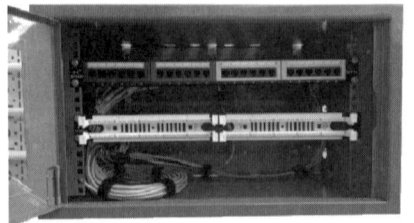

图 5-29 壁挂式机柜

不一致，应重新选择并安装合适类型的网络端口。

第三步：网络跳线端口位置的检查与调整。

检查网络跳线端口设置位置是否与设计文件一致，如果端口位置与设计文件要求的设置位置不一致，应调整端口的位置。

第四步：网络跳线端口质量的检查与调整。

检查网络跳线端口质量是否合格，如果端口出现破损，或端口内部有杂物，应更换新的端口。

▶ 任务 2：配线管理

综合布线配线子系统配线管理主要从缆线和端接硬件两个方面进行。

1．缆线管理

（1）在设备间缆线端头处进行标识。

（2）在外露缆线上每隔一定距离标记一次。

（3）在维修口、接合处、牵引盒处的电缆位置进行标识。

2．端接硬件管理

（1）在配线架网络跳线接口处进行标识。

（2）在信息面板网络跳线接口处进行标识。

（3）统计汇总各类标识，形成表格，便于查找。

5.4 机柜调整

5.4.1 任务描述

在综合布线系统工程中，机柜一般安装在楼层管理间、设备间、控制中心等场所。机柜的水平度和垂直度不符合标准时，一方面影响系统的布线，甚至有可能打乱设计的布线路由和整个系统布局，另一方面也将影响整个综合布线系统的验收。因此，在进行机架设备安装与端接之前，应先调整机柜的水平度和垂直度。

本任务要求掌握机柜调整的相关知识，完成机柜调整典型工作任务。

任务 1：机柜垂直调整

任务 2：机柜水平调整

5.4.2 相关知识介绍

1．网络机柜

1）标准 U 机柜。

机柜是安装设备和缆线交接的地方。标准机柜以 U 为单位区分（1U=44.45mm）。

这样做比较经济。

有时为了在楼层进行分区管理，也可以选配较多的配线架。例如上述的 64 个信息点如果分为 4 个区域，平均每个区域有 16 个信息点时，也需要选配 4 个 24 口配线架，这样每个配线架端接 16 口，预留 8 口，能够进行分区管理和方便维护。

2）标识管理原则。

由于管理间的缆线和跳线很多，必须对每根缆线进行编号和标识，在工程项目实施中还需要将编号和标识规定张贴在管理间内，方便施工和维护。

3）理线原则。

管理间缆线必须全部端接在配线架中，完成永久链路安装。在端接前必须先整理全部缆线，预留合适长度，重新做好标记，剪掉多余的缆线，按照区域或编号顺序绑扎和整理好，通过理线环，然后端接到配线架。不允许出现大量多余缆线缠绕和绞结在一起的情形。

3. 配线管理

管理间的命名和编号也是非常重要的一项工作，直接涉及每条缆线的命名，因此管理间命名首先必须准确表达清楚该管理间的位置或用途，这个名称从项目设计开始到竣工验收及后续维护必须保持一致。如果项目投入使用后用户改变名称或编号，必须及时制作名称变更对应表，作为竣工资料保存。

管理间子系统使用色标来区分配线设备的性质，标明端接区域、物理位置、编号、类别、规格等，以便维护人员在现场一目了然地加以识别。标识编制应按下列原则进行。

（1）规模较大的综合布线系统应采用计算机进行标识管理，简单的综合布线系统应按图纸资料进行管理，并应做到记录准确、及时更新、便于查阅。

（2）综合布线系统的每条电缆、光缆、配线设备、端接点、安装通道和安装空间均应给定唯一标志。标志中可包括名称、颜色、编号、字符串或其他组合。

（3）配线设备、缆线、信息插座等硬件均应设置不易脱落和磨损的标识，并应有详细的书面记录和图纸资料。

（4）同一条缆线或永久链路的两端编号必须相同。

（5）配线设备宜采用统一的色标区别各类用途的配线区。

5.3.3 任务实践

▶ 任务1：端口检查与调整

检查并调整配线子系统网络跳线端口的步骤如下。

第一步：网络跳线端口数量的检查与调整。

检查网络跳线端口数量是否与设计文件一致，如果端口数量少于设计文件要求的最少数量，应补充相应数量的端口。

第二步：网络跳线端口类型的检查与调整。

检查网络跳线端口类型是否与设计文件一致，如果端口类型与设计文件要求的端口类型

如果需要近距离平行布线甚至交叉跨越布线时，需要用金属管保护网络布线。

2）水平子系统的拓扑结构。

水平子系统为星型结构，如图 5-26 所示。每个信息点都必须通过一根独立的缆线与楼层管理间的配线架连接，然后通过跳线与交换机连接。请扫描二维码查看彩色高清图片。

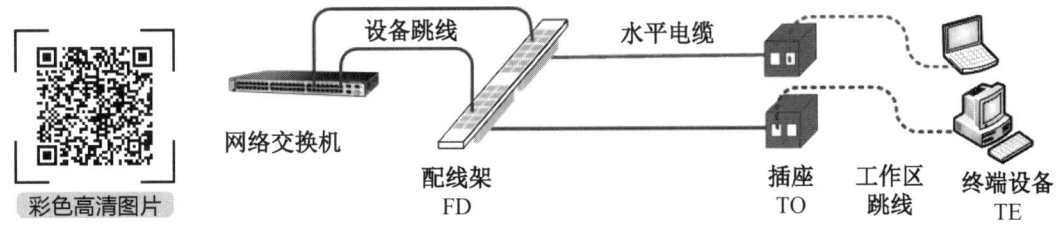

图 5-26　水平子系统拓扑结构

3）水平子系统的布线距离规定。

GB 50311 国家标准规定，水平子系统中，对于电缆的长度做了统一规定，水平电缆和信道的长度应符合如图 5-27 所示的规定。请扫描二维码查看彩色高清图片。

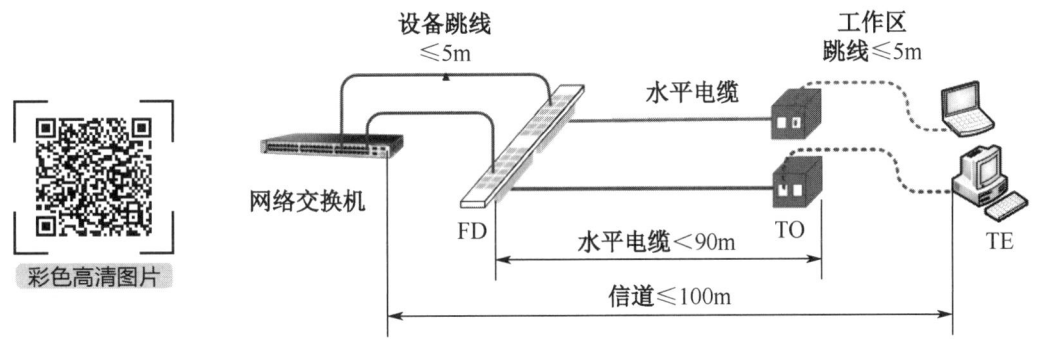

图 5-27　水平电缆和信道长度

4）电缆的布放根数。

在水平布线系统中，电缆必须安装在线槽或穿线管内。

在建筑物墙或地面内暗埋管布线时，一般选择穿线管，不允许使用线槽。

在建筑物墙面明装布线时，一般选择线槽，很少使用穿线管。

在楼道或吊顶上长距离集中布线时，一般选择桥架。

缆线布放在穿线管与线槽内的管径与截面利用率，应根据不同类型的缆线做不同的选择。管内穿放 4 对双绞线电缆时，截面利用率应为 25%～35%。缆线布放在线槽内的截面利用率应为 30%～50%。

2．管理间子系统基本配线要求

1）配线架数量确定原则。

配线架端口数量应该大于信息点数量，保证从全部信息点过来的缆线能够全部端接在配线架中。在工程中，一般使用 24 口或 48 口配线架。例如某楼层共有 64 个信息点，至少应该选配 3 个 24 口配线架，配线架端口的总数量为 72 口，就能满足 64 个信息点缆线的端接需要，

第五步：关闭"管理员"界面。

第六步：检查并排除故障后，重复上述操作步骤，测试本机与目标主机的通信状态。

5.3 配线子系统端口调整

5.3.1 任务描述

配线子系统由工作区内的信息插座模块、信息插座模块至电信间配线设备（FD）的水平缆线、电信间的配线设备及设备缆线和跳线等组成。在实际使用中，经常会出现配线子系统网络跳线插接端口的调整和管理，进而满足实际应用需求。

本任务要求掌握配线子系统的相关知识，完成典型工作任务。

任务1：端口检查与调整

任务2：配线管理

5.3.2 相关知识介绍

1. 水平子系统基本配线要求

1）基本原则。

（1）性价比最高原则。

水平子系统范围广、布线长、材料用量大，对工程总造价和质量有比较大的影响。

（2）预埋管原则。

新建建筑物优先考虑在建筑物梁和立柱中预埋穿线管；旧楼改造或装修时考虑在墙面刻槽埋管，或者在墙面明装线槽。因为在新建建筑物中预埋线管的成本比明装布管、槽的成本低，外观美观。

（3）水平电缆最短原则。

为了保证水平电缆最短原则，一般把楼层管理间设置在信息点居中的房间，保证水平电缆最短。对于信息点比较密集的情景，可以设置多个管理间或次管理间，这样既能节约成本，又能降低施工难度，因为布线距离短时，线管和电缆也短，拐弯减少，布线拉力也小一些。

（4）水平电缆最长原则。

按照GB 50311国家标准规定，双绞线电缆的信道长度不超过100m，水平电缆长度一般不超过90m。因此在前期设计时，水平电缆最长不宜超过90m。

（5）避让强电原则。

一般尽量避免水平电缆与36V以上强电供电线路平行走线。在工程设计和施工中，一般原则为网络电缆布线避让强电布线。

如果确实需要平行走线，应保持一定的距离，一般非屏蔽网络双绞线电缆与强电电缆距离大于30cm，屏蔽网络双绞线电缆与强电电缆距离大于7cm。

图 5-23 所示。

第三步：在管理员界面"命令控制行"中输入"ipconfig"，测试本机的 IP 地址参数，如图 5-24 所示。

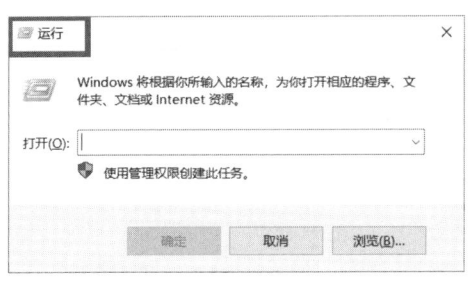

图 5-22　"运行"对话框

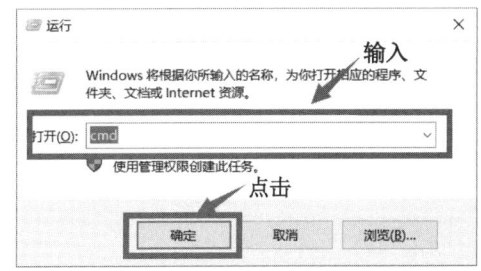

图 5-23　进入"管理员"界面

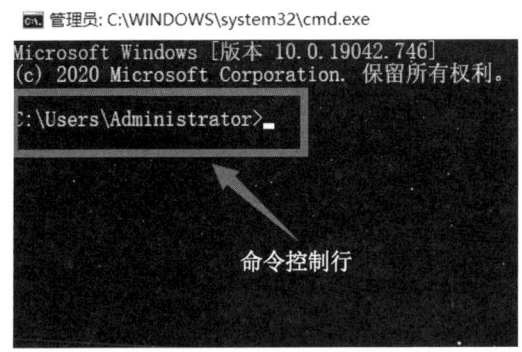

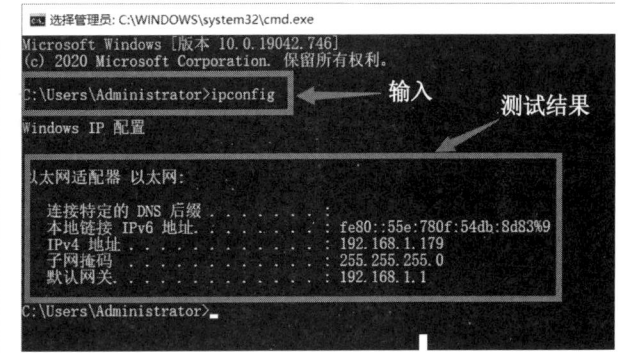

图 5-24　本机 IP 地址

第四步：在"命令控制行"中输入"ping 192.168.1.111"，敲击"Enter"键，测试本机与 IP 地址为"192.168.1.111"的计算机之间的通信。"管理员"界面内显示测试结果，如图 5-25 所示。

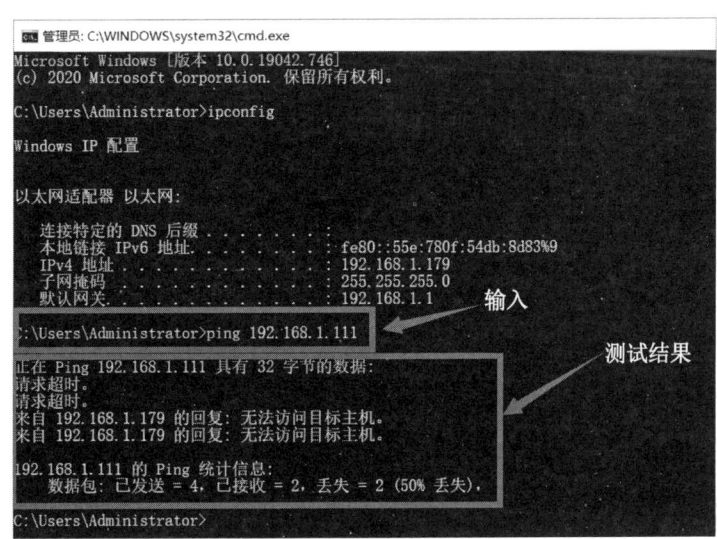

图 5-25　测试通信

所示。

第九步：设置默认网关：在"默认网关"文本框内输入"192.168.1.1"，如图 5-18 所示。

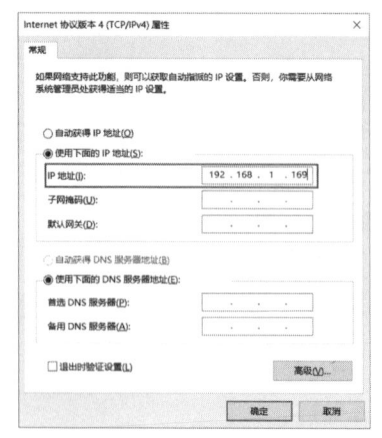  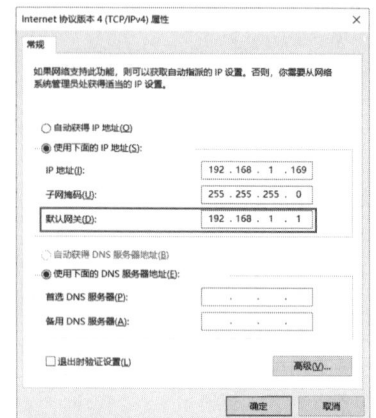

图 5-16　设置 IP 地址　　　图 5-17　设置子网掩码　　　图 5-18　设置默认网关

第十步：设置首选 DNS 服务器：在"首选 DNS 服务器"文本框内输入"8.8.8.8"（举例），如图 5-19 所示。

第十一步：设置备用 DNS 服务器：在"备用 DNS 服务器"文本框内输入"8.8.8.8"（举例），如图 5-20 所示。

第十二步：连续单击"确定"按钮，完成 IP 地址设置，如图 5-21 所示。

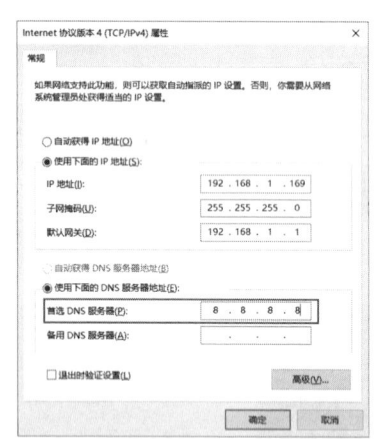 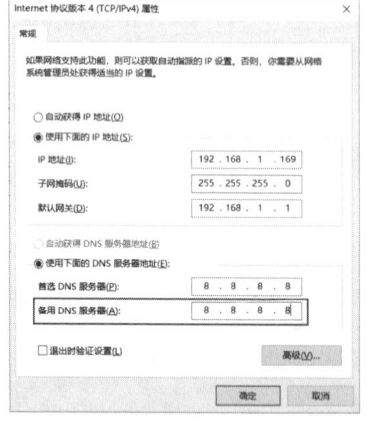 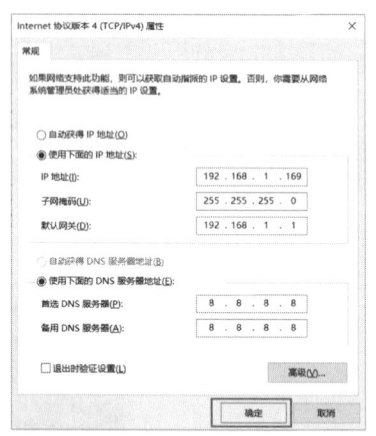

图 5-19　设置首选 DNS 服务器　　图 5-20　设置备用 DNS 服务器　　图 5-21　完成 IP 地址设置

3. 通过 Ping 命令，测试计算机上网状态

在日常工作中，计算机网络经常会出现各种各样的故障，此时就需要使用 Ping 命令来协助分析网络故障类型和原因。

这里以 Windows10 为例，简单介绍通过 Ping 命令测试计算机上网状态的步骤。

第一步：同时按住键盘"Win"键（"Ctrl"和"Alt"中间的键）和"R"键，打开如图 5-22 所示的"运行"对话框。

第二步：在"运行"输入框中输入"cmd"，并按"确定"按钮进入"管理员"界面，如

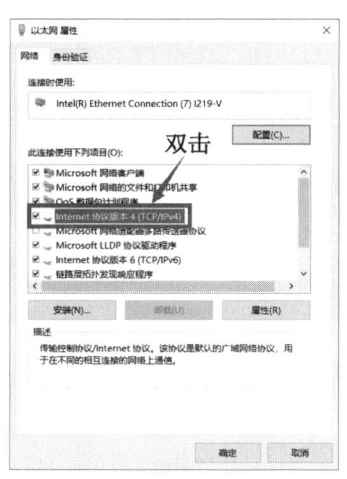

图 5-11　Internet 协议版本 4（TCP/IPv4）　　图 5-12　"Internet 协议版本 4（TCP/IPv4）属性"界面

图 5-13　自动获取 IP 地址　　　　图 5-14　高级　　　　图 5-15　"高级 TCP/IP 设置"界面

2. 通过 DNS 协议，使用固定 IP 地址方式上网

这里以 Windows10 为例，简单介绍计算机上网 IP 地址设置步骤。

第一步：观察计算机桌面右下角网络图标的状态，如果提示"未连接—连接不可用"，应先检查网络跳线是否正常插接，直至连接成功。

第二步：鼠标右键单击桌面右下角的"网络"图标，单击"打开'网络和 Internet'设置"选项，弹出"设置"界面。

第三步：单击"设置"界面的"更改适配器选项"选项，弹出"网络连接"界面。

第四步：双击"网络连接"界面的"以太网"选项，弹出"以太网状态"界面。

第五步：单击"以太网状态"界面左下角的"属性"选项，弹出"以太网属性"界面。

第六步：双击"以太网属性"界面的"Internet 协议版本 4（TCP/IPv4）"选项，弹出"Internet 协议版本 4（TCP/IPv4）属性"界面。

第七步：设置 IP 地址：单击"使用下面的 IP 地址"选项，在"IP 地址"文本框内输入分配好的 IP 地址，例如输入"192.168.1.169"，如图 5-16 所示。

第八步：设置子网掩码：单击"子网掩码"文本框，自动弹出"255.255.255.0"，如图 5-17

第四步：双击"网络连接"界面的"以太网"选项，如图 5-7 所示。弹出如图 5-8 所示的"以太网状态"界面。

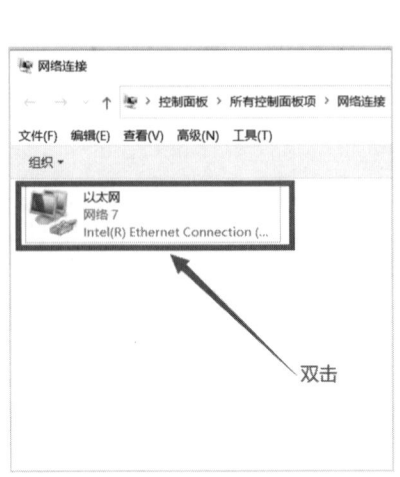

图 5-7　以太网

图 5-8　"以太网状态"界面

第五步：单击"以太网状态"界面左下角的"属性"，如图 5-9 所示。弹出如图 5-10 所示的"以太网属性"界面。

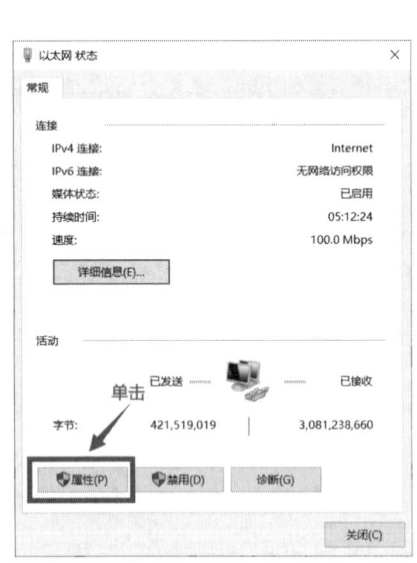

图 5-9　属性

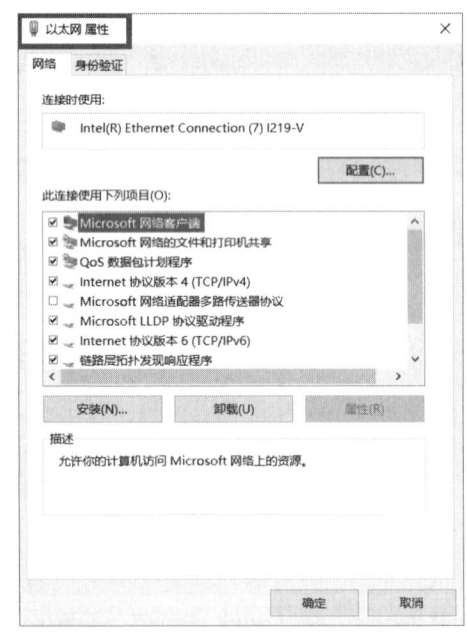

图 5-10　"以太网属性"界面

第六步：双击"以太网属性"界面的"Internet 协议版本 4（TCP/IPv4）"选项，如图 5-11 所示。弹出如图 5-12 所示的"Internet 协议版本 4（TCP/IPv4）属性"界面。

第七步：选择"自动获得 IP 地址"选项，如图 5-13 所示。单击右下角的"高级"选项，如图 5-14 所示。提示"已启用 DHCP"，如图 5-15 所示。

获取正确的 IP 地址，如出现 IP 地址冲突等问题。完成工作任务，掌握计算机常见的上网调试和测试方法。

1. 通过 DHCP 协议，使用自动获取 IP 地址方式上网

以 Windows 10 为例，具体操作步骤如下。

第一步：观察计算机桌面右下角网络图标的状态，如果提示"未连接—连接不可用"，应先检查网络跳线是否正常插接，直至连接成功。

第二步：鼠标右键单击桌面右下角的"网络"图标，单击"打开'网络和 Internet'设置"选项，如图 5-3 所示。弹出如图 5-4 所示的"设置"界面。

图 5-3 打开"网络和 Internet"设置

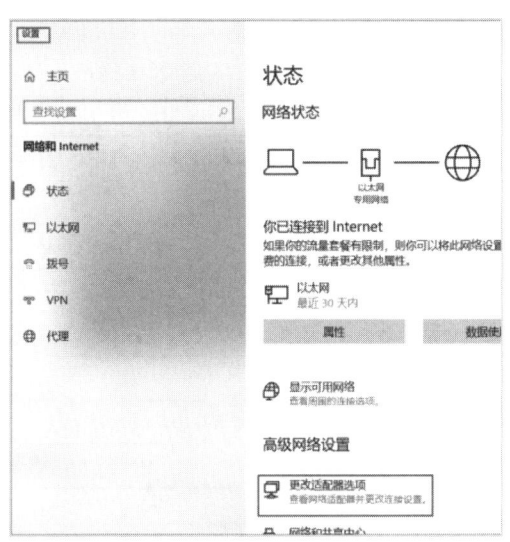

图 5-4 "设置"界面

第三步：单击"设置"界面的"更改适配器选项"选项，如图 5-5 所示。弹出如图 5-6 所示的"网络连接"界面。

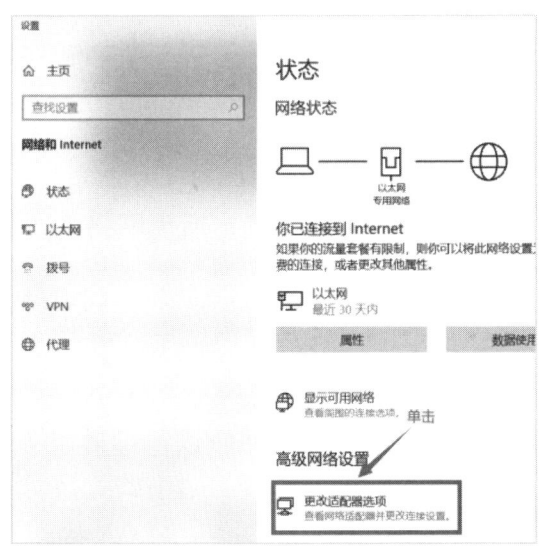

图 5-5 更改适配器选项

图 5-6 "网络连接"界面

统的软件配置方面。Ping 命令执行成功只能保证本机与目标主机间存在一条连通的物理路径。

Ping 命令的应用格式包括 Ping+IP 地址或主机域名；Ping+IP 地址或主机域名+命令参数；Ping+命令参数+IP 地址或主机域名。

2）Tracert 命令。

Tracert 命令用来显示数据包到达目标主机所经过的路径，并显示到达每个节点的时间。命令功能同 Ping 命令类似，但它所获得的信息要比 Ping 命令详细得多，它把数据包所走的全部路径、节点的 IP 及花费的时间都显示出来。该命令比较适用于大型网络。

5. 常见的计算机网络故障

常见的计算机网络故障主要有网络不通和网络不稳定，其产生的原因及处理措施见表 5-1。

表 5-1 常见的网络故障产生原因和处理措施

序号	故障类型		产生原因	处理措施
1	网络不通	硬件方面	缆线损坏	使用备用缆线
			RJ-45 接头损坏	重新压接
			接口损坏	换一个接口或换一台设备
			网卡损坏	换网卡
		软件方面	驱动程序问题	重新安装驱动程序
			协议不一致	重新设置相同的协议
			IP 地址、掩码或网关不正确	重新设置正确的 IP 地址、掩码或网关
2	网络不稳定	硬件方面	网线端接错误，抗干扰能力弱	重新正确制作网线
			RJ-45 接头与接口接触不良	重新制作 RJ-45 接头或换一个接口
		软件方面	网路拥塞	划分 VLAN
			网络病毒	杀毒

5.2.3 任务实践

> 任务 1：网络跳线的安装

安装计算机网络跳线的步骤如下。

第一步：确定路由。

根据实际现场环境，规划信息插座与计算机之间的布线路由，确定所需网络跳线长度。

第二步：选择网络跳线。

根据网络跳线选用原则，确定网络跳线的规格、型号等，选择合适的网络跳线。

第三步：安装网络跳线。

将网络跳线按既定的布线路由布放，跳线的一端插接在计算机网络接口，另一端插接在信息插座的网络接口。

> 任务 2：计算机上网调试

在日常使用计算机时，经常会遇到计算机不能上网的问题，很多情况是由于计算机不能

（1）A 类 IP 地址。

A 类 IP 地址的表示范围为 1.0.0.0~127.255.255.254，第一组数字表示网络本身的地址，后面三组数字作为网络上的主机地址。A 类 IP 地址有 126 个网络，每个网络可以容纳主机数达 1600 多万台。

（2）B 类 IP 地址。

B 类 IP 地址的表示范围为 128.0.0.1~191.255.255.254，前两组数字表示网络本身的地址，后面两组数字作为网络上的主机地址。B 类 IP 地址适用于中等规模网络，有 16384 个网络，每个网络所能容纳的计算机数为 6 万多台。

（3）C 类 IP 地址。

C 类 IP 地址的表示范围为 192.0.0.1~223.255.255.254，用前三组数字表示网络本身的地址，最后一组数字作为网络上的主机地址。C 类 IP 地址适用于小规模的局域网络，有 209 万余个网络，每个网络最多只能包含 254 台计算机。

（4）D 类 IP 地址和 E 类 IP 地址。

D 类 IP 地址称为广播地址，供特殊协议向选定的结点发送信息时使用。该类地址不分网络地址和主机地址，它的第 1 个字节的前四位固定为 1110，其地址范围为 224.0.0.1~239.255.255.254。

E 类 IP 地址中是以"11110"开头的，保留用于将来和实验使用。

2）网关。

从一个房间走到另一个房间，必然要经过一扇门。同样，从一个网络向另一个网络发送信息，也必须经过一道"关口"，这道关口就是网关。因此在 Internet 中，需要一台类似于网关的计算机实现两个网络的互联，这台计算机能根据通信目标计算机的 IP 地址决定信息的收发与否，它是一个网络与另一个网络相连的通道。为了使 TCP/IP 协议能够寻址，该通道被赋予一个 IP 地址，这个 IP 地址称为网关。

3）子网掩码。

子网掩码（Subnet Mask）是与 IP 地址结合使用的一种技术。它的作用一是用于屏蔽 IP 地址的一部分以区别网络标识和主机标识，并说明该 IP 地址是在局域网上，还是在远程网上；二是用于将一个大的 IP 网络划分为若干小的子网络。

4．常用的网络测试工具

1）Ping 命令。

Ping 命令是测试网络连接状况及信息包发送和接收状况非常有用的工具，是网络测试最常用的命令。Ping 向目标主机（地址）发送一个回送请求数据包，要求目标主机收到请求后给予答复，从而判断网络的响应时间和本机是否与目标主机（地址）连通。

如果执行 Ping 命令不成功，则可以预测故障出现的原因：网线故障、网络适配器配置不正确或 IP 地址不正确；如果执行 Ping 命令成功而网络仍无法使用，那么问题很可能出在网络系

2. 常用的网络协议

网络协议是网络上所有设备之间通信规则的集合，它规定了通信时信息必须采用的格式和这些格式的意义。这些设备包括计算机、打印机、路由器、交换机、服务器、防火墙等。下面我们介绍计算机上网常用的网络协议。

1）TCP/IP 协议。

TCP/IP（Transmission Control Protocol/Internet Protocol），中文全称为传输控制协议/互联网协议，该协议是 Internet 采用的一种标准网络协议，也是 Internet 最基本的协议。

IP 协议的作用就是把各种数据包准确无误地传递给对方，其中两个重要的因素是 IP 地址和 MAC 地址。IP 地址就如同居住小区的地址，而 MAC 地址就是居住的那栋楼那个房间的那个人。

如果说 IP 协议是找到详细地址，那么 TCP 协议就是准确地把东西传给对方，TCP 采用了著名的三次握手策略，保证通信的可靠性，如图 5-2 所示。

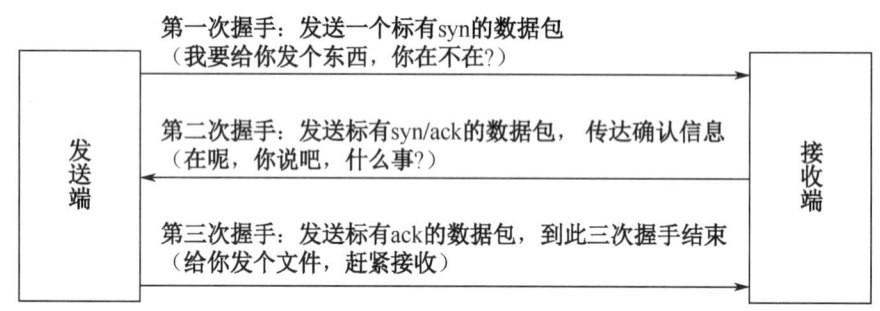

图 5-2　TCP 三次握手策略

2）DHCP 协议。

DHCP（Dynamic Host Configuration Protocol），中文全称为动态主机配置协议。该协议可以自动为局域网中的每一台计算机分配 IP 地址，并完成每台计算机的 TCP/IP 协议配置，包括 IP 地址、子网掩码、网关及 DNS 服务器等。

在 Windows 中要启用 DHCP 协议，只要将 IP 地址设置为"自动获得 IP 地址"即可。

3）DNS 协议。

DNS（Domain Name Server），中文全称为域名解析协议。该协议主要负责将域名转换成网络可以识别的 IP 地址，域名和 IP 地址之间是一一对应的。

在 Windows 中要使用 DNS 协议，只要设置相应的 DNS 服务器地址即可。

3. IP 地址

在 Internet 里，IP 地址是一个 32 位的二进制地址，一般分为 4 组，每组 8 位，由小数点分开，用四个字节来表示，每个字节的数值范围是 0～255，例如 192.168.1.169。

1）IP 地址分类。

一般将 IP 地址按结点计算机所在网络规模的大小分为 A、B、C、D、E 五类，用于识别网络中的任何一个网络和计算机。

任务 1：网络跳线的安装

任务 2：计算机上网调试

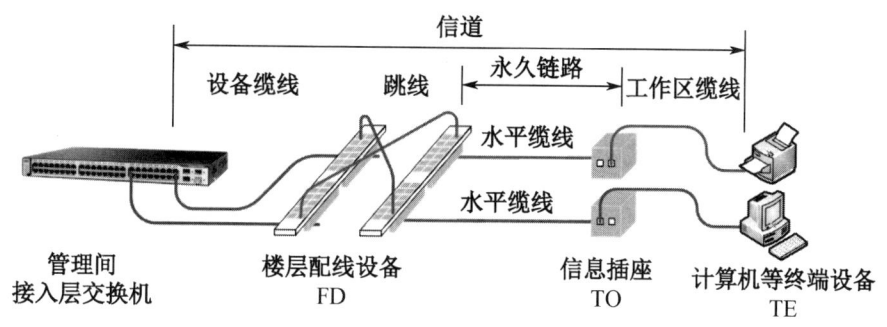

图 5-1 计算机上网信道示意图

5.2.2 相关知识介绍

1. 网络跳线选用原则

1）配置软跳线原则。

从信息插座到计算机等终端设备之间的跳线一般使用软跳线，软跳线的线芯应为多股铜线组成，不宜使用线芯直径 0.5mm 以上的单芯跳线，长度一般小于 5m。

2）配置专用跳线原则。

工作区子系统的跳线宜使用工厂专业化生产的跳线，尽量少在现场制作跳线，这是因为现场制作跳线时，往往会使用工程剩余的短线，而这些短线已经在施工过程中承受了较大拉力或弯曲，电缆结构已经发生了很大的改变。另外，实际工程经验表明，在信道测试中影响最大的就是跳线，在六类、七类布线系统中尤为明显，信道测试不合格的主要原因往往是两端的跳线不合格。

3）配置同类跳线原则。

跳线必须与布线系统的等级和类型相配套。例如六类布线系统必须使用六类跳线，七类布线系统必须使用七类跳线。特别注意在屏蔽布线系统中，禁止使用非屏蔽跳线。

4）信息插座与终端设备 5m 以内原则。

为了保证传输速率和使用方便及美观，GB 50311 国家标准规定，信息插座与计算机等终端设备的距离宜保持在 5m 范围内。

5）信息插座模块与终端设备网卡接口类型一致原则。

GB 50311 国家标准规定，插座内安装的信息模块必须与计算机、打印机、电话等终端设备内安装的网卡类型一致。例如：计算机为 RJ-45 网络接口时，信息插座内必须安装对应的 RJ-45 口模块。

6）数量配套原则。

工程中大多使用双口面板，也有少量的单口面板。因此在设计时必须准确计算工程使用的信息模块数量、信息插座数量、面板数量等。

工作任务 5

住宅综合布线系统调试

工作任务 5 以住宅为案例，介绍综合布线系统工程的调试，以及调试需要的具体职业技能要求和相关知识，包括计算机上网调试、配线子系统端口调整、机柜调整、住宅综合布线系统搭建调试等，最后安排了典型的工程实训项目。

5.1 《综合布线系统安装与维护职业技能等级标准》初级职业技能要求

《综合布线系统安装与维护职业技能等级标准》（2.0 版）对住宅综合布线系统调试工作任务，提出了如下职业技能要求。

1. 能安装网络跳线连接计算机上网。
2. 能调整配线子系统网络跳线插接端口。
3. 能调整机柜，保持水平度和垂直度。
4. 能搭建和调试住宅综合布线系统。

5.2 计算机上网调试

5.2.1 任务描述

计算机通过网线连接上网时，必须把计算机与信息插座用网络跳线连接起来，搭建一个信息传输通道，实现信息传输。从综合布线系统的角度来讲，就是通过网络跳线把计算机、打印机等终端设备与工作区子系统的信息插座连接，再通过水平电缆与管理间的接入层网络交换机连接，组成电气连接的信道，实现计算机与互联网的连通，进行信息交互与传输，如图 5-1 所示。

本任务要求掌握计算机上网调试的相关知识，完成典型工作任务。

表 4-8　110 跳线架端接训练评分表

姓名/链路编号	语音链路测试合格 100 分 不合格 0 分	操作工艺评价（不合格扣分，每处扣 5 分）						评判结果得分	排名
		路由正确 2 处	剪掉撕拉线 4 处	剪掉塑料包带 4 处	剥开线对长度合适 4 处	剪齐线端 4 处	理线合格 2 处		

12. 实训报告

请按照实训项目 1 表 1-11 所示的实训报告要求和模板，独立完成实训报告，2 课时。

跳线架模块下排的五对连接块顶层，使用五对打线钳进行端接。

如图4-128所示，将第①根大对数电缆的另一端压接在110跳线架模块上排底层。

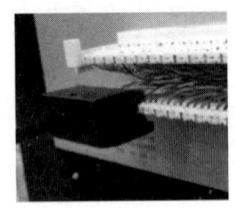 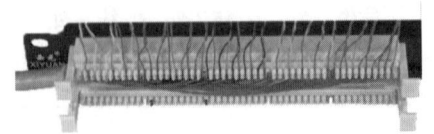

图4-127　五对打线钳端接示意图　　　　图4-128　110跳线架压接示意图

第五步：端接五对连接块。

如图4-129所示为五对连接块实物图。如图4-130所示，将五对连接块卡装在五对打线钳上；将五对连接块刀口对准110跳线架线槽，进行打压端接，垂直用力按压五对打线钳，完成打线。注意，如图4-131所示，五对连接块色标从左到右依次为蓝、橙、绿、棕、灰。打线钳的压力为10～15kg。

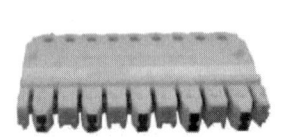  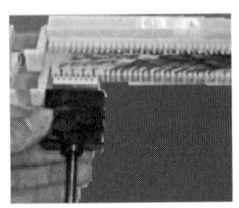

图4-129　五对连接块　　　图4-130　卡装五对连接块　　　图4-131　端接五对连接块

第六步：端接第2根大对数电缆。

按照上述方法和图4-125规定路由，端接第2根大对数电缆，从西元综合布线端接训练装置110型语音配线架模块上排到110型语音配线架模块上排上层。

第七步：理线。

将链路中的两根25对大对数电缆梳理整齐。

第八步：链路检查和测试。

对照图4-125，检查链路路由是否正确，端接是否可靠到位，电气是否连通。打开测试仪电源，观察测试仪指示灯闪烁顺序。

（1）如果语音链路全部线序端接正确，上下对应的指示灯会按照1-1，2-2，3-3，4-4，5-5，6-6，7-7，8-8顺序轮流重复闪烁。

（2）如果有1芯或多芯没有压接到位，或者端口错误，对应的指示灯不亮。

（3）如果有1芯或多芯线序错误，对应的指示灯将显示错误的线序。

11．评判标准

本实训按照工程标准评判，只有合格与不合格，不允许使用"及格"或"半对"等模糊的概念。通断测试合格给100分，不合格直接给0分，操作工艺不再评价，具体评判标准和操作工艺见表4-8。

表 4-6　110 跳线架端接训练实训材料表

序号	名称	规格说明	数量	器材照片
1	大对数电缆	25 对大对数电缆，5m/根	2 根/组	
2	尼龙扎带	3×100 尼龙线扎，用于理线	30 个/组	

表 4-7　110 跳线架端接训练实训工具表

序号	名称	规格说明	数量	工具照片
1	横向开缆刀	用于剥除大对数电缆外护套	1 个	
2	水口钳	6 寸水口钳，用于剪掉撕拉线	1 把	
3	五对打线钳	用于端接五对连接块	1 个	

10．实训步骤

1）预习和播放视频。

课前应预习。初学者提前预习，请多次认真观看实训指导视频，熟悉主要关键技能和评判标准。实训时，教师首先讲解技术知识点和关键技能，然后播放视频。

2）器材工具准备。

建议在播放视频期间，教师准备和分发材料和工具。

（1）按照材料表发放材料，包括 25 对大对数电缆 2 根。

（2）按照工具表发放工具。

（3）学员检查材料和工具，规格、数量应正确，质量应合格。

（4）本实训要求每个学员单独完成 1 组链路搭建，优先保证质量，掌握方法。

3）实训步骤和方法。

第一步：研读图纸。反复研读图纸，确定链路路由和端接位置，明确端接步骤。

第二步：剥除外护套。

使用横向开缆刀，剥开 25 对大对数电缆外护套，并剪掉撕拉线。横向开缆刀使用方法如图 4-126 所示。

第一步，将刀片刺入电缆护套

第二步，逆时针旋转两圈

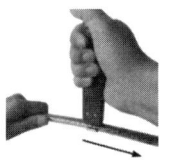
第三步，开缆刀向线端方向拉出

第四步，剥开外护套

图 4-126　横向开缆刀使用方法

第三步：分开线对。

按照 25 对大对数电缆色谱，将线对分为白、红、黑、黄、紫 5 组。

第四步：端接第①根大对数电缆。

如图 4-127 所示，将第①根大对数电缆的一端，压接在西元综合布线端接训练装置 110

3. 技术知识点

（1）熟悉110跳线架的结构和用途。

110跳线架主要用于综合布线系统管理间子系统（FD），把来自前端信息点的电缆集中端接在五对连接块的下层，上层分别端接到网络配线架（数据用途），或者语音配线架（语音用途），或者其他配线架（报警等用途），实现信息点用途转换。

（2）25对大对数电缆由25对双绞线电缆组成。

（3）大对数双绞线电缆的色谱。

大对数双绞线电缆的色谱由10种颜色组成，主色5种分别为白、红、黑、黄、紫，副色5种分别为蓝、橙、绿、棕、灰，见表4-5。

表4-5　大对数双绞线电缆色谱表

主色	白	红	黑	黄	紫
副色	蓝	橙	绿	棕	灰

4. 关键技能

（1）掌握25对大对数电缆的开缆、按照色谱分线的方法。

（2）掌握110跳线架的端接技术和测试方法。

（3）掌握五对打线钳等工具的使用方法。

5. 实训课时

（1）该实训共计2课时完成，其中技术讲解和视频演示25分钟，学员实际操作45分钟，测试与评判10分钟，整理清洁现场10分钟。

（2）课后作业2课时，独立完成实训报告，提交合格实训报告。

6. 实训指导视频

1XCJ41-实训5-110跳线架端接训练。

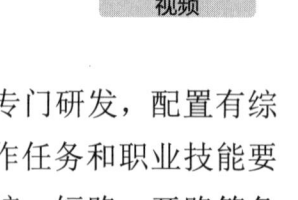
视频

7. 实训设备

西元综合布线系统安装与维护装置，产品型号：KYPXZ-01-56。

本实训装置基于《综合布线系统安装与维护职业技能等级标准》专门研发，配置有综合布线端接训练装置、110跳线架等，仿真110跳线架端接等典型工作任务和职业技能要求，通过指示灯闪烁直观和持续显示链路通断等故障，包括跨接、反接、短路、开路等各种常见故障。

8. 实训材料

110跳线架端接训练实训材料见表4-6。

9. 实训工具

110跳线架端接训练实训工具见表4-7。

4. 简述网络配线架的端接步骤。（参考 4.6.3）

5. 简述光纤熔接的基本步骤。（参考 4.7.3）

4.8 实训项目 5　110 跳线架端接训练

1. 实训任务来源

110 跳线架的端接是综合布线系统端接基本技能，也是 1+X《综合布线系统安装与维护职业技能等级标准》规定的初级职业技能。

2. 实训任务

如图 4-125 所示，独立完成 110 跳线架的电缆端接，包括两根 25 对大对数电缆的端接，共计端接 200 次。要求按照色谱分线、理线，五对连接块安装位置和端接正确。

请扫描"彩色高清图片"二维码，查看彩色高清图片。

请扫描"Visio 图"二维码，下载 Visio 原图，自行设计更多训练链路。

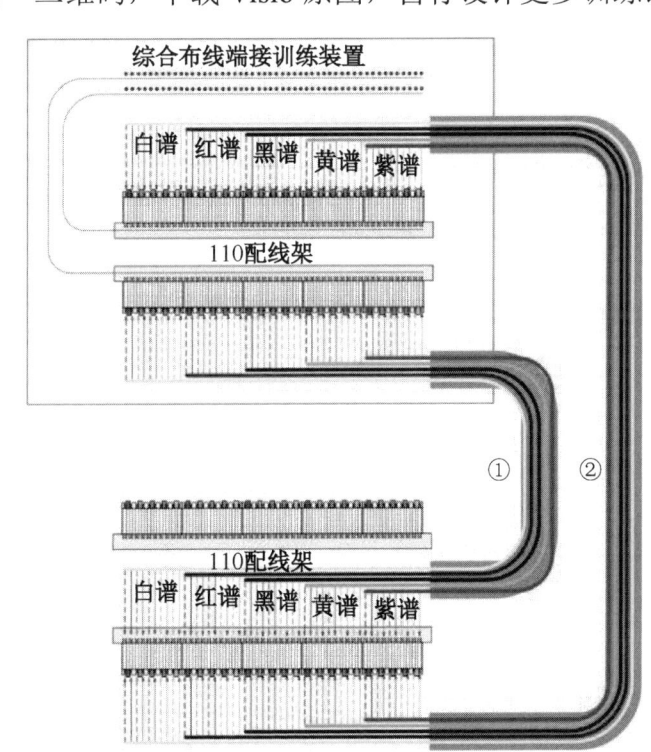

图 4-125　110 跳线架端接训练链路示意图

5. 安装电缆网络模块的底盒深度一般为（　　）。（参考 4.4.2）

    A．35mm　　　　　　　　B．45mm

    C．50mm　　　　　　　　D．60mm

6. 安装机柜面板，机柜前应预留有（　　）空间，机柜背面离墙距离应大于（　　），以便于安装和施工。（参考 4.5.2）

    A．200mm　　　　　　　B．400mm

    C．600mm　　　　　　　D．800mm

7. 缆线采用地面出线方式进入机柜时，配线架宜安装在机柜（　　）。（参考 4.5.2）

    A．上部　　　　　　　　B．中部

    C．下部　　　　　　　　D．任意位置

8. 关于配线端接，下列描述正确的有（　　）。（参考 4.6.2）

    A．端接前，必须核对缆线标识内容是否正确

    B．缆线中间可以有接头

    C．剥去外皮时避免伤及缆线线芯

    D．双绞线电缆端接一般使用 T568A 线序

9. 缆线绑扎成束时，一般根据缆线的粗细程度来决定两根扎带之间的距离。扎带间距应为缆线束直径的（　　）倍。（参考 4.6.2）

    A．1～2　　　　　　　　B．2～3

    C．3～4　　　　　　　　D．4～5

10. 清洁光纤时，应注意（　　）。（参考 4.7.2）

    A．使用纯度 99% 以上的酒精

    B．每次清洁都应该更换纱布或清洁纸

    C．从被剥离涂覆层部分的边缘开始清洁

    D．擦拭裸纤至少 2 次

三、简答题（50 分，每题 10 分）

1. 简述暗埋铺设穿线管的一般工序流程。（参考 4.2.3）

2. 简述信息插座安装的一般工序流程。（参考 4.4.2）

3. 简述管理间子系统的设计原则。（参考 4.5.2）

习题

一、填空题（20分，每题2分）

1. 暗埋铺设在钢筋混凝土现浇楼板内的穿线管，最大外径不超过楼板厚的_____。（参考 4.2.2）

2. 暗埋铺设在楼板中的穿线管的最大管外径不宜超过_____，一般选用_____钢管。（参考 4.2.2）

3. 墙面安装的信息插座底部离地面的高度宜为_____m。（参考 4.4.2）

4. 暗装底盒的安装一般在土建过程中进行，因此在底盒安装完毕后，必须进行_____，防止水泥砂浆灌入螺孔或穿线管内。（参考 4.4.3）

5. _____主要用于对综合布线系统各种缆线进行规范、集中管理。（参考 4.5.1）

6. 缆线终接后，应留有_____。（参考 4.5.2）

7. 8芯导线插入水晶头的正确长度为_____mm。（参考 4.6.2）

8. 机柜电源线和网线原则上要_____整理。（参考 4.6.2）

9. 为了保证光纤熔接效果，在使用光纤熔接机前，需要通过_____实验检验熔接机。（参考 4.7.2）

10. 使用沾有酒精的纱布或无尘纸擦拭裸纤至少_____次。（参考 4.7.2）

二、选择题（部分为多选题）（30分，每题3分）

1. 暗埋穿线管路由中，每根穿线管的转弯角不应多于（　　）个，且弯曲角度应大于90°。（参考 4.2.2）

　　A．1　　　　　　　　　　　　B．2
　　C．3　　　　　　　　　　　　D．4

2. 预埋单根ϕ20～ϕ25穿线管时，开槽宽度为（　　），深度为（　　）。（参考 4.2.2）

　　A．30mm　　　　　　　　　　B．40mm
　　C．60mm　　　　　　　　　　D．65mm

3. 在信息插座底盒内预留电缆长度宜为（　　）mm，方便电缆端接与后期维护。（参考 4.3.2）

　　A．60　　　　　　　　　　　 B．100
　　C．300　　　　　　　　　　　D．700

4. 拉线时每根双绞线电缆的拉力不超过（　　）N。（参考 4.3.2）

　　A．50　　　　　　　　　　　 B．100
　　C．200　　　　　　　　　　　D．400

4）熔接。

盖上防风罩，按"SET"键，熔接机进入全自动工作过程，自动调整光纤、检查端面、设定间隙、纤芯准直、放电熔接和估计损耗与显示。

5）加热热缩管。

第一步：取出熔接好的光纤。

依次打开防风罩、左右光纤压板，小心取出熔接好的光纤，避免碰到电极。

第二步：移放热缩管。

将事先装套在光纤上的热缩管小心地移到光纤接点处，使两光纤被覆层留在热缩管中的长度基本相等，如图 4-122 所示。

第三步：加热热缩管。

将套有热缩管的光纤放入加热炉，盖上盖板后，自动加热，如图 4-123 所示。

如图 4-124 所示为加热指示灯，当加热完成后，指示灯熄灭。

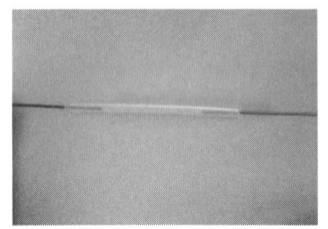  

图 4-122　套热缩管　　　　图 4-123　放入加热炉　　　　图 4-124　加热指示灯

6）盘纤固定。

将接续好的光纤盘到光纤收容盘内，在盘纤时，盘圈的半径越大，弧度越大，整个线路的损耗越小。所以一定要保持一定的半径，使激光在光纤中传输时，避免产生一些不必要的损耗。

7）盖上盖板。

完成盘纤和固定后，盖上盘纤盒盖板，完成操作。

互动练习

- 互动练习 7　管路铺设与穿线
- 互动练习 8　设备安装、端接和理线

内容详见本书附册。

2）切割光纤。

第一步：安装热缩管。

将热缩管穿到待熔接的光纤上，熔接后保护接点，如图 4-115 所示。

第二步：制作光纤端面。

（1）用光纤切割刀将裸纤切去一段，保留裸纤长度 12～16mm。

（2）将光纤放在光纤切割刀中较细的导向槽内，如图 4-116 所示。

（3）然后依次放下小压板、大压板，固定光纤，如图 4-117 所示。

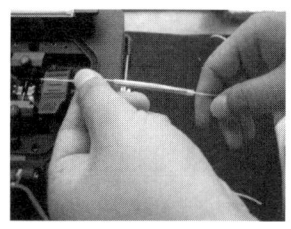  

图 4-115　安装热缩管　　　图 4-116　光纤放入导向槽内　　　图 4-117　放下小压板、大压板

（4）如图 4-118 所示，左手固定切割刀，右手扶着刀片盖板，并用大拇指迅速向远离身体的方向推动切割刀刀架，完成光纤的切割。

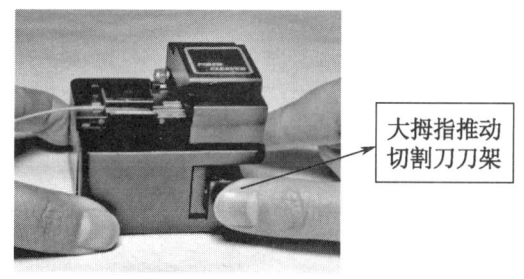

图 4-118　光纤切割

3）安放光纤。

第一步：打开熔接机防风罩使大压板复位。

第二步：打开大压板，将切好端面的光纤放入 V 型载纤槽内，光纤端面不能触到 V 型载纤槽底部，如图 4-119 所示。

第三步：盖上熔接机的防尘盖，如图 4-120 所示，检查光纤的安放位置是否合适，在屏幕上显示两边光纤位置居中为宜，如图 4-121 所示。

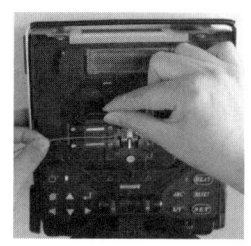  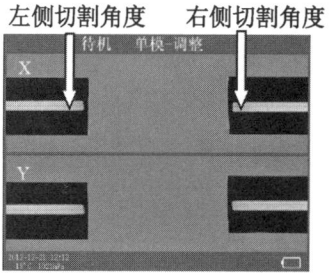

图 4-119　放入 V 型载纤槽　　　图 4-120　盖上防尘盖　　　图 4-121　检查安放位置

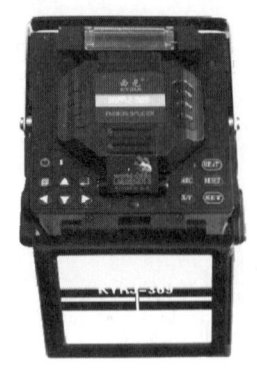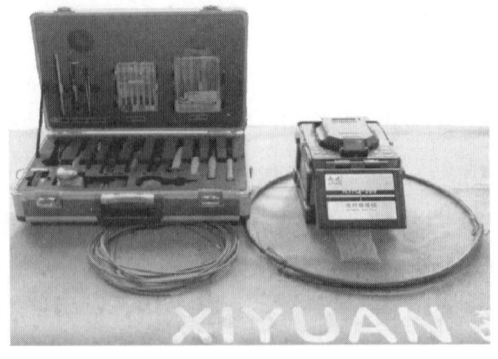

图 4-108　光纤熔接设备及材料

2）检查熔接机。

主要工作包括熔接机开启与关停、电极的检查，请按照产品说明书规定检查。

2．光纤熔接

1）剥光纤与清洁。

第一步：剥外皮。将 1 根光纤跳线从中间剪断，成为 2 根尾纤。一手拿好尾纤，另一手拿好剥线钳，如图 4-109 所示。剥开尾纤外皮后抽出，剥出的白色保护套长度大概为 150mm，如图 4-110 所示。

第二步：剥护套。将光纤在食指上轻轻环绕一周，用拇指按住，留出光纤长度应为 40mm，然后用剥线钳剥开光纤保护套，在切断白色外皮后，缓缓将外皮抽出，如图 4-111 所示。

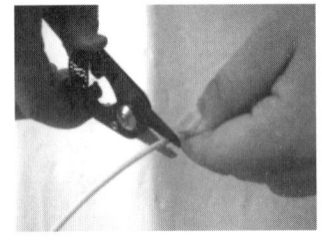 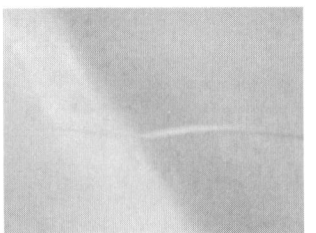 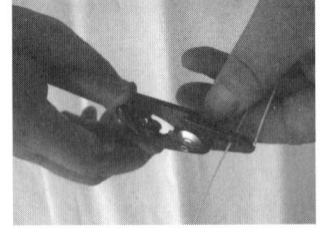

图 4-109　剥开尾纤外皮　　　图 4-110　抽出外皮　　　图 4-111　剥开光纤保护套

第三步：剥树脂层。用光纤剥线钳的最细小的口，轻轻地夹住光纤，缓缓地把剥线钳沿轴线方向抽出，将光纤上的树脂层刮下，如图 4-112 所示。

第四步：清洁光纤。用棉球或无纺布沾无水酒精对裸纤进行清洁，不同方向连续清洁 3 次，如图 4-113、图 4-114 所示。

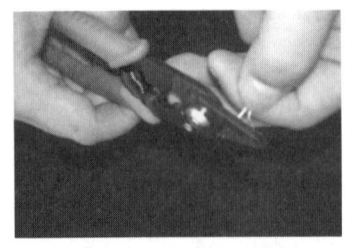  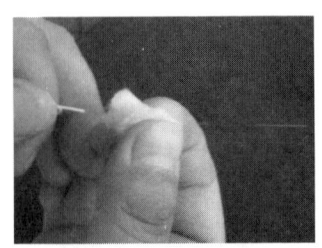

图 4-112　剥树脂层　　　图 4-113　酒精棉球　　　图 4-114　清洁裸纤

2. 光纤盘纤

盘纤是一门技术，也是一门艺术。科学的盘纤方法，可使光纤布局合理、附加损耗小、经得住时间和恶劣环境的考验，也可避免挤压造成的断纤现象。图4-107所示为光纤盘纤效果图。

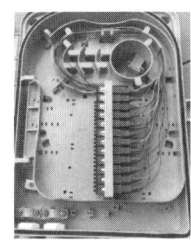

图 4-107　光纤盘纤效果图

1）盘纤规则。

（1）沿松套管或光缆分支方向盘纤。该规则是一个松套管内的光纤盘纤一次，或一个分支方向光缆的光纤盘纤一次。避免了不同光缆间光纤混乱，使光纤布局合理，易盘、易拆，便于维护。

（2）按照安放单元盘纤。该规则是按照放置热缩管的位置和数量进行盘纤，有利于整齐、有序、平整的盘纤和固定每一根光纤。盘纤时避免光纤长度不一，出现急弯、小圈、翘起、缠绕等现象。

2）盘纤的方法。

（1）先中间后两边。首先将热缩管放置在固定槽中，熔接点放置在中间，保护光纤熔接点，避免盘纤对熔接点的影响，再处理两侧余纤，适合小型盘纤盒。

（2）以一端开始盘纤。即从一侧的光纤盘起，固定热缩管，然后再处理另一侧余纤。根据余纤长度灵活选择热缩管安放位置。

（3）特殊情况的处理。如个别光纤过长或过短，可将其放在最后单独盘绕；带有特殊光器件时，可将其另盘处理，若与普通光纤共盘时，应将其轻置于普通光纤之上，两者之间加缓冲衬垫，以防挤压造成断纤，且特殊光器件尾纤不可太长。

（4）降低因盘纤带来的附加损耗。根据实际情况，可以采用多种图形盘纤，例如按余纤长度和预留盘空间大小，顺势自然盘绕；根据实际情况，采用圆形、椭圆形、"CC"等多种图形盘纤；盘纤过程中，请勿生拉硬拽，充分利用盘纤盒空间，有序盘纤，降低因盘纤带来的附加损耗。

4.7.3　任务实践

1．熔接前的准备工作

1）准备相关工具、材料。

在进行光缆熔接之前，需要准备以下工具和材料：西元光纤熔接机KYRJ-369、西元光纤工具箱KYGJX-31、光缆、光纤跳线、热缩管、光纤切割刀、无水酒精、地布等，如图4-108所示。

（2）每次清洁都应该更换纱布或清洁纸。

（3）从被剥离涂覆层部分的边缘开始清洁。

（4）使用沾有酒精的纱布或无尘纸擦拭裸纤至少 3 次。

5）切割光纤。切割光纤就是对光纤端面进行处理，光纤端面的质量对熔接损耗有直接影响，决定光纤熔接质量。切割好的光纤端面应为整齐的平面，如图 4-101 所示为合格端面。如图 4-102～图 4-106 所示都为不合格端面，分别是凸尖、锯刺、缺角、凹心、龟纹等常见现象。光纤切割后出现这些不合格端面时，都必须重新清洁和制作端面。

图 4-101　合格端面（平面）

图 4-102　不合格端面（凸尖）

图 4-103　不合格端面（锯刺）

图 4-104　不合格端面（缺角）

图 4-105　不合格端面（凹心）

图 4-106　不合格端面（龟纹）

6）弯曲方向向下放置。如果光纤有弯曲，放入熔接机 V 型槽时，应将弯曲方向朝下放置，保持光纤平直，端头放置在电极前，并且与另一端对齐。

7）清洁后的光纤端头不要触碰任何物品。将清洁后的光纤放入熔接机时，光纤端头不能触碰任何物品，避免把即将熔接的光纤或端头碰坏，出现缺角等问题，也避免被污染或附着赃物、杂质等。

8）自动熔接。现在的光纤熔接机，熔接过程都由机器自动完成。熔接机工作期间，请注意下列问题。

（1）通过屏幕确认放电状态。放电时，熔接机的 2～4 个电机自动调整光纤位置，包括位置和间距，在熔接机的屏幕上可以看到调整时的图像，例如光纤上下移动、左右接近。

自动熔接放电时，可以看到图像突然变亮，稳定放电，完成熔接。

（2）自动熔接时，不要触碰、移动熔接机，也不要拉扯光纤，否则会导致熔接失败。

（3）在熔接过程中，不要打开防尘盖。

9）热缩管加热时温度高。在热缩管加热过程中，加热温度高，持续时间较长，请注意下列问题。

（1）把热缩管中心调整到熔接点位置，居中放置。

（2）把热缩管居中放置到加热槽内，保持光纤平直。

（3）转移、调整光纤时，不要扭转、拉扯光纤。

（4）加热后拿出时，首先放置在冷却盘内，不要用手接触加热部位，温度很高，避免发生危险。

如图 4-100 所示为端接完成的 RJ-45 口语音配线架。

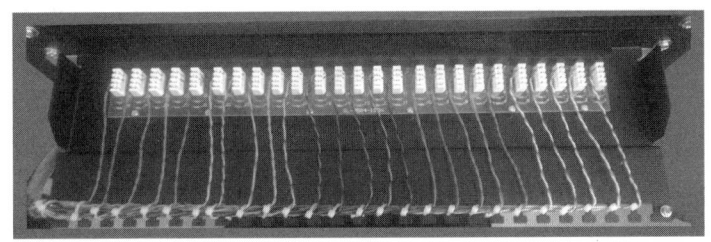

图 4-100　端接完成的 RJ-45 口语音配线架

4.7　光纤熔接

4.7.1　任务描述

光缆普遍应用于光纤入户工程等住宅综合布线系统中，也是信息通信工程、5G 安装运维的关键技术。光纤熔接就是用光纤熔接机将光纤和光纤或光纤和尾纤连接。

本任务要求掌握光纤熔接的相关知识，完成光纤熔接典型工作任务。

4.7.2　相关知识介绍

1. 在光纤熔接的施工过程中，应注意以下事项

1）同类型光纤熔接。光纤熔接时必须选择相同类型的光纤才能熔接在一起，例如单模与单模熔接、多模与多模熔接。单模光缆传输距离长，损耗小，色散低，多模光缆成本低。

2）熔接相同接口类型连接器的尾纤。在光纤熔接时，根据设备接口类型与规格，选择配套的尾纤，例如 SC 设备接口选择 SC 连接器尾纤，ST 设备接口选择 ST 连接器尾纤。

3）放电实验。为了保证光纤熔接效果，在使用光纤熔接机前，需要通过放电实验检验熔接机，一般放电越充分，熔接效果越好。放电实验操作方法如下。

（1）加入光纤，选择"放电实验"功能。屏幕显示出放电强度，直到出现"放电 OK"为止。

（2）空放电，按"ARC"键，完成放电操作。

当熔接机使用环境发生下列变化时，应进行放电实验。

（1）使用位置改变时，例如超过 300km。

（2）使用海拔高度改变时，例如超过 1000m。

（3）在更换电极维修后，需要进行放电实验。

4）清洁光纤。清洁光纤是熔接光纤的重要准备步骤，如果光纤表面不清洁，直接影响光纤熔接质量，例如熔接失败或者熔接损耗变大。清洁光纤应注意以下几点。

（1）使用纯度 99% 以上的酒精。

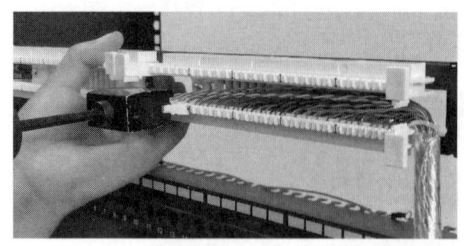 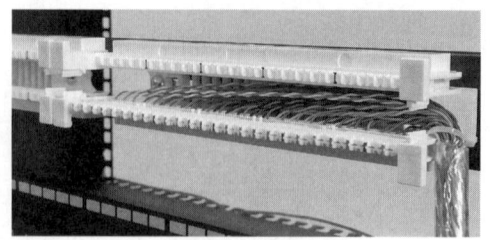

图 4-95　安装五对连接块

第五步：安装标签夹。

按照上述方法，完成 110 跳线架的端接，然后将标签纸放入标签夹，卡入槽内。标签纸上的色标、大对数电缆及五对连接块的色标线序相对应。

➤ 任务 4：RJ-45 口语音配线架端接

RJ-45 口语音配线架的端接步骤和方法如下。

第一步：大对数电缆开缆。建议 RJ-45 口语音配线架端开缆长度为 500mm。

第二步：理线和扎线。

（1）如图 4-96 所示，使用扎带将大对数电缆绑扎固定在左端。

（2）如图 4-97 所示，按照大对数电缆色谱，从语音配线架 1 口开始，把 25 对线依次绑扎在 T 型理线排上，并且剪掉扎带头，留下的扎带头应小于 1mm。

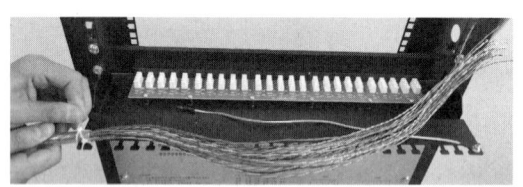 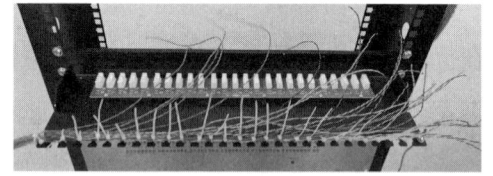

图 4-96　绑扎大对数电缆　　　　　　图 4-97　绑扎线对

第三步：压线。

按照主色 3 口（或 5 口），副色 6 口（或 4 口）的线序，将线对压入模块对应的 2 个打线槽中，线端应朝向有卡台的一面，如图 4-98 所示。

第四步：端接。

使用专门的语音打线钳进行端接，将线对压入线槽内，实现电气可靠连接，如图 4-99 所示。注意打线钳刀片方向，朝向有台阶的一面，也就是线端方向。如果刀片方向错误，将会把线芯切断，而且严重损坏配线架塑料端接模块。

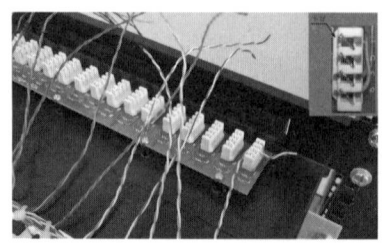 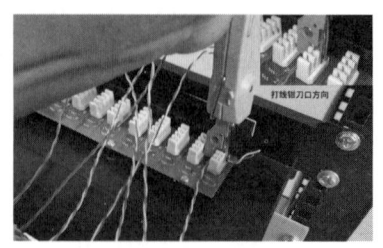

图 4-98　压线　　　　　　　　　　　图 4-99　端接

151

第二步：扎线和理线。

（1）用扎带将 25 对大对数电缆固定在 110 跳线架上。

（2）将电缆按照白、红、黑、黄、紫 5 个主色谱，分成 5 组。每组有蓝、橙、绿、棕、灰 5 对线，如图 4-92 所示。

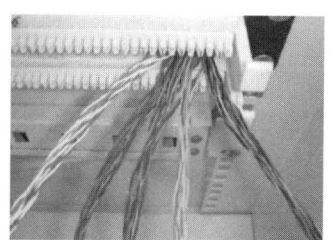 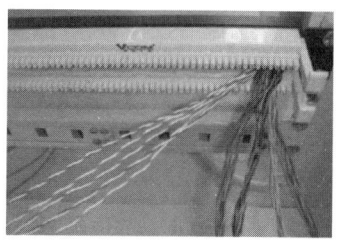

主色分线　　　　　　　　　　　　辅色分线

图 4-92　理线

第三步：压线和端接。

（1）根据 25 对大对数电缆色谱排列顺序，将对应颜色的线对逐一压入模块槽内，如图 4-93 所示。

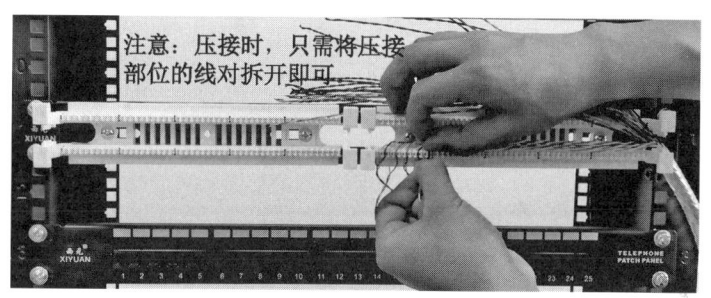

图 4-93　压线

（2）使用打线钳垂直插入打线槽，用力向下将线芯压到位，若线头未打断，可进行二次打线，如图 4-94 所示。特别注意：打线钳卡入时较长一侧的刀口朝向线头，用于切断外部多余的线芯。

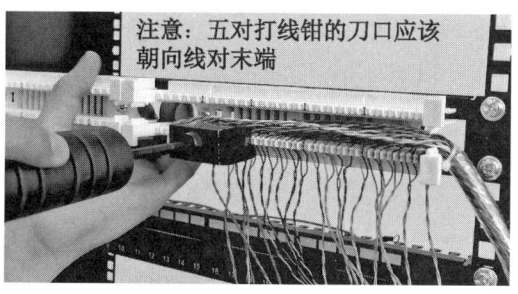 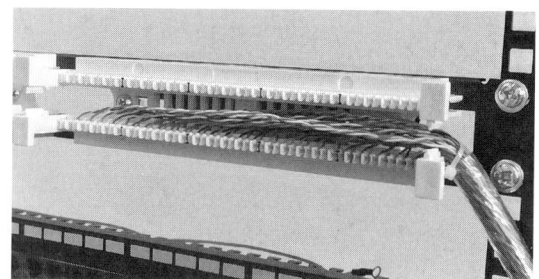

图 4-94　打线

第四步：安装五对连接块。

按照大对数电缆的副色线序，将五对连接块放入五对打线钳中，然后垂直用力将五对连接块压入槽内。依次完成白谱区、红谱区、黑谱区、黄谱区和紫谱区的安装，如图 4-95 所示。

第五步：端接网络配线架模块。使用单口打线钳逐一将线芯打压端接在网络配线架模块上，确认线序与线槽内刀片可靠连接，如图4-89所示。若线头未打断，可进行二次打线。特别注意：打线钳卡入时较长一侧的刀口朝向线头，用于切断外部多余的线芯。

 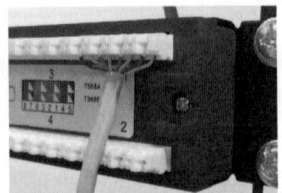 

图4-89 端接网络配线架模块

第六步：理线。完成所有电缆的端接后，使用扎带、标签纸等理线工具，完成电缆的整理和标记，如图4-90所示。

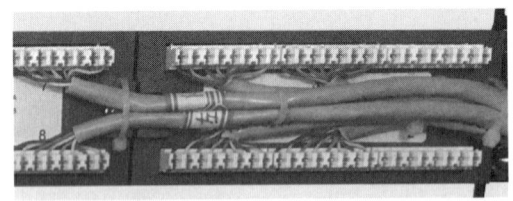 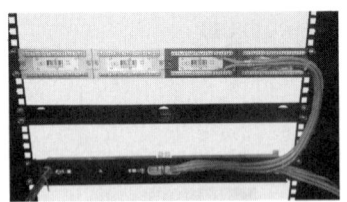

图4-90 理线

▶ **任务3：110跳线架端接**

110跳线架的端接步骤和方法如下。

第一步：大对数电缆开缆。

（1）调整电缆剥皮器刀片进深高度，保证在剥除外护套时，不划伤内部结构。刀片切入深度应控制在护套厚度的60%~90%。

（2）首先用电缆剥皮器，逆时针环切电缆外护套2~3圈，然后沿电缆轴线划破外护套，最后用手剥除外护套，如图4-91所示。建议开缆长度为250mm。

需要开缆较长时，首先按照上面的方法，在剥除位置处环切电缆外护套，然后剥除电缆前端外护套0.2m左右，露出撕拉线，再次用力拉扯撕拉线，把整段外护套撕裂，最后用手剥除外护套。

（3）剪掉撕拉线和塑料包带，完成开缆。

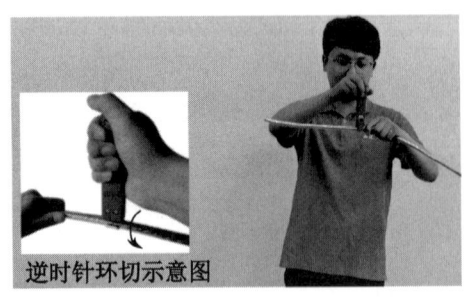 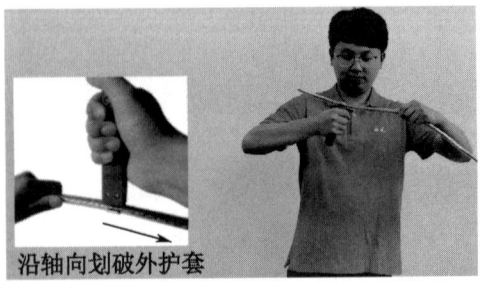

图4-91 开缆

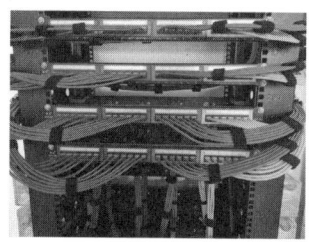

图 4-86 网络机房缆线束缆绑扎效果图

4.6.3 任务实践

通常每个网络系统管理间有数百甚至数千根网络线。一般每个信息点的网络线从设备跳线→墙面模块→楼层机柜通信配线架→网络配线架→交换机连接跳线→交换机级联线等需要平均端接 10~12 次,每次端接 8 个芯线,在工程技术施工中,每个信息点大约平均需要端接 80 芯或 96 芯,因此熟练掌握配线端接技术非常重要,要求配线端接正确率达到 100.0%。

▶ **任务 1:RJ-45 水晶头、网络模块端接**

RJ-45 水晶头、网络模块端接可参照本书实训项目 2、实训项目 3 内容,完成端接训练。

▶ **任务 2:网络配线架端接**

网络配线架的端接步骤和方法如下。

第一步:调整剥线器。刀片切入深度应控制在护套厚度的 60%~90%。

第二步:剥除护套。剥除外护套,剪掉撕拉线。端接网络配线架时,剥开线对长度不应大于 10mm。

第三步:拆开线对。拆开 4 对双绞线,并按网络配线架标识的 T568B 线序进行排列,如图 4-87 所示。

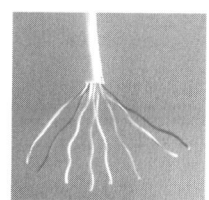

图 4-87 拆开线对

第四步:线对压入网络配线架。将排好的线对压入网络配线架模块,为防止偏芯,建议先压接中间两芯,保证压接线序正确,如图 4-88 所示。

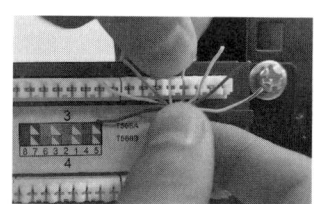
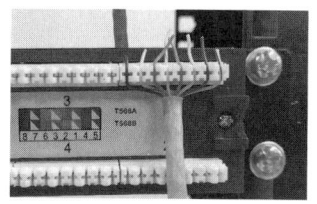

图 4-88 线对压入网络配线架

绑扎成束的缆线转弯时，扎带应扎在转角两侧，以避免在缆线转弯处用力过大造成断芯的故障，如图 4-84 所示。

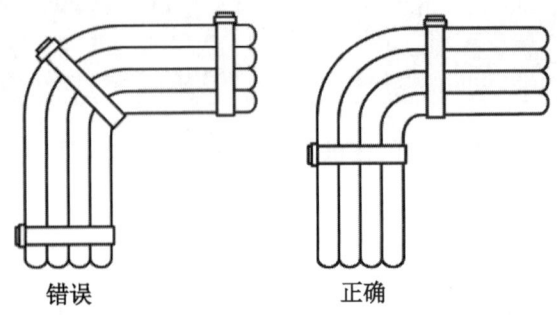

图 4-84 弯头处的缆线绑扎

机柜内的缆线首先理线，必须由远及近顺次布放，即最远端的缆线应最先布放，使其位于走线区的底层，布放时尽量避免缆线交错，如图 4-85 所示。

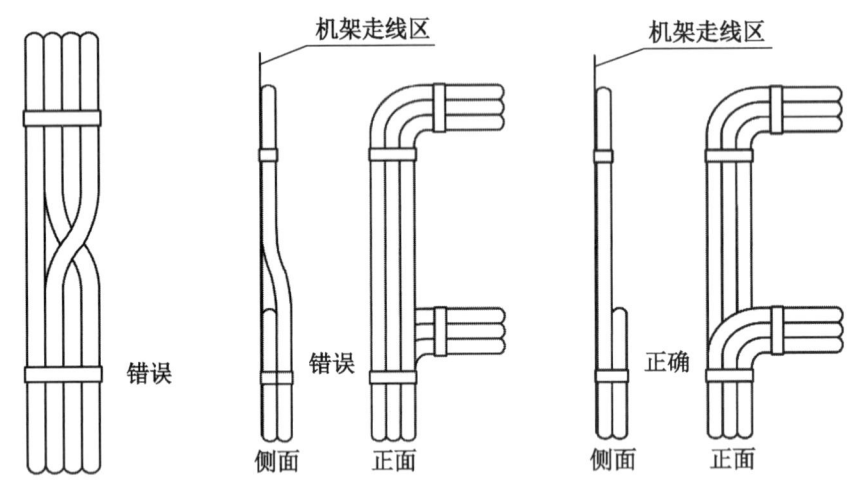

图 4-85 机柜内缆线的布放

（2）缆线绑扎的注意事项。
- 施工穿线时做好临时绑扎，避免垂直拉紧后，重力下垂对缆线性能的影响。
- 主干线穿完后进行整体绑扎，要求绑扎间距不大于 1.5m。
- 光缆应单独绑扎。
- 绑扎时，如有弯曲应满足缆线的最小变曲半径。
- 缆线应按分组表捋直绑扎，绑扎点间距不大于 50cm。
- 绑扎时应选用合适的绑扎材料，不可用铁丝或硬电源线绑扎。

（3）机房弱电缆线束缆绑扎方式。

在机房中，为减小线束内层缆线的压力，避免缆线的扭绞线对变形，减少回波损耗，需采用束缆绑扎方式。束缆绑扎就是将需要绑扎的缆线按分组表分成多个线束，然后使用绑扎带分别绑扎每个线束。如图 4-86 所示为网络机房缆线束缆绑扎效果图。

求标记齐全、清晰、规范。

如图 4-79 所示为管理混乱的机房现场，如图 4-80 所示为一直坚持理线和维护的机房现场。

图 4-79　管理混乱的机房现场　　　　　图 4-80　坚持理线和维护的机房现场

3）缆线绑扎。

（1）缆线绑扎标准。

对于接头处的缆线应按布放顺序进行绑扎，防止互相缠绕，缆线绑扎后应保持顺直，水平缆线的绑扎位置高度应相同，垂直绑扎后应能保持顺直，并与地面垂直，如图 4-81 所示。

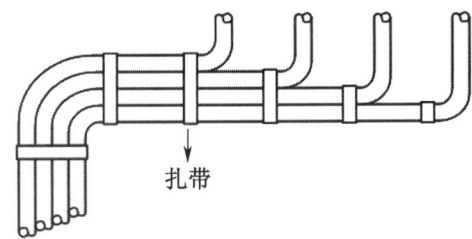

图 4-81　插头处的缆线绑扎

选用扎带时应视具体情况选择合适的规格，尽量避免使用多根扎带接续。绑扎好后应将多余部分扎带齐根剪齐，在接头处不得带有尖刺，如图 4-82 所示。

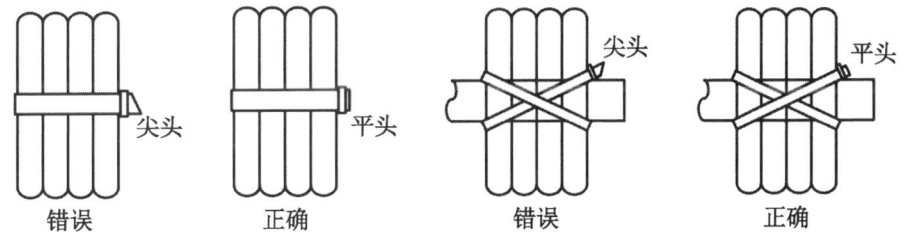

图 4-82　缆线绑扎形式

缆线绑扎成束时，一般是根据缆线的粗细程度来决定两根扎带之间的距离。扎带间距应为缆线束直径的 3～4 倍，如图 4-83 所示。

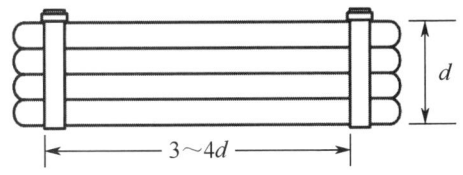

图 4-83　缆线绑扎成束时的扎带示意图

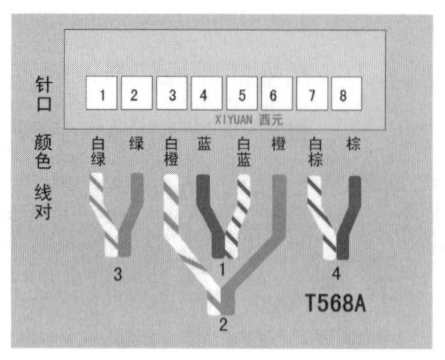 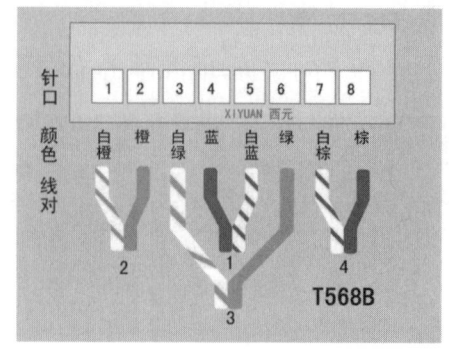

图 4-77　T568A 接线图　　　　　图 4-78　T568B 接线图

3．网络机柜内部配线端接

在综合布线系统工程中，模块化配线架和网络交换机一般安装在 19 英寸的机柜内。为了使安装在机柜内的模块化配线架和网络交换机方便管理，必须对机柜内设备的安装进行规划，具体遵循以下原则。

（1）一般配线架安装在机柜下部，交换机安装在其上方。

（2）各配线设备之间必须最少设置一个理线环。

（3）正面的跳线从配线架中出来全部要放入理线环内，然后从机柜侧面绕到上部的交换机配套的理线环中，再插接交换机端口。

4．理线

合理有效的缆线布局对于综合布线系统的运行维护、节能降耗、空间节约、改善空气对流等起到重要作用。一般，综合布线系统要求距离尽量短而整齐，排列有序。

1）基本原则。

（1）理线要根据网络的拓扑结构和现有设备情况来整理。

（2）机柜电源线和网线原则上要分开整理。

（3）设备的放置要适当，避免相互挤压、相互距离太近。

（4）如果机柜内设备太多，应该对设备加以编号。

（5）对每一根电缆都要做标签，注明来源。

（6）缆线依据设计文件统一编排。

规范的理线应该做到布局合理，路由清晰，线序规整，标记明确，易于维护。

2）理线的基本步骤。

第一步：前期准备。根据网络的拓扑结构、现有的设备情况、用户数量、用户分组等多种因素，设计机柜内部的走线图和设备位置图。准备好所需材料，如网络跳线、标签纸、各种型号的塑料扎带等。

第二步：整理缆线。将缆线分组成束，合理布局，避免相互交叉和缠绕，禁止将强电与弱电电缆安装在一起。

第三步：缆线标记。缆线理线与标记应同时进行。按照工作区、楼层等成束和标记，要

如果插入导线长度超过13mm，例如20mm时，虽然左端能够保证2个针刺都插入导线，但是右端网线外护套不能被三角形压块压扁固定，网线容易拔出，如图4-76所示。

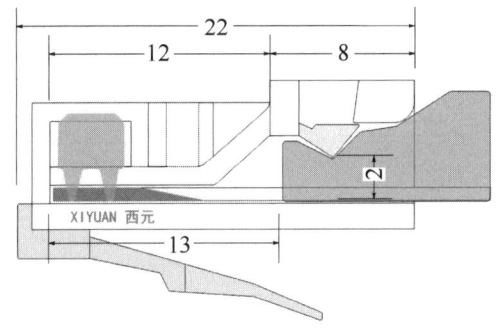
图4-73　2个针刺同时扎入导线

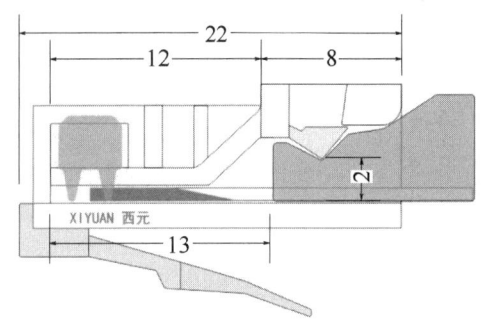
图4-74　只有1个针刺扎入导线

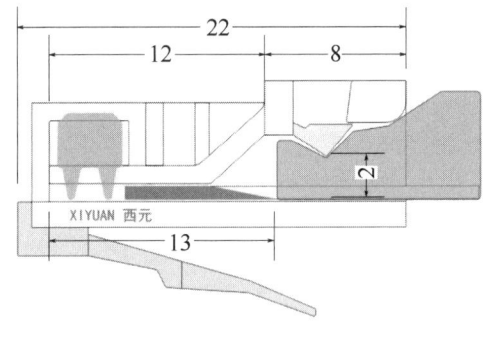
图4-75　没有针刺扎入导线

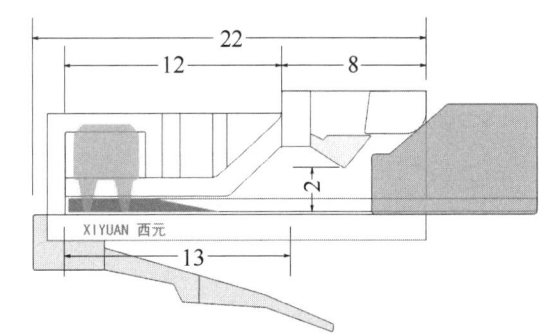
图4-76　网线外护套没有压扁固定

2）剪掉撕拉线。

网络电缆中一般都有1根撕拉线，在制作水晶头时，必须剪掉露出的撕拉线，因为撕拉线韧性很高，可能影响针刺插入导线。

注意：6类跳线制作时，必须剪掉网线中间的塑料十字骨架。

3）保证跳线长度。

在设备间和管理间的机柜中，大量使用跳线连接配线架和交换机等设备，对跳线长度的要求较高，因此在制作跳线时，必须保证跳线长度。跳线长度指的是包括两端水晶头的总长度。

4）保证水晶头端接线序正确。

制作跳线时，必须保证水晶头端接线序正确。端接方式又称为接线图，如图4-77和图4-78所示。

标准规定有两种端接方式，T568A和T568B。两者电气性能相同，唯一区别在于1、2线对和3、6线对的颜色不同，特别注意3、6线对必须跨接在4、5线对两侧，否则，不能通过电气测试，并且会影响电气性能。

T568A线序的接线图为白绿、绿、白橙、蓝、白蓝、橙、白棕、棕。

T568B线序的接线图为白橙、橙、白绿、蓝、白蓝、绿、白棕、棕。

网络模块、配线架等的端接和安装，网络设备的配线连接等。同时，合理有效的缆线布局和整理有利于综合布线系统的日常运行、维护和调整。

本任务要求掌握综合布线系统工程配线端接和理线的相关知识，完成端接和理线典型工作任务。

任务1：RJ-45水晶头、网络模块端接

任务2：网络配线架端接

任务3：110跳线架端接

任务4：RJ-45口语音配线架端接

4.6.2 相关知识介绍

1. 配线端接基本要求

（1）端接前，必须核对缆线标识内容是否正确。

（2）缆线中间不能有接头。

（3）缆线终接处必须牢固、接触良好。

（4）缆线与连接器件连接时应认准线号、线位色标，不得颠倒和错接。

（5）剥去外皮时避免伤及缆线线芯。

（6）虽然缆线路由中允许转弯，但端接安装中要尽量避免不必要的转弯。在一个信息插座盒中允许有少数电缆的转弯及短的盘圈。安装时要避免弯曲小于90°、过紧地缠绕电缆及损伤缆线外皮。

（7）电缆端接应采用卡接方式，施工中不宜用力过猛，以免造成接续模块受损。

（8）双绞线电缆端接有T568A或T568B两种线序，但在同一个综合布线系统工程中，两者不应混合使用，一般使用T568B线序。

（9）各种电缆（包括跳线）和接插件间必须接触良好、连接正确、标志清楚。跳线选用的类型和品种均应符合系统设计要求。

2. 网络跳线制作技术要求

网络跳线制作主要技术要求如下。

1) 8芯导线插入的正确长度为13mm。

为了保证电气连接可靠，要求8芯导线必须插到底，保证刀片的2叉或3叉针刺都能扎入导线。根据水晶头机械结构，8芯导线插入的正确长度应该为13mm，如图4-73所示，保证针刺都能扎入导线。

如果插入导线长度小于13mm，例如只有10mm时，可能只有一个针刺扎入导线，如图4-74所示，电气连接不可靠。

如果插入导线长度更短，例如8mm时，2个针刺都不能插入导线，如图4-75所示，造成开路，没有实现电气连接。

第四步：端接打线。注意每个配线架端接的缆线必须在该配线架以内，不要高于或低于该配线架，占用其他设备的空间位置，如图4-70所示。

第五步：做好缆线标记、安装标签等。

图4-69　盘线和理线

图4-70　网络配线架端接示意图

▶ 任务5：安装交换机

交换机安装前，首先检查产品外包装是否完整和开箱检查产品，收集和保存配套资料，一般包括1台交换机、2个挂耳、4个橡皮脚垫和4个螺丝、1根电源线、1根管理电缆。交换机安装的一般步骤如下。

第一步：从包装箱内取出交换机设备，通电检查合格。

第二步：给交换机安装2个挂耳，安装时要注意挂耳方向，如图4-71所示。

第三步：将交换机放到机柜中提前设计好的位置，用螺丝固定到机柜立柱上。一般交换机上下要留一些空间用于空气流通和设备散热，如图4-72所示。

图4-71　安装交换机挂耳

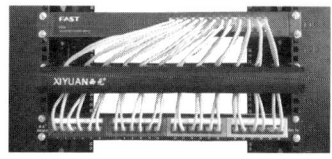

图4-72　安装交换机

第四步：将交换机外壳接地，把电源线插在交换机后面的电源接口。

第五步：检查安装是否可靠、牢固。完成上面几步操作后就可以打开交换机电源了，开启状态下查看交换机是否出现抖动现象，如果出现，请检查脚垫或机柜上的固定螺丝的松紧情况。

注意：拧这些螺丝的时候不要太紧，否则会让交换机倾斜，也不能过于松垮，这样交换机在运行时会不稳定，工作状态下设备会抖动。

4.6　配线端接和理线

4.6.1　工作任务描述

网络配线端接是连接网络设备和综合布线系统的关键施工技术，涉及网络跳线的制作，

第一步：取出110跳线架和附带的螺丝。

第二步：利用十字螺丝刀把110跳线架用螺丝直接固定在网络机柜的立柱上，如图4-64所示。

第三步：理线。

第四步：按打线标准把每个线芯按照顺序压接在跳线架下层模块端接口中。

第五步：利用5对打线钳，把5对连接模块用力垂直压接在110跳线架上，完成模块端接，如图4-65所示。

 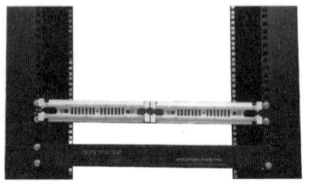 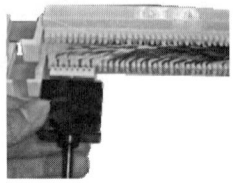

图 4-64　固定 110 跳线架　　　　　　图 4-65　端接模块

➤ 任务 3：安装理线环

理线环的安装步骤如下。

第一步：取出理线环和所带的配件及螺丝包，如图4-66为西元理线环。

第二步：将理线环安装在网络机柜的立柱上，如图4-67所示。

 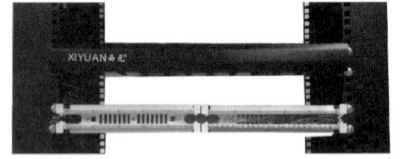

图 4-66　西元理线环　　　　　　图 4-67　安装理线环

注意：在机柜内设备之间的安装距离至少留1U的空间，便于设备的散热。

➤ 任务 4：安装网络配线架

网络配线架的安装步骤如下。

第一步：检查配线架和配件完整。

第二步：将配线架安装在机柜设计位置的立柱上，如图4-68所示。

 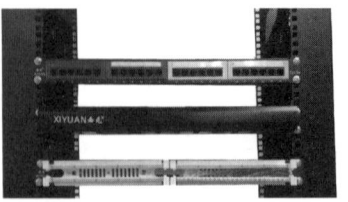

图 4-68　固定网络配线架

第三步：盘线和理线。将进入机柜的缆线按照区域、线束进行整理和绑扎，多余缆线整理成盘放置在机柜内，如图4-69所示。

（2）缆线两端应贴有标签，应标明编号，标签书写应清晰、端正和正确。

（3）缆线预留。对于固定安装的机柜，在机柜内不应有较多的预留缆线，宜预留在地板下或吊顶上。对于可移动的机柜，连入机柜的全部缆线在入口附近盘绕成圈。

（4）缆线终接后，应留有余量。

（5）光缆布放宜盘留，预留长度宜为3～5m，有特殊要求的应按设计要求预留长度。

（6）不同电压等级、不同电流类别的线路应分开布置，分隔铺设。

（7）引入机柜内的缆线应从机柜的下方进入机柜，沿机柜后方两侧立杆向上引入配线架，卡入跳线架连接块内的单根缆线色标应和跳线架的色标相一致，大对数电缆按标准色谱的组合规定进行排序。

（8）接线端子各种标志应齐全，数据配线架及交换机设备安装完成后，应贴标签，注明对应房间号及端口号。

（9）缆线在终接前，必须核对缆线标识内容是否正确。

（10）缆线中间不允许有接头。

（11）缆线终接处必须牢固、接触良好。

（12）缆线终接应符合设计和施工操作规程。

（13）电缆与插接件连接应认准线号、线位色标，不得颠倒和错接。

（14）尾纤不能用扎带，尤其不能扎得太紧，最好用专用的绑扎带。

5．配线架的安装要求

（1）在机柜内部安装配线架前，首先要进行设备位置规划或按照图纸规定确定位置，统一考虑机柜内部的跳线架、配线架、理线环、交换机等设备。同时考虑跳线方便。

（2）缆线采用地面出线方式时，一般从机柜底部穿入机柜内部，配线架宜安装在机柜下部。采取桥架上方出线方式时，缆线一般从机柜顶部穿入机柜内部，配线架宜安装在机柜上部。缆线采取从机柜侧面穿入机柜内部时，配线架宜安装在机柜中部。

（3）配线架应该安装在左右对应的孔中，水平误差不大于2mm，更不允许错位安装。

4.5.3 任务实践

> **任务1：安装机柜**

机柜安装步骤如下。

第一步：检查机柜和配件完整。

第二步：将机柜安装在设计图上标注的位置。

第三步：检查并调整机柜的水平度和垂直度。

> **任务2：安装110跳线架**

110跳线架主要用于语音配线系统，是程控交换机过来的跳线与到桌面终端的语音信息点连接线之间的连接和跳接部分，便于管理、维护、测试。其安装步骤如下。

（3）机柜安装垂直偏差度不应大于 3mm，水平误差不应大于 3mm。几个机柜并排在一起，面板应在同一平面上并与基准线平行，前后偏差不得大于 3mm；两个机柜中间缝隙不得大于 3mm。对于相互有一定间隔而排成一列的设备，其面板前后偏差不得大于 5mm。

（4）机柜的各种零件不得脱落或碰坏，漆面如有脱落应予以补漆，各种标志应完整、清晰。

（5）机柜安装应牢固，有抗震要求时，按施工图的抗震设计进行加固。

（6）机柜不宜直接安装在活动地板上，宜按设备的底平面尺寸制作底座，底座直接与地面固定，机柜固定在底座上，然后铺设活动地板。

（7）安装机柜面板，机柜前应预留有 800mm 空间，机柜背面离墙距离应大于 600mm，以便于安装和施工。

（8）机柜内的设备、部件的安装，应在机柜定位完毕并固定后进行，安装在机柜内的设备应牢固。

（9）机柜上的固定螺丝、垫片和弹簧垫圈均应按要求紧固不得遗漏。

（10）壁挂安装应安装在平整坚固的墙面上，保持与墙面水平、垂直，垂直偏差应小于 3mm，高度根据室内空间确定，在走道时高度宜大于 2000mm，不影响行走。

（11）墙体上开孔应避免破坏墙体内管线，开孔深度不得小于 70mm，固定机柜所用膨胀螺丝不得少于 4 个（悬挂式 C 型机柜为 6 个）。必要时须在机柜下放置支撑物，以保证机柜的安全稳固。

（12）落地式柜体安装，要综合考虑机柜的开门方向和操作便利性，优先考虑配线舱的开门方向。设备舱门和配线舱门必须能完全开启。

（13）机柜要做好防雷接地保护。

（14）柜体安装完毕应做好标识，标识应统一、清晰、美观。机箱安装完毕后，柜体进出缆线孔洞应采用防火胶泥封堵。做好防鼠、防虫、防水和防潮处理。

3．机柜内设备的安装布局及要求

（1）机柜由上到下主要分为四个区域：交流配电单元、配线架、有源设备、光缆终端盒。

（2）交流配电单元按安全性的要求应放在机柜的最上端。

（3）语音及网络配线架安装在易于操作的位置，放在交流配电单元的下面。

（4）配线架往下为有源设备区：设备根据功能及缆线连接需要安排位置，比如交换机、路由器、光端机、网桥等需要连线的设备就近安装。为了防止信号线的交叉及功能区域的易于维护，最好的排列顺序从下往上依次为光端机、网桥、路由器、交换机等。较大型设备安装在机柜下部，并且使用机柜托盘承重。

（5）最底层放光缆终端盒，放在托盘上安装。

4．机柜内走线要求

（1）缆线的布放应自然平直，不得产生扭绞、打圈、接头等现象，不应受外力的挤压和损伤。

设备主要用于对综合布线系统各种缆线进行规范、集中管理，一般在管理间设置网络机柜，并在机柜中安装相关配线设备。

本任务要求掌握配线设备的相关知识，完成配线设备安装典型工作任务。

任务1：安装机柜

任务2：安装110跳线架

任务3：安装理线环

任务4：安装网络配线架

任务5：安装交换机

4.5.2 相关知识介绍

1. 管理间子系统的设计原则

1）配线架数量确定原则。

配线架端口数量应该大于信息点数量，保证全部信息点的缆线可全部端接在配线架中。在实际工程中，一般使用24口或48口配线架。例如某楼层共有64个信息点，至少应该选配3个24口配线架，配线架端口的总数量为72口，就能满足64个信息点缆线的端接需要，这样做比较经济。

有时为了在楼层进行分区管理，也可以选配较多的配线架。例如上述的64个信息点如果分为4个区域，平均每个区域有16个信息点时，也可以选配4个24口配线架，这样每个配线架端接16口，预留8口，能够进行分区管理和方便维护。

2）标识管理原则。

由于管理间缆线和跳线很多，必须对每根缆线进行编号和标识，在工程项目实施中还需要将编号和标识规定张贴在管理间内，方便施工和维护。

3）理线原则。

管理间缆线必须全部端接在配线架中，完成永久链路安装。在端接前必须先整理全部缆线，预留合适长度，重新做好标记，剪掉多余的缆线，按照区域或编号顺序绑扎和整理好，通过理线环，然后端接到配线架。不允许出现大量多余缆线缠绕和绞结在一起。

4）配置不间断电源原则。

管理间安装有交换机等有源设备，因此应该设计有不间断电源或稳压电源。

5）防雷电措施。

管理间的机柜应该可靠接地，防止雷电及静电损坏。

2. 机柜安装要求

（1）机柜安装前必须检查机柜排风设备是否完好，设备托板数量是否齐全，以及滑轮、支撑柱是否完好等。

（2）机柜型号、规格、安装位置应符合设计要求。

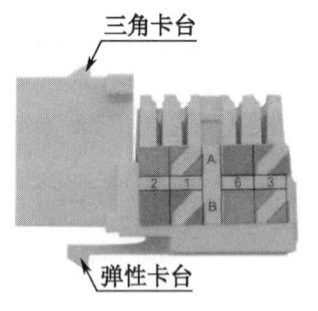
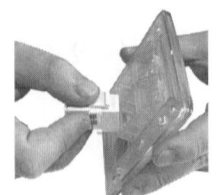
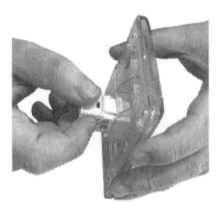

图 4-56　网络模块卡台　　　图 4-57　卡装网络模块　　　图 4-58　完成网络模块卡装

第一步：根据电缆出线方向，顺势将预留的双绞线电缆盘绕在底盒内，将面板与底盒的安装螺丝孔位对齐。

第二步：使用螺丝将面板固定在底盒上，如图 4-59、图 4-60 所示。

第三步：安装完成后，用手将防尘盖滑门开关推到顶端，松开后防尘盖滑门自动复位，不能出现卡顿现象，如图 4-61 所示。

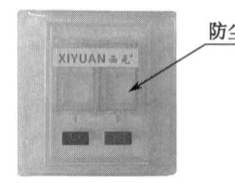

图 4-59　安装面板螺丝　　　图 4-60　面板安装完成示意图　　　图 4-61　面板防尘盖滑门示意图

▶ 任务 6：面板标记

面板安装完毕，按照如图 4-62 所示信息点编号规定制作标记。将制作完成的面板标记粘贴在面板两侧，如图 4-63 所示。

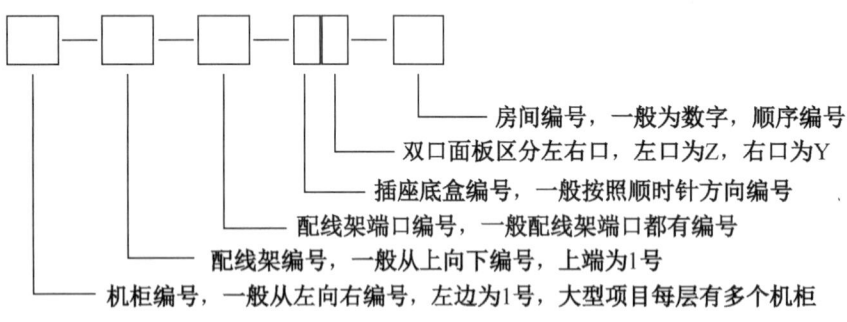

图 4-62　信息点编号规定　　　图 4-63　面板标记

4.5 配线设备安装

4.5.1 任务描述

配线设备一般安装在管理间子系统，一般包括机柜、配线架、跳线架、理线环等。配线

第三步：固定底盒。如图 4-51 所示，使用 M5 螺丝将信息插座底盒固定在安装板上，注意安装时要保证底盒横平竖直，方向正确。图 4-52 为底盒安装完成示意图。

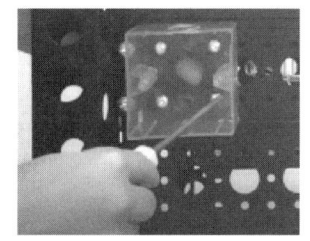

图 4-51　固定底盒

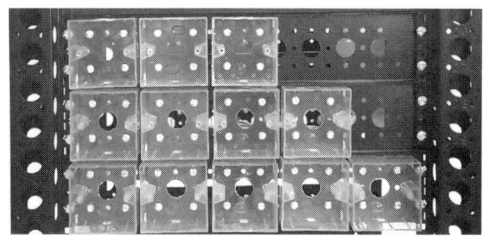

图 4-52　完成底盒安装

在实际工程中，明装底盒按照设计要求用膨胀螺丝直接固定在墙面。暗装底盒首先使用专门的管接头把穿线管和底盒连接起来，然后用膨胀螺丝或水泥砂浆固定底盒。同时注意底盒嵌入墙面不能太深，如果太深，配套的螺丝长度不够，无法固定面板。

第四步：成品保护。暗装底盒的安装一般在土建过程中进行，因此在底盒安装完毕后，必须进行成品保护，特别要保护螺丝孔，防止水泥砂浆灌入螺孔或者穿线管内。一般做法是在底盒外侧盖上纸板，也有用胶带纸保护螺孔的做法，如图 4-53、图 4-54 所示。

图 4-53　固定底盒

图 4-54　底盒保护

> 任务 4：安装模块

第一步：端接模块。按照如图 4-55 所示方法和步骤完成网络模块的端接。

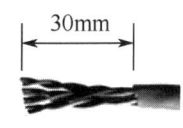 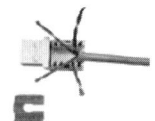 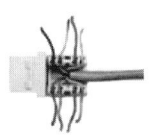 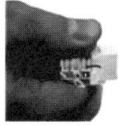  

①剥除外护套，剪掉撕拉线。　②按T568B位置，排列线对。　③线对按照色谱压入刀口。　④将压盖对准，用力压到底。　⑤剪掉线端，小于1mm。　⑥线序正确，压盖牢固。

图 4-55　网络模块端接方法和步骤

第二步：安装网络模块。如图 4-56 所示，网络模块上下两面设计有三角卡台和弹性卡台。安装时，首先确认模块卡装方向正确，然后如图 4-57 所示先将三角卡台放入卡槽内，然后将网络模块向上抬起将弹性卡台卡入。图 4-58 为网络模块卡装完成实物图。

> 任务 5：安装面板

面板安装应该在端接模块后立即进行，以保护模块。具体步骤如下。

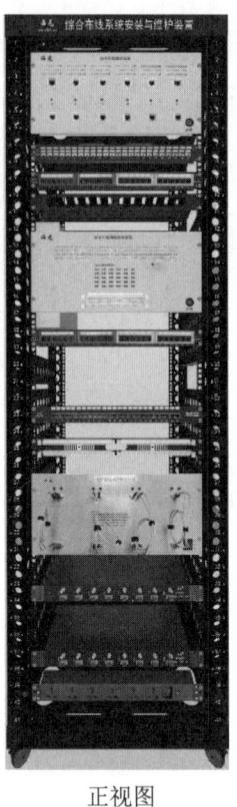
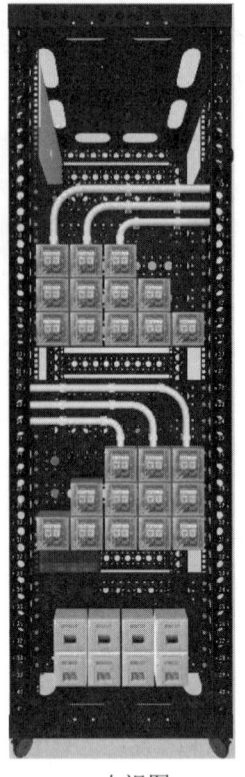

左视图　　　　　　　　　　正视图　　　　　　　　　　右视图

图 4-46　西元综合布线系统安装与维护装置

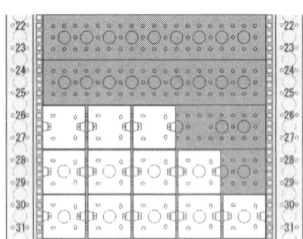

图 4-47　45mm 底盒与双口面板　　　　图 4-48　底盒安装位置示意图

▶ 任务 3：安装底盒

信息插座底盒安装时，一般按照下列步骤进行。

第一步：检查质量和螺丝孔。打开产品包装，检查合格证，检查产品的外观质量情况和配套螺丝。重点检查底盒螺丝孔是否正常，如果其中有 1 个螺丝孔损坏，坚决不能使用，如图 4-49 所示。

第二步：底盒开孔。如图 4-50 所示，根据进出线方向和位置，使用开孔器进行开孔。

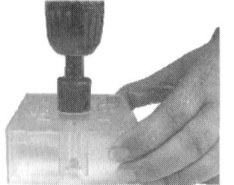

图 4-49　检查底盒　　　　　　　　　　　　图 4-50　底盒开孔

(2)根据电缆出线方向,顺势将预留的双绞线盘在底盒内,同时将面板推到墙面上,面板与底盒安装螺丝孔位应一致。

(3)紧固螺丝时,不应用力过猛,以免配件变形。

(4)安装面板时应注意墙面整洁,面板安装不得损坏墙面。

(5)面板安装要求横平竖直,两底角之间高低不超过2mm,在面板安装时应使用标尺测量两底角的对地高度。

6.面板标记

(1)各种信息插座面板应有标记,可采用颜色、图形和文字符号来表示所接终端设备的类型。

(2)每一个端接位置标签都要做一个标记,标记应与缆线平行,标识于面板、接头的可见部分。

(3)标记寿命应与布线系统设计的寿命相对应,标签应打印,保持清晰、完整,并能满足环境的要求。

(4)标记命名中应指示该端口对应的配线架端口号或设备的端口号。

4.4.3 任务实践

下面结合西元综合布线系统安装与维护装置,完成信息插座安装典型工作任务。

西元综合布线系统安装与维护装置,产品型号KYPXZ-01-56,如图4-46所示。该装置依据《综合布线系统安装与维护职业技能等级标准》职业技能等级要求与技能鉴定需求专门研发,具备教学认知、技术演示、技能训练、技能鉴定等功能。装置设计有7个独立单元,包括①屏蔽电缆永久链路,②网络数据永久链路,③综合布线永久链路(数据+语音),④光纤永久链路安装,⑤光纤永久链路熔接,⑥光纤永久链路冷接,⑦住宅布线系统。每个单元既可供4名学生同时进行不同项目的技能实战训练,也可供4~8人按照顺序进行技能鉴定,并且在5分钟内快速完成测试与评判,通过指示灯闪烁持续显示永久链路开路、跨接、反接等故障。

➤ **任务1:选用信息插座**

每个信息插座安装2个网络模块,考虑电缆预留长度与模块安装空间,本任务选取深度为45mm的86型信息插座底盒和双口信息插座面板,如图4-47所示。

➤ **任务2:确定安装位置**

西元综合布线系统安装与维护装置配置有多个信息插座底盒安装板,每个安装板都预留有安装孔和穿线孔,能够安装1~5个信息插座底盒,实训时可根据需要调整安装位置,如图4-48所示。

设计文件要求。

（3）信息插座底盒明装的固定方法应根据施工现场条件而定，宜采用膨胀螺钉、射钉等方式。

（4）开槽要横平竖直，方正美观，开槽的大小、位置、高度应严格按图纸标注施工。

（5）办公室内一般使用 PVC 塑料底盒；车间及生产现场一般使用金属底盒。

（6）底盒安装位置应以不阻碍用户生产或摆放物体为宜。

4．安装模块

1）信息插座的数量、规格、型号及安装位置应根据设计规定来配备和确定。

2）接线模块等连接器件的型号、规格和数量，必须与设备配套使用。

3）底盒、接线模块与面板的安装应牢固稳定，无松动现象。

4）网络模块端接主要技术要求。

（1）保证模块的端接线序正确。

如图 4-45 所示，模块上的 8 个塑料线柱分别对应着水晶头内的 8 根线芯，左边的 4 个线柱从上到下依次对应水晶头的 2、1、6、3 线芯；右边的 4 个线柱从上到下依次对应 8、7、4、5 线芯。

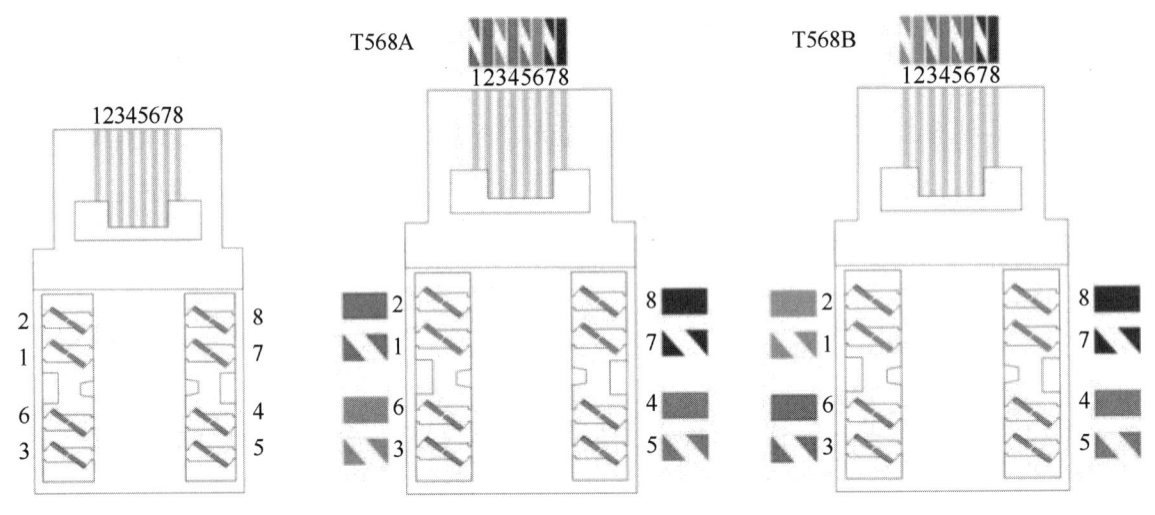

图 4-45　模块线序示意图

（2）8 芯导线必须压入塑料线柱刀片底部。

网线的 8 芯导线必须压入塑料线柱刀片底部，否则塑料线柱中的刀片没有完全穿透导线绝缘层，接触到铜导体，造成线芯接触不良，而且容易被拔出。

（3）使用打线钳时，较长的一侧刀口向外。

使用打线钳时，较长的一侧刀口向外，用于切断外部多余的线芯，如果刀口方向放反，则会将压接到刀片中的导线切断，不能实现电气连接。

5．安装面板

（1）将模块卡入面板时，注意模块的方向不能弄反，否则跳线无法插入模块。

 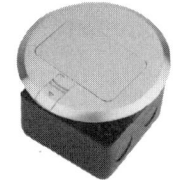 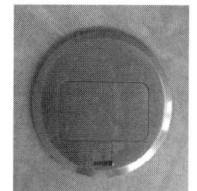

弹起插座照片　　　合盖插座　　　安装好的插座

图 4-43　150 型地弹插座

4）特殊信息插座。

在一些特殊的环境和装饰要求较高的场合中，还会用到一些特殊的信息插座，如图 4-44 所示，用于满足客户的个性化需求。

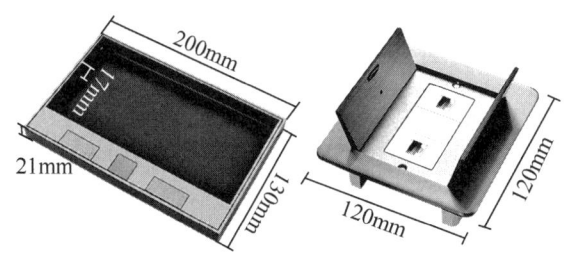  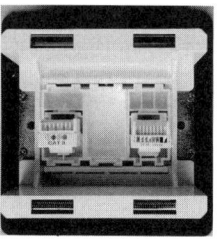 

嵌入式（隐形）信息插座　　　　　　　　　　安装好的信息插座

图 4-44　特殊信息插座

5）坚持选用双口面板原则。

信息插座一般选用双口面板，单口面板性价比低。不能选用 3 口或 4 口面板，因为插座底盒内容积比较小，不能满足电缆或光缆曲率半径的要求。

6）住宅选用高档面板原则。

在住宅综合布线系统工程中，应考虑与装饰风格协调，优先选用彩色、精美的高档面板。

2. 信息插座安装位置

GB 50311—2016《综合布线系统工程设计规范》国家标准第 7 章安装工艺要求内容中，对工作区的安装工艺提出了具体要求。

（1）墙面安装的信息插座底部离地面的高度宜为 0.3m，嵌入墙面安装，使用时打开防尘盖插入跳线，不使用时，防尘盖自动关闭。

（2）地面安装的信息插座，必须选用地弹插座，嵌入地面安装，使用时打开盖板，不使用时盖板应该与地面高度相同。暗装在地面上的信息插座应满足防水和抗压要求。

（3）住宅设计或装饰设计时，首先满足客厅、书房、卧室等房间的电视、电话、上网应用等的信息插座，同时增加或预留入厅报警、电动窗帘、电热水器、可视对讲等智能家居应用的信息插座。

3. 安装底盒

（1）信息插座底盒安装的位置和高度应符合设计文件要求。

（2）信息插座底盒内，同时安装信息模块和电源插座时，间距及采取的防护措施应符合

表面比较光滑美观。常用产品的宽度为 86mm，高度为 86mm。

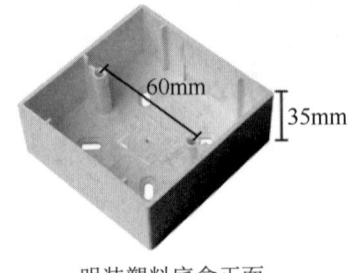 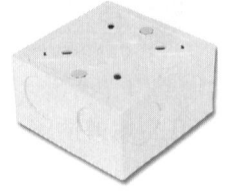 

明装塑料底盒正面　　　明装塑料底盒背面　　　明装塑料三联底盒

图 4-40　常用明装底盒

暗装、明装底盒，深度有多种，常用产品的深度有 35mm、45mm、50mm、60mm、70mm 等。安装电缆网络模块的底盒深度一般为 35mm、45mm 或 50mm；安装光缆连接器的底盒深度一般应≥50mm；光纤冷接连接时，底盒深度≥60mm。

86 型信息插座面板的宽度一般为 86mm，高度为 86mm，如图 4-41 所示，一般为塑料注塑品，中间有网络模块、光纤耦合器卡装口。

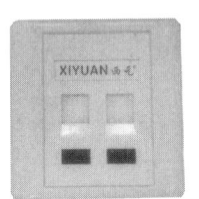  

双口网络面板　　　双口 ST 光纤面板　　　双口 SC 光纤面板

图 4-41　信息插座面板

2）地面选用 120 型信息插座原则。

120 型信息插座适合在地面安装，具有防尘、防水、抗压功能，如图 4-42 所示，一般为正方形，宽度为 120mm，高度为 120mm，深度为 55mm。120 型信息插座分为底盒和面板两部分，在面板中卡装网络模块，一般底盒为钢制，面板为铸铜制造。

弹起插座照片　　　合盖插座　　　安装好的插座

图 4-42　120 型地弹插座

3）精品装饰地面优先选用 150 型信息插座原则。

150 型信息插座适合在地面安装，具有防尘、防水、抗压功能，如图 4-43 所示，一般为圆形，外径为 150mm，深度为 55mm。150 型信息插座分为底盒和面板两部分，在面板中卡装网络模块，一般底盒为钢制，面板为铸铜制造。

任务2：确定安装位置

任务3：安装底盒

任务4：安装模块

任务5：安装面板

任务6：面板标记

4.4.2 相关知识介绍

信息插座安装主要工序如下，下面我们按照主要工序和要求进行介绍。

选用信息插座—确定安装位置—安装底盒—安装模块—安装面板—面板标记。

1．选用信息插座原则

在安装前，应选用合适的信息插座，一般应遵循以下原则。

1）优先选用86型信息插座原则。

墙面安装的信息插座，一般为86型，分为底盒和面板两部分。

信息插座底盒按安装方式分类有暗装底盒、明装底盒等形式；按材质分类有钢板、塑料等。如图4-38所示，信息插座底盒两侧都设计有M3.5螺丝孔，孔距为60mm，用于固定插座面板。

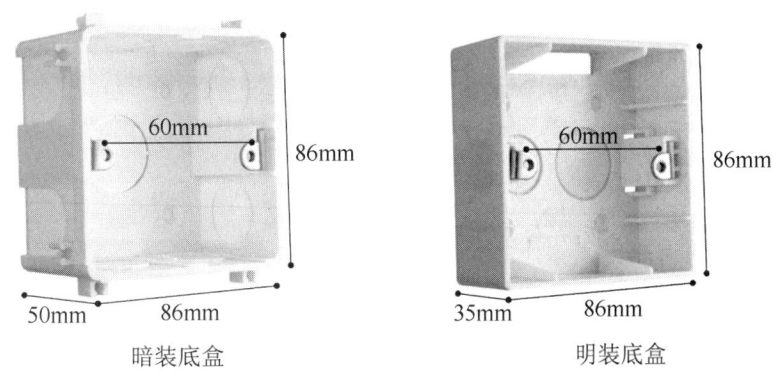

图4-38 信息插座底盒两侧安装螺丝孔

如图4-39所示的暗装底盒一般嵌入式安装在墙体内，四周有进线、出线孔，外表面一般都比较粗糙。常用产品的宽度为64mm，高度为35mm、50mm。

   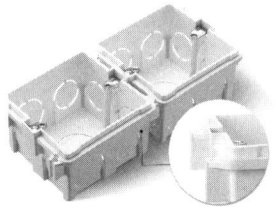

钢板底盒正面　　钢板底盒背面　　塑料底盒　　塑料底盒双联

图4-39 常用暗装底盒

如图4-40所示的明装底盒一般安装在墙面、机箱或家具表面，四周有进线、出线孔，外

续表

序号	路由	对应缆线长度/m	缆线两端标记*
7	4号插座底盒—住宅信息箱	15	4-4Z-3
8	4号插座底盒—住宅信息箱	15	4-4Y-3
9	5号插座底盒—住宅信息箱	7	5-5Z-3
10	5号插座底盒—住宅信息箱	7	5-5Y-3
11	6号插座底盒—住宅信息箱	8.5	6-6Z-3
12	6号插座底盒—住宅信息箱	8.5	6-6Y-3

*标记说明：左边数字表示插座底盒编号，中间字符"Z"表示左口，"Y"表示右口，右边数字表示房间号"3客厅"。

第六步：穿线。

住宅信息箱至插座底盒穿线：将电缆绑扎在带线上，从住宅信息箱对应的管路穿入，从对应的插座底盒侧匀速慢慢拽拉带线，直至拉出电缆的预留长度，并解开带线。一般信息插座位置预留电缆长度为100mm，住宅信息箱预留长度为700mm。

插座底盒之间穿线：将电缆绑扎在带线上，从对应的管路穿入，从对应的插座底盒侧匀速慢慢拽拉带线，直至拉出电缆的预留长度，并解开带线。

第七步：测试。

穿线完成后，所有电缆应全面进行通断测试，测试方法如下：

（1）将电缆两端护套剥开，露出铜芯。

（2）将数字万用表拨到通断测试挡，红黑两表笔与电缆一端的一对线芯连接。

（3）将电缆另一端的同一对线芯短暂地接触。如果万用表发出"嘀嘀"声，说明该对线电气连通。

（4）按照同样的步骤，完成所有电缆的通断测试。

第八步：现场保护。

将电缆的两端预留部分用线扎捆扎，并用塑料纸包裹，以防后期施工损坏电缆。

4.4 信息插座安装

4.4.1 任务描述

信息插座安装是综合布线系统工程安装的重要工作，信息插座是综合布线系统工程最常用的插口，也是使用最频繁的器材，在住宅综合布线系统中非常重要，不仅需要满足技术指标，也要与装饰风格一致，保持美观。

本任务要求掌握信息插座安装工序的相关知识，熟练掌握安装技能，完成信息插座安装典型工作。主要任务如下。

任务1：选用信息插座

座底盒φ16穿线管1路。

第二步：管路疏通。

穿线前需要对暗埋管路进行畅通性确认，如有管路堵塞，需进行疏通处理，保证穿线前管路通畅。按照3条布线路由，依次确认疏通3条φ20管路、3条φ16管路。

第三步：穿带线。利用穿线器将钢丝或塑料带线穿入布放在线管中。

第1条布线路由穿带线：从1号插座底盒φ20穿线管一端穿入，从住宅信息箱一端穿出；从1号插座底盒φ16穿线管一端穿入，从2号插座底盒穿出。

第2条布线路由穿带线：从3号插座底盒φ20穿线管一端穿入，从住宅信息箱一端穿出；从3号插座底盒φ16穿线管一端穿入，从4号插座底盒穿出。

第3条布线路由穿带线：从6号插座底盒φ20穿线管一端穿入，从住宅信息箱一端穿出；从6号插座底盒φ16穿线管一端穿入，从5号插座底盒穿出。

第四步：量取缆线。

根据图纸确定缆线长度，可根据此长度量取所需缆线，一般截取缆线的长度应比穿线管长度长至少1m。从图4-37中可知客厅双绞线电缆的长度见表4-3。

表4-3 客厅双绞线电缆长度

电缆路由	电缆长度/m	电缆数量/根
1号插座底盒—住宅信息箱	5	2
2号插座底盒—住宅信息箱	7.5	2
3号插座底盒—住宅信息箱	8	2
4号插座底盒—住宅信息箱	15	2
5号插座底盒—住宅信息箱	7	2
6号插座底盒—住宅信息箱	8.5	2

若无法确定缆线长度，可采取多箱取线的方法：根据穿线管内穿线的数量准备多箱双绞线，分别从每箱中抽取一根双绞线以备使用。

第五步：缆线标记。

按照设计图纸和信息点编号表规定，用标签在缆线的两端分别做上编号。编号必须与设计图纸、信息点编号表对应编号一致，见表4-4。

表4-4 缆线标记

序号	路由	对应缆线长度/m	缆线两端标记*
1	1号插座底盒—住宅信息箱	5	1-1Z-3
2	1号插座底盒—住宅信息箱	5	1-1Y-3
3	2号插座底盒—住宅信息箱	7.5	2-2Z-3
4	2号插座底盒—住宅信息箱	7.5	2-2Y-3
5	3号插座底盒—住宅信息箱	8	3-3Z-3
6	3号插座底盒—住宅信息箱	8	3-3Y-3

4）缆线标记的选用。

（1）缆线标记应选用耐用基材，如适合捆扎且柔软性较好的乙烯材料。

（2）标准建议使用"覆盖保护膜标签"。当缠绕在电缆上时，透明的"尾巴"覆盖在白色的打印区上。透明的尾端应有足够的长度，至少能够缠绕缆线一圈或一圈半。

（3）在恶劣的环境中，套管式和吊牌应更适合作为缆线的标记。

4.3.3 工作任务实践

西元住宅建筑模型工程已完成管路的暗埋铺设工作，需要进行穿线工序。本任务要求完成客厅 12 个信息点的穿线工作。

第一步：研读图纸、确定出入口位置。

研读设计图纸，如图 4-37 所示，对照图纸，在施工现场分别找出确定客厅 12 个信息点、3 条布线路由对应的线管出、入口。

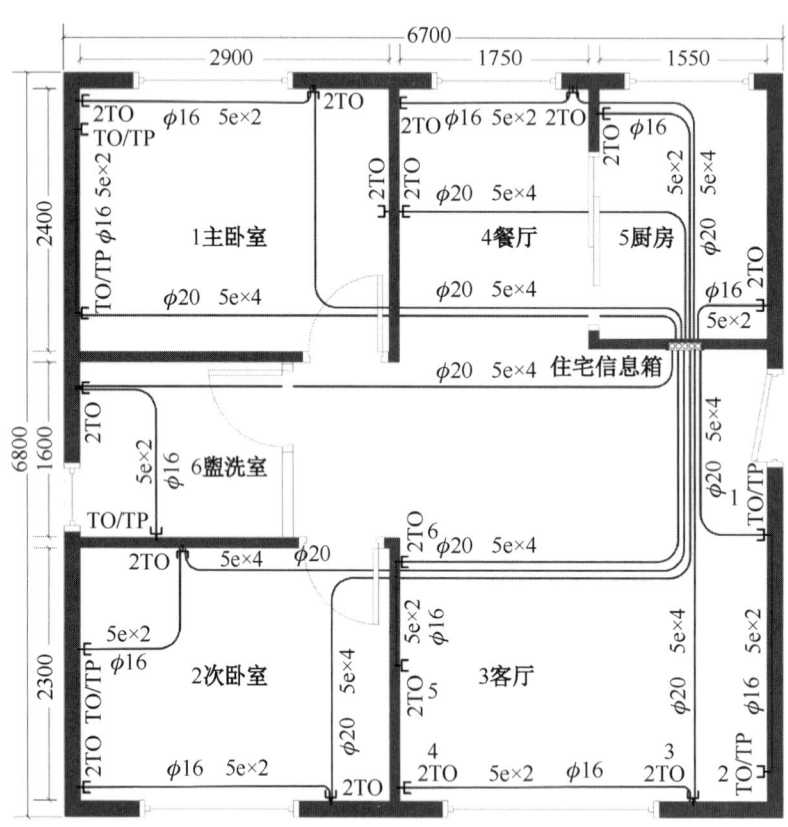

图 4-37 西元住宅建筑模型埋管布线图

第 1 条布线路由为：住宅信息箱至 1 号插座底盒φ20 穿线管 1 路，1 号插座底盒至 2 号插座底盒φ16 穿线管 1 路。

第 2 条布线路由为：住宅信息箱至 3 号插座底盒φ20 穿线管 1 路，3 号插座底盒至 4 号插座底盒φ16 穿线管 1 路。

第 3 条布线路由为：住宅信息箱至 6 号插座底盒φ20 穿线管 1 路，6 号插座底盒至 5 号插

在理线过程中，注意通过右手腕和手指的上下反复旋转，消除电缆的缠绕力，始终保持线盘平整。如果线盘不平整时，通过右手腕和手指的旋转角度调整，始终保持线盘的平整。

4．标记缆线

综合布线系统工程中通常利用标签对缆线进行标识，以便技术人员查找和维护。

1）GB 50311《综合布线系统工程设计规范》中规定：对设备间、管理间、进线间和工作区的配线设备、缆线、信息点等设施，应按一定的模式进行标识和记录。

（1）综合布线系统的电缆、光缆、配线设备、终接点、接地装置、管线等组成部分均应给定唯一的标识符，并应设置标签。标识符应采用统一数量的字母和数字等标明。

（2）电缆和光缆的两端均应标明相同的标识符。

（3）设备间、管理间、进线间的配线设备宜采用统一的色标区别各类业务与用途的配线区。

（4）所有标签应保持清晰，并应满足使用环境要求。

2）综合布线系统标签类型。

用于综合布线系统标记的标签有粘贴型、插入型和特殊型等。粘贴型标签背面为不干胶，可以直接贴到各种设备和缆线的表面；插入型通常是硬纸片，由安装人员在需要时取下来使用；特殊型用于特殊场合，如条形码、标签牌等。粘贴型标签、插入型标签应满足清晰、耐磨损、附着力强、寿命长等要求。如图4-35所示为常见的粘贴型标签。

  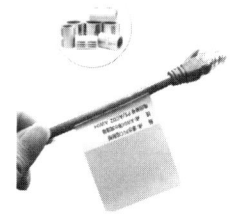

图4-35 常见的粘贴型标签

3）缆线标记。

缆线标记主要用于在安装之前对缆线的起始点和终止点进行区别。在安装和做标记之前利用这些缆线标记辨别缆线的发源地和目的地，如图4-36所示为常见的缆线标记。

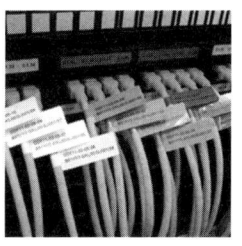 

图4-36 缆线标记

2）电缆理线的方法。

第一步：左手持线，线端向前，如图4-27所示。

第二步：根据需要的线盘直径，右手手心向下，把线捋直约1m，如图4-28所示，向前画圈，如图4-29所示，同时右手腕和手指向上旋转电缆，如图4-30所示，消除电缆的缠绕力，把线收回到左手，保持线盘平整，完成第一圈理线，如图4-31所示。

图4-27　左手持线

图4-28　测量尺寸

图4-29　画圈

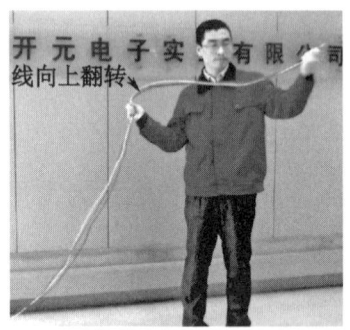
图4-30　线向上翻转

图4-31　完成第一圈理线

第三步：右手把线捋直约1m，如图4-32所示，向前画圈，如图4-33所示，同时右手腕和手指向下旋转，如图4-34所示，消除电缆的缠绕力，把线收回到左手，保持线盘平整，完成第二圈理线。

图4-32　测量尺寸

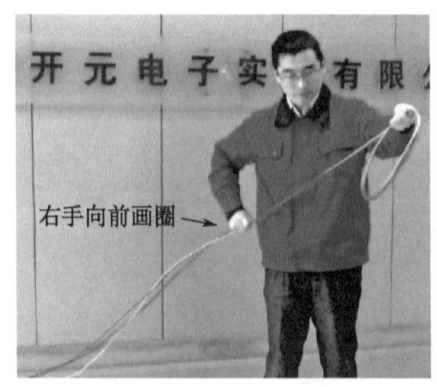
图4-33　画圈

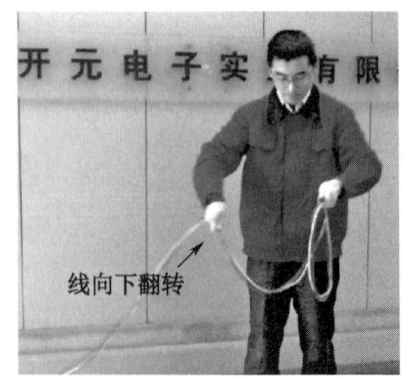
图4-34　完成第二圈理线

第四步：按顺序重复第二步和第三步的动作，完成理线。

125

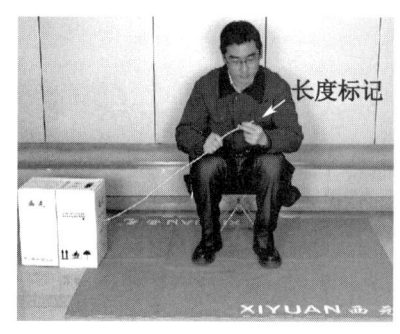
图 4-18　检查标记

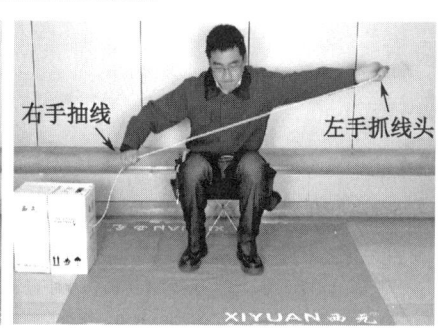
图 4-19　抽线

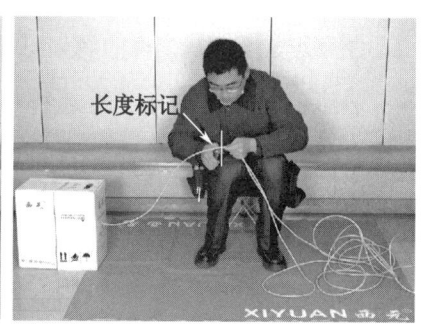
图 4-20　剪线

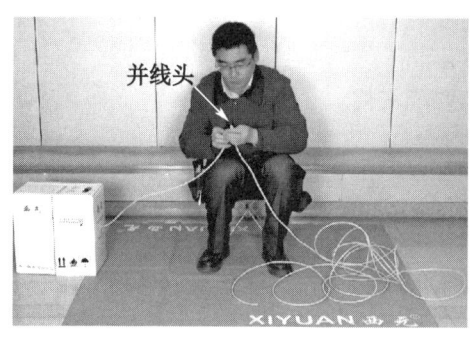
图 4-21　2 根线线头并在一起

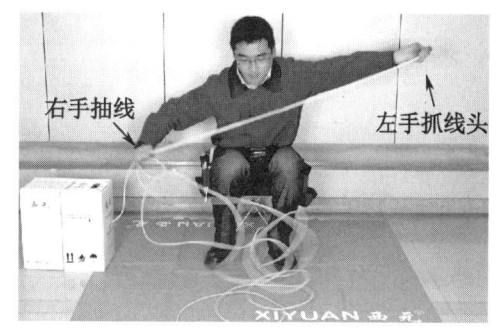
图 4-22　抽第二根线

第三步：把第三根线头和第一、二根线头并在一起，如图 4-23 所示，用左手抓住线头，右手连续抽线，如图 4-24 所示，同时把已经抽出的 3 根线捋顺，临时放在旁边，估计快到 10m 时，检查长度标记，确认抽到 10m 时，用剪刀把线剪断。

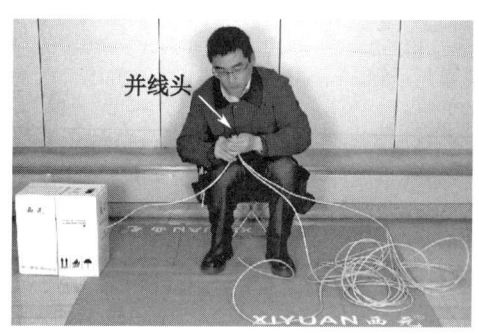
图 4-23　3 根线线头并在一起

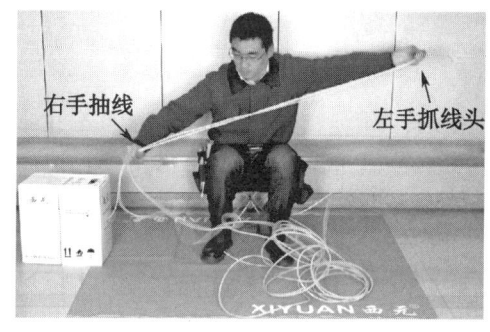
图 4-24　抽第三根线

第四步：把多余的线头塞回电缆箱内，如图 4-25 所示，将 3 根剪好的电缆线头对齐，用胶布绑扎在一起，如图 4-26 所示。

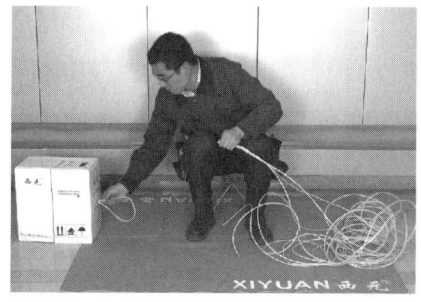
图 4-25　收回线头

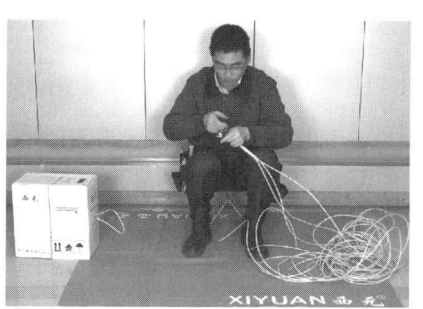
图 4-26　绑扎线头

3. 双绞线电缆的抽线和理线方法

在综合布线系统施工过程中，经常需要把多根缆线穿入一根穿线管，要求在穿线时，多根电缆不能缠绕或打结，否则无法正常穿线，而双绞线电缆一般都采用整轴或者整箱盘绕的方式包装，当把电缆从整箱中抽出时，都会自然缠绕在一起，如图4-14所示，因此在穿线前需要理线。

图 4-14　综合布线理线对比

我们以从1箱中分别抽出3根10m电缆为例，介绍电缆抽线和理线的方法。请扫描下列二维码浏览对应西元教学实训视频片，反复观看和学习，并且掌握该方法。

图4-15所示为A141-铜缆理线操作方法（3根线）视频片头，片长1分36秒。

图4-16所示为A142-铜缆理线方法（1箱抽线）视频片头，片长4分05秒。

图4-17所示为A143-铜缆理线操作演示（站立演示）视频片头，片长1分05秒。

图 4-15　A141 视频片头　　　图 4-16　A142 视频片头　　　图 4-17　A143 视频片头

双绞线电缆的正确抽线和理线方法要点如下。

1）双绞线电缆抽线的方法。

第一步：抽线前，首先看清楚线头长度标记，然后左手抓住线头，右手连续抽线，把抽出的电缆临时放在旁边，估计快到10m时，检查长度标记，最后确认抽到10m时，用剪刀把线剪断，如图4-18、图4-19、图4-20所示。注意把长度标记保留在没有抽出的线端。

第二步：把第二根线头和第一根线头并在一起，如图4-21所示，用左手抓住线头，右手连续抽线，如图4-22所示，同时把已经抽出的2根线捋顺，临时放在旁边，估计快到10m时，检查长度标记，确认抽到10m时，用剪刀把线剪断。

9）拉力均匀。

水平子系统路由的暗埋穿线管一般比较长，大部分为20~50m，有时可能长达80~90m，中间还有许多拐弯，布线时需要用较大的拉力才能把电缆从插座底盒拉到管理间。综合布线穿线时应该采取慢速而又平稳的拉线，拉力太大，会破坏电缆对绞的结构和一致性，引起电缆传输性能下降。

拉力过大还会使电缆内的双绞结构和四对结构发生变化，严重影响电缆的抗噪声（NEXT、FEXT等）能力，从而导致线对扭绞拧紧或变形，甚至可能对导体造成破坏。四对双绞线最大允许的拉力一根为100N，二根为150N，三根为200N。N根拉力为$N×5+50N$，不管多少根电缆，最大拉力不能超过400N。

10）与管口同轴向拉线。

在拉线过程中，缆线宜与管中心线尽量重合，如图4-12所示，以现场允许的最小角度按照A方向、B方向、C方向拉线，电缆与穿线管轴线夹角应不大于30°，保证缆线没有拐弯，保持整段缆线的曲率半径比较大，这样不仅施工轻松，而且能够避免缆线护套和内部结构的破坏。

如图4-13所示，从穿线管拉出电缆的过程中，禁止形成超过30°，甚至90°拉线。如果在管口以超过30°硬拐弯或直角拉线，不仅施工拉线困难费力，而且容易造成电缆护套损坏和内部结构的破坏。

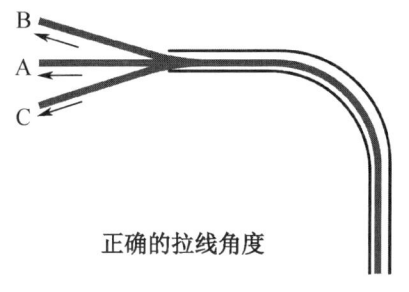
正确的拉线角度

图4-12　正确拉线方向

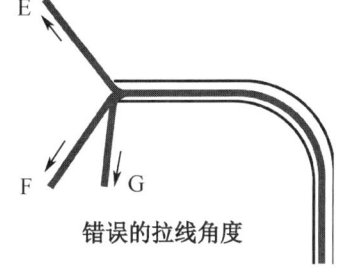
错误的拉线角度

图4-13　错误拉线方向

2．布线施工经验与注意事项

（1）穿线前应进行全面试穿，检查前期预埋管道的通畅情况。

（2）拉线时每根双绞线电缆的拉力不超过100N，多根电缆的拉力最大不超过400N。

（3）缆线外皮破损，甚至芯线外露或有其他严重损伤时，不得继续使用。

（4）电缆在贮存、穿线、放线时，应避免受到任何挤压、切割或拉伸。

（5）布线时既要满足所需的余长，又要尽量节省，避免任何不必要的浪费。

（6）布线期间，如果遇到暂停施工时，应将电缆仔细盘绕收起，妥善保管，不得随意散置在施工现场。

（7）布线施工时，施工人员应穿着合适的工作服，使用安全的施工工具。

6) 缆线预留合理。

缆线布放时应该考虑两端的预留，方便理线和端接。在管理间机柜处预留电缆长度一般为 3~6m，工作区信息插座底盒内为 100mm；光缆在配线柜处预留长度为 3~5m，楼层配线箱处预留光缆长度为 1~1.5m。有特殊要求的应按设计要求预留长度。

7) 缆线布放弯曲半径符合要求。

表 4-1 为缆线铺设允许的弯曲半径。在实际施工前，应查阅相关标准与生产厂家说明书规定。

表 4-1 缆线铺设允许的弯曲半径

缆线类型	弯曲半径（mm）/ 倍
4 对非屏蔽电缆	不小于电缆外径的 4 倍
4 对屏蔽电缆	不小于电缆外径的 4 倍
大对数主干电缆	不小于电缆外径的 10 倍
2 芯或 4 芯室内光缆	>25mm
其他芯数和主干室内光缆	不小于光缆外径的 10 倍
室外光缆、电缆	不小于缆线外径的 10 倍

8) 穿线管布放缆线数量合理。

缆线布放在穿线管的管径与截面利用率，应根据不同类型的缆线做不同的选择。管内布放大对数电缆或 4 芯以上光缆时，直线管路的利用率应为 50%~60%，弯管路的利用率应为 40%~50%。管内布放 4 对双绞线电缆或 4 芯光缆时，截面利用率应为 25%~35%。布放缆线在线槽内的截面利用率应为 30%~50%。

不同规格的穿线管，根据拐弯的多少和穿线长度的不同，管内布放缆线的最大条数也不同。同一个直径的穿线管内如果穿线太多，拉线困难；如果穿线太少，增加布线成本。这就需要根据现场实际情况确定穿线数量，一般按照表 4-2 进行选择。

表 4-2 穿线管容纳的双绞线最多条数表

线管类型	线管规格/mm	容纳双绞线最多条数	截面利用率/%
金属、PVC	16	2	30
金属、PVC	20	3	30
金属、PVC	25	5	30
金属、PVC	32	7	30
PVC	40	11	30
PVC、金属	50	15	30
PVC、金属	63	23	30
PVC	80	30	30
PVC	100	40	30

布放牵引钢丝的步骤如下：

（1）把钢丝一端用尖嘴钳弯曲成一个 $\phi 10$ 左右的小圈，防止钢丝在穿线管内弯曲，或者在接头处被顶住。

（2）把钢丝从插座底盒内的穿线管端往里面送，一直送到从另一端出来。

（3）把钢丝两端折弯，防止钢丝缩回管内。

（4）穿线时，首先用钢丝带入电缆，然后抽动钢丝完成电缆穿线。

第七步：保护管口。

由于土建施工现场水泥砂浆多，垃圾多，因此必须对穿线管的管口进行保护，防止水泥砂浆、垃圾等杂物灌入穿线管，堵塞管路。

4.3 穿线和标记

4.3.1 任务描述

在综合布线系统工程施工中，穿线管铺设完成后，等待土建封顶及砌筑与墙面粉刷。在内装饰后期再进行穿线工作，穿线时，应选择合适的穿线工具，正确穿线；穿线结束后，应对两端预留的全部缆线进行绑扎或束缆、标记，并对线端做相应的保护，确保后期工作顺利开展。

本任务要求掌握穿线工序的相关知识，完成穿线和标记典型工作任务。

4.3.2 相关知识介绍

1. 综合布线系统工程的布线要求

1）布线先行。

在住宅装饰装修工程中，首先进行埋管和布线，全部布线系统应暗埋铺设在建筑物墙体和楼板内。

2）避让强电。

综合布线系统应尽量避让强电线路，防止电磁干扰影响弱电系统的稳定性和可靠性。

3）选用合格缆线。

综合布线系统使用的电缆、光缆的型号、规格应与设计规定相符，符合相关国家标准。缆线布放应自然平直，不得产生扭绞、打圈、接头等现象，不应受到外力的挤压和损伤。

4）避让高温影响。

全部布线系统应尽量避开暖气管道，避免缆线受高温影响快速老化，保持缆线的正常使用寿命。

5）缆线标记清晰。

缆线两端应贴有标签，应标明编号，标签书写应清晰、端正，标签应选用不易损坏的材料。

准备铺设暗埋穿线管工序所需工具和材料，如弯管设备、螺丝刀、开槽机、穿线管、接线盒、安装螺丝等。

第二步：提前外购或者现场制作大拐弯弯头。

现场自制大拐弯弯头时，使用电动弯管设备或者手动弯管器。一般在施工前计算弯头数量与规格，安排专人制作工程需要的弯头。

第三步：铺设暗埋穿线管。

根据土建工程进度，在梁、柱、楼层、墙体的施工中，随时铺设穿线管。如图 4-11 所示为在楼板中铺设的暗埋穿线管照片。这项工作特别需要与土建进度协调配合，如果配合不好，不仅影响土建施工进度，也可能增加铺设暗管的难度。

图 4-11 楼板中铺设的暗埋穿线管照片

铺设暗埋穿线管时，必须保持穿线管连续，中间接头固定牢固，不能松动或者拉脱。对于接头部位应用防水胶带进行缠绕密封，防止水泥砂浆灌入穿线管内部，堵塞管道。弯头部位需要保持横平竖直，不能出现倾斜或者位置错误。

第四步：固定穿线管、出线盒、信息插座底盒等。

在钢筋混凝土结构中铺设暗埋穿线管时，必须用铁丝把穿线管绑扎在钢筋上，防止位移，保持管路平直。

在砌筑墙体内中铺设暗埋穿线管时，在砌筑过程中，必须随时铺设穿线管和固定。

如果装饰阶段，在墙面开槽铺设暗埋穿线管时，用膨胀螺栓或者水泥砂浆及时固定穿线管。

铺设暗埋穿线管的同时，安装和固定出线盒、信息插座底盒与设备箱等。将出线盒、信息插座底盒及设备箱等安装到位，并且用膨胀螺栓或者水泥砂浆固定牢固。

第五步：清理穿线管。

铺设暗埋穿线管结束后，需要及时清理穿线管内的垃圾，保持穿线管畅通。必须对每条穿线管进行及时清理，如果发现个别穿线管不通时，及时检查维修，保证穿线管通畅。

第六步：布放牵引钢丝。

穿线管清理完毕后，需要在穿线管内布放牵引钢丝，方便后期穿线。

7）规避强电原则。

在穿线管铺设施工中，必须考虑与电力电缆之间的距离，不仅要考虑墙面明装的电力电缆，更要考虑在墙内暗埋的电力电缆。电力电缆和信号电缆严禁在同一穿线管内铺设。

8）管口保护原则。

穿线管在铺设时，应该采取措施保护管口，防止水泥砂浆或者垃圾进入管口，堵塞管道，一般用塞头封住管口，并用胶布绑扎牢固。

9）疏通管道。

穿线前，应对暗埋穿线管进行扫管。扫管过程中，必须将管路与施工图进行核对，及时处理管路中的故障。扫管应使用带布扫管的方法，即将布条固定在牵引线带线的一端，从管路的另一端拉出，清除管内的杂物、积水。扫管完毕后，应堵好管口，封闭盒口。

5．墙面开槽要求与经验

在住宅综合布线系统工程安装施工中，往往需要局部开槽增加穿线管，开槽基本要求和经验如下。

（1）采用人工手持工具开槽时，以1人持机、1人喷雾浇水除尘的方式进行。

（2）高度超过2m的高作业时，应自觉遵守和执行相关安全要求与规定。

（3）开槽遇到钢筋时，以穿越方式通过，尽量避免切断钢筋。

（4）预埋单根φ16穿线管时，开槽宽度为30mm，深度为60mm。

（5）预埋单根φ20～φ25穿线管时，开槽宽度为40mm，深度为65mm。

（6）预埋多根穿线管时，管与管之间的间距不小于10mm。

（7）穿线管外壁与抹灰完成面间距不小于15mm。

（8）框架建筑结构的填充墙必须等墙体嵌缝结束后才能进行开槽作业。

（9）对于不大于150mm厚的薄墙体，在凿墙时必须轻凿，避免打通墙体。

（10）需要修补槽时，应在前一天用自来水将墙体充分润湿，在修补当天用毛刷清除杂物后，再进行修补。

6．线槽布线安装

如果确实需要临时在墙面明装布线时，一般使用PVC塑料线槽，把电缆安装在线槽内。线槽安装时要求横平竖直，接缝严实，美观漂亮。在住宅装饰时，线槽不能暗埋铺设，穿线管不能明装。

4.2.3 任务实践

在新建建筑物的综合布线系统工程前期施工中，需要大量铺设暗埋穿线管。暗埋穿线管铺设的一般工序流程和要求如下：

准备材料-制作弯头-铺设穿线管-固定穿线管-清理穿线管-布放钢丝-保护管口。

第一步：准备材料和工具。

住宅综合布线系统安装 工作任务 4

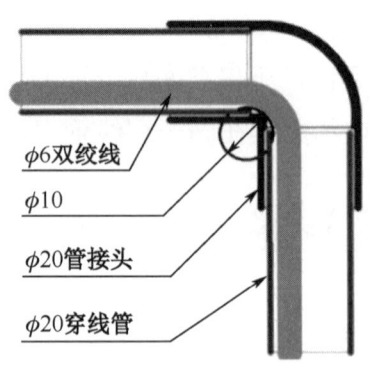 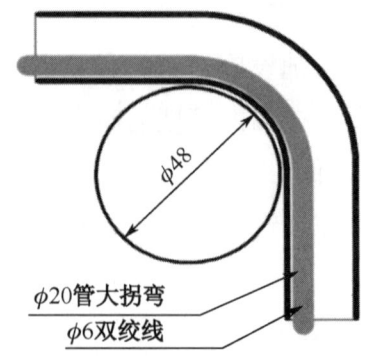

图 4-6 工业成品弯头曲率半径示意图　　图 4-7 现场自制大拐弯弯头曲率半径示意图

4）横平竖直原则。

土建阶段暗埋穿线管一般都在梁、柱、隔墙和楼板中，为了施工和垒砌隔墙方便，一般按照横平竖直的方式安装穿线管，不允许将穿线管斜放，如果在隔墙中倾斜放置穿线管，需要异型砖，影响施工进度，增加人工费成本。

5）平行布管原则。

平行布管就是同一走向的穿线管应遵循平行原则，不允许出现交叉或者重叠。因为一般工作区信息点非常密集，楼板和隔墙中有许多穿线管，必须合理布局这些穿线管，避免出现重叠，如图 4-8 所示。

图 4-8 平行布管的工程铺设照片

6）穿线管连续原则。

穿线管连续原则是指从插座底盒至楼层管理间之间的整个布线路由的穿线管必须连续，如果出现一处不连续时，将来就无法穿线。例如穿线管布线时，要保证管接头处的穿线管连续，管内光滑，方便穿线，如图 4-9 所示。如果留有较大的间隙，或者管内有台阶时，将来穿牵引钢丝和布线会困难，如图 4-10 所示。

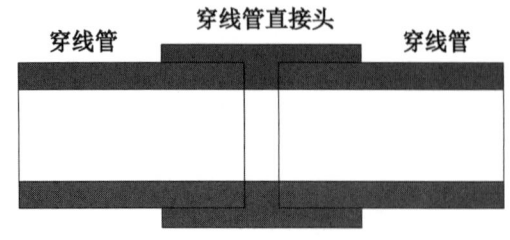 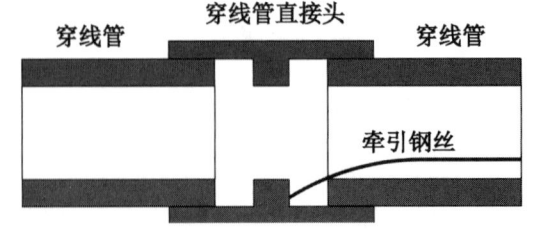

图 4-9 穿线管连续没有间隙　　　　　　图 4-10 穿线管有较大间隙顶住钢丝

2）保证管口光滑原则。

在钢管现场截断和安装施工中，两根钢管对接时必须保证同轴度和管口整齐，没有错位，焊接时不要焊透管壁，避免在管内形成焊渣。金属管内的毛刺、焊渣、垃圾等必须清理干净，否则会影响穿线，甚至损伤缆线的护套或内部结构，如图4-4所示。

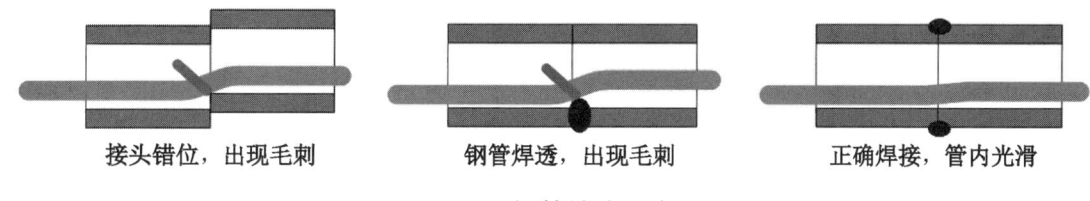

接头错位，出现毛刺　　钢管焊透，出现毛刺　　正确焊接，管内光滑

图4-4　钢管接头示意图

暗埋钢管一般都在现场用切割机截断，如果截断太快，在管口会出现大量毛刺，这些毛刺非常容易划破缆线外皮，因此必须对管口进行去毛刺工序，保持截断端面的光滑。

在与插座底盒连接的钢管出口，需要安装专用的护套，确保穿线时顺畅，不会划破缆线。这点非常重要，在施工中要特别注意，如图4-5所示。

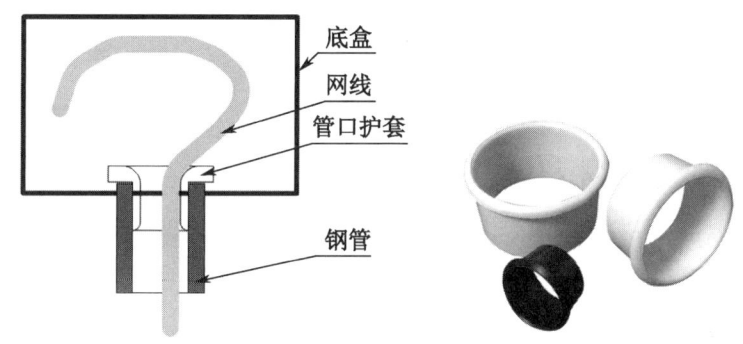

图4-5　钢管端口安装保护套示意图

3）保证曲率半径原则。

综合布线穿线管的弯头，一般使用专门的弯管设备成型，拐弯半径比较大，能够满足双绞线电缆曲率半径的要求。暗埋$\phi16$、$\phi20$穿线管时，要特别注意拐弯处的曲率半径，宜采用大拐弯成品弯头，或者用弯管设备现场制作大拐弯的弯头连接，这样既保证了缆线的曲率半径，又方便轻松拉线，降低布线成本，保护缆线结构不被破坏。

如图4-6、图4-7所示为工业成品弯头和现场自制大拐弯弯头曲率半径的比较，说明曲率半径的重要性。按照GB 50311国家标准的规定，非屏蔽双绞线电缆的拐弯曲率半径不小于电缆外径的4倍。双绞线电缆外径按照6mm计算，拐弯半径必须大于24mm。

拐弯连接处不宜使用市场上购买的给排水工业成品弯头，应使用大拐弯弯头。如图4-6所示为市场购买的$\phi20$给排水成品弯头，拐弯半径只有5mm，半径5mm÷电缆直径6mm=0.8倍，远远低于标准规定的4倍。

图4-7为自制大拐弯弯头，拐弯直径应大于48mm，半径24mm÷电缆直径6mm=4倍。

2. 建筑物内选用穿线管的规定

在建筑物内采用铺设穿线管保护缆线时，穿线管选用应符合下列规定。

1）采用金属穿线管。

建筑物内穿线管应采用金属管、可弯曲金属电气穿线管保护缆线。

2）应采用厚壁热镀锌钢管。

（1）穿线管在二层底板及以上各层钢筋混凝土楼板和墙体内铺设时，可采用壁厚不小于1.5mm的热镀锌钢导管或可弯曲金属导管。

（2）在地下室或潮湿场所铺设穿线管时，应采用壁厚不小于2.0mm的热镀锌钢管或重型包塑可弯曲金属导管。

（3）为了防止穿线管使用数十年后腐蚀损坏，从建筑物室外引入的穿线管应采用热浸镀锌厚壁钢管，外径为50～63.5mm钢管的壁厚不应小于3mm，外径为76～114mm钢管的壁厚不应小于4mm。

3）墙内竖向穿线管外径不大于50mm。

在多层建筑物砖墙或混凝土墙内竖向暗埋穿线管时，穿线管外径不应大于50mm。

4）楼层穿线管宜采用ϕ16～ϕ20钢管。

由楼层水平金属桥架、盒、箱引入每个用户单元信息配线箱或过路箱的穿线管，宜采用外径为16～20mm钢管，最大不超过25mm。

3. 穿线管连接附件和设置位置规定

1）穿线管的直线连接，转角、分支及终端处连接宜采用专用附件。

2）在明装穿线管路由中应设置过线盒、吊架或支架，一般宜设置在下列位置。

（1）直线段不大于3m及接头处。

（2）首尾端及进出接线盒0.5m处。

（3）转角处。

4. 穿线管设计与安装原则和经验

综合布线系统工程穿线管路由的设计和铺设，应根据现场实际情况进行二次专业设计，合理安排穿线管路由与位置，设计出最优铺设路由与施工方案。现场实际安装时，要根据每个管理间（电信间）、设备间、穿线盒、信息点的具体位置和数量，确定穿线管直径、材质和准确位置。在暗埋铺设穿线管时，一般应遵守下列要求。

1）穿线管最大直径原则。

（1）暗埋铺设在建筑物梁、柱、墙体中间的穿线管最大管外径不宜超过50mm。

（2）从室外引入且穿越墙体的穿线管应采用热浸镀锌厚壁钢管，外径为50mm钢管的壁厚不应小于3mm。

（3）暗埋铺设在楼板中的穿线管的最大管外径不宜超过25mm，一般选用ϕ20钢管。

2）考虑穿线管对布线系统的影响。

建筑物内部的暗埋穿线管是建筑物的基础设施，也是综合布线系统缆线的保护导管，使用寿命超过50年，甚至更长，因此在前期设计和安装施工阶段，需要充分考虑下列因素对穿线管的影响。

（1）根据铺设场所的温度、湿度、腐蚀性、污染选择不同的穿线管，防止长期使用中老化损坏。

（2）正确选择穿线管的材质、性能、规格及安装方式，满足综合布线的需要。

（3）考虑穿线管的耐水性、耐火性、承重、抗挠、抗冲击等因素。

3）封堵穿线管空隙以预防火灾。

在穿线管穿越防火分区的楼板、墙壁、天花板、隔墙等建筑构件时，对其空隙或空闲的部位应进行封堵。防火封堵材料的耐火等级等同于建筑构件防火等级规定。

塑料导管及附件的材质应符合相应阻燃等级的要求。

4）吊顶内采用金属穿线管。

缆线铺设在建筑物的吊顶内时，应采用金属穿线管或槽盒。

5）穿线管穿越建筑物缝隙时应采取补偿措施。

穿线管在穿越建筑结构伸缩缝、沉降缝、抗震缝时，应采取补偿措施，防止穿线管断裂或变形而损坏缆线。

6）穿线管不应穿越机电设备基础。

穿线管暗埋铺设时，不应穿越机电设备的基础，或者机电设备箱。

7）穿线管最大外径为楼板厚的1/4～1/3。

暗埋铺设在钢筋混凝土现浇楼板内的穿线管，最大外径不超过楼板厚的1/4～1/3。

如果穿线管的最大外径超过这个范围，将会影响楼板自身的承受活荷载，造成安全隐患。在住宅建筑中，楼板的厚度一般为60～80mm，楼板内预埋穿线管的直径为16mm、20mm，最大不超过25mm。

8）穿线管从室外引入时应做好防水措施。

穿线管从建筑物室外引入室内时，穿线管设计应符合建筑结构地下室外墙的防水要求。

9）暗埋穿线管的转角不应多于2个。

暗埋穿线管路由中，每根穿线管的转弯角不应多于2个，且弯曲角度应大于90°。

10）穿线管管口伸出地面部分应为25～50mm。

11）穿线管的过线盒宜设置在穿线管的直线部分，并宜设置在下列位置。

（1）穿线管的直线路由每30m处设置1个。

（2）有1个转弯，导管长度大于20m时设置1个。

（3）有2个转弯，导管长度不超过15m时设置1个。

（4）路由中有反向（U形）弯曲的位置。

务，掌握铺设暗埋穿线管专业技能与经验。

4.2.2 穿线管安装相关知识

根据 GB 50311—2016《综合布线系统工程设计规范》国家标准的规定，对建筑物内穿线管的安装、选择等有如下规定。

1. 建筑物内安装与铺设穿线管的规定

1）暗埋铺设穿线管。

在新建建筑物中，综合布线系统的双绞线电缆、光缆等必须有穿线管保护。穿线管一般都暗埋铺设在建筑物梁、柱、墙体或楼板内部，在土建施工阶段随工铺设，如图 4-1 所示为楼板内暗埋穿线管设计图，如图 4-2 所示为楼板内铺设好的暗埋穿线钢管照片。

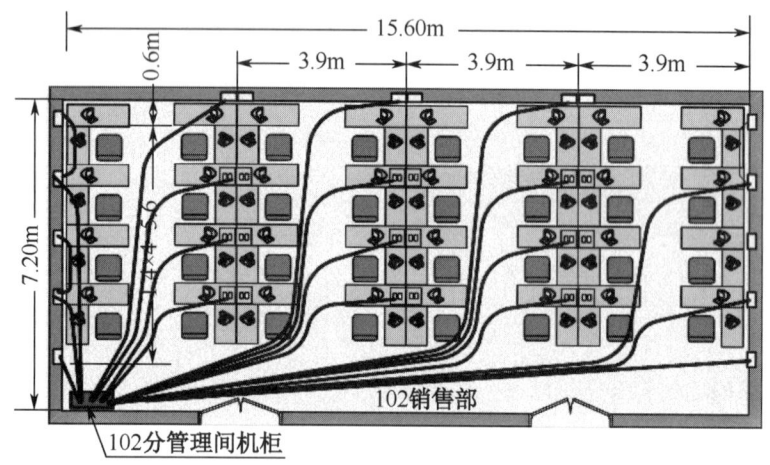

图 4-1 楼板内暗埋穿线管设计图

图 4-2 楼板内暗埋穿线钢管照片

在建筑物内暗埋穿线管的综合成本比较低，安全系数高，使用寿命长，不会影响建筑物的外形和美观，如图 4-3 所示为楼板内和墙体内暗埋穿线管位置示意图。

住宅和小型办公室在装饰装修阶段，也可以在墙面开槽新增加穿线管，或者将局部穿线管铺设在吊顶内部或影灯槽内。

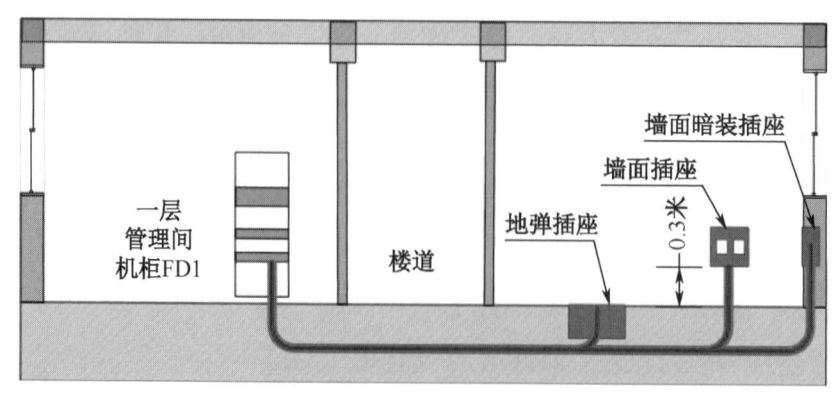

图 4-3 楼板内和墙体内暗埋穿线管位置示意图

工作任务 4

住宅综合布线系统安装

工作任务 4 以住宅为例介绍小型综合布线系统安装,以及核心职业技能和相关知识,包括铺设暗埋穿线管、穿线、信息插座安装、配线设备安装、端接和理线等,最后安排了典型的工程实训项目。

4.1 《综合布线系统安装与维护职业技能等级标准》初级职业技能要求

《综合布线系统安装与维护职业技能等级标准》(2.0 版)在"工作领域 2 住宅综合布线系统安装调试与故障处理"中,对安装工作任务提出了如下职业技能要求。

1. 能根据施工图铺设暗埋穿线管,使用穿线器在管道内穿线和标记,并安装信息插座底盒。
2. 能制作网络跳线;能端接和卡装网络模块;能安装信息插座面板。
3. 能根据施工图安装机柜、配线架、跳线架、理线环,机柜垂直偏差度不应大于 3mm。
4. 能根据系统图和端口对应表进行配线子系统、垂直子系统的端接和理线。
5. 能进行光缆开缆,使用光纤熔接机进行光纤熔接,能在盘纤盒内盘纤。

4.2 铺设暗埋穿线管

4.2.1 任务描述

在住宅综合布线系统工程土建施工阶段,首先需要按照施工图纸,在土建施工的同时,进行铺设暗埋穿线管工作。如果交房时为毛坯房,业主装修前还需要根据布局与使用功能进行综合布线系统的二次专业设计,增加暗埋穿线管等工作。

工作任务 4 要求掌握铺设暗埋穿线管工序的相关知识,完成铺设暗埋穿线管典型工作任

(4) 端接网络配线架模块。

使用单口打线钳将线对打压端接在网络配线架模块上，保证线芯与线槽内刀片可靠连接，如图 3-54 所示。

 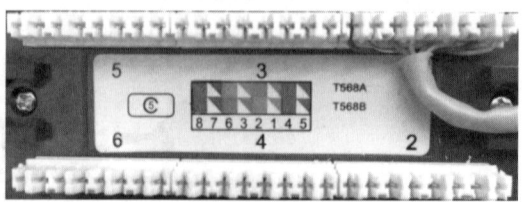

图 3-54　端接网络配线架模块

第五步：链路检查和测试。

对照网络配线架端接训练链路，检查端接路由是否正确，端接是否可靠到位，电气连通。打开综合布线测试装置电源，观察测试装置指示灯闪烁顺序。

（1）链路全部线序端接正确时，上下对应的指示灯会按照 1-1，2-2，3-3，4-4，5-5，6-6，7-7，8-8 顺序轮流重复闪烁。

（2）如果有 1 芯或者多芯没有压接到位，或者端口错误时，对应的指示灯不亮。

（3）如果有 1 芯或者多芯线序错误时，对应的指示灯将显示错误的线序。

11．评判标准

本实训按照工程标准评判，只有合格与不合格，不允许使用"及格"或"半对"等模糊的概念。每个链路 100 分，通断测试合格 100 分，不合格直接给 0 分，操作工艺不再评价，具体评判标准和操作工艺见表 3-10。

表 3-10　网络配线架端接训练评分表

姓名/ 链路编号	永久链路测试 合格 100 分 不合格 0 分	操作工艺评价（不合格扣分，每处扣 5 分）						评判结果得分	排名
^	^	路由 正确 2 处	剪掉 撕拉线 4 处	剥开线对 长度合适 4 处	没有 偏芯 4 处	端口位置 正确 4 处	跳线长度 合适 2 根	^	^

12．实训报告

请按照实训项目 1 表 1-11 所示的实训报告要求和模板，独立完成实训报告，2 课时。

判标准，熟悉线序。

实训时，教师首先讲解技术知识点和关键技能，然后播放视频。

2）器材工具准备。

建议在播放视频期间，教师准备和分发材料和工具。

（1）5e 类网线每人 1 根，长度 1m，5e 类 RJ-45 水晶头每人 3 个。

（2）学员检查材料，规格、数量应合格。

（3）发放工具。

（4）本实训 6 人为 1 组，要求每个学员单独完成 1 组链路搭建，优先保证质量，掌握方法。

3）实训步骤和方法。

第一步：研读图纸。反复研读图纸，确定端接位置和端口，进行工作任务分工。如：第 1 人完成配线架 1 口链路搭建；第 2 人完成配线架 2 口链路搭建；第 3 人完成配线架 11 口链路搭建；第 4 人完成配线架 12 口链路搭建；第 5 人完成配线架 21 口链路搭建；第 6 人完成配线架 22 口链路搭建。

第二步：端接第一根跳线。

按照 T568B 线序制作一根 RJ-45-RJ-45 跳线。将跳线一端插接在综合布线测试装置上部端口，另一端插接在网络配线架端口（如 1 口）。

第三步：第二根跳线一端按照 T568B 线序制作水晶头，插接在综合布线测试装置下部端口。

第四步：端接网络配线架模块。将第二根跳线的另一端端接在网络配线架端口背面的模块上（如 1 口），完成链路搭建。

方法如下：

（1）剥除外护套，剪掉牵引线。端接网络配线架时，剥开线对长度不应大于 10mm。

（2）拆开 4 对双绞线，并按网络配线架标识的 T568B 线序进行排列。

（3）线对压入网络配线架。将排好的线对压入网络配线架模块，注意端接时不能出现偏芯，为了保证正确端接，建议首先端接 1、2 和 3、6 线对，最后端接 4、5 和 7、8 线对，如图 3-53 所示。

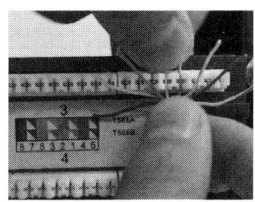 

图 3-53 线对压入网络配线架

4．关键技能

（1）掌握网络配线架的端接技术和测试方法。

（2）网络配线架端接时，应保证端接线序正确、位置正确。

（3）拆开双绞线长度合适，剥除外护套长度应不大于 13mm，没有偏心。

（4）掌握单口打线钳、网络压线钳等工具的使用方法。

5．实训课时

（1）该实训共计 2 课时完成，其中技术讲解和视频演示 25 分钟，学员实际操作 45 分钟，测试与评判 10 分钟，整理清洁现场 10 分钟。

（2）课后作业 2 课时，独立完成实训报告，提交合格实训报告。

6．实训指导视频

1XCJ31-实训 4-网络配线架端接训练。

7．实训设备

西元综合布线系统安装与维护装置，产品型号：KYPXZ-01-56。

本实训装置基于《综合布线系统安装与维护职业技能等级标准》专门研发，配置有综合布线测试装置、网络配线架等，仿真网络配线架端接等典型工作任务和职业技能要求，通过指示灯闪烁直观和持续显示链路通断等故障，包括跨接、反接、短路、开路等各种常见故障。

8．实训材料

网络配线架端接训练实训材料见表 3-8。

表 3-8　网络配线架端接训练实训材料表

序号	名称	规格说明	数量	器材照片
1	双绞线电缆	5e 类，1m/根	1 根/人	
2	水晶头	5e 类 RJ-45 网络水晶头	3 个/人	

9．实训工具

网络配线架端接训练实训工具见表 3-9。

表 3-9　网络配线架端接训练实训工具表

序号	名称	规格说明	数量	工具照片
1	旋转剥线器	旋转式双刀同轴剥线器，剥除外护套	1 把	
2	网络压线钳	支持 RJ-45 与 RJ-11 水晶头压接	1 把	
3	水口钳	6 寸水口钳，用于剪断网线，剪掉撕拉线	1 把	
4	单口打线钳	端接网络模块使用	1 把	

10．实训步骤

1）预习和播放视频。

课前应预习。初学者提前预习，请多次认真观看实训指导视频，熟悉主要关键技能和评

3.6 实训项目 4　网络配线架端接训练

实训项目 4

1. 实训任务来源

网络配线架的端接是综合布线系统常用配线设备的基本技术技能，也是 1+X《综合布线系统安装与维护职业技能等级标准》规定的职业技能。

2. 实训任务

独立完成一组非屏蔽网络配线架端接训练链路搭建，包括 2 根 5e 类跳线的 4 次端接，如图 3-51 所示，仿真信息点至网络配线架、配线架至网络交换机端口的跳线。要求端接路由正确，剪掉撕拉线、剥开线对长度合适、没有偏心、端口位置正确、跳线长度合适、链路通断测试通过。

请扫描"彩色高清图片"二维码，查看彩色高清图片。

请扫描"Visio 图"二维码，下载 Visio 原图，自行设计更多训练链路。

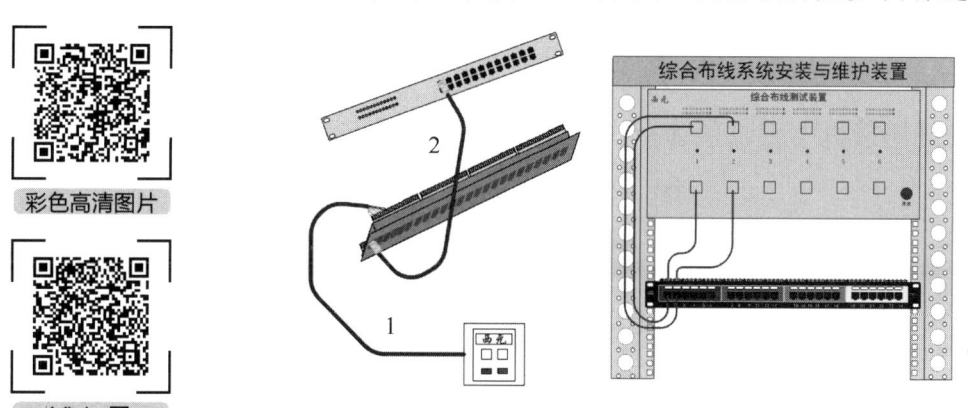

图 3-51　网络配线架端接训练链路示意图

3. 技术知识点

（1）熟悉网络配线架的结构和用途。

网络配线架主要用于管理间子系统（FD）实现信息点与接入层交换机的连接，对来自信息点的电缆进行模块化端接和管理。

（2）网络配线架用于插接跳线，插拔次数 500 次以上，丝印有插口编号，一般从左向右为 1~24。

（3）网络配线架可按照 T568A 和 T568B 线序进行端接，西元网络配线架模块色谱如图 3-52 所示。

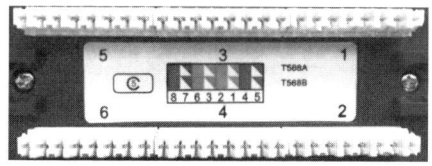

图 3-52　西元网络配线架模块色谱

C. 进 2 圈退 1 圈　　　　　　　　D. 进 3 圈退 1 圈

6. 综合布线系统工程施工工具的检查包括（　　）。（参考 3.3.1）

　　A. 类型　　　　　　　　　　　B. 规格

　　C. 电气性能　　　　　　　　　D. 磨损程度

7. 电钻钻速应该在（　　）效果为佳，钻速越大越钻不下去，容易烧坏钻头，产生退火。（参考 3.3.2）

　　A. 60～100　　　　　　　　　B. 60～120

　　C. 80～100　　　　　　　　　D. 80～120

8. 光纤熔接机的（　　）部件需要日常清洁。（参考 3.4.3）

　　A. V 型槽　　　　　　　　　　B. 光纤压脚

　　C. 反光镜　　　　　　　　　　D. 物镜

9. 光纤熔接完毕后，进行张力测试时，将对光纤施加（　　）的拉力，以测试熔接质量。（参考 3.5.2）

　　A. 1N　　　　　　　　　　　　B. 2N

　　C. 3N　　　　　　　　　　　　D. 5N

10. 单模光纤在光纤熔接机中应设置选择（　　）光纤类型。（参考 3.5.2）

　　A. SM　　　　　　　　　　　　B. MM

　　C. DS　　　　　　　　　　　　D. NZ

三、简答题（50 分，每题 10 分）

1. 配线和端接工序主要涉及哪些实施内容？需要准备哪些主要工具？（参考 3.2.1）

2. 综合布线系统工程施工常用的工具有哪些？（至少列出 10 个）（参考 3.2.2）

3. 简述电钻钻头的选择方法。（参考 3.3.2）

4. 简述检查光纤熔接机电极的基本步骤。（参考 3.4.3）

5. 简述光纤熔接机熔接程序的设置内容和基本概念。（参考 3.5.3）

习题

一、填空题（20分，每题2分）

1. 在综合布线系统工程施工前，相关技术人员和施工人员需要根据具体_____需求，准备和申领相关工具。（参考3.2.1）

2. 常用工具的领用须经_____审批后，将领用及归还单交仓库后领取工具。（参考3.2.1）

3. 网络压线钳主要用于压接_____水晶头，同时具备剥线和剪线功能。（参考3.2.2）

4. _____主要用于网络配线架、网络模块等端接打线。（参考3.2.2）

5. _____主要用于自制大拐弯的PVC弯头。（参考3.2.2）

6. 工具出入库必须遵循_____的原则，避免造成工具长期积压。（参考3.3.1）

7. 钻_____以上的孔时，应选用有侧柄的手枪钻。（参考3.3.2）

8. 打线钳有刀口的一边放置在_____方向，正确压接后，刀口应将多余线芯剪断。（参考3.3.2）

9. 光纤熔接机的工作原理是利用高压电弧将两根光纤断面熔化的同时，用高精度运动机构平缓推进让两根光纤融合成一根，实现_____。（参考3.4.2）

10. 光纤熔接模式有_____和_____两种模式。（参考3.5.2）

二、选择题（部分为多选题）（30分，每题3分）

1. 铺设暗埋管工序阶段，需要的工具有（　　）。（参考3.2.1）
   A．弯管器　　　　　　　　B．单口打线钳
   C．网络压线钳　　　　　　D．螺丝刀

2. 旋转剥线器一般用于（　　）工序。（参考3.2.1）
   A．铺设暗埋管　　　　　　B．安装信息插座
   C．安装配线设备　　　　　D．端接和理线

3. 信息插座安装需要准备的工具有（　　）。（参考3.2.1）
   A．旋转剥线器　　　　　　B．网络压线钳
   C．螺丝刀　　　　　　　　D．测试仪

4. 使用旋转剥线器切割双绞线电缆外护套时，刀片切入深度应控制在护套厚度的（　　），而不是彻底切透。（参考3.2.2）
   A．50%～80%　　　　　　　B．50%～90%
   C．60%～80%　　　　　　　D．60%～90%

5. 使用丝锥手动套丝（攻丝）时，一般（　　）。（参考3.2.2）
   A．进1圈退半圈　　　　　　B．进2圈退半圈

间隙的设置、最大端面角度的设置、状态的设置。

1．设置放电电流

放电电流指放电电弧的电流强度，高的电流值对应着更强的电弧，产生更高的温度，光纤被烧蚀得更严重，按◄或►键，将增大或减小该参数值。

2．设置马达推进距离

在光纤熔接时，伴随着电弧产生高温熔化光纤，需要将光纤向前推进，使光纤接触融合。光纤向前推进距离即马达推进距离，按◄或►键，将改变该参数值。

3．设置左右光纤间隙

在光纤熔接放出电弧之前，两根光纤需要运行到相对距离很近的位置，两根光纤端面之间的距离就是左右光纤间隙，按◄或►键，将改变该参数值。

4．设置最大端面角度

端面角是在 X、Y 两路光纤图像中，光纤端面与垂直方向夹角。最大端面角度指在对光纤端面判断时，端面角允许的最大值。如果端面角判断总是不通过，可适当增加该参数值，但是可能会增加熔接损耗。

5．设置状态

即该参数组是否为当前熔接参数组，按◄或►键，将改变该参数值。

➤ 任务 2：设置熔接时间

光纤熔接机熔接时间的设置主要包括预放电时间的设置和后放电时间的设置。

1．设置预放电时间

光纤推进到熔接位置并对齐完毕后，先短时间放电对光纤进行预加热，时间长度为 10ms，该参数值不建议新用户修改。

2．设置后放电时间

预放电结束后，熔接机开始熔接放电，放电持续时间长、电流强度大，产生高温将光纤熔化。该段时间长度为 1.2s，该参数值不建议新用户修改。

互动练习

- 互动练习 5　根据安装工序准备工具
- 互动练习 6　综合布线系统工程常用工具

内容详见本书附册。

2. 显示语言设置

【显示语言】菜单设置软件界面显示语言，有两种语言可选：

选择"中文"后软件界面以中文显示；

选择"English"后软件界面以英文显示。

3. 摄像头亮度调整

【摄像头亮度】菜单为设置摄像头内 CMOS 传感器的增益，提高增益将增加图像亮度。

4. 张力测试

打开该选项，光纤熔接完毕后，将对光纤施加 2N 的拉力，以测试熔接质量。如果光纤被拉断，表明光纤熔接失败。

5. 自动关机

该选项开启，如果十分钟之内无操作，熔接机将自动关机。

6. 熔接程序和加热时间

光纤熔接机的熔接程序和加热时间一般在"参数"菜单内完成设置，菜单内部由不同的熔接参数子菜单组成。每一个子菜单是一组熔接参数，菜单由编号、文件名称、类型、状态 4 部分组成。编号从 0～39，共 40 组参数可用，如图 3-49 所示。

模式有 Auto、Calibrate、Normal 三种。其中，Auto 类参数为厂家实验优化而得，不可修改，推荐新用户使用；Calibrate 类参数除预放电时间和后放电时间外其余数据均可修改；Normal 类参数里的数据全部可修改。

"类型"为参数组对应的光纤类型，SM、MM、DS、NZ 代表该组参数针对单模光纤、多模光纤、色散位移光纤、非零色散光纤，务必与待熔接类型一致。

"状态"表示该组参数是否为当前使用参数，ON/OFF 代表正在使用/未使用。

要改变当前熔接参数组，按▲或▼键，移动到欲设定参数组选项，按↵键，即进入该参数设置菜单，如图 3-50 所示。

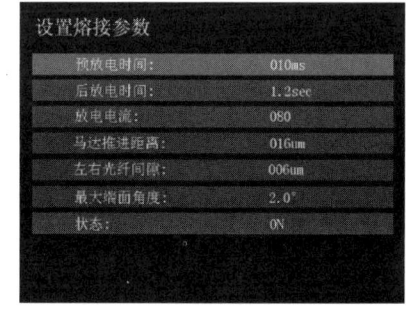

图 3-49　熔接参数菜单　　　　　图 3-50　熔接参数设置菜单

3.5.3　任务实践

▶ 任务1：设置熔接程序

光纤熔接机熔接程序的设置主要包括放电电流的设置、马达推进距离的设置、左右光纤

物镜镜片表面的状况，做灰尘检查实验。

注意：清洁的时候不要撞击到或者碰到电极棒。

3.5 设置光纤熔接机

3.5.1 任务描述

在光缆施工过程中，需要采用高精度的光纤熔接机来进行光纤的熔接。在熔接光纤前，除对光纤熔接机进行全面检查和清理外，还要熟悉光纤熔接机的各种功能，并设置合适的熔接参数。

任务1：设置熔接程序

任务2：设置熔接时间

3.5.2 相关知识介绍

【设置】菜单是设置熔接机的运行参数，包括操作模式、显示语言、摄像头亮度、显示器亮度、张力测试、自动关机等子菜单，如图3-47所示。

1. 操作模式设置

【操作模式】菜单为熔接机熔接光纤的过程方法，由以下参数组成，如图3-48所示。

（1）熔接模式：有自动、手动两种模式。该参数设置成自动，在待机界面下关闭防风罩后，熔接机自动开始运行熔接光纤程序。手动模式则需要用户按下"SET"键，熔接机才开始熔接光纤。

（2）暂停1：是指进行光纤熔接时，光纤推进到满足间隙条件后，程序暂停运行，等待用户的进一步操作。若需继续熔接，则按"SET"键；中断熔接，则按"RESET"键。

（3）暂停2：光纤在接续过程的调芯结束时暂停运行。

（4）复位时间：在一次光纤熔接完毕后，为了准备下次熔接，推进马达需要复位到基准位置。光纤熔接完毕，打开防风罩，经过一段时间的等待，推进马达才开始复位，该等待时间即自动复位时间。

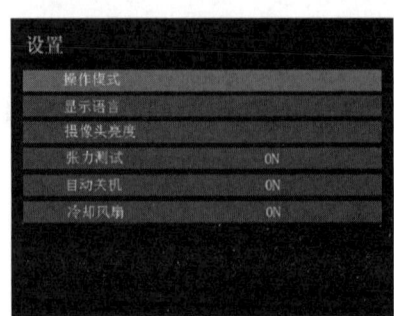

图3-47 【设置】菜单

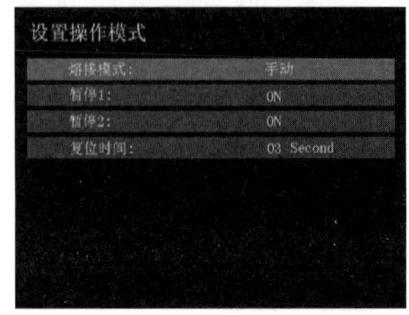

图3-48 工作模式设置

图 3-43 用棉签清洁

图 3-44 用光纤清洁

2. 清洁光纤压脚

如果光纤压脚上有灰尘，那么光纤夹持可能会出现问题，这将可能造成很差的熔接质量。在日常的工作过程当中，应当经常检查和定期清洁光纤压脚。

清洁光纤压脚的步骤：打开防风罩，然后用蘸有酒精的细棉签清洁光纤压脚的表面，然后用干棉签把压脚擦干。

3. 清洁防风罩内的反光镜

如果防风罩内的反光镜变脏，光纤纤芯的位置会因光通透度的削弱而不准确，引起熔接高损耗的发生。请按以下步骤清洁反光镜：用蘸有酒精的细棉签清洁防风罩内的反光镜的表面，并用干棉签把反光镜上残留的酒精擦除，如图 3-45 所示。干净的镜片应该看起来没有条纹和污迹。

4. 清洁物镜镜片

如果物镜镜片变脏，那么观测光纤纤芯位置可能会受影响，这将导致高的熔接损耗或者不良的熔接。所以应当定期清洁两个物镜的镜片，否则灰尘会不断地积累并最终无法除去。清洁物镜镜片的步骤如下。

第一步：在清洁物镜的镜片前，要先关掉电源。

第二步：用蘸有少许酒精的细棉签轻轻地擦拭物镜的镜片。用棉签从镜片的中间开始擦，做圆形的运动，一直到旋出镜片的边缘。然后用干净的干棉签擦去遗留的酒精，物镜的表面应该干净并且没有脏物，如图 3-46 所示。

图 3-45 清洁防风罩内的反光镜

图 3-46 清洁物镜镜片

第三步：打开电源，确保在显示器上看不到灰尘和条纹。按"X/Y"键换场来检查两个

4．光纤熔接机的应用领域

（1）电信运营商、通信工程公司、事业单位的光缆线路施工、维护、应急抢修。

（2）光器件的实验、生产与测试。

（3）科研领域。

（4）各大院校中有关光纤通信专业的教学研究。

光纤熔接机的更多功能和使用，请在操作前仔细阅读产品说明书，严格按照说明书规定操作。

3.4.3 任务实践

▶ 任务1：检查光纤熔接机

1．检查光纤熔接机的开关机

（1）开机。

关机状态下，按压熔接机面板上的开关键，待左操作面板上的LED指示灯点亮，松开开关键，开启熔接机，此时熔接机会显示复位画面并自动识别当前电源模式。

（2）关机。

开机状态下。按压熔接机面板上的开关键，待左操作面板上的LED指示灯熄灭，松开开关键，则熔接机关机。

2．检查光纤熔接机的电极

（1）确认没有安放光纤，两放电电极被完好安放。

（2）连接好电源后开机，使熔接机正常初始化。

（3）肉眼观察放电电极，要求尖部没有明显损伤。

（4）关闭熔接机防风罩。

▶ 任务2：清洁光纤熔接机

1．清洁V型槽

V型槽是在陶瓷基片上开的一个V型槽口，上宽下窄，容易积纳灰尘，导致光纤推进不稳定，引起熔接的损耗偏大，因此应定期清洁V型槽。V型槽清洁方法如下：

第一步：打开防风罩。

第二步：用蘸有酒精的细棉签清洁V型槽的底部，并用干棉签擦去遗留在V型槽中的酒精，如图3-43所示。清洁时需要注意：

（1）小心不要碰到电极尖。

（2）清洁V型槽时不要用力过度，以免损伤V型槽壁。

（3）如果用蘸有酒精的细棉签不能清除V型槽中的污染物，则可以用一根已剥去涂覆层的光纤的尖部把污染物清除出V型槽，如图3-44所示。然后重复第二步。

（2）TFT 液晶显示器，使光纤熔接的各个阶段清晰可现。

（3）体积小、重量轻。

（4）交流、直流电源供电。特别适用于电信、广电、铁路、石化、电力等通信领域的光纤光缆工程和维护以及科研院所的教学与科研。

3．光纤熔接机的功能

光纤熔接机的【功能】菜单列出了熔接机具备的基本功能，比如日期时间、马达测试、导出记录、程序升级等，如图 3-39 所示。

（1）日期时间。

【日期时间】菜单用来调整熔接机的显示时间和日期，按↵键进入日期时间调整界面，如图 3-40 所示。要调整某选项，需按方向键将光标移至该选项，按↵键确认更改，然后按▲或▼键调整该选项值。

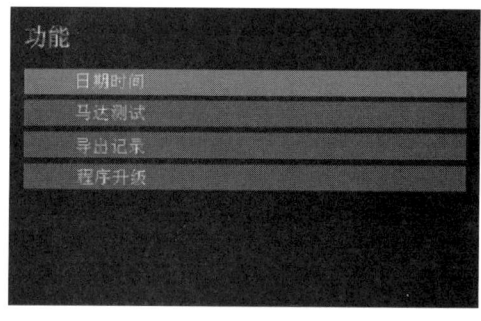

图 3-39 【功能】菜单

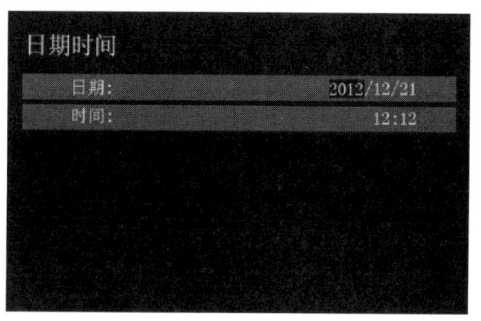

图 3-40 【日期时间】菜单

（2）马达测试。

【马达测试】菜单是模拟自动接续过程熔接时的光纤推进距离的。按↵键进入测试界面，完全按照熔接光纤的步骤，切割、装夹光纤，再次按↵键开始测试，软件在测试结束时给出测试结果，如图 3-41 所示，表明在熔接时光纤推进的距离。

（3）导出记录。

该菜单用来导出存储在熔接机内部的熔接记录。将 U 盘插入 USB 接口，然后选中该选项，按↵键确认导出熔接记录，如图 3-42 所示，程序开始检测 USB 端口是否有 U 盘插入，然后找到记录文件后即开始向其内部写入记录内容；如果没有记录文件，程序会提示错误。

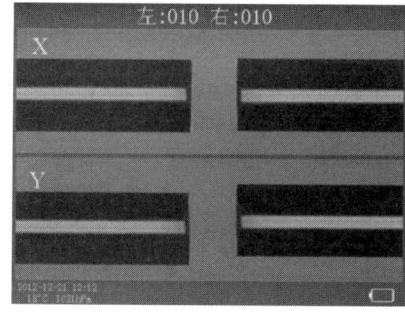

图 3-41 马达测试菜单

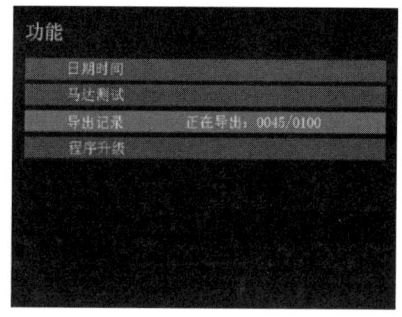

图 3-42 导出记录

3.4 检查和清洁光纤熔接机

3.4.1 任务描述

在光纤入户等光缆安装过程中,需要采用光纤熔接机进行光纤的熔接。在熔接光纤前,应提前准备好光纤熔接机,并对光纤熔接机进行全面检查和清理。

本任务要求掌握光纤熔接机的相关知识,完成光纤熔接机检查典型工作任务。

任务1:检查光纤熔接机

任务2:清洁光纤熔接机

3.4.2 相关知识介绍

1. 光纤熔接机的组成与工作原理

光纤熔接机主要用于光纤的熔接,一般由加热器、防风罩、电源模块、键盘、显示屏等组成,如图 3-37 所示为西元光纤熔接机。

图 3-37 西元光纤熔接机

工作原理是利用高压电弧将两根光纤断面熔化的同时,用高精度运动机构平缓推进让两根光纤融合成一根,实现光纤接续,如图 3-38 所示。

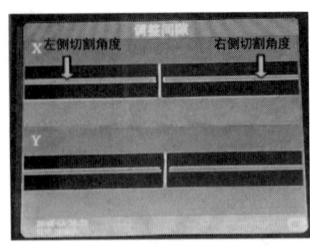 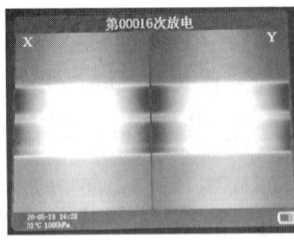 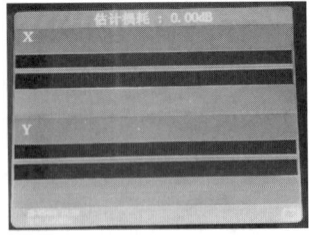

调整光纤　　　　　　　光纤熔接　　　　　　　熔接完成

图 3-38 光纤熔接过程

2. 光纤熔接机的特点

(1)采用了高速图像处理技术和特殊的精密定位技术,可以使光纤熔接的全过程在 9s 内自动完成。

金属板上开孔的钻头、用于打膨胀螺栓用孔或者在墙壁上钻孔的钻头等。

③ 根据材质和镀层选择。

材质好的钻头或镀钛的钻头，钻孔效率高，使用寿命长，防锈性好。

3．任务实践

在工程施工过程中，常用的电钻为手电钻，当手电钻钻头损坏或不合适时，需要更换手电钻的钻头。

1）当自紧式钻夹头上的钻头需要更换时，可参考如下步骤。

第一步：确保电钻电源处于吸合的状态，将电钻竖着放好，钻头一头朝上。

第二步：拧松咬合柱。一只手把持住钻夹头，一只手启动电钻反向运转，拧松咬合柱。

第三步：更换钻头。取下咬合柱内的钻头，将需要更换的钻头插入咬合柱正中间，确认长度合适。

第四步：拧紧咬合柱。一只手把持住钻夹头，一只手启动电钻正向运转，拧紧咬合柱。

第五步：正向、反向启动电钻，测试确认钻头安装牢固，即完成了钻头的更换。

如图 3-35 所示为自紧式钻夹钻头更换关键步骤示意图。

拧松咬合柱　　　　　　　　更换钻头　　　　　　　　拧紧咬合柱

图 3-35　自紧式钻夹钻头更换关键步骤示意图

2）当手紧式钻夹头上的钻头需要更换时，可参考如下步骤。

第一步：确保电钻电源处于断开的状态，将电钻竖着放好，钻头一头朝上。

第二步：拧松咬合柱。一只手扶着电钻，另一只手使用电钻自带的钻夹头钥匙左旋拧松咬合柱。

第三步：更换钻头。取下咬合柱内的钻头，将需要更换的钻头插入咬合柱正中间，确认长度合适。

第四步：拧紧咬合柱。一只手扶着电钻，另一只手使用电钻自带的钻夹头钥匙右旋拧紧咬合柱。

第五步：正向、反向启动电钻，测试确认钻头安装牢固，即完成了钻头的更换。

如图 3-36 所示为手紧式钻夹钻头更换关键步骤示意图。

拧松咬合柱　　　　　　　　更换钻头　　　　　　　　拧紧咬合柱

图 3-36　手紧式钻夹钻头更换关键步骤示意图

表 3-7 常见电钻的种类和区别

电钻种类	工作电压	运动模式	适用场合
手电钻	3.6～7.2V，12～20V	旋转	木材板材、铝合金、金属板材等
冲击钻	12V，18～20V，220V	旋转/冲击	一般材料、石头、混凝土等
电锤	18～20V，220V	冲击/锤击	大部分材料、混凝土、楼板、石材等

图 3-31 手电钻钻孔示意图

图 3-32 打好定位孔

③ 电钻夹头必须夹紧钻头。预留钻头长度应合适，太短时容易划伤工件，太长时钻头容易晃动，如图 3-33 所示。

④ 在开较大孔眼时，应先用小钻头钻孔，然后用大钻头扩孔。例如钻 $\phi10$ 孔，先用 $\phi4$ 的钻头开孔，然后用 $\phi10$ 的钻头扩孔。

⑤ 如需长时间在金属上进行钻孔时，应采取一定的冷却措施。

⑥ 电钻钻速应该在 80～120r/min 效果为佳，钻速越大越钻不下去，容易烧坏钻头，产生退火。

⑦ 钻孔时产生的钻屑严禁用手直接清理，应用毛刷等专用工具清屑，如图 3-34 所示。

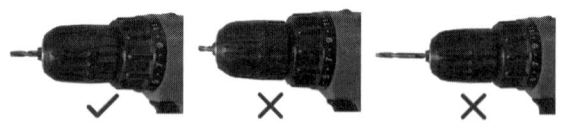

图 3-33 正确加紧钻头　　　　图 3-34 毛刷清理

（3）使用电钻时的个人防护。

① 面部朝上作业时，要戴上防护面罩。

② 在金属板材上钻孔时，要戴好防护眼镜，以保护眼睛。

③ 作业时钻头处在灼热状态，应避免接触肌肤。

④ 钻 $\phi12$ 以上的孔时，应选用有侧柄的手枪钻。

⑤ 在高处作业应做好高处坠落防范措施，梯子应有地面人员扶持。

（4）电钻钻头的选择。

电钻钻头的种类有多种多样，使用时可参考下列几点内容选择合适规格的钻头。

① 根据钻孔直径选择。

根据所需钻孔的直径大小来选择钻头。一般钻头上都标有该钻头的直径数值，也就是开孔直径数值。

② 根据钻孔材质选择。

在不同的材质上钻孔需要不同类型的钻头，例如专用于木材上开孔的扇叶式钻头、用于

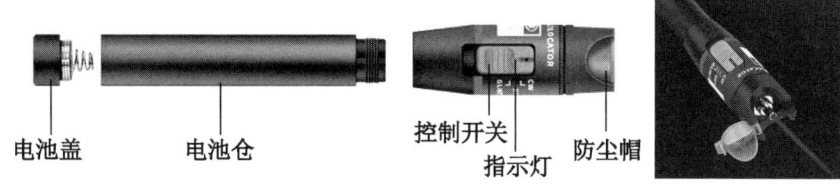

图 3-29 红光笔结构示意图

(3) 清洁电极时，必须使用柔软布小心清洁，不能使用硬物碰触电极。

(4) 清洁 V 型槽时，必须使用柔软布小心清洁，不能用硬物碰触 V 型槽。

(5) 熔接机在使用过程中会产生电弧，不允许在易燃、易爆环境下使用。

(6) 电极在长期使用中会磨损，而且由于硅的氧化物会聚积在尖端，一般 2500 次放电后，电弧稳定度及熔接质量可能会有所下降，如发现上述现象请客户及时更换电极。

(7) 如果长时间不使用熔接机，建议开机后，进行大电流清洁电极 2~3 次，并进行放电试验。

4) 使用电钻的注意事项。

(1) 常见的电钻。

综合布线系统工程施工中，经常使用手电钻、冲击钻、电锤，如图 3-30 所示。

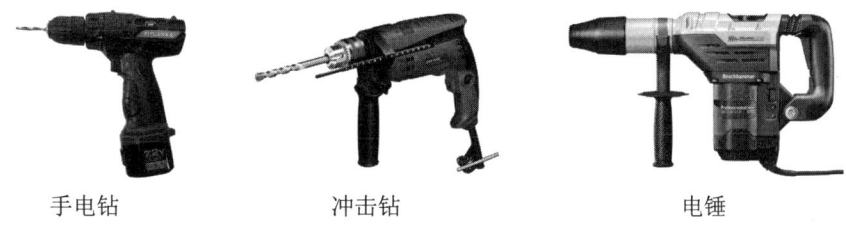

图 3-30 常见的电钻

手电钻一般为钻削加工，通过钻头的旋转，轴向垂直向下的进给，达到开孔的目的。钻头的刃口旋转向下把要加工的地方刮出一个和钻头直径相当的孔，适合用于木材、金属等材料的开孔。

冲击钻是在手电钻的运动模式基础之上又加入了冲击的功能，依靠每分钟高频率的冲击配合原有的钻削模式，从而提高工作效率，适合用于石头、混凝土、砖墙等的开孔。

电锤则没有了旋转功能，依靠大功率的动力和高频率的锤击达到迅速开孔或拆除的目的，适合用于混凝土、楼板、石材等的开孔或拆除。

表 3-7 为常见电钻的种类和区别。

(2) 电钻的正确操作方法。

① 手电钻钻孔时，钻头应与钢板垂直呈 90°，如图 3-31 所示。

② 在金属材料上钻孔时，应先在钻孔位置处，用样冲打好定位孔，如图 3-32 所示。

第四步：报废损耗程度较大或已经损坏的工具。

3.3.2 调整工具

1. 任务描述

在综合布线系统工程施工现场，施工人员应根据实际工作任务需求，能够合理地对工具进行调整，如选择和更换电钻与冲击钻钻头等，确保工序的顺利开展。工具的合理调整，能够有效保障综合布线系统工程施工安装进度和质量。

本任务要求掌握工具调整的相关知识，完成选择和更换电钻钻头典型工作任务。

2. 相关知识介绍

1) 使用打线钳的注意事项。

(1) 使用打线钳。把有刀口的一边放置在线端方向，正确压接后，刀口应将多余线芯剪断。

(2) 打线钳必须保证垂直，突然用力向下压，听到"咔嚓"声，模块刀片会划破线芯的外绝缘护套，与铜线芯接触。

(3) 压接时要突然用力，确保将线一次压接到位，避免出现半接触状态。

(4) 如果打线钳不垂直，容易损坏模块压线口，也不可能将线压接到位。

如图 3-28 所示为单口打线钳使用示例。

图 3-28　单口打线钳使用示例

2) 使用红光笔的注意事项。

(1) 激光对眼睛有害，使用红光笔时应避免激光直射眼睛。

(2) 在使用红光笔时，最好用清洁工具将光纤连接器清洁 1 次。

(3) 激光器在高温的工作环境中会缩短使用寿命，因此应尽量避免高温工作环境下使用红光笔。

(4) 在每次使用完红光笔后，应立即戴好防尘帽，避免被灰尘、油污等污染。

(5) 长时间不使用红光笔时，请取出电池，避免电池腐烂损害红光笔。

如图 3-29 所示为红光笔的结构示意图。

3) 使用光纤熔接机的注意事项。

(1) 熔接机一般用于熔接石英玻璃光纤。

(2) 熔接机工作时，电极间有六千多伏的高电压，形成电弧产生高温，完成熔接。熔接机工作时，必须保持防风罩在关闭状态下，防止人员触及电极，造成不必要的伤害。

(1)检查施工工具的数量是否与清单一致。

(2)检查施工工具的型号/规格是否与清单一致。

(3)检查钢丝钳、尖嘴钳、钢卷尺、旋转剥线器、水口钳、单口打线钳、螺丝刀、毛刷、工具包等常用工具的磨损程度,判断是否可以继续使用。

(4)检查标签打印机的功能参数是否满足施工工作中的标记要求。

施工工具检查完成后,填写施工工具检查表,见表3-6。

表3-6 施工工具检查表

施工工具检查表

工程名称:小型写字楼综合布线系统工程					施工工期	10个工作日
序号	工具名称	检查内容				备注
		数量	型号/规格	磨损程度	功能参数	
1	牵引绳	√	√	√	—	消耗性物品
2	钢丝钳	√	√	√	—	常用工具
3	尖嘴钳	√	√	√	—	常用工具
4	胶带	√	√	—	—	消耗性物品
5	钢卷尺	√	√	√	—	常用工具
6	旋转剥线器	√	√	√	—	常用工具
7	水口钳	√	√	√	—	常用工具
8	单口打线钳	√	√	√	—	常用工具
9	螺丝刀	√	√	√	—	常用工具
10	热收缩管	√	√	—	—	消耗性物品
11	标牌纸	√	√	—	—	消耗性物品
12	套管标签打印机	√	√	—	√	非常用工具
13	标牌标签打印机	√	√	—	√	非常用工具
14	签字笔	√	√	—	—	消耗性物品
15	毛刷	√	√	—	—	常用工具
16	工具包	√	√	—	—	常用工具
检查人员签字: 时间:					施工现场仓管员签字: 时间:	

➢ 任务2:检查归还入库工具

仓管员应依据工具出入库流程、管理办法及注意事项,对归还入库的工具进行检查,具体步骤如下:

第一步:检查归还入库工具的数量、型号/规格是否与领用及归还单一致。

(1)核对穿线工序工具领用及归还单数量、型号/规格。

(2)核对安装信息插座工具领用及归还单数量、型号/规格。

第二步:检查归还入库工具的损耗程度,判断是否能继续使用。

第三步:安排专人维修工具。

管员处办理出库手续，同时领取出库单上对应的物品。

仓管员在接到出库单并核对信息无误的情况下，在出库单上签字同意出库，同时将出库单上需要的物品从仓库领出，交给出库人员，最后在仓库记账本上填写相应出库物品信息，出库手续完毕。

2）出入库注意事项。

（1）出入库必须遵循先入先出的原则，避免造成工具长期积压。

（2）工具采购和检验合格后，必须首先办理入库，使用人员必须从库房领取工具，不允许未经过仓管员直接使用工具。

（3）全部出入库手续必须按照库房管理流程严格执行，缺少一张单据或审批环节，仓管员一律不予办理出入库手续。

（4）高价值或者复杂工具入库前，采购人员填写入库单后，首先交专业工程师进行验收，验收合格后才能入库。

（5）填写入库单或出库单时，需注意事项如下：

① 入库单或出库单的备注行，必须写清楚物品适用项目，可以直接写项目的名称，也可用项目的编号。

② 入库单或出库单的上编号、名称、规格、单位、入库数量、单价、金额、备注均应填写整齐、完整。

（6）仓库需要在每个工序开始前进行盘点工作，工序较长时至少每月进行 1 次库存物品的盘点工作。

3）仓库管理办法。

（1）每月月底仓管员需对库存的物品列出详细清单，以清单的形式发送采购人员查看，方便后续采购时作参考。

（2）全部采购物品应办理入库手续。

（3）无采购申请来源的物品原则上一律不予入库。

（4）入库时，入库单上物品规格型号与采购申请单上物品规格型号应相符，否则，仓管员一律不予办理入库。

出库时，出库单上物品规格型号与实物规格型号应一致，否则仓管员一律不予办理出库。

（5）办理出入库手续时，必须由领用人去仓库亲自办理，不允许代替办理出入库。

（6）仓库钥匙由仓管员自行保管。

3. 任务实践

完成穿线和信息插座安装工序工具的检查工作。

▶ 任务1：检查申领的工具

申领人依据相关工具领用及归还单，检查从施工现场库房领取的用于穿线和安装信息插座的施工工具，主要检查内容如下：

23. 丝锥和丝锥扳手

如图 3-27 所示为丝锥和丝锥架使用方法，丝锥属于钳工工具，常用于在金属零件上攻丝，或者在维修时对螺孔进行套丝，例如西元孔板上的 M6 螺孔被喷塑层或者杂物堵塞时，用丝锥再次套丝，就能快速安装螺丝。丝锥必须与丝锥扳手或者手电钻配合使用，用于对螺纹孔进行套丝。

特别注意：使用丝锥手动套丝（攻丝）时，一般进 1 圈退半圈。使用手电钻夹持丝锥套丝（攻丝）时，应将转速调到最低，也必须进 3～4 圈，退 1～2 圈，慢慢攻丝，在综合布线系统工程安装施工中，常用于维修不顺畅的螺丝孔。

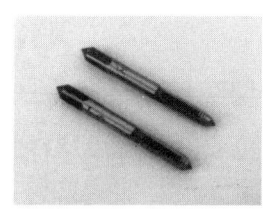 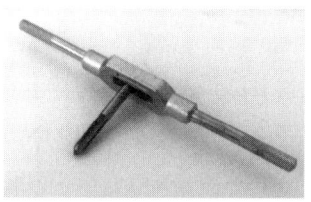 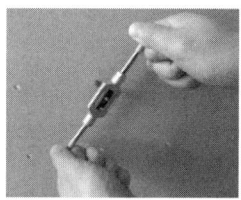 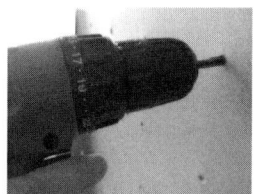

图 3-27　丝锥和丝锥架使用方法

3.3　检查和调整工具

3.3.1　检查工具

1．任务描述

在综合布线系统工程施工现场，施工人员应经常检查常用工具的工作状态，主要检查内容包括工具类型、数量、型号、规格、磨损程度等，确保后续工作顺利开展。合格的工具能够有效保障综合布线系统工程施工安装进度和质量。

本任务要求掌握工具检查的相关知识，完成工具检查典型工作任务。

任务 1：检查申领的工具

任务 2：检查归还入库工具

2．相关知识介绍

1）工具出入库流程。

（1）入库流程。

工具采购到位后，采购人员填写入库单，将物品交给采购申请人对产品型号、规格、数量、质量等进行逐一检验，检验合格后，采购人员在入库单上签字确认。采购人员凭采购申请单及入库单到仓管员处办理入库登记手续。

仓管员在接到采购申请单、入库单及对应物品并确认无误的情况下，在入库单上签字同意入库，同时仓管员将入库物品的信息填写在仓库记账本上，入库手续完毕。

（2）出库流程。

物品使用人填写出库单交项目负责人或部门负责人签字审批，审批完成后凭出库单到仓

方便安装。

20. RJ-45 水晶头

如图 3-24 所示为备用水晶头,用于紧急情况下制作跳线进行测试。

图 3-23 螺丝

图 3-24 水晶头

21. 弯头模具

如图 3-25 所示为 PVC 线槽弯头模具和使用方法,主要用于锯切线槽端头,完成线槽拐弯、阴角和阳角的连接。使用时将线槽水平放入弯头模具内槽中定位,用钢锯架沿切割槽快速锯切成型。

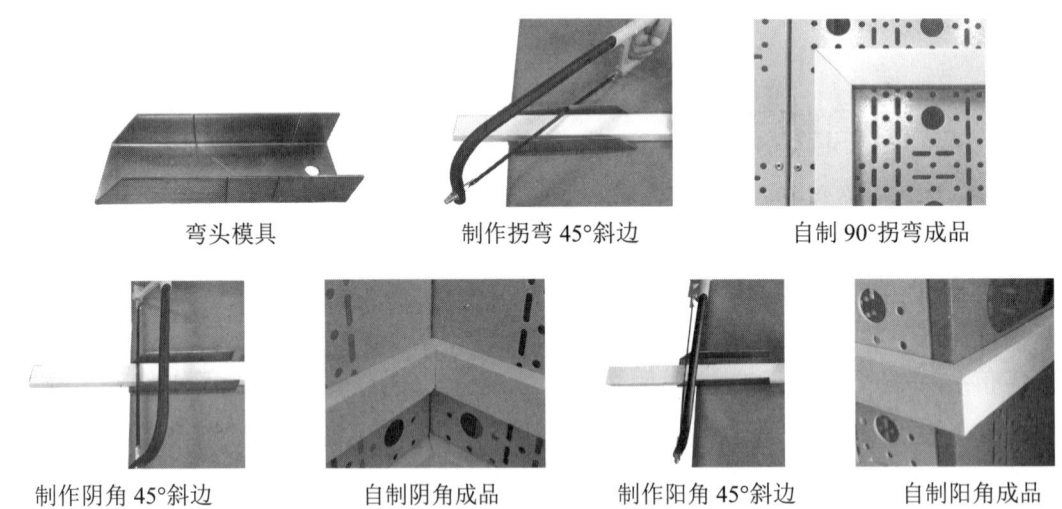

图 3-25 弯头模具和使用方法

22. 旋转剥线器

如图 3-26 所示为旋转剥线器与使用方法,主要用于剥取电缆外护套,使用前根据电缆护套直径调节刀片进深高度,切割护套的 60%～90%,不要切透,防止损伤内部双绞线的绝缘层与线芯。在剥线口处装配有 V 型块,可根据电缆线径调整选择合适的 V 型槽。在旋转剥线器下面配套有六角扳手,可调节刀片进深高度。

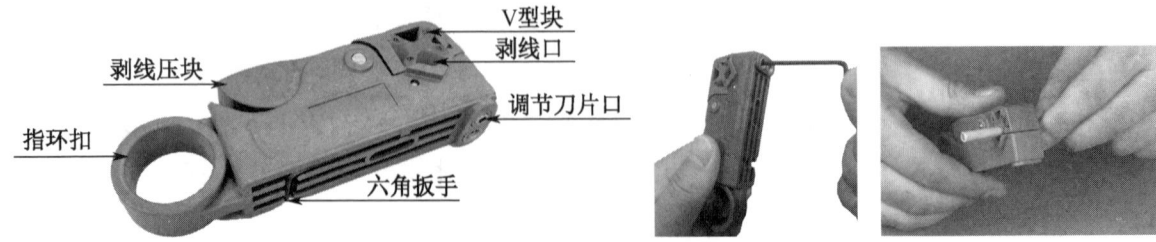

图 3-26 旋转剥线器与使用方法

14．线槽剪

线槽剪主要用于剪切 PVC 线槽，使用时手指应远离刀口，快要切断时应适当用力，如图 3-17 所示。

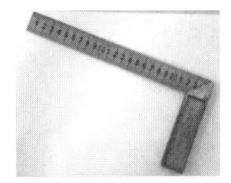

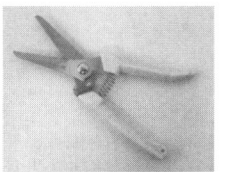

图 3-15　不锈钢角尺　　　　图 3-16　条形水平尺　　　　图 3-17　线槽剪

15．φ20 弯管器

弯管器主要用于自制大拐弯的 PVC 弯头。使用时必须与 PVC 管内径相配合，只能对冷弯管材料进行折弯。如图 3-18 所示为φ20 弯管器，图 3-19 为弯管器自制弯头方法示意图。

图 3-18　φ20 弯管器　　　　　　图 3-19　弯管器自制弯头方法示意图

16．计算器

如图 3-20 所示为计算器，主要用于施工安装过程中的数值计算。

17．麻花钻头

如图 3-21 所示为麻花钻头，用于在金属上钻孔，应根据钻孔尺寸选用合适规格的钻头。钻孔时必须夹紧钻头，保持电钻垂直于钻孔表面，并且用力适当，防止钻头滑脱。在壁挂式机柜、桥架安装中经常需要开孔。西元工具箱配置有φ8、φ6 钻头，表面涂油防锈处理。

18．十字批头

如图 3-22 所示为十字批头，配合电动螺丝刀用于十字槽螺钉的快速拆装，必须卡装在电动工具上使用，应确认十字批头卡装牢固。十字批头为易耗品，如果磨损严重，更换新的十字批头。

图 3-20　计算器　　　　　　图 3-21　麻花钻头　　　　　　图 3-22　十字批头

19．备用 M6 螺丝

如图 3-23 所示为西元工具箱配置的 M6×12 螺丝，作为备用螺丝，用于临时固定设备，

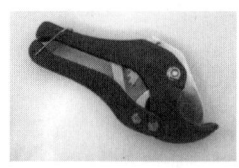 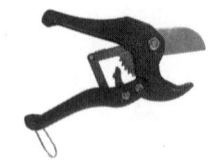 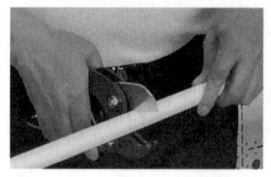 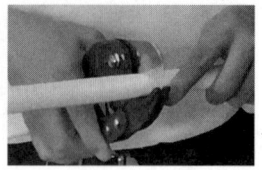

图 3-11　线管剪产品照片和使用方法示意图

9．老虎钳

如图 3-12 所示为老虎钳，也叫钢丝钳，主要用于夹持通信连接块、拉线、剪断铁丝等。常用的老虎钳尺寸规格有：160mm（6 英寸）、200mm（8 英寸）等。

 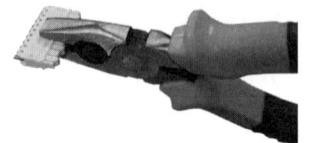 

图 3-12　老虎钳与使用方法

10．尖嘴钳

如图 3-13 所示为尖嘴钳又称修口钳、尖头钳，主要用于夹持小件物品、拉线、电工接线等。常用的尖嘴钳尺寸规格有：160mm（6 英寸）、200mm（8 英寸）等。

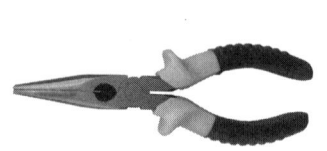  

图 3-13　尖嘴钳与使用方法

11．镊子

如图 3-14 所示为镊子，主要用于夹取小件物品，拾取较小的线头、光纤等，使用时注意防止尖头伤人。

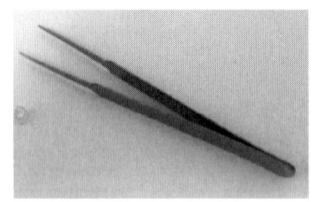 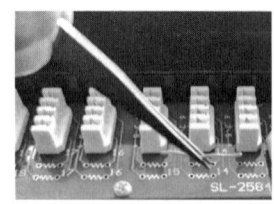 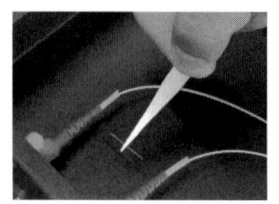

图 3-14　镊子与使用方法

12．不锈钢角尺

如图 3-15 所示为不锈钢角尺，规格为 250mm，主要用于 90°划线和测量。

13．条形水平尺

如图 3-16 所示为条形水平尺，规格为 230mm，在综合布线系统工程安装中，用于测量机柜和桥架等设备的水平度，保证横平竖直等。

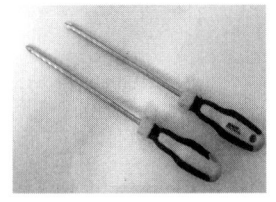 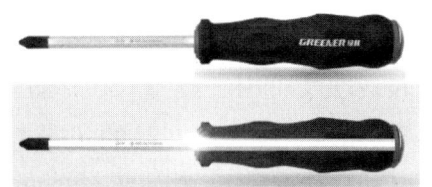

普通螺丝刀（150mm）　　　　　　　穿心螺丝刀

图 3-8　常见的十字螺丝刀

6. 钢锯架、钢锯条

如图 3-9 所示为钢锯架和钢锯条。钢锯架主要用于锯切 PVC 管槽，一般分为固定式和调节式两种。活动夹头在前端的是固定式钢锯架，活动夹头靠近手柄一端的是调节式钢锯架。钢锯条按形式一般分为单面齿型和双面齿型。双面齿型钢锯条，一面锯齿出现磨损后，可用另一面锯齿继续工作。

安装钢锯条时，注意锯齿向外，并且朝向手柄方向。

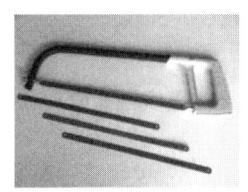   

固定式钢锯架　　　调节式钢锯架　　　单面锯齿条　　　双面锯齿条

图 3-9　常见的钢锯架、钢锯条

7. 美工刀

如图 3-10 所示为美工刀，俗称刻刀或壁纸刀，主要用于裁切标签纸等。美工刀为抽拉式结构，刀片多为斜口，用钝后，可顺片身的划线折断，出现新的刀锋，方便使用。美工刀正常使用时，通常只使用刀尖部分，主要用于切割、雕饰、打点。美工刀刀身很脆，使用时不能伸出过长，另外刀身的硬度和耐久也因为刀身质地不同而有所差别。

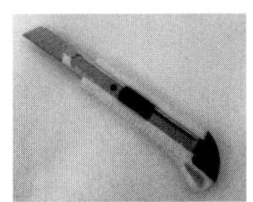  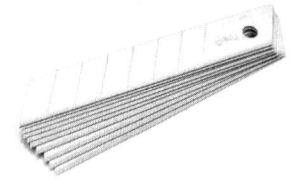

图 3-10　美工刀

8. 线管剪

如图 3-11 所示为线管剪，主要用于旋转切断 $\phi16$、$\phi20$、$\phi25$ PVC 线管。请按照产品说明书规定规范使用，安全使用，请勿受伤。使用时首先用力向外掰开刀柄，然后将线管放入刀口内，最后压紧刀柄，使刀刃切入线管，同时旋转，切断线管。快要切断时应适当用力，保证管口平整。

3．钢卷尺

如图 3-6 所示为钢卷尺，用于测量长度或距离。常用钢卷尺规格有 2m、3m、5m，西元工具箱配置的规格为 2m。一般卷尺产品的尺带都为不锈钢带，印刷有尺码数字，设计有锁尺装置、尺带收回装置和挂绳等。使用时请爱护和小心使用，注意匀速拉出，收回时也要匀速进行，不能快速收回。特别注意不锈钢尺带的边缘比较锋利，小心划伤手。

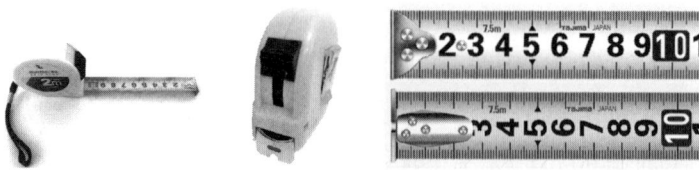

图 3-6 钢卷尺

4．活扳手

如图 3-7 所示为活扳手。活扳手的开口宽度可在一定范围内调节，主要用于拧紧或者拆卸螺栓。使用时应调整钳口开合度与螺栓或螺母规格相适应，并且适当用力，防止扳手滑脱。安装或者拆卸长螺栓时，需要两个活扳手同时使用，一个夹紧螺母，一个夹紧螺栓。

活扳手规格一般都会铸造在手柄中央，常用的规格如下：

150mm，也称 6 英寸，最大开口 20 mm。

200mm，也称为 8 英寸，最大开口 25 mm。

250mm，也称 10 英寸，最大开口 30 mm。

300mm，也称为 12 英寸，最大开口 36 mm。

 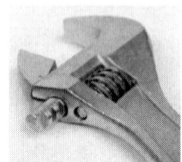 

图 3-7 常见的活扳手和使用方法

5．十字螺丝刀

如图 3-8 所示为十字螺丝刀，主要用于十字槽头螺丝、螺栓的拆装。使用时，应注意选择与螺丝槽相同、大小规格相应的螺丝刀。按照旋杆与旋柄的装配方式分为普通式和穿心式两种，穿心式能承受较大的扭矩，可在尾部用手锤敲击。

常见的十字螺丝刀旋杆直径从小到大分别为：

3.0mm，对应旋杆长度为 60mm。

4.5mm，对应旋杆长度为 75（80）mm。

6.0mm，对应旋杆长度为 100mm。

8.0mm，对应旋杆长度为 150mm。

10.0mm，对应旋杆长度为 200mm。

具备剥线和剪线功能。压线钳的 8 个卡齿自动对接水晶头的 8 个刀片，刀口平整，一次整齐压接到位，位置正确。有些多功能网络压线钳还有压接 RJ-11 水晶头等功能，同时在刀片外面安装有安全挡板，防止刀片割伤手指。

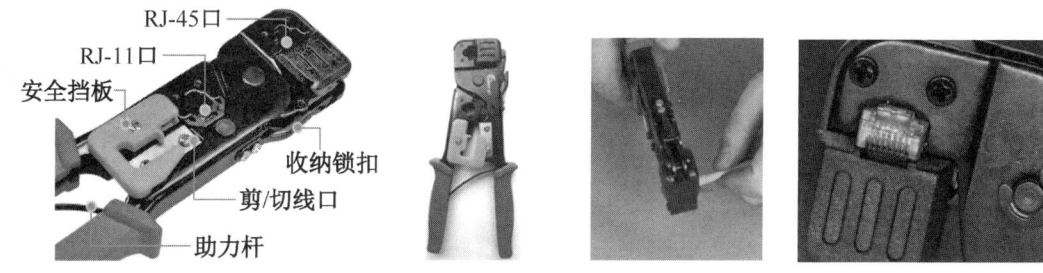

图 3-3　网络压线钳和使用方法

2. 单口打线钳

如图 3-4 所示为单口打线钳及其正确操作方法。单口打线钳主要用于网络配线架、网络模块等端接打线。单口打线钳内置钢带和弹簧，具有高冲压式压线功能，一般最高冲击力为（15±2）kg，最低冲击力为（10±2）kg，操作时不要使蛮力，只要超过 15kg 就可以了。打线时应注意打线工作端部是否良好，刀刃是否锋利；打线时应对准模块卡槽，垂直快速打下，并且用力适当。

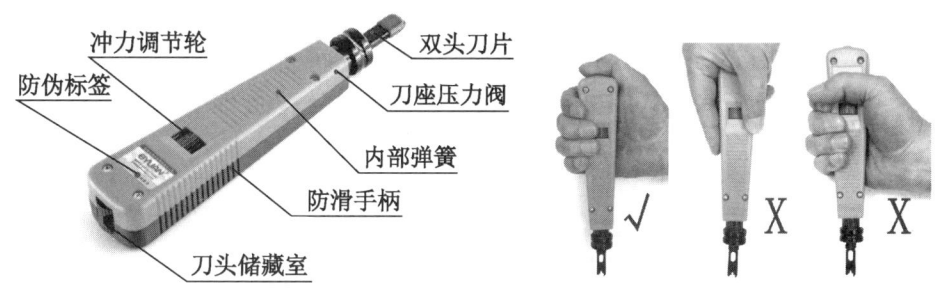

图 3-4　单口打线钳及其正确操作方法

如图 3-5 所示为单口打线钳使用方法。请正确使用单口打线钳，注意刀刃在线尾端。打线时依靠机械压力将线芯快速压至模块内的弹簧刀片中，同时划破绝缘层，实现铜线芯与模块弹簧刀片的长期电气连接。打线钳刀刃裁线次数宜为 1000 次，属于易耗品，超过使用次数后，刀刃磨损变钝，无法裁断线，请及时更换。打线钳尾部有存储盒，一般存储有备用刀头。尾部为防滑手柄，有冲击力调节轮，可旋转调节打线钳冲击力。

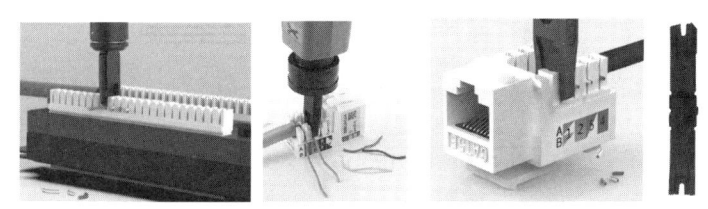

图 3-5　单口打线钳使用方法

表 3-5 消耗品领用单

消耗品领用单

工程名称：小型写字楼综合布线系统工程		施工工期		10 个工作日	
领用/借用部门：工程部		事由		穿线工序施工消耗品	
序号	消耗品名称	型号规格	数量	用途	归还时间
1	胶带	电工绝缘胶带	2 卷	缆线绑扎	
2	记号笔	黑色油性记号笔	2 支	标记与编号	
申领人签字： 时间：		项目负责人审批签字： 时间：		仓管员（主管）签字： 时间：	

第二步：仓管员（主管）审核。

申领人员将审批后的消耗品领用单提交给仓管员（主管），仓管员（主管）审查核对无误并签字后，安排仓库工作人员发放胶带和记号笔。

第三步：领取消耗品。

申领人员按消耗品领用单领取相应消耗品。

依据相关知识和要求自行完成信息插座安装工序消耗品领用单。

3.2.2 综合布线系统工程常用工具和使用方法

住宅综合布线系统工程一般都是小型项目，信息点从几个到几十个，麻雀虽小五脏齐全，常用工具种类比较多，规格也比较丰富。本节我们统一介绍综合布线系统工程常用工具和使用方法。

"工欲善其事，必先利其器。"在综合布线系统工程施工安装中，需要多种专业工具。下面以西元综合布线工具箱（KYGJX-12）为例，重点介绍综合布线系统常用工具的专业知识和使用方法，为后续综合布线系统的安装与维护做好准备。

图 3-2 所示为西元综合布线工具箱，产品型号为 KYGJX-12，适用于电缆的安装与端接。

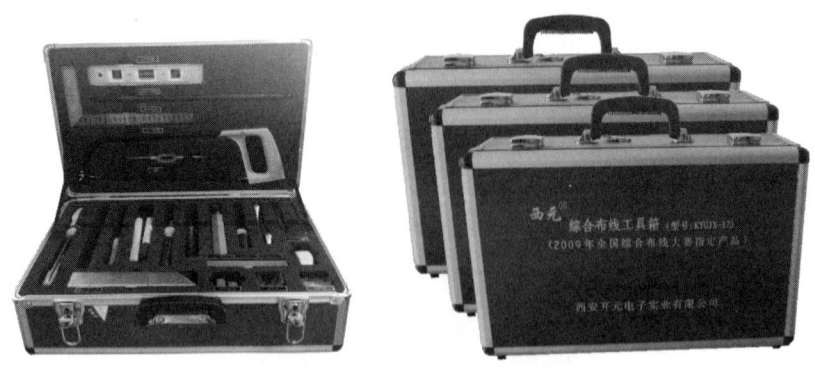

图 3-2 西元综合布线工具箱

1. 网络压线钳

如图 3-3 所示为网络压线钳和使用方法。网络压线钳主要用于压接 RJ-45 水晶头，同时

续表

序号	工具/设备名称	型号规格	数量	用途	归还时间
2	标签打印机	套管标签打印机	1台	打印线标	
申领人签字： 时间：		项目负责人审批签字： 时间：		仓管员（主管）签字： 时间：	

第二步：施工现场负责人提出采购申请。

施工现场负责人根据申领人员提出的领用及归还单，提出采购需求，报公司相关负责人审批。申购单见表3-4。

表3-4 特殊工具申购单

特殊工具申购单

工程名称：小型写字楼综合布线系统工程			施工工期		10个工作日	
申请事由： 尊敬的领导，小型写字楼综合布线系统工程施工过程中，穿线工序工作需用到标签打印机和热收缩管，特申请采购。 采购清单如下：						
序号	工具/设备名称	型号规格	数量	用途		备注
1	标签打印机	套管标签打印机	1台	用于打印缆线套管标签		无库存
2	热收缩管	8mm 热收缩管，白色	5m	缆线编号		无库存
项目负责人签字： 时间：		公司审批签字： 时间：		仓管员（主管）签字： 时间：		

第三步：采购部门采购。

采购部门按照采购流程和相关管理制度，按照特殊工具申购单规定的型号与数量及时采购入库，并通知项目负责人到货时间。

第四步：领取工具。

项目负责人接到到货通知后，会同申领人员前往施工现场仓库领取相应工具。

第五步：归还工具。

缆线标记任务完成后，应依据相关知识和要求及时自觉归还工具。项目负责人向仓管员（主管）口头提出工具归还要求，并会同申领人员归还套管标签打印机1台。当工具丢失或损坏时，应按照相应的管理办法进行情况说明，由人为因素导致的应进行赔偿处理。

▶ 任务4：申领消耗品

工具申领人员应根据施工工序及工作内容，结合材料准备情况，并按照申领流程申领消耗品。

第一步：填写消耗品领用单。

申领人员填写消耗品领用单，并报项目负责人审批，综合布线系统工程穿线工序中用到的消耗品主要有电工绝缘胶带和黑色油性记号笔，见表3-5。

申领人员填写常用工具领用及归还单,并报项目负责人审批。综合布线系统工程穿线工序中用到的常用工具主要有钢丝钳、尖嘴钳、毛刷、工具包等,见表3-2。

表 3-2 常用工具领用及归还单

常用工具领用及归还单

工程名称:小型写字楼综合布线系统工程			施工工期		10 个工作日
领用/借用部门:工程部			事由		穿线工序施工工具
序号	工具/设备名称	型号规格	数量	用途	归还时间
1	牵引绳	钢丝	10m	牵引缆线	
2	钢丝钳	8 寸钢丝钳	2 把	夹持缆线	
3	尖嘴钳	6 寸尖嘴钳	2 把	夹持缆线	
4	毛刷	清洁毛刷	2 把	清洁信息箱(盒)	
5	工具包	多功能工具包	2 个	装工具	
申领人签字: 时间:		项目负责人审批签字: 时间:		仓管员(主管)签字: 时间:	

第二步:仓管员(主管)审核。

申领人员将经项目负责人审批后的常用工具领用及归还单提交仓管员(主管),仓管员(主管)审查核对无误并签字后,安排仓库工作人员发放工具。

第三步:领取工具。

申领人员按常用工具领用及归还单领取相应工具。领用时应检查工具质量合格。

第四步:归还工具。

穿线工序结束后,应依据相关知识和要求及时自觉归还工具。项目负责人向仓管员(主管)口头提出常用工具归还要求,并督促申领人员归还工具。当工具丢失或损坏时,应按照相应的管理办法进行情况说明,由人为因素导致的应进行赔偿处理。

▶ 任务 3:申领特殊工具

工具申领人员应根据施工工序及工作内容,结合工具准备情况,并按照施工工具申领流程申领特殊工具。具体步骤如下:

第一步:填写特殊工具领用及归还单。

申领人员填写特殊工具领用及归还单,报项目负责人审批。综合布线系统工程穿线工序中用到的特殊工具主要有套管标签打印机、配套的热收缩管等,见表3-3。

表 3-3 特殊工具领用及归还单

特殊工具领用及归还单

工程名称:小型写字楼综合布线系统工程			施工工期		10 个工作日
领用/借用部门:工程部			事由		穿线工序施工特殊工具
序号	工具/设备名称	型号规格	数量	用途	归还时间
1	热收缩管	8mm 热收缩管	5m	缆线编号	

审批。施工工具准备清单一般为表格形式，内容一般包括：施工工序、工具名称、型号/规格、数量、备注等。表 3-1 为该项目的施工工具准备清单。

表 3-1 施工工具准备清单

施工工具准备清单

工程名称：小型写字楼综合布线系统工程				施工工期		10 个工作日
序号	施工工序	序号	工具/设备名称	型号/规格	数量	备注
1	穿线	1	牵引绳	钢丝	10m	
		2	钢丝钳	8寸钢丝钳	2把	
		3	尖嘴钳	6寸尖嘴钳	2把	
		4	胶带	绝缘胶带	2卷	
		5	热收缩管	8mm热收缩管	5m	
		6	标签打印机	套管标签打印机	1台	
		7	记号笔	黑色油性笔	2支	
		8	毛刷	清洁毛刷	2把	
		9	工具包	多功能工具包	2个	
2	信息插座安装	1	钢卷尺	2m钢卷尺	2把	
		2	旋转剥线器	旋转剥线器	2把	
		3	水口钳	6寸水口钳	2把	
		4	单口打线钳	单口打线钳	2把	
		5	螺丝刀	十字螺丝刀	2把	
		6	标牌纸	标牌纸	2卷	
		7	标签打印机	标牌标签打印机	1台	
		8	记号笔	黑色油性笔	2支	
		9	毛刷	清洁毛刷	2把	
		10	工具包	多功能工具包	2个	
施工现场仓管员签字： 时间：				公司仓库主管签字： 时间：		

第二步：准备工具。

施工现场仓管员从公司仓库领取和准备相关施工工具。

第三步：整理工具。

施工现场仓管员对检查完毕的工具分区域整理，并在相应的存放位置设置标识牌。

（1）分类整理穿线工序使用的施工工具，并设置标识牌。

（2）分类整理安装信息插座工序使用的施工工具，并设置标识牌。

➤ 任务 2：申领常用工具

工具申领人员应根据施工工序及工作内容，结合工具准备情况，按照施工工具申领流程申领常用工具。具体步骤如下：

第一步：填写常用工具领用及归还单。

2）施工工具申领、申购流程。

施工工具的申领、申购流程一般在施工准备阶段完成，在进场前采购入库，保证工程施工进度；在后续工序开始前，也必须按照该工序的需求提前准备工具。如果有漏项或者工具故障不仅影响工程进度，也可能增加工程管理成本。

（1）领用施工工具应首先报施工现场负责人批准，并填写施工工具领用及归还单，写明领用用途、领用数量、领用人姓名、领用时间。领用及归还单填写完成后交由仓库管理人员审核并领取施工工具。

（2）常用工具的领用须经施工现场负责人审批后，将领用及归还单交仓库后领取工具。

（3）施工现场负责人在拿到特殊工具或者专用工具领用及归还单后，须尽快提出采购申请，再由采购部按采购流程购买。

（4）当库存工具数量较少时，仓库管理人员应尽快提出采购申请，由施工现场负责人审批后交采购部购买。

（5）领用消耗性用品时，领用人持领用单到仓库领用物品，并将存根联、采购联交给施工现场负责人进行统计。

施工工具的申领及归还流程如图 3-1 所示。

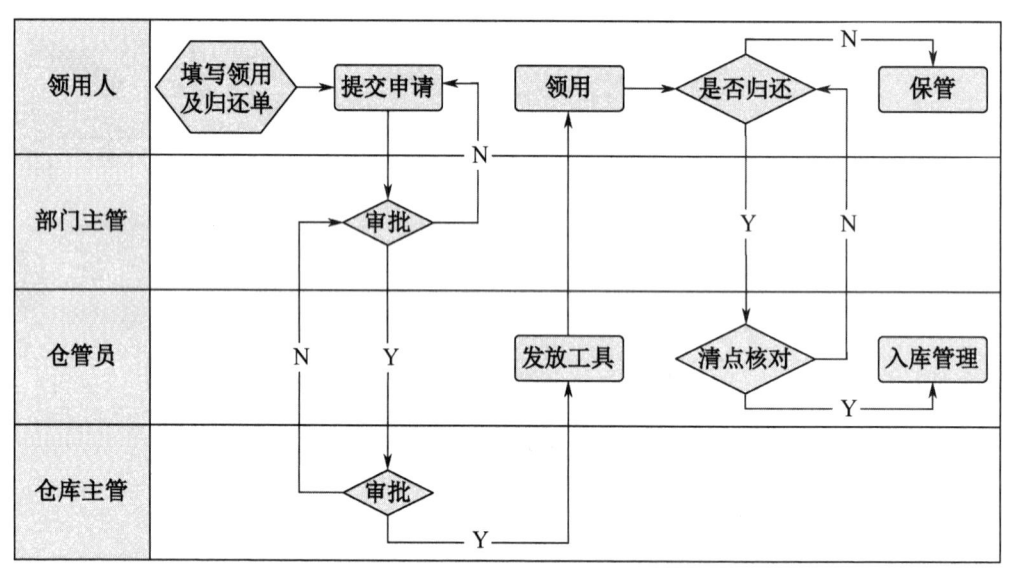

图 3-1 施工工具申领及归还流程

3．任务实践

任务场景：小型写字楼综合布线系统工程，管路的暗埋铺设工作即将结束，接下来需要进行穿线和信息插座的安装工序。为保障后续工作的顺利实施，现需要提前为后续的工序准备施工工具。本任务要求完成穿线和信息插座安装两个工序的工具准备工作。

▶ **任务1：准备施工工具**

第一步：编制施工工具准备清单。

施工现场仓管员根据工作内容及工作任务需求，编制施工工具准备清单，并报仓库主管

任务1：准备施工工具

任务2：申领常用工具

任务3：申领特殊工具

任务4：申领消耗品

2．相关知识介绍

1）主要工序使用的工具介绍。

综合布线系统工程施工周期比较长，贯穿建筑工程的土建阶段、装饰阶段、设备安装阶段等。在不同阶段的不同工序需要使用不同的工具，主要包括铺设暗埋管、穿线、安装信息插座、安装配线设备、端接和理线、光纤熔接、测试等施工工序。在工作准备阶段，施工现场仓库需要按照施工阶段和工序，分别准备充足数量的施工工具，各施工工序负责人应及时申领施工工具。

（1）铺设暗埋管。

铺设暗埋管工序主要包括图纸复核与环境检查、埋管、暗埋管保护等实施内容。所用工具主要包括钢卷尺、弯管器、螺丝刀、钢锯架、线管剪和记号笔等。

（2）穿线。

穿线工序主要包括管道疏通、穿线、抽线、绑扎、标记、线端保护等实施内容。所用工具主要包括剪刀、老虎钳、螺丝刀、穿线器、记号笔、标签纸和透明胶带等。

（3）安装信息插座。

安装信息插座工序主要包括信息插座底盒检查与清理、线端清理与标记、模块端接、模块安装、信息面板安装与标记等实施内容。所用工具主要包括旋转剥线器、螺丝刀、水口钳和记号笔等。

（4）安装配线设备。

安装配线设备工序主要包括安装机柜、安装配线架、安装跳线架、安装理线环等实施内容。所用工具主要包括螺丝刀、活扳手等。

（5）端接和理线。

端接和理线工序主要包括网络配线架端接、110型配线架端接、语音配线架端接、永久链路搭建等实施内容。所用工具主要包括单口打线钳、五对打线钳、旋转剥线器、网络压线钳、语音打线钳、水口钳和记号笔等。

（6）光纤熔接。

光纤熔接工序主要包括开缆、熔接、盘纤等实施内容。所用工具主要包括横向开缆刀、束管钳、水口钳、光纤剥线钳、光纤切割刀和光纤熔接机等。

（7）测试。

测试工序主要包括整箱电缆测试、电缆和光缆通断测试、永久链路测试等。所用工具主要包括万用表、测试仪、网络分析仪等。

工作任务 3

住宅综合布线系统工具准备

工作任务 3 主要以住宅为例介绍了小型综合布线系统工程的工具准备，讲解了工具准备中的具体职业技能要求和相关知识，主要包括准备工具、检查和调整工具、光纤熔接机检查与设置等，最后安排了典型的工程实训项目。

3.1 《综合布线系统安装与维护职业技能等级标准》初级职业技能要求

《综合布线系统安装与维护职业技能等级标准》（2.0 版）对住宅综合布线系统工具准备工作任务，提出了如下职业技能要求。

1. 能根据安装工序准备工具。
2. 能检查和调整工具，例如选择和更换电钻与冲击钻钻头。
3. 能检查和清洁光纤熔接机。
4. 能设置光纤熔接机熔接程序、加热时间。

3.2 准备工具

3.2.1 根据安装工序准备工具

1. 任务描述

工具的正确准备，能够有效保障工程施工安装进度和质量。综合布线系统工程现场施工安装涉及管路铺设、穿线、配线端接、设备安装等诸多施工工序，在每个工序都需要使用适当的工具设备，以保证施工质量。在综合布线系统工程施工前，相关技术人员和施工人员需要根据具体工序需求，准备和申领相关工具。

本任务要求掌握工具准备的相关知识，完成工具准备工作任务。

灯闪烁顺序，如图 2-95 所示，逐一完成 3 根跳线的测试。

（1）如果全部线序压接正确，上下对应的指示灯会按照 1-1，2-2，3-3，4-4，5-5，6-6，7-7，8-8 顺序轮流重复闪烁。

（2）如果有一芯或者多芯没有压接到位，对应的指示灯不亮。

（3）如果有一芯或者多芯线序错误，对应的指示灯将显示错误的线序。

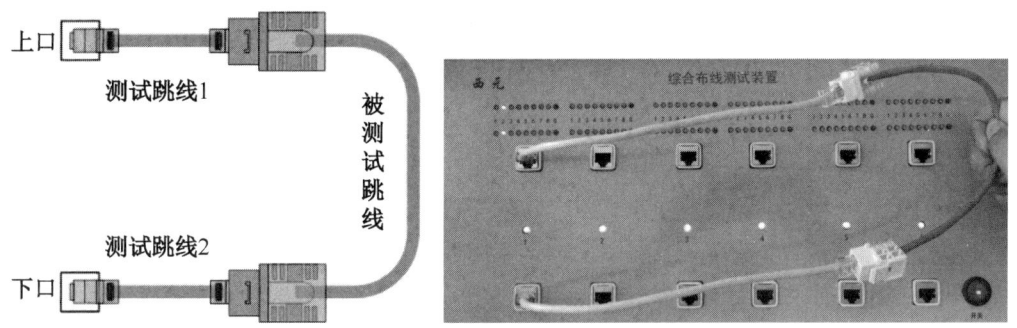

图 2-95　RJ-45 模块-RJ-45 模块跳线测试示意图和照片

2）链路测试。将实训项目 2 所做的 4 根跳线（RJ-45 水晶头-RJ-45 水晶头）和本实训所做的 3 根跳线（RJ-45 模块-RJ-45 模块）头尾相连插接在一起，形成一个经过 14 次端接的电缆链路，进行通断测试，如图 2-96 所示。

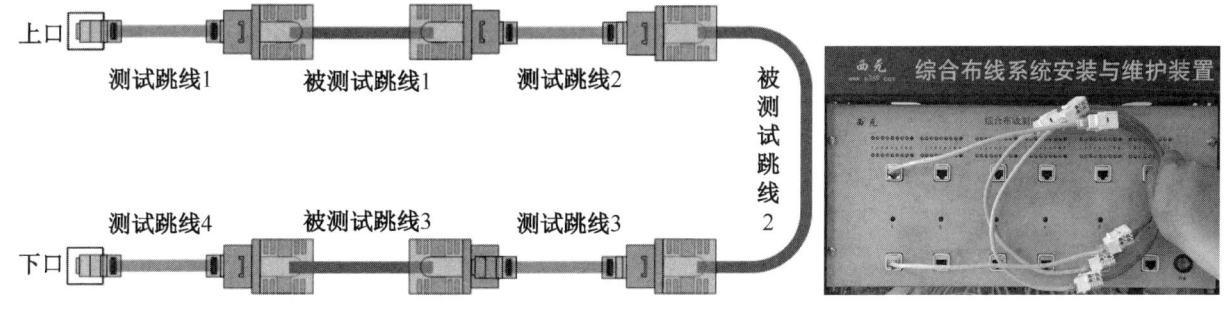

图 2-96　链路测试示意图和照片

13．实训报告

请按照实训项目 1 表 1-11 所示的实训报告要求和模板，独立完成实训报告，2 课时。

3）实训步骤和测试方法。

第一步：调整剥线器。调整剥线器刀片进深高度，保证划破护套的 60%~90%，避免损伤线芯，并且试剥 2 次，使用水口钳剪掉撕拉线。

第二步：剥除护套。初学者剥除网线外护套长度宜为 30mm，并且沿轴线方向取下护套，不要严重折叠网线。

第三步：分开线对。分开蓝橙绿棕四对线，按照网络模块色谱标识排列线对。

第四步：压接线芯。按照网络模块色谱标识 568B 线序拆开线对，将线芯用手压入对应线柱内。

提高材料利用率建议：初学者按照上述第一步~第四步，反复练习至少 5 次，熟练掌握基本操作方法后，再压接网络模块。

第五步：压接防尘盖。将防尘盖扣在网络模块上，缺口向内，双手用力将防尘盖压到底。

第六步：剪掉线头。使用水口钳，剪掉多余线端，线端长度应小于 1mm。

第七步：质量检查。检查压盖是否压到底，压盖方向是否正确，线序端接是否正确，跳线长度是否正确。

4）网络模块端接关键步骤与技能照片如图 2-94 所示。

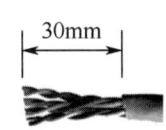   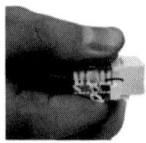  

①剥除外护套，剪掉撕拉线。　②按T568B位置，排列线对。　③线对按照色谱压入刀口。　④将压盖对准，用力压到底。　⑤剪掉多余线端，线端长度小于1mm。　⑥线序正确，压盖牢固。

图 2-94　网络模块端接关键步骤与技能照片

11．评判标准

每根跳线 100 分，3 根跳线 300 分。测试线序不合格，直接给 0 分，操作工艺不再评价。操作工艺评价详见表 2-7。

表 2-7　RJ-45 模块端接实训评分表

姓名或跳线编号	跳线测试合格100分不合格0分	操作工艺评价（不合格扣分，每处扣5分）					评判结果得分	排名
		未剪掉撕拉线	压盖方向不正确	压盖没有压到底	线端>1mm	跳线长度不正确		

12．跳线通断测试。

1）RJ-45 模块-RJ-45 模块跳线通断测试。在 RJ-45 模块-RJ-45 模块跳线的两端分别插入 2 根合格的 RJ-45 水晶头跳线，接入综合布线测试装置上下对应的端口中，观察测试装置指示

7．实训设备

西元综合布线系统安装与维护装置，产品型号：KYPXZ-01-56。

本实训装置基于《综合布线系统安装与维护职业技能等级标准》专门研发，配置有综合布线测试装置、综合布线端接训练装置等，仿真典型工作任务和职业技能要求，能够通过指示灯闪烁直观和持续显示综合布线系统永久链路通断等故障，包括跨接、反接、短路、开路等各种常见故障。

8．实训材料

网络模块端接训练实训材料见表2-5。

表2-5 网络模块端接训练实训材料表

序号	名称	规格说明	数量	器材照片
1	西元XY786电缆端接材料包	1）5e类网线7根 2）RJ-45水晶头8个 3）RJ-45网络模块6个 4）使用说明书1份	1盒/人	

9．实训工具

网络模块端接训练实训工具见表2-6。

表2-6 网络模块端接训练实训工具表

序号	名称	规格说明	数量	工具照片
1	旋转剥线器	旋转式双刀同轴剥线器，用于剥除外护套	1个	
2	水口钳	6寸水口钳，用于剪齐线端	1把	
3	钢卷尺	2m钢卷尺，用于测量跳线长度	1个	

10．实训步骤

1）预习和播放视频。

课前应预习。初学者提前预习，请多次认真观看实训指导视频，熟悉主要关键技能和评判标准，熟悉线序。

实训时，教师首先讲解技术知识点和关键技能，然后播放视频。

2）器材工具准备。

建议在播放视频期间，教师准备和分发材料工具。

（1）发放西元XY786电缆端接材料包，每个学员1包，本实训只使用RJ-45网络模块与5e类网线。

（2）学员检查材料包，规格、数量应合格。

（3）发放工具。

（4）每个学员将工具、材料摆放整齐，开始端接训练。

（5）本实训要求学员独立完成，优先保证质量，掌握方法。

（1）当跳线线序压接正确时，上下对应的指示灯会按照 1-1，2-2，3-3，4-4，5-5，6-6，7-7，8-8 顺序轮流重复闪烁。

（2）如果有一芯或者多芯没有压接到位，对应的指示灯不亮。

（3）如果有一芯或者多芯线序错误，对应的指示灯将显示错误的线序。

13．实训报告

请按照实训项目 1 表 1-11 所示的实训报告要求和模板，独立完成实训报告，2 课时。具体设计任务作为实训报告的附件。

2.7 实训项目 3　网络模块端接训练

1．实训任务来源

网络模块端接是工作区信息插座模块（TO）安装和运维的需求，也是《综合布线系统安装与维护职业技能等级标准》规定的初级职业技能。

2．实训任务

每人独立完成 3 根 5e 类网络跳线制作，共计端接 5e 类网络模块 6 个。要求 568B 线序，长度 300mm/根，长度误差±5mm。

3．技术知识点

（1）非屏蔽网络模块。

最常见的非屏蔽 5 类模块由 6 个部件组成，分别是：塑料线柱、刀片、水晶头插口、电路板、压盖、色谱标识。

（2）掌握网络模块的机械结构与电气工作原理。

（3）掌握网络模块的色谱标识。

4．关键技能

（1）掌握双绞线电缆的剥线方法，包括拆开扭绞长度、整理线序。

（2）RJ-45 网络模块，应按照模块色谱标识线序进行端接。

（3）剪断线端，裸露线端小于 1mm。

（4）掌握免打网络模块的端接方法。

5．实训课时

（1）该实训共计 2 课时完成，其中技术讲解和视频演示 25 分钟，学员实际操作 45 分钟，测试与评判 10 分钟，整理清洁现场 10 分钟。

（2）课后作业 2 课时，独立完成实训报告，提交合格实训报告。

6．实训指导视频

（1）A113-西元铜缆跳线制作与模块端接。

（2）1XCJ22-实训 3-网络模块端接训练。

没有缠绕。

第五步：插入水晶头。左手拿好水晶头，刀片朝向自己，将捋直的线对插入水晶头。再次仔细检查线序，保证线序正确，并且插到底。

提高材料利用率建议：初学者按照上述第一步～第五步，反复练习至少 5 次，牢记线序，熟练掌握基本操作方法后，再压接水晶头。

第六步：压接水晶头。将水晶头放入压线钳，并且将网线向前推，然后用力压紧即可。

第七步：质量检查。检查刀片是否压入线芯，线序正确，注意水晶头三角压块翻转后必须压紧护套。测量跳线长度正确。

4）水晶头端接关键步骤与技能照片如图 2-92 所示。

①剥除外护套，剪掉撕拉线。　②拆开4个线对，按T568B捋直。　③剪齐线端，留13mm。　④将刀口向上，网线插到底。　⑤放入压线钳，用力压紧。　⑥保证线序正确，检查并压紧护套。

图 2-92　水晶头端接关键步骤与技能照片

11．评判标准

每根跳线 100 分，4 根跳线 400 分。测试线序不合格，直接给 0 分，操作工艺不再评价。操作工艺评价详见表 2-4。

表 2-4　RJ-45 水晶头跳线实训评判表

评判项目/跳线编号	跳线测试合格 100 分不合格 0 分	操作工艺评价（每处扣 5 分）					评判结果得分	排名
		未剪掉撕拉线	拆开线对>13mm	没有压紧护套	线芯没有插到顶端	跳线长度不正确		

12．跳线通断测试。

将跳线两端 RJ-45 水晶头分别插入综合布线测试装置上下对应的端口中，观察测试装置指示灯闪烁顺序，如图 2-93 所示。

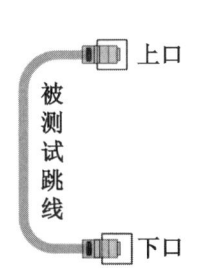
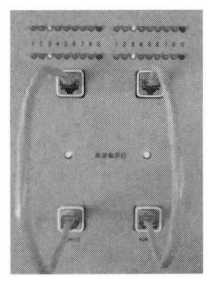
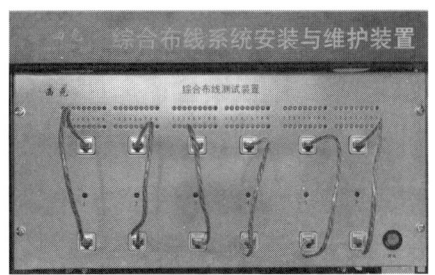

图 2-93　RJ-45-RJ-45 网络跳线测试示意图与照片

表 2-2　网络跳线制作训练实训材料表

序号	名称	规格说明	数量	器材照片
1	西元 XY786 电缆端接材料包	1）5e 类网线 7 根 2）RJ-45 水晶头 8 个 3）RJ-45 网络模块 6 个 4）使用说明书 1 份	1 盒/人	

9．实训工具

网络跳线制作训练实训工具见表 2-3。

表 2-3　网络跳线制作训练实训工具表

序号	名称	规格说明	数量	工具照片
1	旋转剥线器	旋转式双刀同轴剥线器，用于剥除外护套	1 个	
2	网络压线钳	支持 RJ-45 与 RJ-11 水晶头压接	1 把	
3	水口钳	6 寸水口钳，用于剪齐线端	1 把	
4	钢卷尺	2m 钢卷尺，用于测量跳线长度	1 个	

10．实训步骤

1）预习和播放视频。

课前应预习。初学者提前预习，请多次认真观看实训指导视频，熟悉主要关键技能和评判标准，熟悉线序。

实训时，教师首先讲解技术知识点和关键技能，然后播放视频。

2）器材工具准备。

建议在播放视频期间，教师准备和分发材料工具。

（1）发放西元 XY786 电缆端接材料包，每个学员 1 包，本实训只使用 RJ-45 水晶头与 5e 类网线。

（2）学员检查材料包，规格、数量应合格。

（3）发放工具。

（4）每个学员将工具、材料摆放整齐，开始端接训练。

（5）本实训要求学员独立完成，优先保证质量，掌握方法。

3）实训步骤和测试方法。

第一步：调整剥线器。调整剥线器刀片进深高度，保证划破护套的 60%～90%，避免损伤线芯，并且试剥 2 次，使用水口钳剪掉撕拉线。

第二步：剥除护套。初学者剥除网线外护套长度宜为 20mm，并且沿轴线方向取下护套，不要严重折叠网线。

第三步：拆开线对。分开蓝橙绿棕四对线，绿线朝向自己，蓝线朝外，橙线朝左，棕线朝右。

第四步：捋直线芯。按照 568B 线序排好捋直，剪齐线端，保留 13mm，线端至少 10mm

2．实训任务

每人独立完成 4 根 5e 类网络跳线制作。要求 568B 线序，长度 300mm/根，长度误差 ±5mm。

3．技术知识点

（1）非屏蔽双绞线电缆。

非屏蔽双绞线电缆的色谱由 1 个主色（白色）、4 个副色（蓝、橙、绿、棕）组成。

（2）非屏蔽 RJ-45 网络水晶头。

RJ-45 水晶头是一种国际标准化的接插件，使用国际标准定义的 8 个位置（8 针）的模块化插孔或者插头。非屏蔽 RJ-45 网络水晶头由 9 个零件组成，包括 1 个透明注塑插头体和 8 个刀片。

（3）线序知识。

568A 线序：白绿，绿，白橙，蓝，白蓝，橙，白棕，棕。

568B 线序：白橙，橙，白绿，蓝，白蓝，绿，白棕，棕。

4．关键技能

（1）掌握双绞线电缆的剥线方法，包括拆开扭绞长度、整理线序。

（2）插入 RJ-45 水晶头内网线长度不大于 13mm，前端 10mm 不能有缠绕。

（3）线芯插到前端，三角块压住护套 2mm。

（4）掌握旋转剥线器、网络压线钳等工具的使用方法。

5．实训课时

视频

（1）该实训共计 2 课时完成，其中技术讲解和视频演示 25 分钟，学员实际操作 45 分钟，跳线测试与评判 10 分钟，整理清洁现场 10 分钟。

（2）课后作业 2 课时，独立完成实训报告，提交合格实训报告。

6．实训指导视频

视频

（1）A117-西元铜缆跳线制作。

（2）1XCJ21-实训 2-网络跳线制作训练。

7．实训设备

西元综合布线系统安装与维护装置，产品型号：KYPXZ-01-56。

本实训装置基于《综合布线系统安装与维护职业技能等级标准》专门研发，配置有综合布线测试装置、综合布线端接训练装置等，仿真典型工作任务和职业技能要求，能够通过指示灯闪烁直观和持续显示综合布线系统永久链路通断等故障，包括跨接、反接、短路、开路等各种常见故障。

8．实训材料

网络跳线制作训练实训材料见表 2-2。

10. 出现（　　）情况之一时，安全防护用品应予判废。（参考 2.5.2）
   A．有略微破损　　　　　　　B．技术指标不符合国家相关标准
   C．未进行定期检测　　　　　D．超过有效使用期

三、简答题（50 分，每题 10 分）

1. 双绞线电缆的统一命名方法使用 XX/Y ZZ 编号表示，请说明各部分的含义。（参考 2.3.1）

2. 住宅综合布线系统常用的材料设备有哪些？说明其特点和作用。（至少列出 5 个）（参考 2.3）

3. 简述住宅综合布线系统材料规格和质量检查的一般流程。（参考 2.3.7）

4. 简述或绘制安全防护用品的一般选用流程。（参考 2.4.3）

5. 简述安全帽的正确佩戴方法和步骤。（参考 2.5.3）

2.6 实训项目 2　网络跳线制作训练

实训项目 2

1. 实训任务来源

网络跳线是笔记本电脑、PC、打印机、网络摄像机等终端设备与信息插座实现网络连接的介质，网络跳线制作也是《综合布线系统安装与维护职业技能等级标准》规定的初级职业技能。

考 2.2.4）

3．非屏蔽外护套结构，非屏蔽的两芯对绞线对电缆，简称为_____，其型号为_____。（参考 2.3.1）

4．综合布线电缆布线系统中，5 类（屏蔽和非屏蔽）电缆的系统等级为_____。（参考 2.3.1）

5．T568B 线序标准为_____。（参考 2.3.2）

6．墙面安装的信息插座一般为 86 系列，插座为正方形，边长为_____。（参考 2.3.4）

7．_____又称多媒体信息箱，是综合布线系统不可缺少的设备，可对住宅内所有弱电系统进行统一管理和集中控制。（参考 2.3.5）

8．CAT.5E UTP 4×2×0.5 的含义为_____。（参考 2.3.7）

9．施工现场作业人员必须_____、穿工作鞋和工作服。（参考 2.4.2）

10．在安全防护用品使用前，应对其_____进行必要的检查。（参考 2.5.2）

二、选择题（部分为多选题）（30 分，每题 3 分）

1．领料单作为成本核算依据的是（　　）。（参考 2.2.2）
　　A．存根联　　　B．保管联　　　C．记账联　　　D．业务联

2．属于领料单填写注意事项的是（　　）。（参考 2.2.3）
　　A．书写工整、清晰　　　　　　B．栏目不够时另加页，空余栏画斜杠
　　C．填错时，及时修改　　　　　D．工程名称正确，签字人完整

3．属于连接器件类的是（　　）。（参考 2.3）
　　A．双绞线电缆　B．网络模块　　C．水晶头　　　D．网络配线架

4．5 类电缆支持的最高带宽是（　　）。（参考 2.3.1）
　　A．100MHz　　B．250MHz　　　C．500MHz　　　D．1000MHz

5．双绞线电缆连接器件的插拔次数不应小于（　　）次。（参考 2.3.2）
　　A．200　　　　B．500　　　　　C．800　　　　　D．1000

6．（　　）是设备间和管理间中最重要的组件，是实现垂直干线和水平布线两个子系统交叉连接的枢纽。（参考 2.3.3）
　　A．网络跳线　　B．网络配线架　C．网络模块　　D．信息插座

7．住宅信息箱箱体应能为接入光缆提供不小于（　　）的盘绕空间。（参考 2.3.5）
　　A．0.3m　　　　B．0.5m　　　　C．0.8m　　　　D．1.0m

8．综合布线系统工程材料的检查包括（　　）。（参考 2.3.7）
　　A．名称　　　　B．规格　　　　C．电气性能　　D．数量

9．作业人员工种的安全帽颜色一般为（　　）。（参考 2.4.3）
　　A．红色　　　　B．白色　　　　C．黄色　　　　D．蓝色

第六步：穿戴胸部织带。将胸带通过穿套式搭扣连接在一起。胸带必须在肩部以下 15cm 的地方，将多余长度的织带穿入调整环中。

第七步：调整安全带。

肩部：从肩部开始调整全身的织带，确保腿部织带的高度正好位于臀部的下方，背部 D 型环位于两肩胛骨之间。

腿部：对腿部织带进行调整，试着做单腿前伸和半蹲，调整使两侧腿部织带长度相同。

胸部：胸部织带要交叉在胸部中间位置，并且大约离开胸部底部 3 个手指宽的距离。

腰部：安全带的腰带应绑系在最大臀围以上，靠近腰骨。保持腰部紧绑状态，以防止人体从腰带位置滑落或损害腰部。

如图 2-91 所示为正确佩戴安全带的关键步骤示意图。

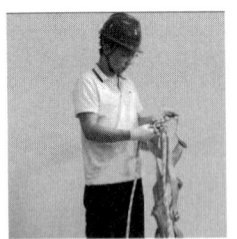
检查、调整安全带

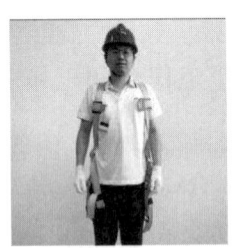
穿戴肩部织带

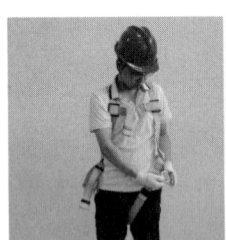
穿戴腿部织带

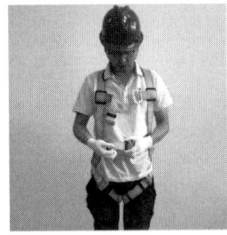
穿戴腰部织带

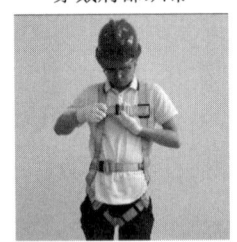
穿戴胸部织带

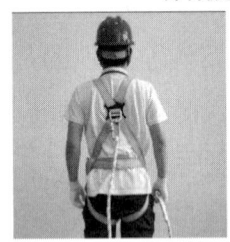
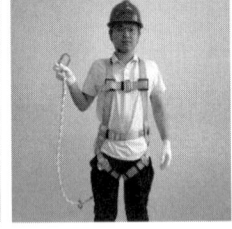
调整安全带，完成穿戴

图 2-91　正确佩戴安全带的关键步骤示意图

互动练习

- 互动练习 3　领料单的填写
- 互动练习 4　综合布线系统常用材料设备

内容详见本书附册。

习题

一、填空题（20 分，每题 2 分）

1. _____ 是材料领用和发放的原始凭证。（参考 2.2.1）

2. 领取材料的基本流程：填写领料单—申请领料—_____—发放材料—领料。（参

第三步：佩戴安全帽。手持安全帽由前至后扣于头顶。注意佩戴安全帽时，不要把安全帽前后方向戴反，不要把安全帽戴歪，也不要把帽檐戴在脑后方，否则会降低安全帽对冲击的防护作用。

第四步：调整后箍调节旋钮。根据使用者头型的大小，调整后箍调节旋钮，将帽衬圆周大小调节到对头部稍有约束感。用双手试着左右转动安全帽，以基本不能转动但不难受的程度，以及不系下颏带低头时安全帽不会脱落为宜。

第五步：系好下颏带。安全帽的下颏带必须扣在颏下并系牢，调节下颏带调节器，下颏带应紧贴下颏，松紧以下颏有约束感但不难受为宜。低头不下滑，仰头不松动。

如图 2-90 所示为正确佩戴安全帽的关键步骤示意图。

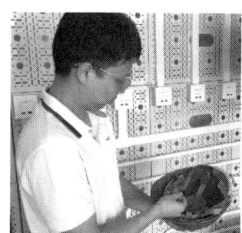
检查、调整安全帽

佩戴安全帽

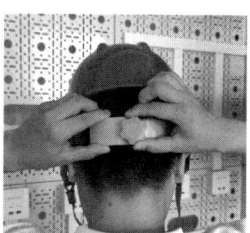
调整后箍调节旋钮

系好下颏带

低头不下滑

仰头不松动

图 2-90　正确佩戴安全帽的关键步骤示意图

2．正确佩戴安全带

高空作业时，佩戴安全带是一项很重要的工作。下面以全身安全带的穿戴为例，介绍基本的穿戴方法。

第一步：检查安全带。在使用安全带前，使用者应检查各部件是否损坏、变质，若有应及时维护，切莫使用。

第二步：调整安全带。握住安全带背部衬垫的 D 型环扣，保证织带没有缠绕在一起。

第三步：穿戴肩部织带。将肩部织带滑过手臂至双肩，保证所有织带没有缠结，自由悬挂。肩带必须保持垂直，不要靠近身体中心。

第四步：穿戴腿部织带。抓住腿带，将它们与臀部两边织带上的搭扣连接，将多余长度的织带穿入调整环中。

第五步：穿戴腰部织带。将腰带通过穿套式搭扣连接在一起。腰带必须在臀部以上的地方，将多余长度的织带穿入调整环中。

(3) 帽衬调整后的内部尺寸、垂直间距、佩戴高度、水平间距应符合 GB 2811—2019《头部防护 安全帽》的要求。

(4) 安全帽在使用时应戴正、戴牢，锁紧帽箍，配有下颏带的安全帽应系紧下颏带，确保在使用中不发生意外脱落。

(5) 使用者不应擅自在安全帽上打孔，不应用刀具等锋利、尖锐物体刻划、钻钉安全帽。

(6) 使用者不应擅自在帽壳上涂敷油漆、涂料、汽油、溶剂等。

(7) 不应随意碰撞挤压或将安全帽用作除佩戴以外的其他用途。例如：坐压、砸坚硬物体等。

(8) 在安全帽内，使用者应确保永久标识齐全、清晰。

2) 安全带的使用。

(1) 使用安全带前应检查各部位是否完好无损，安全绳、系带有无撕裂、开线、霉变，金属配件是否有裂纹、是否有腐蚀现象，弹簧弹跳性是否良好，以及其他影响安全带性能的缺陷。如发现存在影响安全带强度和使用功能的缺陷，应立即更换。

(2) 安全带应拴挂于牢固的构件或物体上，应防止挂点摆动或碰撞。

(3) 使用坠落悬挂安全带时，挂点应位于工作平面上方。

(4) 使用安全带时，安全绳与系带不能打结使用。

(5) 高处作业时，如安全带无固定挂点，应将安全带挂在刚性轨道或具有足够强度的柔性轨道上，禁止将安全带挂在移动或带尖锐棱角的或不牢固的物件上。

(6) 使用中，安全绳的护套应保持完好，若发现护套损坏或脱落，必须加上新套后再使用。

(7) 安全绳（含未打开的缓冲器）的长度不应超过 2m，不应擅自将安全绳接长使用；如果需要使用 2m 以上的安全绳，应采用自锁器或速差式防坠器。

(8) 使用围杆作业安全带时，应采取有效措施防止意外滑落，宜配合坠落悬挂安全带使用。

(9) 使用中，不应随意拆除安全带各部件。

(10) 使用连接器时，受力点不应在连接器的活门位置。

2.5.3 任务实践

1. 正确佩戴安全帽

第一步：检查安全帽。佩戴前，应检查安全帽合格证及有效期，各配件有无破损、装配是否牢固、帽衬调节部分是否卡紧、插口是否牢靠、绳带是否系紧等。

第二步：调整安全帽。根据使用者头型的大小，调节帽衬顶带，将帽衬帽箍长度调节到合适位置。要求帽衬和帽壳之间的间隙控制在 25~50mm，因为这样才能保证当遭受到冲击时，帽体有足够的空间可供缓冲，平时也有利于头和帽体间的通风。

2.5 安全防护用品的正确使用

2.5.1 任务描述

综合布线系统工程相关施工人员，应熟悉相关的安全防护知识和规章制度，掌握常用安全防护用品的相关知识和应用场合，能够规范使用常用的安全防护用品。

本任务要求掌握综合布线系统工程安全防护用品的使用和管理，完成常用安全防护用品的规范使用。

2.5.2 相关知识介绍

1．基本规定

（1）施工企业/单位应选定安全防护用品的合格供货方，为作业人员配备的安全防护用品必须符合国家有关标准，具备生产许可、产品合格证等相关资料。

（2）施工企业/单位不得采购和使用无厂家名称、无产品合格证、无安全标志的安全防护用品。

（3）安全防护用品的使用年限应按国家现行相关标准执行，达到使用年限或报废标准的应统一收回报废，并配备新的安全防护用品。

（4）在安全防护用品使用前，应对其防护功能进行必要的检查。

（5）安全防护用品有定期检测要求的应按照其产品的检测周期进行检测。

（6）从业人员应能按照安全防护用品使用规定和防护要求，正确规范使用安全防护用品。

2．安全防护用品的判废

当出现下列情况之一时，安全防护用品应予判废：

（1）技术指标不符合国家相关标准或行业标准。

（2）标识不符合产品要求或国家法律法规的要求。

（3）所选的安全防护用品的功能与所从事的作业类型不匹配。

（4）破损或超过有效使用期。

（5）定期检测不合格。

（6）使用说明中规定的其他报废条件。

3．常用安全防护用品的使用

1）安全帽的使用。

（1）安全帽的使用应按照产品使用说明进行。

（2）在使用前应检查安全帽上是否有外观缺陷，各部件是否完好，无异常。不应随意在安全帽上拆卸或添加附件，以免影响其原有的防护性能。

表 2-11　不同工种的安全帽颜色

序号	工种	安全帽颜色
1	管理人员	红色
2	安全管理人员	白色
3	作业人员	黄色
4	特种作业人员	蓝色

如图 2-89 所示为常见的安全施工宣传图。

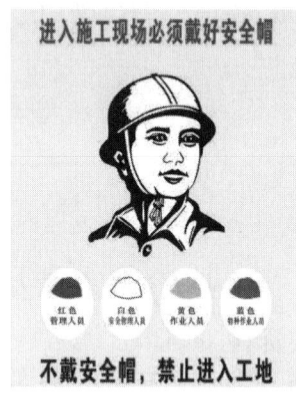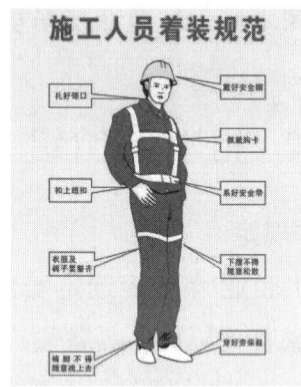

图 2-89　安全施工宣传图

3．正确选择安全带

（1）在距坠落高度基准面 2m 及 2m 以上，有发生坠落危险的场所作业，对个人进行坠落防护时，应使用坠落悬挂安全带或区域限制安全带。

（2）在距坠落高度基准面 2m 及 2m 以上进行杆塔作业，对个人进行坠落防护时，应使用围杆作业安全带。

（3）工作平面存在某些可能发生坠落的脆弱表面，如玻璃、薄木板，则不应使用区域限制安全带，而应选择坠落悬挂安全带。

（4）当在作业过程中需要提供作业人员部分或全部身体支撑，使作业人员双手可以从事其他工作时，则应使用围杆作业安全带。

（5）当围杆作业安全带使用的固定构造物可能产生松弛、变形时，则不应使用围杆作业安全带，而应选择坠落悬挂安全带。

（6）各安全带设计的零部件不可混淆使用。

（7）使用坠落悬挂安全带时，应根据使用者下方的安全空间大小选择具有适宜伸展长度的安全带，应保证发生坠落时，坠落者不会碰撞到任何物体。

（8）使用区域限制安全带时，其安全绳的长度应保证使用者不会到达可能发生坠落的位置，并在此基础上具有足够的长度，能够满足工作的需要。

表 2-10 安全绳测试力值要求

序号	安全绳作业类别	测试力值（kN）
1	坠落悬挂用安全绳	22
2	围杆作业用安全绳	15
3	区域限制用安全绳	15

2.4.3 任务实践

1. 安全防护用品的选用程序

安全防护用品的一般选用程序如图 2-88 所示。

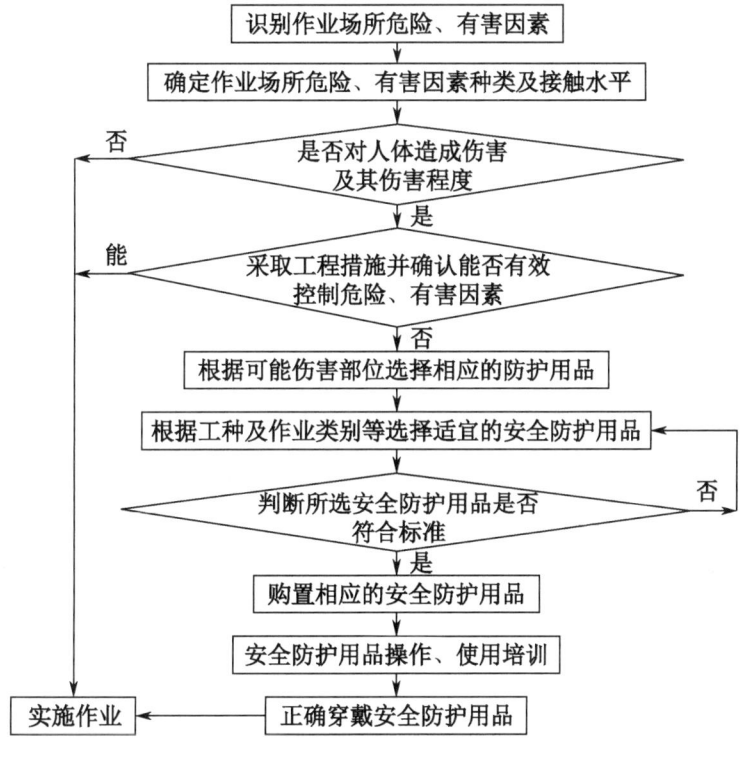

图 2-88 安全防护用品的一般选用程序

2. 正确选择安全帽

1）安全帽样式的选择。

（1）当作业环境可能发生淋水、飞溅渣屑及阳光、强光直射眼部等情况时，应选择大檐、大舌安全帽。

（2）当作业环境为狭窄场地时，应选用小檐安全帽。

（3）当作业场所还需对眼部等其他部位进行防护时，作业人员所选用的安全帽应与所佩戴的护目镜等安全防护用品无冲突。

2）安全帽颜色的选择。

一般不同的工种会分发佩戴不同颜色的安全帽，方便人员区分和管理，见表 2-11。

危及生命。

（3）分散应力作用：帽壳为椭圆形或半球形，表面光滑，当物体坠落在帽壳上时，物体不能停留立即滑落；而且帽壳受打击点承受的力向周围传递，通过帽衬缓冲减少的力可达 2/3 以上，其余的力经帽衬的整个面积传递给人的头盖骨，这样就把着力点变成了着力面，从而避免了冲击力在帽壳上某点应力集中，减少了头部单位面积受力。

2）安全带和安全绳。

安全带是指防止高处作业人员发生坠落，或发生坠落后将作业人员安全悬挂在空中的防护用品。安全绳是指在安全带中系带和挂点之间的长绳。安全带与安全绳其实是一对组合装备，两者通常配合使用。如图 2-87 所示为工程中常见的安全带和安全绳。

半身安全带和安全绳

全身安全带和安全绳

图 2-87　工程中常见的安全带和安全绳

安全带按照使用条件的不同，可以分为 3 类。

（1）围杆作业安全带：通过围绕在固定构造物上的绳或带，将人体绑定在固定的构造物附近，使作业人员的双手可以进行其他操作的安全带。一般要求其静态拉力不应小于 4500N，不应出现织带撕裂、开线、变形、金属件碎裂、连接器开启等现象。模拟人整体滑脱测试时，织带或绳在调节扣内的滑移不应大于 25mm。

（2）区域限制安全带：用以限制作业人员的活动范围，避免其到达可能发生坠落区域的安全带。一般要求其静态拉力不应小于 2000N，不应出现织带撕裂、开线、变形、金属件碎裂、连接器开启等现象。

（3）坠落悬挂安全带：高处作业或登高人员发生坠落时，将作业人员悬挂的安全带。一般要求其静态拉力不应小于 15000N，冲击作用力峰值不应大于 6000N，不应出现织带撕裂、开线、变形、金属件碎裂、连接器开启等现象。模拟人整体滑脱测试时，织带或绳在调节扣内的滑移不应大于 25mm。

安全绳用合成纤维或钢丝编织而成，是一种用于连接安全带的辅助用绳，它的功能是二重保护，确保安全。一般长度为 2m，也有 2.5m、3m、5m、10m 和 15m 的，5m 以上的安全绳兼作吊绳使用。安全绳测试力值要求见表 2-10，在测试力值下应无撕裂和破断。

续表

序号	防护分类	防护用品	适用范围
3	手部防护	绝缘手套	涉及强电施工的作业工序,如现场对施工用电设施的维修、安装时
		防静电手套	由静电引起的潜在的静电干扰、电气故障等的作业工序,如弱电管理间/竖井施工时
		普通防护手套	在施工过程中对手部进行防护的作业工序,如对材料、设备的搬运时
		机械危害防护手套	接触、使用锋利器物等机械危害的作业工序,如切割加工材料时
4	足部防护	安全鞋	存在物体冲击砸伤足部的作业工序,如安装机架、机柜等质量较重的设备时
		防静电鞋	由静电引起潜在的静电干扰、电气故障等的作业工序,如弱电管理间/竖井施工时
		防滑鞋	作业平面易滑的作业场所
5	防护服	一般工作服	没有特殊要求的一般作业场所
		防静电服	静电敏感区域的作业场所
		防寒服	冬季室外作业或常时间低温环境作业的场所
6	坠落防护	安全带	有坠落风险的场所,如电线杆上作业、设备安装高处作业等
		安全网	有坠落风险的高处作业
		安全绳	有坠落风险的场所,一般与安全带配合使用

3．常用的安全防护用品

1）安全帽。

安全帽是指对使用者头部受坠落物或小型飞溅物体等其他特定因素引起的伤害起防护作用的帽子。安全帽一般由帽壳、帽衬及附件等组成,如图 2-85 所示。

安全帽的结构是根据其防护需求及防护原理设计的,主要包括：

（1）缓存减震作用：帽壳与帽衬之间有 25～50mm 的间隙,当物体打击安全帽时,帽壳不因受力变形而直接影响到头顶部。如图 2-86 所示为安全帽防冲击试验示意图,通过落锤冲击的方式对安全帽进行冲击加载,安全帽的防护性能通过应变片信号获取。

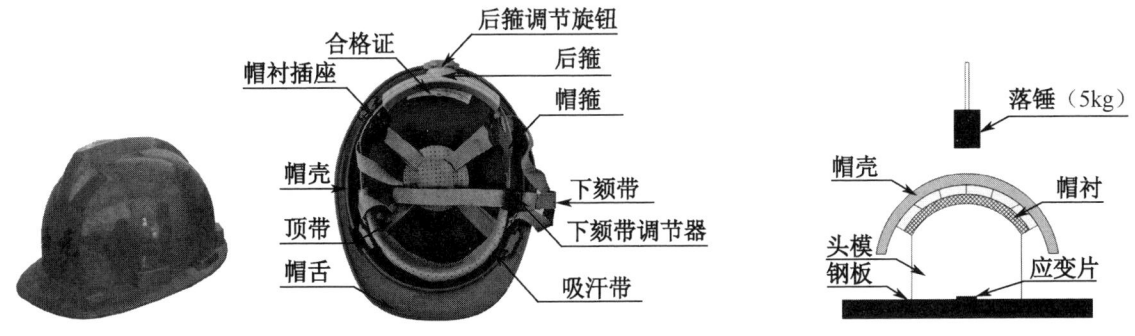

图 2-85　安全帽　　　　图 2-86　安全帽防冲击试验示意图

（2）生物力学：GB 2811—2019《头部防护　安全帽》国家标准中规定安全帽受到冲击时,传递到头部的力不应大于 4900N,帽壳不得有碎片脱落。这是因为通过生物学试验可知,人体颈椎在受力时最大的限值为 4900N,超过此限值颈椎就会受到伤害,轻者引起瘫痪,重者

2.4 安全防护用品的选择

2.4.1 任务描述

"安全第一、预防为主、综合治理"是我国安全生产的基本方针,而规范施工现场作业的安全防护用品的配备、使用和管理,能够有效保障从业人员在施工生产作业中的安全和健康。进入施工现场的施工人员和其他人员,应能正确选择和佩戴相应的安全防护用品,以确保施工过程中的安全和健康。

本任务要求掌握综合布线系统工程安全防护用品的相关知识,完成安全防护用品的正确选择和使用。

2.4.2 相关知识介绍

1. 安全防护基本规定

(1) 进入施工现场人员必须佩戴安全帽。

(2) 施工现场作业人员必须佩戴安全帽、穿工作鞋和工作服。

(3) 在2m及以上的无可靠安全防护设施的高处、悬崖和陡坡作业时,必须系安全带/绳。一般安全带/绳的抗拉力不应低于1000N。

(4) 从事机械作业的女工及长发者应配备工作帽等个人防护用品。

(5) 从事施工现场临时用电工程作业的施工人员,应配备防止触电的安全防护用品。维修电工应配备绝缘鞋、绝缘手套和紧口的工作服;安装电工应配备手套和防护眼镜。

(6) 从事抬、扛物料作业时,应配备垫肩。

(7) 冬期施工期间或作业环境温度较低的,应配备防寒类安全防护用品。

2. 安全防护用品的分类

根据实际工程施工项目及要求,综合布线系统工程常用的安全防护用品分类见表2-9。

表2-9 综合布线系统工程常用安全防护用品

序号	防护分类	防护用品	适用范围
1	头部防护	工作帽	存在头部脏污、擦伤、头发被绞碾的机械性损伤的作业工序,如使用电钻、电锤、钢管切割加工等机械传动设备时
		安全帽	存在坠落危险或对头部可能产生碰撞的作业工序,如涉及建筑工地埋管布线、设备安装时
2	眼部防护	防冲击护目镜	存在碎屑飞溅、细颗粒冲击的作业工序,如电钻开孔、电锤打孔时,切割钢管、PVC管等管路时
		普通护目镜	存在微小杂物、尘埃较多的作业工序,如进行光纤熔接时,用于防止纤芯进入眼睛

第四步：质量检查。

材料质量检查主要是指检查测试材料的机械性能、电气性能、传输性能等是否满足设计要求。如本项目中的双绞线电缆质量检查中，首先应从本批量电缆中任意抽取一箱进行电缆总长度的核准；另外从本批量电缆任意一箱中各截出90m长度，加上工程中所选用的连接器件，按永久链路测试模型进行抽样测试。对工程设备缆线可按5%比例进行抽样测试。

第五步：填写材料检查登记表。

在完成材料检查工作过程中，应及时完成材料检查登记表的填写，做好相关信息记录，以备核查与处理。根据具体工程或单位管理模式，材料检查登记表的具体内容和格式会略有差别，西安开元电子实业有限公司材料检查登记表见表2-8。

表2-8 西安开元电子实业有限公司材料检查登记表

工程名称		材料名称		
检查人员		检查日期		
检查项目	检查内容	检查记录		检查结果
名称、资料检查	材料名称	□一致	□不一致	
	合格证、检验报告是否齐全	□齐全	□不齐全	
外观检查	包装是否完整	□完整	□不完整	
	颜色是否合格	□一致	□不一致	
	外观是否有破损	□有	□无	
	尺寸是否合格	□有	□无	
	金属部件表面有无掉漆、生锈现象	□有	□无	
	配件是否齐全	□完整	□不完整	
规格检查	品牌	□一致	□不一致	
	规格/型号	□一致	□不一致	
	数量	□一致	□不一致	
性能检查				
抽检比例	检查数量	合格数量		不合格数量
检查结论和分析				

按5%比例进行抽样检查，本例所涉及材料均合格，满足设计和施工要求，根据表2-8所示内容和要求，完成信息插座面板的材料检查登记表的填写。也可根据实际需求，自行设计材料检查登记表并完成填写。

面有无掉漆、生锈现象等。如本例中,需检查信息插座面板的包装是否完整、颜色是否为白色、滑动插口盖板等部位是否有破损、外形尺寸是否为 86mm×86mm,插口标识是否可辨识等。如图 2-83 所示为信息插座插口及标识。

图 2-82　西元网络模块质量认证标识

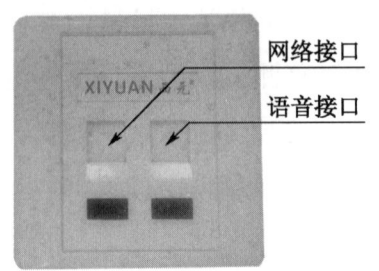

图 2-83　信息插座插口及标识

第三步:规格/型号、数量、品牌检查。

检查材料规格/型号是否符合设计要求,材料的数量是否有短缺、余量,材料的品牌是否为规定厂商等。如本例中,需检查双绞线电缆的规格/型号是否符合要求,缆线长度是否有余量等。

认清双绞线电缆外护套上印刷的各种识别记号,对于组建网络、综合布线、正确选择不同类型的双绞线会大有帮助。通常不同生产商的产品标志可能不同,但大同小异。如图 2-84 所示为常见的双绞线电缆的识别标记。

XIYUAN	CAT.5E UTP 4×2×0.5	YD-T 1019—2001	PVC	LOT NO	<<<<264M>>>>
品牌	规格/型号	生产标准	外护套	生产批号	长度标志

ZJJFDL	HSYV-5e 4×2×0.5	YD/T 1019	10D1401B	006M
品牌	规格/型号	生产标准	生产批号	长度标志

图 2-84　常见的双绞线电缆的识别标记

图中双绞线电缆的识别标记主要信息如下:

品牌:指该双绞线电缆的生产厂商,如本例中的品牌要求为"XIYUAN"。

规格/型号:两个品牌的双绞线电缆均为超五类,非屏蔽,4 对 2 芯、线径为 0.5mm。注:HSYV-5e 中,HS 是分类代号,其含义是数字通信用水平对绞电缆,Y 是绝缘材料的代号,其含义是实心聚烯烃,V 的含义是聚氯乙烯。

生产标准:YD/T 1019《数字通信用聚烯烃绝缘水平对绞电缆》。

长度标志:以 1m 的间距印有以"m"为单位的长度标志。如一般双绞线电缆为 305 米/箱,"006M"即代表该节点位置为第 6 米处。

（3）电缆外包装和外护套需完整无损，当外包装损坏严重时，应按电缆产品要求进行检验，测试合格后再在工程中使用。

（4）电缆应附有本批量的电气性能检验报告，施工前应对电缆长度、指标参数按电缆产品标准进行抽验，提供的设备电缆及跳线也应抽验，并做测试记录。

4）连接器件的检查。

（1）配线模块、信息插座模块及其他连接器件的部件应完整，电气和机械性能等指标应符合相应产品的质量标准。

（2）塑料材质的连接器件应具有阻燃性能，并应满足设计要求。

5）配线设备的检查。

（1）电缆配线设备的型号、规格应符合设计文件要求。

（2）电缆配线设备的编排及标志名称应与设计相符。各类标志名称应统一，标志位置正确、清晰。

3. 任务实践

任务场景： 某企业办公室综合布线改造项目，前期已经完成了管路的暗埋铺设工作，接下来需要进行穿线和信息插座的安装工序。为保障后续工作的顺利实施，现需要对该工序涉及的材料进行施工前检查。施工材料见表2-7。

表2-7 施工材料

序号	材料名称	规格/型号	数量	单位	品牌	说明
1	双绞线电缆	Cat 5e，UTP，4×2×0.5，室内	10	箱	XIYUAN	305米/箱
2	电话线	HYV 2×0.5，室内	30	卷	XIYUAN	100米/卷
3	信息插座面板	86型，双口，白色塑料	120	个	XIYUAN	配套安装螺丝
4	网络模块	CAT 5e，非屏蔽，免打	120	个	XIYUAN	
5	语音模块	RJ-11，非屏蔽，免打	120	个	XIYUAN	

施工材料应满足连续施工和阶段施工的要求，如果出现材料的短缺或坏件，将直接影响施工进度，降低施工效率，增加运费和管理费等工程费用。因此在施工前，相关技术人员必须对材料进行检查。不同施工单位的材料检查程序、内容和要求可能不同，但均大同小异，一般的材料检查流程如下。

第一步：名称及证明文件检查。

按照设计文件和材料表，逐项清点核对材料名称；核实材料相关证明文件，并合理保存相关文件资料。如本例中，需检查网络模块包装名称印字是否与设计文件和材料表一致，其合格证、检验报告等证明材料是否齐全等。如果出现材料或证明文件不符，应及时沟通协调，按要求补充材料快速到位。如图2-82所示为西元网络模块的质量认证标识。

第二步：外观检查。

检查材料包装是否完整，颜色是否合格，外观是否有破损，尺寸是否合格，金属部件表

2. 相关知识介绍

1）材料/设备的一般性检查。

（1）工程所用缆线和器材的品牌、型号、规格、数量、质量均应在安装施工前进行检查，并符合相关设计文件的要求。

（2）工程所用的缆线和器材应具备相应的质量文件或证书，无出厂检验证明材料、质量文件或与设计不符者不得在工程中使用。

器材应具备的质量文件或证书包括合格证、国家指定的检验单位出具的检验报告或认证证书、质量保证书等。如图 2-79 所示为 3C 中国强制性产品认证标志，如图 2-80 所示为进网许可证，如图 2-81 所示为产品合格证。

图 2-79　3C 认证标志　　　　图 2-80　进网许可证　　　　图 2-81　产品合格证

（3）进口设备和材料应具备产地证明和商检证明。

（4）经检查的的器材应做好记录，对不合格的器件应单独存放，以备核查与处理。

（5）工程中使用的缆线、器材应与订货合同或封存的产品样品在规格、型号、等级上符合。

（6）备品、备件及各类文件资料应齐全。

2）型材、管材与铁件的检查。

（1）各种型材的材质、规格、型号应符合设计文件的要求，表面应光滑、平整，不得变形、断裂。

（2）室内管材采用金属导管或塑料导管时，其管身应光滑、无伤痕，管孔无变形，孔径、壁厚应符合设计文件要求。

（3）金属管槽应根据工程环境要求做镀锌或其他防腐处理。塑料管槽应采用阻燃型管槽，外壁应具有阻燃标记。

（4）各种金属件的材质、规格均应符合质量要求，不得有歪斜、扭曲、飞刺、断裂或破损。

（5）金属件的表面处理和镀层应均匀、完整，表面光洁，无脱落、气泡等缺陷。

3）电缆的检查。

（1）工程使用电缆的型号、规格及阻燃等级应符合设计文件规定。

（2）电缆的出厂质量检验报告、合格证等各种资料应齐全，所附标志、标签内容应齐全、清晰，外包装应注明型号和规格。

在工程设计和安装中应注意下列问题：

（1）PVC线管应采用暗埋方式，楼板内暗埋管的直径一般不超过20mm。

（2）临时或者特殊情况下，需要明装布线时，宜使用PVC线槽，不应使用PVC线管。

（3）PVC线管拐弯时，应保证网线的曲率半径符合要求，宜使用自制的大拐弯弯头，不能使用注塑成型的工业成品弯头。

2）PVC线管接头，一般用于同规格PVC线管的延长连接，常用规格有$\phi 20$、$\phi 16$等。

3）PVC管卡，一般用于在楼层吊顶上固定PVC管，常用规格有$\phi 20$、$\phi 16$等。

2. 线槽

线槽又名走线槽、配线槽、行线槽，是用来将缆线进行规范梳理，固定在墙上或者天花板上的布线材料。线槽一般根据槽体材质可以分为塑料线槽和金属线槽两种。金属线槽由槽底和槽盖组成，每根线槽长度一般为2m，槽与槽连接时使用相应尺寸的铁板和螺丝固定。塑料线槽的外形与金属线槽类似，但它的品种和规格更多，与其配套的附件有：阳角、阴角、平角、三通、接头、堵头等。

就线槽规格而言，一般金属线槽的规格有50mm×100mm、100mm×100mm、100mm×200mm等多种。塑料线槽的规格种类更加多元化，从规格上分有20mm×12mm、25mm×12.5mm、25mm×25mm、30mm×15mm、40mm×20mm等多种型号。

线槽是日常布设和整理线材的常用器材，尤其对于后期需增加布线路由的情况，线槽明装布线因其整齐、美观、方便等特点，成为人们的首选方案。

3. 钢管

钢管按制造方法可分为无缝钢管和焊接钢管两大类。无缝钢管在综合布线系统中使用较少，只有在一些特殊场合内短距离采用，如管路引入屋内承受极大压力时。综合布线暗敷管路系统中常用的钢管为焊接钢管。为了提高钢管的耐腐蚀性能，一般会对钢管进行镀锌操作，形成镀锌钢管。

在住宅综合布线系统工程中常用的钢管规格有$\phi 20$、$\phi 25$、$\phi 32$、$\phi 40$等，长度通常为3～5m。在延续和改变管路方向时，一般采用钢管弯头，常用的有45°、90°及180°弯头。弯头的弯曲半径应小于等于管径的1.5倍，大于管径的1.5倍时属于弯管。

2.3.7 规格和质量检查

1. 任务描述

在综合布线系统工程施工前，技术人员需要对相关工程材料进行施工前检查，核实材料的相关信息。技术人员需要具备一定的专业知识，能够识别材料的基本信息，检查材料的名称、规格、数量、标识标志、质量等内容。

本任务要求掌握材料检查的相关知识，完成材料检查典型工作任务。

的接地线,而且接地连接点应有清晰的接地标识。

(5) 各功能模块应符合相关技术的基本要求,并应满足实际应用需求。

3. 住宅信息箱的尺寸

住宅信息箱功能与暗装箱体底盒尺寸宜参照表2-6。

表2-6 住宅信息箱功能与暗装箱体底盒尺寸

功能	暗装箱体底盒尺寸 (高×宽×深)mm	功能模块单元数 (典型配置)
可安装宽带接入模块、智能家居中控模块、路由交换模块、语音配线模块、数据配线模块、有线电视配线模块、直流电源模块	470×300×115	9
可安装宽带接入模块、智能家居中控模块、路由交换模块、语音配线模块、数据配线模块、有线电视配线模块、直流电源模块	420×300×115	7
可安装宽带接入模块、智能家居中控模块、直流电源模块	370×300×115	5

2.3.6 线管与线槽

为了方便直观教学和学生快速认知,我们以如图2-78所示西元配件展示柜为例,介绍综合布线系统工程中常用线管与线槽器材。

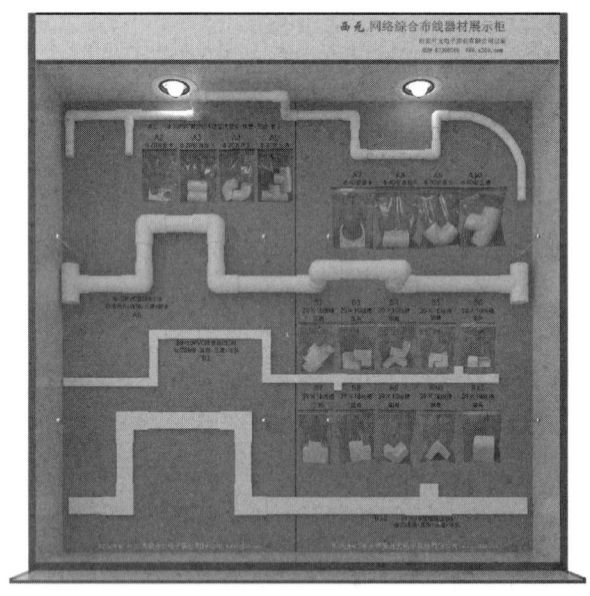

图2-78 西元配件展示柜

1. PVC线管

1) PVC线管。

PVC线管主要用于水平子系统布线,一般暗埋在楼板、过梁和立柱内,也用于楼层吊顶上的隐蔽布线,常用规格为$\phi 20$或$\phi 16$等。在工程设计和施工安装中,$\phi 20$管内最多安装3根网线,距离短拐弯少时,也允许安装4根网线;$\phi 16$管内最多安装2根网线,距离短拐弯少时,也允许安装3根网线。

的设备箱。

（1）箱体。箱体一般由金属材料、塑料材料或组合材料制成，箱体内要预留足够的空间以便安装各种功能模块。一般要求箱体应能为接入光缆提供不小于0.5m的盘绕空间。箱门应平整牢固，具有关闭锁位机构，开启角度不应小于110°。如图2-76所示为西元住宅信息箱。

国标款　　　　　　　　　　　　　传统款

图2-76　西元住宅信息箱

（2）功能模块。住宅信息箱的功能模块一般包括宽带接入模块、智能家居中控模块、路由交换模块、语音配线模块、数据配线模块、有线电视配线模块、直流电源模块等。各功能模块均应满足相关性能需求，如数据配线模块应明确指示产品性能等级，其电气性能应至少满足YD/T 926.3中超5类的要求等。如图2-77所示为西元住宅信息箱内部配置图，包括数据配线模块、光纤配线模块、有线电视配线模块、交流电源模块等。

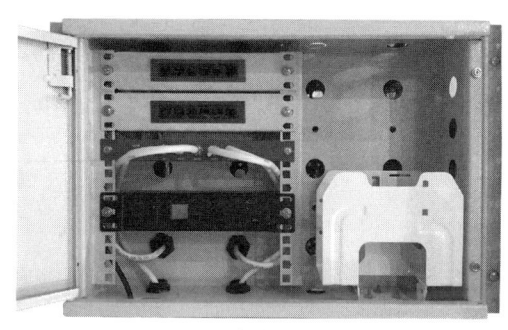 

国标款　　　　　　　　　　　　　传统款

图2-77　西元住宅信息箱内部配置图

2．住宅信息箱的基本技术要求

住宅信息箱应满足下列基本技术要求：

（1）住宅信息箱的使用条件：工作温度为-10℃～+40℃，相对湿度为不大于90%。

（2）在试验电压DC500V条件下，箱体与带电部件之间的绝缘电阻不应小于100MΩ，环境试验后不应小于10MΩ。

（3）箱体与带电部件之间的耐电压强度不应小于DC1500V或AC1000V，1min内无击穿和飞弧现象。

（4）箱体金属部分应良好导通，并预留接地端子，接地端子应能连接截面积不小于6mm^2

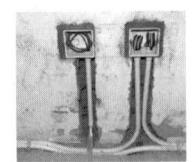
图 2-68　墙面暗装底盒

图 2-69　墙面明装底盒

图 2-70　方形地弹插座

图 2-71　圆形地弹插座

1. 面板

常用的面板分为单口面板和双口面板，面板外型尺寸符合国标 86 型、120 型。

86 型面板的宽度和长度分别是 86mm，如图 2-72 所示。通常采用高强度塑料材料制成，适合安装在墙面，具有防尘功能。86 型面板应用于工作区子系统，面板表面带嵌入式图标及标签位置，便于识别数据和语音端口；配有防尘滑门用以保护模块、防止灰尘和污物进入。

120 型面板的宽度和长度分别是 120mm，通常采用铜等金属材料制成，适合安装在地面，具有防尘、防水功能，如图 2-73 所示。

2. 底盒

常用底盒分为明装底盒和暗装底盒。明装底盒通常采用高强度塑料材料制成，如图 2-74 所示；而暗装底盒根据需求可采用塑料材料制成或金属材料制成，如图 2-75 所示。

图 2-72　86 型面板

图 2-73　120 型面板

图 2-74　明装底盒

图 2-75　暗装底盒

2.3.5　住宅信息箱

住宅信息箱又称多媒体信息箱，是综合布线系统中不可缺少的设备，可对住宅内所有弱电系统进行统一管理和集中控制，在房地产建设及住宅装修中被广泛应用。2019 年 7 月 1 日 GB/T 37142—2018《住宅用综合布线信息箱技术要求》国家标准正式发布实施，对住宅用综合信息箱进行了指导性规定。下面结合国家标准和西元住宅信息箱，展开介绍和说明。

1. 住宅信息箱的组成

住宅信息箱是由箱体及功能模块组成，安装在居住单元套（户）内，用于实现居住单元的宽带接入、智能家居控制管理、路由交换，以及具有语音、数据和有线电视缆线配线功能

  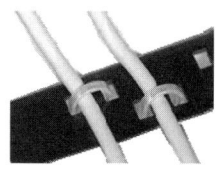 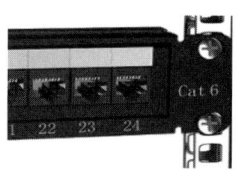

1. 剥除电缆外护套，剪掉撕拉线
2. 将电缆线芯压入对应卡槽
3. 电缆穿过理线环并用线扎固定
4. 用螺丝把配线架安装在机柜立柱上

图 2-65　6 类非屏蔽网络配线架的端接与安装关键步骤示意图

2．110 跳线架

110 跳线架在综合布线系统中主要用于语音配线系统，俗称鱼骨架，如图 2-66 所示为 110 跳线架的高强度塑料鱼骨、连接块、标识标签、标准 U 支架。端接时使用专用打线钳可将线对依次"冲压"端接到跳线架上，完成大对数电缆的端接。如图 2-67 所示为 110 跳线架端接后的照片。110 跳线架有时也应用于网络系统，在信息点较多的综合布线系统中，可以利用大对数电缆结合 110 跳线架完成对语音、数据信息点的转接，减少大量缆线的应用，节约成本。

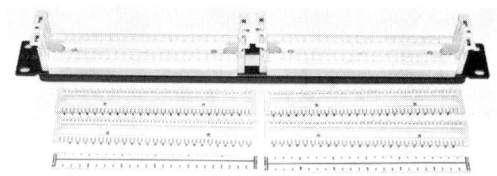 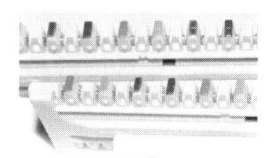

图 2-66　110 跳线架的高强度塑料鱼骨、连接块、标识标签、标准 U 支架

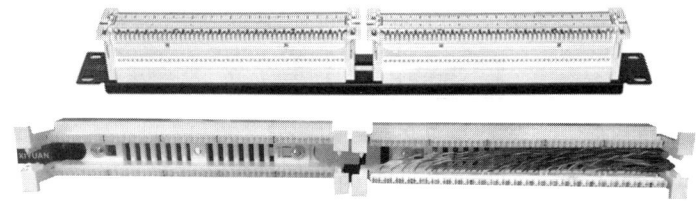

图 2-67　110 跳线架端接作品

2.3.4　信息插座

墙面安装的信息插座一般为 86 型，正方形，边长为 86mm，一般用白色塑料制造。信息插座一般采用暗装方式，把底盒暗藏在墙内，只有面板凸出墙面，如图 2-68 所示，暗装方式一般配套使用线管，线管也必须暗装在墙面内。明装方式即将底盒和面板全部突出明装在墙面上，适合旧楼改造或者无法暗藏安装的场合，如图 2-69 所示。

地面安装的信息插座也称为"地弹插座"，使用时只要推动限位开关，就会自动弹起。一般为 120 型，常见的地弹插座分为方形和圆形两种。如图 2-70 所示为方形地弹插座，方形长为 120mm，宽为 120mm；如图 2-71 所示为圆形地弹插座，圆形直径为 120mm。地面插座要求抗压和防水功能，因此都是由黄铜材料铸造。

谱标签。5 类网络配线架的常用规格为 24 口，也有 1U 的 36 口的高密度 V 型结构，2U 的 48 口等，全部为 19 英寸机架/机柜式安装，其优点是体积小，密度高，端接简单且可以重复端接 500 次以上。

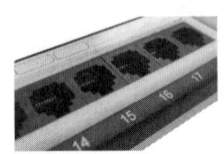 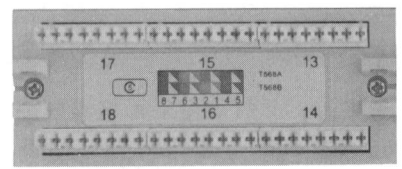

图 2-60　5 类非屏蔽网络配线架正面插口放大图　　图 2-61　5 类非屏蔽网络配线架背面模块放大图

2）5e 类非屏蔽网络配线架。

目前，5e 类非屏蔽网络配线架普遍应用于局域网中，由于价格与 5 类非屏蔽网络配线架相差不多，因此目前在一般局域网中使用 5e 类非屏蔽网络配线架。5e 类非屏蔽网络配线架支持最高 100MHz 带宽。RJ-45 口采用镀金端子，端子为铜材料制造，自带理线环。配线架可按照 T568A 和 T568B 线序进行端接。5e 类和 5 类的外形尺寸、安装尺寸相同。如图 2-62 所示为产品正面照片和背面的端接照片。如图 2-63 所示为 T568A、T568B 色谱标签端接示意图。

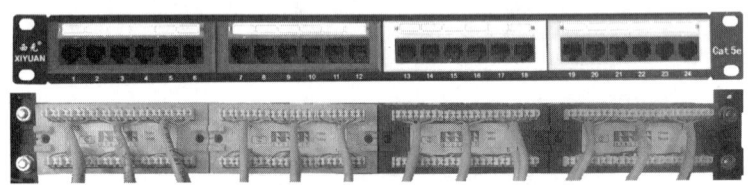

图 2-62　5e 类非屏蔽网络配线架

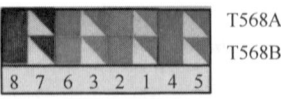

图 2-63　T568A、T568B 色谱标签端接示意图

3）6 类非屏蔽网络配线架。

6 类非屏蔽网络配线架支持最高 250MHz 带宽。如图 2-64 所示为产品正面照片和背面照片。配线架自带理线环，便于电缆捆扎固定，保证机柜内电缆方便检修和整体美观。6 类与 5e 类配线架外形尺寸和安装孔距相同。

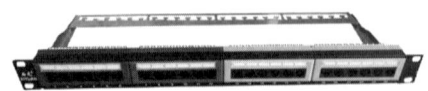 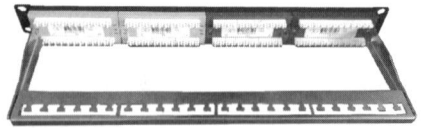

图 2-64　6 类非屏蔽网络配线架

如图 2-65 所示为 6 类非屏蔽网络配线架的端接与安装关键步骤示意图。

第三，水晶头刀片结构不同。

6类水晶头刀片前端设计为三叉针刺，5类水晶头刀片前端设计有二叉针刺。如图2-58为6类水晶头三叉针刺结构和应用示意图。

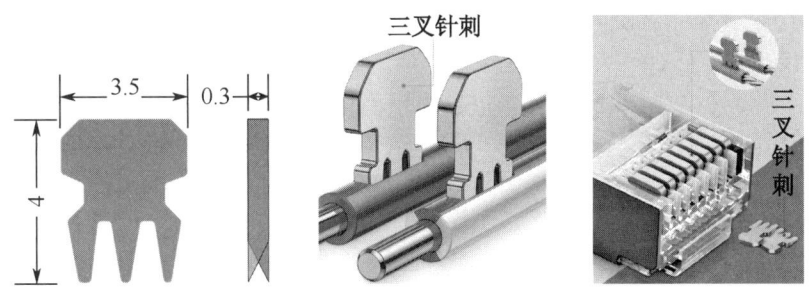

图2-58 6类水晶头三叉针刺结构和应用示意图

2.3.3 配线设备

1. 非屏蔽网络配线架

网络配线架是设备间和管理间中最重要的组件，是实现垂直干线和水平布线两个子系统交叉连接的枢纽。网络配线架通常安装在机柜内。在计算机网络综合布线系统中，从信息点过来的双绞线电缆全部端接在配线架上。非屏蔽网络配线架一般都是集成式，网络模块与支架集成在一起。下面我们介绍常用的非屏蔽网络配线架。

如图2-59所示，常用的非屏蔽网络配线架都是1U规格，外形尺寸为上下高44.45mm（1U），左右长482mm（19in×25.4mm=482.6mm），前后宽30mm；安装孔距为上下高31.75mm，左右长465.1mm。

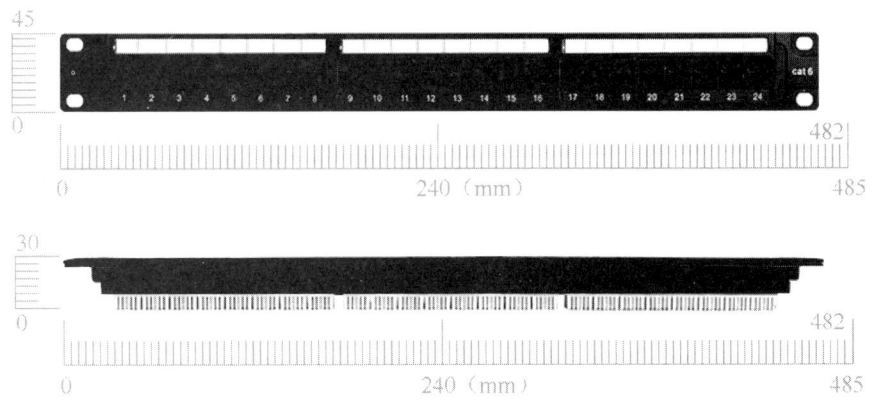

图2-59 非屏蔽网络配线架外形尺寸示意图

1）5类非屏蔽网络配线架。

5类非屏蔽网络配线架是使用较早的一种非屏蔽配线架，可提供100MHz的带宽。如图2-60所示，配线架正面为RJ-45插口，用于插接跳线，插拔次数500次以上，丝印有插口编号，一般从左向右为1～24。如图2-61所示，配线架背面为110型模块，采用110型端接方式，端接次数500次以上，粘贴有与正面RJ-45插口对应的1～24编号，以及T568A/B色

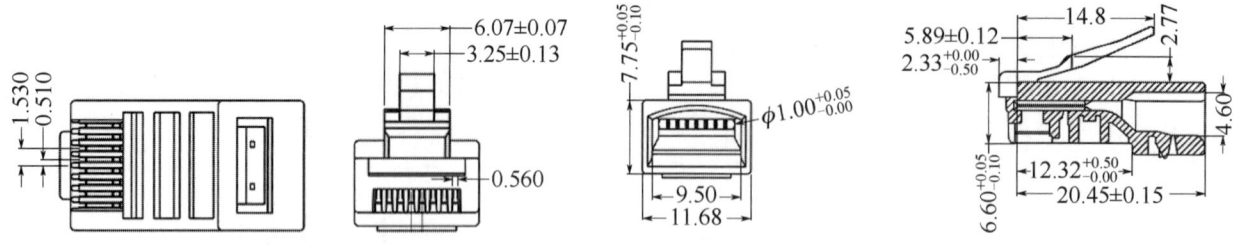

图 2-52　5e 类水晶头技术参数

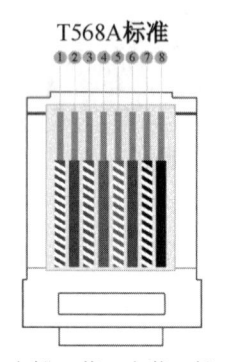

白绿、绿，白橙、蓝，白蓝、橙，白棕、棕

图 2-53　568A 线序标准

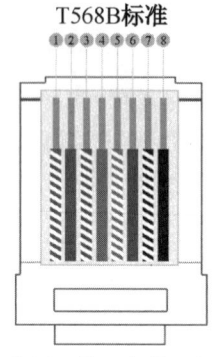

白橙、橙，白绿、蓝，白蓝、绿，白棕、棕

图 2-54　568B 线序标准

3）6 类水晶头的机械结构与电气工作原理。

6 类水晶头和 5 类、5e 水晶头的结构表面上看起来大体相似，其实有很大不同：

第一，限位槽（进线孔）排列方式不同。

5 类、5e 类水晶头的 8 个限位槽并排排列。但 6 类水晶头为 8 个限位槽上下两排排列，如图 2-55 所示为 6 类水晶头限位槽结构图。

 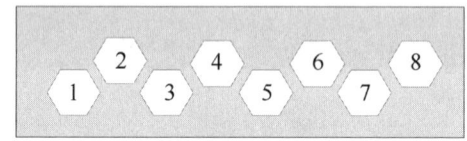 

图 2-55　6 类水晶头限位槽结构图

第二，水晶头压接前刀片位置不同。

如图 2-56 所示为 6 类水晶头压接前刀片位置，凸出水晶头表面。

如图 2-57 所示为 6 类水晶头压接后刀片位置，凹入水晶头表面。

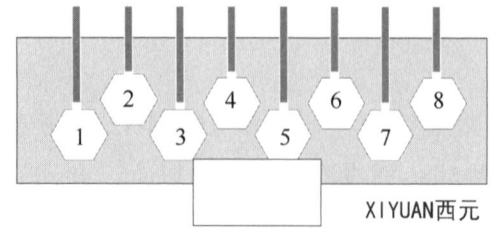

图 2-56　6 类水晶头压接前刀片凸出示意图

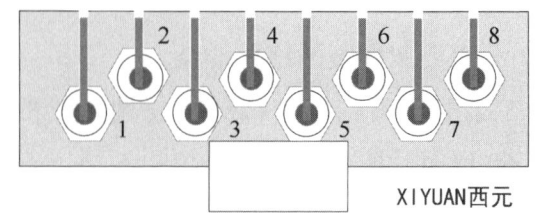

图 2-57　6 类水晶头压接后刀片凹入示意图

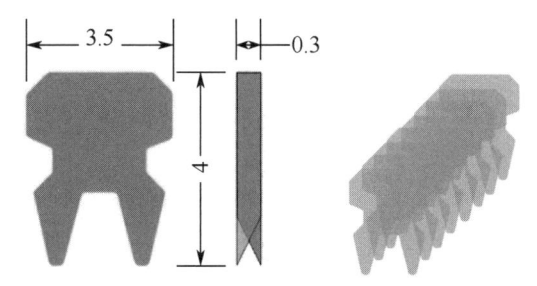
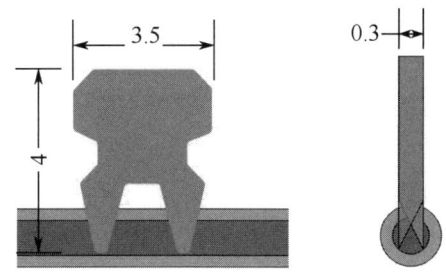

图 2-45 刀片结构和排列示意图　　　　图 2-46 刀片针刺扎入铜导体示意图

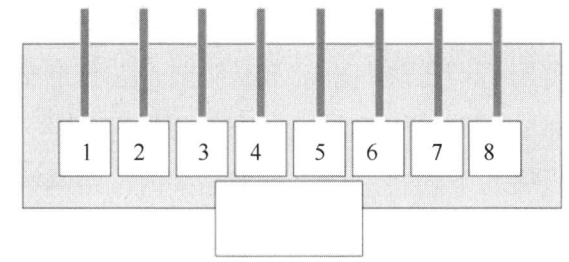
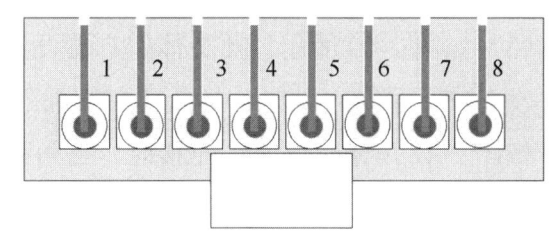

图 2-47 5 类水晶头压接前刀片上下位置示意图　　图 2-48 5 类水晶头压接后刀片上下位置示意图

通过对水晶头机械结构的了解，我们就掌握了水晶头的电气工作原理，就是用 8 个刀片针刺，穿透每 1 根线芯铜导体的绝缘层，扎入 8 个铜导体中，实现可靠的电气连接。

2）5e 类水晶头的机械结构与电气工作原理。

（1）5e 类水晶头的机械结构、外形尺寸和电气工作原理与 5 类水晶头基本相同，如图 2-49 所示，插头体采用环保透明塑料一次注塑成型，阻燃系数高，耐腐蚀，韧性强，使用寿命长。5e 类和 5 类水晶头结构的最大区别是 5e 类水晶头的刀片采用三叉结构，如图 2-50 所示，刀片有 3 个针刺触点，接触面积更大，电气连接更可靠，满足高速传输需求。如图 2-51 所示为刀片工作原理图。

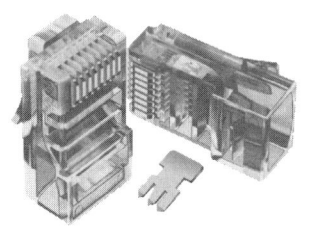
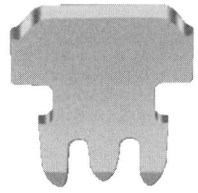
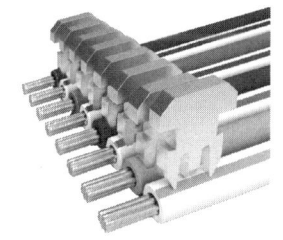

图 2-49 5e 类水晶头示意图　　图 2-50 刀片 3 叉结构示意图　　图 2-51 刀片工作原理图

（2）5e 类水晶头产品的技术参数。

5e 类水晶头接口为 RJ-45 型，兼容 RJ-11。刀片为铜材料，先镀镍再镀金，刀片前端为三叉结构。工作环境温度为-40℃～+85℃。详细尺寸如图 2-52 所示。

（3）水晶头端接连接线序标准。

水晶头端接时，正面向上，看到的实际连接线序如图 2-53 和图 2-54 所示，图 2-53 为 568A 线序标准，图 2-54 为 568B 线序标准。

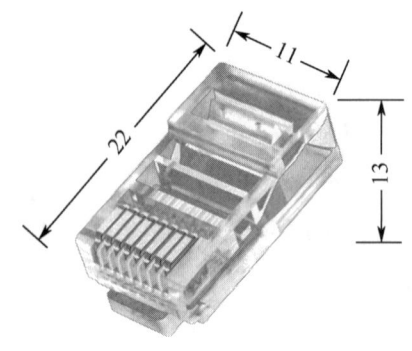

图 2-40　插头体结构图（5 类）

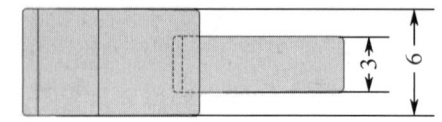

图 2-41　弹性塑料手柄结构图

（3）如图 2-40 所示，插头体的右端设计有三角形塑料压块，压接水晶头前，三角形塑料压块没有向下翻转，此时，插头体右端插入网线的入口尺寸为高 4mm，网线可以轻松插入。

如图 2-42 所示，水晶头压接时，三角形塑料压块向下翻转，卡装在水晶头内，将网线的护套压扁固定。这时，插头体右端的入口高度变为 2mm。图 2-43 为水晶头压接后实物照片。

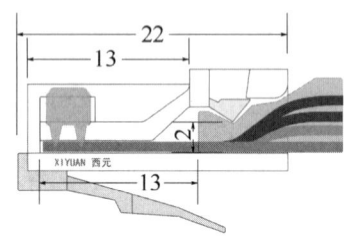

图 2-42　水晶头压接结构图

图 2-43　水晶头压接后实物照片

（4）插头体中间有 8 个限位槽，每个限位槽的尺寸稍微大于线芯直径，刚好安装 1 根线芯，防止两根线芯同时插入一个限位槽中。特别注意，5 类、5e 类水晶头的 8 个限位槽并排排列，如图 2-44 所示。

图 2-44　5 类水晶头限位槽并排排列结构示意图

（5）如图 2-45 所示，插头体中安装有 8 个刀片，每个刀片高度为 4mm、宽度为 3.5mm、厚度为 0.3mm。刀片材料为铜，表面镀镍，不生锈，针刺触点镀金，导电性能好，5 类刀片前端设计有 2 个针刺触点，为二叉结构。

如图 2-46 所示，水晶头压接时，刀片下端的针刺触点首先穿透线芯外绝缘层，然后扎入铜导体中，实现电气可靠连接。

如图 2-47 所示为水晶头压接前刀片的上下位置图，全部刀片凸出水晶头表面。

如图 2-48 所示为水晶头压接后刀片的上下位置图，全部刀片凹入水晶头表面。

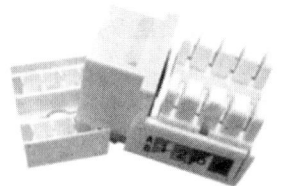  

5类网络模块与压盖　　　　网络模块卡装示意图　　　　网络面板安装图

图 2-35　非屏蔽 5 类网络模块

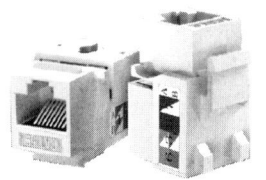  

5e 类直通非屏蔽网络模块　　　　免打模块 1　　　　免打模块 2

图 2-36　非屏蔽 5e 类网络模块

图 2-37　非屏蔽 6 类网络模块

4. 非屏蔽 RJ-45 水晶头

RJ-45 水晶头是一种国际标准化的接插件，使用国际标准定义的 8 个位置（8 针）的模块化插孔或者插头。

1）5 类水晶头的机械结构与电气工作原理。

下面我们以如图 2-38 所示的 5 类水晶头为例，介绍水晶头的机械结构和电气工作原理。每个水晶头由 9 个零件组成，包括 1 个透明注塑插头体和 8 个刀片。同时每个水晶头配套一个塑料护套，如图 2-39 所示。

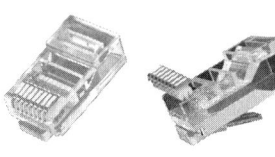 

图 2-38　5 类水晶头　　　　　　　　　　　　图 2-39　塑料护套

（1）插头体由透明塑料一次注塑而成，常见的插头体高 13mm、宽 11mm、长 22mm，如图 2-40 所示。

（2）插头体下边有一个弹性塑料手柄，弹性塑料手柄的结构如图 2-41 所示，手柄上有个卡装结构，用于将水晶头卡在 RJ-45 接口内。安装时，压下手柄，能够轻松插拔水晶头；松开手柄，水晶头就卡装在 RJ-45 接口内，保证可靠的连接。

如图 2-31 所示为一种网络模块线序色谱标识的实物照片，左面为绿色和橙色两个线对，上排为 568A 线序色谱标识，顺序为绿、白绿和橙、白橙；下排为 568B 线序色谱标识，顺序为橙、白橙和绿、白绿。右面为蓝色和棕色两个线对，上排 568A 和下排 568B 线序色谱标识相同，顺序都是白蓝、蓝和白棕、棕。

如图 2-32 所示为另一种网络模块线序色谱标识的实物照片，左面上排为 568A 线序色谱标识，顺序为白绿、绿和白蓝、蓝；下排为 568B 线序色谱标识，顺序为白橙、橙和白蓝、蓝。右面上排为 568A 线序色谱标识，顺序为橙、白橙和棕、白棕；下排为绿、白绿和棕、白棕。

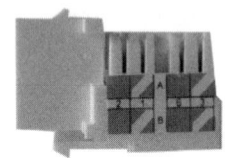 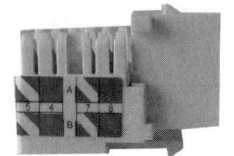 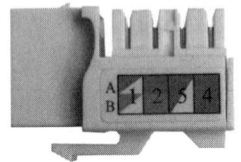 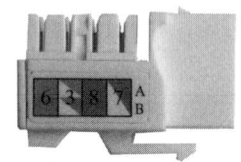

线序色谱标识（左面）　　线序色谱标识（右面）　　线序色谱标识（左面）　　线序色谱标识（右面）

图 2-31　网络模块线序色谱标识 1　　　　　图 2-32　网络模块线序色谱标识 2

2）常用非屏蔽网络模块种类。

常用的非屏蔽网络模块主要有 5 类、5e 类、6 类、6_A 类等。如图 2-33 所示为非屏蔽网络模块包装盒，每盒 24 个模块，刚好满足 24 口配线架使用需要，出厂时一般将同类网络模块独立包装在 1 盒中。如图 2-34 所示为西元 XY24 网络模块使用说明书，请扫描二维码查看彩色高清图片。

网络模块有多种结构和形状，下面我们用图片形式分别介绍。使用前请仔细阅读厂家产品说明书，特别注意线序色谱标识，按照产品说明书进行安装。网络模块的重复端接次数应不少于 500 次。

 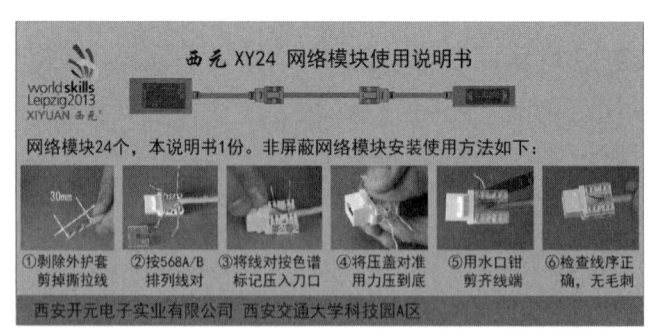 

彩色高清图片

图 2-33　非屏蔽网络
　　　模块包装盒

图 2-34　西元 XY24 网络模块使用说明书

（1）如图 2-35 所示为普通非屏蔽 5 类网络模块，简称 5 类模块。

（2）如图 2-36 所示为常见的非屏蔽 5e 类网络模块，简称 5e 类模块。

（3）如图 2-37 所示为非屏蔽 6 类网络模块，简称 6 类模块。

弹簧插针与水晶头上的 8 个刀片紧密接触，实现水晶头与网络模块的电气连接。弹簧插针应能满足不少于 500 次的插拔。

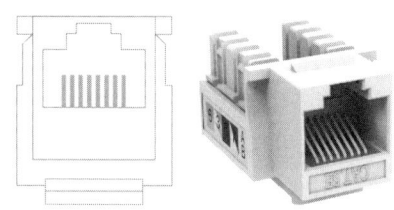

图 2-24　水晶头插口

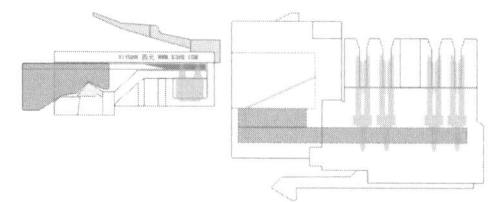

图 2-25　水晶头与网络模块连接示意图

（4）电路板。

如图 2-26 所示为电路板实物照片，图 2-27 为电路板在模块中的安装位置图。电路板为网络模块中的核心部件，采用单层电路板，分别焊接有 8 个刀片和 8 根弹簧插针，电路板中每条连接线路需要满足最小载流量为 0.175A（直流）的需要，两条连接线路之间需要满足支持 72V（直流）的工作电压的需要。

（5）压盖。

如图 2-28 所示为压盖实物照片，压盖一般都是透明塑料材质，能够看见压接后的线对。网络模块端接时，通过压盖将线芯压入刀片内。常用网络模块都是免打设计，如图 2-29 所示，都是用力将压盖向下压，直接将线芯压入刀片内，要求压盖与网络模块卡台之间的间隙不大于 0.5mm。也可以使用模块钳压紧，如图 2-30 所示。

图 2-26　电路板照片

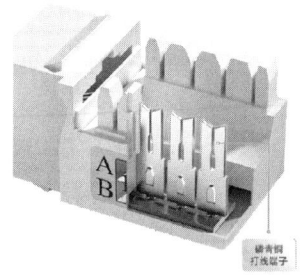

图 2-27　电路板嵌入在模块中

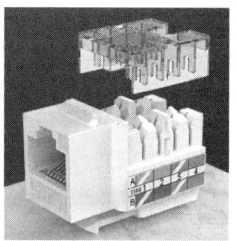

图 2-28　压盖

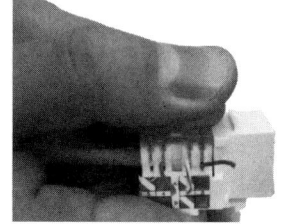

图 2-29　免打压线方式（手压）

图 2-30　模块钳压线方式

（6）色谱标识。

不同厂家的网络模块的线序不同，网络模块端接时，必须按照产品的线序色谱标识进行。

每个网络模块一般由 6 个部件组成，分别是塑料线柱、刀片、水晶头插口、电路板、压盖、色谱标识。

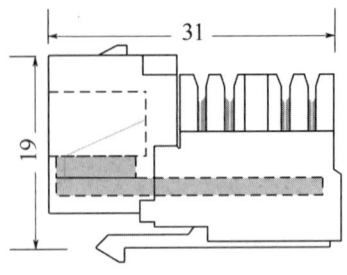

图 2-18 非屏蔽 5e 类网络模块示意图

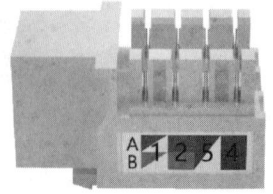

图 2-19 非屏蔽 5e 类网络模块实物照片

（1）塑料线柱。

塑料线柱的结构如图 2-20 所示，每个塑料线柱内嵌有一个刀片，塑料线柱应能满足工作环境温度-10℃～+60℃永久不变形的可靠工作需要。

（2）刀片。

刀片应具有较高的硬度和弹性，既能划破绝缘层，夹紧铜导体，又不能夹断铜导体，还要保持永久的弹性，实现电气连接，满足不少于 500 次端接的需要。

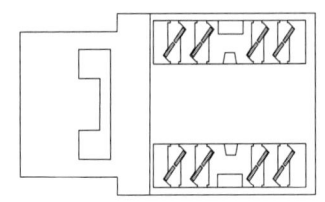  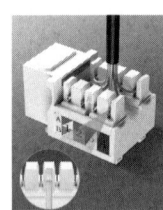

图 2-20 塑料线柱结构图

如图 2-21 所示为刀片的结构和形状，刀片高 12mm、宽 4mm，具有弹性。

如图 2-22 所示为刀片实物照片图，刀片下端焊接固定在电路板上。

如图 2-23 所示，刀片上端穿入塑料线柱中，线芯压入塑料线柱时，被刀片划破绝缘层，刀片夹紧铜导体，实现电气连接功能。

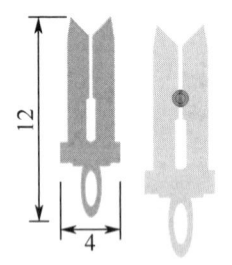  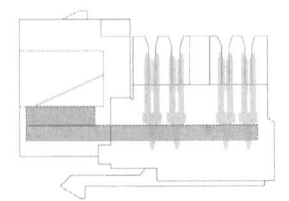

图 2-21 刀片　　　　　图 2-22 刀片实物照片　　　　图 2-23 刀片安装位置图

（3）水晶头插口。

水晶头插口结构和形状如图 2-24、图 2-25 所示，插口内有 8 个弹簧插针，弹簧插针一端焊接固定在电路板上，通过电路板与刀片连通，另一端与电路板成 30°，水晶头插入后，8 个

（2）配线设备模块工作环境的温度应为-10℃～+60℃。

（3）连接器件模块应具有唯一的标记或颜色。

（4）连接器件应支持 0.4mm～0.8mm 线径导线的连接。如果导线线径小于 0.5mm 或者大于 0.65mm 时，应考虑与连接器件的兼容性。

（5）连接器件的插拔次数不应小于 500 次。

2．双绞线电缆器件的连接方式规定

RJ-45 型 8 位模块通用插座的连接方式分为 568A 和 568B 两种方式。

1）568A 连接方式。

如图 2-12 所示为 568A 连接方式色谱，从左到右为白绿、绿、白橙、蓝、白蓝、橙、白棕、棕。图 2-13 为 568A 通用插座实物照片，图 2-14 为 568A 通用插座端接模块实物照片。

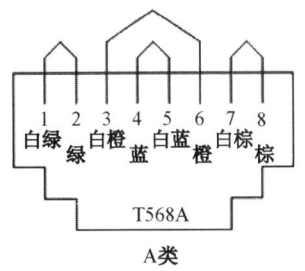

图 2-12　568A 插座连接色谱

图 2-13　568A 通用插座实物照片

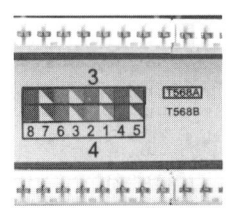

图 2-14　568A 通用插座端接模块实物照片

2）568B 连接方式。

如图 2-15 所示为 568B 连接方式色谱，从左到右为白橙、橙、白绿、蓝、白蓝、绿、白棕、棕。图 2-16 为 568B 通用插座实物照片，图 2-17 为 568B 通用插座端接模块实物照片。

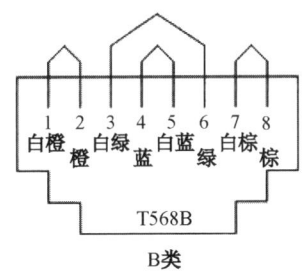

图 2-15　568B 插座连接色谱

图 2-16　568B 通用插座实物照片

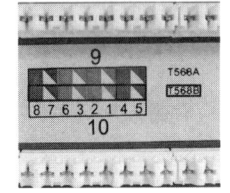

图 2-17　568B 通用插座端接模块实物照片

3．非屏蔽网络模块

1）非屏蔽网络模块的机械结构与电气工作原理。

目前，非屏蔽网络模块的常用规格包括 5 类、5e 类、6 类、6_A 类等，其机械结构和电气原理基本相同，下面我们以最常见的非屏蔽 5e 类网络模块为例进行介绍。如图 2-18 所示，其外形尺寸为长 31mm、宽 19mm、高 19mm，图 2-19 为实物照片。

厂家名称、地址、电话等信息。产品收货时，检查产品规格、长度、颜色等信息应与标识的信息一致，没有这些信息或者产品与标注不一致时，应判定为三无或假冒产品。

图2-8为6类非屏蔽双绞线电缆（6 U/UTP）的线对。

图2-9为线对扭绞结构示意图，我们看到增加了塑料十字骨架。

图2-10为包装轴照片。

图2-11为便携式放线盘应用照片。

图2-3 5e线对

图2-4 包装箱

图2-5 出线孔

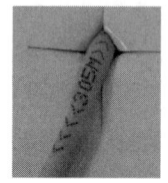
图2-6 305m标记

图2-7 包装箱标签

图2-8 6 U/UTP线对

图2-9 6 U/UTP扭绞结构

图2-10 包装轴照片

图2-11 便携式放线盘应用照片

2.3.2 双绞线电缆连接器件

1. 双绞线电缆连接器件性能指标规定

GB 50311—2016《综合布线系统工程设计规范》国家标准第6章性能指标中，明确提出了双绞线电缆连接器件基本电气特性应符合下列规定。

（1）D级、E级、F级的对绞电缆布线信道器件的标称阻抗应为100Ω，具体支持最高带宽和应用器件如下：

D级对应5类产品，支持最高带宽为100MHz，支持5类电缆和连接硬件。

E级对应6类产品，支持最高带宽为250MHz，支持6类电缆和连接硬件。

F级对应7类产品，支持最高带宽为600MHz，支持7类电缆和连接硬件。

表 2-5　双绞线电缆应用传输距离

应用网络	布线类别				应用距离（m）	备注
10BASE-T 以太网	3	5e	6	6$_A$	100	—
100BASE-TX 以太网	-	5e	6	6$_A$	100	—
1000BASE-T 以太网	-	5e	6	6$_A$	100	—
10GBASE-T 以太网	-	-	-	6$_A$	100	—
ADSL	3	5e	6	6$_A$	5000	1.5 Mb/s 至 9 Mb/s
VDSL	3	5e	6	6$_A$	5000	1500m 时，12.9Mb/s；300m 时，52.8Mb/s
模拟电话	3	5e	6	6$_A$	800	—
FAX 传真	3	5e	6	6$_A$	5000	—
ATM 25.6	3	5e	6	6$_A$	100	—
ATM 51.84	3	5e	6	6$_A$	100	—
ATM 155.52	-	5e	6	6$_A$	100	—
ATM 1.2G	-	-	6	6$_A$	100	—
ISDN BRI	3	5e	6	6$_A$	5000	128kb/s
ISDN PRI	3	5e	6	6$_A$	5000	1.472Mb/s

4．非屏蔽双绞线电缆

目前，非屏蔽双绞线电缆的市场占有率高达 90%以上，主要用于建筑物楼层管理间到工作区信息插座等配线子系统部分的布线，也是综合布线系统工程中施工最复杂、材料用量最大、质量最重要的部分。

常用的非屏蔽双绞线电缆种类为 U/UTP，非屏蔽外护套结构，非屏蔽的两芯对绞线对电缆，简称非屏蔽电缆。非屏蔽双绞线电缆的色谱由 1 个主色（白色），4 个副色（蓝、橙、绿、棕）组成，具体色谱为白橙、橙，白蓝、蓝，白绿、绿，白棕、棕。

图 2-3 所示为常用 5e 类非屏蔽双绞线电缆（5e U/UTP）线对示意图，分别由外护套和蓝、橙、绿、棕 4 对双绞线扭绞组成，非屏蔽双绞线电缆规格分为 5 类、5e 类、6 类、6$_A$ 类等。

图 2-4 所示为 5e 类非屏蔽双绞线电缆包装箱，包装箱外形尺寸为长 350mm、宽 208mm、高 355mm，体积为 26dm^3，整箱毛重为 10kg。包装箱正面设计有手提孔，方便搬运。包装箱外面应该印刷有企业 LOGO、产品名称、规格、数量等信息，箱外的"Pull Wire Here"英文为"在这里拉线"，"Structured Cabling Solutions"英文为"结构化布线解决方案"。没有这些信息时，可能为不合格产品或者假冒产品。

如图 2-5 所示，包装箱正面设计有专门的塑料出线孔和电缆固定夹，以及预留的线端插入十字孔，保护线端不受损伤，同时满足电缆曲率半径的要求。

如图 2-6 所示为线端长度标记，在收货验收时，首先查看箱外标签与线端标志，合格产品应为"305m"，没有标记或者不足 305m 时属于不合格产品。5e 类非屏蔽双绞线电缆一般每箱长度为 305m，也就是 1000ft。

图 2-7 为包装箱标签照片，应清楚标注产品规格、长度、颜色及品牌 LOGO、出厂日期、

按照该规定，常用的双绞线电缆型号可以分为以下 8 种类型：

（1）U/UTP 表示非屏蔽外护套结构，非屏蔽的两芯对绞线对电缆，简称非屏蔽电缆。

（2）F/UTP 表示金属箔屏蔽外护套结构，非屏蔽的两芯对绞线对电缆，简称屏蔽电缆，该电缆外护套有金属箔屏蔽层。

（3）U/FTP 表示非屏蔽外护套结构，金属箔屏蔽的两芯对绞线对电缆，简称屏蔽电缆，该电缆线对有金属箔屏蔽层。

（4）SF/UTP 表示金属编织物+金属箔屏蔽外护套结构，非屏蔽的两芯对绞线对电缆，简称双屏蔽电缆，该电缆外护套有 1 层金属编织物屏蔽层和 1 层金属箔屏蔽层。

（5）S/FTP 表示金属编织物屏蔽外护套结构，金属箔屏蔽的两芯对绞线对电缆，简称双屏蔽电缆，该电缆外护套有金属编织物屏蔽层，线对有金属箔屏蔽层。

（6）U/UTQ 表示非屏蔽外护套结构，非屏蔽的四芯对绞线对电缆，简称非屏蔽电缆，该电缆为四芯对绞电缆。

（7）U/FTQ 表示非屏蔽外护套结构，金属箔屏蔽的四芯对绞线对电缆，简称屏蔽电缆，该电缆线对有金属箔屏蔽层。

（8）S/FTQ 表示金属编织物屏蔽外护套结构，金属箔屏蔽的四芯对绞线对电缆，简称双屏蔽电缆，该电缆外护套有金属编织物屏蔽层，线对有金属箔屏蔽层。

2．综合布线电缆布线系统的分级与类别

综合布线电缆布线系统的分级与类别划分应符合表 2-4 的规定。其中 5、6、6_A、7、7_A 类布线系统应能支持向下兼容的应用。

表 2-4 综合布线电缆布线系统的分级与类别

系统分级	布线系统产品类别	支持最高带宽（Hz）	支持应用器件 电缆	支持应用器件 连接硬件
A	—	100K	—	—
B	—	1M	—	—
C	3 类（大对数）	16M	3 类	3 类
D	5 类（屏蔽和非屏蔽）	100M	5 类	5 类
E	6 类（屏蔽和非屏蔽）	250M	6 类	6 类
E_A	6_A 类（屏蔽和非屏蔽）	500M	6_A 类	6_A 类
F	7 类（屏蔽）	600M	7 类	7 类
F_A	7_A 类（屏蔽）	1000M	7_A 类	7_A 类

3．双绞线电缆传输距离规定

GB 50311—2016《综合布线系统工程设计规范》附录 C 规定，电缆在通信业务网中的应用等级与传输距离应符合表 2-5 的规定。

描二维码查阅西元电缆展示柜配套的教学视频和语音文件，对照实物反复学习。

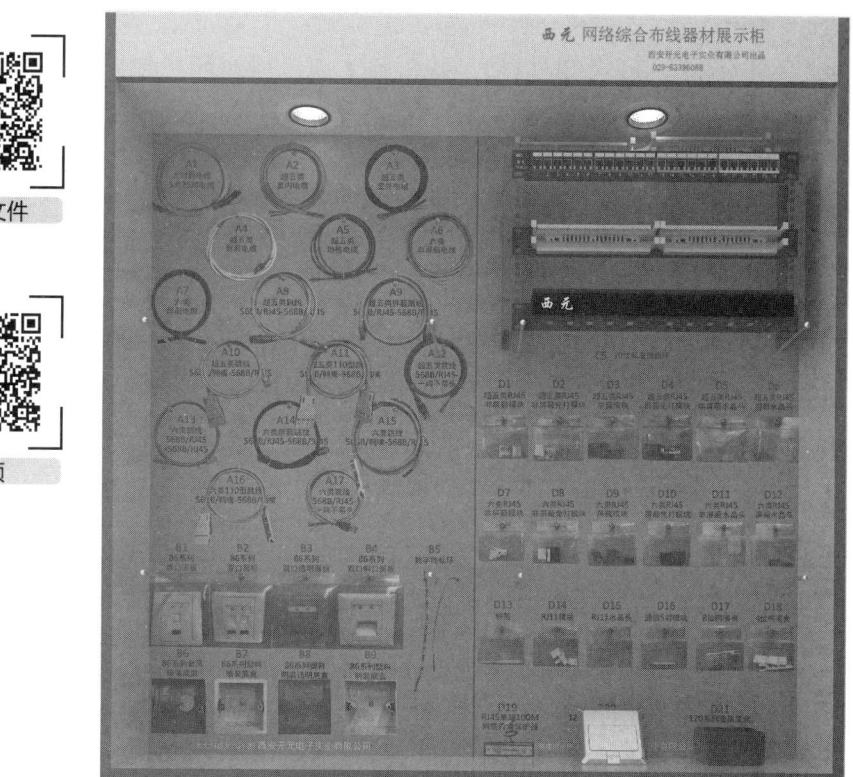

图 2-1　西元电缆展示柜

2.3.1　双绞线电缆

1. 双绞线电缆的命名方式

GB 50311—2016《综合布线系统工程设计规范》国家标准中，给出了双绞线电缆的命名方式，这个命名方式来自国际标准，因此在全世界都是统一的。双绞线电缆的命名方式一般参照国际标准 ISO/IEC 11801:2010《信息技术—用户基础设施结构化布线》相关规定。

如图 2-2 所示为双绞线电缆命名方式，统一使用 XX/Y ZZ 编号表示，其中：

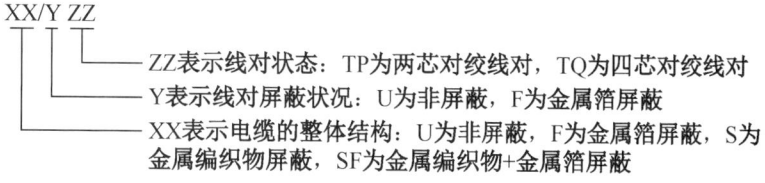

图 2-2　双绞线电缆的命名方式

XX 表示电缆整体结构，U 为非屏蔽，F 为金属箔屏蔽，S 为金属编织物屏蔽，SF 为金属编织物屏蔽+金属箔屏蔽。

Y 表示线对屏蔽状况，U 为非屏蔽，F 为金属箔屏蔽。

ZZ 表示线对状态，TP 为两芯对绞线对，TQ 为四芯对绞线对。

时仓管员将第四联退回给申领人留底。

2. 领取材料的注意事项

（1）领料部门应按计划分期、分批领取材料，避免施工现场材料的长期堆积，造成材料损坏。

（2）领料部门必须提前填写领料单，领料单内容填写必须规范、齐全，严格执行"见单发料"原则。

（3）各部门应指定专人负责领料，领料人员名单需在仓库处备案，非指定人员领料时，一律不予受理。

（4）材料发放前仓管员必须认真清点出库材料数量、规格、是否与领料单相符，发现问题及时与申领人核对落实清楚。

（5）材料的发放坚持"先进先出，后进后发，推陈储新，发零存整"的原则，以避免材料保管时间过长而造成损坏和老化现象。

（6）材料的发放坚持"计划供应、有据可查"，做到一核对、二签字、三记账、四盘点。

（7）生产完成或工程竣工后的多余材料，应及时退库，库管员要及时进行验收登记。

2.3 常用材料设备规格和质量检查

在综合布线工程设计和施工安装中，离不开双绞线电缆等各种传输介质、连接器件和器材设备。表2-3为住宅综合布线系统常用器材清单，包括电缆类、连接器件类、设备类、配件类等。

表2-3 住宅综合布线系统常用器材清单

序号	类别	名称	常用规格
1	电缆类	非屏蔽双绞线电缆	五类、超五类、六类、超六类
2	连接器件类	非屏蔽网络模块	五类、超五类、六类、超六类
		非屏蔽RJ-45网络水晶头	五类、超五类、六类
3	设备类	非屏蔽网络配线架	五类、超五类、六类
		110跳线架	25对，50对
		信息插座底盒	86型底盒，包括暗装型、明装型
		信息插座面板	单口面板、双口面板
		住宅信息箱	常用尺寸：470/420/370mm×300mm×115mm；主要配置：语音配线模块、数据配线模块、有线电视配线模块、直流电源模块等
4	配件类	穿线管	ϕ20、ϕ16 等
		线槽	20mm×12mm、25mm×25mm、30mm×15mm 等

为了方便教学和学生参观实训，直观介绍常用器材的规格与质量，使学生快速掌握相关知识，我们以图2-1所示的西元电缆展示柜为例进行介绍和说明。西元电缆展示柜为国家发明专利产品，精选了电缆传输系统的典型缆线和设备进行展示和介绍，请在教学实训中，扫

六类、超六类等，规格有屏蔽、非屏蔽，各个厂家品牌也不相同，产品质量、价格、交货期也不同，差别可能比较大。库房一般库存有多个型号和规格的双绞线电缆，因此领料单中的材料的型号规格必须要填写清楚，符合该项目投标文件要求，建议在备注说明栏填写清楚品牌和特殊要求。

7）数量正确，余量合理。

材料使用数量直接决定工程项目成本，数量是否正确不仅直接影响工程总造价，也可能影响工程进度。余量合理能够有效控制管理成本。如果余量不足，将会增加二次采购和物流成本；如果余量太大，容易造成浪费，增加成本。

8）用途正确。

每种材料都要填写实际用途。

9）备注说明正确填写。

备注说明栏需要填写特殊要求和注意事项。例如双绞线电缆填写品牌、批号、护套颜色，每箱305m等。

10）申领人签字时，应复核领料单内容正确。

完成领料单填写，申领人签字前，再次与投标报价表、材料表核对，保证全部信息和特殊要求正确。

11）项目负责人审批签字时，应考虑库存与工期。

材料及时供应是按期保质保量完成工程项目的必要条件，项目负责人审批前，应根据施工进度表要求与采购部门、库房等核对信息，减少库存因素对工期的影响。

12）仓管员签字时，应依据领料单核对出库材料。

仓管员完成备货，给申领人移交前，应与领料单逐项核对，保证出库材料与领料单一致，例如核对材料型号规格正确，数量正确，没有多项或漏项。

2.2.4 领取材料

1. 领取材料的流程

领取材料的基本流程：

填写领料单→申请领料→核实、备料→发放材料→领料

（1）填写领料单。根据工程施工任务需求，领料部门填写领料单，并由项目负责人签字，申领人签字。

（2）申请领料。申领人将领料单送至仓管员，申请领取材料。

（3）核实、备料。仓管员核实领料单后，及时准备材料，将材料分拣整理放置在备货区，并通知申领人领料。

（4）发放材料。仓管员按照领料单的信息，逐项核对发放材料。

（5）领料。申领人领取并核实材料明细及数量，确认无误后，方可将材料领出仓库，同

表 2-2 西安开元电子实业有限公司领料单

工程项目领料单　　　　　　　　　　　编号：　　　时间：

工程名称：西元住宅建筑模型综合布线系统工程		施工工期		10个工作日	
领用部门：工程部		事由/工序		穿线工序施工材料/设备	
序号	材料/设备名称	型号规格	数量	用途	备注说明
1	双绞线电缆	Cat 5e 非屏蔽电缆	2箱	传输电缆	305米/箱
2	塑料带线	塑料	500米	牵引电缆	
3	穿线器	30m 引线	1个	牵引带线	
4	尖嘴钳	6寸尖嘴钳	2把	夹持带线	
5	剪刀	电缆剪刀	1把	裁剪电缆	
6	线扎	100mm	1袋	缆线绑扎	150个/袋
7	标签打印机	套管标签打印机	1台	打印线标	
8	毛刷	清洁毛刷	2把	清洁信息箱（盒）	
9	工具包	多功能工具包	2个	装工具	
申领人签字： 时间：		项目负责人审批签字： 时间：		仓管员（主管）签字： 时间：	

1）领料单编号按照顺序填写。

领料单编号应该按照顺序填写，不要断号或者重号，方便分类保管和统计领料单的数量。

2）正确填写时间。

表中的时间应按照年、月、日的顺序正确填写，不要漏填或者出现错误，方便项目、工序具体施工任务、施工进度的分析和计划管理。

3）正确填写工程名称。

在工程开工前，仓管员一般会把工程或者工序需要的材料设备，提前准备好，可能会有多个工程项目在同时进行，正确填写工程名称有助于快速发货，避免发错。

4）正确填写领用部门和工序。

公司往往有多个部门，同一个工程项目，不同部门领用的材料也可能不同，例如工程部主要领用安装施工需要的材料，质检部主要领用质量检查需要的材料和设备。

相同工程不同工序使用的材料也不同，一般是按照工序提前领取材料，因此也要正确填写工序。例如土建埋管工序主要用到钢管和弯头等，穿线工序主要用到网络双绞线等。

如果同一个工程由多个班组在施工安装时，还要填写班组名称，方便材料消耗的归集和统计分析，例如统计材料利用率、分析材料合格率等。

5）规范填写材料/设备名称。

一般应按照材料类别顺序填写，把同一类材料放在一起。需要正确填写材料名称，建议按照工程项目材料表的名称填写，例如双绞线电缆，不能填写电缆、网线等俗称。

6）型号规格要清楚。

同一种材料往往都有多种型号、规格、品牌，例如双绞线电缆的型号就有五类、超五类、

管员（主管）发料时签字等。没有签字或者签字不全时，仓管员不发料，也不能作为财务记账依据。

3）按照领料单领取和发放材料。

办理领料前，首先必须填写领料单，并按照领料单内容领取材料，按库房管理流程领取材料和签字。禁止无领料单等凭证出库现象，禁止先领料后补领料单的情况。

2.2.3 正确填写领料单

1. 领料单填写注意事项

1）领料单书写工整、清晰。

多联纸质领料单填写时，应适当控制书写力度，书写字迹工整、清晰、可辨识。一般为复写纸，注意不串行、不串格、不模糊、没有错别字。

电脑打印或者网络填写时，按照规定模板规范填写，不要随意修改领料单模板格式。

2）领料单无修改，保持单面整洁。

手工填写领料单时，要求不能修改。如果填写错误时，应重新填写。有多处手工修改的领料单，后期可能无法追查责任。

3）栏目不够时另加页，空余栏画斜杠。

如果领料单栏目不够填写时，需要再增加1页。如果领料单页面有空余栏时，应画斜杠，避免对领料单的人为添加或改动。

4）工程名称正确，签字人完整。

仓管员发料前，应检查表头、表前部分的工程名称、领用部门等信息填写正确，表尾的申领人、项目负责人审批签字正确和完整。

5）按工序填写领料单。

综合布线工程项目工序多、周期长，一般按照工序需要填写领料单，不要一次把多个工序的材料填写在一张领料单中，那样不仅占用资金和库房场地，也容易造成丢失和浪费。

6）按材料类别填写领料单。

填写领料单时，一般按照材料类别填写，按照同类别、同型号等顺序填写。例如按照类别分为双绞线电缆类、连接器类等，按照型号分为非屏蔽电缆类、屏蔽电缆类等。这样填写既能防止漏项或者多项，也方便仓管员快速发货。

2. 正确填写领料单

填写领料单是一项细致的文案工作，首先需要花时间研究项目设计图纸、技术要求书、验收标准等投标文件，其次需要编制材料表，整理和计算需要的材料型号、规格、数量，并且增加合理的余量。最后根据施工工序，分批分次正确填写领料单。下面我们以表2-2为例，介绍具体填写要求。

2.2.2 相关知识介绍

1. 领料单的作用

（1）规范填写和管理分析领料单，有利于工程项目按照计划进行和管理，能够核算与控制项目成本，能够及时、准确反映综合布线系统工程分项材料的消耗情况。

（2）领料单能够明确材料领用的责任，确保材料供应与合理使用。领料单除了要有申领人的签名外，还需要部门/项目负责人、仓管员等的签名。

2. 领料单的范围

综合布线系统工程领料单一般用于施工现场材料的领用，包括生产材料、辅料等。

3. 领料单的格式与内容

表2-1所示为领料单，一般为表格形式，各个单位与项目的表格的基本内容相同，一般如下：

表头部分包括单位名称、表格名称与编号、时间等信息。

表中部分第一行包括工程名称、施工工期等信息。

表中部分第二行包括领用部门、事由/工序等信息。

表中部分第三行包括序号、材料/设备名称、型号规格、数量、用途、备注说明等信息。

表中部分第四行开始为需要领用的材料/设备信息。

表尾最后一行包括申领人签字、项目负责人审批签字、仓管员（主管）签字、时间等信息。

表2-1 西安开元电子实业有限公司领料单

工程项目领料单　　　　　　编号：　　时间：

工程名称：西元住宅建筑模型综合布线系统工程		施工工期	10个工作日	
领用部门：工程部		事由/工序	穿线工序施工材料/设备	
序号	材料/设备名称	型号规格	数量	用途	备注说明
1					
2					
3					
申领人签字： 时间：		项目负责人审批签字： 时间：		仓管员（主管）签字： 时间：

4. 领料单的基本要求

1）领料单一般为一式四联。

第一联为存根联，由申领人所在部门保存和备查；

第二联为保管联，由仓管员保存，作为登记材料出库明细账目依据；

第三联为记账联，由财务部门保存，作为项目成本核算依据；

第四联为业务联，由申领人保存，作为材料保管与管理清单。

2）领料单有统一的格式。

领料单一般由领料部门/项目部编制统一格式，具体由申领人填写，项目负责人审批，仓

工作任务 2

住宅综合布线系统材料准备

工作任务 2 以住宅项目为例，介绍小型综合布线系统工程的材料准备，讲解材料准备需要的具体职业技能要求和相关知识，主要包括填写领料单、领取材料，常用材料设备规格和质量检查，安全防护用品的正确选择和使用等；最后安排了典型的工程实训项目。

2.1 《综合布线系统安装与维护职业技能等级标准》初级职业技能要求

《综合布线系统安装与维护职业技能等级标准》（2.0 版）对住宅综合布线系统材料准备工作任务，提出了如下职业技能要求。

1. 能填写领料单，并能从库房领取材料。
2. 能检查材料的规格和质量。
3. 能正确选择安全防护用品。
4. 能正确使用安全防护用品。

2.2 填写领料单，领取材料

2.2.1 任务描述

领料单是材料领用和发放的原始凭证，每领用一次材料，都应填写领料单。在综合布线系统工程项目施工过程中，项目经理/工程师需要根据现场施工任务及进度情况，合理安排材料的准备和领取工作，必须正确填写领料单，按照领料单领取材料，领料单必须存档。

本任务介绍如何正确填写领料单，掌握领料单的格式和基本内容，以及从库房领取材料的流程和注意事项。

9. 实训报告

按照表 1-11 所示的实训报告模板（或学校模板）独立完成实训报告，2 课时。

请扫描"实训报告模板"二维码，下载全书实训报告模板。

为了通过实训报告训练读者的文案编写能力，训练工程师等专业人员的严谨工作态度、职业素养与岗位技能，作者对本书全部实训报告提出如下具体要求，请教师严格评判。

实训报告模板

（1）实训报告应该是 1 项工作任务，日事日毕，必须按照规定时间完成，教师评判成绩时，未按时提交者直接扣减 10 分（百分制）。

（2）实训报告必须提交打印版或电子版，要求页面和文字排版合理规范，图文并茂，没有错别字。建议教师评判时，出现 1 个错别字直接扣 5 分。

（3）全部栏目内容填写完整，内容清楚、正确。表格为 A4 幅面，按照填写内容调整。

（4）"实训步骤和过程描述"栏，必须清楚叙述主要实训操作步骤和过程，总结关键技能，增加实训过程照片、作品照片、测试照片等，至少有 1 张本人出镜的正面照片。

（5）"实训收获"栏描述本人完成的工作量和实训收获，以及掌握的实践技能和熟练程度等。

表 1-11 综合布线系统安装与维护实训报告模板

学校名称		学院/系		专业		
班级		姓名		学号		
课程名称		实训项目		日期	年 月 日	
实训报告项目	分数	评判成绩	实训报告内容			
1. 实训任务来源和应用	5 分					
2. 实训任务	5 分					
3. 技术知识点	5 分					
4. 关键技能	5 分					
5. 实训时间（按时完成）	5 分					
6. 实训材料	5 分					
7. 实训工具和设备	5 分					
8. 实训步骤和过程描述	30 分					
9. 作品测试结果记录	20 分					
10. 实训收获	15 分					
11. 教师评判成绩合计						

第四步：设计施工图。

利用 Auto CAD 或 Visio 软件完成施工图的设计，注意图形符号必须正确，布线路由合理。

第五步：编制材料表。

利用 Word 软件完成材料表的编制，注意表格设计合理，材料名称和型号、数量准确。

8．评判标准

住宅综合布线系统的设计评判项目见表 1-5～表 1-9。

表 1-5 住宅综合布线系统信息点数量统计表项目评判表

姓名	表格设计合理（10 分）	数据正确（60 分）	文件名称正确（10 分）	签字和日期正确（10 分）	按时完成（10 分）	合计

表 1-6 住宅综合布线系统图项目评判表

姓名	图形符号正确（10 分）	连接关系正确（40 分）	缆线型号正确（10 分）	图例说明完整（10 分）	图面布局合理（10 分）	标题栏完整（10 分）	按时完成（10 分）	合计

表 1-7 住宅综合布线系统端口对应表项目评判表

姓名	表格设计合理（10 分）	信息点编号正确（40 分）	配线架编号正确（5 分）	配线架端口编号正确（10 分）	插座底盒编号正确（20 分）	房间编号正确（5 分）	按时完成（10 分）	合计

表 1-8 住宅综合布线系统施工图项目评判表

姓名	图形符号正确（10 分）	布线路由合理正确（40 分）	位置设计合理正确（10 分）	说明完整（10 分）	图面布局合理（10 分）	标题栏完整（10 分）	按时完成（10 分）	合计

表 1-9 住宅综合布线系统材料表项目评判表

姓名	表格设计合理（10 分）	文件名称正确（10 分）	名称型号准确（20 分）	规格齐全（15 分）	数量正确（15 分）	易耗品齐全（10 分）	签字日期正确（10 分）	按时完成（10 分）	合计

住宅综合布线系统设计实训项目成绩统计表详见表 1-10。

表 1-10 住宅综合布线系统设计实训项目成绩统计表

姓名	信息点数量统计表	综合布线系统图	端口对应表	施工图	材料表	合计

2. 实训任务

参考工作任务 1 介绍的设计方法和图表，以学校的教室、宿舍、实训室等小型建筑为例，独立完成其综合布线系统的设计，提交全套设计图纸和文件。请扫描"实训项目 1"二维码，下载实训项目 1 的 Word 版。

3. 技术知识点

1）综合布线系统设计任务有 5 项，分别如下：

（1）编制信息点数量统计表；

（2）设计综合布线系统图；

（3）编制端口对应表；

（4）设计施工图；

（5）编制材料表。

2）设计综合布线系统工程的方法和规范知识。

4. 关键技能

（1）掌握编制信息点数量统计表的方法，表格设计合理，数据正确。

（2）掌握设计综合布线系统图的方法，图形符号必须正确，连接关系清楚。

（3）掌握编制端口对应表的方法，表格设计合理，编号正确。

（4）掌握设计施工图的方法，图形符号必须正确，布线路由合理。

（5）掌握编制材料表的方法，表格设计合理，材料名称和型号、数量准确，余量合理。

5. 实训课时

（1）该实训共计 2 课时完成，其中技术讲解 25 分钟，实际操作 45 分钟，实训评判和总结 20 分钟。

（2）课后作业 2 课时，独立完成实训报告，提交合格实训报告。

6. 实训工具

计算机及相关设计软件。

7. 实训步骤

实训操作前，初学者应提前预习，认真研究实训任务，掌握技术知识点，熟悉关键技能与要求内容，在规定时间内有计划地完成本实训任务。

第一步：编制信息点数量统计表。

利用 Excel 工作表软件完成信息点数量统计表的编制，注意表格设计合理，数据正确。

第二步：设计综合布线系统图。

利用 Auto CAD 或 Visio 软件完成综合布线系统图的设计，注意图形符号必须正确，连接关系清楚。

第三步：编制端口对应表。

利用 Word 软件完成端口对应表的编制，注意表格设计合理，编号正确。

9. 综合布线系统端口对应表包括哪些内容？（　　）（参考 1.4.3 知识点）

   A．房间编号　　　　　　　B．配线架编号

   C．插座底盒编号　　　　　D．缆线编号

10．下列属于材料表的是（　　）。（参考 1.4.3 知识点）

   A．名称　　　　　　　　　B．型号

   C．价格　　　　　　　　　D．数量

三、简答题（50 分，每题 10 分）

1．请给出综合布线系统的定义。（参考 1.2.2）

2．写出《综合布线系统工程设计规范》中，常用器材/设备的缩略词及其含义。（至少写出 5 个）（参考 1.2.4）

3．网络综合布线工程一般设计项目包括哪些主要内容？（参考 1.4.3）

4．综合布线系统图设计有哪些要点？（参考 1.4.3）

5．简述信息点 FD1-2-5-3Z-7 的各部分含义。（参考 1.4.3）

1.5　实训项目 1　住宅综合布线系统设计实训

1．实训任务来源

综合布线系统的设计是相关从业人员的基本技术技能，也是《综合布线系统安装与维护职业技能等级标准》规定的初级技能。

实训项目 1

_____和_____。（参考1.4.3）

7．_____直接决定综合布线系统网络拓扑图。（参考1.4.3）

8．_____是综合布线施工必需的技术文件，主要规定房间编号、每个信息点的编号、配线架编号、端口编号、机柜编号等。（参考1.4.3）

9．_____设计的目的就是规定布线路由在建筑物中安装的具体位置。（参考1.4.3）

10．材料表主要用于工程项目_____和现场施工管理。（参考1.4.3）

二、**选择题**（部分为多选题）（30分，每题3分）

1．布线（cabling）是能够支持电子信息设备相连的各种（　　）、（　　）、接插软线和连接器件组成的系统。（参考1.2.2）

  A．线缆　　　　　　　　B．缆线
  C．连接线　　　　　　　D．跳线

2．综合布线系统可支持哪些业务信息的传递？（　　）（参考1.2.2）

  A．数据　　　　　　　　B．语音
  C．图像　　　　　　　　D．多媒体

3．下列属于永久链路的是？（　　）（参考1.2.3）

  A．设备缆线　　　　　　B．工作区缆线
  C．设备跳线　　　　　　D．水平缆线

4．（　　）是楼层配线设备至信息点之间的连接缆线。（参考1.2.3）

  A．设备缆线　　　　　　B．跳线
  C．水平缆线　　　　　　D．CP缆线

5．GB 50311《综合布线系统工程设计规范》规定的缩略词中，FD代表（　　）。（参考1.2.4）

  A．建筑群配线设备　　　B．楼层配线设备
  C．建筑物配线设备　　　D．进线间配线设备

6．（　　）在综合布线工程实践中是常用的统计和分析方法，也适合监控系统、楼控系统等设备比较多的各种工程应用。（参考1.4.3）

  A．端口对应表　　　　　B．信息点数量统计表
  C．施工图　　　　　　　D．综合布线系统图

7．在综合布线系统图中，⊠表示（　　）。（参考1.4.3）

  A．交换机　　　　　　　B．网络设备和配线设备
  C．配线架　　　　　　　D．跳线

8．工程图纸标题栏，包括以下哪些内容？（　　）（参考1.4.3知识点）

  A．项目名称　　　　　　B．图纸编号
  C．设计人签字　　　　　D．图纸名称

续表

序号	材料名称	型号或规格	数量	单位	品牌或厂家	说明
7	PVC 管接头	φ20 直通接头	40	个	西元	
8	PVC 管接头	φ16 直通接头	30	个	西元	
9	标签纸	线标纸	3	张	西元	用于缆线标识

编制人签字：王涛　　　　　　审核人签字：蔡永亮　　　　　　审定人签字：王公儒
编制单位：西安开元电子实业有限公司　　　　　　　　　　　　时间：2021 年 09 月 26 日

（7）填写品牌或厂家栏。

同一种型号和规格的材料，不同的品牌或厂家，产品制造工艺往往不同，质量也不同，价格差别也很大，因此必须根据工程需求，在材料表中明确填写品牌或厂家，基本上就能确定该材料的价格，这样采购人员就能按照材料表的要求准确地供应材料，保证工程项目质量和施工进度。

（8）填写说明栏。

说明栏主要是把容易混淆的内容说明清楚，例如双绞线电缆说明"305 米/箱"。

（9）填写编制人和单位等信息。

在材料表的下面必须填写"编制人""审核人""审定人""编制单位""时间"等信息。

互动练习

- 互动练习 1　综合布线系统常用名词术语和缩略词
- 互动练习 2　设计住宅综合布线系统施工图

内容详见本书附册。

习题

一、填空题（20 分，每题 2 分）

1. 综合布线系统应为_____结构。（参考 1.2.2）
2. 工作区（work area）就是需要设置_____的独立区域。（参考 1.2.3）
3. 信道是连接两个应用设备的端到端的传输通道，包括_____和_____。（参考 1.2.3）
4. 缆线是_____和_____的统称。（参考 1.2.3）
5. GB 50311《综合布线系统工程设计规范》规定的缩略词中，BD 代表_____，TO 代表_____。（参考 1.2.4）
6. 信息点数量统计表能够快速准确地统计建筑物的信息点数量和位置，信息点一般包括

3）编制材料表

（1）文件命名和表头设计。

创建 1 个 A4 幅面的 Word 文件，填写基本信息和表格类别，同时给文件命名。表 1-4 中，基本信息填写在表格上面，内容为"项目名称：西元住宅建筑模型；文件编号：KYMX-05-1"，表格类别填写在第一行，内容为"序号、材料名称、型号或规格、数量、单位、品牌或厂家、说明"，文件名称为"05-西元住宅建筑模型布线材料表"。

（2）填写序号栏。

序号直接反映该项目材料品种的数量。一般自动生成，使用"1、2"等阿拉伯数字，不要使用"一、二"等。

（3）填写材料名称栏。

材料名称必须正确，并且使用规范的名词术语。例如表 1-4 中，第 1 行填写"双绞线电缆"，不能只写"电缆"或者"缆线"等，因为在工程项目中还会用到 220V 或者 380V 交流电缆，容易混淆，"缆线"的概念是光缆和电缆的统称，也不准确。

（4）填写型号或规格栏。

名称相同的材料，往往有多种型号或者规格，就双绞线电缆而言，就有五类、超五类和六类，屏蔽和非屏蔽等多个规格。例如表 1-4 第 1 行就填写"CAT 5e 非屏蔽电缆"。

（5）填写数量栏。

材料数量中，必须包括双绞线电缆、网络模块等余量，对有独立包装的材料，一般按照最小包装数量填写，数量必须为整数。例如双绞线电缆，每箱为 305m，就填写"10"，而不能写"9.5"或者"2898"。对规格比较多、不影响现场使用的材料，可以写成总数量要求，例如 PVC 线管，市场销售的长度规格有 4m、3.8m、3.6m 等，就可以写成"200"，能够满足总数量要求就可以了。

（6）填写单位栏。

材料单位一般有"箱""个""件"等，必须准确，也不能没有材料单位或者错误。例如 PVC 线管如果只有数量"200"，没有单位时，采购人员就不知道是 200m，还是 200 根。

表 1-4　西元住宅建筑模型布线材料表

项目名称：西元住宅建筑模型　　　　　　　　　　　　　　　　文件编号：KYMX-05-1

序号	材料名称	型号或规格	数量	单位	品牌或厂家	说明
1	双绞线电缆	CAT 5e 非屏蔽电缆	10	箱	西元	305 米/箱
2	信息插座底盒	86 型，暗埋	25	个	西元	实用 22 个，余量 3 个
3	双口信息插座面板	86 型，双口	25	个	西元	带安装螺丝 2 个，实用 22 个，余量 3 个
4	网络模块	超五类非屏蔽	50	个	西元	实用 44 个，余量 6 个
5	PVC 线管	ϕ20，阻燃硬质	90	米	西元	
6	PVC 线管	ϕ16，阻燃硬质	60	米	西元	

本任务要求完成西元住宅建筑模型材料表的编制。

2）编制材料表的一般要求

（1）表格设计合理。

一般使用 A4 幅面竖向排版的文件，要求表格打印后，表格宽度和文字大小合理，编号清楚，特别是编号数字不能太大或者太小，一般使用小四号字或者五号字。

（2）文件名称正确。

材料表一般按照项目名称命名，要在文件名称中直接体现项目名称和材料类别等信息，见表 1-4，文件名称为"04-西元住宅建筑模型综合布线系统材料表"。

（3）材料名称和型号准确。

材料表主要用于材料采购和现场管理，因此材料名称和型号必须正确，并且使用规范的名词术语。例如双绞线电缆不能只写"网线"，必须清楚标明是超五类电缆还是六类电缆，是屏蔽电缆还是非屏蔽电缆等。

（4）材料规格齐全。

综合布线工程实际施工中，涉及缆线、配件、辅助材料、消耗材料等很多品种或者规格，材料表中的规格必须齐全。如果缺少一种材料就可能影响施工进度，也会增加采购和运输成本。例如：信息插座面板有双口和单口的区别，有平口和斜口两种，不能只写信息插座面板多少个，必须写出双口面板多少个、单口面板多少个。

（5）材料数量满足需要。

在综合布线实际施工中，现场管理和材料管理非常重要，管理水平低，材料浪费就大，管理水平高，材料浪费就比较少。例如网络电缆每箱为305m，标准规定永久链路的最大长度不宜超过90m，而在实际布线施工中，多数信息点的永久链路长度为20～40m，往往将305m的网络电缆裁剪成20～40m使用，这样每箱都会产生剩余的短线，这就需要有人专门整理每箱剩余的短线，用在比较短的永久链路。因此在布线材料数量方面必须结合管理水平的高低，规定合理的材料数量，考虑一定的余量，满足现场施工需要。同时还要特别注明每箱电缆的实际长度要求，不能只写多少箱，因为市场上有很多产品长度不够，往往标注的是305m，实际长度不到300m，甚至只有260m，如果每件产品缺尺短寸，就会造成材料数量短缺。因此在编制材料表时，电缆和光缆的长度一般按照工程总用量的5%～8%增加余量。

（6）考虑低值易耗品。

在综合布线施工和安装中，大量使用 RJ-45 模块、水晶头、安装螺丝、标签纸等小件材料，这些材料不仅容易丢失，而且管理成本也较高。因此对于这些低值易耗材料，适当增加数量，不需要每天清点数量，增加管理成本。一般按照工程总用量的10%增加。

（7）签字和日期正确。

编制的材料表必须有签字和日期，这是工程技术文件不可缺少的。

信息箱内预留 700mm。

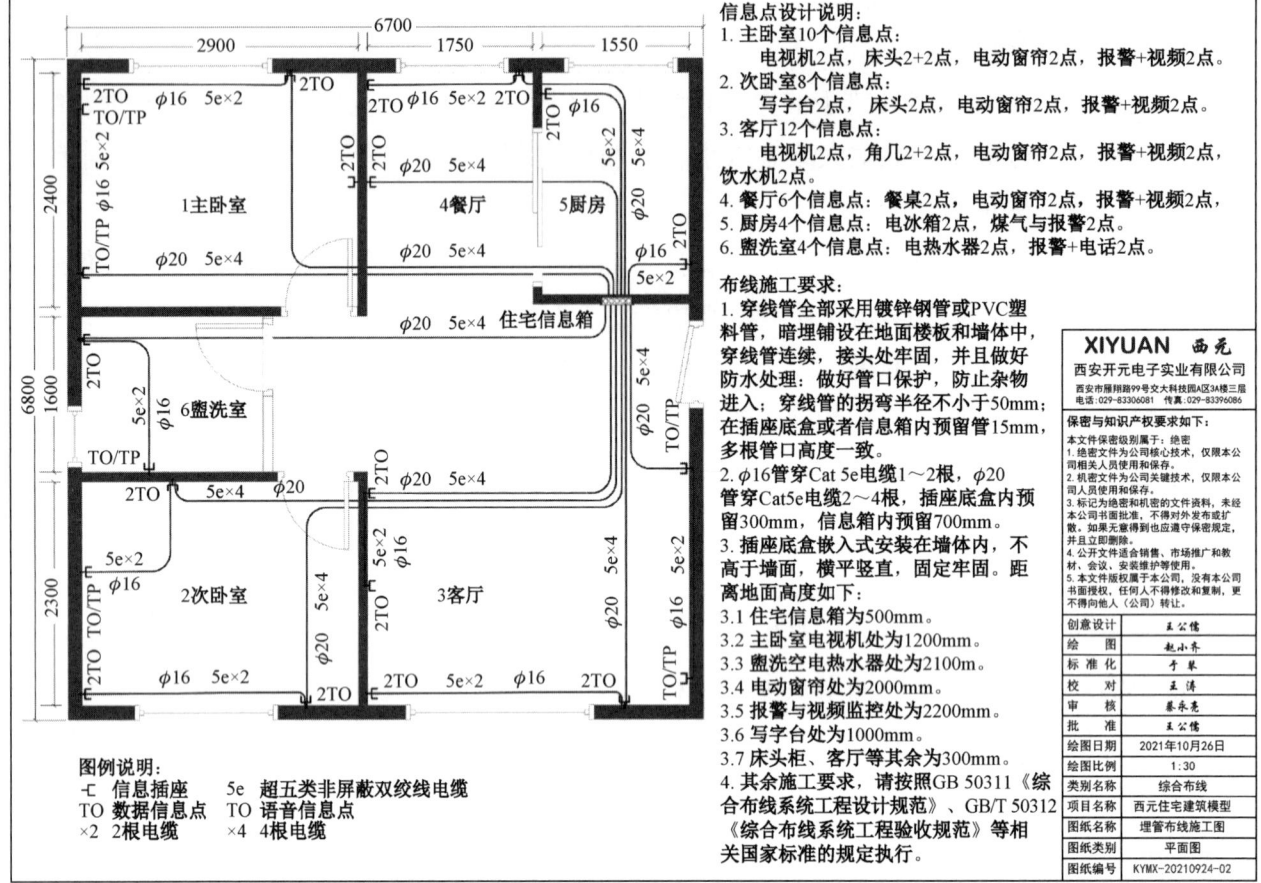

图 1-26 西元住宅建筑模型埋管布线施工图

③ 插座底盒嵌入式安装在墙体内，不高于墙面，横平竖直，固定牢固。距离地面高度如下：

- 住宅信息箱为 500mm。
- 主卧室电视机处为 1200mm。
- 盥洗室电热水器处为 2100mm。
- 电动窗帘处为 2000mm。
- 报警与视频监控处为 2200mm。
- 写字台处为 1000mm。
- 床头柜、客厅等其余为 300mm。

④ 其余施工要求，请按照 GB 50311《综合布线系统工程设计规范》、GB/T 50312《综合布线系统工程验收规范》等相关国家标准的规定执行。

5. 编制住宅综合布线系统材料表

1）任务

综合布线系统材料表主要用于工程项目材料采购和现场施工管理，实际上就是施工方内部使用的技术文件，必须详细清楚地写明全部主材、辅助材料和消耗材料等。

息点之间的布线路由，具体如图 1-25 所示。

请扫描二维码查看彩色高清图片。

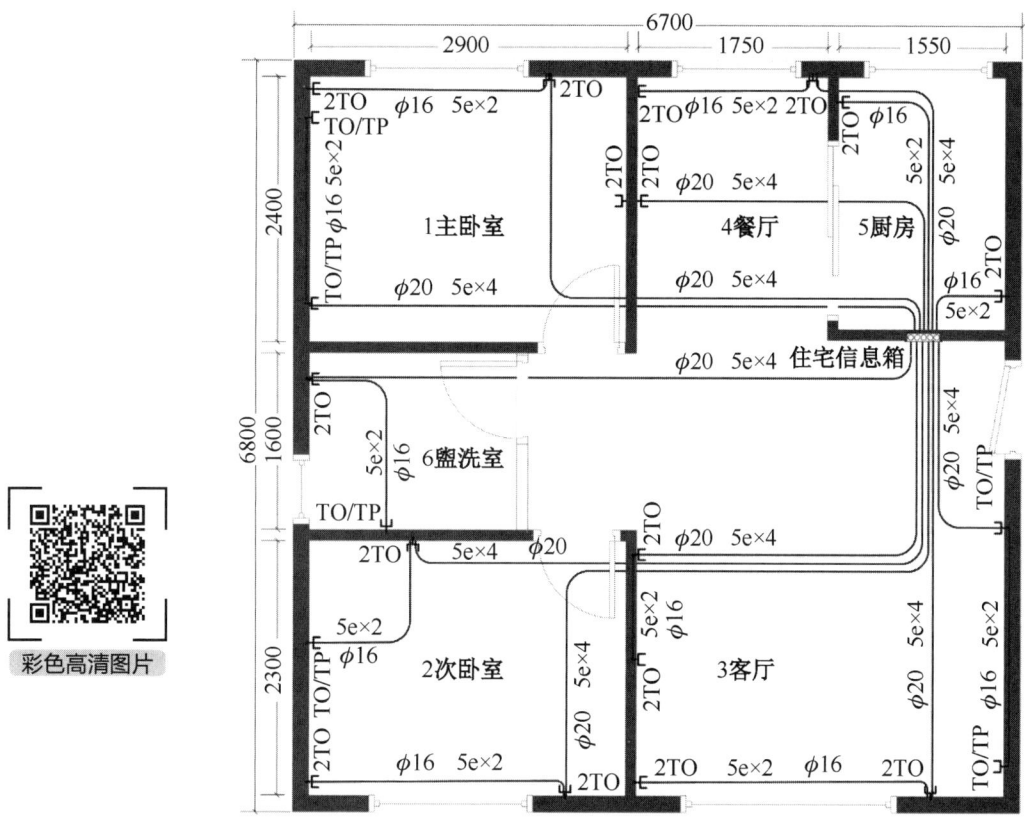

图 1-25 布线路由图

（6）添加设计说明。

设计中的许多问题需要通过文字来说明，在图中添加图例说明、信息点设计说明、施工要求等信息。

（7）设计标题栏。

如图 1-26 所示为西元住宅建筑模型埋管布线施工图。

4）设计说明

（1）图例说明：

　　┯　信息插座　　　5e　超五类非屏蔽双绞线电缆

　　TO　数据信息点　　TP　语音信息点

　　×2　2 根电缆　　　×4　4 根电缆

（2）布线施工要求。

① 穿线管全部采用镀锌钢管或 PVC 塑料管，暗埋铺设在地面楼板和墙体中，穿线管连续，接头处牢固，并且做好防水处理；做好管口保护，防止杂物进入；穿线管的拐弯半径不小于 50mm；在插座底盒或者信息箱内预留管 15mm，多根管口高度一致。

② $\phi 16$ 管穿 Cat 5e 电缆 1～2 根，$\phi 20$ 管穿 Cat 5e 电缆 2～4 根，插座底盒内预留 300mm，

4. 设计住宅综合布线系统施工图

1）任务

完成前面的信息点数量统计表、综合布线系统图和端口对应表以后，综合布线系统的基本结构和连接关系已经确定，需要进行埋管布线路由设计了，布线路由取决于住宅的结构和功能，布线管道一般安装在地面和墙体中。施工图设计的目的就是规定布线路由在建筑物中安装的具体位置，一般使用平面图。

本任务要求完成西元住宅建筑模型综合布线系统施工图的设计。

2）施工图设计的一般要求

（1）图形符号必须正确。

施工图设计的图形符号，首先要符合相关建筑设计标准和图集规定。

（2）布线路由合理正确。

施工图设计了全部缆线和设备等器材的安装管道、安装路径、安装位置等，也直接决定工程项目的施工难度和成本。

（3）位置设计合理正确。

在施工图中，对穿线管、信息插座、布线路由等的设计要合理，符合相关标准规定。例如网络插座安装高度，一般为距离地面300mm。对于电视机、写字台等特殊需求和应用场合，为了方便接线，也可根据实际需求规划信息插座的位置。

（4）说明完整。

（5）图面布局合理。

（6）标题栏完整。

3）设计施工图

下面我们用 Microsoft Office Visio 软件，以西元住宅建筑模型为例，介绍施工图的设计方法，具体步骤如下：

（1）创建 Visio 绘图文件。

首先打开程序，选择创建一个 Visio 绘图文件，同时给该文件命名，例如命名为"04-西元住宅建筑模型埋管布线施工图"。把图面设置为 A3 横向，比例为 1∶30，单位为 mm。

（2）绘制西元住宅建筑模型平面图。

按照西元住宅建筑模型实际尺寸，绘制平面图。

（3）设计信息点位置。

根据西元住宅建筑模型需求分析及信息点数量统计表，设计每个房间信息点的位置。

（4）设计住宅信息箱位置。

住宅信息箱的位置一般在住宅入户或门厅位置，信息箱体底部离地面高度应为500mm。

（5）设计布线路由。

根据西元住宅建筑模型房间布局、信息点点位和功能需求，完成住宅信息箱与各房间信

续表

序号	信息点编号	配线架编号	配线架端口编号	插座底盒编号	房间编号
8	1-8-4Y-1	1	8	4	1
9	1-9-5Z-1	1	9	5	1
10	1-10-5Y-1	1	10	5	1
11	1-11-1Z-2	1	11	1	2
12	1-12-1Y-2	1	12	1	2
13	1-13-2Z-2	1	13	2	2
14	1-14-2Y-2	1	14	2	2
15	1-15-3Z-2	1	15	3	2
16	1-16-3Y-2	1	16	3	2
17	1-17-4Z-2	1	17	4	2
18	1-18-4Y-2	1	18	4	2
19	1-19-1Z-3	1	19	1	3
20	1-20-1Y-3	1	20	1	3
21	1-21-2Z-3	1	21	2	3
22	1-22-2Y-3	1	22	2	3
23	1-23-3Z-3	1	23	3	3
24	1-24-3Y-3	1	24	3	3
25	2-1-4Z-3	2	1	4	3
26	2-2-4Y-3	2	2	4	3
27	2-3-5Z-3	2	3	5	3
28	2-4-5Y-3	2	4	5	3
29	2-5-6Z-3	2	5	6	3
30	2-6-6Y-3	2	6	6	3
31	2-7-1Z-4	2	7	1	4
32	2-8-1Y-4	2	8	1	4
33	2-9-2Z-4	2	9	2	4
34	2-10-2Y-4	2	10	2	4
35	2-11-3Z-4	2	11	3	4
36	2-12-3Y-4	2	12	3	4
37	2-13-1Z-5	2	13	1	5
38	2-14-1Y-5	2	14	1	5
39	2-15-2Z-5	2	15	2	5
40	2-16-2Y-5	2	16	2	5
41	2-17-1Z-6	2	17	1	6
42	2-18-1Y-6	2	18	1	6
43	2-19-2Z-6	2	19	2	6
44	2-20-2Y-6	2	20	2	6

编制人签字：王涛　　　　　　　　审核人签字：蔡永亮　　　　　　　　审定人签字：王公儒

编制单位：西安开元电子实业有限公司　　　　　　　　　　　　　　时间：2021年9月22日

（5）填写插座底盒编号。

在实际工程中，每个房间或者区域往往设计有多个插座底盒，我们对这些插座底盒也要编号，一般按照顺时针方向从1开始编号。一般每个底盒设计和安装双口面板插座。例如，1号主卧室设计有10个信息点即5个双口面板插座，如电视处插座底盒编号为1，则电动窗帘处插座底盒编号为5。在表格前两行填写"1"，依次对应填写，第9、第10行应填写"5"。

（6）填写房间编号。

设计单位在实际工程前期设计图纸中，每个房间或区域都没有数字或用途编号，弱电设计时首先给每个房间或区域编号。西元住宅建筑模型共6个房间，根据房间号及各个房间的信息点数量，填写房间编号。例如，1号主卧室设计有10个信息点，在表格前10行中"房间编号"栏填写对应的房间号"1"。

（7）填写信息点编号。

完成上面的六步后，编写信息点编号就容易了。按照如图1-24所示的信息点编号规定，就能顺利完成端口对应表，把每行第3~7栏的数字或者字母用"—"连接起来，填写在"信息点编号"栏。特别注意双口面板一般安装2个信息模块，为了区分这2个信息点，一般左边用"Z"，右边用"Y"标记和区分。为了使安装施工人员快速读懂端口对应表，需要把编号规定作为编制说明设计在端口对应表文件中。

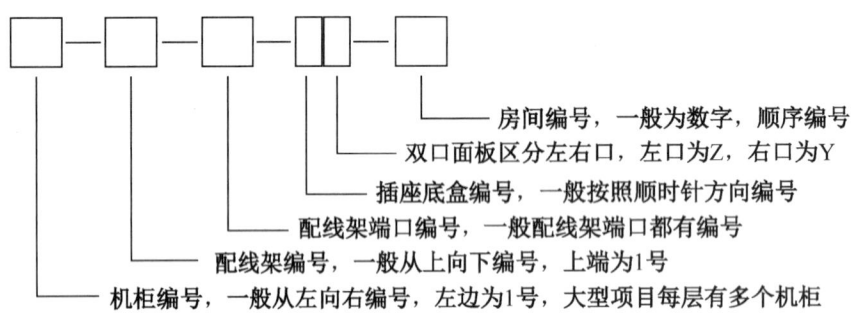

图1-24 信息点编号规定

（8）填写编制人和单位等信息。

在端口对应表的下面必须填写"编制人""审核人""审定人""编制单位""时间"等信息。

表1-3 西元住宅建筑模型端口对应表

项目名称：西元住宅建筑模型　　　　　　　　　　　　　　　　　　　　文件编号：KYMX03-1

序号	信息点编号	配线架编号	配线架端口编号	插座底盒编号	房间编号
1	1-1-1Z-1	1	1	1	1
2	1-2-1Y-1	1	2	1	1
3	1-3-2Z-1	1	3	2	1
4	1-4-2Y-1	1	4	2	1
5	1-5-3Z-1	1	5	3	1
6	1-6-3Y-1	1	6	3	1
7	1-7-4Z-1	1	7	4	1

点必须具有唯一的编号。

（1）表格设计合理。

一般使用 A4 幅面竖向排版的文件，要求表格打印后，表格宽度和文字大小合理，编号清楚，特别是编号数字不能太大或者太小，一般使用小四字号或者五号字。

（2）编号正确。

信息点端口编号一般由数字+字母串组成，编号包含工作区位置、端口位置、配线架编号、配线架端口编号、机柜编号等信息，能够直观反映信息点与配线架端口的对应关系。

（3）文件名称正确。

端口对应表作为工程技术文件，文件名称必须准确，能够直接反映该文件内容。

（4）签字和日期正确。

作为工程技术文件，编写、审核、审定、批准等人员签字非常重要，如果没有签字就无法确认该文件的有效性，也没有人对文件负责，更没有人敢使用。日期直接反映文件的有效性，因为在实际应用中，可能会经常修改技术文件，一般是最新日期的文件替代以前日期的文件。

3）编制端口对应表

端口对应表的编制一般使用 Microsoft Word 软件或 Microsoft Excel 软件，下面使用 Microsoft Word 软件完成端口对应表的编制。

（1）文件命名和表头设计。

首先创建 1 个 word 文件，给文件命名为"03-西元住宅建筑模型端口对应表"；然后编写表格标题和表头信息，见表 1-3，表格标题为"西元住宅建筑模型端口对应表"，项目名称为西元住宅建筑模型，文件编号为 KYMX03-1。

（2）设计表格。

设计表格前，首先分析端口对应表需要包含的主要信息，确定表格列数量，西元住宅建筑模型不涉及楼层管理间，所以这里就不包含"机柜编号"。如表 1-3 中为 6 列，第一列为"序号"，第二列为"信息点编号"，第三列为"配线架编号"，第四列为"配线架端口编号"，第五列为"插座底盒编号"，第六列为"房间编号"。其次确定表格行数，一般第一行为类别信息，其余按照信息点总数量设置行数，每个信息点一行。

（3）填写配线架编号。

根据前面的信息点数量统计表，我们知道西元住宅建筑模型共设计有 44 个信息点，设计中一般用 2 个 24 口配线架，就能够满足全部信息点的配线端接要求了。把 2 个配线架依次命名为 1 号和 2 号，因此在表格中"配线架编号"栏，前 24 行填写"1"，后 20 行填写"2"。

（4）填写配线架端口编号。

配线架端口编号在生产时都印刷在每个端口的下边，在工程安装中，一般每个信息点对应一个端口，一个端口只能端接一根双绞线电缆。因此，在表格中"配线架端口编号"栏从上到下，前 24 行依次填写数字 1~24，后 20 行依次填写数字 1~20。

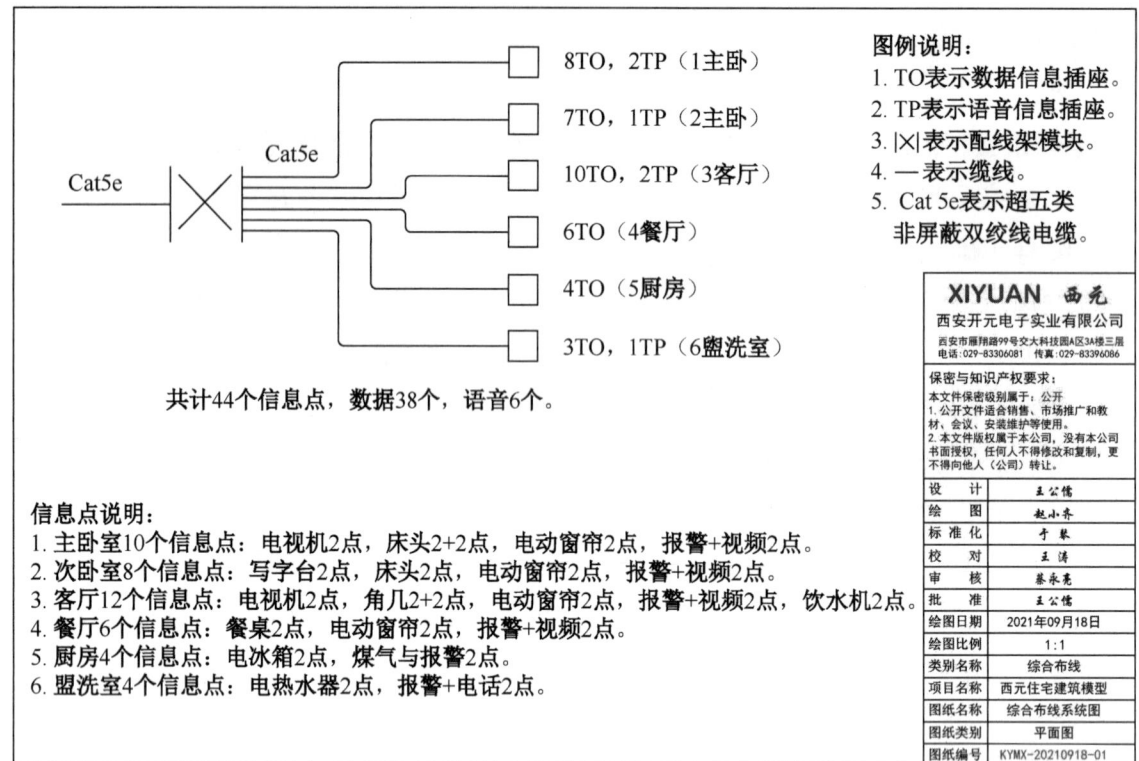

图 1-22 综合布线系统图

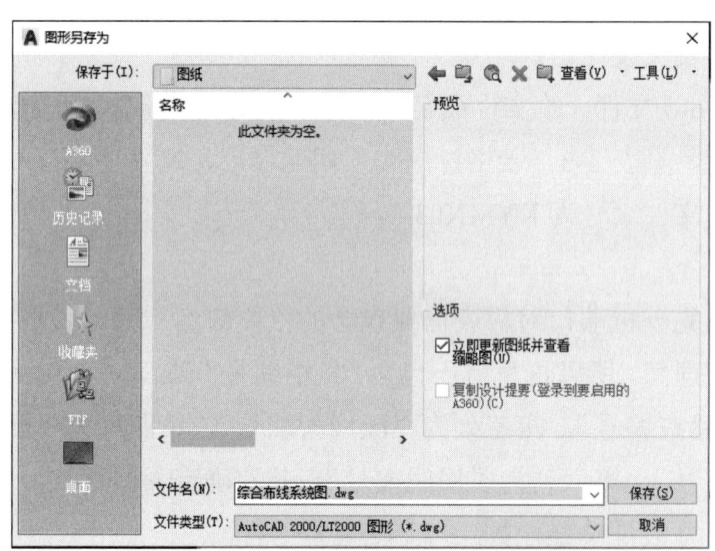

图 1-23 "图形另存为"对话框

3. 编制综合布线系统端口对应表

1）任务

端口对应表是综合布线施工必需的技术文件，主要规定房间编号、每个信息点的编号、配线架编号、端口编号、机柜编号等，用于系统管理、施工和后续日常维护。

本任务要求完成西元住宅建筑模型综合布线系统端口对应表的编制。

2）端口对应表编制要求

端口对应表应该在进场施工前完成，并且打印带到现场，方便现场施工编号。每个信息

(4) 插入设备图形。

切换到"设备"层,通过"插入块"命令将绘制好的"配线设备"与"信息插座"块插入图中,通过"复制"和"移动"命令进行排列。

(5) 设计网络连接关系。

切换到"缆线"层,根据系统设备连接关系,利用"直线"命令连接设备,这些连接关系实际上决定网络拓扑图,如图 1-20 所示。

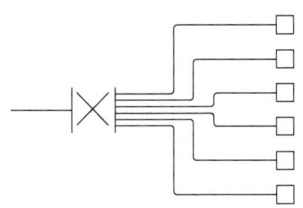

图 1-20　绘制缆线连接设备

(6) 添加符号标注。

为了方便快速阅读图纸,一般在图纸中需要添加图形符号和缩略词的说明,再把图中的线条用中文标明,如图 1-21 所示,切换到"符号标注"层,利用"多行文字"命令对各设备进行标注。

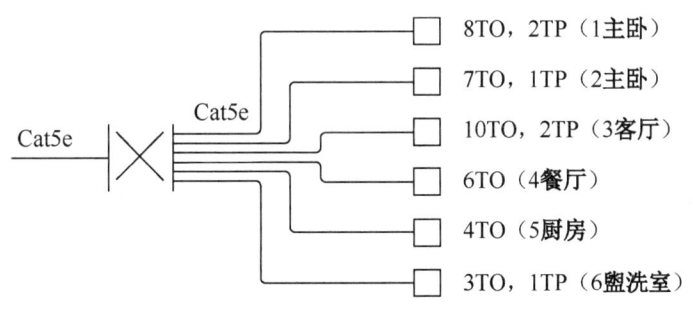

共计44个信息点,数据38个,语音6个。

图 1-21　添加符号标注

(7) 设计说明。

为了更加清楚地说明设计思想,帮助读者快速阅读和理解图纸,减少对图纸的误解,一般要在图纸的空白位置增加设计说明,重点说明特殊图形符号和设计要求,切换到"文字层",对系统图添加"设计说明",如图 1-22 所示。

(8) 设计标题栏。

标题栏是工程图纸不可缺少的内容,一般在图纸的右下角。图 1-22 中的标题栏为一个典型应用实例。

(9) AutoCAD 保存图形。

在菜单栏中选择"文件"→"另存为"命令,将当前图形保存到新的位置,系统弹出"图形另存为"对话框,如图 1-23 所示。输入文件名"综合布线系统图",单击"保存"按钮。

"符号标注""文字"层，选择线型为实线，如图 1-14 所示。

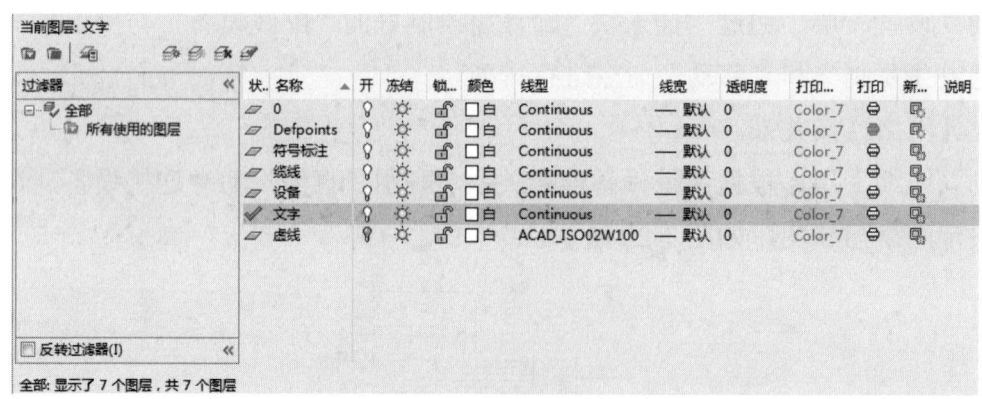

图 1-14　新建图层

（3）绘制配线设备。

具体绘制图形步骤如下：

第一步：将图层转换为"虚线"层，绘制两个正方形作为辅助线，并移动到同心位置，如图 1-15 所示。

第二步：将图层转换为"设备"层，绘制两条直线，与外围正方形两侧边重合，再绘制出内部正方形的两条对角线，如图 1-16 所示。

第三步：删除"虚线"层的辅助线，即完成配线架设备的绘制，如图 1-17 所示。

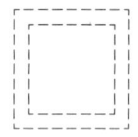　　　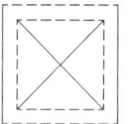　　　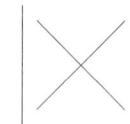

图 1-15　绘制配线设备-添加虚线　　图 1-16　绘制配线设备-绘制实线　　图 1-17　绘制配线设备

第四步：利用 W 命令将其保存为"配线设备"块，如图 1-18 所示。

第五步：将图层转换为"设备"层，绘制正方形，如图 1-19 所示。利用 W 命令，将其保存为"信息插座"块。

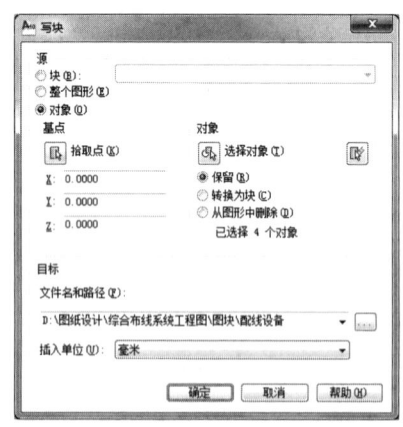　　　　　　　　　　　　

图 1-18　写块保存图形　　　　　　　　图 1-19　绘制"信息插座"块

本任务要求完成西元住宅建筑模型系统图的设计。

2）综合布线系统图设计要点

（1）图形符号必须正确。

在综合布线系统图设计时，必须使用规范的图形符号，保证技术人员和现场施工人员能够快速读懂图纸，并且在综合布线系统图中给予说明。GB 50311—2016《综合布线系统工程设计规范》中使用的图形符号如下：

|X| 代表网络设备和配线设备：左右两边的竖线代表网络配线架，例如光纤配线架、电缆配线架；中间的X代表跳线。

□　代表信息插座，例如单口信息插座、双口信息插座等。

—　线条代表缆线，例如光缆、双绞线电缆等。

（2）连接关系清楚。

设计综合布线系统图的目的就是规定信息点的连接关系，因此必须按照相关标准规定，清楚地给出信息点之间的连接关系、信息点与管理间配线架之间的连接关系，这些连接关系实际上决定网络拓扑图。

（3）缆线型号标记正确。

在综合布线系统图中要将系统设计的缆线规定清楚，如双绞线电缆可分为5类、5e类、6类等，缆线的选型也直接影响工程总造价。

（4）说明完整。

综合布线系统图设计完成后，必须在图纸的空白位置增加设计说明。设计说明一般是对图的补充，帮助理解和阅读图纸，对系统图中使用的符号给予说明。例如增加图形符号说明，对信息点总数和个别特殊需求给予说明等。

（5）标题栏完整。

标题栏是任何工程图纸都不可缺少的内容，一般在图纸的右下角。标题栏一般至少包括以下内容：

① 设计、绘图、标准化、校对、审核、批准等负责人签字栏。

② 绘图日期、绘图比例等绘图信息。

③ 类别名称、项目名称、图纸名称、图纸类别、图纸编号等图纸信息。

3）设计综合布线系统图

综合布线系统图一般使用 AutoCAD 或 Visio 软件进行绘制。下面使用 AutoCAD 来绘制西元住宅建筑模型综合布线系统图。

（1）创建 AutoCAD 绘图文件。

新建 AutoCAD 绘图文件，单击"开始绘制"进入绘图界面。

（2）新建图层。

单击"图层特性"，新建"虚线"层，选择线型为虚线；然后依次新建"设备""缆线"

写好的表格。

F33 fx

	A	B	C	D	E	F	G	H
1	西元住宅建筑模型信息点数量统计表							
2	房间号	1	2	3	4	5	6	合计
3	区域	主卧室	次卧室	客厅	餐厅	厨房	盥洗室	
4	TO	8	7	10	6	4	3	
5	TP	2	1	2	0	0	1	
6	合计							
7	编写：	审核：	审定：	西元开元电子实业有限公司			2021年9月15日	

图 1-11 信息点数量统计表截图

（4）合计数量。

首先按照行分别统计出数据信息点和语音信息点数量，然后按照列统计出每个房间的信息点数量，最后进行合计。这样就完成了信息点数量统计表，全面清楚地反映了全部信息点。最后注明单位及时间。在图 1-12 中看到，该住宅建筑模型共计有 44 个信息点，其中数据信息点 38 个，语音信息点 6 个。

J15 fx

	A	B	C	D	E	F	G	H
1	西元住宅建筑模型信息点数量统计表							
2	房间号	1	2	3	4	5	6	合计
3	区域	主卧室	次卧室	客厅	餐厅	厨房	盥洗室	
4	TO	8	7	10	6	4	3	38
5	TP	2	1	2	0	0	1	6
6	合计	10	8	12	6	4	4	44
7	编写：王涛	审核：蔡永亮	审定：王公儒	西元开元电子实业有限公司			2021年9月15日	

图 1-12 完成的信息点数量统计表截图

（5）打印和签字盖章。

编写完成信息点数量统计表后，打印该文件，并签字确认，正式提交时必须盖章。图 1-13 为打印出来的文件。

西元住宅建筑模型信息点数量统计表							
房间号	1	2	3	4	5	6	合计
区域	主卧室	次卧室	客厅	餐厅	厨房	盥洗室	
TO	8	7	10	6	4	3	38
TP	2	1	2	0	0	1	6
合计	10	8	12	6	4	4	44
编写：王涛	审核：蔡永亮	审定：王公儒	西元开元电子实业有限公司			2021年9月15日	

图 1-13 打印信息点数量统计表

2. 设计综合布线系统图

1）任务

综合布线系统图是综合布线设计蓝图中必有的重要内容，一般在电气施工图册的弱电图纸部分的首页。综合布线系统图直观反映了信息点的连接关系，直接决定了系统网络应用拓扑图。

（4）签字和日期正确。作为工程技术文件，编写、审核、审定、批准等人员签字非常重要，如果没有签字就无法确认该文件的有效性，也没有人对文件负责，更没有人敢使用。日期直接反映文件的有效性，因为在实际应用中，可能会经常修改技术文件，一般是最新日期的文件替代以前日期的文件。

3）西元住宅建筑模型信息点数量统计表编制

设计人员为了快速合计和方便制表，一般使用 Excel 工作表软件进行。

（1）创建工作表。

首先打开 Excel 工作表软件，创建 1 个通用表格，如图 1-9 所示。同时必须给文件命名，文件命名应该直接反映项目名称和文件主要内容，我们把该文件命名为“01-西元住宅建筑模型信息点数量统计表”。

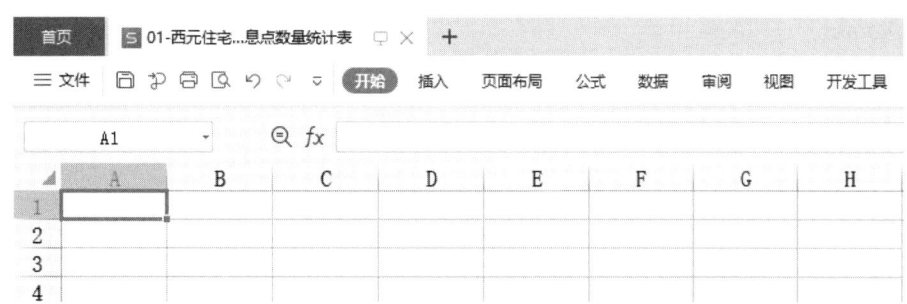

图 1-9　创建信息点数量统计表初始图

（2）编制表格，填写栏目内容。

根据项目需求，调整表格形式，填写栏目内容，将表格编制为适合使用的信息点数量统计表。图 1-10 为已编制好的空白信息点数量统计表。

西元住宅建筑模型信息点数量统计表							
房间号	1	2	3	4	5	6	合计
区域	主卧室	次卧室	客厅	餐厅	厨房	盥洗室	
TO							
TP							
合计							
编写：	审核：	审定：	西安开元电子实业有限公司			2021年9月15日	

图 1-10　空白信息点数量统计表图

（3）填写数据和语音信息点数量。

把每个房间的数据信息点、语音信息点等数量填写到表格中，填写时按顺序逐个房间进行，分析应用需求和划分工作区，确认信息点数量。

在每个工作区首先确定数据信息点的数量，然后考虑语音信息点的数量，同时还要考虑其他智能化设备的需要，例如电动窗帘、报警和视频监控等设备的网络接口等。表格中对于不需要设置信息点的位置不能空白，而是填写 0，表示已经考虑过这个点。图 1-11 为已经填

3）客厅规划设计有信息点12个

（1）电视机位置2个数据信息点，用于电视机、路由器等需求。

（2）2个角几位置各1个数据信息点、1个语音信息点，用于笔记本、固定电话等需求。

（3）电动窗帘位置2个数据信息点，用于电动窗帘等智能家居设备需求。

（4）左下角位置2个数据信息点，用于报警探测器、监控摄像机等需求。

（5）饮水机位置2个数据信息点，用于智能饮水机等智能家居设备需求。

4）餐厅规划设计有信息点6个

（1）餐桌位置2个数据信息点，用于笔记本、POE充电、智能家居设备等需求。

（2）电动窗帘位置2个数据信息点，用于电动窗帘等智能家居设备需求。

（3）左上角墙角2个数据信息点，用于报警探测器、监控摄像机等需求。

5）厨房规划设计有信息点4个

（1）电冰箱位置2个数据信息点，用于智能冰箱等智能家居设备需求和预留。

（2）燃气灶位置2个数据信息点，用于燃气探测器、报警探测器等需求和预留。

6）盥洗室规划设计有信息点4个

（1）盥洗室淋浴位置2个数据信息点，用于智能电热水器等智能家居设备需求。

（2）坐便器位置1个数据信息点、1个语音信息点，用于报警器、固定电话等需求。

1.4.3 住宅综合布线系统工程的设计

本节我们以上述住宅建筑模型和综合布线系统工程需求，主要介绍住宅综合布线系统工程的设计方法。

1. 编制综合布线系统工程信息点数量统计表

1）任务

综合布线系统工程信息点数量统计表也简称为点数表，它是设计和统计综合布线系统工程信息点数量的基本工具和手段。编制信息点数量统计表就是设计和统计建筑物的数据、语音、控制等信息点总数量，也是工程实践中常用的统计和分析方法，适合于综合布线系统、安全防范系统等设备比较多的各种工程应用。综合布线系统信息点数量统计表，能够快速准确地统计出建筑物的信息点数量和位置，直接决定着项目投资规模。

本任务要求完成西元住宅建筑模型信息点数量统计表的编制。

2）编制信息点数量统计表的要点

（1）表格设计合理。要求表格打印成文本后，表格的宽度和文字大小合理，特别是文字不能太大或者太小，一般为小四号字。

（2）数据正确。每个工作区都必须填写数字，要求数量正确，没有遗漏信息点和多出信息点。对于没有信息点的工作区或者房间填写数字0，表明已经分析过该工作区。

（3）文件名称正确。作为工程技术文件，文件名称必须准确，直接反映该文件内容。

1.4.2 住宅综合布线需求分析

如图 1-8 所示为西元住宅建筑模型的综合布线系统信息点位置示意图，各个房间信息点规划设计如下：

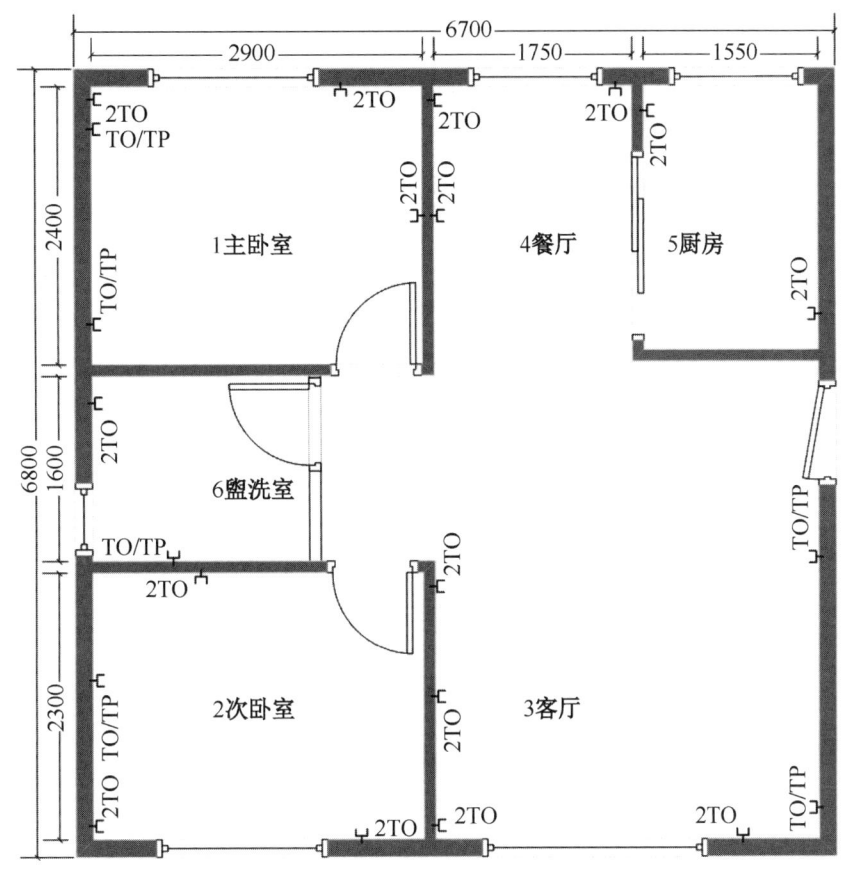

图 1-8 综合布线系统信息点位置示意图

1）主卧室规划设计有信息点 10 个

（1）电视机位置 2 个数据信息点，用于电视机、路由器等联网需求。

（2）2 个床头柜位置分别有 1 个数据信息点，用于笔记本电脑联网；分别有 1 个语音信息点，用于固定电话或者预留等需求。

（3）电动窗帘位置 2 个数据信息点，用于电动窗帘等智能家居设备需求。

（4）左上角位置 2 个数据信息点，用于报警探测器、监控摄像机等需求。

2）次卧室规划设计有信息点 8 个

（1）写字台位置 2 个数据信息点，用于台式计算机、笔记本、无线路由器等需求。

（2）床头柜位置 1 个数据信息点和 1 个语音信息点，用于笔记本、固定电话等需求。

（3）电动窗帘位置 2 个数据信息点，用于电动窗帘等智能家居设备需求。

（4）左下角位置 2 个数据信息点，用于报警探测器、监控摄像机等需求。

1.4.1 住宅建筑模型介绍

如图 1-7 所示，西元住宅建筑模型户内净使用面积为 45 平方米，结构布局为两室两厅一厨一卫，具有住宅的主要功能房间，各个房间的主要使用功能和家具如下：

（1）主卧室 1 间，作为主人卧室使用，安装家具有双人床 1 个，床头柜 2 个，衣柜 1 个，电视机 1 台，电动窗帘 1 个。

（2）次卧室 1 间，作为儿童房或者书房使用，安装家具有单人床 1 个，床头柜 1 个，衣柜 1 个，书桌 1 个，电动窗帘 1 个。

（3）客厅 1 间，安装家具有电视机 1 台，厅柜 1 个，沙发 1 组，茶几 1 个，角几 2 个，饮水机 1 个，电动窗帘 1 个。

（4）餐厅 1 间，安装家具有餐桌 1 张，餐椅 4 把，电动窗帘 1 个。

（5）厨房 1 间，安装家具有冰箱 1 台，煤气灶 1 台，水槽 1 个，橱柜 1 组，厨台 1 组。

（6）盥洗室 1 间，安装家具有盥洗台 1 个，坐便器 1 个，淋浴隔断 1 组。

请扫描二维码查看彩色高清图片。

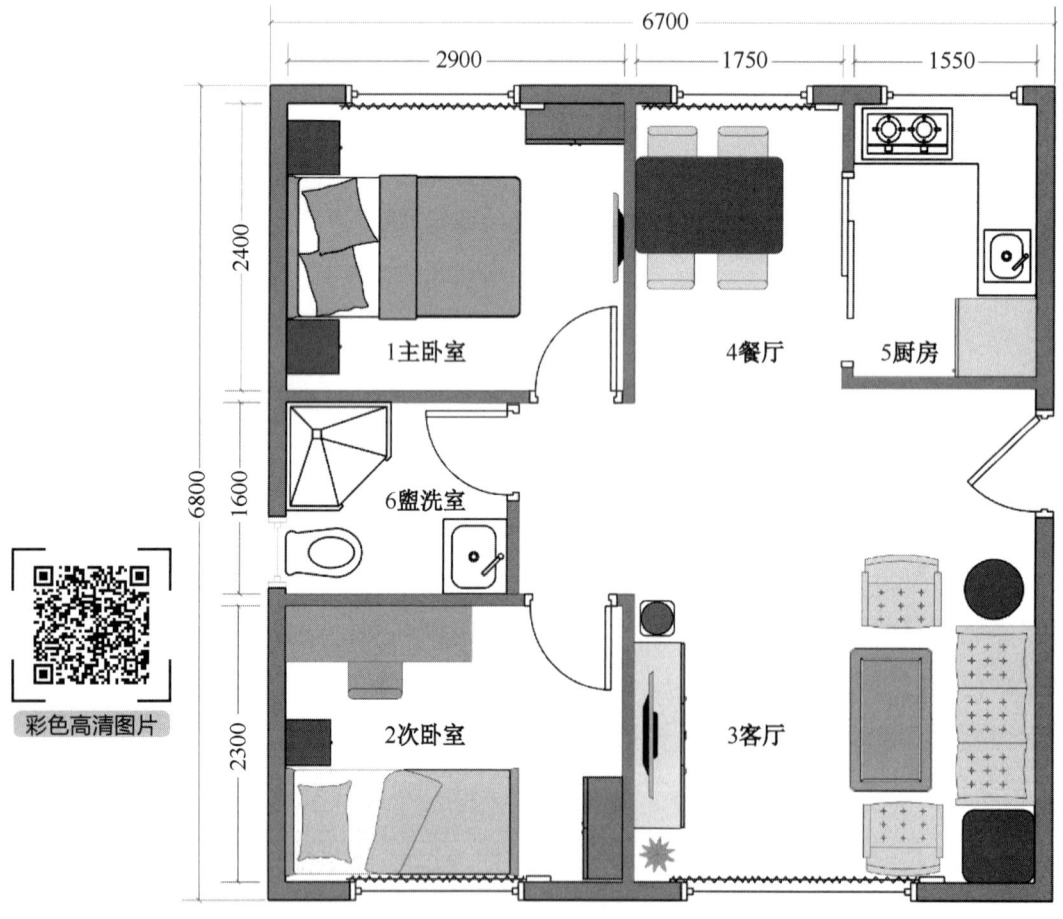

图 1-7 西元住宅建筑模型功能布局图

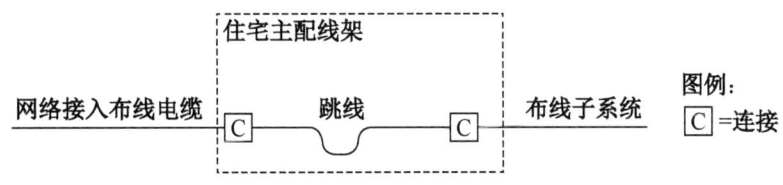

图 1-4　住宅主配线架交叉连接模型

5. 住宅次配线架交叉连接模型

住宅次配线架交叉连接模型如图 1-5 所示，来自主配线架的布线子系统电缆首先插入住宅次配线架接口连接，然后通过跳线与住宅内布线子系统连接。

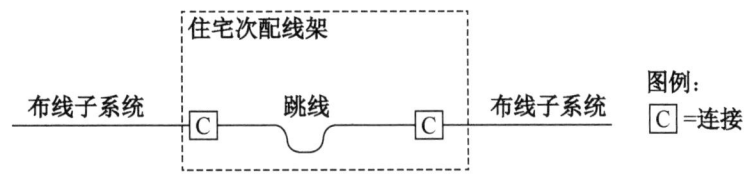

图 1-5　住宅次配线架交叉连接模型

6. 住宅主配线架处的互联和交叉连接模型

住宅主配线架处的互联和交叉连接模型如图 1-6 所示。采用互联模式时，网络接入电缆通过插口与交换机连接，再通过跳线与主配线架连接，然后与信息点 TO/BO 连接。采用交叉连接模式时，网络接入电缆通过主配线架连接，然后与信息点 TO/BO 连接。

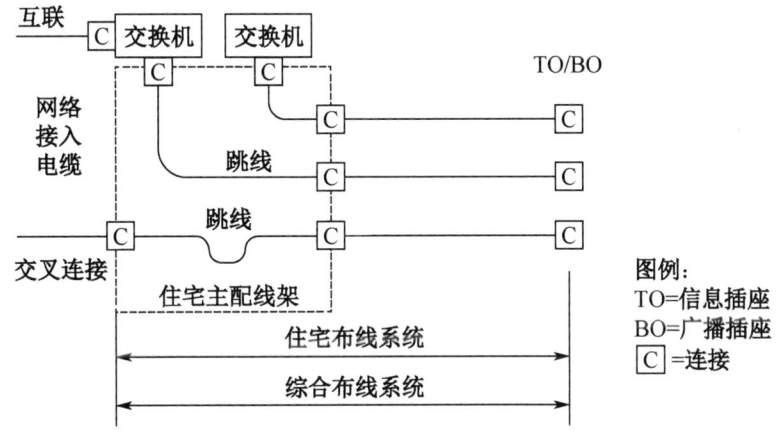

图 1-6　住宅主配线架处的互联和交叉连接模型

1.4　住宅综合布线系统工程的设计方法

为了直观清楚地介绍住宅综合布线系统工程的设计方法等职业技能，我们首先介绍如图 1-7 所示的西元住宅建筑模型，然后再以该建筑模型为基础，介绍该住宅的综合布线系统工程的信息点数量统计表、综合布线系统图、端口对应表、施工图和材料表编制方法等。

跳线、接插软线和连接器件等构成通用布线系统，支持语音、数据、图像、多媒体和其他控制信息技术的广泛应用。住宅综合布线系统能够向用户提供灵活的布线解决方案，在住宅的长期使用中可经济与方便地修改，满足多种经常变化的需要。

1. 住宅综合布线系统的结构

2017 年 9 月发布的 ISO/IEC 11801-4:2017 标准规定，支持信息通信系统（ICT）和/或广播通信系统（BCT）应用的住宅综合布线系统方案，应能够最多包含两个布线子系统，就是住宅主配线架布线子系统和住宅次配线架布线子系统，如图 1-1 所示。

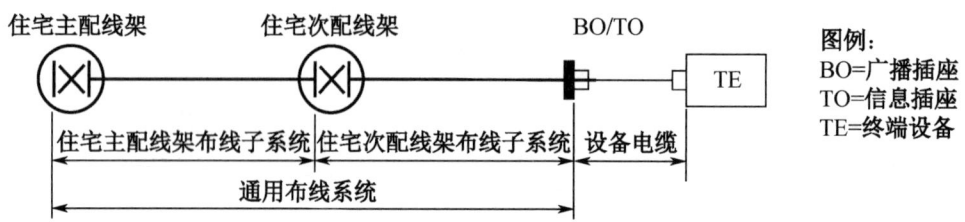

图 1-1　住宅综合布线系统的结构示意图

2. 住宅主配线架互联模型

住宅主配线架互联模型如图 1-2 所示，入户网络接入布线电缆首先插入住宅主配线架接口连接，然后通过设备跳线与交换机互联，住宅主配线架再与布线子系统连接。读图时请注意，图 1-2 至图 1-6 中的虚线框不是设备机箱，只表示功能要素的边界。

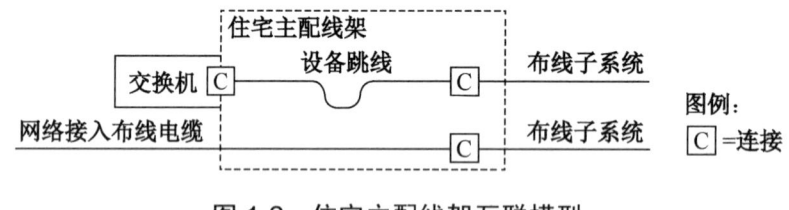

图 1-2　住宅主配线架互联模型

3. 住宅次配线架互联模型

住宅次配线架互联模型如图 1-3 所示，住宅内布线子系统电缆首先插入住宅次配线架接口连接，然后通过设备跳线与交换机互联，住宅次配线架再与布线子系统连接。

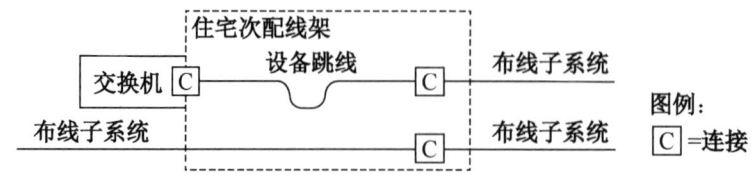

图 1-3　住宅次配线架互联模型

4. 住宅主配线架交叉连接模型

住宅主配线架交叉连接模型如图 1-4 所示，入户网络接入布线电缆首先插入住宅主配线架接口连接，然后与住宅内布线子系统连接。

续表

序号	中文术语	英文	术语定义与解释
22	光纤到用户单元通信设施	fiber to the subscriber unit communication facilities	光纤到用户单元工程中,建筑规划用地红线内地下通信管道、建筑内管槽及通信光缆、光配线设备,用户单元信息配线箱及预留的设备同等设备安装空间
23	信息配线箱	information distribution box	安装于用户单元区域内的完成信息互通与通信业务接入的配线箱体
24	桥架	cable tray	梯架、托盘及槽盒的统称

1.2.4 综合布线系统常用缩略词

缩略词一般用英文字母表示,采用英文名词或名称的字头简写,或者缩写方式。缩略词频繁和大量应用在专业技术文件、工程文件、图纸、设备标签中,专业技术人员的日常工作交流中也大量使用缩略词。如果不熟悉缩略词,往往不能快速理解和看懂技术文件与图纸,甚至无法与行业专业人员顺畅交流,因此作为专业人员必须熟练掌握行业常用缩略词。

下面我们以GB 50311—2016《综合布线系统工程设计规范》国家标准规定为主,介绍综合布线行业常用的缩略词,详见表1-2。

表1-2 GB 50311—2016《综合布线系统工程设计规范》规定的常用缩略词

序号	缩略词	中文名称	英文名称
1	BD	建筑物配线设备	Building Distributor
2	CD	建筑群配线设备	Campus Distributor
3	CP	集合点	Consolidation Point
4	FD	楼层配线设备	Floor Distributor
5	IP	因特网协议	Internet Protocol
6	OF	光纤	Optical Fibre
7	POE	以太网供电	Power Over Ethernet
8	SC	用户连接器件（光纤活动连接器件）	Subscriber Connector (optical fibre connector)
9	SW	交换机	Switch
10	TE	终端设备	Terminal Equipment
11	TO	信息点	Telecommunications Outlet

1.3 住宅综合布线系统的结构

住宅是一种用作生活居住地的物理结构,例如房屋或者公寓,既可以是一幢独立的建筑,也可以是一幢大型建筑中的某一部分,或者可以包含多个建筑。

住宅综合布线系统能够向住户提供具有广泛应用能力的独立布线系统,它应用各种缆线、

用。如果不熟悉名词术语，往往不能快速正确地理解和看懂技术文件与图纸，因此作为一名专业人员必须熟练掌握行业名词术语。

下面我们以 GB 50311—2016《综合布线系统工程设计规范》国家标准规定为主，介绍综合布线行业常用名词术语，见表 1-1。

表 1-1 GB 50311—2016《综合布线系统工程设计规范》规定的常用术语

序号	中文术语	英文	术语定义与解释
1	布线	cabling	能够支持电子信息设备相连的各种缆线、跳线、接插软线和连接器件组成的系统
2	建筑群子系统	campus subsystem	建筑群子系统由配线设备、建筑物之间的干线缆线、设备缆线、跳线等组成
3	电信间	telecommunications room	放置电信设备、缆线终接的配线设备，并进行缆线交接的一个空间
4	工作区	work area	需要设置终端设备的独立区域
5	信道	channel	连接两个应用设备的端到端的传输通道。信道包括设备缆线和工作区缆线
6	永久链路	permanent link	信息点与楼层配线设备之间的传输线路。它不包括工作区缆线和连接楼层配线设备的设备缆线、跳线，但可以包括一个 CP 链路
7	建筑群配线设备	campus distributor	终接建筑群主干缆线的配线设备
8	建筑物配线设备	building distributor	为建筑物主干缆线或建筑群主干缆线终接的配线设备
9	楼层配线设备	floor distributor	终接水平缆线和其他布线子系统缆线的配线设备
10	连接器件	connecting hardware	用于连接电缆线对和光缆光纤的一个器件或一组器件
11	光纤适配器	optical fibre connector	将光纤连接器实现光学连接的器件
12	建筑群主干缆线	campus backbone cable	用于在建筑群内连接建筑群配线设备与建筑物配线设备的缆线
13	建筑物主干缆线	building backbone cable	入口设施至建筑物配线设备、建筑物配线设备至楼层配线设备，建筑物内楼层配线设备之间相连接的缆线
14	水平缆线	horizontal cable	楼层配线设备至信息点之间的连接缆线
15	信息点（TO）	telecommunications outlet	缆线终接的信息插座模块
16	设备缆线	equipment cable	通信设备连接到配线设备的缆线
17	跳线	patch cord/jumper	不带连接器件或带连接器件的电缆线对和带连接器件的光纤，用于配线设备之间进行连接
18	缆线	cable	电缆和光缆的统称
19	光缆	optical cable	由单芯或多芯光纤构成的缆线
20	平衡电缆	balanced cable	由一个或多个金属导体线对组成的对称电缆
21	多用户信息插座	multi-user telecommunications outlet	工作区内若干信息插座模块的组合装置

的传输通道和基础，人们从计算机上获取的各种信息流都是通过综合布线系统传输的。

例如，在学校的教室或者宿舍上网时，都在使用校园网，校内全部计算机就是通过校园综合布线系统连接在一起的，也是通过综合布线系统的电缆和光缆传输各种文字、音乐、图片、视频等信息的。

2．综合布线系统是信息高速公路

互联网技术的快速发展推动了综合布线技术的发展，综合布线技术的普遍应用加速了互联网走进千家万户，综合布线系统组成了信息高速公路，没有综合布线系统的普遍应用就没有互联网的普及和应用。近年来，物联网、大数据、云计算和 5G 等技术的迅猛发展，再次加速了综合布线系统的广泛应用，综合布线系统显得越来越重要了，已经成为最基础的信息传输系统。

有研究表明，计算机网络系统 70%的故障发生在综合布线系统。尤其在物联网和 5G 等新技术的自动驾驶、远程医疗、智能制造等主要应用中，可靠稳定的信息传输系统尤为重要，综合布线系统作为最基础的信息传输系统越来越重要了。

3．综合布线系统是智能建筑的基础设施

现在，综合布线系统已经成为智能建筑的主要信息传输系统，也是智能建筑的重要基础设施，它能使建筑物中的语音、数据、图像、通信设备、交换设备和其他信息管理系统彼此相连接。综合布线系统也是信息网络集成系统的基础，它能够支持数据、语音及其图像等的传输，为计算机网络和信息通信系统提供传输环境。

智能建筑设备监控系统、安全技术防范系统等也普遍使用综合布线系统作为信息的传输介质。近年来，智能布线系统技术的应用又为智能建筑系统的集中监测、控制与管理打下了良好的基础。

综合布线系统是智慧城市、智能建筑、智能家居、智能制造等快速发展的重要基础和需求。没有综合布线技术的快速发展就没有智能建筑的普及和应用。例如，智能建筑一般包括计算机网络办公系统、楼宇设施控制管理系统、通信自动化系统、安全防范系统、停车场管理系统、出入口控制系统等，而这些系统全部通过综合布线系统来传输和交流信息，以及传输指令和控制运行状态等。所以，我们说综合布线系统增加了智能建筑的先进性、方便性、安全性、经济性和舒适性等基本特征。

综合布线系统作为结构化的布线系统，综合和规范了通信网络、信息网络及控制网络的布线，为其相互间的信号交互提供通道。在智慧城市的信息化建设中，综合布线系统有着极其广阔的使用前景。

1.2.3 综合布线系统常用名词术语

名词术语是全世界行业工程师的专用语言，能够准确表达该行业的设备与器材等专业名称，避免产生混乱和误解，在工程设计文件、图纸、产品说明书、技术交流等资料中经常应

门、运营商等的网络安装施工和运维服务部门，从事教室、宿舍、阅览室、办公室、会议室、车间、商店、旅馆、小型公司等住宅建筑综合布线系统（配线子系统）的工作准备、项目安装调试与故障处理、项目测试验收与管理等工作，根据住宅建筑综合布线系统要求，完成住宅内综合布线系统安装与维护。

2．职业技能等级描述

在全书工作任务中，将首先介绍职业技能等级描述，然后围绕工作任务和职业技能要求讲述相关专业知识、职业技能和典型案例，最后通过实训和训练项目掌握职业技能，通过技能鉴定评价职业技能水平。

1.2 住宅综合布线系统技术准备

1.2.1 职业技能要求

《综合布线系统安装与维护职业技能等级标准》（2.0 版）对住宅综合布线系统技术准备提出了如下职业技能要求。

1．能编制住宅综合布线系统材料表。
2．能编制住宅综合布线系统端口对应表。
3．能设计住宅综合布线系统图。
4．能设计住宅综合布线系统施工图。
5．能编制综合布线系统信息点数量统计表。

1.2.2 认识综合布线系统

1．综合布线系统的概念

在 GB 50311—2016《综合布线系统工程设计规范》国家标准中，对"布线（cabling）"的定义是"能够支持电子信息设备相连的各种缆线、跳线、接插软线和连接器件组成的系统"。在系统构成中，定义为"综合布线系统应为开放式网络拓扑结构，应能支持语音、数据、图像、多媒体等业务信息传递的应用"。

在 GB/T 29269—2012/ISO/IEC 15018:2004《信息技术 住宅通用布缆》国家标准中，对"布缆（cabling）"的定义是"可以支持信息技术设备相连的电信缆线、跳线和连接硬件的一种系统"。

结合上面两个标准定义，我们认为"综合布线系统就是用各种缆线、跳线、接插软线和连接器件构成的通用布线系统，能够支持语音、数据、图像、多媒体和其他控制信息技术的标准应用系统"。

现在，无论在学校学习，还是在办公室工作，或者在家里休闲上网时，我们都在使用综合布线系统，人们的生活已经与计算机网络和智能建筑密不可分。综合布线系统是信息系统

信息网络布线世界职业技能标准（WSSS）等。

1.1.3 术语和定义

该标准引用了 GB 50311—2016 规定的术语和定义，将在后续表 1-1 中介绍。

1.1.4 标准适用院校专业

1. 适用院校专业（参照原版专业目录）

中等职业学校：计算机应用、计算机网络技术、网络安防系统安装与维护、通信技术、通信系统工程安装与维护、物联网技术应用、楼宇智能化设备安装与运行。

高等职业学校：计算机应用技术、计算机网络技术、电子信息工程技术、物联网应用技术、通信技术、光通信技术、物联网工程技术、建筑电气工程技术、建筑智能化工程技术、安全防范技术。

应用型本科学校：网络工程、物联网工程、计算机科学与技术、建筑电气与智能化。

2. 适用院校专业（参照 2021 新版职业教育专业目录）

中等职业学校：计算机应用、计算机网络技术、网络安防系统安装与维护、现代通信技术应用、通信系统工程安装与维护、物联网技术应用、建筑智能化设备安装与运维。

高等职业学校：计算机应用技术、计算机网络技术、电子信息工程技术、物联网应用技术、现代通信技术、智能互联网络技术、建筑电气工程技术、建筑智能化工程技术、安全防范技术。

高等职业教育本科学校：网络工程技术、现代通信工程、物联网工程技术。

应用型本科学校：网络工程、物联网工程、计算机科学与技术、建筑电气与智能化。

1.1.5 标准面向职业岗位（群）

该标准主要面向信息传输、软件和信息技术服务业、信息技术领域的信息通信网络线务员、计算机网络工程技术人员、通信工程技术人员等职业岗位，从事住宅内、建筑物、建筑群综合布线系统的规划设计、安装调试、故障处理、测试验收与运行维护等工作。能根据业务实际需求进行综合布线系统工程设计，完成安装、调试、维护、测试、管理、监理和服务等工作任务。

1.1.6 职业技能要求

1. 职业技能等级划分

在职业技能要求中，将综合布线系统安装与维护职业技能等级分为初级、中级、高级三个等级，三个级别依次递进，高级别涵盖低级别职业技能要求。

初级主要面向网络工程公司、系统集成公司、建筑企业、企事业单位网络中心、政府部

工作任务 1

住宅综合布线系统技术准备

> 工作任务 1 主要以住宅为例，介绍小型综合布线系统工程的技术准备。首先介绍住宅综合布线系统工程的基础知识；然后介绍了技术准备的知识与技能，包括信息点数量统计表、系统图、端口对应表、施工图、材料表等；最后安排了典型工程实训项目。

1.1 《综合布线系统安装与维护职业技能等级标准》简介

2022 年 3 月中电新一代（北京）信息技术研究院发布了《综合布线系统安装与维护职业技能等级标准》（2.0 版本），该标准共有 6 章，包括范围、规范性引用文件、术语和定义、适用院校专业、面向职业岗位（群）、职业技能要求。该标准起草单位有中电新一代（北京）信息技术研究院、中国电子学会、西安开元电子实业有限公司、中国电子技术标准化研究院、中国建筑标准设计研究院有限公司等，主要起草人有王海涛、王公儒、蔡永亮等。

1.1.1 标准适用范围

该标准规定了综合布线系统安装与维护职业技能等级对应的工作领域、工作任务及职业技能要求，适用于综合布线系统安装与维护职业技能培训、考核与评价，相关用人单位的人员聘用、培训与考核可参照使用。

1.1.2 规范性引用文件

该标准的主要引用文件如下。凡是注日期的引用文件，仅注日期的版本适用于本标准；凡是不注日期的引用文件，其最新版本适用于本标准。

GB 50311—2016《综合布线系统工程设计规范》。

GB/T 50312—2016《综合布线系统工程验收规范》。

GB/T 29269—2012《信息技术 住宅通用布缆》。

ISO/IEC 11801《信息技术用户基础设施结构化布线》。

思 政 课 程

《百炼成"刚"》——劳模纪刚的先进事迹

细微中显卓越，执着中见匠心

2020年荣获"西安市劳动模范"称号的纪刚技师用16年的时间书写了匠心与执着。

2004年，中专毕业的纪刚被西安开元电子实业有限公司录取，从学徒工做起的他开始不断地学习和钻研，不懂就问，反复练习，业余时间就去图书馆、书店"充电"，反复琢磨消化师傅教授的知识，每天坚持写工作日志，记录并核算自己在工作当中的不足……16年的时间，纪刚从一名学徒成长为国家专利发明人，拥有国家发明专利4项、实用新型专利12项，精通16种光纤测试技术、200多种光纤故障设置和排查技术，先后被授予"雁塔区优秀共产党员""雁塔区优秀宣讲员""雁塔工匠""雁塔区劳动模范"等荣誉称号。

技能改变了命运，也把不可能变成了可能。他说："我只是一个普通的技术工人，能在自己的岗位上做好一颗螺丝钉，心里很踏实。"

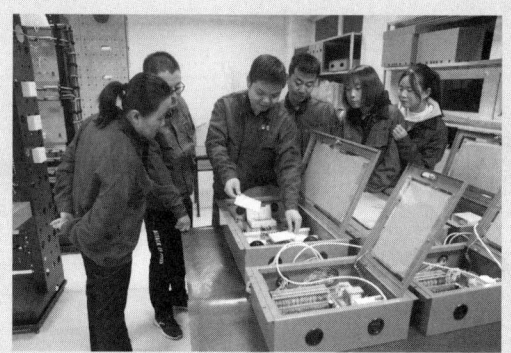

由中共西安市雁塔区委和西安市雁塔区人民政府出品，以"细微中显卓越，执着中见匠心"为主题的《百炼成"刚"》微视频，介绍了"西安市劳动模范"纪刚技师的先进事迹。该视频在全国总工会与中央网信办联合主办的2020年"网聚职工正能量 争做中国好网民"主题活动中，获得优秀作品奖，可扫描下面的二维码观看更多纪刚劳模的先进事迹。

2021年，纪刚被西安市委组织部授予"西安市优秀党务工作者"，晋升为中国计算机学会高级会员。2022年，纪刚被陕西省委、省政府授予"陕西省劳动模范"，被中国计算机学会评为"CCF杰出演讲者"。

工作任务 9　住宅综合布线系统项目培训和指导·······287

9.1　《综合布线系统安装与维护职业技能等级标准》初级职业技能要求······287
9.2　项目移交·······287
9.2.1　任务描述·······287
9.2.2　相关知识介绍·······288
9.2.3　任务实践·······289
9.3　设备使用培训·······290
9.3.1　任务描述·······290
9.3.2　相关知识介绍·······291
9.3.3　任务实践·······293
9.4　安全使用工具·······294
9.4.1　任务描述·······294
9.4.2　相关知识介绍·······294
9.4.3　任务实践·······296
9.5　简单故障维修·······296
9.5.1　任务描述·······296
9.5.2　相关知识介绍·······296
9.5.3　任务实践·······298
习题·······299

参考文献·······302

  7.5.2 相关知识介绍 ··············· 241
  7.5.3 任务实践 ··············· 244
习题 ··············· 246

7.6 实训项目8 网络综合布线系统永久链路搭建 ··············· 248
  7.6.1 ①②③号信息插座永久链路搭建 ··············· 248
  7.6.2 ④⑤⑥号信息插座永久链路搭建 ··············· 254
  7.6.3 ⑦⑧⑨号信息插座永久链路搭建 ··············· 255
  7.6.4 ⑩⑪⑫号信息插座永久链路搭建 ··············· 256
  7.6.5 永久链路搭建项目多人技能鉴定建议方案 ··············· 257

工作任务8 住宅综合布线系统项目管理 ··············· 258

8.1 《综合布线系统安装与维护职业技能等级标准》初级职业技能要求 ··············· 258
8.2 编制施工进度表 ··············· 258
  8.2.1 任务描述 ··············· 258
  8.2.2 相关知识介绍 ··············· 259
  8.2.3 任务实践 ··············· 260

8.3 图纸和资料的保管与存档 ··············· 262
  8.3.1 任务描述 ··············· 262
  8.3.2 相关知识介绍 ··············· 262
  8.3.3 任务实践 ··············· 264

8.4 现场施工管理 ··············· 265
  8.4.1 任务描述 ··············· 265
  8.4.2 相关知识介绍 ··············· 265
  8.4.3 任务实践 ··············· 267

8.5 住宅综合布线项目管理 ··············· 269
  8.5.1 任务描述 ··············· 269
  8.5.2 相关知识介绍 ··············· 269
  8.5.3 任务实践 ··············· 272

习题 ··············· 275

8.6 实训项目9 综合布线系统永久链路搭建 ··············· 277
  8.6.1 左侧①②③号信息插座永久链路搭建 ··············· 278
  8.6.2 左侧④⑤⑥号信息插座永久链路搭建 ··············· 283
  8.6.3 左侧⑦⑧⑨号信息插座永久链路搭建 ··············· 285
  8.6.4 左侧⑩⑪⑫号信息插座永久链路搭建 ··············· 286

		6.2.2 相关知识介绍 201
		6.2.3 任务实践 203
	6.3 处理穿线管接头安装故障 205
		6.3.1 任务描述 205
		6.3.2 相关知识介绍 205
		6.3.3 任务实践 206
	6.4 处理插座底盒螺孔损坏故障 207
		6.4.1 任务描述 207
		6.4.2 相关知识介绍 207
		6.4.3 任务实践 208
	6.5 处理配线端接故障 209
		6.5.1 任务描述 209
		6.5.2 相关知识介绍 209
		6.5.3 任务实践 212
	习题 216
	6.6 实训项目7 语音配线架端接训练 218

工作任务7 住宅综合布线系统测试验收 223

	7.1 《综合布线系统安装与维护职业技能等级标准》初级职业技能要求 223
	7.2 整箱电缆测试 223
		7.2.1 任务描述 223
		7.2.2 电缆测试相关知识介绍 224
		7.2.3 任务实践 226
	7.3 永久链路测试 229
		7.3.1 任务描述 229
		7.3.2 永久链路测试相关知识 229
		7.3.3 综合布线系统工程验收 231
		7.3.4 任务实践 235
	7.4 通断测试 238
		7.4.1 任务描述 238
		7.4.2 相关知识介绍 238
		7.4.3 任务实践 240
	7.5 检验机架类设备的水平度和垂直度 241
		7.5.1 任务描述 241

4.7.2　相关知识介绍 ··· 152
　　　4.7.3　任务实践 ··· 154
　习题 ··· 158
　4.8　实训项目5　110跳线架端接训练 ··· 160

工作任务5　住宅综合布线系统调试 ·· 165

　5.1　《综合布线系统安装与维护职业技能等级标准》初级职业技能要求 ·············· 165
　5.2　计算机上网调试 ··· 165
　　　5.2.1　任务描述 ··· 165
　　　5.2.2　相关知识介绍 ··· 166
　　　5.2.3　任务实践 ··· 169
　5.3　配线子系统端口调整 ··· 175
　　　5.3.1　任务描述 ··· 175
　　　5.3.2　相关知识介绍 ··· 175
　　　5.3.3　任务实践 ··· 177
　5.4　机柜调整 ··· 178
　　　5.4.1　任务描述 ··· 178
　　　5.4.2　相关知识介绍 ··· 178
　　　5.4.3　任务实践 ··· 181
　5.5　住宅综合布线系统安装与调试 ·· 182
　　　5.5.1　任务描述 ··· 182
　　　5.5.2　相关知识介绍 ··· 182
　　　5.5.3　任务实践　住宅信息箱的安装与调试 ······································ 185
　习题 ··· 189
　5.6　实训项目6　住宅布线系统永久链路搭建 ··· 191
　　　5.6.1　①号TO/TP信息插座和①号TV插座永久链路的布线安装与测试 ······ 192
　　　5.6.2　②号TO/TP信息插座和②号TV插座永久链路的布线安装与测试 ······ 197
　　　5.6.3　③号TO/TP信息插座和③号TV插座永久链路的布线安装与测试 ······ 198
　　　5.6.4　④号TO/TP信息插座和④号TV插座永久链路的布线安装与测试 ······ 199

工作任务6　住宅综合布线系统故障处理 ·· 200

　6.1　《综合布线系统安装与维护职业技能等级标准》初级职业技能要求 ·············· 200
　6.2　处理穿线管堵塞故障 ··· 200
　　　6.2.1　任务描述 ··· 200

- 3.4.1 任务描述 ... 99
- 3.4.2 相关知识介绍 ... 99
- 3.4.3 任务实践 ... 101
- 3.5 设置光纤熔接机 ... 103
  - 3.5.1 任务描述 ... 103
  - 3.5.2 相关知识介绍 ... 103
  - 3.5.3 任务实践 ... 104
- 习题 ... 106
- 3.6 实训项目4 网络配线架端接训练 ... 108

工作任务4 住宅综合布线系统安装 ... 112

- 4.1 《综合布线系统安装与维护职业技能等级标准》初级职业技能要求 ... 112
- 4.2 铺设暗埋穿线管 ... 112
  - 4.2.1 任务描述 ... 112
  - 4.2.2 穿线管安装相关知识 ... 113
  - 4.2.3 任务实践 ... 118
- 4.3 穿线和标记 ... 120
  - 4.3.1 任务描述 ... 120
  - 4.3.2 相关知识介绍 ... 120
  - 4.3.3 工作任务实践 ... 127
- 4.4 信息插座安装 ... 129
  - 4.4.1 任务描述 ... 129
  - 4.4.2 相关知识介绍 ... 130
  - 4.4.3 任务实践 ... 134
- 4.5 配线设备安装 ... 137
  - 4.5.1 任务描述 ... 137
  - 4.5.2 相关知识介绍 ... 138
  - 4.5.3 任务实践 ... 140
- 4.6 配线端接和理线 ... 142
  - 4.6.1 工作任务描述 ... 142
  - 4.6.2 相关知识介绍 ... 143
  - 4.6.3 任务实践 ... 148
- 4.7 光纤熔接 ... 152
  - 4.7.1 任务描述 ... 152

XIII

2.2 填写领料单，领取材料 ... 32
2.2.1 任务描述 ... 32
2.2.2 相关知识介绍 ... 33
2.2.3 正确填写领料单 ... 34
2.2.4 领取材料 ... 36

2.3 常用材料设备规格和质量检查 ... 37
2.3.1 双绞线电缆 ... 38
2.3.2 双绞线电缆连接器件 ... 41
2.3.3 配线设备 ... 50
2.3.4 信息插座 ... 52
2.3.5 住宅信息箱 ... 53
2.3.6 线管与线槽 ... 55
2.3.7 规格和质量检查 ... 56

2.4 安全防护用品的选择 ... 61
2.4.1 任务描述 ... 61
2.4.2 相关知识介绍 ... 61
2.4.3 任务实践 ... 64

2.5 安全防护用品的正确使用 ... 66
2.5.1 任务描述 ... 66
2.5.2 相关知识介绍 ... 66
2.5.3 任务实践 ... 67

习题 ... 69

2.6 实训项目2 网络跳线制作训练 ... 71

2.7 实训项目3 网络模块端接训练 ... 75

工作任务3 住宅综合布线系统工具准备 ... 79

3.1 《综合布线系统安装与维护职业技能等级标准》初级职业技能要求 ... 79

3.2 准备工具 ... 79
3.2.1 根据安装工序准备工具 ... 79
3.2.2 综合布线系统工程常用工具和使用方法 ... 85

3.3 检查和调整工具 ... 92
3.3.1 检查工具 ... 92
3.3.2 调整工具 ... 95

3.4 检查和清洁光纤熔接机 ... 99

目 录

工作任务 1　住宅综合布线系统技术准备 ·· 1

　1.1　《综合布线系统安装与维护职业技能等级标准》简介 ·· 1
　　　1.1.1　标准适用范围 ·· 1
　　　1.1.2　规范性引用文件 ·· 1
　　　1.1.3　术语和定义 ·· 2
　　　1.1.4　标准适用院校专业 ·· 2
　　　1.1.5　标准面向职业岗位（群） ·· 2
　　　1.1.6　职业技能要求 ·· 2
　1.2　住宅综合布线系统技术准备 ·· 3
　　　1.2.1　职业技能要求 ·· 3
　　　1.2.2　认识综合布线系统 ·· 3
　　　1.2.3　综合布线系统常用名词术语 ·· 4
　　　1.2.4　综合布线系统常用缩略词 ·· 6
　1.3　住宅综合布线系统的结构 ·· 6
　1.4　住宅综合布线系统工程的设计方法 ·· 8
　　　1.4.1　住宅建筑模型介绍 ·· 9
　　　1.4.2　住宅综合布线需求分析 ·· 10
　　　1.4.3　住宅综合布线系统工程的设计 ·· 11
　习题 ··· 26
　1.5　实训项目 1　住宅综合布线系统设计实训 ·· 28

工作任务 2　住宅综合布线系统材料准备 ·· 32

　2.1　《综合布线系统安装与维护职业技能等级标准》初级职业技能要求 ·························· 32

续表

工作任务序号	实训项目	实训指导视频名称	二维码	页码
工作任务 6	实训项目 7	1XCJ61-实训 7-语音配线架端接训练（9 分 04 秒）		219
工作任务 7	实训项目 8	1XCJ71-实训 8-网络综合布线系统永久链路搭建与评判（8 分 31 秒）		251
工作任务 8	实训项目 9	1XCJ81-实训 9-综合布线系统永久链路搭建（14 分 37 秒）		280

手机端请扫描二维码观看视频。

PC 端请访问电子工业出版社华信教育资源网（www.hxedu.com.cn）下载。

实训指导视频二维码索引表

工作任务序号	实训项目	实训指导视频名称	二维码	页码
	思政课程	《百炼成"刚"》——劳模纪刚的先进事迹（4分08秒）		XVIII
工作任务2	实训项目2	A117-西元铜缆跳线制作（16分55秒）		72
		1XCJ21-实训2-网络跳线制作训练（7分54秒）		72
	实训项目3	A113-西元铜缆跳线制作与模块端接（9分16秒）		75
		1XCJ22-实训3-网络模块端接训练（7分08秒）		75
工作任务3	实训项目4	1XCJ31-实训4-网络配线架端接训练（7分19秒）		109
工作任务4	4.3.1 电缆抽线和理线方法	A141-铜缆理线操作方法（1分36秒）		123
		A142-铜缆理线方法（4分05秒）		123
		A143-铜缆理线操作演示（1分05秒）		123
工作任务5	实训项目6	1XCJ51-实训6-住宅布线系统永久链路搭建（10分22秒）		192

配套实训项目二维码索引表

工作任务序号	实训项目编号	实训项目名称	二维码	页码
工作任务 1	实训项目 1	住宅综合布线系统设计实训		28
工作任务 2	实训项目 2	网络跳线制作训练		71
	实训项目 3	网络模块端接训练		75
工作任务 3	实训项目 4	网络配线架端接训练		108
工作任务 4	实训项目 5	110 跳线架端接训练		160
工作任务 5	实训项目 6	住宅布线系统永久链路搭建		191
工作任务 6	实训项目 7	语音配线架端接训练		218
工作任务 7	实训项目 8	网络综合布线系统永久链路搭建		248
工作任务 8	实训项目 9	综合布线系统永久链路搭建		277

手机端请扫描二维码下载 Word 版。

PC 端请访问电子工业出版社华信教育资源网（www.hxedu.com.cn）下载。

承担国家、省市科技创新项目4项。

全书分为三部分，每部分平均**安排了三个工作任务，第一部分为住宅综合布线系统工作准备。**工作任务1介绍了住宅综合布线系统技术准备，通过西元住宅建筑模型，快速认识综合布线系统，掌握信息点数量统计表、端口对应表、系统图、施工图、材料表等相关知识和技能；工作任务2住宅综合布线系统材料准备，以图文并茂的方式介绍了常用材料，掌握领料单、材料规格和质量、安全防护用品等相关知识和技能；工作任务3住宅综合布线系统工具准备，以图文并茂的方式介绍了常用工具，掌握准备工具、检查和调整工具，检查、清洁和设置光纤熔接机等相关知识和技能。

第二部分为住宅综合布线系统安装调试与故障处理。工作任务4介绍了住宅综合布线系统安装，包括掌握暗埋管铺设、穿线、信息插座安装、配线设备安装、端接和理线等相关知识和技能；工作任务5介绍了住宅综合布线系统调试，包括掌握计算机上网调试、配线子系统端口调整、机柜调整、住宅综合布线系统安装与调试等相关知识和技能；工作任务6介绍了住宅综合布线系统故障处理，包括掌握穿线管堵塞、管接头安装、螺纹损坏、电缆端接等故障处理相关知识和技能。

第三部分为住宅综合布线系统测试验收与项目管理。工作任务7介绍了住宅综合布线系统测试验收，包括掌握整箱电缆测试、永久链路测试、通断测试、机架类设备水平度和垂直度检验等相关知识和技能；工作任务8介绍了住宅综合布线系统项目管理，包括掌握施工进度表编制，图纸和资料的保管与存档，现场施工和项目管理等相关知识和技能；工作任务9介绍了住宅综合布线系统项目培训和指导，包括掌握项目移交、设备使用、工具使用、简单故障维修等相关知识和技能。

本书配套大量的PPT课件、高清图片（扫描二维码观看）、互动练习、实训项目、实训指导视频等，请在华信教育资源网（www.hxedu.com.cn）中下载。

本书由王公儒（西安开元电子实业有限公司）任主编，蔡永亮（西安开元电子实业有限公司）、王海涛（中国电子学会）任副主编，王公儒编著了工作任务1、4、5、6、7；蔡永亮编写了工作任务2、3；王海涛编写了工作任务8、9。冯义平、王涛、蒋晨、于琴、李盼峰、赵婵媛等也为编写工作做出了贡献。

在本书编写中参考了相关标准规范，以及厂家资料，在此表示感谢。由于时间紧迫和编者学识所限，书中难免有疏漏和不当之处，敬请广大读者指正或给出更好建议，帮助我们持续完善。也可通过电子邮件与我们进行探讨，E-mail地址 s136@s369.com。欢迎加入学术交流群（QQ546148058）交流与讨论。

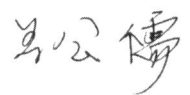

2022年4月

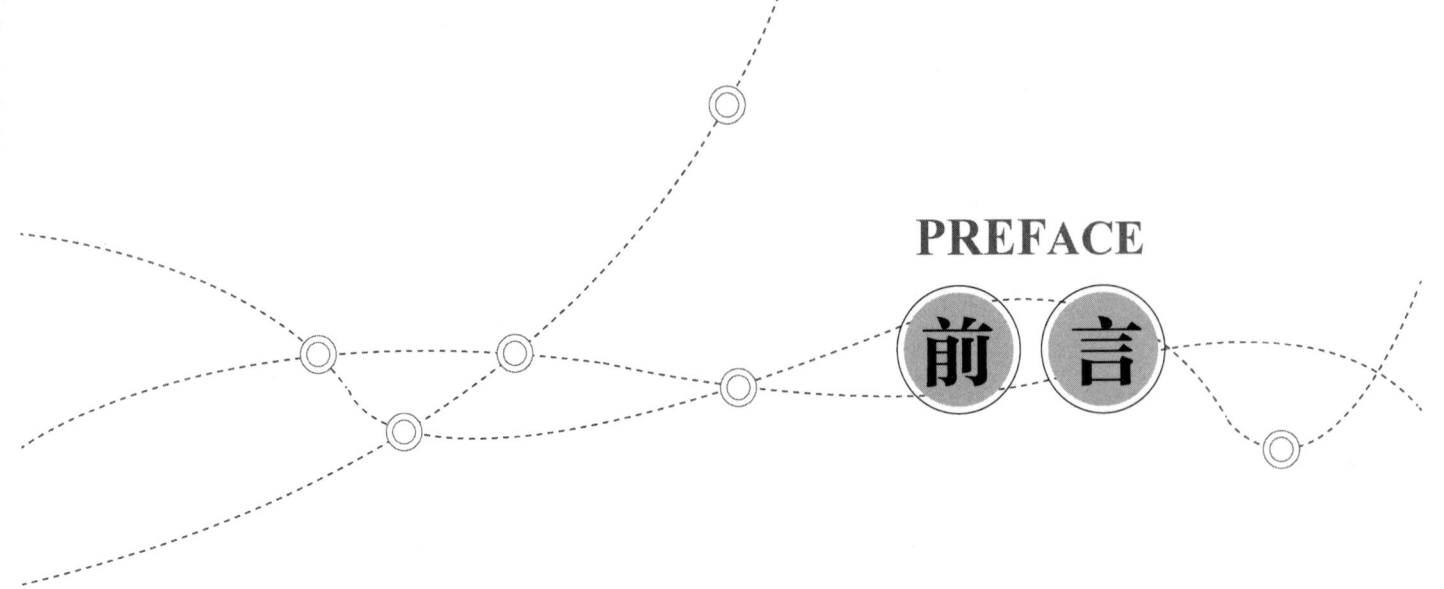

PREFACE 前言

本书按照 1+X《综合布线系统安装与维护职业技能等级标准》初级职业技能要求，以住宅为例，重点介绍了小型综合布线系统工程的工作准备、常用器材与工具、安装调试与故障处理、测试验收与项目管理等内容，配套习题、互动练习、实训项目、实训指导视频等丰富资源。全书按照工作任务顺序展开，突出专业知识与标准规范相结合，实践经验与实操视频相结合，职业技能与工作任务相结合，实训项目与技能鉴定相结合，循序渐进，层次清晰，图文并茂，好学易记。

全书以职业技能为模块，以工作任务为引领，以项目流程为顺序，精心安排了 9 个工作任务、505 张图片、90 个表格、9 个实训项目、18 个互动练习、13 个实操指导视频，以展示作者团队专业从事综合布线系统工程项目 20 多年实践经验的方式，用通俗易懂的语言和大量图表，诠释和给出了关键职业技能和工程经验。

全书精心设计和安排了丰富的实训项目，包括实训任务来源、实训任务、技术知识点、关键技能、实训课时、实训指导视频、实训设备、实训材料、实训工具、实训步骤、评判标准、实训报告等，培养读者识图能力，训练按图施工能力，应用标准规范能力，编写技术文件能力等。

本书主编王公儒为教授级高级工程师，现任全国信息技术标准化委员会信息技术设备互联分技术委员会（SAC/TC28/SC25）委员，全国智能建筑及居住区数字化标准化委员会（SAC/TC426）委员、中国建筑节能协会智慧建筑专业委员会副主任委员，中国勘察设计协会工程智能设计分会专家，中国计算机学会职业教育发展委员会（CCF VC）主席，世界技能大赛组织技术委员会向全球推荐的信息网络布线项目咨询专家，陕西省智能建筑产教融合科技创新服务平台负责人，陕西省标准化专家，西安市科技专家，西安市西元职业技能培训学校校长，西元集团董事长。王公儒作为第一发明人获得国家发明专利 10 项，实用新型专利 35 项，参与起草和主编信息技术类国家标准 7 项，职业技能标准 2 项，获得"标准贡献奖"。王公儒获得国家级教学成果一等奖 1 项，二等奖 1 项，省级教学成果特等奖 1 项，一等奖 3 项，

《综合布线系统安装与维护》编审委员会

主　任：张宏图

副主任：王公儒　王　娟

编　委：（按姓氏笔画排序）

　　　　于　琴　王　涛　王海涛　王慧君　尹　岗

　　　　卢　勤　白　楠　白晓波　冯义平　朱玉超

　　　　刘　宇　杨　兴　吴晓晖　赵婵媛　高润东

　　　　黄生云　梁嘉伟　蒋　晨　蔡永亮　潘长利

内 容 简 介

本书是 1+X 职业技能等级证书配套用书,满足综合布线系统安装与维护的教学与实训、职业培训与技能鉴定等需要。

本书按照 1+X《综合布线系统安装与维护职业技能等级标准》初级职业技能要求,以住宅为例,重点介绍了小型综合布线系统工程的工作准备、常用材料与工具、安装调试与故障处理、测试验收与项目管理等内容,配套习题、互动练习、实训项目、实训指导视频等丰富资源。全书按照工作任务顺序展开,突出专业知识与标准规范相结合,实践经验与实操视频相结合,职业技能与工作任务相结合,实训项目与技能鉴定相结合,循序渐进,层次清晰,图文并茂,好学易记。

本书适合作为职业院校计算机网络类、计算机应用类、网络安防类、物联网类、建筑智能化类等专业的教学、实训、技能鉴定等的教材,也可作为住宅等小型综合布线系统工程设计、施工安装与运维管理等专业技术人员的参考书。

未经许可,不得以任何方式复制或抄袭本书之部分或全部内容。
版权所有,侵权必究。

图书在版编目(CIP)数据

综合布线系统安装与维护:初级 / 王公儒主编. —北京:电子工业出版社,2022.5
ISBN 978-7-121-43309-2

Ⅰ. ①综… Ⅱ. ①王… Ⅲ. ①计算机网络—布线—技术培训—教材 Ⅳ. ①TP393.03

中国版本图书馆 CIP 数据核字(2022)第 065834 号

责任编辑:白 楠
印　　刷:三河市鑫金马印装有限公司
装　　订:三河市鑫金马印装有限公司
出版发行:电子工业出版社
　　　　　北京市海淀区万寿路 173 信箱　邮编　100036
开　　本:880×1 230　1/16　印张:20　字数:492.5 千字　插页:12　彩插:2
版　　次:2022 年 5 月第 1 版
印　　次:2022 年 5 月第 1 次印刷
定　　价:75.00 元

凡所购买电子工业出版社图书有缺损问题,请向购买书店调换。若书店售缺,请与本社发行部联系,联系及邮购电话:(010)88254888,88258888。

质量投诉请发邮件至 zlts@phei.com.cn,盗版侵权举报请发邮件至 dbqq@phei.com.cn。
本书咨询联系方式:(010)88254592,bain@phei.com.cn。

1+X 职业技能等级证书配套用书
中国电子学会"电子信息人才能力提升工程"系列教材

综合布线系统安装与维护

（初级）

组　编◎　中电新一代（北京）信息技术研究院

主　编◎　王公儒

副主编◎　蔡永亮　王海涛

电子工业出版社
Publishing House of Electronics Industry
北京·BEIJING

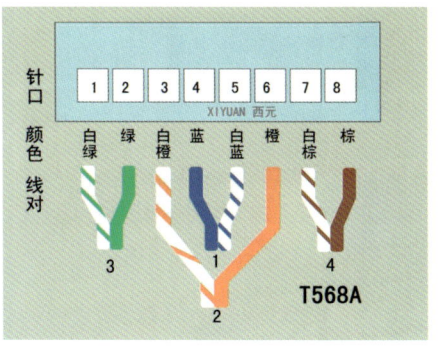 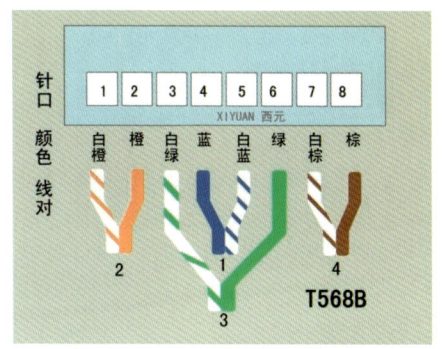

图 4-77　T568A 接线图　　　　　　图 4-78　T568B 接线图

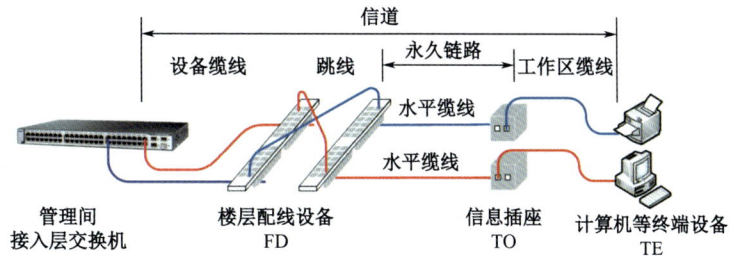

图 5-1　计算机上网信道示意图

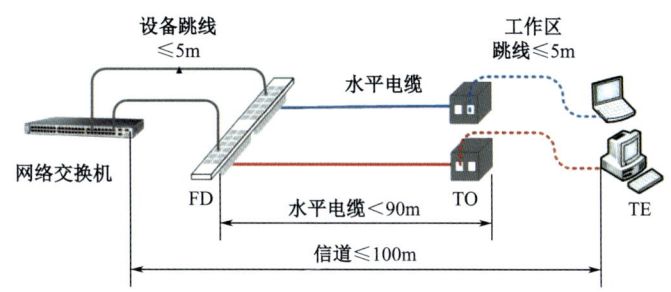

图 5-27　水平电缆和信道长度

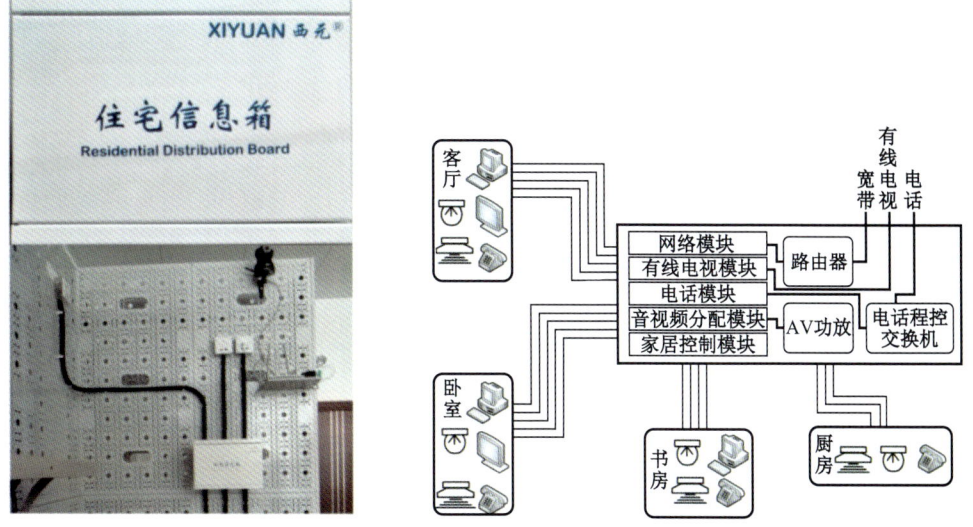

图 5-34　住宅信息箱及其系统示意图

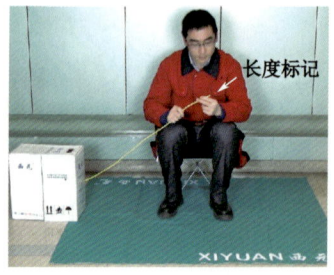
图 4-18 检查标记

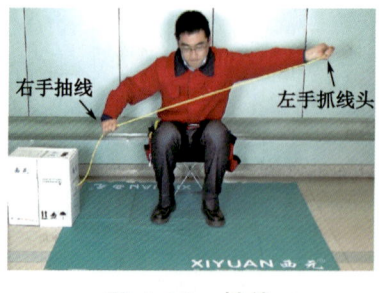
图 4-19 抽线

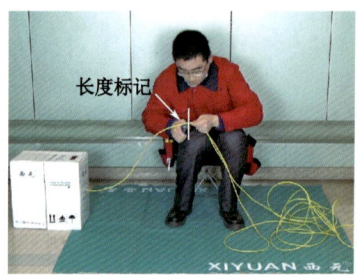
图 4-20 剪线

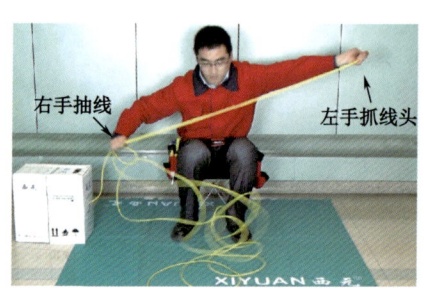
图 4-22 抽第二根线

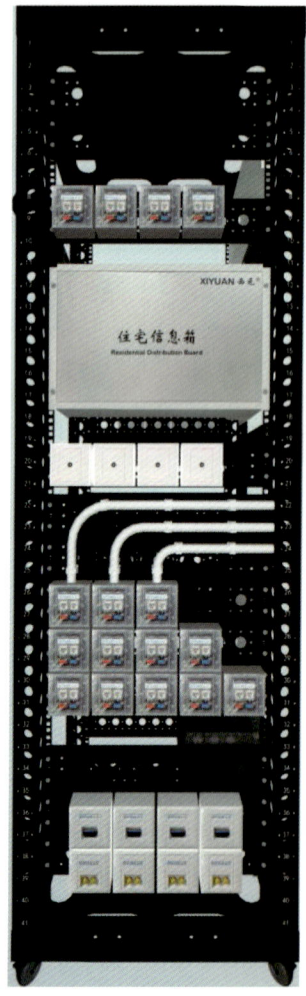
左视图

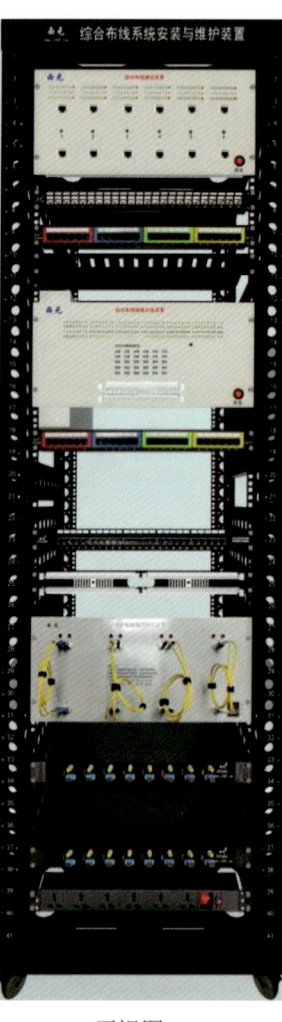
正视图

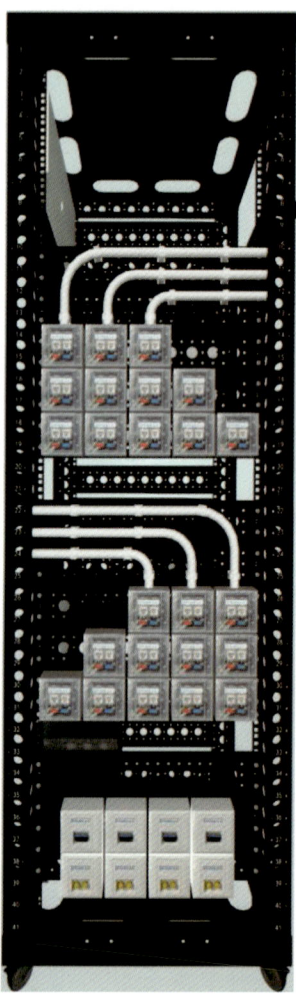
右视图

图 4-46 西元综合布线系统安装与维护装置

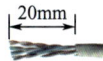    

①剥除外护套，剪掉撕拉线。　②拆开4个线对，按T568B捋直。　③剪齐线端，留13mm。　④将刀口向上，网线插到底。　⑤放入压线钳，用力压紧。　⑥保证线序正确，检查并压紧护套。

图 2-92　水晶头端接关键步骤与技能照片

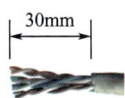     

①剥除外护套，剪掉撕拉线。　②按T568B位置，排列线对。　③线对按照色谱压入刀口。　④将压盖对准，用力压到底。　⑤剪掉多余线端，线端长度小于1mm。　⑥线序正确，压盖牢固。

图 2-94　网络模块端接关键步骤与技能照片

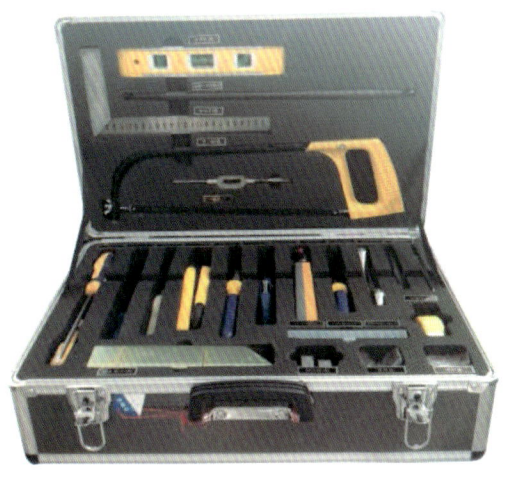 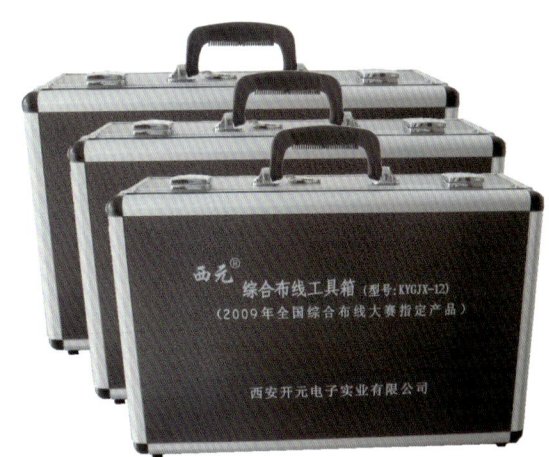

图 3-2　西元综合布线工具箱

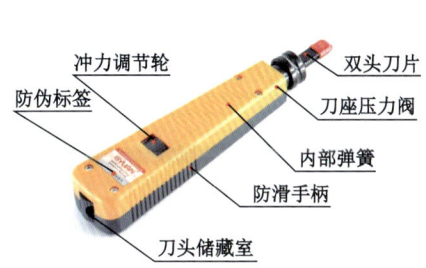 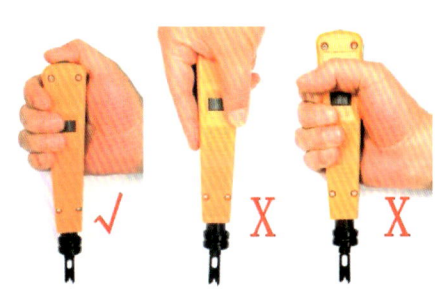

图 3-4　单口打线钳及其正确操作方法

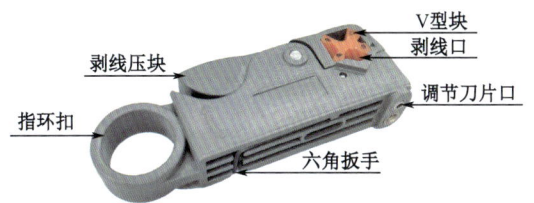  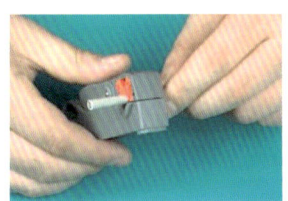

图 3-26　旋转剥线器与使用方法

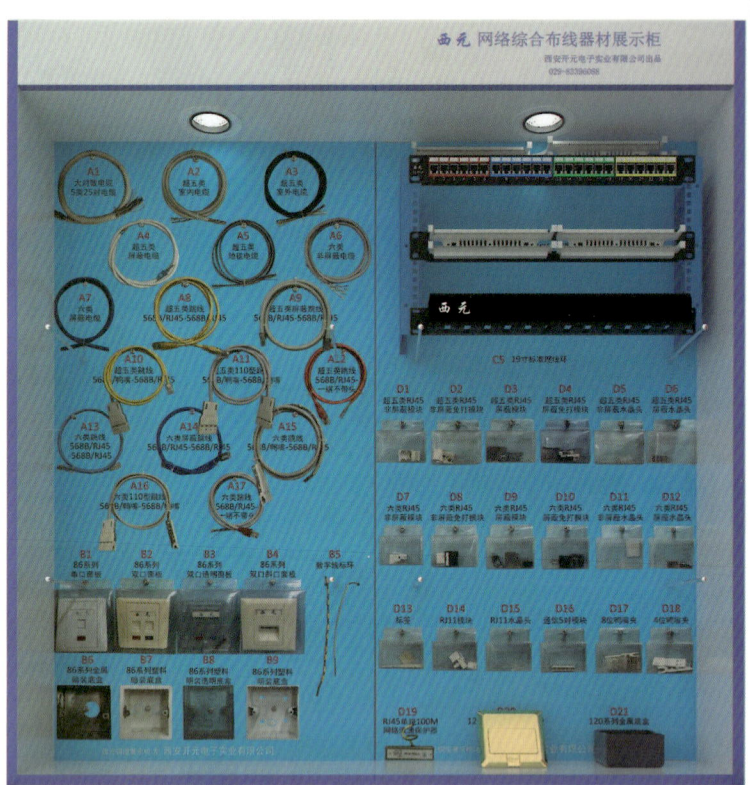

图 2-1 西元电缆展示柜

图 2-8　6U/UTP 线对

图 2-9　6U/UTP 扭绞结构

图 2-38　5 类水晶头

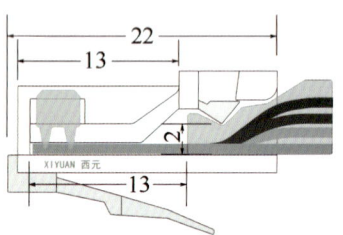

图 2-42　水晶头压接结构图

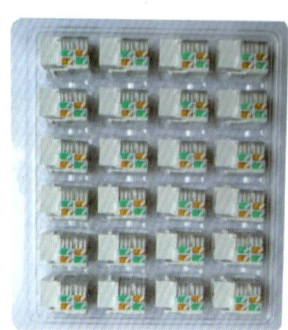

图 2-33　非屏蔽网络模块包装盒

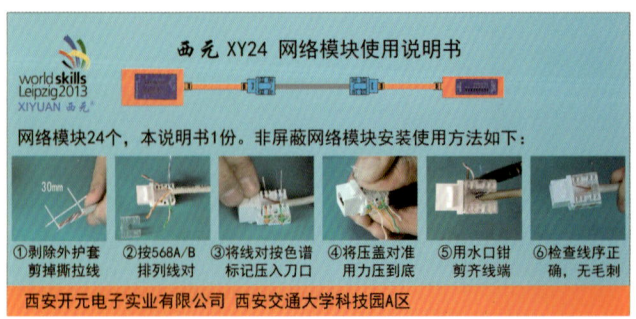

图 2-34　西元 XY24 网络模块使用说明书